制冷与空气调节技术

（第五版）

Refrigeration and Air Conditioning Technology
Fifth Edition

［美］
William C. Whitman
William M. Johnson   著
John A. Tomczyk

寿明道 译

电子工业出版社
Publishing House of Electronics Industry
北京·BEIJING

内 容 简 介

本书是采暖、空调与冷冻行业的经典教材。在北美诸国,乃至西方各发达国家,本书先前的多个版本一直是最畅销的专业教材。本书强调的是专业知识与技能的实际应用,而这一点恰恰是我国目前专业教材中最为欠缺的环节。本书具有权威性、知识性与实用性完美结合的特点,其内容涵盖了采暖、空调与冷冻的专业理论、原理、系统构成以及操作、保养和维修的各个方面。在本专业的众多教材中,本书的实用性尤为突出,可谓独树一帜,是其他相关教材与书籍无法比拟的。本书论述严谨,并配以大量的照片和插图,使其文字论述更为直观、深化,内容更加丰满。

本书适合采暖、空调和制冷专业的各级各类院校学生作为教材使用,也适合职业院校、职业培训机构中高级技工、技师培训使用,同时,它也是一本专业技术人员不可多得的常备工具书。

图书在版编目(CIP)数据

制冷与空气调节技术:第五版/(美)惠特曼(Whitman, W.C.),(美)约翰森(Johnson, W.M.),(美)汤姆齐扎克
(Tomczyk, J.A.)著;寿明道译. —北京:电子工业出版社,2016.5
书名原文:Refrigeration and Air Conditioning Technology, Fifth Edition
ISBN 978-7-121-28592-9

I. ①制… II. ①惠… ②约… ③汤… ④寿… III. ①制冷技术 ②空气调节-技术 IV. ①TB66 ②TB657.2

中国版本图书馆 CIP 数据核字(2016)第 078887 号

策划编辑:谭海平
责任编辑:周宏敏
印　　刷:三河市鑫金马印装有限公司
装　　订:三河市鑫金马印装有限公司
出版发行:电子工业出版社
　　　　　北京市海淀区万寿路 173 信箱　　邮编:100036
开　　本:787×1092　1/16　印张:69.75　字数:2790 千字
版　　次:2016 年 5 月第 1 版(原著第 5 版)
印　　次:2024 年 5 月第 9 次印刷
定　　价:158.00 元

凡所购买电子工业出版社图书有缺损问题,请向购买书店调换。若书店售缺,请与本社发行部联系,联系及邮购电话:(010)88254888,8825888。

质量投诉请发邮件至 zlts@phei.com.cn,盗版侵权举报请发邮件至 dbqq@phei.com.cn。

本书咨询联系方式:(010)88254552,tan02@phei.com.cn。

译　者　序

　　这是一本好书,它具有权威性、知识性与实用性的特点。它真正做到了理论与实践、理性与感性、知识与运用的融会贯通。此书在美国和世界各地一版再版,受到本专业各层次读者的高度评价。从本书的第一版至今天的第五版,原作者在近 20 多年的时间里,不断加入了制冷与空气调节方面的最新理论和新的实践案例,使本书的内容日臻完善。

　　这是一本好书,它汇集了作者数十年的实践经验和众多的实用理论。它通过各种案例将理论知识贯穿于整个教学活动中,包括运用我们人体的各种感觉器官来获得各种操作过程所必需的信息。它可以使我们学到现有专业教材中无法学到的知识和出自作者充满真知灼见、高度提炼的现场经验。

　　这是一本好书,它不仅是一本好教材,更是一本好工具书。本专业的各级各类学校的学生可以从中获得真正的实用知识和操作经验,成为一名既有理论又娴于技术的专业人员。它可以为本专业的工程技术人员、从业人员和学生,指点迷津,答疑解惑,具有极高的参考价值。

　　好书不可多得,十年前的一次偶然机会,我看到了本书的第三版,被它的编写手法、内容,特别是实践案例所深深吸引。原版书曾在多家著名中外合资和独资企业对技术人员的培训中作为教材,获得了非常好的教学效果。此次有机会出版中文版,想必能够对本专业各层次的专业人员均有所裨益。

　　在此,我要特别感谢我的前辈、同事和朋友:付华芬、朱乃进、周辰、周卫华、黄秀菊和傅家昌同志,他们参与了中译本的许多具体工作,在此深表谢意。

　　由于时间紧,本人才疏学浅,中译本中难免有许多疏漏,甚至谬误之处,恳请读者批评指正。

寿明道
smd@sohu.com

目　录

第三篇　自动化控制基础

第四篇 电 动 机

第六篇 空气调节(采暖与增湿)

第七篇　空气调节(供冷)

第九篇　家用制冷与空调装置

第十篇　冷水空调系统

第一篇 制冷技术原理

第1章 热学理论

教学目标

学习完本章内容之后,读者应当能够:
1. 解释温度的概念。
2. 在华氏与摄氏温度之间进行换算。
3. 叙述热力学零度时分子的运动。
4. 定义英制热单位(Btu)。
5. 论述不同温度物质间的热流动。
6. 解释热传导、热对流与辐射传热。
7. 论述显热、潜热和比热。
8. 说出海平面大气压力,并解释不同海拔高度大气压力变化的原因。
9. 描述两种气压计。
10. 解释压力测量中绝对压力(psig)和表压力(psia)的概念。

1.1 温度

温度可以视为热程度的一种表述,也称热强度。热的程度与热强度不应与热的量或热含量混淆。热也可以视为分子运动的一种能量形式,因此,温度的起点亦即分子运动的起点。

绝大多数人都熟知水的冰点,为32华氏度(32℉,0℃),水的沸点为212华氏度(212℉,100℃),见图1.1。这些温度点在用于温度计量的仪器——温度计上都能显示出来。

早期的温度计为玻璃管式温度计,其工作原理是当球中物质受热时,其体积膨胀并在管中上升,见图1.2。现在的温度计仍普遍沿用水银和酒精制作。

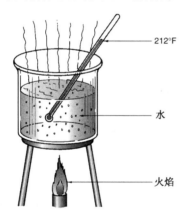

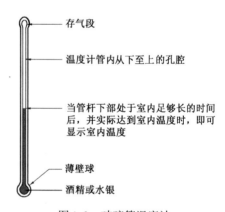

图 1.1 由于受热时水分子运动速度加快,容器中水的
温度上升,当水的温度达212℉时,即出现沸腾

图 1.2 玻璃管温度计

我们必须对水在212℉沸腾的表述予以严格定义,即纯水在标准大气压下212℉时沸腾。标准大气压是指:气压计读数为29.92 in. Hg(760毫米水柱,14.696 psia)的海平面。这一完整的表述涉及地球大气压力与沸点的相互关系以及本节后半部分关于压力讨论的细节。由于这些标准条件在以后章节中还将用于实际应用,因此在标准条件下,水的沸点为212℉(100℃)的表述十分重要。

纯水的冰点为32℉(0℃),很明显,温度可以低于32℉,而问题是:它还可以低多少?

热学理论认为:分子在-460℉时停止运动。由于分子的运动不可能停止,因此这是一种理论上的概念。分子运动完全停止时的温度表述为热力学零度,经计算为-460℉。事实上,科学家已经距离实质性达到热力学零度仅差几度之遥。图1.3是在温度计刻度上表示的几种热的程度(包括分子运动)。

美国以及世界上少数几个采用英制的国家仍采用华氏温标,而在其他许多国家则使用国际单位制(SI)或公制中采用的摄氏温标。

美国要扩大对外贸易,也必须采用公制。图 1.3 所示为标注有华氏与摄氏几个重要对应温度的温度计,图 1.4 则为标有更多对应温度的温度计。华氏温度与摄氏温度间的换算可见附录《温度换算表》,也可采用公式进行换算。此换算表与换算公式的用法将在本节的最后部分予以讨论。

由于美国本专业的技术人员目前仍十分习惯这些英制单位,因此本教材中多数计量单位仍采用英制。

如今,在日常生活中也常用温度一词,空调、供热以及制冷行业的工程师及科学家都会用各种方式来叙述温度,因此温度的概念十分重要。设备的性能参数均采用热力学温度作为标准,设备性能的比较涉及建立一系列的标准,利用这些参数,各家制造厂商就可以针对自己的产品与其他厂商的产品进行比较,同时,我们也可以利用这些设备性能参数评价这些比较值。华氏绝对温标称为兰金温标(以其发明人 W. J. M. Rankine 命名),摄氏绝对温标则为开尔文温标(以科学家 Lord Kelvin 命名)。绝对温标的起点为分子运动的开始,并用 0 表示起点,例如,华氏绝对温标的 0 称为热力学零度或兰金 0 度(0°R)。同样,摄氏绝对温标上的 0 称为热力学零度或开尔文 0 度(0K),见图 1.5。

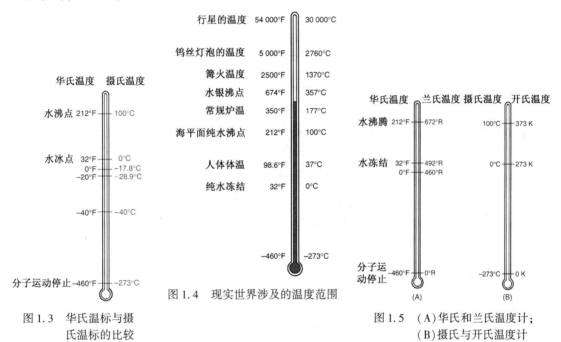

图 1.3　华氏温标与摄氏温标的比较

图 1.4　现实世界涉及的温度范围

图 1.5　(A)华氏和兰氏温度计;(B)摄氏与开氏温度计

在论述本专业设备和专业理论基础时,华氏或摄氏以及兰氏或开氏温标均可相互换算,不必死记,掌握这些温标及其换算公式和现成的换算表的运用方法则更为实用。图 1.5 表示了 4 个温标间的相互关系。人类生存的世界仅涉及整个温度范围中的很小部分。

关于温度是热的程度、热的强度或者是分子运动的说法,先前的表述方式现在就可以比较容易解释了:由于物质获得了更多的热量,其分子运动的结果使其温度上升。

1.2　热的概念

热力学定律可以帮助我们理解什么是热,其中的一条定律表明:热既不能创造,也不能消灭,但能够以一种形式转变为另一种形式,这就是说,人类能感受到的大多数热并不是不断地创造出来的,而是由类似矿物燃料(燃气和燃油)那样的其他形式的能量转化为热的。当一种物质向另一种物质传递热量时,同样也可以对热的概念做出解释。

温度值说明了相对于无热时的热的程度。用于说明热量或热含量的专业术语是所谓的英制热单位(Btu),此术语可说明某物质所含热的多少,热消耗的速度则由加热时间来确定。

热单位(Btu)含义为:将一磅水的温度升高 1℉所需的热量。例如,一磅水(约一品脱)从 68℉加热到 69℉,那么此水吸收一个热单位的热量,见图 1.6。要实际测量类似该例子的过程中水吸收了多少热量,需要一个实验级的仪器,这种仪器称为"卡路里计"。注意,该词与食品词汇中表示热能的"卡路里"相近。

当两物质间存在温差时,就会发生传热。温差是传热的推动力,且温差越大,其传热量越大。热量通常是从较热的物体向较冷的物体流动;较热物体内的快速运动分子会向较冷物体中的低速运动分子释放一部分能量,较热物体由于其分子运动速度降低而逐渐冷却,而较冷物体由于其分子运动速度加快,则逐渐暖和起来。

如下事例可用来说明热量的多少与热的程度的比较:将一罐重量为 10 磅的水(稍多于 1 加仑)加热至 200°F(93.3℃)和将另一罐重量为 100 000 磅的水(稍多于 12 000 加仑)加热至 175°F(79.4℃),显然,10 磅的水罐比 100 000 磅的水罐冷却至室内温度要快得多。两者的温差为 25°F(14℃),并不很大,但由于水量差异,100 000 磅水罐的冷却时间要长得多,见图 1.7。

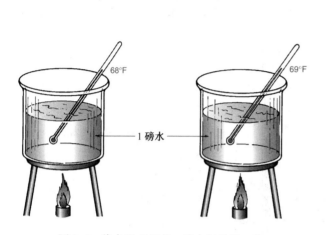

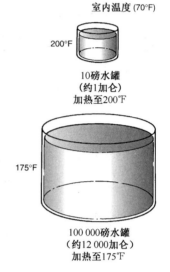

图 1.6 将水温 68°F 的一磅水加热至 69°F 需要一个英制热单位(Btu)的热能

图 1.7 由于小水罐所含热量较少,即使其温度(即其热强度)较高,也必然先冷却至室温

利用水的比较有助于说明热强度与热数量间的关系。一口 200 英尺的深井不可能容纳 25 英尺深度的一个大湖的水量,水的深度(英尺数)告诉我们水的高度,但并没表示水的数量(加仑)。

实际应用中,每一台加热设备都需根据其生产的热的数量来确定参数,如果说设备没有这样的性能参数,那么对于客户来说要理智地挑选(选用)适用设备就会十分困难。

用于家庭采暖的燃气或燃油炉在其铭牌上都有永久印制的参数值,这两种锅炉均用每小时 Btu 数(即能耗量)作为参数。之后,这一参数还可用来计算居家或某建筑采暖所需的燃料量。如果某人需要一台 75 000 Btu/h 的锅炉在最冷季节的室内采暖,那么挑选一台标定参数为 75 000 Btu/h 的锅炉即可满足要求,否则会由于房间的热损大于锅炉(Btu/h)的产热量使室内温度逐渐下降而受冻。

公制或国际单位制中,单位"焦耳"(J)用来表示热量,由于焦耳的单位太小,专业中热量的公制单位通常以"千焦"(kJ)或 1000 焦耳来表示,1 Btu 等于 1.055 kJ。

单位"克"(g)在公制中表示重量单位,同样,重量克的单位太小,因此通常采用千克(kg)单位,1 磅等于 0.453 59 千克。

将 1 kg 水的温度提高 1℃所需热量约为 4.187 kJ。

冷表示相对较低温度的词语。由于所有热量都是相对无热而言的,均为正值,因此,冷也就没有真实的含义,它只是一种相对而言的表述。当某人说室外很冷,那就是相对于一年中某一季节通常所应有的温度或相对于室内温度而言的。冷没有量的概念,而仅仅为大多数人用于比较时所采用的词语。

1.3 传导传热

传导传热可以解释为能量从一种分子向另一种分子的转移。由于某种分子运动较快,因此会引起其他分子的运动加速。例如,如果铜棒的一端置于火焰中,另一端则会变得太烫而无法用手握住。热量则由一个个分子传递到了铜棒的上端,见图 1.8。

许多常见传热设备中多采用传导传热方式。锅炉上炽热的电加热器以传导的方式将热传递给水槽,然后又以传导方式将热传递给水。注意,其中的每一步都是一个循序渐进的过程。

各种材料的传热速度不尽相同。例如,铜的导热速度不同于铁,玻璃则是一个非常差的导热体。

在冬季的早晨用手接触一个栅栏木桩或其他木板与用手接触小汽车防护板或其他钢板会有不同的感觉,对钢板的感觉非常冷。实际上,钢板并不比木板更冷,而恰恰是钢板将来自手掌的热量更快地传导出去了的缘故,见图1.9。

不同材料间导热能力的差异与其导电能力的差异几乎相同,通常,导热性较差的材料必是电的不良导体。例如,铜是电与热的最佳导体之一,而玻璃则是这两者的最差的导体之一,玻璃通常用做电流的绝缘体。

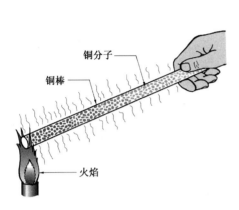

图1.8　铜棒在火焰中加热时,很短的时间后另一端就能感觉到

图1.9　小汽车防护板和栅栏木桩实际具有相同的温度,但由于金属要比栅栏木桩可以更快地将来自手掌的热传递出去,因此对汽车防护板的感觉会更冷些

1.4　对流传热

对流传热是借助于流动介质形成的流体将热从一个地点带到另一地点的传热方式。在采暖与空调行业中,最常见的流动介质是空气和水。当热量发生转移时,热通常先传递给容易移动的某些物质,例如空气和水。许多大楼都安装有中央采暖设备,在这样的采暖设备中,先将水加热,然后用水泵将热传送到整幢大楼的各个末端采暖处。

强制对流型燃气炉是一个强制对流传热的事例。室内空气由风机吸入燃气炉的回风道,来自风机出口的该部分空气被强制地通过燃气炉的热交换器,由热交换器将燃气火焰产生的热传递给该部分空气,该部分空气然后被强制送入风管并送至建筑物内的各房间。图1.10说明了70℉的室内空气进入燃气炉并以130℉温度离开燃气炉的整个过程。风机产生的压力差迫使空气进入各房间,风机则促使形成强制对流。

采用对流传热的另一个案例是:加热空气时,空气上升流动,称为自然对流。这是因为空气加热后,体积膨胀。空气的温度越高,其密度越小,比周围未加热的空气更轻。这一原理还以多种方式应用于空调行业。壁式采暖机组就是其中的一个例子,这种采暖机组一般安装在建筑物的外墙,采用电或热水作为热源,当地面附近的空气被加热时开始膨胀并上升,被加热后的空气又被加热器周围的冷空气所取代,进而在室内形成自然对流,见图1.11。

1.5　辐射传热

辐射传热最宜用太阳作为辐射源为例来说明。太阳离开地球表面约9300万英里,然而我们依然都能感受到强烈的阳光。太阳的表面温度与地球上的任何事物相比极其炽热。以辐射方式传播的热在穿过空间时并不加热空间,而是由其相遇的第一个物体所吸收。辐射传热是唯一一种能穿过空间等真空区域的传热方式,因为辐射并不依赖于传热介质的传热。对于对流和传导传热在此情况下则不可能实现传热,因为这两种传热形式都需要一定形式的物质作为传热介质,如空气或水。由于辐射方式传播的热量与其传播距离的平方成反比,因此,地球并未感受到太阳的总热量。也就是说,每当距离增加一倍,热强度减小为1/4。例如,将你的手掌靠近一个灯泡,你能感觉到热的强度,但如果将你的手再离开一倍的距离,则仅能感受到1/4的热强度,见图1.12。记住,因为传递的热量与距离的平方成反比,因此,地球上所接受到的辐射热并不是太阳的实际温度或热量值,如果真是如此的话,那么地球就会与太阳一样炽热了。

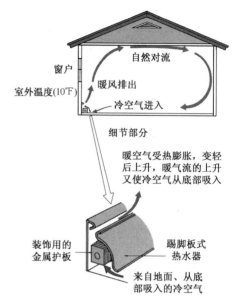

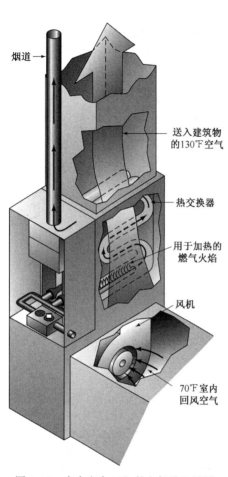

图 1.10　来自室内 70℉的空气进入风机,
　　　　 风机将空气强制通过热交换器并
　　　　 以 130℉的温度送入建筑物内

图 1.11　受热空气上升时,冷空气即占据
　　　　 其位置,从而形成了自然对流

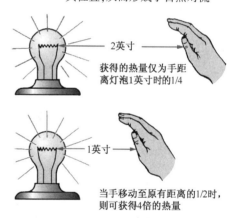

图 1.12　辐射热的强度随距离的平方递减

　　电加热器发出的炽热红光是辐射热在实际生活中的事例。电加热器的盘管发出的炽热红光将辐射热送至房内,它并没有加热空气,而是使热辐射线遭遇到的固体温度上升。任何能发光的加热器都具有相同的功效。

1.6　显热

　　当热量的加入与排出可以使某种材料的温度发生变化时,我们就能方便地测量出其热的程度,即热强度的变化(记住,一磅的水从 68℉变为 69℉的例子),这一热程度的变化可以用一个温度计以测量。当温度的变化可以测量时,我们知道:热的程度或热强度已经发生改变。我们将可以引起热程度变化的热量称为显热。

1.7　潜热

　　另一种热量称为潜热。在潜热加热过程中,已知添加了热量,但可以注意到其温度并未上升。可以开口容器中的水处于沸腾时继续加热为例。一旦水温到达沸点,继续加热只能使水更快沸腾,但其温度不会上升,见图 1.13。

　　下述例子可说明在标准大气压力下 1 磅水的显热与潜热的特性。从 0℉至高于沸点的整个温度范围内进行研究,仔细观察图 1.14 中的线图,并注意标注在左侧的温度值以及标注在线图下方的含热量值。我们可以看到,加热时除了潜热过程,水温将上升。该图的有趣之处在于水在某些状态点加热时并不会使水温提高。

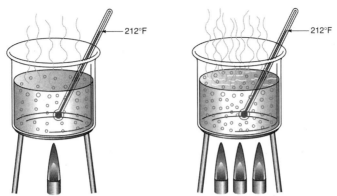

图 1.13　给予 3 倍的热量仅仅能使水更快地沸腾,水温不会提高

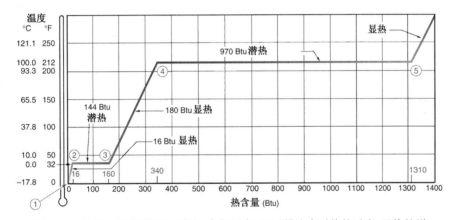

图 1.14　热量 – 温度线图(1 磅水,大气压力下)可描述水对热的反应,显热的增
加可使温度上升,潜热的增加引起状态的变化,如固态冰变为液态水

以下说明有助于读者理解该线图:

1. 此例以点①为开始。水处于冰的状态。点①处不是热力学零度,而是 0 ℉(–18 ℃),以此为起点。
2. 点①至点②加入的热量为显热,测量时温度上升。注意,此 1 磅冰块温度上升 1 ℉仅需 0.5 Btu,由此我们可以知道将此冰块从 0 ℉上升至 32 ℉所需的显热仅需 16 Btu。
3. 到达点②时,该冰块处于最高温度 32 ℉,也就是说,如果加入更多的热量,即所谓的潜热,将开始使冰块溶化,但其温度不变。加入 144 Btu 的热量可以使 1 磅的冰变为 1 磅的水,但此时,取走任何数量的热将会使冰块温度低于 32 ℉。
4. 至点③时,该物质为 100% 的水,加入更多的热量将引起温度上升(此为显热),点③处取走任何数量的热量会使一部分的水恢复为冰。因为此时温度没有变化,取走的热量是其潜热的一部分。
5. 点③至点④加入的热量为显热,从点③至点④需加入 180 Btu 热量。1 磅水的温度变化 1 ℉需 1 Btu 热量。
6. 点④为 100% 饱和液体点,该饱和水处再取走任何数量的热量即会使此液体冷却并低于沸点以下的状态。再加入部分所谓的潜热将会使水开始沸腾并开始转变为蒸汽(水蒸气),加入 970 Btu 的热量可以使 1 磅液体沸腾至点⑤,此时全部转变为蒸汽。
7. 点⑤为 100% 饱和蒸汽点,此时水处于气态,取走的热量为潜热,会使部分蒸发返回成液态,此现象称为"蒸汽的冷凝"。点⑤后所加热量为显热,使蒸汽温度高于沸点,高于沸点温度的蒸汽再加热则称为过热。本例中具有 212 ℉沸点温度的水蒸气称为过热蒸汽,"过热"概念在以后的学习中非常重要。注意,气态时,水蒸气温度上升 1 ℉仅需 0.5 Btu;当水处于冰(固体)态时同样上升 1 ℉同样仅需 0.5 Btu。

安全防范措施:当对这些原理进行验证时,由于水蒸气温度高于体温,严重时会产生灼伤,因此必须小心谨慎。

1.8　比热

我们知道,不同物质对于热量的加入与减少会有不同的反应。1 磅水加入 1 Btu 的热能时可以使其温度上升 1℉。对于水是如此,但当加热其他物质时,就会出现不同的比例数值。例如,我们可以注意到,在冰或蒸汽(水蒸气)中加入 0.5 Btu 热能可以使每磅重量的两态各自温度提高 1℉,即加入同样的热量,冰或蒸汽温度上升量是液体温度上升量的 2 倍,即加入 1 Btu 热量,可以使冰或蒸汽的温度上升 2℉,温度与热量间的比例关系即称为比热。

比热是指某种 1 磅重量的物质,其温度上升 1℉ 所需的热量。每种物质都有不同的比热值。注意,水的比热值是 1 Btu/lb/℉,其他物质的比热值见图 1.15。

物质	比热 Btu/lb/°F	物质	比热 Btu/lb/°F
铝	0.224	甜菜	0.90
砖	0.22	黄瓜	0.97
混凝土	0.156	菠菜	0.94
铜	0.092	新鲜无脂牛肉	0.77
冰	0.504	鱼	0.76
铁	0.129	新鲜猪肉	0.68
大理石	0.21	河虾	0.83
钢	0.116	蛋类	0.76
水	1.00	面粉	0.38
海水	0.94		
空气	0.24 （平　均）		

图 1.15　各种物质温度上升 1℉ 所需的热量

1.9　加热设备容量的确定

由于确定设备的容量规格时需要用到不同物种温度变化时所需的热量,因此比热值具有特别重要的意义。可以回忆一下本节开始时住宅和锅炉的举例。

我们可以通过下面的例子来说明比热值的实际应用情况。某制造商需购买一台在机加工前对钢材进行加热的加热设备。钢材存放在冬季温度为 0℉ 的室外,因此,机加工器需对其进行预热。机加工时要求钢材温度为 70℉,如果厂商要求每小时的加工量为 1000 磅,那么加热钢材需多少热量?

钢材以 1000 磅/小时的速度进入车间,并以均衡的速度进行加热。由图 1.15 可知,钢的比热为 0.116 Btu/lb/℉,即要使 1 磅的钢材温度升高 1℉ 就必须给予 0.116 Btu 的热能:

$$Q = 重量 \times 比热 \times 温差$$

式中,Q 为所需的总热量。将各参数代入公式,可得

$$Q = 1000\ \text{lb/h} \times 0.116\ \text{Btu/lb/}℉ \times 70\ ℉$$
$$Q = 8120\ \text{Btu}(机加工前对钢进行预热所需的热量)$$

该例中我们已有已知项从而可求其结果,即根据已知条件利用公式求得未知项。此公式既可用于加热量的计算,也可用以排热量的计算,而且常常在确定供热和供冷设备时用于热负荷的计算。

1.10　压力

压力定义为单位面积上的作用力,通常用每平方英寸上的磅数(psi)来表示。简而言之,当 1 磅重量的重物放在 1 平方英寸面积的表面时,其向下的压力即为 1 psi（每平方英寸 1 磅）。同理,当 100 磅重量的重物放置在 1 平方英寸的表面时,即作用了 100 psi 的压力,见图 1.16。

在水面下游泳时,你会感觉来自四面八方并压向你整个躯体的压力,这个压力是由水的重量所引起的。当你在没有增压舱的飞机上航行时则会有完全不同的感觉,你的身体处于缺压而非常压的状态,因此同样会有不适的感觉。

很容易理解为何在水下会有不适感,那是因为水压力作用于你的身体;在飞机上,其原理正好相反,高空中的空气压力要比地面来得小,因此身体内压力大于环境,且压力方向朝外。

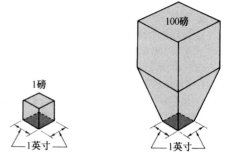

图 1.16　两重物放置于同样为 1 平方英寸(1 in²)的表面上,一重物施加的压力为 1 psi,另一重物施加的压力为 100 psi

每立方英尺体积的水重量为 62.4 磅(lb /ft³)。如果 1 立方英尺水(7.48 加仑),仍处于立方体形状时,则其向下的压力即为 62.4 lb/ft²,见图 1.17,那么每平方英寸上的压力有多大呢? 通过计算很容易获得答案,该立方体的底面积为 144 平方英寸(12 英寸 ×12 英寸),由于平均承受水的重量,那么每平方英寸上的压力即为 0.433 磅(62.4 ÷144),因此,该立方体底部的压力值为 0.433 psi,见图 1.18。

置于1立方英尺
容器内的水

图 1.17　1 立方英尺(1 ft³)的水同时存在有向外和向下的压力。1 立方英尺体积的水重62.4磅,分摊在1平方英尺表面上

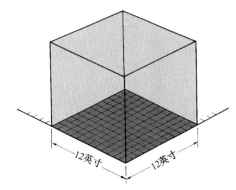

12英寸　12英寸

图 1.18　1 立方英尺(1 ft³)的水对该容器的下底表面作用有62.4lb/ft²的向下压力

1.11　大气压力

许多人都熟悉在水下感受水压力的体验。地球大气压就像一个空气的海洋,它有重量,存在压力。地球表面可以想象为这个海洋的底部,不同的地点具有不同的深度。例如,位于海平面高度的佛罗里达州的迈阿密市和位于山区的科罗拉多州的丹佛市,两地的大气压力大小显然不同。现在,我们可以将自己假想为生活在这空气海洋的海底。

我们赖以生存的大气就像水一样具有重量,但并没有那么大。在海平面,地球大气实际形成的重量和压力为 14.696 psi,这就是所谓的标准状态。

大气压力可以用一种称为气压计的仪器进行测量。气压计是一根长约 36 英寸的玻璃管,其管的一端封口并注入水银。将开口端朝下,插在一个放有水银的低盆并用手扶持使其垂直,水银总是试图朝下流动进入低盆,但不能全部流出。大气压作用于下端的低盆,从而在玻璃管的顶部形成真空。当周围大气温度为 70℉ (21.1℃)时,于海平面高度,玻璃管内的水银柱会跌定在 29.92 英寸处,见图 1.19,这就是在工程和科学研究之间进行比较的标准条件。如果将气压计带到较高的地点,如山顶上,那么该水银柱又将开始下跌。海拔高度每上升 1000 英尺,水银柱即下降 1 英寸。当气压计处于标准条件状态而水银柱却低于 29.92 英寸时,那么这就是天气预报员所说的低压,也就意味着天气将有变化。仔细收听天气报告,气象预报员会对这些术语有更多的解释。

如果将该气压计放置在一个密闭的玻璃罐中并将罐中空气抽出,那么水银柱就会下降至底部低盆的高度,见图 1.20;当空气重新返回到玻璃罐内时,由于玻璃管中水银柱上方存在真空,水银柱又重新上升。

玻璃管中的水银有重量,并且在标准条件下反作用于 14.696 psi 的大气压力,14.696 psi 的压力此时恰好等于高度为 29.92 英寸的水银柱的重量,"水银柱高度(英寸)"表述方法至此可变为用"压力"来表述,并可换算成每平方英寸上的磅数,换算系数为 1 psi = 2.036 英寸水银柱高度(29.92 ÷14.696),其中 2.036 通常取整为2(30 英寸水银柱 ÷15 psi)。

另一种气压计称为膜盒式气压计,这是一种更便于携带的仪器。由于人们需要在不同场合下测定大气压力,因此研制出了除水银柱气压计之外的各种现场使用的气压计,见图 1.21。

1.12　压力表

密闭系统内的压力测量需要另一种仪器——布尔登管,见图 1.22。布尔登管上连接着一个指针,它能计量高于或低于大气压力的任何压力值。制冷行业中在现场或车间内直接测取读数的常用工具就是低压表(称为低压侧表)和高压表(称为高压侧表)组成的组合表具,图 1.23 左表用于测读高于和低于大气压力的任何压力值,右表则测读高达 500 psi 的压力,因此亦称高压表。两种压力表组合在一起称为组合表。

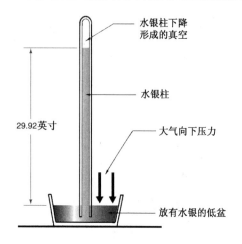

图 1.19　水银气压计

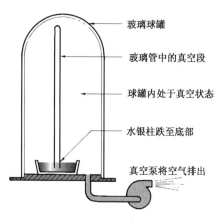

图 1.20　当水银柱气压计置于一密闭的玻璃罐(即所谓的球罐)中并将该玻璃罐中的空气排出时,水银柱就会跌降至盆底的高度

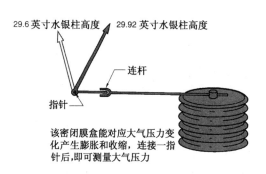

图 1.21　膜盒式气压计采用一个密闭的膜盒,该膜盒可随大气压力的变化而膨胀和收缩

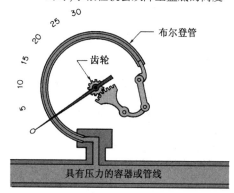

图 1.22　布尔登管采用诸如黄铜薄型材料制成,其一端密封,另一端则固定在检压口,当压力提高时,布尔登管将趋于平直,连接一指针时,即可显示压力的变化

安全防范措施:涉及温度高于或低于体温的操作项目,都有可能引起人体损伤,因此必须采取适当的防护措施,如采用手套和防护镜;各类高于或低于大气压力的操作项目则会产生人体伤害:真空也会致人体皮肤出现血泡;高于大气压力的压力会渗透皮肤或会使物体飞溅从而伤及人体。

当将这些气压表的测量孔口与大气相通时,表中读数应为 0 psi。如果指针读数不为零,那么应当调整至 0 psi。此类表具的功能就是供阅读每平方英寸磅数表压力数(psig)的。大气压力仅用做参照点或起点,如果想知道绝对压力值,就应将大气压力值加上测得的表压力读数。例如,将 50 psig 表压力读数换算成绝对压力,则需将大气压力值 14.696 psi 加上表压力读数,此例中,如能将 14.696 圆整为 15,则可得:50 psi + 15 = 65 psia(每平方英寸绝对压力磅数),见图 1.24。

1.13　华氏温度与摄氏温度的换算

有时我们需要将某华氏温度换算为摄氏温度,或是将摄氏温度换算为华氏温度。这种换算既可以采用本书附录中的温度换算表,也可直接采用公式计算。

利用换算表换算:

将室内温度 78 ℉ 换算为摄氏温度时,在需换算的温度栏自上而下直至找到 78 ℉,再看标注有 ℃ 的右栏,即可获知为 25.6 ℃。

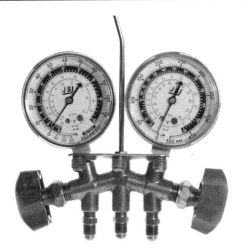

图 1.23 左侧表用以测读低于大气压力的压力值 [以水银柱(英寸)高度表示]和高于大气 压力的压力(以psia表示),右侧表测数 最高可达500 psig的压力(Bill Johnson摄)

图 1.24 该表显示读数为 50 psig,需要将该表 读数换算为 psia 时,可将 50 psig 加上 15 psi(大气压力),其和即为绝对压力 65 psia(Bill Johnson 摄)

将 36℃ 换算为华氏温度值时,在需转换的温度栏自上而下直至找到 36℃,再看左栏,即可获知为 96.8 ℉ 采用公式换算:

$$℃ = \frac{℉ - 32°}{1.8} \qquad\qquad ℉ = (1.8 \times ℃) + 32°$$

或

$$℃ = \frac{5}{9}(℉ - 32°) \qquad\qquad ℉ = \left(\frac{9}{5} \times ℃\right) + 32°$$

将室内温度 75℉ 换算为摄氏度℃:

$$℃ = \frac{75° - 32°}{1.8} = 23.9°$$
$$℃ = 23.9°F$$
$$75℉ = 23.9℃$$

将室内温度 25℃ 换算为华氏度℉:

$$℉ = (1.8 \times 25°) + 32° = 77°$$
$$℉ = 77°$$
$$25℃ = 77℉$$

1.14 用公制单位标定压力值

同温度值一样,压力也能以公制单位标注。切记,压力是指单位面积上的作用力,过去不同国家用以表示压力值的单位各不相同,但现在的标准公制压力单位为每平方米牛顿数(N/m^2),英制中压力单位为每平方英寸磅数(psi/in^2),因此,要比较每平方英寸磅数与每平方米牛顿数就十分困难。为便于比较,人们为纪念科学家、数学家布莱兹·帕斯卡,将每平方米牛顿数命名为帕斯卡。压力的标准公制单位是千帕(kPa)或 1000 帕,1 psi 等于 6890 Pa,即 6.89 kPa。如需将 psi 换算为 kPa,则仅需将 psi 数乘以 6.89。公制气压计压力值以毫米水银柱(mmHg)为单位计量,标准大气压为 760 mmHg 或写做 101.3 kPa。

本章小结

1. 温度计用于测量温度。温度计有 4 种温标:华氏、摄氏、华氏绝对温标(兰氏温标)和摄氏绝对温标(开氏温标)。
2. 物质中的分子在不断地运动,温度越高,其运动速度越快。

3. 英制热单位用于表示物质中的含热量,1 Btu 即为 1 磅水温度升高 1℉所需的热量。
4. 传导传热是分子与分子间的热传递,当物质中的分子运动较快并具有较多的能量时,它往往可以使周围的分子运动加快并带有更多的能量。
5. 对流传热是流体(气态或液态)内热量自此至彼的实际转移。
6. 辐射热是一种不依赖传热介质传热的能量形式,固体吸收能量时,先予加热,然后将热传递给空气。
7. 显热使物质温度升高。
8. 潜热是指给予某物质后能使其发生状态变化且不会在温度计上有所反应的那部分热量。例如,给正在融化的冰块加热可以使冰块溶化,但不会使其温度升高。
9. 比热是指将某 1 磅重量的物质温度提高 1℉所需的热量,各物质具有不同的比热。
10. 压力是给定单位面积上施加的作用力。地球周围的大气具有重量,因此存在压力。
11. 气压计以水银柱高度数(英寸)计量大气压力,两种气压计分别采用水银和膜盒方式。
12. 为测量密闭系统中的压力,人们研制了各种压力表具,空调、采暖和制冷行业中常用的两种压力表是组合表和高压表。组合表可以测量用于高于和低于大气压的压力。
13. 制冷与空调行业中常用的公制压力单位是千帕(kPa)。

复习题

1. 温度含义为:
   A. 物质有多热;   B. 热的程度;   C. 有多冷;   D. 为什么会热。
2. 试述水在 212℉时沸腾的标准条件。
3. 列出 4 种温标。
4. 标准条件下,水在_____℃时结冰。
5. 分子运动停止的温度是_____℉。
6. 1 英制热单位可以使_____磅的水温度升高_____℉。
7. 热流流动的方向是:
   A. 从低温物体向高温物体;   B. 朝上;
   C. 朝下;   D. 从高温物体向低温物体。
8. 解释传导传热。
9. 显热的增加可引起:
   A. 温度计上温度上升;   B. 温度计上温度下降;
   C. 温度计上没有变化;   D. 冰块融化。
10. 潜热可引起:
    A. 温度计上温度上升;   B. 温度上升;
    C. 状态发生变化;   D. 温度下降。
11. 试述对流传热过程。
12. 试述辐射传热过程。
13. 比热是重量为_____磅的物质温度上升_____所需的热量。
14. 标准条件下,海平面大气压力为_____毫米水银柱,或写做_____磅/平方英寸(绝对)(psia)。
15. 试述水银气压计与膜盒气压计的差异。
16. 布尔登管压力表内的压力会使布尔登管变直还是变弯曲?
17. 将表压力(psig)转换为绝对压力(psia)时,需在表压力数值(psig)上加上_____。
18. 将 80℉换算为摄氏度。
19. 将 22℃换算为华氏度。
20. 将 70 psig 换算为千帕(kPa)。

第2章 物质与能

教学目标

学习完本章内容之后,读者应当能够:

1. 定义物质。
2. 列出常见物质的三态。
3. 定义密度。
4. 论述波义耳定律。
5. 阐述查尔斯定律。
6. 讨论涉及不同气体压力的道尔顿定律。
7. 定义比重和比容。
8. 陈述与空调(采暖与供冷)和制冷行业有关的两种重要能量形式。
9. 论述功的概念,并陈述在给定事项中计算做功量的公式。
10. 定义马力。
11. 将马力数换算为瓦特数。
12. 将瓦特值换算为英制热单位。

2.1 物质

物质通常解释为是一种既占空间又有质量的物,其重量来自于地球的引力。物质由原子组成,原子是物质构成中最小的部分,并能结合起来构成分子。某种物质原子可以与其他物质原子化合形成新的物质。分子形成之后,这些分子不可能在不改变物质化学性质的情况下进一步分解。物质也存在三态:固态、液态和气态。含热量和压力决定了物质的状态,例如,水由含有氢原子和氧原子的分子组成,每个水分子含有 2 个氢原子和 1 个氧原子,其分子的化学表述式为 H_2O。

固态的水谓之冰,由于它有重量——全部作用力朝下,冰中的水分子牢牢地相互吸引在一起,见图 2.1。

当冰加热至冰点温度以上时,它开始变为液态。其分子的活性增大,水分子相间的引力减弱。液态水存在朝外和朝下的压力。由于水压力与其深度成比例,因此水就会寻求一个其上方压力等于大气压力的水平表面,见图 2.2。

图 2.1 固体的所有作用力方向朝下。固态水分子间具有较大的吸引力并紧紧地束缚在一起

← 此冰块所有作用力方向朝下

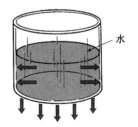

水

图 2.2 容器中的水存在向外和向下的压力。向外的压力是促使水寻求自身水平面的作用力,此时的水分子仍然有少量的相互附着力,其压力值与深度成正比

液态水继续加热,标准条件下达到 212℉ 变为水蒸气。蒸汽状态时,水分子间相互引力更小,可以说呈随意漫游的状态。水蒸气在各个方向上都存在一定压力,见图 2.3。

对物质的研究可以引出其他专业术语的研究,这些专业术语有助于理解不同物质间的差异。

2.2 质量与重量

质量是一种能对地心引力做出反应的物体特征;重力则是物体(固体、液体或气体)处于静止时施加于支承面的作用力。

重力并不是物体的固有特征,但其大小取决地心引力的大小,重力越大,物体重量也就越大,这也就是地球上的物体重量为何大于月球上的原因。

所有固体物质都具有质量,水等液体具有质量,大气中的空气同样具有重量和质量。当玻璃球罐的空气被抽空,即罐中成为真空时,其中的空气质量也就随之烟消云散了。

2.3　密度

物质的密度值体现了其物质与体积的相互关系,一定体积内所含的质量就是物体的密度。英制单位中,体积以立方英尺计。有时候根据单位体积重量可以更方便地对不同物质进行比较。例如,水的密度为62.4 lb/ft^3,木头之所以能浮在水面是因为木头的密度小于水的密度,换句话说,木头的每立方英尺重量较小;另一方面,铁之所以沉入水中,就是因为它具有比水更大的密度。图 2.4 给出了常见物质的密度。

2.4　比重

比重是一个无单位数,这是因为比重是某物质密度除以水的密度。水的密度仅作为标准比较值。水的密度为62.4 lb/ft^3,因此,水的比重是 62.4(lb/ft^3)÷62.4(lb/ft^3)=1。注意,其单位因除式相约消去。红铜的密度为548 lb/ft^3,其比重为 548 lb/ft^3÷62.4 lb/ft^3=8.78。图 2.4 给出了一些常见物质的比重。

2.5　比容

图 2.3　气体分子随意漫游,当含有少量气体压力的容器打开时,气体分子就会相互排斥,逃之夭夭

物质	密度 lb/ft^3	比重
铝	171	2.74
红铜　(RED)	548	8.78
紫铜	556	8.91
金	1208	19.36
32°F 的冰	57.5	0.92
钨	1210	19.39
水	62.4	1
大理石	162	2.596

图 2.4　密度和比重

比容用以比较 1 磅气体占用的体积量的大小。它限定为仅 1 磅气体的体积量,其单位是 lb/ft^3。它与表示气体总体积的单位 ft^3 不同。1 磅纯净的干空气在标准大气压条件下,其总体积为 13.33 ft^3,其比容为13.33 ft^3/lb。氢气的比容在同样条件下是 179 ft^3/lb,由于 1 磅氢气较干空气具有更大的体积,因此比容值更大,也比空气更轻。尽管两者同为气体,但当氢气与空气混合时,氢气则有上升的趋势。

比容和密度互为倒数,也就是说,比容 =1÷密度,密度 =1÷比容。如果已知某物质的比容,则其密度即可计算,反之亦然。例如,干空气的比容是 13.33 ft^3/lb,其密度值即为 1÷13.33 ft^3/lb = 0.075 lb/ft^3。注意,其单位的分子、分母也应相互颠倒。

具有较大比容值的物质可称为低密度物质,同时,大密度的物质亦可称为低比容的物质。比容是一个空调设计中确定风机功率所需的参数,如低比容的空气需要较大功率的风机,高比容的空气则仅需要较小功率的风机。

天然气与空气相混时极易爆炸,但它比空气轻,并且具有像氢气一样的上升倾向。丙烷气是另一种经常采用的采暖燃气,由于它比空气重,因此其处理方法与天然气完全不同,丙烷气体具有下沉并在低处聚集的倾向,具有易引起燃烧的危险。

采用泵送的各种气体都有现成的数据,工程师可以据此针对项目需要选择适当规格的压缩机和蒸汽泵。水蒸气的比容随其压力值不同而变化,如 R-22 是一种通常用于住宅空调的常用制冷剂,且在 3 psig 压力下。泵送2.5 ft^3 的蒸汽才能达到 1 lb,在标准设计条件下,即压力为 70 psig 时,仅需泵送 0.48 ft^3 的蒸汽即可达到泵送 1 lb 的目的。在各种制冷剂的工程手册中可以发现,在饱和过热状态下,制冷剂的比容均有明显下降。

2.6　气体定律

我们必须了解与掌握各种气体的特性,以及在压力和温度发生变化时其自身状态的变化规律。科学家在好多年前对此就做出许多重大发现。对科学家发现的一些气体定律的解释可以帮助我们理解各种气体在制冷系统各构件中的变化规律及其与压力、温度、体积三者间的相互关系。无论何时采用这些气体定律的各方程式进行计算,压力或温度项必须使用绝对压力(psia)和热力学温度(兰氏或开氏温度),否则,这些方程式的解均毫无意义。热力学温度和绝对压力均以零为其起点,因为只有在"零"处分子才开始运动。

波义耳定律

罗伯特·波义耳,爱尔兰人,于17世纪早期即发现之后被称为波义耳定律的气体方程。他发现:当对一个容器内一定体积的空气施加压力时,该空气的体积变小,而压力增大。波义耳定律表明:如果温度不变,气体的体积与绝对压力成反比。例如,一个上端封闭、活塞处于底部的汽缸内充满了空气,当活塞向上移动至汽缸的一半位置时,该空气的压力应为原有的两倍,见图2.5。由于要求温度必须保持不变,该定律因此不能用于实际应用,这是因为气体压缩时,总是有部分机械压缩产生的热量传给了气体。而且,气体膨胀时又放出热量,因此该定律只有与其他定律组合时才能用于实际应用。

波义耳定律表述为

$$P_1 \times V_1 = P_2 \times V_2$$

式中,P_1 为初始绝对压力;V_1 为初始体积;P_2 为终止压力;V_2 为终止体积。

例如,如果初始压力为40 psia,初始体积为30 in³,那么,当终止压力提高至50 psia时,终止体积为多少?为计算终止体积,需要对公式进行变换,终止体积即为

$$V_2 = \frac{P_1 \times V_1}{P_2}$$

$$V_2 = \frac{40 \times 30}{50}$$

$$V_2 = 24 \ \text{in}^3$$

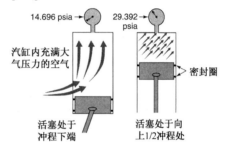

图2.5 当体积减小一半时,汽缸内气体的绝对压力增加一倍

查尔斯定律

19世纪,一位名为雅克·查尔斯的法国科学家就温度对气体的影响提出了一项新发现。查尔斯定律表明:在恒压状态下,气体的体积与热力学温度成正比;在恒体积状态下,气体的压力与热力学温度成正比。换句话说,气体被加热时,如果可以自由膨胀,那么气体的体积即符合上述变化规律,而且其体积与热力学温度成正比;如果某气体被限制在一个不能膨胀的容器中加热,那么其压力将与热力学温度成正比。

该定律也可以用方程式表述,由于此定律限定了压力和温度的相互关系,另一方程式限定了体积和温度的相互关系,因此,此定律需要用两个方程式来表示。

限定体积和温度的方程式为

$$\frac{V_1}{T_1} = \frac{V_2}{T_2}$$

式中,V_1 为初始体积;V_2 为终止体积;T_1 为初始温度;T_2 为终止温度。

如果有2000 ft³的空气通过一台燃气炉,从75℉(24℃)的室内温度加热至130℉(54.4℃),那么离开加热器时空气体积为多少?见图2.6。

$$V_1 = 2000 \ \text{ft}^3$$
$$T_1 = 75\,℉ + 460° \Rightarrow 535°\text{R}(热力学温度)$$
$$V_2 = 未知$$
$$T_2 = 130\,℉ + 460° \Rightarrow 590°\text{R}$$

我们需按数学规律变换公式,将未知项放在方程式的左侧:

$$V_2 = \frac{V_1 \times T_2}{T_1}$$

$$V_2 = \frac{2000 \ \text{ft}^3 \times 590°\text{R}}{535°\text{R}}$$

$$V_2 = 2205.6 \ \text{ft}^3$$

可见,空气加热时,其体积膨胀。

下述公式限定压力和温度:

$$\frac{P_1}{T_1} = \frac{P_2}{T_2}$$

式中,P_1 为初始压力;T_1 为初始温度;P_2 为终止压力;T_2 为终止温度。

如果一台储气量为 500 000 ft³ 的大型燃气罐在春季 70 ℉ 温度下存放燃气,至夏季温度达到 95 ℉ 时,罐内压力为多少?(假定春季时的罐内压力为 25 psig)

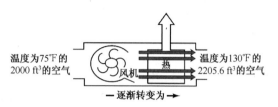

图 2.6　空气加热时体积膨胀

$$P_1 = 25 \ \text{psig} + 14.696(大气压力) = 39.696 \ \text{psia}$$
$$T_1 = 70\ ℉ + 460°R \ 或 \ 530°R (热力学温度)$$
$$P_2 = 未知$$
$$T_2 = 95\ ℉ + 460°R \ 或 \ 555°R (热力学温度)$$

再将公式进行转换,将未知项置于左侧:

$$P_2 = \frac{P_1 \times T_2}{T_1}$$

$$P_2 = \frac{39.696 \ \text{psia} \times 555°R}{530°R}$$

$$P_2 = 41.57 \ \text{psia} - 14.696 = 26.87 \ \text{psig}$$

理想气体通用公式

通用气体定律常称为理想气体通用定律,它是波义耳和查尔斯定律的组合。由于它包含了温度、压力和体积 3 项,因此更实用。

该定律用公式表示为

$$\frac{P_1 \times V_1}{T_1} = \frac{P_2 \times V_2}{T_2}$$

式中,P_1 为初始压力;V_1 为初始体积;T_1 为初始温度;P_2 为终止压力;V_2 为终止体积;T_2 为终止温度。

例如,20 ft³ 的气体以 100 ℉ 和 50 psig 压力状态下存储在某容器中,该容器由气管与一个存放 30 ft³(总计为 50 ft³)气体的容器相连接,两容器间气体处于平衡状态,如果将气体温度降低至 80 ℉,那么在该组合罐中的气体压力为多少?

$$P_1 = 50 \ \text{psig} + 14.696 \ 或 \ 64.696$$
$$V_1 = 20 \ \text{ft}^3$$
$$T_1 = 100 + 460°R = 560°R$$
$$P_2 = 未知项$$
$$V_2 = 50 \ \text{ft}^3$$
$$T_2 = 80\ ℉ + 460 \ 或 \ 540°R$$

公式经数学转换,求得未知项 P_2 为

$$P_2 = \frac{P_1 \times V_1 \times T_2}{T_1 \times V_2}$$

$$P_2 = 64.696 \times 20 \times 540/560 \times 50$$

$$P_2 = 24.95 \ \text{psia} - 14.696 = 10.26 \ \text{psig}$$

道尔顿定律

19 世纪初,英国数学教授约翰·道尔顿提出了大气是由数种不同气体组成的新发现。他发现:每一种气体都会建立起自己的压力,并且总压力是各种气体压力之和。道尔顿定律表明:各种气体有限混合后的总压力等

于该混合气体中各气体压力之和。例如,将氮气和氧气同时放置在一个密闭容器内,作用于容器的压力等于在容器内氮气的自身压力加上容器内氧气自身压力的总和,见图 2.7。

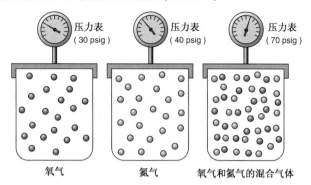

压力表（30 psig）　　压力表（40 psig）　　压力表（70 psig）

氧气　　　　氮气　　　氧气和氮气的混合气体

图 2.7　道尔顿分压定律,总压力等于各气体分压力之和

2.7　能

选用合适的能源驱动设备是空调与制冷行业的一个主要目标,驱动电动机的是一种电能;为住宅和企业供热的能量来自天然气、石油和煤等矿物燃料,是一种热能。那么什么是能呢? 如何利用呢?

时至今日,我们所能得到的唯一新能源是为地球供热的太阳能,我们如今使用的大部分能量都是从已有的能源(如矿物燃料)转化为可用的热能的。这种直接转换的事例就是燃气炉,它通过燃烧将气体火焰热转变为可用的热能,燃气在燃烧室中燃烧时,由燃烧产生的热由热交换器的薄壁管以传导方式传递给了循环空气。有些燃气炉还带有冷凝热交换器(将在有关燃气制热的章节中讨论),加热后的空气被分配到各个采暖空间,见图 2.8。

间接转换方式可以矿物燃料发电厂为例。发电厂利用燃气生产蒸汽,用蒸汽驱动汽轮发电动机发电,然后再由当地的电力公司分送,并以电热方式在当地消费,见图 2.9。

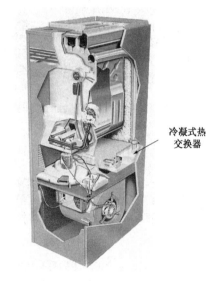

冷凝式热交换器

图 2.8　高效冷凝式燃气炉剖面图

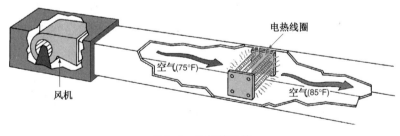

电热线圈

空气(75°F)　　空气(85°F)

风机

图 2.9　电加热风管

2.8　能的交换

上述介绍可以导出一项能的转换定律,该定律表明:能既不能创造也不能消失,但它可以从一种形式转变为另一种形式。还可以说,能可以计量。

我们所使用的大多数能源来自于数千年前的植物。矿物燃料就来自地球表面变化时被土壤和岩石所覆盖的腐烂的植物和动物躯体,这种腐烂物依当时所受到的各种环境的影响变成了各种形态的能源,如燃气、石油或煤,见图 2.10。由于在释放能量时需要某种化学反应,因此存储于矿物燃料内的能亦称化学能。

2.9　热能

温度是计量热程度和热强度的一种手段,但它并不表示含热量。热因为分子的运动而成为一种能量,具体地说,热是一种热能,如果将两个不同温度的物体相互紧紧地靠在一起,那么高温物体的热就会流向低温物体,见图2.11(A)。由于分子的运动在 $-460\ ^\circ\text{F}$ 以上不会停止,因此即使在很低的温度环境,物体内的能依旧有用。当然,这部分能仅仅与处于更低温度的物体有关。例如,如果将两个很低温度的物体紧靠在一起,那么相对温度较高物体的热就会传给温度较低的物体,见图2.11(B)。一个温度为 $-200\ ^\circ\text{F}$ 的物体放在温度为 $-350\ ^\circ\text{F}$ 的物体旁,正如前面讨论的那样,温度相对较高的物体放出热量给了温度较低的物体。当然,家庭和工业企业采用的热能不会处在这样的低温状态。

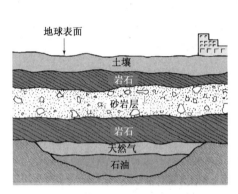

图2.10　天然气和石油沉积在凹洼的地质构造处

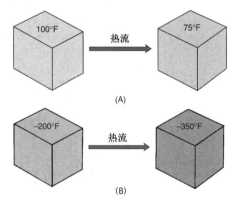

图2.11　(A)如果将两个不同温度的物体相互紧紧靠在一起,那么高温物体的热就会流向低温物体;(B)即使在低温状态下,热能仍然有用,高温物体的热会向低温物体流动

家庭和工业企业中使用的大多数热能都来自于矿物燃料,也有一些来自电能,如图2.9所示。电流在高阻抗导线中的流动会引起导线发热,从而加热了空气。如果使流动的气流流过热导线,就可以使热量以传导方式传给空气,并以强制对流(风机)的方式输送到采暖空间。

2.10　磁能

磁能是将电子流转变为可用能的另一种方式。利用电子流可以产生一个驱动电动机的磁场,而电动机则又是空气、水和制冷剂移动增压设备的动力。图2.12中,一台电动机驱动水泵将 20 psig 的水管增压至 60 psig,该过程就需要耗能,而该能量来自于发电厂。

以上仅对化学能、热能以及电能概念进行了简单介绍,以后章节将详细讨论各个专题。就目前来说,重要的是要认识到:任何采暖或供冷系统都需耗用能量。

2.11　能量的购买

能必须能够从拥有者转移至消费者并能够计量,即可以像购买矿物燃料或电能一样购买。以天然气为例,天然气的购买是通过一个计量仪表,计量一段时间内,如一个月流过多少立方英尺体积的天然气。燃油通常以加仑为单位,煤以吨为单位,电能则以千瓦时(kWh)为单位。如果每种能源的含热量已知,就可根据总热量购买。例如,天然气的含热量大约为 1000 But/ft³,而煤的发热量会因品种不同而出现较大的差异。

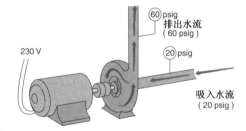

图2.12　电动机将电能转变成为水增压,实现强制对流的机械功

2.12　做功能

从电力公司购买的能源谓之电力。功率是做功的速率。功可以解释为:在力的作用下,物体沿力的方向移动,用公式表示为

$$功 = 力 \times 距离$$

例如,一位体重为 150 lb 的人爬上 100 ft 高度的楼梯(约一幢 10 层楼建筑物的高度),他做了功,但做了多少功呢? 本例中,做功的量相当于将此人提升至同样高度所需的做功量,我们可以用上述公式进行计算:

$$W = 150 \text{ lb} \times 100 \text{ ft}$$
$$= 15000 \text{ ft-lb}$$

注意,做功过程没有时间限制。本例中,一个健康人在几分钟内即可完成,但如果此项工作由一台机器,如电梯来完成,那就需要更多的数据。如果由我们自己来完成此项工作的话,那么需要几秒钟、几分钟还是几小时呢? 完成此项工作速度越快,所需的功率越大。

2.13 功率

功率是做功的速率,功率的单位是马力(hp)。许多年之前,它是根据好马用 1 分钟时间将相当于 33 000 磅的重物提升至 1 英尺高度的平均值来确定的,等于 33 000 ft-lb/min,即 1 马力,由于加入了时间项,它反映了做功的速率。记住,用 1 分钟时间将 330 磅的重物提升 100 英尺高度或将 660 磅重物提升到 50 英尺高度,两者的功率是相同的。作为参考数据,常见锅炉内风机的额定功率约为 1/2 马力。图 2.13 所示为马力测定的图解。

将马力与人的爬楼相比,同为 1 马力,即人必须在不足 30 秒的时间内爬至 100 ft 的高度。对于人来说,这样的工作要求似乎难以达到。一台 1/2 马力的电动机如果仅提升一个人,那么 1 分钟内就可以将此人提升到 100 英尺的高度,其原因是提升此人仅需要 15000 ft-lb 的功(记住,1 分钟做功 33 000 ft-lb 等于 1 马力)。

讨论这些题目的目的在于帮助读者理解如何有效地利用电能,理解电力公司如何确定收费方法。

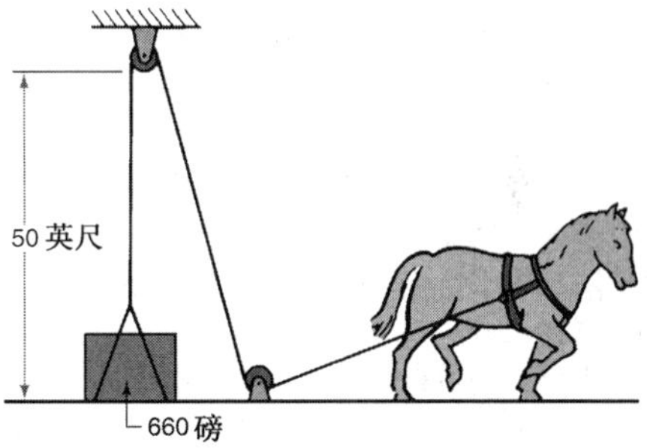

2.14 电功率——瓦特

电功率的计量单位是瓦特(W),这是电力公司常用的单位,换算为电能则为 1 hp = 746 W,即如果正确使用 746 W 的电功率,那么就能实现相当于 1 马力的功。

矿物燃料能可以与电能进行比较,它涉及一种形式

图 2.13 当 1 匹马能在 1 分钟内将 660 磅的重物提升至 50 英尺高度,即在 1 分钟内做了 33 000 ft-lb 的功,其功率即为 1 马力

的能转换为另一种形式的能。但是一种燃料与另一种燃料进行比较时,必须要有一个基本的换算关系。

1. 将以千瓦(kW)计量的电热量转换为以 Btu 为单位的等量燃气、燃油热量。如果我们想要求得 20 kW 电热器的以 Btu 为单位的电热量,由 1 kW = 3413 Btu 可得

$$20 \text{ kW} \times 3413 \text{ Btu/kW} = 68 260 \text{ Btu 热能}$$

2. 将 Btu 换算为 kW。设某燃气炉或燃油炉输出功率为 100 000 Btu/h,由 3413 Btu = 1 kW,则有:

$$100 000 \text{ Btu} \div 3413 \text{ Btu/kW} = 29.3 \text{ kW}$$

换言之,替换功率为 100 000 Btu/h 的燃气(或燃油)炉需要一台功率为 29.3 kW 的电热设备。

对于不同燃料间的消耗量比较,可向当地动力事业部门咨询。

安全防范措施: 任何耗能设备、电动机或燃气炉都存在可能的危险,这些设备应由有经验的人员操作和调整。

本章小结

1. 物质占据空间并具有质量,物质可以是固体、液体或气体。
2. 地面上静止物体的重量与其质量成正比。
3. 英制单位中,密度是指每立方英尺内的物体重量。
4. 比重主要用于各种物质间密度的比较。
5. 比容是一磅蒸汽或气体占据的空间量。
6. 波义耳定律:当温度恒定时,气体的体积与绝对压力成反比。
7. 查尔斯定律:压力恒定时,气体的体积与热力学温度成正比;体积恒定时,气体的压力与热力学温度成正比。

8. 道尔顿定律:多种气体构成的混合气体,其总压力等于各组元气体中各自的压力之和。

9. 本行业中采用的两种能量形式是电能和热能。

10. 矿物燃料依据不同的计量单位购买,天然气以立方英尺计量,燃油以加仑计量,煤以吨计量,电从电力公司以千瓦时(kWh)为单位购买。

11. 功是移动物体所需的力的多少,功 = 力 × 距离。

12. 马力是指 1 分钟内将相当于 33 000 磅的重物提升到 1 英尺的高度,或是其乘积相同的不同时间、不同重量和不同距离的任意组合。

13. 瓦特是电功率的计量单位,1 马力等于 746 瓦特。

14. 3. 413 Btu = 1 W;1 kW(1000 W) = 3413 Btu。

复习题

1. 物质是一种既占据空间,又有_____的物体。
   A. 颜色;   B. 组织构造;   C. 温度;   D. 质量。

2. 常见物质有哪三态?

3. _____是用于表述固态水的术语。

4. 固体施加的作用力为何方向?

5. 液体施加的作用力为何方向?

6. 蒸汽施加的作用力为何方向?
   A. 朝外;   B. 朝上;   C. 朝下;   D. 上述所有方向。

7. 定义密度。

8. 定义比重。

9. 论述比容。

10. 为什么物体在月球上的重量小于在地球上的重量?

11. 钨的密度为 1210 lb/ft³,其比容值为多少?

12. 红铜的比容为 0. 001 865 ft³/lb,其比重是多少?

13. 铝的密度为 171 lb/ft³,其比重是多少?

14. 4 磅气体占据 10 ft³ 的体积,其总体积、密度和比重各为多少?

15. 对于空调、采暖和制冷设备的设计人员来说,气体的比重为什么是非常重要的数据?

16. 哪条定律表述为:只要温度保持不变,气体的体积与其绝对压力成反比?
   A. 查尔斯定律;   B. 波义耳定律;   C. 牛顿定律;   D. 道尔顿定律。

17. 恒压状态下,气体的体积就绝对压力而言如何变化?

18. 就涉及的有限混合气体论述道尔顿定律。

19. 本行业中最常用或最重要的能源是哪两种?

20. 矿物燃料是如何形成的?

21. _____是做功的时间速率。

22. 给出计算完成指定工作事项做功量的方程式。

23. 如果空调压缩机重量为 300 lb,为了将其安装在机座上必须提起 4 英尺的高度,那么需要做多少功?

24. 试述马力的概念,并列举计算马力所需的 3 个变量。

25. 1 马力等于多少瓦特的电能?

26. 4 kWh 的电可以产生多少 Btu 的热?

27. 一台 12 kW 电热器每小时可产生多少 Btu 的热量?

28. 电力公司向用户收费时所用的电能单位是什么?

29. 压力为 10 psig、体积为 30 ft³ 的空气在恒温状态下被压缩到体积为 25 ft³,终止压力为多少(psig)?

30. 如果有 3000 ft³ 的空气通过一台蒸发器盘管,并从 75 ℉ 冷却至 55 ℉,那么蒸发器盘管出口处,该空气体积应为多少(ft³)?

31. 某气体在压缩机汽缸内被压缩,当活塞处于其底部死点位置时,气体初压为 10 psig,初温为 65 ℉,初体积为 10. 5 in³。压缩后,活塞处于上死点位置时,该气体温度为 180 ℉,占据的体积为 1. 5 in³,该气体的终压力应为多少(psig)?

第3章 制冷与制冷剂

教学目标

学习完本章内容之后,读者应当能够:

1. 论述高温、中温和低温制冷系统的应用。
2. 解释专业名词"冷吨"的含义。
3. 描述制冷的基本循环。
4. 解释水或其他液体沸点与压力的关系。
5. 论述蒸发器或冷却盘管的功能。
6. 解释压缩机的作用。
7. 列出居所、小型商务楼常规压缩机的类型。
8. 讨论冷凝盘管的功能。
9. 阐述计量装置的功能。
10. 说出制冷系统选配制冷剂时须考虑的4项技术指标。
11. 说出各种制冷剂储液钢瓶的色标。
12. 叙述制冷系统维护时制冷剂的存储或处理方法。
13. 在压力–焓图上标注各种制冷剂(R-22,R-12,R-134a和R-502)的制冷循环。
14. 在压力–焓图上标注混合制冷剂(R-404A和R-410A)的制冷循环。
15. 在压力–焓图上标注具有明显温度漂移特征的混合型制冷剂的制冷循环。

安全检查清单

1. 可能存在制冷剂泄漏的区域应予适当通风。
2. 应采取严密的预防措施以保证明火附近没有制冷剂泄漏。
3. 制冷剂应存放在压力容器中,操作时必须谨慎小心。检测压力以及将制冷剂从储液钢瓶充入制冷设备或从制冷设备转移至专用的钢瓶时,操作人员应戴上附有面罩的防护目镜和手套。

3.1 制冷概念的引入

本节将论述制冷概念和制冷剂。这里所说的制冷包括食品冷藏和舒适供冷(空调)两个方面。

食品冷藏是制冷技术最具实用价值的应用之一。分子运动的减弱可使食品腐败的速度减缓,同时,也可阻止导致食品腐败的细菌生长。这是因为冻硬点之下,食品中致腐细菌将停止生长。对于大多数食品来说,冻硬点的温度为0℉(−17.8℃)。将食品温度保持在35℉(1.6℃)至45℉(7.2℃)之间,制冷行业中称之为中温冷藏;低于0℉(−17.8℃),则称为低温冷冻。这些不同的工作温度范围常用来说明不同种类的制冷设备及其应用对象。

许多年以来,人们习惯将乳制品及其他易腐烂的食品存放在住宅内最冷的房间、地下室、深井或水池处。在南方,夏天地下水的温度可低达55℉(12.78℃),从而可以使某些食品的保存时间延长。在北方及部分南方地区,人们将冰块放置在厨房的"冷柜"内,当冰块从"冷柜"内食品中吸收热量而融化时,即可使食品冷却,见图3.1。

20世纪初,人们采用机械制冷的方法生产冰块,与"冷柜"一起出售给居民,当然也只有富裕家庭能够消费。同样在20世纪初,有些公司开始生产家用冷柜,就像所有新鲜事物一样,冷柜在很短时间后迅即流行。现在,绝大部分家庭都有了带有冷冻室的冷柜。

冷冻食品就是在第二次世界大战期间开始逐渐流行起来的。由于当时大多数居民没有速冻设备,厂家带有冷冻室的食品保鲜冷柜使家庭拥有了自己的冷冻室。由于保鲜速冻食品仍保持新鲜的风味,因此对消费者来说具有极大的吸引力。冷藏食品,无论是中温保鲜还是低温冷冻,现在人们似乎对此已司空见惯,许多人已把它们视为理所当然的事物。

制冷技术现在还用于住宅和商家的舒适性供冷和车辆的空调。制冷技术在空调方面的应用在本行业中称为高温制冷。

3.2 制冷

所谓制冷就是将一处不需要的热量移送至另一个几乎或完全无关紧要的地方的方法。在普通家庭,从夏季过渡至冬季期间,室内温度通常保持在 70 ℉ (21. 1 ℃) 至 90 ℉ (32. 2 ℃) 之间,冷柜内食品保鲜室的温度约为 35 ℉ (1. 67 ℃),热量总是从高温处自然地流向低温处,因此房间内的热量就会不断地通过绝热箱壁进入冷柜,当箱门打开或有温热食品放入冷柜时,也会有大量的热量进入冷柜,见图 3. 2、图 3. 3 和图 3. 4。

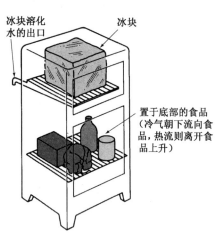

图 3. 1　　"冷柜"最先由木头制作,然后改用金属材料,同时采用软木隔热。如果将一个能制冷的装置放在冰块所处的位置,那么就成了一台冷柜

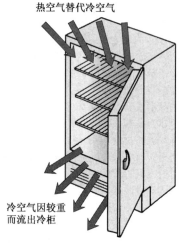

图 3. 2　　冷空气因相对较重而流出冷柜,由来自上方的热空气替代,该部分热量是一种热渗入

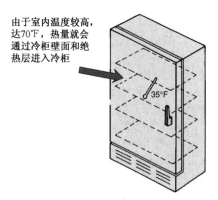

图 3. 3　　热以传导方式通过箱壁传入冷柜,箱壁虽有绝热层,但不能完全阻止热渗入

图 3. 4　　从房间或炉子上取来的热食物会把热量带入冷柜,这被认为是一种热渗入,增加了冷柜的排热量,否则就会使箱内温度提高

3. 3　确定制冷设备的容量规格

　　制冷设备也须有容量大小的标定方法,以便可以对设备进行比较。确定制冷设备容量的方法还需回溯到利用冰作为除热冷源的日子。在 32 ℉ 温度时溶化 1 磅冰需 144 Btu 的热能,那么在确定制冷设备的容量单位时,也可以采用与上述同样的数据。制冷设备的容量单位是冷吨,1 冷吨是指在 24 小时之内溶化 1 吨冰所需要的热量总和。已知溶化 1 磅冰需要 144 Btu,那么溶化 1 吨冰就需要其 2000 倍的热量(2000 lb = 1 t):

$$144 \text{ Btu/lb} \times 2000 \text{ lb} = 288\,000 \text{ Btu}$$

如在 24 小时内完成,这就是所谓的 1 冷吨。当需要计算从某物体移去的热量时,也可以采用这样的计算方法。

例如,一台具有 1 冷吨容量的空调机组在 24 小时内除去 28 8000 Btu 的热量,即每小时 12 000 Btu(288 000 Btu ÷24 = 12 000 Btu),亦即每分钟 200 Btu(12 000 Btu ÷ 60 = 200),见图 3.5。

3.4　制冷过程

冷柜需将热量从温度为 35℉ 或 0℉ 的冷冻冷藏室排向温度为 70℉ ~ 90℉ 的室内环境中,这项工作由冷柜内的制冷系统来完成,见图 3.6。渗入冷柜的热量会使冷柜内的空气温度上升,但一般不会使冷柜内的食物温度明显上升。如果食物温度上升,就会变质。进入冷柜的热量使箱内温度上升至设定值时,制冷系统即自动启动将热量排出。

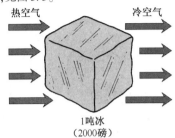

3.5　融化 1 磅冰需要 144 Btu 的热量,那么在 24 小时内融化 2000 磅冰就需要 2000 lb × 144 Btu/lb = 288 000 Btu 的热量,这就是所谓的 1 冷吨的传热量,1 冷吨 = 12 000 Btu/h = 200 Btu/min

将热量从冷柜内排出的过程可以比做从河谷将水泵送至山顶,水泵将水送至山顶所耗用的能量与泵送水量有关。水泵由电动机拖动,如采用汽油机驱动水泵,那就需要燃烧汽油才能转换为做功的能,电动机采用电力作为其能源,见图 3.7。制冷是将热从一个低温区域移送到一个中温或高温的区域,同样需要消耗各种支付费用的能量。

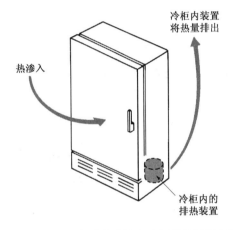

图 3.6　以各种方法渗入冷柜的热量须由冷柜排热机构排除,即从温度为 35℉ 的冷柜向温度为 70℉ 的房间排热

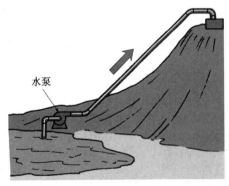

图 3.7　将水压送至山顶需要能量。将热从温标上 35℉ 的冷柜温度状态上行泵送至 70℉ 室内温度状态也需要能量

下面采用住宅窗式空调设备来解释制冷的基本方法。住宅空调(无论是窗式机组还是中央空调系统)均为高温制冷系统,主要用于舒适供冷,住宅空调系统可以在室外见到,或在书的举例中读到。住宅空调器的制冷概念与家用冷柜相同,它将室内热量泵送至室外,而家用冷柜则是将冷柜内的热量泵送至厨房。

热进入房间,需利用空调装置将这部分热排除至室外,使冷空气在室内循环,室内空气进入空调器的温度为 75℉(24℃),排出温度为 55℉(12.8℃),且这部分空气只是除去部分热量的原有空气,见图 3.8。

下面我们用图来说明这样的概念,其论述的内容也是整个空调行业设计数据中的一些指标:

1. 室外设计温度为 95℉(35℃)。
2. 室内要求温度为 75℉(24℃)。
3. 冷却盘管温度为 40℉(4.4℃),此盘管将室内热量传递给制冷系统。注意,正是 75℉ 的室内空气温度和 40℉ 的盘管温度,室内空气的热量才能传递给盘管。
4. 此传热过程使离开盘管以及进入风机的空气温度降低至 55℉(12.8℃)左右,风机出口的空气温度也在 55℉ 左右。
5. 室外盘管温度为 125℉(51.67℃),该盘管是将系统的热传递给室外空气。注意,只有在室外空气温度为 95℉、盘管温度为 125℉ 时,系统才能将热传递给室外空气。

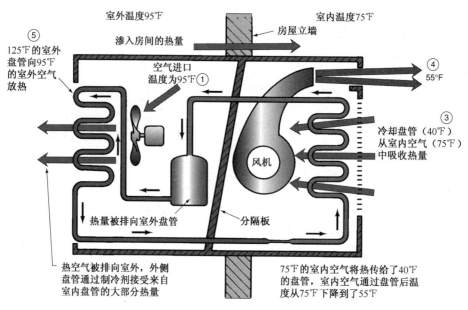

图 3.8　窗式空调器

仔细分析图 3.8 可知:室内热量通过室内盘管传递给了制冷系统,又通过室外盘管将制冷系统的热量传递给了室外空气。空调系统实际上是将热泵出室外,并且制冷系统的容量也必须足够大,以便以比渗入室内更快的速度将热排至室外,否则室内的人就会有不适的感觉。

3.5　压力与温度的相互关系

要理解制冷过程,我们还需回到图 1.14(热温度图)中关于水变为蒸汽的讨论。水在29.92 英尺水银柱压力和212℉的条件下沸腾,这就暗示了水还有其他条件下的沸点。以下讨论本节中另一个最重要的概念。应当记住,可以通过调节水蒸气的压力来改变和控制水的沸点。由于水在下述举例中用做传热介质,因此必须理解这一概念,下面的内容对理解制冷的概念至关重要。

"压力 – 温度相互关系"涉及水蒸气与水沸点的相互关系,并且是控制系统温度的基础。

当大气压力为 29.92 英尺水银柱标准值时,于海平面处,纯水在 212℉时沸腾。在此状态下,水面上实际受到 14.696 psia(0 psig)大气压力的作用,在图 3.9 中可找到这个参考点。图 3.10 为标准大气压下海平面处的水沸腾温度。如果将同样的烧杯带至山顶,由于大气稀薄致使压力降低(海拔高度每上升 1000 英尺,水银柱高度即下降 1 英寸),那么其沸点就会改变,见图 3.11。例如,在克罗拉多州的丹佛市,它位于海拔 5000 英尺之上,其大气压力约为 25 英寸水银柱,在这样的压力下,水在 203℉时即可沸腾。由于在这样的情况下需要更多的烧煮时间,使得土豆和干豆很难煮熟,但是如果这些食品放置在一个加压的密闭容器,如压力锅中,使锅内压力提高至大气压以上约 15 psi(即 30 psia),那么锅内的沸腾温度可提高至 250℉,见图 3.12。

研究水的压力 – 温度表可以发现:压力增加,沸点上升;压力减小,沸点下降。如果水在足够低的温度下沸腾,那么就可以从一个房间内吸取热量,我们就可以获得由冷却(空调)带来的舒适感觉。

水温度	绝对压力	
°F	lb/in² (psia)	in. Hg
10	0.031	0.063
20	0.050	0.103
30	0.081	0.165
32	0.089	0.180
34	0.096	0.195
36	0.104	0.212
38	0.112	0.229
40	0.122	0.248
42	0.131	0.268
44	0.142	0.289
46	0.153	0.312
48	0.165	0.336
50	0.178	0.362
60	0.256	0.522
70	0.363	0.739
80	0.507	1.032
90	0.698	1.422
100	0.950	1.933
110	1.275	2.597
120	1.693	3.448
130	2.224	4.527
140	2.890	5.881
150	3.719	7.573
160	4.742	9.656
170	5.994	12.203
180	7.512	15.295
190	9.340	19.017
200	11.526	23.468
210	14.123	28.754
212	14.696	29.921

图 3.9　水的沸点与压力(温度)的关系

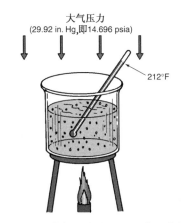

图 3.10　大气压力为 29.92 英尺水银
　　　　柱时,水在 212℉时沸腾

图 3.11　当大气压力为 24.92 英尺水
　　　　银柱时,水在 203℉时沸腾

让我们在装有纯水的低盆中放一支温度计,并把低盆置于一个带有气压计的圆玻璃罩中,启动真空泵。假定盆中水温度为室内温度(70℉),当玻璃罩中的压力达到 70℉水沸腾所对应的压力时,低盆中的水即开始沸腾并汽化,该点压力为 0.739 英寸水银柱(0.363 psia),见图 3.13。

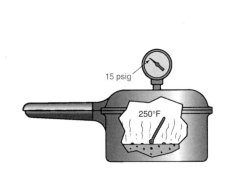

图 3.12　压力锅内的水在 250℉时沸腾。加热时,
　　　　水沸腾产生水蒸气,水蒸气不能逸散,那
　　　　么,水蒸气压力即可上升至 15 psig,因
　　　　锅内压力为 15 psig,水即在 250℉时沸腾

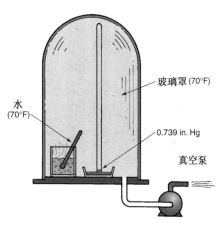

图 3.13　球罩内的压力降低至 0.739 英寸水
　　　　银柱(in. Hg)。因为压力为 0.739 英寸
　　　　水银柱,水的沸点温度降低至 70℉

如果我们将玻璃罩内的压力进一步降低至 40℉时所对应的压力,即压力为 0.248 英寸水银柱时,就会使水在 40℉时沸腾。当然,即使水沸腾,水温并不升高。低盆中的温度计显示的仍是这一温度值。如果将玻璃罩打开,会发现其中的水较冷。

现在让我们把这能够在 40℉沸腾的水接入一个冷却盘管内循环。如果将室内空气强制吹过盘管,那么盘管就会从室内空气中吸热,由于这部分空气将热转移给了盘管,离开盘管的空气就会变冷。图 3.14 所示为冷却盘管的传热过程。

当水以这种方式运行时,水就成了制冷剂。

制冷剂是一种可以通过蒸发迅速转变为蒸汽,然后

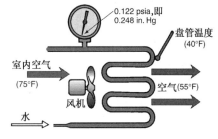

图 3.14　由于压力为 0.122 psia,即 0.248 英寸水银柱
　　　　(in. Hg),因此水在 40℉时沸腾。室内空气温
　　　　度为 75℉,就会将热转移给 40℉的盘管

又能以冷凝方式变为液体的物质。制冷剂必须能够在不改变其特性的情况下反复改变状态。小型设备中一般不采用水作为制冷剂,其原因将在以后讨论。此处以水为例,是因为人们对水的特征较为熟悉。

为研究制冷系统真实的工作过程,我们将在以下举例中采用住宅空调普通使用的制冷剂-22(R-22)来说明实际工作过程。图 3.15 为包括 R-22 在内的几种制冷剂压力 – 温度关系参数表,该参数表与水的压力 – 温度关系参数表相似,但温度、压力范围不同。读者应抽出一定的时间来熟悉该参数表:温度位于左侧,用℉单位标注;压力处于右侧,以 psig 为单位。在左侧找到 40℉,读取右侧数据,注意,R-22 的蒸汽压力为 68.5 psig 时,其温度达到 40℉即开始沸腾。当有空气通过这样的盘管时,它就能像上例中的水一样对空气进行冷却。

温度 °F	12	22	134a	502	404A	410A	温度 °F	12	22	134a	502	404A	410A	温度 °F	12	22	134a	502	404A	410A
−60	19.0	12.0		7.2	6.6	0.3	12	15.8	34.7	13.2	43.2	46.2	65.3	42	38.8	71.4	37.0	83.8	89.7	122.9
−55	17.3	9.2		3.8	3.1	2.6	13	16.4	35.7	13.8	44.3	47.4	66.8	43	39.8	73.0	38.0	85.4	91.5	125.2
−50	15.4	6.2		0.2	0.8	5.0	14	17.1	36.7	14.4	45.4	48.6	68.4	44	40.7	74.5	39.0	87.0	93.3	127.6
−45	13.3	2.7		1.9	2.5	7.8	15	17.7	37.7	15.1	46.5	49.8	70.0	45	41.7	76.0	40.1	88.7	95.1	130.0
−40	11.0	0.5	14.7	4.1	4.8	9.8	16	18.4	38.7	15.7	47.7	51.0	71.6	46	42.6	77.6	41.1	90.4	97.0	132.4
−35	8.4	2.6	12.4	6.5	7.4	14.2	17	19.0	39.8	16.4	48.8	52.3	73.2	47	43.6	79.2	42.2	92.1	98.8	134.9
−30	5.5	4.9	9.7	9.2	10.2	17.9	18	19.7	40.8	17.1	50.0	53.5	75.0	48	44.6	80.8	43.3	93.9	100.7	137.4
−25	2.3	7.4	6.8	12.1	13.3	21.9	19	20.4	41.9	17.7	51.2	54.8	76.7	49	45.7	82.4	44.4	95.6	102.6	139.9
−20	0.6	10.1	3.6	15.3	16.7	26.4	20	21.0	43.0	18.4	52.4	56.1	78.4	50	46.7	84.0	45.5	97.4	104.5	142.5
−18	1.3	11.3	2.2	16.7	18.2	28.2	21	21.7	44.1	19.2	53.7	57.4	80.1	55	52.0	92.6	51.3	106.6	114.6	156.0
−16	2.0	12.5	0.7	18.1	19.6	30.2	22	22.4	45.3	19.9	54.9	58.8	81.9	60	57.7	101.6	57.3	116.4	125.2	170.0
−14	2.8	13.8	0.3	19.5	21.1	32.2	23	23.2	46.4	20.6	56.2	60.1	83.7	65	63.8	111.2	64.1	126.7	136.5	185.0
−12	3.6	15.1	1.2	21.0	22.7	34.3	24	23.9	47.6	21.4	57.5	61.5	85.5	70	70.2	121.4	71.2	137.6	148.5	200.8
−10	4.5	16.5	2.0	22.6	24.3	36.4	25	24.6	48.8	22.0	58.8	62.9	87.3	75	77.0	132.2	78.7	149.1	161.1	217.6
−8	5.4	17.9	2.8	24.2	26.0	38.7	26	25.4	49.9	22.9	60.1	64.3	89.2	80	84.2	143.6	86.8	161.2	174.5	235.4
−6	6.3	19.3	3.7	25.8	27.8	40.9	27	26.1	51.2	23.7	61.5	65.8	91.1	85	91.8	155.7	95.3	174.0	188.6	254.2
−4	7.2	20.8	4.6	27.5	30.0	43.2	28	26.9	52.4	24.5	62.8	67.2	93.0	90	99.8	168.4	104.4	187.4	203.5	274.1
−2	8.2	22.4	5.5	29.3	31.4	45.8	29	27.7	53.6	25.3	64.2	68.7	95.0	95	108.2	181.8	114.0	201.4	219.2	295.0
0	9.2	24.0	6.5	31.1	33.3	48.3	30	28.4	54.9	26.1	65.6	70.2	97.0	100	117.2	195.9	124.2	216.2	235.7	317.1
1	9.7	24.8	7.0	32.0	34.3	49.6	31	29.2	56.2	26.9	67.0	71.7	99.0	105	126.6	210.8	135.0	231.7	253.1	340.3
2	10.2	25.6	7.5	32.9	35.3	50.9	32	30.1	57.5	27.8	68.4	73.2	101.0	110	136.4	226.4	146.4	247.9	271.4	364.8
3	10.7	26.4	8.0	33.9	36.4	52.3	33	30.9	58.8	28.7	69.9	74.8	103.1	115	146.8	242.7	158.5	264.9	290.6	390.5
4	11.2	27.3	8.6	34.9	37.4	53.6	34	31.7	60.1	29.5	71.3	76.4	105.1	120	157.6	259.9	171.2	282.7	310.7	417.4
5	11.8	28.2	9.1	35.8	38.4	55.0	35	32.6	61.5	30.4	72.8	78.0	107.3	125	169.1	277.7	184.6	301.4	331.8	445.8
6	12.3	29.1	9.7	36.8	39.5	56.4	36	33.4	62.8	31.3	74.3	79.6	109.3	130	181.0	296.8	198.7	320.8	354.0	475.4
7	12.9	30.0	10.2	37.9	40.6	57.8	37	34.3	64.2	32.2	75.8	81.2	111.6	135	193.5	316.6	213.5	341.2	377.1	506.5
8	13.5	30.9	10.8	38.9	41.7	59.3	38	35.2	65.6	33.2	77.4	82.9	113.8	140	206.6	337.2	229.1	362.6	401.4	539.1
9	14.0	31.8	11.4	39.9	42.8	60.7	39	36.1	67.1	34.1	79.0	84.6	116.0	145	220.3	358.9	245.5	385.9	426.8	573.2
10	14.6	32.8	11.9	41.0	43.9	62.2	40	37.0	68.5	35.1	80.5	86.5	118.3	150	234.6	381.5	262.7	408.4	453.3	608.9
11	15.2	33.7	12.5	42.1	45.0	63.7	41	37.9	70.0	36.0	82.1	88.0	120.5	155	249.5	405.1	280.9	432.9	479.8	616.2

图 3.15　各种制冷剂的压力 – 温度关系(真空状态,以英寸水银柱为单位,其他数据为 psig,R-404A 和 R-410A 的压力值为液态和蒸气压力的平均值)

当某种制冷剂在下述条件下同时存在液态和蒸气时,其压力和温度具有相互对应的关系:

条件1:当状态(沸腾或冷凝)正在变化时。

条件2:当制冷剂处于平衡(如不加热或不排热)时。

在条件1和条件2两种状态下,称制冷剂处于饱和。当某种制冷剂饱和时,其液态和蒸气可以同时存在并具有相同的饱和温度。注意,液态和蒸气具有相同温度的说法对于一些具有温度漂移特征的新混合型制冷剂来说并不正确。温度漂移问题将在第9章中讨论。饱和温度取决于液体和蒸气混合物的压力,该压力称为饱和压力。饱和压力越大,液体和蒸气混合物的饱和温度越高;饱和压力减小,则饱和温度降低。

假设容许将一个 R-22 的钢瓶放在室内,并且其温度逐步达到室内温度 75℉。由于没有外界因素的影响,不久,此钢瓶内 R-22 制冷剂即处于一种平衡状态,钢瓶及钢瓶内液体、蒸气均为室内温度 75℉。由压力和温度线图可知,此时钢瓶内压力为 132 psig,见图 3.15。该压力 – 温度参数表由于包含了不同饱和压力对应的饱和温度,因此也称为饱和参数表。

假设将同一个 R-22 钢瓶移入小型冷库,并容许其达到 35℉ 的房内温度且且平衡。由于该钢瓶冷却至 35℉ 的过程中将逐渐达到 61.5 psig 的新状态,钢瓶内蒸气就会以部分蒸气的冷凝方式对冷却做出反应,即压力下降。

如果我们将该钢瓶(现温度为 35℉)送回上述那个较热的房间,并容许其温度上升,钢瓶的液体即以轻微沸腾并产生蒸气的方式对升温做出反应,进而其压力就会逐步回升至 75℉ 所对应的 132 psig。

如果我们将该钢瓶(现温度为 75℉)移入 100℉ 的房内,瓶内液体以轻微沸腾从而产生更多蒸气的方式重新对应温度的变化。当液体沸腾并产生蒸气时,其压力将迅速上升(见压力 – 温度参数表),直至达到液态制冷剂温度所对应的压力状态,并持续至钢瓶内的制冷剂达到 100℉ 所对应的压力 196 psig,见图 3.16、图 3.17 和图 3.18。

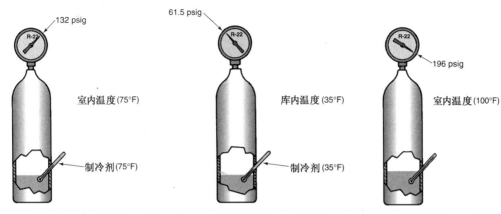

图 3.16 将一个 R-22 钢瓶移入温度为75℉的室内,当钢瓶及其中的制冷剂达到室内温度时,钢瓶内制冷剂为部分液体、部分气体的混合物,当此两项均达到室温时即处于平衡,不再出现温度的变化,此时75℉钢瓶内的制冷剂对应压力为132psig。此时,该液态和气态制冷剂即称为在75℉温度下的饱和

图 3.17 将该钢瓶移入小型冷库内,当钢瓶及其中的制冷剂达到库内温度35℉时,部分制冷剂蒸气转变为液体,形成新的蒸气压力。对应库内温度35℉,钢瓶内压力为61.5psig,至此,钢瓶内制冷剂液体和蒸气处于35℉状态下饱和

图 3.18 将钢瓶移入100℉的室内,钢瓶内制冷剂处于100℉,196 psig的平衡点,其压力的提高是由于部分液体制冷剂沸腾形成蒸气,使制冷剂的整体压力提高,制冷剂液体依然饱和,但现在是在更高饱和温度(100℉)下的饱和

事实上,由于温度上升而产生的蒸气称为蒸气压力,蒸气压力是作用于饱和液体上的压力。无论何时,一旦饱和蒸气和液体同时存在,就会形成压力。蒸气压力以同样大小作用于各个方向,且这一作用力的大小就是制冷或空调系统的压力表上的读数。当液体蒸气混合物的温度提高时,其蒸气压力也增大。当液体蒸气混合物的温度下降时,蒸气的压力也减小。

通过对温度－压力参数表的进一步研究可以发现,当压力低于大气压力时,R-22 在 −41℉时沸腾。☆不要做下述实验,因为故意地将制冷剂释放至大气现在是一种违法行为,此处的叙述仅仅用于说明概念。☆ 如果将 R-22 钢瓶上的阀门缓慢地打开,让制冷剂释放至空气中,制冷剂蒸气压力的减小会引起钢瓶内液体制冷剂沸腾,并且温度下降。无论何时,任何数量的液体制冷剂出现沸腾,期间都要吸收热,也就会产生冷效应。此时的热量来自钢瓶内的制冷剂液体。之后,钢瓶内压力将降低至大气压力,并在钢瓶表面结霜,温度返回 −41℉。我们现假定R-22钢瓶上的蒸气阀门打开得足够大,让 R-22 蒸气任意地释放,那么蒸气就会以钢瓶内液体气化的速度向空气排放。如果将一根液管连接于钢瓶的出液口,并非常缓慢地打开出液口阀门,那么制冷剂液体就会在杯子的底部积聚,并且在 −41℉时沸腾,最终使杯子冷却至 −41℉,见图3.19。☆再次提醒,不能做上述实验。☆

过去,常用一个较为原始但十分有效的演示来说明空气冷却过程。☆由于故意将制冷剂排放至空气是一种违法行为,因此不能做这样的实验。☆ 将一根铜管固定在制冷剂钢瓶上的出液口旋塞上,并使制冷剂液体进入管内,排出管内的空气。由于制冷剂从处于大气压力的另一管口排放,因此管内制冷剂的温度为与大气压力相对应的 −41℉。如果将此连接管稍做盘绕并置于空气流中,那么就可以使空气冷却,见图3.20。

3.6 制冷系统的组成

如果在此装置中再加上一些零部件,整个制冷系统就比较完整了。对于机械制冷来说主要有如下 4 大构件:

1. 蒸发器。
2. 压缩机。
3. 冷凝器。
4. 制冷剂节流装置。

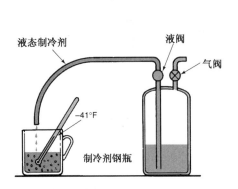

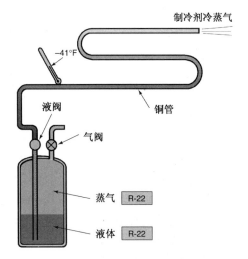

图 3.19　用液管连接于 R-22 制冷剂钢瓶上的出液口阀门,让制冷剂流出钢瓶进入杯中,制冷剂集中在杯中,液相 R-22 制冷剂就会在 -22℉温度下持续沸腾蒸发,直至所有的液相制冷剂全部汽化、变为蒸气。☆因为这一实验涉及故意将制冷剂排放入大气的行为,因此是违法的,所以不能做这种实验。☆

图 3.20　当液管连接于 R-22 制冷剂钢瓶上端出口阀门上并让制冷剂液体进入液管时,该制冷剂液体就会在大气压力之下以 -41℉温度气化。☆由于此项实验涉及故意将制冷剂排放至空气,是一种违法行为,因此不能做这样的实验。☆

3.7　蒸发器

蒸发器是系统的吸热构件,当制冷剂在低于被冷却物体的温度下沸腾时,蒸发器就从该物体上吸取热量。由于空调系统的常规设计温度为 40℉,因此在前面的空调系统举例中,我们均选定该温度为制冷剂的蒸发温度。其原因在于概念上的室内温度都接近 75℉,因此可迅速地将热量转移至温度为 40℉的盘管上。该 40℉的温度也大大地高于盘管的冰点。盘管与空气间的相互传热过程见图 3.21。

我们来观察当 R-22 制冷剂流过蒸发器盘管时的情况:制冷剂以约 75% 液体、25% 蒸气的比例组成的混合物从下

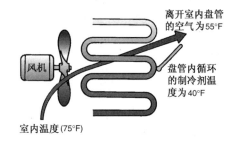

图 3.21　蒸发器温度为 40℉,它可以从75℉的室内空气中吸取热量

端进入盘管。该比例取决于系统和应用方式,从而可能有所变化。制冷剂通常从蒸发器的下端进入以保证制冷剂离开蒸发器上端时不再是液体以及进入蒸发器的初始被蒸发成为蒸气。如果将制冷剂从蒸发器的上端进入,那么制冷剂液体就会在完全汽化为蒸气之前依其自身的重力迅速流入蒸发器的底部。制冷剂在蒸发器下端进入可以使压缩机彻底避免液态制冷剂。

随着盘管不断从空气中获得热量,制冷剂沿盘管逐渐转变为蒸气,该两相混合流在蒸发器的下端部不断地翻滚、汽化,见图 3.22。约在盘管长度的一半处,混合流中的蒸气量已多于液相量。蒸发器的最终目的是在盘管的终端之前能将液态制冷剂全部汽化,成为蒸气。大约在整个盘管长度的 90% 处,所有的液相全部消失,成为纯气态。在此,我们获得饱和蒸气。如有排热,蒸气即开始冷凝;反之,如有加热,该蒸气将形成过热。当蒸气过热时,它不再依循压力 - 温度的对应关系。由于没有更多的液相制冷剂可汽化成为蒸气,因此即使再加热,也不能产生更大的蒸气压力。再加热时该蒸气获得的是显热,因而其温度会上升,但压力将保持不变。由于再加热可以保证没有液相制冷剂离开蒸发器并进入压缩机,因此人们认为过热对压缩机来说是一项非常重要的措施。出现过热时,就不可能有液相制冷剂离开蒸发器。

蒸发器的三大功能可总结如下:

1. 吸收热量。
2. 由这部分热量使盘管内的制冷剂汽化,使之成为蒸气。
3. 由这部分热量使盘管内的制冷剂蒸气过热。

蒸发器有许多不同的结构形式,但现在仅需记住:蒸发器的功能就是从被冷却物体吸热并转移给系统,该物体可以是固体、液体或气体,且蒸发器必须根据不同的对象采用不同的结构形式。图 3.23 为一典型的蒸发器。吸热之后,热量便以制冷剂蒸气为载体,通过吸气管,进入压缩机。蒸发器通过吸气管与压缩机相连,形成制冷剂进入压缩机的通道。

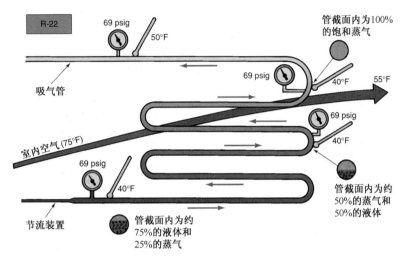

图 3.22　蒸发器以低于室内空气的温度使制冷剂汽化,即可将热量吸入制冷系统。
75 °F的室内空气通过传导的方式可迅速地将热量传递给 40 °F的蒸发器

3.8　压缩机

压缩机是制冷系统的心脏,它以泵送热载体的制冷剂方式移送热量。压缩机可以视为一种真空泵,它将系统低压侧(包括蒸发器)的压力降低,并将系统高压侧的压力提高,从而使制冷剂从低压侧向高压侧流动。制冷系统中的各种压缩机均通过压送制冷剂来实现这一功能。当然,不同类型的压缩机完成这一压缩过程的方式各有不同。住宅和小型商场的空调与制冷机组中应用最多的压缩机是往复式、回转式和涡旋式压缩机。

往复式压缩机利用汽缸内的活塞来压缩制冷剂,见图 3.24。其气阀通常为簧片式气阀或舌状气阀,以保证制冷剂正确的流动方向,见图 3.25。这种压缩机也称为容积式压缩机,当汽缸充满蒸气时,汽缸必须随着压缩机运转排空,否则就会损坏。多年来,它一直是 100 hp 以下容量的制冷系统中最常用的压缩机,当然现在则可采用更新、更高效的各种压缩机。

图 3.23　典型蒸发器(Larkin Coils Inc. 提供)

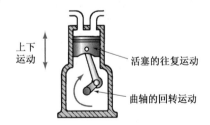

图 3.24　曲轴的回转运动转变为活塞的往复运动

涡旋式压缩机是最新开发的压缩机之一。它采用一种完全不同的工作机构,它有一个类似盘簧的固定盘和一个与固定盘匹配并啮合的运动盘,见图 3.27。动盘围绕定盘内侧运转,利用动盘与定盘间空间的变化将制冷剂蒸气从系统的低压侧挤压至高压侧。其压缩的多个过程在涡盘内同时发生,同时,又由于其运动构件很少,使这种压缩机的运行非常平稳。涡盘底部和上端利用摩擦作用密封。顶部采用端面密封,密封面可以防止运转时高压侧的制冷剂返回低压侧。它是一种有限容积式压缩机,当容积减小、形成的压力过大时,两涡盘可以相互分离,使高压制冷剂能够通过压缩机返回低压侧,以避免过载。这种配对涡盘自行分离的能力对于有少量液态制冷剂进入压缩机吸气口的情况比较宽容,因此几乎不可能使压缩机损坏。

回转式压缩机也是一种容积式压缩机,它主要用于小型设备系列,如窗式空调机、家用冷柜以及住宅空调系统。这种压缩机的效率极高,几乎没有运动机构,见图 3.26。它采用旋转的盘状活塞将制冷剂蒸气挤压出排气口。与同容量的往复式压缩机相比,其体积要小得多。

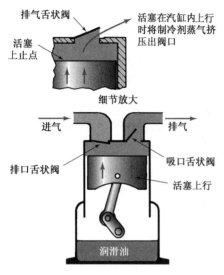

图 3.25　舌状阀及其他压缩机构件

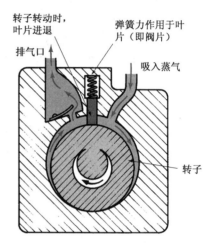

图 3.26　回旋式压缩机只有一个运
动方向,没有回程

最新的 CAM 技术(计算机辅助制造技术)可以使涡旋式压缩机在空调以及高温、中温和低温制冷方面的应用更加普遍。涡旋式压缩机的容量受定、动涡盘的大小和壁高限制。

大型商业机组由于需要在系统中压送更多的制冷剂蒸气,通常采用其他种类的压缩机,如在大型空调机组中常采用离心式压缩机,它非常像一台大型风机,但它不属于容积式压缩机,见图 3.28。因为与离心压缩机同样的原因,大型空调机组还采用螺杆式压缩机。此外,螺杆式压缩机也用于低温制冷设备,它是一种容积式压缩机,见图 3.29。

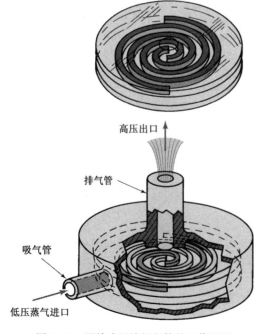

图 3.27　涡旋式压缩机机构的工作原理

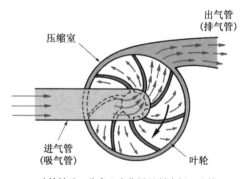

叶轮转动,将离心力作用于制冷剂,迫使
制冷剂流向叶轮外侧,压缩机壳体收集制
冷剂,并将其压送至排气管,制冷剂流向
外侧时会在连接有进气管的中心位置形成
一个低压区域

图 3.28　离心式压缩机工作构件的工作原理

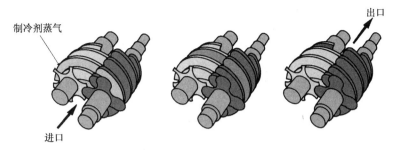

制冷剂从进口处进入至出口处排出完成一级压缩

图 3.29 螺杆式压缩机的工作构件

需要记住的重点是:无论何种类型,压缩机所履行的是同样的功能。现在,我们可以把压缩机看做是提高系统压力并将气态制冷剂从低压侧移动到高压侧且进入冷凝器的一个部件。

3.9 冷凝器

冷凝器用于为制冷系统排出显热和潜热。排出的热量包括蒸发器吸收的热量、压缩机压缩过程中产生的压缩热或机械摩擦产生的热量以及进压缩机前吸气管上因过热所吸收的热量。

冷凝器通过压缩机与冷凝器之间的称为热气管的一根配管,接受来自压缩机的高温蒸气,见图 3.30。该高温蒸气由压缩机压送,以高速、高温(约 200 ℉)状态进入冷凝器的上端部。此高温蒸气(压缩机的排气)的温度取决于系统和设备的种类与规格。由于高温蒸气处于过热状态,其温度高于 125 ℉ 的冷凝器饱和温度,因此,此高温蒸气 200 ℉ 的温度并不依循压力 – 温度的相互关系。对于 R-22 来说,125 ℉ 温度的对应压力为 278 psig。切记,125 ℉ 的温度和与其对应的 278 psig 压力是此状态下在冷凝器内出现气态向液态变化的冷凝饱和压力值,冷凝器内蒸气压力实际上是高压侧压力表的读数 278 psig,该蒸气压力在采暖、通风、空调以及制冷行业中通常也称为排气压力、高压侧压力、排气压力或冷凝压力,来自压缩机的这一温度为 200 ℉ 的高温蒸气过热 75 ℉(200 ℉ – 125 ℉),不再具有压力 – 温度的对应关系。

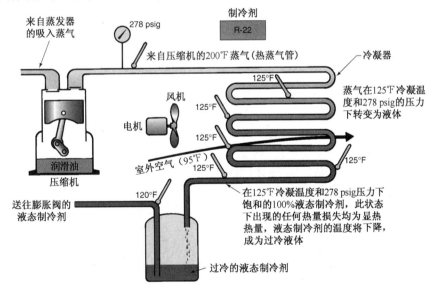

图 3.30 冷凝器内蒸气变化为液态制冷剂的过程

进入冷凝器的蒸气与环境空气相比温度很高,可与空气迅速形成热交换。被强制通过冷凝器的环境空气温度为 95 ℉,与进入冷凝器近 200 ℉ 的蒸气相比温差很大。当制冷剂蒸气流入冷凝器时,它就开始将显热排放给环境空气。同时,制冷剂蒸气温度下降,当蒸气持续冷却时,其过热度逐渐减小,直至达到冷凝温度 125 ℉ 时开始出现状态的变化。开始时,其状态的变化非常缓慢,仅有少量的蒸气变为液体,之后随冷凝器内的气 – 液混合物增多,速度逐渐加快。在饱和温度和饱和压力分别为 125 ℉ 和 278 psig 时出现蒸气向液态的急剧变化。这一状态的变化是一个潜热过程,也就是说,即使制冷剂有排热,其温度仍保持在 125 ℉。注意,对于某些具有温度漂移的新混合型制冷剂来说,状态变化期间并不一定有恒温过程。

当逐渐冷凝的制冷剂抵达冷凝器盘管长度约90%处,盘管中的制冷剂全部为饱和的纯液体。如果从该100% 的饱和液体排热,那么由于没有更多的蒸气可冷凝成液体,该液体将进入显热排热过程。显热排热过程会使液态制冷剂的温度下降,即低于 125 ℉的冷凝饱和温度。温度低于冷凝饱和温度的液体称为过冷液体,见图 3.31。

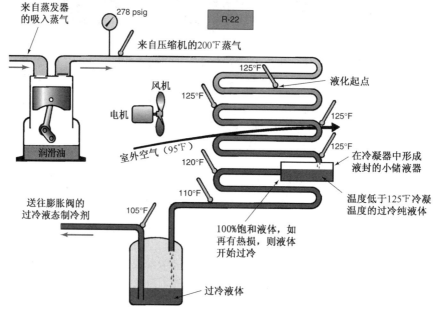

图 3.31　具有过冷作用的冷凝器

制冷剂在冷凝器中会有 3 个重要的传热过程:

1. 来自压缩机的高温蒸气,其温度从排气温度逐渐降低至冷凝器温度。记住,冷凝温度决定了排气压力。这是一个显热传热过程。
2. 制冷剂从蒸气冷凝成液态制冷剂是一个潜热传热过程。
3. 液态制冷剂温度还可以低于冷凝温度,即过冷。通常情况下,将制冷剂过冷,低于冷凝温度以下 10 ℉ ~ 20 ℉,但这取决于系统的种类与容量,见图 3.31。这是一个显热传热过程。

冷凝器的种类规格繁多。需要记住的是:冷凝器是一种制冷系统的排热构件,可以将热排给固态、液态或气态物体。但针对不同的工作对象,冷凝器有不同的结构形式。图 3.32 为一些典型冷凝机组。

(A)

(B)

图 3.32　常规冷凝机组:(A)风冷式半封闭冷凝机组;(B)风冷式全封闭冷凝机组。压缩机是冷凝机组的一部分(Bill Johnson摄)

3.10　制冷剂计量装置

过冷液态制冷剂通过液管送至计量装置。此时,液态制冷剂的温度约为 110℉(43.3℃),在到达计量装置之前仍可以向环境空气排放少量热量。该液管可以埋设在住宅地下或穿墙外置,使液管内制冷剂平缓地降低至 105℉(40.56℃)。向环境排放任何数量的热量都是有益的,这是因为这部分热来自系统,它有助于系统具有更大的容量,也有助于将该过冷液体的温度更接近蒸发器的温度,同时可以提升系统的容量。

一种结构简单、具有固定孔径的计量装置称为孔口板。它是一种置于管路上、具有固定孔径的小型计量装置,见图 3.33。这种计量装置能阻止全流量的制冷剂通过,它也是系统高压侧与低压侧之间的分水岭,只有纯液体才能通过,孔口板的连接管管径相当于铅笔外径,板上绞制的小孔非常细小,只有缝衣针大小,如图中所见,液流在此受到很大的限制,液态制冷剂进入孔口板时的压力为 278 psig,离开孔口板时为 75% 左右的液态和 25% 气态的制冷剂混合物,此时的新压力为 70 psig,新温度为 41℉左右,见图 3.33。此时,通常会出现两个问题:

1. 为何有大约 25% 的液体变为了蒸气?
2. 这 100% 的纯液体如何在这样一个短小空间内由 105℉的温度下降至 41℉,并成为气液混合物?

这些问题可以用一根有水压的花园浇水软管来回答。该管的出水感觉稍冷,见图 3.34,由于有部分水蒸发已变成了水雾,所以水管的出水确实稍冷。蒸发过程可以从未参与蒸发的水吸取热量,并使其自身的温度下降。现在,当高压过冷制冷剂通过这样的孔口板时,那么制冷剂也会出现同样的效应;由于制冷剂的压力下降(278 psig 下降至 70 psig),那么一部分制冷剂就会急剧蒸发成蒸气(称为闪气)。根据压力 – 温度的对应关系,这一急剧蒸发过程就会使其他部分的制冷剂温度下降至 70 psig 所对应的温度,即 41℉。位于计量装置出口的闪气被人们认为是系统容量的一种损失,这是因为在冷却被冷却空间时,蒸发器内可供沸腾成蒸气的液体量减少,因此应将闪气量限制在最小程度。同时,制冷剂的压力在计量装置内快速下降,也降低了离开计量装置后的液态制冷剂的沸点,即饱和温度。

不同的制冷剂可采用不同类型的计量装置。在以后章节中将讨论计量装置的细节内容。图 3.35 为各种类型的计量装置。

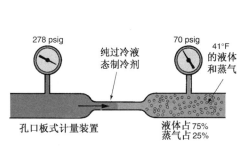

图 3.33　固定孔口板式计量装置

图 3.34　挤压浇花水管的头部

图 3.35　节流装置:(A)毛细管;(B)自动膨胀阀;(C)热力膨胀阀((A):Parker Hannifin Corporation 提供.(B)和(C):Bill Johnson 摄)

3.11　制冷系统与构件

以上根据各自的功能,讨论了机械压缩式系统的基本构件,这些构件必须针对特定的应用对象严格地匹配组合。例如,由于压缩机的泵送特性不同,低压压缩机就不能用于高压装置。当然,也可根据制造商提供的数据将这些构件组合成性能良好的设备,但只有那些具有丰富专业知识和经验的专业人员才能做到。

以下,我们讨论由上述构件组成并能够在设计工况下正常工作的一个完整的示范性系统,以后,我们再解释其不足之处以及逆向运行状态。

标准空调系统运行的室内设计温度为 75 °F (24 ℃),湿度(空调房间内的湿度)为 50%,要求室内维持这些状态参数。室内空气向制冷剂排热,由于室内盘管同时承担从室内空气中排湿,即要使室内湿度也维持在要求的水平状态,因此,在此还要考虑湿度的因素,即所谓的减湿功能。

减湿需要大量的能量。从空气中冷凝 1 磅水蒸气与冷凝 1 磅水蒸气需要去除同样数量的潜热(970 Btu)。所有的空调装置都有处理冷凝水的机构,有些机组采用滴水管,有些机组则将冷凝水引入排水管,也有些机组在冷凝器上安装甩水器,还有一些机组将冷凝水引流至室外机盘管上,由冷凝器使水蒸发,有利于系统性能的提高。

参见图 3.36。切记,系统的一部分在室内,一部分在室外,讨论顺序号与图中带圈的序号对应。

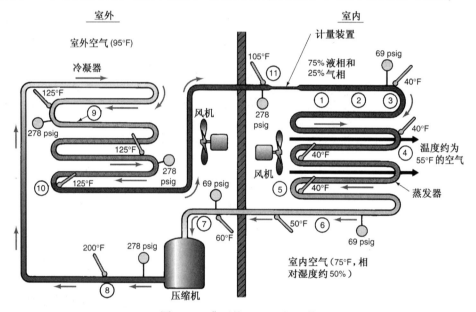

图 3.36　典型的 R-22 空调系统

1. 75% 液相和 25% 气相的混合制冷剂离开计量装置进入蒸发器。
2. 该混合相制冷剂为 R-22,压力为 69 psig。对应 40 °F (4 ℃)的沸点温度。制冷剂沸腾温度为 40 °F,而由制冷剂蒸发形成的压力为 69 psig。记住这个概念十分重要。
3. 气液混合相制冷剂以湍流的流态进入蒸发器,在其流动的过程中,由 75 °F (24 ℃)的室内空气热负荷使液相制冷剂蒸发。
4. 在流过盘管约一半路程时,气液混合物由 50% 的液相和 50% 的气相组成,由于正在发生相变,因此其温度与压力的相互关系不变。
5. 此时,制冷剂为 100% 的蒸气,换句话说,它已达到蒸气的饱和点。回顾用热量使水饱和的举例,如果在某种状态下,排除任何数量的热,就会有一部分蒸气返回为液体,如果添加热量,蒸气的温度会升高,这就是我们所说的饱和状态。蒸气温度的上升使蒸气成为过热蒸气(过热是一种显热)。点⑤处,饱和蒸气仍为 40 °F (4 ℃),并且还可以从 75 °F (24 ℃)的室内中吸收热量。
6. 现为高于饱和温度的纯蒸气,一般有 10 °F 左右的过热,仔细研究图 3.36 中的此点位置,可以发现其温度约为 50 °F。注意,要想在此点有正确的过热度,可采取以下步骤:
   A. 注意吸气管的压力表,吸气压力(即蒸发压力)应为 69 psig。
   B. 利用压力 - 温度表,查 R-22,将吸气压力读数转换为吸气温度,即蒸发温度——40 °F。

C. 用温度计测量吸气管的实际温度为 50℉。

D. 将吸气管的实际温度减去饱和吸气温度得到过热度:50℉ – 40℉ = 10℉。

之所以称该蒸气为含热蒸气是因为它确实含有从室内空气获得的热量,当制冷剂流过蒸发器时,不断汽化的制冷剂吸热而形成蒸气。当蒸气沿吸气管到达压缩机时,还将过热 10℉,其温度达到 60℉。

7. 蒸气由压缩机的泵吸作用形成的低压吸力进入压缩机。蒸气离开蒸发器时,其温度约为 50℉(10℃),高于 40℉(4℃)的饱和汽化温度,并有 10℉的过热。蒸气向压缩机流动的过程中,在吸气管上又吸收了热量。吸气管线一般为铜制管并被保温,避免系统从环境吸热,也避免结露。但是,吸气管仍会吸取一些热量,因为吸气管输送的是蒸气,它吸取任何数量的热量后会使自身温度很快上升。记住,蒸气温度上升并不需要大量的热量,它取决于吸热管线长度和保温质量,压缩机进口处吸气管的温度约为 60℉。

8. 有较大过热度的蒸气通过高压侧的热气管离开压缩机,因为冷凝器一般都比较靠近压缩机,该热气管通常都较短。在炎热的天气下,压力约为 278 psig 时,热气管的温度接近 200℉。由于对应 278 psig 表压的饱和温度为 125℉(52℃),因此,热气管大约有 75℉的过热(200℉ – 125℉),这样的过热度必须在冷凝前消除,由于热气管温度很高且制冷剂处于蒸气状态,很容易向环境放热,此时的环境温度为 95℉(35℃)。

9. 过热部分消除,温度降低至 125℃冷凝温度,点⑨处也称为 100%饱和蒸气点,如果稍有排热或放热,即开始形成液相。当排除更多的热量时,余下的饱和蒸气将在 125℉(52℃)冷凝温度下持续冷凝成饱和液相。现在应注意,盘管温度对应于高压侧压力 278 psig 为 125℉,高压表的读数为 278 psig 是因为制冷剂在 125℉温度下冷凝。事实上,278 psig 的表压力是蒸气冷凝时作用于液相的蒸气压力。记住,压力表上的读数就是蒸气压力。要了解冷凝状态还需要知道该冷凝器的效率。本例中,我们采用的是标准冷凝器,其冷凝温度约高于环境空气 30℃,即可向环境放热,室外温度为 95℉,则制冷剂的冷凝温度应为 95℉ + 30℉ = 125℉。有些冷凝器在高于环境温度 25℉的情况下即可冷凝,这是一些效率比较高的冷凝器且系统的高压侧运行压力较低。冷凝器温度与冷凝压力还取决于冷凝的热负荷,热负荷越大,冷凝温度和对应的压力越高、越大。

10. 此时,制冷剂为在 125℉饱和温度下的 100%液相。液相制冷剂沿盘管持续流动时,空气则不断地把液相制冷剂冷却至实际的冷凝温度以下,在到达计量装置前,该液相制冷剂可比 125℉(52℃)冷凝温度低 20℉。温度低于 125℉冷凝温度的液相制冷剂称为过冷液体。本例中,液相制冷剂在到达计量装置之前已冷却到 105℉,因此,该液相制冷剂具有 20℉(125℉ – 105℉)的过冷度。

11. 液相制冷剂通过连接管(通常为铜管)由冷凝器到达计量装置,该液管通常在现场安装,不予保温,两者间距离可以较长,沿途该液管可以放热,此处放出的热量是离开系统的,因此是有益的。进入计量装置的制冷剂比 125℉(52℃)冷凝温度低 20℉,因此,进入计量装置液管内的制冷剂温度约为 105℉(40.5℃)。进入计量装置的制冷剂为 100%的过冷液体,在计量装置孔板(一个约为缝衣针粗细的小孔)短小的距离内,过冷液体转变为 75%的饱和液体和 25%的饱和蒸气。离开计量装置的制冷剂,其液相与气相的百分比则取决于系统与设备。这 25%的蒸气称为闪气,用于将余下的 75%液体冷却至 40℉(4℃),即蒸发器的汽化温度。由于需要闪气将液体温度降低至 40℉的蒸发温度,因此被认为是一种系统损失,它不能用于蒸发器冷却室内空气和除湿。使闪气最少化的唯一途径是使进入计量装置的过冷液体温度尽可能地接近蒸发温度。

制冷剂至此完成了整个制冷循环,可立即进入下一个循环。显然,制冷剂所做的是同样的事情:在蒸发器中从液体变为蒸气,在冷凝器中再变回液体。膨胀器件用于限定进入蒸发器的流量,压缩机则将制冷剂吸出蒸发器。

以下是对制冷循环的一个简单小结:

1. 蒸发器将热吸入制冷系统。
2. 冷凝器将热排出系统。
3. 压缩机泵送载热蒸气。
4. 膨胀器限定制冷剂流量。

3.12　制冷剂

在前面的案例中,我们曾分别采用水和 R-22 作为制冷剂。尽管各种制冷剂有各自的特点,这里仅讨论其中的一小部分,详细内容可参见第 9 章"制冷剂与润滑油的化学成分及其回收、再循环、再生和改型"。

以下 4 种制冷剂中有些已停止生产,有些则明确了在不久的将来会禁止使用:

- R-12：主要用于中温、高温制冷设备。于1996年起被禁止生产。
- R-22：主要用于住宅、商业和工业空调设备与一些商业和工业制冷设备。R-22至2010年在新设备中停止使用，至2030年全面停止使用。

以下是几种新型、常见的长期替代型制冷剂：

- R-134a：其特性非常类似于R-12，主要用于中温、高温制冷设备、冷柜和冰柜以及汽车空调。可替代R-12，但不能直接替代，系统需要改造。
- R-404A：在低温、中温制冷设备中替代R-502，其工作压力稍高于R-502，是一种近共沸混合型制冷剂，具有较小的温度漂移。
- R-407C：具有类似R-22的特性，在一些住宅和商业空调设备中用于代替R-22，可作为R-22系统的改型制冷剂使用，但它具有很大的温度漂移和分解倾向，是一种近共沸混合型制冷剂。
- R-410A：是一种在住宅和商业空调设备代替R-22的近共沸混合型制冷剂，具有比R-22高得多的工作压力，很小的温度漂移，且不作为改型制冷剂推荐。
- R-500：：主要用于老型号的空调设备和一些商业制冷设备。于1996年被禁止生产。
- R-502：主要用于低温制冷设备。于1996年禁止生产。它是一种共沸混合型制冷剂，没有温度的漂移，其性能类似纯化合物。
- R-507：在低温和中温制冷设备中代替R-502，其压力和容量稍高于R-404A，是一种共沸混合型制冷剂。

☆在本章后半部分我们可以看到：由于制冷剂给环境造成的影响，因此，制冷剂的选用显得越来越重要。多年来，人们一直以为普通制冷剂的使用非常安全，但最新的研究已经表明：常用制冷剂中，R-12、R-500、R-502和R-22都会对地表以上7～30英里的大气臭氧层形成危害。人们还认为制冷剂对发生在地表上0～7英里对流层的全球温室效应有很大影响。☆

3.13　制冷剂必须安全

制冷剂从系统向环境泄漏会使人致病、受到伤害、甚至死亡，因此，制冷剂必须绝对安全。例如，在公共场所的空调系统中采用氨就是一种祸患，尽管从许多观点来看，它是一种非常高效的制冷剂。

现在的制冷剂均无毒，而且现在的制冷设备都追求在实现其功能的条件下采用最少的制冷剂。例如，一台家用冷柜、窗式空调使用的制冷剂一般都少于2磅，而多年来，在一个16盎司容量的头发喷雾罐中，作为推进剂的制冷剂量就将近1磅。

安全防范措施：由于制冷剂比空气重，因此适当通风十分重要。例如，一个大容量的制冷剂容器在地下室内出现泄漏，室内氧气就会被制冷剂所取代，室内人员就可能受到伤害。空气中出现制冷剂时，应避免明火，当制冷设备或制冷剂罐放置在一个带有明火燃气设备，如燃气热水器或燃气炉的房间内时，这些设备必须保证无泄漏。如果制冷剂泄漏并进入燃气器具，其火苗有时会出现偏蓝或蓝绿的颜色，这说明火焰正在释放出能侵蚀周围钢制件、烧蚀人的眼和鼻并严重阻碍室内人员呼吸的有毒和腐蚀性的气体，而制冷剂本身会不烧毁。

3.14　制冷剂必须能够被检测

优良的制冷剂必须能予以快速检测。对一些较大泄漏处所采取的最简单的检漏方法就是倾听制冷剂泄漏时发出的"嘶嘶"声，见图3.37（A）。当然，这不是适用各种场合的最佳办法，尽管用这种方法可以发现许多泄漏点，但因为有些泄漏点非常小，人耳根本无法听见。市场上还有一种利用声音检漏的超声检漏器。

肥皂泡是一种非常实用和十分方便的检漏剂，许多维修技术人员都喜欢采用能吹出大泡的那种市场可以购买的吹泡制品。当知道泄漏的大致地点时，这些工具非常实用。用一把刷子将肥皂泡溶液涂在管接头就能确切发现泄漏的地方。当检测的制冷管线温度低于冰点时，可以在肥皂溶液中加入少量的防冻液。制冷剂泄漏时会产生泡泡，见图3.37（B）。有时也可以将设备的某个部件置于水中，观察是否有水泡出现，这种方法非常有效。

卤化物检漏器［见图3.37（C）］用于乙炔或丙烷检漏时十分有效，它的工作原理是：当制冷剂遇到炽热铜件上的火焰时，该火焰就会改变颜色。图3.37（D）是一种使用干电池、小巧便携的、带有一根软管探头的检测器。有些住宅空调设备充注的制冷剂量容差要求仅为半盎司，而电子检漏器能够检测出1年中不足1/4盎司的泄漏量，见图3.37（E）。

另一种检漏器是采用高强度的紫外线灯，见图3.37（A）。在制冷剂中加入一种添加剂，该添加剂会于泄漏处在紫外线灯的照射下发出明亮的黄绿色光。补漏之后，该区域可以用通用清洁剂擦洗干净，并再次检查该区域。添加剂可留存在系统中，以后如怀疑有新的泄漏点时，在紫外线灯光下，它依旧发出黄绿色的光。这种检漏装置可以检测出小至1年1/4盎司的泄漏量。

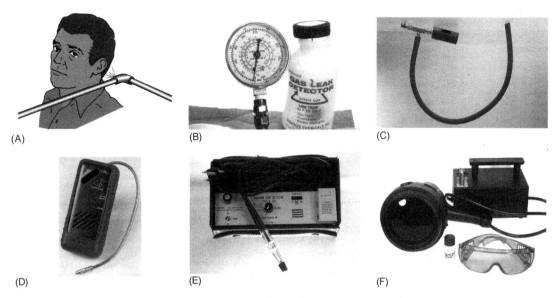

图 3.37　制冷剂检漏方法与设备((A)、(B)、(C)和(E)：Bill Johnson 摄；
(D)：White Industries 提供；(F)：Spectronics Corporation 提供)

3.15　制冷剂的沸点温度

制冷剂在大气压力下的沸点较低,在非真空的条件下就能获得较低的温度。例如,R-502 在真空状态下,-50℉时即可沸腾;而 R-12 在真空状态下时,-21℉时即能沸腾。水在 29.67 英寸水银柱的真空状态下,40℉时即可汽化。注意,当采用组合表测量大气以下压力时,其刻度值为绝对压力水银柱值的反方向,以大气压力为起点向下计量实际的真空度,称为水银真空读数。在可能的情况下,设计师都避免采用低于 0 psig 压力下即沸腾的制冷剂,这就是低温制冷设备选用 R-502 的一个原因。系统在真空状态下运行时,如果出现泄漏,那么空气就会进入系统,而不是制冷剂外泄。

3.16　泵吸特性

泵吸特性指单位做功量下可以实现的泵吸制冷剂的蒸气数量。对于小型设备来说,水不能作为实用制冷剂的原因在一定程度上就在于此。1 磅水在 40℉的温度下沸腾时,其蒸气量为 2445 ft³;相比之下,R-22 则为 0.6 ft³,因此对于水系统来说,压缩机就必须非常大。

现代制冷剂能满足优于各种老品种的所有要求,图 3.38 为上述讨论的制冷剂压力-温度数据。

3.17　常用制冷剂及其重要特征

美国国家标准协会(ANSI)和美国供暖与空气调节工程师协会(ASHRAE)负责制冷剂命名方法的制定和制冷剂特性的测定,图 3.39 为常用制冷剂及其特性汇总表。有关制冷剂更为详细的数据资料可参见第 9 章"制冷剂与润滑油化学成分及其回收、再循环、再生和改型"。

☆如上所述,臭氧层消耗和全球变暖等环境问题已经给许多制冷剂限定了禁止生产的最后期限。但这些制冷剂如经回收或再循环,或是还在制冷或空调系统中运行,那么仍可继续使用。环境问题和禁止生产的期限已经使许多制冷剂因重税而导致价格奇高。由于这些原因,那些替代的制冷剂(对环境无害)已逐渐进入市场。现在,故意向大气排放制冷剂是违法行为,可给予高达 27 500 美元的罚款和(或)监禁处罚。为此,技术人员执业培训计划中强制规定了必须对从事供暖通风空调行业的个人进行环境问题、替代制冷剂以及相关法律法规的教育。☆

3.18　制冷剂储液罐色标

每种制冷剂的储液罐都有指定的颜色,以下是最常用的制冷剂的色标：

| R-407B | 奶油色 | R-717 | 银色 |
| R-407C | 巧克力色 | R-409A | 棕黄色 |

R-410A	玫瑰色		R-123	淡灰色		
R-11	橘黄色		R-401A	珊瑚色(红色)		
R-12	白色		R-401B	芥末色		
R-22	绿色		R-401C	蓝绿色		
R-113	紫色		R-402A	淡褐色		
R-134a	淡蓝色		R-402B	绿棕色		
R-114	深蓝色		R-404A	橘黄色		
R-500	黄色		R-406A	灰绿色		
R-502	淡紫色		R-407A	明绿色		

有些设备制造商也将压缩机油漆成同样的颜色，以表明该系统所采用的制冷剂种类。图 3.40 为一些新型的制冷剂储液罐参数。

温度 °F	12	22	134a	502	404A	410A	温度 °F	12	22	134a	502	404A	410A	温度 °F	12	22	134a	502	404A	410A
−60	19.0	12.0		7.2	9.6	0.3	12	15.8	34.7	13.2	43.2	46.2	65.3	42	38.8	71.4	37.0	83.8	89.7	122.9
−55	17.3	9.2		3.8	3.1	2.6	13	16.4	35.7	13.8	44.3	47.4	66.8	43	39.8	73.0	38.0	85.4	91.5	125.2
−50	15.4	6.2		0.2	0.8	5.0	14	17.1	36.7	14.4	45.4	48.6	68.4	44	40.7	74.5	39.0	87.0	93.3	127.6
−45	13.3	2.7		1.9	2.5	7.8	15	17.7	37.7	15.1	46.5	49.8	70.0	45	41.7	76.0	40.1	88.7	95.1	130.0
−40	11.0	0.5	14.7	4.1	4.8	9.8	16	18.4	38.7	15.7	47.7	51.0	71.6	46	42.6	77.6	41.1	90.4	97.0	132.4
−35	8.4	2.6	12.4	6.5	7.4	14.2	17	19.0	39.8	16.4	48.8	52.3	73.2	47	43.6	79.2	42.2	92.1	98.8	134.9
−30	5.5	4.9	9.7	9.2	10.2	17.9	18	19.7	40.8	17.1	50.0	53.5	75.0	48	44.6	80.8	43.3	93.9	100.7	136.4
−25	2.3	7.4	6.8	12.1	13.3	21.9	19	20.4	41.9	17.7	51.2	54.8	76.7	49	45.7	82.4	44.4	95.6	102.6	139.9
−20	0.6	10.1	3.6	15.3	16.7	26.4	20	21.0	43.0	18.4	52.4	56.1	78.4	50	46.7	84.0	45.5	97.4	104.5	142.5
−18	1.3	11.3	2.2	16.7	18.2	28.2	21	21.7	44.1	19.2	53.7	57.4	80.1	55	52.0	92.6	51.3	106.6	114.6	156.0
−16	2.0	12.5	0.7	18.1	19.6	30.2	22	22.4	45.3	19.9	54.9	58.8	81.9	60	57.7	101.6	57.3	116.4	125.2	170.0
−14	2.8	13.8	0.3	19.5	21.1	32.2	23	23.2	46.4	20.6	56.2	60.1	83.7	65	63.8	111.2	64.1	126.7	136.5	185.0
−12	3.6	15.1	1.2	21.0	22.7	34.3	24	23.9	47.6	21.4	57.5	61.5	85.5	70	70.2	121.4	71.2	137.6	148.5	200.8
−10	4.5	16.5	2.0	22.6	24.3	36.4	25	24.6	48.8	22.0	58.8	62.9	87.3	75	77.0	132.2	78.7	149.1	161.1	217.6
−8	5.4	17.9	2.8	24.2	26.0	38.7	26	25.4	49.9	22.9	60.1	64.3	90.2	80	84.2	143.6	86.8	161.2	174.5	235.4
−6	6.3	19.3	3.7	25.8	27.8	40.9	27	26.1	51.2	23.7	61.5	65.8	91.1	85	91.8	155.7	95.3	174.0	188.6	254.2
−4	7.2	20.8	4.6	27.5	30.0	42.3	28	26.9	52.4	24.5	62.8	67.3	93.0	90	99.8	168.4	104.4	187.4	203.5	274.1
−2	8.2	22.4	5.5	29.3	31.4	45.8	29	27.7	53.6	25.3	64.2	68.7	95.0	95	108.2	181.8	114.0	201.4	219.2	295.0
0	9.2	24.0	6.5	31.1	33.3	48.3	30	28.4	54.9	26.1	65.6	70.2	97.0	100	117.2	195.9	124.2	216.2	235.7	317.1
1	9.7	24.8	7.0	32.0	34.3	49.6	31	29.2	56.2	26.9	67.0	71.7	99.0	105	126.6	210.8	135.0	231.7	253.1	340.3
2	10.2	25.6	7.5	32.9	35.3	50.9	32	30.1	57.5	27.8	68.4	73.2	101.0	110	136.4	226.4	146.4	247.9	271.4	364.8
3	10.7	26.4	8.0	33.9	36.4	52.3	33	30.7	58.7	28.7	69.9	74.8	103.1	115	146.8	242.7	158.5	264.9	290.6	390.5
4	11.2	27.3	8.6	34.9	37.4	53.6	34	31.7	60.1	29.5	71.3	76.4	105.1	120	157.6	259.9	171.2	282.7	310.7	417.4
5	11.8	28.2	9.1	35.8	38.4	55.0	35	32.6	61.5	30.4	72.8	78.0	107.3	125	169.1	277.9	184.6	301.4	331.8	445.8
6	12.3	29.1	9.7	36.8	39.5	56.4	36	33.4	62.8	31.3	74.3	79.6	108.4	130	181.0	296.8	198.7	320.8	354.0	475.4
7	12.9	30.0	10.2	37.9	40.6	57.8	37	34.3	64.2	32.2	75.8	81.2	111.6	135	193.5	316.6	213.5	341.2	377.1	506.5
8	13.5	30.9	10.8	38.9	41.7	59.3	38	35.2	65.6	33.2	77.4	82.9	113.8	140	206.6	337.2	229.1	362.6	401.4	539.1
9	14.0	31.8	11.4	39.9	42.8	60.7	39	36.1	67.1	34.1	79.0	84.6	116.0	145	220.3	358.9	245.5	385.9	426.8	573.2
10	14.6	32.8	11.9	41.0	43.9	62.2	40	37.0	68.5	35.1	80.5	86.3	118.3	150	234.6	381.5	262.7	408.4	453.3	608.6
11	15.2	33.7	12.5	42.1	45.0	63.7	41	37.9	70.0	36.0	82.1	88.0	120.5	155	249.5	405.1	280.7	432.9	479.8	616.2

注：表压力(psig) —— 粗体数字。

图 3.38　各种制冷剂压力 – 温度关系(真空状态以毫米水银柱为单位，其他数据为psig，R-404A 和 R-410A 的压力值为液态和蒸气压力的平均值)

3.19　制冷剂的回收、再循环或再生

☆安装设备和维修操作过程中，对技术人员回收制冷剂和有时需要对制冷剂进行再循环是一种强制性要求，以减小卤化物类制冷剂(CFCs)、氢氯氟烃类制冷剂(HCFCs)和氢氟烃制冷剂(HFC)向大气的排放量。图 3.41 是一种制冷剂的回收设备。许多大型系统都配置有维修时将制冷剂泵入存储的储液器或储液罐，但在一些小容量的系统中一般很少配备这样的装置，因此，制冷剂回收机组或其他存储设备是必不可少的。许多最新研制的回收和(或)再循环机组在技术含量和容量参数上各有不同，因此，在使用这些设备时必须依据制造商的说明书谨慎操作。第 9 章将详细讨论制冷剂的回收、再循环和再生问题。☆

3.20　制冷剂循环的标注

我们可以用图示的方式在压力 – 焓图上标注出制冷剂的整个循环过程。焓指的是从某个起点开始，某种物

质所含的热量。许多人把焓理解为总热量，但这并不十分确切，它只是从某个起点开始计量的总热量，因此，这只是一种便于表述的说法。见图 1.14 中的水热量 – 温度图。我们将 0℉作为水的热量计算起点，且已知可以从该水（冰）中获得热量，那么也就说明其温度还可以低于 0℉。我们把焓解释为 0℉以上开始加入的热量，该热量就是焓。对所有制冷剂来说都有这样类似的图表，称为压力 – 焓图，并以一个完整的封闭线来标注系统内制冷剂的整个循环，见图 3.42。

ANSI/ASHRAE 的标准代号	*安全等级	传统标式	分子式	成分/重量百分比及化学名称		钢瓶颜色
R-11	A1	CFC	CCl₃F	Trichlorofluoromethane		橙色
R-12	A1	CFC	CCl₂F₂	Dichlorodifluoromethane		白色
R-13	A1	CFC	CClF₃	Chlorotrifluoromethane		淡蓝色
R-14	A1	PFC	CF₄	Tetrafluoromethane		芥末色
R-22	A1	HCFC	CHClF₂	Chlorodifluoromethane		淡绿色
R-23	A1	HFC	CHF₃	Trifluoromethane		淡灰蓝色
R-32	A2	HFC	CH₂F₂	Difluoromethane		白色带红条
R-113	A1	CFC	CCl₂F-CClF₂	1, 1, 2-Trichloro-1, 2, 2-trifluoroethane		深紫色(紫罗兰色)
R-114	A1	CFC	CClF₂-CClF₂	1, 2-Dichloro-1,1, 2, 2-tetrafluoroethane		深蓝色(海军蓝色)
R-115	A1	CFC	CClF₂-CF₃	Chloropentafluoroethane		白色带红条
R-116	A1	PFC	CF₃-CF₃	Hexafluoroethane		深灰色(战列舰色)
R-123	B1	HCFC	CHCl₂-CF₃	2, 2-Dichloro-1,1,1-trifluoroethane		淡灰蓝色
R-124	A1	HCFC	CHClF-CF₃	2-Chloro-1,1,1, 2-tetrafluoroethane		深绿色
R-125	A1	HFC	CHF₂-CF₃	Pentafluoroethane		中黄色(棕黄色)
R-134a	A1	HFC	CH₂F-CF₃	1,1,1, 2-Tetrafluoroethane		淡天蓝色
R-143a	A2	HFC	CH₃-CF₃	1,1,1-Trifluoroethane		白色带红条
R-152a	A2	HFC	CH₃-CHF₂	1,1-Difluoroethane		白色带红条
R-290	A3	HC	CH₃-CH₂-CH₃	Propane		白色
R-500	A1	CFC	CCl₂F₂/CH₃-CHF₂	R-12/R-152a	73.8/26.2	黄色
R-502	A1	CFC	CHClF₂/CClF₂-CF₃	R-22/R-115	48.8/51.2	淡紫色(熏衣草花色)
R-503	A1	CFC	CHF₃/CClF₃	R-23/R-13	40.1/59.9	蓝绿色(水色)
R-507	A1/A1	HFC	CHF₂-CF₃/CH₃-CF₃	R-125/R-143a	50/50	蓝绿色(野鸭毛)
R-717	B2		NH₃	Ammonia		银色
R-401A	A1/A1	HCFC	CHClF₂/CH₃-CHF₂/CHClF-CF₃	R-22/R-152a/R-124	53/13/34	珊瑚红
R-401B	A1/A1	HCFC	CHClF₂/CH₃-CHF₂/CHClF-CF₃	R-22/R-152a/R-124	61/11/28	棕黄色(芥末色)
R-401C	A1/A1	HCFC	CHClF₂/CH₃-CHF₂/CHClF-CF₃	R-22/R-152a/R-124	33/15/52	蓝绿色(水色)
R-402A	A1/A1	HCFC	CHF₂-CF₃/CH₃-CH₂-CH₃/CHClF₂	R-125/R-290/R-22	60/02/38	淡棕色(砂色)
R-402B	A1/A1	HCFC	CHF₂-CF₃/CH₃-CH₂-CH₃/CHClF₂	R-125/R-290/R-22	38/02/60	棕绿色(橄榄色)
R-403A	A1/A1	HCFC	CH₃-CH₂-CH₃/CHClF₂/CF₃-CF₂-CF₃	R-290/R-22/R-218	05/75/20	淡紫色
R-404A	A1/A1	HFC	CHF₂-CF₃/CH₃-CF₃/CH₂F-CF₃	R-125/R-143a/R-134a	44/52/04	橙色
R-406A	A1/A2	HCFC	CHClF₂/CH(CH₃)₃/CH₃-CClF₂	R-22/R-600a/R-142b	55/04/41	淡灰绿色
R-407A	A1/A1	HFC	CH₂F₂/CHF₂-CF₃/CH₂F-CF₃	R-32/R-125/R-134a	20/40/40	亮绿色
R-407B	A1/A1	HFC	CH₂F₂/CHF₂-CF₃/CH₂F-CF₃	R-32/R-125/R-134a	10/70/20	奶油色
R-407C	A1/A1	HFC	CH₂F₂/CHF₂-CF₃/CH₂F-CF₃	R-32/R-125/R-134a	23/25/52	中黄色
R-408A	A1/A1	HCFC	CHF₂-CF₃/CH₃-CF₃/CHClF₂	R-125/R-143a/R-22	07/46/47	中紫色
R-409A	A1/A1	HCFC	CHClF₂/CHClF-CF₃/CH₃-CClF₂	R-22/R-124/R-142b	60/25/15	芥末黄色(棕黄色)
R-410A	A1/A1	HFC	CH₂F₂/CHF₂-CF₃	R-32/R-125	50/50	玫瑰色

*安全等级将在第 4 章"安全操作常规"中予以讨论。

图 3.39　制冷剂及其主要特征

压力 – 焓图的左侧纵坐标为压力值，底部横坐标为焓值，即总热量。焓的读数以 -40℉的饱和液体为起点，其含热量为 0 Btu/lb，低于 -40℉的饱和液体用负数表示。注意，饱和液体、蒸气的温度与压力值对应，并标注在图中马蹄形曲线的左右侧。

马蹄形曲线是对应绝对压力的饱和温度曲线，曲线上任意一点的位置都是制冷剂的饱和点，并具有对应的压力和温度关系。图中有两条饱和曲线，左侧为饱和液相曲线，如果有热量加入，该制冷剂即改变气相状态；如果排热，该液相制冷剂则过冷。右侧曲线是饱和蒸气曲线，如果加热，该蒸气过热；如果排热，该蒸气则变为液态。注意，饱和液相曲线和气相在顶部相连，此点称为临界温度或临界压力。此点之上，制冷剂不能冷凝，不管其压力多大均为蒸气状态。

饱和液体和饱和蒸气间的区域，即马蹄形曲线中部是状态发生变化的区域，在两饱和曲线间的任意位置，制冷剂均为部分液相、部分气相的状态。饱和液相线和饱和气相线间近似垂直的斜线为等干线，它表示两饱和点间的混合相具有的液、气百分数。干度百分数为蒸气的百分含量，也就是说，如果某点处在 20% 等干线上，即表示其为 20% 的蒸气和 80% 的液体。如果点位置比较接近液相饱和线，那么液相多于气相。如果点位置接近饱和气相线,则气相多于液相。例如,在图上查40℉(在饱和液相线上)和30 Btu/lb(从底部朝上),见图3.43,该点处在马蹄形曲线之内,该制冷剂此时为90%的液体和10%的蒸气。图3.44以轮廓线的方式对压力–焓线图中的各重要区域、点和线做了系统的概括。出于实用考虑,我们仅采用其中的轮廓区域来说明制冷剂循环过程中的各项功能。

图3.40　一些新型制冷剂钢瓶和储液罐的色标(National Refrigerants Inc. 提供)

图3.41　制冷剂回收设备(Robinair Division, SPX Corporation 提供)

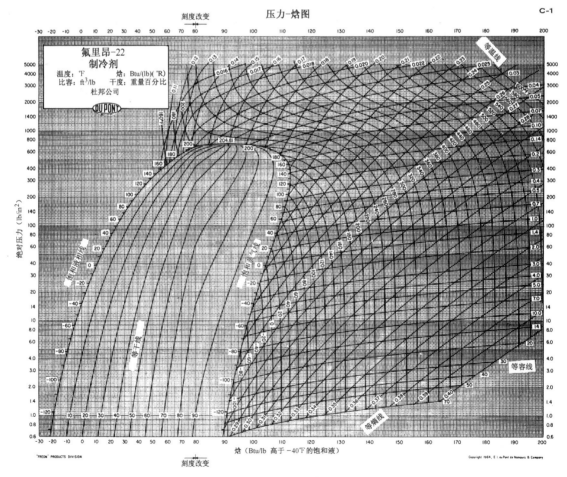

图3.42　此R-22压力–焓图以循环的每磅制冷剂Btu值标注,该图以–40℉饱和液作为热含量的起点。底部横坐标找到0 Btu/lb垂直朝上至饱和曲线–40℉处即为该起点(E. I. DuPont 提供)

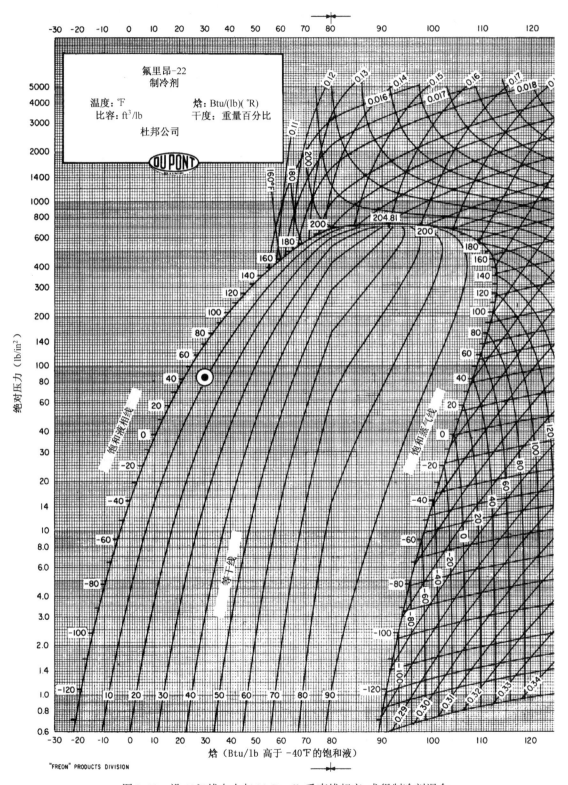

图 3.43　沿 40 °F 线向右与 30 Btu/lb 垂直线相交,求得制冷剂混合
相为 90% 的液体和 10% 的蒸气(E. I. DuPont 提供)

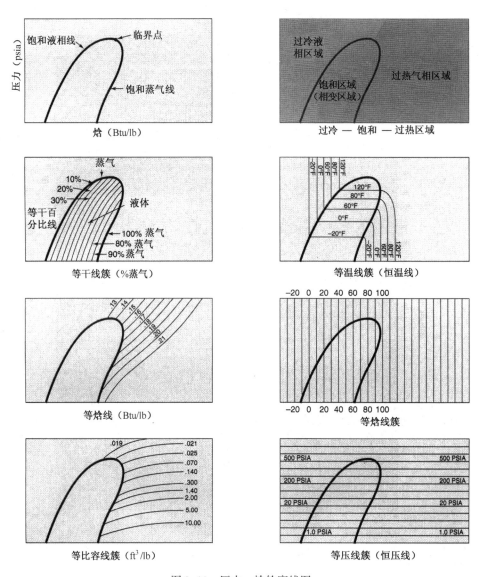

图 3.44　压力 – 焓轮廓线图

　　图 3.45 为某制冷剂循环曲线图。图中表示的是采用 R-22 制冷剂的空调系统,该系统冷凝温度为 130 ℉(排气压力为 296.8 psig,即 311.5 psia),蒸发温度为 40 ℉(吸气压力为 68.5 psig,即 83.2 psia)。该循环系统没有过冷,但当制冷剂离开蒸发器后至压缩机的途中,由吸气管吸热形成过热,使该制冷剂有 10 ℉的过热度。注意,系统压缩机为风冷式压缩机,吸入气体由汽缸边上的吸气阀进入。再假设热气管很短,且其排热量可忽略不计。

1.　在点 A,R-22 制冷剂以 311.5 psia(296.8psig)、130 ℉饱和液体状态进入膨胀装置。进入膨胀阀时的热量为 49·Btu/lb,离开膨胀阀时的含热量也为 49 Btu/lb。入阀前液态制冷剂温度为 130 ℉,离阀时温度为 40 ℉。可见,该温降是由入阀前的 100% 液体,离阀时只有约 67% 液体的干度变化所引起的,约有 33% 的液体变为了蒸气(称为闪气),致使其余液态制冷剂温度降低至 40 ℉。记住,此闪气对净产冷量不产生任何影响。净产冷量用 Btu/lb 表示,它是制冷剂从冷却空间吸取的、能最终产生有效制冷量的热量。如果来自计量装置的、进入蒸发器的液态制冷剂温度等于蒸发器内的蒸发温度,那么在蒸发器内蒸发的所有液相制冷剂,加上在蒸发器末端形成的部分过热,就获得实际有用的制冷量。然而,在实际运行中(以及本例中),来自计量装置并进入蒸发器的液相制冷剂温度高于蒸发温度,进而形成闪气。闪气的产生是因为自计量装置进入蒸发器的制冷剂(130 ℉)必须在余下的制冷剂在蒸发器内蒸发之前冷却到蒸发温度(40 ℉)才能成为净产冷量中的部分有效制冷量。由于闪气吸取的热量来自 130 ℉的流体发生部分相变而成为 40°F 的液相混合物,因此它对净产冷量不具有任何影响。液相制冷剂产生闪气所需的热量来自液相制冷剂自身,而非来自被制冷空间。在此过程中,既无熵的获得也无熵的损失,这也就解释了为什么点 A 至点 B 的膨胀线是一个等熵过程。由于它在一个等熵状态下形成,因此该膨胀过程称为绝热膨胀。

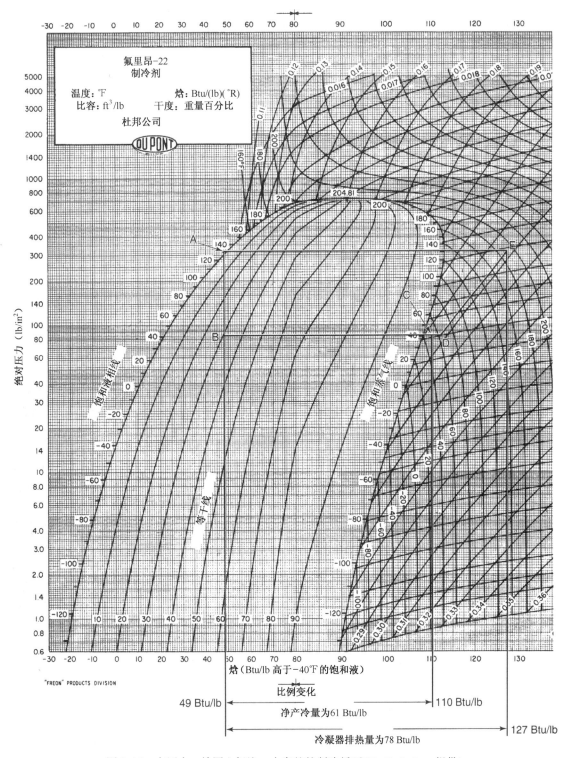

图 3.45　在压力-焓图上标注一个完整的制冷循环(E. I. DuPont 提供)

2. 有效制冷始于点 B,此时的制冷剂含热量为 49 Btu/lb。当制冷剂在蒸发器内获得热量时,制冷剂即开始蒸发,并逐渐由液态变为气态。当制冷剂达到饱和曲线并以过热(10℉)方式获得少量热量时,所有液态制冷剂即全部转变为蒸气。当制冷剂离开点 C 的蒸发器时,它约含 61 Btu/lb 的热量,这就是循环过程中制冷剂的净产冷量(110 Btu/lb − 49 Btu/lb)。该净产冷量就是有效制冷量,即实际在被冷却空间获得的热量。在到达点 D 的压缩机进口之前,吸气管吸收了约 10 Btu/lb 或更多的热量。由于这部分热量并不来自被冷却空间,但又是必须由压缩机和冷凝排去的热量,因此它也不是有效制冷量。

3. 制冷剂于点 D 进入压缩机,于 E 点离开压缩机,在此过程中,由于压缩机为空气冷却,除了压缩热,压缩机没有加入热量。部分压缩热会通过上端盖传导并向环境排热。制冷剂从吸气管进入压缩机汽缸(采用吸气冷却电动机的全封闭压缩机不能这样划分区域,我们无法知道电动机的产热,因此也就不知道进入压缩机汽缸的吸入蒸气温度与吸气冷却电动机间的相互关系。制造商为此一般在测试期间采用内置温度表获取各自设备的数据)。

4. 制冷剂于点 E 离开压缩机,此时约有 127 Btu/lb 的热量。冷凝器需排出 78 Btu/lb 的热量(127 Btu/lb − 49 Btu/lb = 78 Btu/lb),称排热量。压缩机排气的温度约为 190℉(见等温线,查过热蒸气温度)。当热蒸气离开压缩机时,其所含热量为最大值,均需由冷凝器排出。

5. 制冷剂以较大的过热蒸气状态于点 E 进入冷凝器。制冷剂冷凝温度为 130℉,而离开压缩机的热蒸气温度为 190℉,因而有 60℉ 的过热(190℉ − 130℉)。冷凝器首先将该过热蒸气温度降低至冷凝温度,即使其处于饱和蒸气线上,然而将进入膨胀阀的制冷剂冷凝至 130℉ 的液体,即饱和液相线上的 A 点,开始新一轮循环。

　　我们还可以将上例中冷凝后的液相制冷剂通过过冷排热的方法来改善制冷剂循环效果,其路径可见图 3.46(将该线图放大)。除了将该液相制冷剂过冷 15℉(从 130℉ 的冷凝温度降低至 115℉ 的液相)外,图中各项参数均与图 3.45 相同。由图可知,此循环的净产冷量为 68 Btu/lb,容量增加约 11%。注意,此时离开膨胀阀的液相制冷剂仅为 23% 左右,而非上例中的 33%,这是系统容量增加的关键之处。由于处于 115℉ 的过冷液相温度更接近 40℉ 的蒸发器温度,因此闪气所引起的容量损失即可减小。

R-22压力-焓图

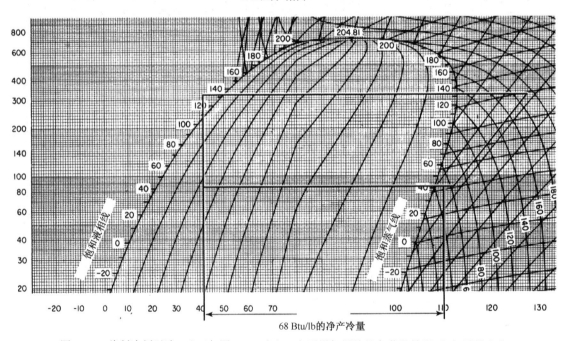

68 Btu/lb 的净产冷量

图 3.46　将制冷剂过冷 15℉(与图 3.45 对比),在不增加压缩机负荷的情况下,仅需排出非常少量的额外热量即可使净产冷量从 61 Btu/lb 增加到 68 Btu/lb,容量增加 11%

　　压力 - 焓图上也可标注其他状态点。例如,假设由于冷凝器结垢而导致排出压力升高,见图 3.47。仍采用上述饱和液相并将其冷凝温度提高至 140℉(337.3 psig,即 351.9 psia)。由图可见,此时离开膨胀阀的制冷剂的液相比例为64%（闪气比例为36%），且含热量为53 Btu/lb，以上例中离开蒸发器制冷剂同样的含热量（11 Btu/lb）计算，我们仅获得57 Btu/lb的产冷量。与上例相比，净产冷量约减小7%，在同样状态点处，其含热量仅为49 Btu/lb。这也说明了使冷凝器保持清洁的重要性。

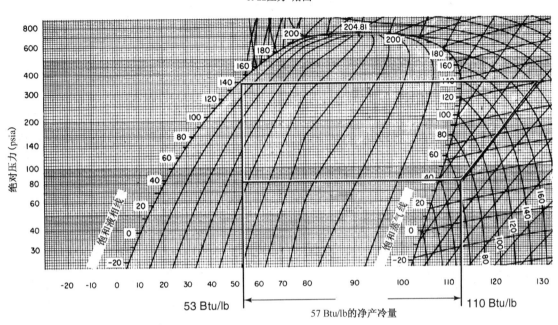

R-22压力-焓图

图3.47　排气压力增高使冷凝温度上升至140℉（337.2 psig）导致冷凝器的容量降低约7%

图3.48用以说明增大过热对图3.45所示系统的影响。图3.48系统的吸气管未予保温，可以吸热，离开蒸发器的吸气温度为50℉，进压缩机前温度升高至60℉。注意，此时排气温度较高（约210℉），接近润滑油的分解温度，极易在系统内形成酸类成分。大多数压缩机都不能超过250℉，否则，要获得同样的制冷量，压缩机就需泵送更多的制冷剂，冷凝器就需排出更多的热量。

多年来，R-12是中温制冷设备中应用最多的一种制冷剂，环境问题一直促使制造商研发各种新型制冷剂来替代R-12，如R-134a、R22和更新的混合型制冷剂。R-134a绝无臭氧层消耗的可能，但存在与润滑油兼容的问题，且不易改性，当用于低温设备时还可能导致设备容量降低。环境问题将在第9章中讨论。

下面讨论R-12在典型中温设备中的循环。我们取蒸发温度为20℉和冷凝温度为115℉。中温和低温制冷设备中冷凝温度一般都较低。注意图3.49中的各点说明，其制冷剂循环见图3.50。

1. 液相制冷剂于点A以105℉的温度进入膨胀阀，注意，该液相从115℉过冷10℉，见图3.50。
2. 混合相于点B离开膨胀阀（蒸气29%，液体71%），热含量为32 Btu/lb。
3. 具有10℉过热和含热量为81 Btu/lb的气相制冷剂于点C离开蒸发器。注意，净产冷量为49 Btu/lb（81 Btu/lb – 32 Btu/lb ＝49 Btu/lb）。
4. 制冷剂以50℉的温度于点D进入压缩机。此状态下的制冷剂因蒸发器和吸气管吸热，具有总量为30℉的过热。
5. 制冷剂沿点D经压缩机至E点，并于点E以145℉的温度离开压缩机。注意，此排气温度较低。这是因为系统为低排压（冷凝过程）运行，由此产生的压缩热也较少，且冷凝过程在一个较大容量的冷凝器中完成。
6. 制冷剂然后从点E预冷至饱和蒸气线。
7. 制冷剂从饱和蒸气线逐渐冷凝至115℉的饱和液相线。
8. 液相制冷剂再从饱和线过冷至点A。该循环过程再重新开始。

下例为在同一个中温设备采用R-22的系统。注意图3.51中的各项标注并与上例进行比较。

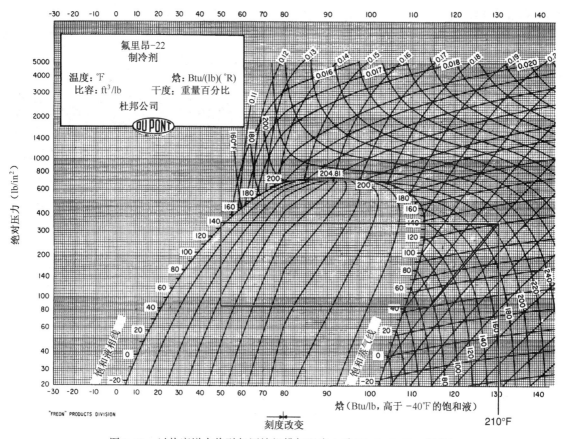

图 3.48　过热度增大将引起压缩机排气温度上升(E. I. DuPont 提供)

1. 制冷剂与上例一样从 115℉ 的冷凝温度过冷 10℉ 于点 A 以 105℉ 的温度进入膨胀器。
2. 制冷剂于点 B 以 28% 蒸气、72% 液相、38 Btu/lb 的含热量离开膨胀阀,然后进入蒸发器。
3. 制冷剂于点 C 以 10℉ 的过热蒸气、108 Btu/lb 的 含热量离开蒸发器,其净产冷量为 70 Btu/lb。
4. 制冷剂于点 D 以 57℉ 的温度(含 37℉ 过热)进 入压缩机。
5. 制冷剂蒸气从点 D 经压缩机至点 E,并于点 E 以约 180℉ 的温度离开压缩机。注意,此温度 比同样工况下 R-12 的排气温度高出 35℉,它 是制冷剂本身的主要差异之一,R-22 的排气温 度比 R-12 高出许多。

设备的冷凝温度升高,则其压缩机排气温度亦上 升。在某些情况下,设计者必须确定是否采用其他的 制冷剂,否则就需要改造系统设备。

R-134a 是一种替代 R-12 的制冷剂,本例以图 3.52 压 力－焓图标注其循环过程。

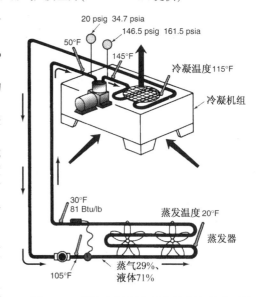

图 3.49　标注有温度和压力的中温制冷系统

1. 制冷剂从 115℉ 过冷 10℉,于点 A 以 105℉ 的温度进入膨胀阀。
2. 制冷剂以含热量为 47 Btu/lb 的状态于点 B 离开膨胀阀,其干度为 33% 的蒸气、67% 的液体,然后进入蒸 发器。

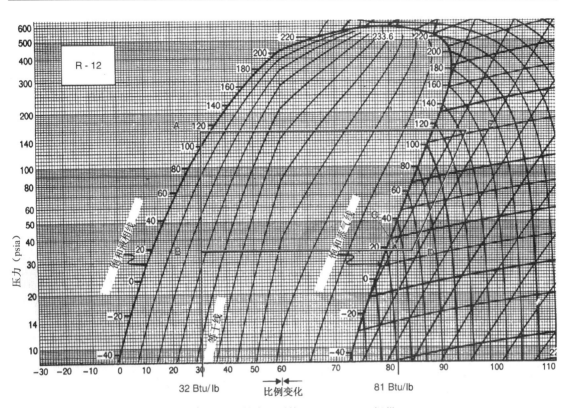

图 3.50   R-12 的中温系统(E. I. DuPont 提供)

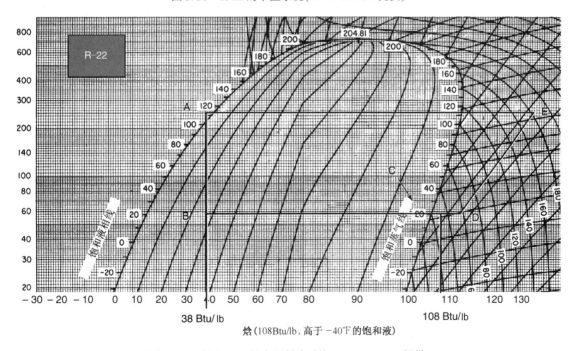

图 3.51   采用 R-22 的中温制冷系统(E. I. DuPont 提供)

3. 制冷剂蒸气于点 C 以 114 Btu/lb 的含热量离开蒸发器,其净产冷量为 67 Btu/lb(114 Btu/lb − 47 Btu/lb
   = 67 Btu/lb)。

4. 制冷剂以 40℉的过热度于点 D 进入压缩机,压缩后至点 E。注意,其排气温度较低,为 170℉。

5. 制冷剂于点 E 离开压缩机,并从点 E 预冷至饱和蒸气线。

6. 制冷剂以 115°F 的温度从饱和蒸气线逐渐冷凝至饱和液相线,此排热量为冷凝潜热。

7. 此饱和液相再从饱和液相过冷至点 A,即过冷 10°F(115°F - 105°F),直至以 105°F 的温度进入计量装置循环然后重新开始为止。

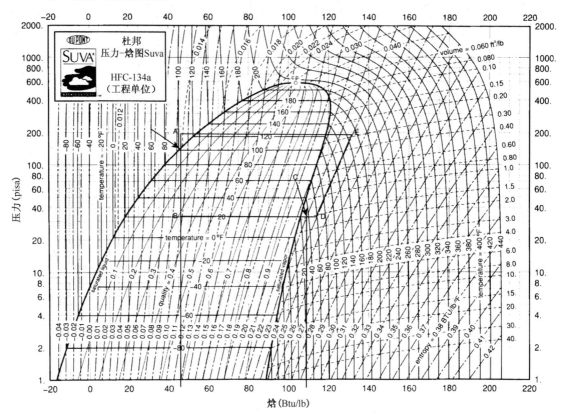

图 3.52　采用 R-134a 制冷剂的压力 - 焓图(E. I. DuPont 提供)

再用一个低温设备来比较各种制冷剂。在低温设备中我们可以看到其排气温度更高,从中也可以理解确定选用这些制冷剂的理由。取冷凝温度为 115°F,蒸发温度为 - 20°F,并将 R-12 与 R-502 进行比较,然后再与 R-22 进行比较。

图 3.53 为 R-12 低温制冷系统的压力 - 焓图。注意图中的各标点:

1. 如同上例,制冷剂从 115°F 过冷 10°F,于点 A 以 105°F 的温度进入膨胀阀。

2. 制冷剂以 - 20°F 的温度于点 B 离开蒸发器,并将在蒸发器中蒸发为蒸气。注意,R-12 在 - 20°F 时的汽化压力为 0.6 psig,非常接近于大气压力,如果其汽化压力再低,那么其系统低压侧就会出现真空,这是 R-12 和 R-134 用做低温制冷设备制冷剂的不足之处。对于此系统来说,要维持约 0°F 的室内温度,其盘管温度必须低于回风温度以下 20°F(室内温度,即回风温度 0°F - 温差 20°F = 盘管温度 - 20°F),见图 3.54。如果将温控器调至更低温度,那么此时系统的低压侧将处于真空状态。注意,低温设备中此处的液、气百分比与中温设备有很大的不同。低温设备中,离开膨胀阀的混合物中蒸气为 39%,液体为 61%,要将余下的全部液相制冷剂温度降低至 - 20°F 就需要更多的闪气。

3. 制冷剂以 10°F 的过热和 - 10°F 温度的蒸气于点 C 离开蒸发器。

4. 制冷剂蒸气以 10°F 的温度、30°F 的过热量于点 D 进入压缩机,压缩后至点 E。

5. 注意,其排气温度仅为 170°F,排气温度很低。制冷剂于点 E 离开压缩机,从点 E 预冷至饱和蒸气线。

6. 制冷剂以 115°F 的温度从饱和蒸气线逐渐冷凝至饱和液相线,此项排热为冷凝潜热。

7. 饱和液相制冷剂从饱和液相线过冷至点 A。过冷 10°F(115°F - 105°F),直至以 105°F 的温度进入计量装置,然后重新循环。

为了避免系统低压侧处于真空状态下运行,许多低温制冷设备通常都采用 R-502。图 3.55 为同样工况下采用 R-502 的制冷系统。

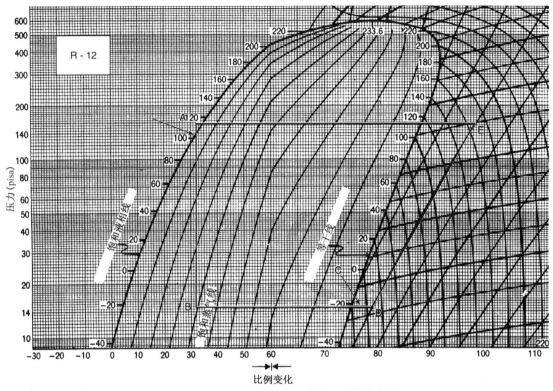

图 3.53　R-12 的低温制冷系统(E. I. DuPont 提供)

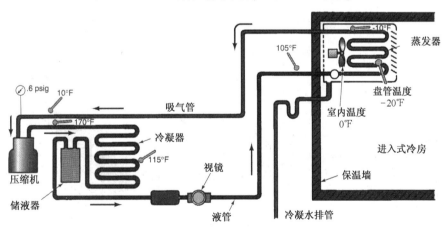

图 3.54　蒸发器内制冷剂气化温度为 −20℉,室内空气温度为 0℉

1. 制冷剂从 115℉过冷,以 105℉的温度进入膨胀阀,得到 48% 的蒸气、52% 的液相。
2. 余下的蒸气蒸发,并在蒸气到达点 C 时过热 10℉。
3. 于点 D,制冷剂蒸气进入压缩机,压缩后至点 E,以 170℉的温度离开压缩机。
4. 制冷剂从点 E 经预冷、冷凝、过冷至点 A。
5. 注意,R-502 在 −20℉汽化时的压力为 15.3 psig(30 psia),温度至 −50℉时也不会出现真空,因此,这种制冷剂非常适合于低温制冷设备,且其排气温度也比较适中。

R-22 制冷剂之所以被用于各种低温制冷设备,是由于 R-502 属于 CFC 型制冷剂、具有臭氧层消耗的问题而被淘汰。但 R-22 也存在排气温度偏高的问题。图 3.56 为上述低温设备采用 R-22 后的运行线图。采用如下步骤:

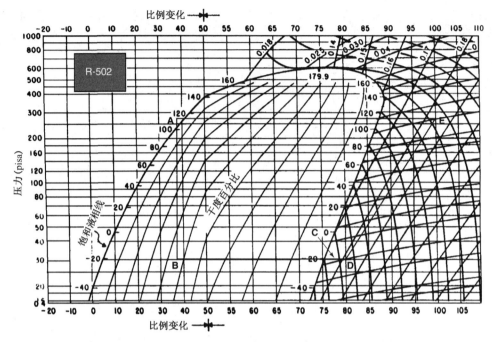

图 3.55　采用 R-502 制冷剂的低温系统(E. I. DuPont 提供)

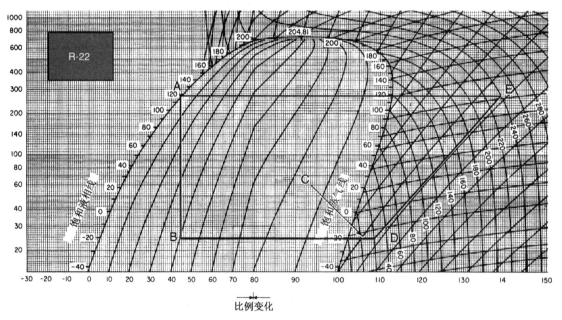

图 3.56　采用 R-22 制冷剂的低温系统(E. I. DuPont 提供)

1. 如同上例,制冷剂从 115℉过冷,于点 A 以 105℉的温度进入膨胀阀,然后进入蒸发器。
2. 制冷剂以 −20℉温度蒸发成为蒸气,并以 30℉过热于点 D 进入压缩机。注意,R-22 在 −20℉温度时蒸发压力为 10.1 psig,即处于正压状态。采用 R-22 的蒸发器可以在吸气压力接近真空的情况下,其温度低至 −41℉
3. 制冷剂蒸气从点 D 经压缩后至点 E,并以 235℉的温度于点 E 处离开压缩机。记住,在同样工况情况下,

R-12 的排气温度仅为 170℉,R-502 的排气温度亦同为 170℉。显然,R-22 的排气温度更高,尽管 235℉ 的排气温度尚能运行,但实在太高了。如果冷凝器结垢,就会使排气温度更高,从而将引起非常严重的系统故障。

4. 制冷剂蒸气于点 E 离开压缩机,经预冷、冷凝、过冷至点 A。

如本章前段内容所述,R-22 制冷剂在 2010 年后的新设备中将禁止使用,并在 2030 年停止生产。新设备中替代 R-22 的长久型制冷剂是 R-410A。图 3.57 是采用 R-410A 制冷剂的空调系统在压力 - 熵图上表示的制冷循环过程。它是一种高效空调系统,其蒸发温度为 45℉(130 psig),冷凝温度为 115℉(390 psig)。注意,与 R-22 系统相比,采用 R-410A 制冷剂系统的压力更高。关于各种制冷剂的详细数据资料可参见第 9 章"制冷剂与润滑剂的化学成分及其回收、再循环、再生和改型"。

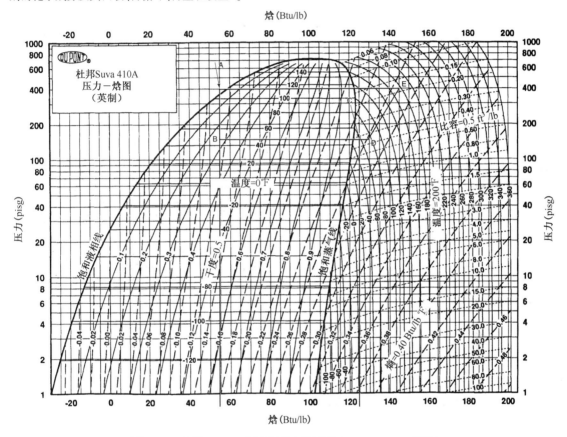

图 3.57　采用 R-410A 制冷剂的空调系统(E. I. DuPont 提供)

请注意以下步骤:

1. 制冷剂从 115℉ 冷凝温度过冷 10℉,于点 A 以 105℉ 进入膨胀阀。

2. 制冷剂于点 B 以 45℉ 的温度(27% 的蒸气和 73% 的液体)离开膨胀阀,并在蒸发器内全部蒸发。由于 R-410A 的温度漂移量较小(0.2℉),因此在绝大多数空调系统中,当涉及压力 - 温度相互关系时均予忽略。

3. 在点 C,制冷剂以 100% 蒸气、10℉ 的蒸发器过热和 55℉ 的温度离开蒸发器。点 B 与点 C 间的熵差即为净产冷量。

4. 过热蒸气以 30℉ 的总过热度、75℉ 的温度于点 D 进入压缩机,此过热蒸气经压缩后至点 E 时,温度为 180℉。

5. 过热蒸气于点 E 离开压缩机,制冷剂从点 E 预冷至饱和蒸气线。

6. 饱和制冷剂从饱和蒸气线以 115℉ 的温度逐渐冷凝到饱和液相线,该阶段称为冷凝潜热排热。

7. 饱和液体从饱和液相线预冷 10℉(115℉ - 105℉)至点 A,然后以 105℉ 的温度进入计量装置。至此,循环过程重新开始。

如上所述,R-502 主要用于中温和低温制冷设备。1996 年起 R-502 即禁止生产。它是一种共沸混合型且不具有温度漂移的制冷剂,其性能类似纯化合物。R-404A 是 R-502 的持久型替代制冷剂,其工作压力稍高于

R502。图 3.58 为采用 R-404A 制冷剂的低温制冷系统在压力 - 焓图上表示的运行过程。此系统是一种商用冰柜,运行时的蒸发温度为 - 20 ℉(16.7 psig),冷凝温度为 115 ℉(290 psig)。

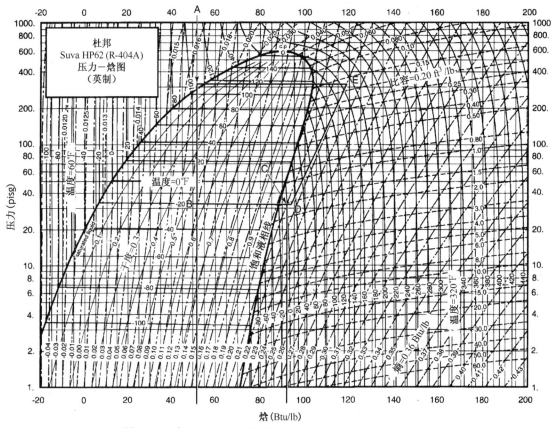

图 3.58　采用 R-404A 制冷剂的低温装置(E. I. DuPont 提供)

请注意以下各步骤:

1. 制冷剂从 115 ℉冷凝温度过冷 10 ℉,于点 A 以 105 ℉温度进入膨胀阀。

2. 制冷剂于点 B 以 - 20 ℉的温度(55% 的蒸气和 45% 的液体)离开膨胀阀,并在蒸发器内全部蒸发。于点 C,制冷剂以 100% 的蒸气、10 ℉的蒸发器过热量以及 - 10 ℉的温度离开蒸发器。点 B 与点 C 间的焓差即为净产冷量。

3. 过热蒸气以 30 ℉的总过热度、10 ℉的温度于点 D 进入压缩机。过热蒸气经压缩机后至点 E 时的温度为 170 ℉。

4. 过热蒸气于点 E 离开压缩机。该制冷剂从点 E 预冷至饱和蒸气线。

5. 至此,饱和的制冷剂从饱和蒸气以 115 ℉的温度逐渐冷凝至饱和液相线,称为冷凝潜热的排热。

6. 饱和液体从饱和液相线过冷 10 ℉(115 ℉ - 105 ℉)至点 A,以 105 ℉的温度进入计量装置。至此,循环过程重新开始。

　　将压力 - 焓图用于描述给定各种工况条件下系统制冷剂的循环过程十分有效,但这些线图的形成一定程度上是来自制冷剂的性能参数表。图 3.59 为标准格式的 R-22 参数表,左侧第一列为饱和温度下对应压力的温度值。

　　图 3.59 的第 5 列为饱和气相制冷剂的比容(ft³/lb)。例如,60 ℉时,要使 1 lb 的制冷剂在系统循环,压缩机需泵送 0.4727 ft³ 的制冷剂,比容值和净产冷量对于工程师确定压缩机的泵送容量十分重要。图 3.45 的举例中采用R-22,制冷循环的净产冷量为 61 Btu/lb。如果我们需要某吸热量为 36 000 Btu/lb(3 冷吨)的系统配置足够的制冷剂,那么该系统每小时的制冷剂循环必须达到 590.2 lb(36 000 Btu/lb ÷ 61 Btu/lb = 590.2 lb/h)。如果制冷剂以 60 ℉的温度进入压缩机,那么压缩机就需泵送 279 ft³ 的制冷剂(590.2 lb/h × 0.4727 ft³/lb = 279 ft³/h),由于 0.4727 ft³/h 是针对饱和制冷剂以及进入压缩机的饱和蒸气而言的,因此上述计算会稍有误差。也可以采用过热表,但这样只会使上述计算更加复杂,且也有很小的误差,许多压缩机用每分钟立方英尺来标定容量,因此该压缩机的泵送量应为 4.65 ft³/min(279 ft³/h ÷ 60 min/h = 4.65 ft³/min)。

从图 3.59 中的密度栏可知特定体积量液相制冷剂在适用温度下的重量值。例如,液态制冷剂 60℉时,1 ft³ 的 R-22 制冷剂重量为 76.773 lb。这对确定蒸发器、冷凝器和储液器等构件中的制冷剂重量十分重要。

图中焓值栏(总热)列出了液相和气相制冷剂的含热量以及 1 磅液相制冷剂汽化为蒸气所需的潜热量。例如,饱和液相制冷剂 60℉时含热量为 27.172 Btu/lb(而在 -40℉时,其含热量为 0 Btu/lb)。将 1 磅 60℉的饱和液相制冷剂汽化为蒸气将需要 82.54 Btu/lb 的热量,此时饱和蒸气含 109.712 Btu/lb 的总热量(27.172 Btu/lb + 82.54 Btu/lb = 109.712 Btu/lb)。

温度	压力		比容 (ft³/lb)		密度 (lb/ft³)		焓 (Btu/lb)			熵 (Btu/lb×°R)		温度
(°F)	PSIA	PSIG	液相 v_f	气相 v_g	液相 $1/v_f$	气相 $1/v_g$	液相 h_f	潜热 h_{fg}	气相 h_g	液相 s_f	气相 s_g	(°F)
10	47.464	32.768	0.012088	1.1290	82.724	0.88571	13.104	92.338	105.442	0.02932	0.22592	10
11	48.423	33.727	0.012105	1.1077	82.612	0.90275	13.376	92.162	105.538	0.02990	0.22570	11
12	49.396	34.700	0.012121	1.0869	82.501	0.92005	13.648	91.986	105.633	0.03047	0.22548	12
13	50.384	35.688	0.012138	1.0665	82.389	0.93761	13.920	91.808	105.728	0.03104	0.22527	13
14	51.387	36.691	0.012154	1.0466	82.276	0.95544	14.193	91.630	105.823	0.03161	0.22505	14
15	52.405	37.709	0.012171	1.0272	82.164	0.97352	14.466	91.451	105.917	0.03218	0.22484	15
16	53.438	38.742	0.012188	1.0082	82.051	0.99188	14.739	91.272	106.011	0.03275	0.22463	16
17	54.487	39.791	0.012204	0.98961	81.938	1.0105	15.013	91.091	106.105	0.03332	0.22442	17
18	55.551	40.855	0.012221	0.97144	81.825	1.0294	15.288	90.910	106.198	0.03389	0.22421	18
19	56.631	41.935	0.012238	0.95368	81.711	1.0486	15.562	90.728	106.290	0.03446	0.22400	19
20	57.727	43.031	0.012255	0.93631	81.597	1.0680	15.837	90.545	106.383	0.03503	0.22379	20
21	58.839	44.143	0.012273	0.91932	81.483	1.0878	16.113	90.362	106.475	0.03560	0.22358	21
22	59.967	45.271	0.012290	0.90270	81.368	1.1078	16.389	90.178	106.566	0.03617	0.22338	22
23	61.111	46.415	0.012307	0.88645	81.253	1.1281	16.665	89.993	106.657	0.03674	0.22318	23
24	62.272	47.576	0.012325	0.87055	81.138	1.1487	16.942	89.807	106.748	0.03730	0.22297	24
25	63.450	48.754	0.012342	0.85500	81.023	1.1696	17.219	89.620	106.839	0.03787	0.22277	25
26	64.644	49.948	0.012360	0.83978	80.907	1.1908	17.496	89.433	106.928	0.03844	0.22257	26
27	65.855	51.159	0.012378	0.82488	80.791	1.2123	17.774	89.244	107.018	0.03900	0.22237	27
28	67.083	52.387	0.012395	0.81031	80.675	1.2341	18.052	89.055	107.107	0.03958	0.22217	28
29	68.328	53.632	0.012413	0.79604	80.558	1.2562	18.330	88.865	107.196	0.04013	0.22198	29
30	69.591	54.895	0.012431	0.78208	80.441	1.2786	18.609	88.674	107.284	0.04070	0.22178	30
31	70.871	56.175	0.012450	0.76842	80.324	1.3014	18.889	88.483	107.372	0.04126	0.22158	31
32	72.169	57.473	0.012468	0.75503	80.207	1.3244	19.169	88.290	107.459	0.04182	0.22139	32
33	73.485	58.789	0.012486	0.74194	80.089	1.3478	19.449	88.097	107.546	0.04239	0.22119	33
34	74.818	60.122	0.012505	0.72911	79.971	1.3715	19.729	87.903	107.632	0.04295	0.22100	34
35	76.170	61.474	0.012523	0.71655	79.852	1.3956	20.010	87.708	107.719	0.04351	0.22081	35
36	77.540	62.844	0.012542	0.70425	79.733	1.4199	20.292	87.512	107.804	0.04407	0.22062	36
37	78.929	64.233	0.012561	0.69221	79.614	1.4447	20.574	87.316	107.889	0.04464	0.22043	37
38	80.336	65.640	0.012579	0.68041	79.495	1.4697	20.856	87.118	107.974	0.04520	0.22024	38
39	81.761	67.065	0.012598	0.66885	79.375	1.4951	21.138	86.920	108.058	0.04576	0.22005	39
40	83.206	68.510	0.012618	0.65753	79.255	1.5208	21.422	86.720	108.142	0.04632	0.21986	40
41	84.670	69.974	0.012637	0.64643	79.134	1.5469	21.705	86.520	108.225	0.04688	0.21968	41
42	86.153	71.457	0.012656	0.63557	79.013	1.5734	21.989	86.319	108.308	0.04744	0.21949	42
43	87.655	72.959	0.012676	0.62492	78.892	1.6002	22.273	86.117	108.390	0.04800	0.21931	43
44	89.177	74.481	0.012695	0.61448	78.771	1.6274	22.558	85.914	108.472	0.04855	0.21912	44
45	90.719	76.023	0.012715	0.60425	78.648	1.6549	22.843	85.710	108.553	0.04911	0.21894	45
46	92.280	77.584	0.012735	0.59422	78.526	1.6829	23.129	85.506	108.634	0.04967	0.21876	46
47	93.861	79.165	0.012755	0.58440	78.403	1.7112	23.415	85.300	108.715	0.05023	0.21858	47
48	95.463	80.767	0.012775	0.57476	78.280	1.7398	23.701	85.094	108.795	0.05079	0.21839	48
49	97.085	82.389	0.012795	0.56532	78.157	1.7689	23.988	84.886	108.874	0.05134	0.21821	49
50	98.727	84.031	0.012815	0.55606	78.033	1.7984	24.275	84.678	108.953	0.05190	0.21803	50
51	100.39	85.69	0.012836	0.54698	77.909	1.8282	24.563	84.468	109.031	0.05245	0.21785	51
52	102.07	87.38	0.012856	0.53808	77.784	1.8585	24.851	84.258	109.109	0.05301	0.21768	52
53	103.78	89.08	0.012877	0.52934	77.659	1.8891	25.139	84.047	109.186	0.05357	0.21750	53
54	105.50	90.81	0.012898	0.52078	77.534	1.9202	25.429	83.834	109.263	0.05412	0.21732	54
55	107.25	92.56	0.012919	0.51238	77.408	1.9517	25.718	83.621	109.339	0.05468	0.21714	55
56	109.02	94.32	0.012940	0.50414	77.282	1.9836	26.008	83.407	109.415	0.05523	0.21697	56
57	110.81	96.11	0.012961	0.49606	77.155	2.0159	26.298	83.191	109.490	0.05579	0.21679	57
58	112.62	97.93	0.012982	0.48813	77.028	2.0486	26.589	82.975	109.564	0.05634	0.21662	58
59	114.46	99.76	0.013004	0.48035	76.900	2.0818	26.880	82.758	109.638	0.05689	0.21644	59
60	116.31	101.62	0.013025	0.46523	76.773	2.1154	27.172	82.540	109.712	0.05745	0.21627	60
61	118.19	103.49	0.013047	0.46523	76.644	2.1495	27.464	82.320	109.785	0.05800	0.21610	61
62	120.09	105.39	0.013069	0.45788	76.515	2.1840	27.757	82.100	109.857	0.05855	0.21592	62
63	122.01	107.32	0.013091	0.45066	76.386	2.2190	28.050	81.878	109.929	0.05910	0.21575	63
64	123.96	109.26	0.013114	0.44358	76.257	2.2544	28.344	81.656	110.000	0.05966	0.21558	64

图 3.59 R-22 制冷剂的部分特性(E. I. DuPont 提供)

熵值栏除用于压力 – 焓图上标注压缩机排气温度外,无实际价值。

图 3.59 一般不用于现场维修排故,主要供工程师在设计设备时使用,同时供维修技术人员了解、掌握各种制冷剂和制冷剂的循环过程。

各种制冷剂均有不同的温度 – 压力关系以及与焓的关系,工程师在针对特定设备选用适宜制冷剂时必须考虑各个方面,因此,对每种制冷剂及其与其他各种制冷剂间的性能差异的全面了解和掌握十分有用,但对于我们来说,出色地完成现场工作是重点,不需要理解这些复杂的图表。

3.21 标注具有明显温度漂移的混合型制冷剂的制冷循环

若混合型制冷剂在指定压力下蒸发和冷凝时具有多点温度,就会发生温度的漂移。具有温度漂移特征的制冷剂压力 – 焓图与不具有温度漂移的制冷剂不同。图 3.60 为具有温度漂移特征的制冷剂的压力 – 焓轮廓图。注意,其恒温线簇(绝热)不是水平线,制冷剂由饱和液相线向饱和蒸气线变化时向下倾斜。当沿恒压线簇(绝热)从饱和液相直线到达饱和蒸气时,就会与多条绝热线相交。这说明对于任意一个压力值(不管是蒸发过程还是冷凝过程),就会有一组与之相关的温度值,因此人们把这种混合型制冷剂称为具有温度漂移。例如,图 3.60 中,对于 130 psia 恒压线,其温度的漂移范围为 10 ℉ (70 ℉ – 60 ℉),当制冷剂从饱和液相向饱和蒸气变化时,此 130 psia 等压线即与 60 ℉ 和 70 ℉ 两条等温线相交。

图 3.61 为 R-407C 制冷剂压力 – 焓的实用图。R-407C 是一种共沸混合型制冷剂,具有与用于空调设备中的 R-22 非常相似的性能参数。它是由 R-32、R-125 以及具有较大温度漂移量(10 ℉)的 R-134a 混合而成的制冷剂。注意,图中等温线从左至右向下倾斜,表现出了温度漂移的特征。

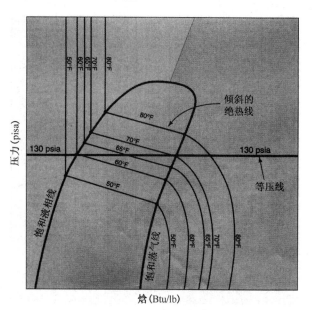

图 3.60　具有明显温度漂移特征的制冷剂混合液(近共沸混合型)压力 – 焓线图轮廓。注意倾斜的绝热线

在采暖、通风、空调与制冷行业内,"近共沸"混合型和"非共沸"混合型两个术语均可通用,这是因为两者都表现出温度漂移和分级分离的特性,但非共沸混合型制冷剂的温度漂移范围要大于近共沸混合型制冷剂。关于制冷剂、混合型制冷剂、温度漂移以及分级分离的细节可参见第 9 章。混合型制冷剂的充液方法则在第 10 章予以讨论。

安全防范措施:本章讨论的所有制冷剂均应存储于压力容器之内,并小心轻放。对于使用和处理各种制冷剂的方法应向指导教师或管理人员请教。在将容器内的制冷剂送入系统时,应佩戴防护镜,带上手套。

本章小结

1. 引起食品腐败的细菌在低温状态下生长缓慢。
2. 产品温度高于 45 ℉,但低于室内温度者称为高温制冷。
3. 产品温度介于 35 ℉ 和 45 ℉ 者称为中温制冷。
4. 产品温度为 0 ℉ 至 – 10 ℉ 者称为低温制冷。
5. 制冷就是从不需要热的地方将热排出,并且将此热量移送至基本上或完全无关紧要的地方的过程。
6. 1 冷吨就是 24 小时之内将 1 吨冰溶化所需的热量,24 小时内溶化 1 吨冰需要 288 000 Btu 的热量,即 1 小时 12 000 Btu,亦即 1 分钟 200 Btu。
7. 蒸气压力与沸点温度间的关系称为压力 – 温度关系。
8. 压缩机可以视为蒸气泵,它可将蒸发器内的压力减低,获得要求的温度,将冷凝器压力升高,达到蒸气可以冷凝成为液体所需的压力状态。

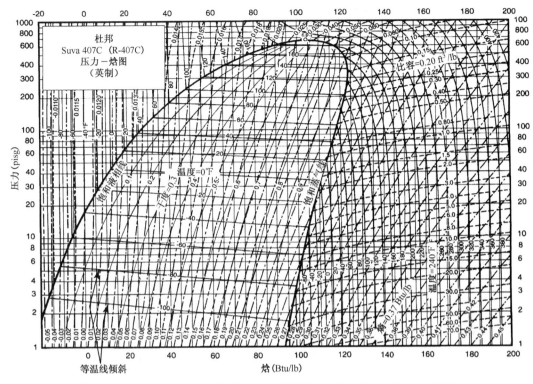

图 3.61　表示 R-407C 制冷剂倾斜绝热线的压力 – 焓图（E. I. DuPont 提供）

9. 液态制冷剂从冷凝器进入计量装置,再进入蒸发器。

10. 制冷剂具有特定的化学组分,通常用"R"和一个数字标识以便于现场辨认。

11. 制冷剂必须是安全的,必须是可以检测的,必须是对环境没有污染的,必须有一个较低的沸点,必须具有良好的泵送特性。

12. 制冷剂储液罐用色标标识,表明储液罐中含制冷剂的种类。

13. 维修制冷系统时,制冷剂应予回收、存储,然后再循环。如条件许可,也可送至制造企业进行再生。

14. 压力 – 焓图可用于标定制冷循环。

复习题

1. 说出冰柜内冰块溶化的原因:_____、_____、_____。

2. 说出低温、中温和高温制冷大致的温度范围。

3. 1 冷吨是:

   A. 1200 Btu；　　　　B. 12 000 Btu/h；　　　　C. 120 000 Btu；　　　　D. 120 000 Btu/h。

4. 简述基本制冷循环。

5. 压力和液体沸点间是怎样一种关系?

6. 制冷系统或空调系统中蒸发器的功能是什么?

7. 制冷系统中压缩机的功用是什么?

8. 定义过热蒸气。

9. R-22 的蒸发压力为 76 psig,蒸发器的出口温度是 58℉,此系统蒸发器的过热度为多少?

   A. 13℉；　　　　B. 74℉；　　　　C. 18℉；　　　　D. 17℉。

10. 如果 R-22 的蒸发压力为 76 psig,压缩机进口压力为 65℉,那么进入压缩机蒸气的总过热度为多少?

   A. 11℉；　　　　B. 21℉；　　　　C. 10℉；　　　　D. 20℉。

11. 定义过冷液体。

12. 采用 R-22 制冷剂,冷凝压力为 260 psig,冷凝器的出口温度为 108℉,冷凝器中液相制冷剂的过冷度为多少?

    A. 12 °F;   B. 42 °F;   C. 7 °F;   D. 14 °F。

13. 冷凝压力为 260 psig,采用 R-22 制冷剂,计量装置的进口温度为 100 °F,该系统总的过冷度是多少?

    A. 15 °F;   B. 20 °F;   C. 25 °F;   D. 30 °F。

14. 饱和液体和饱和蒸气的含义是什么?

15. 蒸气预冷的含义是什么?

16. 冷凝器中的制冷剂放热时有何变化?

17. 冷凝器中的制冷剂是如何排热的?

18. 计量装置的作用是:

    A. 驱动压缩机;   B. 控制过冷度;   C. 存储制冷剂;   D. 对制冷剂节流。

19. 什么是绝热膨胀?

20. 解释闪气,并分析其对系统容量的影响。

21. 讨论制冷剂时,干度的含义是_____。

22. 试述往复式压缩机和回转式压缩机的差异。

23. 列出 R-12、R-22、R-134a、R-11、R401A、R-402B、R-410A、R-404A 和 R-407C 储液钢瓶的色标。

24. 定义熵。

25. 定义一种纯化合物制冷剂,并举出两个具体事例予以说明。

26. 试定义净产冷量(用于表述制冷循环)。

27. 定义闪气,并解释其对制冷循环中净产冷量的影响。

28. 试定义混合型制冷剂的温度漂移。

29. 试定义共沸混合型制冷剂,并举例说明。

30. 试定义近共沸混合型制冷剂,请举出两个具体事例予以说明。

第二篇 安全防护、工具与设备、车间操作

第4章 安全操作常规

教学目标

学习完本章内容之后,读者应当能够:

1. 叙述工作中涉及压力装置和容器、电能、热、冷、旋转的机械零件和化学物品时正确的操作方法,移动重物和合理应用通风的方式、方法。
2. 安全操作,避免发生安全事故。

采暖、空调和制冷行业技术人员的工作一般都比较接近具有潜在危险的环境,如具有压力的各种液体和气体、电能、热、化学物品、旋转的机器零件、移动重物以及需要通风的区域。实施各项作业时必须采取安全的操作方法以保证技术人员自身和其他人员的安全。

本章将论述所有技术人员必须熟悉、掌握的一些安全操作常规和方法。无论在学校的实验室、车间、商业性维修站,还是在制造车间,有关人员都须熟知应急通道、急救站、洗眼间的地点和位置。工作期间应当知道一旦发生突发事件应如何逃离建筑物或特定的区域,了解急救工具和急救设备的存放地点。本章还将论述更具针对性的许多安全常规和安全提示。总之,始终运用科学常识并做到有备无患。

本行业的所有工具都有适用范围,技术人员应通过阅读制造商提供的说明书了解有哪些限制,并使之形成一种习惯。如果你感觉已超出制造商规定的适用范围,那么很可能确实如此,此时应停止操作。工具使用不当不仅会损坏设备财产,而且会伤害操作人员。

本行业中,护目镜是最需要经常注意的安全防护装备之一,飞溅的碎屑会在操作者做出反应之前伤害到其眼部,因此,佩戴护目镜是一种很好的工作习惯,它可以应对可能出现的伤害。

即使有了良好的工作习惯,意外事故也会时常出现,对于每一位技术人员来说还需经常接受心肺复苏(CPR)方面的培训,许多学校和红十字会都可以提供这些课程的培训。

技术人员应专业、敬业,而不是玩忽职守,随心所欲必将导致错误百出。这些话听起来似乎是过于紧张,直到有人受到伤害,人们才会意识到这并非说教。记住,如果你在他人的工作场所或居所时发生意外,还会连累其他人。

4.1 压力容器和管线

压力容器和管线是制冷与空调技术人员经常接触到的、各种系统的组成部分。例如,将一个 R-22 制冷剂储液罐置于普通拦板的汽车后车板上,夏季热辣的阳光可以使钢罐温度达到 110℉。由温度–压力图可知,钢罐温度为 110℉时其内侧压力为 226 psig,此压力读数意味着该钢罐每平方英寸表面积上具有 226 磅的压力,较大钢罐总的表面积为 1500 in²,则内压(方向朝外)总量为

$$1500 \text{ in}^2 \times 226 \text{ psig} = 339\,000 \text{ lb}$$

也就等于:

$$339\,000 \text{ lb} \div 2000 \text{ lb/ton} = 169.5 \text{ t}$$

见图 4.1,如果钢罐安装有保险装置,这点压力是可以承受的,并且是安全的,前提是只要不将其倾倒。**安全防范措施:**只有当钢罐上套有保险帽时才能移动钢罐,见图 4.2。如果钢罐太大难以搬动,则应采用链条固定在小车上移动,见图 4.3。

尽管钢罐内压力被视为一种潜在威胁,但除非制冷剂能以某种未加控制的方式逃逸,否则它不具有危险性。钢罐上端蒸气区域有一个减压阀,如果钢罐内压力升高至减压阀的设定值,那么减压阀就会释放蒸气。当蒸气压力降低时,钢罐内的液体即开始冷却,压力降低,见图 4.4。减压阀的设定压力一般为略高于最恶劣的工况条件,通常高于 400 psig。

制冷剂钢罐设置有一个用低熔点材料制造的熔塞,如果钢罐的温度太高,该熔塞就会熔化、吹穿,这就可以使钢罐避免爆裂伤及周围人员和财物。**安全防范措施:**制冷剂钢罐应以垂直向上的安置方式存放和运输,以保证压力减压阀与蒸气区域连通,而不是与罐内的液体连通。有些技术人员在对系统充液时为使钢罐内压力下降往往喜欢对制冷剂钢罐进行加热,这是一个极端危险的恶习,对此,我们建议可以将制冷剂钢罐放置在一个盛有温度不超过 90℉的暖水容器中,见图 4.5。

工作中我们都要测取制冷和空调系统内的各种压力值。在大气压力下,液态的 R-22 制冷剂在 −40℉时即

可汽化,如果不小心将制冷剂溅在皮肤上或眼睛里,那么瞬间就会形成冻伤,因此应使皮肤和眼睛避免接触任何数量的制冷剂。安装压力表、测取制冷剂压力值以及将制冷剂充入系统或从系统中抽出时,都应带上手套和盾面式护眼镜。图4.6为一种护眼镜。**安全防范措施**:如果出现泄漏,制冷剂逃逸,最好的办法是站在背面,寻找阀门,然后利用阀门关闭,而不要试图用手堵漏。

逸出的制冷剂以及其他微粒在空气中形成的气流可能会伤害操作者的眼睛,因此必须佩戴合格的护目镜,这种护目镜透气,可避免镜面因冷凝而形成雾气,也可使操作者保持凉快,见图4.6。

图 4.1　制冷剂的压力作用于钢罐的所有表面

图 4.2　带有保险帽的制冷剂钢罐(Bill Johnson 摄)

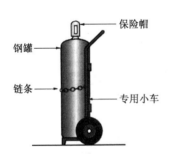

图 4.3　压力罐应用链条固定在专用小车上,
　　　　安全地移动,保险帽必须安全可靠

图 4.4　出现过压时,减压阀会降低罐中压力

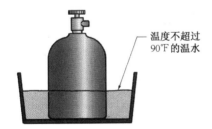

图 4.5　将制冷剂钢罐放在温水中(水温不要超过90℉)

图 4.6　盾面式护目镜(Bill Johnson 摄)

安全防范措施:所有用于制冷剂运送的钢罐需经美国运输部批准同意用做再生钢罐,图4.7为带有色标的各种钢罐。罐体为灰色,头部为黄色,说明这些钢罐已经批准可作为再生罐使用。采用未经检定的钢罐运送制冷剂则是一种违法行为。

除了制冷剂钢罐内可能存在压力之外,氮气和氧气钢罐内也可能存在很大的压力,氮气和氧气钢罐的运输许可压力为2500 psig,除非带有保险帽,否则不能移动,同样也应采用链条固定在小车上移动(见图4.3),不带保险帽的钢罐倾倒时可使钢罐阀门折断,罐内压力就会使钢罐像充满空气的气球突然迅速向前窜动,见图4.8。

使用氮气前,必须对氮气进行调压,钢罐内压力太高,很难与系统连接。如果操作人员将氮气在钢罐压力下直接充入系统,那么就会使制冷系统中薄弱处爆裂,如果这样的薄弱处位于压缩机汽缸盖上,则非常危险。

图 4.7 带有色标的再生罐,罐体为灰色,上端部为黄色(White Industries 提供)

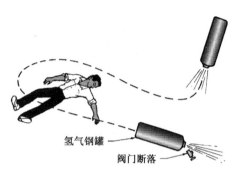

图 4.8 钢罐阀门折断时,内压消失之前,钢罐就像一颗炮弹

同理,使用氧气前,也必须对氧气进行调压。此外,氧气的连接管必须保证绝对无油,如果氧气调压器接口存在残油将会引起爆炸,这样的爆炸足以将操作者手中的调压器吹跑。

安全防范措施:绝对不能将具有大压力的氧气作为压力源对管线系统进行试压。如果系统内有润滑油或残留油,加入氧气增压必会引起爆炸。

氧气通常与乙炔一起使用,乙炔瓶内没有氮气和氧气钢罐那样的压力,但也必须给予同样的重视,因为乙炔非常容易爆炸,同样必须采用减压阀。采用专用小车,用链条将钢瓶固定在小车上,并保证有保险帽,见图 4.3。所有存放的钢瓶必须要有定位支承,以免躺倒,并且根据不同色标按要求分开排放,见图 4.9。

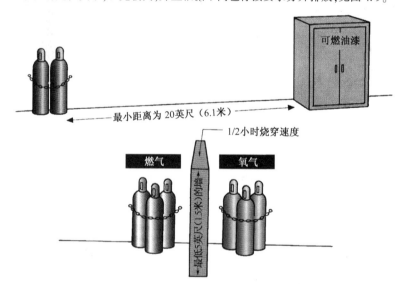

图 4.9 压力钢罐存放时必须有链条定位。存放的燃气罐与可燃性物料的最小安全距离为 20 英尺或 5 英尺高的墙

4.2 电危险

触电和由电引起的燃烧是经常出现的电危险。要想在电源切断的情况下对各种线路进行排故是不可能的,因此,我们必须了解"带电"电路排故的安全操作方法。如果导线带电,并且你认为元器件处于正常的运行状态,那么就不用担心,只有当不受控制电源出现(同时接触两根带电导线)时,才很可能受到伤害。

安全防范措施：安装电气设备时,应使电力进线在配电设备处切断或在进线电板处以许可的方法予以断路。美国职业安全卫生管理局(OSHA)制定的专项必备条件指定了安全工作条件的各项细则,包括电源切断和电缆终端作业。维修设备时,只要条件容许,无论何时都应将电源切断和断路,并在配电板上配置挂锁。为防止有人合上电源,而又不能直接看到配电板时,应当将配电板锁上且只带一把钥匙,千万不要以为自己技术高超,行动敏捷,在不必要的情况下带电操作。

然而,有时也确实需要带电测试,当然,做这些测试时必须非常谨慎小心,确保你的手仅仅接触仪表的表棒以及你的手臂与整个身体远离电线端点和连接头。你应了解被测试电路的电压值,测试前应确定测试仪器的范围选项是否在适当位置。

安全防范措施：做测试时,不要站在潮湿处,一次只使用一台测试仪器,并确认仪表工作正常。穿上带有绝缘鞋底和后跟的工作鞋,聪明老练的技术人员都会注意这些预防措施。

触电

当你成为电路的一部分时,就会发生触电。电流过你的身体时会伤及心脏——使心脏停止跳动——如果不是马上恢复心跳就会导致死亡。最好的办法当然是采取急救措施,包括挽救生命的 CPR(心肺恢复)方法。**安全防范措施**：要避免触电,就要避免成为两个带电导线间或火线与大地间的导体。电一定会寻找流通的路径。而且你所接触的电压越高,可能受到的伤害也就越大。在制冷与空调行业中,我们所接触的电源电压为 460 V,最高达 560 V,因此必须了解工作时采用的电源电压以及相关注意事项,千万不要使身体成为电源的通道。图 4.10 所示为一个接线图,图中的技术人员成了电路的一部分。

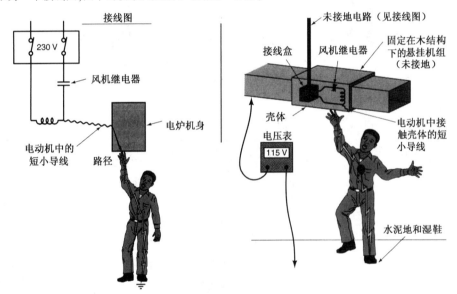

图 4.10 技术人员成为了电路的一部分从而发生触电时的情景

安全防范措施：技术人员应仅使用正确接地的电源以及正确接地的动力工具。使用便携式工具时应特别谨慎小心,这些手持式设备内的电能恰似在不断地寻找流动的通道。有些便携式电动工具采用金属壳体结构,这些工具的电源线上都应有接地线。接地线可以保护操作者,尽管没有接地线,这些工具也能工作,但并不安全。如果这些工具中电动机的接线端松脱,机体就将成为火线,那么第三根导线(接地线)就会带电,而不应是你的身体,保险熔丝或断路器此时即自动切断电路,见图 4.11。

在某些情况下,当墙上插座只有两眼而携带的便携式电动工具为三眼插头时,技术人员往往会在工作现场采用两眼–三眼转换器,见图 4.12。这种转换器的第三条导线必须接地,以便保护电路。如果此导线固定在墙板螺钉下,而该螺钉的顶端部连接于一个未接地的、钉在木制墙板上的接线盒,那么仍然不具保护作用,见图 4.13。应确保第三条导线,即接地线良好接地。

现在,塑料外壳以及采用电池驱动的电动工具已经取代了这些老式的金属手提工具,其电动机及各接线端均在机内绝缘,故被称为双绝缘电动工具,因此也被认为十分安全,见图 4.14(A)。电池驱动的电动工具则采用可充电电池,因此十分方便和安全,见图 4.14(B)。

图 4.15 中的电源线应插在带有接地故障断路器(GFCI)的电源插座上。对于便携式电动工具,建议采用这种接地故障断路器。其功能在于有少量漏电时可使操作者避免触电,这是因为少量的电源漏电可以使接地故障断路器切断电路,阻止电流流动。

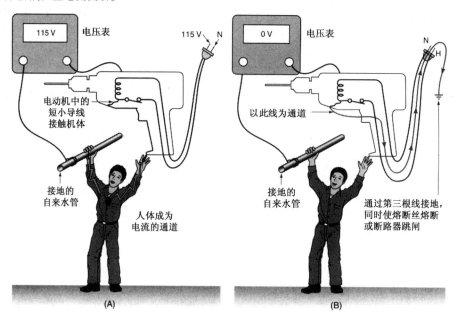

图 4.11 (A)手钻金属机身与大地形成电路;(B)手钻金属机身正确接地

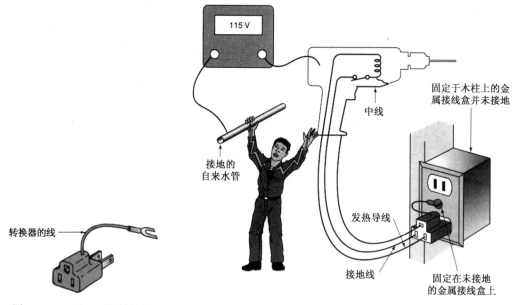

图 4.12 三眼 – 两眼转换器

图 4.13 转换器的线用螺钉固定在双连墙面插座上,但如果该接线盒未接地,这种情况下仍然不起保护作用

电烧毁

导电作业时,千万不要佩戴贵重饰品(戒指和手表),因为这些饰品会引起触电并可能被烧毁。

接通电源时,千万不要在配电板上使用螺丝刀或其他工具,电燃烧来自不受控制的电源与电线短路等产生的电弧。例如,在配电板上操作时,螺丝刀滑过,其刀口与接地线形成回路,且电能很大时会产生电弧。若某电

路电阻为 10 Ω,电压为 120 V,根据欧姆定律,其电流为

$$I = \frac{E}{R} = \frac{120 \text{ V}}{10 \text{ Ω}} = 12 \text{ A}$$

如果本例中以更小的电阻来计算,那么因为电压被更小的数字相除,其电流值就更大,如果电阻值减小为 1 Ω,则电流为

$$I = \frac{E}{R} = \frac{120 \text{ V}}{1 \text{ Ω}} = 120 \text{ A}$$

如果电阻再小至 0.1 Ω,那么其电流将为 1200 A,此时路器就将跳闸。但你的工具就有可能烧毁或身体遭受电击,见图 4.16,通过人体的电流为 0.015 A 或更小时即可致人死亡。

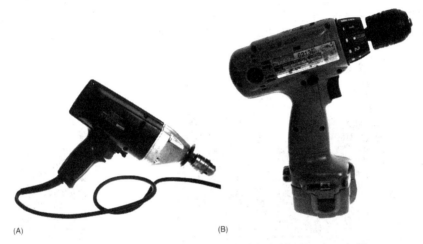

图 4.14　(A)双绝缘电钻;(B)电池驱动的电钻(Bill Johnson 摄)

图 4.15　带有接地故障断路器的电源插座(Bill Johnson 摄)

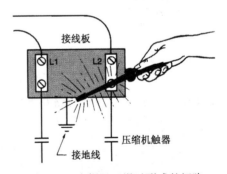

图 4.16　由螺丝刀滑过形成的短路

扶梯的安全使用

工作中均应使用绝缘扶梯,且应当配备有维修小车的扶梯。绝缘扶梯应分别用木头和玻璃纤维两种材料制成。绝缘扶梯的使用效果与铝制扶梯相当,稍重,但更安全。**安全防范措施:**技术人员架设扶梯时有可能会接触到电力线,或将扶梯靠在有触电危险的地点,而自己却没有意识,从而会出现意外事故。如果技术人员站在绝缘扶梯上,就可避免触电,因为两个或更多的导电体之间不可能形成保护作用。

除了涉及电危险,扶梯的使用还有些比较安全的习惯性做法,如当利用扶梯登高进入屋顶等高处平台区域时,扶梯应至少超出平台地面 3 英尺。同样,扶梯上支点至下底脚面的水平距离应为扶梯工作长度的 1/4 左右,见图 4.17,并保证扶梯放置在稳固的水平表面,不能放置在光滑的表面上使用,应在扶梯的下端处安装防滑底脚,如果仍有问题,可将扶梯脚部固定。扶梯只能用于其设计的功能,不能承载超过设计标准的更重的重量,当需要将过重物件提升至屋顶上时,应采用其他方法。扶梯应避免接触油脂和任何易打滑的其他材料。

在屋顶等高处作业或是在扶梯上操作均具有很大的危险性。屋顶有不同的坡度或倾斜,当坡度过于陡峭时,技术人员应使用安全带,避免坠落。在屋顶或长扶梯上操作时,应始终保持有两位技术人员在场。在许多情况下,扶梯顶部应予固定,特别是多层楼面的登高。**安全防范措施**:绝不能利用四脚梯未有踏板的一边撑杆攀高,只有在两边撑脚上均安装有踏板的情况下才是安全的。

4.3　加热

使用加热设备时须特别谨慎小心。热量高度集中的地方是焊枪,焊枪可用于多项作业,包括锡焊、铜焊或熔焊。需要焊接的地点周围一般都有易燃物品,例如,餐馆内的制冷设备需要修理时,对餐馆内摆设的家具、油斑油渍以及其他易燃物必须尽可能地谨慎处置。

安全防范措施:焊接或使用集中型热源时,应在附近放置灭火器材,既要知道在何处,又要掌握其使用方法。在火情发生之前,就要学会灭火器材的操作方法,灭火器应始终是维修车上维修工具与设备的一部分,见图4.18。

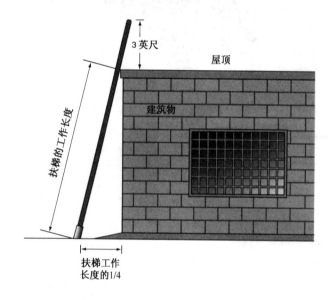

图4.17　移动式扶梯两侧扶手应超出搭接平面3英尺,其角度应保证扶梯底部是扶梯工作长度的1/4

图4.18　常规灭火器(Bill Johnson 摄)

安全防范措施:当必须在附近有易燃物或装饰表面的场合下进行焊接时,可采用不能燃烧的材料作为挡板隔热,见图4.19。如果一定要在一个附近有木制件的环境下使用焊枪,那么还可采用阻燃喷雾器,见图4.20。这种阻燃喷雾器使用时应采用适当的护板。在设备箱体内焊接时,也经常需要使用护板。例如,制冷机压缩机更新或需要在管线上焊接干燥器时。此外,在附近有电线时,出于保护的目的,也应采用护板。

安全防范措施:千万不能烧焊密闭的管线,在着手焊接前应将检修阀或单向气阀接口打开。

图4.19　铜焊或熔焊时,应采用护板(Thermadyne Industries,Inc. 提供)

图4.20　阻燃喷雾器

安全防范措施：热的制冷剂管线、热的热交换器以及热的马达都会烫伤皮肤并留下永久的疤痕。操作这些机件时应特别小心。

安全防范措施：在非常炎热的天气或在闷热的屋顶阁楼内操作时，体力消耗很大，技术人员应时刻关注自己的身体状态以及周围人员对工作环境的反应，注意观察过热迹象，如是否有人满脸通红或停止出汗，若有应使其远离热源，及时降温。过热将威胁生命，必要时可请求紧急救助。

4.4　冷

寒冷与炎热同样有害。液态制冷剂可以瞬间使皮肤和眼睛冻伤，长时间处于寒冷环境之下也十分有害。在寒冷的天气环境下工作会引起冻伤，故应穿着相应的衣物和防水靴（也有助于防止触电）。在寒冷潮湿的情况下，技术人员不可能做出合乎逻辑的判断，只有在暖和的环境中才能很好地工作。**安全防范措施**：室外操作时要注意大风引起的寒冷不适，寒风可以使身体很快失去大量的热量并出现冻伤。在潮湿的大气环境下操作时，穿着防水靴不仅可以使腿部避水防寒，而且更有助于避免触电的危险，但不能完全依赖这样的防水靴来避免触电的危险。

盛夏中的低温冷库内犹如冬季般寒冷，在冷库内作业时必须穿着冬季服装及用品。例如，更换膨胀阀时很可能需在冷库内待 1 个多小时。进入这样的冷库就如从 95 ℉ 或 100 ℉ 的室外踏入 0 ℉ 的房间内，会遭受冷冲击的影响。如果需要上门维修类似的低温装置，应携带并在这样的寒冷环境之下穿戴适宜的外套和手套。

4.5　机械设备

旋转的设备可使人体和财产受到伤害。驱动风机、压缩机及水泵的电动机，由于其功率较大，因此是最具危险的动力装置之一。**安全防范措施**：如果衬衫袖口或外套被电动机的皮带轮或联轴器钩住，那么就会发生严重的伤害事故，在旋转的机械设备附近操作不应穿宽松的服装，见图 4.21。甚至一台小小的电动手钻在停止转动之前也可能将领带卷入。

安全防范措施：启动一台开放式电动机时，应站在电动机驱动装置的后面。如果联轴器或传动带从驱动轮上飞离，那么它一定是沿电动机的转动方向向外飞行。电动机启动前，即使电动机未连接负载，也必须将所有螺栓或机架固定。同时，必须将所有扳手远离联轴器或皮带轮。一个从联轴器上飞出的紧固螺母就如同飞射的子弹，见图 4.22。

图 4.21　**安全防范措施**：在使用旋转设备或在其附近操作时绝不能戴领带或穿宽松的服装

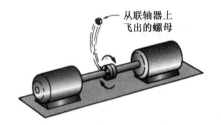

从联轴器上飞出的螺母

图 4.22　**安全防范措施**：应确保联轴器和其他部件上的所有螺栓均已紧固

安全防范措施：风机电动机等大功率电动机切断电源后缓慢减速时，切忌设法使它立即停转，如果想通过拽住传动带的方式试图使电动机停转，那么风机及电动机的惯性足以将你的手拖入皮带轮，见图 4.23。

安全防范措施：在从事需要较多走动的某项作业时，不要佩戴饰品。戒指很可能会钩住铁钉头部，手镯也许会在你跳下卡车时被侧面的拦板钩住，见图 4.24。

安全防范措施：为磨削有刃工具，去除毛刺或其他原因使用砂轮时，必须使用面罩，见图 4.25。绝大多数的砂轮片仅用于铸铁、钢、不锈钢和其他黑色金属，也有一些只能用于铝、铜或青铜等有色金属，应根据磨削的金属材料选择相应的砂轮片。砂轮机托架至砂轮片的距离应调节为 1/16 英寸左右，见图 4.26。当砂轮片磨损后，仍应将托架调整到这样的距离。砂轮机的砂轮片转速不得高于砂轮片的最大转速（rpm），否则极易爆裂，见图 4.27。

图 4.23   **安全防范措施**:不要试图采用拽住传动带的方式使电动机或其他运动机构迅速停下

图 4.24   饰品会钩住铁钉或其他物件,从而造成伤害

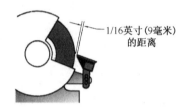

图 4.26   将托架调整至适当位置

图 4.25   研磨时应带上面罩(Bill Johnson 摄)

图 4.27   安装砂轮片时应确认砂轮片与砂轮机的规格相匹配

4.6   重物的移动

需要移动重物时,必须考虑采用最佳且最安全的方法,不要只考虑采用人力,因为各种专业工具可以帮助我们移动设备。当需要将设备安装于建筑物的屋顶上时,可采用起重机、甚至直升飞机,见图4.28。不要试图一个人去提升沉重的设备,可借助他人的帮助,并使用专用工具设备。没有合适的工具与设备,技术人员的能力也就非常有限了。

安全防范措施:当必须提起重物时,应利用腿部的力量,而不是背部的力量,并穿戴合格的背带,见图4.29。撬棒、杠杆铲车、冰箱手推车以及可推行小车等都是有用的工具,见图4.30。

图 4.28   直升机将空调设备提升至屋顶

当需要将较大规格的设备通过铺有地毯或地砖的地面时,可以先铺上复合木板,并不断地将复合板移动至设备前行的前面。如果设备有平底座,如整体式空调器,可采用小口径的管子放在地面上移动设备,见图4.31。

4.7   呼吸空间存在制冷剂

刚生成的制冷剂蒸气和许多气体均比空气重,会在密闭的空间内取代氧气,因此应采取近地面的通风。为避免技术人员因缺氧而无法工作,必须始终保持良好的通风。如果在一个封闭的工作环境内操作,等你感觉到制冷剂的浓度太高时,实际上已为时过晚,此时会出现头晕目眩、腿部麻木等症状,如果确有这样的感觉,应迅速转移至有新鲜空气的地方。

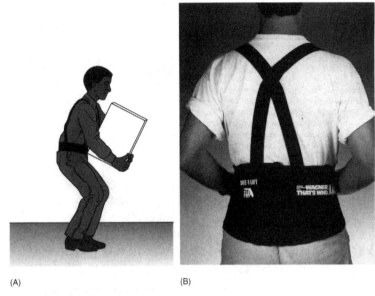

图 4.29　**安全防范措施**:(A)利用腿部力量,而不是背部力量来提升重物,并使背部挺直;(B)使用安全背带(Wagner Products Corp. 提供)

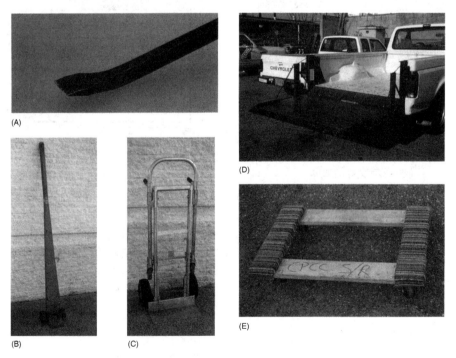

图 4.30　(A)撬棒;(B)杠杆铲车;(C)手推车;(D)小货车提升板;(E)可推行小车(Bill Johnson 摄)

　　安全防范措施:施工前应事先做好适当通风的准备工作,确需在密闭环境下操作时,可采用风机吹入新空气或强制排风。对流通风有助于消除气雾的积聚,见图 4.32。

图 4.31　利用小口径管子作为
滚动体来移动设备

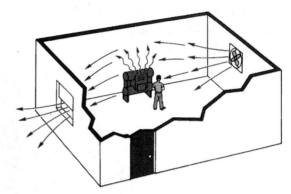

图 4.32　新鲜空气的对流通风有
助于消除烟雾的积聚

　　有些设备的安装过程中需要采用具有报警功能的专用检漏仪,这些检漏仪可以在有害气体形成、积聚之时发出警报。警声响起时,应采取相应的安全防范措施,包括使用专门的呼吸器具、启动通风设备等。

　　因焊接或流经明火而被加热的制冷剂蒸气十分危险,制冷剂蒸气有毒,有强烈的刺激气味,可使人受到伤害。**安全防范措施:**在封闭环境下焊接时应使头部保持在烟雾升起的下方,并具有足够的通风,见图 4.33。

　　美国采暖、制冷及空调工程师协会已经针对制冷剂的毒性和易燃性制定了 34 - 1992 标准。图 4.34 所示为34 - 1992 标准的简要框图,以下对该标准中的标志字母与数字的分类进行简单说明:

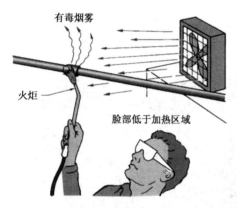

图 4.33　使脸部低于加热区域,并保证
该区域有良好的通风

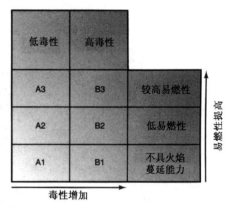

图 4.34　美国采暖、制冷及空调工程师协会 34 - 1992
标准对制冷剂安全性的分类

- A 类:浓度低于或等于 400 ppm(百万分数)时未见毒性的制冷剂。
- B 类:浓度低于 400 ppm 时具有毒性的制冷剂。
- 1 类:在 14.7 psia 压力下,65℉的空气中测试未表现出火焰蔓延特征的制冷剂。
- 2 类:在 70℉和 14.7 psia 测试条件下、浓度高于 0.006 52 lb/ft³ 时具有较低可燃性的制冷剂,燃烧时有低于 8174 But/lb 的燃烧热产生。
- 3 类:具有高可燃性的制冷剂。在 70℉和 14.7 psia 测试条件下,其浓度低于或等于 0.006 52 lb/ft³ 才有较低的可燃性,燃烧时有大于或等于 8174 But/lb 的燃烧热产生。

4.8　化学品的使用

　　我们经常需要采用各种化学药剂来清洗风冷式冷凝器和蒸发器等机件,也用于水处理。除了某些用于水处理的具有刺激性的化学药剂以外,这些化学药剂通常为单一组分且浓度较低。**安全防范措施:**使用这些化学药剂时应根据制造商的说明操作,切忌疏忽大意。如果化学药剂溅入眼睛,应根据说明书的要求处置或去医院。工作之前应认真阅读整个标签,因为受伤之后就很难阅读标签上的救助方法了。

　　烧毁的电动机中残留的制冷剂和润滑油也同样有害,由于其中含有酸成分,因此所含的制冷剂与润滑剂对皮肤、眼睛以及肺脏均具有危险性。

本章小结

1. 技术人员从事涉及压力、电能、热、冷、旋转的机械设备及化学物品以及进行搬运重物等作业时,必须采取相应的安全防范措施。
2. 在对压力装置和压力容器进行操作时,应特别注意压力安全问题。
3. 对带电电路进行排故维修时,应谨慎小心。对电气器件进行维修时,可能的话应切断电源,锁上配电板或切断电源箱进线,并自己保存 1 把钥匙。
4. 焊接或在加热设备上操作时,应注意热伤害问题。
5. 大气压力下的 R-22 制冷剂在 –14 ℉的温度下即能汽化,因此会致人冻伤。
6. 风机和水泵等旋转设备具有危险性,应谨慎操作。
7. 移动重量较大的设备时,应采用正确的方法,选用适当的工具和设备,并佩戴安全背带。
8. 因清洗和水处理使用化学物品时必须谨慎小心。

复习题

1. 技术人员在什么场合接触到液态制冷剂的冰点温度?
2. 充满氮气的钢瓶上端部折断会出现下述何种现象?
   A. 氮气缓慢地泄出;　　　　　　　　B. 有很大的声响;
   C. 钢瓶就会像火箭一样很快地移动;　　D. 将发出类似洗衣机一样的声响。
3. 系统充氮气时,为何必须使用带有调压阀的氮气钢瓶?
4. 润滑油在压力下与氧气混合时,会发生什么现象?
5. 试图用手去阻止制冷剂泄漏将导致_____。
6. 人体受到电击时会伤害_____。
7. 电流流过人体将导致两种伤害:_____和_____。
8. 在密闭区域焊接时,技术人员应如何使周围器材避免烧灼。
9. 联轴器分离时,启动大容量电动机应采取哪些安全措施?
10. 电钻上第三根导线是什么线?
11. 试述重量较大的设备在屋顶上移动的方法。
12. 采用化学药剂清洗冷凝器之前,应采取何种特殊的安全措施?
13. 正在使用的封闭式压缩机电动机烧毁时,会产生_____。
14. 何种制冷剂最具易燃性和毒性?

第5章 工具与设备

教学目标

学习完本章内容之后,读者应当能够:

1. 论述空调、采暖和制冷技术人员常用的手工工具。
2. 论述空调、采暖和制冷装置的安装与维修设备。

安全检查清单

各种工具与设备仅用于与其功能相一致的操作,移为他用很可能会损坏工具与设备,对技术人员来说也不安全。

空调、采暖和制冷技术人员必须能正确使用各种手工工具和相关的专用设备,并且必须根据工作的具体情况相应地选择各种工具与设备。针对工作的具体情况采用正确的工具不仅效率更高、省时,而且往往更安全。采用正确的工具常可以避免许多意外事故的发生。本章将概要地论述本行业技术人员常用的通用和专用工具与设备,其中一些将在其他章节针对特定的工作状况进行更详细的论述。

5.1 通用手工工具

图5.1 ~ 图5.6 为维修技术人员常用的各种通用手工工具。

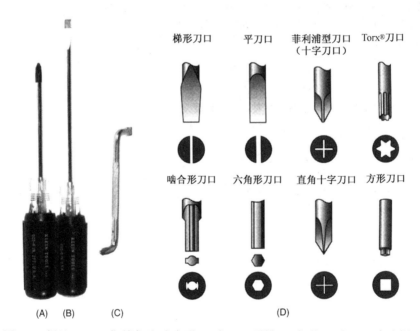

图5.1 螺丝刀:(A)菲利浦型(十字形)刀头;(B)平槽(一字形)刀头;(C)弯头螺丝刀;(D)标准螺丝刀头((A) ~ (C):Bill Johnson 摄,(D):Klein Tools 提供)

便携式电钻 便携式电钻是制冷与空调技术人员使用最为频繁、运用最为广泛的电动工具,有外接电源型(115 V)和无外接电源型(电池驱动)两种,见图5.6(E)和图5.6(F)。如果手钻为外接电源型且未予双重绝缘,那么,其电源线必须为三眼插头,并仅用于有接地的三眼插座。建议采用具有可变速和正反转选择的手电钻。许多技术人员因使用方便、安全,更喜欢使用电池驱动的手电钻,当然,应保证电池有充足的电能。

5.2 专用手工工具

空调、采暖和制冷行业的技术人员经常使用的专用手工工具有如下数种:

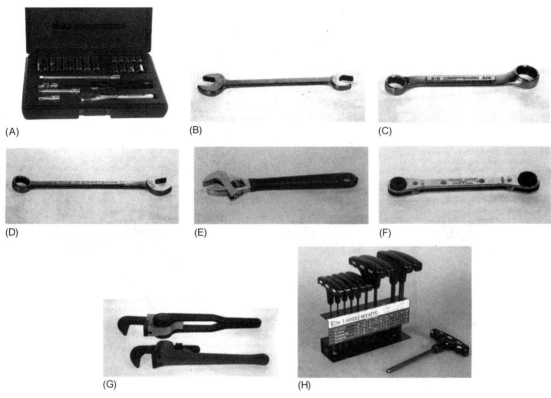

图 5.2　扳手:(A)配有棘轮扳手的套筒板头箱;(B)开口呆扳手;(C)梅花扳手;(D)组合头扳手;(E)活络扳手;(F)棘轮扳手;(G)管件扳手;(H)T 形手柄六角扳手((A)~(G):Bill Johnson 摄,(H):Klein Tools 提供)

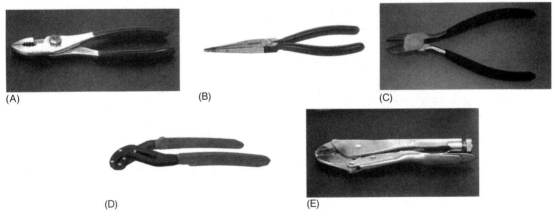

图 5.3　钳子:(A)通用钳;(B)尖嘴钳;(C)边口钳;(D)钳口可调钳;(E)切口钳(Bill Johnson 摄)

图 5.4　锤:(A)圆头锤;(B)软锤;(C)木工锤(Bill Johnson 摄)

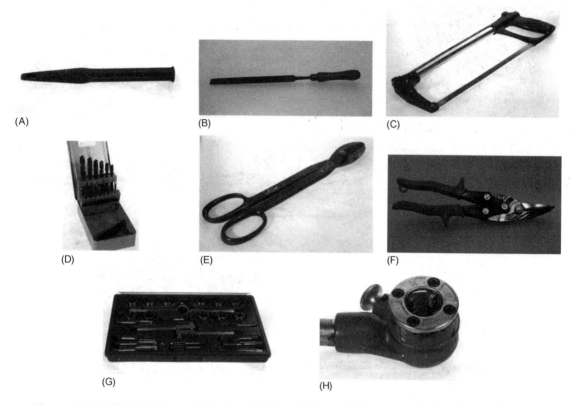

图 5.5　通用金属切削工具:(A)凿子;(B)锉刀;(C)手锯;(D)钻头;(E)直柄剪;(F)飞行剪;(G)丝锥与板牙套装(丝锥用于切制内螺纹,板牙用于切制外螺纹);(H)管螺纹套丝头(Bill Johnson摄)

螺母起子　螺母起子有一个套筒头,主要用于空调、采暖、冰箱控制板上六角螺栓的紧固与拆卸,它有空心杆、实心杆和超长型或粗短型数种,见图5.7。空心杆可以在螺栓小头端超出螺母时伸入其空心腔内。

双向套筒式扳手　套筒式扳手,可通过压下扳手一头的杠杆形按扣和改变转动方向。它主要用于空调制冷设备中各类阀门和附件的调整,其两端的两个套筒孔可用于4种不同规格的阀杆或轴头,见图5.8。

喇叭口螺母扳手　喇叭口螺母扳手的用法类似箱体端面套筒扳手,扳手端部的开口可以套过连接管,然后置于喇叭螺母上紧固或松懈,见图5.9。

由于活络扳手会使软青铜制成的轴头变成圆柱形,因此不能采用活络扳手,也不能用管子套在扳手的手柄上以增大力臂长度,可采用加热或加注渗透性较强的润滑油使轴头松懈。

接线和剥线工具　导线连接与成形工具有多种形式,图5.10为一种非焊接线头成形、剥线、断线以及剪断小螺栓等多种功能的组合工具。图5.10(B)为自动剥线钳。使用该剥线钳时需将线头伸入相应线径的孔内,剥线长度由线头在孔外的伸长量决定。一手拿线头,另一手握紧剥线钳手柄,放开手柄即可取出线头。

观察镜　观察镜一般为长方形或圆形,带有固定的或30英寸以上长度的手持手柄。此类观察镜主要用于观察某种组件中其他零部件后方或下方的区域或零件,见图5.11。

钉扣搭接机　钉扣搭接机主要用于在木材上固定绝缘、保温材料和其他软性材料,有些型号的钉扣搭接机也可用于固定低压电线,见图5.12。

5.3　配管制作工具

以下为常用的配管制作工具,本书其他章节中将对此进行更详细的论述。

切管器　切管器有各种规格和不同的种类,标准切管器见图5.13。这种切管器设有棘轮进给机构。切管器可以快速打开,骑上连接管和套在切割位置。某些型号的切管器设有切断槽,以减少在切除有裂纹的喇叭口时形成的管子损失。许多形式的切管器还包含一个可收缩的、用以消除管内毛刺的管锉和消除管外毛刺的锉削表面。图5.14为一种可用于在标准切管器无法使用的棘手场合下使用的切管器。

图 5.6 其他通用工具:(A)手锥;(B)卷尺;(C)手电筒;(D)延长线盘及灯具;(E)便
携式电钻(有外接电源线);(F)便携式电钻(无外接电源线);(G)圆孔锯;
(H)角尺;(I)水平尺;(J)鱼形钢皮尺;(K)通用刀;(L)C形夹;(M)往复锯;
(N)曲线锯((A)~(C)及(E)~(N):Bill Johnson 摄,(D)Klein Tools 提供)

内外侧管锉 内外侧管锉采用 3 把刀具对管内侧绞扩,同时对管外侧管口除毛刺,见图 5.15。

扩口工具 扩口工具由固定连接器的扩口条、一个可脱开的箍卡以及带有扩管锥头的进给螺杆组成。这种扩管工具可用于各种规格的连接管,见图 5.16。

套接工具 套接工具有冲杆式和杠杆式两种,见图 5.17。

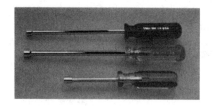

图 5.7　各种螺母起子(Bill Johnson 摄)

图 5.8　空调制冷行业专用的双向套筒壳式扳手(Bill Johnson摄)

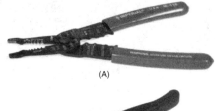

(A)

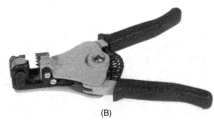

(B)

图 5.9　喇叭口螺母扳手(Bill Johnson 摄)

图 5.10　剥线钳和成形工具:(A)用于非焊接线头成形、剥线、断线以及剪断小螺栓的多功能工具;(B)自动剥线钳((A):Bill Johnson摄,(B):Klein Tools提供)

图 5.11　观察镜(Bill Johnson 摄)

图 5.12　钉扣搭接机(Bill Johnson 摄)

图 5.13　切管器(Bill Johnson 摄)

图 5.14　用于特殊场合的小型切管器(Bill Johnson 摄)

弯管机　弯管机有 3 种:弹簧弯管机、可以弯制小半径的杠杆式弯管机和齿轮弯管机,图 5.18 为弹簧弯管器和杠杆式弯管机,这些弯管机主要用于软铜管和铝管。

管刷　管刷用于清理连接管的内外侧和配件的内侧,有手动和电动两种,见图 5.19。

塑料管剪　塑料管剪可用于剪切塑料连接管和无丝网增强的塑料管,或合成纤维制成的水管,见图 5.20。

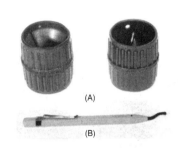

图 5.15　（A）内外侧扩管器；（B）去毛刺工具（Bill Johnson 摄）

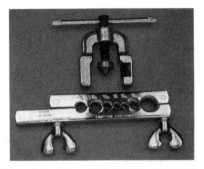

图 5.16　由扩口条箍卡和带有扩管锥头的进给螺杆组成的扩管工具

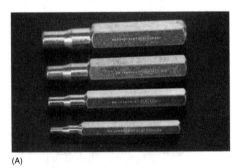

图 5.17　套接工具：（A）冲杆式；（B）杠杆式（Bill Johnson 摄）

图 5.18　弯管器：（A）弹簧管；（B）杠杆式（Bill Johnson 摄）

图 5.19　管刷（Shaefer Brushes 提供）

图 5.20　塑料管剪（Bill Johnson 摄）

　　连接管箍口工具　连接管箍口工具主要用于连接管的封口，如压缩机上维修短管的封口，特别是焊接密封前的封口常采用这种工具，见图 5.21。

　　金工锤　金工锤主要用于风管安装时钢板的平整和成形，见图 5.22。

5.4　维修与安装专用设备

　　压力歧管表　压力歧管表是众多制冷与空调维修设备中最重要的器材之一。该装置通常包含组合表（低压表和真空表)、高压表、歧管、阀以及软管,也有三孔两阀或四孔四阀之分,四阀型的则具有独立的真空阀、低压阀、高压阀和制冷剂钢瓶接头,见图5.23。

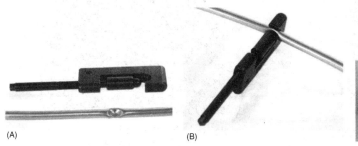

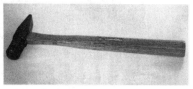

图5.21　连接管箍口工具(Bill Johnson 摄)　　　　图5.22　金工锤(Bill Johnson 摄)

在必须采用混合型制冷剂的场合,歧管表可用于测量较高的工作压力,见图5.24。**安全防范措施:**应注意所有部件包括软管是否可用于这类混合型制冷剂。

图5.23　歧表:(A)三孔两阀歧表;(B)四孔四阀　　　图5.24　专门用于 R-410A 制冷剂
歧表(Robinair SPX Corporation 提供)　　　　　　　的歧表(Bill Johnson 摄)

现在还有各种电子歧表,它可以提供比上述指针式歧表更多的测量项目,图5.25 中的电子歧表可以同时测量系统压力和各点温度,计算过热和过冷度,测量百万分级的真空,并可用做数字温度计。

可编程充液或充液仪表　这些仪表可以使技术人员通过计量重量精确地为系统充注制冷剂,它既可手工操作,也可自动完成整个作业。系统制冷剂可以按编制程序设置注入系统。图5.26 是其中一种可编程充液仪。

U 形管水银压力表　U 形水银压力表可在制冷系统抽真空时显示真空度,其精度约为0.5 毫米水银柱,见图5.27。

电子温控真空表　电子温控真空表可在制冷、空调或热泵装置抽真空时测量其真空度。其测量的真空度可低至50 微米,即 0.050 毫米水银柱(1000 微米 =1 毫米),见图5.28。

真空泵　真空泵专门用于空调、制冷装置维修时将系统内空气和不凝气体排空,此项工作称为系统抽真空。由于空气、不凝气体会占据空间、会有水蒸气并引起过大压力,因此是一项必不可少的工作环节,图5.29 为两种真空泵。

制冷剂回收、再循环工作台　☆故意将制冷剂向大气排放是违法行为,图5.30 是一种较典型的回收、再循环工作站,来自制冷设备和空调装置的制冷剂先泵入工作站的钢瓶或容器中存储,如该部分制冷剂满足要求,那么再注回系统内,或泵入其他的、经认证的容器内运送至制冷剂再处理车间。☆

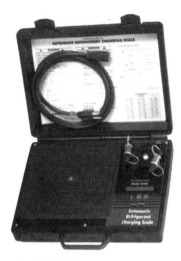

图 5.25 电子歧表（Robinair SPX Corporation 提供） 图 5.26 可编程充液仪表（Robinair SPX Corporation 提供）

图 5.27 U 形管水银柱压力表（Bill Johnson 摄）

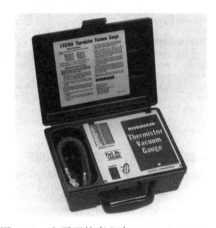

图 5.28 电子温控真空表（Robinair Division，SPX Corporation 提供）

图 5.29 常规型真空泵（Robinair，SPX Corporation 提供）

图 5.30 制冷剂回收、再循环工作台（Robinair Division，SPX Corporation 提供）

5.5   制冷剂检漏仪

卤化物检漏仪   卤化物检漏仪可以检测制冷剂的泄漏,见图5.31。它采用乙炔或丙烷气,检漏时,火焰加热铜头,燃烧所需的空气通过连接的软管吸入。在怀疑有泄漏的地方可将软管的一端贴近附近的各个部件或区域,如果存在泄漏,那么制冷剂就会被软管吸入并与铜头相遇,此时卤化物制冷剂就会分解为其他的化合物,并使火焰的颜色发生变化,火焰颜色取决于泄漏量的大小呈现由绿色至紫色的不同颜色。

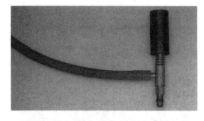

图5.31   采用乙炔气的卤化物检漏仪(Bill Johnson 摄)

电子检漏仪   电子检漏仪内置一个对特定制冷剂非常敏感的气敏元件。这种电子检漏仪由电池或交流电作为电源,通常还有用以吸入气体和混合空气的气泵。当检漏仪的探头搜寻到泄漏处时,它就会以不断加快的频率和增大强度的信号向操作者报警。许多检漏仪还具有调节功能以改变其敏感范围,见图5.32。

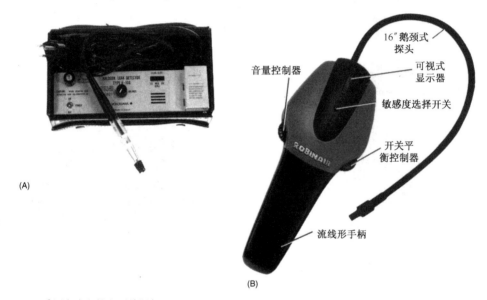

图5.32   (A)采用交流电的电子检漏仪(Bill Johnson 摄);(B)加热型二极管检漏仪(Robinair,SPX Corporation 提供)

许多新式的检漏仪设有检测所有三大类制冷剂 CFC、HCFC 和 HFC(卤化物类制冷剂、氢氯氟烃类制冷剂和氢氟烃制冷剂)的选择开关,HCFC 类制冷剂含氯量低于 CFC 类制冷剂,因此可用选择开关改变其灵敏度;HFC 类制冷剂不含氯。当选择开关设置在 HFC 时,检漏仪的灵敏度提高,即使小量的氟也能被检测出来。

与高强度紫外灯配合使用的添加剂   采用图5.33的装置,将添加剂加入制冷剂系统,该添加剂可以使泄漏源在紫外灯的照射下发出明亮的绿黄光色。添加剂存留在系统中,以后怀疑有新的泄漏点时,同样可以用紫外灯检漏。

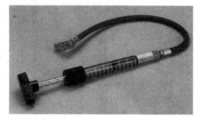 

图5.33   采用高强度紫外灯、添加剂的荧光检漏装置(Spectronics Corporation,Westbury,NY 提供)

超声波检漏仪 这种检漏仪利用制冷剂泄漏时发出的声音检测泄漏源,见图 5.34。

温度计 温度计的种类繁多,从简单的袖珍式到红外型、电子式和记录式、袖珍式,有水银玻璃管、圆盘指针温度计和数字式温度计,见图 5.35。其他种类的温度计见以下各图,电子式温度计见图 5.36(A),红外线式温度计见图 5.36(B),记录型温度计见图 5.37。

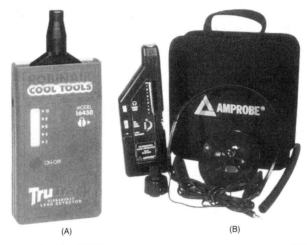

(A)　　　　　　　　　(B)

图 5.34 超声波检漏仪(Robinair,SPX Corporation,Amprobe 提供)

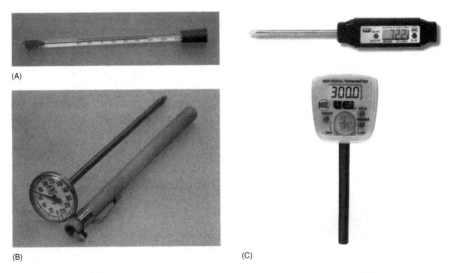

(A)

(B)　　　　　　　　　(C)

图 5.35 温度计:(A)玻璃管;(B)袖珍式圆针式温度计(Bill Johnson 摄);(C)袖珍型数字显示温度计(UEi 提供)

翅片矫直器 翅片矫直器有不同的类型。图 5.38 是一种能矫直冷凝器和蒸发器翅片的矫直器。适用每英寸 8 片、9 片、10 片、12 片、14 片和 15 片等不同规格。

热枪 在许多诸如制冷剂加热、熔化积冰以及其他作业的情况下,都需要使用热枪,图 5.39 为许多技术人员常用的热枪。

封闭管刺针阀 各种刺针阀是供封闭机组充液、测试或全封闭式机组排气时采用的一种实用装置。图 5.40 中的这种刺针阀是套夹在管线上,转动阀杆使尖锐的阀芯刺穿连接管,然后阀杆退回,以完成维修作业的。这种刺针阀的安装应按照制造商的说明书进行操作。

刺针阀有垫圈型和焊接型两种。由于垫圈易受空气及高温的影响随时都可能损坏或密封效果下降,因此,垫圈式刺针阀仅用做系统的临时进出口;焊接型刺针阀由于不采用垫圈,可用做系统的永久性接口。

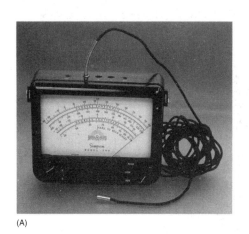
(A)

(B)

USA   LT-8200RFE

图 5.36   (A)电子式温度计(Bill Johnson 摄);(B)红外线式温度计(UEi 提供)

图 5.37   记录式温度计(Am-probeInstruments提供)

图 5.38   冷凝器和蒸发器盘管翅片矫直器(Bill Johnson 摄)

图 5.39   热枪(Bill Johnson 摄)

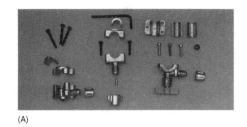
(A)

(B)

图 5.40   封闭管刺针阀(Bill Johnson 摄)

压缩机润滑油注油泵   图 5.41 为一种在压力状态下为制冷压缩机添加润滑油的注油泵。

低温焊和熔焊设备   低温焊和熔焊设备种类繁多、规格不一并各具特色。

焊枪主要用于焊接电接头,其产生的热量不足以焊接系统连接管,见图 5.42。

图 5.43 为带有丙烷气罐的丙烷气喷灯,这是一种使用十分方便的焊具,其火焰大小可调,可用于多种焊接作业。

空气 – 乙炔焊机可产生足够的热量用于低温焊和铜焊,它由可配置各种规格焊头的焊枪、调压阀、软管以及乙炔罐组成,见图 5.44。

氧乙炔焊机用于某些低温焊、铜焊和熔焊作业,当氧气与乙炔气以适当的比例混合时即可获得温度非常高的火焰,见图 5.45。

图 5.41 压缩机润滑油充注泵（Bill Johnson 摄）

图 5.42 焊枪（Bill Johnson 摄）

图 5.43 带有丙烷气罐的丙烷气喷灯（Bill Johnson 摄）

图 5.44 空气 – 乙炔焊机（Bill Johnson 摄）

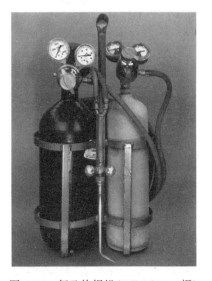

图 5.45 氧乙炔焊机（Bill Johnson 摄）

手摇式湿度计 手摇式湿度计利用干湿球原理，可迅速获得相对湿度的读数。将两支温度计（干球温度计和湿球温度计）放在一起在空气中甩动，湿球温度计水绳上就会发生蒸发，水分汽化使温度读数下降。两表的温差取决于空气的湿度，空气越干燥，空气吸收的水分越多，那么温差也就越大，见图 5.46。绝大多数制造商都提供一个刻度表，可以很方便地确定相对温度。使用该湿度计之前，应确认水绳干净，可以的话应用纯净水湿润。

现已研制出数字式湿度计摇表，它可直接显示上述各项数据，图 5.47 为两种数字式摇动湿度计。

电动机驱动的湿度计 电动机驱动的湿度计通常用于大区域、多测点、多数据的测定。

尼龙带固定器 图 5.48 为安装柔性风管的尼龙箍带专用工具。这种工具可以在达到设定的张紧力时，自动地将尼龙箍带平齐地剪断。

风速测量仪 平衡风管系统流量、检查风机和鼓风机性能以及进行静压测试时，风速测量仪是必不可少的仪器。其测量单位为每分钟英尺数。图 5.49 为全套风速测量仪组件。这种类型的测速仪可以做 50 ~ 10 000 ft/min 范围内的风速测定。图 5.50 为配有微处理器的风速测量仪，它可以测定通过通风柜或气管气流的近 250 项读数，如有需要还可显示平均风速和温度值。

图 5.46　手摇式湿度计(Bill Johnson 摄)

图 5.47　两种数字式湿度计摇表((A):Amprobe 提供;(B)UEi 提供)

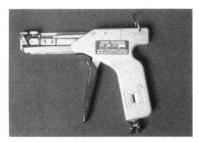

图 5.48　安装柔性风管尼龙箍带的工具(Bill Johnson摄)

图 5.49　全套风速测量仪(Alnor Instrument Company提供)

空气平衡仪　图 5.51 中的空气平衡仪不需要测取多项读数。该平衡仪可以直接从排风口或天花板上的送风格栅、地面或墙上测取读数,并以每分钟立方英尺数显示风量值。

图 5.50　配有微处理器的测速仪(Alnor Instrument Company 提供)

图 5.51　空气平衡仪(Alnor Instrument Company 提供)

二氧化碳和氧气检测仪　二氧化碳和氧气检测仪主要用于燃气或燃油炉烟道气分析,确定燃烧效率,见图 5.52。

一氧化碳检测仪　一氧化碳检测仪主要用于从天然气炉中获取烟道气样本,以确定一氧化碳的百分含量,见图 5.53。

燃烧分析仪　见图 5.54,该燃烧分析仪用于测量和显示烟道气中的氧气(O_2)、一氧化碳(CO)(一种有毒气体)、氮的氧化物(NOX)、二氧化硫(SO_2)的含量以及排气温度,它能计算并显示燃烧效率、排烟损失以及过量空气值。

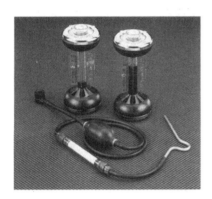

图 5.52　二氧化碳和氧气检测仪(Bacharach,
　　　　　Inc. Pittsburgh,PA USA 提供)

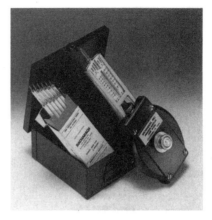

图 5.53　一氧化碳检测仪(Bacharach,
　　　　　Inc. Pittsburgh,PA USA 提供)

图 5.54(B)是一台便携式燃烧分析仪,它可测定并显示烟道气中的含氧量、排气温暖的、风量、氮氧化物和一氧化碳含量。

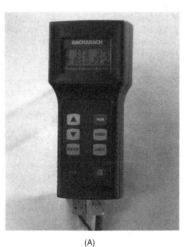

(A)

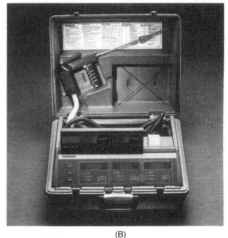

(B)

图 5.54　燃烧分析仪(Bacharach,Inc. Pittsburgh,PA USA 提供)

可燃气体检漏仪　该气体检漏仪有一发声报警器和由发光二极管组成的发光报警器,上端的红色指示灯点亮时说明搜索到泄漏区域,见图 5.55。

气流表　气流表用以检查燃气和燃气炉的烟道气压力,以确认烟道气是否以适当的速度沿烟道向上移动,见图 5.56。烟道气通常为略负压状态。

电压 – 电阻 – 毫安表(VOM 表)　电压 – 电阻 – 毫安表通常称为万用表。它是一种测量电压(伏特)、电阻(欧姆)和电流(毫安)的电气仪表。这种仪表每种模式下有相应的测量范围(量程)。这种万用表有不同的类型、量程和特性,有常规表盘(模拟量)和数字读数式两种类型。图 5.57 为模拟式和数字式万用表。购买时应确认具有本行业技术人员常用的功能和量程。

交流电钳形电流表　交流电钳形电流表是一种通用表,也称为钳表、双脚表、咬表或其他名称。

某些型号的钳表还能测量电压或电阻值。采用这样的钳表可以在不断开电路的情况下测量电路的电流值。使用这种钳表只需将钳口套住一根导线即可,见图 5.58。

摇表(兆欧表)　摇表用于测量电阻值极大的电路,这种特殊的仪表可以测量高达 4000 兆欧的电阻,见图 5.59。

图 5.55　可燃气体检漏仪(UEi 提供)

图 5.56　气流表(Bacharach, Inc. Pittsburgh, PA USA 提供)

(A)　　　　　　　　　　　(B)

图 5.57　万用表(VOM):(A)模拟式;(B)数字式(Wavetek 提供)

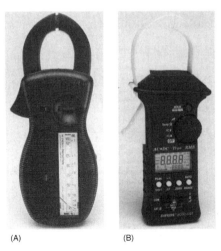

(A)　　　　　　(B)

图 5.58　交流电钳形电流表:(A)模拟
型;(B)数字式(Amprobe 提供)

图 5.59　这种摇表可以测量非常大的
电阻(Fluke Corporation 提供)

　　U 形管水柱压力计　U 形管水柱压力计主要用于燃气炉和气体燃烧设备的维修与安装过程中测定燃气和丙烷的压力值,见图 5.60(A)。

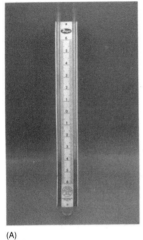
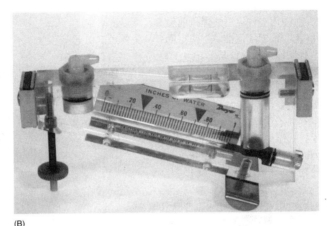

(A)　　　　　　　　　　(B)

图 5.60　压力计:(A)U 形水管;(B)倾斜式水管(Bill Johnson 摄)

　　倾斜式水柱压力计　倾斜式水柱压力计用于测定低达 0.1 英寸水柱的低压系统的空气压力,也用于分析空调和供暖空气分配系统的气流状态,见图 5.60(B)。

　　数字式电子压力计　该压力计利用与空气分配系统相连的连接管可测定 $-20 \sim +20$ 英寸水柱高的表压力,见图 5.61。

　　技术人员还可能采用许多其他的工具与设备,但本章所论述的均是普遍采用且使用最为频繁的工具与设备。

本章小结

1. 空调、采暖和制冷技术人员应当熟悉相关的手工工具和设备。
2. 技术人员应正确使用各种手工工具和专业设备。
3. **安全防范措施**:这些工具与设备应仅限于相应的作业使用,另做他用不仅可能损坏工具和设备,还可能导致技术人员处于不安全的状态。

复习题

图 5.61　数字式电子压力计(UEi 提供)

1. _____和_____是两种常用螺丝刀的刀头。
2. 5 种不同类型的扳手分别是 _____、_____、_____、_____和_____。
3. 试举出使用螺母起子的例子。
4. 试列出 4 种不同类型的钳子。
5. 试叙述两种类型的软管弯管器。
6. 制线头工具主要用于:
　　A. 连接管的成形;　　　　　B. 装配连接管;
　　C. 切断和剥线头;　　　　　D. 安装线卡。
7. 扩管工具主要用于:
　　A. 切断铜管;
　　B. 将一张金属薄板接口做成斜口;
　　C. 将铜接管制成喇叭口;

　　　D. 为弯头铜焊填充金属做一个箍圈。

8. 真空泵用于：
　　A. 从制冷系统中排除杂质；
　　B. 为制冷系统安装压缩机之前将灰尘排空；
　　C. 在使用空气－乙炔焊机前使某区域形成真空；
　　D. 为测取温度值准备一个空间；

9. 两种制冷剂检漏仪是_____和_____。

10. 列出歧表装置上的常用组件。

11. 列举 3 种温度计。

12. 焊枪主要用于何种焊接?

13. 空气－乙炔焊机主要用于_____和_____的焊接。

14. 手摇式湿度计有何用处?

15. 何时要使用风速测量器?

16. 论述二氧化碳和氧气检测仪。

17. 气流表的功能是什么?

18. 列出可用万用表测量的 3 种电气量。

19. 技术人员为何采用电子充液仪?

20. 为什么必须回收制冷剂?

第6章 紧 固 件

教学目标

学习完本章内容之后,读者应当能够:

1. 识别一般木用紧固件。
2. 识别常用的薄钢板紧固件。
3. 书写并解释常用螺钉的尺寸。
4. 识别常见的机用螺栓头。
5. 书写并解释机用螺栓各部分螺纹尺寸。
6. 论述砖墙用紧固件。
7. 叙述管线、连接管及风管的吊装器材。
8. 叙述导线的非焊连接和螺钉固定连接。

安全检查清单

1. 采用肘钉固定时,千万不要锤击过紧,以免损伤导线。
2. 使用紧固件时应确认所有材料均具有足够的强度,能达到紧固的目的。
3. 钻孔及钻孔后整理时,应佩戴护目镜。
4. 未经专业培训,不得采用炸药触发装置。

作为空调(供暖与供热)和制冷专业的技术人员,需要了解不同种类的紧固件和各种用于固定与连接的设备和装置,这样才能采用恰当的紧固件和设备很好地完成各项作业,并安全地安装各种设备与器材。

6.1 圆钉

用于木制件的最常见的紧固件或许就是圆钉了。圆钉有许多种类和规格,普通圆钉为平顶、细长形铁钉,每种长度有对应的直径,见图6.1(A);精制圆钉,见图6.1(B),头部很小,可以打入木件表面,用于对木制件有较高要求的场合。

这些圆钉常采用专业术语"便士"(penny)来确定规格,并以缩写字母 d 来表示,见图6.1(A)。例如,一枚 8 d 普通圆钉即表明了其形状与规格。除了这些普通圆钉之外,还可以购买到带有涂层的、一般为镀锌的或镀有松香的圆钉,镀层可以避免锈蚀,并有助于防止铁钉脱离木头。

为房屋屋顶固定木片瓦和其他屋面材料时要用屋面钉,其特大的钉头可以阻止木片瓦被扯下和被风刮走。屋面钉有时也可用于风管或连接管的箍带固定,见图6.2(A)。砖墙钉采用硬化钢制成,可打入砖墙内,见图6.2(B)。

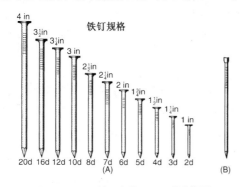

图6.1 (A)普通圆钉;(B)精制圆钉

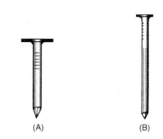

图6.2 (A)屋面钉;(B)砖墙钉

6.2 卡扣和铆钉

卡扣 卡扣是一种类似圆钉,但其形状为 U 形、其两端头部均为尖头的紧固件,见图6.3。它有多种规格,可用于不同场合。其中之一用于固定电线,仅需跨在导线上轻轻锤入墙内即可。**安全防范措施**:千万不要将卡扣锤入太紧,因为卡扣可能会损伤导线。另一种方法是采用卡扣搭接机,见图6.4。压下搭接机手柄,卡扣可穿过纸张、纤维织物或绝缘材料,并钉在木头上。外拐式搭接机可以使卡扣固定在软性材料上,两腿朝外分开形成一牢固的钩钉,见图6.5。它也可用于采暖或供冷管外固定保温材料,将风管外的保温材料固定于风管旁板上。将低压导线固定在木头上时则可采用其他型号的搭接机。

　　铆钉　抽芯铆钉,即闷头铆钉主要用于金属薄板间的连接。它实际是一种配置有称为抽芯杆的空心铆钉。图6.6为抽芯铆钉的内部结构、金属薄板的连接方式以及抽芯工具,即抽芯枪的使用方法。抽芯铆钉从金属薄板的一面插入固定即可,在无法进入被连接金属薄板另一面的场合下,这种抽芯铆钉特别有效。

6.3　用于固定导线的卡扣

图6.4　卡扣搭接机(Bill Johnson 摄)

图6.5　卡扣脚朝外分开

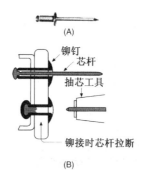

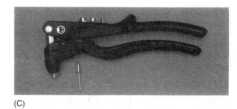

图6.6　(A)抽芯铆钉组件;(B)采用抽芯铆钉连接薄钢板;(C)抽芯枪((A)和(B):Duro Dyne Corp. 提供,(C):Bill Johnson 摄)

　　使用抽芯铆钉时,在金属薄板只需钻一个抽芯铆钉大小的孔,将抽芯铆钉的小头端朝外塞入孔内,然后将抽芯工具的嘴部套住芯杆,压下手柄,此时,钳口咬住芯杆,将芯杆头部拉向铆钉,铆钉扩张,在另一侧形成一个端头,继续压下手柄直至反面的端头形成一个牢固的封头,此时芯杆断开,从抽芯工具中退出。

6.3　螺纹紧固件

　　下面讨论一部分最常见的螺纹紧固件。

　　木螺钉　木螺钉主要用于在木材上固定各种类型的物件。木螺钉一般有平头、圆头或椭圆头数种,见图6.7。平头和椭圆头的下端有一段锥体,对应这两种螺钉的圆孔应锪制成锥形沉孔以便锥体表面能够陷入锥形沉孔内。木螺钉头部有一字槽口和十字槽口两种。

　　木螺钉以其长度(英寸数)和钉体直径(用0至24的数字表示)确定规格。该数字越大,钉体的直径和规格越大。

　　开槽螺钉　开槽螺钉也称薄板螺钉,为维修技术人员广泛使用。这种螺钉有直槽头(一字槽)、菲利浦头(十字槽)或直槽六角头数种,见图6.8。采用这种开槽螺钉时,仅需在金属板上钻一个近似螺纹根大小的孔,然后用普通螺丝刀或带有螺丝刀头的电钻将该螺钉旋入孔内即可。

　　图6.9也是一种开槽螺钉,通常称为自攻螺钉,采用带有类似图中的夹头用电钻拧入金属板内。这种螺钉具有自行开孔的特点,可用于薄、中厚规格的金属板。

　　开槽螺钉的标记或符号比较特殊,以下是开槽螺钉的一般标记:

　　　　6 - 20 × 1/2 AB 型,直槽六角

6(0.1380)——螺纹外径

20——每英寸长度螺纹数

1/2——螺钉长度

AB 型——端部类型

直槽六角——头部类型

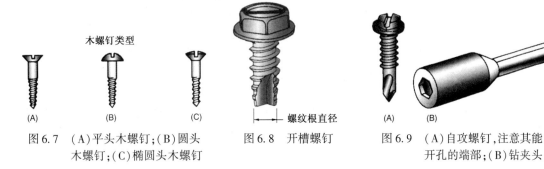

图 6.7 （A）平头木螺钉；（B）圆头木螺钉；（C）椭圆头木螺钉　　图 6.8 开槽螺钉　　图 6.9 （A）自攻螺钉，注意其能开孔的端部；（B）钻夹头

还有一些其他规格参数，但都是非常学术性的内容。特别是螺纹尺寸并未包含所有具体的参数。螺钉的直径可以是一个整数，也可以是小数、分数，端部的类型一般也不予特别标注。

机用螺钉 机用螺钉种类繁多，一般以其头部类型分类，主要种类见图 6.10。

螺纹尺寸或标记为：

5/16 – 18 UNC – 2

5/16——螺纹外径

18——每英寸长度上的螺纹数

UNC——普通螺纹系列（国标大螺距）

2——配合分类（内外螺纹间余隙数）

定位螺钉 定位螺钉见图 6.11，有一特征性的端部，分为方形、六角头或无头部数种。无头型可以是用于螺丝刀的直槽或内六角套管，这种螺钉主要用于轴上皮带轮的径向定位或其他场合。

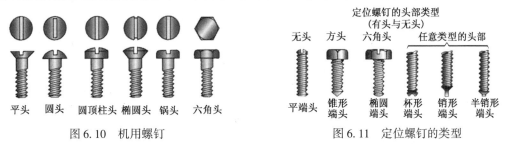

图 6.10 机用螺钉　　　图 6.11 定位螺钉的类型

紧固件的头部种类 图 6.12 为各种紧固件头部形状以及对应的螺丝刀口形状。

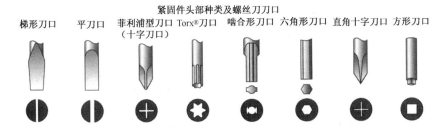

图 6.12 紧固件头部种类及螺丝刀的刀口（Klein Tools 提供）

膨胀螺栓 带有螺栓或螺钉的膨胀螺丝主要用于将物件固定于砖石墙面、地面或顶面以及空心砖墙面。图 6.13为用于砖石墙的钢制多用途膨胀螺栓。砖石墙上开一个与外套相同大小的孔，用锤子将外套与螺栓塞入孔中，转动螺栓头，使外套膨胀，并夹紧砖石墙中的螺栓。这种膨胀螺栓有多种不同的头部。

墙用膨胀螺栓　图 6.14 为空心墙用膨胀螺丝。可用于灰沙墙面、墙板、灰泥板以及类似材料。一旦膨胀螺丝固定,在不影响膨胀螺丝的情况,通常可以取下螺钉。

图 6.13　带有螺钉的膨胀器(Rawlplug Company,Inc. 提供)　　图 6.14　空心墙固定器(Rawlplug Company,Inc. 提供)

系墙螺栓　系墙螺栓用于在空心墙、砖、灰沙墙上固定条板、石膏板。在墙上固定条板的位置打一个能使套柄穿过的孔洞,推入系墙螺栓,用螺丝刀转动螺栓头即可。套柄需保留一定的张紧力,否则不牢固,见图 6.15。

螺杆与角钢　螺杆与角钢主要用于管件或空气处理箱等构件定制的搁架,见图 6.16。**安全防范措施**:必须确认所有材料均有足够的强度以支承这些设备。

 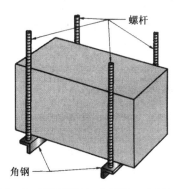

图 6.15　系墙螺栓(Rawlplug Company,Inc. 提供)　　图 6.16　利用螺杆与角钢做一个搁架

6.4　混凝土用紧固件

混凝土紧固件螺钉主要用于浇注的混凝土、混凝土台座或砖墙,见图 6.17。采用紧固螺钉时混凝土基体上需预先打孔,但重要的是必须采用制造商针对紧固螺钉规格推荐的钻头直径。孔洞深度应略大于螺钉长度,以便螺钉能够打入混凝土基体中,并尽可能将孔洞中的灰尘和其他杂质清除干净。**安全防范措施**:打孔和清理时应佩戴护目镜。然后用电工螺丝刀或带螺丝刀口的电钻或电钻夹头将紧固螺丝旋入。

膨胀管　两叶形膨胀管内侧一段为锥体螺纹,见图 6.18。这种膨胀管通常与方头螺钉配套使用。安装时,根据采用的膨胀管规格大小和制造商推荐的孔径打孔,孔深为膨胀管长度加 1/2 英寸左右,清除孔中混凝土碎屑。**安全防范措施**:钻孔和清理时需佩戴护目镜。用锤子将膨胀管打入,直至表面平齐。将需固定的构件放在适当的位置,然后拧入方头螺钉。

图 6.17　混凝土螺钉　　　　　　　　　　　图 6.18　膨胀管

火药射钉装置　这种装置为在混凝土上固定各种构件提供了另一种方法。**安全防范措施**:这种装置十分危险,操作者必须经过专业培训,在许多场合下,需要经有关部门授权。这里仅作为提示,使安装人员了解有这样的装置。图 6.19 为射钉装置(PAT)采用的火药射钉弹。击发时,将射钉、螺纹射钉或其他紧固件射入混凝土中。**安全防范措施**:未培训和授权使用该装置时,不得尝试此项操作。

用于混凝土上固定的各类器件还有很多类型,以上仅是其中的一部分。

6.5　其他紧固件

开口销　开口销见图 6.20,用以杆、轴上零件的固定。开口销穿过杆、轴上的通孔,两腿分开定位。

管钩 钢丝管钩为弯制成 U 形、两腿略有倾斜的挂钩。线管或连接管处于 U 形的下部,而两尖头打入木梁或木支架上,见图 6.21。

图 6.19　火药射钉弹　　　　　图 6.20　开口销　　　　　图 6.21　线形管钩

管搭扣 管搭扣用于房梁、屋顶或墙面上线管和连接管的固定,见图 6.22(A)。搭扣上的弧度为线管或连接的外径,这种搭扣一般采用圆头螺钉连接。注意,圆头螺钉的头部下表面是平面,能与搭扣形成良好的接触。

多孔搭扣 多孔搭扣也用于支承线管与连接管,采用圆头螺栓螺母将搭扣一端固定在自身孔口上,并采用圆头木螺钉将搭扣固定在木支架上,见图 6.22(B)。

尼龙搭扣 用以将圆形、柔性风管固定于金属法兰圈上,在风管保温层内侧以及外部分别用搭扣箍紧,用于尼龙

图 6.22　(A)管搭扣;(B)多孔搭扣

搭扣安装的专用工具可以使搭扣形成适当的张紧力,并将搭扣切断。关键是确定法兰圈上保温层和防潮层的位置,然后用一根尼龙搭扣固定,在搭扣和风管缠上风管胶带做进一步的密封。图 6.23 为其操作方法。

栅格支架 栅格支架用于玻璃纤维风管口固定栅格。该支架绕风管进口弯曲,两端尖口插入风管侧板内、外两面,见图 6.24。用螺钉将栅格固定于支架上。

图 6.25 为玻璃纤维风管上调节挡板、控制装置和其他构件的固定装置,它由自攻螺钉、面板和底板组成。

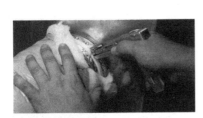

图 6.23　将圆形柔性风管固定于法兰
圈上(Panduit Corporation 提供)

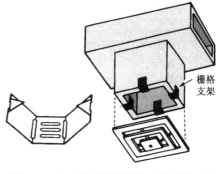

图 6.24　在玻璃纤维风管上安装栅格支架

图 6.25　玻璃纤维的固定装置

非焊接头 非焊接头主要用于各种绞合导线与各种接线柱的固接或两段绞合导线的连接,图 6.26 为各种类型的接头。

图 6.27(A)为一种通用接头(未放入导线)。导线安装接头时,先剥去一小段绝缘层,剥线和切断导线可采用类似图 6.28(A)的工具。如图 6.27(B)所示将导线塞入接头,绝大多数的接头都有两片压板,用类似图 6.28(B)中的工具将其中的一片压住裸线头,另一片压住绝缘皮。

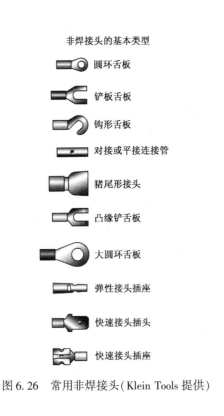

非焊接头的基本类型

圆环舌板

铲板舌板

钩形舌板

对接或平接连接管

猪尾形接头

凸缘铲舌板

大圆环舌板

弹性接头插座

快速接头插头

快速接头插座

图 6.26　常用非焊接头(Klein Tools 提供)

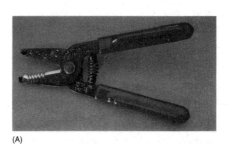

槽口压住导线,既抓住导线又能连接　斜边有利于导线的插入　非焊接头　裸线头

导线绝缘皮

(A)　(B)

图 6.27　(A)典型非焊接头的剖视图;(B)与插入导线的连接(Klein Tools 提供)

(A)

(B)

图 6.28　(A)剥线及切断工具;(B)皱皮工具(Klein Tools 提供)

螺旋套线接头　螺旋套线接头见图 6.29,主要用两根或更多根导线连接在一起,对于导线粗细和导线头数有不同规格的接头。安装这种接头时,应根据制造商提供的说明书操作,以下为多家制造商的说明:

1. 根据接头的深度将每根导线剥线。
2. 将所有导线塞入接头,并将接头扭转,见图 6.30。
3. 接头的扭转使所有导线扭在一起并将导线压入接头的螺纹段,形成一个牢固的连接。

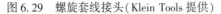

图 6.29　螺旋套线接头(Klein Tools 提供)

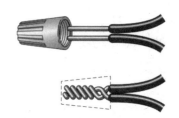

图 6.30　螺旋套线接头的安装(Klein Tools 提供)

安全防范措施:应确保接头完全压住裸线头。除了不允许用于高压设备外,制冷与空调技术人员一般都会采用这样的接头用于控制电压电路或其他低压电路,其中采用适当规格的接头十分重要。

此处未予论述的许多紧固件大多用于特殊场合,且每年还有新产品出现。本章除了论述最为常见的紧固件外,其意义在于引导读者通过与供应商讨论新的紧固件技术获得最新的产品与技术信息。

本章小结

1. 技术人员需根据使用对象采用各种类型的紧固件。

2. 较常用的紧固件是圆钉、螺钉、卡扣、开槽螺钉和定位螺钉。

3. 膨胀螺栓和构件螺钉常用于砖石墙和空心墙上各构件的固定。

4. 用于线管、连接管以及风管吊装的常用紧固件是钢丝管钩、管搭扣、多孔钢皮搭扣以及由螺杆和角钢制成的、定制的搁架。

5. 用于柔性风管和玻璃纤维风管固定的还有其他专用紧固件。

6. 非焊接头用于导线与接线柱的连接。

7. 拧入式线接头用于两根或两根以上导线的整体连接。

复习题

1. 3 种圆钉分别是_____、_____和_____。

2. 用于表示普通圆钉规格的术语是_____。

3. 上题中的简写式是什么？

4. 外拐式搭接机主要用于：
   A. 在管钩上弯钩脚；   B. 安装抽芯铆钉；
   C. 锤入屋面钉；   D. 将卡扣两腿朝外分开。

5. 木螺钉一般有：
   A. 平头；   B. 圆头；   C. 椭圆头；   D. 只有上述中的一种。

6. 砖石圆钉用什么制成？

7. 论述两种卡扣。

8. 试述采用抽芯铆钉将两金属薄板连接在一起的操作程序。

9. 书写常见开槽螺钉的各部分尺寸，并解释其规格。

10. 画出 3 种机用螺钉的草图。

11. 书写常见机用螺钉螺纹的尺寸，并解释各部分尺寸。

12. 试述采用开槽螺钉将两块金属薄板连接在一起的操作方法。

13. 配有芯杆的空心铆钉通常称为
    A. 芯棒（心轴）；   B. 管嘴；   C. 固定器；   D. 铆钉。

14. 试述两种开槽螺钉。

15. 定位螺钉的 3 种端头形式是_____、_____和_____。

16. 膨胀螺栓如何操作？

17. 什么是管钩，有何用处？

18. 栅格支架作何用？

19. 试述采用拧入式线接头将 3 根导线连接在一起的操作方法。

第7章 制 配 管

教学目标

学习完本章内容之后,读者应当能够:

1. 列出用于采暖、空调和制冷装置的各种配管种类。
2. 论述两种铜管切断的常用方法。
3. 列出配管弯制的程序。
4. 叙述配管低温焊接和铜焊的操作程序。
5. 叙述胀管接头的两种制作方法。
6. 陈述胀管接头的制作程序。
7. 叙述钢管螺纹的配作与攻丝程序。
8. 列举4种塑料管,并解释每种塑料管的用途。

安全检查清单

1. 扩管时必须小心谨慎,毛刺会伤手。
2. 使用弓锯时要注意锯条非常锋利。
3. 不要让皮肤靠近焊炬的火焰或刚进行完锡焊、铜焊后的器件,5000 ℉或更高的温度会引起严重烫伤。
4. 在有碎屑产生的场合下操作应始终佩戴护目镜。
5. 应特别小心氧乙炔产生的热源。**安全防范措施**:氧乙炔装置附近不得有任何种类的残油,甚至进入软管或调压器。
6. 注意低温焊接或钢焊作业地点附近的可燃物。
7. 切管和攻丝产生的毛刺会割伤皮肤和引起其他方面的危害,应特别注意。
8. 塑料管作业时应注意不要吸入过量的黏合剂气体。

7.1 配管的作用与意义

配管、管线及管配件规格选用正确,布局与安装合理有助于制冷与空调系统的正常运行,且可以避免制冷剂的损失。管线系统为制冷剂运行于蒸发器、压缩机、冷凝器及膨胀阀提供了通道,并可使润滑油据此返回压缩机。配管、管线和管配件还用于各种设备,如燃油、燃气燃烧器的燃料管、热水采暖系统的水管。此外,配管、管线及管配件必须采用适当的材质并具有适当的规格,整个系统还需合理布置和正确安装。

安全防范措施:配管制作粗糙、焊接技能拙劣都会对系统的各构件产生严重损害。空调和制冷系统必须避免各种杂质、包括水汽进入。

7.2 配管的种类与规格

燃油管道、采暖和制冷管线一般都采用铜管。燃气管、特别是热水采暖管则采用钢管和熟铁管。塑料管主要用于污水排放、冷凝水、自来水管、水源热泵以及高效燃气炉的排水管。

铜管有软铜管和硬铜管两种,软铜管可以弯曲或与弯头、三通和其他管配件配套使用,硬铜管则不宜弯曲,只能与各种管配件配合使用才能获得所需的走向。

铜制配管有4种按单位长度重量制定的标准规格:K为重型,L为标准型,主要用于制冷装置。制冷与空调行业一般不采用M和DWV管。

用于制冷与空调的铜管称为空调制冷管(ACR),并以其外径(OD)标定规格。因此,如果设计要求为1/2英寸的铜管,那么其外径(OD)即为1/2英寸,见图7.1。

用于燃油管和采暖设备的铜管称为标准铜管,以其内径(ID)标定规格。本行业绝大多数设备所采用的铜管外径为1/8英寸,大于标准值,1/2英寸标准管的外径为5/8英寸,见图7.1。铜管直径有3/16~6英寸各种规格。

软铜管通常以50英尺或25英尺长度盘卷,其直径为3/16~3/4英尺,也可以100英尺长度定制。空调制冷管的管口均有管帽以保持干燥和清洁,通常还充有氮气以避免杂质进入。应练习如何从管盘中抽出管口,绝对不要从管盘的一侧开卷,应将管盘放在一个平直的表面上展开,见图7.2操作时,只能以需要的长度切断并将管帽重新套上。

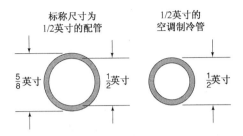

图 7.1　用于燃油和采暖管道的铜管以内径标定
规格；空调制冷管则以外径标定规格

图 7.2　软铜管的盘卷，应放在平直的平
面上展开（Bill Johnson 摄）

　　避免无必要的弯曲或拉直，因为软铜管会硬化，亦称"加工硬化"。铜管的加工硬化可以采用加热，然后缓慢冷却的方法消除，该方法称为"退火"。退火时，不要采用高密度热源加热某一区域，而是采用扩口火焰在 1 英尺范围加热一段时间，加热至大红色，然后让其缓慢冷却。

　　硬铜管一般为 20 英尺长，其直径比软铜管大。对硬铜管进行操作时要像对待软铜管那样小心仔细。配管暂时不用时，应重新套上管帽。

7.3　配管的保温

　　空调和制冷系统的低压侧，即蒸发器和压缩机间的铜管通常需予以保温，以避免制冷剂吸热，见图 7.3。保温还可避免在管线上形成冷凝水。这种绝缘套的密封组织结构不需要设防潮层。这种保温套可以从专门供应空调制冷管的地方购买，也可以要求制造厂在出厂时安装。如果自行安装保温套，则在现场安装更容易。组装管线前先应将保温套套上，人们通常在保温套的内侧涂上润滑粉，以使其滑动，甚至能包上许多弯头，购买黏合剂将保温套的各接头黏合在一起，见图 7.4。

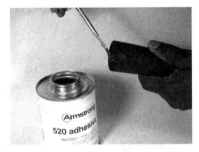

图 7.3　带有保温套的空调制
冷管（Bill Johnson 摄）

图 7.4　保温套的两头部黏结时，应采用
专用的黏合剂（Bill Johnson 摄）

　　对于现有的管线，或因为配管安装之前不可能安装保温套时，可以用锋利的多用刀具，将保温套切开，套在配管上，切口部位用胶水黏合，不要用胶带。

　　不要将保温套拉长，因为保温套的壁厚会因此减小，进而降低保温效果，而且胶水也无法黏合。

7.4　预制的管组件

　　购买配管时，也可选购现成的、预装成套的空调制冷软管，即一种两头密封、预先充注有制冷剂的配管。这种带有保温套的软管可直接安装于吸气管线，且一般都在管的两端附有快速接头，可以更迅速地在现场安装，见图 7.5。

　　另一种预制的管组件内充有氮气并预装保温套，可配套购置各种类型的管配件。这种管组件能以任意长度切割，但采用其他类型的管配件完成安装之前，管内的氮气需全部排空。

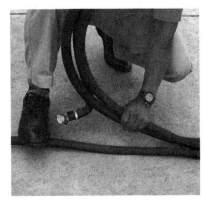

图 7.5　典型的配管组件（Bill Johnson 摄）

7.5　配管的切割

配管的切割通常采用切管器或弓锯。切割器经常用于软管和小管径的硬管,弓锯则主要用于较大管径的硬管切割。采用切割器一般有以下几个步骤,见图7.6。

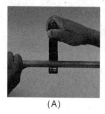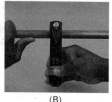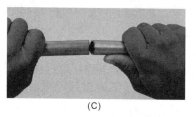

（A）　　　　　　　　　（B）　　　　　　　　　（C）

图7.6　切管器的操作方法(Bill Johnson 摄)

A. 将配管放入切割器,使切割轮与管上切割点标记对齐,拧紧调节手轮,使配管受到适当的作用力。
B. 绕配管转动切管器,并缓慢转动调节手轮,使配管始终受到适当的作用力。
C. 继续转动,直至配管切断。施加的作用力不能太大,否则会损坏切割轮,并使管口收缩。

切割完成时,由切割轮压向管内侧,将多余部分材料(称为毛刺)及时清除,见图7.7。毛刺会使流体或蒸气在管内的流动产生涡流、受到限制。

采用弓锯切割配管时,应使锯条与配管保持90°,也可采用某种夹具以保证正确的角度,见图7.8。锯断后,用绞刀和锉刀修整管口,除去所有锯屑和锉屑,保证没有碎屑或金术颗粒进入管内。

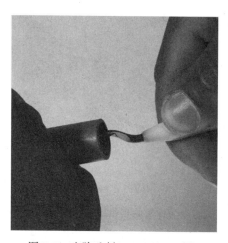

图7.7　去除毛刺(Bill Johnson 摄)

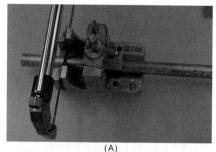

（A）

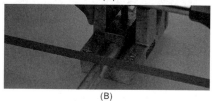

（B）

图7.8　弓锯的操作程序(Bill Johnson 摄)

7.6　配管的弯制

只有软铜管可以弯制,且应尽可能采用较大的弯曲半径,见图7.9(A),并使配管各部分保持圆形,不能使配管出现压扁或波折现象,见图7.9(B)。操作时应仔细,使配管缓慢地沿圆弧表面弯曲。

配管的弯制可采用弯管弹簧,见图7.10。弯管弹簧既可用于管外,也可用于管内。对于不同的管径有不同规格的弯管弹簧,弯管后欲取下弹簧,拧动弹簧即可退出。如果采用弯管弹簧在管外弯曲,应在扩口前弯管,以便弹簧退出。

杠杆式弯管机(见图7.11)具有不同的规格,用于弯制软铜管和薄壁钢管。

7.7　低温焊和铜焊操作

低温焊是连接管线配管与管配件的一种常用方式,它主要用于采用紫铜管、黄铜管和配件的燃料和采暖系统。低温焊也常称软焊,其作业温度低于800℉,一般在361℉~500℉范围之内,见图7.12。

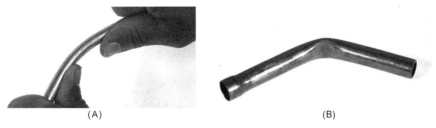

(A)　　　　　　　　　　　　(B)

图 7.9 （A）手工弯管,尽可能采用较大的弯曲半径（Bill Johnson 摄）；
（B）弯制时不得出现压扁或波折现象（Bill Johnson 摄）

图 7.10 弯管弹簧可用于管内或管外,应保
证采用正确的规格（Bill Johnson摄）

图 7.11 采用杠杆式弯管机（Bill Johnson 摄）

低温焊或铜焊时,相互连接的两表面间需留有间隙。例如,两段铜管相互连接时,需要在两段铜管间放置一管配件或连接器,并使两铜管的一头伸入,要使两管口伸入连接器或管配件需要有一定的间隙。为填塞这一空隙,则需采用填充的金属,实际上是该填充金属将铜管与管配件连接在一起了,并填充了间隙,这种焊接方式只能填充熔化金属。

50/50 的锡铅焊料是一种非常适宜于中压、中温系统的填充金属。50/50 的锡铅焊料因含铅,因此不能用于自来水管线,对于高压系统或需要高强度连接的场合,可采用95/5 锡－锑焊料。

铜焊类似于上述的低温焊,但它需要更高的温度,也常称为"银焊"。它主要用于空调装置中配管与管线的连接,但切勿将其与熔铜焊混淆。铜焊操作中,温度均高于800 ℉,焊接温度的差异主要是由于作为填充金属的合金组元的差异引起的。

适宜于铜焊连接铜管的填充金属是含有 15% ~ 60% 银（B Ag）的合金或含磷的铜合金（B CuP）。铜焊的填充金属有时也称为硬焊料或银焊料,这些都是经常被技术人员误用的名称,因此最好避免使用这样的称呼。

图 7.12 低温焊与铜焊的温度范围

低温焊和铜焊中,基体金属（管线、配管和管配件）均需被加热至填充金属的熔化温度,但配管和管配件并不熔化。当两个间隙配合、干净、光滑的金属被加热至填充金属的熔化温度时,该熔化金属就会因毛细管效应进入间隙空间（图 7.13 为此示意图）。如果焊接过程正常,熔化的焊料就会被基体的细孔所吸收,黏结所有的金属表面,形成牢固连接,见图 7.14。

7.8 低温焊和铜焊的热源

丙烷、丁烷、空气－乙炔或氧乙炔火炬是低温焊或铜焊时最常用的热源。丙烷或丁烷火炬很易点火,并能根据焊接接口的类型和大小调节火焰大小。其也有多种不同的喷头,见图 7.15。

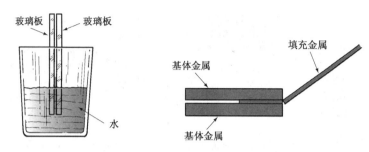

图 7.13　毛细管效应的两个例子。左侧为两块面对面放在一起的玻璃板,同时插入水中时,毛细管效
　　　　　应就会使水进入两块玻璃间的所有空隙内。水分子对玻璃板的吸引力大于水分子相互间的吸
　　　　　引力,因此它们会以各自的方式占据两块玻璃间的所有间隙。右侧的图则表现了熔化
　　　　　后的填充金属渗入两块基体金属间的空间,填充金属的分子对基体金属具有比它们相互间更
　　　　　大的吸引力,这些分子沿连接点自由移动,先是"湿润"基体金属,然后填充整个连接处

　　空气－乙炔焊接机是空调和制冷技术人员常用的一种热源,它一般由乙炔气的 B 型钢瓶、调压器、软管和焊枪组成,见图 7.16。这类焊机还配套有各种规格的标准喷头,小喷头主要用于小口径的配管和高温设备,高速喷头则用于提供更密集的热量。图 7.17 为一种通用高速喷头。

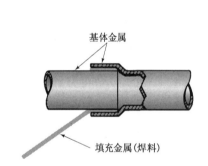

图 7.14　焊接点内熔化后的
　　　　　焊料将被基体金属
　　　　　的表面细孔所吸收

图 7.15　用于低温焊的、带
　　　　　典型喷头的丙烷火
　　　　　炬(Bill Johnson摄)

图 7.16　通用型的空气－
　　　　　乙炔焊机机组
　　　　　(Bill Johnson 摄)

　　采用空气－乙炔机组准备及点火时,应按以下程序操作,见图 7.18:

A. 在乙炔气钢瓶上安装调压器之前,应先稍稍打开然后迅速关闭阀门,将存积在阀门内的杂质吹出。**安全防范措施**:操作者站在乙炔气钢瓶阀口的背面,并在阀门打开吹出杂质时佩戴护目镜。

B. 将调压器与软管、火炬连接上钢瓶,确认所有各处连接紧密。

C. 打开钢瓶阀门,转动半圈。**安全防范措施**:转半圈就可获得足够的流量,因此不需要将钢瓶阀门旋转半圈以上。将扳手留在阀杆上,以便在出现危急情况下迅速关闭阀门。

D. 将调压器调整至中挡位置。

E. 稍微打开火炬上的针阀,用火花点火器点燃乙炔气。**安全防范措施**:不得用火柴或烟卷打火机点火。利用手柄上的针阀调节火焰大小,呈现较锐利的焰心和外侧为蓝色的火焰。

图 7.17　许多技术人员常用的高速喷头(The-
　　　　　rmadyne Industries,Inc. 提供)

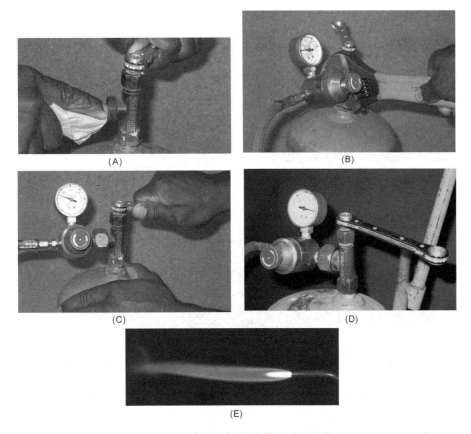

图 7.18 使用空气 – 乙炔机组时的准备、点火等正确的操作方法（Bill Johnson 摄）

每次操作完成之后，应关闭钢瓶上的阀门，并打开火炬上的针阀，将软管内的乙炔气排空。不用时，必须将软管内的乙炔气排空卸压。

氧乙炔火炬也是某些技术人员优选的常用焊具，当需要焊接大口径管或其他装置需要高温焊接时，纯氧的加入可以产生温度很高的火焰。**安全防范措施**：这种焊接设备使用不当时具有很大的危险性，因此，在打算使用这种焊接设备之前，必须充分地掌握氧 – 乙炔焊接设备的正确操作方法。第一次使用这种设备时，必须有合格的专业人员在场密切监控的情况下操作。

以下是氧乙炔焊机和铜焊设备的简要介绍。氧乙炔铜焊和高温焊（熔焊）的操作通常采用高温火焰，氧气与乙炔气混合可以产生这样的高温。该设备包括氧气和乙炔钢瓶、氧气和乙炔气压力调节阀，软管、管配件、安全阀、火炬以及喷头，见图 7.19。

每个调压阀均有两个表头：一个显示钢瓶内的压力，另一个显示进入火炬的气体压力。表上指示的压力单位为每平方英寸磅表压力（psig）。图 7.20 是氧气调压阀和乙炔调压阀。这种调压阀仅用于各种燃气以及利用燃气操作的场合。**安全防范措施**：各连接处必须无杂质、碎屑、残油和润滑油，氧气接触油泥和润滑油时会产生爆炸。某些场合下，软管上应设置逆流截止阀门，这种阀可以使气体仅以一个方向流动，以避免两种气体在软管内混合，否则将十分危险。图 7.21（A）为这种单向阀，由于有些焊枪枪身上软管接口处连接有单向阀，也有一些单向阀则连接于调压阀的软管接口处，因此安装这种单向阀时须根据说明书操作。

红色软管以左旋螺纹安于乙炔调压器上，绿色软管则以右旋螺纹安于氧气调压器上。

然后将焊枪枪身安装在软管上，选用适当的喷头安装于焊枪上，见图 7.21（A），喷头有多种规格与型式，见图 7.21（B）。为了使配管和各种管配件四周获得均匀的热量，人们研制了各种喷头，可以使配管的整个圆周同时被加热，见图 7.22。另外有一种喷头，可用于热泵中的四通阀，即换向阀的拆卸与更换，见图 7.23。这种阀的 3 个铜管件可同时被加热，当焊料合金达到适当温度时，配管就可从该阀中拉出。学员应该通过专项培训学会使用这种设备以及针对特定装置选用恰当的喷头。

图 7.19 氧乙炔焊接设备(Bill Johnson 摄)

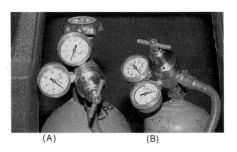

(A)   (B)

图 7.20 (A)氧气调压阀;(B)乙炔
调压阀(Bill Johnson 摄)

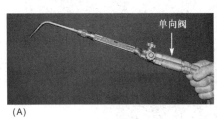

(A)

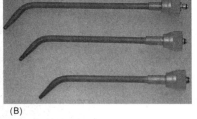

(B)

图 7.21 (A)带有氧乙炔焊枪枪身和喷头的单向阀;(B)各种氧乙炔喷头(Bill Johnson 摄)

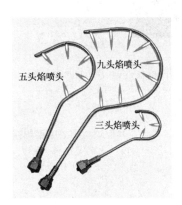

图 7.22 能同时对配管和管配件全圆周加
热的喷头(Uniweld Products Inc. 提供)

图 7.23 用于拆卸和更换热泵四通阀(换向
阀)的喷头(Uniweld Products Inc. 提供)

以下为使用氧乙炔焊接机组的操作方法。**安全防范措施**:*每次启用均需先将燃气(乙炔气)钢瓶的气阀开*
关一次。将调压器和软管固定在钢瓶上,将焊枪喷头安装在软管上,逆时针方向转动调压器上的 T 形手柄,使软
管内无压力(只要感觉未咬死即可)。

A. 转动乙炔钢瓶阀门半圈,使压力进入调压器。**安全防范措施**:*应始终站在调压器的侧面,如果调压器走*
气,很可能吹向 T 形手柄,扳手应留在钢瓶阀门的阀杆上,以便在危急情况下迅速关闭阀门。应注意乙
炔钢瓶上压力表的读数,见图 7.24。

B. 缓慢打开氧气钢瓶上至氧气调压器的阀门。**安全防范措施**:*再次重申,操作者要站在调压器的侧面*。观
察氧气钢瓶上压力表,见图 7.25。

C. 稍稍打开焊枪上控制乙炔气、连接红色软管的针阀。稍稍打开后,调节乙炔调压器上的 T 形手柄,使红
色软管上的压力表读数为 5 psig,见图 7.26。**安全防范措施**:*现在,关闭焊枪上的阀门*。至此,该焊枪部
分的准备工作就绪。

D. 稍稍打开焊枪上控制氧气、连接绿色软管的针阀。稍稍打开后,调节氧气调压器上的 T 形手柄,使压力
表读数为 10 psig,见图 7.27。

图 7.24　乙炔钢瓶上压　　　　　图 7.25　氧气钢瓶上的　　　　　图 7.26　乙炔调压器压力
　　　　力表的读数　　　　　　　　　　压力表读数　　　　　　　　　　表指向 5 psig

以下是焊枪使用前的点火方法。**安全防范措施**：点火前，特别注意焊枪喷头应远离人体或任何可燃物品，确保焊枪远离气体钢瓶和软管，否则就可能导致悲剧。用左手提焊枪手柄：

1. 稍打开焊枪手柄上乙炔侧的阀门，使乙炔在管内流动一段时间，将软管内空气排空。
2. 使用专用的点火器，点燃燃气、乙炔，此时，出现带有烟雾的橘黄色火焰，见图 7.28。
3. 稍打开焊枪手柄上氧气侧的阀门，焊枪的火焰颜色开始变淡并转为蓝色，见图 7.29。调节阀门直至得到想要的颜色，此时的火焰应为蓝色，并在焊枪喷头上相对固定，也不会吹离喷头。

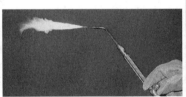
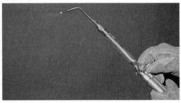

图 7.27　氧气调压器压力表　　　　　图 7.28　乙炔火焰　　　　　图 7.29　氧乙炔火焰
　　　　指向 10 psig

停止操作时，应按照以下程序操作：

A. 首先关闭焊枪上的燃气阀。
B. 关闭焊枪上的氧气阀。
C. 将燃气钢瓶（乙炔）上的阀门关闭。
D. 打开焊枪燃气侧的阀门，使卸除软管中的压力。两个调压阀的压力表读数均为 0 psig。
E. 将燃气调压器、T 形手柄逆时针方向转动，直至松懈。至此，系统中乙炔一侧全部卸压。关闭焊枪手柄上的乙炔阀门。
F. 关闭氧气钢瓶上的阀门。
G. 打开焊枪手柄上氧气侧的阀门，使氧气软管卸压。两调压器的压力表读数均为 0 psig，系统氧气侧全部卸压，关闭焊枪手柄上的氧气阀门。
H. 将氧气调压器上 T 形手柄逆时针方向转动，直至完全松懈。

至此，整个机组可以放入库房。**安全防范措施**：如果氧气乙炔机组需要拖运，以机组目前的状态必须使用推车或小车以确保钢瓶安全；如果需经公路汽车运输，则必须将钢瓶带上保险帽。

对于绝大多数的作业项目，应采用中性火焰，见图 7.30。图中分别为中性火焰、碳化火焰（乙炔气量太多）和氧气火焰（氧气量太多）。

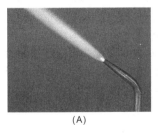
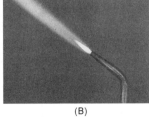
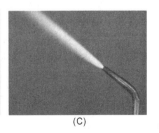

（A）　　　　　　　　　　　（B）　　　　　　　　　　　（C）

图 7.30　（A）中性火焰；（B）碳化火焰；（C）氧化火焰（Bill Johnson 摄）

安全防范措施：在上述各项论述中，我们提到了实际操作中必须遵守的多项安全防护措施。工作中应切实落实所有各项措施，学员应在学习设备操作的同时，逐步熟悉这些安全防护措施。

7.9 低温焊工艺

控制配管、管配件两个配合直径的目的在于获得比较理想的相互配合。要得到良好的毛细管效应，两金属件间须有 0.003 英寸(0.0762 毫米)左右的间隙。要获得理想的焊接接头，配管除了按长度要求切割、去毛刺后，还须完成如下事项：

1. 清理接头的连接部位。
2. 插入管的管端涂上焊剂。
3. 安装配管与管配件。
4. 加热接头并同时添加焊料。
5. 擦洗接头。

清理　配管的管口和配件的内侧必须绝对清洁。尽管表面看上去十分光洁，但仍可能存在指纹、灰尘或氧化物。一般可用细砂布、清理块或专用金属丝刷清除，见图 7.31。

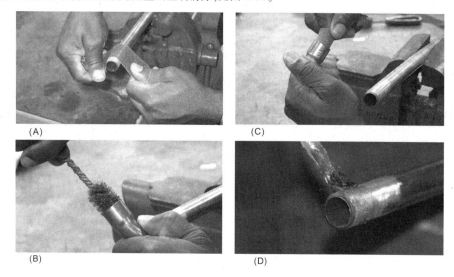

图 7.31　清理和涂焊剂：(A)用砂布清理管口；(B)用刷清理接
管；(C)用砂布清理接管；(D)涂焊剂(Bill Johnson摄)

涂焊剂　管口清理后应马上涂焊剂。对于软焊接，可采用胶状、糊状或液体焊剂。涂焊剂可采用清洁的毛刷或涂层器，不要使用已作他用的毛刷。仅需在焊接的区域涂焊剂，要避免助焊剂进入管内。接口加热时，焊剂可以使铜管的氧化减小到最低程度，并有助于使碎屑或灰尘离开接口。

装配　涂焊剂后，应及时套装并固定接头，以便能使两管口对直，焊接时不移位。

加热与加焊料　焊接时，先将靠近管配件的配管加热一段时间，然后将焊枪从配管移到管配件处，反复从配管移向管配件，要使整个接头部位加热而不是一侧加热。不断移动焊枪使热量均匀分散，而不能使某个区域过热。不得将火焰对准管配件管口，应使火焰的焰心正好接触到金属。初步加热之后，将焊料碰触一下接头，如果焊料未熔化，那么将焊料撤离接头，继续加热接头。不断地用焊料测试金属面上的温度。不得用焊枪熔化焊料，只能以管件的热量来熔化焊料。当管件的热量可使焊料熔化并能自由流动时，那么不断地加入焊料使焊料充满整个接口，焊料不能过量。图 7.32 为接头加热和添加焊料的整个操作步骤。

对于水平接头，应先在底部加焊料，然后再加两侧，最后是上端，还应保证各处焊料相互交叠，见图 7.33。对于垂直接头，则毋庸考虑何处先加焊料的问题。

接头的擦洗　趁接头温度较高时，用布轮擦除多余的焊料，这不仅是得到一个高质量的焊接所必须的工作步骤，而且可以改善接头的外观。擦洗时应小心，不要损坏接头。

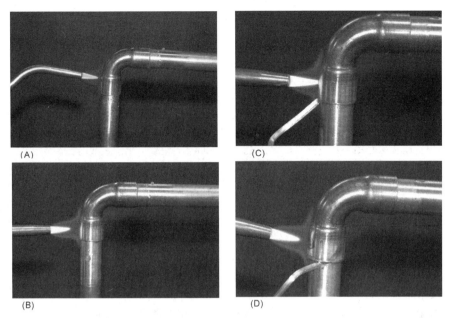

图 7.32　接头加热和焊料添加的正确方法:(A)先加热配管;(B)移动火焰,不要仅指
　　　　向管配件的裙边;(C)将焊料碰触一下接头,试探温度,不要用火焰去熔化焊
　　　　料;(D)接头温度达到焊料熔化温度时,焊料即自行流动(Bill Johnson 摄)

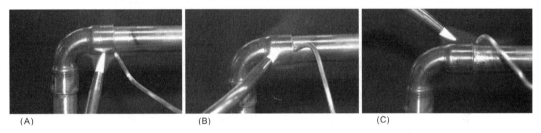

图 7.33　水平管低温焊或铜焊时:(A)先在底部加填充金属;(B)然后在两侧填加金
　　　　属;(C)最后在上端填加金属,并保证各处焊料相互交叠(Bill Johnson摄)

7.10　铜焊工艺

　　清理　铜焊的清理程序与低温焊相同。铜焊时用毛刷将焊剂涂于清理后的管端,应避免焊剂进入配管内。某些牌号的银或铜磷合金对于铜件间的铜焊不需要对焊件进行特别的清理或涂焊料。以下为填充料制造商提供的操作说明。

　　铜焊加热　加热接头之前,最好在焊机内接入氮气,用以吹除空气(空气中含氧),使可能氧化的程度降至最低。采用 1~2 psig 的氮气压力足以清理配管。对焊接部位的加热可采用空气 – 乙炔焊枪。先加热配管,从配件管口约 1 英寸处开始,将火焰围绕配管加热。重要的是不断地移动火焰位置,避免某一区域过热,然后将火焰缓慢地移向管配件的杯形底部,再从管配件移向配管,缓慢移动,均匀加热。在配管插入管配件的窝口处放上填充铜棒(丝)。当温度足够高时,填充金属即可在毛细管效应的作用下进入配管和管配件窝口间的间隙。如同低温焊一样,不得用焊枪加热填充料棒(丝),只能在焊件接头温度足够高时,将填充金属熔化。当接头达到适当温度时,它会发出鲜红的光色。除了填充材料和温度较高之外,铜焊的操作方法与低温焊相同。

　　用于铜焊作业的焊剂会引起氧化。焊接完成并冷却后,可用肥皂和水清洗接头。

7.11　常用低温焊和铜焊喷头

　　低温焊　低温焊时,插管与套管连接部位的表面必须进行清理,只有清洁的管接表面才能保证获得密封的连接。低温焊中对管接表面的清理准备工作所用的时间往往比实际用在焊接接头的时间要长。如果焊件表面已处理了一段时间,那么在实际焊接时,则需要再次进行清理,因为铜会迅速氧化,铁或铜会立刻开始生锈,因此清理后,配管和管配件均应涂上焊剂。

制冷与空调设备的低温焊接一般都采用较好的焊料。多年来,采用95/5焊料均得到了满意的焊接效果。如果焊接方式得当,仍可以采用95/5焊料,但绝不能用于系统高压侧靠近压缩机端,因为排气管的高温和震动很有可能引起泄漏。

低温焊除了95/5焊料外,最好选择具有高强度的低温焊料,含银的低温焊料具有低熔点下的高强度性能。

大多数低温焊料存在的问题是熔点与流动点的温度太接近,使用这类焊料时会明显感觉到焊料流动太快,很难使焊料保持在接头的间隙内。但有些含银类低温焊料的熔点与流动点温差很大,操作非常方便,焊接操作过程中,这种焊料还具有较大的弹性,更易使焊料充满焊件的间隙。

高温(铜焊) 高温铜焊的焊料有许多种,其中有些为高银含量(含银45%),使用时需同时采用焊剂。近年来研制的一些高温铜焊焊料含银量不多(含银量为15%),因此用于两铜件间焊接时不需要焊剂,但实际操作中仍采用焊剂。还有一些近年研制的铜焊料完全不含银。制造商还会不断地研制出新型的低温焊和铜焊填充合金。操作者的操作经验将有助于选择最满意的焊料。

接头的类型 低温焊或铜焊采用何种焊料取决于接头的类型。并非所有接头都是铜–铜连接,有铜与钢、铜与青铜或青铜与钢,这些都称为不同金属间的连接,例如:

1. 吸气管线的铜管与压缩机钢制进口或钢制接口。比较合理的选择是采用含银45%的焊料,因为此类连接既要求高熔点,又要求高强度。
2. 吸气管的铜管与青铜的辅助阀间的连接。从强度要求的角度来看,比较合理的选择是采用含银45%的焊料,也可选用具有高强度、低熔点温度的含银低熔点焊料,因为阀体不可能加热至含银45%焊料这样高的熔点温度。
3. 液管的铜管与钢制的过滤干燥器间的连接。尽管含银45%的铜焊料是一种不错的选择,但它需要较大的热量,因此最好选用含银的低温焊料,同时也便于未来干燥器更换时的拆卸。
4. 对于采用冷拉管的大管径吸气管线的接头,技术人员常选用低含银量的高温焊料,但又不能使冷拉管出现回火软化,含银低温焊料具有适中的强度,且其低熔点温度又可以避免冷拉管的回火软化。

任何情况下,铜接管加热到灼热温度时,都会在管内、管外产生严重的氧化。焊接时在管外表层出现的黑斑即为此氧化层,管内侧也永远有这样的黑斑,因为管内的氧气也会引起这样的氧化层,如果采用干燥的氮气来替代氧气即可避免这种氧化现象。采用高温焊接时,应采用干燥的氮气吹扫这些接口位置。如果整个装置的接头很多,那么这样的黑斑就会很大,脱落后会进入润滑油、过滤干燥器或节流器,即进入氧化皮最先接触到的组件内。

低温焊和铜焊热源的选择 空气–乙炔或氧气–乙炔焊机均可用做低温焊和铜焊的热源,采用双头法混合空气和乙炔的空气、乙炔组合焊机均可用于低温、高温软焊和铜焊。空气–乙炔焊枪的火焰温度约为5589℉,因此必须针对焊料的类型和接管规格采用相应的喷头。图7.34为适用于各种配管规格和焊料组合的数种喷头。

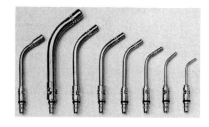

乙炔焊枪喷头							
喷头规格		燃气流量		铜管规格			
		@ 14 psi	(0.9 Bar)	软焊料		银焊料	
喷头号	in	mm	ft³/hr	m³/hr	in	mm	in *	mm
A-2	³⁄₁₆	4.8	2.0	.17	¹⁄₈~¹⁄₂	3~15	¹⁄₈~¹⁄₄	3~10
A-3	¹⁄₄	6.4	3.6	.31	¹⁄₄~1	5~25	¹⁄₈~¹⁄₂	3~12
A-5	⁵⁄₁₆	7.9	5.7	.48	³⁄₄~1¹⁄₂	20~40	¹⁄₄~³⁄₄	10~20
A-8	³⁄₈	9.5	8.3	.71	1~2	25~50	¹⁄₂~1	15~30
A-11	⁷⁄₁₆	11.1	11.0	.94	1¹⁄₂~3	40~75	⁷⁄₈~1⁵⁄₈	20~40
A-14	¹⁄₂	12.7	14.5	1.23	2~3¹⁄₂	50~90	1~2	30~50
A-32*	³⁄₄	19.0	33.2	2.82	4~6	100~150	1¹⁄₂~4	40~100
MSA-8	³⁄₈	9.5	5.8	.50	³⁄₄~3	20~40	¹⁄₄~³⁄₄	10~20

*仅用大钢瓶。
注意:用于空调时,L形配管增加1/8英寸。

图7.34　适用于各种配管规格和焊料组合的喷头

另一种热源是 MAPP™燃气,它是一种性质上与丙烷相同的合成燃气,可与空气一起使用。MAPP™燃气的火焰温度为 5301℉,虽略低于空气 – 乙炔的火焰温度,但可以采用更轻的容器供操作使用,见图 7.35。低温焊和铜焊喷嘴操作的注意事项如下:

1. 清理所有参与低温焊或铜焊的表面。

2. 配管内侧不需锉削、涂焊剂。

3. 焊接垂直管接头时,对应接头上端部的加热会使填充料出现浮壳。

4. 对大件的管接,诸如铜管线与形体较大的青铜阀体间进行低温焊或铜焊时,应将大部分热量用于加热金属件的主体,即阀体。

5. 不要使各接口过热。可以通过将焊枪靠近或离开接头的方式调节加热量。一旦接头加热后,火焰就不能完全离开了,因为会有空气进入并出现氧化。

6. 接头处的低温焊料不要过多,焊料棒上以打算的用量处做一个弯头作为记号是一种很实用的做法,见图 7.36。达到弯头时,即停止加料,否则就会过量,多余的焊料甚至可能进入系统。

7. 采用高温铜焊剂时,应在焊接完成之后铲去溶剂。**安全防范措施:**应佩戴护目镜。铜焊接头处的焊剂很硬,外观像玻璃,见图 7.37。这层硬物质可能此时会封住泄漏口,但之后就可能吹走。

8. 使用任何种类的焊料都会腐蚀配管,特别是用于低温的某些熔剂,应及时地把接头处的熔剂清除,否则就会出现腐蚀。如果现在不及时做好此项工作,不久就会被认为手艺低劣。

9. 可以向供应商的行家讨教一下应采用何种焊料。

 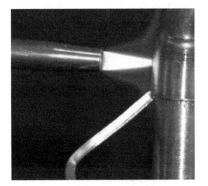 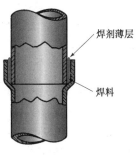

图 7.35　采用 MAPP™燃气的焊枪整件(Thermadyne Industries,Inc. 提供)　　图 7.36　在焊料棒上做一个弯头,可以知道何时该停止加料(Bill Johnson 摄)　　图 7.37　用于高温焊料的焊剂会形成看似玻璃的薄层

7.12　喇叭口接头的制作

　　配管与管配件连接的另一种方法是喇叭口接头。这种管接方式采用配管管端的喇叭口正对管配件的锥口,并用配管喇叭口后端的喇叭口螺帽紧固,见图 7.38。

　　配管上的喇叭口可采用螺杆式扩口工具进行制作,其制作程序为:

图 7.38　喇叭口接头各构件(Bill Johnson 摄)

1. 按所需长度切割管段。

2. 铰管口去除所有碎屑,将配管中所有残留物清除。

3. 以螺纹头面向配管管口套入喇叭口螺帽或管接头螺帽。

4. 喇叭口砧块将管口夹注,见图 7.39(A)。调节砧块使管口稍高于砧块(约为喇叭口全高的 1/3)。

5. 将叉臂架放上砧块,锥头对准管口。许多技术人员都习惯扩管时在喇叭口内侧滴一两滴制冷剂予以润滑,见图 7.39(B)。

6. 平稳地转动向下螺杆,见图 7.39(C)。为避免加工硬化,扩口过程中应分数次旋紧和松懈螺杆,直至扩口完成。

7. 从砧块上取下配管,见图 7.39(D)。进行检查,如有缺陷,切割此喇叭口,然后再重新制作。

8. 接头安装。

(A)　　　　　　　　　　(C)

(B)　　　　　　　　　　(D)

图 7.39　采用螺杆式扩口工具制作喇叭口的操作程序(Bill Johnson 摄)

7.13　双层喇叭口的制作

双层喇叭口可以使管口喇叭口具有更大的强度。制作双层喇叭口有两个步骤:可采用冲头和砧块,也可以采用组合式扩口工具。图 7.40 所示为采用组合扩口工具制作双层喇叭口的整个过程。

许多管配件都采用喇叭口的接头形式,与连接端喇叭口相配合的接头均为 45°的锥角,见图 7.41。

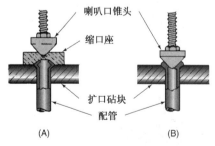

(A)　　　　　　　　　　(B)

图 7.40　双层喇叭口的制作过程:(A)在高出扩口砧块的管口上放置组合式扩口工具的缩口座,旋下螺杆使配管成型;(B)撤去缩口座,以锥头对准管口,旋下螺杆形成双层喇叭口

图 7.41　喇叭口接头(Bill Johnson 摄)

7.14 胀管工艺

胀管连接不如喇叭口连接那样普遍,但我们应当知道如何操作胀管连接。

胀管连接是将两段相同直径的铜管采用把一段铜管管口扩张或旋压的方法套入另一段铜管上,然后再进行低温焊或铜焊的管接方式,见图7.42。通常,接头的套管口长度约为配管的外径值。

图7.42 胀管接头(Bill Johnson 摄)

可以采用冲头杠杆型工具,将配管管口扩张,制作一个胀管接头,见图7.43。

将配管置于喇叭口砧块或有一个直径等于配管外径的直孔砧块中,管口应高于砧块管外径加1/8英寸左右的高度,见图7.44(A),在配管中放入相应的胀管冲头,并用锤子锤击冲头,直至获得相应的形状与所需的接头长度,见图7.44(B)。采用螺杆式或杠杆式扩口工具可按同样的操作方式进行作业。在胀管工具上滴上一两滴制冷油有助于胀管,但焊接前需予以清除。插管、套管即可方便地相互配合。

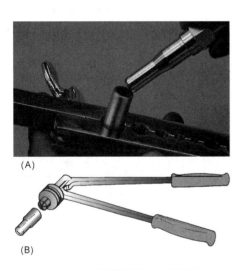

图7.43 (A)胀管冲头;(B)杠杆式
胀管工具(Bill Johnson摄)

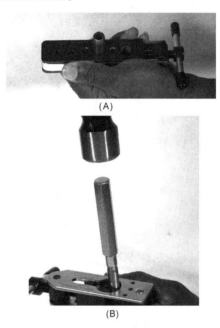

图7.44 制作胀管接头:(A)将配管放入胀管砧块;
(B)胀管冲头扩张管口(Bill Johnson摄)

胀管后必须检查管口,检验是否存在裂缝或其他缺陷,如有缺陷或认为不满意,可切割胀管段,重新开始。

安全防范措施:配管的现场操作肯定不如车间整洁的工作条件,因此,需注意和小心外来杂质不得进入管内,在空调或制冷设备上安装配管时切记:任何杂质均会引起问题,必须予以特别注意。

7.15 钢管和熟铁管

人们经常把"钢管"、"锻钢"和"锻钢管"3个专业术语混为一谈。为避免混淆,这里所说的"锻钢管"专指"熟铁管"。

根据生产方式不同,钢管有两种:一种是薄钢板卷制的焊缝钢管,另一种是由轧钢机将热钢坯直接扎制的无缝钢管。成品钢管有涂防锈漆、原色和防腐镀锌(电镀)等数种。

钢管通常用于自来水、热水采暖和燃气采暖装置,其规格用"标称管径"标定。对于直径为12英寸及以下的钢管,其标称管径均为该管的内径;对于直径大于12英寸的钢管,其标称管径约为该管的外径。钢管还有多种不同的壁厚,但一般有标准壁厚、特厚壁和双重厚壁3种。图7.45为2英寸钢管的不同壁厚的剖面图。每种标准管径的壁厚数据可查阅有关的出版物。成品钢管长度一般为21英尺。

7.16　钢管的连接

钢管的连接可以采用焊接,也可以在管口套丝与有螺纹的管接头连接。美国国标管螺纹有两种:一种为锥形螺纹,一种为直管螺纹。本行业中只采用锥形螺纹,因为锥形螺纹可以形成一贯非常紧密的连接,有助于避免管中的压力气体或液体泄漏。

管螺纹已有明确的标准。每种规格的螺纹均为60°夹角的 V 字形状,螺纹口径有 3/4 英尺/英寸或 1/16 英寸/英尺的锥度,每段接头螺纹应约有 7 个整齿和 2 ~ 3 个不完整齿,见图 7.46。完整齿处不得裂缝或断牙,否则就可能出现泄漏。

螺纹外径约为钢管的外径,标准直径可能会因此而小于螺纹的实际直径。图 7.47 为常用规格的钢管每英寸长度的螺纹数。螺纹的各项尺寸可按如下书写:直径 – 每英寸长度上螺纹数 – 字母 NPT,见图 7.48。

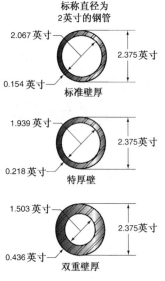

图 7.45　标准壁厚、特厚壁和双重壁厚钢管的断面

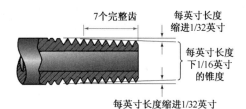

图 7.46　管螺纹的纵剖面图

管径(英寸)	每英寸长度上螺纹数
$\frac{1}{8}$	
$\frac{1}{4},\frac{3}{8}$	27
$\frac{1}{2},\frac{3}{4}$	18
1~2	$14\frac{1}{2}$
$2\frac{1}{2}$~12	$11\frac{1}{2}$
	8

图 7.47　常用规格钢管的每英寸长度上的螺纹数

读者需要熟悉各种管配件,常用的管配件见图 7.49。

图 7.48　螺纹规格的标注

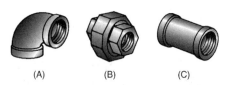

图 7.49　钢管接头:(A)90°弯头;(B)接头(尤宁);(C)内螺纹管接头

钢管的切割与绞牙需要用到以下 4 种工具:

1. 钢锯(采用每英寸 18 ~ 24 齿的锯条)或用于切割管子的专用管割刀。见图 7.50。其中管割刀使用效果最佳,因为管割刀可以获得与管中心线垂直的切割,但需要有一个绕管子转动割刀的空间。
2. 绞刀。切割完成之后,绞刀可用以去除管内侧的毛刺,因为毛刺会妨碍液体或气体的流动,因此必须去除,见图 7.51。
3. 管螺纹铰板。现场施工使用最多的是固定管径的铰板,见图 7.52。
4. 夹固工具。如链式台钳、龙门台虎钳以及管子钳等,见图 7.53。

若需要进行大批量、经常性地切割、套丝,可采用专用机械。这类机械本书不予讨论。

管子的切割　管子的切割面必须完全垂直于螺纹段,如果管周围有容许割刀转动的空间,可以使用单轮式割刀,否则可采用多轮式割刀。如果管子并非连接在管线上,那么可将管子夹固在链式台钳上,将割刀轮直接跨在欲切割的地方,调节 T 形手柄,使所有的滚轮和割刀接触管子,再稍加转动,然后绕管子转动,每绕管子转动一圈,拧紧手柄 1/4 圈。**安全防范措施:**不要给予太大的作用力,因为割刀会使管内侧产生较大的毛刺,而且会使割刀轮过度磨损,见图 7.54。

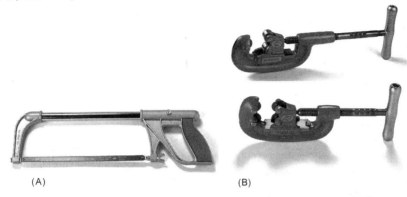

图 7.50 (A)钢锯;(B)三轮、四轮管割刀(Ridge Tool Company 提供)

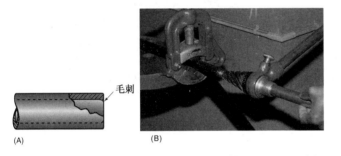

图 7.51 (A)管内侧毛刺;(B)用绞刀去毛刺(Bill Johnson 摄)

图 7.52 三头固定管径式螺纹绞板(Ridge Tool Company 提供)

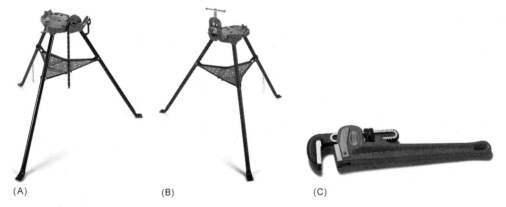

图 7.53 (A)带有链式台钳的三脚架;(B)带有龙门台虎钳的三脚架;
(C)管子钳(Ridge Tool Company 提供)

如果采用钢锯,开始时应平缓,用大拇指给锯条定位或采用夹具,见图 7.55。**安全防范措施:**大拇指需离开锯齿。钢锯仅做直线往复推动,钢锯后退时不需要用力,不要给钢锯施加过大的压力,使锯条自行来回锯切。

铰孔 钢管切割之后,在管口放入铰刀,用力顶推铰刀并顺时针方向转动。仅需将毛刺去除即可,见图 7.51(B)。

铰制螺纹 将螺纹铰板套上管口,铰制螺纹,滴入润滑油,转动铰板 1~2 圈,然后倒转约 1/4 圈,转动 1~2 圈,再倒转 1/4 圈,滴入切割油。继续这样的转动操作,直至管口冒出铰纹的外侧面,见图 7.56。

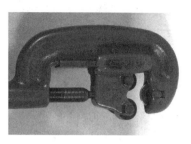

图 7.54　管子割刀(Bill Johnson 摄)

图 7.55　采用钢锯和夹具切割钢管(Bill Johnson 摄)

7.17　钢管的安装

安装钢管时,用管子钳转动管配件,管子钳上有斜牙口,施加作用力后可牢牢夹紧管配件或管子。注意,夹持管子和夹持管配件的钳口须相反,见图 7.57。

图 7.56　钢管的铰牙(Bill Johnson 摄)

图 7.57　夹固钢管,用管钳转动管配件(Bill Johnson 摄)

装配管接头时,应在阳螺纹上涂抹合适的油灰,不要将油灰抹在管口的头两牙上,见图 7.58,否则它可能会进入管系统。

操作过程中,必须遵守国家和地方的各项标准,并不断地熟悉所有相关标准。

注意,设计人员是在仔细考虑整个系统的需要,针对所需气体或液体输送量的基础上确定钢管规格的,因此,技术人员应对按指定钢管规格安装的重要性有充分的认识。在未经设计人员认可的情况,不得以其他规格替代指定规格。

7.18　塑料管

塑料管主要用于自来水管、通风管以及冷凝水装置,我们应熟悉以下各种类型的塑料管:

ABS(丙烯腈－丁二烯－苯乙烯三元共聚物)塑料管　ABS 塑料管主要用于自来水管、排水管以及排风管,无压力作用下可承受 180℉(82.2℃)的温度。ABS 塑料管间的连接采用溶剂型胶水。ABS 塑料管与金属管的连接则采用过渡配合。ABS 管为硬管,在低温状态下具有良好的抗冲击强度。

PE(聚乙烯)塑料管　PE 管主要用于水管、气管以及灌溉系统。可用于自来水管和自来水喷淋系统及水热源型热泵。尽管 PE 管能够在无压力之下具有一定的耐热性,但 PE 管不能用于热水水管。PE 管在低温状态下有较好的柔弹性和良好的抗冲击强度。PE 管与管配件的连接一般采用两个软管搭扣在管子的上下位置用螺栓夹紧,见图 7.59。

涂抹合适的油灰

不要将油灰抹在管口的头两牙上

图 7.58　涂抹油灰

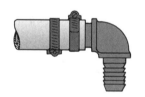

图 7.59　PE 管的搭扣位置

PVC(聚氯乙烯)塑料管　PVC 管可用于低温高压装置,可用做水管、气管、污水管、某些行业的生产装置和灌溉系统。PVC 塑料管为硬性管,具有较高的抗冲击强度。PVC 管与 PVC 管配件可用溶剂型胶水连接,或采用螺纹连接,与金属管的连接则采用过渡配合。

CPVC(氯化聚氯乙烯)塑料管　CPVC 塑料管可用于高达 180℉的高温和 100 psig 压力的工作条件,除此之外,其特征与 PVC 相似。这种塑料管主要用做冷热水管,并可以与 PVC 管同样的方式与管配件连接。

以下内容和图 7.60 论述了 PVC 或 CPVC 塑料管连接的操作方法:

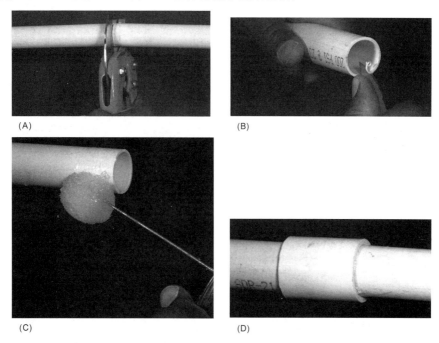

图 7.60　PVC 管和 CPVC 管的切割与连接(Bill Johnson 摄)

A. 采用钢锯或管子割刀以垂直塑料管中心线的方向切割。管子割刀应安装专门用于塑料管的滚轮。

B. 采用刀具和半圆锉刀去除管内、外的毛刺。

C. 清理管口,在管子外表面和管接头内表面涂抹底胶(如有要求)和胶水(底胶和胶水为一步型产品,仅适用于某些设备,应根据底胶和胶水容器上的说明操作)。

D. 尽力将塑料管插入管配件中,将管子转动 1/4 圈使胶水充分散开,并将塑料管与管配件固定约 1 分钟。

管壁厚度系列为 80 的 PVC 管和 CPVC 管可采用螺纹连接,并采用常规的管螺纹铰板。注意,用于塑料管的螺纹铰板不同于金属管的螺纹铰板,用于金属管的圆板牙太钝,不能用于塑料管,塑料管的圆板牙要非常锋利。采用任何一种塑料管和胶水都应始终根据制造商的说明操作。

本章小结

1. 选用恰当的配管、管路和管配件并正确安装是制冷与空调系统正常运行的必要条件。配管的粗制滥造和拙劣的焊接工艺都会引起整个系统各组件严重损坏。

2. 铜管一般用于自来水设备、采暖设备和制冷管路。

3. 铜管有软管和硬管两种。

4. 空调制冷管(ACR 管)有预装的套件装。

5. 配管可以用钢锯或管子割刀进行切割。

6. 软管可以弯曲。可以用弯管弹簧或杠杆式弯管机弯管,也可以用手弯管。

7. 低温焊和铜焊可用于焊接配管和管配件。

8. 低温焊和铜焊常采用空气 - 乙炔焊接机组。

9. 氧 - 乙炔焊接机组也可用于低温焊或铜焊,尤其是要求较高温度的铜焊。

10. 喇叭口接头是另一种配管与管配件的连接方式。

11. 胀管焊接是一种用于两段铜管间相互连接的方式。
12. 钢管主要用于自来水管道、热水采暖以及燃气采暖设备。
13. 钢管与管配件可采用螺纹连接或焊接。
14. ABS 管、PE 管、PVC 管和 CPVC 管是 4 种塑料管,每种塑料管都有不同的用途。

复习题

1. 采暖与空调行业中使用最多的、标准重量的铜管是:
   A. K 型;　　　　　　B. L 型;　　　　　C. DWV 型;　　　　　　　D. M 型。
2. 用于自来水设备和采暖设备的铜管,其 1/2 英寸的标称规格指的是该铜管的
   A. 内径;　　　　　　B. 外径;　　　　　C. 长度;　　　　　　　　D. 接头长度。
3. 制冷空调用铜管,其 1/2 英寸的标准规格指的是该铜管的_____。
   A. 内径;　　　　　　B. 外径;　　　　　C. 长度;　　　　　　　　D. 接头长度。
4. 用于空调系统安装的配管,一般需要保温的地方是:
   A. 低压侧;　　　　　B. 排气管线;　　　C. 冷凝器至节流器间的高压侧;D. 所有上述各处。
5. 盘卷的软铜管长度一般为多少?
6. 为何有些制冷空调管需要保温?
7. 试述软铜管的弯管操作方法。
8. 论述采用管子割刀切割配管的操作方法。
9. 哪种类型的焊料适用中温、中压装置?
10. 铜焊的填充金属合金有哪些组元?
11. 叙述正确制作铜管、管配件焊接接头的各项步骤。
12. 叙述用于铜管连接的喇叭口接头的操作方法。
13. 铜焊的焊接温度_____软焊的焊接温度。
    A. 等同于;　　　　　B. 低于;　　　　　C. 高于;　　　　　　　　D. 可高于或低于。
14. 铜焊的常用填充材料为:
    A. 50/50 锌铅合金;B. 95/5 锌锑合金;C. 15%~60% 银合金;　　　D. 铸钢。
15. 铜焊时使用焊剂的目的是:
    A. 接头加热时,使氧化程度减小到最小;　　　B. 易于管配件与配管连接;
    C. 避免填充金属滴在地面上;　　　　　　　　D. 有助于更快地加热配管和管配件。
16. 如果发现或怀疑喇叭口接口有裂缝,应如何处理?
17. 铜管有何用途?
18. 列出采用空气-乙炔焊接机组时,准备及点火的各项程序。
19. 叙述钢管管口套丝的各项准备及程序。
20. 叙述螺纹尺寸标志 1/4-18NPT 中各项目的含义。
21. 列出 4 种类型的塑料管。

第8章 系统抽真空

教学目标

学习完本章内容之后,读者应当能够:

1. 叙述静压测试的方法。
2. 根据泄漏的特征选择检漏设备。
3. 叙述深度真空的概念。
4. 叙述两种不同的抽真空方法。
5. 论述两种类型的真空检测仪器。
6. 选择适用的深度真空泵。
7. 列举几种正确的抽真空操作方法。
8. 论述深度真空单机抽真空。
9. 论述三次抽真空。

安全检查清单

1. 在处理各种来自已污染系统的生成物时应特别小心,因为其中很可能含有各种酸类。
2. 千万不要将手放在深度真空状态的孔口上,因为真空会使皮肤产生血泡。
3. 搬运制冷剂时必须佩戴护目镜和手套。
4. 不要让水银从各种仪器中漏出,水银是一种很危险的物质。

8.1 系统的可靠与高效

上一章讨论了制冷系统管线的连接方法。系统的连接必须做到尽可能密封,但由于各种金属处理及其接口都存在细微的孔隙,因此各种制冷系统都或多或少地存在泄漏。当我们将这些金属材料与接口放在显微镜下观察时,可以看见许多裂缝与各种缺陷。如果某制冷系统运行多年未出现泄漏的迹象,那只是此系统各处的孔隙较少而已,技术人员只是通过采用正确的管操作方法将系统各部位的泄漏降低至最小、最少的程度。许多系统在初次充注制冷剂后可连续、高效地运行50年,有些系统尽管存在泄漏,但其泄漏量很小,小到无法检出,也不会影响其工作效率。如今销售的许多制冷装置,其制冷剂充量最低达到1/2盎司的临界量,当制冷剂的漏损量大于1/2盎司时,系统就不能有效地运行了。这些制冷装置只要连接得法,因为泄漏量很小,也就能高效地运行许多年,当然这完全有赖于管路与系统仔细认真的装配操作。最初的装配与现场维修连接一样均必须认真仔细地完成。

如今,在制造商车间环境下安装的制冷设备几乎不可能有可检出的泄漏,除非部件出现故障。安装和维修人员必须掌握现场配管制作与装配的正确操作方法,以保证系统能够尽可能持久地高效运行。许多现场安装的制冷空调设备之所以能持续50年或更长的时间正常地运行,是因为施工操作规范,它完全源自于技术人员知道安装设备时应当做什么和怎么做。此外,安装与维修之后,还必须完成相应的检漏测试。

8.2 静压测试

技术人员可以对新安装的系统进行静压测试,检查系统是否能保持压力,同时使用比较灵敏的检漏仪器对系统进行检漏。

技术人员应当在系统装配的同时对各接口进行目检(外观检查),确认所有连接处符合要求:

1. 焊接接头没有缝隙。
2. 所有法兰连接和螺纹连接接头紧密。
3. 所有控制阀门安装方向正确及设定状态正确。
4. 所有阀盖须打开。

然后做以下几项检漏作业。因检漏的需要,第一次测试时需将少量制冷剂充注入系统内。大多数技术人员从 0 psig 开始,将 R-22 注入系统,至压力表读数约为 10 psig,因为系统内必须有少量的制冷剂才能检漏,因此这一做法被美国环境保护局认可,这部分制冷剂仅用于检漏,不用做系统的制冷剂。R-22 是唯一一种被认可的用以检漏的制冷剂。当少量制冷剂注入系统之后,再充入干氮气做压力测试。绝大多数系统的低压侧工作压力为 150 psig。有些新型制冷剂的工作压力更高,因此系统各组件的工作压力也相应提高,技术人员应在增压之前根据相应的工作压力检查系统的各个部位。系统低压侧的组件是蒸发器、吸气管和压缩机。压缩机中,被看做高压侧部件的仅仅是压缩机机盖和排气管,且大多位于压缩机机身内。由于压缩机箱体处于系统的低压侧,因此压缩机被视为低压侧组件。系统的高压侧由压缩机至冷凝器的排气管线、冷凝器和液管等构成。对于多数制冷剂来说,高压侧的压力测试在压缩机箱体未加压时至少为 350 psig。采用 R-401A 制冷剂的系统工作压力可能高达 450 psig,如压缩机上设有维修阀,那么可以将压缩机隔离,见图 8.1。

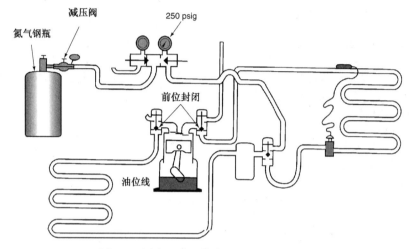

图 8.1　隔离压缩机使冷凝器和蒸发器增压

　　用于整个系统增压测试的压力不得超过系统压力测试的下限。每次增压均应让系统稳定约 10 分钟,使系统内各处的压力趋于平衡。同时,技术人员应仔细测听每一个接头,判断是否有明显的泄漏,见图 8.2。一旦压力平衡应注意高压侧压力表。技术人员可以轻轻敲打压力表,指针应回复至稳定的指示位置,见图 8.3。**安全防范措施**:绝对不要使用氧气或压缩空气,因为氧气和压缩空气可能会聚集形成爆炸性气体。

图 8.2　测听泄漏声

图 8.3　采用压力表做静压泄漏测试时,轻轻敲打压力表,用以确认指针是否灵活,然后再观察压力表

　　设备的静压测试应视实际情况尽可能持续较长的时间。小系统的 1/2 吨机组约需要 1 小时,稍大的机组,如容量为 10 冷吨的分体式机组,可持续过夜,如有可能,更可长达 24 小时。系统在没有压力下降的情况下试压时间越长,技术人员对系统没有泄漏越有信心。如果压力有下降,除非环境温度有明显的下降,否则就应采取非常严密的泄漏测试。

8.3　泄漏检查的方法

　　最基本且十分有效的方法是测听氮气和制冷剂从各接头处急速流出的声音,通常都能听出泄漏声,但很难精确地确定泄漏位置。如果有泄漏,则可以用手蘸点水置于怀疑的位置,那么泄漏点就会在手上喷出水气,并且这样的汽化过程还会使手感到一丝凉意。这种方法可帮助你确定泄漏的位置。

　　类似图 8.4 中的卤素检漏仪已沿用多年,许多人都把它视为一种最原始的检漏仪,但依然可见到它的身影。它以丙烷或乙炔为热源并利用其火焰形成的吸引力抽取样本管附近的气体样本,如果这个气体样本是制冷剂,那么当它流过炽热的铜元件时,就会使火焰的颜色发生变化。在非常微弱的光线之下,这种颜色的变化可以更容易看出,在明亮的阳光下则不易辨别。卤素检漏仪仅用于检测含氯组分的制冷剂,如卤化物类(CFCs)制冷剂和氢氯烃类(HCFC)制冷剂。因为它有明火,故不得在含有如汽油等爆炸性气体或其他易燃物附近的环境下使用。卤素检漏仪能检测到小至 1 年 1 盎司的泄漏量,但由于其灵敏度相对较低,主要用于怀疑有较大泄漏的场合。

超声波检漏仪带有耳机、微形话筒和放大装置,用以测听泄漏点发出的声音。这种检漏仪在空气中含有大量制冷剂的场合效果十分理想,见图 8.5。

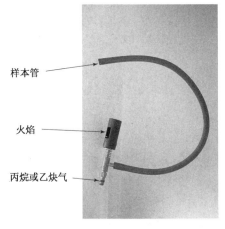

图 8.4　检漏用的卤素吹管(Bill Johnson 摄)　　　图 8.5　测听泄漏点的超声波检漏仪(Bill Johnson 摄)

超声波检漏仪借助于充注入系统的颜料检漏,颜料会与随制冷剂一起同系统内循环的润滑油混合,当颜料从泄漏点泄出时,在黑光灯下会发出白光,见图 8.6。这一技术来自于汽车制造业用于自动变速装置的检漏。这种检漏仪非常有效,特别是对那些润滑油已经渗入原泄漏点的旧设备。

含有颜料的润滑油本身就是一种检漏剂,这种红色颜料滞留在系统内,有漏气和渗油随之渗出。这种颜料通常采用车间灌注制冷剂的专用钢瓶注入系统。

技术人员应在系统充注颜料前向压缩机制造商咨询,获得认同之后实施操作,特别是设备仍处在保质期内时。大多数颜料本身就是一种特殊的润滑剂,它可以与矿物油、烷基苯类和酯类润滑油配合使用。如果压缩机已过保质期,则应先告知用户。

电子检漏仪是一种最精确、或许也是使用最多的检漏设备,它可以检测出泄漏量小至 1 年 1/4 盎司左右的泄漏点,见图 8.7。这类检漏仪在某些场合具有绝佳的效果,但当空气中存在大量制冷剂时,电子检漏仪很难确定这些制冷剂的出处,除非电子检漏仪具有对制冷剂弥漫现状进行校正的功能。这类仪器所具有的高灵敏度既是它们最大的优势,也可能是最大的不足,它取决于技术人员是否花时间真正了解这些仪器的功能与特点。大多数电子检漏仪都设有很小的空气泵,用以抽取空气或空气与制冷剂样本,并流过传感器。这类传感器对水分非常敏感,绝不能与排水管或湿式盘管上的水接触。

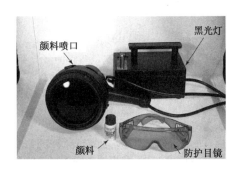
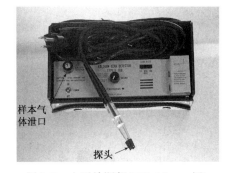

图 8.6　采用黑光灯和颜料的超声波检漏仪(Bill Johnson 摄)　　　图 8.7　电子检漏仪(Bill Johnson 摄)

8.4　泄漏检测头

需要检漏测试的设备有可能是新的、但长期未运行的分体式机组,也可能是位于某处的一直在运行、但怀疑有泄漏的设备。

　　如果分体机组为新装设备,那么应采用氮气、少量制冷剂以及静压检漏等上述方法对系统的现场安装部分进行检漏。

　　对持续运行的制冷设备检漏则需要根据不同情况区别对待。系统内有可能还有制冷剂,也可能制冷剂完全走失。如果系统尚能制冷,则说明系统内至少还有制冷剂,且不应充注氮气,因为不能回收制冷剂。充注氮气之前,整个系统必须满足一定的真空度要求。要对一个还存有制冷剂的系统检漏,技术人员应关闭压缩机并使蒸发器风机运转,这就会使系统低压侧温度升高到空调区域的温度。对于低温系统来说,其压力较低,不足以做相应的检漏测试;对于空调装置来说,室内机的压力对应于室内的温度,因此其压力较高,足以做检漏测试。另外,对于任何一种情况,都应采取适当方式回收制冷剂,并用少量 R-22 制冷剂增压和采用氮气进行增压检漏测试,这样的操作尽管耗时很多,但效果颇佳。

　　分体式机组存在持续的泄漏时,可采取以下操作:认真、全面地进行目检寻找新鲜的油渍或黏附在油渍上的新灰尘。震动或温度的变化常常会引起泄漏。例如,压缩机的排气管是高震动区域,而且也是温度变化较大的区域;热泵的排气管在冬天处于高压、高温状态,而在夏天则变为低压、低温状态。检查每一个螺纹接口,如快速接头,此处常会因温差引起膨胀和收缩。

　　通过切断室外机组的液管和吸气管并对系统整个低压侧增压的方法可对系统各部分进行检漏,这包含了现场安装部分和蒸发器等更大的范围,见图 8.8。系统中该部分管路及组件可加压至 250 psig 做静压和检漏测试,对室内机组和室外机组间各部位进行检漏。

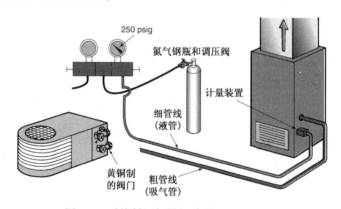

图 8.8　系统低压侧封闭并增压至 250 psig

　　各类表具安装前,对每一个连接孔口做泄漏检查也是一个很好的常规做法。首先,确定系统内是否还有制冷剂。如果还能制冷,说明系统内还有制冷剂。

　　对表接口做泄漏检查,如果存在泄漏,则可以知道制冷剂从何处泄漏。许多技术人员会安装表具,对系统增压,但始终无法发现泄漏,只是到了最后才发现原先的表具接口出现了问题。**安全防范措施**:采用单向气阀接口进行检修时,只能使用标准阀盖,即配套的阀盖,如果旋入的青铜阀盖太紧,会压碎阀中细巧的阀座,阀心可能永远无法取出。

　　许多技术人员还采用特殊的肥皂来精确地确定泄漏点,这种肥皂加了特殊的添加剂,可以避免肥皂的汽化,并使肥皂膜更具弹性,可形成更大的肥皂泡。也有一些技术人员将较淡的洗碗液与甘油混合,可使肥皂泡更具弹性。切记,1 年 2 盎司泄漏量的小泄漏需要一段时间才能吹出一个肥皂泡。此外,在压缩机排气管等热表面上往往不易形成肥皂泡。注意,技术人员必须在采用肥皂泡检漏之后做好全面的清理,因为残留的肥皂会使铜管产生铜绿并开始腐蚀,如果不进行清理,涂层表面就会开始脱皮,用湿布仔细擦洗或用软管冲洗管表面,一般可以除去残留的肥皂液。

　　制冷剂比空气轻,且有离开泄漏点向下流动的趋势,即从最高点位置开始明显地缓慢向下移动,我们可以根据这一特征检查蒸发器的盘管:停止蒸发器风机运转并使系统稳定数分钟,然后将检漏仪探头放在冷凝器排液管接口处,并在此停留约 10 分钟(技术人员应保证探头不接触排液管上的水)。如果制冷剂泄漏的警灯响起,应重新再做测试,如警灯再次响起,那么蒸发器部分必存在泄漏,拆除隔板,同时检查各接头部位即可发现泄漏点。

　　技术人员在确定泄漏点位置时不能操之过急,用任何仪器检漏都是一个缓慢的操作过程,仪器做出反应需要时间,因此探头必须非常缓慢地移动,正确的速度应为每 2 秒钟移动 1 英寸。探头嘴必须直对泄漏点才能检测出非常小的泄漏,见图 8.9。如果探头移动太快,那么就会错过泄漏点或探头移动数英寸后才显示有泄漏。

图 8.9　（A）因为制冷剂在检漏探头之后喷射,电子检漏仪很可
能检测不出小孔泄漏;（B）传感器能检出制冷剂泄口

8.5　泄漏点的修补

技术人员必须知道何时做泄漏点的修补。对于设备某一小段的微小泄漏,通常修补这样的泄漏点还不如添加制冷剂来得经济,因此技术人员必须知道何时需要添加制冷剂,何时需要修补泄漏点。

在做出决定之时,必须遵循以下美国环境保护署的操作准则:

1. 含有低于 50 磅制冷剂的系统不需要修理。
2. 含有 50 磅以上制冷剂的工业加工和商用制冷设备和装置需要对较大的泄漏进行修补。所谓较大的泄漏是指泄漏量大于系统制冷剂充注量35%以上的泄漏。例如,充注有 100 磅制冷剂的系统容许每年走失 35 磅,且此项工作必须由物主提供书面文件证明,这相当于每月平均 2.9 磅（35/12 = 2.9）,达到这一泄漏量时,物主有 30 天时间进行维修或提出翻新或替换计划,并在 1 年内完成。
3. 舒适性供冷的冷水机组和所有其他设备 1 年的制冷剂泄漏许可量为 15%。

技术人员必须保证新装系统没有泄漏,至少设备在整个保质期内、一般为第 1 年中应无泄漏、正常地运行,如果之后出现泄漏,即保质期过后,则由物主承担责任。

大多数住宅设备中的制冷剂充注量小于 10 磅,一般不要求修理,许多技术人员都习惯每年"添补一点制冷剂",并不真正地检漏,这实际上并非上策,泄漏一般都出在单向气阀接头,稍加操作即可修复。许多物主因为技术人员每年春季都要添加制冷剂,因此以为空调设备确实要消耗制冷剂。

8.6　系统抽真空的目的

制冷系统是利用某种制冷剂和润滑油在系统内的反复循环来实现其功能的。当制冷设备安装与维修时,必然有空气进入系统。空气有氧气、氮气以及水蒸气,所有这些对系统来说都是有害的。用真空泵从系统中排除空气和其他不凝性气体称为系统的"抽气",系统中水蒸气的排除称为"脱水"。在采暖、通风、空调和制冷行业,排除空气与水蒸气的过程称为"抽真空":

$$抽气 + 脱水 = 抽真空$$

这些气体会引起两个问题:空气中所含的氮气称为不凝性气体,在冷凝器中不能冷凝,甚至像液体一样流动;相反,氮气会占据冷凝器中用于制冷剂冷凝的冷凝空间,从而会引起排出压力升高,导致排气温度和压缩比的提高,进而引起整个系统的效率低下。图 8.10 为冷凝器内含有不凝气体的情况。其他气体会在系统内发生产酸的化学反应,而系统内的酸又会损坏系统的各个组件、运行齿轮的铜涂层并破坏电动机中的绝缘层。

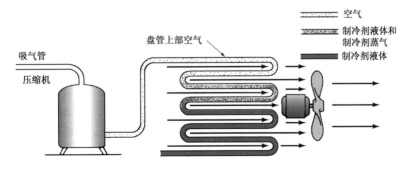

图 8.10　冷凝器中含有不凝性气体

这些酸有可能是弱酸,也可能是强酸。制冷系统中的电解作用非常像其他种类的电镀,它需要电流、酸和不同的金属。制冷系统中有铜、青铜、铸铁和钢,有些设备中还有铝,制冷系统中的电解作用似乎只有铜涂覆至钢表面——来自管路的铜涂覆至压缩机曲轴和轴承的各个表面,但是轴承的各表面只有很小的间隙。当有少量铜涂覆在钢表面上时,轴承就会出现过紧与黏合,电动机绝缘层的破坏则会引起电路与接地线的短路,或电动机各相间的短路。

空气中约含有 20% 的氧气,系统中这一不凝性气体会引起排压和排气温度的升高。系统内的氧气还会与制冷油反应生成有机物,且油与氧反应通常出现在排气阀内,因为这是整个系统温度最高的地方。此外,当水汽(水蒸气)、热和制冷剂同时存在于系统内时,稍长一段时间后即形成酸。R-12、R-502、R-22、R-134a 等以及较新的混合型制冷剂均含氯或含氟,从而会与水发生水解(一种化学反应),形成盐酸和氢氟酸以及更多的水。各种酸形成后,就可能导致电动机绕组受损、金属腐蚀并形成渣泥等沉积物。渣泥沉积物是一种由水、酸和油组成的非常紧密的混合物:

$$水汽 + 酸 + 油 = 渣泥沉积物$$

这些酸可以滞留在系统内数年,而不显露出任何问题,最后导致电动机烧毁,或者来自系统的铜沉淀在曲轴上,引起曲轴的过盈和胶合,还会使粗糙的表面进一步擦伤配合面,形成过早地磨损。制冷系统要避免腐蚀和沉积问题,必须通过正确的维修工艺和有效的预防性保养将水蒸气排除在系统之外。沉积物和腐蚀会引起膨胀器过滤干燥器和滤网堵塞并失效。使制冷系统排除水蒸气的唯一可靠的办法就是采取正确的操作步骤,使用深度真空泵。但是一旦渣泥沉积物形成,就必须采取标准的清洗方法,即利用专用的除渣泥的大规格干燥器。真空泵并不具有去除渣泥等固相物的功能。由于真空泵不能吸除渣泥和其他固相物,因此深度真空操作方法不能用于液管或吸气管干燥器,只有采用正确的过滤方法去除渣泥和各种固相物才行。

如果希望制冷设备有一个正常的使用寿命,则必须将这些不凝气体从系统内排除。尽管许多系统在含有多种生成物的情况下运行多年,但是这样的状况不可能持久下去,或是系统运行的效果与客户支付的运行成本极不相称。

不凝性气体可在整个系统检漏之后采用真空泵吸除,要达到这一目的,系统内的压力必须降低至几乎完全真空的状态。

8.7　抽真空所涉及的相关理论

抽真空意味着将系统内的压力降低至大气压力以下。海平面的大气压力为 14.696 psia(29.92 英寸水银柱),所谓真空通常是指毫米水银柱(mm Hg)范围的压力。大气可以支承 760 毫米高度的水银柱(29.92 英寸水银柱),因此,要想使制冷系统内达到完全真空,即系统内的压力必须降低至 0 psia(29.92 英寸水银柱真空)才能将所有空气排除,即形成完全真空。事实上,到目前为止这是完全不可能实现的。

通常采用组合表来显示真空度,组合表的起点为 0 英寸水银柱真空,下限为 30 英寸水银柱真空。英寸水银柱后的"真空"一词,就是指组合表上真空表的读数,而英寸水银柱单位后没有"真空"两字,即指压力表或气压表的读数。用于制冷行业的各种真空表均以英寸水银柱真空标定刻度。

我们采用图 8.11 中的球罩来说明常规系统的抽真空原理。某制冷系统含有像球罩一样体积量的气体,其唯一差别是制冷系统由许多以管路相互连接的小腔室组成,这些小腔室还包括压缩机的汽缸,有些压缩机有簧片阀可使压缩机与系统部分隔离。将空气从球罩中去除通常称为"抽真空"或"对球罩的抽气",从制冷设备中排除不凝性气体的过程通常也称为"抽真空"。将空气抽出球罩时,球罩内的气压表读数即开始变化,见图 8.11,其水银柱高度开始下降。当水银柱高度下降至 1 毫米时,说明球罩内仅有少量的空气(即初始体积量的 1/760)。图 8.12 为水的各饱和点比较值。

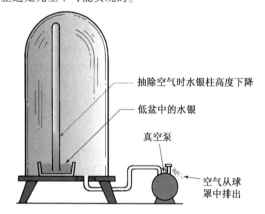

图 8.11　球罩中的水银气压计可用于说明空气如何支承水银柱高度,从球罩内排除空气时,水银柱高度开始下降,如果空气全部排除,那么水银柱高度为 0

本章将对采用抽真空方法完成系统排气和去湿做更详细的介绍。我们暂时把制冷歧管上的复合表视为真空计量的唯一一种计量显示器。当然,还可采用更加精确的真空计量方法。

大气压力，绝对值				组合表读数 in Hg真空	水的饱和点 (沸点-冷凝点)℉
psia	in Hg	mm Hg	microns		
14.696	29.921	759.999	759,999	00.000	212.00
14.000	28.504	724.007	724,007	1.418	209.56
13.000	26.468	672.292	672,292	3.454	205.88
12.000	24.432	620.577	620,577	5.490	201.96
11.000	22.396	568.862	568,862	7.526	197.75
10.000	20.360	517.147	517,147	9.617	193.21
9.000	18.324	465.432	465,432	11.598	188.28
8.000	16.288	413.718	413,718	13.634	182.86
7.000	14.252	362.003	362,003	15.670	176.85
6.000	12.216	310.289	310,289	17.706	170.06
5.000	10.180	258.573	258,573	19.742	162.24
4.000	8.144	206.859	206,859	21.778	152.97
3.000	6.108	155.144	155,144	23.813	141.48
2.000	4.072	103.430	103,430	25.849	126.08
1.000	2.036	51.715	51,715	27.885	101.74
0.900	1.832	46.543	46,543	28.089	98.24
0.800	1.629	41.371	41,371	28.292	94.38
0.700	1.425	36.200	36,200	28.496	90.08
0.600	1.222	31.029	31,029	28.699	85.21
0.500	1.180	25.857	25,857	28.903	79.58
0.400	0.814	20.686	20,686	29.107	72.86
0.300	0.611	15.514	15,514	29.310	64.47
0.200	0.407	10.343	10,343	29.514	53.14
0.100	0.204	5.171	5,171	29.717	35.00
0.000	0.000	0.000	0.000	29.921	—

注意：psia数×2.035 966＝英寸水银柱高度　　psia数×51.715＝毫米水银柱高度　　psia数×51 715＝微米水银柱高度

图 8.12　环境压力低于大气压力时,压力与水温的相互关系

制冷系统抽真空时,技术人员应将真空泵分别与系统高压侧和低压侧连接,这样就可以避免仅对系统某一管段抽真空时制冷剂集中在系统的某一侧。所有大型制冷系统在系统高压侧和低压侧都分别设有表接口。

8.8　真空度的计量

当球罩内的压力降低至 1 毫米水银柱时,就很难再见到水银柱了,因此需要采用另一个称为微米水银柱的压力计量单位(1000 微米水银柱 =1 毫米水银柱;1 英寸水银柱 =25 400 微米水银柱)。微米级压力只能用电子仪器计量。

精确计量和检验一个微米级的真空状态可采用热电偶或热敏电阻式真空表等电子仪器。图 8.13 为一种常见的电子真空表。有多家公司生产这种电子真空表,可向可靠的供货商家咨询何种型号的真空表最为实用。微米级真空表有电子模拟式、数字式或发光二极管(LED)式等显示方式。

将电子真空表连接到系统才能检测系统内的压力值,它有一个独立的、一头连接于系统 、一头以导线连接仪器的传感器,见图 8.14。仪器的传感器部分不得直接连接到系统压力,因此比较合理的做法是在传感部分与系统间设置一个阀。也可以在制冷剂充注前在可以与系统断开的地方利用专用表管安装传感器,见图 8.15,传感器应始终以直立方式安装,这样系统中的润滑油就不会流入传感器了,见图 8.16。

图 8.13　用于深度真空检测的模拟式微米级真空表(Bill Johnson 摄)

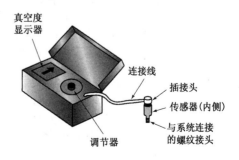

图 8.14　电子真空表的各构件

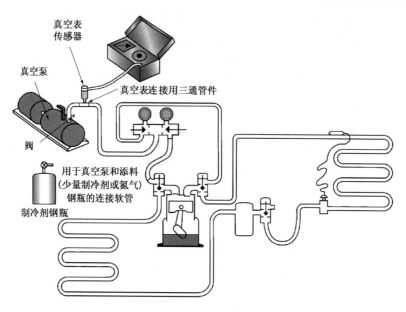

图 8.15　电子真空表传感器设置在真空泵附近。注意,传感器可在三通管处断开,以避免系统压力进入传感器

启用电子传感器时,真空泵应运行一段时间。在表歧管的压力表读数开始下降并显示真空时,打开接通传感器的阀,并将真空表仪器切换至工作状态。当系统达到深度真空时,即多歧表上显示值低于 25 英寸水银柱时,再将仪器切换至工作挡就毫无意义了。

当真空表读数达到要求的真空度时,一般为约 250 微米,应关闭真空泵阀门并记录读数。很短的一段时间后,约 1 分钟内,仪器上的读数就会上升,然后趋于平稳,读数平稳之后,记录系统真空的真空度值。如果读数持续上升,则说明或有泄漏,或有水分并汽化产生的压力。

电子真空表的优点之一是它能对压力的上升做出迅速反应,并能对非常微小的压力上升也非常敏感。系统越小,压力上升越快。大系统往往需要一段时间才能达到新的压力值,这些压力的

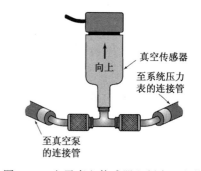

图 8.16　电子真空传感器必须直立安装,以避免润滑油进入传感器

变化可以在电子仪表上即时看到。在确认存在泄漏之前,一定要考虑到以上提到的第一次的压力回升。

如今,检测深度真空的最有效和最精确的方法之一是采用热敏电阻式微米表,它采用一组能随温度变化而改变电阻值的热敏电阻。用于真空测量的热敏电阻是一种负系数热敏电阻。意味着随温度上升,其电阻值下降;反之,则电阻值上升。电子热敏电阻安装于真空管线上,或是将一个感应管设置在真空管线上。这些热敏器件的传感元件(热敏电阻)会产生热量。离开热敏电阻的热流量可以随由制冷系统排出的蒸气而变化,这就会使热敏电阻周围的蒸气压力下降。随着系统内各种气体的排除,由于热敏电阻周围形成了真空(气体分子越来越少),离开热敏电阻的热量也越来越少。此时,热敏电阻的温度开始上升,又由于热敏电阻是负温度系数元件,其电阻值下降。温度和电阻值的变化就会在一个以微米水银柱值为刻度的仪表上显示出来。一旦系统内的所有水分开始汽化,蒸气压力和从热敏电阻带走的热量将持续减小,因此微米表上的计量值也就继续降低。系统内水的蒸发量越多或有害气体的排出量越多,在采用同样规格真空泵的情况下,要达到微米真空所需的时间也就越长。此外,这一来自仪表的测量值还决定了抽真空完成的时间。电子热敏电阻式真空表非常坚固、耐用、轻便,维修技术人员可现场使用,其精度可达 1 微米。

本行业中经常使用的另一种真空表是 U 形管压力表,见图 8.17(A),它是一种一端封口的玻璃管,采用水银作为指示器的仪表,其两侧水银柱相互平衡。一侧水银柱上的空气已被排除,因此该仪器有大约 5 英寸的垂直水银柱高度。该仪器可用于读数低于 1 毫米水银柱精度的检测。因为水银柱高度仅约 5 英寸,此压力表可用于大气压力以下约 25 英寸水银柱真空为起点的真空度检测。当该压力表连接于系统、真空泵启动时,系统真空

度达到约 25 英寸水银柱真空时才显示读数,见图 8.17(B)。然后,压力表读数逐渐下降,直至两侧水银柱等高,此时系统内的真空度处于 1 毫米水银柱至完全真空之间。由于人眼的读表精度有限,因此这种压力表读数精度不可能高于 1 毫米水银柱,见图 8.17(C)。

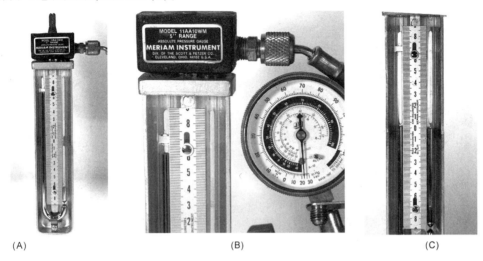

(A)　　　　　　　　　　　(B)　　　　　　　　　　　(C)

图 8.17　处于抽真空各阶段的 U 形管水银柱压力计:(A)左侧管柱封闭,上端没有空气;(B)当右侧管柱与处于较低真空状态的系统连接时,左侧液柱下降,右侧液柱上升。当右侧管上的真空度约为25英寸水银柱真空或5英寸水银柱绝对压力时,水银柱将开始上下移动。见正文中对液位差的解释。当右侧管柱中的空气被抽除时,液柱上升;(C)当处于完全真空时,右侧液柱上升与左侧液柱完全平齐,但这一状态很难见到(Bill Johnson 摄)

采用专用阀配置形式有助于技术人员检验系统压力和真空泵的性能。这种配置形式可以使技术人员通过关闭最接近系统的阀门将真空泵和传感器予以隔离,以便撤除传感器。如果真空泵不能使系统产生足够的真空度,那么在此位置即可显示出来。关闭最接近真空泵的阀门可以将传感器与系统隔离,进而检查系统压力,见图 8.18。这些测试器件对于标准真空测试中确定真空泵运行效果和系统压力十分有效。

用于对系统抽真空的真空泵经常被从系统抽出的杂质所污染。真空泵内有一个油沉淀池,可以将各种杂质沉淀,其中会含有各种酸和水分。要使真空泵有较好的工作性能,真空泵内的润滑油就必须定期予以更新。当真空泵不能将系统压力降低至要求的深度真空状态时,应首先怀疑管路存在泄漏。采用图 8.18 中的阀门配置时,可将管路缩短至最短,减少检漏点。如果阀门与管路配置经常使用,而且知道工作状态良好,接下来就应检查真空泵内的润滑油。此润滑油应清洁、透明;如果呈现混浊状,很可能含有水分,那么应对真空泵换油维护。

注意,要使真空泵有最佳的工作性能,应只采用合格的真空泵油,其他种类的油料沸点太高,不可能获得较高的真空度。必须采取适当的方式处理换下的废油。

加入新油之后,真空泵可运行更长的时间,承受更高的工作温度。真空泵往往会太烫手不能触碰,不能拿,那么可再次放油,为真空泵加入新油,重新开始真空测试。如果仍不满意,可再次换油并观察油色,如果未见变色,加入新油再启动测试。这种真空泵需要多次换油才能将整个泵中的杂质去除。所幸的是大多数真空泵用油很少,因此无须太大的费用,也没有太多的废油需要处理。

真空泵油的沸点很低,存储过程中很难与杂质分离。如果真空泵放置在卡车上,真空泵与空气接触,空气中的水分进入真空泵就会形成杂质。在阳光充足的白天,空气温度上升,真空泵达到白天的温度;在晚上,空气温度下降时,真空泵温度亦随之下降,潮湿空气就会进入泵体,见图 8.19。如果因天气变化而使真空泵受潮,那么就会有更多水分进入泵体,见图 8.20。如果不加很好的密封,存储在油箱内的油也会有同样的吸潮过程。所有

手柄兼排气口
连接仪表接口
连接系统
关闭此阀启动真空泵检查传感器和真空泵
电动机
系统抽真空做静态真空测试之后关闭此阀
真空泵
油位视窗

图 8.18　真空泵与传感器上的阀门配置

这些是想说明:要想获得较高的真空度,就必须使真空泵处于最佳状态,不到使用时,切勿换上新油。这对于不断改变工地点的人来说似乎不切实际,因此还需经常换油。真空泵油箱和真空泵应尽可能予以加盖,以避免空气中的水分进入真空泵油内。

图 8.19　真空泵晚间冷却时,潮湿的　　　　图 8.20　真空泵在室外受潮时,其机体
　　　　　空气就会被吸入真空泵内　　　　　　　　　　内也同时受潮,会使油质变差

8.9　制冷剂的回收

　　☆在对系统抽真空、排除杂质或不凝气体之前,如果系统内存有制冷剂,那么技术人员必须将这些制冷剂排除,并采用美国环境保护署认可的回收设备予以回收。系统在抽真空前,回收的制冷量取决于系统的规格大小、制冷剂的种类以及回收设备是在 1993 年 11 月 15 日之前还是之后制造的。制冷剂的回收将在第 9 章“制冷剂与润滑油的化学成分及其回收、再循环与改型”中做详细讨论。☆

8.10　真空泵

　　真空泵能够排气,并使系统压力降低至很低的真空状态是其必备的功能。制冷行业中常用的真空泵与回转式压缩机相似,这种能产生很深度真空度的气泵均为双级回转式真空泵,见图 8.21。这些真空泵能够将无泄漏容器内的压力降低至 0.1 微米水银柱。由于系统内制冷剂油会少量汽化并产生压力,因此在现场安装的系统中要获得如此高的真空度不太现实。尽管有些制造商要求达到 250 微米水银柱的真空度,但大多数制造商所要求的常规真空度约为 500 微米水银柱。

　　双级真空泵只是两台单级真空泵的串联。这些双级真空泵几乎均为回转式结构,因为回转式真空泵没有像活塞式真空泵那样的排气余隙,这就使这种回转式真空泵具有更大的容积效率。双级真空泵之所以能获得非常高的真空度是因为第二级的进口压力很低,源自第一级真空泵排出的低压空气再进入第二级真空泵的进口,而不是大气压力的空气直接进入第二级真空泵,这就使第一级泵具有很小的背压,也因此有更高的效率。第二级真空泵的进口压力较低,因此可以获得更高的、仅为 0.1 微米水银柱的真空度。双级真空泵具有最佳的使用记录,因为这些双级真空泵在用于排除水分时也能获得较高的真空度,并且具有极高的效率。

　　系统内存在水分时,深度真空会引起水分汽化成为水蒸气,这部分水蒸气由真空泵排除并排放至大气中。但用这种方法只能将少量的水分排除,要用真空泵将大量的水分排除显然不太现实,因为水汽化会产生大量的水蒸气,如系统中有 1 磅的水(约为 1 品脱),如果在 70℉ 温度下汽化可生成 867 立方英尺的水蒸气。

图 8.21　双级回转式真空泵(Robinair SPX Corporation 提供)

8.11　深度真空

　　“深度真空”法涉及将系统内压力降低至约 50 ~ 250 微米水银柱。当系统达到所需要的真空度时,真空泵阀门关闭,使系统稳定一段时间,并观察压力是否回升。如果压力回升,停止在某读数点处,那么说明系统内水分

正在汽化,如果的确如此,那么继续抽真空;如果压力持续回升,说明存在泄漏,空气正在不断地渗入系统。在此情况下,应使系统保压并重新检漏。

　　当系统压力降低至 50 ~ 250 微米水银柱且压力保持稳定时,说明系统内不再存有不凝性气体或水分。将系统压力降低至 250 微米水银柱是一个非常缓慢的过程,因为当真空泵将系统压力降低至约 5 毫米水银柱(5000 微米)以下时,其降压过程非常缓慢,技术人员应安排其他事项,让真空泵自行运行。许多技术人员都习惯尽早启动真空泵,在真空泵抽真空的时间段里完成其他工作。

　　因为要达到深度真空的时间太长,有些技术人员干脆将真空泵运行整个晚上,然后在次日早晨估计可以达到要求的真空度时再返回现场。如果采取了适当的预防措施,这不失为一种很好的操作方式。但一定要认真阅读真空泵制造商关于该机运行时间的说明。有些新型真空泵不具有长时间运行的功能。当真空泵对系统抽真空时,系统内的气体会在真空泵的作用下压力降低,而体积迅速增大,见图 8.22。如果真空泵在晚间因电力故障而停机,真空泵中的润滑油将会被处于真空状态的系统吸入。如果电力供应恢复,真空泵重新启动,那么就会因没有足够的润滑而导致损坏,而润滑油依然会被深度真空、大容量的系统吸出真空泵,见图 8.23。这种情况可以在进入真空泵的真空管路上安装一个较大的电磁阀予以避免,并将电磁阀电源线与真空泵电动机电源线并联连接。电磁阀有较大的接口可限制返流,见图 8.24。本章后面将详细讨论这一问题。现在,如果出现电力故障,或有人切断了真空泵的电源(在建筑工地经常出现的事),系统的真空不会消失,真空泵也不会失去其润滑油。

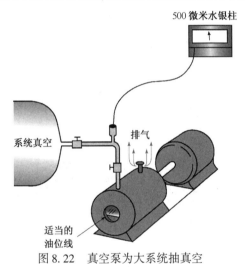

图 8.22　真空泵为大系统抽真空

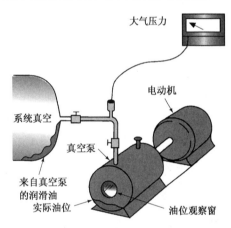

真空泵因电源故障停机

图 8.23　处于真空状态的系统会
抽出真空泵中的润滑油

8.12　重复抽真空

　　许多技术人员采用"重复抽真空"法排除系统内的空气,使其杂质含量降低至最低限度。重复抽真空的操作方法一般为:先对系统抽真空,达到约为 1 毫米或 2 毫米水银柱真空,将少量制冷剂注入系统,然后对系统再抽真空,直至再次达到 1 毫米水银柱真空度。以下为"重复抽真空法"的详细说明。这一过程一般需分 3 次完成,故又称为"三次抽真空"法,图 8.25 为各阀件管接图。

1. 将 U 形管水银压力计与系统连接,接口最好尽可能远离真空泵接头。例如,真空泵连接于制冷系统吸气管和排气管的检修阀时,U 形管气压计或微米表则可连接于储液器阀的接口。然后启动真空泵。

2. 真空泵运行,直至压力表值达到 1 毫米水银柱。水银柱压力计应垂直设置,以便精确读取压力值,并可在压力计两侧管柱上放置一直尺,以帮助确定水银柱的高度,见图 8.26。

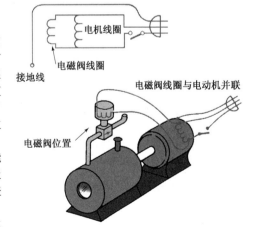

图 8.24　在真空泵进口管上安装电磁阀。注意电磁阀上的箭头方向,安装电磁阀可避免真空泵的返流,但必须以此方向安装

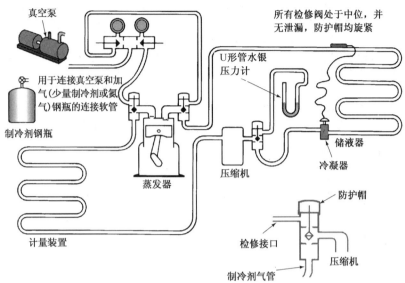

图 8.25　系统已完成重复抽真空的各项准备工作。注意阀配置情况和 U 形管压力计的连接位置

3. 将少量制冷剂或氮气注入系统,使系统真空度约回复至 20 英寸水银柱。因为此时水银柱压力表中的液柱已升至顶端,无法显示数值,因此,此真空度须从歧管上的压力表读取。图 8.27 为歧管上的读数。这部分制冷剂蒸气或氮气将充满整个系统,并吸收或与其他蒸气混合。

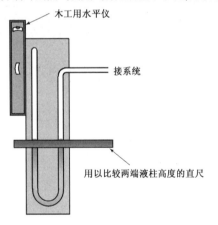

图 8.26　读表时,应尽可能靠近 U 形管水银柱压力计。压力计应垂直放置,并用直尺比较两侧水银柱高度

图 8.27　歧管表读数为 20 英寸水银真空(Bill Johnson摄)

4. 打开真空泵阀门,再次从系统抽取蒸气。真空泵持续运行至系统真空度重新降低至 1 毫米水银柱。重复步骤 3。
5. 第 2 次将制冷剂或氮气充入系统后,打开真空泵阀门,并再次排除蒸气。第二次抽气时,可将真空泵运行时间稍微延长一些,尽可能使压力计两侧液柱平齐。有些技术人员称之为"捣空"。
6. 第 3 次抽真空后,将添料钢瓶内的制冷剂充入系统,至高于大气压约 2 psig。现在撤除水银压力计(水银压力计不得与系统压力直接接触),然后对系统充注制冷剂。

在上述阀门布置的情况下,三次抽真空法也可以采用电子真空表。再次强调:切记电子真空表的优点在于它能够迅速地显示系统内的压力变化,如果系统存在泄漏,电子真空表可以比 U 形管水银压力计更快地显示出来。

8.13　真空状态下的检漏

上面提到:系统处于真空状态时,如果系统在泄漏,真空表的读数会开始上升。即压力增大,且真空表读数上升很快。注意,许多技术人员都据此判断系统内仍存在泄漏,但这种方法并不作为推荐的检漏方法。因为这样会使空气进入系统,技术人员不可能依据真空确定何处泄漏。此外,当采用真空做漏检时,也仅能证明系统在14.696 psig的压差下没有泄漏,如果将系统内所有空气排除,也只有大气压力下的空气会试图通过泄漏点返回系统。

采用真空做漏检时,技术人员也只能采用 14.696 psig 的反压(即试图进入系统的空气,对采用 R-22 制冷剂和风冷式冷凝器的系统来说,在炎热天气和满负荷的情况下,系统常规的工作压力可达 350 psig + 14.696 psig = 364.696 psig,见图 8.28。

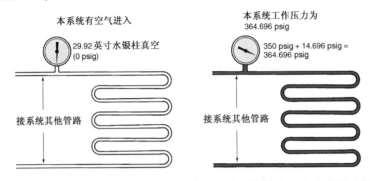

图 8.28　两系统在不同压力条件下的相互比较。一个系统抽真空后,空气在大气压力的作用下试图进入系统;另一个则有350psig + 14.696psig的压力,采用大压力的系统必承受大的压力,采用真空检漏方法不可能使系统获得理想的泄漏测试

采用真空检漏还可能使技术人员无法觉察泄漏。例如,焊接接头的一个针眼小孔上黏附着焊剂,抽真空时,焊剂有被吸入小孔的趋势,深度真空时甚至堵住小孔,见图 8.29。但当系统增压时,焊剂即被从针孔吹出,形成泄漏。

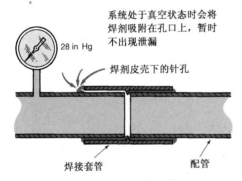

图 8.29　系统做真空检漏

8.14　真空除湿

真空除湿是采用真空泵对制冷系统进行排湿的一种方法。系统内的水分有两种状态:蒸气和液体。当水分处于蒸气状态时很容易除去,但处于液态时则很难排除。本章中曾有一个事例说明,要除去 1 磅的水就要去除 867 ft³ 的、70 ℉的水蒸气。事实上,这样的解释仍不完整,因为当真空泵开始排除水分时,部分水汽化,余下的水,其温度还要下降。例如,如果水温降低至 50 ℉,那么必须从系统中排除的 1 磅水汽化后的蒸气量可达 1702 ft³。此时系统内的压力为 0.362 英寸水银柱,即 9.2 毫米水银柱(0.362 ×25.4 mm/in),其真空度正好达到低真空的范围。随着真空泵使系统的压力越来越低,系统内水的蒸发也越来越多(如果真空泵具有抽取这样大量水蒸气的容量的话),其水温则降低至 36 ℉,至此,1 磅的水则可产生 2837 ft³ 体积量的蒸气,此时系统内的蒸气压力为 0.212 英寸水银柱,即 5.4 毫米水银柱(0.212×25.4 mm/in)。

温度		水蒸气比容	绝对压力		
℃	℉	ft³/lb	lb/in²	kPa	in Hg
−12.2	10	9054	0.031	0.214	0.063
−6.7	20	5657	0.050	0.345	0.103
−1.1	30	3606	0.081	0.558	0.165
0.0	32	3302	0.089	0.613	0.180
1.1	34	3059	0.096	0.661	0.195
2.2	36	2837	0.104	0.717	0.212
3.3	38	2632	0.112	0.772	0.229
4.4	40	2444	0.122	0.841	0.248
5.6	42	2270	0.131	0.903	0.268
6.7	44	2111	0.142	0.978	0.289
7.8	46	1964	0.153	1.054	0.312
8.9	48	1828	0.165	1.137	0.336
10.0	50	1702	0.178	1.266	0.362
15.6	60	1206	0.256	1.764	0.522
21.1	70	867	0.363	2.501	0.739
26.7	80	633	0.507	3.493	1.032
32.2	90	468	0.698	4.809	1.422
37.8	100	350	0.950	6.546	1.933
43.3	110	265	1.275	8.787	2.596
48.9	120	203	1.693	11.665	3.448
54.4	130	157	2.224	15.323	4.527
60.0	140	123	2.890	19.912	5.881
65.6	150	97	3.719	25.624	7.573
71.1	160	77	4.742	32.672	9.656
76.7	170	62	5.994	41.299	12.203
82.2	180	50	7.512	51.758	15.295
87.8	190	41	9.340	64.353	19.017
93.3	200	34	11.526	79.414	23.468
98.9	210	28	14.123	97.307	28.754
100.0	212	27	14.696	101.255	29.921

图 8.30　水的压力/温度关系表(部分)。可用于说明从系统中排除1磅水时需要排除的水蒸气量

这就说明,压力越低,蒸气越多,这就需要一台很大容量的真空泵才能对系统进行排湿(水的温度、压力与体积的相互关系见图 8.30)。

如果系统压力进一步降低,水将转变为冰,而且更难排除。如果必须将大量的水分采用真空泵从系统内排除,那么下述操作程序会有所帮助:

1. 采用大容量真空泵。如果系统因水冷式冷凝器管结冰、冻裂而涌入大量的水,那么对于 10 吨以下的系统,我们推荐采用一台 5-cfm(每分钟立方英尺)容量的真空泵。如果系统更大,那么应采用更大的真空泵,或两台真空泵并联使用。
2. 在设备多点较低位置处同时为设备排水。拆除压缩机,将全部的水和润滑油排出系统。在系统抽真空之后准备启动之前,不要在原机组内添加润滑油,如果过早加入润滑油,润滑油很可能成为新的湿源,并很难排除。
3. 在不损伤设备的情况下,对设备进行加热并给予尽可能多的热量。如果将设备放置在一个采暖房间内,在不影响采暖房及其室内其他各种设备的情况下可将室内温度提高到 90 ℉(32.2℃),见图 8.31。如果系统的一部分处在室外,可采用加热灯,见图 8.32。整个系统,包括所有连接管路均应加热至温热,否则,在加热处,水能够汽化成水蒸气,而在系统较冷处,水分又可能冷凝。例如,如果知道蒸发器内有存水,仅对蒸发器进行加热,使其中的存水汽化成水蒸气,但如果此时室外温度较低,那么水蒸气就会在室外的冷凝器管路上冷凝。系统内的水分就这样不断地在系统内循环。

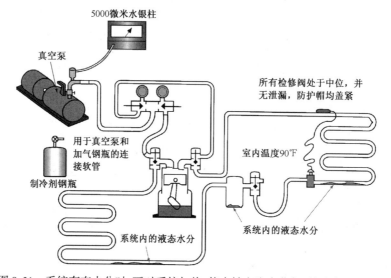

图 8.31　系统存有水分时,可对系统加热,使水转变为水蒸气,并由真空泵排除

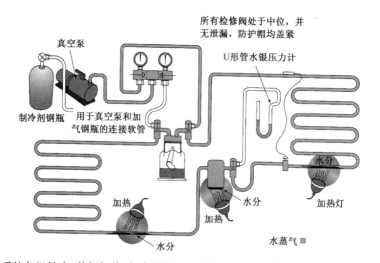

图 8.32　对大系统各组件内、外侧加热时,应对整个系统进行加热,否则水蒸气就会在系统的较冷处冷凝

4. 启动真空泵,并观察其油位线。除湿时,一部分水蒸气会在真空泵的曲轴箱内冷凝。有些真空泵具有所谓的"气体镇流"功能,它可以在双级泵的第 1 级与第 2 级之间引入少量的空气,见图 8.33。这样可以避免少量水蒸气在曲轴箱内冷凝。不管何种真空泵,都应注意观察油位线。注意,润滑油还可能被水替换,并被排出真空泵,很快在真空泵的曲轴箱内,水成了唯一的润滑油,此时真空泵可能受损。真空泵一般来说价格较贵,应特别注意保护。

8.15　抽真空的常规操作

某些通用操作规范完全可用于深度真空和重复抽真空操作。如果系统规格较大,或如果有多台系统需抽湿作业,那么可以制作一个用于现场作业的捕冷器。捕冷器是设置在潮湿系统与真空泵之间的一种处在真空状态下的冷冻容器。水蒸气通过捕冷器时,由于捕冷器的内侧采用干冰(CO_2,可以采购的一种商品)冷冻,因此,水汽即会冻结在捕冷器的内壁上。每次只需加热、加压即可将捕冷器中的水分排除,见图 8.34。注意,捕冷器必须能承受 14.696 psig 的大气压力,否则,小小的作用力即可使捕冷器外壳形成陷坑。捕冷器还可起到保护真空泵的作用。

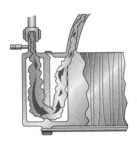

连接潮湿系统
的水蒸气排口　　迫使气体向两侧流动的导流板

手柄

放满干冰的桶体

干冰

排水阀

桶体内的密封舱

真空泵

图 8.33　这种真空泵具有所谓的"气体镇流"功能,它可以在第1级与第2级之间引入少量的空气,避免水蒸气在真空泵内冷凝,并引起油的污染(Robinair Division SPX Corporation提供)

图 8.34　捕冷器

各种不凝气体和水分也会进入压缩机,要将这些气体和水分全部排出压缩机,其难度与从系统中排除全部水蒸气相差无几。压缩机内有许多小腔室,如汽缸,均含有空气或水分,仅仅将舌片阀在这些腔室上端予以固定,即使在真空状态下,也无法使空气或水全部排出汽缸。有时候,比较合理的做法是抽真空后启动压缩机。此时,采用"重复抽真空"法较为方便。第 1 次抽真空后,充入氮气至大气压力,此时可启动压缩机数秒钟,所有腔室同时由氮气冲洗。注意,全封闭式压缩机不得在深度真空状态下启动,否则会损坏电动机。图 8.35 是水蒸气吸入压缩机汽缸时的情景。

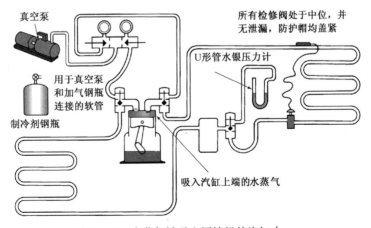

真空泵

所有检修阀处于中位,并无泄漏,防护帽均盖紧

U形管水银压力计

用于真空泵和加气钢瓶连接的软管

制冷剂钢瓶

吸入汽缸上端的水蒸气

图 8.35　水蒸气被吸入压缩机的汽缸内

水被吸入压缩机后会存于油层之下。润滑油具有较大的表面张力,即使在深度真空的状态下,水始终滞留于油层之下。深度真空状态下,可采用震动(如采用软面锤敲击压缩机箱体)的方法削弱油层的表面张力。任何能引起油层表面抖动的运动均有效,见图8.36。对压缩机曲轴箱的加热也可以排除水分,见图8.37。

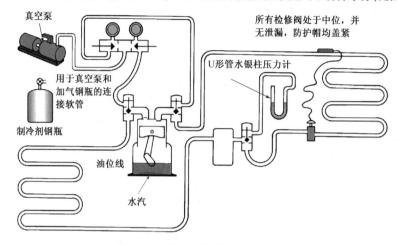

图8.36 压缩机曲轴箱内油层下积水

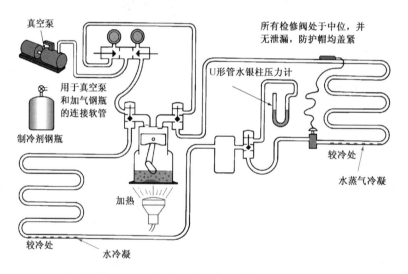

图8.37 对压缩机加热使油层下积水汽化

对多台设备进行抽真空作业时,可采用比较省事的操作方法。例如,通用型的表歧管阀口很小,会使抽真空的速度很慢,因此最好不要选用这种表歧管,见图8.38。有些表歧管有很大的阀口,但有一根很长的用于真空泵连接的接管,见图8.39。图8.40中的表歧管有4个阀门和4根软管,附加的两个阀门用于控制制冷剂和真空泵管路。采用这种歧管时,不需要断开真空泵,将软管转接至制冷剂钢瓶即可为系统充注制冷剂。停止抽真空并向系统充注制冷剂时,仅需关闭一个阀门并打开另一个阀门,见图8.40。这种将抽真空管线切换成制冷剂充注管的方法不仅更简便,而且操作程序更加明确。

表软管与真空泵断开后,就相当于一个三孔歧管,空气就会被吸入表软管内,必须将这部分空气从靠近歧管的表软管上端吹出。要想将所有的空气排出歧管是不可能的,因为总有少量的空气被吸入和压入系统,见图8.41。

大多数表歧管在表软管的端部都设有阀杆阻尼器,采用单向气阀对系统进行维修时需要使用这些阻尼器。这些阀与汽车轮胎的气门和气门心非常相似。这些阻尼器对于抽真空过程来说是一种阻流元件。当真空泵将系统压力降低至非常低的状态时(1毫米水银柱),这些阀门阻尼器就能明显地使抽真空的速度降低。许多技术人员错误地采用过大规格的真空泵和过小规格的接头,因为这些技术人员并未意识到采用大接头可以使抽真空的速度更快。可以将阀门阻尼器从表软管的端头上拆除,而在需要阀门阻尼器时,可采用转换接头。图8.42为这些转换接头中的一种,图 8.43 是一种能用于表软管端头的小阀,它可以在气门杆不太灵活的时候供技术人员选择使用。

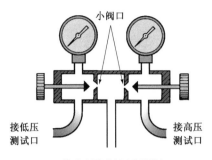

图 8.38　具有小阀口的歧管

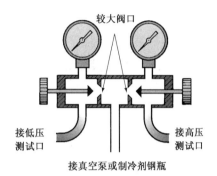

图 8.39　具有大阀口的歧管

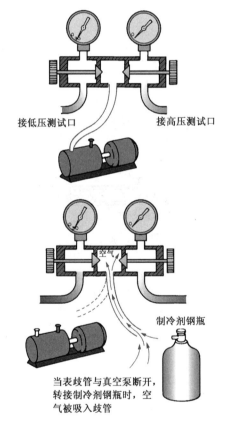

图 8.41　空气吸入表歧管的途径

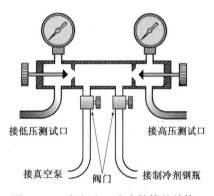

图 8.40　4 阀门和 4 个表软管的歧管

图 8.42　压力表转换头可替代通常用在表软管的压力表阻尼器,直接连接压力表(Bill Johnson 摄)

8.16　采用单向气阀的系统

　　采用单向气阀表接口的系统抽真空的时间远比采用检修阀的系统要长得多,其原因在于气门杆和阻尼器会产生很大的阻力。解决的方法是在抽真空时把气门杆拆除,抽真空完成后再装上。如果检修接口是单向气阀气门,需排水的系统抽真空将要耗费大量的时间。这种气门杆很容易取出、更换,因此,抽真空时也可以拆下,见图 8.44。

　　我们可以采用一种称为现场检修阀的专用工具,在压力状态下更换单向气阀,或把它用做抽真空时的控制阀。该工具的结构类似于阀,它以将单向气阀排气杆退出的方式,使技术人员通过它对系统进行抽真空。抽真空完成后,再将排气杆装回原处。

图 8.43 这种小阀也可用来控制表读数,当技术人员想了解单向气阀接口处的压力时,可通过转动阀手柄的方法转换阀接口(Bill Johnson摄)

ATS1型

图 8.44 单向气阀装配(J/B Industries 提供)

单向气阀装箱时都配有防护帽,它用于阀门不工作时盖住阀门。这种阀盖有一层软衬圈,且仅用于单向气阀的某一规格。如果采用标准的青铜喇叭帽,当过紧时,单向气阀上端就会变形,如果变形较大时,阀杆很难维修,见图 8.45。

8.17 表歧管软管

标准的表歧管采用带有端头接口的柔性软管。这些软管有时在接口周围会出现细微泄漏,但在有压力时又不明显,其原因是在有压力时软管向外膨胀。如果抽真空时出现问题且又不能找到泄漏点,可将表软管换上软铜管,见图 8.46。

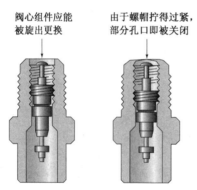

阀心组件应能被旋出更换   由于螺帽拧得过紧,部分孔口即被关闭

图 8.45 这种阀门上端有一个极易变形的密封肩,配套的密封帽内含有柔软的氯丁衬圈。如采用青铜喇叭帽,该阀头就会变形,气门杆不能顺利取出

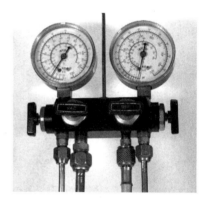

图 8.46 采用软铜管做表接管、大口径铜管做真空连接管的表歧管(Bill Johnson摄)

8.18 系统阀门

一个制冷系统有许多阀门和连接管路,甚至有多个蒸发器。抽真空前应检查系统上的所有阀门,观察一下是否均已打开。系统中一般还有一个关闭的电磁阀。膨胀阀与电磁阀之间的液管也可能吸入空气,见图 8.47。抽真空时,此电磁阀必须打开,有时甚至还需要采用临时电源来驱动电磁阀线圈,有些电磁阀在其底部有一个螺栓,可手动打开阀门,见图 8.48。

8.19 干氮气的应用

系统装配或安装时,只要前期工作质量到位,就可以使系统抽真空成为一项非常轻松的工作。现场安装管路时,通过制冷剂管将氮气充入可以将空气吹出系统并清洗管路。采用干氮气清洗管路相对比较便宜,既省时又省力。

只要整个系统与空气有过接触,就需要抽真空,而在抽真空之前,采用干氮气吹洗系统可以使整项工作更加快捷。图 8.49 为管路吹洗时氮气流动的路径。

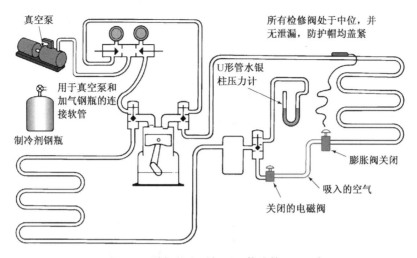

图 8.47　关闭的电磁阀可以使液管吸入空气

图 8.48　电磁阀上手动开阀
　　　　螺栓(Bill Johnson摄)

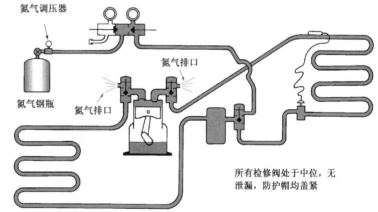

图 8.49　抽真空前,采用干氮气吹洗系统

8.20　含有多种污染物系统的清理

技术人员应知道如何采用真空法清理含有多种污染物的系统。系统中含有多种类型的杂质,水和空气已在前面论述,但它们并不是系统内仅有的杂质。系统中的全封闭电动机在击穿烧毁时是一个很大的热源,其产生的热量可以将制冷剂和润滑油加热很高的温度,使润滑油和制冷剂分解成酸、碳屑(碳)以及利用真空泵都无法去除的泥渣沉积物。**安全防范措施:**处理电动机烧毁的制冷设备时应特别小心,必须采取适当的通风,佩戴丁烯手套和防护目镜,技术人员应避免接触各种酸类,燃烧过后的油会引起严重的皮炎,还可能烧蚀皮肤。有些情况下,这种烟气还具有毒性。我们以一台电动机烧毁的制冷设备为例说明此类系统的清理方法。

假设一台 5 冷吨的、采用全封闭压缩机的空调机组在运行过程中电动机严重烧毁。压缩机运行时电动机发生燃烧,由热油形成的碳黑和泥渣即进入冷凝器,见图 8.50。我们应采用如下步骤清理整个系统:

1. ☆必须将系统内的制冷剂全部回收。该项操作将在第 9 章中讨论。☆
2. 系统内制冷剂排除之后,换上新压缩机,暂时先不与系统连接。
3. 如上所述,先排除系统内的各种杂质,这些杂质可能是气态、液态,也可能是固态。真空泵仅仅能排除气态杂质,因此可采用其他方法清除系统内的各种杂质。
4. 将氮气调压器连接到任意一条管路中,利用干氮气将部分杂质从系统的另一端吹出。**安全防范措施:**氮气压力不要超过系统的工作压力,系统内没有压缩机时,对于高压制冷系统,比较稳妥的话,氮气压力取 250 psig。由于已知杂质处在冷凝器中,可将膨胀阀之前的连接管断开,以后在此处安装液管的过滤干燥器。然后,通过液管将氮气吹向压缩机,由于压缩机尚未连接,氮气从压缩机排气管口排出,见图 8.51。这样就可以将所有较松散的杂质从排气管口吹出。

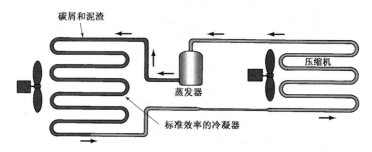

图 8.50　压缩机运行中,电动机烧毁,碳屑和泥渣进入冷凝器

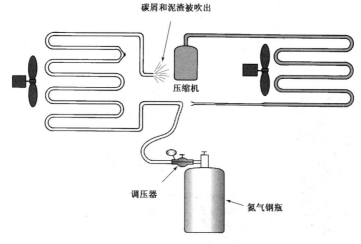

图 8.51　将杂质吹出冷凝器

5. 将氮气钢瓶连接于膨胀阀的液管一侧,将氮气朝压缩机吸气管吹洗此部分管路。因为膨胀阀的缘故,制冷剂流速在此减缓,但在未断开膨胀器件的情况下只能如此操作,如果此处是一个毛细管节流器,还将多设几个接口,这种方法在此无实际意义。

6. 如果系统采用氮气清洗多次,但系统中仍含有各种固体和液体杂质(碳灰和污染后润滑油)时,可以将压缩机与系统连接,并在压缩机接口前安装一个吸气管过滤干燥器,这样可以避免任何杂质在压缩机运行时进入新的压缩机。用干氮气吹洗系统还可保证过滤干燥器重新获得最大的容量,因为某些杂质已被吹出系统。

7. 在节流器之前安装一个液管过滤干燥器,可以避免杂质阻碍制冷剂的流动。在安装标准规格的干燥器(常设的干燥器)之前,技术人员常采用较大规格的(临时)吸气管干燥器和液管干燥器。

8. 系统完成检漏,并准备采用真空泵抽真空时,如果可以分别选用旧的真空泵和新的真空泵,则可以选用旧的真空泵,因为杂质可能会给真空泵带来风险。

9. 将系统抽真空达到 250 微米真空度后,当然也可以采用重复抽真空法,无论操作者习惯哪一种方法都可以,然后向系统充入制冷剂。

10. 启动系统并运行一段时间,使制冷剂循环通过过滤干燥器。系统内的制冷剂是能找到的最好的溶剂,它能使杂质疏松,并在过滤干燥器中捕集。吸气管干燥器两端的压降可用于了解杂质收集情况以及形成限流的状况,见图 8.52,制造商的文件中会告知其容许的最大压降。如果该过滤干燥器在超过制造商推荐的情况下出现限流,那么可以使系统真空度进一步降低,并更换干燥器;如果未出现明显的限流情况,那么就把它留在系统内,不会对系统产生任何不利影响,见图 8.53。

11. 真空泵润滑油发热时应及时换油。在确认真空泵曲轴箱内杂质全部排除后,使真空泵空机运行 30 分钟后重新加入新油。许多技术人员往往把大量精力放在清理制冷系统上而忽视了真空泵的清理。真空泵价格昂贵,而且及时清理真空泵对系统压缩机也至关重要。

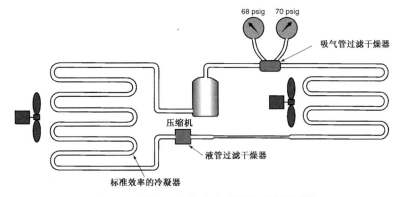

图 8.52　检查吸气管过滤干燥器两端的压降

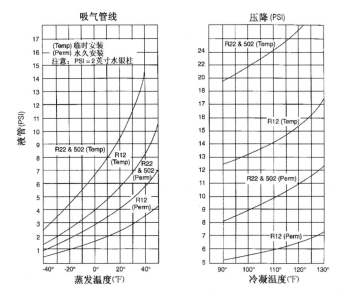

图 8.53　过滤干燥器最大压力降推荐值(Copeland Corporation 提供)

12. 测量干燥器进出口温度来检查液管过滤干燥器两端的压降,如果有温差,则必有压降,见图 8.54。

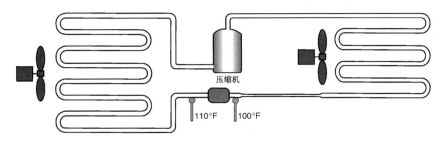

图 8.54　10℉的温差表明存在压降,应更换干燥器

　　过滤干燥器的制造商为此做了大量的工作,开发了各种排酸、吸湿以及吸附碳泥渣的过滤介质。他们认为系统内任何润滑油和制冷剂的生成物都可以采用过滤干燥器予以清除。

本章小结

1. 氮气和 R-22(用做寻找泄漏点的探测剂)常用于系统的漏检。
2. 采用 R-22 作为探测剂是容许的,因为它没有用做运行制冷剂。

3. 整个系统加压时的压力不得高于系统测试压力的下限。

4. 系统处于压力状态下时,可采用卤化物、肥皂、超声波以及电子检漏仪进行漏检。

5. 对含有低于50磅制冷剂的系统,美国环境保护署要求不做维修;对于含有50磅以上制冷剂且一年中泄漏量大于其充注量35%的工业加工设备和商用制冷设备必须进行维修;对于舒适性供冷水机组和其他制冷设备,年泄漏量的许可值为15%。

6. 系统装配与维修期间,进入系统的主要杂质是不凝性气体和水分。这些杂质必须予以清除。

7. 采用低真空法抽气可以排除不凝性气体,它需要将压力降低至大气压力以下。

8. 水蒸气可以通过真空泵直接排除,但液体必须在真空状态下先汽化,然后排除。

9. 水在低压状态下汽化时会产生很大体积的蒸气,因此,如果有条件,尽可能通过其他方式排水。

10. U形管压力计和电子微米表是两种常规的真空表。

11. 采用大口径无阻尼管件可使抽真空速度加快。

12. 合理的工艺方法和熟练的制管技能,加上干氮气的应用可以使抽真空的时间缩短。

13. 不凝性气体滞留在系统内会逐渐形成各种弱酸(盐酸和氢氟酸),侵蚀电动机绕组,并在曲轴上形成铜镀层。

14. 空气进入系统时,真正带来麻烦的是空气中的氧。

15. 系统中滞留的氮气会引起排压升高,因为它将占据冷凝空间。

16. 系统压力测试的最佳方式是采用静压测试,其压力一般为 50 psig。

17. 采用真空检漏的唯一优点是真空仪器可以很快地对泄漏做出反映,真空检漏仅仅能证明系统管路在大气压力下可以阻止空气进入系统(14.969 psig)。

18. 真空泵在无人监管的情况下运行,制冷系统很可能会成为一个真空大容器,一旦真空泵停止运转,那么其润滑油就将被抽至系统内。如果真空泵过后重新启动,就会在毫无润滑的状态下运行。

19. 技术人员可以采用专门的阀门配置方式来检查真空表和真空泵,还可以检测系统压力。

20. 系统单向气阀的阀心可以拆下,使系统抽真空速度加快,在系统恢复运行时再装回。

21. 采用干氮气对系统进行清洗有助于对严重污染的系统抽真空。

22. 对污染系统抽真空后,不要忘记清理真空泵。

复习题

1. 系统低压侧压力不得提高至 150 psig,因为:
   A. 制冷剂的类型;　　B. 采用了干氮气;　　C. 低压侧测试压力;　　D. 大气压力。

2. 正误判断:绝大多数系统的高压侧工作压力为 170 psig。

3. _____是电子检漏仪的最大优点和最大缺点。

4. 为何绝不能将氧气或压缩空气用于系统增压?

5. 列举可能进入系统的几种外来杂质名称。

6. 正误判断:真空泵可以将任何进入制冷系统的杂质吸除。

7. 制冷系统中的氧气会引起下述哪种问题?
   A. 形成酸;　　　　B. 水分;　　　　　　C. 铜电镀;　　　　　　D. 所有上述各种问题。

8. 制冷系统中应只有_____和_____两种物质在系统内循环。

9. 技术人员如采用真空泵将制冷系统中的水分排除,该水分必须处于_____状态?

10. 单级真空泵好还是双级真空泵好?

11. 举出技术人员常用的两种抽真空的方法名称。

12. 有什么办法可使压缩机润滑油油层下的水排出?

13. 对采用电磁阀的制冷系统抽真空时,必须采取哪一种特殊方式?

14. 列举两种真空表的名称。

15. _____微米水银柱等于 1 mm 水银柱。

16. 常用于制冷系统清洗并可将系统内所有空气排除的是哪种气体?

17. 抽真空时采用大口径表管有何优点?

18. 在_____英寸水银柱压力下,水能够在 60℉时沸腾?

19. 当水处于复习题 18 中的状态时,软管排除 1 磅的水就需排除_____立方英尺的水蒸气。

第9章 制冷剂与润滑油的化学成分及
其回收、再循环、再生和改型

教学目标

学习完本章内容之后,读者应当能够:

1. 论述臭氧消耗与全球变暖现象。
2. 讨论卤化物类制冷剂消耗地球臭氧层的途径与方式。
3. 区分卤化物类制冷剂、氢氯氟烃类制冷剂、氢氟烃制冷剂和烃类制冷剂。
4. 论述各种常用制冷剂(包括 R-410A)及其应用。
5. 论述混合型制冷剂。
6. 论述温度漂移以及用于混合型制冷剂时出现的分离现象。
7. 论述制冷剂油及其应用。
8. 论述美国环境署颁布的与制冷剂相关的法规。
9. 定义制冷剂的回收、再循环和再生。
10. 论述制冷剂的回收方法,包括各种主动和被动的方法。
11. 识别美国运输部认可的制冷剂回收用钢瓶。

安全检查清单

1. 技术人员在任何情况下将制冷剂从一个容器转移至另一个容器时,都应佩戴手套和护目镜。
2. 制冷剂只能转移至美国运输部认可的容器内。
3. 对制冷剂和各润滑油进行改型时,必须遵守改型说明书的各项要求。
4. 不得将 R-22 或其他任何制冷剂再利用设备用于 R-410A 的设备,R-410A 系统的维修设备必须与其较高的工作压力相匹配。
5. 美国供热、制冷和空调工程师协会标准的第 15 款要求采用室内传感器和报警器来检测 R-123 制冷剂的泄漏。
6. 要求所有制冷装置均设置卸压装置,并用连接管线通向室外,以避免系统压力超标。
7. 制冷剂回收钢瓶上的压力表读数较高表明该钢瓶内有空气或其他不凝性气体。
8. 系统加压时,不得使系统连接管过热,这会引起连接管的爆裂,出现严重的伤害事故。任何一种制冷剂处于高温、明火或有炽热金属的环境下时,制冷剂都可以分解成盐酸和(或)氢氟酸以及光气。
9. 在深度真空状态下,绝不能使压缩机带电,这会引起电动机绕组锡焊接头或绕组薄弱处短路,进而损坏压缩机。
10. 每当将氮气注入系统时,均应核对机组上的铭牌,氮气压力绝不能高于铭牌上厂家设定的低压侧测试压力标定值。绝不能采用氧气或压缩空气对系统增压,因为润滑油与氧气发生氧化反应后会产生很大的气体压力。
11. 使用氮气时,氮气钢瓶上应始终配置泄压阀和调压器。

9.1 制冷剂与环境

随着全球人口的不断增长,对舒适、新技术的需求持续提高,各种各样的化学产品越来越多,并用于各种设备、用具,其中的许多化学成分融入了地球的大气层,形成了对大气层不同类型的污染。我们用于食品冷却或冷冻,为住宅、办公楼以及我们生活与工作的其他场所供冷的制冷剂也是由各种化学成分构成的,我们今天使用的许多制冷剂早在 20 世纪 30 年代就研制出来了。

系统内的制冷剂十分稳定,不是污染物,也不会对地球的大气层产生不良影响,但很多年来,因制冷系统的泄漏以及在常规的维修作业中从系统内清除、向大气排放的制冷剂数量十分巨大。

9.2 臭氧的消耗

臭氧是存在于大气平流层和对流层的一种气体,见图 9.1。臭氧是另一种形式的氧气,其分子由 3 个氧原子组成(O_3),见图 9.2(A)。我们每时每刻吸入的氧气是 O_2,见图 9.2(B)。滞留于地球表面上 7 ~ 30 英里高度的平流层臭氧被认为对人的健康是有益的,因为它能阻止抵达地球的各种有害紫外线(UV-B)辐射。但对于流层的臭氧,人们认为是一种有害气体,因为它是一种污染物。

平流层的臭氧层是由阳光与氧气间产生的化学反应而形成的,这一臭氧层使地球避免了有害的紫外线辐射,这对于保护人类的健康是必不可少的。尽管平流层的臭氧约占总臭氧量的90%以上,但迅速地被许多人造的、含氯化学物品,包括卤化物类和氢氯氟烃类等制冷剂所消耗。

对流层,即地平面上方约7英里的稍低层大气中的臭氧仅为总量的10%,但对流层中的大气含量为总量的90%,并与气候特征密切相关。阳光与对流层中的化合物作用会产生有害的臭氧,这部分臭氧从地球上观察到它带有蓝色,人体吸入后会使粘膜发炎。对流层臭氧污染物的通俗称呼是烟雾。

一旦平流层臭氧形成,其中的大部分极易被太阳的紫外线辐射所破坏,因为太阳的紫外线辐射能量很大,且其频率几乎与X射线相同。太阳辐射可以将臭氧分子(O_3)分解为一个标准氧分子(O_2)和一个单体的自由氧分子(O),见图9.3。同时,通过光合作用以及标准氧分子(O_2)和一个自由氧(O)的胶合效应可产生出更多的臭氧。平流层中的臭氧就是这样不断地产生与消失,其整个过程需要持续数百万年。然而,在最近的几十年中,人造的含氯化学物已经使这样一种完美的过程失去了往日的平衡。

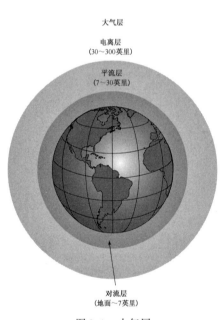

图9.1　大气层

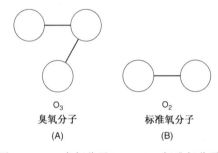

图9.2　(A)臭氧分子(O_3);(B)标准氧分子(O_2)

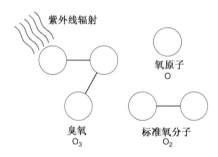

图9.3　紫外线辐射可使臭氧分子分解

一旦平流层中出现含氯化物,紫外线辐射就会从卤素或氢氯氟烃分子中分解出氯(Cl)原子,见图9.4。氯原子可以破坏众多的臭氧分子,1个氯原子(Cl)约可以破坏多达100 000个臭氧分子。平流层臭氧分子的不断消耗可使更多的紫外线辐射到达地球,引起皮肤癌患者人数的持续增加,人群中与动物群中患白内障的平均数大幅度上升,人类的免疫系统弱化,植物与海洋生物数量减少,人们用一个称为臭氧消耗潜在因素指数(ODP)来表示联合国环境计划(UNEP)蒙特利尔协定中各条款的执行效果情况。ODP数越高,说明化合物对平流层臭氧的损害越大。

平流层臭氧拦截紫外光线时会产生热量,见图9.5,这部分生成热是平流层气流流动的作用力,它能影响地球的气候特征。臭氧数量的变化、乃至在平流层的分布状况都会影响大气的温度,进而影响地球上各地的气候。

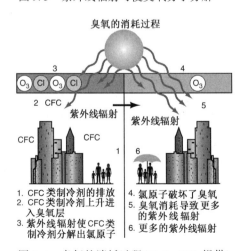

1. CFC 类制冷剂的排放
2. CFC 类制冷剂上升进入臭氧层
3. 紫外线辐射使CFC类制冷剂分解出氯原子
4. 氯原子破坏了臭氧层
5. 臭氧消耗导致更多的紫外线辐射
6. 更多的紫外线辐射

图9.4　臭氧的消耗过程(U. S. EPA 提供)

9.3　全球变暖

太阳的大部分能量是以可见光的方式到达地球的。经过大气层的长途跋涉,地球所吸收的只是这部分能量中的很小一部分,而且在此过程中,部分可见光转变为热能。依赖太阳获得热量的地球,又将热能以辐射的方式反射回空间大气层。对流层和平流层中的各种气体和氯氟烃、氢氯氟烃、氢氟烃以及二氧化碳等对流层的污染气体、水蒸气和其他众多化学物会吸收、反射和(或)折射来自地球的红外辐射,并阻止这一红外辐射逸出低端大气层,见图 9.6。这些气体就是通常所指的"温室气体"。这一过程减缓了地球的热损,使地球表面比这部分热量如果能毫无阻挡地经大气层进入空间要暖和得多。较暖和的地球表面本身又辐射出更多的热量,直至进、出能量达到平衡。由大气层吸收来自地球表面的辐射热所形成的变暖过程就称为温室效应,即全球变暖。

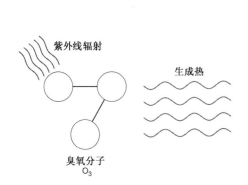

图 9.5　臭氧分子分解时的生成热

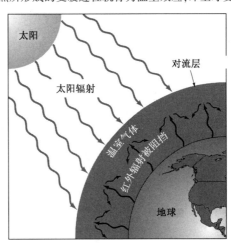

图 9.6　对流层的温室气体能够吸收、折射和反射来自地球的红外辐射,从而形成温室效应和全球变暖

全球变暖的直接效应是由直接排入大气层的化学物产生的,这些直接排放量采用称为制冷剂的全球变暖潜在因素(GWP)指数来计量。从制冷剂或空调系统泄漏的制冷剂对全球变暖有着直接的影响。全球变暖的直接效应是通过它们与二氧化碳(CO_2)的比值来计量的,其 GWP 值为 1。

二氧化碳是全球变暖的罪魁祸首。人类排入大气层的二氧化碳量正以超过常规量 25% 的速度持续增长,其中的绝大部分是由矿物燃料的燃烧产生的,而大规模地燃烧矿物燃料是由现代社会人们对电力的需求所驱动的。事实上,其生产的电能中大部分是用于驱动制冷和空调设备的,因此采暖、通风、空调与制冷设备的效率越高,它们所需的电能就越小。对于那些制冷剂标称充注本身就很小且未有泄漏的制冷或空调设备来说,如果这些设备的充注量不足或充液过量,也会对全球变暖形成很大影响。在充液不足或充液过量的情况下,这些设备必然效率低下,而且因低效而长时间运转产生的二氧化碳给全球变暖带来的影响远大于制冷剂泄漏带来的影响,这就是全球变暖的间接效应。

采暖、通风、空调和制冷行业中涉及全球变暖的间接效应正是科学家目前研究的课题。采暖、通风、空调和制冷行业采用的大多数新型制冷剂均有比被替代的各种制冷剂更高的能效,但也有一些稍有欠缺。尽管有些新型制冷剂不会对臭氧消耗产生影响,但对全球变暖的直接和间接效应仍具有影响。其中的例子就是新型制冷剂HFC-134a,其臭氧消耗指数为 0,但在制冷剂存在泄漏的情况下,就会对全球变暖产生直接影响,又因制冷剂泄漏所引起的系统效率低下、长时间运转等产生间接影响。

变暖影响总当量(TEWI)值兼顾了制冷剂对全球变暖的直接和间接的影响。对全球变暖的影响和臭氧消耗潜在因素指数最小的制冷剂,其 TEWI 值最低。采用卤化物类制冷剂(CFCS)的设备上充注氢氟烃制冷剂(HFC)和氢氯氟烃(HCFC)也可使 TEWI 值降低。目前采用的新型制冷剂替代品均具有很低的 TEWI 值。

9.4　制冷剂的种类

大多数制冷剂由甲烷和乙烷两种分子构成,见图 9.7。这两种分子仅含氢(H)和碳(C),因此被称为纯烃(HCs)。纯烃曾一度被认为是很好的制冷剂,但因其易燃,所以于 20 世纪 30 年代后已不再大规模使用。然而在欧洲,纯烃类制冷剂似乎正在卷土重来,人们将纯烃类制冷剂用于各种家用冰箱;在美国,也正在重复这样的回归,不过在美国只是将其作为混合型制冷剂中的一种小比例组分。不含甲烷基或乙烷基制冷剂的特例就是氨,氨仅含有氮和氢(NH_3),它是一种不消耗臭氧的制冷剂。

　　一旦将甲烷或乙烷分子中的氢原子去除、用氯原子或氟原子替换,那么新分子即称为氯化、氟化或两者兼有。为表示各种制冷剂的化学成分,且便于技术人员区分各种制冷剂,我们常采用缩写标识。常见的缩写形式如下:

1. CFCs(Chlorofluorocarbons)—含氯氟烃类制冷剂
2. HCFCs(Hydrochlorofluorocarbons)—氢氯氟烃类制冷剂
3. HFCs(Hydrofluorocarbons)—氢氟烃类制冷剂
4. HCs(Hydrocarbons)—碳氢化合物制冷剂

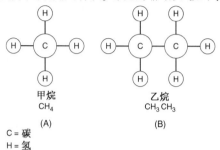

图9.7　大多数制冷剂是由甲烷(A)和乙烷(B)分子构成的

　　安全防范措施:大多数制冷剂比空气重,因此,制冷剂会排除空气,致人窒息。如果出现比较大量的制冷剂泄漏,在场人员应及时撤离并使该区域强制通风。如果必须在有较大的制冷剂泄漏的场所作业,则应佩戴自主式的呼吸器具。大量制冷剂的吸入会引起心律减缓,甚至死亡。

9.5　氯氟烃类制冷剂(CFCs)

　　CFCs制冷剂含氯、氟和碳,被认为是最有害的一种制冷剂,因为当它们进入大气层时,其分子并未破坏。由于CFCs的化学结构十分稳定,处于大气层内时,其生存期很长。这就使得CFCs能够被气流吹向对流层,并在对流层中与臭氧分子发生反应,形成对臭氧的消耗。CFCs对全球变暖也有影响。1992年7月1日起,故意将该制冷剂排放至大气内是一种违法行为。

　　以下是CFCs的化学名称及其化学分子式。

氯氟烃类制冷剂(CFCs)

制冷剂	化学名称	化学分子式
R-11	三氯一氟甲烷(Trichlorofluoromethane)	CCl_3F
R-12	二氯二氟甲烷(Dichlorodifluoromethane)	CCl_2F_2
R-113	三氯三氟乙烷(Trichlorotrifluoroethane)	CCl_2FCClF_2
R-114	二氯四氟乙烷(Dichlorotetrafluoroethane)	$CClF_2CClF_2$
R-115	一氯五氟乙烷(Chloropentafluoroethane)	$CClF_2CF_3$

　　氯氟烃组内的所有各种制冷剂在1995年底前停止生产。其中有一种制冷剂R-12对我们来说非常重要,因为它广泛用于住宅和小型商业制冷设备以及商业楼宇的离心式冷水机组。另外几种制冷剂则用于其他各种设备,如R-11主要用于办公楼的各种离心式冷水机组,也用做工业溶剂清洗零部件;R-113用于办公楼的小型商业冷水机组,也用做清洗溶剂;R-114过去一直用于某些家用冷柜以及各种船用离心式冷水机组;R-115则作为混合型制冷剂的一种组分;配制成的R-502制冷剂主要用于低温制冷系统。

9.6　氢氯氟烃类制冷剂(HCFCs)

　　常用的第2组制冷剂是HCFCs组。此类制冷剂含氢、氯、氟和碳。尽管其中的含氧量很少,但这种化合物含氢,在大气层中不太稳定。由于这些制冷剂在大气层中极易分解,在到达对流层并与对流层中的臭氧发生反应之前即释放出氯原子,因此它对臭氧消耗的可能性极小。但是,HCFCs组制冷剂将按计划至2030年全面停产。HCFC-22(即R-22)则是一个特例:根据蒙特利尔协定,R-22将停止用于新设备,至2020年全面终止生产。全面终止意味着不得生产和不得进口这些制冷剂。1992年7月1日起,故意将HCFCs制冷剂排放至大气中将构成违法行为。HCFCs系列制冷剂对全球变暖确有某种程度的影响,但比大多数CFCs制冷剂要低得多。

　　该组制冷剂包括如下几种常用制冷剂:

氢氯氟烃类制冷剂(HCFCs)

制冷剂	化学名称	化学分子式
R-22	一氯二氟甲烷(Chlorodifluoromethane)	$CHClF_2$
R-123	二氯三氟乙烷(Dichlorotrifluoroethane)	$CHCl_2CF_3$
R-124	一氯四氟乙烷(Chlorotetrafluoroethane)	$CHClFCF_3$
R-142b	一氯二氟乙烷(Chlorodifluoroethane)	CH_3CClF_2

9.7 氢氟烃类制冷剂(HFCs)

第3组制冷剂是HFC组。HFC分子不含氯原子,不会消耗地球的、具保护作用的臭氧层。HFCs含氢、氟和碳原子。HFC制冷剂对全球变暖的潜在影响很小。HFCs系列制冷剂是许多CFCs和HCFCs制冷剂的长期替代品。自1995年11月15日起,故意向大气层排放HFCs制冷剂将是一种违法行为。最初的计划是采用R-134a来替代R-12,但这一计划由于R-134a不能与存留在R-12系统内的任意一种润滑油相容的实际情况变得复杂化了。而且,R-12系统内的某些密封填料不适用于R-134a。但是经过调整,R-12系统可以改制成R-134a系统。由于必须将全部的润滑油进行置换,因此,此项工作必须由富有经验的技术人员来完成。残留在系统管路的润滑油必须清除,系统内的所有密封填料均必须做适用性检查。为确认压缩机各构件材料是否适用,还必须与压缩机制造厂联系接洽,检查压缩机材料。

以下为HFCs组的各种制冷剂:

氢氟烃类制冷剂(HFCs)

制冷剂	化学名称	化学分子式
R-125	五氟乙烷(Pentafluoroethane)	CHF_2CF_3
R-134a	四氟乙烷(Tetrafluoroethane)	CH_2FCF_3
R-23	三氟甲烷(Trifluoromethane)	CHF_3
R-32	二氟甲烷(Difluoromethane)	CH_2F_2
R-125	五氟乙烷(Pentafluoroethane)	CHF_2CF_3
R-143a	三氟乙烷(Trifluoroethane)	CH_3CF_3
R-152a	二氟乙烷(Difluoroethane)	CH_3CHF_2

9.8 碳氢化合物制冷剂

第4组制冷剂是碳氢化合物。此类制冷剂的分子中没有氟或氯,因此它们的ODP(臭氧消耗潜在因素指数)值为零。这些制冷剂仅含氢和碳,但它对全球变暖具有影响。碳氢化合物在欧洲用做单一组分的制冷剂,但在美国,因其易燃而不作为单一组分的制冷剂使用,而且以小比例的碳氢化合物用于配制各种混合型制冷剂,当以这样的小比例碳氢化合物配入时,这些混合型制冷剂均不具可燃性。有些常见的碳氢化合物也含有丙烷、丁烷、甲烷和乙烷。

9.9 制冷剂的命名

制冷剂的化学名称比较复杂,采用数字命名各种制冷剂的方法十分简便。杜邦公司(DuPont)根据各种制冷剂的化学成分,制定了一种简便的制冷剂命名方法:

1. 右起第1位数字为氟原子个数。
2. 右起第2位数字为氢原子数+1。
3. 右起第3位数字为碳原子数-1;如果该数值为零,则忽略不写。

例1 HCFC-123 $CHCl_2CF_3$ 二氯三氟乙烷(Dichlorotrifluoroethane)

氟原子数 = 3
氢原子数+1 = 2
碳原子数-1 = 1
则 HCFC-123

将与碳原子连接的总原子数减氟、溴和氢原子数可求得氯原子数。

例2 CFC-12 CCL_2F_2 二氯二氟甲烷(Dichlorodifluoromethane)

氟原子数 = 2
氢原子数+1 = 1
碳原子数-1 = 0(忽略)
则 CFC-12

数字末端的"a,b,c,d…"等小写字母表示分子排列的对称方式,如R-134a和R-134,这是具有完全不同特征的、截然不同的两种制冷剂,两者虽有同样的原子数,但它们的分子排列完全不同,这些分子被互称为同素异构体。注意下图中 R-134 的分子完全对称,而同一分子的异构体则趋于不对称和很少对称。小写字母 a,b,c,d …即表示分子这两端的特征。

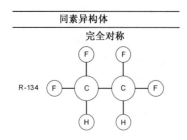

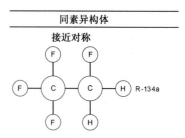

9.10　制冷剂混合液

臭氧消耗和全球变暖问题加大了制冷剂混合液的研制力度。制冷剂混合液已成功运用于舒适性供冷和各种制冷设备。

将多达 4 种制冷剂混合可以获得类似于行将被替代的制冷剂特征和制冷效率。以 HCFC 为基质的混合型制冷剂是众多 CFC 型和 HCFC 制冷剂的短期性替代品,而以 HFC 为基质的混合型制冷剂则是长久性替代品。

共沸混合型制冷剂是由两种或更多种类的制冷剂配制而成的制冷剂混合液。配制混合后这些制冷剂由液相转变为气相的表现非常像 R-12 和 R-22。对于每一个指定的系统压力,它只有唯一的沸点温度和(或)唯一的冷凝温度。图 9.8 为一种共沸混合型制冷剂的压力 – 温度线图,由图可见,制冷剂经过热交换器(蒸发器)时,在任一指定的压力下,只有一个汽化温度。R-12 和 R-22 等纯化合物,即单一组分的制冷剂蒸发和冷凝时都具有这样的特征。对于采暖、通风、空调及制冷行业来说,共沸混合型制冷剂并非新生事物,R-500 和 R-502 都是共沸混合型制冷剂,且在本行业中已使用多年。R-500 按重量百分比由 73.8% 的 R-12 和 26.2% 的 R-152a 配制而成,主要用于某些冷冻设备;R-502 则由 48.8% 的 R-22 和 51.2% 的 R-115 配制而成,自 20 世纪 60 年代以来,一直用于低温制冷设备。

然而,有许多混合型制冷剂并不是共沸混合液,它们只是近共沸混合物。制冷剂混合液只是一种由一种或多种制冷剂按比例配制的混合物,之后仍然可以将其分解成单一组分的制冷剂。由于在任一液体或蒸气的抽样样本中存在 2 个或 3 个分子,而非 1 个分子,即其分子数始终大于1(如糖水和盐水),因此其特性完全不同。这些就是近共沸型混合液与 CFC-12、HCFC-22、HFC-134a 以及共沸型混合液在压力/温度的关系上出现差异的原因所在。

近共沸型混合液具有温度漂移特征,这种混合液在指定压力下蒸发和冷凝时,会有许多不同的温度值,即出现温度的漂移。图 9.9 为一近共沸制冷剂混合液的压力/温度线图。由图可见,当制冷剂经过热交换器时,对应于任一指定压力,该制冷剂就会在许多不同的温度下蒸发(温度的漂移)。事实上,当近共沸制冷混合液从液相转变为气相和从气相转变为液相时,混合液中某些组分的大部分就会比剩余部分更快地转变为另一个相态。共沸制冷剂混合液也具有同样的特征,只是程度上没这样大。这就是与指定压力下具有同一蒸发与冷凝温度的 R-12、R-134a 和 R-22 等制冷剂的不同之处。

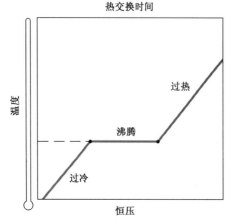

图 9.8　某共沸制冷剂混合液在指定压力下沸腾时只有一个温度值

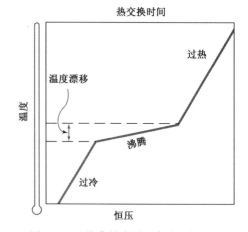

图 9.9　近共沸制冷剂混合液在恒压状态下沸腾时,出现温度的漂移

近共沸制冷剂混合液也有可能出现分离。当混合液中的一种或多种制冷剂以不同于其他制冷剂的速度冷凝或蒸发时就会发生分离,这一速度差异是由混合液中每一种制冷剂稍有不同的蒸气压所造成的。在第 10 章"系统充液"中,我们将详细讨论制冷剂的分离应用。

共沸混合液也有温度漂移和分离的问题,但没有近共沸混合液那样明显。在制冷与空调行业中,共沸混合液和近共沸混合液两种称呼常常混淆,因为两者都具有温度漂移和分离的特征。制冷剂混合液的充注方法将在第 10 章"系统充液"中讨论。

制冷剂混合液的数字标定

1. 400 系列混合液是近共沸(共沸)制冷剂混合液。如果某混合液有 R-410 标记,那么它是一种近共沸混合液,其中的 10 表示它是第 10 种商业化生产的混合液。400 系列混合液都有温度漂移特征,并能进行分离。
2. 500 系列混合液表示是共沸混合液,R-502 即表示是一种共沸型混合液,其中的 2 是指在市场上销售的第 2 种产品。
3. 混合液也能以混合液中各组分制冷剂的百分比来表示,并将在大气压下沸点最低的制冷剂名称放在最前面。例如,20% 的 R-12 和 80% 的 R-22 组成的混合液可以表示为 R-22/12(80/20)。由于 R-22 的沸点最低,因此列于最前端。
4. 混合液数字后还可能有大写字母。R-401A、R-401B 和 R-401C 中后端的大写字母表示:同样的 3 种制冷剂构成了这些共沸混合液,但它们各自的百分比不同。

9.11　普通制冷剂及其相容的润滑油

以下是采暖、通风、空调和制冷行业中使用较为普通的几种制冷剂。

HFC-134a（R-134a）是一种替代固定式中温、高温制冷与空调设备以及汽车空调装置中 CFC-12（R-12）的替代型制冷剂,其安全分类为 A1,见图 9.10。R-134a 是一种纯化合物,不是制冷剂混合液。替代 R-12 的原因在于 R-134a 与 R-12 相比,两者有非常相似的压力/温度和容量关系,见图 9.11。R-134a用做低温制冷剂时,其容量则稍有损失。R-134a 的分子中不含氯,因此其 ODP 值为 0,GWP 值为 0.27。常用的有机矿物油与 HFC 制冷剂之间的极性差异使 R-134a 不能与润滑油互容,从而不能与如今用于许多制冷和空调装置的矿物油配合使用。R-134a 系统必须采用合成多元醇酯（POE）或聚二醇（PAG）润滑剂。R-134a 还用于替代许多离心式冷水机组中的 R-12 和 R-500。由于 R-134a 不能与有机矿物油配合使用,因此这类机组中也要求采用酯类润滑剂。许多离心式冷水机组采用 R-134a 之后,效率提高但容量均有所下降。

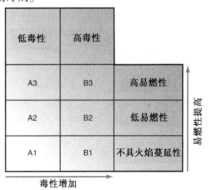

图 9.10　美国采暖、制冷及空调工程师协会 34-1992标准对制冷剂安全性的分类

安全防范措施:R-134a 并不是一种可直接替换 R-12 的制冷剂,如果要将 R-12 的系统转变为 R-134a 的系统,必须严格按照改型说明书的各项要求执行。

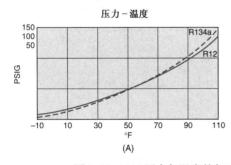

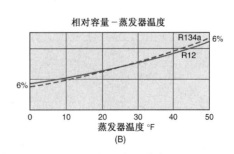

图 9.11　（A）压力与温度的相互关系;（B）R-134a 的相对容量曲线

HCFC-22（R-22）是一种纯化合物,不是制冷剂混合液,其安全性类别为 A1。R-22 是过渡性质的替代制冷

剂,因为这种制冷剂仅可在 2010 年之前用于新产设备,2020 年将全面停止生产。多年来,R-22 一直是商用和住宅空调设备的最主要的制冷剂,还一直用于大型工业用离心式冷水空调设备,工业冷却设备中也采用 R-22。现在,商业超市的低温制冷设备则普遍用以替代 R-502,然而,由于在商用低温制冷设备中其排气温度太高,这些设备往往需要有配置中间冷却器的双级压缩系统。R-407C 和 R-410A 是两种制冷剂混合液,它们将是空调设备中 R-22 的长期替代品。

　　HFC-407C(R-407C)是由 R-32、R-125 和 R-134a 配制而成的近共沸制冷剂混合液,R-407C 是一种住宅和商用空调与制冷设备中 R-22 的长期替代品,其安全性类别为 A1,目前主要被各制造商用于新产设备,也作为改型的制冷剂混合液来替代 R-22。当需要将 R-22 系统改造为 R-407C 系统时,必须按改型说明书的要求进行操作。R-407C在空调和制冷的温度范围内具有较大的温度漂移(10℉)。R-407C 也有可能出现分离。R-407C 系统必须采用 POE 润滑剂。

　　HFC-410A(R-410A)是一种由 R-125 和 R-32 构成的近共沸制冷混合液。R-410A 是在新产的住宅和小型商用空调设备中,用于替代 R-22 的一种高效、长期的替代型制冷剂,其安全类别是 A1/A1。由于空调设备的 R-410A 系统工作压力大大高于(高出 60%)常规的 R-22 系统,因此不推荐将 R-22 系统改制为 R-410A 系统。如果某空调系统的蒸发温度为 45℉,冷凝温度为 110℉,则对应的压力值为:

- R-410A——蒸发压力为 130 psig
  冷凝压力为 365 psig
- R-22 —— 蒸发压力为 76 psig
  冷凝压力为 226 psig

　　图 9.12 为采用表格与图线方式将 R-410A 与 R-22 的压力/温度关系的比较结果。表歧管组件、软管、回收设备以及回收液存储钢瓶等所有器件都必须满足 R-410A 较高压力的特殊要求。为避免技术人员出错,针对两种制冷剂,需采用不同的表接管。事实上,用于 R-410A 的压力表和歧管套件需要在高压侧最高为 800 psig,最低侧为 250 psig,其间有 550 psig 压力差的范围内工作,所有 R-410A 的软管必须有 800 psig 的耐压能力,甚至 R-410A 的过滤干燥器也必须有这样的耐压能力,并能在如此高的压力下正常运行。**安全防范措施**:不得将 R-22 或其他制冷剂的维修设备用于 R-410A 装置,其维修设备必须与 R-410A 较高的工作压力相适应。为适应 R-410A 制冷剂较高的工作压力,人们已经对空调设备进行了重新设计,并采用更加安全的维修工具。如同处理各种制冷剂一样,处理 R-410A 时必须佩戴防护目镜和手套。如果必须对某 R-22 系统进行改型,建议采用 R-407C 作为改型制冷剂,因为 R-407C 的特性与 R-22 非常相似。由于 R-410A 是一种近共沸制冷剂混合液,其蒸发温度漂移很小(0.2℉),分离的可能很小,亦可忽略,R-410A 系统的压缩机曲轴箱可采用 POE 类润滑剂。

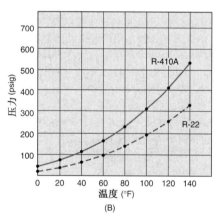

温度	压力 (psig)	
°F	R-410A	R-22
0	48.3	24.0
20	78.4	43.0
40	118.2	68.5
60	169.9	101.6
80	235.4	143.6
100	317.1	195.9
120	417.4	259.9
140	539.1	337.2

(A)　　　　　　　　　(B)

图 9.12　R-410A 与 R-22 压力/温度的比较:(A)表格;(B)图线

　　HFC-417A(R-417A)是由 R-134a、R-125 和 R-600 配制的一种近共沸制冷剂混合液,其中的 R-600 是烃类丁烷。R-417A 的安全归类为 A1/A1。R-417A 主要用于新产的和现有的采用直接膨胀计量装置的 R-22 系统,R-417A 也可用做 R-22 系统直接充注的替代型制冷剂。其应用范围较大,从大吨位的工业化制冷设备到商用整体式空调机组。它是一种对全球变暖影响很小、不消耗臭氧、以 HFC 为基质的制冷剂,具有适度的温度漂移值,R-417A 可与所有各种标准的制冷润滑油配合使用。R-417A 的工作压力稍低于 R-22 的工作压力。

　　HFC-404A(R-404A)是由 R-125、R-143a 和 R-134a 配制的一种近共沸制冷剂混合液,它可替代制冷剂,但不是 R-502 系统直接充注型替代物,将 R-502 系统改制成 R-404A 系统是完全可能的,但必须严格按照改型说明书的各项要求进行改制。现在,大多数新产的设备都采用 R-404A 作为制冷剂。R-404A 的工作压力稍高于 R-502 系统。R-404A 制冷剂同大多数以 HFC 为基质的制冷剂一样,压缩机曲轴箱内也采用 POE 润滑剂。R-404A 在其制冷运行范围内具有很小的蒸发温度漂移量(1.5℉),在同样的温度范围内,其分离的可能性也很小。

HFC-507(R-507)是由 R-125 和 R-143a 配制而成的共沸型制冷剂混合液。R-507 主要用于中温和低温商用制冷设备。其安全性归类为 A1/1A。R-507 也是一种 R-502 系统的替代型制冷剂,但不是直接充注的代用品,将R-502 系统改制成 R-507 系统时,需严格按照改制说明书的各项要求操作,绝大多数新产设备都适合采用 R-507 和 R-404A,并能互换制冷剂。R-507 与 R-404A 相比,其容量稍大。由于 R-507 是一种共沸型制冷剂混合液,因此,其温度漂移和分离的可能性均可忽略。R-507 系统的压缩机曲轴箱需要采用 POE 润滑剂。

以下是目前仍广泛用于现有的各种制冷与空调系统的部分制冷剂,但随着禁产法令的生效,这些制冷剂目前已停止生产或不久将终止生产。尽管生产这些制冷剂违法,但只要遵守美国环境保护署颁布的相关条例,从现有的系统中回收、再生的这些制冷剂仍可使用。关于制冷剂回收与再生的详细内容将在本章后半部分予以讨论。

CFC-11(R-11)是一种用于离心式冷水机组的低压制冷剂,其安全性分类为 A1,R-11 制冷剂自 1932 年起即用于采暖、通风、空调和制冷行业。采用 R-11 作为制冷剂的离心式冷水机组运行成本较低,它是以空调为目的、向大型商业和工业建筑提供大流量冷水的最廉价的方式之一。1996 年起,因臭氧消耗和全球变暖等环境因素的原因,R-11 终止生产。由于离心式冷水机组的低压侧工作压力处于真空状态,任何大小的泄漏都可能使空气进入系统。为了排除系统中的这些有害空气,人们设计了各种高效的排气装置。R-11 的过渡型替代品制冷剂是R-123,当R-11 系统改制成 R-123 系统时,亦需要根据改型程序操作。**安全防范措施:**对任何系统进行改型时,均应对改型的各种事项向原设备制造商咨询。新近设计生产的冷水机组还可采用 R-123、R-134a 或氨,在新式冷水机组中还采用溴化锂和水吸收式系统。

CFC-12(R-12)从 1931 年发明之日起,即广泛地用于采暖、通风、空调与制冷行业,其安全分类为 A1。R-12 制冷剂一直广泛用于小型和大型的制冷与空调系统设备,从小型的全封闭系统到大型的离心式正压冷水机组等各种系统均采用 R-12 作为制冷剂。其主要应用对象有汽车空调、高、中温和低温制冷设备以及其他商业和工业制冷和空调设施。1996 年起,因臭氧消耗和全球变暖等环境因素的原因,R-12 停止生产。R-134a 是替代中温和高温固定式制冷和空调系统中 R-12 的最常用的一种制冷剂。R-134a 也是替代汽车中空调系统 R-12 的一种制冷剂,但是 R-134a 并不是任何 R-12 系统的直接充注型制冷剂。这里可以列出许多稍做改制即可用于替代 R-12 的过渡型制冷剂混合液,这些制冷剂混合液也早已面市。对任何系统进行改制时,必须始终参照制造商的改制说明书和方法进行操作。

CFC-502(R-502)是由 R-22 和 R-115 配制的共沸型制冷剂混合液,其安全分类为 A1。R-502 最初在 1961 年开始生产,1996 年起,因臭氧消耗和全球变暖的环境因素而终止生产。R-502 的长期替代型制冷剂包括 R-404A 和 R-507。R-22 也一直用做 R-502 的过渡型代用品。但对于低温制冷装置,则需要带有中间冷却器的两级压缩系统。R-22 之所以被认为是一种临时替代型制冷剂是因为 R-22 目前制定的终止生产日期对于新产设备来说为 2010 年,全面终止则在 2020 年。R-502 是低温制冷装置的一种通用的低温制冷剂。在低温制冷方面,R-502 优于 R-22 的主要优点之一是其具有即使在 –40℉的蒸发温度下也能够在正压状态下运行的能力。此外,因其相对较高的压力,R-502 可以在比低温制冷装置中的 R-12 更低压缩比的情况下运行。较低的压缩比,相比于 R-12 和R-22 系统,可获得更大的容量。R-502 与 R-22 相比,它具有更低的排气温度。因为这些优点,R-502 可以在采用一级压缩和相对价廉的压缩机情况下获得低温制冷。

HCFC-123(R-123)是一种低压离心式冷水机组设备中 R-11 的过渡型替代制冷剂。美国采暖、制冷与空调工程师协会给予 R-123 的安全分类为 B1,表明在浓度低于 400 ppm 时具有毒性,见图 9.10,这也意味着对于在机房进行维修作业人员来说,就如正常的日常操作一样,这样的低毒量是容许的。对于 R-123 来说,特殊的防范措施和机房内所需的基本设施等在 ASHRAE 标准第十五章"机械制冷安全规范"中均有论述。**安全防范措施:**ASHRAE 标准第十五章,要求使用室内传感器和告警器来检测 R-123 制冷剂的泄漏,当室内的 R-123 浓度超过限度之前,机房应启动告警器和机械通风设备。当需要将 R-11 系统改装成 R-123 系统时,必须根据改装指导说明书操作。R-123 系统可能需要更新密封件、垫板和其他系统组件,以避免泄漏,从而获得最佳性能和最大的容量。

HCFC-401A(R-401A)是由 R-22、R-152a 和 R-124 配制而成的近共沸制冷剂混合液,其安全等级为 A1/A1。R-401A 可用做稍做改装的 R-12 或 R-500 系统的改型制冷剂,它特别适用于蒸发温度范围为 10℉~20℉的系统,因为其压力/温度曲线与 R-12 在此范围的曲线非常接近。与 R-12 相比,在低温区域,其容量略有下降。采用R-401A 时,蒸发器中一般均有 8℉的温度漂移。与 R-12 相比,其排气温度稍高。当需要将 R-12 改制为 R-410A 时,建议其润滑油采用烷基苯润滑剂。

HCFC-402A(R-402A)是由 R-22、R-125 和 R-290(丙烷)配制而成的一种近共沸制冷剂混合液,加入丙烷可以提高润滑油的溶解能力以及提高与制冷剂一起循环的润滑油回流量,其安全性等级为 A1/A1。对 R-502 系统稍做调整,R-402A 即可用做其改型制冷剂。R-402A 的排气压力高于 R-502 制冷剂 25～40 psi,但排气温度不会明显增加。将 R-502 系统改装成 R-402A 系统时,建议润滑油也采用烷基苯润滑剂。

HCFC-402B(R-402B)是由 R-22、R-125 和 R-900 构成的一种近共沸制冷剂混合液,这种混合液与 R-402A 相比,R-22 含量较多,而 R-125 含量较少,其安全性等级为 A1/A1。由于与 R-502 相比,R-402B 的排气压力较低,而排气温度较高,因此可用做 R-502 制冰机的改型制冷剂,较高的排气温度有利于制冰机更快和更高效地热气脱冰。将 R-502 系统改装成 R-402B 系统时,建议采用烷基苯润滑剂作为润滑油。

HCFC-409A(R-409A)是由 R-22、R-142b 和 R-124 配制而成的近共沸制冷剂混合液,其安全等级为 A1/A1。R-409A 主要用于具有 10℉～20℉蒸发器温度的改制的 R-12 系统。R-409A 系统的蒸发器中一般有 13℉的温度漂移。R-409A 一直用于改制的 R-12 和 R-500 的直接膨胀式制冷和空调系统。R-409A 运行时的排气压力和温度均高于 R-12 系统。在蒸发温度低于－30℉的情况下,R-409A 仍具有与 R-12 相似的容量,R-409A 在低至 0℉时仍能与矿物油很好地混合,因此工作温度为 0℉以上者不必改变润滑油,但当蒸发器温度低于 0℉时,则应采用烷基苯润滑剂替换矿物润滑油。

安全防范措施:改装任何系统时,均应向原设备制造商咨询改装的程序及注意事项。

安全防范措施:所有制冷设备均要求设置卸压装置,并用连接管通向室外,以避免系统压力超标。为此,我们通常采用卸压阀,两个卸压阀应始终并联安装,绝不能串联。

9.12　制冷油及其应用

现在市场上的润滑油新品几乎与制冷剂的种类一样多。某类设备采用何种润滑油均由压缩机制造商确定。如果无法确定使用何种润滑油,可以与压缩机制造商联系或根据制造商提供的技术数据和性能曲线文件进行操作。

9.13　润滑油组别

润滑油可以分为 3 大类,分别为:
- 动物油。
- 植物油。
- 矿物油。

动物油和植物油均不适宜用做制冷或空调设备的润滑剂,唯有矿物油被证实是制冷与空调设备的最佳润滑剂。矿物油也有 3 种:
- 烷属烃。
- 环烷烃。
- 芳香烃。

在这 3 组矿物油中,环烷类油在制冷与空调设备的使用最为频繁。

多年来,制冷设备采用合成油脂后的效果甚佳,使用较为普遍的 3 种合成油是:
- 烷基苯。
- 乙二醇。
- 酯类。

以 HCFC 为基质的混合液特别适宜采用烷基苯润滑剂。现在,制冷设备采用烷基苯润滑油的情况已相当普遍。

以 HFC 为基质的混合液非常适宜采用酯类润滑剂,制造商也常常将润滑剂用于多种以 HFC 为基质的制冷剂混合液系统。将一个 CFC 制冷剂和矿物油的系统改装为 HFC 制冷剂和酯类润滑油系统时,要求将残留油彻底清除。

矿物油与以 HCFC 为基质的制冷剂混合液不能充分混合。以 HCFC 为基质的制冷剂混合液与矿物油的最大溶解度为 20%。应采用以 HCFC 为基质的制冷剂混合液,并以矿物油为润滑剂的系统。如做改装,一般不需要做大量的冲洗。

上面提到,使用较为普遍的乙二醇基润滑剂是聚二醇。乙二醇系列(PAGs)润滑剂主要用于汽车的制冷与空调设备。乙二醇类的各种润滑剂极易吸收并保存水分,不耐氯。将矿物油润滑剂系统经改装为乙二醇系统时,需做大量的改动。

酯类基润滑油也是一种合成油,酯类各种型号的润滑油均不含蜡,主要用于 R-134a 和以 HFC 为基质的制冷剂混合液等 HFC 制冷剂。R-134a 的特征与中温和高温制冷设备中的 R-12 非常相似,它是一种不会对臭氧消耗产生任何影响的制冷剂,见图 9.11。应注意的是,它在高温制冷设备中的容量会有所增加,但在低温制冷设备中正好相反,容量则略有下降。R-134a 不能与现有的各种矿物油配合使用。如果设备出厂时采用酯类润滑油,那么必须逐一清洗,清除残留的矿物油,改装后的设备中矿物油含量不得高于 1% ~ 5%。图 9.13 是一种折光仪,技术人员可用于现场检查系统的残留矿物油是否高于 1% ~ 5%。**安全防范措施:**尽管美国环境保护署规定,即使这些制冷润滑油已被污染,也不应具有危险性。但如果采取不谨慎的方法处理这些废油,则均为违法行为。处理这些制冷润滑油时,应符合当地废物处理的相关法律、法规。

多元醇酯(Polyol esters POEs)是一种酯基润滑油,现在使用非常普遍。但是,多元醇酯比矿物油更容易吸收大气中的水分,见图 9.14。多元醇酯不仅比矿物油更易吸收水分,而且其存水更紧密,因此制冷系统抽真空的操作时间更长,存有多元醇酯的容器应尽可能少与空气接触,以避免吸入较多的水分。许多制造商常采用金属油桶盛放多元醇酯类润滑油,而不采用塑料油桶,以避免通过塑料油桶的桶壁渗入水分。图 9.15 给出了适宜与各种常用制冷剂配套使用的润滑油,但在无法确定采用何种润滑油的情况下,必须向压缩机或冷凝器机组制造商咨询。

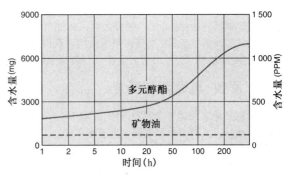

图 9.13　用于现场测定系统内残留油百分比的折光仪(Nu-Calgon Wholesaler,Inc. 提供)　　　图 9.14　矿物油与多元醇酯吸水性的比较(Copeland Corporation 提供)

为了便于将某种系统改变为采用新型的、替代型制冷剂和相宜润滑油的系统,一些规模较大的压缩机和化工产品制造商都编写了改装的指导说明书,因此,改装前必须向这些压缩机制造商咨询。附录中列出了 Copeland 公司制定的变更制冷剂(CFC-12 改换为 HFC-134a)的每一步操作程序与具体要求。下面是对 CFC 和矿物油系统进行改制的一般步骤:

1. 确定 CFC 系统的基本性能。
2. 回收制冷剂。
3. 从系统中排出矿物油。
4. 将新的润滑油充入系统。
5. 更换过滤干燥器。
6. 对系统抽真空。
7. 向系统充注 CFC 制冷剂。
8. 启动系统,并连接运行至少 24 小时,最多 2 周。
9. 回收或隔离制冷剂。
10. 抽除新的润滑剂,并测试系统内的矿物油残留量是否达到或低于 5%。
11. 重复该洗油程序,直至矿物油残留量达到或低于 5%,或符合制造商的要求。
12. 抽除原有的 CFC 制冷剂。
13. 对设备或系统做最后调整。
14. 对系统做最后的漏检。
15. 向系统充注新的替换制冷剂。

9.14　相关法规

1987 年 9 月,美国、加拿大和其他 30 多个国家的代表在蒙特利尔聚会,研究如何解决制冷剂排放所带来的问题,此次会议的决议也称为蒙特利尔协议。与会国家一致认为制冷剂是一种对臭氧消耗非常有害的化学物品,并同意至 1999 年将制冷剂的产量减少 50%,至少有 11 个国家,即占这些化学物品的全球产量的 60% 的国家批准后即开始实施。1987 年后的数次会议上又一致同意进一步限制这些制冷剂的产量。据我们所知,制冷剂的使用量已大幅度下降,在不久的将来,将有更明显的变化。

美国清洁空气法案(1990)规定了 CFC 系列和 HCFC 系列制冷剂的使用与处置方法,并指定美国环境保护署具体负责该法律各项条款的实施。

此项法律涉及制冷与供冷设备维修等诸方面。根据 1990 年的清洁空气法,技术人员不得"故意排放或以其他方式释放,或以最终使这些物质进入环境的方式处理这些设备中用做制冷剂的任何物质"。此项含有严厉的罚款和惩处、甚至各种刑期的法律自 1992 年 7 月 1 日起生效。美国环境保护署的第一项权利是给肇事者发出指令,禁止将制冷剂排入大气,其次是给予每天 27 500 美元的罚款和不超过 5 年的刑期;此外,宣判肇事者违法后给予举报人 10 000 美元的奖励。

为鼓励举报违法排放,凡提供情报并据此证明某人故意向环境排放制冷剂罪名成立的任何举报人均可获得奖励。新法律还规定:1996 年 1 月 1 日之后生产 CFC 制冷剂均属违法。

9.15 回收、再循环和再生

我们应熟练掌握这 3 个专业术语:回收、再循环和再生,这是本行业技术人员必须理解的 3 个基本术语。

除了那些用于吹洗管路和表歧管或用于收集和存储制冷剂的器件的制冷剂外,技术人员一般都存有一些制冷剂。美国清洁空气法 1990 年的修正法案授权美国环保署提出:要求将制冷剂的使用及排放量降低至最低限度。此法律规定:技术人员不得"故意排放或以其他方式释放,或以最终使这些物质进入环境的方式处理这些设备中用做制冷剂的任何物质,在有充分、全面的保证之下,在为试图再回收和再循环且能够安全处理这样物质的情况下出现的最少量的释放量则不会受到上述规定的限制"。此项法规自 1992 年 7 月 1 日起生效。"最小量的"释放指的是在这种情况下可能的最小量的释放。

在下述情况下,需要将制冷剂从某一组件或系统排出:

1. 压缩机电动机烧毁。
2. 系统拆除、移位,无法在废弃处来处理系统内存有的制冷剂。
3. 系统必须进行维修,但无法采用系统压缩机将制冷剂泵送并收集在冷凝器或储液器内。

必须将制冷排除时,技术人员应认真查看系统,并确定排液的最佳方法。系统可能有数种不同的阀门配置,压缩机或许能、或许不能工作。有时候,系统的压缩机还可能有助于制冷液的回收。本章仅讨论本书中列举的各种制冷剂和系统。技术人员可能会在设备现场遇到必须将制冷剂排出系统的情况:

CFC 系列制冷剂	适用的润滑剂		
	矿物油	烷基苯	多元醇酯
R-11	+		
R-12	+	+	√
R-13	+	+	√
R-113	+	+	√
R-114	+	+	√
R-115	+	+	√
R-500	+	+	√
R-502	+	+	√
R-503	+	+	√

HCFC 系列制冷剂	适用的润滑剂		
	矿物油	烷基苯	多元醇酯
R-22	+	+	√
R-123	+	+	
R-124		+	
R-401A	+	+	√
R-401B		√	√
R-401C		√	√
R-402A		+	√
R-402B	+	+	√
R-403A		√	√
R-403B		√	√
R-405A		√	√
R-406A	+		
R-408A		+	√
R-409A	+	+	√

HFC 系列制冷剂	适用的润滑剂		
	矿物油	烷基苯	多元醇酯
R-23			+
R-32			+
R-125			+
R-134a			+
R-143a			+
R-152a			+
R-404A			+
R-407A			+
R-407B			+
R-407C			+
R-410A			+
R-410B			+
R-507			+

+ 很适宜　　　√ 设备有限制

注意:配置何种润滑剂比较适宜,应向压缩机制造商咨询。

图 9.15　制冷剂与配用的润滑剂。POE 为多元醇类润滑剂;AB 为烷基苯类润滑剂;MO 为矿物油;PAG 为聚二醇(汽车的制冷与空调设备)

1. 压缩机尚能运转,但系统没有检修阀或进口接头,如丢弃的家用冷柜、冰柜或窗式空调。
2. 压缩机不能运转,系统也没有进口接头,如烧毁的家用冷柜、冰柜或窗式空调。
3. 压缩机尚能运转,机组有维修接口(单向气阀接口),如集中式空调器。
4. 压缩机不能运转,机组有维修接口(单向气阀接口),如集中式空调器。
5. 压缩机尚能运转,系统上有数个检修阀,如在管路中配置有液管和吸气管隔离阀的住宅空调装置。

6. 压缩机不能运转，系统上有数个检修阀，如在管路中配置有液管和吸气管隔离阀的住宅空调装置。

7. 压缩机尚能运转，系统配有全套的检修阀，如冷冻装置。

8. 压缩机不能运转，但系统配有全套的检修阀，如冷冻装置。

9. 配置有组合式检修阀的热泵。

当技术人员在这些情况下开始尝试回收制冷剂时，必须要有一定的专业知识和工作经验，还必须考虑制冷剂在系统内所处的状态，制冷剂有可能已受到空气、其他制冷剂、氮、酸、水或电动机烧毁后产生的杂质的污染。

绝不容许出现与其他系统的交叉污染，因为交叉污染可以使充注了这种已污染制冷剂的系统损坏，而且这样的损坏往往是缓慢发生的，并需要很长时间才能发现。如果出现这样的污染，压缩机和整个系统的质保书将作废、失效，其结果可能就是制冷设备不起任何作用，从而导致食品损坏，商业场所的空调系统故障将引起经济的损失。

许多技术人员往往将回收、再循环和再生3个词认为是同一件事情。实际上，这3个词恰恰表示3个完全不同的操作方法。

制冷剂回收　美国环保署对制冷剂回收的定义是："将任一状态的制冷剂从系统内排出，并在没有以任何方式对制冷剂做必要的测试或处理的情况下，将其存储于外部的容器中。"这样的制冷剂很可能会受到空气、其他种类的制冷剂、氮、酸、水或电动机烧毁后产生的杂质的污染。☆事实上，工业性回收指南(IRG-2)已有规定：回收制冷剂转手买卖的唯一条件是：由一家独立的、美国环保署认可的测试机构确认该回收的制冷剂是否已达到美国空调研究所(ARI)700标准的纯度，还必须对买卖的双方保持监控。如果制冷剂是放回"同一机主"的设备，那么再循环后的制冷剂必须满足图9.16给出的最大含杂量的限度。☆图9.16中的纯度值可通过现场再循环测试得到，并由现场记录文件证明。另一项选择是将该制冷剂送到认定的制冷剂再生厂家。以下是处理回收制冷剂的4种选项：

1. 不做再循环，直接将回收的制冷剂输回同一机主的设备。

2. 将回收的制冷剂做再循环，并将其输回同一系统或由同一人或公司拥有的其他设备中。

3. 在用于其他机主的设备之前，将制冷剂再循环以达到ARI 700标准的各项指标。从回收起到再循环和再利用，制冷剂必须始终处于原合同方的监控之下。

4. 将回收的制冷剂送到认定的制冷剂再生厂家。

如果技术人员从系统排出制冷剂时认为尚可使用，那么可以将此制冷剂仍充注回该系统。例如，假设某系统未设置检修阀，但出现了泄漏，那么可以将剩余的制冷剂予以回收，但仅可供本系统重复使用。不满足ARI 700指标标准的情况下，不得售于其他用户。制冷剂是否达到ARI 700标准的检测分析只能由合格的化学实验室来完成。这种测试的费用昂贵，一般仅用于大批量的制冷剂测试。如果拥有多台设备的某些机主愿意用他们的机器设备碰碰运气的话，也可以在其他机组上再次使用这样的二手制冷剂。技术人员应当采用合格的、清洁的制冷剂钢瓶来回收制冷剂以避免交叉污染。

杂质	低压系统	R-12系统	其他各种系统
酸含量（重量计）	1.0 ppm	1.0 ppm	1.0 ppm
水分（重量计）	20 ppm	10 ppm	20 ppm
不凝气体（体积计）	未见	2.0%	2.0%
高沸点残油（体积计）	1.0%	0.02%	0.02%
硝酸银法测定氯化物	不浑浊	不浑浊	不浑浊
微粒	目检清晰	目检清晰	目检清晰
其他制冷剂	2.0%	2.0%	2.0%

图9.16　同一机主的设备内再循环制冷剂的最大含杂量

制冷剂的再循环　美国环保署对制冷剂再循环的定义是："采用分离润滑油，并使制冷剂一次或多次通过诸如可换心式过滤干燥器等构件降低水分、酸性物质及微粒含量的方法净化制冷剂。"此术语通常指工作现场或当地维修站完成的操作过程。如果怀疑系统内制冷剂较脏，含有多种污染物，那么可多次反复循环，即反复过滤、净化。干燥过滤器仅用于从制冷剂中清除酸、微粒和水分。在某些情况下，需要将制冷剂经干燥器多次过滤，才能获得较全面的净化。只有将制冷剂收集在独立的容器中或再循环装置时，才能将系统内的空气清除。

有一种再循环方式已沿用多年，即在电动机烧毁且压缩机配置有多个检修阀的情况下，可以将检修阀的前阀位关闭，更换压缩机，此时，损失的制冷剂仅是压缩机内的一部分制冷剂蒸气，这只是很小量的制冷剂蒸气。在新的压缩机运行过程中，利用干燥器来净化制冷剂。系统启动后，制冷剂送入冷凝器和储液器，可在吸气管加设排酸过滤干燥器以进一步保护压缩机，见图9.17。这种再循环的过程在设备内运行，然后恢复常规运行。

　　再循环机组将制冷剂从系统中排出,净化后再返回系统,这些操作需要将制冷剂移送至回收钢瓶,然后利用钢瓶上的两个阀门在再循环机组和机组的过滤系统内对制冷剂做多次循环。有些再循环机组还具有空气清除功能,可以在将制冷剂输回系统之前,使系统内的所有空气排除,见图9.18。

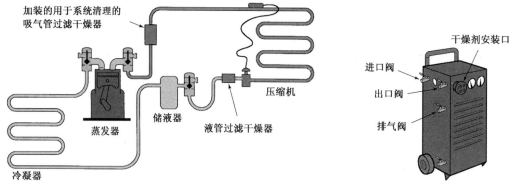

图9.17　系统内的过滤干燥器可实现　　　　图9.18　回收、再循环机组设有排气阀,可从
　　　　制冷剂在系统内的再循环　　　　　　　　　　　此阀将滞留于系统内的空气排除

　　制冷剂的再生　　美国环保署对制冷剂再生的定义是:"采用包括蒸馏在内的各种方式处理制冷剂,并达到制冷剂产品的各项技术指标"。"需要对制冷剂进行化学分析以明确是否满足相应的产品标准,此术语通常指仅在再处理或制冷剂生产企业内采用各种工艺方法或适当程序所做的再处理过程"。将制冷剂在工作现场回收,存放在合格的钢瓶内,运送至配备有完整化学分析设施并已向政府部门申报的再处理企业,然后进行再处理。由于再处理后已满足 ARI 700 的标准,因此可作为再生制冷剂运输。同时,在使用现场也不再做 ARI 700 标准的测试。

　　出售再生制冷剂时,不需要另行交税,因为只对新生产的制冷剂征税。免税可以对避免浪费和对制冷剂进行再生处理起到激励作用。

9.16　回收方法

　　制冷剂的回收方法很多,均可用于本书中提及的各种系统。所有制冷剂都被认为是高压制冷剂,实际上也可称为低沸点制冷剂。有些 CFC 制冷剂,如 R-11,则是低压制冷剂(即高沸点制冷剂),其在大气压力下的沸点为 74.9 ℉。由于这种制冷剂的沸点较高,因此很难从系统排除,必须在非常低的真空状态才能将其从系统内全部去除,这与常用于小型设备的、具有最高沸点的 R-12 完全不同。R-12 在大气压力下的沸点为 -21.62 ℉,也就是说,如果系统温度高于 -21.62 ℉,R-12 就会汽化,并很容易从系统中排除。制冷剂 134a 的沸点为 -15.7 ℉,其他数种制冷剂在大气压力下的沸点温度分别如下:

制冷剂	沸点温度(℉)
R-11	+74.9
R-12	-21.62
R-22	-41.36
R-123	+82.2 (替代 R-11)
R-125	-55.3
R-134a	-15.7 (替代 R-12)
R-500	-28.3
R-502	-49.8
R-410A	-61
R-404A	-51
R-402A	-54
R-402B	-51

　　下面所列是本章中已予详细论述的普通制冷剂,它们均具有较高的蒸气压力,因此比较容易从系统中排除。在 70 ℉ 的室温状态下,它们蒸气压力分别如下:

制冷剂	70 °F 时的蒸气压力
R-12	70 psig
R-22	121 psig
R-125	158 psig
R-134a	71 psig
R-500	85 psig
R-502	137 psig
R-410A	201 psig
R-404A	148 psig
R-402A	158 psig
R-402B	147 psig

制冷剂的沸点温度非常重要,因为美国环保署规定:系统内压力必须降低至满足回收标准的各项指标。

被动回收　被动回收即依赖系统的回收,是指维修技术人员利用系统的内压,即系统的压缩机进行制冷剂回收的操作过程。如果系统内压缩机不能运转,那么就只能采用消极的回收方法,即必须分别从系统的低压侧和高压侧两处回收制冷剂,以得到高效回收的要求。一些久经沙场的维修人员经常会用软木、橡胶或皮制锤子轻轻地敲打压缩机箱体一侧,这样的敲打可以使曲轴箱的油液产生震动,使溶解于润滑油中的制冷剂汽化,以便于制冷剂的回收。由于压缩机不能工作,制冷剂无法自行进入压力容器,而只能排入大气环境,因此维修技术人员还需借助于真空泵。如果压缩机尚能运行,那么技术人员仅需从系统的高压侧回收制冷剂。所有采用 I 级(CFC)或 II 级(HCFC)制冷剂的设备制造商均必须在系统上配置一个检修孔或检修操作的管接口。此外,在被动回收的情况下,也可采用非压力容器来收集制冷剂,见图9.34。被动回收通常用于系统的制冷剂含量为 5 磅或小于 5 磅的小型设备。小型设备及其制冷剂回收方法将在 9.18 节予以论述。

主动回收　制冷剂的主动回收是技术人员更多采用的一种回收方法,它采用经认定合格的独立式回收设备从系统内直接抽取制冷剂。采用主动回收法时,不需要启动制冷或空调系统内的压缩机。这类回收设备通常具有制冷剂的回收与再循环两种功能。主动回收过程中,如需使制冷剂的回收速度加快,则必须将周围环境温度提高,使被回收系统内的压力增大。**安全防范措施:**回收钢罐的压力表读数较高说明罐中含有空气或其他不凝气体,因此极有可能形成具有危险性的压力。回收钢罐冷却至环境温度时,可查阅其在环境温度下压力/温度的关系表。了解回收罐在此状态下应有的压力值。重要的一项工作是:对系统进行制冷剂回收之前必须知道回收的制冷剂种类。无意中将各种制冷剂混合也可能会使回收罐中的压力升高,因此应尽力做到不要将不同种类的制冷剂混放在一个回收罐中。为避免不同种类的制冷剂在回收罐中混合,应采取如下操作步骤:

1. 利用制冷剂的压力/温度关系表来判断回收钢瓶内的制冷剂种类。
2. 确认回收设备是否有具有自清功能。
3. 针对特定的制冷剂采用专用的回收机组。
4. 针对特定的制冷剂,配置专用的制冷剂钢瓶,并在钢瓶上设置清晰的标志。
5. 在回收罐上设置与制冷剂产品相同的标识和空气检测装置。
6. 在库存制冷剂的清单上做好记录。

1993 年 8 月 12 日起,所有配备有回收设备、能够对其维修的设备实施合乎规范的制冷剂回收作业的企业均需以书面形式向美国环保署申报。

1993 年 11 月 15 日之前生产的设备必须满足当时的各项质量标准,见图 9.19。1993 年 11 月 15 日之后生产的设备必须经美国空调制冷研究认可的第三方检验鉴定是否满足 ARI 740 标准。

以下是美国环保署自 1993 年 11 月 15 日起对除小型设备和汽车用空调外的各种制冷和空调设备抽真空作业所设定的指标:

1. 制冷剂的正常含量低于 200 磅的 HCFC-22 设备,或该设备中某一独立构件抽真空至 0 psig。
2. 制冷剂的正常含量高于 200 磅的 HCFC-22 设备,或该设备中某一独立构件抽真空至 10 in Hg 真空。
3. 制冷剂(R-12,R-500,R-502,R-114)的正常含量低于 200 磅的其他高压设备,或该设备中某一独立构件抽真空至 10 in Hg 真空。
4. 制冷剂(R-12,R-500,R-502,R-114)的正常含量等于或高于 200 磅的其他高压设备,或该设备中某一独立构件,抽真空至 15 英寸水银柱真空。
5. 超高压装置(R-13,R-503 制冷剂)抽真空至 0 psig。
6. 低压装置(R-11,R-113,R-123)抽真空至 25 毫米水银柱绝对压力,即 29 英寸水银柱真空,见图 9.19。

除此之外,就是系统压力无法降低至规定的指标,说明系统存在较大的泄漏,不能将全部空气排除。

1994 年 11 月 14 日之后,技术人员购买制冷剂均需出具证明。美国环保署将制冷与空调技术人员定义为"实施保养、维护或维修作业,并预计可能会向大气环境释放 I 类(CFC)或 II 类(HCFC)的任何人员,其中包括安装人员、合同承包人员、企业内各部门人员,在某些情况下还包括企业主。"针对不同的维修作业类型,有 4 种不同的证书。从业人员必须参加美国环保署授权的考试,并通过核心课程和 I 类、II 类或 III 类证书课程中的两项测试才能获取合格证书。下面将论述合格证书的种类。一个从业人员通过核心课程和 I 类、II 类和 III 类证书课程的考试就可获得全能证书。学员应向企业的培训部门、行业协会以及当地的批发商咨询培训信息、考试日期以及考试地点。一旦技术人员被授予合格证书,那么遵守各项法律及其修正法就是一个合格技术人员应尽的责任与义务。

空调、制冷和制冷剂回收/再循环设备抽真空后的压力指标(英寸水银柱真空)
(不含小型装置、汽车空调及汽车空调类设备)

空调或制冷设备的类型	1993 年 11 月 15 日前生产的设备	1993 年 11 月 15 日后生产的设备
制冷剂的正常含量低于 200 磅的 HCFC-22 设备,或该设备的独立构件。	0	0
制冷剂的正常含量等于或高于 200 磅的 HCFC-22 设备,或该设备的独立构件。	4	10
制冷剂的正常含量低于 200 磅的其他高压设备,或该设备的独立构件。	4	10
制冷剂的正常含量等于或高于 200 磅的其他高压设备,或该设备的独立构件。	4	15
超高压设备	4	0
低压设备	25	29

图 9.19 空调、制冷和制冷剂回收/再循环设备抽真空指标值(U. S. EPA 提供)

I 类证书 制冷剂充注量为 5 磅及以下的全封闭小型设备,包括冷柜、冻柜、家用空调器、整体式末端热泵、降湿机、柜台式制冰机、自动售货机、饮水冷却器。

II 类证书 采用包括 R-12、R-22、R-114、R-500 和 R-502 在内的、大气压力下沸点温度为 −50℃(−58℉) 至 10℃(50℉)制冷剂(及其替代型制冷剂)的高压设备。

III 类证书 采用包括 R-11、R-113、R-123 在内的、大气压力下沸点温度高于 10℃(50℉)制冷剂(及其替代型制冷剂)的低压设备。

全能证书 取得 I、II 和 III 类 3 种证书者即可获得全能证书。可以确信,这些证书能保证技术人员知道在处理制冷剂时应如何采取安全、有效的方法防止制冷剂排入大气。

从系统排出的制冷剂可以是蒸气,也可以是液体,或是部分液态和部分气态的制冷剂,因此必须记住:润滑油也随着制冷剂在系统内循环,如果排出系统的制冷剂为气态,那么润滑油很可能滞留于系统之内。从下述两个方面来看这种现象还是有好处的:

1. 如果润滑油已经污染,那么润滑油只能按具有危险性的废物处理,需要做各方面的更多考虑,而且技术人员必须持有处理危险废物的有效证明。
2. 如果润滑油滞留于系统中,大可不必计量润滑油的残留量,并重新放回原系统。在此情况下就可节省时间,因为时间就是金钱,技术人员应更多地关注来自各种系统的润滑油的管理。

在实施制冷剂的回收或再循环之前,应使回收的钢瓶处于干净和真空状态,我们建议在回收开始前将钢瓶抽真空至 1000 微米水银柱(1 毫米水银柱),利用此真空状态从系统中吸取制冷剂。此外,在接口连接之前必须将连接于钢瓶的每一管段中的空气排除。

安全防护措施:制冷剂必须仅充注于经美国运输部(DOT)批准的制冷剂钢瓶内,绝不能使用美国运输部第 39 类通用钢瓶。这种审定批准的钢瓶可以从其颜色和配置的阀门上予以识别,灰色瓶体的上端为黄色,并配置制冷剂充注和排放的专用阀门,见图 9.20。

9.17 回收系统的机械设备

回收系统的机械设备种类很多,其中一些仅用于制冷剂的回收,也有一些可用于制冷剂的回收与再循环,甚至据说还有一些较完整的设备还具有制冷剂的再生功能。美国空调与制冷研究所是此类设备鉴定的唯一机构,所有设备由其确认是否满足 ARI 740 的技术指标。

对于现场回收和再循环设备来说必须是可携带的。一些设备仅可用于维修站或车间的制冷剂再循环,但对于现场使用的设备来说,它必须能方便地带至安装有众多设备的屋顶。由于传统的机组能够有效地在现场进行回收和再循环两种作业,这就给回收设备的设计带来了诸多困难,而且其体积要小,以便用技术人员的车拖运,重量要轻,特别是用于房顶作业的机组重量不得大于 50 磅,太重的话,技术人员根本无法携带登高,而且过重的机组往往会在正常情况下仅需一位技术人员的场合要求两位人员同时搬运。

为此,有些技术人员采用很长的软管,从房顶接至安置在卡车或地面上的机组,见图 9.21。由于技术人员必须采用很长的软管,且整个回收作业耗时太长,因此一般不采用这种方法。也有一些机组安装有胶轮,可拖至屋面,见图 9.22。

制造商为满足便携要求采取了多种方式,有些制造商已经研制出了模块式机组,它是可以被带至屋顶或远处的工作地点、然后进行组装的组合式机组,见图 9.23。也有些制造商通过限制内部构件的方法来减小机组的大小,或仅用于制冷剂的回收。这种情况下,先将制冷剂回收在钢瓶内送至车间进行再循环,然后再带回工作地点。然而,每当制冷剂从一个容器转移至另一个容器时,总是有一些制冷剂损失。

图 9.20　美国运输部(DOT)审定的钢瓶
(National Refrigerants,Inc. 提供)

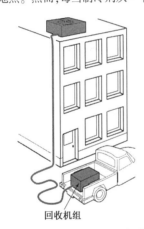

图 9.21　采用长软管连接空调机组与卡车上的回收
机组回收制冷剂。这种操作方式耗时太长

图 9.22　回收/再循环机组的重量较大,常设置滚轮
以方便移动(Robinair SPX Corporation提供)

制造商正在努力提供尽可能小的机组,但又必须具有正常的功能。除了从系统回收制冷剂的基本功能之外,制造商还在设法使回收机组具有排出蒸气、液体和气液混合物以及处理液态制冷剂中所含润滑油的功能。许多制造商现在还正在考虑在回收机组中采用小型的全封闭压缩机来泵吸制冷剂蒸气。由于压缩机规格越大,其重量也就越大,需要更大的冷凝器,且还要增加重量。稍做改进,回转式压缩机就可以使系统产生比往复式压缩机更大的真空度。将来,要从系统排出更多的制冷剂,就会有更高的真空度要求。此外,回收机组中的所有各种压缩机还可以吸取润滑油。这样,要想将润滑油返回收机组压缩机的曲轴箱就需要有某种返油方式与途径。

图 9.23　这种组合机组可以使回收机组重
量减轻并成为两个分别操控的构
件(Robinair SPX Corporation 提供)

从系统中排出制冷剂的最为快捷的方法是将制冷剂以液体状态排出。因为此时每磅制冷剂的体积最小。如果机组足够大,系统往往配置有储液器,在储液器中可以将绝大部分制冷剂收集起来,但是许多系统都很小,而且压缩机不能工作时,它也不能泵吸制冷剂。

当制冷剂处于气体状态时,直接将其排出系统是将制冷剂从系统中排出速度最慢的一种方式。当采用回收/再循环机组排出气态的制冷剂时,如果软管和阀门接口通畅无限制且系统与回收机组两者间压差较大,那么回收机组排出蒸气的速度就能更快。此外,系统的温度越高,系统内的蒸气温度也越高,密度也就越大。尽管系统压力的降低是一个非常缓慢的过程,但随着系统内蒸气压力的降低,蒸气的密度减小,回收机组的回收量也随之减小。例如,从某系统内排出 R-134a 制冷剂。如果需要将 70 psig 压力下饱和的制冷剂蒸气排出,那么要排出1 磅的制冷剂仅需排出 0.566 立方英尺的制冷剂蒸气;当系统压力降低至 20 psig 时,排出 1 磅的制冷剂则需排出 1.353 立方英尺的制冷剂蒸气;而当系统压力降低至 0 psig 时,如果系统仍存在制冷剂,那么排出 1 磅的制冷剂则必须排出 3.052 立方英尺的制冷剂蒸气,见图9.24。由于压缩机泵吸量为常量,因此机组的回收量随制冷剂压力的下降而减小。

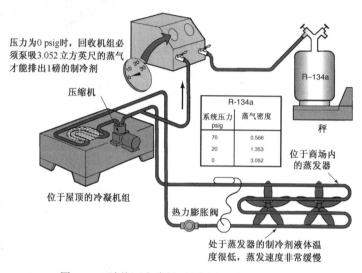

图9.24　随着压力降低,制冷剂的单位重量减小

即使在恶劣环境条件下,技术人员也必须依靠这些必备的设备才能进行维修作业。屋顶上的温度可能高达100 ℉,回收机组常常需要在某些极端炎热的环境条件下运行。系统的压力会因为环境温度上升而变得更高,引起机组压缩机过载,因此,有时候在回收/再循环机组上还采用曲轴箱调压器来防止吸气侧高压引起压缩机过载。回收机组还必须利用 100 ℉ 的空气来冷凝制冷剂,见图9.25。回收机组上的冷凝器还必须有足够的容量在不致压缩机过载的情况下冷凝回收的制冷剂。

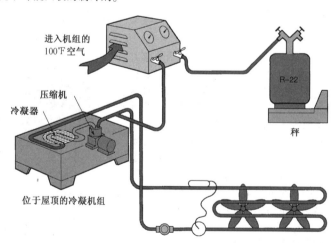

图9.25　回收机组不得不利用屋顶上 100 ℉ 的空气来冷凝回收的制冷剂,因此冷凝器必须足够大,才能使压力保持在较低的状态,以避免压缩机过载

　　回收机组的制造商在确定其设备的各项技术指标时往往采用常规流量,也就是回收设备从系统排出制冷剂的流量,一般为 2 ~ 6 磅/分。当制冷剂为液体状态时,此流量值更加稳定,速度更快,当排出的制冷剂为蒸气时,那么就要考虑更多的因素。系统压力较高时,回收机组能以较快的速度排出蒸气,当系统压力逐渐下降时。蒸气的排量也随之下降。如果回收机组采用的是小规格压缩机,那么系统内的蒸气压力下降至约 20 psig 时,回收机组的排量则变得很小。

　　制冷剂回收/再循环机组中的压缩机是一台蒸气泵,液态制冷剂不容许进入压缩机,因为它会对压缩机造成损伤。人们采取了各种不同的方法来避免这一现象的发生。有些制造商采用推拉法排出制冷剂,它将回收机组的液管与回收钢瓶上的液管连接,然后将回收机组的排口连接至系统。当回收机组启动时,蒸气由蒸气排口从回收钢瓶中抽出,送至回收机组内冷凝,少量液态制冷剂被送入系统,并在系统内急剧蒸发(闪蒸)成为蒸气,进而形成压力,推动液态制冷剂进入回收钢瓶,见图 9.26。同时,采用视镜来观察制冷剂流动情况,并将回收钢瓶置于秤上计量以避免钢瓶充液过量。当确定没有更多的制冷剂可排出时,将回收机组的吸管与系统的蒸气排气口断开,将回收机组的排口与制冷剂钢瓶连接,见图 9.27。重新启动回收机组,将剩下的蒸气从系统内排出,并在钢瓶内冷凝。

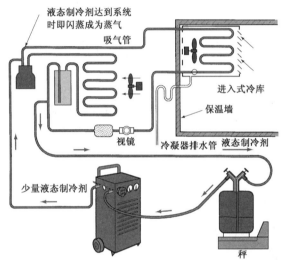

图 9.26　该机组采用推拉法从系统排出液态制冷剂,再将制冷剂蒸气从回收的钢瓶中抽出,在钢瓶
　　　　　内形成低压;少量冷凝后的制冷剂返回系统产生压力,推动液态制冷剂进入回收钢瓶

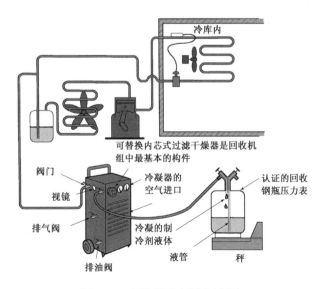

图 9.27　用软管排出制冷剂蒸气

制冷剂回收/再循环机组中,通常在压缩机的吸气管处安装一个曲轴箱压力调节阀以防止压缩机过载和制冷剂遭受污染,见图9.28。液态制冷剂从系统中排出时会含有一定数量的润滑油,并存留在回收钢瓶的制冷剂中,当这样的制冷剂返回系统时,其中的润滑油也会随之进入系统。随少量液态制冷剂流经回收机组的润滑油将在油分离器中被吸附,随制冷剂一同排出系统的润滑油必须全部返回系统。见图9.29,如果润滑油的油质存在问题(如系统压缩机电动机曾有烧毁),还应对系统润滑油做酸性测试,见图9.30。

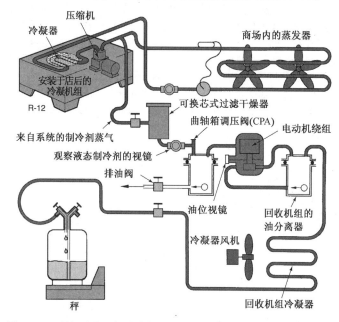

图9.28 系统可配置各种附件,包括用以保护压缩机的曲轴箱调压阀

图9.29 从系统排出的润滑油必须予以计量   图9.30 在现场做制冷剂酸度测试

美国运输部批准的用于回收/再循环机组的制冷剂钢瓶一般均配置有浮球开关。当钢瓶内的液体制冷剂充注至一定量时,该浮球开关即关闭,此设定量约为满瓶的80%。此开关可以使技术人员避免向钢瓶注入过多的制冷剂,也为制冷剂中可能含有的润滑油留下了一定的空间。当润滑油与制冷剂一起进入钢瓶时,由于润滑油比制冷剂轻,充注后的钢瓶重量会有所变化。如果因操作不当,钢瓶内含有数磅润滑油时,若仅仅以钢瓶的重量来判断是否充满,那么就很容易形成充注过量。浮球开关则可以完全避免出现这样的情况,见图9.31。注意:回收钢瓶在回收开始前必须是清洁的空瓶,并处于1000微米真空状态。为了保证回收钢瓶不致过量充注,除了浮球开关外,其他方式包括在回收钢瓶的瓶上安装电子热敏电阻,以及在制冷剂回收操作前后对回收钢瓶做简单的称重。采用称重法时,应尽可能使回收钢瓶不含润滑油。

有些制造商通过计量装置和用来将液体制冷剂蒸发成蒸气的蒸发器从系统内抽取液体制冷剂。回收/再循环机组的压缩机将系统内的液体制冷剂和一部分润滑油同时移出,将润滑油中的制冷剂蒸发,见图9.32。然后,必须将润滑油分离出去,否则,润滑油即积聚在回收机组的压缩机内,通常也采用油分离器收集润滑油。每隔一段时间,将油分离器中的润滑油排出。如果在维修时需放回系统,那么还需要计量以了解多少润滑油加入了系统。此时,可使用酸度仪试剂组对润滑油做酸含量的测试。

　　所有的回收/再循环机组压缩机都会将润滑油从排油管排出,因此应设置油分离器,并将润滑油返回机组的压缩机曲轴箱。

　　为达到同一个目的,制造商还可能采用其他一些结构形式。记住:制造商会不断地对他们的产品结构做出整合,使他们的产品更加轻便、可靠和高效。因此应注意收集制造商的各种说明书,因为制造商对他们的设备性能情况一清二楚。

　　购置回收机组时应仔细选择,在确定购置哪一种机组时,应对下列问题询问清楚。

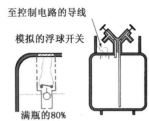

至控制电路的导线

模拟的浮球开关

满瓶的80%

液体制冷剂液面在钢瓶上升时,浮球上升打开开关,接通一个指示灯或随时将机组停机,避免过量充注

图 9.31　美国运输部审定的钢瓶均配置有避免过量充注的浮球开关

回收机组

1. 回收机组能否在可能遇到的大多数工作条件下工作?例如,在炎热和寒冷的气候下能否正常工作?

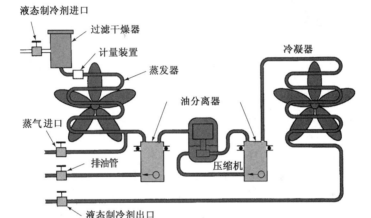

液态制冷剂进口

过滤干燥器

计量装置

蒸发器

冷凝器

蒸气进口

油分离器

排油管

压缩机

液态制冷剂出口

图 9.32　此系统既可排出液态制冷剂,也可排出制冷剂蒸气

2. 如果需要回收液体制冷剂和气态制冷剂,那么该机组是否有这两项功能?
3. 对于回收的制冷剂来说,液态流量和气态流量各是多少?
4. 是否为标准的干燥器内芯,当地是否能买到?
5. 该机组是否轻便,能否方便地用于维修作业?
6. 该回收机组是否为少油型? 如果确为少油型机组,它能用于矿物油、烷基苯、酯类和乙二醇等不同润滑剂的制冷系统,采用少油型回收机组,见图9.33,润滑油的更换和油的污染就不再是难题了。

回收/再循环机组

1. 该机组能否在可能遇到的大多数工作条件下工作?
2. 在可能遇到的各种作业情况下,机组能否再循环足够的制冷剂?
3. 再循环量是多少? 是否能满足维修的系统规格需要?
4. 是否为标准的干燥器内芯,当地是否能买到?
5. 对于维修作业来说,这种机组是否轻便? 是否便于移动?

9.18　小型设备的制冷剂回收

　　小型设备定义为制冷剂充注量等于或少于5磅的、由制造商充注的密封系统,其中包括冷箱、冰柜、室内空调器、组合式末端热泵、降湿机、柜台式制冰机、自动售货机以及饮水冷却器。

　　小型设备的制冷剂回收由于其制冷剂用量较少,因此比大型设备容易。小型设备的制冷剂回收也有被动回收和主动回收之分。主动回收是指采用自带压缩机的回收设备进行制冷剂回收,被动回收是利用制冷系统的压缩机或系统内的蒸气压力回收制冷剂。但是,采用被动回收法时,制冷剂必须回收在无压力的容器内,见图9.34。☆无论采用何种回收装置,一个有环保意识的维修人员应坚持每天使用制冷剂检漏仪器对回收装置做泄漏检查。☆要想加快回收过程,可以采取以下措施:

1. 将回收钢瓶置于冷水中,以降低其蒸气压力。
2. 加热制冷系统使系统内的蒸气压力升高,加热压缩机曲轴箱一定能释放出大量的溶解于润滑油中的制冷剂。加热灯、电热毯和热风器加热效果十分明显,也可以利用系统的化霜加热器。绝对不能使用明火来加热系统。
3. 尽可能使正在回收制冷剂的系统环境温度升高,这样可以使系统内的蒸气压力提高。
4. 用软木、橡胶或皮制锤轻轻地敲击压缩机曲轴箱,使曲轴箱内的润滑油震动以释放出制冷剂。

图 9.33　少油型回收机组(Ferris State University 提供)

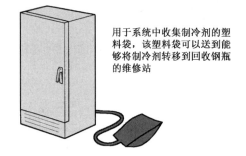

用于系统中收集制冷剂的塑料袋,该塑料袋可以送到能够将制冷剂转移到回收钢瓶的维修站

图 9.34　将制冷剂排放到一个特别的塑料袋中

低损失的管配件　1993 年 11 月 15 日后生产的各种回收设备均必须在系统上配置低损失管配件。图 9.40 是其中的一种低损失管配件,如今市场上有许多不同类型的低损失管配件。低损失管配件可以在维修人员切断与制冷系统或回收装置的连接时,人工或自动隔离。

单向气阀　许多小型设备在其系统中都设有单向气阀,见图 9.35。☆为避免制冷剂泄漏,应定期检查单向气阀是否弯曲、断裂或阀心帽脱落。☆如果单向气阀确有泄漏,可更换阀心并用手指拧紧阀帽。单向气阀的阀帽有助于防止泄漏,避免阀心积尘。在阀上放置阀帽还可避免阀心意外漏气。

刺针阀　许多维修人员习惯采用刺针阀为小型设备的制冷系统设置一个接口,见图 9.36。转动刺针阀,锋利的刺针穿破系统的配管,刺针退回时,即可获得一个孔口。刺针阀有夹合型和焊接型两种,夹合型刺针阀通常用于为系统设置临时的,如制冷机回收和充注操作的接口。由于夹合型刺针阀上的软橡胶密封圈使用一段时间后极易老化而出现泄漏,因此,所有夹合型刺针阀应在维修工作完成后拆除。穿刺系统连接配管之前,对刺针阀先行漏检是一种很好的工作习惯。钢制连接管不宜采用刺针阀。

图 9.35　弹簧球阀及阀心、阀帽
（John Tomczyk 摄）

图 9.36　（A）夹合型刺针阀;（B）焊接型刺针阀（John Tomczyk摄）

焊接型刺针阀主要用于为制冷系统设置永久性接口。刺针阀焊接在系统连接管上后,在刺破系统连接管之前,应对该组件进行检漏,且应在对该组件加压时进行漏检。**安全防范措施**:焊接时,不得将系统连接管加热至樱红色,这将引起漏气,甚至可能产生严重的伤害。少量的制冷剂接触高温、明火或炽热金属时会分解成为盐酸

和氢氟酸以及光气。刺针阀连接系统后如发现系统压力为 0 psig 时,维修人员应停止回收作业。系统压力读数为零意味着系统存在泄漏或连接管并未完全刺破。如果系统存在泄漏但压力不为 0 psig,即说明系统内存在带有水蒸气的空气等不凝气体,而且回收装置吸取的也只是这些系统污染物。

　　为回收制冷剂,将真空泵连接于小型设备时,如果设备的压缩机不能运转,为加快回收速度,达到要求的真空度,我们建议在系统高压侧和低压侧两端分别开设孔口。图 9.37 给出了小型设备的各项回收技术指标。如果采用被动回收法,当系统压缩机不能运行时,可借助真空泵回收制冷剂,但制冷剂必须回收在图 9.34 中不加压的容器内,这是因为真空泵不能承受除大气压力之外的任何背压。真空泵过大会引起系统压力迅速下降,使系统的水分冻结。维修人员应随之将氮气充入系统内,使系统压力升高,避免水分结冰。**安全防范措施:**当系统处于深度真空时,千万不要使压缩机带电,否则很可能在电动机绕组的焊接头处或绕组中某薄弱点形成短路,引起压缩机损坏。为了利用真空泵获得较为精确的真空度,系统真空表的安装位置应尽可能靠近系统连接管,而远离真空泵。确定系统达到深度真空(500 微米水银柱)所需时间的两个关键因素是真空泵的容量和连接于真空泵的软管口径。检测最终真空度时,一定要将真空泵电源切断或将阀门关闭。下述情况下,不得从小型设备中回收制冷剂:

1. 系统内含有二氧化碳、氯化甲烷或甲酸甲酯。
2. 回收制冷剂系统内的压力为 0 psig。
3. 系统内存在诸如水、氢或氨等在房车和吸收式制冷系统中采用的制冷剂。
4. 系统内压缩机烧毁,可闻到强烈的酸类化合物气味。
5. 系统内存有用做电子检漏跟踪气体的氮与 R-22 的混合气体,或用做保护充注的氮气。

小型设备制冷剂回收的技术指标		
回收设备特征	回收百分率	英寸水银柱真空度
采用 1993 年 11 月 15 日后生产的主动式和被动式回收设备对小型设备进行的维修或制冷剂回收作业(借助于小型设备内可运行的压缩机)	90%	4*
采用 1993 年 11 月 15 日后生产的主动式和被动式回收设备对小型设备进行的维修或制冷剂回收作业(小型设备内压缩机不能运行)	80%	4*
采用 1993 年 11 月 15 日之前生产的老式主动式和被动式回收设备对小型设备进行的维修或制冷剂回收作业(利用或无法采用小型设备中的压缩机)	80%	4*

*ARI 740 标准。

*注意:小型设备是指制冷剂充注量等于或少于 5 磅、完全由制造商完成充注和密封作业的设备成品。

图 9.37　小型设备制冷剂回收的技术指标

　　☆尽管对于小型设备的泄漏不必进行维修,但每一位维修人员都应寻找和修补泄漏点,因为它涉及包括臭氧消耗和全球变暖等各种环境问题。此外,维修人员也不可能通过向含有制冷剂的系统再加入氮气的方法来回避制冷剂的回收。系统必须充入氮气之前,应将系统先行抽真空,达到图 9.37 中的各项状态。☆

　　安全防范措施:将干氮气充入系统之前,应始终认真核对设备上的铭牌,氮气的充注压力不得大于铭牌上标注的低压侧工厂测试压力,见图 9.38。采用干氮气时,一定要在氮气钢瓶上安装卸压阀和调压器,因为其压力很高(超过 2000 psig)时,泄漏阀不得串联安装,也绝不能采用氧气和压缩空气对系统增压,因为这些气体与氧化后的润滑油反应可以产生极具危险性的压力。

　　制冷剂回收的相关法规与实施细则　根据 1993 年 8 月 12 日生效的制冷剂回收法规与实施细则,承包商必须向美国环保署提供书面证明,以证明其采用的回收设备能够达到图 9.37 所示的 ARI 740 标准。此外,1993 年 11 月 15 日之后生产并用于小型设备制冷剂回收的各种回收设备必须经美国环保署授权的实验室鉴定。新开设此项业务的公司与个人必

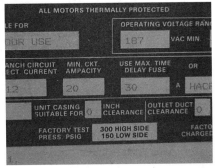

图 9.38　冷凝机组上铭牌标注工厂测试的压力值(John Tomczyk 摄)

须在开业后 20 天内向环保署注册或提供书面证明,以证明公司或个人拥有的回收设备能够回收小型系统充注量至少为 80% 的制冷剂或能够使系统达到 4 英寸水银柱真空的技术标准。

小型制冷设备的处置　处置小型制冷设备之前,必须完成如下工作:

1. 从小型设备中回收制冷剂。
2. 在小型设备上贴上制冷剂已回收的标签并签署回收日期。

制冷剂袋非常适合于从小型设备中回收制冷剂。这种塑料袋可存放数台冷柜充注量的制冷剂,见图9.34。维修人员必须在维修专用车上安排专门的存放处将制冷剂袋带回。塑料袋充满后,应及时送交维修站,将制冷剂移入再生钢瓶,以便由制冷剂再生公司上门或送到再生公司进行整理。

9.19　制冷剂的再生

回收的制冷剂在转卖或重新用于其他用户的制冷设备之前,必须满足 ARI 700 标准,因此所有准备再生的制冷剂需要送到再生公司,并在再生公司进行验收(如果其各项指标达到回收再利用的要求)。由于制冷剂回收操作较为复杂,并可能导致交叉污染,许多维修公司不太愿意在现场回收制冷剂。因此,制冷剂的再生是一种上佳的选择。我们可以向制冷剂再生公司购买满足 ARI 700 各项技术指标的制冷剂,且不必支付附加税。既然制冷剂不能排放,唯一的选项就是将制冷剂收集在一个中央容器中,再移送至一个可以送往再生公司的钢瓶。再生公司往往仅接受较大数量的制冷剂,因此维修站就需要针对每一种制冷剂准备一个便于运输、适当规格的钢瓶。再生公司接受的以钢瓶承载的制冷剂量均为 100 磅及以上。也有一些公司专门收购回收的制冷剂,存储至一定量后再送去处理。回收的制冷剂只能使用美国运输部认可的、带有特别标签的钢瓶,见图9.39。

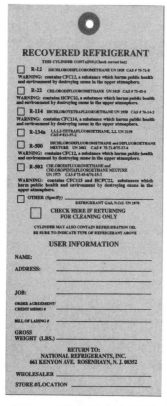

图 9.39　用于回收制冷剂的钢瓶标签(National Refrigerants,Inc. 提供)

再生钢瓶中的制冷剂只能是一种类型的制冷剂,不容许混合存放,否则制冷剂再生公司无法进行再生。如上所述,混合后的制冷剂不能分离,因此再生公司接受了不能再生的制冷剂后,必须予以销毁。制冷剂销毁的方法是采用吸附制冷剂中氟原子的方式将制冷剂烧毁。这种烧毁方式成本很高,因此技术人员必须格外小心,不要将各种制冷剂混合。

9.20　未来的制冷剂及相关工具

未来的各种制冷剂必须与我们的环境和谐共处,我们期待着某一天,制冷剂的 ODPs 指数为零,GWPs 指数很低,未来的技术人员也将为这样的技术成就而感到欢欣鼓舞。学员们应该积极参与当地行业组织来了解整个行业的发展趋势,如未来用于制冷剂作业的各种工具的变化。

压力表连接管最基本的要求是不能有制冷剂泄漏,但许多陈旧的压力表连接管连接时都存在制冷剂的泄漏。要减小连接管与单向气阀断开时制冷剂的损失量,压力表连接管必须设置阀门,且阀门应设置于软管的顶端。一旦与单向气阀的接口断开,可以使制冷剂保持在软管内,见图9.40。

每一位技术人员应当努力了解与掌握最新的信息和技术并将最佳的工艺方法付诸实际。

图9.40 快速管接头。快速管接头有助于减小制冷剂损失(Robinair Division,SPX Corporation 提供)

本章小结

1. 不得将 CFC 制冷剂向大气排放。
2. 臭氧是另一种形式的氧,其每个分子由 3 个氧原子(O_3)组成,人们呼吸时吸入的氧气含两个氧原子(O_2)。
3. 位于地球表面上空 7 ~ 30 英里的臭氧层可以使地球避免来自太阳有害的紫外线对人体、动物和植物的伤害。
4. 蒙特利尔协定中制定了臭氧消耗潜在因素指数(ODPs)。
5. 全球变暖是一种发生在较低的大气层,即对流层的气候现象。
6. 导致全球变暖有直接和间接两种因素。
7. 对各种制冷剂确定了全球变暖潜在因素指数(GWPs)。
8. 氯氟烃类制冷剂(CFCs)含有氯、氟和碳原子。
9. 氢氯氟烃类制冷剂(HCFCs)含有氢、氯、氟和碳原子。
10. 氢氟烃类制冷剂(HFCs)含有氢、氟和碳原子。
11. 以某些碳氢化合物为组分的制冷剂混合物正在进入市场。
12. 由近共沸和共沸化合物配置的制冷剂混合液已非常普遍地用于替代 CFC 和 HCFC 类的制冷剂。
13. 由两种近共沸化合物配置的制冷剂混合液在蒸发与冷凝时表现出温度漂移和分离的特征。
14. 由于系统内制冷剂类型的改变,我们对相应的制冷油特性做了较为全面的研究。
15. 合成油得到了普遍的认同,现主要与各种新型的制冷剂配套使用。
16. 由于制冷剂和润滑油的改变,人们制定了制冷剂和润滑油改型的指导标准。
17. 氢原子有助于氢氯氟烃类化合物在进入大气并与臭氧发生化学反应前的分解。
18. 所谓"制冷剂的回收"是指:不做任何方式的测试或加工,采用外部容器存储从系统排出任意状态的制冷剂。
19. 所谓"制冷剂的再循环"是指:采用油分离器,并使系统内制冷剂一次或多次流经可更换内芯式过滤干燥器,以降低水分、酸分和微粒的方法清理制冷剂。该术语通常指在现场或当地维修站内实施的制冷剂清理工作。
20. 所谓"制冷剂的再生"是指:采用包括分馏在内的各种方法,按原成品质量标准对制冷剂进行再加工,它要求对制冷剂进行化学分析,以确定其是否满足成品的质量标准。该术语通常指仅在制冷剂再处理或生产企业内实施的各项操作过程。
21. 主动回收是指采用经认证的、自备压缩机的回收设备回收制冷剂的方法。
22. 被动回收是指维修人员利用系统内原有压力和系统内压缩机帮助回收制冷剂的一种依赖系统的回收方式。
23. 小型设备的制冷剂回收就是采用各种方法使系统排空。
24. 制冷剂只能转移至美国运输部批准的钢瓶和钢罐内。
25. 制造商已研制出了多种类型的制冷剂回收与再循环设备。

复习题

1. 我们呼吸的氧气和位于地球大气层的臭氧有何不同?
2. 论述臭氧对地球生物的影响。
3. 解释 CFC 分子在大气中分解对臭氧消耗的影响过程。

4. 以下何种制冷剂的 ODP 值为零:

    A. HFCs 类制冷剂;   B. HCFCs 类制冷剂;   C. CFCs 类制冷剂;   D. A 和 B 两种。

5. 导致地球气温上升的温室效应增强称为_____。

6. 只有 CFCs 类和 HCFCs 类制冷剂对全球变暖有影响吗?

7. 解释什么是全球变暖潜在因素指数(GWP)。

8. 论述全球变暖与臭氧消耗间的异同。

9. 论述全球变暖的直接与间接效应的差异。

10. 衡量制冷剂对全球变暖具有间接和直接影响的指标或指数是哪一个?

    A. 变暖因素总当量(TEWI);   B. 温室效应数;   C. 全球变暖数;   D. 温室效应指数。

11. 论述氯氟烃类制冷剂(CFCs)、氢氯氟烃类制冷剂(HCFCs)、氢氟烃类制冷剂(HFCs)和碳氢化合物类制冷剂(HCs)之间的差异。

12. 氢氟烃类制冷剂(CFCs)因含有_____,所以比氢氯氟烃类制冷剂(HCFCs)对大气臭氧层的危害更大。

13. 氢氟烃类不会对臭氧层产生危害,但对全球变暖仍有影响?

14. 论述共沸制冷剂混合液与近共沸制冷剂混合液间的差异。

15. 为何采用 R-410A 制冷剂要比采用 R-22 和 R-404A 等常见制冷剂需要更多的安全防范措施。

16. 在制冷与空调行业中应用最为普遍的 3 种合成润滑油是_____、_____和_____。

17. 1987 年在加拿大召开的旨在解决制冷剂排放问题会议的名称是什么?

18. 授权实施美国清洁空气法 1990 年修正案的美国联邦政府机构的名称是什么?

19. 解释主动与被动回收法的不同点。

20. 联邦政府向再生制冷剂征收的税额与新制冷剂是否相同?

21. 制冷剂的回收是指_____。

22. 制冷剂的再循环是指_____。

23. 制冷剂的再生是指_____。

24. 解释什么是不加压回收容器,并简要说明其用于何种设备?

25. 用于制冷剂运输的容器需经联邦政府哪个机构批准?

26. 什么是快速管接头或快速接头,它们用于何处?

27. 制冷剂再生加工后且在转售他人之前必须满足的标准是:

    A. ANSI 7000;   B. ANSI 700;   C. EPA 7000;   D. ARI 700。

28. 简要说明本行业中常用的两类刺针阀,并列举两者的优缺点。

第10章 系统充液

教学目标

学习完本章内容之后,读者应当能够:

1. 叙述如何将制冷剂以蒸气和液体状态充入系统。
2. 叙述系统充液时采用的两种计量方法。
3. 阐述采用电子秤对系统充注的制冷剂进行计量的优点。
4. 叙述两种充注器具。
5. 充注具有温度漂移和分离倾向特征的制冷剂混合液。
6. 根据充注图表与曲线对采用固定孔板、毛细管和活塞(短管)的空调机组充液。
7. 采用过冷充注法,为以热力膨胀阀(TXV)为计量装置的空调和热泵系统充注制冷剂。
8. 采用标注有露点温度值和沸点温度值的压力/温度线图计算过冷量和过热量。

安全检查清单

1. 绝不能使用焊枪等类似的高密集型加热设备来加热制冷剂钢瓶。可采用柔和缓慢的加热方法,如采用水温不超过 90 ℉ 的温水槽进行加热。
2. 除非制冷剂在到达系统之前全部汽化,否则不得将液态制冷剂充入系统的吸气管线。液态制冷剂绝不能进入压缩机。
3. 液态制冷剂通常加注于管线内,且只有在某些特殊条件之下才这样做。
4. 如果采用某个器件将进入吸气管的液体制冷剂瞬时汽化,那么必须保证进入压缩机的制冷剂为 100% 的蒸气。液态制冷剂进入压缩机对任何压缩机来说都会产生严重的损伤。

10.1 制冷系统的充液

系统充液就是指为制冷系统加注制冷剂。制冷系统必须按其设计的要求加注适量的制冷剂,尽管不易做到每次都十分精确。系统中的每一个构件均须有适量的制冷剂。制冷剂加注于系统内时,可以是气态,也可以是液态,并通过称重、计量或利用压力线圈控制加注量。

本章论述如何正确且安全地加注气态和液态制冷剂,而且还将针对各种系统论述其正确的加注量。热泵机组的充液方法将在第43章"空气热源热泵"中讨论。

10.2 气态制冷剂的充注

系统的气态制冷剂充注是采用将制冷剂钢瓶中蒸气区域的制冷剂蒸气排出并注入制冷系统的低压侧来实现的。当系统处于非工作状态(例如,系统刚完成抽真空时,系统内没有任何制冷剂)时,我们可以将制冷剂蒸气注入系统的低压侧和高压侧。注意,当系统正在运行时,制冷剂通常只能注入系统的低压侧,这是因为此时的高压侧远高于钢瓶内制冷剂的压力。例如,采用 R-134a 制冷剂的系统在白天 95 ℉ 时的排气压力为 185 psig(室外温度 95 ℉ 加 30 ℉ 得出冷凝温度 125 ℉,查出 R-134a 的对应压力为 185 psig)。尽管钢瓶处于同样的 95 ℉ 环境温度之下,但其压力仅为 114 psig,见图 10.1。

如果钢瓶温度高于环境温度,那么正在运行的系统其低压侧压力将远低于钢瓶内压力。例如,在白天 95 ℉ 的温度下,制冷剂钢瓶内的压力为 114 psig,但系统蒸发器的压力仅为 20 psig,制冷剂很容易从钢瓶进入系统,见图 10.2。但在冬天,钢瓶很可能整晚放在卡车的后板上,其压力就会低于系统低压侧的压力,见图 10.3。在这种情况下,我们就需将钢瓶稍做加热,使制冷剂能够从钢瓶排出以进入系统。一种较好的做法是在大型设备的机房内存放一个制冷剂钢瓶,万一卡车上没有制冷剂时,在机房总会有一个,而该钢瓶即使在寒冷的天气中,仍保持像室内一样的温度。

当气态制冷剂从制冷剂钢瓶内排出时,钢瓶内的蒸气压力随即降低,制冷剂液体汽化生成新的制冷剂蒸气。由于制冷剂蒸气与液体的压力/温度关系具有关联性,因此蒸气压力的降低会使钢瓶内制冷剂液体和蒸气两者的饱和温度下降。随着越来越多的蒸气排出钢瓶,钢瓶底部的液体制冷剂会不断地汽化,其温度也持续下降。如果钢瓶内有足够的制冷剂,那么钢瓶内的压力就可能降低至系统的低压侧压力,此时必须对液态制冷剂进行加热才能保持足够的压力。**安全防范措施**:绝不能采用焊枪等密集型热源进行加热。采用温水槽等缓慢加热的方法比较安全,但水温不应超出 90℉。出于加热钢瓶的目的,采用电热毯等热源也比较安全。如果制冷剂温度与温水槽中的水温相同,那么对于 R-134a 来说钢瓶的压力可维持在 104 psig。也可将制冷剂钢瓶沿圆圈晃动,使位于钢瓶中部的液体能与温度较高的钢瓶壁接触,见图 10.4。由于 90℉的水温与人的手掌温度接近,因此很容易操作。如果感觉烫手,说明温度太高。

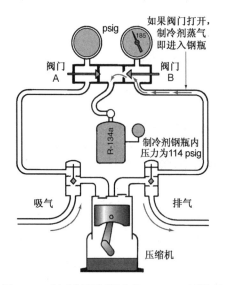

图 10.1　制冷剂钢瓶压力为 114 psig,系统的高压侧压力为185 psig,系统内的压力将阻止钢瓶内的制冷剂进入系统

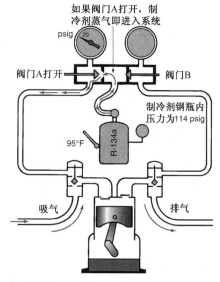

图 10.2　钢瓶温度为 95℉,钢瓶内压力为 114 psig,系统低压侧压力为20 psig

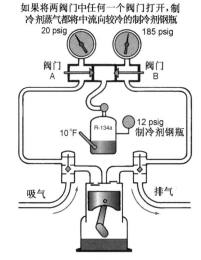

图 10.3　由于钢瓶在寒冷天气下整晚放在卡车的后车板上,此钢瓶内制冷剂的温度和压力均较低,钢瓶内压力为12 psig,对应温度为10℉,而系统内压力则为20 psig

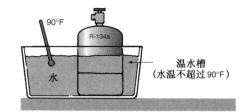

图 10.4　将制冷剂钢瓶放置在温水槽中可使钢瓶保持足够的压力

钢瓶底部的液体制冷剂量越多,钢瓶维持其压力的时间就越长。当系统需充注的制冷剂量较大时,可采用最大规格的钢瓶。例如,如果系统需充注 20 磅的制冷剂,手头又有 125 磅的钢瓶,则不要使用 25 磅的钢瓶。

10.3　液态制冷剂的充注

系统液态制冷剂的充注通常走液管。例如,当系统没有制冷剂时,液态制冷剂可以从液管上的主阀或储液器注入系统。如果系统处于真空状态或刚完成抽真空,可直接与制冷剂钢瓶的液阀连接,使液态制冷剂进入系统,直至接近停止。制冷剂液体进入系统后会朝着蒸发器和冷凝器流动。当系统启动时,系统内的制冷剂会比较平均地分布在蒸发器和冷凝器之间,即使液体制冷剂涌入压缩机也不存在危险,见图10.5。充注液态制冷剂时,不需要降低制冷剂钢瓶的蒸气压力或温度。当系统的充注量较大时,液态战列舰充注法因省时而明显优于其他方法。

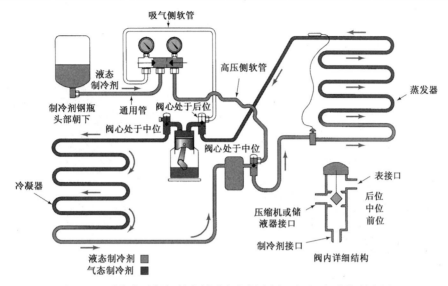

图 10.5　系统内无任何制冷剂时充注制冷剂。充注时,液体制冷剂
向蒸发器和冷凝器流动,液态制冷剂不可能进入压缩机

　　如果系统设有主阀,且阀心处于前位,那么当系统运行时,由于液管的其他部分、膨胀阀、蒸发器、吸气管和压缩机此时处于缺液状态,因此系统低压侧的压力将明显下降,此时即可将钢瓶内液态制冷剂通过一个临时充液口充入系统。来自钢瓶的制冷剂液实际上充入了膨胀阀,见图10.6。应注意不要充注过量。为避免充注时膨胀阀将系统切断,还必须将低压控制器用导线短路。充注完成之后,一定要将低压控制器上的短路导线拆除,见图10.7。注意,所有制造商都警告不要将液态制冷剂充入压缩机的吸气管。将液态制冷剂注入系统的吸气管时,必须采用严密的预防措施。充注某种制冷剂混合液时,为避免压缩机受损,一旦液态制冷剂离开充液钢瓶就必须汽化,液态制冷剂不得进入压缩机。但是,为避免混合液分离,制冷剂必须以液相状态离开充液钢瓶。

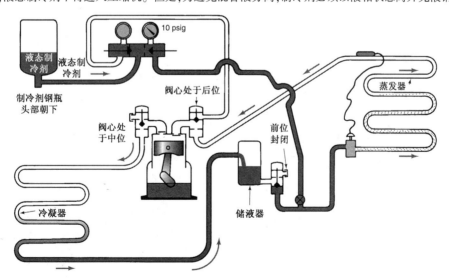

图 10.6　采用将主阀前位封闭使液态制冷剂进入液管的方法对系统充液

　　有些市场上可以买到的充液器可以将钢瓶充液管固定在运行中的系统吸气管上进行充液,这种所谓的孔板

式计量器实际上是表歧管与系统吸气管间的一种节流装置,见图10.8。这些充液器可以对进入吸气管的液态制冷剂进行节流,使液态制冷剂闪蒸为蒸气。采用表歧阀也可以获得同样的效果,见图10.9。吸气管内压力应高于系统的吸气压力,并将其差值维持在10磅或10磅之下,这样就可以使液态制冷剂在进入吸气管线前节流形成蒸气。注意,表歧管阀应仅用于吸入气体避开电动机绕组的压缩机,这样可以使进入压缩机的少量液体制冷剂迅速汽化。如果压缩机箱体下端较冷,那么应停止注液。这种充液法只有在富有经验的专业人员监督下进行。但是,在充注某些制冷剂混合液时,为避免出现分离,必须将来自充液钢瓶的制冷剂进行节流。不管制冷压缩机是由制冷剂冷却还是由空气冷却,必须有这样的节流过程。

图 10.7　用导线将低压控制器
短路(Bill Johnson 摄)

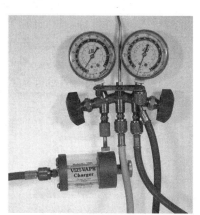

图 10.8　安装在钢瓶液管与系统吸气管间
表管上的充液器(John Tomczyk 摄)

　　当需要做计量的制冷剂必须被注入系统时,可采用称重的办法或不同规格的充液钢瓶进行计量。像空调和冷藏柜等整体式机组在其铭牌上均印有推荐的制冷剂充注量,必须以此充注量加入处于真空状态的系统,否则就不符合标准。

10.4　制冷剂的称重

　　制冷剂的称重可采用各种计量秤,但不应采用浴室中的人体秤和其他不太精确的非标秤。图10.10是一种以磅和盎司为刻度的圆盘秤。计量秤必须稳妥地安放在卡车下(如果是便携式计量秤),以避免计量机构因震动而失去平衡。圆盘秤使用时比较麻烦,其原因见下例。

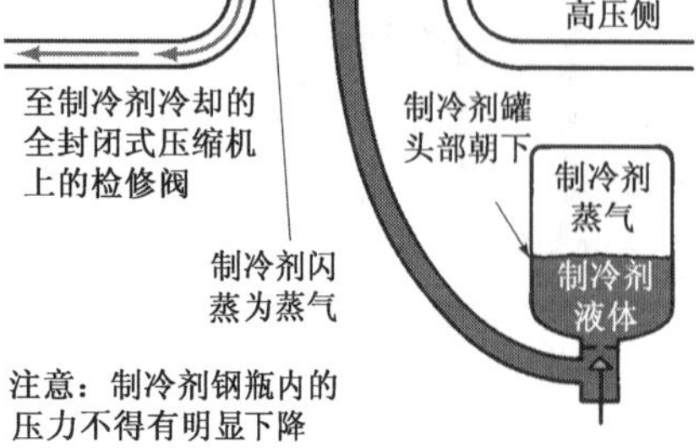

系统内实际压力为10 psig

进入系统的制冷剂压力为20 psig

20
psig

10
psig

至制冷剂冷却的
全封闭式压缩机
上的检修阀

制冷剂闪
蒸为蒸气

注意:制冷剂钢瓶内的
压力不得有明显下降

高压侧

制冷剂罐
头部朝下

制冷剂
蒸气

制冷剂
液体

图 10.9　用于获得与图 10.8 所示系统
相同充液效果的歧管表

图 10.10　对制冷剂称重的计
量秤(Bill Johnson 摄)

设系统需充注制冷剂 28 盎司,圆盘秤称出制冷剂钢瓶重 21 磅 4 盎司,若要将制冷剂注入系统,那么钢瓶的重量就要尽可能减小,对某些维修人员来说,确定钢瓶的最终重量可能不太方便。

钢瓶的最终计算重量是:

$$24 \text{ lb } 4 \text{ oz } - 28 \text{ oz} = 22 \text{ lb } 8 \text{ oz}$$

要计算上述结果,可将 24 磅 4 盎司转换为以盎司为单位:

$$24 \text{ lb } \times 16 \text{ oz/lb } + 4 \text{ oz} = 384 \text{ oz } + 4 \text{ oz} = 388 \text{ oz}$$

将 388 盎司减去 28 盎司可得

$$388 \text{ oz} - 28 \text{ oz} = 360 \text{ oz}$$

这就是钢瓶的最终重量。由于计量秤不以盎司为单位,因此还要将结果转换为磅和盎司:

$$360 \text{ oz} \div 16 \text{ oz/lb} = 22.5 \text{ lb}$$
$$= 22 \text{ lb } 8 \text{ oz}$$

在此计算过程中很容易出错,见图 10.11。

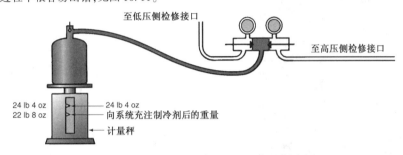

图 10.11　采用座秤计量充入系统的制冷剂

维修人员也经常采用电子秤,见图 10.12。这种秤的精度很高,但价格不菲,远高于圆盘秤。这种秤可以在钢瓶原重状态置零。制冷剂注入系统时,其显示数为正值。例如,系统需充注制冷剂 28 盎司,将制冷剂钢瓶置于秤盘上并将电子秤置零,随着制冷剂离开钢瓶,电子秤显示值逐渐增大,当达到 28 盎司时,即可停止充液。这种功能既省时,又可避免采用圆盘秤时免不了的麻烦计算。图 10.13 是一种能对充注量做精确计算的可编程电子秤,它采用固态微处理器控制电磁阀,一旦达到预定充注量,即自动停止充注。

图 10.12　具有置零功能的电子秤(Bill Johnson 摄)

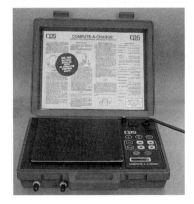

图 10.13　可编程电子秤(Bill Johnson 摄)

10.5　各种充液装置的使用

量筒　系统制冷剂的充注经常还要用到量筒。量筒设有制冷剂液柱显示,因此操作者可以看到量筒内制冷剂的液位。量筒上方的压力表用以确定制冷剂的温度值。液态制冷剂在不同温度下具有不同的体积,因此必须知道制冷剂的温度值,量筒上标有温度刻度表,见图 10.14。量筒内最终的液位必须经过计算,其计算方法与上述例子非常相似,但没有那样复杂。

设量筒内压力为 100 psig,含有 R-134a 制冷剂 4 磅 4 盎司。转动圆刻度至 100 psig,在 4 磅 4 盎司液位处设置记号。4 磅 4 盎司减去系统充注量 28 盎司,可得

$$4 \ lb \ \times 16 \ oz/lb \ + 4 \ oz = 64 \ oz \ + 4 \ oz = 68 \ oz$$

从而

$$68 \ oz - 28 \ oz = 40 \ oz$$

量筒最终的液位为

$$40 \ oz \div 16 \ oz/lb = 2.5 \ lb = 2 \ lb \ 8 \ oz$$

量筒的优点在于可以看见制冷剂的液位下降。图 10.15 为量筒的剖面图。

图 10.14　用于计量注入系统制冷剂数
量的量筒(Bill Johnson 摄)

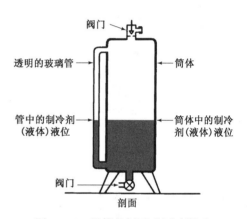

图 10.15　量筒的剖面,制冷剂注入
系统时可观察到液位下降

有些量筒在其底部还设有加热器,以避免从筒中抽出制冷剂蒸气时或在环境温度较低的情况下制冷剂温度下降。

因充注的需要选用量筒时,一定要选用适用于各种系统并有足够容量的量筒。分两次充注时要想获得准确的充注量比较困难。当系统充注的是两种及两种以上类型的制冷剂时,则需针对每一种类型的制冷剂分别采用一个量筒。如果严格按照下述方法操作,将不会出现制冷剂充注过量或充注不足的现象。还有一些制冷剂充注装置可以使系统的充注作业更加方便,图 10.16 是其中的一例,这种装置是利用制冷剂的压力或重量为系统充注制冷剂,它能以 1 盎司的增量单位设置制冷剂的充注量。这种类型的充注装置还有许多其他功能,可参见制造商提供的说明书。

图 10.16　制冷剂充注器(White Industries 提供)

10.6　制冷剂充注线图的使用

有些制造商为帮助维修人员正确掌握空调和热泵机组的制冷剂充注量,也提供各种相关的线图。这些线图称为"充液线图"或"充液曲线",见图 10.17。各制造商提供的过热充液线图的类型和形式可能不同。很多情况下,充液线图的类型取决于设备采用的计量装置类型。这些计量装置包括:毛细管计量装置、固定孔板计量装置和活塞式计量装置(短管)。几乎所有充液曲线和线图所依据的基本原理都是相同的。但是,任何机组制冷剂的充注,其最安全、最准确的方法是依据制造商提供的充注说明书或随机使用手册进行充注。

图 10.17 是以 400 cfm/ton 流量、50% 相对湿度的气流吹过蒸发器盘管为依据制作的充液曲线。对于采用毛细管作为计量装置的分体式空调机组,如依据充液曲线进行充液,其操作步骤如下:

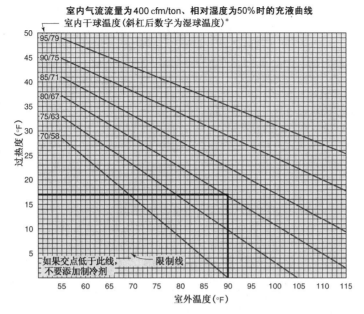

图 10.17　用于毛细管计量装置的分体式空调系统的充液曲线

- 第一步:测量室内干球温度(DBT),即空调器的回风温度。注意,如果相对温度百分值高于70%或低于20%,则采用湿球温度值(WBT)。
- 第二步:测量室外机组处的室外干球温度,即进入冷凝器的空气温度。
- 第三步:测量室外机组上检修阀处的吸气压力,并根据压力/温度曲线将其转换为相应温度值。
- 第四步:测量室外冷凝机组上靠近检修阀的吸气管线处吸气管进口温度,见图 10.18。

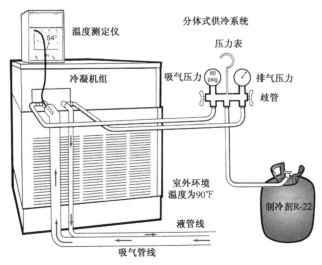

图 10.18　采用毛细管作为计量装置和 R-22 作为制冷剂的分体式空调系统

- 第五步:计算过热量。
- 第六步:找到室外温度线与室内温度线的交点,读出过热度。

如果系统的过热度比充液曲线读数还要大 5℉,那么可以将制冷剂充入运行中的系统低压侧,直至过热度与曲线上读数的差值在 5℉ 之内为止。

如果系统的过热度低于充液曲线上的度数且其差值大于 5℉,那么可以从系统回收部分制冷剂,直至过热度曲线上读数的差值在 5℉ 之内。

注意,在重新计算压缩机过热度之前,添加或从系统回收制冷剂之后,必须使系统运行至少15分钟以上。如果采用具有温度漂移和分离倾向的制冷剂混合液,那么为避免在充液罐中出现分离,必须将液态制冷剂从充液罐中排出,随即将其节流,在系统运行期间以蒸气状态充入系统的低压侧。如需回顾一下具有温度漂移和分离倾向的制冷剂混合液的有关特征,可参考第9章"制冷剂与润滑油的化学成分及其回收、再循环、再生和改型"。

举例:

采用毛细管或固定孔板的系统,见图10.18。

室内干球温度 DBT 为 80℉

室外干球温度 DBT 为 90℉

冷凝机组检修阀处的吸气压力为 60 psig,由压力/温度线图查得对应温度为 34℉

检修阀处的吸气管温度为 54℉

则过热度为(54℉ – 34℉) = 20℉

由90℉室外温度线与80℉的室内温度线的交点可知:其过热度约为17℉。由计算可知,本系统的过热度为20℉,两项差值在5℉之内,说明系统制冷剂充注量已符合要求,不必再向系统添加制冷剂。

这些曲线所依据的理论十分简单。我们以图10.17的充注曲线为例,下面的水平轴向右,室外温度上升,注意:由于室内干球温度(DBT)或湿球温度(WBT)恒定不变(所有线段均由左向右倾斜),因此,随着室外温度上升,运行中的压缩机过热度则下降。其原因在于此时系统的高压侧排气压力升高将过热制冷剂推出冷凝器的底部,流向液管和毛细管节流器,这样就迫使更多的制冷剂进入蒸发器,使过冷度减小。这就是某些采用毛细管或固定孔板节流器的空调系统在室外温度较高的情况下充注过量时,压缩机内形成制冷剂涌堵的原因。如果操作得当,那么采用过热曲线就可以避免这种情况的发生。

假如吹过蒸发器盘管的室内气流,其干球温度仍为75℉不变,室外干球温度从70℉上升至105℉,那么由图10.17可以看到,实际的压缩机过热度即从23℉跌至0℉。这是因为室外环境温度升高后,致使排气压力增大,推动更多的制冷剂经毛细管进入蒸发器,因此当室外环境温度为70℉时,对系统来说压缩机过热23℉是完全正常的,不需要向系统添加制冷剂。因为在此以后如果白天的室外环境温度攀升至95℉,那么系统的压缩机就会出现涌堵。

注意,就制造商提供的充液曲线(见图10.17)而言,如果相对湿度高于70%或低于20%,那么就应采用湿球温度值,以补偿各种潜热(水分)负荷。

如果室外温度不变,室内干球湿度或室内湿球温度上升,那么其实际过热度就会增加。这种具有显热或潜热的(或两者同时存在的)室内盘管上的热湿负载可以使蒸发器内的制冷剂更快地汽化,并形成压缩机更高的过热度。这种情况实际上很正常,但许多技术人员往往在这种情况下还不断地添加制冷剂,致使系统充注过量。采用毛细管或固定孔板计量装置的系统在蒸发器热湿负荷较大的情况下,具有较高的过热度是十分正常的。

再看图10.17,当室外环境温度保持95℉不变时,经过蒸发器盘管的气流干球温度由75℉上升至95℉,则实际的过热度从6℉上升至33℉。即在室内空气干球温度为95℉,室外空气干球温度为95℉的交点位置,根据此线图,其过热度应为33℉。实际上,这样的工况条件对于系统及其蒸发器来说已经毫无意义了,这就是固定孔板计量装置的最大缺陷,然而这是通过改变空调系统常见的室内和室外热湿负荷来避免制冷剂涌堵的唯一办法。由于空调设备中毛细管、固定孔板等系统的充注均依据几乎同样的基本概念,因此需要强调:必须向空调设备制造商咨询,了解如何根据他们提供的充液曲线和数据表采取恰当的充液方法。有些制造商针对不同的机型提供不同的曲线和数据表,也有一些制造商根据对设备所做的实验室测试,在其充液曲线上取消了湿球温度项。

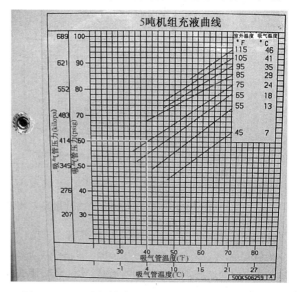

图10.19 是采用毛细管为计量装置、制冷量为5吨的整体式空调系统的充液曲线。该充液曲线由制造商粘贴在机组的一侧,供维修人员维修

图10.19　5吨整体式空调机组的充液曲线(Ferris State University, John Tomczyk 摄)

并作为系统充注制冷剂的参考。这种曲线图的使用方法远比图10.17中的曲线要方便得多,该图只有3个变量,分别是室外温度、吸气管温度和吸气压力。维修人员必须首先确定环境温度是多少,然后在冷凝机组的检修阀处读出吸气压力表上的压力数,根据这两个已知条件和该充液曲线,维修人员即可确定在检修阀处进入冷凝机组应有的相应吸气管温度。如果吸气管温度较高,则向系统充注少量制冷剂,如吸气管温度偏低,则可从系统回收少量制冷剂。

举例:

系统采用 R-22 制冷剂

室外温度为 75℉

吸气压力为 60 psig

冷凝机组检修阀处的吸气管温度为 40℉(见图10.19)。

如果在检修阀处测得的吸气温度为 60℉,维修人员则需向系统添加制冷剂。如果在检修阀处测得的吸气温度为 32℉,维修人员则需从系统中回收少量制冷剂。添加或回收制冷剂时,而且在再次查阅充液曲线之前,应给予机组充分的时间得到新的平衡。以添加制冷剂的方式达到正确的充注量远比以回收制冷剂方式达到同样目的要容易得多。

10.7　用于热力膨胀阀系统的过冷充液法

上述两种充液曲线主要用于毛细管、固定孔板或活塞件(短管)等固定孔径型的计量装置。固定孔径计量装置的主要优点在于价格低、结构简单。但有些空调机组,特别是一些大冷量机组,往往采用热力膨胀阀(TX-Vs)作为计量装置。系统采用热力膨胀阀作为计量装置时,热力膨胀阀可以使蒸发器的过热度保持不变,并使蒸发器在较高的热负荷和较低的热负荷之下均具有较高工作效率。热力膨胀阀系统还可以在室外温度变化的情况下使蒸发器内的过热度保持不变。如需详细了解热力膨胀阀的内容,可参见第24章"膨胀器件"。

以热力膨胀阀作为计量装置的空调系统,必须采取一种称为"过冷法"的制冷剂充注法。过冷法涉及室外冷凝机组排气过冷量的计量,这一过冷量还包括冷凝器的过冷量和用于室外冷凝机组的一小部分液管的过冷量。以下是采用过冷法为采用热力膨胀阀的冷风系统充液的主要步骤:

- 第一步:测读任何压力或温度值之前,使系统至少运行 15 分钟。如果室外温度低于 65℉,那么冷凝温度至少必须是 105℉,对于 R-410A 制冷剂来说其最低压力为 340 psig,对于 R-22 则为 210 psig。可通过覆盖部分室外冷凝器盘管和阻塞部分气流的方法使冷凝器温度升高。
- 第二步:使用压力表测量室外冷凝机组检修阀处液管(冷凝)压力,利用压力/温度线图将液管压力转换为饱和温度。
- 第三步:在测定液管压力的位置处测量室外冷凝机组检修阀的液管温度。
- 第四步:在盘管机组的技术参数铭牌或技术手册上,找到机组所需的过冷值。在没有技术参数铭牌或技术手册的情况下,可取过冷值 10℉至 15℉。
- 第五步:将饱和温度(第二步中对应的液管压力)减去技术参数铭牌或技术手册上的过冷值,得到室外冷凝机组处要求的液管温度。
- 第六步:如果测得的液管温度高于第五步计算得到的液管温度,那么应向机组添加制冷剂;如果测得的液管温度低于第五步的计算值,则从机组回收部分制冷剂(采用此法时,3℉至 4℉的温差是难免的,但只能在此范围内),向机组添加或从机组回收制冷剂时,该温差值可能会有少量增加。在再次测读压力和温度值之前,应使机组至少运行 15 分钟,以便供冷机组重新获得平衡。

图 10.20 为采用 R-410A 为制冷剂、大冷量的分体式空调机组,该系统采用热力膨胀阀作为计量装置。该空调机组运行 15 分钟后,检修人员在室外冷凝机组上的液管检修阀处测得压力值为 390 psig,查阅 R-410A 的压力/温度线图,将该压力值转换为饱和温度,为 115℉,检修人员在测得压力值的位置,即室外机组的检修阀处测得液管温度为 110℉,再查机组上的技术参数铭牌,发现该机组正常的过冷度应为 15℉。然后,将 115℉的饱和温度值减去技术参数铭牌上的 15℉过冷值,得到室外冷凝机组处要求的液管温度值为 100℉。见下述等式:

饱和温度(115℉) - 技术参数铭牌上的过冷度(15℉) = 理想的液管温度(100℉)

检修人员将测得的液管温度 110℉与要求的液管温度 100℉进行比较。由于测得的液管温度高于要求的液管温度,因此检修人员在机组运行过程中为机组添加制冷剂。由于 R-410A 是一种近共沸的制冷剂混合液,因此为避免各组分分离,制冷剂必须以液体状态离开充液钢瓶,并在到达系统压缩机之前完全汽化。充注制冷剂后,检修人员必须至少等待 15 分钟以使系统重新平衡,然后再次测量压力和温度值,直至在室外冷凝机组的液管处测得的温度值与要求温度的差在 3℉至 4℉之内。

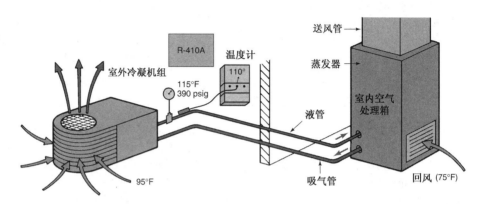

图 10.20　配置热力膨胀阀节流器的高效分体式 R-410A 空调系统采用过冷法充注制冷剂

10.8　近共沸制冷剂混合液的充注

　　制冷剂混合液及其特性在第 9 章"制冷剂与润滑油的化学成分及其回收、再循环、再生和改型"已有论述。在讨论如何将制冷剂混合液充注入制冷或空调系统时,还需要对制冷剂混合液及其特性进行更深入的研究。

　　如第 9 章所述,制冷剂混合液只不过是两种或更多种制冷剂配制而成的另一种制冷剂,这些新制冷剂具有与各组分制冷剂完全不同的特性。在供暖、通风、空调与制冷行业应用多年的两种共沸混合液是 CFC-502 和 CFC-500。这两种混合液分别由 HCFC-22/CFC-115 和 CFC12/HFC-152a 共沸混合物组成。但是,因涉及臭氧层消耗和全球变暖等环境问题,这两种制冷剂混合液均于 1996 年起停止生产。

　　共沸混合液是两种或更多种制冷液的混合物,其特性与我们非常熟悉的 R-12、R-22 和 R-134a 等制冷剂特性相似。一个系统压力始终对应着唯一的沸点温度和一个冷凝温度,对于一个指定的蒸发器或冷凝器饱和压力来说,只存在唯一的、对应的温度。

　　但是,如今正在使用的许多称为近共沸混合液的制冷剂,在其蒸发和冷凝过程中的表现与其组分的特性大相径庭。由于每一个制冷剂样本中存在着两种分子,而不是单一的分子,因此在与共沸混合液和 CFC-12、HCFC-22 或 HFC-134a 等其他制冷剂比较时,这些混合液压力/温度的相应关系就存在着很大的差异。

　　近共沸混合液在汽化和冷凝时具有明显的温度漂移。由于混合液具有不同的汽化和冷凝温度,在单一的、给定的压力之下汽化和冷凝时,就会出现温度的漂移。而且在一给定的压力之下,其液体和气体的实际温度也不相同。图 10.21(B) 为近共沸混合液在冷凝管发生相变时的状态。注意,在给定压力 85.3 psig 下,使其液体和蒸气的温度并不相等。图 10.21(A) 清楚地表明:在任一给定的压力之下,该混合液的液相与气相温度均明显不同。事实上,在冷凝压力为 85.3 psig 时,液体温度(L)为 67.79℉,蒸气温度(V)为 75.08℉,那么其冷凝温度漂移范围为 75.08℉ 至 67.79℉,其冷凝温度漂移量应为 7.29℉(75.08℉ +67.79℉),这就意味着冷凝器中的冷凝过程是在一段温度区域内发生的。冷凝温度应为冷凝温度漂移范围的平均值,即(75.08℉ +67.79℉)÷2 = 71.43℉。近共沸混合液的温度漂移只有在其相变时出现。

　　与 R-12、R-22 或 R-134a 等制冷剂不同,一个温度不再对应一个压力值。在制冷与空调设备中,对应不同的制冷剂混合液,其温度的漂移范围为 2℉ 至 14℉。一般来说,像空调等高温设备,其温度的漂移量较大。绝大多数混合液具有很小的温度漂移量,对制冷系统几乎没有任何影响。但是,由于存在温度漂移,因此必须掌握过热和过冷的各种计算方法。这些计算方法将在后续几章中论述。应用比较多的近共沸制冷剂混合液有 R-401A、R-401B、R-402A、R-402B、R-404A、R-407C 和 R-410A。

尽管 R-410A 被列入近共沸制冷剂混合液范围之内,但其温度漂移量很小,在空调设备应用中可忽略不计。

像 R-12、R-22、R-134a 等制冷剂,或者像 R-500 和 R-502 等共沸制冷剂混合液,在任一压力之下,其汽化和冷凝温度均保持不变。注意,见图 10.22,当 R-134a 在冷凝管中于 85.3 psig 压力下发生相变时,其液体与蒸气温度均为 79.0℉,这是因为 R-134a 不存在温度漂移。

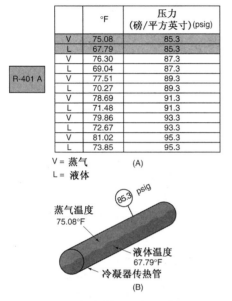

R-401 A		°F	压力 (磅/平方英寸)(psig)
	V	75.08	85.3
	L	67.79	85.3
	V	76.30	87.3
	L	69.04	87.3
	V	77.51	89.3
	L	70.27	89.3
	V	78.69	91.3
	L	71.48	91.3
	V	79.86	93.3
	L	72.67	93.3
	V	81.02	95.3
	L	73.85	95.3

R-134a		°F	压力 (磅/平方英寸) psig
	V	79.0	85.3
	L	79.0	85.3
	V	80.5	87.3
	L	80.5	87.3
	V	81.7	89.3
	L	81.7	89.3
	V	82.6	91.3
	L	82.6	91.3
	V	83.8	93.3
	L	83.8	93.3
	V	85.0	95.3
	L	85.0	95.3

V = 蒸气　(A)　　　　　　　　　　　V = 蒸气　(A)
L = 液体　　　　　　　　　　　　　　L = 液体

图 10.21　R-401A 制冷剂的压力/温度关系。R-401A　　　图 10.22　R-134a 制冷剂的压力/温度关系
是一种近共沸制冷剂混合液,其各组分R-22、
R-152a和R124的百分比例分别为53、13和34

市场上许多新式的压力/温度线图可以使检修人员很方便地用来检查采用具有温度漂移特征的近共沸制冷剂混合液系统的制冷剂充注量是否正确。例如,图 10.23 中的压力/温度线图可为检修人员说明如何利用露点温度来检测系统的过热度。露点温度是饱和蒸气最初开始冷凝的温度。如果检修人员需要检测过冷度,该线图可以指导检修人员如何仅用沸点温度来获得系统的过冷度,沸点温度是饱和液体刚开始汽化时的温度。

举例:

检修人员从以 R-404A 为制冷剂的低温制冷系统上测读得到如下数据:

排气压力为 250 psig

吸气压力为 33 psig

冷凝器出口温度为 90℉

蒸发器出口温度为 10℉

求冷凝器的过冷度和蒸发器的过热度。根据图 10.23 的压力/温度线图,250 psig 排气压力对应的冷凝温度为 104℉。注意,该线图可以仅用沸点温度一个变量求得压力/温度的对应值。利用此图查找过冷度或过热度时,不可能出现液体温度或蒸气温度相互混淆的情况。冷凝器的过冷度应为

冷凝温度 104℉ − 冷凝器出口温度 90℉ = 冷凝过冷度 14℉

再求蒸发器过热度,查图 10.23 的线图。先查得 33 psig 吸气压力对应的蒸发温度为 0℉。注意,仍采用露点温度一个变量,查压力/温度的对应值。利用此图求过冷度或过热度时,不会出现液体温度或蒸气温度相互混淆的现象。蒸发器的过热度应为

蒸发器出口温度 10℉ − 蒸发温度 0℉ = 蒸发器过热度 10℉

对于检修人员查找压力与温度对应值来说,图 10.23 中的压力/温度对应表比图 10.21(A)的对应表要简便得多,且不太可能出错。图 10.23 对于同一压力值分别给出了液体温度和蒸气温度。

近共沸制冷剂混合液的另一种特征是组分的分离。由于近共沸混合液由多种不同的制冷剂配制混合而成,含有多种分子,在蒸发器和冷凝器中发生相变时,其表现与 R-12、R-22、R-134a 等制冷剂和其他共沸混合液完全不同。当一部分混合液开始冷凝或蒸发,而其他组分尚未冷凝或蒸发时,就会发生混合液各组分的分离。这是

因为:同一种混合液中,各组分实际发生相变的速度不同,混合液中各组分制冷剂的蒸气压力也略有差异,势必形成各组分的冷凝和蒸发速度不同。

如果某种近共沸混合液泄漏(汽化),那么混合液中沸点温度最低(蒸气压力最高)的制冷剂组分就会比混合液中其他的制冷剂组分更快地泄出。混合液中沸点温度仅次于最低值(即仅次于最高蒸气压力)的制冷剂也随之泄出,而具有最低沸点温度的制冷剂则以缓慢的速度泄放。许多混合液由 3 种制冷剂(三元混合液)配制而成,因此就有了同时有 3 种不同泄漏速度的现象。一旦泄漏处被找到并予以修补,那么就可能出现新的问题:泄漏后留存于系统内的制冷剂混合液不再具有与最初充注于系统的制冷剂混合液中各组分的比例关系。制冷剂混合液出现泄漏,并且是以蒸气状态泄漏时,才会发生组分的分离。在系统发生纯液体泄漏时,不可能出现混合液各组分的分离。这是因为只有各组分蒸气压力存在差异,而且我们需要液、气共存的状态。技术人员在充注制冷剂混合液过程中,当制冷剂蒸气从充液罐中排出时也会发生制冷剂各组分分离的现象。因此,对制冷系统充注近共沸或非共沸混合液时应采取液体充注。如果将新的液体制冷剂用于曾有泄漏的制冷系统做二次充注,那么因泄漏引起的组分分离所造成的容量损失很小,不会对此产生任何影响。只有从充液罐中排出液体制冷剂才能确保混合液以适当的比例和组分进入制冷系统,如果从充液罐中排出的制冷剂为蒸气,那么必然发生各组分的分离。但是,当从充液钢瓶将适当的制冷剂液体转移至另一个储液钢瓶时。该制冷液就会迅速地转变为蒸气,只要将所有的制冷剂蒸气也充入系统,才能保证混合液组分以适当的比例进入系统。

装有非共沸制冷剂混合液的钢瓶一般都设有触及钢瓶底部的吸管(并不是都有这种吸管),可以在钢瓶直立时将制冷液从钢瓶中排出,见图 10.24,从而可以确保检修人员为系统充液时从钢瓶排出的制冷剂始终是液体制冷剂。当然,也可将这种钢瓶倒置排出制冷剂蒸气。

当需要从正常运行系统的吸气管添加液体制冷剂时,为避免损伤压缩机,该制冷液一旦其离开充液钢瓶就必须予以节流、汽化才能注入系统。在此,还需采用一些专用的节流阀以保证液体制冷剂在进入压缩机之前全部汽化。图 10.8 和图 10.9 是其中的两例。将一个电流表跨接在压缩机的电源线上来观察充注制冷剂时压缩机的工作电流,见图 10.25。这些保护措施可以避免压缩机过载以及进入压缩机的制冷剂密度太高引起的过载跳闸。如果电流大大高于铭牌上的额定电流,应立即终止充液,直至电流值稳定在一个较低的数值上。我们也可以用歧管压力表组件对液体制冷剂尝试做进一步的节流,尽管这样会使制冷剂充入系统的速度更慢,但此举可以使进入压缩机的制冷剂蒸气的密度降低,并使压缩机的电流值降低。此外也可以将压缩机上的三路吸气检修阀脱离后位,因为它也具有一定的节流效应,有助于将需要注入压缩机的液体制冷剂全部汽化。

压力—温度线图

压力 (psig)	温度(°F)					
	粉红色	沙色	橘黄色	绿色	淡棕色	棕色
	制冷剂(Sporlan代号)					
	MP39 或 401A(X)	HP80 或 402A(L)	HP62 或 404A(S)	KLEA60 或 407A	9000，即 KLEA66 407C(N)	FX-56 或 409A
5*	-23	-59	-57	-45	-40	-22
4*	-22	-58	-56	-43	-39	-20
3*	-20	-56	-54	-42	-37	-19
2*	-19	-55	-53	-41	-36	-17
1*	-17	-54	-52	-39	-35	-16
0	-16	-53	-51	-38	-34	-15
1	-13	-50	-48	-36	-31	-12
2	-11	-48	-46	-33	-29	-9
3	-9	-45	-43	-31	-27	-7
4	-6	-43	-41	-29	-24	-5
5	-4	-41	-39	-27	-22	-2
6	-2	-39	-37	-25	-20	0
7	0	-37	-35	-23	-18	2
8	2	-36	-33	-21	-17	4
9	4	-34	-32	-20	-15	6
10	6	-32	-30	-18	-13	8
11	8	-30	-28	-16	-12	9
12	9	-29	-27	-15	-10	11
13	11	-27	-25	-13	-8	13
14	13	-26	-23	-12	-7	14
15	14	-24	-22	-10	-5	16
16	16	-23	-20	-9	-4	17
17	17	-21	-19	-8	-3	19
18	19	-20	-18	-6	-1	20
19	20	-19	-16	-5	0	22
20	21	-17	-15	-4	1	23
21	23	-16	-14	-2	3	25
22	24	-15	-12	-1	4	26
23	25	-14	-11	0	5	27
24	27	-12	-10	1	6	29
25	28	-11	-9	2	8	30
26	29	-10	-8	4	9	31
27	30	-9	-6	5	10	32
28	32	-8	-5	6	11	34
29	33	-7	-4	7	12	35
30	34	-6	-3	8	13	36
31	35	-5	-2	9	14	37
32	36	-4	-1	10	15	38
33	37	-2	0	11	16	39
34	38	-1	1	12	17	40
35	39	0	2	13	18	41
36	40 30	0	3	14	19	43
37	42 31	1	4	15	20	44
38	43 32	2	5	16	21	45 30
39	44 33	3	6	17	22	46 31
40	45 34	4	7	18	23	47 32
42	46 36	6	8	19	25	48 34
44	48 38	8	10	21	26	50 36
46	50 40	10	12	23	28	38
48	42	11	14	24	30	39
50	44	13	16	26	31	41
52	45	14	17	28	33	43
54	47	16	19	29	34	45
56	49	18	20	31	36	46
58	50	19	22	32	37	48
60	52	20	23	33	39	50
62	53	22	25	35	40	51
64	55	23	26	36	42 30	53
66	56	25	27	38	43 32	54
68	58	26	29	39	44 33	56
70	59	27	30 29	40 30	46 34	57
72	61	29	32 31	41 31	47 36	58
74	62	30	33 32	43 32	48 37	60
76	64	31	34 33	44 34	49 38	61
78	65	32 30	35 34	45 35	39	63
80	66	34 31	37 36	46 36	41	64
85	69	37 34	40 39	49 39	44	67
90	73	40 37	42 42	42	46	70
95	76	42 40	45 44	45	49	73
100	78	45 43	48 47	47	52	76
105	81	48 45	50	50	54	79
110	84	50 48	52	53	57	82
115	87	50	55	55	59	84
120	89	53	57	57	62	87
125	92	55	59	60	64	89
130	94	57	62	62	66	92
135	96	60	64	64	69	94
140	99	62	66	66	71	96
145	101	64	68	68	73	99
150	103	66	70	70	75	101
155	105	68	72	72	77	103
160	108	70	74	74	79	105
165	110	72	76	76	81	107
170	112	74	78	78	82	109
175	114	75	80	80	84	111
180	116	77	82	81	86	113
185	117	79	83	83	88	115
190	119	81	85	85	90	117
195	121	82	87	87	91	119
200	123	84	88	88	93	121
205	125	86	90	90	95	123
210	127	87	92	91	96	124
220	130	91	95	94	99	128
230	133	94	98	97	102	131
240	136	97	101	100	105	134
250	140	99	104	103	108	137
260	143	102	107	106	111	141
275	147	106	111	110	115	145
290	151	110	115	114	119	149
305	155	114	118	117	123	153
320	159	118	122	121	126	157
335	163	121	126	124	130	161
350	167	125	129	128	133	165
365	170	128	132	131	137	169

*低于大气压的水银柱英尺高度

图 10.23　具有温度漂移的制冷剂混合液压力/温度线图(Sporlan Valve Company提供)

本章小结

1. 制冷剂可以在适当的条件之下以气态或液态形式充入制冷系统。
2. 当以气态形式充注制冷剂时,随着制冷剂蒸气被逐渐抽出钢瓶,钢瓶内压力也逐渐降低。
3. 液体制冷剂通常注入系统的液管,而且只有在适当的条件下才能充注液体制冷剂。

图 10.24　存放近共沸制冷剂混合液的钢瓶。钢瓶内安装　图 10.25　检测压缩机的电流值(Bill Johnson 摄)
有一根伸入钢瓶底部(当处于竖直位置时) 的
吸液管,因此在钢瓶处于直立状态时,可以全
部充注液体制冷剂(Worthington Cylinders 提供)

4. 检修人员充注某些制冷剂混合液时,必须采用直接来自充液钢瓶的液体制冷剂,这样可以避免混合液
各组分的分离。液体制冷剂离开充液钢瓶后必须节流汽化,以避免液体制冷剂进入压缩机。

5. 液体制冷剂绝不能容许进入压缩机。

6. 充注系统的制冷剂可采用计重和按体积计量。

7. 采用圆盘秤时因钢瓶的最终重量必须进行计算,因此用于制冷剂添加时比较麻烦。这种秤以磅和盎司
标定刻度为单位。

8. 电子秤具有在钢瓶置于秤盘上时置零并对制冷剂钢瓶排出的制冷剂进行计量的功能。

9. 量筒利用液体制冷剂的体积量计量。由于制冷剂的体积随环境温度而变化,因此必须根据量筒上不同
温度的对应值,才能保证充注量的精确。

10. 近共沸或非共沸混合液已在臭氧层消耗和全球变暖的一片抱怨声中悄然了进入制冷和空调行业。

11. 非共沸混合液相变时会出现温度漂移,在以蒸气形式泄漏或以气态充注时,会出现组分分离现象。

12. 为避免组分分离,所有非共沸混合液从充液钢瓶排出时必须是液态。

13. 充注非共沸混合液时,必须采用专用的节流装置,以便使液体制冷剂在进入压缩机之前全部汽化。

14. 制造商提供的充液线图和曲线可以帮助检修人员精确掌握注入空调或热泵系统的制冷剂数量。

15. 以热力膨胀阀为计量装置的空调和热泵系统,其制冷剂充注可采用过冷充注法。

16. 制造商设计制作的许多新型的,特别是涉及具有温度漂移特征的近共沸制冷剂混合液压力/温度线图
可以使检修人员在检查系统的制冷剂充注量是否正确时更加方便。

复习题

1. 当系统没有制冷剂时,如何将制冷剂注入制冷系统?

2. 用充液钢瓶将制冷剂蒸气注入系统时,如何使制冷剂钢瓶内的压力持续高于系统压力?

3. 以蒸气充注时,为何制冷剂钢瓶内制冷剂压力会下降?

4. 圆盘秤的主要缺点是_____。

5. 哪种类型的设备通常在其铭牌上印有制冷剂的充注量?

6. 数字式电子秤上何种功能对充注制冷剂非常有用?

7. 如何保持量筒内制冷剂的压力?

8. 量筒如何确定因温度变化引起的体积量变化?

9. 购买充液钢瓶时,必须注意_____。

10. 系统充液时,除了称重和计量之外,还有什么办法来确定制冷剂数量?

11. 由两种或更多种类制冷剂配制而成的另一种制冷剂是一种
　　A. 制冷剂混合液;　　　　　B. 制冷剂溶液;　　　　　C. 制冷剂悬浮液;　　　D. 制冷剂浆液。

12. 试定义温度漂移的概念,并以制冷系统中可能会发生温度漂移的位置为例说明之。

13. 制冷剂混合液中一部分组分可以在其他组分之前蒸发或冷凝的现象称为：
    A. 温度漂移； B. 相漂移； C. 焓变； D. 分离。

14. 非共沸制冷剂混合液与共沸制冷剂混合液的主要差别是什么？

15. 将液体制冷剂注入系统时，对液体制冷剂进行"节流"是指什么？

16. 引起某些制冷剂混合液出现组分分离的原因是什么？

17. 查图 10.17 的充液线图，当室外环境温度上升时，压缩机过热度将出现怎样的变化？解释其原因。

18. 查图 10.17 的充液线图，当室外环境温度保持不变，但室内干球温度或湿球温度上升时，压缩机的过热度将怎样变化？解释其原因。

19. 查图 10.19 的充液线图，如果室外环境温度为 85 ℉，吸气压力为 74 psig，则冷凝机组检修阀处的吸气管温度应为多少？

20. 检修人员何时应采用过冷法为空调和热泵系统充液？

21. 检修人员采用过冷法为以热力膨胀阀为计量装置的空调系统充液时，低压侧饱和温度为 110 ℉，机组技术手册标示的液体过冷度为 10 ℉，那么冷凝机组处的液管温度应为多少？

22. 检修人员从某 R-404A 制冷机组上测得如下读数：
    排气压力为 205 psig
    吸气压力为 30 psig
    冷凝器出口温度为 80 ℉
    蒸发器出口温度为 10 ℉
    采用图 10.23 的压力/温度线图，求冷凝器的过冷度和蒸发器的过热度。

第 11 章　仪器的校准

教学目标

学习完本章内容之后,读者应当能够:

1. 叙述用于采暖、空调和制冷系统的各种仪器。
2. 在低温及高温范围,对基本的温度计进行检测和校准。
3. 检查欧姆表精度。
4. 论述电流表和电压表的比较测试。
5. 论述检测各种压力仪表的方法。
6. 检测废气分析仪。

11.1　校准的目的

检修人员不可能始终凭视觉或听觉来检查机器或设备某一部分出现了什么故障,必须要借助于万用表和温度测试仪等各种仪器,因此这些仪器必须可靠、安全。虽然这些仪器在生产过程中已进行了校准,但它们不可能始终保持在校正的状态,因此在使用这些仪器之前,技术人员必须对其进行校准并定期予以检查。即使仪器已进行过精准校准,但由于水分、震动等环境条件不同,也不能直接用于检测。放置在卡车上的各种仪器很可能要经过颠簸的路面才能运送到工作现场,也可能处在酷热与严寒的天气环境之下。仪器箱还可能结露(空气中水蒸气冷凝形成的水汽),而致使仪器受潮。所有这些都可使仪器处于受力状态,因此仪器在更多的时间内处于不平衡的状态下。

技术人员应始终注意善待各种工具和设备,因为我们的各项工作有赖于安全、实用、可靠和精确的各种工具与设备,而且除了对这些仪器与设备有全面的认识、仔细地使用和正确地存放之外别无他法。**安全防范措施**:技术人员应经常对其中的一些仪器做电源电压检查,以防触电,各种仪器必须安全、可靠和有效。

11.2　校准

有些仪器、仪表不可能进行校准。所谓校准是指对应一个标准或正确的读数修正仪器、仪表的输出或读数。例如,对于一个实际运行速度为 60 mph 的汽车,如果速度表显示 55 mph,那么说明该速度表失准;如果速度表可以调整至读数正确的速度值,那就说明该速度表可以用于进行校准。

有些仪器、仪表就是供施工现场使用的,并能始终处于校准状态。具有数字显示功能的电子仪表比模拟式(指针式)仪表更易保持在校准状态,因此更适宜工作现场使用,见图 11.1。

本章将论述用于故障维修的最常见的各种仪器、仪表。这些仪器包括:检测温度、压力、电

(A)　　　　　　　　　(B)

图 11.1　(A)模拟式仪表;(B)数字式仪表(Wavetek 提供)

压、电流和电阻的仪表;检查制冷剂泄漏以及做烟道气(废气)分析的仪器。要检查和校准仪器、仪表,必须要有校准的标准。有些仪器很容易校准,而有些仪器、仪表必须返回到制造企业进行校准,还有一些仪器、仪表根本不能校准。我们建议:无论何时购买仪器、仪表,都应针对数个已知值来检查仪器、仪表的读数,如果仪器、仪表的读数不在制造商提供的标准之内,应将此仪器或仪表退回供应商或制造商。保存好仪器的包装盒以及使用说明书和质保文件,这些东西可以使你节省很多时间。

11.3　温度检测仪器

温度检测仪器可用于检测蒸气、液体和固体的温度。铜管内的空气、水以及制冷剂是最主要的检测对象。不管采用何种中间体,这些仪器的精确检查方法基本相同。

制冷技术人员必须拥有用于测量制冷剂管线和冷凝器内侧温度的、量程为 -50℉至50℉的各种温度计。当然,当在检查冷凝器的工作压力且需要测量环境温度时,就可能接触到更高温度。采暖和空调技术人员在常规的检修中必然需要测量40℉至150℉的空气温度和高达220℉的水温,这就需要一种量程较大的温度计。对于250℉以上的温度——如用于天然油、天然气设备的烟道分析仪——就必须采用专门的温度计。烟道气分析仪套件中一般都配置这种温度计,见图11.2。

过去,许多技术人员都依靠玻璃管水银温度计或酒精温度计,只要将温度计插入流体,即可测得流体的温度值,但这些温度计用来测量固体的温度时就十分困难。现在,这些玻璃管温度计已被电子温度计所替代,而且电子温度计的使用非常普遍。电子温度计简便、经济,而且精确,见图11.3和图11.4。模拟和数字两种形式相比,尽管数字式温度计价格稍高,但它可以在任何恶劣的环境条件下、在较长的时段之内保持较高的测量精度。

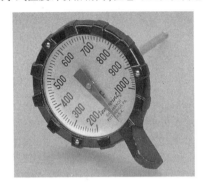

图11.2　烟道气分析仪箱内配套的温度计,注意该温度计的温度范围(Bill Johnson 摄)

图11.3　模拟式电子温度计(Bill Johnson 摄)

小型圆盘式温度计通常用于工作现场检测,见图11.5,它不能用做实验室级的测温仪器。该温度计上刻度值之间的间距很小,指针从刻度盘的最小值0℉至最大值250℉的距离只有2.5英寸左右(圆盘的周长),非常像刻度为0~100 mph 的1.25英寸汽车上的速度表,速度表上的刻度很窄,指针的宽度会盖住多个刻度。当然,汽车驾驶员并不需要知道非常精确的实际车速。

图11.4　数字式电子温度计(Bill Johnson 摄)

图11.5　小型圆盘式温度计(Bill Johnson 摄)

对于温度计量仪器的检验可以很容易地得到3个标准温度:32℉(冰和水)、98.6℉(体温)和212℉(水的沸点温度),见图11.6。选择的标准温度应比较接近你工作的温度范围。当选用任一标准温度来检验温度计的精度时,应记住温度表上显示的是感温元件的温度值。许多技术人员错误地认为感温元件显示的温度就是检测中间体的温度,然而未必如此。不少缺乏经验的新手只是把温度计的探头放在铜管上,即读出其温度值。事实上,温度计的感温头除了铜管,更多接触的是周围的空气,见图11.7。因此,感温头必须与被测中间体充分接触一段足够长的时间,使感温头具有与中间体同样的温度,才能获得精确的读数。

一种比较规范的温度仪检验方法是将温度计感温元件浸没在已知温度状态的液体当中(如正在发生相变时的冰、水混合物),使感温元件达到已知的温度。下述方法用于检验配置有4组带插头的探头并可任意变换插孔位置的电子温度计。

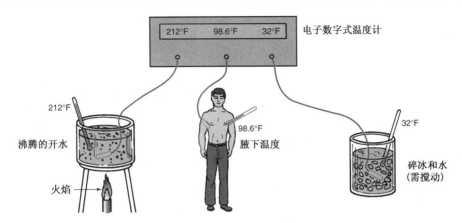

图 11.6　检修人员可以利用的 3 个标准温度

1. 按图 11.8 和图 11.9 中的方法将 4 个探头固定在一起,并将某个固体插入其中以便能在冰水中搅动。
2. 做低温检验时,将 1 磅左右的冰块碾碎(最好是纯水制成的冰),如果没有纯水,应保证其中不含有盐或糖,因为两者都会改变水的冰点温度。必须将冰块碾得非常细(可将冰块包裹在毛巾内用木锤捣碎),否则在混合物中就会存在暖点。

图 11.7　技术人员必须记住温度计上显示的只是感温元件上的温度(Bill Johnson摄)

图 11.8　将连接于温度计的 4 个探头从端部捆扎在一起,这样可以将4个探头全部同时浸入水中

3. 从冰渣上方注入足够的水,可能的话倒入纯水,水位至几乎盖过冰渣,但水不得完全盖过冰渣,否则冰渣会浮起,使混合物的底部温度略高。冰渣必须接触容器的底部。
4. 搅动浸没在冰水混合物(正在发生相变)中的温度计探头,至少持续 5 分钟,必须使探头有足够的时间达到冰水混合物的温度。
5. 如果探头的显示值不同,那么就要注意哪一个探头有误差,误差值为多少? 应对各探头编号,并根据探头编号将其误差值标注在仪表箱体上,或者就用各自的误差值作为标记。
6. 做高温检验时,可将一盆水放在炉子上加热,并加热至水沸腾。验证检验的温度计显示值是否达到 212℉。如果已达到 212℉,将探头组浸入沸水。注意,不要使探头接触盆底,否则可能使热量直接从盆底传递给探头,见图 11.10。至少将温度计探头搅动 5 分钟,然后检验各探头的温度显示值。由于受这些温度计产品温度量程所限,因此温度计显示值是否精确至标准的 212℉并不重要,变换插头与插孔的对应连接关系,出现 1 ~ 2℉的偏差并不说明有很大的误差,如果某一探头的读数偏离 212℉的标准温度 4℉以上,那么就可将其标为次品。记住,在标准压力状态下,海平面处的水沸点温度为 212℉,因此在海平面以上任何位置,水的沸点温度均有不同程度的下降。如果处在海平面以上 1000 英尺的高度,那么我们建议采用实验室级玻璃管温度计作为标准,而不要再考虑沸水温度是否正确。

　在低温段,温度计的精确度非常重要,因为我们要测定的往往是很小的温差。1℉的误差听起来并不很大,但如果某一探头向上偏离 1℉,另一探头向下偏离 1℉,那么当想要测取一台只有 10℉温差的热交换器进出水温差时,其精确度可能就会有 20%的误差,见图 11.11。如果采用探头插口不能变换的数字式温度计,那么在该温度计的背面对应每一个探头均有单独的调节器。图 11.12 为此种温度计的校准方法。

　玻璃管温度计由于其刻度被刻在玻璃管上,通常不能进行校准。如果刻度印制在玻璃管的背面,那么也可进行调整。实验室级的玻璃管温度计精度很高,因此可以作为现场测温仪器的检测标准,也是电子温度计标准的重要依据,见图 11.13。

　许多圆盘式温度计都设有内置的调节机构,并可按上述方法进行精度测试与校准。如果无法进行校准,那么需要在该圆盘温度计上做出标记,见图 11.14。

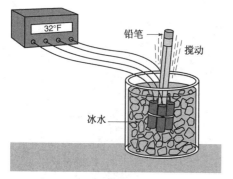

图 11.9　将铅笔与温度计探头捆扎在一起，
　　　　使之略有刚性，可以在冰水中搅拌。
　　　　注意冰渣必须触及容器的底部

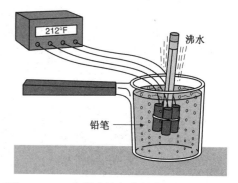

图 11.10　4 个温度计探头的高温精确度测试

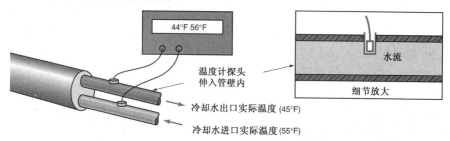

图 11.11　探头精度为 ±1℉ 的温度计

图 11.12　探头插孔位置不能变换的温度计
　　　　 及其校准方法(Bill Johnson 摄)

图 11.13　实验室级玻璃管温度计(Bill Johnson 摄)

　　必要时，体温也可用做检验依据。应记住，手部等四肢温度并不等同于人的体温，人的主血管流经处，即人体躯干部位的温度为 98.6℉，见图 11.15。

图 11.14　大规格的圆盘式温度计可利用校
　　　　 准螺钉进行校准(Bill Johnson 摄)

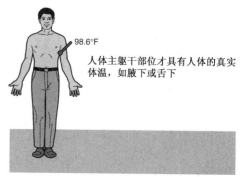

图 11.15　利用人体温度作为标准温度

11.4　压力测试仪器

压力测试仪器用于显示大气压以上和低于大气压的各种压力值。表歧管及其内部结构前面已有讨论。技术人员必须能依据这些表歧管以及数个参考压力点对压力测试仪器做定期的检验,尤其是怀疑某压力表的精度时,必须进行验表。压力测试仪表的使用相当频繁,而且存在大量的使用不当现象,见图 11.16。

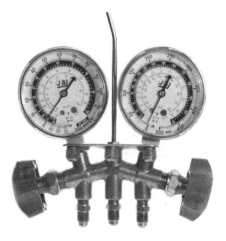

图 11.16　表歧管(Bill Johnson 摄)

从制冷剂钢瓶上获取压力表读数,然后以下述方法对压力/温度关系进行比较。表歧管各孔打开,接触大气压力、验表,此时压力表读数应为 0 psig。如果测试开始时压力表指针不指向 0 位,则不可能有正确的压力表读数。将表歧管与存放在室内较长时间、具有稳定室温的、含新鲜新制冷剂的钢瓶连接,并吹除表歧管内的所含空气。采用旧钢瓶往往会因为钢瓶受空气或其他制冷剂污染而出现误差,如果因为污染导致钢瓶压力不正确的话,则不能用于压力表的检验。钢瓶压力是用于校准的标准压力,因此必须绝对可靠。大多数首次使用的新钢瓶以及其他可用的钢瓶均设有仅容许制冷剂离开钢瓶的止回阀,因此不可能出现其中的某个钢瓶含有某种污染物的情况。购置一个 1 磅的制冷剂小钢瓶并置于一个稳定的温度环境之下专门用于验表,见图 11.17。

如果钢瓶温度已知,那么制冷剂也就有一个已知的压力值。一般情况下钢瓶始终是存放在一个具有温度控制的室内,并且测取其各项读数又往往是在下午,应使钢瓶避免阳光直射。如果制冷剂是 R-134a,室内温度为 75℉,且此钢瓶在室内存放足够的时间,那么此钢瓶及制冷剂温度应具有同样的温度 75℉。将压力表安装于钢瓶上并吹出所有空气之后,该压力表的读数应为 75℉ 所对应的 78.7 psig(见 R-134a 的压力/温度线图)。以同样方法在钢瓶上连接两个压力表(低压侧和高压侧)同时进行检验,见图 11.18。采用 R-22 也可做同样的测试,只是压力值较高,R-22 的75℉对应为 132 psig。采用两种制冷剂进行测试可以检验两种不同压力范围的压力表。

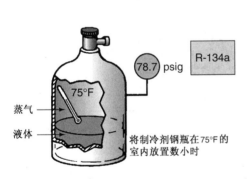

图 11.17　将制冷剂钢瓶在已知温度的环境下放置足够长的时间使制冷剂的温度与已知的环境温度保持一致。将表歧管安装于此钢瓶上时,即可由压力/温度表获知钢瓶内的压力值

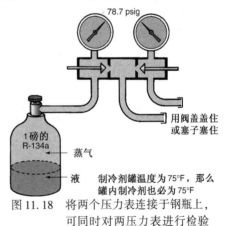

图 11.18　将两个压力表连接于钢瓶上,可同时对两压力表进行检验

由于我们的周围不可能有现成的已知真空度的真空环境,因此在真空状态下检验低压表不像在高于大气压力的环境下检验压力表那样简单。其中的一种办法是:将压力表各孔口打开,与空气接触,并确认压力表读数为 0 psig。然后将压力表与一个双级真空泵连接,启动真空泵。当该真空泵达到其最大真空度时,压力表的读数应为 30 英寸水银柱(即29.92 英寸水银柱真空),见图 11.19。注意,真空泵在深度真空时发出的噪声不如其压力接近大气压力时发出的噪声大,因此有经验的技术人员可以根据真空泵的声响来辨别真空泵的工作状态。如果压力表在大气压力状态和其刻度底端时的读数均正确,那么就可以认为该压力表在其刻度的中段也是正确的。如果真空表读数比较接近用以监测在真空状态下运行的系统压力,那么应购买一个更大规格的、更为精确的真空表,见图 11.20。

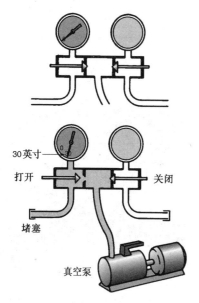

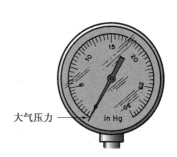

图 11.19　抽真空后,压力表的读数应为 30 英寸。如果确实如此,那么0 psig 至30英寸水银柱间的所有各点刻度均应认为是正确的

图 11.20　由于大表盘压力表的指针从 0 psig 至 30 英寸水银柱点的移动距离更长,因此用以监测运行于真空状态的各种系统时的精度也就更高

　　水银压力计和电子微米压力表可以用下述方法进行检验。这种现场测试可能做到 100% 精确,但检测后告知技术人员哪台仪器的读数在容差之内或大于容差则更重要。

1. 准备一台可以获得要求最大真空度的双级真空泵。如果此真空泵曾使用过,那么更换润滑油,以恢复其泵吸容量。将连接有水银计和电子微米表的表歧管按图 11.21 所示方式与真空泵连接。这样,低压表、微米表和水银压力计可同时做出比较。如果微米表读数在 5000 微米的范围,那么水银压力计和微米表可在此点位置进行比较。记住,1 mm 水银柱 =1000 微米,因此 5mm 水银柱 =5000 微米。低压侧歧管表读数为 30 英寸水银柱时,水银压力计上 1 毫米以下的水银柱的移动很难判断。

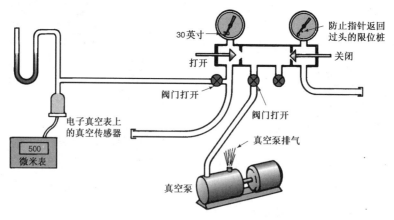

图 11.21　检验 U 形管水银压力计和电子微米表的装置

2. 当真空泵对歧管和各压力表抽真空后,如果水银压力计平齐——两侧水银柱高度处于同一水平面(需确认水银压力计处于铅垂位置)——那么微米表的读数应在 0 ~ 1000 微米之间。

　　注意,如果有空气渗入水银压力计的左侧管柱内,那么抽真空时,右侧水银柱就会高于左侧水银柱。从表面上来看,这说明右侧管柱上方具有更高的真空度。事实上,除非有空气渗入左侧管柱内,否则不可能出现右侧水银柱高于左侧的状态。无任何时,出现右侧水银柱高于左侧水银柱的情况,该水银压力计的读数都是错误的。水银压力计的校验通常借助于其他仪器来调整大气压力下左侧水银柱上方的定位位置。

由于两侧水银柱越是接近同一高度就越难以比较高低,要比较水银压力计的精度也就十分困难了。如果水银压力计两侧水银柱平齐,并且微米表的读数依然很高,那么就应将微米表送到制造商处进行校准。

注意,如果真空泵不能使水银压力计和微米表的真空度读数达到一个很低的程度——即水银压力计未达到平齐,微米表上读数未能降低至 50 微米,那么不是真空泵出现故障,就是各连接管存在泄漏。如果怀疑是泄漏,各连接管可改用铜管。如果还不能获得理想的真空状态,那么采用尽可能短的连接管将微米表直接与真空泵连接,观察真空是否能使微米表的读数下降,如果读数依然不见下降,那么可在真空泵上检验微米表看其是否能工作,不是微米表,就是真空泵有问题。事实上,要想获得能够在真空状态下精确比对的仪器十分困难,同样,要判断哪一台仪器读数正确,哪一台真空泵能使系统达到要求的真空度也非常困难。如果形成真空的时间太短,无法观察,则可以利用清空的制冷剂钢瓶一类的容器来延缓抽真空的时间,见图 11.22。

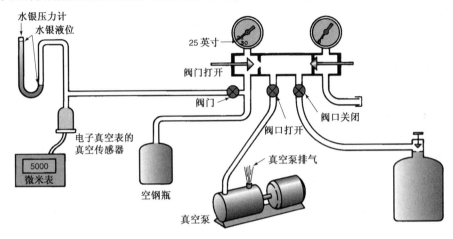

图 11.22　如果图 11.21 中的装置排气太快,那么可以连接诸如空钢瓶一类的容器来延缓抽真空过程

11.5　电气测试仪器

电气测试仪器的调试不是简单校准,因为电气测试仪器的检验是测试其精度。技术人员必须掌握正确的电阻值刻度、电压值刻度以及电流值刻度,表上的毫安刻度很少使用,且必须由制造商或与其他仪器进行比对检验。

电气测试仪器有多种精度等级。当需要对电气测试仪表的精度进行检验时,需购置用于精度比对的高质量仪器。如果所用的电气测试仪器不需要很高的精度,那么价格相对便宜的仪器足以满足要求。应定期(每年至少一次)对电气测试仪器做精度检验。测试方法之一就是将仪器的读数与已知量进行比对。

万用表上的电阻挡可采用来自电子产品供应商的已知阻值的高质量电阻器进行测试检验。利用不同阻值的电阻可以测试欧姆表(电阻挡)各量程的左、右两侧及中段位置的阻值及其精度,见图 11.23。每次测试之前,电阻挡均须做零位调整。注意,如果仪表无法做零位调整,那么应检查电池,如有必要,应更新电池;如果安装新电池后仍然不能调零,应检查表棒导线。表棒导线必须连接正常,特别是数字式仪表,表棒引线的一端也可以采用鳄鱼夹以确保良好的连接,表棒导线也可能出现内部接触不良。好的表棒虽价格略高,但其引线由多股很细的导线制成,不仅柔软,而且可靠,使用寿命较长。如果确定是仪表不能调零,那么只能将仪表送到专业公司或专业人员处检修,千万不要自行修理。每次测试前,必须对电阻表(电阻挡)做零位调整。

电压表的检验也不像电阻表(挡)测试那样简单。如有机会,也可以将你的电压表与当地的电力公司或技术学校的高级测试台上的仪表做比对检验。我们建议:无论是否怀疑你的仪表读数有问题,每年至少也要做一次全面校验,

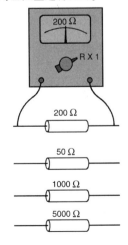

图 11.23　利用已知阻值的电阻,在不同阻值量程内对电阻表(挡)进行检验

见图11.24。当从电力公司那里获知你的仪表完全正常时,就可以消除许多工作中的疑虑,特别是在一些特殊工作现场遇到的低压挡电压值测试时。

电流检测中,钳形电流表的使用最为频繁,这种电流表套夹住电路的一根导线即可获知该导线的电流大小。电流表可以像电压表一样与技术学校的高级测试台上的仪表做比对检验,见图11.25。测得的数值可以用欧姆定律进行计算,并将测读到的电流值与已知电阻量的电热器电路进行比较。例如,由欧姆定律可知,电流(I)等于电压(E)除以电阻(R):

$$I = \frac{E}{R}$$

如果加热器电阻为109 Ω,电源电压为228 V,那么该电路的电流应为

$$I = \frac{228 \text{ V}}{10 \text{ Ω}} = 22.8 \text{ A}$$

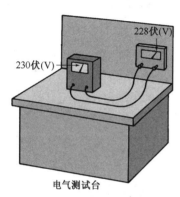

图11.24　万用表电压挡与高精度
测试台的仪表进行比对

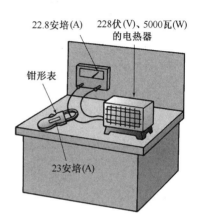

图11.25　电流表与高精度测试
台的电流表进行比对

注意,应在读取电压值的同时读取电流值,见图11.26。可以发现:电热器的电阻值随电热器的温度上升而变化,因此,测读值与计算值会有小量的误差。而且,随温度的上升,其电阻值越来越大,实际读读的电流值无法与计算值做精确比较。但是,我们的目的是检验电流表,如果电流表的读数偏差超过10%,那么应送修理车间进行维修。

11.6　制冷剂检漏装置

常用的制冷剂检漏装置有两种:卤素检漏灯和电子检漏仪。

卤素检漏灯

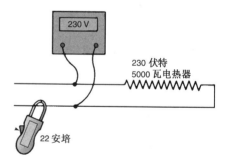

图11.26　利用电热器检验电流表的精度

卤素检漏灯不能进行校准,但可以对其能否进行检漏进行检验。卤素检漏灯必须始终可靠,它应能检查出每年7盎司流量的泄漏。卤素检漏灯利用初始空气进口吸入空气经一根软管进入燃烧器。如果此空气样本中存在含氯制冷剂(CFC或HCFC),当此部分空气样本流过铜件时,其火焰颜色就会从典型的蓝色火焰转变为绿色,见图11.27。较大的泄漏量甚至可以将卤素检漏灯的火焰熄灭。卤素灯不能用于HFC制冷剂系统的检漏。

卤素检漏灯的维护工作包括保持软管清洁,防止碎屑进入,保护燃烧室头部的铜件。如果空气样本管内空气流动不畅,那么其火焰就会变为黄色。你可以将空气样本管的一头放在耳边,应能听见空气急速吸入管内时发出的声音。如果不能听见这种声音,那么要想其燃烧时不出现黄色火焰,应卸下软管清理,见图11.28。

铜元件可以更新,如果一时未能找到合适的铜件,可以取一段铜线应急,见图11.29。

电子检漏仪

电子检漏仪要比卤素检漏灯灵敏得多(能检测一年1/4盎司流量的泄漏),且使用十分广泛。电子检漏仪需要采集空气样本,如果空气中含有制冷剂,那么检漏仪就会发出报警声或探头处警灯闪亮。电子检漏仪有采用

干电池和120伏的交流电两种；也有一些设置微型泵，使空气样本强制流过传感器；甚至还有一些将传感器设置在探棒的头部，见图11.30。

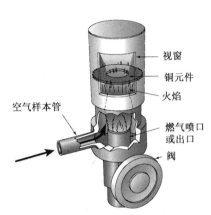

图 11.27　用于检测制冷剂泄漏的卤素灯。依据
　　　　　空气样本中CFC和HCFC制冷剂的含量，
　　　　　卤素灯火焰颜色会从蓝色变为绿色。
　　　　　炽热的铜件可以产生这样的效果

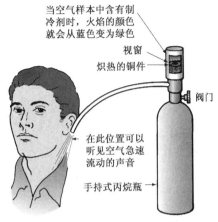

图 11.28　如果卤素检漏灯吸入空气且运
　　　　　行正常，那么在空气采样管处
　　　　　能听见气流急速流动的声音

有些电子检漏仪具有对车底制冷剂进行校正的调节功能。机房内可能有多处微小泄漏，因此空气中始终存在着少量的制冷剂，如果电子检漏仪设有消除这种车底制冷剂影响的功能，那么它就会一直不断地显示有泄漏存在。

不管你见到的是哪一种检漏仪，你都必须相信该检漏仪确能检漏。记住，检漏仪显示的仅仅是样本的状况。如果检漏仪处在制冷剂蒸气的气团之内，而传感器检测的是正常空气，那么检漏仪既不会发出警报声，也不会警灯闪亮。例如，用检漏仪检漏时，由于传感器检测到的只是泄漏点附近的空气，而非泄漏处的制冷剂，因此很可能会忽视这样的针眼泄漏，见图11.31。

图 11.29　应急用的铜件

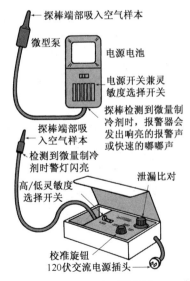

图 11.30　电子检漏仪

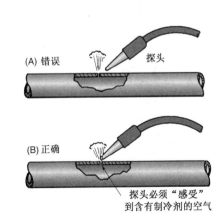

图 11.31　(A)由于针眼泄漏的喷口处于检漏仪传感
　　　　　器之前，因此检漏仪无法检测出针眼
　　　　　泄漏；(B)传感器能检测出制冷剂的泄漏

　　有些制造商在检漏仪上配置了 R-11 的样本制冷剂容器,该容器端盖上有一个具有定量泄漏的针眼孔,见图 11.32。即使每次使用之后更换端盖,制冷剂仍可在容器中存留很长时间。

　　注意,绝不能使纯制冷剂喷入传感器,否则就会使传感器损坏。如果电子检漏仪未配置比对泄漏量的容器,那么可以稍稍打开制冷剂钢瓶表管侧阀门,使制冷剂吹向电子检漏仪传感器。操作时,制冷剂必须与空气混合,使制冷剂稀释,见图 11.33。

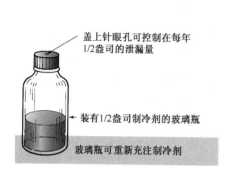

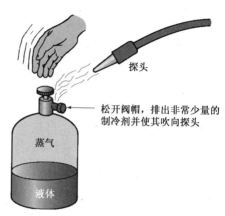

图 11.32　小制冷剂玻璃瓶用于模拟泄漏

图 11.33　如果没有比对泄漏量的制冷剂容器,可排放少量的制冷剂,与空气混合后吹向探头

11.7　烟气分析仪器

　　烟气分析仪器用于燃油和燃气炉等矿物燃料燃烧设备燃烧生成物的分析,烟气分析仪器通常以便携式仪表箱套件的方式销售。**安全防范措施:**全套的烟气分析仪配有化学试剂,化学试剂不得与任何工具或其他仪器接触。化学试剂需存放在容器或使用化学试剂的仪器之内。该仪器顶部有一个阀,它是一个潜在的泄漏源,应予以定期检验,最好将整套仪器竖直存放和搬运,一旦阀门出现泄漏,其中的化学试剂也不会流出仪器,见图 11.34。

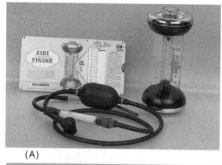

(A)

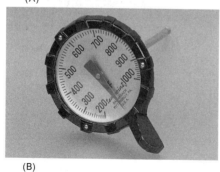

(B)

(C)

图 11.34　全套烟气分析仪:(A)CO_2 测试仪;(B)温度计;(C)风压表((A)和(B):
Bill Johnson 摄,(C):Bacharach,Inc. Pittsburgh. PA USA 提供)

　　烟气分析仪是价格昂贵的精密仪器,使用时应小心谨慎,尤其是风压表非常灵敏、精密。全套分析仪除了需要使用之外,不应随车存放。

　　烟气分析仪不必检验。根据制造商的建议,每次测试之后,仪器中的化学试剂需及时更换。这种仪器是直读式仪器,也不能进行校准,唯一需要调整的是测试开始时滑尺的调零,见图 11.35。这种仪器的日常维护及测试前的准备工作也十分简单:将样本烟气排放至大气中,放入清洗液,如清洗液浑浊,那么换入清洗液再洗即可。

　　全套仪器中温度计主要用于测量 1000 ℉以下的高温。除了 212 ℉的沸点温度之外,很难再找到其他比对的温度点。尽管沸点已非常接近该温度计的底部温度值,但不妨也将其作为一个比对温度,见图 11.36。

图 11.35　滑尺的调零(Bill Johnson 摄)

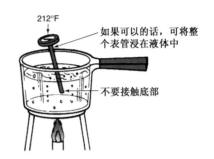

图 11.36　将烟气温度计放在沸水中检验

11.8　一般维护

　　任何数字式仪器都含有电池,需及时更新。应购买尽可能好的电池,过于便宜的电池往往会出现问题。高质量的电池即使未及时更新消耗完之后,也不会由于漏液污染仪器各部件。仪器实际上是我们人体感官的扩展与延伸,要使仪器具有较高的可信度、可靠性,就必须做好日常维护工作。而对于技术人员来说,要充分地信赖仪器,除了仪器本身可信、可靠之外,还必须有相应的比对标准。

本章小结

1. 各种仪器均应确定多个比对的标准点。
2. 对于温度计量仪器来说,3 个较容易获得的比对点是:32 ℉的冰水、98.6 ℉的体温和 212 ℉的沸点。
3. 应保证温度计传感器反映的是标准介质的实际温度。
4. 压力计量仪器应在高于和低于大气压力状态下检验。低于大气压力的检验目前尚没有很好的比对点,因此常采用真空抽气获得的深度真空作为参考。
5. 整套烟气分析仪,除了样本舱上的滑尺之外,不需要校正。

复习题

1. "仪器校正"的含义是什么?
2. 用于温度计量仪器检验的 3 个比对点是_____、_____和_____。
3. 正误判断:所有仪器都能校准。
4. 温度计量仪器的设计目的在于测量蒸气_____和_____的温度。
5. 玻璃管温度计正在被_____温度计所取代。
6. 正误判断:对电子温度计的温度探头做低温检验时应放在一个放有碎冰、水和一汤匙盐的容器内搅拌。
7. 温度计的精度在_____温度范围内更重要。
8. 正误判断:压力测试仪器仅计量大气压力以上的压力。
9. 压力表可采用_____的方法进行检验。
   A. 把压力表接入正在运行的制冷系统,将此压力表上的压力值与制造商推荐的压力值进行比较。
   B. 把压力表与已知温度的制冷剂钢瓶连接,将此压力表上的压力读数与压力/温度关系线图上的压力值进行比较。

C. 把压力表与运行的系统连接,将表上的压力读数与过冷温度进行比较。

D. 把压力表与运行的系统连接,将表上的读数与兆欧表上的读数进行比较。

10. 真空泵在低真空状态下产生的噪声比高真空状态下的噪声

    A. 大;   B. 小;   C. 相同。

11. 水银压力计或_____可用于高精度真空值的测读。

12. 表歧管的进气口向环境空气打开时,表中读数应为多少?

13. 论述万用表中电阻挡的检验方法。

14. 论述钳形电流表测定电流值的方法。

15. 电子检漏仪的灵敏度比卤素灯要(高或低)。

16. 高质量的电子检漏仪可以检测低至大约每年_____盎司流量的泄漏。

17. 整套烟气分析仪包含哪 3 种仪器?

第三篇　自动化控制基础

第 12 章　电与电磁学基础

教学目标

学习完本章内容之后,读者应当能够:

1. 论述原子结构。
2. 识别带正电荷和带负电荷的原子。
3. 解释良导体的特性。
4. 论述磁生电的方法。
5. 陈述交流电与直流电的区别。
6. 列出电压、电流等计量单位。
7. 解释串联与并联电路的区别。
8. 叙述欧姆定律。
9. 叙述电功率的计算公式。
10. 叙述电磁线圈的结构及应用。
11. 解释电感效应。
12. 论述变压器结构及次级线圈感生电的形成方法。
13. 解释电容器的工作原理。
14. 解释正弦波。
15. 陈述导线规格的选配方法。
16. 论述半导体的物理特征及功能。
17. 论述电气检测的程序。

安全检查清单

1. 在没有专业人员指导的情况下,不得做任何项目的电气检测。
2. 必须仅选用适当规格的导线以避免过热和可能的导线起火。
3. 必须防止电路过载,通常可采用熔断器或断路器来保护电路。
4. 手持式电动工具和其他电器的外接电源线应配置接地故障断路器。
5. 设备维修时,特别是涉及电气维修时,均应将配电板上的电源切断,配电箱上锁,并由维修人员自己保管唯一的一把钥匙。

12.1　物质的结构

要理解电流的流动原理,就必须理解物质的结构。物质是由原子组成的,原子又由质子、中子和电子构成。质子和中子位于原子的中心(即原子核),质子带正电荷,中子不带电,且对电特性几乎没有或完全没有影响。电子带负电荷,并绕原子核做圆周运动。原子中的电子个数与质子个数相同,各电子运行的轨道形状相同,离开原子核的距离相同,但各自的轨迹不同,见图 12.1。

氢原子是简单原子,因为它只有一个质子和一个电子,见图 12.2。其他所有原子并不像氢原子那样简单。用来传送电流的大多数导线都是用铜制成的。图 12.3 是铜原子的示意图。铜原子有 29 个质子和 29 个电子,一部分轨道要比其他电子离开原子核稍远一些。由图可知,两个电子处于内侧轨道,其次是 8 个电子,再次是 18 个电子,最外侧只有 1 个电子。正因为外侧轨道上的这一个单一电子造就了铜的特殊电气性能,因此使其成为了一个良导体。

12.2　电子的运动

当存在足够的能量或外力作用于原子时,外侧电子(或多个电子)就成了自由电子并可自由地运动,如果该电子离开了铜原子,那么铜原子所含的质子数就会多于电子数,质子带正电荷,也就是说铜原子具有了正电荷,见图 12.4(A)。而增加了一个自由电子的铜原子,则因所含的电子数多于质子数而带电荷,见图 12.4(B)。

同电荷相斥,异电荷相吸。带有多余电子的原子(带负电荷),其电子会被缺少电子的原子(带正电荷)所吸引。而一个进入原本存在多余电子轨道的电子就会排斥原先就在此轨道上的电子,并使其又成为自由电子。

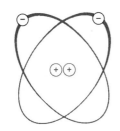

图 12.1　电子运行的轨迹

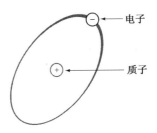

图 12.2　带有一个电子和一个质子的氢原子

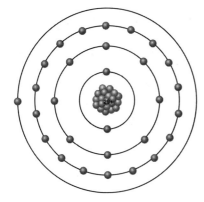

图 12.3　带有 29 个质子和 29 个电子的铜原子

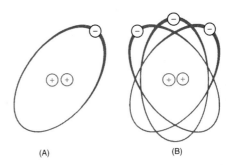

(A)　　　　　　　(B)

图 12.4　(A)该原子含两个质子和 1 个电子,因缺少电子,该原子带正电荷;(B)该原子有两个质子和 3 个电子,因电子数过多,该原子带负电荷

12.3　导体

良导体就是那些在外侧轨道缺少电子的物质。3 种最常见的金属——铜、银和金都是良导体,它们的原子外侧轨道均只有一个电子。由于这些电子很容易从一个原子迁移至另一个原子,因此称这些电子为自由电子。

12.4　绝缘体

外侧轨道上具有多个电子的原子均是不良导体,这些电子很难自由移动,由这些原子构成的材料也就称为绝缘体,玻璃、橡胶和塑料都是很好的绝缘体。

12.5　磁场生电

电的产生方式有多种,化学、压力、光、热和磁等都能转化为电。空调和采暖专业的技术人员所涉及的绝大多数电都是由应用磁效应的发电机产生的。

磁铁是具有多种用途的常见物。磁铁有极性,通常标注为 N 极和 S 极,磁铁还具有磁力场。图 12.5 为永磁铁条周围的磁力场线。这样的磁力场可形成同极相斥、异极相吸的磁场效应。

如果一根铜丝样的导线通过磁场并切割磁力线,那么导线中铜原子的外侧电子就会成为自由电子,并在各原子间移动。人们把这种电子的流动视为电流。不管是导线移动,还是磁场移动,导线内电流均按一个方向流动,其唯一的必要条件就是导体必须横向通过磁力线,见图 12.6。

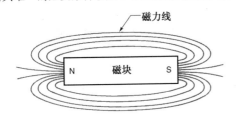

图 12.5　永磁磁铁的磁力线

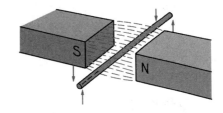

图 12.6　导线上下移动切割磁力线,形成电流

电子单一方向的移动产生了电流,而电流就是一个电子传递给另一个电子的推力。如果在已装满高尔夫球的圆管内再推入一个高尔夫球,那么在圆管的另一头就会同时挤出一个球,见图12.7。电流就是以类似方式以186 000英里/秒的速度传播的。事实上,电子并没有以这样的速度在导线中移动,而是电子的排斥和吸引效应使电流以这样的方式和速度在导线内流动。

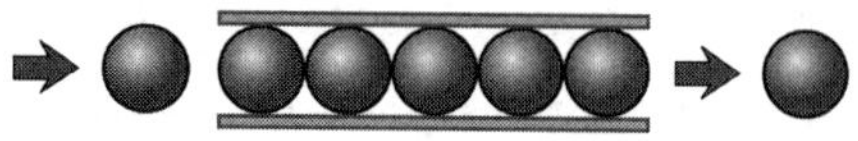

图12.7　装满高尔夫球的圆管,推入一个高尔夫球,就会从圆管另一端推出一个高尔夫球

发电机内有一个很大的磁场和多匝与磁力线相交的导线。大磁场比小磁场产生更多的电流,而且通过磁场的导线数越多,产生的电流越大。发电机内的磁场通常是由电磁铁产生的,电磁铁具有与永磁铁相似的特性。关于电磁铁的特性,我们将在本章后半部分讨论。图12.8是发电机的原理图。

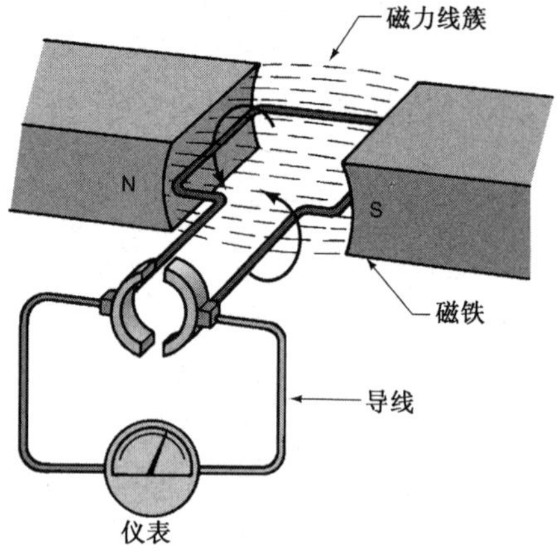

12.6　直流电

直流电(DC)仅以一个方向流动。由于电子带负电荷并流向带正电荷的原子,因此把直流电视为从负极流向正极。

12.7　交流电

交流电(AC)是一种不断并快速切换方向的电流。电

图12.8　发电机原理图

源(发电机)中电荷会不断地改变方向,因此电流也就不断地变换自身的流动方向。由于多种原因,由电厂发出的供公众使用的大部分电能都是交流电,这是因为以交流电的方式做长距离传输非常经济,而且交流电的电压值很容易改变,适用于不同的应用场合。也有许多设备采用直流电,但通常是将交流电转变为直流电,或在需要的现场直接发出直流电。

12.8　电的计量单位

电动势(emf)[即电压(V)]用以表示两电荷间的电势差。当电路的一端电子数多余,而在另一端电子数短缺时就会形成电势差,用以计量电势差的单位是"伏特"(伏)。

安培是用于计量单位时间内经过指定点的电子数量单位(即电子的流量)。

所有材料都有不同程度的抵抗或阻止电流流动的性质,良导体中,这种阻力很小;而不良导体中,这种阻力很大。用于计量其大小的单位是欧姆(Ω)。

1欧姆电阻的导线产生1伏特的电压,其电流为1安培:

- 伏特表示电动势,即电压(V);
- 安培表示电子流量(A);
- 欧姆表示电流流动的阻力(Ω)。

12.9　电路

电路必须有电源、传送电流的导线、耗用电流的负载或器件,一般还有接通和切断电流的装置。图12.9中,发电机为电源,导线是导体,电灯泡为负载,用开关打开和闭合电路。

发电机由多匝线圈形成磁场产生电源。如果该发电机为直流电动机,那么其电流以一个方向流动;如果为交流发电机,其电流方向即自行不断变换。不管是交流发电机还是直流发电机,对于电路来说,其产生的效应是一样的。

导线或导体为电流流向灯泡、接通电路提供了通道。电能在灯泡内转化为热能和光能。

开关用于打开和闭合电路。开关打开时,无电流流动;闭合时,灯泡因有电流流过而产生热和光。

12.10　电气检测

参见图12.9所示的电路,我们可以对其电压和电流进行检测,以确定其具体数值。测量时,在不断开电路

的情况下,将电压表跨接在灯泡的两接线柱上,电流表则串接在电路内,使所有电流流经电流表,见图 12.10。图 12.11 为采用符号绘制的同一个电路。

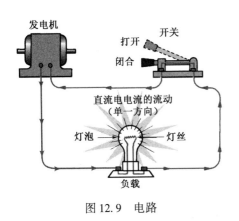

图 12.9　电路

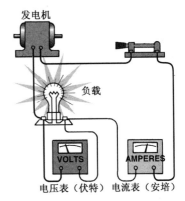

图 12.10　测量电压值采用并联,测量电流值则采用串联

电路一般都含有多个电阻或负载。根据不同的需要和用途,电阻可以串联连接,也可并联连接。图 12.12 为采用电路图和符号表示的有 3 个以串联方式连接的负载电路。图 12.13 中则有 3 个并联连接的负载。

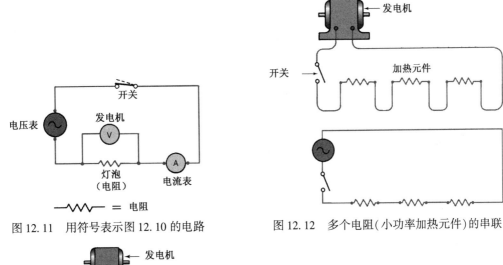

图 12.11　用符号表示图 12.10 的电路

图 12.12　多个电阻(小功率加热元件)的串联

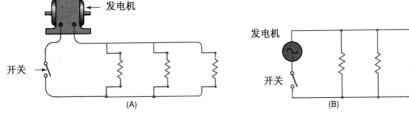

图 12.13　(A)多个电阻的并联;(B)用符号表示 3 个并联电阻

负载串联的电路中,整个电源流经每一个负载,当两个或更多负载并联时,电流将分摊至各个负载,此问题以后将做详细讨论。开关等器件均串联于电路中。空调和采暖技术人员工作中接触到的大多数电阻负载(耗电器)常采用并联连接。

图 12.14 为每个电阻连接一个电压表的情况,电压表与各电阻均为并联连接,电路中还串接了电流表。现在已有一种钳入(clamp)单根导体测量电流的电流表,见图 12.15。由于不需要切断电路串接电流表因此使用十分方便。这种电流表通常称为钳形表。我们将在 12.20 节再予论述。

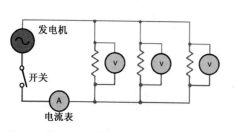

图 12.14　将电压表跨接在电阻的两端测取电压值

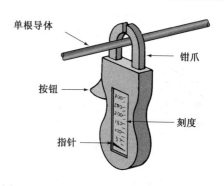

图 12.15　钳形电流表(Amprobe Instrument Division,Core Industries 提供)

12.11　欧姆定律

19 世纪初,德国科学家乔治·S·欧姆对各种电路,特别是对电路中的电阻做了大量的实验研究,掌握了电路中各元件参数间存在的相互关系,该关系式因此称为"欧姆定律"。以下我们来讨论这个关系式。字母用于代表各电气参数:

$$E \text{ 或 } V \text{ 表示电压值}(\text{emf, 伏特})$$
$$I \text{ 表示电流值}(\text{安培})$$
$$R \text{ 表示电阻值}(\text{负载, 欧姆})$$

电压值等于电流值乘电阻值:

$$E = I \times R$$

电流值等于电压值除以电阻值:

$$I = \frac{E}{R}$$

电阻值等于电压值除以电流值:

$$R = \frac{E}{I}$$

图 12.16 是一种便于记忆公式的方法:欧姆的符号为 Ω。

图 12.17 中加热元件的电阻可按下式求得:

$$R = \frac{E}{I} = \frac{120}{1} = 120 \ \Omega$$

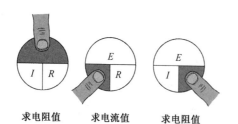

求电阻值　　求电流值　　求电阻值

图 12.16　确定求未知量的公式,手指盖住的符号表示未知量

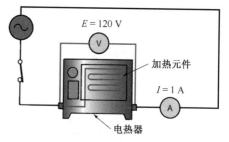

图 12.17　由给出的电压值和电流值求得加热元件的电阻值

图 12.18 中电阻两端的电压值可按下式计算:

$$E = I \times R = 2 \times 60 = 120 \ \text{V}$$

图 12.19 中电压值为 120 V,电阻为 20 Ω,根据公式可得:

$$I = \frac{E}{R} = 120/20 = 6 \ \text{A}$$

多个电阻串联时,只需将各电阻的阻值相加求得电路的总电阻。图 12.20 中,电流流动的路径只有一条,因

此,该电路的总电阻值为 40 Ω(20 Ω + 10 Ω + 10 Ω),电路中的电流值则为:

$$I = \frac{E}{R} = 120/40 = 3 \text{ A}$$

单个电阻的电阻值可以采用将该电阻与电路断开,用欧姆表直接测量的方法测得,见图 12.21。

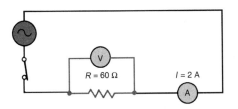

图 12.18　电阻两端的电压值可
　　　　　根据已知量计算求得

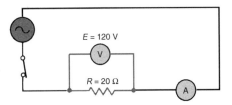

图 12.19　电压为 120 V,电阻为 20 Ω,根据
　　　　　这两个已知量,可求得电流值

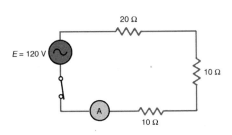

图 12.20　电流只可沿唯一路径流动

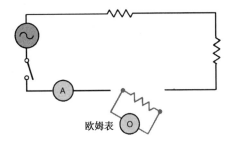

图 12.21　将电阻与电路断开,用欧姆表确定电阻值

安全防范措施:在无专业技术人员指导的情况下,不得使用任何电气测量仪器,并严格按照制造商提供的说明书操作。关于电气测量仪器的使用方法,将在 12.20 节中讨论。

12.12　串联电路的特性

串联电路中:

1. 总电压分摊在各电阻两端。
2. 总电流流经每一个电阻或负载。
3. 将各电阻阻值相加,求得总的电阻值。总阻值的计算公式为:

$$R_{\text{total}} = R_1 + R_2 + R_3 \cdots$$

12.13　并联电路的特性

并联电路中:

1. 每个电阻的两端均为总电压。
2. 每个电阻上的电流按各自的电阻值分摊,总电流等于各分电流之和。
3. 总电阻值小于电路中最小阻值电阻的阻值。

并联电路的总电阻计算与串联电路中将各电阻阻值相加的方法不同。并联电路中,电流可同时沿两个或更多的路径流动,这种电路对电路中的所有负载施以相同的电压值。用于确定并联电路总电阻的通用公式如下。

对于有两个电阻的电路:

$$R_{\text{total}} = \frac{R_1 \times R_2}{R_1 + R_2}$$

对于有多个电阻的电路:

$$R_{\text{total}} = \frac{1}{\dfrac{1}{R_1} + \dfrac{1}{R_2} + \dfrac{1}{R_3} + \cdots}$$

计算图 12.22 中电路总电阻值:

$$R_{\text{total}} = \cfrac{1}{\cfrac{1}{10} + \cfrac{1}{20} + \cfrac{1}{30}}$$

$$= \frac{1}{0.1 + 0.05 + 0.033}$$

$$= \frac{1}{0.183}$$

$$= 5.46 \ \Omega$$

由欧姆定律,求得总电流为:

$$I = \frac{E}{R} = \frac{120}{5.64} = 22 \ A$$

12.14　电功率

电功率的计量单位为瓦特(W)。1 W 就是负载两端电动势为 1 V,流过的电流为 1 A 时得到的功率,因此将电压值乘以电路中的电流数即可求得功率值:

$$瓦特数 = 电压值 \times 电流数$$

即

$$P = E \times I$$

电力消耗者就是根据一段时间内所消耗的千瓦数(kW),即以千瓦小时数(kWh)为单位计算的账单向电力公司支付电费的。1 千瓦(kW)等于 1000 瓦(W)。因此,要计算设备消耗的功率数,仅需将瓦特数除以 1000:

$$P(千瓦) = \frac{E \times I}{1000}$$

12.15　磁

本章开始时,我们在讨论发电机原理时曾简单地论述了磁的概念。磁铁分为永久磁铁和感应磁铁两种。永久磁铁在空调与制冷技术人员所能接触的各种设备中应用很少,而电磁铁——一种感应磁铁——在空调和制冷设备的许多电气器件中应用非常广泛。

带电导线周围存在着磁场,见图 12.23。如果将电线或导体制成一个圆环,那么磁场的强度就会增加,见图 12.24。如果将导线绕制成一个线圈,那么其形成的磁场强度就会更大,见图 12.25。带电的线圈称为电磁管,该电磁管就能吸引或将一块铁条吸入线圈,见图 12.26。

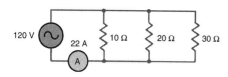

图 12.22　根据给定的已知量求电路的总电阻

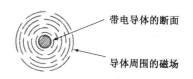

图 12.23　导线的断面,周围存在磁场

图 12.24　线环周围的磁场,其磁场强度
比直长导体的磁场强度大

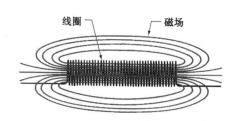

图 12.25　导线制成线圈后,其磁场强度更大

如果将铁条放入并固定在线圈内,那么该磁场的强度还会增强。磁场可用来发电,使电动机运转,磁引力还可以使某种机构动作,用于电磁阀、继电器和接触器等多种控制器和开关装置,见图 12.27(A)。图 12.27(B)是电磁阀的剖面图。

12.16　电感

如上所述,导体两端加上电压并有电流流动时,导体的周围即有磁场形成。交流电路中,当电流不断改变流动方向时,导体周围的磁场也会不断地生成又不断消失。在磁场磁力线形成和消失的过程中,它又会与导线或导体相互交割,并产生感应电动势,即电压,而由此产生的电压方向与导体中原有的电压方向相反。

在直长导体中,这样的感应电压很小,一般不予

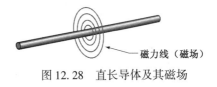

图 12.26　线圈有电流流过时会将铁条吸入

考虑,见图 12.28。但如果将导线绕制成线圈后,其磁力线就会相互重叠,强度增强,见图 12.29。从而必然形成一个足够大的、与原有电压方向相反的反电动势。这一反电动势称为感抗,在交流电路中它是一种电阻。线圈、扼流器和变压器等元件中都会产生感抗。图 12.30 为电气线圈的符号。

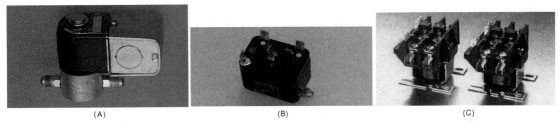

图 12.27(A)　(A)电磁阀;(B)继电器;(C)接触器((A)和(B):Bill Johnson 摄,(C):Honeywell, Inc. 提供)

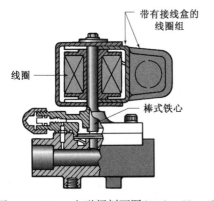

图 12.27(B)　电磁阀剖面图(Parker Hannifin Corporation 提供)

12.17　变压器

变压器是一种能够通过电磁感应方式在次级电路中产生电流的电气器件。图 12.31(A)中,在 A - A 端接上电压,那么在钢心或铁心的周围就会产生一个磁场,而交流电产生的磁场会随电流方向的改变不断地生成,又不断地消失。这一不断变化的磁场又使次级线圈中铁心周围的磁力线与绕在铁心上的导线相互交割,最终在次级线圈上感应产生电流。

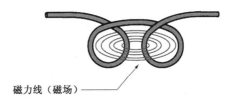

图 12.28　直长导体及其磁场

图 12.29　将导体制成线圈后的磁场

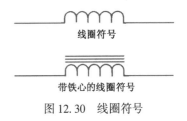

线圈符号

带铁心的线圈符号

图 12.30　线圈符号

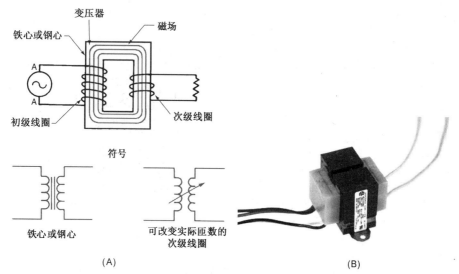

图 12.31 (A)在线圈两端加上电压,铁心或钢心周围就会生成磁场;(B)变压器(Bill Johnson 摄)

变压器由初级线圈、次级线圈和一个通常由薄钢片叠制而成的内心组成,见图 12.31(B)。变压器有升压变压器和降压变压器两种。降压变压器的初级线圈匝数大于次级线圈的匝数。次级线圈的输出电压对应于初级与次级线圈的匝数并成正比关系。例如,图 12.32 中的变压器,其初级线圈的匝数为 1000,次级线圈中的匝数为 500。如果在初级线圈两端加 120 伏的电压,那么次级线圈上的感应电压即为 60 伏。实际的电压值由于磁场的空气和导线的电阻等损失略低于 60 伏。

升压变压器的次级线圈匝数大于初级线圈匝数,因此在次级线圈中可感应生成更高的电压。图 12.33 中的变压器,其初级线圈匝数为 1000,次级线圈匝数为 2000,如果在初级线圈两端加上 120 伏的电压,那么在次级线圈上感应生成的电压值即翻番,约为 240 伏。

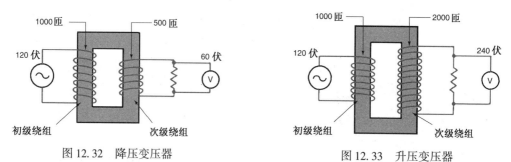

图 12.32 降压变压器

图 12.33 升压变压器

次级线圈上得到的功率值与初级线圈相同(除了少量的损失),如果次级线圈的输出电压为初级线圈输入电压的一半,那么次级线圈上的电流容量即增大一倍。

升压变压器主要用于发电站电压升高,以便高效地将电力输送至偏远的变电站或分送中心。变电站在分送之前再通过降压变压器将其电压值降低并送至居民住宅的电源,其电压值已降低至 240 伏或 120 伏,空调和采暖设备中的降压变压器再将其降低至温控器和其他控制装置所需的 24 伏。

12.18 电容

电路中用于暂时存储电能的器件称为电容器。最简单的电容器由两片电极板及其之间的绝缘材料组成,见图 12.34。电容器可以将电荷存储在其中的一个极板上,当极板在直流电路中充满电荷之后,在没有路径与其正极板相连时,电容器中没有电流流动,见图 12.35。当存在这样的路径时,负极板上的电子才能流向正极板直至负极板上不再存有电荷,见图 12.36 和图 12.37,此时两极板均不带电荷。

交流电路中,由于其电压与电流方向不断变化,因此当电子向某一方向流动时,电容器的一侧极板进行充电,当其电流、电压方向改变时,电容器上的电荷就会大于电源电压,即电容器开始放电,而当此极板通过电路放电时,另一侧极板则同时充电。在每个交流电运行周期内,两极板交替充放电。

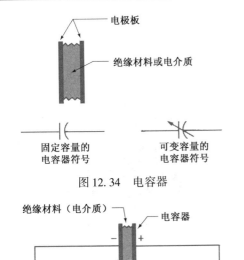

图 12.34　电容器

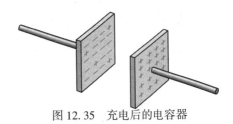

图 12.35　充电后的电容器

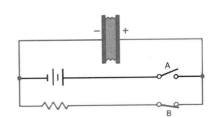

图 12.36　电子从电池流至负极板，负极板充电，
　　　　　直至电容器达到与电池同样的电动势

图 12.37　电容器充电之后，开关 B 闭合，电
　　　　　容器即通过电阻将电荷放送至正
　　　　　极板，电容器此时不再含有电荷

电容器有电容量，电容量就是可存储电荷的量。电容量的大小取决于电容器的如下物理特性：

1. 两极板间的距离。
2. 两极板的表面积。
3. 两极板间的电介质材料。

电容器以"法"为单位标注其电容量的大小，但用法为单位标注的电容量太大，人们通常以微法单位，1 微法等于 1 法的百万分之一（0.000001）。市场上销售的电容器容量一般为数千微法以下。微法的符号为 μF。

电容器在交流电路中也会像电阻和感抗一样阻止电流的流动。这种阻力，或者说这种类型的电阻称为容抗。电容器的容抗取决于电源电压的频率和电容器的容量。

空调与制冷行业中常用的两种电容器是用于电动机的启动电容器和运行电容器，见图 12.38。

12.19　全电阻

我们已经知道，交流电路中阻止电流流动的阻力有 3 种：纯电阻、感抗和容抗。3 种阻力的总效应称为全电阻。一个仅含电阻的电路中，电压与电流均处于用一相位，因此其全电阻等于其阻值之和。但在同时含有电容器和电感器的电路中，电感器的电压相位领先于电流相位，而电容器的电压相位则滞后于电流相位，感抗与容抗可以相互抵消。全电阻就是上述各种特征形成的、阻止电流在电路中流动的复合阻力。

图 12.38　启动电容器和运行电
　　　　　容器　（Bill Johnson
摄）

12.20　电气测量仪器

万用表是一种集电压、电流、电阻（某些机型还具有温度测量功能）的仪器，是多种仪表的组合体，并可用于交流或直流电多种量程的检测，它是采暖、制冷和空调技术人员使用最为频繁的检测仪器。

常用的万用表为图 12.39 中的伏特 - 欧姆 - 毫安表（VOM）。这种万用表可用于检测交流和直流电压以及直流电流和电阻。有些万用表配置一个交流电流表适配器（见图 12.40）后也可检测交流电流。不同制造商生产的万用表,其功能也略有不同,绝大多数万用表均设有一个功能选择开关和一个量程选择开关。我们以典型万用表为例来解释万用表的使用方法。

图 12.39　伏特－欧姆－毫安表
　　　　　　(VOM)(Wavetek 提供)

图 12.40　伏特－欧姆毫安表的电流
　　　　　　表适配器(Amprobe 提供)

　　功能选择开关位于面板下端左侧,有 – DC、+ DC 和 AC 3 个选择挡,见图 12.41。

　　量程选择开关位于面板下端中部,见图 12.41。该选择开关可双向转动,用于选择所需的量程。当采用交流钳形适配器时,将选择开关置于对应位置还可进行交流电流的检测。

　　面板下端右侧的电阻挡调零旋钮用于表内电池不足时对仪表进行校正,见图 12.42。

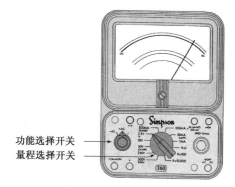

功能选择开关
量程选择开关

图 12.41　万用表上的功能选择开关和量程
　　　　　　选择开关(Simpson Electric Co. 提供)

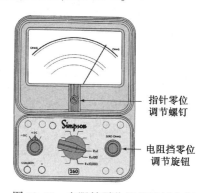

指针零位
调节螺钉

电阻挡零位
调节旋钮

图 12.42　电阻挡零位调节旋钮和指
　　　　　　针零位调节螺钉(Simpson
　　　　　　Electric Co. 提供)

　　仪表在测量之前,其指针应指零。如果指针不在零位,应采用螺丝刀顺时针或逆时针调节螺钉,直至指针处在零位,见图 12.42。

　　表棒插头可任意插入 8 个插孔,但在本章中,我们仅使用通用插孔(–)(Common)和正极(+)插孔,见图 12.43。这里,我们仅讨论一些基本测量项目,其他检测项目将在其他章节中详细论述。

　　以下说明主要用于熟悉仪表的简单操作方法。**安全防范措施**:在没有教师或指导人员认可和指导的情况下,不得做任何项目的检测。将黑色表棒插头插入 – (Common)插孔,将红色表棒插头插入正极(+)插孔。

　　图 12.44 是一个带有 15 伏电池的直流电路,如需采用万用表测量其电压值,那么将功能选择开关选择在 + DC,将量程开关设置在 50 V,见图 12.44。如果不知道被测电压值的范围,那么每次检测前,应将量程开关设置在最高挡。检测后,如果需要获得更精确的读数,那么可以将量程开关调整至较低的量程挡。确认电路中的开关处在打开状态后,将黑表棒与电路的负极端连接,红表棒与电路的正极连接,如图 12.44 所示。注意,万用表是跨接在负载两端的(即并联)。闭合开关,从 DC(直流电)刻度上读出电压值。

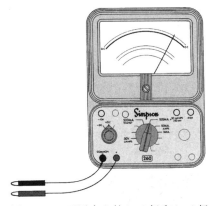

图 12.43　万用表上的(−)极和(+)极
插孔(Simpson Electric Co. 提供)

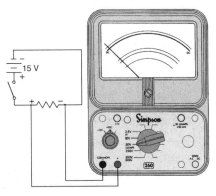

图 12.44　万用表上的功能开关设置在 + DC,量程选择
开关选择在 50 V(Simpson Electric Co. 提供)

根据以下步骤,检测图 12.45 中交流电路的电压值:
1. 切断电源。
2. 将功能选择开关设置在 AC 挡。
3. 将量程开关选定在 500 V 挡。
4. 将黑表棒插头插入 Common(−)插孔,将红表棒插头
   插入正极(+)插孔。
5. 将表棒按图 12.45 所示跨接在负载两端。
6. 接通电源,在标注有 AC 字样的、满刻度为 50 的红色
   刻度栏上读取数值,再将此读数乘以 10,即为其电
   压值。
7. 将量程开关转换至 250 V,在标注有 AC 的红色刻度上
   直接读取黑色的数字。

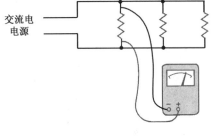

图 12.45　将表棒跨接在负载两端检测电压值

要测取负载的电阻值,可将负载从电路中断开。注意,从电路中断开负载时,必须将电源切断。如果不是将
负载完全从电路中断开,那么欧姆表中的内置电池就会损坏固态元件,因为这些固态元件很可能就是电子控制
箱或微处理器的一个部件。

1. 用下述方法对欧姆表进行零位调整:
   A. 将量程选择开关选定在要求的电阻挡。
      测量 0 ~ 200 Ω 阻值的电阻:选用 R × 1 挡。
      测量 200 ~ 20 000 Ω 阻值的电阻:选用 R × 100 挡。
      测量 20 000 Ω 以上阻值的电阻:选用 R × 10 000 挡。
   B. 将黑表棒插头插入 Common(−)插孔,红表棒插头插入正极(+)插孔。
   C. 将黑、红表棒相互搭接。
   D. 转动电阻挡零位调节旋钮,使指针指向零位(如果指针无法调节至零位,需更新电池)。
2. 两表棒断开,分别与被测负载两端连接。
3. 将功能选择开关设置在 − DC 或 + DC。
4. 观察表面顶端电阻值刻度栏读数(注意,电阻值刻度从右至左增大)。
5. 将读数乘以量程开关位置上的系数,即得到实际的电阻值。

使用具有钳形功能的电流表时,可以将电路中的单根导线套在钳口内,即可从电流表上读取流经该导线的
电流值,见图 12.46。**安全防范措施**:学员在未经教师或指导人员同意的情况下,不得做上述或本章中介绍的各
种测试。教师只是对仪表进行一般的校正,对于你所采用的特定仪表,必须事先认真阅读操作手册。

我们还经常需要检测和确定小于 1 伏或 1 安培的电压值或电流值,其数量级关系见图 12.47。

用于电气检测的仪表形式与种类繁多,图 12.48 是此类仪表中的一部分,许多新式仪表都有数字显示功能,
见图 12.49。

电气排故是一项循序渐进的操作过程。图 12.50 是燃油炉风机电路的局部接线图。风机电动机因电动机
绕组断路不能运行,检修人员应做如下电压检测,以确定故障位置:

图 12.46　将钳口套住导线检测其电流值(Bill Johnson 摄)

电压值

1 伏(V) = 1000 毫伏(mV)

1 伏(V) = 1 000 000 微伏(μV)

电流值

1 安培(A) = 1000 毫安(mA)

1 安培(A) = 1 000 000 微安(μA)

注意:百万分之一的符号为 μ

图 12.47　电压和电流单位

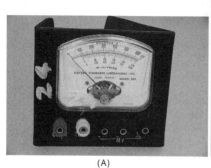

(A)

(B)

(C)

图 12.48　用于电气检测的各种仪表:(A)直流毫伏表(Bill Johnson 摄);(B)万用表(VOM)(Wavetek 提供);(C)数字式钳形电流表(Amprobe 提供)

图 12.49　带有数字显示器的万用表(Wavetek 提供)

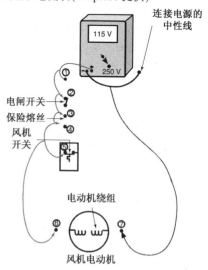

图 12.50　燃油炉风机的部分电路

1. 这是一个 120 伏的电路。检修人员将万用表的量程选择开关设置在交流 250 V 挡,将中性线(− 插孔,即 Common 插孔)表棒与电源的中性线连接。

2. 正极（＋）表棒与进线板上电源接线柱连接。如图 12.50 所示,电压表读数应为 115 V,表明电源处的电压值为 115 V。

3. 然后将正极表棒连接电源开关进线侧接线柱,有电压。

4. 正极表棒连接保险熔丝进线侧,有电压。

5. 正极表棒连接保险熔丝负载,有电压。

6. 正极表棒连接风机开关的负载侧,有电压。

7. 正极表棒连接电动机进线侧接线柱,有电压。

8. 要确认电动机的中性线或接地侧导线连接良好,各接头有电,只需将电压表的中性线表棒连接电动机的中性线接线柱,将正极表棒仍连接电动机的进线侧,此时电压表读数应为 115 V,表明中性线导线有电流。

上述各检测点均有 115 V 的电压,但电动机仍不能工作,那么可以得出结论——电动机有故障。

然后,用欧姆表对电动机的绕组进行检查。从电动机的功能来说,其绕组必有一定的电阻。技术人员可按下述步骤检测电动机的电阻,见图 12.51:

1. 切断电路的电源。

2. 将电动机接线端与电路断开。

3. 将欧姆表的量程选择开关设置在 R×1 挡。

4. 将欧姆表两表棒搭接,调整零位。

5. 将表棒分别连接电动机的两接线端,欧姆表的读数为无穷大（∞）,就像两表棒完全分离一样,即绕组与欧姆表未能形成一个环路,表明电动机绕组开路。

绝大多数钳形电流表不能精确测读 1 安培左右的或低于 1 安培的小电流。但改变一下标准钳形电流表的使用方法就可获得较为精确的电流值读数。例如,各种变压器通常用伏安（VA）值标定规格。冷暖风组合机的控制电路常用 40 伏安的变压器,该变压器的输出电压为 24 伏,最大电流为 1.66 安培。

$$输出电流 = \frac{伏安额定值}{电压}$$

$$I = 40/24 = 1.66 \text{ A}$$

如果将导线在钳形电流表钳口绕 10 圈,那么电流表上的读数就是实际值的 10 倍。要求得实际的电流值,只需将电流表上的读数除以 10 即可,见图 12.52。

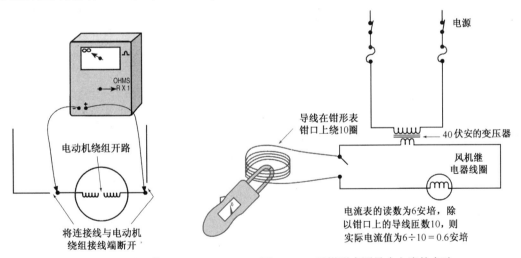

图 12.51　用欧姆表检查电动机绕组　　　　图 12.52　用钳形表测量小电流的方法

12.21　正弦波

前面提到,交流电流具有不断改变其流动方向的特性。示波器是一种能计量一定周期内电压值变化并能将此变化显示在显示屏上的一种仪器。其显示的图像称为波形。波形的种类很多,但我们仅讨论大多数制冷与空调技术人员在工作中可能涉及的正弦波,见图 12.53。

正弦波表现了 360° 范围内一个周期的电压值变化过程。在美国和加拿大,大多数地区的标准电源频率为每秒 60 周。频率用赫兹为计量单位,因此,美国和加拿大标准电源频率为 60 赫兹。

　　图 12.53 就是示波器上显示的正弦波,90°时电压值达到其峰值(正值),180°时返回至零,270°时达到其负的最大值,至 360°时又返回至零。如果频率为 60 赫兹,那么这样的循环过程每秒钟内就要重复 60 次。正弦波实际上就是交流电循环变化的三角学的一种表现形式。

　　图 12.54 为正弦波的峰值和峰与峰间的量的大小。由正弦波的特征可知,电压值实际上就是一个很小的周期内的峰值,因此正、负峰间的数值并不是有效电压值。

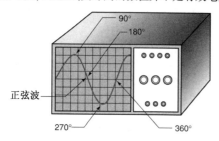

图 12.53　示波器上显示的正弦波

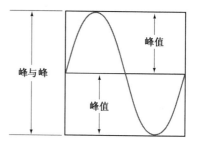

图 12.54　交流电峰值和峰间值

　　有效电压值就是 RMS 电压值,见图 12.55。RMS 代表均方根,也就是用电压表和电流表测量交流电时得到的数值。RMS 电压等于 0.707 × 峰值电压。如果峰值电压为 170 伏,那么用电压表测得的有效电压值即为 120 伏(170 伏 × 0.707 = 120.19 伏)。

　　利用正弦波可以方便地说明电热器等仅含电阻的交流电路的运行特征。在这种纯电阻电路中,电流与电压同相,用图 12.56 中的正弦波表示其具有同样的相位。由图可见,交流电的电压、电流会在同时到达其正、负最大值。

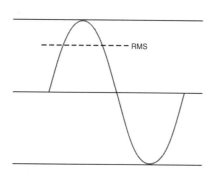

图 12.55　均方根值,即有效电压值

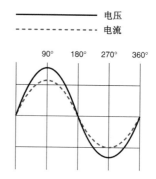

图 12.56　该正弦波表示纯电阻电路中电压与电流同相

　　正弦波还能说明含有一个风机继电器线圈的交流电电路的运行特征。该线圈会产生感抗,正弦波能够表现出由此形成的电路中电流相位滞后于电压相位的特性,见图 12.57。

　　图 12.58 为含有一个继电器的纯电容交流电路图,这种电路中,电流相位领先于电压相位。

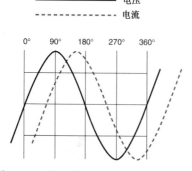

图 12.57　该正弦波表示电感电路中电流相位滞后于电压相位(不同相)

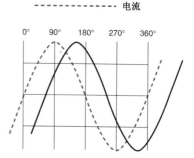

图 12.58　该正弦波表示电容交流电路中电压相位滞后于电流相位,电压与电流不同相

12.22　导线规格

　　所有导体都有电阻。导体的电阻取决于材料的种类、导体的截面积和导体的长度,具有低电阻的导体比高电阻的导体更易传输电流。

　　我们必须坚持选用适当规格的导线(导体)。导线规格由其截面直径确定,见图 12.59。较大直径的导线自然要比较小直径的导线具有更大的电流传送容量。**安全防范措施:**对于一定大小的电流来说,如果导线规格太小,导线就会过热,甚至可能使绝缘层烧熔,引起火灾。标准铜导线规格按美国线径规数分类,并以圆密耳为计量单位。1 圆密耳等于 1/1000 英寸直径的圆面积。由于各种材料的电阻均会随温度的升高而增大,因此还需考虑温度的因素。线径标号越大,导线直径越细,电阻值也越大。例如,标号为 12 的线径小于标号为 10 的导线线径,其传输电流的能力也小。

　　技术人员除了一些特许情况之外,不应只会选定和安装某种规格的导线,而是应有能力判断某种导线规格不够,并使有关的专业人员引起注意。如上所述,线径规格过小会引起电压降低、断路器或保险丝跳闸和导线过热。

　　导线规格根据导线的电流传送能力确定,即根据载流量的大小来确定。图 12.60 为美国全国电气线路与设备架设和安装规程(NEC®)中对一种导线的部分脚注。选择导线规格时,不应根据图中的数据和脚注来确定,这里仅供读者了解美国全国电气标准中导线规格的表示方法。脚注的说明实际上降低了图 12.60 中列出的标号 12 和标号 14 导线的电流量,其原因在于标号 12 和标号 14 常用于家庭住宅,住宅主人往往会在不经意中使住宅内线路过载。脚注说明只是增加一些保险系数。

　　热泵室外机组配线计算时需要用到的数据可参见图 12.61。

　　该室外机组为 $3\frac{1}{2}$ 冷吨的机组(42 A 表示 42 000 Btu/h,即 $3\frac{1}{2}$ 冷吨)。电气参数表表明,该机组压缩机满负载(FLA)电流为 19.2 安培,风机电动机满负载(FLA)电流为1.4 安培,合计为 20.6 安培。技术说明书上将其向上圆整为 25 安培。换句话说,必须按 25 安培的电流值来确定其导线规格,根据 NEC® 标准,该导线线径应为 10。该机组的技术说明书表明其保险熔丝或断路器的最大电流为 40 安培,这就给压缩机启动时的堵转电流(LRA)预留了很大裕量。也有些制造商在设备说明书或铭牌上明确注明了电流值和推荐的线径规格。

　　若发现设备运行时电压明显偏低,应首先检查建筑物进线电压值。如果进线无误,只是机组的电压值偏低,那么有可能是线接头松懈,或线径规格偏小或导线线路过长。

图 12.59　导线断面

导线规格	
美国线规(AWG),即圆密耳(kcmil) 铜心线	60℃ (140°F) 类型 双心导线(TW)、 单股线(UF)
18	—
16	—
14*	20
12*	25
10*	30
8	40
6	55
4	70
3	85
2	95
1	110

*小规格导线:除特别许可情况外,14标号导线过流警戒值不应大于15安培;12标号导线过流警戒值不大于20安培;10标号导线过流警戒值不应大于30安培

图 12.60　美国全国电气标准的部分内容。用以说明某种导线的规格标注方法。此表不完整,也不具正式的效用,仅用于说明事例

12.23　电路保护装置

　　安全防范措施:必须防止电路的电流过载,如果电路中电流过大,那么导线和各元器件极易过载,引起设备损坏和可能的火情。电路保护装置通常为熔断器和断路器。

熔断器

　　保险熔丝是电路避免过载和过热的一种简单元器件。大多数熔断器内有一条电阻大于电路中各导线的金属片,且其熔点温度较低。由于其电阻值较大,因此在电流作用下比导线更快地升温,当电路中电流超过保险熔丝的额定值时,金属片就会熔化,将电路切断。

栓塞式熔断器　栓塞式熔断器有爱迪生基座和 S 型基座两种,见图 12.62(A)。爱迪生基座主要用于老式的电气线路,只能整体更换,S 型熔断器只能用于为这种熔断器特制的 S 型熔断器支架上,否则就需要一个转换套,见图 12.62(B)。每一种转换套对应于一种额定电流的熔断器,不能相互换用。额定电流的大小决定了转换套的规格。栓塞式熔断器的额定值一般为 125 伏,30 安培以下。

室外机组:①②	4TWX4042A1000A
噪声(分贝)②⑨	77/75
电源(伏/相/赫兹)③	208/230/1/60
最小分路载流量	25
分流电路,最大值(安培)	40
电路保护器额定值,最小(安培)	40
压缩机	CLIMATUFF® – SCROLL
运行号 – 转速号	1 – 1
电压/相/赫兹	208/230/1/60
满负荷电流⑦ – 堵转电流	19.2 – 104
厂家安装件	
启动元件⑧	无
隔震/隔音垫	有
压缩机加热器	有
室外风机类型	螺旋桨式
直径(英尺) – 运行号	27.6 – 1
驱动类型 – 转速号	直接 – 2
风量(立方英尺/分)④	4200
电动机号 – 马力	1 – 1/6
电动机转速(转/分)	825
电压/相/赫兹	200/230
满负荷电流	1.4
室外机盘管 – 类型	SPINE FIM™
列 – 片/列	1 – 24
表面积(平方英尺)	27.81
管尺寸(英寸)	5/16
制冷剂控制器	膨胀阀
制冷剂	
磅 – R-410A(室外机组)⑤	7/04 – LB/OZ
厂家提供件	有
管线尺寸 – 英寸,室外机气管⑥	3/4
管线尺寸 – 英寸,室外机气管⑥	3/8
制冷剂充液阀	
节流板孔尺寸	0.071
外形尺寸	H × W × D
室外机组 – 带包装(英寸)	53.4 × 35.1 × 38.7
不带包装	见外形图
重量	
装运重量(磅)	315
净重(磅)	267
采用热泵盘管的室外机组	

① 根据空气源整体式热泵设备检验标准(A.R.I 标准 210/240)鉴定合格。

② 根据 A.R.I 标准 270 标定。

③ 根据美国全国电气标准计算得到,仅采用 HACR 断路器和熔断器。

④ 标准空气 – 干盘管 – 室外。

⑤ 为近似值,详细数据见机组铭牌和维修说明书。

⑥ 采用往复式压缩机时,最大管线长度 80 英尺;采用涡旋式压缩机时,为 60 英尺。架空时,吸气管最大长度为 60 英尺,液管为 60 英尺。更高高度时,可参见制冷剂软管 32-3312-01 标准。

⑦ 机组铭牌上和技术说明书上注明压缩机满负荷电流值可计最小分路载流量以及最大熔断器规格,此表中值为分路选用电流。

⑧ "无"表示不需启动元件,"有"表示快速启动组件,PTC 表示正向温度系数启动器。

⑨ 根据 ARI 标准 270/5.3.6 部分标注。

图 12.61　机组技术参数表上的电气参数可用于确定机组应配置的导线规格(Trane 提供)

双熔丝栓塞熔断器　许多电路都以电动机作为负载或负载的一部分。电动机启动时往往有较大的电流,极易使普通的(单根熔丝)熔断器烧毁,电路切断。因此,人们经常采用双熔丝熔断器,见图 12.63。当电路中有短路等较大过载时,熔断器中的第一根熔丝熔断,如果持续数秒钟后又有一较小的电流过载,第二根熔丝才会熔断并将电路切断,这就可以使电路能够承受一次较大的电动机启动电流。

图 12.62　(A)S 型栓塞熔断丝基座;(B)S 型基座转换套 (Bussmann Division, McGraw-Edison Company 提供)

图 12.63　双熔丝栓塞式熔断器(Cooper Bussmann Division 提供)

管式熔断器　对于 230 ~ 600 伏,电流为 60 安培以下的电气设备,我们一般采用金属端头的管式熔断器,见图 12.64(A)。60 ~ 600 安培的电路,则一般采用刀板头管式熔断器,见图 12.64(B)。管式熔断器由其额定电流标定规格,应避免采用不适当规格的熔断器。许多管式熔断器还在熔丝的周围充注某种消弧材料,以避免突然断路时引起电弧,见图 12.65。

断路器

　　断路器具有在电路发生电流过载时像电源开关一样切断电路的功能。绝大多数现代家庭电器设备和许多商业与工业电器设备现均采用断路器，而不是熔断器来保护电路。断路器保护电路的方式有两种，一种为双金属条型，电路中电流过载时，双金属片受热变形使断路器跳闸，将电路切断；另一种是电磁线圈在电路存在短路或短时间内电流过载时使断路器跳闸，将电路切断，见图 12.66。

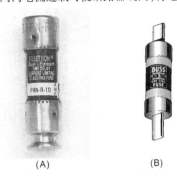

图 12.64　（A）金属端头管式熔断器；（B）刀板头管式
　　　　　熔断器（Cooper Bussmann Division 提供）

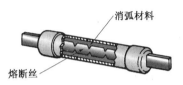

图 12.65　充注消弧材料的刀板头管式熔断器

接地故障断路器

　　安全防范措施：接地故障断路器（GFCI）除了提供电流过载保护之外，还可以避免人体触电。接地故障断路器，见图 12.67，可以检测到非常微小的对地漏电流，在一定条件下，这种漏电很可能会引起人体触电，而这样的微小漏电一般断路器很难测到，但可以使接地故障断路器将电路切断。

图 12.66　（A）断路器；（B）断路器剖面
　　　　　图（Square D Company 提供）

图 12.67　接地故障断路器（Square
　　　　　D Company 提供）

　　电路保护装置对于电路中的导线防止过载是必不可少的。如果电路中某耗电器件因线圈内部短路引起过载，那么电路保护装置就可以在导线过载并过热之前切断电路。切记，电路是由电源、导线和耗电器件组成的，导线必须有足够大的规格才能保证导线在额定温度之内正常运行。当环境温度为 86°F（30℃）时，导线的额定温度一般为 140°F（60℃）。如果某电路负载电流计算值为 20 安培，那么一旦电路达到这样的电流量，电路也不可能出现过热，如果电路中的电流值逐渐增大，那么导线就会开始升温，见图 12.68。真正理解电路保护装置的作用需要一个漫长的过程，许多细节问题可以参考 NEC® 标准，并可从对电学的进一步学习中得到解答。

12.24　半导体器件

　　半导体器件，即固态元件的发展使各种传统型电气设备和各种控制器的结构形式发生了根本性变化。
　　半导体体积小巧、重量轻，可直接安装于线路板上，见图 12.69。本节中，我们将讨论几种固态元件及其应用。制冷与空调技术人员一般不需更换线路板上的固态元件，但技术人员应对这些元器件的相关知识有一定的了解，应当能在含有一个或更多固态元件的电路出现故障时做出正确判断。在大多数情况下，当某元件出现故障时，需更换整块线路板，一般可以将这些有故障的线路板送回给制造商或送到专业维修公司进行维修或重新安装。

　　半导体器件一般由硅或锗两种材料制成。顾名思义,纯净态的半导体并不具有很好的导电能力,要使半导体具有一定的导电能力,我们就必须利用某种可控制的手段来改变其原有性质。为此,可在硅或锗的晶体组织中加入通常称为杂质的其他物质,这就是所谓的搀杂。某种类型的杂质可以在这两种材料电子所在的位置形成空穴。由于空穴代替了电子(电子带有电荷),因此就会使基质材料中的电子数减少,最终带正电荷,成为所谓的 P 型半导体材料。如果在半导体基质中加入另一种材料,那么就会使电子多余,进而带负电荷,成为所谓的 N 型半导体材料。

　　P 型半导体两端加载一电压时,其电子即会填充各个空穴,并按负极向正极方向从一个空穴向另一个空穴移动。但是,当电子从一个空穴流动至另一个空穴时,空穴就好像是在朝反方向移动(即从正极向负极移动)。

　　在 N 型半导体材料的两端加载电压时,由于其含有多余电子,因此其电子由负极向正极移动。

　　固态元器件就是采用某种方法将 N 型和 P 型半导体材料结合在一起制成的。其采用的方法、半导体材料的厚度以及其他因素决定了固态元器件的类型及其电子特性。

　　二极管　二极管是最简单的固态元器件,它由相互连接在一起的 P 型和 N 型半导体材料组成。当 P 型和 N 型半导体材料的结点以某一方式与电源连接时,如果二极管容许电流流动,我们把它称为正偏置;如果将二极管反向连接电源,称为反偏置,此时二极管内没有电流。图 12.70 为普通二极管的图标。图 12.71 为两种二极管的实物照片。二极管的一端称为阴极,另一端称为阳极,见图 12.72。如果需要将二极管以正偏置方式与电池连接(电流可以流动),那么电池的负极就应当与二极管的阴极连接,见图 12.73。如果将电池的负极与阳极连接,就形成了反偏置(没有电流流动),见图 12.74。

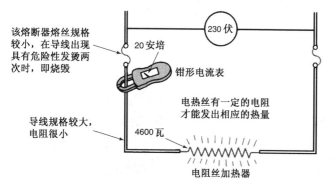

该熔断器熔丝规格较小,在导线出现具有危险性发烫两次时,即烧毁
20 安培
230 伏
钳形电流表
电热丝有一定的电阻才能发出相应的热量
导线规格较大,电阻很小
4600 瓦
电阻丝加热器

图 12.69　安装有半导体器件的线路板(Bill Johnson 摄)

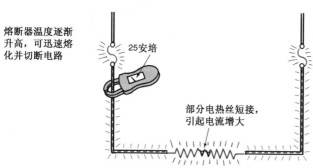

熔断器温度逐渐升高,可迅速熔化并切断电路
25 安培
部分电热丝短接,引起电流增大

图 12.68　电路采用熔断器保护

电子流动方向

| P | N |

图 12.70　二极管的图标

图 12.71　常见的二极管(Bill Johnson 摄)

　　二极管的检验　二极管可以用欧姆表连接其两端进行测试,但测试时必须将二极管与电路断开。负表棒搭接二极管的阴极,正表棒搭接阳极,量程选择开关设置在 R×1 挡,此时欧姆表上的电阻值读数很小,表明二极管为导通状态,见图 12.75。将表棒搭接端对换,欧姆表上的读数为无穷大,说明二极管没有导通。二极管应当在一个方向显示导通,而在另一方向不导通。如果二极管在两个方向均显示不导通,则表明该二极管已击穿。

　　整流器　二极管可以用做固态整流器,将交流电转变为直流电。二极管的额定电流一般小于 1 安培。额定电流在 1 安培以上的二极管称为整流管,整流管同样只能容许电流单向流动。我们知道:交流电开始时朝一个方向流动,然后又反向流动,见图 12.76(A)。而整流管仅容许交流电一个方向的流动,反向流动时则被截止,见图 12.76(B)。因此,整流电路的输出电流只有一个方向,即直流电。图 12.77 是一种整流电路,由于其输出端只有交流电导通时的那部分电流,因此这种整流电路称为半波整流器。图 12.77(A)为整流前的交流电波形,

图 12.77(B)则是整流后的电流波形。当然,也可以采用如图 12.78 所示更复杂的电路获得全波整流,这是一种本行业中常用的全波桥式整流器。

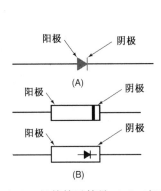

图 12.72　(A)二极管简示符号;(B)二极管上的标志

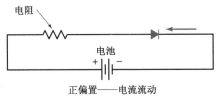

图 12.73　二极管正偏置示意图

图 12.74　二极管反偏置电路

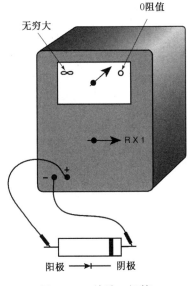

图 12.75　检验二极管

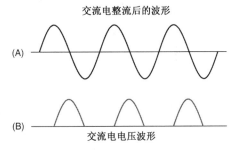

图 12.76　(A)交流电全波波形;(B)半波直流电波形

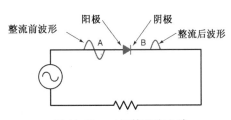

图 12.77　二极管整流电路

　　可控硅整流器　可控硅整流器(SCR)由 4 部分熔接在一起的半导体材料组成,并形成一个 PNPN 结,见图 12.79(A)。图 12.79(B)为其示意符号。注意,除了控制门端,该符号与二极管的符号相同。可控硅整流器主要用于控制大功率装置,其门端就是可控硅整流器的控制端。这种整流器可用来控制电动机的转速或控制灯具的亮度。图 12.80 为常用可控硅整流器的外形照片。

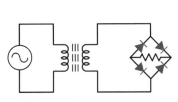

图 12.78　全波桥式整流器

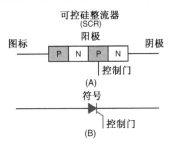

图 12.79　可控硅图标和符号

图 12.80　典型的可控硅整流器(Bill Johnson摄)

可控硅整流器的检验

可控硅整流器的检测也采用欧姆表,但检验时必须将该整流器与电路断开。把量程选择开关设置在 R×1 挡,然后对欧姆表调零。欧姆表的负表棒与可控硅整流器的阴极相接,正表棒与阳极连接,见图 12.81。如果整流器完好,那么欧姆表的指针应不动,这是因为整流器尚未触发形成通路,用搭接线将控制门端与阳极连接,则欧姆表显示导通,否则有可能是对整流器阴、阳极判别有误。对换表棒并将搭接线改接认定的阳极,如果触发导通,则可以将阳极与阴极两端对换。将搭接线去除时,如果欧姆表有足够的容量使控制门保持闭合状态,那么整流器就将持续导通;如果欧姆表在没有触发控制门的情况下仍显示有电流,则说明该整流器已击穿。

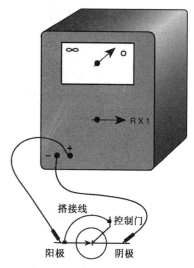

图 12.81   检测可控硅整流器

晶体管   晶体管由 3 层 N 型和 S 型半导体材料以夹层方式熔结制成,有 NPN 型和 PNP 型两种类型。图 12.82 为其图标。图 12.83 则为此两种晶体管的符号。如图所示,两种晶体管都有一个基极、一个集电极和一个发射极。NPN 型晶体管的集电极和基极连接于电源正极,其发射极与负极连接;PNP 型晶体管的基极和集电极为负极,发射极为正极。基极必须与集电极连接于同一极才能获得正偏置。图 12.84 为常用晶体管的外形照片。

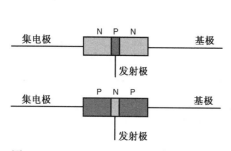

图 12.82   NPN 型和 PNP 型晶体管的图标

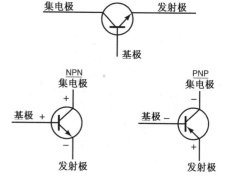

图 12.83   NPN 型和 PNP 型晶体管的符号

热敏电阻   热敏电阻是一种对温度非常敏感的电阻,见图 12.85。热敏电阻的阻值随温度的变化而变化。现有两种热敏电阻:正温度系数(PTC)热敏电阻,其阻值随温度上升而增大;负温度系数(NTC)热敏电阻的阻值则随温度上升而减小。图 12.86 为热敏电阻的符号。

图 12.84   常见的晶体管(Bill
Johnson 摄)

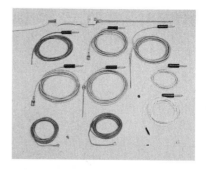

图 12.85   常见的热敏电阻(Omega
Engineering 提供)

热敏电阻可用于为电动机提供过载保护。将热敏电阻嵌置在电动机的绕组内,当电动机绕组温度高于某额定值时,热敏电阻值即发生变化,电子线路检测到这一阻值变化的信号后将电路切断。

热敏电阻的另一个应用是采用永久分相电容器的电动机(PSC)在启动时提供一臂之力。这种热敏电阻是一种正温度系数元件,它可以在电动机启动阶段内将所有电压加载在启动绕组上。而热敏电阻自身在启动阶段不断升温,阻值增大,在适当时间之后,将通向启动绕组的电源切断。尽管这种方式的启动扭矩不如采用启动电容器的电动机,但由于其结构简单,没有运动构件,在某些设备中仍有独特的优势。

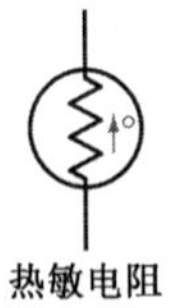

热敏电阻

图 12.86　热敏电阻的符号

双向触发二极管　双向触发二极管是一种双向电子器件,可以在交流电路中运行,其输出为交流电。它是一个能在交流电波上、下两边都工作的电压触发开关。在其两端加载电压时,只要加载的电压未达到额定值,它就不会导通(即保持开路)。我们假设此额定值为 24 伏,当电路中的电压达到 24 伏时,该二极管即开始导通,即触发。触发之后,二极管即使在较低的电压之下仍将保持导通状态。双向触发二极管的功能在于有一个较高的导通电压和一个较低的断路电压。如果导通电压值为 24 伏,又假设其切断电压为 12 伏,那么在此情况之下,双向触发二极管在电压值大于或等于 12 伏时始终保持导通,电压值降低至 12 伏以下时断路。

图 12.87 是双向触发二极管的两种符号。图 12.88 为触发二极管在交流电路中的连接方式。双向触发二极管通常用做开关,或作为双向触发二极管的控制器。

双向触发三极管　双向触发三极管是一种能在交流电波的两个半波都能导通的开关元件,这种三极管的输出为交流电。图 12.89 为这种三极管的图示符号,它与双向触发二极管的符号非常相似,但要注意,它是有一个控制门的引出端。在控制门的引出端加上一个脉冲波可使双向触发三极管触发而导通。双向触发三极管已成为一种具有更佳交流开关特性的器件。如上所述,通常由双向触发二极管为双向触发三极管提供脉冲信号。双向触发三极管常用做交流电动机的转速控制器。

散热器　由于额定的工作电压、工作电流以及设计与应用的目的不同,有些固态元件在运行时与其他同类元件所表现出的特征以及要求的工作环境条件也略有不同。有些固态元器件产生比其他元件更多的热量,而有一些固态元器件只有在一定的温度范围之内才能以一定的额定值运行。因此,对于可能使元器件的工作状态发生变化,甚至损坏的热量必须及时排散。人们通常在固态元器件上附装一个有很大表面积的、所谓的散热器来达到散热的目的,见图 12.90。固态元器件上的热量传递给具有较大表面积的散热器,由散热器向周围空气排热。

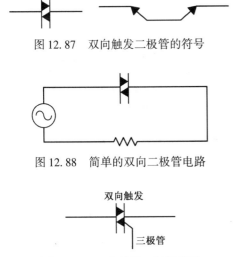

图 12.87　双向触发二极管的符号

图 12.88　简单的双向二极管电路

双向触发

三极管

图 12.89　双向触发三极管符号

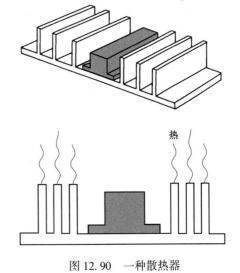

热

图 12.90　一种散热器

半导体器件的实际应用

以上对各种半导体器件做了简单的介绍,并且简要地论述了几种半导体器件的检测方法。当然,这只是从本行业的实用角度来介绍半导体器件的检验方法,但在实际工作中很少有将这些元器件从印制电路板上取下进行检测的情况。在车间和实验室里,我们还可以利用其他仪器在不拆下这些元器件的状态下对这些元器件进行测试。制冷与空调维修人员在操作中所涉及的主要工作是检测这些电路板线路的输入、输出值,而不是测试单个电子元器件。以上内容只是使学员对这些元器件的功能有一个初步的概念。随着各种系统的控制装置采用的固态电子器件越来越多,学员需要不断地学习和掌握这些元器件的相关知识来应对这样的新情况。此外,制造商也会不断推出新的控制方式与控制装置,需要我们熟悉和掌握这些控制装置的检测方法。解决问题的方法就是参加当地的短训班和企业学校的学习,获取本行业各方面的新知识。

　　附录 B 是电气符号图,对学习阅读电气线路图会有帮助。第 15 章"基本控制电路的排故"中有许多涉及电气原理图阅读的内容。

本章小结

1. 原子由质子、中子和电子组成。
2. 质子带正电荷,电子带负电荷。
3. 电子围绕质子和中子运行。
4. 原子中有多余电子时,带负电荷;电子数不足数时,带正电荷。
5. 利用磁场可产生电。导体切割磁力线就会产生电。
6. 直流电(DC)是一种始终以一个方向流动的电流。
7. 交流电(AC)是一种不断改变方向的电流。
8. 电压是电子流动的动力或压力。
9. 电流是流动电子的数量。
10. 电阻是电子流动的阻力。
11. 电压值(E) = 电流值(I) × 电阻值(R),这就是欧姆定律。
12. 串联电路中,电压值分摊在各电阻的两端;每个电阻流过的是总电流,各电阻阻值相加为总电阻值。
13. 并联电路中,每个电阻两端均为总电压,电流分摊在各电阻上,总电阻值小于最小阻值的电阻阻值。
14. 电功率以瓦特(W)为单位计量,$P = E \times I$。
15. 感抗是由交流电路中线圈周围的磁场所引起的阻力。
16. 升压变压器将电压升高,电流减小;降压变压器使电压降低,电流增大。
17. 交流电路中的电容器随电路中电流方向的改变不断地充、放电。
18. 电容器具有电容量,电容量是电容器可以存储电荷的数量。
19. 全电阻是交流电路中来自电阻、感抗和容抗的阻止电流流动的复合阻力。
20. 常用的多用途表是万用表(VOM)。
21. 正弦波代表了交流电在整个 360° 范围内一个周期的电压变化规律。
22. **安全防范措施**:必须选用适当规格的导线。大规格导线能够比小规格导线传递更大的电流,且不易过热。
23. **安全防范措施**:电路中必须设置熔断器和断路器,一旦电流过大,熔断器和断路器即可切断电路。
24. 纯净状态的半导体材料是一种不良导体,但加入杂质,形成 N 型和 P 型半导体材料之后,即可单向导电。
25. 二极管整流器、晶体管、热敏电阻、双向触发二极管和双向触发三极管都是半导体元件。

复习题

1. 作为原子的一部分,从一个原子到另一个原子不断移动的是:
   A. 电子;　　　　　　　　　　B. 质子;　　　　　　　　　　C. 中子。
2. 原子中的电子移动至另一个原子时失去电子的原子具有_____电荷。
   A. 负;　　　　　　　　　　　B. 正;　　　　　　　　　　　C. 中性。
3. 陈述交流电与直流电的不同。
4. 测量电灯泡两端电压时,电压表如何连接?
5. 如何采用钳形电流表测量电流值?
6. 论述如何确定串联电路的总电阻值。
7. 根据欧姆定律,计算电压值的公式是_____。
8. 根据欧姆定律,计算电流值的公式是_____。
9. 根据欧姆定律,计算电阻值的公式是_____。

10. 试绘制一个有 3 个负载的并联电路。
11. 试论述有一个以上负载的并联电路的电压、电流和电阻特性。
12. 如果电路电压为 120 伏,电流为 5 安培,那么其电阻值为多少?
    A. 25 欧姆;　　　　　　B. 24 欧姆;　　　　　　C. 600 欧姆;　　　　　　D. 624 欧姆。
13. 如果电路电压为 120 伏,电阻为 40 欧姆,那么其电流应为多少?
    A. 4800 安培;　　　　　B. 48 安培　　　　　　C. 4 安培　　　　　　D. 3 安培;
14. 电功率的计量方法是:
    A. 电流除以电阻;　　　　　　　　　　B. 电流除以电压;
    C. 以瓦特为单位;　　　　　　　　　　D. 电压除以电流。
15. 计算电功率的公式是_____。
16. 试述降压变压器与升压变压器的差异。
17. 总电阻由哪三种阻力组成?
18. 为何针对特定的电路选用适当的导线规格非常重要?
19. 二极管正偏置的含义是什么?
20. 电容器存储电荷量的计量单位是:
    A. 感抗;　　　　　　　B. 微法;　　　　　　　C. 欧姆;　　　　　　　D. 焦耳。

第13章 自动化控制元件

教学目标

学习完本章内容之后,读者应当能够:

1. 定义双金属片。
2. 对不同的双金属片装置进行一般比较。
3. 论述杆管式控制器。
4. 论述充液控制元件。
5. 论述充有部分液体、部分蒸气的控制器。
6. 区分波纹管、膜片和布尔登管。
7. 讨论热电偶。
8. 解释热敏电阻。

13.1 自动化控制元件的类型

采暖、空调和制冷行业中需要各种不同类型与结构形式的自动化控制器来关闭或启动设备。用于改变电动机转速的调节控制器或能改变流体流量的开关阀门在住宅和商用的小型设备中很少见到。控制器还具有保护人员与设备的功能。

控制元件可以分成这样几大类:电动型、机械型、机电型以及电子型。第16章中还将论述气动型。

电动控制器由电力拖动,且通常用于控制电气设备;机械型控制器由压力和温度操控,用于控制流体的流量;机电型控制器由压力或温度驱动,提供电气控制功能,或由电驱动控制流体的流量;电子型控制器采用电子线路和电子器件来完成电动型和机械型控制器所履行的同样功能。

系统自动化控制是利用一个可控装置来维持稳定的或恒定的工况条件,包括对人和设备的保护,这样的控制系统必须能够在设备的设计范围内自动调整。如果设备在其设计的正常范围之外运行,那么就可能导致设备各构件的损坏。

在制冷与空调行业中,自动化控制的功能在于以控制温度、湿度和空气净洁度的方式来控制某个空间或产品的状态。

13.2 温控装置

本行业中,温度自动控制器通常有多种应用方式,它既可用于维持某一空间或产品温度,也可用于保护设备以避免自身受损。当用于控制空间或产品的温度时,这种控制器称为温控器;当用于保护设备时,则称为保险装置。这两种应用的最佳事例为家用冷柜。家用冷柜可使新鲜食品室区域的温度保持在 35℉(1.7℃)左右,食品放置在该区域并存放一段时间之后该食品就将具有与该区域相同的温度,见图13.1。如果该区域的温度可以在 35℉基础上较大幅度地降低,那么此食品即开始冻结,但冻结后的鸡蛋、西红柿和莴笋等食品,其品质明显降低。

在不出现故障的情况下,这样的冷柜一般可以将其新鲜食品冷藏室的温度状态保持 15~20 年。当然,冷柜的冷冻室则另当别论,以后再做讨论。如果不采用自动化控制,那么冷柜的主人就需要不断地预计食品冷藏室的温度,半夜起床启动或关闭冷柜才能维持冷柜内的温度。在冷柜近 20 年的正常使用寿命中,温控器为维持冷柜内适当的温度启动或关闭冷系统运行的次数可达数千次。

冷柜压缩机一般均设有保险装置以避免过载和自身损坏,见图13.2。这种过载保护器是一种自动控制装置,其功能是在偶然出现的、可能会对压缩机产生危害的过载或电源出现故障时起到保护作用。这种偶然情况之一是压缩机运行过程中电源突然中断,随即又迅速恢复供电,此时过载保护器就会停止压缩机的运行,冷却一段时间,直至过载消除和不致造成对自身危害时方才启动。由于冷柜压缩机由低扭矩、小功率电动机驱动,在系统压力不平衡的状态下启动时,就会出现过载。电动机启动时,会进入一种堵转状态,并产生较大的堵转电流(LAR),过载保护器就会随即将电路切断以保护压缩机。当过载保护器冷却一段时间之后,过载保护器复原,将电路闭合,其系统压力也趋于平衡,电动机即可安全启动。

系统的过载可以是由电路方面引起的,也可能是由热形成的,或是由两者共同产生的。当电路因各种原因形成大于额定值的很大电流时,就会出现电气过载和电路短路,电路连接不当或电气器件失效等电气故障都可能产生很大的过载电流。

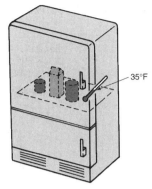

图 13.1　家用冷柜可以使箱内温度维持在要求的状态　　图 13.2　压缩机过载保护装置（Bill Johnson 摄）

如果某一特定的电气器件或机械构件未充分冷却，形成过热时，就会发生系统的热过载。过电流可以转变为热能，但有些过载也与机械构件有关，引起大电流，并进而形成过量的热量。例如，集中式空调机组的冷凝盘管，当流经冷凝盘管的空气气流受到限制时，就会引起排压升高，进而使压缩机电动机工作电流增大。以下是一些常见的自动控制装置：

1. 家用冷柜的冷藏、冷冻室温控器。
2. 住宅和办公室冷、热机组的温控器。
3. 热水器温度控制器。
4. 电炉温度控制器。
5. 系统杂质处理装置的过载控制器。
6. 住宅中用于控制电路电流的熔断器和断路器。

图 13.3 是两种自动控制器。

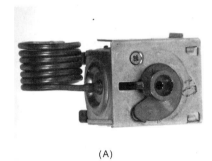

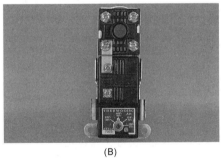

(A)　　　　　　　　　　　(B)

图 13.3　用于家用电器控制的控制器：（A）电冷柜的温控器；（B）热水器温控器（Bill Johnson 摄）

空调与制冷行业中常见的自动控制器是用于监控温度及其变化的装置。有些控制器对温度的变化非常敏感，能及时做出反应，因此常用来根据线路的温度变化监控电力过载，这种反应通常为传感元件的尺寸或电气量的变化。

13.3　双金属片温控器

双金属片也许是最普通的感温装置，其最简单的形式就是两块具有不同膨胀和收缩系数的、背靠背连接在一起的不同金属片，见图 13.4。两金属片通常分别为青铜片和钢片。当这样的双金属片受热时，由于青铜片的膨胀快于钢片，双金属片即开始向钢片方向弯曲，这一弯曲动作就是所谓的尺度变化，它可以连接一个电气器件或一个开关来断开、启动电路或调节电流的大小及流体的流量，见图 13.5。由于这种双金属片的弯曲量与温度变化的对应关系固定，不能改变，因此这种控制器的应用范围就受到限制。例如，将该双金属片的一端固定进行加热时，对应温度的每一度的变化，其另一端的移动量是一个定值，见图 13.6。

要使双金属片能够在一个更大的温度范围具有足够的位移量，可以将双金属片的长度加长。加长的形式一般有：将双金属片绕制成盘簧状，或弯制成像发夹一样的形状，或卷成螺管形，或制成蛇管状，见图 13.7。在盘管或螺管的活动端就可以安装一个用于指示温度的指针,或一个切断和闭合电路的开关,或能够调节流体流量的阀门。图13.8 就是一种最简单的控制装置。

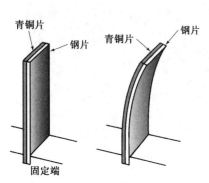

图 13.4　由青铜片和钢片背靠背
连接组成的双金属片

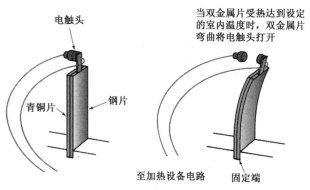

图 13.5　作为温控器的双金属片

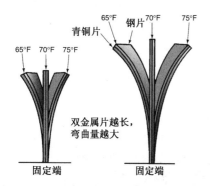

图 13.6　此双金属片为70℉时,呈笔直状态;
当温度低于70℉时,因青铜侧收
缩大于钢片,双金属片朝左弯曲;
而当温度高于70℉时,青铜的膨胀
快于钢片,则向右弯曲。弯曲程
度的大小与温度的变化量成对应关
系。双金属片越长,弯曲量也越大

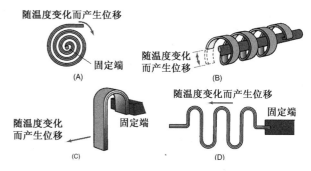

图 13.7　双金属管长度增加的形式：(A) 盘簧形;
(B)卷制成螺管形;(C)发夹形;(D)蛇管形

杆管式控制器　杆管式控制器是另一类型的利用两种不同热膨胀和收缩系数的金属制成的温度控制器。杆管式控制器更确切地说是管中杆控制器,这种温控器由一个具有高膨胀系数的外管和一个具有低膨胀系数的内杆组成,见图13.9。家用燃气热水器多年来一直采用这种温控器。外管伸入水箱内,能切实地感受水箱内水的温度。当水温变化时,外管就会推动内杆打开或关闭燃气阀,启动或停止对水箱内水的加热,见图13.10。

图 13.8　双金属片随温度变化而产生的移
动可以将电路触头断开或闭合

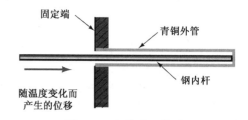

图 13.9　杆管式温控器

杆管式温控器的另一种应用方式是电热阀,在其阀体周围设置一个小加热器,当该加热器得电后,其阀管受热、膨胀拉起阀杆,打开阀门使流体流动。失电后,热量散除,阀管收缩关闭阀门,见图13.11。

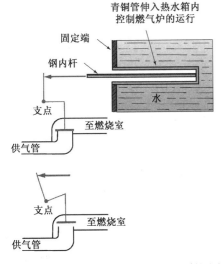

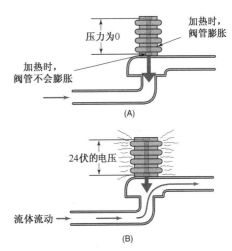

图 13.10　杆管式温控器由两种不同的金属材料制成,通常将其置于像热水箱的流体环境下直接感受温度的变化

图 13.11　用于控制水流的电热阀:(A)阀杆移动,关闭阀门;(B)电热阀接上24伏的电压时,电热器开始加热,阀管膨胀提拉阀杆

弹性膜片　弹性膜片是另一种热动双金属片。就其弹性膜片的速动特性而言,这种弹性膜片具有迅速打开和闭合电路的独特功能。所有需要迅速停止和启动电力负载的控制器都需要速动的功能,见图 13.12。

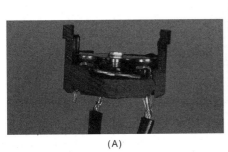

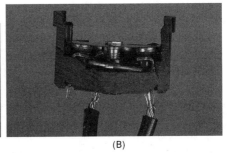

图 13.12　弹性膜片是另一种热动双金属片,它一般为圆形,外侧固定,加热时,膜片会急速地凸向另一方向:(A)电路闭合;(B)电路打开(Bill Johnson 摄)

13.4　流体膨胀型控制器

　　流体受热膨胀也是一种检测温度变化的方式。第 1 章中,我们曾讨论过一种在带有玻璃管的球泡内充有水银的温度计。当球泡内的水银受热或降温时,水银就会膨胀或收缩,并表现为水银柱在温度计玻璃管内上升或下降,即玻璃管中水银的液位代表了球泡内水银的温度,见图 1.2。水银柱的上升与下降是因为管中的水银无其他通道可走,当球泡内水银受热膨胀时,它只能在管中上升;降温时,它也只能沿玻璃管下降。我们可以利用同样的原理,将温度变化的信号传递给一个控制器。

　　我们可以将传导管中液位上升的信号传递给某一装置,并将其转变为可利用的位移。膜片就是其中的一种装置形式。膜片是一种较薄的、具有较大面积的弹性金属圆形膜片,它可以随其下的压力变化上下移动,见图 13.13。

　　将球泡充满液体,并用连接管将其与膜片盒相连接。当球泡温度上升时,液体即开始膨胀,其压力也随之进入膜片盒。图 13.14 中,球泡内充满了水银,并将其安装于燃气炉常燃的小火焰处,以保证在燃气主阀打开之前能够随时引燃燃烧器。整个充满水银的连接管和充满水银的膜片盒对温度的变化非常敏感。控制常燃小火焰的膜片盒需要有较高的温度,因此只能将感温球泡设置在常燃小火焰处。

　　要想在球泡位置获得更为准确的火焰控制,可以采用充有部分液体的感温包,这种液体能受热汽化成为蒸气,并传输至控制点的膜片位置,见图 13.15。我们必须认识到:液体对温度变化的反应远比蒸气的反应明显得多,因此可将其用于传输压力。

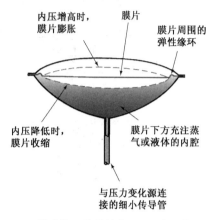

图 13.13 膜片是一种弹性的、可运动的薄膜片(青铜、钢或其他金属膜片,它可以将压力变化转变为某种位移。这一位移动作可以停止、启动或调节各种控制器)

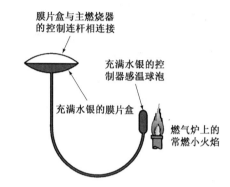

图 13.14 位于常燃小火焰焰中或附近的感温球泡充满了水银,球泡受热后,水银膨胀,经传导管传递至膜片盒,这样才能保证引燃火焰能随时点燃燃烧器

下面以采用 R-134a 制冷剂的步入式小型冷库为例论述膜片盒式控制器的工作过程。图 13.15 为 R-134a 制冷剂的压力/温度线图。该冷库的库内温度控制方法是:库内温度达到 35°F 时停车,库内温度达到 45°F 时启动制冷系统。它采用带有远距离感温包的控制器调节库内温度,控制器的感温包位于冷库内,而控制器为便于调节设置在冷库外侧。

为便于说明,在感温包处安装一压力表,以便观察温度变化时感温包内的压力变化。图 13.16 为本例示意图。库内温度,即感温包温度达到 35°F 时,要求系统停止工作。查 R-134a 压力 – 温度线图,此温度下的对应压力为 30 psig,即控制机构在此压力时断开电路,系统停止运行;当库内温度上升到 45°F 时,系统应重新启动。45°F 时,控制器内的 R-134a 压力为 40 psig,控制机构应在此压力时闭合电路,启动制冷系统。

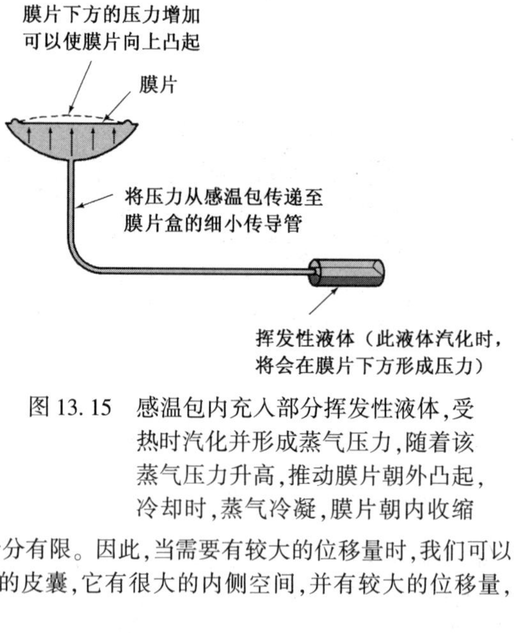

膜片作用力很大,但位移量很小。同样的充注式

图 13.15 感温包内充入部分挥发性液体,受热时汽化并形成蒸气压力,随着该蒸气压力升高,推动膜片朝外凸起,冷却时,蒸气冷凝,膜片朝内收缩

控制器在其工作温度范围内,感温包液体的实际膨胀量十分有限。因此,当需要有较大的位移量时,我们可以采用称为波纹管的另一种控制装置。波纹管非常像手风琴的皮囊,它有很大的内侧空间,并有较大的位移量,见图 13.17。波纹管内通常为蒸气,而不是液体。

充注有部分液体的分离式感温包也可与布尔登管连接,由布尔登管带动的指针在一个有刻度的表面上指示温度值,见图 13.18。

由于这种充注有部分液体的感温包控制器可靠、简单,而且价格便宜,因此自出现以来就一直被广泛使用,且各种结构形式更是层出不穷。图 13.19 为一些分离式感温包温控器。人们还经常以与膜片和波纹管同样的方式采用布尔登管来监控流体的膨胀量。

由于每一种电气开关都必须含有速动装置,因此,此处讨论的各种控制机构都是简化后的机构形式,而非实际应用的控制装置。前面曾经谈到:电路闭合或断开时,特别是断开时,往往会发生电弧,这是因为开关断开时,电子正在流动,并且有试图保持这样流动状态的倾向。因此,此时就会出现电弧,见图 13.20。这种电弧实际上就是一种小电焊弧。每当开关断开时,都会发生电蚀,因此,每个开关都有一个使用寿命。使用寿命就是开关总的打开次数,过了使用期限,开关就会失效。一般来说,开关的速度越快,其使用寿命越长。

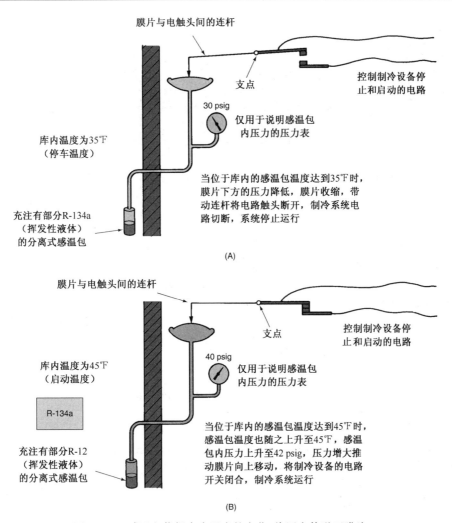

图 13.16　感温包依据库内温度的变化,将压力传递至膜片

图 13.17　在同样温度增量的情况下需要有较大位移量的场合,可采用波纹管。这种控制器通常都带有充注一定量的挥发性液体并以蒸气推动波纹管运动的感温包

图 13.18　该分离式感温包内充入一定量的挥发性液体,受热逐渐膨胀后的蒸气传递至布尔登管。压力上升时,布尔登管朝外展开;压力降低时,布尔登管朝内收缩

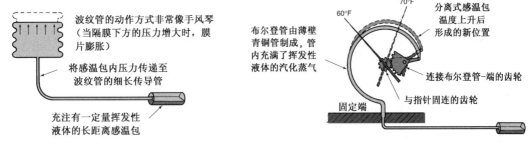

　　各种开关(电闸)都有不同类型的速动机构,有些开关采用偏心机构来加快打开速度,也有一些开关采用水银泡以获得速动效果,还有一些开关采用磁铁来加速打开动作,图 13.21 为各种速动机构。

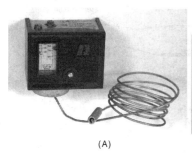

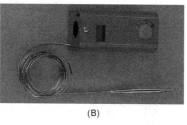

图 13.19　远距离感温包式制冷温度控制器(Bill Johnson 摄)

图 13.20　电触头断开时产生的电弧会损伤两侧触头,且损伤程度与其断开时的速度成比例关系

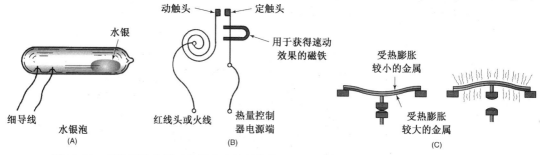

图 13.21　各种开关中用于获得速动效果的装置:(A)水银泡;(B)磁铁;(C)偏心装置

13.5　热电偶

热电偶不采用热膨胀原理,而是依据电学的基本原理制成的,因此,它不同于上述各种依据热量变化的控制方法。热电偶由组合在一个端头的两种不同的金属组成(一般为铁和康铜等两种不同金属制成的导体),见图 13.22。当热结点受热时,由于该装置两端存在温度差,因此就有电流开始流动,

图 13.22　用于检测燃气设备点火火焰的热电偶(Robertshaw Controls Company 提供)

见图 13.23。组成热电偶的两种金属材料可以有多种组合方式,但两种材料必须具有不同的特性。每种热电偶都有热结点和冷结点两个端头。顾名思义,热结点温度高于冷结点温度,此温度差就是电流流动的推动力。热可以使其中一种金属内的电流朝一个方向流动,而在另一种金属中则朝相反方向流动。当将这两种金属连接时,即可形成一个电路,且加热其一端时就有电流流动。

各种类型的热电偶均附有图表,它可以说明热电偶热、冷结点在不同状态下应有的电流值,热电偶中的电流可以由电子线路检测,因此可用于各种与温度相关的设备装置(如温度计)以及启/闭设备运行的温控器或安全控制装置,见图 13.24。

热电偶很多年来一直被广泛应用于各种燃气炉,用以检测点火火焰的状态。由于这种热电偶只可用于点火装置,因此现已逐步淘汰,转而采用间歇式点火器(即每当燃烧器熄火后,点火火焰自动熄灭,室内温控器要求热量时,点火火焰重新点燃)和其他类型的新式点火器。这种热电偶大约有 20 ~ 30 mV(直流)的输出电压,可以用于控制安全电路来检测火焰的状态,见图 13.25。

为了获得更大的输出电压,可以将多个热电偶成组串联。这种由多个热电偶串联而成的热电偶称为温差电池,见图 13.26。温差电池常用于某些燃气设备并作为唯一的电源,因此这种燃气设备除了控制电路,也就不需要任何外加的电源了,尽管其电压值很小(约 500 mV)。这种温差电池还可在偏远地区利用阳光或小火焰产生的热量为收音机供电。

13.6　电子感温器件

热敏电阻是一种称为半导体的固态电子器件,当然,同时需要一个电子电路与之配套才能实现其功能。热敏电阻对电流的阻力随其温度的变化而变化。

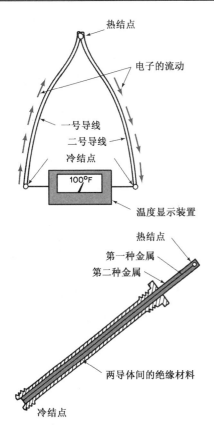

图 13.24   热电偶检测燃气炉点火火焰是
否在燃烧（Bill Johnson 摄）

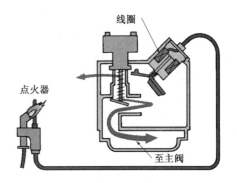

图 13.23   图中上方的热电偶由两根不同的金属导线
焊接而成，常用于检测温度。图中下方的
热电偶则是刚性装置，用于检测点火火焰

图 13.25   用于检测燃气火焰状态的热电偶及其控
制电路。当点火火焰点燃时，热电偶产
生电流，电磁铁得电，将燃气阀门打
开；当点火火焰熄灭时，热电偶没有电
流产生，阀门关闭，燃气不能流动

热敏电阻体积很小，能对很小的温度变化做出反应。其电流的变化可采用专门的电子电路检测，并由该电
路启动、关闭和调节各种设备测读温度值，见图 13.27 和图 13.28。

图 13.27   采用热敏电阻的温度计（Bill Johnson 摄）

图 13.26   由一组热电偶组成的温差电池（Bill Johnson 摄）

图 13.28   热敏电阻的应用方式（Bill Johnson 摄）

热敏电阻通常采用氧化钴、镍或锰以及一些其他材料制成，这些材料以非常精确的比例混合、碾磨，然后进
行耐久性牢化处理。热敏电阻有正温度系数和负温度系数两种。如果热敏电阻的阻值随温度上升而增大，那么
就是一种正温度系数（PTC）的电阻；相反，如果当温度上升时其电阻值减小，那么就是一种负温度系数（NTC）的

电阻。此外,有些热敏电阻可以在温度每变化1度的情况下,其阻值增大1倍或减小一半。热敏电阻常用于电动机固态电路保护装置、电动机启动继电器、室内温控器、电子膨胀阀、风管传感器、真空泵的微米表、热泵控制装置以及其他众多控制电路。图13.29为采用正温度系数热敏电阻的永久分相电容式(PSC)电动机的启动电路。启动瞬间,正温度系数热敏电阻阻值很小,可使电路有一个较大的启动电流,以增大电动机的启动力矩,但零点几秒之后,由于启动电流很大,热敏电阻的温度迅速上升,其电阻的阻值亦迅速增大,此时热敏电阻相当于处于开路状态,电动机也就以类似于普通分相电容式电动机的方式运行。

热敏电阻还常用于检测制冷系统真空度的桥式电路,见图13.30。将其中的一个热敏电阻设置在真空环境下,另一个热敏电阻则放置在周围大气条件下。随着系统内真空度逐渐增大,设置在真空环境之下的热敏电阻由于周围的分子数锐减,其产生的热量很难传递出去。此时,桥式电路可以检测出热敏电阻的阻值差,并转变为真空度的微米数。

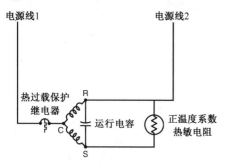

图13.29　正温度系数热敏电阻与运行电容并联连接,用以提高永久分相电容式电动机的启动力矩

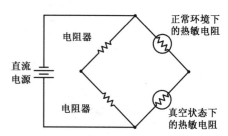

图13.30　用于检测真空度的热敏电阻及其桥式电路

本章小结

1. 双金属元件就是由两种不同特性的金属,如青铜和钢背靠背固接而成的金属条。
2. 双金属片能够随温度变化而出现不同程度的弯曲,因此,可以借助于各种机构、电气器件和电子装置,用于切断、连接电路和管线,或调节电流的大小和流体的流量。
3. 双金属片的变形量可以通过盘绕和弯制的方式增大,如螺管形、蛇管状、发夹形和盘簧状。
4. 杆管式控制器是双金属控制器的另一种形式。
5. 温度计利用流体受热膨胀的特性来检测温度。流体受热膨胀特性还可用于满液形感温包驱动各种控制器。
6. 挥发性液体的压力/温度对应关系也可用于某些充注部分挥发性液体的控制器。
7. 当膜片下方的液体或蒸气压力发生变化时,可以推动各种控制机构。
8. 膜片的变形量很小,但具有很大的作用力。
9. 波纹管具有较大的变形量。波纹管内通常充注各种气体。
10. 布尔登管的应用方式类似于膜片和波纹管。
11. 热电偶的热结点受热时会产生电流。
12. 利用热电偶中电流量的大小来检测温度的变化,进而切断、连接电路或调节电路中的各种电气量。
13. 热敏电阻是一种阻值随温度变化而变化的电子元器件。
14. 正温度系数热敏电阻(PTC)的阻值随温度上升而增大,负温度系数热敏电阻的阻值随温度上升而减小。

复习题

1. 由两个具有不同膨胀和收缩系数的金属条连接在一起的元器件是:
   A. 热敏电阻;　　　　B. 热电偶;　　　　C. 膜片;　　　　D. 双金属片。
2. 哪些设备装置采用双金属片?
3. 针对同一个温度变化量,如何使双金属片的变形量增大?
4. 下述哪一种双金属型控制器多年来一直用于家用燃气热水器?
   A. 弹性膜片;　　　　B. 杆管式控制器;　　　C. 盘簧形双金属控制器;　　D. 布尔登管。
5. 双金属片或杆管式控制器中采用的是哪两种金属?

6. 具有较大表面积的薄形、弹性金属圆膜片是_____。

7. 列举膜片的两种特性。

8. 满液型感温包控制器采用哪种流体？

9. 哪一种设备采用满液型控制器？

10. 具有较大内侧空间,又具有较大变形量的气囊型装置是指_____。

11. 波纹管与膜片有何不同？

12. 波纹管中一般为何种流体？

13. 应如何利用压力/温度对应关系来理解充注部分流体的分离式感温包的工作原理。

14. 下述哪一种元件是由两种不同金属组成并在其连接端受热时,能够产生直流电的？

　　A. 热电偶；　　　　　　B. 热敏电阻；　　　　　　C. 膜片；　　　　　　D. 双金属片。

15. 热电偶如何检测燃气点火火焰的状态？

16. 热电偶的控制机构是何种装置？

17. 热电偶通常是由_____和_____两种金属组成的。

18. 定义热敏电阻。

19. 采用热敏电阻控制某一机构或设备时必须采用何种装置？

20. 热敏电阻的应用方式与热电偶有何不同？

21. 试论述正温度系数热敏电阻和负温度系数热敏电阻的含义。

22. 试给出线路图解释正温度系数热敏电阻用于提高电动机启动力矩的方式。

23. 采用两个正温度系数热敏电阻的电子电路可以通过检测_____来测定真空度。

第14章 自动化控制装置及其应用

教学目标

学习完本章内容之后,读者应当能够:

1. 论述室(库)内温度控制。
2. 叙述水银泡的工作原理。
3. 叙述系统的过调和温度的波动。
4. 叙述低压控制器与高压控制器间的差异。
5. 说出低压控制器与高压控制器中各构件的名称。
6. 说出电动机避免高温的两种方法。
7. 叙述膜片控制器与波纹管控制器间的差异。
8. 叙述压力传感控制器的应用方式。
9. 论述高压控制器。
10. 论述低压控制器。
11. 讨论控制器的控制区间及差异。
12. 论述压力传感器。
13. 论述压力安全阀。
14. 论述机械和机电控制器的功能。

安全检查清单

1. 带有线电压的温控器,其基座应与电源插座连接,如果因过载或电路短路产生电弧,可封闭在导线管或插座盒内。不得将温控器视为一种低压装置。
2. 如果发现压缩机发烫,最好的方法是用室内温度控制器"关机"开关停止压缩机运行,至第二天再启动,这样可以使压缩机有比较充分的时间冷却,同时使曲轴箱保持应有的温度。
3. 如果上述方法无法操作或操作后无效,那么应使压缩机迅速冷却,切断电源,在用水冷却压缩机之前,将电路用塑料布覆盖。检查电路时,千万不要站在有水的地方。
4. 系统压力控制器作为安全控制装置时应特别注意安装方式,即压力控制器不能因检修阀关闭而关闭。
5. 高压控制器是保护设备及周围人员器材的安全装置,切不可随心所欲,随意处置。
6. 气体压力开关也是一种安全装置,不能因其仅用于检修和只能由有经验的检修人员调整而忽略了对它的检查。
7. 泄压阀是一种由生产企业安装的保险装置,不得更换或随意处置。

14.1 控制器件的识别

本章将论述各种控制器的外部特征及其工作原理。识别某种控制器并了解其功能及其应用对象非常重要,特别是阅读电路图或检修系统故障时,可以帮助操作者消除各种疑虑。在阅读完本章内容与图示说明之后,就可以方便地看懂电路图中各种控制器的位置与功能并识别设备的各种控制器了。

14.2 温度控制器

温度控制器的功能各有不同。例如,室内的温度控制器是求得舒适;压缩机电动机中绕组温度控制器是为了避免过热和损坏,当电动机运行电流、电压过大时,就会出现过热,甚至发生烧毁。这两种温度控制器都需要同一种装置,即带有检测元件、能够检测温度上升并且能做出已知反应的装置。前者采用的室内温控器是一种运行控制器,而后者(电动机温控器)则是一种安全装置。

根据是否需要冬季供热或夏季供冷,室内温控装置有两种不同的作用。在冬季,天气比较暖和时,控制器需切断电路,停止供热;而在夏季,这种状态正好相反,根据气温的上升,接通电路,启动供冷,即供热温控器根据气温的上升,切断电路;供冷温控器依据气温的上升,接通电路。注意,我们将温控器在此两种状态下的控制功能称为"温升功能",此术语在本行业中经常提到,应予重视。

电动机温度控制器具有与上述供热温控器相同的电路功能,即电动机温度上升时切断电路,电动机停止运行。供热温控器和电动机绕组温控器是在同样状态下履行同样功能的,但实际上两者毫无相似之处,见图14.1。

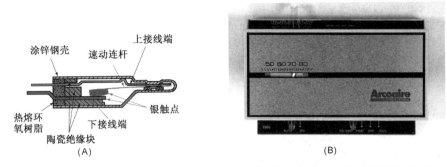

图 14.1　两种温控器在温度上升时均断开电路,但目的各不相同:(A)电动机绕组温控器在电动机绕组运行时检测铁心和铜线的温度;(B)室内温控器则检测室内任意流动的空气温度(Bill Johnson 摄)

两种温控器间的另一差异在于检测的介质不同。电动机绕组温控器必须与电动机绕组紧密接触,一般是固定在绕组上。而室内温控器是安装在一个带有各种控制元件的面板上,并悬挂于装饰板下方的气流中,它检测的是流经面板的任意气流的温度。

另一个重要的设计概念是各种控制器的额定电流参数。燃气或燃油炉等室内供热设备往往含有控制机组停机和启动的低电压(24 伏)的控制元件和高电压(115 伏或 230 伏)的工作元件,这是因为燃气或燃油炉一般都设有低电压的燃气阀或继电器和高电压的风机电动机。

没有一家企业会规定其生产的任何产品均采用同一种电压值或另外某种电压值。但是,启动和关闭 3 hp 的压缩机显然需要一个比启/停简单的燃气阀更大的开关装置,3 hp 压缩机的运行电流有可能达到 18 安培,启动电流达 90 安培,而一个较简单的气阀仅需 1/2 安培。如果将双金属感温器规格做得很大,足以承受 3 hp 压缩机的电流,那么这样的温控器体积就会很大,而对空气温度变化的反应速度则降低。这就是为何采用低压控制器来停止和启动高压工作装置的原因所在。

家用设备一般都具有低压控制电路,这主要有 4 个方面的原因:

1. 经济。
2. 安全。
3. 对相对静止的空气,实现更准确的温度控制。
4. 在众多地区,维修人员无须征得电气管理人员的许可,即可安装和维修各种低压线路。

低压温控装置采用设备中通常配置的小变压器将民用电降低至 24 伏作为其电源,见图 14.2。

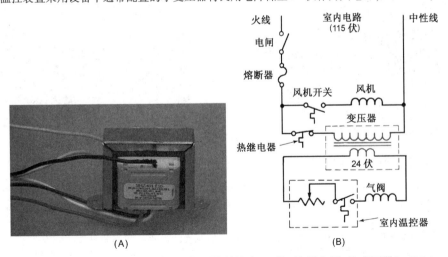

图 14.2　用于住宅和小型商业建筑物、将 115 伏转换为 24 伏(控制电压)的变压器(Bill Johnson 摄)

14.3　低压室内温度控制装置

低压室内温度控制装置(温控器)通常用于调控其他控制器,且其电流很小——很少有大于 2 安培的情况。温控器一般由下列构件组成:

电触头　水银泡一般安装在温控器内,见图14.3,它由充有惰性气体(一种阻断氧化的气体)的玻璃泡和能够从一端至另一端自由流动的水银滴组成,其基本功能是在惰性气体的环境下连接或切断小电流的电路。一般来说,电路接通或断开时,都会产生或大或小的电弧,而且这样的电弧又足以使电弧周围的触头等形成氧化。但是,在充有惰性气体的玻璃泡中出现电弧时,由于其中没有氧气,也就不可能形成氧化。

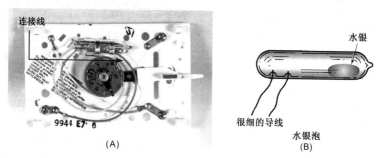

图14.3　(A)壁式温控器盖板拆去后可见到水银泡;(B)水银泡细节图。注意,水银泡与电路的连线是非常细小而柔软的导线。水银泡固定在双金属片活动端。当双金属片带水银泡偏转时,水银就会从一端流向另一端,使两导线连接,电路启动。两接触导线固定在充有惰性气体的玻璃泡内侧,可以使两个触点避免烧蚀和烧毁(Bill Johnson 摄)

水银泡固定在双金属片的活动端,因此可以随双金属片的变形转动。水银泡与电路间的连接导线非常细小、柔软,不会影响水银泡的移动。玻璃泡中的水银不可能同时占据两头,因此,当双金属片使水银泡移动到某一新位置时,水银就可以使电路迅即连接或断开,这种现象称为速动或延迟效应。

低压温控器的另外两种电触头均采用常规的镀银钢制接头。其中的一种是完全敞开的触头装置,一般还带有一个防护罩,见图14.4;另一种则是封闭在玻璃泡中的钢制镀银电触点。这两种触头形式一般在触头处均安装磁铁以获得延迟或速动效应。

预热器　预热器是一个小规格电阻,它通常可以调节并安装在双金属感温元件附近,用于提前切断供热设备,见图14.5。设想一台燃油或燃气炉长时间为居室供热,至设定的切断温度点关闭,由于燃气炉本身自重达数百磅并长时间运行,炉内燃烧突然停止时,燃气炉内仍会有大量的热量,如果风机继续将这部分热量输送至室内,那么炉内及离开燃气炉的大量热量将足以使室内温度继续上升至舒适温度点以上。

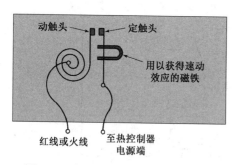

图14.4　低压温控器(图中触头断开)

图14.5　实用温控器中的预热器(Bill Johnson 摄)

设置在温控器内的预热器可以在室内温度上升至舒适温度之前,预先关闭燃气炉,然后将这部分热量送入居室,见图14.6。该电阻会放出小量的热量,使双金属温度略高于室内温度。例如,我们假设温控器设定的燃气炉启动温度为73℉,由于燃气炉的火焰必须在风机启动并将热量输送至居室之前先加热燃气炉的热交换器,因此室内温度很可能会低于73℉,否则就会把冷空气送入居室。采暖房间内温度低于温控器设定值时,其两者的温度差称为"系统供热滞后"。系统供热滞后会使室内温度在风机将热空气送至室内前降低至71℉。

如果温控器设定的温差值为3℉,那么当双金属片温度达到76℉(73℉+3℉)时,温控器的触头就会断开。但是,风机在其关机之前的数分钟内会继续将热交换器中的余热送入室内,有可能使室内温度达到78℉。室内温度高于温控器设定温度以上的净温差称为系统供热过量。由此可见,即使温控器设定为73℉启动供热,76℉关闭供热,但室内温度仍可能低至71℉和升高至78℉,即"系统供热滞后"和"系统供热过量"会使大居室内温度出现7℉(78℉减71℉)的温度波动。图14.7为系统供热滞后和系统供热过量的示意图(为方便起见略有夸大)。

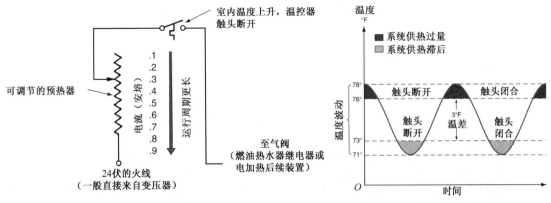

图 14.6　预热器通常是一个线绕的、带滑杆的可变电阻器　　　图 14.7　系统供热滞后和系统供
　　　　　　　　　　　　　　　　　　　　　　　　　　　　　　　　　热过量引起的温度波动

由此可见,温控器需要在系统出现供热过量之前提前断开触头,并使燃气炉内的余热输送至采暖居室内。这就是预热器的功能所在。实际上,是预热器通过将少量热量加在双金属片上的方式欺骗温控器的双金属片,使其提前断开触头。在此情况下,温控器双金属片的温度在温控器触头闭合时始终高于室内温度,温控器触头提前断开,系统的供热过量值即可减小。

预热器与水银泡的供热触头串联,因此,当温控器触点闭合时,预热器始终处于得电状态。此外,要使温控器能够精确地控制室内温度,则无论流经预热器的电流多大,其排放的热量都必须相同。根据欧姆定律 $W = I^2 R$,在电流值(I)不同的情况之下,要使预热器产生相同的热量就要求有不同的电阻值(R)。设计人员在设计温控器时均已根据每一种规格的预热器产生的热量进行计算,确定采用多大的电阻。

由于可调预热器根据电流值刻度进行调节,并以此来补偿不断变化的电流缺额,见图 14.6,因此,采暖技术人员必须首先确定流经供热控制电路的电流大小,从而才能确定燃气炉处于稳定工况时流经预热器的电流大小。所谓稳定工况就是点火之后燃气炉持续运行约 1 分钟时的状态。检测预热器电流精确的方法是用交流电流表测量温控器基座上 R 端和 W 端接线柱间的电流,见图 14.8。测得此稳态电流后,将预热器的电流值调整至同样大小。

如果预热器的电流设置高于其应有大小,那么由于预热器中的电阻减小,其排送至预热器双金属片的热量也相应减小,从而出现较大的系统供热过量现象。

预热器不可能完全消除系统供热过量和较大的温度波动,它只能使系统供热过量和温度波动的范围减小,对舒适感的影响减小。各种预热器都附有说明书,会告知使用者如何调节预热器,按此操作即可。

电子或微电子温控器通常都配置有不同的预置电路。这些电子式温控器一般都含有厂家配置、能够设定各周期的热流量并带有运行软件的微处理器。

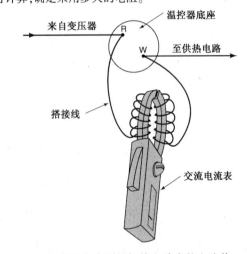

图 14.8　交流电流表测量加热电路内的电流值。一般可在电流表钳口上绕10圈即可获得较为精确的读数,但不要忘了需除以10。较先进的数字式电流表无须绕圈即可测读很小的电流值

另一种方法是采用厂家的温控器自行连接能够设定各周期热流量的电子线路。

预冷器供冷系统启动数分钟之后,整个空调系统才能达到满负载状态。如果空调系统到需要时才启动,那么在其达到满负载之前必有 5～15 分钟的时间间隔,而这一时间已足以使空调区域内的温度上升。但预冷器可以使系统提前数分钟启动,使满负荷运行状态提前。预冷器通常是一个不能在现场进行调节的、高阻值的电阻,见图 14.9。预冷器与水银泡供热触头并联连接,且在停机周期内得电,见图 14.10。当温控器的触头处于断开状态时,预冷器将少量热量加在温控器的双金属片上,使双金属片温度略高于室内温度,这样就可以使温控器的触点提前闭合,减少供冷系统启动的滞后时间。

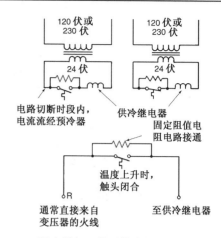

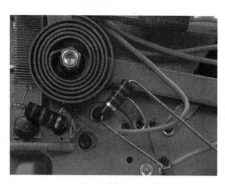

图 14.9　预冷器通常就是一个与电子线路中一样的不可调电阻器,其外形为圆柱形并用色标标注阻值和功率(Bill Johnson摄)

图 14.10　预冷器与温控器供冷触点并联连接,从而可以在触点断开时,电流流经预冷器电阻

由于预冷器的阻值很大,当它与供冷继电器线圈等耗电元件串联时,就会有很大的分压。因此,当温控器的触头断开时,供冷继电器两端的电压值就会相对较小,这样更有利于温控器触头断开时预冷器将热量传送给温控器的双金属片。一旦温控器触点闭合,预冷器则等同于被撤除在电路之外,供冷继电器得电,开始供冷。

温控器面板　温控器面板主要起装饰和保护的作用,面板上安装有温度计,用于显示整个环境温度。温度计也可与控制器分设为两部分,将温度计挂在靠近温控器的墙上。温控器有多种形式,见图 14.11。

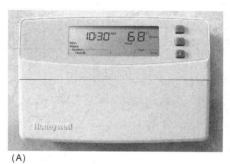

(A)　　　　　　　　　　　　　　　(B)

图 14.11　温控器面板 (Honeywell 提供)

温控器总成　安装有上述各温控器元器件的温控器总成通常安装在一底座上并固定在墙上,它实际上可以称为系统的控制中心。除了水银泡和预热器、预冷器外,温控器还设有温度调节滑杆,这些滑杆通常用于指示设定功能或要求的温度,见图 14.12。温控器正常运行时,面板上的温度计就能显示设定功能的相应数值。

温控器底座　温控器底座一般与温控器分离,它包含风机开关或"供热 – 停机 – 供冷"等功能选择滑杆,见图 14.13。底座非常重要,这是因为整个温控器均安装在底座上。温控器底座先固定在墙上,然后将各连接线与底座上的接线端连接,当温控器固定在底座上时,温控器总成与底座间的各线接头均可全部完成连接。预冷器一般直接安装在温控器的底座上。

图 14.12　温控器总成(Bill Johnson 摄)

14.4　高压(线电压)室内温度控制装置

有时候,我们也需要采用线电压的温控器来控制设备的启动和停机,有些设备并不需要分离式温控器,因为附加一个分离式温控器即意味着更多的成本支出,而且只会带来更多的潜在故障。

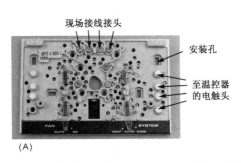
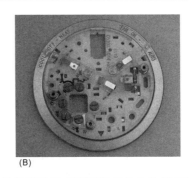

图 14.13　底座一般固定在墙上,连接线由底座内的各接线端固定,接线端的结构非常便于连接线的连接。温控器由螺钉固定在底座上后,温控器与底座间的各点连接也可直接完成。底座上通常含有风机开关和"供热 – 停机 – 供冷"等功能选择开关(Bill Johnson摄)

　　窗式空调器就是一个最好的例子,它没有分离式温控器,其温控器直接安装在机内。如果设置分离式温控器,那就不成为一个插头插入电源即可工作的电器了,而必须进行温控器的安装。分离式感温包温控器一般均需将感温包安装在回风口处,见图 14.14。而且,风机必须持续运行,才能有平稳的室内回风流经感温包,从而使这种温控器有较高的灵敏度。

　　有众多类型的设备采用线电压温控器,如家用冷柜、进入式冷库、独立式整体型空调设备,所有这些设备都有一个共同的特征——温控器结构庞大,而且不像低压温控器那么灵敏。更换这些温控器时,应采用原装配件和设备制造商推荐的方法进行操作。

　　线电压温控器必须与电路的电压和电流匹配。例如,便利商店的大型冷柜内都设有独立的压缩机和温控器控制的风机电动机(停机和启动),电压为 115 伏时,两者的运行电流约为 16.2 安培(压缩机电流为 15.1 安培,风机电动机电流约为 1.1 安培)。压缩机的堵转电流为 72 安培(所谓堵转电流就是电动机起步转动前电路中出现的冲击电流,对于风机电动机来说,由于其功率较小,可不考虑风机电动机的冲击电流)。由于该压缩机电动机功率达 3/4 hp,因此,必须选择可靠的使用寿命较长的温控器。该机选用了额定运行电流为 20 安培,堵转电流为 80 安培的控制器,见图 14.15。

　　温控器由于受尺寸的限制,其额定电流一般不大于 25 安培,这样对于采用线电压温控器直接启动的压缩机来说,其规格就限制在 1/2 hp(电压为 115 伏)或 3 hp(电压为 230 伏)的范围之内。要记住,同样规格的电动机,电压值翻番,实际的电流值减半。

　　当需要更大的电流容量时,一般可采用配置有线电压温控器或低压温控器的电动机启动器。

　　线电压温控器一般由下述构件组成。

开关机构　有些线电压温控器采用水银作为接触面,但绝大多数则采用镀银触头。银触头有助于触点处电流的导通,但在电路中也是一个真实的负载,而且往往是控制器中最易损坏的元件,见图 14.16。

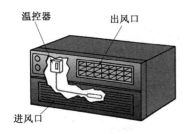

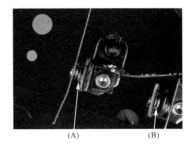

图 14.14　窗式空调器采用线电压温控器来控制压缩机启动与停机。选择开关设置在制冷位置时,风机启动并保持运转状态,其温控器仅控制压缩机

图 14.15　用于控制压缩机启动与停机的线电压温控器,其满负荷电流为 20 安培,短时冲击电流为 80 安培(Bill Johnson 摄)

图 14.16　线电压温控器的银触头:(A)触头闭合;(B)触头断开(Bill Johnson 摄)

感温元件　线电压温控器的感温元件一般为双金属片、波纹管或充液型分离式感温包,见图14.17,并设置在能够感受环境温度的位置。如果灵敏度要求较高,则流经感温元件的气流应具有较低的流速。用于温控器各功能及各变量调节的滑杆与旋钮一般均设置在主温控器上。

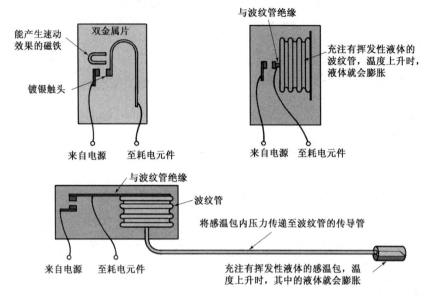

图14.17　用于线电压温控器的双金属片、波纹管和分离式感温包。设置在面板上的滑杆或旋钮就是用于调节感温元件内的压力、进而改变温度控制范围的

面板　由于面板内侧为线电压,因此一般采用紧固件固定,以防止不经意中接触面板内的线头,见图14.18。如果温控器还用来检测建筑物内的空间温度,那么可以在面板上安装温度计显示室内温度;如果温控器用于控制大型冷柜等小空间的温度,那么就可采用比较简洁的面板。

底座　当温控器用于室内温度控制时,温控器必须有多种墙上固定方式。常用的是配置有导线接线盒的底座,电源高压导线通过导线管连接于线电压控制器接线端,导线管需连接到温控器安装的接线盒位置。**安全防范措施**:如果因过载或短路出现电弧,那么就可以将此电弧封闭在接线盒内,从而减小起火的风险,见图14.19。

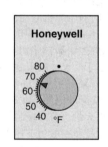

图14.18　线电压温控器的面板不像低压温控器那样富有装饰性

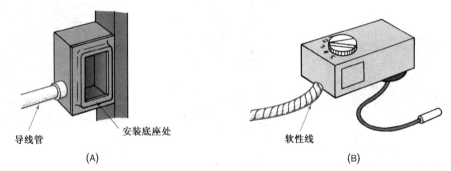

图14.19　(A)用于墙装的线电压温控器接线盒;(B)带有柔性导线管的分离式感温包。两种安装方法均需将连接线封闭并予保护

如上所述,用于室内采暖系统温度控制的室内温控器,就其控制目的与功能而言,与用于电动机温度控制的温控器并无区别。当温度上升时,两者均将电路切断或断开,但这两种温控器的外观上有很大差异,一种是用以

检测缓慢流动的空气温度,而另一种则是检测电动机绕组的温度。相比之下,电动机绕组的质量要大得多,因此,电动机温控器的感温头必须非常紧密地接触绕组才能检测到绕组的温度变化。

14.5 固体温度的检测

需要记住的关键内容是:任何感温元件所指示的或反映的只是感温元件的温度。水银球温度计指示的也只是温度计末端的球泡温度,并非是其浸没的液体温度。如果水银球泡在此液体中的时间足够长并具有与该液体同样的温度时,才能获得精确的温度值读数。图 14.20 为水银温度计的示意图。

要精确测定固体的温度,感温元件必须尽可能快地接受到该物质的真实温度。事实上,一个圆形的水银球泡要非常贴近扁平的金属块并仅仅感知金属的温度是十分困难的,因为在任何时候,球泡只有很小的一部分能够接触到平直的表面,见图 14.21。而球泡的其他大部分表面接触的则是周围的(环境)空气。

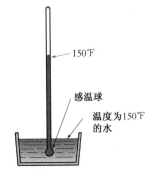

图 14.20 水银温度计中的液位随球泡中水银的膨胀或收缩而上升或下降,球泡是其感温元件

很显然,如果用绝热材料将温度计紧紧地裹在钢板上,使感温球与周围空气隔离,就可以有助于获得更加精确的温度读数。有时,我们确实需要采用某种胶体材料将温度计感温包紧贴在被测物表面,使之与周围空气隔离,图 14.22。对于永久性装置,还可设置供温度计插入的孔口,见图 14.23。

图 14.21 水银温度计的球泡只有一部分与平铁板接触,其余大部分是与周围的(环境)空气接触

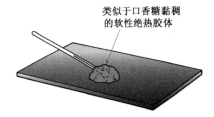

图 14.22 一种在工作现场经常采用的测温方法。绝热胶体可以将感温球紧贴在金属板表面并与周围空气隔绝

绝大多数感温元件都存在如何达到被测物体相同温度的类似问题。有一些设备干脆将感温包镶嵌在被测表面之内。电动机内的感温元件就是其中的一个例子,将感温包设计成扁平状,以便紧贴电动机机座,见图 14.24。它之所以能制成扁平形的一个原因是因为它是一个双金属片。这种控制器一般均安装于电动机或压缩机的接线盒内,使其与周围温度隔绝。

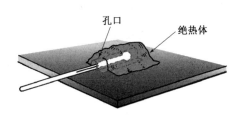

图 14.23 一种测温用的孔口架。孔口架固定在金属板上,以便热量可双向传递

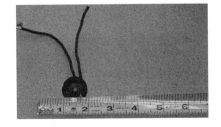

图 14.24 电动机感温装置(Bill Johnson 摄)

由于电动机是推动制冷剂、水和空气流动的最基本的动力源,因此电动机的保护至关重要。电动机,特别是压缩机电动机是整个制冷系统中价格最贵的构件。由钢和铜材制成的电动机应尽可能避免外来的热量和由电动机过载产生的热量。

所有电动机在正常运行的过程中都会产生热量。进入电动机的电能可以转变为磁场做功,但也有一部分转变为热。所有电动机都有在正常或设计工况之下检测和排放这部分热量的方法与方式。如果机内积聚的热量太大,那么除了及时检测之外,还需采取适当的方法予以处理;否则,电动机就会过热并导致损坏。

电动机的高温保护通常是利用双金属片的某种变化或热敏电阻来实现的,双金属元件可以安装在电动机的外侧,通常安装在波纹管内或镶嵌在绕组内,见图14.25。在介绍电动机的相关章节中还将详细论述这些电动机保护装置的工作原理。

热敏电阻一般均镶嵌在电动机绕组中,与绕组的紧密接触可以获得快速、精确的反应,但它也同时意味着必须将导线连接至压缩机之外,这就会涉及压缩机接线盒内需增加接线端头的问题,见图14.26。图14.27和图14.28为温度保护装置的接线图。

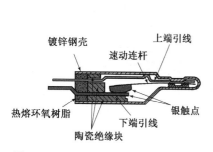

图 14.25　双金属片电动机温度保护装置

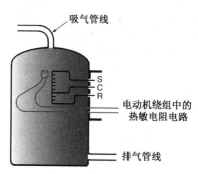

图 14.26　压缩机外侧的接线盒,它要比传统压缩机中一般的公共(C)、运行(R)和启动(S)3个接线柱多两个接线座,这两个接线座用于电动机内的过载保护器

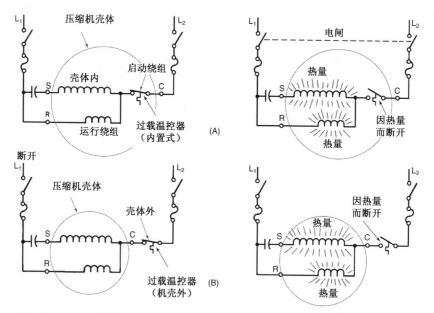

图 14.27　线电压双金属片感温装置处于受热状态和正常运行条件下的动作:(A)采用机内保护的永久分相电容电动机。注意,如果过载温控器断开,那么用欧姆表测量C端至S端或R端,均显示电路开路,但S端至R端间仍有正常的阻值;(B)同一电动机,只是将电动机保护装置改为设在压缩机外。注意,这样更容易排除过载故障,但由于不贴近绕组,因此无法做出快速反应

由于电动机的尺寸规格和重量较大,因此过热之后往往需要很长的时间来冷却。如果为开放式电动机,那么可以利用风机或流动的气流使电动机快速冷却。如果电动机位于压缩机壳体之内,那么很可能是由弹簧悬挂在机壳之内,也就是说,即使压缩机壳体上未感觉发烫,然而实际上电动机与压缩机温度已经很高,而且很难冷却(图14.29为一种常用于发烫压缩机的冷却方法)。这是因为机体外壳与实际热源之间还有一层蒸气空隙,见图14.30。**安全防范措施:**压缩机机组必须有充分的时间冷却。如果加快冷却速度,可在压缩机旁安装一台风机,甚至用水来冷却压缩机,但绝不能让水进入电路中。用水冷却压缩机之前须切断电源,并用塑料布覆盖电路。重新启动压缩机时应特别小心,应使用电流表检查电流是否大于正常值,以及用其他表具确定设备的负载

情况。大多数封闭式压缩机均采用吸入蒸气冷却,如果制冷剂充注量不足,那么就无法使电动机充分冷却(即出现过热)

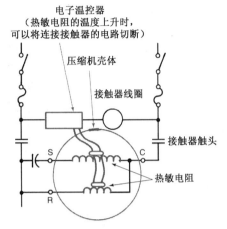

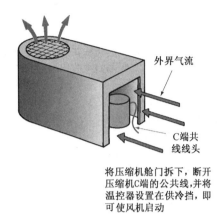

外界气流

C端共
线线头

将压缩机舱门拆下,断开
压缩机C端的公共线,并将
温控器设置在供冷挡,即
可使风机启动

图 14.28　热敏电阻型温度监控装置采用电子监控
电路来检测热敏电阻处的温度,当其温
度达到额定上限时,监控器即切断至
接触器线圈的电路,使压缩机停止运转

图 14.29　如果压缩机与风机同处一个防护罩内,
可利用周围空气冷却压缩机电动机

安全防范措施: 压缩机过热时的最佳处置方法是用室内温控器将压缩机电源切断,并在次日重新启动,这样可以使压缩机有充分的时间冷却,同时又可使曲轴箱保持应有的温度。许多维修人员往往将过热后的压缩机断定为绕组开路,但后来发现是因为机内的保护器断开,从而出现绕组开路的假象。

14.6　流体温度的检测

流体一词指物质的液态和气态。液体重量较大且温度的变化非常缓慢,感温元件必须能够尽可能快地达到被检测介质和温度才能测得其真实温度。由于液体往往存放在容器(或管道)中,因此可以通过接触容器或将某种感温元件浸没在液体中的方式来检测其温度。当以接触容器外侧的方式检测液体温度时,应特别注意环境温度对检测结果的影响。

其中很好的一个例子是采用制冷设备中的感温包来检测热力膨胀阀的性能。感温包必须能精确测定制冷剂蒸气的温度才能避免制冷液体进入吸气管。技术人员在将感温包固定在管线上时,选择的位置非常正确,但固定的方法往往存在问题。需要绝热时,人们经常忘记将感温包与环境温度隔绝,这样,感温包检测到的只是环境温度或是环境温度与管线温度的平均值。在管线上安装感温包做接触式检测时,必须保证感温包与管线有尽可能好的接触,见图 14.31。应采用青铜片或铜片,而不能用塑料带将感温包夹紧在吸气管线上或是其他可能会出现冰点的位置。青铜片和铜片的强度远大于塑料带,且能承受时而有冰冻、时而融化的变化,同时又能避免吸气管线与感温包间因水结冰膨胀使捆扎件损坏。

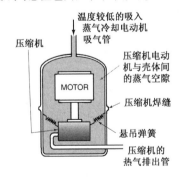

温度较低的吸入
蒸气冷却电动机
吸气管

压缩机

压缩机电动
机与壳体间
的蒸气空隙

压缩机焊缝

MOTOR

悬吊弹簧

压缩机的
热气排出管

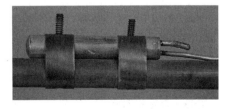

图 14.30　压缩机及电动机悬吊在压缩机壳体、充
满蒸气的空间内,该蒸气传热非常缓慢

图 14.31　使感温包与吸气管保持充分接触的正确方法
是将感温包用铜条扎紧在吸气管的直管段处

当需要检测某永久性设施大口径管的温度时,可采取不同的测定方式。在安装大口径管时,可在其管壁上焊接一个可插入温度计或温控器感温包的测温管,该测温管的大小必须与感温包的规格相匹配才能获得较好的接触配合,否则就不可能得到精确的检测结果。

有时,因检修需要,要求将温度计从测温管中拔出,插入电子温度计的小规格探头。当测温管的内径大于探头时,应在测温管内塞入填充料,使探头紧贴测温管,这样才能保证获得较为精确的读数,见图 14.32。

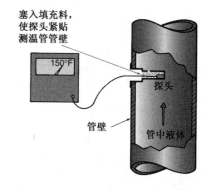

图 14.32　测温管中塞入填充料,使探头紧贴测温管管壁

另一种用于测定水管线温度值的方法是利用水管线中的某个水阀泄放稳定流量的水。例如,如果需要测定家用热水器的出水温度且怀疑水管中的温度计读数,那么可以采用下述方法:在出水管的水阀下放一个小容器,让小流量的水不断地从水管流入容器中,我们用温度计直接从水中检测水温。尽管这种方法由于需要排放稳定流量的水而不适宜长期采用,但在工作现场却是一种非常有效的方法,见图 14.33。

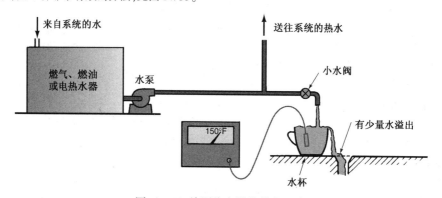

图 14.33　检测热水器的排水温度

14.7　气流温度的检测

风管和燃油、燃气炉热交换器中快速流动的气流温度通常利用将感温元件插入实际气流的方法来测定,其测温装置通常为平板形速动圆片膜或螺管等双金属片感温器。图 14.34 为速动圆片膜感温器。

14.8　有关感温装置的事项

感温器并不神秘,也不难理解,它只是像双金属片或热敏电阻那样的能够对温度变化做出反应的装置。只要仔细地查看并研究一下各种感温控制器,就能确定其工作的基本原理。如果仍心存疑惑,可查阅产品样本或请教控制器的供应商即可。

14.9　压力传感装置

在各种检测或控制制冷剂、空气、气体和水压力的装置中,一般都要用到压力传感元器件,有时甚至是非常精密的压力控制器,并用来控制电气控制装置。制冷行业中,"压力控制器"和"压力开关"两种称呼常被互换使用,当这种元件用于流体控制或控制电气开关装置时,均应明确表示这些元件在实际装置中的功能。

采用压力驱动控制器的部分装置是:
1. 用于电动机等电气负载启动和停机的压力开关,见图 14.35。
2. 含有波纹管、膜片或布尔登管,并能在其内部压力发生变化时产生变形位移的压力控制器。压力控制器上也可以安装各种开关或阀,见图 14.36。
3. 用做压力开关时,波纹管、布尔登管或隔膜上可连接能带动电触头的连杆;用做阀门时,则直接与阀门连接。
4. 电触头是实际断开和闭合电路的构件。

图 14.34　可用于风管和热水炉温度传感的
　　　　　速动圆片膜感温器(Bill Johnson摄)

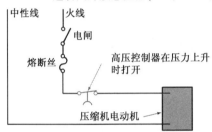

图 14.35　带有压力控制器的制冷压缩机控制
　　　　　电路,该控制器通常含有较高精度
　　　　　的电路,在压力上升时自动打开

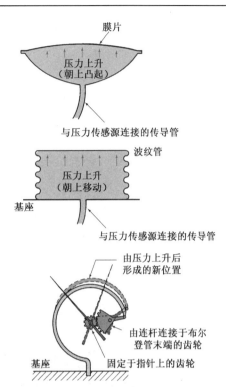

图 14.36　压力控制器动端的运动

5. 电触头在压力上升时,均能以速动方式打开或闭合,见
图 14.37。
6. 压力控制器在压力上升时既可断开,也可闭合,其断开
和闭合动作根据其类型的不同,可分别用于水或其他流
体的控制。
7. 压力控制器能够感知压力差,可用来打开或闭合电触头
装置,见图 14.38。
8. 压力控制器可以是压力控制型控制器,也可以是安全控
制器,见图 14.39。
9. 根据压力控制器控制机构的不同结构,压力控制器既可
在低压(甚至低于大气压力)下运行,也可在高压状态下
运行。
10. 压力控制器有时可采用连接的细小管来检测流体压力。
11. 压力控制器产品可以承受控制电压或家用电源的线电
压来启动 3 马力以下的压缩机。只有制冷行业仍采用
家用电源的大电流控制器。

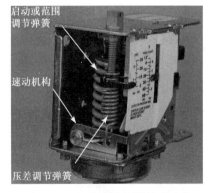

图 14.37　组合式控制器的速动装
　　　　　置(Bill Johnson 摄)

12. 制冷与空调设备中的高压控制器和低压控制器是两种在本行业中应用最广的压力控制器。
13. 有些压力开关可调(见图 14.40),有些则不能调节。
14. 有些压力控制器可自动复位,而有些则需人工复位,见图 14.41。
15. 有些压力控制器中,高压控制装置和低压控制装置设置在用一个箱体内,称为双压力控制器,见
图 14.42。
16. 压力控制器通常设置在空调和制冷设备的压缩机附近。
17. **安全防范措施**:压力控制器用做安全控制器时,应注意其安全方式不能在检修阀关闭时处于关闭状态。

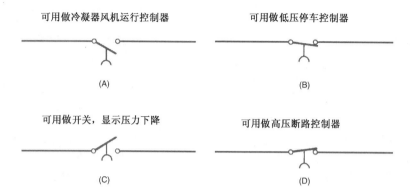

可用做冷凝器风机运行控制器　　　　　　可用做低压停车控制器

(A)　　　　　　　　　　　(B)

可用做开关，显示压力下降　　　　　　可用做高压断路控制器

(C)　　　　　　　　　　　(D)

图14.38　这些符号在控制电路图上用于表示压力控制器的开关功能,符号 A 和符号 B 均表示电路容许
压力上升。符号A表示开关,在机器没有电源加载于电路时处于常开状态;符号B表示没有
电源时处于常闭状态,符号C和D表示压力上升时电路打开,C为常开触头,D为常闭触头

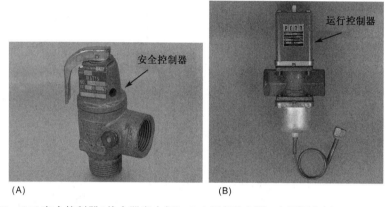

安全控制器

运行控制器

(A)　　　　　　　　　　　(B)

图14.39　(A)安全控制器(热水器安全阀);(B)运行控制器(水量调节阀)(Bill Johnson 摄)

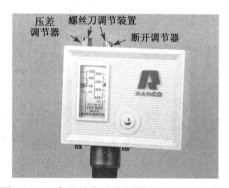

压差
调节器　螺丝刀调节装置

断开调节器

图14.40　常用的高压控制器(Bill Johnson 摄)

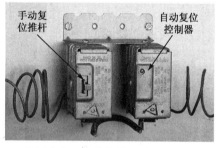

手动复
位推杆　　　自动复位
控制器

图14.41　左侧为人工复位控制器,右侧为自动复位控制
器,注意左侧控制器上的推杆(Bill Johnson摄)

18. 控制器切断电路的压力设定点称为关闭压力;接通电路的压力设定值称为启动压力,两设定值之间的
差称为"压差"。

采暖、空调和制冷行业中,压力控制器和温度控制器都具有断开、连接以及温差(压差)调节功能。如上所
述,控制器的断开设定点是指控制器切断电路的切换点,接通设定点是指电路的闭合点,而温差(压差)则是该
两个设置点间的差值。此逻辑关系可用下述公式表示:

接通动作状态点 - 断开动作状态点 = 温差(压差)

写为另一种形式,则是

接通动作状态点 - 温差(压差) = 断开动作状态点

　　如果某压力控制器的接通动作状态点为 20 psi，断开动作状态点为 5 psi，那么其压差即为 15 psi（20 psi − 5 psi）。图 14.43 为该逻辑关系的图示方式。注意，这种逻辑的表达式可同时应用于压力控制器和温度控制器。有些制造商把"断开状态点"称为"低端运行"，把"接通状态点"称为"高端运行"。

图 14.42　该控制器两个波纹管同时带动一组触头，两个波纹管均可使压缩机停止运行（Bill Johnson 摄）

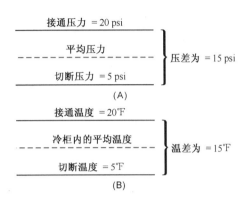

图 14.43　接通点、切断点以及压差（温差）值的图示：（A）压力控制器；（B）温度控制器

　　可见，温差（压差）决定了"断开状态点"和"接通状态点"之间的压力或温度差。对于用户或操作者来说，在利用控制器调节温度或压力时，通常很难调节其温差（压差）值，因为该调节装置一般均有某种机构予以保护或锁定，因此，需要花较多的时间和具备一定的专业技能才能改变其温差（或压差）值。在大多数情况下，仅容许有一位维修人员对控制器下的温差（或压差）值进行调节。如果该温差（压差）设置过小，那么压缩机电动机或受其控制的其他负载装置运行周期将明显减小，较小的运行周期会使电动机绕组过热，电触头出现永久性消蚀。另一方面，如果该温差（压差）设置过大，那么该电机就有可能处于长时间运行的状态，并出现较大功耗。有些温差（压差）控制器是不可调的，并以固定温差（压差）方式安装在控制器内。绝大多数高压控制器和价格较便宜的冷柜温控器一般均不设压差调节机构。

　　在温差（压差）值不变的情况下，改变接通设定值，那么断开设定值也将随之改变，见图 14.44。即整个控制范围上提，冷柜内的平均温度亦同时提高。由图可见，最初的控制范围是 5℉至 20℉，当控制器的接通温度提高到 25℉时，由于其温差仍为 15℉，因此其切断温度即随之上升至 10℉。注意，此时接通和断开温度均同时上升，但其两者间的差值（温差）并未发生变化，只是温控器的运行范围整体提高了，即从 10℉至 25℉，冷柜内的平均温度亦随之提高。这一控制范围使控制器在其自动控制的过程中有了压力或温度的上限和下限。由于难以将冷柜内温度控制在一个精确的温度值，因此必须有一个温控范围。

图 14.44　接通温度上升 5℉，则切断温度设置也相应提高 5℉。注意，（A）和（B）中温差相同，改变的只是温控范围所在的温度区域

　　由于改变接通设置会同时引起切断与接通设定值的改变，因此控制器接通设置的改变一般也被视为控制范围的改变，见图 14.44。如果温差值改变，那么控制器的控制范围亦相应改变，这是因为温差（压差）值就是两个设置点之间的范围。

　　范围调节弹簧的弹簧力始终直接作用于启动温度或压力控制器电气开关的波纹管上，而差值调节器或弹簧则通常设置在波纹管的一侧以增大波纹管作用于机构的阻力。这一作用力的存在能够使电触头或是更容易断开或闭合,或是更难断开或闭合,见图 14.37。有关控制器切断、接通以及差量设置的应用和更详细的案例,我们将在第 25 章"制冷系统专用构件"中予以讨论。

　　已有制造商将电子压力控制器投放市场,见图 14.45。这种电子压力控制器通常在线路板上配置有很小的微处理器,并用硬线连接至一个电子压力传感器。这种多功能电子压力控制器带有易读型的数字液晶显示器,其主要性能包括:

　　1. 可任意选择压力检测范围。

　　2. 防短周期运行装置。

　　3. 分离式压力传感器(极易安装)。

　　4. 采用线束(而不是毛细管)。

　　5. 可自锁的接头插口(可防止堵塞)。

　　6. 具有压力增加或降低时自动断开触点的功能。

14.10　压力传感器

　　压力传感器是一种能将检测到的压力信号转变为微处理器能够进行处理的电子信号的压力检测装置。图 14.46 为两种比较先进的压力传感器。如今的绝大多数压力传感器都是电容式压力传感器,它由两个靠近的平行膜片和一个坚固小巧的壳体构成,见图 14.47。两平行膜片通常由同种金属制成,两者间用绝缘材料隔开,两膜片也可用其他材料制作。其中的一个金属膜片是固定的,另一个膜片可以像图示那样,当有压力作用于其表面时形成微量的下陷。由压力引起的动膜微量下陷将改变两平行膜片间的间隙。这相当于一个电容器,当弹性膜片受到一定的压力而下陷时,又改变了其电容量,当该电容器的电容量变化被一个连接于微处理器的固态线性比较电路检测后,固态电路对此信号进行分析,然后按其比例放大输出信号。电容式压力传感器可以检测 0.1 英寸水柱(WC)至 10 000 psig 范围的压力。老式和低精度压力传感器的工作原理与应变仪相同或仅仅是一种机械连杆机构。

图 14.45　带有可拆卸压力传感器的电子
　　　　　压力控制器(John Tomczyk 摄)

图 14.46　两种较先进的压力传
　　　　　感器(John Tomczyk 摄)

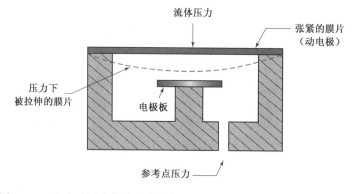

图 14.47　电容式压力传感器的纵剖面,动膜片可以使其电容量发生变化

图 14.48 为安装于压缩机并联系统公共吸气管上的压力传感器,该压力传感器可检测公共吸气管中的吸气压力,并将此信号转换为供微处理器分析的电压信号,这样就可以更加精确地依据商店内冷柜的热负荷启动或停止各种规格压缩机的运行。传感器的头部也安装有固态电路,见图 14.49。它一般有 3 根连接线,其中的两根为电源线,通常为直流电;另一根则是信号输出线,也可能(但不一定)是直流电压。此 3 根采用带形电缆的连接线由微处理器线路板引出,接入输入/输出线路板,见图 14.50。即传感器检测压力,由微处理器进行处理,将检测信号转变为电压输出信号,然后将此信号送至输入/输出板控制继电器,进而控制负载的启动或关闭。

图 14.48 安装于并联压缩机吸气管上的压力传感器(John Tomczyk 摄)

图 14.49 位于压力传感器头部的固态电路板(John Tomczyk 摄)

图 14.50 微处理器板上的带形电缆与输入/输出线路板的连接(John Tomczyk 摄)

14.11 高压控制器

空调器中的高压控制器(开关)主要用于系统高压侧压力过大时关闭压缩机。这种控制器在线路图上的表示符号是一个常闭的控制器,只是在压力过大时打开。制造商针对特定的设备设置了其运行的压力上限,并配置一个高压切断控制器以保证设备在系统压力高于其设定压力上限时停止系统运行,见图 14.51。空调与制冷设备中的高压控制器启/闭压差一般为 50 psig。例如,如果控制器的切断压力为 400 psig,那么控制器的触点闭合压力即为 350 psig。

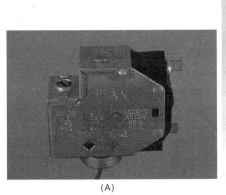

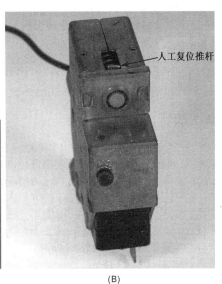

(A)   (B)

图 14.51 高压控制器:(A)自动设置高压控制器;(B)人工设置的高压控制器(Bill Johnson 摄)

往复式压缩机是一种容积式压缩机,当其汽缸充满蒸气时,就需将蒸气排出,否则就会停车,如果某风冷式设备上的冷凝器风机电动机烧毁,压缩机又继续运行,那么系统就会产生很高的压力。**安全防范措施**:高压控制器只是一种保证设备和周围人员及财产安全的手段。有些压缩机本身机械强度很大,往往会使连接管或某个容器线爆裂。半封闭压缩机内的压力一般来说都比较高,足以从汽缸盖垫片或阀片处排出高压蒸气,如果不考虑其他物件的损失,其结果是损失大量的制冷剂。压缩机上的防过载装置可以在这样的情况下起到保护作用,但防过载装置并不直接受压缩机控制,它只是一个辅助装置。电动机防过载装置的反应则相对较慢。

14.12　低压控制器

　　低压控制器在空调行业主要用做低压保护装置,见图14.52。在商用制冷设备中,低压控制器主要用于依据间接控制冷柜温度的蒸发器压力来控制压缩机的启动与停车。低压控制器也用于制冰机启动放冰程序。当设备中有少量制冷剂走失时,系统低压侧的压力就会下降。制造商对设备设定了一个压力下限,一旦系统压力低于此设定值,设备就不能启动运行,此设定值就是低压控制器停止压缩机运行的动作压力。制造商往往根据不同的要求确定不同的设置,因此必须按制造商的要求进行操作。

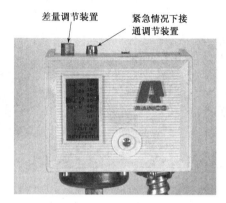

图14.52　低压控制器(Bill Johnson 摄)

　　在目前逐渐流行用毛细管作为计量装置的情况下,人们也开始重新考虑将低压控制器作为各设备中的一个标准控制器。毛细管计量装置可以平衡压缩机停车时段内的系统压力,但在没有安装毛细管的情况下会使低压控制器将压缩机运行周期缩短。毛细管是一种固定孔径的计量装置,没有关闭功能。为避免运行周期减小,有些设备常采用一个延时继电器,使压缩机在一个设定的时间段内不能重新启动。

　　系统不得在制冷剂充注量不足的情况下启动,主要有如下两个原因:

1. 制冷与空调设备中,特别是空调设备中最为常用的压缩机电动机均由制冷剂进行冷却。如果制冷剂充注量不足,没有这样的功能作用,那么电动机中就会积聚大量的热量,电动机温度断路装置就是用来检测电动机的这一运行状态的,而且电动机温度断路装置往往通过检测电动机温度替代低压断路装置的功能。

2. 如果制冷剂通过位于系统低压侧的泄漏点逃逸,那么系统在其逐渐成为真空状态之前仍能正常地运行。当一个容器处于真空状态时,大气压力必大于该容器内的压力。同理,这就会使空气压入系统。技术人员常说"空气拉入系统",他们所用的参照点就是大气压力。系统中的空气有时很难检测,如果不予排除,那么就会进入蒸发器和压缩机。由于空气是不凝性气体,它不能像制冷剂那样冷凝,而且空气会占据冷凝器中很大的一部分空间并形成很大的排气压力。排气压力越高,压缩机的压缩比也就越大,而效率降低。同时,压缩机的排气温度上升,甚至可以达到润滑油的分解温度。此外,空气中的氧气与水分、大量的热量以及制冷剂等多重组合作用会形成油泥和其他酸性生成物。

14.13　润滑油压力安全控制器

　　油压安全控制器(开关)主要用于保证压缩机在运行过程中保持一定的油压,见图14.53。这种控制器主要用于大功率压缩机,且与高压控制器和低压控制器的检测方式不同。高压控制器和低压控制器一般是单层膜片或单个波纹管的控制器,因为它们仅需将大气压力与系统内的压力进行比较。大气压力在任何地点均可被认为是一个常量,因为其变化量很小。

　　油压安全控制器是一种压差控制器,其检测压差的目的在于证实润滑油是否处于正压状态。对压缩机进行研究后可以发现:压缩机曲轴箱(也就是油泵吸气口的安装位置)内的压力与压缩机的吸气压力相同,见图14.54。吸气压力会从停机,即待机状态不断地变化至实际的运行状态。例如,某系统采用 R-22 作为制冷剂,其各压力值约为:停机时压力为 125 psig,运行时压力为 70 psig,制冷剂充注不足状态下压力为 20 psig。

　　简易型低压断路控制器不可能在这所有各个状态点都动作,因此人们设计了一种可以在所有各个状态下均能灵敏监控压力的控制器。

　　大多数压缩机至少需要 30 psig 的有效油压才能获得较理想的润滑,也就是说,无论吸气压力多大,油泵的排压必须高于油泵进口压力30磅,因为油泵的进口压力等于压缩机的吸气压力。例如,如果压缩机的吸气压力为 70 psig,那么油泵的出口压力必须为 100 psig,这样才能使轴承处润滑油的净压为 30 psig,压缩机吸气压力与油泵排压差称为"净油压"(net oil pressure)。

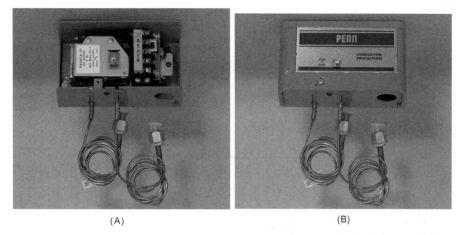

(A)   (B)

图 14.53   一个油压安全控制器的正反面。这种控制器能满足两种要求:有
            效地检测净油压和使压缩机启动后迅速建立油压(Bill Johnson摄)

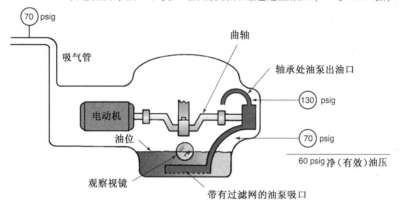

图 14.54   油泵的吸口压力实际上就是压缩机的吸气压力,也就是说,油泵的真实压
            力就是油泵排压与压缩机吸气压力的差。例如,如果油泵的排压为130 psig,
            且压缩机吸气压力为 70 psig,那么净油压为 60 psig,这是有效油压

    最基本的低压控制器,其膜片或波纹管下方为工作压力,另一面则为大气压力。此外,大气压力可以视为一个常量,因为它的变化很小。油压控制器采用一个双节波纹管——两个运动方向相反的波纹管——来检测净油压,即实际油压。油泵进口压力可以是管体与管体,也可以是由连杆反向对置连接,然后连接于油泵排口,具有较大压力的波纹管克服相互连接的、压力较小的波纹管反力产生向上的形变位移,这一向上的形变位移可用于显示净压力读数,也可以通过一连杆在净压值低于设定值时停止压缩机运行。

    由于控制器需要有一定的压力差才能使压缩机重新启动,因此必须通过其他途径使压缩机重新启动。切记,由于油泵是与压缩机联动的,因此压缩机启动之前不存在压力差。然而,在控制器内有一延时继电器,它可以使压缩机重新启动,而且可以在油压在短时间内出现波动时避免停机,该延时继电器的延时量一般为 90 秒左右,其延时方式是采用一个加热器和一个双金属片或电子线路。注意,工作中如遇到带有油压控制器的各种压缩机时,应认真查阅制造商提供的说明书,见图 14.55。

    润滑油安全控制器也安装有压力传感器,用以检测油泵的排压和压缩机(曲轴箱)的吸气压力,见图 14.56。这种压力传感器有两个独立探头分别检测曲轴箱内的吸气压力和油泵的排压,由该压力传感器直接检测出两压力的差值,即压差(净油压)。由图 14.57 可见,该压力传感器由连接线与一电子控制器连接。该传感器通常直接安装在油泵内,将压力信号转变为电信号后送至电子控制器进行处理。电子式润滑油安全控制器优于机械式波纹管控制器的关键在于它取消了连接的毛细管,从而也就减小了制冷剂泄漏的可能性。此外,电子定时和电子线路更加精确与可靠。关于机械式波纹管和电子式润滑油安全控制器及其电子线路等细节问题将在第 25 章"制冷系统专用构件"中论述。

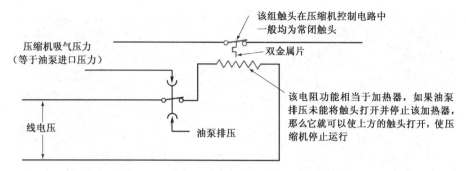

图 14.55 油压控制器用于压缩机的润滑保护,该油泵由压缩机的曲轴带动,因此需要一个延时继电器使压缩机启动并建立起油压。该延时器的延时量一般为90秒,其延时方式是采用一个加热器和双金属片或电子线路

电子式润滑油安全
控制器压力传感器

图 14.56 用于检测净油压的压力传感器(John Tomczyk摄)

图 14.57 由连接线与电子式润滑油安全控制器相连的压力传感器(John Tomczyk摄)

14.14 空气压力控制器

空气压力控制器(开关)主要用于如下场合:

1. 因室外盘管结冰,使热泵室外机盘管上空气压力下降。当盘管上出现大于设定的压力降时,盘管上一定存在结冰、结霜现象。采用这种应用方式时,空气压力控制器是一个运行控制器,见图 14.58。并非所有的制造商都采用空气压力控制器来显示盘管上是否出现结霜现象。

空气压力开关的传感器需要一个很大的薄膜才能检测到微弱的空气压力变化,安装在膜片外侧的是一个很小的开关(微动开关),它仅能使控制电路启动和断开。

2. 风管中采用电加热器作为终端加热器时常需采用空气开关(风动开关),以保证风机在加热器通电之前启动。这是一个安全开关装置,其结构形式见图 14.59。这种开关重量很轻,且有一个非常灵敏

图 14.58 用于检测热泵室外盘管结冰情况的空气压差开关(Bill Johnson摄)

的风板。当有空气由风机压送进入风管时,可将风板吹向近似垂直位置,从而带动开关,使加热器电源连接,风机停车时,风板跌落,加热器电源切断。

3. 空气开关,即风板开关还用来检验燃烧室点火和(或)主阀通电前风机电动机是否运行的情况。

14.15　气体压力开关

气体压力开关与空气压力开关相似,但体积通常更小。气体压力开关主要用于燃气设备在燃烧器点火之前检测燃气的压力。**安全防范措施**:这是一种安全装置,除了检修排故之外,其他时候不得断开,且需由有经验的维修人员进行操作。

14.16　不含开关的流体流量控制装置

压力安全阀可以视为一种压力检测装置,用于检测含有流体(水或制冷剂)的各种系统的过量压力。锅炉、热水器、热水采暖系统、制冷系统以及燃气系统等均可以采用压力安全阀,见图 14.60。这种安全阀既可以对过量压力,也可以对过量温度做出反应(因此也称为 P&T 阀),或仅对过量压力做出反应,它常用于热水器。我们在此仅讨论其中的一种压力传感型的安全阀。

图 14.59　风板开关可用于检测空
气的流动(Bill Johnson摄)

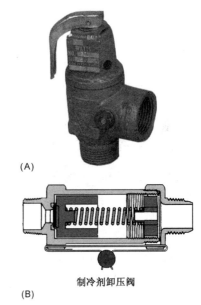

(A)

制冷剂卸压阀

(B)

图 14.60　压力安全阀((A)Bill Johnson 摄;
(B)Superior Valve Company提供)

压力安全阀通常可根据其安装位置识别,一般可在各种锅炉的高温端见到这种安全阀。**安全防范措施**:这是一种安全装置,因此必须谨慎对待。其中有些安全阀,其上端部设置推杆,可提起推杆检查阀内流体流动情况。绝大多数的安全阀内均设有一个将阀座推向系统压力一侧的弹簧,通过目检一般就可看出这种安全阀的工作原理:弹簧将阀座紧紧压在阀体上,阀体与系统连接,因此,实际上是弹簧将阀座下压顶住系统的压力,当系统压力大于弹簧的作用力时,阀门打开泄压,系统压力降低后阀座复位。**安全防范措施**:安全阀的设定压力均由厂家确定,因此不得随意改变。一般情况下,安全阀的设定装置均以某一种方式密封或标注,因此要变更设置时均能看见这样的密封方式和标注。

绝大多数的安全阀均能自动复位。排压后,阀座返回原始位置。有渗漏或泄漏的安全阀应予更换。**安全防范措施**:不得调节安全阀或将安全阀封闭,否则就会出现严重事故。

14.17　水压调节器

水压调节器是用于控制水压的常用装置。常见的水阀有两种:用于系统压力控制的压力调节阀和用于冷水制冷系统排压控制的压力调节阀。空调与制冷系统采用水冷方式时,往往其运行压力和温度均较低,且水系统需要专门维护。曾有一段时期,人们广泛采用水冷设备,但由于风冷设备易于维护,因此现在占绝对优势。尽管在不同的设备上仍采用各种水阀,但在空调与制冷设备上已完全不像过去那样普遍采用了。

水压力调节阀现主要用于两种基本装置:

1. 将自来水压力降低至热水采暖系统的运行压力。这种调节阀的上端部有一个调节螺钉,可增大压力调节弹簧的弹簧力,见图 14.61。众多居家和商场内热水采暖系统的锅炉一般均采用约 15 psig 压力的循环热水,而自来水的供水压力为 75 psig 或更大,因此必须降低至系统的工作压力。如果将自来水直接接入系统,那么锅炉的压力安全阀即自行打开。水压调节阀一般设置在自来水管至锅炉的进水管处,绝大多数的水压调节阀都设置有一个手动阀以便维修人员在不影响系统运行的情况下拆下水压调节阀进行检修。许多热水系统还配置专门的手动供水管,以便在需要时使水能绕过水压调节阀进入系统。**安全防范措施:**应注意不要使系统注水过量。

2. 水压调节阀用于控制进入水冷式设备冷凝器的水量,进而达到控制系统排气压力的目的。这种阀从系统的高压侧获得压力信号并利用此压力来控制水的流量,从而使系统达到设定的排气压力,见图 14.62。例如,某餐馆需要安装一台制冰机,但其风机的噪声太大,只能采用水冷式制冰机,这就会形成一个"废水型系统",冷却水需直接排入下水道。在冬季,水温可能很低,在夏季,水温相对较高,换句话说,制冰机还可能有冬季的需求量和夏季的需求量之分,因此水压调节阀还有一个功能,当系统因各种原因停机时,系统排压降低,则供水自行关闭,所有这类操作均不需要连接电路。

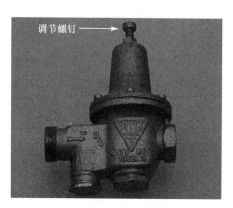

图 14.61　锅炉用可调节的水压调节阀(Bill Johnson 摄)

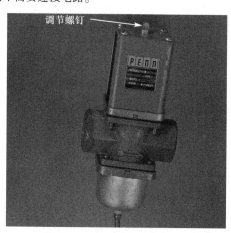

图 14.62　此阀在水温和压力发生变化时,使水冷系统的排气压力保持不变(Bill Johnson 摄)

14.18　燃气压力调节器

燃气压力调节器可用于各种燃气系统将燃气的传输压力降低至燃烧器的工作压力。天然气系统的传送压力为 5 psig,而厂家生产的燃烧器压力为 3.5 英寸 WC(这是一种燃气压力计量单位,表示可支承压力计中水柱的高度)。**安全防范措施:**管道燃气压力必须降低至燃烧器的设计压力。其降压方式是采用类似于锅炉中水压调节阀的降压阀,见图 14.63。燃气压力调节器上有一个调节装置,但必须由合格的专业人员进行调节。

当采用罐装燃气时,罐中可能有高达 150 psig 的压力,须降低至燃烧器的 11 英寸 WC 的设计压力。用于降低压力的调节器通常安装在气罐的排气口处,见图 14.64。

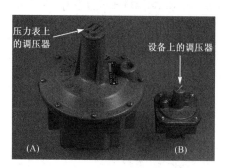

图 14.63　燃气压力调节器:(A)压力表上的调压器;(B)设备上的调压器(Bill Johnson 摄)

图 14.64　罐装燃气的气体调节阀,该调节阀直接连接在气罐上

14.19 机械式控制器

水压调节阀是一种机械式控制器,这种阀主要用于锅炉至各支路管路中,以维持预置的水压,它既没有电触头,也没有电路连接,见图 14.61。它与其他控制器没有任何连接,完全独立行动,但系统却有赖于水压调节阀——作为整套控制装置的一部分——才能保证系统正常地运行。技术人员必须能认识和理解每一种机械式控制器的功能,但要做到这一点,远比理解电气控制器要困难,因此控制图上一般不像电气控制器那样标注机械式控制器。

14.20 机电式控制器

机电式控制器将机械运动转变为某一类型的电器动作。高压开关就是机电式控制器的一个案例。其开关触点是其电气部分,波纹管或隔膜则是其机械部分。系统出现高压时,波纹管的机械运动转变为使电动机停止运转的开关切换动作,见图 14.65。机电式控制器还经常出现在印制电路上,并在电触点附近用符号来表示其动作及功能,见图 14.66。这些符号可以被认为是标准符号,但是,老设备(特别是在标准化概念之前即已安装的老设备)仍在使用,它们的符号可能与此有较大的差异。有些情况下,需要想象和经验才能理解制造商想表达的意图。

图 14.65 这种高压控制器可视为机电式控制器(Bill Johnson 摄)

压力和真空开关		液位开关	
常开	常闭	常开	常闭
常开得电时闭合		定时触得电线圈	
常开	常闭	常开得电时闭合	常闭得电时断开

图 14.66 机电式控制器的符号

14.21 机械式控制器的维护

机械式控制器主要用于系统内水、制冷剂液体和蒸气、天然气等流体的流量控制,它通常采用膜片、波纹管和各种密封件,但是这样的构件在使用一段时间之后往往会出现泄漏。

水是最难控制的物质之一,极易通过很小的细孔泄漏。系统中所有水调节阀均应通过查找水渍和锈斑的方法检漏。在系统中不断循环的水还会将矿物质沉淀在水管、阀座或运动机构上。例如,热水采暖系统中的水调节阀(见图 14.61)。经常会出现漏水或控制器设定值偏移等问题。其中的一些阀用青铜制造可以避免锈蚀,但也有一些用铸铁制造,铸铁水阀价格较低,但易使运动部件生锈和粘连。此外,还有采用弹性薄膜的阀,每当这些控制阀启动或关闭系统时,薄膜就要上下运动,薄膜会因不断弯曲和长期运行而导致品质下降。如果薄膜出现泄漏,那么水就会漏出并滴落在地面上,阀体内还会因进水、矿物质沉淀或锈蚀使阀座无法上下运动,进而造成系统供水过量或供水不足。

锅炉上的安全阀由于是安全控制装置,因此一般均采用不会锈蚀的材料制作,且必须保证能自由释放、不黏滞、不失效。阀座黏滞很可能会导致爆炸。许多技术人员习惯经常拉动安全阀上端的拉杆,使安全阀放出少量蒸气或热水。因为它能用于确认阀孔无积垢,也没有失效,因此被认为是一种很好的实用检测方法。有时,松开推拉杆后阀座不能复位并出现渗漏,此时一般可反复提拉推拉杆,通过吹出阀座中垃圾的方法清洗上端部。如果还未能制止漏水,那么必须更换水阀。但因为这样的操作可能引发泄漏,所以许多技术人员不太愿意检查安全阀。

14.22 机电式控制器的维护

机电式控制器实际上有机械和电气两个动作。当管道内流体仅涉及水时,上述关于机械式控制器维护的很多方法均可如法炮制,特别是对于检漏的方法完全相同。机电式压力控制器通常采用与计量装置的毛细管一样的细导管(一般均为铜管)与其他装置连接,但在制冷系统中往往会因为应用方式或安装不当成为众多泄漏的根源。例如,为检测压缩机的低端或高端压力,我们都会在压缩机附近安装一个低压控制器或高压控制器,并用一细管径的传导管与压缩机连接。控制器必须固定在压缩机的机身上,但传导管不得接触压缩机的机身或其他零部件,这是因为压缩机的震动会带动传导管震动,如果不加隔离的话,那么控制器的传导管或某根制冷剂管线不久就会磨出洞孔。

控制器的电气部分一般含有启动或关闭系统某构件的一组触头或水银开关,这些电触点通常封闭在防护罩内,无法看见,也就是不可能进行目检,但可以在出现故障后,在控制器附近认真查找断下的线头或燃烧后的导线。

透过清晰的玻璃球泡,可以看到水银开关中的水银。如果水银颜色发黑,那么说明有氧气进入水银所处的空间且发生了氧化。在此情况下,必须更换水银开关。此外,此开关很可能会因为氧化物而导通,开关始终处于闭合状态,这样就会使锅炉无法关闭,导致过热发生。

14.23 报修电话

报修电话1 用户来电自述:某汽车旅馆机房内锅炉始终有热水流出并排入下水道,最近数月来一直有另一家维修公司在该旅馆内进行维修。问题是水调节阀(锅炉供水管)无法调节,锅炉的压力安全阀一直有水渗出,见图14.67。技术人员到达后,进入锅炉房,在听取情况介绍时发现,水正不断地从连接于排水管的安全阀排管中渗出,而且是热水。检修人员查看了锅炉上的温度表和压力表,温度表指针处在红色区域,压力表读数为30 psig。难怪锅炉的压力安全阀一直在卸压,因为其压力太高了。锅炉温度较高,但技术人员无法判断是否太高了,此时没有燃烧,技术人员由此判断这是压力故障而非温度问题。

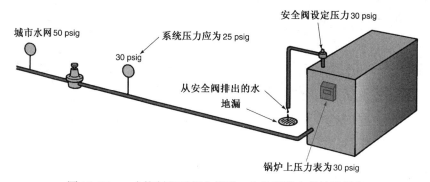

图14.67 一个控制器可能会使另一个控制器出现故障假象

技术人员检查后找到位于锅炉的自来水进水管处的水压调节阀,实际上,该调节阀用于维持锅炉的供水压力,并在因泄漏有水量损失时向系统供水。该供水压力很可能是75 psig或者更高,由于安全阀的设定值为30 psig,因此锅炉的工作压力亦为30 psig。如果将自来水直接接入锅炉,那么就可能使压力大于系统的设计压力,而系统的设计必须低于30 psig,如果系统的实际压力高于此设计压力,那么就会使安全阀卸压,并在压力下降至预定值前不断地放水。

技术人员关闭了至锅炉机组的水阀,并从系统内排出一部分水,直至锅炉上的压力表读数下降至15 psig,然后通过调节水调节阀来调整低端压力。之后打开供水阀,使水进入系统。检修人员可以从水调节阀处听见水进入系统的声音。数分钟后停止进水,接着将系统压力调整至18 psig,至此操作完毕。

本例中的问题是机械自动控制装置影响了另一控制器,表现出系统出现问题。如果未仔细研究这一问题,很可能会因为水不断地从安全阀渗出,认为是安全阀出现了故障。事实并非如此,安全阀恪尽职守,而是水调节阀有毛病。

如果水压调节阀的调节不当,就会使系统的工作压力增大。水压调节阀的功能是将水压调节至25 psig,同时在因泄漏有水量损失时自动地将水充满系统。

报修电话2 一位用户在打给维修站的电话中说:机房内的热水锅炉时常有水喷出。一位技术人员立即赶到现场。问题是燃气阀不能关闭,锅炉过热,安全阀周期性地排水。当时,气温温和,因此锅炉的负荷量很小。

由于安全阀处于间隙性卸压状态,因此可以认为锅炉内存在周期性的压力积聚。如果问题与第一个报修电话中的问题相同,那么就会出现连续的放水卸压情况,怀疑的对象有可能就是水调节阀或安全阀。显然,情况并非如此。

技术人员到达后,直接来到锅炉房,查看压力表读数,指针处在红色区域,似乎又在卸压。技术人员然后观察了燃烧器内的火焰状况,发现其火焰不是全火焰,且偏小。他判断气阀被卡在打开的状态,使燃气始终不断地进入燃烧器。

技术人员将进气手动阀关闭,熄火,检查故障。

用电压表检查气阀接线端,显示无电压,说明温控器可以将气阀关闭,从而判定气阀肯定是被卡在打开的状态。

技术人员更换新气阀后,启动锅炉并运行。由于锅炉为更换气阀而关闭一段时间之后处于冷机状态,因此需要有一段时间逐渐升温。温控器的设定温度为190℉,达到这一温度时,气阀即关闭。

这些报修电话案例只是介绍熟练的维修人员在检修此类故障时所采用的方法,技术人员可以有自己的排故方法,关键是没有线路图可供参考,技术人员必须要有与系统有关的知识积累,或检查系统并根据其基本原理做出精确推论的能力。

每一个控制器对应其功能均有其明显的特征。现在有数百种控制器和几十家制造商,如果你发现某控制器没有相关的技术资料,那么可以直接向制造商咨询。如果还是无法获得这些技术资讯,那么可以向对某设备比较熟悉且有经验的人员请教。一般来说,如果以正确的视角观察一下控制器与系统整体的相互连接与比例关系,就可以得到有用的设计参数。例如,其实际的最高温度或最大压力是多少? 其实际的最低温度或最小压力是多少? 当遇到陌生的控制器时不断地用这些问题问一问自己。

以下报修电话案例不再论述其解决方法,答案可参见 *Instructor Guide*。

报修电话3　某居民来电称家中采暖设备彻夜不停,至当日清晨才停止运行,也不知道是什么原因使它停机的,炉子似乎仍是热的,但其出口没有热气排出。该燃气炉安装在地下室。

技术人员向该居民询问了一些故障情况,根据该居民的表述,技术人员认为可能是风机出现了故障。技术人员首先检燃气炉是否有电源,并注意到:尽管触摸燃气炉时感觉温度较高,但风管中没有热气排出。做进一步检测之后,发现风机的确不能运转。

技术人员知道,既然燃气炉是热的,燃烧器的点火器需要点火,那么说明燃气炉内有电源,问题一定出在风机电路上。

电压检测表明开关至风机电动机一侧也有电压,但风机电动机仍不转动,见图 14.68。

是什么故障呢? 应如何解决呢?

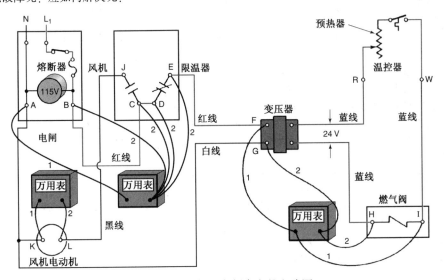

图 14.68　可供此案例参考的电路图

报修电话4　一位顾客来电说,其所在办公楼的中央空调系统不制冷。

技术人员到达后,将温控器选择开关切换至“制冷”挡,温控显示器也同时显示系统处于制冷状态,且室内风机启动,这说明控制电源运行正常,能根据制冷指令送出电压。此时,风管排出的仅是循环空气。

技术人员检查室外机组后发现,室外机组不工作。

打开控制器面板检查哪些控制器不能启动室外机组,这样可以或多或少地了解哪些控制器可能存在问题,见图 14.69。

用压力表检测系统压力。大多数空调系统均采用 R-22 作为制冷剂,如果系统 80℉时停机,那么根据 R-22 的压力/温度线图,80℉时,该系统应有 144 psig 的压力。

注意,在比较停机压力时应特别小心,整个机组的一部分处在 75℉的室内环境下,而另一部分处在室外。如果系统阀门未予关闭,那么部分制冷剂就会向最冷处流动。

压力表的读数对应于室内和室外温度之间的某个温度,但不可能低于冷却器的温度。有许多新式设备均采用固定孔口的计量装置,它可以使系统压力保持平衡,并容许制冷剂流向系统的最冷处。

本例中,系统压力为 60 psig,制冷剂是 R-22,温度约为 80℉。当系统压力降低至 20 psig 时,压力控制器的常规设定一般都会自动停止压缩机运行;而当压力回升至 70℉所对应的压力值时,就会使控制器动作,并启动压缩机。

是什么故障呢? 应如何解决呢?

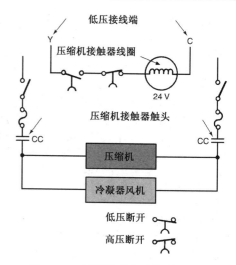

图 14.69　可供此案例参考的电路图

通过上述这些常见排故案例可以说明检修人员应如何利用手边的相关资料信息,做出正确的分析与判断。应时常注意收集和研究制造商的文件资料,当然,还应注意收集制造商提供的各种产品参数。

本章小结

1. 室(库)内温控器有低压和线电压两种。
2. 低压控制器一般用于住宅采暖和供热系统的控制。
3. 供热温控器通常配置有与温控器触头串联的预热器电路。
4. 供冷温控器可配置与温控器触头并联的预冷器。
5. 线电压温控器因主要用于控制高压电流,其最大额定电流一般为 20 安培。
6. 低压温控器的额定电流一般仅为 2 安培。
7. 要从平板或圆形表面测得正确的温度值,感温元件(水银泡、分离式感温泡或双金属片)必须保证与这些表面有良好的接触,并与周围空气隔绝。
8. 有些设备设有可放置感温器的测温井。
9. 电动机有内置和外置两种测温装置。
10. 内置式电动机测温装置有双金属片和嵌入式电动机绕组的热敏电阻两种。
11. 有些感温元件可以插入流体内,如燃气、燃油炉或电炉中的风机或(温度、压力)限温开关。
12. 所有感温元件都能以某种方式随温度变化而变化:双金属片弯曲、热敏电阻阻值改变、热电偶电压改变等。
13. 压力控制器主要有膜片、布尔登管或波纹管等驱动方式。
14. 压力控制器可以在高压、低压甚至低于大气压力(真空)的环境下运行,可以检测各种压力。
15. **安全防范措施:**压力容器在放入室内或有燃烧装置的工作场所之前必须将其气体压力降低。
16. 纯机械式控制器有水调节阀、压力安全阀和膨胀阀。
17. 机电型控制器有低压开关、高压开关以及温控器。
18. 收集和研究制造商的各种文件资料。

复习题

1. 为什么低压温控器的精度往往高于高压温控器的精度?
2. 用于低压温控器的 3 种开关机构是_____、_____和_____。
3. 预热器有何功能?
4. 预冷器有何功能?

5. 试解释与温控器有关的"系统供热过量"的概念。

6. 正误判断:温度减低至温控器设定点以下就是"系统供热滞后"。

7. 对预热器进行设定后"稳态工况"是何含义?

8. 试论述维修人员在测定预热器常态电流时应采取的检测方法。

9. 试解释微电子式或电子式温控器控制系统供热过量和系统供热滞后的方式。

10. 试论述双金属片控制器的工作过程。

11. 什么元器件可以将电源电压减低至低压工作电压?

12. 住宅控制器采用低电压是因为＿＿＿、＿＿＿、＿＿＿和＿＿＿。

13. 低压温控器一般可能遇到的最大电流是多少?

14. 供暖温控器在温度上升时＿＿＿。

15. 供冷温控器在温度上升时＿＿＿。

16. 在低压温控器的底座上一般可发现哪两种开关?

17. 什么时候要用到线电压控制器。

18. 可用于线电压控制器的 3 种传感元件是＿＿＿、＿＿＿和＿＿＿。

19. 线电压温控器通常可能遇到的最大电流值是多少?

20. 为什么要将线电压温控器安装在有导线管连接的接线盒上?

21. 为什么电动机会聚集热量?

22. 电动机的两种感温元件是＿＿＿和＿＿＿。

23. 内置式电动机温度保护器有哪些主要预防功能?

24. 大多数内置式过载保护装置依据何种工作原理?

25. 试说出一种加速开放式电动机冷却的方法名称。

26. 试论述过热压缩机的两种冷却方法。

27. 如何将电子温度计放在测温井中获得较精确的温度读数?

28. 用于检测气流温度的感温装置是＿＿＿。

29. 随着温度变化热电偶有何变化?

30. 试说出能够将压力变化转变机构动作的两种方式名称。

31. 试说出能够通过压力变化而获得机构动作的方法。

32. 正误判断:低于大气压力的压力不能检测。

33. 试说出低压控制器的一种功能。

34. 下述高压控制器中哪一个是安装正确的?

A. 压力上升时,控制器接通;　　　　　B. 压力上升时,控制器断开;

C. 安装在蒸发器上;　　　　　　　　　D. 使压缩机避免高压。

35. 试说出两种水压控制器的名称。

36. 如果安全控制器上有防止出错的铅封,为何不得调节?

37. 正误判断:如果电动机控制器的温差设定太小,那么就会使电动机运行周期减小。

38. 正误判断:温(压)差设定值的变化会自动地使控制器接通温度(压力)发生变化。

39. 正误判断:控制器的差量变化一定会使控制的范围发生变化。

40. 正误判断:在差量设置不变的情况之下,改变切断设置就会自然改变接通设置。

41. 试解释温度或压力控制器动作范围的含义。

42. 如果高压控制器的切断压力为 500 psig,接通压力为 450 psig,该控制器的压差为多少?

43. 试解释压力传感器的功能,并举出一个在采暖、空调与制冷行业中采用压力传感器的例子。

44. 试列出电子式润滑油安全控制器优于机械式波纹管润滑油安全控制器的两个理由。

第15章　基本控制电路的排故

教学目标

学习完本章内容之后,读者应当能够:

1. 论述和辨别耗电和不耗电元器件。
2. 论述采用电压表检测各种电路故障的方法。
3. 辨别电路故障的种类。
4. 论述如何采用电流表检修电路故障。
5. 论述如何采用电压表检修电路故障。
6. 识别冷 – 热控制电路中的元器件。
7. 按电路运行程序分析冷 – 热控制电路。
8. 区分接线图与原理图。

安全检查清单

1. 除了必须带电检测外,检修电路故障时必须将电源切断。在切断电源的配电板处必须上锁,挂上标记,并只配一把钥匙带在自己身上。
2. 检测电阻时,应切断电源,并将被测电阻两端与电路断开。
3. 应确保表棒仅与被测元器件的接线端或触头接触。

15.1　排故的基本概念

　　评价每一种控制器均需根据其在系统中所起的(主要或辅助)作用与功能,而识别控制器及其功能则需要理解其在系统中的作用。在动手操作之前,如能认真研究某控制器的功能将会极大地节省排故时间。例如,查看压力控制器之前的压力管线和温度控制器上的温控元件,观察控制器能否使电动机停止运转和启动,能否打开和关闭阀门或其他功能的执行情况。如上所述,控制器有电气型、机械式或机电组合型(现将电子控制器也视为电气型控制器)。

　　电器装置就其在相关电路中的功能而言可以分成耗电与不耗电两种,耗电装置需要电能,且含有电磁线圈或电阻电路,与电源并联连接,而不耗电装置往往是将电能传递至耗电装置。

　　上述两种分类及称呼可以用最简单的带有开关的电灯电路来解释。电路中的电灯泡就是一个消耗电能的器件,而开关则是将电能传递至电灯泡,其目的是将灯泡的两端连接于电源两端(火线和中线),见图15.1。电灯泡并联于电源后,就形成了一个完整的电路。其中,开关只是一个通电装置,它与电灯泡是串联连接的。对于任何耗电装置来说,耗电的前提是其两端必须有电压差,电压差就是电压表上显示的、电源引线间(如线路1至线路2)的电压值。当然,住宅内的民用电也可以作为其电源,例如,用导线将电灯泡与室内电源的火线(该支流上设有熔断器或断路器)和中线(与大地连接的接地线)连接。

　　下述几项说明可能有助于读者理解电流在电路中的流动情况。本章中,我们在解释各种电路时采用了一些比较灵活的说法。当然,这些灵活的解释方式只是有助于理解。

1. 当最终目的是将电子(电流)传递至耗电装置并组成一个完整电路时,交流(AC)电路中的电流到底是向哪个方向流动并不重要。
2. 电子在到达耗电装置之前,可能要遇到许多电路连接装置。
3. 不消耗电能的各种装置仅传递电能。
4. 传递电能的装置可以是安全装置,也可以是运行装置。

　　假如我们在冬季为避免结冰,采用上述内容中提到的灯泡为井泵加热,为避免灯泡持续工作,为此需安装一台温控器,同时还需要熔断器以保护电路,并用导线连接一个开关,使电路能够正常运行,见图15.2。注意,电源现在需要通过3个电路连接装置

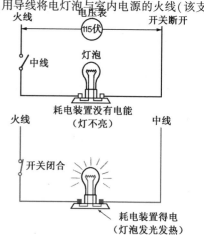

图15.1　耗电装置(电灯泡)和不耗电装置(开关),开关将电能传递至灯泡

才能达到灯泡,其中,熔断器是安全装置;温控器用于切断灯泡的连接与断开;开关不是控制器,而是一个操作及维修的便利装置。注意,所有的开关装置均位于电路的一侧。假设所有电线连接无误,元器件工作正常,如果灯泡未能点亮,那么是哪一个元器件阻止了电源流向灯泡呢? 是开关、熔断器还是温控器呢? 或者是灯泡本身有问题? 本案例中的温控器处在断开状态,见图 15.3。

图 15.2　开关闭合时,可以使电流流向熔断器,然后流向温控器,最终点亮灯泡

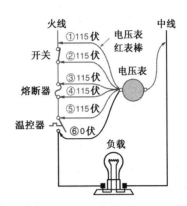

检测的方法是:先将 115 伏电源火线连接于电路的开关端,中线与电路的另一端连接。检测电源值时,表棒的测点应从火线端开始朝灯泡方向沿线路逐点下移。如果所有各点均有电压,那么点⑥处也应有电压,如果点⑥处没有电压,则说明温控器触点断开

15.2　简单电路的排故

对上述电路进行检修时,可采用电压表作为电压值检测:将电压表量程选择开关设置在高于该线路电源电压的测量挡。本例中电源电压为 115 伏,因此,最好选择在 250-V 挡。阅读下述内容时,还应同时观察图 15.3 中的电路图。

1. 将电压表红表棒连接火线,黑表棒连接中线,电压表读数应为 115 伏。
2. 将红表棒,即用于检测火线电压的那根表棒,连接开关的负载侧(开关的负载侧是指开关连接负载的一侧;而连接进线的一侧称为开关的进线侧),黑表棒仍接触中线,此时电压表读数应为 115 伏。
3. 将红表棒连接熔断器的进线侧,电压表读数应为 115 伏。
4. 将红表棒连接熔断器的负载侧,电压表读数应为 115 伏。
5. 将红表棒连接温控器的进线侧,电压表读数应为 115 伏。
6. 将红表棒连接温控器的负载侧,电压表读数应为 0 伏。这是因为感温包尚未启动,温控器触头断开。现在的问题是:如果室内温度降低,温控器触头是否能闭合? 如果室内温度低于 35℉,那么整个电路闭合,即温控器触点必须闭合。

注意,只有红表棒不断地改变测点位置。此外,当红表棒连接灯泡进线端时,如果电压表读数为 115 伏,才能做以下进一步的测试。

另一个步骤就是必须获得最终的结论。

我们假设,温控器完好,点⑥处的电压值为 115 伏。

7. 现在将红表棒移至灯泡接线端,见图 15.4,假如其读为 115 伏,那么再将黑表棒移至灯泡的右接线端,如果此时无电压,则说明电源中线至灯泡间的线路断开。

如果灯泡两端有电压,其灯泡没有烧毁,那么说明灯泡有问题,见图 15.5。只要有电压,且有电流流动的通道,那么就会有电流流动。灯泡灯丝有一定的电阻且仍是电流流动的通道。

上例中采用以中线作为整个电路的基点的 115 伏电源,中线与接地线一般是同一根线。检修人员在检测电路时,需要有接地端,如水管等作为电压表的另一连接端。检修 208 伏或更高电压的电路时,电压表的一个表棒必须连接至控制电路提供电源的另一侧导线,该线头可以标注为线路 1 和线路 2、线路 2 和线路 3、线路 1 和线路 3。

15.3　复杂电路的排故

下述案例是一个具有供热、供冷组合功能的、较为复杂的电路。由于各制造商设计的电路各不相同,因此该电路不是标准电路。但有一点是肯定的,即各种电路虽有差异,但其基本原理是相同的。

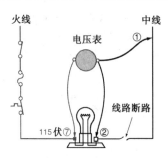

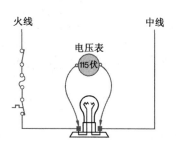

图 15.4 温控器触点闭合时,黑表棒连接中线,红表棒连接灯泡的接线端(点⑦位置),测得电压为115 V;当黑表棒移动至灯泡的点②位置时,如没有电压,则说明中线开路

图 15.5 灯泡两端电压正常,即左侧火线与右侧中线组成了一个完整的电路,如果灯泡灯丝烧断,则没有通道可以使电流通过灯泡

本案例中的机组是一台额定功率为 1.5 冷吨冷量和 5 千瓦电热量的整体式空调器。由于其所有系统构件均设置在一个机箱内,其外形非常像一台窗式空调器。这种机组可以穿墙安装,也可以直接安装于屋顶,并通过风管提供和返回冷、热空气。这种机组的优点在于其规格从 1.5 冷吨冷量(18 000 Btu/h)至特大系统一应俱全,且由于仅 3 个屋顶机组就可实现上佳的区域控制,因此在一些购物中心应用非常普遍。如果某一机组停机,可以借助其他机组的帮助维持采暖和供冷状态。该机组的机箱内安装了除室内温控器之外的所有控制装置,而温控器则安装于空调区域内。此外,这种机组可以在不影响空调区域的情况之下进行维修作业,见图 15.6。

我们要讨论的第一个元器件是温控器。图中的温控器并非标准温控器,只是一个用于说明问题的模型,该控制电路也只用于说明排故的方法。

温控器上安装有"制热"和"制冷"选择开关,当选择开关设置在"制热"位置时,即要求系统制热部分运行,电热器继电器得电。在制热运行状态下,风机必须运行,且由高压电路启动运行。这部分内容将在后面讨论。

我们从控制器开始讨论。图 15.7 是一种最简单的温控器,它只有一个热接触器和一个选择开关。电源自接线端 R 经选择开关至温控器热接触器,再到接点 W。接点 W 并不是公共接点,而是两元件的连接点。当热接触器的触头闭合时,可以认为温控器发出指令要求电热器开关供热。温控器将电源传送至制热继电器的线圈,而该线圈的另一端直接与控制电路的变压器连接,当线圈得电(24 伏)时,就能使高压电路中的一组触头闭合,将高压电源送至电加热元件了。

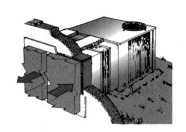

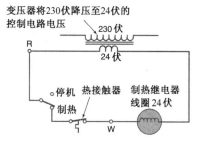

图 15.6 小型整体式空调机
(Climate Control提供)

图 15.7 带有"制热停止/制热运行"运行选择开关的简单温控器,其中不含预热器,选择开关切换至制热位置时,热继电器得电,制热系统启动

图 15.8 所示电路中加入了了预热器,预热器与制热继电器线圈串联,因此在任何状态下均有电流流经预热器,并使制热继电器线圈得电,流经预热器的电流就会在温控器的双金属感温元件附近产生少量的热量。这部分热量可以使双金属片在热交换器上的热量消散之前将温控器的热接触器触头断开。之所以这样做的原因在于:制热继电器失电之后,热交换器的降温过程以及风机将热空气送入采暖空间需持续一段时间。如果当室内实际温度高于室内温控器设置的切断温度时才断开加热器的触头,那么就会有多余的热量使采暖空间形成过热,即所谓的系统供暖过量。排气风机的启动与停机则由高压电路控制。这部分内容将在后面讨论。

预热器通常是一个可变电阻,且须与系统的实际参数一致,其额定电流必须与制热继电器线圈中的电流值相匹配。所有制造商在其提供的安装说明书中都会针对每一温控器解释其安装方法。预热器的具体细节可参见第 14 章"自动化控制装置及其应用"。

　　图 15.9 是在一个温控器电路中增加一个风机启动分路的电路图。风机启动分路用于室内风机,注意新增的接点 G。接点 G 并不是公共接点,而是一个普通的连接点。电源自接点 R 经风机选择开关至接点 G,再到室内风机继电器线圈。电源由控制电路变压器直接连接于该线圈的另一端。当线圈得电(24 伏)后,继电器将高压电路的一组触点闭合,室内风机启动。

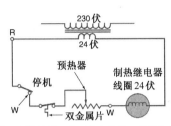

注意:预热器是一个可变电阻器,其目的是在双金属片处产生少量的热量,这样可使温控器提前断开,风机则可以继续运行直至加热器中的余热全部排尽。

图 15.8　在图 15.7 所示电路中,在温控器的触点端串联了一个预热器。选择开关设置在制热挡,温控器触点闭合,启动制热。该设备中的风机由高压电路驱动

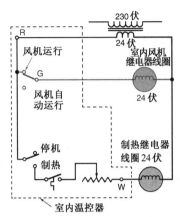

图 15.9　温控器中增加了风机继电器之后,可以使用户让风机连续运行。供热运行时段内,风机必须运转

　　图 15.10 是一个在上述温控器中增设一个制冷接点 Y 的完整电路。此外,接点 Y 并不是仅用于表示制冷的符号,还是一个普通接头。电源自接头 R 至选择开关的制冷挡,经热接触器,然后到达接点 Y。当热接触器的触头闭合时,电源在流经触头后分为两路:一路经风机的“风机自动运行”开关到达接点 G,并使室内风机启动,制冷运行周期内,风机必须运行;而另一路则是直接连接制冷继电器线圈。当制冷继电器线圈得电(24 伏)时,该继电器就会将高压电路中的一组触点闭合,启动制冷循环。

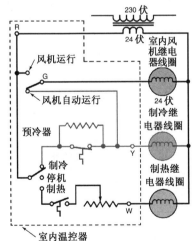

注意:当电路与“风机自动运行”接点连接时,可保证风机在制冷运行时持续运转
(A)

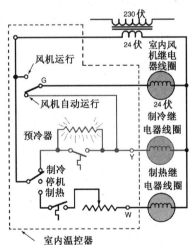

注意:当电路的选择开关设置在“风机自动运行”挡时,可保证风机在制冷运行时持续运转
(B)

图 15.10　(A)在图 15.9 所示电路中增加了制冷控制分路;(B)制冷控制电路中设有一个与制冷接触器并联的预冷器,因此在运行停止的时段内才有电流流经预冷器。注意,两个耗电元件串联运行的时间很短,其目的是让少量的电流流过预冷器

　　该温控器设有“风机运行”和“风机自动运行”两个选择挡。当风机开关切换至“风机运行(ON)”时,室内风机持续运行;当风机开关设置在“风机自动运行”位置时,风机则根据“制冷”指令而启动运行。

当选择开关选定制冷模式时,制冷系统就会在"制冷"的指令下启动;而室内风机只有在风机选择开关处于"风机自动运行"模式时才能启动。同时,室外风机也必须同时运行,因此室外风机须与压缩机并联连接。

注意,预冷器是与制冷接触器并联的,这就意味着当温控器在满足一定的条件下(即温控器分路开路时),就会有电流流过预冷器。预冷器通常是一个固定阻值的、不可调节的电阻器,它可以使制冷系统提前启动,使系统在室内温度高于温控器设置温度时达到其最大的供冷量。

15.4　温控器的排故

设备出现故障时,温控器是一个时常容易引起错误判断、又经常被怀疑的构件,但其功能非常明确,即控制温度,并将24伏的电路电源分送至温控器元件。检修人员在维修作业时应时刻提醒自己:"如有电源线接入温控器,那么温控器的各分路均应有电压"。因电路故障检查温控器时,每位技术人员应特别注意检测的方法、途径及程序。

对于制热、制冷系统的温控器排故是先将风机的选择开关切换至"风机运行"位置,观察风机是否启动。如果风机不启动,那么很可能是控制电压有问题。温控器要工作必须要有电压。假设现在将开关转换至"风机运行"位置后,温控器动作,风机启动,但加热器或制冷循环没有运行,那么接着就可以将温控器从底座取下,利用带绝缘外套的搭接线人为地搭接线路。将接点R与接点G搭接,此时风机应启动;将接点R与接点W搭接,那么加热器应该启动;将接点R与接点Y搭接,那么制冷系统应启动。如果线路在跳过温控器的情况下均能正常运行,而在电流流经温控器时不能正常运行,那么一定是温控器损坏,见图15.11。唯一需要注意的事项是尽可能不要同时搭接的两个接点,因为只有一根电源线进入温控器。有些较复杂的温控器还可能设置有时钟或指示灯,并可能有与温控器连接的公用分电路。检查温控器时必须特别小心,如果温控器的所有分支电路不经意间同时搭接,那么唯一会出现的问题是供热装置和供冷系统同时启动。当然,这种同时搭接的时间不应过长。

安全防范措施:该项操作只有在指导教师在场的情况下进行。不得在5分钟之内重新启动空调机,其目的是使系统内压力自行平衡。

研究了基本温控器的检测与排故方法之后,我们来分析高压电压电路,了解一下温控器是如何控制风机、制冷系统和供热系统的。仍采用上述控制电路进行分析。

首先需要记住:变压器的输入电压为230伏,没有高电压的输入电压也就没有低电压的控制电压。电源开关闭合时,线路1和线路2间应有电源输入变压器,然后由初级绕组将电压降低传送至次级绕组。

图15.12为风机运行的高压电路,高压电路中耗电装置是风机电动机,风机继电器的触头处于线路1一侧。显然,如果风机继电器触头闭合,那么就有电流流过风机电动机,当处于低压控制电路中的风机继电器得电后,这些触头即可闭合。

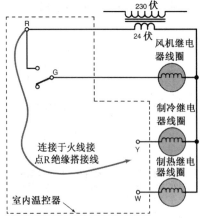
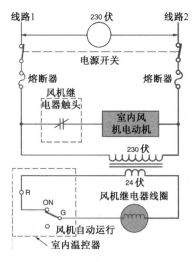

图15.11　热－冷温控器上的接点标志。字母R、G、Y和W均为连接点标志,用来自R点的搭接线连接接点G应能启动风机;连接接点Y应能启动制冷系统;连接接点W应能启动加热器

图15.12　风机开关切换至"风机运行"位置时,风机继电器线圈得电,使风机继电器触头闭合,有电源加载在室内风机电动机的两侧

　　图 15.13 为增设了电热元件和电热继电器的电路。高压电路中,电热元件和风机电动机均为耗电装置。在低压控制电路中,当"制热 - 制冷"选择开关切换至"制热"位置时,即有电流流经温控器的触头。要求制热时,此温控器的触头闭合,那么就有电流流经预热器到达制热继电器线圈。一旦制热继电器线圈得电,它就会使高压电路中的两组触头闭合,其中的一组启动风机,另一组则使电流流经限温开关至线路 1 一侧的加热器。此限温开关(165 ℉)是主要的过热安全控制器。左侧电路经熔断器连接线路 2 形成一个完整电路,该熔断器是辅助过热安全控制器(210 ℉)。

　　图 15.14 在原电路中增加了制冷,即空调分电路。图中,为避免线路杂乱和理解上的相互混淆,暂时删除了制热电路。在制冷模式下,有 3 个装置运行:室内风机、压缩机和室外风机。由于风机与压缩机是并联连接的,因此可以把此两者视为同一构件。

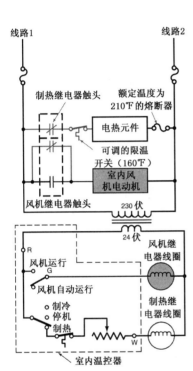

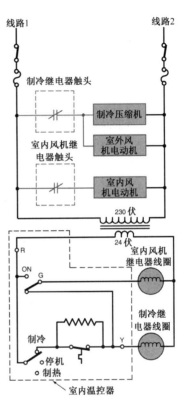

图 15.13　选择开关切换至"制热"位置时,温控器触头闭合,制热继电器线圈得电,使高压电路中的两组触头闭合。一组由于与室内风机电动机串联,风机启动;另一组则连接可调的自动限温开关(设置在160 ℉),经熔断器将电压加载在加热元件两侧,制热系统启动

图 15.14　高压电路中增加了制冷系统分电路。当温控器选择开关设置在"制冷"位置时,热继电器闭合,制冷继电器线圈得电,使高压电路中的压缩机和室外风机电动机的触头闭合。注意,温控器中控制室内风机启动的电路现处在"风机自动运行"状态,如果将开关设置在"风机运行"位置,那么风机将连续运行

　　电路的线路 2 一侧直接与 3 个耗电装置连接,线路 1 一侧电流通过两个不同的继电器:制冷继电器触头启动压缩机和室外风机电动机,室内风机继电器则启动室内风机电动机。在这两种情况下,继电器均根据温控器的指令将电压加载在各构件两侧。

　　当温控器的选择开关设置在"制冷"位置时,电压即加载在温控器的触头上。当此触头闭合时,电压即加载在制冷继电器线圈上。当制冷继电器线圈得电后,位于高压电路中的制冷继电器触头闭合,将电压加载在压缩机和室外风机电动机两侧。

　　制冷运行时,室内风机必须同时运转。当电流流经温控器触头并经风机的选择开关"风机自动运行"接头,而形成环路时,室内风机继电器线圈得电,室内风机启动。注意,如果风机选择开关设置在"风机运行"位置,那么风机自始至终(包括制冷运行期间)均保持运行。

15.5　低压电路的电流检测

　　变压器以伏特－安培数[通常称为伏安值(VA)]为单位标定其功率的大小,伏安值的大小可用来确定此变压器的最大功率和电流值。

　　例如,在冷热空调机组中常采用40伏安的变压器来获得低压电源。如果其电压值为24伏,那么变压器的最大电流为1.66安培,即

$$\frac{40\ 伏安}{24\ 伏} = 1.66\ 安培$$

　　许多钳式电流表均不能在保证一定精度的情况下检测如此小的电流值,因此,要获得相对精确的电路值读数,就必须采取变通的检测方法。将一根搭接线盘成10圈(称为10圈电流倍增法),串联于电路中,将钳形表套钳10圈的线环,见图15.15,然后将电流表上的读数除以10。例如,如果采用此方法测得制冷分路的电流表读数为7安培,那么其实际的电流数即为0.7安培。许多数字式钳电流表可以精确测定小电流,因此不需要采用10圈电流倍增法。有关新型的数字式钳形电流表的内容可参见第5章"工具与设备"。

　　有些电流表还附带有检测电阻和电压的功能,其电压检测功能对测读电压值十分有用。但是,带内阻检测功能需判断其电阻量程是否与电阻的实际阻值相一致,其中有一些不能测读很大的电阻,例如,它只能显示很大的阻值来表示高压线圈的开路。

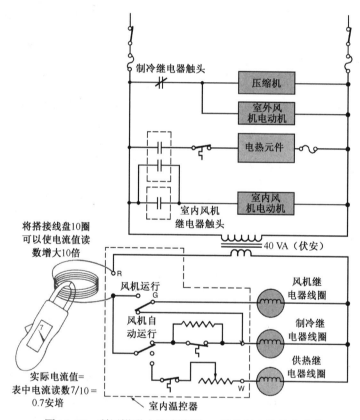

图15.15　利用钳形电流表检测24伏控制电路的电流值

15.6　低压电路的电压检测

　　万用表具有检测电路是否导通、毫安电流和电压的功能,其最常用的功能是检测电压和电路是否短路或开路。电压刻度盘面用于读取电压值的大小,而电阻刻度盘面则主要用于检测电路是否短路或开路,高质量的万用表在此两种检测功能方面都能显示较高精度的读数。

　　切记,电路中的任何耗电装置都必须有正确的电压值,电压表在量程设置正确的情况下,通过将一表棒连接

线圈的一侧,另一表棒连接线圈另一侧的方法可对任何耗电装置进行电压检测。如果两端点间存在电压,那么该线圈就应正常运行;如果不能正常动作,就应采用电阻表检查线圈是否导通。应记住:如果有电压且有通道,那么就应有电流;如果有电流,而线圈没有反应,那就说明线圈存在问题,必须更换。

由于温控器是一个封闭装置,因此无法用电压表直接检测。只有当将温控器从机座上拆下时,上述讨论的方法,即用搭接线搭接温控器各端的方法,才能行之有效。在温控器从机座上拆下、机座上各端点敞开的情况下,可按下述方法利用电压表进行检测。

将电压表选择开关设置在稍高于 24 伏的量程挡,把电压表表棒连接温控器电源进线端,见图 15.16。该端点没有标准字母数字标注时,常用 R 或 V 来表示。同时,把电压表另一表棒连接在另一端,即可对线路进行检测。

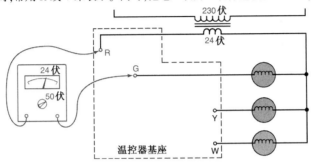

图 15.16 温控器从机座上拆下后,可采用万用表对温控器上的各端点进行检测

例如,将电压表的一根表棒连接接点 R,另一根表棒连接风机分路的接点 G,电压表读数应为 24 伏。电压表此时显示的是变压器输出端一侧与流经风机继电器线圈的另一侧间的电压值,在此状态下,风机继电器线圈并未得电,其功能仅为一个线圈,它相当于将变压器的另一电源引出线连接至温控器上的接点 G,这一现象时常被称为电压反馈。电压表现在要检测的就是变压器上各分路电压值是否为 24 伏。将电压表表棒移至制冷分路接点(该接点用 Y 字母标注),电压表读数应为 24 伏。当电压表表棒移至制热分路接点(常用 W 标注的接点)时,电压表读数也应显示为 24 伏。各分支电路上的线圈两端电压值正常,说明整个电路完好,连接正确。

15.7 开关及负载的排故

检修人员在检修设备时,经常遇到电气方面的问题,这些问题又往往不是线路问题,而是电气开关能否正常打开或闭合的问题。当耗电装置(负载)与开关串联时,往往会使问题复杂化。事实上,大多数情况下开关往往是与其他装置串联的,其排故相对比较简单。当各种电气开关与其他装置并联时,情况就可能更复杂。

图 15.17 为一个开关与电动机(电气负载,即耗电装置)的串联电路。图中,其负载是一台永久分相电容式电动机(PSC)。线路 1 和线路 2 间的电位差(电压)为 230 伏。如果检修人员检测开关(打开时)两侧的电压,那么电压表的读数也应为 230 伏。这是因为线路 1 端点位于打开的开关左侧,线路 2 经电动机的运行绕组,经闭合的过载保护器,其端点位于打开的开关右侧,两端点相当于变压器的两端电压。既然电动机未运转,也就不消耗电能,那么该绕组也就没有什么消耗,而只是连接线路 2 的一段导线而已,如果检修人员要检测图 15.17 中的 PSC 电动机运行绕组两端(即接点 R 和接点 C)的电压,由于电动机未运行,电动机绕组只是线路 2 的连接通道,因此其电压值一定为 0 伏。但是如果维修人员要检测接点 R 或接点 C 相对于接地线的电压,那么由于线路 2 与接地线的相对电压值为 115 伏,因此接点 R 或接点 C 与接地线间的电压应为 115 伏。

图 15.18 中,开关闭合,电动机开始运行。此时,电动机消耗电能,且电动机运行时其运行绕组两端的(接点 R 和接点 C)电压表读数为 230 伏,而开关两侧的电压值为 0 伏。这是因为电动机运行时,电动机的接点 C 与线路 1 连接,开关两端的电压同为线路 1 的电压,因此两端的电位差,即电压差为 0 伏。如果检修人员检测开关至接地线的电压,那么其电压表读数应为 115 伏。图 15.17 中开关打开时,其两端电压为 230 伏,而图 15.18 中,闭合后的开关两侧电压为 0 伏。如果据此结论:开关打开时,其两端始终存在一定的电压差;开关闭合时,其两端电压一定为零,这显然是错误的。图 15.19 中的并联开关可以非常清楚地说明这个概念。

当两开关并联时,其分析与理解可能稍有困难。图 15.19 为两开关相互并联且同时与电动机串联(耗电装置)的电路,上端开关闭合,但下端开关断开。当电压表跨接上端开关 A 和 B 两接点时,由于其测量的是同一线路的电位差,因此其读数为 0 伏。由于电动机正在运转,因此在 PSC 电动机的运行绕组两端(接点 C 和 R)具有 230 伏的电压。但此时如果将电压表跨接下端开关的接点 C 和 D,那么由于是同一线路,其电压差仍为 0 伏。事实上,接点 A、B、C 和 D 均为线路 1 上的接点。本例就是两个并联开关电路中一个断开、一个闭合时其电压值读数为零的情况。采用电压表检修电气故障时,检修人员必须时时问自己:哪一条线是线路 1,哪一条线是线路 2,而不管开关是打开还是关闭。用电压表检测同一条线路,不管是线路 1 还是线路 2,其电压值一定为 0 伏,而检测线路 1 和线路 2 间的电压则始终为电路的总电压。上述例子中,所有电源电压为 230 伏。

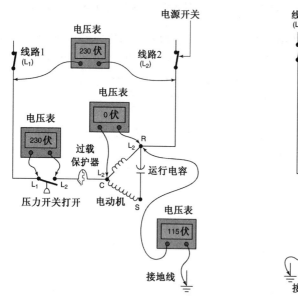

图 15.17　与电动机并联时,开关上各点电压值

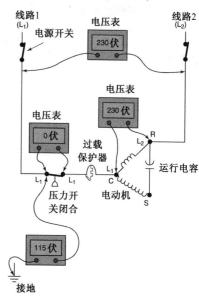

图 15.18　当电动机串联的开关闭合时,各端点上的电压值

　　为排除电路故障,技术人员还需反复多次改用欧姆表并切断电源。图 15.20 中,如果 R 端与 C 端间的运行绕组开路,那么 R、C 间的电压应为多少? 它是否会使电动机停止运转? 其堵转电流(LRA)又为多少? 当然,R、C 端间运行绕组的开路发生在过载保护器断开之前。注意,此时,跨接于电动机(绕组开路)R、C 两端的电压表还将是 230 伏,可见,不管电动机是否正常,或是运行绕组开路,R、C 两端的电压将同为 230 伏。那么维修人员如何确定运行绕组是否开路呢? 答案是利用欧姆表。检修人员必须将电源切断,将电动机上 R 端或 C 端的连接线与线路断开,见图 15.21。切断其中一根连接线可以避免欧姆表内的电源(电池)通过另一个并联电路形成电流回流。然后,技术人员必须将欧姆表的两表棒跨接在电动机的 R 端和 C 端。如果其绕组开路,那么欧姆表上读数即为无穷大(∞)。这是检修人员判断绕组是否开路的唯一方法。

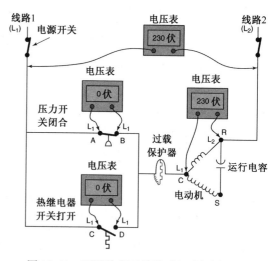

图 15.19　两开关相互并联,但又同时与运行
电动机串联时各端点的电压值

由图 15.22 可见,如果不将电动机两接头断开,那么经欧姆表的电池就会形成一个回路。此时,欧姆表的读数为3 欧姆,实际上,此电阻值是处于回路中的与其并联的永久分相电容式电动机绕组的电阻。这一假象很可能会使技术人员误以为电动机绕组完好,并未开路。
　　图 15.23 是典型的商业制冷系统的 230 伏单相电路图。该电路图中包含带有除霜终止电磁阀(DTS)的定时器组件、蒸发器风机、除霜加热器、温控除霜/风机延时(DTFD)开关、低压控制器(LPC)、高压控制器(HPC)、压缩机接触器和压缩机/电压式继电器组件。系统处于制冷模式。图中标注的电压值是在采用电压表排故的情况下图中各端点应有的电压读数。为便于理解和检测电压,图中还标注了线路 1(L₁)和线路 2(L₂)的相互关系。注意,当电压表两表棒同时连接线路 1 和线路 2 时,电压表上的读数应为 230 伏;当电压表两表棒检测同一

线路(L_1 与 L_1 或 L_2 与 L_2)时,由于两侧点间没有电位差,因此电压表上的读数为 0 伏。如果检修人员能够在线路图上判断哪一根线是 L_1,哪一根线是 L_2,那么采用电压表排故就会方便多了。

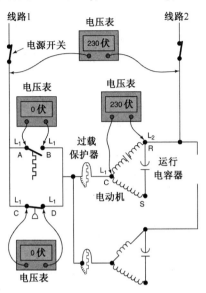

图 15.20　即使在运行绕组开路的情况下,电机运行绕组两端的电压仍为 230 伏

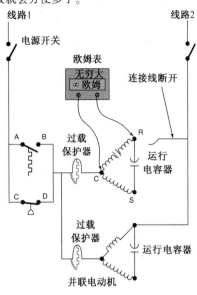

图 15.21　将运行绕组 R 端与线路断开,检测电动机的开路绕组时,欧姆表的读数应为无穷大(∞)

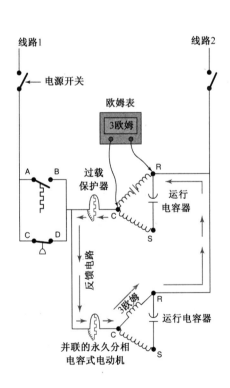

图 15.22　如果不将绕组的连接线与线路断开,那么通过欧姆表的电池就会形成一个回路,此时欧姆表测得的是并联电动机运行绕组的电阻(3欧姆)

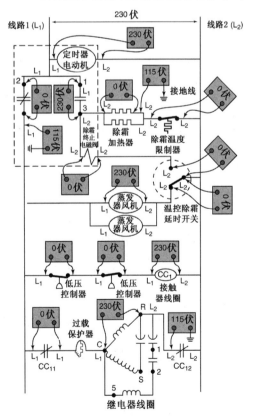

图 15.23　在线路 1(L_1)和线路 2(L_2)相关位置标注有电压表读数的典型制冷系统的 230 伏电源电路

15.8　接线图和原理图

上述几个案例论述的是基本电路的排故,这是研究实用电路的基础。采用线路板的控制器,其工作原理实际上与之完全相同。以后我们将根据制造商提供的说明书来论述如何运用这些排故操作方法。检修人员头脑中需要有这样一个接线图或者手中有作为维修依据的较完整的原理图,随设备而来的电路图有两种:接线图和原理图,有些设备仅提供一种,有些设备则两者都有。

接线图可用于确定线路中各元器件的位置,见图 15.24。图 15.24(A)是一个两级燃气炉的整体式燃气炉控制器(IFC)线路板。该线路板上配置有电子空气净化器(EAC)、增湿器(HUM)、1#线和中线接口、制冷和制热风机的接口、24 伏变压器次级线圈接口、12 脚接插件插头、制冷温控器接线板、火焰及电源状态指示灯以及点火变压器的接口。线路板上还安装有通过 12 脚接插件连接的火焰传感器、限温装置、输出插口、过温开关、高压及低压控制器以及助热器限温控制器。风机的风门开关则通过 2 脚接插件与整体式燃气炉控制器连接,抽风风机电动机由 3 脚接插件与线路板连接。该图的构成与技术人员打开控制面板所见到的样式完全一样。例如,如果火焰和电源状态指示灯位于图中左上角,那么当打开面板时,它们也必在控制器线路板的左上角。在不清楚某元器件是什么时,这种接线图是非常有用的。你可以通过认真研究图 15.24(A)中的接线图来找到控制器并可在图 15.24(B)中的实际整体式燃气炉控制器线路板上确定其位置。注意,接线图上还可标注连接线的色标,以便确认各种元器件。

原理图有时也称为阶梯图,对于用来查寻电路的逻辑关系来说,是一种较方便的线路图,见图 15.25。这种图一般只需做简单的研究,线路的功能非常明显。注意,其耗电装置均位于线路的右侧,而开关及各控制器均位于左侧。大多数情况下,技术人员只需知道:燃气炉点火时,IFC 根据逻辑要求动作之后的结果是什么? 制造商提供的技术手册一般会说明其动作后的结果,从而可以帮助技术人员正确排除故障。这些手册一般均与燃气炉配合,购买时即可提供给用户。如果技术人员手中没有这样的技术手册,那么可以在动手排故之前,利用因特网搜索或直接用电话与燃气炉制造商联系。一般情况下,燃气炉正面面板的控制板上均有图示说明,可帮助技术人员了解燃气炉的运行顺序。

接线图和原理图是大多数制造商用于说明其设备线路连接的一种方法,每一家制造商都有各自说明关键事项的方式与方法。本行业中,已颁布的标准似乎仅此一项,就是用于说明各种元器件的图示符号。

熟练的技术人员可以将一个完整电路分为多个小电路,但对于初学者来说,可以先用彩色笔标注各个分电路以加深理解,彩色笔还便于新手学会将电路分解为各个单元。

以下报修电话均为实际维修作业的案例。在前 3 个报修案例中,我们论述故障及排故方法,以便学员能够对排故方法与程序有一个较全面的理解。后 4 个报修案例仅讨论排故的方法,学员应充分发挥各自独立的思考能力或采取集体讨论的方法来找到解决方法。答案可参见 *Instructor's Guide*。

15.9　报修电话

报修电话 1

一位顾客来电说:他的一台整体式空调机不制冷。其故障是控制电路变压器初级线圈开路,见图 15.26。

技术人员到达,查看室内温控器,将室内风机开关切换至"风机运行"位置,风机不启动,这表明可能没有控制电压。要有低压电源必须先有高压电源,技术人员然后来到室外机组处,将电压表选择开关设置在 250 伏挡,检查高压电源,检查结果为有电。

打开控制箱(由于低压线在附近进入控制箱,因此一般很容易找到此控制箱),检查变压器初级线圈两侧电压,电压表显示有电。

检查变压器低压侧次级线圈电压,电压表显示无电,因此判断一定是变压器出现故障。

要证实这一判断,可以切断主电源,将低压变压器的一端从线路上断开,用万用表的欧姆挡来检查变压器是否导通。此时,技术人员发现变压器的初级线圈开路,必须更换新的变压器。

技术人员安装新变压器后,连接电源,系统正常启动运行。与顾客一起完成书面交接后,技术人员又赶赴另一个维修地点。

报修电话 2

一位顾客来电抱怨他家的空调器不制冷。其故障是制冷继电器线圈开路,见图 15.27。

技术人员到达后,检查温控器和风机电路,将风机选择开关置于"风机运行"位置,室内风机启动,然后将温控器上开关切换至"制冷"位置,风机运行。这就表明,温控器内各线路均有电流通过,故障很可能不在温控器。温控器开关仍保持在"制冷"位置,技术人员接着检查室外机组。

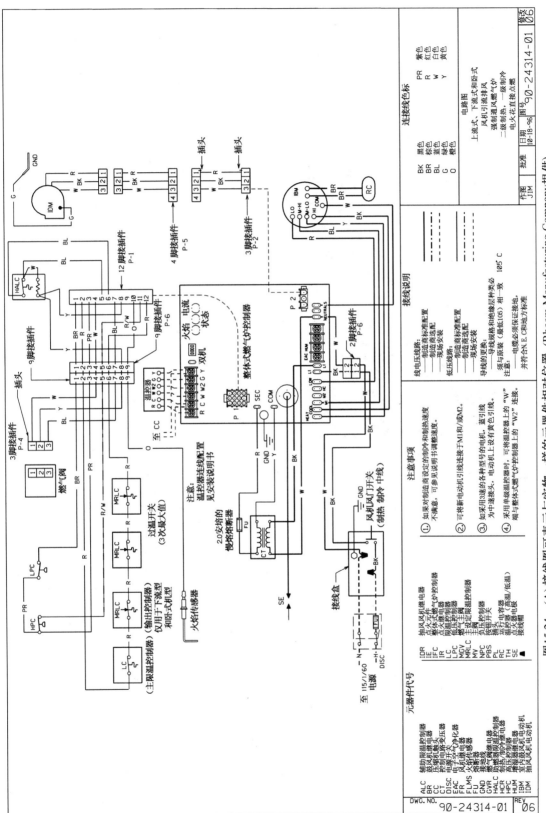

图15.24 (A) 接线图可表示与实物一样的元器件相对位置 (Rheem Manufacturing Company提供)

图 15.24(续) (B)实际的电路板照片(John Tomczyk 摄)

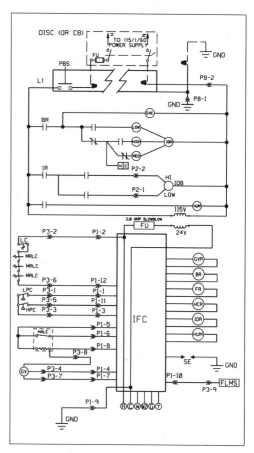

图 15.25 此图是图 15.24 中接线图的另一种表示方法(原理图)。注意图中各元器件的位置:右侧没有开关。电源进入整体式燃气炉控制器,然后进入各耗电装置。还要注意,为便于说明各元器件的功能,可以将元器件的接点分开

既然低压变压器初级线圈的电源来自高压电源,那么就可以认定电源存在,没有问题。

查看电路图后,维修人员发现,只有当制冷继电器线圈得电后才能使制冷继电器的触头闭合,因此检查制冷继电器线圈两端电压,电压表显示为 24 伏,那么一定是继电器线圈有问题。为证实这一判断,技术人员切断电源,并将该线圈的一个线头与线路断开,用欧姆表检测线圈,欧姆表显示不导通,因此表明该线圈开路。

技术人员更换整个接触器(采用维修车上的接触器备件往往比到供应商处购买新的线圈要便宜些),接通电源,启动机组,空调正常运行。处理书面交接工作后,技术人员告辞。

报修电话 3

一位顾客抱怨空调器不制热。其故障是制热继电器线圈短路,引起变压器过载和烧毁,见图 15.28。

技术人员到达后,检查温控器及室内风机,发现室内风机不能运转,很明显,风机内没有电流流过。这表明既可能是高压电路有问题,也可能是低压电路存在故障。

技术人员检查室外机组上的高压电路,发现有电源,检查低压电路,没有电压,那么必定是变压器存在问题。拆下变压器发现有一股烧焦味,用万用表检查,发现其次级线圈开路。

更换变压器,将系统设置在"制冷"模式后,系统还是未能启动运行。技术人员注意到变压器温度正逐渐上升,显然出现了过载。技术人员在第二个变压器烧毁之前迅速地将电源切断。接下来的问题是找到哪一条线路出现了过载。既然系统处在制热模式,那么技术人员首先想到的就是制热继电器。技术人员意识到:如果有很大的电流流过室内温控器的预热器,那么它也会烧毁,因此必须将整个温控器换下。

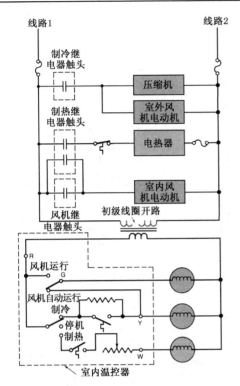

图 15.26　控制电路变压器初级线圈开路

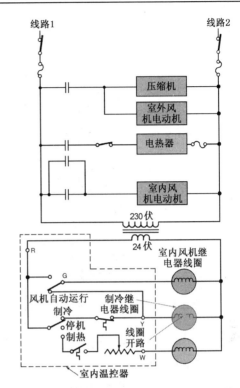

图 15.27　制冷继电器开路,致使制冷继电器触头不能闭合。注意,室内风机可正常运行

技术人员检查温控器,并将选择开关置于"停机"位置,使其与整个线路断开,然后检查安装有低压接线板的室外机组。用电流表测量变压器线路上的电流。采用 10 圈导线法将电流读数放大,接上电源,但电流表显示为零,说明故障不可能是连接线短路。

然后技术人员用搭接线将接点 R 与接点 W 搭接,启动制热,此时电流表读数显示为 25 安培。由于这是一个 40 伏安的变压器,因此其额定最大电流为 1.67 安培(40/24 = 1.666),只有当制热继电器形成较大的电流时,才会使变压器过热并在短时段内烧毁。

技术人员更换制热继电器,并重新启动电路,此时电流表读数仅为 5 安培,除以 10,即实际电流为 0.5 安培,对于电路来说,这个值是比较适当的。拆除搭接线,将面板返回原处。用温控器重新启动系统后,系统运行正常。

以下报修电话案例没有解决方法的说明,答案可见 Instructor's Guide。

报修电话 4

一位客户来电称:有线电视修理工在其住宅下安装电视电缆后,他家的空调不转了。

技术人员到达后,发现空调确实不能运行。技术人员可以听见风机运转的声音,但室内没有暖风,室外冷凝器也没有运行。然后技术人员根据图 15.29 所示的电路图,按下述检查项目及程序进行检查:

1. 检查冷凝器上低压电路电压,电压表显示无电压。
2. 然后检查室内温控器,并且将温控器从机座上拆下,搭接接点 R 和接点 Y,冷凝器仍不能启动。
3. 将搭接线保留在原位置,然后技术人员来到冷凝器处,检查接触器两端电压,发现仍无电压。

是什么故障? 应如何解决?

报修电话 5

某鞋店经理来电说:该店有一台安装于屋顶的电热组合机组突然不制热了。

技术人员到达商店,与该经理进行了交流。技术人员拟采用下述程序确定故障所在。你也可以根据图 15.30 所示的电路图操作一下。

1. 商店经理说:约 1 小时前,整个系统工作还是很正常的,之后,店内似乎慢慢地冷下来了。
2. 技术人员注意到:室内温控器上的设定温度为 75℉,而商店内的实际温度为 65℉。

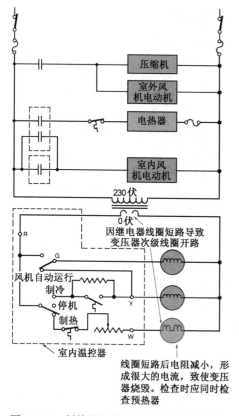

图 15.28　制热继电器短路会使变压器烧毁

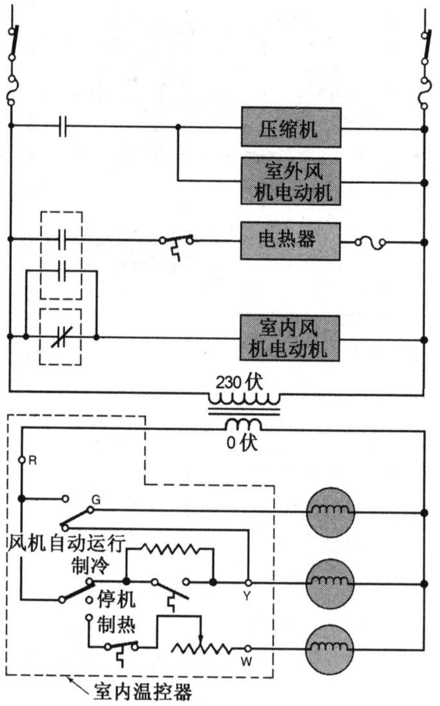

图 15.29　利用此电路图分析"报修电话"中的故障

3. 技术人员攀上屋顶,打开低压控制电路接线板,检测接点 C 与接点 R 的电压值为 24 伏,检测接点 C 与接点 W(电热器的接线端)的电压为 0 伏,虽然有 24 伏的电源,但加热器不工作。
4. 将温控器从基座上拆下,用搭接线搭接 R 点与 W 点,制热系统启动。

是什么故障?应如何解决?

报修电话6

在一个非常寒冷的日子,一位来电者说,她家的燃气炉突然熄火了,整个房间变得越来越冷,急需维修人员维修。该系统内有一块印制线路板,见图 15.31。

检修人员到达,检查室内温控器,发现温控器设定温度为 73℉,室内实际温度为 65℉,将温控器选择开关设置在"制热"挡,风机运转,但无热量。

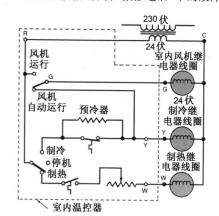

图 15.30　利用此电路图分析"报修电话5"中的故障

检修人员来到燃气炉处,将面板打开,由于面板上设有门开关(见电路图上方的9G),面板打开,即使燃气炉风机停止运行,也可将面板铰链螺钉卸下,以便维修人员对线路进行检修。

检修人员将电压表的一根表棒连接 SEC-2(电路的共线侧),另一根表棒则连接 SEC-1,电压表读数为 24 伏;将连接 SEC-1 的表棒移至接点 R,电压表读数为 24 伏;然后将此表棒再移到 G_H 点,此点正是来自室内温控器的信号使电源加载在线路板的接口,电压表检测结果有电压。

然后检修人员将连接 G_H 点的表棒移到 GAS-1 接线端,电压表读数为 24 伏。

是什么故障?应如何解决?

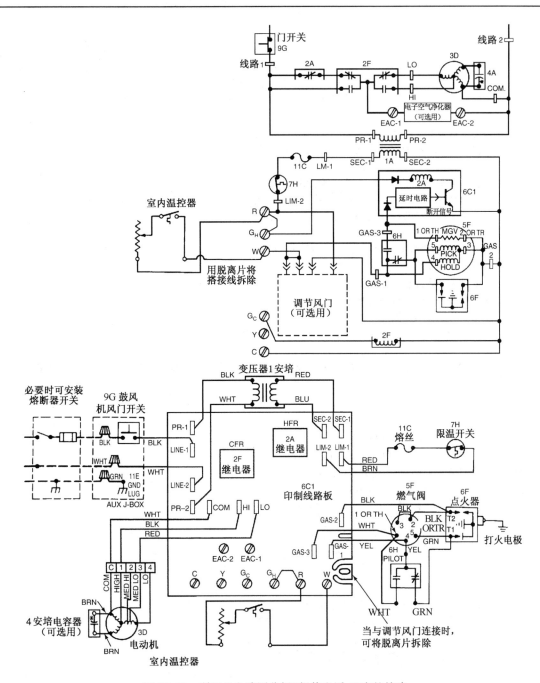

图 15.31　利用此电路图分析"报修电话 6"中的故障

报修电话 7

一家小型超市的客户来电说:存放在牛奶冷藏箱的商品全都发生了变质。检修人员用温度计检测牛奶冷藏箱内温度为 47℉,而这种牛奶冷藏箱内的温度应为 35℉ 至 39℉。检修人员在检测箱内温度时,注意到冷藏箱内一侧没有气流流动。对蒸发器部分和蒸发器风机简单检查后,发现 3 个 PSC 蒸发器风机电动机中有一个不能运行。

3 个风机接线方式为并联,驱动电压为 230 伏,见图 15.32。打开机箱时发现,那个不能运转的风机电动机运行绕组已经开路,然后检修人员切断电源用欧姆表跨接在该运行绕组两侧,此时欧姆表读数为 2 欧姆。

检修人员在用欧姆表检测不能运转的蒸发器风机电动机开路绕组时,所采取的步骤是否正确?试论述你认为正确的检测步骤。

本章小结

1. 每一种控制器必须根据其在电路中的功能进行判断。
2. 电气控制器可分为耗电的和传递电能的(即不耗电的)两大类。
3. 所谓电源就是电源线两端间存在的电位差,这是一种对电路的最基本的理解方法。
4. 传递电能的装置或控制器称为安全装置、运行装置或控制装置。
5. 在一个带有熔断器的电路中,由温控器控制的灯泡就是一种运行装置和安全装置。
6. 电压表可依循电路用于检测其起点至耗电装置各点的电压值。
7. 在典型的制热和制冷机组中,其低压控制电路中有 3 个独立的耗电电路。当选择开关在制热或制冷位置时,其相应的电路就会启动运行。
8. 风机继电器、制冷继电器和制热继电器都是耗电装置。
9. 低压继电器可以控制高压耗电装置的运行。
10. 电压表可用于检测电路中各点的实际电压值。
11. 欧姆表可用于检测电路导通情况。
12. 电流表可用于检测电流值。
13. 接线图上可以标注连接线的颜色和打印在连接线上的连接标记。
14. 原理图,即阶梯形电路图特别适用于按图索骥,理解电路图中各元器件的功能。

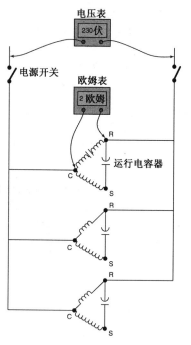

图 15.32　配置有 3 个并联 PSC 风机电动机的牛奶冷藏箱风机电路

复习题

1. 说出 3 种自动控制器的名称。
2. 电气控制器有_____和_____两大类。
3. 温控器中接点 Y 导通时,哪个电路得电?
4. 电路中接点 G 导通时,得电的器件是_____。
5. 要使制热系统启动,温控器的_____得电。
6. 温控器中的火线接点是_____接点。
7. 预热器与温控器触头是并联连接还是串联连接?
8. 预冷器的接线方式应为:
   A. 与制冷触头并联;　　　　　　B. 靠近液管线;
   C. 与制冷触头串联;　　　　　　D. 与室内机组连接。
9. 哪一种预置器可调,是预热器?还是预冷器?
10. 正误判断:制冷时段内,室内风机必须始终保持运转。
11. 正误判断:控制电路变压器不能工作时,虽然选择开关设置在"风机运行"位置,室内风机也不能运行。
12. 当对压缩机电路进行检修时,下述哪一个装置应关闭?
    A. 室内机组风机;　　　　　　　B. 机组的电源开关;
    C. 温控器;　　　　　　　　　　D. 进入建筑物的电源。
13. 可根据线路图确定各元器件在机组中位置的是_____图。
14. 当需要按图查寻各元器件功能及其相互逻辑关系时,可采用_____图。
15. 试论述低压控制电路中的电流检测方法。
16. 试解释在确定电动机绕组是否开路时采用欧姆表,而不是采用电压表的原因。
17. 正误判断:采用电压表排故时,无论何时,检修人员检测同一线路,不管是线路 1 对线路 1,还是线路 2 对线路 2,其电压值始终为零。
18. 正误判断:开关断开时,其两侧始终应有电压。
19. 试解释当根据电路图采用电压表排故时,维修人员必须始终明确相关点处线路 1 与线路 2 的原因。

第 16 章　全自动控制装置

教学目标

学习完本章内容之后,读者应当能够:

1. 理解全自动控制的相关术语。
2. 论述控制器的应用。
3. 叙述电子控制电路的构成与特征。
4. 叙述气动控制装置的特点。
5. 论述控制环。
6. 论述控制器的灵敏度,即放大系数。

16.1　控制器的应用

采暖、通风、空调和制冷设备刚出现的时候,机组中的所有构件均由人工控制。例如,过去的燃煤采暖锅炉需要一个称为"司炉工"的人每隔一定时间将煤送入炉膛。锅炉过烧、温度太高时,就必须将窗子打开排放部分热量。如果锅炉燃烧不足,那就需要很长时间才能使室内环境达到较为舒适的温度。最早的、也是比较大的改进是自动司炉设备,它是一台由定时器控制的皮带输送机,每隔数分钟,它就能自动启动,并按预先设定的时长运行,将煤送入炉膛内。这种方法并没有与采暖空间的实际温度联系起来,但它消除了人工操作环节。过了一段时间之后,这一操作过程又有了改进,人们可以在采暖居室内用一台温控器来控制温度。之后,这种操控方式又有了更大的变化,人们可以在室外用温控器来预先设定采暖温度。所有这些控制方法,以今天的标准来看是绝对原始,而且是难以理解的。如今,我们可以采用现代化的设备,而且仅需很少的技术人员就可以使整个居室(甚至是很大的建筑物)的温度无论是在夏季,还是在冬天完全处于舒适温度的范围之内。

当客人走入一幢配置有最佳控制系统的现代化大楼,如果发现有冷热不均的问题,那么就会产生许多疑问,因为在这样的设施装备下,其室内温度应当是非常均匀的。许多建筑物均配置有足够的冷、热系统和高精度的控制装置,但不是所有人都知道应该如何来管理和操作这些控制装置。要正确管理和操作这些控制系统就必须对这些控制系统的工作原理及运行管理方法有充分的理解。即使系统在安装、调试后能够正常地运行、能够理想地控制温度,控制器的状态也会随时出现漂移,使系统失去平衡。因此,必须予以重新调整状态。此外,许多商务大楼常需分割成多个区域,形成不同类型和规格大小的办公空间,因此需要拆建分隔墙,构成新的办公室。但是每次改造都没有人考虑整个采暖和供冷系统的布局,人们经常可以发现回风口在此房间,进风口在彼办公室,而温控器又在会议室。有时候,建筑工人在建分隔墙时,甚至将温控器放了在天花板上,忘了重新安装。所有这些情况,都会使整个系统出现不平衡。

熟练的技术人员应当能查阅建筑设计图,了解设计者的设计意图。许多控制系统不可能按照不断变化的控制要求来设计。但如果设计、安装得当,大多数控制系统都能获得满意的效果。

16.2　控制系统的类型

最早的控制系统只能控制受控构件的停止与启动,我们在第 14 章曾详细论述过这些控制器。现代控制技术不仅要能控制构件的启动与关闭,而且要能调节。关于调节的事例就是汽车的油门,你能想象一个控制装置只能启动与关闭的汽车吗?你既需要将汽车加速到全速,也需要减速,那么可以利用加速器缓慢地将速度提高至所需的速度,也可以逐渐减小油门踏板的压力使汽车的速度缓慢地减低,现代控制系统可以通过自动控制装置来达到同样的功能。

控制系统可以分解成 3 个基本构件,这些构件组成了一个控制回路,所有控制系统不管其控制器有多少,均可以进一步分解为各个小控制回路。

1. 传感器检测状态的变化。
2. 控制器将控制输出信号发送至受控装置。传感器和控制器往往是同一个装置。
3. 控制装置响应,关闭、启动或调节至系统或空调区域的水、空气以及制冷剂的流量。

传感器是对状态变化做出响应的装置。在本行业中,传感器主要是对温度、空气的流速、湿度、水位以及压力等做出反应。图 16.1 是一个气动的室内温控器内部机构图。传感器将信号发送至控制装置,然后控制装置再将一个纠正信号发送至受控装置。控制装置可以设置在传感器内。

控制室内温度的控制器可以视为一个最基本的控制回路的事例。壁挂式温控器一般设置在靠近回风口、能够感知室内温度的过道处。当室内温度高于设置温度,如达到75℉时,温控器中的双金属片就会动作,使水银触头闭合。传感器的这一动作是与控制器的功能一致的。当水银触头闭合时,24伏的信号即送至压缩机的接触器(受控装置),接触器闭合,将电能传送至压缩机,制冷系统启动为室内供冷,并一直持续至水银触头断开,压缩机接触器电路切断。

技术人员必须理解,所有的系统均可分解成各种"控制回路",而且要能够识别。每幢大楼都有一个表示由各单个控制环组成的总控制回路的告示牌,见图16.2。这种用缩写词和符号标示的告示牌一般都设置在设备区域的主要位置。你可能会驾车去一家有200个左右客房的汽车旅馆,进入房间后你可能不知道如何操控空调和采暖系统。但当仔细观察后,你会发现,告示牌实际上是为众多旅客提供操作说明的示意图。每一个告示牌上都标注有盥洗室、厕所、电灯以及空调系统,当你理解了其中的含义后,就可以对其他所有标识一目了然,因为它是整个系统的一部分。办公大楼内的控制回路与其完全相同,如果你掌握、了解了一个工作区域,那么对其他办公场所的特征也就有了基本的概念。

图16.1 典型的气动温控器(Bill Johnson 摄)

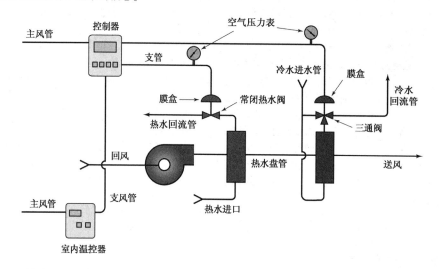

图16.2 某建筑物可依据每个区域分解成多个控制回路,每个区域可大可小,但其控制回路都相同

如今用于大系统控制的基本控制器主要有气动控制器和数字电子式控制器两种,这些控制系统在设计、安装以及维修时均可分解成多个控制回路。电子式控制器出现之前,人们主要采用气动控制装置,这些控制器实际上也是一种机械装置,它是利用空气将来自传感器的信号传递给受控装置的。电子式控制器现在正逐渐取代气动控制装置,并必将成为未来的主要控制装置。然而,那些已经装设了气动控制装置的众多设备还将使用许多年,对于这两种控制系统来说,最好的办法是将电子控制系统与气动控制系统进行整合。

16.3 气动控制器

许多建筑物和工业化装置在过去都采用气动控制装置。这些控制器结构简单且极易控制其他机构。其控制信号是空气,且在一个很细小的、最常见的为3/8英寸或1/4英寸的管内运行,这就不需要电气方面的许可和由专业人员才能安装控制线路了。气动控制器的主要优点如下:

1. 安装和检修方便。一位具有机械工程经历的人士即可很快地了解气动控制的工作原理及其操作。
2. 安全。即使在使用易燃物的场合下也不可能出现爆炸。
3. 可方便地应用各种场合获得启动与关闭或调节控制功能。
4. 适用面广,可实现多工序控制。
5. 性能稳定可靠。
6. 其安装成本低于电线和导线管的长距离铺设成本。

　　理解气动控制器首要了解为这些控制运行提供能源的空气系统。气动控制装置必须有一个清洁和干燥的气源,大多数气动系统均采用专门的空气压缩机和带有复杂过滤装置和空气干燥装置的存储罐作为气源。整个过滤和干燥装置内有许多称为阻尼孔的空气通道,其孔径很小,细小的灰尘或水滴也不容许通过。由于许多控制器自始至终需要稳定的吸入空气,因此整个系统需要一个连续的气源。图 16.3 是一个典型的单级压缩机气源,也有一些气源设有两台同容量的压缩机,以保证始终有一台备用压缩机,每一个压缩机轮流运行且都能提供整个系统所需要的空气量。第二台压缩机只在需要大气量时启动运行。

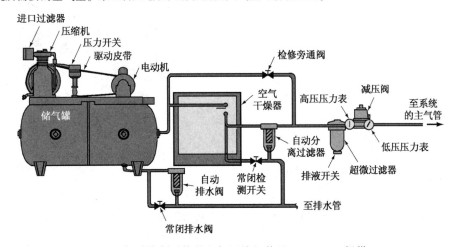

图 16.3　气动控制系统的空气压缩机装置(Honeywell 提供)

　　大多数系统压缩机可以产生 100 ~ 125 psig 的空气压力并存放在储气罐中,其压力由压力开关控制,当空气的压力降低至 75 psig 左右时,压缩机启动,当压力上升至 100 psig 或 125 psig 左右时,压缩机自行停机。

16.4　控制器空气的过滤与干燥

　　进入压缩机的空气一般采用预过滤器进行过滤。这种方法与汽车的空气过滤非常相似,它是一种能过滤所有吸入空气的干式过滤器。这种过滤器必须保持清洁,否则会使空气压力降低、压缩机的运行时间延长。

　　进入压缩机的空气一般都含有水分或夹带水汽。大多数地区都有一定的湿度,许多地方甚至有很高的湿度,特别是在夏季。当含有较高水分的空气从大气压力压缩至 100 psig 的压力时,压缩机排入储气罐的空气很可能是 100% 的饱和空气。通常将此饱和空气流过一个由压缩机飞轮叶片冷却的小盘管,该盘管能将空气中的水汽冷凝成液体,并将水排至储气罐的底部。该储气罐一般设有一个浮球式自动放水阀,可以自动地将储气罐中的积水排出,见图 16.4。

　　存留在储气罐中的空气仍含有较多的水分,因此还不能直接用做控制气源,必须做进一步的干燥处理。通常,可采用的干燥器有如下 4 种类型:
1. 用当地的自来水和盘管降湿。
2. 用冷水与盘管降湿。
3. 干燥剂干燥器。
4. 冷风干燥器。

　　如果当地的自来水足够冷,能够从空气中排除一定量的水分,则可以采用自来水降湿,这与大多数设备有所不同。

　　在有些设备中可以采用来自制冷系统的冷冻水降湿。但是,如果冷水机不工作,那么空气就很难干燥到要求的程度,从而可能出现故障。

干燥剂干燥器采用的是与制冷剂干燥器相类似的干燥剂,如用硅胶或作为吸附剂的分子筛,它能像食用盐吸湿一样从空气中排除水分。干燥剂可以通过加热方法再生,因此需要有两个干燥器——一个工作,另一个用于再生。干燥剂的再生可采用具有一定温度的干空气,也可利用来自运行系统中的部分干空气对干燥剂做再生处理。

冷风干燥器可能是应用最为广泛的一种干燥器,见图16.5。这种干燥器采用一个冷却装置,使压缩空气流过运行温度低于压缩空气露点温度的冷却热交换器,这样可以将压缩空气中的大部分水分冷凝,并由浮球式排水装置自动地将冷凝水排出。当浮球箱内水位上升时,水阀打开,冷凝水由排水管排出。

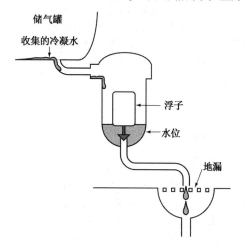

图16.4　当浮球箱内积水逐渐增加时,浮子上升,将水排入地漏

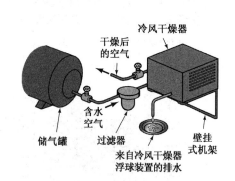

图16.5　小型冷风干燥器

空气干燥后,一般还要经另一个过滤器过滤,该过滤器内的过滤物非常细密,润滑油蒸气或油液也无法通过,这是一种高密度的过滤器,可以将任何微小颗粒挡在控制系统之外。事实上,整个控制系统内不容许有任何杂质进入。

实际控制系统需要一个压力一般不高于20 psig的气源。减压阀位于管线中空气干燥器之后,该减压阀可以将空气压力从大约100 psig降至20~30 psig,见图16.3。安全阀既可设置在减压阀处,也可设置在系统出口处,以保证控制器所用空气压力不大于30 psig,这是因为控制器本身不能承受很高的压力,高压空气会损坏控制器内的构件。

16.5　控制器组件

压力为20 psig的控制空气用来改变系统各构件的阀口或动作位置,我们以阀的执行机构为例。记住:我们采用的压缩空气压力为20 psig,即每平方英寸面积压力为20磅,本例中采用的是压缩空气主管压力。由于我们需要利用20 psig的压力来打开一个直径为4英寸的大膜片阀,因此,记住主管的压力为20 psig非常重要。该膜片面积为12.56平方英寸(膜片面积 = πr^2,即3.14 × 2 × 2 = 12.56平方英寸),当膜片上施加有20 psig的压力时,就有了251.2磅的作用力(12.56平方英寸 × 20 psig = 251.2磅),见图16.6。膜片在弹簧力的作用下始终保持在向上的状态,要使膜片向下移动,膜片上方的空气作用力必须克服此弹簧力。同样,当膜片上方空气压力消失后,膜片则返回上端位置。

我们可以将膜片及其滑阀与任一机构连接,利用空气压力来带动蒸气阀、水阀或一组风门,见图16.7。我们也可以利用此251.2磅的作用力带动很大的负载。该空气压力实际上就是一种作用力,还可以利用细铜管或塑料管传递至各种执行装置。压缩空气主管通常采用3/8英寸管,支管则采用1/4英寸的管件。如果你曾经看到过维修站的工人采用气动升降机将一辆4000磅提起的话,就会发现其原理是完全相同的,只是空气压力稍大,约为100~125 psig。

气动控制系统的各构件——温控器、湿度调节器、压力控制器、继电器以及开关等传感器——具有与其他控制器完全相同的功能。受控装置可以是各种阀门、风门、泵、压缩机和风机,再由这些执行装置的运行来控制空调区域的各项空气参数。当然,各种控制系统的控制器可以有多种组合形式,而且有多少种控制系统就会有多少种控制器的组合形式。

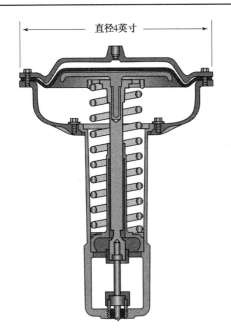

图 16.6　由于有 20 psig 的空气压力作用于直径为4英寸的膜片上,因此该膜片机构可产生大到250磅的作用力

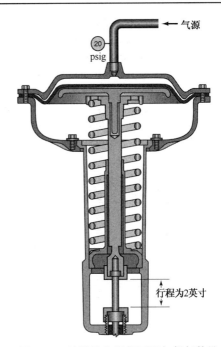

图 16.7　该膜片和滑阀可以与任何数量的用于控制状态的机构连接

　　图 16.8 中的控制系统可以依据温控器的检测量,以多种增量方式来控制室内温度。这是一个基本控制回路,在此回路中,室内各状态参数的改变将使室内温控器发生动作。因为所有变化均发生在一个回路中,因此把它称为一个封闭环,在许多办公楼和汽车旅馆中都可以发现这样的控制装置。如果改变温控器的温度设置,接着又能听见压缩空气的流动,那么它一定是气动控制系统。上述系统采用的是常闭膜片阀,它利用空气压力克服弹簧力使热水流入盘管。许多设备还采用常开式膜片阀,只有在空气压力存在的情况下,才能使之闭合。当室内状态需要供热时,温控器使膜片上方的空气排出将阀门断开,这称为逆响应。如果系统因各种原因出现故障不能运行而导致建筑物内出现过热而不是没有热量,常开式控制系统就具有明显的优势。在一些寒冷地区,这种常开式控制系统可以视为一种保险装置,可以使整个建筑物内的人们避免因休假日没人维修而陷入挨冷受冻的窘境。

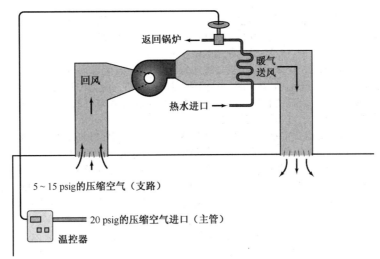

图 16.8　室内温度控制回路

　　下面是一个用以说明如何通过调节室内温控器来控制冷水量从而满足室内温度控制要求的例子。输出压力决定了阀片在阀体中的位置,也就决定了是否有适当的冷水流量进入盘管,从而维持空调区域内的平均温度。采用电气控制装置,电磁阀只能使冷水流过盘管或是绕过盘管,见图16.9。而气动控制装置则可以通过调节控制冷水流量的水阀上端的空气压力来改变阀片位置进而获得适当的冷水流量。该阀是受控装置,气动装置则是控制器(又受传感器的控制),此大容量气阀可设置在离开室内温控器一定距离的地方。采用一个称为先导式定位器的装置来控制大容量的空气。先导式定位器可以从温控器获得信号,并控制进入汽缸的空气压力,进而使水阀调节在全闭至全开的任一位置。先导式定位器利用主气管压力,即20 psig 来推动汽缸内活塞的移动,活塞可由汽缸缸体内的一个盘簧保持在收缩位置,而且其阀杆只能利用作用于膜片反面的空气压力推动,见图16.10。

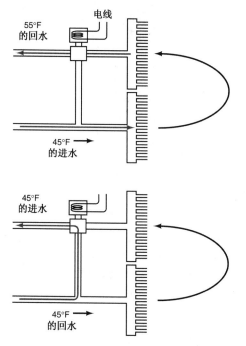

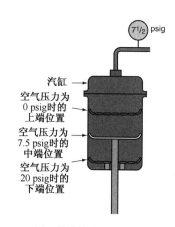

图16.9　电磁阀只能控制水路的关/开, 　　　　图16.10　用于控制阀门和风门的气动缸体
　　　　这样会使室内温度出现波动

　　先导式定位器设有受其内侧膜片控制的主供气管口(最大管径的管线),这样就可以使先导式定位器能够调用大量的、充注空气缸腔所需的空气量,见图16.11。此时,温控器可以用少量空气来控制用管线连接的、位于一定距离外的先导式定位器。图16.12为先导式定位器和空气汽缸的工作情况。例如,假设室内温控器要求最大冷量,那么温控器就会将压力为15 psig 的空气送入先导式定位器,盘管内有全流量的冷水流过,提供最大冷量,当室内温度逐步接近设定温度,如75℉时,来自温控器出口的空气压力即进入先导式定位器的支线,空气压力应为7.5 psig,见图16.13。此压力作用于控制主气管阀门的先导式定位器。弹簧又使阀门处于一半的位置,其结果就是只有50%的流量通过盘管,见图16.14。

　　当室内温度处于室内温控器设定范围之内,即为72℉左右时,水阀即可将冷水全部通过旁通管,经回水管返回冷水机组,见图16.15。这种控制方式可以使温控器根据室内的温控需要,不断地调节冷水流量,而不是简单地打开或关闭水阀,这也称为流量调节法,它非常像汽车中的无级变速器,不过汽车调节的是燃料的流量。

　　请注意上述解释中的一个问题:当室内温度为75℉时,仍有50%的冷水进入盘管,此时支管的空气压力为7.5 psig。但室内温度为72℉时,没有任何冷水流过盘管,此时支管的空气压力应为5 psig;而当室内温度达到78℉时,支管空气压力应为15 psig,盘管内应为全流量,此时我们可以得到温差为6℉(78℉－72℉＝6℉)和空气压力变化为10 psig,则灵敏度(即我们经常所称的放大系数)是1.67 psig/℉(10 psig/6℉＝1.67 psig/℉),即温度每变化1℉,温度器将使支管内的空气压力变化1.67 psig。此变量在论述设备应用时经常用到。如果灵敏度太高,那么控制器就会出现明显的被动现象,反反复复,似乎始终无法获得平衡或稳定的状态;如果灵敏度太低,那么室内温度就会出现明显的温差,似乎也不比简单的"开－关"式控制方式好。应用方式、场合和对象决定了所需的灵敏度,上述例子就是一个制冷装置应用的典型案例。制冷设备中,我们常用三通阀来维持冷水机组的稳定水流量。如果某大楼有 20 个与上例中相似的冷水盘管,且全部水量不经盘管旁通的话,那么仍有一定的水量流经冷水机组。当然,冷水机组会因负荷太大而停机。

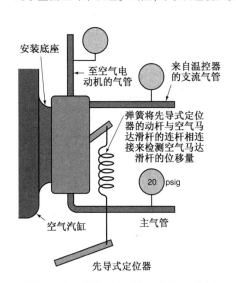

图 16.11　本系统中,温控器仅需用少量空气来控制先导式定位器,从而控制进入汽缸的大容量空气

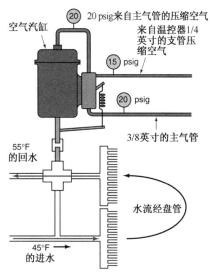

图 16.12　室内温控器将 15 psig 的压缩空气输入先导式定位器,使空气马达做全行程移动,进而使全流量的冷水进入盘管,提供最大制冷量。此时,室内温度为78 ℉,室内温控器设定温度为75 ℉

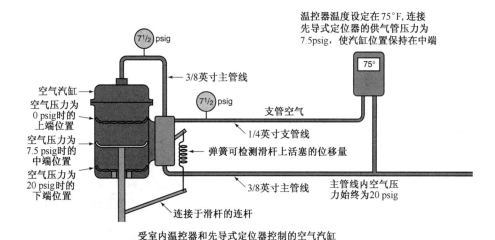

受室内温控器和先导式定位器控制的空气汽缸

图 16.13　完整的控制系统

　　气动控制系统检修人员所用工具主要有:能插入各控制器的压力表,调节用的呆扳头和小型温度计,见图 16.16。压力表有一个与特定品牌的气动控制器相匹配的快速接口,为此,外出检修前,可以先与制造厂联系。许多检修人员往往习惯将各种接头全部带上。

　　客户也可能要求技术人员检查温控器,做些调整,因此可以将温度计在温控器周围的空气中放置足够的一段时间来检测周围的环境温度,并调节温控器上的空气温度显示值,同时记录下温控器上控制气体的压力读数。假定空气温度为75 ℉,温控器的设定值为75 ℉,控制气体的压力为 3 psig,那么从温控器的角度来看,应启动制冷,但控制气体并未达到送冷的压力,因此在此状态下,可以将温控器的控制气体压力调整到 7.5 psig,供冷系统即可启动。实际上,这时温控器偏离了标准点。

　　我们有可能遇见各种不同的气动控制器和配置方式,但其运行原理与上述例子是完全相同的。我们可以通过相互连接的压缩空气管线来识别气动控制系统中的各个构件,当它们改变状态或位置时,你经常可以听到从控制器中释放的压缩空气的声音。气动控制器也可用做电路的开关,或采用各种电路来控制气动控制管路的连接与断开。用做电路开关控制的气动装置称为气 – 电(PE)装置。图16.17是一个非常像压力控制器的气 – 电开关,不过其压力很低。用做气动装置开关的电气装置称为电 – 气(EP)装置。

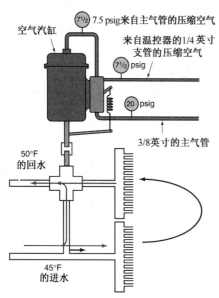

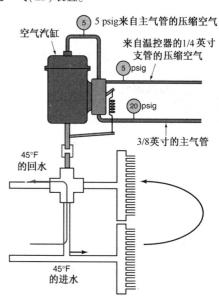

图16.14　室内温控器的设定温度为75 ℉,室内实际温度为75 ℉,因此温控器只是将7.5 psig的压缩空气压力输入先导式定位器,此压力可使水阀将50%的冷水送入盘管

图16.15　室内温度现为72 ℉,处于室内温控器设定值之内,室内温控器的输出压力为5 psig,现阀门将全部冷水绕过盘管而旁通,如果室内温度再大幅降低,那么就需要供热,热水盘管也能以同样的控制方式来提供热量

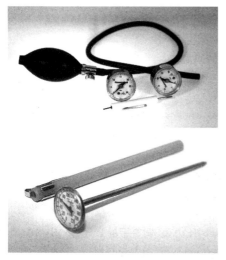

图16.16　气动控制装置检修人员进行控制器调节时的所用工具:温度计、压力表和呆扳头

图16.17　该开关可以根据电信号改变空气压差,因此可视为一种压力开关,但其运行压力较低(John Tomczyk 摄)

　　在维修计划中,有气动控制系统维修任务的技术人员应当参加相应的气动控制器课程的学习,尽可能地与一些有经验的技术人员进行交流,提出问题。建筑设计图上所能提供的控制装置内容对于了解建筑物内控制系统的运行是非常重要的。此外,控制器制造商在提供电路复印件和所产控制器材料方面往往是非常合作的。很多时候,建筑设计图遗失,但最初的提供控制系统的公司或建筑师处的文件中都会有一份控制系统的设计原图。

16.6　直接式数字控制器

电子控制器在如今的控制系统中已成为最重要的控制装置,这些控制器通常称为直接式数字控制器(DDC),具有能够在非常低的电压下运行的优势;在某些地区,控制器的线路安装也不需要电气管理部门的批准。数字控制器可以像气动控制器一样进行调节,在具有同样功能的情况下,其体积和结构比气动控制器更小、更紧凑,可用于打开、关闭或调节水阀、蒸气阀或风管中的风门,还可以调节电动机的转速(相关内容可参见第 17 章)。

数字控制器可以利用一般的个人电脑或笔记本电脑接受并向系统中诸如控制板等小型计算机发送信息,其优点在于技术人员可以在任何有电话线的地方控制整个系统的运行,采用密码可防止其他人员进入系统。当某技术人员接到电话,得知某楼宇内温度不正常时,他可以通过电话线了解整个大楼内的状态,哪些设备运行正常,哪些装置不能工作,以及系统内各部分的状态如何,并可在远处输入修正指令。这就给楼宇管理人员带来很大的工作自由度,也避免了过多地打扰业主。用于楼宇各部位状态测控并作为整个数字控制系统组成部分的各小计算机均连接至主控个人电脑,也可以由测控楼宇各区域的多个传感器和控制器分别向各自的控制计算机传输信息数据。传感器与控制器的连接是否可靠是整个控制系统能否正常运行的关键。

传感器检测温度、压力、湿度,有时还包括电动机的转速(RPM)等状态参数后,以模拟或数字方式送至计算机,然后由计算机将各信号转变为一组由 1 和 0 组成的、只有程序编制人员能够识别的数字语言,操作人员仅需根据计算机上的菜单对系统做出调整。

模拟信号像汽车的无级变速器一样为无级变量,当模拟信号转变为数字信号后,该无级信号就圆整为具体数值了。它非常像汽车上的数字式速度计显示值,即不再以每小时 10 英里、20 英里等以十位数整数为间隔的方式来显示速度。温度检测装置测得的也是一种模拟信号,经分析后由模拟 – 数字转换装置将模拟信号转变为数字信号。传输至系统的信号可以是电压信号,也可以是毫安级的电流信号,其电压信号一般为 0 ~ 10 伏的直流电,其电流信号则为 0 ~ 20 毫安的直流电,它非常像气动控制装置中采用的压力为 5 ~ 15 psig 的压缩空气。当温度、压力、湿度或转速发生变化时,就会引起电压的变化,表示其相互关系的线图见图 16.18。利用表示其相互关系的线图或数据表,针对此时的状态,技术人员就可掌握应给予阀门或风门的控制电压大小及其的修正量,或判断其故障所在。整个系统的职责是:

1. 能量管理。
2. 晚上、周末以及假期等非工作时段内温度的回调。
3. 停车区域的照明灯控制。
4. 烟雾检测。
5. 整幢楼宇内的许多其他功能。

技术人员不能只关注整个控制系统,而且还要研究各分路的控制回路。

楼宇的管理部门也可能要求实行所谓的"分路卸载"或"分段卸荷"管理法以减少电力消耗成本。例如,假设在下午5:00,而不是下午5:30即关闭空调器,即使滞留在办公楼内的人员可能会注意到室内温度正在上升,但由于这些人员正在陆续离开办公室,因此对他们来说并无大碍。分段卸荷是指负荷高峰时段内暂时性地关闭一些不太重要的设备,如冷饮水器、装饰用的喷水装置、热水器、制冰机和其他非必需的设备以降低电力负荷。切记:在夏季,进入楼宇内的每一份热量

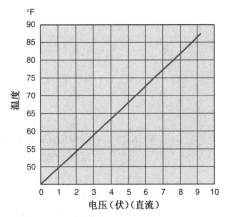

图 16.18　用于简单表示温度与电压值相互关系的温度 – 电压图线

都需要在支付成本的情况下由空调系统"请"出去,因此在不需要的时候,关闭这些设备是完全必要的。

电力公司通常采用需求计量法向商务大楼收取电费。所谓需求计量法,即电力公司开给业主的账单是根据某个时间跨度内的最大耗用量由电力费率乘以月份数核计。该费率根据一个时间段内,通常为 15 分钟或 30 分钟内最大耗电量确定。当然,电力公司也往往会从某一方面设法收集用户的需求电量数据。为理解需求电量的结算方法,我们可假设某楼宇至今已有 30 天未启用空调系统,而在次日,特别是在次日的下午,天气骤然变得异常炎热。如果空调系统在本月最后一天的最后 30 分钟内以最大容量开机 30 分钟,那么电力公司开给业主的电费单即按此容量来计算整个月的用电量,即前面 30 天也以此容量计算。比较精明的用户,或采用计算机分析控制装置的供电系统就会根据这一情况及时阻止空调系统全容量运行,或切断一些非必要设备的供电,那么本月电费账单上的金额就会大大降低。事实上,某楼宇如果采用精心设计的控制系统,那么其每年的计算电耗量完全能够以分钟为单位进行严格控制。

　　我们可以将系统按要求设计成为晚上准时停机、早晨提前启动,这样在为办公楼提供同样舒适温度的情况下,与短时间内设备全负荷运行相比,这些设备就具有较低的电耗。为减小能耗,我们可以将夏季室内快速降温时段、冬天的快速升温时段适当延长。计算机系统可以自动地记录下本办公楼的夏季室内快速降温时间,在未来需要时还可在此基础上做延长或缩短调整。计算机系统还可自动保留系统对各种状态参数发生变化时做出的反应,以及如何调整的全部历史记录,可以跟踪天气状况来预测最近的温度变化,并以较低的能耗分阶段启动各种设备。此外,由于太阳所处的位置不断变化,因此一天中各时段内大楼东面与西侧所需的能量也不一样。可以根据大楼内不同的日照区域预先调整供热,事实上,在真实环境下,还有各种许许多多的变量,都可以采用数字控制装置和在此无法一一罗列的各种计算机系统实现最佳的状态控制。

　　图16.19是一个封闭式控制系统的简单案例,它采用数字式控制装置,用于空调区域送风、冷水盘管的控制。设置于空调区域回风管处的温控器随时检测空气温度。假如我们想把室内温度维持在75℉,数字信号的电压值范围为0~10伏,我们希望的灵敏度(电子学中称为增益)为:温度每上升或下降1℉,数字信号的电压变化量为1.7伏。因此,75℉时,其电压值应为5伏,三通混合阀应将50%的冷水旁通,返回冷水机组,另外50%的冷水则进入盘管来冷却空气。如果冷水在满负荷情况下应有10℉的升温,那么在此情况下,它应有5℉左右的升温,即盘管的运行容量仅为50%。如果回风温度上升至76℉,那么数字信号的电压将上升为6.7伏,三通混合阀将使更多的冷水进入盘管,少量冷水旁通,返回冷水机组。当热负荷开始下降时,传感器将信号传送至计算机,由计算机告知混合阀,使更多的冷水旁通,返回冷水机组。技术人员可以采用电压表的直流挡来检测这些电压值并做出调整,也可以通过检测各点电压值来确定控制器是否有应有的反应,并据此做出调整。

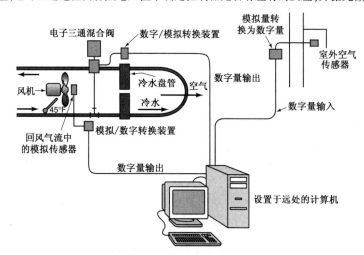

图16.19　来自回风传感器的模拟信号转变为数字信号,经计算机分析后送至
三通混合阀,控制进入冷水盘管的冷水量,来维持某区域的温度

　　此系统采用三通混合阀的原因在于中央冷水机组必须有一个稳定的流量,它不像锅炉和气动控制装置案例中的热水盘管。如果将大多数采用直通式阀的冷水盘管关闭,而不是将其旁通的话,那么冷水机组就会具有逐渐趋向结冰的危险,并最终导致冷水机组的损坏,因此在冷水管路中通常采用混合阀。

　　这些控制系统的布置形式具有很大的通用性,特别是大型楼宇,见图16.20,由于在商业系统中已被证明十分有效,因此这些控制系统的优势也开始在住宅系统的应用中显现出来,因为普通居民现在也逐渐能够承受得起计算机等电子控制装置构件的各项费用。

　　许多老旧的大楼现在仍采用气动控制系统,因为从成本与效果方面来考虑,要全部替换并非上策。这就使数字控制系统有了用武之地。数字控制系统能够以比全部更新旧大楼控制系统更少的成本与老式控制系统实现完美的配合。如果设计正确,那么这两个控制系统不仅十分可靠,而且能做到最佳的协调运行。

16.7　住宅用电子控制器

　　多年来,技术人员经常会接触到住宅控制系统中的各种电子控制器,但时常不太了解这些电子控制器。家用燃油器控制板就是一个很好的案例,而且这种控制板应用也有很多年了。有些技术人员在提到"电子"一词时似乎就感到紧张,但要知道:一个具有这方面知识的收音机或电视机维修人员未必能处理制冷行业中的各种电子控制装置,我们不需要像电视机维修人员那样检测每个独立元器件,而只需检查整个线路板。在许多情况下,我们可以利用制造商提供的诊断装置或把整个线路板视为一个开关,许多系统在温控器上均有显示系统出错的信息或采用发光二极管(LED)的闪烁来表示故障代码。制造商提供的相关文件对于系统排故一直是必不可少的资料。此外,参加制造商举办的维修培训同样会有助于理解掌握各种设备和各种控制器的相关知识。

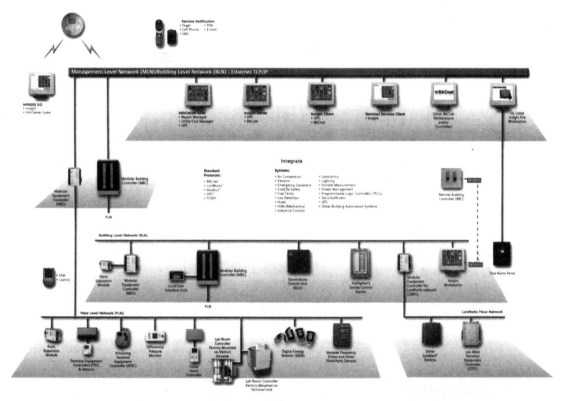

图 16.20　此图用于说明典型系统中各层次的构成。注意,在楼宇初建时,可以先有一个初建平台,然后在新设备安装处设置一个扩展段。组合部分表示各种装置可以与系统一起运行。各进口部分则表示可以从网站进入的系统。控制部分则可容许外来管理公司对系统进行在线测试和调整(Siemens Building Technologies, Inc. 提供)

　　事实上,现在各种类型的设备都可以采用电子装置。电子温控器通常就是采用热敏电阻来控测温度的。回顾一下第 12 章中热敏电阻的相关内容:热敏电阻的阻值可以随温度的变化而变化,热敏电阻体积很小,能对温度的变化做出快速反应,能针对不同温度值发送出不同信号。图 16.21 为某热敏电阻的温度与其阻值的关系图。热敏电阻可以用较高质量的欧姆表测试,同时用高质量的温度计记录实际测点的温度值,然后将热敏电阻的各温度值及对应阻值标注在线图上,我们即可以利用热敏电阻在电路中的阻值变化来监控整个系统的温度变化,并将此信息发送至安装有计算机芯片,即小型计算机的线路板上,线路板能对此做出响应,从而使各状态参数发生变化。在现代制冷与空调设备中,区域温度并不是唯一重要的温度数据,其他温度也同样重要,它们是:

1. 排气管温度。
2. 电动机绕组温度。
3. 回风温度。
4. 吸气管温度。
5. 液管温度。
6. 燃气温度。

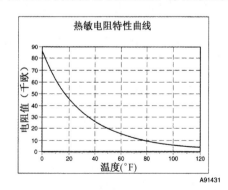

图 16.21　某热敏电阻的温度 – 电阻值线图,技术人员可以采用此线图、一个温度计和一个欧姆表来测试热敏电阻的精度

7. 室外温度。

8. 送风温度。

9. 室内温度。

图 16.22 是一种具有多项功能,而不是简单启动或关闭设备的电子温控器。这种温控器可用于双级制冷或制热系统,并具有每周 7 天的不同项目的全程序化控制功能,它非常适于希望白天自动改变居室内温度,回家后又能自动恢复较为舒适温度的双职工家庭。这种温控器可以将程序设置为:晚上保持舒适状态,而在假期内自动改为节能状态,这是市场上众多多功能控温器的典型特征。

其主要内容有:

1. 3 分钟的压缩机停机时间,以防止压缩机短时间内重新启动。

2. 15 分钟的循环定时器,以防止制热系统短时间内重新启动。

3. 15 分钟的分段定时器,以防止第二级加热器过早启动。

4. 定时器上最少有 3 分钟的分段制热。

5. 设定制冷与制热启动温度。

6. 制热向制冷模式以及制冷向制热模式的自动切换。

7. 热泵的应急供热模式。

8. 自动对电源进行检测。

9. 低电压下的停机功能。

10. 对温控器运行、线电压下降以及室外温度传感器故障等显示出错信号。

11. 夜晚或白天回家后重新启动时,能自动检测室外温度,并将此信息自动传送给系统。

① 操作简单的按钮模式可分别选择"停机"、"制热"、"制冷"以及"自动运行",热泵温控器还含有"备用制热"模式。

② 气流控制可采用风机按钮一键完成,也可利用此功能键选择"风机运行"或"风机自动运行"。

③ 维护提示可随时提醒你及时清理过滤器,以确保空调在最佳性能和最高效率的状态下运行。

④ 备感方便是因为采用了室外温度传感器,这一选项功能可以在液晶显示屏上显示室外温度。

液晶显示器上的数字较大,便于阅读,且配置有通过按钮即可激活的背景灯光

温控器的背面有一些称为双列组对(DIP)开关的小开关,技术人员可以利用这些小开关针对温控器所控制的各装置

图 16.22　这种电子温控器具有早期温控器所没有的多种功能(Carrier Corporation提供)

中的某一部分在温控器中做出调整。对于个别的系统装置来说,利用双列成对开关并根据接线图连接就可以使客户获得比较理想的设备控制效果。图 16.23 为采用变速风机盘管的双速泵接线图与双列组对开关的配置情况。要特别注意双速热泵(由两极和四极压缩机电动机组合而成)和可变速风机盘管,它可以使压缩机无论在制冷还是制热模式下均能以 50% 的容量运行,并且在冬天利用降低风机转速的方法使空气保持在较高的温度。在夏季则可以控制排湿量。对于系统来说,此举提高了整机的容量。这种温控器的另一种配置有能够通过改变风机转速来控制排湿量的专用湿度控制装置。由于这种设备销往全国各地,既有低湿度的沙漠地区,也有湿度非常高的南方沿海地区,因此这种设备就具有更加明显的优势。

热泵的室外机组也有一些技术人员感兴趣的电子装置。当室外机组的控制线路接收到来自温控器要求制热或制冷的信号时,那么其转速就会做相应变化。如果一切正常,则说明没有问题。假如某技术人员因系统不制热而需要在现场维修时,应首先做如下检测:

1. 检查温控器,看室内风机能否运行。如果不能运行,则检查电源。

2. 检查室内机组是否有电源,室内机组有可能安装在地下室,也可能设置在阁楼内。

3. 如果有电源,则检查室内机组能否运行,然后检查室外机组并检测至室外机组的电源,检查温控器能否控制其启动。

当所有迹象似乎都表明能使室外机组启动,而室外机组仍未运行时,可拆下机壳,查看制造商的维修建议。图 16.24是一个称为 LED 控制器功能指示灯代码的列表,它仅用于某特定设备上灯光显示所代表的故障与运行状态。此图是技术人员比较熟悉的一种典型格式。维修过程中,维修人员可以通过观察这些指示灯了解可能存在的故障。如果认为设备应该运行而未运行,就应按顺序做进一步检查。

制造商一般会向维修人员提供一份按步骤检查的排故表。

制造商会不断地开发设计具有各种独特功能的、更加高效的设备,安装及维修技术人员必须不断地更新知识,与其保持同步。许多承包商也希望专门承接一两个品牌的设备项目,从而使其安装与检修技术人员在安装和检修这些设备时比较熟悉,更加得心应手。

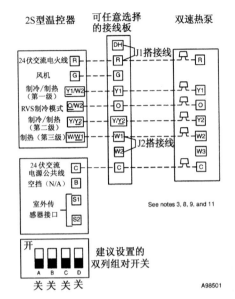

图 16.23 控制器现场图以及对应于温控器各种配置情况必须设置的双列组对开关的连接关系

注意:只有在出现故障的情况下,温控器上的 LED 才有显示信号(代码)

LED 控制器功能指示灯代码

代码	含义	*
稳定闪烁、无停顿	无指令,待机	9
闪烁一节拍、停顿一节拍	低速运行	8
闪烁二节拍、停顿一节拍	高速运行	7
闪烁三节拍、停顿一节拍	室外环境温度热敏电阻故障	6
闪烁四节拍、停顿一节拍	室外盘管热敏电阻故障	5
闪烁三节拍、停顿四节拍	超出热敏电阻检测范围 ＊＊	4
闪烁五节拍、停顿一节拍	压力开关断开(LM1/LM2)	3
闪烁六节拍、停顿一节拍	压缩机 PTC 超出限定值	2
常亮、无停顿、无闪烁	线路板故障	1

＊ 在有多项信号的情况下,功能指示灯信号重要性的顺序是:1 表示最重要。

＊＊ 应分别检查两个热敏电阻,确定是哪一个热敏电阻失效

图 16.24 某特定系统的控制器功能指示灯代码(Carrier Corporation 提供)

本章小结

1. 自动控制系统是现代化楼宇的重要组成部分。
2. 制冷与空调行业的技术人员应能看懂、理解大楼的设计图及其控制线路。
3. 现代控制系统除了采用开 – 关控制器外,还要用到各种调节控制器。
4. 为便于理解,控制系统可以细分为多个控制回路。
5. 最基本的控制回路必有传感器、控制器和被控对象。
6. 家用空调系统中,温控器是传感器,接触器是控制器,压缩机(和风机)是受控装置。
7. 气动控制装置常用于商业设备,且本质上是一种机械装置,它利用空气压力推动活塞来控制系统各装置,而不是用电来控制系统构件。
8. 气动控制装置无爆炸之虞、简单、安全和可靠。
9. 气动控制装置中的压缩空气,其压力一般为 0 ~ 20 psig,且必须清洁干燥。
10. 利用较大规格的膜片可以将空气压力放大,获得较大的作用力。
11. 带有滑杆的膜片机构可用于调节流体(空气、水和制冷剂)流量的风门和阀门来控制室内和楼宇内的空气状态。
12. 因为气动控制采用的是空气,因此当控制器释放空气、改变位置时,可以听到排放空气的声音。
13. 为存放或排除大规格膜片所需的大容量空气,采用大容量空气的受控装置上通常采用先导式定位器。
14. 启动控制系统检修人员的常用工具是气压表、温度计和专用呆扳头(通常为方榫头扳头)。
15. 直流式数字控制器称为 DDC,是启动控制器的电子化形式,DDC 具有更大的通用性。
16. 采用计算机可以在这些控制系统内形成一个完整的逻辑关系,获得更多的功能,并可使控制点相互协调配合。
17. DDC 与气动控制器可混合配置,因此一些较老式的系统可采用 DDC 系统更新。
18. 各种现代化的电子控制器从无到有,日臻完善,并经在商业领域各种系统的实际应用证明效果甚佳,现在正逐渐应用于众多家用设备。

19. 家用制冷与空调设备的维修人员并不需要是一个电子设备的行家,因为许多这些系统中都内置有故障诊断装置。
20. 电子控制装置可以控制各种家用系统的温度、湿度以及空气和制冷剂的流量。

复习题

1. 正误判断:气动控制装置具有防爆功能。
2. 气动控制装置的驱动介质是:

   A. 水; 　　　　　B. 电; 　　　　　C. 电子装置; 　　　　　D. 空气。
3. 现代控制系统的优点之一是:

   A. 简单; 　　　B. 反应速度更快; 　C. 可以调节; 　　　　D. 价格更低。
4. 整个控制回路应包含＿＿＿＿＿、＿＿＿＿＿和＿＿＿＿＿。
5. 气动控制系统的压缩空气必须是:

   A. 清洁、干燥; 　　　　　　　　　　　B. 具有很高的压力;

   C. 大量的空气; 　　　　　　　　　　　D. 炽热空气。
6. 作用于隔膜的空气压力为 20 psig,隔膜直径为 6 英寸,该隔膜作用于滑杆的作用力有多大?
7. 如果膜盒内需要大量的空气,那么温控器可以将支线管路的压力注入＿＿＿＿＿。
8. 下述哪些工具是气动控制装置检修人员的必备工具?

   A. 表歧管和氮气钢瓶; 　　　　　　　B. 燃气分析仪和温度计;

   C. 扩管工具调节扳头和螺丝刀; 　　　D. 压力表、方榫孔扳头和小型温度计。
9. 正误判断:电子控制装置既可以低电压驱动,也可以由毫安级电流驱动。
10. 模拟控制信号:

    A. 是一种无级控制信号; 　　　　　　B. 是一种非常有限的有级控制信号;

    C. 当其位置发生改变时,会发出嘶嘶的噪声; 　D. 不能用于制冷与空调行业。
11. 用于表示电子控制器灵敏度的另一个术语是:

    A. 温度; 　　　B. 增量; 　　　C. 每分钟转速; 　　　　D. 压力。
12. DDC 的优点之一是:

    A. 可以实现整幢楼宇的控制管理; 　　B. 非常简单;

    C. 不需要空气压缩机; 　　　　　　　D. 可以采用高电压运行。
13. 正误判断:电子控制装置已经在家用设备方面应用好多年了。
14. 家用电子控制线路中用于检测温度的、最主要的元器件之一是:

    A. 温度计; 　　　B. 热敏电阻; 　　　C. 电容器; 　　　　D. 过滤器。
15. 正误判断:诊断系统的发光二极管主要用于向检修人员提示各种故障情况。

第四篇 电 动 机

第17章 电动机的类型

教学目标

学习完本章内容之后,读者应当能够:
1. 论述用于驱动风机、压缩机和水泵的各种开启式单相电动机。
2. 论述各种电动机的应用。
3. 陈述哪些电动机具有较大的启动扭矩。
4. 说出能够提高电动机启动扭矩的关键部件的名称。
5. 论述可变速永久分相电容电动机,并说明如何获得不同的转速。
6. 解释三相电动机的工作原理。
7. 论述用于封闭式压缩机的电动机。
8. 解释电动机出轴与各种压缩机的连接方式。
9. 论述采用封闭式电动机的各种压缩机。
10. 论述各种可变速电动机的应用。

17.1 电动机的用途

电动机是使空气、水和制冷剂形成流动的风机、水泵和压缩机等动力设备的动力源,见图17.1。电动机的种类很多,每一种电动机都有特定的用途。例如,有些装置需要在较大的负荷下启动,并能够在连续运行的状态产生额定的功率;有些电动机要求在恶劣的运行环境下连续运行数年;而有些电动机则需要在有制冷剂的环境下运行。事实上,这些都是本行业中各种电动机运行的实际情况。技术人员必须了解某种工作要求最适宜采用何种电动机,这样才能有效地完成各项排故工作。如有必要,甚至可采用更为理想的电动机来替代原有电动机。因此我们必须首先掌握电动机的基本工作原理,尽管制冷与空调行业中所用的电动机种类繁多,但多数电动机的工作原理都是相同的。

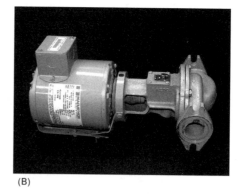

(A)   (B)

图17.1 (A)推动空气流动的风机;(B)推动水流动的水泵(W. W. Grainger, Inc. 提供)

17.2 电动机的构成

电动机由带有绕组的定子、转子、轴承、端盖、机壳以及使这些零部件保持在适当位置上的结构装置组成,见图17.2和图17.3。

17.3 电动机与磁

电与磁可以在电动机内使转子产生旋转运动,进而驱动风机、水泵和压缩机的运行。我们已知磁铁有两个不同的电极,即N极和S极,且异极相吸,同极相斥。如果像图17.4那样,将一块静止不动的带有两极(N极和S极)的马蹄形磁铁放置在一个能够自由转动的小磁条两端,那么可自由旋转的小磁条的某极就会转向马蹄形磁铁的另一极。如果将马蹄形磁铁改为电磁铁,将连接于电池的两根导线对换极性,那么电磁铁上的磁极也会随之改变。能自由转动的小磁条因磁极相同而受到排斥,进而使它产生旋转,直至两异极处于同一侧。这就是电动机运行的基本原理,马蹄形磁铁是定子,而可自由转动的小磁条是转子。

在两极分相式电动机中,定子内含有产生两极的称为运行绕组的绝缘线线圈,当线圈连接电流时,就成为一个能不断改变极性的电磁铁。如果采用 60 赫兹的电源,那么该线圈的极性每秒钟变换 60 次。

图 17.2　电动机的剖面图(Century Electric,Inc. 提供)

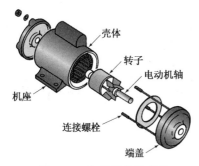

图 17.3　电动机各组成件

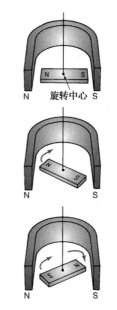

图 17.4　可旋转的小磁条两极(N 极和 S 极)必转向固定磁铁的异极

转子由多个铜条构成,见图 17.5。这种转子称为鼠笼式转子。当转子轴由轴承安装在端盖上时,转子正好处在运行绕组的中间位置。当电动机绕组连接交流电(AC)后,绕组内就会产生磁场,同时在转子上也会因感应产生一个磁场。转子上的铜条实际上形成了一个线圈,这一点非常类似于变压器的初级线圈通过磁场在变压器次级线圈上产生的感应磁场。此时,转子上感应磁场的极性与运行绕组的磁场极性相反,而运行绕组的相反极性又会朝另一方向旋转,即如果某极顺时针方向转动,则相反极性的一极就朝逆时针方向旋转,即形成能够相互吸引和相互排斥的两个相反极性的磁极,进而产生旋转。

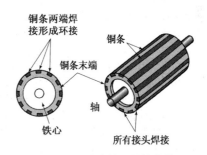

图 17.5　鼠笼式转子的结构简图

运行绕组与转子极性间的相互吸引力和排斥力形成了一个旋转的磁场,并使转子产生旋转。由于交流电的流动方向每秒钟正、反转换 60 次,因此转子的转动实际上是"追逐"着运行绕组中不断变化极性的磁场。只要存在电源,电动机就会不断地旋转。此外,电动机的启动方式决定了电动机的转动方向,电动机的两个方向都能正常运转。

17.4　电动机转速的确定

电动机的同步转速(无负载情况下)可按下述公式计算:

$$S(\text{rpm}) = \frac{\text{频率} \times 120}{\text{极数}}$$

式中,频率是每秒钟内的循环周期数(也称赫兹数)。

注意,磁场的形成与消失周期为每秒 2 次(每次都改变方向),将计时单位从秒换算为分钟,即为 120 次。此外,还需将电动机的极对数(极数/2)转换为实际的极数。

$$两极分相电动机的转速 = \frac{60 \times 120}{2} = 3600$$

$$四极分相电动机的转速 = \frac{60 \times 120}{4} = 1800$$

上述两种电动机在有负载情况下的转速约为 3450 rpm 和 1750 rpm,同步转速与实际转速间的差称为转速差,转速差是由负载引起的。

17.5　启动绕组

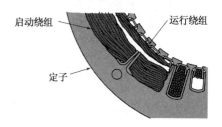

图 17.6　定子中启动绕组与运行绕组的相对位置

上述论述并不能说明如何使电动机启动旋转,电动机的启动是由称为启动绕组的独立电动机绕组来实现的。启动绕组就设置在运行绕组的边上,但它与运行绕组在相位上偏离数度。这种结构形式非常像自行车上的两个踏板——如果两个踏板处于同一角度,则很难启动。启动绕组在电动机中的功能仅仅是一旦使转子达到其额定转速的 75%,即切断电源,见图 17.6。启动绕组的线圈匝数多于运行绕组的线圈匝数,且其线径更小。此外,启动绕组的反相极线圈绕制方向均相反,即如果某一极顺时针绕制,那么反相极就逆时针绕制,从而可以产生具有相互吸引和相互排斥作用力并形成旋转的两个相反极性。这样会产生很大的磁场和很大的阻力,但有助于转子启动运转并确定转子的转动方向。之所以形成这样的结果是因为启动绕组位于两个运行绕组之间,它改变了绕组中电压与电流间的相位角。

我们刚才讨论了两极分相式感应电动机,其额定转速为每分钟 3600 转,但满负荷运行时,其实际转速将略低于额定转速。当此电动机的实际转速到达其额定转速的 75% 时,有一个离心开关会将连接启动绕组的电路切断,而此时电动机仅由运行绕组驱动继续运转。许多分相电动机为四极电动机,转速为 1800 rpm。

17.6　电动机的启动与运行特性

电动机应用中,两个必须考虑的问题是电动机的启动特性与运行特性。用于制冷压缩机的电动机必须要有较大的启动扭矩——因为它必须能够在较大的启动负载的情况下启动。扭矩是电动机轴扭转力的大小,启动扭矩则是将转子轴从静止位置转动起来的作用力。要使各种设备运行,电动机必须在正常负载的情况下有足够的扭矩。有些电动机必须有很大的启动扭矩才能使处于停机状态的电动机启动,但它不需要很大的扭矩来维持其转速。

电动机一般用两个不同的电流参数来标定其技术特性:满负荷,即额定负荷电流值(FLA 或 RLA)和堵转电流值(LRA),堵转电流也就是通常所指的启动电流。当电动机处于非运行状态时,需要很大的扭矩才能使它启动,特别是在启动负荷较大的时候。一般来说,电动机的堵转电流值大约是满负荷电流值的 5 倍。例如,某压缩机电动机满负荷运行时的电流为 25 安培,那么该压缩机电动机启动时的瞬间电流可达 125 安培左右。随着电动机的转速不断提高,其电流也逐渐降低至满负荷电流值。由于启动电流出现时间极短,因此在确定电动机绕组的线径时往往不予考虑。制冷压缩机的排气压力 155 psig,吸气压力为 5 psig,如果需要在系统压力尚未平衡的情况下启动,那么 150 psig 的压差就相当于压缩机有单位活塞面积上 150 psig 的启动阻力。如果该压缩机的活塞直径为 1 英寸,那么其面积为 0.78 平方英寸($A = \pi r^2$,即 $3.14 \times 0.5 \times 0.5 = 0.78$ 平方英寸)。此面积乘以 150 psig 的压差即为电动机的启动阻力(117 磅),这就像压缩机启动时活塞上放有一块 117 磅的重物,见图 17.7。

要启动小风机,电动机就不需要很大的启动扭矩,电动机仅需克服启动风机的阻力,由于风机不运行时其两侧压力平衡,因此不存在压力差,见图 17.8。与风机的小载荷相比,压缩机上承受了更大的载荷,即较大的启动负载,也就需要更大的启动扭矩,这是电动机两种不同的应用方式,因此需要两种不同类型的电动机。在以后讨论不同的电动机时,还将论述各种电动机的应用。

17.7　电源

电力公司负责向用户供电,并确定用户应配置的电源种类。电力公司通过高压输电线将电力输送至各地的变压器,由变压器将电源电压降低至用户所需的电压值。居民住宅通常配备单相电源(θ 是表示相数的常用符号)。进户线的线路可以是图 17.9 中的形式,也可以是数家居民合用一个变压器供电。降压变压器有 3 根线进入电度表,然后接入住宅内配电板,经电路保护装置(断路器或熔断器)后,在配电板上将电源分送至室内各电路,最后至耗电设备,见图 17.10。

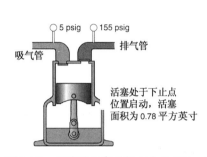

图 17.7　压缩机的高压侧压力为 155 psig,低压侧压力为 5 psig

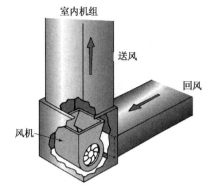

图 17.8　该风机启动时不具有压力差,停止运行时,其两侧空气压力平衡

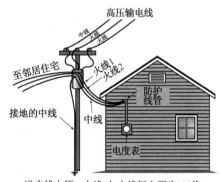

图 17.9　单相电源

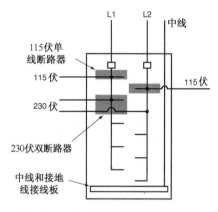

图 17.10　常规住宅配电板及继路器

室内配电板的外形类似图 17.10。注意,它有 115 伏和 230 伏两种输出电压。一般来说,230 伏输出电压主要用于电动烘干机、电气灶、电炉、各种电热装置和空调设备,其他所有电器则通常由 115 伏电路带动。

商业建筑和生产企业一般均采用三相电源的设备,三相电源可以选择多种电压:

1. 供商业电器使用的 115 伏单相电源。
2. 供大功率电器使用的 230 伏单相电源。
3. 供电热设备或电动机等大功率设备使用的 230 伏三相电源。
4. 供电热设备或电动机等大功率设备使用的 460 伏三相电源。
5. 照明电路使用的 277 伏单相电源(此电压也可通过一定的设备从 460 伏和中线间获得)。
6. 供特殊工业设备使用的 560 伏三相电源。

典型的三相制进户线配置可见图 17.11。此外,所有这些线路及配置设备均由电力公司提供。楼宇最好采用 230 伏的三相电源。采用 460 伏三相电源的主要理由是可以将连接建筑物内各电器的导线规格减小,从而可以降低安装材料成本和劳动力成本的支出。同样负载下,如果采用 230 伏电源,那么就会使导线内的电流值翻番,因此要使载流量增加一倍,线径规格也必须增大。建筑物内的许多设备有可能是 115 伏的,也可能是 230 伏的,因此对于小功率的风机、计算机和办公设备等电器设备来说,需要采用降压变压器。采用降压变压器可以在同一个线制中分别获得 460 伏、277 伏、230 伏和 115 伏的不同电压,见图 17.12。

安全防范措施:技术人员在处理各种带电线路时,必须谨慎小心。460 伏的电路具有极大的危险性,在对这些线路进行维修时,技术人员必须格外谨慎。

以下,我们讨论采暖、空调和制冷行业中常用的各种电动机,当然,讨论的重点在于电动机的电气性能,而不是工作条件。在一些地方现仍采用一些老式电动机,但本书不予讨论。

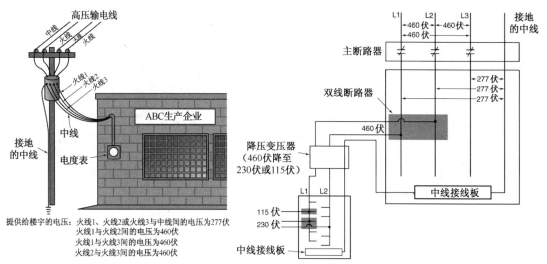

图 17.11　提供给某楼宇的 460 伏三相电源　　图 17.12　为商业楼宇提供的 460 伏电源。某楼宇如配置
　　　　　　　　　　　　　　　　　　　　　　　460 伏的电源,那么需同时配置降压变压器,将电
　　　　　　　　　　　　　　　　　　　　　　　压降低至供办公设备和小功率电器使用的 115 伏

17.8　单相开启式电动机

　　大多数单相电动机的额定电压为 115 伏或 208 伏至 230 伏。家用电炉的电压一般为 115 伏;而室外空调器一般采用 230 伏的电源;商务楼宇根据电力公司的供电线路,有可能是 208 ~ 230 伏,也可能是 460 伏。有些电动机还可以用于两种电压,这类电动机有两个运行绕组和一个启动绕组,其两个运行绕组的电阻相同,而启动绕组的电阻较大,电动机能够以两个绕组并联的方式在低电压模式下运行。当需要在高电压的模式下运行时,技术人员需根据制造商的说明书改变电动机各标号线头的连接关系,使两个运行绕组相互串联,每个绕组上的实际电压为 115 伏。由于不管在何种模式下运行,电动机上的绕组实际电压仅为 115 伏,因此它仍是一种 115 伏的电动机。技术人员可以在电动机的接线盒中改变各运行绕组的相互连接关系,从而改变其额定电压,见图 17.13。

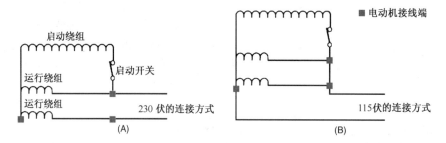

图 17.13　双电压电动机的接线图。该电动机依据其连接方式的不同,既可以在 115 伏,
　　　　　也可以在230伏的电压下运行:(A)230伏时的连接方式;(B)115伏时的连接方式

　　也有一些商业和工业设备中的大功率电动机采用 460 伏的电源,小功率电动机需将 460 伏降低至较低的电压值。更小的电动机很可能是单相电动机,但在这种情况下,也必须在同一个电源下运行,见图 17.12。
　　电动机既可以顺时针方向旋转,也可以逆时针方式旋转,有些电动机可以通过电动机接线盒线头的对换来改变其转向,见图 17.14。

17.9　分相电动机

　　分相电动机内有两个明显不同的绕组,见图 17.15。这种电动机具有比较适中的启动扭矩和上佳的运行效率。分相电动机通常用于功率为 1 马力以下的风机。其标称转速为 1800 rpm 和 3600 rpm,标称转速与实际转速间的差值称为转速差。如果电动机在有负载的情况下转速降至 1725 rpm 以下,那么其电流值也会逐渐攀升至高于额定电流值;额定转速为 3600 rpm 的电动机会因为存在速差导致实际转速约为 3450 ~ 3500 rpm,见

图 17.16。有些分相电动机本身就具备两种转速——1750 rpm 或 3450 rpm。电动机的转速是由电动机极数决定的,但也可以通过改变绕组的连接关系来改变。技术人员可以通过电动机接线盒内的连接线头来改变双速电动机的转速。

17.10 离心开关

所有分相式电动机都有启动绕组和运行绕组,启动绕组必须在很短的时间段内与线路断开,否则启动绕组就会过热。断开启动绕组的方法很多,对于开启式电动机来说,离心开关是最常用的一种断电装置,当然,有时也采用电子启动开关。

离心开关主要用于在电动机转速达到其额定转速75%左右时自动切断启动绕组与电路的连接。这里所讨论的各种电动机均在大气环境下运行(在制冷剂环境下运行的各种封闭式电动机将在本章稍后论述),因此当电动机在空气环境下启动时,来自离心开关的电弧不会对周围环境带来不利影响(但它会对制冷剂造成不良影响,因此在有制冷剂的环境下绝不能有电弧)。

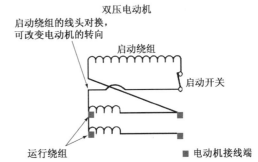

图 17.14 单相电动机可以通过改变接线盒内的线头连接关系来改变转向,电动机的转向是由启动绕组的绕制方向决定的,断开启动绕组的线头,使电源单独与运行绕组连接,此时电动机会发出嗡嗡声,但不启动;当用手朝任意方向转动电动机出轴时,电动机即朝此方向开始运转

离心开关是一种安装于电动机轴端的机械装置,当电动机转速达到额定转速的 75% 左右时,安装在轴端的重块就会向外突出。例如,某电动机的额定转速为1725 rpm,那么在 1294 rpm(1725 × 0.75)时,该重块就会在离心压力的作用下改变位置将开关断开,使启动绕组与电路分离。该开关需要承担非常大的电流载荷,因此会产生电弧;如果该开关不能断开其触头切断启动绕组电源,那么该电动机就会产生非常大的电流,过载保护装置就会使电动机停止运行。

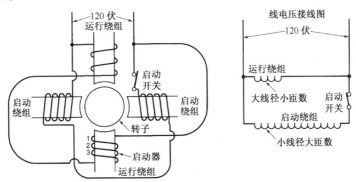

图 17.15 启动绕组和运行绕组的电阻值不同

线路中所用的开关越多,其触头因为电弧而烧蚀的可能性就越大。如果这种电动机频繁启动,则最容易出现故障的元件就是离心开关。电动机启动和停止运转时,这种开关会发出明显的声响,见图 17.17。

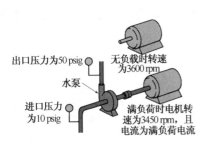

图 17.16 在有负荷的情况下电动机转速的变化

图 17.17 位于电动机轴端的离心开关(Bill Johnson 摄)

17.11　电子继电器

有些电动机也采用电子继电器在电动机启动之后断开启动绕组。电子继电器是一种固态元器件,其功能就是在电动机转速达到设置点时断开启动绕组电路。具有此项功能的器件还有很多种,我们将在论述封闭式电动机时一并讨论。

17.12　电容器启动电动机

电容器启动电动机与分相式电动机一样是一种基本形式的电动机,见图17.18。它有两组明显不同的启动绕组和运行绕组。电动机启动后,启动绕组的断电也采用上述方式。与启动绕组串联的启动电容器可以使电动机具有更大的启动扭矩。图17.19为感应电动机中的电压与电流的周期性变化曲线。电感电路中,电流滞后于电压波;电容电路中,电流领先于电压。电流领先或滞后于电压波的相位量称为相位角。之所以选用一个电容器的目的即在于获得这样的相位角,从而才能更有效地启动电动机,见图17.20。该电容器在电动机正常运行过程中不起任何作用,且必须将其在电动机启动后的瞬间与电路断开,同时由同一开关将启动绕组与电路断开。

图17.18　电容器启动电动机(W. W.
Grainger,Inc. 提供)

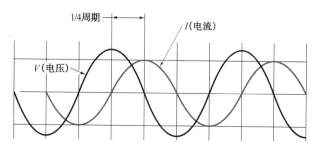

图17.19　电感电路中的交流电波形、电
压与电流。电流滞后于电压

17.13　电容器启动、电容器运行的电动机

电容器启动、电容器运行电动机与分相式电动机非常相似,电路中连接一个运行电容器可以使电动机在运行过程中获得最佳电流与电压间的相位角。只要电动机运行,运行电容器则始终处在电路中。运行电容器和启动电容器与启动绕组串联,但前两者相互并联,见图17.21。两个并联电容的总电容量就像两个串联电阻一样为两者之和。如果运行电容器的电压量为10微法,启动电容器的电容量为110微法,那么它们的总容量应相加,为120微法。启动时总电容量与启动绕组串联可以在运行绕组和启动间产生一个较大的相位角,使电动机具有更大的启动扭矩。当启动开关断时,启动电容被排除在电路之外,但此时运行电容器和启动绕组仍处在电路中,运行电容器继续与启动绕组保持串接可以获得特别大的运行扭矩。在运行过程中仍保持与启动绕组串接的电容器也可实现其对进入启动绕组的电流进行限流,从而使启动绕组不致发热。这种电动机运行时,实际上就是一台永久分相电容式(PSC)电动机。启动电容器只用于增加启动扭矩。

如果运行电容因内部开路而失效,电动机照样可以启动,但运行电流将上升约10%,且在满负载的状态下很可能会出现过热现象,见图17.21。电容器启动、电容器运行电动机是用于制冷和空调设备的各种电动机中效率最高的一种电动机,它一般采用传动带带动风机和压缩机。

17.14　永久分相电容式电动机

永久分相电容式电动机的绕组与分相式电动机非常相似,见图17.22,但它不含启动电容器,而是以与电容器启动、电容器运行电动机相同的方式在电路中连接了一个运行电容器。实际上,这就是最简单的分相电动机,对于启动电动机来说,这种方式既十分有效,又没有运动构件,但其启动扭矩很小,只能用于启动扭矩要求不高的设备,见图17.23。

图 17.20　启动电容器（Bill Johnson 摄）

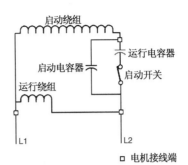

图 17.21　电容器启动、电容器运行电动机的接线图,启动电容器仅在启动时起作用,而运行电容器在电动机启动与运行过程中始终起作用

多速电动机可以从电动机的接线盒中有很多线头这一特征上予以辨认,见图 17.24 和图 17.25。当电动机绕组的电阻减小时,电动机的转速就会提高;反过来,电动机线路中的绕组电阻增大,电动机的转速就会下降。制造商在空调和采暖设备中常采用这种电动机,其转速可以通过切换各绕组连接线的方式予以改变。早期的设备常采用电容器启动、电容器运行电动机以及皮带驱动,空气排量通过改变皮带轮直径的方式进行调节。永久分相电容式电动机有 2 极、4 极、6 极和 8 极多种规格,其转速取决于交流电频率和接入电动机的绕组极数:频率越高,电动机的转速也就越快;极数越多,电动机的转速也就越小。对于 60 赫兹的电源来说,其标称转速,即同步转速分别为 3600 rpm、1800 rpm、1200 rpm 和 900 rpm。但由于存在速差率,其实际转速则分别为 3450 rpm、1725 rpm、1075 rpm 和 825 rpm。

图 17.22　永久分相电容式电动机（Universal Electric Company 提供）

图 17.23　此开启式永久分相电容式电动机可用于带动风机（Universal Electric Company 提供）

图 17.24　多速永久分相电容式电动机（Bill Johnson摄）

永久分相电容式电动机可用于在冬天采暖期间获得较低的风机转速,将来自燃气、燃油和电炉的较高温度的空气送入室内;而在夏季,则可以利用继电器切换连接至较小阻值的绕组来增大风机的转速,以获得较大的气流速度来满足供冷要求,见图 17.26。

永久分相电容式电动机在用于风机驱动时,其各项性能明显优于分相式电动机,其中的一项优点是其启动非常平缓。在皮带驱动的设备中,采用分相式电动机时,电动机、传送带和风机的启动速度很快,往往会产生较大的启动噪声。而永久分相电容式电动机的启动则非常平缓,它能逐渐地提高转速,如果风机非常靠近回风风管的进口处,那么这一特点是非常理想的。

17.15　罩极式电动机

罩极式电动机的启动扭矩很小,也没有永久分相电容式电动机那样高的效率,因此罩极式电动机只能用于一些轻载设备。这种电动机中的每一个极柱角上均有一个小启动绕组或称短路线圈,以感应电流和旋转磁场的方式帮助电动机启动,见图 17.27。从初始成本的角度来说,罩极式电动机是一种非常便宜的电动机。罩极式电动机的功率一般在 1 马力以下。多年来罩极式电动机主要用于空冷式冷凝器风机的驱动,见图 17.28。极柱面上的短路线圈位置决定了电动机的转动方向。对于大多数罩极式电动机来说,可通过将电动机拆开,把启动器翻转,将短路线圈移动至极柱面另一侧的方法来改变电动机的旋转方向。

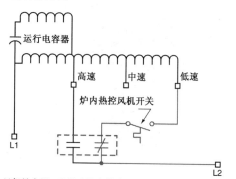

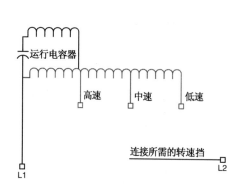

图 17.25　这是一台三速电动机,可以在冬天以低速挡运行,在夏天则以高速挡运行

风机继电器:当继电器在供冷状态下得电时,风机不在低速模式下运行,失电时风机才能经热控器开关的触点启动低速运行模式。

如果位于温控器上的风机开关在加热炉加热期间得电,那么风机只能从低速切换到高速运行状态。该继电器可以使电机避免同时有两种转速。

图 17.26　此图可以说明如何使永久分相电容式电机在夏季具有较大的转速,提供较大的风量,而在冬天转速降低,风量减小

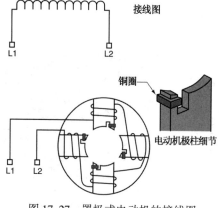

图 17.27　罩极式电动机的接线图

图 17.28　罩极式电动机(Bill Johnson 摄)

17.16　三相电动机

　　三相电动机由于具有独特的技术性能已广泛地应用于小至 1 马力、大至数千马力的各种设备。对于一些要求大扭矩的设备来说,三相电动机效率高,且无须启动辅助装置。三相电动机不设启动绕组,也没有启动电容器,三相电动机现主要用于各种商业设施设备,因此商务楼及商场必须配置相应的三相电源(在居民住宅内很少有三相电源)。三相电源可以看做三组单相电源,见图 17.29。其中的每一相都有两个或 4 个极向,3600 rpm 的电动机有 3 组绕组,每一组又有两个极(总极数为 6 个);1800 rpm 的电动机有 3 组绕组,但每组有 4 个极(总极数为 12 个)。每一相都能在不同的时间改变电流的流动方向,但相互顺序始终一致。因为三相电动机有 3 个独立相位的电流驱动电动机转动,即无论转子处于什么位置,总是有一组绕组在起作用,因此它具有较大的启动扭矩,从而很容易启动较大功率的风机和压缩机,见图 17.30。

　　三相电动机的满负载转速分别为 1750 rpm 和 3450 rpm。一般情况下,三相电动机不具有双速功能,要么是 1800 rpm,要么是 3600 rpm。

　　三相电动机的转向可通过对换任意两根线头的方法来调整,见图 17.31。电动机的转向必须在风机运行时仔细观察,如果其转向不对,那么只能有大约一半的风量。此时,将电动机的两个线头对换,即可使风机按正确的方向旋转。

　　选配电动机时还必须考虑电动机的其他性能指标,如电动机的安装方式;是安装在坚实的机座上? 还是为减小噪声而安装在弹性的机座上?

　　噪声是电动机的一个需考虑的因素。如果采用球轴承噪声太大,那么可以采用套管轴承。

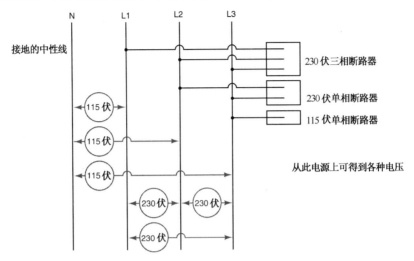

图 17.29　三相电源各相线间的电压

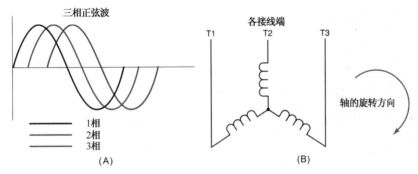

图 17.30　三相电动机与三相电源

　　另一个需要考虑的因素是电动机运行的环境温度。如果一台冷凝器上的抽风风机需先将空气吹过冷凝器,然后才能吹过电动机,那么就必须采用能够在较高温度下运行的电动机。当然,更换任何一种电动机时,只要有可能,最好还是采用原种类、原规格的备用件。

17.17　单相封闭式电动机

　　单相封闭式电动机的接线方式与分相式电动机的接线方式相同。单相封闭式电动机也有两组不同阻值的启动绕组和运行绕组,其启动依赖于启动绕组,启动后由启动装置将启动绕组与电路断开,并由运行绕组维持正常的运行。线路中的运行电容器只用来提高运行效率。封闭式电动机的设计工况是要满足在制冷剂且通常为制冷剂的蒸气环境下运行的要求,但也希望制冷剂充注过量且有液相进入机壳内时能正常运行。单相封闭式压缩机的功率一般在 5 马力以下,见图 17.32。如果需要更大容量的压缩机,可采用复式系统或更大功率的三相机组。

　　封闭式压缩机电动机内各种材料必须与制冷剂和在系统内反复循环的润滑油相容。绕组上的涂层、用于固定电动机绕组的各种材料以及用做槽楔的卡纸均需为合适的材质,且电动机必须在干燥清洁的环境下装配。

　　封闭式电动机的工作过程与上述其他电动机完全相同:当电动机转速达到其额定转速的 75% 时,必须将启动绕组与电路断开。但由于所有绕组均处于制冷剂的环境之下,因此封闭式电动机的启动绕组不能以开启式电动机的同样方式与电路断开。开启式单相电动机的运行环境是空气,容许在断开启动绕组时出现电火花,但在封闭式电动机中绝不能有电火花出现,因为电火花会使制冷剂变质。因此,常采用一些专用装置,在电动机逐渐运行至适当速度时在压缩机机壳外将启动绕组断开。

　　由于封闭式电动机封闭在制冷剂的环境之下,因此电动机的连接线必须穿过压缩机机壳才能连接至机外。机壳外侧的接线盒内有 3 个电动机接线柱,见图 17.33。其中的一端为运行绕组,一端为启动绕组,还有一端则是连接于运行绕组和启动绕组的公共线。图 17.34 是某压缩机 3 个接线柱的接线图。注意,启动绕组的电阻大于运行绕组的电阻。

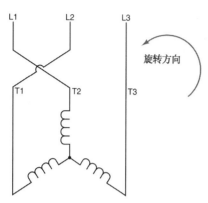

图 17.31　三相电动机的接线图。电动机的转向可以
　　　　　通过对换任意两个线头的连接来改变

图 17.32　典型的封闭式压缩机电动机
　　　　　(Tecumseh Products Company提供)

图 17.33　位于压缩机壳体外的电动
　　　　　机接线盒(Bill Johnson摄)

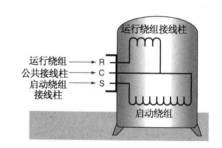

图 17.34　单相压缩机 3 个接线柱的内部接线图

　　电动机的连接线必须与钢制压缩机外壳绝缘。多年来,氯丁橡胶一直是最常见的绝缘材料,但是如果因为连接不够牢固,导致接线盒温度过高,那么氯丁橡胶也会老化开裂,甚至可能漏电,见图 17.35。现在的压缩机采用陶瓷作为电动机连接线的绝缘材料。

17.18　电压式继电器

　　电压式继电器(即"电压"继电器)常用于要求有较大启动扭矩的电容器启动、电容器运行的单相电动机,其主要功能是帮助电动机启动。

　　电压继电器由一个高阻线圈、一组常闭触头组成,线圈连接于接线柱 2 和接线柱 5 两端,常闭触头则连接于接线柱 1 和接线柱 2 两端,见图 17.36。继电器上其他端点符号只表示导线的连接,有时也表示为调节端点,这些虚拟的端点也通常用于表示冷凝器风机和电容器等器件的连接关系。

　　当电源经压缩机接触器触头连接至整个电路时,运行和启动两绕组均得电,电动机转子开始转动。电动机转子这样的大金属体在以较高速度转动时,与非常靠近的电动机绕组之间就会有一种外压效应。由于启动绕组采用比运行绕组更细、更长的导线绕制而成,因此其产生的电压对启动绕组两侧具有更大的影响。由此产生的电压也就是我们常说的反电动势(BEMF),反电动势的方向与线路内电压方向相反,并且可以用电压表跨接在启动绕组两侧予以检测。反电动势高于线路电压,对于 230 伏的电路来说,其值可以高达 400 伏(交流)以上,见图 17.36。各种电动机均有不同的反电动势值。

　　启动绕组两侧的反电动势会在启动绕组和电压继电器线圈内形成一个较小的电流,因为启动绕组与电压继电器处于同一个电路中。当反电动势积累至一个足够高的数值,即所谓的"启动"电压时,那么连接于接线端1和接线端2间的触头就会启动,即"断开",这就等于将启动电容器与电路分离,而启动绕组依然处于反电动势电路中,使继电器线圈在电动机全速运行期间仍保持得电状态。启动电压一般在电动机实际转速均为全速的3/4时达到最大值。运行电容器可以在运行绕组与启动绕组间形成一个较小的相位偏移,以获得较为理想的运行扭矩,同时也限制了流经启动绕组的电流量,这样就可以避免运行过程中出现过热。

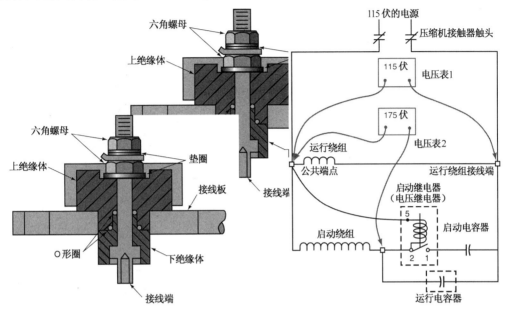

图 17.35   此电动机接线板采用氯丁橡胶 O 形圈作为接线柱与压缩机壳体间的绝缘体(Trane Company提供)

图 17.36   典型电动机启动绕组两侧存在较高的电压

压缩机接触器触头断开时,电动机与线电压电路分离,电动机转子的转速逐渐下降,起初绕组两侧的反电动势值也同时下降。随着反电动势的减小,继电器线圈也就无法在其铁心处产生足够大的磁引力,也就不能使接线端1和接线端2端间的触头仍保持打开状态。最后,在电动机转子依惯性逐渐减速时,触头在弹簧力的作用下回复至其原始闭合状态。触头回复至原始闭合位置时的电压值称为"断开电压"。

由于各种电动机生成的反电动势大小不同,因此维修人员必须注意各种压缩机需配置不同规格的电压继电器。打开触头所需的实际载流容量、断开电压和线圈的连结工作电压也是确定继电器规格时必须注意的主要技术参数。在为某种压缩机选配相应的电压继电器时可查阅维修手册或向供应商或压缩机制造商咨询。

17.19 电流继电器

电流继电器主要用于1马力以下、启动扭矩要求较小的单相电动机,其主要功能是帮助电动机启动。由于制冷系统采用毛细管或固定孔板作为计量装置可以使系统内压力在停机时段内取得平衡,因此我们经常可以在采用毛细管或固定孔板作为计量装置的系统内见到电流继电器。由于采用毛细管或固定孔板作为计量装置的系统不存在像采用常规热力膨胀阀或自动膨胀阀计量装置那样在停机时段内高、低端压力不平衡的情况,因此也就有了采用低启动扭矩电动机的条件。电流继电器的应用对象包括家用冷柜压缩机、喷泉式饮水器、小型窗式空调器、小型制冰机以及组合式超市用陈列柜。

电流继电器由一个低阻线圈(1欧姆或1欧姆以下)和一组常用触头组成。该线圈外形直径大且长度短,事实上,电流继电器从其继电器线圈的线径上很容易辨认,由于该线圈需承载电动机的满负荷电流,因此其线径很大。该线圈连接于端点 L 和 M 之间,触头则通常连接于端点 L 和 S 之间,见图17.37。其标准标志是:L 连接电源线,S 为启动绕组,M 为主绕组。

连接电源后,由于继电器线圈与运行绕组串联,因此运行绕组(主绕组)和继电器均处于满负荷电流之下。为此,继电器线圈设计成具有很小的阻值;否则,在线圈两端就会有较大的压降,进而影响运行绕组所需的电压值。由于处于 L 和 S 两端的触头为常开状态,因此启动绕组不受满负荷电流的影响。一旦继电器获得满负荷电流,那么在其周围就会产生很大的磁场,使电磁铁脱离线圈环绕的铁心。此磁场力将 L 和 S 两端间的触头闭合,启动绕组得电,电动机转子开始转动,见图 17.38。

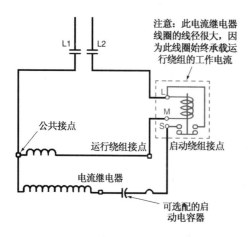

注意:此电流继电器线圈的线径很大,因为此线圈始终承载运行绕组的工作电流

图 17.37　电流继电器的接线图

图 17.38　电流继电器可从其线圈上的线径特征来辨认(Bill Johnson摄)

　　一旦启动绕组电路闭合,电动机的转速即迅速提高。在接近其额定转速后,由于绕组中反电动势逐渐形成,运行绕组中的电流值即开始下降。而正是运行绕组中的电流下降又使继电器铁心的磁场强度减小,最终在弹簧力和重力的作用下,位于 L 和 S 两端的触头回复至常开位置。当整个电路切断电源之后,电动机逐渐停止转动,触头处于常开状态,等待重新运行。

　　这些启动方式也同样应用于采用大启动扭矩分相式电动机的压缩机。如果系统采用毛细管或固定孔板式计量装置,那么在待机状态时系统压力就能够保持平衡,从而也就不需要大启动扭矩的压缩机。

17.20　正温度系数启动器

　　当系统各状态参数均在设计范围之内时,永久分相电容式电动机不需要任何启动装置。如果电动机确实需要启动装置,那么可以在电路中增设电压继电器和启动电容器以增大启动扭矩,当然也可增设一个正温度系数(PTC)启动器。正温度系数启动器是一个在机组处于待机状态时对电流几乎没有阻力的热敏电阻。我们知道,热敏电阻的阻值随温度的变化而改变,因此,机组启动时,流经正温度系数启动器的电流就会使其迅速升温,并形成很大的电阻,这实际上是改变了启动绕组的相位角。尽管正温度系数启动器不能使电动机具有像启动电容器那样大的启动扭矩,但它因为没有运动机构,仍不失为一种有效的启动装置。正温度系数启动器与运行电容器并联,其作用相当于在启动时将运行电容器短路,将全部的线电压加载在启动绕组上。图 17.39(A)为正温度系数启动器的在电路中的动作情况,图 17.19(B)则是正温度系数启动器的外形。

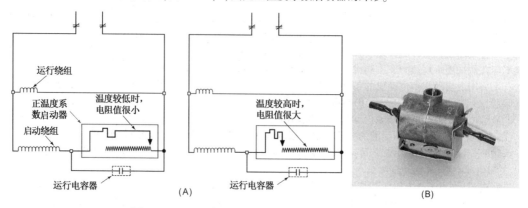

图 17.39　正温度系数启动器(PTC)(Bill Johnson 摄)

17.21　双速压缩机电动机

有些制造商还采用双速压缩机电动机来控制小型压缩机的容量。例如,某住宅或小型办公楼在高峰季节的最大空调负荷为 5 冷吨,而在春秋季的最小负荷仅为 2.5 冷吨。显然,这种空调设备就需要有容量控制功能。采用双速压缩机是实现系统容量控制的最佳途径之一,它通过变换压缩机电动机中各绕组连接关系的方式,将电动机分别转换为二极或四极电动机,从而使压缩机电动机具有两种不同的转速,并由室内温控器和相应的压缩机接触器来完成自动切换,从而获得理想的转速。从各种实用角度来看,双速压缩机电动机可以视为在一个压缩机箱体内有两台电动机,一台电动机的转速为 1800 rpm,另一台电动机的转速为 3600 rpm,压缩机是根据容量的需要选用任一台电动机。这种压缩机通常有 3 个以上的接线端。

17.22　专用电动机

有些专用电动机虽不是双速电动机,但有 3 个以上的接线端。有些制造商在压缩机中设置了一个辅助绕组,以获得更高的电动机效率,这些电动机功率一般为 5 马力或 5 马力以下。也有一些专用电动机还设置有备用接线柱与机外的绕组温控器连接,像三相的压缩机电动机一样,其每个绕组都设有一个绕组温控器,在压缩机的壳体内就有 3 个温控器,但它们往往组合成 4 个小接线柱。3 个温控器相互串联,其中任何一个温控器都可以使压缩机关闭。如果其中一个温控器出现故障,那么就可以使技术人员通过备用接线柱继续利用另外两个温控器来实现电动机保护,见图 17.40。

17.23　三相电动机压缩机

大型商业设施和工业企业的空调与制冷设备一般都采用三相电源。三相压缩机电动机通常都有 3 个电动机接线柱,但其每个绕组的两个接线端间的电阻均相同,见图 17.41。如上所述,三相电动机具有较大的启动扭矩,当然也就不存在如何启动的问题了。

多年来,焊接型的全封闭式压缩机一般均限制在 7.5 冷吨及 7.5(冷)吨以下,但现在,大至 50 冷吨左右规模的焊接型压缩机也有生产。当这样大规模的焊接型压缩机出现故障并需要维修时,只能将其拖回制造企业,因为这种压缩机必须切割开后才能进行维修,见图 17.42。

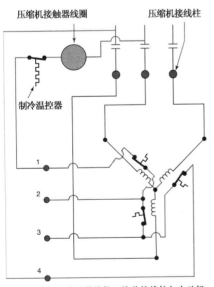

图 17.40　该压缩机有 4 个绕组温控器的接线柱,如果其中一个出现故障,另外两个仍可用于电动机保护

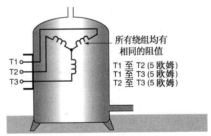

图 17.41　三相压缩机有 3 个分别连接 3 个绕组的线头,3 个绕组均有相同的阻值

图 17.42　大规格焊接型封闭式压缩机(Trane Company 2000提供)

可直接维修的往复型封闭式压缩机,其规格可达 125 冷吨,见图 17.43。这些压缩机均有 208～230 伏或 460 伏两种可用电压的电动机,见图 17.44。这些压缩机在电动机出现故障时,一般均可进行重新装配或改装,甚至可以考虑全面大修。压缩机既可以在现场重新装配,也可以拖回制造企业彻底改装。多数大城市内都有能够维修此类压缩机并能满足各项技术指标的维修企业。重装与改装之间的区别在于前者由独立的、与制造企业没有任何关系的维修人员来完成,而后者则由压缩机原制造商或其授权的维修人员来完成。

图 17.43　可维修型封闭式压缩机
（Trane Company 2000提供）

17.24　变速电动机

为使风机、水泵和压缩机具有更高的运行效率,人们对电动机的控制方式提出了更高的要求,同时也推动了整个制冷与空调行业探索研究与应用各种可变速电动机。事实上,除了某些季节的极端温度期间,大多数电动机并不需要全速和满负荷运行,而且在其他的日子里,即使以较低的转速运行也很容易满足采暖或空调的要求。当电动机转速降低时,其功耗也按比例减小。例如,如果某一居室或某楼宇内仅需空调机组 50% 的容量即可满足室内的温度需求,那么就可以降低机组容量,而不是停机和重新启动。当可以通过降低容量的方法减小机组的功耗时,机组的效率就提高了。

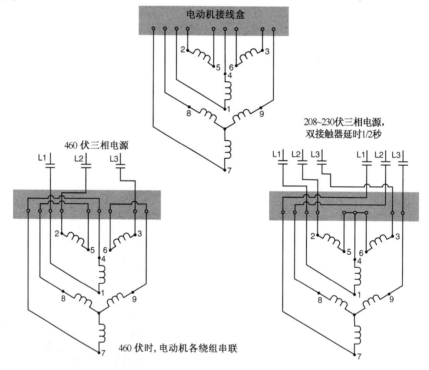

图 17.44　双压型压缩机电动机接线图,此电动机可分别用于 208～230 伏,或 460 伏

电源的频率与电动机的极数决定了常规电动机的转速。目前逐渐采用的新式电动机可利用电子控制线路以不同的转速运行,即根据电动机类型采用多种方法来改变电源的频率。压缩机电动机和风机电动机均可以根据需要通过任意组合控制其转速。

第 12 章"电与电磁学基础"中,我们曾论述了交流电的相关基础知识。在美国,供电方式均为交流电,且电流频率为每秒 60 周,即 60 赫兹。交流电的传输效率比直流电(DC)要高得多,而且交流电可以通过整流装置转变为直流电。制冷与空调行业中采用电动机的许多设备都需要用到各种可变速的电动机。现有的各种变速电动机也只有直流电动机。由于电动机有励磁(定子)和电枢(转子)两个绕组和将电源传递至转子的电刷,因此其应用及维修十分复杂。电刷为碳触头,在与电枢的摩擦过程中极易磨损且易产生电弧,因此,电枢电刷结构不能用于有制冷剂的环境,也就是说,带有电刷的直流电动机不能用于封闭式压缩机。制冷与空调行业以往都一直采用开启式直流电动机作为变速驱动装置,但随着人们对制冷与空调设备使用要求的不断提高,封闭式压缩机已成为各种压缩机最常见的驱动方式。此外,需要采用变速驱动的还有水泵和小功率风机。

如今,各种设备中可以发现的两种电动机主要是鼠笼式感应电动机和电子整流的直流电动机。这种直流电动机采用电子整流方式,而不是电枢与电刷结构,见图 17.45,而主要为用于各种风机装置的小功率电动机。

交流电动机现在也可以通过电子控制方式实现变速运行。这些电子装置可以微秒为单位的速度连接和切断电源,且没有任何电弧。因此,开放式的触头并不是电动机切换方式的唯一选择。无弧元件完全没有磨损的问题,且使用寿命长,十分可靠。图 17.46 是一个没有触头、更不会产生电弧的电子开关三极管。

图 17.45　电子整流式电动机(General Electric 提供)

图 17.46　此功率三极管的基本功能就是一个电子开关,它不会产生电弧且能够非常迅速地连接和切断电源

室内空调负荷在不同季节和每天的不同时段内都会不断地变化,而位于住宅内或其他楼宇内的集中式空调系统的运行工况事实上也与之基本相同。以某住宅为例,在中午时分启动机组,室外温度为 95 ℉,如要求系统始终以满负荷运行,尽快将进入室内的热量排出;当夜晚室内温度逐渐下降时,系统就会根据室内温度的变化停止运行,也可能重新启动。切记,每当电动机停机和重新启动时,其接触器的触头难免有磨损,特别是启动时都有较大的负荷作用于电动机上,电动机的冲击电流会使轴承承受额外的作用力,使绕组受到较大的启动电流的影响。此外,由于电动机轴承在启动之前并没有润滑条件,因此轴承的磨损往往发生在启动时的最初几秒钟内。显然,最好的方法是使空调系统以比较低的容量连续运行,而不是使电动机不断地停机和重新启动。

空调机组停机后,一般在其重新启动前都会有比较明显的温升,这在仅有停机和启动功能的系统中非常明显。此外,在此期间,室内的湿度也明显上升。在冬季,常规的燃气或燃油炉也会有同样的问题,它只在温控器满足设置的情况下启动、运行,然后再停机,那么在其停机前的一小段时间内就会出现明显的温度偏高状态;而在启动前,则又有明显的温度偏低阶段,温控器所在区域的实际温度如图 17.47 中的温度变化线所示。但是,当我们采用可变速电动机控制器控制加热炉的燃料量时,其室内温度的变化曲线就变为图 17.48 中的形状。同样,在夏季供冷的情况下,也可得到同样的温度变化曲线,即温度和湿度变化非常平缓的空调过程。

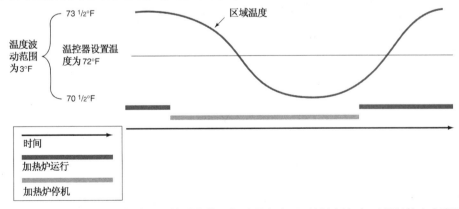

图 17.47　这种常规的启 - 闭式加热炉温控器在其运行过程中有 3 ℉的温度波动,已足以使人有明显的感觉

可变速电动机通过较长时间的运行来消除空调器启动和关闭所带来的温度波动。事实上,当室内温度满足温控器设置温度而机组突然停机时,你可以明显地感觉到其温度的变化。假设我们可以使空调机组以与建筑物

内热负荷相对应的较低容量运行,如果可以在热负荷逐渐下降的情况缓慢地降低电动机转速,而在热负荷逐渐上升时又能缓慢提高电动机的转速,那么在夏季就可以使室内温度与湿度保持在十分稳定的状态。当然,这样的控制模式完全有赖于先进的电子控制装置和可变速电动机的配合运行。

图 17.48　该加热炉由可变速风机电动机通过改变燃料添加量的方法予以控制,其温度的变化很难觉察

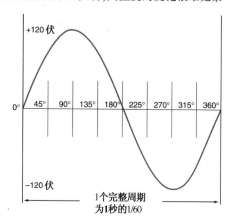

图 17.49　该正弦波的周期为 1/60 秒

再如,当采用一般住宅配置的 60 周的交流电连接一个电灯泡时,由交流电的基本特性可知,该灯泡实际上是每秒钟接通与断开了 120 次。图 17.49 是家用电源的正弦波形,其电压值从 0～120 伏,再到 0 伏,再回到 120 伏,每秒钟内整整变化了 60 次,因此它是 60 周的电源。同样,流入灯泡的电流也在这一秒内中断了 120 次,灯泡的光线来自炽热的灯丝,但灯丝并未在中断的时刻稍有冷却,因此无法觉察到它的变化。电子装置可以检测正弦波的任一部分,并能及时地在任一位置切断电流。

如果我们在电路中安装一个开关,使流经灯泡的电流中断时间间隔增大,那么灯泡发出的光线就会变暗。图 17.50 为一个连接在电路中的、以二极管形式表示的整流器,它可以将流入灯泡的电流正弦波中的半波阻断,此时灯泡只有一半的亮度。二极管既没有分出部分电流,也没有任何运动构件,但它可以使流入灯泡的电流减少一半,而灯泡不仅只消耗了一半的电能,也仅发出一半的光。此二极管就如水管中的上回阀,它只容许水朝一个方向流动。"交流电"一词实际上已经告诉我们:其电流会朝两个方向流动,在此周期内朝一个方向流动,在彼周期内则朝另一个方向流动。当电流从此周期转向另一周期时,整流器就会阻止其流动,它既可以节省电能,也使人对灯光的输出强度有了某种程度的控制能力。

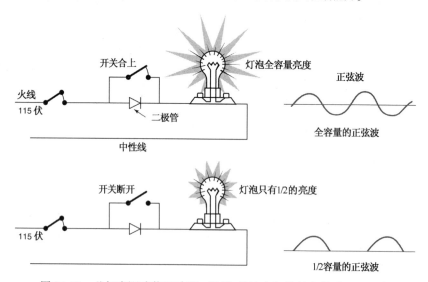

图 17.50　此灯光调暗装置采用二极管,使流入灯泡的电能减少了一半

交流电动机也可以采用电子线路以同样的方式进行控制,因为交流电动机的转速与电源的频率(即赫兹数)成正比。如果改变电源的频率,那么电动机的转速也可以改变。同时为了使电动机在不同转速下均能保持较高的效率,其电压值也必须与频率按一定的比例进行调整。一旦交流电转变为直流电并经滤波,那么该电源就可通过一个反相器转变为可控制的交流电。事实上,它只是一种脉动直流电,此举的目的就是为了改变电源

的频率,即每秒周数,并同时改变其电压值。当频率降低时,其电压值也必须以同样的比例降低。例如,你有一台 3600 rpm、230 伏、频率为 60 赫兹的电动机,若想将其转速降低至 1800 rpm,那么其输入电压与频率就必须按比例降低。如果将其电压降低至 115 伏,频率改为 30 赫兹,那么该电动机就可在相应功率且不损失其扭矩的状态下以 1800 rpm 的转速运行。此外,电动机也可以仅为满负荷运行约一半的功率状态下运行。如果仅降低电压值,那么电动机就会出现过热。

由电力公司提供的交流电在用做电动机电源时,一般很难进行调整,因此必须予以改变才能使整个调整过程更加方便和稳定。该运行过程涉及将输入的交流电转变为直流电,这一转变过程由称为转换器或整流器的装置来完成,这非常像将交流电转换为 14 伏直流电为小汽车电瓶充电的电池充电器。这种直流电压实际上就是所谓的脉冲直流电压,此直流电压然后用电容器进行滤波,成为一种更为纯正的直流电压。

图 17.51 为可变速电动机电压转换器的简单线路图,在实际电路中还有许多其他元件,但维修人员在理解和排故时应将整个转换器仅仅视为一个构件。

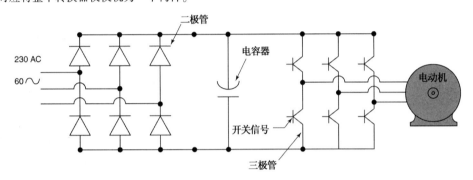

图 17.51 可变速电动机驱动电路简图

17.25 直流电转换器(整流器)

有两种基本类型的转换器——相位控制整流器和二极管桥式整流器。

相位控制整流器接入来自电力公司的交流电,并将其转换为可变电压的直流电。它采用数个可控硅整流器(SCR)和三极管,可以在数微秒的时间内阻断半波并将其反相。图 17.52 为进入相位控制整流器前的交流电波形和离开时的直流电波形图。注意可以使二极管或三极管实现切换的接头。整流器输出的直流电压可以在整流器内进行调整,以配合电动机获得各种转速。电源频率则由位于转换器与电动机之间的反相器根据所需的电动机转速进行调整。切记:要使电动机在转速调整之后仍具有较高的效率,那么输入电源的电压及频率必须同时调整。

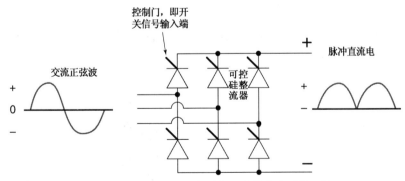

图 17.52 整流器可以将所有正弦半波移到另一侧

整个装置中的另一个重要元件就是一组电容器,它可以使输出的直流电压波形更加平整。整流器将交流电压转变为脉动直流电压时,似乎只是将全部的正弦半波全部转移到一边去,但是当脉动直流电压离开电容器组时,此电压波形看上去似乎更像纯正的直流电压了,见图 17.53。对于各种整流器来说,采用这种电容器组可以获得更佳的直流波形。

二极管桥式整流器与其略有不同,整流器内无法对直流电电压进行调节,因为此种整流器所用的二极管是不能由外界调控的,其输出电压在电容器组内进行调整。二极管桥式整流器没有控制二极管开关的控制端。

17.26　反相器

反相器可产生与电动机要求转速相对应的频率。常规电动机的转速是由电动机极数决定的,且电源频率为不变的60赫兹。然而,反相器一般可以在60赫兹的电源频率之下将电动机的转速降低至其额定转速的10%左右,也可以通过将标准的60赫兹调高,使电动机的转速提高至额定转速的120%左右。

反相器的种类繁多,其中最常见的一种称谓是"六极"反相器,它有两种变形形式,一种控制电流,另一种控制电压。六极反相器有6个开关元件,每两个控制三相电动机中的一相。反相器从转换器处接入调节后的电压,再在反相器中调节其频率。

电压控制型六极反相器在其直流输出端设有一个较大容量的电容器来维持稳定的输出电压,见图17.54。注意,其控制器是能够导通与截止的晶体管。

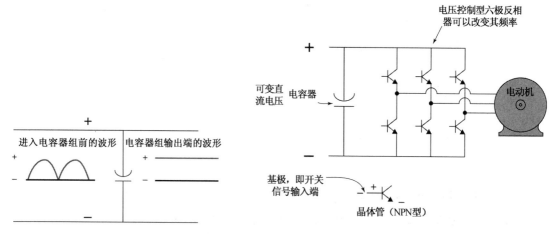

图17.53　脉动的直流电压输入电容器组,离　图17.54　当控制系统(计算机)在基极输入端输入一信号时
开时则转换成直线形的直流电压　　　　　　晶体管就会导通,而当信号消失时晶体管立即截止

电流控制型六极反相器在其输入端还设有一个称为扼流线圈的大线圈,见图17.55。它有助于整个反相器电流值的稳定。

脉宽调制器(PWM)反相器从转换器处获得定压直流电,然后由其转换为脉动电压输入电动机。低速时,其脉宽较小;高速时,脉宽较大。脉宽调制器的脉动电压是一种正弦编码脉冲,其脉宽在上、下半周接近底部处最窄,对于电动机来说,这种脉动信号看上去更像一个正弦波。图17.56为电动机接收的信号。据此,我们即可对电动机的转速实现精确控制。

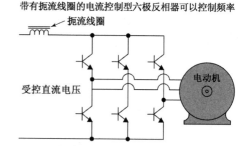

图17.55　扼流圈可起到稳定电流量的作用

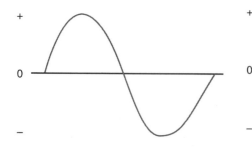

图17.56　经脉宽调制后的正弦编码脉冲

17.27　电子整流电动机

电子整流电动机主要用于 1 马力及 1 马力以下规格的开启式驱动风机等设备,见图 17.45。电子整流电动机性能可靠、节能,且是一种不需要电刷的直流电动机。如上所述,直流电动机一般均具有比交流电动机更高的效率,但其必须采用电刷将直流电源连接于电枢,而现在我们可以采用相当可靠的、应用高科技技术制成的黏胶材料来连接用永久磁铁磁化后的电枢。

为适应其应用设备的具体要求,生产企业还要对这种风机电动机进行检测和调整。在生产企业内,根据特定的应用对象,将电动机转速、扭矩、风量以及外部静止等相互关系以程序方式输入电动机,以帮助空气处理装置在不同的现场条件下获得合适的风量。例如,当某常规系统出现空气过滤器空气流动不畅或出风口风门被关闭时,那么如果采用电子整流电动机,则电动机就会自动地提高转速,使空气流量调整并保持在适当状态。这一调节过程均由电动机依据制造商设定的空气流量与扭矩、转速以及外部静压的相互关系自动完成。

电子整流电动机还可用于各种能够根据负荷要求向电动机提供 24 伏电压信号的系统。例如,利用这种自动控制方法为燃气炉、空调系统、燃油系统以及热泵提供自动变速电动机。在制冷行业中,这种电子整流电动机还被用于冷藏柜中冷负荷发生变化时的自动调节,见图 17.57。

电子整流电动机实际上是由两大部分组成的电动机,一部分是控制器,另一部分是电动机本身。如果检修人员怀疑电动机出现故障,那么可以将控制器部分拆下,以常规方法用欧姆表检查电动机。如果电动机的电气指标正常,那么可以将一个测试模型固定在电动机上(由制造商提供),使电动机在人工控制下做变速运行,见图 17.58。如果电动机在有测试模型的情况下能正常运行,而在拆除测试模型情况下不能运转,那么应检查电动机的电子控制部分是否有正确的输入信号,并紧固各连接处;如果有正确的信号输入电动机的控制部分,电动机仍不能运行,那么可以更换电子整流电动机的控制器,而电动机部分可继续使用。注意,每种电动机均有其配套的控制装置,不能因为是同一制造商生产的而与其他电子整流电动机的控制装置相互换用。切记,其控制装置对于特定应用对象均有不同的设置程序,必须使用完全相同的备件。

图 17.57　可用于冷藏柜的小功率电动机(General Electric 提供)

图 17.58　将此分析器分别连接于电动机与控制板,维修人员据此才能判断是电路板还是电动机出现故障(John Tomczyk 摄)

所有变速电动机必须有非常精确的故障控制功能,它们往往会发出大量的电子噪声,并使交流电源出现一时极大、一时极小的波动,这是因为它们需要不断地启动和切断输入转换器的电流。如果在正弦波周期的中段位置切断一个比较大的电流,那么在电力公司的输入电源上就可能出现波动,甚至出现一个电压尖峰脉冲。同样,在启动大电流负载,如电动机的启动冲击电流时也会出现同样情况。这种电压(电流)波动必须采用计算机和相关的电子设备予以消除以避免出现问题。设备制造商也会采取某些预防措施。当然,对于维修人员来说,应当严格按技术说明书操作。

变速电动机的优点之一是能在减速状态下启动,使冲击电流减小。如前所述,冲击电流一般为正常运行电流的 5 倍,因此,当某办公大楼内大功率电动机启动时,其冲击电流就可以使整个大楼的电压值下跌。如果其跌幅过大,就会使照明灯变暗闪烁,计算机停机。大型电动机一般可采取多种方式来减小启动时的这一影响,而高速电动机的所谓软启动就是在减速状态下启动的。

压缩机电动机是系统中最大的电动机,当压缩机负荷减小时,室内风机和冷凝风机的转速也要与它们所承担的负荷量按比例降低。降低室内风机的转速,空调区域内的温度仍然可以受到控制。如果压缩机转速降低时,室内风机转速不变,那么系统的吸气压力就会上升,也就无法实现排湿功能;室内风机转速降低时,系统的吸气压力就会下降,排湿过程就可继续。

对于冷凝器风机电动机来说,也同样如此。如果压缩机负荷量减小,那么冷凝器上的负荷也相应降低。如果此时冷凝器风机依旧全速运行,那么系统的排气压力就会降低,运行时会因排气压力太低出现问题。

每家制造商都有一套完整的排故程序,检修人员必须严格遵守这些操作规范。随着各种组件的价格越来越便宜,它们在各种小型设备中的应用也越来越普遍。这些电动机性能十分稳定,一般来说,在确定其电子控制部分存在问题之前应先检查各装置的输入电源,以确定其各项指标是否正常。例如,三相电路中可能有某个熔断器烧毁,此时,可利用电压表做快速检查,以确定电源部分是否正常。

电动机变速技术的主要优点是:

1. 节能省电。
2. 根据需要减小负荷。
3. 实现电动机的平稳启动(即没有堵转电流)。
4. 实现更佳的区域温度与湿度控制。
5. 可采用固态电动机启动器,而无须打开触头。
6. 即使机组容量过大,也可以在部分容量下运行。
7. 可以使负荷与容量实现完美匹配。

17.28　电动机的冷却

由于有部分电能在输入电动机后转变为热量,因此各种电动机均需要有适当的冷却。大多数开启式电动机为空气冷却,封闭式电动机由空气或制冷剂气体冷却,见图 17.59。小型和中等规格的电动机则采用水冷却。空冷式电动机一般在其壳体表面均设置有散热片,以增加散热面积。电动机必须安装有气流流动的位置或地点。要获得比较理想的冷却效果,以制冷剂气体冷却的电动机必须有足够的制冷剂充注量。

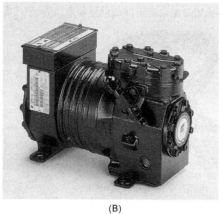

(A)　　　　　　　　　　　　　　　　(B)

图 17.59　所有电动机都要被冷却,否则会出现过热:(A)压缩机由制冷剂冷却;
(B)压缩机由来自风机的空气冷却

本章小结

1. 电动机可用于驱动风机、压缩机和水泵。
2. 有些设备需要较大的启动扭矩和良好的运行效率;而有些设备仅需要较小的启动扭矩和一般或良好的运行效率。
3. 用于制冷设备的压缩机通常需要有较大启动扭矩的电动机。
4. 小功率风机一般需要低启动扭矩的电动机。
5. 用于特定装置的电源决定所用电动机的电压,加热炉的常用电压为 115 伏,家用空调系统的常用电压为 230 伏。
6. 常用的单相电动机是分相式电动机、永久分相电容式电动机和罩极式电动机。
7. 需要增大电动机的启动扭矩时,可以为电动机增设一个启动电容器。
8. 运行电容器可以提高分相式电动机的运行效率。

9. 当电动机转速达到其运行转速时,离心式开关可切断电路与启动绕组的连接。此开关可以随电动机转速的变化而改变其开 – 关状态。

10. 电子开关可用来切断电源与启动绕组的连接。

11. 单相电动机的额定转速是由电动机的极数,即绕组数决定的,其常见转速为 1800 rpm,因存在速差,实际转速为 1725 rpm。另一个常用转速为 3600 rpm,因存在速差,实际转速为 3450 rpm。

12. 1800 rpm、3600 rpm 与实际转速 1750 rpm 和 3450 rpm 间的差值称为速差。速差是电动机运行时负载作用于电动机所造成的。

13. 三相电动机可用于各种大型设备,它具有较大的启动扭矩和较高的运行效率。大多数住宅不配置三相电源,因此三相电动机仅用于各种商业和工业设施。

14. 封闭式电动机的电源线必须由穿过压缩机壳体并用绝缘材料固定的电动机接线柱进行连接。

15. 由于封闭式压缩机绕组处于制冷剂环境下,因此不能采用离心式开关来切断电源与启动绕组的连接。

16. 电压继电器利用反电动势将启动绕组与电路分离。

17. 电流继电器利用电动机的运行电流将启动绕组与电路分离。

18. 在不需要大启动扭矩的情况下,可以采用永久分相电容式电动机。除了运行电容器,它不需要任何启动装置。

19. 某些永久分相电容式电动机采用正向温度系数元件时,其启动扭矩较小,但正向温度系数元件没有运动件。

20. 压缩机制冷量大于 5 冷吨时,一般均采用三相电动机。

21. 双电压三相压缩机就是在压缩机的箱体内安装两台电动机。

22. 三相往复式压缩机的规格可高达 125 冷吨。

23. 高速电动机可以通过改变负荷的方法以更高的效率运行。

24. 电子整流电动机(ECM)是一种不含电刷的直流电动机。

25. 变速电动机可以通过将电动机转速调整到与实际负荷相匹配的方法来均衡采暖和空调系统的负荷。

26. 利用电子控制装置,可以将电动机转速从其额定转速的 10% 调整到额定转速的 120%。

27. 电子开关、可控硅整流器(SCR)和晶体管可以在不产生任何电弧的情况下导通和截止,且性能可靠,耗电很少。

28. 直流转换装置可以将交流电源转换为直流电。

29. 电容器可以均衡脉动直流电源。

30. 反相器可自身生成一个可调节的交变频率。

31. 要使电动机改变转速后仍具有较高的效率,其频率和电压值必须同时改变。

复习题

1. 对于住宅来说,两种常用电源电压分别是_____伏和_____伏。

2. 开启式电动机的转速不断增大时,_____开关就会将启动绕组与电路断开。

3. 启动绕组的电阻是大于还是小于运行绕组的电阻?

4. 下述哪一种装置连接于启动绕组,可以提高启动扭矩?
   A. 另外一个绕组;　　　　　　　　　B. 启动电容器;
   C. 温控器;　　　　　　　　　　　　D. 绕组温控器。

5. 下述哪一种装置连接于运行绕组,可以提高运行效率?
   A. 启动电容器;　　　　　　　　　　B. 运行电容器;
   C. 启动和运行电容器;　　　　　　　D. 均不能。

6. 试定义反电动势。

7. 为什么封闭式压缩机必须要用特殊材料制作?

8. 用于封闭式压缩机的两种电动机分别是_____和_____。

9. 电动机电源线如何穿过封闭式压缩机壳体与内侧电动机连接?

10. 用于封闭式压缩机的继电器分别是_____继电器和_____。

11. 正温度系数元件主要用于:
    A. 启动封闭式电动机;　　　　　　　B. 电动机保护器;
    C. 避免润滑油压力过低;　　　　　　D. 避免润滑油温度过高。

12. 正误判断:三相电动机的启动扭矩较小。
13. 正误判断:所有大功率电动机均为三相电动机。
14. 为何需要有双速压缩机?
15. 正误判断:所有电动机均必须有良好的冷却,否则电动机就会过热。
16. 正误判断:可控硅整流器是一种电子开关。
17. 将晶体管用做开关时
    A. 它需要消耗大量的电能;　　　　　　B. 它会产生很大的噪声;
    C. 它很容易在短时间内出现故障;　　　D. 它不会出现电弧。
18. 转换器后端设置电容器是为了
    A. 均衡直流电流;　　　　　　　　　　B. 抑制噪声;
    C. 改变电压频率;　　　　　　　　　　D. 降低电压值。
19. 转换器可以
    A. 改变电源频率;　　　　　　　　　　B. 将交流电转换为直流电;
    C. 用做开关;　　　　　　　　　　　　D. 仅用于直流电动机。
20. 反相器可以
    A. 调节频率;　　　　　　　　　　　　B. 调节直流电压;
    C. 均衡交流电源;　　　　　　　　　　D. 产生大量噪声。

第18章　电动机的应用

教学目标

学习完本章内容之后,读者应当能够:

1. 为电动机配置合适的电源。
2. 论述三相与单相电动机的应用。
3. 论述其他电动机的应用。
4. 解释空调区域隔绝电动机噪声的方法。
5. 论述各种电动机机座的形式。
6. 辨别各种电动机驱动机构。

安全检查清单

1. 应保证电动机接地连接正确,使整个电动机安全接地。
2. 电动机传动带行走时,千万不得用手触碰传动带,更不得将手指伸入传动带与皮带轮之间。

18.1　电动机的应用

由于电动机需要完成多项功能,因此,正确选择电动机无论是出于安全考虑还是高效地履行其各项功能都是一项必不可少的工作。一般来说,对于某个特定对象,制造商或设计师都会针对设备的每一部分选择最为适宜的电动机。但作为检修人员来说,当一时无法获得原装备件时,往往需要选配一台代用电动机,因此必须掌握选配电动机的基本原理和要求。例如,当某空调机组冷凝器的风机烧毁时,就需要选配适当的电动机予以更换,否则还可能出现故障。注意,在空冷式冷凝器中,空气是被风机抽拉先经过温度较高的冷凝器盘管后再流过风机电动机的,因此冷却电动机的是这部分热空气。我们必须知道这一特征,否则可能就会出现问题。电动机必须承受冷凝器热空气的运行温度,此温度一般可高达130℉,见图18.1。

由于开启式电动机是维修人员最有可能需要选配的一种电动机,因此本章仅论述开启式电动机的相关内容。开启式电动机的相关设计差异主要有:

1. 电源。
2. 工作要求。
3. 电动机的绝缘方式或等级。
4. 轴承类型。
5. 安装特征。
6. 冷却要求。

18.2　电源

电源必须有适当的电压和足够大的电流。例如,某小型商场内的电源现能带动5马力的空气压缩机,但假设现在需要另行安装空调设备,如果空调设备安装承包商要求电工采用现有电源,那么很显然,整幢楼的电源配置就必须改变。电动机铭牌上的技术参数和制造商的产品样本可以为售后服务提供所需的相关信息,但有些人往往习惯将空调安装与建筑物的配电事项凑在一起。当然,空调安装承包商也有部分责任。图18.2为常规的电动机铭牌,图18.3则是来自制造商的含有技术参数的部分产品样本,图18.4为配电板上标定的技术参数。

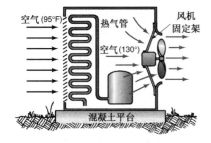

图18.1　电动机运行环境是流经冷凝器后的热气流

图18.2　电动机铭牌(Bill Johnson 摄)

电源参数包括:

1. 电压(115 伏,208 伏,230 伏,460 伏)。
2. 以安培数标注的电流容量。
3. 以赫兹数或每秒周为单位标注的频率值(美国为 60 赫兹,其他许多国家为 50 赫兹)。
4. 相数(单相或三相)。

各电动机与其他电气设备的功耗之和在系统的总容量之内,否则就会出现问题。电动机选配过程中,不能满足使用条件的往往是电压值和电流容量。维修人员可以检测这两项数据,但一般最好由职业电工做最后的验算。

电压

由于每种电动机都有其规定的运行电压范围,通常只能在 ±10% 内变化。因此,了解与掌握各种设备的配用电压十分重要。图 18.5 为电动机常用电压的上下范围。如果电压太低,那么电动机就可能需要较大的电流。例如,如果某电动机的设计工作电压为 230 伏,但实际的电源电压为 200 伏,那么电动机电流就会增大,而且电动机自身也有这种倾向,但它缺少这样的能量,最终就会导致过热,见图 18.6。

鼠笼式(CS) ● NEMA标准使用参数 ● 60赫兹 ● 减震机座					
功率(马力)	转速(rpm)	轴承类型	过载保护器	满负载电流(12) Amps	机座代号
$\frac{1}{6}$	1800	套筒轴承	自动	4.4	K48
$\frac{1}{4}$	1800	套筒轴承	自动	2.7	K48
		球轴承	自动	2.7	K48
$\frac{1}{3}$	3600	套筒轴承	自动	3.1	L48
	1800	套筒轴承	自动	2.9	L48
		套筒轴承	自动	2.6	J56
		球轴承	不含	2.9	L48
		球轴承	不含	2.6	J56
		球轴承	自动	2.6	J56
	1200	套筒轴承	不含	3.0	K56
$\frac{1}{2}$	3600	套筒轴承	自动	4.0	L48
	1800	套筒轴承	不含	3.6	J56
		套筒轴承	自动	3.6	J56
		球轴承	不含	3.6	J56
		球轴承	自动	3.6	J56
$\frac{3}{4}$	3600	套筒轴承	自动	4.6	J56
	1800	套筒轴承	不含	5.2	K56
		套筒轴承	自动	5.2	K56
		球轴承	不含	5.2	K56
		球轴承	自动	5.2	K56
1	3600	套筒轴承	自动	6.0	K56
		球轴承	不含	6.0	K56
	1800	套筒轴承	自动	6.5	L56
		球轴承	不含	6.5	L56
		球轴承	自动	6.5	L56
$1\frac{1}{2}$	3600	球轴承	自动	8.0	L56
	1800	球轴承	自动	7.5	M56
2	3600	球轴承	不含	9.5	L56

图 18.3　制造商品样本中的部分内容
(Century Electric Inc. 提供)

图 18.4　电源配电板上的铭牌
(Bill Johnson 摄)

额定电压为208伏的电动机	+10%	228.8 伏
	−10%	187.2 伏
额定电压为230伏的电动机	+10%	253 伏
	−10%	207 伏
额定电压为208~230伏的电动机	+10%	253 伏
	−10%	187.2 伏

图 18.5　常规电动机的最大与最小工作电压

如果电源电压太高,那么电动机绕组中就会出现局部发热点,但它往往不具有很大的电流,而且较高的电压会使电动机的实际输出功率大于其额定功率。一台额定电压为 230 伏的 1 马力电动机如果在 260 伏的电压下运行,即在高于额定电压约 10% 的电源下运行,该电动机的功率可达到 1 1/4 马力。但是,电动机绕组并不按照这样的工作电压进行设计,因此电动机就会过热,如果在这样的过载状态下连续运行,最终就会烧毁。即使在没有过大的电流情况之下也会出现同样结果,见图 18.7。

电流容量

对于电动机来说,有两个额定电流。满负载电流(FLA)是电动机在额定电压满负荷状态下运行时所形成的电流,也称为工作负荷电流,即额定负荷电流(RLA)。例如,1 马力电动机在 115 伏电源电压下会在单相电路中形成约 16 安培的电流,在 230 伏的电压下则产生 8 安培的电流。图 18.8 为几种电动机的近似电流值。

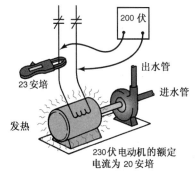

图 18.6　在低压状态下运行的电动机

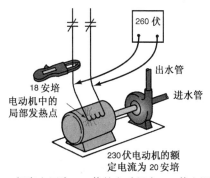

图 18.7　额定电压为 230 伏的电动机在 260 伏电源下运行

各种交流电动机的满负荷电流近似值

电动机容量	单相电动机		三相鼠笼式感应电动机		
HP	120伏	230伏	230伏	460伏	575伏
$\frac{1}{6}$	4.4	2.2			
$\frac{1}{4}$	5.8	2.9			
$\frac{1}{3}$	7.2	3.6			
$\frac{1}{2}$	9.8	4.9	2	1.0	0.8
$\frac{3}{4}$	13.8	6.9	2.8	1.4	1.1
1	16	8	3.6	1.8	1.4
$1\frac{1}{2}$	20	10	5.2	2.6	2.1
2	24	12	6.8	3.4	2.7
3	34	17	9.6	4.8	3.9
5	56	28	15.2	7.6	6.1
$7\frac{1}{2}$			22	11.0	9.0
10			28	14.0	11.0

不包括罩极式电动机

图 18.8　各种电动机的满负荷电流值（BDP Company 提供）

电动机的另一个额定电流是堵转电流（LRA）。堵转电流是电动机转子开始转动的瞬间产生的启动电流。对于每一种电动机来说，都有这两个额定电流值，且可以从制造商的产品样本或说明书上获得具体数据。而对于开启式电动机来说，这两个额定电流值就印制在电动机的铭牌上。通过检测电动机启动时的电流值以及电动机在有负荷条件下的运行电流值，并与电动机铭牌的两项标定值进行比较，维修人员就可以确定电动机是否在设计的正常参数下运行。有些压缩机并不同时标注此两项参数。一般来说，堵转电流约为满负荷电流的 5 倍。例如，某电动

三相电动机・防漏型

类型：鼠笼式（SC）
• 60 赫兹
• 球轴承
• 环境温度40°C
绝缘等级：B

功率：小于1马力
• NEMA 使用系数
1/20～1/8马力—1.40
1/6～1/3马力—1.32
1/2～3/4马力—1.25
1～200马力—1.15

对于适用208～430伏或460伏的各种电压电动机可以具有多种功率

功率（马力）	转速(rpm)	电压	满负荷电流(5)安培	机座代号
刚性机座				
$\frac{1}{4}$	1800	200-230/460	0.8	K48
	1200	230/460	0.6	H56
$\frac{1}{3}$	3600	200-230/460	0.7	B56
	1800	200-230/460	0.8	K48
		208-230/460	0.8	B56
	1200	200-208	1.7	J56
		230/460	0.8	J56
$\frac{1}{2}$	3600	208-230/460	0.9	B56
	1800	200-208	2.4	B56
		230/460	1.1	B56
		208-230/460	1.1	B56
	1200	200-208	2.0	J56
		230/460	1.0	J56
$\frac{3}{4}$	3600	208-230/460	1.2	J56
	1800	200-208	3.2	H56
		230/460	1.3	H56
		200-230/460	1.3	H56
	1200	200-208	3.3	J56
		200-208	3.3	M143T
		230/460	1.6	J56
		230/460	1.6	M143T
1	3600	200-208	3.2	J56
		230/460	1.5	J56
	1800	200-208	3.8	J56
		200-230/460	1.7	L143T
		200-230/460	1.7	J56
		575	1.4	L143T
	1200	200-208	3.8	N145T
		230/460	1.9	K56
		230/460	1.9	N145T

图 18.9　各种规格电动机的使用系数（Century Electric, Inc. 提供）

机的满负荷电流为 5 安培，那么其堵转电流即为 25 安培左右。如果电动机铭牌上仅标注了堵转电流值而未标注满负荷电流那么只需将堵转电流除以 5 即可得到满负荷电流或额定负荷电流的近似值。例如，如果某压缩机铭牌上标注的堵转电流值为 80 安培，那么满负荷电流即约为 80/5 = 16 安培。

每一种电动机都有一个列入制造商相关文件中的使用系数。使用系数实际上是储备功率系数，如果某电动机的使用系数为 1.15，也就意味着该电动机可以在其设计参数范围之内以高于铭牌值 15% 的功率运行。用于在短时间内载荷有较大变化或存在超常工作状况等场合的电动机一般都应有较大的使用系数。如果某特定装置的电压值变化较为频繁，那么就可以选配具有较大使用系数的电动机。美国全国电气制造商协会（NEMA）已将使用系数标准化，图 18.9 为主要厂家制定的使用系数表。

频率

每秒循环周数是电力公司提供的电源电流频率,技术人员无法对此做出改变。在美国,绝大多数的电动机均为 60 赫兹,而在其他国家,则大多为 50 赫兹。如果将 60 赫兹的电动机放在 50 赫兹的电源上运行,那么其转速只有其额定转速的 5/6。如果你认为现场电源的不是 60 赫兹,那么可以与当地的电力公司联系。当电动机在现场发电机的电源下运行时,发电机的转速决定了其电源的频率。发电机上通常都安装有频率计,可以予以检查、确定电源频率。

相数

电源的相数取决于设备种类。如果采用配置三相电动机的设备,那么就必须配置三相电源。一般来说,单相电源主要供住宅使用,而三相电源主要提供给商业和工业设施使用。单相电动机也可在三相电源中的任意两相下运行,见图 18.10;三相电动机却不能在单相电源下运行,见图 18.11。

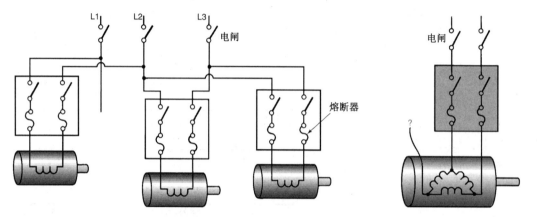

图 18.10　单相电动机与三相电源的连接方式　　　图 18.11　三相电动机有 3 个接线端,无法与单相电路连接

电力公司提供给各家用户的电源可用于满足不同的需要。例如,某项作业或某个系统需要较大的电力配置,如生产性企业或配置有电梯的高楼,业主往往需要向工程师咨询相关问题,电力公司则根据业主提出的配置容量计算出需配置的电压,如常见的 480 伏、240 伏、208 伏和 120 伏。各种电动机和电器的额定电压通常为 460伏、230 伏、208 伏和 115 伏,维修人员必须根据电动机和电器的额定电压进行操作。一般情况下,这些电源的电压值也只是电力公司标称电压的近似值,并且很可能就在电动机额定值的使用范围之内。

维修人员需要了解配送电压的特性。配送电压的大小取决于电力公司的变压器及其连接方式。商业与工业设施中应用非常普遍的两种变压器是 Y 形,即星形连接的变压器和三角形连接的变压器,见图 18.12。

星形变压器的 3 组绕组以 Y 形连接方式相互连接,其共接点以中心抽头方式引出,中心抽头可以视为中性线,即接地中性线。用户一般采用各相线与相线间 208 伏的电压和任意一相线与接地中性线间的 115 伏(120伏)的电压作为电源。

Y 形变压器的另一种电压配置方法是:相线与相线间的电压为 460 伏(480 伏)和相线与接地中性线间的电压为 277 伏。相线与中性线间的 277 伏电压通常用于大楼内的照明电路。当然,对于照明就可以配置较小线径的导线。采用 460 伏(480 伏)和相 – 地间的 277 伏电压时,还需在大楼内用电装置附近配置降压变压器,将此电压值进一步降低,为 115 伏(120 伏)的电路提供电源。

Y 形变压器的连接方式应用十分普遍,因为它很容易平衡每一个相间变压器的负载。使电源上的负载保持平衡非常重要。

三角形变压器在过去某些地方一直很流行,这种连接方法可提供 230 伏的电压,并由一个中心抽头提供 115 伏的电压。注意其相与相间的电压为 230 伏,相线 1 与中性线间的电压为 115 伏,相线 2 与中性线间的电压为 115 伏。这种连接方式由于其两相线与中性线均有关联,因此很难使整个线路上的负载保持平衡。注意,第三条相线与中性线间的电压不能使用,第三条相线通常称为"病脚"或"高端脚"。为避免混淆,单独用橘黄色线段表示以便辨认,该相线与中性线,即接地线间有 185 伏或更高的电压,如果将某 115 伏的电容连接到此相线,那么就会即刻烧毁。

我们建议维修时采用良好的电压表,并时时注意检查工作现场的电流电压,掌握其实际的电压状态。

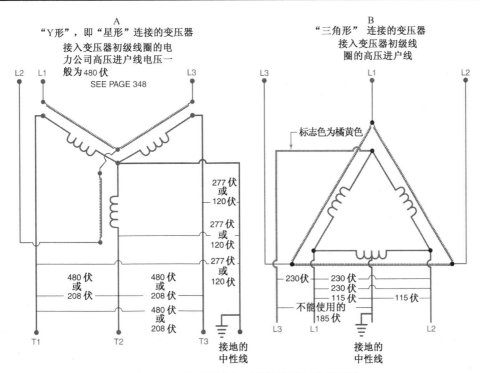

图 18.12 用于商业和工业设施的两种变压器

18.3 电动机的工作条件

电动机的工作条件决定了电动机能否在最经济的状态下为某特定设施和设备提供动力。在可能存在易燃易爆气体的室内,不能将带有离心式启动开关的开启电动机(单相)用做空调风机电动机,这是因为当电动机的离心开关切断电源与启动绕组的连接时,很可能会点燃气体,此时必须采用带有封闭壳体的防爆电动机(见图 18.13)。并按地方标准进行检验、执行。如果认为在一个标准的办公大楼内安装防爆电动机太贵,那么就应另行选择一台比较适宜的电动机。如果电动机工作地点为多尘区域,那么就需要将电动机封闭,但此电动机必须有相应的途径帮助电动机绕组散热,见图 18.14。

图 18.13 防爆电动机(W. W. Grainger, Inc. 提供)

图 18.14 全封闭式电动机(Bill Johnson 摄)

在有水滴的工作环境之下,应采用防滴电动机,见图 18.15。

18.4 绝缘类型或等级

绝缘类型或等级表示电动机在指定环境温度条件下能安全运行的最高温度。本章前面提到的用于空调冷凝器机组的风机电动机就是一个非常典型的案例。该电动机必须能够在较高的环境温度下正常运行。各种电动机还按照电动机绕组容许的最高运行温度进行分类,见图 18.16。

图 18.15　防滴电动机(Bill Johnson 摄)

A 类	221°F	(105°C)
B 类	266°F	(130°C)
F 类	311°F	(155°C)
H 类	356°F	(180°C)

图 18.16　常规电动机的温度分类

多年来,各种电动机均以电动机高于环境温度以上容许的温升值进行标定,目前仍使用的许多电动机也都采用这一方法进行标定。常规电动机的容许温升值为 40℃,如果最高环境温度为 40℃(104 °F),那么电动机的绕组温度可达 40℃ + 40℃ = 80℃(即 176 °F)。检修电动机时,如果其仅用摄氏温度标注,那么维修人员必须将此摄氏温度换算为华氏温度值,或采用换算表查对。一旦电动机绕组温度可以确定,维修人员就可以判断在当时的温度条件下电动机的温度是否太高。例如,处于室内温度为 70 °F 的某电动机容许温升 40℃,那么其绕组的最高温度应为 142 °F(70 °F = 21℃,21℃ + 40℃的温升 = 61℃,也就是 142 °F),见图 18.17。

18.5　轴承类型

电动机应选用何种轴承取决于电动机负载的特性和噪音级要求。套筒轴承和球轴承是最常用的两种轴承,见图 18.18。

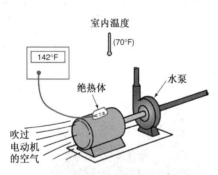

注意:测温装置必须紧贴电动机和电动机绕组处,此外,测温装置必须与周围空气隔绝,测温点必须尽可能靠近电动机绕组

图 18.17　电动机运行过程中采用绝热方法测得温升为 40℃,此值与环境温度之和恰好等于该电动机的最大容许温度

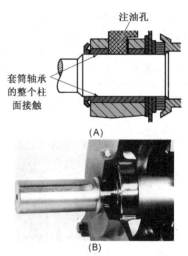

图 18.18　(A)套筒轴承;(B)球轴承
(Century Electric,Inc. 提供)

套筒轴承主要用于载荷较小且噪音较低的场合(如家用加热炉的风机电动机),而采用球轴承的电动机很可能会在空调区域产生过量噪音。因为金属风管往往是一种噪音传播载体,系统任一处的噪音会瞬间传播至整个系统。为此,套筒轴承常用于家用和小型商用空调等小型装置,它安静、可靠,但不能承受较大的作用力(如果风机转动带过紧就会产生很大的作用力)。常规的空冷式冷凝器风机电动机常采用立式安装,当空气从冷凝器机组的上方排出时,就有一个向下的轴向反力作用于轴承,见图 18.19。加热炉风机电动机则为水平安装,见图 18.20。这两种安装方式看上去并无太大区别,但实际上轴承的受力情况则完全不同。垂直安装的冷凝器风

机在将空气朝上推举时,其本身则有朝下移动的趋势,这就将实际的载荷作用在了轴承的下端面(称为轴向面),见图18.21。

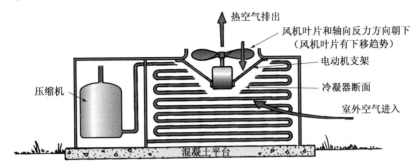

图18.19　此电动机受到两个作用力的作用:一个是垂直方向电动机本身的自重,另一个是风机在将空气朝上推举时产生的轴向反作用力

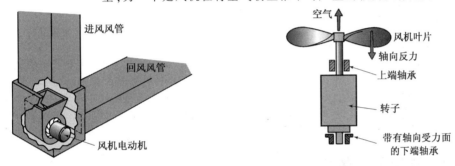

图18.20　水平位置安装的加热炉风机电动机　　　　图18.21　风机电动机轴承的轴向受力面

　　套筒轴承一般采用硬度低于电动机轴的材料制成,轴承必须有润滑膜——电动机轴与轴承内侧表面间的一层油膜,电动机轴实际上是浮在此油膜之上,而并不与轴承的内侧表面接触,油膜是由润滑系统提供的。套筒轴承有两种润滑系统——注油孔和永久润滑轴承。

　　油孔式轴承有一个可以从外侧通过注入孔充注的储油器,这种轴承必须按一定的时间间隔注入适当种类的润滑油予以润滑,该润滑油一般为20#电动机油或为各种电动机专门配制的润滑油。如果润滑油过于稀薄,那么很可能会使电动机轴或轴承内表面形成接触;如果润滑油太稠,那么润滑油就无法进入电动机轴与轴承内表面间的间隙内。套筒式轴承润滑的时间间隔取决于电动机结构和应用对象。制造商的使用说明书一般都会明确指明要求的时间间隔。也有一些电动机配置有较大的储油器,因此可以多年不需要添加润滑油。当然,最好能够限定进入电动机的润滑油油量。

　　永久润滑式套筒轴承往往配置有一个较高的储油器,由油绳将润滑油缓慢加入轴承内,只要润滑油不变质,这种轴承就能不断地获得充分的润滑。如果电动机在高温状态下连续运行较长时间,那么润滑油就可能变质失效。但在高温状态和自然气候条件下运行的各种罩极式电动机一般均采用这样的轴承润滑系统,而且连续工作多年从不出现问题。

　　球轴承电动机的运行噪音往往要比套筒式电动机来得高,因此常用于一些对噪音要求不高或无关紧要的场合。一些大功率风机电动机和水泵电动机一般都设置在远离空调区域、轴承噪音不易察觉的地方。这种轴承采用硬度较高的材料制成,而且一般都采用润滑脂,而不是采用润滑油。采用球轴承的各种电动机一般均配置永久润滑装置和润滑脂充注装置。

　　球轴承的永久润滑装置与套筒式轴承的永久润滑系统相似,但球轴承的永久润滑装置含有封闭在轴承中的润滑脂储油器。这种润滑方式可以在制造商一次性完成润滑脂充注之后连续运行数年,除非轴承的实际工作环境远低于电动机的设计工况。

　　需要润滑的各轴承都设有润滑脂充注装置,可以利用手动操控的润滑脂充注枪将润滑脂注入轴承。当然,必须采用合格的润滑脂,见图18.22。图18.23中,位于轴承箱底部的一字槽螺钉是一个泄放螺钉,润滑脂注入轴承时,必须将此螺钉取下,否则润滑脂的压力就会挤压润滑脂密封层,使润滑脂沿电动机轴方向泄漏。

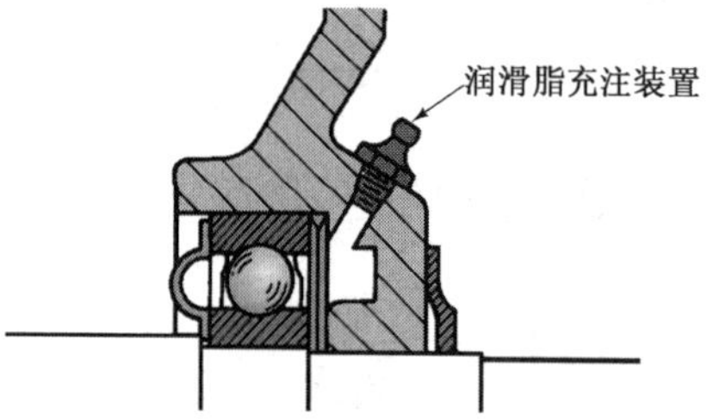

图 18.22　充注润滑脂的直通式压注油杯

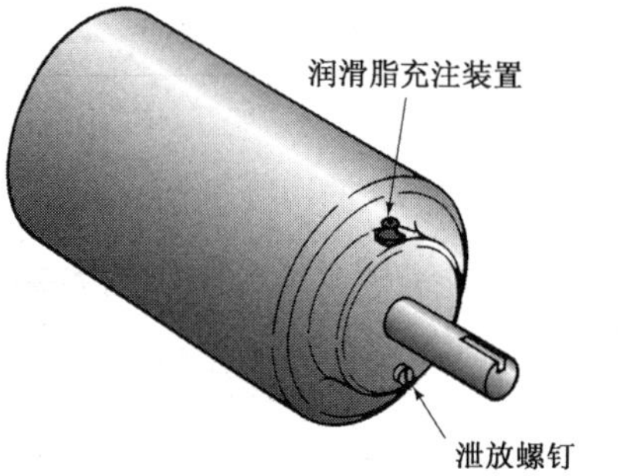

图 18.23　采用润滑脂润滑的电动机轴承,注意其中的泄放螺钉

大功率电动机常采用一种称为滚柱轴承的滚动轴承,这种轴承内的滚动体为圆柱形,而不是球体。

18.6　电动机的安装

电动机运行时能否安全可靠完全取决于电动机的安装是否到位。安装电动机时,必须考虑其噪音问题。电动机的支承有两种基本形式:刚性支承和弹性支承,即橡胶支承。

刚性支承就是采用螺栓,金属对金属地固定在风机或水泵机架上,但这样会将电动机的噪音传递给风管或沿路管线。电动机发出的噪音是一种电气噪声,它不同于轴承噪声,在有些设备中必须予以隔绝。

弹性支承电动机则采用其他方法将电动机噪声和轴承噪声与系统的金属机架隔绝,但必须注意弹性支承上的接地条,见图 18.24。这种电动机分别采用电气和机械方式实现与金属机架的阻断。如果电动机有接地线但没有接地条,就会产生电热现象。**安全防范措施**:*更换电动机时,必须始终注意连接接地条,否则,电动机就可能非常危险,见图 18.25。*

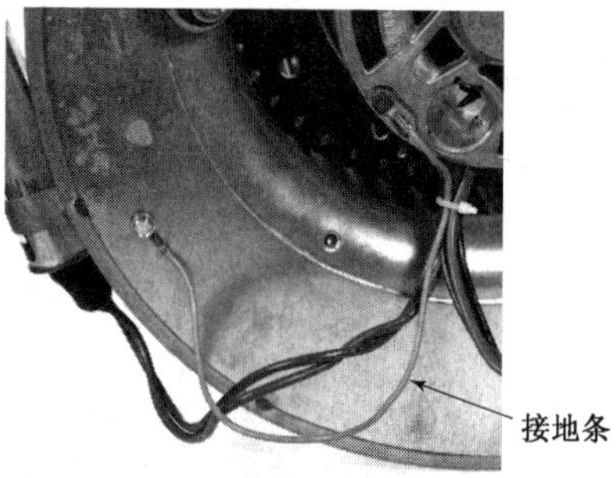

图 18.24　如果电动机有接地绕组,接地就可以将电流传递至机架(Bill Johnson 摄)

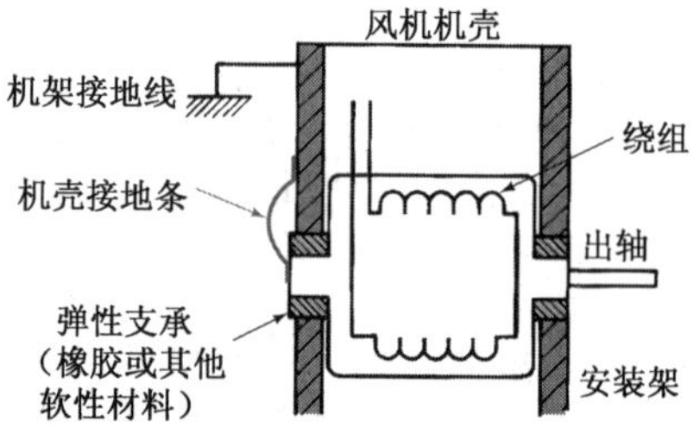

图 18.25　接地条的连接

电动机的支承方式有 4 种:托架支承、刚性机座支承、端面支承(采用叶板、双头螺栓或凸缘)和腰带支承,这 4 种支承方法均有符合美国全国电气制造商协会(NEMA)制定的标准尺寸,并用机座号予以标志,图 18.26 为其中的一些常用数据。

NEMA标准机座尺寸

以下为美国电气制造商协会制定的电机标准尺寸,
适用于本表所列所有各种执行NEMA规定的电动机

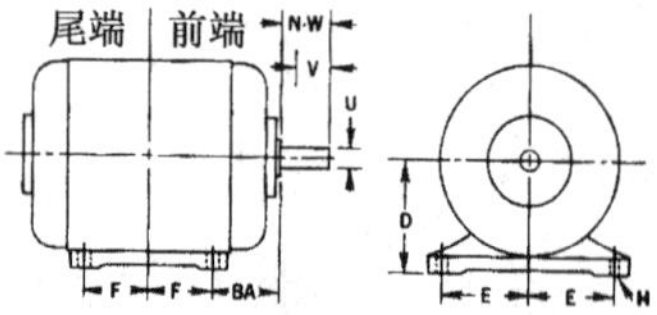

标准机座号	所有尺寸均以英寸为单位							V(§) Min.	主尺寸			标准机座号
	D(*)	2E	2F	BA	H	N-W	U		宽	高	长	
42	$2\frac{5}{8}$	$3\frac{1}{2}$	$1\frac{11}{16}$	$2\frac{1}{16}$	$\frac{9}{32}$长方形孔	$1\frac{1}{8}$	$\frac{3}{8}$	—	—	$\frac{21}{64}$水平高度	—	42
48	3	$4\frac{1}{4}$	$2\frac{3}{4}$	$2\frac{1}{2}$	$\frac{11}{32}$长方形孔	$1\frac{1}{2}$	$\frac{1}{2}$	—	—	$\frac{29}{64}$水平高度	—	48
56 56H	$3\frac{1}{2}$	$4\frac{7}{8}$	3 3&5(‡)	$2\frac{3}{4}$	$\frac{11}{32}$ slot	$1\frac{7}{8}$(†)	$\frac{5}{8}$(†)	—	$\frac{3}{16}$(†)	$\frac{3}{16}$(†)	$1\frac{3}{8}$(†)	56 56H
56HZ	$3\frac{1}{2}$	**	**	**	**	$2\frac{1}{4}$	$\frac{7}{8}$	2	$\frac{3}{16}$	$\frac{3}{16}$	$1\frac{3}{8}$	56HZ

图 18.26　典型电动机机座的相关尺寸(W. W. Grainger, Inc. 提供)

托架支承式电动机

托架支承式电动机既可用于直接驱动,也可用于皮带传动的各种装置。这种电动机有一个与电动机尾端壳体相配合的托架,而尾部壳体又与一支架固定,见图 18.27。整个托架用螺栓固定于设备或水泵的机座上,见图 18.28。采用托架支承的电动机一般为小功率系列,其特点是轻巧,拆装方便。

图 18.27　托架支承式电动机(W. W. Grainger,Inc. 提供)

图 18.28　托架固定在水泵的机座上
　　　　　　(W. W. Grainger,Inc. 提供)

刚性机座支承电动机

刚性机座支承式电动机除了其他机座固定于电动机机身上以外与托架支承电动机相同,见图 18.29。这种电动机的隔音效果主要体现在用于驱动原动机的传动带上。由于传动带比较柔软,因此它能抑制电动机的部分噪声,这种电动机常用来直接驱动压缩机或水泵,但在这些直接驱动装置中,电动机与原动机之间常采用柔性联轴器,见图 18.30。

图 18.29　刚性支承电动机(Bill Johnson 摄)

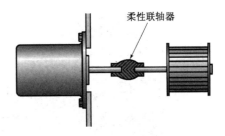

图 18.30　采用柔性联轴器的直接驱动式电动机

端面支承电动机

端面支承式电动机往往是采用叶板或双头螺栓直接将电动机壳体固定于原动机上的小功率电动机,见图 18.31。凸缘支承式电动机在其壳体上有一段凸缘,如图 18.32 所示的燃油器电动机。

腰带支承式电动机

腰带支承式电动机有一个裹住电动机的腰带,腰带上又有多个固定电动机的支架。腰带支承式电动机一般还配置有多种安装支架,可适用于各种应用场合。这种电动机常用于空调装置的空气处理箱且全部为直接驱动,见图 18.33。

图 18.31 带有叶板和双头螺栓的端面
支承式电动机(Bill Johnson摄)

图 18.32 带有凸缘的燃油器电动机,其端部
的凸缘可以使电动机在其驱动的
设备上正确定位(Bill Johnson摄)

18.7 电动机的传动

　　电动机传动机构是电动机与被驱动负载间的动力传递装置,称为传动系统。例如,电动机是驱动装置,风机就是一个被驱动的构件。所有电动机都需要用传动带驱动负载,或通过联轴器,或其他能够安装在电动机出轴上的传动件来直接带动负载。齿轮传动也是一种直接传动方式,但由于它主要用于大型工业设备中,这里不予论述。

图 18.33 腰带支承电动机(W.
W. Grainger, Inc. 提供)

　　传动机构的目的在于将电动机转动动力(或称动能)传递给被驱动构件。例如,压缩机的电动机就是为压缩机提供动力,由压缩机将制冷剂蒸气进行压缩,并将制冷剂从系统的低压侧泵送到高压侧。在此传动的过程中,还涉及效率、被驱动装置的速度以及噪声等多种因素。除了压缩机负载之外,驱动传动带系统上的各传动带和皮带轮等也需要能量,因此,可以说直接驱动式电动机更适宜压缩机驱动,图 18.34 为直接驱动和皮带驱动的两个案例。

　　多年来,风机与压缩机一直采用皮带驱动方式,被驱动装置的转速可通过改变皮带轮的大小来调节,这种可任意改变速比的特性是皮带传动方式的特征,见图 18.35。如果需要改变压缩机的容量或风机的转速,皮带传动方式就具有明显的优势,但这样的调整只能在驱动电动机的容量范围之内。

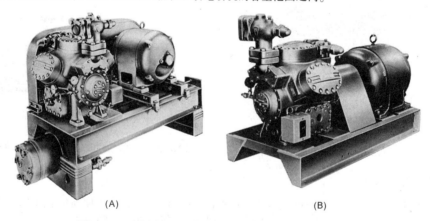

(A)　　　　　　　　　　　　(B)

图 18.34 电动机驱动机构:(A)皮带驱动;(B)直接驱动

　　传动带有各种类型和规格,为防止拉长,传动带内还嵌有各种不同的纤维。**安全防范措施**:设备安装时,应特别注意传动带的安装,传动带的伸长量很小,绝不能从皮带轮侧面安装,因为这样安装,并不能使传动带拉紧,反而会使带中纤维层断裂,从而使传动带强度降低,见图 18.36。不得将手指伸入传动带与皮带轮之间,运行时也不能碰触传动带。

传动带的宽度有"A"型和"B"型两种,宽度为"A"型的传动带不能用于"B"型宽度的皮带轮,反之亦然,见图 18.37。传动带还可能有不同的夹紧形式,见图 18.38。

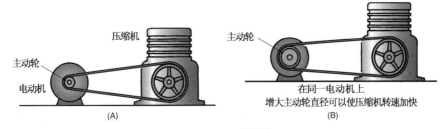

图 18.35　皮带驱动

当某传动机构需要一根以上的传动带时,其所有传动带必须匹配,传动带上标志长度相同的两根传动带并不一定匹配,因为它们并非具有完全相同的长度。所谓匹配的多根传动带是指这些传动带确为同一长度。一组标注为配套的 42 英寸的传动带意味着每一根传动带都恰好是 42 英寸。如果传动带上未注明是配套组的话,那么很可能一根是 $42\frac{1}{2}$ 英寸,而另一根是 $41\frac{3}{4}$ 英寸,此时多根传动带不起作用,由一根传动带承担大部分载荷时很快会被磨损。

图 18.36　皮带轮上安装传动带的正确方法,放松电动机机座底部的调节装置,使传动带能够套入皮带轮

传动带和皮带轮的磨损与其他相对移动和滑动表面的磨损非常相似。当皮带轮开始有磨损时,其接触表面即出现粗糙碎块,同时传动带也随之出现磨损的迹象。皮带轮使用(或称运行)一段时间后都会出现一定的磨损,这是一种正常现象,但传动带的打滑往往会形成过早的磨损。皮带轮应注意经常检查,见图 18.39。

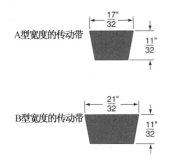

图 18.37　A 型和 B 型宽度的传动带

图 18.38　带有凹槽的传动带(Bill Johnson 摄)

传动带必须要有适当的张紧力,否则就会使电动机在过载状态下运行。调整传动带张紧力时,应采用传动带张力表,才能使传动带的张紧力调节到一个比较理想的状态。此张力表还需与标明长度、不同类型传动带、正确的张紧力数值线图配合使用。图 18.40 为两种传动带张力表。

风机、水泵以及压缩机一般都采用直接驱动方式,且实际上电动机出轴与风机或压缩机的主轴是同一根轴,或者说,是电动机出轴的延伸,见图 18.41。因此,此主轴不能单独更换。当这种电动机用于开启式传动装置时,就必须在电动机与被驱动机间安装某种联轴器,见图 18.42。有些联轴器含有弹性件,通过弹性件连接两个联轴器配件,这样可以吸收少量的来自电动机或水泵的震动。

较大功率的水泵或压缩机,一般均采用结构比较复杂的联轴器,见图 18.43。这种联轴器和电动机的出轴必须有一定的同心度要求,否则可能出现强烈震动。安装时必须检测两者的同心度,检查电动机出轴是否与压缩机或风机轴平行。同心度的检测是一项非常精细的工作,应由有经验的维修人员进行操作。如果电动机和被驱动机构在室温状态下,两轴的同心度误差在容许范围之内,那么在系统运行足够长的时间达到运行温度之后,还必须再次对同心度的误差进行检测。如果电动机的膨胀量与位移量与被驱动机构不同,那么还需要在热机状态下重新调整同心度,见图 18.44。

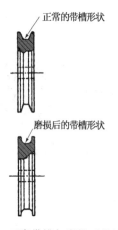

图 18.39　正常带槽与磨损后带槽的比较

图 18.40　传动带张力表(Robinair SPX Corporation 提供)

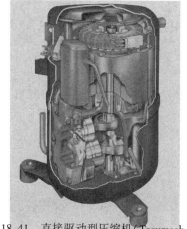

图 18.41　直接驱动型压缩机(Tecumseh Products Company 提供)

图 18.42　小口径弹性联轴器 (Lovejoy,Inc. 提供)

图 18.43　用于大功率电动机与大规格压缩机和 水泵联接的联轴器(Lovejoy,Inc. 提供)

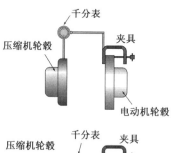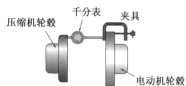

图 18.44　压缩机轴心线与电动机轴心线必 须尽可能同心,这样才能保证联 轴器正常运行(Trane Company提供)

当需要更换旧电动机,重新安装新电动机时,应尽可能地采用原规格备件,原规格的电动机一般可以在电动机供应商处或原设备制造商那里找到。如果该电动机不是常备种类的电动机时,则可以将旧电动机交给销售商或批发商,由他们根据该电动机的技术参数为你采购,从而可以节省大量的时间。

本章小结

1. 许多设备往往只能采用某一种类的电动机。
2. 电动机的输入电压、电流容量、频率以及相数取决于整个系统的电源情况。
3. 电动机的工作条件(运行条件)指标对必须在潮湿、易燃易爆以及多尘条件下运行的电动机工作环境做出了明确的规定。
4. 电动机也可根据绕组的绝缘方式与等级和电动机的运行温度进行分类。
5. 每种电动机均可配置套筒轴承、球轴承或滚柱轴承。套筒轴承运行噪声最低,但它不能承受较大的负载。
6. **安全防范措施**:电动机必须按其设计的安装方式进行安装。
7. **安全防范措施**:无论何时,均应尽可能采用原类型、原规格的电动机来替换损坏的电动机。
8. 传动机构将电动机的动能传递给被驱动的装置(风机、水泵或压缩机)。

复习题

1. 试说出选配电动机时必须考虑的 4 个主要技术参数。
2. 电源参数应包含如下要素:
   A. _____;　　　　　　 B. _____;
   C. _____;　　　　　　 D. _____。
3. 电动机电源容许的电压波动范围一般为 ±_____%。
4. 如果某电动机的额定电压为 208 伏,那么其容许的最大电压值应为_____;最小电压值应为_____。
5. 电动机的满负荷电流是指:
   A. 电动机在正常运行状态下的电流;　　　 B. 电动机启动时产生的电流;
   C. 电动机在其额定功率 +25% 时运行所产生的电流。
6. 在美国,一台交流电动机在常规状态下运行时的工作频率(cps)是:
   A. 50;　　　　　 B. 60;　　　　　 C. 120;　　　　　 D. 208。
7. 正误判断:三相电动机常用于住宅空调系统。
8. 常用于小型电动机的两种轴承是_____和_____。
9. 采用离心启动开关的单相开启式电动机不能用于:
   A. 空调冷凝器风机电动机;　　　 B. 空调室内空气处理器;
   C. 存在易爆气体的场合;　　　 D. 通风风机的电动机。
10. 电动机使用系统的含义是什么?
11. 选配电动机时,为何要考虑电动机的绝缘等级系数?
12. 当电动机垂直安装时,电动机轴承必须有一个_____表面。
13. 电动机安装的两种最基本方式是_____和_____。
14. 美国全国电气制造商协会(NEMA)已经对电动机的各项尺寸制定标准化,该标准中 4 种支承方式是:_____、_____、_____和_____。
15. 电动机的两种传动方式是_____和_____。
16. 什么是配套传动带?
17. 试说出传动带的种类。
18. 用于直接驱动的联轴器为何必须保证轴心线的对中?
19. 用于两轴同心度检测的常规仪器是:
    A. 微米计;　　　 B. 千分表;　　　 C. 压力表;　　　 D. 手摇式湿度计。
20. 弹性支承电动机为何设置接地条?

第19章 电动机的控制

教学目标

学习完本章内容之后,读者应当能够:

1. 论述继电器、接触器与启动器之间的差异。
2. 陈述如何根据电动机的堵转电流来选择电动机启动器。
3. 说出接触器和启动器的构成元件。
4. 比较两种电动机内置式过载保护器。
5. 论述为再次启动电动机对安全装置进行复位时必须考虑的事项。

安全检查清单

1. 电动机因过载等原因而停机时不要马上重新启动,可能的话,应在重新启动前查明电动机过载的原因。
2. 流经各导线的电流不能过大,否则导线就会过热、烧毁甚至起火。
3. 更换或维修线电压电路中各元器件时,必须切断电源,将配电板锁上,贴上标签,并由自己保管唯一的一把钥匙。

19.1 电动机控制装置

本章主要讨论用于开 – 关电动机电源电路的各种控制装置:继电器、接触器和启动器。

例如,某家用集中式空调器的压缩机以下述方式进行控制:空调区域内温度上升时,温控器触头闭合,使压缩机上的接触器低压线圈得电,压缩机接触器触头闭合,使线电压电源与压缩机绕组连接。这些电动机控制装置就是所谓的继电器、接触器和启动器,尽管名份不同,但它们的功能完全相同。图19.1 为某电动机启动继电器的接线图。尽管接触器设置在电动机绕组之外,但它是电动机电路的主要组成部分。电源通过接触器连接电动机绕组和启动继电器,虽然启动继电器接入电动机电路的时间非常短,但它对于电动机的启动及达到其额定转速是必不可少的。

电动机与设备的规格大小通常决定了开关装置的类型(继电器、接触器或启动器)。例如,一个手动小开关可以控制手提式头发吹干机,仅一个人即能操作开关。但一台驱动空调压缩机的100马力的大型电动机,其启动、运行以及停车必须是自动化控制。由于其电流要比头发吹干机大得多,因此,启动和停止大型电动机的控制装置也同样比启动和停止小电动机更复杂。

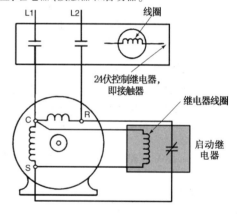

图 19.1 启动继电器实际上是电动机电路的一部分。控制继电器(即继电器)可以将电源传递给启动继电器

19.2 工作负荷电流和堵转电流

电动机有两个额定电流(安培):工作负荷电流(RLA),有时亦称为满负荷电流(FLA)和堵转电流(LRA)。工作负荷电流,或称满负荷电流是电动机运行时形成的电流;堵转电流则是电动机刚开始启动、转子开始转动前一瞬间所产生的电流。选择电动机线电压控制装置(继电器,接触器,启动器)时,必须同时考虑这两个电流值。

19.3 继电器

继电器有一个能够打开或闭合一组或多组触头的电磁线圈,见图19.2。由于这种继电器损坏后内部各零件无法更换,因此常将其视为一次性器件。

继电器主要用于小功率电路控制,但可采用先导式继电器来切换(开和关)较大功率的接触器或启动器。用于切换电路的先导式继电器功率很小,它并不用于直接启动电动机。用于启动电动机的继电器由于其触头电阻较大,也并非真正适宜于用做切换继电器。

先导式继电器的触头通常采用优质银金属制成,且仅用于小功率电路的切换,用于大负载电路时,会使触头熔化,因此大功率电动机开关继电器触头一般都采用具有较大表面电阻的银镉氧化物制成,且其整体形状也比先导式继电器大。

如果某继电器在制冷模式下启动集中式空调系统的室内风机,那么该继电器必须能承受风机电动机启动时的冲击电流,见图19.3(电动机的启动电流一般为正常运行电流的5倍,但其持续时间很短)。继电器通常以马力为单位标注其功率,如果某继电器的额定功率可用于3马力的电动机,那么它就能承受3马力电动机所产生的冲击电流或堵转电流及其运行电流。

图 19.2　用于启动电动机的继电器。它设有一个电磁线圈,一旦线圈得电,即可闭合一组触头,同时打开另一组触头

图 19.3　用于启动集中式空调系统蒸发器风机的风机继电器,它是一种一次性使用的继电器(Bill Johnson 摄)

继电器触头有多种组合形式。当电磁线圈得电时,它可能有两组触头闭合,见图19.4;或者线圈得电时,它可以有两组触头闭合,一组触头打开,见图19.5。我们把线圈得电时只有一组触头闭合的继电器称为单刀单掷的常开继电器(代号为 spst,NO);有两组触头闭合、一组触头打开的继电器则称为三刀单掷,它有两个常开触头和一个闭合触头(代号为 tpst)。图19.6 为各种继电器触头的组合形式。

图 19.4　线圈得电时,有两组触头闭合的双刀单掷继电器

图 19.5　线圈得电时,有两组触头闭合、一组触头打开的继电器,它有两组常开(NO)触头和一组常闭触头(NC)

19.4　接触器

接触器就是较大功率的继电器,见图19.7。如果出现故障,它可以更换部件重新装配,见图19.8。接触器含有多组动触头和静触头,其线圈有24伏、115伏、208~230伏或460伏等不同的工作电压。

触头组合图

SPST (1)	DPST (5)	TPST (8)	FPDT
SPST (2)	DPST (6)	TPST (9)	(11)
SPDT (3)		TPDT	
DPST (4)	DPDT (7)	TPDT (10)	

图 19.6　继电器触头的常见组合形式(Carrier Corporation 提供)　　　图 19.7　接触器(Bill Johnson 摄)

接触器的外形有大有小,但其内部所有构件均相似,接触器触头有多种组合形式,从仅含一组触头到较为复杂的多组触头结构形式。单触头型接触器主要用于许多家用空调机组,用来切断单相压缩机与电源的联接,有时候也采用单触头接触器控制压缩机曲轴箱加热器,见图19.9。当触头打开,电动机停止运行时,就会有较小的电流经线2(L2)流过电动机绕组和曲轴箱加热器。如果用双触头接触器换此接触器,那么曲轴箱加热器就无法获得电源。这里需要再次说明,更换元器件时最好采用同类型、原规格的备用件。图19.10为仅在电动机停止运行时为曲轴箱加热器提供电源的另一种方式。

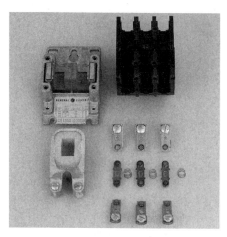

图19.8　接触器中各零件可以更换。动触头和静触头,顶推触头的弹簧和吸持线圈(Bill Johnson摄)

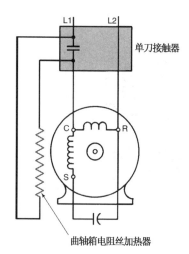

图19.9　该接触器只有一组触头。仅需将一条电源线切断即可使电动机停止运行。这种方法可以在电动机停止运行时,为压缩机曲轴箱加热器提供电源,电动机运行时(此时触头闭合),电流跳过加热器,直接进入电动机绕组

　　一些接触器还会有多达5组或6组触头,对于大功率电动机来说,一般需要有3组较大规格的触头,分别用于控制电动机的启动与停止,其他触头(辅助触头)可用于切换各辅助电路。

19.5　电动机启动器

　　启动器,有时也称为电动机启动器,与接触器非常相似,在某些情况下,接触器有时也包含电动机启动器,但电动机启动器又不同于接触器,因为电动机启动器内一般都设有电动机过载保护装置,见图19.11和图19.12。电动机启动器可以更换零件,重新装配,且具有多种规格。

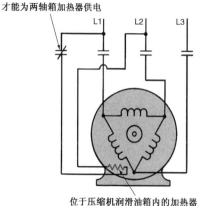

图19.10　带有辅助触头的接触器

图19.11　电动机启动器(Bill Johnson 摄)

本章后面将更全面地讨论各种电动机的保护方式,但现在我们应当了解与掌握过载保护器如何维护电动机的相关内容。图 19.13 为熔化金属型过载加热器。因为熔断器或断路器是用于保护整个电路的,电路中还有许多其他器件,因此不能完全依赖熔断器或继路器来获得电动机的保护。在某些情况下,电动机启动器保护装置要比电动机绕组温控器保护器更容易表现出电动机的故障。

图 19.12　电动机启动器中各可更换的零件:动触头和静触头、
　　　　　弹簧、线圈以及过载保护装置(Bill Johnson 摄)

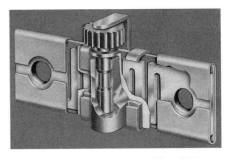

图 19.13　熔化金属型过载加热器
　　　　　(Square D Company 提供)

随着电动机的频繁启动,触头的接触表面会逐渐出现浊屑和凹坑,见图 19.14。有时维修人员采用锉刀或砂纸修平或清理。注意,触头可以进行清理,但只是一个临时应急措施,用锉刀或砂纸打磨会使银触头下的基体暴露,进而加速其损坏,因此更新触头是唯一最好的方法。如果是继电器,那么就必须将整个继电器换下;如果是接触器或启动器,则换用新触头,见图 19.14。动触头和静触头以及各弹簧都有一定的作用力作用于各触头上。

可以采用电压表在满负荷状态下跨接在一组触头的两端,检查其接触电阻的大小,如果将电压表的表棒连接一组触头的两端,若有一定的电压,那么说明两触头间存在电阻;如果是新触头,就不应有电阻,电压表也不应显示有电压值。旧触头上都会因接触表面电阻存在形成较小的压降。图 19.15 所示为采用欧姆表检查触头的方法。

图 19.14　新触头与带有浊屑、凹坑的触头
　　　　　的对比(Square D Company 提供)

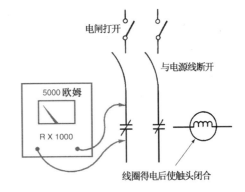

图 19.15　用欧姆表检查触头可以说明具有
　　　　　浊屑表面的触头具有接触电阻

每当电动机启动时,触头都会首当其冲地承受较大的冲击电流(即堵转电流),触头在此时就具有极大的电流负荷;而当触头打开时,因为电路突然切断又会产生电弧。因此,触头必须尽可能快地闭合和打开,但触头处的磁铁又会使其在吸动触头及其机构的过程中行动减缓。例如,一字排开的 3 个大动触头均需要同样紧贴静触头,动触头后的弹簧可以使各触头压力均衡,见图 19.16。如果触头表面存在电阻,触头就会逐渐发烫,温度上升到一定程度后又会使来自弹簧的压力减小,使其相互之间的接触压力降低,进而产生更多的热量,因此必须保持弹簧有足够的作用力。

19.6　电动机保护

用于空调、采暖以及制冷设备中的各种电动机往往是系统中单价最贵的构件。此外,这些电动机需要消耗大量的电能,而且电动机绕组上还往往要承受一定的作用力,因此电动机理应在相应的系统经济性成本内受到尽可能好的保护。而且,电动机价格越高,电动机保护装置的成本越大,功能也越完善。

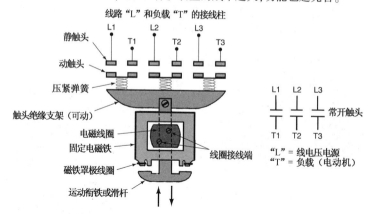

图 19.16　线圈得电时,弹簧可以将 3 个动触头紧紧压在静触头上

熔断器可以用做电路的保护装置(不是电动机的保护装置)。**安全防范措施**:导线中的电流不能过大,否则导线会由于过热而烧毁,甚至起火。电动机可以在不致导线过热的过载状态下运行,熔断器也不会切断电路。我们以集中式空调系统为例:冷凝机组上有两台电动机,压缩机电动机(最大的)和冷凝器风机(最小的),在常规机组中,压缩机电动机的电流一般为 23 安培,而风机电动机的电流约为 3 安培。熔断器保护的是整个电路,即电路中出现大电流时,熔断器以烧断的方式来保护电路各线路,如果某个电动机过载,熔断器是不会切断电路的,见图 19.17。每台电动机均应在其自身的运行参数之内受到保护,冷凝器风机电动机和压缩机电动机均应设置使风机电动机以 3 安培和压缩机以 23 安培状态下正常运行的内置式电动机保护装置。

电动机可以在不造成危害的情况下以稍大的过流状态短时间运行。过载保护器的功能在于电动机工作电流稍大于满负荷电流值时能够自动切断电动机电源,因此,在其满负荷设计工况下电动机可以正常运行,关键是稍大于满负荷电流的实际电流涉及一个持续时间的问题,而且高于满负荷电流的实际电流值越大,过载反应就越快,容许过载量与持续时间是各种过载保护装置设计时必须考虑的两个参数。

过载电流保护器的应用方式各不相同。例如,对于一些不会引起电路过热或对自身损害的小功率电动机来说,一般不需要过载保护。有些小功率电动机之所以不设置过载保护装置是因为它不会消耗一定的能量损坏电动机,除非电动机绕组与绕组或绕组与机壳(与接地线)之间出现短路。图 19.18 是一个小功率冷凝器风机电动机的案例,这种电动机在堵转状态下不会产生很大的电流,也不会过热,也不设置过载保护装置。这种电动机称为"阻抗保护"电动机,它只有 10 瓦的功率,仅相当于 10 瓦的灯泡,且价格不贵。如果电动机因烧毁不能运行,电路保护装置即可切断其电流。

过载保护装置分为配置式(内置式)保护装置和外置式保护装置两种。

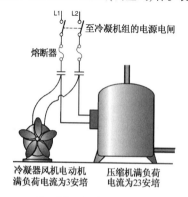

图 19.17　位于同一电路和同一布线状态下具有两种不同过载要求的两台电动机

图 19.18　不会在堵转状态下产生大电流的小功率冷凝器风机,这种具有阻抗电动机保护功能的电动机也不会因产热而出现故障(Bill Johnson 摄)

19.7 内置式电动机保护装置

内置式过载保护由位于电动机绕组内的内置式热力过载保护器或热启动速动膜片（双金属膜片）提供的，见图 19.19。各种开启式和封闭式电动机也往往采用这种同类型的保护装置。

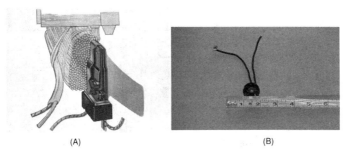

(A)   (B)

图 19.19 （A）内置式过载保护器；（B）外置式过载保护器（（A）：Tecumseh Products Company 提供，（B）：Bill Johnson 摄）

19.8 外置式电动机保护装置

外置式保护装置常用于为电动机接触器或启动器传递电源的装置。电动机接触器或启动器通常由电流过载保护器启动并切断电路与线圈的连接，再由接触器停止电动机的运行。如果某电动机是采用继电器控制启动的，那么一般来说，该电动机功率较小，且一定是内置式保护，见图 19.20。接触器主要用于大功率电动机的启动，且既可以采用内置式过载保护，也可采用外置式保护。大功率电动机（用于空调、采暖和制冷系统的 5 马力左右的电动机）一般均采用启动器和设置在启动器内的或接触器电路中的过载保护装置。

过载保护器的阈值（跳闸电流）和类型一般由系统设计工程师或制造商选定，维修人员仅需在因过载跳闸、出现随机性关机等故障时检修过载保护装置。维修人员必须能够理解设计者对电动机运行和过载保护装置运行的设计意图，因为它们与整个工作系统能否正常运行密切相关。

许多电动机都有使用系数，即电动机标准功率都有一定的余量，因此，电动机可以在高于满负荷电流以及电动机的使用系数之内运行，不会出现任何问题。电动机的使用系数一般为 1.15 或 1.40，且电动机功率越小，其使用系数则越大。例如，满负荷电流为 10 安培、使用系数为 1.25 的电动机可以在 11.25 安培的状态下正常运行，对电动机本身来说，不会出现任何问题。对于任何一种电动机来说，过载保护的阈值确定必须将电动机的使用系数考虑在内。

19.9 全国电气规程标准

美国全国电气规程（NEC）已对各种电气设备，包括电动机过载保护制定了标准。对于因任何过载保护故障或对于正确选择过载保护装置出现争执或误解时可参考由美国全国电气制造商协会出版的标准手册。

过载保护器的功能在于当出现过载时，它能将电动机与线路分离。过载状态检测和电动机与电路的切断有多种方式：由安装于启动器上的过载保护装置或由设置在带接触器的系统中的独立过载继电器实施。图 19.21 是一种热力过载继电器的工作原理图。

图 19.20 通常采用继电器启动的风机电动机，其电动机保护装置为内置式（W. W. Grainger, Inc 提供）

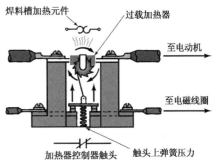

图 19.21 采用电阻式加热器的过载保护器，该加热器可以为低温焊料进行加热

19.10　温度传感装置

电流过载的检测可采用各种传感装置,最常见的是那些对温度比较敏感的传感器。

双金属元件就是其中的一种常用传感装置。我们将线电流接入一个加热器(可以将其稍做改变,以适应特定的电动机电流值),由此加热器加热双金属条,当电流过大时,加热器的热量就可以使双金属条弯曲,打开一组触头,将电源与接触器的线圈电路断开。所有各种过载保护装置均采用速动机构形式以避免过大的电弧出现。这些热动型过载保护器对其周围温度和状态的变化非常敏感,但当环境温度较高、接线端松脱时,就会经常出现故障。图19.22即为热力过载保护器接线端松脱时的一个案例。

此外也可采用低熔点焊料来代替双金属片,称之为焊料槽。其中的焊料能够在电流过载时被加热器产生的热量熔化,过载加热器的规格与受保护电动机的特定电流值相对应,过载时焊料熔化,过载保护器机构在弹簧刀的作用下切换,其控制电路就会切断电动机接触器线圈的电源,从而停止电动机的运行。冷却后则自动复位,见图19.21。

这两种过载保护装置对温度十分敏感。加热器的热量足以使它们动作。但任何来源的热量,即使与电动机过载毫无关系的外来热量也会使这些保护装置十分敏感。例如,如果过载保护装置设置在金属制作的控制箱内且在阳光直射之下,那么来自太阳的热量就会影响过载保护装置的动作,甚至过载保护装置接线端的连接线松脱所形成的局部发热也会使过载保护装置出现误动作,见图19.23。

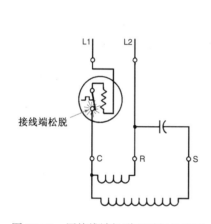

图19.22　因接线端松脱而引起的跳闸

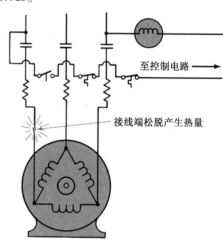

图19.23　接线端松脱等所引起的局部发热也
会使热力型过载保护器出现误动作

19.11　电磁式过载保护装置

电磁式过载保护装置为独立器件,不依附于电动机启动器。这种保护装置的动作精度很高,且不受环境温度的影响,见图19.24。其优点是可以将它设置在屋顶上,尽管气温较高,但它不受温度的任何影响。此外,它能够在非常精确的额定电流值瞬间使电动机停止运行。

19.12　电动机的重新启动

安全防范措施:当发现电动机因过载保护等安全装置启动而停止运行时,千万不能立即重新启动,必须在全面检查可能存在的故障之后;再重新启动电动机。当电动机因过载又受到过载保护而关机时,电动机在其关机的瞬间电流降低到0安培,但这不意味着电动机可以立即重新启动;因为过载的起因依然存在,而且电动机也可能温度太高,需要冷却。

过载故障排除之后,电动机的重新启动有多种方式。有些制造商在控制电路中设置一个手动复位装置,以避免电动机直接重新启动;也有些制造商采用时间继电器,使电动机能在设定的时间段内保持停机状态,无法启动;还有些制造商则常采用继电器,只有在温控器复位后,才能对电动机重新启动。过载保护器上设有手动复位装置的机组如果安装在屋顶上,还需要有人攀上屋顶使过载器复位。图19.25为设有手动复位机构的过载保护器。如果复位装置设在温控器电路内,那么可以直接从室内温控器将过载保护器复位,这样比较方便,但实际操作中,往往需要将多个控制器同时复位,而且维修人员又不清楚哪一个控制器需要复位。只有当按下手动复位按钮使电动机重新启动时,才能确认哪一个控制器已经复位并使电动机启动。

时间继电器的复位装置尽管可以使电动机停机一段时间,但又往往会在故障状态依然存在的情况下自动重新启动。

图 19.24　电磁式过载保护装置(Bill Johnson 摄)

重启

图 19.25　设有手动复位机构的过载保护器
　　　　　(Square D Company 提供)

本章小结

1. 继电器、接触器和电动机启动器是控制电动机启动与关闭的 3 种装置。
2. 继电器主要用于开关电路和电动机启动。
3. 电动机启动继电器主要用于比开关继电器功率更大的场合。
4. 接触器是可以重新装配的大功率继电器。
5. 启动器就是在其壳体内安装有电动机保护装置的接触器。
6. 继电器、接触器和启动器内的触头不应用锉刀或砂纸打磨。
7. 大功率电动机应采用专门的过载保护装置,而不能采用常规的电路过载保护装置。
8. 电动机机内过载保护由电动机内的传感器装置负责。
9. 继电器、接触器或启动器等电源传递装置负责电动机的机外过载保护。
10. 使用系数就是电动机功率的储备容量系数。
11. 双金属片和焊料槽均为热力驱动的保护装置。
12. 电磁式过载保护器精度很高,且不受环境温度影响。
13. **安全防范措施**:大多数电动机由于过载而停止运行后,因需要有一段时间冷却,因此不能立即重新启动。如果条件许可,应在确定过载原因之后,重新启动电动机。

复习题

1. 对于已损坏的继电器,维修时应:
   A. 更换新的继电器;　　　　B. 将其送到维修部门;　　C. 自己修理;　　　D. 以上选择都不对。
2. 接触器和启动器维修时,可以更换哪些零部件?
3. 两种继电器分别是_____和_____。
4. 更换电动机启动器时必须考虑的两项电流值分别是_____和_____。
5. 接触器和启动器有何区别?
6. 正误判断:接触器均可改作启动器。
7. 继电器、接触器和启动器触头的接触面采用什么材料制成?
8. 如何使过载保护装置动作?
9. 下述哪一个电压值不是继电器、接触器和电动机启动器的常见工作电压?
   A. 12 伏;　　　　　　　B. 24 伏;　　　　　　　C. 115 伏;　　　　D. 230 伏。
10. 用锉刀或砂纸打磨接触器触头为何不是一个好的维修方法?
11. 采用电路保护装置来避免大功率电动机过载的想法为何不妥?
12. 在什么条件下电动机可以在稍大于设计负荷的状态下运行?
13. 试论述电动机机内过载保护与机外过载保护的差异。
14. 电动机过载保护的目的是什么?
15. 正误判断:电动机可以在停机后或仍处于过载状态时立刻启动。

第 20 章　电动机的排故

教学目标

学习完本章内容之后,读者应当能够:

1. 论述电动机故障的种类。
2. 说出电动机的常见电气故障。
3. 判断各种电动机中的机械故障。
4. 论述电动机电容器的检测方法与程序。
5. 解释封闭式电动机与开启式电动机排故操作中的差异。

安全检查清单

1. 如果怀疑某电动机存在电气故障,应立即切断电动机电源,以避免电动机出现更严重的损坏或不安全的情况。然后锁上配电板,贴上标志,并将唯一的一把钥匙保存在自己手中。
2. 检测电容器之前,必须采用 20 000 欧姆,5 瓦的电阻将电容器两端断路,使电容器放电,即使电容器有自己的放电电阻,我们仍建议采取这一方法。操作时必须采用带绝缘手柄的钳子。
3. 为电动机接线时,一定要将运行电容器上带有标志的电源输入端与电源连接。
4. 用扳头转动开放式驱动的压缩机前,必须切断电源。

20.1　电动机的排故

电动机故障有机械故障和电气故障两种,而机械故障往往看上去很像电气故障。例如,小功率永久分相电容式风机电动机的轴承滞动一般不会产生噪声,但电动机很可能无法启动,似乎像是电气故障。因此,检修人员必须了解、掌握正确诊断故障的方法。对于一些开启式电动机来说更是如此,因为如果是被驱动机构处于卡死状态,那就完全没有必要更换电动机;如果卡死的构件是封闭式压缩机,那么必须更换整个压缩机;如果它是一台可维修的封闭式压缩机,那么可以只更换其电动机,或更新压缩机的传动齿轮。

20.2　电动机的机械故障

电动机的机械故障一般都出现在两端轴承或电动机轴与传动机构的连接处。轴承往往会因为缺少润滑而出现抱死或过盈现象。砂粒和金属屑很容易进入某些开启式电动机的轴承,并引起轴承的磨损。

对于许多电动机的机械故障,采暖、空调以及制冷维修人员一般无法进行维修,只能由电动机维修和其他旋转设备的专业人员代劳。电动机出现较大的震动时也需要请有经验的专门从事平衡调整的业内人士帮忙,但你应全面检查各种可能导致电动机出现较大震动的原因,以确认震动不是由于积尘太多、风机的转动负荷加重或液态制冷剂涌入压缩机等系统故障所引起的。

采用滚柱轴承和球轴承的电动机通常可以根据轴承的噪声判断是否损坏。套筒轴承失效时,一般会出现抱死(不能转动)现象或电动机轴向某一侧偏移,即偏离其电磁场中心,此时电动机就无法启动了。

电动机轴承损坏后,可以更新轴承。但如果是小功率电动机,一般还是直接更新电动机,因为购买并安装一台新电动机的费用往往比更新轴承要便宜。购买轴承、拆开电动机等工作常常需要花费很多的时间,而且不一定能获得满意的效果。如果采用从电动机端部压入的套筒轴承结构,拆装新轴承时还需要一些专用工具,见图 20.1。

20.3　传动装置的拆卸

要拆下电动机,首先需从电动机轴上拆除皮带轮、联轴或风机叶轮,电动机轴与各零件的配合一般均较紧。**安全防范措施**:从电动机轴上拆除各零件时须十分小心。由于各零件固定在电动机轴上的时间较长,两者间甚至还有锈蚀。拆除轴上各零件时不得损坏电动机轴。专用的皮带轮拉出器有助于拆卸这些轴上零件,见图 20.2。但也需要其他工具和一定的操作方法。

大多数轴上零件采用紧定螺钉,经零件上的螺孔紧紧顶住机轴的方法固定于电动机轴上。电动机轴上一般设有供紧定螺钉紧固的小平台,以避免损坏电动机轴的配合表面,见图 20.3。该紧定螺钉采用很硬的钢材制成,比电动机轴的硬度要高得多。采用具有大扭矩的大功率电动机时,电动机轴与零件上通常还要加工出相应的一对键槽,键槽与键的配合可以使电动机轴与轴上零件两者间获得更佳的连接,见图 20.4。然后,通常再用紧定螺钉压紧键的上端,将轴上零件牢牢地固定在电动机轴上。

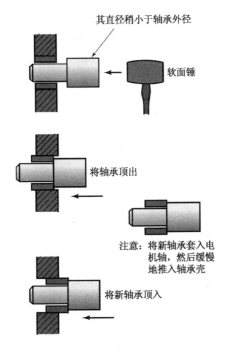

图 20.1　拆除套筒轴承的专用工具

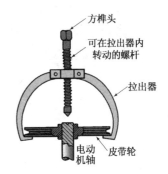

图 20.2　皮带轮拉出器

图 20.3　用于皮带轮上紧定螺钉固
　　　　　定的电动机轴上的小平台
　　　　　(Bill Johnson 摄)

　　许多维修人员往往想尝试将电动机轴直接从固定于其上的零件中抽出来,一旦按这种错误方式操作,必然会使电动机轴端部钝化、变形。电动机轴变形后,电动机轴就永远不可能在没有损伤的状态下从皮带轮中取出了,见图 20.5。电动机轴常采用低碳钢制作,因此极易损坏。如果必须将电动机轴从皮带轮中退出,那么可以采用直径稍小的类似短轴作为工具缓慢地顶出电动机轴,见图 20.6。

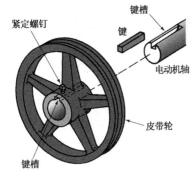

图 20.4　皮带轮上和电动机轴上各开设一个
　　　　　相互对应的键槽,键槽内放键后,
　　　　　再用紧定螺钉压紧键的上端部

图 20.5　因想尝试从皮带轮中直
　　　　　接抽出而被损坏的电
　　　　　动机轴(Bill Johnson 摄)

20.4　传动带的张紧

　　许多电动机故障是由传动带过紧和皮带轮中心线平行度偏差过大所引起的。技术人员应当对皮带轮机构上传动带的张紧要求有所了解。采用传动带张力表,并按其制造商的说明书操作就可以保证传动带获得正确的张力调节。传动带太紧就会有更大的载荷作用于轴承,使轴承过早磨损,见图 20.7。图 20.8 是一种传动带张力表。

图 20.6　采用另一短轴作为工具,将电动机顶出皮带　　　　图 20.7　传动带太紧时出现的情况
　　　　　轮,该短轴的直径应小于电动机轴的直径

20.5　皮带轮的校直

　　皮带轮的校直非常重要。如果主动轮与被动轮不在同一直线上,那么在电动机轴上就会产生额外的载荷。两皮带轮的校直可借助于直尺进行检验和调整,见图 20.9。对于小功率电动机,电动机机座上可以有一定量的调节范围,但如果传动带逐渐松弛时,又可能使得电动机轴失去平直。在室内用手电筒照射的情况下,想要对加热炉风机轴进行校平是非常困难的,但必须对此进行调整,否则电动机或传动机构就不可能有较长的使用寿命。

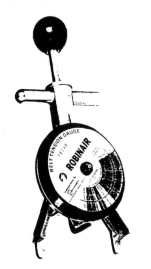

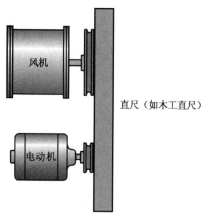

图 20.8　传动带张力表(Robinair　　　　　　图 20.9　两皮带轮必须处于同一直线上,否
　　　　　SPX Corporation 提供)　　　　　　　　　　　　则传动带和轴承就会很快磨损,皮
　　　　　　　　　　　　　　　　　　　　　　　　　　　　带轮可以直尺为依据进行校平

　　电动机中出现机械故障时,一般是更换新电动机或将电动机送至维修商店进行维修。电动机轴承可以在现场由有经验的技术人员进行更换,但此类维修最好还是由维修电动机的专业人员完成。如果是皮带轮或传动机构出现问题,那么空调、采暖和制冷技术人员应负责修理。注意,电动机维修必须采用适当的专用工具,否则极易损伤电动机轴和损坏电动机。

20.6　电动机的电气故障

　　电动机的电气故障对于封闭式电动机和开启式电动机来说并无区别。对于开启式电动机,由于通常可以直接观察,因此更易判断或诊断。开启式电动机烧毁后,由于可以通过打开端盖直接观察绕组,因此一般很容易确认。此外,还可以闻到焦臭味。但对于封闭式电动机,则必须采用仪器进行检测,因为只有通过这些仪器才能判断压缩机内无法直接观察到的故障。电动机的常见电气故障有 3 种:绕组开路;绕组与接地端短路;绕组与绕组的短路。

20.7　绕组开路

电动机中绕组开路可以采用欧姆表予以确定。对于任何电动机来说,连接电源后要能够正常地运行,各绕组的两端线头间应有一定的电阻。对于单相电动机来说,在其运行绕组上,以及启动时在其启动绕组上必须有系统所提供的电压,电动机才能运行,见图 20.10。图 20.11 为某电动机启动绕组开路的情况。

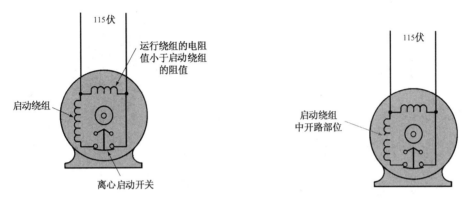

图 20.10　运行绕组与启动绕组的接线圈　　　　　图 20.11　电动机绕组开路

20.8　电动机绕组的短路

当绕组中的导线因绝缘层擦伤或其他原因造成的损伤而相互接触时,就会出现绕组的短路,这样的路径电阻很小,会使绕组的电流量迅速增加。这些电动机绕组看上去像是由裸铜线绕制而成的,但事实上这些铜线都涂有绝缘层,可以防止铜线相互连接。因此,各种电动机都应有上面提到的一定的绕组电阻值。在一些出版物中,我们也可以从中找到某些电动机各绕组的电阻值。判断一台电动机是否正常的最好方法是要知道该电动机正常状态下应有的绕组电阻,并用较好的欧姆表对其进行验证,见图 20.12。当电动机出现短路故障时,其电阻值必然小于其标准值。绕组电阻值的减小必然引起电流值的增大,进而使电动机过载保护装置切断电路,甚至可能使电流过载保护装置跳闸。如果绕组电阻读数不在其容差范围之内,那么一定是绕组出现了问题。此表对于封闭式压缩机电动机的排故非常有用,但各种开启式电动机的绕组电阻值表不太容易找到,而且开启式电动机内各绕组并不像封闭式压缩机那样全部连接至接线柱,因此也不太容易检测。

压缩机型号	电压	电机电流				全绕组		绕组电阻（欧姆）
		额定负载电流		1/2 绕组		额定负荷电流		
		堵转电流	熔断器规格	堵转电流	熔断器规格	推荐最大规格	标准规格	
9RA - 0500 - CFB	230/1/60	27.5	125.0			FRN-40	50	启动绕组 1.5 运行绕组 0.40
9RB　　TFC	208-230/3/60	22.0	115.0			FRN-25	40	0.51-0.61
9RJ　　TFD	460/3/60	12.1	53.0			FRS-15	15	2.22-2.78
9TK　　TFE	575/3/60	7.8	42.0			FRS-10	15	3.40-3.96
MRA　　FSR	200-240/3/50	17.0	90.0	8.5	58.0	FRN-25	35	0.58-0.69
MRB　　FSM	380-420/3/50	9.5	50.0	4.8	32.5	FRS-15	20	1.80-2.15
MRF								

图 20.12　常规封闭式压缩机绕组电阻(Copeland Corporation 提供)

如果启动绕组的电阻减小,那么电动机就不能启动;如果运行绕组的电阻减小,那么电动机可以启动,但运行时会产生很大的电流。如果电动机绕组的电阻无法确定,那么也就很难判断电动机是否曾经过载或是否只有少量组圈短路的绕组故障。

将电动机绕组中的导线展开可能会有数英尺的长度。一旦由这种带有绝缘层的导线绕制成的线圈出现短路,就会使绕组的实际匝数减少,而且短路后,实际的线程越短小,其电流的读数也越大,甚至在短路处出现局部的“发热点”。例如,假设某绕组导线全长为 50 英尺,正常时欧姆表读数应为 30 欧姆。因为绝缘层破坏在 45 英尺处有两匝导线相互碰接,欧姆表的读数降低至 27 欧姆,那么在导线碰接处就会出现发热点,且整个绕组的电流也随之稍有增大。

当该电动机为开启式电动机时,可以通过卸荷方法检查。例如,可以拆下传动带,或将联轴器分离,使电动机在无负载状态下启动,见图 20.13。如果电动机在无负载状态下能启动和运行,那么说明其负载太大。

三相电动机的每个绕组必须有相同的电阻值(即有 3 个完全相同的绕组),否则就存在问题。采用欧姆表检测可以很快地判断出哪个绕组的电阻不正常,见图 20.14。

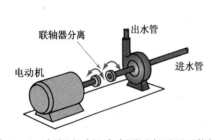

图 20.13   怀疑电动机或水泵因卡死而不能转动时,可将电动机和水泵的联轴器分开

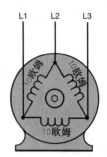

图 20.14   三相电动机的接线图,所有 3 个绕组两端的电阻值相同

20.9 绕组与地线(电动机机座)的断路

绕组与地线或电动机机座间的断路可以采用欧姆表检测,绕组与接地线之间不应通过电路来检测。压缩机上的铜制吸气管是检测接地状态很好的一个测点。注意,由于机座应当通过建筑物的配电系统与大地连接,因此"接地"与"机座"是两个具有同样含义的专业词汇,相互之间可以换用,见图 20.15。

要检查电动机的对地电阻,可采用一个 $R \times 10\ 000$ 欧姆挡的高精度欧姆表。对于功率较大、技术精度较高的电动机,则可采用专用仪器来检测其对地的高阻值。大多数技术人员都习惯使用欧姆表,高质量的欧姆表可检测高达10 000 000欧姆,甚至更高的对地电阻。兆欧表中设有表内高压直流电源,可帮助建立检测对地电阻的各项条件,见图 20.16。兆欧表常被称为高阻表,它可以检测阻值高达数百万欧姆的电阻。

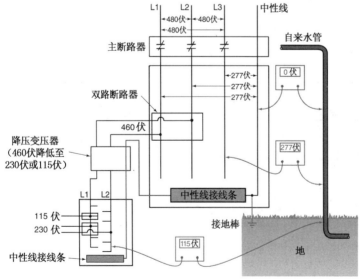

图 20.15   此接线图可用于说明接地装置与系统线路间的关系

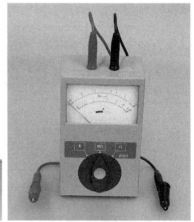

图 20.16   高阻表(Bill Johnson 摄)

常规的欧姆表可以检测约 1 000 000 欧姆及以下的对地电阻,根据经验,如果将欧姆表设置在 $R \times 10\ 000$ 挡,一端表棒连接电动机接线柱,另一端表棒连接接地线(如铜制吸气管)时,欧姆表指针几乎不动,那么此电动机可谨慎启动。**安全防护措施**:如果欧姆表指针转向刻度盘中段,那么就不得启动此电动机,见图 20.17。当欧

姆表上对地电阻的读数很小时,如果是开启式电动机,那么说明其绕组积尘严重且已受潮。清理电动机时,一般均需将接地线切断。一些长期在多尘、潮湿环境下运行的电动机在潮湿天气往往有轻微的漏电。空冷式风机电动机就是其中的一个例子,此电动机启动后,往往需要运行很长时间才能逐步升温、干燥,漏电才能逐渐消失。

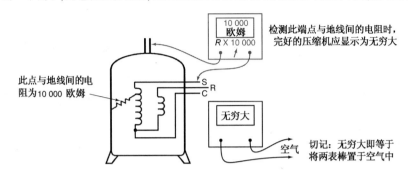

图 20.17　采用欧姆表检测压缩机电动机中绕组的对地电阻

　　封闭式压缩机由于电动机中的润滑油和液态制冷剂时常会飞溅至绕组上,因此常有轻微的漏电。润滑油中很可能会有漂浮在油层上的油渣,液态制冷剂造成的后果则有过之而无不及。如果欧姆表显示有轻微的漏电,那么可以在电动机启动运行一段时间后再做检测。如果漏电依然存在,若不做清理,该电动机将很快出现故障。吸气管线上的过滤干燥器可以帮助排除在系统中不断循环且会引起电动机漏电的各类杂质。

　　对于电动机排故来说,电流表和电压表是两种最主要的常用仪器。如果电阻值正常,说明电动机不存在电气故障,其他故障可以采用电流表查找。

20.10　单相电动机的启动故障

　　单相开启式电动机由于可以通过听和直接观察的方法来判断故障,因此对其启动故障的维修相对比较容易。如果电动机在多次连接电源之后依然不能启动,那么首先应检查输入电动机的电压是否正确:将电压表连接电动机接线端,在接入电源的情况下观察电压表上的读数,在整个电路中往往会有下述问题导致电源电压偏低:接线端松懈,熔断器盒裂开,连接线规格偏小或连接的是主配电板上的低压电源等。确认的唯一方法就是检测电动机接线柱上的电压值。即使在电动机启动、电路中出现堵转电流的情况下,其接线柱上的电压也应在其额定电压 ±10% 的范围之内。例如,如果此电动机为 208/230 伏的组合式风机电动机,其最低电压应为 187 伏(208 × 0.90 = 187.2),最高电压应为 253 伏(230 × 1.1 = 253),此电动机在启动和运行过程中的电压必须在此范围之内。

　　开启式电动机在启动绕组和运行绕组同时获得电源的状态下启动,且当电动机转速达到其额定转速的 3/4 左右时,启动绕组应与电路断开。有些电动机,如电容启动、电容运行(CSCR)电动机等,其启动绕组则自始至终经运行电容与电路保持连接状态,并由运行电容限制流经启动绕组的电流,以避免启动绕组升温,甚至烧毁。运行电容器的容量很小,排故时断开启动绕组与电动机本身运行时的状态完全一样。当配置有离心式开关的开启式电动机启动并开始运转时,可以听见离心式开关断开启动绕组时发出的声音。当电动机停机时,离心开关触头闭合时也会发出明显的声响。如果未能听见离心开关动作的声音且电动机依然没有启动,那么可以用电压表的表棒搭接位于电动机后端盖处的启动绕组(启动绕组接线柱与共线端),检查电动机启动时启动绕组上的实际电压值。如果电压值正常,电动机依然不能启动,那么对运行绕组(运行绕组接线柱与共线端)进行同样的检测。

　　对于电子启动开关,还必须采用电压表来检测位于电动机后端盖处的启动绕组电路,此项工作当然要比仅仅听一下离心开关的声音要稍复杂些。

　　电动机启动故障的主要症状为:

1. 电动机发出嗡嗡声,然后自行停止转动。
2. 电动机运行很短的一端时间后自行停止转动。
3. 电动机根本不能转动。

　　维修人员必须首先确定电动机是机械故障、电气故障,还是电路故障或负载故障。**安全防范措施**:如果电动机为开启式电动机,那么应切断电源,在锁上配电板、挂上标签后可以用手来转动电动机。如果为风机或水泵电动机,则应能轻松转动,见图 20.18。如果是压缩机,则很难转动,可以用扳头夹住联轴器试着转动压缩机,但此时必须切断电源。

　　如果电动机及其负载能自由地转动,那么应检查电动机各绕组及其各构件;如果电动机不断发出嗡嗡声且不能启动,那么需要更换启动开关或表示绕组已经烧毁。如果电动机为开启式电动机,那么可以采用目检的方式逐一检查;如果还不能发现故障,那么可以将电动机后端盖拆下检查,见图20.19。

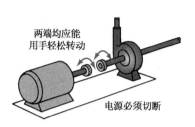

图 20.18　将水泵或压缩机上的联轴器断开,用手转动电机和水泵或压缩机来测试各转动轴是否存在难以转动或有构件被卡的情况。**安全防范措施**:必须将电动机的电源切断并锁上电源开关

图 20.19　该电动机后端盖已被拆除,可以直接检查启动开关和各绕组的情况(Bill Johnson 摄)

20.11　电容器的检测

电动机电容器可以采用欧姆表以下述方式进行简单检测,切断电动机电源并拆下电容器的一个引脚。**安全防范措施**:当有电荷存储于电容器内的情况下,可采用一个 20 000 欧姆,5 瓦的电阻并接于电容器两端,使电容器放电。有些启动电容器的两端设有可在停机时段泄放电荷的电阻,见图 20.20。无论是采用上述电阻,还是采用带绝缘护套的钳子,均需将电容器的两端短接。如果电阻器断开,那么电容器就不能泄放电荷,此时如将欧姆表表棒搭接含有电荷的电容器两端,那么欧姆表的机械机构就会损坏。将模拟式欧姆表选择开关设置在 $R \times 10$ 挡,并用表棒搭接电容器两端,见图 20.21。如果电容器完好,那么欧姆表的指针就能

图 20.20　带有放电电阻的启动电容器,该跨接于电容器两端的放电电阻可以在停机时泄放电容器内的电荷(Bill Johnson 摄)

先走向 0 欧姆,然后再开始缓慢反向朝电阻无穷大的位置移动;如果表棒搭接在电容器两端的时间足够长,那么指针就会返回到电阻无穷大的位置;如果指针回走了一段路程后,不再向无穷大方向移动,那么说明该电容器内部出现短路,即其中的一块电极板与另一块电极板相互接触;如果表棒在搭接电容器时指针根本不动,那么将选择开关切换至 $R \times 100$ 挡,重新再试,并可对换两表棒进行测试。事实上,这些欧姆表是利用其表内电池(直流电源)对电容器进行充电,当电容器在某一个方向充电后,下次检测时,欧姆表的表棒就必须对换;如果电容器自带放电电阻,用欧姆表检测时,电容器必朝 0 欧姆方向放电,然后指针再返回至电阻的阻值位置。

这种采用欧姆表的简单检测方法并不能测得电容器的电容量,要测定电容器的实际电容量必须采用电容器测试表,见图 20.22。一般情况下,我们无须知道电容器的实际充电量,因此这种电容器分析装置主要供需要进行大量电容器检测的技术人员使用。

20.12　电容器的识别

运行电容器一般都有一个充注绝缘油的金属外壳,如果电容器因电流过载导致温度升高,那么电容器就会膨胀,见图 20.23。当然,这样的电容器应予以更换。

安全防范措施:运行电容器上有一个应与电源连接的标识端。当根据该标识端连接电容器时,如果电容器在金属外壳内短路,那么熔断器就会烧断;如果电容器不是按此标识连接且出现短路时,那么在停机时段内就有电流流经电动机绕组连接接地线,并使电动机出现过热现象,见图 20.24。

启动电容为干式电容器,一般有一个纸质或塑料外壳,纸质外壳的电容器线已停止使用,但在一些老式电动机中仍可见到。如果此电容器曾遭受大电流的冲击,那么外壳上端的孔口就会向外鼓起,见图 20.25。这样的电容器应予以更换。

← 如有必要，应在采用 20 000 欧姆、5 瓦电阻放电之后，将放电电阻断开，如果电阻仍保留在电路中，那么欧姆表先是迅速摆动，然后返回至电阻的阻值处。

对于运行电容器和启动电容器，均可采用这种方法放电。

1. 先将 20 000 欧姆、5 瓦电阻用有护套的钳子与电容器两端并接。

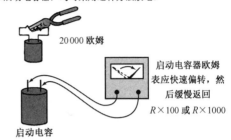

20 000 欧姆

2. 选择 $R\times100$ 挡或 $R\times1000$ 挡，用欧姆表两表棒分别搭接电容器两端，欧姆表指针会迅速偏转，然后缓慢返回。如果电容器完好，那么欧姆表的指针最后将返回无穷大处（假设此电容器不配置放电电阻）。

启动电容

启动电容器欧姆表应快速偏转，然后缓慢返回

$R\times100$ 或 $R\times1000$

3. 可以对换表棒后重新测试，或再次将电容器两端短接。如果对换表棒后欧姆表指针显示值很高，那么说明该电容器中仍有少量电荷。

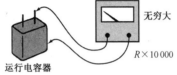

无穷大

$R\times10\,000$

4. 对于带有金属外壳的运行电容器来说，当欧姆表的一个表棒搭接其金属外壳，另一表棒搭接其中一个接线端时，设定在 $R\times10\,000$ 或 $R\times1000$ 挡的欧姆表应显示为无穷大。

运行电容器

图 20.21　电容器的现场检查程序

图 20.22　数字式电容器测试表（Davis Instruments 提供）

中部膨胀鼓起

图 20.23　该电容器因壳内压力上升而膨胀

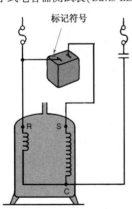

标记符号

图 20.24　按标记符号连接运行电容器可以使熔断器全面保护整个电路

孔口鼓起

图 20.25　启动电容器过热后，壳体上端的橡胶小膜片就会向外鼓起

20.13　连接线与接线柱

为电动机提供电源的各连接线和接线柱必须处于良好的状态。如果某处连接出现松懈,铜导线就会迅速氧化,此时氧化层就会成为一个电阻,使连接点温度升高,从而形成更严重的氧化,这种状态只能使连接点处的状态越来越差。接头松懈必然导致电动机输入端电压偏低,甚至出现电流过载现象。接头松懈所造成的后果实际上与一组积尘或烧焦的触点所形成的状态几乎相同。我们一般可以采用电压表来确定其位置,见图 20.26。如果因接头松懈形成电流过载时,通常可以根据松懈接头的温升来确定其所在的位置。

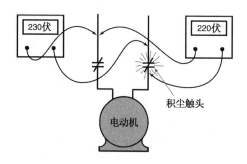

图 20.26　将电压表搭接一积尘或烧焦的触头两端时,触头两端的电压就会下降10伏左右

20.14　封闭式电动机的排故

由于封闭式电动机封闭在壳体内,无法目检,因此封闭式电动机的故障诊断显然与开启式电动机的故障诊断方式不同。电动机的大部分噪声被压缩机的壳体所抑制和衰减,在开启式电动机上可以明显听到的噪声在封闭式电动机上很难听到。

封闭式压缩机内的电动机只有通过各机外途径才能进行电气检查。一般来说,封闭式电动机会出现与开启式电动机一样的故障。如电路开路、电路短路、电路漏电等。维修人员必须从机壳外对电动机进行较为全面的电气检测,如果电动机未能修复,那么整个压缩机就必须更换。对于单相压缩机来说,电动机的检测包括运行、启动电容器及启动继电器等启动与运行构件。

如前所述,压缩机往往设置在偏远地点,一般无专人看守。压缩机可以利用操纵杆将它挂起,而电动机则必须不停地运行直至损坏为止。事实上,许多电动机故障是由压缩机引起的,最终会使电动机烧毁。由于压缩机的损坏往往无法直接见到,因此压缩机的损坏也就无法检测。当一台压缩机因为电动机损坏而更新时,应当首先假设是机械故障。

20.15　报修电话

报修电话 1

某零售商店经理来电报修:该商家空调机既不制冷,也不制热,进机组的管线已全部冻住,空调箱位于储藏室内。该机故障为蒸发器风机电动机绕组开路,且室内机组连续运行而不见有风流过蒸发器,蒸发器严重冰冻。

技术人员到达后,注意到风机不能运行。技术人员将温控器切换至“停机”位置,停止冷凝机组运行,然后将风机开关设置在“运行”挡。**安全防范措施**:技术人员然后应将电源全部切断,锁上配电板,并贴上标签后才能将风机舱盖拆下。用手摸摸风机电动机机身,发现是凉的,说明已停止运行多时。技术人员接上电源,检查电动机接线盒的电源电压,发现电动机绕组开路。

更换风机后,机组还不能马上启动,需将盘管上的积雪融化后才能启动。维修人员要求商店经理先启动风机,在男厕所内出风口处能感觉有气流流动。等待 15 分钟,将温控器设置于“制冷”挡,将风机开关调节到“自动运行”挡。技术人员离开。几天后的电话回访表明,整个系统目前运行正常。

报修电话 2

某居民来电报修:说他家的空调设备不制热。该机组故障为燃气炉上风机电动机的运行电容器出现了问题。燃气炉的燃烧器由高温限定控制器控制运行和停机,风机在关闭前只能在每次系统运行时转数分钟。有故障的那个电容器使电动机的运行电流约高出 15%。

技术人员到达,来到安装卧式燃气炉的地下室。燃气炉是热的。维修人员认真倾听了燃烧器点火器的声音并观察了数分钟,燃烧器自行关闭,大约在同时,风机启动。技术人员将风机舱门拆下,发现风机转动很慢。**安全防范措施**:电源必须切断,配电板必须锁上并贴上标签。电动机的温度很高,似乎可自由转动,据此说明电动机轴承正常。技术人员拆下运行电容,用欧姆表进行电容检测,见图 20.21,发现该电容器开路——既无电流也不导通。更换电容器,将风机舱门关闭。接通电源。从电动机发出的声音来看,电动机的转速明显比更换电容器前快许多。

离开现场之前,技术人员切断电源,为电动机加了油,并更换了空气过滤器。

报修电话 3

某零售商店客户来电报修:该商家空调既不制冷也不制热,压缩机位于室外,启动后即自行停机,风机电动机也不能运行。调度员告诉这位顾客应立即关闭机组,等待维修人员上门维修。冷凝器上电动机为永久分相式电动机,其轴承已经损坏,用手转动电动机时感觉可以自由转动,但在电动机转动时,接上电源后电动机即自行停止转动。

技术人员到达,与商店经理交谈之后来到室外机组处,为了能从室外控制整个系统,他将室内机组的电源切断,并将室内温控器设置在要求制冷的位置。

维修人员来到室外并将电闸合上,发现压缩机能启动,但风机电动机不动。**安全防范措施**:电源必须切断,配电板锁上,并贴上标签。在接触器的负载一侧将压缩机线头断开,使压缩机处于非运行状态。技术人员再次将电闸合上,利用钳形电流表检测风机电动机的电流,发现电动机的连接线有电流,可以转动,维修人员无法确认是电动机还是电容器出现了故障。将电源切断,维修人员用手转动电动机并在转动的过程中接入电源,然而,电动机就像有制动装置和刹车片作用那样迅速停止转动。这一现象表明,机内轴承出现了故障,或者是电动机内部出现了电气故障。

更换电动机后,即使采用原有的电容器,新电动机也能正常运行,压缩机连接线复原,电源线复位。至此,系统制冷正常。技术人员在离开前更换了空气过滤器,并为室内风机电动机添加了油润滑。

以下报修电话案例不再提供解决方法的说明,答案可参见 *Instructor's Guide*。

报修电话 4

某保险公司客户来电报修:该处空调既不制冷也不制热,系统中有一个配置空气处理箱(风机部位)的电加热器,该空气处理箱安装在储藏室的吊顶上方。冷凝机组位于屋顶,低压电源由空气处理箱处引出。

技术人员到达,查看室内温控器,将温控器设置在制冷挡,此时室内风机启动运行。技术人员来到屋顶,发现断路器已跳闸。在将断路器复位前,技术人员认为应首先查出断路器跳闸的原因。打开机组配电箱盖板,用电压表检测表明断路器上电压全部断开。接触器的 24 伏线圈因其电源来自楼下的空气处理箱,依旧可以得电。

技术人员将欧姆表的一根表棒搭接在接触器的负载端,另一根表棒搭接地线,以 $R \times 10000$ 挡检查电动机的接地线路,欧姆表显示为电路与接地线短路(对地电阻为零)。可参见图 20.17 中电动机接地检查的例子。根据这一检测结果,技术人员还不能确认是压缩机还是风机出现了故障。将接触器线侧的连接线断开,使两电动机的电源开路。对压缩机电动机的对地检查表明:正常,阻值为无穷大,而风机电动机的对地电阻为 0 欧姆。

是什么故障? 应如何解决?

报修电话 5

某商场客户来电报修:这是一幢三层楼的建筑物,楼上办公室空调既不制冷也不制热,其每层楼屋设置一个空气处理箱,冷水机组安装于地下室内。

技术人员达到,来到报修的二楼查看风机。如果是冷水机组不能制冷,那么,整幢楼内各处办公室都会出现同样的问题,显然并非如此,因此无须查看冷水机组或到其他楼层进行检查。

用手触摸冷水盘管是冷的,因此冷水机组一定没有问题,且能够将冷水送至盘管,而是风机电动机不能运行。**安全防范措施**:由于电动机可能存在电气故障,因此技术人员必须谨慎,先切断电闸,锁上并贴上标签。技术人员按下风机电动机启动器上的复位按钮,并听到棘轮机构复位的声音在技术人员按下复位按钮时,由于电闸开关仍处于断开状态,因此电动机无法启动。机组一定是在很大的过载电流状态下致使过载保护器跳闸。

采用欧姆表,将一端表棒搭接接地端,另一表棒搭接启动器负载侧上电动机引线一端,检查对地电阻,欧姆表设置在 $R \times 10000$ 挡。检查发现,其对地电阻很大。见图 20.17 中电动机对地电阻检测方法的举例。**安全防范措施**:当表棒搭接电动机引线端时,无论欧姆表上指针有多大的偏转,均表明电动机有或多或少的漏电,因此必须小心。如果欧姆表指针偏转量达到满刻度的 1/4 时,在其漏电问题解决之前,不得连接电源,否则可能出现人身伤害事故。电动机没有接地,每个绕组间的电阻值相同,那么电动机也就可以视为正常。技术人员又用手转动电动机,查看轴承是否过紧,结果表明电动机能正常运转。

技术人员关闭风机舱门,用钳形表钳住位于启动器负载侧的电动机一端引线,合上电闸,启动电动机。但当电闸闭合、电动机应该启动时,电动机并不启动,却发现有很大的电流,从电动机启动方式的角度来看,该电动机似乎完全正常且可以自由地转动。因此,技术人员怀疑电源是否有问题。

安全防范措施:技术人员应迅速将电闸拉向断开位置,并找一个欧姆表。用欧姆表检查每一个熔断器,发现

L2 线上熔断器开路。更换熔断器后重新启动电动机。电动机能正常启动运行,且所有三相绕组的电流均正常。问题是:熔断器为何会熔断?

是什么故障? 应如何解决?

报修电话 6

某私营企业主来电报修:其主餐厅内空调不制冷,该客户已做了一些维修保养工作,因此技术人员根据已做的维护工作,对一些可能存在的相关故障有了一些思想准备。

技术人员到达,可以听见位于屋顶的冷凝机组运行的声音,当检修人员走出小车时,机组又自行停止运行。客户刚对系统做了些维修,更换了过滤器,为电动机加了油,并检查了传送带。之后,风机电动机也自行停止运行,按下位于风机接触器处的复原按钮,可以复位,但风机电动机运行一段时间后又自行停止。

技术人员与该顾客来到安装空气处理器的储藏室,发现风机不运转,冷凝机组也因为压力太低而停机。技术人员用钳形表钳住电动机的引线段并重新启动电动机,发现电动机的所有 3 个相位绕组电流很大,电动机发出的响声似乎也不太正常。

是什么故障? 应如何解决?

本章小结

1. 轴承故障常常是由传动带过紧引起的。
2. 技术人员在更换皮带或联轴器时,时常会使电动机轴发生拉毛、擦伤甚至变形。
3. 电动机的平衡故障一般不需要采暖、空调和制冷专业技术人员来解决。
4. 应注意检查确认电动机的震动不是由系统所引起的。
5. 电动机的大部分电气故障是绕组开路、绕组电路短路或绕组搭地。
6. 对电动机进行排故作业时,必须根据电流定律进行分析。
7. 如果电动机的输入电压正常,电气参数也正常,那么应检查电动机的各个构件是否出现问题。
8. 由于封闭式电动机封闭在压缩机内,因此封闭式压缩机电动机的排故方式与开启式电动机不同。

复习题

1. 正误判断:如果小功率电动机中套筒式轴承器损坏,那么一般情况下即更新整个电动机。
2. 电动机中绕组开路意味着:
   A. 绕组与电动机机身搭接;　　　　　　　　B. 某绕组与其他绕组搭接;
   C. 某绕组中导线断开;　　　　　　　　　　D. 启动绕组的离心开关断开。
3. 电动机绕组往往在_____时出现短路。
   A. 气候反常;
   B. 绕组中绝缘皮擦伤的导线与绝缘皮同样被擦伤的另一部分导线接触;
   C. 离心开关存在故障;
   D. 电动机不能启动。
4. 绕组开路或短路一般可以采用下述哪种仪器予以确定:
   A. 电压表;　　　　　　　　B. 电流表;　　　　　　　　C. 欧姆表。
5. 绕组电阻值的减小会引起电流的如下变化:
   A. 减小;　　　　　　　　　　　　　　　　B. 增大;
   C. 既可减小,也可增大;　　　　　　　　　D. 既不减小,也不增大。
6. 用于检测数百万欧姆阻值的仪表是:
   A. 兆欧表;　　　　B. 电压表;　　　　C. 钳形电流表;　　　　D. 湿度表。
7. 在用欧姆表检测之前,应采用多大规格的电阻并接于电动机电容器上?
8. 要确定某电容器的电容量,应采用_____。
9. 试论述电容器与启动电容器的结构差异。
10. 正常运行状态下的三相电动机:
    A. 所有 3 个绕组的两端电阻均应相同;
    B. 第 1 个绕组中的电阻最小,然后逐渐变化,至第 3 个绕组电阻最大;
    C. 每个绕组两端间的电阻可大可小,无关紧要。

11. 试论述如果传动带过紧,电动机会出现何种问题?

12. 应如何检查封闭式压缩机中的各电气元件。

13. 接线柱松懈会导致电动机的电压_____和电流_____。

14. 电流值的检测可采用_____电流表。

15. 电动机中的滚柱轴承和球轴承故障通常可以利用_____予以确定。

开启式电动机的故障诊断表

在采暖和供冷、空调及制冷(冻)设备中,电动机主要用于驱动原动机,这些原动机包括系统中的风机、水泵和压缩机。系统中的压缩机通常为全封闭式压缩机,我们将在介绍压缩机的相关章节中予以论述。本故障诊断表仅涉及开启式电动机、单相电动机和三相电动机,在可能的情况下,对于故障可能的起因、现象,技术人员应注意倾听客户的自述与分析,很多情况下,顾客的表述和解释往往可以加快系统故障的解决。

故障	可能的原因	排故措施	标题号
电动机不启动,检查后未见不正常	电闸开关开路	关闭电闸开关	15.1,15.2,15.7
	打开熔断器或断路器开路	更换熔断器或将断路器复位,并确定其原因	15.1,15.2,15.7
	过载保护装置跳闸	将过载保护器复位,并确定其跳闸原因	19.6
	风机开关故障	维修或更换开关装置	15,4,15.7
	连接导线故障	维修或更换损坏的导线或接线柱	20.13
电动机不启动——发出嗡嗡声,且过载器跳闸	电源故障	检查电源电路	15.1,17.7
单相电动机			
A. 罩极式电动机和分相式电动机	轴承过紧,运行受阻	更换电动机	20.10
	传动带过紧或过载	调节传动带	20.4
	两个绕组中有一个绕组开路	更换电动机	20.7
	分相电动机中启动电路搭接	更换电动机	17.10
	启动电容器故障	更换电容器	17.12,20.11
B. 永久分相电容式电动机	运行电容器故障	更换电容器	17.14,20.11
	两个绕组中有一个绕组开路		
三相电动机	电源故障——电压不平衡	使电压平衡	17.7,48.46
	缺相——成单相状态	启动电动机前予以调整	17.7
	轴承过紧,运行受阻	更换轴承或电动机	20.10
	传动带过紧	调节传动带	20.4
	过载	减小负载	20.10
电动机启动短时间运行后因过载停转	过载保护器故障	检查过载保护器的实际负载,如果在正常值以下跳闸,则更换过载保护器	19.6
	过载保护电路超限	调整负载使之与电动机和过载保护器匹配	19.6
	电压偏低	确定原因并予以调整	17.7
三相电动机	缺相——成单相状态	启动电动机前予以调整	17.7
	电源电压不平衡	使电压平衡	48.46
	电动机负载过大	风量过大——予以调整	18.1
	风机或水泵轴承过紧	断开负载,检查轴承——如有必要更换轴承	20.8

第五篇　商用制冷

第 21 章　蒸发器与制冷系统

教学目标

学习完本章内容之后,读者应当能够:

1. 定义高温制冷、中温制冷和低温制冷。
2. 确定蒸发器的蒸发温度。
3. 识别不同类型的蒸发器。
4. 论述多管路与单管路蒸发器的特征。
5. 叙述怎样采用电压表进行电路排故。

安全检查清单

1. 装拆压力表、转移制冷剂或检测压力时,必须佩戴防护镜和手套。
2. 进入小型冷藏室或冷库作业时,必须穿保暖服装。

21.1　制冷

制冷就是将不需要的热量从一处移送至无关紧要的另一处的过程与方法。商用制冷与家用冷柜中的制冷过程非常相似,即将食品放在一个低于室内温度的冷藏温度下储藏。通常情况下,冷柜内的冷藏室温度为 35 ℉ (1.7℃),由于室内温度(一般为 75 ℉,23.9℃)高于冷柜内的冷藏温度,来自室内的热量就会经冷柜的箱体壁面进入冷柜内,因为热量一般总是自然地从高温介质向低温介质传递的。

如果进入冷柜的热量滞留在冷柜内,那么这部分热量就会使食品的温度升高,进而出现食品的腐败变质。当然,我们可以采用像冷柜一样的机械装置将这部分热量排除,这样的机械装置需要能量,即需要做功。图 21.1 为利用压缩循环将这部分热量排除的整个过程。由于冷柜内温度为 35 ℉,而室内温度为 75 ℉,因此,压缩循环中的机械能实际上是从冷柜内抽取这部分热量然后再排放至相对高温的环境中去的。

热量先是传递给温度较低的制冷剂盘管,然后由系统压缩机泵送至冷凝器,再由冷凝器将这部分热量向室内环境排放,整个过程非常像用海绵把水从一处移动到另一处。用干海绵在小水塘吸水,然后将湿海绵放在一个容器上并用力挤干海绵时,需要为此付出一定的能量。移动和挤干海绵的整个过程非常像制冷系统中压缩机的工作过程,见图 21.2。

另一个例子是住宅内的集中式空调系统。空调系统先将盘管温度冷却至 40 ℉ 左右,然后由盘管从流过盘管的、温度约为 75 ℉ 的室内空气中吸收热量,室内空气将热量传递给盘管后,使自身温度降低,冷却后的空气再与室内空气混合,使室内温度下降,见图 21.3。这样的过程就是所谓的空调,然而它也是一种制冷方式,只是其工作温度高于家用冷柜,因此常称为高温制冷。

商用制冷设备由于需要安装、设置在商业场所内,因此与家用冷柜又略有不同。食品店、快餐店、药房、花店以及食品加工企业只是商用制冷设备用户中的一部分。有些只是临时采用插座电源的制冷设备,如便利店中的小型提取式冷藏柜。制冷系统往往都设置在一个机组内,但有些制冷设备采用单独的冷藏装置,其单机式冷凝机组则设置在远处,也有一些大型超市的制冷设备采用由多个压缩机和多个货架式陈列冰柜组成的复杂系统。大多数商用制冷设备往往都由专门从事商用制冷设备和食品销售设备的部门或公司技术人员负责安装与日常保养、维修。

21.2　制冷设备的温度范围

商用制冷设备的温度范围是指制冷箱内温度或盘管内制冷剂的蒸发温度。论述制冷箱内的温度时,应首先说明本行业中常用的温度指标。

高温设备　高温制冷设备一般可以向制冷箱体提供 47 ℉ 至 60 ℉ 的温度,花店和糖果商店一般需要这样的温度。

中温设备　家用冷柜冷藏室就是中温制冷的一个案例,其温度一般为 28 ℉ 至 40 ℉,许多不同产品都可以在中温范围内存放。中温制冷的温度范围高于大多数产品的冰点温度,只有很少的产品需要在低于 32 ℉ 的温度下存放,如鸡蛋、莴笋和西红柿等蔬菜如果放在冷柜中冷冻的话,其外观肯定很难看。

低温设备　低温制冷设备所产生的温度均低于水的冰点温度,即 32 ℉。低温制冷应用中,温度较高的可能就是制冰了,其温度一般为 32 ℉ 左右。

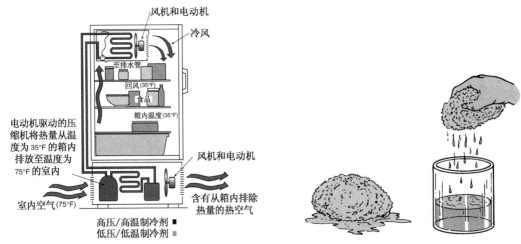

图 21.1　热量是从高温端流向低温端的,当需要将热量从低温端向高温端移动时,这部分热量只有通过外力来移动,制冷系统中的压缩机就是将热量向高温端移动的热量泵。这些压缩机一般均由电动机驱动

图 21.2　海绵吸水,水由海绵带到另一处,压挤海绵时,水就被排入另一个容器中,挤压海绵即可被视为传递水所需的能量付出方式

　　低温食品储藏设备的温度一般为 0℉至 −20℉。在此温度范围,冰淇淋可以冻硬,冷冻肉、速冻蔬菜和乳制品是仅有的几种需要冷冻保存的食品。有些食品如果冷冻方法正确并始终保持在冷冻状态,就可以在冷冻状态下存放多时,且在解冻后仍不失味。

21.3　蒸发器

　　制冷系统中的蒸发器负责从被冷却的任何介质中吸收热量并将热量输入系统。要实现这一吸热过程,蒸发器的盘管温度就必须始终低于被冷却介质的温度。例如,如果一台进入式冷冻装置存放食品时要求将温度保持在 35℉,那么该冷冻装置内的盘管温度就必须低于不断流过这些食品的空气温度(35℉)。图 21.4 中蒸发器内制冷剂的蒸发温度为 20℉,约低于流入空气温度 15℉。

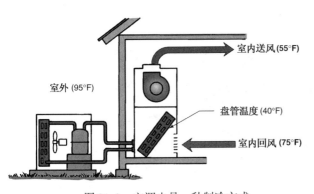

图 21.3　空调也是一种制冷方式

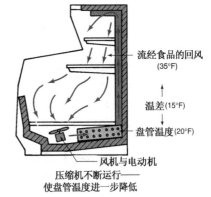

图 21.4　在设计工况范围内运行时,盘管蒸发温度与流经盘管空气间的温度关系

　　蒸发器之所以需要这样低的运行温度,其目的在于吸收冷冻装置中的潜热和显热。上例中,蒸发器的运行温度为 20℉就可以从冷冻装置的空气中收集水分、排除显热,从而使食品温度下降。

21.4　蒸发与冷凝

　　蒸发温度和冷凝温度是制冷设备中两个最重要的技术参数。蒸发温度及其与系统的相互关系体现在蒸发器上,而冷凝温度则反映在冷凝器上。我们将在下一章论述。

　　这些温度值可以根据压力/温度关系图表并采用一组制冷压力表来进行比对,见图 21.5 和图 21.6。

制冷剂

温度 °F	12	22	134a	502	404A	410A
-60	19.0	12.0		7.2	6.6	0.3
-55	17.3	9.2		3.8	3.1	2.6
-50	15.4	6.2		0.2	0.8	5.0
-45	13.3	2.7		1.9	2.5	7.8
-40	11.0	0.5	14.7	4.1	4.8	9.8
-35	8.4	2.6	12.4	6.5	7.4	14.2
-30	5.5	4.9	9.7	9.2	10.2	17.9
-25	2.3	7.4	6.8	12.1	13.3	21.9
-20	0.6	10.1	3.6	15.3	16.7	26.4
-18	1.3	11.3	2.2	16.7	18.2	28.2
-16	2.0	12.5	0.7	18.1	19.6	30.2
-14	2.8	13.8	0.3	19.5	21.1	32.2
-12	3.6	15.1	1.2	21.0	22.7	34.3
-10	4.5	16.5	2.0	22.6	24.3	36.4
-8	5.4	17.9	2.8	24.2	26.0	38.7
-6	6.3	19.3	3.7	25.8	27.8	40.9
-4	7.2	20.8	4.6	27.5	30.0	42.3
-2	8.2	22.4	5.5	29.3	31.4	45.8
0	9.2	24.0	6.5	31.1	33.3	48.3
1	9.7	24.8	7.0	32.0	34.3	49.6
2	10.2	25.6	7.5	32.9	35.3	50.9
3	10.7	26.4	8.0	33.9	36.4	52.3
4	11.2	27.3	8.6	34.9	37.4	53.6
5	11.8	28.2	9.1	35.8	38.4	55.0
6	12.3	29.1	9.7	36.8	39.5	56.4
7	12.9	30.0	10.2	37.9	40.6	57.8
8	13.5	30.9	10.8	38.9	41.7	59.3
9	14.0	31.8	11.4	39.9	42.8	60.7
10	14.6	32.8	11.9	41.0	43.9	62.2
11	15.2	33.7	12.5	42.1	45.0	63.7

制冷剂

温度 °F	12	22	134a	502	404A	410A
12	15.8	34.7	13.2	43.2	46.2	65.3
13	16.4	35.7	13.8	44.3	47.4	66.8
14	17.1	36.7	14.4	45.4	48.6	68.4
15	17.7	37.7	15.1	46.5	49.8	70.0
16	18.4	38.7	15.7	47.7	51.0	71.6
17	19.0	39.8	16.4	48.8	52.3	73.2
18	19.7	40.8	17.1	50.0	53.5	75.0
19	20.4	41.9	17.7	51.2	54.8	76.7
20	21.0	43.0	18.4	52.4	56.1	78.4
21	21.7	44.1	19.2	53.6	57.4	80.1
22	22.4	45.3	19.9	54.9	58.8	81.9
23	23.2	46.4	20.6	56.2	60.1	83.7
24	23.9	47.6	21.4	57.5	61.5	85.5
25	24.6	48.8	22.0	58.8	62.9	87.3
26	25.4	49.9	22.9	60.1	64.3	90.2
27	26.1	51.2	23.7	61.5	65.8	91.1
28	26.9	52.4	24.5	62.8	67.2	93.0
29	27.7	53.6	25.3	64.2	68.7	95.0
30	28.4	54.9	26.1	65.6	70.2	97.0
31	29.2	56.2	26.9	67.0	71.7	99.0
32	30.1	57.5	27.8	68.4	73.2	101.0
33	30.9	58.8	28.7	69.9	74.8	103.1
34	31.7	60.1	29.5	71.3	76.4	105.1
35	32.6	61.5	30.4	72.8	78.0	107.3
36	33.4	62.8	31.3	74.3	79.6	108.4
37	34.3	64.2	32.2	75.8	81.2	111.6
38	35.2	65.6	33.2	77.4	82.9	113.8
39	36.1	67.1	34.1	79.0	84.6	116.0
40	37.0	68.5	35.1	80.5	86.3	118.3
41	37.9	70.0	36.0	82.1	88.0	120.5

制冷剂

温度 °F	12	22	134a	502	404A	410A
42	38.8	71.4	37.0	83.8	89.7	122.9
43	39.8	73.0	38.0	85.4	91.5	125.2
44	40.7	74.5	39.0	87.0	93.3	127.6
45	41.7	76.0	40.1	88.7	95.1	130.0
46	42.6	77.6	41.1	90.4	97.0	132.4
47	43.6	79.2	42.2	92.1	98.8	134.9
48	44.6	80.8	43.3	93.9	100.7	136.4
49	45.7	82.4	44.4	95.6	102.6	139.9
50	46.7	84.0	45.5	97.4	104.5	142.5
55	52.0	92.6	51.3	106.6	114.6	156.0
60	57.7	101.6	57.3	116.4	125.2	170.0
65	63.8	111.2	64.1	126.7	136.5	185.0
70	70.2	121.4	71.2	137.6	148.5	200.8
75	77.0	132.2	78.7	149.1	161.1	217.6
80	84.2	143.6	86.8	161.2	174.5	235.4
85	91.8	155.7	95.3	174.0	188.6	254.2
90	99.8	168.4	104.4	187.4	203.5	274.1
95	108.2	181.8	114.0	201.4	219.2	295.0
100	117.2	195.9	124.2	216.2	235.7	317.1
105	126.6	210.8	135.0	231.7	253.1	340.3
110	136.4	226.4	146.4	247.9	271.4	364.8
115	146.8	242.7	158.5	264.9	290.6	390.5
120	157.6	259.9	171.2	282.7	310.7	417.4
125	169.1	277.9	184.6	301.4	331.8	445.8
130	181.0	296.8	198.7	320.8	354.0	475.4
135	193.5	316.6	213.5	341.2	377.1	506.5
140	206.6	337.2	229.1	362.6	401.4	539.1
145	220.3	358.9	245.5	385.9	426.8	573.2
150	234.6	381.5	262.7	408.4	453.3	608.9
155	249.5	405.1	280.7	432.0	479.8	616.2

图 21.5　压力/温度关系表，P-404A 和 B-410A 的压力值为液相与气相平均压力

浅色数字——真空状态 (in.Hg)；
深色数字——表压力 (psig)。

21.5　蒸发器与蒸发温度

液相制冷剂的蒸发温度决定了盘管的工作温度。在一个空调系统中,当温度为 75℉的空气不断流过温度为 40℉的蒸发器盘管时就能使空气成为空调或高温制冷的冷源。蒸发似乎总是与较高的温度与水有关。第 3 章中,我们曾讨论过这个客观事实:在大气压力下,水在 212℉时蒸发,也曾讨论过在其他温度下水蒸发的事实。而且,水的蒸发温度取决于环境压力,当压力降低时,水也可以在 40℉温度下蒸发。液体变为蒸气就是一种蒸发过程,制冷系统中,正是利用制冷剂在 20℉的蒸发从温度为 35℉的食品中吸取热量的。

维修技术人员必须能够确定正在维修的各种制冷系统在不同负荷状态下正确的工作压力和工作温度,其中的许多知识来自于实践和经验。在观察了温度计和压力表之后,我们必须根据这些读数进行判断,因为有多少种不断变化的状况就会有多少种不同的读数。

许多指导手册可以帮助技术人员了解各种设备正常的运行压力和温度范围。对于每一种系统来说,流入空气的温度与蒸发器之间总是存在某种对应关系,而且,这种关系对于每种设备来说都是相同的。

21.6　水分的排除

空气的降湿是指水分的排除。制冷系统中常常需要将空气中的含水量降低,而且每一种制冷系统的去湿方法都是相同的。掌握了这一关系就可以帮助技术人员了解去湿的基本条件。随着回风温度的上升或下降,管盘上的负荷量也就会增大或减小。冷柜内的回风温度越高,其含水量就越大,蒸发器盘管上的负荷量也就越大。如果进入式冷冻装置因为有新的食品加入而升温,那么盘管上就会因有更多的负荷而需要排除更多的热量,这非常像炉子上开口锅中沸腾的水,当燃烧器以中等火焰燃烧时,水以某种速率沸腾蒸发,随着燃烧器的火焰增大,其水的沸腾蒸发速率也明显增大。由于开口锅敞开在环境空气中,因此其沸水的蒸发压力则保持不变。但在封闭的盘管中出现同样的蒸发过程时,当水以更快的速度开始汽化时,其压力就会迅速升高,并且引起整个系统的工作压力上升,见图 21.7。

图 21.6　许多压力表上都印有压力/温度的相应关系(John Tomczyk 摄)

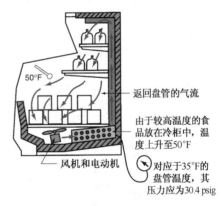

50℉

返回盘管的气流

由于较高温度的食品放在冷柜中,温度上升至50℉

风机和电动机

对应于35℉的盘管温度,其压力应为30.4 psig

图 21.7　在盘管负荷增大的情况下,盘管与空气温度间的相互关系也发生变化

当蒸发器从空气中吸热,空气温度下降时,其显热也被排除;当从空气中排除水分时,其潜热部分也同时被排除,水分由排水管排出机外,见图 21.8。潜热由于不能在温度计上显示出来,因此也称为隐热,但它与显热一样,是一种热,必须予以去除,因此也需要耗费能量。

制冷蒸发器是从被冷却空间吸收热量并将热传递给制冷系统的一种构件。蒸发器可以被视为系统的"海绵",它负责被冷却空间或物品与系统内制冷剂的热交换。各种蒸发器的吸热效率不同,图 21.9 为空气与制冷剂间所进行的热交换过程。

21.7　蒸发器的热交换特征

影响热交换速度的各种因素:

1. 形成热交换的两介质间的蒸发器材料。蒸发器可以采用铜、钢、青铜、不锈钢或铝材制作。抗腐蚀性能是确定采用何种材料的因素之一。例如,若需要冷却的是酸性物,由于铜制或铝制盘管极易被腐蚀,因此只能采用不锈钢,但不锈钢的传热能力不如铜。因此,有些蒸发器则在金属表面涂覆塑料类物质,以防止锈蚀或氧化。这种蒸发器通常可以在存储色拉配料的小型商用中温冷藏箱内看到,这些配料之所以呈酸性,是因为其中含有为增加风味、延长货架寿命而加入的醋料。

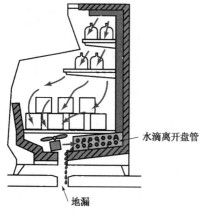

图 21.8　冷却盘管可以将空气中的水分冷凝排出

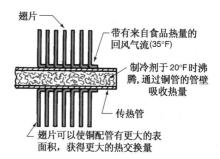

图 21.9　空气与制冷剂间的热交换

2. 形成热交换的介质特性。空气向制冷剂排放热量就是一个例子。两种液体,如水与液态制冷剂之间可以形成最理想的热交换过程,这是因为液体具有比蒸气更大的密度,且一般均有较高的比热,但这并不总是具有实际意义,因为更多情况下是空气与气态制冷剂之间的热交换。气体与气体间的热交换往往比液体与液体间的热交换要慢,见图 21.10。

3. 膜系数。这是放热介质与热交换表面间的关系系数,它与介质流过热交换表面时的速度有关。当流动速度太慢时,介质与传热表面间的膜就会成为一种隔热体,使热交换速度降低。因此,介质的流速应使膜的阻热效应最小,见图 21.11。具体流速由制造商选定。

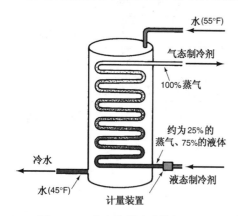

图 21.10　热交换器中液体与盘管内的制冷剂间的热交换

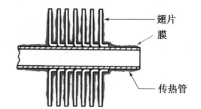

图 21.11　膜系数就是常规热交换器中传热管与周围空气或液体膜形成的阻力系数

4. 发生热交换的两种介质间的温差。蒸发器盘管与放热介质间的温差越大,热交换的速度越大。

21.8　蒸发器的种类

蒸发器的种类很多,每一种蒸发器都有其特定的用途。用于冷却空气的最早的蒸发器是自然对流型蒸发器,它实际上就是制冷剂在管内循环的裸管蒸发器,见图 21.12。这种蒸发器主要用于早期的进入式冷藏冷冻装置,一般安装于天花板上,它依赖冷却后的空气自然流向地面,形成自然对流的气流。由于这种蒸发器中流经盘管的风速很小,因此在一些特定的应用场合下其体积往往很大,现在这种蒸发器已很少使用了。

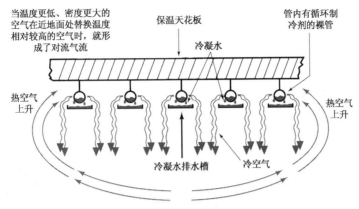

图 21.12　裸管蒸发器

采用风机强迫或诱导空气吹过盘管可以提高热交换的效率,这就意味着即使较小的蒸发器也可以获得同样的热交换量。体积更小、效率更高一直是制冷与空调设备追求的设计目标,见图 21.13。

增大蒸发器的表面积,即使蒸发器的实际表面积大于其传热管自身表面积可以使热交换效率提高。吹胀板式蒸发器是一种能获得较高管表面积的结构形式。吹胀板式蒸发器是在两块金属薄板间充入高压气体,使两金属板按模具上的管道形槽胀开成形,见图 21.14。

图 21.13　强制排风型蒸发器(Bally Case and Cooler,Inc. 提供)

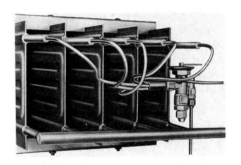

图 21.14　吹胀板式蒸发器(Sporlan Valve Company 提供)

传热管与翅片组合的蒸发器称为翅片管蒸发器,它是目前用于空气与制冷剂间热交换的各类蒸发器中应用最为广泛的蒸发器。由于其翅片与传送制冷剂的传热管固接在一起,因此这种热交换器的效率非常高。图 21.15 即为其中的一种翅片盘管式蒸发器。

当温度更低、密度更大的空气在近地面处替换温度相对较高的空气时,就形成了对流气流。采用多管路结构可以在减小蒸发器压降的情况下提高蒸发器的性能与效率。蒸发器的传热管内侧可以加工得非常光洁,但它对液态或气态制冷剂的流动仍有较大阻力。蒸发器内的管程越短,传热管对制冷剂的流动阻力也就越小。此外,蒸发器两端的"U"形弯管同样也会对制冷剂的流动形成很大阻力。当蒸发器的管程较长时,通常将其分割成相互并联的多路管道,见图 21.16。

图 21.15　翅片盘管式蒸发器

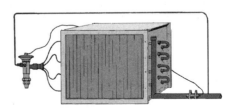

图 21.16　多管路蒸发器 (Sporlan Valve Company 提供)

　　尽管用于冷却液体或制冰设备的蒸发器与冷却空气的蒸发器原理相同,但前者与后者的结构完全不同。用于冷却液体的蒸发器可以采用传热管缠绕在存有液体筒体外侧的方式,也可以将传热管浸没在液体容器内的方式,或采用内管走制冷剂、外管走被冷却循环液体的套管形式,见图21.17。

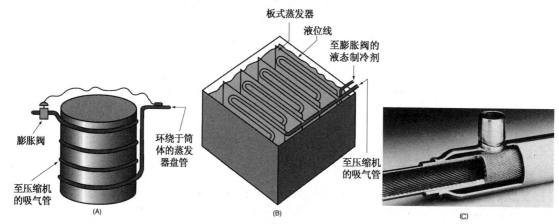

图21.17　液体热交换器:(A)筒形蒸发器;(B)板式蒸发器;(C)套管式蒸发器
(Noranda Metal Industries, Inc. 提供)

21.9　蒸发器的评估

　　了解与掌握蒸发器的设计依据有助于对蒸发器做出正确的评估。维修人员到达现场后,都需要对某一蒸发器是否能正常运行做出评估,这可以视为排故准备工作的第一步。蒸发器吸热,压缩机传送,冷凝器放热,这是制冷系统的一般工作过程。同样,对于各种常规制冷系统来说,蒸发器的评估大体上是相同的。下面的案例是针对一台中温进入式冷藏箱进行评估的。

蒸发器的技术特性

1. 铜制盘管。
2. 铜制盘管上安装有铝制翅片。
3. 采用轴流式风机的强制抽风形式。
4. 制冷剂连续流动的单管路布置模式。
5. 采用 R-134a 为系统制冷剂。
6. 蒸发器需要维持的箱内温度为 35 ℉。
7. 蒸发器干净且处于良好的工作状态。

　　下面首先说明蒸发器在正常工作状态下的运行过程。

　　进入蒸发器的是温度为 20 ℉、压力为 18.4 psig 的部分液态、部分气态的制冷剂混合相。其中,液态制冷剂约为 65%,气态制冷剂为 35%。液态制冷剂中约有 35% 在进入蒸发器的膨胀器时变为蒸气,并将剩下 65% 的液态制冷剂冷却至蒸发器的沸点温度(20 ℉),这是由膨胀阀两端的压力降产生的效果。当温度相对较高的液态制冷剂通过膨胀器上的小孔进入膨胀阀蒸发器侧低压端(18.4 psig)时,一部分液相制冷剂就会闪蒸成为制冷剂蒸气,见图21.18。

　　当部分液态、部分气态的混合相制冷剂经过蒸发器时,大部分液态制冷剂均转变为蒸气,这就是所谓的汽化,事实上也是其在盘管内从蒸发器的冷却对象中吸取热量的结果。最后,在接近蒸发器末端处,液态制冷剂全部转变为蒸气,此时的制冷剂即称为饱和蒸气,同时也意味着制冷剂处于热饱和状态。如果再有任何数量的热量加入制冷剂,那么制冷剂蒸气的温度就会上升;如果排除热量,那么制冷剂蒸气就会开始转变为液态。该蒸气尽管处于热饱和状态,但它仍处于与沸点温度 20 ℉ 相对应的蒸发温度。这是蒸发器运行过程中一个十分重要的温度点,因为所有的液态制冷剂必须尽可能在盘管的末端全部汽化,这是使盘管保持较高的换热效率和保证液态制冷剂不离开蒸发器且不进入压缩机的必要条件。要使蒸发器高效地运行,盘管必须尽可能地在全液态制冷剂的状态下运行,同时又不容许在盘管的出口处出现液态制冷剂,因为只有这样才能保证液态制冷剂与吹过盘管的空气间获得最佳的热交换效率。

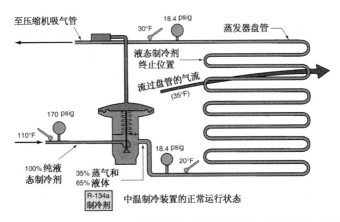

图 21.18　当温度为 110℉的液态制冷剂流过膨胀阀小孔时,其中的一部分液态制
冷剂闪蒸成为蒸气,并将余下的液态制冷剂冷却至 20℉的蒸发器温度

　　上述进入式冷藏箱蒸发器内制冷剂所发生的变化也可用压力－焓图来表示,见图 21.19。制冷剂以 A 点状态(离开膨胀阀后)进入蒸发器,此时液态制冷剂的压力为 18.4 psig,含热量为 48.7 Btu/lb。经过膨胀阀时约有 35%的液态制冷剂闪蒸成为蒸气。随着液态制冷剂不断地流过蒸发器,液态制冷剂也就不断地转变为蒸气。在 B 点,液态制冷剂全部转化为蒸气,但此蒸气温度仍为 20℉,并且还能够以过热的方式吸收热量。如果这部分气态制冷剂仍处在蒸发器内,其温度就会上升,直至其温度达到 30℉(含 10℉的过热量)。气态制冷剂以 108.1 Btu/lb 的含热量于 C 点处离开蒸发器。点 A 至点 C 是蒸发器的有效制冷量,在此期间,每一磅循环中的制冷剂吸收 59.4 Btu 的热量(108.1 Btu/lb－48.7 Btu/lb＝59.4 Btu/lb)。如果要确定系统中循环的制冷剂数量,则只需要知道所需的 Btu/lb 容量是多少。例如,如果蒸发器需要有 35 000 Btu/h 的容量,那么每小时内就必须有 589.2 磅的循环制冷剂流过蒸发器(35 000 Btu/h÷59.4 Btu/lb＝589.2 lb/h),这个制冷剂数量听起来似乎很大,但它只有 9.82 lb/min(589.2 lb/h÷60 min/h＝9.82 lb/min),压缩机规格和系统运行状态取决于所需的制冷剂泵送量。

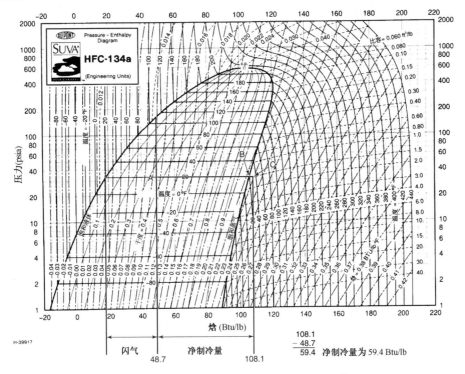

图 21.19　蒸发器中制冷效应(E. I. DuPont 提供)

21.10　蒸发器中的潜热

制冷剂状态变化时所吸收的潜热要比给予不断离开盘管的蒸气的热量大得多。可参见第 1 章 1.2 节中的例子。该例子表明:将 1 磅温度为 68°F 的水加热至 69°F 需要 1 Btu 的热量。1.7 节中还说明:将 1 磅温度为 212°F 的水转变为 212°F 的蒸气则需要 970 Btu 的热量。显然,制冷剂状态变化所吸收的热量是系统吸热量最大的一部分。上例中所说的 59.4 Btu 热量,是指每一磅循环制冷剂所吸收的热量(59.4 Btu/lb),而且这一吸热过程是在 20°F 的沸点温度下发生的,并无压力变化。

21.11　满液式蒸发器

为了使蒸发器具有最大的热交换效率,人们常常将一些蒸发器在全液态制冷剂,即满液的状态下运行,同时还配置某个装置以避免液态制冷剂进入压缩机。满液式蒸发器为非标产品,且通常采用浮球计量装置使制冷剂在蒸发器中保持尽可能高的液位。由于这种蒸发器在实际工作中不常遇见,因此本文不讨论具体细节。对于各种特殊设备,应参考制造商提供的技术文件。

如果蒸发器在满液式状态下运行,那么它应当像锅中水的沸腾那样,由压缩机及时将液态制冷剂上方的蒸气排除,即始终一个相对稳定的液位。如果此蒸发器在非满液状态下运行,那么制冷剂就会以液态形式出现,并且在热交换管中汽化成为制冷剂蒸气,这就是所谓的干式或直接式膨胀蒸发器。

21.12　干式蒸发器的性能

要检测干式蒸发器的性能,维修人员应首先确定制冷剂盘管是否在有足够液态制冷剂的状态下运行。要确定盘管内是否有足够的液态制冷剂,技术人员必须计算蒸发器的过热度。通常情况下,只需将盘管内制冷剂的沸腾温度与离开盘管的管线温度做一比较即可得出其过热度,两者的温差一般为 8°F 至 12°F。例如,图 21.20 中的盘管,将盘管压力(吸气压力)转换为温度即可得出盘管中的过热度。本例中,盘管中的压力为 18.4 psig,对应温度即为 20°F。由于要计算盘管的过热度就必须知道沸腾温度,因此对于技术人员来说,了解该吸气压力值非常重要。在下一个例子中,蒸发器的过热度为 10°F(30°F − 20°F)

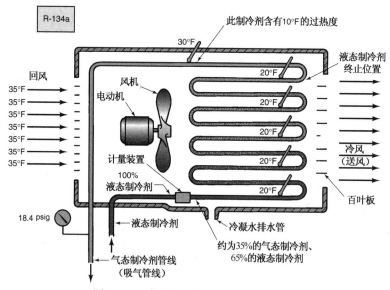

图 21.20　蒸发器在常规负荷状态下运行

21.13　蒸发器的过热度

制冷剂沸腾温度与蒸发器出口温度间的温差就是蒸发器的过热度。过热就是在制冷剂状态发生变化之后气态制冷剂得到的显热。检测过热度的大小是了解与掌握制冷剂盘管中是否有适当制冷剂液位的最佳途径。当计量装置不能向盘管送入足够的制冷剂时,此盘管即称为缺液盘管,此时过热度较大,见图 21.21。这一点也可以从在盘管的开始段即发生全容量换热的例子中看出:吸气压力很低,温度低于冰点,且只有一部分盘管参与有效的热交换,该盘管就会很快被冻结,空气无法与之充分接触。冻结线会缓慢上升,直至整个盘管成为一块坚硬的冰块。当然,制冷效果也就不会好,由于冰块是一种很好的绝热体,因此制冷箱内的温度就会上升。

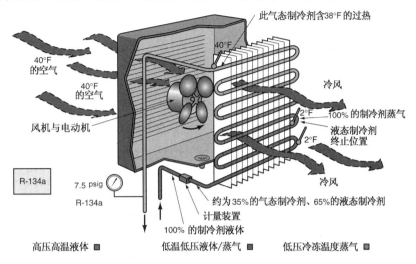

图 21.21　缺液蒸发器上出现 38°F (40°F – 2°F) 的过热

21.14　热降温(蒸发器上出现短时大负荷)

　　某制冷空间在经过一段时间的、明显的温度回升之后,系统必然要经过一个热降温过程。在热降温过程中,我们不希望蒸发器和计量装置像正常设计工况下那样运行。例如,如果假设存放有食品和饮料的某进入式冷藏箱温度需维持在 35°F,但现在温度已上升至 60°F 了,那么为了使空气和食品温度重新下降往往需要很长的时间,盘管将会以非常快的速度使制冷剂沸腾汽化,在冷藏室内温度下降、接近其设计温度之前,过热度不可能小于 8°F 至 12°F。对于热降温过程中的过热度应当特别注意其内在意义,见图 21.22。蒸发器的过热度只有在盘管处或接近设计工况时才比较正确、真实。但是,如今许多新式热力膨胀阀均具有较高的温度控制范围,有些膨胀阀可以将蒸发器的过热度控制在 +20°F 至 –20°F,有些则宣称甚至在蒸发器热负荷很大或非常小的情况下均具有很高的

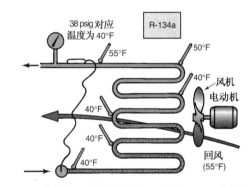

图 21.22　盘管处于热降温状态。这是一个正常运行压力为18.4 psig(R-134a,20°F)的中温蒸发器,其回风温度为55°F,而不是35°F,这就会引起盘管中的压力上升。冷藏箱内温度越高,其制冷剂的蒸发速度也就越快。此时,热力膨胀阀就无法向蒸发器提供更多的制冷剂,使蒸发器过热度保持在10°F。图中的蒸发器过热度为15°F

效率。在大多数正常运行状态下,热力膨胀阀都能够将蒸发器过热度控制在合理的状态下。但当系统处于热降温状态时,往往不可能有真实的过热度。技术人员在计算蒸发器过热度之前,应等待系统顺利地度过这一大负荷阶段,并达到相对稳定的工作状态后再检测相关温度值。热降温过程不能视为一种正常的工作状态,技术人员计算蒸发器过热度时必须要有耐心。热力膨胀阀要将制冷剂充满蒸发器,即使在热降温阶段膨胀阀大开口的情况也需要一定的时间。

　　当一台干式蒸发器中送入太多的液态制冷剂时,它不会全部转变为制冷剂,此时的盘管可以视为满液式盘管,即盘管内充满了液态制冷剂,见图 21.23。千万不要将这种状态与设计目的即为满液型的盘管混淆,这种状态往往引起系统故障,因为除非液态制冷剂在到达压缩机之前在吸气管中全部汽化为蒸气,否则就会对压缩机造成伤害。切记:蒸发器中的液态制冷剂必须全部汽化而成为制冷剂蒸气,否则热力膨胀阀就不能正常运行,甚至可能引起压缩机故障。

21.15　蒸发器中的压降

当蒸发器盘管因单管路管程太长时,我们还常采用多管路蒸发器,见图 21.24。对于多管路蒸发器,可采用与单管路蒸发器一样的评估方法。

干式蒸发器必须尽可能充满液态制冷剂,这样才能获得较高的换热效率。此外,每一个独立管路都应具有同样数量的制冷剂。如果需要检查,那么技术人员可以通过检测各管路会合处的压力来了解其蒸发压力,并将此压力值转换为温度值,然后,通过检测每一管路出口的温度来判断各管路中是否存在供液过多或供液不足的现象,见图 21.25 和图 21.26。

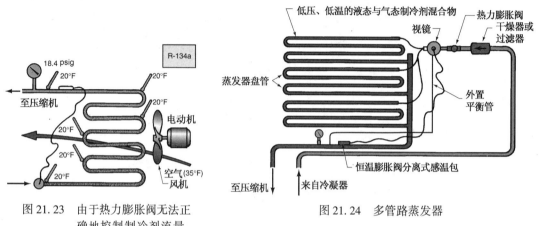

图 21.23　由于热力膨胀阀无法正确地控制制冷剂流量,蒸发器出现满液状态

图 21.24　多管路蒸发器

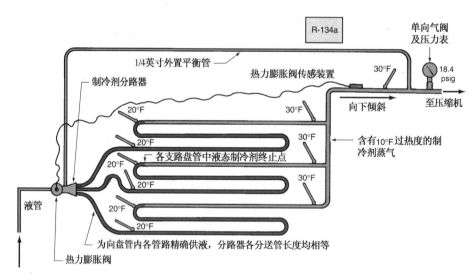

图 21.25　供液管均衡时,多管路蒸发器内部各位置的状态参数。多管路蒸发器类似于多个蒸发器的并联

造成多管路蒸发器供液不均衡的诸多原因如下:

1. 分路系统堵塞。
2. 盘管积垢。
3. 空气分布不均衡。
4. 盘管中各管路长度不一致。

在一些比较大型的商用和工业型蒸发器中,制冷剂在流经蒸发器并沿较长的吸气管到达压缩机的过程中,一般都会因沿程阻力而形成相应的压力降,这样就会使压缩机处的压力稍低于蒸发器出口处的压力。在蒸发器

规格较大和吸气管线较长的情况下检测蒸发器过热度时,关键是要检测蒸发器出口处制冷剂的压力——而不是压缩机检修阀处的压力,见图 21.24 和图 21.25。检测蒸发器过热度时,最好是在测取蒸发器出口温度同一位置处检测制冷剂的压力,这样技术人员可以获得更加精确的蒸发器过热度读数和更真实的蒸发器效率值,因此,在一些大规模的蒸发器出口处一般均设有单向气阀。要测定蒸发器的出口压力,还可以设置专门的分接头。这种方法还可以保护压缩机,避免出现因蒸发器过热度读数不精确而引起的供液过量或供液不畅等故障。

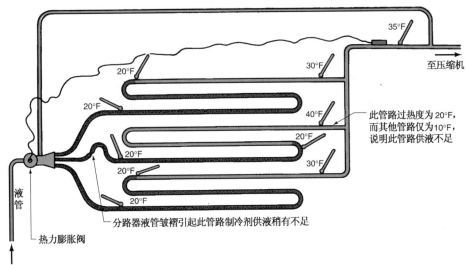

图 21.26　供液量不均衡时多管路蒸发器的内部状况

21.16　液体冷却的蒸发器(冷水机)

对于液体冷却,我们常需要另一种蒸发器,其功能与冷却空气的蒸发器非常相似。在一些小容量系统中,这种蒸发器一般为干式膨胀蒸发器,见图 21.27。这些蒸发器一般为多管路形式以降低蒸发器内的压力降。当然,制冷压力表的使用以及精确检测吸气管温度的方法非常重要,因为我们必须经常检测蒸发器的性能,以判断蒸发器是否能最大限度地吸热。这些蒸发器的常规过热度范围与空气式蒸发器相同(8℉至 12℉),当其实际过热度处在此范围之内且多管路蒸发器中各管路的运行效率相同时,此蒸发器的制冷剂一侧就能高效运行,但这并不是说,该蒸发器就一定能很好地实现冷却功能,因为蒸发器的液体一侧还必须清洁、无积垢,这样液体才能充分地与蒸发器保持接触。

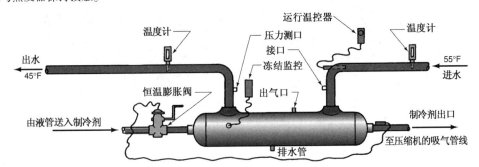

图 21.27　用于液体和制冷剂间热交换的蒸发器。这些蒸发器大多数为直接膨胀型

这种蒸发器液体侧的常见故障有:

1. 液体侧矿物质沉淀与堆积,形成一个隔热层,使热交换效率下降。
2. 在设置循环泵的场合下,被冷却液体的循环量不足。

在多管路系统中,当发现过热度在正常范围之内且盘管供液量正常时,技术人员应重点考虑、研究液体的温度。如果被冷却液体温度与其设计温度相差甚远,那么过热度也就不可能在规定的范围之内。当某液体制品处于热降温状态时,由于盘管负荷很大,制冷剂的蒸发速度比常规状态要快,因此热交换时往往会使盘管表现出制冷剂供液不足的迹象,因为热降温不可能在很短时间内完成,因此技术人员必须要有耐心,见图21.28。空气 – 制冷剂蒸发器在热降温状态时并不具有像液体换热器在同样状态下如此明显的差异,这是因为液体与制冷剂间具有极好的热交换特性。

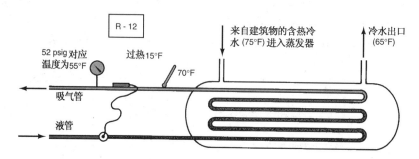

图 21.28 液体蒸发器上出现热降温时会向制冷剂放出大量的热量。该蒸发器正常时进水温度为55℉,出水温度为45℉。出现热降温时,进水温度从55℉变为75℉,这样就会使制冷剂的沸腾速度明显加快。膨胀阀无法给蒸发器提供足够的制冷剂时,也就无法使过热度保持在10℉。在系统逐步趋于设计状态之前无法得出具体结论

21.17 低温装置的蒸发器

由于低温装置要求盘管能够在冰点温度以下运行,因此用于将一个区域或制品冷却至冰点温度以下的蒸发器,其结构形式与上述各种蒸发器完全不同。

在一个空气 – 制冷剂的蒸发器中,滞留于盘管上的水会结冰,而且必须予以排除,因此设计翅片间距时必须仔细选择,即使有少量的冰层滞留在翅片上也会影响气流的流动。一般情况下,低温盘管上的翅片间距明显大于中温盘管,见图21.29。除了因冰层堆积气体流动受阻之外,这些低温蒸发器一般均具有与中温蒸发器相同的功能与性能。低温蒸发器一般为干式蒸发器并设有一台或多台风机,使空气横向吹向盘管。此外,还必须对盘管上的结冰采用定时将盘管温度升高至冰点温度以上的方式进行融冰。最后要将冰凝水及时排出以免再次结冰。

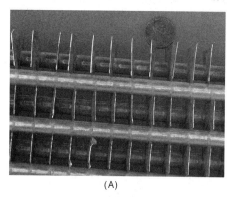

(A) (B)

图21.29 翅片间距:(A)低温蒸发器;(B)中温蒸发器(Bill Johnson 摄)

有时也采用系统外的热量来完成融冰,如采用在蒸发器增设加热器实施融冰的方法,但这部分热量会增加系统的热负荷量,因为融冰后需将这部分热量排除。

21.18 蒸发器的除霜与融冰

蒸发器一般可采用来自系统内的热量,即利用来自压缩机排空气管的热气来达到除霜、融冰的目的。具体方法是在压缩机排气管与膨胀阀间设置一条热气管和一个控制制冷剂流量的电磁阀。需要除霜、融冰时,将热蒸气放入蒸发器,蒸发器即可将冰层融化,见图21.30。

热蒸气进入蒸发器时,它就会像液态制冷剂一样朝压缩机方向流动。事实上,当热蒸气进入蒸发器后,在除霜、融冰的过程中,其自身温度也开始下降,并很快丧失所有的过热量而变为液态,即冷凝。这部分液态制冷剂

进入低压储液器,流入底部,并在压缩机吸气冲程时形成高密度的饱和蒸气,同时被压缩机吸入系统。压缩机也因此增加了负荷量,出现比正常运行时更大的电流。如果系统不设置低压储液器,那么这部分冷凝后的液态制冷剂很可能会涌入压缩机曲轴箱,使曲轴箱内的润滑油产生大量泡沫,从而使曲轴箱内的实际油位降低,压缩机轴承表面出现划痕。这种状态通常称为轴承的冲蚀。

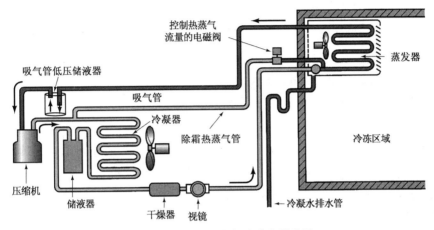

图 21.30　采用热蒸气为蒸发器除霜

　　压缩机曲轴箱内涌入液体制冷剂后往往还会使制冷剂与润滑油的混合物产生大量泡沫,并使曲轴箱内压力提高,进而迫使液态和气态制冷剂的混合物和润滑油泡沫通过可能存在的各种缝隙,包括压缩机活塞密封圈渗出。通常情况下,这部分混合物最终由压缩机压送至系统高压侧,压缩机则因为含有大量混合态制冷剂和油沫形成湿压缩,使排气温度迅速下降。这种混合物一旦受压缩就会迅速汽化,并从汽缸壁吸热,这就是为什么其排气温度低于正常状态时排气温度的根本原因。有些制造商在配置有热蒸气除霜装置的设备中,常常在压缩机的排气管上设置一个热敏电阻来检测除霜运行时低于正常排气的温度值。由此热敏电阻再将信息送至控制电路,使热蒸气电磁阀失电,这样暂时关闭热蒸气电磁阀可以避免有更多的热蒸气进入蒸发器,并进而转变为液态制冷剂。当压缩机的排气温度重新上升时,热敏电阻检测到温度上升后将信息传送到控制电路,再次使热蒸气电磁阀得电,由热蒸气继续除霜。

　　这样的过程一直持续到除霜结束,其最终的目的在于使压缩机在除霜过程中避免出现轴承冲蚀和湿压缩。此外,如果压缩机排气温度过低,那么它可以在制冷运行过程中关闭压缩机,从而保护压缩机,并显示压缩机出现湿压缩。为避免液态制冷剂进入压缩机,各种系统通常都在吸气管线处增设一个吸气管低压储液器,见图 21.30。

　　由于采用内热除霜不需要耗费额外电能,因此热蒸气除霜是一种非常经济的除霜方式,不像采用电加热器来加热蒸发器那样,这部分热量仍存在于系统中。

　　电除霜主要采用在蒸发器处设置电加热元件的方式来实现除霜、融冰。压缩机停机时,这些加热器得电开始除霜,直至盘管上所有冰、霜全部融化,见图 21.31。这些加热器通常是嵌装在蒸发器翅片中的,如果烧毁,也不能拆除。许多情况下,往往是在加热器烧毁之后,系统才增设热蒸气除霜装置并同时放弃电热除霜方式的。

　　无论采用哪一种除霜方式,除霜期间,蒸发器风机通常处于停止运行状态,否则就会出现以下两种情况:

　　1. 除霜产生的热量会直接传入冷却空间。

　　2. 冷空气会使除霜速度降低。

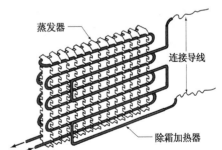

图 21.31　用于低温蒸发器电加热除霜的加热器

　　但也有些制造商在他们设计的一些开启式冷冻食品展示柜中,仍选择除霜期间蒸发器风机仍正常运行的模式,这样可以使进风管、回风管与盘管一起除霜。除霜暖风从进风管排出,使展示柜内温度上升,但对柜内物品的温度几乎没有影响。对一些封闭式玻璃门展示柜因可能出现玻璃起雾或出现镜面效应等问题,则仍采用关闭风机模式。

　　用于制冰设备的蒸发器一般也有许多类似的融冰方式,即通过某种方式为蒸发器加热以便使冰块与蒸发器分离。在实际的制冰设备中,既有电加热的形式,也有热蒸气方式。当蒸发器用于制冰时,往往就用制冰机上的制冰水来融冰、除霜。

总之,检查蒸发器时必须时刻牢记:蒸发器的功能就是将热量吸入制冷系统。

本章小结

1. 热总是从高温物质向低温物质迁移。
2. 要使热量从低温物质向高温物质迁移,就必须做功。制冷循环中电动机驱动的压缩机运行就是一个做功过程。
3. 蒸发器是将热量吸入制冷系统的一个构件。
4. 蒸发器温度必须低于被冷却介质的温度,才能形成热交换。
5. 制冷剂在蒸发器中汽化成为蒸气,同时由于制冷剂是在低压低温状态下汽化的,因此可以在汽化过程中吸收热量。
6. 制冷剂在蒸发器中的汽化温度决定了蒸发器(低压侧)的压力。
7. 中温制冷系统可以采用停机除霜。由于存储物本身温度高于冰点,因此,新放入的物品也可以起到除霜的效果。
8. 低温制冷系统必须给蒸发器加热,才能融冰。
9. 不管安装地点在何处,对于同一类型的设备,蒸发器均具有同样的性能。
10. 大多数盘管为铜管带铝翅片的结构。
11. 排故准备工作的第一件事是要确定蒸发器能否有效地运行。
12. 技术人员评估蒸发器性能的最好办法是检测其过热度。
13. 有些蒸发器由于采用最少的液态制冷剂,因此称为干式蒸发器。
14. 干式蒸发器也称为直接式膨胀式蒸发器。
15. 有些蒸发器为满液式蒸发器,它采用浮球来控制制冷剂的流量。这些蒸发器过热度的检验结果分析应特别注意细节。
16. 有些蒸发器为单管路蒸发器,也有一些为多管路蒸发器。
17. 多管路蒸发器可以使蒸发器避免产生较大的压力降。
18. 蒸发器中制冷剂的沸点温度与被冷却介质的温度间存在一定的关系。
19. 盘管的运行温度通常比流经盘管的空气温度低 $10\,^\circ\mathrm{F}$ 至 $20\,^\circ\mathrm{F}$。

复习题

1. 制冷系统中蒸发器的作用是什么?
2. 蒸发器中的制冷剂是:
   A. 由气态变为液态;　　　B. 由液态变为气态;　　　C. 保持蒸气状态;　　　D. 保持液体状态。
3. 在所有液体变为蒸气后,再加入蒸气的热量称为_____。
4. 系统低压侧压力取决于什么?
5. 制冷系统蒸发器的过热度一般均为_____。
6. 过热度过大说明什么问题?
7. 蒸发器过热度较小说明:
   A. 充液不足;　　　B. 系统运行受阻;　　　C. 充液过量;　　　D. 积垢积灰。
8. 为何要采用多管路蒸发器?
9. 满液式蒸发器常采用_____型的膨胀装置。
10. 不是满液式的蒸发器即可以视为什么类型的蒸发器?
11. 当蒸发器的热负荷增大时,系统吸气压力
    A. 保持不变;　　　B. 降低;　　　C. 既可能增大,也可能减小;　D. 增大。
12. 低温蒸发器上常用的融冰方式是哪几种?
13. 中温冷柜的运行温度范围是:
    A. $28\,^\circ\mathrm{F}$ 至 $40\,^\circ\mathrm{F}$;　　　B. $40\,^\circ\mathrm{F}$ 至 $60\,^\circ\mathrm{F}$;　　　C. $0\,^\circ\mathrm{F}$ 至 $-20\,^\circ\mathrm{F}$;　　　D. $0\,^\circ\mathrm{F}$ 至 $50\,^\circ\mathrm{F}$。

第 22 章 冷 凝 器

教学目标

学习完本章内容之后,读者应当能够:

1. 解释制冷系统中冷凝器的作用。
2. 论述水冷与风冷系统间运行特性的差异。
3. 论述冷凝器热交换的基本原理。
4. 解释套管盘管式冷凝器与可维修型管式冷凝器的区别。
5. 论述壳 – 盘管式冷凝器与壳管式冷凝器的区别。
6. 论述废水系统。
7. 论述再循环水系统。
8. 论述冷却塔。
9. 解释冷却塔系统中制冷剂冷凝与介质冷凝的相互关系。
10. 将风冷、高效冷凝器与标准效率的冷凝器进行比较。

安全检查清单

1. 装/拆压力表、转移制冷剂或检测压力时,必须佩戴防护镜和手套。
2. 进入小型冷藏室或冷库作业时,必须穿保暖服装。维修人员受冻时不可能有正常的思维。
3. 手应远离运转中的风机,切断电源之后,也不要在其减速过程中试图用手停止风机叶轮的转动。
4. 手不要触摸热蒸气管线。

22.1 冷凝器

冷凝器是一种类似蒸发器的热交换装置,它用来排放来自系统由蒸发器吸入的热量。在冷凝器管程的起初段,由较高温度的过热蒸气排出大量热量;在冷凝器的中段,由饱和蒸气排出潜热,因为此时正处于饱和蒸气向饱和液体相变的过程中;在冷凝器的最后一段管程中,则由过冷液体放热,可以使液态制冷剂进一步过冷至低于其冷凝温度以下。事实上,常规的冷凝器有 3 个功能:制冷剂消除过热、制冷剂冷凝和制冷剂过冷。系统蒸发器吸热时,正是在制冷剂的相态变化点(液态转变为气态)处,吸收其可能达到的最大吸热量,而在冷凝器中则正好相反:制冷剂发生相变(蒸气转变为液态制冷剂)之处也正是其排热量最大的位置。

冷凝器的运行压力和运行温度均高于蒸发器,因此通常设置在室外。冷凝器的热交换原理与蒸发器完全相同。冷凝器制作材料的不同及与传热介质性质的差异使这种热交换器具有明显不同的换热效率。

22.2 水冷式冷凝器

最早的商用制冷装置也采用水冷式冷凝器,但是,与现代的水冷式冷凝器相比则略显粗糙,见图 22.1。水冷式冷凝器的效率明显高于风冷式冷凝器,且可以在非常低的冷凝温度下运行。水冷式冷凝器有多种类型,套管式、壳 – 盘管式和壳管式是最常见的几种类型。

22.3 套管式冷凝器

套管式冷凝器有两种类型:盘管型和带法兰端口的可清洗型,见图 22.2。

套管是采用将一根管子插入另一根管子内,然后将各端口封闭的方式制成。采用这种方式可以使外管成为一个容器,内管则形成另一个容器,见图 22.3。然后将两根管子一同成型,制成盘管,以节省空间。连接两种流体之后,外管内侧流体与内管内侧流体就可以形成热交换,见图 22.4。由于水在内管中流动,而高温制冷剂在外管内流动,因此高温制冷剂也会将其一部分热量向周围空气排放,但由于水的密度、流速和比热均比空气要大,因此制冷剂的大部分热量还是排给了水。

图 22.1 早期的水冷式冷凝机
组(Tecumseh Products
Company 提供)

(A)

(B)

图 22.2 套管式冷凝器的两种类型:(A)盘管型;(B)法兰型冷凝器。法兰型冷凝器可拆下法兰端口进行清洗,拆下法兰端口只能打开水管路,但不能打开制冷剂管路((A):Noranda Metal Industries Inc. 提供,(B):Bill Johnson 摄)

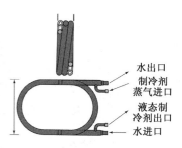

水出口
制冷剂蒸气进口
液态制冷剂出口
水进口

图 22.3 套管式冷凝器采用一根管子套另一根管子的结构,然后将各端口封闭,内管与外管相互独立(Noranda Metal Industries Inc. 提供)

22.4 矿物质的沉淀

水在管内流动时,即使是水质最好的水,都必然存在矿物质的沉淀并形成水垢。蒸气排口处的热量尤其会使得水中的各种矿物质沉淀在水管的内表面。当然,这是一个较为缓慢的过程,但在各种水冷却型冷凝器中它是必然会发生的现象。这种矿物质沉淀就如传热管与水之间的一层隔热层,因此必须把它限制在最小程度之内。水处理可以有助于避免这种矿物质水垢的形成,但通常需要在冷却塔处增设水处理装置,由投药泵将化学净水剂注入水中。图 22.5 为冷却塔上增设的水处理装置,图 22.6 为水处理装置与冷却水管间的连接关系。

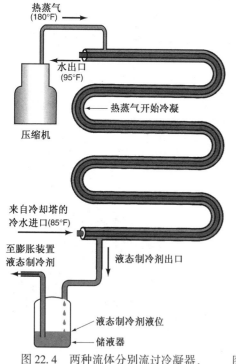

热蒸气
(180°F)

水出口
(95°F)

热蒸气开始冷凝

压缩机

来自冷却塔的冷水进口(85°F)

至膨胀装置
液态制冷剂

液态制冷剂出口

液态制冷剂液位

储液器

图 22.4 两种流体分别流过冷凝器,制冷剂与水的流向相反

图 22.5 冷却塔增设水处理装置的方式。水处理投药量一般控制在有效期为一个月。这样,操作人员就不需要始终守候在冷却塔旁。同时,为防止水中矿物质含量过高,需将冷却塔内的水以一定流量放入排水管(Calgon Corporation 提供)

在结垢比较松软的情况下,增大水的循环量可以改善热交换性能。本章后半部分将介绍一些可变水量控制装置,这些控制装置可以根据排压的增高缓慢地提高水的流量。这种类型的控制装置可以在因矿物质沉淀导致换热效果下降而引起排压升高时自动地增大冷却水流量。结垢较为严重的水冷式冷却器往往会引起较高的排压,并使能耗增加。如果将水直接排放掉,而不是予以冷却再利用的话,那么在操作者发现冷凝器存在故障之前,水费账单上的数字就会节节上升。

制成盘管形式的套管式冷凝器不能利用各种刷子采用机械方式予以清理,这种冷凝器必须采用不会伤害冷凝器中金属的化学药物进行清理。当冷凝器确需采用化学药物进行清理时,我们建议请专门从事水处理的公司专业人员来帮助清洗,这种类型的冷凝器一般采用铜或钢制成,也有一些特殊的冷凝器则采用不锈或铜镍合金材料制作。

22.5 可清洗型冷凝器

采用端部法兰装配的套管式冷凝器可以用机械方式予以清洗。拆下法兰盖,就可以对水管进行检查,并用合适的刷子进行清理,见图 22.7。这种冷凝器的法兰盖和垫圈处于周围有制冷剂流动的水路一侧,制冷剂管路不能打开清洗。图 22.8 为水管的清洗方法。采用哪种刷子比较适宜可向制造商咨询,一般来说,采用硬纤维更好些。这种冷凝器价格较贵,但却可以维修。

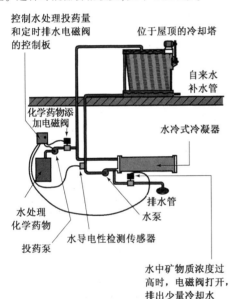

图 22.6 水处理药物添加自动装置,它包括能确定系统需要添加药物时间的监控装置。这种自动控制装置由于整个系统的成本较高,一般主要用于大型装置

图 22.7 这种冷凝器采用法兰盖结构,因此可以进行维修。拆下法兰盖时,制冷剂管路不受影响(Bill Johnson 摄)

22.6 壳 – 盘管式冷凝器

壳 – 盘管式冷凝器的结构类似于套管式冷凝器。它是将盘管组件放入一个封闭和采用焊接方法制成的壳体内。一般情况下,制冷剂蒸气排入壳体内,而水在位于壳体内的盘管中循环。该冷凝器壳体可以当做系统多余制冷剂的储液罐。由于这种冷凝器盘管不是直管,因此无法采用机械方法予以清洗,见图 22.9。必须采用化学药物的方式清洗。

22.7 壳管式冷凝器

壳管式冷凝器的价格比壳 – 盘管式冷凝器要贵些,但可以用刷子采用机械方法予以清洗。其结构为多根传热管固定在壳体内的端板上,制冷剂流径壳体,而水则在管内循环,壳体的两端由端帽封闭(称为水箱),水在其中循环,见图 22.10。如果需要,可以拆下端盖,对各传热管进行检查和刷洗。该壳体也可用做多余制冷剂的储液罐。这种冷凝器价格最为昂贵,一般均用于大型设备。

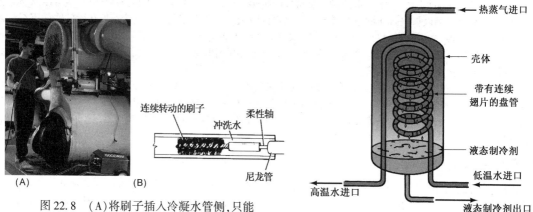

图 22.8 (A)将刷子插入冷凝水管侧,只能采用合适的刷子;(B)水管的剖面图(Goodway Tools Corporation 提供)

图 22.9 壳 – 盘管冷凝器。温度较高的制冷剂蒸气接入壳体,冷却水则在管内循环

水冷式冷凝器用于从制冷剂中排除热量,制冷剂排热之后,这部分热量即存在于冷却水中,而且温度会越来越高,此时可以有两种处理方式:1)将水直接排放;2)用水泵将冷却水送往他处,冷却后重新使用。

22.8 非循环水冷却系统

顾名思义,在非循环水冷凝系统中,冷却水仅用一次,然后直接排入下水道,见图 22.11。如果水来得容易,无须成本或仅需少量水,则也未尝不可。如果冷却水的用量很大,节约用水或许就可以省下一笔很大的支出,只需将它送至室外的冷却塔使其冷却,即可重新使用。

用于一次性使用并直接排放的系统冷却水,其水温变化很大。例如,在夏季,自来水主管的水温为 75 ℉,而在冬季则在 40 ℉左右,见图 22.12。尽管当水流经大楼较长的水管之后,由于滞留于管中时间较长,其温度会逐渐上升,但主水管的水温依然较低。这种冬、夏季水温的变化对制冷剂的排气压力(即冷凝压力)会产生一定的影响。对于常规的非循环水冷凝系统,如果进水温度为 75 ℉,那么每冷吨所需的水流量约为 1.5 gal/min;而在冬季,由于水温较低,所需的水流量就要相应减小。

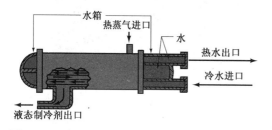

图 22.10 水可以由端帽导向在冷凝器中前后流动

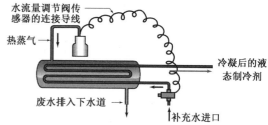

图 22.11 当可以从水井或湖泊等处获得低成本水源时,可采用非循环水冷凝系统

22.9 非循环水冷凝系统中制冷剂与水的温度关系

非循环水冷凝系统中,冷却水流量可借助于水量调节阀根据需要进行调节。这种调节阀设有一个与检测制冷系统高压侧压力的波纹管相连接的冷却水开关。系统排压上升时,该调节阀阀门打开,使更多的水流入冷凝器以使排压保持正常状态,见图 22.13。

非循环水冷凝系统的进水温度通常会随季节而变化。例如,在夏季,送入这种水冷式冷凝器的冷却水水温一般为 75 ℉,但在冬季,来自自来水主管的水温只有 40 ℉。图 22.12 是一个采用 R-134a 制冷剂的制冷系统,它可以利用水量调节阀在进水温度不同的情况下将排气压力保持在 124 psig。当冷凝器的进水温度为 75 ℉时,调节阀阀口增大,流经冷凝器的水量就会大幅度增加,流速加快,使 R-134a 制冷系统的冷凝温度(100 ℉,124 psig)保持不变。注意,此时离开冷凝器时的水温为 110 ℉,比 100 ℉的冷凝温度高出 10 ℉,这种现象是因为正要离开冷凝器的冷却水在流向排水管前刚与压缩机排出的过热蒸气接触而形成的。

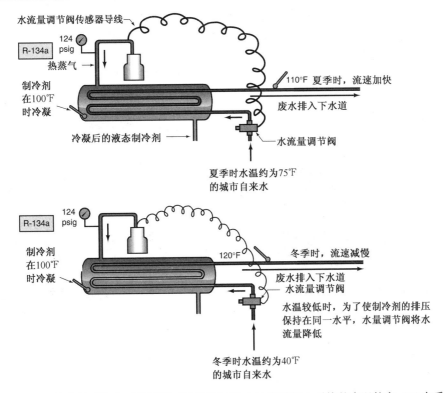

水流量调节阀传感器导线

R-134a　124 psig

热蒸气

制冷剂在100℉时冷凝

冷凝后的液态制冷剂

110℉ 夏季时，流速加快

废水排入下水道

水流量调节阀

夏季时水温约为75℉的城市自来水

R-134a　124 psig

制冷剂在100℉时冷凝

120℉　冬季时，流速减慢

废水排入下水道

水流量调节阀

水温较低时，为了使制冷剂的排压保持在同一水平，水量调节阀将水流量降低

冬季时水温约为40℉的城市自来水

图 22.12　非循环水冷凝系统在两种不同工况下的运行：(A)夏季进入系统的水温较高；(B)冬季水温较低

但是，在冬季，当冷凝器的自来水水温只有 40℉ 时，对于同一系统要维持同样的 100℉（124 psig）冷凝温度，水量调节阀就需将水流量降低。由于此时的水温较低，流量减小，因此，水与冷凝器内管的接触时间延长。注意，这就使离开冷凝器的水温达到 120℉。

由于一年内，在不同的季节流经非循环水冷凝系统的冷却水流量和温度均不断地变化，因此技术人员在面对这样的系统时，没有任何制冷剂温度与水温度间相互关系的资料或标准可供参考。维修人员只能利用水量调节器，根据不同的温度调节流入冷凝器的水量，使排气压力保持在 124 psig。

图 22.13　在不同季节，利用水量调节阀控制水流量（Bill Johnson摄）

22.10　循环水系统

当系统规模越来越大，节水成了一个必须予以关注的问题时，人们就会考虑采用循环水的系统。这样的系统像非循环水冷凝系统一样利用冷凝器向水排热，然后将水泵送至远离冷凝器的某一地点，并在那里将水中热量排除，见图 22.14。这种系统的冷却水与制冷剂间存在着明确的温度对应关系。制冷剂一般在高于出水温度约 10℉ 的温度下冷凝，见图 22.15。其循环水系统每冷吨每分钟循环水量约为 3 加仑，进水的常规设计温度为 85℉，且在大多数系统中，冷凝器的进、出水温升高为 10℉。因此，可以检查系统满负载时进水温度是否为 85℉，出水温度是否为 95℉。既然 R-134a 制冷剂在高于出水温度约 10℉ 温度下冷凝，那么其冷凝温度应为 105℉ 左右（95℉ + 10℉）。对应于冷凝温度 105℉，R-134a 的排气压力为 135 psig。

22.11　冷却塔

冷却塔是利用室外空气吹过冷却水从而将冷却水中的系统热量向环境排放的一种装置。任何冷却塔的容量大小均与其实际发生的蒸发量相对应，而蒸发量又与室外空气的湿球温度（湿度）相关联。通常情况下，冷却塔可以将返回冷凝器的冷却水冷却至室外空气湿球温度以上 0~7℉的范围内,见图 22.16。如果进入冷却塔的空气湿球温度为 78℉,那么冷却塔中的水可以冷却至 85℉。冷却塔有 2 冷吨及以上各种规格,其结构形式则分别有自然对流型及强制对流型和蒸发型数种。

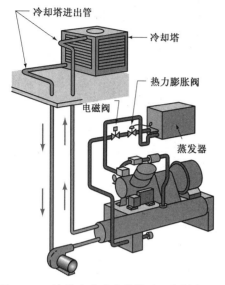

图 22.14　这种水冷式冷凝器可以从制冷剂中吸热,并将冷却水泵送至位于远处的冷却塔。冷凝器一般设置在压缩机附近,而冷却塔则一般安装在建筑物的屋顶上

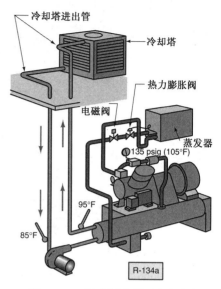

图 22.15　制冷剂冷凝温度与冷凝器出水温度的相互关系

22.12　自然对流型冷却塔

　　自然对流型冷却塔中不设置推动空气流过冷却塔的风机,它通常采用在各种气候条件不易损坏的红杉木、玻璃纤维和镀锌薄钢板等材料制成。

　　由于自然对流型冷却塔依赖于自然流动的气流,因此需要将其设置在有盛行风的区域。冷却水通过喷头射在冷却塔上端部,在其下落的过程中,一部分水直接汽化,未及直接汽化的水滴则落入冷却塔底部的集水槽内进一步汽化,这样的汽化过程还需要从系统的水中获取热量,因此可以使水的温度进一步降低。用于蒸发的水量必须及时予以补充,补水系统常采用浮球机构与供水管连接,可以自动地为蒸发水补充水量,见图 22.17。

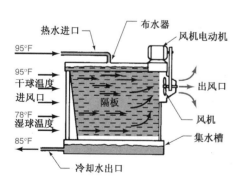

图 22.16　强制对流式冷却塔与环境空气间的温度关系。冷却塔的性能取决于空气的湿球温度,它涉及湿度和空气吸湿能力

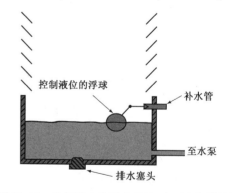

图 22.17　冷却塔中的补水系统,由于冷却塔的性能一部分取决于冷却塔中水的蒸发量,因此及时补水是必不可少的

冷却塔的安装地点必须精心选择,如果将其设置在没有盛行风吹过的两建筑物间的拐角处,那么其水温就会高于正常水温,进而引起系统排气压力升高,见图22.18。

冷却塔有两个与气候状况有关的、必须考虑的问题:

1. 冬季中必须启用制冷系统及冷却塔时,如果没有防冻措施,在有些地区,冷却塔中的水就会冰冻。当然,可以从冷却塔的集水槽处缓慢加热其中的存水,见图22.19。

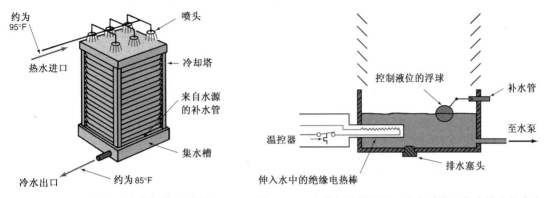

图22.18 自然对流冷却塔(必须安装于有盛行风的路径处)

图22.19 这种加热器可用于在冬季防止集水槽中的水冻结。它由温控器控制,可以防止在不需要时启动

2. 如果水温太低,会使排气压力下降,那么可以安装一个水量调节阀以避免这种情况的发生。自然对流型冷却塔可在建筑物的顶端见到,其外形看上去像是用板条制成的框架。这些板条主要是用来防止水滴吹出冷却塔的,见图22.20。

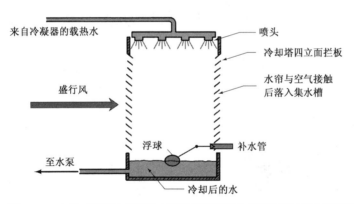

图22.20 自然对流型冷却塔四立面的拦板可以在有风吹动时使水不外溅

22.13 强制(诱导)对流型冷却塔

强制(又称为诱导)对流型冷却塔与自然对流型冷却塔不同,因为强制对流型冷却塔内设有推动空气吹过湿润表面的风机,见图22.21。其常规结构为:来自冷凝器的热水由水泵压送至冷却塔上端的平底集水槽中,该集水槽底板上开有经计算核定口径的小孔。经这些小孔,一定量的水下落流至填料,见图22.22。填料通常为红杉木或人造纤维,它可以使水在风机推动空气快速流动时逐步蒸发、冷却的过程中具有较大的表面积,见图22.23。当水量因蒸发逐渐减少时,由类似自然对流型冷却塔中采用浮球的补水系统进行自动补水。

强制(或称诱导)对流型冷却塔由于自带驱动空气的风机,几乎可以安装于任何地点,甚至可设置于建筑物内,通过风管引入和排出冷却空气,见图22.24。这种冷却塔完全封闭,不受盛行风影响,因此通常也就不一定要设置水量调节阀。风机可按需要运行和停止运行来控制水温,进而控制系统的排气压力。冷却塔内大量的水也可能会使风机的运行与停机周期较长。强制对流型冷却塔与自然对流型冷却塔相比体积更小。由于其自带风机,可强制推动空气流动,因此可适用于各种制冷系统及应用场合。注意,诱导对流型冷却塔与强制对流型冷却塔结构相同,只是前者是拉动空气横向吹过湿表面,后者是推动空气吹过湿表面。

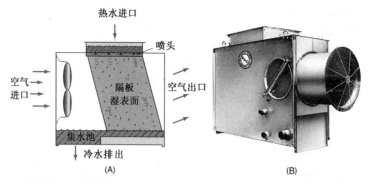

图 22.21　(A)强制对流型冷却塔;(B)诱导对流型冷却塔(Baltimore Aircoil Company Inc. 提供)

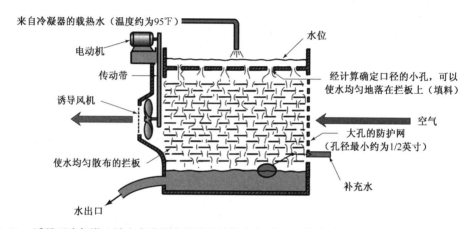

图 22.22　诱导型冷却塔上端出水孔的孔径需经计算确定,它可以使水均匀地分配到位于下方的填料上

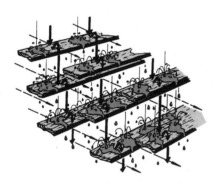

图 22.23　水滴向下穿过填料(Marley Cooling Tower Company提供)

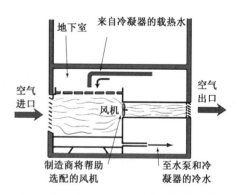

图 22.24　安装于建筑物内的诱导型冷却塔采用风管连接室内空气

22.14　蒸发型冷凝器

　　由于制冷剂冷凝器直接安装于塔内,因此蒸发型冷凝器是一种不同类型的冷凝器,人们也常常将其与冷却塔混为一谈,见图 22.25。上述各种冷却塔中,冷凝器均与冷却塔分离,冷凝器的热水通过水管连接至冷却塔,而蒸发型冷凝器则是反复利用同样的水,由位于冷却塔内的水泵直接喷淋在冷凝器上。当水量因蒸发而减少时,由与其他冷却塔一样的补水系统利用浮球自动补水。在一些寒冷地区,采用蒸发型冷凝器时,冬季必须采取防冻措施。蒸发型冷凝器中,同时有空气、水两种流体用于消除过热、冷凝和过冷制冷剂。当水喷淋在冷凝器上时,它就会从温度较高的制冷剂中吸热。同时,空气被从侧面吸入,流过冷凝器,从正在冷凝的制冷剂中吸热,这一过程实际上与蒸发冷却的原理完全相同,因为当水喷淋在蒸发器上时,可以从制冷剂上吸收非常多的热量。

当冷却塔系统中的水不断蒸发时,水中的矿物质浓度就会不断提高,如果任凭矿物质浓度升高,那么这些矿物质就会沉淀在冷凝器的传热表面,并引起排气压力升高等故障。为避免出现这一问题,必须容许水以连续的方式从系统中排出。这部分排出的水也称为泄污水,直接由排水管排出系统,然后由淡水管和浮球装置组成的补水系统进行自动补水。经常有不了解排污目的的人因为见到看似清洁的水白白地放入排水管而擅自将排水管关闭,从而导致出现各种故障。技术人员必须建立起检测排污流量的规范操作程序。冷却塔及排污问题将在第 49 章讨论。

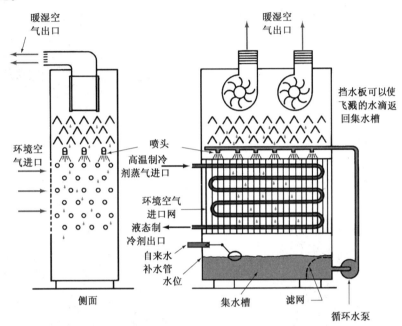

图 22.25　水在蒸发型冷凝器内反复循环。冷凝器传热管位于冷却塔内,而不是在建筑物内的冷凝器箱体内

22.15　风冷式冷凝器

风冷式冷凝器将空气作为其排热介质,这对于用水较困难的场合具有极大的优势。最早的风冷式冷凝器采用裸管,并利用来自压缩机飞轮的空气吹过冷凝器。当时的各种压缩机均已采用开启式驱动。之后,为了提高冷凝器效率并使它体积更小,人们又采用翅片来增大其传热表面积,当时的冷凝器一般均为钢管、钢翅片,见图 22.26。这种冷凝器很像散热器,因此也经常被称为散热器。

钢制的风冷式冷凝器在一些小规格制冷机组中仍有使用。图 22.27 是用于大型制冷系统的冷凝器。

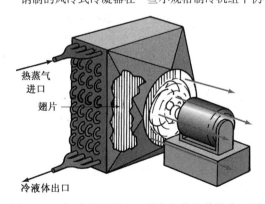

图 22.26　翅片的目的在于增大盘管的传热表面积

图 22.27　这种较大型的制冷用风冷式冷凝器就像一台空调冷凝器(Heatcraft Inc., Refrigeration Products Division提供)

　　风冷式冷凝器有多种形式。有些风冷式冷凝器中,空气是水平方向吹过冷凝器的,它们依靠的就是盛行风,见图22.28。而在其他风冷式冷凝器中,其气流模式为垂直方向,空气由底部吸入,上端排出,盛行风对这种冷凝器毫无影响,见图22.29。另一种形式的风冷式冷凝器则从各侧面吸入空气,从上端排出机外,这种冷凝器可能会受到盛行风的影响,见图22.30。

　　较小容量的制冷系统通常设置在空调区域内,如餐馆或商店。其中的风冷式冷凝器,其钢制盘管上的钢翅片间距较大,可以有一段较长的工作时间,不需要停机清除积尘和其他杂质。

　　风冷式冷凝器的热蒸气一般由顶部进入冷凝器,冷凝器的初始管段首先接触到直接来自压缩机的热蒸气,此时热蒸气具有较大的过热度(切记:此过热热量是制冷剂在蒸发器中发生状态变化之后再加入的热量)。当来自蒸发器的过热制冷剂到达压缩机并由压缩机压缩时,该制冷剂蒸气又增加了一部分过热热量,压缩机的部分能量以热能方式传递给了制冷剂,由压缩机加给制冷剂的这部分额外热量就会使离开压缩机的制冷剂携带更多的热量。在炎热天气下(95℉),离开

图22.28　卧式风冷式冷凝器依靠盛行风驱热降温(Copeland Corporation提供)

压缩机的热蒸气温度极易达到210℉。**安全防范措施**:千万不要用手触摸来自压缩机的热蒸气排气管,否则极易烫伤手指。冷凝器必须将制冷剂中的热量排除,直至制冷剂在真正冷凝之前达到其冷凝温度。

图22.29　采用垂直气流模式的冷凝器,空气从底部进入,上端排出,它不受盛行风的影响(Heatcraft Inc.,Refrigeration Products Division提供)

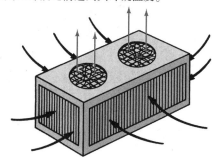

图22.30　这种冷凝器从各侧面吸入空气并从上端排出。盛行风对它的运行可能有影响

　　风冷式冷凝器的冷凝温度与吹过冷凝器的空气温度间存在一定的关系,这一点与上述蒸发器相似。例如,盘管内的制冷剂一般能够在高于冷凝器周围空气(也称为环境空气)30℉时开始冷凝。这种说法对于大多数具有标准效率且长期运行并在翅片和配管有一般积尘的冷凝器同样有效。这种相互关系也可以通过增大冷凝器换热表面积予以改变。在室外空气为95℉的情况下,冷凝温度约为125℉;如果制冷剂R-134a在125℉时冷凝,那么其排气压力,即高压侧压力表的读数应为184 psig(可参见R-134a的压力/温度线图),这一点非常重要,因为它可以帮助维修人员确定排气压力应为多少。

　　图22.31为安装于商店内的一台采用R-134a制冷剂的风冷式冷凝器,它负责为一中温进入式冷藏室将吸入的热量向环境排放。该冷藏室内设有多扇便利店中常见的提取式对开门,冷藏室内的货架上放有饮料。冷藏室内温度保持在35℉,此时室外空气温度为95℉。制冷系统要在35℉的状态下吸热,并将这部分热量排放至冷凝介质温度为95℉的室外。

1. 热蒸气进入冷凝器时的温度为200℉。冷凝温度高于室外(环境)温度30℉。
2. 室外空气温度为95℉,冷凝温度为95℉ + 30℉ = 125℉,制冷剂必须在实际开始冷凝之前冷却至125℉,因此在冷凝器盘管初始段必须将热蒸气温度降低75℉(200℉ - 125℉),这称为消除过热度,也是冷凝器最首要的工作。
3. 走过盘管的一部分管段后,制冷剂过热消失,温度下降至实际冷凝温度125℉,液态制冷剂开始在盘管中生成,并在125℉的冷凝温度下,液态制冷剂数量不断增加,直至所有的蒸气均转变为100%的液体,此时制冷剂放出的热量称为冷凝潜热。

4. 液态制冷剂此时放出显热并过冷至 125℉冷凝温度以下。温度低于 125℉冷凝温度的液态制冷剂称为过冷液体。当过冷液态制冷剂到达盘管末段时,冷凝器各管中充满了液态的制冷剂,然后排入储液器。

5. 从冷凝器底部排入储液器的液态制冷剂还可以冷却至 110℉,这就使得液态制冷剂具有 15℉的过冷度(125℉ – 110℉)。

在一些大型商用和工业用制冷设备中,冷凝器的规格也较大。当制冷剂流过冷凝器时,必然会出现压降,这一压降是由盘管内的阻力引起的。在这种情况下,检测冷凝器过冷度时,必须在冷凝器出口处附近检测其制冷剂的压力,而不能在压缩机的检修阀处测定,见图 22.32。冷凝器的出口压力可以从储液器的主阀,即储液器的充液阀处读出。事实上,制冷剂的压力值应当在测定冷凝器出口温度的同一部位附近测定,否则,冷凝器过冷度的计算值就会出现偏差。如果图 22.32 中的冷凝器是一台规格较大的冷凝器,并且其压力值是在冷凝器的出口测定的,那么该冷凝器过冷计算值应为 120℉ – 110℉ = 10℉。如果考虑冷凝器 13 psig 的压降(184 psig – 171 psig),那么当冷凝器出口压力降低至 171 psig 时,就会使冷凝器的出口温度也降低至 120℉。

并非所有的风冷式冷凝器都有与环境空气温度相差 30℉的关系。确定空气与制冷剂间相互温度关系的最好办法是测定其启动时的温差并把它记录下来。之后,如果其相互关系发生变化,则能据此推断存在故障,如冷凝器积尘过多或因无法理解的原因导致的制冷剂过量充注等。

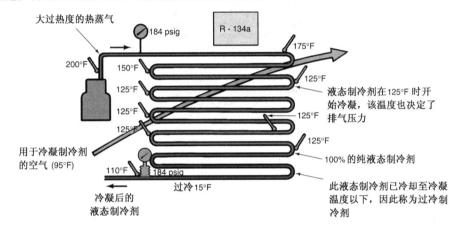

图 22.31 制冷剂在冷凝器中的冷凝过程是:(1)进入冷凝器最初段的热蒸气是大过热度的制冷剂蒸气。冷凝器的冷凝温度为 125℉,因此必须将此 200℉的过热蒸气在开始冷凝之前先冷却至 125℉;(2)液态制冷剂与盘管外侧空气间形成强烈的热交换,制冷剂状态变化时所排放的热量远大于蒸气降温、消除过热度时排放的热量;(3)当制冷剂全部冷凝为液态制冷剂盘管内为纯液态制剂时,液态制冷剂可以过冷至冷凝温度以下

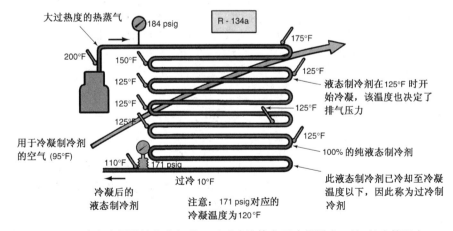

图 22.32 此风冷式冷凝器从热蒸气进口至过冷液体离开冷凝器出口处,整个管程有 13 psig的压降,这是由管内沿程阻力引起的压力损失。这在大容量冷凝器中是一种正常的压力损失。过冷度测定时必须在测定出口温度的同一位置附近测定其压力

22.16　高效冷凝器

通过增大冷凝器热交换表面积可以降低冷凝温度,而且,冷凝器的表面积越大,其冷凝温度越接近环境温度。一个理想的冷凝器可以在与环境同样的温度下冷凝,但这样的冷凝器很可能要非常大,也不具有实际意义。在前面的几个例子中,环境温度与冷凝温度间的温差一直采用30℉。图22.33 中的冷凝器,冷凝温度为110℉,高于环境温度15℉,制冷剂 R-134a 在 110℉时排气压力应为146.4 psig(R-404A 应为271.4 psig),在同样的有效制冷量情况下,降低排气压力可以使系统效率更高——消耗的电能也就越小。这些设备,特别是超低温的制冷系统,其冷凝温度与环境温度间的温差均在 10℉之内。

排压的降低也会影响到压缩机的工作性能,我们将在下一章论述。

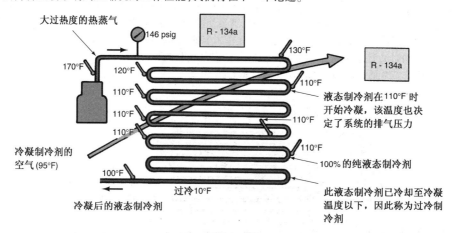

图22.33　高效冷凝器的运行状况

22.17　冷凝器与低温环境状态

上述例子均涉及风冷式冷凝器在炎热气候下的运行状况,冷凝器在其他气候条件下运行的状况可以超市中设置在室内的整体式展示柜为例。由于是一台整体式展示柜,因此其冷凝器也同样设置在室内,见图22.34。展示柜的进风口处于室内,如果室内空调运行的话,其进风温度就较低。店内温度为 70℉,冷藏柜的温度也经常达到此温度。这样低的环境温度就会使系统高压侧的运行压力很低。当我们采用冷凝器标准温差关系时,可以发现:新的冷凝温度应为 70℉ + 30℉ = 100℉,其对应的排气压力应为 124 psig,这样的压力已足以影响膨胀装置的正常运行了,有关内容将在以后详细论述。对于中温设备来说,其低压侧压力已在 R-134a 的最低点压力18 psig 附近,当冷凝器在 70℉的空气冷却之下,124 psig 高压侧压力减去 18 psig 的低压侧压力时,其压差仅为106 psig,万一该设备处于 70℉的温度环境之下,那么就会出现难以对付的蒸发器盘管缺液现象。

如果将此中温冷藏箱移至商店外,这样的设备在冬天也无法达到其应有的容量。如果盘管上的室外空气温度下降至 50℉,那么其排气压力也将下降至 50℉ + 30℉ = 80℉冷凝温度所对应的 87 psig,见图22.35。其压差87 psig - 18 psig = 69 psig 也不足以提供足够的液态制冷剂经膨胀装置送入盘管,见图22.35。注意图中两个相互矛盾的压力差和温度差。此时,必须调整排气压力。

冷凝器在非设计工况下运行的另一个例子是在零售店和便利店中可以见到的储冰冰箱。这种冰箱主要用于存放来自其他地方生产的冰块,其要求是在各种气候情况下均能使冰块处于坚硬状态,其箱内运行温度约为0℉至 20℉。

冰箱处于室外温度为 30℉的环境下,并由小容量的风冷式冷凝器向外排热。冷凝器的工作温度约为 30℉ + 30℉ = 60℉,即排气压力为 57 psig,见图22.36。要使冰箱内温度维持在 0℉,其蒸发器的运行温度应为-15℉左右,即吸气压力为 0 psig。两者的压差为 57 psig - 0 psig = 57 psig,这必然会使蒸发器处于缺液状态。要使冰块处于冻结状态,冰箱就必须正常运行。关键是采取措施,使压缩机的排压提高。

对于处于环境温度较低状态的制冷设备来说,避免类似故障的措施之一就是减少热负荷。例如,要使箱体内的冰块保持 0℉状态,那么在 30℉的环境温度下就不能将较多的冰块放入冰箱。事实上,此时的冰箱运行状态很差,除非放入的是没有包装的冻结冰块,以及其他原因使冰箱必须长时间运转,否则根本无法知道这一情况。机组可能需要很长运行时间才能将箱内物质的温度降低,而蒸发器则有可能严重冻结。

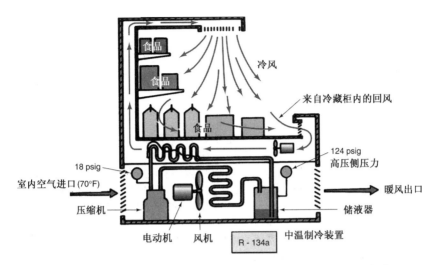

图 22.34　整体式展示柜设置在商店内,压缩机和冷凝器安装于箱体
　　　　　内,这是一种插电源式的完全独立的单机,不需要配置管线

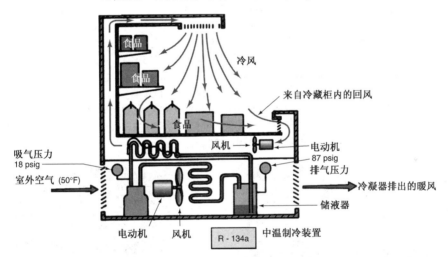

图 22.35　将图 22.34 中的制冷装置移至商店外后,冷凝器处于冬季环境之下。如果不配置某种类型的
　　　　　排压控制装置,冷凝器的性能就会下降。排气压力太低则无法推动足够的液态制冷剂
　　　　　通过膨胀阀,蒸发器就会处于缺液状态。如果再有环境温度的食品放入展示柜,那么机组的
　　　　　容量就会有明显的下降,也无法使食品温度下降,由于没有停机除霜运行,盘管上即出现冰层

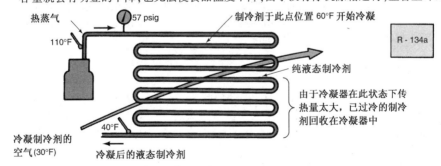

图 22.36　冷凝器在环境温度较低的情况下运行,注意冷凝器中有很多的液态制冷剂,且其排气压力
　　　　　很低,造成膨胀装置越液,因为冷凝器是依靠该压力推动制冷剂通过系统的计量装置

22.18　排气压力的控制

能够自动将排气压力维持在适当的可运行状态,并且不引起设备磨损的几种途径是:风机的循环运行控制、调节风门和使冷凝器满液,每一种方式都有其不同的特性与效果。各制造商也会出于各自的原因推荐不同的排压控制方式。

风机循环运行装置

风冷式冷凝器通常都配有一台小功率风机,用于推动空气吹过冷凝器。当此风机处于停机周期时,假如没有盛行风替代风机的功能,那么在任何气候状况下,系统的排气压力都会有所上升。要使风机能够按需要间断性地运行,只需将一个压力控制器接入系统的高压侧,此压力控制器可以在系统压力达到预先设定的压力增量值时,闭合一组电触头,见图 22.37。电触头就能根据压力的变化停止和启动风机电动机。

对于 R-134a 系统来说,当排气压力下跌至 135 psig 时,常规的设定此时均要求风机停止运行,而当排气压力上升至 190 psig 时,则重新启动风机。这样的设置不仅不会影响系统的夏季运行,而且在冬季则有上佳的表现。这两项设定值几乎完全避免了风机依据系统运行模式短时间内频繁启动的情况,而是根据排气压力高低的实际需要运行。当温控器要求压缩机启动而环境温度又较低时,由于冷凝器风机将温度较低的空气不断地吹过冷凝器,导致排气压力很低,进而使系统始终无法达到正常的工作容量。风机间断运行控制装置可以使冷凝器风机在环境温度较低的状态下始终保持停止运行状态,只有当排气压力大于设定值时才开始运行。

安装风机间断运行装置是系统维持正确的运行排气压力的一种方法,且系统增设这一装置不需要很大的费用,线路也无须改变。但采用该装置后所带来的一个问题是当风机关机和启动时,有可能引起系统排气压力上下波动,并且还可能影响膨胀装置的正常运行。这是因为对于整个运行周期来说,190 psig 的压力仅出现在整个运行周期中一段时间内,当风机启动后,其排气压力计将迅速下降至 135 psig。此外,这样的压力波动还会使膨胀装置不能稳定地运行。当然,要在风冷式冷凝器上将排气压力控制在一个比较稳定的状态,还有许多其他途径。

当冷凝器有多台风机时,可以将一台风机按原先的线路连接,而其他各风机则根据排气温度的高低进行控制,见图 22.38。第一台风机可以像单个风机一样根据压力的变化运行,这有助于避免像单一风机那样压力波动的范围过近。例如,当冷凝器上有 3 台风机时,第一台可以在 70℉左右时停止运转,第二台可以在约 60℉时关闭,第三台则由压力或安装于液管线的温度传感器控制。

图 22.37　冷凝器风机间断运行控制装置。该控制器除了工作压力较高外,与低压控制器完全相同(根据压力增量动作)(Bill Johnson摄)

图 22.38　多风机冷凝器(Heatcraft Inc.,Refrigeration Products Division提供)

冷凝器可变速风机电动机

如上所述,采用风机间断运行装置后所带来的一个问题是在风机电动机启动和停止时,很可能会引起系统排气压力的上下波动,还可能引起热力膨胀阀运行不稳,甚至误动作。然而,用于大容量冷凝机组的可变速风机电动机则可以根据排气压力或室外环境温度的变化逐渐改变其转速。许多这种风机电动机还配置变频驱动装置(VFD)和控制驱动装置的电子反相器。变频驱动装置依据的工作原理是:当改变输入风机电动机的电源频率时,就能改变风机电动机的转速。当电源频率增大时,电动机转速也随之加快;反之,当电源频率降低时,电动机转速也随之减缓。

通过称为反相器的某种电子线路,可以将提供给冷凝器风机电动机的电源频率随排气压力的变化而变化,而要达到这一目的,仅需将制冷系统高压侧传感器与反相器连接即可。另一种方案则是利用位于冷凝器进风口附近的温度传感器来检测室外环境温度的变化,然后将传感器的信号输入电子反相器。

图22.39为一种可改变电动机输入电压频率的变频驱动装置。其频率的变化量可以很小,因此,冷凝器风机电动机的转速也可略有变化。这种控制方法可以使排气压力在室外环境温度发生变化时始终保持非常稳定的状态,还可以使排气压力避免在风机电动机启动和关闭时,出现不正常的上下波动。变频驱动装置在第17章曾有过详细论述。

挡风板或风门

挡风板既可设置在冷凝器的进口处,也可设置在出口处,它安装有一个压力驱动的活塞。当压力达到设定值时,活塞可推动打开挡风板的转轴,见图22.40。当压力上升时,此压力驱动的活塞伸出,同时打开多扇挡风板,见图22.41。挡风板打开和关闭时的速度较慢,可以提供比较均衡的排气压力控制。

采用单个风机时,挡风板既可安装在进口处上方,也可安装于出口处上方正对风机处。当有多个风机时,安装有挡风板的风机可长时间运转,而其他风机则根据压力或温度轮流关闭。这种控制方式可以获得很好的排气控制,同时又能使水温迅速下降。

图 22.39　变频驱动装置(VFD)用于改变电动机的输入电源的频率,它可以很小的增量方式改变电动机的转速(Ferris State University,John Tomczyk 摄)

图 22.40　安装有挡风板的冷凝器。采用一台风机时,仅需一个这样的控制装置,采用多台风机时,只需采用一台这样的挡风板控制装置,其他风机则根据温度状态控制运行(Trane Company提供)

冷凝器满液法

利用液态制冷剂使冷凝器满液就像是用一张塑料薄膜将整个冷凝器严实地遮盖起来,这样,系统的排气压力就必然上升。在冬季比较暖和与寒冷的气候下,要利用液态制冷剂使冷凝器满液,系统中就必须要有足够的制冷剂,这就需要有较大的制冷剂充注量和制冷剂存放处,除此以外还必须要有在上述天气下将制冷剂注入冷凝器的阀门装置。这种冷凝器满液法的最终目的在于:在最寒冷的气候条件下使系统在启动及运行的过程中都能够保持适当的排气压力,见图22.42。

图 22.41　活塞型挡风板驱动器。在此驱动器中,膜片的一侧为系统高压侧的排气压力,另一侧则是大气压力。当系统的排气压力上升至设定的压力值时,挡风板开始打开。在夏季系统运行周期内,挡风板始终为最大开口状态(Robertshaw Controls Company 提供)

图 22.42　冷凝器满液用的排气压力控制器。此阀可以使制冷剂在冬季暖和及特别寒冷的气候下使冷凝器满液。这种方式需要有足够的制冷剂使冷凝器满液,而且要有在炎热季节不需要来维持排气压力时存放制冷剂的储液器(Sporlan Valve Company 提供)

22.19 冷凝器过热热量的利用

风冷式冷凝器具有排气管温度较高的特征,即使在冬季。由于可以在冬季回收热量并向建筑物内各处重新分配热量,或用来加热水,所以这一特征一直是为人称道的优点。制冷系统需要不断地将冰箱内的热量以及商店内环境空气渗入冷柜的热量排放出去,而且还必须排向不会招致麻烦的地方。例如,在夏季,我们还应将这部分热量排向店外。如果店内安装热水装置,也可用来为热水装置供热,见图 22.43,从中可获得温度为 140°F 左右的温水供店内使用,同时还可省大量能源。

图 22.43 用于从高过热排气管线回收热量,并为家用热水器提供热的热交换器。排气管线上的温度在一般情况下能达到 210°F 左右。根据制冷系统容量的不同,通过此热交换均能获得 140°F 温度的水,且系统规格越大,可以获得的热量也就越多(Noranda Metal Industries Inc. 提供)

22.20 热的回收

在冬季,商店内需要热量,如果将热量排放在商店内,就能降低采暖所需的费用。从系统回收的热量都是不需要成本的热量,见图 22.44。

采用空冷冷凝器的设备可以很方便地实现热的回收。我们可以将排放的蒸气送入屋顶的冷凝器,也可以输入安装于风管内的盘管为店内供热。空冷设备的冷凝温度很高,且其热总量也很大,完全可以用做一个重要的热源。处于温和区域的商店可以从制冷系统中获得足够的热量,为商店提供采暖所需的全部热量。

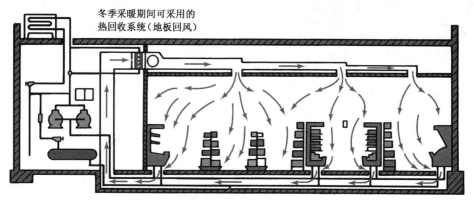

冬季采暖期间可采用的
热回收系统(地板回风)

图 22.44 商店内的供热系统

22.21 排气压力的浮置

过去,为了使系统能够在温度较低的环境下正常运行,我们常通过制冷系统中的排气压力控制器人为地将冷凝压力和冷凝温度维持在较高水平,为了使计量装置能够正常地向蒸发器提供液态制冷剂,常将冷凝压力维持在一个较高的水平,人们常常认为这是一种是必不可少的方式。但是,当冷凝压力上升时,整个冷凝系统的功耗也会随之增大,即效率会更低。仅从能源成本的角度来看,这些低效率方法越来越难以被人接受。

以往,空调和制冷系统的设计人员都要为系统确定一个室外设计工况,而此室外设计工况通常是设备整个使用寿命内不超过 2% 的时间可能达到的温度,然后据此难以达到的温度选择冷凝器。如今,制冷和空调系统的设计人员将可能出现的最低冷凝压力和冷凝温度作为其设计依据,并据此设计各种冷凝器。对于可能达到的最低冷凝压力,行业内的专业术语称为浮动排压。浮动式排压系统可以方便地使冷凝压力随环境温度的变化而变化,不管是从夏天转向冬天,还是冬天转向夏天,这就意味着无论是在秋天、冬天,还是在春天,冷凝压力均为其最低点。而在冬季,冷凝温度仍然保持在 30°F 至 40°F 的情况反而很少见到。

研究人员在与计量装置制造商的合作研究中发现,热力膨胀阀(TXV)运行时,只要流经膨胀阀的制冷剂为纯液态制冷剂,其两端的压力降远比过去想象的要小得多。有些采用新技术的计量装置运行时的压力降甚至仅为 30 psig。根据这一新发现,设计人员可以将冷凝压力随春、秋和冬季的环境温度而向下浮动,使系统具有更高的效率和更小的功耗。事实上,美国大多数地区的室外温度低于 70℉ 的日子要比高于 70℉ 的日子来得多。此外,冷凝温度每下降 10℉,压缩机的容量就需要增加约 6%。当出现极端低温时,这些系统的环境低温控制装置依然可以发挥作用。当然,对于特定的设备以及极低温的环境状态,其设定值必须予以调整。

当排气压力在秋、冬季以及春季可以浮动时,其冷凝压力就会下降。对于为楼宇供热的热回收盘管来说,可以回收的热量就会减少。但很明显,采用燃油、燃气锅炉为楼宇供热的效率远比利用制冷或空调系统上的排压控制装置人为地提高排气压力要高得多,而且后者还会使效率降低。因此,现在已很少有人再安装热回收装置了。

22.22　冷凝器的评估

这里给出最后一个忠告:千万不要将注意力放在设备的各项细节,系统的各组成件均为相互关联、相互影响、相互依赖的关系。例如,冷凝器的工作压力可以影响到蒸发器的工作状态。你可以根据现有经验做出正确的结论。每一种压缩系统都需要有一台冷凝器来排放来自系统的热量,检查设备时应首先打开冷凝器,不管它是何种类型的冷凝器,空冷设备上的冷凝器应该有烫手的感觉,而在水冷式冷凝器上则应有温热的感觉。

本章小结

1. 冷凝器是制冷系统的排热构件。
2. 制冷剂在冷凝器中冷凝成液态制冷剂并放出热量。
3. 水是水冷式冷凝器排热的最主要介质。
4. 水冷式冷凝器有 3 种类型:套管型、壳 - 盘管型和壳管型。
5. 制冷剂在冷凝过程中放出的热量最大。
6. 采用冷却塔的水冷式冷凝器中,制冷剂冷凝温度一般高于冷凝介质出口温度 10℉。
7. 冷凝器的首要任务是将来自压缩机的热蒸气过热量排除。
8. 制冷剂冷凝成液态后,可以将其进一步冷却至冷凝温度以下,这称为过冷。
9. 当冷凝介质温度太低使排气压力降低至膨胀装置无法向蒸发器提供足够制冷剂的状态时,就必须采用排气压力控制装置,不管采用的冷凝介质是空气还是水。
10. 冷却塔有 3 种类型:自然对流型、强制对流型和蒸发式冷凝器。
11. 再循环水是利用水的蒸发来帮助冷却的。
12. 水蒸发后,水中的矿物质浓度就会提高,因此必须向系统不断添加补充水,以避免矿物质浓度过高。
13. 4 种常见的排气压力控制装置是:风机循环运行控制器、变速风机、挡风板和冷凝器满液机构。
14. 冷凝温度与流过冷凝器的空气温度间的对应关系可以帮助维修人员确定风冷式冷凝器上应有的高压表读数。

复习题

1. 为何有些冷凝器必须采用刷子清洗,而有些则需要用化学药剂进行清洗?
2. 冷凝器的 3 种常见制作材料是_____、_____和_____。
3. 当冷凝器需要清洗时,应向谁咨询?
4. 冷凝过程中,制冷剂什么时候放出的热量最大?
5. 水冷式冷凝器中,冷凝介质吸入热量之后,这部分热量可以滞留在两处中的某一处,这两处指的是什么?
6. 水冷式冷却塔的容量受环境空气中_____因素影响?
   A. 干球温度;　　　B. 湿球温度;　　　C. 空气的焓;　　　D. 海拔高度。
7. 当采用标准效率的风冷式冷凝器时,制冷剂冷凝时的温度一般高于进风温度_____℉。
8. 风冷式冷凝器中控制排气压力的 4 种方法是:_____、_____、_____和_____。
9. 盛行风会影响哪一种风冷式冷凝器?
10. 正误判断:风冷式冷凝器的效率远比水冷式冷凝器高。
11. 可以将排气压力控制在最低限度的冷凝器是一种_____冷式冷凝器。
12. 试比较高效风冷式冷凝器与标准效率风冷式冷凝器的标准工况。
13. 试说出从风冷式冷凝器中回收热量的两种方法。
14. 简要介绍浮动排压的含义,并说明将其应用于制冷和空调系统的原因。

第23章 压缩机

教学目标

学习完本章内容之后,读者应当能够:

1. 解释压缩机在制冷系统中的功能与作用。
2. 讨论压缩机。
3. 论述 4 种压缩方式。
4. 叙述压缩机运行的 4 种特定工况。
5. 解释全封闭压缩机与半封闭压缩机间的差异。
6. 论述往复式压缩机和回转式压缩机的各工作构件。

安全检查清单

1. 装/拆压力表、转移制冷剂或检测压力时,必须佩戴防护镜和手套。
2. 在进入式冷藏室或冷库作业时,必须穿保暖服装。
3. 不得用手直接触摸压缩机的排气管线。
4. 注意不要让手或衣物被皮带轮、传动带或风机叶轮缠上。
5. 提起重物时,应穿戴合格的背带并利用腿部力量,同时,使自己的背部挺直朝上。
6. 注意各项用电安全措施,始终保持谨慎的工作态度,并充分运用已有的安全常识。

23.1 压缩机的功能与作用

压缩机被视为制冷系统的心脏,最能表示压缩机特征的专用名词称为“蒸气泵”。压缩机实际所承担的职责就是提升压力,将吸气压力状态提高到排气压力状态。例如,在某个采用 R-12 作为制冷剂的低温制冷系统中,其吸气压力为 3 psig,排气压力为 169 psig,其提升的压力值为 166 psig(169 – 3 = 166),见图 23.1。同样,中温和高温制冷系统内的制冷剂经压缩机之后都有不同的压力提升。图 23.2 为一中温系统,其吸气压力为 21 psig,排气压力为 169 psig,系统压力增加值为 148 psig(169 – 21 = 148)。

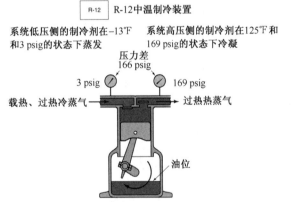

R-12 R-12中温制冷装置

系统低压侧的制冷剂在-13℉ 和3 psig 的状态下蒸发　　系统高压侧的制冷剂在125℉和 169 psig 的状态下冷凝　　制冷剂在20℉和21 psig 的状态下蒸发　　注意:此中温制冷系统中的制冷剂在上例同样的状态下冷凝

压力差 166 psig　　3 psig　　169 psig　　载热、过热冷蒸气　　过热热蒸气　　油位

压力差 148 psig　　21 psig　　169 psig　　载热冷蒸气　　过热热蒸气

图 23.1　压缩机吸气侧与排气侧之间的压差　　图 23.2　吸气压力与排气压力的比较。该中温系统采用R-12制冷剂。只将吸气压力提升了 148 psig

压缩比是压力差的一种技术表示方式,其含义为高压侧绝对压力除以低压侧的绝对压力。压缩比的计算必须采用绝对压力值。为了避免使压缩比计算值出现负值,计算压力比时必须采用绝对压力,而不是表压力。采用绝对压力值才能使压缩比计算值为正值,这样才有意义。

例如,某采用 R-12 制冷剂的系统,压缩机运行时的排气压力为 169 psig(125℉),吸气压力为 2 psig(−16℉),那么其压缩比应为

$$压缩比(CR) = \frac{绝对排气压力}{绝对吸气压力}$$

$$CR = \frac{169 \text{ psig} + 14.7 \text{ 大气压力}}{2 \text{ psig} + 14.7 \text{ 大气压力}}$$

$$CR = \frac{183.7}{16.7}$$

$$CR = 11 \text{ 比 } 1, \text{ 即 } 11:1$$

11:1 的压缩比可以使维修人员了解:该系统绝对的,即实际的排气压力比实际的吸气压力大 11 倍。

现在假设同样的制冷系统改用 R-134a 制冷剂运行,如果 125 ℉ 的冷凝温度(184.6 psig)和 −16 ℉ 的蒸发温度(0.7 英寸水银柱真空)不变,那么其压缩比应为

$$CR = \frac{184.6 \text{ psig} + 14.7 \text{ 大气压力}}{(29.92 \text{ in. Hg} - 0.7 \text{ in. Hg}) \div 2.036}$$

$$CR = \frac{199.3}{14.35}$$

$$CR = 13.89 \text{ 比 } 1, \text{ 即 } 13.89:1$$

注意,由于 R-134a 系统的吸气压力(蒸发压力)为 0.7 英寸水银柱真空,因此必须将真空值读数转变为以 psia 为单位的绝对压力,即压力表上的真空度读数 0.7 英寸水银柱必须首先转换为以英寸水银柱为单位的绝对压力值,换算的方法是将标准大气压力 29.92 英寸水银柱减去真空表读数,其结果再除以 2.036,将英寸水银柱单位转换为 psi 单位。1 psi = 2.036 英寸水银柱。

注意,即使在同样的 125 ℉ 冷凝温度和 −16 ℉ 蒸发温度的情况下,R-134a 系统的压缩比也都高于 R-12 的系统。这是因为在这些温度范围内,R-134a 具有较高的冷凝压力和较低的蒸发压力。排气压力的增高或吸气压力的降低都会使压缩比增大。无论何时,系统的压缩比越大(大于 12:1),其压缩机的排气温度也越高,这是因为在压缩比较大的情况下,压缩冲程内的压缩热温度也较高。压缩比高,压缩机在将吸入蒸气的压力提高到排气压力所需的能量也越大,也就是说,压缩过程中所产生的压缩热也就越多。

压缩比主要用于压缩机在各种泵吸条件下的比较。对于一台全封闭往复式压缩机来说,当压缩比太高(约大于 12:1)时,其离开压缩机的制冷剂蒸气温度可以上升至使润滑油过热的状态,而润滑油过热往往会在系统中转变为碳并生成酸。压缩比也可以采用两级压缩予以降低,即第一台压缩机的排气送入第二台压缩机的吸气侧。图 23.3 中,第一级压缩机的压缩比为 3.2:1(114.7 psia ÷ 35.7 psia),第二级压缩机的压缩比为 1.6:1(183.7 psia ÷ 114.7 psia)。如果此两项压缩比都符合要求的话,那么压缩机即可获得较高的效率和较低的压缩机排气温度。如果仅采用一台压缩机,那么其压缩比必须为 5.14:1。但是,即使此 5.14:1 压缩比的压缩机符合要求,其效率要比采用两台压缩机来得低,而排气温度则比采用两台压缩机要高。上述例子仅用于说明问题,事实上,只有在压缩比大于 10:1 的情况下才采用两级(或称为双级)压缩,一般情况下很少使用。通常只有在商用和工业冷藏设施的低温冷冻设备中才可见到这种双级压缩的系统。

压缩机内经压缩机吸气阀充满整个汽缸的是制冷剂蒸气,此冷蒸气含有在蒸发器内吸收的热量,压缩机将此载热蒸气送至冷凝器,由冷凝器再将此来自系统的热量排放出去。

离开压缩机的蒸气温度较高,在排气压力为 169 psig 的情况下,压缩机排气管线的温度可达 200 ℉,甚至更高。**安全防范措施**:千万不要用手触摸压缩机排气管,否则会烫伤手指。将来自吸气管的蒸气进行压缩,实际上就是对离开压缩机蒸气中的热量进行浓缩,见图 23.4。

23.2 压缩机的类型

制冷和空调行业中采用的压缩机有 5 大类型:往复式、螺杆式、回转式、涡旋式和离心式,其中往复式是小型和中型商用制冷系统中应用最多的一种压缩机,见图 23.5。本章将论述往复式压缩机的各个细节。螺杆式压缩机主要用于大型商用和工业系统,见图 23.6。由于本书后面将专门论述大型系统,因此这里对这种压缩机仅给出简单解释。回转式压缩机(见图 23.7)、涡旋式压缩机(见图 23.8)和往复式压缩机主要用于家用和小容量商用空调装置,离心式压缩机(见图 23.9)则广泛用于大型楼宇的空调系统,本书将在 48.7 节专门讨论离心式压缩机。

往复式压缩机

各种往复式压缩机一般根据压缩机壳体形式以及驱动机构设置方式分类。根据壳体形式来分有开启式和封闭式两种,见图 23.10。封闭式是将整个压缩机均设置在一个壳体内。封闭式又可分为两类:全焊接型(见

图 23.11)和可维修型,它们皆为半封闭型,见图 23.10(B)。其驱动机构可以封闭在壳体内,也可设置在壳体之外。如果是封闭式压缩机,那么其驱动机构必为直接驱动形式,压缩机和电动机轴在压缩机壳体内为同一根轴。

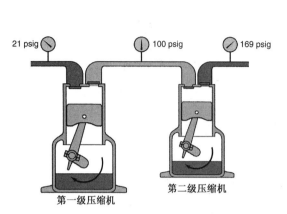

图 23.3　两级压缩机。注意:第二级压缩机比第一级压缩机要小

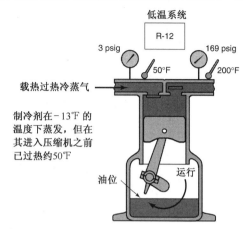

图 23.4　进入压缩机的制冷剂称为载热蒸气,这是因为它含有蒸发器蒸发时所吸收的热量,该蒸气温度较低,但包含了在低压、低温状态下吸收的热量。当该蒸气在压缩机内进行压缩时,其热量就被集中和浓缩,其中除了蒸发器吸收的热量之外,压缩过程中还会加入由能量转化来的部分热量

图 23.5　往复式压缩机(Copeland Corporation 提供)

图 23.6　螺旋式压缩机(Frick Company 提供)

全焊接型封闭式压缩机　这种压缩机的电动机与压缩机均设置在同一个壳体内,完成组装之后予以焊接封闭,见图 23.11。由于这种压缩机不能割开壳体进行维修,因此常被形象地称为“铁罐头”。

全焊接型封闭式压缩机有如下特点:

1. 进入壳体的唯一办法是割开壳体。
2. 只有专业从事此类业务的极少数企业才打开这种压缩机,换句话说,除非制造商想回收后用于验证、研究才打开。它是一种不予维修的、抛弃型压缩机。
3. 电动机轴和压缩机曲轴为同一根轴。
4. 由于其吸入气体通向整个壳体侧,包括曲轴箱,因此常被视为低压侧装置。其排气管(高压管)通常由连接管直接连接至壳体外,因此整个壳体仅需根据低压侧工作压力确定耐压要求。
5. 一般情况下,利用吸入蒸气进行冷却。
6. 通常设有压力润滑系统,但小型封闭式压缩机均采用飞溅式润滑。
7. 电动机和曲轴的组合结构通常采用垂直布置形式,在靠近油泵的轴端部安装一低端轴承,第二个轴承则安装在压缩机与电动机间的轴的中端。
8. 活塞与连杆的运动方向朝向曲轴外侧,其运动平面与曲轴中心线成 90°角,见图 23.12。

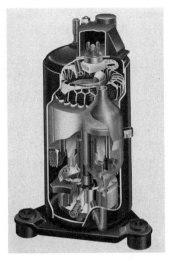

图 23.7　回转式压缩机(Motors and Armatures,Inc. 提供)

图 23.8　涡旋式压缩机(Copeland Corporation 提供)

图 23.9　离心式压缩机(York International 提供)

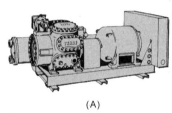

(A)　　　　　　　　　(B)

图 23.10　(A)开启式驱动压缩机(Trane Company 提供);(B)可维修式封闭式压缩机(Copeland Corporation 提供)

图 23.11　全焊接型压缩机主要为 1 马力以下至 50 马力的小规格压缩机。大多数焊接型封闭式压缩机均有许多共同的特征:吸气管通常直接连接于壳体,吸入蒸气可以与曲轴箱直接接触;排气管一般由连接管从壳体内的压缩机上连接至壳体外。压缩机壳体一般视为低压侧构件(Bristol Compressor Inc. 提供)

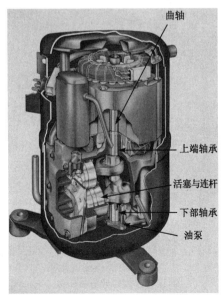

曲轴

上端轴承

活塞与连杆

下部轴承

油泵

图 23.12　焊接型封闭式压缩机的内部结构(TecumsehProductsCompany提供)

可维修型封闭式压缩机　生产可维修型封闭式压缩机时,将电动机和压缩机安装于一个壳体内后,壳体的封闭均采用螺栓连接,因此这种压缩机可以在适当的地点拆去螺栓,打开后即可进行维修,见图23.13。

可维修型封闭式压缩机有如下特征:

1. 这种压缩机的各部件可以在工作现场用螺栓进行连接,使保养和维修更加方便。各配合连接处设有垫片,并全部可采用螺栓进行连接。
2. 其机盖一般为铸铁制成,也有一些采用钢盖,可直接固定于铸铁制成的压缩机上。因此,通常情况下,这种压缩机要比全焊接型压缩机略重。
3. 除了曲轴一般采用卧式布置外,电动机与曲轴的组合形式与全焊接型的电动机与曲轴结构完全相同。
4. 小容量压缩机中一般均采用飞溅式润滑系统,在较大容量的压缩机中则采用压力润滑系统。
5. 通常采用空气冷却。这一点可以从机座上翅片外形或为增加壳体的散热面积而在壳体外附设的薄钢板上看出来。
6. 活塞头一般位于上端或靠近上端,并以曲轴线为中心上下运动,见图23.14。

图23.13　可维修型封闭式(半封闭)压缩机。可在现场进行维修(Copeland Corporation 提供)

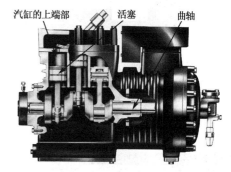

图23.14　可维修型封闭式压缩机的工作构件。曲轴为水平布置,连杆及活塞以曲轴轴线为中心上下运动。油泵位于轴的端部,曲轴转动时可以从压缩机底部的曲轴箱内抽取润滑油(Copeland Corporation提供)

开放式驱动压缩机　开放式驱动压缩机有两种形式:皮带驱动式和直接驱动式,见图23.15。任何采用壳体外驱动的压缩机都必须设置轴封以防制冷剂向大气外泄,这种轴封形式多年来没有大的变化。开放式驱动压缩机均采用螺栓连接,可以方便地拆开并对内部零件进行维修。

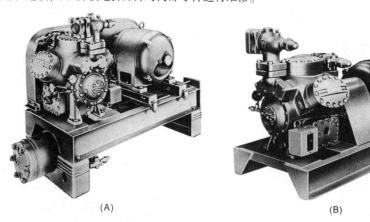

(A)　　　　　　　　　　　　　　　　(B)

图23.15　(A)皮带驱动式压缩机;(B)直接驱动式压缩机。皮带驱动式压缩机可以通过改变皮带轮的大小获得不同的转速;直接驱动式压缩机由于直接与电动机轴连接,因此其转速即为电动机转速,常见转速为1750 rpm和3450 rpm。电动机与压缩机间的联轴器可稍有变形(Carrier Corporation提供)

皮带驱动式压缩机　皮带驱动式压缩机是最早的一种压缩机形式,现仍有使用。皮带驱动式压缩机出轴与电动机及其出轴平行,电动机位于压缩机一侧。注意,由于压缩机与电动机出轴相互平行,因此应设置横向牵拉机构使两轴分离张紧传动带,这样虽可使两轴稍有变形,但可要求制造商在两轴的轴承处予以校正。图23.16为皮带驱动式压缩机与电动机间的校直。

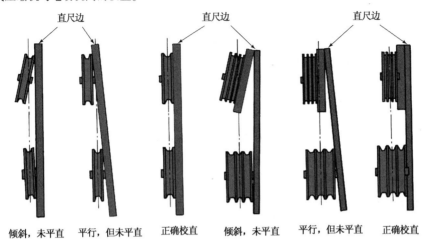

图23.16 皮带驱动式压缩机与电动机间的校直。用于有多根
传动带传动机构的传动带应由厂家根据长度配组

直接驱动式压缩机 直接驱动式压缩机与皮带驱动式压缩机不同,前者的出轴与电动机出轴顶头安装,两轴间设有联轴器,并可有少量变形,但要使两轴高效传动,还必须使两轴心线尽可能成一条直线,见图23.17。

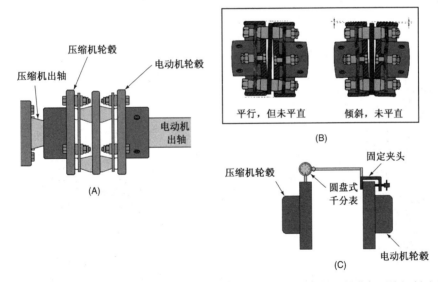

图23.17 (A)和(C)直接驱动式压缩机与电动机轴线校直,直线度必须满足压缩机制造商
说明书上的要求;(B)压缩机转速很快,如果直线度不够,那么密封件或轴承
就会很快损坏。直线度调整后,压缩机与电动机可在机座上予以固定。电动机
和压缩机一般均可在较大型设备上的适当地点重新安装(Trane Company 提供)

旋转式螺杆压缩机 旋转式螺杆压缩机是另一种用于较大型设备的制冷压缩机。这种压缩机没有活塞和汽缸,而是采用两个配对并加工成锥形齿面的螺杆将进口处的制冷剂蒸气挤向排气侧,见图23.18。

旋转式螺杆压缩机大多采用开放式电动机驱动,很少有封闭式的结构形式。在转轴伸出压缩机壳体处设有轴封,用于封闭压缩机壳体内的制冷剂。电动机轴与压缩机出轴间的连接采用弹性联轴器,可以在两轴同心度稍有偏差的情况下尽可能地避免损伤轴封或轴承。

螺杆式压缩机一般均用于大型系统(见图23.6),其采用的制冷剂可以是任何一种常见的制冷剂,它在系统高压侧和低压侧的工作压力均与类似容量的往复式压缩机相同。

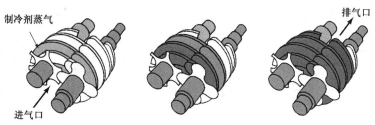

制冷剂蒸气

排气口

进气口

制冷剂在螺杆中完成依次压缩

图23.18 螺杆压缩机中的锥形齿面螺杆

23.3 往复式压缩机的构件

往复式压缩机箱体内安装有许多的运动部件。为了获得理想的工作状态和压缩效率,其中的大部分零件均具有较高的加工精度,容差很小。

以下为往复式压缩机的主要零部件。

曲轴

往复式压缩机的曲轴将主轴的旋转运动通过连杆转变为活塞的来回(往复)运动,见图23.19。曲轴材料一般为铸铁或低碳钢。采用铸造的方法(即将熔化的金属注入一个模子内)先制成一个曲轴的大致形状,然后再采用机械加工的方法加工成所需的尺寸与形状。采用铸铁制作的曲轴往往都采用这样的加工方法,见图23.20。由于曲轴连接段(与连杆连接的偏心轴段)在车床上加工时不能以曲轴轴心为中心旋转(偏离轴心线一段距离),因此,车床加工时的加工条件极为苛刻。车工必须掌握这种零件的加工方法。

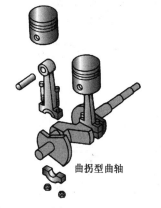

曲拐型曲轴

图23.19 活塞、连杆和曲轴的装配
关系(Carrier Corporation提供)

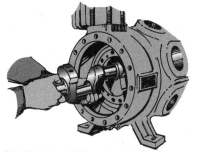

图23.20 采用铸铁方法制作一个大致形状的曲轴胚料,然后在机加工车间内将其加工成确切的形状。这种曲轴主要用于开放式驱动的压缩机,但对于封闭式压缩机来说,其形状也大致相同(Trane Company 2000提供)

偏心轴上除了偏心段连杆安装处的轴承装配面以外,一般有两个主轴承装配面:一个位于靠近电动机侧的轴端,另一个位于轴的另一端。靠近电动机侧的轴承一般较大,因为它要承载较大载荷。

也有一些轴为直轴,但其轴上有类似凸轮的、称为偏心轮的轴上零件,它可以按直轴方式进行加工,并采用低碳钢直接加工成型。这种采用碳钢制作的直轴并不具有更长的使用寿命,但加工非常方便。在轴的偏心位置加工偏心轮后即可实现活塞的往复运动,见图23.21。注意,由于连杆的端部是与曲轴较大的偏心轮配合的,因此用于这种偏心轴的连杆结构与前面的那种略有不同。

压缩机主轴均必须有良好的润滑。较小型的压缩机常采用飞溅式润滑方式,它设有一个集油槽,能够将飞溅的油液收集起来,并送入轴的中心部位,见图 23.22。当压缩机运行时再抛向曲轴的外表面。采用飞溅式润滑装置的压缩机通常必须始终朝一个方向转动,才能获得理想的润滑,否则就会使润滑油流向其他部件,如两端的连杆。

图 23.21　这种曲轴采用直轴和偏心轮结构,偏心轮非常像凸轮。该轴上连杆相对于轴端有较大的底部位移量和滑动宽度,这就意味着要拆下连杆,必须将整根轴从压缩机中抽出(Carrier Corporation 提供)

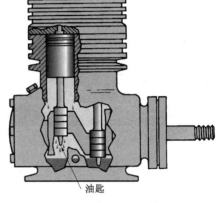

图 23.22　飞溅式润滑系统,它可以将润滑油飞溅至各润滑点(Carrier Corporation 提供)

也有些轴采用中部钻孔方法,利用压力润滑系统进行润滑。这种压缩机在曲轴轴端一般设有由曲轴驱动的油泵,见图 23.23。

注意,当压缩机开始启动时,并不存在压力润滑所需的压力,只有在压缩机达到一定转速后,压力润滑系统才能实施对各润滑点的润滑。

由于有些压缩机的主轴为垂直设置,也有些采用水平布置,因此,要实现对各润滑点的有效润滑一直是各制造商的研究课题。对于某特定设备,可以直接向压缩机制造商咨询相关问题。

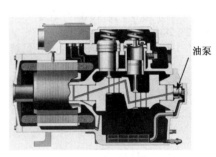

图 23.23　轴上油孔可供油泵将润滑油压送至曲轴与连杆连接处,并沿连杆上升至活塞销。有些压缩机还在油管路上设置磁性件以吸除铁屑

连杆

连杆用于曲轴与活塞间的连接。它一般有两种形式:一种用于与带有偏心曲头的曲轴连接;另一种用于与偏心轮曲轴的配合。见图 23.19 和图 3.21。连杆的材质可以是铁、青铜和铝等多种不同的金属。由于连杆在压缩机中需承受较大的载荷,因此连杆的设计非常重要。如果曲轴直接与电动机连接,且电动机转速为 3450 rpm,那么连杆上端的活塞就需要不断改变运动方向达每分钟6900 次。连杆不仅是活塞与曲轴间的连接构件,而且还要承受方向不断变化的交变载荷。

与偏心轮曲轴配合的连杆端部都带有较大的套筒体,无法在原位从曲轴上直接拆下,要将活塞从汽缸轴上抽出必须先将曲轴拆下。与曲轴配合的连杆端部孔口较小,且为对开结构并设有连接螺栓,见图 23.24。连杆在与曲轴的连接段处可以相互分离,因此连杆和活塞可以在原位直接从曲轴上拆下。

连杆与活塞连接的一头较小,它与活塞的连接方式可以有多种方式。一般情况下,连杆小头端都有一个称为活塞销的连接件,它可以同时滑入活塞和连杆上端的销孔内,通常再用弹性挡圈予以定位,防止活塞销与汽缸壁接触,见图 23.25。

活塞

活塞是汽缸组件中的一个构件,压缩过程中,它与制冷剂高压蒸气直接接触。活塞上行过程中,在其上端面上为高压蒸气,下端为低压蒸气。活塞在汽缸中上下运动的目的在于吸入和压送制冷剂蒸气。为避免高压蒸气泄漏进入曲轴箱内,在较大规格的活塞上一般均设置类似汽车发动机中的活塞环。活塞环有两种:一种为压缩环,另一种是油环。小容量压缩机上仅安装油环,与汽缸壁形成密封。活塞环的安装端面见图 23.26。

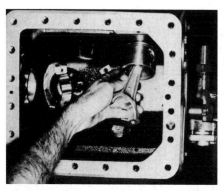

图 23.24　维修人员正从压缩机上拆下连杆。连杆底端可分解为杆体与杆盖(Trane Company提供)

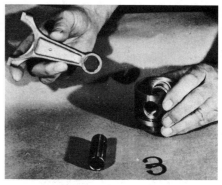

图 23.25　连杆的上端部伸入活塞,用活塞销插入,然后将弹性挡圈卡入使活塞销定位,最终使活塞销在活塞上下运动中成为连杆的转动中心(Trane Company 2000提供)

气阀

压缩机上端部的气阀决定了压缩机内制冷剂蒸气的流动方向。压缩机汽缸的结构剖面图可见图 23.27,阀片材料为坚韧而耐磨的钢材。市场上大多数制冷压缩机气阀为两种形式:环状阀和舌状阀。压缩机的吸气口均各设置一组气阀。

环状阀为采用多个弹簧的圆形结构,如果吸气口和排气口均采用环状阀,那么较大的那个气阀一定是吸气阀,见图 23.28。

舌状阀有多种形状,各家制造商采用的结构形式也各不相同,见图 23.29。

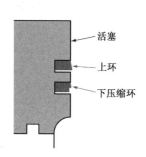

活塞
上环
下压缩环

图 23.26　制冷压缩机的活塞环类似于汽车发动机的活塞环(Trane Company提供)

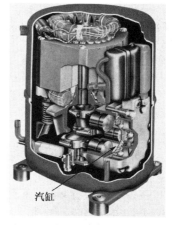

汽缸

图 23.27　压缩机的常规汽缸结构(Tecumseh Products Company 提供)

阀板

阀板是用于固定吸气口和排气口的舌状阀,它位于压缩机汽缸盖与汽缸之间,见图 23.30。阀片固定方式很多,各不相同,但占用的空间都比较小。阀板的底部实际上嵌入汽缸的缸体内。由于阀片在活塞下行时能够重新膨胀,因此不可能有丝毫的蒸气量排出汽缸,否则就可能使压缩机效率下降。

除了上述曲轴和气阀类型之外,还有各种其他结构形式。但其他结构形式在制冷行业中的应用并不多。如果需要更多的资料,可与专业制造商联系。

压缩机汽缸盖

位于汽缸体上端并用以固定其他机件的部件是汽缸盖。它设置在汽缸的顶端,起着对汽缸上部密封的作用,并经此通道将高压蒸气送入排气管线,它通常还含有利用隔板和密封垫与排气腔分离的吸气腔。汽缸盖有许多不同的结构形式,但都必须有此两项功能:为汽缸密封,保持压力;和将阀板固定于汽缸体上。焊接型全封闭压缩机上的汽缸盖材质一般采用钢材,而在可维修型、半封闭的压缩机中则采用铸铁。铸铁缸盖由于处于运动气流的环境中,因此常有许多翅片帮助从汽缸上端散热,见图 23.31。

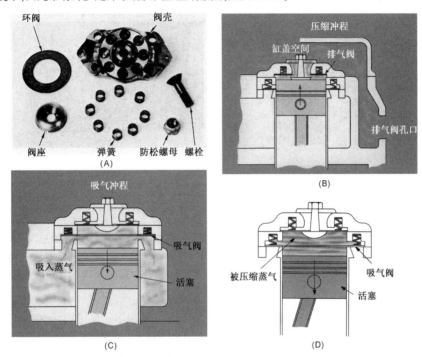

图 23.28 环状阀,(B)~(C)通常由一组小弹簧予以封闭(Trane Company 提供)

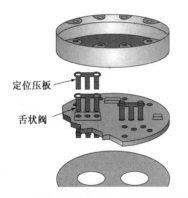

图 23.29 舌状阀一端固定,当有蒸气反向流动时,舌片有足够的弹簧作用力封闭阀口(Carrier Corporation 提供)

图 23.30 用于固定阀片的常规阀板,如果损坏,可以更换或重新配置,其上、下两面均有密封垫(Carrier Corporation 提供)

消声器

消声器主要用于各种全封闭压缩机中消除压缩机的震动噪声。如果不设置消声器,那么压缩机运行过程中发出的吸气声及排气声就可能会传递至整个管线。消声器必须具有较小的压力降,特别是具有消除排气震动的性能,见图 23.32。

压缩机壳体

压缩机壳体用以安装压缩机,有时也包含电动机。对于焊接型全封闭压缩机,其壳体一般为钢板冲压成型,对于可维修型全封闭压缩机则通常为铸铁。

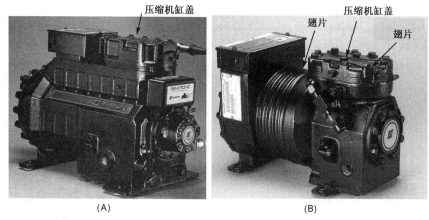

图 23.31　比较典型的压缩机缸盖:(A)吸气冷却式压缩机;(B)风冷式压缩机。带有风冷式电动机的压缩机必须安装在有流动气流的地点,否则往往会引起过热(Copeland Corporation提供)

焊接型全封闭压缩机壳体内压力为低压侧压力,通常为 150 psig 的工作压力。现在许多压缩机制造商大多采用工作压力较高的制冷剂,因此,压缩机壳体所承受的压力也就相应提高。**安全防范措施**:技术人员在系统检漏、提高系统压力时,应时刻注意检查系统各构件的工作压力。压缩机安置在壳体内,排气管一般由软管连接至壳体外,也就是说,这种壳体不需要进行以高压侧压力为标准的压力测试。焊接型壳体内的封闭压缩机和壳体焊接方式见图 23.27。

壳体内压缩机的安装方式有两种:刚性安装和弹性安装。

多年来,制冷设备中常用的压缩机均为刚性安装,制造商发货时,一般将压缩机壳体固定在用螺栓连接的弹簧座上,制冷设备安装后,只需将弹簧下侧的螺栓松开即可,见图 23.33。但事实并非都是如此,压缩机常常会因直接刚性地安装于冷凝器的机体上(不用弹簧垫)而引起较大震动。外置弹簧也可能会生锈,特别是在空气中盐含量较高的场合。

内置弹性安装方式实际上是将压缩机用弹簧悬浮在壳体内并以某些方式使压缩机在运输过程中能避免较大的位移。如果压缩机上有一两个内置弹簧松脱,那么尽管压缩机能正常运转,能泵送制冷剂,但其启动时或停车时,在此两个过程中都会产生很大的噪声。如果压缩机整个机体从内置弹簧上脱落,那么要在工作现场修复是完全不可能的,见图 23.34。

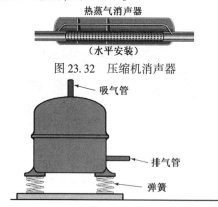

图 23.32　压缩机消声器

图 23.33　压缩机电动机压入其钢制壳体内,拆除电动机需要技巧与经验。压缩机的基座下安装有弹簧以帮助消除震动。压缩机出厂时用螺栓穿过弹簧固定,因此安装后需放松螺栓

图 23.34　压缩机安装于焊接型全封闭壳体内的弹簧上,各弹簧上均有定向柱,只容许压缩机在运输过程中有一定量的位移(Tecumseh Products Company提供)

在制冷剂环境下的压缩机电动机

由于压缩机电动机处于制冷剂的环境中,因此应予特别的关注。用于全封闭压缩机的各种电动机不同于标

准的常规电动机,封闭式电动机中采用的材料也不同于在空气中运行的风机或水泵电动机,封闭式电动机采用的材料必须与系统内的制冷剂相适应。例如,由于制冷剂易使橡胶熔化,因此,绝不能采用橡胶制品。电动机需在清洁、干燥的环境下装配。封闭式电动机出现故障时,无法在现场进行维修。

　　电动机的接线座　外侧电源与内置电动机之间必须要有传递电能的导线,而此导线既要穿过压缩机的壳体传递驱动电动机的电能,又不能使制冷剂泄漏。此外,还必须与压缩机壳体绝缘。小容量压缩机一般在其中部壳体处穿孔采用熔化玻璃连接出一个接线座;大容量压缩机的接线座则常安装在一块带有 O 形密封圈的硬质绝缘板上,见图 23.35。

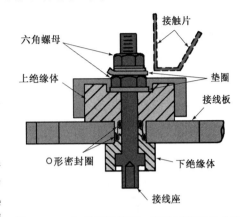

　　注意,必须注意接线座的过热问题(因接头松动引起),万一接线座出现过热,则可能会导致制冷剂泄漏。

　　如果接线座为熔化玻璃型的,则很难进行维修,尽管熔化玻璃型接线板能够承受较高的热量,但总有一定的上限。对于绝缘板式的接线座,O 形密封圈所能承受的热量较低。当 O 形密封圈和绝缘板损坏时,可以更换新的接线板。但在发现这一问题之前,往往会有少量的制冷剂泄漏。

图 23.35　电动机接线座。驱动压缩机的电源线必须穿过压缩机壳体,但又必须与壳体绝缘,此绝缘板用做绝缘体,而 O 形密封圈则是密封件(Trane Company 提供)

　　电动机内置式保护装置　封闭式电动机中的内置式过热保护装置可防止电动机过热。这些保护装置都嵌装在绕组内或安装于绕组附近。其接线方式有两种:一种是过热时切断压缩机内侧的线路。由于其为内置式并带电,因此仅用于小容量压缩机,且必须予以封闭,防止电弧对制冷剂产生不良影响,见图 23.36(A)。如果这种保护装置的触头始终处于断开状态,那么压缩机就无法重新启动,压缩机应予以更换。图 23.36(B)为一种三相内置式热力过载保护器。如果电动机出现过热,那么该过载保护器的 3 组触头就会同时打开,从而可以对三相电动机中的任何单相实施保护。该过载保护装置安于压缩机的壳体内,通常在电动机绕组上方电动机筒壳处。图 23.36(C)是用于三相电动机的三相过载保护器。图 23.36(D)则为配置有内置式热敏电阻保护装置的三相电动机。热敏电阻是一种其阻值能随温度变化而变化的电阻器。如果电动机出现过热故障,那么热敏电阻就能感受到这部分热量,自身阻值发生变化。电阻值的变化信号又传递到一个固态电动机保护模块。热敏电阻电路通常为 24 伏的控制电路。电动机保护模块再控制接触器的线圈或电动机启动器,当电动机必须冷却一段时间时,即断开电动机。图 23.36(E)为一个普通型电子式电动机保护器套件的接线图,图中含有电动机接触器和电子保护模块。

　　另一种电动机过载保护装置则在过载时自动切断控制电路,即通过导线连接至压缩机外,与控制电路连接。如果压缩机连接的是先导式过载保护器并保持在断开的状态,那么就能替代外置式的过载保护器。

　　可维修型封闭式压缩机　可维修型封闭式压缩机一般为铸铁机壳,且可看做是一个低压装置,见图 23.37。由于外接管段就设置在缸盖上,因此排出蒸气可直接排入高压侧管线。由于电动机刚性地安装于压缩机壳体上,因此整个压缩机必须安装在弹簧或其他弹性机座上以减少震动。可维修性封闭式压缩机由于可以进行重新配装,因此仅用于大容量系统。这种压缩机中的各部件与焊接型封闭式压缩机中的各部件几乎完全相同。

　　开放式驱动压缩机　开放式驱动压缩机常采用在压缩机壳体上安装外置式电动机的布置形式。电动机出轴伸出壳体,安装皮带轮或联轴器。这种压缩机自身重量较大,因此必须固定在坚实的基础上。电动机与压缩机既可对接安装,也可设置在压缩机一侧,采用传动带传动。

轴封

　　压缩机曲轴箱内的压力既有可能为真空状态(低于大气压力),也可能为正压。如果机组是采用 R-12 为制冷剂的超低温系统,那么曲轴箱内的压力很可能为真空状态。如果此时轴封存在泄漏,那么环境空气就会渗入曲轴箱内。当该压缩机改用其他制冷剂时,曲轴箱内的压力又可能变得很高。例如,当采用 R-502 或 R-404A 制冷剂,系统运行一段时间后停车时(在较炎热的地区,整个系统有可能达到 100 ℉),其曲轴箱内的压力可超过 200 psig。因此,曲轴箱的轴封必须能够在各种工况条件下及主轴高速运行期间承受压缩机内制冷剂的各种压力,见图 23.38。

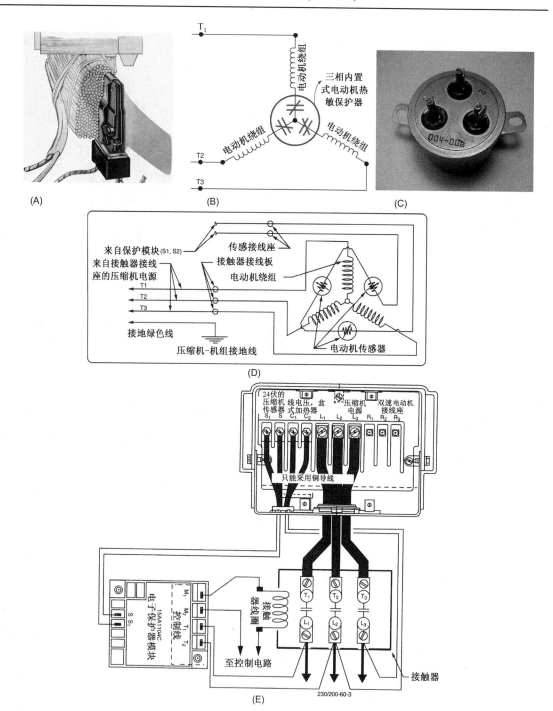

图 23.36 (A)用于断开电动机线路的内置式压缩机过载保护装置。由于该组电触头处于制冷剂环境下,因此常封闭在一个容器中,如果在有制冷剂的环境下出现电弧,那么电弧附近的制冷剂就会出现质变(Tecumsch Products Company提供);(B)带有内置式热敏过载保护器的三相星式连接电动机。所有3个内置式过载保护器触头同时打开可使三相电动机中的任一相避免过载;(C)三相内置式过载保护器(Ferris State University提供);(D)三相星式连接电动机中内置式热敏电阻与电动机固态电子保护模块的线路连接关系。电动机传感器为热敏电阻(Tecumsch Products Company);(E)普通型电子式三相电动机保护器套件接线图(Tecumsch Products Company提供)

(A)　　　　　　　　　　　　　　　　(B)

图 23.37　可维修型封闭式压缩机（Trane Company, Copeland Corporation 提供）

轴封利用一层摩擦表面使曲轴箱内制冷剂与周围环境隔绝，此摩擦表面通常为碳或陶瓷材料。它能与轴的钢表面始终保持接触，如果安装正确，此两个摩擦面可连续运行多年而不会磨损。所谓安装正确，一般包括两轴轴心线的正确对中和轴承良好的工作状态。如果机组采用皮带传动，那么传动带必须有适当的张力；如果机组为直接驱动，那么必须根据制造商的说明书操作以正确对中。

23.4　皮带传动机构的性能

采用传动机构的压缩机，电动机均安装于压缩机的侧面，电动机轴端与压缩机轴分别有皮带轮，电动机上的皮带轮称为主动轮，压缩机上的皮带轮称为被动轮。主动轮的轮径一般可进行调整，这样压缩机的转速可做相应的改变。因此，只要选择不同轮径的主动轮就能获得不同的压缩机转速。当对于某应用对象来说，压缩机容量偏大并需要予以平衡减速时，这种可变速特性即具有明显的优势。皮带轮的轮径改变方式见图 23.39。

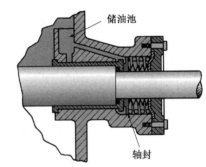

图 23.38　轴封的功能在于主轴高速旋转时能将制冷剂封闭在曲轴箱内。轴封必须正确安装，如果安装于皮带驱动的压缩机上，传动带的张紧力对其影响很大；如果安装于直接驱动式压缩机上，那么轴的轴心线对中非常重要（Carrier Corporation 提供）

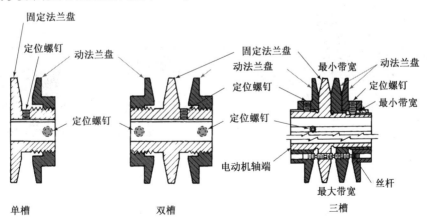

图 23.39　皮带驱动压缩机上皮带轮轮径的调节机构，它既可以调整槽宽以适应不同宽度的传动带，又可针对特定带宽的传动带调节实际轮径，进而改变压缩机的转速

反过来,如果电动机有足够的功率(如果电动机先前并非在其最大功率下运行),那么也可以使压缩机增速来获得更大容量。当然,如果需要改变皮带轮的轮径,最好是向压缩机制造商咨询,以确认这样的增速并没有超出压缩机的设计上限。

计算主动轮轮径首先要掌握电动机压缩机及目前皮带轮的相关数据。电动机的转速是固定的,1725 rpm 或 3450 rpm,压缩机上的皮带轮(飞轮)轮径一般也是固定的,唯一可以改变的是主动轮的轮径。一般情况下,1725 rpm 的电动机上所带的皮带轮为4英寸,压缩机上的皮带轮轮径为12英寸,压缩机转速为575 rpm。如果要降低压缩机容量,需要将压缩机的转速减小至500 rpm,新的主动轮轮径应为多大呢? 其计算公式如下:

$$主动轮轮径 \times 主动轮转速(\text{rpm}) = 被动轮轮径 \times 被动轮转速(\text{rpm})$$

或写做:

$$带轮1轮径 \times 带轮1转速 = 带轮2轮径 \times 带轮2转速$$

求解带轮1轮径,可得:

$$带轮1轮径 = \frac{带轮2轮径 \times 带轮2转速}{带轮1转速}$$

$$带轮1轮径 = \frac{12 \text{ in} \times 500 \text{ rpm}}{1725 \text{ rpm}}$$

$$带轮1轮径 = 3.48 \text{ in},即 3\frac{1}{2} \text{ in}。$$

大多数压缩机的实际转速往往小于其计算转速,压缩机制造商都有这方面的资料,当需要某一特定轮径的皮带轮时,皮带轮供应商往往会帮助你选择适当的规格,同时还必须计算传动带的相关尺寸。选配适当的传动带和皮带轮十分重要,应由有经验的专业人员来完成。

压缩机和电动机出轴必须在传动带有适当张紧力的情况下,保持两轴轴心线的正确对中。电动机机座和压缩机机座必须牢固固定,运行时两轴心线间的距离不得有变化。此外,还可能有传动带的多种组合形式。压缩机容量较小时,采用单根传动带;当压缩机容量较大时,其驱动机构就可能需要多根传动带,见图23.40。传动带也有多种类型,传动带的宽度、传动带带头的连接方式以及材质等都是必须考虑的问题。

采用多根传动带时,必须成组购买。例如,某压缩机和电动机间的驱动装置需4根传动带,其宽度代号为B,长度为88英寸,那么应当向厂家订购4根88英寸、B型带宽的传动带,由厂家根据实际长度配成一组。这种传动带即称为"配套传动带",用于采用多根传动带的传动装置。

23.5 直接驱动式压缩机的特点

直接驱动式压缩机的转速完全取决于驱动电动机的转速。在这种传动方式中,电动机轴与压缩机轴为对顶设置,两轴头之间设有一个稍带弹性的联轴器,但仍需有较高精度的轴线对中,否则各轴承和轴封就会过早地磨损,见图23.41。这种压缩机和电动机的组合装置可安装在同一个刚性机座上。

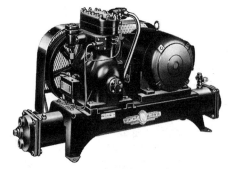

图23.40 采用多根传动带的压缩机(Tecumseh Products Company 提供)

图23.41 弹性联轴器。要获得轴线的正确对中,往往需要涉及较为复杂的操作过程,但这又必须按要求完成,否则轴承和轴封就会过早地磨损(Lovejoy Inc. 提供)

通常情况下,电动机与压缩机两者均配组加工制造,因此可在工作现场重新装配,所以,一旦加工时轴线同心度满足要求,电动机壳体和压缩机壳体间即可获得很好的配合,并能始终保持相对位置不变。如果电动机或压缩机需要重新装配。那么壳体内各零件均可拆下进行重新装配,重新装配时,各轴线即恢复原有的同心度状态。

多年来,往复式压缩机的结构未曾有比较明显的变化。制造商一直在不断地努力提高电动机和压缩机运行效率。其中,阀的配置形式对压缩机的效率具有一定影响,现也正在不断研究以求有所提高。

23.6 往复式压缩机的效率

压缩机的效率是由压缩机结构决定的,它首先取决于汽缸的充注量。以下是往复式压缩机运行过程中其汽缸装置内各冲程的工作过程。

以中温制冷系统为例,其制冷剂为 R-12,吸气压力为 20 psig,排气压力为 180 psig。

1. 活塞位于上止点,开始下行。当活塞开始下行,汽缸内压力低于吸气管线压力时,进气阀片打开,制冷剂蒸气开始注入汽缸,见图 23.42。
2. 活塞继续下行至下止点。此时,随着活塞的下行,整个汽缸已接近其最大容量。当曲轴带着连杆达到冲程底部附近时,活塞运行速度开始逐渐降低,见图 23.43。
3. 活塞开始上行。连杆通过下死点位置,活塞开始上行。当汽缸达到其最大容量时,吸气阀片关闭。
4. 活塞向上止点运行。当活塞上行至顶点附近时,汽缸内压力大于排气管线的压力,如果排气压力为 180 psig,那么汽缸内的压力已达到 190 psig,此时制冷剂蒸气压力即克服排气阀的重量和弹簧作用力,开始从排气口排出,见图 23.44。
5. 活塞达到上止点。这是活塞能够达到的最接近缸盖的位置。在阀组件以及活塞和缸盖之间必须有一定量的余隙,否则活塞与阀组件等就有可能发生碰击。由此余隙形成的空间称为余隙容积。随着活塞将大量蒸气排出汽缸,该余隙始终存在,见图 23.45。此时必有少量蒸气滞留在此余隙容积之内,且该蒸气具有上面提到的排气压力。当活塞开始下行时,这部分蒸气就会重新膨胀,即汽缸并非在一开始即重新吸入低压蒸气,而是要在汽缸内压力低于 20 psig 的吸气压力时才开始吸气。这部分重新膨胀的制冷剂蒸气就是造成压缩机效率低于 100% 的原因之一。气阀形式及活塞在汽缸底部时汽缸吸气几乎停滞的一小段时间都是效率低于 100% 的一部分原因。

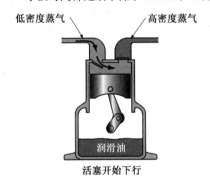

图 23.42 活塞开始下行时,吸气阀片下方形成低压,当其压力逐渐低于吸气压力时,即克服阀片的弹力,低压蒸气通过吸气阀片进入汽缸

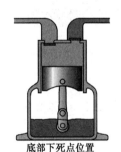

图 23.43 当活塞下行至冲程底部时,汽缸接近其最大容量。曲轴通过下死点位置时,活塞有一个非常短暂的减速和停止过程,期间只有很少量的蒸气进入汽缸

23.7 盘状阀结构

盘状阀可以使压缩机汽缸内上死点处的余隙减小。由于余隙容积减小可以使压缩机的效率提高,因此盘状阀有一个较大的排气锥口,可以在很短的时间内使蒸气从排气口排出。图 23.46 为采用盘状阀的压缩机、盘状阀阀片与阀板以及常规的阀片与阀板。

23.8 压缩机汽缸内的液态制冷剂

活塞型往复式压缩机称为容积式压缩机,这就是说,活塞上行过程中,汽缸内容积逐渐减小,直至排空。**安全防范措施**:如果此时有不可压缩的液态制冷剂进入汽缸(液体不具有可压缩性),那么就会使某些零件损坏。如果有大量的液态制冷剂进入汽缸,那么就会出现活塞裂纹、连杆弯曲、阀片变形等故障,见图 23.47。

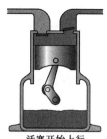

活塞开始上行

图 23.44　活塞开始上行,刚离开汽缸底部时,吸气阀关闭,汽缸内压力开始上升。当活塞接近汽缸的上端部时,汽缸内的压力也接近排气管线的压力。当汽缸内的压力大于排气阀片上方的压力时,阀片打开,高压蒸气排入系统高压侧

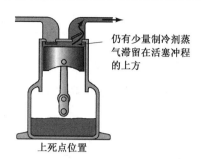

仍有少量制冷剂蒸气滞留在活塞冲程的上方

上死点位置

图 23.45　由于汽缸的上端部存在余隙容积,因此活塞式压缩机的汽缸不可能完全排空。制造商总希望能把余隙容积减小至最低限度,但完全消除是不可能的

(A)

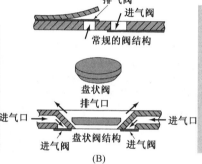

(B)

(C)

图 23.46　(A)采用盘状阀大压缩机;(B)盘状阀结构;(C)采用盘状阀的压缩机剖面图(Copeland Corporation 提供)

压缩机内存在液态制冷剂时,从多个角度来看都会出现问题。大量的液态制冷剂往往会形成冲缸,即液击,通常会引起各相关零件的直接损坏;尽管少量液态制冷剂液击的过程较为缓慢,但仍具危险性。当少量液态制冷剂进入汽缸时,往往会引起润滑油的稀释,如果压缩机没有润滑油的保护,那么在压缩机出现故障之前是难以觉察的。这种故障的特征之一是压缩机的润滑油压力很难使润滑油飞溅至连杆上,引起连杆的机械故障,进而引起电动机故障和电动机烧毁,而技术人员又往往会把此现象诊断为电气故障。如果此压缩机为焊接型全封闭式压缩机,技术人员更是难以发现这种故障,直至发生另一个同样故障时才会引起注意。以下是引起压缩机出现液态制冷剂液击的几种可能的原因,这些情况往往还会因电动机的卡死最终引起电气故障。

1. 计量装置供液过量。
2. 低温空气在蒸发器上循环。
3. 热负荷突然降低。
4. 蒸发器风机电动机停止运转。
5. 蒸发器盘管上积尘严重或结冰。
6. 除霜加热器或除霜定时器不运行。
7. 蒸发器过滤器积尘或堵塞。

注意:千万不要认为压缩机不会出现这样的问题,应当对系统在启动的状态下做一个全面检查,主动地发现故障的症结所在。

吸气阀变形

液态制冷剂在活塞的推动下,急速通过排气阀,但又不能全部排入排气管

连杆弯曲

活塞上行

图 23.47　汽缸内压缩液体制冷剂时会出现的各种情况

23.9　系统维护与压缩机的效率

压缩机的整体效率还与其系统的正确维护、保证良好的工作状态有关。包括在设计参数范围之内尽可能使吸气压力保持在较高的状态,尽可能使排气压力保持在较低的状态。

蒸发器的积垢往往会引起吸气压力的下降。当吸气压力低于正常值时,压缩机内的蒸气密度就会下降,蒸气浓度稀薄,有时把它称为稀薄蒸气,此时压缩机运行质量就会下降。吸气压力较低还会使活塞下行过程中滞留于压缩机内的高压蒸气膨胀时占据更大的容积,使压缩机容积效率下降,这部分蒸气膨胀后的压力很可能在吸气阀打开后刚低于吸气压力。由于活塞下行冲程中的大部分容积被重新膨胀的蒸气所占据,因此整个下行冲程中仅有一小部分的行程可用于吸气,当活塞达到下止点时,吸气过程即告结束。

过去,人们往往不太注意蒸发器的积尘、积垢问题,现在,技术人员已经开始认识到蒸发器压力的降低会引起压缩比的增加。例如,一个存放冰激凌的进入式小冷库,其设计运行温度为 – 5℉,那么其盘管温度应为 – 20℉左右(利用盘管将其回风温度降低15℉)。如果该小冷库采用的制冷剂是 R-134a,那么其吸气压力应为3.6 psig,即稍高于大气压力,假设冷凝器在室外空气和冷凝温度为25℉的温差状态下运行,如果室外温度为95℉,那么其冷凝温度应是120℉(95℉ +25℉),此时冷凝压力应为171.2 psig。通过下述计算,我们可以知道,其整个压缩比将达到10∶1,见图23.48(A)。

$$压缩比(CR)=绝对排气压力 \div 绝对吸气压力$$

那么,

$$CR=[171.2~psig+15(大气压力)] \div [3.6~psig+15(大气压力)]$$
$$CR=10.01∶1$$

如果盘管比较陈旧,且积垢、积尘严重,见图23.48(B),那么盘管的温度就有可能减低至 –30℉。假设排气压力保持不变,那么此 –30℉的制冷剂新沸腾温度就会产生 9.7 英寸水银柱真空的吸气压力,此压力已低于大气压力,换算为绝对压力则为9.93 psia(将水银柱的真空英寸值转换为绝对水银柱英寸值,然后再转换为 psia):

$$29.92~英寸水银柱绝对压力 – 9.7~英寸水银柱真空=20.22~英寸水银柱绝对压力$$
$$20.22~英寸水银柱绝对压力 \div 2.036~英寸水银柱每平方英寸磅数=9.93~psia$$

新的压缩比则为18.75∶1:

$$CR=[171.2+15(大气压力)] \div 9.93~psia$$
$$CR=18.75∶1$$

这样的压缩比太高了,大多数压缩机制造商都认为压缩比不应大于12∶1。

如果商店的管理人员一定要将冷冻箱内的温控器调整至 –15℉,也会出现同样的问题。此时,盘管温度就应降低至 –30℉,其压缩比就会达到 18.75∶1,这个压缩比太高。事实上,许多低温冷库的运行温度远低于它所需的温度,这种状态往往会使压缩机出现故障。

冷凝器积尘也会引起压缩比的上升,但它不像积尘那样使压缩比迅速上升。例如,上述冰激凌冷库的吸气压力为3.6 psig,由于冷凝器积尘,其排气压力上升至 190 psig ,那么其压缩比则为11.02∶1,见图23.48(C)。尽管这种状态并不理想,但不至于像上例中 18.75∶1 的压缩比那样严重。

$$CR=[190~psig+15(大气压力)] \div [3.6~psig+15(大气压力)]$$
$$CR=11.02∶1$$

如果像图23.48(D)那样两种状态同时出现,那么压缩机的压缩比则可能高达 20.64∶1,该压缩机在这样的状态下不会有很长的使用寿命。

$$CR=[190~psig+15(大气压力)] \div 9.93~psia$$
$$CR=20.64∶1$$

技术人员有责任对设备进行适当的维护,以获得最大的运行效率,并根据维护时间安排具体实施维护保养工作。清理盘管也应是其中的一项工作,用户和业主通常不会了解其中的原理。

冷凝器的积尘往往会使排气压力提高,同时使余隙容积中的制冷剂量大于设计工况所容许的滞留量,这就会使压缩机的效率下降。如果冷凝器积尘(排气压力上升),蒸发器积尘也较严重(吸气压力下降),那么压缩机就需要长时间的运行才能使制冷区域维持在设计温度状态,但整个系统的效率就会下降。一家拥有多台制冷设备的用户,如果仅有部分设备效率较低,那么用户根本无法意识到这些情况。

压缩机效率下降后,用户或业主就需要为其低效的制冷系统支付更多的费用。因此,从长期看,一个完整的维护、保养计划是节省运行费用的最佳途径。

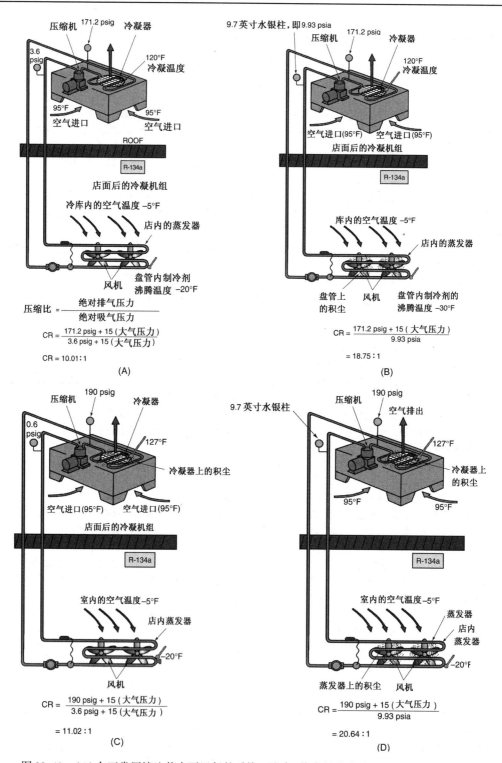

图 23.48 (A)在正常压缩比状态下运行的系统。注意:其冷凝器容量必须足够大,才能保证排气压力处于较低的状态;(B)蒸发器积尘时,系统的运行状态;(C)由于冷凝器积尘导致系统排气压力升高;(D)蒸发器和冷凝器积尘时系统的运行状态

本章小结

1. 压缩机就是蒸气泵。
2. 压缩机将系统吸气侧的低压蒸气提升至系统排气侧的高压状态。
3. 由于吸入蒸气中的热量在压缩机中压缩时被浓缩,因此排出蒸气的温度相当高。
4. 由于制冷剂蒸气在压缩机中压缩时,压缩机的部分能量并未转化为压缩能,而是直接转变为热,因此在此过程中,蒸气中又加入了一部分额外的热量。
5. 商用制冷系统中用于制冷剂压缩的常用压缩机类型是往复式压缩机、螺杆式压缩机和回转式压缩机。
6. 往复式压缩机有封闭式和开放式两种形式。
7. 封闭式压缩机有焊接型和可维修型两种。
8. 焊接型封闭压缩机维修时必须将其壳体割开,但这样的操作只有专门的企业、出于特殊的目的来完成。
9. 可维修型封闭式压缩机,其壳体采用螺栓连接,因此可以在现场重新装配。
10. 大多数往复式压缩机电动机由吸入蒸气冷却,也有一些为空气冷却。
11. 在所有封闭式压缩机中,电动机是在制冷剂的环境下运行的,因此这种压缩机的制造及维修过程中必须采取多种特殊的措施。
12. 封闭式压缩机只有一根轴,轴的一端为电动机,轴的另一端为压缩机轴。
13. 封闭式压缩机电动机是在制冷剂的环境中运行的,因此需采用专用的内置式过载保护装置。
14. 有一种内置式过载保护装置可以在出现过载时自动地切断电源电路。如果过载保护装置在其应当闭合时而未能重新闭合,那么该压缩机存在故障。
15. 另一种内置式过载保护装置则是一种先导式控制器,它切断的是控制电压。如果此保护装置出现问题,那么还可以予以安装外置保护装置。
16. 有些压缩机在电动机绕组内或在绕组附近设置热敏电阻来检测电动机中的发热情况,然后热敏电阻用导线与一固态电子保护模块连接,当电动机过热时,由它来确定压缩机应何时停机。
17. 往复式压缩机是一种容积式蒸气泵,意味着当汽缸充满蒸气或液态制冷剂后,汽缸必须排空,否则就会使机件损坏。
18. 开放式压缩机的电动机往往位于压缩机的一侧。
19. 电动机可以安装于压缩机旁,即压缩机主轴与电动机输出轴平行设置,也可以与压缩机对顶安装,两者间安装弹性联轴器。
20. 压缩机主轴与电动机轴的轴心线对中调整非常重要。
21. 用于皮带传动装置的传动带有多种类型,选配时应向供应商咨询具体方法。
22. 采用盘状阀可以使往复式压缩机的余隙容积减小,且其蒸气流动孔口面积较大,因此其效率较高。
23. 压缩机能否持续高效运行很大程度上取决于一个完整的维护、保养计划。

复习题

1. 论述压缩机的运行过程。
2. 说出 5 种压缩机的名称。
3. 正误判断:压缩机可以对液态制冷剂进行压缩。
4. 下述温度值中,哪一项温度值应视为高于往复式压缩机排气管线的正常温度:
   A. 190 ℉;　　　　　B. 215 ℉;　　　　　C. 250 ℉;　　　　　D. 上述 3 项均高于正常温度值。
5. 哪一种压缩机是利用活塞来压缩制冷剂蒸气的?
   A. 涡旋式;　　　　　B. 往复式;　　　　　C. 回转式;　　　　　D. 螺杆式。
6. 哪一种压缩机是采用两个配对的锥形齿面构件来挤压蒸气、实现压缩过程的?
   A. 涡旋式;　　　　　B. 往复式;　　　　　C. 回转式;　　　　　D. 螺杆式。
7. 哪一种压缩机利用传动带驱动?
   A. 开放式传动机构;　　　　　　　　　　　B. 闭合式传动机构;
   C. 底盘驱动;　　　　　　　　　　　　　　D. 封闭式驱动。
8. 要提高采用皮带传动的压缩机的转速,应当:
   A. 减小主动轮的轮径;　　　　　　　　　　B. 增大主动轮的轮径;

C. 增大被动轮的轮径；   D. 减小主动轮的轮径,同时增大被动轮的轮径。

9. 试叙述往复式压缩机的活塞、连杆、曲轴、气阀、阀板、汽缸盖、轴封、内置式电动机过载保护装置、先导式电动机过载保护装置和联轴器。

10. 试说出往复式压缩机结构中影响压缩机效率的两个要素。

    A. _____ ;

    B. _____ 。

11. 封闭式压缩机的常见转速为：

    A. 1750 rpm；   B. 3450 rpm；   C. 4500 rpm；   D. A 和 B。

12. 压缩机中经常有少量液态制冷剂时,会对压缩机有何影响?

13. 制冷压缩机的润滑剂是：

    A. 制冷剂；   B. 水分；   C. 干燥剂；   D. 润滑油。

14. 为使制冷系统能够在最高效率状态下运行,维修人员可以做哪些工作?

第24章　膨　胀　器　件

教学目标

学习完本章内容之后,读者应当能够:

1. 论述 3 种最常见的膨胀装置。
2. 讨论 3 种最常见的膨胀装置的工作特性。
3. 论述 3 种膨胀装置对负荷变化的反应方式。
4. 论述有平衡孔的膨胀阀的工作过程。
5. 论述双孔口膨胀阀的工作原理。
6. 论述电子膨胀阀及其控制器的工作方式。

安全检查清单

在进入式冷藏室或冷库作业时,必须穿保暖服装。

24.1　膨胀装置

膨胀装置通常也称为计量装置,它是制冷系统正常运行所必需的第 4 种基本构件。膨胀装置不像蒸发器、冷凝器或压缩机那样一眼就能看见,一般情况下,膨胀装置均隐藏在蒸发箱体内,并不明显。膨胀装置可以是一种阀,也可以是一种固定孔径的管件。图 24.1 是一种安装于蒸发器箱体内的膨胀阀。

膨胀装置是系统高压侧与系统低压侧之间的一个分水岭(制冷压缩机则是另一个分水岭)。图 24.2 说明了膨胀装置在整个系统中所处的位置。膨胀装置的作用在于正确计量送入蒸发器的制冷剂量。当蒸发器在没有液态制冷剂进入吸气管线的情况下,充注尽可能多的液态制冷剂时,蒸发器才具有最佳性能。进入吸气管线的任意数量的制冷剂都有可能到达压缩机,这是因为制冷剂在吸气管线上仅吸收很少量的热量。

图 24.1　安装于冷藏柜中的计量装置,该膨胀阀不显露在外,也不像压缩机、冷凝器或蒸发器那样可一目了然

本章后半部分,我们还将讨论一种吸气管线热交换器,它可用于一些特定设备将吸气管线中可能存在的液态制冷剂全部汽化蒸发,因为一般情况下吸气管线中出现液态制冷剂本身就是一种故障的表现。

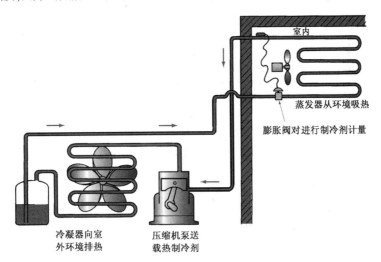

图 24.2　由压缩机、冷凝器、蒸发器和膨胀装置 4 个基本构件组成的完整的制冷循环系统

　　膨胀装置一般均安装于冷凝器与蒸发器间的液管管路中。炎热天气下用手触摸液管时会有温热的感觉,且沿着液管很容易发现膨胀装置。在膨胀装置处会有一个明显的温度下降和压力下降。例如,在炎热的天气下,进入膨胀阀的液态制冷剂温度为110℉,如果这是一台采用 R-12 的低温冷柜,那么在蒸发器一边的低压侧压力仅为 3 psig,温度则为 – 15℉,你会发现此处的温度明显下降,且很容易看到:膨胀装置的一端温热,而另一端则有明显的结霜,见图 24.3。膨胀装置可以是各种阀,也可以是固定孔径的管件。在各种阀类膨胀装置中,这种变化出现在一个非常短的距离内——小于 1 英寸,而在固定孔径的管件膨胀装置中,这种变化则是一个非常缓慢的过程。

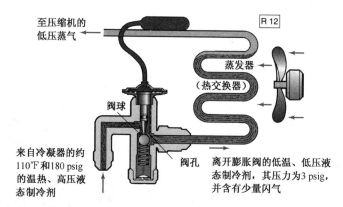

图 24.3　膨胀装置两端存在着很大的温差(Parket Hannifin Corp. 提供)

　　膨胀装置有如下几种类型:(A)高压侧浮球阀;(B)低压侧浮球阀;(C)热力膨胀阀;(D)自动膨胀阀;(E)固定孔径管件,即毛细管,见图 24.4。但现有的各类制冷设备中,仅采用后 3 种膨胀装置,高压侧浮球阀和低压侧浮球阀现已很少使用。

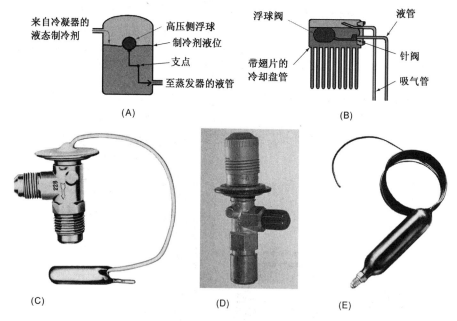

图 24.4　5 种计量装置:(A)高压侧浮球阀;(B)低压侧浮球阀;(C)热力膨胀阀;(D)自动膨胀阀;(E)带有液管干燥器的毛细管((C):SingerControls提供,(D):Bill Johnson摄,(E):Parker Hannifin Corp. 提供)

24.2　热力膨胀阀

　　热力膨胀阀(TXV)利用一个热传感元件检测过热度来控制送入蒸发器的制冷剂量,其打开与闭合完全受热传感元件的控制。热力膨胀阀必须使蒸发器保持一定的过热度。切记:只有存在过热,才能使吸气管线完全消除液态制冷剂,过热度也不需要太大,但要确保离开蒸发器的蒸气中不含液态制冷剂,利用热力膨胀阀使制冷剂少量过热是必不可少的。通过调节热力膨胀阀使制冷剂维持在低过热状态可以充分利用蒸发器的大部分换热表面,从而可以使制冷系统具有更多的净制冷量、更大的容量和更高的效率。维修人员应始终注意检查蒸发器的过热度,以保证制冷剂能通过蒸发器获得更多热量。调节热力膨胀阀时,动作应谨慎、缓慢,每次调整时,应将过热度调节弹簧逆时针方向转动半圈至一圈,系统正常运行 15 分钟后再进行第二次调整。每次调整后,应及时测量过热度以确保离开蒸发器的蒸气中不含有液态制冷剂。

24.3　热力膨胀阀的组成件

热力膨胀阀由阀体、膜片、阀针和阀座、弹簧、调节杆、密封填料填圈以及感温包和传导管组成,见图 24.5。

24.4　阀体

在普通的制冷系统中,热力膨胀阀的阀体是一个由精加工制成的铜件或不锈钢件,它用以固定其中的各个构件,并连接于制冷剂管路上,见图 24.6。注意,其阀体有多种形式,其中的一些为单体式,不能拆卸;另一些则可以拆卸,重新装配。

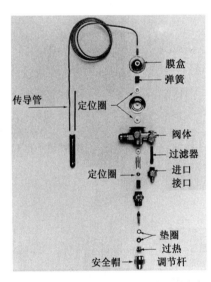

图 24.5　热力膨胀阀的各构件,图中各零件均按阀中安装顺序排列(Singer Controls Division 提供)

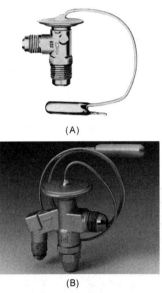

图 24.6　热力膨胀阀设有一个独立的感温包:(A)单体型膨胀阀为一次性使用,损坏后不可维修;(B)感温包损坏后可以更换的热力膨胀阀,这种膨胀阀如果是焊接于系统中的,则这种结构就具有明显优势((A):Singer Controls Division 提供,(B):Parker Hannifin Corp 提供)

热力膨胀阀与系统的连接方式有 3 种:喇叭管、焊接和法兰盘。制冷系统中安装热力膨胀阀时,必须考虑日后的维修,见图 24.7。如果采用焊接连接,那么就需要采用在现场可以拆装的膨胀阀,见图 24.8。膨胀阀中还常设有网眼非常小的滤网,用于滤去细小微粒,避免堵塞阀针和阀座,见图 24.9。

有些膨胀阀在阀体侧面靠近膜片处还设有第三个称为外平衡管的接口,该接口通常为 1/4 英寸的喇叭接口或 1/4 英寸的焊接接口,见图 24.10。膨胀阀膜片下方为蒸发器内的蒸发压力,当蒸发器的管程较长、蒸发器内出现明显的压力降时,就需要采用外平衡管。在蒸发器的末端设置一个压力连接管,由它向膜片下方提供蒸气压力。有些多管路蒸发器在向蒸发器的各管路分配制冷剂时产生较大压力降,因此,这种系统必须设置外平衡管,以使膨胀阀能正确控制制冷剂的各管路流量,见图 24.11。

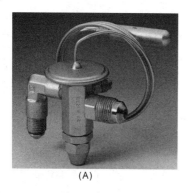
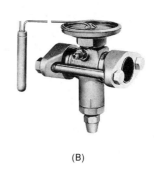

(A)　　　　　　　　　　　　(B)

图 24.7 (A)喇叭口接口和(B)法兰接口的热力膨胀阀。这两种接口的膨胀阀只安装于扳手可以操作的地方,可方便地从系统上拆下与更换

图 24.8 焊接型膨胀阀。这种接口的膨胀阀拆卸与安装比较麻烦,仅在一些特殊场合予以维修(Parker Hannifin Corp提供)

图 24.9 大多数膨胀阀均设有各种不同形式的进口过滤网,在液态制冷剂进入膨胀阀的细小孔口之前将制冷剂中的细小微粒滤去

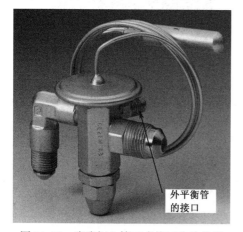

图 24.10 膨胀阀上第三个接口称为外平衡接口(Parker Hannifin Corp提供)

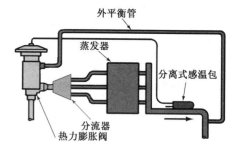

图 24.11 考虑压力降而设有外平衡管和多管路系统的蒸发器。当蒸发器内管程太长而出现较大压力降时,可采用多管路的蒸发器,但每个管路都要有均衡的制冷剂流量

24.5 膜片

膜片位于阀体内,它能根据系统负荷的变化自动做出反应,将阀针推向和脱离阀座。膜片由薄金属片制成,放置在阀的上端圆顶帽的下方,见图24.12。

24.6　阀针与阀座

阀针与阀座直接控制着流过膨胀阀的制冷剂流量。为避免快速流动的制冷剂对阀座的冲蚀,阀针与阀座一般均采用不锈钢等硬质金属材料制成。膨胀阀采用阀针与阀座的结构形式可以实现对制冷剂流量的高精度控制,见图24.13。有时膨胀阀制造商也采用阀针与阀座机构进行容量调整或调节运行状态。

阀针与阀座的规格以及膨胀阀两端的压力差决定了流经膨胀阀的液态制冷剂流量。例如,当膨胀阀的一侧压力为170 psig,另一侧压力为2 psig 时,就会有一定流量的制冷剂在此压力差的作用下流过膨胀阀;如果将同一个膨胀阀设置在其两端压力分别为100 psig 和3 psig 的系统中,那么显然就没有这样多的制冷剂通过此膨胀阀。选配膨胀阀时,必须考虑膨胀阀的各种运行工况条件。制造商提供的各种膨胀阀数据资料是获得正确信息、做出决定的基本依据。膨胀阀一侧与另一侧的压差未必就是系统排气压力和吸气压力,如果不考虑冷凝器及其管线的压力降,就一定会出现问题,见

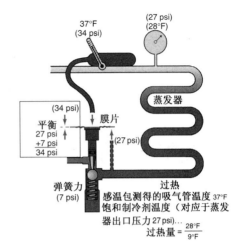

图24.12　膨胀阀中的膜片是具有一定弹性的金薄片,它通常采用不锈钢等硬金属材料制成(Parker Hannifin Corp提供)

图24.14。注意,图中的实际排气压力和吸气压力之差并不等于膨胀阀两端的压力降,分路器两端的压力降为25 psig(62 psig - 37 psig),热力膨胀阀两端的压力降(不包括分流器)则为58 psig(120 psig - 62 psig)。

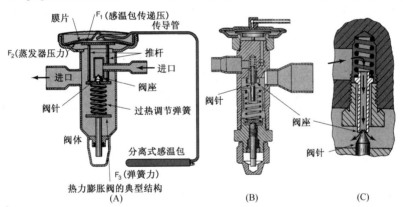

图24.13　(A) ~ (C)膨胀阀中阀针与阀座结构(Singer Division,Sporlan Valve Company 提供)

热力膨胀阀以在一定压差条件下的冷吨数标定其规格,而且必须已知系统的容量和系统的工况条件。

现在,我们根据图24.15 中制造商提供的产品样本数据表来确定某热力膨胀阀的规格。对于制冷剂为134a、蒸发温度为20℉的蒸发器(对应压力为18.4 psig)、系统容量为1 冷吨(12 000 Btu/h)的中温冷藏柜来说,可以选择标称容量为1 冷吨的热力膨胀阀。该冷藏柜拟安置在商店内,商店内的全年温度估计为75℉,要求排气压力保持在124 psig(100℉)。假设系统中组合管和各附件的压力降可以忽略不记,那么膨胀阀运行时两端的压力降应为105.6 psig(124 psig - 18.4 psig),

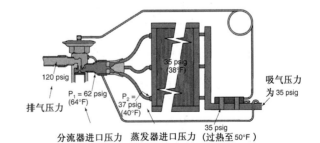

图24.14　系统中各接口的实际压力值。膨胀阀两端的压降并不是排气压力与吸气压力之差。制冷剂流过分流器时形成的压力降是几个较大压力降中必须考虑的一个压力降。制冷剂分流器位于膨胀阀与蒸发器盘管之间(Sporlan Valve Company 提供)

由于表中 100 psig 一栏比较接近 105.6 psig 的压力降计算值,因此我们选择这一规格的热力膨胀阀。标称容量为 1 冷吨的膨胀阀在上述各参数状态下的实际容量可达 1.34 冷吨。

如果将此冷藏柜移至温度稍高的室外环境下,冷凝压力也因此上升至 145 psig 时,那么热力膨胀阀两端的压力降也就会增大至 126.6 psig(145 psig − 18.4 psig),由于图 24.15 中 120 psig 一栏比较接近膨胀阀两端压力降计算值12.6 psig,因此我们选用 120 psig 栏中的数据,即当膨胀阀两端压力降为 120 psig 时,标称容量为 1 冷吨的膨胀阀在此新工况条件下的实际容量可达 1.47 冷吨。由此可见,对于标称容量为 1 冷吨的膨胀阀,当排气压力提高时,其容量也从 1.34 增加到了 1.47,同时膨胀阀两端的压力降也随之增大。

热力膨胀阀容量[冷吨，采用R-134a(HFC)]

JCP60和JC热力充注

工况1　　工况2

膨胀阀类型	标称容量(冷吨)	蒸发器温度(°F)																
		40°						20°						0°					
		膨胀阀两端压力降(PSI)																	
		40	60	80	100	120	140	60	80	100	120	140	160	60	80	100	120	140	160
NI-F-G-EG	1/8	0.12	0.15	0.17	0.19	0.21	0.23	0.13	0.15	0.17	0.18	0.20	0.21	0.12	0.13	0.15	0.16	0.18	0.19
NI-F-G-EG	1/4	0.26	0.31	0.36	0.40	0.44	0.48	0.30	0.35	0.39	0.42	0.46	0.49	0.28	0.32	0.36	0.39	0.43	0.46
NI-F-G-EG	1/2	0.49	0.60	0.70	0.78	0.85	0.92	0.52	0.60	0.67	0.73	0.79	0.85	0.47	0.54	0.60	0.66	0.71	0.76
NI-F-G-EG	1	0.98	1.21	1.39	1.56	1.70	1.84	1.04	1.20	1.34	1.47	1.58	1.69	0.93	1.07	1.20	1.32	1.42	1.52
F-G-EG	1-1/2	1.57	1.93	2.23	2.49	2.73	2.95	1.66	1.91	2.14	2.34	2.53	2.71	1.49	1.72	1.92	2.11	2.28	2.43
F(Ext)-G & EG(Ext)-S	2	1.97	2.41	2.78	3.11	3.41	3.68	2.07	2.39	2.67	2.93	3.17	3.39	1.86	2.15	2.40	2.63	2.84	3.04
C-S	2-1/2	2.46	3.01	3.48	3.89	4.26	4.60	2.59	2.99	3.34	3.66	3.96	4.23	2.33	2.69	3.00	3.29	3.56	3.80
C-S	3	2.95	3.62	4.18	4.67	5.11	5.52	3.11	3.59	4.01	4.40	4.75	5.08	2.79	3.22	3.61	3.95	4.27	4.56
C&S(Ext)	5	4.92	6.03	6.96	7.78	8.52	9.21	4.32	4.98	5.57	6.10	6.59	7.05	3.53	4.08	4.56	4.99	5.39	5.77
S(Ext)	6	5.91	7.23	8.35	9.34	10.2	11.0	5.18	5.98	6.69	7.33	7.91	8.46	4.24	4.89	5.47	5.99	6.47	6.92
H	1-1/2	1.57	1.93	2.23	2.49	2.73	2.95	1.66	1.91	2.14	2.34	2.53	2.71	1.49	1.72	1.92	2.11	2.28	2.43
H	3	2.95	3.62	4.18	4.67	5.11	5.52	3.11	3.59	4.01	4.40	4.75	5.08	2.57	2.97	3.32	3.63	3.92	4.19
H	4	3.94	4.82	5.57	6.22	6.82	7.37	4.14	4.79	5.35	5.86	6.33	6.77	3.42	3.95	4.42	4.84	5.23	5.59
H	5	4.92	6.03	6.96	7.78	8.52	9.21	5.18	5.98	6.69	7.33	7.91	8.46	4.28	4.94	5.53	6.05	6.54	6.99
P-H	8	7.38	9.04	10.4	11.7	12.8	13.8	7.77	8.97	10.0	11.0	11.9	12.7	6.42	7.41	8.29	9.08	9.81	10.5
P-H	12	11.5	14.1	16.3	18.2	19.9	21.5	12.1	14.0	15.6	17.1	18.5	19.8	10.0	11.6	12.9	14.2	15.3	16.4
M	13	12.8	15.7	18.1	20.2	22.2	23.9	13.5	15.6	17.4	19.0	20.6	22.0	10.7	12.4	13.8	15.1	16.3	17.5
M	15	15.3	18.7	21.6	24.1	26.4	28.5	16.1	18.5	20.7	22.7	24.5	26.2	12.8	14.8	16.5	18.1	19.5	20.9
M	20	19.7	24.1	27.8	31.1	34.1	36.8	20.7	23.9	26.7	29.3	31.7	33.8	16.5	19.0	21.3	23.3	25.2	26.9
M	25	24.6	30.1	34.8	38.9	42.6	46.0	25.9	29.9	33.4	36.6	39.6	42.3	20.6	23.8	26.6	29.1	31.5	33.6

制冷剂液体温度(°F)	0°	10°	20°	30°	40°	50°	60°	70°	80°	90°	100°	110°	120°	130°	140°
修正系数	1.70	1.63	1.56	1.49	1.42	1.36	1.29	1.21	1.14	1.07	1.00	0.93	0.85	0.78	0.71

这些系数包括对液态制冷剂密度和净产冷量相对于蒸发器温度为0°F时的修正,由于在此范围之外的修正系数没有意义,故予省略;对于温度为40°F至0°F的各种蒸发器可直接采用表中数据。

示例:蒸发器温度为20°F,压力降为80 psig,液态制冷剂温度为90°F时,标称容量为2冷吨的修正值=2.39×1.07=2.56冷吨。

图 24.15　制造商提供的此数据表可以说明:在不同的压力降情况下,膨胀阀可以有不同的容量,甚至有更大的容量。此表仅为部分数据,且不能用于系统设计(Sporlan Valve Company提供)

上述两个例子中,我们均假设进入热力膨胀阀的过冷制冷剂温度为 100°F。图 24.15 中的数据表下方对温度不是 100°F 的液态制冷剂给出了修正系数。注意,对于温度为 100°F 的液态制冷剂,其修正系数为 1.00。修正系数大于 1.00,说明可以使膨胀阀容量增加;修正系数小于 1.00,则说明膨胀阀的容量会降低。上述第一个例子中,蒸发温度为 20°F,进/出口压力降为 100 psig 的标称容量为 1 冷吨的热力膨胀阀,其实际容量为 1.34 冷吨,这是假设热力膨胀阀的进口温度为 100°F 得到的实际容量值。但如果热力膨胀阀的进口温度为 80°F,那么膨胀阀的实际容量则变为 1.34 冷吨×1.24 = 1.66 冷吨。这是因为热力膨胀阀的进口液态制冷剂为 80°F 时,可从表中查得修正系数为 1.24。由此可见,进入热力膨胀阀的液态制冷剂温度越低,膨胀阀所具有的容量也就越大,在蒸发器进口处将液态制冷剂冷却至蒸发温度的闪气量也就越小(损失的冷量),制冷剂过冷量越大,在蒸发器进口处的冷损失量越小,这样就可以增加系统的净产冷量和容量。由于过冷量的增大可以增加净产冷量,因此许多系统往往使吸气管线与液管保持接触来提高过冷量,进而提高净产冷量,这样还有助于减小制冷剂在吸气管线上得热后仍有少量液态制冷剂进入压缩机的可能性。

24.7　弹簧

弹簧力是作用于膜片的三个作用力之一,它通过将阀针推向阀座的方式使膜片向上凸起,关闭阀口。如果膨胀阀设有调节装置,那么通过改变调节装置作用于弹簧上的作用力即可改变弹簧反力,从而获得不同的过热量设定,因此此弹簧也常称为过热调节弹簧。生产厂商一般将弹簧调整在设定过热度为 8°F 至 12°F 的状态,见图 24.16。

膨胀阀的调节装置可以是一字槽螺钉,也可能是方头轴段,两种调节装置均采用防护帽套盖,以防止水、冰或其他杂质聚积在调节杆处,防护帽还具有防漏的补充功能。大多数膨胀阀调节杆处都设有填料压盖,可防止制冷剂的泄漏。防护帽再盖住调节杆和填料压盖,见图24.17。一般情况下,调节杆旋转一整圈能够调节多少过热量很大程度上取决于制造厂家的设计。现场操作中最好不要去动调节弹簧,除非你经验丰富,可以掌控。如果调节不当,那么压缩机就可能出现问题。

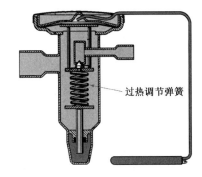

图24.16 热力膨胀阀中的过热调节弹簧(Singer Controls Division提供)

24.8 感温包和传导管

感温包和传导管是膨胀阀膜片的延伸部分。感温包检测吸气管侧蒸发器末端的温度,并将此温度量转变为压力量,再通过传导管传送至膨胀阀膜片的上方。感温包内含有制冷剂等液体,且具有压力/温度关系线图中所表示的相互关系。因此,当吸气管线温度升高时,感温包内的温度也随之改变,随着膨胀阀感温包温度的上升,膨胀阀的阀口即逐步打开,使更多的制冷剂进入蒸发器,这样就可以使蒸发器压力和压缩机的吸气同时提高,并使蒸发器的过热量降低。同时,感温包内压力发生变化,由传导管(只是一根小口径的空心管)使感温包与膜片间的压力前后平衡,见图24.18。

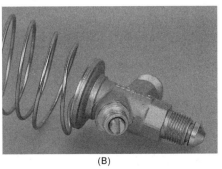

图24.17 (A)膨胀阀上的调节杆,有些调节杆为阀扳头端头;
(B)也有一些为一字槽螺丝刀端头(Bill Johnson摄)

阀座在阀体内的位置固定不动,阀针则由膜片推动,可上下移动。膜片上方为来自感温包的压力,膜片下方则为来自蒸发器和弹簧的压力,膜片即在此三个压力作用下上下运动,并在适当的时间打开、关闭阀针或使阀针处于打开与关闭之间。感温包压力、蒸发器压力和弹簧压力以一组平衡力的方式同时作用于阀针上,使阀针能够在任意时刻对应负荷状态处在相应的位置。图24.19为热力膨胀阀在不同负荷状态下的运行情况。

24.9 感温包充液类型

膨胀阀感温包内的充注流体称为膨胀阀的充液。热力膨胀阀有4种充液类型:液体充注、交叉液体充注、蒸气充注和交叉蒸气充注。

24.10 液体充注型感温包

液体充注型感温包内充注与系统完全相同的制冷剂。膜盒和感温包内并不完全充满液态制冷剂,但在膜盒和感温包内必须有足够的液体,即无论在何种状态下始终留有一定量的液体,不能全部蒸发。在压力-温度线图上,制冷剂压力与温度的对应关系大多数为一条直线,温度上升1度,其压力也就会依循压力-温度关系上升一定的量。如果我们将此压力-温度的概念再扩展一下,那么就很容易理解温度越高,其压力也就越大。除霜

图24.18 膜片、感温包和传导杆的组合关系

时,膨胀阀的感温包可以达到很高的温度,此时会出现两种情况:其一是感温包内的压力会使膜片上的压力非常大;其二是感温包温度逐渐升高时,膨胀阀的阀口开启度很大,这就会使蒸发器内液态制冷剂流量过大,甚至在除霜结束时,有少量液态制冷剂进入压缩机,见图 24.20。这种现象往往会使维修人员或制造商转而采用液体充注的感温包。

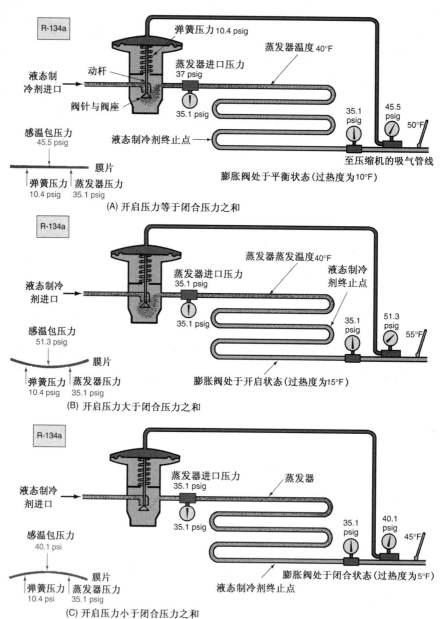

图 24.19　阀针与阀座在各作用力的共同作用下处于能稳定运行并具有正确过热量的相应位置:(A)膨胀阀处于平衡状态;(B)膨胀阀处于开启状态;(C)膨胀阀处于闭合状态

24.11　交叉液体充注型感温包

交叉液体充注型感温包是在感温包内充注不同于系统的制冷剂,它并不依循系统制冷剂所具有的压力 - 温度关系。这种感温包的特性曲线比较平坦,能在蒸发器压力上升时使膨胀阀较快地关闭阀口。采用这种感温包的膨胀阀可以在压缩机停机和蒸发器压力上升的过程中迅速关闭,从而有助于避免启动时有液态制冷剂进入压缩机,见图 24.21。

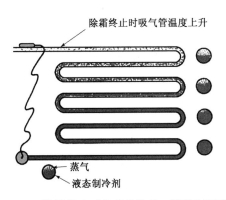

图 24.20　除霜终止时出现的状态。膨胀阀因除霜结束吸气管温度上升而打开,使蒸发器中的液态制冷剂溢出,进入吸气管

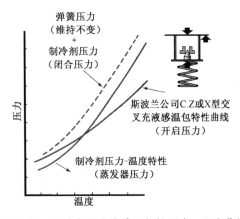

图 24.21　这种交叉充液感温包的压力 – 温度曲线比较平坦,除霜或正常运行后系统压力上升时,可以迅速关闭阀口,避免液态制冷剂溢出(Sporlan Valve Company提供)

24.12　蒸气充注型感温包

　　蒸气充注型感温包是一种仅充注少量制冷剂的膨胀阀感温包,见图 24.22,有时也称为"临界充注感温包"。这种感温包在温度上升时液态制冷剂会不断地蒸发成为蒸气,直至全部制冷剂液体成为蒸气。达到此状态之后,温度的上升将不再带动压力提高,此时的压力曲线为一条平直线,见图 24.23。安装这种膨胀阀时应特别注意;其阀体温度不得低于感温包温度,否则感温包中的制冷剂就会在膜片上方冷凝。出现这种情况时,位于蒸发器末端的感温包就会完全失去其控制功能,见图 24.24。膨胀阀即完全受膜片上制冷剂温度的控制,整个膨胀阀也就失去了其控制作用。因此,为避免出现这种情况,常在阀体位置安装小功率加热器。

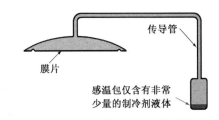

图 24.22　这种感温包实际上仅充注临界量的制冷剂液体,当感温包温度达到某预定值时,制冷剂液体全部汽化,但压力不再提高

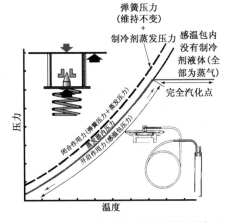

图 24.23　当感温包温度较高时膨胀阀内各压力状态关系(Sporlan Valve Company提供)

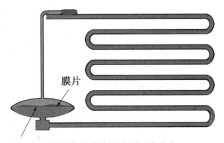

图 24.24　当膨胀阀的阀体温度低于感温包温度时,感温包中的制冷剂液体就会转移至阀体内。出现这一情况时,应使用温热的布块加热阀体,使制冷剂液体返回感温包

24.13 交叉蒸气充注型感温包

交叉蒸气充注型感温包的特性与蒸气型感温包相似,但是充注的流体与系统内的制冷剂不同,因此,在各种状态下,它具有与系统制冷剂完全不同的压力 – 温度关系。这种膨胀阀主要用于一些特殊系统。如有问题,可以向制造商或供应商咨询。

24.14 带有内平衡管的热力膨胀阀工作过程

所有零部件及管件安装完毕后,带有内平衡管的膨胀阀开始运行。注意,其感温包为充液型。

1. 正常负荷状态,膨胀阀在平衡状态下运行(状态不变化,保持稳定),见图24.25。该膨胀阀安装于某中温制冷系统,此时膨胀阀正处于闭合状态。系统吸气压力为18.4 psig,制冷剂为R-134a,在蒸发器内的蒸发温度为20℉,此膨胀阀保持有10℉的过热量。因此,感温包处的吸气管温度为30℉,感温包具有与吸气管同样的温度 – 30℉。现假设感温包中的制冷剂液体压力为26.1 psig,对应温度为30℉,弹簧所产生的压力等于感温包与蒸发压力之差,阀针正处于相对阀座的正常位置并维持此状态不变。此时,弹簧压力为7.7 psi。

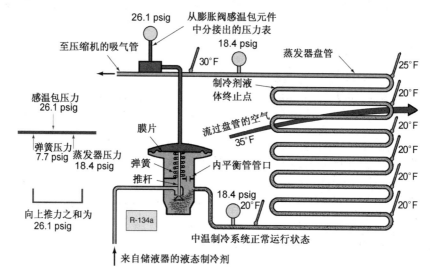

图24.25 热力膨胀阀处于正常负荷状态。膨胀阀内压力平衡,阀针不动

2. 食品放入冷藏柜内时,负荷发生变化,见图24.26(A)。当温度高于冷藏柜内温度的食品放入冷藏柜时,蒸发器的负荷即发生变化。温度较高的食品就会使冷藏柜中的空气温度也随之升高,其热负荷由空气传递给制冷盘管,并使盘管内的液态制冷剂加速蒸发,吸气压力也随之升高。这种状态的最终结果是:盘管中的制冷剂液体终止点位置要比盘管在正常工作状态下终止点位置更远离盘管的终端,盘管也开始出现缺少液态制冷剂的状态,此时,热力膨胀阀即开始送入更多的制冷剂予以补充。出现这种情况是因为蒸发器内过热量的增大往往会引起位于盘管末端感温包温度的上升,由于感温包中的压力仍处于膨胀阀开启时的压力,因此膨胀阀就会将更多的制冷剂送入蒸发器,蒸发器内的制冷剂蒸发速度急剧加快,并引起蒸发器内压力上升。事实上,系统的整个低压侧内,从蒸发器一直到压缩机的压力全线上升。当这种负荷量增大的状态持续一段时间后,热力膨胀阀即能稳定地提供制冷剂,并达到一个新的平衡点,不再有新的变化。

3. 将食品取出冷藏柜时负荷发生变化,见图24.26(B)。当大部分食品从冷藏柜撤走时,蒸发器盘管上的热负荷即开始下降,即冷藏柜内不再有足够的热负荷能够蒸发由膨胀阀送入盘管的制冷剂量,因此,膨胀阀即开始出现送液过量的现象,盘管逐渐开有液态制冷剂溢出。此时,热力膨胀阀就需要减小制冷剂的流量。当膨胀阀在减小制冷剂流量的状态下运行一段时间后,又重新达到平衡,并在蒸发器过热量为10℉或10℉左右时达到平衡状态。当此状态持续一段时间后,由于冷藏柜中的空气温度已降低至温控器上设置的切断温度,温控器即停止压缩机运行。

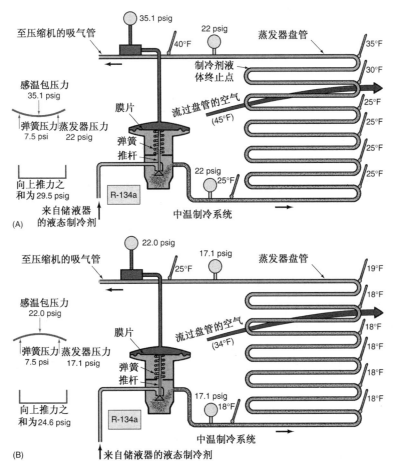

图 24.26　（A）食品放入冷藏柜时,盘管的热负荷上升。冷藏柜中的空气将食品带入的热量传递给
　　　　　盘 管,进而使吸气侧的温度上升,膨胀阀打开,向蒸发器提供更多的制冷剂。如果这
　　　　　种状态持续不变,膨胀阀即达到新的平衡点,阀针处于稳定状态并保持不动。当取走
　　　　　部分食品使负荷减少时,稳定运行一段时间后,制冷系统即在低负荷状态下达到新的
　　　　　平衡。如果此状态继续延展,那么温控器即停止机组运行,（A）和（B）中的平衡点均为
　　　　　设定的 10℉过热度。膨胀阀应能在持续稳定的运行过程中逐渐返回至 10℉的过热度

24.15　带有外平衡管的热力膨胀阀

　　我们经常选用进、出口间具有压力降的各种蒸发器,这种压力降来自于位于膨胀阀后的分流器,或是蒸发器有较长的管程。如果不管何种原因,其压力降值大于 2.5 psig 左右,就应采用带有外平衡管的热力膨胀阀,这样才能使膨胀阀向盘管提供适量的制冷剂。热力膨胀阀的外置平衡管主要用于补偿、而不是消除蒸发器进、出口间的压力降。前面说到,这些压力降主要来自热力膨胀阀后的分流器或是带有多个 U 形管的长管程蒸发器。采用热力膨胀阀的盘管时,如果压力降过大,则往往会使盘管出现缺液状态,见图 24.27。连接蒸发器出口压力时,热力膨胀阀膜盒下方的压力往往会小于连接蒸发器进口时的压力,压力的降低又会使闭合作用力减小,膨胀阀保持较大的开启度,向蒸发器送入更多的制冷剂来补偿蒸发器造成的压力降。

　　切记:只有在蒸发器内送入尽可能多的制冷剂液体而又不溢回压缩机时,蒸发器才有更高的效率。图 24.10为带有外平衡管的膨胀阀。

　　为了避免过热引起膨胀阀内泄漏,外平衡管应始终连接于膨胀阀感温包之后的吸气管,见图 24.28。如果带有外平衡管的膨胀阀存在内部泄漏,那么就会有少量制冷剂液体通过外平衡管进入吸气管线;如果膨胀阀的感温包接触到这部分少量的制冷剂液体,那么膨胀阀会因为这种有制冷剂溢出盘管的假象而趋于关闭,见图 24.29。有时候也可以用手触摸吸气管的前端来了解这一状态,离开膨胀阀的制冷剂液体不应很冷。

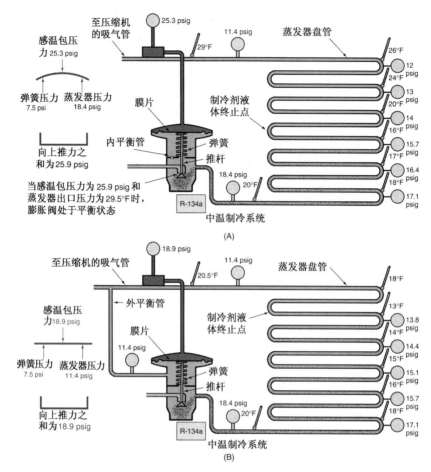

图 24.27 (A)此蒸发器压力降为 7 psig,这一压力降往往会引起蒸发器出现缺液状态;(B)更换带有外平衡管的膨胀阀后,盘管内有适量的制冷剂可以获得上佳的盘管运行效率

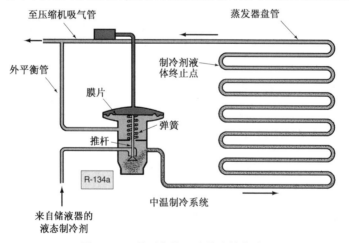

图 24.28 外平衡管正确的连接方式

24.16 热力膨胀阀对负荷变化的反应

　　热力膨胀阀对负荷变化的反应一般有如下几种方式:热负荷增大时,如将温度高于冷藏柜的食品放入冷藏

柜时,热力膨胀阀开启,使较多的制冷剂进入盘管。此时,蒸发器也需要较多的制冷剂,因为热负荷增大会使蒸发器内的制冷剂蒸发加快,同时吸气管压力上升,见图24.26(A)。当热负荷减少时(例如,将一部分食品从冷藏柜取走时),蒸发器内的制冷剂蒸发速度下降,吸气管的压力也随之下降,此时膨胀阀并不完全关闭,而是阀针向阀座方向稍有移动,维持适当的过热度。热力膨胀阀对负荷增大的反应是将更多的制冷剂送入盘管,同时因制冷剂蒸发速度加快使吸气管压力上升。

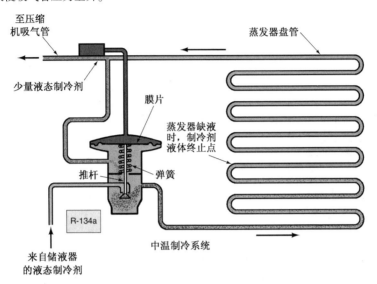

至压缩机吸气管

蒸发器盘管

少量液态制冷剂

膜片

蒸发器缺液时,制冷剂液体终止点

推杆　弹簧

R-134a

来自储液器的液态制冷剂

中温制冷系统

图24.29　当平衡管连接于感温包之前时,膨胀阀内的少量泄漏往往会形成蒸发器中制冷剂溢出的假象

24.17　热力膨胀阀的选配

为各种制冷设备选配热力膨胀阀时必须仔细谨慎。每一种热力膨胀阀仅用于某特定的制冷剂或制冷剂组。现在也有许多用于新品种替代型制冷剂和混合型制冷剂的热力膨胀阀生产并投入市场,这些热力膨胀阀常可用于多种制冷剂,这给维修人员对系统改造选配相应的热力膨胀阀带来很大方便。

系统容量对热力膨胀阀的选配十分重要。如果系统需要1/2冷吨的膨胀阀,而你选用1冷吨的膨胀阀,那么往往会因为阀针与阀座的规格过大而无法正确控制制冷剂的流量。如果选用1/4冷吨的膨胀阀,那么膨胀阀就无法提供足够的液态制冷剂使盘管充满,从而出现盘管缺液的情况。

24.18　设有平衡口的热力膨胀阀

膨胀阀的制造商针对系统在低温环境下的运行情况,已研制出能在环境温度较低的情况下向蒸发器提供同样流量制冷剂的各种膨胀阀。这些膨胀阀在温和气候下排气压力较低时也不会减小制冷剂的流量,因此蒸发器内始终有适量的制冷剂,并能够在室外温度较低的情况下以设计的正常工况状态运行。在一些大规格热力膨胀阀中,流过阀针表面的液态制冷剂往往存在使阀口打开的倾向,最终使过热量的控制无法稳定。但在设有平衡口的膨胀阀中,液态制冷剂的压力则同时作用于相反方向的两个作用面上。图24.30(A)上标注出了作用于阀针表面上的液流作用力,对于较大型的膨胀阀来说,此开启作用力往往比较大。这种可能造成蒸发器供液过量的现象主要是由于大规格膨胀阀的阀座孔口面积较大和阀针表面积较大所引起的。随着膨胀阀两端的压差增大,无论是排气压力增大,还是吸气压力降低,或是排气压力增大,同时吸气压力降低,这种液流作用力,即开启作用力也就更加明显地增大。图24.30(B)为带有平衡口的膨胀阀采用两个反方向、同面积的作用力消除此液流作用力的方法。如果不消除此液流作用力,那么热力膨胀阀就无法稳定地运行。此外,膨胀阀也无法维持预先设定的过热量,如果由此引起排气压力或吸气压力等系统参数发生变化,则可能危及压缩机。

带有平衡孔的膨胀阀与常规的热力膨胀阀相比,其阀孔或阀针的面积更大,其运行时阀针位置也就更靠近阀座,可以在最小的位移状态下稳定地控制蒸发器的过热量。这种大孔径、大阀针结构可以应对特大和特小的热负荷,这种结构也有利于制冷设备中冷冻温度的快速下降。较大的孔口和阀针结构可以避免液管内出现液泡,即闪气(如果有的话)。这就是术语"平衡孔"的最初含义。如果系统有下列情况存在,那么就应该采用带平衡孔的热力膨胀阀:

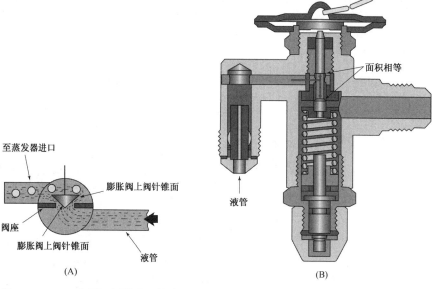

图 24.30 (A)作用于阀针表面的液流作用力,对于热力膨胀阀来说,它是一个较大的
开启作用力;(B)在设有平衡孔的膨胀阀中,由于液流作用力大小相同,方
向相反,因此互相抵消(Copeland Corporation and Emerson Flow Controls 提供)

1. 排气压力变化较大。
2. 热力膨胀阀两端压力降变化较大。
3. 蒸发器负荷变化范围较大。
4. 液管温度非常低。

从外观上看,很难区别带有平衡孔的膨胀阀和常规的膨胀阀,但它有不同的型号,你可以查找制造商的产品样本来确定选配的膨胀阀类型。

24.19 双端口热力膨胀阀

蒸发器上有可能出现短时特大热负荷的情况下,也应该采用较大规格的带大孔口的热力膨胀阀。除霜之后,以及或短或长时间的多次停机(多次启动)之后,或有物品放入冷藏区域后,蒸发器上往往有较大的热负荷。也正是在这几个过程中,制冷系统必须在快速降温的模式下运行,直至冷藏柜温度稳定在其设定冷藏温度,即"维持负荷"状态。如果热力膨胀阀的容量正好等于维持负荷量,那么在其最大负荷时,膨胀阀的容量就会显得不足,将引起蒸发器缺液、过热度增大和除霜后降温时间延长等问题。但是,膨胀阀往往是在正常负荷状态下才有比较理想的性能,如果为了应对最大负荷而故意选配较大规格的膨胀阀,那么膨胀阀就会出现供液时而过量、时而不足以求得控制蒸发器过热量稳定的平衡状态,在此情况下,必然会出现各种问题,连续不断的供液过量和供液不足也称为"随动"现象。当室外环境温度变化时,也

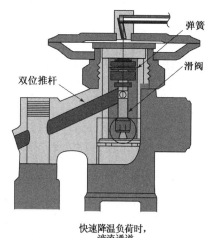

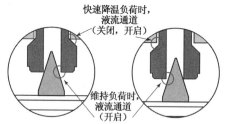

图 24.31 双端口热力膨胀阀的两个液流通道
及滑阀(Sporlan Valve Company提供)

会出现这种随动现象,进而使冷凝压力和热力膨胀阀两端的压力降也随之变化。唯有带平衡口的热力膨胀阀的容量可以避免因排气压力随季节变化而发生变化。

根据新技术已研制出的具有两个独立容量的热力膨胀阀采用大端口应对快速降温,而小端口则用于维持负荷状态下的运行,见图 24.31。维持负荷运行过程中,大容量端口关闭,而小端口打开。在快速降温过程中,此

热力膨胀阀的膜片则在感温包较高的压力作用下朝开启方向移动一段较大的距离推动滑阀,使大容量端口打开。当大容量端口完全打开时,膨胀阀的容量将增加一倍。

24.20　限压型热力膨胀阀

限压型热力膨胀阀有两个膜盒,新增的膜盒仅容许蒸发器内压力上升至某预定的压力值,然后,膨胀阀即自动切断制冷液的流动。由于这种膨胀阀可以在往往会引起压缩机过载的高温降温过程中使压缩机的吸气压力保持在较低水平,因此在低温制冷设备中应用非常普通。例如,低温冷冻柜在柜内温度较高的状态下启动,柜内温度下降一定程度之前,其压缩机始终处于过载状态下运行。限压热力膨胀阀则可以避免这种情况的发生,见图24.32。充注在热力膨胀阀感温包中的蒸气也具有限压性能。

图 24.32　限压膨胀阀。当蒸发器内压力较高时,如高温降温时,这种膨胀阀可以不受带压力检测装置的温控器的控制,自动地对制冷剂进行限流(Sporlan Valve Company 提供)

24.21　热力膨胀阀的维护

选配热力膨胀阀时,应注意此膨胀阀是否能维修,能否正常运行。特别应考虑如下几个事项:(1)连接方式(喇叭口连接、焊接或法兰连接);(2)从运行与效能的角度确定其安装地点;(3)膨胀阀感温包的安装位置。此外,膨胀阀中均有运动构件,也就必然会出现磨损。当必须更换膨胀阀时,一般最好是选用原规格、原型号的备件,当无法获得这样的原配件时,供应商会提供选用其他型号膨胀阀所需的相关资料。

许多技术人员(包括业主)往往会去调节热力膨胀阀,但这样的调节都会使盘管内的压力和温度发生变化,进而引起故障。如果膨胀阀的感温包安装正确,且安装于能够感受制冷剂蒸气温度的适当位置,那么作为生产厂家的原装设备一般都能正常地运行,这些膨胀阀可靠,而且通常不需要做任何调整。如果有迹象表明需要调节膨胀阀,那么应首先寻找其他故障,因为开始时,膨胀阀大多都不需要调整。许多制造商现在生产的膨胀阀很多是不能调节的膨胀阀,从而可以避免在不需要的时候调节膨胀阀。

24.22　膨胀阀传感元件的安装

安装膨胀阀传感元件时,应特别仔细、谨慎,各家制造商对于传感元件的安装方法都会提出详细的指导。膨胀阀的感温包必须安装于蒸发器末端的吸气管上,对于小管径的吸气管,建议将感温包安装在吸气管上侧附近;而对于大管径的吸气管来说,最佳安装位置是吸气管水平段下侧附近,且感温包需水平安装,不能受管件的限制而抬头或翘尾,见图24.33。但也不能将感温包安装在吸气管正下方,因为管内很可能含有部分润滑油,对于感温包来说,它就像一层隔热层。感温包是用来感受吸气管线中制冷剂蒸气的温度的,因此吸气管线表面应十分清洁,且应将感

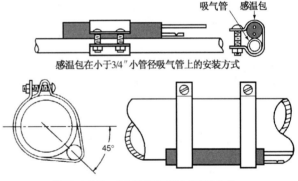

吸气管　感温包

感温包在小于3/4″小管径吸气管上的安装方式

45°

感温包在大于7/8″大管径吸气管上的安装方式

图 24.33　膨胀阀感温包的最佳安装位置(ALCO Controls Division,Emerson Electric Company 提供)

温包可靠地固定在吸气管上。如果环境温度明显高于吸气管温度,那么制造商一般都会建议如何使感温包与环境温度保持隔绝,因为感温包在感传吸气管温度时同样会受到环境温度的影响。

24.23　固态电路控制的膨胀阀

固态电路控制的膨胀阀一般采用热敏电阻作为传感元件,并利用固态电路来改变膨胀阀电热驱动机构的输入电压(这是一种带有双金属元件的膨胀阀),其控制电压一般为24伏,见图24.34(A)。

当这种膨胀阀的线圈连接电源后,其阀口即自行打开,同时可通过改变输入电源的电压值来实现阀口开启度的调整,见图24.34(B)。这种膨胀阀用途广泛,可在系统中实现多项不同的功能。当运行周期结束电源切断时,此膨胀阀也自行关闭,系统停止运行。如果电热驱动机构上维持其电压,那么即使在系统停止运行周期内,也能使系统内各处压力自行平衡。

　　热敏电阻插在蒸发器末端的蒸气气流中,其质量很小,因此能对温度的变化迅速做出反应。

　　固态电路控制的膨胀阀除了没有弹簧,它与常规的热力膨胀阀一样能对传感元件的温度变化及时做出反应。将热敏电阻置于干蒸气气流中时,即由流过的制冷剂蒸气气流加热,其反应速度远比仅仅检测蒸气的温度要快,见图24.34(C)。当阀口打开,饱和制冷剂蒸气接触传感元件时,膨胀阀的阀口即开始逐渐关闭。这种膨胀阀可以将过热度控制在一个很低的状态,这样就可以最大限度地利用蒸发器的表面积。

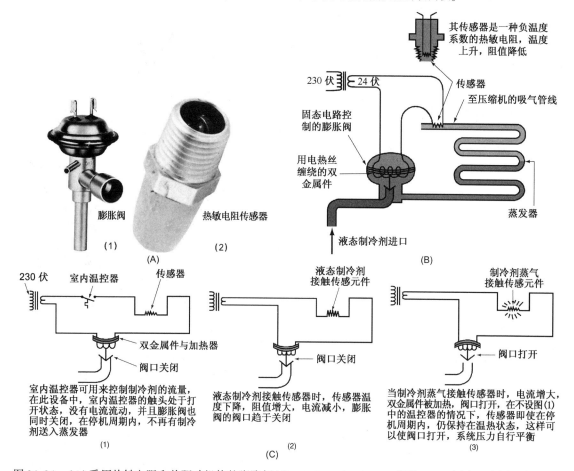

图24.34 (A)采用热敏电阻和热驱动机构的膨胀阀(Singer Controls Division 提供);(B)阀中双金属组件电流受传感器感受温度的控制,大电流时可以使双金属件弯曲,并使阀口打开;小电流时,双金属件冷却复原,并使阀口关闭;(C)固态电路(热敏电阻)控制的膨胀阀在各种工况条件下的运行情况

　　固态电路控制的膨胀阀,其特别之处在于制冷剂可以两个不同方向流过阀体,这一特征非常适宜于热泵型空调装置,可用于仅采用一个膨胀阀,但又要求制冷剂能够向两个不同方向流动的组合式热泵。

　　也有一些电热驱动的膨胀阀将小功率电热器浸在膨胀阀的挥发性流体中,当加热器连接于可控电压的电源时,其产生的热量用来使感温包中的挥发性流体膨胀,推动阀针移动,见图24.35。而热敏电阻则通常设置在蒸发器出口处,以控制加热元件传递给阀内挥发性流体的热量。此时,热敏电阻是传感器,用来控制蒸发器的过热度。

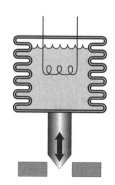

图24.35 浸没在电热驱动膜盒内的电加热器(Sporlan Valve Company提供)

24.24　采用步进电动机的膨胀阀

步进电动机膨胀阀采用一个小电动机来控制膨胀阀的阀口状态,进而控制蒸发器的过热度。固态电路控制器向步进电动机发出指令,步进电动机则根据控制器发出的每一个信号旋转数分之一转,即一个转步,见图 24.36。控制器配置一温度传感器,即热敏电阻作为其信号输入端,见图 24.37。热敏电阻是一种固态器件,它能根据温度的变化改变自身电阻的阻值。之所以选择热敏电阻是因为它精度高,易于获得,而且价格便宜。一旦电信号消除,步进电动机即停止转动,而且它并不连续旋转。由于控制器可以记住它已转过的转步,因此电动机还能在任何时候使阀针返回至其原先的位置。大多数步进电动机均可以每秒 200 步的速度运行。

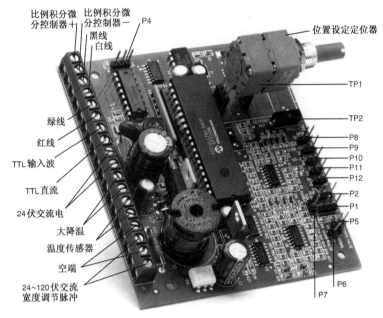

图 24.36　固态步进电动机控制器(Sporlan Valve Company 提供)

用于电子膨胀阀中的绝大多数新式步进电动机均采用双极结构。其结构形式为:以一个永久磁铁作为电动机的转子,围绕转子设置多个电磁铁,见图 24.38。围绕整个转子可以有多达 100 个电磁铁,每转动一个角距为 3.6°,即 360°整周以 100 个电磁铁等分。电子步进电动机膨胀阀的短轴或阀口柱塞可以直线移动 0.000 078 3 英寸/步。

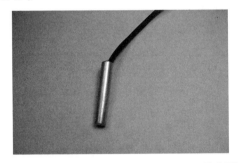

图 24.37　用做温度传感器的热敏电阻,控制器以它作为输入端(John Tomczyk提供)

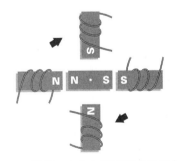

图 24.38　围绕一个永久磁铁转子设置多个电磁铁(Sporlan Valve Company 提供)

同步电动机由不断变化极性的电信号驱动,极性的不断变化可在电动机的磁场中形成推/拉作用力,并具有一定的扭矩和运行效率。当然,这是一种功率很小的电动机。然后通过指状线性传动机构将扭矩,或称为圆周力转变为线性运动,见图 24.39。这样,电动机与阀组合成了一个调节装置,它就好比是常规的家用照明灯的调光开关,有成千上万个亮度级步,而不是只有两步的、开或关的点动电动机或普通灯具的开关。

　　控制器的每一个开关功能都是由多个晶体管构成的,晶体管是由固体硅片制成的固态开关,晶体管没有任何运动构件,其功能类似于利用小电信号控制大信号的开/关继电器,当晶体管的基极输入小信号时,即可容许电流从发射极流向集电极。控制器的小微处理器中含有按运行程序编制的算法规则,它可以控制或按顺序将电信号送至每一个晶体管的基极,见图24.40。算法规则就是固化在微处理器中的一组程序或一组指令,晶体管通常是成对地打开和关闭,这样就可以将信号值按开启和关闭方向以小增量的方式分步控制蒸发器的过热量。

　　电子膨胀阀(EEV)受算法规则和一组电子指令以及一个比例积分微分(PID)控制器的控制。比例积分微分控制将在下一节中论述。电子膨胀阀的硬件包括步进电动机、控制器、晶体管和微处理器。如上所述,算法规则,即一组指令,通常称为“软件”,必须固化在微处理器中。

　　反馈用来使控制器了解蒸发器的整个控制状态,即过热度是否需要改变或调整。这就是说,当控制器使电子膨胀阀的阀口开启度过大,导致蒸发器进口处的热敏电阻传感器过冷时,传感器会将此信息传回控制器,控制器则据此开始逐步关闭阀口,见图24.41。反馈电路中的传感器一般采用热敏电阻,并安装于蒸发器的出口处。

 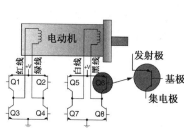 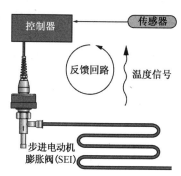

图24.39　指状直线传动机构(Spor-lan Valve Company 提供)　　图24.40　由多个晶体管驱动的步进电动机(Sporlan Valve Company 提供)　　图24.41　电子膨胀阀的反馈回路(Sporlan Valve Company 提供)

　　一般情况下,常采用两个热敏电阻来测算蒸发器的过热度,并分别置于蒸发器的进口和出口,两者的温差即为蒸发器过热度的计算依据。采用这种方法时,不需要压力/温度关系表及检测压力的压力传感器,从而可以大大简化过热度的测算过程。

24.25　算法规则与比例积分微分控制器

　　上面提到,电子膨胀阀(EEV)需要有与比例积分微分控制器配套的多种算法规则或多组指令。下面我们讨论这种比例积分微分控制器。为便于叙述,我们分别讨论组成此控制器的比例控制器、积分控制器和微分控制器,但事实上它们是一个整体,其目的在于随时调整送至电子膨胀阀的输出信号。

　　比例控制器是指调整控制器的工作模块。当系统的蒸发器过热度发生变化时,比例控制器就会立即相应地使膨胀阀中的阀针位置做出改变。它发出的输出信号是一种模拟信号(调制信号),而不是数字信号(开/关)。比例控制器始终有信号输出,但其大小不断变化。比例控制器仅可用于像电子膨胀阀的、具有封闭反馈信号的各种控制装置。在比例模式下,在各种制冷设备中,蒸发器的实际过热量只能无限地“接近”控制器设定的蒸发器过热度,而不可能完全达到控制器的设定值。控制器的过热度设定值与实际过热度之间

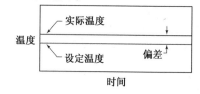

图24.42　说明设定温度与偏差值,即“误差”大小的温度/时间线圈(Spor-lan Valve Company 提供)

的差值称为偏差或误差,见图24.42。比例模式控制器可以依据误差变化的大小按一定比例改变或调整控制器输入膨胀阀的输出信号,但它不能检测,也不能控制过热度误差存在的时间间段。例如,如果位于蒸发器出口端的热敏电阻温度很高,对于控制器来说,意味着有很大的过热度,那么膨胀阀的阀针就会随之有开启方向的较大的位移。本例中,控制器已检测到蒸发器设定过热度与实际过热度之间具有较大误差,并采用较大的阀针位移量对此进行修正。

　　用于比例控制器的常规程序化的算法如下:

如果蒸发器过热度为 20℉,那么将阀口开启 175 步。

如果蒸发器过热度为 15℉,那么将阀口开启 125 步。

如果蒸发器过热度为 10℉,那么将阀口开启 0 步。

如果蒸发器过热度为 6℉,那么将阀口关闭 75 步。

如果蒸发器过热度为 0℉,那么将阀口关闭 10 000 步。

这种算法规则可直接针对其输入信号(过热度)改变其输出信号(电动机运行步数)的情况。但是,如果采用这种算法规则,那么膨胀阀就会很慢地达到控制器的设定过热度,特别是当步进电动机运行步距超过 5000 步时。这就是为什么必须采用更加复杂的算法规则,包括积分和微分函数的原因。

如果此偏差(或称误差)像图 24.42 中那样为一常量,那么此常量也可以很方便地编入控制器的程序中,但是,此偏差会在制冷系统的各项参数随热负荷变化而变化的整个过程中不断变化,这就是为什么必须采用某种偏差预测方法来减小偏差值,并且使控制器达到其设定的蒸发器过热度的原因。这就需要积分控制器来解决此类问题。

积分控制器模块加入比例控制器可以用来调整控制器的输出信号,并使偏差值误差为零。积分模块可以使控制器的输出信号根据误差或偏差的大小及其持续的时段长度按比例改变,并计算某一特定时间段内实际存在的误差量,即由积分控制器计算温度/时间图中曲线下方的实际面积,见图 24.43。用数学术语来说,求曲线下方的面积通常称为面积分。控制器的面积计算还需检测蒸发器实际过热度偏离控制器设定过热度的平均误差。以下为常规积分算法的举例:

如果 60 秒内平均过热度高出 6℉,那么将阀口开启 50 步。

这样,过热度的偏差或误差就会随热负荷和制冷系统各状态参数的变化而变化,此偏差的变化量可通过调整算法予以计算,然后添加到设定的温度上。积分控制器的另一个名称是回调控制器。要计算随时间而变化的偏差(误差)值,即时间/温度的线图中曲线下方的面积,就需要计算称为回调时间的整个时间段内所出现的误差。当然,控制器也会不断地将测得的蒸发器过热度向控制器所设定的过热度方向回调。

微分(差分)控制器模块加入比例控制器,可以获得更高精度的蒸发器过热度控制。"微分"和"差分"两个术语可互换,微分算法需要计算温度/时间线图上温度变化的范围或变化量,见图 24.44。如果温度变化量(范围)较大,那么控制器就会做出较大的调整;如果变化范围较小,那么控制器就会做出较小的调整。实际上,微分控制器是通过计算对应时间上误差变化的瞬时量来判断过程误差变化快慢的,控制器然后根据系统中蒸发器过热度实际发生的误差变化量,按比例调整输入电子膨胀阀的输出信号的大小。这种控制器对信号变化的反应非常快,它可以减小蒸发器负荷或系统参数变化对设定的蒸发器过热度的影响。常规的微分算法为:

如果过热度在 10 秒内降低 0.2℉,那么将阀口关闭 15 步。

如果过热度在 2 秒内降低 20℉,那么将阀口关闭 50 步。

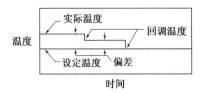

图 24.43　表示积分控制器设定温度、偏差
与温度回调的温度/时间线图

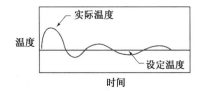

图 24.44　表示微分(差分)控制器温度变化
范围或变化量的温度/时间线图

24.26　自动膨胀阀

自动膨胀阀(AXV)是一种利用压力传感装置控制蒸发器中制冷剂流量的膨胀装置。这种膨胀装置也是一种依据其传感元件调整阀口开启度的阀。自动膨胀阀可以使蒸发器始终保持稳定的压力,但不涉及过热度的大小。这种膨胀阀有热力膨胀阀一样的阀座和固定于膜片上的阀针,见图 24.45。膜片的下侧连接于蒸发器,上侧则连接于大气。当蒸发器压力因各种原因下降时,此膨胀阀即打开阀口将更多的制冷剂送入蒸发器。

自动膨胀阀的安装除了不需要安装感温包以外,其他方面与热力膨胀阀相同。其阀体一般采用青铜经机加工制成。调节机构通常位于阀的上端部,调节时可以拆下阀帽,也有直接在阀帽上进行调节的调节机构主要是调节膜片与大气连通一侧的弹簧力的大小。弹簧力增大时,即可向蒸发器注入更多的制冷剂,同时,系统吸气管压力也随之提高,见图 24.46。

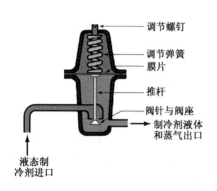

图 24.45　自动膨胀阀利用膜片作为传感元件,可以使蒸发器保持稳定的工作压力,但它不能调整过热度

(A)　　　　　　　(B)

图 24.46　(A)和(B)为自动膨胀阀。其外形非常像热力膨胀阀,但它没有设置在蒸发器末端吸气管上的检测温度的感温包(Singer Controls Division提供)

24.27　自动膨胀阀对温度变化的反应

自动膨胀阀对负荷量的反应与热力膨胀阀不同,其实际反应正好与热力膨胀阀相反。当盘管上的热负荷增加时,吸气管压力也同时上升,自动膨胀阀据此逐渐关闭阀口,对制冷剂进行节流,使吸气压力维持在设定状态。这种方法往往会出现盘管缺液现象。热负荷增量较大时还会引起更严重的缺液。当热负荷减小,吸气压力开始下降时,自动膨胀阀即开始逐步打开阀口,将较多的制冷剂送入盘管,如果热负荷大幅度地减小,那么蒸发器就会有液态制冷剂排出,并进入吸气管线,见图 24.47。

从这些例子中可以看到,这种膨胀阀对热负荷的反应正好是相反的。最适宜采用这种膨胀阀的制冷设备一般具有非常稳定的热负荷,其最明显的特征是能够维持稳定的蒸发压力。水冷式蒸发器采用这种膨胀阀时,就不会出现结冰现象。

由于自动膨胀阀具有使蒸发压力保持不变的特征,因此膨胀阀不能用于采用低压电动机控制的制冷系统。当自动膨胀阀用于采用温控器的制冷、空调设备时,应当将温控器调节在整个蒸发器出现溢流之前自行关闭压缩机的状态,同时,应将自动膨胀阀调整为压缩机整个运行周期内所希望得到的最低蒸发温度所对应的蒸发器压力。在一些具有相对稳定热负荷的小容量设备中,如在冰激凌冰柜、冰激凌机以及冷饮机中一般都能看见这种自动膨胀阀。

24.28　热力膨胀阀和自动膨胀阀的配套装置

热力膨胀阀和自动膨胀阀均为依据热负荷变化控制制冷剂流量的膨胀装置,但当不需要较多的制冷剂时,两者都需要有一个制冷剂的存储装置(储液器)。储液器是位于冷凝器与膨胀装置间的一个小储液罐。通常情况下,冷凝器位于储液器附近。储液器上设有主阀,其功能相当于检修阀。系统低压侧检修时,此阀可以将储液器中的制冷剂关闭。储液器有两个作用,一是在不同负荷状态下用做储液容器;二是在维修系统时,将系统内所有制冷剂收回在储液器内,见图 24.48。

24.29　毛细管计量装置

毛细管计量装置采用压力降的方式控制制冷剂流量。它是一根经精确计算确定内径的小口径铜管,见图 24.49(A),其管径和长度决定了在给定压力降条件下通过毛细管的制冷剂流量,见图 24.49(B)。它非常像浇花的水管,在同样 100 psig 的进口压力下,水管的管径越大,水管通过的水量也就越多。此外,水管上沿整个长度均存在压力降,因此如果水管进口仍为 100 psig,那么水管越长,水管出口端的压力也就越低。

制造商就是利用管长度与压力降的相互关系获得适当的压力降的,将适量的制冷剂通过毛细管送入蒸发器。在有些制冷设备上,毛细管往往较长,常被盘绕起来,一时还无法看清整个长度。

毛细管不能控制过热度或压力,因为它是一个没有运动构件的固定孔径的膨胀装置。由于这种膨胀装置不能根据负荷的变化进行调节,因此通常用于热负荷相对稳定、没有较大波动的场合。

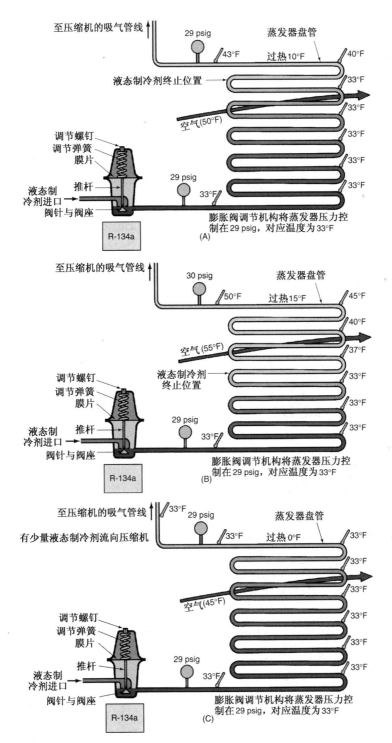

图 24.47 自动膨胀阀在热负荷量变化时的运行情况。自动膨胀阀对热负荷变化的反应与热力膨胀阀正好相反：(A)正常运行状态；(B)热负荷增大时，阀口开始关闭，盘管稍有缺液，从而避免蒸发器压力上升；(C)热负荷增大时，阀口打开，使蒸发器压力上升，这种膨胀阀最适宜于负荷量相对稳定的场合。当用于水冷式蒸发器时，防冻可能是这种膨胀阀别具一格的优势之一

毛细管是一种价格低廉的制冷剂流量控制装置,常用于小型设备。这种装置既没有阀口,也不能在系统停机周期内使制冷剂不流入系统低压侧。因此,停机周期内,其系统高/低压侧压力能自行平衡,这就降低了压缩机对电动机启动扭矩的要求。图 24.50(A)为蒸发器进口处的毛细管运行情况。

由于毛细管可能是应用最广的一种制冷剂计量装置,因此维修技师应对各种毛细管计量装置非常熟悉和精通。它没有运动件,因此也就没有磨损的问题。也许唯一的故障就是有小颗粒堵塞或部分堵塞毛细管。由于毛细管径很小,小块焊剂、碳块或熔渣一旦进入毛细管进口即会引起故障,因此,制造商常在毛细管

图 24.48　制冷剂储液器。当系统负荷增加,需要较多的制冷剂时,即可将制冷剂从储液器排入系统(Refrigeration Research 提供)

前设置过滤或过滤干燥器以避免出现这种情况,见图 24.50(B)。毛细管也可能被润滑油油侵,引起毛细管部分或完全堵塞。毛细管的油侵是由制冷系统中润滑油过多、润滑油的黏性过大所引起的,另一个原因是液态制冷剂进入压缩机的曲轴箱后出现闪蒸,这就是所谓的曲轴箱溢流,而且往往是在压缩机运行周期内出现这种情况。在停机周期内出现这样的情况则称为迁移。当制冷剂在温度较高的压缩机曲轴箱内形成闪蒸会使润滑油产生大量的泡沫,且极易在压缩机运行周期内被吸入压缩机的吸气管。润滑油随制冷剂循环以后最终会达到毛细管。油侵后的毛细管往往会使制冷剂的流动性降低,系统也会出现较高的过热度,通常还会引起制冷系统效率下降,并因为缺少循环的制冷剂冷却导致压缩机过热,引起压缩机损坏。一般来说,较长的运行周期可以使润滑油自行返回压缩机的曲轴箱。如果认为毛细管中可能含油,那么可以强制地使系统连续运行数小时,这样即可解决毛细管油侵问题。市场上也有一些水性的毛细管清洁剂,但这些清洁剂只能作为迫不得已的一种选择。

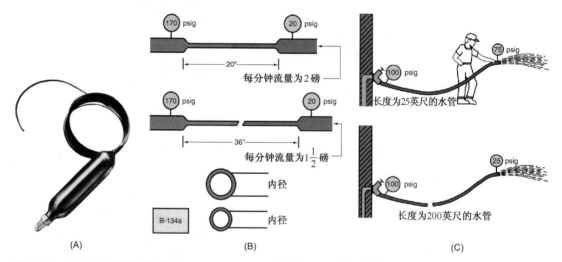

图 24.49　(A)毛细管计量装置(Parker Hannifin Corp 提供);(B)毛细管的长度和内径决定了制冷剂的流量。通常以每分钟磅标定其规格;(C)水管越长,水管末端的压力越低,毛细管的特征与此相同

24.30　毛细管系统的制冷剂充注量

由于毛细管系统不能根据负荷量的大小调节制冷剂量(流量的大小),因此,它仅需很少量的制冷剂。毛细管系统被称为临界充注量系统。对这种系统的制冷剂充注量进行分析可以发现,机组在设计工况下运行时,其蒸发器中有一定量的制冷剂,在其冷凝器中也有一定量的制冷剂,这就是机组正常运行时所需的全部制冷剂量,系统中的其他制冷剂仅为用于管中循环的少量制冷剂。

各种采用毛细管的制冷设备,其系统中的制冷剂量大多为临界量,因此,如果不注意或对系统不熟悉,则很容易造成系统制冷剂充注量过多。大多数采用毛细管的制冷设备,在其铭牌上均印有制冷剂的充注量。制造商也往往推荐采用各种秤具或充液量筒来计量充入系统的制冷剂数量。比较理想的充液量应使系统在逐渐降温至要求的冷柜温度时,盘管末端的过热度依然能保持在 10 ℉ 左右,见图 24.50(A)。毛细管系统的特点是蒸发

器上热负荷越大,蒸发器的过热度也就越大,但是当系统温度下降,接近冷柜要求的温度时,如果系统中制冷剂充注量正确且适当,那么其蒸发器的过热度应为 8°F 至 10°F。

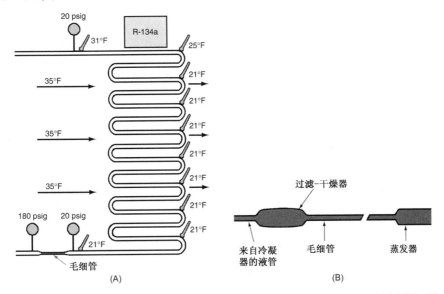

图 24.50 (A)中温制冷装置的运行状态;(B)采用过滤干燥器可以使毛细管避免被随制冷剂循环的小颗粒堵塞

在许多毛细管系统中,毛细管一般固定在冷凝器和蒸发器间的吸气管中,以获得毛细管与吸气管间的热交换效果。对毛细管系统可能存在的故障进行检修时,首先要获得正确的过热度读数,毛细管应当使处于蒸发器末端的制冷剂具有 10°F 左右的过热度。要获得正确的过热度读数,必须在毛细管与吸气管间的换热器前端测取,见图 24.51。

毛细管对负荷变化或制冷剂充注量变化的反应非常缓慢。例如,如果技术人员在毛细管系统中添加少量的制冷剂,那么至少需要 15 分钟的时间才能对此变化做出调整,其原因在于制冷剂从系统一侧通过毛细管达到另一侧需要较长的时间。当从系统的低压侧添加制冷剂时,制冷剂进入压缩机,再由压缩机泵送至冷凝器,还必须在充注的制冷剂压力取得平衡之后,压送至蒸发器。许多技术人员动作比较利索,却往往会使这种系统出现充液过量的情况。制造商一般也不建议在生产企业完成充液之后再添加制冷剂,但他们推荐可以通过加大真空度重新充液,并精确计量系统充液量。

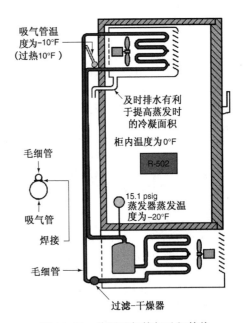

图 24.51 检测吸气管与毛细管热交换器前端的过热度

在蒸发器负荷较大的情况下,毛细管系统往往会出现高达 40°F 或 50°F 的过热度,这是由蒸发器内制冷剂迅速蒸发所引起的,而且液态制冷剂的终止点也提前至蒸发器的中点位置附近,这就会使整个制冷系统的效率下降。许多技术人员往往会因为过热度读数较高而有意向系统加入较多的制冷剂,但结果是除了充液过量之外根本不能解决问题。添加制冷剂之前必须首先检测蒸发器在正常热负荷状态下的过热度,并判断其是否正常。蒸发器在正常热负荷状态下的过热度应为 8°F 至 12°F,如果没有这样的过热度,则应回收制冷剂,对系统抽真空,重新按铭牌上规定的充注量加入制冷剂。

蒸发器热负荷较低的情况下,蒸发器中的制冷剂不会很快蒸发。蒸发器低负荷状态一般出现在系统刚达到冷柜要求温度前的一端时间内。此时,液态制冷剂的终止位置也处于蒸发器末端附近。由于这种系统具有临界充注量的特性,因此系统仍有约 8°F 至 12°F 的正常过热度。

　　毛细管计量装置一般用于小容量的制冷系统,这些系统往往是全封闭、没有螺栓、垫片连接以及具有无泄漏特征的小型制冷设备,且往往在非常清洁的环境下由生产企业装配,应能正常运行数年而不会出现大的故障。

本章小结

1. 膨胀装置是系统高压侧与低压侧的分水岭。
2. 热力膨胀阀可使蒸发器保持稳定的过热度。
3. 感温包压力是打开膨胀阀阀口的唯一主动作用力。
4. 膨胀阀中的各个作用力共同作用可以使阀针、阀座保持正确的相对位置,从而使蒸发器能够在各种负荷状态下具有适当的制冷剂数量。
5. 进入热力膨胀阀的液态制冷剂温度、蒸发器温度和热力膨胀阀两端的压力降决定了热力膨胀阀的容量(冷吨)。
6. 带有平衡孔的热力膨胀阀可用于环境温度较低、排气压力变化较大、蒸发器上热负荷变化较大、热力膨胀阀两端压力降较大或液管温度较低的场合。
7. 固态控制器控制的膨胀阀采用热敏电阻来监测蒸发器的出口温度,从而控制进入蒸发器的制冷剂流量。
8. 电子膨胀阀(EEV)采用电热传动机构或步进电动机来控制阀针的移动。
9. 电子膨胀阀(EEV)采用比例、积分和微分(PID)控制器来调整其运行动作。
10. 自动膨胀阀的动作过程正好与其负荷量的变化相反。当蒸发器负荷量增大时,自动膨胀阀开始对制冷剂进行节流,而不像热力膨胀阀那样增大制冷剂的流量。
11. 毛细管膨胀装置是一种固定孔径的计量装置,它没有运动构件,通常用小口径铜管制成。
12. 毛细管系统与其他各种计量装置相比使用的制冷量很少,因此广泛应用于小容量的制冷系统。

复习题

1. 下面哪一个压力或作用力不直接作用于热力膨胀阀的膜片上?
　　A. 排气压力;　　　　　　B. 蒸发器压力;　　　　　　C. 弹簧压力;　　　　　　D. 感温包压力。
2. 热力膨胀阀的阀针和阀座通常采用_____材料制成。
3. 热力膨胀阀能使蒸发器的_____始终保持稳定。
4. 热力膨胀阀用于控制制冷剂流量的4种充液方式是_____、_____、_____和_____。
5. 热力膨胀阀感温包一般安装于
　　A. 压缩机进口;　　　　　　B. 压缩机出口;　　　　　　C. 蒸发器进口;　　　　　　D. 蒸发器出口。
6. 某些热力膨胀阀何时需要配置外平衡管?
7. 画一个平衡管的连接草图。
8. 热力膨胀阀对热负荷增加的反应是:
　　A. 制冷剂流量减小;　　　　　　B. 制冷剂流量保持不变;
　　C. 制冷剂流量增大;　　　　　　D. 对热负荷变化没有反应。
9. 决定热力膨胀阀容量的3个系数是_____、_____和_____。
10. 解释进入平衡孔热力膨胀阀的制冷剂液对阀口开启力没有影响的原因。
11. 双端口热力膨胀阀的含义是什么?
12. 解释比例积分微分控制器的工作原理。
13. 当下述术语用于说明电子膨胀阀时,试解释其含义:
　　● 步进电动机;
　　● 电热传动机构;
　　● 偏差;
　　● 误差;
　　● 算法;
　　● 微处理器;
　　● 反馈回路。
14. 自动膨胀阀可以使蒸发器保持什么状态?
15. 自动膨胀阀对热负荷的增加有何反应?
16. 流过毛细管计量装置的制冷剂流量取决于哪些因素?

第 25 章   制冷系统专用构件

教学目标

学习完本章内容之后,读者应当能够:

1. 区分机械式控制器和电子式控制器。
2. 解释机械式控制器的工作原理和工作过程。
3. 论述自动排空系统。
4. 定义低温环境运行。
5. 论述制冷系统的电气控制器。
6. 论述停机周期内的除霜。
7. 论述随机除霜与定时、定状态除霜。
8. 解释定温除霜。
9. 论述各种制冷系统配件。
10. 论述系统低压侧构件。
11. 论述系统高压侧构件。

安全检查清单

1. 装/拆压力表、转移制冷剂或检测压力时,必须佩戴防护镜和手套。
2. 在进入式冷藏室或冷库作业时,必须穿上保暖服装。
3. 注意不要让手或衣物被皮带轮、传动带或风机叶轮缠上。
4. 提起重物时,应穿戴合格的背带并利用腿部力量,同时,使自己的背部挺直朝上。
5. 注意各项用电安全措施,始终保持谨慎的工作态度,并充分运用已有的安全常识。
6. 除非万不得已,否则不要在带电电路附近操作;应在距离最近的电闸上切断电源;应在配电板处上锁,贴上标记,仅保留一把钥匙并随身携带。

25.1   系统的 4 个基本构件

压缩式制冷循环必须有 4 个基本构件:压缩机、冷凝器、蒸发器和膨胀装置。但完善和提高制冷系统的各项性能和可靠性尚需许多其他构件和元器件,其中有一些用于保护构件,也有一些用于在各种工况条件下提高其可靠性。

制冷系统专用构件可以分成两大类:控制装置和辅助装置。控制装置又可分为机械式、电气式和机电式 3 种。

25.2   机械式控制器

机械式控制器一般用于停机、启动或调节流体流量,它可以是压力驱动型、温度驱动型或点驱动型几种。由于机械式控制器大多安装于管路中,因此通常很容易发现。

25.3   双温控制器

一台压缩机连接多台蒸发器时,往往需要采用双温控制运行模式。如果同一台压缩机的一个蒸发器运行温度为 20℉,另一台蒸发器运行温度为 30℉,即两台或更多台蒸发器的运行温度设定在不同的温度范围,就会出现这种情况,见图 25.1。双温制冷装置的温控装置一般采用纯机械式控制阀。

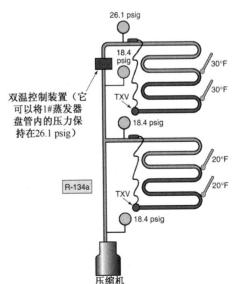

图 25.1   双温运行模式。两个蒸发器由一个压缩机拖动,其中一台蒸发器运行温度为 20℉(18.4psig),另一台为 30℉(26.1psig)

25.4 蒸发器的压力控制

蒸发器调压阀(EPR 阀)是一种机械式控制器,它可以使蒸发器内的制冷剂压力保持在设定压力值及其上。蒸发器调压阀安装于蒸发器出口端的吸气管上,由其膜盒检测蒸发器的运行压力,并对送入压缩机的吸入蒸气进行节流(调节),从而使蒸发器压力降低至调压阀上的设定值。当蒸发器调压阀与热力膨胀阀配合使用时,系统即具有维持稳定过热度和避免压力过低的功能,见图 25.2。

蒸发器调压阀可用于冷水机组,使蒸发器的压力不低于设定压力,从而避免水冻结。例如,系统启动时,由于蒸发器存在热负荷,蒸发器调压阀的阀口开口很大,而此时热力膨胀阀则对进入蒸发器的液态制冷剂进行节流。当蒸发器压力达到蒸发器调压阀设定的压力值时,调压阀即开始对液态制冷剂进行节流,制冷剂的流量降低。如果其设定压力刚高于冰点压力,那么调压阀就会彻底关闭,以避免蒸发器出现冰冻,直至温控器对此做出反应,关闭系统,见图 25.3。由于蒸发器调压阀可维持蒸发器中的制冷剂背压,使蒸发器后的吸气压力避免低于设定压力值,因此在本行业内常把蒸发器调压阀称为"吸气压力调节阀"。

图 25.2 蒸发器调压阀可调节排口的制冷剂蒸气流量。它可以限制蒸发器内的压力,并避免其低于设定压力值(Sporlan Valve Company 提供)

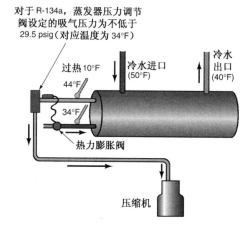

对于 R-134a,蒸发器压力调节阀设定的吸气压力为不低于 29.5 psig(对应温度为 34°F)

过热 10°F
44°F
34°F
热力膨胀阀

冷水进口(50°F)
冷水出口(40°F)

压缩机

图 25.3 在蒸发器调压阀阻止蒸发器温度过低时,热力膨胀阀则可使蒸发器具有适当流量的制冷剂。蒸发器调压阀可用于水冷式蒸发器,以避免其运行温度低于冰点温度。在调压阀开始节流后,温控器应立刻关闭压缩机

为吸除蒸发器上的冷却热负荷,并使蒸发器内的压力避免降低至最低的设定压力值,蒸发器调压阀可以在阀口减小的状态下继续运行一段时间。许多时候,虽然蒸发器压力已接近调压阀设定的最低压力,但蒸发器上仍有少量热负荷,仍需要有一定的冷量,尽管此时的制冷剂流量很小。热力膨胀阀由于在主路制冷剂流量降低时无法使蒸发器的过热度保持不变,因此在调压阀阀口减小的状态下,常常会发生蒸发器过热度迅速升高的情况。但是,一旦蒸发器上的热负荷增大,调压阀阀口增大,主路制冷剂流量增大,那么热力膨胀阀就会重新获得对蒸发器过热度的控制。

控制蒸发器调压阀的两个作用力是蒸发器压力,即调压阀的进口压力和压力调压阀的弹簧压力。蒸发器压力与弹簧压力方向相反,弹簧压力是使阀口关闭的作用力,蒸发器压力则是使阀口打开的作用力。由于调压阀的出口压力最终相互抵消,且由于膜盒的面积等于阀口的阀口面积,因此它对调压阀的运行不产生任何影响。此时,调压阀出口压力的作用面积相等、方向相反,因此相互抵消,见图 25.4(A)。

由于蒸发器调压阀是在(蒸发器)进口压力升高时打开阀口的,因此这种阀也称为"进口压升高开启"(ORI)型阀。当蒸发器处于大负荷状态时,蒸发器调压阀则为全开口状态。弹簧压力的大小可采用螺丝刀或六角扳手予以调节来设定蒸发器的最小压力。切记:这种阀只能限制蒸发器的最小压力,不能使蒸发器压力保持稳定或限制蒸发器的最大压力。

当超市中的各种制冷设备需要较大的制冷量时,就必须选用大规格的蒸发器调压阀或先导式调压阀,见图 25.4(B)。先导式调压阀常利用高压蒸气来引导常规调压阀的开启。这种阀由弹簧力打开,并在高压侧蒸气压力的作用下关闭,见图 25.4(C),即控制主路阀芯位置切换的实际上有 3 个作用力:高压侧蒸气压力、蒸发器压力和弹簧压力,并通过由先导式调压阀控制的引导口直接控制调压主阀的运行。当采用热蒸气除霜时,这种

阀还配置电磁阀控制装置,这是因为热蒸气的喷入位置处于调压阀与除霜盘管间的吸气管。蒸发器调压阀中的电磁阀一旦失电,即可切断吸气管的进口压力,进而使阀内先导弹簧将调压阀关闭。与此同时,热蒸气除霜电磁阀打开,蒸发器的风机停止运转,热蒸气经止回阀绕过膨胀阀反方向流过蒸发器,然后再回到液管电磁阀。冷凝后的这部分热蒸气成为冷液流,然后送入液流总管,提供给其他带有过冷液态制冷剂的各蒸发器,见图25.4(D)。

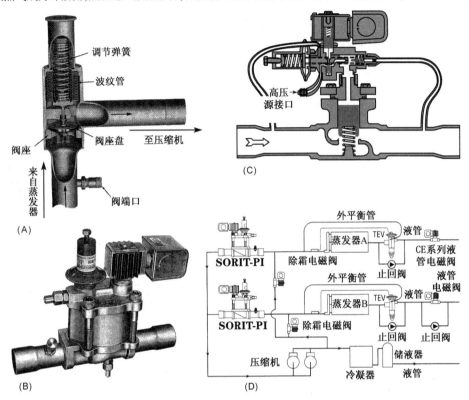

图 25.4　(A)直动式蒸发器调压阀(EPR)剖面图;(B)带有吸口关闭功能的先导式蒸发器调压阀;(C)说明弹簧高压气源接口、先导式调压器、主滑阀和电磁阀阻断装置相互结构关系的先导式蒸气调压阀剖面图;(D)配置除霜电磁阀、蒸发器调压阀和除霜管路的多蒸发器管线(Sporlan Valve Company提供)

25.5　多台蒸发器的配置

　　当一台压缩机拖动两台以上的蒸发器时,每台蒸发器都可能有不同的温度和压力范围。例如,同一台压缩机,当某蒸发器要求的运行压力为15.1 psig(对于 R-134a 来说,对应温度为15℉),而同一管线上另一台蒸发器的运行压力为22 psig(对于 R-134a 来说,对应温度为25℉)时,就需要在温度最高的蒸发器吸气管处配置蒸发器调压阀。此系统的真实吸气压力将是较低的15.1 psig,但另一台蒸发器的运行压力仍为正常的22 psig。对于连接于同一管线,但运行压力要求各不相同的多台蒸发器来说,也采用同样的方法,见图25.5。

　　由于各蒸发器的运行压力并不等于系统的真实吸气压力,因此必须知道各蒸发器中的实际压力。一般情况下,在蒸发器调压阀上均设有压力表的连接端,即所谓的单向气阀端口,它可以使维修技术人员从中获得调压阀蒸发器一侧的表压读数,在压缩机检修阀处则可测得系统真实的吸气压力,见图25.2。

25.6　电动式蒸发器调压阀

　　由于美国食品与药物管理局针对超市销售的各类食品温度所制定的各项食品标准已有了新的执行细则,因此需要对展示柜中来自蒸发器部分的排风温度采取更完善和更精确的控制方式。电动式蒸发器调压阀的功能在于精确控制超市展示柜的排风温度,见图25.5。对于单个蒸发器系统来说,它常安装于蒸发器的出口处;对于诸如超市中的并联式压缩机系统等采用蒸发器的设备,则常安于公共吸气管前端的吸气管线上,见图25.7。电动式蒸发器调压阀和冷柜上的排风温度传感器均用导线连接于用于控制的微处理器线路板,电动式蒸发器调压阀可以根据冷柜排风温度变化以极小的增量打开或关闭吸气管。尽管这种电动阀被称为蒸发器调压阀,但它们并不具有本章前面提到的标准蒸发器调压阀的调压功能。标准的机械式调压阀可以使蒸发器避免出现最小压力,即最低温度。电动式调压阀只是控制冷柜中的排风温度,即仅调节蒸发器中的饱和压力,根据冷柜中的排风传感器信号提供所需的温度。由于电动调压阀检测的是排风温度而非蒸发器压力,因此,它可以使冷柜温度迅速下降,并保持全开口状态,直至冷柜的排风温度下降至调压阀的设定温度。

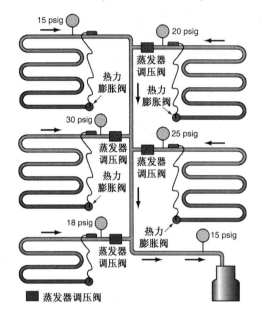

图 25.5   一台压缩机连接多台蒸发器时,系统的
            吸气压力为运行压力最低的那台蒸发器
            压力,其他蒸发器的运行压力均高于
            系统的真实吸气压力,即运行压力最
            低的蒸发器压力,并各自配置独立的
            蒸发器调压阀来满足不同的压力需要

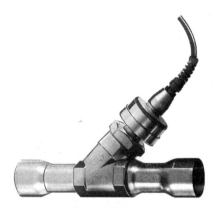

图 25.6   电动蒸发器调压阀(EEPR)
            (Sporlan Valve Company提供)

电动蒸发器调压阀采用双极步进电动机驱动。步进电动机的运动方式为间断步动,而不是连续旋转,这种电动机因有两个不同方向的绕组,可以分别向两个方向步动。一台步进电动机的转子周围可以有多达 100 个电磁铁圈,因此其每一步距的转角为 3.6°,然后步进电动机再驱动一根丝杆,将电动机的转角运动转变为直线(即纵向)位移,见图 25.8。步进电动机的每一个转步所形成的直线运动位移量仅为 0.000 078 3 英寸,将算法按程序方式编制后输入控制器或微处理器即可控制步进电动机的转动方向和产生的位移量。对于双极步进电动机运行及控制的详细解释可参见第 24 章"膨胀器件"。

25.7   吸气压力调节阀

吸气压力调节阀(CPR)外观非常像蒸发器调压阀,但它具有不同的功能,吸气压力调节阀也设置在吸气管上,但它通常位于压缩机附近,而不是蒸发器的出口处。其感温波纹管就安装于阀的压缩机吸气侧,在阀的蒸发器一侧一般还设有压力表接口,见图 25.9。

吸气压力调节阀可用于防止低温压缩机在热降温过程中出现过载。系统在下述情况下往往会出现热降温状态:1)压缩机停机较长时间后,突然有大量食品放入冷柜,引起柜内温度上升;2)处于环境温度下的冷柜插上电源刚启动;3)除霜运行之后,冷柜内温度或蒸发器温度都会对吸气压力产生影响,温度上升时,吸气压力也随之增高;吸气压力升高时,吸入蒸气的密度也随之增大,压缩机是一种固定溶剂量的蒸气泵,因此它无法知道何时压送的蒸气密度很大,会使电动机过载。

压缩机启动时,如果冷柜内温度高于其设计范围,就会发生过载。在此热降温过程中,制冷压缩机电动机可以在高于其额定容量约 10% 的状态下运行,对压缩机不会产生任何损伤;当某电动机的满负荷电流额定值为 20 A 时,则在热降温时,其满负荷电流值可达 22 A,此时对电动机本身没有不良影响。如果冷柜温度达到 75 ℉

或 80℉,那么电动机就会出现严重过载,电动机的过电流保护装置即将电动机电源切断。保护装置自动复位后,压缩机即可重新启动,但这样的停车一般都要持续到切断电动机电源的电动机控制器、熔断丝或断路器全部复原为止。否则,整个系统就会需要较长的运行时间缓慢地降温。

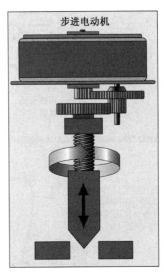

图 25.8　步进电动机通过减速机构驱动丝杆运行(RSES Journal 提供)

图 25.7　安装在并联压缩机系统吸气管线上的电动蒸发器调压阀(RSES Journal 提供)

吸气压力调节器可以对进入压缩机的吸入蒸气进行节流,使压缩机运行电流保持在小于或等于其额定电流值的状态,见图 25.10。而在过去,未安装吸气压力调节阀的情况下,维修人员就必须关闭吸气管维修阀,以热启动的方式人工启动系统。

吸气压力调节阀通常也称为"出口压升高关闭"(CRO)型阀,这是因为这种阀只有在出口压力升高到稳定的压力时,才能关闭。吸气压力调节阀由曲轴箱(出口)压力及其弹簧力控制,且曲轴箱压力为关闭作用力,而弹簧力为开启作用力。由于波纹管的面积与阀座盘相等,因此,当调节阀的进口压力在波纹管和阀座盘上施加同样的压力时,由于方向相反而相互抵消,见图 25.11。其弹簧压力可以用螺丝刀或六角扳头调节,从而设定曲轴箱的最大压力。

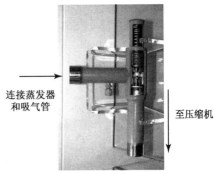

连接蒸发器和吸气管　　　　　　至压缩机

图 25.9　吸气压力调节阀可使压缩机在热降温过程中避免在过载状态下运行(Sporlan Valve Company 提供)

25.8　吸气压力调节阀的调整

吸气压力调节阀应在热降温或至少在压缩机有足够热负荷趋于过载的状态下进行调整。当然,也可以将机组关闭,直至冰柜或冰箱温度升高,在蒸发器上形成较大的热负荷后开机进行调整。压缩机上的热负荷增大时就会使压缩机的运行电流升高。根据压缩机上的电流表数值,逐步调整吸气压力调节阀,使压缩机的电流达到满负荷电流值。例如,假设压缩机的满负荷电流为 20 A,那么逐渐关小吸气压力调节阀,直至压缩机电流达到 20 A,然后将调节器位置固定。压缩机铭牌上,满负荷电流和额定负荷电流位于同一栏中,而且相同。

25.9　泄压阀

泄压阀的作用在于系统压力达到其设定的压力上限时将系统内的制冷剂向外泄放。制冷剂泄压阀有两种类型:一种是可以复位的弹簧承载型泄压阀,另一种是不能修复的一次性泄压阀。由于制冷剂的价格上涨,以及人们对臭氧层消耗的恐惧,如今的各种制冷设备大多采用弹簧承载的泄压阀。

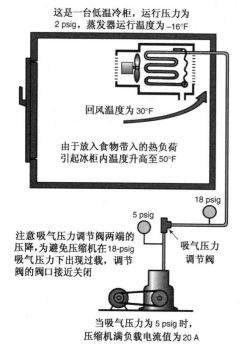

这是一台低温冷柜，运行压力为
2 psig，蒸发器运行温度为−16°F

回风温度为 30°F

由于放入食物带入的热负荷
引起冰柜内温度升高至 50°F

18 psig

5 psig

注意吸气压力调节阀两端的
压降，为避免压缩机在18-psig
吸气压力下出现过载，调节
阀的阀口接近关闭

吸气压力
调节阀

当吸气压力为 5 psig 时，
压缩机满负载电流值为 20 A

图 25.10　吸气压力调节阀对进入压缩机制冷剂蒸气进
　　　　　行节流。当蒸发器温度太高时，调节阀两端
　　　　　存在压差。此调节阀可在热降温过程中根据
　　　　　压缩机满负荷电流值进行调节和设定。吸气
　　　　　压力调节阀还可用于设定对进压缩机的吸入
　　　　　蒸气进行节流，防止调节阀压缩机侧吸气压
　　　　　力过高，避免压缩机出现过载。当冷柜温度
　　　　　下降至设计温度范围时，蒸发器内的吸气压
　　　　　力因阀口为大开口而与压缩机端的压力相同

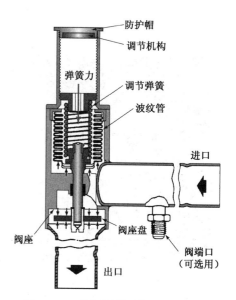

防护帽

调节机构

弹簧力

调节弹簧

波纹管

进口

阀座

阀座盘

出口

阀端口
（可选用）

图 25.11　吸气压力调节(CPR)阀剖面图
　　　　　（Sporlan Valve Company 提供）

　　弹簧承载型泄压阀一般采用氯丁橡胶阀座，阀体则采用黄铜制成。泄压阀一定位于冷凝器或储液器的蒸气管段处，不能设置在有液态制冷剂的管路中，其目的是使蒸气泄放，同时使部分液态制冷剂蒸气压力降低，见图25.12。

　　泄压阀的两端设有螺纹口，因此可将制冷剂直接通过连接管引接至室外。**安全防范措施**：当泄压阀用于在起火情况下保护制冷剂容器时，要求首先将制冷剂移出该区域。制冷剂燃烧时会释放出有毒蒸气。有些制冷系统的泄压阀上用管线连接至一个较大的抽真空的储液罐，如果泄压阀在此情况下打开，制冷剂也不会向环境排放。

　　一次性泄压阀依据制冷剂的温度进行泄液、泄压。这种泄压阀通常称为熔塞，其形式可分别为：在一管件内充入低熔点的焊料；采用低熔点焊料在铜管线钻有一孔口的位置上熔接一小块铜焊斑；或是一开有通孔的管件，在孔口上熔接一个低温焊料焊斑，见图25.13。一般情况下，其焊接温度很低，约为220℉。当在压缩机附近管线上发现有焊斑时，此焊斑很可能就是熔塞，千万不要将其熔化掉。这种泄压装置在通常情况下不能泄气、泄压，除非出现火情。通常在系统吸气侧靠近压缩机处可以发现这种用来保护系统和周围环境的泄压阀，它可以在出现火情时自行熔化，使压缩机箱体避免较大的压力和较高的温度。切记：压缩机的工作压力只有 150 psig 左右，熔塞的熔化温度约为 220 ℉。

25.10　低温环境控制器

　　低温环境控制器对于制冷系统来说非常重要，那是因为我们一年四季都需要制冷。当冷凝器安装于室外时，系统的排气压力往往会在冬季下降到很低的状态，使膨胀阀无法在其两端获得足够的压力降，难以向蒸发器提供适当数量的制冷剂。出现这种情况时，必须采取相应措施，使系统的排气压力提高到比较满意的程度，常用的措施有：

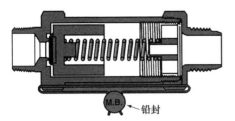

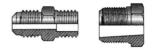

图 25.12　弹簧承载型泄压阀可以在冷凝器风机出现故障或水冷却系统出现供水故障时,使系统避免排气压力过高。这种泄压阀在压力降低后自行复位,其两端出口螺纹段可以在需要时直接由连接管引接至室外(Sporlan Valve Company 提供)

图 25.13　熔塞型泄压阀往往是采用低温焊料在钻有孔口的管件或连接管上熔接一个焊斑盖住孔口。在熔塞型泄压阀附近焊接时应特别小心,否则它极易熔化(Mueller Brass Company提供)

1. 利用压力控制器使风机间断运行。
2. 控制风机转速。
3. 采用风门和风机间断运行控制空气流量。
4. 采用冷凝器溢流装置。

25.11　风机间断运行的排气压力控制器

　　风机间断运行由于简单易行,已运用多年。当机组风机为小功率风机时,由于只有一台风机间断运行,因此它是一种既简单又十分可靠的控温方式。当机组有多台风机时,除一台风机外,其他多台风机根据温度的变化间断运行,最后一台则可根据排气压力的变化间断运行。其采用的控制器是一种压力控制器,这种压力控制器可以在排气压力下降的过程中,压力上升时关闭,启动风机;压力下降时打开,关闭风机。风机采用间断运行方式后,在冬季风机可在压力控制器的控制下间断运行,但在炎热天气下则连续运转,见图 25.14(A)。在多台冷凝机组上,一个或多个环境温度控制器可以实现冷凝器风机的间断运行,这些温度控制器通常为各种热动盘,并安装于冷凝机组的机架上,见图 25.14(B)。当室外环境温度下降时,各风机开始陆续停止运转;当室外环境温度上升时,各风机则开始运转。在小容量的冷凝机组上,经常是一台风机连续运转,而另一台风机则在环境温度控制器的控制下间断运行。

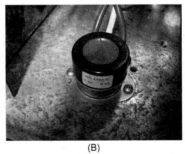

(A)　　　　　　　　　(B)

图 25.14　(A)这种压力控制器的功能与低压控制器相似。排气压力上升时,能自动启动冷凝器风机,但其工作压力范围要高于通常用于系统低压侧的低压控制器。风机间断运行装置往往会使排气压力出现上下波动,进而影响膨胀阀的正常运行(Bill Johnson 摄);(B)热动盘式风机转速控制器(Ferris State University 提供)

　　由于始终处于间断运行的状态,这种控制器对电动机的要求往往比较高,因此我们常选用启动电流不是很大的风机电动机。控制器要可靠地频繁启动电动机,必须有足够的触头表面。此外,电动机电流还应仔细计算,以满足控制器的容量要求。

　　风机间断运行可以使进入膨胀阀的制冷剂压力有较大的变化。技术人员必须首先确定是否应该为获得最佳的膨胀阀性能而将控制器两设定值相互靠近些,还是为避免风机短时间内频繁启动而将两设定值相互远离一些。最适宜采用风机间断运行方式的是那些采用多风机的制冷设备,因为在这些机组中,最后一台风机影响的是整个冷凝器,它可以消除压力的波动。

　　直立式冷凝器可能会受盛行风的影响,如果盛行风直接吹过盘管,那么其作用类似于风机。因此,为避免出现这样的情况,我们常在直立式冷凝器处安装挡风板,见图25.15。当风冷式冷凝器安装于地面或屋顶时,冷凝器的侧向应面对盛行风的方向,这样当冷凝器风机运行时,风机产生的气流就不会与盛行风流向相反,进而降低了流经冷凝器的空气流量(每分钟立方英尺,cfm)。

25.12　控制排气压力的风机转速控制装置

　　风机转速控制装置多年来一直成功地运用于多种制冷设备。这种控制装置可用于多风机的场合,其中多台风机根据温度的变化间断运行,最后一台风机则依据排气压力或冷凝温度进行控制。控制此风机的控制器通常是一个传感器,它可以将压力或温度信号转变为电信号,并将电信号传输给风机电动机转速控制器。在严寒天气下温度下降时,风机电动机的转速也同时下降,室外温度上升时,则电动机转速提高,当达到某设定温度时,其他多台风机也一起运行。在天气比较炎热的情况下,则所有风机开始运行,可变速风机均在其最大转速状态下运行。也有一些风机转速控制器是利用温度传感器来检测冷凝器的温度以控制风机转速,见图25.16。

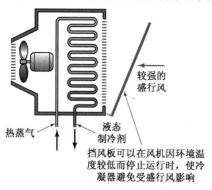

图25.15　如果采用风机间断运行控制器,那么当冷凝器为直立式时应特别注意,即使在风机停止运转时,盛行风也可使排气压力降至非常低的状态,此时可以安装一挡风板以消除盛行风对冷凝器的影响

图25.16　用于根据冷凝器温度改变风机转速的控制器(Carrier Corporation提供)

25.13　控制排气压力的风量控制装置

　　百叶窗式风量控制装置通常采用利用高压制冷剂驱动的活塞式调节风门。有多台风机时,第一台风机可根据温度间断运行,最后一台则可以像上述两种系统一样采用百叶窗。这种控制装置可以像风机转速控制器一样获得稳定的排气压力。膨胀阀进口压力也不会像一台风机间断运行那样出现较大的波动。百叶窗风门可以设置在风机的进口,也可以设置在风机的出口,见图25.17。但要注意风机电动机不能因风门的关闭而过载。

25.14　控制排气压力的冷凝器溢流方式

　　冷凝器的溢流装置主要用于在温热和寒冷气候下,将大流量制冷剂从储液器送至冷凝器,见图25.18。冷凝器中出现过量制冷剂时就如系统制冷剂充注过量一样,会使排气压力大大高于在温热和寒冷气候下所应有的正常压力,并保持与比较炎热气候下相似的压力状态。这种方法可以使系统在运行过程获得非常稳定的控制,且毫无压力的波动。这种系统需要有大量的制冷剂,因为除了正常的充注量之外还必须有足够的制冷剂在冬季使冷凝器溢流,在夏季,则需要大容量的储液器来存放这部分制冷剂,到时候由切换阀将多余的制冷剂送入此储液器。

　　冷凝器溢流法还可以在冬季给系统带来另一个好处,因为在冬季冷凝器几乎充满制冷剂,提供给膨胀阀的液态制冷剂温度往往远低于冷凝温度。切记,此现象称为过冷,它有助于提高整个系统的运行效率,对于在严寒区域运行的各种系统来说,此液态制冷剂可以过冷至远低于冰点温度以下。

25.15　电磁阀

　　电磁阀是用于控制流体流向的最常用的控制装置。电磁阀中设有一个电磁线圈,得电时,它可以将一个柱塞朝线圈方向吸入,见图 25.19。电磁阀有常开型(NO)和常闭型(OC)两种,常闭型电磁阀得电时开通,失电时关闭;常开型电磁阀则在得电时关闭,失电时开通。柱塞连接于阀口,柱塞的移动可以打开或关闭阀口。

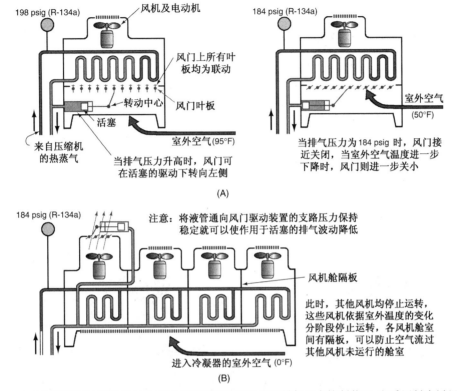

图 25.17　(A)采用风门而不是通过改变风机转速来改变风量的排气压力控制装置,它采用制冷剂驱动的百叶窗式风门来调节空气流量,使排气压力保持稳定;(B)如果有多台风机,那么第一台风机即可依据环境温度的变化间断运行。当百叶窗风门设置在风机出口时,应特别注意冷凝器风机不能因此而过载

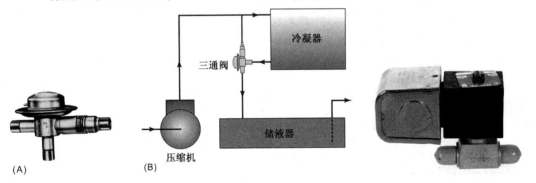

图 25.18　利用制冷剂压力控制的低温环境排气控制器。当不需要大量制冷剂时(夏季),制冷剂存放在大容量的储液器内。(A)系统中的三通阀可以使系统在夏季运行时将热蒸气送入冷凝器,尽管带有较大的储液器,但系统的运行与常规系统一样。在冬季,则根据室外温度,将部分蒸气送入冷凝器,部分蒸气送入储液器的上端;(B)进入储液器的蒸气可以为膨胀阀的正常运行保持较高的压力;进入冷凝器的蒸气则在冷凝器中转变为液态并过冷,然后再返回至储液器来过冷其他的制冷剂液体(Sporlan Valve Company提供)

图 25.19　电磁阀。这种阀由安装于阀座上的柱塞进行切换。线圈得电时,柱塞被吸入电磁线圈内,阀口打开;失电时,阀口关闭(Bill Johnson 摄)

电磁阀是一种具有速动功能的控制阀,一旦线圈得电,它就能迅速开通或关闭。它既可以用于液体,也可以用于蒸气的流动控制。当安装在液管上时,其速动特征往往会引起液击现象,因此在确定安装位置时,应特别注意电磁阀的安装位置及其更换等必须根据制造商的说明书操作。当快速流动的液体突然被电磁阀关闭,液体突然停止流动时,即会出现液击现象。

电磁阀主要用于切断和连接流体的流动,但安装时往往会出现两种问题使电磁阀无法正确地动作:其一是电磁阀的安装方向,其二是电磁阀的安装位置。安装电磁阀时必须注意流体正确的流动方向,否则电磁阀就不能切实关闭,见图25.20。电磁阀的安装方向应注意流体应有助于柱塞关闭阀口。如果阀座下方的压力较高,柱塞就会有离开其阀座的倾向。电磁阀上往往有表示流体流动方向的箭头。正确确定电磁阀方向之后,还需要考虑电磁阀的安装状态,绝大多数电磁阀都含有一个重量较大的柱塞,提起柱塞才能打开阀口。线圈未得电时,柱塞的自身重量会压住阀座,如果侧向安装或头部向下安装,那么当应当关闭阀口时,就会使柱塞处于得电状态,见图25.21。

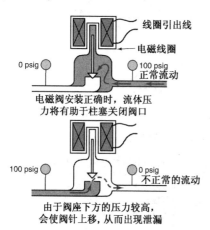

图 25.20　流体在电磁阀中的流向必须正确,否则电磁阀就不可能切实关闭。如果阀座下方的流体压力较高,那么往往会使阀针有离开阀座的上升趋势。如果安装正确,那么流体压力应有助于阀针紧紧地压在阀座上

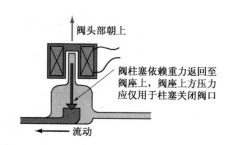

图 25.21　电磁阀安装位置必须正确。绝大多数电磁阀利用柱塞的自重来关闭阀口,电磁力只是将柱塞向上提升,离开阀座。如果侧向安装或头部向下安装,那么失电时电磁阀就不可能关闭阀口

电磁阀必须很好地固定于制冷剂管线,这样才能避免出现制冷剂的泄漏。其连接方式可以是喇叭口、法兰盘或焊接连接。大多数电磁阀都应在必要时可以进行维修。采用焊接连接的电磁阀,如果可以拆卸,那么也可方便地进行维修。

还有一种称为先导式的专用电磁阀,它适宜于大容量设备的流体控制。这种先导式电磁阀利用很小的阀座来切换高压蒸气,从而使大阀针改变位置,它可以在电磁线圈只需提起小阀芯的情况下,利用压力来推动大阀芯移动。这种阀主要用于大规格的蒸气或液体管线需进行切换的场合。也有一些先导式电磁阀具有多个进口和出口,如四路电磁阀和三路电磁阀,这些电磁阀都具有各自的功能。如果要求电磁阀对大规格阀门进行控制,其结构往往较大,且实际使用时会产生很大的电流,见图25.22。先导式电磁阀则可大大减小电磁线圈的规格和整个电磁阀的总体尺寸。

对于特定的应用对象,必须正确确定电磁阀的规格大小。对于制冷剂液管来说,电磁阀的规格应根据通过电磁阀的应用对象、制冷剂流量和压降来确定其规格。如果需要更换电磁阀,那么可以根据制造商提供的相关技术参数选择合适的电磁阀。

25.16　压力开关

压力开关主要用于切断和连接流向制冷构件的电流,它们在制冷设备中具有重要的作用。压力开关可以分为:
1. 低压开关——压力上升时闭合。
2. 高压开关——压力上升时断开。
3. 低温环境控制器——压力上升时闭合。
4. 润滑油安全开关——带有时间继电器,压力上升时断开。

25.17　低压开关

低压开关(或称为低压控制器)主要用于下述两种场合:

1. 低充注量保护。
2. 空间温度的控制。

低压控制器可用做低充注量保护装置,即将控制器设置在系统运行压力低于常规的蒸发器运行压力时切断电源。例如,某台中温冷却柜中,要求其空气温度不低于 34℉,当冷却柜采用 R-134a 作为制冷剂时,由于盘管正常的运行温度应低于盘管处空气温度 15℉左右(34℉ – 15℉ = 19℉),因此蒸发器正常运行所需的最低压力应在 18 psig 左右,即盘管中的制冷剂温度应不低于 19℉,对应压力为 18 psig。

低压控制器的断开压力应设置在 18 psig,即要求的运行状态以下和 0 psig 的大气压力以上,但将关闭压缩机的低端压力设置在 5 psig 可以使系统低压侧在有制冷剂泄漏的情况下避免出现真空,因此该设定值应远低于常规的运行工况。这种控制器通常能自动复位,当存在低充注量的情况时,压缩机应能自行停机,然后在控制器自动复位的状态下运行,并维持少量的制冷量。商店的业主往往会抱怨制冷机组一会儿停机,一会儿又启动,而冷柜中的温度则不见正常地下降。该装置的闭合设定压力应低于冷柜在正常运行过程中的最高温度对应压力,且刚好高于温控器设定的闭合温度所对应的压力。例如,温控器的设定温度为 45℉,也就是说,蒸发器内的压力可能高达 40 psig,那么低压控制器的闭合压力应设定在 25 psig。上例中,低压控制器的断开压力设定在 5 psig,闭合压力设定在 40 psig,即意味着控制压差为 35 psig。切记:当压力处于此两设定值之外时,压缩机均不能运行。宽压差会使压缩机避免频繁启动、关机,运行周期过短,见图 25.23。

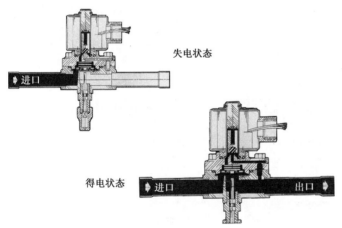

图 25.22　先导式电磁阀。电磁线圈仅控制将高压制冷剂引向滑阀一端的小管路,即电磁线圈仅控制小阀的动作,利用压力差来控制主管的切换(Alco Controls Division,Emerson Electric Company 提供)

图 25.23　低压控制器。该控制器在压力上升时闭合(下降时则断开),如果低压侧压力因各种原因低于控制器的设定压力,控制器则断开压缩机的控制电路(Bill Johnson摄)

25.18　低压控制器用做温控器

上例中所论述的低压控制器压力设定仅针对低充注量保护,用来避免系统出现真空。但同样的低压控制器还可用于控制压缩机来维持冷柜中的温度,并同时用做低充注量的保护。仍采用上例中的同样温度,即 34℉ 和 45℉ 作为运行状态。低压控制器设定在低压端达 18 psig 时压缩机停机,其对应的盘管温度为 20℉,当冷柜中的空气温度达到 34℉ 时,盘管温度应为 19℉,对应压力为 18 psig,该系统的室内与盘管温差为 15℉(34℉ 的室内温度 –19℉ 盘管温度 =15℉温差)。当压缩机停机时,冷柜中的空气逐渐使盘管温度上升至 34℉,且对应压力达到 30 psig。当冷柜温度继续上升时,系统的制冷剂温度也随之上升。当空气温度上升至 45℉ 时,盘管温度也应为 45℉,且对应压力为 40 psig,它可以是低压控制器的闭合设定压力。即两设定点控制状态为压力达到 18 psig 时压缩机停机,压力达到 40 psig 时,压缩机启动。其压降为 22 psig,且冷柜的温度保持在 34℉ 至 45℉ 之间。因此,可以说这是将蒸发器盘管中的制冷剂用做了温控器的传感流体。

控制器的这种运作方式的优点之一是冷柜内与冷凝机组间没有任何连接导线,如果采用温控器来控制冷柜内的空气温度,那么冷凝机组与冷柜内侧间必须有一对连接线。在有些设备中,冷凝机组与冷柜间往往有一段距离,采用这种方法显然不太现实。如果冷柜温度由冷凝机组处控制,业主也几乎不可能去调整低压控制器的设置,最终还会出现各种故障了。有多少设备,就会有多少种低压控制器的设置方式,不同的运用环境就需要有不同的设定值。图25.24为某公司推荐的设定值数据。

低压控制器额定规格根据其压力范围及其触头的最大电流值确定。适用于 R-12 或 R-134a 的低压控制器,由于其压力范围不同,因此并不适用于 R-502、R-507 或 R-404A 的系统。对于上例中采用 R-502 的设备来说,断开压力为 51 psig,闭合压力为 88 psig,如果采用 R-404A 作为制冷剂,那么其断开压力则为 55 psig,闭合压力为 95 psig。其中有一些控制器为单刀双掷型,压力上升时,既可以断开也可以闭合,这种控制器可以用做两种不同功能的压力控制器。

压力控制器的触头额定电流值必须根据控制器拖动的电气负载的大小来确定,如果要求压力控制器启动小功率压缩机,那么就应当首先考虑电动机的启动电流。一般情况下,用于制冷设备的压力控制器最多只能直接拖动 3 hp 以下的单相压缩机;如果压缩机容量再大些,或是三相压缩机,那么一般都需要采用接触器或电动机启动器,由压力控制器再控制接触器或电动机启动器线圈,见图24.25。

25.19　自动排空系统

自动排空系统由安装于制冷系统液管上的常闭式液管型电磁阀组成。电磁阀的液流方向应朝向蒸发器方向。其电磁阀为温控器控制的断电常闭式电磁阀,温控器位于冷冻区域内,当冰柜的冷冻区域温度达到要求的温度时,温控器即自动断开,液管上的电磁阀失电并关闭。压缩机则继续运行,将电磁阀的出口处至压缩机在内的所有制冷剂抽出,它包括液管的一部分、蒸发器、吸气管以及曲轴箱。图25.26为采用液管型电磁阀温控器以及低压控制器构成的自动排空系统接线图。图25.27则是自动排空系统电气图。

压力控制器的设定近似值										
压力——每平方英寸磅(压力表)										
设备种类名称	温度范围(°F)	蒸发器温度TD(°F)	制冷剂							
			22		134a		404A		507	
			出口	进口	出口	进口	出口	进口	出口	进口
饮料冷柜	35 to 38	15	41	66	17	33	53	82	56	86
鲜花冷柜										
线制品冷柜										
烟熏肉冷柜	32 to 35	15	38	62	15	30	49	77	52	81
鲜肉冷柜										
通用展示柜										
海产食品										
多层鲜肉柜	26 to 29	15	32	54	11	25	42	68	45	72
冷冻食品冷库(进入式)	-10 to 0	10	9	24	—	—	15	33	16	35
冰激凌冷柜	-30 to -20	10	0	10	—	—	4	16	4	18
冷冻食品柜(开启式)										
压力控制器的设定值是假设吸气管压力损失相当于2°F										

图 25.24　此表可用于各种冷冻设备的低压控制器设定时的参考(Tecumseh Products Company提供)

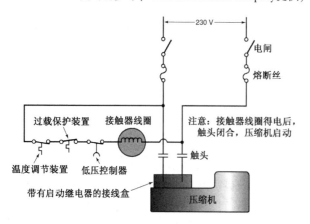

图 25.25　如果压缩机功率大于控制器触头额定值时,压缩机必须采用接触器启动。此电路图为控制器的原理图

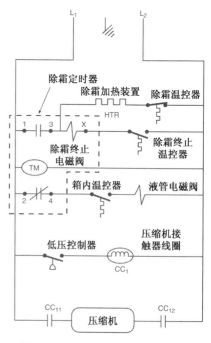

图 25.26　自动排空系统的接线图

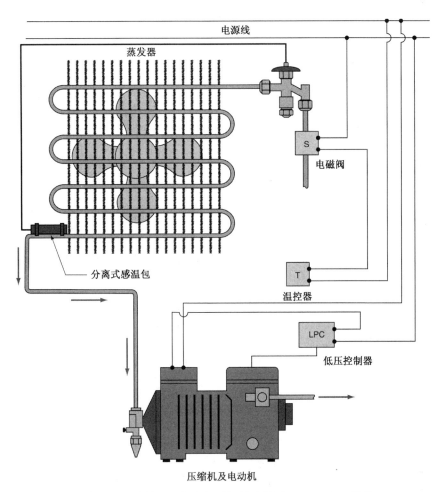

图 25.27　自动排空系统电气及机件连接图（ESCO Press 提供）

　　制冷剂将存储于制冷系统高压侧的冷凝器和储液器中,其中大部分存储于储液器中,然后压缩机由设置在约 5~10 psig 状态下断开的低压控制器动作而关闭,这样就可以保证停机运行过程中没有制冷剂流入压缩机。多年前的常规做法是:由压缩机将系统排空至 0 psig。但实践证明,这种方法对压缩机的要求很高,因为要达到 0 psig 的吸气压力就需要很高的压缩比。此外,制冷剂冷却压缩机往往会在排空时出现缺液现象,并可能会因为过热而受到可能的损坏。当要求制冷时,温控器将闭合,使液管电磁阀得电,电磁阀打开后将液态制冷剂送入膨胀阀,并进入抽空的蒸发器,最终使蒸发器压力上升。一旦压力达到低压控制器设定的闭合压力,压缩机即可启动,并重新恢复正常的制冷运行。由于储液器的设计容量为存放全部的制冷剂充注量,而且仍有 20% 的蒸气压力安全余量,因此自动排空系统并不需要很大的储液器。

　　低压控制器的闭合压力应设置得足够高,以保证排空后在系统的低压侧仍保持有残余压力时,系统不得短周期运行。压缩机的短周期运行往往会因为过热造成对电动机绕组和启动控制器的破坏。但是,低压控制器的闭合压力又必须足够低,以确保在温控器使液管电磁阀得电启动下一个运行周期时,系统能迅速启动。这些压力设定值完全取决于制冷剂的类型和冷柜的要求温度。像图 25.24 给出的压力设定的指导性数据可以满足这方面的要求。液管电磁阀的泄漏或压缩机排空阀的泄漏,使高压蒸气返回压缩机也可能引起压缩机在停机时段内的短周期运行。在自动排空状态下对系统进行检漏测试时需要特别注意的是:电磁阀电路必须得电,使制冷剂能够从冷凝器和储液器中排出。

　　在各种需要充注大量制冷剂和润滑油的制冷系统上安装自动排空系统是一种切实可行的办法,而在一些润滑油和制冷剂用量很少的系统中,由于没有足够的制冷剂能够溶入润滑油,即使在停机运行过程发生制冷剂溶油,也不会出现任何问题。因此,在这种小系统中不会配置自动排空系统。例如,家用冷柜或冰柜的制冷剂充注量仅为 8~16 盎司,而润滑油的充注量则为 12~20 盎司,即在这些系统中常常是润滑油的充注量多于制冷剂的充注量,即使全部制冷剂充注量在停机过程中都进入曲轴箱内,由于制冷剂能够在下一个启动运行周期内迅速地闪蒸,因此也不会出现任何问题。总之,如果制冷剂数量与润滑油相比,其比值较大,那么就应当配置各种自动排空系统。

制冷系统在下述 3 种情况下应当配置自动排空系统:

1. 为避免制冷剂进入压缩机和(或)压缩机曲轴箱内,需要在机组停机运行和除霜运行之前将蒸发器、吸气管和曲轴箱内的制冷剂全部排空。
2. 为避免启动时有较多的液态制冷剂进入压缩机的吸入口(即出现液冲)。
3. 为避免机组启动时润滑油产生大量泡沫,从而使压缩机各机械部件失去有效润滑,需要将曲轴箱内的制冷剂全部排空。

25.20　高压控制器

高压控制器通常没有低压控制器(开关)那样复杂,它主要用于防止压缩机在排气压力较高的状态下运行。由于阻断冷却水似乎要比阻断空气更容易些,因此,对于水冷式制冷设备来说,这种高压控制器是必不可少的。这种控制器应在系统压力较高时断开,因此其断开压力的设定值应高于系统正常运行时的高压端压力。高压控制器有自动复位和人工复位两种。

当将风冷式冷凝器设置在室外时,我们希望其运行温度不要高于环境空气温度 30℉。但是冷凝器长时间运行后,并且在盘管上有较多积尘的状态下,往往会出现高于 30℉ 的情况。清洁冷凝器尽管非常重要,但清理后总还会有少量的积尘。如果环境空气温度为 95℉,系统采用 R-12 制冷剂,那么冷凝器的运行压力应为 170 psig(即冷凝温度为 95℉ + 30℉ = 125℉,其对应的压力为 169 psig)。对于 R-12 的系统,高压控制器的断开压力应设置在 170 psig 以上。如果控制器设置在 250 psig 断开,那么它不会影响系统的正常运行,且能给予系统良好的压力保护,见图 25.28。如果系统采用 R-134a 作为制冷剂,那么高压控制器的断开压力应设置在 185 psig,即对应 125℉ 冷凝温度更高的压力点位置。此外,如果此高压控制器也设置为 250 psig 断开,那么它仍能起到保护整个系统的作用。

大多数冷凝器在出厂时均设定 30℉ 的运行温差。在正常的保养维护下,它一般均能在这一状态下持续正常运行。许多用于低温制冷系统的冷凝器为维持较低的压缩比,其运行温差一般都低至 15℉。

高压控制器闭合压力设定值必须高于 95℉ 的环境温度所对应的压力值,如果压缩机停机,而室外冷凝器风机继续运转,那么冷凝器中的制冷剂温度将迅速降低至环境温度。例如,如果环境温度为 95℉,对于 R-12 系统来说,其压力就会迅速降低至 108 psig。如果高压控制器设定的闭合压力值为 125 psig,那么压缩机就会在125 psig 的安全压差下恢复运行(断开压力 250 psig – 闭合压力 125 psig = 125 psig 压差)。也有些高压控制器采用50 psig 的固定压差,这就意味着高压控制器在低于停机设定压力值为 50 psig 时,即可使压缩机恢复运行。例如,如果系统在高压控制器设定 250 psig 时停止运行,那么压缩机即可在 200 psig 压力时恢复运行(250 psig – 50 psig)。

有些制造商对高压控制器规定采用人工复位方式。控制器断开后,必须有人按下复位按钮才能启动压缩机,这就可以使人对存在的故障引起注意。人工复位的控制器可以为设备提供很好的过压保护,但自动复位控制器可以通过短暂停机后又恢复运行来保护冷柜中的食品。如果压缩机位于工作现场附近,只要业主或操作人员稍稍留心就应该能够注意到采用自动复位控制器系统短暂的停机过程。

25.21　低温环境风机控制器

低温环境风机控制器的作用与低压控制器相同,但其工作压力范围较高。低温环境风机控制器根据排气压力的变化关闭和启动冷凝器。该控制器必须与高压控制器协调配合,以避免两者运行状态相互矛盾。当排气压力过高时,高压控制器就会使压缩机停止运行,而低温环境控制器则是在排气压力达到预定压力点时在高压控制器使压缩机停止运行之前启动冷凝器风机。

采用低温环境风机控制器时,应首先检验高压控制器的停机设定压力,以保证其停机设定压力高于低温环境控制器的闭合压力。例如,如果低温环境控制器设定值要求排气压力维持在 125 psig 和 175 psig 之间,那么高压控制器应设置在 250 psig,即不影响低温环境控制器的设定。这可以通过安装一个压力表并使冷凝器的风机停止运行方式予以证实,以保证高压控制器能够在设定的压力值状态下使压缩机停机。在高压侧安装压力表,不仅可以观察风机运行前后的压力变化,而且还能看到风机在设定温度点的停机与启动情况。在环境温度较高的情况下,风机应自始至终运行,风机控制器也不会将其关闭。低温环境压力控制器的各项设定值可以通过控制器的动作予以验证,该专业术语称为"压力上升即闭合",见图 25.29。低压控制器也采用同样的术语,其差异在于低温控制器的工作范围更高。

图 25.28　高压开关可以使压缩机避免在
系统压力过高的状态下运行

图 25.29　低温环境风机控制器可用在排气压力下
降时断开触头,使冷凝器风机停止运行

25.22　油压安全控制器

制冷和空调行业中,许多比较大型的压缩机都设有强制润滑系统。这些压缩机的功率一般均大于 5 马力,且在压缩机曲轴箱的端部设置专门的油泵。实际上,曲轴均直接连接于油泵,并提供油泵所需的动力。油泵则通过曲轴上的钻孔将润滑油强制地压送至各个轴承和连杆,滴入曲轴箱的润滑油然后由油泵再次循环。小型压缩机则通常采用飞溅式润滑系统,这种润滑系统均设有小油勺,在曲轴转动时可以将润滑油舀起,抛向整个曲轴箱,形成油雾。

油压安全控制器(开关)用来使压缩机在运行时保持一定的油压,见图 25.30(A)。这种控制器主要用于一些比较大型的压缩机,且配置有不同于高压和低压控制器的压力传感装置。高压和低压控制器仅用于大气压力与系统内压力的比较,因此往往为单个膜片或单个波纹管。大气压力由于其变化量很小,因此在任一地点均可看做是常量。油压安全控制器则是一种压差控制器,这种控制器通过检测压力差来获得正压状态的油压。压缩机曲轴箱内的压力(油泵的吸入压力)等于压缩机的吸气压力,见图 25.30(B)。但压缩机的吸气压力会从停机,即非运行时读数向实际运行读数不断变化,如果制冷剂充注量过小,其压力则更低。例如,当系统采用 R-22 作为制冷剂时,其压力可能是如下几个数字:非运行时为 125 psig,运行时为 70 psig,低充注量状态下则为 20 psig。

简易的低压控制器显然无法在所有这些压力状态下发挥作用,因此必须研制一种能够获得有效控制的控制器。检修带油泵的各种压缩机时,许多技术人员往往会将润滑油净压力与油泵的“出口”压力混淆。然而对技术人员来说,在维修带有各种油泵的压缩机时能否正确理解这两个压力间的区别却至关重要。由曲轴带动油泵旋转齿轮或偏心轮可以使被压送的润滑油压力提高,该压力即称为净油压。净油压并不是油泵的排口或出口测得的压力。油泵以系统的吸气压力,即曲轴箱内压力从压缩机的曲轴箱通过过滤网或过滤器吸入润滑油,因此,油泵的排口压力包含了曲轴箱内压力和油泵齿轮给予润滑油的压力,这就是为何不能用压力表直接测得净油压的原因。油泵排口处压力表显示的是曲轴箱压力和油泵齿轮压力之和,要求得净油压,就必须用油泵的排口压力减去曲轴箱的压力。净油压的计算公式为:

油泵的排压 – 曲轴箱压力 = 净油压

例题:油泵的排口压力为 80 psig,曲轴箱压力为 20 psig,净油压应为多少?

解答:要求得净油压,仅需将油泵排口压力减去曲轴箱压力:

80 psi – 20 psi = 60 psid(净油压)

这就是说,油泵将润滑油送入曲轴箱油孔时的实际压力为 60 psig。注意,由于净油压是两压力之差,因此用每平方英寸磅压差来表示(psid)。

有时压缩机曲轴箱内还可能为真空状态,在这种情况下,曲轴箱压力即为负值。切记,每 2 英寸水银柱真空相当于约 1 psi。

例题:如果油泵排口压力为 35 psig,曲轴箱压力为 6 英寸水银柱真空(– 3 psi),那么该油泵的净油压为多少?

解答:同样,将油泵排口压力减去曲轴箱压力,即可得到净油压:

$$35 \ psi - (-3 \ psi) = 38 \ psid(净油压)$$

这就是说,送入曲轴和轴承净油压为 38 psi。

注意,在制冷与空调行业内,"吸气压力"和"曲轴箱压力"常常可以换用,但在一些较大规格的制冷剂冷却式压缩机中,曲轴箱与电动机壳间设有分隔板。压缩机启动的过程中或出现系统故障时,曲轴箱压力与电动机壳体处的吸气压力之间有一定的压差。因此,在这种类型的压缩机上安装油安全控制器时应采用曲轴箱压力,而不能采用吸气压力,这一点非常重要。

在一般的低压控制器中,膜片或波纹管下方是系统的吸气压力,另一面则为大气压力,而油压控制器则采用两个波纹管——两个波纹管相互对置——来检测净油压,即实际油压。油泵进口压力作用于其中一个波纹管的下侧,出口压力则作用于另一个波纹管的下侧,两波纹管背靠背或用连接装置相互连接。连接于油泵出口的波纹管承受相对较大的压力,其产生的作用力大于承载小压力的波纹管,带动指示器显示出净油压值。此外,当净油压下降一定时间后,连接装置即可使压缩机停止运行。

由于控制器需要一定的压差才能使压缩机获得电源,因此,要使压缩机处于启动状态,就必须采取其他途径。由于油泵由压缩机曲轴带动,因此压缩机启动运行前不存在压差。在控制器中采用延时机构,可以在延时时段内油压变化时避开不必要的停机,使压缩机处于可启动状态。该延时机构的延时量一般为 90 ~ 120 秒,并采用加热器电路和一个双金属装置或电子线路来实现延时控制,见图 25.30(C)。

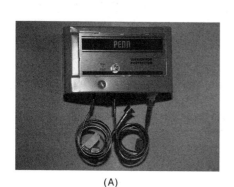

(A)　　　　　　　　　　　　　　　　(B)

此触头在压缩机控制电路中为常闭先导式触头

双金属片

压缩机吸气压力
(等于油泵的进口压力)

此电阻器的作用相当于加热器,如果油泵排口压力不能断开触头,并停止在加热器中的加热,那么电热器就会使其上方的触头断开,使压缩机停止运行

线电压

油泵排口压力

(C)

图 25.30 (A)油压安全控制器。其上下两端各有一个波纹管,两者的作用力方向相反,分别检测压缩机的吸气压力(即油泵的进口压力)和油泵的出口压力,从而获得润滑油的净压力。该控制器有80秒的延时,它可以在压缩机不断增速并在建立起一定的油压之后自行关闭;(B)油压安全控制器的两个视图。该控制器可以满足两个不同的要求:有效地检测润滑油的净压力,使压缩机在启动时建立起一定的油压;(C)油压控制器用于压缩机润滑系统的保护。负责向提供油的油泵使压缩机曲轴箱驱动,因此必须要有一定的延时使压缩机启动并建立起油压。延时机构的延时量一般为90秒,并采用加热器电路加热双金属片或电子线路来控制延时量(Bill Johnson摄)

延时方式还可以使压缩机曲轴箱有一定的时间清除在各种状态下进入曲轴箱内的制冷剂。此外,它可以在净油压逐步提高的过程中出现短时波动时避免不必要的停机。

　　净油压柱对于各种压缩机来说各不相同,其压力范围为 20 ~ 40 psi。大多数油压安全控制器在净油压值低于 10 psi 时都会使压缩机停止运行。以下各种因素均会影响净油压:

1. 压缩机的规格。
2. 润滑油的黏度。
3. 油温。
4. 轴承间隙。
5. 制冷剂在润滑油中的百分比。

　　比较大型的压缩机由于具有更多的滑动表面需要润滑,因此往往需要有更高的净油压,其油泵必须将润滑油泵送更长的距离。当油温逐渐上升,其黏度下降时,净油压一般还会下降。当压缩机出现磨损后,其各种间隙也会逐渐增大,润滑油更易从各间隙处流失。

　　传感器型油压安全控制器采用压力传感器来检测油泵排口压力和曲轴箱压力的总压力。压力传感器有两个分立的端口,分别用于检测曲轴箱压力和油泵的排口压力。两者间的压差(净油压)由压力传感器以机构位移的方式检测,并通过导线连接于电子控制器,见图 25.31(A)。图 25.31 为压力传感器与压缩机的连接方式。然后将压力信号转变为电信号供电子控制器进行处理。电子油压安全控制器的优点在于不需要毛细管,这就大大降低了制冷剂泄漏的可能性。同时,相比之下,电子延时装置、电子线路的精度与可靠性也大幅度地提高。切记:当压缩机停机时,净油压值为 0,并且压差开关的触头闭合。由于油压安全控制器中的加热器连接于电动机启动器触头的负载一侧,因此在停机期间不能得电,见图 25.32。当电动机启动器触头断开时,就会使 L2 与加热器电路断开;启动过程中,当电动机启动器闭合、压缩机开始运行时,压差开关触头仍保持闭合,加热器得电,直至对大多数控制器来说至少达到 9 psid 净油压时断电。如上所述,该延时方式可以使控制器在压缩机启动过程避免跳闸,否则此时就会出现制冷剂反溢等系统故障。

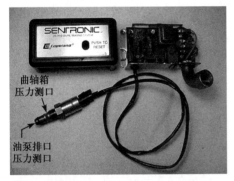
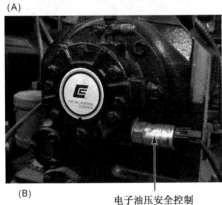

图 25.31　(A)压力传感器用导线与电子控制器连接;(B)压力传感器连接于压缩机(Ferris State University提供)

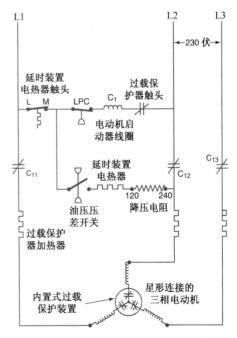

图 25.32　油压安全控制器电路与带有内置式过载保护装置三相电动机的电原理图

内置式过载保护装置

如果电动机同时配置有内置式电动机过载保护装置和油压安全控制器,那么在有些系统中油压安全控制器往往会因为电动机过热或过载故障而跳闸。当内置过载保护器断开时,电动机即停止运行,但此时电动机启动器线圈仍处于得电状态,其触头闭合,两分钟延时电路由于没有净油压而触发动作。由于加热器连接于电动机启动器的负载一侧,仍然处于得电状态,因此,两分钟后,油压安全控制器即自行跳闸,见图25.32。切记:当压缩机在其内置式过载保护器控制下处于停机状态时,不存在净油压。随着压缩机不断冷却,内置式过载保护器将自行复位(闭合),但此时压缩机仍不能重新启动,必须等到人工按下油压安全控制器的复位按钮后才能重新启动。当然,这种情况可以通过采用电流传感继电器的方式予以解决。

采用电流传感继电器可以使压缩机在内置过载保护器的控制下运行,同时又不影响油压安全控制器的动作。电流传感继电器通过导线连接于接触器或电动机启动器的负载一侧,其工作原理就像感应式电流表,压缩机电动机负载侧的一根导线穿过继电器的感应线圈,感应线圈又控制着一组与延时加热器串联的常开触头,见图25.33(A)。从图25.33(B)中可看见穿过感应线圈的压缩机电动机连接线。当感应线圈检测到的电动机电流为正常值时,其触头闭合;当电流值下降较大时,甚至当电动机停机、其电流值为零时,电流继电器的多个触头断开,延时加热器断电,从而可以避免油压安全控制器在内置过载保护器断开(压缩机停机)、但电动机启动器依然得电的情况下出现跳闸。图25.33(A)中的降压电阻则可以使控制器分别适用230伏或115伏的电源。

电子油压安全控制器在这些情况下常需另行配置一个由现场连接的继电器,其原因在于电子油压安全控制模块需要在油压安全控制器跳闸时为模块供电,从而使油压控制器复位。添加的继电器仅用于在控制器跳闸期间为模块供电。但是,在选用或为这些控制器或各种装置接线之前应始终注意要向压缩机和控制器的制造商咨询。

安全防范措施:对带有油压安全控制器的各类压缩机作业时,应认真研究制造商提供的各种说明书。

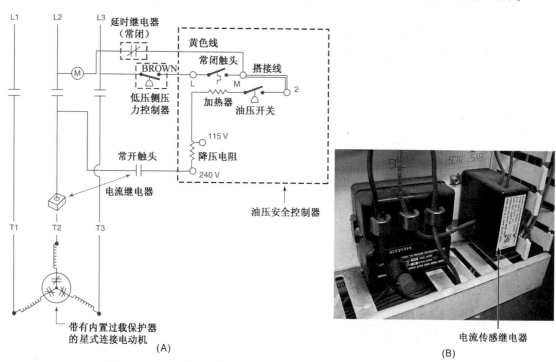

图 25.33　(A)油压安全电路,其中含有带电动机内置式过载保护装置
的电流传感继电器;(B)电流传感继电器(John Tomczyk摄)

25.23　除霜运行

制冷设备的除霜运行有中温和低温两种温度范围,相应的元器件也不相同。

25.24　中温制冷设备的除霜

中温制冷设备的盘管,其运行温度一般低于冰点温度,停机时高于冰点温度。冷柜内空间温度约在34℉范围内,冰冻室内的盘管温度一般低于柜内10℉至15℉,也就是说,盘管的运行温度通常为19℉(34℉ – 15℉ = 19℉)。停机期间,冷柜内的空气温度始终高于冰点温度,可直接用于除霜。这种方式称为停机除霜,它既可以随机方式进行除霜,也可以定时方式进行除霜。

25.25　随机或停机除霜

当制冷系统有足够多的冷量来消化热负荷时,就会出现随机除霜。当系统有多余容量时,系统就会在温控器的控制下时时停机,此时冷柜中的空气就能对盘管进行除霜。压缩机停机时,蒸发器上的风机将持续运转,冷柜中的空气将不断对盘管进行除霜。当制冷系统没有足够的容量或冷柜有稳定不变的热负荷时,冷柜也就没有足够的时间来完成除霜,那么此时就需要定时除霜。

25.26　定时除霜

定时除霜是以强制方式使压缩机关闭一段时间进行除霜,此时由冷柜中的空气对盘管进行除霜。其除霜时间及除霜时段长度均由定时器按一定顺序进行控制。一般情况下,定时器可以在冷柜处于最低热负荷的时段内关闭压缩机。例如,餐厅或饭馆可以为避免用餐高峰时间,将除霜时间安排在上午2点和下午2点,见图25.34。

25.27　低温蒸发器的除霜方式

低温蒸发器的运行温度均低于冰点温度,因此必须采用定时除霜方式。由于冷柜中的空气温度远低于冰点温度,因此要除霜就必须向蒸发器提供热量。除霜热量通常有来自系统内的内热和系统外的外热两种。

25.28　采用内热除霜(热蒸气除霜)

内热除霜一般采用来自压缩机的热蒸气。热蒸气可以从压缩机的排气管连接至蒸发器的进口处引入蒸发器,并使热蒸气充分流动,直至蒸发器上的霜层全部融化,见图25.35。由于用于热蒸气除霜的那部分能量来自系统内,因此从节能的角度来看,它是一种非常理想的除霜方式。

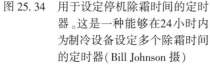

图 25.34　用于设定停机除霜时间的定时器。这是一种能够在24小时内为制冷设备设定多个除霜时间的定时器(Bill Johnson 摄)

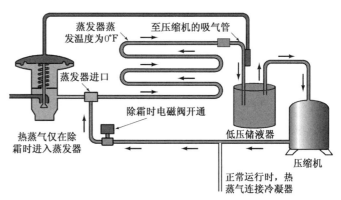

图 25.35　热蒸气除霜

如果蒸发器为单管路型,而且因为膨胀阀内均有必不可少的 T 形管路,因此,将热蒸气喷入蒸发器非常简单。但蒸发器为多管路型时,则必须在膨胀阀和制冷剂分流器之间喷入热蒸气,这样就可以使热蒸气均匀地流入蒸发器的各个管路,使整个盘管均衡除霜。

除霜运行一般由处于冷柜温度下的定时器启动,冷柜内则采用强制流动的空气对柜内物品进行冷却。除霜运行开始后,还须有除霜终止措施。除霜终止可以依据时间或温度而定。盘管除霜所需的时间必须在确认有效除霜并确能终止的情况下予以确定。由于此时间量在各种状态下各不相同,有些定时器设定的时间量往往过长,即在不必要的情况下仍长时间除霜,最终引起能量损失,并可能导致食品腐烂。

除霜运行可以由定时器启动,依据温度而终止。采用这种方式时,还必须利用一个感温装置来确定蒸发器盘管温度是否高于冰点温度。如果是,那么应切断进入蒸发器的热蒸气,使整个系统恢复正常运行状态,见图25.36。

热蒸气除霜运行过程中还必须注意如下几个问题,即定时器必须同时协调以下几个构件的运行:

1. 热蒸气电磁阀必须开通。

2. 蒸发器风机必须停止运行,否则冷空气会使盘管无法有效除霜。

3. 压缩机必须连续运行。

4. 当除霜终止开关无法终止除霜运行时,定时器必须设定容许的最长除霜时间。

5. 排水盘加热器应得电。

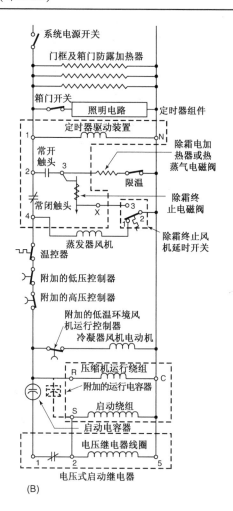

(A)　　　　　　　　　　　　　　　(B)

图 25.36　(A)机械式定时器。它可以根据感温元件的电信号来终止除霜运行。蒸发器盘管除霜后,盘管温度必然上升。盘管上冰层全部融化后,应及时停止除霜(Bill Johnson 摄);(B)除霜运行控制电路图。要求除霜时(定时器触头闭合),电磁阀开通,风机停止运转,压缩机持续运转,并将热蒸气送入蒸发器。当盘管温度上升到一定值时,温控器触头切换,定时器上的 X 端断开,除霜终止。当盘管温度下降到一定值时,温控器触头切换,风机重新启动。这是在热降温时使压缩机避免运行过载的另一种方式

25.29　外热型除霜

外热除霜方式采用电加热装置并由生产厂家安装于蒸发器的盘管附近。这种除霜方式也是一种由定时器控制的定时除霜方式。由于用于除霜的能量需另行支付费用,因此,采用外加热除霜的经济性一般不如内热除霜。但如果热蒸气管线距离较长,那么电加热除霜的效率相对较高些,因为热蒸气管线距离较长时,制冷剂很可能出现冷凝,导致除霜速度很慢,甚至使液态制冷剂进入压缩机,出现回液,引起压缩机损坏。采用电热除霜时,能否在尽可能快的情况下终止除霜是非常重要的。电热除霜定时器需要控制如下各构件的运行:

1. 在大多数情况下,蒸发器风机停止运行。

2. 压缩机停止运行(此时,有一个将制冷剂从蒸发器中排出并送入冷凝器和储液器的排空运行过程)。

3. 电加热器得电。

4. 排水盘加热器应得电。注意,同样可采用温度传感器在蒸发器盘管温度高于冰点时终止除霜,当除霜终止开关终止除霜运行时,定时器必须设定容许的最长除霜时间,见图25.37。此设定的除霜持续时间常常称为"防故障"时间。

25.30 除霜终止和风机延时控制器

除霜终止,即风机延时控制器是一种由分立式感温包控制的温控单刀双掷开关。图 25.38(A)中的控制器常常是一种可调节型的延时控制器,其在蒸发器上的安装方式可参见图 25.38(B),与制冷系统控制电路的连接关系可参见图 25.36(B)。此控制器的感温包一般设置在蒸发器上端,因为此处的霜层往往最后消失。这种温控开关的作用在于:当蒸发器盘管除霜完成之后终止除霜运行,并且使蒸发器风机能延时启动运行,以避免除霜后风机立即启动。

图 25.37 与图 25.36 中的定时器配套使用的传感器。该传感器是一种单刀双掷型装置,因此有3根引出线。它有一个热触头(当盘管温度上升时,此接线端得电)和一个冷触头(当盘管温度下降时,此接线端得电)。此控制器既可以用于热控,也可以用于冷控(Bill Johnson 摄)

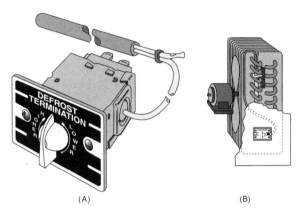

图 25.38 (A)除霜终止——风机延时控制器;(B)除霜终止——风机延时控制器的安装方法(Ranco Controls Division 提供)

除霜控制器不仅能设定两次除霜间的时间,而且可以设定每次除霜运行的持续时间。每次除霜持续时间以分钟为单位计量。例如,某冰柜的除霜可以设定为每6小时1次(每天4次),每次除霜持续时间为40分钟。但在整个一年的运行过程中并不是所有每次除霜都需要40分钟的加热时间。当冰柜的使用次数较少,冰柜门打开频率很低,或是在温度较低、盘管上的积霜并不是很多时都会出现这样的情况,此时就需要控制器的除霜控制部分能够做到随机应变,随时调整。下面将论述除霜终止控制部分的运行过程。

先假设系统未安装除霜终止(风机延时)控制器。若除霜定时控制器的常开触头闭合,机组处于除霜运行中,除霜加热器不断地产生热量,蒸发器盘管上的霜层逐渐融化,见图 25.36(B)。如果将蒸发器盘管上的霜层全部消除仅需 10 分钟时间,那么与设定的除霜持续时段仍有 30 分钟的剩余时间,如果系统附设有加热器安全控制开关,有时也称为除霜限定控制器,并像图 25.36(B)那样与除霜加热器串联,那么该限定开关就会使除霜加热器与电路断开,但此时系统的除霜定时器仍有 30 分钟的剩余时间处于除霜状态。由于在此 30 分钟内没有制冷剂流入盘管,因此系统处于空载状态,柜中食品也只能处于除霜时的温度下。30 分钟后,除霜定时器切换,制冷剂与风机立即启动。风机则在制冷状态下将冷冻区域和蒸发器盘管上残留的热、湿空气吹散,此时,系统(压缩机)因吸气压力很高处于非常高的热负荷状态,大量的高压、高密度蒸气从压缩机吸入口进入汽缸,同时使压缩机的运行电流迅速增大,当压缩机过载电流达到某设定值后,内置式过载保护器或外置式保护器即自动断开。

为避免除霜持续时间过长和除霜后的压缩机过载,我们可以在系统上安装一个除霜终止(风机延时)开关,见图 25.36(B)。一旦除霜定时器的常开触头闭合,机组处于除霜状态时,除霜加热器即发热,盘管上冰层不断融化。如果盘管上的冰层全部融化仅需 10 分钟,那么除霜终止控制器的分立式感温包就能检测到除霜热量,使控制器上 2 和 3 之间的触头闭合,并使除霜终止电磁阀得电(阀口打开),以机械方式,即利用电磁阀作用力和杠杆使系统恢复制冷,同时以机械方式将除霜定时控制器的常闭触头闭合,常开触头打开,见图 25.36(B)。除霜终止电磁阀的这一动作(阀口打开)可以使整个系统避免在断开除霜加热器之后有 30 分钟的空载运行时间。这一动作实际上提前终止了除霜运行,同时恢复正常的制冷运行状态。风机的延时启动功能在下面予以解释。

此时,整个系统恢复制冷运行状态,蒸发器、风机不能立即启动,必须延迟一段时间后开始运转,即要等到除霜终止(风机延时)控制器的 2 和 1 间的触头闭合后才能启动,其时的温度约为 +20 ℉ 至 +30 ℉,由控制器的分立式感温包检测和控制。这种控制器可以使蒸发器盘管自身先冷却,以消除仍滞留在盘管上的除霜热量,且其设定值均可调整。延时启动风机可以避免除霜后的吸气压力过高和未采用自动排空运行方式的压缩机出现过载,还能避免风机将温湿空气吹向冷冻室内的食品上。

25.31　制冷系统的辅助装置

制冷系统中的辅助装置指那些用于提高系统性能和使用功能的各种装置。这里,我们从冷凝器,即液体制冷剂离开冷凝器盘管开始,根据制冷剂在系统中的流动路径,分别论述各种辅助装置。但每一种系统并不一定配置所有的辅助装置。

25.32　储液器

储液器位于液管线上,用于存储离开冷凝器的液态制冷剂。储液器的安装位置应低于冷凝器,以便液态制冷剂能自行流入储液器,实际上往往很难做到这一点。储液器是一个罐状容器,根据其安装方式,有立式和卧式两种,见图 25.39。在一些需要存放大量制冷剂的系统中,储液器有可能非常大。图 25.40 为可以存放数百磅制冷剂的储液器。

储液器的进口和出口接口几乎可以是罐体外侧的任一位置,但是在储液器内部,制冷剂必须以某种方式从上端进入储液器。离开储液器的制冷剂则必须从底部排出,以保证其为 100% 的液态制冷剂。如果排液管设置在储液器的上端,则需采用吸管从底部吸液。

25.33　储液器上的主阀

主阀位于储液器和膨胀阀之间的液管上,常固定于储液器的出口处,见图 25.41。由于主阀前位阀口关闭时,没有制冷剂可以离开储液器,因此对维修操作来说,主阀的功能十分重要。如果压缩机运行时,将主阀前位阀口关闭,那么系统的制冷剂就会被压送至冷凝器和储液器内,其中大部分流入储液器。储液器的容量应比系统全部制冷剂充注量大 20% 左右,此 20% 的余量主要出于安全考虑为系统排气时留有一定的蒸气容量。系统的其他阀门关闭后,系统的低压侧即可打开维修。维修工作完成、系统的低压侧做适当的准备工作后,打开主阀,系统即可恢复运行。

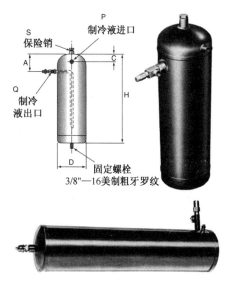

图 25.39　立式和卧式储液器(Refrigeration Research 提供)

图 25.40　用于冷凝器溢流系统存放大量制冷剂的储液器。此储液器可以存放 100 多磅的制冷剂(Refrigeration Research 提供)

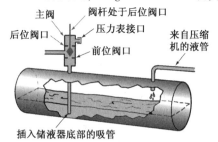

图 25.41　连接于管路中的主阀。前位阀口关闭时,后位阀口与压力表接口连通。如果系统中含有制冷剂,拆下压力表时,必须将后位阀口关闭

　　主阀上设有可安装固定歧管的检修端口,当阀杆离开后位阀口时,从此接口即可测得膨胀阀至压缩机高压侧压力表接口间液管的压力表读数。当主阀的前位阀口被关闭,系统做排空运行时,歧表接口与整个液管一样处于系统的低压侧压力之下(因为整个高压侧的制冷剂已全部收集在储液器中)。如果液管内压力很低,压力表的表管就很难拆下,只有等到维修操作完成,主阀的后位阀口被重新关闭之后,才能方便地拆下,见图 25.41。

　　许多系统中在此还能发现另一个元器件,那就是电磁阀。本章 25.15 节已对此做了论述,它是一种用于切断和开通流体流动的阀门。

25.34　过滤干燥器

　　制冷剂过滤干燥器可以设置在主阀后液管的任一位置上。过滤干燥器是一种从制冷剂中排除各种杂质的装置。这类杂质包括油泥、焊剂、焊渣、金属碎屑、水泥、碎粒和由水汽产生的各种酸类物质。过滤干燥器可以去除各种有形杂质(即仅通过过滤)、水汽和各类酸。制冷系统中的水汽主要由维修操作不当、抽真空方法不正确等渗入的空气、系统渗漏以及采用多元醇酯不当等引起。

　　过滤干燥器将各种过滤吸附材料封闭在一个容器中,并使制冷剂流过该容器来实现制冷剂的过滤与干燥的目的。有些制造商采用颗粒状的化合物,有的活性铝土、分子筛或硅胶。过滤干燥器的出口端设有很细的过滤网,用以收集在系统中移动的各种细小的颗粒,见图 25.42(A)。

　　分子筛脱水剂是具有立方晶体的结晶硅铝酸钠,该结晶体具有不同大小孔洞的蜂窝组织,它们可以根据电荷量(极性)选择性地吸取各种分子,这种特性可以使分子筛脱水剂在容许像制冷剂和润滑油等大分子通过的情况下吸取水分子。脱水剂的表面为阳离子表层,阳离子带有正电荷,它可以像磁铁一样吸诸如水等的极化分子。分子筛在使制冷剂中含水量不断降低的情况下,自身的含水量不断增大,并可保持很大的含水量,即水与分子筛之间具有很强的约束力。采用分子筛过滤干燥器的系统,其系统腐蚀程度、酸性物的生成量以及冰塞形成等均非常低。由于其上佳的除水能力,对于液管过滤干燥器,我们一般均推荐采用分子筛脱水剂。系统高温导致制冷剂和水的分解往往会形成盐酸和氢氟酸等无机酸,这些酸可以腐蚀系统中的各个金属表面,并使分子筛的晶体组织分解,然后在脱水剂变质和具有系统高温的水的参与下,制冷剂润滑油分解,形成多种有机酸。有机酸为胶状的团状物,它可以堵塞计量装置。活性铝土对于去除有机酸分子则比分子筛更有效。

　　活性铝土采用氧化铝制成。如上所述,活性铝土对于去除有机酸分子比分子筛更有效。活性铝土并不具有像分子筛那样高度结晶的组织结构,其微孔大小不一,且不能根据其微孔的大小来吸收各种分子。因此,它可以在吸收水分子的同时吸收像制冷剂和润滑油等较大的分子。如果将活性铝土放置在制冷系统的吸气管,那么其排除有机酸的效果会更加明显。这就是有些制造商建议将活性铝土用于吸气管过滤干燥器除酸的主要原因。

　　硅胶是一种非晶体材料,其分子由多束聚合硅构成,它可以弱化水与脱水剂间的结合力,这也是如今的过滤干燥器未广泛采用硅胶的主要原因。

　　过滤干燥器的另一个主要功能是过滤,它一般采用滤网来实现对制冷剂的过滤目的。滤网可以滤出或收集不能通过其丝网的各种颗粒。当大颗粒和杂质逐渐覆盖滤网的筛眼时,滤网即成了更细的过滤器,可滤出更小的颗粒。当逐渐累积的杂质颗粒使过滤干燥器产生较大的压力降时,那么制冷剂通过时就会闪蒸成为蒸气。这就是我们常见的过滤干燥器上出现局部冰点、甚至出现露水的原因。其他种类的过滤器还有:

　　1. 胶合式脱水剂内芯。

　　2. 玻璃纤维滤料。

　　3. 带有松脂涂层的硬性玻璃纤维滤料。

　　胶合式脱水剂内芯的孔隙较玻璃纤维滤料稍小,当制冷剂流过其孔隙时,即可阻止各种微粒。当其孔隙充满后,也会形成压力降。同样,制冷剂就会产生闪蒸。

　　玻璃纤维滤料的压紧程度不如带涂层的硬性玻璃纤维。当制冷剂与微粒一起流过此滤料时,其流速就会降低,微粒则沉积在玻璃纤维的孔隙中。当玻璃纤维中含有较多微粒时,其过滤出的颗粒也更细。此时,其过滤性能大约与硬性玻璃纤维滤料相当。玻璃纤维滤料可以在拦截约为胶合式脱水剂内芯 4 倍的微粒和杂质后仍具同样的过滤容量。

　　过滤干燥器有两种类型:永久型内芯和可更换型内芯,这两种干燥器均可用于吸气管线。后面我们再详细讨论这方面的内容。

　　对于管径在 5/8 英寸以下的液管,过滤干燥器可采用喇叭口连接方式固定于液管上;对于 $1/4 \sim 1\frac{5}{8}$ 英寸的各种管径可以采用焊接方式;更大管径的液管则采用焊接式、可更换内芯式的过滤干燥器。可更换内芯式的过滤干燥器可为以后的维修带来很大方便,见图 25.42(B)。更换干燥器内芯时,只需将气阀的前位阀口关闭,使制冷剂全部压送至冷凝器和储液器内即可。

过滤干燥器可以安装于液管的任意位置。但它越靠近计量装置,其对进入计量装置微小孔口前的制冷剂的清理效果越好,越靠近主阀,其维修、维护就比较方便。维修人员和设计工程师往往根据自身的经验与判断来确定其安装位置。

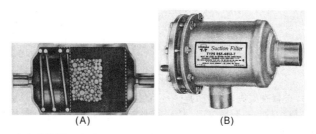

(A)　　　　　　　　　　(B)

图 25.42　(A)过滤干燥器。它主要用于在液管上排除各种微粒和水分。干燥器壳体内的脱水剂用于去湿,脱水剂可以是颗粒形的,也可以是块状物;(B)带有可更换过滤内芯的过滤干燥器。需要时,可直接从系统上拆下(Sporlan Valve Company提供)

25.35　制冷剂单向阀

单向阀是一种仅容许流体朝一个方向流动的装置,它主要用于阻止制冷剂在管中返流。

用于控制流体单一方向流动的机构很多。两种最常见的单向阀是球式单向阀和磁片式单向阀,见图 25.43(A)。此两种单向阀依据其流量的大小都会产生一定的压力降。对于各种单向阀的适用流量和应用场合等,技术人员应认真研究制造商提供的产品样本。单向阀的流动方向可以根据阀体外侧指示流动方向的箭头予以确定,见图 25.43(B)。

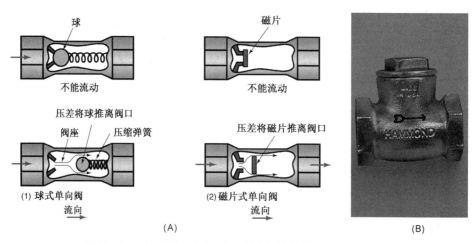

(A)　　　　　　　　　　　　　　　　(B)

图 25.43　(A)两种单向阀;(B)单向阀的外形(Bill Johnson 摄)

25.36　制冷剂视镜

制冷剂视镜一般位于制冷剂液流过并能方便观察的任一位置。视镜安装于膨胀装置之前时,技术人员可以据此确认液态制冷剂已到达膨胀装置。当安装于冷凝机组上时,可有助于排故。采用多个视镜,各处安放一个,有时往往可以收到事半功倍的效果。

视镜有两种基本类型:单一功能的视镜和带有湿度显示器的视镜。简易型视镜仅用于观察制冷剂在管中的流动情况。带有湿度显示器的视镜则可以显示系统中的含湿量。湿度显示器中含有少量能在有水汽时变色的物质,见图 25.44。

25.37　液态制冷剂分流器

制冷剂分流器主要用于多管路蒸发器。它通常固定在膨胀阀的出口处,用于将制冷剂分送至蒸发器的各个独立管路。分流器是一种能保证将制冷剂等量地分送至各管路的精加工零件,见图 25.45。由于此时的制冷剂既非全部的液体，又非全部的蒸气，而是一种液体与蒸气的混合物，因此，制冷剂的分流并非是一项简单的工作。混合物往往有分层的倾向，即低端管口送入较多的液体，而高端则送入较多的蒸气。由于分流器必须有完全正确的压降才能获得理想的分流效果，因此，对一个系统来说，要确定分流器的规格大小是一个非常复杂的选择。由于要考虑分流器的压降，因此必须将膨胀阀与分流器的规格一并确定。分流器的规格一般均由制造商在设计新设备时确定。☆未来，随着卤化物类制冷剂被新型制冷剂所替代，制冷剂分流器就需要重新研究，对制造商来说也必须对分流器与膨胀阀的相互关系有一个较为精确的结论，否则分流器无法与膨胀阀做到理想的匹配。☆

有些分流器侧面还设有一个用于热蒸气除霜的热蒸气进口，见图 25.46。

(A)　　　　　　　(B)

图 25.44　(A)这种视镜带有能显示系统内存在水汽的变色剂；(B)仅用于观察液态制冷剂的视镜，据此可以确定液管中不含制冷剂蒸气泡[(A)：Superior Valve Company 提供，(B)：Henry Company 提供]

图 25.45　可以向制冷剂管路送入等量液态制冷剂的多管路制冷剂分流器。液态和气态制冷剂混合物都有分层的倾向，处于底部的管口往往获得较多的液态制冷剂，这种精密加工的分流器可以均衡地将制冷剂送入各独立管路(Bill Johnson摄)

热蒸气旁通进口

图 25.46　这种分流器与图 25.45 中的分流器相同，但这种分流器侧面设有除霜时将热蒸气送入蒸发器的进口(Sporlan Valve Company 提供)

25.38　热交换器

热交换器通常位于蒸发器后的吸气管上。此热交换器为吸气管和液管间的热交换，见图 25.46(A)，它有两个目的：

1. 通过对进入蒸发器的液态制冷剂进行过冷来提高蒸发器的容量，从而可以在冷柜中采用较小的蒸发器。进入膨胀阀的制冷剂温度越低，蒸发器上的净制冷量也越多。但是，由于这部分热量传递给了吸入蒸气，且依然存在于系统之内，因此，系统的净制冷量不一定能有所提高。加热吸入蒸气会使蒸气膨胀，从而使进入压缩机汽缸前的蒸气密度降低，这样就可能使压缩机泵送的制冷剂流量降低。
2. 避免蒸发器有液态制冷剂排出，进入吸气管并进入压缩机。这些热交换器中的绝大多数结构较为简单，且为直管段。

这种热交换器没有电路或导线，因此可以从吸气管与液管连接的同一装置予以辨认。在一些小型制冷装置中，毛细管直接焊接在吸气管上，其目的与一些较大容量的热交换器的作用完全相同，见图 25.47。

安装于吸气管的另两个装置是蒸发器调压阀(EPR)和曲轴箱调压阀(CPR)，这两种阀在本章开头作为控制元件已有论述。

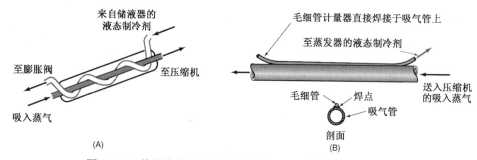

图 25.47　热交换器:(A)简易式液管——吸气管型热交换器;
(B)毛细管焊接在吸气管上,以获得同样的换热效果

25.39　吸气管储液器

　　吸气管储液器位于吸气管上,用以防止液态制冷剂进入压缩机。如上所述,对于压缩机来说,液态制冷剂的反溢往往会引起严重故障。液态制冷剂的反溢可以使压缩机的润滑油稀释,并在曲轴箱内产生大量泡沫,导致轴承侵蚀失去润滑。在某些情况下,一般在除霜阶段,液态制冷剂有可能会离开蒸发器,进入吸气管,而吸气管常常是被保温的,因此不能蒸发较多的制冷剂。吸气管储液器就是收集这部分液态制冷剂并使其在进入压缩机之前汽化(蒸发)成为蒸气的。

　　如上所述,系统运行时段内,液态制冷剂进入压缩机称为液态制冷剂的反溢,引起制冷剂反溢有如下几个原因:

1. 热力膨胀阀设定不当(压降过低,即压缩机无法获得过热蒸气)。
2. 制冷剂充注量过大。
3. 蒸发器风机不工作。
4. 蒸发器上的热负荷过小。
5. 发生在运行结束时(热负荷最小时)。
6. 除霜定时器或加热器不工作,导致盘管上结冰。
7. 蒸发器盘管积尘严重或传热不畅。
8. 毛细管中液流量过大。
9. 毛细管整个装置充液量过大。
10. 蒸发器出口处的热力膨胀阀感温包脱落。
11. 膨胀阀规格过大。
12. 热蒸气终止后出现溢流。
13. 发生在热泵切换运行模式时。
14. 发生在除霜终止时。

　　当吸气管储液器底部出现液态制冷剂时,大多数储液器都能按要求将返回压缩机的液态制冷剂和润滑油量控制在可接受的程度,即不会对压缩机的各零件造成损害或使曲轴箱的润滑油形成大量泡沫。这一流量控制实际上是由位于排出管底部的小计量孔来完成的,见图 25.48(A)和图 25.48(B)。但是,即使吸气管储液器能够消除制冷剂的溢流和迁移问题,然而如果溢流非常严重,那么储液器也可能有制冷剂溢出,并导致压缩机损坏,只有当储液器能存储整个系统全部制冷剂充注量时才是 100% 安全的储液器。在根据某个样本目录号和流量数确定吸气管储液器的规格时,一定要与制造商沟通,了解各种数据与要求。

　　当液态制冷剂处于储液器的底部并开始蒸发时,由于此时进入压缩机并将压缩的制冷剂蒸气是高密度饱和蒸气或接近饱和的蒸气,往往会使压缩机产生很大的电流,而且刚离开储液器液态制冷剂并进入压缩机进行压缩的蒸气几乎没有或完全没有过热度,这就会使制冷剂的流量迅速增高,使压缩机过载,并达到过热的设定温度。

　　许多室内压缩机制冷装置都有吸气管储液器结露和向地面滴水的问题。解决这一问题的唯一方法是储液器完全保温并设置防潮层以避免在保温层下有冷凝水排出。由于储液器一般均采用钢材制作,如果长时间暴露在潮湿环境下,就可能生锈。使用约 6~8 年后,储液器的各个接缝和管接头均会生锈。虽然制造商在储液器上涂有防锈漆,但在焊接过程中,这些油漆很可能已被烧毁,使金属表面暴露在空气中。如果储液器因为存在泄漏小孔(一般均位于各接缝或管接头处)而需要补焊,那么应将残留在焊斑处的焊剂清除,并用砂布或钢丝刷打磨,然后在各表面涂上起防水密封作用的硅橡胶或屋面沥青。连接于储液器上方的吸气管也应予保温,以防结露或露水滴在储液器上。

在停机运行期间,会有少量的液态制冷剂以其重力从蒸发器和吸气管流出并进入储液器中,特别是那些未设定停机运行时自动排空的系统。这部分液态制冷剂会流过制冷液与润滑油回流限流孔,并在储液器吸气管线的 U 形管段内、外侧获得自身的液位,这就意味着储液器中的制冷液在有了一定的液位后,在储液器内的 U 形管段中就会出现停机运行时段内形成的一段制冷剂液柱。如果没有位于储液器出口端的压力平衡孔,那么当压缩机启动时,这部分制冷剂液柱就会被吸出储液器而进入压缩机,见图 25.48(C)。该平衡孔无论在压缩机运行时还是停机时均可使两侧液柱的压力平衡。换句话说,因为有这样的平衡孔,两侧液柱均有同样的储液器压力。这样就可以避免系统在运行过程中将这部分液柱吸出储液器的 U 形管段,从而可能导致损坏压缩机。事实上,此液柱会在压缩机启动时瞬间上升,并迅速蒸发,此时它以饱和蒸气的状态进入压缩机,一旦储液器中的这部分液柱消失、蒸发,那么压缩机得到的仍是过热蒸气。

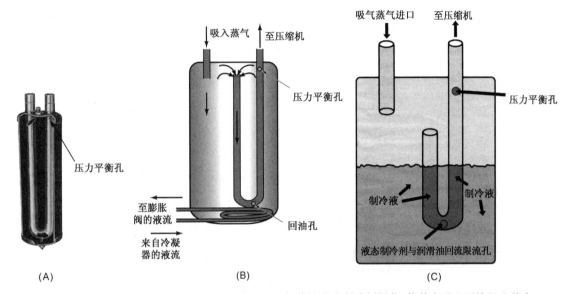

图 25.48 (A)吸气管储液器。它可以将进入吸气管的液态制冷剂拦住,使其在进入压缩机之前全部汽化,吸油孔可以使储液器的少量液流返回压缩机。如果该液流为制冷剂,那么能通过此吸油孔的制冷剂量很少,不足以引起对压缩机的伤害(AC&R Components,Inc提供);(B)带有热交换器的吸气管储液器;(C)在吸气管储液器的出口处设有压力平衡孔

由于各种压缩机对液态制冷剂回流至曲轴箱或吸气阀非常敏感,因此对储液器的可靠性及其安全应予特别的关注。吸气管储液器可能会有助于溢流和制冷液的迁移,但如果溢流或制冷液的迁移问题非常严重,那么就可以通过吸气管储液器了解溢流情况,从而避免压缩机损坏,这就是只有能够存放 100% 的系统制冷剂充注量才是安全的储液器的真正原因。此外,制冷剂蒸气也可能在停机运行中通过储液器进入压缩机,并冷凝成液态制冷剂,那么储液器就不是能够包治各种制冷剂返流问题的灵丹妙药了。

储液器的选配应考虑 3 个基本问题,也可以就相应的目录号和流量大小向制造商咨询:
1. 储液器应有足够的制冷液存储容量,其存储容量不应小于系统制冷剂全部充注量的 50%。
2. 储液器不应对系统产生较大的压力降。
3. 不得根据储液器所处的吸气管管径来确定储液器的规格。许多情况下,储液器的进/出口并不与吸气管线的管径相同。

储液器一般位于压缩机附近,也不应给予保温隔热,这样,储液器中万一有少量液态制冷剂也可有机会蒸发。

吸气管储液器还可以在其底部设置一个小盘管,利用来自液管的制冷剂使储液器底部的制冷剂蒸发,见图 25.48(B),否则,系统的一部分制冷剂就会滞留在储液器中,直至流过的蒸气将这部分制冷剂逐步汽化成蒸气。事实上也不要需要交换很多的热量,除非储液器中全部为液态制冷剂。因此,当储液器中全部为蒸气时,它不会对系统有很大的影响。储液器的液管盘管还可以帮助对进入计量装置前的液态制冷剂进行过冷,这将提高蒸发器的净制冷量。

吸气管储液器通常采用钢板制作,因此也会出现结露现象,进而引起生锈。使用时间较长的储液器应经常注意检查制冷剂的泄漏问题,焊接处的清理或经常涂油漆可有助于防锈。

25.40 吸气管过滤干燥器

吸气管过滤干燥器与液管的干燥器相似,只是这种过滤干燥器应用于吸气管。在吸气管上设置过滤干燥器的目的在于保护压缩机,它在各种制冷设备中均具有很好的保险效果。因此,在因任何故障导致系统污染之后均必须安装吸气管过滤干燥器。例如,压缩机壳体内的电动机烧毁往往会使含酸物质和其他杂质进入整个系统。在安装新压缩机时,可同时安装一个吸气管过滤干燥器对即将进入压缩机的制冷剂与润滑油进行清理,见图25.49(A)。如果电动机烧毁,那么一般应选用具有能清除含高浓度酸的干燥器。大多数吸气管过滤干燥器都有一些检测滤芯两端压力降的途径与方式。这一点非常重要,因为即使很小的压力降都会引起吸气压力的下降,并达到压缩比增加的程度,压缩机的效率也就迅速下降。从图25.49(B)上可以看到常规吸气管干燥器上的两个测压管接口。从确定规格大小的角度来说,吸气管是最重要的制冷剂管线。蒸发器调压器、吸气管过滤器、吸气管储液器或曲轴箱调压器等任何辅助装置在安装于吸气管线上时均必须正确确定规格大小,以保证吸气管中制冷剂有适当的流速,不管它是水平管线,还是垂直管线,从而保证有适当的回油量。制冷剂的流速是带动润滑油通过吸气管并返回压缩机的最主要的动力。如果吸气管径过大,制冷剂的流速就会降低,回油就会受阻;如果吸气管管径和管线上的辅助装置规格过小,那么过大的压力降往往会使吸气压力降低,从而引起压缩机压缩比增大,容积效率降低。

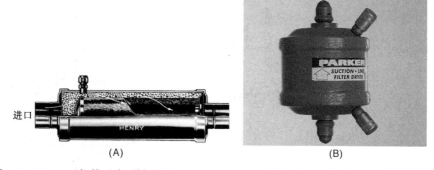

图25.49 (A)吸气管过滤干燥器。它可以对流向压缩机的所有蒸气进行清理(Henry Valve Company 提供)(B)带有检测压力降端口的吸气管过滤干燥器(Bill Johnson 摄)

25.41 吸气管检修阀

吸气管检修阀一般固定在压缩机上。用于制冷系统的各单机与装置通常都设有检修阀,并不仅仅在空调设备上才有检修阀。吸气管检修阀由于其阀口结构的原因,不可能完全关闭。检修阀可以是后位关闭、前位关闭或是处于中位。稍离开后位阀座的位置常用于检测系统压力读数和充注制冷剂。检修阀的各位置功能见图25.50。

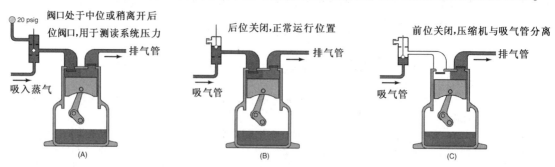

图25.50 (A)~(C)吸气管检修阀的3个阀位

吸气管检修阀可用于:

1. 压力表的表接口。

2. 对流入压缩机的蒸气进行节流。

3. 切断压缩机与蒸发器的连接,以便对系统进行维修。

4. 对系统充注制冷剂。

检修阀由阀帽、阀杆、密封填料、进口、出口和阀体组成,见图 25.51。

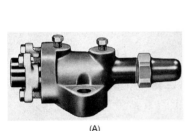

零件号	零件名称	数量
1	阀体	1
2	阀杆	1
3	阀座盘	1
4	定位圈	1
5	阀盘弹簧	1
6	填料	1
7	阀帽螺钉	4
8	垫圈	1
9	填料	1
10	密封套	1
11	阀帽	1
12	阀帽垫圈	1
13	法兰圈	1
14	连接口	1

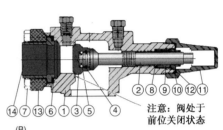

图 25.51　(A)吸口与排口的形状相同,但吸口的口径一般稍大;(B)检修阀的构件(Henry Valve Company 提供)

25.42　排气管检修阀

排气管检修阀与吸气管检修阀完全相同,唯一不同的地方是它位于压缩机的排气管上。排气管检修阀可用于压力表的连接和系统维修时关闭压缩机。**安全防范措施:**除了在有经验的管理人员在场的情况下做封闭环容量测试之外,检修阀前位阀口关闭时,不得启动压缩机。如果测试设备运用不当,就会出现非常大的压力。

压缩机检修阀可用于多种维修项目,其中最重要的功能之一是用于更换压缩机。☆当两端的检修阀均前位关闭时,即可从已将制冷剂挡在压缩机之外的两个检修阀处回收制冷剂,见图 25.53。☆ 此时,压缩机已被隔离,可直接拆除。安装新压缩机时,仅需对压缩机本身抽真空即可,而不需要对整个系统抽真空。采用这种方法对压缩机进行更换也不会造成制冷剂的损失。

零件号	零件名称	数量
1	阀体	1
2	阀杆	1
3	阀座盘组件	1
4	阀盘弹簧	1
5	阀盘销	4
6	定位圈	1
7	垫圈	1
8	填料	2*
9	密封套	1
10	阀帽	1
11	阀帽垫圈	1
12	法兰圈	1
13	接口	1
14	垫圈	1
15	阀帽螺钉	4
16	管塞	2

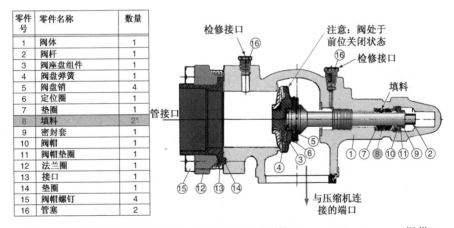

图 25.52　检修阀中的填料位置,如有泄漏,可予更换(Henry Valve Company 提供)

25.43　制冷管线检修阀

制冷管线检修阀通常是指用于检修目的的手动专用阀。这些阀可用于因各种原因需要关闭的管路。它们有两种类型:膜片阀和球阀。

25.44　膜片阀

膜片阀具有与"球形"阀完全相同的内流模式,流体必须先上升,然后越过阀座,进入排出管,见图 25.54。流体经过这种膜片阀时都有一定的压力降。这种阀用手旋紧后能够承受较大的背压。它既能以喇叭口连接方式,也能以焊接方式安装于系统中。采用焊接时,应特别注意不要过热,其中的大多数均采用金属阀座。将膜片阀焊接于管线中时,其中的阀座很容易熔化。这种阀可以拆开,焊接时可以将其内部零件拆下,以防止变形、熔化。

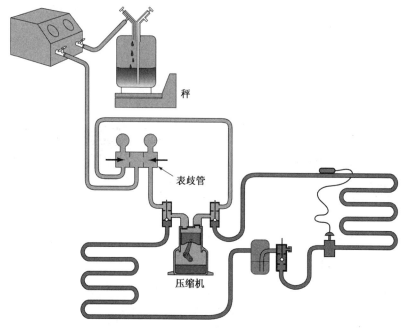

秤

表歧管

压缩机

图 25.53　此压缩机已被检修阀隔离,制冷剂回收后,即可对压缩机进行更换操作

25.45　球阀

球阀是一种直流式阀门,它几乎没有压力降。这种阀可以采用焊接方法连接于管路,但其焊接温度需严格控制。所有球阀的制造商都会提供详细的安装说明,见图 25.55。

球阀的优点之一是能非常方便地打开或关闭,因为它只需转动 90° 即可打开或关闭,因此也称为快速开关阀。

25.54　系统维修时,可采用的膜片式手动阀。这种阀可以在打开或关闭位置上定位,而不像带有接口的吸气阀和排气阀。这种阀对流动流体有一定的阻力,即压力降,可用于任何需要的场合。大规格的膜片阀常采用焊接方式连接于管线中,应特别注意焊接时不能过热(Henry Valve Company 提供)

图 25.55　球阀。这种阀为直通式阀,因此对制冷剂的流动几乎没有压力降和阻力(Henry Valve Company 提供)

25.46　油分离器

油分离器安装于排气管线上,主要用于从制冷剂中分离出润滑油,并将分离出的润滑油送回压缩机的曲轴箱。所有往复式压缩机和回转式压缩机均容许少量的润滑油进入排气管。一旦润滑油离开压缩机,那么它就必然沿管路和各盘管流经整个系统,最后返回压缩机曲轴箱。油分离器设有一个小油箱和浮球,可使润滑油抄近路返回曲轴箱,见图 25.56(A)和(B)。油分离器的工作原理是将制冷剂和润滑油的流速降低,当含油的排出蒸气进入油分离器时,其流速就会因流向的突然改变、气流与过滤网的碰撞、筒体内侧的阻力、或油分离器的大开

孔或管口阻力迅速降低。润滑油通常以雾状的方式与热蒸气混合在一起。这种制冷剂与润滑油的雾状混合物进入内挡板或过滤网后，就会迅速改变流动方向，流速下降，其中较小的油滴相互碰撞形成较大、较重的油滴，细筛网的附着更彻底地使润滑油与制冷剂实现分离，进而形成大油滴，并滴落至分离器的底部。润滑油收集在分离器的油槽或小油箱内。油槽底部通常还固定着磁铁，用于收集金属颗粒。

当油位上升至一定高度后，浮球上升，回油管阀针打开，润滑油即可通过小回油管返回压缩机的曲轴箱。在大多数情况下，此回油管的温度应稍高于室内温度。如果其温度始终较高，那么浮球就一直处于开启状态，致使热蒸气不断地进入曲轴箱，这就会在曲轴箱内形成非常高的压力，最终使压缩机过热，导致非常严重的压缩机故障。

因为油分离器处于系统的高压侧，而曲轴箱处于系统的低压侧，两处之间必然存在压力差。当浮球处于打开位置时，此压力差即成为润滑油从油分离器流向曲轴箱的推动力。事实上，推动浮球机构仅需很少量的润滑油，就可以保证在任何时候即使很少量的润滑油也能送入压缩机的曲轴箱。

图 25.56(C)为螺旋式油分离器。螺旋式油分离器的效率约为 98%。当润滑油和制冷剂的雾状混合物进入油分离器时，它就会撞击螺旋形的导流板，并在沿螺旋叶片下旋的过程中产生离心力，较重的油滴被推向分离器壳体的整个圆周面上，并与滤网接触。滤网的作用相当于润滑油的收集和引流装置。然后液态润滑油流过导流板并流入分离器底部的集油区，制冷剂蒸气则在螺旋板末端停止流动。最后，浮球式回油管将收集后的润滑油送入压缩机的曲轴箱或油箱内。油分离器应保持一定的温度，以避免制冷剂蒸气在停机运行过程中的分离器中冷凝。浮球本身无法识别是润滑油还是液态制冷剂，如果分离器中含有液态制冷剂，那么它就会进入曲轴箱，从而稀释润滑油，使润滑效果下降。如果有液态制冷剂通过回油管返回压缩机的曲轴箱，那么分离器与曲轴箱的回油管会因制冷剂的蒸发、压力下降而变得温度很低，导致油分离器出现泄漏或浮球形变，并使回油孔始终处于关闭状态，而油分离器中则聚集了大量的润滑油。这种情况将会使系统有效的润滑功能完全丧失，最终导致压缩机损坏。

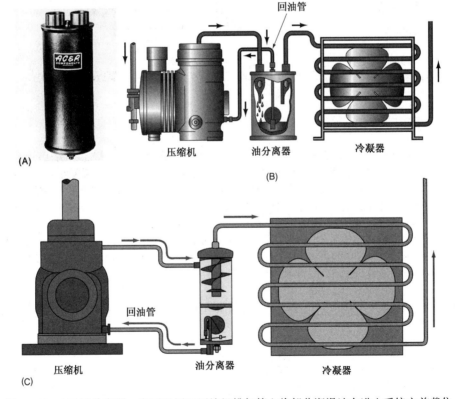

图 25.56　(A)油分离器。它可以用于压缩机排气管上将部分润滑油在进入系统之前截住，并送回压缩机；(B)这是一个浮球阀，它除了可以回收润滑油外还可以回收液态制冷剂，但这种油分离器必须保持一定的温度，以避免制冷剂在系统停机运行过程中在其中冷凝；(C)螺旋式油分离器(AC & Components,Inc 提供)

25.47　减震管

压缩机运行过程中会产生很大的震动,并将此震动力传递给各连接管路,因此必须对压缩机上连接吸气管线和排气管线的短接管进行保护。小型压缩机上,采用环管可以成功地消除震动,但大口径连接管显然不能再采用环管方式,因此对于大口径连接管,现常采用波纹管式内管和有弹性保护外套的特种减震管,见图25.57(A)。

这种减震管必须正确安装,否则就有可能出现附加震动等其他问题。一般情况下,我们建议:减震管的安装位置应尽可能靠近压缩机,并与压缩机曲轴中心线保持同一方向,见图25.57(B)。如果减震管的安装方向与曲轴中心线相垂直,那么很可能会出现附加震动。安装时,应尽可能按制造商的说明书操作。

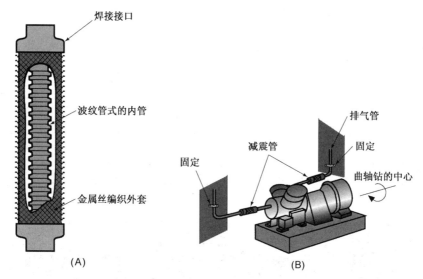

图25.57　(A)减震管的结构;(B)减震管的安装位置应尽可能靠近压缩机的接口

25.48　临时测压接口

临时测压接口是在未设有检修测压接口处测取压力读数的一种临时方法。它有多种方法可供选择,且都十分有效。其中有一些可以在机组运行的过程中安装在管路上,这对于需要紧急且要求在系统运行过程中测定某处压力时非常有用。这种可以在系统运行中安装的测压接口有两种形式:一种是在管线上用螺钉和垫圈固定,当将这种阀门用螺钉固定在适当位置后,其针状的插杆即可刺破连接管而在管线上形成一个小通孔,由此通孔即可测定此处的压力值,如有需要,甚至还可通过此孔送入少量的制冷剂,见图25.58。

刺针阀的安装应根据制造商的技术说明书操作,否则很可能会出现泄漏。其中一种比较好的方法是不在热蒸气管上设置刺针阀,因为热气管的热量迟早会使垫片老化,进而出现泄漏。如果需要测定高压侧的压力读数,那么可以选择在液管上安装,因为液管上的温度很低,不太可能引起泄漏。此外,刺针阀不应保留在管线上作为永久性的压力表接口。

可以在系统运行过程中安装的另一种测压阀需要用低温焊料焊接在管线上,但它只能安装在蒸气管上,因为只要液管内存有液态制冷剂,液管就不能加热。有些制造商认为这种测压阀的焊接操作不会对管线中的制冷剂造成任何不利影响,甚至因为采用焊接连接,这种阀具有更好的密封性能。这种测压阀焊接在管线上后,还需要像上面介绍的刺针阀一样刺破接口处的管线,见图25.59。

另一种用做压力表接口的阀必须在制冷剂管线上钻一个孔,但必须注意应将所有的铜屑从管线中清除以避免伤及系统中各构件。也可以在管线上设置三通管来安装测压阀,这样可以避免在管线上钻孔。阀杆插入管线后予以焊接。操作时,管内必须没有压力,见图25.60。

测压阀与压力表的连接有两种方式:有些测压阀带有可关闭与大气连通的手柄。也有一些采用单向气阀接头。这种单向气阀非常像汽车或自行车上轮胎的气门,但它带有与表歧管上表软管接口相配合的1/4英寸的螺纹头,见图25.61。

图 25.58 当管线上没有压力表接口时,采用这种开口装置后,可以获得压力值读数(Bill Johnson 摄)

图 25.59 当蒸气管中存在系统压力时,可以将这种阀采用焊接方式焊接在蒸气管上。但必须采用低温焊料。因为液管不容许有较高的温度,因此也不能焊接在有液态制冷剂的液管上(J/S Industries 提供)

图 25.60 这种阀端口的安装必须在管线上钻孔,且只能在系统处于大气压力下进行安装(J/S Industries提供)

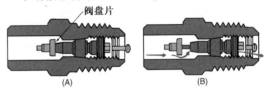

图 25.61 (A)~(B)单向气阀类似于汽车轮胎上的气门,但它有与压力表连接的螺纹段(J/S Industries提供)

25.49 曲轴箱的加热

有时候常常需要人为地对压缩机曲轴箱内的制冷剂进行加热,以避免系统停机运行中或有较长时间停机时制冷剂向润滑油迁移。有些制冷剂对于润滑油有很强的亲和力,就像有磁力一样。☆如今常用的且迁移特征最为明显的制冷剂是 R-22,这种制冷剂在各种设备中的应用并不多,但它是一种氢氯氟烃类制冷剂,常与其他一些替代型制冷剂一起来替换已被终止生产的 R-12 和 R-502 制冷剂。迁移是一种专业术语,用于描述制冷剂液体或制冷剂蒸气在停机运行过程中进入压缩机的曲轴箱或吸气管。☆

如果将装有 R-22 的容器和装有制冷油的容器在蒸气端用一根管子连接在一起,那么 R-22 就会很快地全部进入制冷油的容器中,见图 25.62。但这样的迁移过程可以通过向润滑油容器加热的方法予以减缓,见图 25.63。同样,我们可以将制冷系统视为用管线相互连接的两个容器。

曲轴箱的加热在已使用多年的 R-22 空调(供冷)系统中非常普遍,但用户常常为了避免在冬季由压缩机对曲轴箱进行加热而将连接室外冷凝机组的接口切断。如果用户在冬季没有给予足够的加热时间,使油中制冷剂蒸发的情况下启动机组,那么很可能会对压缩机造成伤害。因为在这样的状态下启动,一旦压缩机启动运行,曲轴箱的压力即迅速下降,制冷剂汽化,润滑油出现泡沫。润滑油和制冷剂(其中的一部分制冷剂很可能仍处于液体状态)一起被泵送压缩机。此时,压缩机气阀和轴承的损伤难以避免,压缩机很可能在非常有限的油量下运行,直至润滑油从蒸发器返回曲轴箱。

制冷压缩机一般为全年运行,不太会有这种季节性的停机情况,但如果确是人为地停机一段时间,那么重新启动时,采用 R-22 制冷剂的系统就必然会出现上述情况。

曲轴箱的加热可以有多种方式:有些采用插入油池中的加热器,有一些则在靠近油池的压缩机机座上设置一个内置式加热器,见图 25.64。加热器为内置式加热器时,加热元件必须与压缩机的箱体保持良好的接触,否则就会使加热器自身过热,也无法向压缩机传递热量。安装加热器时,必须严格按照制造商的要求进行操作,否则就会出现安装不当和接线松弛等问题。

由于曲轴箱仅需在停机运行中加热,因此制造商很可能会采用继电器,在机组运行过程中将加热器电源切断(因为在机组运行中加热只能使系统效率降低,而无任何其他好处),它也可以利用压缩机接触器中的一组常闭触头,在接触器失电时,该组触头闭合,见图 25.65。

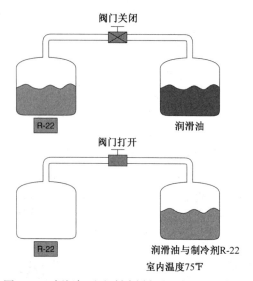

图 25.62　阀门打开后,制冷剂会进入润滑油的容器中

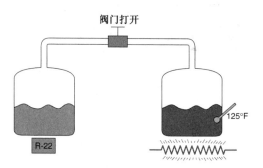

图 25.63　加热器可以使制冷剂离开润滑油

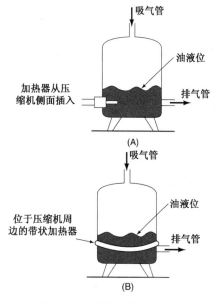

图 25.64　两种曲轴箱加热方式

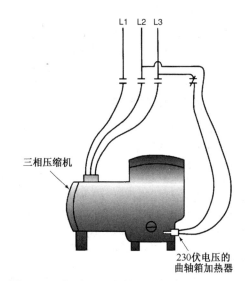

图 25.65　压缩机不运行时,其曲轴箱加热器应具有一定的温度。当压缩机启动器得电时,压缩机的触头闭合,而曲轴箱加热器的触头断开,停止加热

　　技术人员应充分了解曲轴箱加热的目的与方法。如果你在工作中碰到长时间停机后的压缩机,那么如果它设有曲轴箱加热装置,用手触摸时其箱体应具有一定的温度。如果制造商已在压缩机曲轴箱内设有加热装置,那么当它处于冷机状态时,不要启动压缩机,否则就会出现问题。

本章小结

1. 压缩制冷循环的四大基本构件是压缩机、冷凝器、蒸发器和膨胀装置。
2. 其他两类构件:控制装置和辅助装置主要用于提高和完善制冷循环的效率与功能。
3. 利用蒸发器调压器可实现双温运行。
4. 泄压阀可以使系统避免出现高压。

5. 电气控制可以通过切断、接通或调节电流来完成对电动机和流体流动的控制。
6. 带有电磁线圈的电磁阀,当其线圈得电时,即可通过打开或关闭阀口来控制流体的流动。
7. 压力开关可以关闭和启动系统各构件。
8. 低压开关可用做制冷剂低充注量的保护,也可用做温控器。
9. 高压开关可防止系统运行压力过高,这种控制器既可以是手动复位,也可以是自动复位。
10. 低温环境控制器(开关)可以通过控制冷凝器风机的运行,使风冷式制冷设备在比较暖和与寒冷的气候下保持正常的运行排气压力。
11. 油压安全控制器可以保证较大容量的压缩机(一般为 5 马力以上)在启动后 90 秒内保持正常的油压。
12. 内热除霜采用来自压缩机的热蒸气。
13. 外热除霜则由设置在蒸发器旁的电加热器来完成。采用外热除霜时,压缩机必须停车。
14. 制冷系统辅助装置一般不能自动地改变制冷剂的流量,但能提高和改善系统运行效率和运行状态。
15. 制冷系统辅助装置可以是检修阀、过滤干燥器、视镜、制冷剂分流器、热交换器、储液器、油分离器、减震装置或是测压接口装置。
16. 制冷系统并不是必须含有各种构件,但各种制冷系统必含有其中的一部分构件。
17. 由于制冷剂在停机时往往会出现迁移现象,因此许多制冷系统都需要设置曲轴箱加热装置,特别是 R-22 制冷系统。如果机组在曲轴箱内存有过量制冷剂的情况下启动,就可能会对压缩机造成伤害。

复习题

1. 下面哪个不是压缩制冷系统的基本构件?
   A. 压缩机; B. 冷凝器; C. 蒸发器; D. 吸气管过滤器。
2. 试论述流体流量调节的方法。
3. 曲轴箱调压阀的作用是:
   A. 使曲轴箱内压力保持稳定; B. 使蒸发器内压力保持稳定;
   C. 使压缩机避免出现真空状态; D. 使压缩机避免出现过载状态。
4. 试论述蒸发器电动调压阀的功能。
5. 制冷系统上采用自动排气装置的三大理由是什么?
6. 两种泄压阀是_____和_____。
7. 为何必须采用低温环境控制器?
8. 下面哪一种方法不是风冷式制冷设备上低温环境控制器所采用的控制方式:
   A. 调节热力膨胀阀; B. 风机间断运行;
   C. 冷凝器溢流; D. 风机转速控制。
9. 论述下述装置的功能、结构与运行方式:
   A. 低压开关; B. 高压开关;
   C. 低温环境控制器(开关); D. 油压安全开关。
10. 试论述油压安全控制电路中电流检测继电器的功能。
11. 油压安全控制器为何设有延时装置?
12. 什么是停机除霜?
13. 两种停机除霜方式是_____和_____。
14. 低温制冷系统的两种除霜方式是_____和_____。
15. 试论述下述构件是如何提高和改善制冷系统运行效率的。
    A. 过滤干燥器; B. 热交换器; C. 吸气管储液器; D. 储液器; E. 测压接口。
16. 试论述油分离器的作用。
17. 油分离器中的浮球损坏时会出现什么情况?
18. 蒸发器调压器的作用是:
    A. 使蒸发器压力保持稳定; B. 使蒸发器温度保持稳定;
    C. 使蒸发器避免压力过低; D. 使蒸发器避免压力过高。
19. 吸气管储液器中回油孔的作用是什么?
20. 吸气管储液器出口端压力平衡孔的作用是什么?

第 26 章　制冷系统的应用

教学目标

学习完本章内容之后,读者应当能够:

1. 论述各种类型的冷冻展示设备。
2. 论述热量的回收。
3. 论述整体式机组与冷凝器分离式机组各自的特点。
4. 论述冷柜门框防露加热装置。
5. 论述各种除霜方式。
6. 论述进入式制冷设备。
7. 论述常见自动售货机制冷系统的运行过程。
8. 解释常见冷风干燥设备的工作原理。

安全检查清单

1. 装/拆压力表和采用表歧管转移制冷剂或检测压力时,必须佩戴防护镜和手套。
2. 注意不要让手或衣物被皮带轮、传动带或风机叶轮缠上。
3. 注意各项用电安全措施,始终保持谨慎的工作态度,并充分运用已有的安全常识。
4. 使用清洁剂或其他化学药剂时,必须严格按照制造商的要求进行操作。这些化学药剂中有不少带有毒性,因此必须使冰块、饮用水和其他食物远离化学药剂。

26.1　制冷设备的选定

选购制冷设备时,必须首先确定安装的制冷设备的种类、规格。决策过程中需考虑的各种因素是:设备及设备安装的初期成本、设备正常运行过程中所需的工作条件、设备运行费用和这些设施的长期计划。如果仅考虑节省初期成本,那么设备的性能就很难令人满意。例如,如果选用质量较差的设备来存放肉品,由于冷柜中的湿度很低,因此往往会导致肉品大量失水,当肉品水分大量流失时,其重量也就大幅度下降,其损失的重量实际上也就是除霜时排入下水道的一部分冷凝水。

本章内容主要为在选购或安装设备、考虑各种不同选择方案时提供相关参考资料。维修人员应当了解这些选择方案、方法与结果,它有助于维修时做出正确的判断。

26.2　大型销售型冷柜

零售商店一般都采用大型销售型冷柜,顾客可以从商店的一处冷柜随意走向另一处冷柜选购中意的产品。这些冷柜有高温、中温或低温等不同温度范围,每一种陈列柜又有开放式和封闭式两种类型,开放式或封闭式冷柜又有卧式、带有展示货架的立式或带有箱门的立式数种,陈列柜可以一台紧挨一台设置,形成一个连续的展示长廊,采用这种布置方式时,可将冷冻食品集中一处,新鲜食品(中温设备)则另聚一处,见图 26.1(A)、图 26.1(B)和图 26.1(C)。

(A)　　　　　　　　　　　(B)　　　　　　　　　　　(C)

图 26.1　(A)陈列柜可用于安全存放展示的各种出售食品。有些陈列柜为开放式冷柜,顾客不需要打开柜门即可拿到中意的食品。也有一些陈列柜为封闭式冷柜,设有柜门,具有上佳的节能效果(Hill Phoenix 提供);(B)用于展示新鲜食品的中温开放式陈列柜;(C)中温、玻璃门封闭式陈列柜(John Tomczyk 摄)

这种大型展示柜的组合方式不仅给顾客带来了诸多便利,同时大大提高了顾客对这些食品的关注程度。开放式和封闭式陈列柜主要用于方便展示各种销售的食品,封闭式陈列柜虽具有比开放式冷柜更高的运行效率,但由于开放式陈列柜中食品更直观、更易提取,因此更容易吸引顾客的注意。由于冷空气较重,易下沉,积聚在底部,因此开放式陈列柜需要不断地运行以维持其温度状态。这种陈列柜也可以是直立式,用于存放低温产品,即通过结构形式或维持某种气流模式来防止冷空气溢出冷柜,见图 26.2。当大型冷柜在餐厅、饭馆等处仅用于冷藏食品时,显然不需要展示各种食品,尽管这些冷柜都有同样的构件,其柜门也仅仅用于阻止柜内空气的外流。

26.3　自带独立冷凝器的陈列柜

这种大型陈列柜可以是在箱体内安装有冷凝器的整体式机组,也可以是带分离式冷凝器的机组。要对选购何种类型的机组做出最好的选择取决于多种因素。

自带冷凝器的机组需要在其工作现场排放热量,压缩机和冷凝器均位于冷冻机组内,冷凝器排放的热量仍返回至商店内,见图 26.3。在冬季,这固然是有益的,但在夏天,特别是在一些温带地区,则需要将这部分热量排放至室外。此外,整体式机组毋需多大困难即可移动至附近新的位置,通常只需将电源插头插入 120 伏或 220 伏电源插座即可,即只需要移动电源插座即可。图 26.4 为中温和低温陈列柜的电原理图。

图 26.2　开放式陈列柜由于其冷空气可以在自然下沉的过程中进行控制,因此可以获得非常均衡的低温冷藏效果。当这些陈列柜设有垂直朝上的货架时,它可以形成具有风幕效果的气流模式,这种风幕不会被空调装置的气流所打乱。各种开放式陈列柜都有对如何根据明显指示货位商品的详细说明(Tyler Refrigeration Corporation 提供)

图 26.3　这种整体式冷冻陈列柜箱体内安装有独立的冷凝机组。制冷管线不需要外接,但其吸收的热量仍排放在店铺内。由于它仅需移动电源插座位置,有时还需要移动排水管,因此其移动起来十分方便(Hill Refrigeration 提供)

自带冷凝器的陈列柜出现故障时,受影响的只有一台设备,其货架上的食品可以移至其他冷柜上。但由于自带冷凝器的陈列柜一般均设置在空调区域内,因此其冷凝器易受到空调区域内空气灰尘的影响,要使得一个大型场所中的多台冷凝器均保持比较清洁的状态往往是比较困难的事情。例如,在餐厅饭馆的厨房内,就会有大量的油脂沉积在冷凝器的盘管和翅片上,进而积聚大量的灰尘,而且要在不污染其他区域的情况下,在厨房内清除积尘和积聚的油脂也并不容易,尽管自带冷凝器冷柜的多功能特征非常适宜于厨房,但分离式冷凝机组可更容易保持较清洁的状态。比较暖和的冷凝器也往往是各种虫类喜欢的天然温床。

各种制冷设备都必须设置某种装置来处理从蒸发器上收集的冷凝水,即必须将冷凝水用水管排至下水道,或采用汽化的方法予以蒸发。如果可以将冷凝水引流到冷凝器所在的安装装置,自带冷凝器的冷柜就可以利用压缩机的排热使这部分冷凝水汽化蒸发,这也有助于离开压缩机的热蒸气消除过热、降低排气管线的温度。要实现这一设想,冷凝器的安装位置就必须低于蒸发器的安装高度,但当冷凝器的安装位置处于机组顶端时往往很难办到,见图 26.5。

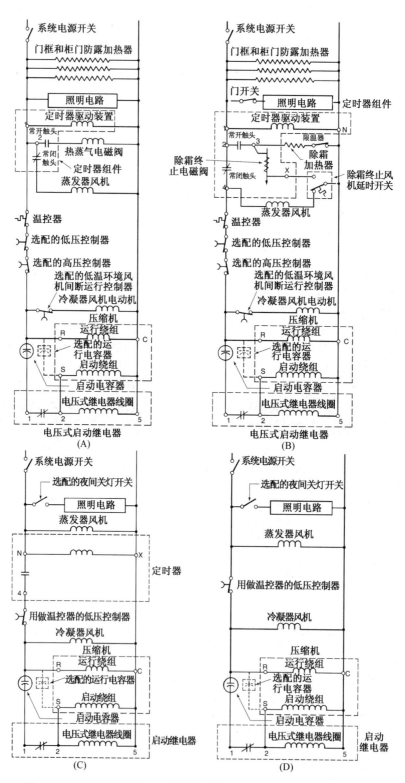

图 26.4　整体式陈列柜的电原理图:(A)采用热蒸气除霜的低温冷柜;(B)采用电加热除霜的低温冷柜;(C)采用定时停机除霜的中温冷柜;(D)采用随机除霜的中温或高温冷柜

26.4　单机式冷凝机组

采用独立式冷凝器时,当压缩机出现故障或制冷剂泄漏时,仅一个系统受到影响。此冷凝器可以安置在有适当防护的室外或公用机房内,例行维护时,所有设备在此均一目了然。此外,室内的空气温度还可以利用风门进行控制,从而获得较为理想的排气压力控制。机房的布置也可考虑有利于在冬季商店内空气的反复循环以及对由制冷系统从店内获取的热量的充分利用,这将大大地节约从公共能源设施购买能源的费用。

26.5　多蒸发器与单一压缩机制冷装置

采用一台压缩机拖动多台冷柜的方法有独特的优势:
1. 压缩机电动机因容量增大,效率更高。
2. 可收集更多的、来自设备的热量用于店内采暖或热水供应。

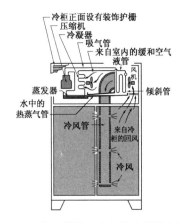

图 26.5　蒸发器设置在自带冷凝器冷柜的高端,冷凝水才能排入集水盘,并由来自热蒸气管的热量汽化蒸发。这种冷柜也就不再需要排水管

大多数热回收系统中的三通热回收阀由电磁阀操控,见图 26.6,而且为先导式三通阀。所谓先导式控制即利用制冷系统内的压力在电磁阀得电时由其推动一个滑阀。由于热回收阀会接触到温度很高的排出蒸气,因此必须正确安装,并可靠地减小因受热和受冷而产生的任何膨胀和收缩作用力,见图 26.7。热回收阀的运行过程非常简单。当商店内双级温控器中的第一级要求制冷时,三通热回收阀即得电,使来自排气管的热蒸气流入辅助冷凝器或位于店内风管内的热回收盘管,见图 26.8。如果这部分回收得到的热量不足以满足店内第二级温控器所需的热量,那么店内第二级温控器即要求供热,这就要启动店内的主供热设备,即燃油炉、热泵或电热装置。热回收盘管、冷却盘管、空气过滤器以及主热源一般均以相互串联的方式设置在店内风管中,见图 26.9。热回收盘管可与冷凝器并联,也可串联。

图 26.6　这种三通热回收阀为先导式三通阀,且由电磁阀操控(Sporlan Valve Company 提供)

图 26.7　热回收阀应正确安装以控制任何膨胀和收集作用力(John Tomcyk 摄)

图 26.10 分别是两个并联式和串联式的热回收系统。采用并联式热回收系统时,热回收冷凝器必须按系统处于热回收模式时的整个制冷系统 100% 的排放热量确定其容量规格,由于系统冷凝器在热回收模式运行期间并不起作用且不含制冷剂,因此这种情况必然会发生。此时,在热回收模式下得电的常闭电磁阀控制下,系统冷凝器处于被排空的状态,从系统冷凝器,即此时不起任何作用的冷凝器中排出的制冷剂还会在进入吸气管前流过一个节流装置,该节流装置可以将来自系统冷凝器的液态制冷剂在进入吸气管之前全部汽化,并同时控制此冷凝器的排空速度。通过在热回收模式下排空系统冷凝器,可以维持整个系统正常的制冷剂量,并使制冷剂避免在暂停使用的冷凝器中处于闲置状态和冷凝。如果有制冷剂在系统冷凝器中冷凝,那么一旦系统切换为非热回收模式,且热蒸气与过冷或饱和液体的混合就会形成液锤,甚至会产生非常大的作用力,导致制冷剂管线和阀门被破坏。因此,当系统不要求热回收时,必须将热回收盘管内的制冷剂全部排空。有些热回收阀上设有放空口,其作用仅用于在热回收盘管不用时从中排放制冷剂,见图 26.11。为防止制冷剂在热回收盘管温度低于系统本身饱和吸气温度时向系统最冷位置迁移,通常在热回收排空管,即放液管上还安装一个单向阀,见图 26.10。

采用串联式热回收系统时,在热回收模式下需要同时使用系统冷凝器和热回收冷凝器。来自压缩机温度较高的过热蒸气首先进入热回收冷凝器,但由于系统冷凝器与热回收冷凝器串联,因此系统冷凝器也可能获得一定量的热蒸气,且大部分制冷剂冷凝过程发生在位于热回收盘管下游的系统冷凝器中。由于系统冷凝器与热回收盘管为串联,因此热回收盘管的规格不需按整个制冷系统100%的放热量来确定。选择并联式还是串联式热回收系统及其相应的管线布置方式完全取决于控制系统的形式、应用对象的热回收盘管的规格。

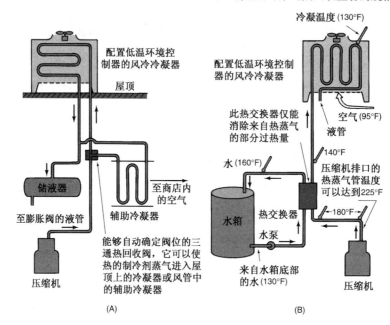

图 26.8 (A)回收并再利用来自共用排气管的热量,这部分热量可以是来自位于屋顶上的冷凝器,也可以是安装于风管中的盘管;(B)热水热回收装置,它利用来自热蒸气管的热量来加热水

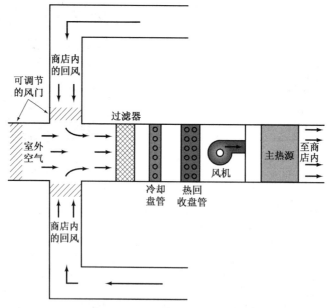

图 26.9 超市采暖、通风、空调与制冷系统中的过滤器、冷凝盘管、风机和主热源,均以串联方式安装于风管中

超市冷柜的系统组合有两种基本方式,其中一种方式采用一台压缩机拖动多台陈列柜,即一台30冷吨的压缩机带10台或更多台陈列柜,但这种系统在热负荷有较大变化时往往会出现连续运行的问题,除非压缩机设置专门的汽缸卸荷装置,即根据预先设置的压力,通过关闭不同的汽缸来改变多缸压缩机的容量。采用一台压缩机拖动多台陈列柜方式的主要缺点是:

1. 即使在采用压缩机汽缸卸荷装置的情况下,制冷负荷也不能做到十分匹配。
2. 大容量压缩机启动与停车时会产生较大的堵转电流(LRA),因此极易对启动元件和压缩机绕组造成伤害。

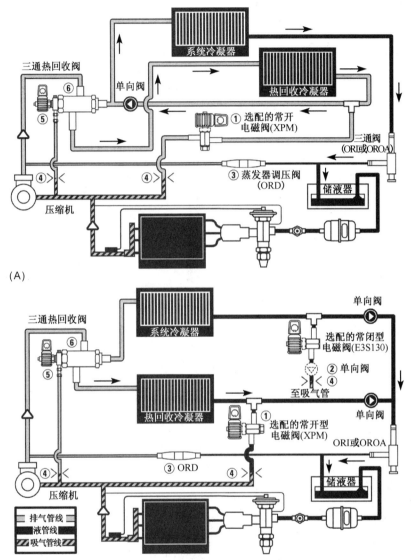

① 如果要求系统排空并采用"C"型热回收阀,那么应选用相应的电磁阀并配置相应的管路,见④。如果采用"B"型热回收阀的系统,则可选择省去此电磁阀及其管路。
② 如果系统最低运行环境温度低于蒸发器温度,则要求设置此单向阀。
③ 不能与三通阀(OROA)配合使用(B、C或D)。
④ 需设置节流器(部件号为#2449-004)来控制系统冷凝器排空速度。
⑤ 系统安装时,不管是否安装热回收盘管,并且不管热回收阀是什么型式、种类,先导式吸气管线均必须与吸气总管相连接。
⑥ 由热膨胀和压缩机震动所产生的应力均集中在连接配管、弯管和阀接头等处,极易使这些管件出现疲劳断裂。此外,由液栓推动的蒸气和冷凝引起的冲击都可能导致产生管件疲劳断裂,因此热回收阀必须有适当的支撑。建议在每个三通接头附近安装托架。

图 26.10　(A)串联式热回收系统;(B)并联式热回收系统(Sporlan Valve Company 提供)

3. 大容量压缩机的短周期运行需配置大容量的电量,其消耗电量也较大。

4. 较小的压缩机即可应对的很小的热负荷也需要启动大容量压缩机运行。

5. 如果压缩机出现故障,那么整个系统中的所有陈列柜均不能正常运行;相反,如果是一拖一的话,一旦其压缩机出现故障,那么只有一台冷柜不能工作。

正是由于单一压缩机系统的这些缺点,各种并联式压缩机系统才得到了广泛采用。

26.6　并联式压缩机系统

并联式压缩机系统在一个共用的吸气集管、一个共用的排气集管和一个共用的储液器系统上配置两台或更多的压缩机,见图26.12。由于整个系统均安装在一个钢制台架上,因此常把这些设备称为台架系统,见图26.13。系统中的压缩机可以是往复式压缩机、涡旋式压缩机、螺杆式压缩机,也可以是回转式压缩机。

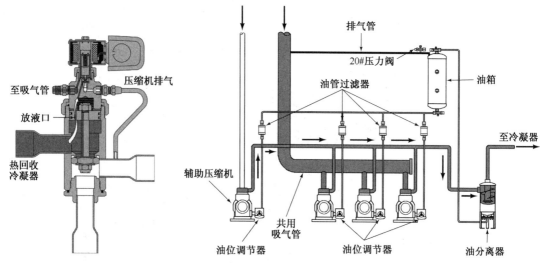

图26.11　三通热回收阀。图中可见,热回收盘管处于非工作状态时用于热回收阀盘管的排液口

图26.12　并联式制冷系统(AC & R Components, Inc. 提供)

并联式压缩机系统的主要优点是:

1. 能做到负荷完全匹配。

2. 有多种功能。

3. 具有很大的灵活性。

4. 效率高。

5. 运行成本低。

6. 运行频度较低。

串联式压缩机系统的主要缺点有:

1. 泄漏会影响整个压缩机系统。

2. 压缩机烧毁后,其污染的压缩机润滑油会影响整个压缩机系统的润滑装置。

并联式压缩机系统最主要的优点在于它具有几乎完全与制冷负荷相匹配的能力,即所谓的负荷匹配。制冷负荷变化时,它可以根据负荷变化量启动和关闭一部分压缩机来调节整个系统的容量。制冷负荷由安装于共用吸气管,即总管上的压力传感器进行检测,见图26.14(A),然后用导线连接至压缩机台架上的微处理器和输入/输出控制线路板。共用吸气管的压力随位于商店内冷柜温控器的指令要求、或随位于某一根独立吸气管上的蒸发器调压阀(EPR)根据每个冷柜独立管线上热负荷而做出的调节量而变化,见图26.14(B)。压力传感器检测到压力变化后,首先将压力信号转变为电压信号,然后将此电压信号传送到位于压缩机台架上的计算机或微处理器板,由计算机或微处理器对此电压信号进行处理,见图26.15(A)和(B)。压力传感器则从为微处理器提供的同一个输入/输出板上获得电源,见图26.15(B)。

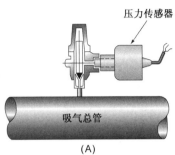

压力传感器

吸气总管

(A)

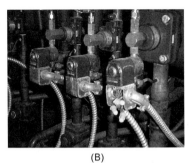

(B)

图 26.13   并联式压缩机系统具有较
强的负荷匹配能力。带有
微处理器的电子控制器是
整个系统的一部分（John
Tomczyk 摄）

图 26.14   （A）安装于共用吸气集管上的压力传感器。此传感器可
以将压力信号转变为电信号并送控制器进行处理，用
于随时改变压缩机的容量；（B）位于并联式压缩机机组
吸气管上的蒸发器调压阀（EPR）。蒸发器调压阀依据冷
柜中的热负荷状态打开和关闭时，共用吸气管上的压力
传感器就能检测出其压力的变化（John Tomczyk 提供）

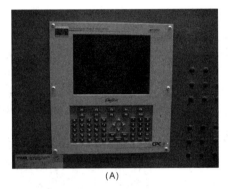

(A)

(B)

图 26.15   （A）用于并联式制冷系统的计算机控制器；（B）从计算机控制器
内侧可以看到更小的微处理器控制器（John Tomczyk 摄）

当制冷负荷发生变化时，吸气总管中的吸气压力即出现变化，压力传感器发出并送往微处理器的电压信号
也随之变化。事先输入微处理器的容量调节程序此时即可控制并联式压缩机的运行状态，该容量调节方法可随
临时插入的程序或计算机软件不断改变，并可以由位于现场或远处的个人电子计算机实施监控。例如，如果并
联式压缩机机组由 4 台不同规格的压缩机组成，且#1 ~ #4 压缩机的容量逐步增大，那么就可以有 10 种容量调节
步序以程序方式输入微处理器，见图 26.16。当位于共用吸气管上的压力传感器在制冷负荷增大的情况下检测
到共用吸气管中的压力上升时，传感器就会向微处理器送出一个更大的电压信号，此信号即触发启动容量调节
程序中的第 1 步，很快，压缩机机组的容量即迅速调整到与制冷负荷相适应的状态。当其容量调节步序处于第 6
步时，即仅有#2 和#4 压缩机正在运行时，共用吸气管内的压力停止上升，并联的压缩机机组容量调节步序既不
向前，也不后退。如果负荷减小，就会出现这种情况，但压力传感器应能检测出压力的下降，此时它就会向微处
理器重新发出一个减压的电压信号，从而使并联机组容量开始下调，直至压缩机容量与制冷负荷正好相匹配。
在容量调节步序 3，即只有#3 机正在运行时，也会出现这样的调节过程，图 26.17 为用于压缩机系统的线电压硬
件控制装置，它包括断路器和带有电流型继电器的电动机启动器。

并联式压缩机机组通常采用不同容量规格的压缩机，因此常被称为不均衡并联系统，它可以用于负荷量变
化的各种场合，但也可以采用同样规格的压缩机组合，即所谓的均衡并联系统。均衡并联系统主要用于制冷负
荷相对稳定或像有些工业生产过程中出现的已知容量有较大增减的场合。对于这些系统来说，其各压缩机运行
的逻辑顺序可以使得各压缩机的运行时间基本相同，且在系统的整个使用过程中具有基本相同的磨损量。并联
式压缩机系统往往设有一个对开双管型的吸气管，使同一个压缩机机组具有两种不同的吸气压力，并设有两个
不同的压力传感器，由一个单向阀将两个分别具有不同饱和吸气温度的吸气管分开。选择这种双管型吸气管可
以使一个并联式压缩机机组同时拖动低温和中温两种不同温度的制冷设备，使之具有更大的适用范围。

容量调节步序

	0	1	2	3	4	5	6	7	8	9	10
#1压缩机 (10马力)	OFF	ON	OFF	OFF	OFF	ON	OFF	OFF	ON	OFF	ON
#2压缩机 (12马力)	OFF	OFF	ON	OFF	OFF	OFF	ON	OFF	OFF	ON	ON
#3压缩机 (15马力)	OFF	OFF	OFF	ON	OFF	OFF	OFF	ON	ON	ON	ON
#4压缩机 (20马力)	OFF	OFF	OFF	OFF	ON	ON	ON	ON	ON	ON	ON
运行容量 单位为马力	0	10	12	15	20	30	32	35	45	47	57

运行容量单位为马力

容量减小 ← → 容量增大

图 26.16　为了在各种状态下获得负荷匹配,以程序方式输入微处理器控制器的容量调节步序

图 26.17　线电压硬件装置,它包括用于并联压缩机机组控制的断路器和带有电流继电器的电动机启动器

　　为了使每台压缩机都能维持适量的润滑油,人们设计了非常先进的润滑系统。这种润滑系统通常由下述 4 个主要构件组成:

1. 油分离器。
2. 油箱。
3. 油压压差阀。
4. 油位调节器。

　　在共用排气管上设置一台较大的油分离器负责收集排出的润滑油,见图 26.12。油分离器分离出的润滑油并不像常规系统那样直接返回压缩机,而是利用压差将其送入油箱。通常,油分离器与油箱组合在同一个容器中,见图 26.18。然后从油箱将润滑油送入安装于每一台压缩机视镜位置上的油位调节浮球阀,见图 26.19。油位调节浮球阀可以检测到曲轴箱内的油位,并根据需要打开和关闭阀口,以保证各个压缩机曲轴箱有足够的油位。油箱上端安装有压差阀,该压差阀通常可以使油箱压力和共用吸气压力间的压差保持在 5 ~ 20 psig 左右,当压力差较大时,则可自行向吸气管排气,见图 26.12。此阀可以在每当油位调压器开通时,保证油箱始终处于压力状态之下,并依据不同的压差,使油箱压力始终高于吸气管压力 5 ~ 20 psig 左右。生产厂家的压力设定值也必须视系统压力而

图 26.18　油分离器和油箱的组合装置(John Tomczyk摄)

定,此外还要使油位调节阀的溢流孔能进行调整,即调整到能高于吸气管压力,并使之有一定的压差,这样可以避免油位调节器进口压力过高,从而避免在浮球阀复位之前向压缩机曲轴箱内注入更多的润滑油。压差阀见图 26.20(B),油箱的外形可见图 26.20(C)。油位调节浮球阀可以有固定的液位,也可以是可调节液位的形式,既可以是纯机械机构形式,见图 26.20(A),也可以是机电组合形式。机电式的油位调节阀可以采用液位开关、电磁阀和检测油位的电磁铁式浮球开关,见图 26.21(A)。如果油位高至或低至警戒位置时,这些系统还能发出警报并同时控制系统关闭。

　　有些机电式液位开关利用检测内棱镜反射的光线来检测润滑油的液位,见图 26.21(B)。其优点在于它可以安装于系统内,而不影响系统内的正常运行。

　　一般情况下,并联式压缩机还采用一台辅助的增压压缩机,见图 26.12。辅助压缩机的容量可大可小,并通常专门供温度最低的蒸发器使用,以使整个并联压缩机机组避免在低温蒸发器所对应的较低吸气压力下运行,这样可以使压缩机组在较低的压缩比的状态运行来提高整个并联机组的效率。辅助压缩机可以通过控制阀接入并联机组,从而使压缩机组在快速降温过程中给予辅助压缩机一定的帮助,然后由单向阀将并联机组与辅助压缩机分开,使辅助压缩机能够进一步降温。

　　辅助压缩机通常也采用称为反相器的可变速驱动装置来控制其电动机转速,进而控制压缩机的容量,并节

省能量,见图 26.22。即以电子线路方式来改变正弦波的频率,改变交流电动机的转速来实现与制冷负荷精确的匹配。制冷负荷减小,电动机转速下降,压缩机容量减小;制冷负荷增加时,电动机转速提高,压缩机容量增大。关于反相器更详细的说明可参见第 17 章"电动机的种类"。汽缸卸荷则是辅助压缩机和并联机组实现容量控制的另一途径。

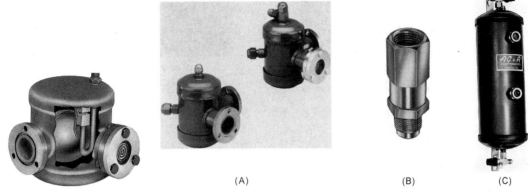

| | (A) | (B) | (C) |

图 26.19　压缩机浮球式油位调 节器(AC&R Components, Inc. 提供)

图 26.20　(A)可调节式和固定式油位调节器;(B)压 差阀;(C)油箱(AC&R Components,Inc. 提供)

(A)　　　　　　　　　　(B)

图 26.21　(A)机电式油位调节器;(B)压缩机油位检测器,它利用经过棱 镜反射的光线来检测曲轴箱的油位(AC&R Components,Inc. 提供)

　　用于并联机组实现容量控制、负荷匹配的另一种控制方式是在冷凝器与储液器之间设置一个系统压力调节阀(SPR),见图 26.23。该系统有一个与在运行中的制冷系统并联的储液器来代替与常规制冷系统串联的储液器。该系统压力调节器有一个分离式的充液感温包,位于冷凝器的进口气流中,来检测室外的环境温度。此感温包用一根细铜管与系统压力调节阀连接。较新式的系统则采用传感器来检测室外环境温度、液管温度和其他与系统运行密切相关的各温度值,并将这些信号输入电子控制器,来操控冷凝器风机、储液器出口的蒸气减压阀,储液器进口的液管以及进蒸发器的制冷液压力见图 26.24。然后利用控制器中完整的计算机程序使整个系统始终在最佳状态下运行。

图 26.22　用于改变交流电频率的反相器(即可变 速驱动装置),可以通过改变辅助压缩机 的转速和容量来获得与负荷的最佳匹 配(John Tomczyk 摄)

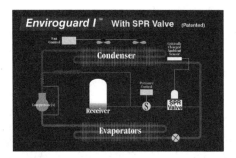 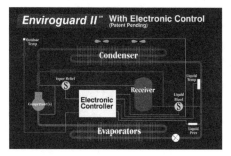

图 26.23　采用系统压力调节器的 Enviroguard 制冷剂　　26.24　采用电子控制器的 Enviroguard Ⅱ制冷剂控
　　　　　　控制系统(Tyler Refrigeration Corporation提供)　　　　　　　制系统(Tyler Refrigeration Corporation提供)

　　系统压力调节阀可以控制制冷系统运行过程中所需的液态制冷剂数量,如系统需要减少制冷剂量,只要在制冷管线中断开储液器,使液态制冷剂直接返回至各分管路供液的主管即可。在断开储液器的情况下,整个系统就不再像常规系统一样在运行过程中需要储液器来提供制冷液了,此时的储液器仅仅是一个容器,在夏季和冬季过渡期的运行过程中用来存放冷凝器中的制冷剂。在炎热天气下,系统压力调节阀可以使制冷剂通过旁通管进入储液器,从而降低冷凝器中的液位,使冷凝器在更热的气候状态下有更大的内部空间。在较寒冷的日子,系统压力调节阀的阀口关紧,仅使少量的制冷剂流入储液器,而使冷凝器存有较多的制冷剂,这样可以使冷凝器处于部分溢流的状态,避免冷凝压力下降得过低。储液器上设有连接吸气总管的排液管,该排液管可以将储液器中的制冷剂返回系统,供系统使用,并使系统中正在运行的制冷剂自行寻找相对于环境温度平衡的液位。也就是说,在某些情况下,储液器处于没有制冷剂和吸气压力的状态之下。

　　如果冷凝器出现故障,如冷凝器内部或外部堵塞,或风机电动机停转,那么冷凝压力就会迅速提高,由于环境与冷凝温度间的温差大于设定的温差值,冷凝压力的提高将启动系统压力调节阀,使系统制冷剂通过旁通孔口进入储液器,这样可以避免压缩比增大,并在伴随容积效率减低的情况下使排气温度上升。这些故障情况即使在较长的时间内也很难被注意到,但它却始终影响着压缩机系统。最后,因制冷剂被旁通,隔离在系统之外,各支路蒸发器的温度开始上升。其结果是整个系统处于缺液状态,蒸发器及冷柜内物品温度就会明显迅速上升。如及时予以维修,还可较快地发现制冷剂的泄漏,即可以使更少的制冷剂进入环境空气中。

26.7　二次流体制冷系统

　　随着臭氧层消耗和全球变暖等相关法律法规的出台,制冷剂的成本迅速上升,有些制造商正在研制,也有一些制造商正在试用一种利用基本制冷剂(HFC 或 HCFC 类的制冷剂)来冷却二次流体的方法。在这种情况下,二次流体也可看做一种制冷剂。二次流体通常是一种低温抗冻溶液,它在离心泵系统内循环时能始终保持液体状态,且不会蒸发。有些二次流体包括丙烯乙二醇(propylene glycol)、佩克索50(Pekasol 50)和氟代烃(HFEs)(hydrofluoroethers)。丙烯乙二醇是如今应用最为普遍的二次流体,但氟代烃却是最新型的二次流体之一。这些二次流体的臭氧消耗指数为零,全球变暖指数很低,且均无毒性,但氟代烃却是目前使用的二次流体中价格最贵的一种二次流体。氟代烃与其他常用二次流体一起可用于超市中从乳制品到速冻食品陈列柜等各种温度范围的冷冻、冷藏设备。这种二次流体实际上是更多种类的制冷剂混合液,在离心泵的作用下送入超市的各陈列柜中循环,来替代基本制冷剂(HFC 或 HCFC 制冷剂)在陈列柜中循环,并在二次流体与基本制冷剂之间形成热交换,见图 26.25。这种系统的运行方式与直接膨胀的冷水机组非常相似,但在实现同样功能的情况下所用的HCFCs 或 HFCs 制冷剂量更少。这种系统完全消除了通常需要在整个店铺内设置的较长的液管和吸气管线,也减少了整个系统制冷剂的充注量和数千个存在泄漏可能的接头。

　　系统除霜则通过控制装置对二次流体环路内的氟代烃流体进行加热来实现,即通过由电磁阀控制的第三条管线环路来对陈列柜进行除霜。除霜所需的热量来自压缩机排气的压缩热,这部分热量然后由为除霜而设置的第三条管线传送给二次流体,最后送到陈列柜的盘管。

　　二次流体冷却系统的优点是:

　　1. 采用的制冷剂数量可大幅度减少。

　　2. 大大减低了泄漏的可能性。

　　3. 系统可以简化。

　　4. 管线安装的精度要求降低。

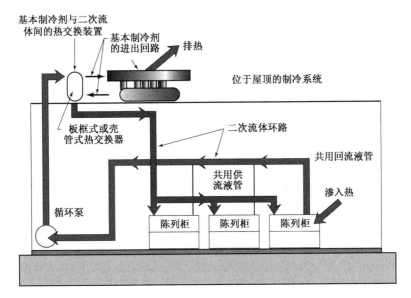

图 26.25　二次流体制冷系统

5. 所需的焊接工作量和氮气的用量减少。
6. 至机房的各管线真空度要求降低到最低限度。
7. 几乎没有或完全没有回油问题。
8. 几乎不需要对膨胀阀进行过热度的调节。
9. 由于吸气管线很短,因此基本制冷剂回路中的压缩机过热量很小,从而可以使系统的热力效率提高。
10. 除霜更简便,间隔时间可以更短。
11. 不需要设置除霜限定温控器。
12. 除霜更快,除霜后的热降温更迅速,这样可以使能耗降低,同时使产品更快地获得应有的温度。
13. 因二次流体的流量较大,可以使产品获得更适宜、更稳定的温度。
14. 盘管传热表面的利用效率更高,进而可以使产品获得更适宜、更稳定的温度。
15. 控制方式更加简单。
16. 二次流体环路中的制冷剂盘管运行温度可以更高。
17. 系统维护工作量少。
18. 变暖因素总当量(TEWI)低于常规的制冷系统。
19. 在二次流体的长管路上可采用 PVC 塑料管或 K 型铜管来替代制冷剂直接膨胀系统中所用的制冷空调型的铜管线。
20. 店铺内仅需安装一条低压二次流体环线。
与这种系统相关的主要缺点有:
1. 设备的初期投资费用较高。
2. 二次流体管线内的陈列柜控制器必须采用工业级的电磁阀。
3. 因附加的热交换所引起的能量损失及二次流体泵送设备的耗能均会使电耗增加,但是一般可以由较高的制冷剂盘管运行温度予以抵消或弥补。
4. 二次流体环线需要较厚和全密封的管线保温,以减少温度和系统能量损失。
5. 低温装置所需的低黏度二次流体的成本较高。

26.8　液管增压系统

这种技术方法采用小离心泵对进入液管的液态制冷剂增压,图 26.26(B)。为便于相互比较,见图 26.26(A)中同时列出了常规系统的系统图。对于无储液器的系统来说,其提升的压力值等于冷凝器出口与热力膨胀阀进口间的压力损失;对于热力膨胀阀和有储液器的系统来说,则等于储液器至热力膨胀阀进口间的压力损失。对液态制冷剂增压,可在液态制冷剂的实际温度保持不便的情况下使饱和温度提高。这样,即使液态制冷剂在液管中,并在流入计量装置的过程出现压力下降,它也只能逐渐过冷而不可能闪蒸。离心泵可以根据系统的相关参数确定其规格。

采用这种方式过冷后的液态制冷剂可以使冷凝器有更多的内部容积来冷凝制冷剂,因为这种系统的冷凝器不再必须利用其底部通道作为过冷环路,因此完全可以获得这样的结果。它可以使冷凝温度和压力下降,从而使压缩比下降,压缩机的增压效率提高。事实上,由于离心泵的作用是使液态制冷剂过冷,因此应容许排气压力能够随室外环境温度的变化而浮动。排气压力的浮动是一个专用术语,它说明利用较低的环境温度作为冷凝介质,从而获得尽可能低的排气压力。这种系统可以获得非常低的冷凝压力,因此热力膨胀阀的制造商在市场上推出了能够将两端压力降控制在 30 psi 之内的热力膨胀阀,并且,如果能提供 100% 的液态制冷剂,依然可以很理想地为蒸发器提供所需的制冷剂。液管增压系统的 4 个优点是:

1. 通过为液管增压补偿管路的压力损失,从而消除液管的闪蒸现象。
2. 由于利用离心泵泵送液态制冷剂的效率要比利用来自压缩机的排气压力泵送液态制冷剂高出 40 倍,因此可以节省能量成本。
3. 可以增加蒸发器容量和净制冷量。
4. 降低压缩比和减小作用于压缩机的各种应力。

向压缩机的排气管或冷凝器进入口注入液态制冷剂的方法也可用于液管增压系统。这部分液态制冷剂闪蒸成为蒸气时,可以将排出的热蒸气冷却至接近其冷凝温度,这样,用于消除过热所需的表面积即可减少,从而使冷凝器的效率更高,同时提高系统的总性能。注入排气管的液态制冷剂来自同一台离心泵,它同时将加压后的液态制冷剂送到计量装置,见图 26.26(C)。尽管这种系统在环境温度较低的情况下效率也可以有所提高,但在环境温度较高的状态下却可实现最大效率。

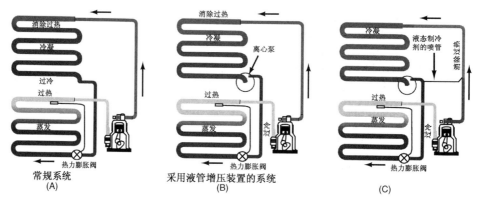

图 26.26 (A)常规的制冷系统;(B)液管增压系统;(C)采用液态制冷剂喷入方式的液管增压系统(DTE Energy Technologies 提供)

26.9 单元式独立制冷系统

在超市制冷陈列柜的附近越来越多地可见外形美观的、带有多台压缩机的独立式机组,见图 26.27 和图 26.28。它们可以非常灵活地隐藏在产品展示区域之后、安装在陈列柜的顶端或简单放置在陈列柜附近的墙后。每一台机柜上均设有独立的微处理器,可自动控制本机组内压缩机的运行(针对负荷量的变化自动调节容量)和除霜程序,并可在现场或远程利用个人计算机实现即时调控。这种压缩机柜采用由封闭环流体冷却器冷却的小型板式冷凝器,各系统还配置热回收装置用于超市内的采暖和为热水系统供热。每种规格的机柜有立式和卧式两种,占地面积均很小,也不需要设置专门的机房。这种独立式制冷系统机柜的其他优点还有:

1. 系统制冷的充注量可以减少 75% ~80%。
2. 系统管线可减少 25%。
3. 黄铜接头可减少 25%。
4. 减少了制冷剂泄漏的可能性。
5. 减少了蒸发器调压阀的数量或可以完全不用蒸发器调压阀。
6. 降低了安装费用。
7. 利用备用容量保护来实现负荷匹配。
8. 与采用专用机房的常规系统相比,可节省 5% 的能耗。

图 26.27　单元式独立制冷系统,设置在
由其提供冷源的陈列柜附近
(Hussmann Corporation 提供)

图 26.28　配置有 4 台全封闭式螺杆压缩机的
商用制冷机组,其外形美观,结构
非常紧凑(Hussmann Corporation 提供)

26.10　蒸发器温度控制器

采用多台蒸发器时,各蒸发器不可能具有相同的额定温度。例如,温度最低的蒸发器可能需要 28 psig 的吸气压力,因此可以在每个温度较高的蒸发器上设置蒸发器调压阀。负荷变化时,压缩机可通过启动和停车来维持 20 psig 的吸气压力,也可根据低压控制器或设置共用吸气管内压力传感器的信号来控制压缩机的运行状态。压力传感器负责将压力信号转变为电压信号,然后将此信号传送至压缩机的微处理器进行处理。

26.11　多蒸发器系统内管线的连接

当冷冻装置位于店铺内而压缩机设置在公用机房内时,液管须连接至各冷冻装置,而吸气管则要返回至压缩机所在机房。为避免吸气管在返回压缩机的途中吸热,应对吸气管予以保温。液、气管线的连接可采用在楼板上预置管道和设置管槽的方法。当管线出现泄漏时,预置的管槽更便于操作,见图 26.29。也有些冷冻装置,制冷剂管线则走楼板中专门设置的塑料管,见图 26.30(A)和(B)。如果出现泄漏,则可以将原塑料管拔出,用新管替换该独立管道。由于这种方式给设计者在设备定位时带来了更大的灵活性,因此比在现有店铺内挖沟更受欢迎。为避免霉菌、霉变,地下制冷管线必须予以通风,图 26.30(C)所示是利用店铺天花板处的空气并将其引向陈列柜背面的流过地板下方的制冷管线,再通过机房进出管井的通风系统排出。事实上,要预先计划好连接至每一台冷冻装置的管槽走线往往很难做到。此外,制冷管线较长还可能引起回油问题,单机布置形式则可以减少管线的长度。要获得较为理想的回油,必须仔细考虑各种设计参数。

图 26.29　设置管沟是将各冷冻装置管线连接至机房的一种有效方法,采用图中的管沟方式时,如有需要,可及时对管线进行维修(Tyler Refrigeration Corporation 提供)

26.12　制冷装置的温度控制

这种分离式中温冷冻装置的温度控制器不需要在冷冻装置与机房间设置连接导线,冷冻装置的所有电源均设置在冷冻装置处。如果店铺内的冷冻装置为中温陈列柜,那么定时停机除霜均由设置在机房内的定时器和液管电磁阀来控制运行。定时器和电磁阀也可设置在陈列柜处,但设置在机房内可以使所有的控制器集中在一处。定时器可以根据预先设定的时间使电磁阀失电,阀口关闭,将各冷冻装置内的制冷剂抽出,蒸发器上的风机则持续运转,由冷冻装置内的空气自行对盘管进行除霜。设定的除霜时间结束后,电磁阀得电,阀口打开,蒸发器盘管即开始正常运行。在各冷冻装置除霜过程中,压缩机则持续运行。各冷冻装置的除霜时间也可根据一定的时差来错开,即采用一个主定时器控制多个分电路以实现除霜时间的错开。采用电子定时装置则可以实现同一时间的多项控制。

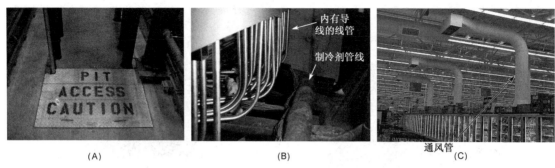

内有导线的线管
制冷剂管线
通风管 (C)

图 26.30   (A)地下制冷管的进出管井;(B)由管井进出的制冷管和各路导线;
           (C)地下制冷管的通风系统(John Tomczyk 摄)

低温冷柜由于其盘管除霜时必须予以加热,因此必须增设专用的除霜加热器,即在冷柜上配置专用的除霜定时器和加热元件,加热元件的电源即采用冷柜附近的电源。当然,也可采用热蒸气除霜,但必须将热蒸气从压缩机连接至蒸发器,这是连接至每台冷柜的第三根管线。此外,此热蒸气管在蒸发器之前必须予以保温以维持热蒸气的温度。其每一台冷柜的除霜时间可通过定时器的设置予以错开,见图 26.31。这是一种效率最高的除霜方式,因为除霜所需的热量均来自其他冷柜,但电热除霜方式故障率很低,且更容易检修。

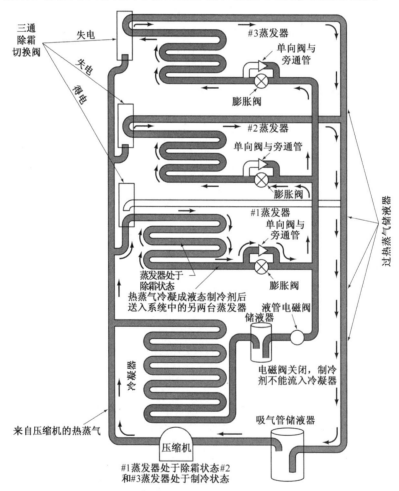

图 26.31   (A)多蒸发器的热蒸气除霜方式。来自除霜蒸发器的冷凝后液态制冷剂通过旁
           通管和单向阀,绕过膨胀阀,返回液管,这部分液态制冷剂然后流入处于制冷状
           态的蒸发器中。三通除霜切换阀则控制除霜和制冷模式下的制冷剂流向

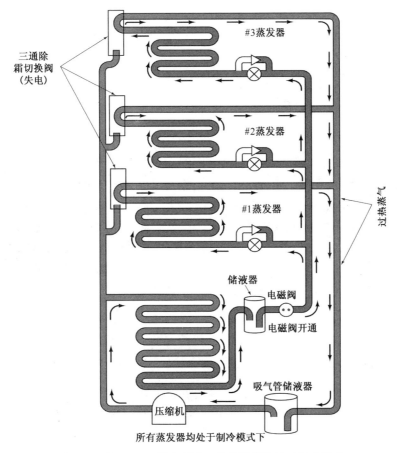

图 26.31(续)　　(B)图中所有 3 台蒸发器均处于制冷模式

　　这些都是比较典型的除霜方法,但并不是说只有这两种除霜方法。各制造厂商可以根据具体情况设计出更适宜其产品的各种除霜方法与除霜装置。

26.13　蒸发器与销售

　　蒸发器是制冷系统的吸热装置。由于蒸发器处于系统外侧,因此它是顾客唯一可以看见的系统装置。蒸发器的安装方式很多,但无论怎样,蒸发器仍是一个体积庞大、结构比较松散的系统装置。因此,制造商及其工程师们往往需要为此设计大量的方案,既要使其美观,又要能够高效地发挥作用,见图 26.32。

　　选配设备必须考虑能否引起顾客的注意,即能否对顾客形成一种吸引力。维修人员往往不能理解某一设备为何如此这般安装的深层次原因,那是因为顾客的便利或商品的展现方法在其做购买决策中起着主要的作用。每一家连锁超市都处于市场竞争的风口浪尖,顾客的便利当然是其最为关注的一个组成部分了。

　　陈列冷柜有:卧式冷柜(开放型,带有冷冻货架的开放型和封闭型)和立式冷柜(带有货架的开放型,带有柜门型)两种。

26.14　卧式陈列冷柜

　　卧式陈列冷柜的结构有上端敞开式和带端盖式两种。例如,敞开式陈列柜可以非常方便地展示各种蔬菜,蔬菜的展示方式可以随意堆放或扎捆,并由自动喷雾装置予以保湿,见图 26.33。晚上,则利用端盖或塑料薄膜覆盖。由于这些陈列柜上设有独立的照明灯具,因此顾客可以直接看到各种商品。存放在敞开式陈列柜中的肉制品通常用透明的塑料袋包装。这种陈列柜的蒸发器常设置在机柜的底部,风机将冷空气通过栅栏送出,可以获得较为理想的循环。对这种陈列柜的盘管组成与风机的维修通常只需拆下蔬菜存放处下方或冷柜正面的面板即可。这种陈列柜的布置方式一般均为背面倚墙,见图 26.34。

卧式陈列柜既可以配置内置式冷凝机组,也可以将冷凝机组设置在机外,如专用机房内。如果冷凝机组设置在冷柜内,则通常位于正前方的下端,可拆下面板予以维修。当冷凝机组仅拖动一个陈列柜时,则称其为独立式冷柜。

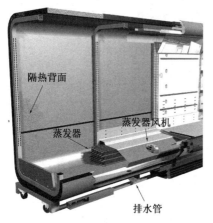

图 26.32　乳制品陈列冷柜,图中可见蒸发器的安装位置(Hill Phoenix 提供)

图 26.33　用于展示新鲜蔬菜的敞开式陈列柜。这种陈列柜设有专门的排水槽,因此可以用手或自动喷雾装置为蔬菜保湿(KES Science and Technology Inc. 提供)

26.15　冷冻货架

有些卧式陈列柜的上方均设有冷冻货架,这些冷冻货架的周围必须有适当的气流或必须设置平板式蒸发器来维持适当的食品温度。蒸发器设置在冷柜的上端部时,通常有连接管与位于底部蒸发器相串联,见图 26.35。

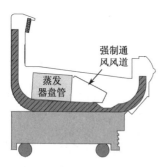

图 26.34　卧式陈列柜的横断面。这种陈列柜的风机设置在冷柜的内侧,可从正面维修。这种陈列柜通常背面靠墙或两台冷柜背靠背设置(Hill Phoenix提供)

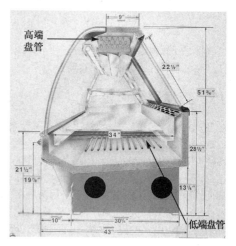

图 26.35　因多处需要制冷,单个陈列柜上可设置多个蒸发器(Tyler Refrigeration Corporation 提供)

26.16　封闭型卧式冷冻装置

封闭型卧式陈列冷柜通常为低温柜,可用于存放冰激凌或冷冻食品。其柜门可上提后卸下,上推或向两旁移动。这种陈列柜的柜门对顾客来说是一种障碍物,因此过去并没有像现在那样被商家广泛采用。

立式封闭型陈列柜通常都设有多扇透明的柜门,顾客透过玻璃门可以看见柜中的物品。这种陈列柜有独立式机型和带分离式冷凝机组机型两种。带分离式冷凝机组的陈列柜也可以用管线与带有一台压缩机的多机系统连接。这种陈列柜有时也用做进入式冷藏室的隔离墙,其货架则作为进入式冷藏室的一部分,用于放置商品,见图 26.36。这些陈列柜在许多便利店中都可以见到。

26.17 陈列柜的结露控制

陈列柜的任何表面,其温度往往会低于室内空气的露点温度(在此温度下,陈列柜表面往往会形成水汽),必须采取适当措施以避免水汽的形成(一般采用小功率的加热器),因此,在封闭型的冷柜柜门四周一般都设有专门的加热装置。而且,冷柜的温度越低,其所需的热量也就越多。其电热装置一般采用电阻式电热丝,并设置在机壳表面正下方。这种加热器也称为棂框加热器。棂框是指构成门、窗的框架,在制冷设备中,则是指两柜门间的面板框条。在有些陈列柜上,则可能设置有较大的、网状分布的电加热器,见图 26.37。可能积聚露水的任一表面均需要设置加热器,甚至有些陈列柜采用热力控制方式,利用湿度控制器根据室内湿度来控制加热器,以防止结露。现在更多采用空调(冷却)系统来控制店内的湿度。读者可能会注意到有些超市的商品展示区域温度很低,其目的在于使制冷设备上的热湿负荷尽快散去,即利用空调系统将这部分热量和水分以更高的效率予以排除。空调系统具有比任何制冷设备低得多的压缩比,它可以排除更多的水汽。店家注意到,如果能使店铺内保持较低的湿度,那么他们就不需要很多的棂框加热器,而且即使盘管的运行温度低于冰点温度,也不需要很长的除霜时间。

图 26.36 陈列柜用做进入式冷藏室隔离墙,陈列柜内的商品可以从冷藏室内提取(Hill Phoenix 提供)

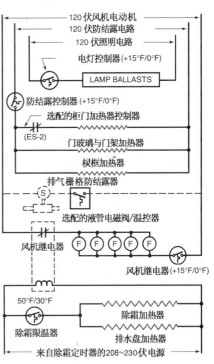

图 26.37 封闭型陈列柜棂框加热器电路图。各加热器均有独立的电路。此机组有120伏和208伏(或230伏)两种电源电压

26.18 商店内环境状态的控制

在炎热季节,商店内的水汽是由空调系统和陈列柜来排除的,而且空调系统排出的水汽越多,则冷冻设备所需排除的水汽也就越少,换句话说,除霜所需的时间也就越少。有些商家利用空调系统对店内空气进行热湿处理,并使室内空气保持在一个正压状态。采用空调方式处理过的空气不同于店门被顾客打开以随机方式进入室内的空气。事实上,它是一种经过缜密设计、应对室外潮湿空气渗入的处理方法,见图 26.38。读者可以注意采用这种系统的商店,当打开其正门时,往往会有一股微弱的气流迎面吹来。

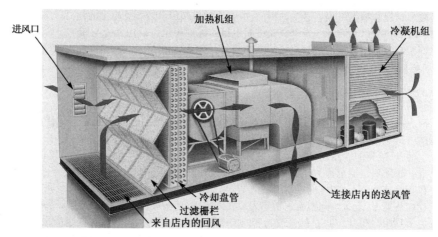

图 26.38　空气处理系统(Tyler Refrigeration Corporation 提供)

　　陈列柜的玻璃门通常采用双层平板玻璃,并在四周予以密封,以防止水汽从各边缘间进入。这些玻璃门由于为大众使用,难免会有使用不当的情况,因此必须非常坚固,见图 26.39。

　　陈列柜的箱体必须采用高强度材料制作,以便清理,如不锈钢、铝合金、搪瓷和乙烯塑料。采用不锈钢制作的箱体,尽管价格较高,但使用寿命最长。

26.19　进入型制冷设备

　　进入型制冷设备有永久型和可拆卸型两种。永久型冷冻冷藏库不能移动,大型冷冻冷藏库均为永久型设施。

26.20　可拆卸型冷冻库

　　可拆卸型冷冻冷藏库依据库内温度的高低一般采用 1~4 英寸不同厚度的护板构建而成,这种护板为两面金属板,其间为泡沫材料的三明治式的结构,其面板多为镀锌金属薄板或铝板,且有一定的机械强度,对于小型拆卸型冷藏库来说,它不需要内置加强钢架。板与板之间可以相互连接,出厂时均以拆卸后的板块形式交货,然后在现场拼装。这种冷冻冷藏库可以从一个地方移动到另一个地方,然后重新拼装,见图 26.40。

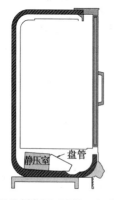

图 26.39　柜门必须牢固、可靠。它采用双层平板玻璃制成,并在四周予以密封,以防止两层玻璃间出现结露现象(Hill Phoenix 提供)

图 26.40　可以在现场拼装的进入型活动冷库。如有需要,拼装后可随时拆卸。其护板为两金属面板内置泡沫材料的特种结构,它不需要内置加强钢架。这种活动冷库既可设置在室内,也可设置在室外,而且可全天候运行

进入型冷冻冷藏库有多种规格和应用方式。其一侧墙面可用于展示商品,但货物需从库内货架上放入。这种冷冻冷藏库通常都具有防水能力,因此可以设置在室外。室外侧表面可以是铝板面或镀锌金属板。当利用锁定机构将护板拼装在一起后,就成了一个活动冷库,见图 26.41。

26.21　进入型冷库的库门

安全防范措施:进入型冷库的库门要经久耐用,且必须在门内设置安全插销,以便被误锁库内的人员能自行走出困境,见图 26.42。

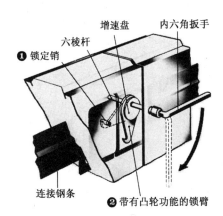

图 26.41　活动式冷库护板的连锁机构。需要时可放开锁扣,将冷库拆除 (Bally Case and Cooler, Inc. 提供)

图 26.42　进入型冷库的库门均较为牢固。库门上必须设置安全插销,以便能从库内打开库门(BallyCaseandCooler,Inc. 提供)

26.22　进入型冷库中蒸发器的安装位置

进入型冷库的供冷方式与大型空间的冷却方式非常相似。如今采用的蒸发器均自带加速冷空气循环的风机,这样可以使蒸发器自身体积更加紧凑、小巧。以下是常用于这种冷库供冷的各种系统形式:

1. 采用现场安装的连接管,将蒸发器与冷凝器连接。
2. 带有预充液管的蒸发器。
3. 带有内置式冷凝机组的壁挂式或顶装式一体机。

安装冷库的蒸发器时,必须保证库门打开时从蒸发器吹出的气流不完全吹向库门,因此可以将蒸发器设置在一侧墙面上或某个墙角处。蒸发器一般都固定在铝制箱体内,其膨胀装置和电线接线端均位于后板上或穿过底板,见图 26.43。为避免库门打开时冷风吹向库门,有些冷库还设有能自动关闭风机的开关,如果这种库门打开的持续时间不长,那么的确能带来很好的节能效果,但如果时间过长,压缩机在没有风机配合的情况下持续运行,就可能会使液态制冷剂溢入压缩机。也有一些冷库可以在风机停止运行的情况下,自动地使液管电磁阀失电,由压缩机将制冷剂从蒸发器送到冷凝器和储液器。这种方法固然也能起到一定作用,但往往会使控制过程复杂化。

26.23　冷凝水的排除

蒸发器机箱底部设有冷凝水集水盘,必须用排水管接至冷库外。当冷库内温度低于冰点时,还必须予以加热以防止管中冷凝水冻结,见图 26.44。其所需的热量一般由现场安装的电阻式加热器提供。排水管还必须设置存水弯头以防止周围空气进入库内。此外,排水管还应保持每英寸长度上向下倾斜 1/4 英寸的斜度以保证良好的排水。如果冷库周围的环境温度低于冰点,那么连接至库外的排水管和存水弯头也必须予以加热,这种排水管的加热器有时就利用其自己的温控器以避免在比较暖和的天气下仍耗用能量。

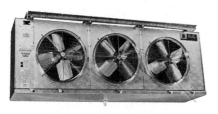

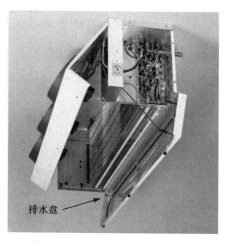

排水盘

图 26.43　用于进入型冷库的风机盘管式蒸发器(National Refrigeration and Air conditioning Products 提供)

图 26.44　排水盘加热可防止冷凝水冻结(Larkin Coils,Inc. 提供)

26.24　制冷管线

冷库制冷管线的安装方式有两种:其中的一种是常规接管方式;另一种则采用预充液管,称为预制管套件。采用常规法时,安装人员按照双方的合同在现场配置管线,安装管件,管线布置可以采用直管和用于转角的弯头。管线安装完成后,还必须进行检漏,抽真空并为系统充注制冷剂。此项工作要求有经验的技术人员来完成。

采用预充液管时,由于这种配管一般均由设备制造商配套提供,因此不需要另行配管。预充液管的两端有快速接头,这种充液管没有用于转角的管件,安装时必须用手缓慢地弯制成弯头。冷凝器和蒸发器均内均充注有运行所需的制冷剂。按安装需要配置的配管中也有适当数量的制冷剂。由于安装人员不需要计量系统内的制冷剂充注量,因此给安装带来了很大的方便。它实际上是一个生产厂家完成所有的安装操作项目,仅需现场连接的系统,见图 26.45。既不需要焊接,也不需要制作喇叭口接头。这种项目可以由实习人员来完成。

如果因为计算错误,安装时发现连接管太长,那么可以向供应商调换新的连接管,也可以将手上的连接管按所需长度裁短。☆如果现有的预制管套件需要更换,那么其管中的制冷剂可予回收;如果已破口,那么应根据操作规程重新焊接、检漏、抽真空和充液。☆ 如果预制套件太长,那么应将多余的管线盘起来,以水平方向放置即可保证其正常回油。图 26.46 为预制管套件更换的各个步骤。

图 26.45　快速接头可以为客户提供一个由生产厂家装配完成并充好制冷剂的现成系统(Aeroquip Corporation 提供)

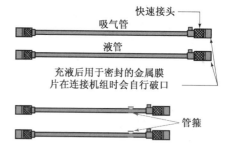

快速接头

吸气管

液管

充液后用于密封的金属膜片在连接机组时会自行破口

管箍

图 26.46　快速接头的更换。注意:吸气管线内为蒸气;液管线内为液态制冷剂,其所含的液态制冷剂量与在真空状态下吸入管内的制冷剂量几乎相等。☆将管内制冷剂全部回收后,才能对连接管按所需长度进行切割。☆用管箍将两连接管并排固定。**安全防范措施**:检漏、抽真空及充注制冷剂时应特别注意:(1)吸气管内为蒸气;(2)液管内为液态制冷剂。此外,新配的短管也必须有适量的制冷剂。可参见第8章"系统抽真空"和第 9 章"系统充液"

26.25 进入型冷库的整体式制冷设备

壁挂式或天花板顶装式机组均为整体式机组,见图 26.47。即使不懂制冷的人员也能安装这种整体式机组,仅需按正确的安装方法操作即可,其安装方法与安装窗式空调器相似。由于这种机组可以使用户节省费用,因此在各种冷库中的使用非常普通。需特别注意的问题是冷凝器排风口的位置,即必须有足够的排风空间,不至于使排风返回至其进风口,否则就会出现排气压力升高的问题。这种机组一般均由生产厂家装配完成,不需要现场抽真空或充注制冷剂,它们也有高温、中温和低温 3 种温度范围。唯一需要在现场完成的是连接电源。

图 26.47 这种壁挂式"马鞍型机组"只需挂在冷库的墙壁上,其重量均匀分布在两侧。这种整体式机组仅需连接电源即可工作(Bally Case and Cooler,Inc. 提供)

26.26 自动售货机的制冷装置

自动售货机出售的某些商品也需要冷冻环境,如饮料(降温液体)、三明治或冰激凌等冷冻食品,见图 26.48。自动售货机的冷冻系统只是自动售货机机械和电气装置的一小部分,其系统构成与运行方式与家用制冷设备相似。关于家用制冷设备,我们将在后面论述。它是一个小功率全封闭的制冷系统。根据自动售货机上出售商品所需的温度,有些是低温系统。

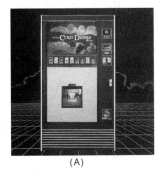

(A) (B) (C)

图 26.48 (A)冷饮自动售货机;(B)三明治自动售货机;(C)冰激凌自动售货机(Rowe International Inc. 提供)

自动售货机为整体式设备,因此是一种类似家用冰箱的插电源装置,其常规工作电源来自 20 安培的电源插座,见图 26.49。自动售货机的复杂之处在于机内除了设有商品分送机构外,还必须设置钱币的找零装置。钱币的递送装置必须能够收钱,有硬币,也可能有纸币,然后送出正确的零钱,这就需要一套非常复杂的电子线路和各种传感器来完成各项工作,通常在自动售货机旁均设有钱币兑换机,这种兑换机可以兑换各种硬币,但更多的则是纸币兑换硬币。自动售货机中的商品移动系统(也就是通常所称的输送系统)在钱币交割之后,自动送出指定商品。自动售货机由制冷系统、钱币找零系统和货物分送系统 3 部分组成,机内每一个系统均与其他系统相互关联、相互牵制又相互依赖。这里,我们仅讨论自动售货机中的常用制冷系统。要了解自动售货机的另两个系统的内容,可以向技术学校的教师咨询或参考制造商的相关文件。

饮料的冷却 饮料冷却器既可用来冷却罐装饮料,也可用来冷却散装饮料,其动作过程是在钱币送入机器后即能自动定量送出罐装或散装饮料。由于饮料必须保持在冰点以上的温度,因此必须采用中温制冷系统。如果是罐装饮料或瓶装饮料,那么可以不考虑饮料的蒸发,采用较小的蒸发器,并且可以在较低的温度下运行。

如果自动售货机的蒸发器运行温度低于冰点,那么必须设置除霜运行。一般来说,自动售货机中的空气具有足够高的温度,可用于停机除霜。由于自动售货机不可能有较长的停机时间,因此在某些情况下必须定时停机除霜。其停机除霜时间可利用自动售货机上常规配置的电子线路板予以控制。除霜时,从盘管上收集到的水液通过一个水封管排出,以防止环境空气进入冷冻区域。然后再送到集水盘,利用热蒸气管或来自冷凝器的热空气予以蒸发,见图 26.50。由于饮料罐或饮料瓶可能破损,其液汁就会流入冷凝水盘,蒸发时,饮料中的糖分和调味料就会滞留在盘中,因此冷凝水盘很可能会成为肮脏、啮齿类动物和各类昆虫竞相聚集的地方。

在热带地区,如果将在阳光下直晒的饮料放入自动售货机,由于其温度很高,往往会使压缩机始终处于连续运行的状态,如果能在放入自动售货机之前予以预冷,则是一个非常好的办法。例如,将自动售货机放置在一个进入型中温冷库旁,先将饮料放入冷库内,使其从卡车后板上的温度冷却至室内温度,即进入型冷库的温度,然后再将其送至自动售货机上,见图 26.51。这样不仅可以减少自动售货机制冷系统的热负荷,而且可以保证顾客购买时能够获得足够冷的饮料。有些自动售货机在其底部也设置专门用于存放饮料的储藏室,使其能够在放入分送架之前得到冷却,这样就能进一步保证顾客购买时,能够得到温度较低的饮料。

20安培
的电源
冷饮料

图 26.49 采用 20 安培电源插座的自动售货机

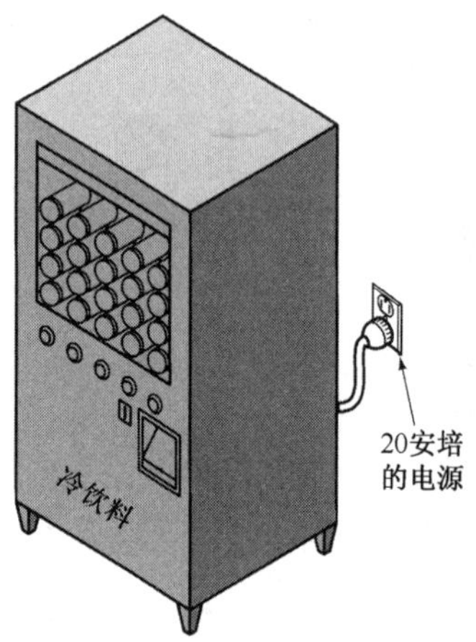

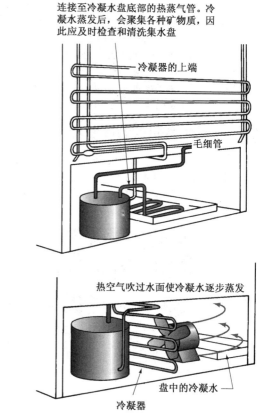

连接至冷凝水盘底部的热蒸气管。冷凝水蒸发后，会聚集各种矿物质，因此应及时检查和清洗集水盘
冷凝器的上端
毛细管
热空气吹过水面使冷凝水逐步蒸发
盘中的冷凝水
冷凝器

图 26.50 冷凝水的蒸发

95°F
70°F
BEER SODA SODA SODA
SODA BEER BEER BEER
SODA SODA
POP POP POP POP POP
POP POP POP POP POP
POP POP
POP
进入式冷库
自动
售货机

图 26.51 将从车上卸下的、温度较高的饮料在放入自动售货机之前先送入进入型冷库,可以降低自动售货机中制冷系统的热负荷

自动售货机中,饮料罐或饮料瓶均为叠置,并从底部排出。当有钱币送入送币孔后,饮料罐、瓶由于重力而下降,从下方出口将饮料罐推出,同时将多余的零钱一同推出。当向机内添加饮料罐时,只能从上方层层叠放,如果此时新放入的饮料温度高于售货机的设定冷冻温度,那么在它落入出货口之前就可以有足够长的时间冷却,见图 26.52。由于最先排出的饮料罐或饮料瓶一定是最早放入售货机的饮料,因此它实际起到了盘动存货的作用。

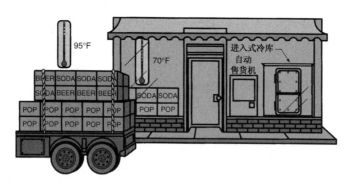

由于自动售货机内的空间非常有限,因此自动售货机通常采用风冷式冷凝器和带有毛细管计量装置的强制对流式蒸发器,见图 26.53。蒸发器风机将冷风吹向饮料架的上端部,吸热后的气流再返回位于机架底部的蒸发器。由于自动售货常设置在室外或较冷的位置,因此其冷凝器一般均设有低温环境控制器,以使冷凝器风机能够间断运行,保证有足够的排气压力,进而使毛细管能够正常地向蒸发器提供制冷剂。其控制器既可以是压力控制器,也可以是液管温度控制器,见图 26.54。

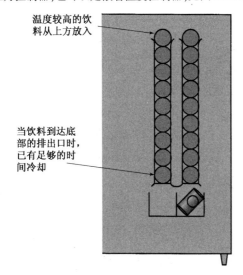

图 26.52　罐装饮料的添加

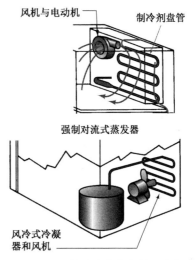

图 26.53　强制对流式蒸发器和冷凝器

这种系统非常像采用小功率全封闭压缩机的家用冰箱,其维修方法与家用冰箱的维修也基本相同。对于小系统维修方面的详细内容,可以参考"家用冰箱"一章。

另一种饮料冷却装置可同时分送出冷冻饮料和小冰块,如带有小冰块的满杯软饮料。其放出的饮料应具有较低的温度,并配有一定数量的小冰块,这样从出料口提取的饮料即可马上饮用。如果从出料口提出的饮料仍带有温热,尽管放有冰块,也需要几分钟才能逐渐冷却。为获得较为理想的饮用温度,还需要根据不同温度的饮料放入不同数量的冰块,事实上,饮料的温度很难做到一成不变。

有些自动售货机的制冷系统有两个作用:制冰和对送入容器中的水进行预冷。因此,常在自动售货机中设置两台蒸发器和一台冷凝机组来实现这样的目的,并利用设置在液管上的三通阀来控制液态制冷剂的流向,见图 26.55。

用于常规自动售货机的制冰机一般是片冰机,这种制冰机的蒸发器为一个内置螺旋推进器的容腔。冰层形成后,由螺旋推进器将其从蒸发器的表面刮下,并送至储冰室,见图 26.56。储冰室的料位开关可以使压缩机停止运行或依据自动售货机的指令将制冷剂切换至储冰室蒸发器。由于水在饮料的各组分中占有很大的比例,因此在加入顾客所持容器(通常为纸杯或塑料杯)中前,应先予预冷。水的预冷方式有两种,一种是与制冷剂进行直接热交换,见图 26.57;另一种方法则是采用一个带有储冰室的水槽式蒸发器,进水管接入水槽式热交换器,使水箱内有循环水流动,蒸发器则固定在水箱外壁面上,水即可在此蒸发器板上结冰。这就可以为系统在冷饮水用量较多时提供一定的储备量,见图 26.58。当冷饮水用量较大时,整个制冷系统可用于制冰,而水箱则可保证饮用水有较低的温度。制冷系统首先保证制冰机的需要,然后才是储冰室降温。

冷饮水的碳酸化充气由设置在自动售货机内的小钢瓶向饮料中充入二氧化碳气体。二氧化碳钢瓶上设有调压器,它可以对注入水杯的冷饮水中充入的二氧化碳气体进行降压。

三明治及其他商品的自动售货机以及一些其他产品在从自动售货机售出之前必须中温冷藏。三明治及其他商品可以放置在自动售货机出货口,并像罐装饮料一样从出货口送出。这类自动售货机一般都有透明的面板,这样顾客就能在购买前看见想要的商品,见图 26.59。

中温自动售货机一般均设置完全独立的制冷系统,它可以从自动售货机整体拆下,见图 26.60。从维修角度来说非常便利。如果系统出现故障,那么可以将整个系统取出更换,放在工作台上进行维修。

另有一些销售冰激凌等冷冻食品的自动售货机。这些自动售货机的运行温度必须在 0℉ 左右才能使食品保持在冻硬状态,因此它是一种为低温制冷装置。这些自动售货机设有能覆盖售货机整个产品部位内侧的板式蒸发器,见图26.61。当采用大规格蒸发器时,自动除霜系统也就没有实际意义了,只需在对自动售货机进行例行的维护时,做人工除霜即可。

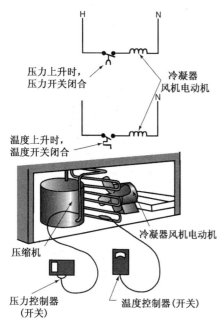

图 26.54　利用管接于排气管的压力控制
　　　　　器或捆扎于液管线上的温度
　　　　　传感器来实现低温环境下的
　　　　　冷凝器风机电动机的间断运行

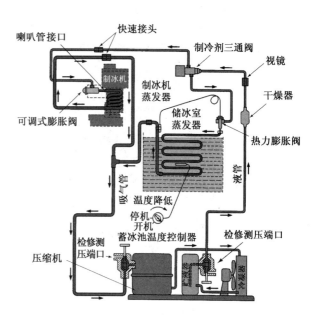

图 26.55　制冰机和储冰室蒸发器
（Rowe International Inc. 提供）

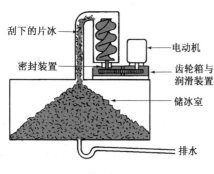

图 26.56　片冰机

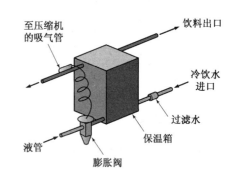

图 26.57　饮用水预冷蒸发器

低温售货机一般在机内设有隔离板,以防止在向机器添加商品时带有水汽的环境空气进入,成为蒸发器的热湿负荷,这样就可以防止蒸发器过多积霜。

大多数自动售货机设有称为健康开关的装置,它实际上是一个温控器,用于向操作人员提醒售货机一直在高于安全运行的范围的状态下运行了很长时间,其内部的产品质量可能会受到影响。例如,如果一台出售三明治的自动售货机,其机内温度达到45℉以上并持续一段时间,通常为30秒,那么食品中很可能会产生细菌,并对顾客的健康造成伤害。此时,电子线路和警示灯就会提醒操作人员,同时,自动售货机的所有照明电路全部切断,提醒顾客不要购买其中的食物。

对于整个自动销售管理来说,自动售货机的卫生管理是一项十分重要的工作,售货机必须始终保持整洁的状态,否则顾客的健康就会受到影响。如果自动售货机不能保持整洁的话,卫生部门就会出面交涉,因此必须定期对各运行部件、制冷系统的蒸发器以及机器本身进行检修,并做好保养工作。

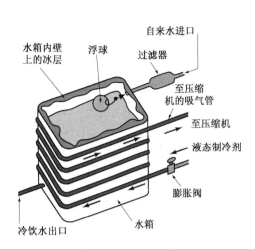

图 26.58　蓄冰池预冷器中的结冰可以为冷饮水制备提供一定的储备容量

图 26.59　可以透过玻璃面板看到商品的食品自动售货机

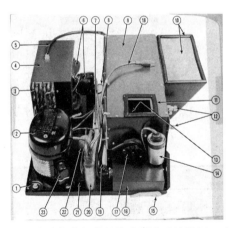

图 26.60　自动售货机的整体式制冷系统装置。这种整体式机组可以很方便地在现场更换或拆下送维修车间进行检修(Rowe International Inc. 提供)

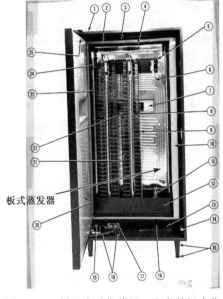

图 26.61　低温自动售货机。注意其板式蒸发器(Rowe International Inc. 提供)

26.27　冷饮水器

　　冷饮水器常称为饮水喷泉,主要在公共建筑物内用于将饮用水冷却至相当于冰水的温度,饮用水可以通过一个称为喷水式饮水口的装置排水,见图 26.62(A),也可以通过一个压板式放水口放入水杯,见图 26.62(B)。整体式冷饮水器主要有两种:一种有大瓶的水桶放置在冷却器的上方,见图 26.63(A);另一种则为常规自来水管压力下的自来水,见图 26.63(B)。

　　由于压板式冷饮水器的出水动作完全自动,因此几乎不需要维护。进入冷饮水器的水一般具有常规的主管水压,而且还需对它进行降压,以便人们饮用时能形成比较合理的弧形水流,见图 26.64。用于降压的水压调节器则是技术人员经常需要维修的部件之一,这种调压器一般都有一个对应一字形螺丝刀的直槽,可用于调节喷水式饮水口处出水弧线的状态。

(A)

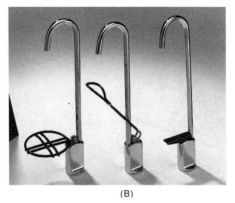
(B)

图 26.62 (A)～(B)冷饮水的出水方式(EBCO Manufacturing Company 提供)

冷饮水器的制冷装置为独立型全封闭系统,它由压缩机(1 马力以下功率)、带有小功率风机的常规型风冷式冷凝器和蒸发器组成,只是其蒸发器与其他蒸发器略有不同,它通常为由铜、黄铜等有色金属或不锈钢制成的小水箱,制冷剂管则绕在此水箱上。冷饮水器放出的饮用水称为"可直接饮用水",因此小水箱必须卫生、清洁,其材料的选择非常重要。

从喷水式出水口喷出的水估计有 60% 直接排入排水管。这是经人为降温的冷水,因此许多制造商均采用热交换方式来回收这部分冷损失,即在进水和排水管之间或液态制冷剂管与排水管之间形成热交换,见图 26.66。

当饮用水由桶装水排出时,制冷系统则设置在桶装水的下方并封闭在一个箱体内,见图 26.67。采用这种形式的冷饮用水器时,桶中水均以重力自行流入杯中,没有水流失。

此外,还有独立式冷饮水器[见图 26.68(A)]和壁挂式冷饮水器[见图 26.68(B)]。当其主要部件需要维修时,这类冷饮水器均可从原来的位置拆下,送到专门的维修厂家进行维修。

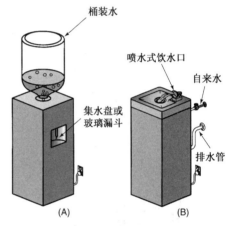

图 26.63 (A)～(B)两种冷饮水器

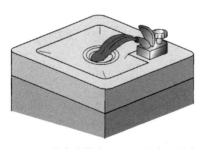

图 26.64 喷水式饮水口可以形成弧形水流

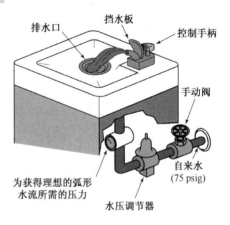

图 26.65 水压调节装置

集中式冷饮水系统主要用于某些大型建筑物内。这些系统常采用中央冷饮水器将冷却后的饮用水送到整栋楼的喷水式出水口和杯式出水口(但每一个喷水式出水口必须将排水送回中央排水系统),由于这种系统效率高,且所有制冷设备的操作均集中在一个地方,因此它在一些大型建筑物内的应用非常普遍。

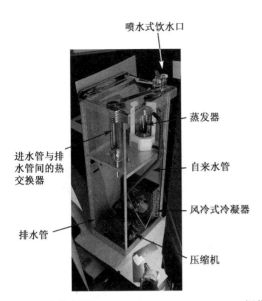

图 26.66　冷饮水器（EBCO Manufacturing Company 提供）

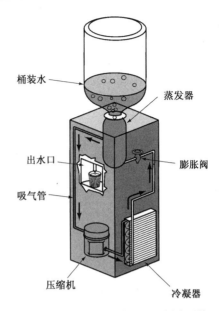

图 26.67　桶装水饮水器的制冷系统

26.28　冷冻式空气干燥器

有许多设备需要采用取自环境空气的压缩空气,并必须对这部分空气进行降湿处理。空气被压缩机进行压缩时,往往会因为有水汽而迅速处于饱和状态。其中的一部分水汽可以在储气罐中冷却,并通过浮球开关排出,但它离开储气罐时仍接近饱和。当这些空气是用于某些特殊的生产制造过程,或用于所谓的"气动控制系统"等控制装置,其中的压缩空气必须干燥时,那么可以采用冷冻的方法对这部分空气进行降湿处理。

空气冷冻干燥器基本上是一种制冷装置,一般设置在储气罐后侧位置。空气在热交换器中冷却后送往储气罐,在储气罐中,大量的水分与空气分离。分离出的水在达到设定液位后,浮球开关打开,从储气罐中排出,见图 26.69。分离后

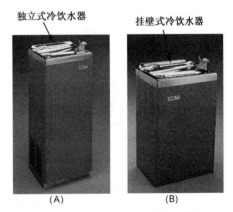

图 26.68　（A）～（B）两种冷饮水器（EB-CO Manufacturing Company提供）

的空气然后通过另一个热交换器,使自身温度降低至露点温度以下（水开始从空气中冷凝的温度）。热交换器的运行温度一般则稍高于冰点温度,见图 26.70。

由于制冷系统无法知道什么时候有气流经过系统,因此,一般情况下,系统自始至终持续运行。又因为有时候没有任何气流经过系统,事实上也就使得制冷系统没有任何热、湿负荷。整个系统唯一有热、湿的时候也就是有需要干燥的空气流过的时候。由于制冷系统持续运行,在蒸发器上没有热、湿负荷时,必须采取某种方式为蒸发器设置一个假负荷。为此,一般采用一个称为热蒸气旁通阀的专用制冷阀,见图 26.71。此阀设置在热蒸气管和压缩机或蒸发器的进口之间,它可以检测蒸发器内的压力,并在蒸发器上没有热、湿负荷或热、湿负荷较小时,使热蒸气进入吸气管,但它需要利用一个压力敏感阀来检测吸气压力来实现这一目的。由于它不能容许蒸发器内的压力低于设定值,因此这种阀也称为调压器。此调压器与本书前面论述的其他各种调压器的差异在于它跨接于系统的高压侧和低压侧,其设定的压力点一般刚高于冰点对应的压力。例如,对于 R-22 来说,热蒸气旁通阀的设定压力为 61.5 psig（35℉）,此阀不能容许蒸发器的压力降低至 35℉以下。因此,无论是在蒸发器没有热、湿负荷,还是负荷很小的情况下,蒸发器均不能冻结。

空气冷冻干燥器一般为整体式的制冷系统,既有风冷式,也有水冷式,见图 26.72。小容量干燥器常采用全封闭压缩机,较大容量的干燥器一般采用半封闭的压缩机。由蒸发器处引出的压缩空气由输气管直接连接至其应用装置,空气干燥器收集的冷凝水排至就近的下水道。

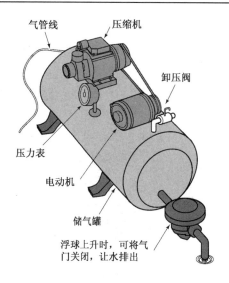

图 26.69　空气压缩机的排水气门

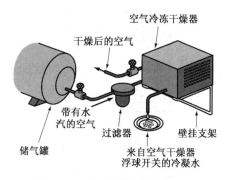

图 26.70　空气冷冻干燥器装置

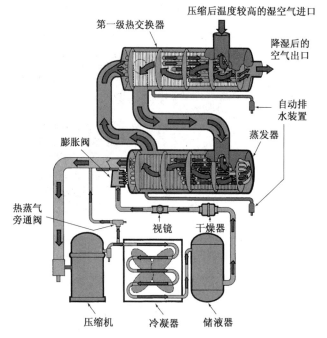

图 26.71　空气冷冻干燥器中制冷剂与空气
　　　　　的流程(Van Air System Inc. 提供)

图 26.72　冷冻式空气干燥器(Van
　　　　　Air System Inc. 提供)

　　空气冷冻干燥器的蒸发器有多种形式,常见的有套管式或蜂窝式蒸发器,其压缩机则通常为全封闭式压缩机。

　　对于维修人员来说,应当首先理解制造商对每一种设备、装置的设计意图和应用对象。当需要更换系统内器件时,技术人员必须能及时地做出判断,或采取临时的处理措施。当设备型号比较老旧时,就很难获得与原件完全相同的备件了。

本章小结

　　1. 产品冷冻过程中的脱水问题是选择各种冷冻冷藏设备时需要考虑的一个要素。

2. 整体式,即独立式冷冻冷藏设备设置在室内时,其冷凝器排出的热量仍返回至商店内。
3. 整体式机组的冷凝装置通常设置在冷柜的顶部或底下。
4. 各种冷冻冷藏设备都有冷凝水排出,必须将其排入下水道或予以蒸发。
5. 各冷冻冷藏装置都要用连接管线连接至公用机房内各自独立的压缩机或一机拖多台蒸发器系统的压缩机。
6. 采用一机拖多台蒸发器系统时,需设置容量控制装置。
7. 采用并联式压缩机系统可以获得较为理想的负荷匹配。各压缩机同时连接于一个公用吸气管线和排气管线,并同时分享一个储液器供液。
8. 由公用吸气管线上的压力传感器将压力信号传送给压缩机并联机组上的控制器来实现分步容量调节。
9. 并联式压缩机系统需要采用较为复杂的、能顾及各台压缩机的润滑系统,以保证每台压缩机曲轴箱内有适当的油位。
10. 并联式压缩机系统通常需要采用辅助(增压)压缩机,且往往是整个压缩机机组中容量最大的压缩机。
11. 二次流体是一种在冷柜中循环的抗冻溶液,它具有优于常规制冷系统的许多优点。
12. 制冷剂增压系统是对液态制冷剂进行过冷的一种独特方式,它有助于克服液管内压力的下降,以避免液态制冷剂在进入计量装置之前过早地闪蒸。
13. 与常规的、需设置专门机房的超市制冷系统相比,单元式、独立制冷装置模式更具优势。
14. 多压缩机机组的容量控制常采用各压缩机间断运行的方式来实现。
15. 多台蒸发器可采用连接管线一同连接至一个公用吸气管。
16. 液态制冷剂离开储液器后可分成多路支管,分送至各冷冻冷藏装置。
17. 每台冷冻冷藏装置均设有各自的膨胀阀。
18. 中温和低温冷冻冷藏装置均需设置除霜运行装置。
19. 低温冷冻系统的除霜必须对盘管进行加热。
20. 共用排气管线集中了整个系统吸入的热量。
21. 利用热回收装置可以将回收的热量用于为商店内供暖或提供热水。
22. 在柜门四周设置加热器可以使柜门附近的箱体温度高于室内空气的露点温度。
23. 这种加热器又称为棂框加热器,通常采用电阻式加热器,有时候也采用热力控制方式予以控制。
24. 商店内夏季排湿的方式主要有两种:一种采用制冷设备;另一种则采用空调系统。
25. 采用空调设备排湿要比采用制冷设备除霜方式排湿更经济、成本更低。
26. 排水加热器一般采用电阻式加热器产热,但必须采用温控器来避免不需要时加热器自行运行的情况。
27. 有些小冷库采用分离式冷凝机组,也有一些则采用壁挂式或顶装式的整体机组。
28. 有些分离式机组需要现场制管、布线,有些则直接采用快速接头。
29. 带有制冷系统的自动售货机有钱币接收和找零机构、食品存放与分送装置(常称为输送装置)和制冷系统三大机构组成。
30. 除霜产生的冷凝水排入一个密封的排水管,再利用流动的空气或热蒸气管予以蒸发。
31. 自动售货机的制冷系统通常采用风冷式冷凝器、小功率压缩机和强制对流式蒸发器。
32. 提供冷饮水的冷饮水器一般为独立式机组,它采用小功率压缩机和风冷式冷凝器,其蒸发器往往是用蒸发器管绕在周围的容器。
33. 冷饮水器是一种整体式冷冻装置,它可以是独立的立式,也可以是壁挂式,但其排水管必须回接至建筑物排水系统。
34. 冷冻式空气干燥器是一种用于对采用空气压缩机进行压缩的空气进行降湿处理的制冷装置。
35. 冷冻式空气干燥器不管是否有热、湿负荷,它始终处于工作状态,并将空气冷却至 35 °F 左右。
36. 常规冷冻式空气干燥器常采用全封闭式压缩机、风冷式冷凝器或水冷式冷凝器。
37. **安全防范措施**:冷冻设备和装置形形色色、品种各异,主观判断和猜测往往替代不了制造商的设计意图。没有相关知识的情况下切忌轻举妄动。

复习题

1. 陈列柜可分为_____和_____两大类。
2. 开放式陈列柜中,如果货架较高,应如何维持其温度状态?
3. 什么是棂框加热器?

4. 制冷系统的 3 种温度范围分别是_____、_____和_____。

5. 冷柜的两种排热方式是_____和_____。

6. 当多台压缩机统一设置在公用机房内时,其管线通常需要:
  A. 走地沟或用塑料管从地下走;   B. 悬吊在天花板上;
  C. 在两堵墙中走;   D. 在墙的背面走。

7. 采用大容量压缩机时,需配置何种专用装置?
  A. 排气管消声器;   B. 吸气管消声器;
  C. 汽缸卸荷装置或可变速驱动装置; D. 热蒸气旁通管。

8. 定义并联压缩机系统,并列举其 5 个优点。

9. 并联式压缩机系统的 3 个缺点是_____、_____和_____。

10. 平衡式与非平衡式并联型压缩机的区别是什么?

11. 热负荷与制冷压缩机完全匹配是指:
  A. 容量控制;   B. 减少热负荷;
  C. 热负荷平均分摊;   D. 与热负荷匹配。

12. 并联式压缩机系统中压力传感器的作用是什么?

13. 并联式压缩机系统中微处理器控制器的作用是什么?

14. 试解释油分离器、储油箱、压差阀和油位调节器在维持并联式压缩机正常油位中的工作过程。

15. 并联式压缩机机组中,一般均设有专门用于拖动温度最低冷柜的大容量或小功率压缩机,这种压缩机常称为:
  A. 辅助压缩机;   B. 分离式压缩机;
  C. 增压压缩机;   D. A 和 C。

16. _____可改变以电子线路方式转变后的正弦波频率,进而改变交流电动机的转速。

17. 试说明二次流体系统的作用及其优点。

18. 试说明采用制冷液增压系统的主要目的,并列举其主要优点。

19. 超市中单元式、独立型制冷装置模式的三大优点是_____、_____和_____。

20. 当公用机房位于商店后端,而中温机组处于商店前端时,如何进行除霜?

21. 正误判断:用于低温装置的两种除霜方式是热蒸气除霜法和电加热除霜法。

22. 进入型冷库的排水管应采取何种特别措施?
  A. 防冻保护;   B. 应予关闭,以防止环境空气进入冷库内;
  C. 排水管应向下倾斜;   D. 上述全部措施。

23. 进入型冷库的构筑材料是什么?

24. 自动售货机中温冷冻系统的常用除霜方式为哪一种?
  A. 电加热; B. 热蒸气; C. 停机自行融霜; D. 上述 3 种均不采用。

25. 用于冷冻式空气干燥器的专用阀是:
  A. 四通阀; B. 除霜阀; C. 三通阀;   D. 热蒸气旁通阀。

第27章 商用制冰机

教学目标

学习完本章内容之后,读者应当能够:

1. 论述片冰机的制冷循环。
2. 讨论片冰机的基本排故方法。
3. 陈述片冰机注水系统的作用。
4. 解释片冰机中冲洗运行的目的。
5. 陈述片冰机中储冰室控制器的作用。
6. 阅读并解释片冰机产量与性能图。
7. 叙述月牙形冰块的制作方法。
8. 叙述蜂窝式冰块的制作方式。
9. 解释制冰机的工作过程。
10. 论述制冰机冰块的收集运行。
11. 陈述制冰机中微处理器控制器的作用。
12. 解释微处理器输入/输出端排故的具体方法。
13. 论述制冰机中水质对冰块质量的重要性。
14. 论述制冰机的清洗与消毒的区别。
15. 定义水的过滤与水的处理。

安全检查清单

1. 采用清洁剂和消毒剂时,须按照制造商的说明书进行操作。
2. 用手提取或使用清洁剂和消毒剂时,必须穿上防护服并佩戴护眼镜。
3. 应特别小心,不要用手直接接触制冰机的任何运动构件或让运动构件钩住衣服。
4. 制冰机的工作环境往往比较潮湿,检修制冰机时,应特别注意防止触电和其他意外事故。
5. 必须遵守各项用电安全措施,始终保持谨慎的工作态度,并充分运用各种安全常识。

27.1 整体式制冰设备

制冰的温度范围与低温、中温或高温制冷系统的温度范围稍有不同,制冰采用的蒸发器温度处于中温与低温范围之间,即32℉冰点温度以下约为10℉的范围之内。大多数制冷装置均采用管式和翅片式蒸发器,并采用除霜运行方式来清除蒸发器的积冰。而制冰则是利用某些类型的蒸发器表面积冰,然后再经融化运行,也常称为收冰运行之后予以收集、存储。

大型商业性块冰生产企业常采用冰桶,并将冰桶中的水冻结成块冰。这里,我们仅讨论在商业性餐馆和饭店中可以见到的小型制冰设备。这些制冰机一般均为整体式机型,其电源由电源插座提供。在有些场合,制冰机的电源线也可直接与电路连接,我们称之为硬线方式。有些制冰机采用分体式系统,即其冷凝器设置在室外。

整体式制冰机一般将其制成的块冰存放在制冰器下方32℉的储冰室内,此储冰室由储冰室内的冰块融化吸热而冷冻(也因此称为32℉的储冰温度),因为总有一部分冰块融化,且天气越是炎热,融化的冰块也就越多。

冰块的融化水及制冰过程中多余的水必须予以排除。不要将制冰机与那些便利店或服务站室外所能见到的储冰机相混淆,储冰机常以冰袋形式并以远低于冰点的温度存放冰块。制冰与给冰装袋均在某一企业内完成,然后存储并配送至各零售点。

大多数制冰机均采用风冷,因此制冰机必须设置在始终有适当气流流过冷凝器的地点。也有一些整体式制冰机为水冷式机组,需采用冷却水系统来冷却水冷式冷凝器,冷却水使用后排入下水道。

整体式制冰机的安装比较简单,主要有下述操作事项:

1. 像冰箱一样,将其定位并检查、调整水平状态。
2. 提供电源,插上电源插座或用硬线连接电源。
3. 连接自来水。
4. 为储冰室连接排水管。

整体式制冰机生产的冰块只有两种类型:片冰和各种形状的块冰(实心硬块冰)。

27.2　片冰的制作

片冰通常是在一个立式、由蒸发器围绕在外侧的圆桶体内制成。在餐厅、饭馆和自动售货机的水杯中见到的片冰均为非常薄的块冰。相对于实心的块冰,有些人更喜欢在各种饮料中加入片冰,这是因为相对于片冰较小的重量来说,它有较大的表面积,而且还含有较多的空气,因此其融化速度更快。实心块冰由于其重量较大,而表面积相对较小,往往可以在饮料中维持较长的时间。切记:要把一磅的水制成冰块和融化一磅冰块都需要144 Btu 的热量,因此,一个小水杯中实际上仅需很少量的冰块即可。实心块冰不仅制作成本较高,而且其中一部分多是被扔掉的。

片冰的制作方法是在圆桶内保持一定的水位,螺旋推进器在此圆桶内持续转动,不断地从蒸发器表面生成的冰层上刮下片冰,见图27.1。螺旋推进器同时将刮下的片冰朝上推进,直至到达位于侧面的斜槽,然后,片冰依重力流向储冰室。螺旋推进器上设有称为刮板的切削面,由其不断地从满液式蒸发器的桶体内侧刮下、刨下片冰。在一些比较新式的制冰机中,螺旋推进器上的刮板可以对冰层施加一个朝向推进器上端的压力,受到压力作用后,冰层即被切割,或通过螺旋推进器上端部的小孔将冰层挤压成不同形状和组织结构的冰粒。这种制冰器只要压缩机和螺旋推进器正常,它就有一个固定的收冰运行过程。

螺旋推进器由电动机通过变速齿轮驱动,电动机及变速齿轮可以设置在螺旋推进器的上方,也可以设置在其底部。图27.2 为电动机及齿轮均设置在底部的制冰机。螺旋推进器为垂直设置,它与齿轮箱的连接处设有轴封。如果齿轮箱与电动机位于螺旋推进器的上方,此轴封可以防止润滑油进入冰桶内,见图27.3。如果齿轮箱设置在螺旋推进器的下端,那么轴封可以防止制冰水进入齿轮箱,见图27.4。

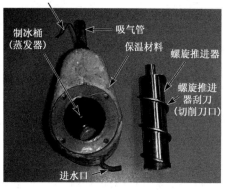

图 27.1　片冰机的蒸发器、制冰桶以及螺旋推进器(Ferris State University 提供)

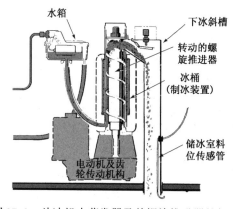

图 27.2　片冰机中蒸发器及其螺旋推进器的相对位置,螺旋推进器转动时,可以将片冰从蒸发器上刮下。螺旋推进器与蒸发器表面的间隙很小(Scotsman Ice Systems 提供)

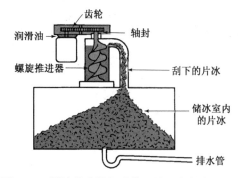

图 27.3　螺旋推进器驱动装置设置在制冰机构的上方,其轴封可防止润滑油渗入冰桶内

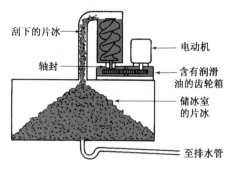

图 27.4　齿轮箱位于螺旋推进器的底部,其轴封可防止冰水进入齿轮箱

蒸发器中的制冰水液位由位于蒸发器上方的浮球室控制。此浮球式液位控制器的精度要求较高,如果液位太低,就会使齿轮箱及电动机增加额外的阻力负荷,这是因为制冰水的液位太低后,制冷系统的吸气压力随之降低,进而使冰层硬度提高,螺旋推进器难以刮削;如果蒸发器中的制冰水液位太高,因为螺旋推进器需要同时刮削更多的片冰,就需要更大的功耗。驱动螺旋推进器的电动机一般均设有手动复位的过载保护装置,它可以自动关闭电动机,并使压缩机停止运行。当电动机过载保护装置需要不断地复位时,很可能是制冰水液位控制装置出现了题,应检查浮球室内的阀口。如果浮球机构不能控制水位,就会在停机运行过程中使水溢出浮球室。由于制冰机必须将这部分多余的水冷冻至冰点温度,制成冰块,因此会使这部分额外负荷强加于整个制冷系统。此外,蒸发器内的过多水量往往还会进入储冰室,使已经制成的片冰融化,引起制冰机容量的大量损失,见图 27.5。

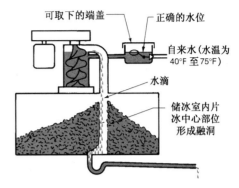

图 27.5 　 蒸发器内水位太高时,制冰水就会溢出,使已经制成的片冰融化。同时,新加入的制冰水也必须冷冻至冰点温度以下

如果制冰的液位太低,往往会导致片冰质地太硬,制冰机效率降低。在极端情况下,螺旋推进器还可能与蒸发器冻结在一起。在这种情况下,电动机与齿轮箱的作用力可以使蒸发器冰桶的中心线偏离原来的位置。

制冷循环

制冰机的制冷循环比较简单,也比较容易理解。它一般采用热力膨胀阀、自动膨胀阀或毛细管作为计量装置,但比较新式的片冰机出于效率和容量等因素的考虑,常采用热力膨胀阀。如果采用热力膨胀阀,那么其蒸发器的过热度读数较低,一般在 3℉ 至 4℉ 左右,这样可以保证蒸发器表面的冰层比较饱满。一般情况下,其蒸发器就是绕在冰桶外侧的盘管,而且为了使整个蒸发器上各处的制冷剂有较为均匀的分布,通常采用以并联方式连接的多个膨胀阀。盘管和冰桶分别用较厚的脆性保温材料覆盖,见图 27.1。保温层覆盖后,蒸发器的盘管无法直接看见。制冰机制冷系统的其他部分与任何其他系统并无区别,包括吸气管线、压缩机、水冷式或风冷式冷凝器、液管、计量装置和蒸发器。为防止蒸发器出现极端低压,有时候也采用蒸发器调压器。为使蒸发器能保持稳定的蒸发压力,我们也可以看到有些片冰机设有自动膨胀阀。

制冰机的系统制冷剂充注量一般需要精确计量。正确计量制冷剂充注量可以使制冰机在各种环境条件下获得最佳的工作状态。由于制造商要求有非常精确的制冷剂充注量,因此,通过融冰管、视镜或采用压力方法对系统充液不可能获得较为理想的效果。由于制冷剂泄漏等引起的系统制冷剂量不足往往会使压缩机电动机出现过载,或制冰容量的下降、低压控制器断开,或因为整个系统制冷剂流量过低,以至于蒸发器上的热量无法排除,最终使制冰机的产量大幅度下降。

一般情况下,也可以对制冰机进行改造,将其连接至大型超市中已有的并联式制冷系统中。在这种情况下,可以充分利用并联式制冷系统的压缩机和冷凝器,将来自并联系统液态制冷剂总管的高压液态制冷剂直接连接于制冰机。高压液态制冷剂通过计量装置进入整体式制冰机,在满液式蒸发器的冰桶内即可获得冷冻效应,并由螺旋推进器将片冰从冰桶上刮下。为防止蒸发器的压力过低,在这种系统的吸气管上通常设有一个蒸发器调压器。为连接和关闭进入膨胀阀的液管,系统还可设置多个液管电磁阀。离开蒸发器的吸入蒸气再连接至并联式压缩机系统吸气总管。并联式制冷系统的相关内容可参见第 26 章“制冷系统的应用”。

制冰机一般故障的排除

当制冰水在蒸发器冰桶中冻结时,制冰水中所含的各种矿物质就会留在冰桶内,并逐渐附着在冰桶的内侧壁和制冰机的其他各个表面。采用适当的制冰机清洁剂可以溶解这些矿物质,但使用这些制冰机清洁剂时,必须始终按照制造商的相关说明书进行操作,否则会给制冰机带来非常严重的伤害。各种矿物质附着在蒸发器冰桶的内侧表面后,往往会使片冰流动的阻力增加,被螺旋推进器碾碎、反复刮削,或被粉碎,然后再推出冰桶。这种积垢状态往往会使蒸发器在较低的吸气压力状态下运行,使蒸发器温度进一步降低,导致冰块质地很硬。如果听任各种矿物质不断累积,那么冰桶内就会出现类似两块脆性泡沫聚苯乙烯相互摩擦发出的嘎吱声响,甚至是很大的碾轧尖叫噪声。如果持续发出“咔哒”声,一般意味着存在机械故障,且很可能是驱动装置故障,如齿轮碎裂。齿隙较大引起的噪声很可能是螺旋推进器的驱动装置出现了较大的磨损。着手排故的最好方法是先简单地观察和倾听一下制冰机的运行情况,仔细询问物主,制冰机是否有奇怪或不正常的噪声,如果物主的回答是“有”,那么首先应对机器进行清理,仔细检查并拆下螺旋推进器和冰桶,观察蒸发器冰桶,即蒸发器的内侧表面,见图 27.6(A) 和 (B)。

制冰机的蒸发器冰桶一般均采用不锈钢、黄铜或紫铜等多种材料制成。如果为紫铜制成,那么根据美国国家卫生基金会(NSF)的要求,其冰桶必须经过表面镀层,镍是最常用的镀层材料。不锈钢冰桶具有比紫铜或黄铜冰桶更长的使用寿命,且有更佳的抗腐蚀性能,但紫铜的传热性能更好。采用不锈钢作为制冰表面的制造商往往采取某种独特的结构形式使蒸发器表面的传热效果接近于紫铜的传热性能。

螺旋推进器和蒸发器表面必须非常光洁,不得有任何划痕和裂痕。如果轴承磨损严重,那么螺旋推进器就会不断地触碰蒸发器,即冰桶表面。此时,一般情况下须将蒸发器或螺旋推进器择一换下,甚至将此两构件一同更新。拆卸时应始终依据制造商的说明书进行操作。对冰桶检查前应将其内部积冰排除,使其干燥。湿斑一般很容易看清楚,但很难看清矿物质的结斑,只有在经过足够时间的干燥后,矿物质的垢斑才比较明显。

蒸发器上有大量矿物质积垢之后还会使螺旋推进器驱动电动机、螺旋推进器的两端轴承以及齿轮减速机构处于非正常的受力状态之下。制冰机的大量报修电话往往都是由于这些机械零部件出现了问题,并非是其制冷系统存在故障。

大多数制冰机均设有减速机构,将螺旋推进器驱动电动机的转速从 1725 rpm 降低至 9~16 rpm 左右。这些驱动装置一般均需定期维护,但是,如果有水进入齿轮箱,那么就应拆开检查。一般情况下,螺旋推进器与齿轮减速器的出轴间均设有联轴器,该联轴器需要定期予以润滑。制冰机的轴承有套筒型轴承、球轴承两种。轴承是较易磨损的零件,建议每年检查一次。着手检修之前,应认真阅读制造商的维护手册,了解与掌握制冰机结构、功能及各项技术参数。图 27.7 为拆去一侧面板后的整体式制冰机的内部结构关系。应特别注意其水箱、齿轮驱动装置、被保温的蒸发器以及将片冰送往储冰室的斜槽溜管。图 27.8 为制冰机中主要机械零件的分解图。

(A)

(B)

水箱

覆盖有保温材料的蒸发器

齿轮驱动装置

储冰室

片冰斜槽溜管

图 27.6　(A)检修人员检查制冰机的冰桶;(B)检修人员从制冰机的冰桶上拆下螺旋推进器(Hoshizaki America Inc. 提供)

图 27.7　整体式制冰机(Scotsman Ice Systems提供)

齿轮传动机构由于作用力和应力相对集中,因此往往比制冰机中其他零件更容易损坏。在螺旋推进器转动和挤压片冰时,齿轮传动机构需承受所有的应变,正因如此,有些制造商则采用敞开式的传动装置,这就意味着齿轮传动装置敞开在环境空气中。齿轮传动箱一般均设有一个小孔,当驱动装置上存在非常大的作用力并长时间运行,电流增大、产生过多的热量时,受热后的润滑脂能自行流出。敞开式齿轮传动装置的缺点是在冷却期间,水汽很容易通过此孔进入驱动装置,这将会使传动箱内的润滑脂的润滑效果大大降低,进而导致齿轮过量磨损,使用寿命缩短。也有些制造商采用玻璃钢制成的齿轮,其目的在于当电动机和齿轮箱处于重载状态时,其轮齿能自行脱落或折断。

螺旋推进器在冰桶,即蒸发器内不得晃动,这一点非常重要。某些制冰机采用带有石墨高分子材料制成的套筒式自动对正轴承可以阻止螺旋推进器的晃动。也有些制造商采用润滑脂的滚柱轴承。润滑脂渗出后,易导致轴承过热,进而引起螺旋推进器的晃动。螺旋推进器的晃动往往会使螺旋推进器上的切割刃口直接铲刮冰桶的内表面,从而引起整个工作表面的严重磨损,甚至在制冰机中出现金属碎屑。

制冰机制造商一般都在电动机绕组中设置热力过载保护装置,或在控制线路上设置人工复位的电流式过载保护装置。现在,绝大多数新式制冰机均配置有固态控制电路板以及具有自我诊断功能的状态显示装置。这些采用发光二极管(LED)或指示灯的状态显示装置可以向技术人员传达制冰机是否正常运行的各项信息,见图 27.9。状态显示装置可以提供螺旋推进器驱动电动机、螺旋推进器继电器、压缩机继电器、低压或高压控制器、水箱液位、储冰室的料位、启动模式、冷凝器温度、排气管温度等各构件的状态信息。控制板及其控制线路的类型在各种型号的制冰机上各不相同。当驱动电动机因蒸发器冰桶上的矿物质积垢阻力增大或缺少润滑时,电动机为克服阻力而增大扭矩时就需要更大的电流,从而产生更多的热量,此时,过载保护装置将自动关闭整个机组,并需要人工复位。采用合格的制冰机清洁剂进行定期清洗和对轴承进行定期检查可以使制冰机的使用寿命延长、运行时更加安静。切记:冰桶表面的矿物质积垢,往往是由水质较差或缺少定期的预防性维护清理所引起的,最终会导致制冰机的各种故障。

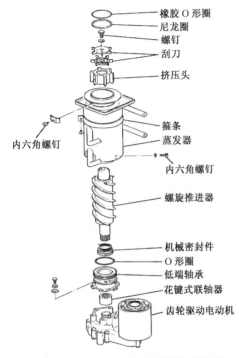

图 27.8　制冰机主要机械零件的分解图

图 27.9　具有自检功能,并带有发光二极管显示器的固态控制器(Scotsman Ice Systems 提供)

注水系统

采用双浮球开关和控制水阀[见图 27.10(A)]是制造商用来控制制冰机水箱进水量的一种常见方式。制造商采用的另一种方法是在制冰机水箱内设置液位导电探针,即液位传感器,见图 27.10(B)。这种探针可以检测传感器顶端至液面间的电流路程,并与一个电子控制板相连接。这种传感器可以完全排除低水位或无水启动的情况,并且不受非正常水滴的影响。

采用双浮球开关时,水进口控制阀受电磁阀控制并由双浮球开关供电,见图 27.11。固态控制板同时监控这两种元件,见图 27.9。水箱内的水依重力流入蒸发器冰桶。双浮球开关的作用在于使水箱保持正常的水位,同时,在低水位时使制冰机停止运行。

双浮球开关通常由两个舌簧开关和两个浮球组成。舌簧开关由浮球内的磁铁控制断开和闭合。制冰时,水箱内水位降低,上浮球将锁定继电器的一组触头断开,此时,下浮球仍控制着水位控制继电器和进水控制电磁阀。当水箱内水位进一步下降时,下浮球开关动作,将另一组触头断开。下浮球的动作可以使水位控制继电器得电,进而使进水控制电磁阀的电路闭合,同时,控制线路板使低水位关机定时器得电。当水箱开始充水时,两浮球开关的动作则正好相反,下浮球开关变为锁定继电器,上浮球开关使水位控制阀重新得电;当上浮球上升时,低水位定时器断开,水进口控制电磁阀失电。这种控制方式可以使水箱始终保持正常的水量,并可以避免进水电磁阀的短周期动作,同时提供低水位的自动关机功能。图 27.12 为新式制冰机的电原理图,其中包括水控制阀、水控制继电器、控制定时器和水出口电磁阀的接线关系。

水的液位状态还可以由位于水箱内的导电探针检测与控制。探针检测到实际液位后,将此信号传送至一个电控水阀即可实现水位的自动控制。每年应至少两次将此探针从水箱中拆下清洗。

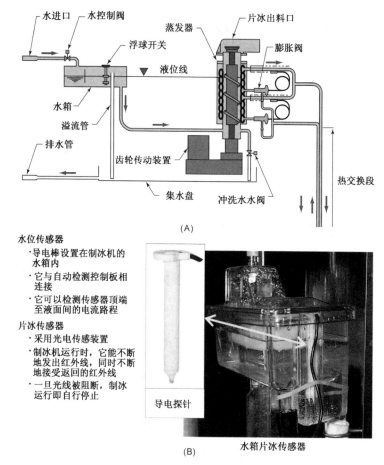

(A)

水位传感器
·导电棒设置在制冰机的
水箱内
·它与自动检测控制板相
连接
·它可以检测传感器顶端
至液面间的电流路程

片冰传感器
·采用光电传感装置
·制冰机运行时,它能不断
地发出红外线,同时不断
地接受返回的红外线
·一旦光线被阻断,制冰
运行即自行停止

导电探针

(B) 水箱片冰传感器

图 27.10　(A)制冰机水系统图;(B)设置在水箱中的导电探针((A):Hoshizaki American Inc 提供,(B):Scotsman Ice Systems 提供)

冲洗运行

许多制冰机均带有自动冲洗功能。如上所述,制冰水冻结时其中所含的各种矿物质滞留在蒸发器冰桶内,会引起一系列的运行故障,并使片冰质量下降。消除这种矿物质积垢的方法是定时对整个系统进行冲洗。有些制冰机的控制线路选定每间隔 12 小时,制冷系统停机 20 分钟,自动地对整个水系统进行冲洗。这种定时冲洗的持续时间以及每天启动冲洗的具体时间均可任意调节。冲洗时,控制板使冲洗水电磁阀得电,将位于蒸发器冰桶底部的排水口打开,见图 27.10(A)。水箱、冰桶以及连接管路中的所有杂质随冲洗水一同由排水管排出,然后往水箱重新注入清洁的制冰水。启动冲洗程序的定时器可以是机械式定时器,也可以是固态电路定时器。定时器的作用就是控制自动冲洗水的电磁阀。当然,对于特别位置的积垢也可以采用人工冲洗方式。图 27.12 为说明冲洗定时器、冲洗开关以及冲洗水电磁阀间相互连接关系的电原理图。维修制冰机时,技术人员必须掌握各控制件间的相互关系。重要

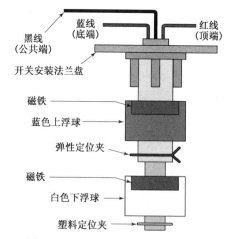

图 27.11　控制水箱水位和低水位关机定时器的双浮球开关

的是要记住,诊断故障时,如果机组不能启动,那么应首先检查冲洗定时器。制造商一般都会提供一个凸轮,用手转动此凸轮可以使冲洗定时器加速运行。如果正在维修的制冰机处于定时冲洗模式,则可以使机组启动。

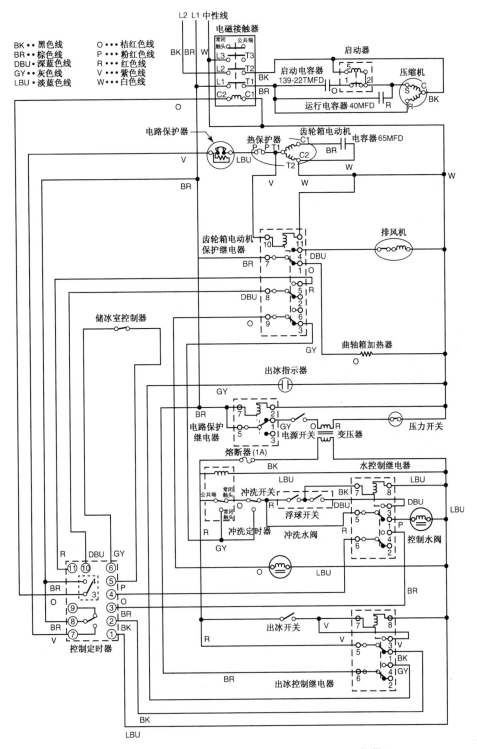

图 27.12　制冰机电原理图(Hoshizaki American Inc. 提供)

　　有些型号的制冰机在机器停止工作时能自动地将整个系统中的水全部排除,这种停机排水方式可以在不需要定时器驱动装置的情况下自行完成冲洗,但当连续运行时间较长时,就很难得到正常的冲洗,水系统中就会出现少量的矿物质结垢。

储冰室控制器

一旦储冰室内装满片冰后,就必须有某种自动控制装置使制冰机构停止运行,否则,片冰就会在储冰室和出冰斜槽上堆积,甚至溢出,最后滞留在地面,融化后的水还会损坏制冰机本身的机械部件或周围的地板。

在老机型的制冰机上,有多种防止片冰溢出的控制方法,以下是其中几种较常见的装置:

1. 机械式的盖板带动一个微型开关。
2. 红外线检测装置。
3. 声纳器。
4. 温控器。
5. 充液式感温包。

机械式盖板装置常设置在出冰口,它通过盖板背面的压力来控制一个微型开关,进而由微型开关使制冰机停止运行。当盖板处于正常位置时,电子控制器获得已知大小的电阻,但当活板在片冰的推动下离开其正常位置时,输入电子控制器的电阻值即发生变化,在一个设定的时间后,机组自动停机。

红外线检测装置利用红外线技术来检测片冰的堆积情况。它可以在出冰口的片冰出现阻塞之前使制冰机停止运行。一般情况下,其两个红外线传感器固定在出冰斜槽溜管座的外侧,由一个固态控制器为其提供电源并受其控制。两红外传感器必须保持清洁,以便相互传递光线。制冰机正常运行时,片冰在两个镜片及料位传感器间通过,并仅仅瞬间阻挡了红外光线,制冰机持续运行。但是,如果片冰出现堆积,阻挡了两红外传感器间的光线达6秒或者更长的时间,那么制冰机即自行停止运行;如果两红外传感器间的光线不受阻挡10秒以上,那么此制冰机即重新启动。在大多数情况下,这种储冰室控制器每年至少拆下两次,用软布擦洗干净。

声纳控制器利用声波和震动能够从冰块反射回控制器的原理制成。红外线与声纳控制器的最大缺点是在棱镜上易形成冷凝水,使这些控制器的灵敏度大大下降。

温控器式控制装置通常需在片冰斜槽附近或在储冰室的上端设置充液式感温包。当片冰接触到温控器的感温包时,制冰机通常在10秒内即停止运行。大多数储冰室温控器可以调节,并可以用一小把片冰放置在分离式感温包上予以检测和确定其停机时间。

片冰产量和性能参数

当制冰机在正常的制冷剂充注量状态下运行时,其产量取决于两个主要因素:

1. 制冰水的进口温度。
2. 制冰机周围的(环境)温度。

注意,图27.13中的制冰机产量以磅/24小时计量。随着制冰机周围的环境温度逐渐上升,制冰机的产量逐渐下降。第一列为 $70^\circ F$ 至 $100^\circ F$ 4个环境温度范围。假设进水温度为 $50^\circ F$,环境温度为 $70^\circ F$,那么每天的片冰产量约为2010磅。但当环境温度上升至 $100^\circ F$ 时,其每天的产量则下降至1570磅。括号内的数字为每天的公斤数。

由于制冰机周围的环境温度越高,片冰吸收的热量也就越多,制冰机的产量就必然下降。对于风冷式制冰机来说,环境温度越高,制冰系统的排气压力也就随之增大,这就会使系统的压缩比增大,效率降低,进而导致产量下降。

由图27.13还可以看到,当进入制冰机的水温从 $55^\circ F$ 上升至 $90^\circ F$ 时,其每天的产量从2010磅下降至1895磅,这是假设两者环境温度均为 $70^\circ F$ 时的产量,因为要将温度较高的制冰水冷却至同样的冰点温度就需要更多的能量和有效的制冷量。图中数据还包括对应于不同的环境空气温度和进水温度时耗电量、耗水量、蒸发器出口温度、排气压力和吸气压力。注意,随着制冰机周围环境温度的上升,制冷系统的排气压力和吸气压力均同时上升。

片冰规格大小的调整

有些制冰机具有片冰规格大小或形状的调节功能,从而能够满足顾客的不同需要。由于片冰便于装入包装盒内,使食品保持冷冻和新鲜的状态,因此片冰常用于鱼类或家禽产品冷冻装箱,以及酒吧、餐厅或陈列柜处用于调制饮料。调整的方法之一是在螺旋推进器的上端部安装一个切冰刀具。由于在某些制冰机上,作用于冰层的压力来自于螺旋推进器叶片最后一段的两侧,因此,调整螺旋推进器叶片上压力点对中距,分别形成小、中、大3个切冰刀具孔口即可调整片冰的规格大小。同理,一台制冰器上也就可以获得小、中、大3种规格大小的片冰。

	环境温度 (℉)	水温(℉)					
		50		70		90	
24小时 片冰产量近似值 磅/天(公斤/天)	70 80 90 100	2010 1845 1700 1570	(912) (837) (771) (712)	1950 1795 1695 1525	(845) (814) (769) (692)	1895 1750 1610 1410	(860) (794) (730) (640)
近似耗电量 (瓦)	70 80 90 100	2850 2855 2865 2890	— — — —	2850 2860 2865 2890	— — — —	2855 2860 2875 2910	— — — —
每天的近似耗水量 [加仑/天(升/天]]	70 80 90 100	241 222 204 188	(912) (837) (771) (712)	234 216 203 183	(845) (814) (769) (692)	228 210 194 169	(860) 794) (730) (640)
蒸发器出口温度 ℉(℃)	70 80 90 100	14 14 14 16	(−10) (−10) (−10) (−9)	14 14 14 16	(−10) (−10) (−10) (−9)	14 14 16 16	(−10) (−10) (−9) (−9)
排气压力 PSIG(公斤/cm²表压力)	70 80 90 100	219 230 241 271	(15.4) (16.2) (16.9) (19.0)	219 230 241 271	(15.4) (16.2) (16.9) (19.0)	219 230 241 271	(15.4) (16.2) (16.9) (19.0)
吸气压力 PSIG(公斤/cm²表压力)	70 80 90 100	25 26 27 29	(1.8) (1.8) (1.9) (2.0)	25 26 27 29	(1.8) (1.8) (1.9) (2.0)	25 25 27 29	(1.8) (1.8) (1.9) (2.0)

冷凝器容积：214 in³

冷凝器排热：16 890 Btu/h(以环境温度为90℉,水温为70℉时计)

压缩机排热：2860 Btu/h(以环境温度为90℉,水温为70℉时计)

注意:表中数据仅作参考。

图 27.13　制冰机产量与系统其他性能参数(Hoshizaki America Inc. 提供)

另一种方法是变换位于螺旋推进器顶端的刀头,见图 27.14。其中的一种刀头用于生产小片冰,另一种则用于制作粗大的片冰。

有些制冰机还可以更换挤压头,这样,一台制冰机上就可生产出块粒冰和片冰,且块粒冰的大小可调节。一般情况下,块粒冰的大小相当于小玻璃弹子。采用挤出头时,片冰通过一个小孔口挤出,其整个挤出过程中还可以挤掉其中的多余水分,使片冰更加紧密、结实。块粒冰置于饮料中时,其持续时间要比片冰更长。由于块粒冰比大冰块更易咀嚼,病人和老年人食用块粒冰时不太可能出现哽阻,因此,健康保健机构常采用块粒冰。

27.3　块冰的制作

在整体式制冰机上可以采用多种方法生产不同类型的块冰。块冰外观应清晰透明,不浑浊。透明的块冰通常更适宜饮料的冷却。带有较高矿物质含量或含有空气(冰块中含有小气泡)的块冰往往看上去比较浑浊,有些顾客会因此感觉不满意。块冰机的某些功能可以保证获得透明度非常好的块冰。

板冰切割成块冰

板冰是根据预先确定的厚度在平板式蒸发器上冰结。收冰时,将板冰稍予融化,使其能在蒸发器上松脱,然后将其滑入网格状布置的切割电热丝上。这些电热丝连接很低的电压,根据不同制造商的设计值,约为 5 伏电压,但它能产生足够的热量将板冰切割成正方体或三角形的块冰。这种板冰的厚度依据融冰前冻结时间的长短一般为 1/4 英寸至 1/2 英寸不等。

蒸发器的设置形式应使制冰水离开布水管后能自行从平板的上端或平板下方流下。当水从平板下方流下时,水的表面张力会趋于紧贴板面,见图 27.15。这种蒸发器必须保持清洁,否则制冷水就不会紧紧地贴附在板面上了,而是直接流入下端的储冰室,再融化已制成的冰块。

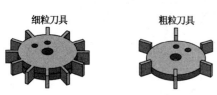

图 27.14 制冰机上的细粒刀头和粗粒刀头(Hoshizaki America Inc. 提供)

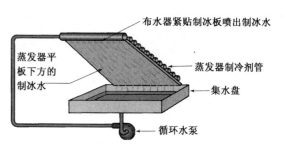

图 27.15 该制冰机上,制冰水在蒸发器平板下方流动。其蒸发器必须十分清洁,没有矿物质的沉积,否则,制冰水就不能紧贴蒸发器平板,这样,制冰水就会直接流入储冰室,融化已制成的冰块

有些板式制冰机的结构形式可以使制冰水在蒸发器的平板上流动,并采用为此专门设计的布水系统,其中的一些还采用小电动机和凸轮来控制板冰的厚度和融冰时间,见图 27.16。随着微处理器的出现和更先进的模拟与数字式传感装置用于微处理器的信号输入端,检测板冰厚度以及自动启动融冰程序的方式越来越多。当然,各制冰机制造商采取的制冰与收冰控制方式各不相同。

板式制冰机循环水水箱的液位维持由浮球阀控制。

块冰

块冰的生产方式有很多种,本书仅讨论其中的一些常见方法。将制冰水注入带有要求形状杯口的蒸发器上就能制作块冰。当块冰达到要求的厚度后,即可予以融冰,然后收冰。其蒸发器的安装形式可以是水平式,也可以是直立式。

当蒸发器为水平方向设置时,制冰水被喷入按所需形状成形的冰杯中,当然也有一部分水流入集水盘内,继续循环。融冰时,制冰水停止喷入,融冰后的块冰跌落至集水盘的第一层。带有喷头的水枪杆将块冰推入连接至集水盘的斜槽溜管,见图 27.17。

镜片形块冰

直立式蒸发器上的冰杯能够使块冰在融冰时自行从冰杯中跌落,制冰水则像小瀑布一样以重力流过蒸发器。蒸发器盘管设置在蒸发器的背面,见图 27.18。融冰后,块冰全部收集在储冰室内。

月牙形块冰

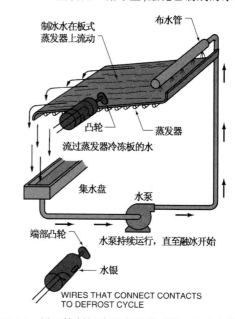

图 27.16 用于控制板冰厚度的传感器。当蒸发器平板上开始形成冰层时,板冰厚度开关即开始旋转,旋转(转速约为 1 rpm)的过程中,凸轮始终接触冰层。厚度开关的背面有多个水银触头,当凸轮接触冰层时,就会使水银球滚向背面,使多个触头闭合,融冰运行即开始。尽管这种厚度开关现已不再生产,但仍有少量还在使用

月牙形块冰的制作方式需要在一个以一定间距、焊接有蒸发器铜盘管的蒸发器平板上不断地有制冰水流过。图 27.19 为制作月牙形块冰的两块不锈钢蒸发器板和与之相连的盘管。由于不锈钢的使用寿命较长,因此蒸发器常采用不锈钢制作,它卫生、抗腐蚀,还具有比紫铜、黄铜或镍更低的透水性。焊接在不锈钢板上的铜制盘管,其断面形状为椭圆形,由于它与不锈钢板具有更大的接触面积,因此可以提高总的传热量。

制冰运行过程中,来自水箱的制冰水不断地在不锈钢外表面,即冻结表面上循环,冻结过程中,没有其他的水进入。一旦水温达到 32 ℉,蒸发器板上即开始形成冰层。由于铜制盘管与蒸发器接触处是蒸发器上温度最

低位置,因此,在此最先形成冰层,并逐渐向外长大,形成月牙形块冰。块冰逐渐长大的过程中,由于一部分制冰水已冻结成块冰,水箱中的水位即逐渐下降。一旦月牙形块冰完全形成之后,水箱的浮球开关即断开触头,融冰运行过程开始。

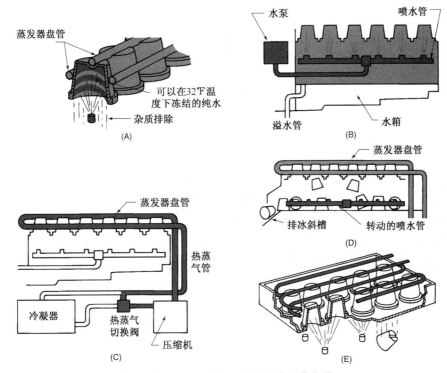

图 27.17　块冰和制作块冰的蒸发器

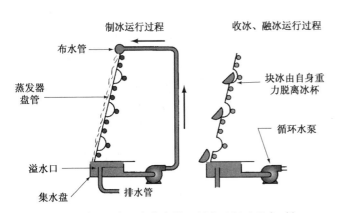

图 27.18　直立式蒸发器。制冷运行过程中,制冰水流入冰杯,收冰、融冰运行过程中,块冰脱离冰杯落入下方的储冰室

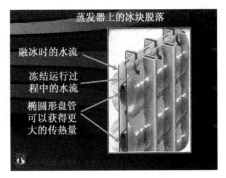

图 27.19　生产月牙形块冰的蒸发器
（Hoshizaki America Inc. 提供）

　　融冰过程中,来自压缩机的过热蒸气在盘管内反复循环,当其热量传递至不锈钢蒸发器板上时,块冰开始从蒸发器上融化。此时,由于块冰与蒸发器板之间存在一层水膜,其实际存在的表面张力可使块冰贴附在蒸发器表面,并依重力沿板面下滑。块冰沿板面滑动的过程中会接触到多个凹槽,两横向凹槽可以破坏块冰与板面间的表面张力,块冰从板面上脱离,落入储冰室内。融冰运行过程中容许水不断流动,但它是在蒸发器板的反面流动,这就可以使水能够从通有热蒸气的铜盘管上吸收热量,并将这部分热量传递至冻结板面。这种方法也称为辅助水融冰法。

蜂窝型块冰

蜂窝型块冰机的蒸发器一般为直立式,制冰水可自行流入各蜂窝冷杯中,见图 27.20。其蒸发器上覆盖有一块塑料挡水帘以防止制冰水的飞溅,见图 27.24。蒸发器板的背面焊有蒸发器的盘管,见图 27.21。制冰水由水泵通过图 27.20 上方的布水器分送至各蜂窝冷杯中。布水管上设有等距离的孔口,可以将制冰水均匀地分送至各蜂窝冷杯。此布水管一般均可拆下进行清洗或维修,见图 27.22。布水管一般设有可调节的节流器,检修人员可以利用此节流器来调节布水管内的制冰水流量,见图 27.23。如果水流量太小,水中矿物质冻结,那么就会使块冰外观比较浑浊。最理想的状态是水流量控制在正好使水在蒸发器板上冻结,这就需要蒸发器板上有适当的水流速,而这正需要利用布水管上的节流阀来进行精确调节。当块冰在各个独立蜂窝冷杯中形成后,就会在相邻冷杯间形成相互连接的冰桥,而冰桥的存在又会形成一块与蒸发器同样大小的大板冰。一旦板冰中的冰桥厚度达到一定值时,收冰、融冰运行过程即开始,板冰落入储冰室。收冰运行过程的具体细节问题将在本章稍后予以论述。

图 27.20　蜂窝型制冰机的直立式蒸发器(Ferris State University 提供)

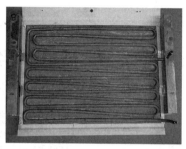

图 27.21　焊接于蜂窝型块冰蒸发器背面的盘管(Ferris State University 提供)

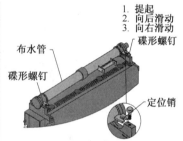

图 27.22　将布水管拆下进行清洗与维修(Manitowoc Ice Inc. 提供)

图 27.23　水泵水管上的节流器,它可以用于调节水流量(Ferris State University 提供)

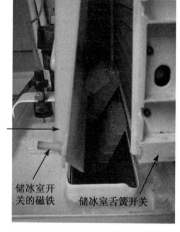

图 27.24　在与储冰室中的块冰碰撞后部分断裂的板冰(Ferris State University 提供)

为了使块冰从储冰室取出时便于分离,板冰厚度的控制非常重要。当营业员用冰勺将板冰从储冰室内取出时,板冰应很容易地破裂为小块的块冰。大多数情况下,当板冰在收冰运行过程中从蒸发器上跌落并与储冰室中的其他块冰碰撞时,即应部分断裂,见图 27.24。但当储冰室已经装满时,板冰跌落的实际落差就会减小。如果板冰厚度太大,那么板冰就不易碎裂成多个小块冰。冰桥的正常厚度一般应为 1/8 英寸。冰桥的厚度可以通过一个冰厚度探测装置的调节螺钉予以调节,见图 27.25(A)和(B)。从图 27.20 中也可以看到一个冰厚度探测装置及其在蜂窝型制冰蒸发器上的位置。

将制冰水从水箱送到蒸发器上布水管的离心式水泵,一般由 1 马力以下的交流电动机驱动,见图 27.26(A)。水泵也可能需要将制冰水送往多个蒸发器,见图 27.27。水箱的液位由浮球机构进行控制,见图 27.28,它控制着水箱制冰水的进水量。浮球控制器可调,也就可以改变水箱中的水位高度。当制冰水进入蒸发器蜂窝冰杯时,水箱中的液位即开始下降,几乎在同时,浮球或水位探头即检测到水位的下降,稍稍打开阀口,让更多的制冰水流入水箱。这一动作可以使水箱中的制冰水始终保持水泵运行所需的正常水位。水箱中的水位太低,会使水泵在吸入制冰水的同时吸入大量空气,最终影响冰的质量。未能在蒸发器蜂窝冰杯冻结的制冰水则缓慢地流入一个集水槽,最后自行流入水箱。

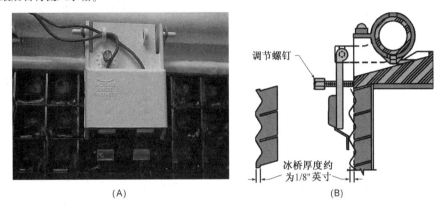

图 27.25　(A)冰厚度探测器。壳体标注了改变冰桥厚度时调节螺钉的转动方向;(B)冰厚度探测器可以使冰桥厚度控制在 1/8 英寸((A):Ferris State University 提供,(B):Manitowoc Ice Inc. 提供)

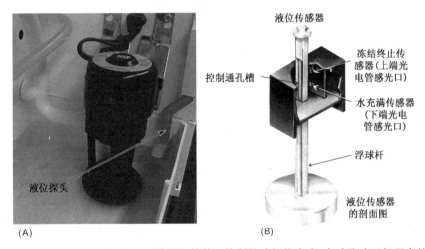

图 27.26　(A)小马力交流离心水泵;(B)采用红外装置控制块冰规格大小,启动收冰运行程序的液位传感器

　　水位探头[见图 27.26(A)]也可以控制水箱中的水位高度,它一般不能进行调节,它控制着一个供水电磁阀。也有些制造商采用一个水位传感器向电子控制器传送有水与无水两种重要信息,见图 27.26(B)。当制冰机处于制冰运行过程中时,水位传感器上端的光电管即能接收通过浮球系统中的控制通孔槽传来的红外光线,当水箱中的水位较低时,浮球杆上的通孔槽也因处于较低位置,使光线无法通过,即浮球杆阻挡了上端光电管的光线,这一信号传递至控制器后,即开始收冰运行过程。同样,当有制冰水不断流入水箱时,浮球使浮球杆逐渐上升,当下端光电管的光线被实心的塑料浮球杆阻挡时,控制器即可知道水箱已经装满。此时,制冰水在一设定的时间内继续送入水箱,并适当溢出,冲洗水箱。

块冰机的工作过程(冻结与收冰运行)

　　图 27.29(A)为一个设有两台蒸发器的蜂窝型制冰机冷冻系统图,图 27.29(B)~(C)是某制冰机上的水系统和冷冻系统、冻结运行和融冰运行状态,图 27.30 则是单蒸发器且处于冻结运行状态的冷冻系统图。每一家制造商似乎都有自己独特的控制方式和工作程序。本章不可能包罗所有控制方式,下面我们仅论述蜂窝型制冰机中常规的控制方式及工作程序。

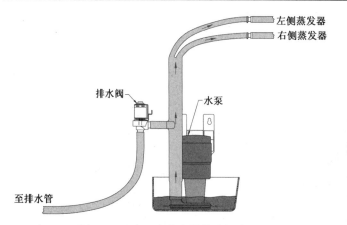

图 27.27　为两个蒸发器供水的水泵
（Manitowoc Ice Inc. 提供）

图 27.28　水箱、浮球机构、进水管和水泵
（Ferris State University 提供）

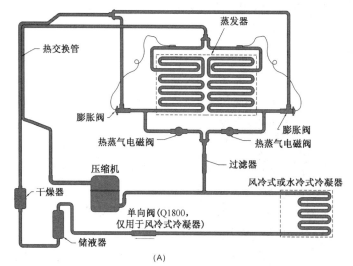

(A)

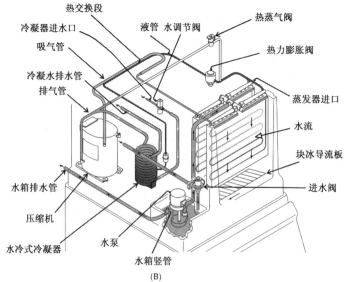

(B)

图 27.29　(A)蜂窝型双蒸发器制冰机的冷冻系统；(B)蜂窝型制冰机的水系统和冷冻系统

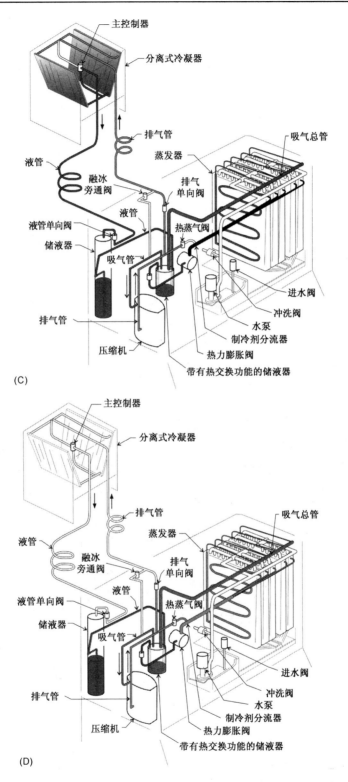

图 27. 29(续)　(C)制冰机处于制冰运行状态;(D)制冰机处于融冰运行状态((A):Manitowoc Ice Inc. 提供 (B) ~ (D):Scotsman Ice Systems 提供)

　　制冷压缩机在水泵启动前约30秒开始运行,这可以使蒸发器先行预冷。预冷可以使蒸发器在最后接受制冰水之前具有非常低的温度,它有助于避免在集水槽中出现雪泥、雪水。雪泥会影响制冰水流入水泵,甚至还会出现冰坝。

　　水泵在预冷约30秒后启动。将制冰水压送至布水管,并均匀地分送至温度已达到冰点的蜂窝型蒸发器上。浮球机构或供水电磁阀则可使水箱始终保持适当的水位。一旦蒸发器上的冰层达到设定厚度,流过冰层上的制冰水即开始碰触冰厚度探测器。

　　冰层碰触冰厚度探测器后到融冰运行开始,两者之间至少有7秒的时间间隔,这就可以防止融冰运行过早启动,出现制冰水的飞溅。一般来说,制冰机在其制冰运行结束之后的一段时间之前无法启动融冰运行,这段时间通常约为6~7分钟。这段时间也称为"冻结锁定时间"。冻结锁定可以使制冰水在融冰运行启动前在蒸发器上形成足够厚度的冰块,同时又可避免因过早融冰而出现蒸发器过热。蒸发器的过热很可能会导致某些蒸发器表面金属镀层损坏。

　　图27.31是处于融冰运行状态的冷冻系统图,一旦冰层厚度探头接触到冰层上制冰水7秒之后,位于压缩机排气管上的热蒸气电磁阀即得电,见图27.32。之后,压缩机则不断地将过热蒸气压送至蒸发器内,热蒸气使蒸发器温度升高,最后使板冰滑入储冰室。也有些制造商采用融冰旁通阀,每当融冰时,它即开启数秒钟,见图27.32(B)。此旁通阀的作用在于向融冰管路送入适量的制冷剂,使块冰加速脱离蒸发器,同时,水泵持续运行。排水电磁阀(见图27.33)则在设定时间段内保持得电状态,这段时间一般为45秒。图27.34(A)为融冰运行过程中排水阀得电时制冰水被排入排水管的情况。这一动作可以使来自集水槽的制冰水得到净化,排除前一个冻结运行中残留的矿物质,这一点对获得透明、清晰、质地较硬的块冰来说至关重要。注水阀将在45秒的水槽冲洗时间的最后15秒得电。该时间可以在微处理电子控制装置上予以调节。如果采用浮球机构,那么此时浮球阀将自动地将水注入水槽,并达到适当水位。

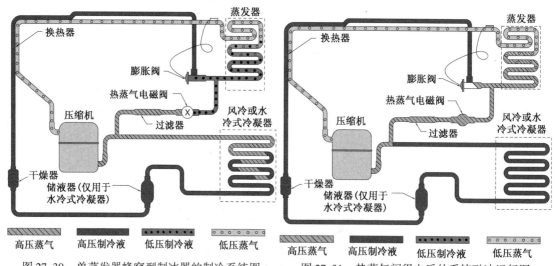

图27.30　单蒸发器蜂窝型制冰器的制冷系统图　　　　图27.31　热蒸气阀得电后的系统融冰运行图

　　当冰块从蒸发器上脱落时,挡水塑料帘转向一侧,并同时断开储冰室开关。储冰室开关的这一断开与闭合动作使整个融冰运行过程即告终止,并启动下一个制冰运行程序。储冰室开关是一个由磁铁操控的舌簧开关,磁铁固定在水帘布上,舌簧开关则设置在蒸发器的安装支架上,见图27.24。储冰室开关有3个功能:终止融冰运行,使制冰机返回到制冰运行模式或自动关机。

　　如果储冰室在融冰运行结束时已装满冰块,冰块就无法使挡水帘布关闭,见图27.35。如果一段时间(一般为7秒)过后,储冰室开关仍处于打开状态,那么制冰机即自动转入停机状态,直至储冰室的冰块取出,挡水帘布返回,使储冰室开关闭合。制冰机一般至少需要3分钟时间才能自动重新启动。

　　制冰机初始启动后,或自动停机后启动,其水泵及排水阀开始得电运行一段时间(一般为45秒),见图27.34(A),这样可排除原有的带有矿物质的制冰水。有制造商在稍高于水箱的位置安装一个冲洗阀来控制水箱的排水,见图27.34(B)。当此冲洗水阀打开,水泵又处于运行状态时,制冰水即可通过此阀流入制冰机的排水管,这样就能稀释水箱中的矿物质含量。冲洗水量可根据当地用水情况进行调节。在此启动过程中,热蒸气电磁阀也同时得电运行一段时间,使系统高压侧和低压侧间的制冷剂压力趋于平衡,以方便压缩机启动。压缩机在 45 秒冲洗后启动,并在制冰和融冰运行过程中始终处于运行状态。压缩机在融冰运行过程中持续运行可以保证用于从蒸发器下融冰所需过热蒸气的质量。压缩机启动时,注水水阀也同时得电,并在水位达到设定位置时由水位传感器予以断电。为防止制冰水溢出,电子控制器不会容许注水水阀运行超过 6 分钟。采用风冷冷凝器的机组,冷凝器风机电动机则与压缩机同时得电。图 27.36 为处于融冰状态时的电路图。

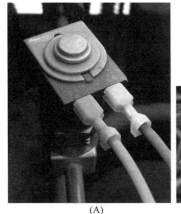

(A)　　　　　　　　(B)

图 27.32　(A)设置在压缩机排气管上的热蒸气电磁阀;(B)融冰旁通阀仅得电数秒钟,用以送入融冰所需的少量制冷剂((A):Ferris State University 提供,(B):Scotsman Ice Systems 提供)

图 27.33　排水电磁阀(Ferris State University 提供)

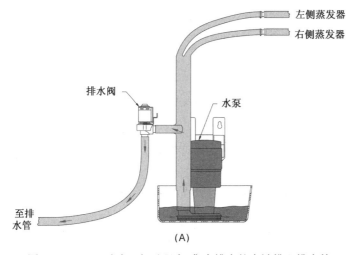

左侧蒸发器
右侧蒸发器
排水阀
水泵
至排水管
(A)

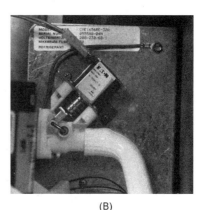

(B)

图 27.34　(A)融冰运行过程中,集水槽中的水被排入排水管;(B)设置于稍高于水箱位置的冲洗水水阀,它用于控制水箱的排水((A):Manitowoc Ice Inc 提供,(B):Scotsman Ice Systems 提供)

为了说明各元件在不同运行状态下的得电情况,许多制造商都会提供其各连接导线带有明确标记、标号的电原理图,见图 27.37,这对检修人员在排除各种系统故障带来了很大的帮助。

为便于技术人员对系统故障进行检修,还可以向制造商索取各得电部件的运行状态图,见图 27.38。得电部件运行状态图可以说明哪一块控制板继电器和触头得电、何时得电、得电时间长短。利用这些运行状态图以及电原理图就能比较容易地理解制冰机的整个工作过程。

图 27.35　储冰室装满冰块后就无法使储冰室开关关闭了(Ferris State University 提供)

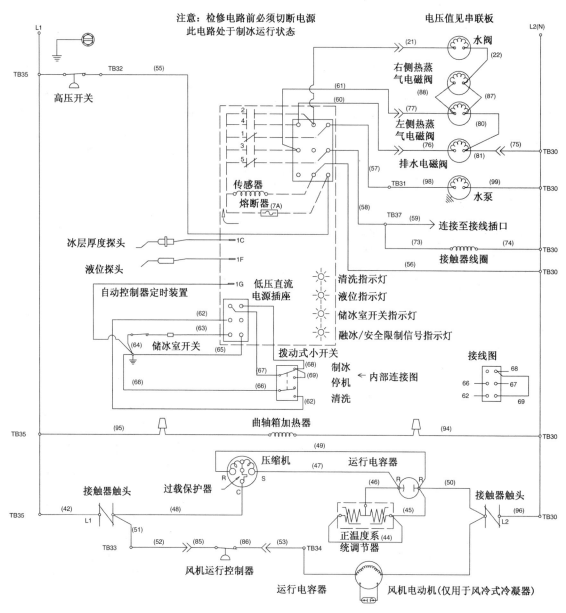

图 27.36　蜂窝型制冰机制冰运行状态电路图(Manitowoc Ice Inc. 提供)

融冰

　　大多数制冰机均采用热蒸气方式使冰块从蒸发器上的融脱。图 27.31 为某制冰机处于热蒸气融冰模式时的系统图。注意,其热蒸气是以管线直接连接至蒸发器的。当过热蒸气将热量传递给冰块后,即成为饱和蒸气,当此饱和蒸气排出更多的热量时,其最终将成为饱和制冷剂液体,甚至成为过冷液体。此液态制冷剂通过吸气管最后进入压缩。有些制造商为了使这部分液态制冷剂在进入压缩机前能够完全汽化,往往在压缩机的吸气口前设置一个吸气管储液器。否则,如果系统不安装吸气管储液器,那么液态制冷剂就可能进入压缩机曲轴箱,并稀释曲轴箱内的润滑油。压缩机运行时,液态制冷剂返回压缩机称为制冷液返溢。液态制冷剂的返溢曾在第 25 章"制冷系统专用构件"做过详细论述。由于曲轴箱内的润滑油被稀释,液态制冷剂的返溢很可能会导致压缩机的严重故障。曲轴箱内的轴承和其他运行部件也会因润滑油被稀释,润滑不足出现擦伤。返回的制冷剂最终还会在压缩机温度较高的曲轴箱内汽化,进而形成大量的油泡沫,最终使曲轴箱温度下降,箱体壁面出现结露水。油泡沫和不断汽化的制冷剂还可能被吸入压缩机的吸气阀,此时就可能出现极高的压力,吸气阀和阀片还可能受损。如果对液态制冷剂进行压缩,那么将导致湿压缩。当压缩机的压缩冲程使汽缸内的液态制冷剂蒸发时,就会形成湿压缩。汽缸内液态制冷剂蒸发会吸收大量的压缩热,使汽缸温度迅速下降,压缩机的排气温度也将大幅度下降。

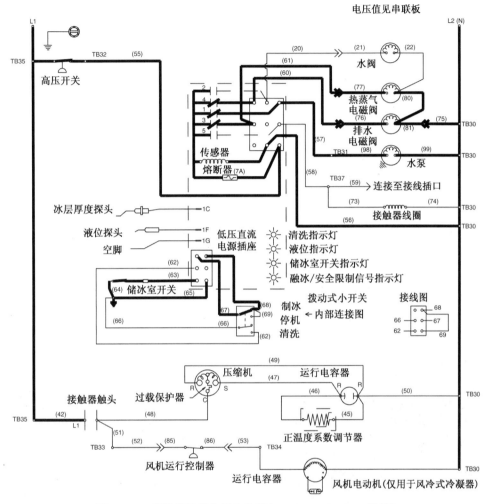

图 27.37　黑粗线路段为得电负载(Manitowoc Ice Inc. 提供)

许多制造商在排气管上安装热敏电阻(见图 27.39)来检测排气管的温度。如果融冰期间排气管温度低于某一温度,如 90 ℉,那么说明出现了严重的液态制冷剂的返溢。由于排气管热敏电阻是微处理器的信号输入端,因此制冰机即可通过使热蒸气电磁阀失电的方式,自动终止融冰运行。在配置两台蒸发器的情况下,则自动终止其中一台蒸发器的融冰运行。一旦排气管温度上升,其蒸发器即恢复融冰运行。热蒸气电磁阀的这种间断运行将会不断重复,直至所有的冰块从蒸发器上融脱。

如上所述,当冰块达到一定厚度后,往往会通过某种融冰启动途径使整个系统进入热蒸气融冰运行状态。如果采用冰厚度探头或探针,那么流过冰层的制冰水必然会使启动融冰运行的探头导电。如果制冰水中因大部分矿物质已被排除,造成制冰水太纯,往往会使电导率下降,进而无法启动融冰运行。此时,可在循环水中加入一撮盐,使制冰水的电导率提高,进而能够在蒸发器处于冻结时启动融冰运行。如果加盐后融冰运行即可启动,那就说明制冰水纯度太高。为了能够在制冰水较纯的情况下正常启动融冰运行,可以向相关的制冰机制造商购买各种专用控制器。

一旦热蒸气将与蒸发器表面接触部分的冰层融化,使冰块从蒸发器上融脱,冰块与蒸发器之间即形成相互吸引力,两者之间必须充入空气。蒸发器上各蜂窝冰杯间的"气孔"可以使空气从冰块的边缘进入整个冰块与蒸发器间的间隙内,以消除两者间的吸引力。也同时使冰块与蒸发器分离,见图 27.40。

电气系统							
得电部件运行状态图 整体式风冷式和水冷式机型							
制冰运行过程	控制板继电器				接触器		时间长度
	1	2	3	4	5	5A	5B	
	水泵	注水阀	热蒸气阀	排水阀	接触器线圈	压缩机	冷凝器风机电动机	
启动*								
1. 水冲洗	运行	关闭	运行	运行	断开	停机	停机	45 秒
2. 冷冻系统启动	关闭	运行	运行	关闭	运行	运行	运行,然后停机	5 秒
制冰程序								
3. 预冷	关闭	最初的 45 分钟运行,然后关闭	关闭	关闭	运行	运行	运行,然后停机	30 秒
4. 冻结	运行	运行,然后关闭	关闭	关闭	运行	运行	运行,然后停机	制冰水接触冰厚度探头后 7 秒
融冰程序								
5. 水冲洗	运行	关闭 30 秒,运行 15 秒	运行	运行	运行	运行	运行,然后停机	厂家设置为 45 秒
6. 融冰	关闭	关闭	运行	运行	运行	运行	运行,然后停机	储冰室开关动作
7. 自动停机	关闭	关闭	关闭	关闭	断开	停机	停机	直至储冰室开关重新闭合

*初始启动或自动停机后启动。

图 27.38　供系统排故时采用的得电部件运行状态图(Manitowoc Ice Inc. 提供)

　　融冰过程中,水泵持续运行,而排水电磁阀则在一特定的时段内处于得电状态。在此得电运行过程中,可利用其自流状态或水泵压力来对来自集水盘的水进行提纯净化,以排除前一冻结运行过程中残留的矿物质。这一点对获得透明、质地较硬的块冰来说非常重要。

图 27.39　安装于制冰机排气管上的热敏电阻(Ferris State University 提供)

图 27.40　蒸发器上各蜂窝冰杯间的通气孔(Ferris State University 提供)

　　一些老式制冰机上一般都不设置排水阀,融冰时,水泵停止运行。来自泵压系统并积聚在连接管线上和分配总管内的过量水往往会使集水槽出现溢流,甚至会因为溢出水的动量在集水槽中形成虹吸效应。这一虹吸效应可用来将沉积在集水槽中的少量矿物质排入排水管,并且虹吸效应可一直持续至集水槽中的水全部排空,这样就可以在每次运行之后利用水的重力将集水槽中的水全部排空,以防止矿物质沉积。然后,由浮球机构将新的制冰水放入集水槽。在这些老式的制冰机上,用于控制水的溢出并产生虹吸作用的水系统精度都非常高。

　　一旦冰块脱离蒸发器表面,还需要有某个装置来检测冰块的跌落并终止融冰运行。这些装置通常是控制器或微处理器的数字信号输入端,图 27.24 所示就是一种由冰帘上的磁铁触动的储冰室舌簧开关,由它发出信号告知微处理器:冰块已经从蒸发器上跌落。图 27.41 所示是一种冰帘开关,图 27.42 所示则是一种由推杆或冰帘驱动的踏板式开关(图中未表示出推杆和冰帘)。

(A)

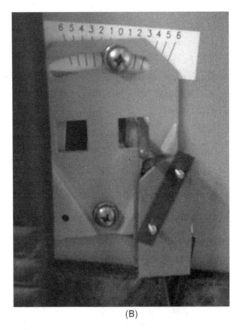

(B)

图 27.41　(A)冰帘开关的触臂可以检测冰块的脱落;(B)冰帘开关(Ferris State University 提供)

一般情况下,由融冰电动机、离合机构以及凸轮开关控制的推杆或探头可以在融冰运行过程中将冰块推离蒸发器,见图 27.43。这种融冰配合装置一般由 4 个主要构件组成:

1. 电动机。
2. 离合机构。
3. 探头。
4. 凸轮开关。

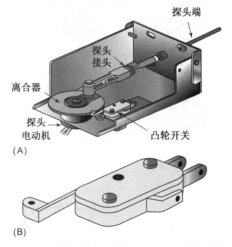

图 27.42　用于检测冰块从蒸发器上脱落的踏板开关(Ferris State University 提供)

图 27.43　(A)融冰运行离合装置中的电动机、探头、凸轮开关和支架;(B)凸轮开关(Ice-O-Matic 提供)

融冰运行过程中,电动机直接驱动离合装置。该离合装置对冰块施加约 6 盎司的作用力,而青铜凸轮的作用在于融冰运行过程中,其推动冰块后端时能自行滑动。离合机构的上半部相对于下半部滑动,直至冰块从蒸发器板上脱离。然后离合装置嵌入,使探头将冰块推离蒸发器板,进入储冰室。

探头是一根不锈钢杆,当离合器嵌入时,由电动机穿过蒸发器上的小孔予以驱动。为防止不锈钢杆在冻结运行中被冰块冻结,它不起作用时一般退入蒸发器背面约 1/8 英寸。探头可通过放松螺帽,旋出或旋入探头杆来调节长度。探头和离合器间的球铰链可以在推动冰块时沿小轴上自由旋转。

凸轮开关紧贴离合器,依离合器盘缘而动作。它是一个单极双掷开关,此开关可操控制冰机上的多个构件。其常闭触头可在整个制冰运行过程中并在融冰运行开始阶段用于为水泵和水冲洗阀供电,其常开触头则可在融冰运行过程中为融冰辅助电动机和热蒸气电磁阀供电。当凸轮臂在融冰运行过程中开始进入低端位置时,制冰机则重新启动冻结制冰运行。

冲洗运行

大多数制冰机均设有"制冷/停机/冲洗"搬钮开关。它通常是一种双极双掷开关,可供物主或技术人员选择制冰、停机或冲洗运行模式。在大多数情况下,冲洗模式仅需使水泵得电运行,也可以容许技术人员或物主加入适当的化学清洗剂在系统内反复循环。许多新式制冰机则采用数字式开关,仅需用手指触摸一下即可。

制冰机压力控制

即使在如今各种新式、采用微处理控制各运行状态的制冰机上,依然有许多与微处理相分离的安全与运行控制装置。图 27.44 为一种标准型、不可调节的风机运行控制器和高压控制器。风机运行控制器可以在制冰机冷凝器达到一定压力时自动启动冷凝器风机运行,在冷凝压力低于一定值时将风机关闭,这样就可以尽可能地使计量装置两端保持正常的压力降。高压控制器是一种安全控制器,用于防止系统压力过高。如果高压安全开关断开,制冰机立刻停止运行。当系统下降至其闭合设定压力时,高压安全开关即自动复位。低压控制器的工作原理与此相似。如果低压控制器断开,制冰机将停机。当系统压力上升,高于其设定的闭合压力时,也同样自动复位。这两种控制器的各设定值完全取决于采用的制冷剂种类和制冰机的应用场合。

图 27.45 是一种人工复位的高压控制器,如果制冰机在排气压力较高的情况下停机,那么即使排气压力略有下降,此制冰机仍不能启动。要使制冰机恢复运行,必须由技术人员以人工方式对控制器进行复位。

人工复位推杆

图 27.44　标准型、不可调节的风机运行控制器和　　　　图 27.45　人工复位的高压控制器
　　　　高压控制器(Ferris State University 提供)　　　　　　(Ferris State University 提供)

有些制冰机也采用一个逆动作的低压控制器来终止冻结运行。当蒸发器上形成冰层时,由于热负荷下降,其吸气压力也同时下降,当达到其设定的低压点时,逆动作低压控制器的多组触头即闭合,使冻结运行终止,而融冰运行启动。

27.4　微处理器

采暖、通风、空调及制冷行业的技术人员在日常维修工作中经常会碰到微处理器,见图 27.46。事实上,大多数制冰机、制冰机制造商都在其产品上采用了各种微处理器。微处理器就是存有各种程序或算法的小型计算机。制冰机的各工作过程均存储在这些微处理器的软件中。图 27.47(C)为带有外接式冰层传感器的微处理器,即控制器和用于新式块冰机控制的水位控制器。图 27.47(D)即为采用电子控制器,即微处理器的新式块冰机。控制器根据存储于内置存储器中的指令,即程序操控制冰机,但同一家制造商设计的各种型号制冰机的运行方式也有不同。为了获得最大效率,每一种型号的制冰机都有各自的称为电气可擦除、可编程序只读存储器(EEPROM)值的程序。这种控制器可以使制冰机具有自动确定最佳效率的运行状态、运行过程中的自动纠错、故障的自检功能以及针对各种特定信号编制的个性化程序,甚至诸如制冰水、分批次地加入制冰水也是控制器的功能之一。事实上,为了确定维持正常冲洗水量的注水时间,必须对每一运行周期内向水箱注水所需的时间进行检测。图 27.47(E)是一种可以通过转动选择开关对特定型号的制冰机制定专用程序的维修控制器。

(A)　　　　　　　　　　　　　　　　　　　　(B)

图 27.46　(A)用于商用制冰机的微处理器;(B)以微处理器为主体的
控制器(Ferris State University 提供)

微处理器通常也称为集成电路控制器、电子控制器或控制装置。采暖、通风、空调及制冷设备的制造商为了能使产品更可靠、简化其控制系统以及利用自检功能便于排故,往往选择微处理器控制系统。微处理器控制系统可以减少控制线路的布线以及制冰机中用于布线的空间,因此这种技术也常称为"简洁技术"。事实上,许多年前,整个控制线路中的各控制器进出线看上去就像一盘通心面条。而现在,绝大多数的新式控制电路仅由微处理器、几个启动与运行电容的启动元件、启动继电器、压缩机接触器以及主负载(即耗电装置)组成。绝大多数技术人员对主负载,即耗电装置的排故往往可以做到熟练应对,唯有对微处理器会感到束手无策,但只要耐心、对微处理器有充分的理解以及不断实践,微处理器就可能是排故操作中最简单的元器件。

微处理器是一种能在其存储器中存储各运行动作程序的小计算机。在其正常运行所需的内部电路中,有许多非常复杂的固态器件,但技术人员并不需要理解每一个固态元件的工作状态,从而判断微处理器是否正常。对于技术人员来说,必须掌握的内容仅仅是微处理器的运行程序、其自检功能以及微处理器外部接线端输入/输出(I/O)装置的排故方法。图 27.46(A)的左、右侧均为微处理器的外部接线端,微处理器上的绝大多数进出线均集中在此两侧,这些导线就是微处理器的输入线和输出线。微处理器外部接线端的排故将在本章后半部分予以详细论述。

微处理器的运行动作程序和自检功能

微处理器的运行动作程序一般都能在维修手册中查到。如果在制冷设备现场无法找到维修手册,那么应及时与物主或管理人员联系,了解一下他们是否已将维修手册存放在某个安全的地方。如果仍不能确定存放地点,那么就必须与设备制造商联系。一般来说,制造商需要知道设备的型号和系列号才能提供相应的维修手册。因特网也是寻找维修手册或运行程序的非常有用的工具。如果这些资料不完整,技术人员仅需含有微处理器运行动作程序以及启动设备自检功能的其中几页,那么也可要求制造商通过传真传送数页与维修和排故相关的资料。采用各种现代技术手段,技术人员一般均可以在数分钟内获得这些资料。图 27.47(A)和(B)为制冰机维修手册中的部分内容,其中,制造商分别说明了微处理器运行动作程序以及微处理器对各构件的测试项目。因此,只需按下按钮或推杆开关即可启动微处理器对各构件的测试。从图 27.46(A)中可见到此测试按钮。注意,构件状态测试只能按部就班按设定顺序逐项检测:检查水泵、冲洗电磁阀、热蒸气电磁阀、冷凝器风机、融冰探头电动机以及带有电压表的压缩机。它甚至可以告知技术人员在哪一个接线柱上连接电压表以及何时检测此构件。这就可以使技术人员了解制冰机各构件在某时间、某温度下的动作状态,以及在测试模式下的测试值。

制冰运行过程

选择开关转动至"IEC"位置时，除了显示蒸发器和冷凝器温度之外，计算机还将显示计算机运行中的程序名称。

$\boxed{\text{IEC 1}}$ IEC 1 是冻结运行阶段中的不定时过程。在此过程中，计算机需等待蒸发器温度达到 14℉(−10℃) 后启动定时器。

$\boxed{\text{IEC 2}}$ IEC 2 是冻结运行阶段中的定时过程。制冰机处于冻结运行状态，但计算机内的定时器开始运行。

$\boxed{\text{IEC 3}}$ IEC 3 是冻结运行阶段定时过程中后 20 秒的运行过程（单蒸发器的制冰机为 12 秒）。在此时段内，水冲洗阀得电。

$\boxed{\text{IEC 4}}$ IEC 4 一旦达到定时器中设定的时间量，即切换至 IEC 4 运行状态，时间为 20 秒。此时，"水泵"关闭，"热蒸气电磁阀"得电（断开）。

$\boxed{\text{IEC 5}}$ IEC 5 过程中，融冰辅助电动机开始运行，并持续至凸轮转到 N.O. 位置后关闭，之后，整个运行过程切换至 IEC 1 或 IEC 0。

$\boxed{\text{IEC 0}}$ 如果防溅帘在凸轮开关于 IEC 5 结束时断开的情况下仍处于开启状态，那么制冰机将自动停机并显示 IEC 0。当防溅帘关闭时，整个运行过程切换至 IEC 1。

(A)

电子控制器运行

各构件装置测试

所有高电压装置均由此功能程序进行测试，此项测试可以使维修人员判断是计算机故障，还是制冰机系统构件或构件线路故障。当制冰机控制系统处于测试状态时，显示屏显示的构件即处于得电和运行状态。测试时，应将测试对象显示在显示屏上，如果显示屏显示该构件，但此构件处于未得电状态，那么应检查计算机高压端（左侧）的输出电压，即检测标志为 L1 的上端接线端和标志为测试对象间的电压值。如果计算机输出电压等于电源电压，那么说明被测试对象存在故障，或连接该构件的导线存在问题（如断线）。如果计算机输出电压不等于电源电压，那么说明计算机出现问题，必须予以更新。

$\boxed{\text{H20P}}$ 水泵处于运行状态。检测标有"L1"和"水泵"两接线端间的电压。

$\boxed{\text{PrG}}$ 冲洗电磁阀处于得电状态。检测标有"L1"和"冲洗"两接线端间的电压。

$\boxed{\text{GAS}}$ 热蒸气阀处于得电状态。检测标有"L1"和"热蒸气"两接线端间的电压。

$\boxed{\text{FAn}}$ 冷凝器风机电动机处于运行状态。检测标有"L1"和"风机1"，以及"L1"和"风机2"两接线端间的电压。

$\boxed{\text{HP-2}}$ 融冰探头电动机 2 处于运行状态。检测标有"L1"和"电动机2"两接线端间的电压。

$\boxed{\text{HP-1}}$ 融冰探头电动机 1 处于运行状态。检测标有"L1"和"电动机1"两接线端间的电压。

$\boxed{\text{CnnP}}$ 压缩机处于运行状态。检测标有"L1"和"压缩机"两接线端间的电压。

(B)

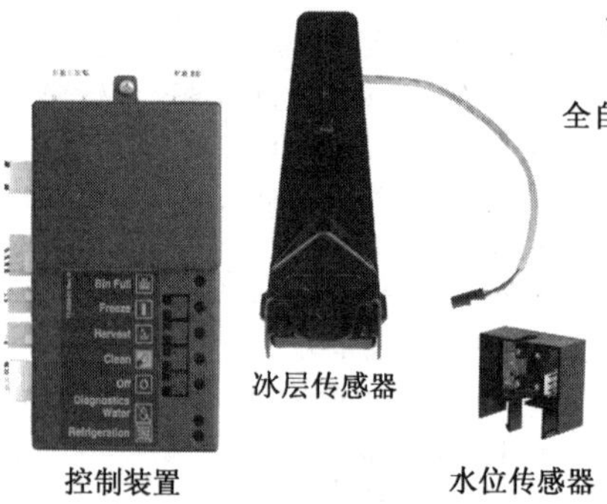

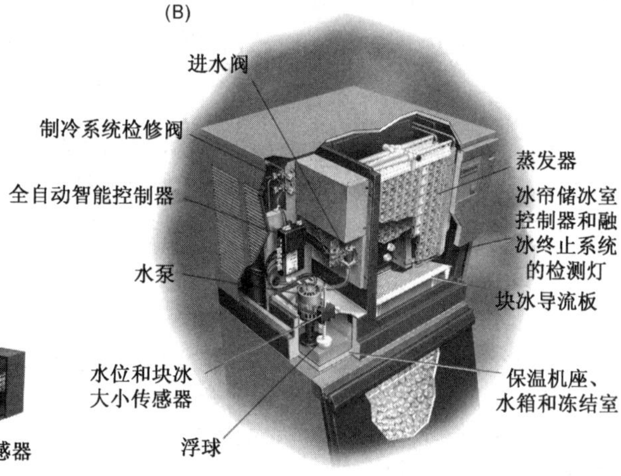

进水阀
制冷系统检修阀
全自动智能控制器
水泵
水位和块冰大小传感器
浮球

蒸发器
冰帘储冰室控制器和融冰终止系统的检测灯
块冰导流板
保温机座、水箱和冻结室

控制装置
冰层传感器
水位传感器

(C)　　　　(D)

供维修用的控制器选择开关

指示标记
0 1 2 3 4 5 6 7 8 9 A B C D E F
调节直槽

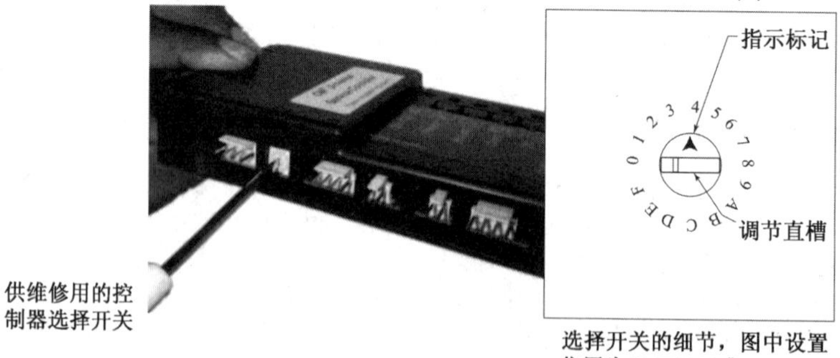

选择开关的细节，图中设置位置为 CME1356 或 CME1656

(E)

图 27.47　(A)微处理器的运行程序；(B)微处理器对各构件的测试(Ice-O-Matic 提供)；(C)用于块冰机的新式控制器、冰层传感器和水位传感器；(D)采用现代高科技技术生产的块冰机(Scotsman Ice Systems 提供)；(E)可以通过转动选择开关选择所需的内置程序来替换多个现有控制器的控制装置(Scotsman Ice Systems 提供)。

输入/输出端的排故

即使制冰机制造商在其微处理器的程序中未设置构件测试模式,技术人员仍可以对微处理器进行排故。如果技术人员能够灵活运用已有的基本知识与技能,输入/输出端的排故实际上也是一种较为简便的操作,它所牵涉的内容也就是电压表和维修手册中的运行动作程序。欧姆表不能直接用于微处理器,这是因为欧姆表中的电池具有一定的电压。大多数情况下,其电压值对微处理器来说太高,很可能会损伤错综复杂的固态元件或设置于微处理器内部的磁性存储器。但如果将连接于微处理器的某些元器件(微处理器的输入/输出元器件)从线路板上拆下,那么欧姆表仍可安全地用于检测这些已拆下的元器件。

微处理器可以从其输入端获得来自输入装置的信号。输入装置可以是模拟信号装置,如热敏电阻(可变电阻),也可以是数字信号装置,如一个开关。图 27.48 是一个连接于冷凝器中点位置的热敏电阻,对于微处理器来说,其作用相当于一个模拟量输入装置,可用于检测并在显示屏上显示冷凝温度。

微处理器在处理完来自输入端的信号后,还将送出一个输出信号,此输出信号可以利用连接于微处理器输出端的仪表来读取。图 27.49 中可见到微处理器上的各输入端。注意,为便于维修技术人员排故,该微处理器的输入端和输出端均分别明确标注了各接线端的名称。正是从这些接线端并利用一台仪表即可完成大多数排故操作。大多数情况下,当然,不全是如此,微处理器的输入信号往往是低电压(交流或直流)或电阻信号,而其输出则是连接至耗电装置的高电压信号(通常为交流电)。当然,对于具体细节,还应参见相关的维修手册。输入装置还常用来读出冷凝温度、蒸发温度等具体数字或某一后续运行模式。图 27.46(A)中可以看到检修人员正在检测微处理器的输入电压。为避免微处理器各接线端的短路、短接,应采用尽可能短的标棒,这一点非常重要。直接短路很可能会使各种微处理器彻底烧毁。用绝缘胶带将电压表的标棒缠去一半长度,可有助于在检测微处理器的输入或输出电压时避免短路。

图 27.48　冷凝器热敏电阻是微处理器的一种模拟量输入元件(Ferris State University 提供)

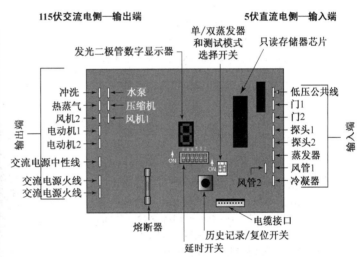

图 27.49　设有各构件输入和输出接线端的微处理器(Ice-O-Matic 提供)

微处理器的自检功能与故障代码

许多微处理器具有自检运行功能。微处理器可以连续监控制冰机的所有项运行。如果出现故障,微处理器就会将不正常的状态或故障与其存储器中的故障代码配对,然后将故障代码显示在显示屏上。图 27.50 是某制造商用于制冰机上的故障代码。图 27.51 是采用电压表对热蒸气阀高压电路进行排故。注意,微处理器示屏上显示的只是故障代码 12(EC12),技术人员还必须对照维修手册(见图 27.50)才能知道此故障代码指的是:蒸发器温度已超过 150°F。

故障代码是一种非常有用、减少排故工时的有效工具,但并不是所有故障均可用故障代码来显示。在确认微处理器无法继续使用之前,还必须检查微处理器上的熔断丝是否正常。绝大多数微处理器均配置有熔断丝。

故障代码

计算机可以连续监控制冰机的整个运行状态并确定其运行是否正常。如果计算机检测到某一故障,它能在其存储器中记录下相应的故障代码。如果故障代码是"严重故障(FATAL ERROR)",那么计算机就会使制冰机停机,正面仪表板上"维修指示灯(SERVICE LIGHT)"亮起,并将此故障代码显示在显示屏上。

注意:在1991年8月以后生产的各种制冰机上,如果出现代码为2、5、7和12的故障,计算机将会在停机和故障指示灯亮起之前,自动地设法复位4次(每隔15分钟一次),即在同样代码的故障连续出现4次之后,制冰机停机。所有已做这种变更的计算机均可以通过一个0612或更高的版本数予以识别,见H-2页上的版本数标记。当控制器处于"概要模式(SUMMARY MODE)"时,不会使制冰机停机的故障代码(EC1和EC3)将仅显示在显示屏上。

以下为各故障代码的说明:

| EC 1 | 冻结时间超过50秒或转换至冻结运行状态6分钟后,蒸发器温度仍高于40℉。 |

| EC 2 | 启动融冰运行后45分钟内,凸轮开关既不闭合,也不断开(ICE 5),见下述说明。 |

说明:0612或更高版本的计算机,EC 2故障时间已从45分钟改为15分钟。

| EC 3 | 启动融冰运行后5分钟内,冰帘开关未闭合(ICE 5)。 |

| EC 4 | 微处理器芯片存在故障,此计算机必须予以更换。 |

| EC 5 | 冷凝器热敏电阻开路或短路。 |

| EC 6 | 蒸发器热敏电阻电路开路或短路。 |

| EC 7 | 冷凝器温度超过150℉(65℃)。 |

| EC 8 | 冻结时间超过80分钟。 |

| EC 9 | 蒸发器温度已有4次连续的制冰运行过程中,在低于90秒内达到14℉(-10℃) |

说明:0612或更高版本的计算机,EC 9故障代码已被取消。

| EC 12 | 蒸发器温度超过150℉(65℃)。 |

如果某制冰机在"严重故障(FATAL ERROR)"的情况下停机,那么该制冰机必须在切换为制冰模式之前根据相关程序予以复位。即使电源切断,故障代码仍将保留在存储器中。

图 27.50　微处理器故障代码的说明(Ice-O-Matic 提供)

微处理器的历史记录

有些微处理器可以记录制冰机的运行历史记录,制冰机以往的运行记录均存放在存储器内,任何时候,可以通过打开微处理器上的开关或按钮调出予以检查。这些记录也可由维修技术人员一次性消除。当然,在过去的一段时间内,融冰次数、存储的故障代码以及平均运行时间等重要信息仍可恢复,见图27.52。

微处理器并不像我们想象的那样复杂、不可理解。维修技术人员真正需要掌握的是输入/输出装置的排故、运行的顺序以及如何根据说明书进行操作,发现故障所在。

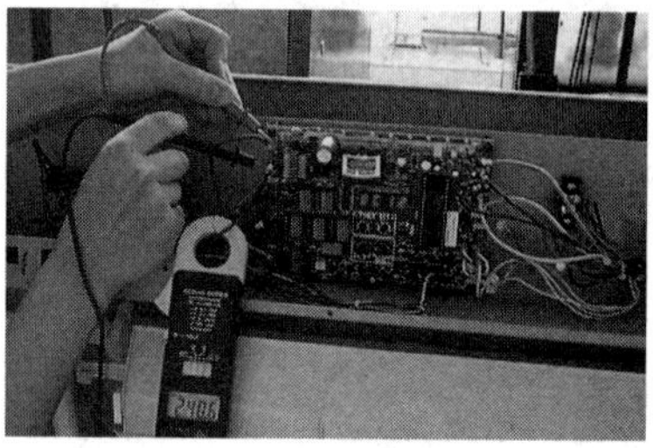

图 27.51　技术人员正在检测微处理器的输出电压(Ferris State University 提供)

冰产量与运行性能

对于风冷式制冰机来说,其冰产量、运行时间以及运行压力主要取决于两个因素:

1. 进入冷凝器的空气温度。
2. 进入制冰机的水温度。

假定进入制冰机的水温不变,那么当进入冷凝器的空气温度上升时,制冰机的产量就会下降。注意图27.53,如果进入制冰机的水温度保持在50℉,那么当进入冷凝器的空气温度为70℉时,制冰机24小时的产冰量为1880磅。但如果进入冷凝器的空气温度上升至100℉,那么其24小时的产冰量则下降至1550磅。这是因为较高温度的空气进入冷凝器,由冷凝温度增高引起压缩比上升导致效率下降所产生的必然结果。

在进入冷凝器的空气温度保持在70℉的情况下,当进入蒸发器的制冰水温度从50℉上升至90℉时,制冰机的 24 小时产冰量即从 1880 磅下降至 1640 磅。这是因为制冰水需要更多的冷量、更长的冻结时间才能将温度较高的 90℉的水冻结成冰。

注意,当进入制冰机的制冰水温度和流经风冷式冷凝器的空气温度同时上升时,制冰机需要更长的冻结时间。

对于冻结与融冰两个运行程序来说,当进入风冷式冷凝器的空气温度上升时,制冰机的排气压力和吸气压力也将相应上升,这是因为流经冷凝器的空气温度较高,引起冷凝温度升高,同时使压缩比增大所引起的。对于维修技术人员来说,了解与掌握不同空气温度与水温度所对应的排气压力和吸气压力是非常重要的,也是一种非常有效的工具。

历史概要记录

制冰机的历史记录是由计算机完成的。在任何时候,将选择开关设置在"制冰 (ICE)"或"停机 (OFF)"位置,即可将过去的运行记录恢复,并予以审视。历史记录只有在选择开关处于"停机 (OFF)"位置时可予以消除。见 H-15 页。历史记录不受断电的影响。

要恢复历史记录,仅需快速按下"历史记录／复位 (SUMMARY／RESET)"按钮,制冰机以往的运行记录即显示在显示屏上。

左图为历史记录的第一部分,它是融冰次数的统计数。显示屏上显示的"H"表示融冰次数以千次为单位,紧接的数字 (254) 表示从最近一次复位以来,此制冰机已运行 254 000 次。

其他历史记录则按以下顺序显示在显示屏上:

| h | 数字前方有 h 时表示从最近一次复位以来,此制冰机融冰次数已超过1000次。 |

| E C | 数字前方有 EC 时表示所有故障均存储在存储器中,且不能消除。 |

| r r r r | 此符号告诉维修技术人员:计算机将显示信息或"回忆"过去制冰运行过程。其复位的数值是以 10 次制冰运行为一组的平均运行时间。 |

| r 1 | 计算机此时将显示第一个复原数字。 |

| 1 5 | 显示 r 1 后显示的数字是最近 10 次制冰运行的平均时间。左边的数字即表示此平均时间为 15 分钟。 |

| r 2 | 计算机此时显示第二个复原数字。显示 r2 后显示的数字是最近 10 次制冰运行前 10 次制冰运行的平均时间。 |

说明:复原的最大数字为 10 (即总记录为 100 次运行)。如果计算机记录的运行次数不满 10 次,那么就没有复原数字。

图 27.52 微处理器可以恢复制冰机的历史记录 (Ice-O-Matic 提供)

27.5 圆柱形冰块的制作

圆柱形冰块在一个管状蒸发器内制成。制冰水在内管内流动,制冷剂蒸发器则处于外管。当制冰水流入内管时即在内管侧壁上冻结,之后,内管中的前端通孔孔径逐渐缩小,最后封闭,内管的水泵压力开始逐渐上升,当此压力达到预定的压力值时,即开始融冰。最后,一个长圆柱体的冰块从内管的一端快速推出,见图 27.54。

其蒸发器一般为绕制成适当大小的圆形盘管,因此,由其制成的冰块表面稍有一定的弧线。融冰后,冰块离开蒸发器时,位于管状蒸发器一端的断冰刀可以将圆柱体冰切成一小段、一小段的。将蒸发器管弯制成一个圆柱体形状的方法可以将较大的蒸发器做成一个体积很小的装置。

27.6 水质与冰块质量

对于任何购置与安装制冰机、特别是向顾客提供食品的商业场所来说,制冰机是一种非常重要且必不可少的设备之一。众多商家很大程度上是依靠冰块在不断地改变食品花样。但许多人往往忽视了自家的制冰机,并没有将它看做是一个独立的"小型制冰厂"。事实上,制冰机不仅可以将原材料加工成可大量消耗的产品,而且可以将其存储,只要需要,即可提供给顾客。

水质

　　冰块被视为一种食品,且其成分单一——水。冰块的质量完全取决于提供给制冰机的水质。高质量的水才能够生产出晶莹剔透、坚如卵石的冰块,并具有最佳的冷却容量、持续时间较长的特征。质量较差的水只能生产出组织疏松、色泽浑浊的冰块,其冷却容量小,且特别容易在储冰容器中形成冰桥。

　　水不同程度地含有各种矿物质,因此水质也有很大的区别。事实上,美国各地的水质有很大的差异,一个城市的东、西、南、北,甚至一条街的两侧,其水质也可能有很大的差别,但它可以通过过滤和水处理的方法予以净化。水过滤和水处理是一门完整的学科,专业人员都知道水的化学组分以及如何处理特定的问题。尽管技术人员中很少有人具有解决水质问题的专业知识,但为了能维修制冰机,掌握基本的水质概念也是必不可少的。制冰机的技术人员经常会被人问起制冰设备的水过滤或水处理问题。当然,有关水过滤和水处理的最佳信息来源应该是水过滤设备制造商。这些制造商会与你一起研究,并对解决你的水质问题提出完整的建议。因特网上的许多网站也提供有关水质和水过滤、水处理问题的宣传信息。尽管不可能包含水质问题的方方面面,但维修技术人员应当具有水处理技术的基本概念以及运用于制冰机的方法。以下是涉及制冰机水质时常用的一些专业术语。

　　酸性水:含有可溶性二氧化碳(能形成碳酸)的水。酸性水被认为对与其接触的大多数构件均具有腐蚀性,其 pH 值较低。

　　碱性水:含有剩余羟基物的水,其 pH 值高于7,它通常含有高浓度的、来自土壤中的钙、镁、硅等基本矿物质组成的可溶性盐或碱的混合物。这些也就是形成水垢的各种矿物质。

　　氯胺:用于城市水系统杀菌的消毒剂。氯胺是一种氯气与氨气的混合物。为降低水中的氯胺含量,通常需要较高密度的炭。

　　氯气:用于城市水系统杀菌的消毒剂。氯能腐蚀金属。要消除讨厌的氯气味,一般可采用炭过滤方法来降低水中的氯气含量。

　　过滤:所谓过滤就是在制冰机的进水口安装一个过滤装置,将水中的杂质予以排除,粗过滤可排除"小石块和沙砾",细过滤则可排除更小的颗粒。

　　流量:流量指流过某一装置的水体积量,以每分钟加仑数为单位计。流量值非常重要,它是制造商为每一种制冰机配置适当流量的过滤系统所必需的技术参数。

　　硬度:以每加仑中含钙、镁量的格令数计量[①]。
以下是美国标准局提供的水硬度的标准值表:

水的硬度

说明	格令/加仑	含量
软水	低于 1.0	低于 17.1
弱硬水	1.0 ~ 3.5	17.1 ~ 60.0
中硬水	3.5 ~ 7.0	60.0 ~ 120.0
硬水	7.0 ~ 10.5	120.0 ~ 180.0
高硬水	10.5 及以上	180.0 及以上

说明:以下各特性数据随运行状态不同会有所变化。

运行时间

冻结时间+融冰时间=运行时间

进入冷凝器的空气温度(℉/℃)	冻结时间 水温(℉/℃)			融冰时间
	50/10.0	70/21.1	90/32.2	
70/21.1	8.5~9.3	9.4~10.3	9.9~10.9	1~2.5
80/26.7	9.0~9.9	9.8~10.8	10.5~11.5	
90/32.2	9.6~10.5	10.4~11.5	11.1~12.2	
100/37.8	10.6~11.6	11.5~12.6	12.4~13.6	

时间以分钟计

24小时产冷量

进入冷凝器的空气温度(℉/℃)	水温度(℉/℃)		
	50/10.0	70/21.1	90/32.2
70/21.1	1880	1720	1640
80/26.7	1780	1650	1560
90/32.2	1690	1570	1480
100/37.8	1550	1440	1350

根据板冰重量为13.0~14.12磅计
以合格冰块计,减少7%

运行压力

进入冷凝器的空气温度(℉/℃)	冻结运行过程 排气压力(psig)	冻结运行过程 吸气压力(psig)	融冰运行过程 排气压力(psig)	融冰运行过程 吸气压力(psig)
50/10.0	220~280	40~20	155~190	60~80
70/21.1	220~280	40~20	160~190	65~80
80/26.7	230~290	42~20	160~190	65~80
90/32.2	260~320	44~22	185~205	70~90
100/37.8	300~360	46~24	210~225	75~100
110/43.3	320~400	48~26	215~240	80~100

整个冻结运行过程中,吸气压力逐渐下降

图 27.53　风冷式系统的运行时间、冰产量和运行压力(Manitowoc Ice Inc. 提供)

---

① 1 格令 =64.8 毫克。——译者注

铁：通常在井水中所含的化合物或含铁细菌。含铁化合物会形成锈色结垢,嗜铁细菌则易产生锈色软泥。

pH 值：此术语用于表示水或溶液中酸或碱的程度。pH 值为 0 ~ 14。7 为中性酸碱度,也是制冰机制冰水的要求状态。小于 7 为酸性,大于 7 为碱性。

反渗透(RO)：它是一种装置,将水在一定压力下强制通过一个细密的膜来排除细小的杂质颗粒。

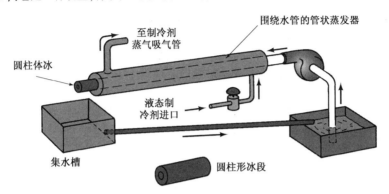

图 27.54　此图是圆柱形冰段制作的模拟图。当内管内侧逐渐形成冰层时,冰中的通孔即逐渐变小,最后封闭。当管内的水泵压力达到某设定值时,一旦融冰,此圆柱形冰段就像子弹一样从管的另一端快速排出。然后此段切割成小段,送入储冰室。在这种实际的制冰机中,其蒸发器通常为绕制的盘管形状,因此,此冰段表面有不明显的圆弧面

结垢：它是在蒸发器和水系统表面形成的片状矿物质积淀层。水垢的堆积会妨碍水的流动,降低制冰机传热量。结垢将影响机组的效率并往往会引起各种故障。

除垢剂：降低各种表面上结垢附着力的一种材料或化学制剂。许多过滤器制造商采用聚磷酸盐来防止钙,即氧化钙的水垢堆积。

渣滓：指较大粒径的尘粒、残屑、沙粒、矿物质粒。一般在过滤器或水处理装置前安装渣滓过滤器来排除较大的杂质,这样可以减少更换过滤器过滤材料的次数来延长过滤器或水处理装置的使用寿命。

固体总溶解量：水中可溶性矿物质含量以百万分之几(ppm)数量级予以计量。高浓度的可溶性固相物会使矿物质堆积增加。

水处理：采用某种装置向水中加入化学药剂或无机物来改变水质。在工业企业中也采用其他的水处理技术。要消除水垢和细菌等,一般都需要对制冰水进行水处理。

浑浊度：指一般由高矿物质含量或水中出现大量小气泡所引起的水浑浊程度。

水软化装置：采用盐产生离子交换来降低水硬度,使水难以生成结垢的一种装置。

最后一个专业术语是维修技术人员通常能够理解,而客户却很少考虑到的,那就是"预防性维护"。该术语指的是定期对机组进行有计划的维护,其中包括对制冰机与外部水过滤/水处理系统的检查、清洗、消毒与维护。预防性维护可以获得事半功倍的效果。每家设备制造商都会对实施预防性维护的各项细节提供完整的建议与说明。预防性维护不仅可以为新设备提供理想的水过滤和水处理,更重要的是可以使制冰机始终在最高效率的状态下运行,延长制冰机的使用寿命,从而使客户的投资获得最大的利益。对这些基本术语的理解有助于维修技术人员就各种问题与过滤器制造商、顾客进行沟通、交流,同时对解决制冰机水质问题也一定会有帮助。

冰的质量

冰是一种具有冷冻特定功能的消耗性产品。许多饮料因为加入冰块可使其口味更佳,特别是在炎热的夏季。在冷藏箱内放一些冰块可以使野餐食品和饮料保持新鲜和较低的温度。

从冰块中获得冷效应的量取决于冰块的质量。冰块质量以硬度的百分比数来衡量,即以冰的硬度来表示其热冷却的能力。硬度的百分数越大,冰块所具有的冷却能力越大,这是因为冰块越硬,说明其密度也越大,其在玻璃杯或冷藏箱内可持续的时间也就越长。但千万不要将冰的硬度与硬水两个概念相互混淆。如果制冰水为硬水,那么由于用其制成的冰块中含有较多的矿物质,往往会使冰块的硬度降低。

冰的硬度可以利用热量计进行计算。这是一项由美国空调与制冷研究所(ARI)用于冰质量,即冷却能力测定的特种实验方法。美国国家标准协会(ANSI)和美国采暖、冷冻和空调工程师协会(ASHRAE)也已对测试的

程序与方法制定了相关的标准。美国国家标准协会与美国采暖、冷冻和空调工程师协会标准29-1988列出了热量计测试的具体操作方法。此测试需要一个保温容器,放入具有一定温度和一定数量的水,其环境状态也必须予以控制。将精确计重后的冰块放入容器内搅拌,并精确记录所有冰块融化所需的时间,然后将冰块加入前后的水温和实际的溶化时间记录在案,最后根据这些数据来计算冰的硬度。

水的纯度必然会对冰的质量有一定的影响。纯水制成的冰块晶莹剔透、清澈明亮,外观浑浊的冰块则往往含有大量空气和各种矿物质,其硬度较低。冰通常可以制成较大的冰块、立方块冰、碎冰、片冰、粒冰或冰渣,顾客的偏爱以及应用的对象决定了他们选择的类型。

块冰冻结时,纯水首先冻结。冷水中的矿物质或滞留其中的空气往往会向块冰的中心移动,因此,透明的块冰中心常常比较浑浊。如果用家用冰箱的制冰盒制作冰块,那么就可以注意到这一现象。这种块冰依据其矿物质含量的不同,其硬度一般在95%～100%范围之内。

片冰的硬度为70%左右,这取决于制冰机所采用的冻结方式,即制冰水在冰桶的壁面上形成,然后剥裂,最后挤入储冰室。因此几乎所有进入制冰机的制冰水都能变为冰,最终从制冰机排出,也正因如此,水中的所有矿物质均冻结在冰层中。由于片冰具有的这种特性,其所含的空气量也较多,从而降低了其整体的硬度和冷却效应。

如前面所述,粒冰、冰渣是由片冰制成的,即将片冰以强制通过一个小孔的方式挤压,排除较多的水分,挤压后的冰再破碎成碎冰。碎冰的硬度一般为80%～90%。由于粒冰、冰渣易于咀嚼,因此特别受医疗保健部门的青睐。

立方块冰根据蒸发器的类型及其制冰方式的不同,其硬度约为95%～100%。商业性的块冰机是将循环水注入蒸发器,并让制冰水在蒸发器的平板上流过,直接在蒸发器平板上冻结成冰。当制冰水循环并逐渐冷却时,纯水首先冻结,矿物质在冻结的过程中往往被"洗去",因此,块冰的纯度、硬度均较高,但其硬度又往往会随着所采用蒸发器形式和材质的不同有所变化,这是因为蒸发器表面任何对水的流动阻力都可能会使制冰水的流动速度降低,使矿物质冻结在块冰之内,当制冰水流过蒸发器上的隔离板或流入格子状的蜂窝冰杯时,都存在有这样的流动阻力,此时,块冰就可能比较浑浊,硬度降低。

不管冰的类型、形状,还是其应用的对象,制冰机越清洁,制冰水的纯度越高,其生产出的冰块硬度也就越高。大多数制冰机制造常常在制冰机上配置包括内置式冲洗、提纯功能在内的各种机构装置,这有助于排除各种矿物质,也可使制冰机保持更为清洁的状态,进而提高冰的质量。此外,包括清洗和消毒在内的对制冰机进行定期的预防性维护与检查也是一项必不可少的工作。同时,在清洗与消毒过程中,必须始终根据制造商的要求采用合适的清洗剂。

消毒

由于消毒有助于消除能够在制冰环境下"茁壮成长"的有害细菌,消毒正逐渐成为一种非常普遍的日常工作项目。切记:冰块是一种食品,它是以与被冷却的食品或是饮料直接接触的方式消费的,它可以用于冷却饮料、冷藏水果、蔬菜、冷冻鱼、家禽和各种肉品。正因如此,可以将冰看做是一种食品,这也就是制冰机必须定期清洗、消毒的根本原因。预防性维护过程中,消毒剂的使用是一个非常重要的工作步骤。酸性清洗剂可以消除各种结垢,消毒则可以杀除各种有害细菌、病毒和各种原生动物。

细菌、病毒和原生动物还可以附着在蒸发器隔舱潮湿区域内。这些微生物可以由空气传播,也可以由水传播。城市自来水系统中由于加入了作为消毒剂的氯气,相对来说,几乎不含有由水传播的有害微生物。水过滤或水处理(将在后面详细论述)也可用于消除细菌的污染。但由空气传播的微生物依旧会出现。一旦某种微生物附着在某潮湿表面,它就会在蒸发器隔舱内侧于稍冷、潮湿的条件下迅速成长,其结果是霉菌、各种藻类或黏液、软泥滋生、蔓延并堆积。其中一些细菌和病毒还可能使人致病。对制冰机进行消毒时,经常可以看到各种黏液软泥,它通常是由各种藻类、霉菌和酵母孢子组成的胶状物质,这些孢子既可以空气传播,也可以由各种水传播。

氧化钙的堆积,即通常所谓的结垢,可以采用商业级的制冰机清洁剂从制冰机中予以清除。制冰机清洗液主要由经认定可用于食品加工设备的食品级酸制成。对于不同的食品加工设备应采用不同酸度的溶液。弱酸溶液有利于保护各种金属表面。较为厚重的结垢则需要在清洗溶液中浸泡才能消除。浓度较高的酸性清洗剂则主要用于不锈钢蒸发器。为避免板式蒸发器上可能出现涂层起壳、脱皮,板式蒸发器上必须采用对镍涂层不会造成伤害的清洗剂。由于紫铜和青铜的质地比不锈钢更为疏松,含有更多气孔,因此如果出现脱皮或退皮,就会使它们直接暴露在环境空气之下,蒸发器将更易于细菌的生长。将稀释后的酸性清洗液在水系统内反复循环可以除去水垢,但不能杀菌。要杀灭细菌,就必须实施另一项称为"消毒"的工作。

消毒时可采用商业级制冰机消毒剂。用一种溶液不可能达到既除垢又消毒的目的,因此需要两种不同的溶液。事实上,制冰机的清洗剂与消毒剂混合后往往会产生对人的呼吸道产生伤害的氯气。消毒溶液必须根据制冰机制造商的说明在整个系统内反复循环。绝大多数制造商会提供清洗和消毒各环节的详细说明,并指明哪些部位必须拆下,用手进行清洗和消毒。营业中的制冰机每月必须至少消毒一次。也有些维修技术人员自行配置消毒液,即用 1 盎司的家用漂白粉加入 2 加仑的温热饮用水,加入的水应在 95 ℉ 至 115 ℉ 范围内。此溶液的氯浓度约为 200 ppm。但是,对制冰机使用任何种类的消毒液之前,应注意查阅制造商的说明书。

水过滤与水处理

如上所述,制冰机与制冰机上出现的各类需维修故障中,有 75% 的故障与水有关。但是,如果采取与当地水质情况相适应的定期清洗和消毒措施,制冰机就会有更长的使用寿命,并在保证冰质量的情况下获得更多的产量。但很遗憾,许多制冰机常常疏于维护,很少清洗或消毒,直到迫不得已时才想起清洗。当然,这也是水处理装置发挥其特定功能之处。一个良好的水处理方案可以延长两次维修间的清洗与消毒时间间隔,但首先必须了解当地的水质状态,这一点至关重要。

水中含杂可以分为下述 3 种类型:

1. 悬浮固相物。
2. 可溶性矿物质与金属。
3. 化学物质。

沙和各种碎屑就是最常见、或许也是最容易去除的悬浮固相物。水流动过程中的机械方式过滤即可排除沙和各种碎屑。

可溶性矿物质与金属的收集成本往往比较高,它需要用反渗透蒸馏、去离子等方法才能消除。反渗透是利用一定的压力使水强行通过某种特制的膜,才能过滤出大部分可溶性矿物质和微生物,然后将它们排入下水道。蒸馏是将水加热至沸腾温度形成蒸气,然后将蒸气重新冷凝成水,从而排除矿物质。去离子是利用塑料珠或矿物质粒等特种过滤介质构成的离子交换柱或离子交换床,通过与其他物质的离子交换方式从水中去除矿物质。水的软化是这种水处理方式的一个例子。水软化装置使用一段时间后可利用普通的实用盐中的钠离子予以还原,钠离子可与钙和镁等常视为硬水的离子进行交换。各种防结垢化学剂(当然必须是食品级的)也可以有效控制各种可溶性矿物质和金属。

另一方面,水中的许多化学物质还必须采用碳过滤的方法去除。水中最常见的化学物是氯和氯胺,它们是城市自来水中常用的消毒剂。其他各种方式进入水中的化学物还可以影响水的口感、气味和颜色。

要想对各种状态的水进行处理,就必须在制冰机供水系统设置水过滤和水处理装置。适用于各种类型制冰机的水处理装置是一种具有三重功能的过滤系统,见图 27.55。这些过滤系统可以过滤出悬浮固相物,通过加入化学药剂来阻止结垢的形成,同时通过采用碳过滤器来改善水的口感、气味与颜色。由于这些碳过滤器是微米级过滤器,使用一段时间后必然会形成堵塞,因此必须定期更换。通常情况下,此过滤器上均安装有一个压力表,用以指示过滤器启用至堵塞时的压力降。除垢剂或过滤碳失效时往往是同时更换全部 3 个过滤芯的最好时机。然而,针对某特定地理区域所采取的水处理方法毕竟不是一项需经严密科学计算、非常精确的项目,因此选配水处理设备时,常常是采取试凑的方法。对所在地理区域,就如何获得最佳的水处理效果,应注意听取当地水质管理部门、制冰机批发商和制造商等专业人士的意见。水过滤器制造商也可针对制冰机设置地点的水进行测试,提出正确配置水处理设备、改善水质的各种建议。

安全防范措施: 这些化学药物对人体均可能存在危险,因此必须根据制造商的说明进行操作。化学药物在系统中循环时最好选择在储冰室没有冰块的时候,这样可以避免污染其中存放的冰块。由于制冰机很少有完全用空的时候,因此需要将储冰室内的冰块全部排出,存放在稍远的冰柜内。然后,按制造商的要求,清理和冲洗储冰室。

27.7　整体式制冰机的安放位置

大多数整体式制冰机的设计环境温度为 40 ℉ 至 115 ℉。根据制造商的建议,如果制冰机的环境温度太低,制冰机内会出现冰冻,制冰水不能正常流动而伤及浮球或其他构件;如果环境温度太高,压缩机易产生故障,同时冰产量下降。制冰机所处的环境条件对制冰机的运行十分重要。

冬季运行

一台放置在汽车旅馆室外的制冰机或许不会在低于 40 ℉ 左右的环境温度下制冰,这是因为储冰室内的温控器的设定温度约为 32 ℉。在此设定值下,冰接触温控器的传感器时,温控器会停止制冰机的运行。当室外温度为40℉,储冰室内又有少量冰块的情况下,一般能满足温控器的停机设定值。制冰机放置在室外时,其水系统应在室外温度接近冰点温度时关闭,并同时将水全部排空,以避免冻结而伤及水泵、机组上的蒸发器和浮球装置。

当制冰机处于室外,其环境温度低于65℉左右时,一般可采取相应措施来避免排气压力过低、膨胀阀不能向蒸发器送入足够制冷剂的问题。其中,采用低温环境控制器使冷凝器风机间断运行是最为常见的措施之一。混合阀,即排气压力控制阀也可用于维持排气管和液管压力。这些阀可以在室外环境温度下降至一定值时,将排气管的热蒸气与来自储液器的液态制冷剂混合,与此同时,液态制冷剂返回冷凝器,形成溢流状态,冷凝器的这种溢流可以使排气压力提高。排气压力控制阀的相关内容可参见第22章"冷凝器"。

制冰机在室内的安放位置正确与否也非常重要,因为必须有流动气流能够流过冷凝器。如果没有正常的气流流通,那么就会使排气压力升高,从而使制冰机产能降低,在某些情况下还可能伤及压缩机,见图27.56。

图27.55　三重功能过滤系统(Scotsman Ice System 提供)

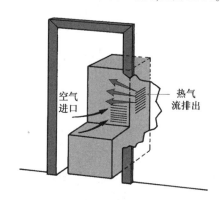

图27.56　制冰机安放在一个小房间时需考虑冷凝器是否有充分流通的空气

27.8　制冰机的排故

制冰机不能正常运行时,一般应首先检查水路,然后检查制冷系统,最后检查电气控制线路。

水路故障

大多数制冰机中,制冰水的液位正确与否至关重要,应首先对照制造商的说明书检查。大多数制造商都会在浮球室或靠近浮球的某个位置贴有正确水位的标志,据此首先确定正确的液位,然后将其调整至正确位置,见图27.57。

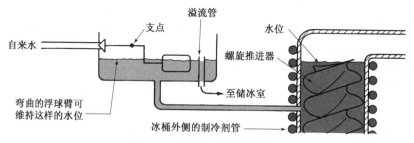

图27.57　维持正确浮球液位

浮球阀有一个软性的、通常采用氯丁橡胶制成的阀座。如果磨损,可以更换新阀座,因为此阀座与制冰机在任何阶段的低效率运行相比总是便宜的,当浮球不能关闭进水时,这部分水就会以供水温度流入系统,因此必须将其冷却至冰点温度,但同时也可能会使已制成的冰块融化,如果可以将浮球阀座从其固定架上拆下,那么作为临时维修措施可以将其翻过来盖住阀口,见图27.58。

确定浮球能否正常关闭的最佳时机是选择在制冰机中没有冰块时。切记:储冰室内存有冰块时,它就会不断地融化,此时就无法判别排水管中的水是来自正在融化的冰块,还是因为浮球的泄漏。如果储冰室不存在冰块,那么排水管中的水就一定来自浮球泄漏,见图27.59。

块冰蒸发器上制冰水的不断循环是由水循环系统实现的,而这样的循环系统往往是由制造商经过精心设计、反复试验而确定的,因此,在做任何改动之前,应首先理解制造商的设计意图。当制造商的说明书中有正确操作方法的详细解释时,应采取各种措施使蒸发器保持正常水流量,这对于技术人员来说也是很平常的事,当然也不要将有些事看得像蒸发器积垢那样简单。如果蒸发器确需清洗,也应按制造商的意见进行操作。

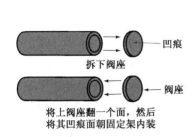

图 27.58　有时候浮球阀座可以翻转,作为临时措施,可以将好的一面朝外

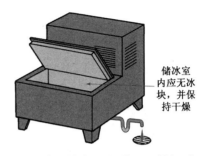

储冰室内应无冰块,并保持干燥

图 27.59　制冰机储冰室需干燥、无冰块。如果仍有水不断流出,那么说明浮球阀存在泄漏

至少,制冰机的进水质量必须满足制造商的要求。如果制冰水中似乎含有较多的矿物质,应立即检查过滤器系统,同时也可以与水处理公司联系,帮助你确定水的质量状态和可能的调整措施。

制冷系统故障

制冷系统故障主要有高压侧故障和低压侧故障。

高压侧故障　高压侧故障起因有:
1. 冷凝器上空气循环状况较差。
2. 冷凝器周围空气流通不畅。
3. 冷凝器严重积尘。
4. 冷凝器风机电动机停止运行。
5. 制冷剂充注过量。
6. 系统中存在不凝性气体。

高压侧的另一个故障是试图使制冰机在环境温度低于机组设计温度状态下运行时出现的问题。排气压力降低可以使吸气压力降低,特别是采用毛细管作为计量装置的系统。物主往往希望能将制冰机放置在室外,并期望能全年正常地运行,但首先应满足制造商提出的设计条件。

低压侧故障　低压侧故障的主要原因有:
1. 制冷剂充注过少。
2. 制冰水流量不当。
3. 蒸发器水一侧矿物质大量沉淀。
4. 液管或干燥器内制冷剂流动受到限制。
5. 热力膨胀阀等计量装置损坏。
6. 制冷剂中含有水汽。
7. 压缩机运行效率较低。
8. 计量装置堵塞。

低压侧故障往往会在制冷剂压力表上表现出过高或过低的压力。当压力过低时应首先推测是蒸发器缺液。制冰机制作块冰时,蒸发器缺液往往会使蒸发器上的冰层出现不正常的状态。例如,蒸发器上的温度太低,其上面的冰层就会较厚,外观较为浑浊。

压力过高时,应首先怀疑膨胀阀内的制冷剂流量是否过大、热力膨胀阀是否损坏或压缩机容量不足。当膨胀阀送液量过大时,压缩机通常都会因制冷剂溢出,温度迅速下降,见图 27.60。

如果进水温度高于正常值,那么往往会使浮球阀机构出现卡死现象而导致过量热负荷。如上所述,要检测浮球泄漏也比较困难,但可以通过检查浮球室的水位是否正确来判断。如果调整浮球无助于改变现状,那么很可能是阀座已损坏。

图 27.62 中的排故表是为制冰机物主或维修技术人员提供的常见故障的索引,此表来自某制冰机制造商的

使用手册。对于需要维修的某种型号的制冰机可以与其制造商联系,获得类似的排故表。如上所述,因特网也是一种快速获得相关排故资料的最佳途径,它可以帮助技术人员对各种制冰机的系统故障做出正确的判断,迅速排除各种故障。

图 27.60 膨胀阀可以使制冷剂溢出,返回压缩机

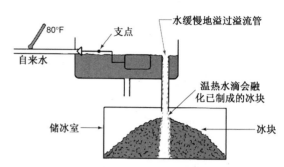

图 27.61 浮球不密封将会使已制成的块冰融化

故障	可能原因	处理方法
制冰机不工作	制冰机无电源	更换熔断器,或将断路器复位,或将主开关闭合
	高压控制器断开	清理空气过滤器和(或)冷凝器上积尘
	制冰/停机/清洗选择开关设定位置不当	将选择开关设定在"制冰"位置
	水帘开关运行失灵,处于断开状态	必须使水帘开关自动闭合,动作灵活
	分离式接受器关闭	打开阀
制冰机停机,但可以通过将选择开关转换到"停机",然后再切换至"制冰"时重新启动	安全限定装置使制冰机停机	见"安全限定功能"
制冰机不能顺利放冰或融冰很慢	制冰机积尘严重	对制冰机进行清洗、消毒
	制冰机安放位置不平	将制冰机调整为水平
	制冰机周围空气温度过低(风冷机组)	环境空气温度必须至少在 35℉(1.6℃)以上
	水调节阀在融冰运行状态下渗漏(水冷机组)	参见"水冷式冷凝器"
制冰机不能自动转换至融冰运行状态	6 分钟冻结定时器已不能自动终止	等待冻结锁定状态终止
	冰厚度探针积尘	对制冰机进行清洗、消毒
	冰厚度探针连接导线断路	连接导线
	冰厚度探针失控	调整冰厚度探针
	冰层厚度不均匀(蒸发器顶端冰层较薄)	见"冰块较薄,不完整"
冰块质量较差(松软或不透明)	进水水质较差	与相关公司联系,测试水质,并对过滤器提出整改意见
	水滤效果较差	更换过滤器
	排水阀不工作	拆下排水阀进行清洗
	水软化装置效果不佳(如果安装的话)	维修水软化装置
	冰厚度探针失控	调节冰厚度探针
	蒸发器上水位太高或太低	检查水位探针是否损坏
	进水阀过滤网积垢	拆下进水阀,清洗过滤网
制冰机产出的块冰薄而不完整,即蒸发器上的块冰外形不完整	水过滤效果较差	更换过滤器
	进水温度太高	将制冰机连接于冷水水源
	进水阀不工作	拆下进水阀清洗
	进水水压不正常	进水压力必须在 20～80 psi 范围内(137.9～551.5 kPa)
	制冰机安放位置不平	将制冰机调整为水平

图 27.62 制冰机一般故障的排故表(Manitowoc Ice Inc. 提供)

故障	可能原因	处理方法
制冰机产量偏低	进水阀过滤网积垢	拆下进水阀,清洗过滤网
	进水管被关小	打开进水阀
	进水阀粘连,处于断开或泄漏状态	拆下进水阀,清洗
	冷凝器积垢	清洗冷凝器
	制冰机周围空气温度过高(风冷式机组)	环境空气温度不得高于 110℉(43.3℃)
	制冰机周围空隙过小	调整制冰机四周空隙
	制冰机周围堆放物体阻挡了流过冷凝器的空气(风冷式机组)	将阻挡空气流动的物品搬走
	未安装导风板	安装导风板

图 27.62(续)　制冰机一般故障的排故表(Manitowoc Ice Inc. 提供)

电气故障

如果机组未能在正确的时间内融冰,那么此融冰故障看上去就像是低压故障,蒸发器上形成厚重的冰块。切记:融冰仅相对于生产块冰的制冰机而言。当制冰机出现厚重冰块时,就需要寻找融冰的最佳方式。制冰机也可能设有强制融冰装置,使你能清理蒸发器并重新开始制冰运行。有些制造商还会建议不要让制冰机在此时急于融冰或停机,而应等待正常的融冰运行,这样可以从中判断造成这种状态的故障类型。如果已经知道蒸发器冻结并强制融冰,那么很可能会因为这种状态在下一个运行过程不再出现而无法发现其故障的原因。

线电压故障可采用电压表予以检测。从机组上的铭牌上可以获知机组正常工作电压。检测时,应首先确认机组的工作电压是否在正常的电压范围之内,电源线末端的插头是否因为接触不良而已损坏或是过热。当然,可以在机器运行过程中用手碰触一下插头来检查,如果感觉烫手,说明连接至机器的电源线不正常,见图 27.63。

图 27.63　制冰机电源插头与墙上插座连接不良

当电源通过导线连接至制冰机接线盒时,说明已连接至操控机器的各控制线路。通常情况下,制冰机的控制电压与线电压相同。大容量制冰机则采用继电器,通过触头得电来启动压缩机。

27.9　报修电话

以下报修电话涉及制冰机的一些最常见的故障。

报修电话 1

某维修技术人员正在检修一台制冰机。打开机盖后,技术人员并未发现什么不正常:储冰室内存有一半的片冰,机器也似乎在正常运行。之后,技术人员决定去餐厅经理处了解情况,经理说到:该制冰机经常会断断续续地发出尖叫声。检修人员返回制冰机旁,确实听见了一些来自蒸发器和螺旋推进器的轻微尖叫声,此噪声大约在 10 分钟内逐渐增大,然后悄然无声,10 分钟后,噪声又重新出现。其故障是蒸发器冰桶与螺旋推进器有矿物质结垢,引起螺旋推进器与矿物质沉淀物碰擦,发出类似两块泡沫聚苯乙烯块相互摩擦的噪声。有时候,这些矿物质沉淀物破裂脱落后会随冰块一起排出。

检修技术人员仔细查看了片冰质量,发现含有不少浑浊点,这是由矿物质混入片冰中所产生的。之后,技术人员确定,此制冰机需进行清洗,以消除矿物质沉淀物,并决定在清洗后对此制冰机进行消毒,以消除各种有害细菌、病毒和原生动物。技术人员采取的第一个步骤是将储冰室的所有片冰排空。

技术人员根据从因特网搜索引擎中获得的维护与保养手册,按照制造商对制冰机整机和储冰室清洁与消毒的具体说明进行操作。重新启动制冰机后,技术人员发现,整机的运行噪声明显下降,而且其产出的片冰质量远比清洗和消毒前要好(一般情况下,关于清洗与消毒的说明均以标贴方式粘贴在制冰机机身上)。

维修技术人员又观察了约 45 分钟,清理现场,并与餐厅经理讨论了预防性维护的注意事项以及餐厅中各种制冰机的水处理方案。然后技术人员返回到制冰机旁,再没有听见任何尖叫声,说明此故障已完全排除。

报修电话 2

某维修技术人员需要维修一台蜂窝型块冰机。该制冰机无法从蒸发器上进行融冰,蒸发器上的冰层已冻结成非常厚的冰块,甚至其冰厚度探针也冻结在冰块中。事实上,其冰厚度探针的电极已被矿物质沉淀物所包裹,当冰块面上的水膜与探针相接触时,已根本无法连接成一个电路(冰层太厚可能会损坏蒸发器,并且蒸发器热负荷减少还会使吸气压力降低,如果这一故障不予排除,还可能导致压缩机中制冷剂返溢)。

维修技术人员通过将制冰/清洗/停机选择开关切换至停机,然后再返回至制冰位置的方式绕过冻结定时锁定功能。技术人员等待制冰水开始流过蒸发器,然后用搭接线分别连接至冰厚度探针和机箱的接地线,见图 27.64。此时,控制板上的融冰指示灯点亮,8 秒钟后,制冰机自动切换至融冰运行过程,技术人员可以听到热蒸气电磁阀得电和热蒸气流入蒸发器的声音。之后冰厚度探针脱离蒸发器,技术人员用适当的制冰机清洗剂对此探针进行清洗,清除沉淀在探针上的矿物质积垢。清理现场时,技术人员又仔细观察了制冰机的冻结、融冰及清洗 3 个运行过程,确认该制冰机的工作状态正常。在与店主交谈了预防性维护和水处理事项之后,技术人员离开工作现场。

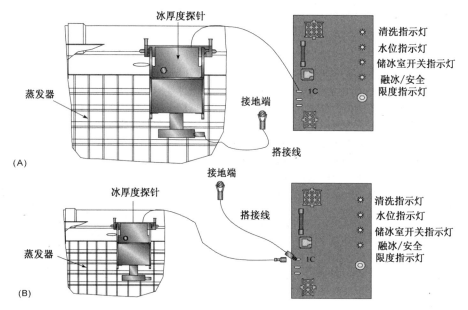

图 27.64　冰厚度探针和控制板:(A)搭接前;(B)搭接后(Manitowoc Ice Inc. 提供)

报修电话 3

某餐厅要求技术人员前去检修一台生产圆柱形冰的制冰机。店主抱怨说冰块外观太浑浊,且融化得很快,来店消费的顾客也抱怨冰块融化后在杯底有片状的沉淀物。其故障是排水电磁阀损坏,每次制冰运行后,来自水箱的原有制冰水没有排除或冲洗,同样的水被反复多次使用,其矿物质含量必然逐渐增高,过量的矿物质冻结在冰块中,导致冰块疏松、浑浊且含杂。

检修人员检查了储冰室内的部分冰块,发现其中的冰块确如店主及顾客所反映的那样:疏松、浑浊且含有矿物质杂质。仔细观察冻结和融冰运行之后,检修人员确定是融冰运行过程中没有冲洗水。检修人员将制冰机关机,从控制板上将冲洗电磁阀接头拔下,用欧姆表检查冲洗电磁阀中的线圈电阻。其电阻值无穷大,说明此电磁阀线圈开路。换上新线圈,并将此电磁阀线圈重新连接至控制板接线端。重新启动制冰机后,可观察到机器开始制冰。融冰运行过程中,控制板使水冲洗电磁阀得电,水即能顺畅地流入排水管。此排水过程可以将水箱中原有的、含有较多矿物质的致病水排空,让新的制冰水注入水箱。技术人员在冰块跌落至储冰室时抓取了部分冰块,观察后发现,冰块清晰透明,硬度很高,非常清洁。检修人员在与餐馆主人讨论预防性维护以及水处理方案之后,整理制冰机工作现场,然后离开餐馆。

报修电话 4

检修人员正在检修一台制冰机,确定该机在应该关闭热蒸气时没能及时终止融冰运行。太长的融冰运行时间往往会使蒸发器上的金属涂层起壳、脱皮。此时,融冰电动机的探针已不能将冰块推离蒸发器盘管,只能通过触动冰帘开关终止融冰运行。蒸发器表面因融冰的热蒸气变得很烫,换句话说,出现了"过烧"。冰块以一整块的状态依重力缓慢地从蒸发器上脱落。有时其中某一块冰偶尔碰巧触动了冰帘开关,使机器终止融冰,而其他时候就很难碰到这样的情况了。其故障是融冰电动机损坏,使冰块无法在融冰运行过程中被推离蒸发器。

　　检修人员取出电压表,在融冰运行模式下,检测标志有电动机 1 和电动机 2 的微处理器输出端电压,见图 27.51,发现其电压值为 115 伏交流电,确认其为正常电压值。检测这一电压值可以使检修人员获知微处理器这一部分工作正常,它能够向融冰电动机发送输出信号,微处理器没有问题,故障必存在于融冰电动机或连接至融冰电动机的导线上。然后检修人员检测融冰电动机两端电压,为 115 伏交流电,这就表明故障并非在微处理器与融冰电动机之间的连接导线上,而是融冰电动机本身(如果某耗电装置上有正常的电压值,而此装置又不能运行,那么问题一定出在耗电装置之内)。

　　检修人员从车上取来一个新的融冰电动机,在原处安装。在观察制冰机两个完整的运行过程之后,检修人员确认其各项运行过程均已恢复正常。

报修电话 5

　　检修人员检修一台含有微处理器的制冰机时,发现该制冰机无法自动终止 ICE 1 模式。检修人员在查阅了维护手册后发现:蒸发器在内置定时器启动之前,其温度必须达到 14℉,检修人员一下子很难判断是微处理器本身的故障,还是微处理器某一输入端信号出现了问题。其故障是蒸发器上的热敏电阻损坏,由于热敏电阻损坏,微处理器无法获知蒸发器的温度,也就无法使制冰机自动切换至下一个运行模式(ICE 2)。

　　技术人员再查阅维护手册后发现:此微处理器是由连接在蒸发器上的热敏电阻提供输入信号的。热敏电阻只是一个其阻值随温度变化而变化的电阻,因此该热敏电阻的输出信号既可使数字式显示器显示制冰机所处的模式,还可以告诉微处理器蒸发器何时已经达到 14℉。制造商为便于检测热敏电阻,一般均提供一个其阻值与温度值的对应关系表。检修人员唯一可以精确模拟的温度值是 32℉,即将一些碾碎的冰块放入含有少量水的容器中,并通过搅拌来获得较为精确的 32℉ 的温度。将热敏电阻从蒸发器上取下,同时将连接于微处理器上的蒸发器输入端的导线断开,然后再将热敏电阻头部浸入 32℉ 的冰水中。此时,欧姆表上的电阻值读数为 5.5 千欧。根据热敏电阻的阻值与温度线图查得,此时阻值应为 9.842 千欧。这就可以说明此热敏电阻已损坏,并且微处理器为何不能自动终止 ICE 1 模式的原因了。最后向制造商订购一个新的热敏电阻。

　　技术人员可能已经检测了接入微处理器上标有"蒸发器(EVAP)"输入端的信号,但还需知道其必须具有的具体数值。大多数情况下,这些信号一般均为低压交流电或低压直流电,但也有可能是电阻信号。技术人员必须认真阅读随机的用户手册,确定究竟是何种信号。

本章小结

1. 大多数制冰机不管是分离式制冷系统,还是独立式制冷系统,其制冷剂充注量均需要较高的精度。
2. 制冰机利用在溢流式冰桶内旋转的螺旋推进器,从冰桶的内侧刮下片冰。
3. 螺旋推进器通过称为刮板的切削面从冰桶内刮下片冰。
4. 制冰机也可以进行改装,并联于超市中的制冷系统。
5. 制冰水在蒸发器或冰桶内冻结时,水中的矿物质往往会滞留并附着在冰桶的内壁上。
6. 制冰机清洗剂可以溶解制冰机冻结装置上的多种矿物质。
7. 正常运行中的制冰机,冰桶上如果有矿物质沉淀,往往会产生类似两块泡沫聚苯乙烯相互摩擦的声音。
8. 制冰机通常设有齿轮减速装置,用于降低螺旋推进器驱动电动机的转速。
9. 制冰机冰桶上出现矿物质结垢往往会使螺旋推进器轴承受非正常的应力,其传动齿轮也同样会处于非正常的受力状态。
10. 由于齿轮传动装置始终处于受力状态,因此要比制冰机的任何其他部件更易损坏。
11. 螺旋推进器轴承磨损后往往会使螺旋推进器晃动,并与冰桶内侧碰擦,在冰桶内侧出现刮痕,甚至在片冰中出现刮削下的金属碎粒。
12. 双浮球开关和一个水控制阀通常可以控制进入制冰机水箱的进水量,同时在水位较低的情况下自动关闭制冰机。
13. 水冲洗运行是控制水箱内矿物质沉淀的一种方法。机械式定时器或微处理器均可自动启动水冲洗运行程序。
14. 储冰室控制器的作用在于储冰室中存满冰块时自动停止制冰机的运行。
15. 制冰机的产冰量取决于进水温度和制冰机周围的环境温度。当进水水温或制冰机周围的空气温度上升时,产冰量即下降。
16. 有些制冰机具有供技术人员或物主调节片冰规格大小或形状的功能。转动冰刀或更换挤出头即可实现这一功能。

17. 有些制冰机可以在平板式蒸发器上生产预定厚度的板冰。板冰然后跌入或滑入一个带有切割电热丝的网格上,此电热丝通有低压电流,利用其产生的热量对板冰进行切割。

18. 生产月牙形冰块需要不断有制冰水流过蒸发器板,该蒸发器的背面以一定的距离间隔焊有蒸发器铜管。蒸发器上温度最低处是铜盘管与蒸发器板的接触位置,冰层最先在此形成。

19. 热蒸气融冰过程中,冰块以重力滑向蒸发器板的低端。蒸发器板上的波折会破坏蒸发器板与月牙形冰块间的表面张力,冰块然后跌入储冰室内存放。

20. 生产蜂窝型冰块需要有一块垂直设置的蒸发器板,利用水泵将制冰水送入各蜂窝冰杯内。该蒸发器板的背面焊有蛇形蒸发器盘管。蜂窝冰杯内逐渐形成冰块后,还会形成连接相邻冰杯的冰桥。

21. 水流量太小时,往往会使矿物质冻结在冰块中,水管路中的节流阀门可以调节水流量。

22. 一旦冰桥厚度达到一定值,冰层上的水膜接触到可调节的冰厚度探针时,热蒸气融冰运行即启动。

23. 排气管上的热蒸气电磁阀得电,压缩机持续运行,即可将过热蒸气送至蒸发器。

24. 融冰热蒸气可以使冰块从蒸发器上松脱,然后在重力或推杆的作用下从蒸发器上脱落,跌入储冰室。

25. 蒸发器上各相邻两蜂窝冰杯间的通气孔可以使空气从冰块的边缘进入并流向整个冰块,这样可以消除蒸发器与冰块间的相互吸附力。

26. 圆柱形冰是在一个管中管蒸发器的内侧形成的,当制冰水流过中心管时,它首先在管内壁上冻结成冰。融冰后,此冰即以长圆柱体形状从管子的另一端排出。

27. 不同制冰机制造商对于排水槽的水位控制、冰层厚度、融冰运行的启动、融冰终止方式以及储冰室的控制器均有不同的控制方法。

28. 热蒸气融冰过程中,常会出现液态制冷剂返溢至压缩机的现象。为防止这一现象的出现,人们常在压缩机的排气管上设置一个热敏电阻,用以检测压缩机的排气温度,如果融冰运行过程中排气管温度较低,即说明有液态制冷剂返溢至压缩机。

29. 热蒸气阀通常由微处理器在融冰运行过程中,根据压缩机的排气温度进行控制,以防止液态制冷剂返溢。

30. 在新式制冰机中,微处理器通常是主控制器,其存储器中可以存储各相关程序或算法,实际上是在存储器中存储了制冰机各工作过程的顺序。

31. 微处理器上设有分别接收和发送信息的输入、输出接线端。输入、输出装置可以是各类开关的数字装置,或是诸如热敏电阻那样的模拟装置。

32. 检修人员应当掌握微处理器运行顺序和逻辑关系以及输入、输出装置的排故方法。从维修手册和因特网上常常可以获得制造商关于微处理器运行顺序的资料。

33. 为帮助检修人员进行系统排故,许多微处理器均具有自检功能。

34. 为帮助检修人员排故,微处理器还设有能在显示器上显示的故障代码。

35. 许多微处理器可以记录制冰机的运行历史,或对以往的运行过程进行统计。这些数据可以通过按下按钮即可显示在显示屏上,它可以将过去一段时间内的融冰次数、存储的故障代码、平均运行时间等信息复原。

36. 产冰量主要取决于进水温度和进入风冷式机组冷凝器的空气温度。

37. 吸气压力、排气压力、耗电量以及系统其他性能参数主要取决于进水温度和进入风冷式机组冷凝器的空气温度。

38. 冰的质量取决于进入制冰机的水质,水质较好的制冰水可以生产出晶莹剔透、具有最佳冷却能力的硬质冰块,水质较差的水只能生产出疏软、冷却能力较差的、外观浑浊的冰块。

39. 水中含有多种不同含量的矿物质。水过滤与水处理是一门科学,而检修技术人员要维修制冰机就需要掌握水质的相关基础知识。需要掌握的重要术语是:水过滤、水处理、沉淀物、流量、积垢、除垢剂、水软化装置、反渗透、铁、可溶性固相物总量、浑浊度、pH值、酸性水、碱性水、氯、氯胺和水硬度。

40. 冰的质量以硬度的百分数计量,硬度是表示冰的热冷却能力的计量单位。硬度的百分数越大,冰块所具有的冷却能力也就越大。

41. 制冰机越清洁,水的纯度越高,其生产的冰块也就越硬。

42. 预防性维护就是对制冰机所做的定期维护作业,它包括对制冰机本身及其外围水过滤、水处理系统的检查、清洗、消毒和保养。

43. 采用酸性清洗剂清洗制冰机可方便地清除水中矿物质形成的结垢。

44. 经批准可用于制冰机的消毒剂可以杀灭病毒、细菌和原生动物。

45. 如果针对当地水质情况,按既定计划进行清洗和消毒,那么制冰机可以有更长的使用寿命、更高的产量和更佳的冰块质量。

46. 针对当地水质情况而设计的水处理方案有助于改善水质。水质状况可分为悬浮固相物含量、可溶性矿物质含量和其他化学物质含量。
47. 常用型水处理装置是一种三重功能的过滤系统,它能过滤出悬浮固相物,通过添加化学药剂阻止结垢的形成,并利用碳过滤器改善水的口味、气味和水的颜色。

复习题

1. 哪一种类型的制冰机可以连接融冰、收冰?
2. 哪一种类型的制冰机必须采用齿轮传动装置和螺旋推进器?
   A. 块冰; B. 圆柱体冰; C. 片冰; D. 大冰块。
3. 制冰机浮球损坏后的症状是什么?
4. 制冰机中双浮球开关的两个功能是什么?
5. 制冰机中哪一个部件最易损坏?
   A. 齿轮传动装置; B. 浮球机构; C. 冰斜槽溜管; D. 压缩机。
6. 试说出导致螺旋推进器晃动的两个原因。
7. 对制冰机来说,冲洗运行的作用是什么?
8. 试说出制冰机的 3 种储冰室控制器的名称,并说明其作用。
9. 制冰机的产冰量主要取决于两个重要参数,试说出并简要说明这两个参数。
10. 试说明蜂窝式制冰机蒸发器上通气孔的作用。
11. 正误判断:由于不锈钢使用寿命长、非常卫生且抗腐蚀,因此常用来制作蒸发器。
12. 试说明蜂窝式制冰机中冰桥的含义。
13. 试说明制冰机中离心水泵的作用。
14. 制冰机冰厚度探针的作用是什么?
15. 试说明制冰机中排水电磁阀的作用。
16. 制冰机融冰运行过程中,最常见的融冰方式是哪种?
    A. 电热; B. 自然融冰; C. 热蒸气; D. 空气。
17. 试说明制冰机热蒸气融冰过程中,液态制冷剂是怎样返溢压缩机的?
18. 为何制冰机需要定期清洗?
19. 为何制冰机需要定期消毒?
20. 正误判断:同一种溶液既可用于制冰机的清洗,又可用于制冰机的消毒。
21. 微处理器排故操作的内容是什么?
    A. 输入/输出装置的排故; B. 欧姆表; C. 电流表; D. 推测故障。
22. 获得制冰机技术资料最快捷、来源最全面的方法是:
    A. 联系制造商; B. 联系批发商; C. 因特网; D. 传真设备。
23. 大多数情况下,微处理器的输入信号是:
    A. 高压信号; B. 低压信号; C. 稳定信号; D. 高频率信号。
24. 制冰机微处理器告知检修人员相关故障的方式是:
    A. 统计数; B. 故障代码; C. 运行历史; D. 相关数据。
25. 正误判断:进水温度和进入机组的空气温度是决定风冷式制冰机产冰量的主要因素。
26. 表示冰的热冷却能力的计量单位,同时也表示水中钙、镁含量的术语是:
    A. 硬度; B. 浑浊度; C. 碱度; D. 结垢量。
27. 蒸发器表面和水系统形成的片状矿物质沉淀物称为:
    A. 沉淀物; B. 结垢; C. 硬度; D. 浑浊度。
28. 杀灭制冰机中细菌、病毒和原生动物的方法是:
    A. 消毒; B. 清洗; C. 漂洗; D. 擦洗。
29. 正误判断:采用合格的制冰机清洗剂清洗是制冰机排除结垢的一种方法。
30. 水质状态可分为 3 种类型,试说出这 3 种类型的名称。
31. 正误判断:制冰机常用的水过滤、水处理装置是三重功能的过滤系统。
32. 正误判断:水中各种化学物必须采用碳过滤方法去除。
33. 水中的沙、尘粒一般可采用下述装置予以去除:
    A. 过滤器; B. 反渗透; C. 蒸馏; D. 去离子。

第28章 专用冷藏冷冻装置

教学目标

学习完本章内容之后,读者应当能够:

1. 论述冷藏卡车的冷藏方法。
2. 论述用于卡车冷藏的相变板。
3. 论述铁路运输中货物冷藏的两种方法。
4. 论述喷风冷却获得冷冻的基本方法。
5. 论述复叠式制冷方式。
6. 论述船舶冷藏的基本方法。

安全检查清单

1. 在进入使用氮气和二氧化碳的封闭区域之前,必须确认氮气、二氧化碳系统均已关闭。该区域还应及时通风,以便人呼吸时能得到足够的氧气,避免吸入其他气体。
2. 液态氮气和液态二氧化碳向环境大气排放时,其本身温度非常低,因此应特别小心,避免溅到皮肤上,如果必须在有其中某种气体环境下工作,则必须佩戴手套与防护目镜。
3. 氨对人体具有毒性。对氨制冷系统进行维修时,须穿上防护服、佩戴防护目镜、手套和呼吸装置。

28.1 专用冷藏冷冻装置

各行各业都有形形色色的专用冷藏冷冻装置。有些技术人员可能从来没有接触过这些专用冷藏、冷冻设备,但是你的下一次维修项目,或是其他人就有可能接触到这类设备。然而,我们只需要记住与制冷相关的热与传热的基本原理即可,因为这些基本原理是不会改变的。有关热与传热的基本原理可参见第1章。

28.2 运输工具的制冷

运输工具的制冷是指货物从一处传送至另一处的途中对货物进行冷冻冷藏的过程。这些运输工具可以是卡车、列车、飞机或水上运输。例如,在加利福尼亚收获的蔬菜运送至纽约市供市民消费,这些产品在整个运输过程中必须以保鲜方式进行运输,如莴苣和芹菜必须以34℉左右的温度进行运输,而有些产品则需以冷冻状态进行运输,如冰激凌必须在−10℉左右的温度进行运输。新鲜蔬菜有可能需要送往非常炎热的地区,如亚利桑那州和新墨西哥州,也可能需要送至非常寒冷的地区,如在冬天,需要将新鲜蔬菜送往明尼苏达州。不同的环境条件、不同的产品需要不同类型的保温方式。例如,一卡车的莴苣离开加利福尼亚州时可能需要冷藏,但它开往北方各州时,就可能需要供热,以防受冻,见图28.1。

上述各种产品能以卡车、火车、飞机和各种船只进行运输。但无论何种运输工具,其制冷系统必须能保证各种货物以良好的状态到达目的地。

28.3 卡车冷藏系统

卡车的冷藏方式很多,其中最基本的、也是目前仍广为采用的是将货物包裹在制冰厂生产的机冰中,这种方式对于具有良好保温的卡车来说,在短时间内应用效果甚佳,但其融化后所产生的水必须予以收集。许多年来,因为车后留下的水迹,你可以据此确定这种卡车的踪迹,见图28.2。这种方式仅可使货物温度维持在冰点以上。

干冰是凝固和浓缩的二氧化碳,常用于一些短途货运冷冻。由于干冰的温度很低,因此往往很难使货物保持在适当温度。干冰在−109℉(−7.8℃)温度下由固态直接变为气态(称为升华),而没有液态过程,因此利用这些温度条件,就可以将食品冷冻至非常低的温度。但由于−109℉这样低的温度对于食品的水分来说具有很大的吸引力,因此对于不存放在密闭容器中的各类食品来说,其冷冻过程中的脱水将会成为一个问题。

液态氮或液态二氧化碳也可用于货物的冷冻冷藏。它利用事先冷冻并冷凝成液态且以低压状态存储在卡车上气罐中的氮气来实现这一目的,该气罐上设有一个卸压阀,如果气罐中的压力高于25 psig的设定压力,那么该卸压阀就会将一部分蒸气排向环境空气,这将会使气罐中部分液氮汽化,而气罐本身的温度与压力下降,见图28.3。液氮由管道输送至一个位于冷冻物品处的分流管,然后放射,即可使卡车内的空气和货物温度迅速下降。位于食品存放区域的温控器控制着液氮管上的电磁阀,从而关闭和启动液氮的排放,见图 28.4。也可以采用风机将此冷蒸气均匀地分送至货物各处。

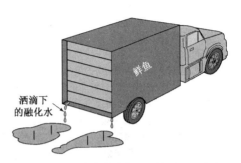

图 28.1 卡车装载的莴苣在穿越沙漠时需要冷藏,
　　　　 而在开往北方各州的途中则需要供热

图 28.2 用冰冷藏货物时,其融化后常常
　　　　 会在高速公路上留下一串水迹,
　　　　 在停车处则会留下一滩积水

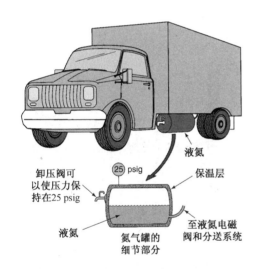

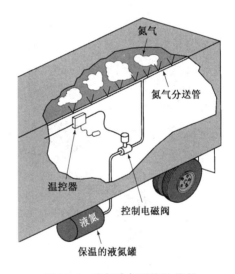

图 28.3 液氮气罐可以使压力保持在 25 psig 左右

图 28.4 液氮冷却系统的控制

　　环境空气中,氮气的比例高达 78%,它是液氮冷冻装置中氮气的主要来源。它无毒,可以直接向环境空气中排放,且肯定对环境不会产生有害影响。**安全防范措施:**氮气中不含氧气,因此不能用于人的呼吸。为避免有人因缺氧而造成窒息,液氮冷藏车的车门一旦打开,那么专门的安全锁定装置即可将整个冷冻系统关闭。液氮的汽化温度非常低,在正常大气压力下,其蒸发温度为 −320 ℉,皮肤与之接触会立即引起冻伤,因此千万不要让液氮溅到皮肤上。

　　液态二氧化碳能以与液氮同样的方式来冷藏冷冻各种产品,其整个系统装置与液氮系统几乎完全相同,只是二氧化碳的汽化温度为 −109 ℉。

　　尽管液氮和液态二氧化碳两者的温度很低,但可以采用适当的控制器使中温货物保持在 35 ℉ 左右。这些控制器包括一个不会对产品造成伤害的分送系统和一个能精确检测冷冻空间温度的温控器。

　　这两种液态制冷剂喷入方法在永久性冷冻冷藏装置和应急冷冻场合,作为机械式制冷的替代形式已应用很多年了。尽管这两种液态制冷剂喷入方法用于长途运输要比用于永久性冷冻冷藏装置的成本支出要高得多,但也有其独特的优点。例如,将这种方法用于冷藏某些新鲜食品时,由于氮气或二氧化碳蒸气的存在可以隔绝氧气与食品的接触,从而有助于保护食品。由于这种系统只有一个电磁阀和一个分送管,因此其控制方法十分简便。

　　也有许多卡车在车身上安装有充注相变溶液,也称为共溶溶液的冷冻板(也称为冷板)。相变即物质相态的改变,除了温度不同外,它非常像冰转变为水的状态改变。当状态发生变化时,单位重量的物体就能吸收非常多的热量。这种共溶溶液根据其不同成分,具有可以在不同温度改变其状态的能力。

冷板中的低共溶溶液是一种盐水,一种采用氯化钠,即食盐或氯化钙制成的盐水。这些盐水具有强烈的腐蚀性,操作时需特别小心。

为了获得所谓的低于冰点的溶化温度,即所谓的共溶溶液温度,我们可以选用不同浓度的盐水溶液。事实上,盐水本身并不冻结,而是有盐晶体形成,其余的溶液则仍处于液体状态。

盐水溶液封装在 1~3 英寸厚的冷板中,并安装在车内侧壁或顶上,其安装方式必须保证有空气能充分流过这些冷板,见图 28.5。车厢内的空气将热量传递给冷板,冷板内的盐水溶液在吸热的同时,自身由固态转变为液态。对这些冷板重新充冷时,必须将其冷却至其状态发生变化的温度,即溶液中的盐重新变为固体结晶。这些冷板可以使冷藏货物在一整天的运输旅途中始终保持在适当温度之下(中温或低温状态)。例如,一辆装载冰激凌的卡车可以为次日的送货而在当晚装货,当然,此冰激凌必须处于规定的温度状态,卡车上的冷板也必须处于其设定的温度状态。对于冰激凌来说,其温度可以是 -10 ℉ 或更低。当卡车晚间返回时,其车厢内温度有可能仍为 -10 ℉,但此时,其大多数盐水溶液已转变为液态,需重新充冷,使之变为固体结晶状态,即必须将其在白天所吸收的热量全部排除。

冷板的充冷有多种方式,有些系统在其冷板内设有直接膨胀的盘管。此盘管可以直接与设置在装货处的制冷系统相连接,见图 28.6。

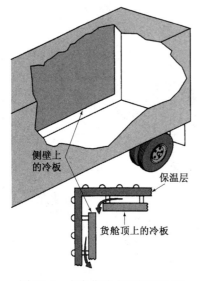

图 28.5　卡车货舱内安装的冷板

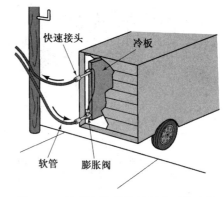

图 28.6　冷板与装货处的制冷系统连接

制冷系统可以采用任意一种常规制冷剂,R-12、R-134a、R-500、R-404A 或 R-502,也可以采用 R-717 氨或某种不会对环境产生不良影响的替代型制冷剂。当卡车停放在装货地点后,中央制冷设备即可通过快速连接软管连接至卡车的冷板上。膨胀阀可以设置在装货位置,也可以安装在共溶溶液冷板的盘管进口处。中央制冷设备会使冷板中的蒸发器压力降低,使之在数小时之内,其中的盐水溶液重新转变为固体结晶。然后,卡车即可装上需冷藏的各种货物。

冷板充冷的另一种方法是将冷冻后的盐水溶液送入位于冷板内的盘管内循环,即在一个比冷板温度更低的系统中冷冻后的盐水对冷板中的盐水重新充冷,即使之冻结。此循环盐水温度必须比冷板中的溶液温度低许多。将此系统与卡车上的冷板连接还涉及装货地点的快速连接装置,因为在快速连接装置的连接过程和断开过程中始终存在跑冒滴漏的可能,因此,此盐水必须及时予以清除,否则就可能出现腐蚀。

许多卡车也采用车载式制冷系统来实现卡车的冷藏功能。当然,无论何种制冷系统,都必须有动力供应。此动力源可以是来自卡车的动力、柴油或汽油发动机驱动的压缩机、来自入户电线(建筑物的电源进线),也可以是卡车上发电机驱动的电动压缩机。

大型货柜式货运卡车通常采用由卡车电动机拖动的制冷压缩机,安装于货柜下方,并利用一个受温度控制的电动离合器来控制压缩机的运行,从而实现对制冷效果的控制,见图 28.7。这种系统只要卡车发电机运行就能正常地工作。由于卡车货运过程中始终在路上奔走,因此可以方便地维持冷冻状态。其中有些卡车还设有辅助的、电动机拖动的压缩机,它可以在装货地点于发动机停车时,将电源插头插入电源插座,即可使制冷系统运行。

在车身下方安装有小容量冷凝机组的卡车也可对车上货物实施降温,这种冷凝机组通常可以于车辆停放处或其他有电源的地方,在夜间为冷板充冷,或是在白天,车上有货物的情况下为冷板充冷,见图 28.8。这种系统的优点在于自带制冷系统,不需要在装货地点与中央制冷系统进行连接。车辆在路上行驶过程中,冷凝机组由安装于底盘下方的小容量发电机驱动,而在晚间,只需将电源插头插入电源插座即可驱动压缩机,因此就不需要配置冷板。

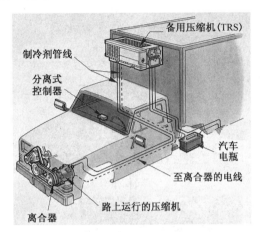

图 28.7　卡车制冷系统由卡车的发动机驱动,并借助电动离合器来控制运行(Carrier Corporation 提供)

图 28.8　卡车上的小容量制冷系统可以在夜间卡车停车时为冷板充冷

发电机由汽油发动机或柴油发动机驱动,可发出驱动压缩机的 230 伏、60 赫兹的交流电。柴油发动机的首期成本较大,但长期运行的使用成本则较低。

由卡车发动机带动的发电机所产生的 230 伏电压也只能在某些场合下使用,由于卡车的转速不断地变化,因此必须有非常复杂的控制装置,而一般固定式的发电机只有一种转速。不断变化的转速会影响输送至压缩机的电源电压。发动机转速较高时,发电机产生的电压及频率均会随之改变。对于交流电电动机来说,只有 60 赫兹的频率才是正常值,此时可采用电子线路来维持稳定的电源。

大型卡车采用前端安装式或腹部安装式机组,这些机组的压缩机可以由发动机直接驱动,也可以由卡车发动机驱动的发电机拖动,见图 28.9。当发动机直接驱动压缩机时,由调速器来调节压缩机的转速,这种系统有两种转速:高速和低速。压缩机的控制则通过压缩机的汽缸卸荷装置来实现。例如,假设压缩机为四缸压缩机,其每个汽缸的容量为 1 冷吨,那么可以通过汽缸卸荷方式,使压缩机分别在 1～4 冷吨的状态下运行,见图 28.10,但始终有 1 冷吨的最小负荷量,否则柴油发动机就必须间断地停车、启动,车辆在公路上行驶过程中当然需要发动机能持续运行。现在,用于与柴油发动机连接的各种控制器已经出现,它可以自动地启动和断开与发动机的连接,见图 28.11。

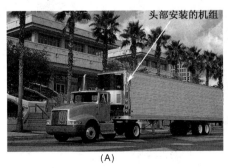

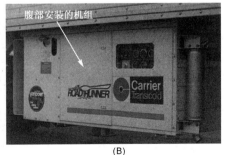

(A)　　　　　　　　　　　　　　　　(B)

图 28.9　冷藏卡车:(A)头部安装机组;(B)腹部安装机组(Carrier Corporation 提供)

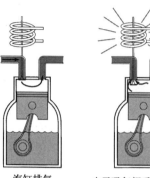

汽缸排气

由于吸气阀受电磁阀控制,处于被打开状态,因此,此汽缸不能排气,进入汽缸的蒸气被推回吸气管,未被压缩,从而实现控制蒸气压缩的目的

四缸压缩机,其中三个汽缸处于卸荷状态

图 28.10　压缩机的容量控制

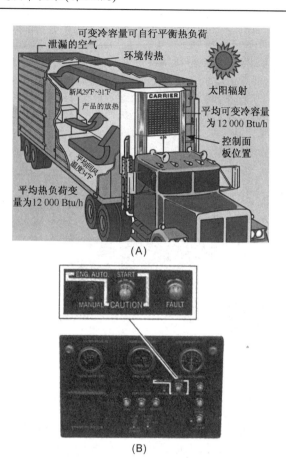

(A)

(B)

图 28.11　(A)控制面板的位置;(B)卡车制冷系统的自动停车与启动控制器(Carrier Corporation提供)

　　此类冷藏的蒸发器一般均安装在卡车的前端,这样可以使冷空气吹向卡车的后端,见图 28.12。其风机通常为离心式风机,它可以将大量空气以较高的速度分送至各个区域并达到车厢的后部,见图 28.13。该部分空气然后返回至货物上方的空气处理器的进口。风机由带动压缩机的发动机通过传动带或齿轮箱驱动,这些构件一般均设置在机组的进门入口处,以便于从冷藏区域外侧检修机组,见图 28.14。蒸发器上的风机通常为离心式风机,冷凝器风机则通常由同一个传动机构驱动,且一般为轴流式风机,见图 28.15。

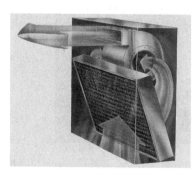

图 28.12　前端安装式制冷机组的蒸发器

图 28.13　柜舱内的空气分送系统(Carrier Corporation 提供)

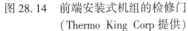

(A)　　　　　　　　　　(B)

图 28.14　前端安装式机组的检修门　　图 28.15　（A）～（B）风机的驱动机构（（A）：Thermo King
　　　　（Thermo King Corp 提供）　　　　　　　Corp 提供，（B）：Carrier Corporation 提供）

　　蒸发器与冷凝器的盘管均为铜管,外加铝材翅片。

　　由于每一辆卡车均有最大载重量的限制,因此卡车冷冻冷藏机组必须既坚固又要轻,制冷机组重量的增加意味着其装载重量的减少,因此,其许多构件,如压缩机和其他能采用这种轻质材料制造并能正常运行的零部件均采用铝材。

　　卡车冷冻系统必须既可冷藏低温货物,也可冷藏中温货物。因为卡车有时需要装运新鲜蔬菜,而有时又需要装运冷冻食品。其冷藏区域的温度由温控器控制,开始时可满负荷运行,当冷藏区域温度与设定温度在 2℉之内时,系统开始使压缩机卸荷。如果冷藏区域温度进一步下降,则机组自动停机。

　　冷藏车内冷风分送装置的目的只是将车内货物保持在一定温度,并非要将货物温度降低。如前所述,食品应在上车之前具有要求的存储温度。冷藏车并不具有使货物温度进一步降低的保留容量,特别是在冷藏车内本身温度较高的情况下。如果冷藏车装运中温食品,其冷冻系统必须将货物温度降低时,其冷风分送系统就会因为柜舱太小,来自蒸发器的冷空气直接喷向上部货物,从而使一部分处于最上方的货物过冷,见图 28.16。货物为冷冻食品时,如果温度稍有回暖,就会出现部分融化现象,车上的冷冻机并不具有对货物再冻结的能力,即使能够冻结,由于其冻结速度太慢,产品的损失也在所难免。为了能提醒驾驶员货物出现的各种情况,冷藏车上也设置了各种警示装置,见图 28.17。驾驶员在故障信号第一次出现时应立即停车并检查冷冻系统,但当冷藏车正行驶在远离市区的公路上时,要找到一个维修人员也不是一件容易的事。

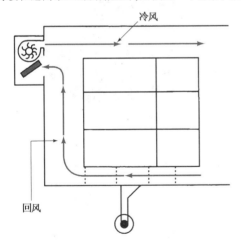

冷风

回风

图 28.16　由冷风分送装置排出的冷风
会使位于上端的食品过冷

图 28.17　如果货物状态发生变化,警示装置可提醒驾驶员注意(Thermo King Corp 提供)

　　为避免热量渗入,冷藏车的本身均设有保温层,其常用方式是将保温材料喷涂在车壁上,再将面板固定在泡沫保温材料上,形成一种非常牢固的三明治式的墙板,见图 28.18。由于需要不断地装卸货物,此墙板必须非常坚固,因此常采用强化铝板和纤维增强塑料板作为墙板。货舱地板也必须有足够的强度承载货物的重量,特别是在简易公路上行驶时,还必须能承受采用铲车装货时所带来的载荷。

冷藏车的内部结构,制造时需考虑其装运食品的特点,必须整洁。货舱门通常设置在后端,以便于铲车装货。但也有些冷藏车设有侧门和分段货舱,主要考虑到不同类型的货物装运。例如,某冷藏车需要同时装运中温、低温货物,此时常采用一台制冷冷凝机组拖动多个蒸发器的方法来实现这一要求。

冷藏车的舱门必须有良好的密封,以防止外界空气渗入货舱内。此外,还必须设置安全门锁,防止货物被盗。

冷藏车的维修人员应既了解车辆基本构造,又熟悉制冷设备的原理与维修,最好是在这两个专业分别经过专业培训的人员,而且最好未曾从事过其他类型制冷设备安装、维修的人员。在多数情况下,这样的维修人员往往都是由企业自行培训、专门维修特定类型的与冷藏车发动机配套的制冷系统。维修人员最好具有全面、扎实的制冷系统知识作为基础,再增加一部分相关的车辆发动机方面的专业知识。

28.4 火车冷藏系统

由火车装运、冷藏的产品一般均采用机械冷冻方式予以冷藏,它可以由安装于车尾的独立式冷冻机组供冷,也可以是轮轴驱动的冷冻机组供冷。轮轴驱动机组是一些老型号机组,现已逐渐淘汰,因为采用轮轴驱动的冷藏火车只有在行驶途中才能供冷。

独立式机组是目前最常见的冷藏车冷源,它通常由柴油机驱动的发电机供电,与冷藏卡车有点相似,见图28.19。其压缩机有稳定的电源供应,当冷藏车在站点或在铁轨上停放较长时间时,也可以通过电源线为其供电。其蒸发器风机与发电机一起安装于冷藏车的尾部。所有可能需要维修的部件均可以在此机舱内进行检修,见图28.20。

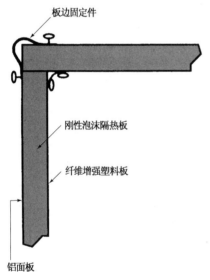

图28.18 冷藏车上三明治结构的墙板

图28.19 用发电机驱动的常规压缩机
(Fruit Growers Express 提供)

铁路列车制冷机组的发电机通常采用双速发动机。全速运行时,发电机的输出频率为60赫兹,载货量减少时,输出频率为40赫兹。压缩机的驱动电动机必须能够在不同的电源频率下运行。柴油机的转速可根据冷藏区域的温控器进行调节。柴油机在低速运行状态下的油耗很少,当柴油机切换至低速状态时,压缩机可利用汽缸进行卸荷。这些系统需要有非常大的容量范围以适应不同的需要。同冷藏卡车一样,冷藏列车在运送冷冻食品时,必须能够将货舱温度限制在0℉或更低;在运送新鲜食品时,则必须能够在中温状态下运行。

冷藏列车也设有像冷藏汽车一样的冷风分送系统,其目的是保持冷藏货物的温度,而不是进一步降低温度。冷藏列车没有储备的冷容量。

冷藏列车车厢在其外侧钢板上覆以常规的、用刚性泡沫保温板制成的墙板,见图28.21。再覆以各种类型的、便于清洗的面板。冷藏列车运行过程中,由于钢轮与钢轨撞击,无论是有缝钢轨还是无缝钢轨,都会产生较强的震动,但是,列车有较为完善的悬挂装置,它可以防止列车运行时以及车厢连接时,因车厢挂钩间的冲击使货物受到损坏。冷藏列车设有宽大的侧门,以便铲车进出。为避免空气渗漏,这些舱门必须有良好的密封性能。一般情况下,冷藏列车的货舱均处于正压状态,因此必须有良好的舱门密封。

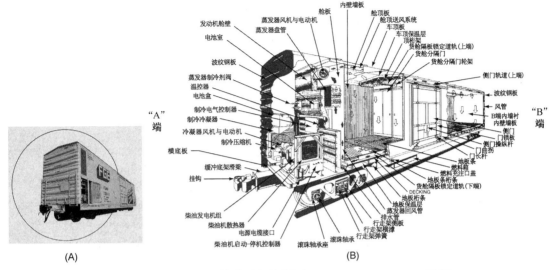

图 28.20 (A)~(B)铁路列车制冷机组(Fruit Growres Express 提供)

铁路运输中,有时还需要用到称为"平板"车的货运车来运送各种冷藏车。这些平板车带着满载货物的冷藏车通过铁路提供城乡间的冷藏货物运输,见图 28.22。过去由于冷藏货物在到达消费或加工地点时,还需要将其再次卸在冷藏卡车上,因此这种运载方式现在已十分普遍,采用铁路平板车可以使存放在卡车上的冷藏货物在达到最终目的地时连同卡车一起卸下。

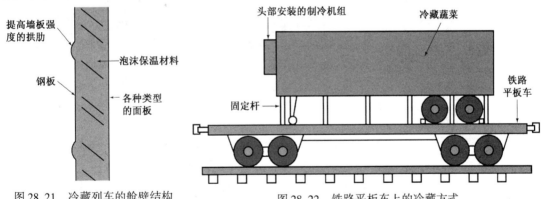

图 28.21 冷藏列车的舱壁结构　　　　图 28.22 铁路平板车上的冷藏方式

28.5 超低温冷冻

所谓超低温冷冻装置可解释为可使产品温度保持在 −10℉以下的制冷系统。本书将超低温冷冻定义为 −10℉以下。低于 −10℉的温度不可能用于冷藏食品,但这样的温度可用来商业化速冻各类食品,这样的速冻温度一般在 −50℉左右。

当产品温度需降低至 −50℉以下时,可采用不同类型的冷冻系统。对于单级制冷装置来说,要获得非常低的蒸发器温度,其压缩机的压缩比要求非常大。另一种方法是采用两级压缩,将经第一级压缩机(或汽缸)压缩后的蒸气再送入第二级压缩机(汽缸)进行压缩,见图 28.23,即将压缩比分摊在两级压缩上。如果上述单级系统在 −50℉的室温下运行,取盘管与空气的温差为 10℉,那么其制冷剂的蒸发温度应为 −60℉,见图 28.24。对于制冷剂 R-404A 来说,此时蒸发器的压力应为 6.6 in. Hg(11.48 psia),如果冷凝温度为 115℉,那么其排气压力应为 291 psig(306 psia),其压缩比为:

$$CR = 排气绝对压力 ÷ 吸气绝对压力$$
$$CR = 306 ÷ 11.48$$

$$CR = 26.65 : 1$$

这样的压缩比无实际意义,但可以采用两级压缩机予以降低,见图28.25。如果第一级压缩的吸气压力为11.48 psig,排气压力为40 psig(55 psia),那么压缩比为

$$CR = 55 \div 11.48$$
$$CR = 4.79 : 1$$

第二级压缩的吸气压力应为40 psig(55 psia),排气压力为291 psig(306 psia):

$$CR = 306 \div 55$$
$$CR = 5.56 : 1$$

采用较小的压缩比,滞留在活塞冲程上端余膜容积内的制冷剂蒸气将趋于很小的再膨胀,这就大大地提高了第一级和第二级的压缩效率,尽管第二级压缩机的吸气压力较高,但有助于获得更高的压缩效率。

制造商往往希望系统在正压状态下运行,而上述系统正是在真空状态下运行的,如果系统的低压侧出现泄漏,环境空气即可能进入系统。因此,这样的系统无太大的实用价值,但这种现象是有可能发生的。压缩比越低,压缩机的效率越高,这对第一级压缩机来说,是颠扑不破的真理。设计者往往会为系统选择最佳的运行条件,精心选择多种压缩机的组合方式,直至获得最高效率。

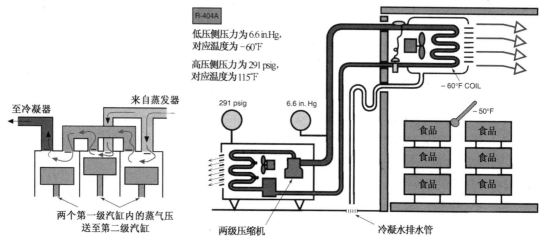

图28.23　两级制冷　　　　　图28.24　处于运行状态下的两级制冷系统

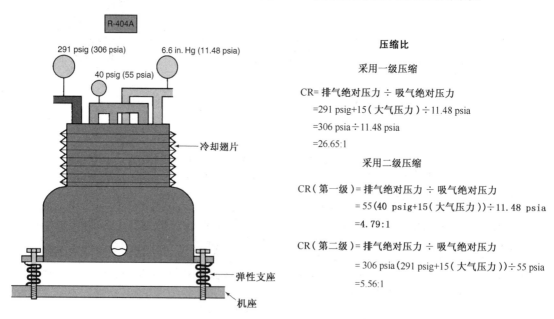

图28.25　压缩比与两级制冷

28.6　复叠式系统

采用压缩循环且运行温度低至 −160℉ 左右的各种制冷系统一般都采用称为复叠式制冷循环的系统。根据所需达到的最低温度范围,复叠式制冷系统可以由两个或三个制冷循环组成,其中,一级的冷凝器与另一级的蒸发器进行换热,即此系统的冷凝器放出的热量由彼系统的蒸发器吸入系统。它涉及多个制冷系统,同时运行并相互间进行热交换。

系统的第一级常采用在非常低的温度下蒸发的制冷剂,如 R-13。R-13 在大气压力下的蒸发温度为 −114.6℉。在蒸发器蒸发温度为 −100℉ 时的蒸气压力为 7.58 psig,此压力明显高于真空。采用这种制冷剂所带来的问题是高压侧压力,它有一个 83.9℉ 的临界温度和一个 561 psia(546 psig)的临界压力。所谓临界温度和临界压力是这种制冷剂开始冷凝的最高点(即最高温度和最高压力)。例如,R-13 压力高于 546 psig 时不会冷凝。图 28.26 为有三级压缩机的复叠式系统。注意系统的下述状态:

1. 第一级制冷系统中的蒸发器,其运行温度为 −100℉,采用 R-13 时的吸气压力为 7.58 psig,由于第一级制冷系统的冷凝温度为 −25℉,因此排气压力为 101.68 psig。由于此冷凝器的热量被运行温度为 −35℉ 的蒸发器所吸收(第二级系统的蒸发器),因此这种情况是完全有可能发生的。
2. 第二级采用 R-22,其蒸发器的运行温度为 −35℉,其吸气压力为 2.6 psig。
3. 第二级压缩机的排气压力为 75.5 psig,这是由于其温度冷凝温度为 44℉,导致其冷凝温度如此低的原因是因为此冷凝器正由另一个运行温度为 34℉ 的蒸发器冷却。
4. 第三级蒸发器的运行温度为 34℉,采用 R-22,其对应的吸气压力为 60.1 psig。压缩机将热蒸气送入风冷式冷凝器,该冷凝器上有 90℉ 的空气吹过。此冷凝器运行温度为 110℉(空气与冷凝器温差 20℉),排气压力为 226.4 psig。

至此,各级压缩比如下。
1. 第一级:
   CR = 排气绝对压力 ÷ 吸气绝对压力
   CR = 116.68 ÷ 22.58
   CR = 5.71 : 1
2. 第二级:
   CR = 90 ÷ 17.6
   CR = 5.14 : 1
3. 第三级:
   CR = 241.4 ÷ 75.1
   CR = 3.21 : 1

设计人员研究这些数据后可以为第一级选择较低的压缩比,因为第一级最为关键。压缩比可以通过降低第一级的冷凝温度予以减小。当然,在第一级中也可采用其他种类的制冷剂。如果为了降低第一级的冷凝温度,使第一级中蒸发器温度远远低于第二级温度,而采用 R-22,那么第二级蒸发器就会在真空状态下运行。当然,第二级蒸发器中也可以采用 R-502,在避免运行压力为真空状态的前提下,将温度降至 −49.8℉,如果系统容量较小,也可以通过使冷凝器在有温度控制环境下运行的方式来提高系统效率,然后由室内温度的空气流过第三级的冷凝器。

对于复叠式制冷系统,可采用多种制冷剂,有经验的设计人员可以针对应用对象选择最具效率的制冷剂。

28.7　速冻方法

为以后食用而需将食品冷冻时,必须采用正确的方式予以冻结,否则就会出现腐败、品质下降、食品原有色泽受到影响的现象。食品冻结时,其降温速度越快,食品冷冻的品质也就越佳。当然,这样的冻结过程可以采用温度很低的冷冻系统以多种方式予以实现,这种方式常称为"速冻"。

一般来说,在食品店购买鲜肉后用家用冰柜予以冷冻,其质量不可能与冻结的冻肉相提并论,其原因在于家用冰柜不可能以足够快的速度冻结鲜肉。肉品缓慢冻结时,细胞内冰晶体的生长往往会刺破细胞,这也就是在融化肉块时常常会发现一摊水的缘故,这会使肉品的原有价值与风味消失殆尽。如果采用商业化方式速冻食品,其冻结速度很块,即利用温度非常低的空气以较高的速度吹过产品,迅速排除其中的热量。如果食品能以非常快的速度冷冻,那么其融化后,将仍具有与新鲜食品同样的品质。

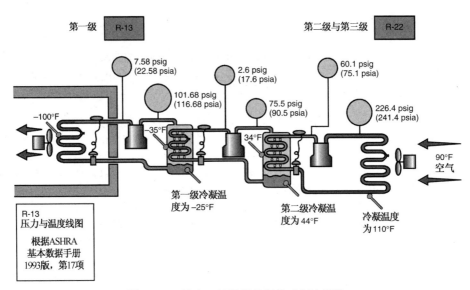

第一级 R-13   第二级与第三级 R-22

7.58 psig (22.58 psia)
101.68 psig (116.68 psia)
2.6 psig (17.6 psia)
60.1 psig (75.1 psia)
75.5 psig (90.5 psia)
226.4 psig (241.4 psia)

−100°F   −35°F   34°F   90°F 空气

第一级冷凝温度为−25°F
第二级冷凝温度为44°F
冷凝温度为110°F

R-13
压力与温度线图
根据ASHRA
基本数据手册
1993版，第17项

图 28.26　具有三级循环的复叠式制冷系统

不同的食品有不同的冷冻要求。例如，一些家禽必须以非常快的速度冻结才能保持其原有的肤色，要达到这一目的，方法之一是将禽肉放在密封的塑料袋中，然后浸入温度非常低的盐水溶液中，使其表皮迅速冻结，然后冲洗塑料袋，将家禽肉取出，送入另一个冷冻区域，以较慢的速度使其内部冻结。

各种食品往往以整块大包方式冻结，然后在加工或烹调之前予以融化。如果食品是以这种方式冻结的，那么就可能相互冻结在一起。但如果也是以整大包方式加工的话，则不会存在任何问题。

也有许多食品需要以单件分散的方式冷冻，如河虾，单件冻结后即可在冷冻状态下以计量方式进行销售。这种单件冷冻常采用称为冷风冷冻的工艺方法来实现，它将需单件速冻的食品放在一个在冷风隧道内不断移动的货架上或气流冷冻室的输送机上，见图 28.27。冷风速冻法的特征就是利用非常低的温度和高速流动的气流。如果将输送机设置在一个温度为 −40°F 或更低的室内，并有快速流动的冷空气流过，那么小规格的食品块就会在输送机上行走一段路程后迅速冻结。当食品是以分散的方式放置在输送机上时，就不会出现粘连，而是被单独冷冻，见图 28.28。这种单独冻结的食品在之后的包装过程中，当重量稍有不同时，可方便地进行单个调剂。此外，如果将不同重量的食品放置长、短不同的输送机皮带上，或是通过调节输送机皮带的走速，就可以获得不同的、适当的冷冻时间。

食品冷冻架和冷冻隧道也可用于食品的速冻。将食品放置在货架上，并使其相互间留有足够的距离。将货架置于小车上，推入冷冻隧道，见图 28.29。当整个冷冻隧道放满了冷冻小车时，有一辆小车推入，那么在隧道另一端就会有载着速冻后的食品小车推出，车上的速冻食品即可进行包装。这种方法需要较多的体力工作，但从初次投资费用角度来说，其建设费用与自动化程度较高的输送机系统相比就便宜许多。

较大规格的食品(如大块的牛胴体)冷冻时常常需要较长的时间，应将其预冷、接近冻结温度，然后再送入冷风冷冻室进行速冻。

这种速冻方法可采用常规的制冷设备，对于较大规模的冷冻设施来说，可以采用氨作为制冷剂和往复式压缩机。中小规模的冷冻系统则可采用 R-22 或新型的、不会对环境造成危害的替代型制冷剂以及螺杆式压缩机。☆卤化物类制冷剂(CFC)的臭氧消耗问题正引起人们对氨系统的重新关注，也促使了氨系统的东山再起。☆

28.8　船舶冷藏系统

船舶冷藏可用于多种不同的应用对象与场合。例如，一艘船只于南美装载易腐败的产品后在运往纽约的途中要求有中温冷藏(34°F)，然后，该船又需搭载冷冻食品以 −15°F 的低温状态运往西班牙，这样的船舶制冷系统必须能够在两个不同的温度范围内运行。

船舶冷藏的另一种应用方式是对在海上捕捉后的鲜鱼进行冷藏。如果船只从陆上带去的冰块只能维持数天，那么这些捕虾船只能在海岸线附近进行作业。如果船上有自备制冷装置生产机冰来帮助冷藏这些海产品的话，那么就可防止已冷藏的产品过度融化。如船只需要在海上停留较长时间，那么这些海产品还必须冷冻保存。一艘船只在海上待几个月来收集海产品是常有的事，即由小渔船组成的船队负责捕捞，由配置有冷冻冷藏设备的称为母船的船只负责收集、冷冻冷藏加工,见图 28.30。在这种情况下,制冷系统的容量就必须很大,甚至有可能达数千冷吨,这些母船还必须有对各种海产品进行速冻的手段,以保持各种海产品的原有风味和色泽。

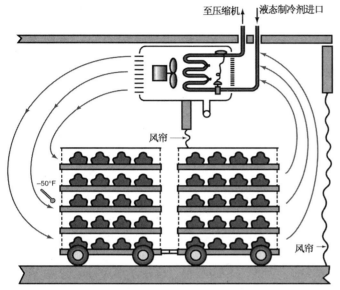

图 28.27　冷风冷冻隧道

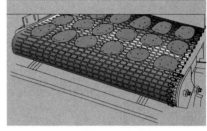

图 28.28　气流冷冻室的输送机装置

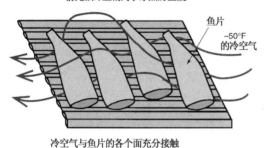

图 28.29　进入速冻隧道前应使食品相互间留有一定的距离

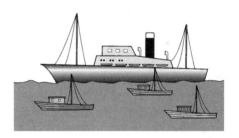

图 28.30　母船与捕鱼船队

冷藏货物运输的另一种方法是采用集装箱运输,所载货物连同集装箱一起装在船上。这些集装箱有自己独立的电动制冷系统,它既可以在码头通电运行,也可以将电源插头插在船上的电源系统上运行,见图 28.31。但这些集装箱机组的安放位置必须保证冷凝器上有充分的空气循环,否则就会出现排气压力等故障,因此人们常常将此类集装箱放置在船的甲板上。

船用大型制冷系统根据其生产年份以及制冷系统的型式可以采用本教材中所列出的任意一种制冷剂,包括各种新型替代型制冷剂和各种混合型制冷剂,甚至有些还采用氨制冷系统。其采用的制冷剂首先应予以确定对环境没有任何危险,但各种制冷剂对人体均有一定的毒性,必须谨慎小心。

安全防范措施:检修氨系统时,技术人员必须佩戴呼吸装置、护目镜和手套,并穿上防护服。

大型系统采用 R-11 制冷剂时,其压缩机一般均为往复式、螺杆式或离心式压缩机,现在也常用 R-123 (HCFC–123)作为 R-11 的过渡性替代型制冷剂。如果船上配置有足够大的发电机组,那么这些压缩机常利用船上的电源系统,并采用皮带传动或直接传动方式驱动。当制冷系统容量较大时,其压缩机也可利用船上的蒸气系统,由蒸气驱动。

在一些独立式冷冻舱内,其蒸发器一般为较大的平板式蒸发器,或采用裸管式蒸发器,见图 28.32。也有采用强制空气对流的系统,见图 28.33。这些系统常采用热力膨胀阀进行直接膨胀。船只冷藏系统往往有许多个这样的冷藏舱,而不是将所有货物放在一个很大的区域内进行冷藏。

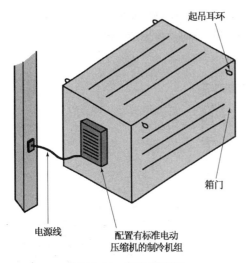

图 28.31　冷藏集装箱

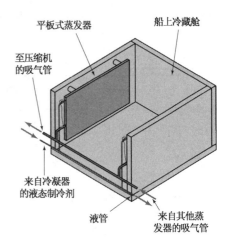

图 28.32　船用平板式蒸发器

　　由于蒸发器的盘管一般均在冰点以下温度运行,因此必须采取一定的除霜措施。如果蒸发器距离压缩机较近,那么可以采用热蒸气除霜;如果距离较远,那么可利用海水进行除霜。如果海水温度太低,可予以加热并喷洒在蒸发器上。由于除霜时段内盘管处于非工作状态,风机盘管的风机不运行,因此必须以这种方法进行除霜。也可以在除霜时,采取关闭风机、关闭液管电磁阀的方法实施除霜。压缩机则在除霜过程中,将制冷剂从某个蒸发器排出。除霜的终止可以依据盘管上的具体情况和时间而定。除霜期间从盘管中排出的制冷剂存放于储液器中,在此期间,压缩机持续运行,用以拖动船上的其他冷藏舱。蒸发器的除霜可分段进行,以避免所有的盘管同时进行除霜。

　　冷凝器可采用海水冷却,因为无论船只在何处均能方便地获得海水。海水含有有机物残渣,因此必须采用便于拆卸和清理的过滤器予以过滤。船上通常采用各种阀,将水泵打入的海水反方

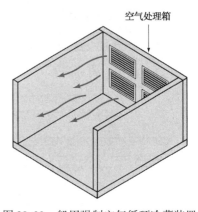

图 28.33　船用强制空气循环冷藏装置

向地流过过滤器来回洗系统,见图 28.34。由于这些冷凝器极易积垢,因此对于采用常规制冷剂 R-11、R-12、R-22、R-502 以及新式替代型制冷剂和混合型制冷剂的各种冷凝器,其结构及安装方式必须便于清理。这些冷凝器均设有可拆卸的水封头,拆下水封头,即可利用管刷对其内侧管道进行清理,见图 28.35。冷凝器的内管通常采用不易腐蚀的、高耐磨的铜镍合金(铜和镍)制作,用以固定支撑内管的管板则一般采用钢材,水箱有可能采用青铜制成,见图 28.36。

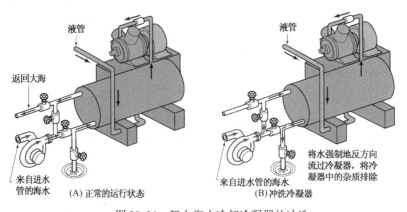

图 28.34　船上海水冷却冷凝器的冲洗

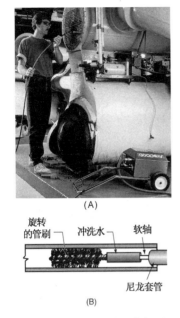

(A)

(B)

图 28.35　(A)采用管刷清洗冷凝器;(B)旋转管刷在管中的清洗动作

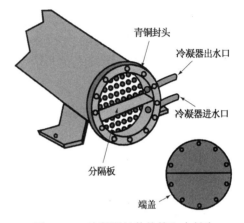

图 28.36　冷凝器的传热管和水封头

美国海运局对船用制冷设备的备用容量以及在海上进行维修所需备件均有建议,他们建议:应采用两套压缩机系统,其中一套应具有在热带水域连续运行时维持货物温度的容量,这是压缩机的 100% 的备用容量,但这也是系统各部件最易出现故障的状态。这些系统很可能相当大,船上也必须配备既熟悉系统、又能进行必要维修的有经验的专业人员。船只在海上航行时对冷藏系统进行维修也是很平常的事情,但可能需要拖几天等到达某港口时才能获得维修器材。

独立式蒸发器可以设置在远离船上冷凝器和压缩机的地方,但此时必须铺设较长的制冷剂管线,这就会给离开压缩机的润滑油回流带来很大问题。为了能使压缩机保持大部分的润滑油,只有少量润滑油进入系统,并能够予以回收,压缩机上也可以设置油分离器。

在各冷藏区域设置循环的盐水系统往往具有优于配置独立蒸发器的明显优势,这样,制冷系统的主要构件、制冷剂及一台中央压缩机或更多台压缩机均可设置在机房内,然后将盐水冷却并送至各所需地点,见图 28.37。

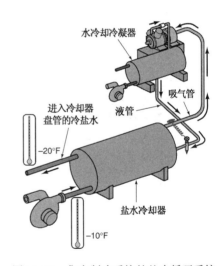

图 28.37　集中制冷系统的盐水循环系统

如同冷藏卡车一样,货船冷藏也只是要求将货物温度保持在一定的冷藏温度,它通常没有剩余容量可以使货物温度进一步降低,即使有备用容量,船上冷藏室也不适宜利用空气循环来降低货物温度。

货船装载货物时,其每一寸存放空间均经过精确计算,如果船只所经海域风高浪急,船只更要考虑不仅能承受这些货物,而且还要考虑货物的存放位置与方式,特别是确定冷藏货物适当的存放位置需要做大量的工作。当货物为水果或蔬菜等新鲜食品时,货物上方的、适当的空气流通至关重要,因为这些食品在存放过程中还会释放出大量的所谓的呼吸热,见图 28.38。这就不像冷藏冷冻食品那样,或是像进入式冷藏库那样只需阻止外界的热量进入即可。这是货物本身产热,而且仅在冷藏装置的范围内反复循环。

所有船只都有为船员和旅客存放食品的冷冻冷藏设备。当该船只运送冷藏货物时,只要机器运行,均可以从主制冷系统中引出一条支路给船上的小商店提供冷源。当船只不运送冷藏货物时,可采用备用的制冷系统,否则,船上就需要设置供船员使用的独立系统。事实上,类似超市中的许多同样的冷冻冷藏装置都可用在船上,其中一些可以是带有压缩机、冷凝器的整体式机组,甚至可以采用中央制冷机房。

食品的热特性

品名	32°F	41°F	50°F	59°F	68°F	77°F	资料来源
			呼吸热(Btu/t. d)				
未脱壳的利马蚕豆	2306-6628	4323-7925	–	22,046-27,449	29,250-39,480	–	卢茨和哈登堡(1968年)
脱壳后的利马蚕豆	3890-7709	6412-13,436	–	–	46,577-59,509	–	图弗克和斯科特(1954年) 卢茨和哈登堡(1968年)
食荚菜豆	.b	7529-7709	12,032-12,824	18,731-20,533	26,044-28,673	–	图弗克和斯科特(1954年) 赖亚尔和利普顿(1972年)
甜菜,红色菜根	1189-1585	2017-2089	2594-2990	3711-5115	–	–	沃塔达和莫里斯(1966年) 赖亚尔和利普顿(1972年)
甜豌豆	901-1189	2089-3098	–	5512-9907	6196-7025	–	卢茨和哈登堡(1968年) 米克 等(1965年)
得克萨斯带壳甜玉米	9366	17,111	24,676	35,878	63,543	89,695	格哈特 等(1942年) 肖尔茨 等(1963年)
加利福尼亚黄瓜	.b	.b	5079-6376	5295-7313	6844-10,591		埃克斯和莫里斯(1956年)

图 28.38　某些新鲜蔬菜的呼吸热(摘自 ASHRAE,1994 ASHRAE Handbook-Refrigeration)

28.9　航空货运

有许多产品经常需要用航空货运方式急送市场。鲜花往往需要从夏威夷等地通过航运送到美国各地。由于制冷系统的重量原因,要想在飞机上进行冷冻冷藏显然是不可能办到的。飞行过程中,当产品需要冷却时,一般常采用冰块或干冰。

为滑入飞机货舱而专门设计、制作的货柜见图 28.39。

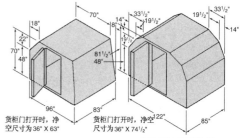

标准463L型货柜主要尺寸　DC-8和707型飞机
(A)　　　　　的标准商用货柜尺寸
　　　　　　　(B)

图 28.39　(A)~(B)用于航运冷藏产品的货柜(摘自 ASHRAE,1998 ASHRAE Handbook-Refrigeration)

本章小结

1. 货运冷藏是指卡车、列车、飞机或船只运送冷藏产品所需的冷藏过程。

2. 将蔬菜从加利福尼亚运送至纽约的途中,经过炎热的沙漠时,需要予以冷藏;送至北方寒冷地区时,则需要供热。

3. 有些产品需以中温状态送达,也有一些产品需以冻结状态低温运输。

4. 干冰是浓缩后的二氧化碳(CO_2),可用于冷藏各种货物,它可以称为升华的方式,从 –109°F 固态,跳过液态,直接变为气态。它特别适宜于低温货物的冷藏。

5. 液态氮气或二氧化碳也可用于货物冷藏。液态氮气通常存放在一个带有卸压阀的低压气罐内,并可以通过气罐排压方式使气罐内压力保持在 25psig 左右。氮气的蒸发温度为 –320°F,二氧化碳的蒸发温度为 –109°F。

6. 液氮系统十分简单,仅需一个温控器电磁阀。分送装置可以将低温氮蒸气均匀地分送到货物各处。

7. **安全预防措施:**由于液氮和液态二氧化碳温度非常低,操作时必须谨慎小心,它可以使任何与之接触的部位瞬间冻结。因此在操作这两种系统时,必须穿上防护服,配戴手套和护目镜。由于这两种蒸气在冷藏区域内会取代氧气,因此当这种冷藏系统运行时,冷藏区域内不得有人。如果冷藏区域的舱门被打开,专设的控制器将自动关闭系统。

8. 冷藏卡车通常配置含有共溶溶液的冷板,这种溶液受冷或受热时均会发生相变,它一般为氯化钠(食盐)或氯化钠制成的盐水溶液。

9. 这些盐水溶液对黑色金属具有腐蚀性。

10. 这种盐水溶液在冷冻状态时实际上并不转变为固体,而是转变结晶状态。受热时,其结晶体再转变为液体。

11. 冷藏卡车也可以采用设置在车上的机械制冷装置对车上货物进行冷藏。

12. 在装货地点,冷藏车上的压缩机可以通过将插头插入电源插座获得电源。

13. 大型冷藏车可采用前端安装式或腹部安装式的制冷机组。

14. 常规制冷机组的蒸发器和风机一般均设置在卡车的前端。
15. 冷藏车制冷系统并不具有将货物温度降低的能力,也就是说,它只能在运输过程中使货物保持在原有温度。
16. 冷藏车本身设有保温层,同时为防止热渗入,其舱门上设有密封条。
17. 双速发动机以及可卸荷的压缩机可用于容量控制。
18. 温度低于 − 10 ℉ 的超低温冷藏装置通常采用压缩机的两级压缩循环或复叠式制冷系统。
19. 复叠式制冷系统采用多级制冷循环来达到非常低的温度。
20. 速冻后的新鲜食品可以保持其原有的色泽与风味。食品的冻结速度越快,其保存的质量也就越好。
21. 肉品冻结速度较慢时,其缓慢生成的冰晶体就会刺破肉品的细胞壁。
22. 食品可通过将其浸泡在盐水等冷冻溶液的方式予以速冻。也可采用冷风速冻器,即利用强冷空气直接吹拂在食品上的方式予以速冻。强冷和高速流动的空气有助于迅速排除食品中的热量。
23. 常规的制冷系统也可用于冷风冷冻。
24. 船只冷藏可以有中温至低温多种冷藏装置。
25. 鱼类加工船必须有对加工后各类鱼产品进行速冻和冷藏的能力。
26. 冷藏货运船只可以有较大的冷藏舱,其常采用平板式或强制对流式蒸发器来维持舱内温度。
27. 船用制冷系统的冷凝器通常采用海水冷却,因此其冷凝器一般均采用铜镍材料制作。
28. 运送冷藏货物的另一种方式是采用配置有独立式风冷系统的货柜。
29. 各类船只均有船上商店使用的制冷系统。
30. 许多产品(如鲜花)为了尽快送至市场常采用航运,但通常是利用冰块或干冰来保持低温状态。

复习题

1. 液态氮气和二氧化碳的蒸发温度是_____和_____。
2. 常规液氮气罐中工作压力是多少?如何保持这一压力?
3. 正误判断:用于冷板中的共溶溶液就是一种盐水,即氯化钙和氯化钠溶液。
4. 论述冷板中共溶溶液的相变制冷过程。
5. 冷板制冷的优点是什么?
6. 冷板冷藏的方法是什么?
7. 冷藏卡车上制冷系统的安装位置是_____和_____。
8. 冷藏卡车上制冷系统的动力源是:
   A. 汽油发动机带动压缩机;
   B. 由发电机驱动压缩机;
   C. 柴油发动机驱动压缩机;
   D. 上述三种均可。
9. 卡车冷藏系统有哪一种备用容量?
10. 为什么要将卡车冷藏设定为低温冷藏和中温冷藏。
11. 冷藏卡车如何将冷空气分送至货物上?
12. 说出两种用于冷藏卡车的发电机名称。
13. 铁路列车如何进行冷藏?
14. 带有独立冷冻系统的挂车放在铁路平板车运送,称为:
    A. 独立式制冷系统;
    B. 平板式制冷系统;
    C. 双层制冷系统;
    D. 非独立制冷系统。
15. 超低温制冷系统为何常采用双级压缩?
16. R-404A 系统的蒸发器工作温度为 − 50 ℉,其冷凝器的运行温度为 115 ℉,该系统的压缩比为:
    A. 16.9∶1;　　　B. 17.8∶1;　　　C. 19.1∶1;　　　D. 21.33∶1。
17. 试述复叠式制冷系统的工作原理,并说出其为何可以使用多种制冷剂?
18. 船用制冷系统采用盐水循环系统为何优于独立式蒸发器?
19. 船用制冷系统中用于压缩机驱动的两种方式是_____和_____。

第 29 章　商用制冷设备的排故与常规工况

教学目标

学习完本章内容之后,读者应当能够:

1. 说出高温、中温和低温制冷系统低压侧的常规运行温度和工作压力。
2. 说出系统高压侧的常规运行温度和工作压力。
3. 叙述不同制冷剂在系统高、低压侧上的差异。
4. 诊断蒸发器效率低下的原因。
5. 诊断冷凝器效率低下的原因。
6. 诊断压缩机效率低下的原因。

安全检查清单

1. 装/拆压力表、转移制冷剂或检测压力时,必须佩戴防护镜和手套。
2. 在进入式冷藏室或冷库作业时,必须穿上保暖服装。
3. 认真阅读各种电气操作安全规程,始终保持谨慎的工作态度,并充分运用已有的安全常识。
4. 在对制冷装置进行操作时,无论何时,只要有可能,应切断所有电源,配电板上锁并挂上标志,仅保留一把钥匙在自己身上。
5. 采用化学药剂清洗蒸发器和冷凝器时,必须配戴橡胶手套。仅使用经认定合格的化学药剂,这一点在清洗食品储藏室冷冻机组的蒸发器时特别重要。
6. 在没有教师或其他有经验的人员近距离监控的情况下,不得做压缩机真空或封闭环路实验。

29.1　排故的准备工作

在着手对制冷系统的某一部分进行排故时,头脑中必须有其正常状态的概念。我们在商用制冷系统中可能会碰到多个重要参数:冷藏箱内的空气温度和冷凝器周围的空气温度,我们需要知道压缩机或风机电动机的电流值。系统内的压力对于系统排故和故障诊断十分重要。除此之外,还要了解系统内外的许多状态参数。

如果设备某一部分在没有明显故障的情况下正常运行一段时间后停机,那么在通常情况下,这一故障往往会引起后续环节的连续反应。例如,技术人员在检修设备的某一部分时,一般都会认为会有两个或三个部件损坏,事实上,两个部件同时损坏的可能性极小,除非一个部件的损坏引起了另一个部件损坏,而这些故障几乎总是能追踪到最初出现问题的那个部件。

掌握设备正常运行的状态十分有用。你应当知道机器的正常声响是什么样的,某处温度应该是较低还是较高,风机应该在什么时候运行。掌握常规系统正常的工作压力可帮助你找到下手之处。在动手之前,应首先检查整个系统上比较明显的故障。

这些排故程序可以根据各自的常规压力分为高温、中温和低温 3 个温度范围。每种系统根据推断的系统特征均有自己的温度范围。图 29.1 为一些冷藏装置的温度范围。这些数据仅是美国采暖、制冷与空调工程协会出版的"基础指南"(Fundamental Guide)中的一部分,欲了解包括各种食品的整个图表可参见该指南。注意,对于几乎所有食品来说,由于所处的状态、环境不同,会有不同的温度要求。同样,对长期冷藏与短期冷藏的食品也会有不同的温度要求。系统低温侧上的温度与压力往往反映了产品热负荷的状态。不管是蒸发器旁设置的单个压缩机,还是集中设置在机房的一台大容量压缩机,蒸发器的作用与功能是相同的。前面所给出的许多例子都涉及蒸发器。压缩机的作用就是将蒸发器中的压力降低至适当的蒸发压力值,从而使蒸发器获得要求的状态。

技术人员将会碰到许多描述各种制冷状态工作状态的数据。过去,中、高温制冷装置一般都采用一种制冷剂,低温制冷装置则采用另一种制冷剂。对于日常的电话报修项目,技术人员仅需要考虑常规的两种制冷剂的压力值。但现在,许多新型制冷剂已陆续进入市场,各种数据既难以记住,又容易相互混淆。技术人员应将注意力仅集中在特定制冷装置中出现的各种温度值,因为温度值可以方便地转换为可以在压力表上显示的确切压力值。本教材中多次提到 R-134a 和 R-404A 制冷剂,这是因为许多制冷系统现正逐步采用这两种不会对环境造成污染的替代型制冷剂。R-134a 是 R-12 的替代型制冷剂,R-404A 则是众多 R-502 制冷系统的替代型制冷剂。但是,R-134a 和 R-404A 并不是任何一种制冷剂均可套用的替代制冷剂。本教材中仍列举了一些采用 R-12 和

R-502 的系统,这是因为一些老设备中仍然在使用这些制冷剂。在对各种系统的制冷剂改型之前,应向制冷系统的制造商咨询,也可以根据压力 – 温度线图,改用其他类型的制冷剂。

物　名	存放温度(℉)	相对湿度(%)	大致存放时间
胡萝卜			
小包装	32	80 ~ 90	3 ~ 4 周
去根头	32	90 ~ 95	4 ~ 5 周
芹菜	31 ~ 32	90 ~ 95	2 ~ 4 月
黄瓜	45 ~ 50	90 ~ 95	10 ~ 14 天
乳制品			
干酪	30 ~ 45	65 ~ 70	
黄油	32 ~ 40	80 ~ 85	2 月
黄油	0 ~ – 10	80 ~ 85	1 年
鲜奶油(加糖)	– 15	—	数月
冰激凌	– 15	—	数月
全脂液体牛奶			
A 级巴氏消毒	33	—	7 天
炼乳	40	—	数月
淡炼乳	室温	—	1 年多
奶粉			
全脂奶粉	45 ~ 55	低	1 ~ 2 月
脱脂奶粉	45 ~ 55	低	数月
鸡蛋			
带壳鸡蛋	29 ~ 31	80 ~ 85	6 ~ 9 月
带壳鸡蛋(农场冷却)	50 ~ 55	70 ~ 75	
速冻全蛋液	0 或以下	—	1 年多
速冻蛋黄	0 或以下	—	1 年多
速冻蛋清	0 或以下	—	1 年多
橙子	32 ~ 34	85 ~ 90	8 ~ 12 周
马铃薯			
早期收获	50 ~ 55	85 ~ 90	—
晚期收获	38 ~ 50	85 ~ 90	—

(A)

为使冷藏室内保持正常温度,盘管与空气间的温差值		
温度范围	理想相对湿度	温差(制冷剂与空气)
25℉ ~ 45℉	90%	8℉ ~ 12℉
25℉ ~ 45℉	85%	10℉ ~ 14℉
25℉ ~ 45℉	80%	12℉ ~ 16℉
25℉ ~ 45℉	75%	16℉ ~ 22℉
10℉ 以下	—	15℉ 或更低

(B)

图 29.1　(A)常见食品的冷藏要求;(B)用以选择要求相对湿度值的盘管 – 空气温差值表(ASHRACE)

29.2　高温制冷装置的排故

高温冷藏箱的温度范围为:低端 45℉,高温 60℉ 左右。我们常用某种产品的冷藏温度来确定此温度范围的一端或另一端(鲜花温度为 60℉,糖果温度 45℉),其目的在于为高温制冷系统确定一个低端和高端温度及相应的压力状态值。冷藏箱的盘管温度一般低于箱内温度 10℉ 至 20℉,两者的差称为温差(TD)。这就是说,对于 R-134a 系统来说,最低温度时其盘管的正常运行压力为 22 psig(即盘管温度 = 45℉ – 20℉ = 25℉);当压缩机处于停机状态的最高温度时,即一个运行周期结束时的压力应为 57 psig(盘管温度 60℉)。图 29.2 为高、中、低温制冷装置的一些常规运行参数,其中的数字是 R-134a 和 R-404A 用于常规装置的状态值。如果采用其他制冷剂或其他类型的制冷装置,那么其温度读数和压力值读数应根据不同的制冷剂进行转换。

　　此表主要用于提供商用制冷系统的常规工作压力值。第一列为压缩机停机、冷藏箱内温度正好处于启动点温度的数据;第二列为压缩机刚启动后的数据;第三列为压缩机停机前的数据。此表中数据不能视为唯一的工作压力,但可作为区分高温、中温和低温常规制冷装置的上、下限。盘管与盘管上空气间的温差(TD)值20℉可以视为其平均值。许多系统常采用10℉或20℉。对于采用不同温差的装置可参见图29.1(A)。

R-134a			
	第一列压缩机停机	第二列压缩机运行	第三列压缩机运行
高温装置			
冷藏箱内温度	60℉	60℉	45℉
盘管温度	60℉	40℉	25℉
温差	0℉	20℉	20℉
吸气压力	57 psig	35.1 psig	22 psig
中温装置			
冷藏箱内温度	45℉	45℉	30℉
盘管温度	45℉	25℉	10℉
温差	0℉	20℉	20℉
吸气压力	40 psig	22 psig	11.9 psig
低温装置			
冷藏箱内温度	5℉	5℉	-20℉
盘管温度	5℉	-15℉	-40℉
温差	0℉	2℉	20℉
吸气压力	9.1 psig	0 psig	14.7 in. Hg
R-404A			
低温装置			
冷藏箱内温度	5℉	5℉	-20℉
盘管温度	5℉	-15℉	-40℉
温差	0℉	20℉	20℉
吸气压力	38 psig	20.5 psig	4.8 psig
R-404A			

制冰

盘管温度为20℉时,冰开始形成

吸气压力 56#

运行结束,融冰前的盘管温度为5℉

吸气压力 38#

　　技术人员安装表歧管后,常规装置的读数不应超过或低于这些读数。例如,如果在中温蔬菜冷藏箱上安装压力表,那么当压缩机处于运行状态时,常规冷藏箱上应有的最高吸气压力是22 psig,运行结束前的低端压力为11.9 psig。对于盘管上空气温度与盘管中制冷蒸发温度之间的温差为20℉的冷藏箱,高于或低于表中数据的任何读数均视为在范围之外。

图29.2　(A)采用空气强制对流式蒸发器制冷系统的运行温度和压力

　　当技术人员怀疑系统有故障并安装压力表测定压力值读数时,在采用R-134a的高温系统上(盘管温度为20℉时),应可得到如下读数:

1. 如果压缩机停机前瞬间的压力值读数低于22 psig,那么可以认为是太低了。
2. 如果压缩机在冷藏箱处于正常温度60℉(盘管温度 = 60℉ - 20℉ = 40℉)下启动后瞬间,其压力值读数高于31.5 psig,那么可以认为是太高了。
3. 当压缩机停机、冷藏箱内温度逐渐上升至最高点时,盘管内压力应对应于冷藏箱内的空气温度。

　　如果某冷藏箱的最高温度为60℉,那么其吸气压力应为57 psig,这也就是正常运行状态下压缩机启动前瞬间的压力值。

　　尽管这些压力值间的差距较大,但对大多数高温制冷装置来说均可用做参照点。上述说明都是针对盘管温差为20℉的系统,如果以后需要对某种装置研究10℉温差时的正常值,其最好的办法是查阅图29.1(A)中的图表,通过将冷藏箱内的温度转换为压力的方法确定其应有的压力值,该图表中的数据就是冷藏箱内的温度。

温度 (°F)	制冷剂				R-404A	R-410A	系统低压侧温度与压力范围
	12	22	134a	502			
−60	19.0	12.0		7.2	6.6	0.3	
−55	17.3	9.2		3.8	3.1	2.6	
−50	15.4	6.2		0.2	0.8	5.0	
−45	13.3	2.7		**1.9**	2.5	7.8	
−40	11.0	**0.5**	14.7	**4.1**	4.8	9.8	
−35	8.4	**2.6**	12.4	**6.5**	7.4	14.2	
−30	5.5	**4.9**	9.7	**9.2**	10.2	17.9	
−25	2.3	**7.4**	6.8	**12.1**	13.3	21.9	◀── 低温
−20	**0.6**	**10.1**	3.6	**15.3**	16.7	26.4	
−18	**1.3**	**11.3**	2.2	**16.7**	18.7	28.2	
−16	**2.0**	**12.5**	0.7	**18.1**	19.6	30.2	
−14	**2.8**	**13.8**	**0.3**	**19.5**	21.1	32.2	
−12	**3.6**	**15.1**	**1.2**	**21.0**	22.7	34.3	
−10	**4.5**	**16.5**	**2.0**	**22.6**	24.3	36.4	
−8	**5.4**	**17.9**	**2.8**	**24.2**	26.0	38.7	
−6	**6.3**	**19.3**	**3.7**	**25.8**	27.8	40.9	
−4	**7.2**	**20.8**	**4.6**	**27.5**	30.0	42.3	
−2	**8.2**	**22.4**	**5.5**	**29.3**	31.4	45.8	
0	**9.2**	**24.0**	**6.5**	**31.1**	33.3	48.3	
1	**9.7**	**24.8**	**7.0**	**32.0**	34.3	49.6	
2	**10.2**	**25.6**	**7.5**	**32.9**	35.3	50.9	
3	**10.7**	**26.4**	**8.0**	**33.9**	36.4	52.3	
4	**11.2**	**27.3**	**8.6**	**34.9**	37.4	53.6	
5	**11.8**	**28.2**	**9.1**	**35.8**	38.4	55.0	
6	**12.3**	**29.1**	**9.7**	**36.8**	39.5	56.4	
7	**12.9**	**30.0**	**10.2**	**37.9**	40.6	57.8	
8	**13.5**	**30.9**	**10.8**	**38.9**	41.7	59.3	
9	**14.0**	**31.8**	**11.4**	**39.9**	42.8	60.7	
10	**14.6**	**32.8**	**11.9**	**41.0**	43.9	62.2	
11	**15.2**	**33.7**	**12.5**	**42.1**	45.0	63.7	
12	**15.8**	**34.7**	**13.2**	**43.2**	46.2	65.3	
13	**16.4**	**35.7**	**13.8**	**44.3**	47.4	66.8	
14	**17.1**	**36.7**	**14.4**	**45.4**	48.6	68.4	
15	**17.7**	**37.7**	**15.1**	**46.5**	49.8	70.0	
16	**18.4**	**38.7**	**15.7**	**47.7**	51.0	71.6	◀── 中温
17	**19.0**	**39.8**	**16.4**	**48.8**	52.3	73.2	
18	**19.7**	**40.8**	**17.1**	**50.0**	53.5	75.0	
19	**20.4**	**41.9**	**17.7**	**51.2**	54.8	76.7	
20	**21.0**	**43.0**	**18.4**	**52.4**	56.1	78.4	
21	**21.7**	**44.1**	**19.2**	**53.7**	57.4	80.1	
22	**22.4**	**45.3**	**19.9**	**54.9**	58.8	81.9	
23	**23.2**	**46.4**	**20.6**	**56.2**	60.1	83.7	
24	**23.9**	**47.6**	**21.4**	**57.5**	61.5	85.5	
25	**24.6**	**48.8**	**22.0**	**58.8**	62.9	87.3	
26	**25.4**	**49.9**	**22.9**	**60.1**	64.3	90.2	
27	**26.1**	**51.2**	**23.7**	**61.5**	65.8	91.1	
28	**26.9**	**52.4**	**24.5**	**62.8**	67.2	93.0	
29	**27.7**	**53.6**	**25.3**	**64.2**	68.7	95.0	
30	**28.4**	**54.9**	**26.1**	**65.6**	70.2	97.0	
31	**29.2**	**56.2**	**26.9**	**67.0**	71.7	99.0	◀── 高温
32	**30.1**	**57.5**	**27.8**	**68.4**	73.2	101.0	
33	**30.9**	**58.8**	**28.7**	**69.9**	74.8	103.1	
34	**31.7**	**60.1**	**29.5**	**71.3**	76.4	105.1	
35	**32.6**	**61.5**	**30.4**	**72.8**	78.0	107.3	
36	**33.4**	**62.8**	**31.3**	**74.3**	79.6	108.4	
37	**34.3**	**64.2**	**32.2**	**75.8**	81.2	111.6	
38	**35.2**	**65.6**	**33.2**	**77.4**	82.9	113.8	
39	**36.1**	**67.1**	**34.1**	**79.0**	84.6	116.9	
40	**37.0**	**68.5**	**35.1**	**80.5**	86.3	118.3	
41	**37.9**	**70.0**	**36.0**	**82.1**	88.0	120.5	

粗体字——表压力

(B)

图 29.2(续)　(B)制冷系统低压侧常规低、中、高温和压力范围

　　通过分析图 29.1(B),也可获得正常冷藏箱内的湿度状态值。冷藏箱湿度状态决定了盘管与空气的温差值。例如,若想在一个冷藏柜中存放黄瓜,由该图表可知,要防止脱水,黄瓜就应在 45°F ~ 50°F 的温度和 90% ~ 95% 的相对湿度状态下存放。认真研究此表中的第二部分可以发现,要维持这些状态,盘管与空气的温差应在 8°F 与 12°F 之间,即可以采用 10°F。

　　各种设备的压力总是略有差异,但不要忘记,无论何时,只要压缩机正常运行,其盘管温度必低于冷藏箱内空气温度 10°F 至 20°F。

29.3　中温制冷装置的排故

　　中温冷藏箱内冷藏区域的温度范围一般为 30°F ~ 45°F。当冷藏箱内温度低至 30°F 时,许多产品并不会在

冷藏箱内冻结。利用上述高温冷藏箱的同样方法来确定正常状态下的高端压力和低端压力后,我们可以发现以下情况:正常状态下的最低压力应是冷藏箱处于 30℉ 最低温度所对应的压力。如果盘管在低于冷藏箱内温度 20℉ 的情况下使制冷剂蒸发,那么此制冷剂的蒸发温度应为 10℉(30℉ − 20℉ = 10℉),对于 R-134a 来说,其对应压力为 11.9 psig,那么此系统很可能存在故障。系统正常运行时,其最大压力应是压缩机在 45℉ 启动瞬间蒸发温度(45℉ − 20℉ = 25℉)所对应的压力,即 22 psig,见图 29.2。压缩机停机时,其低压侧的压力应对应于冷藏箱内的空气温度。如果把 45℉ 认定为压缩机重新启动的最高温度,那么其压力应为 40 psig。对于任何特定制冷装置,由于结构形式各有差异,可查阅图 29.1。各种食品的冷藏温度可以此图表为标准,但设备实际运行状态因制造商不同可能有不同程度的差异。

29.4　低温制冷装置的排故

低温制冷装置的起始温度为冰点温度直至热力学零度。事实上,稍低于冰点的低温装置并不多,其中应用最多的就是制冰机,制冰机蒸发器温度一般为 20℉ 至 5℉ 左右。制冰过程涉及许多不同的变量,这些变量均与制作的冰块种类有关。片冰的制作过程是一个连续过程,因此不管是哪家制造商,其蒸发器的压力基本相同,当然也可以就片冰机的实际温度和压力向有关设备制造商咨询。

对于块冰机,我们一般可以发现,采用 R-404A 的系统,在运行开始、吸气压力为 36 psig(20℉)时开始结冰,并且一般在吸气压力达到对应 5℉ 的压力,即 38 psig 时开始融冰,见图 29.2。如果发现在 R-404A 的制冰机上,吸气压力不能低于 56 psig,那么即可认为存在故障;如果吸气压力低于 38 psig,那么同样可以认定为存在故障。两者间的压力值均为正常运行范围。

对于冷冻食品的低温装置,一般认为其冷冻区域温度应在 5℉ 及以下。各种食品的冻硬温度不同,有些在 5℉ 时即可冻硬,有些则需在 −10℉ 的状态下才能冻硬,因此,设计者或操作者就需针对不同的对象采取最为经济有效的结构形式和操作方式。例如,冰激凌可以在 −10℉ 温度下冻硬,但人们往往为了安全起见,将其存放在 −30℉ 的温度下。将冻硬后的冰激凌冷却至更低的温度,从经济的角度来说显然是不合理的。因为当温度进一步下降时,由于吸入蒸气的密度下降,压缩机的容量也随之下降,如果冷藏箱内的温控器设定在这样低的温度下,那么压缩机也不会停机。

采用与高温与中温装置同样的指标可以发现:采用 R-134a 的低温装置,其制冷剂的正常最高蒸发温度为 5℉ − 20℉ = −15℉。由于压缩机持续运行会使吸气压力达到 0 psig,制冷剂在低于冷藏箱温度 20℉ 的状态下即可蒸发,其最低吸气压力可以是低至 −20℉ 冷藏箱温度所对应的任一蒸发器压力。对于 R-134a 系统来说,它可以是 −20℉ − 20℉ = −40℉,即 14.7 in. Hg,见图 29.2(B)。对于处于最高温度的低温系统来说,当温控器要求供冷,而压缩机正处于停机状态时,其蒸发器温度与冷藏箱内的空气温度相同,为 5℉,对应压力为 9.1 psig。

为保证系统处于正压,即高于大气压力,对于低温装置来说,可采用另一种制冷剂。如果我们在低温装置中采用 R-404A,则可以得到一组新数据:当压缩机停机、冷藏箱内温度为 5℉ 时,其对应压力为 38 psig;当压缩机运行、冷藏箱内温度为 5℉ 时,制冷剂则会在低于冷藏箱空气温度约 20℉ 的状态下蒸发,即 5℉ − 20℉ = 15℉,其对应压力为 20.3 psig。在低温制冷装置中通常会碰到的最低点温度一般为 −20℉ 左右,那么吸气压力就是 −20℉ − 20℉ = −40℉,其对应压力为 4.8 psig,见图 29.2(B)。我们可以很容易地看到:在低温装置中采用 R-404A,系统可以在高于真空的状态下运行。R-404A 可以在 −50℉ 和 0 psig 的状态下蒸发,因此即使在吸气压力下降至 0 psig 的大气压力,盘管温差为 20℉ 的情况下,冷藏箱内的空气还是能够下降至 30℉。

通过改变制冷剂,我们不仅可以得到比 −20℉ 的冷藏箱温度更低的温度,而且可用于实际应用。

图 29.2(A)中的图表不仅可用做确定上述各系统标准低压侧工况的一种标准,而且还可说明每种装置的高、低温度和压力。我们可能遇到的设备,其参数就应在此范围之内。

29.5　常规风冷式冷凝器的运行工况

由于风冷式冷凝器处于室外温度之下,因此风冷式冷凝器的运行温度是全天候的,而制冷设备本身则常常设置在有空调的建筑物内。冷凝器需要维持一定的压力,才能在膨胀装置两端形成足够大的压力降,为蒸发器提供适量的制冷剂。膨胀装置的压力降可以推动足够的制冷剂通过膨胀装置,使蒸发器保持适当的制冷剂液量。但是,对于有些新式热力膨胀阀(TXV),如果有 100% 的液态制冷剂进入其阀口,则可以在非常低的压力降状态下运行,其中要特别注意具有低压力降特性的平衡孔热力膨胀阀。

用于 R-134a 的膨胀阀,其配置规格的压力降一般为 75 ~ 100 psig。例如,当制造商在膨胀阀上标明某膨胀阀在蒸发器温度为 20℉ 状态下其容量为 1 冷吨时,则其压力降约为 80 psig。如果压力降减小至 60 psig,那么同样的膨胀阀容量也将随之降低。

由于部分构件设置在室外的机组必须设置排压控制器,因此,在此排压控制器上设定的最小值应当是所要求的最小排气压力。对于采用 R-134a 的风冷式机组,此值一般为 135 psig 左右,见图 29.3,其对应的冷凝温度为 105℉;采用 R-404A 的系统则为 253 psig,对应温度为 105℉。对于 R-134a 系统来说,当其排压低于 135 psig 时,要使膨胀阀两端的压力降维持在 80 psig,冷凝器就会在最低的压力状态下运行,而且,压力降低后就无法正常地为膨胀阀供液。其中的一个特例是制造商选择利用环境温度对排气压力实施浮动式控制,此时仍可采用排气压力控制器,但其设定值一般都非常低,以便能充分利用冷藏箱周围的环境温度。浮置的排气压力可以通过使压缩机在较低压缩比的状态下运行来提高系统效率。有关排气压力浮置的详细内容,可参见 22.21 节。

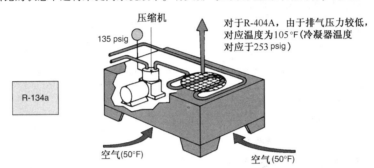

图 29.3　此系统可用于说明寒冷天中,风冷式冷凝器与进风温度间的相互关系。此系统设有温和天气下的排压控制装置。从室外进入冷凝器的空气温度为 50℉,正常情况下,其产生的排气压力约为 85 psig。该机组设有风机间断运行控制装置,可以使排气压力保持在 125 psig 的最低值

29.6　风冷式机组正确排压值的计算

冷凝器运行过程中,系统高压侧正常的最大压力对应于最高环境温度。当环境温度高于 70℉ 时,大多数风冷式冷凝器都将在高于环境温度约 30℉ 的温度下使制冷剂冷凝。图 29.4 是一个设有排压控制器、在环境温度较低的状态下运行的制冷系统。当环境温度低于 70℉ 时,各运行参数间的相互关系会因环境温度的降低而发生变化。

如果系统内的冷凝器为一台高效冷凝器或规格偏大的冷凝器,那么该冷凝器可以在高于环境温度 25℉ 的状态下冷凝。出于提高能效的考虑,众多冷凝器制造商生产的各种冷凝器往往采用较为先进的传热材料和较大的换热表面,同时,为获得更佳的效率,使排气压力更低,压缩比更低,其冷凝器的规格也相应增大,最终使得冷凝温度仅高出环境 10℉ 至 15℉。

仍采用温差为 30℉ 时的数据,我们可以看到:如果将机组设置在室外且环境温度为 70℉,那么其冷凝温度应为 95℉ + 30℉ = 125℉。对于 R-12,其对应压力为 169 psig;对于 R-502,此温度对应压力为 301 psig,见图 29.5。☆这是商用制冷系统最常见的两种制冷剂,但由于臭氧层消耗和全球变暖问题,各制造现正逐步改用 R-134a、R-404A、R-22 以及各种替代型制冷剂混合液。☆ 在 125℉ 的冷凝温度下,对于 R-134a 来说,其压力值应为 185 psig;对于 R-404A,为 332 psig;对于 R-22,则为 278 psig。

29.7　风冷式机组的常规运行工况

采用水冷式冷凝器的众多系统中,其冷却水的运行方式主要有两种:有些采用一次性冷却水,有些则采用冷却塔,将排热后的水循环使用。一般情况下,采用城市自来水或井水等淡水冷却的水冷式冷凝器,系统采用冷却塔,以每吨每分钟 3 加仑的流量进行冷却时,大约需要耗用每吨每分钟 1.5 加仑的水。这两种装置各有不同的运行工况,应予分别讨论。

29.8　采用一次性冷却水的冷凝器系统常规运行工况

一次性冷却水的冷凝系统采用与冷却塔冷凝系统完全相同的冷凝器,但前者的冷却水直接排入下水道,这种系统一般还设有冷却水调节阀,用于调节水量和调节排气压力,其冷凝器可以是可清洗型冷凝器,也可以是不能采用机械方式清洗的盘管型蒸发器。无论是哪一种蒸发器,都可以通过蒸发器的冷却状态了解其内部工作性能。

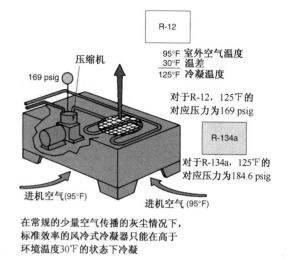

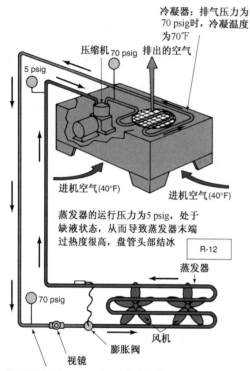

图 29.4　制冷系统在较低的环境温度下运行,往往会在正常运行过程中出现排气压力过低的情况,由于没有足够的排气压力来推动液态制冷剂进入膨胀阀,因此膨胀阀也就无法正常地提供制冷剂

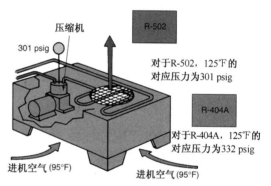

图 29.5　将冷凝器设置在室外的风冷系统。图中标注了常规压力值

采用水阀控制水量时,如果冷凝器的运行状态欠佳,那么就需要较多的水量。当排气压力上升时,就需要增大水流速使冷凝器冷凝,直至达到水阀全开时的最大流量,然后排气压力即随最大水流量而增加。有时候,例如在冬天,进水温度很低,常在 45℉左右;而在夏天,如果水管穿过温度较高的屋顶,那么其水温可高达 90℉,见图 29.6。由于全年不同季节中流入一次性冷却水系统的水量和水温不断变化,因此对于这种系统来说,制冷剂与水温度之间没有固定不变的关系或技术人员可籍以参考的变化规律。技术人员只能依靠水阀,在不同的温度之下调节冷凝器的进水量来维持稳定的排气压力。关于冷凝器和水调节阀的详细内容可参见第 22 章"冷凝器"。

如果冷凝器温度远高于 105℉,那么应推断出冷凝器结垢。如果表读数为 207 psig(对应温度为 140℉),排水温度为 95℉,那么制冷剂的冷凝温差即为 140℉ – 95℉ =45℉,这就表明此冷凝器已无法正常排热,盘管严重结垢,见图 29.7。如果此冷凝器为可清洗冷凝器,那么可以采用化学药剂或利用刷子进行清洗。每当水流量有明显增加,冷凝器进出水间的温差就会降低,如果排气压力增加,那么即可推测冷凝器结垢。

29.9　循环水系统的常规运行工况

采用冷却塔排热的水冷式冷凝器一般都不采用水阀来控制水热量,而是利用水泵来泵送一定流量的冷却水。其流量通常在设备运行初始予以确定,也可通过检测冷凝器进出水路的压力降予以调整。水在水管路中流动时总有些压力降。系统的各项原始技术参数应包括工程师对水流量的预先设定,但这些数据对于老设备来说可能很难找到。

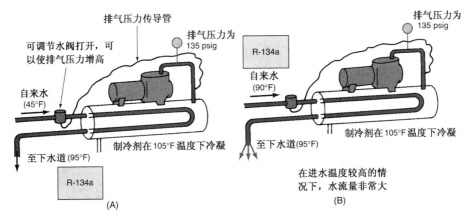

图 29.6　(A) 一次性冷却水冷式制冷系统。其水流量由水调节阀来调节,它可以提供非
　　　　　常大的水流量来维持排气压力的稳定,并在运行结束时关闭;(B) 在进水温度
　　　　　为 90°F 时,水流最大

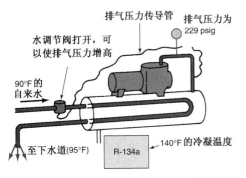

图 29.7　水冷式制冷系统,当冷凝器盘管结垢
　　　　　时,冷凝器无法将系统内的热量排出

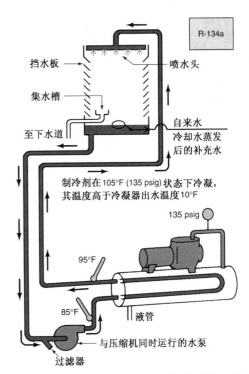

图 29.8　水冷式制冷系统。它重复使用排热后的冷
　　　　　却水,但设有定量排水机构,可使系统避免
　　　　　部分冷却水蒸发后水中矿物质浓度增加的
　　　　　现象。其进出水间的温差为 10°F,这是冷
　　　　　却塔进出水的标准温升值

许多采用冷却塔对冷却水进行循环使用的系统,其冷凝器进出水的温升标准值为 10°F。例如,如果来自冷却塔的冷却水以 85°F 的温度进入冷凝器,那么离开冷凝器的进水温度应为 95°F,见图 29.8。如果其温差值达到 15°F,甚至 20°F,那么可以认为蒸发器正在为制冷剂排热,但其水流量显然不足,见图 29.9。如果冷凝器的进水温度为 85°F,出水温度 90°F,那么说明其水流量过大。如果此时排气压力不高,则说明冷凝器正在排热,但水流量过大。如果此时排气压力较高,冷却水量适中,则说明冷凝器结垢,见图 29.10 的冷凝器结垢案例。图 29.11 为冷凝器进出水温升为 10°F 以及当系统采用 R-12、R-502、R-134a、R22 和 R-404A 作为制冷剂的情况下,冷凝温度为 105°F 时所对应的冷凝压力。

在这种类型的系统中,冷凝器不断地从冷却塔获得冷却水,而在冷却塔中,冷却水与环境空气有一个热交换的关系。一般情况下,冷却塔均设置在室外,或由自然对流或是强制对流方式予以冷却(塔上风机可以将空气强制吹向冷却塔内侧)。依据室外空气的湿度,即含湿量的高低,无论何种冷却方式均可使水温有所降低。冷却塔通常可以将水冷却至室外空气湿球温度以上 7°F 的范围之内,见图 29.12。如果室外湿球温度(可用干球温度计测量)为 78°F,当冷却塔运行正常时,其出水温度约为 85°F。湿球温度与空气中的含湿量有关。详细内容将在第 35 章"舒适与湿空气的物理性质"中讨论。

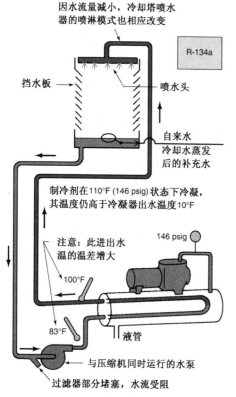

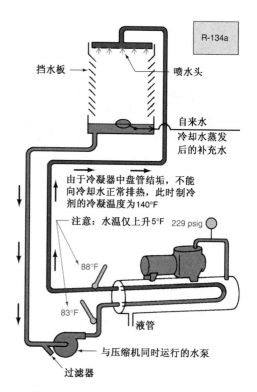

图 29.9 此系统温升太大,表明冷却水量不足。水过滤器堵塞,冷凝温度高于正常值,进而引起排气压力增高。如果已知为正常压力降,那么即可以通过水压力降检测到水流量的减少

图 29.10 此系统冷凝器盘管严重结垢

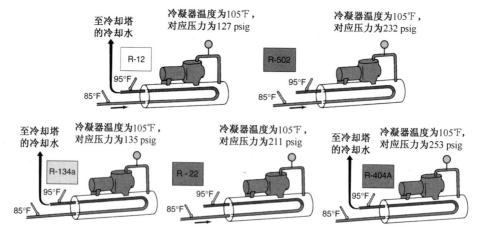

图 29.11 冷却塔系统。冷凝器进出水温升为 10℉,系统分别采用 R-12、R-502、R-134a、R22 和 R-404A 作为制冷剂的情况下,冷凝温度为 105℉时所对应的冷凝压力

29.10 6 种常见故障

任何制冷系统都可能会出现的 6 种常见故障:
1. 制冷剂充注量不足。
2. 制冷剂充注过量。

3. 蒸发器效率低下。
4. 冷凝器效率低下。
5. 制冷剂在管路中的流动阻力。
6. 压缩机效率低下。

29.11　制冷剂充注量不足

对于大多数制冷系统来说,制冷剂充注量不足所造成的不良影响的程度取决于它与制冷剂的正确充注量的差距。制冷剂充注量不足的基本症状是容量下降,当系统蒸发器缺少制冷剂时,它就不能吸收其额定的热量。此时,吸气侧压力表读数下降,排气侧压力表读数也较低。例外情况是采用自动膨胀的制冷系统,见图 29.13,相关内容将在本章后半部分讨论。

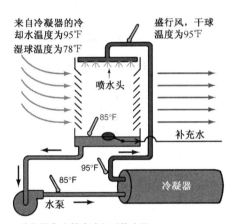

图 29.12　冷却塔的冷却效果与冷却循环水的空气有一定关系。大多数冷却塔可将水冷却至环境空气湿球温度以上 7℉ 范围之内。例如,如果湿球温度为 78℉,冷却塔应能将水冷却至 85℉。如果不能达到这样的温度,就应认定冷却塔存在故障

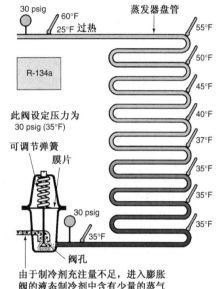

图 29.13　如果计量装置为自动膨胀阀,制冷剂充注量不足时会出现的症状

如果系统内设有视镜,从中可以看见制冷剂中含有看上去像空气的气泡,实际上它是制冷剂蒸气。图 29.14 是一种常规的液管视镜。切记:当视镜中仅有蒸气时,可能会出现一层很薄的油膜,这是视镜中仅含蒸气的最明显的标志。

系统中设置视镜时,一般还会设置热力膨胀阀或自动膨胀阀和储液器。当有部分蒸气、部分液态制冷剂组成的混合物流过这些阀时,这些阀会发出"嘶嘶"的声音。如果系统的计量装置为毛细管,那么系统多半不会设置视镜。技术人员需要通过用手触摸不同位置的方法而不是利用压力表来检查系统各部位,从而确定制冷液中的蒸气含量。

制冷剂充注量不足往往会因为未能提供温度较低的吸入蒸气来冷却电动机,从而影响压缩机的运行。制冷剂充注量不足还会引起吸气压力降低,从而使压缩比增大。较高的压缩比不仅会使压缩机效率下降,同时还

图 29.14　显示液管中是否有较纯的制冷剂液的视镜(Henry Valve Company 提供)

会使排气温度上升。大多数压缩机均采用吸入蒸气冷却,因此其结果还可能使压缩机电动机过热,甚至会因为电动机绕组的温控器动作使压缩机停机,见图 29.15。如果压缩机由空气冷却,那么连接于压缩机的吸气管就不必像吸入蒸气冷却的压缩机那样冷,相比之下,温度还可能高些,见图 29.16。

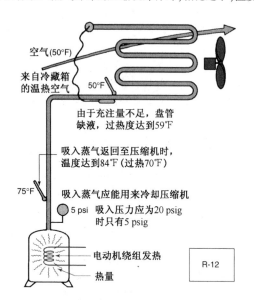

R-12

图 29.15　采用吸入蒸气冷却封闭式压缩机的系统。压缩机内存热较大时,由于电动机温度升高,会使压缩机停机。由于电动机悬挂在蒸气环境中,因此封闭式压缩机存热较大时,要想从机外予以冷却是非常困难的

图 29.16　风冷式压缩机。这种压缩机电动机不会像制冷剂充注量不足那样,温度会逐渐上升,但是由于进入压缩机的制冷剂温度很高,因此压缩机排出蒸气就会更高。大多数压缩机制造商要求:在连续运行的情况下,吸入蒸气的温度不得高于 65°F (Tyler Refrigeration Company 提供)

29.12　制冷剂充注过量

制冷剂充注过量同样会对各种系统产生不良的影响。它会使系统排气压力升高,吸气压力也同时增大。对采用自动膨胀阀的系统来说,由于它能维持一个较为稳定的吸气压力,因此这种系统不会有较高的吸气压力,见图 29.17。对于采用热力膨胀阀的系统来说,由于系统容量降低,如果排气压力非常高,也可能会导致吸气压力稍有增高,见图 29.18。

由于流经毛细管的制冷剂量取决于毛细管两端的压力差,毛细管系统在制冷剂充注过量的情况下,也会有吸气压力增大的趋势,而且,排气压力越大,流过毛细管的制冷剂量越大,当毛细管容许大量制冷剂流经自身时,有可能会使液态制冷剂进入压缩机。当压缩机的箱体侧面或整个箱体表面出现结露时,这就是液态制冷剂进入压缩机的明显信号,见图 29.19 和图 29.20。

对毛细管系统充注精确数量的制冷剂有助于避免这些溢流故障。一般来说,在排气压力较高的状态下对系统进行定量充液时,系统内往往不可能有足够的制冷剂。相反,出现溢流时,还会影响压缩机的正常运行。制造商一般都会确定制冷剂充注量的精确数值,并将此数值打印在机组的铭牌上。如果机组上没有充注量的具体数据,那么可以与制造商联系以确定正确的充注量。

压缩机应仅仅有蒸气进入,蒸气在接触到压缩机箱体时,其温度即迅速上升,进机蒸气中含有液态制冷剂时,其温度不会马上升高,相反会使压缩机箱体温度下降。这是因为液态制冷剂仍具有潜热的吸热能力,并可以在其温度不发生变化的情况下吸收大量的热量,蒸气仅吸收显热,且其温度会迅速变化,见图 29.20。造成液态制冷剂返回压缩机的另一个原因是毛细管系统的蒸发器内热交换不足。如果有液态制冷剂不断地返回压缩机,那么应在排除制冷剂之前认真检查蒸发器的热交换状况。

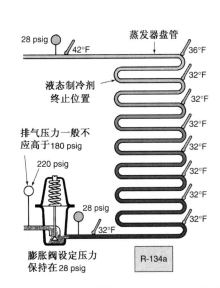

图 29.17 采用自动膨胀阀作为计量装置的系统。
自动膨胀阀可以维持一个稳定的吸气
压力。其排气压力可以高于正常值，
但吸气压力始终保持不变

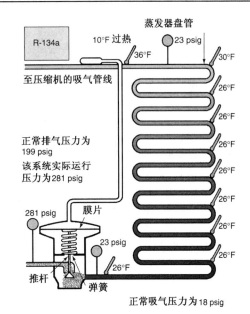

图 29.18 采用 R-134a 的热力膨胀阀系统，其
排气压力高于正常的排气压力

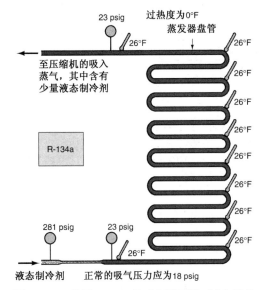

图 29.19 采用 R-134a 的毛细管系统，制冷剂充
注过量时，其排气压力高于正常值，
且具有推动比正常状态下更多的制
冷剂流入计量装置的趋势

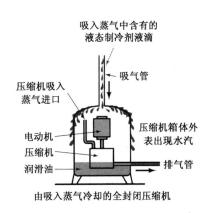

图 29.20 有液态制冷剂返回压缩机时，制冷剂的
潜热会使压缩机上产生较正常状态下
更多的结露水；而当制冷剂蒸气返回
压缩机时，其温度迅速发生变化，压
缩机箱体表面也不会出现较多的结露水

29.13 蒸发器效率低下

效率低下的蒸发器不可能为系统吸收大量的热量，而且此时系统的吸气压力较低。连接至压缩机的吸气管
线上就可能出现露水，即结露。蒸发器效率低下往往是由盘管结垢、风机转速太慢、膨胀阀使盘管缺液、蒸发器
上空气流动不畅等原因造成的，见图 29.21。

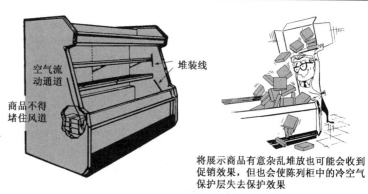

罐头食品和其他不需要冷藏的商品叠置时往往具有吸引众多眼球的效果,但对于易腐商品千万不要采用这样的广告策划。当风道堵塞时,冷藏柜对任何商品都无法进行冷藏

将展示商品有意杂乱堆放也可能会收到促销效果,但也会使陈列柜中的冷空气保护层失去保护效果

图 29.21 蒸发器上气流受商品的阻挡,不能有效地吸热,冷藏柜上一般都设有堆装线(Tyler Refrigeration Company提供)

所有这些问题可以采取蒸发器性能检测方法予以检验。这种检测法首先借助于过热度检测来确认蒸发器内是否有正确的制冷剂数量,见图 29.22。此时,应保证换热表面清洁,风机有足够的风量,且不能使流动的空气从盘管的排口吹向其进口。

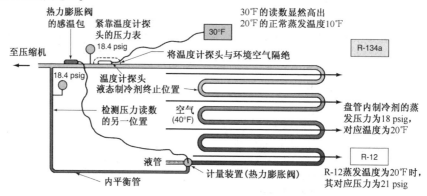

图 29.22 盘管效率分析需要对蒸发器出口温度与压力进行检查。当通过检查其过热度,确认其盘管中的制冷剂量正常、空气与制冷剂间的热交换正常时,盘管就能吸收相应的热量。如果制冷剂在低于进风温度10℉至20℉的范围内蒸发,那么说明其热交换正常。注意:如果此温度范围更低,如相对于媒体温度30℉至45℉,只要在设计值范围之内,那么同样说明其热交换是正常的。对于多管路的盘管,还应检查其每根支管上制冷剂的分送量是否均匀

制冷剂的蒸发温度与蒸发器盘管的进风温度间的温差不应大于 20℉,见图 29.2(A)。水冷式盘管中,制冷剂蒸发温度与出水温度间的温差不应大于 10℉,见图 29.23。当制冷剂蒸发温度随被冷却媒体的温度开始上升而下降时,说明热交换量开始下降。蒸发温度与出水温度间的温差应当"无限接近"。不断蒸发的制冷剂与水之间的热交换效率越高,两者间的温差也就越小。

29.14 冷凝器效率低下

冷凝器效率低下,无论是水冷式,还是风冷式,其造成的后果是一样的。如果冷凝器不能将制冷剂上的热量排除,那么其排气压力就会上升。冷凝器需实现 3 种功能,且必须正确无误地完成,否则就会出现很大的排气压力。

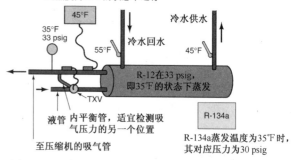

图 29.23 水冷盘管可采用风冷盘管同样的方法进行分析。蒸发器末端的制冷剂温度和压力可以表现出制冷剂的充注量是否正确,制冷剂蒸发温度与出水温度间的温差不得大于10℉

1. 消除来自压缩机热蒸气的过热。对于风冷式系统来说,在炎热气候下,这部分热蒸气温度可能高达 200℉,而且需要在初始端即消除过热。
2. 冷凝制冷剂。需要在盘管中端实现,即盘管温度与排气压力相互对应的唯一位置。如果可以测取到正确的温度读数,那么可以对照温度值来检测排气压力,但由于翅片的阻挡无法办到。
3. 在制冷剂离开盘管之前使制冷剂过冷。此处的过冷是将制冷剂冷却到实际冷凝温度以下。常见的过冷度为 5℉~20℉。过冷度可以采用与检测过热度同样的方法予以检验,但只能在液管处检测其温度,并与已转换为冷凝温度的高压侧压力值进行比较,见图 29.24。

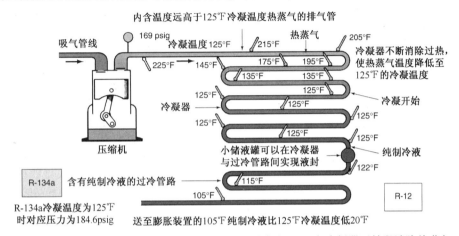

图 29.24　检测冷凝器上的过冷度。冷凝器有三大任务:(1)在冷凝器开始段消除热蒸气过热;(2)在冷凝器终端将制冷剂蒸气冷凝为液体;(3)在冷凝器的尾部对制冷剂进行过冷。冷凝温度与排气压力相对应,因此,过冷度即为冷凝温度与液管温度之差。常规冷凝可以将液态制冷剂过冷至低于冷凝温度以下 5℉ 至 20℉

冷凝器必须含有适量的冷却介质(空气或水),这部分介质不得在原处封闭循环(即使与新来的冷却介质混合),否则就无法进行冷却。应保证风冷式机组不设置在离开冷凝器的空气又返回其出口的地方。这部分空气的温度较高,往往会使排气压力上升,见图 29.25。风冷式冷凝器不应设置在较低、靠近屋顶的位置,即使在此位置有风吹过。这是因为屋顶处的温度往往高于离开屋顶数英寸处的温度,离开屋顶约 18 英寸的间距一般可以获得较好的冷凝效果,见图 29.26。采用垂直布置的风冷式冷凝器可能会受到盛行风的影响。如果风机无法使送风速度达到 20 mph(英里/小时),那么也就不能获得足够的空气流量,同时排气压力升高也在所难免,见图 29.27。

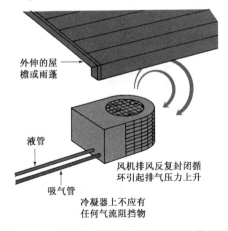

图 29.25　风冷式冷凝器不能安装在太靠近阻挡物的地方,否则离开冷凝器的热空气又可能返回盘管的进口处

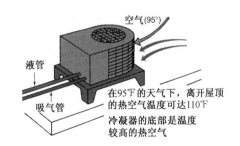

图 29.26　风冷式冷凝器不应在靠近屋顶的位置安装,因为屋顶就像一个太阳能接收器,直接来自屋顶的热空气温度往往要比环境空气温度高许多

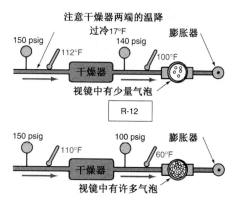

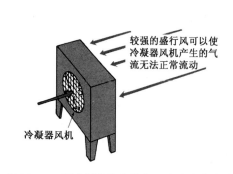

图 29.27　当冷凝器的安装位置会造成其自身排风与盛行风方向相抵触时,无法使足够的空气流经盘管

图 29.28　上述两个干燥器都有阻力,其中一个阻力较小。液管上有压力降的地方必有温降,如果此温降非常小,可采用温度计予以检测。有时候干燥器两侧确实很难安装检测压力降的压力表。检测干燥器两端的压力降时,为避免误差,应尽可能采用同一个压力表

29.15　制冷剂的流动受阻

制冷剂在管路中流动时可能部分受阻,也可能完全阻塞。部分受阻主要出现在蒸气或液管段。流动受阻往往会使流体在受阻位置形成较大的压力降。流体受阻的位置不同,其出现的症状也不相同。尽管可以采用压力表检测各种压力降,但压力表始终无法指明流体受阻的确切位置。此外,即使做压力测试,也必须在系统上设置多个压力表接口。

如果是因为系统外的因素导致流动受阻,则通常是配管受折、压瘪等机械性损伤。如果这些机械性损伤隐藏在保温层之下或管配件之后,那么就很难发现。

如果液管中局部位置出现流动受阻,一般都比较明显,因为在受阻位置,制冷剂会存在压力降,其效果就像一个膨胀装置。"当液管中存在压力降时,此处必有温度的变化"。对受阻段两侧的温度检测即可确定其位置。有时候,当干燥器两侧出现较大压力降时,其两端的温差采取用手触摸的方法常常很难觉察,但此时如果采用温度计检测,则很容易检测出两端的温差,见图 29.29。

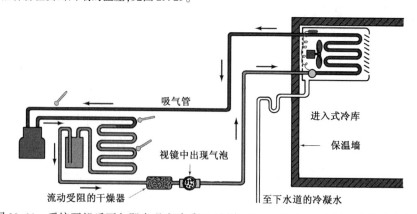

图 29.29　系统开机后不久即出现流动受阻,这说明系统安装过程中滞留在系统内的固体杂质一定滞留在了干燥器内。如果系统在运行了较长的一段时间后出现流动受阻,那么这样的流动受阻往往是管子突然弯曲等机械性损坏引起的。通常,脱落的杂质会沿着系统某个管路在数小时后到达干燥器,使干燥器堵塞

　　导致部分受阻的另一个原因很可能是来自自始至终都不能打开的阀。一般情况下,热力膨胀阀要么运行,要么不工作,在系统上能正常地完成其功能。但如果热力膨胀阀感温包中的充注液走失的话,它就会始终处于关闭状态,进而形成完全阻塞,见图 29.30。

　　尽管大多数膨胀阀的进口处都设有一个捕捉微粒的过滤器,但它运行一段时间后也会缓慢地堵塞。如果此装置是一个可拆洗的阀,如有必要即可予以检查和清洗,如果它是毛细管,而且是焊接在管中的,那么检查时就不太方便了,见图 29.31。

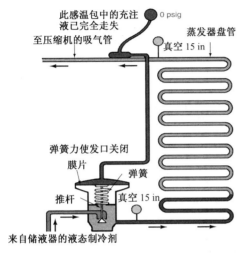

图 29.30　热力膨胀阀感温包中的充注液是用于打开阀的唯一作用力,因此,当其失去压力时,膨胀阀即始终关闭。如果没有低压控制器来关闭压缩机的话,系统就可能逐渐趋向于真空状态。如果此感温包仅走失了部分充注液或其进口处的过滤器阻塞都可能导致流动部分受阻

图 29.31　进口处带有过滤器的毛细管计量装置。该过滤器直接焊接在管路上,因此维修不太方便(Parker Hannifin Corporation提供)

　　任何运行温度低于冰点的系统,其循环的水汽往往会在流经第一个冰点位置时冻结,也就是在膨胀阀内结冰,而其中的小小一滴水就可以使整个制冷系统停机。有时候,一台刚经过维修的设备在炎热天气到来时即表现出系统含有水汽的迹象,见图 29.32。这是因为液管中的干燥器在处于较冷的状态下具有存储较多水汽的功能,而在炎热天气到来时,干燥器内逐渐干燥,之后,少量水汽走失,它即在膨胀阀中结冰,见图 29.33。当进行这样的推测时,需要对这样的冰团进行加热,使其融化成水。**安全预防措施**:加热时必须谨慎小心,采用热湿布是一种很好的热源。如果将热的布块置于计量装置后即可使系统正常运行,那么此故障就是由系统的自由水汽引起的。回收制冷剂,更换干燥器,对系统抽真空,将经过再循环处理或全新的制冷剂重新充入。

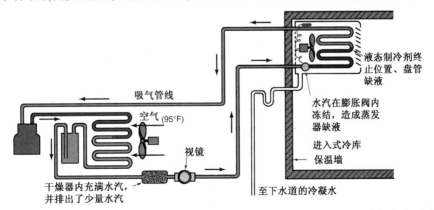

图 29.32　此系统内含有少量水汽。干燥器中充满了在暖热温度下所能承受的全部水汽,当气温逐渐升高时,干燥器中就无法存储全部的水汽,其中的一部分水汽又返回到系统内。如果系统的运行温度处于冰点以下,这部分水汽即在其最先碰到的膨胀装置上冻结成冰

可能引起流动受阻的其他部件是管路中的各种自动阀,如液管电磁阀、曲轴箱调压阀或蒸发器调压阀。将压力表设置在有压力表接头的阀的两端,即可方便地对这些阀进行检测,见图29.34。

29.16　压缩机效率低下

压缩机效率低下是最难发现的故障之一。要想启动压缩机,而压缩机又不能启动时,很明显然必然存在故障。当然,对于分离式机组还涉及电动机等故障,但是当压缩机容量不足时,就很难确定其是否存在故障。记住:压缩机是一种蒸气泵,这一概念对于解决这一问题是非常有用的。压缩机应当能在设计工况下在系统低压侧与高压侧之间建立起一定的压力。

维修技术人员用于检测、发现压缩机故障的常用方法介绍如下。

29.17　压缩机真空测试

压缩机的真空测试通常在测试台上利用系统外压缩机进行测试。如果系统内设有检修阀,这项测试也可在系统内进行。注意,当系统处于真空状态时,应特别小心,不要让空气吸入系统。应确保系统内没有残留的、与润滑油混合的制冷剂,否则会影响测试结果。排除残留制冷剂时可让系统连续运行30分钟,或让曲轴箱加热器连续工作数小时。

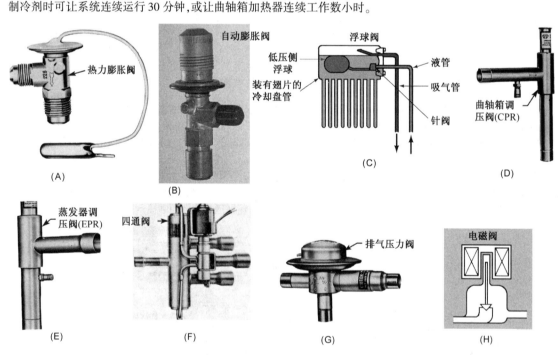

图29.33　如果怀疑计量装置上有水汽结冰,可用温热水布块加热,热湿布块中的热量一般可以将冰块融化,此时系统即可重新运行

图29.34　(A)～(H)可以关闭的阀件均可在关闭的过程中形成流动受阻((A)、(B)、(D):Singer Controls Division提供,(E)和(G):Sporlan Valve Company 提供,(F):ALCO Controls Division,Emerson Electric Company 提供)

如果在压缩机运行过程将吸气管线关闭,那么各种往复式压缩机应能立即进入真空状态。这样的测试可以用来检验压缩机上至少有一个汽缸的吸气阀能否正常关闭。这种测试方法不适宜多汽缸的压缩机,如果一个汽缸能正常地泵送,那么就能获得真空。往复式压缩机如以大气压力为排气压力,则应产生26～28 in. Hg 的真空,见图29.35。如果以100 psig 压力为排气压力,则压缩机应产生24 in. Hg 的真空,见图29.36。如果压缩机产生一定的压差后关机,那么其压力不应很快地自行平衡。例如,一台压缩机连续运行,吸气压力达到24 in. Hg

真空,排气压力为 100 psig 后,予以停机,只要压缩机处于关闭状态,这些压力值应保持不变。当采用制冷剂进行测试时,由于制冷剂的冷凝,其 100 psig 压力会有少量下降。氮气也是一种比较理想的测试气体,它在保压过程中压力也不会下降。

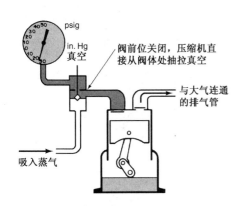 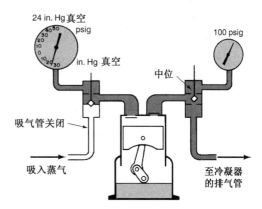

图 29.35　压缩机以大气压力为排气压力抽拉真空。大多数往复式压缩机如以大气压力为排气压力,则可以获得 26 ~ 28 in. Hg 的真空状态

图 29.36　测试压缩机在有排气压力的情况下抽拉真空的性能,往复式压缩机在有 100 psig 排气压力的情况下,一般可获得 24 in. Hg 的真空状态

安全防范措施:当全封闭式压缩机运行压力处于深度真空(低于 1000 微米)时应特别小心,因为此时的电动机极易损坏。利用往复式压缩机无法得到这样的真空状态。此外,绝大多数压缩机电动机均利用吸入蒸气进行冷却,因此,当这些测试的时间较长时,电动机很可能会过热。这样的真空测试时间不应超过 3 ~ 5 分钟,在此期间,电动机不应过热。这种测试只能由有经验的技术人员来完成。

29.18　压缩机封闭运行测试(在工作台上的测试)

压缩机的封闭运行测试是将压缩机的排气口与吸气口相连接,使压缩机在这样的封闭状态下运行,并利用阀的开/关和表歧管来获得压差,以此来检验压缩机的泵吸性能。注意:如果受试压缩机为全封闭压缩机,那么当封闭运行压力达到设计压力的两倍时,其工作电流应约为其满负荷时的电流值。压缩气体可采用氮气,也可以采用制冷剂。

常规的测试压力为压缩机在满负荷电流运行时的两倍。例如,对于一台采用 R12 的中温压缩机来说,在炎热的天气时,常规工况下,其吸气压力为 20 psig,排气压力为 170 psig,其测试压力应翻倍。当提供给压缩机电动机的电源为其设计电压值时,压缩机的运行电流应在其铭牌上标定的满负荷电流值附近。

以下是此项测试的各个步骤,其中涉及的内容可参见图 29.37。**安全防范措施:**此项测试必须在有教师或合格专业人员近距离监控下进行操作,且仅限于容量在 3 马力以下的设备。操作时必须佩戴防护眼镜。

以下封闭测试操作步骤均针对系统外的压缩机:

1. 采用表歧管,并将吸气管连接至低压表管一侧,保证压缩机仅从压力表连接管进行泵吸。
2. 将排气管线连接于排气阀口,并保证压缩机泵送的气体仅进入表歧管。
3. 将表歧管上中端管口封闭。
4. **安全防范措施:**逆时针方向打开两侧的表歧管阀口,使之处于大开口状态。
5. **安全防范措施:**启动压缩机,注意自始至终都要由你自己来控制开关。
6. 压缩机启动,不断地将气体从排气管送入吸气管,此时,将排气管歧管阀朝关闭方向缓慢调节(但不能完全关闭),直至排气压力上升至设计压力,吸气压力下降至设计压力。
7. 当两端压力均达到所要求的压力值时,压缩机上电流表读数应非常接近压缩机的满负荷电流值。如果压缩机中的气体无法达到正常的压力,那么可以在表歧管中端管口上连接一个氮气钢瓶,并缓慢地打开钢瓶上的阀门,向此封闭系统内加入少量的气体。
8. 如果输入电流、电压与设计值不符,那么此时的电流值也会相对于满负荷电流有所变化。例如,如果输入电流、电压高于铭牌上的标定值,那么其电流值必小于满负荷电流值;反之,电流值大于满负荷电流值。

图 29.38 为技术人员不小心完全关闭阀口时出现的情形。

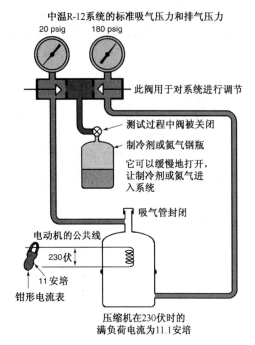

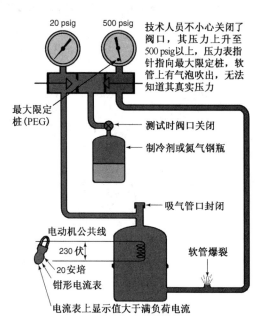

图 29.37　采用封闭方式对压缩机的泵吸容量进行测试。此项测试需采用环管将压缩机排出的蒸气送回吸气口端。排气表歧管阀逐步朝关闭的方向进行调节(但不能完全关闭)。此阀绝不能完全关闭,否则就会出现非常大的压力。当系统吸气和排气压力达到设计值时,压缩机的运行电流应接近铭牌上标定的满负荷电流值。利用吸入蒸气冷却的压缩机运行时间不能过长,否则其电动机会过热。制冷剂与压缩机或氮气与压缩机间的特性参数同样可用于泵吸循环测试。尽管采用氮气不能获得正确的电流值,但也足够精确。**安全防范措施:**此项测试只能由有经验的技术人员来完成

图 29.38　**安全防范措施:**如果压缩机在封闭状态下启动,且没有排出气体的出处(排气表歧管被意外关闭),那么会发生什么情况呢?它会像一个充满蒸气的钢瓶一样形成非常大的压力

29.19　压缩机封闭运行的现场测试

　　当压缩机上设有吸气和排气检修阀时,也可以采用表歧管作为环管在系统现场进行运行测试,见图 29.39。将压缩机检修阀调节至前阀口,表歧管阀口打开。表歧管中端管口必须予以封闭。**安全防范措施:**在此状态下启动本身就比较危险,应在有经验的专业人员近距离监控之下进行操作。由于往复式压缩机是一种容积式蒸气泵,因此,压缩机的排出蒸气必须要有一个地方排放。当压缩机汽缸内充满蒸气时,它总得有一个地方将蒸气排出,否则就会出现问题。本项测试中,其排出蒸气通过表歧管返回至吸气管。如果压缩机在表歧管打开并把排出蒸气送入表歧管之前即予启动,那么在能够关闭压缩机之前,往往会产生非常大的压力。充满蒸气的汽缸一次行程即可使整个表歧管充满,且绰绰有余。此项测试仅限于 3 马力以下的压缩机。操作时必须佩戴护目镜。

　　对系统内压缩机进行压缩机封闭测试的具体步骤是:

1. 将机组关闭。将表歧管的吸气管连接至压缩机吸气端检修阀,封闭表歧管中端管口。
2. 将吸气端检修阀的阀杆移动至前位阀座。
3. 将表歧管的排气管口连接于排气阀,将排气端检修阀的阀杆移动至前位阀座。
4. **安全防范措施:**逆时针方向打开两侧表歧管阀口并使其始终保持打开状态。
5. **安全防范措施:**启动压缩机之后,手指不要离开开关。

6. 压缩机运行,使蒸气不断地经排气管、表歧管返回至吸气口。

7. 将表歧管排气侧阀口朝阀座移动,使制冷剂限流并形成压差。逐步关小阀口(但不能完全关闭),直至系统排气或吸气压力均达到设计压力值,并且,此时的压缩机电流约为满负荷电流值。如果电源电压有波动,那么与工作台上的封闭测试一样,其电流也稍有变化。

29.20　系统内压缩机的运行测试

系统内压缩机的运行测试可以在系统上人为地建立起一个近似标准的测试工况对压缩机进行测试。一般情况下,当一台压缩机运行容量不足时,往往是其吸气压力升高,而排气压力降低,并导致压缩机工作电流较小。当技术人员碰到这样的故障时,系统的实际运行状态一般都不在其设计状态。制冷装置通常也不能正常地制冷——这是电话报修的最初动机。技术人员不可能建立一个标准设计工况,但如果怀疑压缩机容量不足,那么应当采取以下方法予以测试:

1. 在高压侧和低压侧各安装一个压力表。

2. 根据制造商的推荐值,确认制冷剂充注量是否正确(不能多,也不能少)。

3. 检查压缩机的工作电流,并与满负荷运行电流进行比较。

4. 对冷凝器上的气流进行阻挡,使排气压力升高。

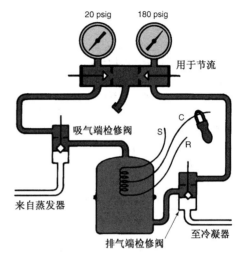

吸气端检修阀也可以稍予打开,让少量的制冷剂进入压缩机,直至达到测试压力

注意:启动测试时,必须将表歧管阀口完全打开,然后利用高压侧阀口来节流

图 29.39　采用表歧管作为环管对系统内的压缩机进行测试。注意:因为压缩机上设有检修阀,才能对系统内的压缩机进行封闭测试。在无有经验的专业人员在场的情况下,不得进行此项测试

如果压缩机无法使排气压力升高至与 95 ℉ 天气温度所对应的压力(冷凝温度 95 ℉ + 30 ℉ = 125 ℉,对于 R-12,其对应压力应为 170 psig;对于 R-134a,对应压力应为 185 psig;对于 R-22,对应压力则为 278 psig;对于 R-502,对应压力应为 301 psig;对于 R-404A,对应压力则为 332 psig),并出现与铭牌上满负荷电流相近的电流,那么说明此压缩机的泵吸性能欠佳。如果此压缩机为全封闭压缩机,那么在停机过程中就会出现啸叫声。此啸叫声就是高压侧与低压侧间存在内漏的迹象。

如果此压缩机设有检修阀,也可以采用上述方法,对系统中的压缩机进行封闭测试。注意,当系统处于真空状态时,应确保系统不吸入任何空气。**安全防范措施:**上述测试项目进行过程中,应随时对压缩机的温度进行监控。如果压缩机温度逐渐升高,那么应及时停机,使其冷却;如果压缩机内设有内置式电动机温度安全控制装置,即使控制器发生停机信号,此时也无法控制压缩机的运行。

采暖、通风与空调行业的"金科玉律"

接到报修电话、上门维修时:

1. 千万不要将自己的小车或修理车停放在顾客的专用区域。

2. 不仅要有专业的形象,更要有专业的内涵。

3. 着手排故之前,应对相关的故障情况进行全面的了解。

4. 应特别小心,不要让你的工具或移动设备刮伤地面瓷砖或将泥土带入室内。

5. 在食品制作区域操作时,要特别注意保持良好的清洁卫生习惯。

6. 如果维修所用的设备处于可移动的状态,应尽可能使你的工具与设备不要妨碍客户的走动。

7. 应事先准备好相应的工具,并保证这些工具处于完好状态。

8. 维修工作完成之后,应始终注意清理现场,并设法提供过滤器清洗、电动机加油等额外服务,或提供一些可博得顾客好感的其他服务内容。

9. 始终注意与客户或公司的主管人员认真讨论维修后的结果,要设法告诉客户,如果维修以后还有任何问题,可以电话联系,以便及时维修。

制冷设备的预防性维护

整体式设备 由于整体式设备的使用对象往往是那些不等到设备出现故障绝不会想起维护保养的人,因此,整体式机组就是以最少维护量为目的设计制造的。其大多数风机电动机均采用永久润滑方式,可长期运行,直至损坏之后更换新电动机。

应当告知用户,要使冷凝器保持清洁,机组附近不要堆放物品,这样会阻挡流经冷凝器的空气流动。如果机组为提取式冷藏箱时,更要告诫用户如何按照制造商的说明在冷藏箱内存放货物,特别应指明冷藏箱内的装载限制线,并按此限制线进行操作,以便获得较为理想的冷空气分布。

用户或管理人员应经常检察各种冷藏设备,及时发现来自冷藏设备的奇怪噪声,并了解其运行情况。每台冷藏设备均应设置温度计,以便管理人员每天巡查。温度上升后,它不会自行反方向恢复,因此可以提醒管理人员冷藏设备出现了故障,这样就可以避免不要必要的损失。

各种整体式设备的电气维护主要采用目检方式对导线磨损和过热现象进行检查,电源线连接是否松弛,有否发热现象。如果插入墙上电源插座的插头顶端有发烫现象,那么在故障发现与排除之前,设备就可能会停机。**安全防范措施**:如果仅仅更换插头,那么墙上的电源插座仍可能存在问题,应对整个连接装置,即墙上插座和电源线插头做全面检查,一同更新。

如果希望制冰机能可靠运行,那么就应给予特别关心。管理人员应知道,机器正常运行时其应有的冰块质量。当冰块质量开始下降时,应及时找出原因。在块冰机上比较简单,只需调节正确的水流量,而在另一种制冰机上,仅需调节切冰模式。落入制冰机储冰室的片冰应有较好的质量,既不能太酥软,也不能过于脆硬。在机器连续运行一个通宵后的次日上午,观察储冰室中冰块料位可以判断出制冰机能否生产足够数量的冰块。例如,如果每天上午观察到储冰室装满了冰块,储冰室内的温控器也能正常运行,但之后的一个上午,储冰室内的冰块仅剩下一小半了,那么可推测制冰机存在问题,应仔细观察该制冰机。

所有冷冻冷藏设备的排水及排水管应予检查,并保持清洁和排水通畅。这部分工作可在对制冰设备内部进行清洗和消毒时进行。当清洗水冲入排水管时,其排水速度即可表明排水管是否通畅或是有部分堵塞。

分体式系统的制冷设备、蒸发器部分、冷凝器部分和相互间连接管线 分体式制冷系统中,其蒸发器与冷凝器部分均分设在两处,由相互间的连接管线将两者连接,组成一个完整系统。其中蒸发器部分包括蒸发器、计量装置、电动机、除霜加热器、集水盘和排水管。冷冻蒸发器不需要经常清理,但需要予以检查和清理。技术人员往往无法通过目检来判断盘管的结垢情况,因为各类脂状结垢常常处在盘管的中心部位。对蒸发器每年一次的例行清理通常可以使盘管保持相对清洁的状态。**安全防范措施**:在存放食品的部位,必须采用合格的清洗剂。系统清洗之前应关闭电源,清洗过程中,应用塑料布覆盖电动机和其他所有的电气连接装置,以防止水和洗涤剂进入。

蒸发器机组的电动机一般为全封闭式、永久润滑型电动机。如果不是这样的电动机,那么应按推荐的时间间隔定期地予以润滑。这些操作事项一般均标注在电动机机身上。观察风机叶轮的对中状态,并用手提一下电动机出轴来检查轴承的磨损情况。大多数小功率电动机均有明显的轴向窜动容隙,不要错误地认为是轴承磨损。径向移动电动机出轴才能判断是轴承磨损。风机叶轮还会因为积尘而重量增加,甚至会出现不平衡现象。

蒸发器中的所有连接导线应予目检,如有绝缘皮层破裂或擦伤,应关闭电源,予以更换。此外,不要遗漏了除霜加热器以及其他用来在寒冷天气为排水管加热的加热器。

应按一定的时间间隔对整个冷藏柜进行清洗和消毒。确定这样的时间间隔往往是你需要考虑的问题。总之,不要让机组有太多的积尘,包括地板和进入式冷库中的货架。**安全防范措施**:进入式冷凝库地板上不得有冰,否则很可能会出现意外情况。

冷凝机组可以设置在店内专用机房或室外。如果冷凝机组设置在机房内,该机房必须有适当的通风措施。大多数机房均设有自动排风系统,在机房内温度达到一定值时,风机可自动启动运行,实施排风。

即使冷凝器设置在机房内,它也会像设置在室外一样出现积尘,因此也要定时清理。大多数系统每年至少对冷凝器进行一次清理,以保证其能够在最佳效率状态下运行,同时避免出现各种故障。冷凝器可以采用合格的冷凝器专用清洁剂进行清洗,然后用清水冲洗。**安全防范措施**:清洗之前,必须切断电源,所有电动机和连接导线必须用塑料布覆盖,以防止潮气进入。检查机房内的地板,如果有润滑油和水渍,极易使人滑倒,应予及时清除。

技术人员应仔细检查机房内设备,并可以发现许多尚未出现的故障。例如,仔细观察连接管上的油斑,可以发现渗油;用手触摸各个构件可以使技术人员了解压缩机运行温度是太高还是太低。用于显示排气管曾经达到的最高温度的捆扎式温度显示器是否牢固地固定在排气管线上。因为大多数制造商都认为压缩机内的润滑油在排气温度达到 250 ℉ 以上时即开始分解，捆扎式温度显示器可以显示无人时是否出现过较高的排气温度，诸如半夜里出现的除霜故障，它可以引导技术人员对当下未出现或不明显的故障进行检查。

用手触摸压缩机曲轴箱润滑油液位以下部位不应很冷，这是某些制冷系统的润滑油中是否含有制冷剂的最明显的信号，不一定有很大的含量，但它足以使润滑油稀释，而稀释后的润滑油必然会出现勉强润滑的状态，并导致轴承快速磨损。

对风机电动机的检查主要针对轴承磨损，同样，不要将电动机轴承的轴向窜动间隙误认为是轴承的磨损，有些电动机要求定期润滑。

定期对机房进行大扫除可以在出现故障时为技术人员提供一个较好的工作环境。

对连接管线的检查重点应放在保温材料是否有松脱和管线各处是否有油斑(说明有泄漏)，以确保连接管线处于安全、可靠的工作状态。也有些管线铺设在地面下的管沟内，这些管沟内很可能会因为地漏堵塞积存有大量的水，这些水会使吸气管保温层性能大幅下降，形成液管与吸气管之间或地面与吸气管之间出现热交换，从而使设备的容量减小，因此应保证这些管沟尽可能清洁、干燥。

29.21 报修电话

除了上述 6 种制冷系统常见的故障外，其他许多故障并不多见。以下维修案例可以帮助读者了解掌握并排故的基本方法与程序。其中的许多维修案例内容均已做过论述，尽管当时并不是作为一个排故案例讲述的。有时候，各种症状并不能说明某种故障，此时往往会做出错误的判断。在整个系统检查完毕之前，不要轻易下任何结论，要像医生一样，认真检查系统后再说："这里需要做进一步的检查"，然后再去做深入的检查。

冷冻系统常常需要冷却大量的食品，因此其反应非常缓慢，在高温货物或中温货物冷藏过程中，其温度的下降则更加缓慢。

报修电话 1

一客户来电抱怨说一台带有分离式冷凝机组的中温进入式冷库，其压缩机运行很短时间后停机，不能正常制冷。其故障是：该蒸发器有两台风机，其中一台已烧毁，由于盘管上没有足够的热负荷，机组在低压控制器控制下短时间运行后停机。

在去现场的路上，技术人员认真思考了产生这一故障的各种可能原因。这一做法有助于熟悉、了解工作对象。技术人员记得：制冷机组上应设有一个低压控制器、一个高压控制器、一个温控器、一个过载保护器和一个油安全控制器。其除霜采用停机方式，利用冷藏区域的空气、借助于风机的运行来实现。排除法帮助他确定温控器和油安全控制器没有问题，温控器有 10 ℉ 的温差，冷库内温度在短时间内不会有 10 ℉ 的变化。油安全控制器需要人工复位，也不可能短时间运行。将各种导致故障的可能范围缩小，仅剩下了电动机保护装置和高压/低压控制器。

到达现场后，在动手之前，技术人员粗略地观察了整个系统情况，注意到有一台蒸发器风机没有运转，盘管上有结冰，导致吸气管温度很低，见图 29.40。这就使低压控制器自动关闭压缩机。检查完毕，更换风机电动机，系统恢复运行。压缩机停机是因为风机需要运行较长时间为盘管除霜。此时冷库内温度为 50 ℉，由于冷库内食品数量较多，需要较长时间才能将库内温度降低至 35 ℉ 的停机设定温度。技术人员要求用户观察冷库内的温控器，双方确认库内温度正不断下降。几天后的电话联系证实机组运行正常。

报修电话 2

一台中温提取式冷藏箱不能制冷，其压缩机时开时停，该系统的冷凝机组位于上方。该机组采用热力膨胀阀，其故障原因是：制冷剂充注量不足，两配管相互擦伤，导致泄漏。

技术人员到达现场，发现机组在低压控制器的控制下短时间运行后停机。视镜中有气泡出现，表明制冷剂充注量不足，见图 29.41。技术人员发现吸气管上连接至低压控制器的小口径配管已被擦伤，出现一小孔，在此泄漏小孔附近有润滑油。利用主阀将系统停机，对泄漏孔进行修补。然后采用氮气对系统进行增压测试和漏检，最后对系统抽真空至适当的真空状态，抽真空完成后，即将系统与真空泵隔绝，主阀打开。

修补与检漏完成之后，启动系统并充注正确数量的制冷剂。数日后电话联系，证实系统运行正常。

报修电话 3

某企业自助食堂来电说：其餐厅内的提取式冷藏箱不制冷，且始终处于运行状态。这是一台冷凝机组设置在其冷藏箱底部的中温冷藏箱。它好像刚进行过维修保养，其故障原因是：蒸发器严重结垢、结冰，见图 29.42。该机组采用热力膨胀阀，该冷藏箱由于没有达到足够冷的程度，因此也就未能停机除霜。

技术人员到达后，查看了系统的结冰情况，同时发现压缩机的一侧有露水不断流下，说明有液态制冷剂正缓慢地返回压缩机——当然,其数量还不足以引起液击噪声。热力膨胀阀应能维持稳定的过热,但如果压力下降太低,该膨胀阀也将失去控制。必须做的第一件事情是对蒸发器进行除霜。关闭压缩机,利用热枪(如大功率头发吹干机)进行除霜。此外,此蒸发器上还有大量的结垢。**安全防范措施**:必须采用经认定可用于食品存放区域的盘管清洗剂对蒸发器进行清洗。蒸发器清洗后,启动系统,视镜内清晰,未见气泡,离开蒸发器的吸气管温度较低。此时,系统需要有较长的一段时间才能使整个冷藏箱内的温度下降。技术人员离开现场,数天后的电话联系,证实此次维修已解决故障。

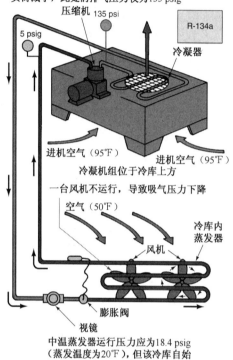

图 29.40　该中温系统的故障是两台蒸发器风机中,有一台风机电动机烧毁。此系统设有热力膨胀阀

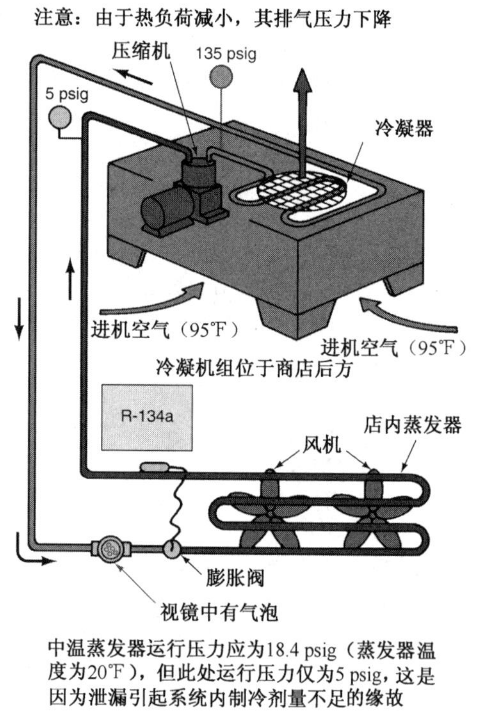

图 29.41　中温系统在制冷剂不足状态下运行的各种症状,此系统采用热力膨胀阀

报修电话 4

便利店经理来电:店内存放乳制品的提取式冷柜不制冷,冷柜内温度为 55℉。该冷柜一直工作正常,到今天一早才出现问题。其故障原因是:压缩机附近的吸气管上出现应力断裂(因使用年限较长和震动引起),引起泄漏故障。由于用户经常移动机组,而冷凝组又安装在冷柜下方,压缩机经常受到震动的影响。该系统采用毛细管作为计量装置,见图 29.43。

技术人员对系统检查后发现,由于冷凝机组并未直接固定于机架上,压缩机可随意晃动。在固定冷凝机组时,技术人员发现在吸气管底部有一油斑,而且其压缩机温度较高。安装压力表后发现,其吸气压力为真空状态。注意:如果怀疑处于真空状态,那么安装压力表时应特别注意,要防止空气吸入系统。关闭压缩机,使低压侧压力上升。由于系统内没有足够的压力来实施较好的检漏,因此必须添加制冷剂。在吸气管附近发现有泄漏,这表明确是由震动引起的应力断裂。☆修补泄漏前将制冷剂从系统内全部回收。当系统在真空状态下运行时,必然有空气被吸入系统,因此系统内的原有制冷剂必以全部回收。☆ 此系统并未安装低压控制器。可在发现应力断裂处安装一小段连接管。由于原有的干燥器可能已没有多少干燥能力了,因此,可换装一个新干燥器。对系统进行漏检,三次抽真空,根据制造商的说明确定制冷剂量注入系统。几天后,技术人员与经理联系,获知该机组运行正常。

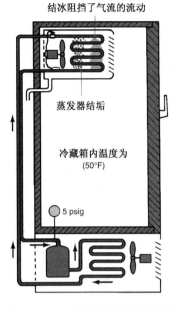

图 29.42 中温冷藏箱因蒸发器盘管结垢出现的症状。此系统采用热力膨胀阀

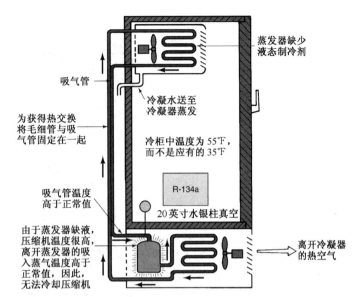

图 29.43 中温系统因制冷剂冲注量不足出现的症状。此系统采用毛细管计量装置

报修电话 5

某餐馆经理来电说,其用于存放冰块的提取式冷冻柜开机后不停地运行,该机器曾在春天早些时候被竞争对手动过,当时发现有泄漏,制冷剂曾被回收,泄漏处也已修补,当时在深度抽真空后重新注入制冷剂。现在,天气越来越热,机器开机后就不见停止。该系统采用毛细管计量装置。其故障原因是:制冷剂充注过量,当时的技术人员在为系统充注制冷剂时未做精确计量,见图 29.44。

维修技术人员检查冷柜时发现其压缩机一侧有露水淌下,用手触摸冷凝器前面几排散热片感到烫手,后面几排温度稍温和些,这像是制冷剂充注过量的症状。冷凝器底部是制冷剂冷凝之处,其附近温度应较高。蒸发器风机运转,蒸发器看上去也比较整洁,因此蒸发器想必运行正常。安装压力表后发现,室外温度为 95°F 时,其排气压力为 400 psig,制冷剂为 R-502。正常情况下,其排气压力在 95°F 天气下应不大于 301 psig(95°F + 30°F = 125°F 冷凝温度,即对应压力为 301 psig)。对于制冷剂 R-404A,如果冷凝温度为 125°F,那么其压力应为 332 psig。该系统所需的制冷剂量为 2 磅又 8 盎司。☆至此,可采取两种方法:(1)改变现有充注量;(2)回收全部制冷剂,重新计量后,在系统处于深度真空状态下再注入系统。回收制冷剂并重新对系统抽真空显然是一种比较耗时的操作方法。☆

技术人员选择了改变现有充注量的方法。这是一个带有热交换器的直管毛细管系统(此毛细管在离开蒸发器后直接与吸气管焊接在一起)。将温度计的测温头固定在蒸发器之后、热交换器之前的吸气管上。通过检测吸气压力来确定制冷剂的蒸发温度和压力,并与吸气管温度进行比较。在现有制冷剂充注量的情况下,其过热度为 0°F。☆将制冷剂回收入标准的回收钢瓶内,直至过热度在这一状态下为 5°F。☆此热交换器可以使过热度低于正常值,系统内制冷剂平衡之后,技术人员离开工作现场,数天之后与经理联系,了解系统运行的反馈意见。

报修电话 6

一位办公室主任来电称:员工自助食堂内的一台提取式中温饮料冷藏箱开机后连续运行,始终未见停机。压缩机的吸气管上有厚厚一层霜。其故障原因在于:电动机烧毁后,压缩机内排出物形成的渣泥将细小的液管干燥器堵塞,检修烧毁的电动机时,就应安装吸气管线干燥器,见图 29.45。

技术人员检查整个系统后发现:系统吸气管结霜,而且压缩机上也有部分结霜。此外,还发现蒸发器上的风机未运转,盘管上结垢严重。进一步检查发现,液管上的结霜是从干燥器出口开始的,这就表明干燥器已处于部分堵塞的状态。干燥器两端的压力降使得干燥器就像一个膨胀装置,事实上成为有两个串联布置的膨胀装置,干燥器为毛细管供液。☆此时制冷剂必须予以全部回收,同时更换干燥器。☆制冷剂回收时,如果干燥器中的渣泥再进入液管,就失去了维修的意义。因此,打开系统时,技术人员在靠近压缩机的吸气管上焊了一个吸气管干燥器,然后抽真空,对系统重新充注制冷剂。

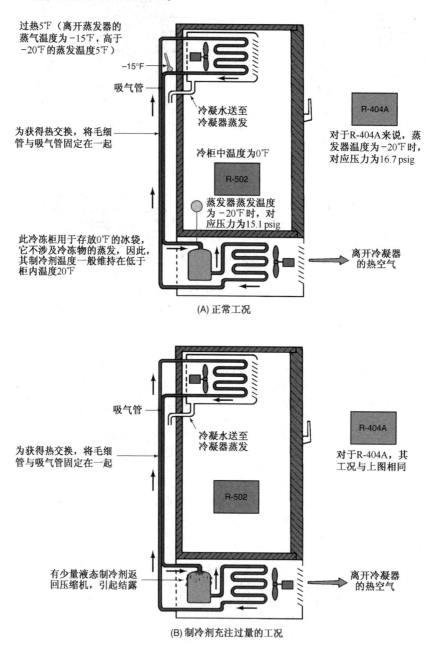

图 29.44　(A)提取式冷冻柜正常工况;(B)提取式冷冻柜制冷
剂充注过量的症状。此系统采用毛细管计量装置

　　机组结霜而不结露的原因是蒸发器缺少液态制冷剂,吸气压力下降到了冰点以下,机组的容量也降低到了只能持续运转的状态,根本无法除霜,此时霜层密度与厚度越来越大,堵塞了空气向盘管的流动,相反,成了盘管的保温层,这就使得盘管的温度更低,形成更多的霜。这一状态一直持续到压缩机上也出现结霜。其冰层和霜层就像一层保温层,并成为一堵挡风墙,空气不得不绕过机组。

报修电话 7

某餐馆主人来电:其存放冰激凌的提取式冷柜运行不止,但温度不降反而上升。该系统采用毛细管计量装置。其故障原因是:蒸发器风机损坏,客户听见压缩机运行的声音,以为整台机组都处在运行中,见图 29.46。

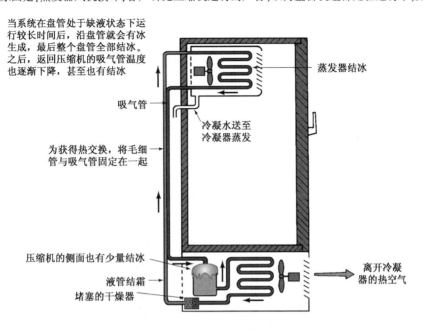

当系统在盘管处于缺液状态下运行较长时间后,沿盘管就会有冰生成,最后整个盘管全部结冰。之后,返回压缩机的吸气管温度也逐渐下降,甚至也有结冰

吸气管

蒸发器结冰

冷凝水送至冷凝器蒸发

为获得热交换,将毛细管与吸气管固定在一起

压缩机的侧面也有少量结冰

液管结霜

堵塞的干燥器

离开冷凝器的热空气

图 29.45　中温提取式冷藏箱因液管干燥器部分堵塞出现的症状

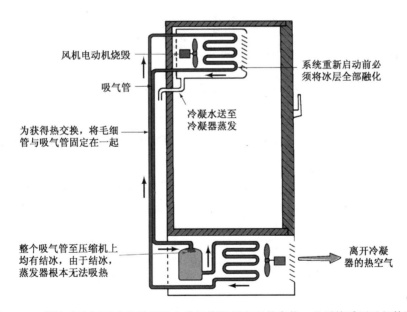

风机电动机烧毁

吸气管

系统重新启动前必须将冰层全部融化

冷凝水送至冷凝器蒸发

为获得热交换,将毛细管与吸气管固定在一起

整个吸气管至压缩机上均有结冰,由于结冰,蒸发器根本无法吸热

离开冷凝器的热空气

图 29.46　提取式冷柜因蒸发器风机电动机烧毁后出现的症状。此系统采用毛细管计量装置

技术人员从未接触过这种设备。全面检查系统之后,发现整个吸气管直至压缩机的一侧全部结霜。技术人员最初的想法是系统不能正常除霜。盘管结冰,因此首先必须予以除霜。除霜运行后清除了盘管上的结冰。除霜之后,其风机仍不能正常启动运行。技术人员拆下至风机舱的控制板,检测电压。结果表明有电,但风机仍不运转。检查电动机看绕组是否导通,发现风机电动机绕组开路,更换风机电动机后,系统重新启动。数小时后,冷柜内温度下降至正常运行温度——-10 ℉。几天后与客户联系,证实冷柜能正常降温。

报修电话8

有来电告,某客户用于存放牛奶的提取式乳制品陈列柜运行不止,但温度为48℉。该机组已连续运行10年未曾维修保养过。其故障原因是:蒸发器严重结垢,该机组采用自动膨胀阀,蒸发器和冷凝器盘管中均不设过滤器,多年来的结垢都积在两盘管上,见图29.47。

技术人员发现吸气管温度很低,压缩机结露。这是制冷剂充注过量或蒸发器中制冷剂没有蒸发为蒸气的症状。对蒸发器仔细检查后发现:蒸发器与冷柜内空气没有任何热交换。**安全防范措施**:应采用可用于食品存放区域的、蒸发器专用的清洗剂对蒸发器进行清洗。由于乳制品极易吸收各种气味,因此乳制品存放区域的清洗应特别注意。启动系统,压缩机上的结露逐步消失,用手触摸吸气管也感觉正常。技术人员离开工作现场,数日后了解机组运行情况,自动膨胀阀可以使压力保持稳定,其运行动作与热负荷的变化正好相反。如果有更多的物品放入冷柜,那么吸气压力的上升相反会使自动膨胀阀开始节流,同时使蒸发器出现稍有缺液的状态;如果热负荷降低,就像这种存放乳制品的蒸发器盘管,自动膨胀阀就会提供较多的制冷剂,使压力上升。

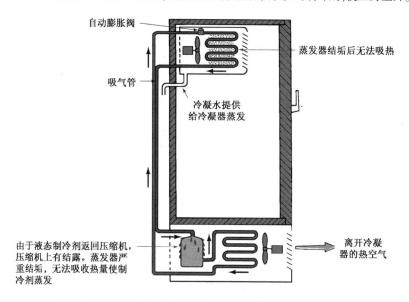

29.47　提取式乳制品陈列柜蒸发器结垢后出现的症状。此系统采用自动膨胀阀

报修电话9

一家高尔夫俱乐部的餐厅经理来电说:有一台饮料冷柜无法使饮料冷却至理想温度。其故障是:自动膨胀阀出口处的喇叭管锁紧螺帽存在泄漏,引起制冷剂少量走失,见图29.48。

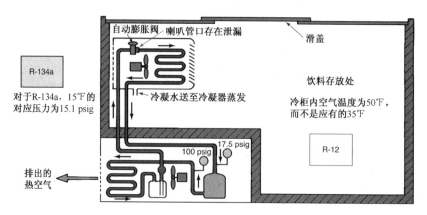

图29.48　提取式饮料冷柜制冷剂量走失后出现的症状。此系统采用自动膨胀阀

技术人员到达现场后听到膨胀阀发出的"嘶嘶"声,这说明流过膨胀阀的液态制冷剂中含有蒸气,视镜中也出现少量气泡。安装压力表后发现,吸气管压力正常,排气压力偏低。吸气压力为 17.5 psig,对于 R-12 来说,其对应蒸发温度应为 15 ℉;对于 R-134a 来说,15 ℉ 的对应压力应为 15.1 psig。制冷剂的正常蒸发温度约低于冷藏饮料 20 ℉ 左右。冷柜中的液体饮料现为 50 ℉,而正常值应为 35 ℉。其排气压力应为 126 psig 左右,此压力对应温度为 105 ℉,对于 R-134a 来说,105 ℉ 的对应压力则为 135 psig。当环境温度为 75 ℉ 时,其冷凝温度应为 105 ℉（75 ℉ + 30 ℉ = 105 ℉）,而此时系统的排气压力仅为 100 psig。所有这些数据均表明:系统制冷剂量不足。技术人员将冷柜关机,使低压侧压力上升,这样才能获得检漏所需的压力。最后在膨胀阀出口喇叭管锁紧螺帽处发现有泄漏,螺帽虽已锁紧,但未能阻止制冷剂泄漏,说明喇叭管接头已经损坏。

☆回收制冷剂,拆下喇叭管锁紧螺帽。☆ 发现喇叭管锁紧螺帽的底部配管上有一裂口。修复喇叭管,对系统进行漏检,然后抽真空,将精确计量后的制冷剂充注入系统。启动系统。技术人员日后去电确认机器运行正常。

报修电话 10

一餐厅经理来电说,其餐厅中的一台馅饼陈列柜压缩机时停时开,运行时的声音像是非常吃力的样子,见图 29.49。该机曾因泄漏重新添加过制冷剂,后来又停机了,最后把它放进了仓库,有好几个月没用过。该机组采用自动膨胀阀,其故障原因是:制冷剂充注过量。充液时正值冬天,又在温度较低的房间内,而且在冷凝器温度很低的情况下,整个视镜充满制冷剂。

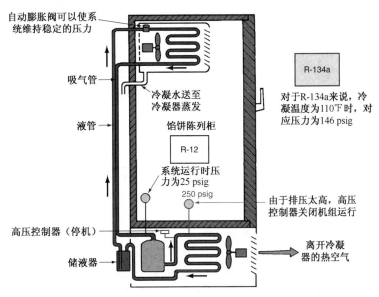

图 29.49　提取式馅饼陈列柜制冷剂充注量过多后出现的症状。此系统采用自动膨胀阀

技术人员记得该机是在环境温度很低的情况下启动和充注的,并假定其制冷剂充注过量。技术人员到达后,在今后放置的位置上启动机组,其环境温度确实较高。安装压力表后发现:其排气压力为 250 psig,对于 R-134a 来说,在制冷剂充注过量的情况下,其排气压力可达到 281 psig;但对于 R-12 来说,即使环境温度为 80 ℉,其最大压力也应为 136 psig,冷凝温度不可能超过 110 ℉（80 ℉ + 30 ℉ = 110 ℉）,即 136 psig。压缩机关闭是因为其压力达到了 260 psig。对于 R-134a 来说,110 ℉ 冷凝温度对应的压力为 146 psig。将系统中的制冷剂排入合格的回收钢瓶内,直至系统排气压力下降至 136 psig。此时,视镜内仍充满制冷剂。数天后与该经理联系,证实该系统运行正常。

报修电话 11

某商店经理来电说,店中一台提取式冷柜运行不止,温度却不见下降。这是一台中温冷柜,正常运行温度为 35 ℉ 至 45 ℉,它采用自动膨胀阀,运行 3 年未曾维修过。此机故障是:蒸发器风机电动机不运转。系统采用停机除霜,见图 29.50。

技术人员到达现场,检查整个系统。压缩机位于冷柜上端,侧面有结露,由于此冷柜采用自动膨胀阀,因此压缩机上结露是蒸发器未将制冷剂完全蒸发的标志。估计蒸发器结垢严重,或风机不能提供足够的风量。拆下风机面板后,技术人员发现,蒸发器风机电动机未运转,叶轮很难转动,表明其轴承已咬死。对轴承添加润滑油后,风机启动,运行似乎正常。这是一个非标电动机,当地不可能有售。系统只能维持现有状态,等到有新电动机时予以更换。

技术人员一周后带着新电动机来到商店,欲换上新电动机。然而,整个一周系统均安然无恙。由于轴承严重擦伤,因此老电动机迟早还会再次出现故障,万全之策是换上新电动机。

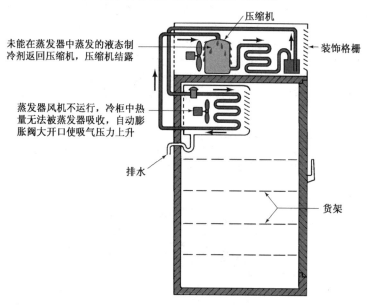

图 29.50 提取式冷柜风机电动机故障后出现的症状。此系统采用自动膨胀阀

报修电话 12

某商店经理助理来电,店内一台提取式中温冷柜温度始终不能下降。这台机组多年来一直运行正常,一名新来的理货员常常将商品堆放得很高,导致商品严重影响了蒸发器风机气流的流动。此系统采用自动膨胀阀,见图 29.51。

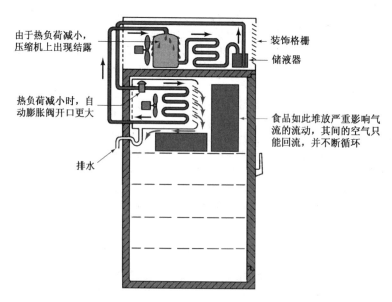

图 29.51 提取式中温冷柜,因货物影响了气流的流动出现的症状。此系统采用自动膨胀阀

技术人员到达商店后发现冷藏处的货物堆放得太高,将部分商品移至其他冷柜中,并向理货员指明冷柜中货物堆放限制线。数天后,电话联系,此冷柜运行正常。

报修电话 13

客户来电话说,其一台中温进入式冷库的冷凝机组运行不止,温度不降。此类故障出现在炎热季节到来的最初几天,冷凝器出口被多个包装箱围得严严实实,从冷凝器排出的热空气无路可循,只能返回风机进口,见图 29.52。

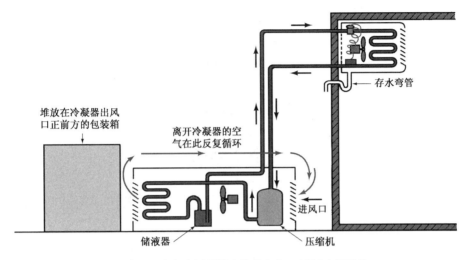

图 29.52　风冷式冷凝器排出的热空气又返回冷凝器进口

技术人员达到现场后,粗略地检查了系统。此时冷库内温度为 52℉,液管温度不是温热,而是烫手。这是一个采用热力膨胀阀的系统,视镜内制冷剂未见气泡。机组排气压力较高,初步印象是制冷剂量充足。安装压力表后发现其排气压力为 207 psig,系统采用 R-12 作为制冷剂。如果系统采用 R-134a 作为制冷剂,其排气压力更高,可达 229 psig。采用 R-12 时的排气压力应不大于 158 psig,其对应冷凝温度为 120℉。当然,这是环境温度为 90℉ 时的冷凝温度(90℉ + 30℉ = 120℉,即 158 psig)。对于 R-134a 来说,171 psig 的冷凝压力对应于 120℉ 的冷凝温度。进一步检查发现:离开冷凝器的空气仍返回至冷凝器进风口,多个包装箱一直存放在冷凝器的正前方。将这些包装箱移去,排气压力迅速下降至 158 psig。以往都是如此,时至今日才出现这样问题的原因在于:在之前温热天气下,环境空气温度仍相对较低,即使早就存在这样的热空气反复循环的问题,仍可使排气压力维持在较低的状态。几天后,电话联系证实冷库温度恢复正常。

报修电话 14

某商店冷冻食品经理来电话说,其进入式低温冷库温度持续缓慢走高。其原因是除霜计时器电动机烧毁,系统不能正常切换为除霜运行,见图 29.53。

技术人员到达现场,检查系统后发现蒸发器上结有厚厚一层冰,这是系统未能正常除霜的症状。首先要做的是强制除霜。技术人员找到计时器,在检查计时器钟面时发现时间显示为上午 4 点,但此时正是下午 2 点。出现这种情况只有两种可能:要么是电源断开多时,要么就是计时器故障。技术人员用手拨快计时器之后,机器开始除霜,技术人员记下时间。除霜运行在温度传感器控制下终止,系统转向正常运行状态。维修技术人员大约拨快了一个半小时,然而发现钟面上的时间显示仍是原时间。安装一台新的计时器后,技术人员要求店员注意是否还有厚重的结冰。次日去电,证实系统运行正常。

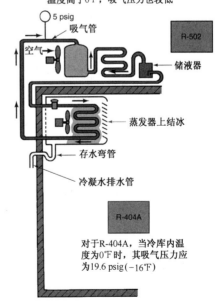

图 29.53　因计时器损坏出现除霜故障后的症状

报修电话 15

客户来电说:某进入式低温冷库的除霜时间似乎特别长,过去经常除霜,而且风机在 10 分钟左右即恢复启动。现在则要 30 分钟。其故障是:除霜终止开关并未按设定温度终止除霜,它是一个电控除霜系统,整个系统一直处于除霜运行状态,直至计时器的时间达到或超过设定时间后,系统自行终止除霜运行。由于风机在盘管温度低于 30 ℉ 之后才启动,因此,这种情况还往往会引起压缩机的运行电流陡增。由于除霜终止开关始终处于温度较低的状态,而风机只有等到定时器终止除霜之后才能启动,此时,压缩机往往会因为来自除霜加热器并滞留在盘管内的热量而形成过载,见图 29.54。

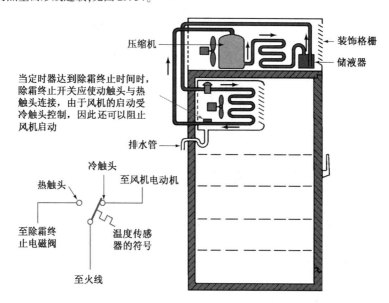

图 29.54　低温冷库中出现除霜终止温控器故障(冷触头始终闭合)时的症状

技术人员到达现场并认真检查整个系统。盘管上无冰,说明系统能够除霜。冷库内温度较低,为 −5 ℉。技术人员将计时器拨快使除霜运行启动。除霜定时器上的终止时间为 30 分钟,这样的时间设定确实有点过长,除非冷库每天仅除霜一次。现定时器的除霜设定时间为每天两次,凌晨 2 点一次,下午 2 点一次,每次盘管除霜时间约为 5 分钟,连续计时。技术人员为了使盘管能够达到其最高温度,将除霜持续时间调整至每次 15 分钟,这样,除霜终止开关才有可能闭合。15 分钟后,系统仍处于除霜运行状态,只需将定时器拨快,使其紧随其后即可。系统除霜终止后,盘管温度下降至 30 ℉ 以下时风机启动。将除霜终止开关拆下,它有 3 个接线端,各连接线上均有标记,因此很容易更换新开关。第二天,这位客户来电说:除霜正常,系统运行也正常。旧的除霜终止开关放在常规室温之下数小时之后,用欧姆表对其进行检测,发现其风与冷触头闭合,该终止开关确已损坏。

报修电话 16

某超市的冷冻食品经理来电说:一台提取式冷柜两门间的柜壁上有大量结露水。这种现象很少碰到,此冷柜已使用了约 15 年。其原因是用于防止面板温度低于室内空气露点温度的门框加热器出现故障,见图 29.55。

技术人员在获知故障的基本情况后到达现场,针对门框加热器不能正常运行的原因,对设备进行了检查。如果加热器已经烧毁,就必须拆下面板。排查线路至冷柜背后,找到连接至加热器的导线,用欧姆表检测证实此加热器仍导通,用电压表检测没有电压,技术人员进一步检查后发现位于接线盒上的一个接线端松脱。正确连接导线后,检测电流,证明此加热器正常运行。

报修电话 17

一位餐馆的设备维护人员来电称,有一台进入式中温冷库停机,不能启动,线路断路器跳闸。其故障原因是:压缩机电动机烧毁,见图 29.56。

技术人员到达现场,检查系统,库内食品温度很高,库内空气温度为 55 ℉。在重新推上断路器之前,技术人员用欧姆表检查,发现压缩机电动机运行绕组开路。此时,唯一要做的事就是更换压缩机。稍稍打开制冷剂液管,确定压缩机的烧毁程度。发现系统内制冷剂含有强烈的酸味,说明此电动机完全烧坏。技术人员利用一台回收/再循环机组来收集、清理和再循环冷库中的制冷剂。

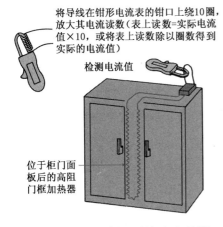

图 29.55　低温冷柜上的门框加热器

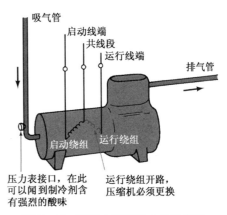

图 29.56　系统中压缩机电动机烧毁

系统维修之前,由于需要将食品移到其他冷库,还需等上几个小时,技术人员去供应商处购买一些所需的材料,包括具有较高排酸性能的吸气管干燥器。这种干燥器可每次更换内胆,因此,更换压缩机时,可同时安装一个吸气管干燥器。采用干燥的氮气对系统进行清洗,将尽可能多的游离杂质排出系统,进行漏检和抽真空后,充注入制冷剂,然后启动系统运行。压缩机连续运行 1 小时后,对曲轴箱内的润滑油进行酸度测试,结果表明稍微偏酸。机组连续运行 4 小时后,润滑油的酸度更低。系统开始降温,然后将吸气管干燥器的内胆换下,将液管干燥器的内胆换下,让系统通宵运行。

技术人员次日来到餐馆,再次对润滑油进行酸度测试,结果表明,没有任何含酸迹象。干燥器内胆仍放在原位,系统保持在此状态下运行,如果还有少量的酸,可以在以后的日子逐渐吸收。电动机烧毁的起因来自于电动机偶发故障。

报修电话 18

一台中温提取式冷柜不能正常制冷。柜内温度为 55 ℉,其正常温度应为 45 ℉,压缩机的声音听起来是要启动,但稍后又停机。其故障是启动电容器损坏。

技术人员及时到达现场,压缩机的声音确实像在启动。压缩机不启动有多种原因。最好假定压缩机无故障且运行正常。首先检查启动元器件,然后再检查压缩机。为便于检查,可先将启动电容器拆下,见图 29.57。电容器的上端有一个白色气孔,如果此气孔朝上凸起,说明此电容器已损坏。用一个 20 000 欧姆,5 瓦的电阻予以放电之后,用欧姆表测试后表明此电容器开路。用同样的电容器替换此电容器后,压缩机启动。让压缩机连续运行数分钟,使吸入蒸气能够冷却电动机,然后停机,再重新启动来检查压缩机能否正常运行。第二天去电回访,证实压缩机能正常停机和启动。

报修电话 19

某超市中一台进入式低温冷库的压缩机不能启动,库内温度现为 0 ℉,其正常温度应为 -10 ℉。其故障是:压缩机被卡死。这是一台带有 4 个蒸发器并由管线连接至同一个吸气管线的多蒸发器冷冻系统。其中一台蒸发器上的膨胀阀一直有少量液态制冷剂返回压缩机,使压缩机始终处于勉强润滑状态,导致压缩机轴承严重擦伤,达到一定程度后使压缩机卡死。

技术人员到达,检查整个系统,此压缩机为三相压缩机,它不设启动继电器和启动电容器。重要的是,此压缩机需要在 5 小时内启动运行,否则必须将货物另移他处。技术人员切断至压缩机启动器的电源,用欧姆表对电动机进行是否导通的检测,见图 29.58(A)。电动机绕组显示正常。注意,有些制造商会提供电动机绕组正常的电阻值数据,然后将万用表选择开关切换,来检测 230 伏电路。使启动器得电,测试启动器的负载侧电压,确认三相绕组中各组均有正常电压。这是一种无负载测试,所有连接线头均与电动机接线端断开,并在电动机应该启动的状态下使各线头带电,技术人员予以检测,以确认在有启动负载的情况下,各线头确有 230 伏的电压,见图 29.58(B)。

连接负载时,技术人员将电动机接线端上各线头复原,然后用两个电压表检测电压值。其电压的检测方法是:在电动机通电状态下,同时检测第 1 相对第 2 相,第 1 相对第 3 相,第 2 相对第 3 相,在向电动机提供电源的情况下,每一相相对另一相均应有 230 伏的电压。如果此时电动机仍不能启动,见图 29.58(C),则明确表明电动机被卡死。此时,可将电动机反向运转,但它不可能长期正常运行。

正常的电容器

检测电容器之前,应采用 20000 欧姆、5 瓦的电阻连接电容器两端,至少 5 秒钟,予以放电。

1. 将欧姆表两表棒搭接电容器两端, 然后, 将表棒位置对换,搭接电容器两端,反复多次。欧姆表上指针应快速上升,然后缓慢下降。指针摆幅的大小取决于电容器的额定电容量。电容器的额定电容量越大,指针返回前的摆幅也越大。

2. 如果电容器两端之间设有电阻,那么欧姆表的指针即返回至该电阻值处(称为放电电阻)。

3. 重复测试,表棒必须对换。欧姆表中的电池为直流电,由于欧姆表中的电池对电容器进行充电,第二次搭接电容器两端时会发现,欧姆表的指针行走速度更快。

损坏后的电容器

以同样方法对电容器先进行放电。

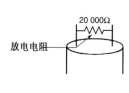

1. 用欧姆表表棒搭接电容器两端, 如果电容器已损坏,欧姆表指针显示值一定不会大于放电电阻的阻值。如果电容器上没有放电电阻, 那么欧姆表上的指针就完全不会上升,这就说明电容器"开路"。电子式电容器测试仪测试开路电容器或小容量电容器则更加简便,仅需将测试仪的接线端与受试电容器的两端连接,按下按钮。比较先进的数字式电容器测试仪还可显示电容器的电容量,如果电容器开路,它也可直接予以显示。

图 29.57　启动电容器的检测

此时,技术人员还有 4 小时,或是更换压缩机,或是将食品移出。打电话与当地压缩机供应商联系后获知,有压缩机现货。技术人员要求公司帮忙,公司派出另一名技术人员去取新压缩机,并联系一台汽车吊前往往现场,将新压缩机吊入,取出旧压缩机。30 马力的压缩机重约 800 磅。

当汽车吊到达现场时,旧压缩机正好拆下,可吊出。其操作方法是利用压缩机上的吸气端和排气端检修阀的前位阀口关闭,使压缩机封闭,然后回收压缩机内的制冷剂。当安装新压缩机时,对压缩机抽真空后所有需要完成的事项就是打开检修阀。原有的制冷剂仍保留在系统中。几乎在拆下旧压缩机的同时,新压缩机送到。新压缩机按原位安装,接上检修阀。对压缩机进行抽真空的同时,电动机的各接线端连接完毕。在 1 小时之内,新压缩机抽真空完成,可以启动。

新压缩机启动后,技术人员发现压缩机侧面的吸气管有结霜,说明有液态制冷剂返回压缩机。在每一台蒸发器的出口处固定一台温度计后,发现有一个蒸发器吸气管的温度远低于其他吸气管。检查此膨胀阀的感温包,发现其完全松脱,根本无法检测吸气管的温度,技术人员将安装压条的螺钉拧紧。

膨胀阀感温包牢牢地固定在吸气管上后,使系统继续运行,结霜线也从压缩机的侧面缓慢消失,系统开始正常运行。

第二天,一位技术人员顺便去了该超市,确认压缩机上的结霜线正常,压缩机上没有结霜。

报修电话 20

某餐馆业主来电说:一台块冰机的蒸发器整个儿冻成一块,没有一块冰能落入储冰室。其故障发生在融冰探针机构。传感探针以冰层达到设定厚度后形成与冰面的接触,以产生导通电路的方式来检测冰层厚度并启动融冰运行。探针受电子线路控制,并依据冰层的导电率来确定冰块达到正确厚度的确切时间。

技术人员到达现场,仔细检查整个系统。这位技术人员一直从事该类型制冰机的维修保养工作,熟悉、了解制造商建议,此时不能关机,直至找出故障。如果技术人员此时关机并对蒸发器进行融冰,那么这一状态很可能不会再次出现,也就无法发现故障的真正原因。技术人员发现这是一台使用年限较长的旧机器,怀疑其融冰传感探针结垢。制造商也曾向技术人员提供过具有与冰电阻相同阻值的专用搭接线。此搭接线可用于搭接冰探针来确定传感装置是否出现故障。技术人员搭接探针的两个接线端后,此制冰机即启动融冰运行这就表明接触冰层的传感装置的确结垢。

技术人员等到机组融冰完全结束,全部块冰落入储冰室后,关机并切断电源,拆下探针予以清理。重新安装探针,恢复供电后,机器启动。约 25 分钟后,机器自动启动融冰运行。技术人员离开工作现场,并关照用户注意观察机器运行是否正常。

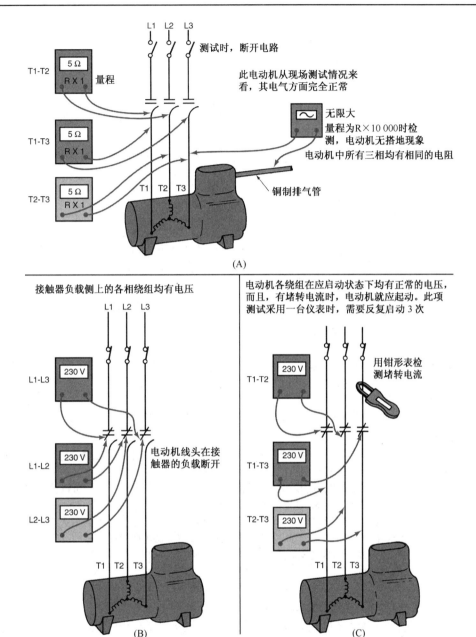

图 29.58　采用三相压缩机的系统,在压缩机卡死时出现的症状

报修电话 21

某餐厅业主来电称,他的一台制冰机,刚制成的冰块无法自行跌入储冰室。这是一台新安装的制冰机。其故障是过滤后的水中绝大部分矿物质均被排除,导致其没有足够的导电能力,其电子线路无法确定冰块与探针接触的确切时间。

技术人员到达,查看了这一情景,蒸发器冻结成了大冰块。这是一台新机器,配置有最好的水过滤系统。确实有这样的可能:水过滤效率太高,以至于水的导电性大大降低,使融冰传感器的探针根本检测不到其导电值的变化。技术人员想起他参加的最近一次厂家培训课上讲到过这些故障症状及其处理方法,他走向货架,取下一袋盐,将一撮盐(约 1/8 茶匙)放入集水槽中,水槽中由水泵将水提送至冰面,并使放有少量盐的水流过探针,几分钟后,机器即开始融冰。

技术人员知道店家不可能每天都在过滤后的水中放盐,查阅使用手册后,了解到从制造商处可以购买一个电阻,将该电阻跨接在线路板的两端点上,使探针和电子线路板能够检测过滤后水的导电值变化,从而获得正常的融冰运行。

技术人员从供应商处购得电阻,并将其跨接在相应的端点上,启动机器后,技术人员仔细观察了两个完整的融冰运行过程,均正常。店家也感到满意。

报修电话 22

某餐馆业主来电要求对放置在厨房内的块冰机做一个测试检查。此制冰机放置在厨房内已有多年,业主也记不起最后一次检修保养的具体时间,估计没有什么特别的问题。

技术人员到达现场,全面地检查了机器。冷凝器上有较严重的结垢,蒸发器也需要清理。机器储冰室中装满了冰块。技术人员决定先将冰块移放他处,同时清理储冰室。

关机,切断电源,配电板上锁并贴上标签。技术人员开始将冰块放上推车送到冷库内,当技术人员接触到储冰室的底部时,发现底部也严重结垢,所以首先清理储冰室的结垢。

冷凝器的配电板拆下,用吸尘器去除纤维屑和轻灰尘。冷凝器风机电动机及其接线盒用塑料袋盖住,防止水汽进入,然后用合格的盘管清洗剂清洗冷凝器,并让清洗剂滞留在盘管上,使其慢慢渗入积垢表面。此时,技术人员用带有喷头的水软管冲洗盘管,将清洗剂冲入附近的下水道。餐馆业主对从冷凝器冲出的垃圾感到十分惊奇。

将水排出机器并流入下水道,然后将机器附近的地面擦干。将电动机上的塑料袋取走并用抹布擦干整个机组。此机还有一个对蒸发器的清洗运行过程。这一清洗运行过程只是将水反复循环,也可以加入化学药剂与水一起在机器内反复循环一段时间。技术人员根据推荐的化学药剂量放入集水槽中,然后启动水泵。化学药剂在系统内循环一定时间后,技术人员将清洗药水排入下水道,然后用清水冲洗整个系统。

利用清洗运行和排水对蒸发器部分进行消毒。用一根软管反复多次冲洗储冰室区域,以保证不再有任何化学药剂,然后启动机器。

技术人员将两次融冰后的冰块全部排入下水道,这样可以确保没有残留的化学药剂,并检测机器是否可以正常生产冰块。

然后,将机器移回工作位置。

以下保修电话案例不再提供解决方法的说明,答案可参见 *Instructor's Guide*。

报修电话 23

某商店经理来电说,进入式低温冷库中食品出现融化。此冷库曾在冬天因泄漏使制冷剂走失,泄漏处修补之后,重新充注制冷剂。维修技术人员记得:此机组曾由一名新手维修,当时的确发生过制冷剂走失的意外事故。技术人员怀疑机组是因为人工复位的高压控制器故障而停机,这是此机组上唯一可以使机组停机的控制器,除非是电源故障。技术人员到达现场,发现机组的确因为高压控制器而停机。在将控制器复位之前,技术人员安装了一个表歧管来检测压力值。高压控制器复位后,压缩机启动,但其排气压力高达 375 psig,又将压缩机停机。系统采用 R-502,环境温度为 90℉,因此,其排气压力应不高于 120℉所对应的压力,即环境温度加 30℉:30℉ + 90℉ = 120℉,对应于 120℉的排气压力应为 282 psig。很明显,其排气压力太高了。

是什么故障?应如何解决?

报修电话 24

客户来电称,刚安装的进入式中温冷库运行不止,温度不降。

技术人员到达现场,初步观察了整个冷库情况。这是一个新安装的进入式中温冷库,昨天刚启动运行。全封闭压缩机壳体上有露水,蒸发器风机运行,冷库内温度并未下降至停机设定温度,因此有足够的热负荷可以使制冷剂蒸发成蒸气。

是什么故障?应如何解决?

报修电话 25

一位客户来电说,其一台低温提取式冷柜因压缩机烧毁不能正常制冷,食品开始融化。

技术人员到达现场,检查了整个系统,蒸发器像是缺液。当技术人员来到商店后端检查冷凝机组时,发现干燥器之后的液管严重结露。电动机烧毁时,吸气管也未安装吸气管干燥器。

是什么故障?应如何解决?

报修电话 26

一位客户来电说,春季中炎热天气的最初几天,其进入式冷库温度一直很高,如果不采取任何措施,冷库中的食品就会迅速融化。

维修技术人员到达现场,检查整个系统。他注意到系统液管温度很高,不仅仅是温热。这是一个采用热力膨胀阀的系统,并设有视镜。视镜充满,说明制冷剂充注量充足。压缩机是因为压力过高导致停机并出现周期性的反复启动。系统采用 R-502,其压缩机缸盖上涂紫色油漆以说明采用的制冷剂类型。安装压力表后发现,系统开机时压力即达到 345 psig,然后逐渐上升至停机压力,即 400 psig。

是什么故障?应如何解决?

报修电话 27

一位饭店经理来电称,他们的一台水冷式机组的压缩机时有自行停机的怪毛病,无法维持正常的温度。这是一台中温进入式冷藏库,采用 R-12 制冷剂。

技术人员到达现场,查看一次性水冷却的冷凝器(采用调节阀调节水流量,从而控制排气压力,然后将冷却水直接排入下水道),冷凝器的出水与排入下回道的水流量非常大。系统液管烫手,不仅仅是温热。冷却水并没有像正常状态下那样将热量从制冷剂中排走。压缩机上安装压力表后,测得其排气压力为 200 psig,压缩机的自行停机和启动是高压控制器所为。冷凝温度为 105 ℉,其排气压力应为 125 psig 左右。

是什么故障?应如何解决?

报修电话 28

某汽车旅馆设备管理员来电说,该汽车旅馆二楼的制冰机无法制冰,该制冰机为制冰机并设制在室外,环境温度很高。

技术人员到达后,即发现储冰室没有一点冰。压缩机正在运行,冷凝器中也有热空气排出,但机器就是不制冷。蒸发器后段的吸气管温度很低,在压缩机上安装压力表后发现,吸气管压力很高,但排气压力也高。制冰机采用 R-502,吸气压力为 55 psig(蒸发温度为 30 ℉)。在这样的状态下根本无法制冰。排气压力为 341 psig(蒸发温度为 135 ℉)。天气气温较高,为 97 ℉,但也不至于产生这样高的排气压力,技术人员怀疑机组制冷剂是否充注过量,或冷凝器结垢,引起这样的排气压力,进而导致吸气压力很高,以至于冰产出量很少或完全无冰。

是什么故障?应如何解决?

本章小结

1. 技术人员应了解设备正常的声响,何处温度应较低,何处温度应较高。
2. 任何一种冷却空气的蒸发器与被冷却空气间都有一定的相互关系。蒸发器盘管中的制冷剂蒸发温度一般相对于进入蒸发器的空气温度要低 10 ℉ 至 20 ℉。
3. 高温蒸发器中液态制冷剂的蒸发温度一般为 25 ℉ 至 40 ℉ 之间。
4. 中温蒸发器中液态制冷剂的蒸发温度一般为 10 ℉ 至 25 ℉ 之间。
5. 食品低温冷藏系统中的制冷剂蒸发温度一般在 – 15 ℉ 至 – 49 ℉ 之间。
6. 冷凝器的进风温度与制冷剂冷凝温度有一定的温差关系。通常情况下,制冷剂冷凝温度高于进风温度 30 ℉,高效冷凝器不高于 25 ℉。
7. 自动膨胀阀可以使低压侧压力保持不变,因此,采用自动膨胀阀的系统不会像采用毛细管和热力膨胀阀的系统那样,在制冷剂充注量不足的情况下,低压侧压力会下降。
8. 制冷剂充注过量往往会引起排气压力上升。
9. 采用热力膨胀阀或毛细管作为计量装置的系统,其排气压力上升会引起吸气压力的上升。
10. 排气压力的上升会使更多的制冷剂流入毛细管,如果制冷剂充注过量,那么液态制冷剂就可能溢入压缩机。
11. 自动膨胀阀的运行动作与热负荷的变化正好相反,热负荷增加时,自动膨胀阀节流,并使蒸发器稍有缺液;热负荷大量降低时,膨胀阀则会使盘管供液过量,甚至会使少量的液态制冷剂进入压缩机。
12. 如果碰到效率低下的蒸发器,那么其制冷剂的蒸发温度有可能会比进风温度低许多。
13. 如果碰到效率低下的冷凝器,那么其制冷剂的冷凝温度有可能比放热介质的温度高许多。
14. 对效率低下的压缩机进行检测时,其最直接有效的方法是看它的泵送容量能否达到其额定容量。
15. 测试的标准负载工况可通过人为地使排气压力升高并模拟吸入蒸气设计压力的方法来重现。

复习题

1. 开始排故前,技术人员首先应了解、掌握的事项是什么?
2. 对于一个制冷系统来说,要获得最少的脱水量,其盘管与空气的温差应是多少?
   A. 12 ℉ ~ 15 ℉;　　　　　B. 10 ℉ ~ 15 ℉;　　　　　C. 8 ℉ ~ 20 ℉;　　　　　D. 8 ℉ ~ 12 ℉。

3. 不考虑食品脱水问题时,盘管空气间的温差是＿＿＿＿＿＿至＿＿＿＿＿＿℉。

4. 如何使食品的脱水量最低?

5. 为何不需要对每一种冷藏设备都考虑最少脱水量的问题?

6. 对于普通盘管来说,在不考虑脱水问题的情况下,盘管与空气间的温差应为多少?

7. 制冰机一般在什么温度下开始制冰?

　　A. 35℉;　　　　　B. 32℉;　　　　　C. 25℉;　　　　　D. 20℉。

8. 压缩机不运行时,蒸发器盘管与空气的温差是多少?

9. 讨论蒸发器的冷却水时,术语"接近"是什么含义?

10. 如何对蒸发器进行效率测试?

11. 如何对冷凝器进行效率测试?

12. 如何对全封闭压缩机进行效率测试?

13. 热力膨胀阀对制冷剂充注过量的反应是:

　　A. 吸气压力较低;　　B. 排气压力较高;　　C. 使压缩机出现溢流;　　D. A 和 B。

14. 自动膨胀阀对制冷剂充注过量的反应是:

　　A. 吸气压力较低;　　B. 排气压力较高;　　C. 使压缩机出现溢流;　　D. B 和 C。

15. 毛细管系统对制冷剂充注过量的反应是:

　　A. 吸气压力较高;　　B. 排气压力较高;　　C. 使压缩机出现溢流;　　D. 上述所有现象均有。

16. 试论述采用下述计量装置的系统对制冷剂充注不足的反应是:

　　A. 热力膨胀阀;　　　　　B. 自动膨胀阀;　　　　　C. 毛细管。

商用制冷设备的故障诊断表

要使商品避免腐败,用于控制冷藏温度的各种商用制冷设备必须能正常运行。如果出现故障,技术人员必须能够在最短的时间内使其恢复良好的工作状态。有序排故是在最短的时间内使机器恢复正常最有效的方法。以下是对商用制冷系统排故的部分建议:

1. 认真听取客户对系统症状的描述。绝大多数商用制冷设备的用户对系统及其各种温度值都相当关注,应当向客户了解清楚正常天气下、正常情况下机器所具有的声响、运行时间、各处温度以及目前的状况与以往有何不同。

2. 认真观察是后续操作前的最重要的步骤之一。在做出任何调整或维修之前,应认真检查整个系统。检查冷凝器上是否有结尘、落叶情况以及盘管或风机中的垃圾;观察是否有气流受到阻挡;检查连接导线上是否有焦斑;检查吸气管线上的保温材料是否有松脱或脱落,配管是否有弯折或压扁;检查蒸发器是否有因结霜、结冰或结垢阻挡气流流动的现象;检验风机能否正常地推动空气循环。

3. 询问客户以及认真观察机器之后,应及时做出判断,确定哪些构件正常,哪些不正常。下述诊断表有助于确定故障的各种可能原因。

故障	可能的原因	对应措施	标题号
压缩机无法启动或启动即止,没有声响	断路开关开路	闭合断路开关	15.1, 15.2, 15.7
	熔断器或断路器开路	更换熔断器或将断路器复位,确定原因	15.1, 15.2, 15.7
	过载跳闸	复位并确定跳闸原因	19.6
	压力控制器黏滞在断开位置	复位或更换,并确定断开原因	25.16, 25.20
	内置或外置过载保护器开路	缓慢冷却	
	电动机启动器线圈开路	检测线圈,如有必要,予以更换	
	连接导线故障	维修或更换连接线接线座	20.13
压缩机无法启动,发出嗡嗡声,过载保护器跳闸	接线不当,单相电动机	检查公共线运行和启动端接线座	17.17, 17.18, 17.19, 20.6, 20.7, 20.8

（续）

故障	可能的原因	对应措施	标题号
	排气压力较高	制冷剂充注过量,不足以使冷凝器冷却,关闭排气端检修阀	29.5,29.6,29.7,29.8 和 29.9
	接线不当,三相电动机	检查各相及相与相电压	17.7,17.16
	启动继电器接线错误或损坏,单相电动机	如有需要,为继电器重新接线。如果损坏,予以更换	17.18,17.19,17.20
	启动或运行电容器损坏	更换电容器	17.12,17.13,17.14,20.11
	压缩机绕组开路或短路	更换压缩机	17.20
	压缩机内部故障卡死、抱死	更换压缩机	第 29 章,报修电话 19
压缩机启动,但始终处于启动状态,单相电动机	接线不当	与接线图比较,检查接线	17.18,17.19
	电源电压偏低	调整低电压	17.17
	启动继电器损坏	更换继电器	17.18,17.19
	压缩机内抱死、胶合	更换压缩机	第 29 章,报修电话 19
压缩机启动运行,因过载而停机	过载保护器故障	检查过载保护器上的实际负载,如果在指标参数之下,那么更换过载保护器	19.6
	过载保护电路电流过大	检查电路的风机、水泵等额外负载	19.6
	电源电压偏低	确定原因,予以调整	17.7
	电压不平衡,三相电动机	调整不平衡,重新分配负载	48.46
	运行电容器损坏	更换	第 29 章,报修电话 19
	压缩机负载过大		
	A. 吸气压力过高　融霜加热器始终运行	检查和修复融霜控制电路	29.1,29.2,29.3,29.4
	B. 热食品放置在冷柜中	操作者参加培训	
	C. 排气压力过高　冷凝器排风反复循环	移开导致排风反复循环的物品	29.6,29.14
	风流量减小	移开阻挡物,检查所有风机的运行	29.6,29.14
	冷凝器积尘	清洗冷凝器	29.6
	压缩机绕组短路	更换压缩机	20.6,20.7,20.8,20.9,20.10,20.11
压缩机启动,但运行周期很短	过载保护器使压缩机停机	见上述内容	
	温控器	温差太近,温控器重新设定冷空气气流中感温包位置予以调整	29.1,29.2,29.3,29.4
	高压工况	检查风量或水流量空气流动受阻或热空气反复循环,调整制冷剂充注过量,排出多余制冷剂系统中含有空气,予以排除	29.6,29.14 29.6,29.7,29.8,29.9 9.15 29.6
	带有自动排空控制器的低压工况		
	A. 电磁阀泄漏	更换电磁阀	25.19
	B. 压缩机停机过程中排气阀泄漏(运行时也会泄漏)	修理阀或更换压缩机	29.17,29.19
	带有或不设自动排空控制器		
	A. 制冷剂充注量不足	修补泄漏处,添加制冷剂	29.11

（续）

故障	可能的原因	对应措施	标题号
	B. 系统中膨胀阀、干燥器或管路皱折出现节流	修理或更新	29.15
压缩机连续运行冷藏区域温度仍太高	制冷剂充注量不足	修补泄漏处,添加制冷剂	29.15
	运行控制器(温控或低压控制器)触头黏合	更换控制器	
	热负荷太大		
	A. 机组规格容量不足	减少负荷或更新机组	29.1,29.2,29.3,29.5
	B. 冷柜门打开过于频繁	对操作者进行培训	29.13
	C. 放入冷柜时物品温度太高	将食品放在空调区域预冷	29.26
	D. 冷柜门密封条质量欠佳,有渗漏	修理或更换密封条	29.16
	E. 冷柜所在位置温度太高	移动位置或减少热负荷	
	蒸发器盘管不能除霜	检查除霜方法,修理	25.23,25.24,25.25,25.26,
	制冷剂管路、干燥器、计量或管路皱折出现节流	查找并修补	25.27,25.28,25.29,25.30
	冷凝器运行状态欠佳		
	A. 气流流动受阻	恢复应有的风量	29.14
	B. 热空气循环	移去导致热风循环的物品	29.14
	C. 冷凝器结垢	清洗冷凝器	29.14

第六篇　空气调节(采暖与增湿)

第30章 电 制 热

教学目标

学习完本章内容之后,读者应当能够:

1. 论述电制热的效率和相对运行成本。
2. 说出各种电热器的类型,并陈述各自的应用场合与对象。
3. 论述强制通风电炉运行程序装置的工作原理。
4. 对强制通风电炉电原理图进行电路分析。
5. 完成对强制通风电炉电气故障的基本检修测试。
6. 论述电热设备与系统的常规预防性维护方法。

安全检查清单

1. 应特别注意不要在辐射电热板上打入或设置铁钉或其他物件,以免损坏电路。
2. 必须要有强制气流流过发热元件的任何类型的加热器不得在没有风机配合的情况下运行。
3. 应认真阅读电气安全注意事项。

30.1 概述

电热是由电能转换而来的热量,它通过在电路中设置已知电阻的特定材料来实现这一电–热的转换过程。这种电阻材料含有较少的自由电子,导电性能相对较弱,这种对电子流动的阻力能依据其阻力大小产生相应的热量。用于获得这种电阻的常用材料中,应用较多的是一种由金属镍与金属铬构成的、称为镍铬合金的特种丝线。

电制热效率较高,但与其他热源形式相比,其运行成本较大。其效率高是因为送入发热元件的电能几乎没有损失;其运行成本高是由于电制热需要消耗大量的电能,而在美国大部分地区,电能的成本均高于燃料(煤、燃油、以及燃气)成本。

电热装置的购置成本一般低于其他采暖设备,其安装与维护费用通常也不高,因此,电热系统往往是众多用户的首选对象。

采用电热设备作为基本热源时,为了减少热损失,通常需要在整个建筑物内配置价格较高的保温材料。

本章将简要论述多种电制热设备,但重点放在集中式强制通风型电热器,这是因为在美国大部分地区,本行业的技术人员接触较多的是这种电热设备。

30.2 移动式电热装置

在许多零售商店,由工业品分销商和制造商推出的可移动式或小区域采暖电热器五花八门,形式各异,见图30.1。其中有一些是能直接发出炽热光线的电热线盘(由镍铬丝线对电子流动的阻力产生热量),它依靠辐射将热量传递给位于电热器前方的固体。辐射热是以直线方式传播的。固体吸收辐射热之后,就能使固体周围空间温度上升。辐射热同样也能使人产生舒适感,但辐射热的强度以与距离的平方关系逐渐衰减,不久就消散在空间中,见图1.12。石英电热器和玻璃板电热器也利用辐射原理来加热小区域,见图30.2。

图30.1 移动式区域采暖电热器(Fostoria Industries,Inc. 提供)

图30.2 石英管采暖电热器(Fostoria Industries,Inc. 提供)

　　还有些区域电热器采用风机将空气经加热元件吹向前方的空间,由于采用机械方式推动载热空气流动,因此这种方式也称为强制对流供热。这种电热设备的设计目的是将足够多的空气充分流过产热元件,因此这种产热元件并不需要、也不会发出炽热光。

　　局部辐射加热装置可非常有效地应用于门廊、储藏室、工作区域,甚至室外,其采暖效果非常类似于针对加热区域的太阳灯,但对于辐射加热来说,距离对其效果有很大的影响。

30.3　辐射加热板

　　辐射电热板主要用于住宅和小型商业建筑物。这种电热板一般由带有电热丝的石膏板制成,其内置电热丝可连接成一个完整的加热电路。电热板一般安装于天花板上,并由各个房间内的温控器控制,见图30.3。这种方式可以实现室内某个区域的温度控制。**安全防范措施**:应特别注意不要在辐射电热板上打入或设置铁钉或其他物件,以免损坏电路。在有辐射电热板的情况下,安装供冷设备时,更应特别小心。

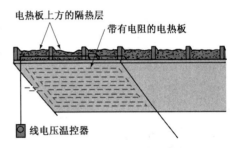

图30.3　天花板辐射电热板

　　为防止热量逃逸,电热板的后端(或上方)必须设置良好的保温材料。电气接线端也应设置在其背后,以便能从夹层中进行线路连接。

　　这种电热板的产热非常均匀,也便于控制,它通过辐射传热,可以使整个房间的温度保持在比较舒适的状态,手接触室内所有物件都能有温热的感觉。

30.4　踢脚板电热板

　　踢脚板电热板是一种常用于整幢小楼房、某特定部位或单个房间安装的对流式加热器,见图30.4。其安装费用很低,且可以由各独立房间内的温控器分别控制。这些温控器一般均为线电压温控器。不使用的房间可以将房门关闭,加热器电源切断,使其他房间内的踢脚板电热器的使用成本降低。踢脚板电热器一般安装于稍高于地板或地毯的立墙上,通常还需要在外墙上打孔。踢脚板电热器是一种自然对流式加热设备,空气从其底部附近进入,经过加热元件时被加热,然后在室内上升。空气温度下降后,即自然下沉,形成自然对流的气流。

　　踢脚板电热装置控制方便、安全、无噪声,而且可以做到整个房间内的温度分布非常均匀。

30.5　暖风机

　　暖风机一般悬挂在天花板上,利用风机将空气强制吹过发热元件,再吹向被加热的区域,见图30.5。这种暖风机采用线电压温控器进行控制。**安全防范措施**:必须要有强制气流流过发热元件的任何类型的加热器不得在没有风机配合运行的情况下运行。

30.6　电热锅炉

　　电热锅炉(高温水)装置主要用于某些住宅和小型商业企业。除了控制线路和安全装置外,电热锅炉有点像家用电热水器,它同样也要连接一个封闭管路,需要用水泵推动热水在由锅炉和终端供热装置组成的环行管路中循环,见图30.6。

　　电热锅炉外形尺寸小,结构紧凑,易于定位和安装,而且排故和维修均十分方便。

　　任何锅炉的存水都会出现水循环系统的常见问题。例如,如果锅炉关闭,室内温度降低至冰点以下,那么其水管就会爆裂,锅炉本身也会受到损坏,电热锅炉也需要有防结垢和防锈蚀的水处理手段与装置。

　　电热锅炉的效率之所以较高,是因为它事实上能够将所有的输入电能全部转化为热能,并将这部分热量传递给水。当此锅炉设置在采暖区域内时,通过锅炉炉壁或管配件散失的热量还是不能散出采暖房间。

　　这种电热锅炉无任何噪声,运行可靠,但不宜同时配置供冷和增湿设备。

30.7　集中式强制通风电炉

　　集中式强制通风电炉需配置风管,将加热后的热空气送至除电炉间外的各采暖房间或采暖区域。这种强制通风电炉的发热元件由生产厂家直接安装于带有空气输送装置(风机)的电炉设备中,或是以风管加热器的方式购买,并安装在风管中,见图30.7和图30.8。

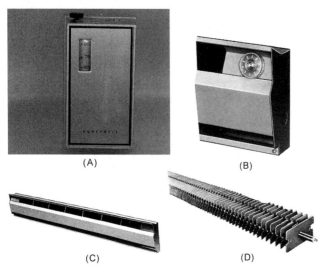

图 30.4　(A)墙装温控器;(B)安装于踢脚板机组中的温控器;(C)踢脚板电热器;(D)踢脚板电热器中的翅片式电热器(W. W. Grainger, Inc. 提供)

图 30.5　暖风机(International Telephone and Telegraph-Reznor Division of Thomas and Belts Corp. 提供)

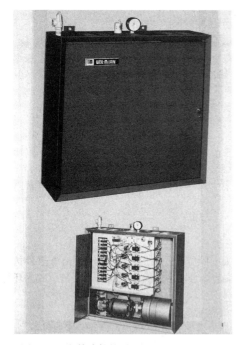

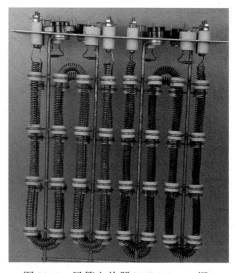

图 30.6　电热水锅炉(Weil-Mclain∕A United Dominion Company 提供)

图 30.7　风管电热器(Bill Johnson 摄)

　　集中式电炉中的各个加热器通常由单个温控器控制,即一个温控器控制一个点,而不是依据一个个房间或受控的某个区域来控制。采用风管加热器的优点在于:各独立房间或区域的温度可以由设置在风管系统中的多个加热器控制,但必须配置连锁装置。连锁装置可以使发热元件在风机未启动的情况下无法获得电源,这样就可以避免发热元件过热以及可能出现的火情。

发热元件由绕制在陶瓷或云母绝缘体上的镍铬合金电阻丝制成,并被封闭在风管或电炉壳内。

空调系统中(供冷与降湿)通常会因为空气处理的需要也配置这样的电热装置。

安全防范措施:维修此类装置时必须特别小心,因为这些裸露的电气接线端均位于观察面板的后端,如果触电,往往是致命的。

30.8 强制通风电炉的自动控制装置

自动控制装置用来维持指定区域的温度、保护设备和室内人员。电热装置中 3 种最常用的控制器是温控器、程序器(本章后面将予以讨论)和接触器(继电器)。图 30.9 为一个典型的温控器。

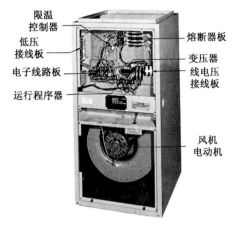

图 30.8　带有多个程序装置的集中式强制通风
电炉(The Williamson Company 提供)

图 30.9　低压温控器(Bill Johnson 摄)

30.9 低压温控器

低压温控器由于结构紧凑、非常灵敏且易于安装与排故,常用于程序器和接触器的控制。在美国许多地区,低压布线不需要经电力管理部门的许可。图 30.10 是强制通风电热炉常规低压温控器的电原理图。

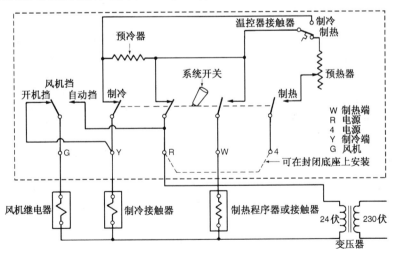

图 30.10　低压温控器的电原理图。有些制造商会采用不同的接线端标识

温控器有一个封闭的底座,它可以有两路电源线连接于温控器。在安装电热炉又想添置空调设备时往往需要这种封闭底座,因为电热炉需要有自己的低压电源,空调机组也需要有自己的低压电源。如果两个系统共用同一电源,就需要搭接线连接端点 R 至端点 4,见图 30.10 中的虚线。如果该底座有两个电源接线端,那么端点 R 为制冷端,端点 4 则确定为制热端。

用于带有电热装置温控器的预热器必须在安装时予以设定。其设定值取决于在24伏加热电路中所有流经温控器和预热器的电流之和。这一电流值确定后,再根据预热器上的显示器进行设定。例如,如果流经端点4的电流为0.75安培,那么就可以采用此数字来设定低压温控器底座中的预热器,也可以采用10圈放大法的钳形电流表来确定其电流值。这一操作方法可参见第12章图12.52。

大多数程序器对低压电路的电流负荷均印制在程序器上,如果有多个程序器,其电流值应相加。例如,如果有3个程序器,每个程序器的加热器负荷为0.3安培,那么预热器的设定值应为0.3 + 0.3 + 0.3 = 0.9安培。

30.10 多级控制

为避免突遇大容量冷负荷时所有发热元件同时启动运行,大多数电热炉均设有分级启动的多个发热元件。有些电热炉可能有多达6个加热器,可在适当的时间分别接入电路。程序器的作用即在于此,它利用低压控制器电源来启动和断电热器。程序器可以被称为一种热动型装置,其主要结构为一个缠绕有低压导线的双金属条,当温控器要求制热时,低压导线即加热双金属条,使双金属条朝已知方向弯曲一段已知的距离。双金属条弯曲或卷曲时,就会使电热线路的多个电触头闭合。这样的弯曲过程需要时间,因此,其每组触头可以在非常安静的状态下以一定的时间间隔、按一定的顺序陆续闭合。当制热要求满足后,温控器即断开低压电路,其步序正好与之相反。

图30.11为组合式程序器的原理图。这种程序器可以分三级启动或停止电热器的运行。有些程序器有5个独立电路,见图30.12。其中3个为加热电路,一个为风机电路,一个为将低压电源连接至另一个具有三级加热的程序器。程序器中一般有5组触头,但没有一组是设置在同一个电路中的。

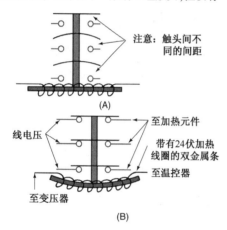

图30.11　带有3组触头的程序器:(A)断开位置;(B)闭合位置

图30.12　多电路型程序器(Bill Johnson 摄)

另一种程序结构称为独立式程序器,它仅有一个用于启动和停止电热元件的单一电路,但它可以有两个其他电路:一个可以通过一组低压触头使另一个程序器得电,另一个则用于启动风机电动机。多级电加热可以采用多个程序器予以控制,每一个电热器由一个程序器控制。

30.11 电原理图

各制造商在电路和元器件的表示方式上各有不同,有些采用接线图,也有一些采用电原理图,还有一些则两种皆有。接线图表示相对于安装或检修人员来说实际能看到的每一个元器件的真实位置。打开控制箱门时,控制箱内每一个元器件与接线图的每一个元器件均处于同一位置。

电原理图(有时也称线路图或阶梯图)用于表示至各元器件的电流路径,电原理图可帮助技术人员理解和领会设计工程师的设计意图。

图30.13为电热电路中各种电元器件的图标,这些电元器件图标在下述电原理图中是必不可少的,许多图标在整个行业、甚至在全世界均已标准化。

30.12 强制通风电路控制电路

低压控制电路能安全、有效地控制各运行中的发热元件,这些电路既有安全装置,又有控制装置。例如,限温开关,它是一个安全装置,如果机组温度过热,即可以将整个系统关闭;室内温控器既是一个控制装置,又是一个运行装置,可依据室内温度关闭和启动加热设备。

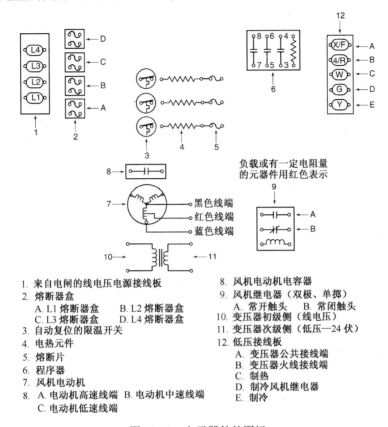

1. 来自电闸的线电压电源接线板
2. 熔断器盒
　A.L1 熔断器盒　　B.L2 熔断器盒
　C.L3 熔断器盒　　D.L4 熔断器盒
3. 自动复位的限温开关
4. 电热元件
5. 熔断片
6. 程序器
7. 风机电动机
8. A.电动机高速线端　B.电动机中速线端
　C.电动机低速线端

8. 风机电动机电容器
9. 风机继电器（双极、单掷）
　A. 常开触头　　B. 常闭触头
10. 变压器初级侧（线电压）
11. 变压器次级侧（低压—24 伏）
12. 低压接线板
　A. 变压器公共接线端
　B. 变压器火线接线端
　C. 制热
　D. 制冷风机继电器
　E. 制冷

图 30.13　电元器件的图标

　　安全和运行装置也可能需要消耗电能来完成某项功能,或只是将电源送往耗电装置。例如,用于操控接触器中双金属片和有衔铁电磁阀的程序器的加热线圈就是低压电路中的耗电装置。处于高压电路中的接触器触头或限温控制器则将线电压电源送往各耗电装置。送电装置均与耗电装置串联连接,各耗电装置则相互并联连接。

　　图 30.14 为一低压控制器电路原理图。通过搜寻电路的方式,可以了解温控器触头闭合时电路连接后的状况。变压器是电源,电路图中,电源公共端一般为蓝色,它为程序器线圈的上端部提供电源。电源的红色端则为温控器和程序器线圈的下端部供电。当室内温度下降至温控器的设定温度时,温控器触头闭合。

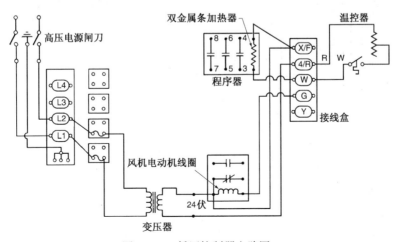

图 30.14　低压控制器电路图

这样依次顺序启动程序器中的各组触头,即可启动位于高压电路,即线电压电路中的各发热元件,至 G 端的连接线仅用于制冷电路,而无其他作用。为简化电路,图中省略了发热元件和风机电路。

单一发热元件控制器见图 30.15,来自 L1 熔断器盒的电流直接进入限温开关。限温开关是一种热动开关,当系统出现过热时,即可将整个电路电源切断,从而保护电炉安全。同时,通常情况下,它也是一个自动复位的开关,系统温度下降后即自动闭合。它与发热元件(B)和熔断片连接,提供双重保护,以防止发热元件过热。出现非正常高温时,此熔断片即熔化,因此必须予以更换。熔断片与程序器的接线端 3 连接,程序器的触点闭合时,经 L2,电路贯通。

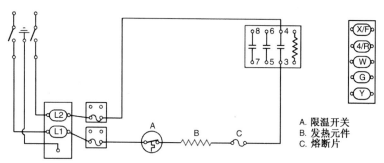

图 30.15　带有程序器(高压)的单发热元件电路图

图 30.16 为设有两个发热元件的电热炉电路图。图 30.17 为有 3 个发热元件的控制电路图。这些电路均采用与图 30.12 完全一样的组合式程序器。

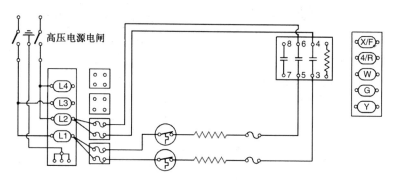

图 30.16　设有两个发热元件的电路图

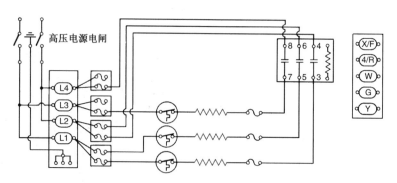

图 30.17　设有 3 个发热元件的电路图

30.13　风机电动机电路

风机电动机是一个耗电装置,其作用是将空气强制通过电热元件,且必须在适当的时候启动和停止运行。图 30.18 为一个风机控制电路。注意,风机必须在电热炉出现过热之前即开始持续运行,直至电热炉本身温度下降。

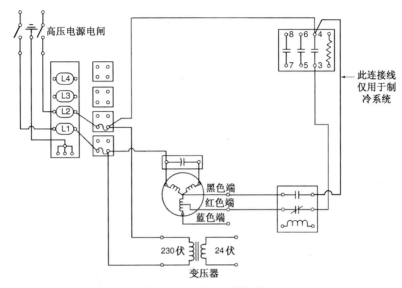

图 30.18　风机控制电路

注意,L1 接线端直接与风机电动机连接,L2 接线端直接与程序器上的接线 4 连接。从接线端 4 至风机继电器上的常开(NO)触头形成一个电路,此电路也可以直接连接至 L2,形成封闭环路。这是用于制冷模式下启动风机的高速风机电路。

当程序器得电、双金属片弯曲并将各触头闭合后,电路电源即由接线端 4 经接线端 3,送到风机继电器的常闭(NC)接线端,并送到制冷运行时所需的低速运行绕组。图 30.19 是图 30.17 和图 30.18 组合后的电原理图。

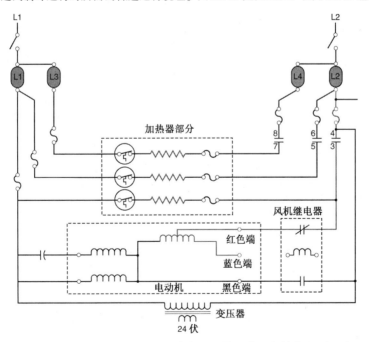

图 30.19　图 30.17 和图 30.18 中各元器件组合后的简化电原理图

记住,程序器触头和继电器触头只用于导通电源,本身并不耗电,并以串联方式连接。

图 30.20 为一组接线端的标记图标,这些标记图标仅用于带有多个程序器的强制通风电热炉,而不用于单个整体式程序器的强制通风电热炉。

图 30.21 为采用单一程序器的强制通风电热炉的电路图。注意,低压电路的接线顺序如下:

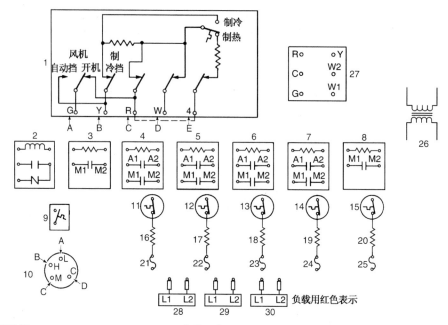

1. 温控器
　　A. 接线端 G(至风机继电器)
　　B. 接线端 Y(至制冷接触器)
　　C. 接线端 R(来自变压器次级)
　　D. 接线端 W(至程序器加热器)
　　E. 接线端 4(可与 R 端搭接)
2. 风机继电器(用于冷却)
3. 风机定时控制
4. 加热程序器 I
5. 加热程序器 II

6. 加热程序器 III
7. 加热程序器 IV
8. 加热程序器 V
　　(接线端 A1 和 A2 仅用于
　　24 伏电源,此两接线端用
　　于附加程序器加热器,使
　　后接程序器得电,M1 和
　　M2 为发热元件接线端)
9. 热动风机控制器
10. 风机电动机

A. 低速
B. 高速
C. 中速
D. 公共线
11~15. 热动限温开关(自动复位)
16~20. 电热元件
21~25. 熔断片
26. 变压器初级端
27. 低压接线板
28~30. 线电压接线盒

图 30.20　图 30.21 中的电气元器件图标

1. 变压器次级电源直接连接至端点 C 以及所有耗电装置上。此电路中没有开关装置,可将此部分电路称为公共电路。
2. 变压器次级的另一端直接连接至端点 R,然后连接至室内温控器的端点 R。室内温控器再将电源分别送往(或称分送)要求"制热、制冷"或"风机运行"各挡位置上的耗电装置电路。
3. 要求制热时,温控器使端点 W 得电,并将电源送往定时控制的风机控制器和第一个程序器,第一个程序器将电源送往下一个程序器加热线圈和再下一个程序器。

对于高压电路的运行程序可见图 30.21。

1. 尽管有 6 个熔断器,分别标注为 L1 或 L2,但其仅表示输入机组的两根电源线。这 6 个熔断器可断开各耗电加热器的电源,并阻止风机电动机的电流值进一步下降。
2. 要求制热时,程序器 1 中的触头闭合,将电源从 L2 送至限温开关和加热器 1 上。与此同时,定时风机控制器得电,其触头闭合,启动风机,以低速状态运行。
3. 当程序器上的高压负载触点闭合时,低压触头(A1 至 A2)也同时闭合,将低压电路中的电源送往下一个程序器的工作线圈,由该线圈来启动第二个加热器的同样的程序器,这样沿着整个电路,一直持续到所有的程序器触头全部闭合,全部的加热器启动为止。

注意,每个程序器所需的程序推进时间约为 20 秒或更长,且一般有 5 个加热程序器要逐一启动。当室内温度比较满意时,由于室内温控器需要将所有程序器的电源全部切断,它大概要 20 秒的时间来关闭加热器。热动风机开关将在此时控制风机持续运行,直至加热器完全冷却。

风机电路是一个由自身控制装置构成的电路,如果风机继电器没有得电,那么风机只能在低速状态下运行。如果风机处于低速运行状态,有人将风机开关转到"风机运行(NO)"挡时,那么风机就会转换为高速运行状态。由于继电器只有常开和常闭触头,因此不可能同时以两种转速运行。

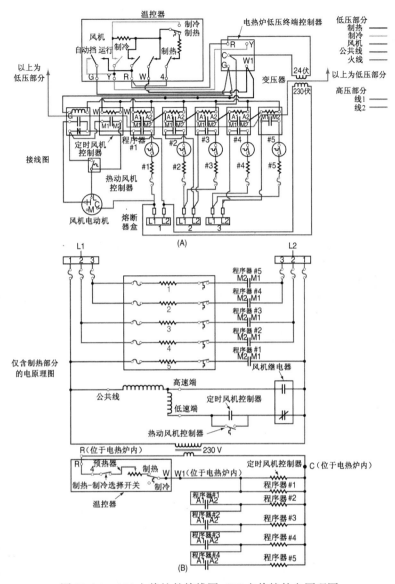

图 30.21 （A）电热炉的接线图；（B）电热炉的电原理图

30.14 电热炉的控制接触器

采用接触器（或继电器）来控制电热炉意味着所有加热器需同时启动运行,除非采用独立的延时继电器。接触器为磁动装置,动作时会产生噪音,其反应动作迅速,但也可能会发出嗡嗡声。接触器通常用于不直接安装于风管上的商用系统,这就可以避免噪声通过系统进行传播,见图 30.22。接触器电磁线圈有 24 伏和 230 伏两组线圈,24 伏线圈由室内温控器控制,可以使 230 伏线圈得电。此电路图中有 4 个接触器及其线圈,用于控制电热器,其中一个还同时控制风机。两个 24 伏线圈得电后,即相互并联在一起。

30.15 电热炉的空气流量

电热炉的空气流量（立方英尺/分钟,cfm）可以采用下述公式进行验算。此公式也经常被称为显热公式,在许多其他的教材中也时常提及：

$$Q_s = 1.08 \times cfm \times TD$$

式中,Q_s 为显热,单位为 Btu/h;1.08 为常数;cfm 为每分钟立方英尺空气流量;TD 为电热炉进、出口空气温差。

　　欲求 cfm,可将公式转化为

$$\text{cfm} = \frac{Q_s}{1.08 \times \text{TD}}$$

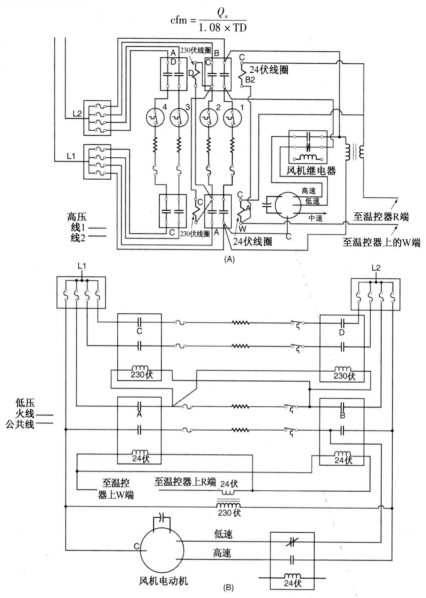

图 30.22　(A)采用接触器的电热炉接线图;(B)电原理图

　　电热炉给予气流的总热量(单位为瓦特)可以将电热炉的总电流乘上其电流电压进行计算。例如,电热炉的电流值为 85 安培,与此同时,电流电压为 208 伏电热炉的空气温升为 50°F,则

$$\text{瓦特数} = \text{电流数} \times \text{电压值}$$
$$= 85 \times 208$$
$$= 17\ 680$$

　　注意,此计算值包含了风机电动机的功耗,但可以把它按电阻负荷进行计算,尽管这样对电动机的计算会稍有误差。如果用功率表测量的话,此风机电动机的功耗约在 200 瓦特以下,由于这样的误差很小,因此可以忽略。

　　瓦特数必须乘以 3.413,将其转换为 But/h(每瓦特功率中有 3.413 But 热量):

$$\text{But/h} = \text{瓦特数} \times 3.413$$
$$\text{But/h} = 17\ 680 \times 3.413$$
$$\text{But/h} = 60\ 341.8\ (\text{见图 } 30.23)$$

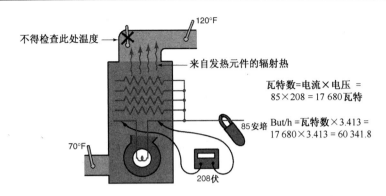

不得检查此处温度

120°F

来自发热元件的辐射热

瓦特数=电流×电压 =
85×208 = 17 680 瓦特

85安培

But/h = 瓦特数×3.413 =
17 680×3.413 = 60 341.8

70°F

208伏

图 30.23 电热炉的风量计算

我们可以利用上述显热公式的计算结果来求得空气流量 cfm：

$$cfm = \frac{Q_s}{1.08 \times TD}$$

$$cfm = \frac{60\,341.8}{1.08 \times 50}$$

$$cfm = 1117.4$$

技术人员可以利用系统的电热部分来确定制冷系统相应的空气流量,通过将风机选择开关选定在"风机运行"位置来控制风机的转速,这就可以保证风机能以与制冷运行状态完全相同的转速运行。对制冷系统来说,风量减少往往会带来许多问题,我们将在以后章节中予以论述。

采暖、通风与空调行业的"金科玉律"

前往居民住宅、上门维修时：
1. 选择适当的停车车位,不要阻挡主人的车道。
2. 既要有专业形象,又要有专业的技术。服装与鞋必须保持整洁,穿着在地下室操作的工作服时,在进入主人居室前必须脱去。
3. 认真向顾客了解机器故障的详细情况。顾客的介绍不仅可以帮助你解决问题,而且往往可以为你节省时间。
4. 在适当场合下检查一下增湿器,要向顾客强调,每年的定期维护对健康至关重要。

注意向客户提供一些额外服务

下面是一些举手之劳的服务项目,可以在维修过程中顺手完成：
1. 维修、更换所有擦伤的连接导线。
2. 清理或更换积垢过滤器。
3. 需要时,为风机轴承添加润滑油。
4. 紧固冰柜箱门,补上失落的螺钉。

30.16　报修电话

报修电话 1

一位客户来电说,其一台 20 kW 电热炉不制热,并告知风机能运行,但就是没有热量。这是一台带有风机启动程序器的单一程序器系统。其故障为:第一级程序器线圈已烧毁,无法使触头闭合。第一级程序器用于启动制热,因此没有一个电热器能够正常运行。

技术人员非常熟悉这一系统,安装之后一直运行正常。技术人员认为,既然风机能够启动,那么说明 24 伏的电源完全正常。来到现场后,技术人员发现温控器设定在要求制热的位置上。技术人员带着程序器备件、电压 – 电阻表和电流表进入地下室。

走近电热炉时,可以明显听见风机正在运行。拆下电热元件和程序器的盖板,用电流表检测各电热元件是否有电流,均无。**安全防范措施**:技术人员应严格遵守各项电气安全预防措施。检查所有程序器线圈上的电压,见图 30.21 所示电路图,发现定时风机控制器和第一级程序器上均有 24 伏电压,但触头未闭合。打开电源电闸,检查第一级程序器线圈是否导通,发现其线圈开路。更换程序器后,恢复供电,电热器正常运行。

报修电话 2

一位居民来电:其住宅内电热器不制热,但可闻到一股烟味。公司调度员建议顾客立即关闭电热炉,等待维修人员到达。其故障为:风机电动机电路断路,因此不能运行,烟味来自加热元件。

技术人员到达,来到室内温控器处,将系统运行切换至制热挡。这是一个没有制冷功能的系统,否则应将温控器切换至"风机运行"挡来判断风机是否能启动。如果此时风机不能启动,那么对解决此故障十分有益。技术人员走近位于客厅壁橱内电热炉时,注意到有明显的烟味。用电流表检测电热器的电流,发现其实际电流为40 安培,但风机不启动。**安全防范措施**:技术人员应遵守各项电气安全预防措施。

技术人员查看了线路图,发现风机应在程序器的一组触头闭合,第一级发热元件运行时启动。检查风机电动机上电压,有电压,但不运行。切断整个机组电源,配电箱上锁,挂上标志。对电动机进行导通检查,证实电动机绕组开路,技术人员更新电动机,系统正常运行。

报修电话 3

维修人员接到一位定期保养客户的来电,要求上门检查,电热器的接线端一直发烫,接线端处的导线绝缘层也已烧毁。

拆下电热器配电箱盖板后,技术人员发现导线上的绝缘层确实烧毁,并让商店经理了解这一现状,建议将这些导线和接触器全部更新。商店经理询问,如果等到导线和接触器损坏后会有什么问题,技术人员向其解释,电热器很可能会在天气比较寒冷的周末发生停机,这样就会使得楼房内的自来水冻结,如果架空的防火喷头冻结,然后融化,那么所有商品就会被淋、受潮。如果出现这样的情况,那就太不值得了。**安全防范措施**:技术人员切断电源,采用适当规格的、有耐高温绝缘层的导线和接触器将电热器中的所有带有故障隐患的导线和接触器全部更新。

以下报修电话案例不再提供解决方法的说明,答案可参见 *Instructor's Guide*。

报修电话 4

一家小企业来电说,他们的电热系统热量不足,这天是严寒天气到来的第一天,温控器设定在 72 ℉ 时,房间温度只有 65 ℉,此系统是一台带有 30 kW(6 级,每级 5 kW)带式加热器的空调机组,设置在屋顶上。其两个加热器中的熔断片因先前的空气过滤器积尘而烧断。

技术人员到达,找到室内温控器,检查了温控器的设定状态,发现室内温度低于设定值 5 ℉,技术人员带着电压–欧姆表和一个电流表来到屋顶上检查。**安全防范措施**:在拆下安装有带式加热器的机组面板后,检测电流时应特别小心。6 级加热器中的 2 级没有电流。最初,看上去像是程序器存在故障。对每个程序器线圈进行电压检测后发现,所有程序器的触头均能闭合,每个线圈上都有 24 伏的电压。对每一个电热器的接线端进行电压检测,各级均有电压,但就是没电流。

是什么故障,应如何解决?

预防性维护

电热设备的维护保养包括众多小功率采暖装置或集中式采暖系统。电热装置、电热设备或系统都需要消耗大量的电能,而电源是通过导线、墙上电源插座(移动式加热器)和接插器传递至各种机组的,因此这些拖动负载的导线、电源插头和接插器必须予以定期的全面维护。

移动式电热器 移动式电热设备上频繁出现故障的地方就是插入式电源线。墙上电源插座出现过热时,应首先关闭电热器。手接触时一般会感到温热,但如果感觉到非常烫手,应立即关闭电热器,检查插头和墙上插座。如果不予维修,那么插头附近很可能会起火,使用这样的电热器时,很可能会出现更糟糕的事情。

移动式电热器使用时应始终有人在侧,以确保安全运行,不要将移动式电热器放置在可燃物附近使用。移动式电热器只能以直立状态使用。

集中式电热系统 大容量电热系统的维护与保养工作涉及平板式、踢脚板式或强制通风式 3 种形式。平板式和踢脚板式电热系统只要安装正确,一般不需要较多的维护。踢脚板式一般需要有比平板式更多的空气在发热元件上循环,因此,踢脚板式电热系统必须保持清洁。某些多尘区域更需要经常清理。平板式和踢脚板式电热器均采用线电压温控器,这些温控器中设有运动件,往往最先出现故障,且在其内部也会有少量的积尘,必须在适当时候予以清理。但是,维护前必须切断电源。

集中式强制通风系统中设有推动空气流动的风机,因此需要对其过滤器进行维护。过滤器应根据积尘情况定期更换或清理。

某些风机轴承需要定期加油润滑。由于套筒式轴承不能在润滑不足或润滑条件较差的状态下运行,因此必须保证采用套筒式轴承的电动机和风机轴处于良好的工作状态。用手提动电动机或风机轴,检查其位移量。不要将轴端的正常间隙误以为是轴承磨损,许多电动机的轴向容隙一般可达 1/8 英寸。

一些强制通风机需要采用皮带传动,因此常需要对传动带进行张力调整或更新传动带。为保证安全和防止故障发生,磨损或断裂的传动带必须予以更新。传动带应至少每年检查一次。在没有或几乎没有气流流动的情况下,运行电热系统是非常危险的。

除了明确容许使用期可以稍长些以外,正常情况下,过滤器每运行 30 天后应予以检查。应选用与接口相配的过滤器,并保证过滤器上的方向箭头与气流流动方向相符。当强制通风系统上的过滤器装置出现阻塞时,系统的风量就会下降,并引起发热气体过热。自动复位的限温开关应能在跳闸后自动复位。如果其状态始终保持不变,那么这些开关可能已损坏,电热器中的熔断片只能切断电路。如果出现这样的情况,必须有合格的技术人员更新熔断片。这就需要报修,如果限温开关能正常复位,这一报修电话就完全可以避免。

电热元件一般均由低压温控器控制,它通过断开或闭合程序器或接触器和触头来启动或关闭电热。程序器上的触头上带有较大的电负荷,很可能会产生很大的内应力。即使在有良好保养维护的系统中,很可能也是最先出现故障的器件。可以通过目检方式检查接触器中的各个触头,但程序器上的触头均为隐藏式的。接触器上的触头出现斑点凹坑时,可以更换接触器上的触头,否则,这种状态只能越来越糟,进而还可能引起其他故障,如电路中的接线端和连接导线出现损坏。

检查程序器时唯一可以采取的方法是目检导线上的褪色情况,并在程序器得电的情况下检查每一路的电流,如果程序器电路中没有电流,很可能是程序器已损坏。不要忘记加热器必须要有电能流动的通道。许多程序器在确认损坏后,却发现是加热器中的熔断器或加热器本身已开路。

加热器接线盒中的线电压接头应仔细检查,如果导线上有任何渍斑或连接头发烫,那么这些元器件必须予以更新。如果某导线有明显褪色且有足够长度时,可剪切至正常色泽处后连接。

熔断器的夹座很可能会失去弹性,以至于不能紧紧夹住熔断器,这往往是由发热引起的,而且很明显,是在没有设过载和无明确的原因之下熔断器发热烧断所引起的。要使机组能够安全、正常地运行,这些熔断器及夹座必须全部更新。

本章小结

1. 电制热是一种最适宜为独立房间和小区域供热的采暖方式。
2. 集中式电热系统的安装与维护费用一般不会高于其他类型的采暖方式。
3. 电热系统的运行成本高于其他类型的燃料系统。
4. 低压温控器、程序器以及各种继电器是集中式强制通风系统的常用控制装置。
5. 程序器主要用于分级启动发热元件,它可以避免同时启动大功率负载。如果大功率负载同时启动,很可能引起电源不稳,导致电压下降,灯光闪烁,以及其他设备的运行失常。
6. 程序器采用带有 24 伏加热器的双金属片。其加热器可以使双金属片弯曲,闭合触头,启动高压发热元件。
7. 集中式系统中的风机,在发热元件工作时,必须始终处于运行状态,系统的线路布置应保证这一联动运行关系。
8. 整个系统受限温开关和熔断片(温度控制)保护。
9. 对于电热设备和系统,应定期进行预防性保养和检查。

复习题

1. 电热设备中常用的电阻丝材料是_____。
2. 采用炽热线盘的移动式或称小功率区域加热器以_____方式进行传热。
3. 踢脚板电热器以_____方式进行传热。
4. 集中式强制通风电热炉的优点是:
    A. 对于多个独立房间来说,完全没有区域控制;
    B. 每个房间内必须安装一台温控器;
    C. 只能采用线电压温控器;

　　D. 很难再添装空调(冷却)系统。

5. 集中式电热设备中的常用控制器是温控器、接触器(或继电器)以及
　　A. 电容器；　　　　　　　　B. 程序器；　　　　　　　　C. 预冷器。

6. 低压温控器常用于集中式电热器,是因为它结构紧凑、反应灵敏以及
　　A. 可以提供熔断器保护；　　　　B. 可以用做温度限制开关；　　　　C. 安全可靠。

7. 预热器的设定值是根据什么确定的?
　　A. 所有通过温控器控制感温包和预热器的 24 伏电路电流之和；
　　B. 风机电动机的电流值；
　　C. 电路中高压电流之和；
　　D. 限温控制器的电压值。

8. 程序器采用_____(高或低)电压控制电源来启动和停止电热器运行。

9. 正误判断:组合式程序器仅可以启动或停止一级双金属条的加热。

10. 两种电路图分别是接线图和_____。

11. 限温开关关闭机组是因为
　　A. 出现高温；　　　　　　　　B. 电热炉不能维持适当的热量；
　　C. 预热器不能正常地运行；　　　　D. 预冷器不能正常地运行。

12. 将变压器电源送至温控器的导线颜色为:
　　A. 红色；　　　　B. 蓝色；　　　　C. 橙色；　　　　D. 黄色。

13. 写出流过电热炉发热元件空气流量的计算公式。

14. 耗电装置以_____(串联或并联)方式相互连接。

15. 通电装置以_____(串联或并联)方式相互连接。

电热设备的故障诊断表

　　电热设备包括电热锅炉和强制通风电热系统。本章讨论的内容基本上是最常见的强制通风系统。这些强制通风系统能够以基本的供暖设备方式出现,也可以用做热泵的辅助供热系统。技术人员应始终注意听取客户对故障症状的描述,顾客对系统运行状态的简单描述,往往可以帮助你了解、掌握故障的起因。

故障	可能的原因	相应对策	标题号
温控器要求制热时, 不制热	电源电闸断开	闭合电闸	30.11
	熔断器或断路器开路	更换熔断器或将断路器复位,并确定 原因	30.11
	高温使熔断片熔化,电路开路	旋紧发热熔断片处松脱的接线端	30.12
	高压接线或接线端故障	维修或更换损坏的导线或接线端	30.12,30.13
	控制电压电源断开	检查控制电压熔断器和安全装置	30.12
	控制电压接线或接线端故障	维修或更换损坏的导线或接线端	30.12
	发热元件烧毁,电路断开	更换发热元件,检查气流情况	30.12,30.15
制热效率低下	部分电热器或限温器电路断开	见上	30.10,30.12
	电源电压低	调整电压	30.12,30.13

第31章　燃气制热

教学目标

学习完本章内容之后,读者应当能够:

1. 论述燃气炉的主要构件。
2. 说出燃气炉的两种燃料名称,并论述各自的特性。
3. 讨论可变端口燃气炉及其安全装置。
4. 讨论引火开关、辅助限温开关以及风管安全开关。
5. 讨论用水柱英寸高度计量燃气压力,并论述用压力表检测燃气压力的方法。
6. 讨论燃气的燃烧过程及其特征。
7. 论述电磁阀、膜片阀和热动燃气阀。
8. 叙述燃气自动组合阀的作用与运行。
9. 论述燃气伺服调压器的作用与运行。
10. 讨论备用燃气阀的含义。
11. 讨论不同类型的燃气燃烧器和热交换器。
12. 论述诱导式通风与强制通风间的差异。
13. 论述并讨论暖风风机控制的不同方法。
14. 陈述暖风风机控制的非延时定时装置的作用。
15. 论述持续式、间歇式、直接燃烧式和热表面点火系统。
16. 说出3种火焰探测装置,并论述每一种探测装置的工作原理。
17. 讨论延时启动、停止燃气炉风机的目的及控制方式。
18. 陈述限温开关的作用与目的。
19. 论述烟道气排风系统。
20. 讨论火焰调整方法,以及它与近端与远端火焰传感器的关系。
21. 了解采用火焰调整装置的排故程序与维护保养方法。
22. 讨论高效燃气炉的主要构件。
23. 论述直接排风、间接排风以及正压系统。
24. 解释露点温度在运用于高效冷凝炉时的含义。
25. 讨论过量空气、稀释空气、助燃空气、一次空气、二次空气。
26. 论述高效冷凝炉的冷凝水处理系统。
27. 确定燃气炉的效率值。
28. 讨论电子点火组件和燃气炉组合控制装置。
29. 论述双级燃气炉、调节式燃气炉和可变输出温控器。
30. 解释燃气炉燃气管布置方法。
31. 解释燃气炉电原理图和排故流程图。
32. 比较高效燃气炉与常规燃气炉的结构。
33. 论述烟道气中二氧化碳含量与温度测定的方法。
34. 论述燃气炉常规预防维护的一般方法。

安全检查清单

1. 燃气在通风不良区域具有危险性。它能取代空气中的氧气、引起人员窒息并易引起爆炸。如果怀疑有燃气泄漏,应绝对防止明火或火星出现。**安全防范措施:**手电筒开关的小火花也可能点燃燃气。在进入密闭区域操作前,必须使该区域充分通风。
2. 安装或维修燃气炉时,必须始终将燃气气源关闭。
3. 燃气炉运行不正常时会产生一氧化碳,它是一种有毒气体。必须绝对避免产生一氧化碳气体。
4. 火焰顶端出现黄色焰点说明火焰缺氧,此时会散发出有毒的一氧化碳气体。
5. 切实保证燃气炉的正常排风是必不可少的,这样才能使烟气完全消散在大气中。
6. 对烟气进行采样时,手不要碰到温度较高的排气管。

7. 热交换器存在故障(洞孔或有裂缝)的燃气炉绝不能运行,因为烟气很可能会与空气混合分散至整栋楼房内。

8. 采用压缩空气对燃气炉零件进行清洗时必须佩戴护目镜。

9. 限温开关必须能正常运行,以避免燃气炉因空气流动受阻或其他故障出现过热。

10. 燃气炉工作区域必须要有充分的补充空气。

11. 所有新安装的燃气管线均应做泄漏测试。

12. 只在有良好通风的区域内,燃气管线才能排出管线内的残留气体。

13. 对电气系统进行排故时,必须遵守各种安全操作规定,在此区域的触电很可能是致命的。

14. 更换任何电气元器件前,必须切断电源,配电箱上锁、挂上标志。应保留一把钥匙,在进行维修操作时,将此钥匙放在自己身上。

15. 设备安装或维修完成之后,必须进行燃气泄漏检查。

31.1 燃气强制热风炉

燃气强制热风炉设有产热系统和热空气分配系统两部分。产热系统包括歧管与控制器、燃烧器、热交换器和排风系统;热空气分配系统由推动空气在整个风管中流动的风机和风管组件组成。图31.1为新式高效冷凝燃气炉的总体结构图。

燃气在歧管与流量控制器的控制下送入燃烧器燃烧,并在热交换器中产生烟气,加热热交换器内和热交换器周围的空气。烟气由排风系统排向大气,加热后的空气由风机通过风管送往采暖区域。

31.2 燃气炉的种类

上流式燃气炉

上流式燃气炉为直立式安装,因此需要有较大的净空高度。其设计意图是将燃气炉设置在底楼,将风管架空在夹层处,或是将燃气炉设置在地下室,风管固定在梁与梁之间或梁的下方。燃气炉从后端、底部或靠近底部的两侧面吸入冷空气,从上端排出热空气,见图31.2。

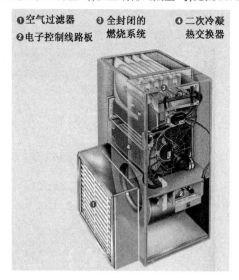

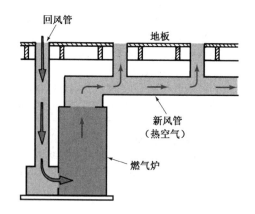

图31.1 新式高效冷凝式燃气炉(Bryant Heating and Cooling System 提供)

图31.2 上流式燃气炉的气流走向

矮胖式燃气炉

矮胖式燃气炉的高度约为4英尺,它主要用于净空较低的地下室安装,风管固定在底楼下方,冷热空气的进/出口均设在上端,见图31.3。

矮胖式燃气炉通过将燃气炉后侧的风机移到一个单独的箱体内,不与热交换器处于同一直线上。

下流式燃气炉

下流式燃气炉有时也称为逆流式燃气炉,其外观与上流式燃气炉相似,其风管可设置在混凝土地板或房间地下的狭小空间内。下流式燃气炉的空气进口位于上端,而热风出风口位于底部,见图31.4。

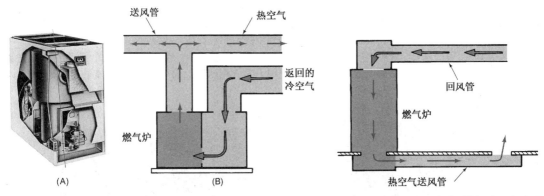

图 31.3 (A)矮胖式燃气炉;(B)矮胖式燃气炉的气流走向 图 31.4 下流式(即逆流式)燃气炉的气流走向

卧式燃气炉

卧式燃气炉由侧面定位安装。它一般安装于房间下方的狭小空间内或屋顶的夹层内,或悬吊在地下室上方的地板大梁上。这几种安装方式均不需占用地面面积。空气进口位于一端,而热风出口则在另一端,见图31.5。

多端口(多安装位)燃气炉

多端口燃气炉能够以任何方位安装,这给燃气炉的安装带来了很大的灵活性,尤其给燃气炉安装承包商带来了很大的便利。多端口燃气炉可将热风口任意选定为上流式、下流式、卧式右端或卧式左端,见图31.6。大多数情况下,生产厂家均按较为常见的上流式结构形式供货,然后在现场稍做改动即可转变为其他气流模式。助燃空气管和废气管可以连接在燃气炉两侧面中的任意一侧。冷凝水排水管也可以固定在燃气炉两侧面中的任意一侧,只要将不工作的一侧用封盖封闭即可。图 31.7(A)为分别带有两个助燃空气管和冷凝水排水管接口的高效冷凝式燃气炉。为便于改装,许多多端口式燃气炉均采用伸缩管。多端口燃气炉从外观上看与其他燃气炉并没有什么两样,但其内部设有多个备用的冷凝水排水管接口、助燃空气接口、排气管或冷凝水排管的伸缩管以及某些位置上备用管口的管封口。

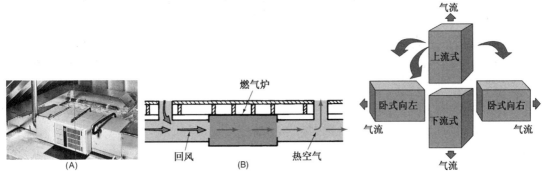

图 31.5 (A)带有空调盘管的卧式燃气炉;(B)卧式燃气炉的气流走向(BPD Company 提供)

图 31.6 多端口燃气炉的4 种不同位置

由于多端口燃气炉可以 4 种不同的气流形式设置,因此这种燃气炉中必须配置多路安全控制器。图 31.7(B)为相互非常靠近的多路双金属引火开关或过温限制器。这样一来,无论其结构形式如何,均可有效地保护燃气炉的安全。

常闭的引火开关一般设置在燃烧器盒上端附近,因为此处最可能得到引火。燃气炉水平安装时,备用的引火开关以串联方式连接,为引火装置提供特别保护。在有些燃气炉上,控制电路还能在引火开关断开后,使燃烧器风机能持续运行。引火开关需按下开关上端的按钮才能人工复位。

　　安全防范措施:千万不要用自动复位的引火开关来替代已损坏或不起作用的人工复位的引火开关。

　　对于逆流式和卧式燃气炉,一般还采用备用限温开关。这种限温开关为类似于引火开关的双金属开关,但通常安装于暖风风机的壳体上,见图31.7(C),用以监控室内的回风温度。当温度过高时,即自动停止燃烧器的运行,这样就可以避免回风温度高于燃气过滤器容许的最高温度。一般情况下,如果备用限温开关断开,那么燃烧室风机或暖风风机还将持续运行一段时间。这些控制器中的大多数均能自动复位。

　　排风限温开关,即抽风安全开关一般均为常闭开关,如果燃气炉仅安装一个排风限温开关,那么它通常安装于抽风罩内,其结构与引火和备用限温开关相似,为双金属开关。用以监控抽风罩内温度,如果有燃气溢出,即可停止燃烧器的运行,见图31.7(D)。

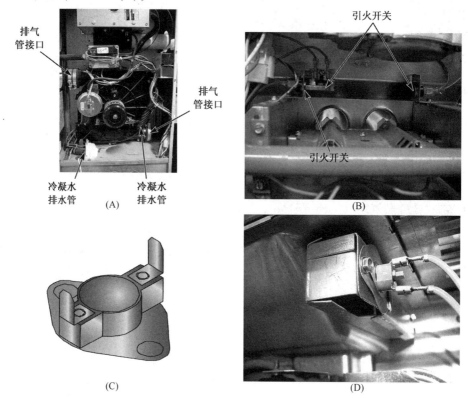

图 31.7　(A) 多端口燃气炉中设有两个通风选用管口和两个冷凝水排水选用管口;(B) 多端口燃气炉内设有
　　　　多个引火开关;(C)水平和逆流安装时用的备用限温开关,这些限温开关安装于暖风风机壳体内,用
　　　　以监控回风温度;(D)如果有燃气溢出、泄漏,排风安全开关即可切断电路(Ferris State University提供)

31.3　燃气

　　燃气炉的常用燃气为天然气、人工煤气和液化石油气。

天然气

　　天然气是由动植物的残体经数百万年的演变与石油一同形成的。这类有机物年复一年地不断堆积,并逐渐被冲入或沉积在地球地壳的凹陷区域内,见图31.8。这类有机物堆积到一定的深度后,由于其自身的重量,形成非常大的压力和很高的温度,引起一系列化学反应,使这部分有机物转变成了石油和天然气,并沉积在地壳深处的油井内和多孔岩石内。

　　天然气由 90% ~95% 的甲烷和其他几平均可燃烧的碳氢化合物组成,这就使得天然气能够充分燃烧且非常清洁。天然气的平均比重为 0.60,如果干空气的比重为 1.0,那么天然气的重量仅为干空气的 60% 左右。因此,将天然气排入大气时,它会向上移动。天然气的性质因产地不同而略有变化。与空气一起燃烧时,1 ft³ 的天然气约产生 1050 Btu 的热能。你也可以向所在地区提供天然气的煤气公司了解一下具体数据。

来自地壳深处油井(或称气井)的天然气还含有大量的水汽和其他气体,在作为燃气使用之前,还需将这些水汽和其他气体排除。

天然气本身无味无色,也不具有毒性。**安全防范措施:**它能替代空气中的氧气,引起窒息,因此具有危险性。此外,天然气积聚到一定量时,还可能会爆炸。

硫化物具有强烈的大蒜味,一般作为气味添加剂加在天然气中,以方便检漏,但天然气燃烧时,不会产生任何气味。

液化石油气

液化石油气(LP)就是液化的丙烷、丁烷或是丙烷和丁烷的混合气体。这些气体处于气态时,能以一种或两种气体的混合物方式与空气一起燃烧。石油气一般通过增压方式使之液化,需要使用时再转变为气态。气罐上的调压器可以在石油气离开气罐时使其压力降低。当石油气的蒸气从气罐中排出时,气罐中的一部分液化石油气即随之汽化,或者说蒸发。液化石油气既可来自于天然气,也可以是炼油过程中的一部分副产品。丙烷在常压下的汽化温度为 −44℉,因此,即使在北方的冬季,也可以将其存储于气罐中,以便在较低的温度下使用。

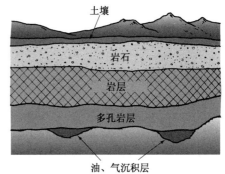

图 31.8　地壳深处的油、气沉积层

液态丁烷具有较高的气化温度,当温度低于 31℉ 时,气罐即可能出现负压状态,因此,此时气罐必须予以保温或设置小功率的加热器,使气罐能够保持足够高的压力,将丁烷气送入主燃烧器。因此,这种燃气的应用并不十分普遍。尽管它具有较高的发热量,但因为压力问题,很难操作。

1 ft³ 的丙烷气燃烧时可产生约 2500 Btu 的热能,但它需要 24 ft³ 的空气予以助燃。丙烷气的比重为 1.52,也就是说,丙烷气的重量约为同体积空气的 1.5 倍。因此,丙烷气排入空气时,会始终下沉。**安全防范措施:**由于它能替代氧气,引起窒息,因此仍具有危险性,而且它往往会积聚在低洼处,形成具有高爆炸性气体积聚的小区域。

丁烷燃烧时产热量约为 3200 Btu/ft³。液化石油气含有比天然气更多的氢原子和碳原子,其产热量相应来说较高。丁烷及丙烷在与空气混合后,往往会使其性质发生改变,此时我们一般把它称为丙烷空气或丁烷空气。这一混合过程一般采用混合设备在高压状态下进行,它可以使单位体积量气体的发热量及其比重下降。空气与天然气按比例混合后,尽管其许多特性参数已发生变化,但可以用于替代天然气直接在天然气燃烧器上进行燃烧,不需要对燃烧器做任何调整。液化石油气主要用于天然气无法获得的场合。

燃气比重是一个非常重要的特性参数,因为它会影响燃气在管线和燃气炉的燃烧气孔中的流动。这些管件上的气孔非常小(常称为喷口),燃气必须通过它才能流入燃烧器,见图 31.9。燃气流量既取决于压力,又取决于该孔口的大小,在同样的压力之下,比重较轻的燃气在流过一给定孔口时的流量往往要比比重较大的燃气来得多。

安全防范措施:标定为天然气的燃气炉不能单独使用液化石油气,因为液化石油气需要非常大的喷气孔,否则往往会出现过烧、结炭等现象。

采用按一定比例将液化石油气与空气混合的燃气在天然气燃气炉中燃烧时,一般均能获得较为满意的效果,这是因为适当混合后的燃气与燃气炉的喷气孔规格相匹配,其燃烧率也相同。

歧管压力

燃气炉中的歧管压力应根据制造商的性能指标设定,这是因为这些性能指标与其燃烧的燃气特性相关。歧管内的燃气压力一般远低于 1 psi,因此常用英寸水柱来表示(in. WC)。1 英寸水柱压力也就是将水柱上升 1 英寸所需的压力,1 psi(磅/平方英寸)压力可以使水柱上升至 27.7 英寸的高度,即 1 psi = 27.7 英寸水柱。

歧管中的常见压力

天然气和丙烷/空气混合燃气:3~3.5 英寸水柱

人工煤气(发热量低于 800 Btu):2.5 英寸水柱

液化石油气:11 英寸水柱

　　燃气压力通常用水柱压力表进行测量。水柱压力表是一根制成 U 字形的玻璃管或塑料管,管内充入约一半的清水,见图 31.10。家用以及小型商业企业中常用的标准压力表也是以英寸水柱为刻度的,其压力由两侧水柱中的液位高度差来确定。玻璃管的一端通过连接管连接至燃气压力侧,玻璃管的另一端与大气相连,水柱可随压力的增大而上升,见图 31.11。这种压力表通常还有一个可滑动的刻度,可上下调节以方便读取读数。

剖面图

图 31.9　燃气进入燃烧器时必须通过喷气孔

图 31.10　采用英寸水柱高度检测燃气压力的压力表(Bill Johnson 摄)

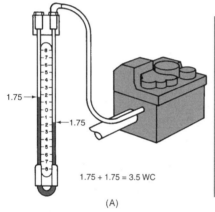

1.75 + 1.75 = 3.5 WC

(A)

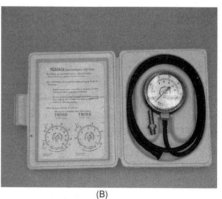

(B)

图 31.11　(A)将压力表连接至燃气阀,检测歧管中的燃气压力;
　　　　　 (B)以水柱英寸数为刻度的压力表(Bill Johnson 摄)

一些常用的压力值的换算值

每平方英寸的压力:

1 lb/ in^2 = 27.71 in. WC

1 oz/in^2 = 1.732 in. WC

2.02 oz/in^2 = 3.5 in. WC (天然气的标准压力)

6.35 oz/in^2 = 11 in. WC (液化石油气的标准压力)

　　燃气压力的检测也常采用数字式压力计,见图 31.12,它能以水柱的英寸数来表示正压力和负压力。数字式压力计的优点之一是绝不会有流体流出,其另一个优点是压力读数直接显示,而不需要检修人员计量水柱的高度差。缺点是数字式压力计需用电池。

　　安全防范措施:连接任何种类的压力计时必须将燃气开关关闭。

图 31.12　以英寸水柱高度为单位的数字式压力计检测燃气压力(John Tomczyk 摄)

31.4　燃气的燃烧过程

　　要正确安装、维护燃气供热系统,采暖技术人员就必须了解与掌握燃烧的基本原理。这些供暖系统安装后,必须能安全、有效地运行。

燃烧需要燃料、氧气和热。燃料、氧气和热三者之间的反应称为快速氧化过程,也就是燃烧过程。

燃气炉中的燃料为天然气(甲烷)、丙烷或丁烷,氧气来自空气,热来自导焰或其他类型的点火装置。燃料含有碳氢化合物,当它被加热到起燃温度时,即与氧气充分混合。空气中含有约21%的氧气。要为燃烧过程提供适量的氧气,就必须提供足够数量的空气。天然气的起燃温度为1100℉~1200℉,那么导焰或其他类型的点火装置就必须提供这样的热量,因为这是燃烧的最低温度。燃烧过程出现时,其化学反应为:

$$CH_4(甲烷) + 2O_2(氧气) \rightarrow CO_2(二氧化碳) + 2H_2O(水蒸气) + 热$$

这一化学反应式表示的是最理想的燃烧过程,其生成物为二氧化碳、水蒸气和热量。尽管理想燃烧很少出现,但稍有偏差也不会引起任何危险。**安全防范措施**:技术人员必须使实际燃烧尽可能接近理想燃烧过程。不完全燃烧所产生的副产品是一氧化碳——一种有毒气体——碳灰,以及少量其他生成物。显然,必须尽可能地避免产生一氧化碳,它是一种无色、无味的有毒气体。

碳灰会降低燃气炉的效率,因为它会积聚在热交换器的表面,形成一层隔热层,因此,必须使之减少到最低限度。

大多数燃气炉和采暖装置均采用常压燃烧器,这是因为燃气与空气的混合物燃烧时都处于常压状态。燃气由喷气孔控制进入燃烧器的流量,同时,燃气的速度又带起喷气孔周围的一次空气,见图31.13(A)。

燃烧器管口直径的减小是为了使燃气在流过管口时将空气同时吸入。管口直径的突然收缩也称为文丘里管,见图31.13(A)。燃气与空气的混合物通过文丘里管进入混合管后,由其自身的流速将燃气强制地送往燃烧器的燃烧口或燃烧槽口。一旦它离开燃烧口,即被点着燃烧,见图31.13(B)。

燃气在燃烧端口被点着时,助燃的二次空气从燃烧器周围的风口引入。此时,其焰色应为蓝色,顶点稍带橙色,而不是黄色,见图31.13(C)。**安全防范措施**:黄色焰顶说明火焰缺少空气,此时会散发出有毒的一氧化碳气体。橙色焰顶千万不要与黄色焰顶混淆,橙色焰顶是由小尘粒燃烧产生的。

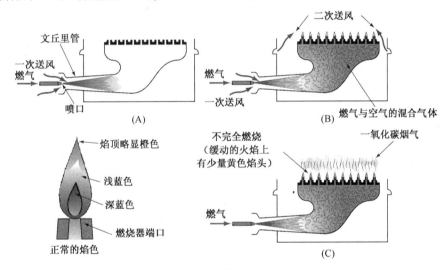

图31.13 (A)一次空气由来自喷口高速流动的燃气气流吸入风门;(B)燃气的点火装置处于燃烧器的上端;(C)不完全燃烧会产生黄色"缓动"的火焰。橙色火焰说明一次送风含有尘粒

除了作用于燃气喷口的压力以外,一次空气量是对火焰状态进行调节的唯一途径。新式的燃气炉几乎都设有此调节功能,这是一种有目的设计方案,即自行维持标准的火焰质量。除了调节燃气压力,唯一能改变燃气炉燃烧特性的就是一次空气吸入的灰尘或各种纤维所形成的堵塞。如果燃烧火焰开始出现黄色,那么就可以推测一次空气存在流动受阻现象。

为了使燃烧器能高效运行,必须要有正常的燃气流量,同时还必须提供相应数量的空气。新式燃气炉现均采用一次主风和二次补风的送风方式,而其燃气供应量,即燃气流量则由喷气孔的大小和燃气本身压力决定。对于天然气来说,歧管内的正常压力一般为3.5 in. WC。但是,调节燃气压力时,应首先采用制造商提供的具体数据,这一点非常重要。

燃气与空气的混合气体中,如果燃气含量太少(即没有足够的燃气量),或是燃气含量过高(燃气比例太高),都不能燃烧。对于天然气来说,如果混合气体中的天然气含量为0%~4%,那么它就不能燃烧;如果混合气体中的天然气含量为4%~15%,那么它就能被点着燃烧。**安全防范措施**:如果有这样的混合气体积聚在某处,那么一旦点着,它就会爆炸。如果混合气体中的燃气含量为15% ~ 100%,那么它既不能燃烧,也不会爆炸。混合气体的燃烧起点与终止浓度也称为可燃性极限浓度,对于不同的燃气,此极限浓度值也不同。

火焰窜出燃气与空气混合室的速度称为引燃速度或火焰速度,它是由燃气的种类和空气与燃气间的比例所确定的。天然气(CH_4)的燃烧速度要比丁烷或丙烷慢,这是因为天然气分子中所含的氢原子较少。丁烷(C_4H_{10})含有10个氢原子,而天然气仅含有4个氢原子。在可燃性极限范围内,燃气在混合气体中的浓度增高,那么其燃烧速度也就增加,因此,燃烧速度可以通过调节空气流量的方法予以改变。

完全燃烧需要有两份氧气对一份甲烷,而大气近似由1/5的氧气和4/5的氮气以及非常小量的其他气体组成的,即必须要有10 ft^3的空气,才能获得2 ft^3氧气与1 ft^3的甲烷混合,燃烧后,其产生1050 Btu的热量和大约11 ft^3的烟气,见图31.14。

空气与燃气在混合室内不可能完全混合,因此为了能得到足够的氧气,从而获得完全燃烧,一般总是提供过量的空气。该过量空气通常要比完全按比例混合所需的空气量多50%,也就是说,燃烧1 ft^3的甲烷,需提供15 ft^3的空气,此时,从燃烧区域排出的烟气量为16 ft^3,见图31.14。同样,排风罩也将增加部分排风量,相关内容将在后面讨论。

上述烟气中约含有1 ft^3的氧气(O_2)、12 ft^3的氮气(N_2)、1 ft^3的二氧化碳(CO_2)和2 ft^3的水蒸气(H_2O)。
安全防范措施:燃气炉必须要有适当的排风,这样才能保证将这些气体全部排入大气中。

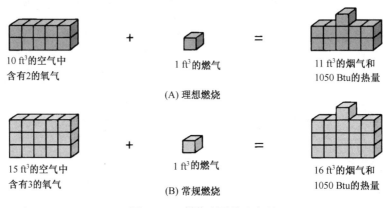

10 ft^3的空气中
含有2的氧气
+ 1 ft^3的燃气
= 11 ft^3的烟气和
1050 Btu的热量
(A) 理想燃烧

15 ft^3的空气中
含有3的氧气
+ 1 ft^3的燃气
= 16 ft^3的烟气和
1050 Btu的热量
(B) 常规燃烧

图31.14　燃烧所需的空气量

火焰温度的下降会引起燃烧效率的下降,当火焰焰头碰撞在燃烧室的侧板时,就会出现这样的情况(由燃烧器位置不正所引起的),这种情况也称为"焰蚀"。当火焰碰撞在燃烧室温度较低的金属表面上时,火焰中这部分的温度就会低于起燃温度,导致燃烧效率下降,并产生一氧化碳和碳灰。

上面所述的燃气含量和数量仅针对天然气而言,采用丙烷、丁烷或丙烷–空气混合燃气,丁烷–空气混合燃气时,这些数据有很大的不同。对于每种燃气炉,在对其进行调整时,必须始终根据制造商的说明书进行操作。
安全防范措施:提取烟气样本时应特别小心,不要触碰温度较高的排气管。

31.5　燃气调压阀

供气管中的天然气不可能保持稳定的压力,而且它往往要比歧管中所需的压力要高出许多。燃气调压阀不仅可以将其压力值降低至适当的状态(in. WC),而且可以使送往燃气阀的燃气出口压力保持稳定。许多调压阀一般都能在数英寸水柱的压力范围内进行调整,见图31.15。顺时针方向转动调节螺钉时,其压力上升;逆时针方向转动时,则压力下降。有些调压器有压力调节限定功能,有些则不能调节,为防止在现场进行调节,这样的调节器一般均采取永久性固定或封闭。如果需要进行调节,那么应与天然气公司联系,以确定调压器正确的设定压力。在大多数新式燃气炉中,其调压器均设置在燃

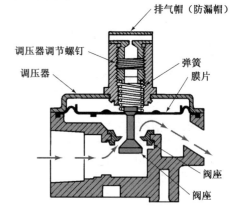

排气帽(防漏帽)
调压器调节螺钉
调压器
弹簧
膜片
阀座
阀座

图31.15　标准燃气调压阀的膜片

气阀内,歧管压力由生产厂家设定在最为常用的压力:对于天然气来说为 3.5 in. WC。

液化石油气燃气炉的调压阀设置在供气罐上,该调压器由气罐供应商提供,确定调压器出口的正常压力时,应与供应商联系。其出口压力范围一般为 10 ~ 11 in. WC。燃气分销商一般也可以对此调压器进行调整,有些地方,分销商提供的液化气压力比较高。此时,安装人员会在燃气炉上安装一个调压器,将其压力降低至制造商规定的压力值,一般为 11 in. WC。液化气设备一般不采用带有内置式调压器的气阀。

组合式气阀的阀体内设有内置的调压阀。制造商通常会提供数套供天然气改装为液化石油气所需的改装配件。许多时候,为了使气阀口始终处于开启状态,在气阀的调压器处需换装一个具有更大弹性的弹簧。有些气阀还配置了推杆式按钮。将按钮朝调压器方向压下,就可以使调压器始终处于打开状态,使气罐上的调压器或壳体一侧的调压器对压力进行控制,并将压力调节在 10.5 ~ 11 in. WC。作为液化气阀出售的组合气阀,其某些结构的调压器也可进行这样的改装。总之,对各种燃气调压器的设定均必须仔细查阅制造商的说明书。

由于各种气阀的结构不同,将天然气调压阀改装为液化气调压阀的操作步骤因不同的制造商产品而有所不同。例如,将天然气调压阀改装为液化气阀还包括通过某种方法在主燃烧器上换装更小的喷口,安装一个新的引火喷管来改变原有的 3.5 in. WC 调压器压力。此外,由于液化气比空气重,改装操作可能还需要将点火/控制组件换成 100% 的关闭组件。

安全防范措施:燃气压力的调节只能由有经验的技术人员进行操作。

31.6　燃气阀

燃气从调压器排出后,由连接管送往歧管上的燃气阀,见图 31.16。气阀有多种类型,其中许多均配置有先导阀,因此也称为组合气阀,见图 31.17。我们先讨论各种气阀,然后再研究组合气阀。气阀一般可分为电磁阀、膜片阀和热动控制阀。

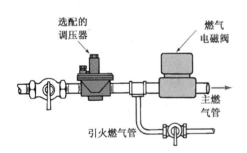

图 31.16　天然气燃气炉的主气管与引火燃气管的布置方式,燃气通过一个独立的调压器送往燃气阀,然后再进入气罐

图 31.17　(A) ~ (B) 两种带有组合调压器的气阀((A):Honeywell,Inc.,Residential Division 提供,(B):Robertshaw Controls Company 提供)

31.7　电磁阀

燃气式电磁阀一般均为常闭阀,见图 31.18。电磁阀中的滑阀设置在阀体内。当线圈内有电流时,滑阀即被吸入线圈内,使阀口打开。滑阀由弹簧施加一个反作用力,失电时,由弹簧将滑阀推回常闭位置,关闭燃气,见图 31.19。

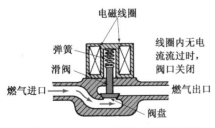

图 31.18　电磁气阀处于常闭状态

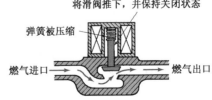

图 31.19　电磁阀处于打开状态

31.8　膜片阀

　　膜片阀利用膜片上某一侧的燃气压力来打开阀口。当膜片上方为燃气压力,下方为大气压力时,此膜片就会被朝下推动,主阀口被关闭,见图31.20。当膜片上方的燃气排出时,膜片下方的压力就会使膜片向上移动,使主阀口打开,见图31.20。主阀口的关闭与打开均由一个称为先导阀的小气阀控制,其体积很小。该先导阀有两个端口,一个端口关闭时,另一个端口则打开。至上腔室的端口关闭时,燃气就不能进入膜片上侧的腔室,而通向大气的端口被打开。原滞留在此腔室内的燃气被排入大气或流入正在燃烧的引火器。此阀控制流入上腔室的燃气,同时自身又受一个小电磁线圈控制,见图31.21。

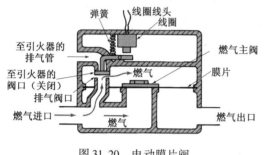

图31.20　电动膜片阀

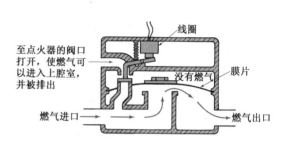

图31.21　线圈得电时,由于连杆被吸向线圈,至上腔室的阀口被关闭,上腔室内的燃气排向引火器,此腔室内压力下降,膜片下方的燃气压力推动膜片上移,阀口打开

　　当温控器要求以热动方式供热时,双金属条被加热并逐渐弯曲。双金属条上装有小加热器,或有电阻丝绕在此双金属条上,见图31.22。双金属条弯曲后,即可将连接至上腔室的阀口关闭,排气阀口打开。上腔室中的燃气即排入正在燃烧的引火器,使膜片上方的压力降低,此时,膜片下方的燃气压力即可推动膜片朝上移动,见图31.23。

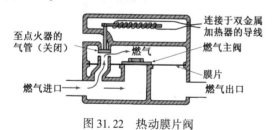

图31.22　热动膜片阀

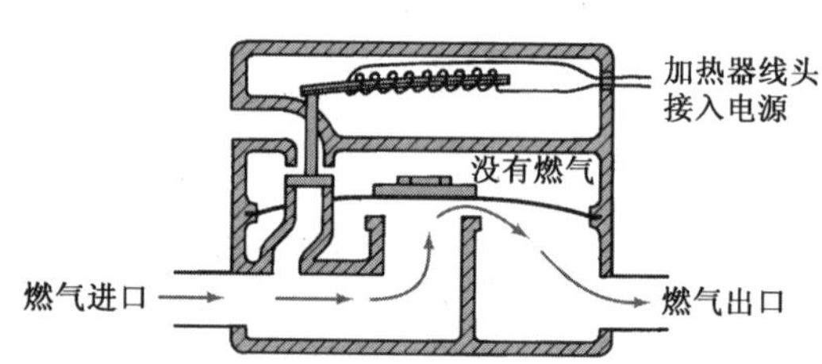

图31.23　双金属条加热器连接电源时,双金属条弯曲,使通往上腔室的阀口关闭,上腔室燃气排气管的阀口打开。膜片下方的燃气压力增大,将主阀口打开

31.9　热动控制阀

　　热动控制阀中,其阀杆上绕有一个电热元件,即一段电阻丝线圈,见图31.24。当温控器要求供热时,加热线圈,即电阻丝得电后产生热量,使此阀杆膨胀、伸长。阀杆伸长后,可将阀口打开,使燃气流动。由图可见,只要此阀杆有持续热量,那么此阀即能维持打开状态;当加热线圈在温控器的控制之下失电时,此阀杆即开始收缩,并在弹簧的作用下将阀门关闭。

　　阀杆的伸长以及后续的收缩都需要有一定的时间,这一时间随不同型号而有所变化,但其打开阀口的平均时间为20秒,关闭阀口的时间约为40秒。

　　安全防范措施:由于其有延时效应,因此操作此类热动气阀时应特别小心。此外,由于它不发出任何声响,因此一般无法确定其阀口的确切状态,很可能在浑然不知的情况之下已有大量的燃气逃逸。

31.10 组合式全自动燃气阀

许多供住宅和小型商业企业使用的新式燃气炉现均普遍采用组合式全自动气阀（ACGV），见图 31.25。这种阀组合了手动控制装置、引火供气管、引火调节与安全关闭装置、调压器以及操控燃气主阀的控制器，并设有双重关闭阀座以获得特别的安全保护，故这种阀也称为多重气阀。这种阀还组合了前面所提到的燃气控制和安全关机等多项功能。

新式的组合气阀还可能包括按一定程序运行的安全报警功能、伺服压力调节装置、选配的各种阀内控制器以及其他辅助装置。

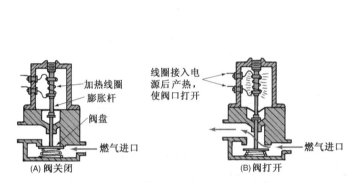

图 31.24　热动阀：(A)阀关闭；(B)阀打开

图 31.25　组合式全自动气阀(Honeywell, Inc., Residential Division 提供)

持续式引火自动燃气阀

用于持续引火的常规燃气阀的内部结构见图 31.26。持续引火系统有一个自始至终点着的引火燃烧器。这种阀的运行过程如下。

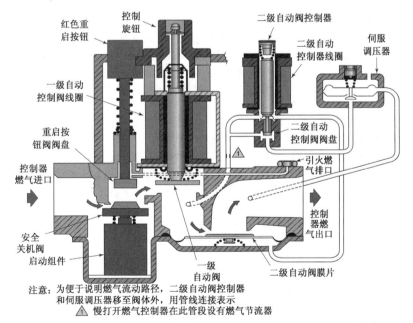

图 31.26　带有伺服调压器的持续式引火组合燃气阀(Honeywell, Inc., Residential Division 提供)

　　阀的左侧为燃气进口,其管口通常由制造商安装了一个过滤网,即过滤器,以阻止杂质和各种碎片进入阀内。燃气首先碰到安全关机阀,压下红色的重启按钮可以人工打开此安全关机阀,事实上,它也是点着引火燃烧器的一个动作。压下红色重启按钮可以使燃气流入引火燃气排口,引火燃气燃烧器此时被点着。引火火焰将热电偶裹住加热,热电偶产生直流电电压。单根标准热电偶产生的电压通常为 24~30 毫伏(直流)。之后,在热电偶和启动组件中形成直流电流。本章后面还将对热电偶进行更详细的讨论。

　　启动组件由低阻值的线圈和一个铁心组成。启动组件得电后,可产生足够大的作用力,克服其自身的弹簧力,使安全关闭阀打开。如果引火火焰在某一时刻消失,那么启动组件就会因为热电偶冷却,停止产生毫伏级电压而失电,最终使所有燃气停止流动。

　　由于启动组件仅仅是一个锁定线圈,一旦关闭,此启动组件就没有足够大的作用力拉动整个组件重新打开,只有按下组合燃气阀上的红色重启按钮才能人工重启启动组件,才能使其重新处于引火状态。图 31.27 为安全关机机构在电路切断状态下的动作状态。

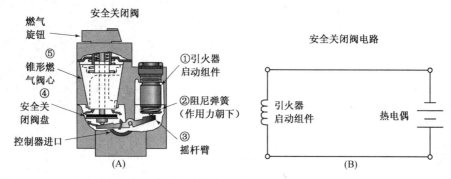

图 31.27　(A)安全关闭机构;(B)安全关闭阀电路(Honeywell,Inc.,Residential Division 提供)

　　燃气流过安全关闭阀后,即遇到一级自动阀。一级自动阀受第一级自动阀的电磁线圈控制。室内温控器闭合后可以使此线圈得电,阀口在弹簧力的作用下,克服流动燃气压力打开。线圈失电后,则在弹簧力的作用下将阀口关闭。这是组合阀中多个内置安全装置之一。

　　一旦室内温控器要求制热,一级自动阀即打开,室内温控器的闭合也同时使二级自动阀线圈得电,二级自动阀控制器的阀盘由此上升,并控制二级自动阀膜片的工作位置。二级自动阀膜片由伺服阀控制,即膜片状态由流入膜片下方腔室的燃气压力控制。只要通过改变膜片下腔压力,从而使膜片分别处于打开和闭合两个不同位置。当膜片下腔压力升高时,从而使阀口关闭,压力降低,从而使膜片处于打开位置。

　　伺服调压器也是阀出口,即工作压力调压器,它是二级自动阀的组成部分。燃气炉工作过程中,伺服调压器始终监控着气阀的出口压力,即工作压力,即使在进口压力和燃气流量有很大变化的情况下,仍可使气阀的出口压力保持稳定,这完全不同于一般的燃气调压器,常规的燃气调压器仅能控制气阀的进口压力,见图 31.28,而这种组合阀的燃气出口压力的任何变化均能及时予以检测,并反映在伺服调压器的膜片上,伺服调压器据此调整膜片与阀盘位置,改变流经伺服阀的燃气流量。这一动作也改变了二级自动阀膜片下腔内的压力,膜片状态也随之改变。

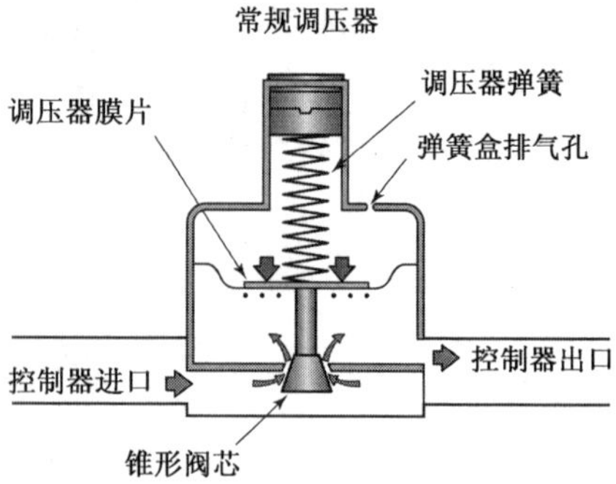

　　如果气阀的出口压力,即工作压力提高,那么其伺服调压器的膜片也微量上升,从伺服调压器排向气阀出口的燃气量减小,但此时会使二级自动阀膜片下腔的压力上升,导致阀口关闭,最终使气阀出口压力降低。

　　如果气阀的工作压力,即出口压力下降,那么伺服调压器的膜片即稍有下移,使伺服调压器排向气阀出口的燃气量增加,同时使二级自动阀膜片下方的压力下降,使阀口打开,最终使气阀出口压力增加。

图 31.28　控制进口燃气压力的常
规调压器(Honeywell,Inc.,
Residential Division 提供)

　　伺服调压器是一种不依赖流量实现气阀出口压力,即工作压力控制的自动平衡装置,它可以在燃气流量变化很大的状态下运行。气阀出口压力可以在伺服调压器阀体的上端予以调节,即只要改变弹簧的作用力大小即可改变气阀的出口压力,即气阀工作压力。

间歇式引火自动燃气阀

间歇式引火自动燃气阀的引火器只有在每次温控器要求供热时才点着。一旦引火器处于点着状态并经证实,那么它就可以点燃主燃烧器。当供热要求终止时,引火即自动熄灭,在温控器下次要求制热时,才重新点燃。换言之,间歇式引火自动燃气阀对于引火器和主燃烧器均有自动、独立的控制功能。

图 31.29 是用于间歇式点火系统的常规组合阀内部结构。注意,它没有启动组件,也没有重启按钮。事实上,它也不设热电偶电路,仅设置两个自动阀。一级阀为电磁控制器,二级阀由伺服控制器控制。两个主阀之间设有引火燃气的通道。

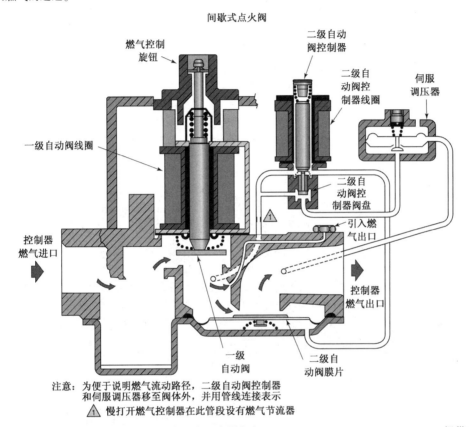

图 31.29　带有伺服调压器的间歇式引火组合燃气阀(Honeywell,Inc.,Residential Division 提供)

一级自动阀的电磁线圈由电子控制器,即燃气炉集成电路控制器在温控器要求制热时而得电,使引火燃气的通道打开,燃气流动。电子控制器,即燃气炉集成电路控制器约有 90 秒的时间来点燃引火燃气。图 31.30 为 4 个电子控制器和一个燃气炉集成电路控制器。一旦引火点燃,并通常经火焰检测装置证实,那么点火装置,即燃气炉集成电路控制器即可使二级自动阀电磁线圈得电。我们将在本章后面详细讨论火焰检测装置。

由于二级自动阀由伺服调压器操控,因此,此时二级主阀打开,主燃烧器点燃,其伺服控制器以上述持续式引火自动燃气阀的同样方式运行。主燃烧器与引火燃气持续燃烧,直至室内温控器断开,要求制热终止。此两个自动阀同时关闭,供热终止,这一动作再关闭主燃烧器和引火燃烧器,直至室内温控器重新要求供热。

燃烧器直接点燃式自动燃气阀

直接燃烧式自动燃气阀中,电子控制器,即燃气炉集成电路控制器可在没有引火火焰的情况下直接点燃主燃烧器。一个小火花、一个热表面点火器或一个炽热线圈一般都能完成点火。各种点火装置将在本章后半部分详细讨论。

图 31.31 为用于直接点火式系统的常规组合气阀的内部结构图。注意,它没有启动组件,也没有重启按钮,仅有两个自动阀,其中一个由伺服调压器操控。其伺服调压器的工作原理与前述持续式和间歇式点火组合阀完全相同。

100% 停机控制器　　非 100% 停机控制器

连续重复 90 秒点火　　设置 90 秒后停机

(A)　　　　　　　　　　(B)

图 31.30　(A)燃气炉集成电路控制器;(B)燃气炉的 4 个电子控制器(Ferris State University 提供)

燃烧器直接点燃式气阀

燃气控制旋钮

二级自动阀控制器

二级自动阀控制器线圈

伺服调压器

一级自动阀线圈

二级自动阀控制器阀盘

控制器燃气进口

控制器燃气出口

一级自动阀

二级自动阀膜片

⚠ 慢打开燃气控制器在此管段设有燃气节流器

图 31.31　带有伺服调压器的直接燃气阀(Honeywell,Inc.,Residential Division 提供)

　　在此系统中,当室内温控器要求制热时,电子控制装置,即燃气炉集成电路控制器可与点火气源一起同时使一级自动阀和二级自动阀电磁线圈得电。切记:直接燃烧式系统的燃烧器上没有引火装置。燃气流入主燃烧器后,必须在较短的时间,一般为 4~12 秒内点燃。短时间内必须点燃的原因在于安全,因为与进入引火燃烧器的小流量燃气相比,进主燃烧器的燃气流量要大得多。一旦主燃烧器点燃,并经火焰检测装置证实,那么燃气炉就会持续燃烧运行,直至室内温控器断开,要求供热终止。如果主燃烧器火焰未被检测到,那么电子控制器,即集成电路控制器即将流向主燃烧器的燃气关闭。

　　许多新式组合阀都设有内置的慢打开功能,即二级自动阀的打开过程比较缓慢,以便使主燃烧器中的火焰缓慢地增大和减小,这样既可以消除噪声,又可以通过给主燃烧器平缓、可控的点火过程避免热交换器中出现较大的冲击。慢打开动作可通过在至二级自动阀控制器的通道上设置节流器的方法来实现。此节流器可以控制和限制伺服调压系统燃气压力提高的速度。此节流器的安装位置可见图 31.26、图 31.29 和图 31.31。

　　所有上述三种气阀——持续式引火、间歇式引火以及直接燃烧式——均为多重式燃气阀,多重式燃气阀都有两个或三个实际上是相互串联、而在电气线路中为相互并联的阀控制器。这种内置式安全装置可以运用各种控制器(引火式或主燃烧器直接燃烧式)来阻断燃气进入主燃烧器。图 31.26、图 31.29 和图 31.31 就是这些多重式气阀的应用案例。现在生产的大多数气阀均为多重式燃气阀。

　　安全防范措施:大多数组合阀从外观上看都非常相似,只有型号是区别各种组合阀的唯一途径。每一种系统必须采用相应的组合式燃气阀,否则就会出现严重后果。如果不能确定采用何种气阀,应与燃气炉或气阀制造商联系。

31.11　歧管

　　燃气炉中的歧管是一根多端口的主管道,通过它可以将燃气送往各燃烧器,或在歧管上直接安装燃烧器。燃气喷头开有孔口,可套接在喷气管上,喷气管则由螺纹与歧管连接。燃气喷头引导燃气进入燃烧器的文丘里管段,歧管则固定在气阀的排气口侧,见图 31.32。

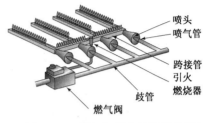

图 31.32　燃气气阀向歧管提供燃气

31.12　喷头

　　喷头上有尺寸精度要求很高的孔口,通过此孔口,可以将燃气从歧管送入各燃烧器。喷头位于喷气管的前端,见图 31.9。喷气管与歧管采用螺纹连接。喷头可以控制适量的燃气进入燃烧器。

31.13　燃烧器

　　燃气是在燃烧器中燃烧的,燃气的燃烧还需采用一次空气和二次空气。一次空气从喷头附近进入燃烧器,见图 31.13。由于燃气离开喷头时具有较大的流速,因此会在气流附近形成一个低压区域,一次空气即被吸入这一低压区域,并随燃气一起进入燃烧器中。关于进入燃烧器的一次空气风量的调节方法,我们将在本章后面讨论。

　　一次空气的风量对于完全燃烧来说显然是不够的,增加的空气量(也称为二次空气)则在燃烧区域内获得。二次空气通过燃气炉通风孔板送入这一区域。要获得完全燃烧,必须获得相应数量的一次空气风量和二次空气风量,然后燃气在燃烧器上由点火火焰点燃。

　　圆孔板式燃烧器通常采用铸铁制成,长槽孔燃烧器除了孔口为直槽形状以外,其他均与圆孔板相似,见图 31.33 和图 31.34。带式燃烧器则可以在燃烧器侧向底部产生连续火焰,见图 31.35。单一端口燃烧器是最简单的燃烧器,顾名思义,它只有一个火焰端口,因此也称为射式或翘尾式燃烧器,见图 31.36。大多数射式燃烧器均采用镀铝钢制成,它具有良好的焰体形状,使每个主燃烧器均能获得均匀的引火,并有最佳的火焰稳定性。射式燃烧器没有一次空气、二次空气风量的调节机构,这种燃烧器仅仅是套在喷头气管上并用螺钉固定,图 31.37 为射式和翘尾式两种燃烧器。射式燃烧器通常用于抽风式系统,这种系统可以将燃烧气体吸入热交换器。由于这些助燃空气均为常压,因此所有这些燃烧器均称为常压燃烧器。目前的大多燃气炉均采用抽风式系统或压风式系统。抽风式系统一般均在热交换器的排口处设有风机,用于吸、拉烧气体流过热交换器,使热交换器内形成微弱的负压状态。压风式系统则在热交换器的进口处设置风机,用以推动燃烧气体流经热交换器,使热交换器产生正压。图 31.38 为燃烧室的风机组件。抽风式系统与压风式系统将在本章后半部分详细论述。

图 31.33　长槽型燃烧口的铸铁燃烧器(Carrier Corporation 提供)

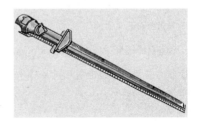

图 31.34　冲孔长槽口燃烧器(Carrier Corporation 提供)

图 31.35　带式燃烧器(Carrier Corporation 提供)

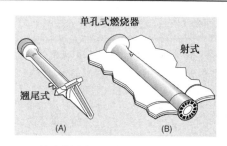

图 31.36　单孔射式燃烧器(Carrier Corporation 提供)

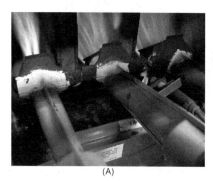

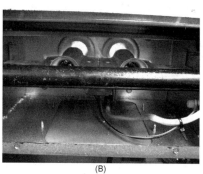

图 31.37　(A)翘尾式燃烧器;(B)射式燃烧器(Ferris State University 提供)

31.14　热交换器

　　许多燃烧器都设置在热交换器的底部,见图 31.39。但是,新式高效燃气炉则将燃烧器设置在燃气炉上方的一个密闭燃烧室内,见图 31.40(A)。其燃烧气体以吸、拉方式流过热交换器。燃烧气体放热后,其温度即逐步降低至露点温度,冷凝水形成,然后依重力排入集水槽或直接排入下水道。将燃烧器设置在上端的目的在于冷凝水可以依重力自行排出。高效燃气炉的详细内容将在后面讨论。热交换器由多个换热片组成,每个换热片均带有一个燃烧器。

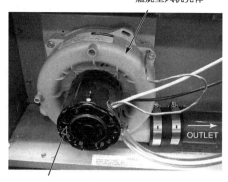

图 31.38　燃烧室风机组件(Ferris State University 提供)

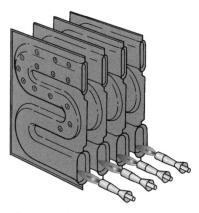

图 31.39　有 4 个换热片的热交换器

　　热交换器由薄钢板或镀铝钢板制成,其作用在于将燃烧后产生的热量能通过钢板传递给空气,再将加热后的空气分送至各供热区域。

　　热交换器必须要有适当流量的空气流经其传热表面,否则无法得到有效的热交换。如果流经热交换器的空气流量过大,那么烟气的温度往往就会太低,燃烧的生成物就可能迅速冷凝,在烟气管中流动。这些生成物往往带有微酸性,如果不予迅速排除,就有可能腐蚀烟气管道。现在的高效冷凝式燃气炉均配装有专门的排风装置,以防止各种烟气在管路中冷凝。冷凝式燃气炉将在本章稍后详细论述。

如果空气流量不足,那么燃烧室就会出现过热,甚至会出现更大的问题。燃气炉制造商都将大多数燃气炉空气温升的推荐值打印在铭牌上。对于一般的燃气炉来说,其值约在 40℉至 70℉之间。然而,本章后面将会讲到,铭牌上额定温升值还取决于燃气炉的效率状态,燃气炉的温升会随燃烧效率的提高而下降。通过测取回风温度,并将送风温度减去此回风温度即可对此进行检验,见图 31.40(B)。当然,首先要保证温度探头测点位置正确,辐射热很可能会影响温度读数的正确与否。

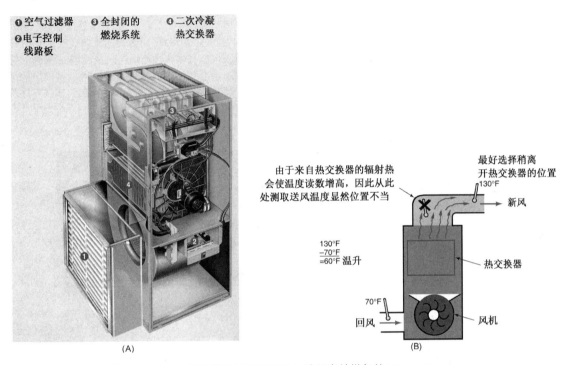

图 31.40　(A)燃烧器位于热交换器上端的高效燃气炉(Bryant Heating and Cooling Systems 提供);(B)检测燃气炉进口空气温升

下述公式可用于计算燃气炉进口的实际风量值:

$$\text{cfm} = \frac{Q_s}{1.08 \times \text{TD}}$$

式中,Q_s 为显热,单位为 Btu/h;cfm 为风量,单位为 ft³/min(立方英尺/分钟);1.08 是公式中将 cfm 转换为磅(空气)/分钟的常数;TD 为送风与回风温差。

由于燃气炉的各项参数均根据输入状态标定,因此还需进行一些换算。如果燃气炉在稳定状态的运行效率为 80%,要求出其输出状态值,就需将输入状态值乘以其效率数。例如,如果某燃气炉的输入热量为 80 000 Btu/h,温升为 55℉,如果以 cfm 为单位,那么流经热交换器的风量为多少? 首先要求出传递给气流的实际热量:80 000 × 0.8(估计的燃气炉效率) = 64 000 Btu/h,利用公式:

$$\text{cfm} = \frac{Q_s}{1.08 \times \text{TD}}$$

$$\text{cfm} = \frac{64\ 000}{1.08 \times 55}$$

$$\text{cfm} = 1077.4$$

事实上,此计算值还是有较大的误差,除非在进/出风管处测取多个温度值,然后取其平均数。温度的测取点数越多,其计算结果越精确。同样,所用的温度计精度越高,其结果也就越精确。最好采用刻度间距为 1/4 度的玻璃管温度计。此外,还有风机电动机加入的热量,对于这一规格的燃气炉来说,风机电动机所产生的热量约为 300 W。如果将 300 W × 3.413 Btu/W,就会发现,风机电动机传递给空气的热量是一个很大的数量,300 × 3.413 = 1023.9 Btu。如果,要求得更精确的数值,可以将电动机的瓦特数直接进行计算,或将电流读数乘以电压

值求得其瓦特的近似值:

$$瓦特 = 电流值 \times 电源电压值$$

不完全燃烧所产生的烟气会腐蚀热交换器,因此人们总是希望获得真正意义上的完全燃烧。热交换器所用的材料一般为铝、玻璃或陶瓷予以镀层或熔合,因为这些材料具有更好的抗腐蚀性能,使机组可以有更长的使用寿命。也有一些热交换器采用不锈钢材料制作,尽管成本较高,但其抗腐蚀性能绝佳。**安全防范措施**:由于热交换器的主要功能之一是将燃烧气体与被加热并在整个建筑物内反复循环的空气进行隔离,因此热交换器不得因腐蚀而出现泄漏。

新型的热交换器有多种规格、形状,其采用的材料也不尽相同。图 31.41 为采用镀铝钢管制成的 L 形管和 S 形管热交换器。L 形管将热燃烧气体送入过渡箱,然后由 S 形管将燃烧气体从过渡箱送入集流箱,S 形管的管径比 L 形管管径要小,且还有一段蛇行管段。集流箱可以将燃烧气体引入抽风式离心风机,再送入燃气炉的排风管。过渡箱一般采用抗腐蚀性较好的不锈钢制成,这是因为在过渡箱内可能会有少量的冷凝水。这些连接管通常采用锻压方式固定在集流箱与过渡箱上。而集流箱和过渡箱本身则采用翻边咬口密封连接。

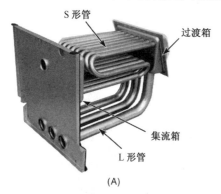

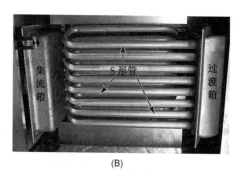

图 31.41 (A)设有 L 形管、S 形管、过渡箱和集流箱的新型热交换器;(B) S 形管、过渡箱和集流箱的细节部分(Rheem Manufacturing Company 提供)

冷凝式燃气炉有 3 个热交换器,第三个热交换器通常采用不锈钢或铝材制成,可防止呈弱酸的冷凝水腐蚀,见图 31.42。它具有较大的换热表面,可以获得较好的传热效果。这种冷凝式热交换器的作用在于收集冷凝水,并把冷凝水及时地排出燃气炉。此热交换器的侧面设有一个冷凝水集流管。也有一些高效、冷凝式燃气炉仅设两个热交换器,如果是这种结构形式,那么其第二个热交换器就是冷凝热交换器。图 31.43 为仅配置两个热交换器的高效、冷凝式燃气炉。第二个热交换器一般均采用聚丙烯塑料涂层。

由于大多数新式热交换器中均设有燃烧气体的蛇形通道,因此这种管道布置形式并不适用于常规的标准效率和中等效率燃气炉中采用的带状或长槽燃烧器(见图 31.34 和图 31.35)。其中的一个主要原因是带式或长槽燃烧器的火焰高度,即如果采用带状或长槽孔燃烧器,在这些新式热交换器表面的管状通道上

图 31.42 带有铝翅片的不锈钢冷凝式热交换器,其左侧为冷凝水集流塑料管(Ferris State University 提供)

会出现结炭。同样,如果在新式管型热交换器上采用带式或长槽孔燃烧器,那么二次助燃空气就会以直角方向进入燃烧器火焰中,这就会使火焰脱离带状或直槽孔燃烧器。也因为这个原因,管型热交换器常常采用射式燃烧器。射式燃烧器有时候又称为喷射式燃烧器,因为其火焰由其端口以直线方向喷出,故对新式管型蛇管热交换器来说非常理想,见图 31.37(B)。

31.15 风机开关

风机开关可以自动地使风机启动和停止运行。而风机可以将热空气送到采暖区域。风机开关可以由温度

控制,也可以由延时装置控制。在这两种情况下,风机启动之前,热交换器都需要有一个升温过程。而延时装置可以在运行开始时热交换器逐渐升温之前,避免有冷空气在风管内循环,即在一个常规的燃气炉中,热交换器必须处于热的状态,因为有热量才能有良好的排风,才能正常地将燃烧气体排出。

关闭风机也需要有一定的延时,这样可以使热交换器有充分的时间冷却,并将运行结束时炉内热量及时排出。

风机开关的温度传感器一般为双金属的螺旋管,均设置在热交换器附近的流动气流中,见图 31.44。燃气炉运行时,其间的空气被加热,双金属螺旋管膨胀后使触头闭合,启动风机电动机。这种控制方式称为温度启动–温度关机模式。

图 31.43　新型高效冷凝式燃气炉,其第二级热交换器采用聚丙烯镀层(Bryant Heating and Cooling Systems 提供)

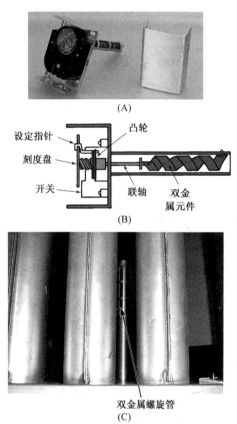

图 31.44　(A)温度启动–温度关机开关;(B)剖面图;(C)位于热交换器附近的双金属螺旋管和限温控制器(C. Ferris State University 提供)

风机开关也可以由延时装置启动风机,然后根据温度传感装置的信号关闭风机运行。当温控器要求制热,燃气炉启动时,一个小功率的电阻式加热装置也同时开始运行,其产生的热量可以加热双金属条,使风机的两个触头闭合,由于加热双金属条的弯曲都需要一定的时间,因此形成了一定的延时,使燃气炉在风机运行之前即可对空气进行加热。位于气流中的双金属螺旋管始终使两触头保持闭合状态,使在室内温度达到要求的温度值之后,燃烧器火焰熄灭;当燃气炉停机后,双金属螺旋管与热交换器同时开始冷却,最后,风机电源切断。这种风机开关采用刚性启动、以温度为依据的关机方式,因此称为时间启动–温度关机控制模式。

第三种模式称为时间启动–时间停机开关,它采用一个像时间启动–温度关机开关中的小功率加热装置,其不同点在于此开关并不安装于热交换器旁,因为这样安装会影响它的动作。此外,此开关还设置了一定量的延时功能,但不能进行调整。其他两种形式的开关,其延时量均可以调整。

许多新式燃气炉现都采用电子控制器(即燃气炉集成电路控制器)来控制风机的停机延时时间,图 31.45(A)为采用双列组对开关来控制风机的停机延时时间,其开机延时约为 30 秒,不可调。维修人员在燃烧器点着、风机运行时,即无法予以控制,它始终保持 30 秒的启动时间。但是,技术人员在燃烧器停止燃烧时,完全可以对风机停机延时时间进行调整。图 31.45(B)中的双列组对开关有 4 个时间可供选择:即燃烧器停止燃烧后,热交换器的冷却过程中风机可分别有60秒、100秒、140秒或180秒的延时关机时间。这种电子控制器还具有燃气炉的自我诊断功能。

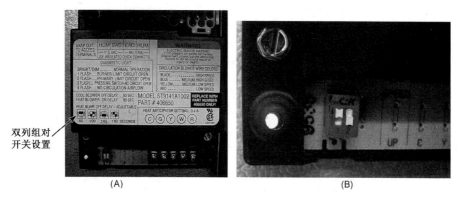

图31.45　(A)电子控制装置控制风机的延时停机时间;(B)用于控制
风机延时停机的双列组对开关(Ferris State University提供)

对于风机开机与停机延时时间,燃气炉集成控制电路一般均有固定的时段设定,有些甚至编入了其软件程序,见图31.30(A)。由于燃气炉的制造商很多,其产品品种繁多,均不统一,因此,维修技术人员必须了解、掌握燃气炉的运行程序,包括风机的启动与停机具体时间以及延时时间的长短。

31.16　限温开关

限温开关是一种安全装置。如果风机不能启动,或者如果有另外的故障引起热交换器过热,那么限温开关就能断开其触头,使燃气阀关闭。**安全防范措施**:气体在送往采暖区域的流动过程中受阻,无论何种原因引起,都会使燃气炉出现过热。例如,过滤器严重积尘、风管堵塞、风门关闭、风机故障,及风机传动带松弛或断裂。燃气炉还可能因为设定不当或燃气阀失效而出现过烧现象,因此,限温开关能否正常运行、发挥其功能是非常重要的。

限温开关有一热传感元件,当燃气炉过热时,此元件即可断开触头,以直接或间接的方式关闭主燃气阀。此开关也可与一个风机开关组合,见图31.46(A)。不同的地方标准有不同的高温限温关机限定值,一般为200℉~250℉。

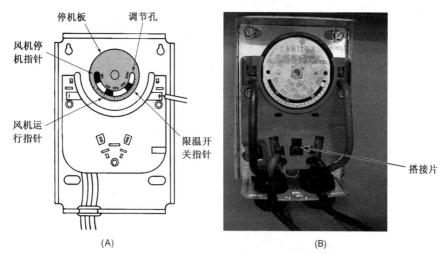

图31.46　(A)设置在一个开关装置的风机开关和限温控制器;(B)组
合式风机和限温控制器(Ferris State University提供)

图31.46(B)中的风机与高温限温组合式控制器可以是高电压、低电压或高电压与低电压组合的控制装置。风机与高温限温开关的触头均受位于热交换器附近的同一个双金属螺旋管控制,见图31.44(C)。这种组合式

控制器可以根据不同的电源电压在现场方便地进行改装。如果燃气炉电路需要高温限温开关和风机控制器触点采用高电压,那么在风机/高温限温开关控制器上必须安装一搭接片,见图 31.46(B)。但是,如果燃气炉电路需要风机控制采用高电压,而限温开关采用低电压时,那么必须将此搭接片拆除,使两种电压分离。这给控制器的电路布线带来了很大的灵活性。

安全防范措施:在对各种燃气炉控制器进行布线或改装之前,必须认真阅读制造商提供的技术文件,确认其触头的额定电压值,否则可能导致出现火情,甚至爆炸。

许多新式燃气炉均采用具有速动特性、双金属高温限温的控制器,并把它设置在热交换器的边上,见图 31.47。其中的速动碟可以在由制造商确定的一定温度下迅速断开触头。许多高温限温控制器在其温度下降至一定值时能自动恢复至闭合状态,但也有一些需要人工复位。

双金属速动碟也可用做引火安全控制器,但通常必须人工复位,其应用案例见图 31.48。注意,其连接导线与高温限温开关串联。如果此两个控制器中任意一个出现过热,那么其触头断开,至主燃气阀的电路也相应切断。一旦控制器温度下降,由碟盘顶出的阀杆必须人工压下,使控制器复位。人工复位时一般需要与技术人员联系,以确认燃气炉引火故障的起因。

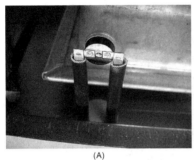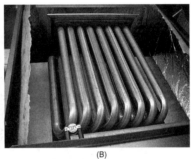

(A)　　　　　　　　　　(B)

图 31.47　(A)速动双金属高温限温控制器,这种控制器不能调节;(B)安装于热交换器附近的速动、双金属高温限温控制器(Ferris State University 提供)

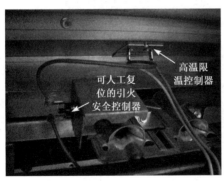

(A)　　　　　　　　　　(B)

图 31.48　(A)人工复位的引火安全控制器;(B)可人工复位的引火安全控制器(Ferris State University 提供)

31.17　引火器

在许多常规燃气炉上,引火火焰用来点燃燃烧器的燃气。引火燃烧器既可以有供风,也可以没有供风。在有供风的引火燃烧器中,空气在进入引火燃烧器之前即与燃气相互混合,见图 31.49。但是,如果空气中含有灰尘或各种纤维,其进风孔易被堵塞,需要定期清理。不供风的引火器则仅在燃烧处使用二次空气,这种引火器几乎不需要做任何维护,因此,大多数燃气炉均采用不供风的引火器,见图 31.50。

引火器实际上就是一台小燃烧器,见图 31.51,它有一个与主燃烧器相似的、燃气从中喷出的喷嘴。如果引火器无法点燃或不能正常工作,那么安全装置即可停止燃气流动。

　　持续式引火器为连续燃烧,其他种类的引火器则在温控器要求制热的情况下,由电火花或其他点火装置予以点燃在不配置引火器的各种燃气炉中,则由专门的点火系统点燃燃烧器上的燃气。在带有引火器的燃气炉上,引火器必须首先予以点燃并燃烧,而且在打开主燃烧器的燃气阀之前,还需对引火器的状态进行检验和确认。

　　引火燃烧器必须能正确引导火焰,保证主燃烧器被点燃,见图 31.52。引火火焰还需为安全装置的开启提供热量,如果引火火焰熄灭,即可关闭燃气。

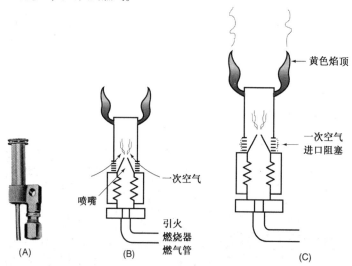

图 31.49 (A)供风引火器;(B)剖面图;(C)进风口阻塞,缺少空气(Robertshaw Controls Company 提供)

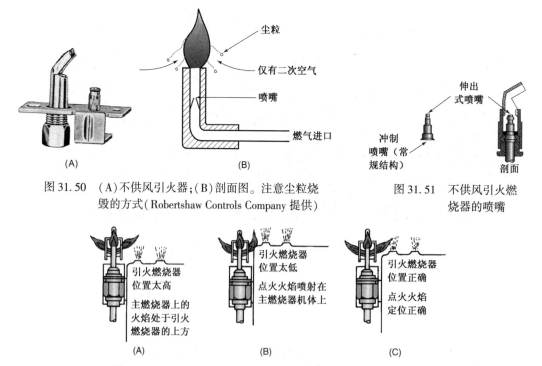

图 31.50　(A)不供风引火器;(B)剖面图。注意尘粒烧毁的方式(Robertshaw Controls Company 提供)

图 31.51　不供风引火燃烧器的喷嘴

图 31.52　(A)~(C)引火火焰必须引向主燃烧器并调节到适当高度

31.18　持续引火系统的安全装置

　　安全装置有三大类:火焰证实装置,它用于如果引火火焰熄灭,可防止燃气从主阀中排出;热电偶,即热电堆(它主要是双金属条)和充液式分离型感温包。

热电偶和热电元件

热电偶由两端点被焊接在一起的两种不同金属制成,见图 31.53,此连接点称为"热结点"。当此结点被加热时,在此两导线的另两端或两金属体的另两端(称为"冷结点")间就会产生一个很小的电压(带负载时约为 15 毫伏;不带负载时约为 30 毫伏)。热电偶与停机阀相连接,见图 31.54。只要热电偶中的电流使线圈得电,那么燃气即可流动。如果引火熄灭,此热电偶就会在 30~120 秒内冷却,此时将无电流流动,燃气阀关闭。热电堆由多个热电偶组成,并用导线串联连接以提高其电压值。采用热电堆,其产生的效果与单个热电偶是完全相同的,见图 31.55。

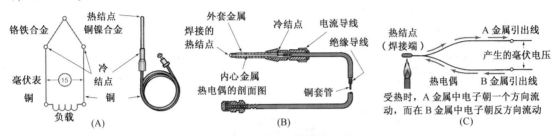

图 31.53 (A)~(C)热电偶(Robertshaw Controls Company 提供)

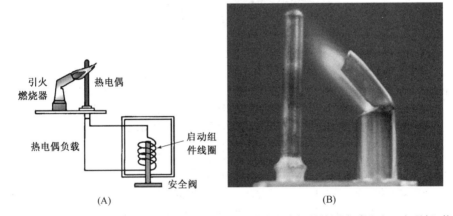

图 31.54 热电偶被引火火焰加热时就会产生电流,并在安全阀的线圈中感生出一个磁场,使安全阀打开。如果火焰熄灭,线圈失电,安全阀则关闭,燃气无法流动(Bill Johnson 摄)

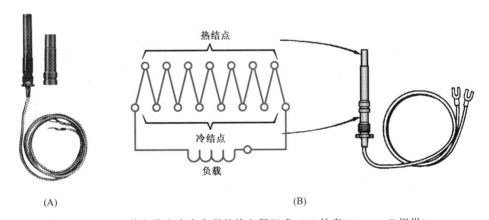

图 31.55 (A)热电堆由多个串联的热电偶组成;(B)外壳(Honeywell 提供)

双金属安全装置

在双金属安全装置中,引火火焰首先加热双金属条,使连接至安全阀的两触头闭合,见图 31.56(A)。只要引火火焰持续加热双金属条,燃气安全阀即保持在得电状态,燃气就可以流动。当引火火焰消失后,双金属条就会在约 30 秒内冷却,形体变直,断开触头,最终使安全阀关闭,见图 31.56(B)。

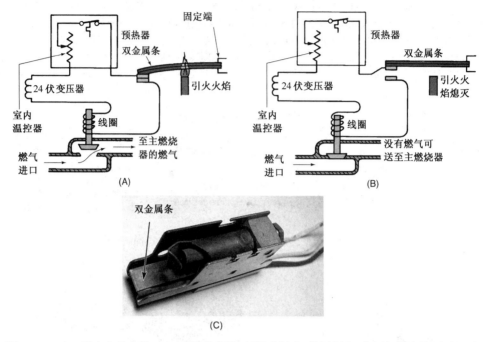

图 31.56 (A)引火火焰点燃时,双金属条弯曲,两触头闭合,线圈得电,将阀杆拉向线圈,阀口打开,将燃气送往主燃气阀;(B)引火火焰熄灭,双金属条伸直,两触头断开,安全阀关闭,此时没有燃气进入燃气炉燃烧器;(C)双金属安全装置组件(Ferris State University 提供)

充液式分离型感温包

充液式分离型感温含有膜片、连接管和一个充有液体(通常为水银)的感温包。此分离型感温包一般设置在能够被引火火焰加热的位置,见图 31.57。引火火焰加热分离型感温包内的液体,受热后膨胀,导致膜片同时膨胀,使连接于燃气安全阀的两触头闭合。只要引火火焰存在,液体被加热,那么安全阀即持续处于打开状态,使燃气流动。如果引火火焰熄灭,液体约在 30 秒内冷却,逐渐收缩,使触头断开,最终将燃气安全阀关闭。

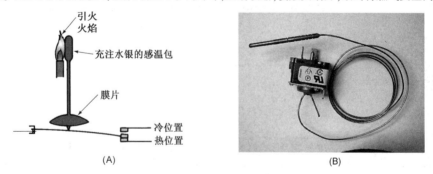

图 31.57 (A)充液式分离型感温包;(B)充液式分离感温包组件(Ferris State University 提供)

31.19 点火系统

点火系统既可以点燃引火,也可以直接点燃主燃烧器。点火系统可分为以下 3 类:
1. 间歇式引火(IP)系统。
2. 火花直接点火(DSI)系统。
3. 热表面点火(HSI)系统。

间歇式引火系统

在间歇式引火系统,即火花－引火类的燃气点燃系统中,由电子控制器发出的电火花首先点燃引火,然后由引火再点燃主燃烧器,见图31.58。引火器只有在温控器要求制热时才点燃燃烧。由于采用引火燃烧方式可以在不需要时节省燃气,因此应用较为普遍。在这种系统中,常采用的控制方式主要有两种,其中一种主要用于天然气以及不需要100%停机的系统,如果引火未能点燃,其引火燃气阀始终处于打开状态,可持续给予电火花,但主燃气阀不打开,直至引火器被点燃并被证实。另一种主要用于液化石油气系统和少量的天然气设备并且需要100%停机的系统。如果引火器未能点燃,那么其引火燃气阀始终关闭,并且在大约90秒之后可以自动进入安全锁定状态,此时电火花亦同时停止。安全锁定系统将在本章后续段落中详细论述,这种锁定系统必须通过温控器或电源开关人工复位。

对于任何重量大于空气的气体燃料来说,100%停机方式是必不可少的,因为这些气体会自然积聚在低处,即使来自引火火焰处的少量燃气也始终具有一定的危险性。天然气可以沿烟气管上升,排入大气,像引火火焰这样的少量天然气一般不会带来危险。尽管天然气轻于空气,但有些地方标准仍要求100%停机。每位燃气设备的维修人员都应当了解、掌握当地的地方标准。100%停机和非100%停机系统将在本章后面详细讨论。

当要求天然气系统制热时,温控器中的触点就会闭合,并向点火控制器提供24伏的电压,再由点火控制器将电源送给引火点火器和引火阀线圈。该线圈得电后将引火气阀打开,然后由电火花将引火点燃。

一旦引火点燃,还必须予以证实。火焰检测装置是最快、最可靠、最安全的火焰检测方式。

火焰检测装置中,其引火火焰可以将一般的交流电流转变为直流电流。控制电路中的电子元件仅需将微安级的直流电流送往主燃气阀线圈,即可使主燃气阀打开。引火火焰的质量对保证正常点火至关重要,因此,只有在引火火焰点燃的情况下,主燃气阀才能打开。火焰检测装置的工作原理将在后面详细讨论。

点火火花为非连续式,每分钟约100次地间歇发出。火花弧必须是高质量的,否则难以点燃引火。点火火花来自控制器的高压电源,在有些点火系统中,此电压值可达10 000伏,但其电流一般均很小。由于此电弧实际上也可引起对地电弧,因此必须注意安装接地线。引火装置旁的接地条或引火罩一般均用做接地线,见图31.59。

图31.58 火花－引火器点火系统(Rob-
ertshaw Controls Company提供)

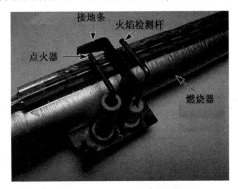

图31.59 设置在燃气燃烧器一侧的电火花直
接点火组件(Ferris State University提供)

火花直接点火(DSI)系统

许多新式燃气炉均采用直接对主燃烧器或接地条火花点火的方式,见图31.59。在这种燃气炉中不采用引火器,引火系统元件就是点火和传感组件和直接点火系统(DSI)。传感棒用于证实燃气炉已经点燃,并通过火焰检测器向火花直接点火控制器发出一个微安级的电流信号来确认这一状态。然后燃气炉持续运行。如果火焰在"尝试点燃"阶段(一般约为4～11秒)中未能出现,那么系统即自动进入"安全锁定"状态。如果存在引火火焰,那么燃气就会源源不断地流入主燃烧器。相比于间歇式点火系统的90秒延时尝试点火时间来说,这种点火系统没有如此长的延时时间。当系统进入"安全锁定"状态后,只有通过将系统电源切断,等待1分钟后重新连接电源的方式予以复位。这是一种比较"典型"的系统,技术人员在安装或维修某一类型的燃气炉时,应认真研究电原理图和制造商的说明书。

大多数点火故障是由电火花间隙调整不当、点火器的位置变动以及接地不良所引起的,见图31.60。点火器应高于左端口的中心位置,大多数制造商对此也提供专门的排故说明书。一旦主燃烧器上的火焰被火焰检测器所证实,那么其点火火花系统即停止运行。如果主燃烧器已经点燃,而点火火花仍运行不止,那么很可能是电子火花系统出现了故障。尽管连续火花对系统并不产生伤害,但它是一种噪声,而且可以在生活或工作区域听到。修理这类系统时,应认真阅读并严格按照制造商的说明书行事。

热表面点火系统

热表面点火系统(HSI)采用一种称为碳化硅的特种材料,它对电流可以产生很大的电阻,但又非常坚固,不会烧毁,就像一段炽热的电热丝圈。将这种材料放置在燃气气流中,并在容许燃气接触到这一炽热表面之前使其温度逐渐升高,当燃气阀打开时,即可立即点燃燃气。

热表面点火器的运行电压一般为120伏,由线电压直接连接于燃气炉。其通电时的电流很大,但通电时间非常短暂,只是在燃气炉启动时,每天出现这样的电流累计不会多于数分钟。图31.61(A),(B),(C)为表面式点火器的各工作状态。

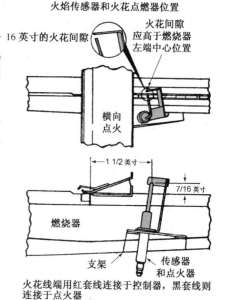

尽管热表面点火系统已非常有效地运用了多年,但仍会出现一些故障,此点火器非常脆,极易碎裂。如果用螺丝刀拆卸,就会碎裂。

如果热表面点火系统反复出现问题,可分别从下述几个方面予以检查:

1. 点火系统的电源电压高于正常值,如果电源电压高于125伏,很可能会使点火器的使用寿命大大减少。
2. 点火器上有较多的脱落墙粉、玻璃纤维保温材料或密封胶的残留物。
3. 延时点火时,因有较小的燃气爆炸,往往会使点火器处于受力状态。
4. 点火系统出现过烧现象。

图31.60　火花直接点燃系统的火花间隙和点燃器位置(Heli-Quake Corporation 提供)

5. 空气过滤器积尘严重的情况下,燃气炉短时段运行引起燃气炉在高温状态下运行。

热表面点火器既可用做引火火焰点火,也可用于燃气炉主燃烧器的直接点火。当其用做主燃烧器的直接点火时,它可以在非常短的时间内,一般为4~11秒内,点燃主燃烧器,安全阀即可锁定以避免过多的燃气溢出。

更为新式的热表面点火器采用比老式点火器更加坚固的材料制成,但由于这些材料固有的脆性特征,极易碎裂,因此,在热表面点火器附近操作时,仍应特别小心。

也有些热表面点火器的工作电压为24伏,且这些系统多采用热表面点火器来点燃引火火焰,即利用24伏的热表面点火器先点燃引火火焰,见图31.61(D)和图31.61(E)。数十年来,引火火焰一直是点燃主燃烧器的最为可靠的一种方式,此外,利用低压热表面点火器几乎可以完全避免高压触电事故的发生。

31.20　火焰检测

由于引火火焰或主火焰中均含有正电荷和负电荷微粒组成的离子化燃烧气体,因此,这些火焰均能导电,而且火焰处于两个不同大小的电极之间。当我们将来自燃气炉控制器的交流电流信号连接至此两电极时,由于两电极的大小不同,因此会产生一个方向流动顺畅,而在另一方向受阻的电流,见图31.62(A)。此时,火焰的实际作用相当于一个开关。如果没有火焰,此开关相当于断开,电流也就不能流动。当火焰出现时,此开关即闭合,可以导电。

在火花-引火点火系统(间歇式引火)中,此两电极分别是引火器罩和火焰检测棒,即火焰传感器,见图31.63。在火花直接点火系统中,此两电极可以是主燃烧器(接地端)和火焰检测杆,即传感器。此类系统中,由于一根杆用于火焰检测,而另一根杆用于点燃火焰,所以常称为双杆系统或分离式传感系统。而在很多情况下,火焰检测杆,即传感器本身就是点火系统的一部分,因此常把它视为一种传感与点火组合装置,见图31.60。由于其传感器与点火器组合在一根杆上,此类系统又常称为单杆式或自我传感式系统。

由于交流电流以每秒60次的速度不断地改变极性,带正电荷的离子和带负电荷的电子就会以不同的速度流向两个不同大小的电极。又由于带正电荷的粒子(离子)相对于带负电荷的粒子(电子)更大、更重,运动速度较慢,使交流电信号出现整流现象,见图31.62(B)。事实上,电子的质量只有离子质量的1/100 000左右。此直流信号就是燃气炉电子控制线路所能识别的信号,且能证明火焰存在,而不是因为水汽,或两电极的直接接触形成的短路,因为水汽或两电极直接接触造成的短路,其两极间流动的依然是交流电流,而燃气炉的电子控制器根本无法识别交流信号,它只能识别直流信号。在火花–引火系统中,交流信号无法使主燃气阀打开。而在火花直接点燃系统中,当尝试点火时间过去之后,燃气炉切换为锁定模式时,此交流信号还会使主燃气阀关闭。此直流信号可以用一个与其中一个电极引出线串联的微安电流表予以检测,其大小一般为 1~25 微安。微安级信号的大小取决于火焰的质量、大小和稳定性,并取决于电子控制器和电极的机构。对火焰检测装置的具体技术参数,可以向燃气炉制造商索取。

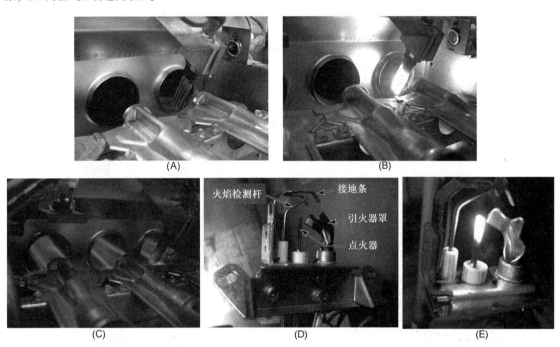

图 31.61 (A)热表面点火器失电状态;(B)热表面点火器在主燃烧器燃气流入前得电;(C)热表面点火器在燃气炉运行过程中失电;(D)用以点燃引火火焰的 24 伏热表面点火器;(E)24 伏热表面点火器得电(Ferris State University 提供)

单杆式系统,即自我传感系统包含设置在同一棒杆中点火器和传感器,它常被称为单杆式引火器。单杆式火焰检测系统采用同一根棒杆来同时实现点火与检测功能,它只有一根引出线,即较粗的点火导线,从点火装置连接至点火控制器,见图 31.64。此高电压连接线既是点火线,又是传感线。用于点火的棒杆同时用于火焰的检测。从图 31.65 的波形图上可以看到:点火脉冲处在半个周期内,传感脉冲则处在另半个周期内,电子控制中的单路分析器可以将此两信号自动区分开来。

双杆系统,即分离式传感系统采用相互独立的点火器和火焰传感杆(或称电极),见图 31.66。一根棒杆发出点火火花,另一根棒杆用于传感,从点火组件至电子控制器有两根连接线,点火电极线连接至电子控制器的火花接线端。引火杆,即传感线连接至传感接线端。在有些机型上,电子控制器上搭接线(片)必须拆除,见图 31.67。火焰传感器与接地的燃烧器护罩、接地条之间形成的传感信号即可实现对火焰的检测。

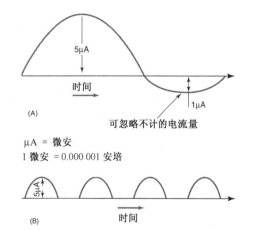

图 31.62 (A)不同大小的电极可以使电流朝一个方向的流动非常流畅,另一个方向则受阻;(B)脉动的直流信号可以用一个与其中一个电极相串联的微安表进行检测

上述几个案例只是如今本行业中所见到的几种燃气炉机型,许多更新式的燃气炉配置有更加复杂的集成电路控制器,但对于这些新式燃气炉来说,其火焰检测器的基本原理与此完全相同。

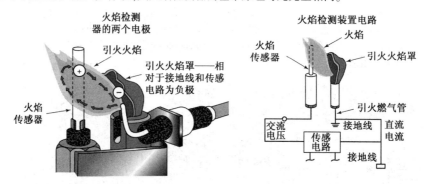

图 31.63 间歇式引火的双棒系统中,引火火焰罩和火焰传感器为火焰检测器的两个电极。双杆系统通常称为分离式传感系统(Johnson Controls 提供)

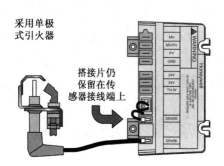

图 31.64 单杆式系统,即自我传感系统与燃气炉电子控制器的连接(Honefwell 提供)

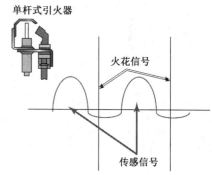

图 31.65 单杆式,即自我传感火焰检测器在半个周期内传送火焰电流信号,在另一半周期内传送点火脉冲信号(Honefwell 提供)

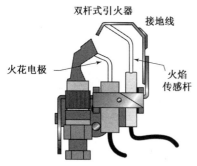

图 31.66 双杆式系统,即分离式火焰检测系统的独立点火火花电极和火焰传感杆(Honefwell 提供)

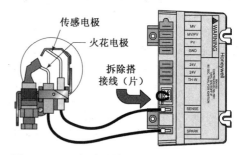

图 31.67 双杆式系统,即分离式火焰检测系统的两个独立线头,分别连接燃气炉电子控制器(Honefwell 提供)

火焰检测系统的排故

火焰检测系统的排故必须分步进行。在要求正常制热的情况下,如果引火火焰或主火焰均未能点燃,那么其故障不会出在火焰检测系统,而多半出在点火系统,因为必须要有火焰,才会有火焰检测故障。如果有火焰存在,但因为系统将燃气阀关闭,火焰又随之熄灭,那么有可能是火焰传感系统多种故障中的某一种故障:

1. 火焰电极可能严重结垢或腐蚀。

2. 某连接导线断路。

3. 火焰杆不能被火焰包围。

4. 火焰信号放大器(控制器或集成电路板)出现故障。

5. 接地线连接不良。

维修人员必须了解和掌握点火控制器的整个运行程序,判断点火源是否能正常工作。整个燃烧器可以有火花点燃系统,也可能为热表面点燃装置。了解与掌握点火控制器,即集成电路控制器运行程序是极其重要的。如果点火程序看上去运行正常,但引火燃烧器或主燃烧器不能点燃,则不会是火焰检测器故障,很可能是下述故障中的某一个:

1. 引火燃烧器调节不当。

2. 点火装置位置不对。

3. 燃气压力过低或燃气压力消失。

4. 系统没有电源。

5. 电火花火头不足,或热表面点火装置电压不足。

6. 连接导线或电缆断线或接线端断开。

7. 电极断线或热表面点火元件破裂。

火焰检测器的维护

如果检修人员要采用直流微安表来检测火焰电流,则必须清楚:影响这一非常小的火焰电流值读数有多种因素。切记:1 微安等于 0.000 001 安培。下面是一些基本维护要点:

1. 每 3 ~ 5 年,应更新全部连接导线。

2. 火焰电极与点火控制器,即集成电路板间的连接导线应经常更新。

3. 如果电极出现弯曲、扭折或损坏,必须及时更新。

4. 技术人员应检查燃烧器内燃气压力是否正常,不正常的火焰与金属燃烧器零部件接触往往会引起故障。

5. 来自点火电缆的硅树脂杂质,或是硅含量较高的普通灰尘都会在传感电极或接地线端上形成绝缘层。

6. 在传感电极的表面还会形成氧化铝皮层,而铝的来源很可能是传感电极本身。大多数火焰检测杆均采用铬铝钴耐热钢制成,它含有铝,可以使检测杆具有耐高温性能。

火焰电流的检测

将微安电流表与火焰检测杆或系统接地线串联,即可对这一小电流进行检测。如果将微安电流表与燃烧器接地线端接至控制器,即集成电路控制板的导线串联,那么一般情况下,就可以更方便地检测这一电流,见图 31.68。

31.21　高效燃气炉

高效燃气炉之所以如此流行,除了因为效率较高以外,其主要原因在于它不需要采用中等效率燃气炉那样的侧墙排风管。当然,对于侧墙排风来说,风管温度是其主要的限制因素。建筑商和承包商多年来一直要求侧墙排风。由于高效燃气炉具有全封闭燃烧的特点,它可以采用多种廉价材料,如具有降噪特性的聚氯乙烯(PVC)管材,并且可以使运行更加节能。带有全封闭燃烧室,见图 31.69,并采用侧墙直接排风的高效燃气炉还可以使每月的燃气费开支大大降低,由于全封闭燃烧室绝不会接触到采暖室内的空气,因此,室

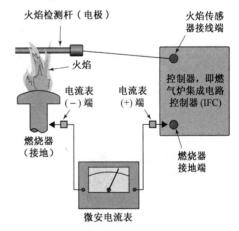

图 31.68　将微安电流表与火焰检测杆或系统接地线串联,即可检测火焰检测器中的直流微安电流

外空气进入室内采暖区域的渗入量很少,这就可以避免被加热的、空调区域内的空气被用做助燃空气,并且使空调区域出现促使室外渗入的弱真空状态。室内低压是指室内未能有适当的压力并处于弱真空状态。

高效燃气炉的构成

与常规的或中等效率的燃气炉不同,高效燃气炉具有如下特点:

1. 来自一次热交换器的烟气管道可实现热量的再收回,即对二次,甚至是三次热交换器进行加热。

2. 设有烟气冷凝水的处理系统,包括排水口、开关、排水管和排水存水管,见图 31.70(A)。

3. 设有既可引风,也可以排风的排风系统,见图 31.70(B)。

直接排风的高效燃气炉设有全封闭式燃烧室,这就意味着其助燃空气均通过 PVC 塑料风管来自室外,见图 31.71。燃烧室完全接触不到采暖区域的空气。由于不采用采暖区域的空气助燃,因此可以避免采暖区域出现低压,甚至是弱真空状态,使渗入室内的室外空气量大幅降低,对渗入的冷空气加热量也减小。

直接排风还可以使燃气炉与其他燃烧装置间的相互影响降低到最小程度。建筑物或室内低压很可能导致来自热水器、衣物烘干机排风系统的燃烧生成物以及与其连接的车库排气大量吸入,甚至有毒烟雾和尘粒从连接或连通的车库或建筑物渗入空调区域。这些都是燃气炉采用直接排风,从而获得附加安全功能的原因所在。

图 31.69 高效燃气炉的全封闭式燃烧室(Ferris State University 提供)

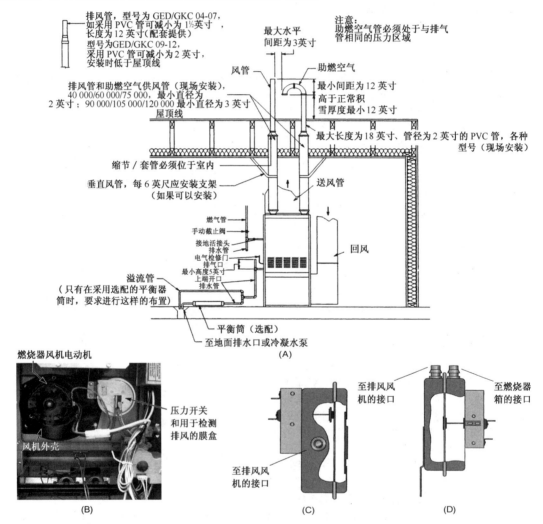

图 31.70 (A)高效冷凝式燃气炉的烟气冷凝水处理系统;(B)用于检测燃气炉安全排风的压力开关和膜盒,及其燃烧器风机组件;(C)单端口压力开关;(D)双端口,即压差开关((A):Rheem Manufacturing Company 提供,(B):Ferris State University 提供,(C)和(D):International Comfort Products Corporation LLC 提供)

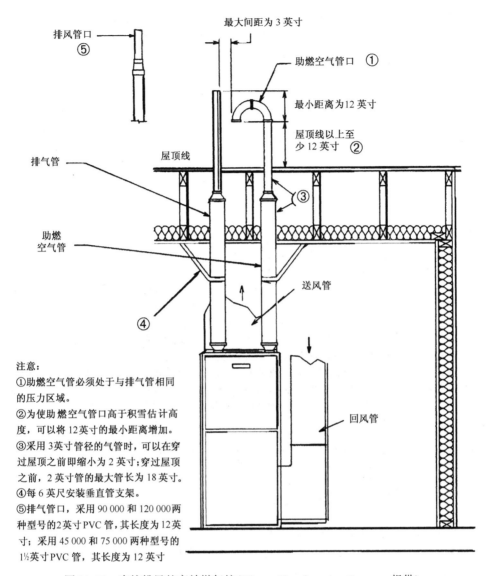

图 31.71 直接排风的高效燃气炉（Rheem Manufacturing Company 提供）

非直接排风的高效燃气炉利用室内采暖空气助燃，但采用非直接排风系统的房间又可能成为低压区域。

直接排风和非直接排风系统均为正压系统，且既可以是垂直排风，也可以是侧壁排风。正压系统的烟气管压力从头到尾都处于正压状态，但是，可以直接排风的系统仍可能是非正压系统。

有些直接排风结构需要较大功率的烟气风机或助燃风机系统来消除由全封闭燃烧室和附加助燃风管造成的压力降增量。事实上，助燃风机必须消除 3 个系统压力降：

1. 热交换器的压力降。
2. 排风系统（排风与助燃风管）压力降。
3. 排风口风阻压力降。

助燃风机一般可通过一个风动开关（或称压力开关）来证实：机械排风在主燃烧器点着之前开始运行，见图 31.70(B)。此压力开关通过橡胶管与助燃风机或热交换器（燃烧器箱）相连接，这些压力开关含有对压差非常敏感的膜片。有些燃气炉则采用单端口的压力开关来检测热交换器中由引风助燃风机所形成的负压，也有些燃气炉采用双端口压差开关来检测助燃风机与燃烧器箱之间的压力差，见图 31.70(B)和图 31.70(D)。当排风系统正常运行时，助燃风机可以产生足够的负压使得压力开关处于闭合状态，燃气炉持续运行。但如果热交换器存在泄漏或燃气炉排风管被阻塞，那么此压力开关就会因没有足够的负压而断开，从而终止主燃烧器的运行。

不同的燃气炉制造商对其压力开关均有不同的压力设定值。其设定值通常能以英寸水柱高度来检测,有时候也可以标注在压力开关的壳体上。当然,也可以采用数字式或充液式压力计来检测此压力。

安全防范措施:在未知其工作压力的情况下,千万不要用其他压力开关来替代某个压力开关。需要更换时,应首先与燃气炉制造商联系,或直接采用厂家认可的替换压力开关。

露点温度

水蒸气是天然气燃烧时产生的副产品。每燃烧 1 磅天然气约能产生 2 磅以上的水蒸气。此水蒸气中含有一定的热量,如果可以将它冷凝,就可以放出大量的潜热。露点温度(DPT)是冷凝过程的起始温度。烟气的冷凝温度取决于烟气的成分和过量空气量(助燃空气和稀释空气)。

1 磅水蒸气冷凝成液体大约放出 970 Btu 的热量,这是水蒸气在大气压力下冷凝所释放的潜热量。这部分潜热量可以很明显地提高冷凝式燃气炉的效率。此冷凝水稍带酸性,并具有腐蚀性。冷凝后的烟气由 PVC 管排出,液态冷凝水则由连接管线排入下水道,见图 31.70(A)。

过量空气

过量空气由助燃空气和稀释空气组成。助燃空气就是一次空气和(或)二次空气。一次空气在燃烧发生之前进入燃烧器,它在火焰出现之前即在燃烧器中与燃气混合;二次空气是在燃烧后加入的,用以支持燃烧。稀释空气则是燃烧后的过量空气,它通常在热交换器的末端进入,并由燃气炉的吸风罩带入,见图 31.72。

过量空气量减少,其露点温度即上升。未稀释的烟气露点温度约为 140°F,而稀释后的烟气,其温度可以下降至 105°F,这也是高效、冷凝式燃气炉燃烧时几乎不需要过量空气的主要原因。为了使冷凝过程正常出现,高效、冷凝式燃气炉的运行温度一般均低于燃烧气体的露点温度,或是有意将烟气冷却至露点温度以下来促使冷凝。

具有高效额定容量的燃气炉不断地推陈出新,并在众多家庭和商业企业中得到了广泛认同。美国联邦贸易委员会要求各制造商提高年度燃料利用效率测评,供消费者购买设备前比较燃气炉的各项性能。年度效率指标在有些测评案例中不断上扬,从 65% 到 97%,或是更高。其中一部分效率的增长是通过减少剩余热量排向大气来实现的。常规燃气炉的风管温度往往保持在较高的温度,其目的在于获得良好的排风,同时避免排气管中出现冷凝,进而避免出现腐蚀。所有强制通风的燃气炉都具有较高的额定效率。

燃气炉的效率值

燃气炉的效率值取决于传递给被加热介质(一般为水或空气)的热量,下述参数可以决定燃气炉的效率:
1. 排风类型(大气压下的自然流动、引风或强制通风)。
2. 燃烧室中所用的过量空气量。
3. 进入与离开热交换器加热介质前后的温差。
4. 烟气风管温度。

以下是燃气炉的分类及其近似的燃料利用效率值:

常规效率,即标准效率的燃气炉(利用效率值为 78% ~ 80%)见图 31.73。

图 31.72　标准效率燃气炉中稀释空气吸入
排风罩(Ferris State University 提供)

图 31.73　标准效率燃气炉(Ferris
State University 提供)

1. 大气压下的自然排风,即采用吸风罩。

2. 过量空气量约为 40% ~50%。

3. 温差为 70℉ ~100℉(燃气炉最低流量状态下)。

4. 排风管温度为 350℉ ~450℉。

5. 无冷凝。

6. 有一个热交换器。

中等效率的燃气炉(利用效率值为 78% ~83%)见图 31.74:

1. 通常采用吸排风,即强制通风。

2. 无排风罩。

3. 过量空气量为 20% ~30%。

4. 温差为 45℉ ~75℉(比常规燃气炉的风量高)。

5. 排风管温度为 275℉ ~300℉。

6. 无冷凝。

7. 有一个热交换器。

高效燃气炉(利用效率值为 87% ~97%)见图 31.75:

1. 一般均采用吸排风,即强制通风。

2. 无排风罩。

3. 过量空气量为 10%。

4. 温差为 35℉ ~65℉(最大风量)。

5. 排风管温度为 110℉ ~120℉。

6. 2 个或 3 个热交换器。

7. 为冷凝式燃气炉(通过将烟气水蒸气冷凝为液态水回收冷凝水中的潜热)。

8. 采用 PVC 管来避免腐蚀。

图 31.74 中等效率燃气炉(Bryant Heating and Cooling Systems 提供)

图 31.75 两种高效燃气炉((A):Carrier 提供,(B):trane 提供)

　　如前所述,过量空气量减少,露点温度下降,这就是高效、冷凝式燃气炉在燃烧过程几乎不需要过量空气量的主要原因。要实现冷凝、高效,冷凝式燃气炉的运行温度就必须低于燃烧气体的露点温度。高效燃气炉低温差的原因在于通过热交换器的空气流量增加,它可以使空气接触热交换器的时间相应减少。

31.22 电子点火控制器和燃气炉集成控制器

　　目前,大多数新型燃气炉均采用电子点火控制器和燃气炉集成控制器来控制燃气炉的点火及其运行程序。图 31.76 即为常见的电子点火控制器和燃气炉集成控制器。电子点火控制器一般均在面板上说明其基本的运行程序,其中一部分最基本的控制程序与控制功能如下。

(A)   (B)   (C)

图 31.76 (A)4 个燃气炉电子控制器;(B)燃气炉集成控制器;(C)高效脉冲燃气炉
((A)和(B):Ferris State University 提供,(C):Lennox International 提供)

100%关机系统

当火焰检测装置出现故障时,此系统可选择 100%关机,即同时将引火气阀和主燃烧器气阀切断(关闭)。由于液化石油气比空气重,它不能随烟气自行向上排出。过去,人们认为引火器中渗出的液化石油气具有较大的危险性,故在液化石油气的燃气炉上不得不采用 100%关机系统。但今非昔比,如今有些液化石油气燃气炉也不采用 100%关机系统,而是采用短时段停机,即在两次点火间软锁定一段时间,让残留的液化石油气充分消散等安全方式。锁定时间的确定将在后续段落中予以讨论。100%关机控制器可见图 31.77。注意,这种关机控制器主要为间歇式点火系统设计,在自动进入关机之前通常有最长 90 秒的对引火器重复点燃时间。

非 100%关机系统

当火焰检测装置出现故障,主燃气阀关闭,而引火气阀可继续排出燃气时,此系统即为非 100%关机系统。这种系统主要用于想继续试点燃引火器,而又不想全部关机的场合。许多屋顶采暖机组大多采用非 100%系统,这样可以避免在多风天气下机组的自动关机。许多新式点火控制器均有同时适用于天然气和液化石油气重复试点的程序。也有许多控制器设有 5 分钟或更长时间的软关机模式,以便让积聚的燃气消散。这种系统必须要有引火机构,它既可以归为 100%关机类系统,也可以归为非 100%关机系统。非 100%关机控制器可图 31.78。

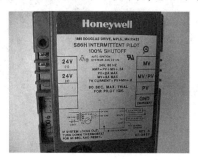

图 31.77 100%关机电子点火控制器   图 31.78 非 100%关机电子点火控制器
(Ferris State University 提供)   (Ferris State University 提供)

采用 100%关机系统获得持续试点火

采用这一控制方式的控制器见图 31.79,它既有 100%关机作用,又有 90 秒的延时试点火的功能,但它只能在关机动作之后,持续试点火。系统处于关机状态时,引火器上没有任何燃气放出。

锁定

锁定是设置在控制器内的、容许点燃或再次点燃引火器或主燃烧器的一段时间段。如果超出这一时段,控制器就自动进入软锁定或硬锁定状态。

软锁定

软锁定是设置在控制器内的、容许点燃或再次点燃引火器或主燃烧器的一个时间段,如果超出这一时段,控制器就自动进入半关机时段,但最后还是可以继续试点引火器或主燃烧器。一旦多次软锁定后仍未能点燃火焰,那么整个系统就将进入硬锁定状态。软锁定的时间范围可以从 5 分钟至 1 小时。软锁定后往往会随着时间的过去,某处的环境发生变化或室外的周围状态发生变化,使燃气炉能正常点燃。软锁定也可以通过切断电源、清理自身的次数记忆来避免进入硬锁定状态。

硬锁定

硬锁定是设置在控制器内的、容许点燃或再次点燃引火器或主燃烧器的一个时间段,如果超出这一时段,那么控制器就自动进入硬锁定状态或关机。这一状态下的关机必须对控制器进行复位,即必须切断控制器的电源,然后再恢复供电。这种情况一般需要请维修人员上门操作,当然,业主需支付一定的费用。

运行前的洗炉

图 31.80 为用于间歇式引火的 100% 关机控制器,其 90 秒的锁定时间(LO)中有 30 秒为洗炉时间(PP)。每次供热运行之前,洗炉控制装置均要求燃烧风机电动机运行 30 秒以冲洗整个系统,即将上次供热运行期间滞留在热交换器中的烟气、室内烟雾或灰尘全部清除。

图 31.79 连续试点火 100% 关机的电子点火控制器(Ferris State University 提供)

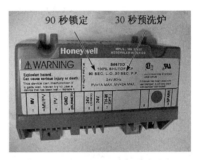

图 31.80 具有 90 秒锁定和 30 秒预冲洗设定功能的 100% 关机控制器(Ferris State University提供)

阶段吹洗

阶段吹洗是指两次尝试点火之间燃烧风机启动运行的一段时间。阶段吹洗主要用于燃气炉没有点着或未检测到火焰时对整个系统的吹洗。将热交换中前一次未成功点着时残留的、未燃烧的燃气或燃烧的副产品全部吹除。

运行后的洗炉

运行后的洗炉是指每次供热运行后,燃烧风机电动机运行一段时间。此次冲洗加上运行前的洗炉可以获得双重保险,即每次供热运行前,热交换器中仅含有空气,可保证快速、安全地点燃火焰。运行前洗炉和运行后洗炉既可以单独进行,也可以一起进行。

燃气炉集成控制器具有为燃气炉提供点火、安全保险和各运行程序控制的所有功能。这种控制器由于其安全、运行可靠和适用面广,已为众多燃气炉制造商所采用。它可以监视所有的温控器温度、电阻和输入电流技术参数与信号来保证燃烧室风机、气阀、点火器、火焰检测系统和暖风风机的稳定与安全运行。它还常常与多个双列组对开关配套使用,实现不同的定时功能和控制程序的调整,组成具有按设定程序运行的控制装置。图 31.81(A)为带有双列组对开关和状态显示灯的集成控制器的一角。双列组对开关 1 和 2 用于设定暖风风机停机延时的秒数,见图 31.81(B)。双列组对开关 3 供双机运行控制,组对开关 4 则不用于这种场合。

双机布置涉及两并排燃气炉的运行,共用一个风管系统,并由共用电源为双机提供高压电源。变压器输出的低压电源则受两燃气炉共用温控器控制。状态指示灯通常也会闪烁一段时间,以告知检修人员燃气炉处于双机联动运行模式。双机布置主要用于供热负荷大于单机燃气炉所能提供的最大容量的场合,或是出于空调目的、所需气流量大于燃气炉单机提供量的场合。

状态指示灯用于监控输入电源、燃气炉设定运行模式、故障诊断状态和火焰检测信号。状态检查可以通过按一定代码程序显示的自检闪烁灯光来帮助检修人员对整个燃气炉系统进行检测、排故。图 31.82 为带有自检指示灯和燃气炉常见故障闪烁代码的燃气炉控制器。自检指示灯位于控制器下端左角处。由于静电很可能会伤及灵敏的硬件装置和其中的软件程序,因此,检修集成控制器时应特别小心。在对集成电路板着手检修之前,应确认你所接触的任何表面均有良好接地。

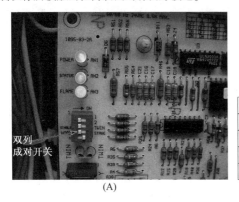

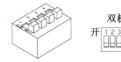

风机停机时间（秒）

低火	高火	冷却	开关 1	开关 2
90	60	30	关	开
120	90	45	关	关
160	130	60	开	关
180	150	90	开	开

(A)　　　　　　　　　　　　　(B)

图 31.81　(A)燃气炉集成控制器的双列组对开关和状态指示灯;(B)用于设定暖风风机停机延时量的双列组对开关((A):Ferris State University 提供,(B):Rheem Manufacturing Company 提供)

图 31.82　带有自检指示灯和按设定代码闪烁的燃气炉集成控制器(Ferris State University 提供)

　　欧姆表中的低电压也可能会伤及集成控制电路板,因此绝不能用欧姆表来检测集成控制器,除非燃气炉制造商提供的检修方法有这样的明示。在采用欧姆表对这些装置进行检测之前,应当始终注意:必须将耗电元器件或传感器的引线与集成控制板断开。

　　以下是采用集成控制器和单级温控器的燃烧器为直接点燃式家用天然气炉的运行程序,即控制流程。事实上,不管是单级还是双级,只要正常的设定均可用于这种系统。这是一个双级燃气炉,也就是说,其燃气阀可以通过燃气调压和电磁阀实现两级供热控制,其燃烧室风机也具有两种不同转速。整个运行程序包括在软锁定的情况下对系统的预洗炉、阶段冲洗和运行后的洗炉工序。用于这种燃气炉的控制板,即集成控制器见图 31.76(B)。

1. 温控器上的 W 接线端连接至集成控制板上的 W2 接线端。
2. 当有制热指令时,R 和 W2 端触头闭合,集成控制板上运行自检程序,证实排风检测压力开关触头是否断开。限温开关的触头始终处于被检测状态。
3. 吸风电动机以高速启动,运行数秒,确认低压开关触头闭合,然后转变为低速状态运行。30 秒的预冲洗之后,电火花指示器显示得电,低端燃气阀打开,点燃燃烧器。
4. 燃气阀打开后,分离式火焰传感器必须利用火焰检测器的运行,连续检测此火焰达 1 秒。如果燃烧器未点燃,那么系统进入另一个点火程序,整个试点燃次数为 4 次(两次为低火状态,两次为高火状态)。
5. 主风机在燃烧器点燃 30 秒后以低速启动。燃气炉即在低火状态下运行 12 分钟。然后,如果温控器上的设定温度未达到,那么燃气炉自动切换至高火状态,抽风风机也达到供热转速(如果采用双级温控器,那么第二级温控器上的 W2 接线端,即可启动高火)。达到设定温度后,主燃烧器熄火,此抽风风机则继续运行 5 秒(低速)或 10 秒(高速)以完成运行后的洗炉。

主风机将在高速挡运行 90 秒,或在低速挡运行 120 秒(这一定时量可在现场分别为 60 秒、90 秒、120 秒或 150 秒)。

以下是系统未能点燃或未能检测到火焰情况下的运行程序:

1. 如果在燃气阀打开 8 秒后未能检测到火焰,那么此燃气阀自动关闭,点火器失电,引风风机以低速状态持续运行 60 秒后停止转动,然后自动复位,点火程序在低火状态下再来一次,如果还是未能点燃,那么在两次试点火之间,有30秒的阶段冲洗时间,然后再切换至高火状态下试点火两次。如果在高火状态下试点火两次仍未能点燃,那么燃气炉即自动进入软锁定状态1小时。

2. 1小时后,上述点火程序可重新开始,继续重复上述操作,直至点火成功或供热要求终止。

3. 要消除锁定,可在温控器或机组的电闸上断开电源5~10秒。此时,燃气炉重新开始试点火程序。

电子点火控制器接线及其接线端的命名

大多数电子控制器均有缩写的接线端标记,见图31.76(A)。也有些电子控制器还在面板上印有电原理图,见图31.77和图31.78。这对检修人员为整个燃气炉的电气和机械系统排线与检修带来了很大便利。以下是一些重要接线端的缩写标记和名称:

MV	主阀(燃气阀)
PV	引火气阀
MV/PV	主阀与引火气阀的共用接线端
GND	燃烧器接线端
24 V	来自变压器的24伏电源
24 V(GND)	来自24伏变压器的公共线,即接地线
TH–W	连接至控制器的温控器线头
IGNITER/SENSOR	高压点火器和火焰检测杆,即自我检测传感器(单杆系统)
SENSE	火焰检测杆,即独立检测传感器(双杆系统)
SPARK	高压点火器

智能阀

智能阀是一个气阀,设置于电子控制器的组件内,或者说,电子控制器和气阀处于同一个壳体内,见图31.83。智能阀将间歇式引火系统与热表面点火系统的功能集于一身。智能阀先用24伏的热表面点火器系统点燃引火器,见图31.84。然后,由引火器像其他间歇式点火系统一样点燃主燃烧器。对天然气和液化石油气系统来说,智能阀系统是一种可连续试点火装置。引火火焰或许是各种点火方式中最为可靠的点火火源之一。利用24伏的热表面点火系统,而不是高压电火花点燃引火器可以大大简化电子控制线路,因为它不需要会产生噪声的电火花发生器,也不需要高压点火变压器,它是一种非常安静的点火系统。

 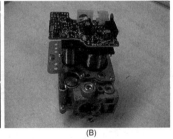 

图31.83 (A)智能阀燃气控制系统;(B)智能阀中电子控制器和气阀(Ferris State University 提供)

图31.84 用于点燃引火火焰的24伏热表面点火器(Ferris State University 提供)

其24伏热表面点火器采用与常规碳化硅线电压点火器完全不同的材料制成,其目的在于增加强度,降低脆性。事实上,它受到引火燃烧器和接地条的良好保护。对于火焰检测系统来说,接地条在此处又起到接地电极的作用,另一电极则是火焰检测杆,见图31.84。

一旦证实有火焰,此24伏热表面点火器即失电,控制器中的风机电子定时器即开始得电。风机电子定时器可以据此确定风机启动延时和风机停机延时的计时起点时间。

由于智能阀系统的接线和模块化电气接口大为简化,因此智能阀系统的检修、排故非常方便。在气阀和电气接插件各端口,直接用电压表进行检测,见图31.85。图31.86(A)是智能阀控制的运行程序,图31.86(B)则是系统排故表。

安全防范措施:由于气阀、电子控制器以及集成控制器有多种型号和不同的结构,因此为避免人为的损坏,应经常与燃气阀和电子控制器(即集成控制器)的制造商沟通,了解系统排故的相关信息。

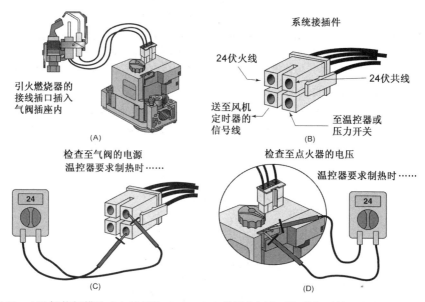

图31.85 （A）~（B)智能阀模块式电接插件;（C）~（D)采用电压表对智能阀系统进行检测(Honey well 提供)

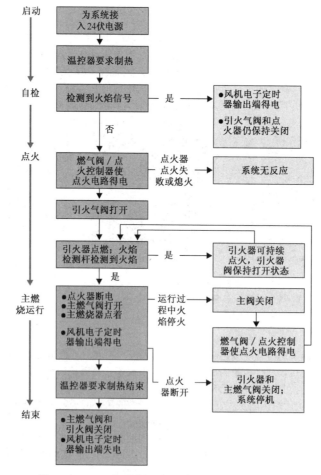

图31.86 （A)智能阀运行程序(Honeywell 提供)

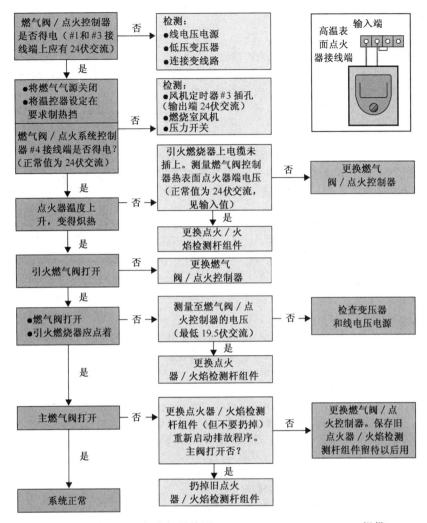

图 31.86(续) （B）智能阀排故图（International Comfort Products 提供）

脉冲炉

脉冲炉见图 31.76（C），它可以在密闭的燃烧室以每秒 60 ~ 70 次的频率来点燃极小量的燃气，且其整个过程始于有少量燃气和空气进入燃烧室的一瞬间。混合气体由电火花点火器点燃，引燃作用力将燃烧物沿尾管排向挡板，其脉动火焰则反弹回燃烧室，点燃另一部分的燃气和空气的混合物，这样的过程不断地重复。一旦这样的过程启动，由于其脉冲点火能以每秒 60 ~ 70 次的频率持续下去，电火花点火器即可关闭。这种燃气炉还可利用热交换器来吸收其更多的产热，热交换器上循环的空气然后被送到采暖区域。

31.23 二级燃气炉

新式二级燃气炉采用一个二级气阀和一个带有两个验风压力开关的双速燃烧室风机。它一般都采用集成控制器进行自动化控制，图 31.76（B）为用于二级燃气炉的集成控制器。图 31.87 为二级燃气阀、双速燃烧室风机和两个验风压力开关，其中的一个压力开关为低压开关，另一为高压开关，分别用于检验燃烧室风机高、低速状态。

其第一级通过使气阀中第一级电磁阀得电的方式将歧管压力提高至 1.75 英寸水柱。第一级产热量一般约为燃气炉总产热量的 50% ~ 70%；第二级则通过使气阀中第二级电磁阀得电的方式将歧管压力提高至 3.5 英寸水柱，这是燃气炉的 100% 产热量。二级燃气炉可以将采暖区域内的温度控制在非常接近于温控器的设定温度，正因如此，室内温度的波动很小，其舒适度可以提高。二级燃气炉的运行过程可见 31.22 节。

31.24　燃气炉的调整

在采暖、空调行业中,人们总希望燃气炉的产热量正好对应于采暖区域的热损失。例如,在冬季最冷天气下,如 0 ℉,某房间所需的热量为 100 000 Btu/h,那么在 20 ℉时,它可能仅需 60 000 Btu/h 的热量。随着气候转暖,燃气炉开始频繁停机,而且,随着天气不断回暖,燃气炉每天的运行次数不断增加。运行次数的增加必然导致燃气炉效率下降。有人估计:一台容量偏大的燃气炉,其季节性的效率只有 50% 左右,而常态效率则为 80%。如果能减少或取消这样的运行状态,那么燃气炉的效率就能大大提高。现在的新式燃气炉可以根据建筑物的热损情况进行调整,使运行时间延长,间歇运行减少,提高燃气炉的整体运行效率。

新式自动调整型燃气炉采用可调整的燃气阀,而不是分级调整的燃气阀,同时采用可变速的暖风风机来改变其转速和暖风量。在大多数可调节燃气炉上,二级燃烧室风机电动机均为标准电动机,其先进的智能型集成控制器可以不断地检测和控制燃气炉的运行,从而改变产热量和暖风风量。

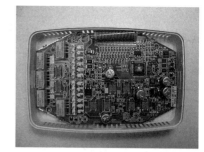

图 31.87　二级燃气炉中的二级燃气阀、二级燃烧室主风机和两个压力控制器(Ferris State University 提供)

新式可调节型燃气炉在燃气阀中设有一可变运行状态的电磁阀,即伺服阀,来接受来自集成控制器的、与变量成一定比例的毫安级信号,此伺服阀的作用相当于容量控制器,它可以按控制器的信号按比例改变燃气炉的产热量,从而可以使燃气炉能够在 40% ~100% 容量范围内的不同状态下运行,而控制器则从可改变产热量的可设定运行程序的温控器处获得其比例信号。具体细节将在本章后面讨论。

可调节的燃气炉,在其供风与回风管路中一般都设有供风和回风传感器。这些传感器均为热敏电阻,向集成控制器发送模拟信号。它们可以检测回风和排风温度,然后将此信息转送到燃气炉的控制器。控制器计算燃气炉的实际温升,按比例调整可调节的燃气阀,从而维持适当的排风温度。集成控制器可以监控温控器的输入信号和其他所有来自燃气炉的温度输出信号,进而使输入信号不断变化的燃气阀、变速暖风风机和双速引风风机在相对稳定的状态下运行。可调节燃气炉还具有自行调节、改变燃气热值和空气浓度的功能。

可改变输出的程序温控器不是一个常规的开 – 关温控器,可以向燃气炉控制器发出一个不断变化的比例信号,可以利用设置在软件中的"模糊逻辑"控制程序来检测和接受空调区域实际制热或制冷要求,这些程序可以依据温控器内或与温控器分离的传感器测定的当前室内状态来计算室内负荷量,然后再对制热或制冷做出具体反应。之后,温控器和集成控制器计算制热或制冷负荷系数。此负荷系数可用于确定燃气炉应当启动的时间、持续时间、燃烧强度和空气流量。

该空气程序可以使燃气炉效率最大化,并同时减小空调区域温度的波动。调节型燃气炉可以有更长的运行时间,使空调区域内的舒适程度提高。空调区域的温度波动一般均在温控器设定温度的半度范围之内。图 31.88 为用于调节型燃气炉的可改变输出的程序温控器内部结构。

可变速暖风风机可改变燃气炉风管中的空气流量来满足空调区域的不同需求,具有可变速功能的无刷、永磁式内置整流电动机可以使送风量低至 300 cfm。这些燃气炉利用可变速暖风机、可变输入气阀、供风与回风传感器、先进的集成控制器和可变输入温控器来达到设定的目标温升。关于内整流电动机的细节可参见第 17 章。

图 31.88　可调节输出信号的程序温控器(Ferris State University 提供)

31.25　排风

常规的燃气炉在利用烟气换热之后,一般均以自然对流方式将燃烧后的生成物(烟气)直接排向大气。将热烟气快速排放一般均可避免烟气冷却后形成冷凝水和其他腐蚀作用,但因大量的热量随烟气排出,燃气炉的效率必然降低。

高效燃气炉(效率在 90% 以上)使烟气流过一个特制的附设热交换器来吸收更多可利用的热量为建筑物采

暖区域供热,最后由小功率风机将这部分烟气排出烟气管。但这样往往会在烟气管中产生冷凝水和更多的腐蚀问题,因为塑料管不会腐蚀,人们最后都采用塑料管来制作烟气管。这些燃气炉的效率一般可高达97%。**安全防范措施:**不管是何种类型的燃气炉,均必须有适当的排风。将烟气排入室外大气必须要有安全、有效的方式和手段。在常规燃气炉中,最重要的是将烟气尽可能快地排出,因此常规燃气炉上均配置有将少量空气与不断上升的烟气混和的排风罩,见图31.89(A),使燃烧生成物进入排风罩时与来自燃气炉周围的空气进行混合,此时约有100%的附加空气量(称为稀释空气)以低于烟气的温度进入排风罩。具有一定温度的烟气在快速上升的过程中会形成一个向上的引力,可将稀释空气吸入并与自身混合,同时沿烟气管上升。

所有燃气炉必须有适量的过量空气。过量空气由助燃空气和稀释空气组成,助燃空气则由一次空气和二次空气组成。燃气炉所需的空气量取决于燃气炉的容量规格,也受制于当地的标准,即被美国各州确定为统一标准的全国燃气标准。很明显,燃气炉的容量规格越大,其所需的过量空气量也越多。经验告诉我们,要获得理想的燃烧空气量,燃气炉下方(如果此设备设置在夹层上方)和燃气炉上方(阁楼)必须按每100 Btu/h配置有效面积为1 in² 的格栅。对于100 000 Btu/h的燃气炉来说,其格栅有效面积应为100 in²。由于框、棂还要占用部分面积(约为格栅总面积的30%),因此其格栅必须大于10 in × 10 in(= 100 in²),也就是说,格栅规格应为100 in²/0.70 = 142.9 in²,即12 in × 12 in。上端风口主要用于稀释空气吸入,下端风口主要便于助燃空气的送入。本例中的排风风量计算仅是这种情形下的一种可能状态。

过去,过量空气主要取自建筑物内的一部分空气,但现在,通过建筑物的门窗渗入的空气少之又少,因此必须考虑燃气炉补充空气的其他途径。即使是旧式建筑物,也因为采用风雨窗和在房门四周安装挡风条,使整个门窗结构愈加密闭,使渗入的空气量很少。安装在旧建筑物内的燃气炉,往往会因为门窗密闭,烟气从排气转向挡板下溢出,从而出现排风事故。

如果因为室外风向问题导致倒灌,那么在吸风罩的开口处需提供烟体和空气的去处,及时将烟气排离引火燃烧器和主燃烧器。排风挡板有助于减少引火火焰被吹灭和主燃烧器火焰质量下降的可能,见图31.89(B)。

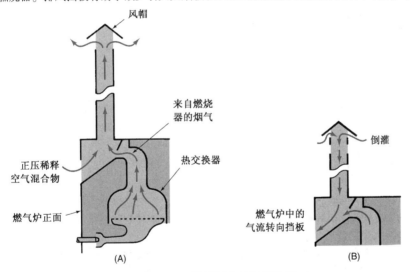

图 31.89　排风罩内的气流路径

高效燃气炉出现后,人们同时设计了多种相应的排风装置。以下是由美国国家标准协会(ANSI)列出的4种类别的排风方式。它们均符合ANSI标准Z21.47 – 1990中制定的燃气炉正常排风的温度与压力要求标准。

- 类别Ⅰ——燃气炉的排气压力不高于大气压力,排气温度至少高于露点温度140℉(常规,即标准效率燃气炉)。
- 类别Ⅱ——燃气炉的排气压力不高于大气压力,排气温度在露点温度上140℉以内(由于其冷凝水问题较多,现已停止生产)。
- 类别Ⅲ——燃气炉的排气压力高于大气压力,排气温度至少高于露点温度140℉(中等效率燃气炉)。
- 类别Ⅳ——燃气炉的排气压力高于大气压力,排气温度在露点温度上140℉以内(高效冷凝式燃气炉)。

安全防范措施:应保证补充的空气在燃气炉区域内可以获得。

切记:1 ft³ 天然气燃烧时,必须有10 ft³ 的空气,为保证有足够的氧气,增加5 ft³ 的空气,再加上排风罩处加入的 15 ft³ 空气,那么每 1 ft³ 的燃气就需要有 30 ft³ 的空气。一台 100 000 Btu/h 的燃气炉将需要 2857 ft³/h 的新鲜空气(100 000 ÷ 1050 Btu/h × 30 ft³ = 2857 ft³/h)。这部分空气必须在燃气炉所在区域内被全部补充、替换,如果这部分空气在燃气炉区域内得不到替换,那么燃气炉区域就会成为一个负压区,空气将被从烟气管中吸出,最终,燃烧生成物将弥漫整个区域。

对于常规燃气炉,一般要求采用 B 型排风管或合格的墙体材料。B 型排风系统由适当厚度的金属排风管组成,它已由公认的测试实验室认可,见图 31.90。排风系统必须从燃气炉连续连接至屋顶以上适当高度。B 型排风管一般为双层结构,内外层之间为空气层,内管壁为铝材制成,而外壁则由钢或铝构成。

B 型排风管段

图 31.90　一段 B 型排风管

排风管的管径应至少与燃气炉的排口直径相同。水平管段应尽可能短,且应朝离开燃气炉方向向上倾斜。建议倾斜量在每英尺管段至少向上倾斜 1/4 英尺,见图 31.91。尽可能少用弯管。长管段往往会使烟气在到达垂直风管或烟囱之前温度大幅度下降,进而使排风量下降。不要将风管接头插过烟囱的内壁,并要保证烟气排入砖墙式烟囱时,不会造成烟囱的阻塞,见图 31.92。

如果有两台或更多的燃气炉将烟气排入一个共用烟气管时,那么此共用烟气管的大小应根据美国国家防火协会(NFPA)或当地的相关标准进行计算。

每一个燃气炉排风管的上端均应设置合格的风管帽,以防止雨天或砖块等进入管道内,也有助于避免风或气流将烟气通过排风罩吹向建筑物内,见图 31.93。

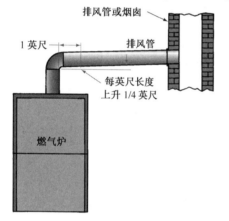

图 31.91　每英尺水平管段应至少向上倾斜 1/4 英尺

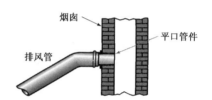

图 31.92　排风管不要超出烟囱内壁

图 31.93　烟气风管帽

砖墙式风管达到工作温度的速度远比金属风管慢,且还会使烟气温度下降,因此,砖墙式风管必须采用琉璃瓦作为内衬或在烟囱内安置风管。如果采用未带内衬的烟囱,那么来自烟气的腐蚀性物质就会腐蚀灰墙的连接处,燃气炉运行时会产生大量的冷凝水,使燃气炉在暖和的气流下运行周期缩短。而要使沉重的砖墙式风管温度升高,往往需要很长时间。烟气温度越高,其温升速度越快,由冷凝水和其他腐蚀作用所产生的损坏也就越小。垂直风管可以采用带有玻璃内衬的砖墙或由公认的测试实验室认可的、内壁涂瓷釉的装配式烟囱。当必须采用无内衬的烟囱时,一般可采用一种专用的防腐软性内衬材料,它可以自行流动涂覆于烟囱内壁和燃气炉风管底部的接口处,从而同样可以获得较好的抗腐蚀效果。

燃气炉停机时,热空气也可能会通过排风罩排离建筑物,因此,可以在风管内设置一个燃气炉停机时关闭、运行时打开的自动风门来防止热空气的损失。

风门有多种类型,其中一种采用双金属螺旋管和一个连接风门的连杆。双金属螺旋管受热膨胀时,它可以转动固定于螺旋管上的短轴,将风门打开,见图 31.94。另一种是

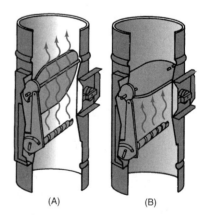

(A)　　　　　　(B)

图 31.94　(A)~(B)双金属螺旋管受热后转动,带动与双金属连接的风门

采用双金属片构成的风门叶片,燃气炉停机时,风门关闭。当风管因烟气排出而受热时,风门的双金属叶片动作,使风门打开,见图31.95。

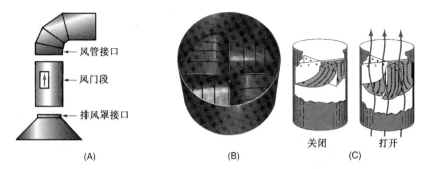

风管接口

风门段

排风罩接口

(A) (B) 关闭 打开 (C)

图31.95 (A)~(B)采用双金属叶片的全自动化风管风门;(C)剖面图

高效燃气炉上,在热交换器旁的排风管处安装有一个小功率的助燃风机,该风机只在燃气炉工作时运行,因此它不会在一天24小时内不断地将采暖房内的空气排出。如果燃气炉采用非直接排风,那么此时确实只有室内热空气被排出,这时因为非直接排风式燃气炉的助燃空气来自采暖区域,但如果燃气炉采用直接排风方式,那么它就会有一个全封闭燃烧室,其助燃空气是通过一般由 PVC 塑料制成的风管从室外引入的,见图31.71。由于燃烧室不可能与采暖房空气接触,因此也就完全没有可能将采暖房中的空气排出。既然采暖房内的空气不用于助燃,那么它就可以使采暖房避免出现减压,即弱真空状态,并使进入室内的渗漏空气量减少,渗入的冷空气再加热所需的热量减少,直接排风还可以使燃气炉与其他燃气装置的相互影响降低至最低限度。

本章开始时曾提到,助燃风机可以有强制排风和引流排风两种方式。引流排风的助燃风机设置在热交换器出口处,其产生的负压状态实际上是将燃烧气体吸出热交换器。强制排风的助燃风机则设置在热交换器的前端,其形成的正压将燃烧气体吹向热交换器,此风机排出的气体温度往往要比自然排风可能具有的温度更低,从而可以使热交换器从燃烧器处吸收到更多的热量,分送至各采暖区域,见图31.75。当助燃风机同时用于燃气炉排风时,室内温控器一般都会使助燃风机得电。而风机排出的空气则由气流开关或电动机上的离心开关给予证实。

31.26 燃气管的连接

安装与更换燃气管是维修技术人员工作的一项重要组成部分。技术人员应首先熟悉与燃气管连接相关的国家与地方标准,有些地方标准与国家标准并不统一。技术人员还应熟悉、掌握在他们工作的特定区域内天然气和液化石油气所具有的特性。此外,由于各地的燃气特性不同,连接管的规格和燃气炉的额定产热量也有差异。

燃气管的设置应尽可能简单,尽可能直线布置。分管,即燃气管的分路特征有点类似于电路的分电路。由于每个管配件均会形成阻力,因此各燃气管段必须保证有足够大的管径,并尽可能少用管配件。因管径太小而造成额外阻力的管段往往会产生较大的压力降,燃气炉也就无法获得适量的燃气。设计管线时还必须考虑燃气的比重,保证整个管路的压力降不大于 0.35 in. WC。设计管线时,必须在确定燃气炉的燃气消耗量之前与燃气公司联系,确定本地区燃气的热值。也可以根据管规格表和相关可用建议来确定管径和管线的走向。大多数天然气的热值为 1050 Btu/ft³。要确定常规燃气炉每小时的燃气消耗量,可采用下述公式进行计算:

燃气炉的输入热量:

$$\frac{\text{燃气炉每小时额定产热量(Btu)}}{\text{燃气热值(Btu/ ft}^3)} = \text{每小时所需的燃气立方英寸体积量}$$

假设某燃气炉的额定产热为 100 000(Btu),燃气热值为 1050 Btu/ft³,那么 100 000/1050 为每小时所需的天然气量,结果为 95.2 ft³。

各种燃气管的规格表都能依据燃气炉所需燃气量、对应管路的长度提供燃气管的具体规格(管径)。由于燃气管的规格会因各种燃气的比重差异而不同,因此管线的设计人员应首先确定燃气炉所用的燃气是天然气,还是液化石油气。

燃气管线应采用钢管或熟铁管,当然也可以选用铝或铜配管,但两者均需经防腐处理,且仅用于特定场合。

安全防范措施:必须保证整个管线无毛刺,螺纹完好,见图31.96。管螺纹处和管内的所有积垢、灰尘或其他松脱的材料均应清除干净,这是因为松脱的小颗粒往往会通过燃气管道进入气阀,使气阀无法正常地关闭。也可能堵塞引火器的小喷口。

装配螺纹管和管件时应采用黏结剂,也就是常说的"管漆"。不要将这种黏结剂涂在管端头上开始的螺纹段处,因为它很可能会进入燃气管内,堵塞喷头并使气阀无法关闭,见图31.97。采用特富龙(聚四氟乙烯)密封带密封管螺纹时也必须小心,因为它也会进入燃气管,引起同样的问题。

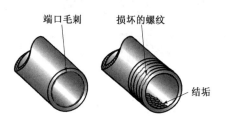

图31.96 必须保证管上螺纹完好无损,去除断口毛刺,清除所有结垢、尘粒以及其他从管螺纹上和管内壁脱落的管材碎粒

图31.97 管漆涂在外螺纹上,但不要涂在管端最初的螺纹段上

在燃气炉处,燃气管应设置疏水器、关闭阀和尤宁管接头,见图31.98。根据大多数地方标准,要求在距离燃气炉2英尺燃气管上设置关闭阀。疏水器用于收集来自燃气管的尘粒、垢皮或冷凝水(水汽)。三通管接头与燃气阀间的尤宁管接头可以容许在不拆卸其他管路的情况下拆除气阀或整个燃气炉。安装管线时,其水平管线应以每15英尺倾斜1/4英寸的斜度向燃气流动方向倾斜,这样可防止滞留在燃气管中的水分堵塞燃气的流动,见图31.99。少量水分会流入疏水器的间隙内,缓慢地蒸发。燃气管的支撑可选用适当的管勾或管夹,见图31.100。

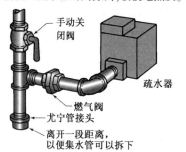
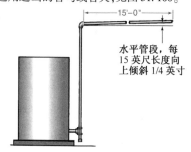

图31.98 手动关闭阀、疏水器和尤宁管接头应安装于燃气阀之前

图31.99 连接至燃气炉的燃气管水平段每15英尺长度向上倾斜1/4英寸

安全防范措施:安装完成后,应对管线系统进行漏检。漏检有多种方法,其中一种方法是利用管中的燃气,但不要使用其他气体,特别是不得使用氧气。将燃气炉前端的手动关闭阀关闭,检测所有接头是否安全可靠,然后将燃气送入系统。观察燃气计量表,看其数值是否在变化,如有变化,说明燃气正在进入系统。5~10分钟后,如果燃气表继续走动,那么说明有燃气不断流入,表明系统管路有较大的泄漏。当然,过夜长时间检漏效果可更好些。如果计量表持续走动,说明存在泄漏,用肥皂水检查每一个接头,见图31.101。有泄漏的地方就会有气泡出现。寻找到泄漏点并予以修补以后,再重新做同样的检漏操作,确认已修补的泄漏点不再泄漏,而且没有其他的泄漏点。

也可以采用气压计来确定是否存在泄漏。在系统管路上安装一气压表来检测燃气压力。将燃气送入系统后在气压表上读取压力值,然后将燃气切断,此时整个系统压力不应下降。有些检修人员常以过夜的长时间保压且没有压力下降作为其检漏标准。然后,用肥皂水以上述同样方式来确定泄漏位置。

注意,如果正在检查的系统不是100%关机的持续引火系统,那么其引火气阀必须予以关闭,否则会显示有泄漏。

采用高压测试方法时,测试效率可能会更高些。采用高压测试法检漏时,可利用来自自行车打气筒的空气压力,即在管路中有10磅的压力,10分钟后没有压力下降,从而说明没有泄漏。**安全防范措施:**不要将此压力连接至自动燃气阀。高压测试期间,手动阀必须关闭。

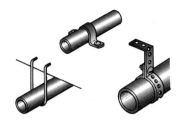

图 31.100　燃气管应采用管勾或
管夹予以适当定位

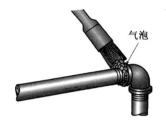

图 31.101　在各管接头处涂上肥皂水,如果
有气泡出现,即说明存在泄漏

如果系统没有泄漏,那么必须对系统进行吹洗,即将所有空气排除,使系统内不含空气或其他气体。**安全防范措施:**燃气管线的吹洗区域应有良好的通风。其通常的操作方法是断开引火器燃气管或将手动关闭阀和气阀间的尤宁管接头放松。千万不要在燃气易向燃烧区域积聚的场合吹洗。系统吹洗之后,应至少有 15 分钟的等待时间,以便积聚的燃气消散。如果认为某个区域可能还有燃气积聚,那么应等待更长的时间,当然也可以通过手扇来加速空气流动,使燃气的消散过程加快。当明显没有燃气积聚时,即可点燃引火进行验查。**安全防范措施:**由于燃气会引起爆炸,因此必须绝对小心。在燃气系统投入使用之前,必须实施较长时间的检漏测试,以保证系统各点安全可靠。必须认真了解燃气管线的各项地方标准,并严格按照其要求进行操作。

31.27　燃气炉电路图和排故流程图

图 31.102(A)为燃气炉的电原理图和接线图,它是带有直接火花点燃系统和燃气炉集成控制器的新式二级燃气炉的电路图。请注意:电路图中的集成控制器用一个空方框来表示,但在接线图上则标注出了集成控制器的各接线端。解释燃气炉集成控制器内部的工作原理显然已超出了本教材的讨论范围,尽管并不需要维修人员对集成控制板内的电路进行检修,但技术人员必须能够运用搜寻输入/输出信号的方法,检修集成控制器外围电路,即检修人员在对集成控制器运行程序有充分理解的基础上,依据排故流程图,能够对集成控制板的输入和输出端相关构件的工作状态做出正确判断。

燃气炉集成控制器是一种非常复杂的微处理,也就是一台小型电脑,因此操作时必须谨慎小心,即使很小的静电也可能伤及此集成控制器。维修技术人员在着手对集成控制器的相关电路进行检修前,必须保证集成控制器及相关电路的完全接地。有些技术人员甚至在其手腕上带一个接地条,以防在更换集成控制器电路板时受到来自自身人体的静电影响。

燃气炉集成控制器电路板一般均放置在一个可反复使用的静电屏蔽袋中,见图 31.102(B),维修人员必须谨慎小心,一旦从屏蔽袋中取出,绝不能使此控制器电路板受到静电冲击。如上所述,维修技术人员在对集成控制器线路板进行操作前,必须保证自身人体的接地。

对带有集成控制器的燃气炉进行系统检修时,首先应获得燃气炉的电路图和集成控制器的运行程序说明,其次是获得系统排故索引或类似图 31.103 一样的程序图。二级燃气炉(电路图见图 31.102)的运行程序可参见 31.22 节。运行程序说明、电路图和系统排故索引是技术人员在燃气炉排故操作中最重要的 3 个工具。

采用电压表对集成控制器进行电压检查时应保证表针不接触线路板的其他部位,否则很可能导致短路,并伤及控制器电路板。在电压表表棒导体的底部缠上一些绝缘胶带可以缩短表棒导体的长度。

图 31.104(A)是另一种配置有风机控制器的新式燃气炉接线图和电原理图(阶梯图)。图 31.104(B)是采用燃气炉集成控制器和电火花直接点火装置的燃气炉系统排故流程图。图 31.105(A)是应用燃气炉集成控制器和 115 伏热表面点火系统的燃气炉接线图与阶梯图,图 31.105(B)是配备燃气炉集成控制器和电火花点火系统的燃气炉的系统排故流程图。

31.28　引火安全探测装置——热电偶的排故

当热电偶的一端被加热时,就会产生一个微弱的电流,当引火火焰点燃并加热热电偶时,热电偶就能产生一定大小的电流,使能够将安全阀保持在打开状态的线圈得电。此安全阀在点燃引火火焰的同时,由人工打开,线圈只是将它保持在打开的状态。如果引火熄灭,那么热电偶也就不再有电流产生,安全阀自动关闭,将燃气切断。

要点燃引火火焰,只需将燃气阀控制器转至"引火位置",压下按钮即可使引火点燃。压下按钮并持续约45 秒,然后释放,将燃气阀转换到"ON"位置,即可使引火处于持续点燃的状态。如果释放按钮时引火火焰也同时熄灭,那么很可能是热电偶存在故障。图 31.106 为无负荷状态下对热电偶进行测试的方法。

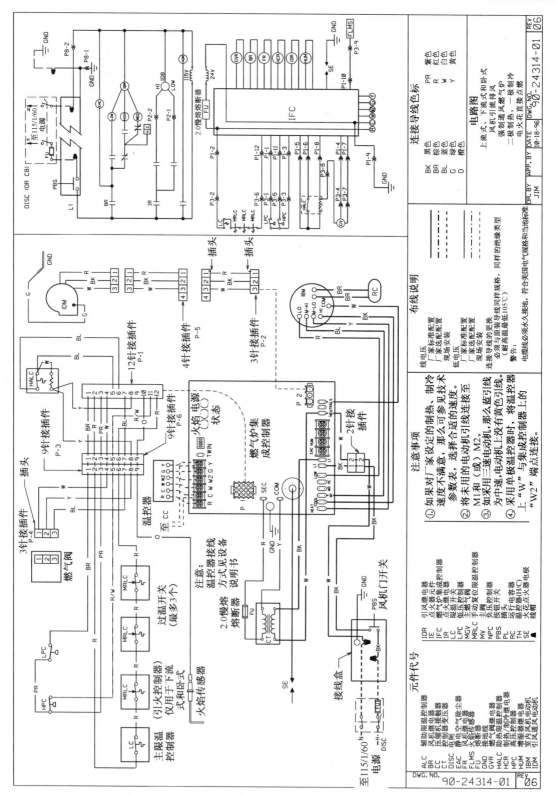

图 31.102　(A)燃气炉的电原理图(Rheem Manufacturing 提供)

重要的是要记住:热电偶仅能产生足够线圈将衔铁保持在吸入状态的电流,而衔铁是在人为按下按钮时被推入线圈的。

要检查热电偶无负荷状态,只需将热电偶从气阀上拆下,将热电偶测试接头插入气阀内。此测试接头可使你方便地测取热电偶工作时的电压读数,然后将热电偶旋入接头顶端,见图 31.107。将毫伏表连接接头上的接线端,重新点燃引火,检测热电偶时,必须使引火火焰盖住热电偶的整个顶端,如果热电偶在有负荷的情况下(此时,它与线圈相连接),产生的电压大于 9 毫伏,那么此热电偶即为正常,否则就应更新。对于不同规格、种类的安全阀线圈,还需认真核对制造商提供的说明书,以确定热电偶正常状态下应有的电压值。如果热电偶工作正常,按钮放开时引火火焰不能保持点着状态,那么安全阀中的线圈必须予以更新。一般情况下,是将整个阀更新。热电堆可以产生比热电偶更高的电压,其

图 31.102(续) (B)带有可反复使用的静电屏蔽袋的燃气炉集成控制器电路板

范围可达 500 毫伏(0.5 伏)至 750 毫伏(0.750 伏),当电路需要更高的电压时,热电堆是一种上佳的选择对象。图 31.108 是燃气炉持续引火系统的排故索引图。

图 31.103 采用燃气炉集成控制器的电火花点燃系统排故索引图(Rheem Manufacturing Company 提供)

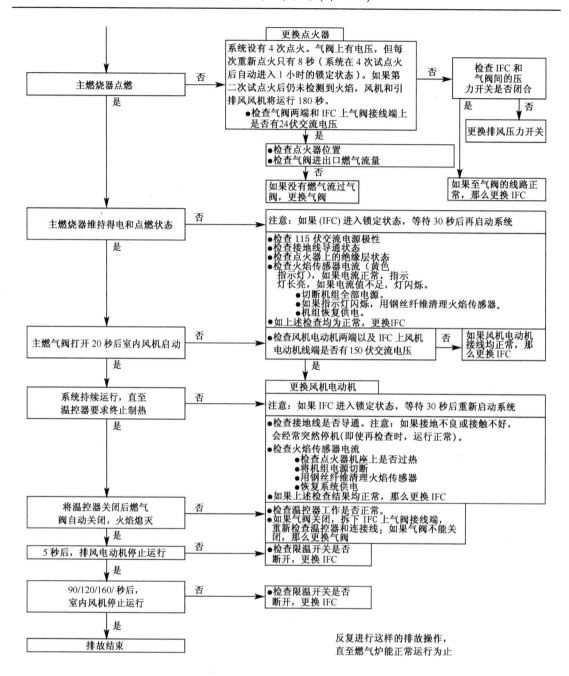

图 31.103(续)　采用燃气炉集成控制器的电火花点燃系统排故索引图(Rheem Manufacturing Company 提供)

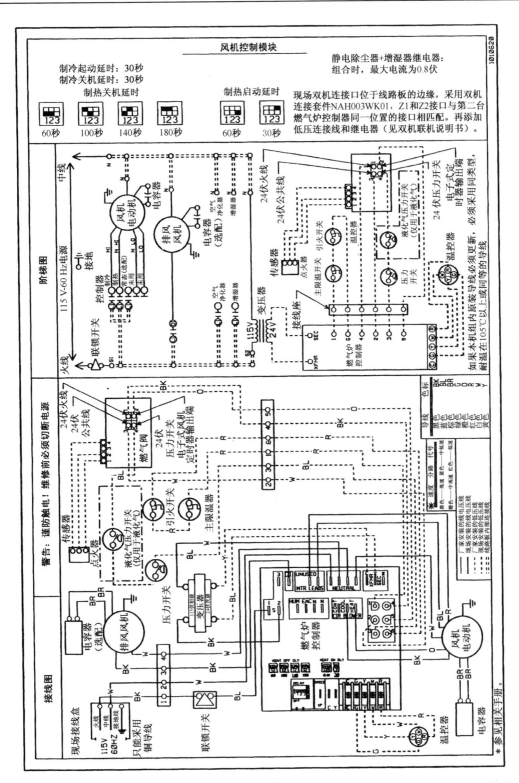

图 31.104 （A）配置风机有控制器的新式燃气炉电路图（International Comfort Products Corporation 提供）

警告：

●线电压各连接端点有触电危险。
●检修前必须切断电源。
●必须由经过培训并取得合格证书的技术人员进行维修。

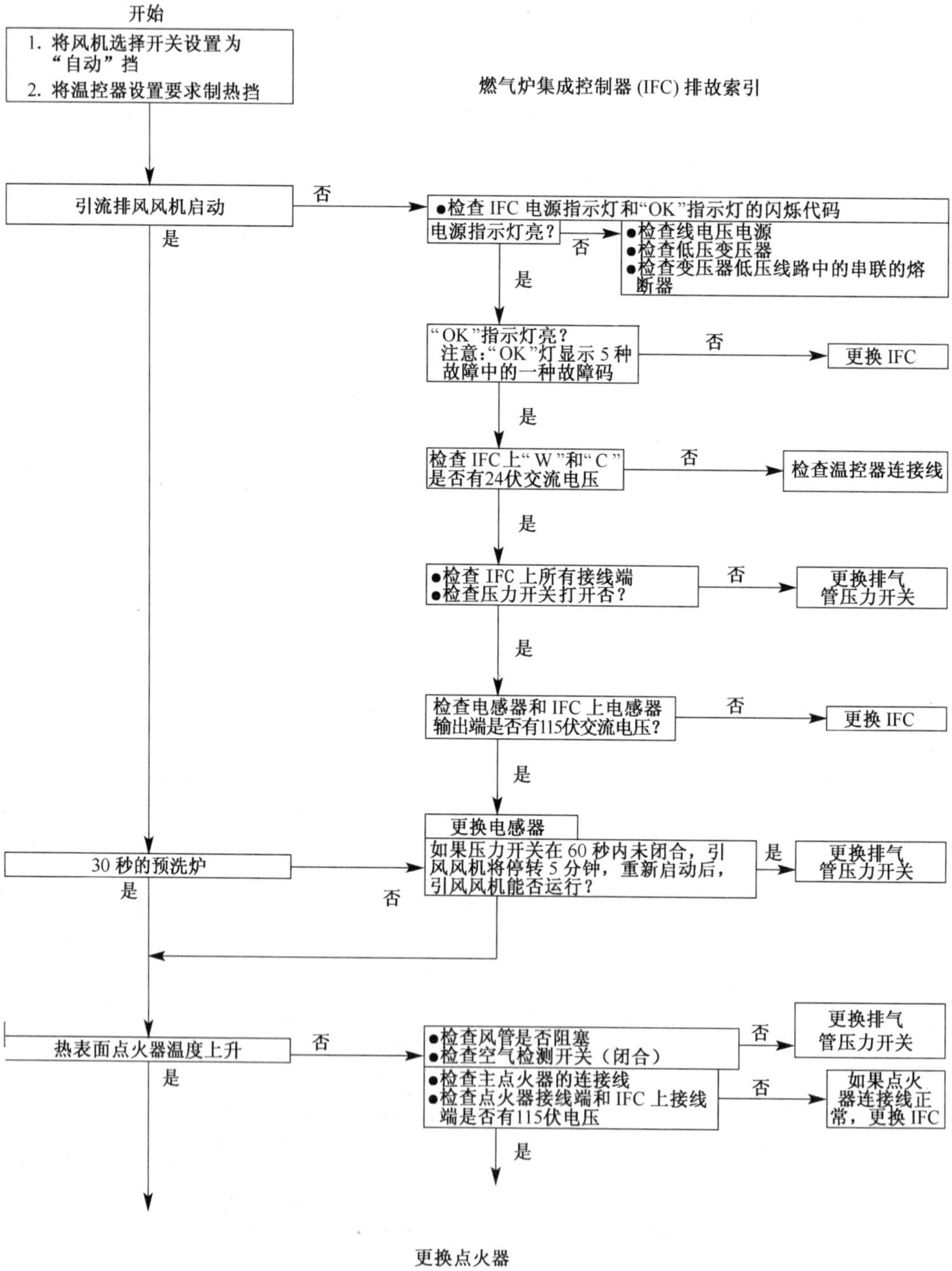

开始
1. 将风机选择开关设置为"自动"挡
2. 将温控器设置要求制热挡

燃气炉集成控制器(IFC)排故索引

引流排风风机启动 —否→ ●检查 IFC 电源指示灯和"OK"指示灯的闪烁代码

电源指示灯亮？ —否→ ●检查线电压电源
●检查低压变压器
●检查变压器低压线路中的串联的熔断器

是↓

"OK"指示灯亮？
注意："OK"灯显示 5 种故障中的一种故障码 —否→ 更换 IFC

是↓

检查 IFC 上"W"和"C"是否有24伏交流电压 —否→ 检查温控器连接线

是↓

●检查 IFC 上所有接线端
●检查压力开关打开否？ —否→ 更换排气管压力开关

是↓

检查电感器和 IFC 上电感器输出端是否有115伏交流电压？ —否→ 更换 IFC

是↓

更换电感器
如果压力开关在 60 秒内未闭合，引风风机将停转 5 分钟，重新启动后，引风风机能否运行？ —是→ 更换排气管压力开关

30 秒的预洗炉
是↓ ←否

热表面点火器温度上升 —否→ ●检查风管是否阻塞
●检查空气(检测)开关(闭合) —否→ 更换排气管压力开关

●检查主点火器的连接线
●检查点火器接线端和 IFC 上接线端是否有115伏电压 —否→ 如果点火器连接线正常，更换 IFC

是↓

更换点火器

图 31.104(续)　(B)含有 IFC 的电火花点火系统排故索引图(Rheem Manufacturing Company 提供)

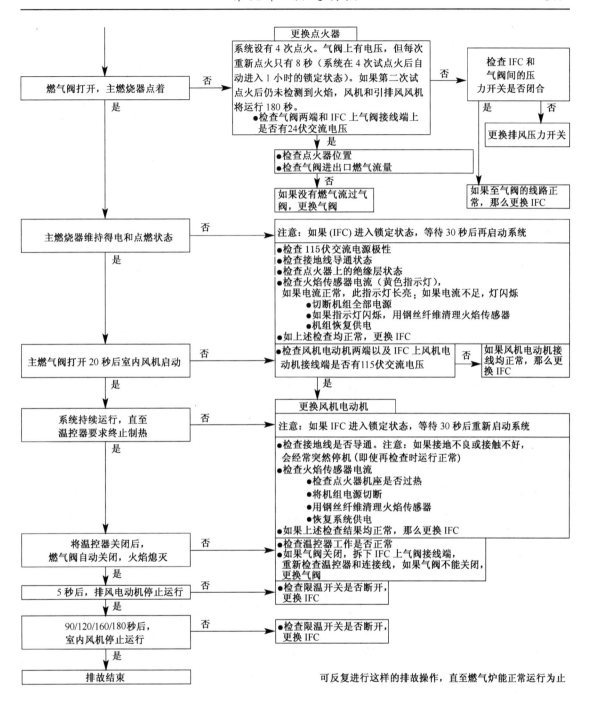

图31.104(续)　(B)含有IFC的电火花点火系统排故索引图(Rheem Manufacturing Company 提供)

注意：
静电会损坏燃气炉集成控制器(IFC)
※"OK"指示灯闪烁，说明 IFC 外存在故障：
(1) 每隔 2 钟闪烁一次——进入 1 小时锁定状态。
(2) 每隔 2 钟连续闪烁——压力开关断开。
(3) 每隔 2 钟连续闪烁——限温开关断开。
(4) 每隔 2 钟连续闪烁——压力开关短路。

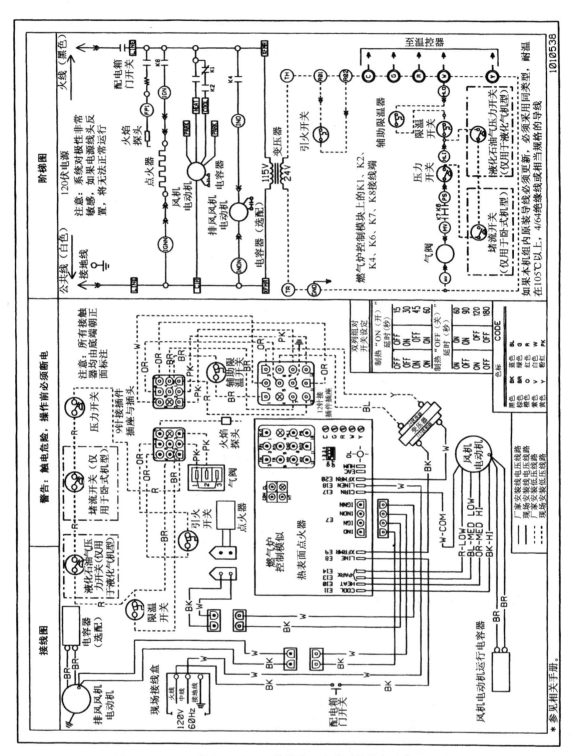

图 31.105　(A)采用 IFC 和 115 伏热表面点火系统燃气炉的电原理图
和接线图(International Comfort Products Corporation 提供)

⚠ 警告

线电压各连接端点可导致人身伤害，甚至死亡。
检修前，必须切断电源。
必须由经过培训并取得合格证书的技术人员进行维修

注意：静电会损坏燃气炉集成控制器(IFC)
*"OK"指示灯闪烁，说明IFC外存在故障：
(1)每隔2秒闪烁一次——进入1小时锁定状态
(2)每隔2秒连续闪烁——压力开关断开
(3)每隔2秒连续闪烁——限温开关断开
(4)每隔2秒连续闪烁——压力开关短路

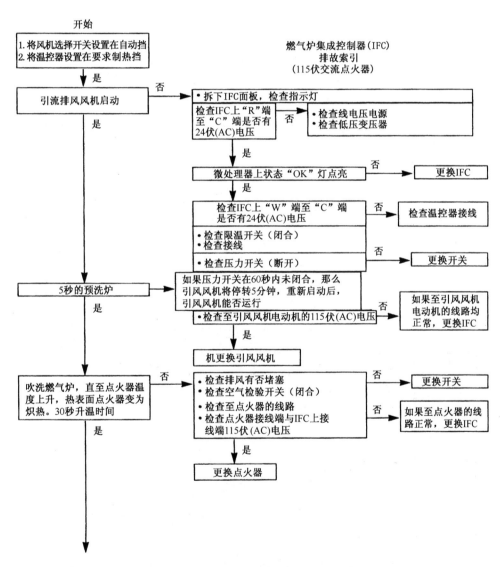

图 31. 105(续) （B)采用燃气炉集成控制器的 115 伏热表面点火系统的排故索引
（Rheem Manufacturing Company 提供）

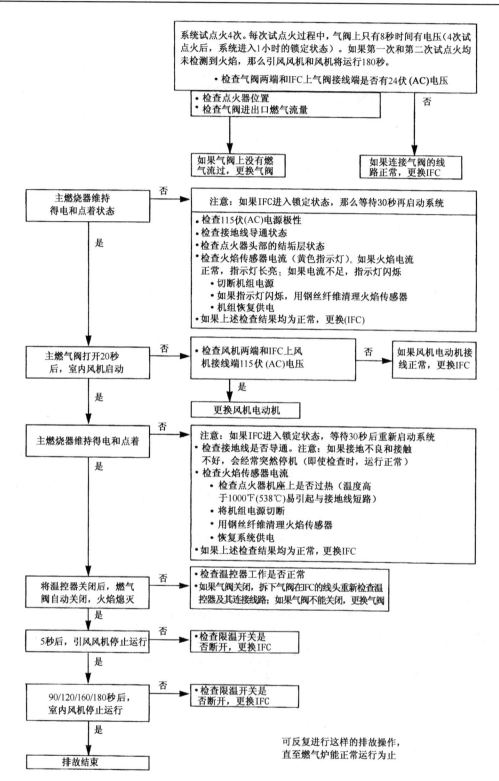

图 31.105(续)　(B)采用燃气炉集成控制器的 115 V 热表面点火系统的排故索引
(Rheem Manufacturing Company)

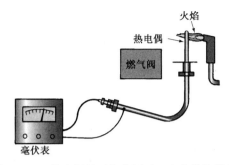

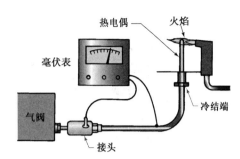

图 31.106 热电偶的无负载测试。在主燃烧器关闭的情况下（按旋钮转换至"引火（PILOT）"位置，然后压下），使引火火焰连续燃烧5分钟以上。在按下按钮，热电偶上仍维持有火焰的状态下，将热电偶从气阀上拆下，将毫伏表表棒连接至热电偶，测取其直流电压，如果读数低于20毫伏，那么说明此热电偶存在故障，或引火火焰质量较差。如果引火火焰能够调整至正常，那么可以在有负荷的状态下对热电偶进行测试

图 31.107 热电偶有负载状态测试。将热电偶从气阀上断开，将热电偶测试接头旋入气阀，然后将热电偶旋入测试接头。点燃引火和主燃烧器并连续燃烧5分钟。将毫伏表的一个表棒连接测试接头上的接线端，另一个表棒连接热电偶的壳管，如果其读数低于9毫伏，那么说明此热电偶存在故障或点火火焰的火力不足，调整引火火焰后，热电偶电压仍低于9毫伏，则应更新热电偶，同时，要保证引火火焰的大小，引火器以及热电偶的位置要正确到位。冷结点的温度较高往往在无负载情况下可以获得较高的输出电压，但在有负载的情况下，其输出电压则显不足

31.29 电火花点火（间歇式引火）系统的排故

大多数火花式点火装置，即间歇式引火点燃装置都有自己独立的电路，也就是印制线路板。技术人员所要做的排故操作只针对此线路板的外围电路，并不需要对线路板内的电路进行排故。如果是线路板内的电路出现故障，那么需将整个线路板更新。图 31.109 为某制造商采用的火花式点火系统。这里有两个电路图，一个为接线图，另一个为原理图。注意，制造商通常都将接线板放在接线图的下方，故图中各元器件均不在同一位置上。

上述例子中，火花点燃控制板均有供增设的电子空气除尘器和风门关闭电动机等其他构件接线的接线板，因此，当燃气炉需要配置这些装置时，技术人员仅需按图索骥，根据说明书为这些装置连接线路即可，非常方便。但电子控制除尘器一般仅与风机连锁运行，要将其按适当的运行程序接入线路，特别是对于双速风机的燃气炉，可能并不能很方便地进行操作。

以下是对这种线路板进行操作时的几点注意事项：

1. **安全防范措施**：正面面板拆下后，因面板开关断开，所有器件均停止工作，一旦此开关被固定在闭合状态，其中的各器件均带电运行，在这种情况下，应只能由合格的专业技术人员进行操作。
2. 风机电动机通过 2 安培触头，以单速状态启动。
3. 2 安培触头在停机期间因 2 安培线圈得电而保持断开状态，而在运行期间此线圈失电。
4. 如果控制电路的变压器不正常，那么风机就会始终处于运行状态。如果风机持续运行却没有出现情况，那么可怀疑是控制线路变压器损坏。
5. 风机在制热运行过程中，其启动与停机均有一定的延时量。

以下为图 31.109 中原理图和接线图的几点说明：

1. 控制线路变压器的初级应有线电压。
2. C 端（公共端至所有耗电装置）至 LIM-1 接线端应有 24 伏电压，图中电压表表棒接点即标记点 1。
3. 将一表棒留在 C 接线端处，将另一表棒分别移至 2、3 和 4 处，各端点上应均有 24 伏电压，否则不必继续检查。
4. 此电路的关键是 C 端与 GAS-1 端间必须要有 24 伏电压。如果有 24 伏电压，此时可以试点一下引火，应该可以看见点火器上的火花，同时发出滴答声，两次滴答声的间歇约为半秒左右。

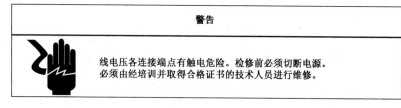

警告
线电压各连接端点有触电危险。检修前必须切断电源。必须由经培训并取得合格证书的技术人员进行维修。

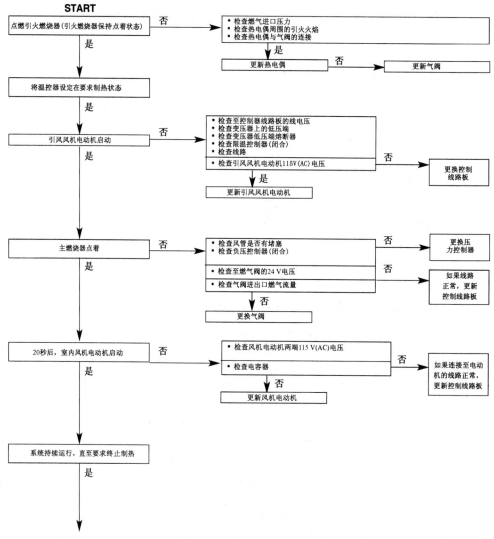

图31.108　持续点火燃气炉的系统排故索引图(Rheen Manufacturing Company 提供)

5. 如果引火火焰点着,滴答声停止,那么6H继电器应动作,即继电器中的常闭触头应断开,常开触头应闭合。这就意味着 C 端与 GAS-2 端点、GAS-3 端点间均有 24 伏电压。6H 继电器实际上是一个双金属引火火焰探测继电器,见图31.56(C),来自引火火焰的热量可改变其开/闭状态。如果它不能正常地传递电源,那么必须予以更换。

6. 如果电路板可以将电源送到 GAS-3 接线端(表棒位置5),燃烧器仍未能点着,则一定是气阀存在故障。但在更换之前应确认气阀旋钮处于正确位置,且内部连线均正常。当燃气炉配置带有接线端的线路板时,采用将一根表棒连接在 C 端,然后移动另一根表棒测取电压值的方法不仅速度快,而且可以使整个排故过程更加方便。

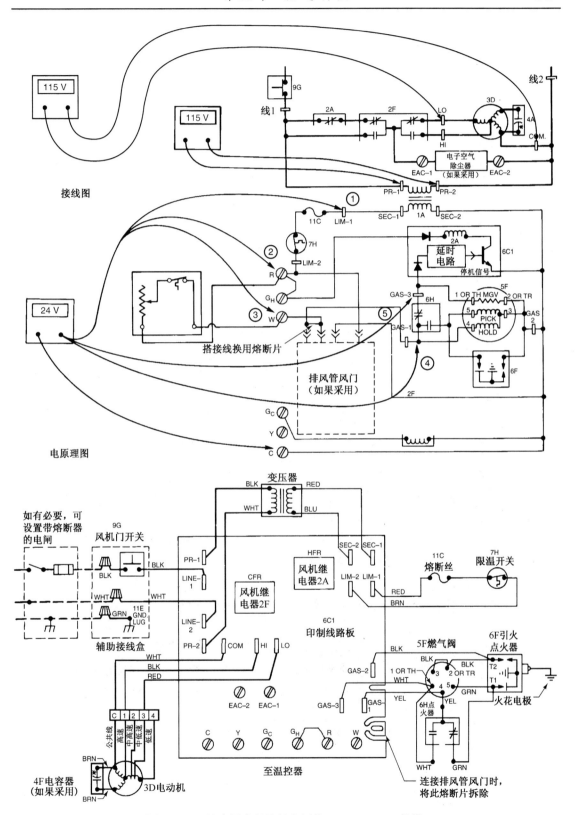

图 31.109　注意图中标注的电压值(BDP Company 提供)

7. 如果 R 端有 24 伏电压,而 W 端没有,那么说明温控器和内部线路存在故障。你可以在 R 端与 W 端间暂时设置一段搭接线,如果有电弧,那么说明故障出在连接线而非温控器上。

8. 风机的启动受控制板控制,而且也是运行程序的一部分。当 2 安培继电器内延时电路得电时,风机即启动运行,这是由线路板上的 6H 继电器动作后产生的结果。当 C 端与 GAS-3 端间存在 24 伏电压时,延时电路即开始计时;当计时达到设定值时,其触头打开,风机继电器线圈失电;触头闭合,风机启动。

9. 再在 COM 端与 LO 端间连接电压表。当 2 安培继电器送入电源时,此两端间应有 115 伏的电压。如果有电源送到风机电动机上而风机不运转,那么打开风机装置,检查电动机中各相绕组是否导通,同时检查电容器,看电动机是否发烫。如果电容器正常,电动机仍不能启动运行,那么更换电动机。图 31.110 为间歇式引火模块的系统排故索引图。**安全防范措施**:各种点火模块的技术特性均有所不同。技术人员应就点火模块的系统排故索引图或排故方法与制造商进行联系。

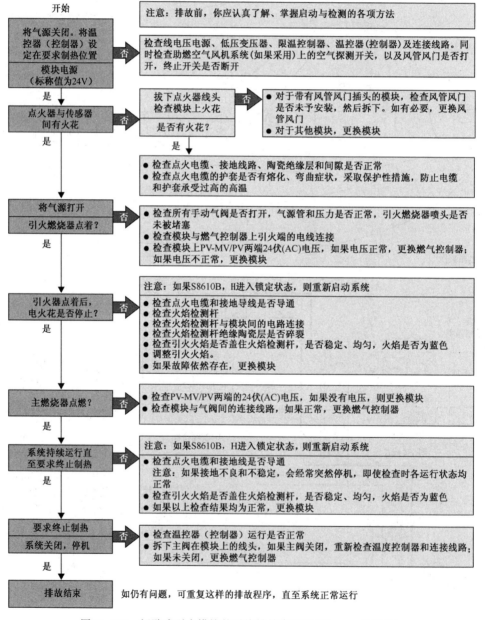

图 31.110　间歇式引火模块的系统排故索引图(Honeywell 提供)

31.30 燃烧效率

由于燃料价格长期处于高位且不断上涨,要获得高效且尽可能安全的燃烧,对机组进行合理调节是必不可少的,同时,又要必须避免矫枉过正,防止产生大量的一氧化碳气体。

大气环境下的燃气燃烧器既要利用随燃气一起吸入的一次空气,也需要在点燃的状态下由排风产生的引力引入燃烧区域的二次空气。**安全防范措施**:不完全燃烧会产生一氧化碳气体,要避免一氧化碳的产生,燃烧时必须提供足够的二次空气。

一次空气的流量可利用喷头附近的风门予以调整,这样的调整可以获得制造商确定的最佳火焰状态与性能,但一般来说,火焰为蓝色并稍带少量的橙色焰尖是燃烧的最佳状态,见图 31.111。

新式燃气炉由于采用不同类型的燃烧器,因此一般均不设置风量调节装置。采用射式燃烧器的燃气炉,其风量调节也并不十分精确。

为了能够将燃煤或燃油炉、锅炉改用燃气,有些燃炉上通常采用转换式燃烧器。这种燃烧器通常均设有二次空气调节装置,但这些调节装置要获得最高的燃烧效率,必须根据现场的状况进行调节。事实上,要实施二次空气量的调节,一般需要做二氧化碳测定,从排出的烟气中获得必要的信息数据。烟气中二氧化碳含量的测定实际上就是测定二次空气中的过量空气量。当二次空气提供量减少时,烟气中的二氧化碳百分含量就会上升,也就是说,产生一氧化碳的可能性就会增加。

如果在某一空气供应量状态下获得完全燃烧,那么在烟气中就会出现一定体积量的二氧化碳,它称为二氧化碳临界含量。下面给出了各种燃气的二氧化碳的临界百分含量(这些数据仅用于说明完全燃烧的特征,不能用做燃气设备的二氧化碳检测标准):

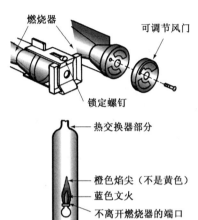

图 31.111 主燃烧器火焰调节装置。转动风门可以获得理想的火焰。要检测火焰,可以在温控器上启动燃气炉,等待数分钟,使灰尘或其他颗粒被悉数烧尽,不再影响火焰的质量。此时的火焰应是稳定、平静、柔和的蓝色火焰、带些许橙色焰尖,但不应为黄色。火焰从燃烧器端口直接朝上展开,而不能朝下弯曲、浮起或离开燃烧器端口,并且不能接触热交换器的两侧

对于完全燃烧

天然气	11.7 ~ 12.2
丁烷气	14.0
丙烷气	13.7

安全防范措施:任何燃气炉都不可能调整到产生的二氧化碳达到此临界值,因为它会同时产生大量有害的一氧化碳气体。因此,具有实际意义的操作方法是在燃气炉中送入过量的二次空气,使之产生的二氧化碳量尽可能低。

采暖、通风与空调行业的"金科玉律"

前往居民住宅上门维修时:

1. 注意带好适当的工具,避免在主人房间内穿梭奔走。
2. 一定要遵守时间约定,如果因各种原因需要延时,应事先电话联系,客户的时间也是非常宝贵的。
3. 如果因需要购买零部件或其他原因必须离开工作现场,应及时通知客户,如果能将返回的时间告知客户且安排合理的话,那么客户一般不太会感到不快。

要注意向客户提供一些额外服务,以下是一些既不费时、费力,又比较容易上手的操作项目,并应包括在上门维修的项目之内:

1. 维修完成之后,对燃气炉及所在区域进行清理。
2. 如果是持续引火式燃气炉,应进行维护性检查。
3. 清理或更换结垢的过滤器。
4. 如有必要,应给各轴承上油。

5. 检查燃烧室,保证燃烧器清洁、燃烧正常。

6. 将所有面板、机盖放回原处,恢复原状。

预防性维护

燃气设备的预防性维护包括空气侧各构件的维护:过滤风机、传动带和驱动装置以及燃烧器部分,燃气炉的空气侧构件与强制通风电热装置相同,因此这里仅讨论燃烧器部分。

燃烧器部分由燃烧器本体、热交换器和燃烧生成物排放系统构成。

新式燃气炉的燃烧器部分在季节变化时不需要做任何调整。如果能使其保持清洁,它就能高效和安全可靠地运行。燃烧器上端,即助燃的二次空气进口处,以及燃烧器进气管,即引入燃烧器的一次空气进口处必须防止锈屑、灰尘或垢皮堆积。当将燃烧器设置在一个较为清洁的环境中时(即没有像在制造区域的空气中所含的粗大微粒的情况下),其空气中的大部分灰尘颗粒均可燃烧,并通过排风系统排出,这样的燃烧器可以使用多年不需要清理,只需用带有小缝槽吸口的吸尘器吸除少量的垢皮或锈块等沉积物。

如果要对沉积在燃烧器进气管内的杂质进行较为全面的清理,可以将燃烧器与歧管一同拆下。每个燃烧器拆下后,可以轻轻地敲落松脱的垢皮,也可以采用空气软管从燃烧器端口吹入,将微粒从一次空气的风门处吹出。**安全防范措施:**采用压缩空气清理时,必须佩戴护目镜。燃烧器在燃气炉的原位置上,不得采取这样的清理方法。

应对燃烧器的位置中心进行检查,以保证火焰不烧到热交换器上,燃烧器位置应端正,固定牢固。大块的锈皮滞留在燃烧器上必然会使火焰烧蚀各构件,因此必须予以清除。

对于新式燃气炉来说,常规维护时并不需要做燃烧分析。在有些新式燃气炉上,有时候仅有一次空气量的调节装置,而在更多的情况下,由于采用射式燃烧,甚至连一次空气流量也不能进行调节。所有燃气燃烧器的火焰应清晰,仅带有少量橙色焰尖。整个火焰不应有黄色或黄色焰尖,如果火焰上的黄色焰尖不能消除,说明燃烧器中含有灰尘或垃圾,应予清除。

认真观察燃烧器点火时状况是否正常,一般情况下,一侧的燃烧器会通过跨接管将火焰引向不对称的另一个燃烧器,以一种非规则的模式点燃所有燃烧器。有时候,当出现多个燃烧器中的某一个最慢点燃时,这个燃烧器就会发出"噗"的声响。

应经常观察引火火焰是否正常。引火火焰不应有黄色焰尖,也不应碰触主燃烧器,只能接触热电偶。如果引火火焰不正常,可以将引火组件拆下清理,如引火器零件出现堵塞时,可用压缩空气进行清理。**安全防范措施:**不要用针疏通喷头,这样易使喷口口径增大。如果喷头规格过小,可以从供应商处购买适当规格的喷头。

排风系统应定时检查是否存在堵塞。各种鸟类均喜欢在烟囱管内筑巢,此时应注意风管帽是否损坏。目检是检查的第一步,然后,还可以启动燃气炉,技术人员应在分流挡板附近点燃一支火柴,观察一下其火焰是否被引向分流挡板方向,这是燃气炉吸风是否正常的一种检测方法。

认真观察燃烧器火焰在燃气炉风机运行状态下的情况。如果火焰在风机运行状态下晃动,说明热交换器中已存在裂缝,有必要对热交换器做进一步检查。热交换器上一般很难发现小裂缝,只有将热交换器从燃气炉的箱体中拆下后做一个全面检查测试才能证实是否存在裂缝。这些测试通常已超出一般技术人员的能力范围,而且这些测试方法还需要价格昂贵的设备、仪器以及技术人员多年的经验。

高效冷凝式燃气炉,如果其强制排风风机电动机需要定期润滑,应注意添加润滑油。应对冷凝水排水系统进行检查,确认没有堵塞,排水流畅。冷凝式燃气炉的制造商有时候将冷凝装置设置在回风端,所有空气均需流过此盘管。这是一种带翅片的盘管,如果过滤器不进行清理,那么在此盘管上就会出现大量结垢。对此冷凝盘管做定期防堵检查是一种非常好的做法。

整个燃气炉采暖系统还应通过将室内温控器设定在制热状态做全面的检查,认真观察其各项程序运行是否正常、有序。例如,检查一台标准燃气炉时,应注意其引火器是否每次均能点燃,主燃烧器是否能点燃,随后风机应启动。有些燃气炉采用间歇式引火点燃方式,其引火器应首先点燃,接着是主燃烧器点燃,之后风机应启动。对于冷凝式燃气炉,则是排风电机首先启动,然后是引火器点燃,接着是燃烧器燃烧,最后是风机电动机运行。技术人员必须对各种燃气炉的运行程序了解清楚。

也有些技术人员先将循环风机电动机的电源切断,然后启动燃气炉,直至其高温限温控器自行将燃气炉关闭,这样可以检测安全装置能否自行将燃气炉关闭。技术人员经常还会做燃烧分析测试,其目的是检查燃气炉的燃烧效率,同时为风门调节做准备。如果风门调节得当,燃气炉最终产生的二氧化碳含量可以降低65%~80%,即烟气中的二氧化碳含量为8%~9.5%。但在进行调整时,必须按照制造商的说明书操作,这一点非常重要。

如果要确定燃气炉的燃烧效率,还应测取烟气的温度值。燃烧效率百分数是实际得到的有效热量分数,由于总是有一部分热量通过烟气排出建筑物,因此除了直接排风式燃气炉,它不可能获得100%的燃烧效率。

二氧化碳含量和烟气温度可以从抽风分流挡板与燃气炉间的烟道内测取。采样管可以通过抽风分流挡板插入燃气炉内侧,见图 31.112。测试时,还需要一台氧气与二氧化碳分析仪和一个烟气温度计,见图 31.113。也可以参考这些仪器制造商提供的线图来确定其最佳效率。1982 年前生产的燃气炉,其平均效率应为 75% ~80%。现有的各种新型数字式燃气炉效率测试仪器测试精度非常高。

图 31.112　采样管插入燃气炉抽风分流挡板的内侧

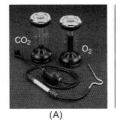

图 31.113　(A)氧气与二氧化碳分析仪;(B)一个烟气温度计

测试仪还可以检测烟气中的一氧化碳含量。如果在一个无空气的烟气样本中一氧化碳的含量低于 0.04%,即可定义为无一氧化碳燃烧。当火焰触及冷表面,一次空气与二次空气不足时都可能产生一氧化碳。

其他可以检验并且可以与制造商的说明书进行比较的调整项目有:排风罩处的吸风量、烟囱的排风量、燃气压力和燃气进口压力。

31.31　报修电话

报修电话 1

某零售商店经理来电:其店内燃气炉不制热,这是一台配置持续式引火器和空调的上流式燃气炉。其原因是燃气阀线圈短路,产生的大电流使低压变压器烧毁。燃气炉安装于仓库内。

技术人员到达现场,来到室内温控器处,将风机选择开关设置为"ON(开)",检验室内风机是否能启动。发现其不能启动,因此,技术人员怀疑低压电源有问题。将温控器设置在要求制热位置后,技术人员来到安装燃气炉的仓库内,检查变压器的次级线圈电压为 0 伏,切断电源,用欧姆表检测变压器是否导通,发现变压器的次级线圈(低压侧)开路,技术人员更换变压器。在连接次级线路之前,技术人员又检查了低压电路的导通状态,发现燃气阀的线圈电阻只有 2 欧姆,此阻值太小,以至于在次级电路中出现很大的电流(此阻值最小应为 20 欧姆)。技术人员来到检修车上,检测了新的燃气阀电阻,发现其正常值应为 50 欧姆,之后将气阀也同时换下。

换上新燃气阀和变压器后,重新启动系统,对气阀的电流检查表明,它只有 0.5 安培,并未过载。如果技术人员在安装了新变压器后立即接通电源,那么新变压器很可能很快就会烧毁。

技术人员在离开现场之前,更换了空气过滤器,并请商店经理来到仓库,提醒经理,存货纸箱必须搬离燃气炉一段距离,否则很容易失火。

报修电话 2

一位居民来电:他闻到了强烈的烟味,此烟味很可能来自锅炉房。因近日天气比较暖和,燃气炉已有两周未使用。由于烟雾可能有害,调度员告诉这位顾客,在技术人员到达之前,赶紧将燃气炉关闭。事实上,是此燃气炉的烟气排口被修理屋顶的泥工在砖式烟囱上放置的瓦片给堵塞了。

技术人员到达现场启动燃气炉,在排风分流挡板处划了一根火柴,来判断烟气管是否具有负压。燃气烟雾不知什么原因并未沿烟道管上升,相反,火柴上的火焰朝向烟道管和排风挡板的反方向。技术人员关闭燃烧器后检查热交换器,发现有许多火星,但又没有积炭,这说明燃烧器燃烧不正常。技术人员来到屋顶,检查烟道管,发现有一块瓦片盖在烟囱上。将瓦片取走后,即有热量从烟囱排出。

技术人员返回地下室,重新启动燃气炉,在排风分流挡板处点燃火柴后,此火柴上的火焰被吸向烟道口。至此,燃气炉正常运行。技术人员在离开现场之前,更换了燃气炉的空气过滤器并为风机电动机上油,然后与顾客告别。

报修电话 3

某顾客要求对一燃气炉做效率检测。这位客户认为其燃气账单上的数据太高,因此要求对系统做一全面检查。

技术人员到达,面见顾客,这位顾客想看一下报修后的整个操作程序。技术人员在燃气炉上从头到尾做了一遍燃气炉的效率测试项目,顾客可以清楚地看见其测定结果确与使用说明书上的数值有差异。

燃气炉安装在地下室内,可以很方便地进入此区域。技术人员为了保证燃气炉不在测试过程中自动停机,他有意将温控器上的温度设定在高于室内温度 10℉。技术人员然后来到检修车上,取来烟气分析仪套件。**安全防范措施**:谨慎小心,不要碰触这些排风管,排风管的温度可以在排风分流挡板一侧的热交换器上测取。烟气样本可以在烟气温度不再提高,室内风机运行 5 分钟后采入样本室内,这样可以保证燃气炉上升到最高温度。

烟气测定值表明,此燃气炉的运行效率为 80%,对于标准效率型燃气炉来说,这完全是正常值。测试完成并将测试结果记录之后,技术人员将送往燃烧器的燃气关闭,让风机运行,使燃气炉冷却。

当燃气炉冷却至手可以接触燃烧器的温度时,技术人员将燃烧器拆下。这种燃气炉的燃烧器只要将其护罩拆下,朝前推动的同时朝后提起,即可方便地拆下。然后清理燃气歧管,也可以拆下清理。

燃烧器和燃气歧管均有少量锈皮,对于安装于地下室的燃气炉来说也很正常。然后将排风分流挡板以及烟气管拆下,技术人员和客户本人能看见热交换器的顶端,所有一切均正常——既没有锈皮,也没有结垢。

技术人员用吸尘器从热交换器和燃烧器处吸除少量灰尘和脱落的锈皮,然后将燃烧器取下来到室外,用检修车的压缩空气进行吹洗。**安全防范措施**:技术人员必须佩戴护目装置。清洗完成,技术人员装配燃气炉各零部件之后告诉顾客:整个燃气炉处于良好状态,在燃烧效率上与使用说明书上的数据不会再有差异。新式燃气燃烧器的燃烧效率一般均比老式机型要高些,大多数情况下,可以通过空气量的调节,使燃烧效率提高 2%~3%。

风机电动机加油,将空气过滤器更新后启动系统,并逐渐上升至正常的运行温度。当燃气炉达到其设定温度后,技术人员测定了风机电流,发现其电流值已达到其满负荷运行状态,风机已尽其所能了。再做一次效率检测后发现,其效率仍为 80%,至此,很明显,所有测定均无误,顾客的心情也完全平静下来。离开现场前,技术人员将温控器重新设定在正常状态。

报修电话 4

一位顾客来电告:引火器不能保持在点燃状态,引火火焰在点燃几分钟后自行熄灭。热交换器靠近点火器处有一个小孔洞,即使引火火焰点燃,但当风机启动时,引火火焰即被吹灭。

技术人员到达,检查室内温控器设定值是否高于室内温度。技术人员然后来到地下室,发现持续式引火器未点燃。技术人员点燃引火器,并按住按钮直至热电偶使引火火焰点燃,将燃气阀切换至"ON(开)"位置后,主燃烧器被点燃,直至风机启动,一切似乎都很正常,但此时引火火焰突然开始四处摇晃,稍后火焰熄灭。热电偶冷却,通往主燃烧器的燃气切断,技术人员指给顾客看热交换器上的孔洞。将气阀关闭,技术人员向顾客解释:在这种情况下,燃气炉不能再运行,因为此时的燃气烟雾可能有危险。

技术人员向顾客解释说:此燃气炉已有 18 年的历史了,顾客应考虑更换一台新的燃气炉。此燃气炉上可以更换一个新的热交换器,但这样既要花较多的人工费用,又要支付热交换器的费用。顾客最后决定更新燃气炉。

报修电话 5

某居民来电报修,此燃气炉不制热,主燃气阀线圈短路,低压变压器烧毁,这是一台电子式间隙点火系统,见图 31.109。这一症状往往会误导技术人员,以为是印制线路板出现故障。

技术人员到达,注意到室内风机能正常运行,但不能通过将温控器切换至"OFF(关机)"的方法使风机停止运行(在系统中,低压线路可以使风机电动机停机),因此怀疑是低压线路故障。技术人员来到燃气炉旁,检查低压变压器的输出电压,电压表的读数为 0 伏,变压器已烧毁。**安全防范措施**:更换变压器,必须将电源切断。恢复供电后,电子点火电路即可以将引火器点燃。似乎完全正常,但变压器温度越来越高,并有一股焦味。

技术人员赶紧切断电源,更换电子线路板和 1-A 熔断器。恢复供电后,点火器点燃,诸事正常,但稍后,变压器又逐渐发烫。

技术人员切断电源后,在低压线路连接一钳形电流表,并采用 10 圈法放大电流读数,见图 12.52,以确定其电流值是否正常。恢复供电后,引火器再次点燃,发现其电流正常(约为 0.5 安培)。但当火焰检测器检测到火焰及主燃气阀得电时,此电流值迅速上升至 3 安培,变压器温度又开始上升。

技术人员切断电源,利用欧姆表检查线路中各耗电构器件的电阻值,当检查到燃气阀中的主气阀线圈时,欧姆表的读数仅为 2 欧姆。

更换气阀,恢复供电。引火火焰点燃并能检测到点燃状态,主燃气阀打开,主燃烧器点燃。整个系统运行正常。

技术人员切断电源,将原电路板换上,然后恢复电源,燃气炉正常启动。

报修电话 6

一位居民来电称:家中燃气炉为房间供热,但每当制热运行后,风机停止运行前短时间内有冷风吹出。其原因是暖风风机的停机延时时间过长,此风机停机延时时间由配置的可编程序双列组合开关的 IFC 控制,见图 31.45(A)和(B)。只有当双列组对开关重新恢复原有设定时,才能使风机的计时时间减少。即在每次制热运行之后不久,即停止风机的运行,以避免冷风吹入室内。

技术人员到达现场,拆下燃气炉的面板,将少量风管胶带粘在燃气炉的门开关上,这样,即使燃气炉面板被拆下,系统可照常运行。将温控器设定温度调整至高于室内温度10℉,启动制热运行。燃气炉运行5分钟后,将温控器关闭。按常规,火焰熄灭后,暖风风机应仍维持运行,此时,技术人员用手表对火焰熄灭后的风机运行时间进行计时,发现其停机延时时间长达180秒。然后技术人员检查IFC上的双列组对开关,发现其开关1处于向上位置,开关2处于下方位置,见图31.45(B)。根据IFC面板上的说明,处于这一位置的双列组对开关确会有180秒的暖风风机的延时时间。技术人员将开关1和开关2均设定在朝上位置,见图31.45(A),这一状态下,暖风风机的延时时间应为60秒。

技术人员然后使燃气炉按完整运行程序工作,再次用手表来检查风机的延时时间。计时达到预定的60秒后,技术人员注意到:来自燃气炉的热风在其暖风机关闭前一小段时间内仍有较高的温度,不再出现延时时间过长、有冷风吹入房内的情况。技术人员向客户解释了刚才做了哪些调整,以及这些调整与暖风风机停机延时计时的相互关系。在离开居民住房前,技术人员将温控器调整在适当温度上,并向客户致谢,道别。

报修电话7

一位居民来电说:他家的燃气炉不制热,暖风管内没有一点气流,其故障是助燃风机电动机已经烧毁,排风压力开关未能闭合,使燃烧器不能点燃,见图31.70(B)。

在将燃气炉的面板拆下之前,技术员注意到燃气炉正面板上观察孔中的自检指示灯在不断闪烁,见图31.114。技术员在拆下燃气炉面板之前,必须首先观察孔内的指示灯状况,因为拆下面板之后,IFC电路板上的电源即被切断,自检指示灯即复位。技术员在记下指示灯的闪烁特性之后,将面板拆下,这样,IFC的电源切断,自检系统复位。然后用风管胶带将燃气炉面板上的开关扎紧,这样可以在炉门被拆下的情况下使燃气炉照常运行。自检指示灯的闪烁规律为连续闪烁三次,一次停顿,说明排风压力开关开路或处在断开状态,见图31.82和图31.45(B)。技术员将燃气炉的电源切断,以保证IFC复位,然后重新恢复供电。但此时助燃风机电动机始终不能启动,使排风压力开关无法闭合。技术员然后切断燃气炉电源,拔下IFC至助燃风机电动机的连接线头,用欧姆表检测助燃风机电动机两端的电阻,其读数为无穷大。换装新的助燃风机电动机,并将其连接线头插入IFC接线端。操作时必须谨慎小心,应确保技术员自身良好接地,以避免非常灵敏、精巧的IFC遭受静电电击而损坏。

图 31.114　带有自检指示灯透明观察孔的燃气炉(Ferris State University 提供)

对燃气炉恢复供电后,助燃风机电动机开始运转,压力开关闭合,热表面点火器逐渐变成红热,主燃烧器约5秒后点燃。技术员有礼貌地向顾客解释燃气炉存在哪些问题以及已经修复的故障。然后技术员通过3次完整的制热运行过程,确认燃气炉能正常运行。

报修电话8

一位居民来电抱怨说他们家的燃气炉不制热,但暖风风机却不停地运转。其故障原因是:其燃烧器的高温限温开关因回风过滤器严重结垢,回风量过小,导致限位开关始终处于断开状态。

技术员注意到:其自检指示灯闪烁规律为每闪烁一次,停歇一次,见图31.81(A)。IFC面板上的自检代码说明,一次闪烁为燃烧器限温开关断开。由于暖风风机连续运行,技术员拔出燃气炉的空气过滤器,此过滤器已完全堵塞,没有或只有很少的气流可供加热热交换器,直至最后,燃烧器的高温限温控制器断开,见图31.47(A)。技术人员切断电源,使IFC复位。然后再恢复供电,燃气炉可正常运行,安装新的空气过滤器后,燃气炉即可持续正常运行。技术员有礼貌地建议客户,至少每月更换一次过滤器,有时候,甚至需要在更短的时间间隔内及时更换过滤器,以避免这种故障再次发生。

以下报修电话案例不再提供解决方法的说明,答案可参见 *Instructor's Guide*。

报修电话9

某居民客户来电:他家的燃气炉在昨晚午夜时分开始"罢工",该燃气炉为老型号机,以热电偶作为引火检测。技术人员到达,径直走向温控器。此温控器设置正确,要求制热,室内温度计上的温度显示为10℉,低于温控器的设定值。该机组含有空调装置,因此技术人员将风机选择开关设定在"ON(开)",看室内风机是否启动,结果是室内风机启动。

燃气炉安装在楼上壁橱内。技术人员发现引火器并未点燃。该系统为100%锁定型,因此不会有燃气进入引火器中,除非热电偶使引火气阀的电磁阀打开。技术人员将主气阀设置在"PILOT(点火)"位置,按下红色按钮,使燃气进入引火器,然后用火柴点燃引火器。技术人员将红色按钮按住30秒,再缓慢释放,但此火焰仍熄灭。

是什么故障,应如何解决?

报修电话10

一位居民客户来电:他家的燃气炉不制热。燃气炉安装在地下室,整个机身温度很高,但就是没有热量排入室内,调度员告诉客户,在技术人员到达之前先将燃气炉关闭。

技术人员根据客户自述症状,对可能的故障出处有了基本想法。技术人员已从报修电话中了解到该燃气炉的机型,并带上了该机型的一些备件。技术人员到达后,发现室内温控器设定在要求制热的位置。根据客户自述,很明显,该燃气炉的低压电路可以运行,因为顾客说,燃烧器可以点燃、燃烧。技术人员来到地下室,用耳朵听燃气炉的运行状态。当燃气炉有足够时间升温时,风机始终不见运转,技术人员将控制板从燃气炉上拆下后发现,机内热动风机开关圆刻度盘(圆刻度盘型,见图31.46)已被转动过,似乎能够检测热量。

安全防范措施:技术人员应仔细检查风机开关的进出口电压。

是什么故障,应如何解决?

报修电话11

一居民来电称:她家燃气炉不制热。燃气炉安装在地下室内,并发出像钟在走动的声音。

技术人员到达居民家中,走向地下室,将燃气炉拆下,技术人员听到打火声音。然后将燃烧器正面的防护罩拆下,技术人员看见火花。将点燃后的火柴放在引火器附近,观察引火器上是否有燃气,是否能够点燃,发现能够点燃,此时电打火像正常状态一样停止工作。在正常的延时时段后,燃烧器点着、燃烧。

是什么故障,应如何解决?

本章小结

1. 强制排风式燃气炉通常分为上流式、下流式(逆流式)、卧式、矮胖式和多端口式。
2. 多端口式能够以任意位置安置,具有很大的灵活性。多重安全控制器,如双金属引火火焰、限温控制器等必须作为安全装置设置在燃气炉系统内。
3. 用于检测室内回风温度的辅助限温开关可以在温度过高时自动阻断燃烧器运行。
4. 排风限温开关,即排风安全开关为常闭开关,通常安装于吸风罩或排风管进口附近,它们可监控吸风罩温度,并能在烟气溢出时断开。
5. 燃气炉主要构件有机箱、燃气阀、歧管、引火器、燃烧器、热交换器、风机、电气器件和排风系统。
6. 气体燃料有天然气、煤气(用于少量几种燃气装置)和液化石油气(丙烷、丁烷或两者的混合物)。
7. 英寸水柱高是用于确定或设定燃气压力的专用单位。
8. 水柱压力计或数字式压力计均可以英寸水柱高为单位计量燃气压力。
9. 燃烧必须要有燃料、氧气和热。这里,燃料是燃气;氧气来自空气;热来自点火火焰或其他点火器。
10. 燃气燃烧器需要有一次空气和二次空气。为了尽可能获得完全燃烧,通常均提供过量空气。
11. 气阀用于控制送往燃烧器的燃气流量,且均为自动化控制,只有在引火器点燃时,或在点火装置能够正常工作时,才容许燃气流向燃烧器。
12. 常用燃气阀主要有电磁阀、膜片阀和热动阀。
13. 伺服调压器是一种出口压力,即工作压力调节器。当燃气流量和进口压力变化较大时,它可以控制燃气的出口压力。
14. 备用气阀可以有两个或三个相互串联、但线路连接为并联的控制器。
15. 主燃烧器由来自引火器的热或电火花点燃。它有连续燃烧的持续式引火器、温控器要求制热时由电火花点燃的间歇式引火器以及由电火花或热表面点火器直接点燃燃烧器上燃气的直接火花式或直接燃烧器点燃等数种方式。

16. 热电偶、双金属装置以及充液式分离式感温包是 3 种最常见的安全装置(火焰探测装置),它们可以保证只有在引火器点燃的情况下将燃气送往燃烧器。

17. 歧管是将燃气送往燃烧器并用于安装燃烧器的气管。

18. 喷嘴是具有精密尺寸的小孔,通过此喷嘴,可以将燃气从歧管送往燃烧室。

19. 燃烧器上有燃气流出的圆孔或其他形式的槽孔。依据燃烧器的不同类型,燃气可以在燃烧器外侧、上方和端部直接燃烧。

20. 射式燃烧器通常采用镀铝钢材制成,它设有跨交端口,可使火焰具有良好的保持能力、正确地将火焰传递至每一个主燃烧器以及上佳的火焰稳定性。

21. 新式燃气炉既可以采用引流排风系统,也可以采用强制排风系统,引流排风系统在热交换器的出口设有助燃风机,它们以引、吸、抽的方式使燃烧气体流经热交换器,因此往往会在热交换器中产生较弱的负压。

22. 强制排风系统在热交换器的进口处设有助燃风机,它们以推、压、吹的方式使燃烧气体流经热交换器,因此会在热交换器中形成正压。

23. 燃气是在热交换器孔口处燃烧。流过热交换器的空气被加热,然后送往采暖区域。

24. 风机用于传送加热后的空气,由风机开关控制开、关。它可以受定时器控制,也可以受温度控制。

25. 新式热交换器有多种规格、形状,并采用不同的材料制成。多数为 L 形和 S 形,且用镀铝钢材制作。现在还有一种供燃烧气体流动的蛇形通道,蛇形热交换器主要用于射式燃烧器,而不用于带式或槽式端口的热交换器。

26. 新型冷凝式燃气炉可以有两个,甚至三个热交换器。最后一个热交换器通常采用防腐的不锈钢和铝材制成,其目的在于收集冷凝水,并最终将其排离燃气炉。

27. 许多新式燃气炉采用电子控制器,即燃气炉集成控制器(IFC)来控制燃气炉的运行。这些控制器通常均配置双列组对开关(DIP),实现对燃气炉的程序化控制,并具有更大的灵活性。

28. 限温开关是一种安全装置。如果风机不运行,或因各种原因使燃气炉出现过热,那么限温开关即可使气阀关闭。

29. 高温限温开关有双金属速动式、双金属螺旋管或充液型等多种类型,既可以由人工复位,也可以主动复位。

30. 火焰检测系统中,引火火焰或主燃烧器火焰均能导电,这是因为由带正电荷和负电荷颗粒组成的燃烧气体已被离子化。火焰处于两个不同大小的电极之间,而电极由燃气炉的电子控制器,即集成控制器提供交流电流。由于两电极大小不同,因此,此电流只能朝一个方向流动,而不能有另一个流动方向。此时的火焰相当于一个开关,当有火焰存在时,此开关即闭合、导电。

31. 火焰检测系统可分为单杆式(自我检测)和双杆式(分离式检测)两种。单杆式系统由点火和安装于同一个杆中的传感器组成;双杆式系统则采用分离式点火器和独立的火焰检测杆。

32. 直接排风式高效燃气炉采用全封闭式燃烧室,这就意味着助燃空气均为来自空气管送入的室外空气,而其空气管通常采用 PVC 塑料管。非直接排风式高效燃气炉则采用室内空气助燃。

33. 正压系统可以是垂直排风,即侧壁排风,其整个烟气管均为正压状态。

34. 露点温度是冷凝式燃气炉冷凝过程的开始温度。露点温度的变化取决于烟气的各组合含量和过量空气量。过量空气量减少,则露点温度上升。

35. 过量空气由助燃空气和稀释空气两部分组成。助燃空气为一次空气和(或)二次空气。一次空气在燃烧发生前进入燃烧器,二次空气则在燃烧发生之后用于帮助燃烧。

36. 稀释空气是燃烧以后送入的过量空气,一般从热交换器的尾端送入。

37. 燃气炉的额定效率是由传递给被热介质的热量总值决定的。决定燃气炉效率的各项因素有:排风方式、过量空气量、空气或水接触热交换器传热面前后的温差以及烟气管温度。

38. 电子点火控制器有 100% 关机、非 100% 关机、带有 100% 关机功能的连续试火和制造商所采用的其他控制方式。助燃风机可以根据控制器的控制程序对热交换器进行预吹洗(炉)、中间吹洗和运行后吹洗(炉)。

39. 联机运行涉及两个并联燃气炉公用一个风管排风系统。双机联动主要用于所需热容量大于单机最大容量的场合,也用于在有空调要求的情况下,空气流量需求大于单机燃气炉所能提供的场合。

40. 二级燃气炉采用二级气阀和配置有两个排风检测压力开关的双速助燃风机。

41. 新式可调式燃气炉可以针对建筑物的实际热损进行调整,它采用一个可连续调节的燃气阀,而不是分级调整的气阀,它还配置可变速暖风风机来改变暖风的风速和风量。可调式燃气炉的运行控制主要依靠输出信号可变的温控器,它传送给燃气炉控制器的是一种比例信号,而非简单的开 - 关信号。

42. 对带有集成控制器的燃气炉做系统排故时,其首要工作之一是收集、获得燃气炉的电路图和 IFC 的运行程序说明。

43. **安全防范措施:**排风系统必须具有安全、有效的途径与方法,将烟气排向室外大气中。烟气在流经吸风罩处时即能与其他空气混合。烟气的排放可以是自然排风方式,也可以是强制排风方式。烟气具有腐蚀性。

44. 气源管线应尽可能简单,尽可能少用弯管和管配件。其中最为重要的是选用正确的管径。

45. **安全防范措施:**所有气源管线均需做严格的检漏测试。

46. 应对燃气炉做燃烧效率测定,需要时可进行必要的调整。

47. 燃气炉应定期进行预防性维护。

复习题

1. 燃气炉的 4 种气流模式是_____、_____、_____和_____。
2. 论述多端口,即多种安装方式燃气炉的特点。
3. 论述排风安全开关的功能。
4. 辅助限温开关设置在采暖装置中的什么位置?
5. 天然气的比重是:

    A. 0.08;   B. 1.00;   C. 0.42;   D. 0.60。

6. 什么是数字式水柱压力计?
7. 天然气歧管内的压力一般为:

    A. 10 psig;   B. 8 in. WC;   C. 5.5 psia;   D. 3.5 in. WC。

8. 空气中含氧量为多少?
9. 丙烷气歧管中的常规压力为_____ in. WC。
10. 为何要在各种燃气设备的燃烧器中送入过量空气?
11. 燃气设备中燃气调压器的作用是:

    A. 提高送往燃烧器的燃气压力;   B. 降低送往燃烧器的燃气压力;

    C. 过滤出水蒸气;   D. 会引起火焰焰色偏黄。

12. 正误判断:所有各种气阀均以速动方式打开和关闭。
13. 组合式自动气阀具有下列哪一项功能?

    A. 压力调节;   B. 引火安全关闭;   C. 备用关机功能;   D. 所有上述功能。

14. 新型组合式气阀中伺服调压器的作用是什么?
15. 什么是备用气阀?
16. 简单介绍间歇式引火气阀系统。
17. 简要论述直接点燃式燃烧器气阀系统。
18. 射式燃烧器主要用于哪些燃气设备?
19. 论述强制排风系统与引流排风系统的区别。
20. 什么是燃气炉集成控制器(IFC)?
21. 暖风风机的停机延时是什么含义?
22. 什么是双列组对开关(DIP)?
23. 采暖设备上的引火安全开关是什么装置?
24. 试述两种引火点火装置。
25. 正误判断:热电偶能产生直流电流和电压。
26. 论述热电偶火焰探测系统的工作原理。
27. 论述双金属火焰探测系统的工作原理。
28. 论述充液式感温包火焰探测系统的工作原理。
29. 解释把上述火焰探测系统称为安全装置的原因。
30. 论述火焰检测、火焰探测系统。
31. 什么是热表面点燃系统?
32. 论述单杆(自我检测)和双杆(独立检测)系统均作为火焰检测装置时的区别。

33. 火焰电流的计量单位是_____。

34. 什么是直接排风式燃气炉?

35. 什么是非直接排风式燃气炉?

36. 燃气炉具有正压排风系统是什么含义?

37. 冷凝式燃气炉中的露点温度如何定义?

38. 什么是过量空气?

39. 什么是稀释空气?

40. 决定燃气炉效率的有哪 4 个主要因素?

41. 什么是 100% 关机系统?

42. 硬锁定和软锁定有何区别?

43. 热交换器的预吹洗(洗炉)是什么含义?

44. 助燃风机应何时对燃气炉热交换器进行中间阶段吹洗?

45. 什么是智能阀系统?

46. 喷头是在_____上开个孔口。

47. _____将燃气分送至各燃烧器。

48. 正误判断:喷头既可控制进入燃烧器的燃气量,又可控制燃气的气流方向。

49. 说出 4 种燃气燃烧器的名称。

50. _____将热烟气的热量传递给流过的气流来为建筑物供热。

51. 说出两种风机开关的名称。

52. 限温开关电路断开时,可以将连接_____的电路切断。

53. 论述排风分流挡风板的作用。

54. 论述二级燃气炉的工作原理。

55. 论述可调式燃气炉的工作原理。

56. 什么是输出信号可变型程序化温控器?

57. 为何最好采用金属排风管? 而不是砖墙结构的烟囱?

58. 论述排风风门关闭的动作过程。

59. 试述绝不能用火焰来对燃气系统进行检漏的原因。

60. 对带有 IFC 的燃气炉进行系统排故时,技术人员需做的首要工作是什么?

61. 测定燃气炉效率时,_____样本应取自烟气。

第32章 燃油制热

教学目标

学习完本章内容之后,读者应当能够:

1. 论述燃油机组中燃油与空气燃烧前的预处理与混合方法。
2. 说出燃油燃烧后产生的生成物名称。
3. 说出喷射式油燃烧器的主要构件名称。
4. 论述油燃烧器各构件的基本检修方法。
5. 画出油燃烧器基本控制系统和风机电路的电路图。
6. 叙述确定油燃烧器效率的测试方法。
7. 解释根据测试结果,可采取的旨在提高燃烧效率的各种调整方法。
8. 论述预防性维护的方法。

安全检查清单

1. 不要反复多次启动基本控制器,因为每次启动都会有未燃烧的燃油积滞在燃烧器出口端。如果有油滩形成,那么点燃时,它就会迅速而强烈地燃烧。如果真出现这种情况,应立即停止燃烧器电动机,但要使燃油炉风机持续运行,同时应关闭风门,以减少进入燃烧器的空气量,并通知消防部门。不要为了灭火而将观察门打开,应当使燃油在空气逐渐减少的情况下自行烧尽、熄灭。
2. 如果热交换器出现裂缝或其他问题,千万不要启动燃烧器。来自燃烧室的烟道气绝不能与循环传热空气混合。
3. 除非有回油管连接至油罐,否则,燃油泵旁通塞处于封堵状态时绝不能启动燃烧器。没有此回油管,过量燃油就无处可走,最终很可能会损坏轴封。
4. 对烟道气做燃烧效率测定时,手不要碰到温度很高的烟气管,以免灼伤。
5. 做压力测试时,油管过滤器壳体内的压力不得大于 10 psig。
6. 点火装置采用 10 000 伏的电弧,因此应当与此电弧保持一定距离。
7. 要注意遵守各种电气安全操作规程。

32.1 强制排风燃油暖风炉

强制排风燃油暖风炉含有两个主系统:产热系统和热量分送系统。其产热系统由油燃烧器、供油装置、燃烧室和热交换器组成;热量分送系统由将热空气送入风管的排风风机和其他相关组件构成,见图 32.1。

这种燃油暖风炉的工作过程为:当温控器要求制热时,油燃烧器的电动机启动,带动燃油泵和助燃风机叶轮,燃油与空气的混合物被点燃。当混合物在燃烧室燃烧时,热交换器的温度上升至设定温度后,供热风机启动,通过风管将热空气分送至各采暖房间。当采暖区域达到预定温度后,温控器控制燃烧器电动机停机,供热风机持续运行,直至热交换器冷却至设定温度为止。

32.2 强制排风燃油炉的外在特征

各种强制排风燃油炉的外在特征均有所不同。矮胖型常用于净空高度不大的场合,见图 32.2。矮胖型在其顶端设有供空调用的制冷盘管。

上流式燃油炉是一种空气从底部进入,强制流过热交换器后,由炉顶排出的立式燃油炉,见图 32.1。这种燃油炉通常可安装在风管下方,如大厅的壁橱内,或安装于地下室内,风管位于燃油炉之上、楼板之下。

下流式燃油炉除了其气流从顶部引入、从底部强制排出之外,其外观与上流式燃油炉非常相似,见图 32.3。在这种气流模式下,其风管可稍低于或设置在燃油炉的地板内。

卧式燃油炉通常安装于房间下方的夹层或楼顶阁楼内,见图 32.4。这种燃油炉的气流流动方向可以有"右至左"和"左至右"两种,可任意选择。

燃油强制排风采暖是住宅和小型商业企业中常见的一种采暖方式。目前,在美国,这种燃油炉的社会总拥有量已达到数百万台。作为空调和采暖技术人员,必须掌握包括油燃烧器在内的燃油设备的正确安装与维修技能。安全永远是技术人员关注的主题,但同时,由于燃油成本较高,燃油的燃烧效率也是一个需要非常重视的问题。

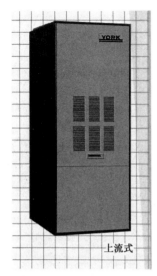

图 32.1　强制排风燃油暖
风炉(York Inter-
national 提供)

图 32.2　矮胖型强制排风
燃油炉(Metzger
Machine Corp. 提供)

图 32.3　下流式,即逆流式燃
油炉(Thermopride Will-
iamson Company 提供)

32.3　燃油

　　燃油以液态方式分送至各家各户,并存储在地上或地下的油罐
内,见图 32.5。住宅和大多数商业系统所用的燃油看上去就像带
淡棕色或蜂蜜色的水。

　　燃油有 6 个等级,用 1~6 的数字标记以示区别。燃油源自地
下的原油,经由所谓的裂解蒸馏方法加工而成。数字较小的燃油常
称为轻油,这是因为数字较小的燃油每加仑的重量小于数字较大的
燃油,其主要原因在于含碳量的不同。各种燃油均由大量的碳和少

图 32.4　卧式强排风燃油炉
(Thermopride Willia-
mson Company 提供)

量的氢组成,碳比氢要重,因此重量越大的燃油就含有更多的碳和更多的热量。

　　最常用的燃油是#2 燃油,它是所有家用燃油设备和大多数商业企业燃油设备使用最多的一种燃油。而重
油则主要用于大型商业企业和工业燃油设备。#2 燃油的含热量为 137 000~141 800 Btu/gal,重量为 6.960~
7.296 lb/gal,本教材中计算时一般均采用其平均值 140 000 Btu/gal,这也是其工业标准。#6 燃油的含热量为
153 000 Btu/gal,重量为 8.053~8.448 lb/gal。由于#2 燃油使用量多面广,本教材中所有案例均采用#2 燃油。

　　技术人员在研究燃油时,常常会碰到如下几个专业术语和表示特性的专业名词:

1. 闪点。
2. 燃点。
3. 黏度。
4. 炭渣。
5. 水与沉淀物含量。
6. 流动点。
7. 灰分含量。
8. 蒸馏质量。

闪点

　　闪点是燃油存储和运输的最高安全温度,也是空气中的燃油蒸气在有明火的情况下在极短时间内可迅速点
燃的最低温度。闪燃是由液态燃油的蒸气上升所引起的。燃油越轻,闪点越低。#2 燃油的最低闪点温度为
100℉。同理,重油则更难点燃。

燃点

　　燃点稍高于闪点,由于燃油蒸气会持续不断地从燃油液面冉冉上升,因此火焰就能持续不断地燃烧。

黏度

黏度就是在常温下燃油所具有的黏性,黏性可用于与其他燃油和流体进行比较,并用于确定喷头的规格。在同一温度下,重量越大的燃油,其黏性也越大。黏性一般以赛波特通用黏度秒数(SSU)为单位表示。其测定方式表述为:在一定温度下流过一特定小孔的燃油数量的多少。当温度降低时,同一燃料流过特定小孔的流量也降低。图 32.6 为各种燃油的黏度线图。

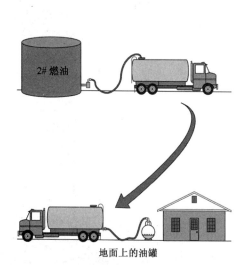 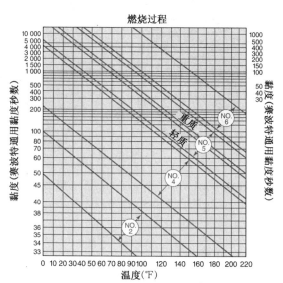

图 32.5 当地的燃油供应商用小卡车将燃油送到各居民家中的地上或地下储油罐中

图 32.6 通过此线图可查得燃油的黏度(美国热制冷与空调工程师协会提供)

炭渣

所谓炭渣是指:液态燃油在一个无氧环境下以蒸发方式变为蒸气之后滞留于燃油样本中的炭量。燃油正常燃烧后一般会有明显的、看得出的炭渣。

水与沉淀物含量

燃油在精练和输送过程中的含水量和沉淀物含量很少。沉淀物往往是由输送管道和油罐表面的水锈形成的,主要成分为铁或钢等黑色金属。有些沉淀物和水则是燃油输送过程中混入的。太多的沉淀物会引起喷嘴故障,水则会使火焰质量下降。配置有适当过滤装置、处于良好状态的储油罐,再加上仔细操作一般都不会出现任何问题。

流动点

流动点是燃油可以存储和运输的最低温度。#2 燃油就是一种低流动点燃油。燃油不会结冰,但燃油中含有蜡,它可以变得黏稠,不能正常地流动。如果出现这种情况,就会出现燃烧停止,不制热的报修电话就会接踵而来。#2 燃油可以在低至 20 ℉左右的温度下正常存储和使用。如果存储的环境温度估计低于 20 ℉,那么应采用#1 燃油。#2 燃油一般可采用地下室或地下油罐方式存放。当油罐埋藏在冻土层以下时,燃油均具有足以正常流动的温度。重油在同样情况下则需要加热后才能正常流动。

灰分含量

灰分含量是指燃油中所含的不可燃物质的数量,这些物质即使经过火焰也不会燃烧,因此实际上是一种杂质,而且会磨损燃烧器的相关构件。炼油厂负责将燃油中的灰分含量控制在规定的容量范围之内。许多地区还设有检测机构对分送至本地区的各种燃油做定期检验。

蒸馏质量

燃油在燃烧前必须转变为蒸气,蒸馏质量指燃油的蒸发能力。轻油要比重油更容易转变为蒸气。

但采用重油也有许多理由。重油价格往往比较便宜,而每加仑的含热量却较高,重油不易挥发,因此在某些场合下更为安全。例如,在船的甲板上,这些燃油不需要有轻油那么严格的存储要求。许多大型建筑物和商业企业必须要将燃油存放在楼内。由于重油不易点燃,因此也更加安全。

燃油是一种液态碳氢化合物的混合物,它含有以化合方式结合的氢和碳。燃油中的部分碳氢化合物较轻,而有一些较重。碳氢化合物与氧气快速结合时就会发生燃烧,同时会产生热、二氧化碳和水蒸气。

32.4　燃油燃烧前的预处理

燃油燃烧前必须进行预处理,即以强制方式、在一定压力下通过喷嘴先将燃油转变为气态。喷嘴将燃油分散成细小油滴的过程称为雾化,见图 32.7。小油滴然后与含有氧气的空气混合,在小油滴的周围形成较轻的碳氢化合物气层,此时,如果有火花引入热量,那么蒸气层即被点燃(形成燃烧),其温度迅速上升,引起油滴的进一步汽化、燃烧。

理想燃烧只有在理论上存在,实际上,燃烧过程中,除了二氧化碳和水蒸气以外,还有许多其他生成物,诸如一氧化碳、碳黑和未燃烧的部分燃油。

高压喷射式油燃烧器是获得这种燃烧方式的最常用的一种燃烧器。燃油在一定压力之下送入喷嘴,空气则从围绕喷嘴的气管内强制送入。空气通常以旋流方式朝一个方向喷出,而燃油则以相反方向喷出,位于喷嘴前端的两个电极在点火变压器产生的高压作用下产生电火花,使燃油迅速燃烧。

图 32.7　雾化后的燃油与空气离开燃烧器喷嘴时的情景
(Delavan Corporation提供)

32.5　燃烧产生的副产品

要获得高效的燃烧,必须保证燃油与空气具有适当比例。燃油含有碳、氢两种元素。1 lb 燃油燃烧时,需与 14.4 磅的空气进行混合,即几乎需要有192 ft^3 的空气量($14.4 \ lb \times 13.33 \ ft^3/lb = 19.95 \ ft^3$)(标准状态下),也就是说,对于 1 磅的燃油蒸气,只有这样大的空气量才能保证有较为理想的燃烧,否则,燃烧器就难以维持正常的燃烧。如果因各种原因,空气的流动受阻,那么就必然出现不完全燃烧。因此,要获得完全燃烧,在实际燃烧过程中,往往需要提供更多的空气量,才能保证有足够的氧气与所有的碳、氢粒子充分地接触,即提供给燃烧的空气通常比燃烧器实际所需的空气量要多。大多数油燃烧器燃烧时需要有 50% 左右的过量空气。如果 1 lb 的燃油燃烧需有 50% 的过量空气,那么 1 lb 燃油燃烧就必须有21.6 lb(即 288 ft^3)的空气($21.6 \ lb \times 13.33 \ ft^3/lb = 287.9 \ ft^3$)(标准状态下)。1 加仑#2 燃油的重量约为 7 lb。因此,1 lb 燃油约为 1 加仑的1/7,它相当于 0.88 品脱,即约等于一个苏打水易拉罐的体积量。图 32.7 为雾化燃油与空气混合时的状态。

适当数量的燃油和适当体积的空气混合之后,此混合物一旦点燃(利用一个类似火花塞的高电压点火器),即在燃烧室内开始燃烧,其产生的热量可通过相应装置用于采暖。常规燃油采暖装置的热能利用率约为75%,另外的 25% 热量则随烟气而消散。即如果 1 加仑的燃油含有140 000 Btu热量,那么其中105 000 Btu的热量用于采暖,而另外 35 000 Btu 的热量则消耗在烟气等副产品上($140 \ 000 \times 0.75 = 105 \ 000$ 和 $140 \ 000 \times 0.25 = 35 \ 000$),

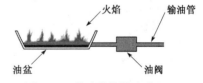

图 32.8　盆式燃烧器油池上火焰的燃烧情况

图 32.8 是一种典型盆式燃烧器示意图,它是一种早期形式的燃烧器。

燃烧产生的副产品主要来自燃烧时的化学反应,而此化学反应正是燃料中所含能量的一种释放形式。空气中的氮也在燃烧过程中被加热,由于空气中有79% 左右的氮,因此上述 288 ft^3 的空气中有227.5 ft^3 的热氮气将作为烟气排入大气($288 \times 0.79 = 227.5 \ ft^3$)。

过量空气中也含有氧气,它同样要经过燃烧过程,但它并没有与燃油中的碳、氢粒子混合而燃烧。在上述 288 ft^3 的空气中,燃油的燃烧过程仅用了 192 ft^3 的空气,其余 96 ft^3 的空气只是匆匆而过的看客,但也需要被加热,这部分空气含有21%的氧气,即在此 96 ft^3 的空气中,氧气占 20 ft^3($96 \times 0.21 = 20 \ ft^3$)。

燃烧产生的其他副产品还有二氧化碳和水蒸气。每磅燃油燃烧后产生的烟气中,含有27 ft^3 的二氧化碳和超过 1 磅的水蒸气。烟气必须保持足够高的温度才能避免水蒸气冷凝,并随烟气上升排出室外。图 32.9 为新式压力型燃烧器中的燃烧过程。

如果出现完全燃烧,那么烟气中也会含有上述副产品,但如果出现不完全燃烧,那么还会产生一氧化碳气体和烟雾。即使含量很少,一氧化碳仍具有毒性。所幸的是油燃烧器运行不正常时,这些烟雾往往可以提醒技术人员发现问题,找到故障的原因所在。

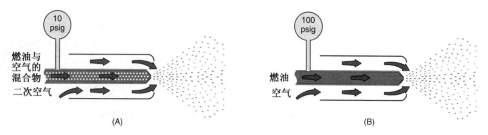

图 32.9 (A)低压燃烧器;(B)高压燃烧器。两者均为喷射式燃烧器

32.6 喷射式油燃烧器

喷射式混合也就是指燃油与空气燃烧前的预处理方法,即燃油与空气被强制送入燃烧器内做点燃前的混合。在喷射式油燃烧器出现之前,燃油放在一个油盆内,然后予以点燃,故这种燃烧器称为盆式燃烧器。这种燃烧器在一些小区域采暖设备中仍有使用。为避免过多的燃油送入燃烧器,这种燃烧器常采用浮球阀来控制燃油流量,见图 32.8。

喷射式油燃烧器有两种类型:低压燃烧器和高压燃烧器。其中高压燃烧器是应用较多的一种燃烧器。但目前仍有一些老式的低压混合的低压燃油。

喷射式油燃烧器的主要部件是燃烧器电动机、风机叶轮、燃油泵、喷嘴、空气管、电极、变压器和基本控制器,见图 32.10 和图 32.11。

图 32.10 油燃烧器(American Burner Corporation 提供)

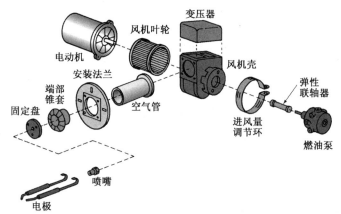

图 32.11 油燃烧器组件分解图

燃烧器电动机

油燃烧器电动机一般为分相式小功率电动机,其作用是为风机和燃油泵提供动力。电动机轴与油泵轴的连接采用弹性联轴器,见图 32.11。电动机的转速既可以是 1750 rpm,也可以为 3450 rpm,当然,油泵的转速均与电动机转速相匹配。

燃烧器风机

燃烧器风机采用鼠笼式叶轮,此风机有一个安装于风机壳体上的、可调节进风孔口大小的箍环,用于调节风机的进风量。风机将空气通过空气管压送至燃烧室,使空气能够在燃烧室内与雾化的燃油充分混合,从而为燃烧提供所需的氧气,见图 32.12。

燃油泵

　　喷射式油燃烧器采用多种不同类型的油泵,见图 32.13。当储油罐高于燃烧器时,一般采用一级油泵,燃油以重力自行流入燃烧器,油泵则提供喷嘴所需的油压,见图 32.14。

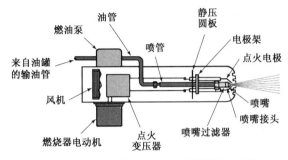

图 32.12　常规喷射式油燃烧器示意图（俯视）（Honeywell 提供）

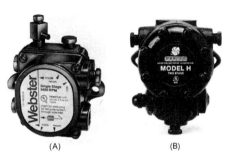

图 32.13　（A）单级燃油油泵；（B）双级燃油油泵（（A）：Webster ElectricCompany提供；（B）：Suntec IndustriesIncorporated,Rockford IIIinois提供）

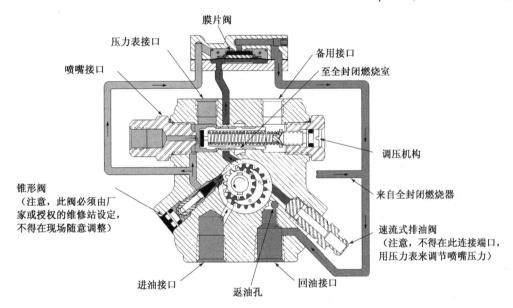

图 32.14　单级燃油油泵中燃油的流动路径（Suntec Industries Incorporated,Rockford IIIinois 提供）

　　单级油泵常采用单管供油系统,即来自储油罐并连接至燃烧器的只有一根油管。正常运行过程中,送入喷嘴的燃油一般均过量,喷嘴无法承受这样的过量燃油,此时过量燃油即返回至油泵低压侧,即油泵的进口处。安装单输油管系统时,应确实保证旁通管油塞未处于封闭状态,这样,过量的燃油即可返回油泵的进口侧,见图 32.15。如果储油罐中的燃油液位太低,或单管系统因各种原因被打开时,必然会有空气在油泵进口处混入系统。这一问题将在后面详细讨论。

　　当燃油存放位置低于燃烧器时,则需要采用双级油泵。其中的一级用于将燃油提升至油泵进口处,另一级则

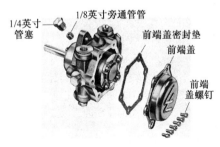

图 32.15　旁通管管塞位置（Webster Electric Company 提供）

用于提升送至喷嘴的燃油油压。这种双级油泵实现的是与单级系统同样的功能,但它多一套齿轮油泵,称为吸油齿轮油泵,它产生的负压状态可以泵送比单管系统更多的燃油,吸油油泵必须向增压油泵提供其所需的燃油量,见图32.16。

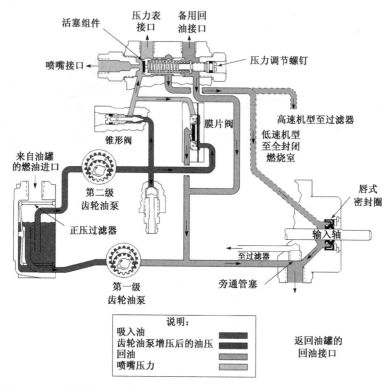

图 32.16 双级燃油油泵(Suntec Industries Incorporated, Rockford IIlinois 提供)

如果燃烧器配置双级油泵,那么其供油系统就应有两根油管。事实上,许多单级油泵也采用双管系统。当供油油罐低于油泵时,由于在油泵的油罐侧必须处于负压状态才能提取燃料,因此双级油泵必须采用双管。在此情况下,泵入喷嘴的过量燃油才能通过第二根油管返回储油罐,而旁通油塞此时必须塞入油泵。双管系统是一种自排系统(它不需要人为予以回气),因此在各种燃油设备中常常采用这种自排系统。

高压喷射式燃烧器中的燃油泵一般为转子泵,由其中的凸轮机构、或一对齿轮副、或两者的组合机构来产生压力,见图32.16。这种油泵通常不需要采暖技术人员自行修理。系统中如果有油泵损坏,一般均予更换,因此,油泵中采用的是凸轮机构还是齿轮副,对技术人员来说并不重要。

每一个油泵内还配有调压阀,见图32.14。当油泵产生的油压过高时,此调压阀即可进行调整,使燃油能在设定的压力之下送入喷嘴,喷嘴处的压力一般为100 psig,也有采用更高压力的喷嘴。当然,同样规格的喷嘴,喷嘴处的压力越高,其燃油流量也就越大。图32.17为不同压力下的喷嘴流量。如上所述,当送入的燃油量大于喷嘴能够承受的油量时,此过量燃油在单管系统中即返回油泵的进口处,在双管系统中则返回储油罐。

喷嘴

喷嘴的作用在于对燃油进行雾化、计量和流型固定,为燃油做好燃烧前的准备工作。它将燃油分解成微小的液滴,其中最小的液滴最先被点燃,较大的液滴(占总量的大部分)则在点燃之后给热交换器提供更多的热量。燃油的雾化是一个非常复杂的过程,其在喷嘴中必须首先由轴向的直线流动转变为切向的圆周运动,而这一圆周运动方向又与类似流动的气流方向相反,然后通过涡流室进入喷嘴的喷孔。图32.18是一种常规喷嘴的内部结构。

喷嘴的内孔孔径依据在一定压力下,达到要求产热量所对应的燃油流量而设计制定,每一个喷嘴上均标注有其可输送的燃油流量。如果一个喷嘴上标注1.00,则表示当其输入压力为100 psi时,其输送量即为每小时1加仑(gph)。当其输送的燃油为#2燃油,温度为60°F时,其每小时应产生约14 000的热量。同理,标注值为0.8的喷嘴,输送量为0.8 gph。

喷嘴的额定流量
每小时美制加仑#2燃油

100 psi下的流量（美制加仑/小时）	工作压力(磅/平方英尺)							
	125	140	150	175	200	250	275	300
.40	.45	.47	.49	.53	.56	.63	.66	.69
.50	.56	.59	.61	.66	.71	.79	.83	.87
.60	.67	.71	.74	.79	.85	.95	1.00	1.04
.65	.73	.77	.80	.86	.92	1.03	1.08	1.13
.75	.84	.89	.92	.99	1.06	1.19	1.24	1.30
.85	.95	1.01	1.04	1.13	1.20	1.34	1.41	1.47
.90	1.01	1.07	1.10	1.19	1.27	1.42	1.49	1.56
1.00	1.12	1.18	1.23	1.32	1.41	1.58	1.66	1.73
1.10	1.23	1.30	1.35	1.46	1.56	1.74	1.82	1.91
1.20	1.34	1.42	1.47	1.59	1.70	1.90	1.99	2.08
1.25	1.39	1.48	1.53	1.65	1.77	1.98	2.07	2.17
1.35	1.51	1.60	1.65	1.79	1.91	2.14	2.24	2.34
1.50	1.68	1.77	1.84	1.98	2.12	2.37	2.49	2.60
1.65	1.84	1.95	2.02	2.18	2.33	2.61	2.73	2.86
1.75	1.96	2.07	2.14	2.32	2.48	2.77	2.90	3.03
2.00	2.24	2.37	2.45	2.65	2.83	3.16	3.32	3.46
2.25	2.52	2.66	2.76	2.98	3.18	3.56	3.73	3.90
2.50	2.80	2.96	3.06	3.31	3.54	3.95	4.15	4.33
2.75	3.07	3.25	3.37	3.64	3.90	4.35	4.56	4.76
3.00	3.35	3.55	3.67	3.97	4.24	4.75	4.97	5.20
3.25	3.63	3.85	3.98	4.30	4.60	5.14	5.39	5.63
3.50	3.91	4.14	4.29	4.63	4.95	5.53	5.80	6.06
3.75	4.19	4.44	4.59	4.96	5.30	5.93	6.22	6.50
4.00	4.47	4.73	4.90	5.29	5.66	6.32	6.63	6.93
4.50	5.40	5.32	5.51	5.95	6.36	7.11	7.46	7.79
5.00	5.59	5.92	6.12	6.61	7.07	7.91	8.29	8.66
5.50	6.15	6.51	6.74	7.27	7.78	8.70	9.12	9.53
6.00	6.71	7.10	7.35	7.94	8.49	9.49	9.95	10.39
6.50	7.26	7.69	7.96	8.60	9.19	10.28	10.78	11.26
7.00	7.82	8.28	8.57	9.25	9.90	11.07	11.61	12.12
7.50	8.38	8.87	9.19	9.91	10.61	11.86	12.44	12.99
8.00	8.94	9.47	9.80	10.58	11.31	12.65	13.27	13.86
8.50	9.50	10.06	10.41	11.27	12.02	13.44	14.10	14.72
9.00	10.06	10.65	11.02	11.91	12.73	14.23	14.93	15.59
9.50	10.60	11.24	11.64	12.60	13.44	15.02	15.75	16.45
10.00	11.18	11.83	12.25	13.23	14.14	15.81	16.58	17.32
10.50	11.74	12.42	12.86	13.89	14.85	16.60	17.41	18.19
11.00	12.30	13.02	13.47	14.55	15.56	17.39	18.24	19.05
12.00	13.42	14.20	14.70	15.88	16.97	18.97	19.90	20.79

图 32.17 不同压力下的喷嘴流量

喷嘴的结构必须使油雾能够顺利点燃，形成清洁、高效和稳定的燃烧，并提供能满足特定燃烧器各种要求的油雾模式和喷射角度。常见的喷嘴有 3 种雾化模式：空心式、半空心式和实心式。其喷射角可以有 30°～90°等不同状态，见图 32.19。

空心锥形雾化喷嘴一般可以产生比同样流量下实心锥形雾化喷嘴更为稳定的喷雾角。这种喷嘴通常用于流量小于 1 gph 的场合。

实心锥形雾化喷嘴可以在整个雾区获得非常均匀的油滴，这种喷嘴常用于较大规格的燃烧器。

半空心锥形雾化喷嘴常用于替代空心雾化或实心锥形雾化喷嘴。当其流量较大时，往往会趋向实心雾化模式；而当燃油流量较小时，则趋向于空心雾化模式。

高压油燃烧器的喷嘴是一种较为精致的装置，操作时必须谨慎小心。**安全防范措施**：不要用金属刷子或其他清理装置清理喷嘴，这样往往会使精密加工的表面出现变形，甚至损坏整个喷嘴。当喷嘴工作不正常时，应予以更新但此时必须采用专用工具拆装喷嘴，见图 32.20。

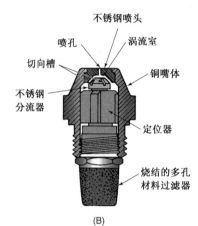

不锈钢喷头

喷孔　　　涡流室

切向槽

不锈钢
分流器

铜嘴体

定位器

烧结的多孔
材料过滤器

(A)　　　　　　　　　　　　(B)

图 32.18　油燃烧器喷嘴(Delavan Corporation 提供)

空心锥形雾区
(它可以在较低
流量下产生较
稳定的火焰)

实心锥形雾区(主要
用于大规格燃烧器中
和雾区中心空气流动
较强些的场合,或需
要长时间燃烧的场合)

半空心锥形雾区
(常用于替代空
心或实心锥形
雾区模式)

图 32.19　雾区模式(Delavan Corporation 提供)

在某些状态下,喷嘴往往会在燃烧器关闭之后出现跑冒滴漏现象,导致燃烧器停止工作之后出现不稳定的燃烧,这实际上是漏油产生的燃烧。油泵中的各个零部件应尽可能避免这种情况的发生,但有时候往往很难杜绝这种现象的出现。

为避免喷嘴在停火后的燃油滴漏,可以安装一个类似电磁阀的关闭阀,这种阀可以减少燃烧器关闭后出现的烟雾,见图 32.21。

空气管

助燃空气是通过空气管吹入燃烧室的。在此空气管中,以直线或侧向方向流入的空气必须能变为切线方向的圆周流动,且其方向需与离开喷嘴的做旋转流动的燃油流动方向相反,这样,以某个方

图 32.20　更换喷嘴的专用工具(Bill Johnson 摄)

向做圆周流动的气流就可以反方向做圆周运动的燃油进行充分混合。有些燃烧器的空气管中设有一固定圆板,见图 32.22。这一圆板可提高空气的静压,减小空气的体积量。空气管内静压的提高,可以使与油液滴混合的空气流速提高。空气的直线运动转变为圆周运动是靠位于喷嘴后端的叶轮来实现的。当空气管内的压头使空气和燃油的混合物受到压缩时,其离开空气管时的速度即可迅速提高,见图 32.23。

燃油预点火所需要的空气量一般均大于正常燃烧时所需的空气量。而每加仑燃油点火前约需要 2000 ft³ 的空气。吹入燃烧室的空气还要大于理论上的完全燃烧所需的空气量,因此其空气量就应大于 2000 ft³,此时,燃烧器火焰才能比较长、窄,才可能指向或点击到燃烧室的底部。当然,在对燃烧的生成物、烟气进行分析之后,还应对空气的流量做出部分调整。这部分内容将在 32.15 节详细讨论。

有些燃烧器还在空气管的前端配置火焰保持圈(或称为保持锥)。火焰保持圈的作用在于使空气 – 燃油间形成涡流,提高燃烧器的效率,使火焰前端保持稳定,并稳定在燃烧器的锥部,见图 32.23 和图 32.24。

电极

每一个油燃烧器的空气管内均设置两个电极,见图 32.25。电极为两金属杆,并以陶瓷材料作为绝缘层,以防止接地。电极的尾部用铜合金薄板制成,它必须保持与变压器的接点充分接触。电极的位置可根据变压器上的接点位置进行调整。这部分内容以后再讨论。

燃烧器的点火有两种方式。新式燃油炉在整个燃烧过程中提供高压电火花,故将这种方式称为连续式或持续式点火;而有些老型号的燃油炉,其电极仅仅在燃烧开始时的一小段时间内提供电火花,因此把这种方式称为间歇式点火,这种点火系统现已很难见到,只有在一些老型号燃油炉中还可以见到。

点火变压器

油燃烧器采用升压变压器或一个电子点火器为电极提供高压电压。即将 115 伏的电压提升至 10 000 伏,其

至更高,从而产生点火火花。点火系统设置在燃烧器组件上,且通常采用铰接方式连接,易于维修,见图 32.26。
点火系统一般均采用弹簧片与电极保持稳定牢固的接触。

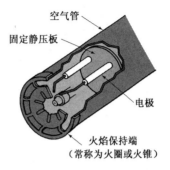

图 32.22　油燃烧器空气管

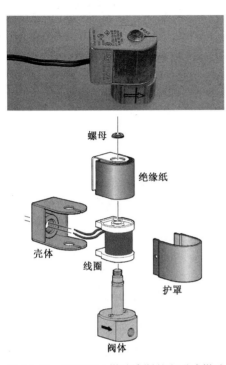

图 32.21　用于阻止燃油滴漏的电磁式燃油
　　　　　关闭自动控制器(Bill Johnson摄)

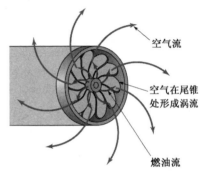

图 32.23　尾锥可以使空气充分地与涡流状态的燃
　　　　　油混合,形成最佳的燃油 – 空气混合物

图 32.24　火焰保持装置(Ducane Corporation 提供)

图 32.25　电极组件

　　点火系统不可能在现场进行维修,当发现点火器火花状态不佳或损坏时,只能用符合制造商要求的同类型
点火系统予以更新,见图 32.27。

　　许多技术人员习惯用手柄绝缘性能较好的螺丝刀来检查点火变压器上的火花状况,即将螺丝刀的一端搭接在
变压器的一端,然后慢慢靠近另一端,当出现电火花时,将螺丝刀缓慢地退出。变压器应当能够在至少 1/2 ~ 3/4
英尺的距离内保持连续的电火花。更为专业的方法是采用高压电压表,常规的电压表不能使用,甚至可能导致触
电,因为它的表棒不能承受 10 000 ~ 15 000 伏的电压。高压电压表就是为此目的而专门设计生产的,见图 32.28。

　　安全防范措施:在高压点火变压器各零部件附近操作时应特别谨慎小心。此电弧非常像草坪割草机或汽车
上的火花塞发出的电弧,一般情况下,它不会对人造成伤害,但会使人有一些疼痛的感觉。

基本控制器

　　油燃烧器的基本控制器具有控制燃烧器运行及其安全保险功能,它可以在未按要求形成燃烧的情况下自动
关闭燃油炉。

图 32.26　安装在油燃烧器上的
变压器(American Bur-
ner Corporation 提供)

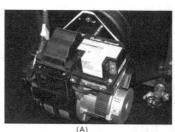

(A)

(B)

图 32.27　(A)点火变压器;(B)电子
点火系统(Bill Johnson摄)

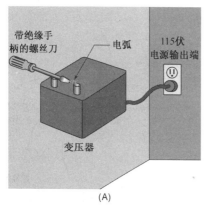

(A)

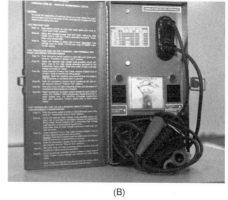

(B)

图 32.28　(A)用带绝缘手柄的螺丝刀检查变压器;(B)高压变压器测试仪(Bill Johnson 摄)

　　基本控制器必须能依据低压控制器(温控器)的指令启动和关闭燃油炉。当温控器的触头闭合时,其低压线圈得电,即以电磁力使开关闭合,将电压送入燃烧器,燃烧器开始工作。

　　如果燃烧器未能点燃,或在燃烧运行过程中火焰熄灭,那么基本控制装置必须自动地关闭燃烧器,以防止大量未燃烧的燃油滞留在燃烧室内。

　　老型号的燃油炉常采用双金属片式的开关称为烟道开关或烟道继电器。用做安全保险装置时,此开关安装于热交换器与排风风门间的烟道内,见图 32.29。它也是一种热敏感装置,如果在烟道内未检测到热量,它即可通过相关线路关闭燃烧器。

　　新式燃气炉则采用由硫化镉制成的、称为镉传感器的光敏元件。该镉传感器,见图 32.30,一般均设置在油燃烧器内、点火系统的下方,与相应的基本控制器组成一个完整的控制电路,见图 32.31 和图 32.32。

图 32.29　烟道开关(Bill Johnson 摄)

图 32.30　与检测火焰状态的镉传感器相连
的基本控制器(Bill Johnson 摄)

镉传感器的安装位置必须保证通过空气管"看见"火焰。当它未检测到火焰光时,其对电流具有较大的电阻,而当有火焰时,镉传感器的电阻即迅速下降,可容许较大的电流通过。电路和开关装置可以敏感地检测到其电阻的变化(有火焰或无火焰),控制燃烧器则据此或使燃烧器保持运行状态,或是予以关闭。

镉传感器的安装位置对于其功能的发挥具有重要的影响

镉传感器的设置位置必须能看见火焰

1. 传感器要求能直接观察到火焰。
2. 来自火焰的光在到达传感器时仍需有较大的亮度,使传感器的电阻有较为明显的下降。
3. 传感器必须防止受外来光线的干扰。
4. 环境温度必须低于140°F。
5. 传感器的设置位置必须要有适当的净空。不能因为有金属表面的移动、阻挡或辐射影响传感器的正常工作。

图32.31 镉传感器(Bill Johnson 摄)

图32.32 镉传感器的安装位置

32.7 燃油炉的电路图

图32.33是常规强制排风暖风燃油炉的电路图。此电路图还可与空调系统配套使用,其中包含了用于暖风分送的风机电路、油燃烧器的基本控制电路以及24伏的控制电路。注意:此电路中还含有多速风机电动机电路。

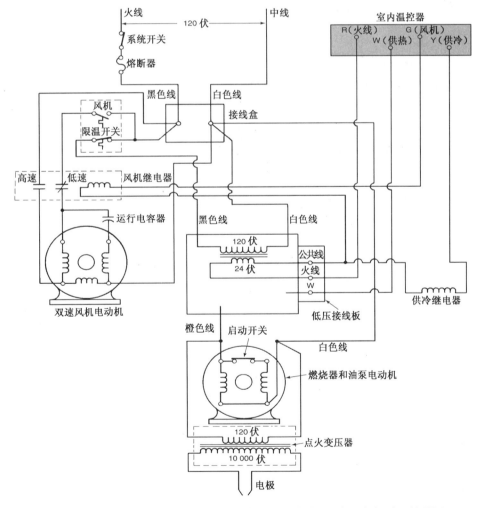

图32.33 基本控制器有火线(黑色线)和中线(白色线)两接入线头,当温控器要求供热时,橙色线得电,燃烧器电动机启动的同时电极即发出电火花

图 32.34 为风机电动机的部分电路。风机继电器Ⓐ可防止高速和低速电路同时连接风机电动机。如果高速电路中的常开触头闭合,那么低速电路中的常闭触头即断开。风机的常开限温开关Ⓑ受热动双金属装置的控制,当热交换器上的温度达到 140℉左右时,其触头均闭合,使电流流向风机电动机的低速端,而高速电路只能通过温控器予以启动。风机电动机的高速挡并不用于供热,它只有在温控器人工设置在"FAN ON"(风机运行)位置或供冷(空调)时才启动运行。

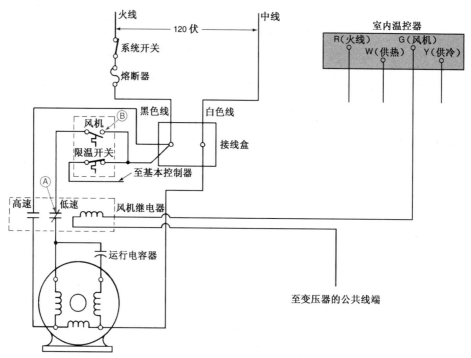

图 32.34 　风机在冬天运行时受热动风机开关控制。如果风机继电器在"供
热"模式下得电,那么此继电器即可从低速切换至高速运行状态

供热时的风机电路应从电源(火线)流过热动风机限温开关,至常闭风机开关,至低速风机电动机接线端,然后返回中线。

图 32.35 为油燃烧器的电原理图。燃烧器连接至常闭的限温开关Ⓐ,此限温开关是热动开关,用于保护燃油炉和建筑物。如果因为燃油炉过热而导致温度过高时,此开关即可断开,使燃烧器关闭。这样的过热往往来自燃烧器的过热、或风机故障、或气流流动受阻等类似的问题。此电路图可用于从限温开关至基本控制器Ⓑ进行排查故障。

基本控制器的黑线和橙色线均传递同样的电流,但橙色线连接至 24 伏的基本控制器的高压触头Ⓒ。当温控器要求制热时,这些触头均闭合,使电流连接至点火系统、燃烧器电动机、燃油阀。如果其中一个装置启动运行,那么其另一端则通过中线返回电源。基本控制器的变压器用于将 115 伏的线电压降低至温控器电路的 24 伏电压。

如果燃烧器的启动装置存在故障,那么此安全装置(烟道开关,即镉传感器)可关闭燃烧器。图 32.36 为 24 伏温控器控制电路。电路图中标注的字母符号表示正常状态下的导线颜色:R(红色)为变压器的"火线"端;W(白色)为供热端;Y(黄色)为供冷端;G(绿色)为手控风机继电器。

有时候,我们需要将某种仅用于供热的系统改装为也可用于空调的系统,那么供热－供冷系统就需要有比供热系统常规变压器更大功率的变压器。要达到这一改装目的,除了常规基本控制电路的变压器外,还需要另行增加一台 40 伏安的变压器。增加了供冷机组后,由于在 24 伏的控制电路中增加了供冷继电器和风机继电器负荷量,因此,40 伏安的变压器是必不可少的。

改装后的温控器也应配置隔离机座,这样两台变压器可相互断开。此外,风机电路中还需要一个风机继电器Ⓐ来启动高速风机。

耗电装置必须与变压器的两端分别连接(即并联连接),送电装置则与火线串联连接。

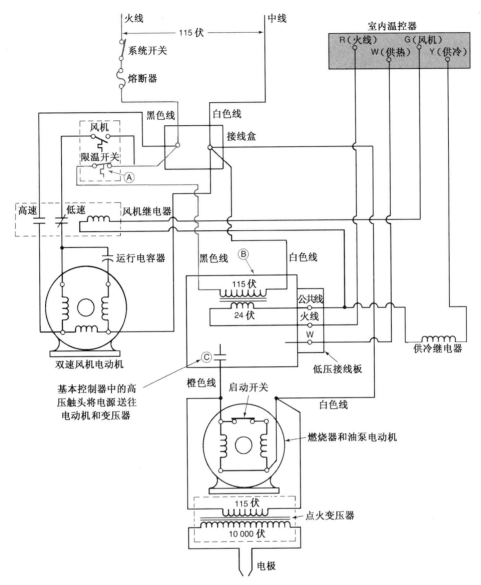

图 32.35　送往燃烧器电动机和变压器的电源通过常闭的限温开关连接至基本控制器。当要求供热时，温控器即可使基本控制器中的24伏继电器得电。如果基本控制器中安全电路得电，那么电源即可通过橙色导线送往燃烧器电动机和点火变压器

32.8　烟道安全控制开关

　　烟道开关的双金属元件位于烟道管内。当双金属元件受热时，说明存在燃烧，那么双金属元件即膨胀，并以箭头方向推动驱动轴，见图 32.37，使热触头闭合，冷触头断开。

　　图 32.38 为油燃烧器启动初始时电流的流动路径。24 伏的温控器要求制热时，可使 1 K 线圈得电，1K1 和 1K2 两触头闭合，电流流经安全开关加热器和冷触头，热触头仍保持断开状态。1K1 触头的闭合可以使电流连接至燃烧电动机、燃油阀和点火变压器。在正常情况下，点火后，燃油与空气的混合物即燃烧并产生热量，当燃烧产生的热量传递至烟气管中的烟道开关时，即可使热触头闭合，冷触头断开，见图 32.39。1K2 触头闭合后形成闭合电路，热触头连接至 1K 线圈上。1K1 触头仍维持闭合状态，燃油炉即以正常安全启动方式持续运行。此时，安全开关加热器与电路断开。

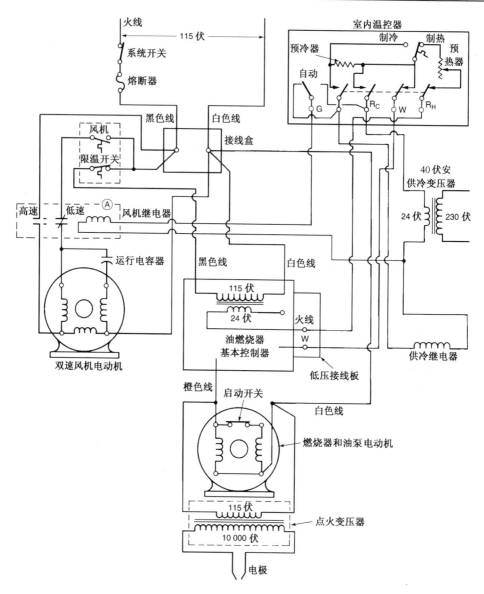

图 32.36 基本控制电路中的变压器公共线不连接至室外电路。室内温控器有一个分离式机座,此温控器
上有两个不同变压器火线接入端,由于为两个独立机座,因此这两个火线相互之间并不连接

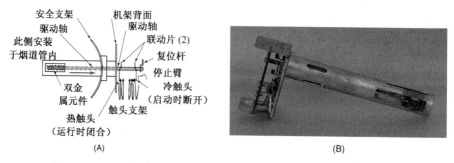

图 32.37 (A)烟道开关原理图;(B)烟道开关实物(Honeywell 提供)

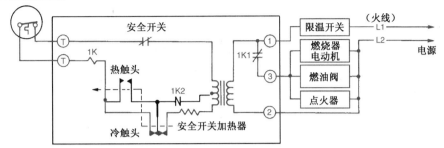

图 32.38 燃烧器最初启动时,烟道开关电路的状态。注意:此时有电流流过安全开关加热器

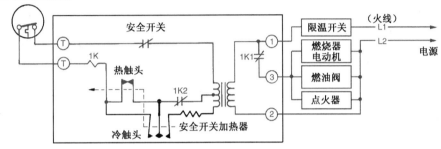

图 32.39 常规烟道开关电路在火焰点燃时,热触头闭合,冷触头断开,安全开关加热器与电路分离

如果混合气体未能点燃,烟道管内也就没有热量,此安全开关加热器仍处于电路中。大约 90 秒以后,安全开关加热器使安全开关断开,并将燃烧器关闭。要重新启动运行,则需按下人工复位按钮。在重新启动燃烧器时,必须使安全开关加热器有 2 分钟的冷却时间。

32.9 镉传感器安全控制装置

镉传感器的功能要求是:有光照时,自身的电阻值降低。当存在燃烧(有火焰)时,镉传感器应具有较低的电阻值,而在无燃烧(无火焰)时,其电阻值非常大,见图 32.40。镉传感器的安装位置必须正确,才能检测到足够的焰光,从而使燃烧器能高效率地运行,且其表面不得有任何结炭。

在常规的新式基本控制器电路中,镉传感器可以是连接一个双向触发的三极管,此双向触发三极管是一种固态元器件,其功能在于镉传感器电阻较高(无火焰)时导通电流。

图 32.41 是正常启动时电路中的电流运行状

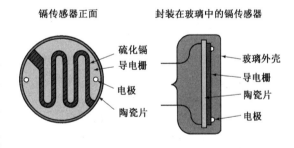

图 32.40 镉传感器的正面图与侧面图

态,此时镉传感器电阻很小,双向触发三极管不导通,因此,电流旁通走安全开关加热器,燃烧器持续运行。

图 32.42 为无火焰、镉传感器为高阻时的电路状态,此时要求双向三极管导通电流,使安全开关加热器得电。如果此时有持续电流通过加热器,那么它就可以断开安全开关,并使燃烧器停止工作,要重复运行,必须按下复位按钮。

技术人员必须掌握镉传感器的检测方法。镉传感器通常通过外侧的 F 和 F 接线端连接于基本控制器,要检测镉传感器的电阻读数,仅需在 F 和 F 接线端断开其两端连接线端,此两线均为黄色。关闭燃油阀后,燃烧室内应为一片漆黑。此时,将欧姆表设置在 1000 欧姆挡,将两表棒相互搭接,将欧姆表指针调节至 0 欧姆位置,然后将两表棒分别连接两黄色线端,欧姆表的读数应非常大,甚至有可能为无穷大,相当于两表棒在空气中相互分离的状态。然后将 T 和 T 两接线端搭接,此时燃油炉应点燃、燃烧。燃油炉燃烧时,两黄线间的电阻就会变得很小,应在 6000～1000 欧姆。如果测试结果确为如此,那么说明此镉传感器正常。燃油炉应运行一段时间后自行关闭。这就是没有镉传感器的状态下无法启动燃油炉的安全保险功能。

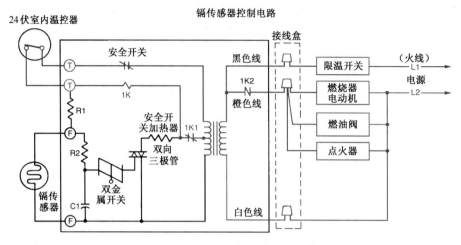

图 32.41   镉传感器检测到火焰时,安全开关加热器即与电路断开

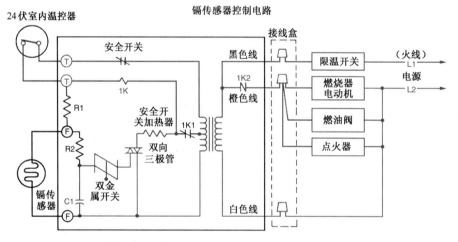

图 32.42   镉传感器未检测到火焰时,安全开关加热器发热,使安全开关断开

在多数新式燃油装置中,制造商往往优先采用镉传感器,而不是热动式烟道开关,这是因为镉传感器反应速度快,没有机械运动构件,且普遍认为其更可靠。

安全防范措施:操作时要特别注意,不要多次将基本控制器反复复位,因为每次复位之后,往往会有未燃烧的燃油滞留在喷嘴和燃烧器上,如果有油斑被点燃,它就会迅速燃烧。如果发生这样的情况,技术人员应迅速停止燃烧器电动机运行,但要使燃油炉风机继续运行,并同时关闭风门,以减少进入燃烧器的空气量。通知消防部门,不要为了灭火而将检修门打开,而要通过减少空气的方式使其自行熄灭。

图 32.43   (A)过滤器内心;(B)过滤器外壳(Bill Johnson 摄)

32.10   供油系统

居民住宅或小型商业企业的燃油炉供油系统一般均采用单管或双管供油管线。燃油存储罐与燃烧器的相对位置决定了是采用单管还是双管管线方式。如果油罐的水平位置高于燃烧器时,那么可采用单管系统,燃油以重力自动流入油过滤器,见图 32.43,然后再进入燃烧器,见图 32.44。当油罐的水平高度低于燃烧器时,应采用双管系统,燃油由油泵从油罐中抽出,见图 32.45。

对于单管系统的燃油管线,对油泵进行检修时,燃油管线和燃油燃烧器中的所有空气均应彻底排除,以保证运行时有正常的燃油流量。如果油罐有可能出现排空,那么还必须有适当的通气装置。双管系统空气的进出完全是自动完成的。也正因如此,居家和小型商业企业往往优先选择双管系统。

燃油的黏度,即黏性,很大程度上取决于燃油温度,而黏度又决定了燃油的流量。燃油的温度越低,其流动也越缓慢,因此,在一些寒冷地区,储油罐应设置在地下室或埋藏在地下,以保证燃油的黏度不致影响到正常运行时所需的流量。

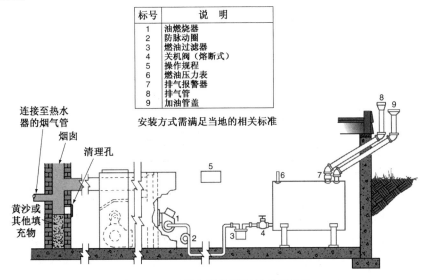

标号	说　　明
1	油燃烧器
2	防脉动圈
3	燃油过滤器
4	关机阀（熔断式）
5	操作规程
6	燃油压力表
7	排气报警器
8	排气管
9	加油管盖

安装方式需满足当地的相关标准

图 32.44 油罐与燃烧器间的单管系统

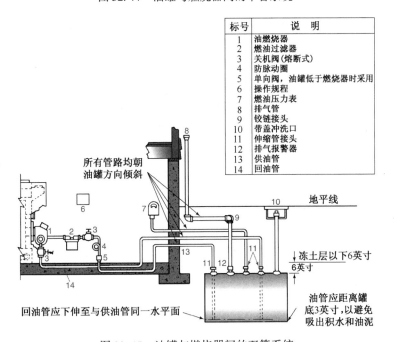

标号	说　　明
1	油燃烧器
2	燃油过滤器
3	关机阀(熔断式)
4	防脉动圈
5	单向阀,油罐低于燃烧器时采用
6	操作规程
7	燃油压力表
8	排气管
9	铰链接头
10	带盖冲洗口
11	伸缩管接头
12	排气报警器
13	供油管
14	回油管

图 32.45 油罐与燃烧器间的双管系统

辅助供油系统

在有些燃油设备中,油燃烧器往往高于燃油油罐的高度,使燃烧器油泵无法有效吸取燃油,这种情况主要出现在一些商业燃油系统中。当油罐深度超过 15 英尺时,即使是两极油泵系统也无能为力。对于这样的设备,必须采用辅助供油系统来保证燃烧器的燃油供应。

　　在这种情况下,我们需要采用一个燃油增压泵,将燃油先泵送至一个储油器或油箱内,见图 32.46,增压泵电路与燃烧器电路相互独立,并通过独立的油管系统泵送燃油,使油箱始终处于充满状态。当增压泵不工作时,则利用一个单向阀来维持原有的状态。燃油增压泵还含有一个可调节的调压器,此调压器必须使储油箱处的燃油压力维持在 5 psi 左右。该调压阀调节不当往往会导致燃油系统的密封层损坏。

燃油管过滤器

　　为了将燃油中所含杂质在燃油到达油泵之前全部排除,油罐与油泵间的管路上应设置燃油管过滤器,见图 32.43和图 32.45。也可以在油泵出口处的燃油管线上设置过滤器,进一步减少含杂,以防止杂质进入喷嘴喷口,见图 32.47。

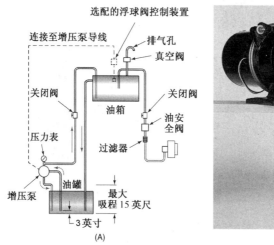

图 32.46 （A)辅助增压泵和油箱的系统图；(B)增压泵(Suntec Industries Incorporated,Rockford,IIIinois 提供)

32.11 燃烧室

　　雾化的燃油与空气混合物从空气管中吹入燃烧室并由两电极点燃时,雾化油必须以悬浮的状态开始燃烧,即必须在燃烧室的空气中燃烧。如果在全部油雾被点燃之前,火焰即喷在燃烧室的内壁面上,那么温度较低的内壁面就可使燃油蒸气冷凝,也就无法获得高效的燃烧。燃烧室的结构应尽可能避免出现这样的情况。燃烧室一般采用钢或其他耐高温材料制作。许多新式燃油炉则采用含硅耐高温材料,见图 32.48。图 32.49为燃烧室中的火焰状态。

　　燃烧室的规格与种类应由生产厂家根据燃烧器的火焰配置,但也有些燃烧器的火焰形式与燃烧室结构一开始就没有很好的匹配(尽管出现这种情况的可能性很少),因此常常需要技术人员在上门维修时,根据维修车上现有的规格与种类更新油燃烧器上的喷嘴。在一些老设备中,技术人员可能会碰到多种不同的更新后的喷嘴。在检查喷嘴时,技术人员应能确定哪一个是原装的喷嘴,一般情况下,最好是配装原装喷嘴,即同规格、同类型的喷嘴。

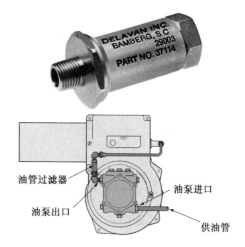

图 32.47 设置在油泵出口处的油管过滤器(Delavan Corporation 提供)

　　燃烧室仅仅是一个炉膛,或称为一个存放火焰的容器,它有时也会出现裂纹或裂缝。燃烧室与循环空气间没有连接口,因此燃烧室时常需要维修。携带的修理工具、材料中应准备少量湿填料,在拆下燃烧器后,将其塞入洞孔中。湿填料可粘在裂缝面上,燃油炉装配并点火燃烧后,这种填料就会变得很硬,且非常耐火。

图 32.48　硅铝耐高温燃烧室(Ducane Corporation 提供)

图 32.49　燃烧室内的状态。注意保持圈上的火焰位置(R. W. Beckett Corporation 提供)

32.12　热交换器

强排风系统中,热交换器的作用是将燃油燃烧过程中获得的热量传递给不断在采暖区域循环的空气,见图 32.50。热交换器通常采用传热速度较快的材料制成。新式热交换器,特别是一些家用燃油炉,常采用薄钢板制作,并在其表面涂上防腐的特种材料,这是因为燃烧产生的酸性物易引起腐蚀。

热交换器的结构还必须保证将烟气和其他燃烧物与连接于采暖区域的循环空气相分离。**安全防范措施**:燃烧产生的烟气绝不能与循环空气相混合。技术人员发现热交换器上有裂缝时,应及时采用焊接封闭的方法予以修复。但也有许多地方标准禁止这种修复方法。

技术人员应注意检查热交换器和燃烧室。用彩钢板制作的反光镜是一种非常理想的检查工具,见图 32.51。

图 32.50　强制排风燃油炉的热交换器
(Williamson Company 提供)

图 32.51　技术人员用于观察热交换器、燃烧室内侧以及火焰状态的反光镜。有些反光镜的手柄还可以伸缩,从而对镜面进行调节(Bill Johnson 摄)

燃油炉应有适当的气流流经热交换器。新安装的燃油炉或怀疑气流流量不正常时,可以进行空气温升检验测试。通常情况下,对空调设备来说,其空气流量是已知量,而对于燃油炉来说,其机组容量可以在铭牌上找到,或根据油燃烧器喷嘴规格计算得到。例如,喷嘴的燃油流量为 0.75 gph,温升为 65 ℉,那么整个燃油炉每分钟应配备多少立方英尺的空气量呢? 已知每加仑燃油的含热量为 140 000 Btu,每小时送入燃油炉的热量为

$$140\,000 \times 0.75 = 105\,000$$

产热量为

$$105\,000 \times 0.7(取效率为 70\%) = 73\,500\ Btu/h$$

这也是传递给空气的总热量。

$$\text{cfm} = \frac{Q_s}{1.08 \times TD} = \frac{73\,500}{1.08 \times 65} = 1047$$

这里,尚未计算风机电动机的产热量。风机电动机的产热量约为 1365 Btu/h(400W × 34.13 = 1365)。

32.13　冷凝式燃油炉

由于能源价格不断上扬,保护矿物燃料的呼声也日趋高涨,一些制造商一直在致力于开发多种更具效率的燃油炉。冷凝式燃油炉就是为提高燃油利用效率而推出的一款高效燃油炉。

冷凝式燃油炉像常规的燃油炉一样有两个系统:燃烧(即产热)系统和热空气循环系统。燃烧系统包括燃

烧器及其相关构件:燃烧室、3个热交换器和排风风机与管路。热空气循环系统包括排风风机、箱体、电动机、静压室以及风管系统。

以下是尤康能源公司(Jukon Energy Corporation)生产的冷凝式燃油炉的整个工作过程,见图32.52。燃烧器将空气与燃油送入燃烧室,并在燃烧室中充分混合后点燃燃烧。燃烧产生的大部分热量传递给围绕在燃烧室周围的主热交换器。仍含有热量的燃烧气体被压送、流过第二个热交换器,再放出部分热量。仍含有少量热量的燃烧气体再次被压送、流过第三个热交换器。在此,几乎所有的残留热量全部排出。第三个热交换器是一个盘管式热交换器,此时的温度可降低至露点温度以下,甚至低至出现水蒸气状态的变化,使烟气中的水蒸气开始凝结。这是一种潜热放热的高效热交换过程,其每磅冷凝水蒸气约可向气流放出10 000 Btu的热量(1磅水的体积约为1品脱),这样就可以节省大量能源。最后再将此燃烧气体通过风机和PVC管排放至室外。冷凝盘管必须采用不锈钢材料制作,以防烟气中的酸性物对机件形成腐蚀。为了将冷凝水排入某个容器或送往某个适宜的地方或直接排入下水道,冷凝盘管的下方还设有专门的排水槽。

热风循环系统中,风机通过回风管吸入空气,并将其送入冷凝式热交换器。在热交换器中,空气被烟气的显热和来自盘管的潜热进行预热,然后再通过第二个热交换器进一步加热。

循环空气然后流过主热交换器,之后,通过风管系统送往各采暖房间。离开燃油炉的空气温度比它通过回风管进入燃油炉的温度高出约60°F。

这种燃油炉的全年燃料利用效率可达90%以上。由于它采用PVC管排气,因此其安装时不需要烟囱。

32.14　维修方法

油泵

在不采用增压泵的家用和商用燃油炉中,油罐至喷嘴段供油系统的性能状态可采用真空表和压力表予以检测。但在采用真空表和压力表进行检测之前,应首先确定:

1. 油罐内有足够的燃油。
2. 油罐开关阀处于打开状态。
3. 注意油罐的确切位置(高于还是低于燃烧器)。
4. 注意系统的类型(单管还是双管)。

如图32.53所示,将真空表和压力表连接至燃油炉。如果油罐高于燃烧器水平高度,那么供油系统既可以是单管布置,也可以是双管布置。如果油罐高于燃烧器且燃油炉正在运行,那么真空表读数应为0 in. Hg。如果此时真空表读数显示为真空状态,那么很可能存在如下故障:

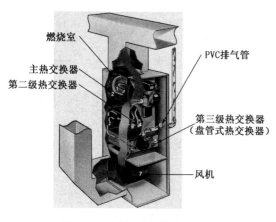

图32.52　冷凝式燃油炉(Jukon Energy Corporation提供)

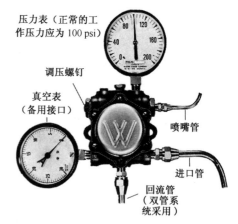

图32.53　测试与维修时,油泵上压力表与真空表的连接方式(Webster Electric Company提供)

1. 燃油管线出现扭结。
2. 油管过滤器出现阻塞或断流。
3. 油罐开关阀被部分关闭。

如果供油油罐低于燃烧器水平高度,真空表上应有一定读数。一般情况下,垂直高度每相差1英尺,真空表的读数即相差 1 英寸水银柱。而水平距离每增加 10 英尺,真空表读数即相差 1 英寸水银柱。因此,垂直和水平距离组合后的真空表读数不应大于 17 英寸水银柱(切记:双级泵的垂直提升能力约为 15 英尺)。如果真空表读数过大,则说明其连接管的管径过小,这种情况往往会使燃油产生部分蒸气,油色呈乳白状。

压力表用于检测油泵的性能和向喷嘴提供稳定油压的能力。对于常规系统,调压器应调整在 100 psi 左右。调压器的调节方法可见图 32.54 中的油泵,应拆下阀盖螺钉,用 1/8 英寸的方孔扳头转动阀螺钉。

对调压器进行调节时以及燃油炉运行过程中,压力表的读数应非常稳定,如果此压力表读数出现脉动,那么很可能存在以下故障:

1. 油管过滤装置出现部分阻塞。
2. 燃油炉上的过滤器或滤网形成部分阻塞。
3. 供油管线漏气,有空气进入供油管。
4. 油泵端盖漏气,有空气进入端盖。

燃油炉关闭之后,如果有燃油进入燃烧室,还必须对阀间的压差进行检查。进行这一检查时,可将压力表管口伸入喷嘴管的出口处,见图 32.55。安置压力表后,启动燃油炉,记录压力值,当燃油炉关闭时,此压力表读数应下降为 15 psi 左右,之后即保持不变。如果压力表读数减低到 0 psi,那么说明油泵的燃油断开装置已损坏,需更新油泵。如果压力表读数保持 15 psi,但仍有迹象表明燃油未能断流,那么其故障很可能是:

1. 燃油炉内存在漏气。
2. 供油系统内存在漏气。
3. 喷嘴过滤器阻塞。

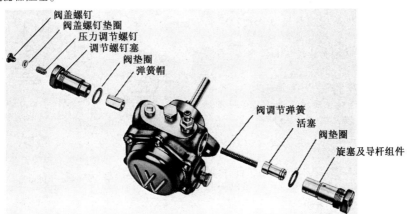

图 32.54 燃油泵上的压力调节阀(Webster Electric Company 提供)

燃烧器电动机

如果燃烧器电动机不运行,则应:

1. 按下复位按钮。

注意,如果电动机温度较高,复位按钮可能会不起作用,可等待电动机冷却后,再按复位按钮。

2. 检查电动机的电源。检查电动机电源时,可用电压表跨接在橙色线和白色线两端,或黑色线和连接至电动机的白色线两端。如果电动机两端有电压且没有机械约束,若仍然不运转,那么就应更换新电动机。

单管系统的放气

采用单管系统的燃油炉,在其完成初装,或其油管过滤器、油泵刚进行完检修后,系统管路中都会有空气进入,此时必须为系统排气,以排除这部分空气。如果油罐出现排空,那么系统也应进行系统排气。

系统排气时,应在排气管口上连接一个 1/4 英寸的弹性透明连接管,此连接管的活动管口放置在一个容器内,见图 32.56。然后逆时针方向转动放气阀,一般情况下,1/8 ~ 1/4 圈已足够,然后再启动燃烧器,使燃油流入容器中,持续一段时间,直至燃油的流动平稳,系统内不再存在空气为止,然后关闭阀门。

单管系统改装为双管系统

大多数家用燃油炉出厂时的配置均为单管系统。要将单管系统改装为双管系统,可按以下步骤操作:

1. 切断燃油机组的所有电源。
2. 关闭油罐上的供油阀门。
3. 从油泵上拆下进口管塞,见图 32.57。

断开压力应保持在 75~90 psi,如果压力
下降为零,那么说明断开装置存在泄漏

输入油管

回油油管

图 32.55　检查阀内压差时压力表的连接方
法(Webster Electric Company 提供)

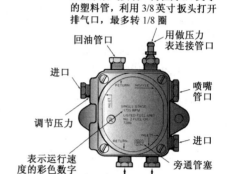

至油泵放气安装一内径为1/4 英寸
的塑料管,利用 3/8 英寸扳头打开
排气口,最多转 1/8 圈

回油管口

进口

调节压力

表示运行速
度的彩色数字

回油管口　进口

用做压力
表连接管口

喷嘴
管口

进口

旁通管塞

图 32.56　燃油泵接口图(Webster
Electric Company 提供)

4. 用扳头将随机提供的旁通管塞旋入进口端底
座内。
5. 更换进口管塞,安装喇叭管接头和铜管线,连接
至油罐。

安全防范措施:不要在旁通管塞安装在位的状态下
启动油泵,除非回油管已连接至油罐。如果没有回油管
线,过量燃油就无路可走,最后只能破坏轴封。

喷嘴

喷嘴故障可以通过观察燃烧室内的火焰状态、读取
压力表上的读数和分析烟气成分等数种方法予以检测
判断(烟气分析将在 32.15 节讨论)。

以下是与喷嘴故障相关的常见状态:

1. 压力表上读数出现脉动。
2. 火焰大小、形状不断变化。
3. 火焰撞击在燃烧室的各个侧壁上。
4. 火焰上出现火星。
5. 烟气中的二氧化碳含量偏低(低于 8%)。
6. 火焰点燃迟缓。
7. 有异味出现。

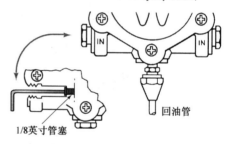

IN

IN

回油管

1/8英寸管塞

图 32.57　单管系统改装为双管系统时,旁通管塞
的安装(Webster Electric Company提供)

如果喷嘴故障非常明显,那么就应更换喷嘴。喷嘴是比较精致、高精度加工的零件,不能用钢丝刷和其他清
理工具对其表面进行清理。一般情况下,根据正常的维护要求,喷嘴应每年更新一次。注意,不要设法清洗喷嘴
过滤器。如果喷嘴堵塞,应首先确定其原因,然后清理喷嘴管线和燃油系统(油泵)过滤器,更新供油管路过滤
器的内心。也有可能是油罐中有积水,使燃油受到污染。

喷嘴变形往往会引起喷嘴上积炭,或是燃油在喷嘴上直接燃烧。**安全防范措施**:必须用专用的喷嘴扳头拆、
装喷嘴,绝不能采用可调节式的钳子或管扳手拆装喷嘴。

拆下喷嘴后,应用小管塞塞入喷嘴组件中,以阻止燃油从管中流出。如有燃油流出并有空气进入管内,那么
燃烧器重新运行时,就会出现火焰不稳定的现象,还可能会引起燃烧器关闭后燃油滴漏,甚至关机后燃烧。

防止喷嘴过热非常重要,喷嘴过热会引起燃油在涡流室内分解并形成清漆样的物质结垢。以下是喷嘴过热
并引起清漆样结垢的主要原因:

1. 火焰燃烧距离喷嘴太近。

2. 燃烧室太小。

3. 喷嘴伸出过长。

4. 燃烧器上空气处理构件运行不正常。

5. 燃烧器过烧。

如果火焰燃烧距离喷嘴太近,那么风管的孔口就比较窄,这就会使空气在离开风管时的速度提高,并使火焰远离喷嘴。提高油泵的压力可使油滴离开喷嘴时的速度提高,并有助于减缓这一症状。

喷嘴前伸过长往往会使燃烧盒的反射热集中在喷嘴端口,并出现大量的燃油裂解(因过热)焦油阻塞喷嘴,此时可利用短接头或缩短油管的方法使喷嘴退回空气管内。

安全防范措施:千万不能忽略停机后滴油或停机后燃烧的检查。任何泄漏和停机后燃烧均会导致积炭和喷嘴的阻塞。应认真检查是否有漏油、油管含气或关闭阀已损坏的现象。喷嘴后端的空气气泡不一定会在燃烧过程中被吹出,但当油泵关闭后却可能会膨胀,引起停机后燃油滴漏。

点火系统

在燃油炉燃烧器的各项维修作业中,点火系统的故障是最容易判断和解决的。点火系统维修工作主要有:点火器与燃烧器的间距调整、电极的清理和保证各连接端处于良好状态。

检查点火变压器时,应操作如下:

1. 切断燃烧器机组的所有电源。

2. 将点火变压器朝后转动。

3. 关闭供油管或断开燃烧器电动机引线。

4. 对油燃烧器恢复供电,利用适当的电压表和高压表来检测变压器输出端的电压,其正常读数应为 10 000 伏,如果读数低于此值,说明此变压器已损坏,应予更换。**安全防范措施:**必须遵守制造商的相关要求,并与 10 000 伏高压线头保持一定距离。

检查电极时,应注意:

1. 保证电极的 3 个间隙尺寸正常。按图 32.58 检查两电极间的间隙、距离喷嘴中心线的高度以及电极顶端与喷嘴前端间的距离。

2. 要保证电极顶端处于油雾区域内的后端,这部分检查可采用火焰镜来观察,见图 32.51。如果无法观察,可以拆下电极组件,使油雾喷入一个开口的容器中,一定要保证电极不在燃油雾区范围之内。

电极的绝缘套 用带有溶剂的湿布擦洗干净电极绝缘套。如果擦洗后仍然非常脏,其表面仍有大量结炭,那么就应更新。

检查电极绝缘套时,应操作如下:

1. 断开燃烧器电动机线头。

2. 拆下一端线头,把它放在另一绝缘套的结炭位置,此时线头仍连接于接线端上。

3. 打开燃烧开关。

4. 如果绝缘套与电极间可以打出火花,那么应更新此电极,然后用同样的方法分别检查两侧的电极绝缘套。

安全防范措施:电极上电压高达 10 000 伏,极易触电,但其电流非常小,不可能有生命危险。其产生的火花很像割草机发动机上的火花。

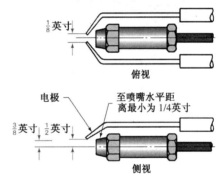

高度调节量

家用燃油炉为 1/2 英寸

商用燃油炉为 3/8 英寸

喷嘴前电极的位置由喷嘴的雾区展角大小决定

图 32.58 电极的调整。电极与任何金属构件的距离不得小于1/4 英寸

32.15 燃烧效率

最近几年,采暖技术人员已开始重视采暖设备的清洁和安全运行问题,过去技术人员习惯于用眼睛和耳朵来进行调整,但现在,高额的燃料费用使得技术人员必须采用测试设备进行相关的调整,以确保获得高效的燃烧。

燃油由各种不同含量的碳氢化合物组成。燃烧过程中,在释放热量的同时又生成了新的化合物,以下是完全燃烧时其生成物的简化表达式:

$$C + O_2 \rightarrow CO_2 + 热$$

$$N_2 + \frac{1}{2}O_2 \rightarrow H_2O + 热$$

正常燃烧过程中,伴随着热量的产生,也必然会产生一氧化碳、结炭、烟雾和其他杂质。提供过量空气可以保证燃油完全燃烧时所需的氧气,但实际上,空气与燃油不可能做到完全混合。技术人员必须对此进行调整,以尽可能地接近理想燃烧,产生更多的热量,同时,减少无用、甚至是有害的杂质数量。另一方面,太多的过量空气也会吸收热量,并损失在烟道(烟气)内,从而使燃烧效率下降。空气仅含 21% 的氧气,而其余的空气对整个产热过程来说毫无益处。

确定燃烧状态,可以进行如下测试:

1. 排风测试。

2. 烟雾测试。

3. 烟气管的净温测试。

4. 二氧化碳含量测试。

许多技术人员一般多会在工作中形成自己的燃烧测试方法。但有一点是肯定的,在对一个故障进行检修、调整时,往往也会纠正或有助于纠正其他的故障。当然,这需要综合考虑,但有时候,解决了一个问题,又会产生另一个问题。在有些情况下,许多故障很可能是由燃油炉本身的结构所引起的。

有些技术人员习惯针对某测试项目采用单一功能的测试仪器,见图 32.59。也有一些喜欢采用带有数字式显示的电子燃烧分析仪,见图 32.60。

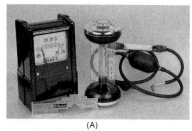

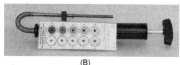

图 32.59　燃烧效率测试设备:(A)排风压力表,
喷嘴压力表和二氧化碳测试器;
(B)烟雾测试器(Bill Johnson 摄)

图 32.60　燃烧效率分析仪(Bach-
arach,Inc. 提供)

采用单一功能的测试装置进行测试时,必须在排风调节装置的燃油炉一侧,距离排风调节装置至少 6 英寸处的烟气管上开设一个 12 英寸的测试孔。该测试孔尺寸大小必须正确,能够插入测试杆或仪器的采样管。

安全防范措施:测试仪器上均附带有制造商提供的使用说明,应严格按照说明书进行操作。本教材中所列举的操作方法是非常简要、最基本的部分,不能替代制造商的具体操作要求。

排风测试

对于燃烧器的高效运行来说,正确的排风量是一个充分必要条件。排风量的大小决定了通过燃油炉的燃烧气体的流量,而且决定了助燃空气的流量。排风是由热烟气的温差以及相对于大气的负压状态所产生的。过量排风可以使烟道温度上升,烟气中的二氧化碳含量降低。排风不足往往会在燃烧室内形成压力,导致燃油炉周围出现大量烟雾和烟味。要获得高效燃烧,在进行其他调节之前,可以先对排风量进行调节。

进行此项测试时,可以:

1. 为排风设置测试管,首先在燃烧区域钻一个孔(在有些燃油炉上设有这样的螺钉孔,只需拆下此螺钉即可)。这是确定过烧排风量必不可少的一步,见图 32.61。

2. 在靠近燃油炉的水平表面上放置排风压力表,并调节至 0 英寸。

3. 启动燃烧器,使其至少连续运行 5 分钟。

4. 将排风测试管插入燃烧区域,检测过烧排风量,见图 32.61。

5. 将排风测试管插入烟气管,检测烟气管排风量。

过烧排风压力应至少在 −0.02 in. WC。烟气排风量应利用一次空气调节装置进行调节,以维持正常的过烧排风量。大多数家用燃油炉要求的烟气排风压力为 −0.04 ~ −0.06 in. WC,才能维持正常的过烧排风量。这种排风形式均为上排风,且与大气压力成反比。烟气管越长,也就需要比短烟气管更大的烟气排风压力。

烟雾测试

烟雾过大,事实上就是不完全燃烧的特征。不完全燃烧可以导致高达 15% 的燃油浪费。一般来说,5% 的燃油浪费属于正常范围之内。过大的烟雾还会导致热交换器和燃油炉上其他换热表面的结炭。炭是一种绝热物质,它会使热交换器的吸热量降低,而由烟气引起的热损失大大增加。1/16 英寸厚的结炭可使油耗增加 4.5%,见图 32.62。

图 32.61 检测过烧排风量(Bill Johnson 摄)

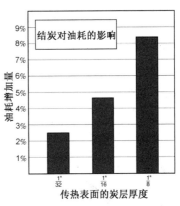

图 32.62 结炭对油耗的影响(Bacharach,Inc. 提供)

烟雾测试是抽取一定体积量的、含有燃烧生成物的烟气,并通过一定规格的过滤纸。然后将滞留在过滤纸上的残留物量与测试装置上标准刻度值进行比对,即可从刻度上读出结炭度。常用的烟雾测试器见图 32.63。

进行烟雾测试时(见图 32.64),应操作如下:

图 32.63 烟雾测试器(Bill Johnson 摄)

图 32.64 烟雾测定(Bill Johnson 摄)

1. 启动燃烧器,使其至少连续运行 5 分钟,或等待烟道温度稳定,不再上升。

2. 检查过滤纸是否已放入测试器中。

3. 将测试器的采样管伸入烟气管上的孔口内。

4. 根据制造商说明书上要求的次数,拉动手柄。

5. 取下过滤纸,然后与仪器上配套的刻度进行比对。

过量烟雾主要由下述原因引起:

1. 风机颈圈设置不当(燃烧器空气调节装置)。

2. 排风装置调节不当(需要安装排风调节装置或需要调整)。

3. 燃油供应不足(压力偏低)。

4. 油泵工作不正常。

5. 喷嘴损坏或类型不匹配。

6. 燃油炉中有过量空气渗入(燃油受到空气稀释)。

7. 燃油 – 空气混合比例不当。

8. 燃烧室损坏。

9. 燃烧器的空气处理零部件不正常。

烟气管的净温测试

由于烟气管非正常高温即能说明燃油炉未在其理想状态下运行,因此,烟气管的净温测定非常重要。烟气管的净温值就是测得的烟道温度,即烟气温度减去燃油炉周围的空气温度。例如,如果烟气温度读数为 650℉,安装燃油炉的地下室温度为 60℉,那么烟道的净温即为 650℉ – 60℉ = 590℉。然后针对特定型号的燃油炉,根据制造商的说明书来确定其烟道净温值是否正常。

测试烟气管温度(见图 32.65)可按下列步骤进行:

1. 将温度计检测头插入烟气管孔口中。

2. 启动燃烧器,使其至少连续运行 5 分钟,等待烟道温度稳定,不再上升。

3. 将烟气管温度减去地下室的环境温度。

4. 将净温值与制造商提供的说明书上的数据进行比较。

如果烟气管温度较高,那么很可能是由下述原因造成的:

1. 燃烧室的排风量过大。

2. 热交换器严重结垢、结碳。

3. 缺少应有的节流。

4. 燃烧室工作不正常或已损坏。

5. 过烧(检查喷嘴规格和压力)。

二氧化碳测试

二氧化碳测试是一项重要的燃烧效率测试项目,如果二氧化碳的含量较高,那么说明燃油炉工作正常;如果二氧化碳含量较低,那么说明燃油未能有效或完全燃烧。其测试结果应综合多项测试数据进行研究。在大多数正常情况下,二氧化碳测试读数应大于 10%。如果燃油炉存在难以调整的故障,但燃油炉看上去能正常运行,且烟气管净温度为 400℉或更低,那么即使二氧化碳读数为 8% 也是可以接受的;如果烟气管净温度高于 500℉,二氧化碳读数应在 9% 以上。

进行二氧化碳测试时(见图 32.66),可以:

1. 启动燃油炉,至少连续运行 5 分钟。

2. 插入温度计,待温度不再上升时读取温度值。

3. 在烟气管上的孔口中插入采样管。

4. 根据测试仪器制造商提供的方法,撤去采样管。

5. 根据说明书的说明,将从烟气管收集的烟气样本与测试仪器中的溶液混合。

6. 根据仪器上的刻度值读取二氧化碳的百分含量。

图 32.65　烟气管温度测定(Bill Johnson 摄)　　　图 32.66　二氧化碳含量测试(Bill Johnson 摄)

二氧化碳百分含量读数较低往往是由下述因素造成的:

1. 排风调节器工作不正常引起排风压力升高。

2. 助燃空气量过大。

3. 有空气渗漏进燃烧室。

4. 燃油雾化不足。

5. 喷嘴磨损、阻塞或规格、类型不匹配。

6. 燃油调压阀设置不当。

电子式燃烧分析仪

技术人员还可以采用电子式燃烧分析仪进行检测,这种仪器可以提供上述各独立测试项目的所有数据。这种仪器可以检测一氧化碳和氧气的浓度,而不是二氧化碳百分含量,但技术人员可以根据这些数据来确定燃油炉是否处在正常运行状态,并根据制造商的说明书,对燃油炉进行必要的调整。

一般来说,进行多项测试时,应尽可能地在烟气管的同一位置采样(尽管测试仪器各有不同)。电子式仪器使用时更加便利、省时,而且其读数均由数字显示系统显示,使用时更加方便,见图 32.60。

采暖、通风与空调行业的"金科玉律"
前往居民住宅上门维修时:
1. 要向顾客了解清楚故障的症状,顾客的自述往往可以帮助你解决故障,而且可以为你节省大量的时间。
2. 在采用增湿机的情况下,注意检查增湿机。要向顾客强调:为了室内人员的身体健康,每年一次的维护保养是必不可少的。
3. 应事先做些准备工作,不要让燃油沾染燃油炉附近的地面或地板上。

要注意向客户提供一些额外服务

这里是一些举手之劳的服务项目,可以在维修过程中顺手完成:
1. 检查火焰的状态:烟雾测试是一种非常好的安全测试项目,而且往往会带来额外的收费维修项目。
2. 用合适的紧固件更换所有面板。
3. 检查热交换器上的积炭情况。

预防性维护

燃油采暖与燃气采暖一样,都有空气侧零部件和燃烧侧零部件。空气侧的内容已在电热设备部分予以论述,这里仅讨论燃烧器部分的内容。

燃油制热系统往往要比本教材所讨论的其他各种制热系统需要更多的定期维护,其原因在于燃油炉需要有正常计量的燃油和更高的燃烧效率。高效的燃烧除了需要正常的燃油供应外,还需要有正确的调节和对燃烧器部分的定期维护,其中包括燃烧室、热交换器和烟气系统,它们均要有理想的工作状态,才能获得高效率的燃烧。燃烧效率低下往往导致大量结炭,从而使燃烧生成热与室内空气间的热交换效率大幅下降。而且,这种状态的存在会使燃烧效率更加恶化。因此,每当寒冷季节来临之际,往往需要客户对整个系统进行维修。尽管采用同样的方法与程序,但作为一个熟练的维修技术人员来说,如果是常规的燃油炉,那么应在 1 小时内完成所有的维护保养工作。这里,我们从油罐开始到烟道管,逐项讨论预防性维修的主要工作。

油罐既可能处于地面上,也可能处在地面之下;有可能高于燃烧器,也可能低于燃烧器。埋藏在地面下的油罐很可能会生锈腐蚀。油罐的泄漏往往会使燃油外泄,或使雨水、泥水渗入罐内。燃油中有泥土渗入一般很难发现,但水渗入燃油中会引起燃油燃烧故障,这种情况常常会在定期的预防性维护保养中发现,或是在出现问题、电话报修检查时才能发现。

维修技术人员每年均应认真检查油罐底部的积水情况。有一种接触水后即能改变颜色的商业级胶剂,可以将它喷涂在油罐检测杆上,然后伸入油罐内。如果油罐内底部有积水,当将检测杆提起后,即可显示油罐中的积水液位。如果油罐存在泄漏,那么应予以更新。通常情况下,人们往往会改用地面上的油罐。

供油管检查应特别注意离开地面至进入室内段的变形弯曲、压扁以及锈蚀情况。如果油罐低于燃烧器,即使供油管上只有一个针眼般的小孔也会使空气进入整个系统,导致燃烧器上火焰不稳定。由于系统中的空气受热膨胀还会引起燃烧器的停机后燃烧。火焰故障、油泵进水故障或停机后燃烧故障等都在提醒你应检查供油管的泄漏问题。

同样可以做一个真空测试来检验是否存在泄漏,即将来自油罐的供油管断开,用系统油泵将供油管线抽成真空状态,然后关闭油泵。如果不存在泄漏,那么此供油管应保持真空状态。注意,燃油和空气也可能反向泄漏,此时可采取断开回油管和一旦油泵停止即用手指堵住管口的方法予以避免。对供油管的压力测试也可以证实供油管是否存在泄漏。先将供油管的两端切断并用管塞封闭,连接 10 psig 的压力(过滤器的外壳是整个管路上最薄弱的位置,其工作压力约为 10 psig)并保持一段时间。如果 15 分钟以后没有出现压降,那么说明此供油管不存在泄漏问题,此时应该可以看见有燃油渗出。不要忘记检查过滤器壳体的密封垫圈。

应将喷射式燃烧器从燃油炉上拆下,检查燃烧室,以确认耐高温层处于良好状态。同时,检查结炭情况,如有必要,可用吸尘器吸出。在拆下燃烧器后可以同时更新喷嘴,但必须保证用相同的喷嘴和喷嘴专用扳头予以更新。检查燃烧器的头部,看是否有过热迹象和裂缝;检查静压管是否有油或结炭,如有必要,可予以清理;用量表对电极进行调整,并检查绝缘套上是否有裂缝和结炭情况,必要时予以清理,如果存在裂缝,则予更换。检查弹性联轴器的磨损情况;保证镉传热器清洁,且对中正确,支架牢固。为燃烧器电动机进行加油润滑。最后将喷射式燃烧器安装至正确位置,应保证安装垫圈,旋紧所有螺钉。

更新油管中的过滤器,并确认滤心中的燃油为新燃油。更换密封垫圈,使之正确密封,这将有助于燃油炉的正常启动。

启动燃油炉,并可在等待达到运行温度的过程中,着手做燃烧分析的准备工作。检查排风情况,如果排风量不正常(参见文中关于检测位置以及近似的排风压读数的内容),如果必要,清理烟气管和热交换器。

在烟气管中插入温度计,当其读数达到正确温度值时,进行烟雾测试。如果燃烧时出现烟雾,可以调节空气量,直至烟点正常。如果还怀疑有问题,可以检查其压力值,以保证喷嘴处的压力为 100 psig。烟雾调节正常以后,可进行燃烧分析测试,将二氧化碳含量调整至正常范围。

完成以上各项工作之后,来年就能保证燃油炉能正常运行了。

32.16 报修电话

报修电话 1

一位新客户来电要求对他的燃油炉做一次全面检查,包括燃烧效率测试,这位顾客希望与维修技术人员一起动手,看一下整个检修过程。

技术人员到达,并向顾客说明第一项工作是启动燃油炉,进行效率测试。只有通过对燃油炉调试前、后的运行状态进行测试,技术员才能向顾客通报结果。温控器设置温度高于室内温度 10 °F 左右,这样可以有较长的温升时间,同时能保证测试过程中燃油炉不能自行停机。技术人员带上适当的工具来到安装燃油炉的地下室。那位顾客始终站在一侧,并询问技术人员是否在意他这个旁观者,技术人员解释说:一个好的技术人员不应在乎有人在旁观看。

技术人员将烟气管温度计插入烟道管,观察其温度,此时温度已不再上升。室内风机在正常运转,采取燃烧气体样本之后,检查其燃烧效率,同时做了烟雾测试。该机组运行时,有少量烟雾产生。测试结果表明,该机的效率为 65%,低于正常值约 5% ~ 10%。

然后,技术人员从基本控制器上断开低压侧连接导线,油燃烧器停止工作,风机则持续运行,使燃油炉冷却。技术人员拆下喷嘴组件,用同规格的备件换下喷嘴。在将喷嘴装回原处之前,技术人员调整了两电极间的距离,更换燃油过滤器和空气过滤器,为燃油炉电动机加油。至此,完成了燃油炉的各项调整工作,可重新启动。

技术人员启动燃油炉,并使其温度逐渐上升。当烟道内温度停止上升时,技术人员第二次采取烟气样本,测得此时的运行效率为 67%,且在烟雾测定中仍有少量烟雾。技术人员检查燃油炉的铭牌后发现,该燃油炉喷嘴规格应为 0.75 gph,但燃烧器上的喷嘴规格却为 1 gph。对某些技术人员来说,他们习以为常的做法是(事实上是一种不良习惯):手头上有什么规格的喷嘴就换什么规格的喷嘴,即使明显与原来的喷嘴不同。

这位技术人员拆下原喷嘴后,即用标准规格的喷嘴予以安装。由于该燃油炉曾被不规范的维修人员做了零部件的更换、调节,因此技术人员又对燃油炉的各个部位做了详细的检查。技术人员安装喷嘴之后,启动机组,并检查燃油压力,发现其压力由于需要与过大的喷嘴相配合,已降低至 75 psig。技术人员将压力提高至 100 psig(这是正确的压力值),此值是家用喷射式燃烧器的标准压力。

然后调节送入燃烧器的空气量。当时,烟管温度读数为 660 °F(由于室内温度为 60 °F,因此此时的净温度为 600 °F)。技术人员又做了一次烟雾测试,此时烟雾量很小,现在的燃烧效率为 73%,比第一次测试要好许多。

整个维修过程中,客户始终在一侧询问各种问题,并对整个燃油炉的检修工作如此严谨和严格感到吃惊。技术人员将室内的温控器调整至正常温度,然后与一脸灿烂的顾客道别。

报修电话 2

一位居民来电:他的燃油炉安装在他家的地下室里,每当停机时总会发出很大的噪声,这说明此燃油炉的油泵在停机时未能迅速关闭。

技术人员到达,将室内温控器调节至高于室内温度,以保证燃油炉能持续运行。此燃油炉曾在 60 天前做过维修保养,因此不需要更换喷嘴和油过滤器。技术人员来到燃油炉旁,将低压连接线从基本控制器断开,停止燃烧器运行,此时火焰并未立即熄灭,而是带着阵阵噪声缓缓地关闭。

技术人员在油泵至喷嘴的小油管上安装了一个电磁阀,并将此电磁阀的连接线与燃烧器电动机并联,这样,只有在燃烧器运行时,电磁阀才能得电。技术人员将通向燃烧器箱的油管断开,将其一端伸入一个容器中,收集少量燃油。然后启动燃油炉,运行数秒钟,使滞留在电磁阀中的空气从连接至喷嘴油管的端部排出。

技术人员在将油管重新连接至燃烧器箱后启动燃烧器。在运行数分钟后,技术人员发现燃油炉自动停机,这是正常停机。然后,反复多次实验启动和关闭。此燃油炉一切正常。技术人员在将室内温控器返回正常状态后,离开现场。

报修电话3

一位居住在复式套房的居民来电:他家的燃油炉不制热,燃油炉上也不见燃油。事实上,燃油公司上周已为这位顾客送来燃油,只是那位驾驶员将燃油放入了有毛病的油罐内。该燃油炉系统配置的是一个地下油罐,时常无法将燃油正常地泵送到好的油罐内,致使技术人员多次被误导,错误地以为有燃油,以为是油泵已损坏。

技术人员到达,将室内温控器设置在室内温度以上 10℉,技术人员来到燃油炉旁,发现燃油炉安装在套房后的车库内。由于基本控制器已断开,燃油炉处于关机状态。技术人员打开手电筒,查看燃烧室内是否有积油。因为如果顾客已经对基本控制器进行过复位的话,那么燃烧室内很可能含有积油。**安全防范措施**:如果顾客为使燃油炉点燃制热,已自行多次将基本控制器复位,技术人员此时再次启动燃油炉时,这些过量燃油具有很大的危险性。技术人员发现燃烧室内没有积油,因此按下复位按钮。燃油炉仍不能点燃。

技术人员怀疑电极不能正常点火,或是油泵不能正常泵油。要做的第一件事情是在油泵的排气管口一侧安装一段软管,将软管的另一头插入一个容器中来收集会挥发的燃油。然后将排气口打开,将基本控制器复位。这是一个双管系统,在排气口可以见到正常优质的燃油时,说明整个供油系统完全正常。启动燃烧器和油泵电动机后,连接管中无燃油排出,说明一定是油泵存在故障。在更换油泵之前,技术人员决定再次检查油管中是否有燃油。拆下油泵的进口油管后发现,油管中同样无燃油。技术人员再打开过滤器外壳,发现过滤器也几乎无燃油。技术人员决定再检查油罐,向顾客借来长杆检查燃油罐中的油位,从油罐的输油孔中插入长杆,发现油罐中根本没有燃油。

技术人员告知顾客油罐的检查结果,顾客随即与燃油公司联系,那位送油的驾驶员正好在电话机旁并很快赶到现场,指点加注燃油的油罐:那是一台坏了的油罐。随后,又向好的油罐中充注了燃油。

技术人员启动燃油炉,将油泵中的空气排尽,见到燃油流出后,技术人员将油泵上排气孔封闭。燃烧器点火后,正常运行一个完整过程。由于该燃油炉未与公司签署维护合同,因此技术人员向顾客建议做一次完整的上门维护,可以同时更换喷嘴、调整电极以及更换过滤器,顾客表示同意。技术人员在完成所有维修项目之后,将温控器恢复正常设定值,然后离开现场。

以下报修电话案例不再提供解决方法的说明,答案可参见 *Instructor's Guide*。

报修电话4

一位客户来电说,燃油炉启动时有烟味。该燃油炉未做年度保养。

技术人员随同顾客到达安装燃油炉的地下室。技术人员将系统开关断开,返回室内温控器处将其设置在高于室内温度 5℉,这样,燃油炉可随时在地下室启动。技术人员来到地下室,启动燃油炉,确实见到有一股烟雾。技术人员然后将排风压力表插入燃烧器舱门端口,测得排风压力为 +0.01 in. WC 的正压。

是什么故障? 应如何解决?

报修电话5

一家零售商店的经理来电说,零售店内的燃油器不制热。

技术人员到达,来到室内温控器旁,发现温控器设置温度高于室内温度 10℉。温控器要求制热。技术人员来到安装燃油炉的地下室后,发现燃油炉尚未复位。技术人员用手电筒检查燃烧室,发现未有积油。将基本控制器复位,此时燃烧器电动机启动,燃烧器点燃,但运行 90 秒后自行停机。

是什么故障? 应如何解决?

报修电话6

一位客户来电称,其燃油炉不制热,按下复位按钮后仍不能启动。

技术人员到达后,检查发现:温控器要求制热,其温度设定远远高出室内温度。技术人员来到安装燃油炉的车库内,按下复位按钮,没有任何反应。仔细检查基本控制器,看基本控制器上是否有电源。电压表读数为120 伏。然后检查基本控制器附近的线路,检查橙色连接导线(技术人员认为:基本控制器的电源输入线是白色线和黑色线,白色线为中线,橙色线为输出线)。白色线与黑色线之间有电压,而白色线与橙色线之间无电压,见图 32.36。

是什么故障? 应如何解决?

本章小结

1. #2 燃油是居民住宅和小型商业企业燃油采暖设备中应用最广的一种燃油。
2. 燃油主要成分为氢和碳的化合物。
3. 喷射式油燃烧器主要零部件是燃烧器电动机、风机,即风扇叶轮、油泵、喷嘴、空气管、电极、点火系统和基本控制器。
4. 燃油炉的油泵可以是单级油泵,也可以是双级油泵。
5. 助燃空气通过空气管吹入燃烧室,然后与雾化后的燃油混合。
6. 点火系统提供高压,在两电极间产生点火花。
7. 燃油的存储与供应系统可以是单管,也可以是双管。
8. 在燃烧器水平高度高于储油罐 15 英尺的场合,必须采用辅助,即增压泵供油系统。
9. 雾化后的燃油与空气的混合物在燃烧室内点燃。
10. 热交换器从燃油的燃烧中获取热量,并将热量传递给送入采暖区域的空气。
11. 油泵的性能可采用真空表和压力表来检查。
12. 单管系统必须在燃烧器第一次启动之前或一旦内供油管曾被打开过,均必须予以放气。
13. 要将单管系统改装为双管系统,必须在油泵的回油口或进油口处安装旁通管塞。
14. 喷嘴不应设法清除堵塞物,而应直接更新。
15. 电极应予定期清理,各连接端应保证可靠连接,两电极火花间隙应予精确调整。
16. 检修燃油炉时,应同时做燃烧效率测定,并采取有效的调节措施来提高燃烧效率。
17. 应每年对燃油炉做预防性保养维护。

复习题

1. 常用的燃油采暖设备用油有几种等级?
2. 住宅和小型商业企业燃油采暖设备最常用的燃油是:
   A. #1; B. #2; C. #3; D. #4。
3. 燃油燃烧前,必须予以:
   A. 滴流; B. 减压; C. 增湿挥发; D. 雾化。
4. 燃油理想燃烧时的生成物是什么?
5. 住宅和小型商业企业的喷射式燃烧器,其喷嘴的正常压力是:
   A. 100 psig; B. 175 psig; C. 20 psig; D. 25 psig。
6. 两种油燃烧器油泵分别是_____级和_____级油泵。
7. 论述油燃烧器的 3 种基本功能。
8. 论述油燃烧器的 3 种不同的雾化模式。
9. 油燃烧器上两电极的作用是:
   A. 形成蓝色火焰; B. 实现最佳的燃烧效率;
   C. 以电子方式获得火焰; D. 启动时点燃燃油。
10. 点火变压器的作用是什么?
11. 点火变压器的正常输出电压为
   A. 24 伏; B. 200 000 伏; C. 115 伏; D. 10 000 伏。
12. 燃油炉基本控制器的两个基本功能是什么?
13. 燃油炉控制电路的镉传感器的作用是:
   A. 通过检测火焰来确认燃烧器燃烧; B. 室内温度达到设定值后自动停机;
   C. 温控器要求制热时,启动燃油炉; D. 防止燃油炉过烧。
14. 油罐水平高度高于油泵或低于油泵时,均可以采用单管供油系统吗?
15. 列举双管系统的应用场合。
16. 何时需要采用辅助油泵?
17. 燃烧室中的燃油绝不能直接点燃,因为它会
   A. 过热; B. 冷却时会产生结炭和烟雾;
   C. 耗用过多的燃油; D. 阻止燃油炉启动。
18. 论述热交换器的作用。

19. 检修燃油炉时,技术人员必须携带＿＿＿＿＿＿＿表和＿＿＿＿＿＿＿表。
20. 论述新式油燃烧器上火焰保持圈的作用。

燃油采暖设备的故障诊断表

　　这里所论述的燃油装置是指强制排风型燃油炉(其中许多内容同样适用于有燃烧器的油锅炉)。这些燃油系统在居民住宅和商业企业中一般都作为最基本的采暖设备。燃油炉的两个基本安全控制装置是镉传感器和烟气管开关。这两种控制器在文中已有详细论述,这里仅讨论它们的基本控制程序。对于控制程序中各个具体步骤的说明可参见文中燃油制热的相关章节,或是向制造商请教。技术人员应注意倾听顾客对故障发生位置的意见。切记:顾客与这些设备在一起的时间最长,也最关注这些设备的运行情况。

故障	可能的原因	相应的排故措施	标题号
燃油炉不能启动—— 不制热	电路电闸断开	闭合电闸	32.7
	熔丝或断路器开路	更换熔断器或将断路器复位并检查原因	32.7
	连接线故障	修理或更换有故障的连接线或接线端	32.7
	低压变压器损坏	更换变压器并检查过载原因	32.7
	基本安全控制器断开,需要复位	检查燃烧室内积油,如无积油,使控制 器复位,并观察点火与火焰状态	32.7,32.9 32.14
	燃烧器电动机复位后跳闸	按下复位按钮,检查电流值,如电流值 太大,检查电动机或油泵是否粘连	32.14
燃油炉复位后启动, 但90秒后自动停 机	镉传感器不对中或积尘严重	检查镉传感器位置和镜头上的烟尘,如 果镜头上有烟尘,调整燃烧器状态	32.9
	镉传感器损坏	更换镉传感器并复位	32.9
	基本控制器损坏	更换基本控制器	32.6
燃油炉启动,但未能 正常点火	无燃油	油罐加油	32.10
	电极位置不正确	调整电极对中	32.14
	点火变压器损坏	更换变压器	32.14
	油泵损坏	更换油泵	32.14
	燃油过滤器阻塞	更换过滤器	32.14
	油泵与电动机间联轴器损坏	更换联轴器	32.6
燃烧器运行,点火正 常,但风机不启动	风机电路连接线和接线柱损坏	维修或更换有故障的连接导线或接线 柱	32.7
	风机开关损坏	更换风机开关	32.7
	风机电动机损坏	更换风机电动机	32.7
燃烧器点火迟缓,启 动时有噪声	电极位置不对中	调整电极位置	32.14
	喷嘴堵塞	更换喷嘴和供油管过滤器	32.14
	变压器电压不足	更换变压器	32.14
	助燃空气量太多或不足	调节风量	32.14
	喷嘴与燃烧器的位置不匹配	调整喷嘴位置	32.14
燃烧器停机时有噪声	燃油泵上燃油关闭阀故障	用压力表检查燃油关闭阀,如果不正 常,更换油泵或加装电磁阀	32.14
烟气管温度过高	燃烧器处空气过多	调节空气量	32.15
	排风量过大	调节或加装排风调节器	32.15
	过烧	调换正确规格的喷嘴,调整油压	32.15
起烟	空气量太少	调节空气量	32.15
	排风量不足	清理烟气管,清理燃油炉热交换器	32.15
采暖区域出现烟雾	热交换器有裂缝	更换热交换器	32.2
	烟雾从燃烧器四周或检查门喷 出,并通过风机室吸入	见前面起烟故障案例	
油味	燃油泄漏或检修时溅出	清理溅出的燃油,检查泄漏位置	32.14

第33章 暖水供热

教学目标

学习完本章内容之后,读者应当能够:

1. 论述水暖系统的基本构成。
2. 论述水暖系统可设置多个供热区域的原因。
3. 说出水暖系统的 3 种最常见热源。
4. 陈述锅炉采取多水舱和多管组结构的理由。
5. 讨论系统排除空气的目的。
6. 论述限温开关和低水压停机装置的作用。
7. 陈述卸压阀的作用。
8. 陈述空气垫水箱(膨胀水箱)的两大应用功能。
9. 陈述区域控制阀的作用。
10. 解释水暖系统循环泵的离心作用力。
11. 画出翅管护壁板式机组的系统图。
12. 画出单管水暖系统。
13. 解释双管暖水系统。
14. 解释双管逆流回水系统。
15. 论述无水箱式家用热水器、暖水区域供热系统的组合应用。
16. 说出水暖系统的预防维护方式。

安全检查清单

1. 检查水泵联轴器时必须切断电源。拆卸联轴器之前,必须将电闸门上锁并挂上指示牌。
2. 如果要对含有接触器的水泵电气控制线路进行检查,必须事先切断电源,然后才能打开接触器的端盖。在将电压表的某一表棒连接电线管等接地端之前,千万不要连接任何电气接线端,只有在充分接地的情况下,才能用另一根表棒连接接触盘中的任意一路电路,其原因是有些水泵常常以电气方式利用接线盒中的另一路电路对水泵进行自锁。
3. 由于锅炉的过热很容易产生爆炸,因此必须保证热水系统的所有控制器能正常运行。

33.1 暖水供热

水暖系统是利用水或蒸气通过管线将热量传送至采暖区域的一种供热系统。本章仅讨论热水系统,这是因为这种热水系统在住宅和小型商业企业中应用非常广泛。

水暖系统中,水先在锅炉中加热,然后通过管线送至称为末端机组的传热装置,如暖气片,即翅片管式落地机组,在采暖区域再将热量传递给室内空气,放热后的水随后返回锅炉。大多数住宅水暖系统中,不需要强制空气流动,而且,如果安装得当,在整个采暖区域几乎没有热点或冷点。由于即使锅炉不运行时,热水仍留在管路和传热装置中,室内人员不会有忽冷忽热的感觉,但强制通风的暖气设备往往会出现这种情况。水暖系统中一般不便增设空调装置,这是因为水暖系统无法与空气调节功能相容,必须另行设置独立的风管系统,整个建筑物需有两组独立系统。

如果有需要,水暖系统可设计成能为多个区域供暖的系统,如果系统仅需为一个小房间或小区域供热,那么可以设置单区域的布置形式。如果某房间为长条状或多层式结构,那么可以分成多个区域。卧室一般均按独立区域设置,这样可以使其室内温度低于其他房间,见图 33.1。

水在锅炉中的加热可以采用燃油、燃气或电热装置,其中的燃烧器或制热元件与前两章中已论述的燃油、燃气及电热装置相同,锅炉中的传感装置依据锅炉温度自动启动和关闭热源,作为热媒的水则由离心泵驱动反复在系统内循环。区域温控阀依据采暖区域所需的热量将热水送往采暖区域。大多数家用水暖装置一般均采用翅片管式的落地式机组,由其将来自热水的热量传递给室内空气。

系统容量的设计计算方法在本章不予详细介绍,但它对于确定锅炉管线以及终端机组的规格是必不可少的。要获得理想的水流量,所有构件,包括水泵和各种阀均应精确计算,这样才能正确确定其规格大小。

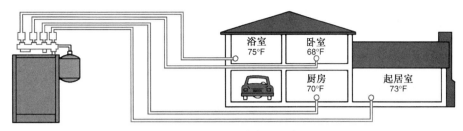

图 33.1 四区域水暖系统

33.2 锅炉

锅炉以其最简单的形式来说就是一台采用燃油、燃气或电力作为热源的热水炉。有些较大规格的商用锅炉可分别采用两种燃料,如果某中的一种燃料比另一种燃料更便宜,更易获得,那么就选用这种燃料;若考虑到其他需要,可以很方便地将锅炉转换为采用另一种燃料。当采用燃油或燃气作为热源时,锅炉的存水装置可以有多个水舱或多个排水管,见图 33.2,这样就可使燃烧器具有更多的加热表面,比加热一个水箱的水更具效率。图 33.3 为一种电锅炉。

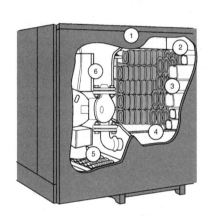

图 33.2 燃气加热的水暖锅炉(The Peerless Heater Company 提供)

图 33.3 电热锅炉(Weil-Mclain/A United Dominion Company 提供)

排除锅炉水中所含的空气之所以重要,主要出于多方面的原因。当锅炉中的水处于环境温度时,水中空气就会形成明显的腐蚀现象,而当水温逐渐上升时,水中空气的腐蚀强度则成倍增大;系统中还可能会因为形成的大量气泡导致水循环系统的堵塞;此外,系统中的空气还会引起讨厌的噪声。许多锅炉均通过收集并强制将其排出系统或排入膨胀水箱的方法来加速水中空气的排除,见图 33.4。当系统排气运行一段时间且大部分空气排除之后,新空气又会随补充水进入系统。当然,一般情况下,这部分水量很小,只要有适当的排气,其中所含的空气量会很少,不会形成故障或问题。图 33.5 为人工排气阀和自动排气阀的外形,这两种排气阀一般设置在锅炉的顶端(即管路系统的高端)和翅片管落地式机组的最高端。锅炉上一般均配置有多个安全控制装置。

33.3 限温控制装置

热水炉的限温控制器的作用在于当水温太高时自动关闭热源,见图 33.6。为了获得最佳的温度检测效果,这种限温控制器一般均沉浸在锅炉水中或设置在锅炉水的干式测温井内。大多数家用和小型商业企业的水暖系统均为低于 30 psig 和 200℉ 的低压式系统,当然,其限温控制器的温度控制设定点也低于 200℉。例如,如果水暖系统的运行水温为190℉,那么限温开关即应在200℉时自动关闭锅炉。此类温控器通常均为不可调节,其停机温度一般都由厂家确定。

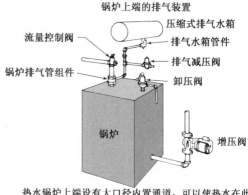

锅炉上端的排气装置

压缩式排气水箱

排气水箱管件

流量控制阀

排气减压阀

锅炉排气管组件

卸压阀

锅炉

增压阀

热水锅炉上端设有大口径内置通道,可以使热水在此形成易于空气分离的低速状态。此下沉管应予向下深入至锅炉内,这样即可将气泡在低于锅炉顶端处与水分离并收集在排气水箱内,最后排出系统

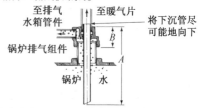

至排气水箱管件

至暖气片

将下沉管尽可能地向下

锅炉排气组件

锅炉　　水

锅炉水上端排气锅炉必须安装下沉管,这样就可使此短管伸入至锅炉内

(B)

排向水箱或排气阀的空气

排气后的供水

水舱中的空气收集挡板

带有空气的回水

(A)

图33.4　(A)排气装置可以将空气收集在顶端,然后排入膨胀水箱内;(B)另一种排气装置
((A):Peerless Heater Company 提供,(B):ITT Fluid Handling Division 提供)

33.4　水调节阀

水暖系统应具有自动补水功能,一旦因泄漏使系统出现水量损失时,它就可以自动地为系统添加水量。如果此补水水源对于系统来说压力过高,那么在连接至锅炉的补水管路上就应安装水调节阀,用以将调节阀出口(锅炉进口)处的压力控制在锅炉卸压阀设定值以下。这些低压暖水锅炉的工作压力一般为30 psig。

许多情况下,人们常常将系统卸压阀与此水调节阀配合使用来保证系统压力不高于锅炉的卸压设定值。锅炉的卸压设定值一般低于30 psig,见图33.7。

图33.5　(A)自动排气阀;(B)人工排气阀(Bill Johnson摄)

图33.6　高温限温控制器,如果设定正确,它可以在正常状态下,在卸压阀打开之前,自动地将锅炉关闭,这样就可防止水在此压力之下从锅炉中溢出,引起事故)Bill Johnson摄)

33.5　卸压阀

美国机械工程师协会(ASME)锅炉及压力容器标准要求,每一台暖水锅炉上必须至少设置一个标准额定值的卸压阀,当锅炉达到低压锅炉最大容许工作压力值(30 psig)或低于此值的某设定值时,它应对锅炉实施自动卸压。当水因膨胀而导致压力增高时,此阀即能排出过量水;如果出现过烧,它还可以泄放过量压力,见图33.8。

图 33.7　带有系统卸压阀的水量自动调节
阀(ITT Fluid Handling Division提供)

图 33.8　安全卸压阀(Bill Johnson 摄)

33.6　空气垫水箱(膨胀水箱)

水加热过程中,其体积会不断膨胀。热水供热系统的各个构件及其管线运行时充满了水,当系统中的水从其水源温度加热至200℉以上时,它就会不断膨胀,因此对于水的膨胀,必须采取相应的对策,即需要采用空气垫水箱,即膨胀水箱,见图33.9。空气垫水箱是一个位于锅炉上端的密闭水箱,它可以为从系统中收集的空气提供一个存放空间和为受热膨胀后的水提供一个暂存空间。事实上,此水箱只能用于存放空气,这是因为,大多数情况下,最初充入的水中就含有大量空气。图33.10(A)为利用排气管排气的排空系统。另一种膨胀式水箱则设有将水与空气进行分离的柔性膜,当水受热膨胀时,此柔性膜即向上移动,压缩空气,见图33.10(B)。

图 33.9　空气垫(膨胀)水箱
(Bill Johnson 摄)

33.7　区域控制阀

区域控制阀是一种热力控制阀,它用于控制系统各区域的水流量。大多数区域控制阀采用热动装置操控,见图33.11。当温控器要求制热时,其阀体内的电阻即产生热量,使阀内双金属元件膨胀并缓慢打开阀口。其他采用电动机构操控的区域控制器同样可以使阀口缓慢地打开与关闭,慢速打开与关闭可减小膨胀噪声,并避免水击。

区域控制阀通常都配置有人工控制机构,这样,技术人员就可以用手将控制阀打开。例如,若怀疑区域控制阀卡死或是有循环水进入线圈,那么可以用手将阀打开,检查是否有热循环水进入线圈。你也可能会收到某位居民的机器"不制热"的报修电话,发现控制阀线圈或阀驱动装置烧毁的情况,你可以在更新线圈或驱动装置后,用手打开控制阀,让热水进入系统,然而这样做很容易引起采暖区域过热,但过热总比室内温度过低要好。

33.8　离心泵

离心泵也称为循环泵,它可以将热水从锅炉通过管线送往传热机组并返回锅炉,它利用离心力推动热水在系统内循环。一个物体只要围绕一个中心轴旋转就会产生离心力,处于旋转状态的物体或物质也会因为具有一定的旋转速度而飞离中心轴,而且这一作用力随旋转速度的提高而增大,见图33.12。

叶轮是离心泵的主要构件,其高速旋转时即可推动系统中的水形成连续的流动。当然,叶轮旋转方向的正确与否至关重要。叶轮上的叶片(叶板)必须"指向"外侧,这样才能将水甩出,见图33.13。用于水暖系统循环泵的叶轮一般均有封闭叶片的侧板,因此这种叶片也称为封闭式叶轮,见图33.14。许多用于有少量补充水(会引起腐蚀)封闭系统的水泵一般均称为青铜配件泵。这种水泵通常为铸铁机身,而其叶轮和其他运动部件则采用青铜或其他有色金属材料制作,也有一些则为不锈钢或全青铜结构。

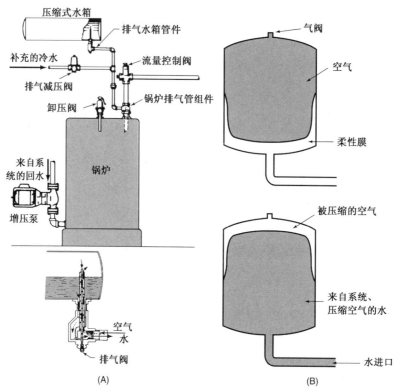

图33.10　(A)初次启动锅炉后,即可一次性排放系统内空气的排气管装置。水箱内的空气由阀底部排出;
　　　　　(B)带有柔性膜的膨胀式水箱,此柔性膜可以将空气与水分离(ITT Fluid Handling Division提供)

图33.11　热动区域控制阀(Taco Inc. 提供)

图33.12　泵叶轮旋转时,就会将水甩离旋转中心并通过泵出口排出

离心泵与大多数压缩机不同,它不是容积式泵。之所以把它称为循环泵是因为用于小系统中的各种离心泵在水流入水泵至排出水泵的过程中并未增加较大的压力。了解与掌握离心泵在压力和负载发生变化时的反应,对于技术人员来说是一个非常重要的排故依据。

离心泵非常像一个底部开有多个小孔的蔬菜罐头,见图33.15。如果将水加入此铁罐头内,水就会由于重力从其底部小孔流出;如果将此铁罐头旋转,那么铁罐中的水就会在离心力的作用下朝外喷射。如果我们将水流用泵壳予以收集、集中,那么它就能集中排向泵的出口。而且,此铁罐的旋转速度越快,水泵从进口排向出口的水量也就越多;铁罐越大,水泵泵出的数量越大,因旋转而作用于水的压力也就越大。此外,铁罐上的小孔孔径越大,水泵泵送的水量也就越大。

图 33.13 水泵叶轮。注意箭头指明的旋转方向。这是一种封闭式叶轮

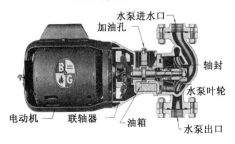

水泵进水口
加油孔
轴封
水泵叶轮
电动机 联轴器 油箱 水泵出口

图 33.14 离心泵(ITT Fluid Handling Division 提供)

放入水
水自行流出

当铁罐旋转时,其中的水就会在离心力作用下,朝外甩出

驱动铁罐的旋转轴

水泵出水口

水泵壳体将铁罐甩出的水予以收集、集中排向泵的出口,其旋转能转变为压力,泵出口具有比泵进口更大的压力,最终使水连续排出

图 33.15 离心泵的工作原理

我们通过下述例子来讨论如何绘制离心泵的性能曲线。这是一个分级绘制的图例,见图 33.16(A) ~ (J)。

A. 水泵连接至一水箱,此水箱内液位刚刚高出水泵进口高度,水泵获得无阻力流动,产生最大流量,其流量值为 80 gpm。

B. 将水管升高至 10 英尺(称为压头高度,即压力),水泵开始要克服一定的泵送阻力,其水流量减小为75 gpm。

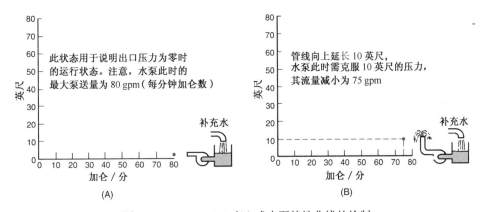

(A) 此状态用于说明出口压力为零时的运行状态。注意,水泵此时的最大泵送量为 80 gpm(每分钟加仑数) 补充水

(B) 管线向上延长 10 英尺,水泵此时需克服 10 英尺的压力,其流量减小为 75 gpm 补充水

图 33.16 (A) ~ (B)离心式水泵特性曲线的绘制

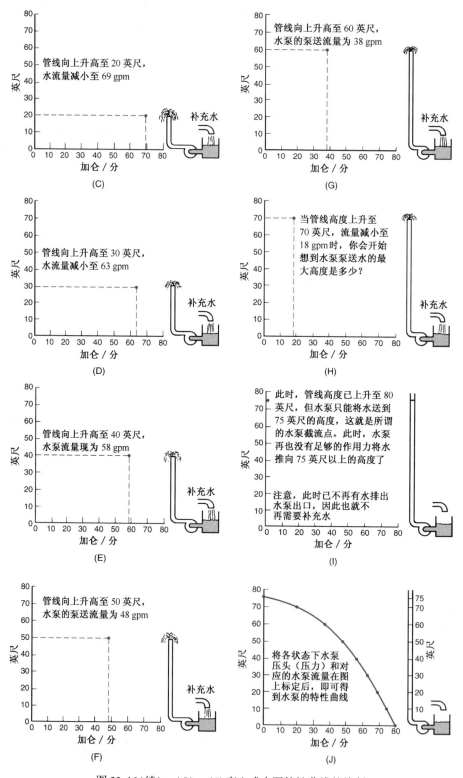

图 33.16(续)　(C)～(J)离心式水泵特性曲线的绘制

C. 管线再升高至 20 英尺,此时流量即降低为 68 gpm。

D. 当管线高度上升至 30 英尺时,水流量则减小至 63 gpm。

E. 将管线高度再延伸至 40 英尺,此时水泵就需要克服更大的阻力,水流量降至 58 gpm。

F. 管线高度为 50 英尺,流量为 48 gpm。

G. 管线高度为 60 英尺,流量继续减小至 38 gpm。

H. 当管线高度为 70 英尺,其水流量逐步减为 18 gpm 时,水泵几乎已达到其泵送极限,因为泵只能产生一定大小的离心力。

I. 当水泵出口管线高度上升至 80 英尺时,水只能上升到 75 英尺的高度。如果我们能沉到水管内去看一下的话,就会发现水在管中缓慢地上升、下降,此时水泵已达到了其泵送容量的极限,这个极限值称为泵的截流点。

J. 这就是制造商提供的泵送性能曲线。上述例子也是制造商获得泵性能曲线的方法。

对制造商来说,对各种规格的水泵采用不断加高管线高度的方法进行测试,实在是一种很笨拙的办法。事实上,他们常采用多个阀来模拟垂直水头。当然,在采用阀来模拟垂直水头之前,必须首先能够将水头转换为压力表的读数。压力表的计量单位为 psig。如果压力表的读数为 1 psig,那么它相当于有 2.309 英尺(27.7 英寸)水柱高度的压力作用于底部,见图 33.17。这相当于说 1 英尺高度的水柱(英尺水头)等于 0.433 psig,因为 1 psig 除以 2.3093 ft = 0.433。水柱高度与压力之间的关系还可参见图 33.18。

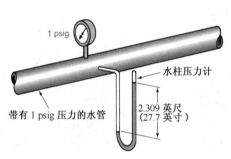

图 33.17 压力表上 1 psig 的压力读数相当于 2.309 英尺的水柱高度

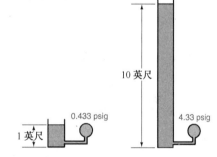

图 33.18 这些数字可以说明不同的水柱高度存在不同的压力,只要水柱每上升 1 英尺,其对应压力即增大 0.433 psig

水泵制造商可以通过在水泵的进出口上分别设置两个压力表来测读两者压差的方法,用压力表值来确定水泵的压头(压力),此压差称为 psi 压差;psi 压差还需转换为水头压差,见图 33.19。

驱动离心泵的电动机功耗与其泵送的水量成正比。例如,图 33.16(A)中的第一种状态就需要比图 33.6(I)中水泵达到截流压力时的功耗要大得多。当管线上安装一个阀门并予以关闭时,表面看来,因为其水泵的压头增大,所以其功耗也就增大,事实上并非如此。当水泵排口关闭时,水即在水泵内开始反复循环,其功耗也就迅速降低,这一点可以通过将离心泵的出口阀关闭,同时观察电流值的方法予以证实,见图 33.20。

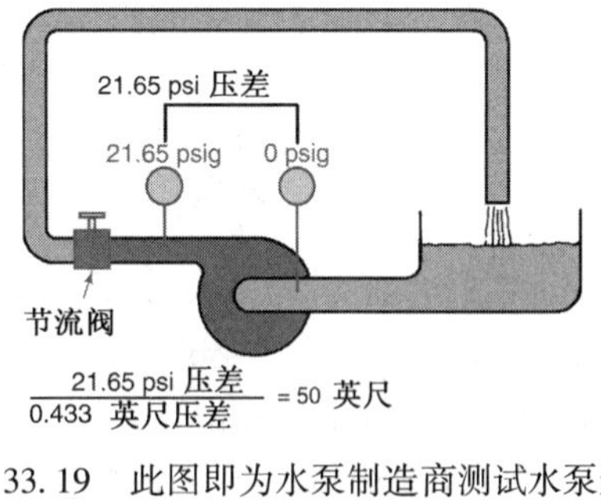

图 33.19 此图即为水泵制造商测试水泵泵吸压头的系统图,如将此系统稍加完善,即可同时测定流量,并据此建立水泵的特性曲线

33.9 翅片管落地机组

大多数家用水暖系统一般均采用翅片管落地机组作为终端供热装置,见图 33.21。冷空气从机组的底部进入,流过热翅片,热翅片将热量以对流方式传递给冷空气,空气受热后上升,热空气最后通过风门离开机组。机组上的风门可以调节大小,从而实现热流量的调节。落地机组一般有 2~8 英尺等不同长度,其安装也相对比较容易,仅需按照制造商的说明书操作即可。图 33.22 为暖气片和风机盘管式终端机组。

翅片管供热装置的容量以管线的两种流量——500 磅/小时和 2000 磅/小时来标定 Btu/ft 值。400 磅/小时相当于每分钟 1 加仑的水流量,即 4 加仑/分等于 2000 磅/小时。

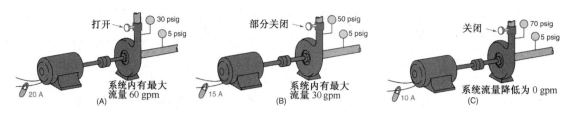

图 33.20　（A）最大流量状态；（B）由水泵出口阀对系统流量进行节流时,驱动
水泵叶轮的电动机功耗也随之降低；（C）系统水流量降低为 0 gpm

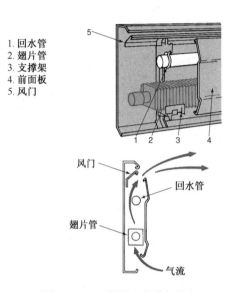

1. 回水管
2. 翅片管
3. 支撑架
4. 前面板
5. 风门

图 33.21　双管翅片管落地机组

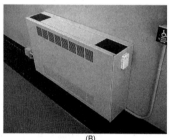

图 33.22　水暖系统的终端机组：（A）暖气片以辐射方
式将水中热量排放至室内；（B）风机盘管机
组与落地式机组相似,但风机盘管机组设
有风机,可以将热空气吹向室内（（A）：Bill
Johnson 摄,（B）：John Tomczyk 摄）

1 加仑/分 = 8.33 磅/分

8.33 磅/分 × 60 磅/小时 = 499.8 磅/小时(四舍五入为 500 磅/小时)

8.33 磅/分 × 4 加仑/分 = 33.32 加仑/分

33.32 加仑/分 × 60 分/小时 = 1999.2 磅/小时(四舍五入为 2000 磅/小时)

制造商将不同温度下翅片管的辐射热量以 Btuh/ft 为单位标定其容量的大小。

某家制造商的数据表(Btuh/ft)

内径为 1/2 英寸的翅片管终端供热装置,其水流量为 500 lb/h 时：

170℉	180℉	190℉	200℉	210℉	220℉
520	580	650	710	780	850

内径为 1/2 英寸的翅片管终端供热装置,其水流量为 2000 lb/h 时：

170℉	180℉	190℉	200℉	210℉	220℉
550	610	690	750	820	900

此外,还有内径为 3/4 英寸的翅片管供热装置。通过面的数据,我们可以得到选配供热装置的基本概念。如果某房间每小时需 60 000 Btu 的热量,水流量确定为 1 加仑/分,系统平均水温为 180℉,则翅片管供热装置的长度应为 27.6 英尺。

16 000 Btu/h ÷ 580 Btu/ft = 27.6 ft

也可以根据制造商提供的资料,以大体相同的方法选择其他类型的终端供热机组。

安装落地式机组时,同样应防备机组本身受热后的膨胀,这是因为热水流经机组时也会使它膨胀。机组膨胀时,往往朝其两侧方向膨胀,因此其两侧不能受到限制。对于长度较大的机组,安装伸缩接头是一个比较好的方法,见图 33.23。如果采用一个伸缩接头,那么应设置中部位置;如果采用两个伸缩接头,那么应根据机组的整个长度按各 1/3 的平均间距确定两点位置。当管线必须在地平水平线以下布置时,两端垂直管段应至少有 1 英尺的高度。图 33.24 中的表为各种管径水管穿过楼板时所需开孔的大小。图 33.25 为当水温从 70℉ 上升至上面所列温度时容许安装的最大直管长度。

图 33.23　伸缩接头(Edwards Engineering Corporation提供)

管子规格		推荐的最小孔径(英寸)
标准管径(英寸)	外径(英寸)	
$\frac{1}{2}$	$\frac{5}{8}$	1
$\frac{3}{4}$	$\frac{7}{8}$	$1\frac{1}{4}$

图 33.24　此表中数据为考虑膨胀后每种规格的管子所需的开孔大小

平均水温(℉)	最大直线长度(英尺)
220	26
210	28
200	30
190	33
180	35
170	39
160	42
150	47

图 33.25　当温度从 70℉ 上升至表中所列温度值时,两落地式机组间容许的最大直管长度

33.10　平衡阀

设计暖水供热系统的管线时,必须考虑水的流量和系统中的流动阻力。水的流动阻力是水流过系统中各管路、阀和管件时所产生的阻力,水流量则是每分钟内流过系统的水的加仑数。当系统各分路中水的流动阻力均相同时,整个系统即可视为处于平衡状态。因此,在所有水暖设备中,均提供有系统平衡的具体控制手段,其中一种方法就是在每一个供热机组的回水管侧安装平衡阀,见图 33.26,这种阀可根据需要进行调节。

这种阀的两端均设有压力表的接口,可以将较为精确的压力表固定在阀口上来测定其两端的压降。压力表以 in. WC 为刻度单位,然后将压力降值标注在某特定规格的平衡阀线图上,找到对应的每分钟水的流量数(gpm),然后与系统参数进行比对,如果有不符,则可将此平衡阀调整到正确的流量值。

注意:平衡阀的调节量一般由系统的设计人员确定,安装人员只需按要求予以设定即可,但在操作前,必须认真阅读制造商关于调节方法的说明。

33.11　流向控制阀

流向控制阀,即单向阀是整个系统中必不可少的控制阀,它可以在循环泵不运行时防止水由于重力而流动,见图 33.27。

图 33.26　平衡阀(Bill Johnson 摄)

图 33.27　流向控制阀(ITT Fluid Handling 提供)

33.12　横向和垂直(下流)强排风单元式供热器

横向和垂直强排风单元式供热器(一般均用于商业和工业系统)内均设有风机,可以将空气强制吹过传热装置。传热装置通常由连接于热水系统的铜管构成。为了更加有效地将热量传递给不断吹过的空气,其铜管四周均配置铝翅片,见图33.28。

33.13　暖水管系统

大多数住宅水暖系统都采用串联式封闭系统或单管式系统。图33.29即为一个串联式封闭系统。在此系统中,所有热水均流过每个供热机组,系统中每一个机组的温度和水流量均不能改变,也不会影响整个系统的运行状态。由于水在流动过程中不断放出热量,系统中最后一台机组上的水温必低于第一台机组。这种系统简单且非常经济,但不具有较大的灵活性。

图33.28　(A)横向强排风单元式供热器;
(B)下流式排风单元供热器(Reznor Division Thomas & Belts提供)

最基本的单管系统见图33.30,这种系统设有一个单管的主管线,至每一台供热机组处设置一段分管线,分管线的管径小于主管线的管径。连接每个分管线的三通管接头是一种称为单管管接头的专用三通管接头,见图33.31。这种三通管接头可以强制地将管中的一部分热水分流至供热机组,而其余部分则继续在主管线上流动,见图33.32。

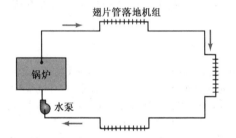

图33.29　串联封闭式水暖系统

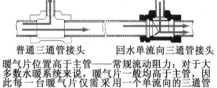

普通三通管接头　　　回水单流向三通管接头
暖气片位置高于主管——常规流动阻力:对于大多数水暖系统来说,暖气片一般均高于主管,因此每一台暖气片仅需采用一个单流向的三通管接头

供水单流向三通管接头　　回水单流向三通管接头
暖气片位置高于主管——流动阻力较大:这种装置的特征是循环水的流动阻力非常大,两个管接头均有分流功能

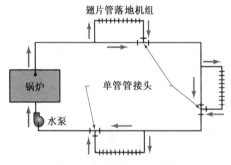

图33.30　单管水暖系统

供水单流向三通管接头　　回水单流向三通管接头
暖气片位置低于主管:暖气片低于主管,需采用供水单流向三通管接头和回水单流向三通管接头,如果主管为3/4英寸管,则仅需安装一个回水向单流向三通管接头

图33.31　三通管将部分水量分流送入末端机组,同时又要接受来自末端机组的回水(ITT Fluid Handling提供)

双管逆流回水系统见图33.33,它有两根相互平行的水管线,且两根水管中的水流方向一致,但要注意,流入第一台供热机组的水最后返回锅炉,而进入最后一台供热机组的水则最先返回锅炉。这种系统在整个管程中水的流量都是平衡的。

在双管直接回流系统中(见图33.34),流过距离锅炉最近的供热机组的水最先返回锅炉,因此其管程最短;而流过最远机组的水,其流程最长。

安装在地面和屋顶的热水供热系统称为辐射供热系统。其通常的布置形式为每个盘管作为一个独立区域或支路,且各自独立平衡,然后在某一位置再汇集在一起,见图33.35。

现在大多数水暖系统均采用多区域布置方式,其每一个区域作为一个独立系统进行控制,见图33.36。由区域控制阀控制各自区域的循环水量,每个单元均在末端机组处予以平衡。

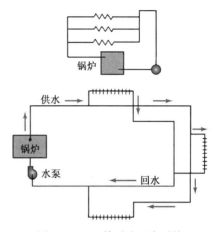

图 33.33　双管逆流回水系统

图 33.32　单管系统采用的三通管接头

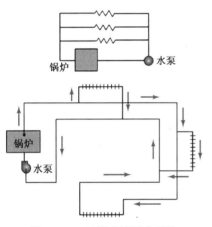

图 33.34　双管直接回水系统

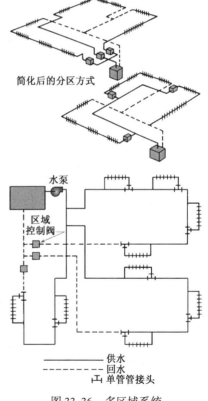

——————	供水	
- - - - - -	回水	
⊥┌	单管管接头	

图 33.36　多区域系统

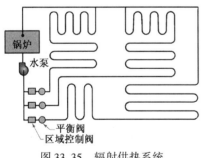

图 33.35　辐射供热系统

不管采用何种管线布置方式,设计人员或工程师最关注的往往是系统管线的管径大小,这是因为水管规格和水泵规格决定了每一个支管的水流量。如果水管管径太大,那么不仅费用支出较大,而且不能满足对流式散热器的低流量控制要求。对于不同管径的对流式散热器,其最小设计流量为:

1/2 英寸(内径)	0.3 gpm
3/4 英寸(内径)	0.5 gpm
1 英寸(内径)	0.9 gpm

$1\dfrac{1}{4}$英寸(内径)   1.6 gpm

    如果对流式散热器的流量低于此最小设计流量,那么水与空气间的热交换量就将变得很小,因为对流式散热器中的流速有助于提高热交换量。流速较低的流动称为流体的层流。

    如果系统内的水流流速太快而水管的管径太小,就必然产生水的流动噪声。很明显,这是不能容许的。设计者往往需要在管径规格上做出选择。下面为水暖系统的推荐流速值(英尺/分,fpm):

水泵出口	8 ~ 12 fpm
水泵吸口	4 ~ 7 fpm
排水管线	4 ~ 7 fpm
集流管	5 ~ 15 fpm
主管	3 ~ 10 fpm
常规设施	5 ~ 10 fpm
城市自来水管线	3 ~ 7 fpm

33.14　无水箱式家用热水器

    采用加热盘管的家用热水器可以与大多数加热锅炉(燃油和燃气锅炉)配套使用。家用热水器含有加热盘管,可以由锅炉迅速加热,它不需要储水水箱,可以在不设置独立水箱的情况下满足大部分家庭使用热水的需要,见图 33.37。因此,它通常是获取热水的非常有效的一种方式。

图 33.37　设置在锅炉内的无水箱式家用热水器(Weil-Mclain/A United Dominion Company 提供)

采暖、通风与空调行业的"金科玉律"

前往居民住宅上门维修时:
1. 应选择适当的停车车位,不要挡住主人的车道。
2. 既要有外在的专业形象,又要有内在的专业技术。服装与鞋必须保持整洁,穿不宜在室内穿着的服装时,应在进入主人住宅前脱去。
3. 在适当情况下检查一下增湿器,要向顾客强调说明,定期维护对居住人员的身体健康至关重要。

要注意向客户提供一些额外服务

这里是一些举手之劳的服务项目,可以在维修过程中顺手完成:
1. 不得有漏水现象存在。
2. 根据维护要求认真检查锅炉,这种检查往往会带来更多的收费维修项目。当然,这取决于锅炉的种类,燃油加热锅炉往往需要较大的工作量。
3. 认真检查水处理系统工作是否正常。
4. 如有要求,可以为水泵和风机轴承添加润滑油。

预防性维护

    水暖系统的空气侧既可以是自然排风。也可以是强制排风。如果系统为自然排风,那么对流式散热器一般都比较靠近地面,在其底部空气进口处往往含有较多的积尘。一般情况下,这些自然排风系统均不设置空气过滤器,因此也就不需要对空气过滤器进行维护。然而,这样一来,盘管就成了过滤器,尽管其空气的流速较低,不会积尘太多,但每隔数年,应拆下端盖,用吸尘器对盘管进行清理。

    如果系统为强制排风,那么应按第30章中的要求对过滤器做定期维护。由于不可能将所有灰尘全部过滤,总有少量的灰尘沉积在盘管上,因此即使对过滤器有多年较为理想的维护之后,盘管上很可能仍会有一定量的积尘,当盘管上积尘较多时,其容量会大幅度下降。大多数的盘管容量一般都配置较大,因此其容量的降低往往在数年后都难以察觉。

    盘管的清洗应采用合格的、与适量水混合的液态洗涤剂,并直接对盘管进行清洗。如果此盘管设置在设备间内,应注意现场整洁。如果此盘管安装在阁楼或天花板上,就必须将其从空气处理箱上拆下后予以清洗。

    风机叶轮也会有大量的积尘,因此也需要清理。如果电动机对此没有妨碍,那么此风机叶轮可以在原位上予以清洗,即用螺丝刀刮下叶片上的积尘,然后用吸尘器予以清除。如果风机叶轮上的积尘非常严重,那么最好将风机组件拆下,至室外进行清理。注意,不要让水进入轴承或电动机,可以用塑料袋套住。如果轴承进水,则可以用润滑油或润滑脂予以排除。如果电动机受潮,则可以将其放在太阳底下晒,然后用欧姆表检查是否击穿、搭地。也可以将此电动机放在正在运行的空调冷凝机组的风机出口处,使它在干燥空气吹拂之下迅速干燥。

水暖系统的水侧往往需要做一定的维护,才能保证系统有较长时间的无故障运行。新鲜水中含有空气,它会引起水管的腐蚀。腐蚀是生锈的一种表现形式。水暖系统正规的操作程序要求采用合格的溶液对系统内部进行清洗,排除各种油脂和安装时进入的杂质。你所遇见的各种系统,有可能做过这样的清洗,也有可能未曾进行过这种正规的清洗。当系统运行初始做这样的清洗时,在注入淡新鲜水和化学洗涤剂清洗之后,必须要用处理过的清水冲洗,以防止腐蚀。当然,这样的操作也可能做过,也可能从未做过。如果某系统在没有水处理的情况下运行多年,就必须做这样的维护,将系统内的水全部放空并用水冲洗。当系统需要充入新鲜水时,要么采用处理过的水,要么添加水处理装置。同样,操作时应严格按照水处理设备制造商的说明书进行操作。

存在泄漏的系统往往需要不断地添加淡新鲜水,由于新鲜水中含有大量的氧气,因此会引起连续的腐蚀。水的泄漏必须予以修补。盘管泄漏出的水通常由排水管排出机外,因此往往不易发现。当系统配置自动排气阀时,系统中的空气就无法累积。

对水泵必须进行定期维护。水泵中有多个需要润滑油或润滑脂予以润滑的运行部件。应始终保证水泵油池中适当的液位。电动机中没有油池,但它需要一定数量的润滑油予以润滑,注意不要超出推荐的油量。

当电动机设有润滑油添加装置时,应采取适当的方法,定期添加润滑脂。在没有排泄的情况下,不能连续不断地将润滑脂压入轴承中,这样往往会使密封层破坏。注意,应将轴承下方的排泄螺钉拆下,让润滑脂从排泄孔中自行排出,然后再加入润滑脂,直至新鲜的润滑脂从排泄孔中排出为止。

还应对水泵上的联轴器进行检查。**安全防范措施**:拆下联轴器端盖之前,必须先切断电源,将电闸箱上锁,挂上标示。

检查联轴器壳体内由磨损产生的铁屑情况。检查螺钉是否松动,如果是橡胶联轴器,应检查联轴器的窜动情况;对于弹性联轴器,则窜动属于正常情况。

如果水泵配置有接触器,则应检查电气线路装置。**安全防范措施**:拆下接触器端盖之前,必须切断电源。在将电压表的一根表棒连接接线端或导线的线管之前,千万不要接触任意一个接线端,只有在充分接地的情况下,另一根表棒才能连接接触器盒内的任何一个端点。其原因在于有些水泵常常以电气方式,利用接线盒中的另一路电路对水泵进行自锁。千万小心。

发现接触器的触头有烧焦的痕迹时,应及时更新。如果发现导线有擦伤磨损,应予修复,否则容易出现事故。

33.15 报修电话

报修电话1

一家汽车旅馆的经理来电述:系统不制热。故障出在四层楼房的顶端两层,整个系统今年还是第一次启用。循环热水中含有空气,自动排气阀已经生锈,由于没有水处理装置,也没有做适当的维护,系统内有大量的结垢。

技术人员到达后来到锅炉房。锅炉是热的,说明锅炉运行正常。技术人员听到水的流动声,说明水泵也能正常运行。技术人员来到顶楼一个安装有室内机组的房间内,打开机盖,其盘管温度与室内温度相同。技术人员侧身仔细听了盘管内的情况,无任何流动声。系统内很可能存有空气,且此处应设置排气阀,有时也称为排气管口。技术人员知道,排气阀一定是在系统的最高端,且往往是地下室引出的主管顶端。

技术人员来到地下室,整幢楼的水管线均由此引出。技术人员寻找到一个参照标记,然后再来到顶楼,找到这些水管的顶端位置,这些水管穿过整个建筑物,设置在电梯井的附近。技术人员在顶楼的大致位置上找到了位于走廊天花板上的控制板。取来扶梯,在控制板上找到了供水管的自动排气阀口,这是水泵的出水管。自动排气阀和排气管口的案例可见图33.5。

技术人员从自动排气阀上拆下橡胶管,此橡胶管中没有一点排向排水管的水。自动排气阀内有一个阀杆(与汽车轮胎的气门相似)。技术人员压下阀杆,但没有任何水和空气排出。自动排气阀下还有一个手动阀,此阀处于关闭状态,将自动阀拆下后,技术人员小心地将此手动阀打开,此时开始有空气排出。空气排出之后,有水开始排出。排出的水很脏。**安全防范措施**:应注意管中的热水。

技术人员用同样的方法排出回水管中的空气,直至所有的空气全部排出,两管顶端全部见水为止。技术人员然后回到机盖已被拆除的供热盘管处,此时盘管内有热水流动。

技术人员请经理一起来到地下室,从系统中排出少量循环水,让这位经理看一下很脏的循环水。系统中的循环水应是清澈透明的净水,或稍带有水处理后的颜色。技术人员向经理建议尽快请专门从事锅炉水处理的公司来上门处理,否则,系统未来还会有更大的麻烦。

技术人员更新了两个自动排气阀,打开手动阀。此时,系统恢复正常运行。

报修电话2

一位居住在一栋小楼内的顾客来电称:整幢楼的大部分供热很好,唯有他所居住的地方没有供热。该楼宇内有 4 台热水循环泵,其中的一台现处于停机状态,其轴承咬死,无法运转。水泵上电压均为 230 伏,三相,功率为 2 hp。

技术人员到达现场,向顾客了解情况。两人一同来到了楼内无供热的区域。将温控器调整至要求供热位置后,来到了安装锅炉和水泵的地下室,辨认出第三台水泵是为上述区域供热的水泵,手感没有热量,也不运行,技术人员检查后认为,不是此电动机有问题,就是此水泵有问题。

技术人员决定先检查电动机上的电压值,然后再关闭墙上的电闸开关。测量的结果是 1 相至 2 相、2 相至 3 相以及 1 相至 3 相的端电压均为 230 伏。这是一台带有电动机启动器的 230 伏的三相电动机,电动机过载保护器设置在启动器内,现处于跳闸状态。

技术人员至此还不清楚到底是电动机有故障,还是水泵有问题。电动机的 3 个绕组电阻均相等,只是没有接地线。推上电源,技术人员将钳形电流表卡在电动机 3 根连接线中的一根导线上,按下复位按钮,技术人员听见电动机有启动的声响,此时电流达到堵转电流值。拉下电闸切断电源。很明显,不是水泵就是此电动机卡死。

技术人员切断电源,上锁之后返回水泵处。这台水泵直接安装在地面,附近是另一台水泵。拆下水泵联轴器上的防护罩。技术人员设法用手转动水泵——切记,此时电源必须切断。水泵无法转动。现在的问题是确定是水泵还是电动机咬死。

技术人员拆下水泵联轴器,用手转动电动机,非常灵活。技术人员又用手转动水泵,非常紧,说明一定是水泵的轴承已损坏。技术人员经业主同意后开始拆卸水泵。关闭了水泵进出口的水阀,拆下传动带,然后从水泵的主体上拆下叶轮和壳体。技术人员带着水泵的叶轮壳体和轴承来到商店,更换了轴承并安装了新的轴封,然后返回工作现场。

技术人员重新装配水泵,顾客问:为什么不将整个水泵更新,而只是更换叶轮和壳体组件?技术人员让顾客看了用螺栓和定位销固定于地面的水泵壳体。不拆除整个水泵可以使水泵轴与电动机轴之间的相对位置保持不变,重新装配也不需要重新对中调整,此水泵可以在现场实现重新装配的目的,即避免这样的调整程序。

水泵装配完成之后,技术人员即可用手转动水泵轴。安装水泵联轴器,并再次检查所有紧固件,均已到位。然后启动水泵,电流正常。技术人员切断电流,上锁,然后安装水泵联轴器防护罩。连接电源,系统正常运行。技术人员离开现场。

报修电话 3

某公寓物业经理来电说,有一套房没有暖气。该公寓有 25 台风机盘管机组,各带有区域控制阀,锅炉是中央锅炉,其故障是其中的一套区域控制阀已损坏。

技术人员到达,进入没有暖气的套房内,将室内温控器设定在高于室内温度。技术人员来到安装风机盘管的过道天花板处,打开风机盘管舱门,依铰链放下。技术人员站在短扶梯上正好够着控制器。盘管上没有热量,也没感觉到水流动。该机组采用带有小热动机构的区域控制阀。技术人员检查了该阀线圈上的电压,其读数为 24 伏,正常。这种阀的图例可参见图 33.11。此阀具有手动打开功能。技术人员用手将其打开,可以听到水开始流动的声音,并能感觉盘管温度正逐渐上升。很明显,必须更换阀的热动机构或阀组件。由于此阀及其阀座均为老式结构,技术人员选择更新阀组件。

技术人员从公寓的仓库内找到一个阀组件,并开始着手更换区域控制阀。技术人员关闭电源,切断至控制阀和至盘管的进水,然后将一张塑料布铺开来收集可能排出的水,并在拆下阀组件之前,在控制阀的下方放了一个水桶。拆下旧阀,安装上新阀,连接所有的电路接线端。最后将系统阀打开,使循环水重新进入盘管。

技术人员合上电源,数秒后可以看见控制阀开始动作(这是一个热动阀,因此其反应较为缓慢)。技术人员用手触摸盘管,明显感到其温度正在不断上升。关闭风机盘管舱门;撤去塑料布,将室内温控器调回正常状态后,技术人员离开现场。

以下报修电话案例不再提供解决方法的说明,答案可参见 *Instructor's Guide*。

报修电话 4

一位顾客来电称:锅炉旁的一组水泵中有一台不断地发出噪声。这是一个较大的房间,设有 3 台水泵,每台水泵负责一个区域。

技术人员到达后,来到地下室,侧身听了联轴器运行时发出的噪声,并注意到水泵轴附近有金属碎屑。

是什么故障?应如何解决?

报修电话 5

一位业主来电称:安装在地下室锅炉的四周地坪上有积水,卸压阀上正不断地有水排出。

技术人员来到地下室,发现锅炉的卸压阀上不断地有水渗出。锅炉的压力表读数为 30 psig,这正是卸压阀的额定压力值。系统的正常运行压力为 20 psig。技术人员又观察了燃烧器中的火焰情况,发现燃烧器的燃烧火焰较小。然后用电压表检测,表明燃气阀的控制线圈上无电压。

是什么故障? 应如何解决?

本章小结

1. 水暖系统利用水或水蒸气将热量传送至采暖区域。
2. 锅炉是用于加热水的燃烧炉。在燃气和燃油系统中,由水舱或水管方式构成的热水锅炉只是其中的一部分。
3. 限温控制器用于在水温太高时自动将热源关闭。
4. 低水位关闭阀用于在水位太低时自动将热源关闭。
5. 对卸压阀的功能要求是:因过热膨胀导致压力过高时应能自动将部分循环水排出。
6. 对系统来说,设置空气垫水箱(膨胀水箱)为收集后的空气以及水受热后膨胀提供一个暂存空间是必不可少的。
7. 区域控制阀是一种热力控制阀,它用于控制送入各独立区域的水量。
8. 离心泵用于推动循环水在整个系统内反复循环。
9. 翅片管落地式终端机组常用于家用水暖系统。
10. 平衡阀用于平衡整个系统的循环水流量。
11. 单管系统和双管逆流回水管线系统大多用于家用和小型商业企业的水暖系统。
12. 单管系统需采用专用的三通管接头,它可以将主管内的循环水分流,使一部分热水流向落地式机组。
13. 无水箱式家用热水器常与热水供热系统配套使用。饮用水走独立盘管,并由锅炉加热。
14. 水暖系统应每年做定期的预防性维护保养。

复习题

1. 水暖系统利用_____将热量传送至系统所到之处。
2. 论述水暖系统中"区域"的概念。
3. 说出水暖系统的 3 种常见热源。
4. 说出系统中含有空气对水暖系统有害的原因。
5. 水暖系统应在何处排出系统内空气?
6. 锅炉限温开关的作用是:
   A. 排放空气;　　　　　　　　　　B. 水温过高时,将锅炉关闭;
   C. 水冻结前,将锅炉关闭;　　　　　D. 为系统注水。
7. 当系统压力高于设计的工作压力时,用于锅炉卸压的装置是_____阀。
8. 论述低水位关闭阀的作用。
9. 常规低压锅炉卸压阀的设定压力为_____ psig。
10. 论述水暖系统中气垫水箱的工作原理。
11. 正误判断:城市自来水中不含有空气。
12. 陈述空气进入水暖系统的两种可能途径。
13. 用于水暖系统的最常见的水泵类型是:
    A. 往复式;　　　　B. 脉动式;　　　　C. 涡旋式;　　　　D. 离心式。
14. 表述水泵压力的另一个单位是_____英尺。
15. 两种区域控制阀分别是_____和_____。
16. 确定翅片管散热器规格大小时,为何必须考虑机组本身的膨胀。
17. 如何应对热水管的膨胀?
18. 画出下列系统图:单管系统、双管系统、双管直接回流系统、双管逆流回水系统。
19. 论述双管逆流回水系统的优点。
20. 无水箱式热水系统的热量来自系统的_____。

第34章 室内空气质量

教学目标

学习完本章内容之后,读者应当能够:

1. 说出室内空气的污染源。
2. 讨论消除杂质源的方法。
3. 论述霉菌的再生方式。
4. 讨论为改善室内空气质量采取的各种通风方式。
5. 说出霉菌生长所需的两种物质。
6. 论述各种空气清理装置。
7. 解释定期清理风管的必要性。
8. 解释相对湿度。
9. 陈述冬季增湿的理由。
10. 论述各种增湿器。
11. 陈述安装自备增湿器的依据。
12. 说出确定增湿器规格时需考虑的主要因素。

安全检查清单

1. 不要移动、扬起含有石棉的各种材料。
2. 对电气线路或电子线路进行维护或排故时,必须采取相应的防护安全措施,并充分运用各种安全常识。
3. 对线电压元器件、构件进行更换或维护时,必须切断电源。将配电板上锁并挂上标示,自己仅保留一把钥匙。

34.1 室内空气质量

近年来,有许多资料表明,居所和其他建筑物内的空气受到了越来越严重的污染,甚至还有数据证明,室内空气污染程度比某些区域的室外空气更为严重。另有一些研究结果则指出,许多人每天在室内的滞留时间高达90%。有些人群,像少儿、老年人以及长期患病的病人,他们在室内的时间可能比其他人更多、更长,他们最易受污染空气的影响,这些人面对的是来自室内的污染空气不断累积的严重危险。美国采暖、制冷与空调工程师协会颁布的62-2001标准"室内空气质量达标通风量"是本行业工程师和技术人员确定室内空气质量是否达标所普遍采用的标准。

34.2 室内空气污染源

室内空气污染的可能来源主要有如下几个方面:

水分	一氧化碳
霉菌	地毯
机制板木家具	压制的下层地板
增湿器	门、窗帘
防蛀剂	壁炉
干洗物品	家用化学物品
室内灰尘	含有石棉的地砖
个人护理物品	压制的细木工板
空气清新剂	未有专门排风装置的燃气炉
存储的燃料	石棉管包装物
小汽车的排气	氡气
油漆的挥发气体	未设置排风装置的干衣机
镶板	杀虫剂
烧木头的炉子	收藏的癖好物
香烟烟雾	含铅油漆

　　图 34.1 为室内的主要污染源。在一些老式房屋,室外空气一般均可通过通道、连接处、门窗四周等处进入室内,而大多数新式住宅和办公楼则为了获得最大的采暖和供冷效率往往想方设法将室外空气拒之门外,这就可能导致室内空气污染程度的不断加剧,此时常常最需要的是机械通风。

　　不恰当的通风也可能会强化室内空气污染所带来的影响。必须将足够数量的室外空气引入室内并与室内空气混合,才能稀释空气中的污染物,同时必须将携带污染物的空气排放至室外。如果没有这样的通风过程,污染物就会滞留在室内,往往会引起健康上的问题,或使人感到不舒适。机械排风包括设置在浴室或厨房等单个房间内的排风机,或是能够间歇或连续地将室内空气排出并用来自室外的、经过过滤和处理后的空气引入室内的空气处理系统。

　　不恰当的通风所造成的结果包括:窗、墙上水汽冷凝;空气中含有臭味或使人感觉窒息闷热;有大量灰尘集中在供热和供冷设备上;存放书籍、鞋或其他物品的地方逐渐出现发霉现象。

图 34.1　室内污染源及污染起因(Aerotech Laboratories, Inc. 提供)

34.3 室内空气污染状态的控制

控制室内空气污染可采取如下几种方法:消除污染源,包括水汽;提供适当的通风;配置空气清理设备。

34.4 常规污染物

以下对较为常见的污染物做一简要描述:

氡气 氡气是一种无色无味的具有放射性的气体,吸入受氡气污染后的空气对人体健康的主要危胁是患上肺癌。相关研究还表明,饮用氡含量较高的水同样也会产生健康方面的危险,尽管人们普遍认为水中的氡含量要比吸入带有氡气的空气要少得多。氡的主要来源是土壤中或用来构建房屋的岩石中的铀。铀分解时会释放出氡气,它可以通过混凝土地坪和墙的裂缝、地漏和水池进入建筑物内。氡的检测设备均需由美国环保署(EAP)认可或由州政府给予合格证书。购买一套氡检测仪,即可方便地确定污染的类型。其具体操作方法是将检测罐敞口置于被检测材料中一段时间之后,将其送到相关的实验室进行分析。无论是在空气中还是在水中,如果确定其氡含量超出可接受的限量,那么就应采取相应措施,消除其来源。降低和减少氡气含量的具体操作应交由严格按美国环保局氡气测定承包商专业测试法进行操作的专业承包商或个人,以及其他合格企业来完成。

环境中的烟叶烟雾 环境烟叶烟雾(ETS)是指来自卷烟、管烟或雪茄烟燃烧时的烟雾混合物,以及吸食者呼出的烟雾。它是一种由多达4000余种化合物组成的混合物,其中有40余种为已知会导致人体或动物患上各种癌症的化合物和许多其他具有强烈刺激性的化合物。环境烟叶烟雾通常也称为“二手烟”。要减少环境中的烟叶烟雾,首先不能容许在室内吸烟。将吸烟者和不吸烟者分隔在楼内不同的房间内可以降低但不能完全消除环境中烟叶烟雾的影响。

生物杂质 我们的周围存在着许多生物杂质源。中央空气处理系统往往是霉菌、霉胞和其他杂质的滋生地。人与动物还能传播各种病毒。在地毯和垫褥下,甚至可能在各种织物上,通常可以发现来自室内的尘螨,它是一种生物性过敏物的主要来源。当空气比较干燥时,许多过敏源还可能通过空气进行传播。易受潮气损坏的材料和潮湿表面往往为霉菌、霉胞和微生物的生长提供了可乘之机。

尘螨 是一种室内常见的、显微镜下才能看清的像蜘蛛样的昆虫。在气候比较暖和和湿度较高的情况下,它们迅速生长并大量繁殖。其死亡后的尸体迅速分解,产生非常小的微粒,与室内的灰尘混杂在一起。这些尘螨及其残留物被认为是致人对灰尘过敏的最主要的原凶。在地毯、垫褥以及其他织物上都可以发现尘螨。地毯应经常用吸尘器清理,但吸尘器可以吸除地毯中灰尘,也常常会使空气中的灰尘扬起。配置有高效微粒空气过滤器的吸尘器或中央吸尘系统一般均将吸入空气排放至建筑物之外,因此可用于控制其中大部分灰尘。用硬面地板来替代地毯对于避免积尘、防止螨虫应该是十分有益的,如果定期清洗,那么应采用小面积的地毯。

垫褥应经常用较高温度的水进行清洗。垫褥与枕头可用塑料布覆盖,这样就更容易排除灰尘。

霉菌是室内外常见的简单生物体。在室外发现的各种霉菌一般都能分解植物生长、动物和人类生命所必需的各种有机物。霉菌也是一种真菌,其生长过程中会向空气释放大量菌孢。一般来说,在潮湿,即湿度较高的区域都能发现霉菌。图34.2为显微镜下可以看见的一种霉菌。据估计,大约有100 000多种不同的霉菌种类。

霉菌的生成与生长需要水分和食物,其食物可以是纸、织物、灰尘、树叶、清水墙或木头。霉菌侵蚀之后,无论是何物都将被逐渐消蚀。只要有水汽和食物,霉菌就不会离开。图34.3(A)和(B)是在室内出现大量霉菌的两个极端案例。当玻璃和混凝土等无机物表面有一层薄薄的肉眼无法看清的有机物时,霉菌即可把它作为食物,并在起潮湿表面上生长发育。如果没有受到任何抑制,霉菌即能不断地持续蔓延,最终导致过敏人群的健康问题。霉菌一般用肉眼即能发现,也可以用鼻子闻到其特有的霉臭味。它还可能出现在墙孔内、天花板上方、地毯下侧和墙纸背面。图34.4是用于检测潮气量的水分测定仪。

霉菌由称为菌丝的多细胞丝状体组成,这些丝状体可以积聚成多个球状体或相互缠结在一起,并能够侵入食物中,很难排除和清理。

各种霉菌可以通过不断产生菌孢来获得再生,菌孢产生和干化后又进入空气中,随气流四揣漂移,然后沉降、芽殖,不断生长发育。菌孢可以在热、冷干燥的环境下存活很长时间,它们仅仅需要水分和食物就能不断芽殖、生长。菌孢含有多种过敏原,它是一种能引起各种人群变应性反应的物质。某些人还可能通过食物摄入,通过呼吸吸入或通过皮肤接触大量的菌胞。一些比较敏感的人往往会因为长时间处于这样的环境之下或某些场合之下会有暂时的不适感觉。

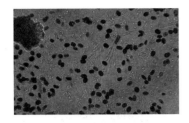

图 34.2 显微镜下葡萄穗霉菌的照片(Aer-otech Laboratories, Inc. 提供)

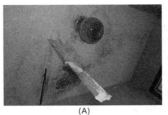

(A) (B)

图 34.3 (A)在天花板和天花板的暗缝中群集的霉菌、葡萄穗霉菌、曲霉菌和青霉菌的混合物;(B)油漆墙面上的芽殖型分生孢子(Aerotech Laboratories, Inc. 提供)

霉菌可以使人产生各种各样的健康问题,这些健康问题往往与霉菌的种类与数量以及人的敏感程度有关。各种霉菌会产生挥发性有机化合物(VOC)。人处于含有大量刺激黏膜的、挥发性有机化合物的环境下,往往会出现头痛、注意力不集中、头晕等症状。

某些霉菌还可能产生真菌毒素。顾名思义,这些霉菌对人体具有毒性,然而,人们认为霉菌要产生真菌毒素必须要有适当的环境条件,但直到今天,霉菌产毒的适当环境条件尚未完全搞清楚。

大楼综合症(SBS)是一种专业术语,它表示人长时间滞留于某一楼宇内后明显感到身体不适,甚至因此而患上疾病的状态。这些形形色色的疾病很可能就是由通风不足或是由霉菌或微生物等生物杂质引起的。

在美国,建筑物内的霉菌问题已成为越来越受关注的问题。为此,美国众议院还专门讨论了一项相关法案,并就此法案举行了听证会。该法案,即美国有毒霉菌和保护法 2002,旨在保护购房者和消费者,避免迁入有大量霉菌的住宅,从而为有可能身处室内霉菌量达到危险程度的购房者和租房者提供法律保护。人们期望此法案能建立相关的国家标准,包括保障措施、健康保险赔偿以及教育培训计划。

涉及霉菌问题的法律细节还有许多,其中包括:起诉承包商的相关责任与内容;当赔偿要求涉及霉菌等问题时,保险公司是否应承担费用和各项赔偿。对此,也有来自各个方面的建议,认为供暖、通风、空调与制冷企业以及相关承包商也应向法律人士征询一些相关的法律建议,以便确定自己在此问题上的立场。承包商更应召集各保险公司代表来确认一下各自的责任范围。

霉菌的防治 下述霉菌防治的常规方法主要适用于有霉菌生长的小块面积。对于较大区域则应将各种材料全部铲除,并委托合格的专业承包商来处理。

清除霉菌的第一步应是排除湿源,且应迅速而彻底。所有漏水位置应予修补,所有积水和潮湿区域应予清除,同时要降低空气中的含湿量。

安全防范措施:技术人员在清除霉菌的操作中,应穿上专门的工作服,包括手套、帽子和防毒面具或其他的合格代用器具。

由于霉菌能够进入它们引以为食的各种表面,因此,仅仅清理表面是远远不够的。采用家用漂白粉或可消除霉菌的各种化学制剂,对于根除硬表面的霉菌可能比较有效,但对于组织中或底面均有霉变的地毯则必须撤去,并予以清洗和干燥,地毯下方的地板也必须同时予以清

图 34.4 数字式湿度计(Aerotech Laboratories, Inc. 提供)

洗,确保所有霉菌均予清除,并解决潮湿问题。受霉菌严重污染的木制品、墙板和墙纸均需清除、更新。当然,这些工作应委托承包商和专业技术人员来完成。已死亡的霉菌仍有可能引起人的健康问题,因此必须彻底清除。

空调(供冷)设备的规格不应过大。在有些情况下,房主在建造一幢楼房时,往往希望设备配置容量稍大些,这样还可以用于计划中的其他房间。但是,容量过大的空调设备,其运行时间一般都比较短,无法排除足够的水汽。利用容量过大的设备来满足供冷要求时,机组就会长时间处于停机状态,过量水汽始终滞留在室内空气中。当然,此时也可以采用降湿机。

房屋基础墙周围的地坪应朝离开建筑物方向逐渐向下倾斜,保证房屋四周或地面下方无积水。

空调装置的冷凝水盘应定期清理,保证排水管通畅,使冷凝水能正常地从设备中排出。增湿设备也应予定期清洗。如果室内出现或室内已有一段时间出现了霉菌,即应检查采暖通风和空调风管。如果在风管内发现霉菌,则应请专业技术人员上门清理或更新。衣服烘干机和橱、灶的排风应采用专用风管排向室外;洗澡或淋浴及烧煮食物时,或是启用洗碟机时,均应启动排风风机将潮湿空气排向室外。

在确定是否需要整个楼宇都要设置通风设备时,可向建筑师或工程师咨询。

来自燃烧生成物的污染　烧木头的炉子和壁炉、配置和未配置排气管的燃气壁炉和燃气炉以及未安装排气管的煤油和燃气区域加热器等都可能是燃烧生成物污染源。它们所排放出的污染物有一氧化碳、二氧化碳、二氧化硫气体和可以悬浮在空气中的各种微粒。燃烧气体很可能源于炉门密封不够、烟囱和烟气管安装或维护不当或热交换器存在裂缝。

燃烧还会产生水蒸气,尽管它本身不是一种污染物,但水蒸气往往会使室内湿度上升,各种表面返潮,也有助于上面提到的各种生物污染物的生长。

一氧化碳(CO)比空气轻,它是燃烧装置不完全燃烧时产生的一种毒性较强的气体,这种不完全燃烧往往是因为缺少氧气或氧气和燃料未能充分混合所引起的。助燃空气过量,或者说燃料供应不足也可以导致产生一氧化碳。火焰温度低至 1128°F 以下时,就会产生一氧化碳。

一氧化碳具有很大的危险性,这是因为一氧化碳无色、无气味、不具有刺激性,仅能用检测装置予以测量,见图 34.5。但也可以配置各种报警装置,只要安装正确,一旦一氧化碳浓度达到一定的危险程度,报警装置即会做出反应。一氧化碳一旦与人体血液中的血红素结合,就会逐渐替代氧气,累计到一定程度后,即血液中含氧量非常少时,就不再能维持正常的生命活动。

图 34.5　能测出百万分之几克一氧化碳含量的检测仪器(Bacharach, Inc. Bacharach Institute of Technical Training 提供)

这种气体对胎儿、婴儿以及患有贫血症或有心脏病病史的人群具有特别大的影响。少量吸入会引起疲劳,并使患有慢性心脏病的患者胸部疼痛加剧,大量吸入则可能引起健康人群出现头痛、头晕、体质下降以及嗜睡、恶心、呕吐、心悸、定向障碍、失去知觉等症状,甚至导致死亡。环境空气中的一氧化碳含量一般以 100 万个空气分子中所含的一氧化碳分子个数进行计量,也就是百万分率(ppm)。图 34.6 为一氧化碳浓度与人体可能出现的症状。在采用燃烧供热的楼宇内各个区域以及可能有一氧化碳气体积聚的其他部位均应安装一氧化碳监控器或报警装置。

一氧化碳浓度与人体可能出现的症状	
空气中的一氧化碳浓度	相关标准:人体吸入时间和出现的中毒症状
9 ppm (0.0009%)	ASHREA 标准:短时期内生活区域空气中的最大容许浓度
50 ppm (0.0050%)	联邦政府法律:任意 8 小时内,任意区域空气中的最大容许浓度
200 ppm (0.02%)	在此环境下:2~3 小时后,有轻微的头疼、疲倦、头晕、恶心感
400 ppm (0.04%)	根据美国环保署和美国煤气协会资料:在此环境下,1~2 小时内,前额疼痛,超过 3 小时将有生命危险。此值也是烟气中的最大百万分率(在无空气状态下)
800 ppm (0.08%)	在此环境下,45 分钟内出现头晕、恶心和痉挛;2 小时内失去知觉;2~3 小时左右死亡
1600 ppm (0.16%)	在此环境下,20 分钟内出现头疼、头晕和恶心;1 小时内死亡
3200 ppm (0.32%)	在此环境下,5~10 分钟内出现头疼、头晕和恶心;30 分钟内死亡
6400 ppm (0.064%)	在此环境下,1~2 分钟内出现头疼、头晕和恶心;10~15 分钟内死亡
12 800 ppm (1.28%)	在此环境下,1~3 分钟内死亡

图 34.6　一氧化碳浓度与可能出现的症状(Bacharach, Inc. Bacharach Institute of Technical Training 提供)

人们一般都认为汽车排放是引起一氧化碳报警器鸣叫的主要原因,当某人在连接住房的或在位于住房下的车库内对汽车进行维修加热或启动时,就会有大量的一氧化碳气体积聚,并渗入住宅内,此时如果将报警器关闭,就会出现非常危险的情况。

人们普遍认为,燃油、燃气设备的排风不畅、安装不当和维护不足是引发一氧化碳报警器鸣叫的第二个原因。

人们认为引起一氧化碳报警器鸣叫的第三个原因是自然排风的燃烧装置排风倒灌。这种排风倒灌常常是由鸟巢或外来砖块等将排风管堵塞或由压力差所引起的。当浴室、厨房和室内其他区域向外排风,相对于室外空气,室内往往就会形成一个负压状态,这样很可能会将排出的烟气倒吸回室内。由图 34.7 可见,当室内一部分空气排向室外时,同时就会有另一部分空气为弥补排出的空气从排风管或烟囱返回室内,这部分倒灌的空气就可能含有一氧化碳。

燃烧装置必须正确安装与调试,并保证有正常的、新鲜的含氧空气供应量。在各种需要排风装置的燃烧设备中,必须要有通畅的排风通道,可以有效地将各种烟气排向大气。

二氧化氮会刺激人体的呼吸道,引起呼吸短促。

二氧化硫则可能会引起眼、鼻和呼吸道炎症和呼吸道疾病。

来自于燃烧并悬浮在空气中的各种微粒,可以引起眼、鼻、咽喉和肺部炎症,附着在这些微粒上的化学物质则可能会导致肺癌。所有这些潜在危险往往取决于人在这样的环境下滞留时间的长短、微粒的大小及其化学物质的成分。木头烟尘中含有多环有机物(POM)和非多环有机物,这两种物质被认为对人体健康均具有相当的危害性,这两种物质均为木头燃烧的副产品。

图 34.7 从室内向室外排风会使室内形成负压状态,这样就会影响燃烧装置的排气,使部分烟气从烟囱倒灌,并排向生活区域(Bacharach , Inc. Bacharach Institute of Technical Training 提供)

在室内使用区域取暖设备时,应将房门打开,要让空气自行向其他房间流动。排烟罩及风机应设置在烹调炉的上方。

将燃木炉的排放物数量限制在最小状态,并保证炉门能密封关闭是非常重要的一项工作。炉子排烟管和管接头的各连接口应密封、不漏气。无论何时,应尽可能采用美国环保署认证的各式燃木炉。中央空气处理系统,包括燃炉、烟气管和烟囱等均应定期检查。若热交换器出现裂缝应在使用前予以更新。若烟气管和烟囱出现裂口或损坏应及时修复。中央空气处理系统的风管也需要定时清理,见34.8 节。

含有有机化合物的家用产品 油漆、清漆、洗涤产品、消毒剂和业余爱好用品以及各种燃料都含有有机化合物。如果这些产品存放方法不当,这些物品中的化合物在存放期间排放很少,而恰恰在使用时却大量排放。

这些家用产品应按正确的方法使用与存放。使用这些产品时,应严格按照制造商的要求进行操作。未用完又不需要时,应采取适当的处置方法予以处理。如果用容器存放,则应保证密闭。

甲醛 甲醛是用于某些建筑材料和家用产品生产的一种化学组分。在没有排风装置的燃气炉或煤油取暖器的烟气中也含有甲醛。机制板等木制品,包括用做下层地板、搁板的刨花板、硬木胶木板、中密度纤维板、细木工板等都采用含有脲甲醛(UF)树脂的黏合剂,软胶木板和片木板等常用做面板的机制板则含有酚醛(PE)树脂。这两种树脂中均含有甲醛,但酚醛树脂的排放量很小。

杀虫剂 杀虫剂主要用于住宅内外杀灭常见昆虫、白蚁、鼠类或各类真菌。各种消毒剂中的某些微生物也是一种杀虫剂。有研究表明,经常处于室内有杀虫剂环境下的人群比例很高。

使用杀虫剂必须根据制造商的使用说明进行操作。存储时,必须保证容器良好密封。

石棉 石棉在老式住宅和楼宇中的使用量很大,现在石棉的使用范围及使用量已严加限制,在一些管线和燃烧炉保温材料、屋顶瓦片、网纹油漆和地砖上,还可以看到石棉的踪影。当对这些含石棉的材料进行切割、打磨或拆除时,往往可以看到较为密集的石棉粉尘飞扬。最具有危害性的石棉粉尘则主要是肉眼无法观察到的石棉飞尘,它可以积聚在人体肺部,导致肺癌和其他疾病。**安全防范措施**:如果这些已损坏或使用年限较长、质地较差的建筑材料中有可能含有石棉,应请专业人员予以检验、测试。如果确含有石棉,则必须请有相应资质和设备的承包商予以清除,不容许随意弃之他处。

铅 人与铅接触的渠道有:空气、饮用水、食物、受污染的土壤、退变的油漆和灰尘。陈旧的铅基油漆或许是最主要的铅源。铅微粒可以来自室外的铅尘源和室内各种操作过程中采用的铅焊料。

安全防范措施:退变、损坏的含铅材料,特别是含铅油漆应由有相应资质和设备的承包商予以清除,不容许随意弃之他处。

34.5 污染源的检测与消除

我们现在可以方便地检测出环境中存在的某些污染物,并可采取相应的措施来消除这些污染源。

室内空气质量测试和监控仪的种类很多,图34.8 是其中的一种。这种监测仪器可以检测二氧化碳、一氧化碳、硫化氢、二氧化硫、氯气、二氧化氮、氧化氮、氰化氢、氨、环氧乙烷、氧气、氢气、氯化氢、臭氧等各种物质的气体。

34.6　通风

通风是通过自然对流或机械方法将空气送入某个空间,同时将该区域内空气排除的整个过程。采取适当通风之后,室内的空气质量一般都能得到一定程度的改善,其实质就是将带有污染物的空气排除,用足够的室外空气来稀释滞留于室内的污染物。通风空气一部分直接来自室外,另一部分来自经过清理和处理后的循环空气。

通风空气应从室内人员所在位置送入房间,如果通风空气从送风散流器以很短的路径流入回风口,那么室内空气和(或)清理过滤后的空气对于室内人员来说则没有任何意义。

为维持室内的舒适温度而需对送往室内的室外空气进行加热或冷却时,通风往往会对加热和冷却的效率形成不利影响。当需要考虑和计算对室外进风需提供多少冷、热量时,可以参见第35章"舒适与湿空气的物理性质"。美国采暖、制冷与空调工程师协会的62-2001标准中规定了为保证室内空气质量达标所必需的通风量和其他相关计量标准和方法。

商业楼宇通常采用机械通风方法,这种通风方式应考虑室内人员的人数以及楼宇内可能出现的各种状况所需的特定要求。然而,在设置采暖、供冷或通风系统的居民住宅内则鲜有采用机械方式将室外空气直接送入室内的情况,因此必须经常打开门窗或启动窗上或阁楼上的风机,并经常启动浴室或厨房风机,将室内空气及时排向室外,然后使室外空气能渗入室内,或将门、窗打开一段时间,让室外新鲜空气进入室内。

能量回收式通风装置　为提供更多的稀释空气,人们已经研制成功了一种机械装置,它由两路分别连接至墙外的风管组成,其中的一路风管负责将室外新鲜空气送入室内,另一路风管则负责将陈腐空气排向室外。它在两路气流中设置了一个不断旋转的、配置有干燥剂的传热盘。在冬季,此传热盘可以从排出空气中回收热量和水分,并将热量与水分传送给吸入的新鲜空气;在夏天,热量及水分则由吸入的空气传递给排出空气。图34.9为此装置的工作原理。

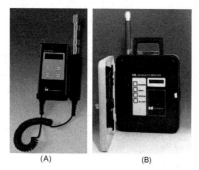

图34.8　(A)可以检测、记录二氧化碳、温度、湿度和各种烟气指标数的手持式室内空气质量监测仪;(B)带有多种气体检测传感器和记录装置的室内空气监测仪(Metrosonics,Inc提供)

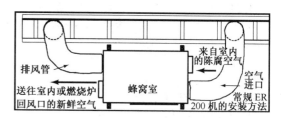

图34.9　具有能量回收功能的空气稀释系统(Honeywell,Inc.提供)

其他几种装置采用不同的传热方式。图34.10是其中一种能量回收式通风器(ERV)的外形照片。在大多数通风机组中,一般都能将室内湿度保证在一定状态,以避免湿度太高或太低。而有些通风机组中,如热回收式通风装置(HRV)仅具有热回收功能,这种通风装置主要应用于北方区域,因为在那里,寒冷已不是一个主要因素了。这种可控通风方式的主要功能在于减少花粉、灰尘和其他的室内污染物,从而提供一个更为健康的室内环境。

安全　对于采暖、通风、空调与制冷行业的技术人员和其他人员来说,通风安全是一个比较新的问题。由于最近几年来,包括战争、恐怖活动、突发事件和自然灾害等重大事件不断出现,楼宇业主、管理人员和技术人员很可能会遭遇可能出现的各种危险和伤害,并需要对此做出及时、正确的评估,因此必须对每一种可能出现的事件制定预案。由于楼宇建筑结构、采暖、通风、空调与制冷系统以及建筑物占用和使用情况各不相同,因此不可能有一个通用、所有客户都适用的预案。

如有可能,应将建筑物的进风口设置在远离公众的区域,架空位置或屋顶常常是进风口的最佳设置位置,正常情况下,这些位置一般都可以获得较为干净的空气。如果出现大面积空气污染,有些专业人士建议,在未确定污染源之前,不应关闭通风系统,同时应尽快找到污染源。如果此污染源来自室外,那么通风系统应予立即关闭;如果污染源来自楼宇内,那么需要将所有一切可利用的对外排风通道全部启动、打开,来稀释污染物。如果决定关闭通风系统,那么朝向室外的所有天窗、百叶窗,只要可以移动,均应予以关闭、密封。

各类建筑物应采用具有物理性能最高、经济成本最低的效率报告额定值(MERV)的过滤系统,MERV 的范围为 1~20,数值越大,获得的过滤效果越佳。过滤器的选择不仅要考虑过滤微粒的容量大小,还要考虑过滤器所产生的压降大小。过滤器的保持架应定期予以检查,以确认其未松弛或性能下降。其卡口应能紧紧地固定在保持架上。要获得最佳的过滤效果,还应采用密封圈。如果安装与维护不当,就会有大量的空气沿过滤器保持架的四周通过。由于炭疽热病毒孢子的大小在 1 微米左右,因此要过滤炭疽病毒的话,则应采用高效微粒空气过滤器。在下一节,我们还将讨论过滤器的有关内容。

制定预案和对建筑物相关设备进行维护时,技术人员是否有相关资质、丰富的经验和较广的知识面是非常重要的。技术人员应获得由美国能源管理学会(NEMI)检测、调节与平衡处(TABB)颁发的证书。

34.7　空气净化

空气净化是为室内空气获得达标质量,在对污染源实施控制和有效通风的情况下,可采取的另一种改善室内空气质量的方法。空气净化装置现有 4 种基本类型:机械式过滤器、电子空气净化器、离子发生器和紫外线 C 段光。也有一些空气清理装置,由于含有两种类型的除尘装置,因此也称为混合式装置。例如,机械式过滤器与静电除尘组组合,或是机械或氯与离子发生器组合。空气净化器还可以设置吸收或吸附材料来除各种气体。吸收是一种物质被另一种物质所吸收的过程,吸附则是液体或气体薄膜附着在固体物质的表面,活性炭就是一种广泛采用的吸附材料。

高蓬松聚酯过滤器介质　这种过滤介质是一种无纺布,购买时可以是大包装的,也可以是成卷的,或是已加工成小块的,见图 34.11。

图 34.10　能量回收式通风器(Nutech Energy
　　　　　　Systems,Inc. 提供)

图 34.11　成卷的和已加工成小块的过滤
　　　　　　介质(Aerostar Filtration Group提供)

一次性玻璃纤维过滤体　这种过滤体介质采用热凝固剂将连续的玻璃纤维黏合在一起制成,然后再涂上能够吸附灰尘的黏胶,可防止微粒随气流流动,见图 34.12。随着空气不断地流过过滤材料,过滤材料也越来越细密,见图 34.13。

图 34.12　一次性玻璃纤维过滤介质
　　　　　　(Aerostar Filtration Group提供)

空气流动方向

图 34.13　玻璃纤维过滤介质的断面状态

褶式过滤体　这种过滤体可以在打褶的底部积聚更重、更大阻力的颗粒,从而使各侧面持续有效地过滤,见图 34.14。

立方袋式过滤体　这种过滤体具有较高的灰尘收集能力,它有 3 层过滤层,以热封方式黏合在一起。其第一层为高孔隙率的冲击过滤层,第二层为高密度的拦截层,第三层则为耐用型过滤网,见图 34.15。

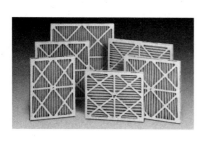

图 34.14　打褶过滤体(Aerostar Filtration Group 提供)　　34.15　立方袋过滤体(Aerostar Filtration Group 提供)

袋式过滤体　整个过滤体由垂直方向的隔离装置分隔成多个袋形通道,可防止空气流动时形成涡流,可使杂质平稳地沉降,见图 34.16。

高效微粒过滤体　这种过滤体主要用于要求或需要最高级净化的场合。大多数的尘粒大小一般均在 20 ~ 30 微米(μm)范围之内,而少数尘粒的粒径则要小得多,需要更加有效的过滤体。高效微粒过滤体具有非常高的效率,它可以过滤小至 0.3 微米或更小的颗粒。这些极细的微粒常含有霉菌、尘螨、细菌、花粉和其他人体吸入即会滞留在肺部的变应原。

图 34.17 是其中的一种高效微粒过滤体,这种特殊的过滤体可以将空气中 99.99% 的最小尺寸为 0.3 微米的微粒去除。为便于比较说明,人的头发直径约在 70 ~ 100 微米范围之内;一个直径为 300 微米的物体可以轻松地穿过缝纫针的针眼。

图 34.16　袋式过滤体(Aerostar Filtration Group 提供)　　图 34.17　高效微粒过滤体

静电式空气过滤器(电子式空气净化器)　静电式空气过滤器有多种类型。这些净化器主要安装在:1)燃烧炉上;2)一次性过滤体固定架内;3)风管系统中。此外也有可移动的独立式系统,见图 34.18。独立式系统一般都设有用于过滤空气中较大尘粒的预过滤装置和电离场装置,有些甚至还设有活性炭吸附部分。

(A)　　　　　　　(B)　　　　　　　(C)　　　　　　　(D)

图 34.18　静电式过滤器:(A)燃烧炉安装型;(B)一次性过滤体固定架安装型;
(C)单进口回风系统;(D)移动式独立系统(W. W. Grainger,Inc. 提供)

　　预过滤部分用于捕捉较大的颗粒和空气中的污染物。在电离或电离场区域内,使尘粒带上正电荷,然后使这些带电尘粒通过一组带负电荷和正电荷的极板,带电尘粒被带正电荷的极板排斥,而被带负电荷的极板所吸引。最后,空气流过一个活性炭过滤器(如果系统内设有活性炭过滤器的话),此过滤器即以吸附方式排除各种气味和部分气体。

　　活性炭空气净化器　活性炭也可写做活性碳,它由煤粉或将椰子壳压制成颗粒制成,然后做进一步的加工,使颗粒体的内表面积增加。活性炭用于吸附溶剂、各种有机物和各种气味时,具有非常好的效果。活性炭净化器见图 34.19,常安装于采暖和空调系统回风管内。当空气在风管内流动时,各种气体与悬浮在气流中的活性炭充分接触,某些气态物即被吸入碳粒内,最后冷凝成液态粒,留存在碳粒内。这些气体和(或)气味即保留在活性炭吸附介质内,直至更新活性炭。利用这种净化器可以将空气中的下述常见气体或气态物排除。

图 34.19　活性炭吸附装置可以将室内多种气态杂质排除(GeneralFilters, Inc. 提供)

　　1. 化合物,如酒精、醛类,以及来自家用产品、建筑材料的各种酸。

　　2. 氯化烃类。

　　3. 无机化合物,如各类卤素、光气和各种硫化物。

　　4. 来自烹调、废水池、宠物和人体本身的各种气味。

离子发生器

　　离子发生器可以使室内各种尘粒带电,然后带电尘粒即可吸附在墙面、地坪、绸缎、呢绒、布料和室内其他物体上。离子发生器本身并不设有集尘装置,因此它会使墙面和上述各表面积尘。

紫外线光

　　人们一直在研究利用紫外线(UV)光来改善室内空气质量。紫外光是指频谱范围为 200 ~ 400 毫微米(nm)的光。在此范围内,有 3 个频段:

　　UV – A(长波):315 ~ 400 nm

　　UV – B(中端数):280 ~ 315 nm

　　UV – C(低端):200 ~ 280 nm

　　人们一直在研究 UV – C 的杀菌性能,使之能应用于杀灭居家、办公室以及医院和学校等其他楼宇内空气中的各种致病微生物。

　　UV – C 光可以穿透微生物的细胞壁,破坏其 DNA 结构,它还可以杀灭寄生在无害的较大细菌中的各种较小细菌,使其无法再生。

　　这种紫外线灯安装于采暖、通风、空调与制冷系统的冷却盘管附近及高效空气过滤器一侧时,可以获得特别好的效果。湿润的冷却盘管上很容易形成藏污纳垢之处,为霉菌等微生物提供生存的环境。空气过滤器用于捕集灰尘和各种微生物,而 UV – C 灯只要安装在风管的适当位置,则可以大量杀灭活的微生物。

　　一般情况下,这种紫外灯均安装于空气流速较低之处,但其规格大小和结构形式需根据通风、空调与制冷系统的规格与结构形式确定。当然,最重要的是应根据制造商的说明进行选配、安装。

　　安全防范措施:虽然 UV 灯光肉眼无法看到,但当它点亮时,千万不要直接观察光源。紫外线灯光装置应设置在技术人员或楼内人员不易接触到的安全位置。

　　安装之前,千万不要点亮紫外灯。

　　为未来的检修技术人员和室内人员设置警示标示。

　　应经常检查风管内紫外灯光的泄漏,如有发现,应及时封闭。

　　在对采暖、通风、空调及制冷系统进行维护或维修之前,必须将紫外灯关闭。

　　每年应定期更新紫外灯灯管。

34.8　风管的清理

　　风管积尘往往是居所内各种污染物的主要来源。当出现下述情况时,业主应考虑对风管进行清理:

1. 在硬面风管(薄钢板)上或在采暖、供冷系统的其他构件上出现明显的霉菌生长。
2. 风管上有大量虫、虱(老鼠或各种昆虫)出没。
3. 风管被大量灰尘堵塞，并确有碎石、有机物残屑和(或)垃圾通过新风口送入居室内。

风管清理一般是指风管内侧的清理，以及采暖、供冷系统中强制通风装置中各构件的清理，其中包括新风与回风管和风门、送风格栅和散流器、热交换器、供热与供冷盘管、冷凝水排水盘、风机电动机与风机壳、系统内的增湿装置以及空气处理箱外壳。如果要对风管系统进行清理，那么上述所列出的所有构件均应同时清理，如果不是所有的构件均予清理，那么就会使整个系统重新受到污染。如果回风管只有一个进口，那么只需将过滤器设置在回风进口处，即可使整个回风系统保持在较为清洁的状态。**安全防范措施**：清理风管之前，应对整个系统进行检查，以确认在供热、供冷系统中没有含石棉的材料。如果发现有石棉，则需采取特殊方法处理，除了请专业人员和配备有专业设备的承包商来处理外，应避免直接接触或移动之。

常用的真空吸尘装置应仅用于吸除来自室外的尘粒，如果要排除建筑物内的废气，则应采用高效微粒吸除设备，所有铺盖、地毯和室内家具、设备均应覆盖。

要清除积尘和其他尘粒并减少其飞扬，应采用能直接擦刷风管内表面的设备，并连接真空吸尘装置，见图34.20。对于玻璃纤维风管和内衬有玻璃纤维的金属薄板风管，应采用软毛刷。

清理工作完成之后，系统上所有的清理设备进口和(或)连接处均应重新封闭、修复保温材料，并保证封闭。如果仍有水汽和(或)霉菌存在，应及时确定其来源并予以纠正，否则它又会卷土重来。

风管清理的技术人员应熟悉美国风管清理协会的各项标准，并严格按相关标准执行。如果风管为软管、板式风管或含有玻璃纤维内衬的风管，则必须按北美保温材料制造商协会(NAIMA)的相关标准执行。

图34.20　风管清理设备(Atlantic Engineering 提供)

34.9　空气增湿

秋冬季节，室内往往会因为室外冷空气的渗入而处于比较干燥的状态。当这部分渗入空气被室内空气加热、膨胀之后，就会使其水分散失，导致这部分空气被人为干燥。表示和计量空气中水分含量的专业术语称为相对湿度，它是空气中实际含水量与空气能够容纳含水量的百分比值，换言之，如果相对湿度为50%，那么每立方英尺体积内，此空气仅含有它能够容纳水分的一半。空气的相对湿度随空气温度的上升而减小，这是因为空气的温度增高，就能容纳更多的水分。当温度为20℉，相对湿度为50%的1立方英尺的空气被加热至室内温度(75℉)时，其相对湿度就必然下降。

要满足舒适感，应给干燥后的空气补充水分。居室内的相对湿度推荐值一般为40%~60%。当相对湿度上升至上限时，有多项研究已经表明，细菌、各种病毒、多种霉菌以及其他微生物即开始逐渐活跃。在相对湿度较低的空调环境下，干热空气就会从空调区域内的所有物品，包括地毯、家具、木制品、植物和人体上吸取水分。家具接头松懈，人的鼻腔和咽喉道感觉干燥，人体皮肤出现干裂。由于空气需要通过皮肤的蒸发，从人体获得水分，因此干空气往往会使人形成比正常状态下更大的能量消耗，然后人体才会有凉意，并为获得舒适感再将温控器调高几度。空气湿度较高的情况下，人体只有在较低温度下才有更舒适的感觉。

空气较为干燥的情况下往往还会产生较大的静电，这时，如果某人在此室内走动后，接触某一物品时，就很可能会有电击的感觉。

数年之前，人们常常习惯将一盆水放置在暖气片或炉子上，通过炉子上水的不断沸腾汽化，使水汽不断地排入空气中。进入空气的水汽就会使室内的相对湿度值上升。虽然这种方法在有些家庭中仍可见到，但一种称为增湿器的设备可以以更高的效率、更为有效的方式产生水汽，并通过蒸发融入空气中，且可利用电能或是加热或是使空气流过较大面积的水而来加速这一蒸发过程。增大水接触面仅需将水放入盆面更大的水盆内或将水雾化即可。

增湿器　蒸发式增湿器的工作原理就是在一个称为介质的物体表面上不断地产生水汽，并把水蒸气不断消散在干空气中。其常见方式是将空气强制流过此介质，或使干空气滞留在此介质周围，然后以蒸气(或是称为气体)从此介质中不断地获得水汽。蒸发式增湿器有多种类型。

旁通式增湿器主要利用燃烧炉供风侧(高温端)和回风侧(低温端)之间的压力差。这种增湿器既可以安装在送风静压仓或送风管处,也可以安装于冷风回风静压仓或回风管内,但其管线必须从其安装的静压仓或风管处连接于另一端的静压仓或风管处。如果安装于送风管上,那就必须有另一管路连接至冷风回风管处,见图 34.21和图 34.22。两静压仓间的压差可以使少量加热后的空气通过增湿器返回回风管,并被均匀地分布在整个箱体内。

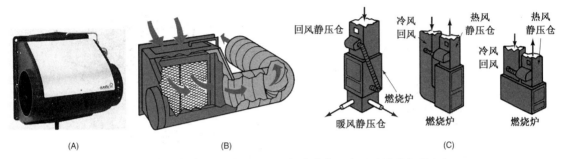

(A)　　　　　　　(B)　　　　　　　(C)

图 34.21　(A)旁通式增湿器;(B)气流从静压仓通过增湿介质流向
回风管的路径;(C)常规安装方式(Autoflo Company 提供)

　　静压仓安装式增湿器只能安装在送风静压仓或回风静压仓内,由燃烧炉的风机将加热后的空气强制流过获取水汽的介质,空气与水汽然后再送入整个空调区域,见图 34.23。
　　风管下安装式增湿器安装于送风管的下底板上,其增湿介质伸入热气流中,气流则从中不断获取水汽。图 34.24 为一款风管下安装式增湿器。

图 34.22　旁通式增湿器(General Filters,Inc. 提供)　图 34.23　带有平板式增湿介质的箱体安装式增湿器。此增湿介质从水池内吸取补充水,然后将其汽化,送入风箱中的空气(Autoflo Company提供)

　　增湿器的增湿介质　增湿器有不同的形式,且需配置不同种类的增湿介质。图 34.24 是以一定倾斜角安装的、采用网盘的一种增湿器。网盘安装于一根转轴上,使稍有倾斜的网盘从水池中不断地获得水分,然后再蒸发进入流动的气流中。将网盘分开的目的在于防止电解,避免使水中矿物质在介质上积垢。以一定倾斜角安装的网盘,其不等速转动可便于洗去矿物质并排入水池中,这部分矿物质然后由水池底部排出。
　　图 34.25 是一种滚筒式增湿介质。滚筒由电动机驱动,从水池内获取水分后,水分即从滚筒上蒸发,进入流动的气流中。此滚筒可以采用网板制成,也可以是海绵类的材料。
　　板式或盘式介质可参见图 34.23。板式介质为一组引水线,它可以从水池中不断吸取水分。风管或风箱中的气流可以使水在引水线或引水板上不断蒸发。
　　图 34.26 是一种电加热增湿器。在电炉和热泵装置中,风管内的空气温度并没有其他热空气炉那样高,因此低温下介质上的水蒸发就比较困难。电热型增湿器则采用专门的电热元件来加热水,使其蒸发,并由风管中的气流送往空调区域。
　　红外增湿器(见图 34.27)一般安装于风管内。它设有一个红外灯,其反射装置可以将红外能反射入水中,从而使水迅速蒸发并进入风管的气流中,最后送往空调区域。其工作原理有点类似阳光照射在湖面上从而使湖水蒸发进入空气中的情景。电热式增湿器和红外增湿器均采用电能。增湿器一般由湿度控制器控制,见

图 34.28,它实际上就是控制增湿器中的电动机和加热元件。湿度控制器中的湿度传感元件一般由头发或尼龙丝制成,将其绕在一个或多个线管上时,它就能随温度的变化不断收缩或膨胀。干空气可以使这一传感元件收缩,从而带动一个速动开关,使增湿器启动。当然,也可以采用其他材料来制作传感材料,例如其电阻值可以随湿度变化而变化的多种固态电子元件。

图 34.24　风管下安装式增湿器,它采用网盘作为增湿介质(Humid Aire Division 提供)

图 34.25　采用滚筒增湿介质的风管下安装式增湿器(Herrmidifier Company,Inc. 提供)

图 34.26　带有电热元件的增湿器(Autoflo Company 提供)

图 34.27　红外增湿器(Humid Aire Division 提供)

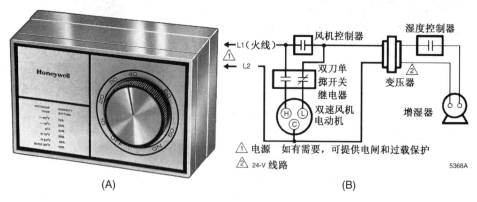

(A)　　　　　　　　　　　　　　(B)

图 34.28　(A)湿度控制器;(B)接线图(Honeywell,Inc. Residential Division 提供)

雾化增湿器　雾化增湿器将小水滴(水汽)直接排入空气,使其迅速蒸发进入风管气流中或直接排入空调区域。这种增湿器可以采用喷嘴雾化,也可以采用离心式机构将水雾化,无论采用何种雾化方式,增湿器中都不能使用硬水,这是因为硬水中含有各种矿物质(氧化钙,铁等),当与水蒸气一起蒸发进入气流中时,它们本身就是一种杂质,并将被送往整个房间或整幢楼宇内。雾化增湿器所采用的水,其硬度值一般应在 8 ~ 10 格令以下。

　　喷嘴式雾化是通过一个具有一定口径的喷嘴将水雾化并喷入风管气流中,然后随气流送往空调区域。另一种喷嘴雾化方式是将水喷在一种可以使水不断蒸发的介质上,然后,由气流以其蒸气方式吸收。这种喷嘴雾化器既可以安装于风箱内,也可以安装在风管下方或风管的侧面。但制造商大多建议将雾化增湿器安装在燃烧炉的热风段,即送风侧。图 34.29 和图 34.30 为两种雾化增湿器。

图 34.29　喷嘴与蒸发垫料组合的增湿
　　　　　器(Aqua-Mist,Inc. 提供)

图 34.30　雾化增湿器(Autoflo Company 提供)

离心式雾化增湿器是采用叶轮,即甩水机构,将水甩出,使其成为小水滴,然后在气流中蒸发,见图 34.31。

安全防范措施:雾化增湿器应只有在燃烧炉运行时启动运行,否则就会出现水汽大量集聚,引起腐蚀、霉变以及增湿安装位置处因水汽所带来的问题。

也有些机型采用温控器控制电磁阀来操控增湿器的运行与停机,即燃烧炉启动并供热之后,增湿器才能启动运行。此外,其电源线路与风机电动机并联,当风机电动机运行时,增湿器同时运行。大多数增湿器仍采用湿度控制器进行控制。

独立式增湿器　许多住宅和小型商业建筑物的供热设备一般都没有传送热空气的风管系统。水暖系统、落地式电热装置以及移动式电加热器等都不采用风管。

为了能够在采用这些设备的地点对空气进行增湿,一般可配置独立式增湿器。其增湿方式与强排风燃烧炉中的相同,即采用蒸发、雾化或是红外方式对水进行处理。这种增湿器含有电加热器来加热水或其分撒在一个蒸发介质上,然后由机器内配置的风机将水汽送至整个房间或某个区域内。图 34.32 为滚筒式独立型增湿器,其蒸气的排放方式见图 34.33。在这种系统中,由电极加热水,使其转变为水蒸气,水蒸气再通过一根软管送入不锈钢的风管内。蒸气增湿器也常用于有现成蒸气锅炉的大型工业化增湿设备,蒸气通过风管系统传送或直接送入空气中。

图 34.31　离心式增湿器(Herrmidifier
　　　　　Company,Inc. 提供)

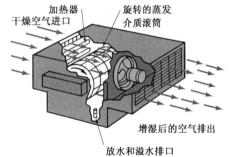

图 34.32　滚筒式独立型增湿器

风动雾化系统　风动雾化系统是利用空气压力将水分解为含有微小水滴的水汽,并使其在气流中弥散。

安全防范措施:这种雾化增湿装置以及其他雾化装置应仅限于环境空气质量要求不高的场合,或其水中矿物质含量很低的场合,这是因为水中的矿物质会随水汽扩散到整个环境空气中。最后,这些矿物质就会与空气分离,并积聚在该区域内的各个表面。这些增湿器通常仅用于生产、制造等场合,如纺织厂等。

34.10　增湿器容量的确定

对于任何一种应用场合,都应安装适当容量的增湿器。本章论述的内容是增湿器的安装与维护,不讲解如

何确定增湿器规格或容量的具体细节。但是,技术人员应了解在确定增湿器规格与容量时需考虑的几个基本因素:

1. 增湿空间的立方英尺数。此数据可通过将房内采暖面积的平方英尺数乘以地面至天花板的高度,如果某房间面积为 1500 ft², 层高为 8 ft, 那么此房间的立方英尺数为 1500 ft² × 8 ft = 12 000 ft³。
2. 建筑物的结构形式,包括保温性能、双层窗的质量、壁炉形式、建筑物的透气(水)性等。
3. 每小时的换风量和大致的室外最低温度。
4. 所需的相对湿度要求。

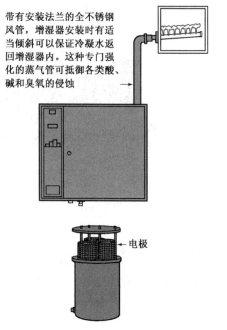

带有安装法兰的全不锈钢风管,增湿器安装时有适当倾斜可以保证冷凝水返回增湿器内。这种专门强化的蒸气管可抵御各类酸、碱和臭氧的侵蚀

电极

图 34.33　独立式增湿器

34.11　安装

制造商对其产品的说明是安装增湿器时需考虑的最重要的内容。蒸发式增湿器的运行一般与燃烧炉是否运行无关,它通常由湿度控制器独立控制,而且增湿器的连续运行,甚至在燃烧炉非运行时段内,并不会对整个空调系统带来不良影响,但是,雾化增湿器在燃烧炉和风机处于非运行状态时,则不应启动运行,如果此时运行的话,风管中往往会出现水汽聚集现象。

此外,应对风管或静压箱的间隙予以特别注意。增湿器的出口不能直接面对空调盘管、空气过滤器、电子空气净化器、风机或风管的回风口。

如果增湿器安装在送风管上,那么应选择连接至室内最大空间的送风管,这样便于使湿润的空气迅速分散至整个房间,而且,如果能获得非常均匀的分布,那么其过程往往具有较高的效率。

制定安装计划时,应十分仔细地考虑各项内容,其中包括上面已讨论过的增湿器的安装位置、电气线路的布置以及水管线(以及排水)。如果涉及相关的标准或法律规定,则必须聘请拥有专业证书的电工或水管工进行操作。

34.12　操作、排故和预防性维护

正确操作、排故和预防性维护对保证增湿设备有效运行起着非常大的作用。其中,与水直接接触的各个构件的定期、经常性清理是其关键,而且其清洗频率取决于水的硬度:水的硬度越高,水中的矿物质含量也就越多。蒸发式增湿器中,这些矿物质往往集中在蒸发介质中或其他运动构件上以及水池内。此外,霉菌、各种水藻、细菌和病毒的生长也可能会引起各种问题。累积到一定程度后,甚至还会堵塞增湿器的出口。此时可在蒸发水中加入杀藻剂以抑制水藻的生长。如果可能,应定期对水池进行换水。各构件,特别是蒸发介质应定期予以清洗。

因为水的缘故,霉菌、霉原或是水藻很可能会由不断流动的气流广泛传播,因此,室内空气质量也可能会受到来自增湿器的不良影响。霉菌、霉原或水藻可以引起室内人员的变应反应和上呼吸道疾病,因此必须定期对各类增湿器进行清理、维护,其中比较主要的维护项目就是清洗水池和蒸发介质表面,其各个表面必须定期清洗和消毒,以防止霉菌和水藻生长聚集。也有些制造商采用紫外灯来杀灭霉菌和各种水藻,以防止霉菌和水藻污染环境。对特定种类、形式、型号的增湿器,应根据制造商的要求进行清理。如果为雾化式增湿器,那么应检查喷嘴下游风管内的霉菌或霉变情况。

增湿器不运行　增湿器不运行时,其故障往往是电气线路方面的问题,或因为矿物质累积造成构件过紧或卡死。卡死时也可能会引起热过载保护装置自动切断。如果有问题,此时可按常规的排故方法,检查过载保护器、断路器、湿度控制器以及低压控制器。检查电动机,看是否烧毁。如果条件容许,还可以清洗所有构件并予以消毒。

尘量增大　如果因为采用增湿器而导致尘量增大,那么这些灰尘往往是白色的,这是因为蒸发介质上累积的矿物质所产生的,此时只需要清洗或更新蒸发介质即可。如果是雾化式增湿器,那么很可能是增湿器本身有问题。

水溢出　水溢出说明浮球阀机构存在问题,需要清洗、调整或更新。

风管内或周围出现水汽　在安装雾化式增湿器的风管内,一般都能见到水汽,但切记:这种增湿器只有在燃

烧炉运行时才能启动运行。检查控制器,看它在其他状态下,如"供冷"或"风机运行"模式下是否运行。如果气流运行受阻也会出现这样的问题。

湿度太高或太低　如果感觉湿度太高或太低,可采用手摇式湿度计对湿度控制器进行校正,如果其刻度数据不准,则可以进行调节。如果湿度控制器太靠近门、窗,则需要改变湿度控制器的安装位置,同时,应确保增湿器自身的整洁、运行正常。

本章小结

1. 许多新式住宅和办公楼宇为了获得最大的采暖和供冷效率,其整个建筑物往往将室外空气完全拒之门外,这样很可能会导致室内污染物大量聚集。
2. 消除室内污染源是改善室内空气质量的首要任务。
3. 室内霉菌生长已逐渐成为一个有目共睹的主要问题。
4. 室内空气质量可以通过通风的方式予以改善,通风可以排除空气中的污染物,同时稀释室内空气中污染物的浓度。
5. 空气清理可采用过滤、吸收等方法,吸附则是改善室内控制质量的另一种方法。
6. 如果有足够的证据表明风管存在污染,那么应对风管及时进行清理。
7. 在严寒或比较寒冷的气候条件下,为获得舒适感,可采用增湿器,同时还保护家具和其他家用物品。

复习题

1. 说出 5 种影响室内空气质量的污染源。
2. 美国采暖、制冷与空调工程师协会"室内空气质量达标通风量"标准(标准号为_____)是确定室内空气质量是否达标所普遍采用的标准。
3. 氡气是一种_____、_____和_____气体。
4. 3 种不同的生物杂质是_____、_____和_____。
5. 霉菌生长的两个基本条件是什么?
6. 用于控制室内空气污染的 3 个基本方法是_____、_____和_____。
7. 如果怀疑有氡气,应如何处理?
8. 通风为何能改善室内空气质量?
9. 空气清理器的 3 种基本类型是_____、_____和_____。
10. 正误判断:一氧化碳是由二氧化氮和二氧化硫的蒸气混合而成的。
11. 论述吸收与吸附两者之异同。
12. 正误判断:玻璃纤维过滤器介质一般采用特种不会干燥的、无毒性的胶体作为涂层。
13. 静电式空气过滤器等同于:
    A. 将空气过滤器的过滤表面增大;　　　　　　B. 玻璃纤维介质过滤器;
    C. 电子式空气净化器;　　　　　　　　　　　D. 钢制可清洗式空气过滤器。
14. 活性炭空气净化器中的净化剂可以是:
    A. 活性炭;　　　　B. 椰子壳颗粒;　　　　C. 煤制品;　　　　D. 上述任何一种均可。
15. 离子发生器可以使某一区域的尘粒_____。
    A. 分解;　　　　B. 带电;　　　　C. 清洗;　　　　D. 从中消除气味。
16. 冬季采暖房内的相对湿度一般是其_____。
    A. 最高值;　　　　B. 最低值。
17. 室内相对湿度的推荐值为:
    A. 50% ~70%;　　　B. 20% ~40%;　　　C. 30% ~50%;　　　D. 40% ~50%。
18. 正误判断:有些增湿器设有其独立热水装置。
19. 在何种空气状态下,静电的电量较大。
    A. 干燥空气;　　　　B. 潮湿空气。
20. 静压箱安装式增湿器可安装于_____处。
    A. 送风静压箱;　　　B. 回风静压箱;　　　C. 上述两处均可。

21. 论述蒸发式增湿器与雾化增湿器两者间的差异。
22. 为什么雾化式增湿器运行时,燃烧炉必须同时运行?

过滤与增湿系统的故障诊断表

所有强排风系统均采用某种形式的过滤系统,从最简单的空气过滤器一直到较为复杂的电子空气过滤器。对于较为简单的空气过滤器来说,其主要故障是因为缺乏维护而导致空气流量降低;而对于电子空气过滤器来说,其故障原因则较为复杂。

增湿器均含有水,如果未予正常维护,那么这些水往往会引起多种问题。下述故障表给出了过滤和增湿系统的常见故障。

故障	可能的原因	相应的排故措施	标题号
过滤器			
介质型			
堵塞	过滤体未能经常更新	应在更短的时段内更换过滤体	34.7
灰尘进入空调区域还可能引起蒸发器盘管和风机叶片大量积尘	过滤体过滤精度不足 空气绕过了过滤器	换用更细的过滤体 安装正确规格的过滤器	34.7
电子过滤器			
过滤器无电源	过滤器与风机联锁	采用正确的联锁电路	34.7
过滤器有电源,但过滤器不工作	过滤器中有元件接地 过滤器中触头未接触 电源部分有故障	清理过滤器 清理各触头,重新装配 更换电源组件	34.7
过滤器频繁发出爆裂声	空气中含尘量太高	改用更细的预过滤器	34.7
增湿器			
增湿器上没有电源,不工作	电路故障	更换熔断器或将断路器复位 对故障电路或接线端进行维修	34.12
	湿度控制器不能控制增湿器运行	检查湿度控制器刻度值,调节或更新湿度控制器	
	与风机联锁	确定联锁类型,并予以纠正	
机器运行,但增湿量较低	没有供水 浮球损坏 蒸发介质充满矿物质,不能吸水 传动机构能转动,但蒸发介质不转动	重新供水 更新浮球 更新蒸发介质 确认电源是否正常,如果电源正常,则更新增湿器	34.12

第七篇　空气调节(供冷)

第 35 章　舒适与湿空气的物理性质

教学目标

学习完本章内容之后,读者应当能够:

1. 认识影响舒适感的 4 个因素。
2. 解释人体温度与室内温度间的关系。
3. 解释舒适感因人而异的原因。
4. 定义湿空气的物理性质。
5. 定义湿球温度与干球温度。
6. 定义露点温度。
7. 解释空气中水蒸气压力。
8. 论述湿度。
9. 利用焓湿图确定空气状态。

35.1　舒适

舒适是人体对环境感到愉快的一种完美平衡。如果我们对周围环境未产生不舒适、不愉快的感觉,那么我们周围就是一个舒适的环境。提供生活与工作的舒适环境是采暖与空调行业的任务之一。人的舒适感涉及 4 个方面的内容:(1)温度;(2)湿度;(3)空气的流动;(4)空气的净洁度。

对于自我保护和舒适感,人体具有非常复杂的控制功能。当人从暖和的室内来到 0℉ 的室外时,人体即开始针对环境做出相应调节;当人从温度较低的室内走向 95℉ 的室外时,人体同样也会迅速做出调整,使自身适应新的环境,防止过热。人体的自我调节是依靠循环和呼吸系统来实现的。当人体感到较热时,表皮底下的脉管就会扩张,使表皮底下的血液以某种方式来增加与空气的热交换。这也正是人体体温较高时会面红耳赤的原因。如果此时不予降温,那么人体即开始大量排汗。当这部分汗液蒸发时,它就会从人体带走大量的热量,使体温迅速下降。因此,在炎热天气下,大量排汗时就必须饮用大量的流质。

35.2　食物能量与人体

人体可以比做燃煤的热水锅炉。煤在锅炉中燃烧、产生热量,热也是一种能量。食物对于人体就像是煤之于热水锅炉。锅炉中的煤在转化为区域采暖热量的过程中,其中的少量热量随烟气上升,有一些则消散在环境空气中,还有一些随着煤灰"烟消云散"。如果向炉膛中不断添加燃料而又不让热量消散,那么此锅炉就会过热,见图 35.1。

人体消耗食物来产生能量,其中一部分能量以脂肪形式存储,有一些则作为废物排出体外,还有一部分以热量方式消散,另有一部分则以能量方式用以维持人体各器官的正常功能。如果人体需要将自身的少量热量向环境排放而又不能实现时,那么人体也会过热,见图 35.2。

35.3　人体体温

人体的正常体温为 98.6℉,见图 35.3。当我们的身体因为摄入食物而处于不断地以适当流量向周围环境空气排热时,我们就会有舒适的感觉。但是,要维持这种舒适状态,即处于一种相对平衡状态,就需要满足一定的条件。

人体一般通过 3 种传热方式来排放和吸收热量:传导、对流和辐射,见图 35.4。汗液的蒸发被认为是第 4 种方式,见图 35.5。当人体的周围环境处于某种所谓的舒适状态时,人体就能够以自身感觉舒适、稳定的流量向外排热。因此,要使人体感到舒适,环境温度就必须低于人体温度。一般来说,当人体为静止状态(静坐时)且处于空气温度为 75℉、相对湿度为 50%、空气稍有流动的环境下,人体就会有相对舒适的感觉。要注意,此时室内的空气温度比人体温度低 23.6℉,见图 35.6。在较为寒冷的气候情况下,人体舒适感所需要的状态参数则与此完全不同(因为我们会穿较多的衣服)。以下内容可以为舒适状态的调整提供相关依据。

1. 在冬季:

　A. 如果温度较低,可以通过提高湿度的方法予以弥补。

　　　B. 如果湿度较低,就必须将温度提高。

　　　C. 空气流动速度的影响非常明显。

2. 在夏季:

　　　A. 当湿度较高时,空气流动速度的增大有助于提高舒适感。

　　　B. 如果温度较高,可以通过降低湿度的方法予以弥补。

3. 冬、夏两季的舒适状态参数完全不同。

4. 一个国家不同地区的服装样式差异往往会使人对空调区域内的舒适温度有不同的要求。例如,在缅因州,人们在冬季的着装往往要比佐治亚州的人更讲究保暖,因此,在缅因州,居民住宅或办公室内的温度就不可能与佐治亚州的室内温度处于同一水平。

5. 人体的代谢作用因人而异。例如,妇女的体温天生就比男人要低。老人的循环系统一般也不可能像年轻人那样。妇女似乎都希望温度控制的变化范围更小些。

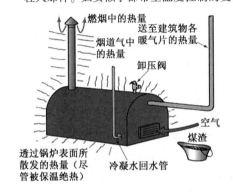

图 35.1　锅炉在消耗燃料获得能量的方式上与人体十分相似

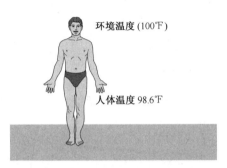

图 35.2　人体此时必须向环境放出少量自身热量,否则人体就会过热

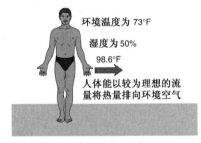

图 35.3　人体的正常体温为 98.6℉

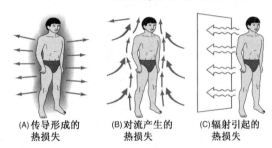

图 35.4　人体直接排热的 3 种方式:(A)传导;(B)对流;(C)辐射

图 35.5　人体排热的第 4 种方式——汗液的蒸发

图 35.6　人体处于静止状态时与周围环境的相对关系

35.4　舒适图

　　图 35.7 中的线图常称为通用舒适图,可用于某种状态与其他状态的比较。它可以表示夏、冬季节中各种温度与各种湿度的不同组合,但此图仅针对一种空气流动状态。技术人员可以利用此图来确定空气状态点和比较某空调区域的舒适状态。一般来说,空气状态点位置越靠近图中央,对此状态感到舒适的人群比例也就越高。但需注意,对于夏、冬两季的舒适状态各有一张图。在 35.12 节中,我们将介绍如何在此图上确定空气的状态位置。

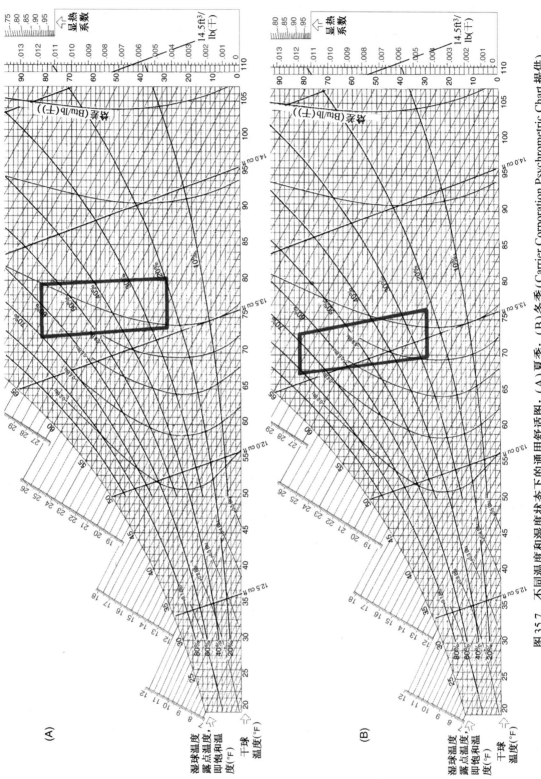

图 35.7 不同温度和湿度状态下的通用舒适图：(A) 夏季；(B) 冬季 (Carrier Corporation Psychrometric Chart 提供)

空气调节的任务就是对我们周围的环境空气进行冷却、加热、增湿、降湿与除尘。空气中含有约 78% 的氮气、21% 的氧气和 1% 左右的其他气体,其中,水以低压水蒸气的方式悬浮于空气中,称为湿气,见图 35.8。空气中的水分是在舒适图上确定状态参数,从而确定舒适程度的一个重要组成部分。

35.5 湿空气学

湿空气学的研究对象就是湿空气及其物理特性。当我们走入室内时,不会意识到室内空气的存在,但空气确有重量,且像游泳池中的水一样占有空间。当然,游泳池中的水,其密度要比室内的空气密度要大许多,水的单位体积重量也比空气大得多。标准大气压状态下,空气的重量约为 0.075 lb/ft³,见图 35.9;而水的密度则为 62.4 lb/ft³。

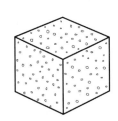

图 35.8 悬浮于空气中的水汽

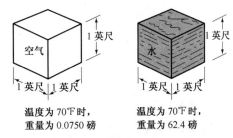

温度为 70℉时,
重量为 0.0750 磅

温度为 70℉时,
重量为 62.4 磅

图 35.9 同体积下,空气与水的重量差

空气像水一样,其流动过程中也会有阻力。要证实这一概念,我们只需用一块较大的纸板,以其板面方向在空气中快速挥动,见图 35.10,由于空气的阻力,挥动时会感到需要很大的作用力,而且,纸板的面积越大,其受到的阻力也就越大。如果你在大风天气下带着纸板来到室外,那么大风会将纸板从你的手中吹跑。此时的纸板就像船上的风帆,见图 35.11。再举一个例子,见图 35.12,将一个空茶杯倒置压入水中,那么杯中的空气就会阻止周围的水进入杯子中。

图 35.10 此人在来回摇动纸板时会感到很费劲,这是因为其周围均为空气,其在纸板摇动时,空气对纸板产生阻力

图 35.11 此人带着纸板走出建筑物,来到风口处,大风就会将其向前推进,这是因为空气具有重量且占有一定的体积

房间内的空气重量可以将房间的总容积量乘以空气的每立方英尺重量求得。如果某房间的三维尺寸为 10 ft × 10 ft × 10 ft,其总容积为 1000 ft³,那么其室内空气的重量即为 1000 ft³ × 0.075 lb/ft³ = 75 lb,见图 35.13。1 磅空气所占用的体积数即为空气密度的倒数。某个数的倒数也就是用这个数除以 1,那么 70℉时,空气密度的倒数也就是 1 被 0.075 所除后的商,即 13.33 ft³/lb,见图 35.14。空气密度的倒数称为空气的比容,也就是 1 磅空气所占的体积量,此数值在许多空气计算中都要用到。

35.6 空气中的水分

环境空气不可能全是干空气,这是因为江河、湖泊等水面以及雨水都会使任何地方的环境空气(即使在沙漠中)含有一定的水分(整个地球表面约有 65% 的面积为水面)。空气中的含水称为湿气。

35.7 空气中的过热气体

由于空气是多种不同气体的混合物,因此它不是一种单一的化学元素或气体。空气由 78% 的氮气、21% 的氧气和1%的其他气体构成,见图35.15。空气中的这些气体具有很大的过热度,如,氮气在常压下,其汽化温度为 -319℉;氧气在常压下的汽化温度为 -297℉,见图35.16。因此,大气中的氮气和氧气完全是一种过热气体。从热力学零度(兰氏0°)来计算,这两种气体均有数百度的过热。根据道尔顿的分压定律,每一种气体均具有压力。该定律表明:混合气体中每一种气体的分压力与其他气体无关,且混合气体的总压力等于混合气体中每一种气体分压力之和。在一个空间内可同时有多种气体。

图35.12 可以用另一种方式来证明空气占有一定的体积

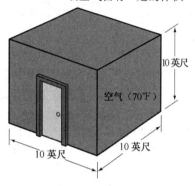

图35.13 此房间三维尺寸为 10 ft × 10 ft × 10 ft,含有1000ft³的空气,室内的空气重量为 1000 ft³ × 0.075 lb/ft³ = 75 lb

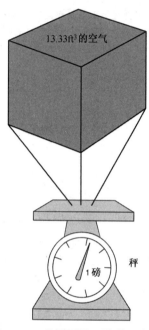

图35.14 此图可用于说明 1 磅空气所占有的立方英尺体积数

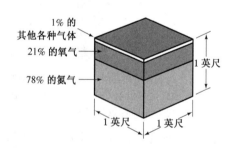

图35.15 空气中氮气与氧气的比例关系

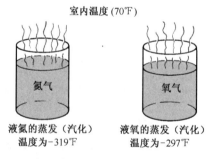

图35.16 如果将一烧杯的液氮和一烧杯的液氧放在室内,它们会立即蒸发、汽化

悬浮于空气中的水蒸气也是一种气体,它也具有自己的压力,并与其他气体一起占有一定的体积。如果环境状态下茶碟中的水温为 70℉,那么其蒸气压力即为 0.7392 in. Hg,见图35.17。如果空气中水蒸气压力低于茶碟中的水蒸气压力,那么茶碟中的水就会缓慢地汽化,进入空气中水蒸气压力较低的区域。例如,如果室内空气的干球温度为 70℉,湿度为30%,那么悬浮于空气中的湿气蒸气压力即为 0.101 psia × 2.036 = 0.206 in. Hg,见图35.18。空气中湿气蒸气压力可以在焓湿图和饱和水数据表中查到。当压力逆向变化时,那

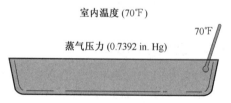

图35.17 室内一敞口茶碟中水温为 70℉ 时所对应的水蒸气压力

么水蒸气也会逆向移动。例如,如果茶碟中的水蒸气压力小于空气中的蒸气压力,那么空气中的水蒸气即会冷凝成水,进入茶碟中,见图 35.19。

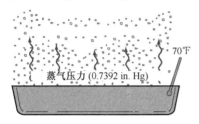

图 35.18　悬浮空气中的湿气压力受室内湿度的影响

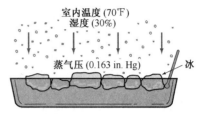

图 35.19　茶碟中的水含有冰块,因此,其蒸气压力降低至0.163(0.08 psia × 2.036 = 0.163 in. Hg)。此时,室内温度仍为70℉,湿度为30%,蒸气压力为0.206 in. Hg

35.8　湿度

空气中的含湿量(湿度)以其重量并以磅或格令为单位计量(7000 格令/磅)①。空气中的含湿量很少,在压力为 29.92 in. Hg,温度为 70℉ 的情况下,每磅相对湿度为 100% 的湿空气仅含有 110.5 格令的水蒸气(0.015 78 磅)。空气的含湿量有多种计算方法,其中,相对湿度是现场计量中最有效且应用最广泛的一种方法。其依据是 1 磅空气中水蒸气重量与 1 磅 100% 饱和空气中水蒸气重量之比,见图 35.20。图 35.20(A)为空气温度为 70℉,1 磅 100% 饱和空气含 110.5 格令的示意图;图 35.20(B)为在同样温度下,50% 饱和空气含 55.25 格令的水蒸气的示意图。

大型建筑物应保存有能够向技术人员提供建筑物室内设计状态参数的一整套文件。当系统和控制器正常启动和运行时,系统应当能够保持原有的设计状态。当系统某处出现故障时,即可要求技术人员上门检查这些区域的状态是否在正常的温度与湿度范围之内。通常情况下,解决问题的唯一办法是查找制造商的相关说明书,并检测干、湿球温度值,然后在舒适图上标定出空气状态点位置,或将干、湿球温度读数与建筑物留存文件中的设计参数进行比较。建筑物的承租人很可能会坚持要求满足设计状态参数,否则将依据建筑物管理相关法律要求征收罚款。如果事情僵持不下,那么技术人员必须准备做一些较为精确的测试,并当场记录测试结果,来确定是否存在什么故障。通常情况下,实际状态参数与设计参数并不会有很大的出入,只是来自排风的气流对舒适感产生影响,因此,这不是调整温度的问题,而是调整气流的问题。办公室经常需要重新分隔、组合,往往需要将地面上的隔墙反复移动,这样就造成了各人员区域内的状态参数发生变化。此时,只要认真观察一下原有的风管出风口和控制系统,通常就能解决这些问题。

尽管气象工作者也会谈到相对湿度的问题,但他们不习惯用相对湿度来比较气候状态,这是因为当空气温度发生变化时,每磅空气中的含湿量也会发生变化。气象工作者常采用露点温度来进行比较。关于露点温度的问题,我们将在后面详细讨论。

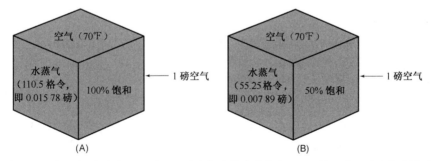

图 35.20　相对湿度是实际悬浮于 1 磅空气中的水蒸气与 100% 饱和的 1 磅空气所含水蒸气的重量之比:(A)1 磅100% 饱和空气,70℉ 时含水蒸气为110.5格令;(B)同样温度下,50% 饱和度的空气含水蒸气量为 55.25 格令

---

①　格令(grain)为英制质量单位。1 格令 = 64.8 毫克。—译者注

35.9　干球温度和湿球温度

空气中的含湿量可以利用干球温度和湿球温度两个参数一同确定。干球温度表示空气的显热水平,可以用普通温度计测定。湿球温度需要采用在其感温包端部扎有纱线,并将纱线另一端浸没在蒸馏水中的温度计予以测量。湿球温度计上的读数是确定空气含湿量的一个参变量,它反映了空气的总热量。由于蒸馏水的蒸发,湿球温度计上的读数均低于干球温度,绝对不会高于干球温度计上的读数。如果其读数高于干球温度计,那么就一定存在问题。由于一般的水中都含有矿物质沉淀,其中的部分矿物质还会影响蒸发温度,因此最好采用蒸馏水。

干球温度计与湿球温度计上的读数差称为湿球温降,图35.21为湿球温降表。当空气中的悬浮水蒸气减少时,湿球温降增大,反之则减少。例如,当室内干球温度为76℉,湿球温度为64℉时,其湿球温差为12℉,相对湿度为52%。如果76℉的干球温度保持不变,此房间内的水蒸气增加,湿球温度上升至74℉,那么当湿球温降变为2℉时,即说明室内的相对湿度已上升至91%;如果湿球温降为零(即干球温度为76℉,湿球温度亦同为76℉),那么说明空气已处于水蒸气饱和状态。

干球温度	湿球温降																													
	1	2	3	4	5	6	7	8	9	10	11	12	13	14	15	16	17	18	19	20	21	22	23	24	25	26	27	28	29	30
32	90	79	69	60	50	41	31	22	13	4																				
36	91	82	73	65	56	48	39	31	23	14	6																			
40	92	84	76	68	61	53	46	38	31	23	16	9	2																	
44	93	85	78	71	64	57	51	44	37	31	24	18	12	5																
48	93	87	80	73	67	60	54	48	42	36	34	25	19	14	8															
52	94	88	81	75	69	63	58	52	46	41	36	30	25	20	15	10	6	0												
56	94	88	82	77	71	66	61	55	50	45	40	35	34	26	24	17	12	8	4											
60	94	89	84	78	73	68	63	58	53	49	44	40	35	31	27·22	18	14	6	2											
64	95	90	85	79	75	70	66	61	56	52	48	43	39	35	34	27	23	20	16	12	9									
68	95	90	85	81	76	72	67	63	59	55	51	47	43	39	35	31	28	24	21	17	14									
72	95	91	86	82	78	73	69	65	61	57	53	49	46	42	39	35	32	28	25	22	19									
76	96	91	87	83	78	74	70	67	63	59	55	52	48	45	42	38	35	32	29	26	23									
80	96	91	87	83	79	76	72	68	64	61	57	54	54	47	44	41	38	35	32	29	27	24	21	18	16	13	11	8	6	1
84	96	92	88	84	80	77	73	70	66	63	59	56	53	50	47	44	41	38	35	32	30	27	25	22	20	17	15	12	10	8
88	96	92	88	85	81	78	74	71	57	64	61	58	55	52	49	46	43	41	38	35	33	30	28	25	23	21	18	16	14	12
92	96	92	89	85	82	78	75	72	69	65	62	59	57	54	51	48	45	43	40	38	35	33	30	28	26	24	22	19	17	15
96	96	93	89	86	82	79	76	73	70	67	74	61	58	55	53	50	47	45	42	40	37	35	33	31	29	26	24	22	20	18
100	96	93	90	86	83	80	77	74	71	68	65	62	59	57	54	52	49	47	44	42	40	37	35	33	31	29	27	25	23	21
104	97	93	90	87	84	80	77	74	72	69	66	63	61	58	56	53	51	48	46	44	41	39	37	35	33	31	29	27	25	24
108	97	93	90	87	84	81	78	75	72	70	67	64	62	59	57	54	52	50	47	45	43	41	39	37	35	33	31	29	28	26

图35.21　湿球温降表

35.10　露点温度

露点温度就是空气中的水汽开始冷凝时的温度。例如,如果将一杯温水放在一个温度为75℉,相对湿度为50%的房间内,那么玻璃杯中的水就会缓慢地蒸发,进入室内空气中;如果在杯中逐渐加入少量冰块,那么当玻璃杯上的各个表面温度下降至55.5℉时,玻璃杯的外表就会开始出现水珠,见图35.22。甚至还会有室内水汽进入玻璃杯的水中,玻璃杯中的液位开始上升。有水珠出现时的温度即称为空气的露点温度。因此,只要将空气吹过温度低于空气露点温度的某个冷表面,水汽就会聚集在此冷表面上,如空调盘管上,从而达到对空气进行降湿的目的,见图35.23。冷凝后的水汽然后通过排水管排出,这也就是空调器冷凝水管不断流出的冷凝水,见图35.24。

露珠

冰水

图35.22　玻璃杯温度逐渐下降时,玻璃杯外侧就会开始有水珠出现

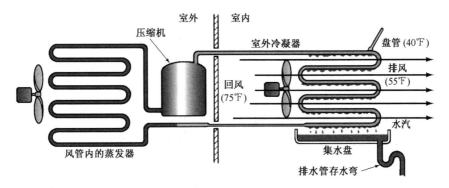

图 35.23　空调盘管将流经其冷表面的空气中的水冷凝

35.11　焓湿图

下面我们讨论如何在焓湿图上确定空气的状态点位置,见图 35.25(A)。焓湿图看上去挺复杂,但仅需一把透明的塑料直尺和一支笔就能帮助你掌握确定空气状态点的方法。图 35.25(B)～图 35.25(G)为在焓湿图上标定不同状态点位置的几个例子。

如果已知上面提到的任意两个状态参数,就可以据此确定其他状态参数。确定室内空气状态参数的最简单的方法是采用湿球温度和干球温度。例如,你可以取一个电子温度计,如果它上面没有湿球温度计,那么可以自己做一个湿球温度计。取两根连接线,用胶带扎在一起,并使其中的一根连接线稍短于另一连接线 2 英寸,见图 35.26。简单的引水绳也可用白棉布来做,但要保证上面不得有汗渍。用温度稍高于室内空气的蒸馏水湿润低端感温包(即装有棉纱线的感温包)。如果一时无法获得蒸馏水,那么可以采用空调器后端

图 35.24　从窗式空调器背面不断流出的水就是从空调器蒸发盘管上收集的室内水汽

清洁的冷凝水管排出的水。自来水管的水也可以用,但往往会因为水中杂质影响到读数的精度。然后用手捏住离感温包 3 英寸处在空气中缓慢地转动,此时,湿球温度读数就会低于干球温度读数,一直到低端感温包的温度停止下降为止,但此时棉纱线仍需保持湿润状态,在手不接触感温包的情况下,迅速读出湿球温度和干球温度。假设此时的干球温度(DB)为 75 ℉,湿球温度为 62.5 ℉(WB),那么用铅笔在焓湿图上此位置处画个圆点,见图 35.25(A),然后以此圆点为中心画一个浅淡的圆,以方便之后找到此圆点位置。由此圆点可以找到以下各状态参数:

1. 干球温度　　　　　　75 ℉
2. 湿球温度　　　　　　62.5 ℉
3. 露点温度　　　　　　55.5 ℉
4. 一磅空气总含热量　　27.2 Btu
5. 一磅空气的含湿量　　65 gr
6. 相对湿度　　　　　　50%
7. 空气比容　　　　　　13.6 ft³/lb

图 35.27(A)为一位技术人员使用手摇式湿度计来检测湿球温度和干球温度。

图中的手摇式湿度计为手动仪器。此外,还有更加方便读取数值的新型电子式湿度计,图 35.25(B)和(C)为电动式湿度计和电子式湿度计,但这类湿度计的价格一般较贵,是为需经常使用这些仪器的技术人员配置的。

35.12　在焓湿图上标定空气的状态位置

对空气进行热湿处理时,空气状态的变化趋势也可以在焓湿图上表示。下面为空调系统中各种不同处理装置对空气进行处理时空气状态的变化趋势。

1. 空气做加热处理,空气在流经加热设备时,其状态沿显热增加的方向变化,见图 35.28(A)。
2. 空气做冷却处理,没有水汽析出,其状态即沿图中显热减少的方向变化,见图 35.28(B)。
3. 空气做增湿处理,空气既无加热,也无排热,含湿量和露点温度提高,见图 35.28(C)。这不是一个常规实用过程。

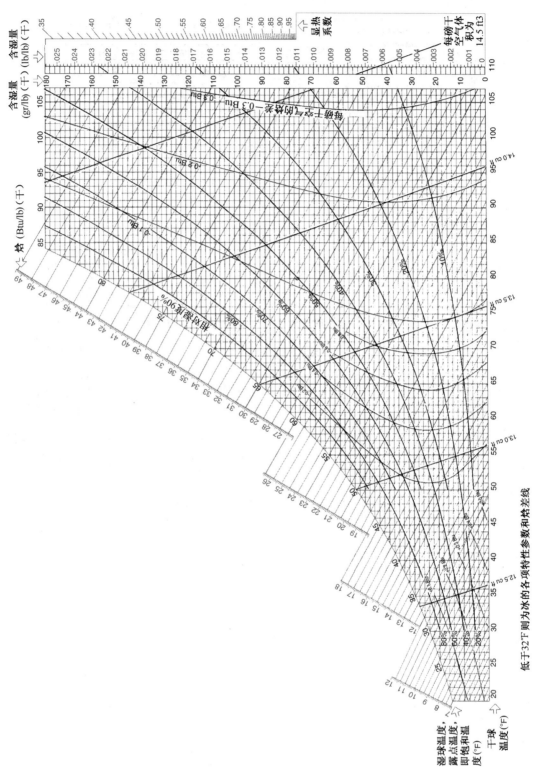

图35.25 （A）焓湿图（Carrier Corporation 提供）

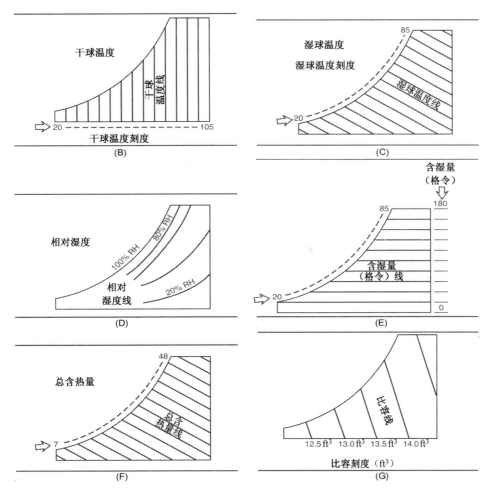

图 35.25（续）　（B）用于说明干球温度线的简图；（C）用于说明湿度温度线的简图；（D）用于说明相对温度线的
简图；（E）用于说明空气中含湿量线（格令/磅）的简图；（F）用于说明空气的总含热量线（Btu/lb）
的简图，这些线段几乎与湿球温度线平行；（G）用于说明不同状态下空气比容值的简图

4. 空气做降湿处理，空气既无加热，又无排热，那么含湿量
   及露点温度均降低，见图 35.28（D）。这不是一个常规
   实用过程。
5. 利用蒸发式冷却器对空气进行降温、增湿处理。在一些
   炎热干燥地区常采用这种处理过程，见图 35.28（E）。

如果我们将进入空调设备前的空气状态在图上确定位置并
以此为参考点，见图 35.29，就可以在对空气进行加热、冷却、增
湿或降湿处理时，在图上表示空气的各状态变化过程。事实上，
有些空气调节装置可同时对空气进行加热和增湿或同时对空气
进行冷却和降湿处理。以下案例将说明在大多数常规采暖和供
冷系统中空气参数的变化过程。

1. 在冬季，大多数系统均需要对空气进行加热和增湿处
   理，那么空气即表现为温度增高，同时，含水量和露点温
   度上升，见图 35.30。
2. 在夏天，大多数系统均需要对空气进行冷却和降湿处

   理，那么空气即表现为温度、含湿量和露点温度的下降，见图 35.31。

重点在于：空气含热量和含湿量的变化必然会影响湿球温度的读数，从而引起总含热量的变化。

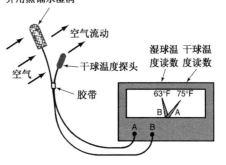

图 35.26　用一台电子温度计制作
为湿球和干球温度计

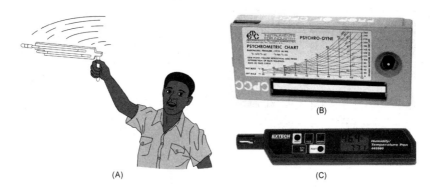

图 35.27 (A)一位技术人员正在摇动湿球和干球温度计,即手摇式湿度计;
(B)配置有小风机的电动式湿度计;(C)电子湿度计(Bill Johnson摄)

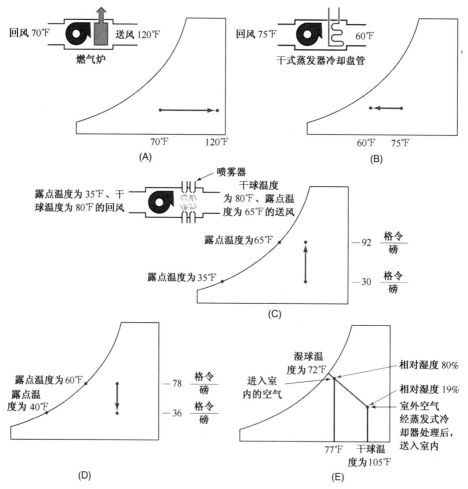

图 35.28 (A)空气做显热热交换处理;(B)采用运行温度高于空气露点温度的干式蒸发器盘管
对空气进行冷却,此时无水汽析出。这是一种非常规实用过程;(C)采用喷雾器对
空气进行增湿,其露点温度和含湿量均同时上升;(D)空气排湿。这不是一种常规
实用方式,仅用于说明问题;(E)干、热空气流经蒸发式冷却器时,热量传递给
冷却器的水,进入室内的空气温度下降,湿度提高。水蒸发使空气温度下降

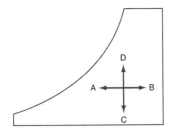

空气状态调节过程中，其状态点位置会向下述方向移动：
(A) 显热减少；
(B) 显热增加；
(C) 潜热减少，含湿量降低；
(D) 潜热增加，含湿量增加。

图 35.29　显热和潜热的变化

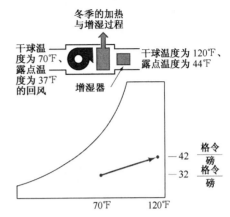

图 35.30　显热增加，使空气温度从 70℉ 上升至 120℉。水汽蒸发，使空气的潜热增加

35.13　总热量

采暖或冷却机组的实际容量也可以利用焓湿图的总热量值在现场予以检测。如果流经热交换器的空气量已知，那么分别检测热交换器进出口端的总热量值，即可获得非常精确的热交换器的性能参数，见图 35.32。

要获得舒适感，就必须使我们周围的空气保持在一个较为合理的状态下。我们对室内空气进行加热、冷却、降湿、增湿以及除杂，其目的在于使人体能够排出适当数量的热量，从而获得舒适感。此外，将少量空气从室外引入空调器可以防止室内空气缺氧和空气浑浊，这部分空气也称为新风量或换风量。如果系统没有专门的换风系统，那么它只能依赖门、窗四周的新风渗入。

许多新式节能型住宅的门、窗结构一般都非常严密，通过渗漏方式无法提供足够的新鲜空气。最近的研究表明：住宅和建筑物的室内污染程度与这些住宅和建筑物的节能效果几乎同步增长。人们现在的节能意识比过去有了很大的提高，

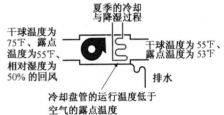

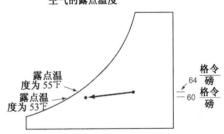

图 35.31　显热减少，空气温度下降，潜热排除，空气中的含湿量降低

新式建筑物的结构形式可以使室外的空气渗入量很少。业主为防止室外空气进入建筑物常采取的方法是：
1. 安装双层窗。
2. 安装双重门。
3. 门、窗四周安装各种填隙材料。
4. 在排气风扇和干衣机排气管上安装单向风门。
所有这些措施都可以使渗入的室外空气量大为降低，从而减少能源成本支出，但由于室内存在着众多的污染源，这种做法并非完全是好事，原因如下：
1. 新地毯、窗帘和装潢饰件中的化学制品。
2. 烹饪所产生的各种气味。
3. 来自洗涤用化学制品的蒸气。
4. 浴室内的各种气味。
5. 来自新近油漆房间的蒸气。
6. 来自喷雾罐、喷发胶和室内除臭剂的各种蒸气。
7. 来自刨花板中的环氧树脂蒸气。
8. 宠物及它们生活区域的气味。
9. 来自泥土并渗入建筑物内的氡气。
这些室内污染物一般都能以通风的方式，利用室外空气进行稀释。渗入建筑物的空气只是一种随机空气

量,因此必须要有定期的、人为控制的通风,将室外的新鲜空气引入建筑物内。将室外空气在加热或空调系统的前端引入系统时也称为通风,它常采用将室外空气通过风管连接至设备的回风侧来实现,见图35.33。

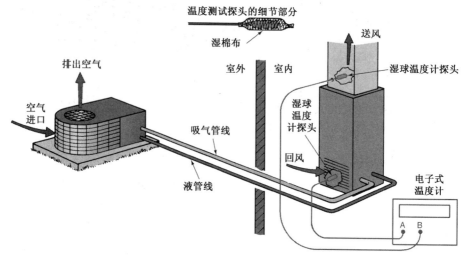

图35.32　在空气热交换器的两端测取湿球温度值

对于应引入多少室外的新风量也有不同的观点,但业界普遍认同整个建筑物每小时的换气量应至少为0.25。也就是说,室内25%的空气需由从室外引入的空气来取代。例如,假设某房间面积为2000 ft²,层高为8 ft,由于房间相当密封,需定时换风,如果每小时更换25%的空气量,那么每分钟必须引入多少体积量的空气?

$$2000 \ ft^2 \times 8 \ ft \times 0.25 = 4000 \ ft^3/h$$

$$\frac{4000 \ ft^3/h}{60 \ min/h} = 67 \ cfm$$

对于设备来说,这就明显地增加了一部分负荷。例如,假设此房间位于佐治亚州的亚特兰大,当地冬季室外空气的设计工况温度为17℉(见图36.13,设计工况的干球温度值为99%一栏中的数值)。

当室外温度为17℉时,如果要求将室内温度保持在70℉,那么两者的温差为53℉。仅仅因为换风所引起的供热设备负荷为:

$$Q_s = 1.08 \times cfm \times TD$$

$$Q_s = 1.08 \times 67 \times 53$$

$$Q_s = 3835 \ Btu/h$$

此公式曾在第30章中做过详细解释。

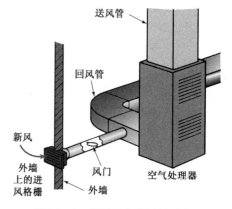

图35.33　新风吸入回风管,用以
改善室内的空气质量

由于一年中室外空气温度出现17℉的日子仅为1%左右,其余的99%时间内,室外空气的温度均高于17℉,这种情况常称为可能的极端最坏状态。许多系统设计人员在设计系统过程中一般均采用极端最坏状态97%一栏中的数据。由于小容量设备的设计温度一般都比较高,因此人们常选用小容量的设备,但是在寒冷的冬季可能会有一些风险。

对于夏季时的热量计算方法大致相同,只是计算公式需要稍做变化,即需要同时考虑显热和潜热两部分热量。夏季的设计工况为:干球温度为95℉,湿球温度为74℉,此时空气的总热量计算公式为:

$$Q_t = 4.5 \times 总的热量差$$

式中,Q_t表示总热量,4.5是将空气重量磅数转化为cfm的常数,总热量等于室内、室外空气总的热量差。

要解答新风量大小的问题,需根据室内空气状态参数和室外空气状态参数在焓湿图上确定位置,找出其相关参数量。

室外空气:干球温度为 95℉,湿球温度为 74℉时,其焓值为 37.68 Btu/lb。
室内空气:干球温度为 75℉,相对湿度为 50% 时,其焓值为 28.10 Btu/lb。
总的热量差为 9.58 Btu/h。

$$Q_t = 4.5 \times cfm \times 总的热量差$$
$$Q_t = 4.5 \times 67 \times 9.58$$
$$Q_t = 2888 \ Btu/h(因换风,新风加入的总热量)$$

系统设计人员常需要将总热量的设计值分解成显热得热和潜热得热两部分,因为设备必须根据显热容量和潜热容量分别进行选择,否则,空调区域的湿度就无法满足要求。因此,需采用显热计算公式和潜热计算公式分别计算。由于焓湿图上的曲线精度不够,因此可能无法得到完全相同的计算结果:

$$Q_s = 1.08 \times cfm \times TD$$
$$Q_1 = 0.68 \times cfm \times 含水量(格令)差$$

式中,Q_1 表示潜热,0.68 是将 cfm 值转化为空气磅数和每磅空气中格令数的常数,含水量(格令)差等于室内、室外每磅空气中的格令数之差。

例题:

$$Q_s = 1.08 \times cfm \times TD$$
$$Q_s = 1.08 \times 67 \times 19$$
$$Q_s = 1375 \ Btu/h \ (显热)$$

根据上述确定的、焓湿图上的各状态点,我们可以得到:室外空气含湿量为 92.8 gr/lb,室内空气含湿量为 64 gr/lb,两者差为 28.8 gr/lb:

$$Q_1 = 0.68 \times cfm \times 含水量(格令)差$$
$$Q_1 = 0.68 \times 67 \times 28.8$$
$$Q_1 = 1312$$

则总热量 = $Q_s + Q_1$ = 1375 + 1312 = 2687 Btu/h。

采用湿球温度值计算的总热量与此稍有差异,为 2888 Btu/h,这是因为在焓湿图上无法精确地确定数值和线段位置。此外,印刷过程中,线段还会出现较小的变形和失真。由于 cfm 数值较大,即使一个很小的误差,在与 cfm 相乘之后,就会产生一个相当大的误差。

办公楼也有同样的污染问题,而且室内人员较多、活动频繁,其污染源更多。此外,办公楼还有频繁改变原有结构的情况,更易导致结构型的污染。采用液体复制方式的复印机会排出多种蒸气。此外,办公楼内,单位面积上的人数较多。

作为公共场所的各类建筑物内,新风量的国家标准主要依据建筑物内的人员数量和建筑物的用途进行分类。由于在建筑物内的活动内容、方式、人员数量不尽相同,因此,不同的建筑物内可能会有不同的污染速度。例如,放有较多复印机和晒图机的建筑物往往会比仅有计算机等电器设备的房间有更多的室内污染源。百货商店也会与餐馆有不同的要求。图 35.34 为美国采暖、制冷与空调工程师协会推荐的不同场合下的新风需求量。这些数据还会随各种相关的研究结果不断地修正,这些数值仅供比较用。

设计工程师负责为一建筑物选择、确定适当的新风量,技术人员则负责调整现场的新风量,因此必须向技术人员提供整套建筑物冷热系统的设计说明文件,这样才能使技术人员能够正确地调整风门,将适量的室外空气引入建筑物内。

为了正确设定进风风门的开启量,还需通过计算来确定室内外空气混合后的状态。为便于理解,我们可以将室内外空气的状态在焓湿图上标定出具体位置,然后据此调节风门,从而获得理想的室内空气状态。例如,假

新风量 根据 ASHRAE 62-1989 标准简化 cfm(见脚注)	
餐馆	20
酒吧和鸡尾酒娱乐场所	30
饭店会议室	20
办公区域	20
办公区会议室	35
零售商店	0.02 ~ 0.03(a)
美容店	25
弹子房和迪斯科舞厅	25
展览馆观众区域	15
剧场、影院、会堂观众席	15
旅客休息候机(车、船)室	15
教室	15
医院病房	25
住宅	0.35(b)
吸烟处	60

a:每平方英尺面积的 cfm 量

b:每小时换气量

图 35.34　典型场所的新风量(ASHRAE, Inc. -Standard 62-1989)

定某建筑物内干球温度为 72 ℉、湿球温度为 60 ℉的室内空气与干球温度为 90 ℉、湿球温度为 75 ℉的室内空气混合,当这两个空气状态在焓湿图上确定位置后,可以在此两点位置间绘出一根直线,两种状态空气相互混合后的状态即在此连接线上,见图 35.35。如果该混合空气由室内外空气各占一半构成,那么此混合空气的状态点即处于点 A 与点 B 间连线的中点位置。

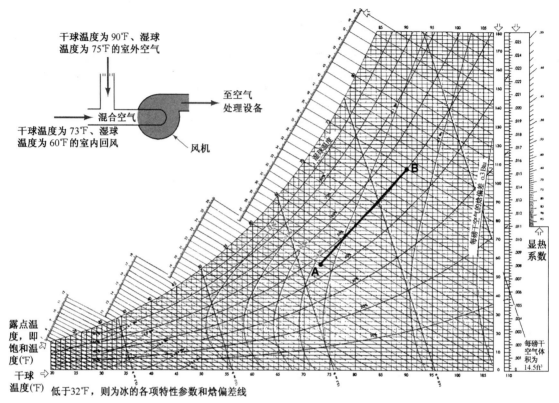

图 35.35 点 A 为室内空气的状态,点 B 则为室外空气的状态点。当这两种空气混合时,混合后的空气状态必处于点 A 与点 B 间的连线上(Carrier Corporation Psychrometric Chart 提供)

如果已知室外空气或室内空气在混合空气中的百分比,那么就可以通过计算确定混合空气状态点在 AB 线上的位置。例如,要计算室外空气比例为 25%,室内空气比例为 75% 的混合空气的状态,就可以根据下述计算确定连线上的干球温度值。求得此干球温度值后,以此干球温度等温线与 AB 线的交点,即可求得混合空气在此状态时的其他参数:

$$25\% \text{ 的室外空气}: 0.25 \times 90 \text{℉} = 22.50$$
$$75\% \text{ 的室内空气}: 0.75 \times 72 \text{℉} = 54$$
$$\text{混合空气的干球温度} = 76.5$$

在图 35.36 中的线图上可以找到 C 点及其他两点位置。注意,混合的空气状态点位置一定是靠近百分比例较大的空气状态点一端。

实际工作中可能遇到的情况如下。

建筑物空调参数

1. 建筑物内每分钟的空气流量:50 000 cfm。
2. 循环空气量:37 500 cfm,取 75% 的回风。
3. 新风补充量:12 500 cfm,占空气流量的 25%。
4. 室内设计温度:干球温度为 75 ℉,相对湿度 50%(湿球温度为 62.6 ℉)。
5. 室外设计温度(佐治亚州、亚特兰大市):干球温度为 94 ℉,湿球温度为 74 ℉。

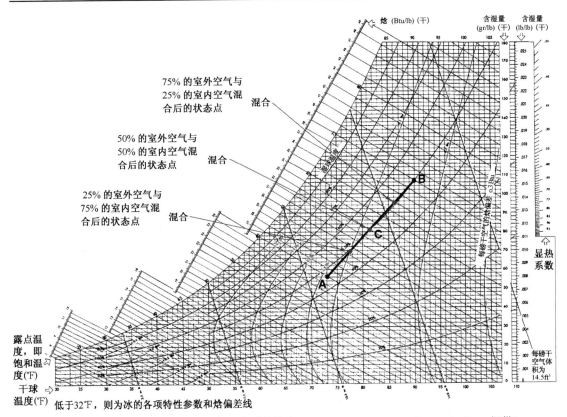

图 35.36　不同比例的室内外空气混合后的状态(Carrier Corporation Psychrometric Chart 提供)

技术人员到达现场后,检查室外空气比例,发现室外温度并不在实际温度状态。此时室外空气状态为:干球温度为 93 ℉,湿球温度为 75 ℉;而室内空气状态为:干球温度为 73 ℉,湿球温度为 59 ℉,两者混合后的温度应是多少?

对混合空气的参数进行计算,并将实际的两状态点标定在图 35.37 上:
$$93 ℉ × 0.25 = 23.25$$
$$73 ℉ × 0.75 = 54.75$$
混合空气的干球温度 = 78 ℉

由此计算公式可知,混合空气干球温度的 25% 来自于 95 ℉ 的室外空气,其表现温度为 23.25 ℉,而来自 73 ℉ 的室内空气,其表现温度为 54.75 ℉,两者相加,即可得混合空气的干球温度 78 ℉(23.25 + 54.75 = 78 ℉)。技术人员可仅用干球温度值来计算混合空气的混合比。

技术人员此时应检测混合空气的温度值。如果温度太高,应将室外空气风门稍加关闭,直至混合空气的温度稳定在正确的温度值范围之内;如果混合空气温度太低,那么可以将室外空气风门稍稍打开,直至混合空气温度处于稳定和正确的状态。

注意,由于气候条件在不断变化,室外空气状态也会持续地改变,因此,风门调整之后,应对室内和室外空气的状态重新检测。计算结果与风门设定位置的正确与否很大程度上还取决于检测空气温度时所采取的检测方法,以及仪器本身的精度。

技术人员也可利用焓湿图,在现场检测某一部分空调设备的容量大小。例如,假设现怀疑某鞋店内一台 5 冷吨(60 000 Btu)机组容量不足,该机组采用燃气作为热源。掌握热源方式可以确定设备每分钟的空气体积量(cfm)。

由于要获得稳定的 cfm 值往往需要供热系统运行足够长的时间,因此,技术人员安排在上午即开始首先做 cfm 测定。启动机组,正常运行之后,测得燃气炉热交换器进出端的温差为 69.5 ℉。

注意,要当心不要让来自热交换器的辐射热影响温度计的探头。

机组上的铭牌标明,机组的输入量为 187 500 Btu/h,其输出应为输入量的 80%,即 187 500 Btu/h ×80% = 150 000 Btu/h,风机电动机的产热量约为 600 W ×3.431 Btu/W = 2048 Btu,那么总热量即为 152 048 Btu/h。

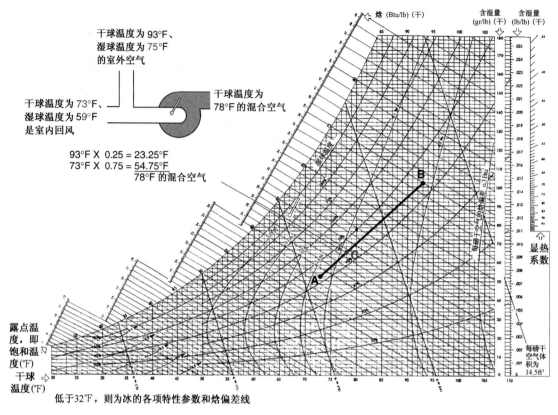

图 35.37   求解实际混合空气的状态参数,并在焓湿图标定位置。点 C 即为混合空气的状态点位置(Carrier Corporation Psychrometric Chart 提供)

注意:风机应在室内温控器上的"风机运行"挡启动,这样可保证风机在制热和制冷两种状态下具有相同的转速。

采用显热公式:

$$Q_s = 1.08 \times \text{cfm} \times TD$$

转换公式,求 cfm:

$$\text{cfm} = Q_s/1.08 \times TD$$
$$\text{cfm} = 152\,048/1.08 \times 69.5$$
$$\text{cfm} = 2026\ \text{ft}^3/\text{min}$$

技术人员然后将机组切换至供冷状态,检测进、出气流中的湿球温度。假设进口气流的湿球温度为 62 °F,出口气流的湿球温度为 53 °F,见图 35.38,则

湿球温度为 62 °F 时的空气总热量为 27.85
湿球温度为 53 °F 时的空气总热量为 22.00
两者的热量差为 5.85 Btu/lb

采用全热公式:

$$Q_t = 4.5 \times \text{cfm} \times 总的热量差$$
$$Q_t = 4.5 \times 2026 \times 5.85$$
$$Q_t = 53\,334\ \text{Btu/h}$$

该机组的额定容量为 60 000 Btu/h。可见,其实际运行容量非常接近此容量值,也与技术人员想得到的数值比较接近。

本章小结

1. 舒适是指人对环境综合感觉的完美平衡。

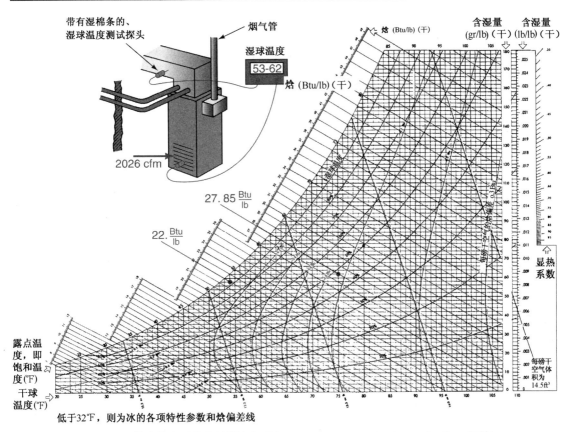

图 35.38　供冷模式下的容量测定方式（Carrier Corporation Psychrometric Chart 提供）

2. 人体能够存储一部分能量，自身消耗一部分能量，做功时消费一部分能量，还需要向环境排放一部分热量。
3. 人体若要获得舒适感，其自身温度就必须高于环境温度，这样才能使过量热量排向环境。
4. 空气含有 78% 的氮气、21% 的氧气、1% 的其他各种气体，以及悬浮于空气中的水蒸气。
5. 空气的比容为其密度的倒数：$1/0.075 = 13.33$ ft³/lb。
6. 空气中的含水量影响人体向外排热的传热量，因此，不同的温度和含水量组合可以获得几乎相同的舒适感。
7. 干球温度可以用一般的温度计进行检测。
8. 湿球温度则需要带有湿润引水线的温度计予以检测。由于湿润引水线上的水不断蒸发，湿球温度计温包上的温度一定低于干球温度计温包上的温度。
9. 湿球温度计读数与干球温度计读数之差称为湿球温降，其值可用于确定空调区域的相对湿度值。
10. 空气中的水蒸气具有其自身的蒸气压力。
11. 焓湿图上的湿球温度读数可同时表示每磅空气中的总的含热量。
12. 如果已知每分钟的空气体积流量，就可以根据热交换器进出口空气的湿球温度求得热交换过程中的总热量，此总热量值可用于现场计算机组的容量。

复习题

1. 说出影响舒适感的 4 个主要因素。
2. 说出人体排热的 3 种方式。
3. 在冬季，如果室内温度偏低，那么可以采取下述方法予以补偿：
   A. 减低相对湿度；　　　　　　　　　　　B. 人保持静止状态；
   C. 人可以多活动；　　　　　　　　　　　D. 提高相对湿度。

4. 汗液通过_____方式使人体温度下降。

5. 相对湿度可采用_____予以检测。

    A. 温度显示纸;   B. 手摇式湿度计;

    C. 干球温度计;   D. 伏特－欧姆表。

6. 说出通过在焓湿图上标定空气状态点即可查到的两个未知状态参数名称。

7. 含有所能容纳的最大含水量的空气称为_____空气。

8. 为了使空调盘管能够从空气中排湿,此盘管温度必须低于空气的_____温度。

9. 当室内空气的干球温度为_____℉,相对湿度为_____%时,一般可认定室内空气处于较为舒适的状态。

10. 如果空气的干球温度读数为 70 ℉,湿球温度读数为 61 ℉,那么其露点温度为_____℉。

11. 上题中的空气相对湿度为_____%。

12. 某燃气炉的输出热量为 60 000 Btu/h,回风温度为 72 ℉,燃气炉的排气温度为 130 ℉,忽略风机电动机传递给气流的热量,燃气炉的空气处理量为多少?

13. 某居室地面面积为 3500 ft²,层高为 9 ft,求此居室内的空气体积量。

14. 上述居室,如果要求每小时换风量为 40%,那么每分钟需引入多少新风?

15. 如果新风状态为:干球温度为 93 ℉,湿球温度为 74 ℉,那么此时的空气总热量为多少?

16. 如果离开冷却盘管时的空气状态为:干球温度为 55 ℉,湿球温度为 53 ℉,那么此状态下的空气总热量为多少?

17. 利用习题 14、习题 15 和习题 16 的计算结果,求习题 13 中的居室因新风带来的总热量。

18. 试论述新风对室内空气状态具有重要影响的原因。

第36章 空调冷源

教学目标

学习完本章内容之后,读者应当能够:

1. 解释建筑物得热的 3 种途径。
2. 陈述两种供冷空气处理方法。
3. 解释制冷系统作为空调冷源时的工作过程。
4. 论述空调系统的蒸发器。
5. 论述 3 种空调系统的压缩机。
6. 论述空调系统的冷凝器。
7. 论述空调系统的制冷剂计量装置。
8. 说出不同类型的蒸发器盘管名称。
9. 辨别不同类型的冷凝器。
10. 解释获得"高效"运行的方法。
11. 论述整体式空调设备。
12. 论述分体式空调设备。

安全检查清单

1. 在货站或在卡车上装卸空调设备时,必须特别谨慎小心。提取重物时,必须穿上合格的背带,并尽可能利用腿部力量,使背部保持挺直朝上。必要时可采用小起重设备,需将设备放至地面时,也可以采用带有起重门架的卡车。
2. 在屋顶阁楼内或在建筑物地下室内安装设备时,要提防蜘蛛等各类昆虫叮咬、刺伤。在阁楼或地下室狭窄空间内操作时,要防止被暴露在外的铁钉和其他锋利物体刮伤。
3. 由于逃逸的制冷剂会导致人体皮肤严重冻伤,因此,在连接充注有制冷剂的配管或压力表时,必须佩戴手套和护目镜。

36.1 制冷

空调(供冷)是将制冷技术应用在炎热的夏季,使建筑物内的环境温度保持在较为凉爽状态下的一种运用方式。空调系统(供冷)可以将来自室外并渗入建筑物内的热量排放至室外。尽管有些生活在较为炎热地区的人可能未曾使用过任何空调设备,但在炎热气候下,他们很可能会感到不舒适。当晚上的气温依然较高(高于 75 °F)且湿度也较高的情况下,往往会感到浑身不舒服,难以安然入眠。

制冷系统的工作原理及其各构件已在第 3 章中做了详细的论述。空调系统中会牵涉到其中的一部分内容,因此,我们还需对相关部分进行论述。学习本章内容时,读者会发现许多用于空调系统的制冷构件与用于商业制冷系统的构件有很大的不同。

36.2 建筑物的得热

建筑物的得热主要通过 3 种方式:传导、渗透和辐射(太阳光的辐射,即阳光热负荷)。夏季,建筑物的日照热负荷一般在建筑物的东、西两侧较大,因为建筑物的这些侧墙日照时间往往较长,见图 36.1。如果建筑物上设有阁楼,那么在此空间内可以采用人为通风来帮助排放屋顶上的日照热负荷,见图 36.2。如果建筑物没有阁楼,那么室内温度就完全受阳光的控制,除非其屋顶具有很好的隔热效果,见图 36.3。

建筑物的传导得热主要通过墙、窗、门 3 个渠道,其传导速度取决于室内、外的温差,见图 36.4。

进入建筑物的热空气有一部分是通过门、窗四周的缝隙渗入室内的,当人员进出建筑物需打开门时,就会有热空气大量渗入。在不同地区,这部分渗入的热空气也具有不同的状态特征。仍以图 36.4 的建筑物为例,在菲尼克斯,夏季的常规设计工况为:干球温度为 105 °F,湿球温度为 71 °F,而在亚特兰大,夏季的常规设计工况则为:干球温度为 90 °F,湿球温度为 73 °F。如果此建筑物位于菲尼克斯,那么需将渗入建筑物的空气冷却至室内温度。此外,这部分空气中含有一定数量的湿气。如果该建筑物位于亚特兰大,那么这部分渗入室内的空气往往会有比在菲尼克斯更高的含湿量。

图 36.2　有排风的屋顶阁楼可以使日照
　　　　热量避免加热建筑物的天花板

图 36.1　建筑物的日照热负荷

图 36.3　此房屋没有阁楼,阳光直接照
　　　　射在生活区域上方的天花板上

36.3　蒸发式冷却

　　为获得舒适感,我们可以采取多种不同的方式对空气状态进行调节。在一些湿度较低的地区,人们多年来一直采用一种称为蒸发式冷却器的装置,见图36.5。这种装置上安装有作为冷却介质的纤维材料,水可以缓慢地沿着这些纤维材料流下。当新鲜空气穿过这些吸水的纤维材料时,由于此时的水因蒸发,温度可接近空气的露点温度,此新鲜空气即被冷却。尽管进入室内的这部分空气含湿量很高,但其温度低于空气的干球温度。例如,在亚里桑那州的菲尼克斯,夏季设计工况的干球温度为 $105\ ^{\circ}\!F$,湿球温度为 $70\ ^{\circ}\!F$,因此,蒸发式冷却器可以将进入室内的空气温度降低至 $80\ ^{\circ}\!F$(干球温度)。即使湿度较高, $80\ ^{\circ}\!F$ 的空气与 $105\ ^{\circ}\!F$ 的温度相比,温度显然要低许多。

36.4　制冷式空调

　　冷风式空调与商业冷冻设备非常相似,因为两者所采用的构件几乎一样:1)蒸发器、2)压缩机、3)冷凝器、4)制冷剂计量装置。这些构件的组合方式可以有多种类型,但都是为了同一个目标:用降温后的空气来冷却空间。如果你对制冷的基本原理不太熟悉,可以复习第3章"制冷与制冷剂"的相关内容。

整体式空调装置

　　空调装置根据其4个基本构件的安装关系可以分成两类:整体式机组和分体式机组。整体式机组的所有构件均安装于一个箱体内,这种机组也称为独立式机组,见图36.6。冷空气由风管从设备两端排出和吸入。整体式机组可以设置在建筑物的一侧,也可以安装于屋顶上。有时候,在同一个箱体内还配置有供热系统。

分体式空调装置

　　分体式空调装置的冷凝器一般设置在室外,与蒸发器相互分离,并用制冷剂管线相互连接,其蒸发器则可以设置在阁楼处、狭窄的空间内或封闭在上流式或下流式的某种组合设备中,将冷空气吹过蒸发器的风机有可能就是采暖设备中的风机,或采用独立式风机为空调系统送风,见图 36.7。

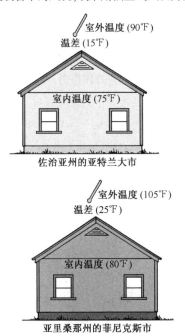

图 36.4　在佐治亚州的亚特兰大和亚里桑那州菲尼克斯两个不同地区的室内外温差

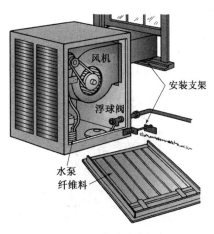

图 36.5　蒸发式冷却器

图 36.6　整体式空调器(Heil-Quaker Corporation 提供)

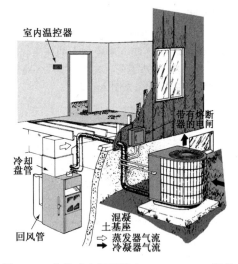

图 36.7　分体式空调系统(Climate Control 提供)

36.5　蒸发器

蒸发器是将热量吸入系统的构件。它是一组采用铝材或铜材制成的盘管,盘管上安装有铝材翅片,使其具有更大的换热表面,从而获得更佳的热交换效果。根据不同的安装方式、气流流过盘管时的路径以及盘管上冷凝水的排流方式,蒸发器盘管有多种结构形式。常见的几种形式分别称为 A 型盘管、倾斜式盘管和 H 型盘管。

A 型盘管

A 型盘管主要用于上流式、下流式和水平流的各类设备中,它由两组盘管组成,相互并联,并以字母 A 字形状在底部分开,见图 36.8。安装于上流式或下流式设备中时,集水盘则设置在盘管的底部,盘管转向其侧面。流过 A 型管的气流往往需流过盘管的中心部位,这种系列的两组盘管无法使空气从这一侧流向另一侧。当用于水平气流时,人们更多地选择倾斜式或 H 型盘管。

倾斜式盘管

倾斜式盘管为单片式盘管,它以一定的夹角(一般 60°)或以能获得更大换热面积的倾斜度安装于风管内。盘管斜置可以使冷凝水更易于流向位于底端的冷凝水集水盘中。这种盘管只要选用得当,可以分别用于上流式、下流式或水平流的各种装置,见图 36.9。

H 型盘管

H 型盘管通常用于水平气流的风管内,但如果采用特定的冷凝水集水盘,也可应用于垂直气流的各类空调装置。H 型盘管的排液管一般均设置在 H 型结构的底部,见图 36.10。

图 36.8 A 型盘管(Carrier Corporation 提供)

图 36.9 倾斜式盘管(BDP Company 提供)

多管路盘管

上述提到的各种盘管一般都可以有多路制冷剂通道。在第 21 章"蒸发器与制冷系统"中,我们也曾提到:当一个盘管管程太长时,就会出现较大的压降,比较合理的方法是将盘管设置为相互并联的多管路系统,见图 36.11。事实上,这些盘管也确实需要有多路管路,然而,采用多管路盘管时,必须采用分流器将适当数量的制冷剂分送至各个管路,见图 36.12。

图 36.10 H 型盘管(BDP Company 提供)

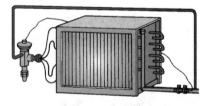

图 36.11 多管路盘管(Sporlan Valve Company 提供)

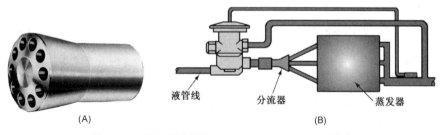

(A)　液管线　分流器　蒸发器　(B)

图 36.12 制冷剂分流器(Sporlan Valve Company 提供)

36.6 蒸发器的作用

蒸发器是一种将室内空气热量传递给制冷剂的热交换器。其传递的热量有两种:显热与潜热。显热排出后可以使空气温度降低,而潜热排出后可以使空气中的水蒸气变为冷凝水。冷凝水先是凝结在盘管上,然后自行流入集水盘中,通过一个存水弯(用于防止空气吸入排水管),最后通常用水管送入下水道。

通常情况下,空调区域内的空气干球温度为75℉,相对湿度为50%,其对应的湿球温度为62.5℉,因此,要排除一定数量的显热(使空气温度下降)和潜热(排除一定数量的水蒸气),盘管内的制冷剂温度必须在40℉左右。离开盘管的空气,其干球温度为55℉,相对湿度为95%,对应湿球温度为54℉左右。注意:离开盘管的空气湿度一般都比较高,这是因为此部分空气已被冷却。当这部分空气与室内空气混合时,就会因受热而膨胀,从室内空气中吸收水分,其结果是室内空气湿度降低。对于湿度较高的地区来说,这样的空气状态往往是很正常的。如果湿度非常高,如在一些沿海地区,盘管温度稍有降低,就可以排除更多的水汽;如果该空调系统安装于湿度非常低的地区,如沙漠地区,那么其盘管温度则可以稍高于40℉。盘管温度是由流过蒸发器盘管的空气流量所决定的,空气流量越大,其盘管温度越高;空气流量越小,则盘管温度越低。各地销售的设备都是相同的,但可以通过改变其风量,从而获得理想的蒸发器温度和理想的湿度。蒸发器翅片的间距也可能会影响到离开蒸发器的空气湿度。一般情况下,翅片间距减小就可以从空气中排除更多的水汽。

36.7 设计工况

建于亚特兰大的房屋一般要比位于菲尼克斯的房子有较小的显热热负荷和较大的潜热热负荷。设计人员或工程师必须熟悉当地的实际设计工况,见图36.13。两个完全相同的盘管在不同的区域环境之下,唯有通过改变空气流量来应对不同的空气状态。

36.8 蒸发器的应用

蒸发器能够以多种不同方式安装于气流流经的各个构件内。它既可以设置在专门的盘管箱内,见图36.14,也可以直接安装于风管内。蒸发器盘管的工作温度一般均低于空气的露点温度,因此,盘管箱必须保温以防止其从环境吸热,采取保温措施后的盘管箱一般不会在其外侧结露,见图36.15。许多蒸发器均由制造商直接安装于空气处理箱内,见图36.16。

36.9 压缩机

空调系统常采用如下几种压缩机:往复式、回转式、涡旋式、离心式和螺杆式。这些压缩机与用于商业制冷的同类型压缩机的结构完全相同。离心式和螺杆式压缩机曾在第23章做过简单介绍,它们主要用于大型商业企业和工业化应用。我们将在后面做进一步的讨论。

压缩机就是蒸气泵,它可以将载热制冷剂蒸气从系统的低压侧(蒸发器一侧)送到系统的高压侧(冷凝器一侧)。要达到这一目的,压缩机就必须对低压侧的蒸气进行压缩,使其压力增高,温度上升。

36.10 往复式压缩机

用于家用和小型商业企业空调系统的往复式压缩机与第23章中讨论过的往复式压缩机非常相似。

这些压缩机既可以是全封闭型,也可以是可维修的封闭型,见图36.17。采用往复式压缩机的新式家用系统通常配置全封闭压缩机,且均采用吸入蒸气冷却方式,见图36.18。这种容积式压缩机现主要采用R-22、R-410A或R-407C制冷剂,有些1970年前制造的机组有可能采用R-22或R-500。由于R-22也是一种氢氯氟烃类制冷剂,因此,在2010年后生产的新设备中将严禁使用这种制冷剂,至2020年将全面停止生产这种制冷剂。R-410A和R-407C是两种制冷剂混合液,它们将是家用和商业企业空调系统中R-22的长期替代型制冷剂。其中R-410A主要用于新设备,而R-407C则可用于新设备和改装的设备。对于R-410A和R-407C的详细数据可参考第9章中9.11节的内容。

可维修型封闭式压缩机常用于商业设施中的大容量系统。这些压缩机既可以是蒸气冷却,也可以是空气冷却。如果是吸入蒸气冷却,那么其吸气管需连接至压缩机尾部的电动机,见图36.17(B)。吸入蒸气的最高温度一般为70℉左右。

	第二列 纬度ᵇ		第三列 经度ᵇ		第四列 海拔高度ᵇ	冬季ᵈ 第五列 设计工况:干球温度		夏季ᵉ 第六列 设计工况:干球温度和平均对应湿球温度			第七列 昼日平均温度范围	第八列 设计工况:湿球温度		
第一列 州与地区	°	′	°	′	英尺	99%	97.5%	1%	2.5%	5%		1%	2.5%	5%
亚里桑那州														
Douglas AP	31	3	109	3	4098	27	31	98/63	95/63	93/63	31	70	69	68
Flagstaff AP	35	1	111	4	6973	−2	4	84/55	82/55	80/54	31	61	60	59
Fort Huachuca AP (S)	31	3	110	2	4664	24	28	95/62	92/62	90/62	27	69	68	67
Kingman AP	35	2	114	0	3446	18	25	103/65	100/64	97/64	30	70	69	69
Nogales	31	2	111	0	3800	28	32	99/64	96/64	94/64	31	71	70	69
Phoenix AP (S)	33	3	112	0	1117	31	34	109/71	107/71	105/71	27	76	75	75
Prescott AP	34	4	112	3	5014	4	9	96/61	94/60	92/60	30	66	65	64
Tucson AP (S)	32	1	111	0	2584	28	32	104/66	102/66	100/66	26	72	71	71
Winslow AP	35	0	110	4	4880	5	10	97/61	95/60	93/60	32	66	65	64
Yuma AP	32	4	114	4	199	36	39	111/72	109/72	107/71	27	79	78	77
加利福尼亚州														
Bakersfield AP	35	2	119	0	495	30	32	104/70	101/69	98/68	32	73	71	70
Barstow AP	34	5	116	5	2142	26	29	106/68	104/68	102/67	37	73	71	70
Blythe AP	33	4	114	3	390	30	33	112/71	110/71	108/70	28	75	75	74
Burbank AP	34	1	118	2	699	37	39	95/68	91/68	88/67	25	71	70	69
Chico	39	5	121	5	205	28	30	103/69	101/68	98/67	36	71	70	68
Los Angeles AP (S)	34	0	118	2	99	41	43	83/68	80/68	77/67	15	70	69	68
Los Angeles CO (S)	34	0	118	1	312	37	40	93/70	89/70	86/69	20	72	71	70
Merced-Castle AFB	37	2	120	3	178	29	31	102/70	99/69	96/68	36	72	71	70
Modesto	37	4	121	0	91	28	30	101/69	98/68	95/67	36	71	70	69
Monterey	36	4	121	5	38	35	38	75/63	71/61	68/61	20	64	62	61
Napa	38	2	122	2	16	30	32	100/69	96/68	92/67	30	71	69	68
Needles AP	34	5	114	4	913	30	33	112/71	110/71	108/70	27	75	75	74
Oakland AP	37	4	122	1	3	34	36	85/64	80/63	75/62	19	66	64	63
Oceanside	33	1	117	2	30	41	43	83/68	80/68	77/67	13	70	69	68
Ontario	34	0	117	36	995	31	33	102/70	99/69	96/67	36	74	72	71
佐治亚州														
Albany, Turner AFB	31	3	84	1	224	25	29	97/77	95/76	93/76	20	80	79	78
Americus	32	0	84	2	476	21	25	97/77	94/76	92/75	20	79	78	77
Athens	34	0	83	2	700	18	22	94/74	92/74	90/74	21	78	77	76
Atlanta AP (S)	33	4	84	3	1005	17	22	94/74	92/74	90/73	19	77	76	75
Augusta AP	33	2	82	0	143	20	24	97/77	95/76	93/76	19	80	79	78
Brunswick	31	1	81	3	14	29	32	92/78	89/78	87/78	18	80	79	79
Columbus, Lawson AFB	32	3	85	0	242	21	24	95/76	93/76	91/75	21	79	78	77
Dalton	34	5	85	0	720	17	22	94/76	93/76	91/76	22	79	78	77
Dublin	32	3	83	0	215	21	25	96/77	93/76	91/75	20	79	78	77
Gainesville	34	2	83	5	1254	16	21	93/74	91/74	89/73	21	77	76	75
纽约州														
Albany AP (S)	42	5	73	5	277	−6	−1	91/73	88/72	85/70	23	75	74	72
Albany CO	42	5	73	5	19	−4	1	91/73	88/72	85/70	20	75	74	72
Auburn	43	0	76	3	715	−3	2	90/73	87/71	84/70	22	75	73	72
Batavia	43	0	78	1	900	1	5	90/72	87/71	84/70	22	75	73	72
Binghamton AP	42	1	76	0	1590	−2	1	86/71	83/69	81/68	20	73	72	70
Buffalo AP	43	0	78	4	705r	2	6	88/71	85/70	83/69	21	74	73	72
Cortland	42	4	76	1	1129	−5	0	88/71	85/71	82/70	23	74	73	71
Dunkirk	42	3	79	2	590	4	9	88/73	85/72	83/71	18	75	74	72
Elmira AP	42	1	76	5	860	−4	1	89/71	86/71	83/70	24	74	73	71
Geneva (S)	42	5	77	0	590	−3	2	90/73	87/71	84/70	22	75	73	72

a 该表由ASHRAE技术委员会制定。其中的气象数据，则根据官方气象站每天的正点气象观察报告汇编而成。

b 表中给出纬度、经度值，用于计算日照热负荷时，可圆整至最近的正点秒数。例如，亚拉巴马州的安尼斯顿，其纬度、经度分别为33 34和85 55，即可圆整为33°40″和85°50″。

c 海拔高度指各地点地面海拔高度。气温测定位置一般为离地面高度5英尺处。如果标注有r，则说明由屋顶敞开式的温度计测定。

d 冬季设计工况数据指12月~次年2月3个月。

e 夏季设计工况数据指6月~4月4个月。

图36.13　美国各地区不同的设计工况(ASHRAE 提供)

36.11 压缩机的转速(RPM)

用于中、小容量范围空调系统的新式压缩机一定为标准转速,即 3450 rpm 和 1750 rpm。早期的、采用 R-12 制冷剂的压缩机结构笨重,其转速一般为 1750 rpm。现在的压缩机则采用转速更快的电动机和效率更高的制冷剂,如 R-22、R-410A 和 R-407C 以及有益于环境的替代式混合型制冷剂混合液,设备的结构可以做得更小、更轻。

图 36.14 带有盘管箱的蒸发器(BDP Company 提供)

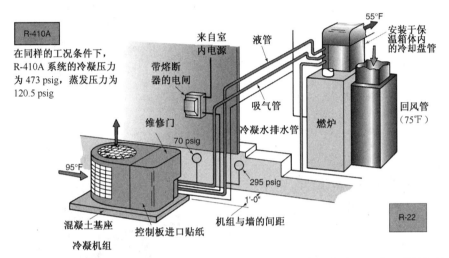

图 36.15 蒸发器与冷凝器的运行状态。注意:冷凝盘管位于保温箱内可以防止其外侧结露

图 36.16 蒸发器安装于空气处理箱内(Carrier Corporation 提供)

图 36.17 (A)全封闭式压缩机;(B)可维修型封闭式压缩机 ((A):Bristol Compressors,Inc. 提供,(B):Copeland Corporation 提供)

36.12 压缩机与电动机的冷却

由于压缩机总是有一部分机械能在运行过程中转变为热能,因此各种压缩机均必须予以冷却。如果没有充分、有效地冷却,那么压缩机电动机就会烧毁,其润滑油就会在高温条件下分解、结炭。全封闭压缩机一直采用吸入蒸气冷却,一些大容量的封闭式压缩机直接由吸入蒸气冷却,而 7.5 马力以下的小型压缩机则不采用吸入蒸气的直接冷却方式。像回转式和涡旋式等压缩机则采用排出蒸气冷却,但是,此排出蒸气的温度受吸入蒸气温度的影响。如果压缩机内不能维持正常的过热,那么此压缩机就会因为排出蒸气温度升高而导致自身过热。因此,压缩机电动机的温度仍受吸入蒸气温度的控制。

由于电动机绕组中的各种材料质量不断改善,润滑油的质量不断提高,新型压缩机电动机就可以在更高的温度环境下运行。这些材料可以使绕组导线在高温条件下运行时仍保持良好的绝缘性能,免遭损坏,同时又可以在合理的高温状态不致润滑油分解。

注意:技术人员应特别留意采用排气冷却的压缩机,并确定压缩机运行过程不致太热。这种压缩机壳体的温度一般都比采用吸入蒸气冷却的压缩机要高,因此检测排气管线的温度是一项必不可少的工作项目。大多数制造商都认为压缩机排气管口的温度应不超过225℉。

有些可维修型封闭式压缩机则采用风冷却,见图36.19,其吸气管进口位置一般均设置在压缩机的侧面,而不是靠近电动机。这类压缩机上通常都设有多根冷却肋,以帮助将热量向流经压缩机的空气排放,因此这些压缩机必须尽可能设置在有流动气流的位置。

水冷式系统中的压缩机常将进水管在压缩机箱体的电动机位置处绕几圈,见图36.20。

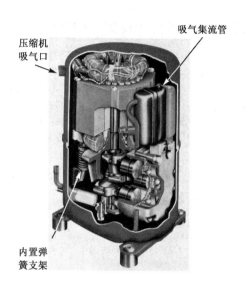

图36.18　吸入蒸气冷却式压缩机(Tecumseh Products Company提供)

图36.19　风冷式压缩机。注意:其吸气口位于汽缸的一侧(Copeland Corporation提供)

图36.20　此压缩机与图36.19中的压缩机相似,但它用于水冷式冷凝器(Bill Johnson摄)

36.13　压缩机的固定

焊接型全封闭往复式压缩机的机体外侧均有橡胶脚板,压缩机安装在外有套管的弹簧上,见图36.18。老式压缩机则安装在套管外的弹簧上。新式压缩机内,电动机与壳体间有一定的空隙,这样电动机温度传感器就可以安装在壳体内来快速检测电动机的温度。

吸入蒸气全部排入壳体内,并一般从电动机附近送入,而有些压缩机则将吸入蒸气直接排向转子内,由转动的电动机转子将可能进入的制冷剂液滴分解为回流的吸入蒸气。安装于壳体内的吸气集流管一般都安装于较高位置,这样液态制冷剂或起泡沫的润滑油就无法进入压缩机的汽缸内,见图36.18。

空调设备的压缩机一般与冷凝器一起设置在室外。这些全封闭压缩机无法在现场进行维修,厂家通常也不做维修。压缩机损坏后,制造商一般均授权技术人员予以报废,也可能要求将此压缩机送回生产厂家以确定出现故障的原因。

36.14　全封闭压缩机的重新安装

也有些制造商会打开壳体,对压缩机内的零件进行维修,重新修复各种压缩机,但制造商必须首先确定经济上是否合算。压缩机越大,修复压缩机的优势也就愈加明显。

标准可维修型全封闭式压缩机的机体为铸铁,对于这种压缩机,制造商往往希望能够返回生产厂家进行维修,重新使用。小容量铸铁压缩机由于其成本较大,因此在小容量的空调设备中很少使用。

36.15 回转式压缩机

回转式压缩机结构小巧,通常采用排气冷却,运行时往往会出现温度较高的情况,因此在压缩机箱体上常贴有警示告示,说明其壳体温度较高。其压缩机部分和电动机部分均采用压入方式直接压入回转式压缩机的壳体内,压缩机与壳体间没有任何气隙,从而可以使回转式压缩机的体积比往复式压缩机小得多。

回转式压缩机的效率高于往复式压缩机,可用于各种中、小容量的空调系统,见图36.21。这种压缩机有两种基本结构形式:叶片固定型和叶片转动型。

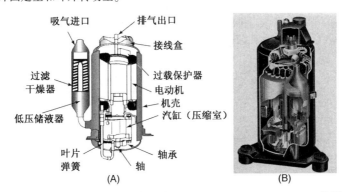

图 36.21 (A) ~ (B)回转式压缩机(Motors and Armatures,Inc. 提供)

叶片固定型回转式压缩机

这种压缩机的主要构件有:壳体、叶板(叶片)带有偏心转子的转轴和排气阀。转轴带动偏心转子转动时,转子可沿着汽缸内壁"滚动",见图36.22。叶板,即叶片则始终使汽缸的进口与压缩室保持分离。转子与汽缸内壁间的间隙必须非常小,即叶片的加工精度必须保证排气侧的蒸气不能进入进气侧。转子旋转时,叶片紧靠转子前后滑动以保持密封状态。排气口的阀片可以防止压缩机的蒸气在停机过程中返回压缩室,进而流入吸气侧。

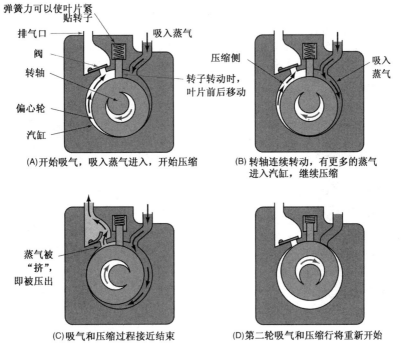

图 36.22 叶片固定型回转式压缩机的工作过程

转子转动时,转子即沿汽缸内表面滚动,使吸入蒸气由进气口进入并在压缩侧对吸入蒸气进行压缩。只要压缩机持续运行,那么它就是一个连续压缩过程。当然其结果与采用往复式压缩机是完全相同的。低压吸入蒸气进入汽缸,进行压缩(也会使蒸气温度上升),然后由排气口排出。

叶片转动型回转式压缩机

叶片转动型回转式压缩机设有一个固定于转轴轴心的转子,两者具有同样的旋转中心。转子上安装有两个或多个能够径向滑动并直接参与蒸气压缩的叶片,见图36.23。但转轴、转子的旋转中心与汽缸的形体中心相偏离。当叶片在吸入口处走过时,低压蒸气即紧随其后,进入汽缸内。蒸气不断吸入,然后由第二个叶片封闭,开始压缩,最后将压缩后的蒸气从排气口排出。注意:进气口要比排气口大得多,这样便于更多的低压蒸气进入汽缸内。只要压缩机持续运行,吸气和压缩就是一个连续运行的过程。

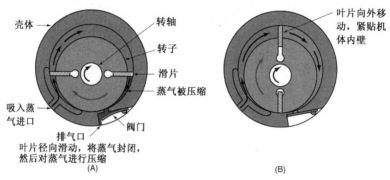

图 36.23 叶片转动型回转式压缩机的工作过程

由于进入吸气口的所有制冷剂均通过排气口排出机外,因此这种压缩机就没有像往复式压缩机那样的余隙容积,这也就是回转式压缩机具有较高效率的主要原因。

36.16 涡旋式压缩机

涡旋式压缩机,见图36.24,其整个压缩过程是在两个涡盘内完成的,其中一个涡盘为固定涡盘,而另一个涡盘则在固定涡盘内以圆轨迹方式平动,见图36.25。当动涡盘持续不断地运动时,蒸气进口被关闭,蒸气被强制地压向位于中心位置的更小的气阱内,见图36.26。此图仅描述了其中的一个气阱。事实上,整个涡盘,即螺线盘内充满了蒸气,同时有多个气阱在压缩,受"挤压",遭"排挤",即多个压缩过程同时发生,而这样的状态又可使整个压缩作用力处于相互平衡的状态。涡盘式压缩机与同容量的往复式压缩机相比,其噪声要小得多。

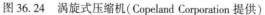

图 36.24 涡旋式压缩机(Copeland Corporation 提供)

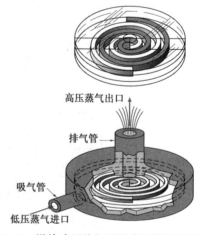

图 36.25 涡旋式压缩机两涡盘间圆轨迹的平动

构成气阱的两螺线面间的密封完全依赖于离心力,这样就可以使蒸气的泄漏量减小到最低限度。但是,当两涡盘间出现液态制冷剂或碎石、沙粒时,两涡盘可以自动分离,不会对压缩机产生任何损伤或其他影响。涡旋式压缩机的高性能完全建立在良好的轴向和径向密封的基础上。其轴向密封通常采用浮动式密封装置,其径向密封则一般为一层油膜,因此几乎没有磨损。

涡旋式压缩机之所以有较高的效率,其原因在于:

1. 它不需任何气阀,因此也就没有任何压缩损失。
2. 吸气口与排气口位置相互分离,这样就可以大大减小吸入蒸气与排出蒸气间的热交换量,而且,压缩机内各级压缩过程间的蒸气几乎没有温差。
3. 不存在像往复式压缩机中余隙容积内蒸气再膨胀的现象。

图 36.26 涡旋式压缩机中一个制冷剂气阱的压缩过程(Copeland Corporation提供)

36.17 冷凝器

空调设备的冷凝器是系统的排热构件。大多数空调设备为风冷式,因此冷凝器也就将热量排向了周围的空气。冷凝器的盘管既有铜管,也有铝管,但两者都采用铝翅片来增加热交换的表面积,见图 36.27。

36.18 侧排风冷凝机组

风冷式冷凝器可以将从建筑物内吸收的热量全部转移到空气中。早期的冷凝器一般都将热空气从侧面送出,因此当时也称为侧排风式冷凝器,见图 36.28。这种冷凝器的优点在于其风机与电动机均设置在上面板之下,见图 36.29。但是,其箱体内产生的任何一种噪音均会通过排出的气流四处传播,在邻居家的院子都能清楚地听见。注意:

图 36.27 冷凝器有铜、铝两种盘管形式,均带铝翅片(Carrier Corporation提供)

由冷凝器排出的热风温度很高,足以使排风面对的各种植物不堪"热"负而死亡。这种冷凝器现仍有使用。

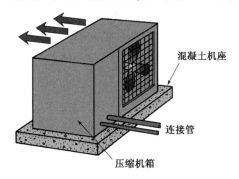

图 36.28 这种冷凝机组将热风从侧面排出

图 36.29 风机电动机及所有构件均位于顶端面板之下(Carrier Corporation提供)

混凝土机座
连接管
压缩机箱

36.19 顶端排风冷凝器

家用空调系统冷凝器的发展趋势是采用顶端排风冷凝器,见图 36.30。这种冷凝机组的排风及噪声均由机组的顶端排入空气中。就排出的热风与噪声而言,这种结构形式确有明显优势,但是,由于风机与电动机均位于冷凝器的顶端,雨、雪和树叶就可能直接进入机组内,因此应采用雨蓬予以保护,见图 36.31。此外,风机电动机的轴承处于垂直位置,这就意味着轴承的端部需要承受更大的轴向作用力,因此这种冷凝器轴承需设置止推作用面,见图 36.32。

36.20 冷凝器盘管的结构形式

有些盘管的受风面采用垂直安装,这样野草和灰尘很容易进入盘管的底部,因此,要使这样的冷凝器能高效运行,就必须经常对盘管进行清理。为了便于过冷管路能够使已低于冷凝温度的液态制冷剂温度进一步降低,有些冷凝设备的底部几乎不设置栅栏。液管线温度低于冷凝温度 $10\,°F \sim 15\,°F$ 的情况非常普遍,这是因为每过冷 $1\,°F$ 往往就可以使系统效率提高约 1%。如果过冷管路严重积尘,还可能会使系统容量降低 $10\% \sim 15\%$,这就意味着如果设备容量的选配过于精确,在冷负荷设计量上没有足够余量的情况下,设备就无法或根本就没有能力冷却整幢建筑物。

图 36.30 采用顶端排风的冷凝器(York International Corporation 提供)

图 36.31 顶端排风的冷凝机组,其风机通常位于顶端

也有一些制造商采用卧式或倾斜式的冷凝机,使其盘管能远离地面。地面上的树叶和野草不太有可能掉入这种冷凝器,见图 36.33。

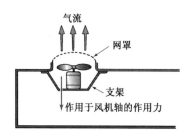

图 36.32 顶端排风机组的轴承上存在一个附加载荷,当风机运行、空气从顶端排出时,风机有向下的作用力作用于轴承。风机启动和停止运行时,其底部轴承就会对风机叶轮和主轴形成阻力,因此此轴承必须要有止推作用面

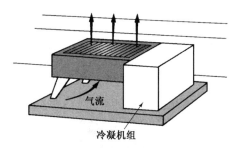

图 36.33 有些冷凝器采用盘管离开地面一段距离的布置形式

36.21 高效冷凝器

现代社会的需求以及政府的激励,使人们一直在期望空调设备能够有更高的效率。也许,提高效率的最佳途径就是降低排气压力,改善压缩机的工作状态。由于压缩机目前的压缩比普遍较低,增加冷凝器的换热面积,即使在最热的气候状态下也可以使压缩机的排气压力处于较低的状态,这就意味着在同样的空调负荷情况下,压缩机的电流值可以减小、能耗降低。一些配置大容量冷凝器的制造商常采用双速冷凝风机——其中的一种转速用于温热天气下的运行,另一种转速则用于炎热天气下的运行。如果不采用双速风机,那么冷凝器在温热气候下很可能会降温过大,导致排气压力过低,膨胀状态出现缺液,并引起系统容量下降。

36.22 冷凝器的箱体结构

冷凝器箱体通常都设置在室外,因此必须采取适当的防风雨措施。许多箱体多采用镀锌和喷漆方式来延长使用寿命,防止生锈。也有些箱体直接采用铝材制作,重量较轻,但在一些沿海地区的咸、湿环境下,也不可能有很长的使用寿命。

大多数小容量空调器装配时一般均采用能够对薄钢板自行攻丝的自攻螺钉。厂家生产时,自攻螺钉均依靠手钻螺钉夹头定位,当采用电钻驱动时,螺钉即依螺纹旋入箱体内。较为常见的便携式电钻与螺钉夹头见

图 36.34。此处的螺钉应选用能应对各种自燃气候条件的材料制成,其中还包括沿海地区的咸、湿空气。在这些地区,对于薄钢板间的连接来说,最好选择不锈钢材质的自攻螺钉。在现场采用自攻螺钉进行装配时,所有螺钉均应保证紧密固定,否则整个机组极易发生震颤。如果拆装次数较多,螺孔尺寸过大时,则可以用稍大的螺钉来固定箱体各面板。

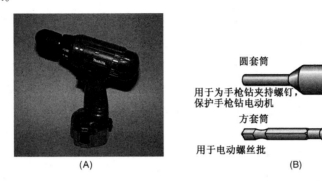

图 36.34 (A)便携式电钻;(B)螺钉夹头(Bill Johnson 摄)

36.23 膨胀器件

膨胀器件用于计量送入蒸发器的制冷剂量。热力膨胀阀和固定孔径计量装置(毛细管和固定孔板)是空调装置最常用的数种膨胀器件。

空调系统中的热力膨胀阀与第 24 章中讨论的热力膨胀阀完全相同,只是温度范围不同,空调系统采用的热力膨胀阀属于高温范围。由于热膨胀阀可以使蒸发器更快地达到其峰值状态,因此其效率往往要比固定孔径的膨胀器件高,特别是在机组启动之前,空调区域内温度较高的情况下,在热降温的过程中,它可以向蒸发器盘管送入较多的制冷剂。

系统采用热力膨胀阀时,设备停机过程中制冷剂的压力无法平衡,除非膨胀阀设有专用的泄液孔使两端的压力平衡。当停机过程中,系统压力不能平衡时,压缩机就必须采用大启动扭矩的电动机,这就意味着压缩机必须设置启动电容器和启动继电器,以便于系统停机后重新启动。有些膨胀阀制造商在膨胀阀上设置一个专用的泄液孔,使其始终可以有少量的制冷剂流动。系统停机时,如果可以使膨胀阀的两侧压力平衡,可以采用小启动扭矩的电动机。小启动扭矩电动机的价格一般较为便宜,而且可能出现故障的零件也很少。

36.24 空气侧构件

空调设备的空气侧装置主要有送风与回风管系统。常规湿度地区的空调系统中,风管内的空气流量一般为 400 cfm/ton,而在其他地区,则需采用不同的空气流量。如在较为潮湿的沿海地区,可以采用 350 cfm/ton 的空气流量,而在沙漠地区,则可以选用 450 cfm/ton 的空气流量。在常规的空调设备中,离开空气处理箱的空气温度可以要求在 55 ℉ 左右,因此,当风管走过未有空调的区域时,传送这一温度空气的风管必须予以保温,否则风管表面就会结露,并从周围空气中吸收不应吸收的热量。此保温层还应设置防潮层,以防止水汽渗入保温层并积聚在金属风管上。保温层的所有连接处均必须密封固定,风管的各接口也必须安装防潮层。

回风温度一般为 75 ℉ 左右。如果回风管走过未有空调的区域,那么可以不安装保温层。如果风管管线经过楼层的狭窄区域或地下室,那么这些区域的温度一般也就在 75 ℉ 左右,不会出现热交换。即使有少量的热交换,也可以做一个成本分析来确定是否需要在回风管上安装保温层,还是容许有少量热交换,两者之间哪种选择更为经济。如果风管走温度较高的阁楼,那么此风管必须予以保温。

由于冷风离开送风口后能自然下流,因此采用设置在房屋高端的百叶型出风口(或散流器)可以使冷风均匀地分布于整个房间内,而且,其最终的送风点位置应使冷风与室内空气混合后正好达到舒适状态。图 36.35 为几种空调系统的出风口位置。

36.25 安装方法

前面谈到,整体式空调装置的整个空调系统均设置在一个箱体内。事实上,窗式空调器就是一个可以为空调区域供冷、供热的整体式机组。本书讨论的大多数整体式机组均设有两台风机电动机,其中一台用于蒸发器,另一台则供冷凝机组排风用,见图 36.36。但是,窗式空调器采用一台风机电动机,同时驱动两台风机。由于窗式风机不设风管,因此室内风机不需要推动空气在风管内流动。

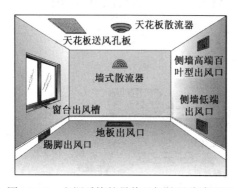

图 36.35　空调系统的最终目标就是将降温后
　　　　　的空气正确地分送至各空调区域

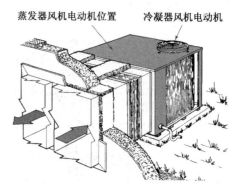

图 36.36　配置有两台风机电动机的整体式空调
　　　　　机组——一台用于蒸发器盘管,一台
　　　　　用于冷凝器盘管(Climate Control提供)

　　整体式空调机的最大优点在于整个设备均安装于建筑物外侧,因此所有维修、保养都可以在室外完成。由于整体式机组完全由制造厂家装配并完成制冷剂的充注,因此,其效率明显高于分体式机组。同时,由于其制冷剂管线较短,由制冷管线引起的效率损失也非常小。

　　整体式机组的安装涉及机组在机座上的固定、整体式机组与风管的连接固定、机组的电源连接等。如果有现成风管且可以方便地连接于机组的话,那么整个机组就更容易安装了。整体式机组常见的安装地点有屋顶安装、建筑物周边以及建筑物的屋檐位置等,见图 36.37。

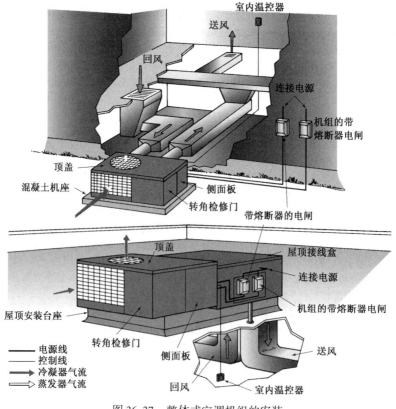

图 36.37　整体式空调机组的安装

分体式机组主要用于冷凝器必须与蒸发器分离的场合,安装承包商和设备商必须提供冷凝器与蒸发器间的连接管线。当连接管线由制造商提供时,此连接管内一般均充有其自身运行时所需的制冷剂或充入氮气。图 36.38 为配管的 3 种接头。

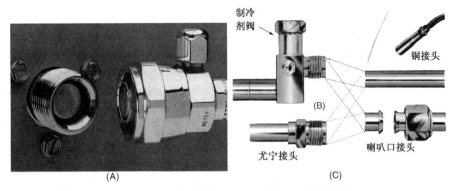

图 36.38 配管的 3 种连接方式:(A)快速接头;(B)焊接头;(C)压缩接头(Aeroquip Corporation 提供)

冷凝机组与蒸发器应尽可能相互靠近,这样可以使两者间的连接管长度缩短,这部分连接管不仅指制冷剂液管,还包括冷气管。冷气管还需要保温,且管径比两根制冷剂液管要大。保温层可以避免管路吸入不必要的热量,防止管线结露、滴水。图 36.39 为预充注制冷剂的管组件。

常规空调装置的压力与温度值见图 36.40,它可以为技术人员提供此类常规系统运行时可供参考的数据。

图 36.39 吸气(冷气管)管组件(Bill Johnson摄)

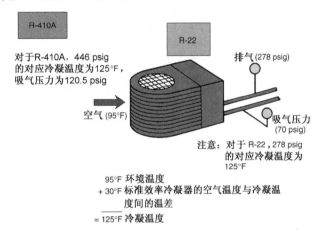

图 36.40 在美国南部的温湿地区,系统各部分温度与压力关系

安全防范措施:安装空调设备时常常需要技术人员从卡车或拖车上卸下设备,并移动至安装位置。冷凝机组一般设置在建筑物外侧,往往远离车行道,甚至有时需要将机组移送至屋顶上,此时应特别注意安全,提升设备时,一般可采用小型起重机。卡车上的门吊一般只能用于将设备下放到地面上。

安装设备时,特别是在地下室和阁楼操作时,应特别小心。在这些地方,常常有蛛蛛和其他各种昆虫,还有许多铁钉等锋利物。在阁楼上操作时,还要注意不要踩穿天花板。

如果连接管中已充注制冷剂,那么连接过程中应特别小心这些连接管。在大气环境下,R-22 液态制冷剂的汽化温度为 $-41\,^\circ\mathrm{F}$,R-410A 的汽化温度为 $-60\,^\circ\mathrm{F}$,这种温度会使手和眼睛严重冻伤。连接管组件时,必须佩戴手套和护目镜。

本章小结

1. 温度较高、但湿度较低的地区可以采用蒸发式冷却。
2. 带冷源的空调可同时用于空气降温和降湿。

3. 带冷源空调既可用于湿度较高、也可用于湿度较低的高温空气等场合。

4. 蒸发器有 3 种类型:A 型盘管、倾斜型盘管和 H 型盘管。

5. 空调蒸发器运行温度为 40℉左右时,既可排除显热,又可排除潜热。

6. 排除显热可降低空气温度,减少潜热可排除水汽。

7. 压缩机是将蒸发器中的载热蒸气压送至冷凝器的容积式气泵。

8. 为便于向室外环境排热,冷凝器均设置于室外。

9. 增加冷凝器的换热面积可以使冷凝器的运行效率提高。有些冷凝器还采用双速风机,其中一种风速用于温热气候下排热,另一种风速则用于高温气候时的排热。

10. 整体式空调器一般以穿过屋顶的方法或穿过建筑物外墙的方式进行安装。无论安装在何处,都可以考虑风管的安装。

11. 整体式机组由产生厂家完成制冷剂充注和装配,因此,在同样的条件下,整体式机组的效率要高于分体式机组。

复习题

1. 正误判断:在任何地方都可以采用蒸发式空调。

2. 采用带冷源空调与蒸发式空调相比,有哪些优势?

3. 空气调节系统的 4 大构件是_____、_____、_____和_____。

4. 绝大多数压缩机都采用_____冷却。

5. 热力膨胀阀与毛细管相比有何优势?

6. 毛细管计量装置与热力膨胀阀相比有何优势?

7. _____膨胀阀通常必须与大启动扭矩的压缩机配套使用。

8. 家用空调器中,过去最常用的制冷剂是 R-_____。

9. 用于家用和小型商业企业空调设备中长期替代 R-22 的、效率更高的两种制冷剂混合液是哪两种?

10. 对于改装后的家用和小型商业企业的空调设备,可以采用哪些制冷剂混合液来长期替代 R-22。

11. 空调装置运行中,蒸发器盘管可以排除哪两种热量?

12. 家用空调装置中,大多数蒸发器盘管的设计蒸发温度为_____℉。

13. 空调系统中最常用的 3 种压缩机是_____、_____和_____。

14. 室内、外盘管间管径较大的连接管是_____管。

15. 室内、外盘管间较小的连接管是_____管。

16. 在亚里桑那州的图森市,相对于 2.5% 的时段,其夏季室外设计工况的干球温度为_____℉,湿球温度为_____℉。

17. 露点温度可以说明空气中的_____含量有多少。

第 37 章　气流组织与平衡

教学目标

学习完本章内容之后,读者应当能够:

1. 论述轴流式和离心式风机的特性。
2. 进行基本的空气压力测定。
3. 测量空气量。
4. 说出不同类型的空气检测装置。
5. 论述常用的电动机与驱动装置类型。
6. 论述风管系统。
7. 解释构成风管系统理想风量的主要因素。
8. 论述回风系统。
9. 在空气流动阻力图上确定气流状态位置。

安全检查清单

1. 安装金属风管或在金属风管上打孔时,必须使用具有良好接地、双绝缘或不带电源线的便携式电钻。
2. 金属薄板易形成锋利刃口,安装或对薄钢板进行加工时,应戴上手套。
3. 风机运行状态下在风管附近作业时,必须佩戴护目镜。

37.1　空调设备

如上所述,人们要在各种自燃气候条件下获得舒适的空气环境,就必须对环境空气进行处理,并对其状态进行调整。对空气状态进行调整的途径之一就是利用风机,将空气送入空气处理、调节设备。这些设备包括冷却盘管、加热装置、增湿装置或空气清理装置。强制通风系统不断地将室内空气送入空调系统,对其状态进行调整后,再送回空调区域。新风则通过门、窗四周渗入建筑物内,或由连接于室外的新风进口进行换风,见图 37.1。

强制通风系统与自然排风系统不同,自然排风是依赖空气的自然流动,流经空调设备。落地式热水采暖就是一种自然排风的采暖方式:水管内的热水加热管附近的空气,空气受热后膨胀上升,位于地面处的、较低温度的另一部分空气则取代受热空气的原有位置,见图 37.2。至于自然对流系统内空气的实际流量,人们一般不去特别关注。

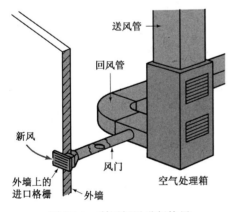

图 37.1　利用新风进行换风

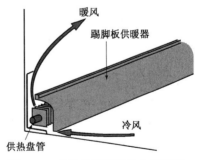

图 37.2　供热盘管附近的空气被逐渐加热,然后膨胀上升

37.2　正确的空气量

强制通风系统的目标需要将正确数量的调节后的空气送往人们所在的区域,并在与室内原有空气充分混合后,在各空调空间形成人们想要的舒适空气环境。不同大小的空间会有不同的空气量,也就会有不同的风量需

求。卧室的产热一般都比较少,因此,其所需的冷量也比大客厅要小。因此,要维持不同区域的舒适状态就需送入不同数量的冷空气,见图 37.3 和图 37.4。另一个例子是小型的办公楼,其接待室往往需要较多的冷量,而在个人办公室内则冷量需求较小。只有在建筑物内每一个区域或地点都送入正确数量的空气的情况下,才不致出现其他区域供冷正常,而某一区域出现温度过低的现象。

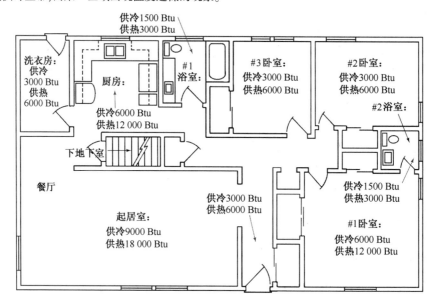

图 37.3　标注有各房间冷、热量需求的楼层平面图

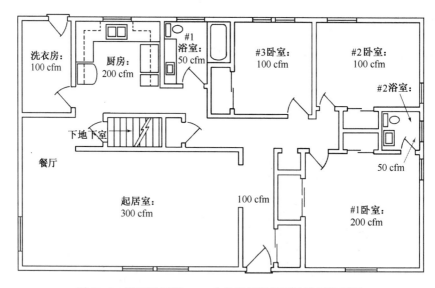

图 37.4　用于说明图 37.3 中各房间送风量的楼层平面图

37.3　强制通风系统

强制通风系统由风机(风扇)、送风系统、回风系统和用于将空气送入室内和送回空调设备的送风格栅和百叶窗式出风口等构件组成。图 37.5 为风管系统上的各构件。当这些构件在正确选择并组成一个完整系统后,应具有如下特征:

1. 在经常有人使用的空调区域内,应无空气流动的感觉。
2. 空调区域内不能听见空气流动的噪声。

3. 室内人员不能觉察温度有波动。

4. 室内人员应对系统是处于运行、还是处于停机状态毫无感觉,除非停机时间较长,温度有明显变化。

室内人员不能感知空调系统运行与否是空调系统运行质量评价的一个重要内容。

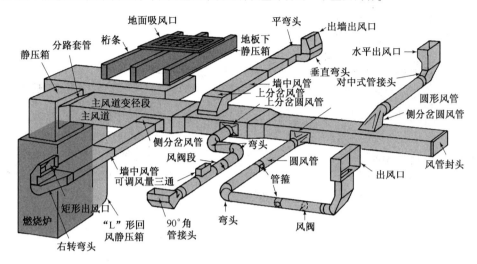

图 37.5 风管系统的各种管件

37.4 风机

要将空气强制送入风管系统,并通过送风格栅和百叶窗式出风口送入室内,风机就必须提供足够的压差。空气具有重量且流动时具有阻力,这就意味着要将空气送入空调区域就需要消耗能量。对于 3 冷吨及以上的空调系统,一般需要有足够的风量吹过蒸发器并进入风管。一般来说,空调系统每吨冷量需有 400 ft³/min 的空气流量。3 冷吨的系统就需要有 400 cfm × 3 冷吨,即 1200 ft³/min 的空气流量。空气的密度为 1 lb/13.33 ft³,因此,此风机的风量应为 90 lb/min (1200 cfm ÷ 13.33ft³/lb = 89.88)。90 lb/min × 60 min/h 即为 5400 lb/h,5400 lb/h × 24 = 129 600 lb/天。风机电动机要传递如此大的空气量时就需要消耗相应的能量,见图 37.6。

对于家用或小型办公楼空调系统来说,由于风管中的风压太小很难以 psi 单位进行测量,因此需以单位面积上的静压力大小为单位且以较小的刻度值来测量。风管中的压力值一般均以英寸水柱高度(in. WC)值进行测量,1 in. WC 的压力就是将水柱液位上升 1 in 的压力。此外,风管中的空气压力一般均采用水柱压力计进行测量,它利用玻璃管中的有色水在压力的作用下移动一定的距离来显示被测段的压力。图 37.7 是一种可以在非常低的压力状态下也能获得较高精度的倾斜式水柱压力计,图 37.8 为可用于测定极低气压的其他数种压力计。尽管这几种压力计中可能不含任何数量的水,但其刻度均以英寸水柱为单位标定。

标准大气状态下,大气的压力为 14.696 psi。此大气压力可以将水抬升 34 英尺的高度,相当于 14.696 psi。1 psi 可以使水上升至 27.7 英寸,即 2.31 英尺,见图 37.9。常规的风管系统压力一般均不会超过 1 in. WC。0.05 psig 的压力可以使水柱抬升至 1.39 英寸的高度(27.7 × 0.05 = 1.39 英寸)。从风管中测得的气流压力数值往往很小。

37.5 系统压力

风管系统内有 3 种压力——静压力、动压力和全压力。静压力 + 动压力 = 全压力。静压力的特征与密闭容器中的压力相同,也非常像制冷剂钢瓶中制冷剂朝向四周的压力。图 37.10 为采用压力计检测风管内的静压。请注意其检测管的连接位置。检测管的头部有一个很小的孔,检测管小孔旁的空气流动不会使水柱压力计的读数出现误差。

风管中的空气沿着风管流动时均具有一定的速度。空气的流速以及空气的重量会产生动压。图 37.11 为采用压力计检测风管中的动压力,注意其检测管的位置,空气流动的速度方向针对检测管的进口,此时检测管检测到的是动压力和静压力的组合压力;然后,再利用第二根检测管来消除静压力,从而使检测管和压力计能测读其动压力值。两侧的静压力相互平衡,因此其动压力即为两端的压力差。

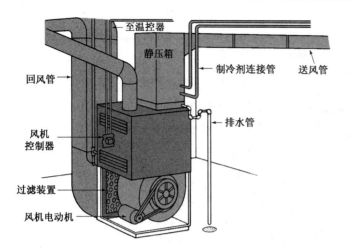

图37.6　风机、电动机及风管系统

图37.7　这种倾斜式水柱压力计可以使刻度范围增大,有更多的刻度值(Bill Johnson 摄)

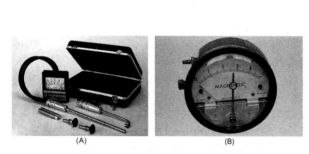

图37.8　其他压力检测仪器((A):Alnor Instrument Company. 提供,(B):Bill Johnson 摄)

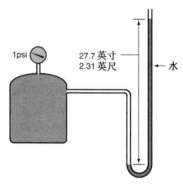

图37.9　当容器内压力为 1 psi 时,水柱压力计的水柱即为 27.7 英寸高度(2.31 英尺)

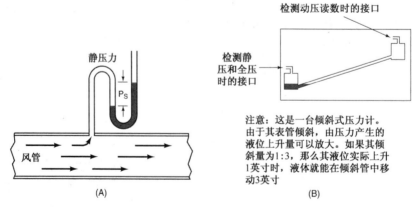

图37.10　(A)检测静压力时压力计的连接方式;(B)倾斜式压力计

　　风管的全压也可以用水柱压力计予以测定,只是连接方式稍有不同,见图37.12。注意,由于水柱压力计的另一管口与大气连接,此压力计检测到的压力为静压力和动压力之和。

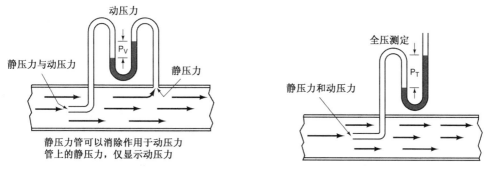

图 37.11　检测风管内空气压力时,压力计的连接方式　图 37.12　检测风管内空气压力时,压力计的连接方式

37.6　风管系统的风速检测仪器

　　上面讨论的水柱压力计是一种空气压力检测仪器。用于检测空气流速的仪器称为流速计。这种仪器用以检测空气流过风管系统中某一位置时的实际流速大小。当利用各种仪器确定流经风管某一位置的空气平均流速后(以 ft/min 为单位),就可以根据风管的截面积(ft²)求得空气的实际流量大小。这部分内容将在 37.27 节做更详细的讨论。图 37.13 为两种不同的流速仪。使用这些仪器时,应严格按各制造商的说明进行操作。

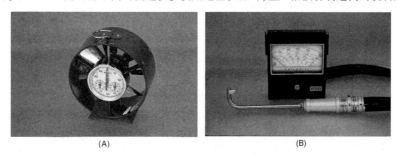

图 37.13　两种流速仪(Bill Johnson 摄)

　　许多年之前发明的称为毕托管的专用装置,现仍与相应的压力计配套并广泛用于各种压力范围的风管空气压力检测,见图 37.14。

37.7　风机的类型

　　风机有时也称为鼓风机,可以被视为产生气流或使空气流动的一种装置。风机有多种不同的类型,但所有风机都可视为非容积式移送装置。切记:压缩机是一种容积式气泵,当其汽缸内充满制冷剂(对于空气压缩机来说,则充满了空气)之后,压缩机即逐渐地使汽缸内容积减小,然后排空制冷剂,否则就会损坏某些零部件。风机不是容积式装置——它不可能产生像压缩机那样的压力。但风机也有许多需要讨论的特性参数。

　　这里讨论的两种风机称为轴流式风机和前弯式叶片离心风机,这种离心式风机也称为鼠笼式风机叶轮,或称为风机叶轮。

　　轴流式风机主要用做排风扇和冷凝器上的风机,它主要适用于大风量、小压差的场合。其叶轮材质可以是铸铁、铝或冲制成型的薄钢板,然后将其安装在一个称为喉管的壳体内,促使气流能够以直线方向从风机的一端排向另一端,见图 37.15。轴流式风机运行时的噪声要比离心式风机来得大,因此,轴流式风机常用于对噪声要求不高的场合。

　　鼠笼式风机,即离心式风机具有风管所需要的各种特性和技术性能,它可以在整个风管内,从进口至出口建立起较大的压力,并可在较大的压力之下推动较多的空气在风管内流动。这种风机中设有一个前弯式叶轮和一个能够阻断空气随叶轮旋转的隔舌。空气在离心力作用下被甩向叶轮外侧,如果此处不设置隔舌予以阻断并把全部空气送出风机出口,那么其中的一部分空气就会随叶轮不断地旋转,见图 37.16。离心式风机如果安装正确,其噪声很低。离心式风机可以满足各种容量且压力较大的高压系统。高压系统的管内空气压力可达 1 in. WC 及以上。较为大型的风管系统可以采用各种不同类型的风机,其中包括前弯式离心风机。离心风机的转速直接关系到风机的送风量。风机的转速可以从侧面观察风机予以确定或测定。风机叶轮的转向必须指向风机的排风口,见图 37.16。

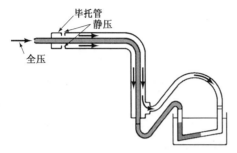

图 37.14　采用毕托管检测动压力

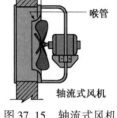

图 37.15　轴流式风机

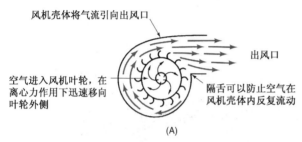

(A)

阻挡空气回流,并将空气引向出风口

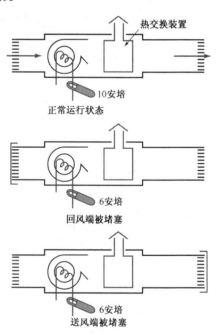

(B)

图 37.16　离心风机

　　风机的各项技术参数中,最便于在风机排故过程中予以检测的一项参数是风量与功耗量之间的关系值。风机以一定速度推动空气在风管内流动时,就要消耗能量。而风机电动机的电流值与风机所推动或泵送的空气量成正比。例如,如果一台风机电动机在其额定容量下运行时,其产生的电流值为满负荷电流,那么风机在低于其额定容量状态下运行时,其电流值应小于满负荷电流值。假设风机电动机在移送 3000 cfm 风量的情况下电流值为10 安培,此体积空气的重量为 3000 cfm ÷ 13.35 ft^3/lb = 224.7 lb/min。如果风机进口被堵塞,那么风机的进口侧空气量减少,风机电动机的电流值就会下降。如果风机的出口侧被堵塞,那么出口侧的压力就会上升,同时,因不需要推动原有数量的空气量,电动机的电流值就会下降,见图 37.17。此时,空气仅仅在风机内,即风机壳体内反复旋转,而不能强制送入风管内。当我们需要在现场做简单测试时,就可以利用电流表对这种风机进行风量检测。如果电流值下降,那么说明风量也同时下降;如果风量增加,那么其电流值就会同时增大。例如,如果将风机舱的舱门打开,那么由于可以有更多的空气通过风机舱较大的孔口进入风机,风机电动机的电流值也就会迅速增大。

图 37.17　气流流动状态与电流值的关系

37.8　风机的驱动方式

　　离心风机必须由电动机驱动。其驱动机构主要有两种:传动带驱动和直接驱动。多年来,人们一直仅采用传动带驱动风机。电动机的标准转速是 1800 rpm。在有负荷且运行平衡状态下的实际转速为 1750 rpm。这种电动机一般均配置电容器,从静止状态增速至 1750 rpm 约需 1 秒的时间。电动机启动时的噪声往往比正常运行时要大。

后来,由于设备的体积越来越小,结构也越来越紧凑,制造商开始转而采用 3600 rpm 电动机的小型风机。这类电动机运行时的实际转速为 3450 rpm。电动机运行时因负载加入而导致转速下降的现象称为转差。从 0 rpm 增速至 3450 rpm 的时间约为 1 秒,且启动时的噪声很小。

为了降低噪声,风机一般均采用套筒轴承和弹性(橡胶)固定方式。传动带驱动的风机上,风机轴上有两个轴承,电动机上也有两个轴承。有时候,这些轴承由生产厂家采用永久性润滑方式予以润滑,技术人员一般不需另行对其润滑。

电动机上的皮带轮、风机轴上的皮带轮以及传动带均需要定期、经常地检查与维护。当需要改变风机转速时,电动机上的皮带轮和风机轴上的皮带轮均可调整或改变轮径,因此,两轮有多种组合方式,见图 37.18。

现在,大多数制造商对于 5 冷吨以下的设备,其风机仍采用直接驱动方式。电动机一般通过橡胶垫安装于风机壳体上,并由电动机的出轴直接带动风机叶轮。这种电动机一般为永久分相电容(PSC)式电动机,启动时的速度非常缓慢,需数分钟才能逐步增速达到其额定转速,见图 37.19。这种电动机的运行非常平稳、安静,不需要传动带和皮带轮,也没有磨损,更不需要调节。在有些直接驱动的风机中,也有采用罩极式电动机的,但其效率一般均低于 PSC 电动机(永久分相电容式电动机)。

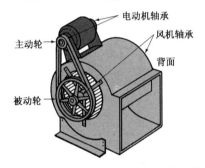

图 37.18　此风机由电动机通过传动带和两个皮带轮驱动,将电动机动能传递给风机叶轮

图 37.19　风机电动机一般由继电器提供电源,且电动机内一般均设置过载保护装置(Universal Electric Company 提供)

采用 PSC 电动机的风机,其叶轮轴承即为电动机的轴承,其摩擦表面可由 4 个减少为 2 个,这样更便于轴承在生产厂家内予以永久性润滑。风机叶轮的前端轴承如果未配置专门的注油孔,那么一般很难注入润滑油进行润滑。由于这样的驱动方法既没有传动带,也没有皮带轮,因此不需要维护保养,当然也不能调节转速,风机只能以与电动机同样的转速运行,也因此只能采用多转速的电动机,即风机的送风量是以不同的电动机转速、而不是通过改变皮带轮轮径的方式来调整。这种电动机可以通过电动机接线盒上的线路切换获得 4 种不同的转速。常见的转速一般为 1500 rpm 至 800 rpm。对于双速电动机来说,夏季如果需要更大的空气量来冷却,那么电动机即可在较高的转速下运行,见图 37.20。

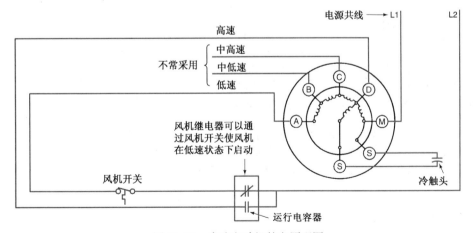

图 37.20　多速电动机的电原理图

37.9 送风管系统

送风管系统的作用在于将处理后的空气通过终端装置、百叶窗型送风口或散流器分送至空调区域。风机或风机箱的出口处可以直接安装风管,也可以在风机和风管间设置防火消震器。在各种送风管系统上,制造商一般都推荐采用消震器,但使用者甚少。如果风机运行时噪声不大,比较安静,也不一定要安装消震器,见图 37.21。

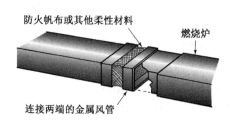

图 37.21 消震器

风管系统设计时,要考虑空气在送往空调区域的过程中尽可能地流畅,不受到额外的阻力和局部阻力的影响,但也不可能使风管管径过大。管径过大不仅增加费用支出,而且往往会引起气流流动问题。风管系统可以是静压箱式加长式静压箱、降压式静压箱和周边封闭环数种,见图 37.22,每一种都有其优点与不足之处。

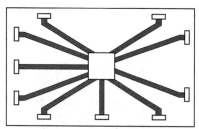

(A) 静压箱,即辐射式风管系统

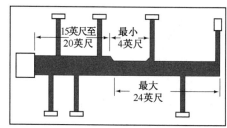

(C) 降压加长式静压箱系统

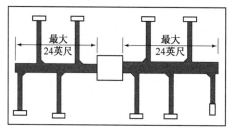

(B) 加长式静压箱系统

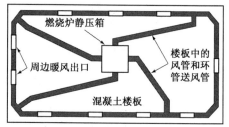

(D) 在混凝土楼板中设置送风管和环管的封闭环系统

图 37.22 (A)静压箱系统;(B)加长式静压箱系统;(C)降压加长式静压箱系统;(D)周边封闭环系统

37.10 静压箱系统

静压箱系统具有独立的送风系统,它非常适宜室内出风口均比较靠近机组的场合,从初期建设成本来看,这种系统的成本较低,且可以由经初级培训的、没什么经验的安装人员进行安装。送风散流器(将气流分散,吹入室内)一般设置在内墙上,用于热源的暖风或高温空气的分送。静压箱系统相对于热泵系统而言,更适合燃煤、燃油或燃气系统,这是因为燃煤、燃油和燃气系统的排出空气温度较高。这些散流器常设置在套房室内的内墙上且仅做短时间运行。

内墙上设置送风散流器时,往往可以分送温度更高的空气,这是因为热泵上的送风温度在没有电加热的情况下很少超过 100°F,而燃料系统无论设置在何处均可轻而易举地达到 130°F。

回风管系统可以是连接于空气处理箱的单一风管,可以节省大量的材料费用。我们将在后续段落中更详细地讨论单一风管的回风系统。图 37.23 为采用天花板百叶窗型出风口的静压箱系统。

37.11 加长式静压箱系统

加长式静压箱系统可应用于车厢式的长条形建筑物中。这种风管系统可以使静压箱的长度延长,因此,这种加长式静压箱也称为主管式风管。它可以是圆形、正方形或长方形截面,见图 37.24。整个系统采用称为支路的小分管来实现与末端装置的连接。这些小风管也可以是圆管、正方形或长方形管道。由于圆形风管的制作与安装费用较低,因此小容量空调系统一般均采用圆形风管。对于一般的房间,支路风管一般采用 6 英寸管径的圆形风管。

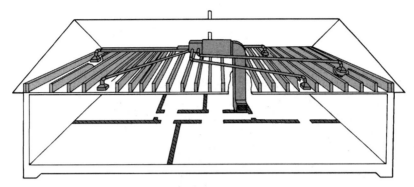

图 37.23　采用静压箱的风管系统

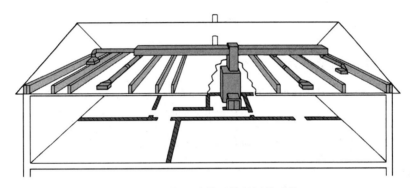

图 37.24　加长式静压箱的风管系统

37.12　降压式静压箱系统

降压式静压箱系统的特征是随着支路风管数增加,其主风管的管径逐渐减小,这种风管系统的优点在于省材,并且只要选择适当的管径就可以使整个风管系统处于同一压力之下,从而可以确保各个支路风管有大致相同的压力和速度,将空气从主管送入各支路风管,见图 37.25。

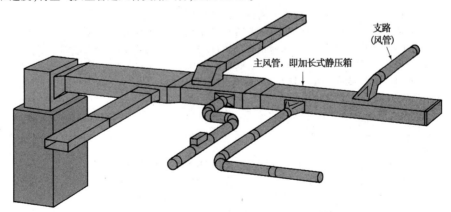

图 37.25　降压式静压箱系统(Climate Control 提供)

37.13   周边环路系统

　　周边环路系统特别适用于寒冷地区混凝土地面的空调系统,其环管可以设置在靠近外墙的混凝土地面之下,出风口则依墙而立。当燃炉运行时,整个环路内的空气温度就会逐渐上升,使整个混凝土地面温度均匀提高。这种环路系统上的各点位置均有同一、稳定的压力,并对所有出风口均提供同样大小的压力,见图37.26。

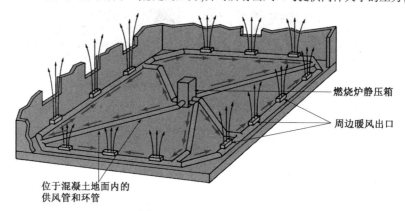

图 37.26   周边环管系统

37.14   风管系统的相关标准

　　对于空调和采暖系统,各地或多或少都有一些地方标准。调节装置可以采用州标准,当然也可以采纳一些地方标准,这些地方标准也称为地方规范。而且,许多州立标准和地方规范大多都沿用一些众所周知的标准,如国际建筑标准管理员与官员协会(BOCA)标准。所有技术人员应逐步地熟悉、了解这些标准中的具体技术要求,并严格按照各项技术要求执行,尽管这些标准的具体技术要求并不是全国标准。

37.15   风管材料

　　将空气从风机处传送至各空调区域的风管可以采用各种不同材料制作。多年来,镀锌薄钢板似乎一直独领风骚,但对制造商来说,其价格不菲,且需要在现场安装。镀锌薄钢板确实是使用寿命最长的一种风管材料,它可用于各种不便进行维修的墙孔风管。但现在,铝材、玻璃纤维风管板、螺旋式金属管和弹性风管等均已成功运用于各种风管系统中。**安全防范措施**:风管材料的相关特性必须满足当地的消防标准。

37.16   镀锌钢板风管

　　镀锌钢板风管有多种不同的壁厚,称为金属材料的标准厚度标号。如果某金属板的标号为28,即意味着约有28张薄钢板叠放后,其厚度为1英寸,也就是说,每一张薄钢板的厚度约为1/28英寸,见图37.27。当风管管径较小时,可以取较小的壁厚;当风管规格较大时,必须要有一定的刚性,否则风机启动或停机时,其管壁就会鼓起,产生很大的噪声。图37.28为不同规格风管的壁厚推荐值,可作为选择风管壁厚的参考。大多数情况下,风管制造商往往会在一些较大规格的管线上设置横向勒口或轻微的弯曲,以提高风管的刚性。

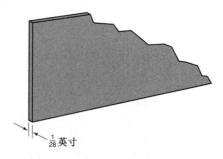

图 37.27   标号为 28 的风管壁厚

　　金属风管的供货长度为4英尺,可以有圆管、正方形管或长方形管。外购的小规格圆管最大长度可达10英尺。风管管段可以用专用的紧固件,称为S形紧固件,即伸缩式紧固件相互连接在一起。如果风管为正方形管或长方形管,那么可采用铆块;如果风管为圆形管,那么可采用薄钢板自攻螺钉,这些紧固件对于正常运行压力较低的风管均能保证有可靠、密封的连接。图37.29为这些紧固件的应用方式。如果存在漏风,那么可以在各接口处粘贴密封带。图37.30为采用薄钢板自攻螺钉将风管连接在机箱上的情形,图37.31则是连接端在用螺钉连接之后粘贴密封带。

舒适性供热、供冷机组金属风管与静压箱所用板材标号				
	舒适性供热或供冷			仅有舒适性供热 每一标准箱白铁皮 最小重量（磅）
	镀锌钢板		相当于美国线 规铝材标号	
	标称厚度 （英寸）	对应的镀锌 钢板标号		
圆风管和暗装的长方形风管				
14 英寸及以下	0.016	30	26	135
14 英寸以上	0.019	28	24	—
明装的长方形风管				
14 英寸及以下	0.019	28	24	—
14 英寸以上	0.022	26	23	—

图 37.28　不同规格风管的金属板壁厚度推荐值

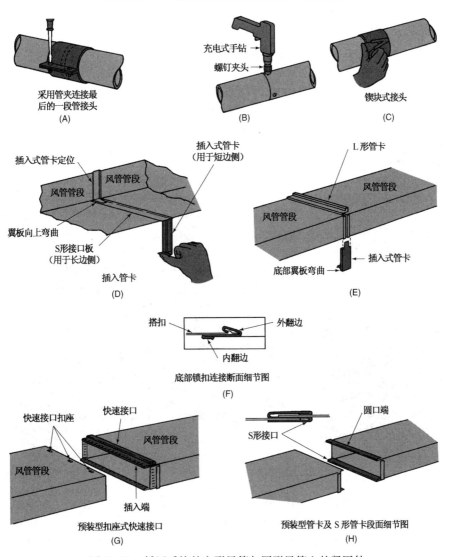

图 37.29　低压系统的方形风管与圆形风管上的紧固件

图 37.30　利用便携式电钻和薄钢板
安装风管（Bill Johnson摄）

图 37.31　风管接口处粘贴密封
条（Bill Johnson 摄）

　　还有一种称为玛帝脂（Mastic）的专用密封胶,可用于风管接口,作为密封接口使用。玛帝脂是一种非常黏稠、类似油灰的材料,可用较硬的漆刷涂刷,其干燥后非常坚硬,但又稍有弹性,能形成良好的密封层。大多数玛帝脂为水溶性,因此使用后很容易用水清除。

　　铝材风管的选用与安装与镀锌钢板风管相似,但铝材风管的成本太高,难以广泛采用。

37.17　玻璃纤维风管

　　玻璃纤维风管有两种类型:一种是用于制作风管的板材,另一种则为预制好的圆形风管。玻璃纤维风管的壁厚一般为 1 英寸或 1.5 英寸,管壁上设有铝箔贴面,见图 37.32。铝箔贴面主要用于增强其强度。安装风管时,玻璃纤维板先切割成刃口,用于增加强度的铝箔贴面则不予同时裁剪,之后用于接口连接。这种风管非常易于运输并在现场安装。由于玻璃纤维板内侧非常粗糙,起到了消声的作用,因此这种风管系统非常安静,几乎没有噪声。

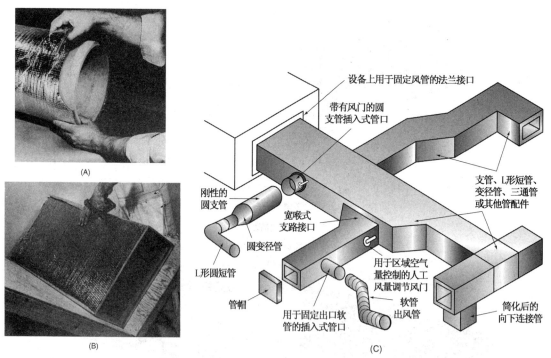

图 37.32　采用铝箔衬的玻璃纤维材料制作的风管及管件

　　风管板可以采用不同方法制作风管。一般情况下,将风管板放置在某个平面上,然后用专用刀具,以直尺为依据,将管板切割成可以相互交叉叠置的接口形式,见图 37.33。当然,也可以采用专门的玻璃钢风管加工机械在现场制作风管,或在车间内加工后再运送到安装现场。操作人员必须能够操作机械设备加工制作不同规格的风管和各种管接件。在车间内制作时,操作人员应将制作后的成品放置在原有的包装箱中,以方便运输,同时在各管件上应标注记号以方便现场安装。

　　机器加工的或用专用刀具切割的玻璃纤维板应能相互折叠,并用铝箔覆贴。两块玻璃管板相互连接时,重叠的铝箔应予保留,这样一块管板上的铝箔就能覆盖在另一块管板上,然后再用专用的卡钉钉住其尾端。最后再用专用胶带覆盖,同时应采用专用的熨斗熨平,见图 37.34。玻璃纤维风管的优点之一,就是安装玻璃纤维风管时等于同时完成了保温层的安装。

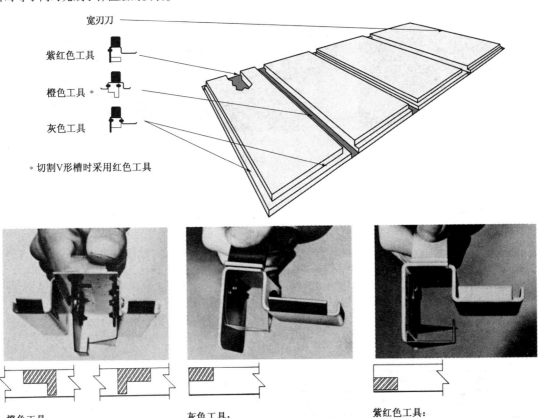

宽刃刀

紫红色工具

橙色工具 *

灰色工具

* 切割V形槽时采用红色工具

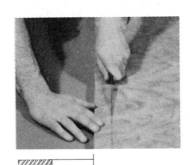

橙色工具:
修割搭接口,形成转角

灰色工具:
制作封闭转角接口时也可以采用灰色工具,此外,当制作短板时或采用没有预制M/F边口的方边板时,灰色工具可以切割出用于连接端口的凹形滑动接口

紫红色工具:
切割出用于连接端口的外伸滑动接头

宽刃刀:
用于将纤维板切割至所需的大小,以及切割保温层

红色工具:
切割成"V"形口,即45°斜接口

蓝色工具:
修割搭接口,制成封闭的直角接头,也可以切割保温层

图 37.33　用于制作玻璃纤维风管的各种刀具(Manville Corporation 提供)

37.18　螺旋金属风管

螺旋金属风管主要用于大型风管系统,且一般在工作现场采用专用的机械设备,用平、窄的薄板卷加工生产非常长的风管管段。

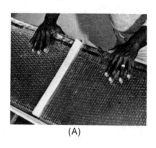
(A)
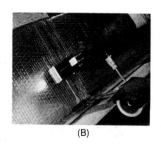
(B)
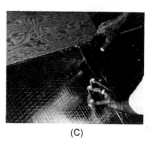
(C)

图37.34　玻璃纤维风管的装配(Manville Corporation 提供)

37.19　柔性风管

柔性圆风管的最大直径为24英寸左右。其中有一些还采用增强型铝箔作为内、外衬,并带有可收缩风口接口,用于对短距离的箱体进行连接。柔性风管上没有保温层。这种带有柔性金属箔贴面的风管看上去就像螺旋弹簧。由于柔性风管不像必须正确对中才能安装的刚性风管,它很容易对中,因此其安装非常方便。

有些柔性风管也采用乙烯树脂或铝箔内衬和保温层。连接至箱体的柔性风管长度一般为25英寸,见图37.35,它也可以采用压入方法固定于箱体上。安装时,柔性风管很容易绕过转角,要使柔性风管的设置长度尽可能短,也不要使柔性风管拉紧、扭转,这样往往会造成断裂。这种风管的阻力损失要比金属风管大,但它可以作为消声器,减少风机噪声向风管的传播。为了获得较为理想的空气量,在柔性风管的整个长度上应尽可能地密封。

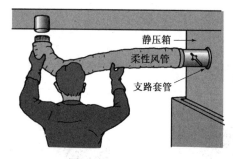

图37.35　柔性风管

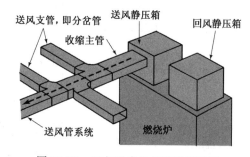

图37.36　正方形或长方形风管系统

37.20　风管系统的组合

风管系统可以有多种组合方式,例如:
1. 主风管和各支路风管均为同样的形状,如全部为正方形或长方形金属风管,见图37.36。
2. 金属主风管带金属圆形支路风管,见图37.37。
3. 金属主风管带刚性的圆形玻璃纤维支路风管,见图37.38。
4. 金属主风管带柔性支路风管,见图37.39。
5. 玻璃纤维主风管带刚性圆形玻璃纤维支路风管,见图37.40。
6. 玻璃纤维主风管带圆形金属支路风管,见图37.41。
7. 玻璃纤维主风管带柔性支路风管,见图37.42。
8. 带有圆形金属支路风管的全金属圆风管系统,见图37.43。
9. 带有柔性支路风管的全金属圆风管系统,见图37.44。

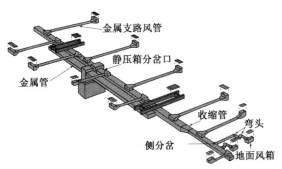

图 37.37　带有金属圆支路风管的
长方形金属主管系统

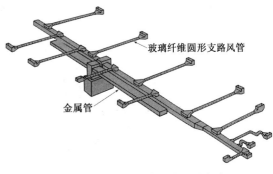

图 37.38　带有玻璃纤维圆形支路
风管的金属主管系统

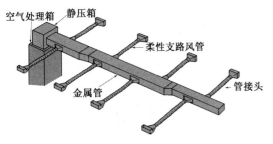

图 37.39　带有柔性支路风管的金属主管系统

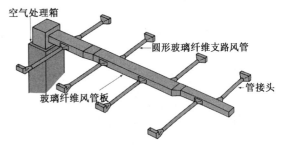

图 37.40　带有圆形玻璃纤维支路风
管的玻璃纤维主管系统

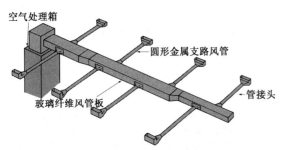

图 37.41　玻璃纤维板主管与圆形金属支路风管

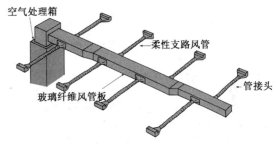

图 37.42　玻璃纤维主管与柔性支路风管

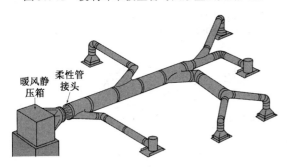

图 37.43　圆形金属风管

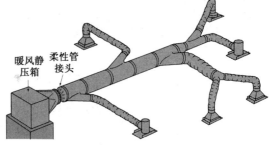

图 37.44　带有柔性支路风管的
全金属圆形主管系统

37.21　风管内的空气流动

我们应当特别注意空气离开风管时是否能以正确的流量进入支路风管。支路风管必须通过分岔管件固定于主风管上。分岔管件有多种不同的形式，但都有一个比支管更大的喉部空间，这样才能使空气能流畅地离开主管,这种分岔管也称为流线型分岔管件,见图 37.45(B),分岔应能促使空气流畅地沿着管线进入分岔管并进入支路风管。

选用这种分岔管往往很难获得理想的效果
(A)

连接于主线管的大空间管可以形成有利于空气流入的低压区域
(B)

图 37.45　(A)标准分岔管件;(B)流线型分岔管件

风管中流动的空气具有惯性——它具有保持直线流动的倾向,如果空气在流动过程中必须转弯,那么此弯头就应仔细选择与考虑,见图 37.46。例如,一个正方形喉管式弯管往往会产生比圆形喉管式弯管更大的气流流动阻力。如果此风管为长方形管或正方形管,那么转弯叶片往往会改善气流流过转角时的流动状态,见图 37.47。

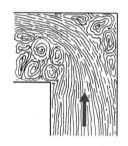

图 37.46　当空气要流过一个转角时,气流就会出现这样的状态

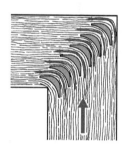

图 37.47　带有转弯叶片的正方形弯管

37.22　平衡风门

一个设计较为完整的风管系统应在各支路风管中设置平衡风门来平衡系统各部分的空气量。采用风门来平衡各支路风管内的空气量,可以使技术人员通过控制送入室内的空气量获得更佳的温度控制。各路风门应尽可能设置在主管附近。如果风管设有保温层,那么风门的手柄应伸出保温层外。空气平衡点的位置也应靠近主风管,因此如果有空气流动噪声,那么支路风管即能在空气进入室内之前吸收噪声。风门由与风管内侧具有同样形状的金属板和穿过风管管壁的手柄构成。此手柄可转动至相对于气流的某个角度,使空气的流速降低,见图 37.48。风门手柄具有方向性,当手柄与风管垂直时,风门关闭;当手柄方向与风管方向一致时,风门打开。当风门关闭时,它大约可使空气量降低至全风量的 15% 左右。

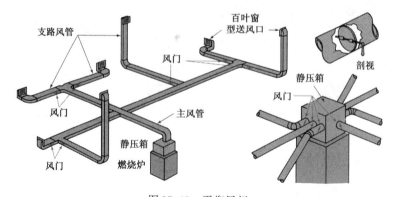

支路风管　百叶窗型送风口　风门　剖视　静压箱　风门　主风管　风门　静压箱　燃烧炉

图 37.48　平衡风门

37.23　风管的保温

当风管管线通过一个非空调区域时,风管内的空气就会与非空调区域内的空气形成热交换。如果这样的热交换过程可以使处理后的空气从中获得或失去大量热量,那么这样的风管系统就应予以保温。如果风管内空气与风管外空气温差大于 15℉,那么就必须设置保温层,这是确定必须设置保温层的最大容许温差。

玻璃纤维风管的保温层一般由厂家直接设置在管内。大多数金属风管的保温层一般有两种方式:在管内或在管外。当设置在管外时,其保温材料一般是金属箔或乙烯树脂作为底衬的玻璃纤维,它有数种厚度,其中 2 英寸厚度的应用最为普遍。其底衬主要用于形成水汽阻挡层,这对于风管运行温度低于环境空气露点温度、易在风管形成水汽的场合非常重要。保温层以相互叠置并用卡钉固定的方法予以连接,然后用胶带封闭,防止水汽进入接缝。如果风管周围仍有较多的间隙,那么可在风管安装之后,再添加外层保温层。

当保温层设置在管内时,其保温方法一般是采用涂刷保温胶或将保温材料固定在采用点焊或黏结在风管内的卡扣上。这种风管在制造时必须同时完成保温层配置。

37.24　处理后的空气与室内空气的混合

处理后的空气到达空调区域后,必须均匀地分送至室内各个位置,才能在无人感觉空调系统正在运行的情况下使整个房间达到较为舒适的状态。这就是说系统的末端构件必须能将送入空气引向空调区域内的某个恰当位置与室内原有空气有较为理想的混合。以下是考虑室内空气分布时可供参考的几个因素。

1. 送入空气尽可能地引向各垂直墙面上,因为它是形成热交换、冷热负荷最集中的地方。例如,在冬季,送入空气即可以面对外墙来消除冷负荷(墙体温度较低),并使墙面保持较高温度,使墙体避免从室内空气中吸收热量;在夏季,也需要有适当的气流流动轨迹,使墙体保持较低的温度,使室内空气避免从墙体上吸收热量。散流器一般都能按此要求来分送空气,见图 37.49。
2. 由于热空气一旦排出送风口即有上升趋势,因此从地面排出的采暖热空气往往能获得较好的气流分布状态,见图 37.50。

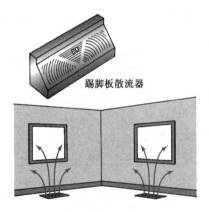

图 37.49　散流器分散和分流送入室内的空气

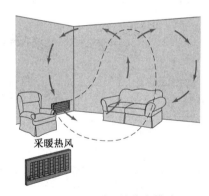

图 37.50　暖风的分流模式

3. 由于冷空气从送风口排出时即有下降趋势,因此,从天花板排出的冷空气一般都能得到较为理想的分流分布形态,见图 37.51。
4. 对于采暖和供冷来说,最新的概念是将散流器设置在尽可能靠近外墙处,从而达到消除冷热负荷的效果,见图 37.52。
5. 送风的喷射距离(从散流器中排出的空气吹入室内时的作用距离)取决于散流器后端的空气压力和散流器叶片的类型。散流器后端分管内的空气压力决定了空气离开散流器时的气流速度。

图 37.53 为各种百叶窗出风口和散流器,分别适用于墙上低端位置、墙上高端位置、地面、天花板或踢脚板。

37.25　回风管系统

回风管系统除了有些空调系统采用集中式回风而不是单一房间回风以外,其他均与送风管系统相同。独立的回风系统在每一个设有送风散流器的房间内都配置有回风格栅(除了休息室和厨房)。独立式回风系统一般均为正压系统,但成本往往较高。一般情况下,回风管的规格比送风管要稍大些,因此,气流在回风管道中的流动阻力往往要比送风管道中的阻力小。后面,我们将对风管的规格确定进行更详细的讨论。图37.54为采用独立式回风系统的案例。

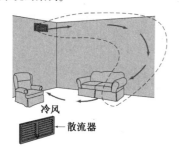

图 37.51　冷风的分流模式

图 37.52　用于外墙的两种散流器

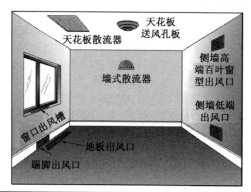

	地面	踢脚板	侧墙低端	侧墙高端	天花板
供冷性能	极佳	如果用于周边环路系统,效果极佳	如果用于上排风,效果极佳	好	好
供暖性能	极佳	如果用于周边环路系统,效果极佳	如果用于周边环路系统,效果极佳	一般——不应用于北方地区平房采暖	好——不应用于北方地区平房采暖
与室内装饰的相互影响	由于可以设计成与地面同样的高度并采用相配的油漆,因此易于隐藏	由于其突出在踢脚板外,因此不易隐藏	由于一般均设置在平整的墙面上,很难隐藏	由于它设置在家具上方以及平整的墙面上,不可能隐藏	不可能隐藏,但可以采用特种装饰性形式
与家具陈设的相互影响	由于它设置在外墙窗下,因此没有影响	由于它设置在外墙窗下,因此没有影响	由于其排出气流并非垂直方向,可能有影响	没有影响	没有影响
与整个长度上窗帘的相互影响	由于它离墙 6~7 英寸,因此没有影响	当窗帘关闭时会盖住出风口	当设置在窗下时,窗帘会盖住出风口	没有影响	没有影响
与全覆盖式地毯的相互影响	地毯必须进行裁剪	地毯必须开个缺口	没有影响	没有影响	没有影响
出风口装置成本	较低	中等	低~中等,取决于选择的类型	较低	低~高,取决于选择的类型
安装成本	由于不需开墙孔,因此安装成本较低	如果安装在踢脚板处,不需要开墙孔,成本较低	需要开墙孔或墙板,成本中等	安装于抹灰天花板时较低;安装于混凝土楼板时较高	由于阁楼需安装风管,成本较高

图 37.53　百叶窗型送风器和散流器

集中式回风系统一般对单层住宅比较适宜,可以设置较大的回风格栅,因此来自公共房间的空气可以很容易地送回公共的回风管。室内空气要返回集中式回风管,就必须要有流动的通道,如带有格栅的房门、畅通的过道以及公共走廊的门下空隙。但是,门下的这些孔口往往会使某些人感到隐私受到伤害。

在多层建筑物中,一般可以在每层楼面设置一组独立式回风系统。要记住,在没有任何外力的作用下,冷空气总是会自然地朝下流动,而热空气则将自发地朝上移动。图 37.55 为两层建筑物中的空气分层现象。

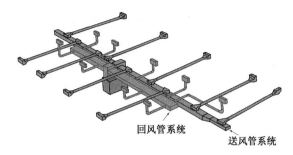

回风管系统　　送风管系统

图 37.54　独立式室内多进口回风管布置图(Carrier Corporation提供)

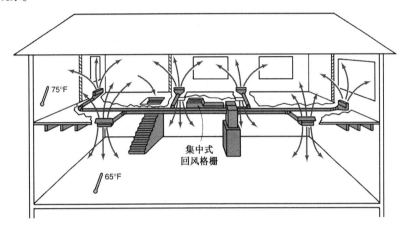

集中式回风格栅

图 37.55　由于热空气会上升,冷空气会自然下流,即使均匀分流后也会形成空气温度的分层

一个设计合理、安装到位的集中式回风系统应能有效地消除空调区域内的风机噪声。由于风机运行噪声在数英尺外就能明显地感受到,因此回风静压箱不应设置在燃烧器上,回风格栅应通过一个弯管再连接至燃烧炉。如果这种办法无法实现,那么可以将回风静压箱与燃烧炉隔离,来帮助消除风机的噪声。

回风格栅一般均较大,且具有一定的装饰功能。它不具有其他的功能,除非其内部安装有过滤装置。回风格栅通常为冲压成型的金属件,即一个金属框架和一个格栅网构成,见图 37.56。

  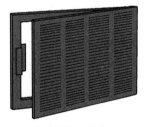

(A) 冲压成型的大流量回风进口　　(B) 地板回风进口　　(C) 过滤器式回风格栅

图 37.56　回风格栅

37.26　风管规格的确定

由于空气具有重量,空气沿风管流动时气流自身以及与风管间存在摩擦阻力,以及管件对气流产生的阻力,因此推动空气流动就需要消耗能量。

风管内的阻力损失是由空气与风管内壁面的实际摩擦作用,以及空气沿风管流动过程中自身湍流所形成的摩擦而产生的。

　　空气与风管内壁间的阻力无法消除,但可以采取有效的设计方法将它限制在最低限度。针对空气流量的大小,正确确定风管的管径有助于提高和改善系统的各项性能。风管的内表面越光滑,其实际产生的阻力也就越小;空气在管内的流速越低,空气所受到的阻力也就越小。讨论风管设计的具体细节已超出了本书范围,但对于常规的风网系统,以下内容可以提供参考。

　　如果已知单位长度(如1英尺)风管对气流的阻力,就可以根据图表和一些专用计算尺来计算风管的阻力损失。下述案例可用来说明风管系统中的阻力损失,见图37.57。

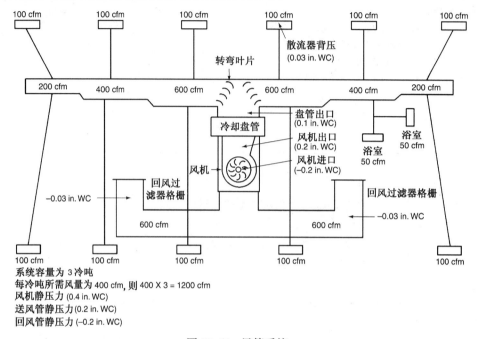

图 37.57　风管系统

1. 某车厢形长条房间需要 3 冷吨的冷量。
2. 由风网中的 3 冷吨冷却盘管提供冷量。
3. 由一台输入热量为 100 000 Btu/h,输出热量为 80 000 Btu/h 的燃烧炉提供热量。
4. 系统风机运行速度为中高速,风网中静压为 0.4 in. WC 时,风机的风量为 1360 cfm;在供冷模式下,整个系统的风量仅需 1200 cfm。如果系统采用 1/2 马力的电动机,并利用其少量的储备容量就可很方便地获得这样的风量,见图 37.58。而供冷模式通常需要比供热模式更大的风量。根据经验,每冷吨通常需要 400 cfm 的空气量,则 3 冷吨 × 400 = 1200 cfm。
5. 该系统共有 11 个出风口,每个出风口需要有 100 cfm 的风量,另在室内的主要部位有 2 个出风口,每个出风口风量为 50 cfm,位于浴室内。大多数出风口均设置在室内的外墙上,且处理后的空气直接面朝外墙。
6. 回风通过设置在公共走道的回风孔送入系统。走道的两端各设一个回风口。
7. 观察此系统时,我们可以将整个房间视为一个系统。送入室内的空气离开送风风门后,必须直接吹向侧墙,然后横穿过房间到达过道附近的房门。此时,空气的温度为室内温度,然后从过道门下方进入回风格栅。
8. 回风格栅处于风管系统的起点位置,格栅处的轻微负压(相对于室内压力而言)可以使空气吸入系统。回风格栅内一般还设置过滤装置,过滤装置的风机侧压力一般为 – 0.03 in. WC,此压力稍低于室内的空气压力,因此室内压力即可推动空气通过过滤器进入回风风管。
9. 当空气朝风机方向流动时,风管中的压力则持续降低。系统中压力最低点即位于风机的进口处,为 – 0.2 in. WC,低于室内空气压力。
10. 空气被强制流过风机的过程中,其压力又迅速增大,系统中压力最高点即在风机的出口处,为 0.2 in. WC,高于室内空气压力。风机的进出口压差为 0.4 in. WC。
11. 然后空气被送入燃烧炉中的热交换器,其压力再度下降至新的压力状态。
12. 空气在流经冷却盘管后,以 0.1 in. WC 的压力进入送风管系统。

13. 空气在绕过一个将风管拆分为两路的三通弯头后(另一路连接房间的另一端),其压力稍有下降。风管中的此三通管上设有多片转弯叶片,可以使空气走过此弯头时减小其压降。

14. 每一段缩径主风管的开头段都有相同的空气量,各段为 600 cfm。第一段主管上各有两个分路风管,每一分路风管的空气量为 100 cfm,因此,两侧主管上的风量均降低至 400 cfm,在此连接稍小管径的风管,这样既可节省材料,又可维持管内正常的空气流速。

15. 风管管径减小后,两端的空气量各仅为 400 cfm,又因为 200 cfm 需分送至空调区域,那么管径还需进一步减小。

16. 系统两侧缩径的最后一段,风量仅为 200 cfm。

这样的送风管系统能以最低的噪声和最佳的舒适状态参数为此房间提供冷、暖空气。由于风管中的空气均从主风管引出,而且为了使风管内的压力始终保持在设定的数值,而将风管的管径逐步缩小,因此,在整个风网中的任意一段风管内的空气压力几乎相等。

此外,在每一段支路风管上,均应安装风门,来平衡系统送入每一个房间的送风量。此系统每一个出风口的配置风量为 100 cfm,但如果某房间不需要如此多的风量,那么就可以对风门进行调节。连接至每个浴室的支路风管需要调整至 50 cfm。

回风系统的两侧均有同样管径的风管,设置在过道厅回风格栅内的过滤器,每侧所需处理的风量各为 600 cfm。而燃烧炉的风机则设置在远离格栅的地方,这样,室内人员就听不见其发出的噪声了。

有许多完整地论述风管规格确定的教材和专业书籍可以参考。此外,制造商的技术代表也可以帮助你解决特定风网上的相关问题。有些制造商还提供如何运用他们的方法与技术来确定风管规格的培训。

规格号	风机电动机马力	转速	外侧静压力(in. WC)							
			0.1	0.2	0.3	0.4	0.5	0.6	0.7	0.8
048100 1/2 PSC 式电动机		高速	1750	1750	1720	1685	1610	1530	1430	—
		中高速	1360	1370	1370	1360	1340	1315	—	—
		中低速	1090	1120	1140	1130	1100	—	—	—
		低速	930	960	980	980	965	945	—	—

图 37.58 制造商提供的燃烧炉空气流量参数表(BDP Company 提供)

37.27 空气的流量平衡检测

空气的流量平衡常需要检测离开各送风散流器的空气量。当某个出风口的风量太大时,控制此出风口的风门即应予以调节,减小其出风量。当然,这样会影响到其他出风口的风量,使各个出风口的风量增大。

独立风管的出风量可以在现场用仪器通过确定风管内空气流速的方法做一般精度的测量。检测时,可以直接将风速仪插入管内。风速必须在风管的横截面上予以测定,计算时,取多个测定读数的平均值。这种方法也称为风管的横向分块测定。例如,在 1 ft^2 的风管内(12 in × 12 in = 144 in^2),空气以 1 ft/min 的速度流动,那么流经风管上某点位置的空气体积量即为 1 cfm;如果空气流速为 100 ft/min,那么流经同一位置点的空气体积量即为 100 cfm,即要确定流动空气的体积量,只需将风管的横截面积乘以空气的平均流速即可,见图 37.59。图 37.60 为测定流速时常用的横向分块方式。

当已知某风管内的空气平均流速时,可以根据下面公式求得 cfm 值:

$$cfm = 面积(ft^2) × 速度(fpm)$$

例如,设某风管宽、高尺寸为 20 in × 30 in,管内空气流速为 850 fpm,那么可以先求出管道的截面积,然后求出 cfm 值:

$$面积 = 宽度 × 高度$$
$$面积 = 20 \text{ in} × 30 \text{ in}$$
$$面积 = \frac{600 \text{ in}^2}{144 \text{ in}^2/\text{ft}^2}$$
$$面积 = 4.2 \text{ ft}^2$$

又:

$$cfm = 面积 × 流速$$
$$面积 = 4.2 \text{ ft}^2 × 850 \text{ fpm}$$

$$\text{cfm} = 3570(3570\ \text{ft}^3/\text{min 的空气流量})$$

再假设某风管为圆形风管,直径为 12 in,管内空气的平均流速为 900 fpm,则

$$面积 = \pi \times 半径的平方$$
$$面积 = 3.14 \times 6 \times 6$$
$$面积 = \frac{113\ \text{in}^2}{144\ \text{in}^2/\text{ft}^2}$$
$$面积 = 0.78\ \text{ft}^2$$

且

$$\text{cfm} = 面积 \times 流速$$
$$\text{cfm} = 0.78\ \text{ft}^2 \times 900$$
$$\text{cfm} = 702(702\ \text{ft}^3/\text{min 的空气量})$$

要获得空气在风管内正确的平均流速,就必须采用特定的检测方法和良好的仪器设备。例如,读数量不得少于 10 个,且不得在非常靠近配件的直径位置上进行测定,也就是说,要获得精确的读数就必须在直长管段内检测流速读数。但是,由于在常规系统中,特别是居民住宅内的风管系统下,总是有多个管配件和分岔管,因此并不是始终有这种直长管可用于检测。

必须正确确定风管内的测点位置,而且圆风管的测点位置分布和分区与正方形风管或长方形风管的测点位置均不相同,图 37.60 为精确测定风管内流速时针对正方形风管、长方形风管以及圆形风管横截面应选取的测点位置。对于空气流量测定的具体注意事项,可以参见 37.29 节的相关内容。

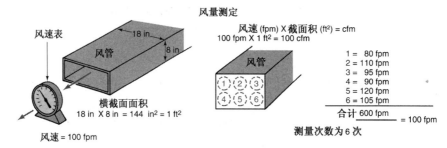

要获得高精度的测量值,风速读数必须是风管出口整个截面的平均值

图 37.59　风管截面积与风管截面上气流流速的测定方法

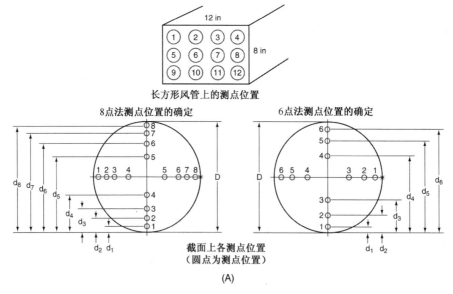

图 37.60　(A)要获得高精度的平均读数,正方形风管、长方形风
管和圆形风管各截面上测点位置应按表中数据确定

分点方法	探头伸入风管直径线的深度									
	d_1	d_2	d_3	d_4	d_5	d_6	d_7	d_8	d_9	d_{10}
6 点法	0.043	0.147	0.296	0.704	0.853	0.957	–	–	–	–
8 点法	0.032	0.105	0.194	0.323	0.677	0.806	0.895	0.968	–	–
10 点法	0.025	0.082	0.146	0.226	0.342	0.658	0.774	0.854	0.918	0.975

(B)

风管直径 (in)	6点法中探头伸入风管的深度					
	d_1	d_2	d_3	d_4	d_5	d_6
10	3/3	1-1/2	3	7	8-1/2	9-5/8
12	1/2	1-3/4	3-1/2	8-1/2	10-1/4	11-1/2
14	5/8	2	4-1/8	9-7/8	12	13-3/8
16	3/4	2-3/8	4-3/4	11-1/4	13-5/8	15-1/4
18	3/4	2-5/8	5-3/8	12-5/8	15-3/8	17-1/4
20	7/8	3	6	14	17	19-1/8
22	1	3-1/4	6-1/2	15-1/2	18-3/4	21
24	1	3-1/2	7-1/8	16-7/8	20-1/2	23

(C)

风管直径 (in)	8点法中探头伸入风管的深度							
	d_1	d_2	d_3	d_4	d_5	d_6	d_7	d_8
10	5/16	1	2	3-1/4	6-3/4	8	9	9-5/8
12	3/8	1-1/4	2-3/8	3-7/8	8-1/8	9-5/8	10-3/4	11-1/2
14	7/16	1-1/2	2-3/4	4-1/2	9-1/2	11-1/4	12-1/2	13-1/2
16	1/2	1-5/8	3-1/8	5-1/8	10-7/8	12-7/8	14-3/8	15-1/2
18	9/16	1-7/8	3-1/2	5-7/8	12-1/8	13-1/2	16-1/8	17-1/2
20	5/8	2-1/8	3-7/8	6-1/2	13-1/2	16-1/8	17-7/8	19-3/8
22	11/16	2-3/8	4-1/4	7-1/8	14-7/8	17-3/4	19-3/4	21-1/4
24	3/4	2-1/2	4-5/8	7-3/4	16-1/4	19-1/2	21-1/2	23-1/4

(D)

图 37.60（续）　（B）～（D）要获得高精度的平均读数，正方形风管、长方形风
管和圆形风管各截面上测点位置应按表中数据确定

37.28　气流流动阻力线图

上述案例中的系统各管段可以在图 37.61 的阻力线图上，依据相关参数确定位置，同时查出各管段的流动阻力值。该线图中的最大空气气流量为 2000 cfm。根据前面提到的空调风量（每冷吨 400 cfm），我们即可利用此表来确定 5 冷吨以下风管系统的各项参数。图 37.62 适用于更大容量的、高达 100 000 cfm 流量的风管系统。

此阻力线图的左侧为空气流量（ft^3/min），从左下方指向右上方的斜线为圆管规格，风管规格与此图中圆管大小成一定比例关系，利用图 37.63 中的表即可将其转化为正方形或长方形风管的具体规格。表中的圆管规格完全适用于密度为 0.075 lb/ft^3 的空气和采用的镀锌管。对于用风管板制作的风管和柔性风管，则可以参见其他线图。图中左上方指向右下方的斜线表示管中的空气流速，线图中自上而下的垂直线则表示每 100 英尺长度风管上的阻力损失（英寸水柱）。例如，传送 100 cfm 的空气且空气流速达到 500 ft/min 时，其压力降为 0.085 in. WC/100 ft，如果此管长为 50 ft，那么其压力降即为 0.0425 in. WC。

此阻力线图可以为设计人员在预报工价前据此确定风管系统的规格提供很大方便。风管规格确定之后则可以提出具体的风管材料数量。风管规格的确定除了图 37.61 的线图外，还应根据图 37.64 中各管段中的空气流速推荐值进行确定。在上述案例中，也可以采用 4 英寸的管径，但其管中空气流速将接近 1200 ft/min，此时将产生大量的噪声，且风机也没有足够的容量将足够的空气送入风管。

人们一直在设计高速的风网系统，而且也成功地应用于各种小型系统中。在这样的系统中，主风管与支路风管中的空气流速非常高，其空气流速最后在可调风门的出风口处迅速降低，以防止高速流动空气的抽风。如果空气流速不能在出风口降低，那么此出风口就会出现明显的气流效应，而且往往是出现在房间转角处，在此气流下方，有些人几乎不能走路。

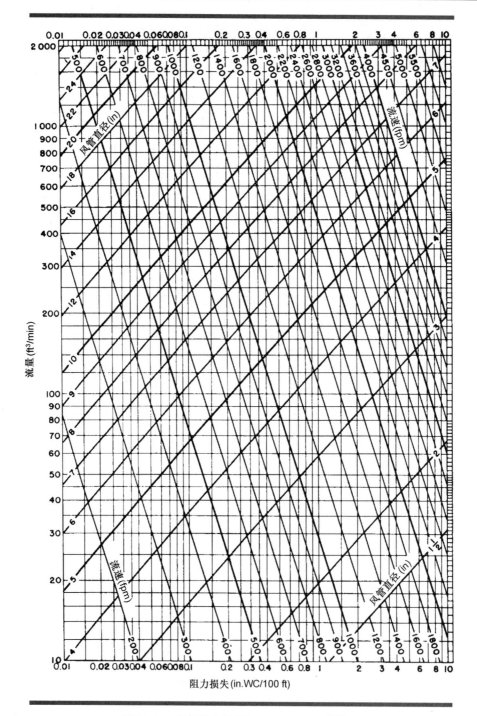

图 37.61　空气阻力线图(ASHRAE, Inc. 提供)

　　现场技术人员也可利用阻力线图来解决气流方面的问题。气流故障主要来自风网系统的设计、安装以及用户操作不当等因素。

　　系统设计故障主要是由风机和风管管径选择不当造成的,其主要原因是未能理解和掌握空气阻力线图仅针对长度为 100 英尺风管而言这一情况。技术人员应对确定风管规格的方法有充分、全面的了解,才能判断风管管径选择正确与否。

　　要正确确定风管管径,技术人员应首先理解与掌握系统内各管件与各管段压力降的计算方法。空气处理箱至终端出风口的各段风管压力降均可以进行计算,并可在空气阻力线图上以风管长度值表示,这种方法更简明、更直观。各种管接件的压力降值则需采用其他方法计算,一般来说,空气流过各类管接件的压力降值(in. WC)均由实验室通过一定的实验方式事先予以测定,即均为已知数据。将压力降值转换为当量管长可以给设计人员和技术人员带来诸多便利。技术人员必须知道系统中采用的是何种管接件,然后在图上确定其当量管长数,见图 37.65。当最终需要为某管线确定正确的风管管径时,只需要将此管线上所有管接件的当量管长数相加,然后再加上实际风管长度之和即可。

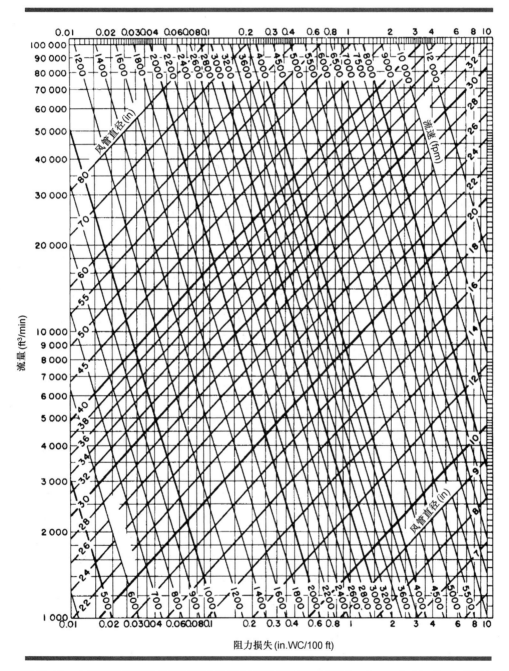

图 37.62 大容量风管系统的空气阻力线图(ASHRAE, Inc. 1985 Fundamentals Handbook,提供)

当风管长度不足 100 英尺时,还必须用一个阻力修正系数对计算值或读数进行修正,以获得风管对气流的实际阻力值,否则就会出现实际风量过大的现象。阻力修正系数就是风管系统的设计阻力损失乘以 100,然后除以风管的实际长度。例如，某风管需要将300 cfm 的空气量送入室内，该风管非常靠近主风管和空气处理箱，有效长度为60英尺，其中包括各管接件和所有风管长度的阻力损失，见图37.66。

长度调节值	6	7	8	9	10	11	12	13	14	15	16	17	18	19	20	22	24	26	28	30	长度调节值
6	6.6																				6
7	7.1	7.7																			7
8	7.6	8.2	8.7																		8
9	8.0	8.7	9.3	9.8																	9
10	8.4	9.1	9.8	10.4	10.9																10
11	8.8	9.5	10.2	10.9	11.5	12.0															11
12	9.1	9.9	10.7	11.3	12.0	12.6	13.1														12
13	9.5	10.3	11.1	11.8	12.4	13.1	13.7	14.2													13
14	9.8	10.7	11.5	12.2	12.9	13.5	14.2	14.7	15.3												14
15	10.1	11.0	11.8	12.6	13.3	14.0	14.6	15.3	15.8	16.4											15
16	10.4	11.3	12.2	13.0	13.7	14.4	15.1	15.7	16.4	16.9	17.5										16
17	10.7	11.6	12.5	13.4	14.1	14.9	15.6	16.2	16.8	17.4	18.0	18.6									17
18	11.0	11.9	12.9	13.7	14.5	15.3	16.0	16.7	17.3	18.0	18.5	19.1	19.7								18
19	11.2	12.2	13.2	14.1	14.9	15.7	16.4	17.1	17.8	18.4	19.0	19.6	20.2	20.8							19
20	11.5	12.5	13.5	14.4	15.2	16.0	16.8	17.5	18.2	18.9	19.5	20.1	20.7	21.3	21.9						20
22	12.0	13.0	14.1	15.0	15.9	16.8	17.6	18.3	19.1	19.8	20.4	21.1	21.7	22.3	22.9	24.0					22
24	12.4	13.5	14.6	15.6	16.5	17.4	18.3	19.1	19.9	20.6	21.3	22.0	22.7	23.3	23.9	25.1	26.2				24
26	12.8	14.0	15.1	16.2	17.1	18.1	19.0	19.8	20.6	21.4	22.1	22.9	23.5	24.2	24.8	26.1	27.3	28.4			26
28	13.2	14.5	15.6	16.7	17.7	18.7	19.6	20.5	21.3	22.1	22.9	23.7	24.4	25.1	25.8	27.1	28.3	29.5	30.6		28
30	13.6	14.9	16.1	17.2	18.3	19.3	20.2	21.1	22.0	22.9	23.7	24.4	25.2	25.9	26.6	28.0	29.3	30.5	31.7	32.8	30
32	14.0	15.3	16.5	17.7	18.8	19.8	20.8	21.8	22.7	23.5	24.4	25.2	26.0	26.7	27.5	28.9	30.2	31.5	32.7	33.9	32
34	14.4	15.7	17.0	18.2	19.3	20.4	21.4	22.4	23.3	24.2	25.1	25.9	26.7	27.5	28.3	29.7	31.0	32.4	33.7	34.9	34
36	14.7	16.1	17.4	18.6	19.8	20.9	21.9	22.9	23.9	24.8	25.7	26.6	27.4	28.2	29.0	30.5	32.0	33.3	34.6	35.9	36
38	15.0	16.5	17.8	19.0	20.2	21.4	22.4	23.5	24.5	25.4	26.4	27.2	28.1	28.9	29.8	31.3	32.8	34.2	35.6	36.8	38
40	15.3	16.8	18.2	19.5	20.7	21.8	22.9	24.0	25.0	26.0	27.0	27.9	28.8	29.6	30.5	32.1	33.6	35.1	36.4	37.8	40
42	15.6	17.1	18.5	19.9	21.1	22.3	23.4	24.5	25.6	26.6	27.6	28.5	29.4	30.3	31.2	32.8	34.4	35.9	37.3	38.7	42
44	15.9	17.5	18.9	20.3	21.5	22.7	23.9	25.0	26.1	27.1	28.1	29.1	30.0	30.9	31.8	33.5	35.1	36.7	38.1	39.5	44
46	16.2	17.8	19.3	20.6	21.9	23.2	24.4	25.5	26.6	27.7	28.7	29.7	30.6	31.6	32.5	34.2	35.9	37.4	38.9	40.4	46
48	16.5	18.1	19.6	21.0	22.3	23.6	24.8	26.0	27.1	28.2	29.2	30.2	31.2	32.2	33.1	34.9	36.6	38.2	39.7	41.2	48
50	16.8	18.4	19.9	21.4	22.7	24.0	25.2	26.4	27.6	28.7	29.8	30.8	31.8	32.8	33.7	35.5	37.2	38.9	40.5	42.0	50
52	17.1	18.7	20.2	21.7	23.1	24.4	25.7	26.9	28.0	29.2	30.3	31.3	32.3	33.3	34.3	36.2	37.9	39.6	41.2	42.8	52
54	17.3	19.0	20.6	22.0	23.5	24.8	26.1	27.3	28.5	29.6	30.8	31.8	32.9	33.9	34.9	36.8	38.6	40.3	41.9	43.5	54
56	17.6	19.3	20.9	22.4	23.8	25.2	26.5	27.7	28.9	30.1	31.2	32.3	33.4	34.4	35.4	37.4	39.2	41.0	42.7	44.3	56
58	17.8	19.5	21.2	22.7	24.2	25.5	26.9	28.2	29.4	30.6	31.7	32.8	33.9	35.0	36.0	38.0	39.8	41.6	43.3	45.0	58
60	18.1	19.8	21.5	23.0	24.5	25.9	27.3	28.6	29.8	31.0	32.2	33.3	34.4	35.5	36.5	38.5	40.4	42.3	44.0	45.7	60
62		20.1	21.7	23.3	24.8	26.3	27.6	28.9	30.2	31.5	32.6	33.8	34.9	36.0	37.1	39.1	41.0	42.9	44.7	46.4	62
64		20.3	22.0	23.6	25.1	26.6	28.0	29.3	30.6	31.9	33.1	34.3	35.4	36.5	37.6	39.6	41.6	43.5	45.3	47.1	64
66		20.6	22.3	23.9	25.5	26.9	28.4	29.7	31.0	32.3	33.5	34.7	35.9	37.0	38.1	40.2	42.2	44.1	46.0	47.7	66
68		20.8	22.6	24.2	25.8	27.3	28.7	30.1	31.4	32.7	33.9	35.2	36.3	37.5	38.6	40.7	42.8	44.7	46.6	48.4	68
70		21.1	22.8	24.5	26.1	27.6	29.1	30.4	31.8	33.1	34.4	35.6	36.8	37.9	39.1	41.2	43.3	45.3	47.2	49.0	70
72			23.1	24.8	26.4	27.9	29.4	30.8	32.2	33.5	34.8	36.0	37.2	38.4	39.5	41.7	43.8	45.8	47.8	49.6	72
74			23.3	25.1	26.7	28.2	29.7	31.2	32.5	33.9	35.2	36.4	37.7	38.8	40.0	42.2	44.4	46.4	48.4	50.3	74
76			23.6	25.3	27.0	28.5	30.0	31.5	32.9	34.3	35.6	36.8	38.1	39.3	40.5	42.7	44.9	47.0	48.9	50.9	76
78			23.8	25.6	27.3	28.8	30.4	31.8	33.3	34.6	36.0	37.2	38.5	39.7	40.9	43.2	45.4	47.5	49.5	51.4	78
80			24.1	25.8	27.5	29.1	30.7	32.2	33.6	35.0	36.3	37.6	38.9	40.2	41.4	43.5	45.9	48.0	50.1	52.0	80
82				26.1	27.8	29.4	31.0	32.5	34.0	35.4	36.7	38.0	39.3	40.6	41.8	44.1	46.4	48.5	50.6	52.6	82
84				26.4	28.1	29.7	31.3	32.8	34.3	35.7	37.1	38.4	39.7	41.0	42.2	44.6	46.9	49.0	51.1	53.2	84
86				26.6	28.3	30.0	31.6	33.1	34.6	36.1	37.4	38.8	40.1	41.4	42.6	45.0	47.3	49.6	51.7	53.7	86
88				26.9	28.6	30.3	31.9	33.4	34.9	36.4	37.9	39.2	40.5	41.8	43.1	45.5	47.8	50.0	52.2	54.3	88
90				27.1	28.9	30.6	32.2	33.8	35.3	36.7	38.2	39.5	40.9	42.2	43.5	45.9	48.3	50.5	52.7	54.8	90
92					29.1	30.8	32.5	34.1	35.6	37.1	38.5	39.9	41.3	42.6	43.9	46.4	48.7	51.0	53.2	55.3	92
96					29.6	31.4	33.0	34.7	36.2	37.7	39.2	40.6	42.0	43.3	44.7	47.2	49.6	52.0	54.2	56.4	96

图 37.63　将圆形风管转换为正方形风管或长方形风管的对应数据表(ASHRAE,Inc. 提供)

建筑物种类	送风管出风口	回风管进口	主送风管	支路送风管	主回风管	支路回风管
住宅	500 ~ 750	500	1000	600	800	600
套房、宾馆卧室、医院病房	500 ~ 750	500	1200	800	1000	800
私人诊所、教堂、图书馆、学校	500 ~ 1000	600	1500	1200	1200	1000
普通办公室、高级餐馆、商店、银行	1200 ~ 1500	700	1700	1600	1500	1200
一般商店、咖啡厅	1500	800	2000	1600	1500	1200

图 37.64　不同地点风管内风速推荐值

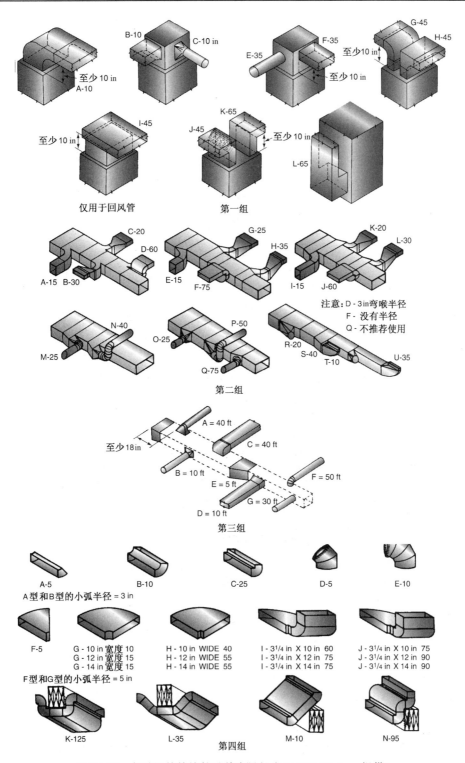

仅用于回风管 第一组

第二组

注意：D - 3 in 弯喉半径
F - 没有半径
Q - 不推荐使用

至少 18 in

第三组

A 型和 B 型的小弧半径 = 3 in

F 型和 G 型的小弧半径 = 5 in

第四组

图 37.65 各种风管管接件及其当量长度（ASHRAE, Inc. 提供）

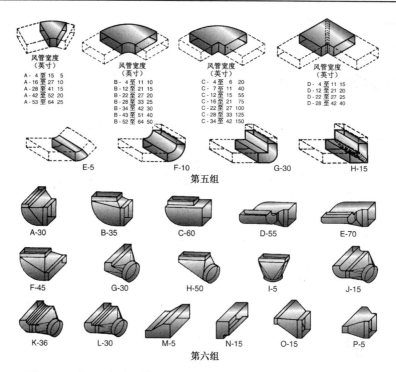

风管宽度
(英寸)
A - 4 至 15　5
A - 16 至 27　10
A - 28 至 41　15
A - 42 至 52　20
A - 53 至 64　25

风管宽度
(英寸)
B - 4 至 11　10
B - 12 至 21　15
B - 22 至 27　20
B - 28 至 33　25
B - 34 至 42　30
B - 43 至 51　40
B - 52 至 64　50

风管宽度
(英寸)
C - 4 至 6　20
C - 7 至 11　40
C - 12 至 15　55
C - 16 至 21　75
C - 22 至 27　100
C - 28 至 33　125
C - 34 至 42　150

风管宽度
(英寸)
D - 4 至 11　15
D - 12 至 21　20
D - 22 至 27　25
D - 28 至 42　40

E-5　　　F-10　　　G-30　　　H-15

第五组

A-30　　B-35　　C-60　　D-55　　E-70

F-45　　G-30　　H-50　　I-5　　J-15

K-36　　L-30　　M-5　　N-15　　O-15　　P-5

第六组

图 37.65(续)　各种风管管接件及其当量长度(ASHRAE, Inc. 提供)

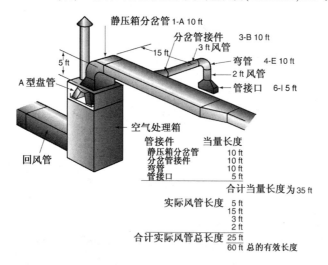

静压箱分岔管 1-A 10 ft
分岔管接件　3-B 10 ft
3 ft 风管
15 ft
5 ft
弯管　4-E 10 ft
2 ft 风管
A 型盘管
管接口　6-I 5 ft
空气处理箱
回风管

管接件　　　　　当量长度
静压箱分岔管　　10 ft
分岔管接件　　　10 ft
弯管　　　　　　10 ft
管接口　　　　　 5 ft
合计当量长度为 35 ft
实际风管长度　　5 ft
　　　　　　　　15 ft
　　　　　　　　3 ft
　　　　　　　　2 ft
合计实际风管总长度 25 ft
60 ft 总的有效长度

图 37.66　从空气处理箱处算起,此段风管总有效长度小于 100 英尺

设风机能够在具有 0.36 in. WC 阻力损失的送风管内将相应数量的空气送入室内,且冷却盘管的压力损失为 0.24,出风口的压力损失为 0.03,那么当送风管的阻力损失值减去盘管和出风口的阻力后,该段风管的阻力损失只能为 0.09 in. WC(0.36 - 0.27 = 0.09)。

下面我们通过设计人员的一个出错案例论述如何发现、解决问题的方法。设计人员根据阻力线图上 300 cfm 与 0.09 in. WC 的交点,选择 9 英寸管径的风管。此时,设计人员并未针对实际管长仅为 60 英寸做出修正。技术人员利用下面的公式对 60 英尺风管的静压损失值进行修正:

调整后的静压 = 设计静压 × 100/风管的总当量长度

= 0.09 × 100/60

调整后的静压 = 0.15

　　根据此调整后的静压值,技术人员查阻力线图。在 300 cfm 流量线与调整后的静压值 0.15 阻力线的交点,可以确定 8 英寸管径的风管。尽管这样的修正并不能节省多少管材,但它可以使空气流量降低至一个较为合理的状态。解决此问题的办法是在支路风管与主风管的连接处安装一个节流风门,其目的是将静压值校正至调整后的静压值。使风管的实际管径小于线图上的给定值,从而使流经此管段的空气流量降低,否则就会因阻力太小使此管段内空气流量过大,其他管段风量不足。如果系统内某一管段的管径过大,一般不会产生太大的偏差,但如果整个系统的管径均采用同样方法来确定,就会出现问题。

　　这一案例用于说明风管长度小于 100 英尺的情况,但的对于风管长度大于 100 英尺的情况,除了有意采用小管径以使之风量不足之外,也必须采用同样的方法对设计静压进行修正。例如,假设在同样的风管系统上分接一支路风管,其空气流量为 300 cfm,有效长度为 170 英尺(管配件与实际风管长度之和),见图 37.67。当设计人员依据 300 cfm 和静压损失 0.09 确定风管管径时,选择管径为 9 英寸的圆形风管。技术人员在安装中发现其风量大小后用下面公式对相关数据进行验算。

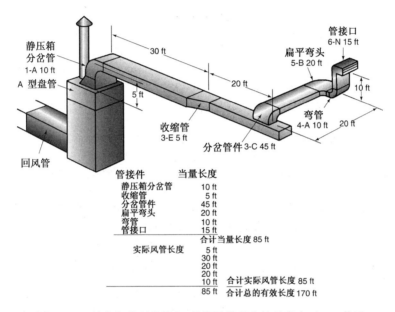

图 37.67　从空气处理箱算起,此段风管总有效长度大于 100 英尺

　　调整后的静压 = 设计静压 × 100/风管的总当量长度
　　　　　　　　　 = 0.09 × 100/170
　　调整后的静压 = 0.053

　　根据此调整后的静压值查得的管径值往往要比原定风管值大,但它可以使风管有较为合理的流量。在此情况下,技术人员依据 300 cfm 的流量值,以及左边 0.053 的等压线查得正确的管径应为 10 英寸,而不是 9 英寸。这就是造成此段风管风量不足的原因。所有风管开始时均以圆形管确定管径,然后再转换至正方形或长方形管。

　　注意:所有风管管段长度均为空气处理箱至管段末端的距离。

　　上述两个案例表明,风管管径过小和过大均会产生问题。技术人员安装过程中应特别注意风量问题,并设法获得风管管径确定的原始计算资料,以便于全面分析风管系统出现的问题。任何一家设备供应商都会帮助你选择正确的风机与设备,甚至还能提供风网的设计服务。

37.29　实用排故方法

　　大多数风管均为家用或商业企业空调系统的一个组成部分。我们先讨论家用系统。一般来说,技术人员所接触到的家用系统均为供冷量为 5 冷吨以下、供热量为 200 000 Btu/h 以下的系统。这些系统的安装通常是依据经验、而不是按照复杂的设计图纸来指导具体操作的。许多承包商都知道住宅内各个房间应配置多大的风量,当然,也可以按设计部门的图纸进行操作。事实上,各种风管系统均类似,大同小异,因此并不需要利用仪器来确定故障位置和解决风量故障。如上所述,对于长风管,必须采用适当的仪器仪表对其进行检测,而家用系统一般均为短管线。由于风管管段很短,家用系统的大部分检测项目均集中在散流器和出风格栅上。商用系统相比之下则有较大的差异,一般需要采用多种仪器。

37.30 家用风管系统的常见故障

许多承包商出于风管系统成本方面的考虑,对于家用系统的支路风管一般均采用两种规格的风管。连接至各房间的风管一般为6英寸或8英寸的圆风管(也可以为相当管径的正方形或长方形风管),并在各管段上设置风门用于调节风量。6英寸圆风管的空气输送量为100 cfm,每100英尺长度上阻力损失约为0.08 in. WC。而8英寸圆风管的空气输送量为200 cfm,阻力损失约为0.075 in. WC。许多承包商习惯上将整个住宅分成100 cfm和200 cfm的风量区域,并采用风门对可能出现的不平衡气流进行校正。而向各支路风管提供气流的主风管则通常仅根据需要配置的支路风管条数确定其管径。在较大的房间内,还会有多个百叶风门,但它们只是为使空气更加均衡地分布而设置的。尽管这种方式表面上看来不太精确,但它十分简便和实用。当系统确以这种方式设置时,技术人员就必须知道各终端装置和送风口是否有足够的风量。

最简单的风量检测方法是在每个送风口前2~3英尺处看是否能感觉空气的流动。如果此送风为地面式送风口且正处于供冷季节,你可以走到每个送风口处,在每个送风口处站立一段时间,同时将手盖在出风口上,也可以与业主一起在房间内来回走动,体验一下室内的温度与气流情况。如果发现某处气流流动非常低弱,那么可以沿主管至出风口一路进行检查。检查的过程中可能会遇到如下问题:

1. 弯管管段过长。有时候,风管安装的承包商常在阁楼内仅需15英尺的管段处采用整根25英尺的风管,并在此管段的顶端连接分岔管。有些安装人员往往不愿将过长的风管截短。

2. 如果风管系统是在一幢新建住宅内安装,那么风管内常可以发现建筑砖块。采用地板出风口时,由于这些砖块泥灰很容易穿过地板出风口的格栅,从而导致出风口孔口堵塞。

3. 风管或风管接口断裂、脱开,风管系统往往会因为有线电视或电话线路的维修人员的攀爬或踩踏导致断裂或压扁变形。

4. 设置在混凝土楼板中的金属风管在浇注混凝土时被踩踏、压扁的情况也时有发生,导致风管末端出风口几乎没有气流流出。对此常常很难找到简便的补救方法。

5. 关闭某一条或多条支路风管的风门。检查风门手柄,它应设置在你能看见的位置。即使风管外侧安装有保温层,其手柄也应伸出保温层之外。如果风门手柄处于保温层之内,那么一般只能通过触摸的方法来找到其位置。

6. 如果柔性风管安装时转弯处的距离太短,那么其内侧管壁很容易出现瘪陷,而且从外侧很难发现。

7. 安装人员在风管中放了一段保温材料,原打算在某操作工序完成之后取出,但在风管连接之后却将保温材料留在了风管内。

8. 管内侧涂覆内衬材料时很难确定是否形成了气流障碍。如果这样的故障物比较粗大,就会很明显地降低该管段出风口的空气流量。

9. 检查出风口上是否有家具阻挡。有时候,业主因为感觉有气流,常会将出风口和出风口格栅盖住,甚至用一块毛毯将地板出风口、出风格栅全部盖住,见图37.68。

10. 业主或安装人员选用了较差的过滤器介质。对于家用系统,制造商一般建议采用较好的过滤器。质量较好的过滤器,其过滤织物的组织更紧密,对气流的阻力也就较大。如果过滤器的支架仅适宜采用常规过滤介质,现采用的是高密度过滤介质,那么很可能会使空气流量减小。这就是对于同样流量,高密度过滤器需要有更大过滤面积的原因。此时可以将过滤介质取出,再检查空气流量。

检查每一个独立出风口是否有明显的气流之后,可以检查各回风格栅的气流情况。如果回风格栅规格过大,则很难感觉到气流的流动。如果将一张纸放在格栅附近,那么仅需非常小的气流速度即可将此纸张吸附在格栅表面。回风格栅规格稍大些是好事,因为它可以降低空气的流动噪声。

要确定地板和侧墙出风口的气流情况,只要在缝纫线的一端系上一小短棍或一段导线,或是12英寸长的丝带,固定在格栅上任其在气流中飘动,通过其在气流中的波动情况,即可了解出风口的气流流动模式。如果没有气流,那么它就不能在空气中飘动。对于天花板上的散流器来说,由于气流一般均垂直朝下,其效果可能并不理想,因为丝线、丝带通常均呈下垂状态。

如果技术人员手头有空气流速测定仪器,那么可以在各出风口处测定实际数据。对于住宅的出风口来说,行业内推荐的最大空气流速为750 fpm,见图37.64。这样大小的气流流量应当能明显地感觉到。

出风口的排出气流在整个格栅表面上是不均匀的,它取决于出风口与风管的连接方式。尽管看起来风管内的静压应该使出风口的整个表面上具有均衡压力,但仍有诸多其他的影响因素。例如,如果出风口直接安装于风管上,那么当气流转弯进入排风口时,就会在排风口的一端形成一个低压区域,见图 37.69。这种状况一般在排风口处设置转弯叶片予以补救。

百叶窗出风口和出风格栅的制造商一般均会提供各种型号所对应的图表或线图来说明每种出风口对应不同流速的空气流量,问题是在出风口的整个作用面上,其气流流速一般来说并非是一个常量。

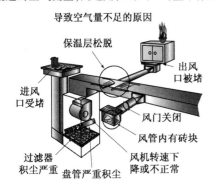

图 37.68 气流流动受阻(Carrier Corporation 提供)

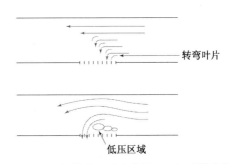

图 37.69 如果此百叶窗出风口正好安装在收缩管段之后,就需要设置转弯叶片,使气流转向百叶窗出口

如果因为所有出风口看来风量均偏低、不足,如果你认为是整个系统风量偏低的话,那么可以从过滤器开始对整个系统进行全面检查。许多情况下,空气处理箱出厂时即配置有过滤器,安装公用的回风过滤器格栅的安装人员很可能会忘记拆除空气处理箱内的配置的过滤器。如果安装人员按图纸更换了这一公用的回风过滤器,那么空气处理箱内的过滤器最终仍有可能会逐渐堵塞。在夏季,由于供冷装置的吸入压力降低,以及在冬季,因为燃烧炉或其他供热系统进出口温度升高,都会出现整个风管系统空气流量降低的情况。由于热交换器温度较高,空气流量降低就会引起燃烧炉自动停机。技术人员可以检查燃烧炉,确定其空气温度是否高于推荐的温升值。例如,如果某燃烧炉制造商建议温升值在 45℉ ~ 65℉ 之间,而此时实际温升达到 80℉,那么就不可能有足够的空气流量来满足制造商的要求。当然,技术人员通过检测送风口和回风口的空气温度就可以方便地检测空气的实际温升。

风机电动机的电流值读数也是证实整个系统风量降低的一个途径。如果风机电动机的电流应该为 7 安培,现实际读数只有 4 安培,那么就可以怀疑系统中存在堵塞或风管管径过小。当新系统安装完毕且在启动之初,系统内有正常气流流量时,技术人员就应在机组上记录下风机电机的电流值以便未来用于测试比较。

当系统设有一个或两个公用回风格栅时,就能在各格栅处获得空气的平均流速,并据此计算出整个系统的空气流量。首先,计算格栅的流通面积,即实用面积,然后将穿过格栅时的空气平均流速乘以面积数(每分钟立方英尺数 = 每秒英尺为单位的流速数 × 平方英尺为单位的面积数)。由于格栅上的栅条就是障碍物,因此,格栅的实际流通面积并不是格栅的外观面积,其实际流通面积约为外观测量面积的 70% 左右。例如,假设回风格栅上的平均空气流速为 350 cfm,格栅的外观尺寸为 14 in × 20 in,其面积为 $14 × 20/144$ ft²($14 × 20/144 = 1.944$ ft²)。由于存在栅条,其实际可用面积为 $1.944 × 0.7$,即 1.44 ft²,则其空气的流量 = 速度 × 面积,即 $350 × 1.44$ = 504 cfm。这是 1.5 冷吨供冷系统所需的近似空气流量。如果回风格栅规格过小,空气通过格栅时往往会因速度太大而产生啸声。

还有许多其他方法可用于确定家用系统的空气流量。这些方法已在燃气、燃油供热或电制热的各个单元内容中予以论述。这些方法均通过计量输入气流的能量并计算其流量的方式来确定空气流量。

无论采用哪种方法,其精度基本上都在 ±20% 之间。如果系统的各连接点无空气泄漏,这也就是从家用系统中可以获得的大致精度了。注意:家用系统的所有空气量检测均应在最大流量状态下进行。任何同时配置有供热和供冷以及设有多速电动机的系统,供热与供冷时均可以有不同的空气流量。做各种测试项目时,室内温控器均应设置"风机运行"状态,此时即为系统的最大空气流量状态。

如果你发现整个风管系统的风量不足,也没有任何明显的问题,那么第二步就要看是否能够增大风量。如果系统采用皮带驱动的风机,那么应检查电动机电流值并与电动机满负荷电流值进行比较。你可以换上较小一些的皮带轮,看其电流值和空气量是否相对于原有状态有所上升。

如果发现连接至某房间的较长风管内空气流量不足,又无明显的原因,那么可以在风管内安装一个小风机将更多的空气送往管端的出风口,见图 37.70。但这种方法只能用于单根风管设计风量稍有不足的场合。

37.31　商用风管系统

小型商业企业的商用风管系统与大型企业的风管系统有所不同。商用风管系统几乎都有完整的设计图纸和详细的技术参数可以说明系统各位置应有的风量大小,从而可以更方便地采用各种相应的仪器来发现问题,排除故障。

大型商业企业的风管系统安装完成时一般应由一家具有合格资质的测试和平衡调试公司在将系统移交给业主相关人员之前对整个系统进行鉴定,以证实系统内各管段的空气流量正常。该公司应检测整个建筑物的总风量,包括所有主风管中的流量、所有支路风管内的流量以及终端装置上的流量,然后再将检测值与此建筑物的各项设计指标进行比对。如果不相符合,则应对存在的偏差和不一致的地方做出标注,现场技术人员或建筑物的管理人员应及时采取措施予以解决。

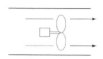

风管内设置风机

图 37.70　流量不足的风管内设置管内风机可以提高此管段内的空气流量

高层商业建筑的优势之一在于其每一层楼面一般设置一个独立风网系统且均为复式系统,这就意味着只要搞清楚一个系统即可全面了解和掌握整个建筑物的风网系统。

大型风网系统气流故障的排除需阅读原始设计图来确定现有工况状态下应有的空气流量,如果系统是一个变风量的系统,那么温控器的设定值改变之后,系统的空气流量即同时改变;如果是固定流量的系统,那么就应首先知道其应有的流量。不管是哪一种系统,当需要了解确切的空气体积流量时,那么只要利用高质量的仪器进行检测,并根据前面已讨论过的公式"cfm = 面积 × 流速"进行计算。

测试与平衡调试的公司会在其确定的各测试点的风管位置上设置多个测试端口。如果没有现成的测试端口,就必须自己设置测试端口,但钻孔时应保证有适当大小的孔径,并佩戴护目镜,因为风管内的气流会将碎屑吹入眼睛。测试操作包括测量风管横截面各速度分布点的读数,从而确定空气的平均流速,然后利用公式求得空气的 cfm 量。商用风网系统一般还设有分流调节风门或转向风门,可以将风网内的气流进行分配或改变流动方向。这些风门可以调节,使进入支路风管的空气量增加或减少,见图 37.71。建筑物的设计图应能告诉你每一管段上正确的 cfm 值。如果此建筑物的设计图已经遗失,可以找安装承包商、建筑工程公司或建筑物的设计师复制原始的实际图纸。测试完成之后,应保证将测试端口封闭,最常用的封口是一种锥形橡胶塞。

流量罩也可以用于终端装置空气流量的计量。将这些流量罩套在出风口上并防止空气泄漏,见图 37.72。由于流量罩可直接读出 cfm 值,因此可以很方便地与图纸上的数据进行比较。

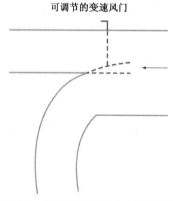

可调节的变速风门

图 37.71　分流调节风门或转向风门可控制两个不同风管的空气流量

图 37.72　将此流量罩直接套在天花板散热器上(断面大小为 2 英尺 × 2 英尺)捕集空气,强制地将空气流过此流量仪,并直接读出 cfm 值(Alnor Instrument Company 提供)

商用风网系统的总风量可以通过检测主风管来确定正确与否。如果总风量不正确,那么应检查导致风量降低的原因。其检测与操作方法与家用系统的操作方法相同;应首先检查各过滤器,如果风门的状态位置不正常,那么很可能会影响气流的正常流动。商用系统的所有大容量风机均由三相电源驱动,应检查风机电动机的转速、转向是否正常。因技术人员在检修电气系统时误将两电源线对换，导致风机反向旋转的情况也时有发生。鼠笼式电动机驱动的风机既可正向运行，也可反向运行，但反向运行时的排风量只有正常状态的2/3左右，这一现象在某些系统的高峰运行季节来临之前很难发现。

安全防范措施：现场技术人员在进行风网内空气压力和流速测定时，往往需要在金属风管上钻孔和开设测试孔口，此时应采用具有良好接地性能的手钻或充电式手钻，同时应特别注意钻头和高速旋转的手钻以及薄钢板钻孔后形成的锐利刃口。从风管内吹出的气流很可能会将金属屑吹入眼睛，因此操作时必须佩戴护目镜。

本章小结

1. 空气经空气调节设备处理后送入室内，从而达到对室内空气状态进行调节的目的。
2. 渗风是指渗入建筑物内的空气。
3. 换风是将室外空气吸入空气处理设备，经适当处理后再送入空调区域。
4. 风管系统的任务是将处理后的空气分送至各空调区域。它由风机、送风管和回风管等构成。
5. 风机在推动空气流动时需消耗能量。
6. 轴流式风机主要用于推动大风量、小压力的气流，其产生的噪声较大。
7. 离心式风机主要用于大容量的风网，风管会对空气的流动产生较大阻力。
8. 风机不是变容积式输送设备。
9. 小容量离心式风机的能耗与其推动的空气量成正比。
10. 风管系统是由较大管件构成的空气流动风道，它包括送风管道和回风管线。
11. 1 in. WC 是将水柱升高 1 英寸所需的压力量。
12. 14.696 psia 的大气压力可以使水柱高度上升至 34 英尺。
13. 1 psi 压力可以使水柱高度上升至 27.7 英寸，即 2.31 英尺的高度。
14. 静压力是作用于风管上的面朝外的压力。
15. 动压力是由风管内的空气流速产生的压力。
16. 风管内的全压力等于动压力与静压力之和。
17. 毕托管是用于检测风管内空气压力的一种测压装置。
18. 将风管内的空气流速乘以风管的截面积，即可求得每分钟内通过某特定点位置的空气立方英尺体积量。
19. 常规的送风管网有静压箱、延长式静压箱、缩径静压箱和周边风环几种形式。
20. 支路风管应设置平衡风门，从而平衡调节送往各区域的空气量。
21. 空气送入空调区域内时，常规的做法是将空气直接吹至外墙上，先消除热、冷负荷。
22. 当出风口的大小一定时，空气的喷射量决定了出风口排出空气在空调区域内的喷射距离。
23. 无论是送风管还是回风管，其每英尺长度上均存在着对流动空气的阻力。在阻力线图上可以针对各种口径的圆风管确定其阻力值。
24. 圆风管尺寸可以依据确定的规格和阻力值转换为对应的正方形或长方形风管规格尺寸。

复习题

1. 说出空气调节中可以使空气状态发生变化的 5 个物理量名称。
2. 将新鲜空气引入建筑物的两种方法是_____和_____。
3. 下面哪一种风机可用于大风量、低静压力的场合。
   A. 叶片式轴流风机；　　　　　　　　B. 离心式风机；
   C. 大容量风机；　　　　　　　　　　D. 螺旋叶板式风机。
4. 正误判断：气流流动过程中形成湍流可以使流动阻力减小。
5. 说出两种风机驱动方式的名称。
6. 风网压力可以用下述哪一个单位表示？
   A. 英寸水柱高度；　　　B. psig；　　　C. psia；　　　D. 英寸水银柱高度。
7. 风网压力检测中最常用的仪器是什么？
8. 风网中流动空气所形成的 3 种压力分别是_____、_____和_____。
9. 说出家用空调系统中两种回风系统的名称。
10. 空调区域内用于分送空气的构件是什么？

11. 暖风送入房间时,最好采用:
　　A. 室内低端送风;　　　　　　　　　　B. 室内高端送风;
　　C. 家具后侧送风;　　　　　　　　　　D. 窗帘下方送风。

12. 说出 4 种厂家生产风管时常用的材料名称。

13. 支路风管与主风管连接处的管接件名称是_____、_____。

14. 正误判断:供冷空气最好是在靠近地面的低端侧墙上送入空调房间。

15. 为何在所有支路风管上均要求设置风门?

16. 空气阻力线图上所指的风管尺寸是指:
　　A. 正方形管边长;　　　　　　　　　　B. 圆形管直径;
　　C. 椭圆短轴;　　　　　　　　　　　　D. 长方形某一边长。

17. 管径为 16 英寸的圆风管,其空气平均流速为 800 fpm,那么此时风管内的平均流量为_____ cfm。

18. 如果某长方形风管系统(截面尺寸为 12×26 in^2)内的平均空气流速为 700 fpm,那么其流量为多少?

19. 第三组管接件中,3 - G 支路风管分岔压力降的当量长度是:
　　A. 30 英尺;　　　　　B. 20 英尺;　　　　　C. 10 英尺;　　　　　D. 5 英尺。

第 38 章　空调设备的安装

教学目标

学习完本章内容之后,读者应当能够:

1. 说出空调设备安装过程中涉及的 3 种专业技能及其相关知识。
2. 辨别风管系统的类型。
3. 论述金属风管的安装方法。
4. 论述风管板系统的安装方法。
5. 论述柔性风管的安装方法。
6. 认识整体式空调设备正确的安装方法。
7. 讨论整体式空调设备不同的连接方式。
8. 论述分体式空调系统的安装方法。
9. 认识制冷管线正确的安装方法。
10. 叙述空调设备正确的启动程序。

安全检查清单

1. 搬运有刃口的工具、紧固件及金属风管时应特别小心,无论何时,应尽可能戴上手套。
2. 仅使用有良好接地、双重绝缘或充电式电动工具。
3. 安装玻璃纤维保温层或在玻璃纤维保温层附近操作时,必须佩戴手套和护目镜,并穿上能保护皮肤的工作服。
4. 对电气线路进行检查、维修时,应特别小心谨慎,严格遵守安全制度。由于保护电路的熔断器处于电源插脚外侧,因此,对送入建筑物的主电源进行操作时,必须特别谨慎小心。安装或维修设备时,无论何时,应尽可能切断电源,锁上配电板并挂上标志。应仅配制一把钥匙,并始终由自己保管。
5. 尽管低压线路一般不会对人体产生伤害,但如果处于较为潮湿的状态下接触带电导线,也会有触电的感觉。在对各种电路进行操作时,均应采取相应的预防措施。
6. 首次启动系统之前,应认真检查所有的电气接头和运动部件。各连接装置、皮带轮或其他运动部件都有可能出现松懈、脱落的情况。
7. 初次启动前及启动过程中,必须严格遵守制造商的各项要求进行操作。

38.1　空调设备安装的基本概念

空调设备的安装需要有 3 种专业技能与相关知识:风管制作与安装、电气线路布置与安装以及机械加工与安装,当然,它主要指与制冷相关的内容。有些承包商往往会安排不同的人员来完成各自的工作,也有些承包商仅承担本公司擅长的其中的一两项工作,而将其中的一部分转包给更专业的第三方承包商来完成,也有一些小承包商因拥有一批富有实战经验的专业人员,可同时承接所有三个方面的安装项目。一般情况下,这三项操作科目均需经地方和州一级政府机构批准,而承接这些项目的承包商则需持有各部门颁发的许可证书。

风管的制作与安装涉及以下几种:(1)全金属正方形或长方形风管;(2)全金属圆形风管;(3)玻璃纤维风管板;(4)柔性风管。注意,各项工作实施过程中均必须满足相关的地方标准。

38.2　正方形与长方形风管

正方形风管一般在薄板车间内由钣金工采用放样法加工制作,然后再运送至工作现场进行装配,组成一个完整的风网系统。由于全金属风管系统为刚性结构,因此所有尺寸必须精确,否则在现场无法进行连接。有时候需要将风管直立在某些构件上或连接在下方,因此还需在现场配制,才能保证分岔管连接至支路风管的正确位置。而支路风管则必须有正确的尺寸才能使其能正确地连接至各终点,即室内出风口的连接管段处。图38.1 为某个风管系统的示意图。

正方形风管或长方形风管一般均采用 S 型连接扣和插入式管扣进行装配连接,这些连接件可以使风管接口非常密封,如果需要进一步密封,那么可以采用填料填缝,粘贴密封胶带。也可以采用专用的、称为玛帝脂的胶泥,用较硬的漆刷涂刷在风管接口处。这种胶泥干燥后强度较高,但又稍有弹性,它可以使风管接口相对于风管内的空气压力做到非常密封。风管的装配过程中还需要将风管固定于建筑物上。风管的固定有多种方式:可以平躺在阁楼上,也可以用吊架悬吊在天花板上。风管必须有牢固的支撑,即使在风机启动时,也能够保持稳固的状态,而不至于将噪声传递至建筑物上。如果风管未能牢固地固定,那么沿风管高速流动的气流就会使风管产生位移。此外,在风机出口处安装消震器可以防止风机的震动沿整个风管系统不断传播。图38.2为一个柔性风管接头,可以将其安装于风机与金属风管之间。事实上,制造商一般都推荐使用这样的柔性接头,但使用者寥寥。图38.3为安装于每个管端、用于消声的柔性连接管。

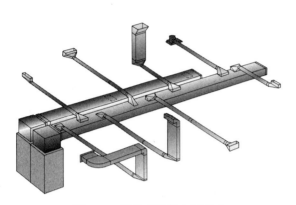

图 38.1 风管系统的布置形式

图 38.2 风管柔性接头

图 38.3 圆风管柔性接头

用于中、小容量风管系统的常用规格的金属风管可以在某些供应商处直接购买到,这就给那些没有薄板加工车间的小承包商承接金属风管工程带来了很大方便。各种标准规格的风管即可以在现场采用标准管接件进行装配,连接成一个完整的风管系统,且与定制的风管系统毫无区别,见图38.4。

38.3 金属圆形风管系统

对于一些中、小容量的系统来说,金属圆形风管系统不仅安装方便,而且非常适合于采用标准规格的送风系统。这些系统常采用缩径管连接于主风管线,且可以方便地在现场进行装配。这种风管系统中的接口均用机械方式连接在一起,并常用自攻螺钉作为紧固件。而螺钉则由带磁性的螺钉支架定位,然后由电钻旋入,见图38.5。每个接口应至少有3个螺钉均匀配置在整个圆周上,以使风管保持一定的强度和刚性。一个熟练的安装人员在将螺钉放置于保持架上的同时即可将螺钉旋入风管管壁内,见图38.6。这种操作较为理想的工具是可正反转、充电式、可变速的手钻。

金属圆风管要比正方形或长方形风管有更大的间隙,需要有合理间距的支承和安装支架,以保持应有的直线度。从外观上来看,金属圆风管不像长方形管和正方形那样漂亮,因此,金属圆风管通常设置在人视线之外的地方或位置。

安全防范措施:使用带刃口的工具和紧固件时要小心谨慎。且应采用有良好接地的、双重绝缘或充电式电动工具。

38.4 金属风管的保温

金属风管的保温层既可以设置于管内侧,也可以设置在管外侧。当保温层设置于管内侧时,一般在风管的制作车间内完成或加工。其保温层由小卡扣、胶水或两者一起予以固定。小卡扣固定于风管的内表面上并有一个看似铁钉一样的尖端穿破保温层,卡扣有一个底座,该铁钉样的尖端即固定在底座上,见图38.7。此底座则由胶水或点焊方式固定在风管内表面上。点焊工必须采用点焊方法将此卡扣焊接在风管内表面上。

风管的内衬可以采用胶水粘贴在内表面上,但内衬往往会在使用一定年限后自行脱落,影响气流的正常流动,而且很难发现和进行维修,特别是设置在侧墙内或埋入建筑物各结构内的风管。涂刷胶水的方法必须正确,尽管如此,胶水仍不可能永久性地粘牢保温层。采用卡扣同时涂刷胶水是一种更为持久的固定方法。

风管内衬通常为玻璃纤维,将它覆盖在管内空气侧可以防止气流侵蚀风管。这是因为每一个供热或供冷季节中,需要有大量的空气流过这些风管。如果一台常规的空调机组每冷吨需要400 cfm的空气量,那么一台3冷吨的机组就需要1200 cfm,即72 000 cfh (1200 cfm×60 min/h = 72 000 cfh)的空气量,72 000 cfh ÷ 13.35 ft³/lb =

5393 lb/h,即每小时有 2.5 吨的空气流过风管。**安全防范措施:**玻璃纤维保温层对人体皮肤具有刺激性,因此操作时必须佩戴手套和护目镜。

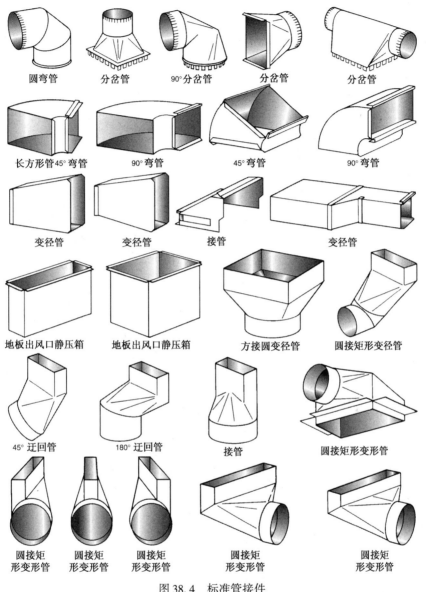

图 38.4　标准管接件

图 38.5　充电式手钻(Bill Johnson 摄)

图 38.6　自攻薄板螺钉和带磁性的螺钉支架

38.5 风管板系统

玻璃纤维风管板由于几乎不需要专门的技能就能制作风管,从而组建起一个风管系统,因此,在众多承包商承接的各种风管项目中使用非常普遍,只要采用特种的刀具就能在现场制作各式风管。如果没有专用刀具,那么也可以用一般的刀具或承包商自有的刀具进行切割和连接。这种风管材料的保温层已固定在外表皮上,其外表皮为带有金属细丝的铝箔,金属细丝绕制在表皮上的目的在于提高其强度。装配风管时,最重要的步骤是将一部分保温层切除,这样外表皮即可相互重叠,用于连接,然后用卡钉将两表皮固定连接在一起,最后用胶带密封,见图38.8。

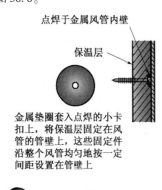

点焊于金属风管内壁

保温层

金属垫圈套入点焊的小卡扣上,将保温层固定在风管的管壁上,这些固定件沿整个风管均匀地按一定间距设置在管壁上

此卡扣可以用胶水固定在风管上,胶水涂刷在卡扣板的背面

图 38.7 用于玻璃纤维内衬固定
于风管内壁的卡扣座

铝箔表皮

1英寸厚的玻璃纤维保温层

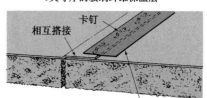

卡钉

相互搭接

用2英寸宽的胶带覆盖卡钉和搭接段

卡钉的横断面

图 38.8 外表皮相互搭接,两管板
背面再用卡钉予以固定

玻璃纤维管板几乎可以制作金属风管所具有的任意形状的风管。这些管板重量轻,而且因为可以在现场放样、切割、装配,故其运输非常方便。另一方面,金属风管的管接件形体较大,需要占据卡车上很大部分的空间,而对于管板,则可以利用原有的包装箱来运输,并能使其保持于干燥状态。

玻璃纤维圆形风管因为也可以用刀具直接进行切割,因此其安装与管板风管一样非常方便。

玻璃纤维风管必须像金属风管那样予以支承,使其具有一定的强度。因为管板自身的重量足以使具有一定跨距的风管形成下垂,此时就需要采用不需对管板覆盖层进行切割的板式吊架。

玻璃纤维风管由于其管内设有吸音涂层(像金属风管内用以防止风管磨损的涂层),因此可以有效地消除可能会传递至风管的各种噪声。而风管本身也不是完全的刚体,因此不能大量地传递噪声。

38.6 柔性风管

柔性风管一般都有柔性内衬,如果有需要,也可以采用玻璃纤维外套用于保温。例如,在风管内气流与空气出现较大的热交换的场合。其外套可以为防潮的、用金属丝增强的铝箔或乙烯树脂作为表层。柔性风管可以作为送风管,也可以作为回风管,但都应尽可能直线布置,以防止弯曲后使气流流动不畅。小半径弯曲会明显地减小空气的流量,应尽可能避免。

当用于送风管路时,柔性风管一般均用于主风管与室内送风管接头间的连接。此管接口通常是穿过地板的管件,在此情况下,其一端为与柔性风管连接的圆形接口,而另一端则为连接地面送风口的长方形接口。柔性风管连接上的灵活性对于金属风管系统来说,作为两固定位置间风管的连接也是一种非常有用的连接管段。因此,金属风管安装时可以尽可能地靠近此管接头,然后采用柔性管作为最后的连接。长管段一般不建议采用柔性管,除非其较大的阻力损失不影响其整个管段的运行。

柔性风管必须要有适当的支承。此外,柔性风管避免瘪陷和管内口径变小的最佳办法是采用宽度大于1英寸的过渡板。也有些柔性管上设有用于风管悬吊的耳孔。为防止风管瘪陷和管内口径变小,应尽可能避免小半径弯曲,安装时应尽可能舒展拉直,以避免内衬相互之间太靠近,产生较大的阻力损失。

在金属风管的顶端采用柔性风管有助于降低通过风管传递的噪声。如果风机或加热设备的噪声较大,柔性风管还可以有效地降低空调区域内的噪声。

38.7　电气安装

为了使设备有正常的电源供应,同时又要保证设备维修技术人员和用户使用过程中的绝对安全,空调技术人员应非常熟悉电气安装的相关技术标准与操作程序。一般情况下,即使低压电源由执证电工安装,室内温控器后的控制电压线路均需由空调承包商负责安装。

电源部分的安装不仅包括应有正确的电压值,更重要的是其布线操作必须符合规范,其中还包括选用正确的导线规格。相关法律规定,制造商必须在每一台电气装置上提供标注有电源要求和可能的最大电流的铭牌,见图38.9。配置的电压(机组实际使用的电压值)应在机组额定电压值的 ±10% 之内。也就是说,如果机组的额定电压为 230 伏,那么对应其额定电压,机组容许的最大工作电压应为 253 伏 ($230 \times 1.10 = 253$),其最低电压应为 207 伏 ($230 \times 0.90 = 207$)。有些电动机的额定电压为 208/230 伏,这样的机组可以在 ±208/230 伏的电压运行,其下限应为 187 伏 ($208 \times 0.90 = 187$),上限为 253 伏 ($230 \times 1.10 = 253$)。注意,如果机组长时间在这些电压范围之外运行,那么其电动机与控制器就会被损坏。

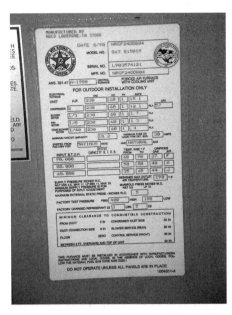

图 38.9　空调机组上的铭牌(Bill Johnson 摄)

安装整体式设备时,机组一般只有一个电源,但如果是分体式系统,就可能有两个电源,一个为室内机组供电,另一个电源为室外机组供电,两路电源将最终汇集在主配电板上。主配电板上均需配置独立的熔断器或断路器,见图38.10。**安全防范措施:**电闸或切断开关应设置在距离机组25英尺之内,以及目光能直接触及机组的位置。如果电闸安装位置处于转角之后,那么当技术人员在对电气系统进行维修时,因在视线之外,操作人员很可能会在此时启动机组。**安全防范措施:**对任何电气线路进行检测或维修时应小心,注意安全,必须遵守各项安全操作规程,由于保护电路的熔断器处于电源插脚外侧,因此对送入建筑物的主电源进行操作时,必须特别谨慎小心。螺丝刀切勿同时触及任意两相接线端。

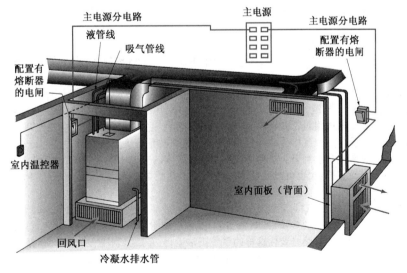

图 38.10　室内与室外机组与主电源的连接方式

对于每一个电气元器件所需导线的线径规格可根据线径规格表予以确定。美国电气规程(NEC)规定了各项安装标准,其中包括操作标准、导线规格、布线方式以及布线与电闸开关的封闭方式等。对于各种电气线路的安装均必须依此标准执行,或按当地的地方标准执行。

空调与供热设备的控制电压线路均需经降压变压器将线电压进行降压。控制线路一般均采用不同色标或用数字标定的导线,这样就可以根据线路将相应的导线连接至各元器件上。例如,230 伏的电源一般均设置在空气处理箱,也可以设置在壁橱、阁楼、地下室或狭窄区域处。各设备间的连接线需要从空气处理箱连接至室内温控器和房屋背面的冷凝机组,因此空气处理箱就成为了各连接线的汇集点,见图 38.11。

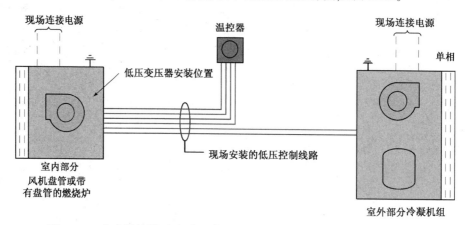

图 38.11　室内温控器、空气处理箱和冷凝机组间控制线路的相对布线位置

由于控制导线的电压和电流均较低,因此它是低负载导线,其标准线径为#18。空调的标准电缆是在同一根塑料护套内有 4 根、每根线径为#18 的导线,称为 18 - 4 线(有 4 根 18#线径的导线)。有些电缆线中还可能有 8 根导线,称为 18 - 8 线,见图 38.12。电缆中的 4 根导线分别为红色线、白色线、黄色线和绿色线。因为控制线路属于低压线,在大部分地区,这些线缆一般均由空调设备安装承包商负责安装,但在有些地区安装时,需要电力部门的许可。

安全防范措施:尽管低压线路一般不会带来伤害,但如果手或其他部位比较潮湿,接触带电的导线仍可能会受到伤害。在处理任何电路时都必须采取相应的防范措施。

38.8　制冷系统的安装

整体式空调系统和分体式空调系统的安装均涉及机械部分,即制冷系统的安装。

整体式机组

整体式机组是一种所有系统构件均设置在同一个箱体,即一个壳体内的独立式机组。窗式空调器就是一个典型的整体式机组。容量较大的整体式机组的容量可达 100 冷吨。

对于不同的应用场合与对象,整体式机组可以有多种不同的结构形式,这里仅讨论其中的一部分常见形式。

1. 空气 - 空气(全空气)机组。它除了有两台电动机之外,其他构成方式均与窗式空调器相似。由于这种系统是应用最为普遍的机组形式,我们将专门予以讨论。之所以采用"空气 - 空气"机组这个名称,是因为其制冷机组是直接从空气中吸收热量,然后又直接将热量排入空气的,见图 38.13。
2. 图 38.14 是一种空气 - 水机组。这种系统从空调区域内的空气中吸收热量,然后将此热量排放至水中,得热后的水可以直接排放,也可以通过冷却塔将水中热量再排入大气。这种系统时常称为水冷却整体式机组。
3. 水 - 水系统。见图 38.15,这种系统形式常用于大型商业系统,它有两个水热交换器,将水冷却后,送入建筑物内吸收空调区域内的热量,见图 38.16。这种系统除了利用风机在空调区域内循环空气以外,还设有两台水泵和两套水管路。要使这样的系统正常运行,需要特别注意水泵和水管路的故障与问题。
4. 水 - 空气系统。见图 38.17,这种机组从水管路中吸收热量,然后将热量直接排入环境空气中。这种机组也常用于较大型的商业系统。

各类家用和小型商业企业空调设备中,风冷式空调系统很明显是最常见的系统形式之一。空气 - 空气系统的设备均要求机组安装于较为坚固的机座上,因此,屋顶式机组可以安装于屋顶的边缘位置上,且便于采用防水的风管接口连接至屋顶下方的空调区域。当计划将机组设置在新建筑物的屋顶上时,可另行购置一个屋顶安装机座,并将安装机座预先固定于屋顶上,见图 38.18。然后由空调设备安装承包商将整体式机组固定于屋顶机座上,并同时完成防漏水项目的施工。室外机组的另一种安装基础形式是设置在空调区域之外,采用具有较强减震性能的基座,可以采用混凝土基座,也可以采用金属支架,见图 38.19。此外,还需注意机组应设置在积水无法达到的位置。

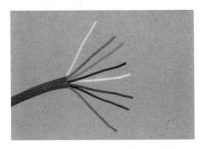

图 38.12　18-8 温控器连接线(Bill Johnson 摄)

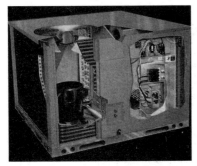

图 38.13　空气-空气整体式机组(Heil-Quaker Corporation 提供)

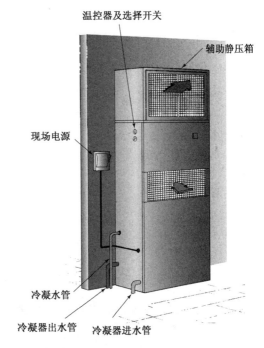

图 38.14　空气-水整体式机组(Carrier Corporation 提供)

图 38.15　水-水整体式机组(Carrier Corporation 提供)

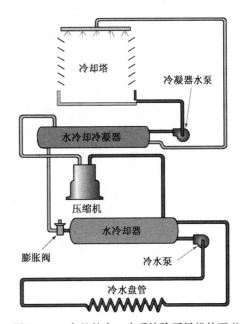

图 38.16　完整的水-水系统除了风机外还必须设置两台压送循环水的水泵

消声隔震

　　机组安装基础的确定应以机组的震动不传递至建筑物为基本要求,此外,机组与建筑物间还需要有效的隔震措施,两种最常见的方法是采用橡胶软木垫和弹簧减震器。橡胶软木垫是简易隔震方式中最简便,也是费用最低的方法之一,见图38.20。此减震垫为片状,可以任意切割成所需的大小。橡胶软木垫一般放置在机组与机座的连接点位置,如果机组底部有突出部位,那么该处也应放置橡胶软木垫。

　　机组下也可以采用弹簧减震器,但需要针对机组的实际重量做出正确的选择。如果负荷量太大,弹簧被完全压缩,就会失去减震效果。同样,如果选择不当,机组重量较轻,弹簧表现出过大的刚性,也会失去减震的效果。

图 38.17　水 – 空气整体式机组(York International Corporation提供)

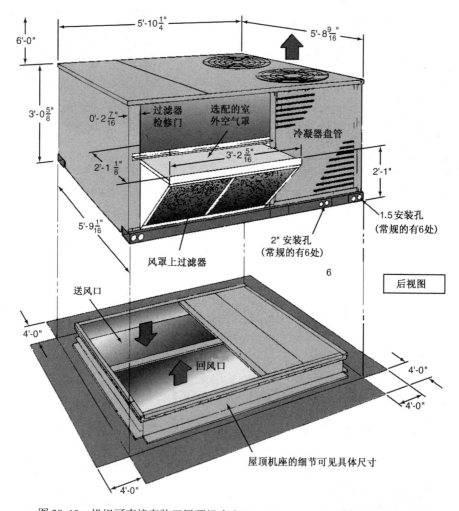

图 38.18　机组可直接安装于屋顶机座上(Heil Heating and Cooling Products 提供)

整体式机组的风管连接

　　接入建筑物的风管可以由设备制造商配套提供,也可以由安装承包商进行制作。制造商可配套提供各种于屋顶安装的连接管,但一般不提供穿墙安装的管接头,图38.21为屋顶安装的机组。

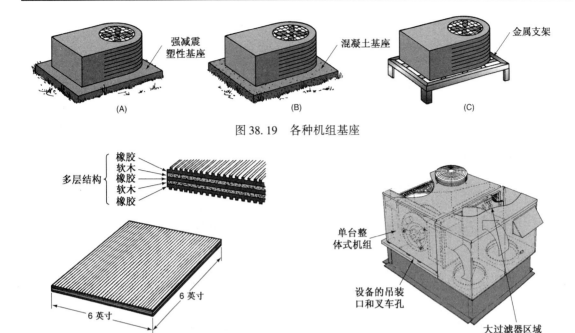

图 38.19　各种机组基座

图 38.20　机组下方设置橡胶软木垫可减小震动　　图 38.21　屋顶机组的风管接口（Climate Control 提供）

　　整体式机组的送风管和回风管有两种不同的连接形式：并列或上下型。并列模式中，回风管接口位于送风接口的一侧，见图 38.22，两接口几乎具有同样的大小。但在上下进出口的机组中，两者的大小就有明显的差异。如果机组安装于较为狭窄的空间内，如果此狭窄空间又比较低，那么回风管道就必须选择在送风管道的较为合理的一侧。如果没有足够大的空间，那么要在送风管的上方或下侧横向设置一回风管就非常困难。但是，并列型的风管布置形式可以使将风管连接至机组的整个操作更加方便，这是因为机组上两接口的尺寸要比上下进出口的风管接口更接近于正方形。如果风管不得不自下而上或自上而下穿过狭窄空间，那么就可以采用标准规格的风管。

　　上下进出口机组的风管接口由于管口更加狭窄，要想固定风管就更加困难了，见图 38.23。由于接口需要从机组的一侧横向延伸至另一侧，因此，其风管接口就必须做得比较宽；又因为其中的一个接口位于另一接口之上，因此也必须做得比较薄。要将这样的机组与风管连接，通常必须采用风管的变径管件。此变径管件一般为宽扁口转为近似的正方形口。采用上下口式的机组，如果要避免采用这样复杂的变径管，只有将风管系统设计成宽扁形的断面。

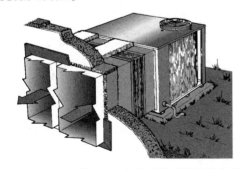

图 38.22　这种空气－空气整体式机组设有并
　　　　　列式风管接口（Climate Control 提供）

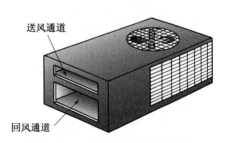

图 38.23　上下进出口的风管接口

　　风管接口必须采取防渗水和隔热、隔震措施，见图 38.24。也有些承包商喜欢在风管上方设置防风雨的太阳罩。

　　有时候，整体式机组需要更新，而其风管系统还可延续使用较长的时间，制造商可能会将它们的产品从上下进出口式改变为并列进出口式。但由于上下进出口式机组不像并列进出口式机组那样可以容易地找到，而现有的风管只能配置上下进出口的接口，此时，对新设备的挑选就变得非常复杂和棘手，见图 38.25。

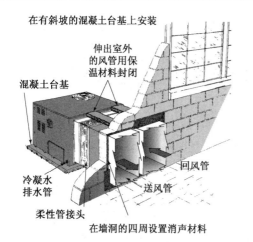

图 38.24 穿墙安装的空气–空气整体
式机组(Climate Control 提供)

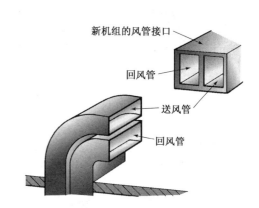

图 38.25 原有的风冷式整体式机组采用上下进出风
管接口,制造商改进后的结构采用并列
式管接口,这样的更新安装就会有问题

整体式空调机组没有需要在现场铺设的制冷剂管线,其所有的制冷剂连接管均设置在机组内,并由厂家负责安装,且充注的制冷剂费用也包括在其销售价格中。这种空调机组除了需连接电源和风管之外,随时可以启动运行。但是,必须注意一项预防措施:这种系统大多采用对系统中润滑油有亲和力(吸引力)的制冷剂,如果不采用曲轴箱加热器强制排出的话,机组内的所有制冷剂将全部滞留于压缩机内。注意,各家制造商均在压缩机内设置曲轴箱加热器,并使曲轴箱加热器在压缩机启动之前连续得电一段时间,有时可长达 12 小时。由于机组连接电源后不能立即启动机组,因此安装承包商必须仔细协调电气连接与启动的时间。

38.9 分体式空调器的安装

不管风机是设置在燃烧炉内,还是设置在特定的空气处理箱内,蒸发器的安装位置一般均靠近风机部分。空气处理箱(风机部分)和盘管必须固定在稳固的基体上,或悬挂于一个坚实的支架上。上流式和下流式设备中通常都有一个可以安装空气处理箱的耐火且坚固的机座,而有些垂直安装的空气处理箱设备则采用挂壁式支架。

当机组水平安装时,它可以固定于阁楼的天花板小梁上,见图 38.26,或设置在狭窄空间内的混凝土台基上。空气处理箱也能以不同方式悬挂在地板或天花板上,见图 38.27。如果空气处理箱悬挂于地板或天花板上,那么在空气处理箱的下方一般应安装减震装置,以避免风机噪声或震动传至建筑物。图 38.28 为采用隔震垫的梯形吊架。

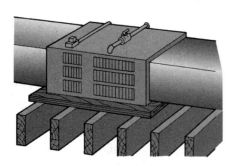

图 38.26 燃烧炉设置在阁楼的狭窄空间
处时,对于其应配置的机座形
式应按制造商的说明书设置

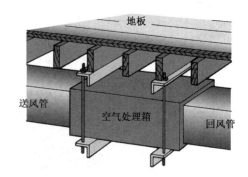

图 38.27 此空气处理箱采用悬吊方式支承,
连接的风管也悬吊于同一高度

空气处理箱(风机部分)以这种方式进行安装可以给未来的维修带来诸多方便。空气处理箱内一般均设置风机,有时甚至还含有控制器和热交换器。

许多制造商一直都在改进设计,不断地有新型的空气处理箱、燃烧炉投放市场,因此,改为垂直安装之后,整个空气处理箱即可从正面进行维修,这样就大大方便了封闭外壳与燃烧炉或空气处理箱的侧壁间没有足够操作空间的封闭式机组的安装、操作与维修。图 38.29 是一台用于空调系统空气处理箱的电加热炉。

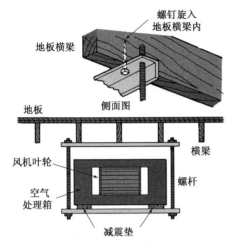

图 38.28　安装减震垫的梯形吊架

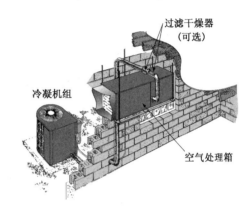

图 38.29　将空调盘管设置在电锅炉的风管内

当燃烧炉或空气处理箱设置在狭窄空间处时,侧向维修口就成了主要问题。此时,空气处理箱应安装在稍离开地板横梁的位置,同时,安装风管时也应离开横梁一段距离,见图 38.30。如果空气处理箱的检修门朝上开启,那么空气处理箱的安装位置就必须低于风管,而风管则必须通过过渡管向下连接至空气处理箱的送风和回风端口,见图 38.31。

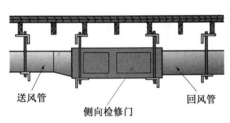

图 38.30　设置于狭窄空间处的、采用
侧向检修门的空气处理箱

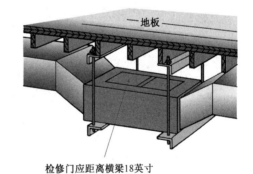

图 38.31　检修门朝上开启的空气处理箱

对于检修门朝上的空气处理箱来说,其最佳安装位置是在阁楼上,空气处理箱可以直接坐落在横梁上,技术人员则可以站在机组上进行操作,见图 38.32。

冷凝水排水管

安装蒸发器时,必须考虑到空调运行中收集到的冷凝水并采取相应的措施。一台设置在平均湿度区域的空调器,每冷吨空调冷量运行 1 小时约可收集 3 品脱的冷凝水,3 冷吨的空调系统运行 1 小时则可冷凝约 9 品脱的冷凝水,即机器运行 1 小时所产生的冷凝水要多于 1 加仑,运行 24 小时则高达 24 加仑,如果再计算整个供冷季节的冷凝水量,则会是一个很大的数字。如果在机组附近设有一个低于积水盘的下水道,就可以方便地通过冷凝水管将冷凝水排入下水道,见图 38.33。机上排水管应设置存水弯,使其保留少量水,可防止空气从排水管的顶端吸回机组。此外,如果排水管的顶端处于可能会有外来杂质吸入积水盘的区域内时,存水弯也可予以阻挡,见图 38.34。如果机组附近没有下水道,那么只能将冷凝水排向或用水泵送入其他方,见图 38.35。

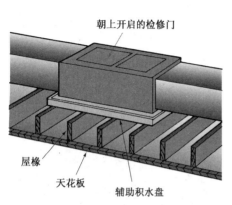

朝上开启的检修门

屋椽
天花板
辅助积水盘

图 38.32　安装于阁楼狭窄处的蒸发器

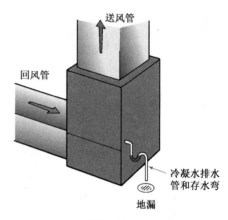

送风管
回风管

冷凝水排水
管和存水弯
地漏

图 38.33　用排水管将冷凝水排向蒸
发器集水盘下方的下水道

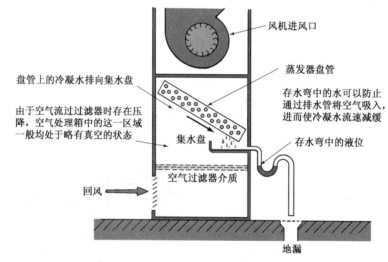

风机进风口
盘管上的冷凝水排向集水盘
蒸发器盘管
由于空气流过过滤器时存在压降,空气处理箱中的这一区域一般均处于略有真空的状态
存水弯中的水可以防止通过排水管将空气吸入,进而使冷凝水流速减缓
存水弯中的液位
集水盘
空气过滤器介质
回风
地漏

图 38.34　存水弯的作用及其剖面图

　　也有些地方要求将冷凝水用水管送至干井内。干井是开设在地面上的、放满石头和卵石的孔洞,将冷凝水排入干井内,可以使泥土将其吸收,见图 38.36。要达到这一目的,泥土就必须能够吸收机组所收集的水量。如果将蒸发器与排水管设置在空调区域上方,制造商一般都建议,甚至是要求在机组下方设置辅助集水盘,见图 38.37。灰尘和花粉等空气传播的微粒很可能会进入排水管,甚至在水管、存水弯和集水盘的水中长出水藻,最终使排水管堵塞。如果排水系统堵塞,那么此时辅助集水盘就能收集溢出的冷凝水,以避免水损坏低于集水盘高度的其他东西。辅助盘的出水口应用水管送往一个比较显眼的地方,如果有水从此排水管中流出,就会引起业主的注意,通知检修人员上门查明原因。也有些承包商习惯将此排水管连接至房屋的一端,在汽车道的附近或靠近院子处穿墙而出,以便一旦有水从此水管中排出即可被发现,见图 38.38。

38.10　分体式系统的冷凝机组

　　冷凝机组的安装位置一般与蒸发器有一段距离,在确定冷凝机组的安装位置时,必须考虑如下问题:
1. 是否有足够的流通空气。
2. 是否便于管线的布置和电气线路的连接安装。
3. 是否便于未来的维修。
4. 是否有利于水的自然流动和屋顶排水。
5. 阳光直射的影响。
6. 美观。

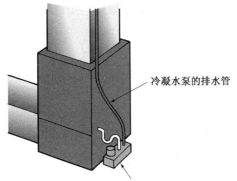

此冷凝水泵内设有浮球，可自动启动水泵，也有些冷凝水泵设有第二个浮球，如果第一个浮球出现故障，第二个浮球即可使机组停止运行

图 38.35　此设备的排水管口位于蒸发器排水接口的上方，因此必须采用水泵将冷凝水提升一定的高度后排出

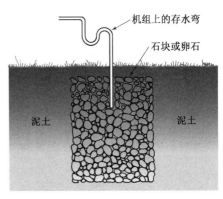

图 38.36　排放冷凝水的干井

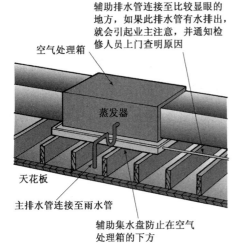

图 38.37　辅助集水盘的安装

图 38.38　辅助排水管伸出房屋墙体外

流通空气与安装位置的关系

　　冷凝机组的安装位置必须要有充分的流通空气。冷凝器的排出空气既可以从侧面，也可以由顶端排出，但不能直接吹向某个物体，也不能折返、回到冷凝器上。离开冷凝器的空气温度较高，甚至有些烫手，如果它重新返回冷凝器，那么往往会使系统产生较高的排气压力，使运行效率下降。机组四周应有的最小间距量需根据制造商的要求预留，见图 38.39。

电气线路和制冷管线的铺设

　　冷凝机组上连接有制冷剂管路、电源及控制线路。管路的连接在本章后面还将详细讨论，但现在必须知道：蒸发器与冷凝器之间有多根管路。当冷凝器设置于室外时，房屋与冷凝机组间就必须设置连接管路。一般情况下，这些管线均设置在房屋的一侧或屋后接近地面的位置。如果冷凝机组的安装位置距离房屋较远，那么这些制冷剂管线和电源管线就会成为路障，很可能会成为小孩攻击的对象；如果冷凝机组距离房屋太近，那么要拆下检修门就比较困难。因此，要安装冷凝机组前，应考虑电路及制冷管的连接，使管路尽可能地短，但又要为维修留下足够的空间。

维修

　　冷凝机组的安装位置在很大程度上决定了维修质量。技术人员必须能看见工作的对象。很多情况下，技术人员可以触摸到某个特定的部件,但无法直接看到该部件,或换个位置能看到此部件,但又不能碰到它,因此,确定冷凝机组的安装位置时,必须保证技术人员既能看见、又能触摸到工作的对象。

地面水与雨水的排流

确定冷凝机组安装位置时,还应考虑地面积水和屋顶雨水的自然排流。**安全防范措施**:机组不应设置在低洼处,因为地面积水很容易进入机组内,造成各种控制装置与大地短路,电气线路将遭到彻底破坏。无论何种类型的机组,均应设置在适当的台基上,最常见的是混凝土和具有高缓冲性能的弹性垫。如有必要,也可以采用金属支架将机组抬升一定的高度。

建筑物的屋顶雨水一般都通过水槽排出。冷凝机组不能设置在有雨水排管或屋顶排水会下泻在机组上的位置。虽然冷凝机组有防雨水的能力,但也不能承受大量雨水的集中倾泻。如果机组为顶排风型机组,那么自上而下的水流会直接进入风机电动机,见图38.40。

图38.39　分体式系统的冷凝机组安装位置应保证有充分的流通空气和维修空间(Carrier Corporation 提供)

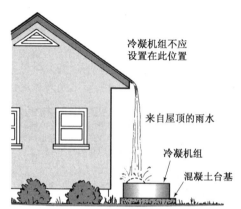

图38.40　此冷凝机组的安装位置选择不当,在此位置上的雨水会直接倾泻在机组的顶端

阳光直射的影响

如果有可能,应将冷凝机组设置在房屋的背阴处,这是因为阳光直接照射在面板和盘管上会导致机组的运行效率降低,但其造成的影响并不非常明显。一般来说,不可能仅仅为避免阳光直接照射在机组上而将制冷剂连接管和电气管线加长,甚至为此多付费用。

树荫处最有利于使机组冷却、散热,但同时也会带来诸多故障隐患,有些树种的树叶很小,有些还会分泌出液汁,产生各种果浆,甚至其花朵也会腐蚀机组的表面。松树的针叶就很容易落入机组内,其树脂落入机组的箱体上时就会对机组箱体表面产生腐蚀。最终,其造成的损失往往会大于将机组设置在某些树种的树荫下所带来的好处。

冷凝机组的安装位置与环境

冷凝机组应设置在不太显眼的地方,或不致使人明显感到有噪声的位置。如果将冷凝机组设置在房屋一侧时,应将其隐藏在较为低矮的灌木丛中。如果为侧排风式机组,那么风机排风口要远离灌木,否则就设置在没有灌木的位置。如果是顶排风式机组,虽然灌木不受影响,但机组的噪声往往会向上传播,如果卧室位于机组上方,那么这样的噪声很难使你安然入睡。

如果将冷凝机组安于屋后,那么可以将机组尽可能与蒸发器靠近一些,这就意味着管线的长度可以减小,但屋后一般均为庭院和住宅入口处,业主坐在宅院内小憩时,是绝不希望听到机组发出的噪声的。在此情况下,屋后侧面没有卧室的位置应该是冷凝机组安装的最佳地点。

每个位置都有其优点与不足之处,销售人员和技术人员应和业主认真商量各构件的安装位置。销售人员应熟悉当地的所有相关标准和规定。当然,最好有一份整个建筑物的平面图,它可以帮助确定各居室的位置和冷凝器的安装地点。估算工作内容和工作量时,有些公司常采用方格纸,在上面按比例画出各楼面的草图,并在草图上确定设备的安装位置,最后将这些草图给业主过目,以便业主能理解承包商的意图与建议。

38.11 制冷剂连接管的安装

制冷剂管线的连接始终是分体式空调机组安装过程中需认真考虑的关键问题。选择不同的连接方式可以使系统有不同的启动时间。此外,应使连接管线尽可能地短。对于大多数5冷吨以下的空调设备来说,其蒸发器与冷凝机组间的连接主要有3种方式(商用制冷设备中的制冷系统与此不同):1)承包商自行配置连接管;2)采用制造商配套提供的配管(称为管套件),即喇叭管压缩式管件;3)带有密封快速连接管件的预充液套件,也称为预充液管套件。在所有这些空调设备中,系统内的制冷剂均由制造商在出厂前完成充注。

制冷剂的充注

不管是由谁来完成连接配管的安装,系统内所有的运行制冷剂一般均由制造商完成充注,并在出厂前全部充注在冷凝机组内。制造商通常按预定的管线长度(一般为30英尺)为机组充入足够的、运行所需的制冷剂。如果配管采用喇叭口压缩配管,那么制造商常通过多个检修阀将制冷剂注入,并保存在冷凝机组内。采用快速连接管接头时,则在配管中充入管套件内所需的适量制冷剂。图38.41是检修阀和快速接头的两种连接方法。

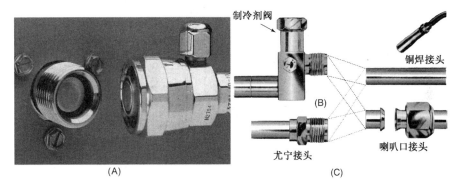

制冷剂阀
铜焊接头
尤宁接头
喇叭口接头
(A) (B) (C)

图38.41 (A)~(B)分体式空调机组的两种基本连接方式(Aeroquip Corporation 提供)

采用检修阀时,连接管一般均通过喇叭口压缩式管件直接固定在检修阀上,安装人员也可选择将连接管焊接于检修阀上。但连接管必须是硬拉铜管或软铜管。至于设备上的铜管裸露处,一般情况下,直管线比较漂亮,此处可采用硬拉铜管和厂家生产的弯管用于转弯处。不裸露的管线则可采用软铜管,在适合较大弯曲半径的场合,可以方便地成型并绕过转角。

配管组件

制造商提供的配管称为管套件。其吸气管上装有保温层套管,管内充注有氮气,两端用橡胶塞封闭。拔出橡胶塞时,如果伴有嘶嘶的有氮气从管内排出的响声,那么说明此配管未漏气。

安装配管时,应首先从管盘的一端将它盘开。将管盘的一端放在地上,用脚将此端踩住,然后慢慢地将其盘开,见图38.42。注意,配管绕过拐角时要千万小心,不要使配管形成扭结,否则就会出现瘪陷。由于管上安装有保温层,扭结时往往不易发现。

配管的检漏和抽真空

当管线铺设完成并予以固定后,做最后的连接时,一般需完成如下工序:

1. 将配管固定于蒸发器一端。许多配管既可以采用压缩式管接头,也可以采用铜焊连接。喇叭口接头也是其中的一种选择方式,只要操作得当,铜焊连接是一种常选的连接方式。当配管带有喇叭管帽时,最好在喇叭管的背面滴上一两滴润滑油,这样可以在拧紧喇叭管接头时,防止配管随喇叭管帽一起转动。最大的吸气管一般为 $1\frac{1}{8}$ 英寸(外径),大管径接头必须非常密封。紧固时建议采用两把活络扳头,见图38.43。液管管径一般不会小于1/4英寸(外径),较大容量的系统为1/2英寸(外径)。
2. 将较细的配管(液管)固定于冷凝机组的检修阀上。
3. 固定较粗的配管(吸气管)。
4. 检修阀仍予关闭,将少量R–22制冷剂通过单向气阀端口注入管套件和蒸发器内进行检漏,并加入氮气,使管内压力上升为测试压力。

图 38.42　将配管盘开(Bill Johnson 摄)　　　　图 38.43　管接头的紧固方法(Aeroquip Corporation 提供)

5. 检漏后,将少量 R-22 和氮气排向大气。然后将真空泵连接管套件和系统的蒸发器端口,抽真空至低真空状态,见图 38.44。

☆美国环保署容许在走失少量制冷剂的情况下,在此过程中采用 R－22 和氮气。☆

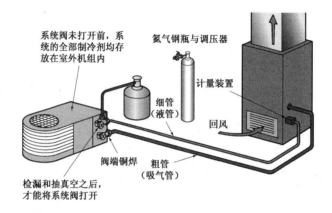

图 38.44　管套件的所有接头拧紧之后,采用制冷剂与氮气对
管套件进行检漏,然后抽真空,最后打开系统阀

6. 抽真空完成后,打开冷凝机组上的阀口。系统的制冷剂充注量应全部存放在此机组内。针对管套件的实际长度核对一下制造商的安装手册,看制冷剂充注量是否正确。如有需要,则根据制造商的说明添加适量制冷剂。

管套件有 10 英尺、20 英尺、30 英尺、40 英尺和 50 英尺等多种标准长度。如果需要其他长度,可以向制造商咨询。一些制造商规定有最大容许长度限制,一般均在 50 英尺左右。如果必须采用非标准长度的管套件,制造商也会对特定长度状态下如何调节机组中的制冷剂充注量提出建议。大多数机组出厂时的制冷剂充注量主要针对 30 英尺的管长。如果管线缩短,那么必须排出相应的制冷剂,如果管线长度超过 30 英尺,则必须添加制冷剂。

管套件的更换

管套件必须更新时,应按与设备配套管件同样的方法进行操作:

1. 按所需管长换上管套件。更换管套件的过程中,其管内氮气自行逃逸,但不要将橡胶塞扔掉。
2. 完成换装后,将管内压力提高至 25 psig,对重新连接的各个接头进行检漏。如果想采用更高的压力进行测试,可将蒸发器和冷凝器上的阀口关闭,缓慢地将 R－22 和氮气压力提高到 150 psig。由于管线的检修端口与系统液管侧为同一通道,因此,如果此时阀口不打开,管套件和蒸发器在作压力测试和抽真空时,仍可以被视为一个封闭的系统,见图 38.45。
3. 检漏完成之后,即可对管套件(如果连接的话,还有蒸发器)进行抽真空。所有接口完成连接并进行检漏后,打开系统阀即可启动系统。

预充液管套件(快速接头管套件)

带有快速接头的预充液管套件也有多种标准长度,它与上述普通管套件的区别在于预充液管套件在出厂前即充入适量制冷剂,如果不是更换管套件,一般不需要添加或排出制冷剂。对于带快速接头的预充液管套件,我们建议采取如下方法进行连接:

1. 将配管盘直。
2. 确定蒸发器至冷凝器间连接管的行走路径并安装就位。
3. 拆下蒸发器接口上的塑料防护帽,在每一个管接头的氯丁橡胶 O 形圈上滴上一两滴制冷油。此 O 形圈主要用来在连接管件时防止制冷剂泄漏,连接紧固之后将不起任何作用。如果不予润滑,那么连接过程中很可能撕裂。
4. 安装螺纹管接头时可先用手旋入。用手旋入数牙可以保证管接头不出现错牙交叉。
5. 用手将管接头旋入后,可用扳头旋紧。紧固管接头时,可以听见轻微的漏气声,这样就可以将留在管接头内的空气全部排除,同时,O 形圈定位。旋紧管接头时,应一次旋紧到位,在此期间不要停息。如果在此过程中停下,就会有少量制冷剂漏出。
6. 将所有管接头旋紧之后,对安装后的接头全部进行检漏。

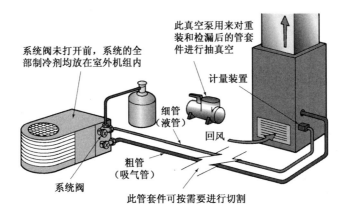

图 38.45　更换管套件。管套件改装后,可按图 38.44 进行连接。充注氮气和少量 R-22 进行检漏。检漏后,将 R-22 和氮气排入大气,然后对管配件和蒸发器抽真空。最后将系统阀打开,系统即可运行

预充液管套件的更换

当需要更新快速接头管套件时,其管内制冷剂就必然一同更新,换装时,可以按配套的配管一样处理。建议按下述程序进行操作:

1. ☆连接管套件之前,应将管套件中的制冷剂回收。由于液管和吸气管中均含有一定量的液态制冷剂,因此对这部分制冷剂必须予以回收。☆
2. 按需要的长度切割管套件后,换上新的管段。
3. 对管套件进行压力测试。
4. 对管套件抽真空至较低的真空度。
5. 关闭真空泵,然后将管套件内的压力上升至 10 psig 左右。最后根据上述方法将其连接至系统上。
6. 根据新管段的实际长度,查阅制造商推荐的制冷剂充液量,向系统内添加制冷剂。如果制造商未提出具体的推荐量,可参见图 38.46 给出的液管容量表。液管内应含有最多的制冷剂,而且要弥补断开管线时的制冷剂损失量,就应该向液管内添加适量的制冷剂。如果吸气管拆下时管内均为蒸气,那么就不需要考虑为此增加制冷剂充注量了。

液管直径(英尺)	液管每英尺长度上 R-22 的充注量(盎司)
$\frac{3}{8}$	0.58
$\frac{5}{16}$	0.36
$\frac{1}{4}$	0.21

如果需要将 30 英尺长度(3/8 英寸)的管线延长 3 英尺,需向系统加入 1.74 盎司的制冷剂($3 \times 0.58 = 1.74$)。

如果机组出厂时配置有预充液管套件,那么这一特定管套件内的制冷剂均存留在管路中。如果更换这种管套件,那么液管段中的制冷剂必须予以利用。例如,50 英尺长的管套件需截断为 25 英尺的长度,那么需将管段中的制冷剂全部抽出,并同时将 2.25 盎司的制冷剂保留在冷凝器内,开机时由其自行进入管段内($25 \times 0.21 = 5.25$)。

图 38.46　液管容量表

制造商对管线连接的建议

大多数制造商一般都会对空调设备的管接操作提出各种建议。具体操作时,我们应始终坚持一个原则,即按制造商的建议行事。每一家制造商均会在设备包装箱内附上安装、起动指南等文件。如果没有,可向制造商索取。

38.12　设备的启动

安装的最后一个步骤就是启动设备,进行试车。制造商会在说明书上详细说明设备启动时的各项操作程序。机组安装定位、检漏、按制造商的推荐值充入正确数量的制冷剂(一般均由制造商在出厂前完成充注)后,机组的线电压和控制电压电路可按下述操作程序进行接线。

1. 线电压电源线必须连接至机组电闸配电板上,此项工作应由执证电工来完成。暂时断开冷凝机组上的 Y 端低压线,以防压缩机启动。连接线电压电源线,使曲轴箱加热器先对压缩机曲轴箱进行加热。注意,对任何带有曲轴箱加热器的机组均需采取这一步骤。必须对压缩机曲轴箱进行预热,其加热时间可根据制造商的推荐值确定(一般不超过 24 小时)。加热曲轴箱可以在压缩机启动前将制冷剂全部汽化并排出曲轴箱。如果压缩机启动时曲轴箱内仍含有液态制冷剂,那么就会有少量液态制冷剂进入压缩机汽缸内,引起故障,并导致曲轴箱内的润滑油起沫,形成临界润滑。只有在系统运行一段时间后,才能逐渐消除这一现象。

2. 常规情况下,较好的方法是在下午使曲轴箱加热器得电,然后在次日启动压缩机。在离开机组时,应确认曲轴箱加热器处于加热状态。

3. 如果系统设有检修阀,则应全部打开。注意,有些机组的检修阀没有后阀座,此时不要设法关闭其后阀座,否则会使阀体损坏。打开检修阀时,如感到有较大的阻力,应停止转动,见图 38.47。

4. 检查机组各接线端的线电压值,确认电压值在正常范围之内。

5. 检查所有的电气连接线端,包括由生产厂家完成的连接,确认其均紧固且安全可靠。**安全防范措施**:检查各电气接点时,应切断电源。

6. 将室内温控器上的风机开关设定在"风机运行"位置,检查室内风机能否正常运行、转向和电流大小。在各出口处均应感觉有气流流动,一般情况下,在地面出风口上方 2 ~ 3 英尺处应有明显的气流流动感觉。确认各送风口和回风口无任何气流阻挡物。

7. 将风机开关切换至"风机自动运行",将功能选择开关转换到"停机"位置,将冷凝机组上的 Y 线端重新接上。**安全防范措施**:连接 Y 线端时,应将机组上的电源切断,配电板上锁并挂上警示牌。

8. 将电流表放在压缩机的公共线上,请人将选择开关转换至"制冷"位置,并将温度设定滑杆移动到要求制冷位置,此时压缩机应启动。注意,有些制造商的文件中会建议你此时应在系统上设置多个压力表,但应特别注意设置在系统高压侧的压力表连接管的长度。如果系统的制冷剂充注量本身就处于临界量,而且压力表的连接管长度达到 6 英尺,那么当压力表连接管充满液态制冷剂时,就会使系统内的制冷剂量发生变化,很可能足以影响整个系统的性能,因此建议采用尽可能短的压力表连接管,见图 38.48。拆除压力表后应检查压力表连接端口是否有泄漏,同时更换压力表连接端口帽。如果制造商建议安装压力表是用于启动时检测的,那么应在启动前将压力表安装到位。如果制造商未做这样的建议,那么可根据我们的建议进行操作。

9. 若不安装压力表,也可以通过一定的迹象来说明系统是否处于正常状态:返回至压缩机的吸气管应当是比较冷的,尽管"冷的"感觉因人而易。有两项因素会引起吸气管温度发生变化,但它们又属于正常现象:一个是计量装置,另一个是环境温度。现在的各种新式系统均采用固定口径的计量装置(毛细管或孔口板计量装置)。如果室外温度降低至 75°F 或 80°F,那么吸气管线就不会像大热天那样感觉冷,这是因为冷凝器的运行效率提高,液态制冷剂滞留于冷凝器内,使蒸发器出现部分缺液现象。如果天气温度较低,为 65°F 或 75°F,流入冷凝器的空气又被堵塞,那么它就会使排气压力升高,吸气管的温度更低。空调区域内的环境温度也会使蒸发器形成较大的热负荷,从而使吸气管线的温度不可能像室内温度那样降低至设计温度(约为 75°F)时所具有的这样低的温度。

压缩机的电流值最能反映系统运行的状态。如果室外温度较高,蒸发器有较大的热负荷,那么压缩机就会以接近其最大容量的状态运行,此时电动机的电流也就接近于铭牌上的电流值。仅仅因为系统热负荷而导致压缩机电流值大于铭牌上额定电流值的情况是很少见的。通常情况下,压缩机的实际电流值均稍低于铭牌的额定电流。

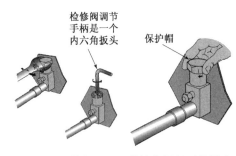

检修阀调节
手柄是一个
内六角扳头
保护帽

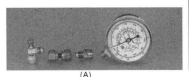

(A)

(B)

图 38.47　设备上配置的检修阀很可能没有　　　图 38.48　（A）~（B）用于系统高压侧压力表安
　　　　　　后阀座（Aeroquip Corporation 提供）　　　　　　装的短小连接管（Bill Johnson 摄）

当机组能正常运行且运行状态及各项指标均达到要求之后应对系统进行下述检查：

1. 所有出风口均处于开通状态。
2. 气流流动没有受到任何限制。
3. 风管悬吊状态安全可靠，各连接口均采用胶带封闭。
4. 所有面板均用螺钉固定到位。
5. 业主或用户已了解并学会如何操作。
6. 所有的授权、批准及质保文件均已填写完成。
7. 业主或用户已有操作手册。
8. 业主或用户已知道如何与你联系。

安全防范措施：在启动系统之前应认真检查各电气连接点和运动部件，如果设备存在问题和疏忽之处，就可能会导致伤害（例如，若皮带未予固定到位，电动机启动时皮带轮就会飞出）。切记，系统运行过程中，各容器和软管均处于压力之下。应始终注意、防止可能的电击。

本章小结

1. 风管一般有正方形、长方形和圆形金属风管，也有正方形、长方形的风管板风管，还有柔性风管。
2. 正方形和长方形金属风管系统采用 S 形连接扣和插入式管扣进行装配连接。
3. 风管系统端部的第一个管件应该是减震器，用以阻止风机噪声或震动传递到风管。
4. 任何形式的金属风管，在其管内侧或管外侧均应设置保温层，以防止金属风管与环境空气产生热交换。
5. 在风管外侧设置保温层时，必须同时设置防潮层，以防止风管表面温度低于环境空气露点温度时形成大量水汽。
6. 柔性风管是在其柔性内衬上覆以玻璃纤维，然后再在其表面涂刷乙烯树脂或蒙上增强的金属膜。
7. 电气安装包括选择适当的电气箱、导线规格和熔断器或断路器。
8. 电气安装承包商一般负责安装线电压电源电路，空调设备安装承包商通常负责安装低压控制线路。布线之前，应首先向有关部门了解当地的地方标准。
9. 低压控制线路通常用不同的颜色来标志相互的连接关系。
10. 空调设备分为整体式系统和分体式系统两种。
11. 空气－空气整体式机组的安装涉及机组在台基上的固定就位、连接风管、连接电源和控制电路。
12. 整体式机组的风管布置可以走屋顶，也可以走房屋的外墙。
13. 屋顶安装方式可采用屋顶防漏基座和厂家产生的风管系统。
14. 在设备下方设置橡胶软木垫或弹性减震器可以防止机组将噪声传入建筑物内。
15. 连接蒸发器和冷凝机组的制冷剂管线有两条：大管径、有保温层的是吸气管，小管径的为液管。
16. 空气处理箱和冷凝器的安装应考虑便于维修。
17. 蒸发器必须配置冷凝水排放装置。
18. 如果蒸发器设置在空调区域上方，那么应设置辅助的排水集水盘。
19. 冷凝机组不应设置在其运行噪声会明显影响室内人员正常工作和生活的位置。
20. 连接管套件有 10 英尺、20 英尺、30 英尺、40 英尺和 50 英尺等标准长度。当全部充足制冷剂均存放在冷凝机组内时，此系统的制冷剂量正好可供 30 英尺的管段使用。

21. 连接管套件的管段长度可以改变，但改装时，其充注的制冷剂量必须重新调整。
22. 制造商提供的文件中有设备启动程序的详细说明。启动前，应认真检查各电气线路连接点、风机、气流状况以及制冷剂充注量。

复习题

1. 空调设备安装过程中一般需涉及的 3 种专业技能是＿＿＿＿、＿＿＿＿和＿＿＿＿。
2. 正误判断：柔性风管系统是最省钱的风管形式。
3. 说出常用于正方形和长方形风管接口连接的两种连接件名称。
4. 圆形风管接口通常采用哪一种连接件？
5. 正误判断：风管上的保温层不能防止风管结露。
6. 风管内侧保温层脱落后很容易引起：
   A. 系统停机；　　　　　B. 排气压力上升；　　　　　C. 气流流量增加；　　　　　D. 空气流量降低。
7. 大多数风管保温层采用＿＿＿＿。
8. 柔性风管接口有何作用？
9. 如果柔性风管绕过一转角时其弯曲半径过小，会出现什么情况？
10. 为什么柔性风管在直管段处必须稍予拉长？
11. 试解释柔性风管安装时应如何支承？
12. 整体式机组的风管接口组合方式有＿＿＿＿和＿＿＿＿两种。
13. 整体式机组与分体式机组的主要区别是什么？
14. 正误判断：整体式机组在出厂前均已充注制冷剂。
15. 说出判断风冷式机组安装位置是否正确的 3 项依据。

第 39 章　空调系统的控制

教学目标

学习完本章内容之后,读者应当能够:

1. 论述空调系统的运行控制程序。
2. 解释24伏控制电压线路的功能。
3. 论述室内温控器。
4. 论述压缩机的接触器。
5. 解释高压和低压控制器的工作原理。
6. 论述过载保护器和电动机绕组温控器的功能。
7. 论述绕组温控器和内置式卸压阀。
8. 区分运行控制器和安全控制器。
9. 比较新型与老式控制器的工作原理。
10. 论述如何在某些新型设备中增设曲轴箱加热器。

39.1　空调设备控制器

维持空调设备正常运行的控制装置需要对3个系统构件进行控制:室内风机、压缩机和室外风机。风冷式空调设备均含有这三种系统构件。对于小容量空调装置来说,很少采用水冷式机组。空调设备中采用的一部分控制器在前面章节中已有论述。为便于读者系统理解,我们将在本章中就重点内容再做介绍。

各家制造商始终着力于提高其产品的运行效率,而提高设备的运行效率离不开各种控制器的有效运用。例如,让室内风机在室外机组停止之后继续运行一段时间,使温度较低的盘管能从室内空气中再吸收一部分热量。在温热天气下,将室外风机控制在较低的转速下,从而获得比较理想的排气压力控制。

室内风机、压缩机和室外风机必须能够在正确的时间内自动启动、自动关闭,其正常运行程序是:

1. 压缩机运行时,室内风机必须同时启动运行。但是,在压缩机停止运行之后,可以使风机继续运行一段时间,将热空气吹向温度较低的盘管,使其能从循环空气中再排除一部分热量。
2. 压缩机运行时,室外风机必须同时运行(除非该机组设有风机间断运行装置,使风机在寒冷气候下做短时间运行,从而有效地控制排气压力)。有些室外风机电动机为多转速或可变速电动机。多转速电动机通常由设置在冷凝机组上的盘式双金属元件予以控制,此盘式双金属元件可检测室外的环境温度。可变速电动机可以针对室外环境温度的不断变化在控制器的控制下不断地改变转速。
3. 温控器上设有室内风机连续运行开关("风机运行"),在此状态下,室内风机不管压缩机、室外风机按需要启动运行,还是停止运行,它均始终处于运行状态。

运行控制器和安全控制器是两类不同功能的控制器。例如,室内温控器是一种运行控制器,它用于检测环境温度,进而停止或启动压缩系统(压缩机和室外风机)的运行,见图39.1。高压控制器则是一种安全控制器,它可以在排气压力过高的情况下使机组停止运行,见图39.2(A)。然而,空调系统的大多数压力控制器是一种标准件,它们永久性地安装在空调系统的排气管处。新式的压力控制器现均由厂家设定最大压力值,且不能调整,见图39.2(B)。运行控制器和安全控制器都有一个共同的特征:两者均不消耗电能,它们只是将电源传递给其他装置,如压缩机的磁力接触器。

图39.1　用于控制空调区域温度的
室内温控器(Honeywell提供)

39.2　原动机——压缩机与风机

系统的原动机是风机(室内风机与室外风机)和压缩机。在系统运行过程中,这两种装置需要消耗大量的电能,而且还必须为高压电源,在住宅中,一般由230伏的电源拖动。控制器常采用24伏的电源,既安全,又便于维修。当低压控制器配置相应的电子线路板后,其功能即可大幅度得到提升,从而实现各种控制功能。其价格和可靠性可以使制造商拥有更大的灵活性来满足系统的控制要求,从而达到便利、舒适和高效的目的。如今的许多空调机线路板上均设有很小的微处理器(计算机)。控制电路所需的低压电源由安装于冷凝机组或空气处理箱的降压变压器提供,见图39.3。

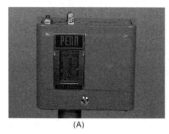

(A)　　　　　　　　　　　　　　(B)

图 39.2　(A)用于早期的住宅空调设备中的商业型高压控制器(Bill Johnson 摄);
　　　　　(B)用于空调设备的永久安装式、标准型高压控制器,这种控制器的最
　　　　　大压力值均由生产厂家设定,不能调节(Bill Johnson 摄)

39.3　低压控制器

低压电路负责为控制系统的各耗电装置提供电源,从而实现压缩机和风机电动机的自动启动和停机。这些低压控制装置的工作电流一般均很小,控制电路的变压器一般为 40 伏安,这就意味着其次级线圈产生的最大电流为 1.7 安培,将变压器额定伏安值 40 除以额定电压即可得到此值(40 伏安 ÷ 24 伏 = 1.666 安培,四舍五入为 1.7 安培)。如果电路中的电流值大于 1.666 安培,那么其电压值就会下降,变压器开始发烫,在这种情况下,就需要采用更大伏安数的变压器。

实际控制压缩机启动和停机的接触器也是一种控制器,由于它含有 24 V 的电磁线圈,因此也要消耗少量电能,见图 39.4。电磁线圈得电时,此接触器的触头闭合即能传递电源,连接至压缩机的触头电路电压则为 230 伏,见图 39.5。

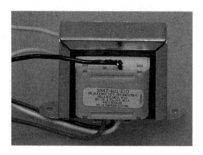

图 39.3　低压变压器(Bill Johnson 摄)　　　　图 39.4　接触器(Bill Johnson 摄)

39.4　家用中央空调的兴起

家用中央空调于 20 世纪 50 年代开始出现,之后即不断发展、逐渐流行。家用中央空调的普及曾一度引起了空调设备价格的激烈竞争。在美国的温带地区,由于房屋转手量很大,在所有新式建筑物内均要求安装中央空调,即使业主不需要中央空调。许多信贷机构甚至在放贷之前即要求新房屋要有空调,其原因在于信贷公司在转卖这些房屋时,其中央空调是一个具有较强吸引力的筹码,以后就很难再有这样的机会。

最早安装于住宅内的中央空调系统只是将商用系统用于民用,即全部是水冷式系统,效率高且非常可靠。之后又开始流行风冷式设备,由于风冷式系统既不需要泵送冷却水,也不需对冷却水进行处理,因此水的冻结和矿物质沉淀等问题也随之消失。

39.5　设备结构的经济性

最早的风冷式机组笨重、功耗大,而且难以伺候,它采用低速封闭式压缩机(1800 rpm)或皮带驱动的开放式压缩机,并采用 R-12 作为其制冷剂。当时家用和小型商用空调设备市场还刚刚开始形成,对价格比较敏感的买家即开始寻找价格更为低廉的设备。善于做投机生意的建房者企望有更大的发展,并希望能节省空调的费用支出,在这样的利益的驱使下,制造商着力运用更经济的方法来制造空调设备。此时,也有了对更高效的制冷剂的需求,当 R-22 面世时,蒸发器和冷凝器传热管的制作技术也有了较大突破,其体积可以做得更小,使整个设备更加紧凑,重量也可大大降低,同时,其储运也更为方便。此外,连接于冷凝机组与蒸发器间的吸气管和液管可以为同一管径且可以更小,进而大大地降低了安装费用。整个系统的外形尺寸大幅减小之后,其制造成本与安装成本也大幅度地降低。

由于压缩机的转速越来越高,一台小容量压缩机就可以泵送更多的制冷剂,可完成过去一台大容量压缩机才能完成的工作。现有的压缩机转速一般都在 3600 rpm 左右,因此可以比早期的机型小许多。由于压缩机转速提高、效率更高的 R-22 制冷剂出现以及 R-410A 和 R-407C 等 R-22 替代型新型制冷剂与混合液的出现,如今的空调设备与早期设备相比,体积更小,效率更高。各家制造商依然在不断地追求:更轻、更小;效率更高、价格更低。

要想与价格较高的空调设备竞争并赢得这场价格战,唯有采用最基本的控制器,但又必须非常可靠。下面详细论述用于上世纪 60 年代制造的风冷式系统的常规控制器,当时是第一次大规模地安装各种中央空调系统,今天,许多这样的系统仍然在使用。由于许多这样的控制器在现在生产的各种空调设备中已难见踪影,因此必须给出详细的论述。

39.6 老型号风冷式系统的运行控制器

室内温控器的作用在于检测和控制空调区域的温度。温控器不是一个耗电装置,但它必须为耗电装置传递电源。由于温控器的检测装置采用双金属元件或热敏电阻,因此它对温度的变化非常敏感。早期的温控器要比现在的温控器大。

风机继电器负责启动和停止室内风机运行,此继电器是一种耗电装置,它通过室内温控器使电磁线圈得电,触头闭合后获得电压,启动风机。

压缩机接触器负责启动和停止压缩机和室内风机的运行,两者一般为并联,见图 39.6。接触器含有电磁线圈,因此是一个耗电装置。电磁线圈得电时触头闭合,即可启动压缩机和室外风机电动机,见图 39.7。

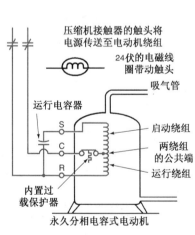

图 39.5 电动机绕组的电源电路

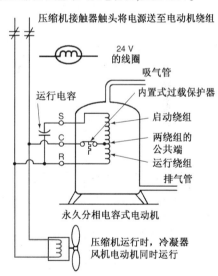

图 39.6 压缩机与室外风机的电路相互并联

严格地说,压缩机的启动和运行电路并不是控制器,但大多数技术人员都把它们当做控制器来处理。已使用多年的压缩机采用电容启动、电容运行的电动机。由于老型号空调机均采用热力膨胀阀作为计量装置,因此这些电动机一般都有较大的启动扭矩,且只能采用这种电动机。这是因为这些系统无法平衡停机过程中的高压侧与低压侧的压力,因此必须采用大扭矩的压缩机电动机。其启动系统的各构件是:1)电压启动继电器;2)启动电容器;3)运行电容器,见图 39.8。图 39.9 为某压缩机电动机的启动电路图。

电动机启动电路的排故不太方便,但可以通过搞清楚压缩机上"运行"和"启动"端均处于同一电力线的方法予以简化,它可以使电路从运行状态转变为启动状态,并有足够长的时间来启动压缩机。技术人员可以采用断开压缩机接线端(公共线、运行和启动接线端)从而使这些接线端相互隔离的方法,将压缩机与控制线路隔离,然后对压缩机做电气检查,并检查控制电路以确定哪一部分存在故障。许多技术人员常采用测试导线来运行压缩机,这样即可将压缩机与系统的控制电路分离。如果采用测试导线可以使压缩机启动,而在压缩机启动电路中压缩机不能启动,那么说明启动电路存在故障。

图 39.7 典型的压缩机接触器(Bill Johnson 摄)

图 39.8 用于电容启动、电容运行电动机的启动和运行元器件:(A)电压式继电器;(B)运行电容器;(C)启动电容器(Bill Johnson 摄)

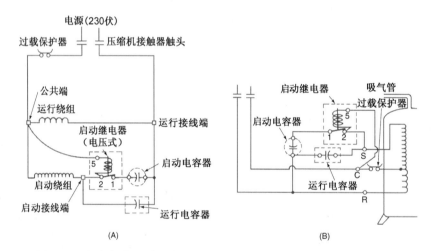

图 39.9 电容启动、电容运行电动机的启动电路:(A)原理图;(B)接线图

39.7 老型号风冷式系统的安全控制器

高压控制器用于系统出现高压状态时自动停止压缩机的运行。例如,如果冷凝器风机在其应该运行时未运转,压缩机也无法获知风机已停止运转,从而继续将制冷剂泵送至冷凝器。注意,系统压力会迅速上升至较危险的状态,此时必须使压缩机停止运行。图 39.10 为商用设备的高压控制器。

同样,为了保护系统安全,低压控制器可以在吸气管压力出现低于预定值状态时自动关闭压缩机。如果系统内制冷剂全部走失,若没有低压控制器,那么系统的低压侧就会在压缩机的作用下出现真空状态。低压控制器可以依据设定值在系统出现真空之前自动切断压缩机运行。图 39.11 为商用设备的低压控制器。如果系统的低压侧存在泄漏且在压缩机的作用下形成真空,那么就会有空气被吸入系统,此时系统就必然会出现两个问题:泄漏和系统内存在空气。低压控制器还能提供防冻保护,当流经室内盘管的空气量减少时,吸气压力就会迅速下降至形成冻结的压力状态,蒸发器盘管上的冷凝水就会转变为冰层,使气流的流动受到更大的限制,蒸发器盘管上甚至出现块状的冰团。而过滤器严重积尘、出风口被封闭、回风格栅受堵或蒸发器盘管上积尘等都会引起流经盘管的空气量减少。

早期的空调系统也设有压缩机运行电路的过载保护装置,这种过载保护器通常为具有一定额定电流值的热敏双金属装置。如果电动机电流值高于过载保护器的额定电流,双金属就会受热而断开连接至压缩机接触器线圈的电路,从而在出现问题之前即停止压缩机的运行,见图 39.12。这种过载保护器一般设置在不接触制冷剂的电动机接线盒内。

内置式电动机保护器检测的是电动机的实际温度,当电动机温度过高时,它就可以使电动机停止运行。压缩机内置式保护器的形式与此相同,即在压缩机内断开线电压电路或采用先导式保护器,先切断至接触器线圈的电路,这种电动机保护器均设置在压缩机内且独立封闭的容器内。

图 39.10 这种商用高压控制器要比现在采用的家用高压控制器大得多(Bill Johnson摄)

图 39.11 用于商用设备和早期家用设备中的低压控制器(Bill Johnson摄)

短周期运行保护装置主要用来在安全或运行控制器出现短时段开、闭的情况下阻止压缩机短周期运行。以过载保护器为例,有些类型的过载保护器对电流的变化非常敏感,当出现电流量突然上升至其预定值而之后又迅速下降的情况时,这些控制器就会迅速断开电路。如果压缩机启动继电器的性能欠佳,压缩机因大电流而被停机,那么如果不设置短周期保护控制器,启动继电器就会在停机之后重新启动压缩机,见图 39.13。如果业主或用户调节室内温控器时,也是这样反复多次或上或下调整时,那么短周期保护控制器同样也可以防止压缩机短周期运行。

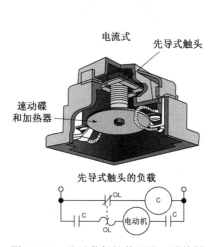

图 39.12 此过载保护装置是一种热敏双金属(Carrier Corporation提供)

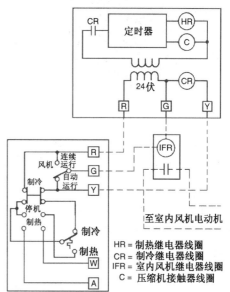

图 39.13 用于防止压缩机短周期运行的定时器

39.8 新式空调设备的运行控制器

如今的室内温控器体积要小得多,见图 39.14。现有的温控器一般均为电子式控制器,并采用热敏电阻作为传感元件,见图 39.15。这些温控器均有针对制热和制冷两种设定夜晚和白天自动运行两种工作状态的程序。由于其含有带定时器的电路,因此也可以把它视为耗电装置。当然,它需要将电源送到各构件(风机继电器和压缩机接触器)。传送电源的电路就是触头电路。

图 39.14　这是一种典型的温控器,它带有检测
室内温度双金属元件,是一种制热和
制冷组合式温控器(Bill Johnson 摄)

图 39.15　配置有热敏电阻检测元件的
电子式温控器(Honeywell 提供)

　　新式空调设备上的风机继电器比老型号继电器要小,但它可以实现同样的功能,见图 39.16。

　　各家制造商配置在设备上的新式压缩机接触器有较大差异,有些接触器只有一组触头,见图 39.17。老型号的接触器一般有两组触头,可同时切断压缩机上公共接点和运行电路,即线路 1 和线路 2 上的电源,而新式接触器仅切断至一个电路的电源。注意,如果电路不断电,就可以通过运行电容器提供电源,压缩机绕组中始终存在有较小的电流,使压缩机能够在停机运行过程中保持一定的温度,其作用相当于曲轴箱加热器。如果换上带两组触头的接触器,那么就没有为曲轴箱供热的功能。

图 39.16　风机继电器(Bill Johnson 摄)

图 39.17　仅有一组触头的压缩机接触
器(Bill Johnson 摄)

　　启动电路中的元器件不多。如果请一位退休的技术人员打开新式设备的控制板,他就会马上得出结论:这样的设备根本无法正常运行,因为控制板上没有过去那样多的元器件,系统似乎根本无法受到有效的保护。用于启动和运行新式设备的元器件就是一个运行电容器,还可能有一个正温度系数(PTC)器的启动助力装置。PTC 元件没有运动构件,其作用相当于起动继电器,它可以使电路在很短时间内从启动终止状态切换为运行终止状态,并使压缩机启动。这种 PTC 元件主要用于在永久分相式电容电动机(PSC)上作为启动助力装置。PSC 电动机的启动扭矩很小,主要与停机运行过程中系统压力能相互平衡的计量装置配套使用,见图 39.18。

39.9　新式空调设备的安全控制器

　　新式空调系统一般没有单一功能的安全控制器,它只有一个电动机温度控制器,由它来检测电机绕组的温度。此控制器安装于绕组内且没有外部接线端。这种压缩机上一般有“此压缩机采用绕组温控器作为内置保护”的提示,见图 39.19。制造商在此设置此控制器的目的在于压缩机出现下述情况时自动停止压缩机运行:

1. 当系统在制冷剂充注量不足的情况下运行时,电动机绕组往往会出现过热情况,因此此电动机绕组温控器就会自动停止压缩机的运行。此时,吸入蒸气应可以使压缩机绕组冷却,其作用相当于制冷剂不足保护装置。当电动机温度逐渐上升且直至烫手时,电动机机体较大的热容量就可以使控制器避免闭合触头,直至电动机自行冷却。这也是一种内置式的短周期运行保护装置。

2. 冷凝器严重积垢时,压缩机的排气压力就会上升,同时使电动机电流增大,电动机温度提高,最后因达到停机温度而自动停机。电动机绕组温控器在此情况下就像一个高压控制器。由于电动机质量较大,电动机绕组温控器仍具有短周期运行的保护功能。

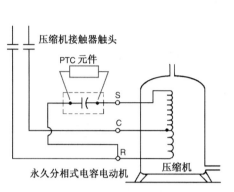

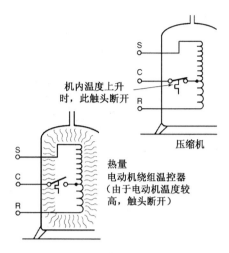

图 39.18　将 PTC 元件作为压缩机启动助　　　　　图 39.19　电动机绕组温控器
　　　　　力装置时PSC电动机的接线图

3. 大多数压缩机中都设有卸压阀,如果存在较大的压差,此卸压阀就会将来自压缩机排气管的热蒸气送入电动机绕组温控器,见图 39.20。如果冷凝器风机电动机因烧毁而停止运转,就会立即出现较大的排气压力。当排气压力大于卸压阀的设定值时,卸压阀排气,将热蒸气吹向绕组温控器,使压缩机停止运行。内置式卸压阀的设定值一般为 450 psig 的净压差,这就意味着当排气压力高于吸气压力 450 psig 时,卸压阀即自动打开。如果冷凝器风机停止运行,那么排气压力可以上升至 540 psig,而吸气压力在内置式卸压阀打开之前,可以上升至 90 psig(540 − 90 = 450 psig)。注意,高压表上的读数不能用于确定卸压阀的工作状态。当需要做出快速反应时,绕组温控器一般可用做高压断路器。

4. 运行电容也可能出现问题,压缩机在试图启动时一般都会产生较大的电流,此时电动机的温度就会上升,绕组温控器就会停止压缩机运行。绕组温控器在此状态下相当于过载保护器的功能。

5. 有时候,还会有人把玩空调区域的温控器,以较快的速度反复将温控器或上或下地转动,每次压缩机都会准备启动,而电动机温度则逐渐上升,导致电动机绕组温控器将压缩机关闭。在此情形之下,电动机绕组温控器可以防止压缩机短周期运行。而一般情况下则由室内温控器中的延时装置来解决这一短周期运行问题。

安全防范措施:如果系统的制冷剂充注量过大,且大到足以使压缩机绕组始终处于较低温度,绕组温控器就不可能对系统进行有效的保护,见图 39.21。

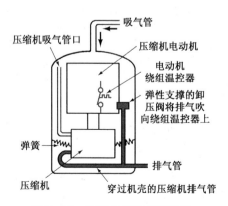

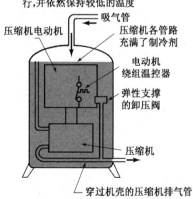

图 39.20　设置在封闭式压缩机　　　　　图 39.21　卸压阀和电动机温度双双处于这种
　　　　　中的内置式卸压阀　　　　　　　　　　　状态时,就不可能对系统实现高压
　　　　　　　　　　　　　　　　　　　　　　　保护,并停止压缩机运行

如果压缩机充满液态制冷剂、电动机处于极可能烧毁的状态下,由于电动机绕组温控器浸没在大量的液态制冷剂中,它也不可能发挥正常的功能。此时,绕组连接着电源,机内液态制冷剂温度逐渐上升,压力不断提高。当压力大到一定程度时,压缩机的壳体就会出现爆裂。压缩机唯一的保护装置就是内置卸压阀,在此状态下则不起任何作用。

某些新式空调系统常以在液管上设置低压断路控制器的方式来实现失液保护,其设定压力可以低至 5 psig,因此,只有当制冷剂几乎全部流失时,此断路控制器才能停止系统运行,见图 39.22。这似乎不起多大的保护作用,但当真出现制冷剂全部走失的情况时,它就能停止压缩机运行。此时,只有给系统重新充人制冷剂,压缩机才能再度启动。对于这种类型的系统,需要记住:当低压侧存在泄漏时,由于此控制器安装于系统高压侧,当低压侧逐渐趋向于真空时,空气就会进入系统。

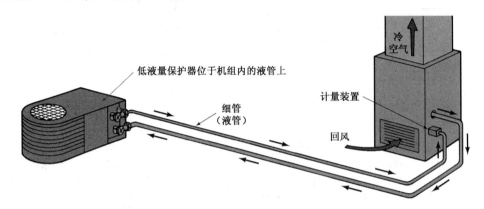

图 39.22　失液保护器安装于液管上,如果压力低至 5 psig,它就能停止压缩机运行

39.10　控制器组件的运行

所有的控制器均必须集中组装成一个工作组件。制造商出于竞争的需要,往往尽可能提供简单、有效的控制组件,以达到保护设备从而使其具有较长使用寿命的目的。图 39.23 为常用于家用空调设备上的典型电路。

图 39.24 对用于早期设备和目前新设备上的各种控制器做了汇总。由于有些制造商仍坚持采用老型号控制器,而且在一些老型号设备上仍有大量的老式控制器在使用,因此,技术人员应同时熟悉、掌握这两类控制器。

在一些新式、高效的空调设备中,设备控制的方式仍主要依赖于高效的控制组件。要实现大部分控制功能,制造商也习惯采用固态线路板。例如,可以很方便地将短周期运行定时器设置在电子线路内,见图 39.25。

39.11　电子控制器与空调设备

电子线路板可以检测高电压,而机电式控制器则很难具有此项功能。电力公司提供的电源电压有可能高于设备所要求的电压。例如,当系统额定电压为 230 伏时,设备有可能在此电压的 ±10% 的范围内运行。如果电压太低,电动机的实际工作电源就会大于正常电流值。此时,过载保护装置(或绕组温控器)则将关闭电动机;如果电动机在电压稍高的状态下运行,由于电机的实际电流将低于正常值,因此,此时过载保护装置不起任何作用。电子线路板配置有电压检测器,即使电流值较低,也可以在电压超过正常值的情况下及时停止压缩机运行。电子线路板也可以对低电压(称为失压)做出快速反应。它不仅可以检测电压,而且可以在过载保护器还需要一段时间加热并做出反应之前,停止压缩机运行。

每一家采用电子线路板的空调设备制造商都会提出一整套检查程序。切记,对于实际排故操作来说,我们通常都把电子线路板视为电子线路图上的一个单独的控制器,控制电路将信号输入线路板,又从线路板上输出信号。然而有时候,需要采用搭接线对线路板上的多个电路逐个进行检查,以确定电路板是否损坏。

采用搭接线对线路板进行排故之前,必须向制造商咨询,认真阅读机组的排故手册。也有一些制造商会详细说明应采用具有一定电阻值的导线或电阻器来替代搭接线,以避免线路板间的短路。许多制造商会对如何系统地检测线路板与排故给出详细说明。此外,许多新型线路板都有自检功能,并用发光二极管(LED)来显示各种故障代码或名称。

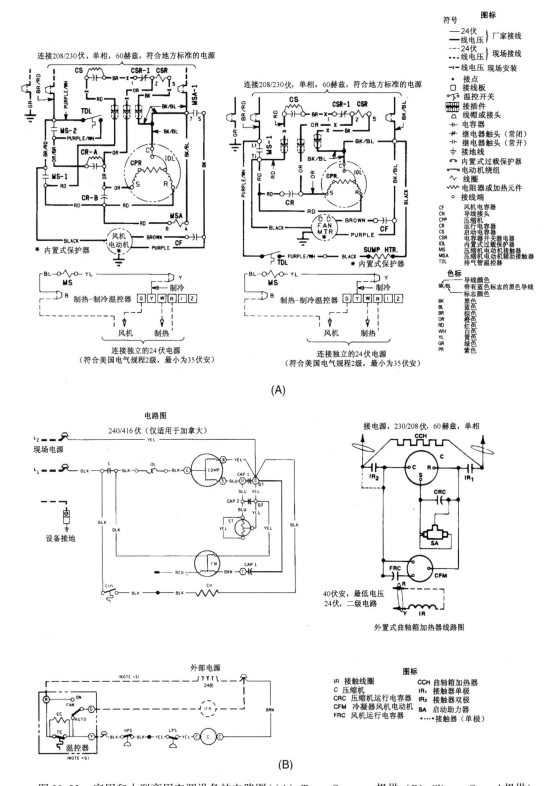

图 39.23　家用和小型商用空调设备的电路图((A):Trane Company 提供,(B):Climate Control 提供)

老设备	新设备
室内温控器	室内温控器
风机继电器	风机继电器
压缩机接触器	压缩机接触器
绕组温控器（可能有）	绕组温控器
运行电容器	运行电容器
内置式卸压阀（可能有）	内置式卸压阀
低压控制器	失液控制器
高压控制器	绕组控制器
短周期运行保护器	绕组控制器
过载保护器（一般为两个）	绕组控制器
曲轴箱加热器	过桥电容器

图 39.24 分别用于新、老式设备的各种控制器（Bill Johnson摄）

图 39.25 带有电压检测器和内置式定时器的固态电子线路板（Bill Johnson摄）

本章小结

1. 空调设备控制器可以正确地运行程序以控制各种系统构件的启动和停止运行，从而实现维持空调区域舒适温度的目的。
2. 受控制器控制的 3 个主要系统构件是：室内风机、压缩机和室外风机。
3. 出于安全目的，控制电路采用低压电源（24 伏）。
4. 低压电源来自位于冷凝机组或空气处理箱上的变压器。
5. 某些电子温控器采用热敏电阻作为传感元件，它具有白天、晚上温度回调等多种功能。
6. 现在，风冷式设备比水冷式设备应用更广泛。
7. 控制器有运行控制器和安全控制器两种。
8. 接触器和电子温控器等控制器一般均含有多个电路。
9. 压缩机过载保护装置用于防止压缩机出现运行电流过大和连续大负荷运行。
10. 电动机绕组温控器可以在压缩机电动机绕组温度太高时，自动停止压缩机运行。
11. 压缩机内置卸压阀可以在壳体内将高压蒸气从高压侧排向压缩机的低压侧，即通过将此高压、高温蒸气直接流向绕组温控器，并把这部分蒸气用做系统出现高压的信号。
12. 新式空调设备只有很少几个控制器和系统构件，常见的是单极接触器和运行电容器。
13. 有些空调设备上配置有电子线路板，这些线路板含有短周期运行保护以及低电压和高电压保护等功能。

复习题

1. 说出两种控制器的名称。
2. 有些控制器＿＿＿＿电能，而有些控制器＿＿＿＿电能。
3. 室内温控器是哪种类型的控制器。
4. 下列控制器可提供哪些保护？
   A. 高压控制器；   B. 低压控制器；   C. 绕组温控器；   D. 内置式卸压阀。
5. 有些机组上为何不能用双极接触器来替代单极接触器。
6. 家用空调设备中低压控制器的标准电压为
   A. 24 伏；   B. 48 伏；   C. 12 伏；   D. 16 伏。
7. 制造商对家用空调设备做了哪些改进？
8. 家用空调器中，由＿＿＿＿启动压缩机。
9. 家用空调器中，由哪个构件负责启动室内风机电动机？
   A. 风机继电器；   B. 热敏电阻；   C. 双金属元件；   D. 电动机启动器。
10. 家用空调器中，由哪个构件负责启动室外风机电动机？
   A. 风机继电器控制器；   B. 压缩机电动机接触器；
   C. 双金属元件；   D. 程序器。

第40章 常规运行工况

教学目标

学习完本章内容之后,读者应当能够:

1. 解释什么状态会改变蒸发器的压力和温度。
2. 定义蒸发器状态和环境空气影响冷凝器性能的方式。
3. 陈述蒸发器与系统其他各部件的相互关系。
4. 论述冷凝器与整个系统性能的相互关系。
5. 对高效空调系统与标准效率的空调设备进行比较。
6. 在处理不熟悉的空调设备时,为掌握其应有的标准工况,应如何建立参考状态。
7. 论述湿度影响空调设备吸气与排气的方式。
8. 解释制造商为提高空调设备效率常采用的3种方法。

安全检查清单

1. 技术人员为了解设备运行状态而需要检查设备时,必须遵守各项安全守则,特别是需要检测设备的电气、压力和温度等多项读数时更是如此,因为检测这些读数时,设备必须处于运行状态。
2. 为系统安装压力表时,必须佩戴手套和护目镜。
3. 认真阅读电气操作安全注意事项,始终保持谨慎、小心的工作态度,并充分运用已有的各种安全常识。

空调技术人员必须能够对机械和电气系统的状态做出判断,机械运行状态可以采用压力表和温度计予以确定和判断;电气系统运行状态可以采用电气仪器来确定。

40.1 机械运行状态

空调设备是依据一组设计工况,以在其额定容量和效率状态下运行为目标而设计的。此设计工况通常为:室外温度为 95 °F,室内温度为 80 °F,相对湿度为 50%。其额定容量需根据美国空调制冷研究所(ARI)相关标准确定。空调设备必须要有额定容量作为其应用的标准,而且设备的额定容量还可以使顾客在对各种空调设备进行比较时有一个共同的比较基准。ARI 目录手册上刊载的各种设备容量均以同样的工况条件进行标定。当一位评估员或一位顾客发现某台空调设备的标定容量为 3 冷吨时,在对应的工况条件下,此空调器就应有 3 冷吨,即 36 000 Btu/h 的容量。当工况条件不同时,设备的实际容量就会有所变化。例如,在 80 °F 和相对湿度为 50% 的环境下,大多数室内人员并不会感到很舒适,一般情况下,他们会将温度调整到 70 °F 左右,空调区域内的相对湿度接近 50%,此时的空调设备就不具有在 80 °F 时的容量值。如果想把设备改为 75 °F 和相对湿度为 50% 的状态下仍具有 3 冷吨的容量,那么可以认真阅读制造商提供的有关文件,对设备的各设定值做出修正。如果温度为 75 °F、相对湿度为 50% 的状态成为公认的运行状态,那么它也可以作为这种机组的设计工况。ARI 将流经冷凝器的空气温度设定为 95 °F,此时标准效率的新冷凝器一般可以在流经冷凝器的空气温度为 95 °F 的状态下,以 125 °F 左右的温度将制冷剂冷凝。但随着冷凝器使用时间的增长,室外盘管上往往会有大量的积尘,其效率就会下降,制冷剂就会在更高的温度状态下冷凝,此时,其温度可以轻而易举地达到 130 °F,这是在设备现场经常可以看到的数值。这种机组采用 125 °F 的冷凝温度,只有当设备在现场进行正确的维护后才能使冷凝器有效、高效地运行。事实上,很难在现场采用压力表和仪器发现负荷状态的变化。湿度的提高不会引起吸气压力和电流按比例上升,湿度提高所引起的最为明显的变化也许是积存在冷凝水排水装置中的冷凝水数量增加。

40.2 相对湿度与蒸发器负荷

室内相对湿度的提高对于蒸发器盘管来说是增加了很大一部分热负荷,当然也必须把它视为热负荷的一部分。当设备的实际运行状态与设计状态不符时,设备的容量也会随之变化,其压力和温度也同时发生变化。

40.3 负荷变化时系统各构件间的相互关系

如果室外温度从 90 °F 上升至 100 °F,那么设备就必须在更高的排气压力下运行,同时,设备也不会具有一成不变的容量。设备的容量既要随空调区域温度的上升或下降而变化,也要随湿度的变化而变化。因为系统各构件间存在关联,蒸发器吸收热量时,若某种因素使吸入系统的热量增加,那么系统压力就会上升。冷凝器用于排放热量,如果因某种原因使冷凝器无法将系统内的热量向外排放,那么系统压力也就会上升。压缩机泵送的是载热蒸气,不同压力和饱和状态下的蒸气(相对过热量而言)都含有不同数量的热量,也就会有不同的能量需求。

40.4　蒸发器的运行工况

当室内空气状态为 75℉,相对湿度为 50% 时,蒸发器的正常蒸发温度为 40℉。对于 R-22 来说,其对应的吸气压力约为 70 psig(对应于 40℉ 的实际压力为 68.5 psig,为讨论方便,我们将其圆整到 70 psig)。如果将 R-410A 用做制冷剂,那么对应于40℉ 的蒸发温度,其吸气压力应为 118 psig。此案例实际上就是一个设计工况,且具有稳定的负荷量。在此情况下,蒸发器中制冷剂的蒸发速度实际上与膨胀装置将制冷剂送入蒸发器的速度一样。例如,假设蒸发器上的回风温度为 75℉,相对湿度为50%,那么液态制冷剂几乎可以保持到盘管的尾端。此时,盘管的过热度为 10℉,这就是这种典型状态下所希望得到的盘管运行状态,见图 40.1。

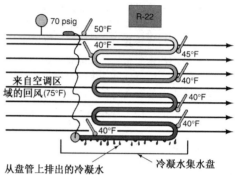

图 40.1　常规运行工况下的蒸发器。盘管内的制冷剂蒸发温度为40℉,R-22的对应压力为68.5 psig,一般将其圆整到70 psig。对于 R-410A,起对应压力则为 118 psig

之后,当阳光直接照射在房屋上时,室内的热负荷迅速增加,新的环境状态逐渐形成。图 40.2 中的蒸发器配置有一个固定孔径的计量装置,它只能向蒸发器送入一定数量的液态制冷剂。当室内的环境温度攀升至 77℉ 时,蒸发器内液态制冷剂的蒸发速度加快,见图 40.3。进而使吸气压力和过热度稍有上升,形成新的吸气压力(73 psig)和新的过热度(13℉),仍处于蒸发器常规运行工况的正常范围之内。如果室外温度稍高于设计温度,在此状态下,系统的实际容量会有所提高。如果因为室外温度达到 100℉ 而导致排气压力上升,那么其吸气压力就会高于 73 psig,这是因为排气压力会影响吸气压力的变化,见图 40.4。

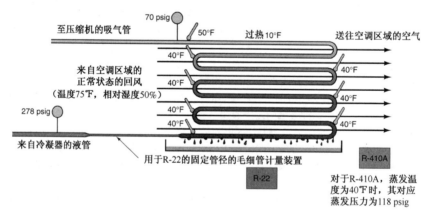

图 40.2　固定管径的计量装置不能像热力膨胀阀那样随环境温度的变化向蒸发器送入更多的制冷剂,其过热度仍为10℉

不同的运行工况会影响系统的运行压力和送往空调区域的空气温度。事实上,有多少种室内、室外温度和相对湿度值的变化就会有多少种不同的压力状态,这是一个很容易被混淆的概念,尤其对于新技术人员。但是,排故时维修技术人员可以利用其某些特定的、共同的工况条件。这是必不可少的操作方法,因为技术人员很少有机会接触到工况条件非常理想的空调设备。大多数情况下,技术人员往往是被动地接受维修对象的,系统或是已停止运行一段时间了,或较长时间内不能正常地运行,空调区域内的温度与湿度均高于正常值,见图 40.5。总之,空调区域内的温度上升是促使顾客来电报修的主要原因。

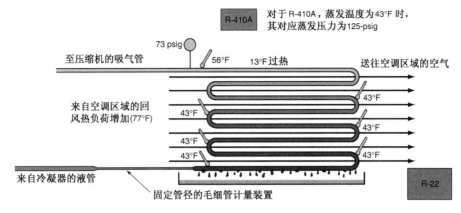

图 40.3　采用固定孔径计量装置的系统,负荷量增加会引起吸气压力上升

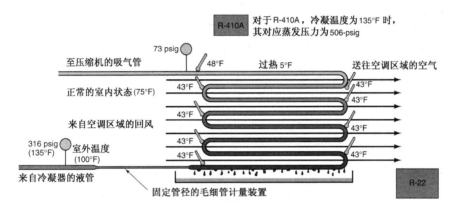

图 40.4　系统排气压力较高,排气压力上升会使流经固定管径计量装置
　　　　　的制冷剂流量增加,过热度下降。此系统的冷凝温度为135℉

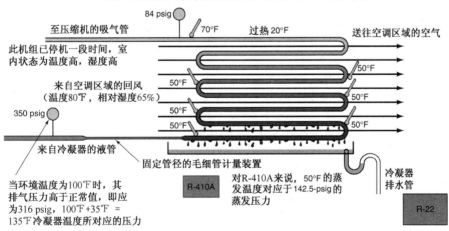

图 40.5　此系统已停机一段时间。空调区域内的温度和湿度均较
　　　　　高。注意,在盘管上有大量冷凝水形成并排入排水管

40.5　蒸发器负荷量较大而冷凝器温度较低的情况

空调区域内温度较高并不是引起系统压力和容量变化的唯一原因。如果室内温度较高,而室外温度低于正常值,就可能出现完全相反的情况,见图40.6。例如,上班之前,一对夫妻为省电而将空调机关闭,天黑之后返

回家中,将空调机打开,启动运行,此时就有可能出现室外温度为75℉,而室内温度依然为80℉的情况。这时,流经冷凝器的空气温度就会低于流过蒸发器的空气温度。蒸发器上还有较大的湿负荷。由于冷凝器在其初始段即可开始冷凝制冷剂,因此具有较高的冷凝效率,从而可以存储一定数量的制冷剂。这样就有较多的制冷剂滞留于冷凝器盘管内,使蒸发器出现稍有缺液的状态。此时,系统就不可能有足够的容量花数小时来冷却整个房间。冷凝器中含有较多制冷剂还可能在机组冷却房间之前,使蒸发器在低于冰点状态下运行,并出现冻结的情况,从而来满足温控器的要求。有些制造商采用由变频器控制的可变速风机或将冷凝器风机改为双速运行方式来避免出现这样的情况。风机由可调速的风机或单刀双掷温控器控制,当室外温度较高时使风机高速运行,而在温热温度下则低速运行。一般来说,当室外温度高于85℉且风机以高速状态运行时,系统的排气压力即可提高,蒸发器出现冷凝水冻结的可能性大大降低。

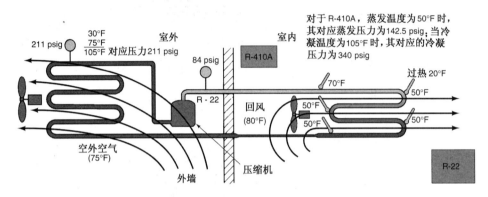

图 40.6　室外环境空气温度低于空调室内空气温度时的情况。当
回风温度下降时,其系统吸气压力和蒸发温度同时下降

40.6　空调设备的等级

　　各家制造商为使空调设备具有更高的效率,不断地改进各种空调设备的设计,也不断地有新品推向市场。如今的空调设备主要分为3个等级:经济级、标准级和高效级。有些企业能够生产所有3个等级的空调设备,并提供给供应商投放市场;有些制造商仅生产其中某一等级的设备,并因有人将他们的产品称为低级产品而愤愤不平。经济级和标准级的空调设备在效率上几乎相同,但他们所用的材质和外观装饰略有不同。高效级设备则具有非常高的运行效率,也拥有与众不同的运行特性,见图40.7。一般的冷凝器,其制冷剂的冷凝温度均高于环境温度约30℉~35℉。例如,当室外温度为95℉时,普通冷凝器的冷凝温度为125℉~130℉,对应这样的冷凝温度,压缩机的排气压力较高:对于R-22,约为278~297 psig;对于R-410A,则为446~475 psig。高效空调设备的排气压力则低得多,它一般通过采用较大的冷凝表面,或通过采用更为先进的合金材料,再加上更大的换热面,即翅片来获得较高的效率。其冷凝温度与室外环境温度之差可小于20℉,这就可以使排气压力大为降低。对于R-22,115℉,对应压力为243 psig,对于R-4109A,则为390 psig。由于压缩比较小,在此状态下,压缩机不需要耗用较多的电能,见图40.8。采用较大的冷凝器,压缩机的排气压力可以降低,功耗也大为减小。许多高效冷凝器大多都采用上述方式来控制压缩机的排气压力。

　　这里对冷凝器及其常规运行工况的讨论结果对空调系统在常规负荷下的运行也同样有效。但是,当蒸发器存在较大热负荷时,冷凝器与环境间的温差就会增大,其原因非常简单:蒸发吸收热量之后,冷凝器必须及时将这部分热量向环境排放,而且蒸发器吸收的热量越多,冷凝器需排放的热量也就越多,然而就固定大小的冷凝器和相对不变的室外环境温度来说,对于高效冷凝器/20℉的温差和对于标准冷凝器/30℉的温差都无法实现这样大的排热量。因此,冷凝器上就会积聚很大一部分的热量,使冷凝器温度不断提高。但是,正是因为冷凝温度的升高,环境与冷凝温度间的温差也逐渐增大,此温差就会使冷凝器与环境间的热交换量增加,冷凝器就有能力排放更多的蒸发器吸入的热量,但此时冷凝器是在更高的冷凝温度和更高的压缩比状态下排放更高温度的热负荷。

　　在蒸发器热负荷较低的情况下,上述讨论的结果也同样有效。但这种情况下,冷凝器就会因为热负荷降低,在自身与环境间较小的温差状态下运行。

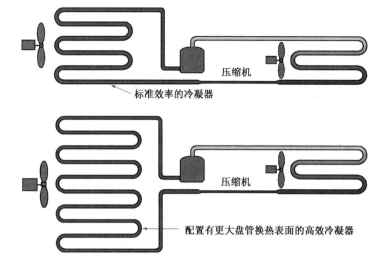

图 40.7 标准效率冷凝器和高效冷凝器。高效冷凝器配置有更大的换热面积,且采用不同的金属或合金材料制作

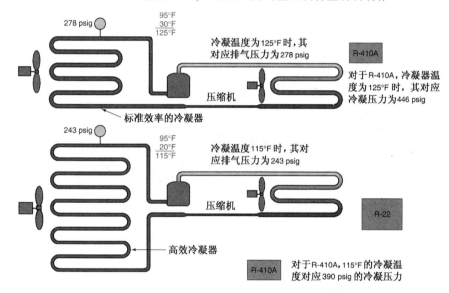

图 40.8 标准效率冷凝器与高效冷凝器

40.7 随机文件

技术人员需要知道在不同工况下,机组相应的工作压力。有些制造商为此随设备配有一组线图,来说明机组在不同工况下应有的吸气和排气压力,见图 40.9 和图 40.10。有些制造商也会以发行简报的形式刊出自己的各种设备,并配以正常的工作压力和温度值。还有些公司则将这些技术资料刊载在随机的安装操作手册中,见图 40.11。业主或用户均应持有这些小册子,它对技术人员来说是非常有用的。

制造商发布常规运行工况时,必须考虑 3 个方面的问题:

1. 室外盘管上的负荷量。此负荷量受室外温度和蒸发器上热负荷的影响。
2. 室内盘管上的显热负荷量。此负荷量受室内干球温度的影响。
3. 室内盘管上的潜热负荷量,此负荷量受室内相对湿度的影响。相对湿度可以通过测取室内空气的湿球温度来确定。

制造商可以要求技术人员记下这些温度值,并将这些状态点标注在图表上,以方便在现场确定设备的性能。

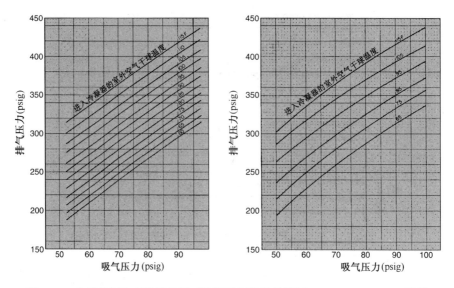

图 40.9 由某些制造商提供的用于检测机组性能的线图(Carrier Corporation 提供)

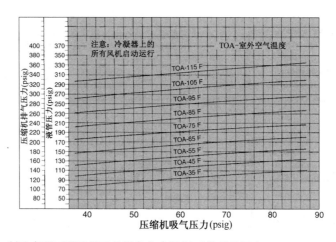

图 40.10 制造商用于说明某型号设备各参数相互关系的图表(Carrier Corporation 提供)

40.8 如何在不熟悉的设备上确定一个参考点

当技术人员到达现场后,发现无任何文件可参考,也无法获得相关资料时,应如何操作呢? 首先,应设法确定某些可知的状态并把它作为参考点。例如,此设备是标准机组还是高效机组? 这将有助于为上面提到的吸气和排气压力确定一个参考点。高效设备的体积往往比常规的普通机组要大,设备上一般也不标注为高效机组。技术人员需通过比较冷凝器的大小来确定排气压力。很明显,体积较大的冷凝器应是排气压力较低的机组。例如,3 冷吨的压缩机电源电压为 230 伏时,其满负荷电流(FLA)额定值应为 17 安培。压缩机的额定电流可以帮助你确定设备的额定容量,见图 40.12。尽管 3 冷吨高效设备的额定电流要小于同容量的标准机组,但这两个额定电流太接近,难以比较,无法据此确定设备的容量。如果此冷凝器相对于从其额定电流上确定为 3 冷吨来说还要大,那么此设备很可能就是高效机组,并且其排气压力也不会与标准机组一样高。

40.9 高效空调设备的计量装置

高效空调设备通常采用热力膨胀阀而不是固定管径的计量装置,这是因为采用热力膨胀阀可以获得较高的效率,而且,其蒸发器也比常规的要大。超规格的蒸发器一般均可使系统整体运行效率提高。但由于蒸发器通常封闭在箱体内或安装于风管内而不易看见,因此较难判断其规格大小。

制冷剂的充注

安全防范措施：为避免人体遭受伤害，操作制冷剂时，必须佩戴安全目镜和手套。不要过量充注，系统内充注过量制冷剂会引起压缩机溢流。

1. 检查充注量前，应使机组至少运行 15 分钟。
2. 可以在吸气阀检修端口安装压力表来检测吸气压力。
3. 可以在吸气阀附近的吸气管线上设置专用的温度计检测吸气管线温度。为获得精确的读数，应将温度计与环境隔离。
4. 用温度计检测室外盘管进口空气的干球温度。
5. 用手摇式干湿球温度计检测室内盘管进口空气的湿球温度。
6. 参考右表，找出进入室外盘管的空气温度和进入室内盘管的空气湿球温度，记下两线交点处的过热量。
7. 如果机组吸气管线温度高于图中标注的温度值，则应添加制冷剂，直至达到图示的温度值。
8. 如果机组吸气管线温度低于图中标注的温度值，则应排出少量制冷剂，直至达到图示的温度值。
9. 如果进入室外盘管的空气温度或吸气阀处的压力发生变化，则应添加制冷剂，直至吸气管温度达到图示温度值。
10. 此操作方式非常有效且有充分依据，与室内空气量无关。

空调系统的运行工况不可能事先全部考虑到，也无法预计，但记住以下几个基本概念是非常有用的。标准效率空设备和高效空调设备一般都会有这样的基本工况状态：

运行工况接近室内设计工况（标准效率的空调设备）

1. 吸气温度为 40 °F（对于 R-22，其对应压力为 70 psig；对于 R-410A，其对应压力为 118 psig），见图 40.13。
2. 排气压力应对应于环境温度以上 35 °F 范围以内的温度，即当室外温度为 95 °F 时（冷凝温度 95 °F + 35 °F = 130 °F），对于 R-22，对应压力为 297 psig；对于 R-410A，对应压力为 475 psig。常规工况下的冷凝温度应高于环境温度 30 °F，即 95 °F + 30 °F = 125 °F，见图 40.14。对于 R-22，其排气压力应为 278 psig；对于 R-410A，则为 446 psig。

室内温度高于正常值时的情况（标准效率的空调设备）

1. 吸气压力高于正常值。一般来说，制冷剂的

过热充液表
（进入吸气检修阀的过热量）

室外温度 (°F)	进入室内盘管的空气（°F，湿球温度）													
	50	52	54	56	58	60	62	64	66	68	70	72	74	76
55	9	12	14	17	20	23	26	29	32	35	37	40	42	45
60	7	10	12	15	18	21	24	27	30	33	35	38	40	43
65	—	6	10	13	16	19	21	24	27	30	33	36	38	41
70	—	—	7	10	13	16	19	21	24	27	30	33	36	39
75	—	—	—	6	9	12	15	18	21	24	28	31	34	37
80	—	—	—	—	5	8	12	15	18	21	25	28	31	35
85							8	11	15	19	22	26	30	33
90							5	9	13	16	20	24	27	31
95								6	10	14	18	22	25	29
100									8	12	15	20	23	27
105									5	9	13	17	22	26
110										6	11	15	20	25
115											8	14	18	23

图 40.11　由制造商提供的，刊于安装与操作手册上的图表（Carrier Corporation 提供）

交流电动机的满负荷电流近似值					
电动机	单相		三相鼠笼式感应电动机		
HP	115 V	230 V	230 V	460 V	575 V
$\frac{1}{6}$	4.4	2.2			
$\frac{1}{4}$	5.8	2.9			
$\frac{1}{3}$	7.2	3.6			
$\frac{1}{2}$	9.8	4.9	2	1.0	0.8
$\frac{3}{4}$	13.8	6.9	2.8	1.4	1.1
1	16	8	3.6	1.8	1.4
$1\frac{1}{2}$	20	10	5.2	2.6	2.1
2	24	12	6.8	3.4	2.7
3	34	17	9.6	4.8	3.9
5	56	28	15.2	7.6	6.1
$7\frac{1}{2}$			22	11.0	9.0
10			28	14.0	11.0

不包括罩极式电动机

图 40.12　不同规格的电动机在不同电压状态下的额定电流（BDP Company 提供）

蒸发温度要比进风温度低 35 °F 左右（可复习一下蒸发器蒸发温度与进风温度相互关系的有关内容）。如果运行工况正常，当回风温度为 75 °F 时，制冷剂的蒸发温度应为 40 °F，当然，其条件是室内湿度正常。但当因空调设备停机较长时间，空调区域内的温度高于正常值时，系统的回风温度就可能上升至 85 °F，其湿度也同时升高，然后其吸气温度也上升至 50 °F，对于 R-22，此压力从 84 psig 上升至 93 psig；对于 R-410A，

则从 142 psig 上升至 156 psig,见图 40.15。高于正常值的吸气压力很可能会引起排气压力的同时上升。

2. 排气压力受室外温度和吸气压力的影响,例如,在正常工况下,排气压力应对应于环境温度以上 30°F 范围之内某个温度。当吸气压力为 80 psig 时,其排气压力也相应上升,形成高于正常值 10°F 的新的冷凝温度,这就意味着当吸气压力较高时,其排气压力(对应 R-22)可达 317 psig(95°F + 30°F + 10°F = 135°F),对应 R-410A 则为 506 psig,见图 40.16。当空调区域内的温度和湿度在机组的作用下开始下降时,机组蒸发器内的压力也开始下降,蒸发器上的负荷量下降,排气也同时开始下降。

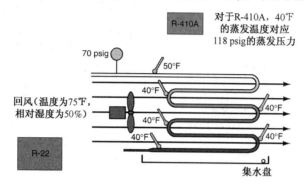

图 40.13   蒸发器的运行状态接近设计工况

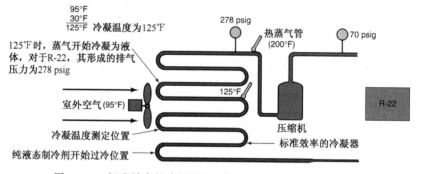

图 40.14   标准效率的冷凝器在 95°F 环境温度下运行时的状态

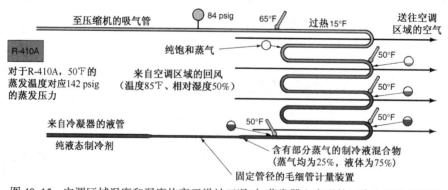

图 40.15   空调区域温度和湿度均高于设计工况时,蒸发器上出现的压力和温度状态值

运行工况接近室内设计工况(高效空调设备)

1. 由于高效空调设备的蒸发器较大,在某些情况下,高效空调设备的蒸发器也可能会在稍高的压力和温度状态下运行。在设计工况下,采用规格较大的蒸发器时,制冷剂的蒸发温度可达 45°F,其形成的吸气压力,对于 R-22 约为 76 psig,对于 R-410A 则为 130 psig,均在正常范围之内,见图 40.17。

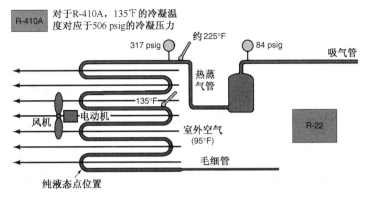

图 40.16 仅考虑室外环境空气时,冷凝器的运行状态处于设计工况范围之
内,但由于蒸发器有较大的负荷,高于设计工况,因此压力较高

2. 制冷剂可以在环境温度以上 20℉ 左右的温度下冷凝。对于 95℉ 的天气温度,采用 R-22 时,系统的排气
   压力可低至 243 psig;采用 R-410A,则低达 390 psig,见图 40.17。如果冷凝温度高于环境温度以上 30℉,
   就可以怀疑系统存在问题。例如,在 95℉ 的天气温度下,对于 R-22,系统的排气压力不应高于 277 psig;
   对于 R-410A,则不应高于 446 psig。

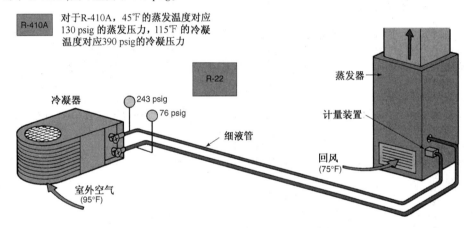

图 40.17 高效机组的运行状态蒸发器蒸发温度为 45℉,冷凝器冷凝温度为 115℉

设计工况以外的其他运行状态(高效空调设备)

1. 当机组停机足够长的时间,系统负荷逐渐形成之后,空调区域内的温度和湿度就会高于正常值。对于标
   准效率的机组,当回风温度为 75℉、相对湿度为 50% 左右时,制冷剂的蒸发温度应为 40℉,此时温差为
   35℉。由于高效蒸发器的规格较大,制冷剂可以在 30℉ 的温差条件下蒸发,即当空调区域温度为 85℉
   时,制冷剂的蒸发温度约为 55℉,见图 40.18。当然,实际蒸发温度与温差间的关系取决于制造商选定的
   结构形式和盘管换热面积。
2. 当负荷量增加时,高效冷凝器和蒸发器一样,也具有较高的运行压力。但由于高效冷凝器具有特大的换
   热面积,其排气压力不会像标准效率的冷凝器那样高。

当室外温度远低于设计工况时,高效机组的容量不可能达到其额定容量。前面的一个案例中,一家人上班
前关闭空调,下班回家后打开空调,这种使用方式对于高效机组来说,往往会出现较为恶劣的运行状态。采用大
规格的冷凝器时,在标准冷凝器上经常出现的夜晚空气温度较低时冷凝器效率过高的情况也就会更加明显。大
多数制造商为此常采用可调速或双速冷凝器风机,这样就可以在温热天气下采用较低的转速来补偿其温差。维
修技术人员要想在温热天气下检测高效机组的某个构件,往往会发现其排气压力较低,从而造成吸气压力也较
低。对于冷凝器和蒸发器,利用盘管 – 空气间的相互温差关系就可以确定正确的压力和温度值。

切记:

1. 蒸发器吸收热量,其吸热效果与工作压力和温度有关。
2. 冷凝器排热,其排热效果与蒸发器的负荷和室外环境温度有明确的对应关系。

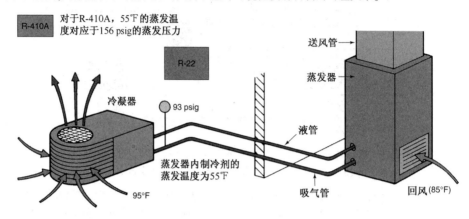

图40.18   高效机组中的蒸发器,其负荷高于设计工况

40.10   设备的额定效率

各家制造商都有一套标定设备额定效率的方法,从而可以使设计者和购买者方便地区分是高效机组,还是标准效率的机组。此额定效率通常称为 EER 值,EER 值表示能量效率比,也就是以输出量(Btu/h)除以为此投入的输入电能量(W)。例如,某机组的输出量为 36 000 Btu/h,输入电量为 4000 W,其能量效率比为:

$$\frac{36\ 000\ (Btu/h)}{4000\ (W)} = 9$$

EER 值越大,设备的效率也就越高。例如,假设有同样 36 000 Btu/h 的空调器仅需要 3600 W 的输入,则

$$\frac{36\ 000\ (Btu/h)}{3600\ (W)} = 10$$

如果顾客能够在能量消耗较小的情况下获得同样的容量,那么此机组就具有较高的效率。EER 值越大,机组的效率也越高。

EER 值是一个稳态比值,它与机组达到最高效率所需的时间无关。此运行时间是一个未知量,因为它不可能计算机组运行循环过程中的关机时间(满足温控器的要求)和风管内冷盘管上的剩余冷量。此时,冷盘管仍然会从周围环境中吸收热量,而不是从空调区域内吸收热量。尽管制冷剂的压力可以在冷盘管内获得平衡,但它仍必须在下一个运行过程开始时将这部分热量排出,这也就是运行初始时效率较低的部分原因。有些制造商常通过控制器使风机在系统运行刚结束时继续保持运转,以充分利用冷盘管上的热交换量,而室内风机也将在压缩机停机之后继续运行数分钟。这些延迟运行的操控均由控制风机运行的电子线路板来完成。

利用 EER 值来表示系统的效率并非十全十美,之后,又出现了根据不同季节来确定系统效率的方法,称为季节能量效率比(SEER)。此额定效率一般由评价机构对系统进行测试后予以确认。它包含了启动和停机的所有过程。政府也一直鼓励和推进空调设备的 SEER 值能够达到 13。事实上,SEER 为 13 的空调设备很可能会在不远的未来成为强制性要求。目前,额定效率 SEER 为 12 的空调设备已相当普遍,但这一等级的空调设备初期成本较高,不是每一个人都能做这种投资的,因此,较低效率的各式空调设备依然相当流行。善于投机的建房者往往倾向于安装价格低、效率也较低的空调设备,以便能将房间尽量推销出去。SEER 的评价机构为美国空调与制冷研究所,各家制造商的产品检测结果均通过 ARI 公报向外公布,制造商也会把这些测定值刊载在他们的产品样本上。常规的 SEER 标定值见图40.19。

型号	容量(Btu/h)	SEER
A	24 000	9.00
B	24 000	10.00
C	24 000	10.50
D	24 000	11.00
E	24 000	11.50
F	24 000	12.00

图40.19   SEER 的标定值

40.11   电气线路的常规运行状态

电气线路的运行状态通常采用电压、欧姆表和电流表予以测

定。经常需要做电气检测的 3 个耗电装置是:室内风机电动机、室外风机电动机和压缩机。控制电路被视为一种独立的功能元件。

检测电气线路运行状态首先应了解系统的电源状态。对于家用机组,其常规电源为 230 伏单相电源。小型商用设备基本上采用 208 伏或 230 伏的单相或三相电源。单相和三相电源都可以从三相电源中引出。空调设备的额定电压既可以是 208 伏,也可以是 230 伏,出现两种额定电压的原因在于,208 伏和 230 伏分别来自两家不同的电力公司。如果设备安装于一个大型商业设施内,那么有些小型商用设备还可能采用 460 伏的三相电源。例如,某办公楼内有一台独立于中央系统的 3 冷吨或 4 冷吨的空调机组,如果整个建筑物内均为 460 伏的三相电源,那么此小型机组也只能采用同样的电源。当 208/230 伏的空调设备用于商业场所时,其压缩机可以是三相电源,而风机则为单相电源。电力公司提供的不同相数的电源往往需要对压缩机的启动方式做出调整。单相压缩机需要启动助力装置(如正向温度系数装置)或启动继电器和启动电容。三相压缩机则不需要任何启动助力装置。

40.12 机组与电源的正确配置

任何空调系统的工作电压均必须在制造商的技术标准之内,即额定电压 ±10% 的范围之内。对于 208/230 伏的电动机,其容许的最低工作电压为 208×0.9=187.2 伏,其容许的最高工作电压应为 230×1.1=253 伏。注意,用于计算最低电压值的基数为 208 伏,用于计算最高电压值的基数为 230 伏,这是因为该设备可同时采用 208 伏和 230 伏的电源。如果某电动机的额定电压仅仅标注为 208 伏,或仅仅标注为 230 伏,那么只能用一个电压值(208 伏或 230 伏)来计算其最低、最高电压值。空调设备也可能会在其额定参数之外的某个状态启动运行,此时需要技术人员做出正确的判断。例如,如果测得电源电压为 180 伏,那么由于电动机启动时其电压值会随着电流的上升而进一步下降,所以此时不应启动电动机。如果电压表读数为 260 伏,由于电动机启动后,其电压值会有少量下降,因此可以启动电动机。只要电压值下降至正常范围之内,就应允许电动机运行。

40.13 在正常参数条件下启动空调设备

如果已知空调设备的额定电压并确定其最低和最高电压值,只要电压在许可的范围之内,那么就可以启动设备,并对 3 个电动机(室内风机电动机、室外风机电动机和压缩机电动机)进行测量,确定各自的电流值是否正确。

室内风机的作用在于建立空气压力,使空气能够通过风管、过滤器和送风格栅送往空调区域。根据相关法律,电动机的电压特性参数必须采用不能消除的方式印制在电动机机体上。很多情况下,虽然这些技术参数均印制在电动机上,但受电动机安装位置的限制,无法看见具体数值。有时候,电动机有可能安装在鼠笼式风机的内侧,如是是这样,确认电动机电流的唯一方式只能是拆下电动机。如果比较容易联系到供应商,也可以从供应商处了解到所需信息。如果从铭牌上无法获得电动机的电气参数,也可以从机组的铭牌上获得电动机的电气参数,但风机电动机也有可能为增大风机容量已被换上更大功率的电动机。

40.14 电动机参数无法获知的情况下如何寻找参照点

受电动机安装位置的限制,无法确定电动机电气特性时,只能做临时估算。我们知道,空调系统每冷吨冷量一般需要有 400 cfm 的空气流量,这一数据可以帮助我们通过将未知系统上的风机电动机电流与已知系统上的风机电动机电流进行比较,从而确定室内风机电动机的电流值。你需要了解的是系统的近似容量。同样,也可以通过将未知机组的压缩机电流值与已知机组的电流量进行比较的方法确定系统压缩机电流量。例如,3 冷吨机组的压缩机电流在 230 伏的电压下约为 17 安培,如果发现系统中检测的压缩机电流为 17 安培,那么就可以认定此系统的容量即为 3 冷吨左右。对于常规的风管系统,3 冷吨机组的室内风机电机应为 1/3 hp 左右。而 1/3 hp 永久分相电容式电动机的电流在电压为 230 伏的情况下应为 3.6 安培。如果此未知风机电动机的电流为 5 安培,即可怀疑其存在故障。

暖风炉中也可能安装有风机电动机。当然,如果空调是后来添置的话,那么此风机电动机很可能已被更新。在这种情况下,暖风炉的铭牌就无法给出正确的风机电动机数据。冷凝机组上也有表明冷凝器风机电动机参数的铭牌,此电动机的规格应与其实际负荷量非常接近,其电流值也应与铭牌上的额定电流非常接近。

40.15 压缩机运行电流的确定

由于压缩机制造商一般不会在压缩机铭牌上标注出所有的满负荷电流(RLA)额定值,因此,压缩机的实际电流值很难像风机电动机那样予以确定。由于压缩机规格不一,种类繁多,很难说清楚其正确的满负荷电流值。

例如,一般情况下,电动机的容量规格有 1 hp、1.5 hp、2 hp、3 hp 和 5 hp。尽管只有实际产能达到 36 000 Btu/h 才能称为 3 冷吨机组,但常常有额定产能为 34 000 Btu/h 的机组也称为 3 冷吨机组。不完全精确的稳定参数常称为"标称额定值",其数据常圆整至最相近的额定数据。常规的 3 冷吨空调机组应有 3 hp 的压缩机电动机,因此,标注容量为 34 000 Btu/h 机组也就不需要真有 3 hp 的电动机。由于没有标准马力的电动机可以与之匹配,因此只能采用 3 hp 的电动机。如果在压缩机上标注 3 hp 电动机的额定电流,那么由于电动机完全不可能在此电流状态下运行,因此可能会产生混淆。机组的铭牌应列出系统电气线路的各项技术参数,见图 40.20。注意,制造商一般都会将压缩机的额定工作电流值印制在机组铭牌上,实际运行过程中不应超出此额定值。

40.16　压缩机在满负荷电流状态下运行

压缩机在额定满负荷电流下运行的情况很少见。如果系统确在设计工况或稍高于设计工况的状态运行,那么压缩机就应该在满负荷状态附近运行。当机组在高于设计工况的状态下运行时,如在非常炎热的气温下,机组应自动停机时,压缩机应出现高于额定满负荷电流下运行的情况。然而,其他的情况却可以使压缩机避免出现过大的电流。压缩机泵送的是蒸气,其制冷剂蒸气很轻,会产生很大的压差,形成一个非常大的负荷量。

40.17　高电压、压缩机及其电流值

如果电动机在高于额定电压的状态下运行,那么它应该可以避免电动机出现过大的电流。一台额定电压为 208/230 伏的电动机必有以 208 伏对应电流和 230 伏对应电流为范围的对应电流值。因此,如果电压为 230 伏,即使在过载情况下,其电流也可能低于铭牌上标定的电流值。在大多数运行时间内,压缩机电动机配置功率都可能大于系统实际所需的功耗,只有当系

图 40.20　冷凝机组上的铭牌(Bill Johnson 摄)

统真正达到其最大实际容量时,才可能达到额定的功率容量。对于非常炎热的地区,系统设定的室外环境温度很可能为 105 ℉ 或 115 ℉,但当机组额定容量为 3 冷吨时,在更高的温度下,其实际容量就会大大降低。机组铭牌上的压缩机电流是指在容量不变的情况下机组最高的运行状态,即环境温度为 115 ℉。

40.18　双速压缩机及其电流值

有些空调设备制造商为取得更佳的季节能量效率比,也采用双速压缩机。这种压缩机采用一台能分别在二级和四级状态下运行的电动机。此电动机在四级状态下的转速为 1800 rpm,在二级状态下的转速为 3600 rpm,其控制线路能够在温热天气下自动将电动机转速降低至低端转速。

采用电子控制线路也可使电动机具有不同的转速。由于不需要停止压缩机运行,也不需要在室内温度回升至启动温度时重新启动压缩机,因此这种系统的效率可以有较大的提高。但是,这就意味着技术人员在确定非设计工况下各常规运行状态时,必须考虑更多的情况。同时,当设备在设计工况状态下运行时,应具有与高效机组相同的性能。

安全防范措施:_技术人员为掌握设备的运行状态需要检测机组时,必须遵守各项操作安全规定。技术人员在检测时,必须同时测定电气、压力和温度读数,而且常常必须在机组运行过程中予以测定。_

本章小结

1. 使系统负荷量发生变化的室内状态参数是室内温度和湿度。
2. 排气压力上升时,系统容量就会下降。
3. 高效机组常采用较大或超规格的蒸发器,在常规运行状态下,制冷剂蒸发温度约为 45 ℉,其与回风的温差为 30 ℉。
4. 高效机组的排气压力低于标准效率机组的排气压力,其主要原因在于其冷凝器较大。此外,其冷凝器温度与室外环境温度关系也不同,一般为 20 ℉ ~ 25 ℉。
5. 技术人员对系统电气故障进行排故时,首先需要了解机组的工作电压。

6. 设备制造商均要求电源电压在设备额定电压的 ±10% 的范围之内。

7. 设备铭牌上均印有压缩机满负荷电流值,实际工作电流不能大于此满负荷电流值。

8. 有些制造商现还采用双速电动机和可变速电动机来改变容量。

复习题

1. 美国空调和制冷研究所(ARI)制定的空调系统标准设计工况是:室外温度为_____℉、室内温度为_____℉、室内相对湿度为_____%。

2. 标准效率风冷式冷凝器与环境温度间的温差关系是:
   A. 50℉;　　　　　　B. 40℉;　　　　　　C. 30℉;　　　　　　D. 20℉。

3. 当蒸发器在室内空气温度为 75℉、相对湿度为 50% 的状态下运行时,其正常的蒸发温度应为_____℉。
   A. 40;　　　　　　　B. 50;　　　　　　　C. 60;　　　　　　　D. 70。

4. 高效冷凝器与环境温度间的常规温差为:
   A. 10℉;　　　　　　B. 20℉;　　　　　　C. 30℉;　　　　　　D. 40℉。

5. 冷凝器怎样获得较高的效率?

6. 高效空调系统常采用_____,而不用固定孔径的计量装置。

7. 如果吸气压力上升,那么排气压力有何反应?

8. 引起吸气压力上升的原因是什么?

9. 在某些情况下,由于蒸发器的规格较大,蒸发器设计温度往往会使高效机组产生稍_____(高或低)的压力和温度。

10. 季节能量效率比(SEER)中计入了_____和_____循环过程所消耗的能量。

11. 电气线路的运行状态可采用_____和_____予以检测。

12. 空调系统中 3 个主要耗电装置是_____、_____和_____。

13. 空调系统每冷吨容量送风量一般为_____cfm。

14. 工作电压为 230 伏时,3 冷吨空调系统中的压缩机电流值约为_____安培。

15. 由于运行状态有所不同,空调系统中各构件的许多额定值并不完全精确,这些额定值常称为_____。
    A. 标称值;　　　　　B. 季节能量效率比;　　　C. 高效率值;　　　　D. 标准效率值。

第41章 空调系统的排故

教学目标

学习完本章内容之后,读者应当能够:

1. 选用正确的测试装置检测空调机组的机械故障。
2. 计算标准效率和高效空调机组在各种运行工况下的吸气压力。
3. 计算标准效率机组在各种环境状态下的排气压力。
4. 选用正确的测试仪器检测空调机组的电气故障。
5. 检查线电压和低电压电源故障。
6. 对空调机组的常见电气故障进行维修。
7. 采用欧姆表对空调机组电气系统中的各构件进行检测。

安全检查清单

1. 装卸压力表时应特别小心,逸出的制冷剂很可能伤及人的皮肤和眼睛,必须佩戴手套和护目镜。在高压侧安装压力表时,如有可能,应关闭整个系统。大多数空调系统在停机后均能使高低压侧平衡。
2. ☆将制冷剂从钢瓶充入系统或从系统回收制冷剂时,必须佩戴手套和护目镜。不得随意取用一个钢瓶来回收制冷剂,必须选用经美国交通部认定的钢瓶或钢罐来存放回收的制冷剂。☆
3. 在压缩机排气管附近操作时要小心,其温度可高达220℉。
4. 对电气系统进行排故时,必须遵守各项安全操作守则。一般情况下,测取电流、电压读数时,必须使电流处于连接状态。此时,只能用绝缘表棒上的顶端搭接火线端,绝不能将螺丝批或其他工具置于带电接线端附近。不得使用任何工具在带电配电板上进行操作。
5. 对系统进行检修时,只要可以切断电源,就必须切断之。电闸配电板应上锁并仅保存一把钥匙,放在自己身上。
6. 做电气检测时,千万不要站在有水的地方。
7. 用欧姆表检测前,应采用20 000欧姆的电阻器将电容器的连接端短路。
8. 学生和初学者应在有经验人员的监控之下完成排故操作。

41.1 空调机组的排故

空调机组的排故就是依据出现的各种症状,对机械系统和电气系统故障进行维修。例如,如果蒸发器风机电动机的电容器出现故障,电动机的转速就会下降,此时温度即开始上升,等到其温度上升到足够高时,内置过载保护器即停止电动机运行。而在电动机转速下降的过程中,系统的吸气压力也同时下降,并表现出流量不足或制冷剂充注不足的症状。如果技术人员仅仅依据吸气压力读数诊断故障,往往会做出错误的判断。

41.2 机械故障的排除

排除机械故障时,主要采用压力表和温度检测仪器。常用的压力表为图41.1所示的压力表歧管。表歧管的左面为吸气端,即低压侧压力表;右侧为排气端,即高压侧压力表。空调系统中最常用的制冷剂是R-22。用于确定系统低压侧和高压侧饱和温度的R-22压力表一般都印有R-22的温度对应刻度。由于这种压力表也常常用于制冷测定,因此在大多数这种压力表上均印制R-12和R-502的刻度值,见图41.2(A)。除了老式的空调机组仍采用R-12外,现在的家用空调机组上一般都不采用R-12,也不需要用到R-12的刻度值。☆小汽车上的空调从1992年起即普遍采用R-134a。☆ 老式的小汽车一般都采用R-12。

许多新式压力表的适用面更广,在其表面上一般也不印制对应的温度值,只有明确针对某种制冷剂,在其表面上才印制对应的温度关系,见图41.2(B)。

图41.1 左侧为低压侧压力表,右侧为高压侧压力表(Bill Johnson摄)

许多制造商现多采用 R-410A 作为制冷剂，这种制冷剂具有比 R-22 高得多的工作压力。这两种表歧管的表端口大小相同，均为 1/4 英寸，均可连接于 R-410A 表歧管。但按 R-22 标定的压力表连接 R-410A 系统时，会出现压力过大的情况。即如果将 R-22 的压力表用于 R-410A 系统，其压力表指针始终处于最高点位置。任何压力表，在其刻度范围的中段位置上的精度最高。因此，技术人员应首先确认系统采用何种制冷剂，并针对正确的制冷剂采用相应的压力表歧管。

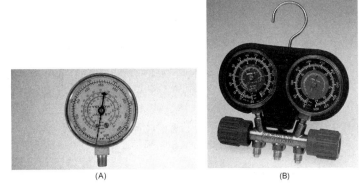

图 41.2　（A）许多表上都设有 R-12、R-22 和 R-502 等常用制冷剂对应温度刻度值；
　　　　　（B）其他通用表则不印制温度对应值，或只有针对某种制冷剂的温度对应
　　　　　值（（A）Bill Johnson 摄；（B）Robinair Division，SPX Corporation 提供）

41.3　表歧管的使用

表歧管可以测取机组运行过程中低压侧和高压侧的压力，进而可以根据压力和温度对应关系将这些压力值转换为制冷剂蒸发和冷凝时对应的饱和温度。低压侧压力可转换为制冷剂的蒸发温度，如果某系统的蒸发温度为 40 ℉左右，那么对于 R-22，其转换后的对应压力为 70 psig；对于 R-410A，则为 118 psig，此时蒸发器的过热度约为 10 ℉。由于蒸发器上一般不设置压力表连接端口，因此很难检测到蒸发器上的吸气压力，技术人员只能在冷凝机组的吸气管处测取压力和温度读数来确定系统的运行性能。本章后半部分将讨论冷凝机组上过热度检测的基本方法。如果 R-22 系统的吸气压力为 48 psig，则说明制冷剂的蒸发温度为 24 ℉左右，此温度足以使蒸发器盘管上的冷凝水冻结，而且对于蒸发器的持续运行，此温度也太低。导致蒸发温度偏低的原因很可能是由于制冷剂充注量不足或气流流动受阻，见图 41.3。

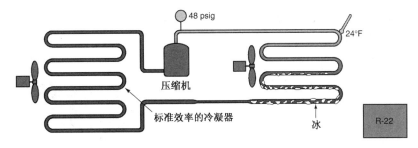

图 41.3　盘管的运行温度低于冰点，最终使盘管上的冷凝水冻结

安全防范措施： 安装表歧管时，必须特别小心。高压制冷剂会伤及人体皮肤和眼睛，因此必须佩戴手套和护目镜。要减少由高压表带来的危险，可以在操作前停止系统的运行，使高、低压侧的压力相互平衡。由于液态 R-22 制冷剂在大气压力下的蒸发温度低达 –42 ℉，R-410A 的蒸发温度则为 –60 ℉，因此可以导致人体严重冻伤。

高压侧的压力读数可以转换为冷凝温度。例如，如果 R-22 系统高压侧的压力表读数为 278 psig，室外环境温度为 80 ℉，那么其排气压力就似乎有点偏高了。表歧管图可以显示制冷剂的冷凝温度为 125 ℉，但制冷剂不应在高于环境温度 30 ℉以上的温度下冷凝，其冷凝温度应为环境温度 80 ℉ + 30 ℉ =110 ℉，此冷凝温度实际上整整高了 15 ℉，其可能的原因是：冷凝器严重积尘、制冷剂充注过量或系统内存在较多的不凝气体。

需要了解压力值时都可以采用表歧管进行检测。空调设备上有两种类型的压力表接口：单向气阀和检修

阀,见图41.4。单向气阀只是一个压力表的接口,而检修阀则可以隔离系统进行维修,也有既可作为压力表接口的单向气阀,也可隔离系统的检修阀,见图41.5。

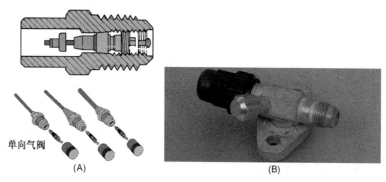

单向气阀

(A)

(B)

图41.4　在新式空调设备测取压力读数时经常见到的两种阀:(A)单向气阀;(B)检修阀((A)JB Industries 提供,(B)Bill Johnson 摄)

41.4　连接压力表时的注意事项

图41.5　此检修阀中含有一个单向气阀,可以替代制冷检修阀中的后位阀座(Bill Johnson摄)

　　检修小系统时,技术人员不要每次都连接表歧管,这是因为每次连接压力表时总会有少量制冷剂逃逸;而有些家用和小型商用系统本身的制冷剂充注量一般都为其临界量。将压力表连接于高压管线上时,高压制冷剂还会在压力表的连接管上冷凝,而将压力表从单向气阀接口处拆下时,又会有少量制冷剂逃逸,而且,检测压力时损失的制冷剂往往都是存留于压力表连接管中的纯液态制冷剂,这部分损失足以影响整个系统的制冷剂充注量。在高压侧采用较短的连接管可有助于防止制冷剂的损失,见图41.6。当然,这种短接管只能用于检测压力,而不能用它来为系统向外转移制冷剂,因为它不是歧管。

　　将表歧管连接于单向气阀检修端口的另一种方法是采用手动阀,此手动阀设有一个可压下单向气阀中阀杆的阻尼器,见图41.7。它可以用于从系统上拆下压力表时防止制冷剂泄漏,其操作步骤是:1)转动阀出口端的阀杆,使单向气阀关闭;2)确认气塞处于表歧管的中心位置;3)打开表歧管阀口。这样就可以使压力表连接管内的压力与系统的低压侧趋于平衡,液态制冷剂从高压侧压力表连接管流入系统的低压侧,在此三根压力表连接管中损失的制冷剂仅仅是很少量的制冷剂蒸气。系统运行过程中,这部分蒸气的压力仅为吸气压力,对于R-22约为70 psig。注意,此项操作必须采用清洁和吹洗干净的表歧管,见图41.8。

图41.6　此短接头用在高压侧压力表接口处可防止较多的制冷剂在压力表的连接管内冷凝(Bill Johnson摄)

图41.7　手动阀可用于压下单向气阀的阀杆来控制压力。它可用来将阀杆退出(Bill Johnson 摄)

41.5　低压侧压力表读数

　　在系统低压侧安装表歧管可以将实际蒸发压力与正常蒸发压力进行比较,进而证实制冷剂是否在一定的负荷状态下对应于系统的低压侧具有正确的蒸发温度。高效率系统通常采用超规格的蒸发器,这就可以使吸气压力稍高于正常值。在回风温度为75℉、相对湿度为50%的标准运行状态下,标准效率系统的制冷剂蒸发温度约高于进入蒸发器的空气温度35℉左右。

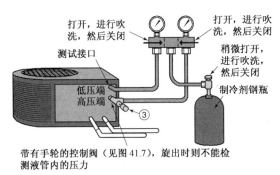

①将连接管固定在单向气阀之前，应利用制冷剂钢瓶内的蒸气吹洗制冷剂管，将各种杂质吹出各连接管。

②将制冷剂钢瓶关闭，并将歧管阀关闭。

③将管接头固定在单向气阀接口处，如有需要即可获得压力表读数，将控制阀手轮旋入，顶住压力表接口，就可获得高压侧接口处的压力表读数。
室温下的制冷剂蒸气 ▧

(A)

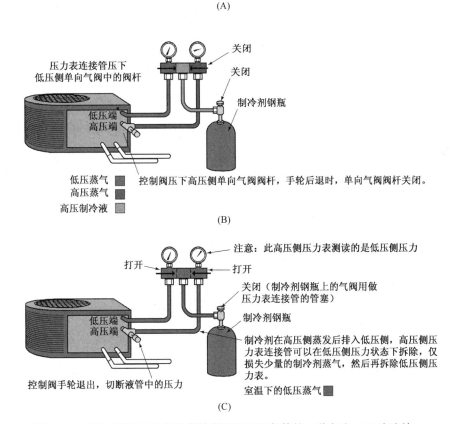

(B)

(C)

图 41.8 将高压管线上冷凝的制冷剂泵送至吸气管的一种方法：(A)吹洗歧管；(B)测取读数；(C)从高压侧压力表连接管排除液态制冷剂

如果室内温度为 85 ℉，相对湿度为 70%，那么蒸发器就会有一个较大的负荷，即蒸发器必须同时从空气的水蒸气中吸收显热和潜热构成的过量热负荷。在确定设备能否正常运行之前，必须等待足够长的时间，使系统负荷逐渐降低。此时的表压力读数无法给出系统运行性能的任何信息，除非有制造商的性能测试图可针对各种情况做出比较。

检查故障时，启动机组是一种比较好的办法。机组启动后，如果未出现任何问题，那么在对系统性能做出正确评估之前，可以让机组一直运行至次日。可以发现：有多于正常数量的冷凝水从冷凝水排水管中排出，在实际空气温度开始明显下降之前，必须将以冷凝水方式存在的水蒸气含量全部排除。

41.6 高压侧压力表读数

我们可以利用系统高压侧上得到的压力表读数来检测制冷剂冷凝温度与环境空气温度间的相互联系。标准效率空调机组的冷凝温度一般在环境温度以上 30 ℉ 的范围之内。如果环境温度为 95 ℉，其排气压力应为

95℉+30℉=125℉所对应的压力。对于R-22,其对应的排气压力为278 psig;对于R-12为169 psig;对于R-410A,则为445 psig。如果排气压力对应的冷凝温度高于125℉,那么系统一定存在问题。

检测冷凝器的空气温度时,必须保证是真实温度,千万不要将天气报告中的气温当做空调机组的环境温度。安装于黑色屋面的空调都会受到来自阳光直射下的横向气流影响,见图41.9,如果冷凝器的安装位置靠近某个障碍物,如阳台下方,那么这部分空气就会反复流过冷凝器,导致系统排气压力高于正常值,见图41.10。

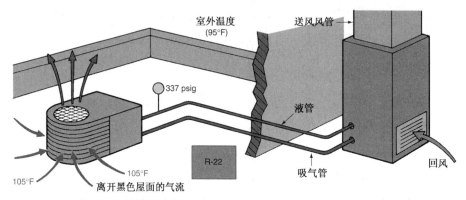

图41.9　位于屋面低端的冷凝器,离开屋面的热空气很容易被冷凝器吸入冷凝器。
最佳的安装方法是将冷凝器抬升20英寸,这样至少可以使这部分空气与
环境空气混合。当环境空气为95℉时,离开屋顶的空气温度至少为105℉

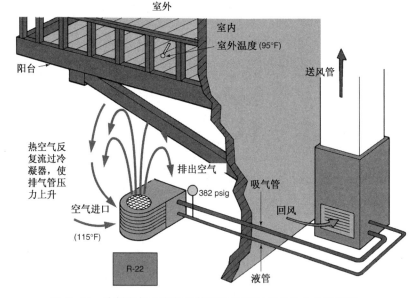

图41.10　冷凝器如此安装会使得排出空气排向前方的障碍物

除了冷凝器压力和冷凝温度较低之外,高效冷凝器具有与标准效率冷凝器同样的功能。高效冷凝器的冷凝温度一般在环境温度以上20℉的范围内。在95℉的气候温度下,其排气压力所对应的温度为95℉+20℉=115℉,对于R-22,其对应压力为243 psig;对于R-410A,其对应压力为390 psig。

41.7　温度读数

温度读数也是非常有用的。电子温度计是一种性能非常好的温度值直接读出仪器,见图41.11。它配置有很小的探头,能对温度变化迅速做出反应。其探头可以很方便地用绝热胶带固定在制冷管线上,并用一小段泡沫橡胶管套使其与环境温度隔绝,见图41.12。

如果环境与管线间存在温差,那么重要的是应将其探头环境隔离。这种温度计相对于过去常用的玻璃管温

度计来说,不仅精度高,而且使用也更方便。过去,要想将一根玻璃管温度计捆扎在铜管线从而获得正确的温度读数,则几乎是不可能的,见图41.13。

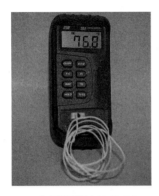

图41.11 电子温度计(Bill Johnson 摄)

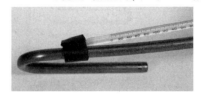

图41.12 温度计探头需以正确的方式固定于制冷剂管线上,还必须保证与环境空气相隔离(Bill Johnson摄)

图41.13 将玻璃管温度计捆扎在制冷剂管线上(Bill Johnson 摄)

不同机组对应位置上的温度均不相同。技术人员必须准备好,精确地记录下这些温度值,这样才能对各种不同类型的设备做出正确的判断。有些技术人员还记录下各种机组在不同工况下的温度读数,以便于未来参考,其中常用的温度值是进口空气的干、湿球温度,室外空气的干球温度,以及吸气管温度。有时候,还需要知道压缩机的排气温度。在所有这些温度测试中,一般都采用温度范围为 $-50\,℉ \sim +50\,℉$ 的温度计。

蒸发器的进口空气温度

要对系统做出一个完整的分析,就必须知道蒸发器的进口温度。同样,要确定湿度,就必须知道湿球温度读数。湿球温度可以通过将其中的一个探头用棉花包裹后,用纯水予以饱和的方法来测定。将干球温度探头与湿球温度探头一起放入回风气流中,即可得出湿球温度和干球温度读数,见图41.14。回风气流的流速足以使纯水充分蒸发,从而获得比较精确的湿球温度读数。

图41.14 在电子温度计的探头上裹上湿润的棉线即可转换为湿球温度探头

蒸发器的出口空气温度

蒸发器的出口空气温度一般不予测定,但如有需要,也能以测定进口温度的同样方法来测定。蒸发器出口空气的干球温度一般低于进口空气温度 $20\,℉$ 左右,即当蒸发器的运行环境为 $75\,℉$、相对湿度为50%的常规状态时,蒸发器盘管的进/出口空气温差为 $20\,℉$ 左右。如果空调区域的温度较高且相对湿度也较高,那么受空气中水汽潜热热负荷的影响,空气流过同样盘管所产生的温降也就要小得多。

如果要测定湿球温度,在标准运行工况状态下,蒸发器进/出口间的湿球温度差约为 $10\,℉$ 左右。出口处空气的相对湿度几乎达到90%,这部分空气与室内空气混合后就会迅速膨胀,并趋于室内空气所具有的温度,其湿度也迅速下降。由于这部分空气在冷却过程中温度下降,体积有较大的缩小,因此其相对湿度很高。

安全防范措施:测取空气温度时,千万不要使温度计探头碰到运转中的风机。

吸气管温度

测定返回至压缩机的吸气管温度和吸气压力会有助于技术人员了解与掌握吸入蒸气的状态参数。如果回风过滤器堵塞或蒸发器盘管严重积灰,吸入蒸气中就会含有少量的液态制冷剂,见图41.15。如果机组的制冷剂充注量不足、或是制冷剂流动受阻,存在节流情况,那么吸入蒸气就会有较高的过热,见图41.16。同时测定吸气管的温度与压力可以帮助技术人员确定到底是系统的制冷剂充注量不足,还是空气处理箱中的过滤器堵塞妨碍了空气的流动。例如,如果吸气压力太低且吸气管处于温热状态,就说明系统中的蒸发器处于缺液状态,见图41.17。如果吸气管温度较低,其压力值又表明制冷剂是在较低的温度下蒸发,就说明蒸发器盘管未能正常地吸收热量,不是盘管严重积尘,就是盘管上没有足够的空气流量,见图41.18。由于蒸发器内必须充满了制冷剂才能有可能使制冷剂进入吸气管,因此,吸气管温度较低,就能说明整个机组有足够的制冷剂充注量,见图41.19。

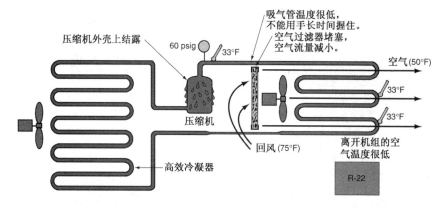

图 41.15 制冷剂逸出的蒸发器

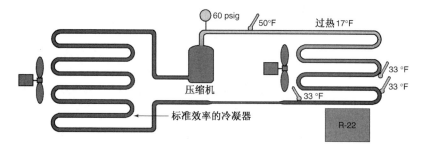

图 41.16 由于制冷剂充注量不足,蒸发器就会缺少制冷剂

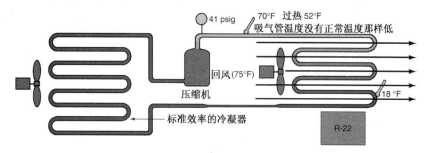

图 41.17 如果吸气压力过低,吸气管温度也没有正常温度那样低,那么一定是蒸发器缺少制冷剂,很可能是机组制冷剂充注量不足所致

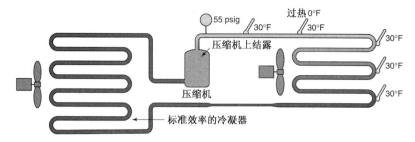

图 41.18 当吸气压力过低,过热度较小时,蒸发器的制冷剂就不能充分地蒸发,盘管内充满了制冷剂

排气管温度

排气管温度的高低可以使技术人员了解压缩机内是否存在故障。如果压缩机内存在制冷剂从高压侧向低压侧的内漏,那么其排气温度就必然上升,见图 41.20。对于空调设备来说,即使在非常炎热的气候温度下,压

缩机排气温度一般都不会超过 220℉。如果发现排气温度很高,那么很可能是压缩机内存在内漏。技术人员可以通过将排气压力提高到 300 psig(R-22)、然后关闭机组的方法予以证实。如果存在内漏,那么高压侧与低压侧之间的压差就会通过压缩机逐渐取得平衡,此时一般可以听到压缩机内发出的啸声。如果压缩机壳体处的吸气管温度迅速上升,那么压缩机的排气管就会有热量排出。

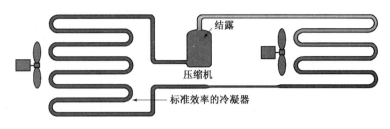

图 41.19 蒸发器内充满了制冷剂

排气温度过高也可能是由高压缩比所产生的。高压缩比很可能是由吸气压力过低,冷凝压力过高,或两者的共同作用所形成的。吸气管上的过热度太大也会引起排气温度过高,这往往是系统制冷剂充注量不足、过滤干燥器堵塞或计量装置使系统出现缺液所造成的。**安全防范措施**:正常情况下,压缩机排气管上的温度可高达 220℉,因此,在排气管上安装温度计探头时必须特别小心。

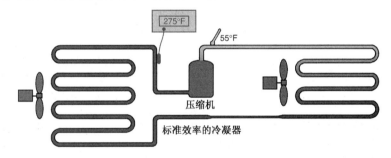

图 41.20 将温度计固定于压缩机的排气管侧,如果此压缩机存在内漏,那么温度较高的排出蒸气就会经压缩机返流,排出蒸气的温度出现不正常,当压缩机内吸入蒸气冷却时,较高的过热度就会使压缩机排出蒸气的温度更高

液管温度

液管温度可用来检测冷凝器的过冷效率。大多数冷凝器均可以使制冷剂在制冷剂冷凝温度以下过冷 10℉~20℉。如果在 95℉的气温下制冷剂的冷凝温度为 125℉,那么当系统运行正常时,离开冷凝器的液管温度应为 105℉~115℉。如果系统的制冷剂充注量稍有不足,那么就不会有如此大的过热度,也就不会有如此高的系统效率。冷凝器有 3 项功能:1)为排出蒸气消除过热;2)将制冷剂冷凝成液体;3)将制冷剂过冷至冷凝温度以下。冷凝器要达到其额定容量,就必须按既定设计要求实现所有这 3 项功能。

对于新入行的技术人员来说,最好的办法是花些时间全面地检验一下处于正常运行状态下运行的空调机组,在各测点处安装温度计探头和压力表来实际验证以下各项读数,这样就可以在记忆中建立起多个参考点的状态参数。

41.8 现场充注制冷剂的方法

在确定现场充注方法时,技术人员应记住此设备设计者的设计意图及其应有的功能与性能。制冷剂充注量涉及蒸发器、液管、压缩机与冷凝器间的排气管线,以及吸气管线内应含有的正确数量的制冷剂。由于排气管和吸气管内的制冷剂均处于蒸气状态,因此它们都不含有像液管内那样多的制冷剂。事实上,液管线是唯一存有较多制冷剂的连接管线。当系统在设计工况下正常运行时,冷凝器、蒸发器和液管内都应有一定量的制冷剂。

理解与掌握下述概念对于现场的技术人员来说是十分重要的:

1. 蒸发器内的制冷剂数量可以通过过热量方式予以检验。

2. 冷凝器内的制冷剂数量可以通过过冷量方式予以检验。

3. 液管内的制冷剂数量可以通过计量液管长度并计算其制冷剂充注量的方法予以确定。然后,在现场操作中,如果蒸发器运行正常,就说明液管内含有正确数量的制冷剂量。

理解了这些概念之后,技术人员即可检查系统内制冷剂的实际充注量,从而确定充注量是否正确。

上述方法可用于大多数常规系统制冷剂量的检验。技术人员有时候需要有些参考状态点为无任何充注量说明的空调机组添加少量制冷剂蒸气来调试设备内的制冷剂量。切记:如果机组内的制冷剂为非共沸的混合液,充注蒸气时出现分馏,那么就必须将制冷剂在系统的低压侧以液体方式注入,以防分馏。

技术人员到达现场后,往往会发现系统充注量需要调整,这是因为生产厂家或之前的技术人员的操作都可能会出现制冷剂充注量不足或充注量过多的情况,当然也可能是由系统泄漏引起的。系统如果存在泄漏,应及时维修,以避免更多的制冷剂进入环境大气中。对于各种类型的空调机组,技术人员应首先确定现场采用的充注方法,这些方法有助于在紧急状态下使系统恢复正常。以下介绍一些用于不同类型机组的方法。

采用固定口径计量装置——毛细管和固定孔板的系统

毛细管这样的固定口径计量装置不可能像热力膨胀阀(TXV)那样对制冷剂进行节流,制冷剂只能依据进出口端的压力差流动。对系统制冷剂量是否正确进行检测时,如果在回风温度为 75 ℉、相对湿度为 50%、室外环境空气温度为 95 ℉ 的常规运行状态下系统各项读数均正常,那么出现其他工况时,其压力和过热度就会发生变化。对各项读数影响最大的状态参数是室外环境温度。当室外环境温度低于正常值时,冷凝器的工作效率大幅提高,冷凝器盘管内的制冷剂迅速冷凝,这将在一定程度上引起蒸发器缺液,导致应当存留于蒸发器中的制冷剂大多滞留在冷凝器中,使蒸发器出现缺液症状。

当需要检查制冷剂充注量或向系统添加制冷剂时,最好的办法是根据制造商提供的说明书进行操作。如果一时无法获得说明书,那么可以通过减少冷凝器的空气流量、使排气压力上升的方法来模拟常规运行状态。在 95 ℉ 的气温下,对于 R-22 来说,冷凝器最高排气压力一般为 278 psig(95 ℉ 的环境温度 + 30 ℉ 的环境与冷凝温度的温差 = 125 ℉ 的冷凝温度,其对应压力为 278 psig),对于 R-410A,此压力应为 445 psig。由于较高的压力有利于将制冷剂送入计量装置,因此,当排气压力上升至高于运行状态正常范围的上限时,就不会有制冷剂滞留于冷凝器中。

当制冷剂以正确的流量从冷凝器中排除并流入计量装置时,其剩余部分的制冷剂必然滞留于蒸发器内。对于分体式空调机组,要对其蒸发器的过热量进行检测并非都很方便,因此对于分体式机组,也可以在冷凝机组上做过热量的检测。蒸发器与冷凝器间的吸气管有可能较长,也有可能较短,我们用 30 英尺以下和 30 ~ 50 英尺两种不同长度做测试比较。如果系统制冷剂充注量正确,如果吸气管长度为 10 ~ 30 英尺,那么在冷凝机组上其过热量应为 10 ℉ ~ 15 ℉;如果吸气管长度为 30 ~ 50 英尺,那么其过热量应在 15 ℉ ~ 18 ℉。在此两种状态下,对于 R-22,其排气压力为 278 psig;对于 R-410A,则为 445 psig ± 10psig,而且,在此压力状态下,蒸发器上的实际过热量均比较接近正常的过热量,即 10 ℉ 左右。采用这种方法时,应保证在添加制冷剂之后和做出任何结论之前,系统应有足够的时间趋于平衡,见图 41.21。

当系统实际的运行状态未处于正常运行状态时,在压缩机处测得的过热量也会有所变化。引起这一变化的原因是室外环境温度和室内干、湿球温度出现了变化。如果蒸发器面临一个较大的潜热和显热负荷量,那么空调系统就有可能在压缩机处于 30 ℉ 过热量的状态下正常地运行。另一方面,如果室外环境温度较高,那么过热 8 ℉ ~ 15 ℉ 也实属正常,这是因为系统内的制冷剂被强制地以较大的流量流过毛细管。如果可以得到这方面的资料,应根据制造商关于过热量与充注量的相关说明进行操作,因为制造商提供的数据考虑了影响压缩机处过热量的所有可能的运行状态。

测定稳态运行状态时的各项参数时,孔板型计量装置有不稳定的波动倾向。吸气管线温度发生变化时,伴随着过热量的变化,吸气压力就会上升或下降,通过观察这一变化过程,就能观察到这种波动现象。出现这种情况时,技术人员应采用求平均值的方法计算盘管正确的过热量。例如,过热度在 6 ℉ ~ 14 ℉ 间变化时,就可确定其为 10 ℉。

热力膨胀阀系统的现场充注

热力膨胀阀系统可以采用与固定口径系统几乎相同的方法(或稍做改变)进行现场充注。在温热的环境温度下,热力膨胀阀系统的冷凝器也会截留大部分的制冷剂。这种系统一般都设有储液器或存放制冷剂的储液桶,因此,它不会受到像毛细管在环境温度较低状态下的那种影响。要检查系统制冷剂充注量,可以限制流过冷凝器的空气量,使排气压力上升至环境温度为 95 ℉ 时的对应状态,即对于 R-22,排气压力为 278 psig;对于 R-410A,则为 445 psig。如果是系统制冷剂充注过量,那么其过热度就会保持不变,因此,过热度法不能用于采用热力膨胀阀的系统。检测热力膨胀阀系统冷凝机组处的过热度时,如果其过热度为 15℉~18℉,那么也在正常范围之内。如果视镜内充满液态制冷剂,那么至少说明系统有足够的制冷剂,但也有可能为充注过量。如果机组未设置视镜,那么测量冷凝器的过冷度就可以获知想要了解的情况。例如,常规的过冷管路可以将液态制冷剂过冷到冷凝温度以下 10℉~20℉。通过固定于液管上的温度计探头,应该能测到 115℉~105℉ 的温度值,即低于 125℉ 冷凝温度 10℉~20℉,见图 41.22。如果过冷温度低于冷凝温度 20℉~25℉,就说明机组制冷剂充注过量,冷凝器的底部相当于一个很大的过冷表面。

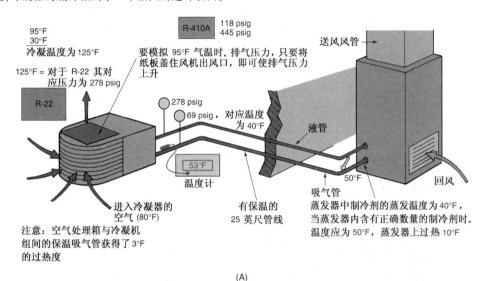

(A)

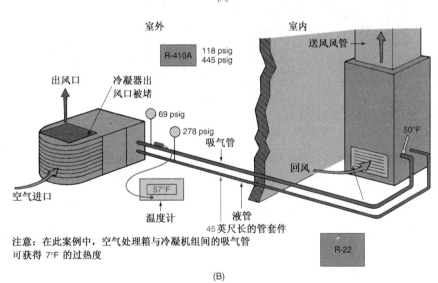

(B)

图 41.21　(A)、(B) 采用提升排气压力来模拟 95℉ 气温时的状态,对系统进行充液

　　上面讨论的充液方法同样可用于高效空调机组,当然,其排气压力不需要提升至这样的高度。充注制冷剂时,对于 R-22,250 psig 的排气压力已足够;对于 R-410A,则可以为 390 psig。**安全防范措施**:钢瓶和系统内的制冷剂均具有很大的压力(对于 R-22 可高达 300 psig,对于 R-410A,更高达 500 psig)。☆ 转移制冷剂时,必须采取正确的安全预防措施。回收制冷剂时,应小心不要让制冷剂溢出钢瓶或钢罐,不要随意采用其他钢瓶来存放回收的制冷剂,只能采用美国运输部认定的钢瓶或钢罐。☆ 安装和拆除压力表连接管线时,可以将机组关闭,使高压侧压力下降,并使机组压力趋于平衡。

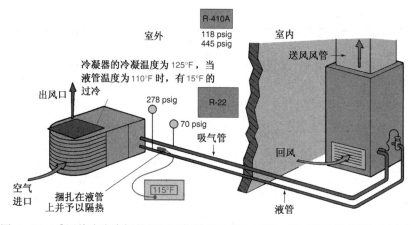

图 41.22　采用热力膨胀阀的机组不能采用过热法充液。但可以采用使排气压力上升的方法来模拟95℉的气温状态,再检测液管温度,从而了解过冷量。当冷凝器中含有正确数量的制冷剂时,常规系统应有10℉~20℉的过冷度

41.9　电气故障的排除

排除机械故障往往需要同时排除电气故障。万用表(VOM)和钳形电流表是最常用的基本仪表,见图41.23。

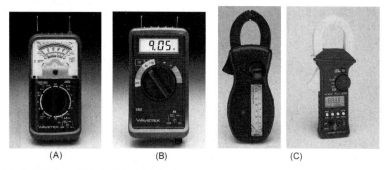

图 41.23　用于空调系统电气部分排故的各种仪表:(A)模拟式万用表;(B)数字式万用表;(C)钳形电流表
((A)和(B)Wavetek 提供,(C)Amprobe Instrument Division of Core Industries Inc. 提供)

对于某特定空调机组,如果想要知道显示的读数是否正确,就必须知道其正确的读数应为多少。当无法获得正确读数时,就很难判断当下的读数是否正确。第18章图18.8为常规的功率(马力)-电流值关系。要对一台特定的电动机确定其正确的电流值,这是一个非常有用的工具。

对于住宅或小型商业建筑物来说,主配电板一般负责为整个楼房提供电源,此配电板需引出多个分电路。对于分体式供冷系统来说,在主配电板上通常需设置空气处理箱或燃烧炉、为室内机组和室外机组供电的各独立断路器(或熔断器)。对于整体式机组,通常只需设置一个伺服机组的断路器(或熔断器),见图41.24。控制电压则由控制电路的变压器将输入电源电压降低至24伏。

着手排除电气故障之前应首先核实电源处是否有电且电压值是否正确。核实的方法之一是将温控器开关设定在“风机运行”位置,观察室内风机是否启动。图41.25为常规分体式空调机电原理图。

空气处理箱或燃烧炉一般均设置在地下室或屋顶阁楼上,而低压变压器一般都安装在空气处理箱或燃烧炉上。用“风机运行”开关做快速检查可使你免于在地下室或阁楼中多次奔走。如果风机在风机继电器拖动下运转,那么就可以证明:1)室内风机能正常运转;2)电路中有控制电压;3)风机可以运转,说明有线电压连接至机组。事实上,当业主来电报修时,就应咨询业主室内风机是否运转。如果业主对此也不置可否,那么可带上变压器,避免再到供应商那里或维修车间。

安全防范措施:排除电路故障时,必须遵守相关的安全操作规程。大多数情况下,对电路进行检查时,都需要在通电状态下进行操作。此时,只能用带绝缘外套的表棒搭接带电接头。由于熔断器一般都按正确的规格配置,在其烧毁之前(例如,当螺丝刀在配电板上某接头处打滑时,造成带电接线端短路),容许有足够大的电流流通。因此,在排除主电源电路故障时,应特别小心。带电配电板上严禁使用螺丝刀。

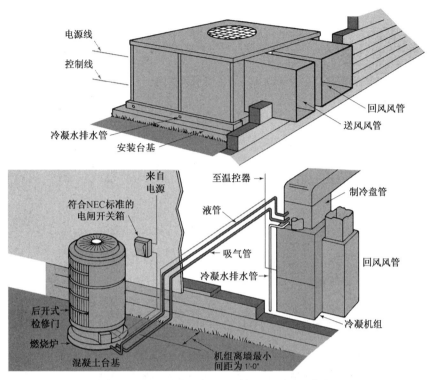

图 41.24　常规整体机组和分体式机组的安装方式

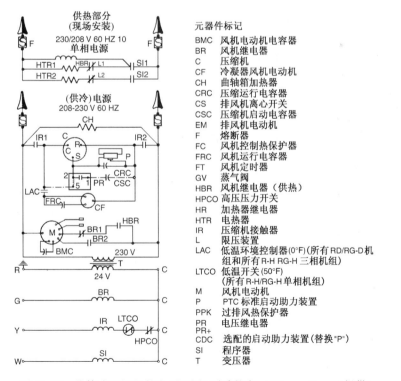

元器件标记

BMC　风机电动机电容器
BR　　风机继电器
C　　　压缩机
CF　　冷凝器风机电动机
CH　　曲轴箱加热器
CRC　压缩运行电容器
CS　　排风机离心开关
CSC　压缩机启动电容器
EM　　排风机电动机
F　　　熔断器
FC　　风机控制热保护器
FRC　风机运行电容器
FT　　风机定时器
GV　　蒸气阀
HBR　风机继电器（供热）
HPCO　高压压力开关
HR　　加热器继电器
HTR　电热器
IR　　压缩机接触器
L　　　限压装置
LAC　低温环境控制器(0°F)(所有 RD/RG-D 机
　　　组和所有 R-H RG-H 三相机组)
LTCO　低温开关(50°F)
　　　(所有 R-H/RG-H 单相机组)
M　　　风机电动机
P　　　PTC 标准启动助力装置
PPK　过排风热保护器
PR　　电压继电器
PR+
CDC　选配的启动助力装置(替换"P")
SI　　程序器
T　　　变压器

图 41.25　分体式空调机的电原理图(夏季状态)(Climate Control 提供)

　　如果电源电压正确,则继续检查各构件电压。检查路径可依据负载的相互关系而定。如果希望压缩机运行,那么要记住,压缩机电动机是由压缩机接触器拖动的,此接触器是否得电? 接触器是否闭合? 图41.26 为一个电路图。注意,此电路图中阻止接触器得电的唯一原因就是温控器、连接线路或低压控制器出现故障。如果室外风机运转,而压缩机不能运行,那么由于接触器也同时拖动风机,因此接触器肯定得电。如果风机运转,而压缩机不转,那么说明是两段路径(导线或接线端)不能使触头闭合,否则,就是压缩机内置过载保护器处于断开状态。

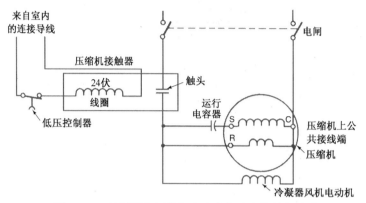

图41.26　控制器和压缩机电路中各基本构件的线路图

41.10　压缩机过载故障

　　压缩机过载保护器断开时,可以用手触摸一下电动机壳体看是否发烫。如果根本不能将手放在压缩机壳体上,就说明电动机已非常烫手,此时可以问自己几个问题:是否是制冷剂充注量过低(此压缩机由吸入蒸气冷却)? 启动助力电路是否能正常发挥作用或压缩机不能启动?

　　重新启动前,应使压缩机充分冷却。发现问题后,最好及时对机组进行修理,这样就不需要在数小时后重新启动压缩机了。最好的办法是拆下低压连接线。如果今天拉下电闸开关,第二天又推上电闸,由于没有对曲轴箱进行加热,系统内的制冷剂就会全部迁移到压缩机曲轴箱内。如果想马上启动机组,而不是选择等待,那么可以拉下电闸,用软管在压缩机上浇上少量的水。**安全防范措施:**连续浇水可能会出现触电危险,应将所有电气元器件用塑料纸或其他防水材料覆盖,在带电装置附近操作时,千万不要接触这部分水,以防触电。冷却时间大约需要30分钟左右,由于通过闭合电闸启动压缩机时,系统很可能需要添加制冷剂,因此,此时可将压力表安装于机组上并连接一制冷剂钢瓶。如果系统制冷剂充注量不足,需要在系统启动之后充注制冷剂,那么这样就可以避免在为安装压力表之前,机组可能会再次过热而需再次关闭压缩机。

41.11　压缩机的电气检测

　　制造商通报说:在保质期内返回生产企业的大部分压缩机实际上并未损坏,而是被维修技术人员误认为已损坏。技术人员在确定某台压缩机不能再使用时,应慎重考虑,仔细判断,因为回收制冷剂、装运一台新压缩机以及将损坏的压缩机拖回制造商处、办理保单手续等都需要耗费大量的费用、人力和物力。当压缩机已超出保质期时,物主就必须承担这部分费用,因此技术人员的判断必须正确,经得起检验。

　　压缩机不能启动时,既可能是电气故障,也可能是机械故障,而电气部分的故障一般都可以很方便地予以检测证实。当技术人员可以证明压缩机电气方面完全正常而压缩机仍不能起动时,唯一的结论就是机械方面存在问题。

　　单相压缩机电气部分的检查方法如下:

1. 用欧姆表或兆欧表检测压缩机各绕组对地的电阻。兆欧表可以检测出非常小的搭地电路,它也可以用于较大的设备做最终测定。如果某电路粗略看来有搭地情况,那么可以从压缩机接线端上拆下所有连接导线,仅检测接线端上的接头情况。如果压缩机上没有搭地情况,也可能在电路连接某处存在搭地,并不一定在压缩机上。如果欧姆表或兆欧表仍显示有搭地现象,若你认为有可能是灰尘造成搭地漏电,那么可以清理压缩机上的接线板。如果仍显示存在搭地,那么可断定此压缩机因搭地而不能再使用。

　　安全防范措施:如果压缩机箱体内存在大量的液态制冷剂,如曲轴内加热器长时间处于断电状态,那么有可能会检测出电路搭地。如果压缩机箱体温度较低,建议将压缩机加热 24 小时左右,然后再进行检测。出现这种情况的原因很可能是制冷剂中含有漂浮的少量系统杂质并进入了电动机绕组中。加热 24 小时之后,系统应能正常运行。此外,电动机接线端附近的积尘也会引起轻微的漏电,如果是这样,可以用去油脂的溶剂反复清洗。

2. 检查启动绕组与公共接点间的电阻值是否正常。

3. 检查运行绕组与公共接点间的电阻值是否正常。如果此电阻值不正常,应再确认启动绕组和运行绕组是否有不同的电阻值,启动绕组的电阻应比运行绕组的电阻大得多。两绕组在电动机中均有可能出现少量的短接。图 41.27 为启动绕组中出现短接的情况,有时也称为绕组搭接。图 41.28 则为启动绕组出现开路的情况。

4. 检查运行绕组与公共接点间的导通情况。如果此段电路开路,那么绕组温控器也同时开路。如果用手触摸压缩机时感觉烫手,那么可以让它冷却数小时或用水加速冷却,见图 41.29。

   安全防范措施:对电路各器件进行检查时,应保证所有电源切断且不能连续浇水。

5. 用两台不同的电压表检测公共接点至运行绕组、公共接点至启动绕组电动机启动时的电压值。此电压值必须在电动机额定电压值的 ±10% 范围以内。例如,许多电动机的额定电压为 208/230,其最低电压值应为 187.2 伏($208 \times 0.90 = 187.2$),其最高电压值应为 253 伏($230 \times 1.10 = 253$),此电压值必须在尽可能靠近压缩机接线端处予以证实,但又不能利用接线端本体。可以依据连接线搜寻第一个连接点,如压缩机接触器负载侧。我们经常可以发现某连接点松脱,而导致压缩机上出现线电压值不足的情况。如果电动机接线端上出现任意一种斑渍,就可以怀疑其连接松懈。

   安全防范措施:在电动机接线盒端盖拆下的情况下,绝不能启动压缩机。如果电动机接线盒在起动时因电流过大而熔化,那么很可能会有一个快速的喷枪式火焰,电弧也可能会点燃随制冷剂一起朝外喷出的润滑油。要杜绝这种情况的发生,就必须安装接线盒及盒盖。

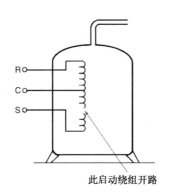

图 41.27　压缩机电动机绕　　　图 41.28　启动绕组
　　　　　组中出现短路　　　　　　　　　导线开路

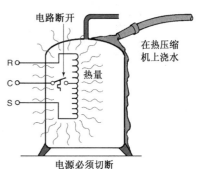

图 41.29　用水冷却压缩机

三相压缩机电气部分的检测方法如下:

1. 采用欧姆表或兆欧表,以上述步骤 1 中介绍的方法检查压缩机所有绕组的对地电阻。注意各项安全预防措施。

2. 检查各两相绕组间的电阻值,即三相组中 T1 至 T2、T1 至 T3 和 T2 至 T3 间的阻值。有些大容量的电动机,在同一个壳体内可能有两组电动机,此时应分别检查两组电动机。三相电动机中每组电动机绕组两端均应有相同的电阻。在双组电动机间,不应有互相关联的电路。

当完成这些测试且测试结果也正常后,也就完成了可以在现场进行的、证实电动机电气部分完全正常的所有操作。对于单相电动机,可以再做一次测试:采用测试导线代替启动电路元件来启动压缩机。如果压缩机在电气检查确认正常之后用测试导线不能启动,那么可以有足够的把握断定此电动机已无法使用。

接下来可以检查压缩机的机械部分。当用正常的电源电压连接压缩机接线端时压缩机仍不启动,那么只能先假定此压缩机卡死、抱轴。欲予确认,对于单相压缩机,可以采用两台电压表同时检测公共点至运行绕组以及公共接点至启动绕组间的电压值。对于三相压缩机,可以用 3 个电压表,同时检测所有 3 个绕组。对于采用三相电动机的压缩机,也可以试着将主线头中的任意两个线头对换,然后重新启动。如果此电动机有两个接触器,则是启动压缩机的部分绕组,而且此压缩机一定有两台电动机。将连接两个接触器的线头对换,也就是将电动机对换。如果电动机反方向启动,那么可以让它运行一段时间,使你有足够的时间考虑在更方便时更换压缩机,但你不要期望它能正常地运行更长的时间。压缩机内很可能存在胶合现象,而且这种胶合现象还会再次发生,更新压缩机是长久之计。

排故操作中最棘手的难题是检测压缩机的容量。许多抱怨往往来自压缩机运行不止,但空调区域的温度不见下降或降温不足。供热系统和冷冻装置都会有同样的毛病。许多压缩机都有 2 个 3 个或 4 个汽缸,但很可能其中的一个汽缸或更多的汽缸根本不在工作。而且,压缩机越小,要去证实也就越困难。对于那些没有容量卸荷的任何种类的压缩机,或不能在降低负荷或转速的状态下运行的压缩机,可按下述方式处理:

1. 设法使系统尽可能地在设计工况附近运行。采用这种方法时,压缩机电流值的大小是其关键。如果电流值明显低于其额定负荷电流,而电压值正常,那么压缩机的泵送量就不可能达到其标定容量值。
2. 如果系统上设有压力表,当发现排气压力略有下降时,吸气压力相反会随之而上升,那么这就是压缩机未在做最大功的信号。图 41.30 为一个家用空调的案例,其多个表的读数均偏离正常值。请注意:此系统的室外温度较高,室内机组在室内设计温度下运行。由于其盘管温度远高于室内空气的露点温度,因此这种系统状态不能降低室内温度。尽管室内温度较低,但由于室内湿度较高,仍会有闷热的感觉,而此时压缩机始终处于运行状态。这种系统只有在机组通宵运行之后的次日早晨气温上升时,室内温度随之上升时才能有比较理想的运行状态。

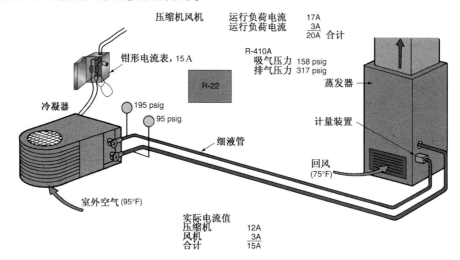

图 41.30 此系统的压缩机不能达到额定容量,排气压力较高,
而吸气压力较低,且电流值也小。此压缩机有毛病

3. 这很可能是一天中吸气压力上升、排气压力下降、电流值也同时下降的唯一一段时间。
4. 可以采用部分封堵冷凝器出风口的方法来试探能否提高排气压力。通常情况下无法将排气压力提升至设计气温状态下的排气压力,如果部分封堵冷凝器的出风口,那么吸气压力就会随之上升。

压缩机上可能出现的另一个机械故障是内漏,如排气阀簧断裂时或通过缸盖密封件的泄漏等。要确定系统中有哪些故障,应首先安装压力表和电流表。有时候,从表面上来看,机组运行正常,但压缩机此时已处于温度很高的状态,随时会因高温而停机。此时,可设法将 R-22 系统的排气压力提升至 300 psig,对于 R-410A 系统,则提升至 475 psig,然后将机组关闭,仔细听一听压缩机排气管上是否有声音。也可以用较长的螺丝刀或棍棒,将其一端搁在排气管上,另一端贴着耳朵。对于测试内漏声音来说,这种最简单的听诊器效果非常好。

安全防范措施:检查带电电路时,不得使用欧姆表。

41.12 电路保护装置——熔断器和断路器故障的排除

报修电话中必须谨慎处理的情况是熔断器或短路器等电路保护装置开路。压缩机和风机电动机一般均有避免小故障的功能,而断路器或熔断器则针对电路中出现的大电流骤增现象。断路器和熔断器中任意一个出现跳闸时,不要简单地复位了事,应检测压缩机,包括风机电动机各绕组的电阻量。**安全防范措施**:如果压缩机搭地(有电路线头搭接到压缩机壳体)此时要启动压缩机就非常危险。在判断压缩机是否报废时,应检查并确认压缩机电路均已断开。可以将电动机的全部连接线从压缩机上拆下,检查压缩机中电路是否存在搭地,见图 41.31。

预防性维护

空调设备的预防性维护可以分为室内空气侧、室外空气侧(风冷与水冷)以及电路 3 大块。

室内空气侧的维护方法与电热采暖系统的维护基本相同,我们也讨论了电动机与过滤器的维护方法。其唯一不同的地方是蒸发器盘管运行温度低于室内空气的露点温度,为湿式蒸发器。因此,对于能够通过一般过滤器的各种尘粒或通过舱门缝隙渗入的各种灰尘,空调设备往往会有更佳的过滤效果。空调设备的许多空气处理箱一般均为抽风式风机盘管组合形式,即空气先流经盘管,然后再流过风机,因此,当风机叶轮积尘较多并因积尘而重量增加时,那么盘管上必是积尘严重。灰尘必须先流过盘管,而盘管大多数时间都是湿润的,因此,当风机上有积尘时,就必须清洗盘管。

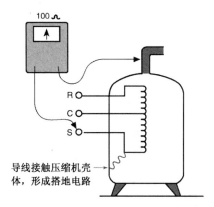

导线接触压缩机壳体,形成搭地电路

图 41.31　此压缩机绕组与壳体间存在短路

盘管在原位清洗有两种方法:一种是专为湿润盘管生产的专用洗涤剂。这种洗涤剂可以用类似花园喷雾器的喷雾器直接喷洒在盘管上,并让它渗入盘管各间隙中。当机组启动时,冷凝水就能将积垢、积尘带出盘管,并从冷凝水排水管排出。这种清洁剂主要用于积垢、积尘不是太严重时的盘管清洗。必须注意:冷凝水排水管不要被来自盘管和集水槽的污垢堵塞。

也可以采用停机的方法,在盘管上泼上更强力的洗涤剂,并将洗涤剂强制送入盘管中心部位,当洗涤剂有足够的作用时间之后,用水管冲洗盘管,但要注意不要用过多的水,否则排水集水盘就会溢出,送入的水量必须小于排水管能承受的排水量。

还可以采用喷嘴压力可达 500~1000 psig 的专用压力清洗机。这种清洗机的水流量很小,约为 5 gal/min,不会使正常的排水装置溢流。这种喷嘴的高压可以使水充分地清洗到盘管的中心部位。

用水清洗盘管时,最好是采用“逆流”方式清洗,即以气流流动的反方向将水强制流过盘管。其原因在于大多数积垢、积尘均积聚在盘管进口处,之后就逐渐减少。如果不采用逆流方式清洗,很可能是仅仅将积垢、积尘推向盘管的中段。**安全防范措施**:制冷设备上绝不能用热水或蒸气清洗,这是因为如果机组内存有制冷剂,用热水或蒸气清洗就会使其压力迅速上升;等到压力上升到一定程度,就会在系统最薄弱处发生爆炸,此薄弱位置很可能就在压缩机的壳体上。当采用热水或蒸气进行清洗时,整个制冷剂系统必须与大气畅通。

在某些情况下,有些盘管无法在机组上进行清洗,必须将其拆下清洗。如果机组设有检修阀,只需将制冷剂压送至冷凝器的储液器内,然后将盘管从机组上拆下。此时盘管内应没有一点制冷剂,只需用专用清洗剂,无论是热水,还是蒸气清洗机均可以对盘管进行清洗。专用清洗剂可以在任意一家空调设备供应商处买到。**安全防范措施**:必须按清洁剂的使用说明进行操作。要保证不让水通过管接头进入盘管内。

室外机组可以是风冷式,也可以为水冷式。风冷式机组有风机电动机,因此必须加油润滑。有些电动机仅需在运行多年后添加润滑油。根据制造商的建议量,将润滑油添加至油杯内。有些电动机则需要经常加油润滑。

应定期检查风机叶轮,确认其在轴上的固定安全可靠。如果风机电动机上设有防水罩,应同时检查此防水罩。在上流式机组中,电动机往往暴露在外,应防止雨水进入电动机内。

室外机上的盘管也会因灰尘进入而积尘、积垢,但却很难看到盘管,更无法确定盘管中的积尘情况。室外盘管出现积尘迹象或排气压力较高时,即应及时予以清洗。

冷凝器盘管由于一般均设置在室外,因此更需定期清洗。**安全防范措施**:清洗时,应保证所有电源切断,配电板上锁,挂上警示牌,使任何人无法贸然连接电源。风机电动机必须予以覆盖,并应小心防止水进入各控制器,控制器并不全部设置在控制箱内。采用手泵式喷雾器将专用清洁剂喷洒在盘管上,或将盘管浸泡在清洁剂中 15~30 分钟,然后用软水管或喷水机反向冲洗盘管。

水冷式机组也必须以与风冷式机组一样的方法进行维护。为了降低水中的矿物质浓度,作为整个维护内容的一部分,我们可以做两件事情:其一是保证冷却塔有适当的排水系统,这是通过排水管排出的可计量的水量,这部分水由自来水补水管不断地送回系统。由于主人只看到明亮亮的清水排入了下水道,他们很可能会提出关闭排水系统的要求,这是因为他们不了解这样做的目的。其目的是为了稀释水中的矿物质。

其二,为水冷式机组配置合适的水处理装置。此时,应请水处理专业人员到现场监督水处理装置的安装,确保系统有最佳的水质。

电气线路方面的预防性维护包括检查各接触器和继电器上擦伤的连接导线和触头上的灼斑,操作时应特别小心。事实上,很难预计这些元器件能正常运行多长时间。如果两连接线中有一根烧断或触头烧毁,那么单相压缩机会立即停止运行。但对于三相压缩机,如一相烧毁,另两相仍可能使压缩机继续运行,尽管对电动机来说很难。此外,还应检查各连接线,确认其不与来说机体摩擦,导线外绝缘层未被磨损。搁在铜管线上的导线很可能会在管线上磨出孔洞,导致制冷剂泄漏。

采暖、通风与空调行业的"金科玉律"

前往居民住宅进行上门维修时,应做到:

1. 随身携带好适当的工具,尽量避免在顾客的室内多次往返走动。
2. 上门维修应约定好时间并做到守时,如有延误,应事先电话联系,顾客的时间也是非常宝贵的。

要注意向客户提供一些额外服务

下面是一些尽举手之劳、又不需多大费用的服务项目,可以包含在上门维修的服务内容范围之内:

1. 用手测试吸气管和液管上的温度来判断系统制冷剂是充注过量、还是充注不足。
2. 如有必要,清洗或更换过滤器。
3. 如有必要,可在各轴承处添加润滑油。
4. 用相应的螺钉更新各面板上的螺钉。
5. 检查各接触器和连接导线,这种检查往往会带来更多的收费维修项目。
6. 检查冷凝水管,确认排水是否通畅。如有必要,应予清理,还可能需要放置除藻药物。
7. 检查蒸发器和冷凝器盘管是否有阻挡或积尘。

41.13　报修电话

排故的方式各有不同,遇到的情况也会有天壤之别。以下的实际排故案例可以帮助你掌握在解决实际问题时维修技术人员应当怎么做。

报修电话1

一位居民来电称:家中的中央空调冷量不足且运行不止。此故障是 R-410A 制冷剂充注量不足。

技术人员到达现场,发现机组仍在运行中,室内温控器上的温度显示器表明,此温控器设定温度为 72 ℉,而温控器上的温度计显示室内温度为 80 ℉,室内空气感觉非常潮湿。技术人员注意到室内风机电动机正在运转,由百叶窗出风口排出的空气流速似乎也正常,说明过滤器未被堵塞。

技术人员来到冷凝机组处,仔细地倾听了风机运行声响。风机排出的空气稍高于环境温度,这说明压缩机没有运转。拆下压缩机的舱门,技术人员注意到,手触摸压缩机时感觉很烫,这是压缩机一直在设法运行的信号。技术人员然后在检修阀接口上安装压力表,由于系统处于停机状态,故两个压力表读数相同。压力表上的读数为 235 psig,其对应温度为 90 ℉,由于其压力值的对应关系非常接近于线图上所提供的温度值,因此,可以假设此系统内液态制冷剂不足。如果系统压力为 170 psig,那么很明显,系统内几乎不存在液态制冷剂。应怀疑系统有较大的泄漏。

技术人员认为,一定是系统内制冷剂充注量不足,同时,由于压缩机内设有内置式过载保护器,导致压缩机处于停机状态。技术人员拉下电闸,将电动机线头断开,检测压缩机接线端两端的电阻。欧姆表显示公共接点至运行绕组以及公共接点至启动绕组均开路。欧姆表还显示运行绕组和启动绕组间有适当的电阻,这说明电动机绕组温控器一定处于断开状态。压缩机发烫也可以证实这一状态。

将所有电气元器件用塑料布覆盖,电闸断开。连接一根水管,用小流量的水浇淋在压缩机壳体的顶端来加速冷却压缩机。然后,在表歧管上连接制冷剂钢瓶,这样,当需要启动压缩机时,技术人员即可方便地添加制冷剂,使压缩机能正常运行。先对压力表连接管进行吹洗,排除可能存在于管内的空气。在压缩机冷却的过程中,技术人员更新空气过滤器,并为冷凝器和室内风机电动机加油润滑。约 30 分钟之后,压缩机冷却。撤去水管,花数分钟时间将机组周围的水排干。技术人员非常谨慎,他不站在水中。闭合电闸后,压缩机启动。此时,吸气压力下降至 75 psig,由于此系统采用 R-410A 制冷剂,因此其正常吸气压力应为 118 psig。将制冷剂加入系统,使系统内制冷剂充注量达到正常值。由于室内温度为 80 ℉,因此,其吸气压力在室内温度恢复到正常值之前应高于正常值。技术人员要确定正确的充注量,就必须有一个参考状态点。由于无法获得生产厂家的图表,在此情况下,采用以下几个参考点:

1. 室外温度为 90℉,其正常排气压力应对应温度 90℉ + 30℉ = 120℉,即 417 psig。当室内温度下降至正常的 75℉ 时,其实际压力不应超过此压力值,这是一台标准效率的机组。添加制冷剂时,技术人员堵塞了冷凝器上的部分气流,使排气压力上升至 440 psig。
2. 吸气压力对应的温度应低于室内温度 80℉ 约 35℉,即 45℉,对于 R-410A,其对应压力为 128 psig。
3. 此系统采用毛细管,因此可以根据返回压缩机的制冷剂温度得出相关的结论。将温度计探头固定于机组的吸气管上。当制冷剂以液态方式加入系统时,技术人员注意到从蒸发器返回的制冷剂越来越冷。蒸发器距离冷凝机组约 30 英尺,制冷剂在返回冷凝机组的吸气管中还会吸收少量的热量。技术人员根据此吸气管长度选用过热 15℉ 为基准。这需要假定离开蒸发器的制冷剂有 10℉ 左右的过热,另外 5℉ 是制冷剂在吸气管中吸热获得的过热量,不需再添加制冷剂。

做漏检时,发现一喇叭接口螺帽处存在泄漏,旋紧后,泄漏停止。技术人员将工具装上卡车后离开,数天后电话联系,获知系统运行正常。

报修电话 2

一位居民电话联系空调维修公司称:他家空调机制冷一直很正常,今天下午突然不行了,当时空调机还很冷。这是一台连续运行多年的家用机组,其故障是充注的制冷剂全部漏失。

技术人员到达居民家中,发现温控器设定在 75℉,室内温度为 80℉,出风口处的排出空气感觉与回风空气温度相同。出风口处的风速较大,说明过滤器干净。

技术人员来到房屋背后,发现冷凝机组中的风机、压缩机均未运行,电器箱中的断路器处于"开(ON)"位置,因此,机组应该有电源,电压检查表明为 235 伏。查看电路图,要使接触器得电,C 和 Y 接线端间应有 24 伏电压。实测电压值读数为 25 伏,稍高于正常值,但此时线电压 235 伏也稍高于正常值。结论是:此时温控器要求制冷,但接触器未得电。接触器线圈电路中唯一的一个安全控制器是低压控制器,因此,故障一定是缺少制冷剂。

在表接口上安装压力表,测得压力值为 0 psig。技术人员接上一个 R-22 的钢瓶,充入检漏用的少量制冷剂。当压力上升至约 2 sig 时,停止加入制冷剂,然后再加入氮气,使压力上升至 50 psig,此时可以听到从压缩机吸气管附近泄漏处发出的声音。最后发现与箱体一直摩擦的吸气管上有一孔洞。这说明机组确实一直运行正常,几乎是突然间停止运行。

将少量制冷剂(R-22)和氮气从系统排入大气,对孔洞进行银焊修补。在液管上安装一个液管干燥器,采用三段抽真空法排除可能吸入系统的各种杂质,然后对系统充液。为保证充液量正确,技术人员完全根据制造商提供的充液线图进行操作。最后启动,一切正常。

报修电话 3

一位商家客户来电说:某小办公楼内的一台空调机组不制冷,该空调机到昨天下午下班时仍一直在运行,并能制冷。问题是昨天下午之后有人将温控器下调至 55℉,蒸发器上的冷凝水全部冻结,空调机整晚一直试图将室内温度下降至 55℉。

技术人员到达现场,发现温控器设定在 55℉,打听后得知,一位坐在楼面顶端办公区域的职员感觉太热,想使那个区域的温度降下来,故将温控器上的温度调至很低。技术人员注意到出风口处没有空气排出。空气处理箱位于建筑物的前端位置。检查发现,风机运转,位于空气处理箱处的吸气管冻结。

技术人员将冷-热选择开关切换至"停机(OFF)"位置,将风机开关转到"运行(ON)"位置,使压缩机停止运行,而让蒸发器风机继续运转。过了一段时间后,可能是一个小时,蒸发器上冰层融化。技术人员向办公室经理交代以下事项:

1. 让风机一直运行至有空气从出风口排出,有空气排出说明气流已开始流过冰层。
2. 当在出风口处能感觉有空气排出时,再等待 30 分钟,以保证所有冰层全部融化,然后再将温控器转回"制冷(COOL)"位置,启动压缩机。

技术人员又来到那位感觉不冷并将温控器设定温度下调的职员旁,检查了头顶上天花板处的风管风门。此风门几乎全部关闭。很可能是被曾经在此操作的电话维修人员无意中碰过。将此风门重新打开。

数天后,电话联系得知,此系统又能正常运行了。

报修电话 4

一位居民客户来电述:空调机不能正常制冷。其故障是冷凝器严重积垢。此空调机组设置在住宅边的一个小院内。主人自己割草时,割草机将割下的草屑抛在了冷凝器上。这是夏季炎热天气到来的第一天。气温上升之前,此机组制冷运行一直很正常。

技术人员到达现场,注意到温控器设置在 75℉,但室内温度为 80℉;出风口有大量温度稍低的空气排出。技术人员来到了安装冷凝器的小院,用手触摸吸气管温度较低,但液管温度却很高。检查冷凝器盘管,发现盘管上粘有大量草屑,积垢也比较多。**安全防范措施:**技术人员可通过机组上的断路器关闭机组并上锁,然后可以将冷凝机组的面板拆下,在盘管上喷洒盘管清洁剂。将强力盘管清洁剂喷洒在盘管上之后,要让它浸泡 15 分钟,使清洁剂能够渗入积垢层内。在此过程中,为电动机加油润滑,更新过滤器。**安全防范措施:**清洗盘管时,要防止冷凝器风机电动机受潮,应用塑料袋套住。

用带喷嘴的水管以气流流动的相反方向冲洗盘管。一次清洗不够,可再次喷洒清洁剂,再等待 15 分钟,然后再次冲洗。

安装复原,然后启动机组。此时,吸气管温度降低,用手触摸液管也较温和。技术人员认为不需要再在系统上安装压力表检测压力。至此,技术人员收拾工具离开现场。之后去电该客户,得知系统运行正常。

报修电话 5

一位业主来电称:空调机组不制冷。这是一台高效家用机组,其故障是热力膨胀阀损坏。

技术人员到达现场,发现室内温度较高,温控器设置在 74℉,而室内温度为 82℉,室内风机正在运行,出风口有大量的空气排出。

技术人员来到冷凝机组处,发现风机和压缩机均正在运行,但又很快停止了。吸气管不冷。将压力表安装于表接口后发现,低压侧压力为 25 psig,排气压力为 170 psig,其对应温度比较接近环境空气温度,显然,机组是由低压控制器动作而停机的。当压力上升时,压缩机就能重新启动,但约 15 秒之后即停机。液管的视镜内充满了制冷剂。技术人员断定系统低压侧存在节流。当系统内存在几乎完全堵塞的现象时,热力膨胀阀往往是检查的最佳起点位置。☆ 系统内未设置检修阀,因此系统内的制冷剂只能用相应的钢瓶予以排出和回收。☆

将新的热力膨胀阀焊接在系统上。热力膨胀阀的更新约需 1 小时。更新膨胀阀后,对系统进行检漏,抽真空,将计量后的制冷剂充入系统,启动系统。很明显,膨胀阀更新后,机组即恢复正常。

报修电话 6

某办公室主任来电说:安装于某小办公楼内的空调机组不制冷。此空调机在昨天下午下班时还能正常地制冷。其故障是晚上突然出现的电暴使安于空气处理箱上的断路器跳闸。电源进线设在空气处理箱上。

技术人员到达现场,找到室内温控器,其设定温度为 73℉,室内温度为 78℉,出风口没有空气排出。将风机开关切换至"开(ON)",风机仍不启动。技术人员检查位于阁楼上空气处理箱处的低压电源,发现断路器跳闸。**安全防范措施:**复位之前,技术人员应检查机组内各电路。

用欧姆表检测风机电路和低压控制电源变压器后发现均有适当的电阻值,电路似平均安全可靠。将电路断路器复位后,也能保持接通状态。然后将温控器设定在"制冷(COOL)"位置,系统启动。电话回访表明系统运行正常。

报修电话 7

一位居民来电称:空调机不运行,业主发现位于冷凝机组上的断路器跳闸,将其复位多次,但仍不能稳定保持在接通状态。其故障是压缩机电动机绕组与压缩机壳体搭接,导致断路器跳闸。**安全防范措施:**应告知业主绝对不能再次复位断路器。

技术人员带着电气检测设备径直来到冷凝机组旁,证实断路器确实处于跳闸位置,技术人员将其转换至"关闭(OFF)"位置。**安全防范措施:**检测断路器负载侧电压,确认无电压。断路器曾被多次复位,但也不能轻易相信无电。确认电源关闭后,用欧姆表连接在断路器负载侧,发现欧姆表读数无限大,也就是说电路不通。压缩机接触器没有得电,那么风机和压缩机的阻值也就不能显示在欧姆表的读数中。技术人员按下压缩机接触器的衔铁,使其触头闭合,此时欧姆表读数为 0,即没有电阻,说明存在短路。现在,还不能确定是风机、还是压缩机存在故障。将压缩机的连接线从接触器底部断开,断开压缩机后再检查,此时电路有适当的阻值,这说明压缩机电路中存在短路,当然也可能是连接线路出现短路。将欧姆表移到压缩机接线盒处,并将压缩机上连接线全部断开,将欧姆表连接至压缩机上电动机接线端,读数为 0,说明电动机内存在短路。此压缩机电动机报废,不能再使用。

技术人员只能在次日返回现场更换压缩机。技术人员断开控制连接线,但将压缩机的电源线连接原位,以便恢复供电。这一操作非常重要,因为只有这样,才能使曲轴箱在机组上保持被加热的状态,并持续到第二天换机时。如果不采取这样的措施,大部分制冷剂就会聚集在压缩机曲轴箱内,回收制冷剂时,就会有太多的润滑油与制冷剂一起排出。

　　技术人员离开现场前还需完成一项工作,即轻轻压下压缩机上的单相气阀阀心,以确定制冷剂是否有强烈的酸味,如有必要,可在安装有常规液管干燥器的情况下,在吸气管上安装排酸能力较强的吸气管过滤干燥器。

　　☆技术人员于次日返回现场,回收系统内制冷剂,然后更换压缩机,添装吸气管和液管干燥器。☆ 对机组进行检漏、抽真空;用一台比较精确的计量秤对制冷剂进行计量后,注入系统。启动系统。技术人员要求业主使空调机组持续运行,尽管此时气温并不高,其目的是使制冷剂不断地流过干燥器,用这种方式可以将滞留于系统中的酸性物排除。

　　技术人员于第四天再次来到现场,检测吸气管干燥器两端的压降,确认此干燥器并未被烧毁的压缩机所产生的酸性物堵塞。其各项技术参数均在制造商技术指标范围之内。

报修电话 8

　　一居民来电称:他可以听到室内风机运行一段时间后又突然停止运转,而且这样的启动与停转会不断地反复进行。其故障是由于风机电动机电容器损坏造成室内风机电动机依据内置的热过载保护器时转时停地短周期运行。而且,此时风机的启动与运行要比停止转动慢。

　　技术人员根据系统的运行顺序径直来到室内风机处。此室内风机安装于房屋下的狭窄空间内,因此,第一次进入时即带上各种电器仪表。此风机已停机多时,导致吸气压力很低,蒸发器盘管有结冰。检查时,将断路器关闭。技术人员怀疑风机电容器或电动机轴承存在故障,因此还带上了一个电容器。对风机电容器进行放电后,用欧姆表检查,观察其是否能充、放电。**安全防范措施:** 用欧姆表检查电容器之前,应保证电容器中不存有电荷。放电时,应采用 20 000 欧姆的电阻器跨接在电容器两端。如果电容器不能充放电,那么此电容器就必须予以更新。

　　技术人员对风机电动机加油润滑后,在房屋下用断路器引出电源启动电动机,风机电动机电流正常。但此时盘管仍处于冻结状态。技术人员必须将室内温控器设置在只有风机运行的状态,直至业主能感觉到出风口有气流排出为止。启动压缩机前,应使风机单独运行半小时(使盘管上的积冰全部融化)。

　　以下报修电话案例不再提供解决方法的说明,答案可参见 *Instructor's Guide*。

报修电话 9

　　一位商家客户来电称:一台设置在小办公楼内的空调机在比较温热的第一天就不能制冷。

　　技术人员首先来到室内温控器处,发现温控器设定温度为 75 ℉,而此时室内温度为 82 ℉,感觉室内空气非常潮湿,出风口也没有气流排出。空气处理箱设在在阁楼上。检查冷凝机组后,发现压缩机前的整个吸气管线上均有结冰,压缩机仍持续运行。

　　是什么故障? 应如何解决?

报修电话 10

　　一居民来电说:因他与某维修公司有报修合同,今年春季的早些时候这家公司曾上门对空调机组做过保养维修。根据业主对操作过程的描述,说明有新到公司的技术人员曾对机组添加过制冷剂。

　　技术人员发现:室内温控器设定在 73 ℉,室内温度为 77 ℉,机组正在运行,不断有冷空气从出风口处排出。表面看来,似乎一切正常。但对冷凝器机组检查之后,发现吸气管线温度较低且有结露,而液管温度反而较高。

　　将压力表安装于表接口后,测得:吸气压力为 85 psig,远高于 74 psig 的正常压力(77 ℉ − 35 ℉ = 42 ℉,对应压力约为 74 psig),对应于冷凝温度 115 ℉,排气压力应为 243 psig(85 ℉ + 30 ℉ = 115 ℉,即 243 psig),而现在实际排气压力为 350 psig。机组运行 10 分钟后自行停机。

　　可能是什么故障? 应该如何解决?

报修电话 11

　　一位居民来电说:他家的空调机不能将室内空气冷却到温控器所设置的温度,而且在这炎热天气还刚刚开始时,空调机就连续不断地运行。

　　技术人员到达现场,发现温控器设定在 73 ℉,室内温度为 78 ℉,出风口有气流排出,因此过滤器想必较为干净。空气有点冷,但又不像应有的那样冷。排出空气温度应当为 55 ℉ 左右,而眼下温度为 63 ℉。

　　在冷凝机组处,技术人员发现吸气管温度较低,但又不是很冷,液管似乎特别冷。室外气温为 90 ℉,冷凝机组应有冷凝温度 120 ℉ 左右,如果机组有 15 ℉ 的过冷,那么液管温度应高于手掌温度,而事实并非如此。

　　将压力表安装于检修端口,检查吸气压力,此时吸气压力为 95 psig,排气压力为 225 psig。流过冷凝器的气流受阻后,排气压力逐步攀升至 250 psig,吸气压力上升至 110 psig。压缩机应有正常电流值 27 安培,而现在只有 15 安培。

　　可能是什么故障? 应该如何解决?

报修电话 12

一位商家客户来电称:设立在一小型办公楼内的空调机正在运行时突然停机。

技术人员到达,来到室内温控器旁,发现其设定温度为 74 ℉,室内温度为 77 ℉,室内风机不运转。将风机开关设定在"开(ON)"位置后,风机电动机仍不启动。技术人员认为应首先检测控制电路的电源。其电源设在房顶上的冷凝机组内。**安全防范措施:**扶梯应靠在远离电源进线的墙上。带上检测仪器和工具爬上屋顶,拆下面板。检查断路器,似乎也正常,处在"开(ON)"位置。将安装低压接线板处的面板拆下,用电压表检查,有线电压,但没有控制电压。

可能是什么故障? 应该如何解决?

安全防范措施:所有应由学生或新员工完成的排故操作必须在有经验的专业人员监督之下进行。如果无法确认是否安全,应首先将其视为不安全。

本章小结

1. 盘管的性能可根据蒸发器上的实际过热量来检验。
2. 鉴定设备的标准空调工况为:当室外温度为 95 ℉时,其回风温度应为 80 ℉,相对湿度应为 50% 。
3. 常规用户的空调设备运行工况为:回风温度为 75 ℉,相对湿度为 50% 。这是常规空调机组依据的正常压力和温度状态。
4. 高效蒸发器的蒸发温度一般为 45 ℉。
5. 安装于系统高压侧的压力表用于检测排气压力,排气压力取决于制冷剂的冷凝温度。
6. 制冷剂的冷凝温度与排热介质温度之间有明确的对应关系。
7. 标准效率机组的制冷剂冷凝温度一般高出用做排热介质的空气温度 30 ℉。
8. 高效冷凝机组的制冷剂冷凝温度一般仅高出用做冷凝介质的空气温度 20 ℉。
9. 电子温度计可用于检测湿球温度(用湿润的棉纱包裹其中的一个球泡)和干球温度。
10. 冷凝器有 3 个功能:消除排出蒸气的过热、将热蒸气冷凝成液体和使制冷剂过冷。
11. 常规的冷凝器可以将制冷剂过冷,低于冷凝温度 10 ℉ ~20 ℉。
12. 空调机组上常用的两种计量装置是:固定口径的计量装置(孔板和毛细管)和热力膨胀阀。
13. 固定口径计量装置利用其进/出口的压差来控制制冷剂流量,其口径大小不能调节。
14. 热力膨胀阀可以调节或对制冷剂进行节流来维持稳定的过热量。
15. 改变空调机组的制冷剂充注量时,技术人员必须根据制造商的推荐量和推荐方法进行操作。
16. 采用热力膨胀阀的系统一般在液管上均设有用于监测制冷剂充注情况的视镜,当系统上未配置视镜时,可采用过冷温度法进行检测。
17. **安全防范措施:**对机组电路系统进行检测之前,应了解、掌握机组各部分正确的电压值和电流值。
18. 主配电板上可以分成多个分电路。对于分体式机组,整个电路系统通常分为两个独立电路,对于整体式机组,则仅需配置一个电路。
19. 压缩机启动后发热、发烫,可将此系统认定为制冷剂充注量不足。此时,应连接一个制冷剂钢瓶,这样就可以在压缩机再次停机之前添加制冷剂。

复习题

1. 在系统高压侧安装压力表之前,应该:

   A. 启动系统; B. 关闭系统;

   C. 将系统调整到平衡状态; D. 准备一个美国运输部认可的制冷剂钢瓶。

2. 用欧姆表检测电容器之前,应采用_____予以短路放电。

3. 空调系统运行过程中,低压侧和高压侧压力可根据压力/温度关系线图转换为_____和_____温度。

4. 为什么大多数空调系统要设置除霜系统?

5. 常规标准效率蒸发器在标准工况下的运行温度是

   A. 30 ℉; B. 40 ℉;

   C. 50 ℉; D. 60 ℉。

6. 标准效率的空调蒸发器上,流入空气与制冷剂蒸发温度间的温差一般为_____℉。

7. 当室外环境空气温度为 95 ℉时,对于正常运行的高效空调机组来说,其最低制冷剂冷凝温度为:

   A. 110 ℉; B. 115 ℉;

C. 120 ℉ ;　　　　　　　　　　　　D. 125 ℉ 。

8. 当室外环境空气温度为 95 ℉ 时, 标准效率机组的制冷剂冷凝温度应大致为 :

    A. 120 ℉ ;　　　　　　　　　　　　B. 130 ℉ ;

    C. 140 ℉ ;　　　　　　　　　　　　D. 150 ℉ 。

9. 如果 R-22 的冷凝压力为 260 psig, 那么对应的冷凝温度应为

    A. 110 ℉ ;　　　　　　　　　　　　B. 120 ℉ ;

    C. 130 ℉ ;　　　　　　　　　　　　D. 140 ℉ 。

10. 如何才能使空调冷凝机组实现高效 ?

11. 正误判断 : 对小型系统进行排故时, 应首先安装高压侧和低压侧压力表。

12. 如果系统制冷剂充注量过_____, 吸入蒸气就会有较高的过热。

13. 如果吸气压力较低, 吸气管温热, 那么说明蒸发器_____。

    A. 满液 ;　　　　　　　　　　　　　B. 缺液。

14. 检测压缩机绕组是否导通, 应采用哪种电气测试仪表 ?

15. 检测压缩机的运行电流时, 应采用哪种电气测试仪表 ?

16. 大多数冷凝器均可将制冷剂过冷到制冷剂冷凝温度以下

    A. 0 ℉ ~ 5 ℉ ;　　　　　　　　　　B. 5 ℉ ~ 10 ℉ ;

    C. 10 ℉ ~ 15 ℉ ;　　　　　　　　　D. 20 ℉ ~ 25 ℉ 。

17. 固定口径的计量装置有哪两种 ?

18. 如果压缩机内未设置曲轴箱加热器, 那么系统内充注的制冷剂会出现什么情况 ?

19. 设置在压缩机电动机内的内置式过载保护器的作用是什么 ?

20. 如果冷凝器电路断路器跳闸, 应 :

    A. 将其复位 ;　　　　　　　　　　　B. 检查吸气压力 ;

    C. 检查高压侧压力 ;　　　　　　　　D. 检测压缩机电气部分各构件电阻值。

供冷空调系统的故障诊断表

现在, 许多家庭和商家都拥有空调 (供冷) 。这些系统主要在春、夏、秋季运行, 为室内人员提供舒适的环境。它一般与供暖系统相连接, 也可以是热泵系统的组成部分。这里仅讨论空调系统的控制部分。排故前, 认真倾听业主对机器运行、出现故障时的状态描述, 会对你就机器可能存在的故障做出正确的判断有所帮助。

故障	可能原因	处理方法	标题号
不制冷, 室外机组不运行, 室内风机运转	室外电闸开关断开 熔断器或断路器开路 连接线出现故障	闭合电闸开关 更新熔断器, 将断路器复位并确定故障 维修或更新损坏的连接线或接线端	41.12 41.12 41.9, 41.12
不制冷 ; 室内风机和室外机组均不运行	低压控制线路故障 A. 温控器 B. 内部连接, 连接线或接线端 C. 变压器	维修接线端, 更新温控器和 (或) 底座 维修或更新连接导线或接线端 如果损坏, 予以更新。**安全防范措施:** **因线路搭地或线圈短路, 会产生** **很大的电流**	 41.9 41.9 41.9

不制冷 ; 室内和室外风机运行, 但压缩机不运行	压缩机内置过载保护器跳闸
	A. 线电压过低
	
	B. 排气压力过高
	  1. 室外机 (冷凝器) 积尘
	  2. 冷凝器风机始终不转
	  3. 冷凝器内空气反复循环
	  4. 制冷剂充注过量
	C. 制冷剂充注不足, 电动机未能充分冷却
		
		调整电压并通知电力公司, 维修松脱
		  的接线端
		
		清洗冷凝器
		检查冷凝器风机电动机和电容器
		排除反复循环问题
		调整充注量
		调整充注量, 如果是因为泄漏, 应首先
		  维修泄漏
			
			41.9
			
			41.6
			41.6
			41.6
			41.6
			41.8

（续）

故障	可能原因	处理方法	标题号
室内盘管冻结	气流流动受阻	更新过滤器	41.5
		打开所有送风风门	41.5
		清理回风堵塞	41.5
		清理风机叶轮	41.5
		将风机转速调高	41.5
	制冷剂充注量不足	调节充注量。制冷剂如有走失,检修泄漏	41.8
	计量装置	更新或清洗计量装置	41.8
	过滤干燥器堵塞	更换过滤干燥器	41.8
	在未配置适当排气压力控制器的情况下,机组在环境温度较低的状态下运行	添置适当的低温环境排气压力控制器	22.17

第八篇　全天候空调系统

第 42 章 采用电、燃气和燃油制热的电驱动空调系统

教学目标

学习完本章内容之后,读者应当能够:

1. 论述全年空调运行的概念。
2. 讨论 3 种全年运行的空调系统。
3. 说出空气调节的 5 种方式。
4. 确定供冷系统的空气流量。
5. 论述供热系统空气量通常少于供冷系统原因。
6. 解释将供热季节风量转变为供冷季节风量的两种方法。
7. 论述增设的空调装置的两种控制线路连接方式。
8. 论述增设的空调装置。
9. 解释整体式全天候空调系统。

安全检查清单

1. 在电源附近操作时,由于随时有触电的可能,应特别小心。
2. 如果怀疑有燃气泄漏,排故前应保证在燃气炉周围有充分的通风。

42.1 全年舒适性空调系统

全年舒适性空调系统是指在整个一年中,能够对生活、工作区域提供全面采暖和舒适性冷却的空调系统。实现这一目标有多种方式,最常见的有:配置有电阻制热的电驱动空调系统;采用燃气制热的电驱动空调系统和带有燃油制热的电驱动空调系统。本章将论述这些系统组合后的运行过程,其中每一种独立系统均在前面的相关章节中曾做过详细论述。另一种常用方式是采用热泵,有关热泵的相关内容我们将在第 43 章"空气热源热泵"和第 44 章"地热热源热泵"中予以讨论。采用燃气制热的燃气空调系统应用很少,这是一种较为特殊的系统,本书不予论述。

42.2 空调调节的 5 个处理过程

所谓空气调节就是指对空气进行加热、冷却、去湿、增湿以及净化处理。本章主要论述如何在同一系统中对空气进行加热和冷却。这里所讨论的系统均称为空气强制循环系统,其冷热空气由供热系统中的风机强制地送入风管系统,然后再由风管将这部分空气分送至各空调区域。常规的全天候空调由电制热或燃气或燃油锅炉和设置于风管气流中的冷却蒸发器构成。图 42.1 为带有电制热的空调系统。设置于室内风管内的蒸发器与安装于空调区域之外的冷凝器机组由连接管线相互连接,见图 42.2。

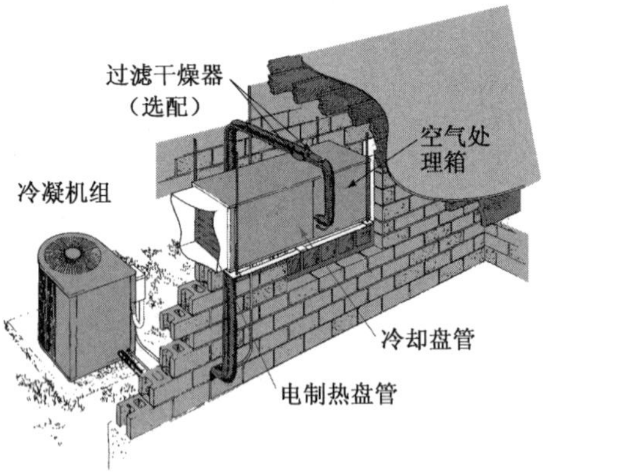

图 42.1 这是一个在风管中设有冷却盘管的常规电热系统,电热系统中的风机可分别用于供冷和供热时的空气循环(Climate Control提供)

42.3 空调装置的增设

许多系统往往都是分阶段安装的。燃炉很可能是建房时就一并安装到位的,而空调则有可能同时安装,也有可能是在以后增设的(增设空调装置)。最初在安装供热系统时,如果设想以后要增设空调装置,那么就必须事先考虑周全。

空调系统必须有适当的空气循环量。一般来说,其所需的空气量约为 400 cfm/ton,它稍多于普通强制对流的供热系统所需的空气量。例如,3 冷吨的供冷系统约需要 1200 cfm 的空气量。在现有供热系统上增设 3 冷吨的供冷装置,就必须根据新的风量要求配置空气量,同时,风管的规格也应根据此风量确定。

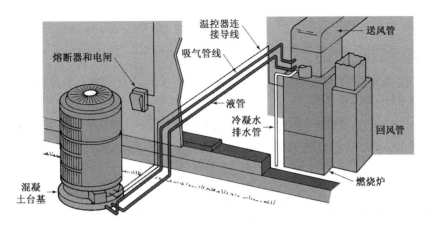

图 42.2　带有制冷剂连接管的完整系统装置。进出蒸发器的制冷剂由连接管连接至设于室外的冷凝机组上

42.4　现有风管的保温

在温热地区,人们在房屋底下的狭窄空间内安装采暖系统非常普遍,这种由温热风管向上排放的热量可以使地板温度上升,见图 42.3。有人认为房屋底下的热损失不可能完全消失,这是因为其中的部分热量仍可以上升,穿过地板进入室内。事实上,尽管风管系统不保温,但这种想法只有在房屋底下的狭窄空间完全封闭的情况下才能够成立。如果在此风管系统上增设空调系统(制冷),那么此风管表面就会出现结露。反过来,此风管在起点即予保温的话,那么此系统就会有更高的效率。

因此,如果带有空调装置的系统风量安装在空调区域之外,那么就必须予以保温;否则,系统在供冷运行期间,环境空气中的水汽就会在风管表面形成大量结露。此外,保温层还有助于防止风管内空气与环境空气产生热交换。

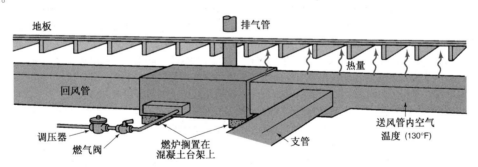

图 42.3　设置于房屋底下狭窄空间的风管不断向上排出热量

仅用于供热的常规风管系统如果需要增设空调装置,那么其风管系统和风机的规格与容量常常略显偏小。例如,某位客户决定要在原有风管系统上加装 3 冷吨的空调装置,他就必须在原有风管系统上增加 1200 cfm 的风量。一台常规的燃气炉要想获得理想的排风,必须要有 45 °F 的最小温升。对于 1200 cfm 的空气流量,燃气炉的最小规格为 58 320 Btu/h,最小标准燃烧炉的输出量为 50 000 Btu/h。

Q 为显热(Btu/h)。

cfm 为每分钟立方英尺空气。

1.08 为将 cfm 转换为磅/分钟空气量的常数。

TD 为送风和回风空气的温差。

$$Q = 1.08 \times \text{cfm} \times \text{TD}$$
$$Q = 1.08 \times 1200 \times 45$$
$$Q = 58\ 320\ \text{Btu/h}（输出热量）$$

采用 60 000 Btu/h 输出量进行计算:

$$\frac{60\,000}{0.8} = 75\,000 \text{ Btu/h（输入热量）}$$

即对于效率为80%的燃烧炉来说,此燃气炉输入热量应为75 000 Btu/h。

在温热气候地区,燃烧炉所需的输入热量可能仅为60 000 Btu/n。如果这是一台已经安装就位的燃气炉,那么如果其风管系统的规格仅按照供热气流确定的话,再加装需要1200 cfm空气量的3冷吨机组就可能出现流量的严重不足,此温升可能会达到70℉,即

$$\text{cfm} = \frac{Q}{1.08 \times \text{TD}} = \frac{60\,000}{1.08 \times 70} = 794（四舍五入为800）$$

显然,燃烧炉中的风机根本没有能力推动1200 cfm的空气量,因此,有些安装技术人员会安装一台更大的风机电动机(针对皮带驱动的系统)或更大的风机叶轮和电动机(针对直接驱动的系统)。事实上,这种方法并不为燃炉制造商所认同,因为这样往往会引起排风问题。即使技术人员能够在800 cfm的风管上实现1200 cfm的风量,那么也会因为空气流速增大而产生很大噪声。其替代方法应是降低空调负荷量,增大燃烧炉的规格,或安装一个能获得两组不同风机风量的风管系统,一组用于夏季供冷,另一组用于冬天供热。本章后面将讨论双速风机风管系统。

空调负荷可以通过加强阁楼通风、加装保温材料、安装屋顶窗、设置遮阳篷或用热板来予以降低。如果空调负荷可以在上述措施之下降低至2冷吨,那么空气流量就能降低至800 cfm,现有的燃烧炉、风管或许也就能适用于此空气流量,客户也能节省安装费用,这种情况往往会使客户感到满意。

对于常规的建筑物来说,也可以利用计算机负荷量计算程序来计算各种可能的情况。例如,在计算机上输入负荷计算公式,输入屋顶窗的相关系数,就能确定可减少的热负荷量,然后计算阁楼加强通风后所能减少的热负荷量,并以不同的组合反复计算,直至获得最为经济的组合方式。这样不仅可以为顾客在空调安装费上,而且还可以在每月的电费单上节省一大笔钱。

42.5　对现有风管系统的评估

当计划在原有燃烧炉系统上增设空调系统时,需要认真考虑的问题有:空气流量、风管系统和百叶窗出风口与送风格栅。

气流的分配曾在第37章"气流组织与平衡"有过详细论述。在安装空调装置之前,需要对已安装的供热系统,就是否需要对其气流的分配进行调整、系统中的空气量、风机规格和电动机功率进行评估和判断。空气处理箱或燃烧炉制造商往往是最佳的咨询对象,但也不一定能得到现成的答案。图42.4为评估人员和维修技术人员常用来确定常规系统风机容量的线图,其中风机叶轮的尺寸是一个重要因素。

风管系统也可以利用图42.4的评估线图进行评价。注意,此线图不能用于系统的设计,它只能用做评估或排故时的参考。评估人员或维修技术人员如果怀疑气流流量存在问题,那么可以查阅此线图,并将实际风管系统与线图上的相关数据进行比较。如果实际风管系统不能满足线图上的最低要求,就应做进一步检测。

例如,对于上述系统(燃炉输入容量为75 000 Btu/h,系统效率为80%,输出热量为60 000 Btu/h,空气流量为800 cfm),就可以采用图42.4所示线图进行评估。输入容量处于60 000～70 000 Btu/h时,对应此容量范围的燃炉,其空气需求量为700 cfm。如果增设2冷吨的空调装置,根据图42.4,其所需空气流量约为800 cfm,查右侧,即可求得风机功率数和风机叶轮的大小。将现有燃烧炉系统的数据与图中数据进行比较,显然,风机电动机功率太小。但如果风机叶轮尺寸大小适当,可以将其更换为能满足空调要求的更大功率的电动机。此图中,还可以找到风管规格大小的各种组合方式。对现有的"仅为供热"的风管系统进行测量可以使我们知道,其回风管的规格也同样偏小,需要将回风管的规格增大。再往右侧看,可以找到送风管的相关数据,这些数据也可以与实际系统的数据进行比较并做出调整,以满足改装后系统的要求。这种图表对于工作现场的检测非常有用。

用于气流最后分配的百叶窗送风口和送风口格栅的大小也非常重要。图42.4可以帮助你选择适当的回风格栅,关键是其空气流量能满足增设空调系统之前的最小风量。百叶窗送风口负责将气流分送至空调区域内,如果原装置的初衷只是用于供热,那么这种送风口就无法提供正确的气流模式,对于踢脚板式的出风口来说,其不足更加明显。如果这些出风口仅用于供热,那么其结构形式只能使空气紧贴地板表面。由于冷空气会始终滞留于地板上,因此这类出风口显然无法满足夏季供冷时的要求,见图42.5。应联系一家供应商,换用合适的送风格栅。

注意:当空气分送系统不能满足上述讨论线图中的最低标准时,就必须予以更新。如果不予更换,那么空调系统很可能会没有足够的风量,也就无法做到合理地分配。这样的更新可能会涉及增设新的送风管或回风管,或更新风机或电动机。由于这样的风管系统不容许有较多的空气在系统内反复循环,因此,改装后的系统很可

能需要相对于现有燃炉系统非常大的空气流量。由于燃烧炉热交换器不够大，此时采用新的燃烧炉很可能是唯一的解决方法。相比之下，要适应增设空调的需要，更换空气分送格栅通常还是比较容易的。

仅有供热的风管规格速查表（风管中不设冷却盘管）

输出容量（见注释）	所需的最小空气流量	送风管或加长的静压箱 @ 800 ft/min	对应CFM所需的最小平方英寸数（送风管截面积）	送风管最小数量 600 ft/min			最小尺寸	
				5"管段 80 CFM	6"管段 115 CFM	7"管段 155 CFM	回风管燃烧炉或空气处理箱 @ 800 ft/min	回风格栅（或当量值）@ 自由流动 500 ft/min
45 000~55 000	500 GFM	14"×18" 或 12"圆管	100	7	5	4	14"×18" 或 12"圆管	12"×12"
60 000~70 000	700 CFM	18"×8" 或 14"圆管	140	10	6	5	18"×8" 或 14"圆管	24"×10"
75 000~85 000	800 CFM	22"×8" 或 14"圆管	170	10	7	5	22"×8" 或 14"圆管	24"×12"
95 000~105 000	900 CFM	24"×8" 或 15"圆管	190	12	8	6	24"×8" 或 14"圆管	24"×12"
105 000~115 000	1100 CFM	22"×10" 或 16"圆管	220	–	10	7	22"×10" 或 16"圆管	30"×12"
125 000~150 000	1400 CFM	24"×12" 或 18"圆管	280	–	12	9	24"×12" 或 18"圆管	30"×14"
155 000~160 000	1600 CFM	1-35"×10" 或 20"圆管 或 2-22"×8"	360	–	14	10	32"×10" 或 18"圆管	30"×18"

注: 1. 指最大温升时的产热量（Btu/h）。
　　2. 燃气炉以输入量标定容量，额定输出容量为输出量的80%。
　　3. 燃油炉和电炉以输出量标定容量。

供热与供冷风管规格速查表
空调系统的容量不能仅根据面积来确定，但了解1冷吨空调
容量可以冷却的大致面积数有助于避免出现较大的计算错误

机组的原有设计容量	正常的空气流量（每冷吨 400 cfm）	燃炉		送风管或加长的静压箱 800 ft/min	送风管最小数量 600 ft/min				燃炉或空气处理箱处回风管最小尺寸 800 ft/min	回风格栅最小规格（或当量值）@表面流速 500 ft/min
		风机电动机（H.P）	风机叶轮直径×宽度		5"管段 80 CFM	6"管段 115 CFM	7"管段 155 CFM	3½"×14" 170 CFM		
1½冷吨 18 000 Btu/h	600 CFM	1/4 hp	9"×8" 10"×8"	16"×8" 或12"圆管	8	5	4	4	16"×8" 或12"圆管	24"×8"
2冷吨 18 000 Btu/h	800 CFM	1/4 hp	9"×9" 10"×8"	22"×8" 或14"圆管	10	7	5	5	22"×8" 或14"圆管	22"×12"
2½冷吨 30 000 Btu/h	1000 CFM	1/3 hp	10"×8" 10"×10" 12"×9"	20"×10" 或18"圆管	13	9	7	6	20"×10" 或16"圆管	30"×12"
3冷吨 36 000 Btu/h	1200 CFM	1/3 hp	10"×8" 10"×10" 12"×9"	20"×10" 或18"圆管	–	11	8	7	24"×10" 或18"圆管	30"×12"
3½冷吨 42 000 Btu/h	1400 CFM	1/2 hp 3/4 hp	10"×8" 10"×10" 12"×9" 12"×10"	24"×12" 或18"圆管	–	12	9	8	24"×12" 或18"圆管	30"×14"
4冷吨 48 000 Btu/h	1600 CFM	1/2 hp 3/4 hp	10"×10" 12"×10" 12"×10" 12"×12"	32"×10" 或20"圆管	–	14	11	10	28"×12" 或20"圆管	30"×18"

图 42.4　风管规格估算表。此表中含有许多系统特性参数，包括仅有供热以
及热、冷组合的常规系统的回风管特性参数（Trane Company 2000提供）

42.6　供冷与供热的空气量

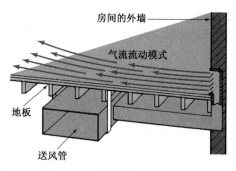

图 42.5　侧墙低端不适宜作
为供冷的出风口

一般来说,冬季的送风量相对较小,而且通过格栅排入室内的空气温度也较高。如果冬季采用 400 cfm/ton 的空气流量,那么进入室内的空气温度只能是温和而不是温度很高的空气。对燃气炉和燃油炉来说,要获得适当的排风温度,就必须有适当的空气流量。过大的空气量会使燃烧产生的温度降低,继而产生冷凝。空气量可以通过风门或多转速的风机进行调节。

风门通常由初装时的承包商进行安装。风门均设有夏季和冬季位置,有些系统必须在季节变化时调整风门的开启大小。但由于这样的调整常常被人们忽视,所以有些承包商在风管上安装一个低压的尾端开关,只有当风门处于夏季位置时,此尾端开关才能使供冷接触器得电,见图 42.6。

风机转速的变换可以通过调整风机电动机皮带轮的大小或采用多速电动机来实现。当新季节来临时,在必须通过调整皮带轮大小来改变风机转速的情况下,维修技术人员必须每年两次上门进行调整,同时要更新空调过滤器和为电动机加油润滑。对于这样的空调装置,这是每年的常规服务项目。更换皮带轮不是业主可以完成的工作,除非业主具有这方面的工作经验。多速电机则针对每一转速有一个绕组抽头,见图 42.7。

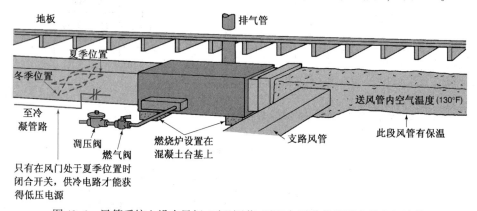

图 42.6　风管系统上设有风门,可以调节,可以在夏季获得更大的空气流量

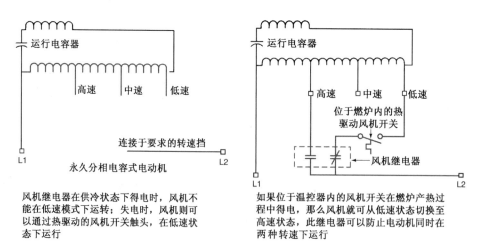

图 42.7　三速风机电动机的电路图

42.7　供冷与供热时的控制电路

全年运行的空调机组,其另一个需要考虑的问题是控制电路。机组的控制系统必须能在适当的时候控制供

热或空调机组的启动与运行。注意,绝不能在供冷系统运行的同时启动供热系统。温控器是实现这一基本要求的控制器。图 42.8 是一种季节变换时采用人工切换的"制热 – 制冷(HEAT-COOL)"常规温控器,图 42.9 是一种具有自动切换功能的"制热 – 制冷(HEAT-COOL)"温控器。

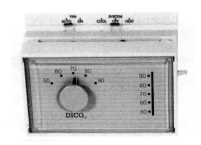

图 42.8　常规的"制热 – 制冷"温控器(Bill Johnson 摄)

图 42.9　能从供冷状态自动切换为供热模式的温控器(Bill Johnson摄)

42.8　两个低压电源

控制电路可以有一个以上的低压电源,这种情况往往会给正在设法排除某一故障的技术人员带来很大困惑。如果供热系统安装在前,空调系统安装在后,就可能有两路电源。燃烧炉在供热模式下运行时必须要有低压变压器,而加装空调系统时,由于空调制造商并不知晓燃烧炉上配置的低压电源是否适用,空调机组上一般也配置变压器。为了向压缩机接触器线圈和风机继电器线圈提供足够大的电流,空调系统一般都配置 40 伏安的变压器,而大多数单一功能的燃炉仅需要 25 伏安的变压器,且往往只配置一个变压器。

采用两路电源时,必须对温控器及其底座上的线路连接关系进行调整。一种方式是将两路电源相互分离,另一种方法是通过调相将两个变压器并联。**安全防范措施:**如果将两个变压器分立,两火线应同时接入温控器的底座上。此时,两电路必须保持分离状态,否则就会出现问题,见图 42.10。由于此时很容易出现电击,因此在电源附近操作时应特别小心。注意:供热变压器的一条电源线处于供冷电路中,不接触另一端线头,一般不会出现任何问题。

42.9　两低压变压器的定相

注意:并联时,两变压器必须保持同相,否则两变压器就会出现反相位,见图 42.11。

确定是否同相的最好办法是用电压表连接在两变压器的火线端上,在图 42.12 所示的电路图中,也就是 RC 和 4 接线端。如果电压表显示为高电压,约为 50 伏,则说明两变压器不同相;如果两变压器火线端的读数为 0,即说明两变压器同相。如果不同相,

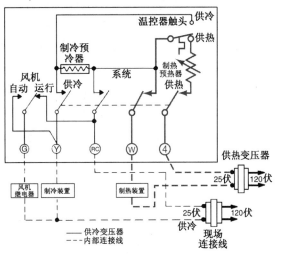

图 42.10　集成式机座的温控器电原理图(WhiteRodgers Division,Emerson Electric Co. 提供)

只要将初级线圈或次级线圈的两引出线段对换即可,见图 42.11 和图 42.12。

42.10　加装风机继电器

在现有供热系统上加装空调装置时,燃烧炉上一般不可能有启动风机的风机继电器。大多数矿物燃料炉(燃油或燃气炉)都能在供热模式下,利用热动型风机开关启动风机,而无法在供冷模式下启动风机。也有些电热炉在机内设有风机继电器。如果未设有风机继电器,在加装空调装置时,就必须加装一个独立的风机继电器。此继电器有时候也带有控制变压器的组件方式配置,这种组件常称为"变压器继电器组件"或"风机中心",见图 42.13。风机继电器一般由温控器的 G 接点进行控制。

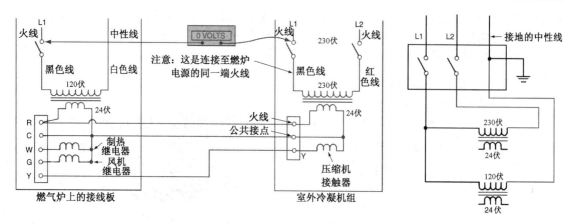

图 42.11　两变压器的并联连接

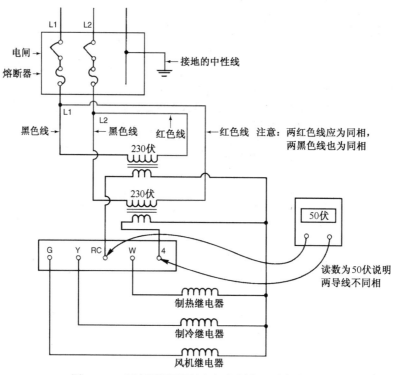

图 42.12　两变压器不同相时,电压表显示高电压

　　　　　　安全防范措施:风机继电器既是低压电路的一部分,也是高压电路的一部分,带电操作时应采取适当的防范措施。

42.11　新型全天候系统

　　当全天候系统作为原装系统安装时,上述事项应在安装初始即予认真思考,做出正确的选择。其中,风网总是针对供冷系统进行考虑的,因为它需要更大的空气流量。

　　新式全天候系统有分体式机组,也有整体式机组。如果为分体式机组,常采用燃气、燃油或电加热炉作为热源,电驱动空调装置用于供冷。整体式机组则采用燃气或电加热供热,电驱动空调装置供冷。热泵也有整体式系统,我们将在下一章中讨论。

图 42.13　变压器和风机继电器组合件(Bill Johnson摄)

42.12 全天候分体式系统

全天候分体式系统的安装方法与根据供冷空气量确定风管规格的"单一燃炉"系统相同。切记:供冷系统必须要有比单一供热系统更大的空气流量(ft^3/min, 即 cfm)。为了在供冷模式下获得较为理想的气流分布,对风管的布局及气流的分配必须认真思考。大多数燃烧炉制造商都能提供与其燃烧炉相匹配的供冷盘管组装件,由于这些盘管都有自己独立的保温箱体,能非常理想地与燃炉配套,从而获得最佳的气流量,因此,采用与燃烧炉配套的盘管组件往往是上策,但采用配套的盘管组件时,由于为安装盘管组件需要对现有风管进行修剪,安装时比较麻烦且费时。

42.13 全天候整体式(独立式)系统

整体式机组采用燃油制热并配置空调供冷的系统很少,其大多为燃气制热、配置电驱动空调供冷,或是电制热、配置电驱动空调供冷,见图42.14,其安装方式与电驱动的整体式空调机组相似。其安装方法可参见第38章"空调设备的安装"。这种采用燃气的机组均必须安装燃气管线,而且与燃气式整体机组一同安装的烟道管是必不可少的构件,是整个机组的一部分。这些机组时常称为"燃气组",见图42.15。

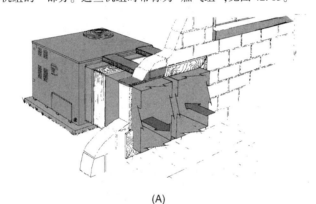

(A)

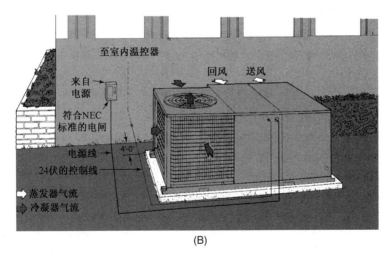

(B)

图 42.14 两种外观上比较相似的整体式机组:(A)燃气炉用于供热,电驱动空调机组供冷;(B)电制热、配置电驱动空调供冷((A)Climate Control 提供,(B)Carrier Corporation 提供)

42.14 全天候系统的电路

全天候系统的电路除了拖动电加热器所需的电源外,其他均与常规空调系统相似,见图42.16。其控制电路除了温控器与整体式机组间的电路外,其他与燃气炉和电驱动空调系统几乎完全相同。对于分离式燃烧炉,其常规电路则不需要考虑。

42.15 全天候系统的维修

整体式机组的整个系统均设置在室外,这在安装上具有明显的优势。**安全防范措施**:由于泄漏的燃气均消散在室外,这样就可以基本消除由燃气泄漏引起的危险。技术人员也无须爬阁楼、钻到房间底下检修机组,所有的控制线路均设置在机组上,这给检修也带来很大的方便。图42.17为其中一种常规机组。

例如,当需要检修压缩机或膨胀装置时,由于这些构件均设置在一个机体上,触手可得,从而可以使整个维修操作过程大为简化。要检修各种构件,只需将相应的面板打开即可。

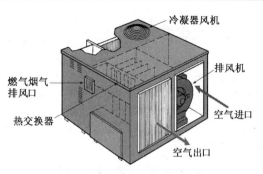

图42.15　整体式燃气机组上的烟道出口(Climate Control提供)

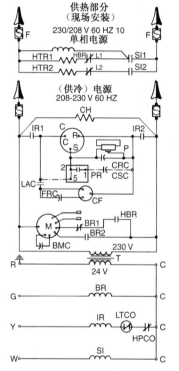

元器件标记

BMC　风机电动机电容器
BR　风机继电器
C　压缩机
CF　冷凝器风机电动机
CH　曲轴箱加热器
CRC　压缩运行电容器
CS　排风机离心开关
CSC　压缩机启动电容器
EM　排风机电动机
F　熔断器
FC　风机控制热保护器
FRC　风机运行电容器
FT　风机定时器
GV　蒸气阀
HBR　风机继电器（供热）
HPCO　高压压力开关
HR　加热器继电器
HTR　电热器
IR　压缩机接触器
L　限压装置
LAC　低温环境控制器(0°F)(所有RD/RG-D机组和所有R-H/RG-H三相机组)
LTCO　低温开关(50°F)(所有R-H/RG-H单相机组)
M　风机电动机
P　PTC标准启动助力装置
PPK　过排风热保护器
PR　电压继电器
PR+
CDC　选配的起动助力装置（替换"P"）
SI　程序器
T　变压器

图42.16　电制热和电驱动空调整体式机组的电路图(Climate Control提供)

当技术人员上门对全天候系统进行排故时,冬天往往是供热问题,而在夏天,则常常是供冷故障,很少有在供冷季节要维修制热故障的,同样,也很少有在供热季节要检测制冷问题的,这是因为各路控制器均相互独立。唯有空气过滤器积垢、积尘在供冷或供热行将结束时不会出现,而是在下一个季节中温度出现峰顶或低谷时经常出现的一种故障。例如,当一位业主在供热季节结束时不更新空气过滤器,那么在开始的一段时间内,机组可以正常地供冷,但等到机组在最初的炎热天气下连续长时间运行之后就会出现问题。这是因为当机组运行时间较短时,因过滤器积垢而导致机组在冰点以下温度运行的时间不长,在盘管冻结之前,机组即停止运行,但当运行时间较长时,盘管就会在室内温控器关闭机组之前,形成严重冻结。

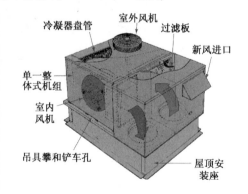

图42.17　带有屋顶安装座的常规整体式机组(Climate Control提供)

反过来,如果在供冷季节结束时未更换空气过滤器,那么也会出现同样的问题,尽管供冷机组不再有可能在温控器关闭机组之前有较长的运行时间,进而导致严重冻结。当供热季节开始后,在气温还比较暖和情况下,燃烧炉等均能正常工作,表面看来,相安无事,但当气温逐渐下降时,就会出现各种各样的问题。**安全防范措施:**当气温逐渐下降,燃烧炉的连续运行时间也不断延长时,燃烧炉很可能会在高温限温控制器关闭之前出现过热现象。如果一位技术员在供冷季节结束时上门检修供冷系统的相关故障,那么必须要完成的一项工作是启动供热系统,以确认供热系统是否能正常运行。

全年运行的空调系统中,有关增湿器和空气清理器等其他构件,我们曾在第 6 章予以讨论,这里不再赘述。

本章小结

1. 有时候,在现有供热系统上需增设供冷的空调装置,这种方式常称为制冷装置添装。
2. 供热和供冷季节常常需要不同的空气量。供热季节空气量减少时,在终端装置上排出的空气温度较高。
3. 通过调节风门和采取不同的风机转速,就可以获得不同的风量。
4. 控制电路很可能出现两个变压器,一个配置在燃烧炉上,另一个则配置在空调机组上。
5. 当出现两个电源(变压器)时,此两路电源既可以在温控器上相互独立,也可以同相互并联。
6. 整体式全天候系统一般由燃气热源和电驱动空调供冷装置构成,也有由电制热和电驱动空调供冷构成的。

复习题

1. 所谓空气调节,就是对空气进行_____、_____、_____、_____和_____处理。
2. 常规的全天候系统可以由_____、_____构成,也可由带有设置在气流中的供冷蒸发器的_____燃炉构成。
3. 一般来说,空调系统需配置的空气流量为_____ cfm/ton。
4. 如果增设空调装置,风管又设置于空调区域之外,那么在供冷运行过程中,风管上就会_____,即形成水汽。
5. 增设空调装置时,必须考虑哪几个问题?
6. 供热系统与供冷系统相比较,它需要_____。
   A. 更少的空气量;　　　　　　B. 更大的空气量;　　　　　　C. 几乎相同的空气量。
7. 添加的空调装置热负荷可以通过下述方法予以降低:
   A. 增隔热层;　　B. 安装屋顶窗;　　C. 设置遮阳篷;　　D. 所有上述措施均可。
8. 说出两种可以使风机具有多种转速的方法。
9. 用何种仪表来确定两种变压器是否同相?
10. 供热季节,风管内风量过大往往会导致燃烧的生成物太_____,并出现冷凝。
11. 对于燃气炉和燃油炉来说,要想获得适当的_____,供热季节中风管内必须有适当的风量。
    A. 排风;　　B. 吸收;　　C. 电源定相;　　D. 维持火焰。
12. 为使压缩机接触器和风机继电器得电,大多数空调系统需配置能提供足够电流量的_____的变压器。
    A. 208 伏;　　B. 230 伏;　　C. 30 伏安;　　D. 40 伏安。
13. 供热与增设的空调系统的两个变压器并联时,两者必须
    A. 同相;　　　　　　　　　　B. 不同相;
    C. 相互接替动作;　　　　　　D. 同处于一个电路,并具有同样大小的电流。
14. 新式全天候系统中,风管的规格大小依据_____进行设计。
    A. 供冷系统;　　　　　　　　B. 供热系统。
15. 整体式全天候系统有何优点?

第43章　空气热源热泵

教学目标

学习完本章内容之后,读者应当能够:

1. 论述逆向运行的热泵。
2. 说出逆向运行热泵的构件名称。
3. 解释四通阀的作用、结构与工作过程。
4. 叙述热泵的各种热源。
5. 对电制热与热泵供热进行比较。
6. 叙述确定热泵效率的方法。
7. 根据管线温度确定热泵是处于供冷还是供热状态。
8. 讨论热泵各构件的专用名词。
9. 定义效能系数。
10. 解释辅助热源。
11. 论述空气 – 空气热泵的控制程序。
12. 论述提高热泵系统效率的方法。
13. 讨论针对热泵系统推荐的预防性维护方法。

安全检查清单

1. 安装带有保温层的风管或在玻璃纤维周围操作时,必须佩戴手套和护目镜,并穿上能完全覆盖皮肤的服装。如果空气中含有玻璃纤维颗粒,必须戴上能遮盖鼻、口的面罩。操作玻璃纤维保温材料时,为避免对皮肤的刺激,不要穿短袖体恤或短衬衫。
2. 工作中操作金属风管、面板和紧固件时,应注意不要割破手指。
3. 在房顶或其他危险位置安装机组时,应采取各种安全预防措施。
4. 对热泵的各种电器构件进行排故时,必须注意各项安全警示标志。当机组设置于狭窄区域,人体又必须触地时,应注意不要使身体成为电流接地的通道。
5. 对电源进行检测时,只有在迫不得已的情况下才能带电操作,其他时候必须将电源切断。切断电源后,电闸箱必须上锁,挂上告示牌,并把仅有的一把钥匙放在自己口袋内,这样,在操作过程中,其他人就无法接通电源了。
6. 对室外机组进行检测时,如果环境比较潮湿,应特别小心。
7. 安装压力表连接管或移动制冷剂时,必须佩戴手套、护目镜,并穿上工装以保护皮肤,因为制冷剂会冻伤皮肤和眼睛组织。此外,高压制冷剂还可能渗入皮肤,将微粒吹入眼睛。
8. 温度较高的排气管会灼伤皮肤,应注意避免碰到热蒸气管。
9. 如果用水来融化室外机组上的盘管结冰,那么应首先切断电源,并对所有电器件进行保护。之后,如果需在带电状态下进行排故,千万不要站在积水处。
10. 对任何设备进行安装、维护或排故时,应始终注意常规标志与警示符号。作为技术人员,应知道操作中你始终处于潜在危险中,制冷剂、触电、旋转中的设备、温度较高的金属件、比较锋利的金属片以及提升重物等都具有一定的危险性。

43.1　逆循环制冷

像冷柜一样,热泵是一种制冷设备。制冷是指将热量从不需要之处排除,然后将其排放至一个无关紧要或对环境毫无影响的地方。事实上,这部分热量还可以予以回收,排放至一个想要的地方。这就是热泵与供冷空调之间最大的区别之一。空调只能单方向转移热量,而热泵则是可以双向转移热量的制冷系统,它通常可以用于室内空调,既可供热,又能供冷。

所有压缩循环的制冷系统,从转移载热蒸气的角度来说都是热泵。热泵中的蒸发器将热量吸入制冷系统,然后由冷凝器将吸入的热量排出,压缩机泵送载热蒸气,计量装置则用于控制制冷剂的流量。对于压缩循环的制冷设备来说,这四大件——蒸发器、冷凝器、压缩机和计量装置——都是必不可少的构件。而在热泵系统中,除了这四大件之外,还需要配置一个用于控制热流方向的四通阀。但是,当从供冷模式转变为供热模式时,室内的蒸发器就变成冷凝器,而室外的冷凝器就变成了蒸发器,许多人采用专业术语,把它称为"逆循环热泵"。

43.2 热泵的冬季热源

常规家用制冷系统通过蒸发器将热量吸入制冷系统,然后通过冷凝器将这部分热量排向室外。当室外温度为95℉或更高时,室内温度往往处于75℉左右。在夏季,空调机需要从较低温度的室内将热量转移至较高温度的室外,也就是说,它是将热量向高温处转移。同样,设置在超市内的冰柜,为了将冰淇淋冷却至 – 10℉,使其冻硬,就需要从0℉的冰淇淋上吸取热量,排出的热量可以在冷凝器附近的热空气中感觉到。这一例子可以说明,即使在温度为0℉的物质上,也有可以利用的热量,见图43.1。只要不冷却至 – 460℉,任何物质都含有热量。关于热的程度概念,可参阅第1章"热学理论"。

如果可以从0℉的冰淇淋上获取热量,那么也可以从0℉的室外空气中获取热量。常规热泵正是依据这样的原理运行的。在冬季,热泵从室外空气中获取热量,然后将这部分热量排入空调区域内,为房内供热(实际上,即使0℉的空气,仍含有85%左右的可用热量),因此,把这种热泵称为空气 – 空气热泵,见图43.2。在夏季,热泵就像常规的空调机一样,将热量从室内排出,然后送至室外排放。从室外机组来看,空气 – 空气热泵就像一台集中式供冷空调机,见图43.3。

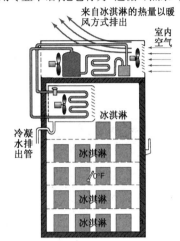

图43.1 此低温冷柜可以从0℉的冰淇淋上排出热量。当然,从冰柜后端排出的热量中,有一部分来自冰淇淋

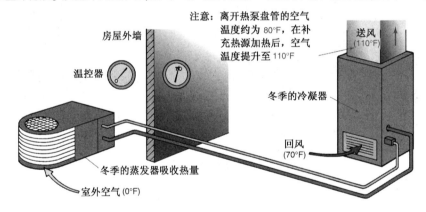

图43.2 空气 – 空气热泵从0℉的室外空气中吸收热量,用于室内冬季供热

43.3 四通阀

热泵所采用的制冷原理与前面讨论的完全一样,但为了使制冷设备能够实现双向泵送热量,就必须增加一个新的换向装置。从图43.4中的空气 – 空气热泵系统可知:在夏季,热泵需将室内空调区域内的热量泵送至室外;而在冬季,则要把室外的热量移送至室内,见图43.5。这一换向操作由一个称为"四通阀"的专用构件来实现。这种阀最好用下面的方法来论述:由制冷系统吸入的热量由压缩机推动在系统内移动,然后在排出蒸气中集中、浓缩,然后由四通阀切换排出蒸气和热量的流动方向,或对空调区域进行加热,或对空调区域进行冷却。图43.6为四通阀的实际应用情况。四通阀受室内温控器上选择开关设定的"制热(HEAT)"或"制冷(COOL)"位置控制。

图43.3 空气 – 空气热泵的室外机组,它从室外空气中吸收热量,用于室内供热(CarrierCorperation提供)

地热热源热泵上也采用同样的四通阀,使机组能以两个不同的方向传送热量。地热热源热泵的内容将在第44章论述。

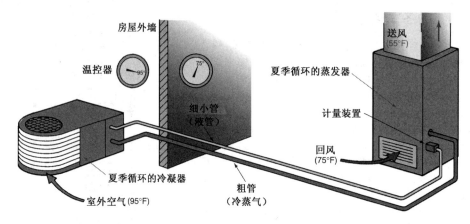

图 43.4 空气-空气热泵将热量从室内移送至室外

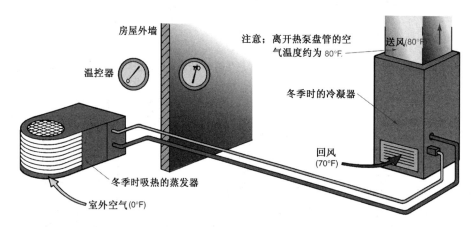

图 43.5 在冬季,热泵将热量移送至室内

四通阀实际上是组装在同一个阀体内的两个阀门,其控制电路控制着由细小管路连接至阀体外侧的小电磁阀,见图 43.6(A)。此小阀控制着大阀体内的流通方向,因此常被称为先导阀。此阀的移动又受作用于阀大端内活塞上压差的控制,其活塞则在大阀体内前后滑移。小阀得电后将高压蒸气送入活塞的一端,如果活塞滑向左侧,那么整个系统就处于供热模式之下,见图 43.6(B)的上端。当电磁阀失电时,此压力即作用于活塞的另一端,活塞滑向右侧,整个系统即切换为供冷模式。这也就是启动热泵后,随着系统内压力差的逐渐形成,有时候可以听到活塞换位声响的原因。

对于四通阀的检测方法,我们将在本章后半部分做详细的论述。由于四通阀 3 个接头均处于同一侧,因此,四通阀一旦出现故障,更换起来非常困难。而且这些接头往往是系统上最大的管接头,且相互非常靠近。在阀体附近,既无法使用切管器,也不能用钢锯来拆除四通阀,这是因为锯屑很容易留在系统中,对压缩机造成不利影响,且滑阀机构的配合空隙非常小。采用单头焊枪又很难熔化高温焊合金。这些接头必须同时加热管接头的两端,使它的温度达到一定程度后自行脱落才能熔脱一个管接头,等到第三个接头熔脱时,此四通阀的阀体温度已非常高了。相比之下安装新阀时,要将 3 个管接头全部连接在一起可能更难。焊枪制造商一般都生产带有多个火焰头的枪头,它更适合于这样的场合,当然,其操作效果如何还取决技术人员本身。切记,四通阀阀体内设有一个滑动的活塞,它依赖一个尼龙密封圈滑动,而此尼龙密封圈的熔点很低,因此阀体必须保持在尽可能低的温度下,特别是安装新阀时。焊接时,可以用散热胶或用湿润的布条裹住阀体,使阀体保持在较低的温度状态,见图 43.7。在加热接口时,如果旁边有人可以帮忙,可让他将水缓慢地滴在布条上。排气管一般为小管径管且在阀体的另一侧,又因为是一根独立的接管,因此不会出现问题。

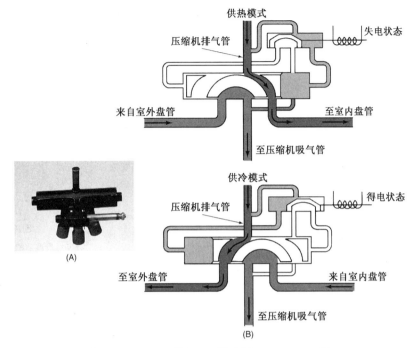

图 43.6　（A）四通阀;（B）管路图（Bill Johnson 摄）

如果离开阀体一段距离处有足够的空间可以采用切管器,且系统具有可添加的铜焊管接头,那么在通常情况下,最好还是采用切割器断开连接管,见图 43.8。用这种方法可以得到一个非常漂亮的接口,甚至在有充分散热的情况下可将四通阀夹持在台钳上,用铜焊将连接管接入四通阀。清理老接口是一项非常重要的工作,老接口上的所有填充材料必须在插入阀体之前全部清除干净,见图 43.9。银铜填充材料一般很难去除,必须用锉刀锉削,同时必须在管口放置塞头,以防止锉屑进入管内。当这些连接管还在系统上时,往往很难全面地清理这些管接头。

图 43.7　阀体用湿润的碎布条裹扎,然后不断地将水滴在布条上,使阀体保持较低的温度

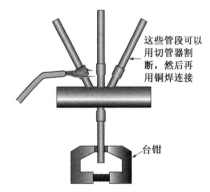

图 43.8　将阀体和接管夹持在台钳上,然后进行焊接。切记:焊接时,必须使阀体保持在较低的温度。阀和接管也可以在机组上对接管进行切割、相互配合后连接安装

43.4　热泵的种类

空气并非是热泵获取热量的唯一来源,但它是应用最为广泛的一种热源。热泵最常见的热源是空气、水和大地。例如,位于大湖边上的建筑物可以从湖水中采热并把它移送至建筑物内。当然,这样的湖泊必须足够大,湖中的水温不会有明显的下降。这种系统称为水 – 空气热泵。水 – 空气热泵也可以利用井水,见图 43.10。如

果采用水作为热源,就必须考虑水使用过后的排放问题,除非它是一个封闭的循环系统。常规的水－空气热泵供热运行时每分钟需要 3 加仑的水,供冷运行时每冷吨(12 000 Btu/h)则需要 1.5 加仑的水。水－空气型热泵将在第 44 章讨论。

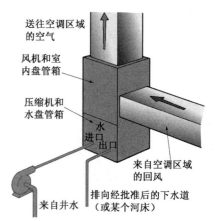

图 43.9　接管从阀体接口处拔出时带有残留的银焊料。这种焊料很难清洗干净

图 43.10　水－空气热泵从井水中吸取热量

43.5　太阳能热泵

人们一直在探索逆向运行热泵的热源,太阳能热泵就是其中的一例。这种热泵能够从太阳的辐射热中获取热量,并将这部分热集聚、提升到一定的温度后用于为住宅供热,也有些制造商正在设计专门用于这一目的的系统。由于空气－空气热泵的使用最为普遍,本书仅详细论述热泵的基本循环和空气－空气热泵。

43.6　空气－空气热泵

空气－空气热泵非常类似于集中式空调系统,它由室内系统构件与室外系统构件组成一个完整的系统。在讨论常规的空调系统时,这些构件通常被分别称为蒸发器(室内机组)和冷凝器(室外机组),这种称法仅适用于空调,而不能用于热泵。

热泵中的系统盘管也有新的名称:服务于室内位置的盘管称为室内盘管;设置于房屋外的机组称为室外机组,它含有室外盘管,其原因在于:在供热模式下,室内盘管是一台冷凝器,而在供冷模式下,它又是一台蒸发器;在供冷模式下,室外盘管是一台冷凝器,而在供热模式下,它又成为一台蒸发器。这都是由热蒸气的流动方向决定的。在冬季,热蒸气流向室内,将热量向空调区域排放,而这部分热量必须来自于室外机组,因此,室外机组就是一台蒸发器。图 43.11 是说明热蒸气流动方向的一个例子。系统的运行模式可通过轻轻触摸连接至室内机组的蒸气管温度即可方便地确定。**安全防范措施**:如果此管线温度很高(最高可达 200 ℉,因此要小心),那么此机组一定会处于供热模式下。

像供冷设备一样,热泵也有分体式系统和整体式系统两种。

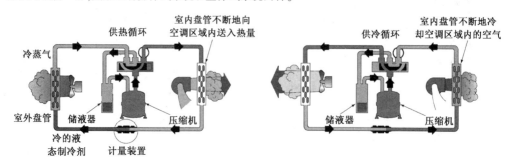

图 43.11　热泵的制冷循环可以有两种不同的制冷剂蒸气流动方向(Carrier Corporation 提供)

43.7 制冷剂管线的辨认

当一台空气－空气热泵为分体式机组时,除了有新的名称外,室内机组与室外机组间同样需要相互连接的管线。由于大管径管始终为蒸气管,因此称为蒸气管。在常规的空调机组中,此管线常称为冷蒸气管或吸气管。然而在热泵系统中,无论在夏季[称为吸气管(或冷蒸气管)]还是在冬季[称为热蒸气管],它始终是一根蒸气管,见图43.12。

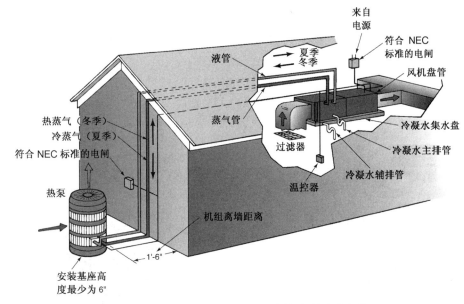

图 43.12 分体式机组的制冷剂连接管,粗管为蒸气管

细小管,无论是在夏季还是在冬季,它都是液管,因此,它仍保留原有的名称。当然,液管线中,在夏季运行和冬季运行两种状态下会有些变化。在夏季,液态制冷剂流向室内机组,而在冬季,则流向室外机组,见图43.13。就供冷来说,此管线具有同样的规格大小,改变的仅仅是液态制冷剂的流动方向。

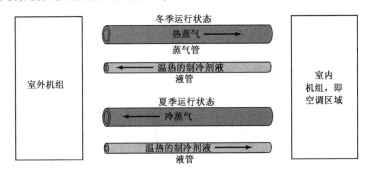

图 43.13 在夏季和冬季运行状态下,细小管均为液管

43.8 计量装置

季节变换后,由于液态制冷剂的流动方向也随之改变,因此,制冷系统中的少量构件也稍做改变。由于室内机组和室外机组都必须要有计量装置,因此,热泵上需要采用与常规空调机组不同的计量装置。例如,当机组处于供冷模式时,其计量装置处于室内机组上,当系统转变供热时,计量装置就必须为室外机组计量制冷剂。它可以采用不同的计量装置以多种不同的组合方式来实现。

43.9 热力膨胀阀

热力膨胀阀(TXV)是最早广泛应用于热泵的计量装置。由于这种计量装置仅允许液态制冷剂朝一个方向流动,因此,它必须采用单向阀与此计量装置并联,以便机组在另一运行模式下运行时,制冷剂能绕过此计量装置流动。例如,在供冷模式下,此膨胀阀需要计量流向室内机组的液态制冷剂的流量,而当系统切换为供热模式时,室内机组即转变为冷凝器,液态制冷剂就需要能够自由地流向室外机组。在冬季,液态制冷剂流过单向阀,而在夏季运行状态下,则由热力膨胀阀进行计量,见图43.14。

注意:用于热泵的热力膨胀阀感温包必须仔细挑选。当膨胀阀感温包设置于蒸气管上时,常规热力膨胀阀的感温包很可能会出现温度太高的问题。由于热蒸气管经常会达到200℉,如果常规膨胀阀的感温包处于这样的高温之下,则很容易损坏,见图43.15。

用于热泵的热力膨胀阀,其感温包中含有少量的制冷剂。回忆一下第24章"膨胀器件"的相关内容:含有少量制冷剂的感温包不会随着热量的持续加入而使压力不断上升。这种感温包仅能产生一定量的压力,它不会随热量的不断加入使压力有明显上升。

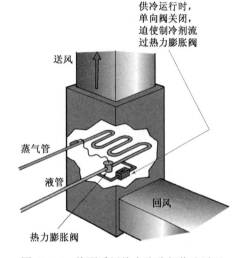 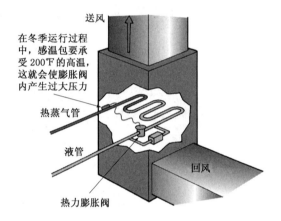

图 43.14　热泵采用热力膨胀阀作为计量装置时的管接图。注意单向阀

图 43.15　用于热泵的热力膨胀阀必须仔细选择,如果将一个普通的热力膨胀阀感温包安装于蒸气管上,那么它就会产生足以使阀内膜片断裂的压力

43.10　毛细管

热泵也采用毛细管计量装置。这种计量装置允许制冷剂双向流动,但其应用方法却与常规方式不同,这是因为在夏季与冬季所需毛细管的规格大小不同。热泵上的毛细管可以有多种应用方式,其中一种是采用单向阀来切换流向,如果采用这种方式,一般就需要有两组毛细管,见图43.16。

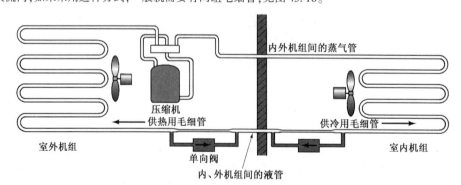

图 43.16　采用毛细管计量装置的热泵。注意管路中的单向阀和两组不同规格的毛细管

43.11　计量装置的组合

有时候,热泵上也采用两种计量装置的组合方式。一种较为常见的组合方式是采用毛细管作为夏季运行时

的室内计量装置,并用单向阀与之并联;用于冬季运行供制冷剂反向流动时,室外机组上则采用热力膨胀阀并联一个单向阀。这种系统由于仅在夏季运行模式下采用毛细管,因此其系统效率较高,也由于在夏季运行中其负荷量也几乎不变,因此,对于夏季运行来说,此计量装置的效率也较高。在冬季,室外盘管上采用热力膨胀阀。由于冬季的运行状态相对不太稳定,因此,在冬季运行状态,采用热力膨胀阀具有较高的效率。由于热力膨胀阀可以在有需要的情况下增大其计量孔口,在这种系统上,它可以比毛细管更快地达到最大效率点,这就可以使蒸发器在运行周期一开始就充满制冷剂。这种组合形式可以充分利用各自的特长,见图43.17。

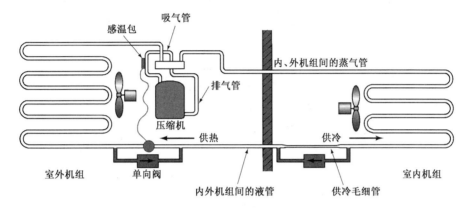

图 43.17　此系统的室内机组采用毛细管,室外机组采用热力膨胀阀,热力膨胀阀的感温包安装在压缩机的吸气管上

43.12　电子膨胀阀

电子膨胀阀有时也用于热泵系统。如果某热泵为室内盘管与室外机组比较靠近的紧连式机组,如果整体式机组(在第24章曾有论述),就可以采用单个电子膨胀阀。紧连式机组上最适宜采用这种膨胀阀的原因在于可以计量两种不同流向的制冷剂,而且,如果液管线较长,它还可以进行保温。这种阀可以计量两种流向的制冷剂量,而且能在供热和供冷模式下维持压缩机公共吸气管处适当的过热量。此时,可以将传感元件设置在压缩机之前的公共吸气管上,以维持正确的制冷剂流量。

43.13　固定孔板计量装置

热泵制造商采用的另一种常见计量装置是流量装置和单向阀的组合装置。这种装置允许制冷剂朝一个方向大流量流动,但阻止反方向流动,见图43.18(B)。分体式系统必须有两组这样的装置——一组位于室内盘管上,另一组设置在室外盘管上。由于这两个盘管具有不同的流量,因此设置在室内机组上的计量装置,其口径要比安装于室外盘管上的大,这是因为在正常情况下,夏季运行需要更多的制冷剂。采用这种计量装置时,如果需要在现场维修,液管上一般需采用双流道的过滤干燥器。

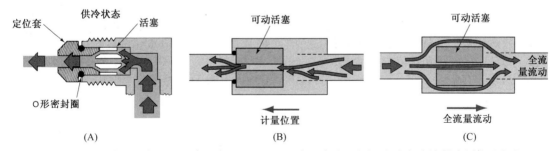

图 43.18　(A)此活塞的运行过程可参见(B)和(C);(B)当活塞处于左侧时,它仅允许制冷剂流过小孔口,形成一个计量装置;(C)当季节变换、流向改变时,活塞滑向右侧,制冷剂可全流量通过。整个热泵系统需要有两个这样的装置:一个设置在室内机组上用于供冷运行,另一个安装于室外机组上用于供热。这种装置体积很小,而且大多为喇叭接口(Carrier Corporation提供)

在水－空气热泵或在空气－空气热泵上都能发现这些计量装置。事实上,用于控制和运行系统的各种构件均大同小异。

43.14　液管辅助装置

上述所有各种计量装置都必须配置液管过滤干燥器。在一个配置有控制制冷剂流向的单向阀系统上安装标准的液管过滤干燥器时,此干燥器必须与单向阀和膨胀阀串接。因为对于计量装置来说,制冷剂流过计量装置时的流向是不变的,只有一个方向,如果将同样的过滤干燥器安装于公共液管线上,那么它只能在一个方向进行过滤,朝另一方向流动时,则会将过滤出的微粒重新带入系统,见图43.19。

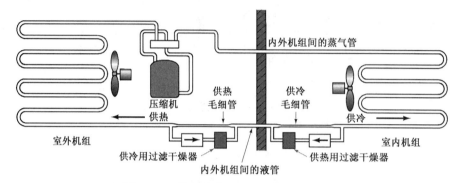

图43.19　热泵液管中设置液管过滤干燥器

有一种专用的双流道过滤干燥器可以允许制冷剂双向流动,它实际上是在一个壳体内设有两个干燥器,而在干燥器的壳体内又分别设有一个单向阀,这样就可以使液态制冷剂在两种运行模式下朝各自的方向流动,见图43.20。

43.15　空气－空气热泵的应用

空气－空气热泵多见于温热区域——“热泵地带”,即基本在美国冬季气温最低为10℉左右的地区。

之所以有这样的地理区域范围的划分,完全是由于空气－空气热泵的技术特性所决定的。热泵需要从室外空气中获取热量,但随着室外空气温度的不断下降,

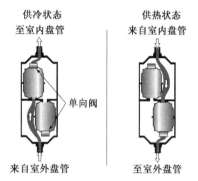

图43.20　双流道干燥器(Carrer Corporation 提供)

要想从室外获取热量就会越来越困难。例如,蒸发器要想将热量吸入系统,其自身温度就必须低于室外空气。一般来说,在寒冷气候之下,热泵蒸发器本身温度要比作为吸热对象的空气温度低20℉~25℉左右。本教材的各案例中,我们均采用25℉温差,见图43.21。如果室外气温为10℉,那么热泵蒸发器中液态制冷剂的蒸发温度约为10℉的气温以下25℉,也就是说制冷剂的蒸发温度为－15℉。但是,随着蒸发器蒸发温度的下降,压缩机的容量也随之下降。尽管压缩机是一个固定容量的蒸气泵,但其在30℉气温下要比在10℉气温下具有更大的容量。热泵的实际容量随建筑物的容量需求增加而下降。显然,在10℉气温下,建筑物所需容量远比30℉气温下要多得多,然而此时的热泵容量却在不断下降,这时,热泵就需要借助外力提供部分热量。

43.16　辅助热源

空气－空气热泵系统中,热泵所得到的补充热量称为“辅助热量”,热泵自身是基本热源,其辅助热源可以是电制热,也可以是燃油和燃气锅炉。电制热辅助热是最常见的一种热源,这是因为电制热系统更容易与热泵组合。

由热泵供热的建筑物相对于室外各温度状态均会有不同的热量要求。例如,当室外气温为30℉时,整个房屋需要30 000 Btu 的热量,当室外气温不断下降时,建筑物就会需要更多的热量。如果气温下降至0℉,那么整个房间在半夜就有可能需要60 000 Btu 的热量。热泵在30℉的气温下可能有30 000 Btu/h 的容量,但在0℉时,则可能只有20 000 Btu/h 的容量,那么40 000 Btu/h 的容量差就必须靠辅助热源予以补充。

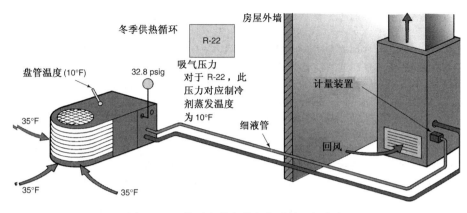

图 43.21 热泵室外盘管在冬季的运行状态

43.17 平衡点

当热泵送入热量正好等于建筑物的热损失时,两者间即出现平衡点。在此状态下,热泵完全依靠自身的连续运行来为建筑物供热;高于此平衡点时,热泵可以间歇停机和运行;低于此点时,热泵即使连续运行也无法维持所要求的温度。

43.18 效能系数

如果热泵在整个冬天都不能独立供热,那么为什么会受这么多的人青睐呢?其答案只有两个字——效率。要理解空气－空气热泵的效率,首先需要掌握电制热的基本原理。采用电阻法制热时,消费者可以从向电力公司购买的每一瓦电能中获得 1 瓦的有用电能,这就是 100% 的效率,即效能系数(COP)为 1:1,输出等于输入。而对于热泵来说,就空气－空气系统而言,其效能系数可达 3.5:1,即在压缩循环中,将 1 瓦的电能用于从室外空气中吸收热量,并将这部分热量送至建筑物内,此机组就能提供 3.5 瓦的有用热量,也就是其 COP 为 3.5:1,或把它的效率视为 350%。图 43.22 为某制造商提供的空气－空气热泵额定参数表。

配置有热泵盘管的室外机组

	TXC030D4	TXC031C4	TXC031D4	TXC035C4	TXC035D4	TXC036C4	TXC036D4
膨胀装置类型	CH. GTO 59	CHG. TO 59	CHG. TO 59	CHG. TO 59	CHG. TO 59	CHG. TO 59	CHG. TO 59
额定值(供冷)							
热量(总热)	29 000	29 200	29 200	29 400	29 400	29 800	29 800
热量(显热)	22 110	22 200	22 200	23 200	23 200	23 900	23 900
室内机空气流量(CFM)	1000	1000	1000	1100	1100	1115	1115
系统功率(KW)	2.70	2.70	2.70	2.75	2.75	2.77	2.77
能效比/季节能效比(Btu/Watt–hr.)	10.75/11.75	10.80/12.00	10.80/12.00	10.70/11.75	10.70/11.75	10.75/11.75	10.75/11.75
额定值(供热)							
(高温)热量	28 200	28 400	28 400	28 400	28 400	28 600	28 600
系统功率(KW)	2.77	2.65	2.65	2.74	2.74	2.56	2.56
效能系数	2.98	3.14	3.14	3.04	3.04	3.28	3.28
供热季节性能系数(Btu/Watt–hr.)	7.75	8.05	8.05	7.80	7.80	8.30	8.30

配置有空气处理箱的室外机组

	4TEE3F31A	4TEE3F37A	4TEE3F40A	4TEP3F24A	4TEP3F30A	4TEP3F36A	4TEP3F42A
膨胀装置类型	TXV–NB	TXV–NB	TXV–NB	TXV–NB	TXV–NB	TXV–NB	TXV–NB
额定值(供冷)							
热量(总热)	29 600	30 000	31 400	29 000	29 200	29 600	30 200
热量(显热)	23 400	23 200	24 300	21 400	22 000	23 700	24 200
室内机空气流量(CFM)	1060	1000	1010	900	940	1110	1125
系统功率(KW)	2.54	2.48	2.50	2.62	2.62	2.73	2.73
能效比/季节能效比(Btu/Watt–hr.)	11.65/14.00	12.10/14.25	12.55/14.75	11.05/13.00	11.15/13.00	10.85/12.50	11.05/13.00
额定值(供热)							
(高温)热量	28 400	27 600	28 000	28 000	2 8000	28 600	28 800
系统功率(KW)	2.49	2.42	2.23	2.72	2.66	2.60	2.54
效能系数	3.34	3.34	3.68	3.02	3.08	3.22	3.32
供热季节性能系数(Btu/Watt–hr.)	8.45	8.50	9.00	7.80	8.00	8.20	8.40

图 43.22 空气－空气热泵的额定参数表(Trane Corporation 提供)

只有在室外冬季温度较高的情况下,才能出现较高的 COP 值。随着室外温度的下降,COP 值也随之减小。一台常规的空气－空气热泵在 0℉时的 COP 值为 1.5:1,因此,在这样的温度之下,压缩系统与辅助热系统一起运行仍然是非常经济的。有些制造商在热泵上设有在低温状态下关闭压缩机的温控器。当室外温度回升时,压缩机则自动恢复启动。也有些制造商设定在 0℉～10℉范围内停止压缩机运行。由于压缩机长时间运行,在一定程度上不会对自身造成伤害和磨损,因此,有些制造商完全不考虑停机的问题,他们宁愿让压缩机长时间运行,也不希望在温度回升时重新启动曲轴箱温度很低的压缩机。

由于热源(水)温度在整个冬季均相对稳定,因此,水－空气热泵可不配置辅助热源。建筑物的热损量(需要的热量)和得热量(需要的)几乎始终处于平衡状态,因此,这种热泵的 COP 值可高达 4:1。但必须记住,水－空气热泵之所以有如此高的 COP 值,其原因并不在于制冷设备的各个构件效率如何变化,而是热源温度非常稳定所致。大地及湖水均比空气具有更稳定的温度。这种热泵在冬季用于供热时,由于其 COP 值较高,而在夏季用于供冷时,由于水冷机组温度和排气压力均较低,因此在此两种运行模式下均具有很高的效率。

43.19　分体式空气－空气热泵

像供冷空调机组一样,空气－空气热泵也有两种类型:分体式系统和整体式(独立型)系统。

分体式空气－空气热泵非常像分体式供冷空调系统,其各构件看上去也非常相像,即使专业人员,通常也无法轻易从外观上确定是空调机组还是热泵设备。

43.20　室内机组

空气－空气系统的室内机组可以是配置有热泵室内盘管(作为夏季供冷蒸发器)的电热炉,见图 43.23,而其室外机组就像供冷空调的冷凝机组。

室内机组是系统的一个组成部分,它负责将空气送入建筑物内。机组内配置有风机和盘管,根据不同的应用对象,其气流模式可以是上流型、下流型或平流型。有些制造商的产品设计得非常巧妙,一台机组可适用各种气流模式。当然,它主要通过正确设置收集和保存夏季运行时冷凝水收集盘来达到这一目的,见图 43.24。

图 43.23　空气－空气热泵的室内机组。这是一台带有热泵盘管的电热炉。注意,空气首先流过热泵盘管,然后再流过电热元件(Bill Johnson 摄)

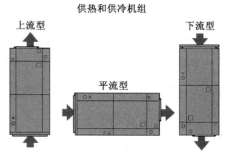

图 43.24　此热泵室内机组可以通过在不同位置设置盘管下的冷凝水收集盘来改变机组的安装位置,既可垂直安装,也可水平设置(Carrier Corporation 提供)

室内机组中,盘管在气流中的位置非常重要,因为当气温低于房屋的热量平衡点时,很可能需要将电热辅助热源和基本热源(热泵)同时启动。制冷剂盘管必须设置在辅助供热盘管之前的气流中,否则,当两组热源在冬季同时运行时,来自辅助热源的热量就会先流经制冷剂盘管。如果辅助热源运行且位于热泵盘管之前,就会使系统的排气压力过高,损坏制冷剂盘管或烧毁压缩机电动机。切记,在供热模式下,制冷剂盘管相当于一台冷凝器,它为制冷系统排放热量,因此,在此盘管上再增加热量,无疑会使排气压力上升,见图 43.25。

室内机组也可以是燃气炉或燃油炉,如果确是如此,那么室内盘管就必须设置在燃烧炉的排出气流中。如果辅助热源为燃气或燃油,那么当辅助热源运行时,热泵就必须停止运行。如果盘管不是设置在燃烧炉热交换器之后,那么在夏季,盘管上就会出现大量露水。在夏季,室内盘管只作为蒸发器运行,此时,其排出的空气温度有可能低于热交换器周围空气的露点温度。为此,大多数地方标准都不允许将燃气炉或燃油炉的热交换器设置在冷气流中。当辅助热源为燃气或燃油时,必须对系统的控制方式及控制电路做出调整,这样才能保证在燃气炉或燃油炉运行时热泵不运行。在电热炉系统上加装热泵系统时,其盘管必须设置在加热管之后,并根据与燃气或燃油炉同样的标准进行操作。图 43.26 为这种安装方式的举例。

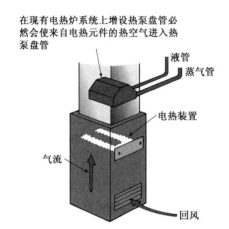

图 43.25 此热泵盘管安装在电热元件之后(燃油和燃气炉与此相同)

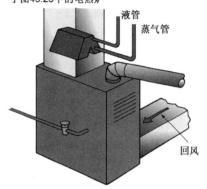

图 43.26 此燃气炉配置的是热泵的室内盘管,而不是空调机的蒸发器

43.21 处理后空气的温度

热泵室内机组的安装方法与分体式系统的供冷机组几乎完全相同。由于供热运行过程中离开空气处理箱的空气温度较高,因此,其空气分配系统必须精确设计。尽管这部分空气的温度没有配置电驱动制冷装置的燃气和燃油等加热系统那样高,但当热泵处于运行状态时,离开热泵的空气温度一般也有 100 ℉左右,如果气流受阻,这部分空气的温度还会有所上升,但此时机组的 COP 值会有所减小,效率也会下降。大多数热泵在供冷模式下每冷吨容量至少需要 400 cfm 的空气量,约等于供热时的空气量 400 cfm/ton。

100 ℉的热空气分送至空调区域时必须精心调配,否则就会出现明显的气流。一般情况下,空气的分送系统均设置在外墙上,根据建筑物结构的不同,送风口可以设置在天花板上,也可以安装于房屋地板上。通常,两层楼的住宅中,底层的送风口均设置在地板内,与位于房屋底下狭窄区域内的空气处理箱相连接。楼上机组则常常安装于阁楼上的狭窄空间内,并与靠近外墙天花板处的送风口相连接。外墙是冬季房屋热量渗漏最大的地方,同时也是夏季热量渗入房屋的主要位置。如果在冬季用风管内热气流对这些外墙稍微加热,那么就可以减少空调区域内空气的热损失,使室内空气保持在较为温暖的状态下,见图 43.27。100 ℉的空气与室内空气混合后一般不会有与燃气炉或燃油炉 130 ℉的空气与室内空气混合后相同的感觉,130 ℉空气的感觉就像一股炽热的气流。

当 100 ℉的空气从送风口排入室内时,送风口周围的空气也会受到影响,并很快与送风口排出的空气相互混合,室内原有空气温度为 75 ℉,此两股空气混合后的空气温度约为 85 ℉。如果这一温度为 85 ℉的混合空气直接吹向皮肤温度为 91 ℉的室内人员身上时,似乎像室内温度一样冷,不会有暖热的感觉,因此,许多人一直把热泵称为冷感觉的热源。当然,较为理想的分流可以避免这样的不良感觉。

当 100 ℉的空气从内墙上,如侧墙上端的出风口处散开时,整个房间并没有获得令人满意的供热,出风口排出的空气与室内空气混合时,还可能有较为明显的气流感。当这部分空气直接吹向外墙时,外墙的温度仍较低。在寒冬季节仍可以明显感觉冷墙的影响,见图 43.28。所有这些一般都被认为是热泵设置不当所致。

43.22 室外机组的安装

从气流利用的角度来看,热泵室外机组的安装与集中式空调系统的安装非常相似。室外机组附近必须要有良好的空气流通,其排出空气绝不允许在原地循环。

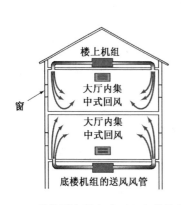

图 43.27　此热泵安装方法可以在供热模式
　　　　　下使暖空气得到较为理想的分配

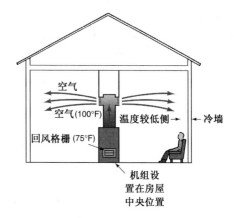

图 43.28　此气流分配系统利用处于高端的
　　　　　送风口从房屋中心部位向两侧分
　　　　　流。同时,100 °F 的热泵排风与
　　　　　室内原有约75 °F的空气进行混合

　　除此之外,还应考虑一些更为重要的问题:冬季盛行风的流向会对热泵性能形成很大影响。如果机组的安装面向北方的盛行风或来自某湖泊的盛行风,那么热泵系统的性能就不可能达到其标准值。北方的盛行风很可能会导致蒸发器在低于正常温度下运行,而来自湖泊的盛行风则由于温度很高,很可能会使机组在冬季出现冻结故障。

　　室外机组绝不能安装于有屋顶雨水不断冲落的位置。大多数情况下,室内机组的运行温度均低于冰点,机组盘管上应尽可能避免空气以外的湿气和水分,否则就可能引起严重结冰。

　　室外机组在冬季是一台蒸发器,它必然会吸引来自空气中的大量水分。如果盘管的运行温度低于冰点,那么这部分水分就会在盘管上形成冰层;如果盘管的工作温度高于冰点,那么这部分水分就会使盘管像它在空调机组的蒸发器上一样产生大量的结露水,吸热效率下降。这部分水必须要有出处,如果机组设置在院子内,那么这部分水就会被泥土所吸收。**安全防范措施**:如果室外机组安装在门口或过道处,这部分冷凝水就可能结冰,从而使地面非常滑,见图 43.29。

图 43.29　此室外机组的安装位置不妥,机组
　　　　　中盘管上排出的水会流到机组附近
　　　　　的过道上,在冬天就有可能结冰

　　室外机组的底部均应设有排水孔或集水盘,并可使来自盘管的水自行流出。如果排水不畅,那么在寒冷的气温下,盘管就会形成较大的冰块;如果盘管结冰,那么盘管与室外空气间的热交换效果就会大幅度下降,COP 值减小。除霜方法将在 43.25 节讨论。

　　制造商一般都会针对每种型号的机组提出安装建议,用画面或由安装人员演示如何获得最佳效率和最佳排水的具体安装方法。

　　连接室内外机组的制冷剂管线与空调系统管线在大多数情况下完全相同,即有一根细液管和一根有保温的粗蒸气管。最常见的是配有预充液管线的快速接头。或是配置有充氮管线的喇叭管接头,关于管线的安装,可参见第 38 章"空调设备的安装"中的相关内容。两者间唯一应予注意的区别是:较粗的大管径管即蒸气管。在冬季,蒸气管上的温度可达 200 °F,由于它必须承载大量的热量,应把它作为高温管来处理。因此,许多制造商在热泵的蒸气管上均配置较厚的保温层。蒸气管不应设置在易受其高温负面影响的物体旁。如果管线组件必须走地下,由于热量可以通过水汽传入泥土,因此必须使其保持干燥。为防水,地下管线应从塑料管内通过,同时,又要防止水溢入塑料管内。

　　安全防范措施:安装热泵机组时,需要了解"单一供冷"空调机组安装中同样的安全防范措施。风网必须予以保温,而保温材料的安装往往会接触到玻璃纤维。在涉及金属风管和紧固件的各项操作时,特别是在屋顶和其他危险位置安装机组时,均应特别小心。

43.23　整体式空气－空气热泵

　　整体式空气－空气热泵与整体式空调机组非常相似,不仅外观相似,且安装方式也完全相同,因此,同样需要考虑盛行风和排水问题。热泵的室外机组,无论在夏季还是在冬季,都需要有良好的排水。整体式热泵的箱体内安装了系统的所有构件,因此维修极为方便,见图43.30。整体式热泵还可设置选配的电热舱,一般可以安装5000 瓦(5 千瓦)至25 000 瓦(25 千瓦)不同容量的电热装置。

　　空气－空气热泵的计量装置与分体式系统计量装置非常相似。由于整体式机组的室内与室外盘管靠得很近,因此,有些制造商在室内盘管和室外盘管上采用普通的计量装置。采用某种计量装置时,由于夏季蒸发器(室内盘管)与冬季蒸发器(室外盘管)的制冷剂用量不同,它必须能够在不同的流向状态下以不同的流量来计量两路制冷剂。

　　整体式空气－空气热泵必须正确安装。例如,风管必须接至机组上,由于整个机组也安装了室外盘管,因此风管需要一路连接至建筑物底下狭窄区域外墙的机组安装位置,见图43.31。此外,送风管和回风管均需加装保温材料,以防止风管与环境空气间产生热交换。

图 43.30　整体式热泵,其所有构件均设置在同一个箱体内(Carrier Corporation 提供)

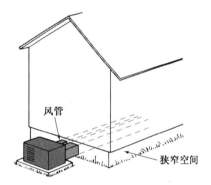

图 43.31　整体式机组内同时安装有室外盘管和室内盘管,因此风管必须延接至机组上

　　从设备检修的角度来说,整体式空气－空气热泵具有与整体式供冷空调机或整体式燃气设备同样的优势,其所有控制器与构件均可在室外予以维修。此外,这些机组还具有厂家组装和充注制冷剂的优势,在出厂前即可完成漏检,甚至试运转,从而大大降低了风机电动机出现噪声或其他故障的可能性。

43.24　空气－空气热泵的控制器

　　空气－空气热泵不同于其他各种供热设备的组合。对于热泵来说,要获得高效运行,其控制器就必须同时实现以下各运行程序的控制:空调区域的温度、除霜运行、室内风机、压缩机、室外风机、辅助热源以及应急供热。每家制造商都有各自的供热和供冷程序控制方法。

　　空气－空气热泵的空调区域温度控制方式与常规供热和供冷设备不同,它实际上有两个完整的供热系统和一个供冷系统。其两个供热系统是指热泵的制冷供热循环和来自辅助制热装置——电热、燃油或燃气的辅助供热系统。辅助供热系统可以在热泵出现故障的情况下作为一个独立系统运行。当因为热泵出现故障,辅助热源成为基本供热系统时,此辅助热源称为"应急热源"。一般情况下,它能持续运行较长时间以等待热泵修复,其原因在于辅助供热系统的 COP 值不同于热泵的 COP 值。

　　室内温控器是系统控制的关键。热泵上采用的温控器一般是二级供热和二级供冷型温控器。各种温控器上的差异可能就是供热或供冷级数上的变化,图43.32 为常规的热泵温控器。

　　下面是一个能自动切换供冷和供热各个程序的温控器——一个能自动从供冷模式切换为供热模式,又能从供热模式自动转换为供冷模式的温控器。注意,此控制程序只是众多程序方式中的一种,每家制造商都会有不同的控制方法与程序。这种温控器的温度检测元件是一个能控制水银球触头的双金属片,其辅助热源为电热器。温控器上的风机选择开关设置在"自动(AUTO)"挡位置。

供冷循环控制

　　当温控器第一级感温包触头闭合(空调区域温度上升)时,四通阀电磁线圈得电,见图43.33。

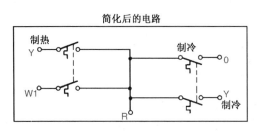

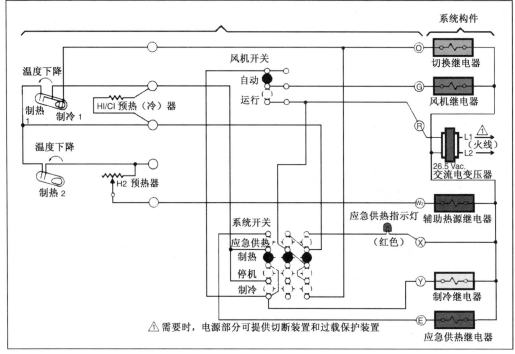

图 43.32　配置有二级供热和二级供冷的热泵温控器(Honeywell Corporation 提供)

当室内温度继续上升(约 1℉)时,第二级温控器触头闭合,第二级触头闭合使压缩机接触器和室内风机继电器得电,压缩机、室外风机和室内风机启动,见图 43.34。当压缩机启动第二级运行时,压缩机则将热蒸气从压缩机移送至室外盘管,系统进入制冷循环。

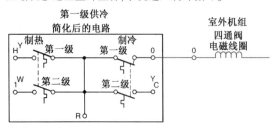

图 43.33　第一级供冷循环,在此期间,四通阀电磁线圈得电

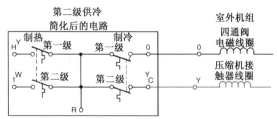

图 43.34　温度上升后出现的情况,电路的连接状态。温控器的第一级已闭合,然后第二级闭合,启动压缩机。压缩机最后启动,最先关闭

当室内温度开始下降,室内人员感到较为满意(由于压缩机的运行,热量不断排出)时,第二级触头全部断开,压缩机(和室外风机)和室内风机停止运行,第一级触头仍处于闭合状态,四通阀也仍维持得电状态。此时,为了便于启动,系统压力通过计量装置逐渐平衡,但四通阀的状态仍保持不变。

　　当空调区域的温度再次上升时,压缩机(以及室外风机)和室内风机也将再次启动。如果室外环境温度逐渐降低(例如秋季),空调区域内的温度也会持续下跌,最后,第一级触头打开,使四通阀的电磁线圈失电,机组重新启动时即会自动切换至供热模式。四通阀是一个由先导阀控制的阀,只有当压缩机启动且压力差逐渐形成之后,它才能自动切换运行模式。

空调区域的供热控制

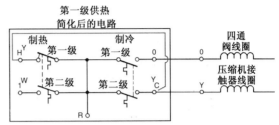

　　当室外温度不断下降,空调区域内的温度也持续下降时,第一级供热触头闭合,使压缩机和室内风机启动。此时,四通阀并未得电,因此压缩机上的热蒸气直接排向室内盘管。机组现仍处于供热模式,见图43.35。

　　当空调区域内的温度上升后,第一级供热触头断开,压缩机(和室外风机)及室内风机即停止运行。

　　如果室外温度较低,低于建筑物的平衡点,那么由于单靠热泵已无法为建筑物供热,空调区域内的温度持续下降,第二级供热触头闭合,辅助热源启动

图 43.35　当室内温度下降至供冷设定点以下,需要启动第一级供热时,压缩机起动,此时,四通阀电磁线圈处于失电状态,机组仍处于供热模式中

以帮助压缩系统供热。第二级热源是最后得电的构件,因此也是最先关闭的构件。这是热泵从制冷循环中获得最佳效果的关键。由于它最先启动,因此它将持续运行,第二级辅助热源启动以帮助压缩系统供热,见图43.36。可以说,有多少家制造商,就会有多少种供冷和供热程序的控制方法。供热控制系统中的一个常见方式是利用室外温控器来控制辅助热源,见图43.37。这就可以使辅助热源避免在第二级供热过程中全部启动。它将依据室外温度,利用室外温控器启动运行。这些温控器将建筑物的平衡点作为标尺,只有在需要时才启动辅助热源。

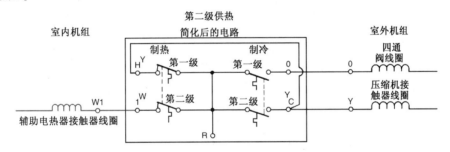

图 43.36　当室外温度继续下降时,热量需求必然通过热泵的平衡点,当室内温度下降约1.5℉时,温控器的第二级触头闭合,辅助热源接触器启动辅助热源

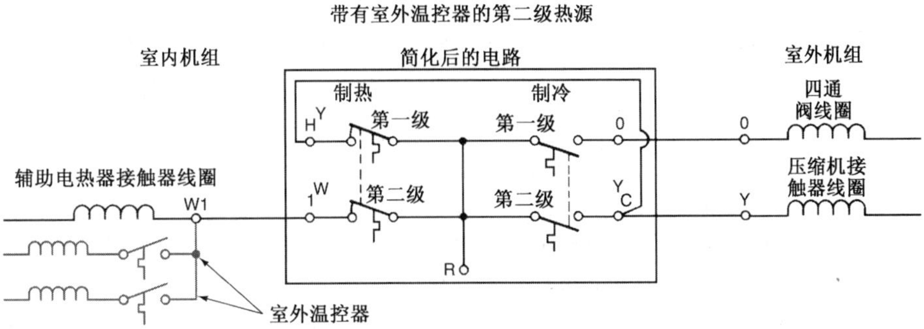

图 43.37　配置有控制辅助电热器的室外温控器电路

　　安装有多功能热泵系统的建筑物实际上有多个平衡点。对热泵而言,上面提到的就是第一个平衡点。利用这些平衡点,可以采用多级电热管。最重要的是:即使在迫不得已的情况下,也不能单独运行这些电热管。本章后半部分将解释其原因。

　　还是利用上面的例子。假设在30℉时已达到热泵的热平衡点,如有需要,还可以增加总功率为30千瓦的电

热管热量。在第一个平衡点达到之前,应有少量电热管可启动运行。我们假设其温度为 30℉。当室外温度达到 30℉时,就有 10 千瓦的电热量可以使用,因为它可以随时启动,而且,如果室内温度下降至第二级供热设定温度 −68℉,若第一级温控器的设定温度为 70℉,那么它还需要持续运行一段时间。此外,对于第一级设定值来说必须满足的条件是:室内温控器必须处于要求供热的状态,如室内温度为 70℉。当室内温度下降至 68℉时,第二级供热系统启动。它最后启动,也将最先关闭,这就给了使用者一定量的储备容量。

如果室外温度下降至 20℉,也就到了一个新的平衡点,那么它需要将热泵全部的输出热量和另外 10 千瓦电热量用于为房屋供热。此时,如果室外温度再有下降,热泵也就没有更多的热量可用于供热了。

第三组电热管可以在室外温度下降至 15℉时启动,这是预计中的最低室外温度。室外温控器是低压温控器,其感温包均安装于室外以检测室外气温,它能提前感知气温的变化,从而节省能量。

这类系统还应讨论另一个问题,即系统上应设置应急热源启动装置,它可以使用户在热泵出现故障、无法供热的情况下启动全部电热管。这需要有一个应急热源继电器,它能切断热泵电源,并使所有电热管受用户控制或依据设定温度进行控制。这一功能由 24 伏的低压电路来实现,见图 43.38。

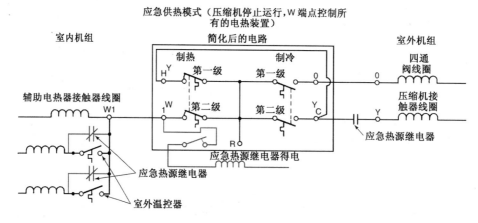

图 43.38　室内温控器增设应急模式后的电路图

对于如何配置电热管有两种不同的观点,一种是依据热泵损坏时,房屋采暖所需的总热量配置足够的电热管;另一种观点是仅配置在低气温状态下,协助热泵供热所需的电热管数量。这是设计者的两种不同选择,且应在安装前与业主进行认真讨论。电热管的安装费用在设备初装时是非常便宜的。

当电热管得电,与热泵一起运行时,称为辅助热源。当电热管用于替代热泵(热泵损坏的情况下)时,则称为应急热源。

许多制造商均采用信号灯提示用户:辅助热源已启动。在温控器上大多为蓝色的指示灯。如果业主在温热气温时发现指示灯点亮,那么由于辅助电热管只是协助热泵供热,而不是作为热源使用,因此即可认定热泵本身运行不正常,此时应立即报修。当系统被切换至应急供热模式时,一般可以看到红色指示灯与蓝色指示灯一起点亮,这实际上是提醒业主应尽快维修。很多时候,因为受室外天气条件的限制,无法维修热泵,此时往往就要等上几天。

技术人员应非常熟悉上述 4 个电路的运行程序。下面介绍的 4 个线路图选自多家厂家生产的热泵上的普通温控器,我们可以用 4 个图来分别论述其整个运行过程。根据箭头方向了解整个线路的运行过程。注意,当系统从一种模式切换至另一种运行模式时,流经线路中各构件的电源方向会有所变化。图 43.39 为机组处于供冷模式。注意有哪些构件处于得电状态:当温控器上设置为供冷模式时,四通阀由温控器选择开关带动并得电,此时,必须得电的其他构件是压缩机、室外风机和室内风机,这些构件必须配合运行,它们的运行状态也可以通过拆下温控器,从温控器的底座上予以检测,温控器底座的各接线端均有字母标注。有时候,可以将这些接线端进行搭接来观察某构件是否启动。例如,如果技术人员将火线接点 R 与 G 端搭接,若其继电器和连接线均处于良好状态,室内风机即应启动。技术人员也可切断所有电源,利用欧姆表跨接在 R 端点与各端点之间来判断各电路是否正常。切记,它必须是由导线构成的电路且在电流流过时有一定的电阻值。

图 43.40 为第一级供热状态,四通阀未得电,因此,系统以供热模式运行,压缩机和室外风机启动,室内风机也同时运行。

图 43.41 为系统在供热模式下运行。第一级电热器在第二级温控器的控制下开始运行。注意,此时温控器上的蓝色指示灯点亮,向用户显示:电热管已得电运行。也就是说,这部分热源运行时,室外温度已低于房屋的

热泵容量平衡点。如果在温热气温下,这部分热源持续运行,那么不是用户将温控器的设定温度提高,就是热泵本身运行不正常。应告知用户,当他们离开房间时,不要将温控器上的温度设定调低,当他们返回房间内,又突然将温控器设定温度提高至要求温度,此时电热管就会迅即启动,电费账单上的数字也会随着温度上升而增大。最好的方法是一旦温度设定之后,就不要再随意调节。

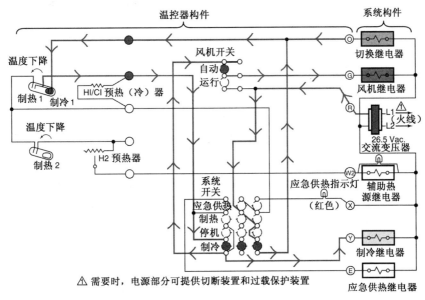

图 43.39 普通冷－热热泵温控器的供热模式

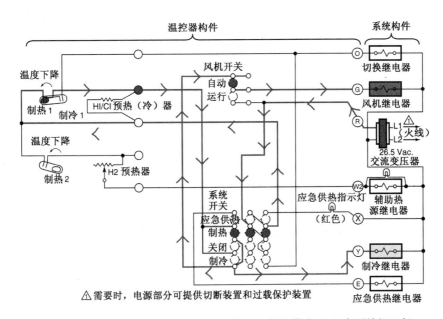

图 43.40 普通冷－热热泵温控器处于第一级供热模式下,只有压缩机运行

图 43.42 为系统在应急供热模式下运行。注意,此时的室内风机必须在电热热源程序器(见第 30 章)或热控的风机控制器(见第 30 章)控制下启动。应急热源继电器得电后,可以跳开所有的室外温控器,并使所有可控制的电热热源通过室内温控器的第二级,形成一个导通的电路。蓝色的辅助热源指示灯和红色的应急热源指示灯会提醒用户当时的能耗状态。

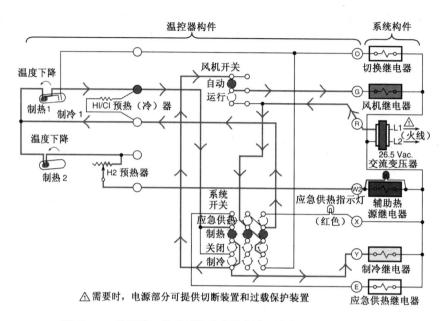

图 43.41　普通冷 – 热热泵温控器控制热泵与辅助热源同时运行

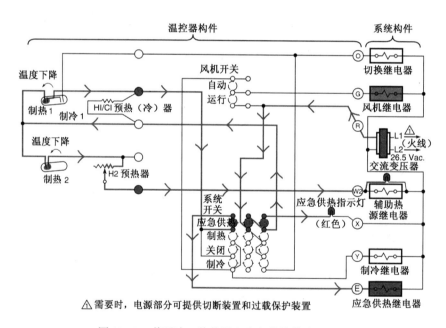

图 43.42　普通冷 – 热热泵在应急供热模式下运行

预热器

　　常规的热泵温控器像燃气和燃油制热系统一样,都设有预热器。只是热泵上的预热器更加复杂,因为热泵上通常含有两个预热器。图 43.32 中的温控器就含有两个预热器。第一级中的预热器启动温度是预先确定的,无法调整;而第二级中的预热器则可以调节,并与辅助热源继电器相配合。如果能重新复习一下第 15 章"基本控制电路的排故",就可以回答任何有关预热器的问题。涉及电热源时,由于在设有预热器的情况下,辅助热源一般有多种可予选择的控制器,因此,对于各种不同的控制器,都需要认真理解预热器的运行与动作过程。第30 章中也有对类似于热泵系统辅助热源等电热装置的长段论述。

电子温控器

大多数新式温控器均采用热敏电阻作为热传感元件。切记,热敏电阻是一种电阻型元件,随温度变化其阻值也同时发生变化。采用热敏电阻作为传感元件主要有以下几个原因:第一,在早期温控器中独领风骚的水银(Hg)是一种对环境具有较大危害的有毒物质,应作为一种危险品来处理。每个温控器感温包中都含有少量的水银。二级供热、二级供冷的温控器一般需配置4个这样的感温包,累积后就是一个很大的水银量。采用水银球时,温度传感元件实际上还是一双金属条或双金属盘卷,由于其质量较大,往往会引起较大的温度波动。此外,温控器的传感元件常常设置在温控器面板下、空气不流通的区域附近,而热敏电阻本身质量很小,它能对温度的变化做出更快的反应。关于电子温控器的相关内容,可参见第16章"全自动控制装置"。

采用电子温控器的系统特征之一是温控器上的功能选择项目较多,这些功能均由系统内的电子线路和温控器内的电子器件所提供。这些选择项目包括定时功能、检测功能和故障代码的发送(见第16章中的详解)等,然而,电子温控器的排故却与水银球温控器的排故方法几乎相同。如果电子温控器设有故障代码功能,那么只要根据这些故障代码进行检测和排故即可。此外,也可以把它作为一个开关,通过搭接机座内各个端点的方法来判断温控器是否存在故障。与常规的温控器一样,其R端为火线接线端,Y端为压缩机接线端,W端为热源接线端,G端为室内风机接线端。温控器从机座上拆下时,在R端和G端间用一根简单的搭接线连接,室内风机即应启动。注意,风机继电器中很可能设有延时装置,需等待数分钟后,风机才能启动。关于温控器的排故及其线路的连接可参见第15章和第16章的相关内容。图43.43为电子温控器及其具有的各项功能。

43.25　融冰运行

融冰运行是指机组在冬季运行时对室外盘管进行融冰。当室外空气温度在45°F以下时,室外盘管的运行温度均在冰点温度以

SIMPLICITY

1. 快速查询,观察门内设有各种可以方便观察的仪表。

2. 简单编程,按下复制前一天运行键,即可完全复制前一天的运行程序。

3. 充分享受清馨的空气,按下过滤器重置键后,可以知道空气过滤器何时需要清洗或更新,也可以根据居室的实际状态调整定时器的时间长度。

4. 自动运行,将运行模式键设置在"自动"挡,就能在供热和供冷之间改变运行模式。

5. 反应迅速,采用大按钮迅即对各种调整做出应答。

6. 系统的超强控制功能,出现特殊情况下可利用存储键临时调节温度。不需要重新设置系统的整个程序。

市场上最大的液晶显示屏不仅可以显示较大的数字,而且可以通过按下按钮激活背光灯方便地读出显示值。

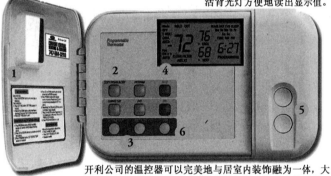

开利公司的温控器可以完美地与居室内装饰融为一体,大键盘和流线型的外型可以使这些温控器成为业主的最爱。

无须干电池。即使在断电的情况下,所有设置程序均可长时间存储,其内部时钟可维持72小时运行。

图43.43　这种温控器具有多种功能(Carrier Corporation 提供)

下,这是因为室外盘管(蒸发器)的运行温度必须低于室外空气温度20°F~25°F,室外盘管要想从室外空气获取热量,自身温度就必须低于室外的空气温度,见图43.21。是否需要融冰与室外空气状态有关,并随热泵的运行时间而变化。例如,当室外空气温度为45°F时,热泵可以正常地运行并间隔一定的时间停机,在此停机期间,盘管上的霜层自行融化。随着温度进一步下降,机组的运行时间延长,导致在盘管上形成更多的霜层。此外,当室外空气中含有较多的水分时,也会形成较多的霜。在寒冷且多雨的气候环境下,当室外空气温度为35°F~45°F时,盘管上霜层的升成速度更快,在两次融冰运行间隔过程中,整个盘管就会被冰层包围。

各家制造商一直把控制融冰运行视为提高设备效率的重要组成部分。当然,也曾有一度不需要他们过多考

虑此过程的设备效率问题。然而,大众的节能意识明显增强,认真了解设备效率供冷时的季节能效比(SEER)和供热时制热季节能效系数(HSPF)的人数也不断增多,因为融冰运行过程对 MSPF 值确有影响。

　　设备的 SEER 值是系统在常规供冷季节中的输出总冷量被整个季节中实际输入电能(瓦特－小时)除以后所得的商。此系数来自于能效系数(EER),而 EER 是稳态输出除以获得这些输出量所需的能耗量。由于 EER 同时兼顾了系统的启动与停机时的影响,以及温热的春、秋季等不同的气候条件,此时,针对季节性的比值就引申出了 SEER 值。切记:系统在启动 15 分钟左右后根本无法达到其额定效率。停机时,温度较低的供冷盘管仍可以吸收较多的热量。许多制造商对室内风机大多采用延时启动的方法,以便使盘管逐渐降温。盘管也可以在运行结束时有一定的延时时间从气流中排除更多的热量。采用电子控制器的系统,所有这些功能均可以实现。

　　MSPE 值表示特定设备在整个季节内的性能特征。在美国,有干冷地区和中等湿度的区域,而其他地区的气候条件均处于此两个极端条件之内。根据设备的 MSPF 值可以计算在由美国能源部确定的 6 个不同地区的实际运行成本,这实际上是向潜在的顾客或承包商提供了一种预计某种空调设备运行成本以及对其他设备在夏、冬季运行成本进行比较的计算方法。当然,融冰运行成本也要统计在此成本分析指标中。可以改变运行成本的各项参数是:每个气候季节中融冰的次数,融冰时间的长短,以及采用辅助热源进行融冰期间是否有室外空气进入空调区域。切记:融冰过程中机组处于供冷模式下,而且吹出的是冷风。有些业主会拒绝这样的融冰方式。如果制造商能够在没有辅助热源的情况下就能达到设备的额定效率值,那么此额定效率值会就更加漂亮。

　　SEER 和 HSPF 值均是联邦政府能源政策的产物,美国空调和制冷研究所(ARI)也采用这两项来确定设备的额定效率。ARI 是由本行业主要设备制造商组成的全国性商业组织,该组织设有一个专门的实验室,负责鉴定设备标准数值,以及公开发表各类设备的 SEER 值和 HSPF 值。不管是 SEER,还是 HSPF,其数字越大,相对于同样的输出量所能得到的热量也越多。关于 ARI 的更多资料,可链接 http://www.ari.org。

　　空气－空气热泵的融冰是通过将系统从供热模式切换为供冷模式,并且停止室外风机运行的方式来实现的。这就使室外盘管成为一个不带风机的冷凝器,从而使盘管即使在最冷的气温下,也需要有较高的温度,才能使盘管上的冰层融化,并沿着热泵室外机组四周的表面排冰层。而融冰过程中,室内盘管处于供冷模式,因此盘管吹出的是冷风。在此过程中,一般是启动一级辅助热源,以防止室内人员感觉到这时的冷风。系统同时处于供热和供冷状态显然不可能有较高的效率,因此融冰时间必须尽可能短。除了在需要时,一般情况下均不启动融冰运行。

　　"指令融冰"是指必须进行的融冰运行。确定融冰运行的启动和停止时间时,必须综合考虑时间、温度、室外盘管两端的压降等因素。

融冰运行的启动

　　启动融冰运行要求有相当数量的冰层。制造商为系统设定的融冰运行启动时间往往尽可能接近盘管结冰开始影响系统性能时。有些制造商常常采用时间和温度为依据来启动融冰运行,这种方法称为"时间和温度启动法",即利用定时器和温度传感装置来确定融冰运行启动时间。定时器每隔 90 分钟闭合一组触头,10～20 秒用于融冰。定时器触头与温度传感器的触头串联,因此只有在两组触头同时闭合时才能起作用,也就是必须同时满足两个设定条件后才能启动融冰运行,见图 43.44。一般情况下定时器每隔 90 分钟有一次闭合过程,而温度传感器只有在温度低至 25°F 时其触头才能闭合。图 43.45 为一个常规定时器和一个常规传感器。一般情况下,只要压缩机运行,此定时器也同时运行,即使在供冷模式下。

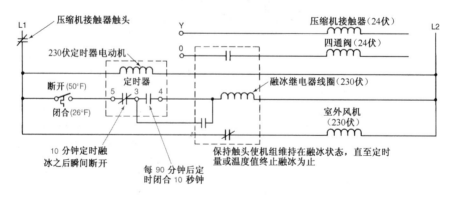

图 43.44　融冰运行的启动条件均满足时的电路状态

　　启动融冰运行的另一个常见方法是：采用一个空气压力开关来检测室外盘管两端的空气压力降。当盘管上开始结冰时，盘管进/出风口就会出现压力降，此时空气开关触头闭合。这一闭合动作还可以用导线连接至定时器和温度传感器以确认盘管上是否确有结冰，定时器与温度检测双管齐下的方式仅仅能确定间隔时间已到，以及盘管温度已低至足以结冰的状态，但并不能实际检测冰层的厚度，只有当确有冰层堆积时，融冰运行才能更为有效，见图43.46。

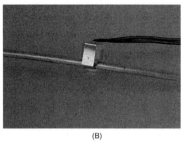

图43.45　（A）定时器；（B）传感器（Bill Johnson 摄）

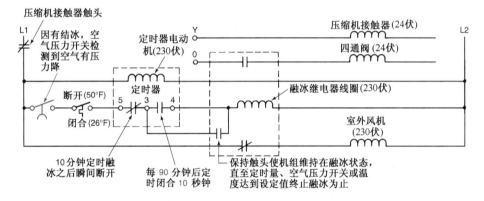

图43.46　将结冰状态作为参量时的电路状态

融冰运行的终止

　　适时终止融冰运行与只在需要时启动融冰同样重要。终止融冰也有多种方式，"时间与温度"是用于启动融冰的专业术语，"时间或终止温度"则是终止融冰运行的专业术语，其区别在于启动融冰运行时必须同时满足两个条件，而终止融冰时仅需满足两个条件中的任意一个条件。融冰运行启动后，时间或温度都可以独立地终止融冰。例如，如果融冰温度传感器的温度上升至盘管上明显不再有冰层的状态，其触头断开，融冰运行即停止。其终止温度以温度传感器安装位置处的温度为标准，一般为50℉。如果其触头因为室外温度太低而不能断开，那么定时器将在设定的时间间隔内终止融冰运行。一般情况下，定时器容许的最长融冰时间为10分钟，见图43.47。

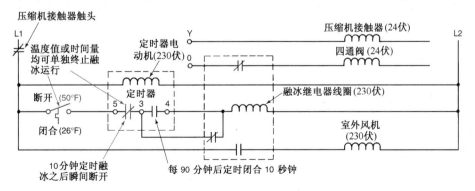

图43.47　时间量或是温度量终止融冰时的电路状态

用于融冰控制的电子控制器

电子线路板及其控制器可以使制造商实现对融冰运行的更精确控制。利用电子定时器和热敏电阻,可以精确地控制时间量和温度量。

电子定时器和热敏电阻的功能与图43.45中的机械式定时器和线性温控器完全相同,但电子定时器和热敏电阻具有更高的精度。制造商也可以像定时器和温控器组合一样采用"时间与温度"法启动融冰运行,以及采用"时间或温度"法终止融冰运行。也有系统利用进口空气和盘管间的温差来求得融冰时的温度隔离。例如,假定室外温度为35℉,盘管的运行温度低于室外温度20℉~25℉。以20℉的温度隔离量为例,假设盘管表面开始结冰,我们从前面的举例中已经知道:此时盘管两端将会出现压力降,事实上此时盘管内温度也会随着盘管表面的结冰而下降。大多数制造商取盘管温度在此状态下下降至正常工作温度以下8℉时为起动融冰的时间,见图43.48。如果融冰启动的时间部分已经满足条件(一般为90分钟、60分钟或30分钟),那么机组就应启动融冰运行,并根据盘管温度终止融冰。其整个控制过程均由电子线路板和两个热敏电阻来完成。

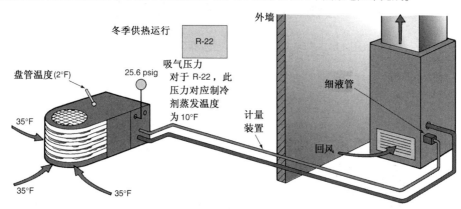

图43.48　系统室外盘管上已有结冰,必须予以融冰。制造商利用进入盘管的室外空气与盘管实际温度(由安装于盘管上的热敏电阻进行检测)间的温差来启动融冰运行

热泵制造商有可能采取另外的组合条件启动和终止融冰运行,其中包括利用盘管两端的空气压力降。制造商也一直在寻求更经济、更可靠和更高效的方法与途径来提高其产品的MSPF值。图43.49为常规热泵系统中的电子线路板。各家制造商设计的电子线路板为满足各自的特定要求可能略有不同,但都大同小异。

图43.49　用于新式热泵机组上的常规热泵线路板(Bill Johnson摄)

43.26　室内风机电动机控制器

热泵室内风机电动机的启动与其他供热系统不同,在其他系统上,室内风机由温度控制的风机开关启动,而热泵的风机则必须在系统运行一开始即启动运行,它由温控器进行控制。室内风机由温控器上风机接线端(一般标注为G端)提供电源。无论机组是供冷运行,还是供热运行,热泵的压缩机始终处于运行状态,因此,G端(即风机接线端)无论是供冷还是供热,均处于得电状态。

43.27　辅助热源

寒冷季节中,空气–空气热源必须配置辅助热源,其形式通常为配置有热泵盘管的电热炉。电热炉中的电热元件一般由带定时启动和定时停止的程序器控制,这就意味着如果热泵机组在温控器的开–关双位开关的控制下停机,那么电热元件有可能还将得电运行一段时间。当温控器能够使热泵系统正常运行时,热泵总是最先启动、最后关闭的构件,此时室内风机由风机继电器电路拖动与压缩机同步启动。电热管是最后启动、最先关闭的构件。当业主决定关闭温控器上的供热开关且电热管仍有可能处于得电状态时,制热元件将持续加热,直至程序器切断电源。一般情况下,制造商通常采用一个温度开关来检测这部分热源并使风机持续运行,直至加热器冷却为止。热泵中采用的电热炉与第 30 章 "电制热" 中讨论的电热炉基本相同。

43.28 空气－空气热泵的维护

空气－空气热泵的维护方法与制冷系统的维护方法基本相同。在供冷季节,热泵的运行状态相当于一个高温制冷系统;在供热季节,则相当于一个带定时融霜的低温系统。热泵的维护工作可分为电气系统维护和机械系统维护两部分。

热泵电器系统的维护与制冷设备中各种电气系统的维护非常相似。制造商装配的各种构件如果能正常维护,一般都能正常地运行多年。但是,因为制造缺陷以及使用不当往往会使各种部件过早地损坏。热泵最为明显的特征是其运行时间远多于单冷式机组。在佐治亚洲的亚特兰大,一台常规家用单冷式空调一年的平均运行时间为 120 天左右,而热泵则为 250 天以上,其运行时间是单冷空调的两倍多。在冬季,当室外气温低于建筑物的平衡点时,热泵一般都整日运行,从不关机。

安全防范措施: 对热泵的电气系统进行排故时,应像对空调系统进行维修时一样,必须采取有效的安全防范措施。当机组安装于狭窄空间内且人体又需要接触地面时,应特别小心,不要让人体成为接地的电流通道。

43.29 电气系统的排故

空气－空气热泵电气系统的排故类似于单冷式空调系统的排故。电路必须有电源、电能流通的通道以及负载:电源为机组提供电能,通道是各元器件间的连接线路,负载就是实现某种功能的耗电构件。热泵电气系统中的每一个电路均可简化为这三个部分。重要的是要分清电源部分、导线部分和负载部分,见图 43.50。

如果某构件不能正常运行,那么其电气故障一般很容易找到。例如,当压缩机继电器线圈开路时,很明显,接触器就会出现问题。用电压表检测接触器线圈接线端的电压值,如果有电压而各触头未得电,那么用欧姆表检测线圈的电阻值以判断其是否有正常的电阻。正常的工作电路就应有正常的电阻值,没有电阻或电阻很小就会产生非常大的电流。有时候也可以用欧姆表将一个怀疑已损坏的元器件(如电阻值很小的元器件)与一个有正常阻值的元器件进行比较,见图 43.51。

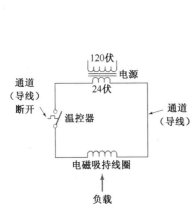

图 43.50 电源、通道(即导线)和消耗电能的负载

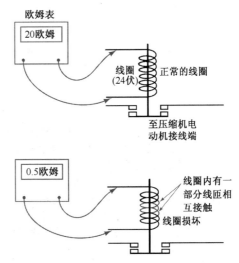

图 43.51 接触器上电磁吸持线圈。其中一个电阻值为 0.5 欧姆,另一个,即正常的线圈检测阻值为 20 欧姆,那么低阻值的线圈一定存在短路。它会产生很大的电流,对变压器形成很大的负载。如果负载过大,就会使变压器过载

使技术人员真正感到棘手的电气故障主要是间歇出现的问题。例如,不能持续提供正常融冰,室外盘管上不断有冰层堆积。由于受室外气候条件限制,在冬季对热泵进行排故常常会感到比较困难。**安全防范措施:**如果室外空气非常潮湿,应启动热泵的应急热源,并使它持续运行至天气转晴。在严寒气候下,一般很难发现电气故障。此外,水分也特别容易给电气系统排故带来很大的危险性。

常见的电气故障

1. 室内风机电动机或室外风机电动机:
   A. 电路开路;风机不启动;无电流。
   B. 电动机烧毁;风机不启动;可能会有很大的电流。
   C. 电容器损坏;风机转速很低,但电流很大。
2. 压缩机接触器、室内风机继电器或室外风机继电器:
   A. 线圈绕组开路;触头不能闭合。
   B. 线圈烧毁;控制电路电源变压器很可能出现过载。
   C. 触头烧毁;引起局部过热和导线烧毁。
3. 融冰继电器
   A. 线圈开路;触头不能闭合。
   B. 线圈烧毁;控制电路电源变压器很可能出现过载。
   C. 触头烧毁;引起融冰电路故障;影响正常的融冰程序运行。
4. 压缩机
   A. 绕组开路;不能启动;如果一组绕组开路,会产生很大的电流。
   B. 绕组烧毁;大电流;短路器跳闸。
   C. 内置过载保护器开路;不能启动;R 端至 S 端之间有一定的阻值。
5. 连接线路故障
   A. 接头松脱;局部发热;绝缘层烧毁。
   B. 导线擦伤搭接;引起短路。

43.30　机械故障的排除

热泵中的机械故障一般较难发现,特别是在冬季运行状态下。热泵的夏季运行与常规供冷机组的夏季运行相似,各状态的压力和温度值也相同,只是工作的气候环境不同。机械故障的检修通常采用表歧管、干湿球温度计和其他空气检测仪器。

常见的机械故障

1. 室内机组
   A. 空气过滤器积垢(冬季);排气压力过高;COP 值较低。
   B. 盘管积垢(冬季);排气压力过高;COP 值较低。
   C. 空气过滤器积垢(夏季);吸气压力较低。
   D. 盘管积垢(夏季);吸气压力较低。
   E. 制冷剂流动受阻(夏季);吸气压力较低。
   F. 制冷剂流动受阻(冬季);排气压力较高。
   G. 室内盘管上的热力膨胀阀损坏(夏季);吸气压力较低。
   H. 室外盘管上的热力膨胀阀损坏(冬季);吸气压力较低。
   I. 单向阀泄漏(夏季);室内盘管溢流。
2. 室外机组
   A. 盘管结垢(冬季);吸气压力较低。
   B. 盘管结垢(夏季);排气压力较高。
   C. 四通阀不能切换;停留在一个模式下。
   D. 四通阀处于中间位置;系统压力趋于平衡,此时,压缩机看上去像是在运行,实际上并不泵送制冷剂。
   E. 压缩机效率降低;容量降低,吸气压力和排气压力比较接近,压缩机不能产生压力差。
   F. 热力膨胀阀损坏(冬季);吸气压力较低。

G. 单向阀泄漏(冬季),盘管溢流。

技术人员应特别注意3种机械故障:1)四通阀的泄漏量;2)压缩机的泵送能力未达到其标定容量;3)热泵的充液量。这些与一般商用制冷完全不同的故障应予特别注意。

安全防范措施:安装与连接压力表连接管时,应特别注意系统内的高压制冷剂,高压制冷剂可以渗入皮肤,并且很容易将微粒吹入眼睛,此时必须佩戴护目镜。液态制冷剂很可能会冻伤皮肤,因此必须戴上手套,高温的蒸气会引起严重灼伤,应特别注意预防。

43.31 四通阀的排故

技术人员对四通阀的检修往往会感到非常棘手。可能导致四通阀不能正常运行的原因有:

1. 四通阀阀心胶滞在供热或供冷位置上。

2. 四通阀的电磁线圈烧毁。

3. 阀体内存在内漏。

阀心胶滞的症状是四通阀不能从供热状态切换为供冷状态,并从供冷状态返回为供热状态。四通阀在供冷模式下得电并趋于在供热位置下运行时,技术人员首先应做的工作是确认电磁线圈得电,此时可以用电压表连接线圈的两线头,检测是否有电压。另一种方法是假设线圈已经得电,用螺丝刀靠近线圈,观察它是否有磁场。如果四通阀上有电源,机组又处于运行过程中,且高、低压侧之间存在压差,它仍不切换,那么此四通阀很可能已处于胶滞状态。切记,由于四通阀为先导式驱动阀,如果系统的高、低压侧之间没有压差,那么它就不会切换。技术人员也可以用手触摸一下阀上的电磁线圈,看它是否发热,如果发热,即表示它已得电。

如果四通阀确实胶滞,那么技术人员可以用软面榔头或其他软面工具,从阀的一端轻轻敲打阀体,然后再从阀的另一端轻轻敲打,看它是否能松脱。很可能是阀体内某种情况使阀心出现胶滞。如果它能松脱,那么技术人员应强制使阀心从供热到供冷,从供冷到供热反复多次,不断地改变位置,并观察它能否流畅地运行。如果能自由地移动,就可以认定此故障已经解决;如果再出现同样的问题,那么技术人员就应更新此四通阀。

如果四通阀的线圈出现开路,那么它只能在失电模式下运行。由于线圈可以拆下,因此可以仅对线圈进行更新。如果需要维修四通阀,那么应首先更新线圈,而不是一上来就更新整个四通阀。

四通阀的内漏很容易与压缩机不能达到其应有容量纠缠在一起,当四通阀内存在内漏时,无论是夏季运行,还是冬季运行,系统都不可能达到标准容量,其症状与有少量热蒸气从系统高压侧渗漏至低压侧的症状完全一样。当压缩机反复泵送制冷剂蒸气时,尽管在其压缩过程中做了大量的功,但并未得到有用、有效的制冷与冷量。当怀疑四通阀内存在高压侧向低压侧泄漏时,可采用一较高质量的温度计来检测低压侧管线、来自蒸发器的吸气管(夏季的室内盘管或冬季的室外盘管)和四通阀与压缩机间的永久吸气管上的温度,其温差不应超过3℉左右。注意,测取温度值时,应采取特殊的预防措施:1)温度测取点应离开阀体至少5英寸(避免阀体温度影响温度计读数);2)将温度计探头紧紧地固定于制冷剂管线,使其与环境温度隔离,见图43.52。

43.32 压缩机的排故

对热泵压缩机进行泵送容量检测时,其检测方法与制冷压缩机(除未设置检修阀的压缩机)的检测方法十分相似。有些制造商还为设备配置专门的图表,用以说明在不同运行条件下压缩机所应具有的性能指标,见图43.53。如果能得到这样的图表,就应很好地利用它。

下面是一个比较可靠的、利用现场工作条件所做的试验,它可以用于判断压缩机的实际泵送量是否在其标称容量附近。当然,也可能出现效率有较大下降的情况。

1. 无论是在夏季还是在冬季,机组均在供冷模式下运行。在冬季,可以通过搭接线使四通阀得电切换为夏季运行模式,或将连接机组的导线断开,使四通阀失电,将机组切换为夏季运行模式。同时,可以使用辅助热源来为建筑物供热,不至于使建筑物内温度太低。

2. 将冷凝器封口堵住,使系统排气压力上升至275 psig(以模仿95℉的气温),吸气压力上升至70 psig。

3. 此时,压缩机的电流应接近其满负荷电流值。根据排气压力、吸气压力和压缩机电流值各项数据应可判断压缩机是否在其满负荷附近运行。如果吸气压力较高,而排气压力较低,那么其电流值应较小,这说明压缩机泵送量未达到其标称容量。当压缩机在这些状态参数下关机时,有时候可以听见啸声。在这样的状态参数下关机后,吸气温度会迅速上升。这些症状均说明压缩机内的高压侧向低压侧方向泄漏,见图43.54。

注意:如果对泄漏位置还有疑问,可以在四通阀上进行温度检测。

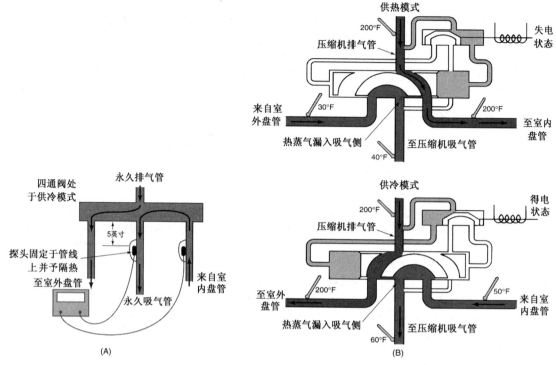

图 43.52 (A)采用温度比较法检测四通阀的性能;(B)在供冷与供热模式下,四通阀损坏后的各点温度

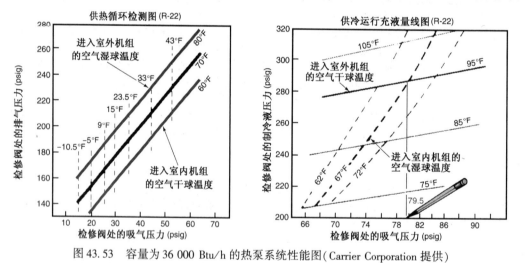

图 43.53 容量为 36 000 Btu/h 的热泵系统性能图(Carrier Corporation 提供)

43.33 制冷剂充注量的检测

大多数热泵内仅充注有临界量的制冷剂,其容差范围为 ±1/2 盎司。因此,当怀疑热泵有问题时,不得安装标准的表歧管。图 43.55 是一种短接管的压力表,它可用于高压侧管线的压力测定,但不能用于添加制冷剂。当热泵上的制冷剂充注量不足时,很明显,表明存在制冷剂的泄漏。添加制冷剂之前,必须对系统进行检漏,并对泄漏点进行维修。

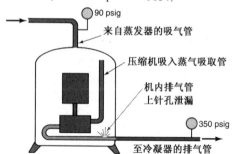

图 43.54 此压缩机内存在高压侧向低压侧的蒸气泄漏

当发现热泵制冷剂充注量不足时,有些制造商建议将系统抽成深度真空,然后将精确计量的制冷剂重新注入系统。有些制造商随机提供有添加制冷剂的操作说明。根据制造商推荐的制冷剂量和充注方法进行操作,一般来说总是最明智的方法。图 43.56 是一个较为典型的热泵性能图表。

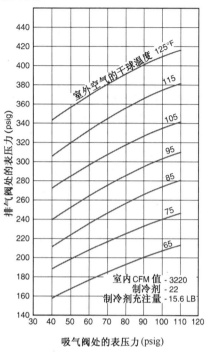

图 43.56　热泵性能线图

图 43.55　用于检测临界充注量热泵排气压力的高压表 (Bill Johnson 摄)

如果无法获得制造商的推荐值,那么可以采用下述方法来确定制冷剂充注量不足的系统制冷剂添加量。此方法仅适用于采用固定口径计量装置的热泵系统,而不能用于采用热力膨胀阀的热泵系统。

1. 在供冷模式下启动机组。如果系统处于冬季模式,可以使为建筑物供热的电热热源启动。封堵冷凝器,使排气压力上升至 275 psig。这实际上是模仿 95 ℉气候的运行状态。如果排气压力根本无法增高,那么必须添加制冷剂。

2. 将温度计固定在蒸气管上——在供冷模式下,它应处于较低温度。在制冷剂充注量比较充足的情况下,其吸气压力应为 70 psig 左右,但是,如果因湿度较低,潜热负荷较小,此吸气压力也可能略低些。如果系统是分体式机组,蒸气管较短(10 ~ 30 英尺),那么就应将制冷剂充注量增加到系统具有 10 ℉~ 15 ℉的过热量(室外机组的管线进口处),见图 43.57;如果管线较长(30 ~ 50 英尺),那么制冷剂量应增加至过热量为 12 ℉~ 18 ℉。

对于未配置液管 - 气管热交换器(一些制造商为提高其产品某项性能参数而配置的液管 - 气管热交换器)的常规热泵来说,这种充注方法可以做到非常接近其正确量。这种热交换量一般设置在室外机组内,不会影响制冷剂的充注操作。

注意:对带有吸气管储液器的各种热泵(这种热泵数量不少)进行制冷剂充注操作时,其一部分制冷剂存储在储液器内,以后会逐渐蒸发进入系统。如果不确定,可以用自来水从储液器的顶上浇下,迫使制冷剂排出。也可以给液态制冷剂一段时间,让它自行蒸发。一般情况下,如果储液器内存在液态制冷剂,那么此储液器就会在某液位下才出现结霜、结露现象,见图 43.58。

43.34　热泵的特殊应用

热泵采用燃油或燃气炉作为辅助热源就是一种特殊应用。多家制造商提供专门为此而设计的各种燃油、燃气设备,这种设备往往有较多的优点。一般来说,将天然气作为辅助燃料,其使用成本往往要比 COP 值为 1∶1 的电热热源便宜。当然,在已有燃油系统的场合,或是燃油具有价格优势的地方,或是天然气不易获得的地区,只能考虑采用燃油。好在这两种系统都有基本相同的控制电路。热泵室内机组可以与燃油或燃气炉组合,但室内盘管必须设置在燃油或燃气炉热交换器的下游。空气必须先流经燃油或燃气炉的热交换器,然后再流过热泵室内盘管。**安全防范措施:**这就意味着燃油、燃气炉绝不能与热泵同时运行,否则就会出现热泵排气压力很高的情况,见图43.59。

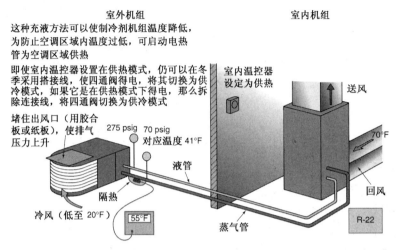

图43.57 在无法获得制造商充液图或资料的情况下,对采用固定口径计量装置的热泵进行充液

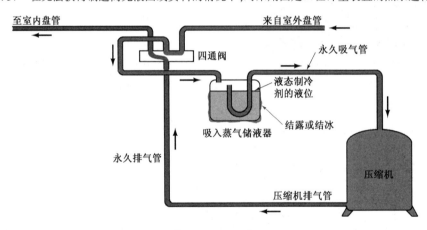

图43.58 吸气管储液器上出现结露

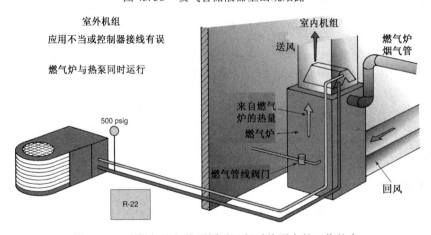

图43.59 当燃气炉与热泵同时运行时热泵内的工作状态

两者的控制可采用依据建筑物平衡点而设定的室外温控器来实现,即改用燃油或燃气炉来供热,同时停止热泵运行。当燃油或燃气炉成为供热热源时,则可以使热泵在平衡点以下的状态下运行。当需要融冰时,由于用于标准热泵的控制器为同一组控制器,因此可以在融冰期间启动燃油或燃气炉,而且要求辅助热源在融冰期间对冷空气进行加热仍然是控制程序器的一部分程序。**安全防范措施:** 如果因为融冰控制器损坏而导致融冰运行无法终止,高压控制器则可以防止压缩机出现过载。

热泵的最大运行时间

对控制装置进行适当的调整可以使热泵在低于平衡点的状态下运行,当然,这样的控制线路往往需要有更多的继电器和控制器。热泵也可以设置为任何时候都能运行,它可以通过采用第二级接触器来启动燃油或燃气炉来实现,即在第二级温控器达到设定值之前热泵处于关闭状态,然后再重新启动热泵。这一运行程序可以在每个运行循环过程中自行重复。在考虑此控制装置的运行程序时,应对系统做认真的研究,确定是将热泵切换到辅助热源,还是重新起动热泵,两种方案中哪一种更为经济。根据燃料成本比较,就可以确定整个建筑物和设备运行的经济平衡点。

现有电热炉上热泵的增设

在现有电热炉中增设一个热泵室内盘管时,一些老型号的电热炉很可能难以将热泵盘管设置在电热元件之前。如果的确如此,那么可以采用类似于燃油或燃气炉那样的线路形式,见图 43.60。

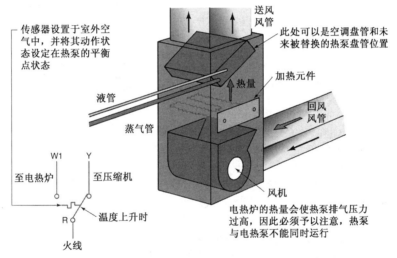

图 43.60 如果热泵设置不当,电热炉的电热管处于热泵盘管以下时就会导致系统排气压力过大

许多制造商往往为了提高或保证其自身产品的性能参数而采取不同的热泵安装方法,这就牵涉到针对特定的热交换器而选择多种不同的管线连接方式。本书仅讨论常规热泵,如果工作中遇到其他类型的热泵,可向制造商咨询。

43.35 采用涡旋式压缩机的热泵

使供热、供冷设备具有更高的运行效率、降低设备销售价格一直是各制造商孜孜以求的目标,其不断推出的新技术中还包括采用各种改进设计后的压缩机。

涡旋式压缩机的泵送效率与老机型相比有较大的提高,见图 43.61。由于涡旋式压缩机独树一帜的泵送特性,它非常适宜于各种热泵装置,其整个压缩过程是在两个螺旋形的圆盘内形成的,见图 43.62。涡旋式压缩机不会像往复压缩机那样,在夏季较高的排气压力下或在冬季较低的吸气压力情况下形成较大的容量损失,这是因为涡旋式压缩机没有像往复式压缩机那样的上止点余隙容积损失,往复式压缩机余隙容积内的蒸气会在汽缸开始吸气之前重新膨胀,使效率下降,可参见第 23 章"压缩机"。

涡旋式压缩机的效率要比往复式压缩机高出约 15%,并具有许多与回转式压缩机相同的泵送特性。由于涡旋式压缩机不像往复式压缩机那样对液态制冷剂非常敏感,因此不需要曲轴箱加热,从而可以节省大量电能。

图 43.61　涡旋式压缩机(Copeland Corporation 提供)

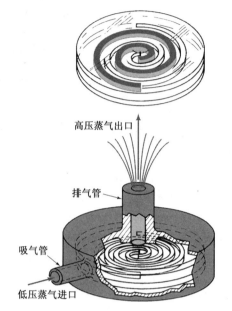

图 43.62　涡旋式压缩机中两涡盘间的环
　　　　　绕运动形成对蒸气的压缩作用

图 43.63　涡旋式压缩机中的一个制
　　　　　冷剂压缩腔的压缩过程

　　涡旋式压缩机具有与往复式压缩机基本相同的工作压力,因此,技术人员在测定系统压力读数时不会出现任何问题。涡旋式压缩机采用排出蒸气冷却,因此,技术人员会明显感到涡旋式压缩机壳体温度要比吸入蒸气冷却的压缩机高许多。涡旋式压缩机运行时的震动很小,因此噪声也很低,这是因为涡旋式压缩机运行时同时有多级压缩,其每一个气舱相当于压缩过程中的一级,图 43.63 为其中某一个气舱的压缩过程。

　　涡旋式压缩机在其排气出口处均设有单向阀,用以在压缩机停机运行期间防止蒸气通过压缩机反流使压力趋于平衡。当压缩机停机时,滞留在单向阀和涡盘内的蒸气由涡盘封堵在原位。此外,在停机瞬间,压缩机会发出一阵奇怪的声响,直至最后压力趋于平衡。这种声音有点像手上抓一把玻璃弹子发出的声响。其高压侧压力最后像往复式压缩机系统一样,通过计量装置与低压侧取得平衡。

　　单向阀和压缩机涡盘间的压力平衡可以使压缩机在没有硬启动助力装置的作用下迅速启动,因为对于压缩机最初的启动来说已不存在压力差,这就可以采用较少的启动构件,而且可能引起麻烦的构件数也大大减少。

　　涡旋式压缩机一般不需要设置吸气管储液器,而这在往复式压缩机系统中是必不可少的构件,这是因为它对液态制冷剂的返溢不像往复式压缩机那样敏感。涡旋式压缩机不仅性能优良,而且效率更高、更坚固,重量更轻,所需的配件也更少。与往复式压缩机相比,涡旋式压缩机随着工作时间的增长,更趋于“磨合”,而不是磨损。

43.36　带有可变速电动机的热泵

　　在压缩机和两个风机上采用可变速电动机是提高热泵系统整体效率的另一种途径,这种技术方法可应用于各种容量的热泵。过去,热泵容量一直是依据热泵的供冷容量来确定的,现在看来显然有其不足之处。处于温热区域“热泵地带”的常规建筑物所需要的热量一般约为所需冷量的 2 ~ 2.5 倍。例如,在佐治亚州亚特兰大的住所内,供冷所需容量约为 30 000 Btu/h,供热时则通常需要 60 000 ~ 75 000 Btu/h 的容量。当我们根据 30 000 Btu/h 的容量选择热泵时,若冬季状态参数低于建筑物平稳点,就需要大量的辅助热。反过来,如果根据冬季所需容量来选择热泵,那么在夏季其容量就会明显偏大,不仅效率低,性能差,而且会出现较高的含水量。采用可变速热泵则可弥补这一缺陷,这是因为我们可以根据更接近满负荷时的供热需求量来选择热泵系统,之后在部分负荷状态下运行,减少在温热季节时的运行功耗,所需的辅助热量降低,这样,全年的运行效率就可以大幅度地提高。

　　转速的改变有赖于电子控制装置和电子线路控制的电动机。对于其控制方式及其检测调整,各家制造商都有独特的方法。维修配置有可变速电动机和电子控制器的热泵机组时,在没有得到制造商检测清单的情况下,千万不要轻易动手。

预防性维护

常规热泵需要有与带电制热的风冷式空调相同的定期保养。系统的空气侧应自始至终具有最大的设计空气处理量,这一点非常重要,因为有些业主常常会将暂时不用的房间内的送风格栅关闭,对于采用热泵的建筑物,绝对不能这样做。在冬季运行模式下,室内系统是冷凝器,空气量的减少必然导致排气压力上升,COP 值大幅度下降,而且会在气温并不很低的情况下,电耗大大高于正常量。也因为同样的原因,应在更短的时间间隔内对热泵的空气过滤器进行维护保养,无论如何不能容许空气流量减少。

对于室外机组,应经常检查盘管的积垢情况。室外蒸气管上的保温层应一直连接至室外机组,否则就会有大量的热量损失在室外空气中。蒸气管的温度有可能高达 220℉,这就使大量的热量平白无故地浪费在寒冷的室外空气中。这部分热量是需要支付费用的,而且是真正意义上的损失。

每年至少应对接触器触头蚀坑情况和接线端的连接情况检查一次。热泵接触器每年的动作次数约为空调系统接触器的两倍。擦伤的导线应及时修复或更新。导线或毛细管在机箱或制冷剂管上摩擦会很快产生故障,应立即调整或隔离。

风机电动机根据制造商的说明书予以润滑。

应向客户了解热泵在冬季时的运行情况,确定室外机组上容许的最大结冰量。如果室外机组上有过量结冰,那么融冰故障也会使组件始终处于融冰状态。对于大多数热泵来说,即使在炎热气温下也可以通过关闭室外风机和使机组在供热模式下运行的方法来模拟融冰运行。如果采用将室外风机电动机切断的方法来模拟,因为蒸发器温度较高,机组不会出现过载情况。针对融冰运行,大多数制造商都有推荐的操作方法。如果系统内设有图 43.45 所示的定时器,那么可以启动机组运行,直至盘管和传感器温度下降,两者均被冰霜包裹,此时应在 26℉ 以下。在此状态下,用带有绝缘护套的搭接线搭接定时器上的接线端 3 和 4。如果传感器电路正常,那么机组应立即进入融冰运行,如果此时机组还不能进入融冰运行状态,那么可以再稍等数分钟,然后再重新操作一遍。如果传感器较大,很可能需要数分钟才能做出反应。如果机组仍未能进入融冰状态,那么将搭接线保留在接线端 3 和 4,再搭接传感器。如果此时机组立即进入融冰运行,那么说明不是传感器已经损坏,就是未能与液管线保持良好的接触。

当机组正常地进入融冰运行之后,从接线端 3 和 4 上拆下搭接线,使机组终止融冰。如果环境温度高于冰点温度,盘管上也没有结冰,那么整个终止过程约需要 1 分钟。如果时间超过 10 分钟,那么说明融冰控制器的触头很可能处于永久闭合状态。检查的方法是将此控制器温度提高至环境温度以上 26℉,然后用欧姆表检测其触头是否全部断开。触头永久闭合的症状是:每当定时器要求机组进入融冰运行时,不管传感器是冷还是热,机组都会进入融冰运行状态,而且融冰运行为 10 分钟。如果机组未配置高压控制器,那么对于压缩机来说是很困难的,因为此时必定会出现高压情况。

对配置有电子线路板的系统进行维护时,技术人员需要涉及定时电路。如果技术人员对每个程序都要等到定时器自行停止,那么整个维护工作就要花很长的时间。大多数制造商都提供加快定时电路运行的方法,它可以加快整个维护工作的时间,同时又能完成各项检测操作。

技术人员应当完成的最后一项工作是确认所有紧固件均到位并已拧紧。箱体上的螺钉经常会自行松脱,这些螺钉均应拧紧,以防止箱体出现震动声响。如果螺孔因为多次维修而使孔口变大,则可采用大一号的螺钉旋入,当然,最好是采用防锈的、大半号的螺钉。不锈钢螺钉成本较高,但其头部不会因时间长而锈蚀。

采暖、通风与空调行业的"金科玉律"

前往居民住宅进行上门维修时,应注意以下几点:

1. 既要有专业的形象,更要有专业的技术。进入居民住宅时,服装与鞋必须保持整洁。
2. 技术人员应有整洁的发型、整洁的胡须,养成每天刷牙、保持良好的口腔卫生的习惯。特别建议:沐浴后,每天应使用腋下除臭剂。
3. 穿着在地下室操作的工作服时,应在进入主人房间前脱去。
4. 认真向客户了解机器故障的详细情况,客户的介绍不仅可以帮助你排除故障,而且可以节省时间。

要注意向客户提供一些额外服务。以下是一些举手之劳又不需要大费用的服务项目,可以包含在上门维修的范围之内:

1. 用手触摸管线,检查在夏季和冬季运行模式下是否有正常的温度。

2. 如有必要,清理或更新空气过滤器,这对热泵来说是非常重要的一项工作。

3. 确认所有的送风格栅均处于打开状态,这对热泵来说同样非常重要。

4. 更新面板上所有紧固件。

5. 检查室内和室外盘管是否有积尘或被污染。

6. 询问业主,他们是否在冬季运行时注意到积冰。如果有,那么应对系统进行融冰运行检测。

7. 检查蒸气管是否有适当的保温措施。热泵很可能会因为管线保温不当而使容量降低。

43.37 报修电话

阅读这些报修电话的内容时必须记住:对于一个完整电路来说,电路中要形成电流,就必须要有电源(线电压)、通道(导线)和负载(具有一定的电阻)。系统的机械部分有4个相互连接的构件:蒸发器吸收热量、冷凝器排放热量、压缩机泵送载热蒸气、计量装置计量制冷剂量。

报修电话1

一位业主来电称,空调系统只能制热,不能制冷。这是机组在本季节第一次以供冷模式运行,其故障是四通阀上的电磁线圈开路,无法使四通阀切换为供冷模式。

技术人员将室内温控器切换至供冷模式并启动机组。这是一台安装于房屋底下狭窄空间内的、带有空气处理器的分体式机组。**安全防范措施:**技术人员来到室外机组处,用手仔细触摸蒸气管(粗管),发现是热的,也就是说,机组处于供热模式下。

拆下面板,检查四通阀上吸持线圈上的电压,读数显示为24伏。线圈应得电。关闭机组,将四通阀线圈一端断开,用欧姆表检测是否导通,显示已开路。更换线圈,再次启动机组,机组即能正常地在供冷模式下运行。

报修电话2

一家商店老板来电说,安装在小商店内的一台空调机组不能启动。这是一台将室外盘管设置在房顶上的分体式机组,其故障是四通阀24伏的吸持线圈烧毁,造成控制电路电源变压器过载,控制电路上的熔断器已烧毁。

技术人员开始时想在室内温控器上启动机组,机组未能启动。将风机选择开关转换至"风机运行(FAN RUN)"位置时,风机也不能运行,因此怀疑控制电路存在问题。室内机组设置在楼下机房内。**安全防范措施:**将电源切断后,将至室内机组的舱门拆下。恢复供电后发现,低压变压器次级接线端无电压。检查低压线路熔断器,发现已烧断。在安装新熔断器之后,技术人员先切断电源,然后更换上新的熔断器。将控制线路变压器的一端断开,将欧姆表连接于变压器的两个线头上,测得电阻值为0.5欧姆。这样的阻值看来太低,如果此时再恢复供电,那么新熔断器很可能也立即烧断,甚至一些24伏的元器件也会同时烧毁,一定是线圈短路了。其正常阻值应为20欧姆。导致线圈内电源增大,使熔断器烧毁。查看电路图可以知道哪个元器件为24伏,其中总会有一个元器件烧毁。技术人员决定先检查室内机组上的各个元器件,如果有可能在室内机组上找到烧毁的元器件,就可以避免爬上房顶。拆下一个引出端用欧姆表检测,一次一个元件,检查每一个元器件。此电热器中有3个程序器,经查均无故障。**安全防范措施:**技术人员在爬房顶之前,应将电源切断。检查压缩机接触器,其电阻读数为26欧姆,检查四通阀吸持线圈电阻值为0.5欧姆,用新的吸持线圈换上,新吸持线圈的电阻值为20欧姆。故障找到,启动机组运行,用电流表检查变压器引出端与接线端间的电流值,看其是否过大。也可以用电流值放大法,将温控器的连接线在电流表上绕10圈检测其实际电流数。其实际电流为1安培,完全正常。

报修电话3

一位客户来电称,热泵室外机组盘管上有积冰。接电话的技术人员建议将温控器切换至应急供热模式,等待技术人员到达。其故障是融冰继电器线圈绕组开路,因此机组无法自行进入融冰运行状态。

当天,室外气温低于冰点温度,因此,当技术人员到达时,室外盘管上仍有积冰。**安全防范措施:**关闭机组运行。技术人员用一根接线,跨接在融冰定时器上的3和4两端,见图43.64。然后启动机组。如果定时器的触头没有闭合,就应强制地使机组进入融冰运行状态。此时还不能使机组进入融冰运行状态,因此将搭接线仍保持在原位,再搭接融冰温度传感器。这两处搭接应该使机组能进入融冰状态,但仍没有任何反应。**安全防范措施:**技术人员关闭机组,切断电源,锁上配电板并挂上告示牌,拆下搭接线,然后开始检查融冰继电器。检测后发现此线圈开路。换上新继电器后,重新启动机组。当搭接线再次连接3、4两端时,机组进入融冰运行。切记:时间与温度这两个条件必须同时满足才能启动融冰运行。尽管盘管已处于冻结状态,温度条件已经满足,但必须将3、4端连接后,才能启动融冰运行。一般情况下,也只有在时钟计时量达到融冰时,才能使融冰启动。通过在3、4两端连接搭接线,技术人员才不需要等待定时器自行切换。机组在融冰运行之后,盘管上仍有结冰。此时,技术人员决定关闭机组,用人工方法融化盘管上的冰层。**安全防范措施**:切断电源,配电板上锁并挂上告示牌。用塑料布将所有的电气器件覆盖。将软管连接至机组处,用自来水融化冰层。自来水的温度约为45℉。注意:不要使水对准电气器件。冰层融化后,机组即恢复运行。次日去电回访客户,证实机组上未再结冰。

报修电话4

一位业主来电称,热泵运行不止,且不能像过去那样正常地供热。故障是:其室外风机因融冰继电器有一组触头烧毁,而且正是为室外风机提供电源的触头,使室外风机不能运行。这些触头用来在融冰运行中停止室外风机运行,但又要在融冰运行结束时,重新启动室外风机。

技术人员发现室外风机在正常运行过程中不运行,蒸气管线手感温热,盘管上有积冰,那么机组此时处于供热状态,但风机不运行。关闭机组,拆下风机控制舱的面板,用电压表连接至风机电动机两端,然后启动机组,风机电动机上没有电压。查线路图发现:风机的电源来自融冰继电器。**安全防范措施**:分别检查融冰继电器进出端的电压。输入端有电压,而输出端无电压。更新融冰继电器后启动机组,运行正常。

报修电话5

一位居民客户来电称,一台家用热泵时常会在短时间内吹出冷风。这是一台分体式热泵,其室内机组安装于房屋底下狭窄空间内,其故障是融冰继电器内的、融冰期间启动辅助热源的触头断开,使辅助热源无法在融冰期间启动。

技术人员比较熟悉这种热泵,认为故障出在融冰继电器或第一级供热程序内。第一项工作是检查程序器能否正常地工作。将室内温控器上的温度设定提高,使第二级触头闭合。技术人员来到房屋底下,用电流表检测辅助热源是否随温控器一起运行,然后检测融冰继电器,其检测方法是人为地使继电器得电,并等待融冰运行或模拟融冰运行。技术人员决定用下述方法来模拟融冰运行。**安全防范措施**:切断电源。为防止室外风机运转,将电动机的一端引出线断开。然后重新启动机组,这样可以使室外盘管很快结冰,并使冰温控器触头闭合。当盘管上出现冰层5分钟之后,技术人员在融冰定时器的3、4端上搭接触头,见图43.64。技术人员来到房屋底下检查电热管,发现电热管不运行。因此,故障一定出在融冰继电器上。当技术人员回到室外机组处时,机组已停止融冰。技术人员据此确定融冰运行正常。然后技术人员用搭接线搭接,使融冰继电器得电,24伏的电源送入端点4,然后由端点6输出,送往辅助热源程序器。触头也不闭合,更新融冰继电器。使新继电器得电后,技术人员来到房屋底下,发现电热管能够正常工作。数天后电话回访,证实机组运行正常。

报修电话6

一位客户来电自述,热泵室外机组上有大量结冰。其故障是融冰继电器上切换触头开路,系统不能自动切换至融冰运行。出现这种情况时,由于定时器持续计时,只能使机组保持最长时间10分钟,室外盘管根本无法融冰。

很明显是融冰故障,技术人员首先来到室外机组处,盘管看上去有大量结冰。技术人员拆下控制箱面板,从3、4端上搭接定时器触头,此时风机停止运行,但运行模式并未改变。图43.64为此机组的线路图。用电压表检测四通阀线圈,无电压。技术人员然后搭接R端与O端,四通阀切换为供冷状态,拆除搭接线。四通阀此时不得通过融冰继电器获得电压。然后,再从1、3端搭接融冰继电器触头,四通阀又切换为运行模式。更新融冰继电器。再通过搭接3、4端触头模拟融冰运行。融冰温控器触头再次闭合,机组进入融冰运行状态。由于机组上有较多数量的结冰,因此,技术人员用自来水融去盘管上的积冰,使机组能够恢复正常的运行状态。次日电话回访获知,机组能正常地融冰。

报修电话7

一位商店老板来电称,安装在小店内的热泵运行不止,有时还会在短时间内吹出冷风,上个月的电费特别多,而现在又不是特别寒冷的季节。这是一台配置有20千瓦电热管辅助热源的分体式机组,其辅助电源可随时快速启动或关闭,这样,用户就能在周末将温控器调至60℉,而在周一上午恢复运行辅助热源。室外机组设置在店后方。其故障是:用于将机组切换融冰模式(制冷)的融冰继电器中某组触头粘连,使机组始终在供冷模式下运行而由电热管为房屋供热,并且还需要补偿供冷模式下的部分冷量。

技术人员将温控器设定在第一级供热,但送风格栅处的空气温度仍较低,并不温热。依据室外空气温度,在第一级供热状态下(85℉~100℉)机组应有温热的空气排出。室内盘管设在商店的后半部,蒸气管不热,相反很冷,这说明机组处于供冷模式下,但此时应做电压检测予以证实,图43.65为其电路图。技术人员拆下控制电压接线板盖板,发现C端与D端电压为24伏,这说明四通阀上有电压,机组应处于供冷模式。现在,技术人员必须确定此24伏电源到底是来自室内温控器,还是来自融冰继电器。将来自室内温控器的连接线断开,发现四通阀仍处于得电状态,那么此电压必来自融冰继电器。将连接线改接O端,然后将融冰继电器端点3上的导线小心拆除。这时,机组切换为供冷模式。更换融冰继电器后,机组运行正常。数天后电话回访,获知机组运行完全正常。

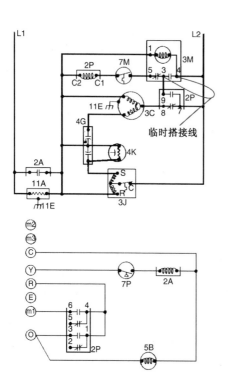

图 43.64 将机组停机,技术人员用搭接线搭接 3、4 端启动融冰运行,这样可以避免等待定时器自行启动。这是一个高压电路,只能由具有一定工作经验的技术人员来完成(Carrier Corporation 提供)

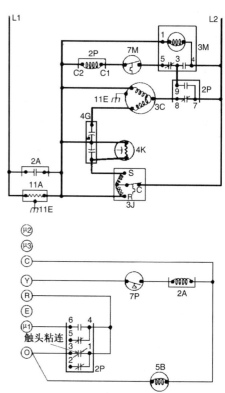

图 43.65 应将机组自动切换为融冰运行的触头粘连(Carrier Corporation 提供)

报修电话 8

商店经理来电说,一台安装于小零售商店的热泵,其室外机组上有大量积冰。该机组安装于店后室外,其故障是融冰温控器在定时器计时量达到融冰运行时,其触头不能闭合。这是一种复合控制器——定时器和传感器设置在同一个控制器内。

技术人员来到室外机组处,发现盘管上确有大量的结冰。将控制器面板拆除,这是一台带有可手动调整定时的机组,其定时器和融冰传感器安装在同一个控制器上。很明显,要使触头动作,就必须使传感器足够冷,这样,定时器上的指定时间无论提前多少,都能使机组切换为融冰状态。机组之所以不能进入融冰状态,一定是定时器中的触头出了问题。安装新的定时器后,用手拨快计时,直至触头闭合,机组正常地进入融冰状态。由于一次融冰运行不能将盘管上的全部冰层融化,使热泵恢复正常状态,技术人员又通过 3 次强制融冰,使盘管上的冰层减至正常状态。如果可以找到水管,就可以更快地融化积冰。

报修电话 9

技术人员接到一位居住公寓套房客户的报修电话。上门维修时,技术人员发现,在盘管上没有丝毫结冰的情况下,热泵仍自动进入融冰运行且持续很长时间,估计有 10 分钟。这是一台分体式热泵,在有少量结冰的情况下,一般应仅有 2~3 分钟的融冰时间。压缩机噪声较大,像是在较大的排气压力下运行。其故障是融冰温控器触头闭锁。机组每隔 90 分钟就会有 10 分钟的时间处于融冰运行状态,只是依靠定时器在 10 分钟后终止融冰运行。此外,越接近融冰运行结束,系统的排气压力也就越高。

技术人员关闭机组,拆下控制箱的面板,断开融冰温控器的一个线头,用欧姆表检测温控器两端的导通情况。如果盘管温度为 50°F 以上,线路应为断开,但此时触头仍处于闭合状态(此控制器应在 25°F 左右时闭合,在

50℉左右时断开。由于其体积较大,使它有充足的时间来运行,但只有很少的时间使机组管线与控制器形成热交换)。更新融冰温控器后,机组恢复运行。

报修电话 10

一位居民来电称,他家的热泵不制热,还可以闻到像有东西发烫或烧毁的气味。**安全防范措施:**应告知这位用户,在室内断路器处关闭机组,切断所有连接机组的电源。其故障是室内风机电动机绕组开路,电热管一会儿启动,一会儿又因为温度过高而关闭。

技术人员来到室内温控器处,将温控器设定在"停止(OFF)"位置,将断路器合上,然后将温控器切换到"风机运行(FAN ON)"位置,此时可以在风机继电器处听到得电后发出的声响,但风机不启动。室内机组位于房屋下狭窄空间内,技术人员带上工具和电气测试仪表来到机组处。**安全防范措施:**将房屋底下的断路器关闭,将风机舱的门盖打开,对风机电动机进行检查后发现,有一组绕组开路。更换新电动机后,启动机组。技术人员用电流表检查所有三级电热管的电流值,发现其中一级没有电流。**安全防范措施:**再次将断路器断开,用欧姆表检查电热管。其中一个电路处于开路状态,这是因为风机不运行、机组过热造成的。安装新的保险丝后,重新启动电热器,此时有正常的电流。技术人员将机组各面板安装原位后,离开现场。

报修电话 11

一位业主来电称,从家用热泵上可以闻到一股焦味,而且送风格栅处的出风也不是很大。**安全防范措施:**应先告知客户,在室内机组的断路器处关闭机组。其故障是室内风机的电容器损坏,风机电动机的转速不能达到其应有的转速。风机电动机被内置过载保护器间歇性切断电源。

技术人员将温控器设置在"停机(OFF)"后,合上断路器,将温控器上"风机运行(FAN ON)"转换至"运行(ON)"。从风机继电器上可以听到得电时发出的声响,风机开始运转,但送风格栅似乎确实没有足够的风量,风机电动机的运行也不是十分平稳。技术人员带上工具和电气检测仪表来到安装室内机组的房间内狭窄空间处。**安全防范措施:**将室内机组旁的断路器关闭,拆下控制箱上的面板,然后将断路器推上。技术人员注意到风机转速并达到正常转速。再次将断路器关闭,拆下风机电容器,换上新的电容器。重新合上断路器后,风机转速恢复正常。对风机电动机的电流进行检测,说明风机运行完全正常。**安全防范措施:**切断电源,配电箱上锁,挂上告示牌,然后给电动机加油润滑。技术人员在将所有面板恢复原位后,接通电源。

报修电话 12

一位业主来电称,他家的热泵时不时有冷风吹出,其中的一个出风口正靠近他们的电视椅,吹出的冷风使他们感到很不舒服。其故障是:室外机组的断路器跳闸,表面上来看也没有其他任何原因。控制器的电压由室内机组提供,因此辅助电热热源仍能运行。

技术人员将室内温控器切换至第一级供热后发现室外机组没有启动。将温控器切换至更高的设定温度时,辅助热源启动,送风格栅处也有热量排出。温控器设定在第一级供热状态时,应只有室外机组运行,辅助热源不应运行。在第二级,热泵和辅助热源应同时运行。技术人员来到室外机组处,发现断路器跳闸。**安全防范措施:**现在无法知道断路器已跳闸多长时间,由于压缩机从跳闸以来一直处于无曲轴箱供热的状态下,此时启动机组显然是不明智的。可以将断路器切换至断开位置,将配电箱上锁,挂上告示牌。技术人员用欧姆表检测接触器负载侧两端的电阻值,以确认是否有一定的阻值。检测结果表明正常,阻值约为 2 欧姆(压缩机电动机、风机电动机和融冰定时器电动机串/并联后的总阻值),再检测接触器负载侧各接线端,看各耗电装置是否有搭地现象,欧姆表读数无限大,处于最大阻值处。假定有人将室内温控器关闭,并在系统压力处于正在平衡的过程中又启动机组,那么此时压缩机电动机不能启动,也就是说,压缩机是在堵转状态下启动的,断路器即在电动机过载保护器关闭压缩机之前跳闸。电源突然中断、然后又迅速恢复往往也会出现同样的情况。

技术人员在来到室内温控器处之前,并未将断路器复位,而是在温控器上将机组设置为应急供热模式,这样就可以防止压缩机在曲轴箱冷机状态下启动。技术人员告诉业主:10 小时后将机组返回正常的供热模式,使曲轴箱有充分的时间进行加热。同时观察室外机组能否正常启动或仍跳闸,如果再次跳闸,那么应将温控器再设置为应急供热模式,将断路复位,并电话通知公司或技术人员;如果机组仍不能正常启动,那么很可能是压缩机存在启动故障,此时不要再设法启动机组。客户没有回电,该机组想必已能正常启动。

报修电话 13

一位客户来电自述,热泵在温热的气温下,在供热模式下持续不断地运行,去年的这个时候也没有这样的情况出现,机组会在同样的气温情况下停机、启动。该机的故障是液管上的单向阀(与热力膨胀阀并联)出现开通黏滞,无法迫使制冷剂通过热力膨胀阀,导致蒸发器液量过大,吸气压力太高,使热泵效率大幅下降。例如,如果室外气温为 40℉,要使室外空气将热量传给蒸发器,那么蒸发器的工作温度应在 15℉左右;如果蒸发器因为液量过多而在30℉的温度下运行,那么就不可能得到应有的热交换量,其容量也同时下降。

技术人员将温控器设置在第一级供热状态下后,来到安装在屋后的室外机组处。机组正在运行,蒸气管温度温热,但并没有达到正常温度。拆下压缩机舱门,观察压缩机后,发现整个压缩机上像是制冷剂返溢压缩机出现的大量结露。将表歧管固定在系统的高压与低压侧,很明显,其吸气压力高于正常值,排气压力稍低于正常值。排气压力稍低是因为在正常情况下少量应当存留在冷凝器的制冷剂全部集中到了蒸发器上。将温度计的探头固定在四通阀前端的吸气管上,测得其过热量为0℉,显然,室外盘管出现溢流。未有大量的制冷剂溢入压缩机而产生较大噪声,是因为液态制冷剂并未到达汽缸,它在压缩机的曲轴箱内迅速蒸发。技术人员设法调整热力膨胀阀,但它不启动任何作用。要是热力膨胀阀大开口,不能关闭;要么就是单向阀大开口,使热力膨胀阀不起作用。技术人员来到供应商处购买了一个热力膨胀阀和一个单向阀。☆将机组内充注的制冷剂抽出,回收在一个合格的回收钢瓶内。☆ 先将单向阀拆下做试验,技术人员用氮气从两个方向吹入,都能通过,说明此单向阀已损坏。换上新的单向阀,对机组增压、检漏、抽真空、充注制冷剂。机组在供热模式下重新启动后,机组运行正常,出问题的确是单向阀。检测过热度也为正常(8℉~12℉)。将机组面板安装复位后,技术人员离开现场。数天后的电话回访,证实机组运行正常。

报修电话14

一位居民来电称,他家的热泵容量不足,去年供热季节的气温与今年差不多,但今年的电费账单要比去年同期高出许多。客户希望能对热泵做一个全面的性能检测。其故障是:该机采用双缸压缩机,其中的一个吸气阀因为在启动时有液态制冷剂返溢而导致损坏。用户在去年夏季已将室外机组上的电闸关闭且整个夏季均处于关闭状态,当机组在秋天重新启动时,压缩机曲轴箱内含有的大量液态制冷剂使其中一个吸气阀损坏。如果机组启动前使曲轴箱有8~10小时的加热时间,那么就不会出现这样的情况。注意,双缸压缩机中,如果有一个汽缸不运行,那么此压缩机只有一半的容量。

技术人员将压力表固定在系统上后启动机组,并用制造商提供的性能图比较各状态压力。此时,发现机组的吸气压力很高,排气压力较低。技术人员将机组切换至制冷模式,封堵室外机组气流,使排气压力上升。当排气压力上升至200 psig、吸气压力上升至100 psig时,压缩机的电流值仍低于正常值,说明压缩机仍未达到其泵吸容量。对四通阀处的蒸气管做温度检测可以证明四通阀并未旁通蒸气。

技术人员来到供应商处购买新压缩机,由于旧压缩机已超出保质期,因此不存在更换压缩机的问题。☆回收制冷剂,更新压缩机。☆ 此外还要安装新的液管的过滤干燥器。对系统进行增压、检漏、抽真空,最后充注制冷剂。将制冷剂进行计量后充入系统。启动系统,系统能正常运行。数日后电话回访,证实系统的各项功能均正常。室外机组完全能根据温控器的设定要求运行。机组时有停机是因为气温已高于房屋的平衡点状态。

报修电话15

一位客户来电称,由于今年1月的电费账单与去年账单相比特别高,是否说明他家的热泵运行不正常,去年与今年的气温情况基本相同。其故障是热泵中的四通阀黏滞在中端位置,不能完全切换至供热状态。对于四通阀出现这样的情况,系统并没有什么明显的故障,而是产品本身缺陷造成的。

技术人员将室内温控器切换至第一级供热状态后来到室外机组处。离开机组的蒸气管线为温热,并不像正常状态下那样烫手。将压力表安装于系统上,测得其排气压力较低,吸气压力却较高,同时,压缩机的电流值也很小。

所有这些都是压缩机未能达到其泵送容量的症状。此时,室外温度为40℉,盘管上没有积冰,机组应该在较高的容量状态下运行。技术人员怀疑压缩机有问题,因此对压缩机做性能测试。将搭地线连接R和O端,使四通阀得电,将机组切换至供冷模式,温控器仍保持在第一级供热模式下。如果房内温度开始下降,那么第二级热源应自动启动,以防止房内温度太低。用塑料袋将冷凝器盘管套住,减少进入盘管的空气量。此时,排气压力开始上升,但吸气压力也随之一起上升,压缩机无法在高压侧和低压侧之间建立足够大的压差。通常情况下,机组应有3000 psig的排气压力和70~80 psig的吸气压力,而此机组在250 psig的排气压力下,吸气压力却为120 pisg。在确定压缩机损坏之前,技术人员决定检查四通阀的工作情况。用一台电子温度计的两个线头固定于四通阀冷蒸气进口和出口,此两管线间的温差应不大于3℉,而事实上,实侧结果为15℉。☆四通阀内有热蒸气进入吸气管。回收制冷剂后,更新四通阀。☆ 检漏、抽真空和充注制冷剂之后,启动机组。此时,机组达到应有的容量,且吸收压力和排气压力均为正常。

安全防范措施:对设备进行排故时,应充分运用已有的安全知识,注意安全警示。作为一个技术人员,要知道你始终处于各种"可能的危险"状态之中,高压制冷剂、电击、转动的轴头、高温金属件、锋利的锐口以及提升重物等都是需要面对的最为常见的危险状态。不断积累经验,虚心听取有经验的专业人员的意见,可以使各种危险减少到最低限度。

报修电话 16

某公寓楼内有 100 家采用整体式热泵的住户与当地的一家公司签有做常规维护的合同。在做定期巡访时，技术人员发现有一台压缩机在供热运行状态下整个壳体上均有结露。其问题是一位新来的技术人员在供冷季节的最后几天为此机组添加了制冷剂。这是一台采用毛细管作为计量装置的热泵系统，机组显然是制冷剂充注过量。

技术人员知道，压缩机绝不可能整体结露，因此将表歧管安装于系统上来检测各项压力值。调整充注量时可采用随机提供的充注线图，将压力表读数与线图上的读数进行比较后，技术人员发现其吸气压力和排气压力均过高，这一症状显然需要减少充注量。☆可以将制冷剂回收在合格的空钢瓶内，直至机器内的压力与线图上的压力值相等。☆一位善于观察的技术人员最终为业主省下了一台压缩机的费用。

以下报修电话案例不再提供解决方法的说明，答案可参见 *Instructor's Guide*。

报修电话 17

一家美容店老板来电说，安装在美容店的一台热泵经常有冷风吹出。

这是一台将室外机组安装于屋顶上的分体式机组。技术人员将温控器设置在第一级供热状态，但仍有冷风从送风格栅中排出。技术人员来到室外机组处，发现室外机组正在运行，但压缩机不运行。**安全防范措施:**此时应切断电源，在拆下压缩机舱门之前应将配电箱上锁，挂上告示牌。用欧姆表检测发现:R 与 C 端间、S 与 C 端间均为开路，但 R 与 S 端间导通，压缩机机体温度为温热，并不烫手。

是什么故障? 应如何解决?

报修电话 18

一位居民来电自述，热泵的室外机组因断路器跳闸而停机，客户 3 将其复位，但仍不能使其复位。

技术人员首先来到室外机组处，看见断路器确实处在跳闸位置。他决定再次予以复位之前，对电动机做一检测。**安全防范措施:**检测压缩机接触器接线端电压值，其读数为 50 伏。如果此时将断路器重新复位，那么它必然会出现同样的情况。断路器中有漏电现象。将供热主断路器关闭，此 50 伏电压即消失。**安全防范措施:**如果技术人员首先检测其导通状态，那么此欧姆表就会损坏。将主断路器断开，检测压缩机接触器负载侧的电阻，其对地电阻为 0 欧姆(压缩机吸气管是很适宜的接地线)。

是什么故障? 应如何解决?

报修电话 19

一位拥有两层楼房的业主来电称，他楼上的机组时常有冷风吹出，且供热好像也不正常。

技术人员将室内温控器设定在第一级供热位置后，发现仍有冷风从送风格栅中排出。可以从窗户向外看到室外机组上的风机正在运行。技术人员来到室外机组处，发现离开机组的蒸气管仅为温热，并不烫手，压缩机要么不运行，要么运行时不做功。拆下压缩机舱面板，此时既可见到、也能触摸到压缩机，用手触摸压缩机时感到非常烫手。

是什么故障? 应如何解决?

报修电话 20

一家服装店经理来电说，服装店内的热泵不能正常制冷，这是该机组本夏季第一天启用，两周前曾因电动机烧毁刚更换了压缩机，由于气温还比较舒适，两周来该机组还未运行多少时间。

技术人员将温控器切换至供冷模式后启动机组。压缩机设置在屋顶上，室内机组则安装在壁橱内。技术人员来到室内机组处用手触摸蒸气管，感觉烫手。此时，温控器设定在供冷模式，而机组却在供热模式下运行。技术人员来到屋顶上，拆下低压控制器的面板。在这种机组上，四通阀是在供冷模式下得电，因此，此时应处于得电状态。用电压表检测后发现:C 与 O 端(即公共接线端与四通阀线圈接线端)间有电压。技术人员从 O 端断开连接导线时，听到先导阀换位时发出的声响("喀哒"声)。每次将导线连接此端点时，都能听到阀内换位发出的声响，这说明先导阀是能够正常移动的。

是什么故障? 应如何解决?

报修电话 21

一零售商店老板来电称，店内热泵经常有冷风吹出，而且不能正常制热，启动后也运行不止。该机组采用热力膨胀阀。

技术人员将温控器设定在第一级供热模式后，送风格栅中排出的空气温度仍较低，其感觉就像是回风温度。室外机组安装于屋顶上，室内机组则设置在阁楼的狭窄空间内。技术人员来到屋顶上，温控器设定在第一级供热后，此室外机组应启动运行。室外机组运行后，其蒸气管却是冷的。在系统的高压侧和低压侧安装表歧管，测得:运行时,低压侧处于真空状态,高压侧压力为122 psig,其对应室内温度为70℉,这说明液态制冷剂均处于冷凝器(室内盘管)内。如果冷凝器压力为60 psig,那么它远远低于对应于70℉的122 psig压力。这也说明机组制冷剂充注量不足。

是什么故障? 应如何解决?

本章小结

1. 热泵与所有压缩循环的制冷系统相似,只是热泵具有双向转移热量的能力。
2. 一种新的构件,即四通阀可以使热泵转换制冷运行和排热方向。
3. 水 – 空气是用来描述热泵从水中获取热量、再将这部分热量传递给空气的专业术语。
4. 商业建筑物可以利用水从建筑物中的部分空间内吸收热量,然后把这部分热量排放至此建筑物内的其他区域。
5. 空气 – 空气热泵与夏季的空调设备相似。
6. 热泵有两种类型:分体式系统和整体式(独立式)系统。
7. 由于热泵可以逆向运行,因此热泵上各构件的名称均与空调系统上的构件名称不同。
8. 整体式热泵上也采用"室内盘管"和"室外盘管"的名称以避免混淆。
9. 连接室内盘管和室外盘管的制冷管有蒸气管(在冬季为热蒸气管,在夏季为冷蒸气管)和液管。
10. 液管无论在何种模式下始终为液管,只是在不同季节其流向相反。
11. 热泵上采用多种计量装置,最多的是热力膨胀阀,也可能有两种计量装置的组合。
12. 毛细管是最常见的计量装置,机组上通常有两根,一根在供冷运行时使用,另一根则在供热运行时使用。
13. 许多制造商常采用固定孔板型的计量装置,它可以使制冷剂在某一方向流动时以全流量流动,另一方向则可以节流流动。
14. 由于电子膨胀阀可以双向计量制冷剂并维持适当的过热量,因此有些制造商常将电子膨胀阀用于封闭式机组中。
15. 在热泵上采用标准过滤干燥器时,必须与单向阀一起设置在管路中,以保证正确的流向,即必须有单向阀与之串联,否则,当流向切换时,制冷剂就会将存留在过滤器中的微粒重新送回系统。
16. 当室外气温大幅下降时,空气 – 空气热泵的容量也会随之下降。
17. 处于平衡点时,热泵单独供热时可以使热泵连续运行,其热量也正好够建筑物采暖。
18. 辅助热源是热泵用于补充供热的热源。
19. 辅助热源一般为电热装置,某些设备也可能采用燃油或燃气炉。
20. 当辅助热源仅作为主要热源时(如热泵出现故障,不能运行时),辅助热源被称为应急热源。
21. 应急热源受室内温控器的控制。
22. 效能系数(COP)的高低取决于热泵供热输出量与输入量的比值。空气 – 空气热泵在室外温度为47℉时的COP值一般为3∶1,0℉的COP值则一般为1.5∶1。
23. 热泵的效率就是热泵从室外获取热量并将这部分热量转移至室内的效能。
24. 热泵的安装方法与单冷式空调机的安装方法几乎相同。
25. 热泵的末端装置必须能正确地分流空气量,因为它的送风温度不像燃油或燃气设备那样高,热泵运行时的正常温度一般不会高于100℉。
26. **安全防范措施:**必须采取适当措施,保证室外机组在冬季的排水。
27. 压缩机运行时,室内风机必须同时运行,在夏季和冬季模式下,压缩机均处于运行状态。
28. 四通阀决定了机组处于供热模式,还是供冷模式。
29. 技术人员可以通过蒸气管的温度来判断机组所处的运行模式。蒸气管有时候温度很高。
30. 室内温控器通过控制四通阀的阀心位置来控制热蒸气的流动方向。
31. 由于热泵蒸发器在冬季的运行温度低于冰点温度,因此室外盘管上总会有积霜和结冰。
32. 融冰运行时,系统实际上处于供冷模式下,此时,室外风机停止运行,从而有助于盘管迅速提高温度。
33. 融冰运行的启动要求时间量和温度量同时满足设定条件,其终止则仅要求时间或温度量两者中任意一个满足设定条件即可。
34. 热泵的制冷剂充注量一般均为临界充注量。
35. 采用涡旋式压缩机可以提高热泵的系统效率。

复习题

1. 热泵与何种制冷系统相似?
2. 说出热泵的 3 种常见热源。
3. 连接室内机组和室外机组的管线中哪一根管径较大?
   A. 排气管;　　　　　B. 液管;　　　　　C. 平衡管;　　　　　D. 蒸气管。
4. 为何不把室内机组称为蒸发器?
5. 什么时候可以把室外机组称为蒸发器?
   A. 供热季节;　　　B. 供冷季节;　　　C. 融冰运行过程中;　　D. 春季和秋季。
6. 在_____季节,室内盘管可以称为冷凝器。
7. 为何在室外机组上设置排水装置非常重要?
8. 热泵上选用何种计量装置可以获得较高的效率?
   A. 热力膨胀阀;　　　B. 自动膨胀阀;　　　C. 毛细管;　　　D. 固定孔板或节流器。
9. 热泵上唯一的一根永久吸气管处在什么位置?
10. 热泵液管上应采用哪种类型的干燥器?
11. 电动机烧毁后,吸气管干燥器必须设置在热泵何处?
12. 热泵处于供热运行还是供冷运行取决于哪个控制器?
13. 热泵能否自动地从供热模式切换为供冷模式,或从供冷模式切换为供热模式?
14. 热泵的室外盘管上有积霜和积冰时,应采取哪些措施?
15. 正误判断:在美国任何地方,各种热泵都能有效地运行。
16. 为何涡旋式压缩机具有比往复式压缩机更高的效率?
17. 论述热泵中可变速压缩机电动机要比单一转速电动机具有更高效率的原因。

热泵供热运行时的故障诊断表

热泵是最完整、也是最复杂的供热/供冷空调系统。在美国南方和西南部的许多住宅和商业场所都能看到它们的踪影,这些地区非常适宜采用热泵,既可以在供热模式下运行,又可以在供冷模式下运行。这里仅讨论供热模式运行时的常见故障。

故障	可能的原因	相应的排故措施	标题号
供冷季节	见第 42 章		
供热季节			
不制热——室外机组	室外电闸断开	闭合电闸	41.9
不能运行——室内	熔断器开路	更新熔断器,复位断路器,查明故障	41.9
风机运行	连接导线损坏	维修或更新损坏的线路或接头	41.9
不制冷——室内外风	低压控制线路故障		
机都不能运行	A. 温控器	维修松脱的接线端或更新温控器和(或)底座	41.9
	B. 内部连接、连接线或接线端	维修或更新连接线或接线端	41.9
	C. 变压器	如果损坏予以更新。**安全防范措施:**线圈搭地或短路会产生很大的电流	41.9
不供热;室内和室外	压缩机过载跳闸		
风机运行,但压缩	A. 线电压不足	调整电压,联系电力公司,接线端松脱	41.9,41.10
机不运行			43.29
	B. 排气压力较高		43.30
	1. 室内(冷凝器)盘管积垢	清洗室内盘管	43.30
	2. 室内风机始终不运行	检查室内风机电动机和电容器	43.33

（续）

故障	可能的原因	相应的排故措施	标题号
	3. 制冷剂充注过量	调整充注量	43. 30
	4. 室内空气流动受阻	更换过滤器;打开所有送风口;清理回风堵塞物	43. 30
室外盘管(蒸发器)冻结且冰层不能融化	融冰控制程序器不运行 制冷剂充注量不足,没有足够的制冷剂来完成充分的融冰	根据制造商的说明书,调整融冰程序 调整充注量。启动机组,通过足够的融冰运行来融化冰层,然后使机组正常运行	43. 25 43. 33
机组不能从供冷切换为供热,或从供热切换为供冷	四通阀不能切换 A. 融冰继电器或电路板损坏 B. 四通阀卡死 C. 温控器不能在机座上切换为供热。	更新继电器或线路板 更新四通阀 维修或更换机座	43. 31 43. 31 43. 24
耗电量过大	压缩机不运行,热泵供热停止,或完全靠辅助热供热 吸气压力太高,并且在此状态下排气压力过低	维修压缩机管路或更新压缩机 做四通阀温度检测,如果四通阀损坏,更新四通阀 如果四通阀完好,更新压缩机	43. 32 43. 31

第44章　地热热源热泵

教学目标

学习完本章内容之后,读者应当能够:

1. 论述开式环路和闭式环路地热热泵系统。
2. 解释水质对开式环路地热热泵的影响方式。
3. 论述闭式环路地热热泵系统的地下环路布置方式。
4. 解释地热热泵管路串联与并联时各自的优缺点。
5. 解释不同的系统流体和热交换器的材质。
6. 论述地热热泵不同类型的地热井和水源。
7. 解释地热热泵的常见故障。
8. 说出并解释地热热泵水侧吸、排热量的计算公式。
9. 论述无水、直接触土式、闭式环路地热热泵系统。

安全检查清单

1. 地热热泵的各项操作过程中,必须始终穿着工作服,佩戴护目镜。地热热泵中存在高压制冷剂,会冻伤皮肤,引起较为严重的伤害事故。
2. 在地热热泵周围操作时要特别小心,系统中泄漏的防冻溶液和水可导致触电。带电排故时应特别小心,防止电击。
3. 闭式环路地热热泵在其地下环路内存有溶液,如果处置不当,这种溶液也会对人体造成伤害,在现场操作时,必须穿着工作服,佩戴护目镜。此外,用于闭式环路系统的某些防冻剂是可燃溶液,因此绝不能使这种防冻剂接触高温或明火。

44.1　逆循环制冷

地热热泵是一种制冷设备,它从一处取得热量,再移送至另一处,在这一点上,它与空气热源热泵非常相似。但是,地热热源热泵是利用大地或土中的水作为其热源和排热对象的。我们的地球每天都在通过阳光辐射、降雨和风动等方式不断地获得和释放着大量的能量,如今,人类每年所消耗的能量几乎是地球从太阳辐射热中获得的能量的 6000 倍。然而,事实上这只是来自地球炽热熔岩岩心并存储于地壳内能量的 4% 左右。地热热泵就是将存储于地壳的能量用于采暖。此外,由于在夏季地壳温度低于地表空气温度,因此,我们又可以将夏季空调热负荷转移给大地。

地热热泵也可以双向转移热量,因此,地热热泵既可为室内供热,也能为室内供冷。地热热泵也有第 43 章"空气热源热泵"所讨论的 4 个基本构件和控制系统:压缩机、冷凝器、蒸发器和计量装置。同样,地热热泵也需要四通阀来控制热流方向。如需复习热泵的基本原理及其运行,可参考第 43 章的内容。

44.2　地热热泵的分类

地热热泵可以分为开式环路和闭式环路系统。开式环路系统也称为水源型系统,这种系统利用来自泥土中的水作为传热介质,从中获取热量或向其排放热量之后,以某种途径再将其送回泥土,这些途径包括水井、湖泊或池塘。开式环路需要大量的清洁水才能正常地运行,其水的质量标准与人们的饮用水和烹调用水相同。

闭式环路系统也称直接触土式系统,它通过连续循环的传热流体获取热量或排放热量,这些流体不断地在埋设于泥土或湖泊、池塘中的塑料管内循环。闭式环路系统也就是直接触土式系统,主要用于水中矿物质含量较高或地方法律禁止采用开式环路系统或没有足够水量来维持开式环路系统正常运行的地区。下面我们详细论述开式环路和闭式环路两种系统的构成。

43.3　开式环路系统

开式环路系统,即水源型热泵系统涉及水源与不断送入空调区域的空气间的传热。切记:开式环路是利用地下水作为传热介质,然后再将这些水送回地下。在供热模式下,热泵不断地从水源中获取热量,然后将这部分热量送到空调区域;在供冷过程中,则是将空调区域的热量传递给水。图 44.1 为开式环路、水源型热泵的供热与供冷循环。地热热泵机组不需要融冰系统。

供热模式下,来自水源的水由循环泵不断送往盘管、同轴型热交换器,见图 44.1(A),水与制冷剂间形成热交换,热交换器的制冷剂一侧为制冷系统的蒸发器,水中热量由不断蒸发的制冷剂吸收,制冷剂蒸气然后通过切换阀进入压缩机,在压缩机内进行压缩,载热的热蒸气然后再送往冷凝器。冷凝器则是一台设置在风网中的制冷剂 - 空气的翅片管热交换器,它也经常被称为空气盘管。当制冷剂不断冷凝时,其热量即传递给了流经的空气,由风机再将这部分加热后的空气送往空调区域。冷凝后的液态制冷剂经过膨胀阀后在蒸发器中蒸发,从水源中吸收热量。整个过程如此反复循环。当热泵需要辅助热源时,也可以采用高阻值的电热管作为辅助热源和(或)应急热源。

在供冷模式下,水环路相当于制冷剂的冷凝介质,见图 44.1(B)。从压缩机排出的蒸气通过切换阀进入水环路的同轴型热交换器(套管式热交换器)。热交换器的制冷剂侧则是制冷系统的冷凝器。此时,水与制冷剂间形成热交换,水环路从制冷剂中吸收热量,制冷剂则由此开始冷凝。过冷液态制冷剂然后流入膨胀阀并到达空气盘管。制冷剂在空气盘管中蒸发并从空气中吸收热量。空气被降温、降湿。载热、过热的制冷剂蒸气然后再从空气盘管,经切换阀到达压缩机,在压缩机中进行压缩。然后此过程再重复开始。

对于较小的住宅,一般可采用单水源的热泵,但较大的楼房则需要多个水源。对于商用设备,通常是将多台热泵组合成一个系统,采用一个公共的水管环路,这样的环路可以实现将一台供冷热泵排出的热量送到另一台处于供热模式下运行的热泵。商业设备也可以连接水井、池塘、湖泊或直接触土型的闭式环路系统,这些系统有可能还包括一台锅炉和冷却塔来维持所需的环路温度,见图 44.2。

供热模式

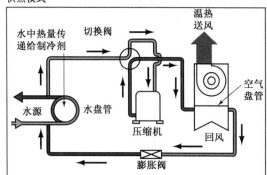

在供热模式下,热的制冷剂流过空气盘管,向空调区域内送入热空气

(A)

供冷模式

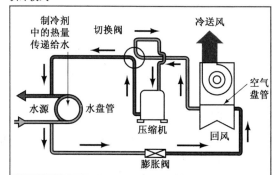

在供冷模式下,冷的制冷剂流过空气盘管,向空调区域内送入冷空气

(B)

图 44.1　处于(A)供热和(B)供冷两种模式下的开式环路、水源型热泵(Mammoth Corporation 提供)

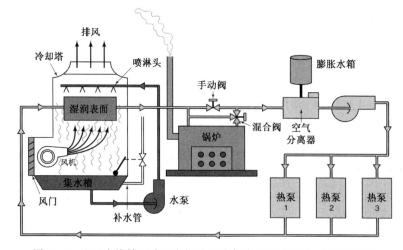

图 44.2　配置有维持环路温度锅炉和冷却塔的开式环路、水源型热泵

44.4　水质

对于采用井水的开式环路系统来说,水质是最重要的因素。下面列出了有关水质的 3 个最重要的问题,技术人员和设计人员在选择开式环路、井水系统作为供热和供冷装置之前,必须认真考虑:

1. 水井能否为热泵提供足够的水量(gpm,加仑/分钟)。

2. 井水温度是多少?

3. 井水是否清洁,矿物质含量是否较低?

要使系统能正常运行并获得所需的供热,供冷量就必须有足够的水流量(gpm)。切记:井水是大地与热泵中制冷剂间的传热介质。应当注意向热泵制造商了解其各种热泵产品所需的水流量数据,并从当地的掘井公司处了解当地井水能否为热泵提供足够的水量。

井水温度是另一个非常重要的技术参数。井水温度是决定热泵传递热能能力的重要因素之一,这是因为水与制冷剂间的温差是形成传热的最主要的驱动力。温度越大,两者间的传热量也越大。图 44.3 是美国各地区 50～150 英尺深度范围内的井水温度值。

井水的清洁度是考虑采用开式环路井水热泵系统时必须认真核实的另一个技术参数。采用的井水中不能含有盐、尘土或其他任何矿物质固相物,这是因为井水在热交换器中流动时具有较高的流速,很容易造成对同轴式热交换器的磨损,矿物质最终还会淤积在同轴热交换器的水侧管壁上。

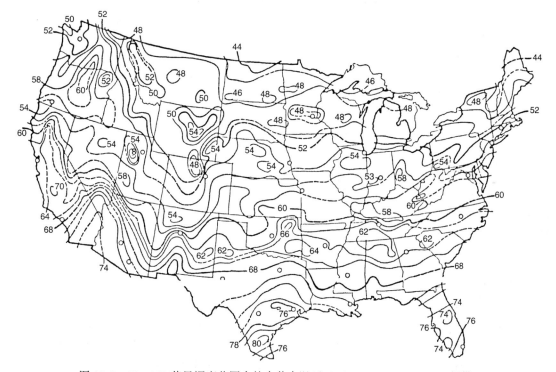

图 44.3　50～150 英尺深度范围内的水井水温(℉)(Mammoth Corporation 提供)

水源热泵的热交换器可以使水朝一个方向流动,制冷剂则朝另一个方向流动,这称为逆流式热交换器。水与制冷剂不可能有直接的接触。这些热交换器通常是盘式、同轴、套管式的热交换器。水走内管,而制冷剂走外套管。外套管一般用钢制成。图 44.4 为热交换和热交换器的断面结构。注意:其内管设有称为导架的扩展表面,它可以增加换热面积,从而获得更佳的传热效果。这些导架往往可以使水和制冷剂在流动过程中形成湍流,从而获得更大的传热量。对于开式环路系统来说,其进/出口的温差一般在 7 ℉～10 ℉ 范围之内,也就是说,在供热模式下,如果热交换器的进水温度为 55 ℉,出水温度为 47 ℉,那么其温差即为 8 ℉,由于它处于 7 ℉～10 ℉ 范围之内,因此 8 ℉ 温差是一个比较理想的温差值。但是,具体型号的热泵,其理想温差值还应向热泵制造商咨询,因为具体温差值会随不同的制造商以及不同的地理位置而有所不同。

大多数同轴热交换器的内管均采用铜管,它用于连接水管线,但也有采用铜镍合金的内管。采用铜镍合金制作的热交换器,酸洗时具有较高的防腐蚀性,因此这种热交换器一般均有较长的使用寿命。但是,铜镍合金会像铜制热交换器一样很快地结垢。图44.5是可用来确定开式环路热泵系统中是否应该采用铜镍热交换器的参考依据。

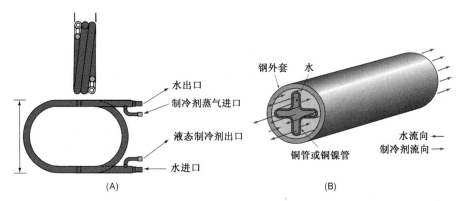

图44.4　(A)盘式同轴、套管型热交换器。这种套管热交换器的内管与外管相互独立;(B)逆流式套管的横截面。导架,即扩展表面可以获得更佳的传热效果(Noranda Metal Industries Inc. 提供)

44.5　闭式环路系统

闭式环路系统一般是将多段塑料管埋入地下,这些塑料管依据占用面积的多少以及土质情况,既可以水平布置,也可垂直设置。由这些塑料管构成的封闭环管常称为地下环管或水环管,见图44.6～图44.12。

由图可知,所谓环管,就是利用小功率离心泵,使水或防冻溶液在埋设于土壤中的、完全密封和增压的塑料环形管中不断地循环。在冬季供热模式下,地下环管中的水通过塑料管从地下获取热量;在夏季供冷状态下,地下环管中的循环流体通过塑料管向泥土排热。

塑料管,即地下环管中的循环流体还需要与制冷剂环路交换热能。防冻液－制冷剂间的热交换是在热

马莫斯公司水盘管选用参考表

可能出现的问题	采用铜盘管	采用铜镍盘管
结垢		
钙镁盐(硬质)	低于 350 ppm(25 格令/加仑)	高于 350 ppm(低于海水)
氧化铁	低	高
腐蚀		
PH 值	7～9	5～7 和 8～10
硫化氢	低于 10 ppm	10～15 ppm
二氧化氮	低于 50 ppm	50～75 ppm
不溶性固氧	仅用于增压水容器	所有系统
氯气	低于 300 ppm	300～600 ppm
不溶性固相物总量	低于 1000 ppm	1000～1500 ppm
微生物生长		
嗜铁菌	低	高
悬浮固相物	低	高

注意:如果这些腐蚀物浓度超出铜镍盘管栏中的最大值,就可能会产生严重的腐蚀,此时必须采取相应的水处理措施。

图44.5　确定应选用铜制还是铜镍合金热交换器的参考表

泵的防冻液－制冷剂热交换器中实现的。这种热交换器通常设置在热泵的箱体内,且一般为盘式、同轴套管型热交换器。由于闭式环路系统中采用经过水处理的水,因此这种热交换器绝不可能结垢。这可能是闭式环路系统优于开式环路系统的主要优势之一。水质故障,特别是在一些同轴热交换器的水侧出现结垢是经常出现的问题,但在闭式环路系统几乎不存在。

空气环路则用于将热、冷空气分送至各空调区域。它利用设置在风管中的翅片盘管、空气－制冷剂热交换器来实现热交换,并采用鼠笼式风机通过空气分送系统将空气分送至空调区域。图44.13和图44.14为供热和供冷两种模式下的地下环管、制冷剂环路和空气环路三者间的相互关系。

第四条环路即家用热水环路,它通常利用热泵制冷压缩机排除的热蒸气热量来加热家用热水器。由于压缩机的排气是整个制冷系统中温度最高的部分,其热量可以很方便地传递给温度较低的家用热水装置,但两者间仍需要有独立的热交换器,此处的热交换器通常也是盘式、同轴套管型热交换器。家用热水装置由循环泵增压,在此环路内反复循环。在此热交换器外管流动的制冷剂则将热量传递给在同一热交换器内管循环的、温度较低的家用水。高温的制冷剂与冷水采用逆向流动,即它们以相反的方向流过热交换器,这样有助于在加热家用水的同时消除制冷剂的过热。大多数新式系统都配置这样的热交换器,这样不仅可以消除制冷剂过热,而且

可以通过加速冷凝制冷剂来提高换热量。这些系统一般都能 100% 地满足家用热水需要。图 44.15 为家用热水器的热交换环路。

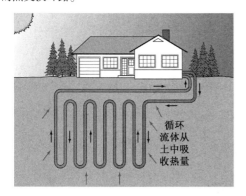

图 44.6　串联、垂直布置的地下环管（供热模式下）

图 44.7　并联、垂直布置的地下环管（供冷模式下）

图 44.8　单层、水平布置的地下环管（供热模式）

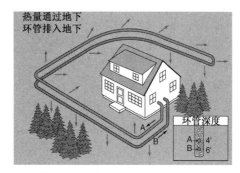

图 44.9　双层、水平布置的地下环管（供冷模式）

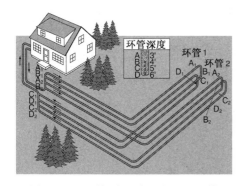

图 44.10　四管、水平布置的地下环管

图 44.11　螺旋管地下环管

44.6　地下环管的布置形式与流体的流动

地下环管的布置形式可以是垂直型、水平型、螺旋管型或池塘/湖泊型等，环路的连接可以串联，也可以并联，我们将在后面专门讨论这一问题。图 44.6 ~ 图 44.12 为这些环管的各种布置形式。环管形式的选择取决于可用土地面积的大小，也取决于当地的土质和地势形状。由于在非常陡峭或多岩石区域开掘或钻井的费用一般都较大，因此，这两方面的因素决定了开掘和钻井的成本。

垂直式系统主要用于平地较少或是空间受限的场合，

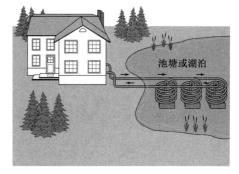

图 44.12　池塘或湖泊环管

见图 44.6 和图 44.7,如果土质为岩质土,那么钻井时需采用凿石钻头。如果土质比较适宜,又没有较大的硬岩,那么应考虑采用水平环管布置,见图 44.8、图 44.9 和图 44.10。

　　螺旋管环管是一种像螺旋线一样的、由塑料管构成的圆环环管,见图 44.11。这种特定的环管形状与其他环管相比,螺旋管环管约可以减少 1/3~2/3 的管沟长度。环管也可以安装于湖泊中或池塘内,见图 44.12。

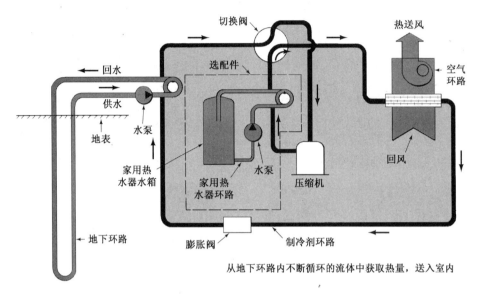

图 44.13　处于供热模式下的闭式环路、水源型热泵(Oklahoma State University 提供)

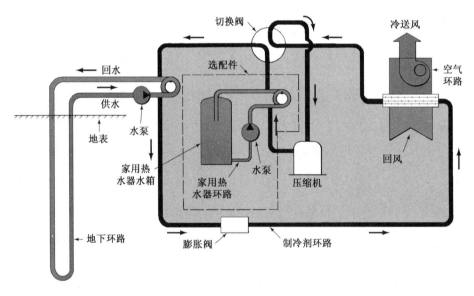

图 44.14　处于供冷模式下的闭式环路、水源型热泵(Oklahoma State University 提供)

　　另一个需要选择的内容是地下热交换器,即地下环管应串联,还是并联。图 44.16 为水平式和垂直式地下环管,分别采用串联和并联后的流体流动路径。串联方式中,流体的流动只有一条路径。由于流体的流动路径非常明确,因此塑料管中的滞留空气很容易排除。环管内的滞留空气一般采用强制冲洗法予以排除。强制冲洗法需要将热泵和地下环管连接到配置有大容量、大流速和高压头循环泵的冲洗机组或泵站上,然后将系统中的空气吹出,见图 44.17。在系统启动前,需将所有的空气排除,这项工作非常重要,这是因为空气会侵蚀和腐蚀水环管中的每一个金属构件。空气还会引起流体在环管内的流动堵塞。强制冲洗可以排除各种可能伤及循环水泵轴承的碎石、岩屑。如果环管出现破裂,上述任意一种情况都可能出现。下面为串联系统的主要优点:

1. 容易排除滞留的空气。
2. 流程比较简单。
3. 环管单位长度上的传热量较大。

串联系统的主要缺点有：
1. 需采用较大管径的塑料管，这也意味着需要较多的防冻溶液。
2. 安装费用上升。
3. 有较大的压降。

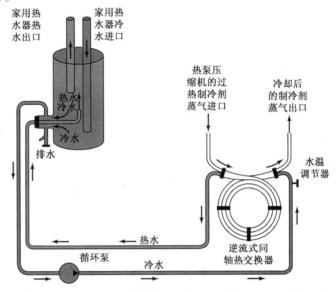

图 44.15　家用热水环路中的逆流、同轴热交换器。水环路中的水由制冷剂环路进行加热

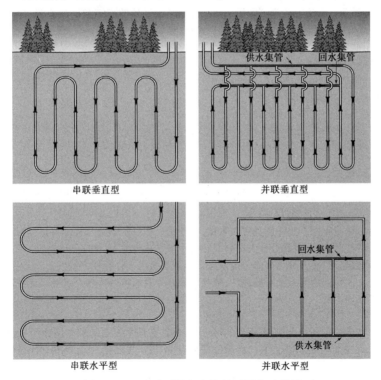

图 44.16　地下环管中流体的不同流动路径

并联系统由于压降较低,因此可以采用更小管径的塑料管,而且采用较小管径的塑料可以使与之相关的各种费用同时降低。但是,如果水环管内存在空气,由于存在多条路径,采用高流速冲洗水很难将并联系统中的空气全部排除。并联系统中的过量空气很可能会引起水流堵塞。要保证每一段并联管路上的压降相等,每一管段的长度就必须完全相同。如果不是这样,较小阻力的并联管段,即较短的管段就会有较大的流量,而流阻最大的管段就会出现部分缺水,最终热泵的容量就会因不均衡的流动路径而受到严重影响。为保证每一段环管对同样的流体流量均具有同样的压力,各承包商一般都在环管各管段的进/出口处采用大管径的集管。下面是并联系统的主要优点:

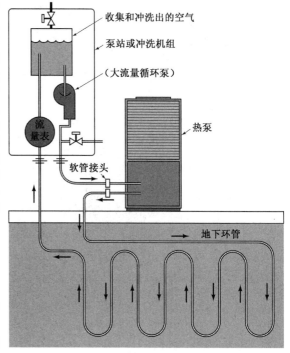

图44.17　强制冲洗地下环管中的空气和砖屑时,冲洗机组与热泵间的连接关系

1. 可以采用小口径环管,成本更低。
2. 安装和人工费用降低。
3. 所需的防冻溶液量减少。

并流系统的主要缺点有:

1. 由于有多种并联路径,更难清除地下环管中滞留的全部空气。
2. 如果环管内各管段长度不等,流阻不同,就会出现不平衡的问题。

44.7　系统材料和热交换流体

埋设的管线,即地下热交换器通常采用聚乙烯或聚丁烯塑料管。这两种管材可以通过加热方法予以连接,接头具有很长的使用寿命。管中的防冻剂则用于防止热泵热交换器的冻结和提高传热效果。但在美国南方地区,大多数热泵地下管系统仅采用纯水作为热交换流体,这是因为即使在冬季,这些地区也不可能出现环管的冻结。有3种防冻溶液可供选择:

1. 盐——氯化钙和氯化钠。
2. 乙二醇类——乙二醇和丙二醇。
3. 酒精——甲基、异丙基和乙基类。

不管选用的是何种流体,它都必须具备以下性质:

1. 长期不分解。
2. 具有稳定的传热效果。
3. 成本低。
4. 对环境无害。
5. 不具有腐蚀性。
6. 无毒。

盐安全无毒,传热性能较好。此外还具有成本低、对环境无害以及不会分解等特点,但是,盐与金属接触时,特别是含有空气时,具有腐蚀性,因此设计人员必须在整个系统内选用适当的金属材料。如果希望盐在地下环管内具有较好的使用效果,安装人员和维修人员就必须保证系统内不存有任何空气。

乙二醇具有安全、大多数情况下没有腐蚀性、传热效果好以及成本低等特点,但乙二醇曾有在非常低温下转变为冻胶的记载,如果确实发生这样的情况,就会大大降低其传热能力以及循环泵实际的泵送流量。乙二醇的使用寿命低于盐。

酒精可以燃烧,如果与空气混合,则有强烈的可燃性,这是它最主要的缺点。酒精稍有毒性,一般情况下不具有腐蚀性,传热效果好,价格也较为便宜。如果处理得当,不与空气混合,那么酒精仍比较安全,可以替代乙二醇和盐。

系统上所有可能与盐、乙二醇或酒精接触的各个构件均必须认真仔细选择。这些系统构件主要指同轴热交换器、循环泵和法兰接口,当然,也包括塑料管线。

过去,水源热泵上均常用 R-22 作为制冷剂,但是,由于 R-22 含有氯成分——对臭氧层消耗具有潜在危险,同时随着"清洁空气法"确定的 R-22 禁产日子的到来,各种对环境不会造成危害的无氯型制冷剂将很快用于替代 R-22。在空调和各种热泵系统中,R-410A 是替代 R-22 的主要制冷剂,此外还有其他替代型制冷剂和制冷剂的混合液已进入市场,也用于替代 R-22。关于替代型制冷剂和制冷剂混合液的详细内容,可参见第 2 章"制冷与制冷剂"。

从 2010 年开始,除了用于 2010 年 1 月 1 日以前生产的各种制冷设备以外,美国将不再进口、也不得生产 HCFC－22(R-22)制冷剂。从 2015 年开始,除了在 2020 年 1 月 1 日之前生产的制冷设备上用做制冷剂之外,美国也不得进口和生产 HCFC 系列的制冷剂。到 2020 年,将全面禁止生产和进口 HCFC－22。从 2030 年开始,则全面禁止生产和进口 HCFC 系列的制冷剂。但是正在使用中的 HCFC 系统仍可继续使用。此外,使用回收的和再生的 HCFC 制冷剂仍然是合法的。

44.8　地热井和水源

用于开式环路系统的水源可以是已有的水井,也可以是新的水井。井水由其水泵送往热泵。常见的水井可以分为:

1. 涌水井。
2. 回流井。
3. 地热井。
4. 干井。

图 44.18 为涌水井。注意,电动水泵连接电源后均埋设在地下井管内,这种水泵通常称为潜水泵。此水泵从地下蓄水层中获得所需的水量。其他水源也可以是池塘、湖泊,甚至是游泳池。使用后的水则排入湖中、小河或沼泽地。图 44.19 是一个由水泵将井水送到热泵,然后将水排至池塘内的开式环路地热热泵系统。

地热热泵系统的大多数水井均为水泥抹浆井管。所谓抹浆就是在井管与井孔间充入水泥类的填充物。抹浆硬化后可以形成一个封闭的外壳,防止与同一区域内的其他水源形成污染,也可以防止雨水或其他地表水渗入井内,使井水污染,抹浆还可以使整个井结构更加坚固,可防止井管的锈蚀。

回水井主要用于将热泵热交换器使用后的水送回地下,见图 44.20。回水井应设置在远离供水水井的地方,这样可以防止供水与回水的过早混合。回水水井要接受回水流量,必须至少有供水水井同样的大小。如果供水与回水过早混合,供水温度就会在供冷季节上升,在供热季节

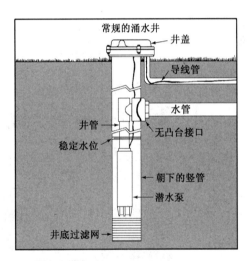

图 44.18　常规的涌水井(Mammoth Corporation 提供)

下降,从而严重影响热泵的容量。供水水井与回水水井应至少有 100 英尺的距离。注意图 44.20 中回水管上安装的慢速关闭的电磁阀,这种慢速关闭的电磁阀可以防止热泵启动时出现的压力波动,即所谓的液击。在热泵停机期间,这种阀几乎始终处于回水管的位置上,这样可以使热泵同轴热交换器内的压力始终与压力储水罐中的压力保持一致。这一增压措施有助于使溶解于水中的各种矿物质不析出,无法沉淀在热交换器上。这是因为当压力提高时,水中矿物质的溶解度也同时上升。此外,回水井中的回水管和竖管出口必须低于水井的稳定水位以下。稳定水位是指井中井水自然形成的水位。这样就可以避免回风管吸入空气,同时又防止回水管中出现水藻和细菌,因为水藻和细菌的生长往往会在水管的内表面形成阻流层,使水的流动受阻,从而使机组容量降低。在某种情况下,也可以将回水排入供水水井,这样就可以保证热泵热交换器有足够的水量,但要保证供水温度不受到严重影响,供水井内就必须保证有足够的水量。

地热热泵专用井是一个封闭系统,它从水井水柱上位抽取水,送入热泵,从中吸取热量,或是向其排放热量,然后再将此改变温度后的水送至水井的底部,见图 44.21。送至水井底部的回水在其被再次抽到井水的上位时,应具有水井正常的水温。地热热泵专用井主要用于地下蓄水层中没有其他标准水井系统所需的足够水量的场合。

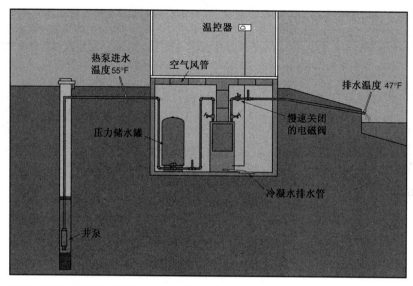

图 44.19 开式环路地热热泵供热时的排水,可以排入湖水中小河、池塘或沼泽地(Mammoth Corporation 提供)

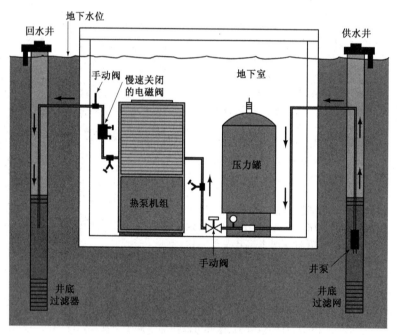

图 44.20 回水井系统

干井主要用于开式环路系统排放回水。干井中不设任何装置,仅仅是一个放满了碎石和黄沙的大水坑,见图 44.22。它主要适用于砂质土地区。回水在流过碎石和黄沙的过程中不断被过滤,最后通过各自的路径返回地下蓄水层。

如今,在大多数家用井水系统中还采用压力水罐,它也广泛应用于开式环路的地热热泵系统中。此压力水罐内没有任何构件,仅仅是一个用于存水的小压力罐,此压力罐的作用在于防止井中水泵断流。当井水水泵停止运行时,此压力罐照样可以在开式环路热泵要求供热或供冷时实现供水。压力罐出厂时即充注有压缩空气。有些压力罐甚至还设有为配合用户特定系统添置或减少空气充注量的管接头。罐中的充注空气一般处于水的上方,但又与罐中的水利用橡胶内胆分离。井水泵将水充入压力罐时,就会使橡胶内胆变形,从而使其中的充注空气压力上升,这样也就使整个压力罐的压力上升。当达到其最大工作压力时,井泵则在压力开关的控制下自动关闭,停止运行。之后,井泵一直保持关闭状态,直至压力罐内压力下降至最低设定压力时,井泵再次启动,整个过程又重新开始。压力罐的大小应保证每 10 分钟内启动次数不多于 1 次。图 44.23 为压力罐的各种运行状态。

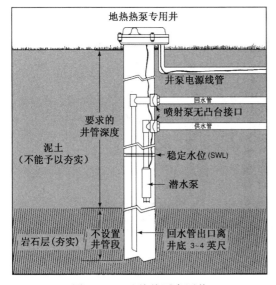

图 44.21 地热热泵专用井

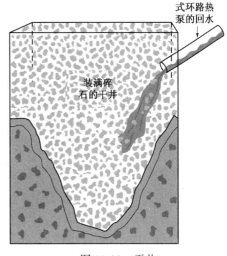

图 44.22 干井

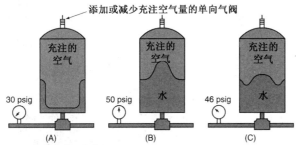

(A) 生产厂家充注的空气量。

(B) 水泵送入的水使罐内空气压力上升,此时水压力为 50 psig。之后,因压力上升,压力开关打开,井泵关闭,停止运行。

(C) 热泵需要用水时,尽管井泵仍处于关闭状态,但气囊内的空气压力则可将水压入系统。只有在系统压力下降、压力开关闭合时,井泵重新启动。

图 44.23 井水系统压力罐的运行状态

44.9 系统排故

地热热泵的排故方法与第 43 章讨论的空气–空气热泵非常相似,稍有不同的是如何获得水管或地下环管的压力和温度的检测端口。图 44.24(A)为水管或地下环管的压力与温度的检测端口位置及其安装方法,图 44.24(B)则为对热泵做性能测定时采用的压力和温度检测端口。检测同轴热交换器的进、出水温差时,采用温度计探针,压力表则用来通过测定热交换器两端的压力降,从而确定流经热交换器的水流量。做压力检测时,必须采用流量与压力降的对应曲线图和线图。制冷剂系统的各端接口也与其他热泵系统完全相同,其排故方法与其他制冷或空调系统非常相似,甚至电气系统也与其他的制冷和空调系统非常相似。因此,地热热泵的排故将主要论述地热热泵的水环路,即地下环管的相关问题。如果需要复习制冷系统(也就是地热热泵中的制冷剂环路)或空气流通系统(也就是空气环路)的内容,可以参见第 36 章“空调冷源”、第 37 章“气流组织与平衡”、第 41 章“空调系统的排故”和第 43 章“空气热源热泵”的有关内容。

地下环管有时候也称为水环管,一般均含有防冻溶液,且充注在闭式回路系统的、埋设在土中或湖水中的塑料管内。开式回路系统中的供水均来自井水,使用后则以某种方法将其排回地下。无论哪一种系统,地热热泵的同轴热交换器上都需要形成水–制冷剂间的热交换。

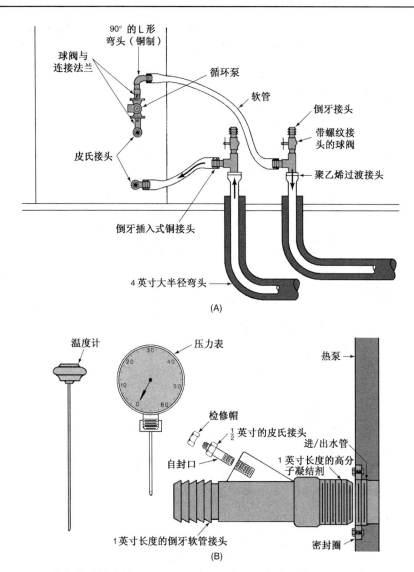

图 44.24　(A)地下环管与热泵的连接;(B)地下环管上压力和温度检测接口(Oklahoma State University 提供)

用以计算供热模式下的吸热量或供冷模式下排热量的基本公式是:

$$热量(Btu/h) = (gpm) × 温差 × 500$$
$$gpm = 每分钟防冻溶液循环量(加仑)$$
$$温差 = 热交换器进出水温差$$

500 = 循环流体比热以及将 gpm 换算为 Btu/h 时的比例系数。纯水采用 500,但此比例系数需根据防冻溶液的比热做出调整。采用防冻溶液时,一般采用 485。

上述公式中的两个变量分别是防冻溶液的 gpm 数和同轴、水 – 制冷剂热交换器防冻溶液进/出口的温差。如果此两个变量中的任意一个量发生变化,热泵的供热和(或)供热容量就会受到影响。地下环管内的防冻剂流量可以通过安装于管线上的流量计或通过检测同轴热交换器两端的压力降予以计量,如果采用压力降检测法,就必须有压力降 – 流量对应曲线图。

例如,若闭式环路的循环泵运行不正常,环管内出现空气阻塞、含有杂质或某一管段出现扭结或在开式环路系统中供水压力不足,都会使防冻溶液的流量下降。如果热泵处于供热模式,同轴热交换器的制冷剂侧为蒸发器,那么在制冷环路就可以明显地发现吸气压力较低,这一情况还会使蒸发温度降低。由于同轴热交换器水侧流量减小,因此水与较冷盘管的接触时间更长,同时使进/出口水温差增大。因此,检修技术人员应特别注意吸气压力是否较低,热交换器进/出口水间的温差是否增大。

如果热泵处于供冷模式,同轴热交换器的制冷剂侧即为冷凝器,地下环管,即水环管就是冷凝介质。水流量的降低必然会使制冷剂环路的排气压力上升,同时还会看到热交换器进水的温差增大,这是因为水与温度较高的盘管接触时间较长所形成的。

如果开式环路系统的水中矿物质析出,并沉淀在同轴热交换器水侧表面,那么水与制冷剂间的热交换状态就会迅速恶化,这是因为此时的水垢完全成了保温层。它还会导致热交换器进/出口水的温差,无论是在供热模式还是供冷模式下均迅速减小,最终使供热模式下的排气压力上升,供热模式下的吸气压力下降。但是,在闭式环路系统几乎不可能出现这样的问题,这是因为在整个环路内循环的水或防冻溶液均经过水处理。

如果因某种原因,闭式环路系统的地下环路设计得太短,那么在供热模式下,进入热泵的水或防冻溶液的温度也往往偏低,这就会使制冷剂环路的吸气压力处于较低的状态。在供冷模式下,则会出现进入热泵的水或防冻溶液的温度偏高,引起排气压力上升。如果环管所处的土质类型不适宜,或是土与水环管间的热交换器欠佳,那么都会出现这样的情况。

44.10 无水、直接触土型、闭式环路的地热热泵系统

上面提到:常规闭式环路地热热泵系统均需采用防冻剂或含有防冻剂的水溶液,并利用一台小功率离心式液泵,使它在埋设于地下的塑料管内不断循环,其作用相当于一种传热流体。承载这一传热流体的塑料管通常称为地下环管或水环管,见图44.6。

在供热模式下来自地底下的热量通过塑料管传递给地下环路,塑料管中不断循环的传热流体又将这部分热能传递给了制冷剂环路。这个热交换过程是由设置在热泵机箱内的热泵防冻流体－制冷剂热交换器来实现的。防冻流体－制冷剂热交换器通常为盘式、同轴套管式交换器,见图44.4。图44.13是整个常规式、闭式环路地热热泵系统。由于防冻流体或水溶液实际上是一种制冷剂,因此,这些系统也常被称为双级换热系统或间接式换热系统,送入空调区域的热量事实上也就是由制冷剂环路中的制冷剂从地下环路的循环流体中提取的热量。常规闭式环路地热热泵系统所采用的各种地下环路形式均可参见图44.6～图44.12。

无水系统

无水、直接触土型闭式环路地热热泵系统采用3/8～7/16英寸聚乙烯镀层铜管,将其埋设在地下后直接走制冷剂,见图44.25。铜管的作用相当于蒸发器,制冷剂在铜管内会有一个液体转变为蒸气的相变过程,因此这种地下环路常称为无水地下环路、相变环路或制冷剂环路。为便于与前面几种环路相区别,本章后面均把它称为无水地下环路。在供热模式下,地下热"直接"由不断蒸发的制冷剂吸收,汽化后的制冷剂蒸气经切换阀后进入压缩机,在压缩机内被压缩并过热至较高温度,从压缩机排出的过热、载热热蒸气再送往冷凝器。冷凝器是一台安装于空调区域或建筑物风网内的制冷剂－空气翅片管热交换器,见图44.26,也就是通常所说的空气盘管。然后,制冷剂以冷凝方式,以高于室内空气的温度向风管内空气排出热量,再由风机将这部分增温后的空气送往各空调区域。冷凝后的液态制冷剂流经膨胀阀后,在蒸发器,即埋设在地下的无水地下环路内汽化、蒸发。然后整个过程再重新开始。无水、直接触土型、闭式环路地热热泵系统的供热与供冷运行状态可见图44.27。

图44.25 即将被埋入地沟的聚乙烯镀层管(Co-Energies LLC,Traverse City,Michigan提供)

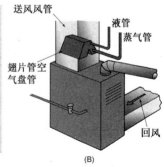

送风风管
液管
蒸气管
翅片管空气盘管
回风
(A)
(B)

图44.26 (A)翅片管空气盘管热交换器;(B)安装于空调区域或建筑物风网内的翅片管空气盘管热交换器(Carrier Corporation提供)

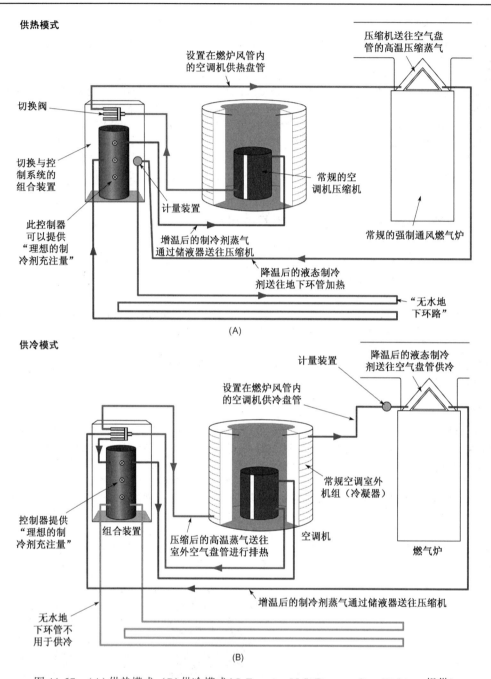

图 44.27　(A)供热模式;(B)供冷模式(CoEnergies LLC,Traverse City,Michigan 提供)

在这种系统中没有作为传热流体的水或防冻溶液,其埋设于地下的蒸发器,即无水地下环路直接从地下获取热量,这就是通常所说的与大地的直接热交换或一级热交换。这就取消了同轴热交换器、离心式液泵、防冻剂或水等传热流体,以及对常规闭式环路、间接式地热热泵系统来说必不可少的系统冲洗操作,因此这种热泵的热效率就能相应提高。

无水地下环路中液态制冷剂转变为蒸气的相变过程可以充分利用环路中制冷剂的蒸发潜热。此外,为了获得更高的效率,无水地下环路仅从大地直接吸收热量,而在供冷运行时,切断无水地下环路并改用常规的空调室外冷凝器。

无水、直接触地型地下环路热泵系统也可以改装为普通家用燃气供热和常规的空调系统,见图 44.28。这些系统均可以很方便地改装为普通的家用空调机组。一旦改装,家用机组上的常规空调室外冷凝器盘管与风机就不能用于供热模式了,而冷凝器的盘管仍可像改装前那样在供冷模式下运行。但由于制冷剂的控制系统(下面将专门论述)不同,它只能在系统含有较为精准的或临界制冷剂充注量的情况下运行。

将家用空调系统改装为直接触地式系统后,住宅的供热和供冷能耗成本减少量一般可达50%,特别是仅采用矿物质燃料时更加明显。由于系统采用精确的制冷剂管理模块后可以消除空调系统因制冷剂充注量不准确所造成的各种常见故障,其供冷系统的各项性能可以得到大幅度提高。对于几乎所有的北美地区来说,供热和供冷效率的大幅提高可以获得全面的节能效果。

制冷剂管理模块一般安装在室外空调器与家用燃烧炉之间,它可以全面管理埋设的无水地下环路内的制冷剂循环量,见图44.28。这种埋设的无水地下环路一旦与常规的燃炉、空调压缩机以及室内空气盘管进行组合,就能在冬季提供地热供热,在夏季提供地热供冷,且整个系统能自动对室内温控器的指令做出反应。

制冷剂管理模块

图 44.28　改装后系统上的制冷剂管理模块(Co-Energies LLC,Traverse City,Michigan提供)

如果将无水、直接触地型闭式环路热泵作为第一级供热,那么就可以将家用常规燃炉作为第二级或是应急供热系统。此时燃炉不能与热泵系统同时运行,这是因为一旦第二级热源启动运行,热泵就将被锁定,直至温控器另行发出指令为止。

系统安装与制冷剂环路的布管

改装系统的安装费用一般均低于类似容量的、常规型、独立式直接触地式地热供热和供冷系统。利用制冷剂的相变与大地间的一级,即直接热交换过程,业主就可以将现有的常规空调压缩机当做制冷剂泵和加热装置,连接系统的其他所有热源均为直接传送的热源。

如上所述,埋设于地下的无水地下环管一般均为3/8~7/16英寸的镀有聚乙烯塑料的铜管。这种聚乙烯塑料管壁上有两个气孔(或称为槽沟),它可以使这样的镀塑管充当一个连通的双壁热交换器,见图44.29。任何在埋设铜管泄漏的制冷剂或润滑油均可以排向塑料层的槽沟内,最终排向地面,这种地表排气可以很方便地被检漏,又可防止地下土壤受到来自制冷剂和润滑油的污染,使它成为一个更为环保的系统。每一个铜管环路长度约为70~100英尺,埋设深度为3~4英尺。铺设塑料镀层铜管时一般采用开沟机,见图44.30,放入管线后,为获得较好的热交换效率,先是用黄沙覆盖,然后用土填埋,恢复至原有自然状态。浅沟铺设一般要比常规闭式环路在其地下路内充注防冻液或水的间接式地热热泵系统的操作快得多。铺设的无水地下的环管就是一段独立管路,没有任何地下接头。环管的数量取决于系统容量和土质成分。

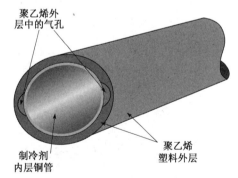

聚乙烯外层中的气孔

制冷剂内层铜管

聚乙烯塑料外层

图 44.29　可以使环管充当一个双壁热交换器通气孔的两通气孔(或称通气槽)

图 44.30　开沟机为无水地下环管铺设开掘管沟(Co-Energies LLC,Traverse City,Michigan提供)

每个无水地下环管的供流与回流管均焊接于设置在集管箱内的铜制集管上,见图44.31(A)~(D)。尽管不太可能,但如果出现泄漏,就可以很方便地从集管上检测集管。位于各分散管沟内的独立载冷剂环管均汇集到集管箱或集管坑内。切记,环管在地下绝没有任何接口或连接装置。两根供流和回流管给予保温后,铺设至空调机旁,与机组连接,见图44.32。现有的常规空调机的制冷剂管线换接至集管箱或集管坑,与埋设于地下的无水地下环管连接,制冷剂也一同在此环管内循环。

图 44.31 (A)无水地下环管的供流和回流端口均采用铜焊与铜制集管连接;(B)技术人员正采用铜焊方式将环管供流和回流端口连接至铜制集管上;(C)两铜制集管上分别焊接有供流和回流管口;(D)两铜制集管设置一个集管箱(CoEnergies LLC, Traverse City, Michigan 提供)

44.11　报修电话

下述报修电话涉及开式和闭式两种环路系统,其中大部分故障均为地热热泵的常见故障。要注意的是:一个环路的故障往往会影响到热泵中其他环路的性能。

报修电话 1

一位住在郊区的客户来电称:他的热泵运行似乎相当频繁,业主还注意到,他每月的电费账单上的数字在最近两个月内一直上升。现在是供热季节,此热泵为开式环路系统,其水源来自房屋旁的涌水井。热泵的制冷剂环路采用 R-22 制冷剂,其故障是同轴热交换器水侧有大量的矿物质结垢,导致水环路与制冷剂环路间无法获得正常的热交换。

技术人员将室内温控器设定在较高温度,目的在于使机组在排故过程中保持运行。技术人员在制冷剂环路上安装压力表后发现,其吸气压力为 35 psig,而在此地区,如果进水温度为 47°F,那么这种系统的正常系统压力应为 55 psig 左右。技术人员在检测热交换器的进/出口水温差后,发现热交换器两端的温差只有 4°F,而在此地区,其正常温差一般应为 7°F ~ 10°F。综合吸气压力较低、水的温差较小两种情况,可以说明,制冷剂环路与水环路之间的传热量下降,它很可能是由

将现有机组上的制冷剂管断开,连接至切换阀,在供热模式下切换阀将制冷剂连接至地下环管,在冷模式下,制冷剂管则切换至现有空气盘管装置

图 44.32 将供流和回流管安装保温层后连接至改装后的空调机组上(CoEnergies LLC, Traverse City, Michigan 提供)

水中矿物质沉淀在热交换器的水侧所引起的,这也是他每月电费账单上的数字级级攀升的原因所在。由于与制冷剂间未能形成正常的换热,所以热泵的容量也同时下降,这就迫使系统自动启动电热装置来满足室内供热的热量需求。技术人员告知业主,其热交换器必须进行化学清洗,也可以直接予以更新。

报修电话 2

某业主来电抱怨,他的热泵时不时地自动关机,采用人工将电源切断,然后再推上的方法才能使电气锁定继电器复位。此热泵机组为带有两台循环泵以并联方式连接水环路的闭式环路系统。现在为供热季节,热泵的制冷系统采用 R-22 制冷剂。其故障是水环路的两个并联水泵中的一个不能运行,引起水流量下降。

技术人员将温控器设定在较高温度上,目的是使热泵保持运行。热泵运行约 5 分钟之后,在自锁继电器的控制下自动停机。将电源切断后,技术人员用欧姆表来检测热泵的低压控制器(LPC)是否断开,它可以使控制电路的锁定继电器打开,技术人员让热泵停机约 20 分钟,同时认真考虑对策。之后,技术人员迅速为热泵恢复供电,从而使自锁继电器复位,热泵重新启动。

然后技术人员检测制冷剂 – 水热交换器进/出口的温差,测得温差为 9℉,而不是这种闭式环路系统应有的正常温差 5℉,这就说明地下环路中的防冻溶液因为水流量过小而导致与热交换器接触时间过长,引起溶液温差增大。安装压力表后,发现制冷剂环路上的吸气压力确实较低。

技术人员然后检查循环泵,以确定两个并联水泵中是否有水泵不运行,用流量计对防冻溶液的流量进行检测后,发现其环路中防冻溶液的实际流量仅为 7 gpm,而不是正常的 14 gpm,这就可以说明流经热交换器的防冻溶液为何有如此大的温差。技术人员将电压表连接未运行循环泵电动机上的两接线端,测得有正常的 115 伏线电压,这就说明此电动机已损坏。然后技术人员关闭热泵,更新循环泵的电动机。恢复电源后,系统正常运行。

报修电话 3

一位商店老板来电抱怨说,店内热泵几乎没有一点冷气,各出风口的风量也大大减小,老板自己不得不每天约 8 次通过切断电源、然后恢复供电的方法来使热泵的电子锁定继电器复位。现在是供冷季节,其故障是热泵空气环路中的空气过滤器被纤维和灰尘堵塞,空气盘管无法获得正常流量的空气。

技术人员到达,在机组上安装压力表后,发现系统的吸气压力为 35 psig,对于 R-22 系统来说,这是一个非常低的吸气压力,对于该地区的气候情况来说,正常的吸气压力应为 60 ~ 65 psig。技术人员还检查了空气流量,与商店老板的看法一致,有东西阻塞了空气的流动。技术人员又检测了空气盘管上的风机电动机电流,发现读数为 3 安培,而铭牌的标值应为 9 安培左右,电流偏小说明风机上没有足够的空气量,风机电动机的负荷量不足。技术人员然后拉出位于空气盘管正前端的回风管中的空气过滤器,发现整个空气过滤器上充满了纤维和灰尘。但拔出空气过滤器后,空气流动受阻的情况依然存在,风机电动机的电流仍然很小。技术人员决定检查空气盘管。将机组电源切断,将连接热泵的静压箱关闭后,技术人员发现整个空气盘管被冰层和霜所覆盖。技术人员在切断机组电源的情况下用大功率电吹风融化盘管上的冰层。

技术人员向商店老板解释说,严重积尘的空气过滤器阻塞了流向盘管的空气,由于进入空气盘管的室内热负荷降低,气流的堵塞又引起了吸气压力降低,吸气压力较低使得流经空气盘管的制冷剂温度降低,最终使盘管冻结。吸气压力低下又使低压控制器自动断开,机组被锁定继电器锁定,这就是店老板每天需要 8 次为机组复位的原因所在。气流流动受阻还会使风机电动机负荷量不足,引起电流值下降。技术人员又向店老板解释了使空气过滤器保持清洁的重要性,并告知店老板,在电话报修之前,对热泵进行一次复位足矣,多于一次就是不明智的。打开机组静压箱,安装清洁的空气过滤器后,技术人员启动热泵。空气流量正常,吸气压力也达到正常的 65 psig,风机电动机的电流检测也正常。

报修电话 4

一位业主来电抱怨,称他家的热泵在供热模式下运行不止,另一个问题是:在冬季,他的电费单上的数据特别高,走进安装热泵的地下室时,就可以在水环路进循环水泵处听到噼啪声。其他地下环路为并联的垂直型环管,见图 44.7。其故障是循环泵进口处的连接法兰出现泄漏,导致空气进入循环水或地下环路,使其多个平行路径中某一个环路出现堵塞,事实上造成了管路的缩短,使回流水温过低,最终使热泵容量下降。

技术人员到达现场,仔细听取了地下环路中的水流入循环泵时发出的噼啪声。技术人员还发现,此时电加热器处于运行状态,原来这就是电费数字居高不下的原因。技术人员仔细询问了业主水环路的系统类型,业主告诉技术人员,水环路的形式为平行 – 垂直孔系统。技术人员检测了同轴热交换器进/出水的温差,测得的温差只有 2℉,对于当地的气候情况,其正常温差应为 4℉ ~ 5℉。这表明返回至热交换器的水温度太低,并联环管系统中有一个环路被空气堵塞,从而引起整个环管的实际运行长度缩短,使热泵的实际容量大幅降低,这就容易解释电热器为何始终处于运行状态,并使电费账单节节上涨的原因了。它还能解释热交换器两端温差较小以及循环泵处发出噼啪声响的原因。

技术人员认为整个地下环路需要强制吹洗以排除空气。将系统的循环泵关闭,先在循环泵上安装新的连接法兰,以防止更多的空气进入系统。将一台移动式泵车,即吹洗机连接地下环管和热泵,然后启动吹洗机,对地下环管和热交换器进行吹洗,滞留于地下环管内的空气逐步从泵车上端排出,见图44.17。然后将系统重新连接循环泵,并予以启动。

连续运行两小时后,技术人员检测同轴热交换器两端的温差,其温差为正常值5℉,在水管路处也不再能听到噼啪声。室内温度在电热装置未启动的情况下也逐渐上升。技术人员认为整个热泵系统的运行均正常。

报修电话5

一位业主来电抱怨冬天的电费账单太高,这位居民的家里装有一台采用闭式环路、水平式、两层地下环路的地热热泵,见图44.9。系统采用 R-22 作为制冷剂,业主采用分时(晚上/白天)温控器,它可以使白天室温保持在 72℉,晚上室温则控制在 65℉。其故障出在分时温控器,每天上午 8 点,温控器自动地将设定温度从 65℉切换至 72℉,但是,热泵上微处理器(智能板)的程序设定为:无论何时,只要温控器的设定温度与室内实际温度间的温差大于 2℉即启动电热装置。在这种情况下,每天上午 8 点就必然有 7℉的温差。业主在收到第三个月的高额电费账单后,只能电话报修。

技术人员在上午 10 点到达现场,立即来到安装热泵的地下室。技术人员在系统高压侧和低压侧安装压力表,并将温度计探头固定在同轴热交换器的进/出口处。当热泵运行时,热交换器两端的温差为 5℉,这是该地区闭式环路系统的推荐温差值。其吸气压力在进水温度为 33℉时是 45 psig,属正常。技术人员然后在流量表上读测防冻溶液的流量,确认正常。正如技术人员告诉业主的那样,一切正常。机组在正常停机运行过程中停止运行时,技术人员询问业主温控器的安装位置,技术人员想使机组恢复运行,再做几个实验。当技术人员来到温控器处时,发现它是一个分时温控器。技术人员向业主询问该机组温控器上的分时功能。业主解释说,每晚该温控器可以自动地将室内设定温度切换为 65℉。技术人员随后向业主解释系统的整个控制过程,如果温控器设定温度与室内实际温度的温差达到 2℉,那么热泵的电热装置就会自动启动。技术人员还向业主解释,每天上午 8 点,电热装置自动启动时,电费账单上的数字也就不断刷新。技术人员告诉业主,这种类型的热泵最好不用分时功能,业主认同并对技术人员的建议表示感谢。技术人员重新将温控器设定在正常运行状态,确认热泵运行正常后,离开现场。

本章小结

1. 地球每天通过阳光辐射、降雨和风力获得和释放大量能量。
2. 地热热泵把大地或大地中的水作为热源和排热对象。
3. 由于在夏季地下温度低于室外空气温度,因此,将来自夏季空调的热负荷排入地下可以获得更高的系统效率。
4. 地热热泵与空气热源热泵非常相似,两者都采用制冷的逆循环。
5. 地热热泵分为开式环路系统和闭式环路系统两种。
6. 设计开式环路系统地热热泵系统时,水质是要考虑的最重要因素之一。
7. 一般情况下,开式环路系统既把水用做热源,也将它作为排热的对象。然后将这部分水以某种方式送回地下。如果水质较差,热交换器上很可能会出现积垢故障。
8. 开式环路系统的水源既可以是现有的水井,也可以是新开钻的新井。井水泵将水从井中输送至热泵。井有多种类型。
9. 压力水罐用以连接水井与开式环路系统。
10. 闭式环路热泵系统是将同样的防冻溶液在闭式环路中循环,这样就彻底排除了水质的问题。
11. 闭式环路,即直接触地式系统主要用于水质较差或缺水或地方法律不容许采用开式环路系统的场合。
12. 闭式环路系统的地下环路既有垂直型、水平型、螺旋管型,也有池塘型和湖泊型。环路既可以串联、串流,也可以并联、并流。
13. 埋设的管线,即地下热交换器通常有聚乙烯塑料管和聚丁烯塑料管两种,这两种塑料都可以通过热融化方式予以热熔焊。
14. 埋设管线中的防冻溶液主要用于热泵热交换器的防冻和用于传热。美国的南部不需要防冻添加剂。

复习题

1. 地热热泵,即水源热泵可以分为_____环路和_____环路两种系统。
2. 水质与开式环路热泵系统的应用相关联的因素是:
   A. 水温;　　　　B. 水的清洁度;　　　　C. 水流量(gpm);　　　　D. 上述因素均有关。

3. 解释闭式环路地热热泵系统的地下环路(水管路)。

4. 解释闭式环路地热热泵系统的制冷剂环路。

5. _____环路用以将加热后或降温后的空气分送至采用地热热泵系统的建筑物内。

6. 正误判断:家用热水也可以采用地热热泵系统予以加热。

7. 用于埋设闭式环路地热热泵系统地下环路的两种管材是_____和_____。

8. 用于闭式环路地热热泵系统的地下环路的防冻溶液是:
   A. 酒精;   B. 盐;   C. 乙二醇;   D. 上述三种均可。

9. 铜制的同轴热交换器与铜镍合金制作的同轴热交换器之间的主要区别是什么?说明各自的应用场合。

10. _____水井用于从水位顶部抽水,经热泵循环后,再将这部分水返回水井的底部。

11. 用以在井管和井孔间灌入水泥类填充物的操作称为:
    A. 抹浆;   B. 灌水泥;   C. 密封;   D. 隔离。

12. 开式环路地热热泵井水系统中压力水罐的作用是防止井泵_____。

13. 如果流过开式环路热泵的水温差为 7 ℉ ,其水流量为 14 gpm,那么热泵椐此吸收或排放的热量是多少(Btu/h)?写出所有计算过程与单位。

14. 解释无水、直接触土式、闭式环路地热热泵系统的运行效率高于常规闭合环路地热热泵系统的原因。

15. 解释如何发现无水、直接触土式闭式环路地热热泵系统的制冷剂与润滑油的泄漏。

16. 无水、直接触土式闭式环路地热热泵的无水地下环管常采用哪种材料?

第九篇　家用制冷与空调装置

第 45 章 家 用 冷 柜

教学目标

学习完本章内容之后,读者应当能够:

1. 对制冷的定义做出解释。
2. 论述家用冰柜的制冷循环。
3. 论述冰柜蒸发器、压缩机、冷凝器和计量装置的类型、物理特性和常规安装位置。
4. 解释各种融冰、融霜系统。
5. 论述冷凝水的排放方式。
6. 讨论常规冷柜的结构形式。
7. 解释冷柜门框及门加热器的作用。
8. 论述家用冷柜的电气控制装置。
9. 讨论制冰器的运行。
10. 论述冷柜的常规检修方法。

安全检查清单

1. 不得采用锋利物体在蒸发器上铲除冰层。
2. 检修冷柜之前,可以先拆下冷柜柜门或铰链机构。
3. 搬动冷柜时,必须采用适当的搬运设备。
4. 提升冷柜时,必须穿上安全背带。
5. 不要让冷柜的低压侧压力高于制造商确定的低压侧设计压力。
6. 系统的配管上含有润滑油,焊接时很可能会突然点燃、燃烧。焊接时,附近必须配置灭火器。
7. 对电路进行维护或排故时,必须采取必要的安全防范措施。

45.1 制冷

学习本章内容之前,读者应对本教材第 1 章的内容有全面、深刻的理解。制冷就是指将热从一个不需要的地方转移至一个无关紧要的地方,就这种说法而言,家用冷柜也属此范畴。热量不断地以传导、对流方式通过箱体壁面传入冷柜,此外,放入冷柜的食物也会将热量带入冷柜。当食物温度高于冷柜内的温度时,冷柜内的温度就会上升,这是因为热总是从"高温物体"自然地向"低温物体"转移,见图 45.1。冷柜然后将这部分热量转移至房间内,这部分热量对室内温度几乎不产生任何影响。见图 45.2。

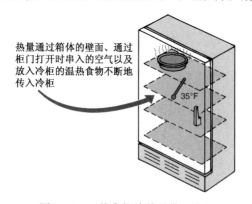

热量通过箱体的壁面、通过柜门打开时串入的空气以及放入冷柜的温热食物不断地传入冷柜

图 45.1 温热食物将热量带入冷柜

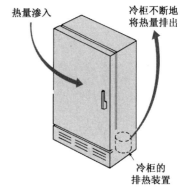

热量渗入

冷柜不断地将热量排出

冷柜的排热装置

图 45.2 制冷循环不断地将冷柜中的热量排入房间,这部分热量对室内温度几乎不产生任何影响

家用冷柜是一种插电源装置,因此它可以方便地从一处移动到另一处。插电源制冷装置的安装一般不需要许可、批准。家用冷柜还是一种完全由厂家装配并完成制冷剂充注的整体式机组。

制冷系统使冷柜内的空气不断循环,并不断流经温度较低的盘管,见图 45.3。空气不断向盘管放出显热,空气自身温度下降,空气也同时向盘管放出潜热(从空气中的水蒸气),空气自身的湿度降低,形成降湿过程,从而导致在蒸发器盘管上出现结霜。当空气向盘管放出大量热量并在箱体内不断循环时,它就能以非常低的温度从食品中吸收大量的热量和水蒸气,见图 45.4。这一过程将一直持续到箱体内温度达到设定的温度。对于常规的冷柜,当室内温度正常时,其箱体内的温度一般为 35℉～45℉。这一常规冰柜温度是指返回至蒸发器盘管的空气温度,见图 45.4。如果将温度计放置在食物的中心部位,如位于冷柜中部的一杯水,那么此时它所测得的温度仅仅是回风的平均温度。它对周围空气温度的变化反应较慢,其读数也只是制冷循环从开始到结束的平均回风温度。这些温度是冷柜放置在住宅内"人体舒适"状态下的常规温度,如果将它放置在夏季和冬季室外极端温度处,它就不可能有这样的温度范围,见图 45.5。

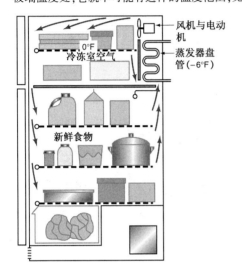

图 45.3　空气将热量排给温度较低的盘管

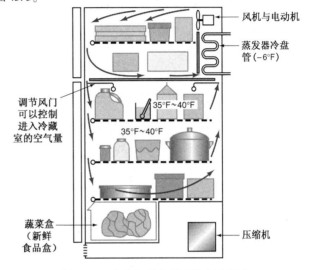

图 45.4　冷空气从盘管处进入冷藏室

45.2　蒸发器

家用冷柜的蒸发器负责将热量吸入制冷系统。要达到这一目的,蒸发器本身的温度必须低于冷柜内的空气温度。在常规的商用冷柜中,一般均设有存放冷冻食品的独立冷冻舱和一个存放新鲜食品(如蔬菜和乳制品)的独立冷藏舱。家用冷柜中则在一个箱体内同时设置冷冻室和冷藏室,因此它仅采用一台压缩机,并在冷柜的最低温度状态下运行,冷冻室的最低温度一般为 -10℉～+5℉。

家用冷柜中的蒸发器还必须保证冷藏室有较低的温度并维持这一状态,采取的方法是:将少量冷冻室的空气排入冷藏室,见图 45.6。也可以是将两个蒸发器串联,一个用于冷冻室,另一个用于冷藏室,见图 45.7。在这两种情况下,蒸发器上都会有霜形成,因此都必须采取一定的融霜措施。后面我们将详细论述相关内容。

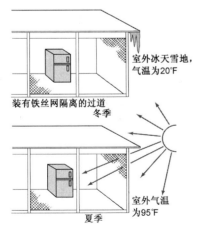

图 45.5　当冷柜处于这样的环境温度时,其内部就不可能有正常的运行温度

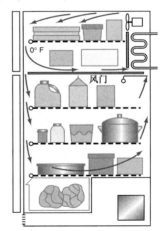

图 45.6　冷柜内冷空气从冷冻室流向冷藏室

　　家用冷柜中的蒸发器可以有两种类型:自然对流和强制对流,见图45.8。采用强制对流时,风机可以大幅度提高蒸发器的效率,并可采用较小的蒸发器。在家用冰柜中,人们总是希望能节省空间,因此,现在绝大多数的冷柜均采用强制对流盘管。但出于经济性和简化结构的考虑,采用自然对流的冷柜仍在生产。

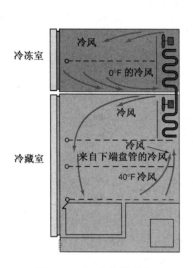

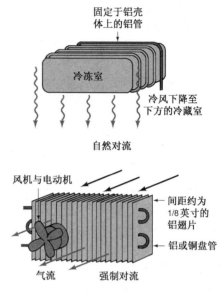

图 45.7　双蒸发器冷柜　　　　　　　　　图 45.8　自然对流和强制对流蒸发器

45.3　自然对流蒸发器

　　这种蒸发器一般为复合板上冲制有制冷剂通道的平板型蒸发器,见图45.9。从传热的角度来看,这种蒸发器具有较好的传热效果,它可以使自然流动的空气自由地流过其传热表面,且放置在冷冻室内的食物可以与平板式蒸发器保持直接接触,而且底部和侧面的冷空气可以直接进入冷冻室,见图45.10。

　　这种自然对流蒸发器要比强制对流蒸发器更直观,也易于避免使用不当。这种蒸发器既可以采用自动除霜系统,也可采用人工除霜。人工除霜需要将机组关闭,将柜门全部打开,利用室内温度使蒸发器上霜层融化,见图45.11。但也有些用户比较急躁,习惯用锋利的物体来铲除冰层,这样很容易扎破蒸发器。**安全防范措施:**在蒸发器周围绝不能使用锋利的物体,见图45.12。如果想加速融冰,可以采用少量的外来热源,如采用电吹风或小功率的风机,即将室内空气吹入箱体内,直至蒸发器上的冰层全部融化。也可以在盘管下方的集水盘中放入温热的水,冰层融化后的水会自行滴入蒸发器下方的集水盘中,见图45.13。

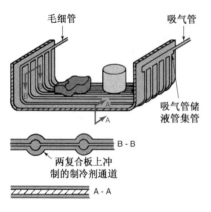

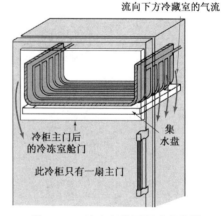

图 45.9　冲制板蒸发器　　　　　　　　图 45.10　冷空气从平板式蒸发器
　　　　　　　　　　　　　　　　　　　　　　　　上流入下方的冷藏室

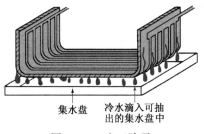

图 45.11 人工除霜

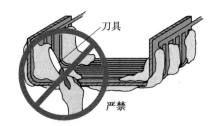

图 45.12 锋利物体会刺破蒸发器。**安全防范措施:绝不能用锋利的工具铲除冰和霜**

风机盘管(翅片)蒸发器可以大大减小常规蒸发器所需的空间。蒸发器的体积越小,可用于放置食物的内部空间也就越大。这种蒸发器的风机与盘管一般都隐藏在箱体内,并不暴露在外,见图 45.14。由于盘管和风机均隐藏在箱体内,因此必须依靠风管提供气流的流动方向,并需用风门来控制送入冷冻室和冷藏室的风量。注意,每一家冷柜制造商对蒸发器和风机的设置位置均有不同的考虑,因此,对于特定的冷柜,应阅读其随机的相关文件。图 45.15 为蒸发器的常规安装方法。大多数蒸发器在其出口端均设有一个储液器,此储液器可以使蒸发器能够在尽可能多的液态制冷剂的情况下运行,同时,通过收集液态制冷剂并及时将其蒸发为蒸气来保护压缩机。

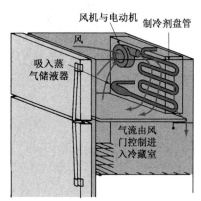

图 45.14 强制对流蒸发器

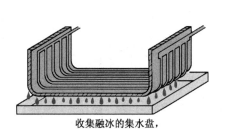

图 45.13 融化后的冰(冷凝水)收集在集水盘内

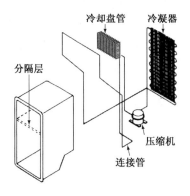

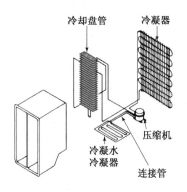

图 45.15 冷柜中蒸发器的常规安装位置(White Consolidated Industries, Inc 提供)

蒸发器一般采用带有翅片的铝管制成,这样可以使蒸发器具有更大的换热表面。翅片在整个宽度上均匀分布,既容许积霜,又不阻挡气流流动,见图 45.16。由于空气在冷柜中不断循环,因此这种蒸发器不需要定期维护,也没有空气过滤器。

45.4　蒸发器的除霜

蒸发器的人工除霜是采用将机组关闭、将食物取出、利用室内热量或用一盘热水或小型加热器的方法来实现的。除霜时,蒸发器上很可能已有大量的积霜,而且这种除霜方法所产生的大量水也需要人工予以排除。此外,需要人工除霜的冷柜常常还会出现食物与盘管相互粘连的情况,因此霜层排除后,还需对搁架进行清洗和消毒。

全自动除霜则由压缩机提供的热蒸气(内热)或由设置在蒸发器翅片上的电热装置(外热)来完成,见图45.17。

不管采用何种除霜方式,都会涉及来自盘管的冷凝水。采用全自动除霜时,每次融霜一般都可以从蒸发器上融得约一品脱的水。这部分水通常利用压缩机排气管的热量或由冷凝器的热空气予以蒸发。这一方法将在45.6节详细讨论。

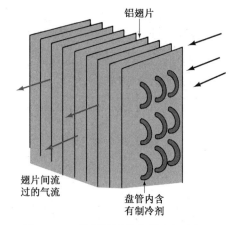

图45.16　强制排风蒸发器和翅片间距

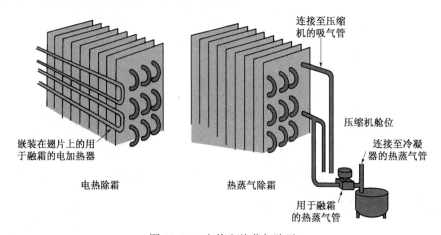

图45.17　电热和热蒸气除霜

45.5　压缩机

压缩机以较低的压力将制冷剂从蒸发器中排出,然后以过热蒸气状态在较高的压力下将制冷剂泵送至冷凝器,使载热制冷剂不断地在系统内循环。与用于空调和商用制冷系统的压缩机相比,用于家用冷柜的压缩机很小,只有几分之一马力。根据冷柜的大小,其功率范围在1/10～1/3马力之间。在这种系统中,很难分辨出哪根是吸气管,哪根是排气管。两者均采用铜管和钢管,且通常具有同样外径:1/4英寸、5/16英寸或3/8英寸。

许多压缩机均有一根吸气管、一根排气管、一根工艺管和两根油冷却器管,且均从壳体上引出。在采用非原型号配件更新压缩机时,一般均需要有外壳管接口,以便掌握各接管的连接对象,见图45.18。

用于家用冷柜的压缩机均为全焊接型、全封闭式压缩机,见图45.19。大多数采用转子或往复式等变容量式压缩机,见图45.20。一般来说,这类压缩机性能可靠且使用寿命往往较长,常规的压缩机一般可连续运行20多年,之后则被移做他用或用于交换材料或转手倒卖或报废。**安全防范措施**:冷柜的处置必须谨慎,这一点非常重要,我们将在45.10节予以论述。

供应美国市场的家用冷柜电源均为115伏、60赫兹的交流电,许多其他国家则多采用220伏、50赫兹的交流电。美国冷柜如果在外国使用,则必须采用适当的变压器。

压缩机一般均设置在冷柜底部,并从箱体背部进行安装,因此,维修压缩机时,必须将冷柜从墙端移开,见图45.21。大多数新式、较大容量的冷柜均设有滚轮,可以使用户轻松地将冷柜移开进行清洗或维修,见图45.22。

压缩机一般安装于内置弹簧和外部弹性橡胶类的支座上,见图45.23。这是因为冷柜一般均放置在生活区域内,必须有较低的噪声。

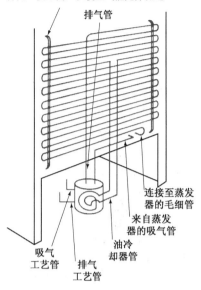

冷凝器管架可以使冷凝器管离开箱体
背面一段距离,以便空气能充分流通

排气管

连接至蒸发
器的毛细管

来自蒸发
器的吸气管

吸气
工艺管

排气
工艺管

油冷
却器管

图 45.18 压缩机各管口与冷柜
上的各相关管线

图 45.19 焊接型、全封闭式压缩机
(Bill Johnson 摄)

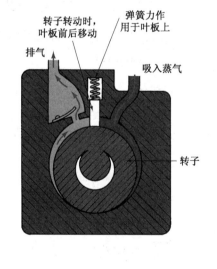

转子转动时,
叶板前后移动

弹簧力作
用于叶板上

排气

吸入蒸气

转子

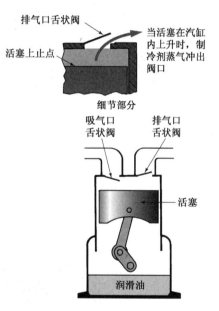

排气口舌状阀

当活塞在汽缸
内上升时,制
冷剂蒸气冲出
阀口

活塞上止点

细节部分

吸气口
舌状阀

排气口
舌状阀

活塞

润滑油

图 45.20 转子式压缩机和往复式压缩机的工作过程

    压缩机连接制冷剂管线的接口有可能是铜制接口,也有可能是钢制接口,对任意一个管接口进行维修时,均必须采用正确的焊料。

    家用冷柜是焊接型、全封闭压缩机最早的应用对象。冷柜的维修一般需要有经验的技术人员进行操作,这是因为这些机器没有供安装压力表的接口,从而无法直接检测压缩机的吸气压力和排气压力。如果制造商配置了检修端口,那么它也是一种特殊的接口,需要有专门的连接装置,见图 45.24。未配置专用连接装置时,一般可采用旋塞阀。当然,旋塞阀只能在万不得已的情况下使用,而且必须按制造商说明书的要求进行操作,否则无法获得满意的结果。只有焊接的旋塞阀可以留在管路上。

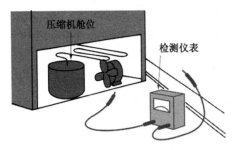

图 45.21　检修压缩机时将冷柜从墙端移开

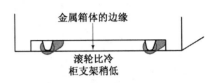

图 45.22　新式冷柜上的滚轮

45.6　冷凝器

　　家用冷柜的冷凝器均为风冷型冷凝器,因此可以使冷柜移动到任何需要的新位置或其他房间内。冷柜冷凝器既可以是自然对流冷却,也可以采用小功率的强制通风予以冷却,见图 45.25。

　　自然对流(静态的)冷却的冷凝器是最传统的冷凝器,其结构比较简单。它可以安装在机组的背面,放置冷柜时,必须注意确保空气能自由地流过冷凝器。许多人常常错误地把冷柜放在较低的吊橱之下,这样很容易引起空气流通不畅和系统排气压力较高的问题,还可能会因为容量下降而导致特别长的运行时间。在这种恶劣环境下,尽管机组运行不止,仍无法使柜内食品温度下降,见图 45.26。

　　移动冷柜时应轻起轻放,特别是外置冷凝器的冷柜应特别小心,否则,冷凝器就可能受到伤害。如果采用两轮手推车,必须注意:应将固定带在冷凝器下面穿过捆住机组,见图 45.27。

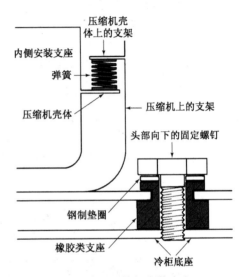

图 45.23　压缩机安装支座

　　也有些冷柜采用将冷凝器管固定在箱体金属外壳内侧的方式,将自然对流式冷凝器安装在冷柜箱体的侧壁上。这种冷柜在通畅的、有充足空气流通的情况下可以正常地运行,但在一个较为密封的、通风欠佳的凹陷处,则可能无法正常地运行。

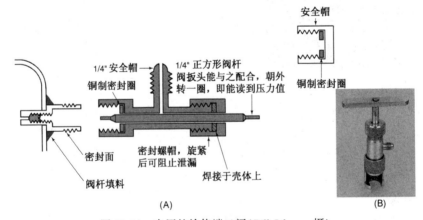

图 45.24　专用的检修端口阀(Bill Johnson 摄)

　　强制对流的冷凝器则可以完全避免这些问题。强制对流冷凝器安装于冷柜下方,且通常在机组的背面,见图 45.28。其空气来自冷柜正面底部一侧,并由正面另一侧排出,见图 45.29。由于进、出风口均靠近地板和箱体前端,因此不易被阻挡。

　　强制对流的冷凝器要使空气能强制吹过翅片管冷凝器,就必须有正确的气流流型。这种气流流型通常是用硬纸片分隔板以及一块能使气流返回至压缩机底部的硬纸板来维持的,见图45.30。注意:各分隔板均需有正确的位置,否则就会出现排气压力增高、机组运行时间长、甚至运行不止的情况。许多技术人员和用户都认为这些硬纸板背盖毫无用处。事实上,没有这些硬纸板背盖,冷柜就不能正常地运行,长久以往就会对机组产生伤害。

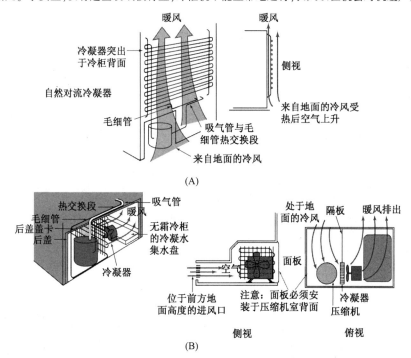

图45.25　(A)自然对流冷凝器;(B)强制对流冷凝器

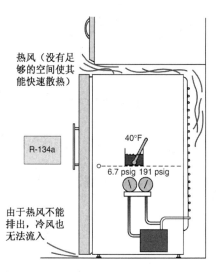

图45.26　由于冷柜安装位置不当,机组就会运行不止

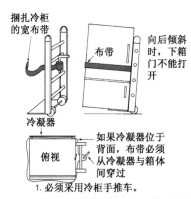

1. 必须采用冷柜手推车。

2. 必须从侧面推动冷柜,这样可以避开冷柜门。

3. 布带不要扎住自然对流型冷凝器。

4. 要注意,推车向后倾斜时,箱门会沿铰链打开。

图45.27　移动冷柜时需注意的事项

45.7　融霜冷凝水自动除霜

所有家用冷柜均为低温装置,因此蒸发器上积霜在所难免。融霜时,冷凝水是必须要解决的问题。但是,自动除霜不需要人为操作,冷柜的压缩机和冷凝器能够自动地将这部分冷凝水蒸发。

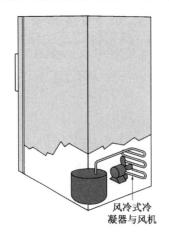

图 45.28　强制对流冷凝器的安装位置

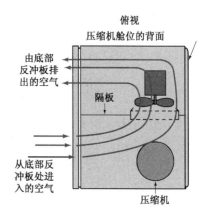

图 45.29　强制对流冷凝器的气流运行

当这部分水与压缩机排气管直接接触时,压缩机排气管上的热量就可以将这部分水蒸发。许多机组均依据这一想法进行设计,将压缩机的排气管通过收集融霜水的集水盘,见图 45.31。这种方法主要用于配置自然对流式冷凝器的各种机组上。

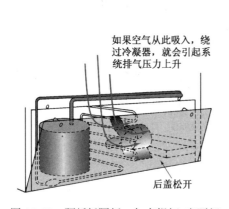

图 45.30　硬纸板隔板。如有损坏,应更新
强制对流冷凝器上的所有硬纸板

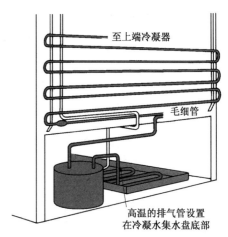

图 45.31　利用压缩机的热量蒸发冷凝水

当机组采用强制对流式冷凝器时,是将来自冷凝器的暖风强制吹过集水盘,使水蒸发,见图 45.32。无论采用自然对流还是强制对流,机组从一个融冰运行段到下一个融冰运行段,依据制造商的设计,都会有一定的压缩机运行时段来蒸发这部分冷凝水。融霜即可以在每次停机期间进行,也可以每 24 小时进行 2~3 次。

位于机组底部的融霜水集水盘是纤维和灰尘容易积聚的地方,此集水盘可以、也应当定期取出,予以清洗,否则就会有害室内人员的健康。

45.8　压缩机油冷却器

冷凝器上设有压缩机的油冷却器。此油冷却器可以使曲轴箱内的润滑油保持在较低的温度,同时冷却压缩机上的各构件。其采取的方法是:将压缩机排气管经冷凝器排除少量热量后,再返回压缩机,通过曲轴箱内的封闭环管从润滑油吸收热量,见图 45.33。压缩机上则增加了用于润滑油环管的两个管口。

另一种冷却方法是在压缩机上设置一个自流环管,使润滑油受热后离开曲轴箱,在管内循环,冷却后再返回压缩机曲轴箱,见图 45.34。

也有些压缩机在曲轴箱上设置翅片来实现润滑油的冷却,见图 45.35。

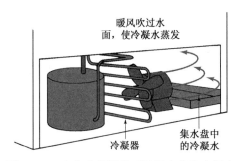

图 45.32　来自冷凝器的暖风用来蒸发冷凝水

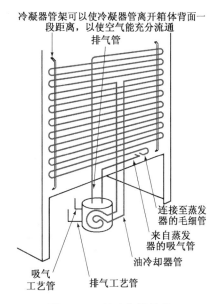

图 45.33　油冷却器管路

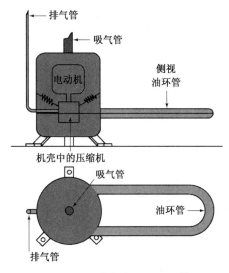

图 45.34　冷却润滑油的环管

图 45.35　有些压缩机设置冷却翅片

45.9　计量装置

家用冰柜采用毛细管计量装置,而且均为固定管径的计量装置,流过计量装置的制冷剂量取决于毛细管的内径及其长度,当然,这两项数据均由制造商确定。此外,毛细管还通常固定于吸气管上以获得一定的热交换量,见图 45.36,甚至在某些情况下,毛细管还设置在吸气管内来获得热交换,见图 45.37。这样的热交换可以防止液态制冷剂返流至压缩机,同时通过使毛细管内的液态制冷剂过冷来提高蒸发器的容量,见图 45.38。

如有必要,毛细管也可以维修,但在大多数情况下均予更新,因为对于毛细管来说,其维修操作一般都非常麻烦,无多大的实际意义。

上面提到,只有放置在较为通风的生活区域内,冷柜才能有较为正常的运行状态,其中一个原因是冷柜采用毛细管计量装置。毛细管的规格是依据常规生活区域温度所需的液态制冷剂流量来确定的,即考虑的温度范围在 65°F ~ 95°F 之间。如果室内环境温度高于此设定温度,那么排气压力就会上升,推动更多的制冷剂流过毛细管,引起吸气压力上升,系统容量就会有一定程度的降低,见图 45.39。

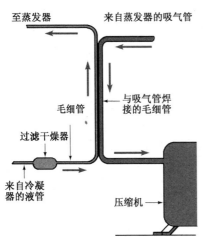

图 45.36　与吸气管固联的毛细管

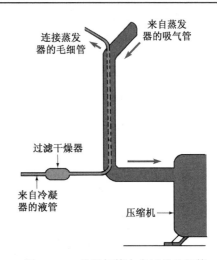

图 45.37　从吸气管内走过的毛细管

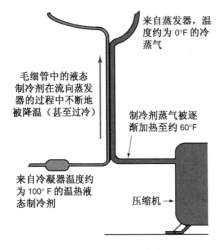

图 45.38　毛细管与吸气管间的热交换

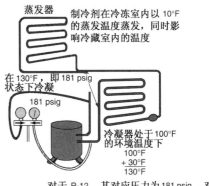

图 45.39　冷柜的容量因环境温度升高而降低

　　大多数住宅都不会长时间地超出这样的极限温度。例如,某房屋如果没有空调,尽管在白天温度有可能达到 100 °F,但到晚上总会降温。冷柜可能会运行不止,也无法冷却到设定温度,但到了晚上,不仅可以将柜内温度下降到设定温度,而且可以有较长的停机运行时间。

　　家用冷柜和冰箱不可能被放置在室外,或温度会从 65 °F 变化至 95 °F 的建筑物内,除非制造商对其生产的冷柜可以在其他温度下运行做出明确的说明。如果不依据制造商的要求行事,就会出现冰柜运行性能差,使用寿命降低的情况。

45.10　家用冷柜的箱体

　　最早的家用冷柜箱体是用木头制成的。事实上,一些早期的装冰用的箱子只要配置蒸发器、压缩机、冷凝器和计量装置,就是一台完整的机械式制冷装置。之后,又在木架上覆以金属板制成的冷柜箱体。当时的压缩机均为开启式,而且特别笨重。直到 20 世纪初,家用冰箱开始流行,各家制造商也开始投入精力设计更高效的冷柜。到了第二次世界大战之后,开发了泡沫式保温材料,制造商也完成了焊接型全封闭压缩机的研制。泡沫保温材料不仅轻,而且保温效果更好,见图 45.40。

　　尽管各家制造商均致力于冷柜箱体的坚固耐用,但箱体结构形式是否具有吸引力一直是销售关注的重点,因此,各种不同颜色的冰柜也就很快应运而生。

最早的结构形式采用朝外打开的单门,内侧再设置一扇冷冻室门,见图45.41。箱门内侧设有带气室的门封条,当箱门关闭时,此门封条即处于被压缩的状态,见图45.42。门封条的压封能力会随门封条材料的老化、疲劳逐渐退化、失效。这时,箱门很容易使室内空气进入箱体内,导致蒸发器上的热负荷增加,积霜更多,见图45.43。箱门上设有机械式的门铰链,仅容许箱门朝外打开。如果有小孩误入其中并将箱门关闭的话,当箱内氧气消耗之后,就可能导致窒息死亡。**安全防范措施:**冷柜不做维修时,必须注意安全。箱门必须处于安全状态。一种办法是拆下箱门或铰链装置;另一种办法是用胶带把箱门封死,然后将其面向墙面,见图45.44。

新式冷柜的箱门四周均设置带有磁性的门封条,它也是一种压缩型的封条,可长期维持较好的密封状态,见图45.45。此外,磁性封条比老式封条更容易更新。

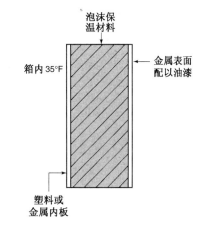

图 45.40　冷柜壁面三明治式的结构

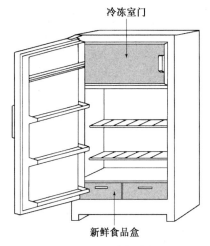

图 45.41　单门冷柜

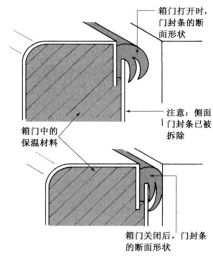

图 45.42　早期的门封条结构

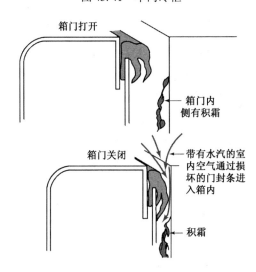

图 45.43　老化的门封条往往会使箱门上积霜

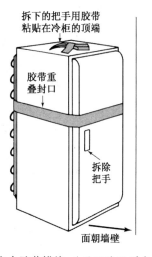

图 45.44　**安全防范措施:**为尽可能做到安全,拆下把手,将冷柜面向墙壁,用胶带将旧冷柜封闭

　　常规的冷柜有两扇外门。门的组合形式可以是对开式,也可以是上下式。对开式冷柜中左侧一般为冷冻室,见图45.46。在上下式冷柜和单门式冷柜中,只要用户认为方便,既可朝右打开,也可朝左打开,见图45.47。

　　箱体必须密封,以防止额外负荷和积霜。如果箱门关闭,箱内空气冷却后收缩,那么箱内有可能很难一下子打开,见图45.48。当箱内外存在压力差时,可采用泄气孔,使内、外空气平衡。

　　冷凝水必须能从箱内自行流入箱体底部的集水盘,并在集水盘处得到蒸发。位于底部的存水弯用以防止空气通过此孔口进入箱内,见图45.49。如果在冬季将冷柜存放在室外或使用,排水管存水弯中的水就会冻结,见图45.50。

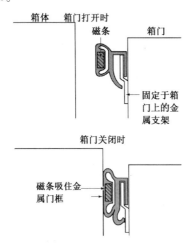

图45.45　采用磁条的新式冷柜门封条

图45.46　常规的对开式箱门布置

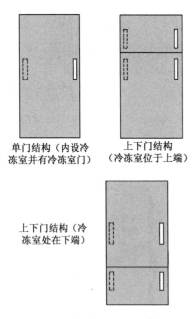

图45.47　单门和上下式箱门布置

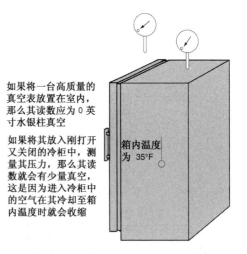

图45.48　箱门关闭后,箱体内冷却后的空气会使箱门很难一下子打开

　　冷柜在冷冻室内一般还设有制冰器。它采取的方法是在冷冻室内设置一个连接水源的小空间和一个安装制冰器的支架,并提供一组连接线插入插口即可,不需要技术人员做任何接线操作。

　　各舱室需要有不同的温度,如存放新鲜蔬菜的蔬菜盒和白脱油温热器。蔬菜盒通常是通过将其封闭在一个抽屉内的方法,使它保持在稍低的温度下,并避免食物脱水,见图45.51。白脱油温热器则在一个封闭的小舱室内设置一个小加热器,使白脱油能够维持在稍高于环境温度的状态下,这样可以使白脱油更易流出,见图45.52。

新式冷柜的内胆通常采用塑料制成。这种塑料内胆非常容易清洗,如果使用得当,一般可使用很长时间。冷冻室内的塑料内胆处于非常低的温度下,因此需特别小心,不要让冷冻食品砸在底板的栏条上,因为它很容易碎裂,见图45.53。如果塑料底板被砸碎,应将碎片收集起来,等到冷柜温度回升至室内温度时,将此碎片用胶水粘在原处,这样可以防止空气流入箱体墙板内,也可以先填入一些泡沫材料,阻止气流流动,然后再将塑料片贴回原处。

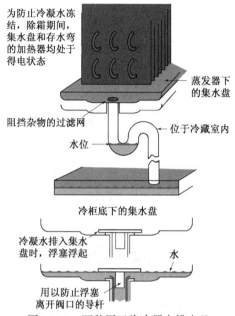

图45.49　两种用于将冷凝水排出且防止空气进入的存水器

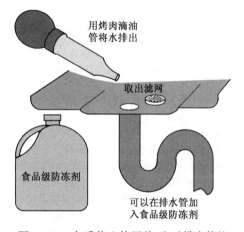

图45.50　冬季停止使用前,应对排水管的存水管进行保养,否则就会冻结

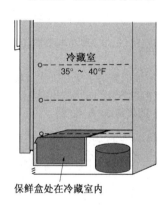

图45.51　保鲜抽屉

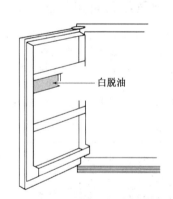

图45.52　存放白脱油的温热小舱

冷柜冷冻室内的温度一般为–5℉,冷藏室内的温度为35℉。由于箱体表面温度有可能低于室内空气的露点温度,因此,箱门四周很可能会出现结露问题。因此,冷柜的箱门四周一般均设有专门的加热器,有时也称为门梃加热器或门框加热器,使箱门外表面温度高于室内空气的露点温度,见图45.54。有些冷柜上还设有节能开关,它可以使用户在认为不需要时(如在冬季,湿度一般均较低的情况下),关闭其中的一部分加热器。关于防露加热器的内容将在45.15节讨论。

冷柜箱体应根据制造商的说明书调整水平。一般来说,冷柜应向后稍有倾斜,这样有利于箱门的关闭。对于配置有制冰器的机组来说,调整水平非常重要,否则当水自动注入时,制冰器中的水就会溢出。大多数冷柜都有脚板或滚轮的水平调整装置,见图45.55。

图 45.53　冷柜的底板破裂

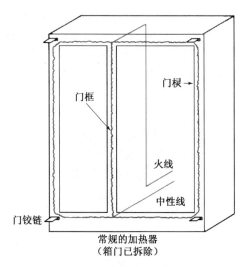

图 45.54　门楗、门框加热器

冷柜有上下门和对开门两种结构形式。由于上下门式的各个舱室宽度一般都大于对开式,因此,看上去似乎有更大的空间。但对开门式的外形窄、深,见图 45.56,这样的外形对使用毫无影响,却给维修带来了很多麻烦。

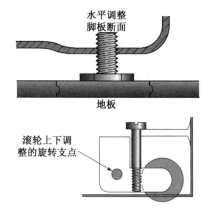

图 45.55　脚板与滚轮的水平调整装置

冷柜也可以有其他一些便利装置,如箱体外侧的冰块分送器和冷饮水分送器,见图 45.57。注意:箱外分送器均设置在箱门位置上,因此,线路及供水接头均需连接至箱门上。当冰块分送器设置在正前方的箱门上时,需用出冰滑槽将冷冻室内的制冰器与箱门上的分送器相互连接。这些附加功能不仅增加了费用,也使维修更加复杂。

45.11　电气线路与控制器

每一台冷柜上均应有永久固定在箱体上、一般为箱体背面的电气线路图。这种线路图通常有两种:接线图和原理图。接线图可以表示出控制器的轮廓及控制器的安装位置,见图 45.58;原理图则通过火线和中性线之间所有耗电装置来说明电路的工作过程及功能,见图 45.59。应始终记住家用冰柜仅涉及 115 伏的电源电压,因此带动设备运行的是一根火线和一根中性线,以及一根用于机架或箱体接地保护的接地线(绿色线)。

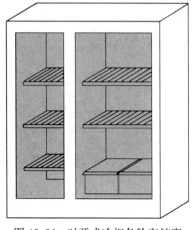

图 45.56　对开式冷柜各舱室较窄

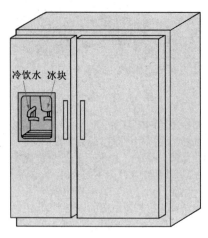

图 45.57　箱门外的水、冰分送器

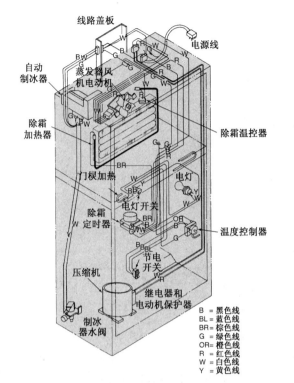

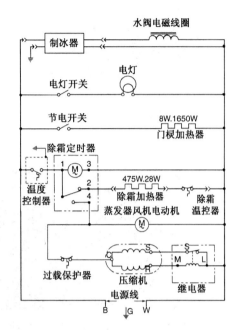

图45.58 接线图(White Consolidated Industries,Inc 提供) 图45.59 电原理图(White Consolidated Industrial,Inc 提供)

常规冷柜上的受控构件有:

1. 压缩机。
2. 除霜装置。
3. 白脱油温热器和门框或门槛加热器。
4. 箱内照明灯。
5. 蒸发器风机。
6. 制冰器。

45.12 压缩机控制器

压缩机的运行由箱内温控器控制。箱内温控器是一种线电压装置,它负责将线电压送往压缩机的启动与运行电路,同时,它本身也是一个发热装置。

压缩机的控制有多种方式,但所有的控制方式均以箱内温度为依据。例如,有些制造商采用冷藏室温度为依据,也有些制造商以冷冻室温度为依据,另有一些制造商采用蒸发器上某设定位置的表面温度作为基本依据来控制压缩机。

无论采用何种方法,压缩机均由温控器依据冷柜内某状态参数实施控制,这个设定状态参数就是人们希望得到的冷冻室和冷藏室温度。许多年来,这种控制器一直被称为温控器或控制器,见图45.60。它可以进行调节,也可以把它视为一种带分离式感温包的温控器。它体积很小,通常安装有带刻度值的大圆盘,刻度值为1~10,但它与实际温度值无关。如果将此刻度盘朝更冷的数字方向转动,那么就能使冷柜获得更低的温度。这种控制器的触头必须要有上佳的电气性能,能数年如一日地连续控制压缩机的启动与停机。由于一旦控制器出现故障,冷柜中的食品就会变质,因此温控器必须绝对可靠。

制冷系统所采用的温控器,其感温包中充有流体,当温度发生变化时,它能产生一定的压力作用于膜片或波纹管的下方,见图45.61。而膜片的另一侧为大气压,如果大气压远低于正常值,如将冷柜放在高海拔地区使用,那么此控制器的设定值就必须针对新的压力状态进行校正。各制造商对海拔高度的调整所采取的方式各不相同,因此应针对不同的机型向制造商咨询,图45.62是一种带有海拔高度调整机构的控制器。箱内温控器的主要功能就是根据设定温度将电源送往压缩机启动电路以启动压缩机。

图 45.60　温控器即冷控制器(Bill Johnson 摄)

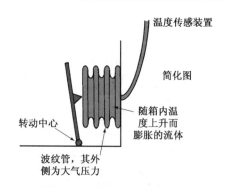

图 45.61　温控器的机构简图

海拔高度调节螺钉的调整量	
海平面高度 (英尺)	螺钉调节范围 (圈——顺时针方向)
2000	1/8
4000	1/4
6000	3/8
8000	1/2
10000	5/8

图 45.62　温控器上不同海拔高度的调整量(White Consolidated Industries,Inc. 提供)

45.13　压缩机的启动电路

压缩机的启动电路负责在温控器触点闭合时从温控器处获得电源,并帮助压缩机启动。压缩机一般都需要一定的助力装置来保证启动,这是因为系统两次运行之间,高、低压侧的压力并没有通过毛细管取得完全的平衡。启动电路的主要构件是启动继电器,一般为电流型的继电器,见图 45.63。启动装置及其电路一般均安装于压缩机后端附近。图 45.64 为一个插接在压缩机接线端的继电器。

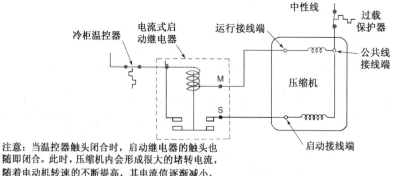

注意:当温控器触头闭合时,启动继电器的触头也随即闭合。此时,压缩机内会形成很大的堵转电流,随着电动机转速的不断提高,其电流值逐渐减小,继电器触头然后断开

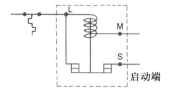

电流式继电器

图 45.63　采用电流式继电器的冷柜压缩机启动电路(Bill Johnson 摄)

45.14　除霜运行

所有冷柜均设有冷冻室,因此,它们都是低温制冷系统。是低温系统,其蒸发器就会有积霜,且必须不断地将霜从蒸发器上排除。自动除霜机组常被制造商、消费者和一些专业技术人员称为无霜冰柜,由于人工除霜是一项临时性工作,很难做到在其真正需要时及时除霜,因此,自动除霜是一种非常理想的除霜方式,由于它可以及时清除盘管上的积霜,因此,自动除霜往往可以使制冷系统具有更高的运行效率。

除霜运行有多种启动方式,大多数制造商仅依据与压缩机并联的计时器所记录的压缩机运行时间来启动除霜,只要压缩机运行,此计时器均自动累计运行时间,见图45.65。压缩机的运行时间与箱门的开启次数、热的渗入量以及放入冷柜内的食物温度有直接关系。

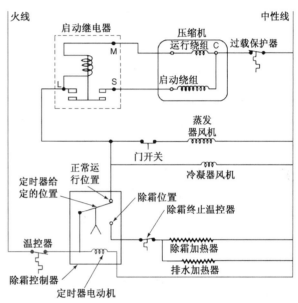

图 45.65　冷柜除霜定时器线路图

图 45.64　此压缩机上配置有一个电流式
继电器,并直接插接在压缩
机的接线端上(John Tomczyk摄)

除霜运行可以有两种方式予以终止:时间与温度。有些机组采用由定时器控制的终止温控器。如果温控器不能终止除霜,那么定时器就会像保险装置一样做出反应。

热蒸气除霜是利用来自压缩机的热量来融化盘管上的积冰。其采取的方法是将热蒸气管通过一个电磁阀与蒸发器进口相连接。当然,要使除霜有足够的热量,除霜过程中压缩机必须保持运行状态,但蒸发器上的风机必须停止运行,否则,来自蒸发器的热量会使冷冻室的温度上升。图45.66是采用热蒸气融霜的冷柜电路图。

电热除霜是利用设置在蒸发器附近的电热器来实现融冰的,见图45.67。当机组融冰时,压缩机与蒸发器风机均停止运行,电热器得电。这一状态一直持续到除霜运行结束。图45.68为电热除霜的线路图。

无论是热蒸气除霜,还是电热除霜,排水集水盘中的电热器均应处于得电状态,以防止冷凝水在离开集水盘时出现冻结。

45.15　防露加热器

大多数防露加热器均为小功率的、采用绝缘护套线的线型加热器,并安装于箱体的箱门位置上。其目的在于使箱体外表面温度高于室内空气的露点温度,使其表面不能结露。事实上,这种冷凝现象不会使冷柜容量下降,但它会使冷凝水滴落在地板上,会对箱体形成不良影响,有时候甚至会引起箱体锈蚀,图45.69为这种加热器的线路图及安装位置。有些机组上还设有节能开关,如果室内湿度较低,用户可以关闭部分这样的加热,见图45.70,如果再发现结露,也可以立即启动这些电热器。

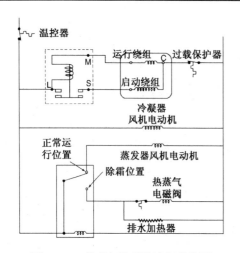

图 45.66　热蒸气除霜的冷柜线路图

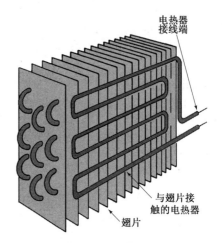

图 45.67　除霜电热器

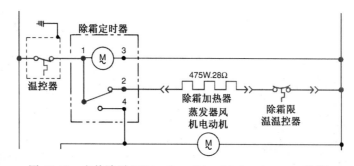

图 45.68　电热除霜(White Consolidated Industries,Inc. 提供)

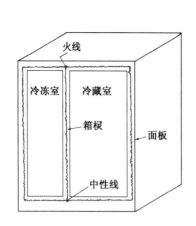

图 45.69　冷柜中各加热器的安装位置

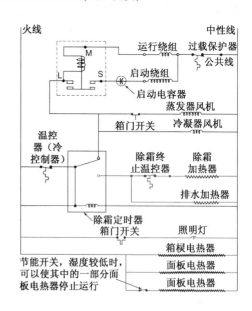

图 45.70　注意线路图中节能开关的位置

45.16　照明灯

　　大多数冷柜均在冷藏室和冷冻室内设有照明灯。照明灯受箱门开关控制,箱门打开时,照明灯线路接通。

45.17　冷柜风机电动机

冷柜采用强制对流时,一般配置有两种风机:冷凝器风机和蒸发器风机。冷凝器风机一般为采用罩极式电动机的轴流式风机,而蒸发器则采用小功率鼠笼式离心风机。

蒸发器风机仅用于无霜型冷柜,除了除霜运行阶段,它始终处于运行状态。因此,冷柜的使用期内,蒸发器风机是运行时间最长的一个构件,必须经久耐用。蒸发器风机安装于蒸发器附近,一般位于面板下方,从而可方便地拆下进行检修,其电动机通常是绕组上没有外壳的开放式电动机。这种风机均采用永久润滑式轴承,一般不需要维护,见图 45.71。

冷凝器风机安装于冷柜下方后侧,一般为罩极式电动机拖动的轴流式风机,它也具有永久润滑功能,但有外壳,一般情况下不需要打开,见图 45.72。

图 45.71　蒸发器风机电动机(Bill Johnson 摄)

图 45.72　冷凝器风机电动机(Bill Johnson 摄)

这些小功率风机排故非常简单。如果电动机的线头上有电压,若电动机仍运行,那么不是电动机的轴承卡死,就是电动机绕组损坏。

45.18　制冰器的运行

家用冷柜中的制冰器位于冷冻室内,它能自动地将水冻结成冰块。其常规方式是将来自室内水源的水注入位于冷冻室内冰盘内。电磁阀的开启时间长短决定了冰盘的注水量。当设定的冻结时间达到后,制冰器即通过扭转冰盘的方式使冰块松脱,并落入储冰盒存放。冰盒转动与扭转所需的扭矩由一台小功率电动机通过齿轮传动机构提供,见图 45.73。当储冰盒内充满冰块后,叉动开关即上升,或储冰盒内的冰块重量触动开关停止制冰。

另一种制冰器则采用嵌装在冰盘内的加热器在融冰时段内对管中冰块进行融冰。这种制冰器也能自动注水,并将水冻结成块冰,当达到预先设定的温度时,加热器即得电,同时,小功率齿轮减速电动机开始运行,利用一个类似手指的装置,从冰块的底部施加作用力,当冰块稍有转动而松脱后,齿轮传动机构即将冰块移送到储冰室,新一轮的制冰运行过程重新开始。如此不断重复,直至储冰盒内装满冰块,见图 45.74。

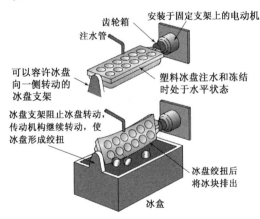
图 45.73　水注入冰盘内进行冻结,适当时间后扭转冰盘,使冰块排出

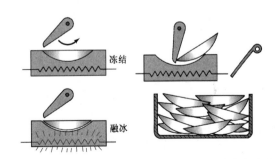
图 45.74　水注入冰盘内进行冻结,控制电路确定水全部结冰后,加热器得电。手指机构将冰块推入储冰盒。储冰盒充满后叉动开关被推向右侧。如果回复原位,那么制冰过程即停止

　　家用制冰器不可能像采用螺杆或用水流过倾斜式蒸发器的商用制冰器那样来制作冰块。如果要计算运行时间，那么家用制冰器比其他任何一种制冰方法要长得多。也有些制冰器采用电子线路来控制各程序的运行时间，见图 45.75。

45.19　冷柜的维修

　　技术人员应尽力将故障属性分清，以判断是电气故障还是机械故障。

　　第 5 章曾论述了检修制冷设备时所需的各种工具与设备。如果工具与设备配置不足，那么技术人员就无法正常地进行各项维修操作。同样，缺少适当的仪器仪表也无法使技术人员正确地确定故障。移动冷柜时，如果不使用适当的搬运设备，那么不仅可能会给设备或业主的财产带来不必要的损失，而且可能会给技术人员自身带来伤害。要想成为一名行家里手，必须首先将装备配置齐整。

45.20　箱体故障

　　家用冷柜必须根据制造商的要求予以调整水平，这样才能保证制冷剂能够在蒸发器和冷凝器中正常地循环流动。如果冷柜不水平，那么制冰器注水时就会出现溢水。如果冷柜不水平，那么除霜时，冷凝水就不能正常地排出。冷柜的水平调节螺钉或滚轮设置于底部，水平调整脚板可以用扳头或钳子予以调节。如果冷柜采用滚轮，那么也有调整滚轮上下移动的机构，见图 45.76。如果脚板或滚轮下的地板过低，那么可以采用垫片放置在最低处，这样 4 个脚板或滚轮即能充分接触地板或垫片，见图 45.77。如果 4 个点触地压力不同，那么机组的震动就必然使冷柜产生较大的噪声，甚至放在冷柜外的食品玻璃容器也会随之形成"大合唱"，见图 45.78。

图 45.75　制冰器电子线路板（White Consolidated Industries,Inc. 提供）

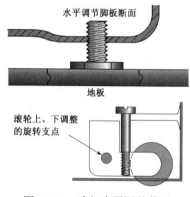

图 45.76　冷柜水平调整装置

图 45.77　四脚板或滚轮必须同时接触地板

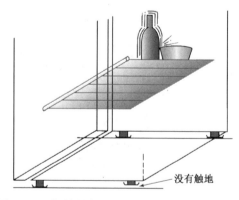

图 45.78　如果所有四脚板不是同时触地或有不同的压力，那么机组的震动就会引起噪声

　　如果冷柜不水平，那么箱门就不能正常地关闭，甚至还会自行将铰链打开，见图 45.79。对于采用磁性门封条的箱门，箱体不得朝前倾斜。

箱门常常会因为使用不当(如将质量较大的食品放在门架上,加之打开关闭次数较多)而出现故障,因此箱门上必须要有高强度的铰链,许多冷柜在这些铰链处设有支承轴套,使用一段时间后予以更新,见图45.80。

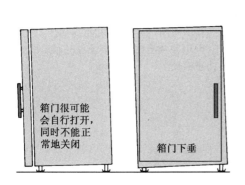

图45.79　如果未根据制造商的要求对冷柜正确找平,那么箱门就不能正常地发挥作用

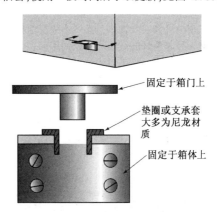

图45.80　铰链应有支承套,这样可以使箱门更容易打开

固定于箱门上

垫圈或支承套大多为尼龙材质

固定于箱体上

箱门还可能有通过铰链连接的导线和水管,为位于箱门上的冰水分送器提供电源和水,见图45.81。这些连接管线在冷柜使用一段时间后出现磨损时很可能需要维修。

门封条老化后,应及时予以更新。不同制造商的产品可能都会采用不同的门封条,甚至还可能需要有专用的工具。这些工具可能对拆除旧封条和安装新封条有所帮助。更新门封条时,应注意制造商的相关说明。新封条安装到位后,应注意保证箱门关闭后平整,门封条配合严密。箱门使用较长时间或使用不当都有可能出现变形,见图45.82。

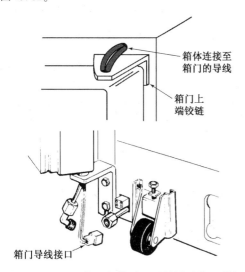

箱体连接至箱门的导线

箱门上端铰链

箱门导线接口

图45.81　电源线和水管需通过铰链连接至箱门上(White Consolidated Industries, Inc. 提供)

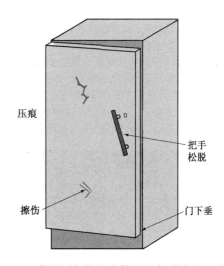

压痕

把手松脱

擦伤

门下垂

图45.82　使用时间较长或使用不当,箱门出现变形

45.21　压力表的连接

家用冷冻装置一般都没有像商用制冷设备或空调系统那样的压力表接口,其整个系统均由厂家全部封闭,不需要使用压力表。当系统正确充注制冷剂后,只要其运行状态正常,就不需要做任何调整。但出现泄漏、现场分析需要了解压力值,以及对个别构件进行现场维修时,就需要采用压力表。许多维修人员都倾向于按常规采用压力表,事实上,这很可能是一种不良的操作常规。在一个充满冷凝后液态制冷剂的高压表连接管上测取高压侧压力读数会对运行中的充注制冷剂形成非常大的不利影响。许多维修技术人员开始动手时,系统内制冷剂

充注量完全正确,但等到测定了压力读数后,却改变了制冷剂量,甚至出现了故障。安装压力表只能作为最后的手段,而且确实需要使用压力表时,也应特别小心。不采用压力表也能确定系统的各种故障,其方法将在45.22节予以论述。

　　所有表歧管和表歧管本身必须不存在泄漏、清洁、不含有杂质。对经常接触的每一种制冷剂分别采用一套压力表是一种非常好的做法。一处使用后转移至另一处使用时,应使用清洁的制冷剂使压力表保持在一定压力之下。当开始使用一组压力表时,如果从上次使用至今此压力表仍有压力,那么就可以知道这些压力表均无泄漏,见图45.83。我们可以将配置在表接管上弹性气阀的压杆拆下,采用特殊接头来压下弹性气阀中的阀杆,见图45.84,这就可以使你拥有清洁的压力表接管,对含湿系统实施快速抽真空。

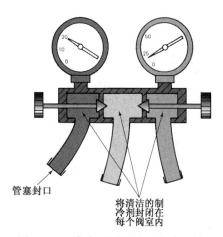

管塞封口

将清洁的制冷剂封闭在每个阀室内

图45.83　清洁、无泄漏的压力表组件

图45.84　从表接管上拆下弹性气阀压杆,采用右侧的特殊接头来压下阀心

　　有些制造商也配备检修端口装置,只是需要将专用接口固定于压缩机上,才能测取压力表读数,见图45.85。
　　大多数制造商都不在系统上设置任何检修端口,只能在现场以管线旋塞阀方式安装临时的维修端口,见图45.86。这些专用阀应根据制造商的说明进行安装。需要记住的是:根据管线的规格选用适当规格的阀。注意:如果系统压力处于真空状态,那么应用清洁的制冷剂冲洗压力表接管,或关闭机组,并在安装低压侧管线旋塞阀之前,使系统压力充分平衡,否则大气就会进入系统,见图45.87。在系统高压侧安装管线旋塞阀时,最好将其安装在压缩机工艺管上,因为在此可以焊接,也可以通过压扁旋塞阀与压缩机壳体间的工艺管拆除旋塞阀,见图45.88。所有保留在系统各侧压点上的管路旋塞阀必须焊接在配管上。

图45.85　检修阀组件(Bill Johnson 摄)

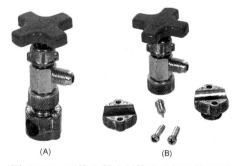

(A)　　　　　(B)

图45.86　可接入制冷剂管线的管路旋塞阀

　　如果维修对象是制冷剂循环系统中的各个构件或是一个制冷剂完全走失的系统,那么最好利用压缩机上的工艺管做压力检测,即将带有弹性气阀的管件直接焊接于工艺管上进行维修作业和抽真空,见图45.89。这些工艺管既可以加盖密封,还可以用专门的压扁工具予以压扁密封,见图45.90,还可以采用熔焊封口。由于采用一般的钳子无法将制冷剂管完全压扁,因此专用的压扁封口工具是必不可少的,见图45.91。

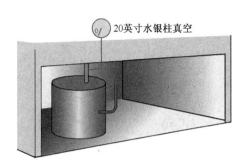

图 45.87　如果系统处于真空状态下运行,那么安装压力表时,很可能会将空气吸入系统

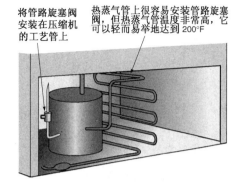

图 45.88　在液管上,而不是热蒸气管上安装高压侧管路旋塞阀

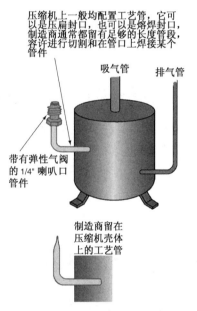

图 45.89　工艺管上可以焊接管接件

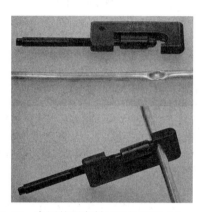

图 45.90　专用的压扁封口工具(Bill Johnson 摄)

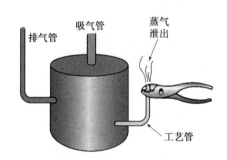

图 45.91　**安全防范措施**:不能用钳子压扁封口

45.22　制冷剂不足

如果一台制冷机组在离开生产厂家时充注有正常数量的制冷剂,那么就没有泄漏,机组内的制冷剂量就不会发生变化;如果机组内制冷剂量不足,那么就应尽一切努力寻找出其原因。

确定一个系统制冷剂含量是否基本正常(在连接压力表之前),许多有经验的技术人员常用的方法是仅要求机组停止运行,然后重新启动。机组关闭后,应容许压力自行平衡,这大约需要 5 分钟的时间。在压缩机重新启动前,技术人员将手放在蒸发器出口至任一热交换器前的吸气管上,即用手来检测管线温度,见图 45.92。启动压缩机,如果此管线在较短的时间内迅速降温,就说明系统内的制冷剂量基本正常,见图 45.93。这种测试方法是假定定压力平衡时,冷凝器中的绝大部分制冷剂在压力自行平衡的过程中流向了蒸发器。当吸气管中的低压侧压力因压缩机启动而降低时,少量液态制冷剂就会在启动瞬间流入吸气管内,并在很小的时间段内使吸气管温度大幅下降,也就是说,如果制冷剂不足,就不会有足够的液态制冷剂离开蒸发器,因此,此家用冰柜内不存在制冷剂不足的问题。这种简单的测试方法可以帮助许多有经验的制冷技术人员避免采用压力表来确定制冷剂是否正常,转而迅速寻找其他故障。蒸发器上有可能无霜但有积冰,见图45.94,此时很可能是蒸发器风机不能正常运行所致。

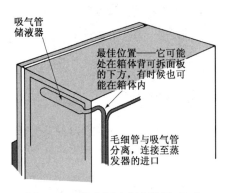

图 45.92　检查制冷剂充注量时,确定吸气管上的冷点位置

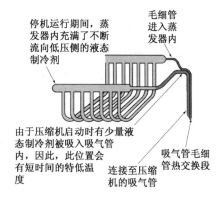

图 45.93　用手触摸吸气管来测试制冷剂充注量是否正常

当技术人员怀疑系统内制冷剂量不足时,应关闭机组,并使其压力自行平衡。过去,R-12 一直是家用冰柜最常用的制冷剂,但现在在美国生产的各种冷柜均已改用 R-134a,R-134a 的对应压力值与 R-12 的对应压力基本相似。**安全防范措施**:这两种制冷剂不能混合。如果压缩机运行时,低压侧压力处于真空状态,那么应迅速关闭压缩机,将清洁的压力表连接于系统后,再重新启动压缩机。如果系统低压侧的压力表读数在一段时间内(约15 分钟)一直为真空,那么很可能是系统制冷剂量不足或毛细管堵塞。冷柜在启动后一小段时间内,其运行压力处于真空状态是完全正常的。此时,可以向系统添加少量制冷剂,同时注意观察其压力值。**安全防范措施**:高压侧压力值应在添加制冷剂时予以测定,这是因为毛细管堵塞后,如果添加制冷剂,也会引起排气压力的增高。你无法确定排气压力的增高是否只是来自低压侧压力的上升。如果无法测定真实的高压侧压力,那么可以在压缩机的公共线上连接一钳型电流表,压缩机的电流值不得高于压缩机的额定满负荷电流值(RLA)。如果确是如此,那么关闭压缩机,见图45.95。

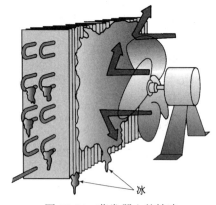

图 45.94　蒸发器上的结冰

图 45.95　测取压缩机的电流值(Bill Johnson 摄)

☆制造商建议:发现制冷剂量不足时,应首先查找泄漏点,排除和回收制冷剂,修补泄漏点,然后再将计量后的制冷剂注入系统。☆

某些有经验的技术人员也采用冻结线法来添加小量制冷剂。这种方法适宜于机组在运行过程中添加制冷剂,其具体操作方法是:在离开冷柜的吸气管找到可以观察到冻结线的某点位置,此点位置很可能位于离开冷柜背面的吸气管处,见图45.96。然后通过打开和关闭表歧管上低压侧阀,将制冷剂以非常缓慢的速度加入,直至在此位置出现霜层,此时停止添加。此时,吸气压力约为 10 ~ 20 psig,并应在冷柜温控器停止压缩机运行之前降低至 2 ~ 5 psig。采用冻结线法为家用冷柜添加制冷剂速度慢,时间长,一般不予推荐。仍建议将系统抽成深度真空,并利用充液量桶或精确的秤具对制冷剂进行计量后注入系统,这是因为冷柜的制冷剂充注量较小并均为临界量,约为1/4益司。☆如果随着箱内温度下降,冻结线缓慢地朝压缩机方向移动,那么可以通过低压侧缓慢地回收部分制冷剂,直至冻结线处在正常位置,见图45.97。☆

常规的低压侧运行状态很容易理解,其状态取决温度最低的盘管,即冷冻室内的盘管。冷冻室的常规低温为 0℉,而蒸发器内制冷剂的温度通常要比食品温度低 16℉左右,因此,制冷剂蒸发温度应为 – 16℉左右,其对应压力,对于 R-12 约为 2 psig,对于 R-134a 约为 0.7 英寸水银柱,此状态正是温控器准备停止压缩机运行的设定状态。如果冷柜温度可以设定在更低状态,那么其压力还将进一步下降。当压缩机启动时,此压力应上升。一般来说,此温度应在 – 5℉和 + 5℉之间(以及对应的压力)波动。

注意:许多机组启动后会长时间地在真空状态下运行,且一直持续到冷凝器通过毛细管传送的制冷剂量与系统内的制冷剂量处于平衡状态为止。如果系统抽真空后,从高压侧充注制冷剂,则往往会出现这样的情况。

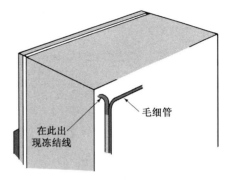

图 45.96 采用冻结线法检查制冷剂充注量

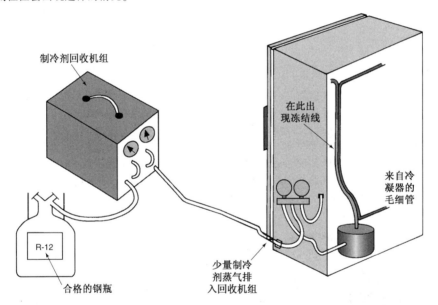

图 45.97 冻结线缓慢移向压缩机时,可通过低压侧压力表回收少量制冷剂蒸气

45.23 制冷剂充注过量

冷柜的冷凝器有自然对流和强制对流两种,强制对流式冷凝器通常要比自然对流冷凝器具有更高的效率和更低的排气压力。如果冷柜中加入了过多的制冷剂,其排气压力就会非常高。在设计运行状态下,其排气压力所对应的冷凝温度应高于室内温度 25℉ ~ 30℉。采用强制对流式冷凝器的冷柜,其正常的冷凝温度应高于室内温度 25℉,而自然对流(静止)式冷凝器的冷凝温度则高于室内温度 35℉。例如,如果室内地板温度为 70℉,那么其排气压力,对于 R-12,应在 108.2 psig 和 126.6 psig 之间,对于 R-134a,则在 114 psig 和 135 psig 之间,见图45.98。可参见第 3 章中的图 3.38 所示的,压力 – 温度线图。如果排气压力高于 136 psig,那么显然是太高了。注意:在得出任何最终结论之前,应认真检查冷柜内的热负荷量,冷柜内

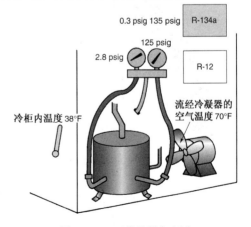

图 45.98 正常的排气压力

大幅降温时,往往会有较高的排气压力,见图45.99。如果压缩机的吸气管周围出现结露,那么说明系统内有太多的制冷剂,见图45.100。制冷剂充注过量往往还伴随有吸气压力过高的现象。

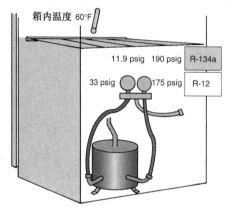

图 45.99　不正常热负荷下的排气压力

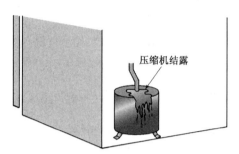

图 45.100　如果压缩机上吸气管附近有结露,
说明系统内制冷剂充注量过多

45.24　制冷剂泄漏

家用冷柜上即使有非常少量的泄漏,也会对其运行性能产生影响。如果机组在出厂后因为泄漏而出现制冷剂不足,那么在冷柜启动时,即能发现问题。因为从启动伊始,冷柜就无法正常地制冷。

但是,当冷柜运行一段时间之后出现泄漏,那么在现场要确定其泄漏位置就可能比较困难了。许多技术人员更喜欢将机组送到车间进行检修,同时借一台冷柜给用户使用。然后,技术人员可以静下心来检修出故障的机组。在任何情况下,对冷柜做较为复杂的故障检修,其最好的地方是车间,而不是在居民家中。

对于非常小的泄漏点只有采用最好的检漏设备才能确定其位置,如电子检漏仪,见图45.101。也可以采用氮气,将冷柜中的系统压力提高,见图45.102。**安全防范措施**:不能使压力提高至高于制造商规定的低压侧工作压力,此压力一般为150 psig。

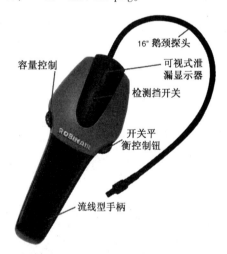

图 45.101　电子检漏仪(Robinair SPX Corporation 提供)

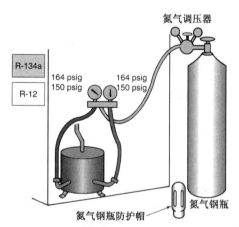

图 45.102　检漏时可采用氮气增压

45.25　蒸发器泄漏

机组采用人工除霜时,如果错误地使用较为锋利的工具,往往会使蒸发器出现泄漏。如果此蒸发器为铝制蒸发器,那么可以对此蒸发器进行修补。如果由于位置的限制以及蒸发器自身可能出现的收缩和膨胀而很难用熔焊方法对泄漏位置进行修补时,可以采用适当的环氧树脂予以修补。适用于制冷剂的专用环氧树脂可以在市场上购买到。

　　根据环氧树脂制造商的要求,应首先对修补表面进行清理,然后在系统处于稍有真空的状态下,约为5英寸水银柱,将环氧树脂涂抹在泄漏的孔口处。这样的压力状态有利于有少量环氧树脂进入孔口,并在管内壁形成蘑菇状的封头,见图45.103。这样的封头可以防止补丁在未能完全封堵以及低压侧压力上升至室内温度对应压力时,被系统内压力推出。如果冷柜放置在室外,环境气温达到100℉时,蒸发器内的压力有可能上升到117 psig(R-22),这样的压力足以将一般的补丁推出泄漏的孔口,见图45.104。但也要注意不要让太多的环氧树脂吸入孔口,否则往往会造成堵塞。

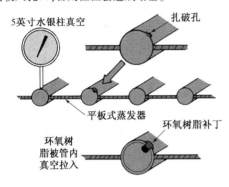

图45.103　轻微真空可以将少量环
　　　　　氧树脂拉入扎破孔口内

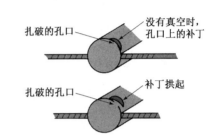

图45.104　在某些情况下,管内压力有可能会将
　　　　　补丁从扎破处顶起。这种情况在停机、
　　　　　低压侧压力较高时就有可能出现

　　另一种方法是采用短小的薄板螺钉(自攻螺钉),抹上环氧树脂旋入孔口中,当然,这需要泄漏处螺钉旋入后仍有足够的空间。根据环氧树脂制造商的要求,此孔口及螺钉必须先经清理。先将环氧树脂涂抹在孔口处,然后再将螺钉拧紧,这样,当出现高压时,螺钉的头部即可将环氧树脂紧紧压在孔口处,见图45.105。

45.26　冷凝器泄漏

　　冷柜冷凝器通常采用钢材制作,管的中段部分一般不会出现泄漏,但在两端安装接口处或与有震动的箱体接触处有可能会出现孔洞。由于系统的这一部分具有较高的压力,因此,此处的一个小泄漏点泄漏制冷剂的速度往往要比同管径的低压侧要快得多,见图45.106。钢管上无论何处出现泄漏,最好的修补方法就是熔焊。当然,必须采用适当的、与钢能相容的焊料,一般情况下,采用的焊料中有较高的银含量。采用焊剂时,修补后,应在接口处彻底予以清除,修补后应重新进行漏检。

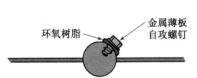

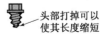

图45.105　此螺钉可以将环氧树脂牢
　　　　　牢地固定在扎破的孔口处

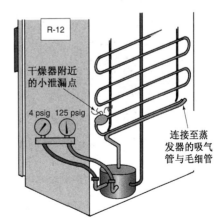

图45.106　系统高压侧的小泄漏点所泄漏的制冷剂
　　　　　量往往要比低压侧的泄漏量大得多

当冷凝器设置于冷柜下方时,工具往往很难伸入补漏。修理时可以将冷柜向一侧或向后倾斜,见图45.107。

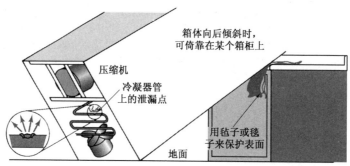

图45.107　检修箱体下方的冷凝器时,可以将冷柜向一侧或向后倾斜

45.27　制冷剂管线的泄漏

　　冷柜壁面内的内部连接管路也可能出现泄漏,但此处的维修不仅困难,而且从修理费用上来说,往往得不偿失。不过幸运的是:一般情况下,此处不太会出现连接管的泄漏。但是,对蒸发器附近管线进行补漏时,往往需要将蒸发器拆下,见图45.108。每一种箱体需要有不同的拆卸方法,此时,可查阅制造商的相关技术文件。如果无法获得这些文件资料,也可以自己决定拆卸的方法。当箱体采用泡沫材料作为保温层时,很可能是无法拆卸的。采用玻璃纤维作为保温层的老式冷柜中的泄漏一般都能进行修补,但它的修理费用与购买一台新的冰柜相差无几。

　　当一个已使用多年的、采用玻璃纤维作为保温层的箱壁上出现泄漏时,保温层中的水汽很可能就是导致电解的罪魁祸首。这种电解作用是由弱酸和电流所引起的,且常常出现在铝制或钢制配管上。如果是因为电解而导致某处泄漏,那么由于此配管上很可能已有多处相当脆弱,因此,不久就会同时出现多点泄漏。对于这样的泄漏,最好的维修方法就是更新冷柜。

　　此外,离开蒸发器的铝制配管与铜制吸气管的接头也可能出现泄漏,见图45.109。这是一个很难维修的地方,主要是因为它们是两种完全不同的金属。在此位置,有时候也采用喇叭口尤宁接头,也有制造商为此接头配置专门的维修组件。

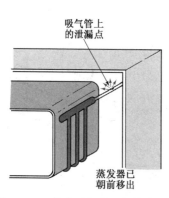

图45.108　箱内吸气管上的管路泄漏

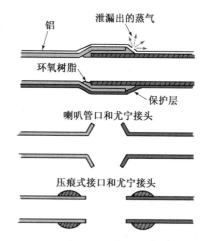

图45.109　离开蒸发器的铝制配管与铜制吸气管间的接头出现泄漏时的维修方法

45.28　压缩机的更新

　　☆冷柜更新压缩机时,必须将系统内制冷剂回收后,方可拆下旧压缩机。☆在拆除旧压缩机之前,应将用于替换的新压缩机准备在侧。同型号、同规格的备件是最佳选择,但很可能一时难以获得,同时,为帮助你正确连

接,应获得压缩机管线图和安装图。切记,压缩机上有多个管接头——吸气管、排气管、吸气侧测压口、排气侧测压口以及两根油冷却器管,所有管口可能均为同样的管径,见图45.110。

　　☆从旧压缩机上拆除连接管的最好办法是在回收制冷剂后,将所有连接管在靠近压缩机处压扁封口,见图45.111,或用很小的切管器将所有连接管切断。☆ 如果采用火炬断开旧压缩机上的配管,那么应采用锉刀对配管接口进行清理,除去留在配管上的焊料,并注意不要让锉屑进入系统内。**安全防范措施**:有些管线还可能含有润滑油,用火炬分离时很可能会将其点燃,因此,现场应配置灭火器。旧配管应锉削干净,使之能顺利地插入压缩机接口,见图45.112。此外,还要用合格的砂纸条(含有不导热的磨料)对管口做进一步清理。管口必须非常干净,不带一点积垢、缩坑,见图45.113。滞留在缩坑内的积垢受热后往往会膨胀,进入焊料中,见图45.114,进而导致泄漏。

图45.110　压缩机壳体上有多个管接口(Bill Johnson 摄)

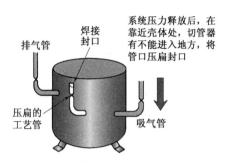

图45.111　采用侧剪钳在靠近压缩机壳体处将旧管路压扁

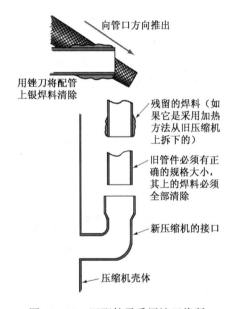

图45.112　旧配件需采用锉刀将所有的残留焊料全部清除

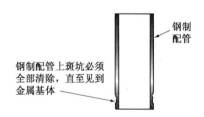

图45.113　钢制配管上的所有斑坑必须全部清除

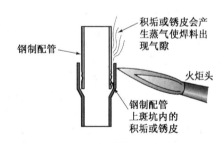

图45.114　斑坑内的积垢受热后会膨胀,最终导致泄漏

　　然后,将压缩机放入压缩机舱位处,同时将箱体上的各接口与压缩机上的接口核对对应位置。各对应位置确定之后,从压缩机舱位处将新压缩机取出,拔除压缩机上各管口的管塞并清理管口,见图45.115。注意,应特别小心,防止任何东西进入压缩机管口内。

　　将新压缩机安装就位,连接各管线。如果是焊接前的最后一次试接管线,那么应在各管口抹上助焊剂,见图45.116。**安全防范措施**:各接口应仔细焊接,特别要注意,不要使周围构件或箱体过热。为防止火炬火焰的热量接触相邻构件和箱体,此时可用薄钢板作为防护板,见图45.117。同时,针对所做的接口类型,采取最低的推荐热量。

在将压缩机焊接至各管路上的同时,也是将工艺管焊接至压缩机上的最佳时机。有时候,还需要在吸气管和排气管上焊接带有弹性气阀的三通管件,见图45.118。

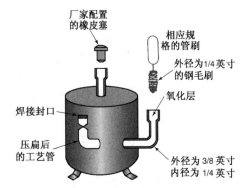

图45.115 将压缩机上各塞头拔除,然后清理各管接头

图45.116 焊接时,在各管接口均能顺利连接在一起后,抹上助焊剂

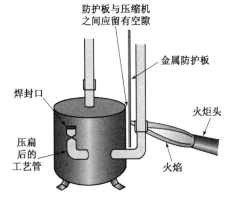

图45.117 **安全防范措施:**焊接时,应采用防护板,防止周围各构件和箱体受热

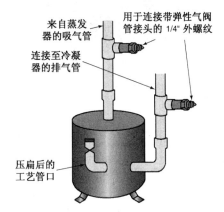

图45.118 为便于在系统需要打开时进行维修连接,吸气管和排气管上需分别焊接三通管接头

如果系统为更新压缩机而需要打开较长时间,则应在系统内增设过滤干燥器。冷柜制造商一般推荐采用相应规格的液管干燥器。如果选用的液管干燥器规格过大,那么系统就需添加较多的制冷剂量。在这种情况下,许多技术人员习惯采用吸气管干燥器,并把它安装于吸气管线上来处理低压蒸气,这样就不需要添加制冷剂了,见图45.119。吸气管干燥器并不能使毛细管避免杂质或水汽,但毛细管可以有自己的过滤器来阻止杂质的进入,同时,只要采取正确的抽真空方法,就可以使系统避免任何可能的水汽。

压缩机安装完成之后,最好采用氮气对系统进行吹洗,然后再安装干燥器,这样可以避免干燥器被可能残留在系统内的各种杂质弄脏。吹洗时,无论干燥器未来安装在何处,均可切断液管或吸气管。然后将表歧管连接检修阀端口和氮气钢瓶,使氮气首先进入系统高压侧,这样可以使氮气以较高的压力进入高压侧,然后通过毛细管流经蒸发器,最后从松开的吸气管管口排出(针对安装吸气管干燥器而言),见图45.120。由于氮气需流经毛细管,因此,从吸气管管口排出的氮气流速较低,但这样可以吹洗整个系统,只有压缩机不需要吹洗(因为它是新的)。

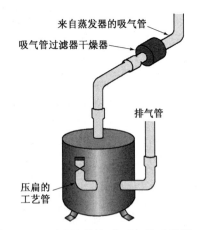

图45.119 在低压侧加装吸气管干燥器时,由于管内制冷剂处于蒸气状态,因此不需为此添加制冷剂

然后,将表阀开启,使整个系统向大气打开,连接干燥器,此时系统内已无任何压力,见图 45. 121。既可以采用喇叭管接口,也可以采用焊接型,见图 45. 122。如果采用焊接型接口,那么应在完成焊接之后迅速关闭表歧管,以避免系统内的氮气冷却收缩时将空气吸入。

当压缩机配置有工艺管时,可以据此对整个系统以低压侧最大工作压力状态进行漏检。此外,低压侧工作压力也可以作为压力测试的上限压力,如果机组过夜后仍能保持 150 psig 的氮气压力,那么说明机组没有泄漏。

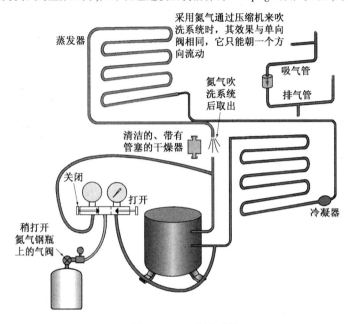

图 45. 120　吹洗系统

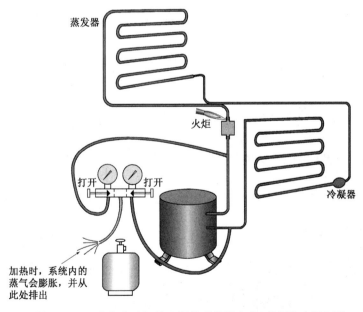

图 45. 121　准备在吸气管上焊接干燥器之前,必须将表阀打开

45. 29　系统抽真空

当系统经证实无泄漏并有较大把握时,即可对整个系统进行抽真空。第 8 章中曾对各种抽真空方法做了全

面的论述。简单地说,此时可以将弹性气阀从检修阀上拆除,采用不带有弹性气阀压杆的压力表连接管可以加快抽真空。采用三次抽真空法时,当前两次抽真空后,系统压力达到大气压力以上 5 psig 左右时,将带有压杆的弹性气阀装入,做最后的抽真空操作。当系统达到深度真空后,连接充液钢瓶,并采用较为精确的电子秤对制冷剂进行计量后,充入系统。

如果系统内已吸入了水汽,那么就必须采用专门的抽真空方法。如果水汽是在融冰运行期间,通过扎破口进入系统,并从蒸发器通过吸气管排向压缩机的曲轴箱内,那么当压缩机重新启动后,这部分水汽就会滞留在润滑油中,见图 45.123。大多数有经验的技术人员常采用下面的办法来排除水汽。

图 45.122　选用喇叭管接口的干燥器可避免焊接(Mueller Brass Co. 提供)

水汽(存于油下的液态水汽)　油位

图 45.123　水汽很可能会聚集在压缩机的润滑油下

在吸气管和排气管上安装相应规格的三通管接头,从系统的两侧分别进行抽真空,见图 45.124。注意,应确认表接管弹性气阀中无压杆,压缩机上无管接头。采用双级转子式真空泵并予以启动,在压缩机旁放置一个电灯泡对压缩机进行加热,同时,在低温室和中温室两处各放置一个小灯泡(约 60 瓦),将箱门部分关闭,见图 45.125。注意:在整个过程中,不要完全关闭箱门,否则会使箱内塑料内胆熔化。让真空泵连续运行至少 8 小时。充入氮气消除真空然后对另一侧进行抽真空,其时间则依据压力表或电子真空表上的读数而定。具体操作可参见第 8 章。当系统达到深度真空后,用氮气充入,消除真空,使系统压力恢复至大气压力,然后撤去加热。切断吸气管,安装吸气管过滤干燥器。如果制造商推荐,此时也可以更新液管干燥器。由于前面的抽真空操作可以从此干燥器中排除一定量的水汽,使它已具有一定的排湿能力,因此,值得这样操作一下,但很麻烦。新的吸气管干燥器可以使系统具有足够的干燥能力。最后再一次抽真空,然后将经准确计量后的制冷剂充入系统即可。

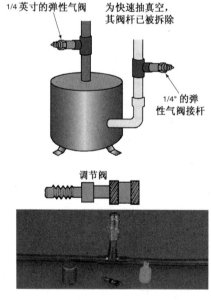

1/4 英寸的弹性气阀　　为快速抽真空,其阀杆已被拆除

1/4" 的弹性气阀接杆

调节阀

图 45.124　排除水蒸气时,必须安装相应大小的表接管(Bill Johnson摄)

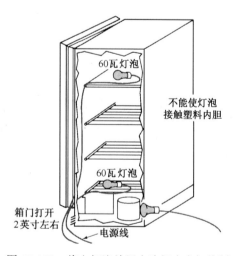

60瓦灯泡

不能使灯泡接触塑料内胆

60瓦灯泡

箱门打开 2 英寸左右　　电源线

图 45.125　将电灯泡放置在冷柜内来加热制冷剂管路,但不能使塑料内胆过热

45.30　毛细管的维修

毛细管的维修主要指对其与其他构件或箱体相互摩擦后产生的管上泄漏孔进行修补。此时,还应对毛细管进口处的干燥器过滤网进行更新。毛细管的维修包括对有部分堵塞的毛细管进行清理,直至更换毛细管。无论维修什么构件,由于毛细管细小,较为脆弱,均应小心对待,否则极易压扁折断。

因各种原因必须将毛细管切断时,最好采取下述方法进行操作:采用细锉刀在断开处挫削出一个断口,然后将其折断,见图 45.126。检查管口,并将杂质从管口处全部清除,然后用小麻花钻头清理管口至标准内径大小。注意:管口必须具有标准大小的内径值,否则很容易引起堵塞。操作时,应尽可能仔细。

焊接毛细管时,需将毛细管插入一接管内。两管口不要涂抹助燃剂,也不需要将插入段全部清理干净。使管外表仍保持原有状态,可防止焊料流入管口,见图 45.127。

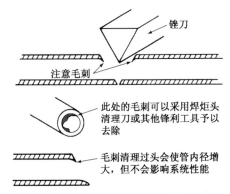

图 45.126　采用锉刀将毛细管切割至所需长度

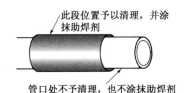

图 45.127　为防止焊料进入管口,应注意助焊剂的涂抹位置

断为两段的毛细管,一般可以对其两端进行清理,并使其内部尺寸恢复原有状态,然后用稍大些的短管将两者连接在一起,之后焊接,见图 45.128。当毛细管上有磨损孔时,最好还是在此位置将毛细管切断,然后按上述方法进行连接。

毛细管内的杂质通常是蜡,或是沉淀的小颗粒杂质,一般可采用毛细管泵予以清除,见图 45.129。毛细管泵利用具有很大压力和专用溶液或油不断地对毛细管进行冲洗,直至将毛细管清洗干净,见图 45.130。确认毛细管是否干净的唯一途径是将其安装于系统上,启动系统,并观察它的压力情况。当然这意味着需要系统经漏检和抽真空后,恢复至正常的工作状态,才能予以确认。仅仅为了确定毛细管是否还有部分堵塞,这样的方法显然太麻烦。

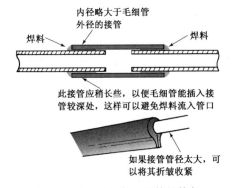

图 45.128　已折断毛细管的修复

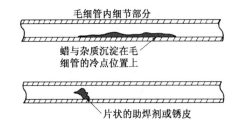

图 45.129　蜡或小杂质进入并沉淀在毛细管内

在大多数情况下,毛细管出现故障后,一般均直接予以更换,但对于为获得毛细管 – 吸气管热交换而与吸气管相互固接的毛细管来说,直接更新显然是不够经济的操作方法。此时可以将毛细管与吸气管捆扎在一起,并用保温材料予以隔热,见图 45.131。

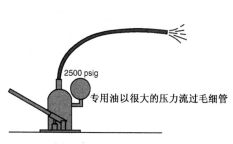

图 45.130　毛细管清洗泵

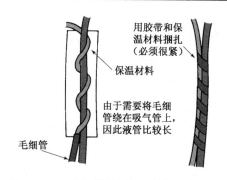

图 45.131　毛细管需用保温材料扎紧在吸
　　　　　气管上,才能获得少量热交换

45.31　压缩机的容量测定

　　系统中最难诊断的故障是压缩机的容量不足,顾客常常会抱怨机组运行不止,而事实上,压缩机仍可能有足够的容量可以使冷柜内食品保持在合理的温度下。不能维持在正常温度最明显的症状是冰淇淋不像以前那样被冻硬,而是略有酥软,放置在冷藏室的水或牛奶等液体似乎也不冷。当对机组运行不止以及冷柜内食品不能保持原有状态等的抱怨声逐渐出现时,那么不是冷柜的负荷不正常,就是压缩机的容量不足,此时应首先确定到底是哪一部分出现了问题。

　　检查的第一步是确定冷柜箱门上的所有门封条是否处在良好状态,以及箱门是否能严密关闭,然后检查是否有温度很高的食品放入冷柜中,见图 45.132。融霜热蒸气电磁阀上是否有热蒸气流向系统低压侧?见图 45.133。是否有哪一个舱室的照明灯始终处于点亮状态,冷凝器上是否有正常的气流流动,如果是强制对流的冷凝器,其所有的导流板是否处于正常位置,见图 45.134;如果是自然对流的冷凝器,是否有气流流动受阻。检查冷柜的周围温度是否已高于 100 °F。一般来说,当环境温度高于 100 °F 时,都可能会使冷柜运行不止,但机组仍应能维持其温度状态。如果机组放置在室外,特别是受阳光直接影响的地点位置,那么肯定会有问题,因为机组设计时,从来不把它考虑为在室外使用。当检查完所有这些方面的情况并确认均处于正常状态后,就可以怀疑压缩机有问题了。

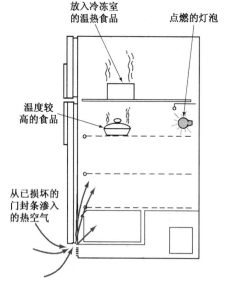

图 45.132　损坏的门封条、放入冷柜的高温食品或
　　　　　照明灯始终点亮都可能产生过量热负荷

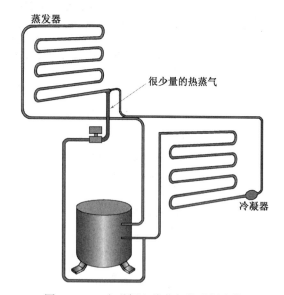

图 45.133　电磁阀上热蒸气的泄漏会使
　　　　　冷柜产生不正常的热负荷

　　要对压缩机进行测试,制造商的相关文件资料是必不可少的。应首先将温度计的探头分别放置在冷藏室和冷冻室内,见图 45.135。将功率表连接至压缩机的公共线端,然后将压缩机的实际功率数与制造商提供的数据

进行比对。如果在上述状态下,功率表的读数较低,那么说明压缩机并没有在其额定功率下运行,见图 45.136。此时,可对系统做本章前面所讨论过的制冷剂充注不足的测试。

　　压缩机容量不足往往是由冷柜运行条件不佳所引起的。例如,如果因冷凝器严重积垢或冷凝器风机电动机不运行而导致冷柜在排气压力极高的状态下运行,或冷柜在温度较高的位置长时间运行,那么压缩机上的各气阀就会因磨损而出现泄漏。出现这种状态时,压缩机就无法泵送相应数量的制冷剂蒸气,其容量不足也就在所难免。因此,在最后确定压缩机容量是否存在不足之前,应始终注意冷凝器是否干净,自然对流式或强制对流式两种冷凝器上的气流流动是否受阻。冷凝器必须能够正常排热,否则压缩机容量不足就是必然的结果。强制对流的冷凝器必须配置完整的分隔板,否则,空气就会在冷凝器的进/出口反复循环、引起过热。此时,应在系统中安装压力表,检测吸气和排气压力,在安装压力表之前,千万不要忘记使系统的压力自行平衡。检测机组性能时,必须按制造商的相关文件进行操作。如果一时无法获得这些文件,可以与产品的分销商联系,也可以向熟悉这种冷柜并对此型号机组有丰富经验的技术人员讨教。判定一台压缩机有否故障是一个比较大的决定,对新技术人员来说更是如此。通常情况下,最好听一下有经验的技术人员的想法,然后再确定自己的想法。

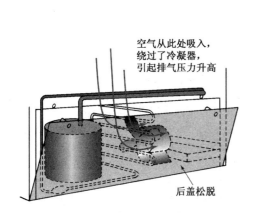

图 45.134　检查冷凝器区域内所有导流板位置是否
　　　　　　正确,是否能够获得正常的空气流量

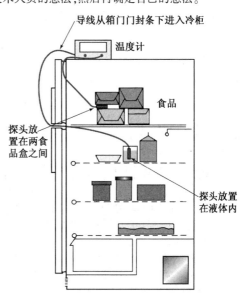

图 45.135　采用有引出探头的温度
　　　　　　检测箱内各舱室的温度

1. 从压缩机上拆下连接线,用胶带缠上。
2. 将测试线线头连接压缩机公共接线端、运行绕组接线端和启动绕组接线端。
3. 将测试线头插入功率表插孔内。
4. 将功率表插头插入墙上插座内。
5. 将冷柜电源线插入墙上插座内。
　　至此,压缩机通过功率表可正常运行。

采暖、通风与空调行业的"金科玉律"

　　前往居民住宅上门维修时,要做到:
1. 应事先约定上门时间并做到守时。如需推迟,应预先电话联系。
2. 因采购零部件或其他原因必须离开工作现场时,应通知客户。你的返回时间安排必须合理并告知客户,不能影响其工作、生活安排。

要注意向客户提供一些额外服务

　　下面是一些举手之劳,也不需多大费用的服务项目,可以包含在上门维修的服务范围之内:
1. 清理冷凝器。
2. 检查冷凝器风机能否正常运行。

3. 检查冷柜中的照明灯,如果已损坏,予以更新。

4. 检查蒸发器盘管有否积冰。

5. 检查冷柜安放是否水平。

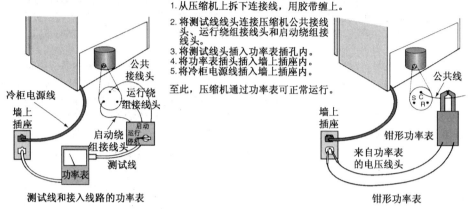

1. 从压缩机上拆下连接线,用胶带缠上。
2. 将测试线线头连接压缩机公共接线头、运行绕组接线头和启动绕组接线头。
3. 将测试线头插入功率表插孔内。
4. 将功率表插头插入墙上插座内。
5. 将冷柜电源线插入墙上插座内。

至此,压缩机通过功率表可正常运行。

测试线和接入线路的功率表

钳形功率表

图 45.136 采用功率表检测压缩机的实际容量。对此应首先知道正确的功率数。插入式和钳式功率表是两种最常用的功率表。采用插入式功率表时,要求将压缩机隔离,测试线用来启动压缩机

45.32 报修电话

报修电话 1

一位顾客来电向调度员述说:他的一台新冷柜,箱体上对开门间有结露。其故障是:位于冷柜背部的门楣加热器电路接线端损坏。

技术人员到达,可以感觉门楣加热器没有加热。由于室内设有集中式空调,室内温度与湿度均正常。如果确是门楣加热器出现故障,就不得不拆下面板,才能接触到两门间的加热器,这是一件非常麻烦、耗时的工作。技术人员看了冷柜背后的接线图,发现有一个接线盒,在此接线盒内就有连接至前端门楣加热器的连接线。拔下冷柜的电源线,确定接线盒各头无误。检查接线端像是已松脱,但技术人员想检查此接线端是否确实断开。用欧姆表检测加热器电路,证明均导通。将冷柜电源线重新插入,启动冷柜后,再检测各接线端上电压,连接加热器的中性线与火线间有正常电压。技术人员再将电流表连接至电路中,发现几乎没有电流,换用小量程电流表后发现,加热器的电流值很小。将导线绕在电流表钳口上得到具体读数,见图 45.137。确定有正常电流后,技术人员认定故障已完全解决。

报修电话 2

一位顾客来电诉说,冷柜运行不止,但又无法使冰淇淋保持冷冻状态,牛奶似乎也不够冷。其故障是冷凝器风机不运行,机组又比较老旧,轴承卡死。

技术人员观察了冷柜冷冻室内的情况,从冰淇淋的状态上看确实机组不够冷。技术人员又伏在冷柜上倾听冷凝器上风机的运行情况,听不见风机的运行声音。技术人员将冷柜从墙侧移开,从冷柜机后检查风机,风机确实没有运行,电动机有较高的温度,但不能转动。这是一台不带过载保护装置的阻抗保护式电动机,而进线上均有电源,但不运转,也不像烧毁。技术人员拔除电源线,用手拨动风机,看是否能转动,发现非常紧。作为一个临时维修措施,技术人员在轴承座上钻孔并注入润滑油,见图 45.138,同时将叶轮来回转动,直至能轻松方便地转动。注入润滑油之后,再加入电动机轴承专用润滑油。

电动机底部放一张铝箔,用以收集可能滴出的润滑油,将电动机电源插口插上,风机电动机正常启动并运行。

技术人员告知业主,应订购一台新的风机电动机,下次在接到业主来电后,将上门更新电动机。

报修电话 3

一位客户来电称:冷柜不运行,但常常可以听到咔哒咔哒的声响。调度员告知业主,将冷柜电源拔除,等待技术人员上门维修。该机故障是压缩机卡死,因为过热,连接电动机绕组的电路被自动切断。

技术人员将冷柜从墙侧移开,在启动压缩机之前,用钳形电流表钳住压缩机公共接线端。启动机组后发现,压缩机的电流已上升至 20 安培,技术人员在过载保护器关机之前,迅速将机组关闭。

技术人员现在必须确定压缩机不启动是因为电气故障,还是因为压缩机内部机械故障。从修理车上取来压

缩机启动测试线,拔下冷柜电源插头。将电动机接线端上的3根连接线拆下,用测试线连接公共线、运行绕组线头和启动绕组线头,见图45.139。将测试线插入电源插座,用钳形表钳住公共线,将电压表连接至公共线与运行绕组两端来检测电压是否正常。测试线开关切换至启动,此时压缩机发出嗡嗡声,电流表读数仍为20安培,说明压缩机卡死。此时,电压值为112伏,尚在正确的电压值范围之内,见图45.140。技术人员在测试线的启动电路中加装了一个电容器,试图来启动压缩机,压缩机仍不能启动,见图45.141。然后,将运行绕组和启动绕组连接线对换,见图45.142,这样可以反方向转动、启动压缩机,压缩机启动,但很快被技术人员停止,这是因为在这种模式下不能长时间运行,否则会出现故障。然后将两引线恢复原连接关系,再次启动压缩机,此时压缩机能正常启动。技术人员撤去测试线,将压缩机启动电路装回压缩机,将电流表钳在公共线段上,当冷柜电源线插入插座后,压缩机启动,而且运行电流也恢复正常。

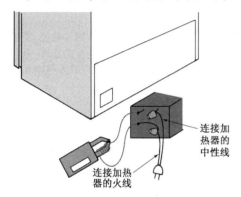

图45.137 将导线绕在电流表钳口上,放大读数

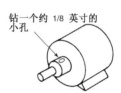

图45.138 作为临时措施,可在电动机轴承座上钻一个孔,将润滑油强制注入轴承。更新电动机才是长久之计

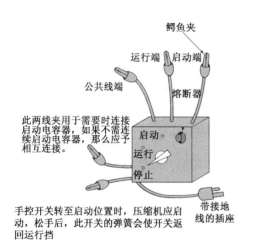

图45.139 封闭式启动测试线

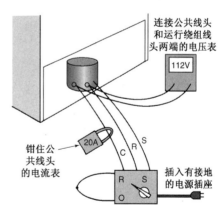

图45.140 压缩机启动时,应记下电压和电流值读数

　　技术人员向客户解释了冷柜目前的情况并指出:因机组内仍有故障,当机组停止运行后,可能无法重新启动。可能是汽缸内有杂质卡死,也可能是因为磨损而造成内部阻力增大,现在还无法确定。机组还可能停止运行,从现在直到次日,不要在冷柜内放置食物,让冷柜在晚上连续运行几个循环。如果压缩机再次停止运行,应将电源线拔除,并再次通知技术人员。

　　技术人员抄录下压缩机铭牌上的所有数据,并画下压缩机线路图机座样式,以便万一需要更新压缩机时可及时提供具体数据。客户也想尽快修复,在将冷柜推向墙侧之前,将冷柜铭牌上的所有数据均予记录。

　　次日上午客户来电:冷柜像预料中的那样又停机了。技术人员从供应商处购得一台同型号、同规格的压缩机,因为它与原型机完全一样,给安装和管线连接都带来很大的方便,同时还购买了一个吸气管干燥器。

　　技术人员达到后,将冷柜侧面倚靠在冷柜手推车上,用布带绑住箱门,使箱门能在搬运过程中始终处于关闭状态。冷柜移动至车库后,技术人员开始进行维修。☆首先将系统内制冷剂回收。☆

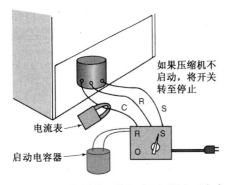

图 45.141　如果是压缩机卡死,那么可在启动绕组上增加一个启动电容器,使压缩机有较大的启动扭矩

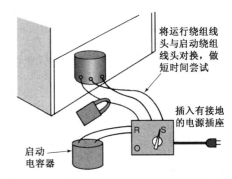

图 45.142　将运行和启动绕组线头对换,使电动机能在短时间内反向旋转。电动机反向旋转的时间不得超过几秒

在回收制冷剂的过程中,技术人员将火炬、灭火器、压力表、工艺管的表接口、制冷剂钢瓶以及扳手等悉数带到车库内。在靠近压缩机接口处,将压缩机吸气管和排气管剪断,同时将润滑油冷却器管切断,拆下旧压缩机。新压缩机放在原位,对各管路进行配对,完全正确。

取出压缩机,将冷柜上的各管口用切管器全部剪成平口,见图 45.143。此时,各管口位置均能进行操作。采用绝缘砂纸对各管口进行清理,同时将压缩机接管上橡胶塞拔除,放在一旁。将工艺管连接至压缩机上带有弹性气阀的高、低压管。焊接前将阀杆取出,快速抽真空也需要取出。

图 45.143　插入新压缩机接口前,必须将插管管口修整成平口

压缩机及冷柜各管线在系统与大气开放的状态下进行焊接。完成后,技术人员在压力表接口处安装压力表,将吸气管断开,安装吸气管干燥器。然后利用氮气吹洗,将表接管拆下,准备焊接吸气管干燥器,见图 45.144。焊接吸气管干燥器后,应尽可能快地安装上压力表接管,以防止空气进入系统。此时,整个系统可以说是比较干净的。但对于低温制冷装置,应尽可能地小心、谨慎。

此时,可以对系统进行漏检。技术人员从压缩机上取下管塞时,曾发现压缩机中仍存有制冷剂蒸气,说明厂家连接的各个接口均无泄漏。然后向系统内加入 R-22 并予以增压(压力提高至 5 psig),再利用氮气将系统压力提高至 150 psig。所有接头均用电子检漏仪进行检测,技术人员发现系统内各接头在维修过程中无泄漏。冷柜内还存有原有数量的制冷剂,说明冷柜并未泄漏,然后将系统内压力撤去。

将真空泵连接至系统后启动。切记,此时弹性气阀内未装有阀杆。技术人员的真空表放了在维修车间里,所以只能靠听声音来确定是否已达到正确的真空状态。真空泵运行 20 分钟后已不再有任何泵送声音。关于如何确定真空状态的内容,可参见第 8 章。加入氮气,使系统内压力处于约 20 英寸水银柱左右,然后重新启动真空泵,再次抽真空后,停止真空泵运行,加入氮气,使系统压力保持在 5 psig 左右。

安装弹性气阀阀杆,并将其固定于压力表接管的两端,再次将压力表安装在系统上,完成第三次抽真空。当系统压力逐渐下降时,技术人员从机组铭牌上了解到正确的制冷剂充注量,并据此将制冷剂充入系统内。然后完成压缩机的各电气线路的连接。一名专业技术人员应知道如何控制时间,利用真空泵运行期间的空余时间来整理细节事项。当系统真空状态到达要求时,即可将计量后的制冷剂充入系统。由于机组已准备运行,技术人员将高压侧表接管拆除,他不想使制冷剂在此接管中冷凝。

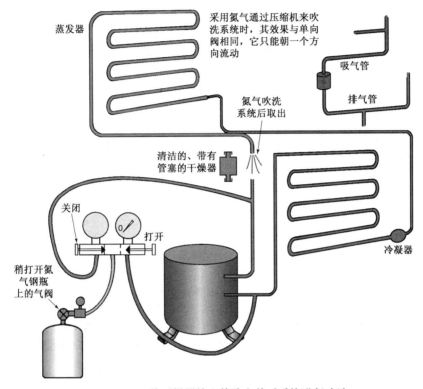

图 45.144　将干燥器接入管路之前对系统进行吹洗

将电流表设置在压缩机的公共线段上,技术人员可以据此确定压缩机是否能正常启动。冷柜电源线插入电源插座,启动后看上去像是在运行,但低压侧压力开始下降。技术人员将最后一点制冷剂加入系统低压侧。将机组电源切断,并用推车将冷柜送回原处。技术人员离开工作现场。数天后,电话回访得知冷柜运行正常。

报修电话 4

一位顾客来电称:一台放置在餐厅内的冷柜不能正常制冷,机器运行不止,但温度似乎不够冷。其故障是除霜定时器电动机烧毁,不能驱动定时器进入除霜运行,蒸发器严重冻结。

技术人员到达,打开冷柜上端冷冻室的舱门,可以听到蒸发器风机运转的声音,但出风口不能感觉到任何气流流动。一盒冰淇淋手感非常酥软,说明冷冻室没有足够的冷量。技术人员拆下蒸发器上的盖板,发现蒸发器上严重积冰,是没有除霜的明显特征。

关闭舱门并将冷柜从墙侧移开。定时器位于箱体背面,并有一个小窗能够观察到定时器电动机的转动情况,见图 45.145。此时,定时器停止运转。对定时器上各接线端进行电压检测,定时器电动机上有电压,检查其绕组导通情况,结果为开路,说明其电动机已损坏。

技术人员打开箱门,撤去食物,将一个小风扇设置在正好能将室内空气吹入箱内的位置以进行快速融冰,见图 45.146。技术人员又告知客户,当蒸发器的积冰开始融化时,要注意地上的水。技术人员来到一供应商处为损坏的定时器购买一个新的定时器。

返回后,技术人员将除霜定时器换上。蒸发器上的积冰已全部融化,但机组下方的集水盘积满了水,必须予以排空。排空后,技术人员对集水盘进行清洗消毒,放回原处。蒸发器上的盖板安装到位后启动机组,盘管温度逐渐下降。将食物重新放回冷柜后,技术人员离开。

报修电话 5

某业主来电称:他家冷柜始终运行不止,不见停机。其故障是门封条损坏,箱门不正。家中有 4 个小孩。

技术人员达到后,打开箱门即发现问题。门封条已严重磨损,从侧面观察时,箱门后可以明显看见光线。将冷柜型号记下后,技术人员告知业主,必须去供应商处才能购买到这种门封条。

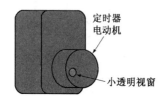

图 45.145　通过小透明视窗可以观
察到定时器是否在转动

不要使
风机受潮
将电源线
插入带接地
的电源插座内

图 45.146　家用风扇可用来快速融冰

购买门封条后,技术人员返回并根据制造商推荐的方法更换门封条。箱门底部不能严密关闭,技术人员撤去箱内货架,调整箱门上的铰链支架使铰链中心处于同一轴线上。

报修电话 6

客户自述冷柜运行不止,箱内温度很低却不见停机,此冷柜尚在保修期内。该机故障是有一小块冷冻食品跌落,将门上的灯开关推杆砸断,冷冻室内的照明灯始终处于点亮状态,导致热负荷增加,最终使冷柜运行不止。

技术人员到达,认真检查了冷柜各个部分。蒸发器上似乎也没有积冰。技术人员向业主询问了是否有温度较高的食品放入冷柜或箱门长时间未予关闭。业主的回答似乎都没有问题。业主或冷柜始终运行,说明热负荷较大,但不管冷柜内有多大的热负荷,冷柜在每天上午总应该有停机运行时间。

从这些情况来看,像是压缩机不运行,或是压缩机上有额外热负荷,该机为电热除霜,蒸发器上似乎也没有积霜可除。技术人员打开冷冻室舱门时注意到冷冻室内的照明灯开关没有推杆。当箱门关闭时,此开关推杆即与箱门接触,关闭照明灯,见图 45.147。没有推杆,那么此照明灯就成了"长明灯"了。

技术人员告诉客户,这种开关只有从制造商处购买。冷冻室内的灯泡在购买了开关之前可以先取下。技术人员次日带了一个新开关又来到这位客户家中,更换了开关。业主告诉技术人员在每天吃早餐时冷柜会处于关机状态,说明诊断完全正确。

报修电话 7

某公寓房的承租人有一台需人工除霜的旧冷柜。因蒸发器上的积冰无法较快地融化,所以采用冰锄,结果将蒸发器扎穿。她能听到制冷剂泄漏发出的嘶嘶声,但却毫无办法。该机的故障是制冷剂泄漏,当此冷柜重新启动时,就会有水吸入系统。这是因为没有制冷剂,系统的低压侧就会出现真空。如果此冷柜还不能制冷,她就通知管理部门。事实上,这种冰箱已经到了报废的状态,但这幢公寓楼里有 200 个这样的冷柜,还有一个修理车间。

技术人员在阅读了报修单后,带着一台替换冷柜前往这位客户住处。这种情况已发生多次了,因此已形成了固定的处理模式。将食品转移至替换冷柜后,技术人员将旧冷柜直接拖到了位于地下室的车间内。

技术人员在系统上焊接了两个工艺管:一根位于吸气管上,另一根则焊接在排气管上,见图 45.148。采用氮气对管路加压,确定泄漏点位置。泄漏点位于蒸发器平板上,因此拟采用环氧树脂补丁法予以修理。将系统内的氮气压力撤去。破口处用绝缘砂纸进行清理,然后用环氧树脂制造商推荐的溶剂去除破口区域的所有积垢和油脂,然后将真空泵连接至检修阀口。注意,检修阀口的弹性气阀内没有推杆,表接管上的弹性气阀上也没有压杆,均已被拆除。

启动真空泵,运行至复合表上的吸气侧压力为 5 英寸水银柱,然后利用表阀将压力表关闭。搅和环氧树脂。切记,这是一种双组分的混合物,必须尽快使用,否则它就会迅速硬化,操作时间一般控制在 5 分钟内。将少量环氧树脂铺在破口处,并让它能在真空吸力作用下进入孔口,形成文中谈到的蘑菇状封头,见图 45.149。真空吸力可能会使环氧树脂在孔的中心部位贯穿,此时应再添加少量环氧树脂在孔口上,然后等它逐渐固化。表阀打开,系统向大气打开,使两侧压力也相互平衡,也可使环氧树脂尽快干硬。

环氧树脂的干硬约需要几个小时,可以做些其他的维护工作。然后,采用少量的 R-22,使系统压力提高至 5 psig,之后,再用氮气将系统压力提高至 100 psig。此时可以采用肥皂泡,对环氧树脂补丁进行漏检。对检修阀的阀杆部位进行漏检,没有任何泄漏。后面是整个维修过程中较为棘手的部分,但这位技术人员熟知这一操作,并且根据经验,他也知道这是不能忽略的一个步骤。

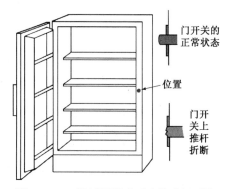

图 45.147　推杆折断后无法推动门开关

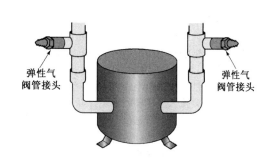

图 45.148　在吸气管和排气管上焊接工艺管可以方便地连接系统

撤去系统压力。在弹性气阀中没有阀杆也没有压杆的情况下启动真空泵。这里容许采用标准管径的压力表软接管。将一盏 60 瓦的灯泡放在冷冻室内,将另一盏放在冷藏室内。**安全防范措施:**两扇箱门部分关闭,另将一盏 150 瓦的灯泡放在压缩机旁,并与压缩机曲轴箱保持接触,见图 45.150。所有灯泡均不能与塑料接触,否则会使塑料熔化。启动真空泵并使其连续运行至第二天。然后,技术人员将氮气充入系统,使压力保持在2 psig 左右,断开真空泵。

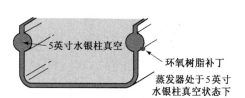

图 45.149　此真空状态可将少量环氧树脂吸入蒸发器破口处

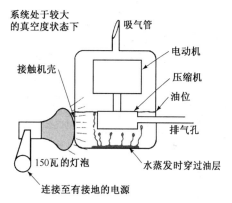

图 45.150　对压缩机继续加热,使油层下的全部水分蒸发

真空泵放置在工作台上,有润滑油滴出,说明润滑油中的水汽含量很低,且有部分润滑油被真空泵专用油所替代,为了防止空气吸入,将连接真空泵的孔口关闭。将真空泵运行约 15 分钟,较长的运行时间可以使油充分加温,然后关机,将油排出。将真空泵专用油加入真空泵内,排出油的油色状态仍较好,因此,再次将真空泵连接至系统。

启动真空泵前,技术人员提前约 30 秒钟启动冷柜压缩机,如果压缩机汽缸内含有任何数量的水汽,那么它就会通过系统析出,并在下一次抽真空时将其排除。启动真空泵并让它连续运行约 2 小时,然后再次用氮气充入,压力保持在 5 psig。每次撤去一根表管,同时,将弹性气阀的阀杆和压杆装回表接管中。

在吸气管上安装吸气管干燥器后,用氮气将系统压力提高到 100 psig,对干燥器接口进行检漏。整个操作过程似乎时间太长,技术人员一直在想方设法缩减,其中最为主要的设想是在一开始即将干燥器接入管路中,但如果接入的是含水系统,那么在冷柜启动之前就可能已经受到污染。此时,应更新油管干燥器,因为它已经处于饱和状态,尽管抽真空后,液管干燥器已恢复部分功能,但更新液管干燥器仍需保证所有水分均已排除。

真空泵启动,做第三次、也是最后一次抽真空。让真空泵连续运行 2 小时,且需要保持一段时间,技术人员可以做些其他维护工作。

在系统抽真空的过程中,可以在台秤上将冷柜所需的制冷剂事先准备好。将高压侧接管压扁焊封。最后将制冷剂注入系统,具体操作可参见第10章。启动冷柜后,将最后的少量制冷剂注入系统。断开吸气管接管,并在弹性气阀上加盖封口,将排气管上压力表连接端口焊封,可以为以后需要测取压力表读数时提供方便,吸气管的压力表接口很容易得到,但排气管接口却不易获得,而且低压侧压力下出现泄漏的可能性往往要比高压侧压力下出现泄漏少得多。

报修电话8

一位客户来电称:冷柜不能启动,并且使断路器跳闸,已多次设法将断路器复位,但仍无济于事。调度员建议顾客拔掉冷柜的电源插头后将断路器复位,因为可能还有其他用电器需由此断路器供电。该机故障是压缩机电动机搭地、引起断路器跳闸所致。

技术人员带了一位帮手、一台借给客户使用的冷柜和冷柜搬运推车来到顾客家中。初步检查后,怀疑是较为严重的电气故障。该机还处在保修期,如果故障较为复杂,应送维修车间进行检修。技术人员用欧姆表检测电源线接地情况,欧姆表设置在 R×1 挡,将一根表棒连接电源线插头,另一根表棒连接箱体时,读数为0,说明电源搭地。**安全防范措施:**此项测试应检测白线或黑线,因为绿色线本身就是接地线,并连接箱体。白色线和黑色线为插头上的两个扁插脚,见图 45.151。

将冷柜从墙侧移开,看是否能确定搭地位置。搭地位置也可能会出现在电源线上,若是这样,那么只需对此部位进行检修。将连接线从压缩机断开,然后对压缩机各接线端进行检查。将欧姆表的一根表棒连接至压缩机接线端,将另一根表棒连接箱体或任意一条制冷剂管,欧姆表显示压缩机对地电阻为 0 欧姆,见图 45.152,显然,压缩机内部存在故障,必须予以更换。

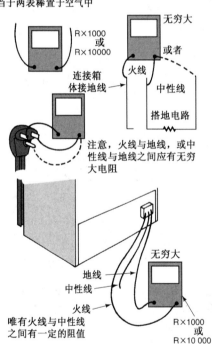

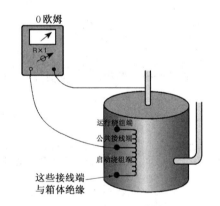

图 45.151 利用电源插头来检查机组是否存在搭地 　　图 45.152 利用压缩机机身或管路
　　　　　　　　　　　　　　　　　　　　　　　　　　　来检查是否存在搭地

技术人员与助手一起将冷柜移到厨房当中,并将备用冷柜放置在原来的位置上,将食品转移至备用冷柜内。由于在车间时备用冷柜一直在使用,因此,其箱体温度仍处于较低的状态,插入电源,备用冷柜启动运行。有故障的冷柜送往维修车间。

技术人员知道此冷柜中的制冷剂可能已受到严重污染。☆然后,将制冷剂转移至一个专门用于回收受污染制冷剂的钢瓶内。☆ 技术人员决定,先于更换压缩机和液管干燥器,最后加装吸气管干燥器。

为便于操作,将冷柜放在工作台上。然后开始更新压缩机,在工艺管管口上先焊接 1/4 英寸管径的管件。为说明如何对系统在抽真空后进行全封闭密封,在此,我们不采用弹性气阀。切断液管,将旧干燥器拆除。技术人员然后使压力表接管连接至工艺管管口,此接管内没有弹性气阀阀杆和压杆。采用氮气先从吸气管反向流过蒸发器和毛细管,在干燥器处排出,然后使氮气在压力下流过高压侧,在液管干燥器处吹出,对系统进行吹洗,见图 45.153,最后先将液管干燥器、后将吸气管干燥器焊接到管路内。

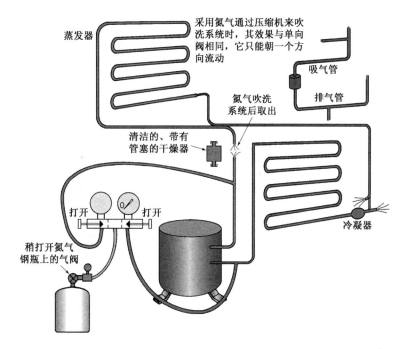

图 45.153　在将干燥器接入管线之前,采用氮气从吸气管接口处吹洗整个系统

这种吹洗方法与其他方法的区别在于此系统内不含水汽,仅是制冷剂和润滑油受到污染,因为电动机搭地后,很可能在系统内产生烟雾。大颗粒杂质只有可以通过吹洗的方法予以清除,小颗粒则由干燥器予以排除。

对系统进行漏检,然后 3 次抽真空。在第三次抽真空结束时,采用专用的压扁封口工具,将排气检修管压扁封口,然后将计量后的制冷剂充入系统,最后启动系统。

观察冷柜快速降温的低压侧压力,见图 45.154。将冷柜电源插头保留在插座上,让它自行运行 24 小时,然后送回客户。

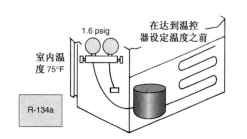

图 45.154　检测冷柜快速降温时的低压侧压力

本章小结

1. 进入冷柜的热量以传导、对流方式通过冷柜箱壁以及放入冰柜内的温热食物传入冷柜。
2. 冷柜有自然对流和强制对流两种蒸发器。
3. 家用冷柜中的蒸发器为低温装置,它同时还需要维持冷藏室内食物的温度。
4. 对蒸发器进行人工除霜时, 绝不能用锋利的物体铲冰、铲霜。
5. 冷柜蒸发器有平板式和风机盘管式两种。
6. 蒸发器可以是人工除霜,也可以有自动除霜功能。
7. 许多压缩机上都有吸气管、排气管、一根工艺管以及两根油冷却管,这些管口均从壳体上引出。
8. 许多冷柜中的压缩机均不设检修端口。
9. 大多数家用冰柜均采用毛细管作为计量装置。
10. 新式冷柜箱门四周均采用压缩密封的磁性门封条。
11. 箱内温控器负责控制压缩机的运行。

12. 大多数箱体上的防霜、防水汽加热器均为小功率、带有绝缘护套的电阻丝加热器,一般均安装于靠近门框的箱体壁面内。

13. 用于强制对流式冷凝器和蒸发器的风机一般均为罩极式电动机带动的轴流式风机。

14. 制冰器位于低温冷冻室内,可以自动地将水冻结成冰块。

15. 维修技术人员不应每次检修家用冷柜时立刻安装压力表,应在安装压力表之前试一下其他各种排故方法。

16. 冷柜有非常少量的制冷剂走失就会影响到整个系统的性能,非常小的泄漏只有采用最好的检漏设备才能确定其位置。

17. 采用环氧树脂可以对铝制蒸发器上的泄漏进行修补。

18. 冷凝器上的配管通常采用钢管,钢配管上的泄漏点应采用合适的焊料予以修补。

19. 泄漏修补时,应对整个系统进行 3 次抽真空。

20. 在一定条件下,毛细管计量装置也可以进行维修。

21. ☆制冷剂必须予以回收,不得排入大气。☆

复习题

1. 家用冰箱冷藏室内的常规温度是:
   A. 25℉~30℉;   B. 30℉~35℉;   C. 35℉~40℉;   D. 40℉~45℉。

2. 家用冰箱单个压缩机可以使冷柜的最低温度达到:
   A. -20℉~-10℉;   B. -10℉~+5℉;   C. +5℉~+15℉;   D. +15℉~+25℉。

3. 家用冷柜中有哪两种蒸发器?

4. 说出用于蒸发器融霜的两种热源。

5. 家用冷柜的压缩机可以是往复式压缩机,也可以是_____式压缩机。

6. 家用冷柜中常用的压缩机为焊接型_____式压缩机。

7. 冷柜中的冷凝器均为_____冷式冷凝器。

8. 冷柜蒸发器上有大量积霜,其原因为:
   A. 冷柜放置在室内;   B. 冷柜放置在高湿度的环境内;
   C. 冷柜为低温装置;   D. 蒸发器与吸气管有热交换。

9. 为获得热交换,毛细管计量装置通常固定在_____上。
   A. 吸气管;   B. 压缩机排气管;   C. 液管。

10. 流经固定管径毛细管计量装置的制冷剂流量取决于毛细管的内径和_____。

11. 为使箱门表面温度高于露点温度,避免结露,冷柜箱门上一般都安装专门的加热器,这种加热器常称为_____加热器。
    A. 融霜;   B. 冷凝;   C. 门楞或面板;   D. 油。

12. 有两种电路图分别称为_____图和_____图。

13. 家用冷柜除霜运行的终止有两种方法:_____和_____。

14. 热蒸气融霜是利用来自_____的热量来融化盘管上的积冰。
    A. 压缩机;   B. 蒸发器;   C. 冷凝器;   D. 计量装置。

15. 冷柜箱体上出现结露,是因为箱体表面温度未能保持
    A. 高于空气露点温度;   B. 低于空气露点温度;
    C. 在湿度容许的范围内;   D. 在过滤干燥的容许范围内。

16. 采用强制对流的冷柜上有两台风机:一台为_____风机,另一台是_____风机。

17. 现在美国生产的新式冷柜均采用_____制冷剂。

18. 在设计工况下,排气压力所对应的冷凝温度应高于室内温度_____℉。
    A. 5~15;   B. 15~25;   C. 25~35;   D. 35~45。

19. 用于冷柜在低气压运行环境下调整的调节装置称为_____温控器。
    A. 正温度系数;   B. 海拔高度;
    C. 双电压;   D. 冷凝器盘管。

20. 排气压力上升时,压缩机排气管中的制冷剂温度会有何变化?

第 46 章 家 用 冰 柜

教学目标

学习完本章内容之后,读者应当能够:

1. 讨论常规冰柜的箱体结构。
2. 辨认 3 种冰柜蒸发器。
3. 论述两种冰柜压缩机。
4. 讨论两种自然对流式冷凝器。
5. 解释冰柜中毛细管的功能。
6. 论述不同环境空气状态下的冷凝器效率。
7. 解释冰柜人工除霜的方法。
8. 讨论排除箱内变质食品异味的方法。
9. 论述直立式和卧式冰柜的移动方法。

安全检查清单

1. 移动或提升家用冰柜时,技术人员应穿上适当的防护背带。
2. 绝不能将手放在已提起的冰柜底部。想在脚板下放入垫块,可采用棒杆或螺丝刀抬起冰柜。
3. 切勿让干冰接触皮肤,否则易引起冻伤。
4. 绝不能使制冷剂压力高于制造商的推荐值。
5. 应始终采取各种电气安全防范措施。

家用冰柜中的许多构件和运行均与家用冷柜相同或相似,学习本章内容前,应首先认真阅读第 45 章的全部内容,许多论述性的内容和方法,本章不予赘述。

46.1 家用冰柜

家用冰柜不同于家用冷柜,它是一种单一温度的家用冷冻设备,其特征是低温制冷系统。像家用冷柜一样,它是一种独立式装置,只需将电源线插入电源插座即可运行,并能随意地从一处移动到另一处。一般情况下,家用冰柜的箱门不像家用冷柜那样频繁地打开,放入的食品往往需在冰柜中存放较长的时间。而且,冰柜常常放在偏僻的位置,如远离厨房的地下室或储藏室。冰柜的功能在于存放采购的冷冻食品,或将少量食品冻结,并使它保持在冻结状态。

欲予冷冻的食品必须有正确的包装,即必须存放在密闭的包装袋中,否则就会出现冻灼。冻灼是产品脱水后的一种特征,这从含有各种产品的包装袋内侧附着的少量水露即可了解这一现象,水露附近的产品外观干化且有灼伤的外形特征。冻灼不会完全损坏食品,但会使得产品缺乏吸引力,并可能会由此改变其风味。冻灼发生时,包装中水露附近的水汽就会不断地离开食物进入空气中,而原来存在于食物中的固态水分则不断地转变为气态,再进入空气中,最后积聚在盘管上。固态转变为气态的整个过程称为升华。冰块在冷冻室内存放较长的时间也会出现类似的现象,这也是一种升华现象。由固态变为气态的水汽最后均集中在蒸发器上成为冰,最后在融冰运行过程中融化,以冷凝水的方式排出。

用户利用家用冰柜冻结食品时还会有另一个问题,那就是将产品冻硬所需要的时间。在分装企业,这一过程通常是由速冻机来完成的。速冻机是利用迅速流动的、温度很低的空气吹过食物,使其瞬时冻结,见图 46.1,这在家用冰柜内是不可能办到的。有些配置有强制对流蒸发器的冰柜可能会在风机出风口处设置速冻架,这是冰柜中温度最低的位置,见图 46.2。尽管增大空气流速和降温速度可以大幅度地加快冻结进程,但这无论如何是不能与商业化的速冻过程相比的。家用冰柜中的速冻功能只能用于少量食品,因为冰柜的系统容量很小。

许多用户都习惯一下子购买四分之一只或半只牛的生肉块,然后将其分割、分装,最后希望能在家用冰柜内同时将全部肉块冻结。这时,往往会出现问题:缓慢冻结的食品在其细胞中会产生许多冰晶体,见图 46.3,冰晶体可以刺破细胞。你可能已经注意到商店内的速冻牛肉与在家里冷冻的牛肉,两者的口味完全不同,其区别就在于牛肉的冻结时间。牛肉块融化时可以看到有一滩血水,这就是细胞破裂后出现的损失,见图 46.4。你还可能需要用车将牛肉拉回家里,车上的温度至少为 70℉,甚至更高,然后再将其放入冰柜,而在其开始冻结之前,冰柜内的温度必须至少为 32℉。最好的办法是将牛肉或其他产品在冷柜最冷处放置数小时,使其温度尽可能地接近 32℉,然后再将其转移至冰柜,并把它放在冰柜的最冷处,即放在速冻室或蒸发器平板上,见图 46.5。

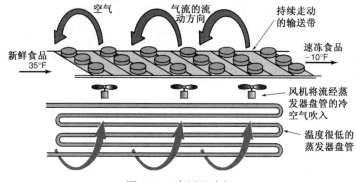

图 46.1　商用速冻机

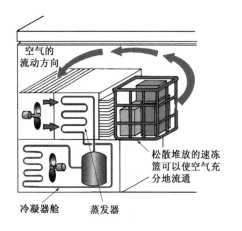

图 46.2　冰柜的速冻室

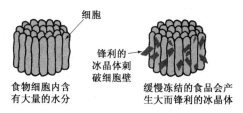

图 46.3　缓慢冻结的食品中含有较大的冰晶体

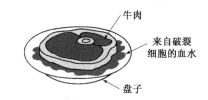

图 46.4　较大的冰晶体可以刺破食物细胞壁

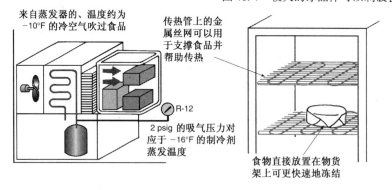

图 46.5　采用专门的冷冻室和将食物直接放置在蒸发器上的两种速冻方法

46.2　冰柜箱体

　　冰柜箱体的内、外表面均采用薄钢板或内面板采用塑料,同时,外面板采用各种时尚颜色的油漆装饰,因此,购买时可以选择与厨房间内其他电器相匹配的颜色。冰柜的箱体有直立式和卧式两种,见图 46.6。采用直立式时,其箱门可根据方便起见朝左或朝右打开。卧式冰柜(其箱门常称为顶盖)和提门见图 46.7。

　　直立式冰柜占用的面积较小,通常可放置在地面面积较小的厨房内。直立式冰柜的效率不如卧式冰柜,这是因为每当箱门打开时,箱体内的冷空气会从箱门的底部流出,见图 46.8,尽管这样不会使食品温度有较大的变化,但就箱内空气温度而言,则必须重新进行冷却。同时,水汽也会随空气进入箱内并集中在盘管上。因此,直立式冰柜应尽可能减少开门次数。卧式冰柜的箱门打开时,其中的冷空气则依旧保持在箱体内,见图46.9。

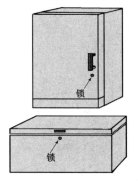

图46.6　直立式和卧式冰柜

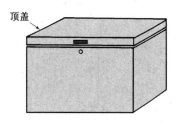

图46.7　卧式冰柜的箱门也称为顶盖

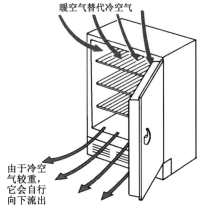

图46.8　直立式冰柜中的冷空气会自行向下流出

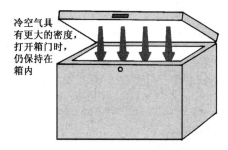

图46.9　卧式冰柜中的冷空气仍保持原有状态

要在卧式冰柜中寻找某种食品不像直立式冰柜那样方便,因为直立式冰柜有多层货架。然而卧式冰柜内有多个可以提出的篮子,可以方便地将箱内物品提出,这一功能非常重要,因为食品无限期地放在冰柜内不可能保持新鲜,鱼和猪肉等都有一定的存储期限,牛奶的存储期限则稍有不同。如果存放时间过长,食品的口味就可能发生变化,特别是包装不够密封的食品。有些分装公司也采用完全密封包装,称为收缩包装,它可以使食品在更长的存储时间后仍保持较好的状态。收缩包装就是将包装收缩至食品的形体形状,排除所有空气。

冰柜箱体的配置受冷凝器类型和冰柜的适用温度限制。冰柜冷凝器的类型将在后面讨论,但必须记住,所有的制冷装置都必须有热交换所需要的空气流量。

冰柜的箱外设计温度由各家制造商自行决定。例如,同样的冰柜在夏季和冬季室外温度下就无法正常运行,其主要原因在于冷凝器在冬季无法正常地运行,此外,箱体的保温层也不适宜夏季的炎热高温。

46.3　箱体内胆

许多冰柜的内侧都采用塑料内胆,这种塑料有较高的强度、易清洗、易维护,但是,它在箱内低温环境下具有较大的脆性,因此应特别小心,要避免撞击和敲打。有些箱体则采用金属内胆和塑料贴面,因为金属薄板既可以喷漆,也可以涂瓷。

常规的新式箱体与冷柜非常相似,内侧采用金属或塑料,外表面为金属薄板,其间为泡沫保温层的三明治结构。许多老式箱体则在内、外板之间放置玻璃纤维。

直立式箱体的内部构件

直立式箱体的箱门上设有存放小件货物的货架。要承受小件货物及自身的重量,箱门除了本身必须要有足够的强度外,使用时也必须小心,使用不当往往会使箱门变形。在直立式冰柜中,经常会发生冻肉从货架上跌落,砸在塑料底板上,使底板沿口破碎的情况,见图46.10。此时,应采用风管胶带先将破碎区域封闭,等到下次除霜时再做处理。到时候,再用环氧树脂胶水将破碎的碎片固定在原位即可,见图46.11,这种胶水不能在冰柜温度较低的情况下使用。

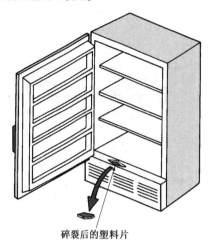

碎裂后的塑料片

图 46.10　如果有冷冻食品跌落,很可能
会砸坏冰柜塑料底板的沿口

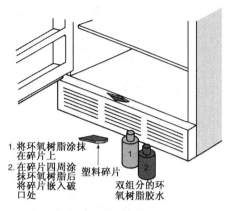

1.将环氧树脂涂抹在碎片上
2.在碎片四周涂抹环氧树脂后将碎片嵌入破口处

塑料碎片

双组分的环氧树脂胶水

图 46.11　冰柜除霜、清洗时,可将碎
片涂抹胶水后粘在破口处

直立式冰柜上的门封条和箱门调整机构几乎与冷柜完全相同。门封条必须保持密闭,箱门也必须保持平直,否则就会出现漏气,见图46.12。漏气往往会使压缩机的运行时间大大超出其设计时确定的时间长度并导致积霜。除霜问题将在46.11节讨论。由于冰柜箱门的开启不像冷柜那样频繁,也就不需要像冷柜那样经常地除霜,因此许多冰柜均采用人工除霜。

放置冻结食物的蒸发器一般有3种类型:强制对流、冷冻架或固定在冰柜内壁上的冷冻板,见图46.13。强制对流型可以有专门的快速冷冻室,见图46.14。板式蒸发器通常为用丝网固定定位的热交换管,或用冲制板制成的蒸发器作为货架,见图46.15。采用板式或管式蒸发器时,使食品最快冻结的方法是使食品直接平躺在冷冻板上,见图46.16,但这样放置方式会使冷板上食品的实际放置量减小。

为使用户能看清存放的食物,冰柜中一般均设有照明灯,其点亮与关闭由箱门开关控制。

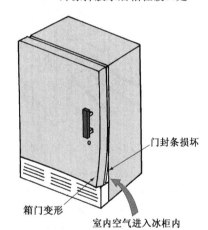

门封条损坏

箱门变形

室内空气进入冰柜内

图 46.12　箱门封条必须始终处于良好的状
态,保证箱门能严密关闭,否则,
带有水汽的空气就会进入冰柜中

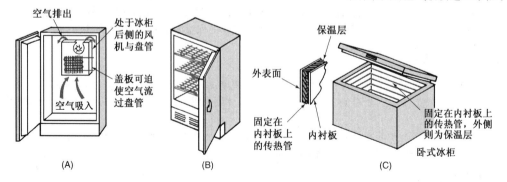

空气排出

处于冰柜后侧的风机与盘管

盖板可迫使空气流过盘管

空气吸入

(A)

(B)

保温层

外表面

固定在内衬板上的传热管

内衬板

固定在内衬板上的传热管,外侧则为保温层

卧式冰柜

(C)

图 46.13　3 种蒸发器:(A)强制对流型;(B)货架型;(C)板壁型

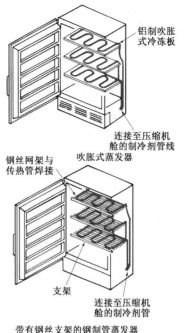

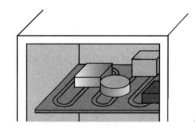

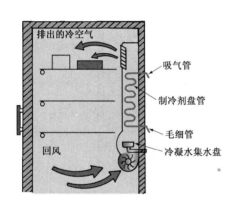

图 46.14　强制对流式蒸发器利用从盘管的
排出冷空气对食物进行快速冷冻

图 46.15　吹胀式冷冻板或带有钢网架的钢制传热
管,既可构成板式蒸发器,又能充当货架

卧式冰柜的内部构件

　　卧式冰柜的顶盖铰链位于箱体后端,其内衬为金属薄板或塑料内衬,门封条则设置在顶盖四周。门封条必须始终处于良好状态下,否则带有水汽的空气就会渗入箱体内,并在箱体内迅速积霜。其位置一般为顶盖内右侧,此处较易渗入含湿空气,见图 46.17。

　　卧式冰柜的货舱内有一个凸起空间,压缩机即位于此凸起平台的下方,见图 46.18。在同一侧上方也可能设有一个用于速冻的强制对流型风机盘管,见图 46.19。

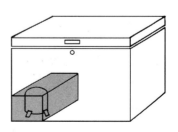

图 46.16　将食品直接放在蒸发器板或传热管上,可以使食品迅速冻结

　　在卧式冰柜中放置食品时要注意存放的位置,否则,放置在底部的食品就很难找到。较大的食品应放置在底部,而且在所有冷冻包上均应标注起存日期。大多数冰柜都配有提篮,它可以在寻找存放在底部的冷冻包时挂在冰柜的侧板上。

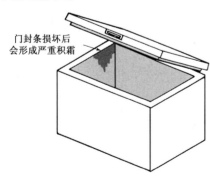

图 46.17　顶盖封条损坏后引起的漏气
往往会导致箱内迅速积霜

图 46.18　压缩机位于卧式冰柜凸起平台的下方

46.4　蒸发器

冰柜蒸发器是制冷剂的吸热装置,因此均设置在冰柜内,它有强制对流型和采用自然对流方式的管式和板式 3 种形式。

强制对流式蒸发器一般设置在面板后端,它利用轴流式或离心式风机将空气强制吹过盘管,见图 46.20。由于这种形式的蒸发器安装位置可以使融冰后的冷凝水从箱体内部排除,不会将冷凝水滴在食物上,因此,采用这种蒸发器的冰柜一般都采用自动除霜,见图 46.21。

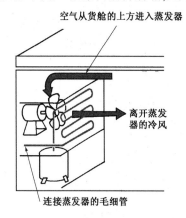

图 46.19　货舱的一端设置一台小容量的强
制对流式蒸发器用做速冻装置

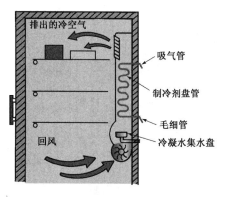

图 46.20　强制对流型蒸发器和风机
通常均设置在面板下侧

当冷柜采用板式或管式蒸发器时,箱体内均不设风机,蒸发器就是货架的一部分,由于融冰后的冷凝水不能自行收集,因此,板式或管式蒸发器必须采用人工除霜。

另一种板式蒸发器利用箱体内壁作为蒸发器板,即将传热管固定在箱体的金属内胆上,见图 46.22。这种蒸发器的维修十分困难,这是因为维修时必须将箱体内衬拆除。如果其内衬上还附有保温材料,要想拆除之几乎是不可能的,而且也不经济。如有必要,可采用强制对流的蒸发器予以替换,见图 46.23,新蒸发器的规格必须靠个人经验来确定。

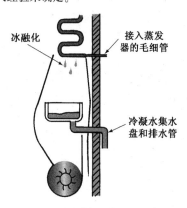

图 46.21　融冰时,蒸发器下必须
要有集水盘收集冷凝水

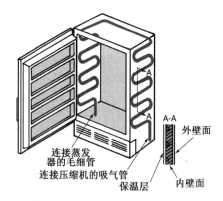

图 46.22　安装于冰柜箱壁上的板式蒸发器。
蒸发器换热管固定在箱内壁面上

如果蒸发器是强制对流型或吹胀型,那么大多数采用铝材,当蒸发器又用做货架时,则一般为钢制管,这不仅使它能够承载食品重量,而且便于与钢丝网连接,见图 46.24。这种钢丝托架一般很难与铝制管连接。

46.5　压缩机

家用冰柜内的压缩机与家用冷柜的压缩机完全相同,均为转子式或往复式压缩机,见图 46.25。关于压缩机的内容,可参见第 45 章"家用冷柜"。

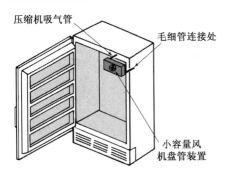

图 46.23　板式蒸发器出现故障不能使用
时,如果有必要,可安装小容
量强制对流式蒸发器来替换

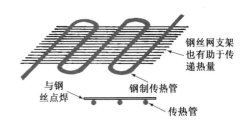

图 46.24　货架式蒸发器通常为钢制传
热管加装钢丝网来承载货物

如果机组为直立式箱体,压缩机均设置在箱体后侧底部,见图 46.26。维修时,均需将冰柜从墙侧移开。如果是卧式机组,那么其压缩机一般均安装于箱体的左侧或右侧,但维修时通常仍需从后端进入,见图 46.27。过去,也有些制造商将压缩机和风冷式强制对流型的冷凝器安装于可抽出的支架上。如果采用这种结构形式,那么连接压缩机的连接管必须做成管盘形式,才能在维修时将压缩机和冷凝器抽出,见图 46.28。

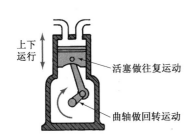

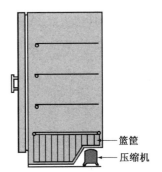

图 46.26　常规直立式冰柜的压
缩机舱位于底部后侧

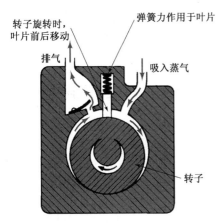

图 46.25　常规冰柜中一般仅采用往
复式或转子式两种压缩机

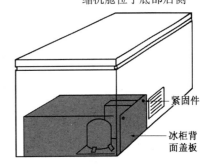

图 46.27　卧式冰柜的压缩机舱位于两侧,
但通常需要从机后进行维修

46.6　冷凝器

所有的家用冰柜均采用风冷式冷凝器,其形式有:安装于机组背面的烟囱式、安装于箱体两侧壁上的或采用风机强制对流式 3 种,见图 46.29。

位于箱体背面的烟囱式冷凝器必须放置在有足够风量的位置,见图46.30。注意:其气流的流动方向为自下而上。采用烟囱式冷凝器的冰柜不能放置在墙体形状为内凹的场合,因为在那儿不会有足够的空气流量。这一要求也同样适用于家用冷柜。

烟囱式冷凝器可以由吹胀管或焊接有钢丝的钢制管构成,见图46.31。烟囱式冷凝器一般不需要定期维护,但要经常清除积存的纤维、灰尘和积垢,见图46.32。

当冷凝器安装于箱体的两侧壁上时,其传热管均固定在外面板的内侧面上,外观上无法看到冷凝器。冰柜运行时,箱体的外表面具有明显的温热感,见图46.33,此时,箱体的两侧面必须有充分的空气流通。

强制对流式冷凝器通常用于采用自动除霜的冰柜,它一般需要被较多关注。强制对流式冷凝器一般均较小,需要有强制流动的气流不断吹过传热翅片,因此翅片上会积存较多

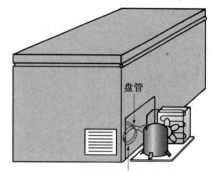

的纤维或较大的颗粒杂质,见图46.34。由排气管加热的空气则用来蒸发融霜后的冷凝水,见图46.35。

连接到吸气管的毛细管

图46.28 当压缩机安装于一抽出式机架上时,压缩机的连接管均需做成管盘形式,只有这样,压缩机才能随机架抽出

许多采用强制对流冷凝器的冰柜大多放置在洗衣房内,这种房间内往往有比其他房间更多的纤维,而且温度也比其他房间要高得多,因此,这种冰柜必须放置在更容易近距离观察的地方。如果冷凝器的翅片上和融霜集水盘上有大量纤维堆积,那么就会引起故障。

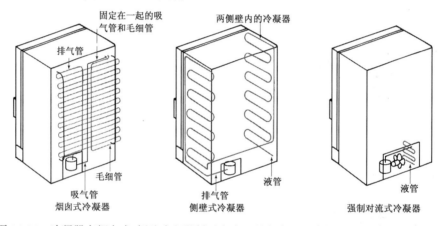

图46.29 冷凝器有烟囱式、侧壁式和强制对流式。所有类型的冷凝器必须有充足的空气流量

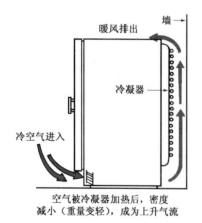

图46.30 烟囱式冷凝器必须设置在空气能形成自然对流的场合

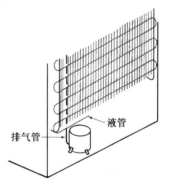

图46.31 某些烟囱式冷凝器采用焊接有钢丝的钢制传热管

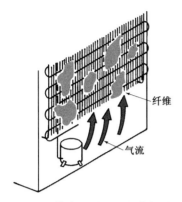

图 46.32　带有金属丝网的冷凝器必然成为纤维积聚的地方

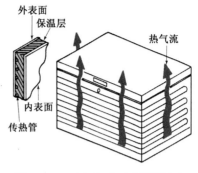

图 46.33　冰柜各壁面冷凝器均必须要有自然流动的气流

图 46.34　强制对流的冷凝器带有翅片。由于它一般都比较靠近地面,因此更容易积存纤维和灰尘等杂质

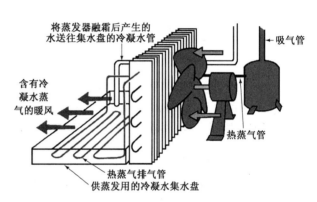

图 46.35　被排气管加热后的空气用来蒸发融霜后的冷凝水

46.7　计量装置

家用冰柜上的毛细管为常规、普通的毛细管计量装置,其设计的基本依据与家用冷柜相同。为获得一定的热交换量,冰柜中的毛细管均与吸气管固定在一起。有些家用冰柜仍采用 R-22 作为制冷剂,因此,技术人员应注意察看铭牌,正确地确定系统采用的制冷剂种类和毛细管的规格。

46.8　蒸发器的常规运行工况

家用冰柜的常用制冷剂是 R-12、R-22 和那些近几年开始生产的、对环境没有不良影响的替代型制冷剂,如 R-134a 和某些制冷剂混合液。技术人员必须首先认真阅读机组上的铭牌来确定机组所采用的制冷剂种类,然后利用其压力–温度对应线图,掌握和了解正确的压力值。家用冰柜内的温度必须低至足以使冰淇淋冻硬的温度。在图 3.38 的压力–温度对应线图上应该能够找到下面的压力与温度的对应关系,其中的部分压力值含有小数,可根据表中两相邻值进行估计。要使冰淇淋冻硬,冷柜内的温度必须在 0℉ 左右。但某些奶油和糖含量较高的冰淇淋,即使温度达到 −10℉ 左右,也不能充分冻硬,在 0℉ 时仍会有微软的感觉。由于蒸发器的运行温度必须能够使箱内空气温度至少达到 0℉,因此,板式蒸发器的盘管温度需要低达 −18℉,对于家用冰柜中常用的 3 种制冷剂来说,R-12 的对应压力为 1.3 psig;R-22 的对应压力为 11.3 psig;R-134a 的对应压力为 2.2 英寸水银柱真空。

当蒸发器为强制对流式时,由于空气是强制流过蒸发器,因此其盘管温度可以略高些。即空气温度要求为 0℉ 时,盘管温度可以在 −12℉ 左右;对于 R-12,其对应压力为 3.6 psig;对于 R-22 为 15.1 psig;对于 R-134a,则为 1.2 psig,见图 46.36 和图 46.37,这些都是运行终了时,即在压缩机行将停止运行时的温度值和压力值。当然,随着箱体内实际温度的下降,机组在快速降温过程中的温度值和压力值会更高些。

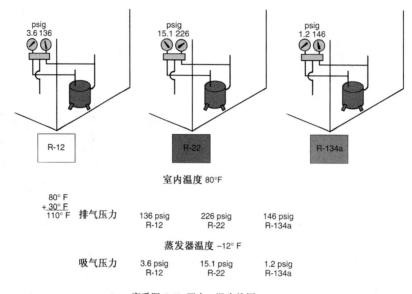

察看图 3-15 压力－温度线图

图 46.36 家用冰柜中常用的 3 种制冷剂：R-12、R-22 和 R-134a，一定要认真察看铭牌

冷凝器上的所有压力值均可以采用压力表读数予以确定。像冷柜一样，家用冰柜上也没有压力表接口。除了作为最后的手段，不应随意对系统测取压力。第 45 章中解释了其中的原因以及必须测取这些读数时应采取的方法。

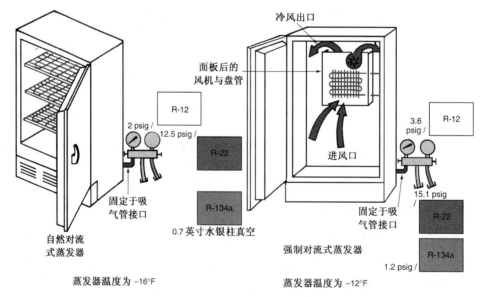

图 46.37 强制对流式和自然对流式蒸发器的常规工况

46.9 冷凝器的常规运行工况

为便于移动，所有各种冰柜均采用风冷式冷凝器，但也有自然对流式和强制对流式两种形式。常规冰柜的设计放置位置为生活区域，因此其设计环境气温为 65℉～95℉，大多数住宅的室内温度在大部分时间段内都处在这一范围之内，因此，冷凝器上也就有温度为 65℉～95℉的空气流过其换热表面，冷凝器也应能够在高于环境温度 25℉～35℉的状态下将制冷剂冷凝，这是一个相当大的温差范围，并始终与冷凝器的效率存在着密切的对应关系。冷凝器的效率越高，冷凝温度也就越接近流经冷凝器的空气温度。一台冷凝温度高于环境温度

25℉的冷凝器要比冷凝温度高于环境温度 35℉的冷凝器具有更高的效率,见图 46.38。R-12、R-22 和 R-134a 的标准压力可见图 46.39。

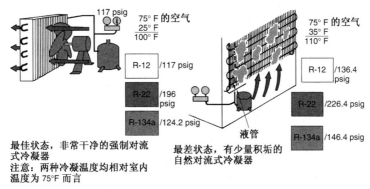

图 46.38 制冷剂在高于环境温度 25℉和 35℉状态下冷凝时的压力值

46.10 压缩机的常规运行工况

压缩机是系统的心脏,技术人员应当能够迅速判断出压缩机上存在的故障。用手触摸正常运行中的压缩机,如果感觉烫手,那么说明压缩机工作正常。所有冰柜的压缩机均采用风冷或由制冷剂冷却,如果是风冷,那么压缩机上应有翅片。制冷剂冷却的压缩机则由吸入蒸气冷却,而且它往往设有油冷却器以帮助压缩机冷却,见第 45 章。

压缩机不应有噪声。如果冰柜放置不够水平,那么压缩机就无法正常地运行,甚至还可能产生震动,因此,将冰柜调整至水平非常重要。压缩机一般安装在橡胶垫上,这样可以避免噪声。如果压缩机的放置已相当水平,且非常稳定,若仍有震动,那么就应该检查管路,看各管路连接或固定是否牢固,见图 46.40。如果震动与噪声依然存在,那么很可能有液态制冷剂返流至压缩机,如果确是如此,那么压缩机的侧壁上就会出现露水,见图 46.41。

强制对流式冷凝器		自然对流式冷凝器	
温度较低的房间	65°F + 25°F 90°F		65°F + 30°F 95°F
	冷凝温度		冷凝温度
100 psig	R-12	108 psig	R-12
168 psig	R-22	182 psig	R-22
104.4 psig	R-134a	114 psig	R-134a
正常温度的房间	75°F + 25°F 100°F		75°F + 30°F 105°F
	冷凝温度		冷凝温度
117 psig	R-12	127 psig	R-12
196 psig	R-22	211 psig	R-22
124 psig	R-134a	135 psig	R-134a
温度较高的房间	95°F + 25°F 120°F		95°F + 30°F 125°F
	冷凝温度		冷凝温度
158 psig	R-12	169 psig	R-12
260 psig	R-22	278 psig	R-22
171 psig	R-134a	184.6 psig	R-134a
温度较高的房间, 冷凝器积垢	95°F + 35°F 130°F		95°F + 35°F 130°F
	冷凝温度		冷凝温度
181 psig	R-12	181 psig	R-12
297 psig	R-22	297 psig	R-22
198.7 psig	R-134a	198.7 psig	R-134a

图 46.39 R-12、R-22 和 R-134a 的标准排气压力

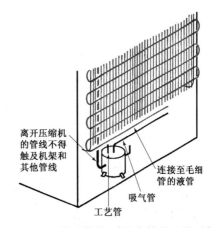

图 46.40 检查管线,确认各管线连接可靠

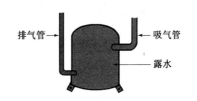

图 46.41 如果有液态制冷剂返流至压缩机,那么压缩机的侧壁上就会出现露水

如果怀疑压缩机容量有问题,如机组内温度不够冷,应首先怀疑机组是否存在额外的热负荷。如果箱内照明灯始终处于点亮状态,那么也会使压缩机运行不止,但此时箱内温度应处于足够冷的状态。此外,门封条漏气也会引起额外热负荷,也可能是用户使用冰柜太过频繁、箱门打开次数过多所造成的。总之,在认定压缩机已损坏之前,应分析所有各种可能的情况,见图46.42。对于压缩机不能达到其应有容量的情况,分析方法及相关参数可见第45章。

46.11 控制器

除了自动除霜控制系统以外,冰柜上的控制器均比较简单。常规冰柜只有两个控制器:温控器和控制照明灯的门开关(在有些机型中,它还控制风机),见图46.43。就像我们分析其他控制电路一样,技术人员必须了解、掌握制造商设计系统时的真实意图。冰柜的电原理图一般都粘贴在机箱的背面。

像冷柜一样,冰柜也有防结露的面板加热器。电原理图中也有此加热器,但具体安装位置必须查阅制造商的有关文件。

采用自动除霜的冰柜,其蒸发器的安装位置必须保证积霜、积冰能够充分融化,冷凝水能自行流向冷凝水的蒸发位置,且自动除霜一般均为强制对流式的蒸发器,见图46.44。冰柜的控制电路也与冷柜控制电路非常相似。压缩机运行时间的积累量达到设定值后启动融霜运行,使电加热器得电完成融霜。排水加热器安装于排水管处以保证冷凝水在排水管中不冻结。图46.45为常规冰柜的电路图。

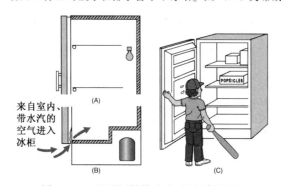

图46.42 照明灯始终点亮、门封条漏风、箱门开启过频都会使压缩机运行不止和冰柜内温度不够低

图46.43 冰柜的冷控制器(温控器)(Bill Johnson 摄)

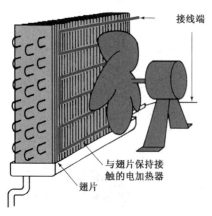

图46.44 配置有自动除霜电热器的强制对流式蒸发器

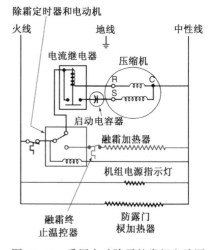

图46.45 采用自动除霜的常规电路图

46.12　冰柜的维修

　　冰柜维修所需的工具与方法与冷柜相同,但维修冰柜时,技术人员可以不考虑冷藏室的问题,它只有一个低温舱。此外,冰柜的类型也决定了它的维修方式。例如,采用强制对流式蒸发器的冰柜均设有风机电动机,此风机电动机常常会出现故障,这些风机的运行时间很长,且通常与压缩机并联,只有在压缩机停机和除霜时段内停止运行。这些风机电动机均为小功率、带永久润滑轴承的开放式罩极电动机,见图46.46。技术人员应记住:风机受风机开关控制,并且在箱门打开时应停止运转。要想在箱门打开的情况下听一听风机的运转声响,必须将开关压下。

　　如果风机不运转,可以将食品移出,拆下风机面板来确定是何故障。一般情况下,很可能是风机电动机卡死,如果确是这种情况,那么可加入少量润滑油,见图46.47。这样可以使电动机暂时正常地运转,同时,应抓紧时间购置替换的电动机,出现过卡死的风机电动机应及时更换,否则很可能会再次出现故障。**安全防范措施**:冰柜不能视为日常用品,最好不要经常地打开箱门,它必须运行可靠,不应使食品有任何变质的危险。

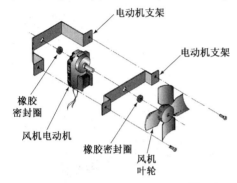

电动机支架

电动机支架

橡胶
密封圈

风机电动机

橡胶密封圈

风机
叶轮

图46.46　一般均采用永久性润滑轴承的
　　　　　小功率风机电动机(White Con-
　　　　　solidated Industries,Inc. 提供)

钻一个约1/8英寸
口径的小孔

图46.47　作为一个临时应急措施,可在电动机
　　　　　轴承座处钻一个小孔,加入润滑油

　　人工除霜必须采用正确的方法。食物移出后,最好用室内的热量来融化箱内的积霜。食品可以放在冰盒内,然后用风扇将室内空气吹入冰柜箱内,见图46.48。也可以利用放有热水的水盘放在冰柜内并将箱门关闭,以加速融霜,见图46.49。

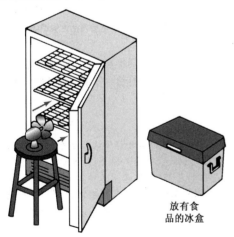

放有食
品的冰盒

图46.48　人工除霜过程中,可以将食物放在
　　　　　冰盒内,同时,采用风扇将室内空
　　　　　气吹入箱内,使蒸发器加速融冰

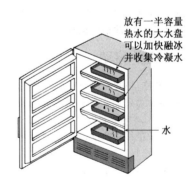

放有一半容量
热水的大水盘
可以加快融冰
并收集冷凝水

水

图46.49　放有热水的水盘可以加速融冰、融霜

　　经常有用户对缓慢的融霜过程感到不耐烦,转而使用工具来铲冰、铲霜,那么蒸发器上扎出孔洞也就在所难免了。**安全防范措施**:绝不能用锋利的工具来加快除冰。这样,盘管上很可能会扎出孔洞,导致制冷剂泄漏,如果此时用户再启动机组,冷凝水就会被吸入系统。出现这种情况时,应采取第45章中论述的抽真空程序。

冰柜也可能采用带有风机电动机的强制对流式冷凝器。此时,应特别注意此风机电动机能否正常地运行,是否可靠,因为冰柜不是每天都要光顾的日常生活用品,风机电动机必须能不断地吹过融霜后产生的冷凝水,使其及时蒸发,同时,它又是一个灰尘、纤维和各种虫类积聚的地方,见图46.50。

像冷柜一样,冰柜在维修车间内进行维修更为方便,但食品的存放往往会成为一个问题。食品冻结后,用户发现冰柜不能工作,食品仍处于冻结的状态,如果是这样,只要箱门仍保持关闭状态,食品就能在数小时内仍保持冻结的状态,这就可以给用户和维修技术人员有充足的时间来确定维修方法。有些维修公司也有冰柜出租,用以应急。

如果食品已经融化,那么它可能仅仅是软化,温度仍较低。如果是这样,那么此食品应仍能食用,问题是在它变质之前必须尽快吃完。如果食品在冰柜内已经变质,那么用户和技术人员就需要解决气味的问题,见图46.51。

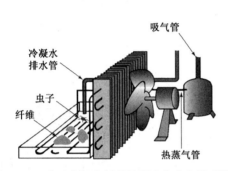

图46.50　位于机组底部的冷凝水集水盘很可能会成为灰尘、纤维和其他杂质的积聚处

图46.51　冰柜内变质食品会产生强烈的臭味

当整个冰柜内充满了变质食品的气味时,有些还可以挽救,有些就难以再利用了。如果此冰柜采用的是玻璃纤维保温层,由于其保温层内也充满了变质味,技术人员就无法彻底排除其变质气味。使冰柜能恢复使用的唯一方法是彻底清洗冰柜,打开箱门,使空气充分流通,最好是在阳光下放置数天,然后将箱门关闭并启动,使其温度降低,再将专门的吸附剂放入冰柜内吸除气味。将活性炭、碾碎后的咖啡或苏打粉用盘子盛放后,放入冰柜内,吸收气味,见图46.52。如果冷却后,特别是采用吸附剂后,冰柜内仍有气味,那么只能予以更新。

活性炭　　苏打粉　　碾碎后的咖啡

先用热的苏打水清洗,然后将活性炭或碾碎后的咖啡放入冰柜中

图46.52　活性炭、碾碎的咖啡或苏打粉可帮助吸除各种气味

46.13　冰柜的移动

安全防范措施:提升和移动重物时,技术人员必须特别小心。移动任何物体时都应认真思考,选择安全的操作方法,并始终注意采用各种专用工具与设备。移动和提升重物时,技术人员必须穿上适宜的安全背带,见图46.53。必须人工提起重物时,应利用腿部力量,而不要依靠身体的背部,背部必须保持挺直。冷柜和冰柜是最重的,而且是最难移动的设备之一。移动冰柜时,很可能会使周围的东西或冰柜本身损坏。用户往往习惯将冰柜放置在比较密封的地方,因此维修时常常需要将冰柜移动至楼上或楼下,此时必须采用相应的移动工具与设备。注意:千万不能将冰柜沿其某个侧面平躺,因为这样会造成润滑油返溢。

直立式冰柜的移动

移动直立式冰柜时,可采用带有宽布带的冷柜手推车,见图46.54。操作时,必须保证不损坏冷凝器,也不能使箱门打开,见图46.55。如果可能,应尽可能从能够使箱门自行关闭的箱体一侧铲入、提起。冷柜和冰柜不应带着食品一起移动。食品与较大的冰柜合在一起,其总重量可达1000磅以上。改变放置的位置时,冰柜必须被置于较为稳固的基础上,见图46.56。

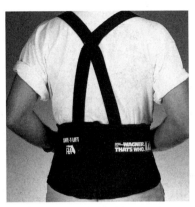

图 46.53　提升物体时,必须穿上安全背带,特
　　　　　别是要利用腿部力量,而不是依靠
　　　　　背部力量,背部必须始终保持挺直

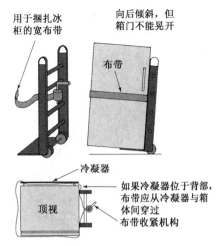

用于捆扎冰柜的宽布带

向后倾斜,但箱门不能晃开

布带

冷凝器

如果冷凝器位于背部,布带应从冷凝器与箱体间穿过

顶视

布带收紧机构

图 46.54　冷柜手推车

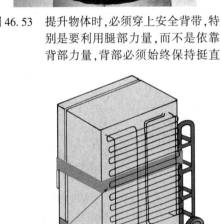

布带从冷凝器的下方通过

图 46.55　当冷凝器设置在冰柜背面时,布
　　　　　带应在冷凝器和箱体之间收紧

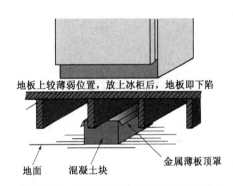

地板上较薄弱位置,放上冰柜后,地板即下陷

地面　　混凝土块　　金属薄板顶罩

图 46.56　冰柜必须放置于坚固的基础上

　　如果操作仔细,冰柜也可以在不取出食物的情况下,将其从墙侧移出足够的距离进行维修。如果冰柜放置处的地板必须保护,那么技术人员应该知道在不损坏地板或冰柜的前提下将冰柜移出的方法。

　　技术人员应将冰柜稍向一侧倾斜,请他人帮忙将垫板推入脚板下方,然后将冰柜向另一方向倾斜,垫入另一端脚板下的垫板,这种方法仅能用于有较大空间容许将冰柜倾斜的场合,见图 46.57。如果没有可供倾斜的空间,那么只能将冰柜从墙侧处拉出足够的距离,在冰柜前脚板下放入垫板,然后再将冰柜从墙侧拉出足够的距离后进行维修,见图 46.58。如果两侧面或后背面均无可倾斜的空间,那么只能用螺丝刀提起一端,分别将垫板放入冰柜的各个脚板下,见图 46.59。在脚板下方放置垫板时,应特别小心。**安全防范措施:**千万不要让冰柜压到手。在冰柜脚板下放入垫板时,可以采用螺丝刀或短棒,见图 46.60。

卧式冰柜的移动

　　卧式冰柜的移动往往要比直立式冰柜困难得多,其不仅体积大,占用的地面面积大,而且往往存放有更多的食品。双轮的冷柜手推车一般不能用于卧式冰柜,这是因为卧式冰柜的长度均大于其高度,见图 46.61。

　　当必须将卧式冰柜从墙头移出进行维修时,用于直立式冰柜移动时的方法尽可悉数照搬。小心地将撬棒放置在胶合板上抬起冰柜,将垫板放入冰柜脚板下方,见图 46.62。

　　当需要将卧式冰柜从一个房间移动到另一个房间时,可以采用两台四轮小平车,见图 46.63。此时,必须将冰柜仔细地抬升至小平车的高度,这需要有两个人帮忙且要特别小心。冰柜设计时,均考虑过其相关尺寸,以保证其能够通过标准大小的房门,但当小平车的轮子走到房门门槛时,还应特别小心。

图 46.57　有足够大的空间时,可以将冰柜倾斜,在其脚板下方放入垫板

图 46.58　可以将冰柜拉出数英寸,在冰柜脚板上放入垫板

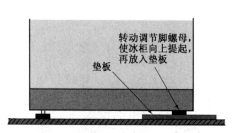

图 46.59　转动调节脚螺母,将冰柜向上抬起,将垫板逐个放入脚板下

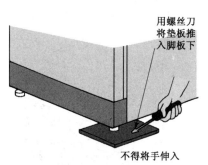

图 46.60　用小短棒或较长的螺丝刀,不得用手将垫板放入

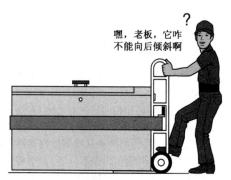

图 46.61　冷柜手推车不能用于卧式冰柜

图 46.62　用撬棒将卧式冰柜抬高后,才能将垫板放入脚板下

46.14　食品的临时存放

对冰柜进行维修时,技术人员常常需要帮助用户寻找暂时存放食品的地方。如果冰柜还处于保修期,技术人员有义务帮助用户寻找存放食品的地方。有些电器行会送上一台新冰柜,如果是同一类型的话,只需将食品搬一下家即可,旧冰柜则直接拉到商贩的车间进行维修,然后作为二手冰柜出售。如果此冰柜当初出售给顾客时就是一种比较特殊的型号,那么就只能进行维修了。在这种情况下,技术人员就需要另带一台冰柜,并将食品转移至临时借用的冰柜内,直至维修完成。如果无法按这样的方法进行操作,那么可以采用干冰来保存食品。在卧式冰柜内,可以将干冰放置于冰柜内的食品层的顶部。**安全防范措施:**干冰与食品之间需放置一层保护材

料,见图 46.64,不要将顶盖关闭,要留下一些缝隙,以便让一氧化碳逸出。存放在直立式冰柜中的食品则应全部转移至其他冰柜,不能采用此法保温。干冰放置在食品上方时,应在食品与干冰间放置保护层。

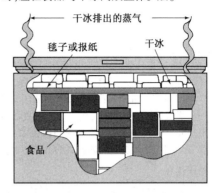

图 46.63　利用两台四轮小平车来移动卧式冰柜　　　　图 46.64　食品与干冰之间需放置保护层

干冰温度很低,如果与食品直接接触,会使食品迅速脱水。**安全防范措施**:技术人员绝不能让干冰接触皮肤,否则就会发生冻伤。操作时,最好戴上比较厚的手套,用勺子接触干冰。每 5 立方英尺的冰柜容积量约需要 20 磅的干冰,并能使食品保温 24 小时。

46.15　报修电话

报修电话 1

一位居住在农村的客户来电称:他最近刚买了一台冰柜,前几天又杀了一头牛,切割、速冻后放入冰柜,但冰柜似乎不愿停下来,牛肉现放在冰柜内。该机组故障是冷凝器风机电动机损坏,冰柜压缩机运行不止。食品现仍处于冻硬状态,但温度已开始上升。

技术人员达到时,发现冷凝器风机不运转,主人在冰柜内放了一支温度计,此时读数为 15 ℉。时间非常紧急。将冰柜从墙侧移开,直接对风机电动机进行检测。将电源线从插座上拔除,技术人员用手拨动风机,它能自由地转动,技术人员又将电动机的一个线头拆下,用欧姆表检查,发现电动机绕组开路,见图 46.65。技术人员手边没有现成电动机,必须得到替换的电动机才能予以更新,技术人员询问客户是否有可用来排风的落地风扇,并希望能坚持到购买到新的风机电动机。主人正好有一台风扇,技术人员将风扇放在能够将空气吹过冷凝器盘管的地方,然后将风机电源线插入电源插座,见图 46.66。风扇运行约 10 分钟后,将冷凝器上的大部分热量排除。将冰柜电源线插入电源插座,压缩机启动。技术人员在驱车返回城里的途中通过电话联系了供应商,其间冰柜运行正常并迅速降温。

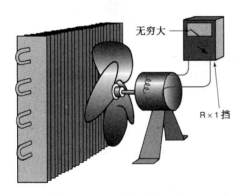

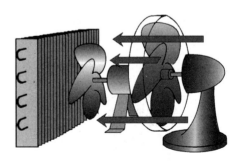

图 46.65　电动机绕组开路　　　　　　　　图 46.66　将风扇临时放在冷凝器旁,
　　　　　　　　　　　　　　　　　　　　　　　　　使空气吹向冷凝器盘管

报修电话 2

一位客户来电称:冰柜运行不止。该冰柜有一个安装于箱体背面的垂直式冷凝器,冷凝器上积有厚厚的纤维。冰柜放置在洗衣房内,洗衣房内不仅有夏季炎热的气温,还有来自干衣机的热量。

技术人员到达,用温度计检测温度。由于箱内冰淇淋不硬,很明显,箱内温度不会很低。技术员将温度计探头放在两包装盒中间,关闭箱门,5 分钟后,温度计显示值为 14℉。当探头上的温度还在继续下降时,技术人员观察了冰柜的周围环境,很明显,是冷凝器严重积垢,而且室内温度又太高,见图 46.67。将冰柜从墙侧移开,用带有刷子的吸尘器将冷凝器上的纤维清除。技术人员然后将冰柜推向墙边。技术人员告知客户:明天上午之前,不要再用烘干机烘干衣服。技术人员又将一个圆盘式温度计卖给了客户,把它放在冰柜内,并告之会在第二天上午打电话给客户,询问温度表上的读数。如果其读数为 −5℉,那么说明此冰柜运行正常。

报修电话 3

一位顾客来电自述:当他的手碰到冰柜且同时接触一旁的热水器时,有触电的感觉。其故障是:由于冰柜后端的水汽导致冰柜稍有搭地。这是一座旧房子,室内只有一个两眼

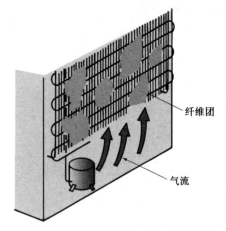

图 46.67 大量积尘后的烟囱式冷凝器

插座,无接地线,冰柜的电源线一直通过转接插头插在墙上的电源插座上。热水器则直接从配电板拉线提供电源,配电板上有接地线。调度员告诉顾客不要再碰冰柜,现也不能将电源线拔除,否则食品会变质。

技术人员达到后,取来了电压−欧姆表和其他工具。技术人员采用电压表检测了冰柜与热水器之间的电压,见图 46.68,即重复一下顾客当时的情景。电压表显示值为 115 伏。这是一种非常危险的状态。技术人员迅速将连接冰柜电路的熔断器拔出,然后将冰柜电源插头从电源插座拔出。拔出电源插头时,技术人员一眼就发现了其中的一部分原因,那就是两眼插座。如果冰柜是通过一个三眼插座(并接地)连接电源,那么即使发生同样的搭地情况,其电流也会通过绿色的地线而传入地下,顾客也就不会有触电的感觉了。

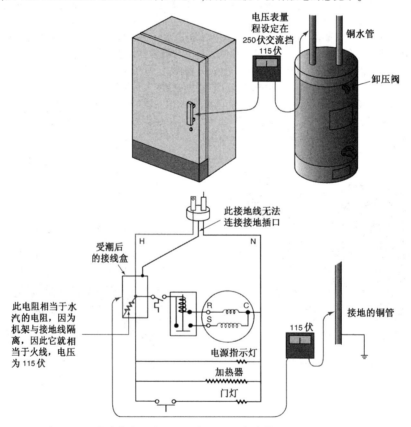

图 46.68 为确定触电的原因,先用电压表来模拟人所构成的电路

技术人员然后将欧姆表的一根表棒连接冷柜电源插头火线端,另一根表棒连接电源插头地线端。欧姆表选择开关设定在 R×1 挡,欧姆表显示无穷大。然后,技术人员将欧姆表切换至更高的电阻挡。当选择开关切换至 R×10 000 挡,欧姆表显示读数为 10,说明火线与箱体间存在 $10 \times 10\,000 = 100\,000\ \Omega$ 的电路,见图 46.69。如果箱体有正常的接地,那么电流流过此高阻电路时就会使熔断器烧毁,但它因为没有地线插口,也就无法流过绿色接地线,见图 46.70,技术人员必须查找到这一高阻电路。

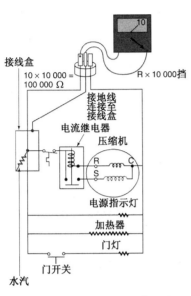

图 46.69　确定火线与箱体间有
100 000 欧姆的电阻

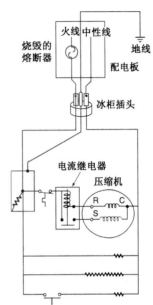

图 46.70　如果此电路有正常的接地,
那么熔断器就会烧毁

在欧姆表仍连接于线路上时,将压缩机线头断开,此阻值读数依然如故,见图 46.71。逐一各个电路进行排查,直至最后,技术人员发现位于机组底部的接线盒,因为有来自热水器水阀的水滴入而受潮,从而形成轻微的漏电。技术人员将水阀的密封盖旋紧后,即停止漏水。

用电吹风将接线盒吹干后,搭地现象立即消失。技术人员向客户介绍了电路以及可能出现的危险情况。在技术人员即将离开之前,一位电工来到现场,对电路加装了接地线,并解决了几个可能存在同样故障的问题。技术人员离开现场。

报修电话 4

一位顾客来电说:她两周前冻结的牛肉,口味明显减退、发干,且韧性十足。其故障是:这是一台新冰柜,用户是一位对食品冷冻毫无经验的人。这位顾客当时买回家的是一块未冻结的牛胸肉,而且放在自家的新冰柜中冻结。

通常情况下,技术人员不应处理这样的问题,但这是一位老年客户。技术人员回电客户,要求她今晚将一块牛肉从冰柜中取出,让它融化,这样明天上午就能对其进行检查。次日,技术人员看见了牛肉下的一滩血水。技术人员开始向顾客提了几个问题,顾客则解释了牛肉冻结的整个过程:她从肉类加工场买了这些牛肉,在回家的路上还去了 3 个地方,当时的天气又特别热,肉类加工场的店员还想帮她把这些肉速冻一下,但她认为自己有新冰柜,冷冻效果应该更好。她一次就将约有 200 磅的牛胸肉分割成小包装后全部放入冰柜中。

技术人员要求看一下冰柜的使用手册。手册上明确地说明了这种 15 立方英尺的冰柜最大冻肉容量为 40 磅,

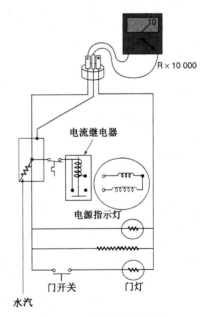

图 46.71　将压缩机断开后,
搭地电路依然存在

她在冰柜内放满了牛肉,肯定无法获得最好的冷冻效果。事实上,销售人员也有部分责任,没有对冰柜的容量做出解释。最后,技术人员将使用手册上的全部内容向客户做了解释。

报修电话5

一位刚度完假的客户来电:他发现在他与家人外出期间家中的冰柜曾有过回暖,有些食品还融化了。该机的问题是:冰柜放在汽车间的储藏室内,箱内食品已腐败变质。

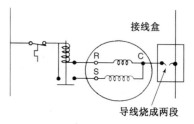

技术人员带了一位助手达到现场,很明显冰柜必须予以移开。他们将冰柜内的变质食物清除,之后,技术人员与助手一起将冰柜移至汽车间内。将箱门打开,用氨水反复清洗整个冰柜。然后将箱门打开,使阳光能照射到箱内侧。清理工作完成后,技术人员启动冰柜,查找故障。当冰柜电源线插入电源插座后,压缩机没有启动。仔细检查后发现连接至压缩机的公共线发烫,见图46.72。将电源线拔出。检查此段导线,发现它已在接线盒内烧成两段。用相应规格的导线替换后连接至对应接线端。将冰柜电源插头再次插入电源插座,压缩机启动、运行。技术人员可以听见制冷剂的流动声,并感觉冰柜现处于正常的运行状态。

图46.72　绝缘不够,导致导线烧毁

整个冰柜的气味很难闻,技术人员建议客户试一下以下办法来消除异味:

1. 把箱门打开,将冰柜在空气流通处放上数天。
2. 然后将箱门关闭,由技术人员将活性炭放入冰柜内,之后启动冰柜。
3. 如果箱内仍有气味,将碾碎后的咖啡分装在几个盘中放入冰柜,再让冰柜连续运行数天。
4. 最后,用温热的苏打水清洗冰柜内侧。苏打水浓度约为1小包装苏打粉兑一加仑水。然后再放入一些碾碎的咖啡,让冰柜连续运行数天。

如果这样还不能消除气味,表明此冰柜需要予以更新。整个操作过程时间似乎较长,但重新购买一台新冰柜的价格也不菲。如果可以恢复使用,那么应尽可能充分利用旧冰柜。

报修电话6

一位顾客来电说:他的冰柜不运行,而且时不时地发出“咔哒咔哒”的声响。其问题是:顾客家里增添了新的家用电器,室内电路的电压偏低。客户在岳母的卧室内添置了一台小功率的115伏的电热器,而这位岳母大人从早到晚开着这台电热器。电热器运行时,墙上的电源插头内电压只有95伏,这样的电压值显然不足以启动冰柜压缩机。室内电路为采用熔断器的老系统。客户已用20安培的熔断器换下了15安培的熔断器。调度员建议客户关闭冰柜,等待技术人员到达。冰柜停机后,不要再打开箱门。

技术人员到达后,将温度计的探头放入两食品包装盒之间,约5分钟后,温度计的读数为15℉。看来,时间比较紧张。技术人员决定先检查机组启动时的电流与电压值。将电流表钳在压缩机公共线上的同时,用电压表检测墙上另一个插座内的电压,电压表读数为105伏,见图46.73。技术人员将冰柜电源线插入电源插座,观察电流表和电压表上的读数。此时,压缩机不启动,电压值下降到了95伏,技术人员抢在过载保护器跳闸之前将冰柜电源插头拔出,见图46.74。此时必须对室内电路做进一步检查。

技术人员询问客户最近一段时间内家中是否添置了新的电器,他提起了岳母卧室中的电热器。技术人员来到电热器旁,发现这是一台1500瓦的电热器,电热器本身应有13安培左右的电流(瓦特数=安培数×伏特数,电流值应用伏特数除以瓦特数,即1500瓦/115伏=13安培),但是,此房屋主电路上也只有110伏,在此情况下,1500瓦/110伏=13.6安培,见图46.75。检查熔断器,发现为20安培,而采用同一规格导线的其他电路则仍为15安培熔断器。检测主电路的电压读数为110伏,此电路仅在电热器一个电器运行时,就要降低5伏。

技术人员拔下电热器电源线后,检测冰柜电源插头处的电压,其读数仅为110伏。很明显,电热器必须移至另一条电路,即为它单独设置一条电路,同时最好选择功率更小一些的电热器。技术人员检查了电热器,发现它可以在较低的功率、即1000瓦运行,这对于这样的小房间足够了。那么电热器就会有9.1安培的电流量,即1000瓦/110伏=9.1安培,点滴节省都是有益的,而且这样的功率几乎已达到了线路的最大容量。

找到另一条线路并将电热器调整至较低的输出挡、即1000瓦后插入电源插座。冰柜电源线插入插座后启动,检测其运行电压为105伏,见图46.76。这一电压稍高于电动机容许的-10%的电压。冰柜的额定电压为115伏,115×0.10=11.5,最低电压115-11.5=103.5伏。只要线路实际电压值高于最低电压103.5伏,冰柜即能正常运行。之前,当冰柜和电热器同时在线路上时,冰柜压缩机就无法启动。

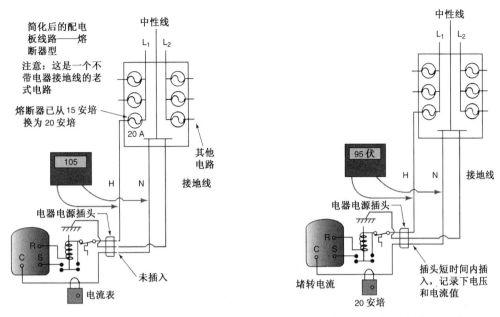

图 46.73 冰柜电源线插入前,此电路内仅为115伏电压,插入电源插座后,冰柜将成为电路中的额外负荷

图 46.74 当冰柜电流插头插入电源插座时,其电压值降低至95伏,压缩机仍不能启动

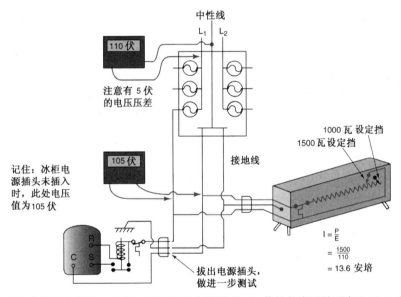

$$I = \frac{P}{E} = \frac{1500}{110} = 13.6 \text{ 安培}$$

图 46.75 室内电路电压仅为 110 伏。1500 瓦的电热器在 110 伏的状态下就要产生 13.6 安培的电流

技术人员用 15 安培的熔断器换下 20 安培的熔断器后告诉客户,对住所内的电气系统做任何改动之前均应向电工咨询。客户当时并未意识到线路几乎已达到了其最大容量。

本章小结

1. 冰柜与冷柜的不同之处在于:冰柜是低温制冷系统,且只有一种温度。
2. 冰柜放置时必须保持水平。
3. 家用冰柜有箱门向左、右两侧转开的直立式箱体结构和顶盖向上翻开的卧式箱体结构两种形式。
4. 家用冰柜的环境设计温度依据室内的常规温度而定,因此不能将冰柜放置在温度过热或过冷的地方。

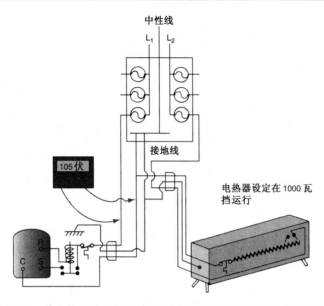

中性线

接地线

105伏

电热器设定在1000瓦挡运行

图46.76　将电热器移至新电路后,冰柜即可在105伏的状态下运行,
尽管电压值仍偏低,但这是线路在此条件下的最佳状态

5. 冰柜门封条必须保持密闭,否则就会出现漏气,导致压缩机长时间运行,箱体内严重结霜。

6. 由于冰柜箱门的开启并不频繁,也不需要经常除霜,因此,冰柜常采用人工除霜。

7. 板式蒸发器常作为货架使用,其他类型的蒸发器则利用箱体内壁作为板式蒸发器。

8. 冰柜常用的两种压缩机是转子式和往复式压缩机。

9. 毛细管是家用冰柜上最常见的计量装置。

10. 冰柜冷凝器应在高于环境温度 25 ℉ ~ 35 ℉的状态下将制冷剂冷凝。冷凝器的效率越高,冷凝器的冷凝温度越接近流过冷凝器的空气温度。

11. 冰柜压缩机有风冷和制冷剂冷却两种,风冷式压缩机一般都有翅片。

12. 冰柜的电路图一般都粘贴在箱体背面,检修冰柜之前需认真研究电路图。

13. 检修冰柜时,应首先检查强制对流蒸发器和强制对流冷凝器的风机,以确认其均能正常运行。

14. 如果箱内食品变质,箱内异味往往会成为问题。如果保温层为玻璃纤维且充满异味,那么其异味很可能无法彻底消除。

15. 移动冰柜之前必须将食品取出,并将其放置在能保持冻结状态的地方。

复习题

1. 冰块从固态变为蒸气的过程称为:
　　A. 冻灼;　　　　　　　B. 汽化;　　　　　　　C. 升华;　　　　　　　D. 过晒。

2. 一般情况下,直立式冰柜的效率往往_____(高于,低于)卧式冰柜。

3. 家用冰柜中的3种常见蒸发器是_____、_____和_____。

4. 家用冰柜中的压缩机如果不是往复式压缩机,就是_____压缩机。

5. 家用冰柜为风冷式机组时,既可能是_____式的冷凝器,也可能是_____式的冷凝器。

6. 根据根据图 3.38 中的压力 – 温度线图,R-12 制冷剂 – 5 ℉时的对应压力应为_____ psig。

7. 根据图 3.38 中的压力 – 温度线图,R-134a 制冷剂 – 10 ℉时的对应压力应为_____ psig。

8. 冷凝器应能在高于室内环境温度_____ ℉的状态下使制冷剂冷凝。
　　A. 5 ~ 15;　　　　　　B. 15 ~ 25;　　　　　　C. 25 ~ 35;　　　　　　D. 35 ~ 45。

9. 家用冰柜的3种常用制冷剂是_____、_____和_____。

10. 家用冰柜可以是_____冷却,也可以是_____冷却。

11. 如果压缩机上出现液态制冷剂返溢,那么在压缩机的侧壁上就会出现_____。
　　A. 温度升高;　　　　　　B. 温热;　　　　　　C. 结露。

12. 为防止冰柜箱体上结露,有些冰柜上设有_____加热器。

13. 如果将强制对流式蒸发器的风机电动机线路与压缩机线路并联,那么风机何时运行?

14. 一般情况下,采用_____除霜的机组常配置强制对流式冷凝器。

    A. 自动;   B. 人工。

15. 家用冰柜内的空气温度为 0℉时,板式蒸发器的温度可以低至:

    A. -18℉;   B. -12℉;   C. -6℉;   D. 0℉。

16. 用手触摸正常运行中的压缩机会有何感觉?

17. 蒸发器风机电动机的常见故障是哪一种故障?

18. 不采用自动除霜的冰柜上有哪两种控制器?

19. 更新冰柜中某构件时,可用于维持食品冻结状态的替代物是_____。

第47章　室内空调机

教学目标

学习完本章内容之后,读者应当能够:

1. 论述窗式空调机组的各种安装方法。
2. 讨论窗式和穿墙式机组的结构差异。
3. 说出窗式单冷型机组制冷循环中的各主要构件名称。
4. 解释吸气管与毛细管间进行热交换的目的。
5. 论述热泵的供热循环或室内空调机组的逆循环。
6. 论述室内空调(供冷)机组上的控制器。
7. 论述室内空调(供冷与供热)机组上的控制器。
8. 讨论室内空调机组的维修方法。
9. 说出判断是否需要安装压力表的方法。
10. 叙述室内空调机正确的充液方法。
11. 说出在某些情况下可用于替代毛细管的膨胀阀类型。
12. 说出可能需要做电气维修的系统构件名称。

安全检查清单

1. 提升或移动任何电气设备时,必须穿上安全背带。
2. 应利用腿部力量提起重物,始终保持背部挺直。应尽可能采用适当的设备来移动重物。
3. 维修各种电器或系统时,应注意采取相应的电气操作安全措施。除了排故需要以外,应保证连接机组的电源处于切断状态。
4. 为室内空调机组充注或回收制冷剂时,应佩戴防护眼镜和手套。
5. 维修窗式机组时,应注意清除各种碎布条和毛发,否则很容易缠上旋转的风机和转轴。

47.1　采用室内机组实现空调与供热

室内空调是指:采用独立的机组对室内部分空气进行状态调节。此术语同时适用于供热和供冷。

室内空调设备所涉及的各种构件,我们均已做过详细论述。如果想详细了解本章提到某种构件或具体维修方法,可以查阅本书相应章节的内容,本章仅论述与室内机组相关的系统和各构件的性能特点。

单间室内空气调节可以由多种方式来实现,但每一种方式都涉及到采用何种整体式(独立式)系统。仅有供冷功能的室内空调窗式机组是最常见的一种机型,见图47.1。这种机组可以通过在流道内加装电热条及其控制器来扩充和升级为同时具有供热和供冷功能的室内空调机组,见图47.2。只要各房间之间有充分的空气流通,业主也可以采用一台室内机组实现多个房间的供热、供冷。

图 47.1　单冷窗式机组(Friedrich Air Conditioning Co. 提供)

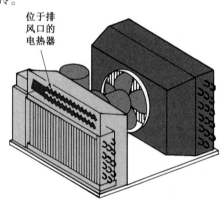

位于排风口的电热器

图 47.2　带有加热装置的窗式机组

47.2　室内空气调节、供冷

单冷式机组既有窗式机,也有穿墙式机,见图47.3,两者非常相似,通常情况下,其蒸发器和冷凝器均共用一台双轴风机电动机。这些机组的容量范围为4000 Btu/h(1/3 冷吨)~24 000 Btu/h(2 冷吨)。有些机组为正面排风,也有一些采用顶排风,见图47.4。对于穿墙式机组来说,顶排风更为普遍,其特征是其控制器均设置在顶部。这种顶排风式机组通常安装于旅馆的单人房间内。其控制器均安装于机组内,这样,所有机组既能就地进行维护,又便于备用机组的更换,并统一在车间内进行维修。

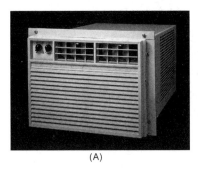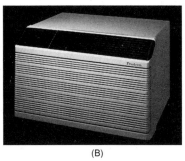

图47.3　(A)窗式机组;(B)穿墙式机组(Friedrich Air Conditioning Co. 提供)

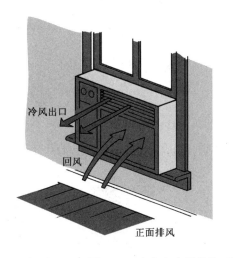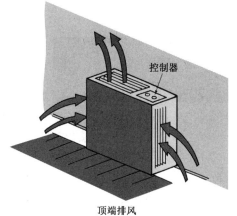

图47.4　有些室内机组为正面排风,有些机组则为顶端排风

窗式机组和墙式机组设计时充分考虑了方便安装与维护。窗式机有两种箱体类型:一种直接固定于机组的底部上;另一种则将箱体固定在窗孔上,机组底座可以在箱体内滑入和滑出,见图47.5。老式窗机均为滑出型箱体,功率更小些的以及后来的一些机组,其箱体均固定在底座上。

从维修角度来说,箱体的结构非常重要。对于箱体固定于底座的机组来说,维修时,整个机组,包括箱体都必须全部拆下;而对于带有滑出底座的机组来说,做简单维修时仅需将底座从箱体内拉出即可。

由多家公司生产的、供旅行挂车和房车车顶安装的空调机是一种专用机组,见图47.6。在一些维修站的维修人员休息亭上也能看见这种机组,因为它往往安装在休息亭一侧的上方。这种机组既不用担心被别人的车辆碰擦或碾压,也不占用车的侧壁空间。这种机组的箱盖可以从上端提起,见图47.7。其控制器和一部分控制电路则可在车内排风口附近进行维修,见图47.8。

制造商对室内空调机组的设计要求是获得较高的空间和设备效率,同时又要有较低的噪声量。大多数这种机组都做得非常小巧且符合各种设计标准。大多数构件也做得尽可能地高效并且十分小巧,其目的就是要将整个机组做得最小,而效率要最高。

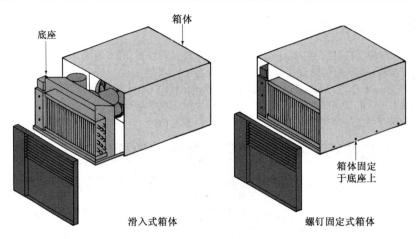

图 47.5　有些窗机采用滑出结构,而有些窗机的箱体用螺钉固定于底座上

图 47.6　旅行车上的车顶式机组。有时候,这些 机组也安装于单机控制的室内空调场合

图 47.7　箱盖从顶装式机组上方打开(Bill Johnson 摄)

47.3　系统的供冷运行

要理解下面的内容,首先应全面地掌握第 3 章"制冷与制冷剂"中的内容。室内机组最常用的制冷剂是 R-22,但由于 R-22 中含有氯成分,有可能造成臭氧层的消耗,因此,一些对环境不会造成破坏的替代型制冷剂不久将全面替代 R-22。这里仅讨论 R-22 制冷剂,如果遇到其他类型的制冷剂,那么可以根据不同的压力查阅压力 – 温度线图表。如果要查找运行温度,同样可以查阅压力 – 温度线图表。

图 47.8　部分控制线路位于车厢内正 面面板的后侧(Bill Johnson摄)

整个制冷循环涉及第 3 章中讨论的 4 个基本构件:蒸发器,用于将热量吸入系统,见图 47.9;泵送载热制冷剂的压缩机,见图 47.10;向环境排放系统热量的冷凝器,见图 47.11;控制制冷剂流量的膨胀装置,见图 47.12。整个运行过程同样依靠在系统高压侧和低压侧之间维持一个压力差来实现。许多机组在计量装置(毛细管)与吸气管间设置热交换段,见图 47.13。整个制冷循环系统可见图 47.14。

单冷式空调机组被视为一种高温制冷系统,因此,要防止冷凝水在盘管上冻结,系统的运行温度就必须高于冰点温度。一般来说,单冷式空调机组蒸发器的蒸发温度为 35 ℉,集中式空调机组的常规蒸发温度为 40 ℉ 左右。室内空调机的制冷剂蒸发温度比较接近冰点,因此应特别小心,防止蒸发器冻结。

蒸发器一般采用铜管或铝管制成,并配置铝翅片。翅片有直板形和脊柱形两种,均与铜传热管紧密接触,以期获得最佳的热交换效果。

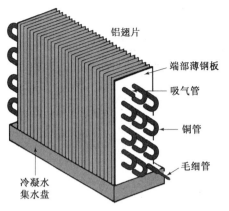

图 47.9　室内空调机组蒸发器

图 47.10　室内空调机组压缩机(Bristol Compressors Inc. 提供)

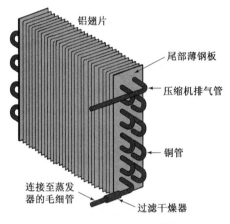

图 47.11　室内空调机组冷凝器

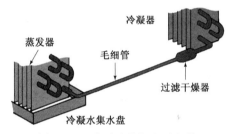

图 47.12　室内空调机组毛细管

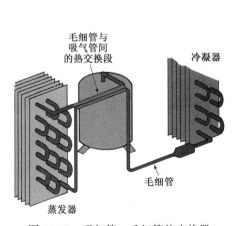

图 47.13　吸气管 – 毛细管热交换段

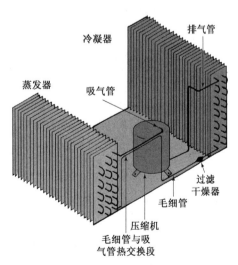

图 47.14　制冷循环中的各构件

　　蒸发器有少管路型,也有多管路型,可以有许多不同的路径流动,如二管路、三管路或四管路,但均与气流的流动模式相对应(串联)。事实上,起作用的过程就是多管路的蒸发器,见图 47.15。每家制造商都按照自己的设计目标与要求进行设计和测试,当然,它首先满足自身的特定性能要求。

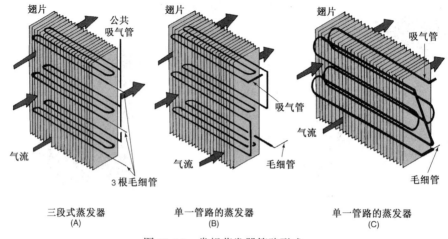

三段式蒸发器
(A)

单一管路的蒸发器
(B)

单一管路的蒸发器
(C)

图47.15　常规蒸发器管路形式

　　室内空调机的蒸发器一般都做得比较小,但为了获得尽可能大的热交换效果,其翅片常采用错列、折径方式排列,以迫使空气从一侧板面流向另一侧板面,从而使空气充分接触每一片翅片和传热管。这种蒸发器是室内空调机中最常见的蒸发器形式,见图47.16。

　　为了达到降湿目的,室内机组蒸发器的常规运行温度均低于室内空气的露点温度,这样才能使空气中的水汽在盘管上形成冷凝并排入盘管下方的集水盘,见图47.17。室内机产生的冷凝水一般都返回至冷凝器予以蒸发,图47.18为常规蒸发器的温度与压力值。

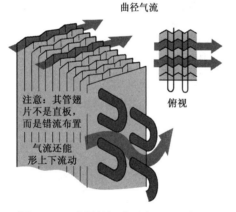

图47.16　这样的翅片形式可以迫使空气充分地接触翅片和传热管

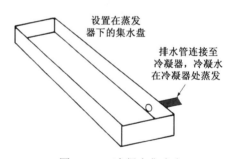

图47.17　冷凝水集水盘

　　室内机的压缩机一般为全封闭式空调压缩机,见图47.19,它可以是往复式,见图47.19,也可以是转子式,见图47.20。关于各种压缩机的详细内容可参见第23章。

　　室内机的冷凝器通常为铜管或铝管与铝翅片构成的翅片管,与蒸发器非常相似,见图47.21。冷凝器有两个功能——将管中的载热制冷剂蒸气冷凝,并将来自蒸发器的冷凝水蒸发,该功能通常利用来自排气管的热量和固定于冷凝器上的甩水环来实现,见图47.22。将冷凝水蒸发不仅可以避免机组滴水,而且可以提高冷凝器的工作效率。

　　毛细管是过去几年内生产的各种室内空调机中最常用的计量装置。有些早期的机组还曾采用自动膨胀阀,见图47.23。自动膨胀阀在控制蒸发压力、进而控制盘管温度方面具有明显的优势,盘管的防冻也是靠控制压力实现的。第24章论述了自动膨胀阀。由于现有的室内空调机绝大多数均采用毛细管,几乎很少采用其他类型的膨胀装置,因此本章仅讨论毛细管计量装置。

　　大多数室内机现都采用将毛细管与吸气管并接的方式实现热交换,这样的热交换可以将少量过热热量传递给吸入蒸气,并过冷毛细管起初段内的制冷剂,这样就可以使整个毛细管的压力和温度降低,见图47.24,其出口温度(蒸发器的进口处)低于进口温度(冷凝器的出口处)。毛细管固定在吸气管上时,它实际上还有对压缩机进行温热的效果,而且毛细管的过冷度增加还有助于从蒸发器盘管上获得更大的容量。

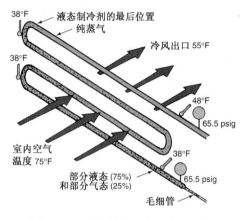

图 47.18　蒸发器的标准压力和温度

图 47.19　全封闭式压缩机(Bristol Compressors Inc. 提供)

图 47.20　转子式压缩机(Motors and Armatures Inc. 提供)

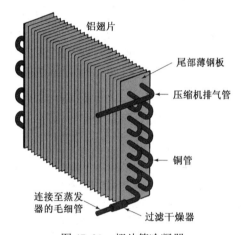

图 47.21　翅片管冷凝器

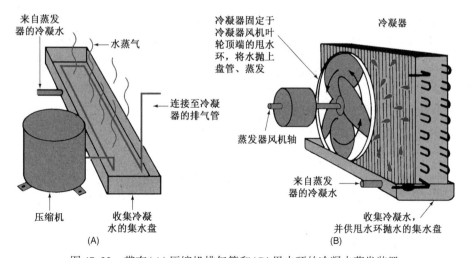

图 47.22　带有(A)压缩机排气管和(B)甩水环的冷凝水蒸发装置

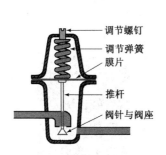

图 47.23　某些机组采用的自动膨胀阀

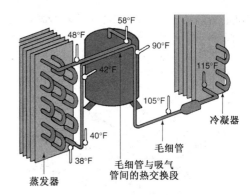

图 47.24　毛细管与吸气管间热交换段的标准温度

47.4　系统的供热运行

有些窗式机组和穿墙机组具有逆向运行功能,它与第 43 章中论述的热泵非常相似。这种室内机也可以在冬季从室外空气中吸取热量,然后向室内排热,此功能也通过一个四通阀来实现,即利用四通阀在适当的时候改变吸入蒸气和排出蒸气的流向来获得热量和制冷,见图 47.25。单向阀则用来保证在相应的时间段内制冷剂流过相应的计量装置。由于其原理与热泵完全相同,因此认真阅读第 43 章的内容可以帮助你理解两种不同的制冷循环过程。

下面是室内机常规的运行过程,各生产厂家生产的产品可能与此略有不同,见图 47.26。

图 47.25　热泵上的四通阀(Bill Johnson 摄)

在供冷运行过程中,离开压缩机的制冷剂是高温蒸气。高温蒸气进入四通阀后,流向室外盘管,由室外盘管将热量排向室外空气,制冷剂冷凝成液体后离开冷凝器,通过毛细管进入室内盘管,制冷剂就像常规的单冷式机组一样,在室内盘管中膨胀,汽化成为蒸气。载热冷蒸气离开蒸发器后进入四通阀。四通阀中的活塞所处位置正好使制冷剂进入压缩机的吸气管,然后在压缩机中进行压缩。整个运行过程如此反复循环。

系统的供热运行见图 47.27。热蒸气离开压缩机后,像上述供冷运行一样进入四通阀,但此时四通阀中的活塞位置已转换至供热位置,热蒸气此时进入室内盘管。此时的室内盘管相当于一台冷凝器,将热量排入空调区域内,而制冷剂自身冷凝为液体,并经毛细管流入室外盘管,制冷剂在室外盘管中膨胀并吸热,汽化为蒸气。载热蒸气离开室外盘管后进入四通阀,在四通阀内转向压缩机的吸气管。蒸气被压缩后排向压缩机排气管。然后,整个循环重新开始。

对于任何类型的热泵,有几项重要的概念必须记住:热泵压缩机不是常规的空调压缩机,而是热泵专用压缩机,它具有不同的汽缸容积量和功率。压缩机在用于低温运行时必须要有足够的泵送容量。在供热运行过程中,机组蒸发器的运行温度还需要低于冰点温度,此时蒸发器上还会出现结霜。不同的制造商在处理除霜问题上往往会有不同的方法,可以查阅各家制造商的相关文件资料,因此系统上还需要设置除霜运行来融化蒸发器上的结冰。此外还要记住的是热泵的容量在严寒气温下会降低,因此常常需要配置辅助热源。电热条是最为常见的热源,它也可以用来防止机组在融化霜过程中吹出冷风。

47.5　室内空调机的安装

根据单冷式还是供热 – 供冷式,室内空调机一般有两种不同的安装方法,它们是窗式安装和墙式安装。窗式安装往往视为临时性安装,因为拆除机组后窗仍可恢复其原有的功能;而墙式安装一般为永久性安装,因为必须打孔,拆除机组后必须予以修补。如果采用窗式安装,当机组必须更新时,一般都能得到与窗户大小相配合的新机组,而墙式安装则很难找到与原有孔口完全配合的新机组。

窗式安装适宜于上下拉窗或左右摇窗,见图 47.28。由于采用上下拉窗的建筑物较多,因此在上下拉窗上安装窗机也最为普遍。窗机也可以安装于其他类型的窗户上,如宽大的单层玻璃窗或固定的百叶窗,但这些安装往往需要有较高的木工技能。专门用于摇窗安装的窗机可见图 47.29。

室内　　　　室外　　热空气排出

室外空气进入

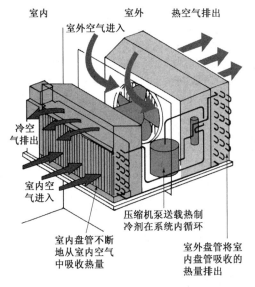

冷空气排出

室内空气进入

压缩机泵送载热制冷剂在系统内循环

室内盘管不断地从室内空气中吸收热量

室外盘管将室内盘管吸收的热量排出

夏季供冷运行

图 47.26　系统的供冷运行

室外冷风进入　　低温冷空气排出

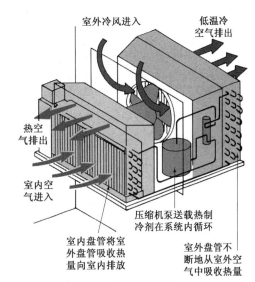

热空气排出

室内空气进入

压缩机泵送载热制冷剂在系统内循环

室内盘管将室外盘管吸收热量向室内排放

室外盘管不断地从室外空气中吸收热量

冬季供热运行

图 47.27　系统的供热运行

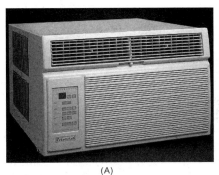

(A)

(B)

图 47.28　窗机有供(A)上下拉窗安装的机型和(B)摇窗安装的机型(Friedrich Air Conditioning Co. 提供)

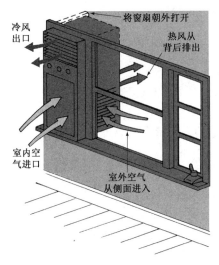

冷风出口

将窗扇朝外打开

热风从背后排出

室内空气进口

室外空气从侧面进入

图 47.29　安装在摇窗上的窗机

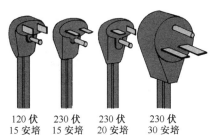

| 120 伏 | 230 伏 | 230 伏 | 230 伏 |
| 15 安培 | 15 安培 | 20 安培 | 30 安培 |

图 47.30　插座必须与插头相匹配

　　每一种安装方式均应根据相应的安装规范进行操作。安装窗机时,需在室内窗机配置的电源线长度范围内设置电源插座,制造商一般不建议加长电源线长度。此外,电源插座必须与电源线头部的插头相匹配,见图47.30。窗机的工作电压有 115 伏,也有 208/230 伏,电源电压必须与机组的工作电压相一致。

　　选用 115 伏的机组一般可以避免安装空调机组的专用电源电路,但许多人并没有在做出这样的选择之前认真查看现有电路中是否已有其他的负载电器。例如,室内 115 伏的电路进线上很可能是照明电路的一部分,即在同一个电路上已有电视机和多个电灯,窗机的加入很可能会使电路过载,见图47.31。

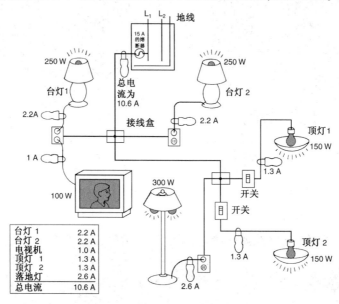

图47.31　未加入窗机时电路中已有的负载

　　必须对室内现有电路认真检查,看是否还有可用的剩余容量。采取的方法是:将室内最靠近电源插头的所有可用电灯全部点亮,甚至将附近房内的电灯也同时点亮,然后断开控制电源插座的断路器,将受此断路器控制的所有电灯的电流值相加,或用电流表连接此电路的某一导线进行实际测定。如果在一个 15 安培的电路上已有 10 安培的电流量,那么消耗 6 安培的窗机再加入此电路就会使此电路过载。一台标准容量为5000 Btu/h 的窗机,当电源电压为 115 伏时,其产生的电流约为 7 安培左右。如果一位毫无经验的业主在百货商店购买了一台窗机并想安装,那么他必然会遇到麻烦。如果窗机运行时会使电路稍有过载,那么每当压缩机启动时,电视的画面就会出现滚动,见图47.32。

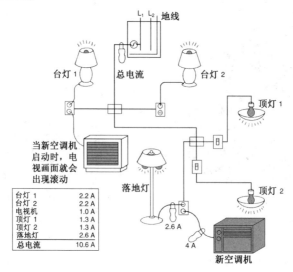

图47.32　当空调机的加入导致电路稍有过载时,压缩机启动时电视机画面就会出现滚动

　　室内机组内侧需考虑的其他事项有:窗机的方便操作、发挥其最大效能和气流的流动方向。能使整个房间获得最佳气流循环的窗机安装位置可能并非是最佳安装地点,这是因为它有可能太靠近书房内的安乐椅或是卧室中的床或餐桌,见图47.33。也有些人想购买大容量的、能够供多个房间使用的窗机,此时,窗机必须能充分地将空气送往附近各房间,否则其温控器就会使机组长时间处于停机状态,唯有一个房间能得到足够的冷量,见图47.34。

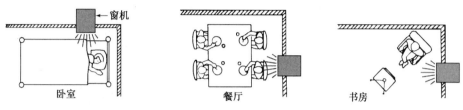

图 47.33　窗式空调机安装位置不当

　　安装于汽车旅馆内的窗墙式机组一般均设置在外墙上的窗户下,而此处往往是放置椅子和桌子的位置,对于机组来说此处确是安装的最佳位置,但对室内人员来说未必佳。但是,在这样的一个小房间内,除了安装于外墙上,也没有其他合适的位置可以安装,见图47.35。

　　将窗机安装于会使空气形成反复循环的位置,如窗帘,往往会引起问题。空气不断地返流回风口,使空气温度很快降低,达到窗机的设定温度后,温控器将机组关闭。也有些小窗机不设温控器,只有"开 – 关"的双位开关,此时就会使蒸发器严重结冰,见图47.36。

　　一般来说,应使窗机的气流朝上流动,因为冷空气会自行朝下流动,见图47.37,这样还可以使送风避免与回风混合,避免蒸发器结冰或使温控器受虚假的温度影响而关机。

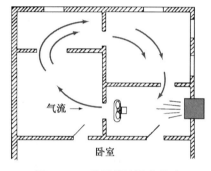

图 47.34　采用落地风扇将冷风送入附近房间

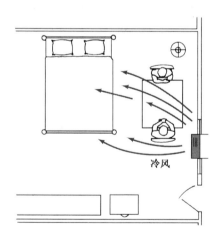

图 47.35　从舒适性角度来说,外墙并不是安装窗机的最佳位置,但这是大多数房间的唯一可以安装的地方

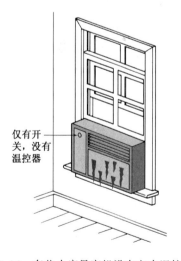

图 47.36　有些小容量窗机没有室内温控器,只有一个"开 – 关"双位开关。如果持续运行,其蒸发器就会严重结冰

　　安装窗机的窗户必须有足够的宽度,而且当窗机放置在窗台上时还必须要有足够的窗孔高度,见图47.38。
　　各种小功率窗机的大小一般都能正好放置于窗台上,且能保持相对平衡。窗机的重心均在机组的形体中心位置附近,图47.39。在一些大容量机组中,压缩机的位置一般更靠近尾部,往往会形成机组朝窗外下跌的趋势,除非将一半机组朝室内拉入。当然,一般不会出现这样的情况,大多数制造商都提供用于支撑机组尾部的托架,见图47.40。这种托架足以承受上方窗机的作用力,并能将这一作用力传递至托架的撑杆上。

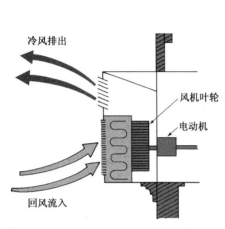

图 47.37 冷风应向上流动,这样才能获得较好的气流分布状态

图 47.38 窗户的宽度必须足够大,才能安装窗机

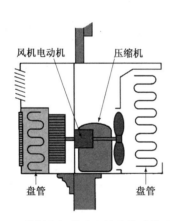

图 47.39 常规窗机的重心均在其形体中心附近

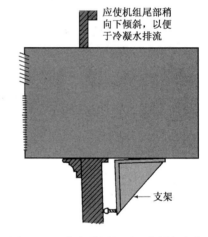

图 47.40 大容量机组可以向尾部方向移出一点距离,不要使机组过多地伸入室内,此时应采用托架

窗机安装于窗户上时,不可能完全与窗户大小一致。制造商为每台新窗机都配置有一组填充孔洞的填充料,此填充料可以插入侧板或其他面板的间隙内,其颜色一般也与机组相匹配并可以切割。当窗户因窗机安装需要而必须提起时,移动窗之间的间隙必须予以密封,通常情况下,可采用长条形的泡沫塑料条,见图47.41。

每一台新机组内都会有说明书。但有时候也可能需要将机组拆除,此时支架和窗户填充料会被随意放置,等到要重新安装机组时,才发现没了支架和合适的填充料,在这样的情况下,也就不可能有理想的安装效果了,同时会出现千奇百怪的安装方式,没有适当支撑的窗机往往会产生震动,此时的窗机常常被称为窗户震动机,见图47.42。有适当支撑的机组一般应向尾部稍有倾斜,这样有利于冷凝水正常地排出,当机组的大部分重量由后端承受时,就可以减缓作用于窗户的作用力,同时也可使震动减小。

大多数机组都能够将冷凝水蒸发,但也有一些机组让冷凝水从机组后端排出,此时必须注意:应将这部分冷凝水排至适当的地点,如花坛、草地或排水沟内,见图47.43。也有机组是随意安装的,将冷凝水滴在了走道上,最后产生青苔,使过道越来越滑,见图47.44。

机组安装时,必须保证有流通的空气流过冷凝器,而不是反复循环。必须使其排出的热空气能四处散开,而且不将热量传递至周围的各种物体。过去,人们常常将窗机的冷凝器安装在闲置的空房间内,见图47.45。事实上,这是一种毫无道理的做法,因为机组会加热空气,使机组的运行环境温度升高。

图 47.41　将一条泡沫橡胶条放在窗扇的顶端

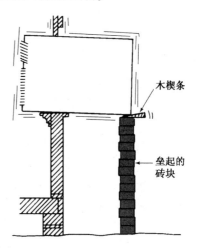

图 47.42　因支架遗失,只能采用这样拙劣的安装方式

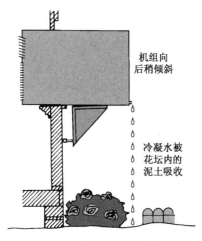

图 47.43　冷凝水应排至合适的地方

图 47.44　冷凝水滴在人行道上会带来危险

冷凝器的排出空气反复循环必然会使排气压力上升,并导致机组的运行成本增大,见图47.46。在冷凝器附近不得放置各种阻挡气流流动的障碍物。

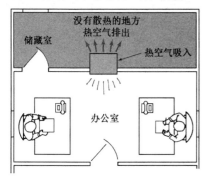

图 47.45　机组周围的热必须能及时散去。
将机组的冷凝器放置在隔壁房间
往往会使冷凝器无法高效地运行

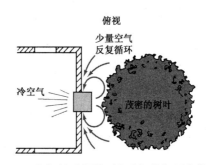

图 47.46　空气的反复循环会引起排气压力的升高

摇窗窗机的安装需采用专用机组,这种机组形体较窄、较高,其宽度正好与摇窗的转出部分相配合。如果窗户为双层窗,那么可以将窗中固定部分分割去一部分,安装一台标准窗机,见图47.47,但这需要一定的技巧。采用这种安装方法,机组的所有作用力均作用于窗台上。如果将机组拆除,那么必须对窗户进行维修,以恢复其原有的使用功能,见图47.48。

图47.47　有时候可以在两摇窗间的固定窗处安装一台标准规格的窗机

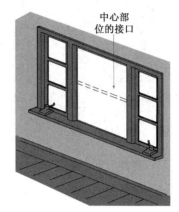

图47.48　如果将机组拆除,必须将窗户修复

穿墙式机组一般仅有少量机体伸入室内,机组的大部分均留在室外,见图47.49。如果汽车旅馆采用这样的机组,其室外部分就会稍稍伸到人行道上,如果冷凝水不是完全蒸发,就会滴在人行道上,伤害到公共利益。

穿墙式机组的安装孔口也可以在建筑物建筑过程中予以预留孔洞,即在墙体上预先埋入壳管,并用盖板封口,直至安装室内机组时予以打开,见图47.50。甚至将电源线也预留在孔口附近,在安装机组时予以连接即可。确定孔口的大小非常重要,可以事先从制造商处购置这样的壳管。

图47.49　大多数穿墙机组的大部分都伸出墙外

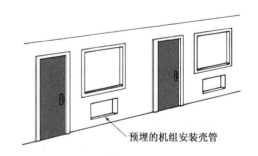

图47.50　机组安装壳管可以事先安装

47.6　单冷式室内机组控制器

单冷式室内空调机通常为配置有电源线的插电源式机组。机组上均配置有各种控制器,但没有像集中式空调系统那样的分离式墙装温控器,其室内温控器的传感器均设置在机组的回风气流入口处,见图47.51。常规室内机组上设有控制风机转速和为压缩机电路提供电源的选择开关,见图47.52。此选择开关可以视为电源分配中心,为方便装配与维修,机组的电源线一般都直接连接至选择开关上。因此,对于115伏的机组来说,选择开关上可以有一根火线、一根地线和一根机架安全接地线(绿色线),而在208/230伏机组的选择开关上则有两根火线和一根接地线,见图47.53。115伏机组的接地线直接连接至各耗电装置一侧,而火线端则分别连接各耗电装置的另一侧。选择开关触头的多种组合可以使用户任意选择风机转速、强冷和弱冷、排风和新风量。其中强冷和弱冷是通过改变风机转速来实现的。由于机组只有一台风机电动机,电动机转速的降低会使室内风机和

室外风机的转速同时降低,从而使机组的容量和噪声级降低,同时也能收到一定的节能效果,见图47.54。有些较新式的机组则配置有遥控、供冷和风机转速选定以及24小时定时开关的电子控制器。

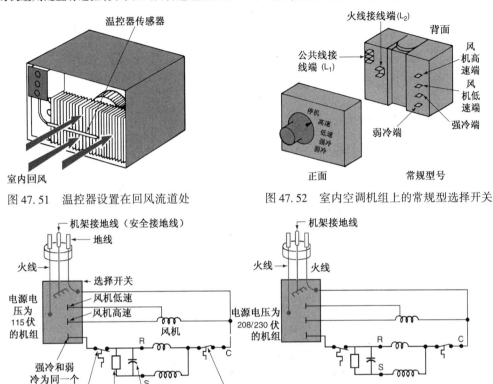

图 47.51　温控器设置在回风流道处　　　　　图 47.52　室内空调机组上的常规型选择开关

图 47.53　120 伏和 208/230 伏机组的常规选择开关接线图

排风和新风控制器是一根控制杆,它可以控制风门的状态位置,引入室外空气或排出室内空气,见图47.55。

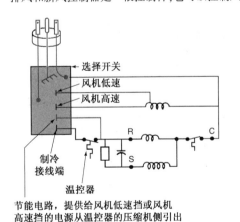

图 47.54　有些机组为节能起见,制冷时将
风机高速挡与压缩机同步运行

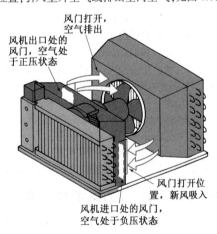

图 47.55　由机组正面操作、控制的风
门可实现排风和吸入新风

选择开关将电源送往包括压缩机启动电路在内的各个电路。电动机的启动已在第19章做了详细论述,这里不再赘述。图47.56为附有说明的选择开关与压缩机接线图。

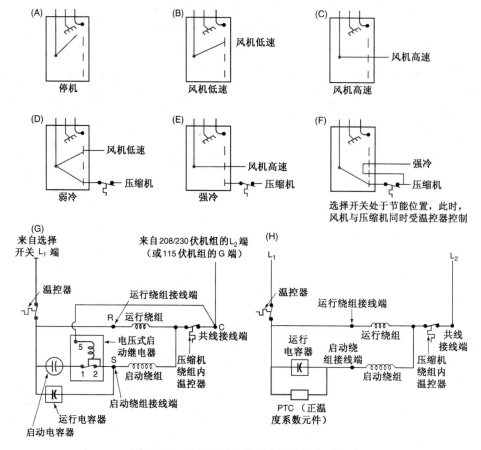

图 47.56　选择开关接线图和压缩机启动电路

47.7　冷热型室内机组控制器

冷热型机组既有插电源式窗式机组,也有穿墙式机组。穿墙式机组通常配置有伺服于机组的电气装置。冷热机组的制冷部分控制器与前面讨论的制冷运行完全相同。从制冷模式切换至制热模式则由选择开关来完成。当机组上设有电热条时,选择开关只要将电源通过温控器连接至发热元件即可,见图 47.57。如果此机组为热泵,那么机组上也会有选择制热或制冷的选择开关。制冷运行与常规的制冷运行无异,只是增加了一个四通阀,而在制热运行中,则需要考虑融霜和融冰问题。

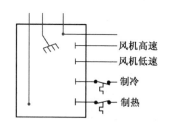

图 47.57　选择开关直接将电源送至制热或制冷电路

许多配置有电热条的新式机组都配置有电子控制器。一般情况下,为使室内温度稳定,这些机组都配置有控制加热元件的温控器,且大多为带有遥控和 24 小时定时开关功能的数字式触摸屏控制器,见图 47.58。

47.8　室内空调机的维护与维修

室内空调机维护的主要工作就是要使过滤器和盘管保持清洁,在一些新机型的室内空调机中,其电动机基本上均为永久润滑电动机,老机型电动机往往还需添加油润滑。如果对过滤器不做维护,那么会因为结垢日趋严重而引起机组在较低的吸气压力状态下运行。当机组处于制冷模式下运行时,其盘管温度应始终为 35°F 左右,如果盘管温度稍有下降,那么盘管上即有冰层形成。有些制造商常采用关闭压缩机的防冻措施,并使室内风机持续运行至冻结的迹象完全消除,其采取的方法是将温控器设置在盘管上,或是将温控器安装在吸气管上,见图 47.59。

　　室内空调机的维修涉及机械和电路两方面的故障。机械故障通常为风机电动机和轴承或制冷剂各管路故障。各种室内空调机组均为临界制冷剂充注量,压力表只有在万不得已的情况下安装。检测压力读数后,一般需要将系统全部封闭,并要求安装管线旋塞阀,否则必须在安装压力表的工艺管上安装检修端口。管路旋塞阀及其应用方法已在第 45 章做过论述。图 47.60 为一种管路旋塞阀。注意:必须按旋塞阀制造商的相关说明进行操作。

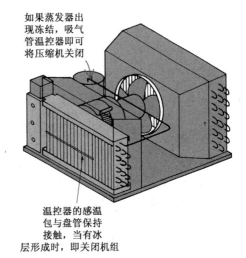

如果蒸发器出现冻结,吸气管温控器即可将压缩机关闭

温控器的感温包与盘管保持接触,当有冰层形成时,即关闭机组

图 47.59　防止室内空调机组冻结的保护装置

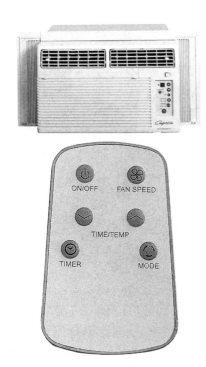

图 47.58　带有电热条、电子控制器、定时器和遥控
功能的窗式空调机(Heat Controller, Inc. 提供)

图 47.60　管路旋塞阀(Bill Johnson 摄)

　　室内空调机组常常需要在车间的测试台上进行测试。怀疑某机组制冷剂充注量不足时,技术人员应在安装压力表之前完成下述项目的测试。由于冷凝器和蒸发器处于同一个温度环境下,为了使制冷剂在排气压力较低的情况下流出冷凝器,应使冷凝器上的空气流量减少。关于冷凝器在低温条件下的运行和制冷剂充注量已在第 29 章中予以详细论述。阅读下述内容,可参考图 47.61。

1. 将室内机组从其箱体内拆下。
2. 使气流充分流过盘管。作为临时测试,可以用纸板放在各面板处,迫使空气流过盘管。
3. 启动机组,并将选择开关设置在强冷挡。
4. 使机组连续运行约 5 分钟,并观察吸气管上的结露情况。其结露位置应靠近压缩机,蒸发器的温度应自上而下逐步降低。
5. 封闭冷凝器部分,迫使排气压力上升。如果室内温度较低,一部分制冷剂就可能滞留于冷凝器中。将冷凝器处的气流封堵,直至冷凝器排出空气的温度上升至 110°F 左右。
6. 随着排气压力上升,让机组再运行 5 分钟,管上结露点位置应逐渐移向压缩机。如果室内湿度较低,管路上较难形成结露,那么此时吸气管的温度应非常低,蒸发器的温度也应自上而下逐步降低。如果蒸发器上仅有部分位置的温度很低(可能已形成霜层),那么说明蒸发器处在缺液状态,这往往是制冷剂流动受阻或机组制冷剂充注量不足所造成的结果。
7. 如果压缩机的泵送量未达到应有的容量,而制冷剂充注量正确,那么盘管上所有位置都不可能很冷,仅仅是稍冷。此时,可用电流表钳在连接至压缩机的公共线上,测读其电流值,并与压缩机的满负荷电流值进行比较,如果其实测电流值很小,那么说明压缩机的泵送量仅为汽缸容量的 1/2 左右。

　　在上述测试中,因为吸气管不是很冷,也未有结露而证明制冷剂充注量不足时,应对系统安装压力表进行检查。

　　如果制冷剂量不足,应予检漏。如果机组从未安装过管路旋塞阀或检修接口,且长年运行未曾出现过故障,那么就可认定为系统存在泄漏。如果仅仅予以添加制冷剂,显然不是一种规矩的操作方法,或者说只是一种愿望。此时可采用电子检漏仪进行检测。将机组关闭,并使其压力平衡。要获得较为理想的检漏效果,应保证机组内有足够的制冷剂,见图47.62。如果系统的压力和温度关系值证明系统内根本没有液态制冷剂,那么系统内仅有的一点制冷剂只能视为检漏用的微量制冷剂。如果未能发现泄漏点,那么只能将机组关闭,采用干氮气,将系统压力提高至机组的最低运行压力,也就是蒸发器的工作压力,约为150 psig,此时最好检查机组的铭牌予以确认。漏检完成后,将氮气和少量制冷剂排除,对系统抽真空,注入新的制冷剂。排放这部分微量制冷剂是容许的。

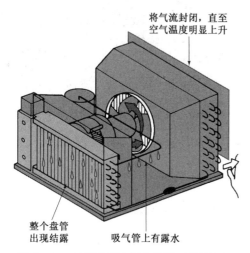

图 47.61　对怀疑制冷剂充注量不足的机组
　　　　　在安装压力表之前进行测试

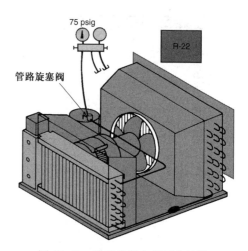

图 47.62　检查机组内是否有足够
　　　　　的制冷剂可供有效检漏

　　☆机组充注制冷剂的正确方法是排除并回收残留在系统内的制冷剂,然后对机组进行抽真空,最后根据印制在铭牌上的充注量将计量后的制冷剂注入系统。☆**安全防范措施**:当系统内充注有氮气并具有较高的压力时,不得启动机组,因为缺少冷却,此时的电动机会迅速过热。技术人员应采用类似图47.63 中的高精度计量秤来计量制冷剂量。如果技术人员想上手时即调整制冷剂量,而不要经过这样一套复杂的程序,那么可以采用下面的办法对系统制冷剂量进行调整,同时参见图47.64。

图 47.63　计量秤(Robinair Division,SPX Corp. 提供)

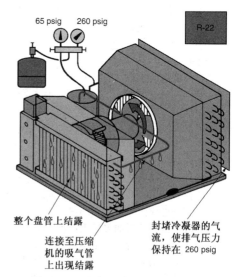

图 47.64　根据吸气管上的结露情况
　　　　　调整机组的制冷剂充注量

1. 安装吸气管和排气管压力表接管。

2. 冲洗压力表接管后,将其与相应的制冷剂钢瓶连接。

3. 检查是否有空气流过蒸发器和冷凝器盘管。用纸板作为临时隔板。

4. 启动机组,并将选择开关设置在强冷挡。

5. 观察吸气管压力,不能使吸气压力低于大气压,导致形成真空。如果吸气压力下降太低,可通过吸气侧压力表接管添加制冷剂。

6. 调整流经冷凝器的空气流量,使排气压力达到 260 psig,对于 R-22,其对应温度为 120℉。要获得正常的排气压力,就必须向系统添加制冷剂。

7. 在排气压力为 260 psig 的状态下,以一定的时间间隔陆续加入制冷剂蒸气,直至压缩机吸气管不断结露,并延伸至压缩机。随着制冷剂的不断加入,还必须同时对流过冷凝器的空气量进行调节,否则其压力就会进一步上升。同时还应注意:随着制冷剂的不断加入,蒸发器盘管上的温度是否朝盘管的尾端越来越低。

8. 当机组在 260 psig 压力下连续运行 15 分钟以后且压缩机上的吸气管温度处于很低的状态时,可以对系统制冷剂充注量是否正确进行检验。此时的吸气压力应为 65 psig 左右,压缩机的电流值应在满负荷电流值附近。若是,说明制冷剂充注量正确。

系统必须抽真空时,可采取与第 8 章中介绍的同样方法进行操作。抽真空的接口越大,其效果也就越好。第 45 章中曾详细介绍了一个完整的抽真空操作程序,对于室内空调机组,也可采用同样的方法。

室内空调机组的毛细管可以采用第 45 章中关于毛细管维护的论述中所提到的同样方法予以维修。对室内空调机组的毛细管通常仅做更新,而不予维修。如果排气压力上升,而吸气压力不随之上升,而且制冷剂也未充满蒸发器盘管,即说明毛细管存在堵塞。如果室内空调机上的毛细管 – 吸气管热交换段出现与冷柜上的完全相同的故障,则不值得花时间予以更新,有些技术人员往往会安装一个热力膨胀阀或自动膨胀阀,而不是设法去更新毛细管,见图 47.65。在这种情况下,必须确认压缩机配置有启动继电器和启动电容器,否则压缩机就无法启动,这是因为在停机运行期间,热力膨胀阀和自动膨胀阀无法使系统两侧压力自行平衡。这对于室内空调机组来说是一种可工作的状态,但对冷柜来说,压缩机就不能启动。

在许多室内空调机组上,要想拆除风机电动机往往非常困难,这是因为室内空调机组的结构非常紧凑,风机与电动机几乎与其他部件紧紧地靠在一起。其蒸发器风机一般为离心式风机(鼠笼式结构),而冷凝器风机则通常是轴流式风机。冷凝器风机的出轴往往延伸至距离冷凝器盘管很近的地方,使轴流式叶轮前端没有可以从轴端滑出的空间,见图 47.66,此时必须将风机电动机朝上提起,或将冷凝器盘管移开,见图 47.67。蒸发器风机的叶轮一般采用内六角紧定螺钉固定于电动机出轴,因此必须采用较长的内六角扳头穿过风机叶轮进行装拆,见图 47.68。当机组在更新风机电动机后重新装配时,常常很难将每一个构件正确地恢复到原有状态。此时,应将机组放置在工作台等水平表面上进行操作,见图 47.69。

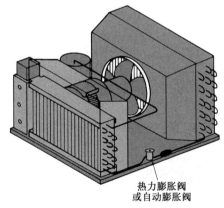

图 47.65　有时候安装一台热力膨胀阀或自动膨胀阀来替代毛细管

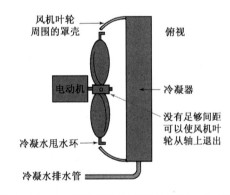

图 47.66　由于冷凝器与风机间的间距太小,冷凝器风机常常很难从电动机出轴上拆下

室内空调机组电气线路的维修要求技术人员非常熟悉电源。所有室内空调机均要求充分接地,其中包括从主控制板上接地的中性线母线板中引出的绿线连接至每一台空调机组,见图 47.70。如今正在运行中的许多室内空调机组大多数没有这条接地线,尽管机组上没有这条接地线,这些机组均能正常地运行,但这是一条可以使维修技术人员和其他人员避免触电伤害的安全线。

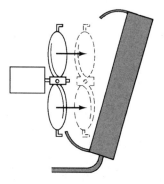

图 47.67 可以将冷凝器朝后移动或将风机电动机朝上提起,将风机叶轮上拆下

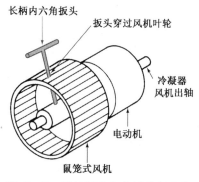

图 47.68 用长柄内六角扳手穿过叶轮放松内六角紧定螺钉

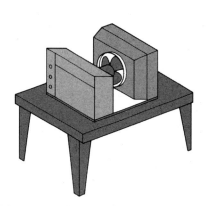

图 47.69 安装风机叶轮时,为保证较为理想的对中,应将机组放在较为水平且平整的表面上进行操作

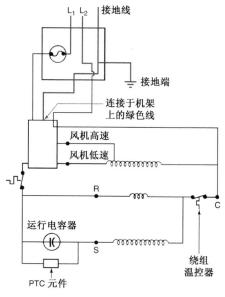

图 47.70 此线路图可以说明绿色接地线在主控制板上的接线端位置

　　室内空调机组必须要有正确的电压值和相应的载流容量。如果不对室内电路容量做具体测算,就会重蹈覆辙,出现47.5节中论述的案例。

　　室内空调机组电气维修的对象主要是风机电动机、温控器、选择开关、压缩机和电源线。室内空调机组中的风机电动机均为罩极式电动机或永久分相电容电动机,见图47.71。这些电动机在第4章中均已做详细讨论。

图 47.71 风机电动机:(A)罩极式电动机;(B)永久分相电容式电动机(Dayton Electric Manufacturing Co. 提供)

　　室内空调机组的温控器一般都在控制器中心位置上配置有控制旋钮,其分离式感温包则设置在回风口附近。这些温控器均为线电压型控制器,第13章已对此做过论述。一般来说,这些控制器的反应比较迟缓。但由

于大多数机组无论其选择开关是设置在制冷挡还是制热状态,其风机均保持连续运行,因此,反应迟缓的问题常常可以忽略不计。也正因如此,室内空调机组的温控器上自始至终有不断流动的气流吹过。也有些系统具有节能功能,它可以使温控器控制风机运行。在这种情况下,温控器就不可能提供非常精确的控制了。

温控器将电源分送至压缩机启动电路,但从排故的角度来说温控器可以视为一个开关。如果怀疑温控器未能将电源送至压缩机启动电路,那么可以将机组的电源线拔出(切断电路。如果是直接接线的话,就必须将电路断开),将安装温控器的面板拆下,然后将面板移出一段距离,连接电源后,将电压表的两表棒分别连接温控器的两接线端,将选择开关切换至强冷位置后观察其电压表读数。如果电压表上显示有电压,则说明温控器两触头断开,见图47.72。

选择开关也可能会出现问题,此时可以用类似的方法来查找故障。安装温控器的面板常常也是选择开关的安装板,因此如果怀疑选择开关不能正常地传递电源,也可以在切断电源后将面板拆下。确认选择开关工作正常的唯一方法就是能正常地启动机组。也可以采用稍有不同的方法,即利用共线接线端和电源线头来检查选择开关。例如,将电压表的一端表棒连接至公共线端,另一根表棒连接被测电路,如强冷端,见图47.73。假设有电源,电压正常,将选择开关切换至"强冷(HIGH - COOL)"挡后,在电压表上应显示正常的线电压值,如果不是,那么应检查连接选择开关的火线线头。如果有电源输入,但没有输出,则表明此开关已损坏。

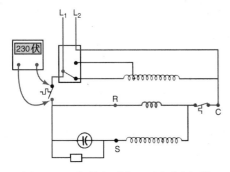

图47.72 如果电压表显示有电压,那么说明温控器两触头断开

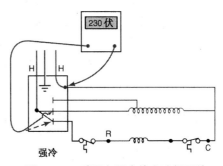

图47.73 采用电压表检查选择开关

压缩机的电气故障主要有两种,不是启动电路故障,就是压缩机本身的电气故障。室内空调机组均采用单相电源,并采用电压式继电器或正温度系数元件(PTC)(第19章中曾予论述)来启动压缩机。电动机的排故与电容器的检测在第20章中曾予详细论述。复习一下这几个章节的内容可以帮助你充分地理解电动机及其可能出现的故障。

电源线的故障常常发生在插入墙上电源插座的插头上。由于插头与插座不能很好地配合,或插座和电源线插头间形成台阶而形成的连接松弛和松脱以及部分部位接触不良是其最主要的故障。电源线应与墙上插座具有最佳的连接状态。有时候电源线插头也需要有支撑来防止松脱,见图47.74。如果电源线发烫,出现绝缘层变色或插头出现鼓胀,那么应及时将插头更新。墙上插座也需要检查,以确保其内部不出现任何危险。如果塑料外壳出现变色或变形,应及时予以更新,否则,即使安装了新插头,仍然无法保证正常地工作,故障还会再次出现。

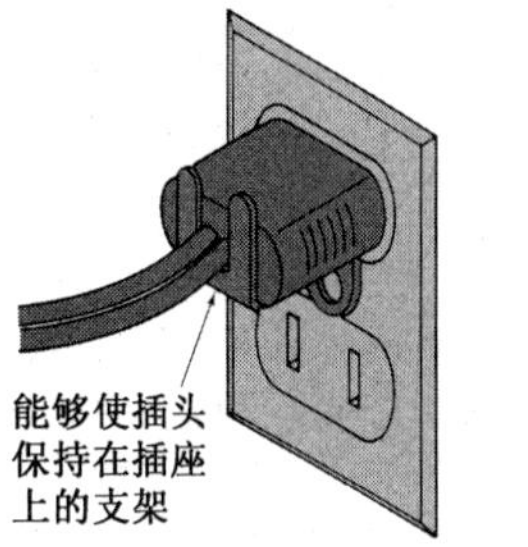

采暖、通风与空调行业的"金科玉律"

前往居民住宅维修时应:

1. 正确选择停车车位,不要堵了顾客的车道。
2. 随身携带好适当的工具,尽量避免过多地在主人房间内往返走动。
3. 仔细地向顾客了解故障发生时的各种情况,顾客的叙述不仅可以帮助你正确地确定故障所在,而且可以节省大量的时间。

图47.74 电源线插头也可以设置一个支架

要注意向客户提供一些额外服务

下面是一些举手之劳、又不需多大费用的服务项目,可以包含在上门维修的服务内容范围之内:

1. 清洗或更新过滤器。
2. 向顾客传授正确的操作方法。例如,不要让空调机排出的冷热空气直接返回至回风口。
3. 如果必须拆下室内空调机组,那么应将适当大小的布块放置在地板上,防止机组上的灰尘撒落在地板上。

47.9　报修电话

报修电话1

一位居住在公寓内的顾客的一台安装于餐厅内的窗式机组,不仅要顾及厨房、餐厅,还要顾及起居室,最近每天晚上都会有结冰。白天夫妻两人都要上班,因此他们总是每天上午关机,晚上下班到家后开机。他们开机时的室内外空气温度为80℉。该机的故障是:机组每次运行终了时段内排气压力过低,导致蒸发器缺液,最终使蒸发器的运行温度低于冰点。

公寓物业管理部的技术人员在下午夫妻俩回家之后来到现场了解情况。房客向技术人员说明了每晚如何设定温控器的过程,之后技术人员向房客做了说明:由于每晚开机时室外温度低于公寓内温度,因此必然会出现这种情况,最好的办法是白天将机组调节至弱冷挡,并将温控器的设定温度提高数度,让机组在白天运行一段时间。数天后,电话回访证实:采用这一方法后,机组运行正常。事实上,机组本身毫无问题,而是用户缺乏正确的操作知识。

报修电话2

一位客户来电说:一台安装在客人卧室内的室内空调机不能使房间冷却,过滤器后的盘管上有积冰。此情况听上去像是制冷剂充注量不足的问题。其故障是机组正面的部分窗帘被缠住,导致空气反复循环,送风百叶片也正对下方。

公寓物业管理部门的技术人员来到现场,发现窗帘缠在了空调机正前方。技术人员向房客解释,窗帘会阻挡气流的流动。此外,出风口的百叶板也不能指向下方,导致空气朝回风进口处流动,这只要稍做调节即可。为了证实机组并没有制冷剂充注量不足的问题,技术人员将机组从机箱内拉出并把它放在凳子上,以便启动机组。技术人员注意到,如果机组启动,空气就会从风机舱的顶部吹出,并绕过室内盘管,因此他用纸板盖住风机舱,迫使空气流过室内盘管。启动机组,由于冷凝器的气流部分被封堵,迫使排气压力上升,当机组运行数分钟后,连接压缩机的吸气管上开始出现结露。如果机组的制冷剂充注量不足,那么因为没有足够的制冷剂流入盘管,此时盘管的底部就应有结冰。如果是盘管结垢,或是气流流动受阻,那么整个盘管就会有结冰,甚至殃及压缩机。由于制冷剂不能汽化为蒸气,液态制冷剂就会进入压缩机,导致压缩机上严重结霜。此外,此机组从未安装过压力表,因此系统内制冷剂仍为原始充注量,并仍处于正常状态。关闭机组,将其推入窗户的机箱内。清理过滤器后启动机组,运行正常。

报修电话3

一位客户来电称:一台刚买的新窗机不制冷,现已将其关机。其故障是系统的高压侧存在泄漏。

技术人员到达,启动机组。压缩机运行,但没有其他的动作。技术人员关闭机组后,将机器从箱体内抽出,放在凳子上,重新启动压缩机,很明显机组确有故障,技术人员从车上取出手推车,将机组放在车上拉回了维修车间。

将机组移到工作台上后,将一个管路旋塞阀安装于吸气侧的工艺管上。当压力表连接至管路旋塞阀上后,压力表上显示无压力,系统的全部制冷剂均已走失。

技术人员根据系统原采用的制冷剂,将R-22充入机组,未发现泄漏,然后采用电子检漏仪,发现在排气管与冷凝器的接口处有一处泄漏点。从机组中回收制冷剂,将工艺管在管路旋塞阀连接处的下方切断,然后在工艺管的管口上焊接一个1/4英寸的喇叭管接口,并将表歧管连接至低压侧接口上,用高温银焊修补排气管上的泄漏点。

火炬从接口处移开后,应迅速将表歧管上的阀口关闭,以防止管内蒸气冷却收缩时将空气吸入系统内。接口冷却后,将少量制冷剂放入系统,再次检漏,确认无泄漏后,将少量制冷剂与空气排除,准备对系统进行抽真空。

将真空泵连接系统后,启动真空泵。在系统抽真空过程中,将电子秤放在系统旁,对制冷剂进行计量。由于检修接口位于系统低压侧,制冷剂只能以气态方式充入系统。制冷剂钢瓶的容量为30磅,应该有足够的制冷剂,可以避免充注过程中的压力下降。机组要求的充注量是18.5盎司。当低压侧压力表显示的真空状态达到29英寸水银柱时断开真空泵,用软管连接至制冷剂钢瓶,将表接管中的空气排除,并将正确数量的制冷剂注入系统。

如果制冷剂不能进入系统,技术人员可以启动压缩机,将低压侧压力降低,使制冷剂能够从钢瓶注入系统。

注意:此时不能使系统低压侧压力低于大气压力,如果机组有进入真空状态的倾向,可以将压缩机关闭几分钟。充入正确数量的制冷剂后,启动机组,即能正常制冷。

技术人员带着机组返回客户家中并将其安装回窗户上。启动机组,运行正常。

报修电话 4

某仓库办公室的一位客户来电:其办公室的一台窗机冷气不足,在安装新机组之前必须完成快速维修。该机故障是慢漏。

技术人员到达现场后观察了机组情况,此机组肯定是制冷剂量不足:蒸发器盘管上只有中部至尾部温度很低。将机组从箱体内拉出,放在凳子上。技术人员向客户说明:此机组年代久远,需要更新。客户询问是否还有其他办法使这台机组能起死回生,帮他们熬过今天。

技术人员将管路旋塞阀固定在吸气管上并连接表接管,此时吸气压力为 50 psig。机组采用 R-22,蒸发器温度 26.5℉,盘管底部有结霜的迹象。这是一台老掉牙的机组,只能通过添加少量制冷剂来调整其充注量。将机组放置在室内的凳子上,办公室内的温度约为 80℉。将冷凝器气流封堵,直至其排出的温度手感温热。将制冷剂注入系统,至连接压缩机的吸气管上出现结露。拆除压力表,将机组推入箱体内,泄漏点未找到。这家公司要求明天即安装新机组。☆旧机组报废后,应在废弃之前将其制冷剂回收。☆

报修电话 5

前一个月售出的一台新机组被拉回维修车间,要求予以维修。报修单上的说明是"不制冷",此机的故障是:压缩机卡死,不能启动。

技术人员检查选择开关后,将其设置在"停机(OFF)"位置,将机组电源插头插入有正常 230 伏电压的墙上插座。此工作台是专用于电器维修的操作台,上面安装有电流表。技术人员将选择开关切换至"风机高速(HIGH FAN)",风机运行,然后将选择开关切换至"风机低速(LOW FAN)",风机也运行,测定的电流值也正常。接着技术人员将选择开关切换至"强冷(HIGH COOL)",并使手仍停留在开关上。此时风机开始增速,但压缩机不启动。温控器还未要求制冷,技术人员将温控器转动至较低的设定温度,此时压缩机似乎想启动,电流表上的读数很高,也没有回跌的迹象。技术人员在压缩机过载器动作之前主动将机组关闭。机组关闭后,将电源线插头拔除。

技术人员然后将机组从箱体中拉出,检查压缩机的接线盒。打开接线盒盖后,将测试线连接在公共线、运行绕组端和启动绕组端,见图 47.75。将测试线连接至工作台上的电源,将电流表仍留在电路中。技术人员想利用测试线,通过将选择开关切换至启动,然后再放开旋钮,分别从两个方向来启动压缩机,但仍然不能启动,压缩机已完全卡死,必须予以更新。

☆技术人员在吸气侧工艺管上安装一个管路旋塞阀,开始回收制冷剂。在缓慢回收制冷剂的过程中,技术人员从物料间提取了一台新压缩机、用于安装工艺管的 1/4 英寸喇叭管接头和一个吸气管干燥器。然后,技术人员拆下压缩机的固定螺钉。制冷剂回收完成之后,技术人员利用带有高速喷头的空气 – 乙炔火炬拆下吸气管和排气管。☆ 将旧压缩机取出,放上新压缩机。为安装吸气管干燥器,技术人员想对吸气管稍做改变,但仍无法安装。压缩机排气可正常连接。技术人员将工艺管在套管接口下方切断,在工艺管口上焊接一段 1/4 英寸的喇叭接口,这样将吸气管连接至压缩机,同时吸气管干燥器也接入管路内。用表接管固定在 1/4 英寸的喇叭口接头,将少量 R-22 注入系统(压力至 5 psig),然后用氮气将系统压力提高至 150 psig。在各管接头处检漏,确保机组上无泄漏。

将少量制冷剂蒸气和氮气排放后,把真空泵连接至表歧管,启动真空泵。当真空泵达到深度真空后,依据水银压力表,将正确计量后的制冷剂注入机组。恢复连接压缩机各接线端后,准备启动压缩机。技术人员将电源插头插入电源插座,并将选择开关设置在"强冷(HIGH COOL)",压缩机启动。让机组运行 30 分钟,同时观察其运行是否正常。然后,将工艺管压扁,并在 1/4 英寸的喇叭接管下端切断。最后,将工艺管封闭并以焊接封口。

报修电话 6

一台标牌上写有"不制冷"的机组被人送到公寓的维修车间。此机组的故障是启动继电器损坏,线圈烧毁。

技术人员将机组放在工作台上,检查选择开关,目前它处在"停机(OFF)"位置。将机组的电源线插入有正常 230 伏电压的电源插座内。此工作台还配置有电流表。技术人员将选择开关切换至"强冷(HIGH COOL)"挡,此时,风机正常运行。将选择开关切换至"风机低速(LOW FAN)",风机在低速挡依然正常运行。技术人员然后将选择开关切换至"强冷(HIGH COOL)",且手不离开选择开关,这时风机转速迅速上升至高速挡,但压缩机仍不启动,且电流表读数非常大,达 25 安培。技术人员在压缩机过载保护器动作之前主动将机组关闭。

将机组关闭,拔下电源插头,并将机组从其箱体内移出。断开压缩机电动机接线端,将测试线连接各接线端。将测试线电源线插头插入插座,技术人员将测试线旋钮转动至启动,然后放开旋钮(分别以两个不同的转动方向启动),压缩机启动,这样就大大缩小了压缩机启动电路的故障范围。由于压缩机靠自己能够启动,并未受到风机影响,因此压缩机可能存在故障的可能性被排除。

技术人员从启动继电器上断开各线端,从端点 2 至端点 5 处,检查其线圈电路,此电路开路,见图 47.76,说明继电器线圈已损坏。使机组仍保持在启动状态,按第 19 章介绍的方法对电容器进行检测,检测结果说明电容器完好无损。

更新继电器后,将压缩机仍按原样接入电路中。将机组电源线插头再次插入插座,将选择开关切换至"强冷(HIGH COOL)"后,压缩机启动、运行。其实际电流值与铭牌上的标定值比对,结果表明完全恢复正常。

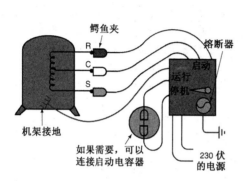

图 47.75　将测试线连接在压缩机公共线 –
　　　　　运行绕组 – 启动绕组接线端上

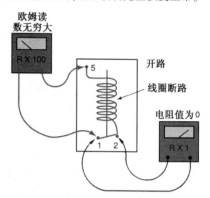

图 47.76　用欧姆表对启动
　　　　　继电器进行检测

报修电话 7

一位客户来电称:他家一台为书房和厨房供冷的窗式机几次使家中电源断路器跳闸,这是一台用了 6 年的比较新的机组。调度员告诉客户关闭机组,不要再将断路复位。此窗机的故障是其压缩机搭地。

技术人员到达,认为应在将断路器复位之前对机组做接地情况测试。将欧姆挡量程设置在 R × 1 挡,并对欧姆表调零。技术人员拔下机组电源线插头,将欧姆表两表棒分别连接此 230 伏电源插头上两火线插脚,见图 47.77。将机组选择开关切换至"强冷(HIGH COOL)",有一定阻值,均显示状态正常。在将机组电源线插头插入插座之前,另一项检测对于了解与掌握整个电路情况是必不可少的,那就是接地情况测试。将欧姆表量程挡设置在 R × 1000 挡,然后调零,将其中的一根表棒移到插头上的地线插脚上,此时欧姆表读数为 0,说明机组上有地方已搭地,见图 47.78。此搭地处有可能在风机电动机中,也可能在压缩机上。将机组从箱体拉出,然后断开压缩机上所有连接线头,用欧姆表上一表棒连接排气管,另一表棒连接公共线接线端,此时欧姆表读数为零,说明压缩机中存在搭地电路。

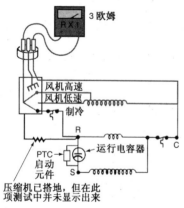

图 47.77　根据欧姆表的测量结果,说
　　　　　明机组已存在一个搭地电路

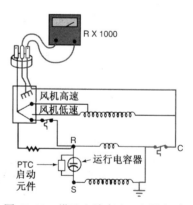

图 47.78　搭地电路存在于压缩机中

技术人员将故障情况通知客户,并告知机组维修费价格。由于维修费远低于购买新机组的费用,客户决定对机组进行维修。

技术人员将机组移到了车上,将其带回车间进行维修。☆技术人员决定将已受到污染的制冷剂从系统内回收,并排放在专用的钢瓶内,这部分制冷剂很可能已被燃烧,受到污染。☆

技术人员从物料间领来一个液管干燥器、一个吸气管干燥器、用于液管的三通管接头、一台压缩机和一个用于工艺管安装的1/4英寸的管接头。将制冷剂从机组内排出后,技术人员用斜嘴钳在靠近压缩机处将压缩机排气管切断,然后用小切管器切断吸气管,将压缩机从机组内取出。将三通管安装在液管上,将表接管固定在三通管上,然后连接氮气钢瓶,用氮气对系统进行冲洗,见图47.79。此举可以从机组内排除许多杂质。

技术人员将新压缩机固定在底座上,将排气管焊接至新压缩机上。将吸气管长度稍做修整,以便安装吸气管干燥器。在进入毛细管的过滤器前,将液管切断,安装新的干燥器。然后将吸气管干燥器和用于工艺管的1/4英寸的管接头焊接到位。将压力表固定于工艺管管口,将三通管接头接入液管。最后,用少量 R-22 充入系统(至5 psig),再用氮气加入系统使其压力提升至150 psig。用电子检漏仪对机组检漏。检漏后,将少量制冷剂与氮气从系统内排出。

然后,将真空泵连接系统,启动真空泵。机组在抽真空过程中,技术人员对电容器和继电器进行检查,两个电容器、一个运行电容器、一个启动电容器均完好,继电器线圈有一定阻值,触头目测也正常。

机组制冷剂充注量为18盎司,加上液管上小干燥器的容量1.9盎司,总计19.9盎司(这一数据应在干燥器的说明书上予以说明,但几乎所有制造商均未提供这一数据),当微米表上显示值达到500微米的真空度后,用下述方法将制冷剂注入系统。

将制冷剂充入量筒,具体说明可参见第9章。此量筒内含有较多的制冷剂,并配置有一个液阀。将高压侧压力表接管连接机组的液管,然后将制冷剂以液态通过液管注入系统,见图47.80。当正确数量的制冷剂注入机组内后,将液管阀前端的管口压扁并焊接封口。

启动机组。运行过程中,技术人员检查吸气管压力和压缩机电流值。至此,机组可以送回顾客家中安装。

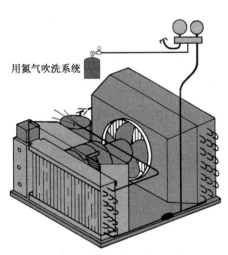

图 47.79　利用安装于液管上的三
通管件对系统进行吹洗

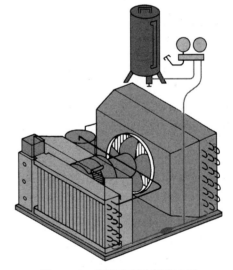

图 47.80　将液态制冷剂充入系
统,这样可节省时间

本章小结

1. 室内空调机有窗户安装和穿墙式安装两种形式。
2. 室内空调机有单冷式,有供冷和采用电热条供热组合式,也有采用热泵运行模式的制冷与制热机组。
3. 室内空调机组的制冷运行系统中的4个主要构件是蒸发器、压缩机、冷凝器和计量装置。
4. 大多数室内机组都采用毛细管和吸气管热交换段,其目的在于使吸气管增大过热量,同时使毛细管内的制冷剂增大过冷量。
5. 热泵运行模式采用四通阀来改变制冷剂的流动方向。

6. 热泵压缩机与单冷式机组内的压缩机不同,在低温运行时,热泵压缩机必须要有足够大的泵吸容量。
7. 安装室内空调机组之前,技术人员应核算室内电源容量是否合适。
8. 安装室内空调机组时,应保证气流不能在机组进出口处反复循环。
9. 选择开关是室内空调机组最基本的控制件。
10. 室内空调机组的维护工作基本上就是使过滤器和盘管保持清洁。
11. 室内空调机组维修时,应在确认必不可少、万不得已的情况下安装压力表。
12. 室内空调机组电气维修涉及的对象有风机电动机、温控器、选择开关、压缩机和电源线。

复习题

1. 常规的室内空调机组有_____(一还是二)台风机电动机。
2. 过去,窗式机组的最常用制冷剂是:
   A. R-12;   B. R-22;   C. R-134a。
3. 大多数室内空调机组都是利用毛细管与_____间的热交换。
   A. 吸气管;   B. 热蒸气排气管;   C. 高压侧液管。
4. 常规的室内空调机蒸发器,其盘管内制冷剂的蒸发温度为:
   A. 15℉;   B. 25℉;   C. 35℉;   D. 45℉。
5. 正误判断:一般情况下,室内空调机组均采用自动除霜方式。
6. 蒸发器传热管通常采用_____和_____制成。
7. 蒸发器的运行温度通常_____露点温度。
   A. 等于;   B. 低于;   C. 高于。
8. 室内空调机组的压缩机均采用_____封闭式压缩机。
9. 毛细管出口处的制冷剂温度_____其进口温度。
   A. 高于;   B. 低于;   C. 等于。
10. 采用热泵运行模式的室内空调机组在冬季从室外空气吸收热量,然后再将这部分热量排放至室内,它通常需要采用_____转换阀。
    A. 两通;   B. 三通;   C. 四通;   D. 五通。
11. 正误判断:窗式热泵型机组的压缩机与常规窗式空调机组的压缩机完全一样。
12. 室内温度传感器设置在_____气流中。
    A. 回风;   B. 送风。
13. 208/230伏的机组有_____根火线和一根接地线。
    A. 一;   B. 二;   C. 三。
14. 叙述窗式机组的排风和新风运行功能。
15. 室内空调机组的预防型维护工作主要有_____。
16. 为何只有在证实万不得已时,才能安装压力表?
17. 对于R-22来说,260 psig的排气压力对应温度是(利用压力/温度关系图):
    A. 100℉;   B. 110℉;   C. 120℉;   D. 130℉。
18. 窗机正常运行时,其吸气压力约为65 psig,转换为对应温度是_____℉。
19. 热泵供热运行过程中,来自压缩机排气管的热蒸气流向:
    A. 室内盘管;   B. 室外盘管。
20. 将来自蒸发器的冷凝水蒸发有哪两种方法?

第十篇　冷水空调系统

第48章　高、低压压缩式冷水和吸收式冷水系统

教学目标

学习完本章内容之后,读者应当能够:

1. 说出不同类型的冷水空调系统。
2. 论述冷水空调系统的工作原理。
3. 叙述高压制冷剂冷水机组常用的压缩机类型。
4. 论述高压冷水机组中离心式压缩机的工作原理。
5. 解释直接膨胀式与满液式蒸发器间的区别。
6. 解释水冷式冷凝器中接近温度的含义。
7. 叙述冷水系统中常用的两种冷凝器。
8. 解释过冷。
9. 说出高压冷水机组中常用的计量装置类型。
10. 说出低压冷水机组中常用的制冷剂类型。
11. 叙述低压冷水系统中常用的压缩机类型。
12. 论述低压冷水系统中常用的计量装置。
13. 解释低压冷水机组的冷凝器清洗系统。
14. 论述吸收式制冷系统的基本原理。
15. 叙述大容量吸收式冷水机组中常用的制冷剂。
16. 叙述大容量吸收式冷水机组的盐水溶液中常用的化合物。
17. 叙述冷水式空调系统中常用的电动机类型。
18. 讨论冷水式空调系统中电动机的启动方式。
19. 论述冷水机组电动机的负荷限制装置。
20. 讨论电动机的各种过载保护装置与系统。

安全检查清单

1. 在热蒸气管和其他高温构件附近操作时,应佩戴手套,并格外小心。
2. 在高压系统附近操作时,要格外小心。当系统仍处于压力状态时,不得松开管接件或其他连接装置。采用氮气时,应根据推荐的工作程序进行操作。
3. 在电气线路附近操作时,必须采取各种推荐的安全防范措施。
4. 对电气系统进行操作时,切断电源后应将电闸箱或配电板上锁,并挂上警示标记,仅保存一把钥匙,且由技术员自行保管。
5. 绝不能在启动器元件舱门打开的情况下启动电动机。
6. 依据机组制造商的要求,定期检查系统内各处的压力。

由于冷水可以极为方便地在整个空调系统内循环,因此冷水系统常用于大型设施的集中式空调。如果将制冷剂用管线送往高层建筑的各个楼面,再将制冷剂注入整个系统,它不仅需要很大一笔费用,而且其整个系统出现泄漏的可能性也大大增加。

用于冷却空气的盘管,其制冷剂的设计蒸发温度一般为 40℉,如果可以将水冷却至 40℉左右,那么这样的冷水就能用来冷却空气或者说对空气的状态进行调节,见图 48.1,这就是循环冷水系统最基本的思想。将水冷却至 45℉左右,通过建筑物内的管路送往各空气热交换盘管,从室内空气中吸收热量。当水作为冷热载体在建筑物内循环时,水即被称为载冷剂。用水在建筑物内循环要比将制冷剂在建筑物内循环要便宜得多,见图 48.2。

48.1　冷水机组

冷水机组先冷却循环水。当循环水流过冷水机的蒸发器组件时,水的温度就会被迅速降低,然后在整个建筑物内循环,不断吸收热量。循环冷水系统送往建筑物的冷水,其常规设计温度为 45℉,从建筑物返回至冷水机组的水温为 55℉,从建筑物吸收的热量使返回至冷水机组的水温度上升了 10℉,冷水机组将这部分热量排除后继续将这部分水参与循环。

冷水机组有两种基本类型,一种是压缩循环冷水机组,另一种是吸收式冷水机组。压缩循环冷水机组采用压缩机为冷水机组内的制冷剂形成蒸发和冷凝提供所需的压力差,而吸收式冷水机组则采用盐水溶液和水来得到同样的效果。这两种冷水机组的工作原理完全不同,下面我们将分别予以讨论。

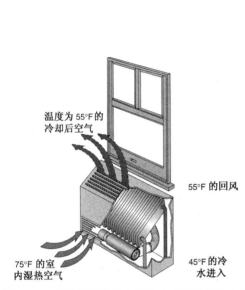

图 48.1　利用风机盘管中的冷水来冷却室内空气

图 48.2　将水用做载冷剂

48.2　压缩循环冷水机组

压缩循环冷水机组含有与常规空调机相同的 4 大基本构件:压缩机、蒸发器、冷凝器和计量装置,但是,冷水机组上的这些构件由于需要处理更多的制冷剂,而且还可能采用不同的制冷剂,它们的规格往往要比常规空调系统的 4 大件要大得多。

压缩循环制冷系统的关键构件是压缩机。我们曾在第 3 章“制冷与制冷剂”中谈到,压缩机有多种类型,冷水机组中的常用压缩机有往复式压缩机、涡旋式压缩机、螺杆式压缩机和离心式压缩机。这些压缩机的外形照片均可在第 23 章“压缩机”中看到。压缩机可以视为蒸气泵。技术人员应当把压缩机视为可以将蒸发器内压缩机降低至制冷剂蒸发所需压力状态的、连接在管路上的一个构件。对于冷水机组来说,其对应温度一般为 38 ℉ 左右,并同时使冷凝器的压力上升至可以使制冷剂蒸气冷凝为可供蒸发器再次使用的液态制冷剂所需的压力值,其对应的冷凝温度一般为 105 ℉。技术人员可以根据这些温度值来判断常规冷水机组是否在其设计的技术参数范围内运行。同样,要满足这些要求,压缩机就必须不仅要有足够的蒸气泵送量,而且要使蒸气达到这样的压力状态。

压缩循环式冷水机组可以分为两类:高压系统和低压系统。以下讨论高压制冷剂冷水系统。

48.3　采用往复式压缩机的冷水机组

除了少量例外情况之外,用于冷水机组的大容量往复式压缩机,其工作原理与用于其他任何往复压缩机系统的压缩机完全相同。复习第 23 章的内容可以帮助读者理解压缩机的整个工作过程。这些压缩机依据应用的对象,其规格可以从 1/2 hp 左右至 150 hp。许多制造商已停止在大容量往复式压缩机冷水机组上采用一台大容量的压缩机,而改用多台小容量的压缩机。往复式压缩机为变容量式压缩机,不能泵送液态制冷剂,否则压缩机就会有损坏的危险。

往复式压缩机冷水机组常用的制冷剂有 R-500、R-502、R-12、R-134a 以及 R-22。由于人们存在着对臭氧层消耗和全球变暖的恐慌,现各家制造商均采用像 R-134a 等对环境不会造成破坏的多种替代型制冷剂和多种制冷剂混合液。

大容量往复式压缩机采用多个汽缸来获得移送大量制冷剂所需的泵送容量,其中有些压缩机的汽缸数多达

12 个,这就使得往复式压缩机成为了含有许多运动构件并具有很大内部摩擦力的机器。如果压缩机中的某个汽缸出现故障,那么其整个系统就会形成瘫痪,但是如果采用多台小容量压缩机,即使某台压缩机出现故障,其他的压缩机也能承担其负荷量。正是这个原因和便于进行容量控制,许多制造商现均采用多台小容量的压缩机。

所有大容量冷水机组必须有相应的手段来控制其容量,否则,压缩机就会不停地启动和关机。由于绝大多数压缩机磨损大多发生在启动时段、油压尚未建立起来之前,因此这种状态必须予以避免。理想的运行方式是使压缩机在系统上持续运行,但是在低容量的状态下运行。低容量运行还可以消除因为压缩机停机以及水温上升后,压缩机启动时出现的温度波动。

48.4　汽缸卸荷和变频驱动

往复式压缩机的降容是靠汽缸卸荷和变频驱动(VFD)两种方法来实现的。例如,假设某大型办公楼的冷水机组采用一台带有 8 个汽缸的 100 冷吨容量的压缩机,即每个汽缸承担 12.5 冷吨的容量,当所有 8 个汽缸都参与泵送时,那么压缩机即具有 100 冷吨的容量(8×12.5=100)。当有部分汽缸卸荷时,其容量就会下降。例如,汽缸如果是成双地卸荷,那么每一步卸荷就会减少 25 冷吨的容量。由此可见,整台压缩机共有 3 个卸荷步序,即压缩机可以有 3 种不同容量的变化:100 冷吨(8 个汽缸同时参与泵送)、75 冷吨(6 个汽缸参与泵送)、50 冷吨(4 个汽缸参与泵送)和 25 冷吨(2 个汽缸参与泵送)。在上午系统最初启动时,整个建筑物可能仅需要 25 冷吨的容量,随着室外温度的上升,冷水机组就会需要更大的容量,此时压缩机就会自动地启动另外两个汽缸,即将容量提升至 50 冷吨。当室外气温进一步上升时,压缩机就能自动地将容量调整至满负荷状态,即 100 冷吨。如果此建筑物是一家旅馆,晚上还需要营业,那么此压缩机就会随室外气温的下降自动地开始卸荷,直至下降到 25 冷吨,此时如果还有过多的冷量,那么此冷水机组即自动关机。当冷水机组重新启动时,此压缩机仍将以降容后的状态启动,这样就可以使启动电流降低。压缩机不可能卸荷到 0 容量的状态,否则它就无法压送制冷剂流过系统,也无法将系统内的润滑油送回压缩机。一般情况下,压缩机均可将实际容量下降至其满负荷容量的 25%~50%。

汽缸卸荷的另一优点是驱动压缩机的动力功耗也随着容量的降低而降低,尽管其功耗的降低并不与容量的减少成正比,但其功耗在部分卸荷状态下均有大幅下降。除了通过使汽缸卸荷可以减少工作负荷外,压缩机的压缩比也同时减小。当某一汽缸卸荷时,系统的吸气压力就会有所上升,而其排气压力则稍有下降。

汽缸卸荷能够以多种方式实现:封堵吸气口和提起吸气阀是两种最为常见的方法。

封堵吸气口

封堵吸气口采用在连接被卸荷的吸气通道内设置电磁阀的方法来实现,见图 48.3。如果制冷剂蒸气不能到达汽缸,也就没有蒸气可以压缩泵送。如果压缩机有 4 个汽缸,将进入其中一个汽缸的吸入蒸气进行封堵,那么此压缩机容量即可降低 25%,即在 75% 的容量下运行,其功耗也相应减少约 25%。功耗的减少又直接反映在压缩机的运行电流上。在现场,压缩机的实际电流常采用钳形电流表进行检测。当压缩机以其一半的容量运行时,其电流值也只有其满负荷电流值的一半左右。压缩机的功耗在实际工作中以瓦特为单位计量。通过测量电流值从而确定压缩机的容量,在现场排故操作中足以满足精度的要求。

吸气阀提起卸荷

压缩机运行过程中,如果将某个吸气阀从其汽缸的阀座上提起,此汽缸就会立即停止泵吸,进入此汽缸的蒸气也就会被上升的活塞推回系统的吸气侧,但是在毫无阻力的状态下将制冷剂泵送回系统的吸气侧,因此它不需要能量,除了上述封闭吸气的例子中压缩机的功耗降低外,将吸气阀提起的另一个优点是:进入汽缸的蒸气还含有润滑油,即使汽缸不参与泵送蒸气,它仍可以对汽缸进行充分润滑。

压缩机的卸荷也可以通过让热蒸气返回至汽缸的方法来实现,但这样并没有使功耗降低,因此它没有实际意义。当热蒸气不断地从系统的低压侧被泵送至高压侧时,尽管可以达到卸荷的目的,但由于热蒸气反复压缩,往往会使汽缸过热。

除了可以对汽缸卸荷以外,往复式冷水机压缩机与众多小功率压缩机的结构是完全相同的。大多数 5 hp 以上的压缩机均设有压力润滑系统。对压缩机进行润滑所需的压力来自于通常安装于压缩机轴端并由此轴驱动的油泵,见图 48.4。此油泵以蒸发器的压力从油箱内吸入润滑油,并将润滑油以高于吸气压力 30~60 psig 的压力送入压缩机各轴承处,这一高出吸气压力的部分称为净油压,见图 48.5。这些压缩机通常还设有油压出现异常时能自动关机的油压安全装置,这种油压安全装置约有 90 秒的延时。如果在此期间压缩机不能启动,则无法建立相应的油压,90 秒钟后即自动关闭压缩机。

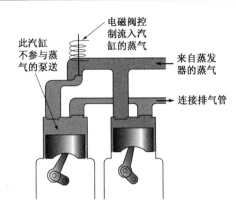

图 48.3　往复式压缩机的吸气封堵法卸荷

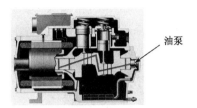

图 48.4　往复式压缩机采用油泵构成的压力
润滑系统(Trane Company 2000 提供)

变频驱动主要是通过电子线路的方法来改变交流电路的正弦波频率,即利用所谓的变频器来改变频率,压缩机电动机则通过改变其转速来改变其容量,而无需不断地关闭压缩机运行。具体细节可参见第 17 章。

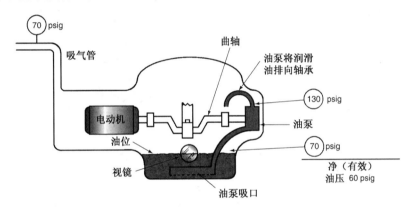

图 48.5　往复式压缩机的净油压

48.5　采用涡旋式压缩机的冷水机组

涡旋式压缩机也是一种变容量式压缩机。冷水机组中采用的涡旋式压缩机容量一般比本书前面几章中所讨论的涡旋式压缩机要大。冷水机组中的涡旋式压缩机容量一般在 10～25 冷吨范围之内,但其工作原理与小容量的涡旋式压缩机完全相同,其结构形式可见图 48.6,它们往往是焊接式全封闭形压缩机。冷水机组采用这种压缩机时,冷水机的容量以分别运行 10 冷吨和 25 冷吨压缩机的方法来控制。例如,一台 25 冷吨的冷水机组通常采用一台 10 冷吨和一台 15 冷吨的压缩机,因此它就有 10 冷吨和 15 冷吨容量控制级。一台 60 冷吨的冷水机组如果采用 4 台 15 冷吨的压缩机,那么它就可以分别在 100%(60 冷吨)、75%(45 冷吨)、50%(30 冷吨)和25%(15 冷吨)的容量状态下运行。

涡旋式压缩机的诸多优点包括:

1. 效率高。
2. 安静,噪声低。
3. 很少的运动构件。
4. 体积小,重量轻。
5. 可以在有少量液态制冷剂的状态下运行,不会造成对其自身的伤害。

涡旋式压缩机在停机运行期间几乎不会对制冷剂从系统高压侧流向低压侧形成阻力。要防止系统停机时制冷剂的回流,一般可设置单向阀,见图 48.6。

涡旋式压缩机的润滑由安装于曲轴底部的油泵提供,油泵从底部吸取润滑油后,自行润滑轴上的各个运动部件。

48.6 采用螺杆式压缩机的冷水机组

在更大容量的冷水机组中,几乎所有的主要制造商均采用螺杆式压缩机。这是一种采用高压制冷剂的更大容量的冷水机组,螺杆压缩机不仅能够泵送大容量的制冷剂,而且其运动构件非常少,见图48.7。这种压缩机也是一种变容积式压缩机,并具有应对少量液态制冷剂回流且不致对压缩机本身造成伤害的特点,它完全不像往复式压缩机那样容不得任何数量的液态制冷剂。螺杆式压缩机的容量范围约为50~700冷吨。这种压缩机不仅运行可靠,而且几乎不会出现任何故障。

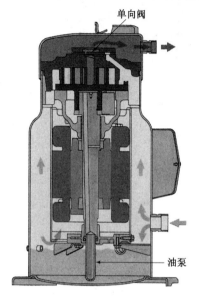

图48.6 涡旋式压缩机中的单向阀
(Trane Company 提供)

图48.7 螺杆式压缩机仅有很少的运动构件

螺杆式压缩机有半封闭式螺杆压缩机和外驱动式螺杆压缩机两种,外驱动式螺杆压缩机为直接驱动型,它必须在主轴穿过压缩机壳体处设置轴封。在停机季节,轴封常常会因为缺少轴的转动而逐渐干化,因此在此期间应定期启动外驱动压缩机,使轴封得到充分的润滑。

螺杆式压缩机的容量控制常采用能够将吸入蒸气封堵在吸口之前的滑阀来实现,此滑阀通常由系统内的压差驱动。它可以在关机前移动至完全卸荷的位置,这样就可以使压缩机在卸荷的状态下启动,从而使压缩机启动时的冲击电流大大降低。大多数这种压缩机均利用滑阀在阀口的逐步移动来实现10%~100%的容量调节,这种卸荷方法与通过一个汽缸或两个汽缸卸荷的方法实现分步容量控制的往复式压缩机完全不同。

螺杆式压缩机的特点是:在对制冷剂进行压缩时,往往会泵送出大量的润滑油,因此,这种压缩机通常必须设置油分离器,以便能将尽可能多的润滑油返回油箱,见图48.8。螺杆式压缩机利用压缩机内部的压差,而不是依靠油泵将润滑油送往压缩机的各个运转部件,同时还可以将润滑油存储于油箱内,借助于其自身的重力送往需要润滑的各个部件。转动的螺杆相互紧靠在一起,但互相之间又不接触。两螺杆间的间隙由螺杆旋转时带入的润滑油密封。这部分润滑油然后在排气管内与热蒸气分离,并通过油冷却器返回至储油池中。

如果有过多的润滑油进入系统,蒸发器的热交换效果就会大幅下降并导致系统容量损失。润滑油与制冷剂实现分离的理想位置应在排气管。尽管各家制造商采取不同的方法,但所有这些不同的油分离方法都会有相应的油分离装置。

48.7 采用离心式压缩机的冷水机组(高压)

离心式压缩机利用作用于制冷剂的离心力迫使制冷剂从系统的低压侧排向高压侧,见图48.9。它就像一台大风机产生压力差,将制冷剂从压缩机的低压侧排向高压侧。尽管离心式压缩机产生的压力并不是很大,但有些制造商生产的离心压缩机足以用于高压冷水系统。离心式压缩机可以应对大流量的制冷剂。为了在高压系统的蒸发器与冷凝器间形成压差,离心式风机往往需要借助于齿轮箱增速来获得很大的转速,或采用多级压缩的方法予以增压。用于直接驱动往复式、涡旋式和转子式压缩机的常规型电动机的转速一般为3600 rpm 左右。当离心式压缩机需要有很高的转速时,就需要采用齿轮箱将电动机出轴的转速调到离心式压缩机所需的转速,有些单级离心式压缩机的转速常常需要高达 30 000 rpm。

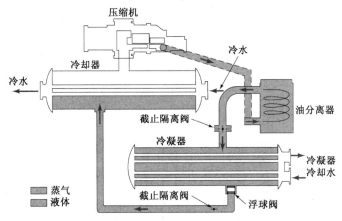

图 48.8 螺杆式压缩机的油分离器(Carrier Corporation 提供)

当排气压力太高或蒸发器压力太低时,离心式压缩机就无法克服这样的压力差,最终只能停止泵送。电动机和压缩机依旧在运转,但制冷剂不能从系统的低压侧排向高压侧,此时离心式压缩机就会产生很大的啸叫声,这种现象称为"喘振"。尽管这种噪声非常强烈,但它通常不会对压缩机和电动机造成伤害,除非它持续很长的时间。如果因为喘振时间过长而出现损坏,那么很可能是轴承的止推面或增速齿轮箱遭受损伤或破坏。

为获得离心式压缩机所需的高转速,配置增速齿轮箱后势必给整个系统带来额外的阻力,因为克服这部分阻力并驱动齿轮运行都需要功耗,这就会使整个系统的效率有所下降。齿轮箱内一般有两个齿轮,驱动轮较大,被动轮较小,因此被动轮转速提高。图 48.10 为齿轮箱的结构图。

离心式压缩机叶轮的间隙很小,见图 48.11。各部件必须非常紧密地组合在一起,否则制冷剂就会从压缩机高压侧的各间隙处返流至低压侧。

离心式压缩机的润滑采用独立的电动机和油泵。此电动

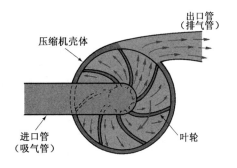

旋转的叶轮将离心力作用于制冷剂,迫使制冷剂流向叶轮的外侧。压缩机的壳体则负责汇聚制冷剂,并迫使它排入出口管。制冷剂朝外流动时,会在进口管连接处,也就是叶轮的中心部位形成一个低压区

图 48.9 利用离心力对制冷剂进行压缩

机为三相小功率电动机(一般为 1/4 hp)并安装于油箱内。它泵送的制冷剂和润滑油均处于环境温度状态。之所以采用三相电动机,是因为它不需要像单相电动机那样需要有内置的启动开关。这样的电动机可以使制造商在离心式压缩机电动机启动前启动油泵,并在压缩机和齿轮箱开始运转前建立起有效的润滑状态。这样的控制方式还可以使油泵在机组关闭时、运行终了、离心压缩机叶轮和齿轮箱尚处于滑行减速的过程中仍保持运行。即使电源出现故障,储油室内也仍有足够的润滑油在转动系统滑行减速过程中供油,以防止轴承和齿轮损坏。此油泵一般为变容积的齿轮泵,送往轴承的净油压一般为 15 psig 左右,如果离心压缩机带有上端储油室,那么齿轮油泵则将润滑油送往此油室内,即使电源出现故障,齿轮箱在滑行减速的过程中,润滑油依旧可以依自身重力流向轴承,见图 48.10。油路的布置方式多种多样,但润滑油必须要有足够的压力到达最远处的轴承,并有足够的压力流过轴承。

为防止液态制冷剂在系统停机时自行迁移至储油室内,润滑系统一般都在储油室内设有加热器,见图 48.10。此加热器一般可以使储油室温度保持在 140 °F 左右,如果没有这个加热器,那么储油室中的润滑油就会很快地充满制冷剂。即使加热器运行,仍然会有少量的制冷剂迁移至储油室,并且在压缩机启动时,润滑油就可能在启动后数分钟内迅速形成大量泡沫。操作者应时刻注意观察储油室内的情况,并使压缩机在低负荷状态下运行,直至润滑油中的泡沫减少、消失。起泡沫的润滑油中含有液态制冷剂,遇热后,这部分液态制冷剂就会蒸发,因此只有当油中制冷剂全部蒸发之后,才能获得较好的润滑效果。

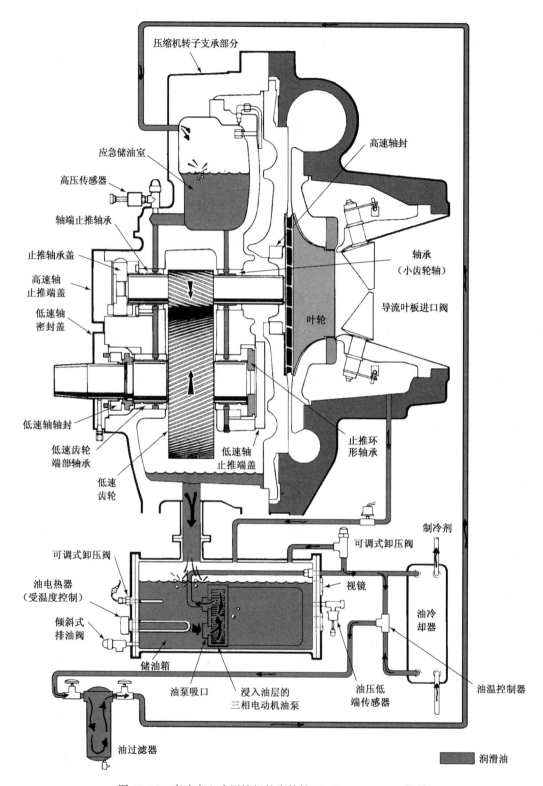

图 48.10　高速离心式压缩机的齿轮箱(York International 提供)

冷水机组运行时,润滑油在润滑各运行部件的过程中也会从轴承处吸收部分热量,从而使轴承冷却。如果润滑油不予冷却,那么润滑油也会过热,因此,系统管路中还设有油冷却器。通常情况下是将储油室内的润滑油通过过滤器排向油冷却器的热交换器中,利用水或制冷剂从润滑油中排除部分热量,见图48.10。此油冷却器可以将来自储油室的温度约为140℉~160℉的润滑油冷却至120℉左右,它可以在下一个润滑过程中重新吸收部分热量。

离心式压缩机冷水机组的润滑系统是一个全密封的系统,不希望其润滑油与制冷剂混合,而是要像往复式、涡旋式和螺杆式压缩机那样予以分离、回收。如果润滑油进入了制冷剂中,那么由于离开蒸发器的只有蒸气,因此往往很难排除。当蒸发器中的制冷剂充满了润滑油之后,蒸发器的热交换效果就会大幅下降。充满了润滑油的制冷剂必须采用分馏的方法将润滑油排除。这是一个非常耗时的过程,制造商一般的想法是尽可能将两者分离。

离心式压缩机的容量控制一般借助于位于叶轮进口处的导流叶片来实现。这些导流叶片通常为馅饼形状的装置,并以圆形方式布置,所有叶片均能同时摇转,它既可以是全流量,也可以使流量减小,根据导流叶片机构的开启度,进入叶轮的蒸气流量一般可以降低至15%~20%,见图48.12。此处的导流叶板还能起到另一个作用,即在制冷剂进入叶轮进口时,调整气流的流动方向,使之与叶轮的转动方向保持一致,因此导流叶轮也常常被称为预旋叶片。导流叶板通常是由电子线路控制的电动机或气动电动机(空气驱动的)控制,进而改变离心式压缩机的容量。不管是气动电动机还是电子型的电动机控制器,当它向进口处的导流叶板驱动电动机发送出一个压缩空气信号或一个电子信号后,导流叶板即偏转一定的角度。当建筑物内的温度已下降至设定值时,控制器即向叶板控制机构发出信号,关闭所有叶片。容量控制机构受设定的进出口冷水的温度控制。如果导流叶板完全关闭,那么压缩机的容量仅为其额定容量的15%~20%;全部打开时,此压缩机的容量则为100%。因此,一台1000冷吨的冷水机组可以在150冷吨或200冷吨至1000冷吨的容量范围内,以任何一个容量状态运行。导流叶板还具有另外两个功能——防止电动机过载和在低容量状态下启动电动机,以减小电动机启动时的电流。

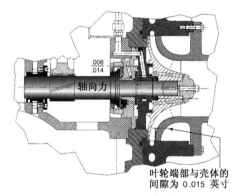

图48.11　高速离心式压缩机中的各个部件均有
　　　　　较高的容差精度(Carrier Corporation提供)

图48.12　离心式压缩机中用于容量控制的
　　　　　导流叶板(York International提供)

当冷水机组在冷水温度高于设计温度状态下运行时,如某建筑物的冷水机组在周一上午非常炎热的气温下启动,那么压缩机电动机就会在过载的状态下运行,返回的冷水温度就有可能高达75℉,而不是设计的回水温度55℉。冷水机控制面板上有一个称为负荷限止器的控制器,它可以自动检测电动机的电流,并将导流叶板稍做关闭,将压缩机的电流限制在满负荷电流值以内。当控制器完成这一控制步骤,压缩机电动机的转速又上升至其额定转速之后,控制系统则恢复正常运行状态,使导流叶板打开至系统所需的相应位置。压缩机启动时,也可以将导流叶板完全关闭,不予打开,直至电动机转速上升至其额定转速。因此,离心式压缩机可以在卸荷状态下启动,从而大幅降低了启动压缩机时的功耗。

齿轮箱和叶轮上都有用于支承转轴重量的轴承,这些轴承一般为软性的巴氏合金材料,巴氏合金的底部则由钢制轴套作为基体支承。对于单级压缩机,还必须设置止推轴承,以克服制冷剂进入压缩机叶轮时形成的轴向推力。这一止推轴承还需要阻止转轴的横向位移。

对许多离心式冷水机组来说,电动机的转向非常重要。如果电动机以错误的方向启动,那么有些冷水机组就会招致损坏。本章后面将有专门讨论。

离心式压缩机既有全封闭式,也有外驱动式,见图48.13。全封闭式压缩机可以采用制冷剂冷却的电动机。图48.14为液体冷却的电动机,这种电动机可以使制冷剂在整个电动机壳体内自由流动。采用外驱动电动机的系统则利用机房内的空气对电动机进行冷却。由于大功率电动机排出的热量非常大,因此机房必须设置强排风设备予以排风。

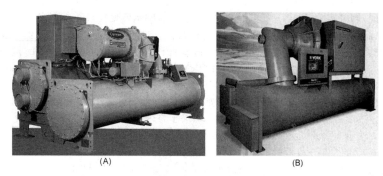

(A)　　　　　　　　　　　　　　　　(B)

图48.13　(A)全封闭式离心压缩机机冷水机组;(B)外驱动式离心压缩机冷
水机组((A):Carrier Corporation 提供,(B):York International 提供)

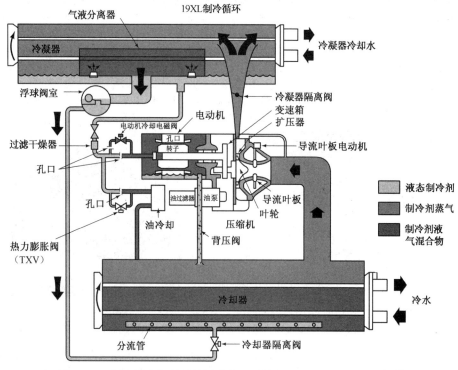

图48.14　制冷剂冷却的全封闭式离心压缩机(Carrier Corporation 提供)

48.8　高压冷水机组蒸发器

蒸发器是系统的吸热构件。蒸发器中的液态制冷剂由循环水的热量蒸发,成为蒸气。

冷水机组的蒸发器通常采用铜制热交换表面,如果采用具有腐蚀性的流体作为冷媒,则可以采用其他材料。在常规小容量空调系统中,热交换的一侧是空气,而另一侧是制冷剂蒸气。事实上,空气与制冷剂蒸气之间的热交换量只能算是中等,更好的是空气与液态制冷剂间的热交换,最好的则是水与液态制冷剂之间的热交换,这也就是冷水机组受各方用户青睐的原因所在,这样既可以将换热表面做得小些,同时又可获得理想的热交换效果。

用于高压冷水机组的蒸发器既有直接膨胀型蒸发器,又有满溢式蒸发器。

48.9　直接膨胀型蒸发器

直接膨胀型蒸发器也称为干式蒸发器。顾名思义,直接膨胀型蒸发器的出口处有明确的过热量,且通常采用热力膨胀阀对制冷剂进行计量。直接膨胀型蒸发器既可用于小容量的冷水机组,在一些老式型号的机组中,也可用于150冷吨左右的冷水机组,在一些较新式冷水机组中,其容量则通常为100冷吨左右。直接膨胀式的冷水机组将制冷剂从冷却筒体的一端送入,同时在壳体的一端送入水,见图48.15。水处于制冷剂管的外侧,导流板则可以使水与尽可能多的传热管接触,以获得最佳的热交换效果。这种结构形式可能出现的问题是:如果管路水侧结垢、淤积,那么对其进行清理的唯一方法是采用化学制剂,因为这种冷却器无法使用刷子进行清洗了,这是它与水在管内循环、制冷剂在管外循环的满溢式冷水机最大的区别。

48.10　满溢式蒸发器冷水机组

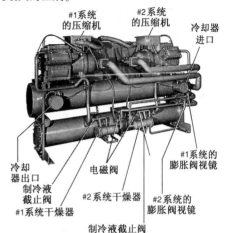

图48.15　在冷却器顶端设置膨胀阀的直接膨胀式冷水机组
（York International 提供）

满溢式冷水机组从冷却器的底部送入制冷剂,而水在管内循环。其优点在于水管全部浸没在制冷剂液体中,因此可以获得最佳的热交换效果,见图48.16。这样水管就可以采用多种不同的物理方式进行清洗了。图48.17为采用管刷对水管进行清理。一般情况下,蒸发器的水侧不应有连续的积垢,除非冷水是用于一个开放的系统,如制造业的生产过程。大多数冷水系统均采用封闭的水管路,因此循环水应该始终处于较为清洁的状态,除非管路中有多处泄漏且必须不断地加入新水。

满溢式冷水机组所需的制冷剂量往往比直接膨胀式冷水机组多得多,因此,对于高压系统来说,定期维护中,检漏是一项必不可少的工作项目之一。

当水从冷却器的顶端进入冷水机时,水先是存放在水箱内。当这些水箱设有可拆除的端盖时,这种水箱常称为船型水箱,见图48.18。当管线连接于端盖时,如需拆除水箱端盖,就必须拆除连接管。这种端盖常称为标准端盖,见图48.19。水箱还可以针对不同的应用对象对水的流动状态进行调整。例如,针对不同的应用对象,水可能需要一次、两次、三次或四次反复流过冷水器,也可以借助于隔板对水箱中的水流进行流向控制。这样的水流控制方式可以使制造商采用一台冷水机组,针对不同的应用对象与要求,采取不同的水箱组合和分隔方式。

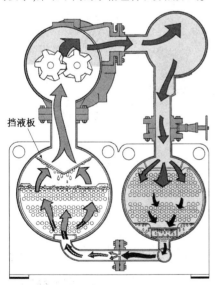

标志说明	
◀	高压蒸气
◁	低压蒸气
◀	高压液态制冷剂
◁	低压液态制冷剂

挡液板

图48.16　水管浸没在液态的制冷剂下
（York International 提供）

图48.17　清洗水管（Goodway Tools Corporation提供）

当水流经单程管路的冷却器时,水只有很短的一段时间与制冷剂接触,但如果采用两次流程、三次流程或四次流程,就可以使水与制冷剂有更长的接触时间,当然,同时也形成了更大的压力降,因此需要更大的泵送功率,见图48.20。

图 48.18 船型水箱(Trane Company 2000 提供)

图 48.19 带有管接头的标准水箱
(York International 提供)

双管程冷水机的进水设计温度一般为 55℉,出水设计温度为 45℉。制冷剂要从水中吸收热量,其温度一般必须低于出水温度 7℉左右,这一温差值通常称为接近温度,见图 48.21。接近温度对于技术人员排故、提高冷水机组性能是一项非常重要的技术参数。如果冷水机水管严重结垢,由于传热量下降,其接近温度值就会增大。对于不同管程数的冷水机来说,有着不同的接近温度。直接膨胀型冷水机往往只有单一管程(采用导流板可以加强与传热管的接触时间),因此,其接近温度一般为 8℉左右。采用三管程蒸发器的冷水器,其接近温度均为 5℉。四管程蒸发器的接近温度则约为 3℉或 4℉。制冷剂与水接触的时间越长,接近温度也就越小。

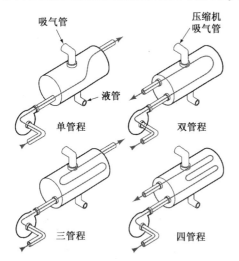

图 48.20 单管程、双管程、三管程、四管程的冷却器

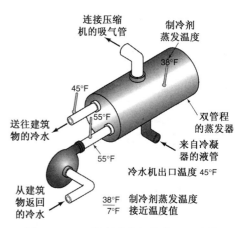

图 48.21 双管程冷水机的接近温度值

首次启动冷水机时,应开始做运行性能记录。当冷水机组处于满负荷运行状态时,更应完全记录下设备的各项性能参数。由于需要考虑质保费用,制造商往往会选择一些较大容量的冷水机组做启动测试,而安装承包商一般不会做这样的测试。制造商常常需要在运行日志上记录下全部的数据,并保存在文件内以便于将来参考。图 48.22 是某制造商的运行日志表。

满液式冷水机组通常在蒸发器上设有检测制冷剂实际温度的测温装置:温度计的测温孔或设置在控制面板上的直读式温度计。直接膨胀式冷水机组通常在系统的低压侧设置压力表,但要知道制冷剂的蒸发温度就必须将压力值转换为温度值。

当一个开口水壶中的水被加热至强烈沸腾时,壶中的水就会溅出壶口。满溢式冷水机中的制冷剂也会出现同样的情况:压缩机从冷水机的气腔内排除蒸气时,往往会因为蒸气速度较大,使这样的汽化速度加快。为防止液态制冷剂在满负荷状态下也进入压缩机的吸气口,在水管上方一般都设置有多个挡液板,见图 48.16。当吸入蒸气进入满液式冷水机上的压缩机时,这部分吸入蒸气通常均处于饱和状态。这是与直接膨胀式冷水机组完全不同的地方。直接膨胀式冷水机中,离开蒸发器的制冷剂蒸气始终有少量过热。

这两种传热管(直接膨胀式和满溢式)现都有了改进,即采用机械加工的方法在管的外表面上加工出翅片。直接膨胀式蒸发器上的传热管则在管内壁上设置能促使制冷剂曲线流动的衬管,或是像来复枪枪膛中的来复型线,见图 48.23。这样的改进尽管会使压降稍有增加,但相对获得的传热效果大幅提高是完全值得的。

YORK	螺杆压缩机冷水机组 运行参数登记表 125-400 冷吨				冷水机组所在地点						
					系统号						
日期											
时间											
计时器指示时间											
室外空气温度(干球/湿球温度)		/	/	/	/	/	/	/	/	/	/
压缩机	油位										
	油压										
	油温										
	吸气温度										
	排气温度										
	过滤器压差										
	滑阀位置%										
	添加润滑油(加仑)										
电动机	电压										
	电流										
冷却器	制冷剂	吸气压力									
	流体	进口温度									
		进口压力									
		出口温度									
		出口压力									
		流量——GPM									
冷凝器	制冷剂	排气压力									
		对应温度									
		高压制冷液温度									
		系统控制——度									
	水	进口温度									
		进口压力									
		出口温度									
		出口压力									
		流量——GPM									

FORM 160.47-F6

图 48.22　制造商的设备运行日志表(York International 提供)

　　蒸发器采用在一个壳管的两端设置固定传热管管板的结构。传热管通常采用称为滚压的加工方法固定在管板上,形成一种无泄漏的结构形式。管板上与传热管相配合的管孔内开有环形槽,当传热管塞入管板上的管孔后,再利用滚轮对传热管的管壁进行扩张,使之嵌入环形槽内,形成一种无泄漏的连接接口,见图 48.24。也有一些冷水机的蒸发器采用银焊方法将传热管焊接在管板上,相对于采用滚压方法连接的传热管,采用焊接方法固定的传热管往往较难更新和维修。

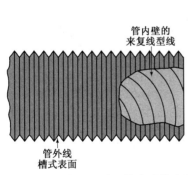

图 48.23　冷水管外侧的翅片。管内壁的来复线型线

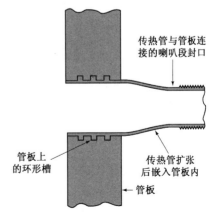

图 48.24　传热管与管板的无漏连接方式

对于制冷剂管路和水管路来说,蒸发器都存在一个工作压力问题。高压冷水机组必须能够对常用的制冷剂,如R-22或R-134a的工作压力进行调节。当然,对于一些新型的冷水机组来说,还可能采用其他更新的、对环境不会造成伤害的替代型制冷剂。冷水机的水侧一般有150 psig或300 psig两种工作压力。压力为300 psig的冷水机组主要用于冷水机组设置在高楼底层且高楼水柱压力较大的场合。第37章中谈到,1 psi的压力可以支承2.31英尺高度的水柱。即1英尺高度的水柱底部约有0.433 psig的压力(1 psi/2.31 ft = 0.4329,即0.433 psi/ft)。一台有300 psig工作压力的冷水机组也只能有693英尺的水柱垂直高度,此时其水柱底部就有300 psig的压力(300 psi/0.433 ft/psi=692.8 ft)。由于高楼的每层楼高约为12英尺,因此,冷水机组最多也只能用于58层以下的高楼(692.8/12=57.5层)。但我们可以将冷水机组设置在高楼的顶层。尽管这样给维修带来了更多的困难,但不是无路可走、无从选择。

蒸发器由制造商完成制作后,均需做泄漏测试。测试证明蒸发器无泄漏后,则进行保温材料的封装。许多大容量冷水机组均采用橡胶类的泡沫保温材料直接粘贴在壳管上。小容量冷水机组通常是将冷却器放置在一个由薄钢板制成的壳体内,再在冷却器和壳体之间充入泡沫保温材料。如果需要维修,必须先将壳体拆除,然后清除掉保温材料。维修完成之后,再将壳体恢复原位,重新充入泡沫保温材料,对冷却器壳管实施保温。

有些蒸发器,如风冷式整体式冷水机,可能会设置在室外,对于这样的冷水机组,必须针对壳管内的循环水采取有效的防冻措施。一般做法是在壳管的保温层下方安装电阻式加热器。这些加热器可以用导线连接至冷水机组的控制电路中,如果环境温度接近冰点,水无法正常循环,则由温控器控制使加热器得电。

48.11　高压冷水机组的冷凝器

冷凝器是系统的排热构件。高压冷水机组所用的冷凝器有风冷和水冷两种。当然,这两种冷凝器都是将来自系统的热量向系统外排放。大多数情况下,是将热量排向环境空气中。在有些生产过程中,还可能需要对这部分热量进行回收,用于其他应用对象。

48.12　水冷式冷凝器

高压冷水机组中采用的水冷式冷凝器通常是水在管中,管外为制冷剂的壳管式冷凝器。壳体内必须要有与采用的制冷剂相适应的工作压力,水侧的工作压力则与前面提到的蒸发器工作压力相似,约为150~300 psig。热的排出蒸气一般直接从冷凝器的顶端送入,见图48.25。制冷剂冷凝成液体后下流至冷凝器底部,并在底部汇集后排向液管。如同蒸发器一样,采取加大冷凝器传热管制冷剂侧的热交换面积可以提高水与制冷剂间的热交换效果,见图48.23。冷凝器传热管的内侧也可以像蒸发器中的传热管一样轧制螺槽,以提高传热管水侧的热交换效果。

冷凝器必须有适当的方法用管线将水引入壳管内。冷凝器壳管上的水箱与水管的连接方式有两种:对于标准水箱,水管直接连接于可拆卸的水箱端口,而另一种则在拆下端盖之前必须先拆除水管。船形水箱上有一个可拆卸的端盖,可以很方便地进入冷水机组末端的水管。对大多数冷水机组来说,能否方便地进入冷凝器水管管口要比进入蒸发器更为重要,这是因为冷却塔是一个开放的系统,水管结垢的可能性更大。

48.13　冷凝器的过冷

送往冷凝器的水温为85℉,冷水机组在满负荷状态下运行时,水冷式冷凝器的设计冷凝温度一般为105℉左右,此时饱和的液态制冷剂温度应为105℉。许多冷凝器都设有过冷管路,它可以将液态制冷剂的温度降低至105℉以下。如果温度为85℉的进水可以与饱和的制冷剂进行热交换,液管温度就能降低。如果温度可以降低至95℉,那么对于蒸发器来说,就能从中获得大量的容量,这样的过冷过程,每过冷1℉可使机组的总容量约提高1%。对于300冷吨的冷水机组来说,过冷10℉就可以使机组容量增加约30冷吨。而唯一的成本是在冷凝器上添置一部分管路。要过冷制冷剂,就必须采用独立的管路,与冷凝器的冷凝过程相分离,见图48.25。

冷凝器像蒸发器一样,制冷剂冷凝温度与出水温度之间也有接近温度的相互关系。大多数水冷式冷凝器为双管冷凝器,对于进水温度为85℉,其出水温度为95℉,制冷剂的设计冷凝温度约为105℉,见图48.26,即接近温度为10℉,这一温度值对技术人员来说非常重要。其他结构形式的冷凝器,如单管程、三管程或四管程的冷凝器都具有不同的接近温度。如同蒸发器一样,制冷剂与水的接触时间越长,两者的温度就越接近。原始的设备运行日志可以用来说明机组开始运行时的接近温度。在今后同样的状态、条件下,其接近温度应保持不变,否则必须对传热管进行清洗。

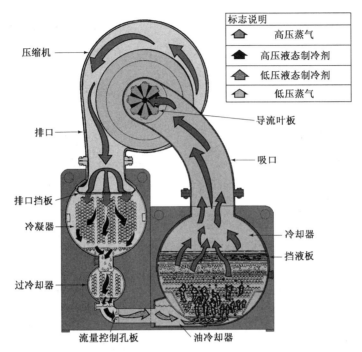

图 48.25　水冷却冷凝器中的过冷管路（York International 提供）

　　冷凝器承担了为系统排热的重任，其排热能力决定了制冷运行中的排气压力。要将制冷剂推入膨胀装置，制冷剂中就必须要有同样的压力，因此，必须对排气压力进行控制。如果排气压力过低或在比较寒冷的气温之下仍有冷空调的要求，那么机组启动时就会出现故障。

　　当需要在冷却塔中循环水温很低的情况下启动水冷式冷水机组时，往往会出现排气压力过低的情况，甚至使吸气压力也低至足以使低压控制器（直接膨胀式冷水机组）或蒸发器防冻控制器（满溢式冷水机组）跳闸。在许多冷水机组中，连续运行还会引起润滑油的大量迁移，为防止因为冷凝器冷却水温度过低而出现的不应有的停机，冷凝器管路中通常都设有一个旁通阀，以便在机组启动时将这部分水通过旁通管绕开，即使在正常运行状态下，也可以利用这一旁通管分流一部分水，具体细节将在第 49 章"冷却塔和水泵"中详细讨论。

　　采用水冷式冷凝器时，来自制冷剂的热量传递给了在冷凝器管路中不断循环的冷却水。在常规冷凝系统中，这部分热量最终还需要传递给空气，这项工作则需要借助于冷却塔来完成，见图 48.27。这部分内容将在第 49 章论述。

48.14　风冷式冷凝器

　　风冷式冷凝器一般采用铜管制成，其管内走制冷剂，管外则配置铝制翅片以获得较大的热交换表面积，见图 48.28。冷凝器采用风冷式热交换表面已有很多年了，而且效果也相当好。有些制造商也采用铜翅片管，在一些空气中含盐量较高并能对铝质形成腐蚀的地区，制造商常采用特殊材料对铝翅片作为表面涂层。

　　对于盘管的设置方式，各制造商针对自己的产品结构需要各有不同，有些盘管采用水平放置，也有一些选择垂直设置方式。

　　许多冷水机的冷凝器上设有多台风机。风机为控制排气压力均可间断运行。风冷式冷凝器的各种排气压力控制器均在第 25 章做过详细论述。

　　风冷式冷凝器的规格可上至数百冷吨。风冷式冷凝器不需要使用冷却塔，同时也避免了采用冷却水所带来的各种故障。采用风冷式冷凝器的系统不会出现冷凝温度过低的问题，也不会出现水冷式冷凝器上可能出现的排气压力过低的温度。水冷式冷凝器常规的冷凝温度一般为 105 ℉ 左右，而风冷式冷凝器的冷凝温度依据冷凝器每冷吨热交换面积的不同约在 20 ℉ ~ 30 ℉ 范围之内。例如，一台采用水冷式冷凝器的 R-22 机组，其排气压力应在 211 psig 左右（对应温度为 105 ℉），而采用风冷式冷凝器的同样系统在气温为 95 ℉ 的情况下，其排气压力则为 243 psig（95 ℉ + 20 ℉ = 115 ℉）至 278 psig（95 ℉ + 30 ℉ = 125 ℉）。可见，两者的排气压力差很大，这自然会影响到冷水机组的运行成本。风机式冷水机组之所以如此普及，是因为其几乎不需要维护。

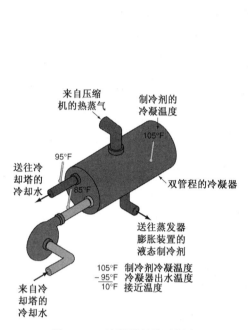

图 48.26　冷凝器的接近温度

105°F　制冷剂冷凝温度
－95°F　冷凝器出水温度
10°F　接近温度

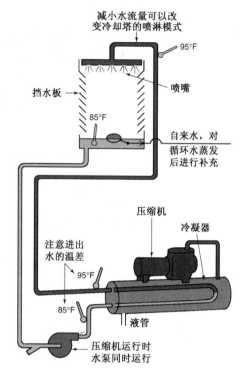

图 48.27　来自制冷剂的热量传递给了冷却水，
然后又通过冷却塔转移给了空气

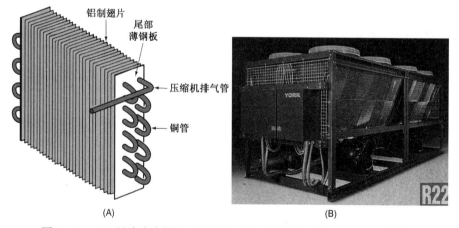

图 48.28　(A)风冷式冷凝器;(B)风冷式冷水机组(York International 提供)

48.15　过冷管路

风冷式冷凝器的过冷与水冷式冷凝器的过冷同样至关重要。它每过冷 1°F,同样可以使机组容量增加约 1% 的容量。风冷式冷凝器常借助于冷凝器中的小储液器,将过冷管路与主冷凝器相分离来实现液态制冷剂的过冷,见图 48.29。在 95°F 的气温下,冷凝器的期望过冷度应在 10°F ~ 15°F。

48.16　高压冷水机组的计量装置

计量装置既用于防止液态制冷剂回流,同时又要控制液态制冷剂,使其以正确的流量进入蒸发器。大容量冷水机组中可能会有 4 种类型的计量装置:热力膨胀阀、固定口径的孔板、高低压侧浮球和电子膨胀阀。

48.17　热力膨胀阀

热力膨胀阀在第 24 章"膨胀装置"中已做过详细论述。冷水机组中采用的热力膨胀阀与此前讨论的热力膨胀阀为同一类型,只是容量、体积稍大。热力膨胀阀可以使蒸发器末端维持一个稳定的过热度。这一过热度一般为 8 °F ~12 °F。过热度越大,蒸发器内的蒸气也就越多,热交换量越小;蒸发器内的液态制冷剂越多,热交换的效果也就越好。因此,热力膨胀阀除了用于 150 冷吨以下的较小容量的冷水机外,大容量冷水机一般都不采用。

48.18　孔板

孔板计量装置是一种固定口径的计量装置。它仅仅是冷凝器与蒸发器间液管中的一个节流装置,见图 48.30,因为它没有任何运行构件,因此几乎不会出现故障。

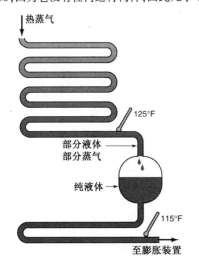

图 48.29　风冷式冷凝器的过冷管路

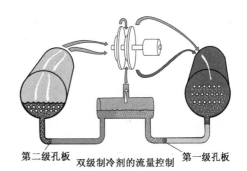

图 48.30　孔板计量装置(Trane Company 2000 提供)

在给定压力降的情况下,流过孔板的制冷剂是一个常量。当孔板两端的压力差增大时,制冷剂的流量也会随之增大。因此,当系统负荷量增加时,系统的排气压力也会随之而增大,此时,流过孔板的制冷剂量也随之增加。如果容许排气压力进一步上升,就会有更多的制冷剂流过孔板。任何采用孔板作为计量装置的冷水机组都必须有临界制冷剂充注量,不得充注过量,否则液态制冷剂就会进入压缩机。这对往复式压缩机来说很不利,因此,孔板计量装置不能用在采用往复式压缩机的冷水机组上。少量的液态制冷或通常为湿蒸气的形式,对涡旋式、螺杆式以及大多数的离心式压缩机不会产生伤害。

48.19　浮球式计量装置

浮球式计量装置有两种类型:低压侧浮球装置和高压侧浮球装置。当冷水机组低压侧内的液位上升时,低压侧的浮球也随之上升,将阀口打开,使制冷剂流过,见图 48.31。因此,只要确定正确的液位高度,冷水机就能获得所需的制冷剂量。

高压侧浮球设置在进蒸发器的液管上。当液管中的制冷剂液位较高,蒸发器又需要液态制冷剂时,浮球上升,液态制冷剂进入蒸发器,见图 48.32。

如果浮球与浮球箱内壁摩擦,形成较大的阻力,或浮球因摩擦出现孔洞,浮球就可能出现问题。如果浮球上的孔洞越来越大,它还会下沉。如果这种情况出现在低压侧浮球上,它就会使阀口始终处于打开状态,使全流量的制冷剂全部进入蒸发器,也没有制冷剂能返回液管并集中在冷凝器的底部。如果是高压侧浮球磨损,它下沉后就会将应该流向蒸发器的液态制冷剂全部堵塞。

低压侧浮球和高压侧浮球系统的制冷剂充注量均为临界充注量。对低压侧浮球系统来说,制冷剂充注过量往往会使制冷剂反流进入液管和冷凝器。如果采用高压侧浮球系统,制冷剂充注过量会使蒸发器出现制冷剂溢出。

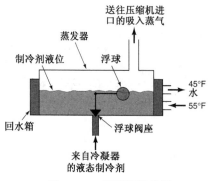

图 48.31 低压侧浮球阀

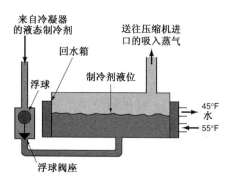

图 48.32 高压侧浮球阀

48.20 电子膨胀阀

大容量冷水机组中采用的电子膨胀阀与第 24 章论述过的电子膨胀阀相似,这种阀采用热敏电阻来检测制冷剂的温度,继而做出相应的动作。液态制冷剂并不接触传感元件,而是由电子线路来检测其实际温度。除了不能直接读出温度值以外,它非常像一个温度计。为了使电子线路获得压力读数,继而转换为温度值,系统中也可以采用一个压力传感器。利用从蒸发器测得的压力读数转换为温度值并根据吸气管上的实际温度,即可确定实际的过热量,并且可以获得精确的制冷剂流量控制。

电子膨胀阀看上去非常像管线上的电磁阀,见图 48.33。热敏电阻的探头可以直接插入蒸发器管路中。

电子膨胀阀的优点在于电子控制线路的多功能特性。相对热力膨胀阀而言,电子膨胀阀具有很大的容量控制范围。它也可以使系统在室外低温环境、排气压力较低的状态下向蒸发器送入较多的制冷剂。这对于风冷机组在气温较低的状态下运行特别有利。电子膨胀阀所具有的大容量液态制冷剂处理能力可以应对各种液态制冷剂流量。

电子膨胀阀在严寒气候下仍可保持较大的制冷剂流量,从而可以使冷凝器具有向系统传递更多制冷剂的能力。例如,如果室外温度为 40℉,建筑物内有人要求供冷,冷凝器可以在 60℉ ~ 70℉ 左右的温度下将制冷剂冷凝,R-22、R-12 和 R-500 对应此温度的排气压力在 102 ~ 121 psig,对于常规热力膨胀阀来说,这样低的排气压力根本无法正常运行,但电子膨胀阀则可

图 48.33 电子膨胀阀(Trane Company 2000 提供)

以依据这样的低压状态将制冷剂送入蒸发器内。如果制冷剂此时再过冷 10℉,那么蒸发器就可能会得到温度为 50℉ ~ 60℉ 的液态制冷剂。此时的压缩机也仅需将 65.6 psig(对应 38℉ 的蒸发器蒸发温度)左右的蒸发器压力提升至 121 psig 的排气压力。从一个常规的夏季工况来说,65.5 psig 的蒸发器吸气压力与 R-22 的 278 psig 排气压力(对应冷凝温度为 125℉)是一个非常大的压差范围。

每家制造商都会有各自的设计风格,但所有制造商都有一个共同的目标,那就是生产出性能更可靠、价格更低廉、使用寿命更长的冷水机组。

48.21 低压冷水机组

低压冷水机组通常采用 R-11、R-133 或 R-123 作为制冷剂。容量在 150 冷吨以下的大多数小容量低压冷水机组均采用 R-133,而容量在 150 冷吨以上的低压冷水机组则常采用 R-11。比较新式的低压冷水机组以及那些已经改型的冷水机现在均采用 R-123,特殊场合的冷水机组也有采用 R-114 的。☆从 1992 年 7 月 1 日起,将 CFC 类和 HCFC 类制冷剂排入大气是一种违法行为。从 1995 年 11 月 15 日起,将 HFC 和其他任何替代型制冷剂排入大气也是一种违法行为。此外,从 1996 年 1 月 1 日起,全面禁止使用 CFC 类制冷剂,同时,生产 CFC 类制冷剂也是一种非法行为。R-11、R-113 和 R-114 均为低压、CFC 类制冷剂,R-123 则是 HCFC 类制冷剂。☆图 48.34 为上述几种低压制冷剂的压力 - 温度线图。

低压冷水机组含有与高压冷水机组完全相同的构件:压缩机、蒸发器、冷凝器和计量装置。

48.22　压缩机

所有的低压冷水机组与少量高压冷水机组都采用离心式压缩机,但对于电动机直接驱动的低压离心式压缩机来说,需采用增速齿轮箱将电动机转速提高到非常高的风机转速(约为 30 000 rpm)。

离心式压缩机的工作构件为叶轮,其转动后,就会在连接吸气管的壳体中心位置形成低压区域,见图 48.35。压缩后的制冷剂蒸气即汇聚在称为蜗壳的壳体内,然后再排向连接冷凝器的排气管,见图 48.36。

离心式压缩机可以多台串联运行来产生更大的压力,即所谓的多级压缩,否则只能以较高的速度做一级压缩。所谓多级压缩,就是前一台压缩机的排气管连接至后一台压缩机的吸气口,见图 48.37。在空调设备中,经常需要将多台压缩机组成三级压缩。图 48.35 为可用于 R-11 或 R-123 系统的新式三级压缩机。多级压缩的优点之一是压缩机可以在较低的转速下运行,即电动机的常规转速 3600 rpm。

温度 °F	蒸气压力			
	113	11	114	123
−150.0				
−140.0				
−130.0				
−120.0				
−110.0				29.7
−100.0				29.5
−90.0		29.7		29.3
−80.0		29.6		29.7
−70.0		29.4	28.6	29.6
−60.0		29.2	28.0	29.4
−50.0	29.6	28.9	27.1	29.1
−40.0	29.5	28.4	26.1	28.8
−35.0	29.4	28.1	25.4	28.6
−30.0	29.3	27.8	24.7	28.3
−25.0	29.2	27.4	23.8	28.1
−20.0	29.0	27.0	22.9	27.7
−15.0	28.8	26.6	21.8	27.4
−10.0	28.7	26.0	20.6	26.9
−5.0	28.4	25.4	19.3	26.4
0.0	28.2	24.7	17.8	25.9
5.0	27.9	23.9	16.2	25.2
10.0	27.5	23.1	14.4	24.5
15.0	27.2	22.1	12.4	23.7
20.0	26.7	21.1	10.2	22.9
25.0	26.3	19.9	7.8	21.9
30.0	25.7	18.6	5.1	20.8
35.0	25.1	17.1	2.2	19.5
40.0	24.4	15.6	0.4	18.2
45.0	23.7	13.8	2.1	16.7
50.0	22.9	12.0	3.9	15.0
55.0	21.9	9.9	5.9	13.2
60.0	20.9	7.7	8.1	11.2
65.0	19.8	5.2	10.3	9.1
70.0	18.6	2.6	12.7	6.7
75.0	17.3	0.1	15.3	4.1
80.0	15.8	1.6	18.2	1.3
85.0	14.2	3.3	21.2	0.9
90.0	12.5	5.0	24.4	2.5
95.0	10.6	6.9	27.8	4.2
100.0	8.6	8.9	31.4	6.1
105.0	6.4	11.1	35.3	8.1
110.0	4.0	13.4	39.4	10.3
115.0	1.4	15.9	43.8	12.6
120.0	0.7	18.5	48.4	15.1
125.0	2.1	21.3	53.3	17.8
130.0	3.7	24.3	58.4	20.6
135.0	5.3	27.4	63.9	23.6
140.0	7.1	30.8	69.6	26.8
145.0	9.0	34.3	75.6	30.2
150.0	11.1	38.1	82.0	33.9

图 48.34　几种低压制冷剂的压力/温度关系

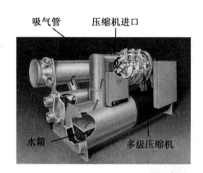

图 48.35　多级压缩(Trane Company 2000 提供)

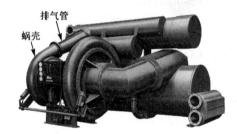

图 48.36　热蒸气经排气管排入冷凝器
(Trane Company 2000 提供)

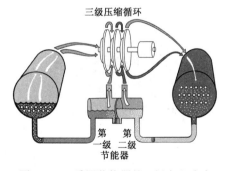

图 48.37　采用节能器的三级离心式冷水机(Trane Company 2000 提供)

利用多级压缩,我们可以从离开冷凝器的液体中排出制冷剂蒸气来过冷进入蒸发器计量装置的液体制冷剂。由于制冷剂蒸气利用压缩机的中间级排出,因此,液体制冷剂的温度对应于压缩机中间级的吸气压力,它低于冷凝温度所对应的压力。在用样标称容量和不增加泵送能耗成本的情况下,过冷过程可以使蒸发器有更大的容量。这种过冷过程也称为节能器运行过程,见图48.37。

单级压缩过程是利用转速高达30 000 rpm的单个压缩机来实现的,但这需要将3600 rpm的电动机转速通过齿轮箱提升至压缩机所需要的转速,见图48.10。这种压缩机的优点是体积小、重量轻。

系统所需的压缩级数取决于所采用的制冷剂。例如,冷水机组采用的绝大多数离心式压缩机均采用双管程的蒸发器和双管程的冷凝器。如果蒸发器具有7℉的接近温度,那么出水温度为47℉的冷水机组,其蒸发器中的制冷剂蒸发温度应为40℉左右。注意:如果冷凝器具有10℉的接近温度,即来自冷却塔的进水温度为85℉,出水温度为95℉,那么冷凝器的冷凝温度应为105℉左右,见图48.26。要满足这一系统的要求,压缩机的压力就必须大于以下各压力值:

制冷剂种类	蒸发器压力(40℉)	冷凝器压力(105℉)
R-113	24.4 英寸水银柱真空	6.4 英寸水银柱真空
R-11	15.6 英寸水银柱真空	11.1 psig
R-123	18.1 英寸水银柱真空	8.1 psig
R-114	0.44 psig	35.3 psig
R-500	46 psig	152.2 psig
R-502	80.5 psig	231.7 psig
R-12	37 psig	126.4 psig
R-134a	35 psig	134.9 psig
R-22	68.5 psig	210.8 psig

注意,对于R-113,压缩机仅需要将压力从24.4英寸水银柱真空提升到6.4英寸水银柱真空,即只有18英寸水银柱的压力差(18/2.036 = 8.84 psig);对于R-502的系统,压缩机则需将压力从80.6 psig提升到231.7 psig,即有151.1 psig的压力差。由此可见,如果某台压缩机适宜于R-113系统,那么对于其他的制冷剂系统,就必须采用不同的压缩机。对于不同的制冷剂,压缩机既不可能有同样的压力提升量,也不能在同样的压力范围内运行。如果一台压缩机可以在系统高压侧和低压侧均处于真空状态下运行,那么在231.7 psig的排气压力下,只能采用其他种类的压缩机。这两种压缩机箱体的实际厚度就相差很大。这样的比较可以帮助你建立起对不同的应用对象必须采用不同的离心风机的初步概念。

低压离心机冷水机组的许多技术性能参数及其运行与高压冷水机组完全相同或非常相似。图48.38为一台高压冷水机组的壳体剖视图,但看上去与绝大多数低压冷水机非常相似。

低压系统上的蒸发器针对制冷剂管路和水管路都有相应的工作压力,低压冷水机组的蒸发器必须能与常用的R-113、R-11或R-123制冷剂相匹配。因为是低压冷水机,壳管的制冷剂侧不需要像高压冷水机组那样高的机械强度,由于压力较低,整个机组的重量也就可以大幅下降。低压冷水机壳管上的制冷剂工作压力只有15 psig,因此,这种系统所采用的制冷剂安全装置也称为破裂型安全膜,它的卸压压力仅为15 psig,且通常安装于系统低压侧、蒸发器段或吸气管上,见图48.39。这种装置可以防止壳管出现过高压力。

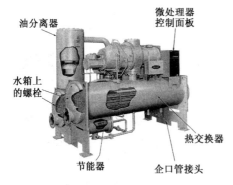

图48.38 高压冷水机壳管剖视图,低压冷水机的壳管与它非常相似(Carrier Corporation 提供)

图48.39 破裂型安全膜(York International 提供)

48.23　低压冷水机组的冷凝器

冷凝器是系统的排热构件。低压冷水机上采用的冷凝器均为水冷式冷凝器。像高压系统一样,这部分热量最终还是要排入大气。当然,在某些生产性过程中,有时还需要将这部分热量进行回收,用于其他应用对象。

低压冷水机组中的水冷式冷凝器多为壳管式冷凝器,即水在管内循环,制冷剂在管外流动。壳管必须能承受与所用制冷剂相适应的工作压力和 150~300 pisg 的水侧工作压力。系统的排出热蒸气从冷凝器顶部排入,见图 48.36。

由于冷凝器是系统的排热构件,其排热容量的大小决定了制冷系统运行的排气压力。低压冷水机组的冷凝器通常设置在蒸发器上方。由压缩机将制冷剂以蒸气方式提升至冷凝器的液位高度。当制冷剂在冷凝器中冷凝成液体后,它即以重力,在非常小的压差状态下,经计量装置流入蒸发器。此时必须对排气压力进行控制,以免其压力下降过大,甚至低于设计的压力降。

水冷式冷凝器也有过冷管路。过冷管路的作用在于使液态制冷剂的温度降低至冷凝温度以下。其采取的方式是在冷凝器底部设置一个独立的储液室,在储液室内,由冷凝器的进水(水温为 85℉左右)从冷凝后的温度为 105℉的液态制冷剂上吸收热量,这样就可以使整个系统获得更高的效率,见图 48.25。

48.24　低压冷水机组的计量装置

计量装置可以阻止液态制冷剂返流,同时以正确的流量向蒸发器送入液态制冷剂。低压冷水机组常用的计量装置有两种:孔板和高压侧或低压侧浮球。这两种计量装置在论述高压冷水机组时均做过详细介绍。

48.25　不凝气体排除装置

采用某种低压制冷剂的离心式冷水机组在系统运行时,其低压侧必然处于真空状态。如果系统采用 R-113,那么其整个系统均处于真空状态之下,这就意味着只要有泄漏,因为整个系统均处于真空状态下,就必然会有空气进入系统,见图 48.40,空气进入系统往往会引起多种故障。空气中含有氧气和水汽,它与制冷剂混合后极易形成弱酸,最终腐蚀电动机绕组,引起损坏,甚至使电动机烧毁。空气还能在机组运行过程中进入冷凝器,但它无法冷凝,并引起排气压力升高。如果有较多的空气进入系统,那么其排气压力就会持续上升至机组出现"喘振"的状态,或是排气压力过高,机组自行关机。

空气进入冷凝器后,往往会积聚在冷凝器顶部,并占据冷凝器的有效空间。这部分空气可以采用排气系统予以收集、排除。排气系统是一组独立装置,它设有用于收集冷凝器顶部气体样本的压缩机,然后设法在另一个独立冷凝器中予以冷凝。如果这部分来自冷凝器顶部的气体可以冷凝,那么说明它是制冷剂,排气系统将这部分制冷剂返回系统,见图 48.41;如果这部分样本气体不能冷凝,那么排气系统的压力就会上升,卸压阀即将这部分样本气体全部排向大气。

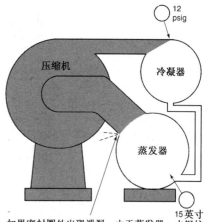

如果密封圈处出现泄漏,由于蒸发器处于真空状态,就会有大量空气进入蒸发器,这部分空气由压缩机泵送到冷凝器后,由于不能冷凝即聚积在冷凝器中

图 48.40　低压冷水机组出现泄漏后的情况

排气系统有多种类型,尽管效率有所不同,但都具有同样的功能。其中的几种都利用系统高压侧和低压侧间的压力差来获得排气系统压缩机产生的同样压差状态,然后再通过一个冷凝器将样本气体中的制冷剂全部冷凝。

☆老式的排气系统效率较低,排入大气的样本气体中含有较高比例的制冷剂。由于环境问题以及走失的制冷剂成本较高,因此,如今人们常常将这类老式排气系统视为效率低、花费大的系统。现在的排气系统必须高效,排气时制冷剂的损失均低于 1%。☆

图 48.42 为新式排气系统,它卸压时排出的制冷剂量极少,且只有在存有空气时,才有可能将极少量的制冷剂排向大气。如果系统不存在泄漏,系统内也就不可能含有空气,排气系统也就没有了用武之地。

也有些制造商借助于压力开关和电磁阀来释放排气系统的压力。当排气系统运行时,控制面板上的指示灯就会点亮通知操作人员,操作人员也可以此为依据了解此时系统是否有泄漏,是否有空气进入系统。当排气系统自动卸压次数较为频繁时,可以认定系统存在泄漏。

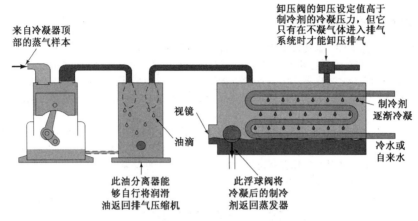

来自冷凝器顶部的蒸气样本

卸压阀的卸压设定值高于制冷剂的冷凝压力,但它只有在不凝气体进入排气系统时才能卸压排气

视镜

油滴

制冷剂逐渐冷凝

冷水或自来水

此油分离器能够自行将润滑油返回排气压缩机

此浮球阀将冷凝后的制冷剂返回蒸发器

图 48.41　排气系统的工作原理

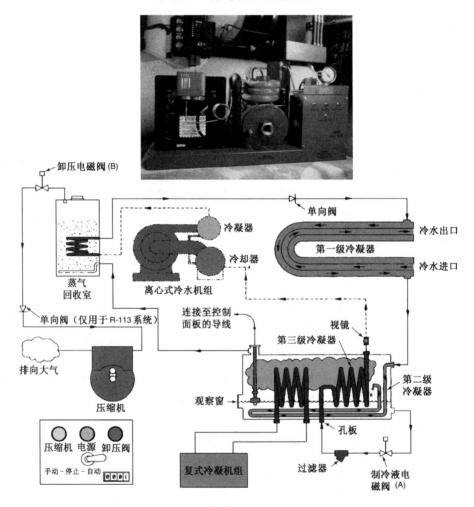

卸压电磁阀 (B)

单向阀

冷凝器

冷却器

第一级冷凝器

冷水出口

冷水进口

蒸气回收室

离心式冷水机组

单向阀（仅用于 R-113 系统）

连接至控制面板的导线

视镜

第三级冷凝器

第二级冷凝器

排向大气

观察窗

压缩机

压缩机 电源 卸压阀

手动 - 停止 - 自动

孔板

复式冷凝机组

过滤器

制冷液电磁阀 (A)

图 48.42　新式排气系统,它在排放不凝气体时,从中走失的制冷剂量很少

48.26　吸收式空调冷水机组

吸收式制冷是一种与前面几章讨论的压缩式制冷完全不同的制冷过程,吸收式制冷过程采用热量作为驱动源,而不是压缩机。当某种热源量大且价格又较便宜时,或是某种生产过程的副产品时,吸收式制冷就成为一种

价廉物美的空调冷源。例如,在需要采用蒸气的生产流程中,采用的蒸气压力一般为 100 psig,在蒸气返回锅炉之前,必须使其冷凝。对于空调的冷水机组来说,将蒸气在吸收式制冷系统中冷凝就是一种上佳的选择,在这种情况下,空调冷水机组就会有最低的运行成本,其他也就是与系统有关的水泵运行费用。在另一种情况下,也就是在没有价廉现成蒸气的情况下,在夏季,天然气也是一种相对便宜的燃料,燃气公司一直在设法开拓夏季的天然气消费市场,因为他们冬季的销售额取决于夏季的销售量。有些燃气公司甚至采用免费安装燃气设备等奖励措施来刺激夏季低谷阶段的燃气消费。☆吸收式制冷设备设置也需要在真空状态下运行,但它完全不需要采用卤化物类制冷剂。☆

　　除了冷水机组的冷水管线和冷凝器的冷却水管路以及吸收式制冷系统的蒸气或热水管线外,吸收式冷水空调设备看上去与锅炉非常相似。如果是直接加热型机组,那么燃油燃烧器或燃气燃烧器就是系统的一部分。图 48.43 是由不同制造商生产的各种吸收式冷水系统。小容量的机组一般均为整体式,也就是说,由机组生产厂家完成全部的装配与测试,并以单件形式发货运输。由于它必须以单一组件的方式移动,因此其所有系统构件均设置在一个机架上或一系列的箱体内,其设备的规格大小也因此受到限制。这类吸收式冷水空调设备的容量均以冷吨为单位标注,其容量范围为 100 冷吨左右至 1700 冷吨。1700 冷吨的系统已非常大。大冷量的机组也可分段制作,从而便于吊装,移入机房内,见图 48.44。各段块除了必须在现场进行焊接以外,通常在生产厂家内进行预装,做对中调整。

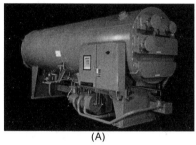
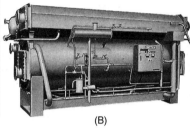
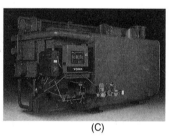

　　　　(A)　　　　　　　　　　(B)　　　　　　　　　　(C)

图 48.43　吸收式冷水机组((A)Trane Company 2000 提供,(B):Carrier
Corporation 提供,(C):York Inernational 提供)

　　在某些方面,吸收式制冷系统的工作原理与压缩式制冷系统有很大差异,但在其他方面又与压缩式系统有许多相似之处。在理解制冷循环的整个过程之前,首先要理解压缩式制冷的整个运行过程。在压缩循环的冷水机组中,制冷剂的蒸发温度受持续蒸发的液态制冷剂上方蒸气压力控制,而这个蒸发压力又受压缩机的控制。图 48.45 为一个用水作为制冷剂的制冷系统。要使水在 40℉ 的温度下蒸发,就必须将这部分水置于 0.248 英寸水银柱的绝对压力,即 0.122 psig 的压力环境之下。图 48.46 是水的一部分压力/温度对应值。除了来自水蒸发的蒸气体积特别大之外,如果采用压缩机,这一制冷循环系统应当是能正常运行的。当然,每磅水在 40℉ 的温度状态下蒸发时,压缩机就必须排送 2444 ft³ 的水蒸气。图 48.47 为水在不同温度下的部分比容值。对于将水作为制冷剂的制冷系统来说,采用制冷压缩机显然是不现实的。

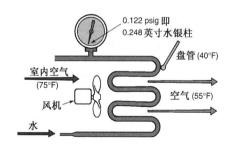

图 48.44　此机组在吊装进机房后,再进
行装配(Carrier Corporation提供)

图 48.45　用水作为制冷剂

　　吸收式制冷机组采用水作为制冷剂,但不是用压缩机来产生压力差。吸收式制冷机组利用这样的一个客观事实:某些盐水溶液对水具有足够的吸引力。这些盐水溶液可以用来产生压力差。读者可能已经注意到:在炎

热潮湿的气候状态下,盐粒能够吸收水汽,达到一定程度之后,其自身也会变得湿润,见图48.48。此外,吸收式制冷系统还要用到另一个概念:只要将水的压力降低一定程度,水就会在较低的温度下汽化。实际中,我们采用一种称为溴化锂(Li-Br)的盐水溶液作为吸收剂来代替水。溴化锂用于吸收式制冷系统时是一种液态溶液。溴化锂水溶液用蒸馏水稀释,它实际上是一种含有约60%溴化锂和40%水的混合物。吸收式制冷中的"吸收"两个字意味着吸收水汽。

温度	绝对压力	
°F	lb/in.²	in. Hg
10	0.031	0.063
20	0.050	0.103
30	0.081	0.165
32	0.089	0.180
34	0.096	0.195
36	0.104	0.212
38	0.112	0.229
40	0.122	0.248
42	0.131	0.268
44	0.142	0.289
46	0.153	0.312
48	0.165	0.336
50	0.178	0.362
60	0.256	0.522
70	0.363	0.739
80	0.507	1.032
90	0.698	1.422
100	0.950	1.933
110	1.275	2.597
120	1.693	3.448
130	2.224	4.527
140	2.890	5.881
150	3.719	7.573
160	4.742	9.656
170	5.994	12.203
180	7.512	15.295
190	9.340	19.017
200	11.526	23.468
210	14.123	28.754
212	14.696	29.921

图48.46　水的压力-温度对应值

温度		水蒸气比容	绝对压力		
°C	°F	ft³/lb	lb/in.²	kPa	in. Hg
−12.2	10	9054	0.031	0.214	0.063
−6.7	20	5657	0.050	0.345	0.103
−1.1	30	3606	0.081	0.558	0.165
0.0	32	3302	0.089	0.613	0.180
1.1	34	3059	0.096	0.661	0.195
2.2	36	2837	0.104	0.717	0.212
3.3	38	2632	0.112	0.772	0.229
4.4	40	2444	0.122	0.841	0.248
5.6	42	2270	0.131	0.903	0.268
6.7	44	2111	0.142	0.978	0.289
7.8	46	1964	0.153	1.054	0.312
8.9	48	1828	0.165	1.137	0.336
10.0	50	1702	0.178	1.266	0.362
15.6	60	1206	0.256	1.764	0.522
21.1	70	867	0.363	2.501	0.739
26.7	80	633	0.507	3.493	1.032
32.2	90	468	0.698	4.809	1.422
37.8	100	350	0.950	6.546	1.933
43.3	110	265	1.275	8.785	2.597
48.9	120	203	1.693	11.665	3.448
54.4	130	157	2.224	15.323	4.527
60.0	140	123	2.890	19.912	5.881
65.6	150	97	3.719	25.624	7.573
71.1	160	77	4.742	32.672	9.656
76.7	170	62	5.994	41.299	12.203
82.2	180	50	7.512	51.758	15.295
87.8	190	41	9.340	64.353	19.017
93.3	200	34	11.526	79.414	23.468
98.9	210	28	14.123	97.307	28.754
100.0	212	27	14.696	101.255	29.921

图48.47　水的比容值

简化后的吸收式系统与图48.49的简图非常相似。这不是一个完整的循环系统,而是为了便于理解做了较大简化后的原理图。整个吸收式制冷循环可以按这样的思路来理解。

1. 图48.50中的装置相当于蒸发器系统。计量后的制冷剂(水)通过一个节流装置(孔板)进入蒸发器段。在进入孔板之前,它一直具有温热的温度,流过孔板后,突然进入一个低压区域(约为0.248英寸水银柱的绝对压力,即0.122 psig)。压力的突然下降,使水的温度也同时下降。水滴在蒸发器管束下方的集水盘上,然后由制冷剂循环泵将水带到喷头上,喷撒在蒸发器的管束上,这样就可以将来自系统的循环水将管束表面湿润。此时,由来自系统水的热量将制冷剂蒸发。水不断地被加热、蒸发。同时,还需通过上端的孔板对蒸发后的水量进行补充。

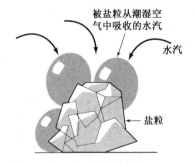

图48.48　处于潮湿区域内的盐粒

2. 图48.51为吸收器部分,它相当于压缩式循环系统中压缩机的吸气侧。盐溶液(Li-Br)的喷淋是一种在非常低压的状态下对蒸发后的水蒸气进行吸收。当然,这部分水蒸气即迅速溶入盐水溶液中。溶液通过喷头反复循环,使溶液有了吸引水蒸气的更大的表面积。随着不断吸入水分,溶液自身也逐渐被水所稀释。如果这部分水分不排除,溶液就会越来越淡,它将对水不再有任何吸收力,整个过程也就不能持续,因此,此时会由另一个泵不断地将部分溶液送到下一个称为浓缩器的环节。被送往浓缩器的这部分溶液,由于含有从蒸发器吸收的水,因此被称为稀溶液。

3. 图48.52为浓缩器和冷凝器部分。稀释后的溶液被送到浓缩器之后即进行蒸发,这一蒸发过程将水变成了水蒸气,并离开溶液,被吸引到了冷凝器的盘管上。水蒸气冷凝成液体后汇聚在一起,经计量后,通过孔板又进入蒸发器。将水蒸发的热源是蒸气或本例中的热水,当然也可以采用直接燃烧式的加热设备。这部分内容将在后面讨论。浓缩后的溶液再由吸收器水泵排回吸收器区域,进行循环运行。

由此可见,吸收过程并不复杂。系统中唯一的运动构件是泵电动机和叶轮。

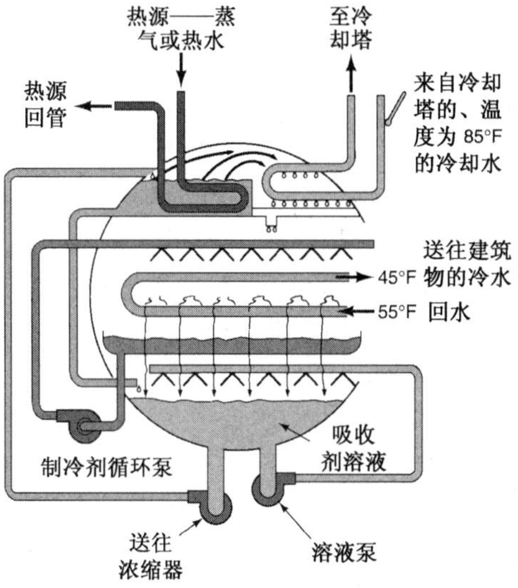

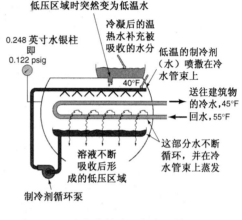

图 48.49　简化后的吸收式制冷设备

图 48.50　吸收式制冷设备中的蒸发器部分

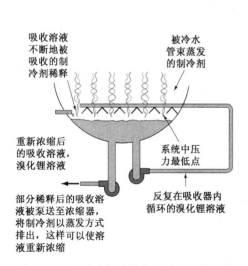

图 48.51　吸收式制冷设备中的吸收器部分

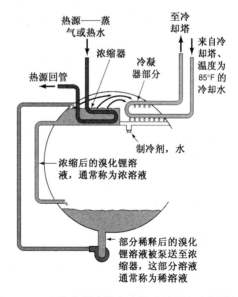

图 48.52　吸收式制冷设备中的浓缩器和冷凝器部分

在此循环系统中再添加一些其他功能,就可以使整个系统更加高效地运行,其中之一可见图48.53。这是一个冷却塔的冷却水与吸收器中的吸收溶液间形成的热交换过程,这一热交换过程可以排除水蒸气被吸收溶液吸收时产生的热量。

图48.54是一段稀释溶液与浓缩后溶液间的热交换器。这一热交换过程有两个目的:对进入浓缩器前的溶液进行预热;对进吸收器部分的浓溶液进行预冷。它非常像家用冷柜中吸气管与液管间的热交换过程。如果没有这样的热交换过程,吸收系统的效率就会非常低。

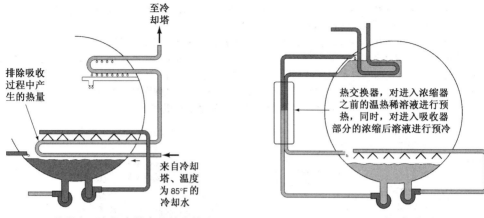

图 48.53　吸收器中用以提高效率的热交换段　　　　　图 48.54　两股溶液间的热交换

有些制造商还研发了一种采用更高压力或热水的双级吸收式制冷设备,见图 48.55。其蒸气压力可以达到 115 psig,或是温度为 370℉的热水。这类设备相对上面所提到的单级系统来说具有更高的效率。

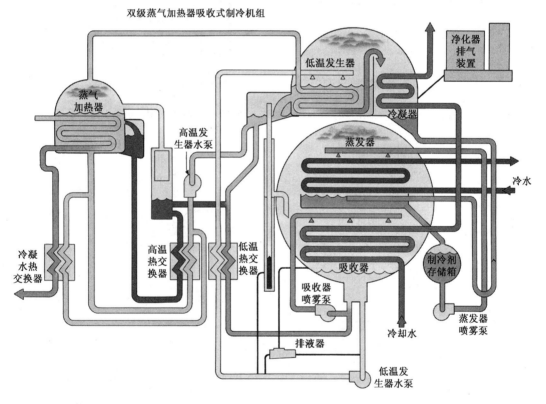

图 48.55　双级吸收式机组(Trane Company 提供)

48.27　溶液的浓度

溶液的浓度决定了吸收式机组实现其功能与容量的能力。稀溶液与浓溶液间的浓度差越大,机组就可以在蒸发器中以更低的压力吸收水分,进而获得更大的容量。如果浓缩后的溶液具有过高的浓度,那么此溶液就会逐渐析出矿盐。如果真出现这样的情况,浓缩后溶液的流动就会部分或完全停止,最终导致机组停止制冷,溶液也会逐渐出现"硬化"或"结晶"。为了将这些较硬的盐晶体融化,需要做大量的维修工作。因此,水与溴化锂必须具有完美的平衡。调整溶液浓度是安装完成后的一项主要工作。有些机组出厂时并不充注溶液,而需要在现场加入溶液。溴化锂一般用钢制圆筒装运。首先根据估计量加入溴化锂,然后再加入作为制冷剂的蒸馏水。技术人员常把充注量的调节称为调平,其调节方法与压缩制冷循环系统有点类似。

一般来说,技术人员只要将机组内的溴化锂和水含量调整至大致正确即可,然后启动机组。之后机组逐步运行至满负荷状态。其满负荷状态可以通过检测蒸发器两端的温降和蒸气的全压来确定,正常的压力应为 12 ~ 14 psig(无论是采用热水,还是采用直接加热设备,其压力值基本相同)。达到满负荷运行状态时,技术人员可以抽取少量稀溶液和浓溶液样本,利用比重计检测其比重,见图 48.56。比重是某种物质重量与同体积水重量的比值。技术人员应当知道制造商的技术文件中或溴化锂压力/温度表中所表述的比重读数的含义。要获得正确的比重值,既可以添加水量,也可以排除部分水量。

在某些情况下,技术人员可能很难每次启动时都能获得满负荷的运行状态,因此,溶液浓度的调整可能是一个相对较长的过程。只有在达到满负荷运行的状态下,才能使机组调整到相对平衡的状态。也有些制造商提供在部分负荷下的调整图表。

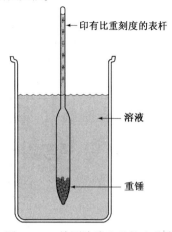

图 48.56　检测溶液比重的比重计

48.28　吸收式制冷系统中的溶液

吸收式制冷系统中的溶液具有腐蚀性。铁锈就是一种氧化物,而且只要有腐蚀物和氧气的地方,就会发生腐蚀。吸收式制冷机组采用钢等材料制作,而且整个机组内不断流动的是盐水溶液,因此,只要有氧气,就必然会发生腐蚀。设备制造过程中,要想使系统中的所有工作部件处于无氧的环境中,这几乎是不可能的。

溶液需要在整个系统内反复循环,因此,必须使系统保持尽可能清洁,某些溶液必须流通的通道往往很小,如吸收器中的喷头。制造商通常会采取不同的方法来排除可能会堵塞小通道的各种固相物。过滤器会阻止固体颗粒,磁吸引装置可以吸引可能出现在环路中的钢屑杂质。尽管在液体管路中设有多层过滤,吸收式制冷系统中的溶液仍会变色。当发现流体出现这种情况时,技术人员可能会有这样的想法:应该将机器报废,重新安装一台新机组。事实上,这些流体很可能只是带上了锈水的颜色,它丝毫不会影响机组的正常运行。溶液变色、甚至看上去非常混浊是非常正常的事情。

48.29　吸收式制冷系统的循环泵

溶液必须在吸收式系统的各个部件中反复循环,系统中有两种不同的流体流动:溶液的流动和制冷剂的流动。有些吸收式机组就设置这样两个循环泵,见图 48.57。当然,也有些制造商采用 3 个循环泵,还有一家制造商采用一台电动机,在电动机轴端拖动 3 个循环泵。

无论循环泵的规格型号是什么,其结构形式均相似,同为离心式液泵,而且,其叶轮和主轴均采用不会腐蚀的材料制成,否则,在运行一段时间、出现腐蚀之后则根本无法维修。液泵必须由电动机拖动,同时应特别小心不使空气在运行过程中进入泵体内。正因为此,制造商常常将电动机进行完全密封,使其仅仅在系统空气压力下运行。液泵处于其泵送的实际溶液中,而电动机绕组被封闭在自己的系统溶液无法进入的空气环境中。这些电动机必须予以冷却,因此,系统上常采用来自蒸发器的低温水或常规自来水来达到冷却电动机的目的。

电动机必须定期维护,即使在制造商提醒进行维护之前机组一直运行正常,但最终维修还是一项必不可少的工作,因为机组内含有轴承等运动部件。不同的制造商往往会有不同的电动机维护方法,如果溶液不需要排除,那么电动机及其传动机构的维护工作就非常方便。但是,如果必须将溶液排出,那么整个维护工作就会涉及采用干氮气将系统压力提高至大气压力以上,将溶液推出系统。一旦这项工作完成,整个维护工作就接近尾声了。必须将氮气全部排出,这是一个比较长的过程,然后对系统重新充液。

48.30　容量控制

常规吸收式制冷系统常采用对送往浓缩器的热量进行减压调节的方法对系统实施容量控制。利用蒸气加热的常规系统在满负荷运行状态下,其蒸气压力一般为 12 ~ 14 psig 左右,在一半容量时,只需给予6 psig 左右的压力即可。蒸气压力可采用调压阀控制,见图 48.58。热水和直接供热的机组也可以采用同样的方法予以控制。有些制造商也采用其他控制器来实现容量的控制,即控制机组内的流体流量,如控制送往浓缩器的稀(稀释后)溶液流量就是一种比较实用的方法,因为容量降低,需要浓缩的溶液量也相应减少。

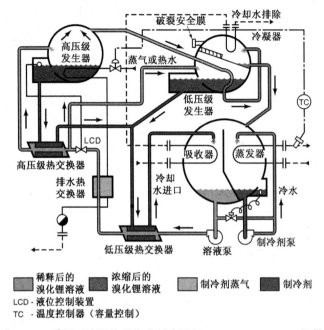

图 48.57　采用双液泵的吸收式制冷机组(Carrier Corporation 提供)

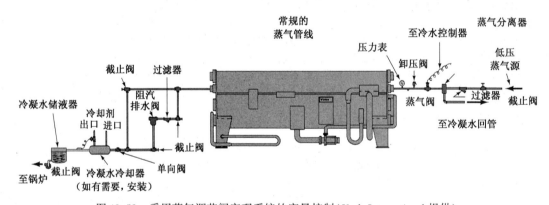

图 48.58　采用蒸气调节阀实现系统的容量控制(York International 提供)

48.31　溶液的结晶

　　吸收式制冷系统采用的盐水溶液有可能因浓度太高而出现转变为矿物盐的情况,这种现象称为结晶。如果机组的运行状况不正常就会出现这种情况。例如,在有些吸收式制冷系统中,如果机组在满负荷状态下运行,来自冷却塔的冷却水温度过低,那么此时的冷凝器效率就大幅度提高,冷凝器就会从浓缩溶液中排除更多的水,导致浓溶液中的含水量大幅下降。当这样的溶液通过热交换器时就会结晶,并堵塞溶液的流动。如果不予纠正,就会发生管路的完全堵塞,机组也无法制冷。由于一旦出现这样的故障往往很难排除,因此各家制造商采取了各种方法来避免出现这样的情况。一家制造商认为解决问题的关键是在热交换器的两端设置一定的压力降,其采取的方法是打开制冷剂管路和吸收器流体管路间的一个阀门,使浓度非常低的稀溶液在一个足够长的时段内不断地流过结晶物以解决这一问题。问题解决之后,再将阀门关闭,系统恢复正常运行。另有一家制造商则在出现过度浓缩时,将机组负荷量减小,做稀释运行。

　　导致溶液结晶有多种原因,冷凝器冷却水温度过低是其中之一,机组满负荷运行过程中突遇电源故障而停机是另一个主要原因。机组正常关机时,溶液泵一般都会在关机之后持续运行数分钟来稀释浓溶液。如果是电源故障,机组不能正常地关机,则很可能出现溶液的结晶现象。

由于机组是在真空状态下运行的,因此系统上无论何处出现泄漏,都有可能使大气压力下的空气进入机组内。系统内的空气也会引起溶液结晶。

48.32　排气系统

排气系统可以在机组运行过程中将不凝气体从吸收式制冷机组中排除。

所有的吸收式机组都在真空状态下运行,因此,如果存在泄漏,空气就会自行进入系统。在一台 500 冷吨的机组内,如果含有一个软饮料瓶体积的空气量,那么此机组的容量就会受到影响。当空气进入真空环境中时,其体积就会迅速膨胀,因此,吸收式机组必须保证绝对无泄漏。所有的溶液管线接口均应尽可能地在厂家内完成焊接。常规的整体型、吸收式冷水机组在厂家内装配时都必须通过最严格的泄漏测试,即所谓的质谱分析。在这项测试过程中,整台机组用一个氦包围住,然后将系统抽成深度真空状态,并同时利用质谱仪对真空泵的排气进行分析,以确定排气中的含氦量,见图 48.59。氦是一种分子量很小的气体,即使是非常小的泄漏,它也能渗入。

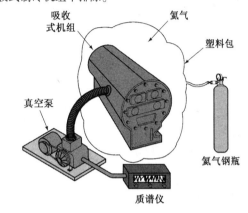

图 48.59　在生产厂家内对吸收式机组进行检漏

即使采取了最为严格的检漏测试和焊接操作,系统在运往现场的过程中仍有可能出现泄漏。此外,经多年运行和维护之后,也有可能会产生泄漏。如果存在泄漏,就必须将不凝气体排除。

吸收式制冷系统在正常运行过程中,自身也会产生少量的不凝性气体,这是因为系统内各构件或组分在正常运行过程中会产生氢气和其他一些不凝气体,尽管可以采用添加剂等手段将其限制在最小的数量范围之内,但它能持续不断产生,此时只能依靠排气系统和操作人员使机组尽可能避免这些不凝性气体。

常规的吸收式制冷系统上有两种排气系统:一种是带动力的排气系统,一种是不需要动力的排气系统。不需要动力的排气系统利用系统液泵使不凝气体排向一集气室内,然后由机组操作人员予以排除,见图 48.60。这种排气方式在机组处于运行过程中时效果很好,但如果机组需要维修以及采用氮气对系统进行增压时就无多大用处了。这种机组的制造商一般会提供可选择的带动力的排气系统以用于排除较大数量的不凝性气体。

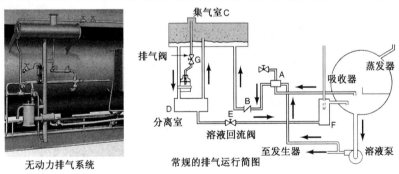

图 48.60　不凝性气体的集气室(Carrier Corporation 提供)

带动力的排气系统基本上就是一台双级真空泵,它能将吸收器中任何不凝气体吸收,并将其排向大气。由于吸收器也在一个较低的真空状态下运行,因此,其气体样本中应仅含不凝气体或水蒸气,见图 48.61。这种带动力的排气系统需要少量维护,因为蒸气具有腐蚀性并且会吸入真空泵内。真空泵内的润滑油必须定期更新以避免真空泵损坏。真空泵价格较高,必须注意认真维护。

48.33　吸收式系统的热交换器

吸收式系统与压缩式冷水机组一样设有多个热交换器,且设置的热交换器数量还要多——蒸发器、吸收器、浓缩器、冷凝器,如果为二级系统,还有第一级和第二级热交换器。这些热交换器与压缩式系统的热交换器相似,只是稍有不同,它也含有传热管,传热管常采用铜管或铜镍管(一种用铜和镍两种组分制成的传热管)。

冷水换热管将来自建筑物的回水中的热量取出,然后将它传递给制冷剂(水)。冷水管路通常是一个封闭的环路,因此,除了水处理装置,整个环路几乎不需维护。管束的末端可以进入进行清理。这些机组通常均配置船形水箱或标准水箱。吸收式系统的这一部分必须采取一定的措施来防止来自机房内的热量传入机组的低温构件。有些吸收式系统上的这一部分常配置保温材料,甚至采用双层保温材料来阻止热交换。像压缩式冷水机组一样,吸收式机组热交换器的制冷剂与排出的冷水之间也有一个接近温度。对于吸收式冷水机组来说,如果这一热交换过程正常的话,那么其接近温度应在 2℉~3℉,见图48.62。

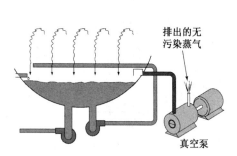

图 48.61 从吸收式机组排出的无污染的蒸气

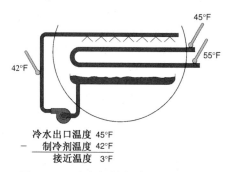

冷水出口温度 45℉
－ 制冷剂温度 42℉
接近温度 3℉

图 48.62 冷水与制冷剂间的接近温度

吸收器热交换器用于吸收器溶液与从冷却塔返回冷却水之间进行热交换。在炎热的气温条件下,机组满负荷运行时,冷却塔的设计回水温度为85℉。经过这一热交换过程的水随后即进入冷凝器,在冷凝器中将制冷剂蒸气冷凝供蒸发器再次使用。离开冷凝器的冷却水在炎热气温下,机组满负荷运行时的温度约为 95℉~103℉,见图48.63。

常规吸收式机组的另一个热交换过程是两种加热媒体间的热交换,即蒸气、热水或烟道气与制冷剂之间的热交换。由于这种换热器的管束处于室内温度下,直至系统启动,热水或蒸气进入管束内,因此,其管束始终有较大的温差。但此时,由于传热管的膨胀,往往会出现很大的应力。多家制造商认为,在此过程中,整个传热管的长度可以伸长1/4英寸。各家制造商在应对这一应力问题上均有各自的方法。图48.64为能够浮动的管束,其目的在于使其产生的影响降低至最低限度。

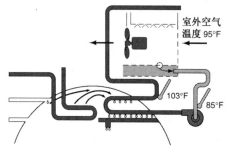

图 48.63 冷却塔管路

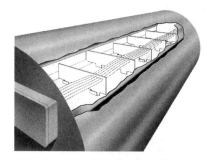

图 48.64 吸收式机组内传热管的膨胀(Trane Company 提供)

大多数吸收式机组制造商均在相应位置设置温度计测温孔,以便通过测定溶液温度来评定机组的工作性能,并且确定传热管是否结垢。各家制造商也同时针对各自生产的机组提供正确的温度值与应有的温差值。

48.34 直燃型系统

一些制造商还在吸收式机组上直接配置直燃设备,这些直燃设备常采用燃气或燃油作为热源。有些吸收式机组还配置有两种直燃系统,以满足既要燃气、又要有第二种燃料的需求。

这种机组的容量范围约为 100~1500 冷吨,它们既可以通过提供热水的方式为建筑物供热,也可以冷水方式为楼宇供冷。在某些情况下,这种机组可用于一些旧设施中,以替代锅炉和作为老型号吸收式机组的一个组成部分。图48.65为由两家公司生产的直燃型吸收式机组。

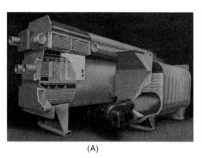

(A)　　　　　　　　　　　　(B)

图 48.65　直燃型吸收式机组((A):Trane Company 2000 提供,(B):York International 提供)

48.35　压缩循环冷水机组的电动机及驱动装置

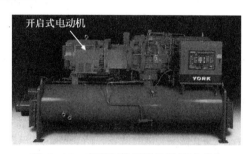

图 48.66　直接驱动压缩机的风冷式电动机(York International提供)

用于驱动高压和低压冷水机组的各种电动机均为高效三相电动机。电动机在运行过程中都会排出一部分热量,这部分热量必须及时排除,否则就会出现过热,甚至烧毁。有些制造商选择将电动机设置在空气中冷却,这样的风冷式电动机就会将热量排放在机房内,见图 48.66。从机房的角度来看,这部分热量也必须排除,否则机房就会过热。一般情况下,人们采用排风风机系统将这部分热量排向室外。此外,这样的压缩机必须设有轴封以防止制冷剂向大气泄漏,见图 48.67。在过去,这里往往是泄漏频发之处,但由于新式轴封和轴的同心度大幅度提高,已经使开式驱动的压缩机几乎可以完全避免这种情况。

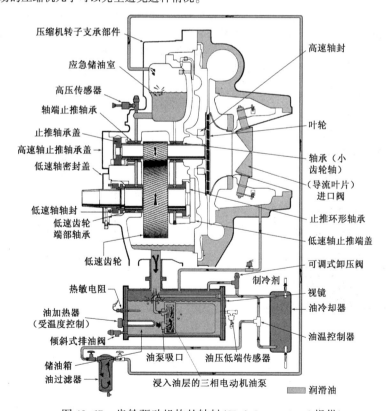

图 48.67　齿轮驱动机构的轴封(York International 提供)

　　压缩机电动机也可以利用离开蒸发器的制冷剂蒸气进行冷却,采用这种冷却方式的压缩机称为吸气冷却压缩机,它既可以是全封闭型,也可以是半封闭型。全封闭型压缩机体积较小,因此可以返回生产厂家进行改装,半封闭型压缩机则可以在现场进行改装。

　　压缩机电动机也可以采用将液态制冷剂送入电动机壳体内的方法予以冷却,液态制冷剂并不直接接触电动机或绕组,而是仅仅在电动机的冷却套管内流动循环,见图48.14。

　　电动机还必须通过防漏气接口连接较大容量的电源。外来的电源线通常通过一组由酚醛塑料制成的绝缘接线条板与从两侧边伸出的电动机线头连接。电动机线头固定在接线条板一侧,外来电源线头连接在条板的另一侧,并将用于密封的O形套固定在接线端上,见图48.68。为了保证接线条板与压缩机壳体间绝缘,接线条板下设有垫条。此接线条板一般需定期检查外来电源线的固定情况。线头松弛产生的热量会使接线条板熔化,引起漏电,并导致更大的事故。

　　用于各种冷水机组中的电动机均价格不菲。为了保护电动机,制造商曾设想将电动机在某种保护气体中运行来延长电动机的使用寿命。此外,对于电动机来说,正确的启动方式也是延长电动机使用寿命的关键之一。

　　大容量电动机通常都采用一组称为启动器的组件来启动。启动器有多种类型。电动机启动时所产生的堵转电流约为满负荷电流的5倍。如果一台电动机满负荷电流为200安培,那么启动时,它所产生的启动电流将近1000安培。这样大的冲击电流往往会引起电源电流故障,因此,各家制造商都会采用不同的电动机启动方式,以使冲击电流和电源线路上的电压波动限制在最小范围之内。其常见方法是采取部分绕组启动法、自耦变压器法、Y-Δ接线切换法(常称为星形-三角形)和电子启动器。

48.36　部分绕组启动法

　　当压缩机电动机功率达到25 hp左右时,制造商通常都会利用部分绕组来启动电动机。通用型电动机一般有9个线头。同一台电动机可用于两种不同的电源电压,因此,压缩机可以通过改变电动机线头的连接方式,使同样的电动机适用于208/230伏和460伏两种不同的电源,见图48.69。这种电动机实际是一种二合一电动机。例如,100 hp的压缩机壳体内有两台分别为50 hp的电动机。当连接208/230伏的电源时,其两台电动机并联,每一台电动机分别启动,先是一台电动机启动,然后是另一台电动机启动。它采用两个电动机启动器和一个延时继电器,并使第二台电动机约延时1秒钟启动来实现这种分步启动的目的,见图48.70。当第一台电动机启动时,电动机轴即开始转动,第二台电动机随后启动,使压缩机转速上升至全速,根据电动机的额定转速不同,其转速达到约1800 rpm或3600 rpm,由于第二台电动机得电时电动机轴已处在运行状态,此时的冲击电流已经很小,因此此电源电路上所产生的始终只是50 hp电动机的冲击电流。

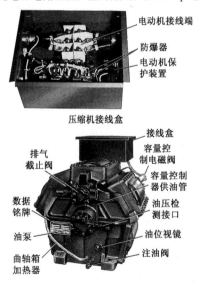

图48.68　封闭式压缩机的接线盒
(York International提供)

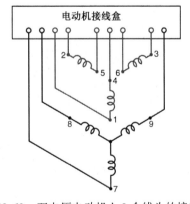

图48.69　双电压电动机上9个线头的接线端

　　当电动机用于460 V的电源时,两电动机则为串联,在电源线两端像一台电动机一样启动,见图48.71。电压越高,压缩机启动时的冲击电流也越小,因此,在150 hp左右的压缩机上都能看到这样连接的电动机。

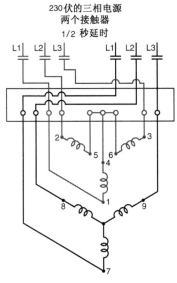

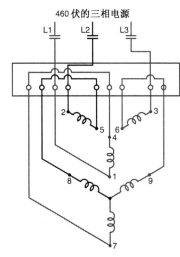

图 48.70 电动机的部分绕组启动法 图 48.71 连接 460 伏的电源时,两电动机为串联

48.37 自耦变压器启动法

自耦变压器启动装置实际是一种降压启动器。将一个类似变压器的线圈设置在电动机与启动器触头之间,启动过程中,将原先直接连接至电动机的电源经变压器后再接入电动机,从而可以使送往电动机的电源电压降低,直至电动机转速上升,见图 48.72。电动机转速上升后,接触器的一组触头闭合,使变压器短接,向电动机提供完整的电源电压。电动机运行后,连接变压器的电源触头断开,这样也可以使变压器区域内的热量降低至最低限度之内。

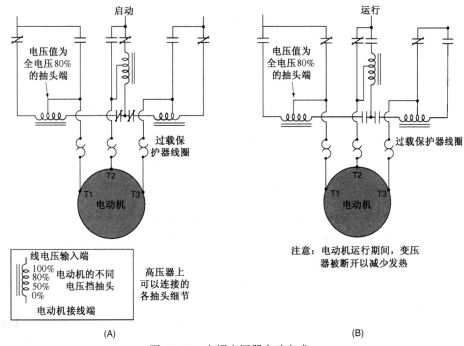

图 48.72 自耦变压器启动方式

由于电动机是在降压状态下启动的,电动机的启动扭矩非常小,因此,自耦变压器启动法仅能用于一些特殊场合,但这种电动机启动方式在仅需很小启动扭矩的大容量压缩机中非常普遍。例如,离心式压缩机,其在停机运行期间两端的压力完全平衡,在压缩机增速和导流叶板开始打开之前,它不存在气体被压缩的情况。

48.38 星形－三角形启动法

Y形－Δ形启动法常称为星形－三角形启动法。它常用于带有6个线头的大功率电动机和单相电源。如果电动机在Y形,即星形接法状态下运行,其产生的电流很少,那么此电动机可以在Y形,即星形接法状态下启动,见图48.73。但在其转速逐渐接近额定转速后,我们可以将其迅速转换为三角形接法,电动机在三角形接法的状态下拖动负载可以有更高的效率,见图48.74。从星形向三角形接法的切换是采用带有3个不同接触器(既可以是电气联锁,也可以是机械方式联锁)的启动程序器来完成:启动时,星形线路中的两个接触器得电,另一个接触器不得电,其他触头则等待三角形运行。电动机在星形接线状态下的运行时间取决于压缩机达到其额定转速所需的时间量。大容量离心式压缩机在星形接法状态下达到其额定转速约需要数分钟或更长时间,然后切换至三角形接法。

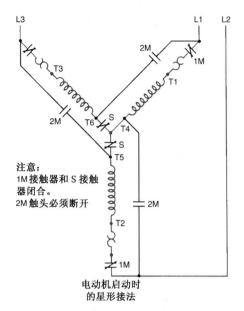

注意:
1M接触器和S接触器闭合。
2M触头必须断开

电动机启动时
的星形接法

图48.73 采用星形电路启动电动机

当电动机启动器开关从星形接法转换为三角形接法时,其星形电路由接触器负责切断,断开与否可以通过计量辅助触头动作时间和借助于一组联锁各接触器的连杆等电气和机械方式来证实,然后再切换为三角形接线方式。如果星形接法和三角形接法同时出现,就会出现相线与相线间完全短路,甚至使启动器彻底烧毁,因此,电气和机械联锁功能是必不可少的,见图48.75。

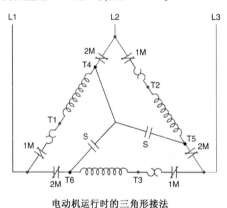

电动机运行时的三角形接法

注意:1M和2M触头闭合,S触头必须断开

图48.74 电动机运行时的三角形接法

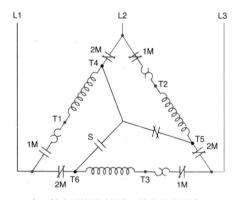

2M和S触头不能同时闭合,这些触头需采用电气联锁和称为机械联锁的连杆予以分离

图48.75 星形启动程序中的完全断路

当电动机线路完全切换为三角形接法后,若需切断后再连接,那么电动机上就会出现较大的电流。这一电流峰值很可能会引起电动机附近电路的电压故障,如处于同一线路和附近线路的计算机房的电路。因此,许多制造商在电动机启动器上设置一组电阻器,使其在线路从星形连接切换为三角形连接时担负载作用,这就是所谓的星形－三角形封闭式切换启动器。没有电阻器的启动器就是一个开式启动器。启动的电动机功率越大,也就更有可能采用封闭式的切换启动器。

所有上述启动器均采用开放式接触器来启动和停止电动机的运行。当这种接触器的多组触头组合在一起时,它们往往需要承受较大的冲击电流。电动机与线路断开时,两触头间始终会出现电弧,这种电弧非常像电焊中的电弧,因此时常会引起接触器的损坏,以致负载无法正常连接。触头上也会因为电弧形成大量蚀坑,此时必须尽快更新接触器。图48.76为中等容量接触器一组新、旧触头的对比情况。

启动器中的接触器也可以设置消弧罩,以消除触头从另一相触头分离时出现电弧的现象,这种消弧罩的安装位置必须正确,启动和停止电动机运行时能切实发挥作用,否则可能发生严重事故。

安全防范措施:采用启动器启动和停止大容量电动机运行时,启动器箱体内需消耗大量的电能。操作人员绝不能在启动器箱打开的情况下启动和停止电动机运行。如果启动器箱体内出现问题,特别是启动电动机时,其中大部分能量会转变为热能,导致熔化了的金属从箱门处喷出。千万不要冒险——一定要将箱门关闭。

48.39　电子启动器

如上所述,各种启动器所产生的冲击电流可达电动机满负荷电流时的 5 倍。如果采用电子启动器,那么这样的冲击电流就可以大幅下降,因此,电子启动器也称为软启动器。

图 48.76　新、旧触头的比较;许多启动器上的旧触头上布满了蚀坑 (Square D Company 提供)

这种启动器利用电子线路可以使电动机启动时的电压降低并改变电源频率,其结果可以使一台正常启动、堵转电流可达 1000 安培的电动机能够在堵转电流为 100 安培的状态下迅速启动,然后加速,达到电动机的额定转速。这种启动方式对所有其他启动装置来说都要方便许多,而且对电源电压波动的影响也大大降低。

此外,电子启动器不需要具有上述各种启动器中的断开触头等优点。

48.40　电动机的保护

驱动压缩机的电动机通常是系统中价格最高的构件,而且压缩机电动机功率越大,其价格也越高,因此也就越需要提供保护。家用冷柜中的小功率封闭式压缩机几乎没有什么保护措施。小容量冷水机组中采用的电动机一般都设置类似第 19 章所论述的电动机保护装置。这里,我们仅讨论用于螺杆式和离心式等大容量冷水机组上的电动机保护装置。

电动机保护装置的类型取决于系统的大小和类型。最近几年来,用于检测电压、温度和电流的各种电子装置有了很大的发展与提高,如今所能提供的各种电动机保护方法与数年前的情况已完全不同。但是,许多老式的电动机保护装置仍在广为使用中,甚至还要持续使用多年。

48.41　负荷限制装置

用于螺杆式和离心式冷水机组上的各种电动机常常采用负荷限制装置来控制电动机的电流量。负荷限制装置通过检测机组运行时的电流,然后对送往压缩机吸气口的制冷剂实施节流的方法来防止电动机在高于满负荷电流的状态下运行。负荷限制装置可以控制螺杆压缩机上的滑阀或离心式压缩机的导流叶板,见图 48.77。这种装置是一个非常精密的控制器,它可以在启动时进行调节,但对之后的运行不会带来任何问题。它是防止电动机过载的第一道防线,其设定值就是满负荷电流值。注意:如果系统在较高的电源电压下运行,满负荷电流值也必须相应地减小,因此不能只看铭牌上的电流值。对于降低后的具体电流值,应查阅每天的启动日志。

(A)　　　　　　　　　　　　　　(B)

图 48.77　(A)滑阀容量控制;(B)导流叶片控制((A):Trane Company 2000 提供,(B):York international 提供)

负荷限制器还具有使操作者能够将机组控制在人为降荷状态下运行的功能。通常情况下,对于螺杆式冷水机组来说,此负荷量可以在 10% ~100% 任意变化,对于离心式冷水机组来说,此容量调节范围则为 20% ~100% 。

大多数建筑物的耗电量均根据每月中某一时间段内,一般为 15 ~30 分钟内的最大电流量进行计算。尽管人们一直要求大多数电力公司按用户实际用电量以及用户电表计量的电量结算电费,但无论何时,只要有可能,在低于用户计费电量之下运行设备应当是合理的做法。例如,如果某办公楼在某月的最后几天根本不需要制冷,但操作人员却启动机组并让机组在满负荷状态下运行,使整个建筑物的温度迅速下降,那么这就像是为电力公司在提高用户的电表数,最后,大楼的物业管理公司还要为此支付似乎是整月满负荷运行的电费。这笔超支部分的电费完全可以通过操作人员使机组在卸荷状态下启动机组,并用较长的时间使建筑物降温的方法予以节省。如使冷水机组在 40% 的容量下运行,只是整个降温过程的时间延长些。

现在,许多建筑物都配置有计算机控制的电源管理系统。这种电源管理系统可以接管冷水机组的控制,使机组在峰值负载共况下以降容状态运行。例如,在某月的第 15 天已达到用户的耗电峰值,而此月的第 30 天需有较大的空调负荷量,那么一旦机组在高于耗电峰值的状态下运行,用户就要按这一天的耗电量支付全月的电费。此时,计算机就可以通过降低建筑物某一部分的耗电量来避免出现这样的情况。最常见的办法就是降低空调冷水机组的容量来达到这一目的。利用电子线路可以很方便地实现降容运行,甚至可以让建筑物内的设定温度升高几度来避免支付当月较高的电费。这种方法就称为"卸负",此举既可降低负荷量,又可减少用户的费用支出。

负荷限制装置的设定值为电动机的满负荷电流。例如,假定某电动机的满负荷电流为 200 安培,那么卸荷限制装置的设定值不要大于电动机的满负荷电流值,即 200 安培。

48.42 机电型电动机过载保护装置

所有电动机必须有相应的过载保护。绝不能容许电动机在高于其满负荷电流的状态下长时间运行,否则就会因电动机绕组发热而导致电动机损坏。不同的电动机都会有不同类型的保护装置。100 hp 以下小容量电动机的过载保护方式在第 19 章中已做过论述。

用于大容量螺杆式或离心式压缩机的机电型过载保护器一般是较为简单的缓冲式过载保护装置。这种装置的依据是电磁学原理:如果铁心上绕有线圈,当线圈中有电流流动时,此铁心就会移动。对于缓冲式过载保护器来说,无论是来自电动机的电流,还是电动机支路的电流,只要有电流经过铁心上的线圈,都能使铁心向上移动,见图 48.78。

大功率电动机过载保护器停机设定值一般为电动机满负荷电流的 105% 。例如,假设某电动机的额定电流为 200 安培,那么其过载保护装置的跳闸设定值应为 210 安培(200 × 1. 05 =210),同时应容许电动机在此电流状态运行数分钟,以避免停机之前不必要的过载跳闸。这些电动机均由负荷限制装置来限制电动机的电流值,因此,如果限制装置能正常发挥作用,那么电动机的电流值就不会长时间超出设定值,以至于要靠过载保护器来关机,因此正常情况下,电动机的电流应该不会大于其满负荷电流值。

之所以把该过载保护器称为缓冲式保护器,是因为它具有一定的延时特性,可以容许电动机继续延时运行一段时间。如果没有延时,那么冲击电流就会立即使过载保护器跳闸。缓冲保护器的延时效果是通过一个活塞和一种黏稠的流体来实现的,活塞必须上升通过这种黏稠流体后才能跳闸,见图 48.79。过载保护装置通过导线连接至主控制电路,跳闸时即可切断电动机电源。大功率电动机的过载保护装置均为人工复位,因此,操作人员应意识到系统一定存在某种故障。

48.43 电子固态电路过载保护装置

这类保护器像缓冲式保护器一样连接于控制电路中,但其作用和动作完全是一个电子控制器。它能够使电动机启动,同时能精确地监测电动机的满负荷运行电流。它一般设置在启动器内并安装于电动机引出线周围,以便精确测定电动机电流值。

48.44 防反复启动控制器

所有大功率电动机均应有防止在一特定时段内频繁启动的装置。防反复启动定时器就是一种防止电动机反复启动的装置,除非电动机已有足够的运行时间或停机时间能够消除最近一次启动所产生的热量。对于这个时间到底应为多长,各家制造商都有不同的想法。一般来说,电动机功率越大,它所需要的时间也越长。许多离心式压缩机约需要 30 分钟的时间。如果电动机已长时间未启动或已有 30 分钟等待启动,那么可以予以启动。对于特定型号的冷水机组,其所需的重新启动时间可查阅制造商提供的有关文件。

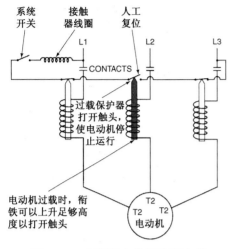

图 48.78　压缩机电动机过载时,铁
心上就会有电流流过

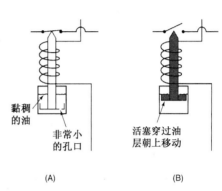

图 48.79　缓冲油可以使过载
保护有一定的延时

48.45　缺相保护

大功率电动机均采用三相电源。正常的电压值分别为 208 伏、230 伏、460 伏和 575 伏。某些特殊设备也采用更高的电压,如 4160 伏或 13 000 伏。无论电压多大,均必须有完整的三相线路,否则电动机就会立即过载。电子缺相保护器可以定时监测电源,保证在出现缺相状态时自动停机。

48.46　电压失衡

送往压缩机的电源电压必须保证在一定范围内的平衡。一般情况下,制造商容许的最大电压失衡量为 2%。

$$电压失衡量 = \frac{平均电压下的最大偏移量}{平均电压}$$

例如,一位技术人员在标称电压为 460 伏的电源系统上测得:

第 1 相与第 2 相的电压为 475 伏;

第 1 相与第 3 相的电压为 448 伏;

第 2 相与第 3 相的电压为 461 伏;

则平均电压为:

$$\frac{(475 伏 + 448 伏 + 461 伏)}{3} = 461.3 伏$$

相对平均电压的最大偏移量为:

$$475 伏 - 461.3 伏 = 13.7 伏$$

电压失衡量为:

$$\frac{13.7 伏}{461.3 伏} = 0.0297,即 2.97\%$$

此电压失衡量高于制造商容许的最大值。由于电压失衡往往会引起电动机过热,因此操作人员应关注电压的失衡问题。有些比较高级的电子监测系统具有电压失衡保护功能,它可以替代设备操作人员对电压失衡进行实时监测。

相电压失衡往往是建筑物内电力负载不平衡所引起的,否则就是电力公司的电源本身不平衡所致。

48.47　相位颠倒

三相电动机的转向是由电动机的接线方式决定的。如果电源的相位出现倒相,那么电动机的转向就会改变。这对大多数压缩机来说是非常有害的。由于往复式压缩机的油泵可双向转动,因此,一般情况下,往复式压缩机可以任意方向转动,但涡旋式、螺杆式和离心式压缩机只能朝一个方向转动。相位保护器通常是这些压缩机控制装置的一部分,任何带有独立式油泵的压缩机,如离心式压缩机,均不能在相位颠倒的情况下启动,这是因为相位颠倒后,油泵无法正常泵油。电力公司改变某建筑物内电流系统的相位或电工改变某建筑物内电路相位的情况并不少见。最好的办法是在任何人对建筑物内的电源系统进行维修之后,物业管理部门的技术人员应特别注意一下电源相位是否改变,也可以采用相位表来确定电源是否有正确的相位。对于大型商场或工业企业的技术人员来说,它也是一种便于携带的检测工具。

本章小结

1. 冷水机组直接冷却循环水。
2. 压缩循环冷水机组含有本书前面讨论的其他制冷系统所具有的 4 大基本构件:压缩机、蒸发器、冷凝器和计量装置。
3. 采用往复式压缩机的各种冷水机组常采用 R-22、R-134a 和其他不会对环境造成污染的替代型制冷剂。
4. 往复式压缩机采用汽缸卸荷的方法来控制容量。
5. 采用高压制冷剂的大容量冷水机组常采用螺杆式压缩机。
6. 这些压缩机的润滑一般都采用油泵和独立电动机。
7. 高压冷水机组中常用的蒸发器有直接膨胀式和满溢式两种蒸发器。
8. 高压冷水机组的冷凝器有风冷式和水冷式两种。
9. 许多冷凝器设有降低液态制冷剂温度的过冷管路。
10. 像蒸发器一样,冷凝器的制冷剂冷凝温度与出水温度间也有接近温度的相互关系。
11. 风冷式冷凝器不需要冷却水塔。
12. 离心式压缩机可以按多级串联方式构成,这种离心式压缩机称为多级压缩机。
13. 离心式压缩机的油泵可以在压缩机启动前得电,以润滑轴承。
14. 低压冷水机组常采用孔板或高压侧、低压侧浮球计量装置。
15. 离心式冷水机组采用低压制冷剂时,系统的低压侧始终处于真空状态,如果有泄漏,空气就会进入系统。
16. 吸收式制冷系统采用热作为动力,而不是压缩机。
17. 吸收式制冷系统将水作为制冷剂。
18. 吸收式冷水机组在其制冷运行中利用含有溴化锂的盐水溶液作为吸收剂。
19. 这些盐水溶液具有腐蚀性,应避免与空气接触。
20. 吸收式冷水机组也设有排气系统。
21. 电动机的控制器还包括:电动机过载保护装置、负荷限制装置、防反复启动控制器、缺相保护器、电压失衡保护器和相位颠倒保护器。

复习题

1. 采用冷水机组时,在建筑物循环的冷媒是_____。
2. 最基本的两种冷水机组是哪两种?
3. 用于冷水机组的 3 种压缩机是_____、_____和_____。
4. 封堵汽缸卸荷是靠_____来实现的。
   - A. 使吸气阀保持关闭;
   - B. 关闭排气口;
   - C. 关闭吸气口检修阀;
   - D. 在系统的低压侧利用某种装置使低压侧关闭。
5. 正误判断:螺杆压缩机的容量控制是利用汽缸卸荷方式来实现的。
6. 离心式压缩机采用哪一种方法来控制容量?
   - A. 汽缸卸荷;
   - B. 控制导流叶板;
   - C. 封闭排气口;
   - D. 高、低压侧旁通。
7. 论述直接膨胀与满溢式蒸发器的异同。
8. 冷水机组蒸发器多管程设置的目的是什么?
9. 蒸发器的接近温度是指:
   - A. 吸气压力和排气压力转换后的温差;
   - B. 制冷剂蒸发温度与吸气管温度间的温差;

C. 制冷剂蒸发温度和进水温度间的温差；　　D. 制冷剂蒸发温度与出水温度间的温差。

10. 大容量冷水机组采用什么类型的水冷式冷凝器？

11. 用于低压冷水机组中的压缩机是：

    A. 离心式压缩机；　　　　　　　　　　　B. 螺杆式压缩机；

    C. 回转式压缩机；　　　　　　　　　　　D. 往复式压缩机。

12. 说出高压冷水机组采用的计量装置类型。

13. 冷凝器的过冷温度可以通过测取_____间的温差来确定。

    A. 吸气压力转换后的温度与制冷剂蒸发温度；B. 蒸发温度和冷凝温度；

    C. 冷凝温度和制冷剂离开冷凝器时的温度；　D. 冷凝温度与制冷剂进入冷凝器时的温度。

14. 离心式冷水机组中出现喘振的原因是什么？

15. 为何说对冷水机组进行好日常运行记录非常重要？

16. 低压冷水机组采用的是哪一种计量装置？

    A. 低压侧或高压侧浮球；　　　　　　　　B. 毛细管；

    C. 自动膨胀阀；　　　　　　　　　　　　D. 热力膨胀阀。

17. 低压冷水机组上排气系统排除的是：

    A. 过量的制冷剂；　　　　　　　　　　　B. 过量的润滑油；

    C. 可冷凝的制冷剂；　　　　　　　　　　D. 不能冷凝的气体。

18. 吸收式冷水机组中，用于产生压差的是_____。

19. 用于驱动常规吸收式制冷机组的能源是_____和_____。

20. 正误判断：有些吸收式冷水机组也可以采用燃气或燃油直接产热。

21. 吸收式制冷机组中常用的制冷剂是什么？

22. 利用蒸气驱动的吸收式制冷机组如何实现容量控制？

23. 正误判断：离心式冷水机组常采用单相电感器产生的磁斥力来启动电动机。

24. 论述星形 – 三角形接法电动机的启动与运行的切换方式。

25. 为何说大功率电动机配置相位保护器非常重要？

第49章 冷却塔和水泵

教学目标

学习完本章内容之后,读者应当能够:

1. 论述冷水系统中冷却塔的作用与功能。
2. 叙述冷却塔的冷却容量与室外空气湿球温度间的关系。
3. 叙述冷却塔降低水温的方法。
4. 论述3种类型的冷却塔。
5. 解释冷却塔中填充料的用途。
6. 说出两种风机驱动装置的名称。
7. 叙述用于冷却塔的两种风机结构。
8. 解释冷却塔集水槽的作用。
9. 解释补充水的作用。
10. 论述离心水泵。
11. 论述水的涡流成因。
12. 解释电动机与水泵轴心线调整的两种方法。

安全检查清单

1. 检修水泵电动机时,必须采取各种电气操作安全措施。
2. 在运行的风机附近区域操作时,应采取各种防护措施。
3. 不得接近未设有相应防护装置的运行中的风机。
4. 攀登冷却塔或从冷却塔上下行时,应注意踏步和人体的平衡。在架高的冷却塔附近操作时,千万不能以可能会失衡的方式移动。
5. 提起电动机或水泵时,应使背部保持挺直,如果公司领导或保险公司有要求,应穿上安全背带。

49.1 冷却塔的作用

蒸发器中制冷剂蒸发时吸收的热量由压缩机以热蒸气的方式泵送至冷凝器,然后由来自冷却塔的冷却水将这部分制冷剂热蒸气进行冷凝。冷凝器的冷却水中含有从建筑物内吸收的热量,然后由水泵将此冷却水送往冷却塔,在冷却塔内,由空气吹过这部分冷却水,将水中热量排除,使大部分冷却水可重新用于冷却冷凝器,见图49.1。

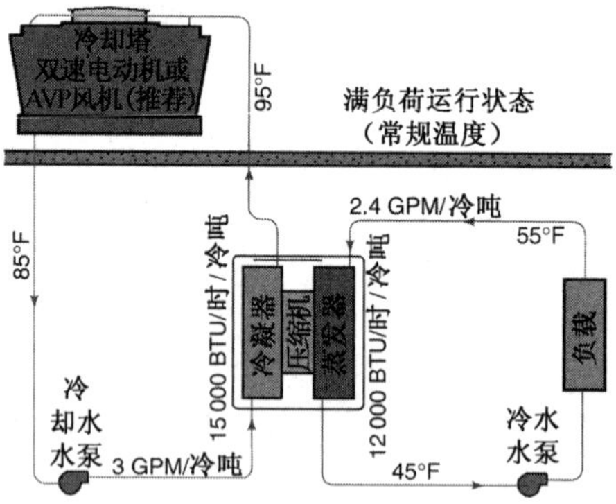

在压缩系统中,与冷水机组从建筑物中吸收的热量相比,冷却塔必须排除更多的热量,这是因为冷水机组从冷水管路中吸收热量之后,在压缩系统内,压缩机还需将一部分热附加在送往冷凝器的热蒸气上,见图49.2。压缩机附加在热蒸气上的热量约为总的25%左右,因此冷却塔必须排放冷水机组容量25%的热量。例如,1000冷吨的冷水机组需要配置能够排放1250吨热量的冷却塔。

图49.1 带有冷却塔的冷凝器冷却水管路
(Marley Cooling Tower Company提供)

冷凝器必须配置与系统设计容量相适应的水量,否则,整个系统就无法正常运行。对于大多数制冷系统来说,包括吸收式冷水机组,冷却塔的出水设计温度均为85℉。根据美国南方地区常规的气温情况:干球温度为95℉,湿球温度为78℉,冷却塔可以使流经冷却塔的冷却水温度降低至与室外空气的湿球温度差在7℉范围之内。当室外空气的湿球温度为78℉时,离开冷却塔的水温应为85℉,见图49.3。尽管此时空气的干球温度为95℉,仍可以获得如此温度的冷却水。

大多数冷却塔的工作原理基本相似,即通过蒸发使冷却塔内的冷却水温度降低。当冷却水流入冷却塔时,其表面积大幅增加,同时促进了水的蒸发。为增大水的表面积而采取的不同方法也是形成各种结构形成冷却塔的原因之一。当为了获得更大的表面积而对水喷淋时,水就会更快地蒸发,其温度也更接近空气的湿球温度。

水不可能冷却至低于冷却介质的温度,即空气的湿球温度。理想的冷却塔应可以使水温降低至室外空气的湿球温度,但这样的冷却塔就会无穷大。对于常规的冷却塔来说,制造商只能使冷却塔中的水温与空气湿球温度间的接近温度在 7 °F 左右。也有接近温度达到 5 °F 的冷却塔,但这在空调设备中是很少见的。

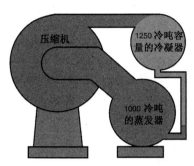

图 49.2　压缩热和冷凝器的容量

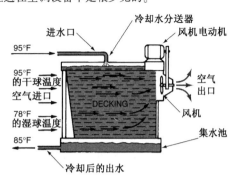

图 49.3　正常的冷却塔接近温度值

49.2　冷却塔的种类

常见的冷却塔有 3 种:自然对流式冷却塔、强制对流式冷却塔和抽风式冷却塔,以及另一种利用 3 种不同运行模式构成的组合形成。机组容量越大,冷却塔的结构也就越完善、越复杂。

自然对流的冷却塔可以是建筑物前的喷水池,也可以是建筑物顶端的喷淋室,见图 49.4。喷水池和自然对流式冷却塔均依赖于盛行风,而且盛行风的风量较大时,冷却后的循环水温度也较低。由于自然对流式冷却塔或喷水池完全依赖于盛行风,因此其接近温度在 10 °F 左右。

喷水池既可以设置在地面,也可以建在楼顶上,然而,无论设置在何处,喷水的范围必须处于水池区域之内。因为风会将喷淋水吹出水池,引起人的反感或导致财物受损。由于楼顶喷水池可以冷却屋顶,减小太阳的热负荷,因此,近几年来在楼顶建喷水池的潮流又开始卷土重来。如果屋顶的温度可以降低至 85 °F,就可大大降低空调的热负荷。

喷水池和自然对流式冷却塔均利用水泵,使水的压力提高,然后将它雾化成小水滴。喷头安装于水池或冷却塔的相应位置上,它可以提供水的不同喷淋模式。喷嘴是实现节流的关键部位,因此必须保持整洁,否则就无法使水雾化。雾化水所需的水泵容量取决于喷水池或冷却塔所用的水量。

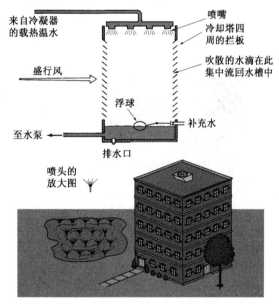

图 49.4　自然对流式冷却塔

强制对流式和抽风式冷却塔采用风机推动空气流过冷却塔,见图 49.5。由于这种冷却塔的运行效率可以得到充分保证,因此是目前应用最多的一种冷却塔。在有些冷却塔中,也采用离心风机来驱动空气。当冷却塔内空气需要用管道排出建筑物时,由于离心式风机可以克服风管内的静压,因此必须采用离心式风机。配置有离心风机的冷却塔结构可以更紧凑,因此在某些应用场合特别受欢迎。这些冷却塔适用于容量和排热量约在 500 冷吨以下的机组。

更大容量的冷却塔大多采用轴流式风机,这种风机既可以是皮带传动,也可以是变速齿轮传动。皮带驱动的风机需要定期对皮带进行维护,齿轮驱动的风机含有传动机构,仅需要润滑。

封闭式管路冷却塔(见图 49.6),有干、湿两种模式,一种为绝湿模式,另一种为干式模式。这种冷却塔配置有一组带翅片的盘管(见图 49.7)、一组主表面盘管(见图 49.8)和一组皱折传热板(见图 49.9)。

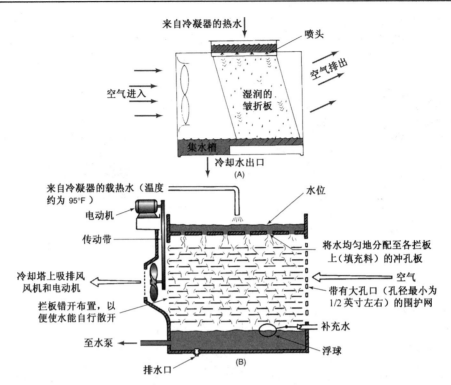

图 49.5 （A)强制对流式冷却塔；(B)抽排风式冷却塔

图 49.6 封闭式管路冷却塔(Balti-
more Air Coil Company,2003提供)

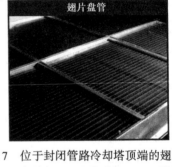

图 49.7 位于封闭管路冷却塔顶端的翅片盘管
(Baltimore Air Coil Company,2003提供)

图 49.8 位于封闭管路冷却塔分水系统
下侧的主传热面盘管(Balti-
more Air Coil Company,2003提供)

图 49.9 设置于封闭管路冷却塔主传热面盘管下
方的、聚氯乙烯涂层的湿式皱折板传
热面(Baltimore Air Coil Company,2003提供)

在干/湿模式中,被冷却流体先送入干式翅片盘管,然后再流至主传热面盘管,见图49.10。流体离开冷却塔并泵送回系统,如冷凝器,在冷凝器中实现其冷却效应。来自集水槽、温度较低的喷淋水泵送至主传热面盘管上端的分水系统,使其自由下降,滴落在主传热面盘管上,这样就形成了蒸发式的冷却效果。喷淋水然后滴落在湿润皱折板上,在皱折板上,喷淋水在更强烈的蒸发式传热过程中被冷却。此时,空气流过主传热面盘管的湿式皱折板,在穿过翅片盘管后排出冷却塔,使喷淋水获得再次冷却。当热负荷或环境温度下降时,流经蒸发式冷却段的水量也同时减少。控制流体出口温度的阀门用以调节这一水量。

上面提到的术语"绝热"是指通过蒸发冷却塔内水的方法来冷却冷凝器循环水的整个过程,也就是说,整个过程中既没有外来热量加入,也没有热量排出,而且来自冷凝器循环水的显热传热量正好等于冷却塔中通过蒸发水传递给空气的全部潜热传热量。

在绝热模式下,被冷却流体绕过了主传热面盘管,且仅流过翅片盘管,见图49.11。如果显热通过翅片盘管传递,那么喷淋水也只是用于帮助冷却流经冷却塔的空气。

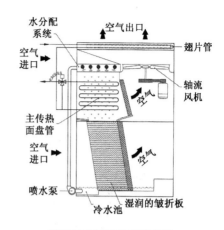

图 49.10　处于干/湿模式下运行的封闭管路冷却塔(Baltimore Air Coil Company,2003提供)

其喷出的水汽是一种饱和空气,与常规的蒸发式冷却塔相比,数量大为减少。其部分原因是湿/干模式更多的是由绝热模式所决定的。在某些区域,当这样的水汽落在停放在汽车上或其他精制的物体上时,很可能会成为问题,如果落在有车辆行驶的区域和飞机场,那么还可能成为一种安全隐患。

在干式模式下,被冷却流体流向翅片盘管和主传热面盘管,见图49.12。由于不采用任何水,因此也就完全没有水汽产生。被冷却流体完全靠被强制流过盘管的空气进行冷却。

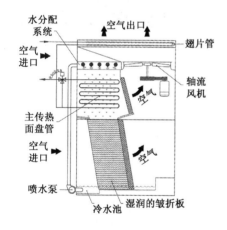

图 49.11　处于绝热运行模式下运行的封闭管路冷却塔(Baltimore Air Coil Company,2003提供)

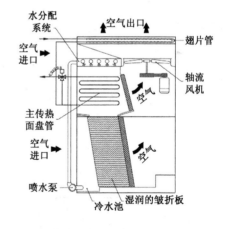

图 49.12　处于干模式下运行的封闭管路冷却塔(Baltimore Air Coil Company,2003提供)

封闭管路冷却系统可以防止系统流体遭受污染,且能保证始终有最高的效率,包括用水量大大降低。这种冷却塔所具有的封闭环路特征不仅能保护循环流体,还能保护冷凝器中的传热表面。如前所述,冷凝器传热管通常都会有少量积垢,这就会使传热量大幅下降。如果采用封闭管路系统,那么冷凝器中的传热管就能始终保持几乎不结垢的状态。由于冷凝器的效率提高,冷却塔可以根据86℉的进水温度(而不是85℉)来选择,这样不仅可以减小冷却塔的规格,而且可以节省初期投资成本。

49.3 防火

开放式冷却塔,由于停机季节塔内各构件均处于干燥的状态,因此往往是火情多发位置。这是因为冷却塔内含有木头或少量塑料等易燃物。某些消防条例和保险公司都要求冷却塔应全部采用防火材料制作,否则就必须配置冷却塔加湿系统。而冷却塔的加湿系统可能要用到建筑物中的洒水头,同时,还需要对多台冷却塔进行控制,以保证系统水泵在机组停机期间按设定的运行时间定时启动来加湿整个冷却塔。此外,还需要另行设置一套水泵系统,只要气温高于冰点,就要使冷却塔始终保持湿润状态。这样的系统还可以防止冷却塔中木结构的膨胀、收缩,因为冷却塔始终处于湿润状态。地方法规和保险公司往往会针对冷却塔的防火而规定采取的具体方法。

49.4 填充材料

冷却塔设计时所追求的就是水能与空气保持尽可能长的接触时间。制造商采取了各种方法来减小水滴在水塔中的下降速度,从而使水与不断穿过冷却塔的空气保持充分接触。强制对流和抽风式冷却塔中所采用的水蒸发方法有两种:一种称为飞溅法,另一种就是填充法,即湿表面法。这两种方法都需要用到我们常说的填充料。填充料可以是木拦板,即水下流过程中不断地穿越多层木板。飞溅法中也有采用聚氯乙烯或纤维增强的聚酯塑料,这些材料均具有较低的燃烧速度,符合有关的消防要求。采用飞溅法的冷却塔内有用于支承拦板的机架,并能使拦板保持合理的夹角,以便使水能够从塔顶至塔底的流动过程中充分地湿润所有拦板。

水膜式,即湿表面型的冷却塔常采用填充料,这些填充料可以是一定形状的塑料板或玻璃纤维。水不断地喷洒在这些填充料上时,水则持续吹过这些湿润的填充料,见图49.13。这种填充料中有许多空气可以串行的通道,因此它不能用于环境中颗粒杂质较大、易堵塞这些空气通道的场合。

两种填充料完全依赖于水依重力下降穿过填充料,因此,其设置安装时,必须按制造商的要求保持一定的角度,否则,水就无法沿相应的路径流动。水从冷却塔的一侧做横向流动往往会使冷却塔的容量降低,如果维护时需要将填充料移出,那么重新安装填充料时,应特别注意方法,以保证水能够在冷却塔内充分地流动。

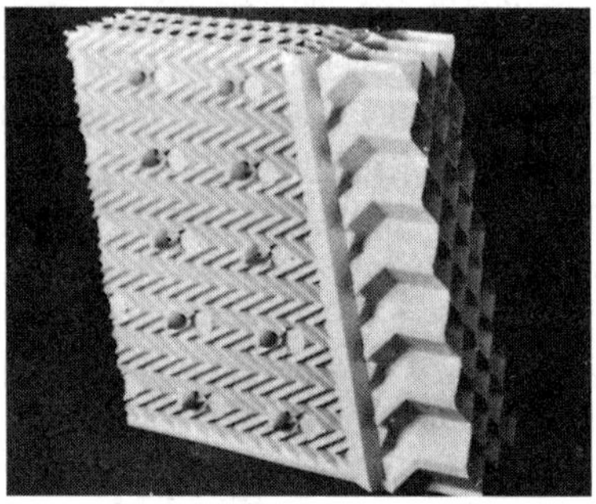

图 49.13 冷却塔中作为湿润表面的填充料(Marley Cooling Tower Company 提供)

49.5 流动模式

冷却塔中有两种完全不同的气流模式:一种称为横流,另一种则为逆流,见图49.14。横流式冷却塔的空气从侧面流入,一般从塔顶排出。小容量的横流式冷却塔中,风机设置在塔的侧面,当空气从冷却塔的侧面排出时,应特别注意含有大量水汽的空气不能排向招致麻烦的地方,如人行道或停有车辆的地方,由于这些水汽中不仅含有水,还带有各种化学物,对汽车的本身表面具有腐蚀性,因此往往会使车表面出现迹斑和蚀斑。在冷却塔中,水自上而下缓慢流动,空气则以一定的夹角穿过水层。

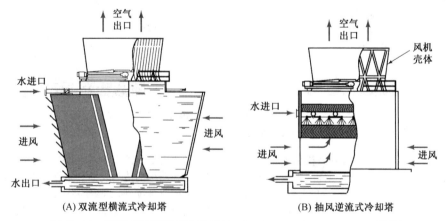

(A) 双流型横流式冷却塔　　　　　　(B) 抽风逆流式冷却塔

图 49.14 横流式和逆流式冷却塔(Marley Cooling Tower Company 提供)

逆流式冷却塔的进风则从塔底引入,然后从塔顶排出,空气自下而上流过冷却塔时,水则自上而下穿过填充料注入集水槽。

冷却塔中的水(特别是喷淋式的冷却塔)会含有许多悬浮于空气中的微小颗粒杂质,这些小杂质可以被盛行风吹出冷却管。水的损失量称为漂移量,由于这些水雾中含有各种化学物,会给周围区域带来诸多麻烦,甚至可能还要为此支付大笔费用。采用挡水板可以使水的漂移量降低至最低限度。挡水板可以使水雾改变流动方向,在与固定表面接触后即流回塔底的集水槽中。挡水板可以是冷却塔侧面的百叶片,也可以是新式冷却塔中的一部分填充料。

49.6　冷却塔的制作材料

冷却塔的用材必须适合冷却塔的运行环境。全世界有各种各样的冷却塔,并处于不同化学成分与含量的环境之下,因此冷却塔的制作材料也完全不同。正规的冷却塔必须能承受风的作用力、塔内各构件及部分循环水的重量、阳光辐射、严寒的气温(包括可能出现的结冰)以及风机与驱动机构的震动。冷却塔设计时往往需要根据冷却塔的类型与安装地点选择各种不同的材料。通常情况下,小容量整体式冷却塔一般采用镀锌钢板(防锈)、玻璃纤维或玻璃钢。冷却塔的整体结构为一个完整的独立组件,并以整件方法运到现场与系统连接,见图49.15。

大容量冷却塔往往需要设置混凝土基础和存放循环水的集水池,侧面则采用石棉水泥的波纹板、木头(经过处理的或红杉木)、玻璃纤维或玻璃钢波纹板围护。在许多情况下,选材时还需考虑防火。石棉水泥板现已不再采用,但在一些老式冷却塔中仍能见到这些石棉板,操作时应特别小心。对这类冷却塔进行作业时,应与制造商联系,了解处理方法。

49.7　风机部分

对于各种强制对流的冷却塔来说,电动机必须以适当的方式驱动风机。风机的驱动方式有两种:一种为传动带驱动,另一种为齿轮箱(传动机构)驱动。传动带驱动装置包括一个可调节底座位置的电动机,一般用于小容量冷却塔。这种传动装置在冷却塔中的磨损非常严重,需经常检查、维护,因此应尽可能将这种传动装置设置于可方便地进行预防性维护和维修的位置。

大容量冷却塔的风机电动机通常安装于冷却塔的一侧,齿轮箱,即传动机构的出轴与电动机驱动轴之间有90°的夹角。电动机与风机间的传动机构还需有变速功能。对于常规电动机来说,其转速一般为1800 rpm或3600 rpm,而风机转速相比之下要低得多,需通过齿轮箱予以降速。电动机与齿轮箱的连接采用联轴器和短轴,见图49.16。电动机、齿轮箱和风机轴承必须便于检修。

图49.15　整体式的冷却塔(Baltimore
Aircoil Company,Ltd. 提供)

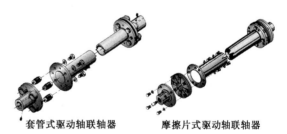

套管式驱动轴联轴器　　　摩擦片式驱动轴联轴器

图49.16　连接齿轮减速箱的联轴器和短轴
(Marley Cooling Tower Company提供)

轴流式风机叶轮封闭在风机壳体内,这样可以提高风机叶轮的工作效率,见图49.14。风机叶轮在大多数冷却塔内的安装要求较高,风机必须设置在距离顶端和侧面相应距离的位置处,才能保证有较佳的冷却性能。

49.8　冷却塔的检修门

所有的冷却塔都需要定期维护与检修。要对填充料进行清理,甚至有可能需要将填充料取出,那么冷却塔就必须要有检修门,见图49.17。由于塔底有可能存在大量淤泥,因此为便于清理,冷却塔的集水槽也必须有相应的进出口,对于任何可以在天空中飞扬的东西来说,冷却塔就像是一个很大的过滤器,灰土、污染物、羽毛、鸟尸、鸟屎、塑料包装袋和纸杯等都是冷却塔中最常见的"副产品"。这些杂质往往会集聚在塔底的集水槽内,因此必须予以清除。在连接冷却塔的出水口处还有一个过滤网,它可以阻止各种物体进入水泵和管路。在冷却塔附近最好有合适的水源,以便能连接水管冲洗冷却塔集水槽。

　　当冷却塔较高时,一般均设有扶梯,可以登上塔顶对风机和驱动装置进行检修,见图49.18。要提起需要拆除或需放在地面上进行维修的任何零部件时,应在电动机和风机附近采取适当防护措施。供维修使用的扶梯包括扶手和栏杆等必须符合地方的安全法律条例,以防踩空。

图 49.17　冷却塔的检修门(Balitmore Aircoil Company , Inc 提供)

图 49.18　大型冷却塔上的扶梯和护栏(Marley Cooling Tower Company 提供)

49.9　冷却塔的集水槽

　　所有冷却塔都必须设置某种类型的集水槽。小容量冷却塔的集水槽往往是一个可以向更低位置排水的金属材料制成的水池。如果这一存放循环水的水池设置在室外,就必须采取相应的防冻措施,如受温度控制的水池加热器,见图49.19。当然,这样的水池加热器只能用于小容量机组。大容量机组在严寒天气下往往需要有更多的热量,可以采用循环热水盘管或采用低压蒸气来加热冷却塔的底槽。

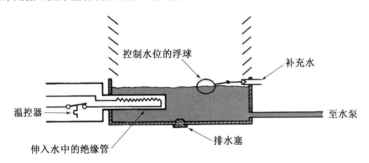

图 49.19　冷却塔集水池的防冻装置

　　许多冷却塔采用混凝土的地下集水池,这样的集水池在南方地区一般不会冻结,但在北方地区则必须予以保护,除非制冷系统运行,不断有热量送往集水池。也有些集水池设置在建筑物内有供热的区域来防止冻结。在有些系统中,还可以添加防冻剂来防止冻结。

　　不管集水池设置在何处,它都可能是各种垃圾杂质的汇集点,因此必须设有清理孔口。现在还常采用旁通式过滤器装置来清理集水池底部的淤泥,而用其中的一部分水来清洗水池。集水池一般都设有粗孔径的过滤网来保护水泵,见图49.20。回水管也可以设置可拆卸的过滤器。

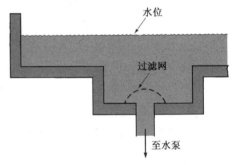

图 49.20　冷却塔集水池的过滤装置

49.10　补充水

　　由于冷却塔的运行依赖于水的蒸发,因此系统中的水量会不断地减少。对系统进行补水有多种方式,其中浮球阀是最常用的一种补水装置。当水位下降时,浮球也随之一同下降,使连接补水水源的阀口打开。一般情况下,这种补充水直接来自城市自来水或其他类似的水源。另一种办法是采用浮球开关。当浮球随水位下降而下降时,就会使电磁阀得电,使补充水进入集水池。当水位达到设定位置时,浮球的上升将电磁阀关闭。还有一种方法是采用伸入水中的电极来检测水位高低。当电极检测到水位过低时,与电极相连接的电磁阀即打开,使水流入集水池;当水位升高后,上位电极检测到水流时,即关闭水源。图 49.21 为 3 种水位控制方法。

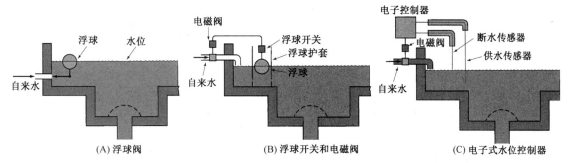

图 49.21　冷却塔的 3 种补水方法:(A)浮球阀;(B)浮球开关;(C)电子传感器

49.11　排污及排污管

水蒸发后,原先存在于这部分水中的各种固相物则留在冷却塔的循环水中,其中包括尘粒、矿物质和低等植物的水藻。随着水的不断蒸发,滞留在水中的杂质浓度会越来越高。如果这种情况继续发展下去,那么这些杂质就会从水中析出、分离,最后沉积在冷却塔的各个表面,由于这些杂质会转变为像水泥一样的物质,此时就很难清除。除了在冷却塔内出现这种情况外,更棘手的是冷凝器也会出现同样的问题。其中的一些杂质就会沉积在冷凝器中温度最高的位置点,如冷凝器的出水口。对于热交换器来说,这样的沉积物就像一层绝热层,最终引起排气压力上升,冷凝器的接近温度值开始分离。正如我们在讲解冷凝器时谈到的那样,如果出现这样的情况,机组最初的运行记录往往可以给技术人员提供更多的判断线索。

排污是解决其中部分问题的关键。事实上,排污也就是排出部分循环水。由于一部分沉淀物随排出的循环水一起排除,再加上新水后,整个沉淀物的数量就会大大减少。新鲜水的加入不仅可以补足排污时的水量损失,而且可以稀释余下的循环水,使水中的矿物质含量降低。系统排污后的效果以及沉淀物结垢情况可以根据空调水冷式冷凝器的单位循环水量为 3 gal(加仑)/min(分钟)/

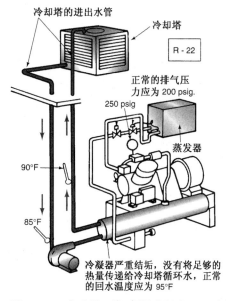

图 49.22　水流量正常,但温升只有 5 ℉,这是因为传热管结垢,冷凝器未排出足够的热量,最后导致排气压力上升

ton(冷吨)时流经冷凝器后是否有 10 ℉ 的温升来做一个大概的判断。图 49.22 是一个容量为 30 冷吨的系统,图中数据是系统未做排污处理时检测到的状态参数。图 49.23 是 4 种可以获得较为理想的排污效果的常用方法。通常情况下,楼宇物业管理人员开始时都很难理解排污的目的与作用,他们无法理解为何要将水白无故地排入下水道。系统排污的频度必须正确控制,这是因为每次排污时,价格昂贵的水处理化学制剂也与水一起排入了下水道。

49.12　冷却塔的水流量平衡

冷却塔的水流量分配必须均衡、适量。如果冷却塔有两个或更多的舱室,必须保证每个舱室有同样的水量,否则,冷却塔的冷却效果就无法达到设计要求。许多冷却塔都采用在塔顶设置分水盘的方法来达到均衡分送循环水的目的,这些分水盘的盘底一般开设有经过仔细测定大小的通孔,来自冷凝器的回水则从分水盘的盘底孔口处流出,分送至冷却塔的各个区域。为保证各舱室均能获得适当的流量,管路上还需设置平衡阀,见图49.24。此外,位于塔顶部的分水盘孔口还必须能起到清理杂质的作用,因此需要有适当的孔径。图49.25是一个分水盘孔口锈蚀损坏后,其大部分的水流向了冷却塔的一侧,未能使整个填充料和换热表面湿润的情况。出现这种情况时,冷却塔就不可能有较高的冷却性能。例如,回水的设计温度应为85℉,它有可能会出现90℉的情况。这往往会引起冷水机组的排气压力升高,设备的运行成本增加。

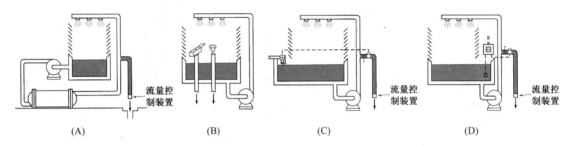

图49.23　可以获得正确排污的4种方法(Nu – Calgon Wholesaler,Inc. 提供)

49.13　水泵

　　冷凝器水泵用于推动冷却水在冷凝器与冷却塔的管路内循环。水泵的进水口一般从冷却塔的集水池中引出,见图49.26。由于载热水完全依靠水泵来泵送,因此水泵是整个冷却塔系统中最关键的构件,它必须以适当的流量和压力将水送往冷却塔。

　　冷凝器水泵一般为离心式水泵,它通过离心作用使水的速度提高,并转变为水的压力。水泵压力可以用磅/平方英寸(psig)或英尺水头为单位表示,一英尺水头等于0.433 psig,即1英尺水柱高度可产生0.433 pisg的压力表读数。反过来,2.31英尺(27.7英寸)高度的水柱可产生1 psig的压力表读数,见图49.27。本教材中,水泵容量均以英尺水头为单位。离心泵的工作原理,我们曾在第33章"暖水供热"中做过讨论,复习一下第33章的内容应该对你会有所帮助。

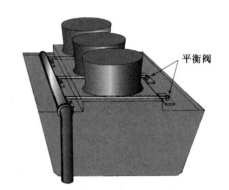

图49.24　平衡冷却塔各舱室水流量的平衡阀(Marley Cooling Tower Company提供)

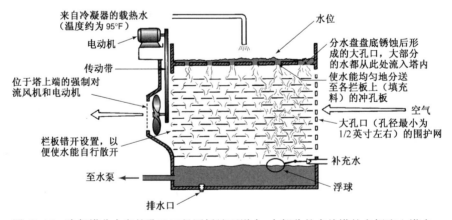

图49.25　冷却塔分水盘的孔口口径因锈蚀而增大,大部分的水从塔的右侧流入塔内

　　可用做大容量冷凝器水系统的冷凝器水泵有多种类型。在直联式水泵中,水泵泵体与电动机非常靠近,实际上,水泵的叶轮就安装在电动机的输出轴上,见图49.28,这种水泵通常用于小容量机组上。注意,所有的水均从水泵壳体的一侧端面进入。为防止水朝外泄漏,或因为这部分管路均处于真空状态而有空气渗入管路,水泵轴上均需设置轴封。

　　基座式水泵是一种在电动机轴出轴侧设置泵机并在两者间配置柔性联轴器的机组,见图49.29。这种水泵可以是单侧叶轮,也可以是双侧叶轮。其基座通常为钢板或铸铁座,用于固定水泵和电动机,并使两者在运行中保持平稳。水泵基座通常采用水泥作为水泵基座空当处的填充料固定于地面上,这种方法称为水泵的灌浆安装,其目的在于使基础更为牢固,能有较长的使用寿命。水泵和电动机仍可以从钢板或铸铁基座上拆除。这种泵机组的优点之一是电动机和水泵轴的轴心线调整均在生产厂家内完成,不需在现场再做调整。这类泵机组通常用于大容量机组。

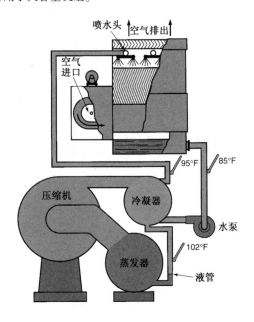

图 49.26 冷却塔的水泵系统

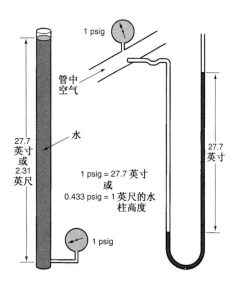

图 49.27 (A)垂直水柱高度;(B)采用水压力计测定时的对应关系

图 49.28 直联式水泵机组 (Bell and Gossett,ITT Industries提供)

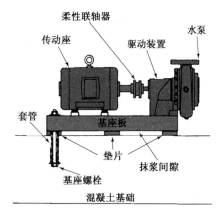

图 49.29 水泵与电动机间的柔性联轴器(Amtrol,Inc. 提供)

当水泵容量更大时,泵机构的差异也越来越明显。有些水泵采用单进口的叶轮,所有的水均从水泵叶轮的一侧端面进入,见图 49.30。双进口的叶轮则可以使水从两侧端面进入,见图 49.31。当然,为了使水能顺利进入叶轮的两个端面,水泵壳体也必须采用不同的结构,其进口处的壳体必须相互分离,这样才能使水分别进入叶轮的两个端面。现有两种类型的双进口叶轮的水泵:其中一种是部分泵体可以像基座安装型水泵那样从水泵的一端拆下,另一种则是一种剖分式的结构,可以通过拆除上端盖的方式将水泵拆开,见图 49.32。

这些水泵还必须设置轴封,常用的水泵轴封有两种,一种称为填密式轴封,另一种则是机械式轴封。填密式轴封是一种填料型密封方式,必须用扳手人工压实。旋紧密封盖上的螺钉时,就可以使轴四周的填料压向轴段表面,使可能出现的泄漏降至最低限度,见图49.33。填密式轴封一般可用于150 psig 以下压力的水泵,这类轴封一般需要定期维护。

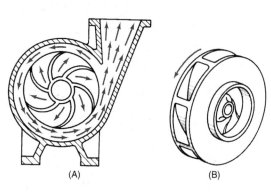

图49.30 单进口的叶轮

图49.31 双进口叶轮的水泵(Bell and Gossett,ITT Industries 提供)

图49.32 卧式剖分式水泵(Bell and Gossett,ITT Industries 提供)

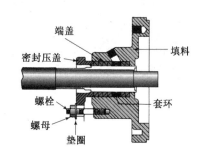

图49.33 填密式轴封(Amtrol,Inc. 提供)

机械式密封主要用于更高压力,如最高压力可达300 psig 的水泵。机械式密封通常在随轴转动的伸缩波纹管一端安装一个碳圈,此波纹管利用O 形密封圈与轴保持密封,碳圈则与静止的陶瓷圈在轴转动时相互摩擦,使水泵壳体中的水密封,见图49.34。这两种密封方式都需要循环水来润滑。对于剖分式的水泵,还可以有专门的管路将水泵的部分出水送往轴封处,见图49.35。

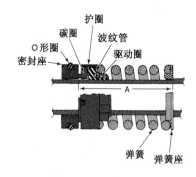

图49.34 机械式轴封(Amtrol,Inc. 提供)

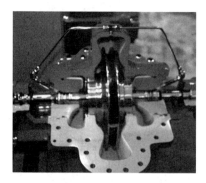

图49.35 轴封的润滑(Bell and Gossett, ITT Industries 提供)

水泵还可以采用电动机设置在上端的直立式结构形式。这种水泵可以安装于水池的上方,进水口则伸入水池的底部,见图49.36。

用于冷却塔的大多数水泵都采用铸铁制造,重量较大,在有相应的连接法兰和合理管路布置的情况下,其水压可达 300 psig。铸铁在没有生锈和其他腐蚀的情况下,一般均有较长的使用寿命。

常规离心式水泵中的叶轮一般采用黄铜制作,并固定在常用不锈钢制成的转轴上。这一点对于需要从轴上拆下叶轮时非常重要,即使机组已运行多年,仍可以方便地将叶轮从轴上拆下。

不同容量的水泵由生产厂家根据特定的流量以及对应的压力配置一定直径的叶轮。很多时候,水泵提供的水量往往过大。这些叶轮还需要在现场进行调整,以适应满足实际水量和压力的需要。

由于这些水泵通常为离心式水泵,启动时,叶轮的进水口必须处于水面以下,因此冷凝器水泵的安装位置非常重要,否则水泵就不可能正常地泵送循环水。它们不具有通过泵送空气来提拉循环水并送入叶轮的能力。水泵应设置于冷却塔水位以下,而且水泵的进水管上不得有任何会影响循环水正常流动的杂质或其他物体。其最佳状态是循环水能自由地流入离心水泵。有多种情况会影响循环水正常地流入离心泵的进水口:冷却塔内出现较强的涡流、过滤网孔过细以及冷却塔内循环水流向他处。

有时候,冷却塔内的水位也可能低于水泵。出现这种情况时,由于水泵壳体内仅有空气,启动时应特别小心。由于水泵的密封需要水来润滑,因此,当水泵中只有空气时,绝不能起动水泵。当集水池水位有可能低于水泵时,必须在管路中设置底座阀,即一个单向阀来防止机组停机时水流回集水池,见图 49.37。此时,必须在水泵进水口处加水,直至水泵壳体内充满水,然后再启动水泵。采取的方法可以是连接一条水管至水泵进水侧、加水,直至水从水泵上端的排气孔溢出。如果水泵进水口无法充满水,那么说明底阀,即单向阀存在泄漏,必须予以更新。

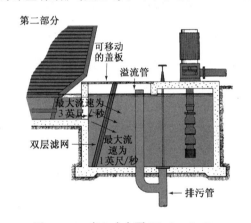 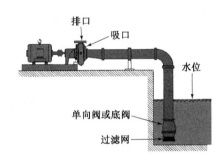

图 49.36 直立式水泵(Marley Cooling Tower Company 提供)

图 49.37 冷却塔集水槽低于水泵高度

冷却塔中的涡流实际上起旋涡作用,这种涡流往往会引起大量空气进入水泵。水泵的功用在于泵送循环水,如果泵体内存在大量空气,就会使水泵、甚至是冷水机组的冷凝器出现故障。此外,冷却塔的结构不当或管线设置不符合要求也可能会引起涡流。例如,集水池深度不够或未采取有效的防涡流措施等。一般情况下,在集水池的出口处设置某种能破坏涡流的装置即可消除冷却塔中出现的涡流。这种装置可以是在其出口处设置一块盖板,使水流形成水平横流模式,这样的横流模式可以使集水池形成 4 个出口,而盖板可以从更远处,即从集水池的边缘位置抽取循环水,见图 49.38。在冷凝器集水池远低于冷却塔的多层建筑物内经常出现这样的涡流,但采用上述方法均能完美地予以解决。

为了防止杂质、垃圾进入冷却塔,再进入水泵管路,在冷却塔循环水和水泵进口间必须设置过滤装置。一般情况下,在冷却塔通往集水池的出口处都有滤网型的过滤装置,但多为粗孔滤网。水泵进口前通常设置较细的滤网,但如果这样的滤网太细,出现堵塞时,就会因压力降过大而出现问题。压力降过大时,往往会使水泵的进口处于真空装置,如果此时水泵密封还存在泄漏,就会将大量空气吸入泵体内,由气穴,即水泵进口处的空气所引起的水泵噪声就会更加明显。这种情况出现时,往往可以听到类似泵送小石头一样的声音。如果一定要采用较细的滤网,最好是将其设置在水泵的出水口处,见图 49.39。水泵出水口阻塞,形成压力降增加所造成的伤害远比水泵进水口阻塞要小得多。

冷却塔旁通阀可以帮助冷凝器在机组启动时和低气温环境运行过程中维持正常的冷却塔循环水温度。冷却塔的旁通管路可以将来自水泵出口的水返回至水泵进口,这样温度较低的冷却塔循环水就不会到达冷凝器,见图 49.40。对于压缩循环系统来说,冷凝器冷却水温度过低往往会使排气压力过低,从而导致冷凝器中滞留有太多的制冷剂,而蒸发器内又严重缺液情况。在有些机组中,这样的情况还会引起润滑油的迁移。对于吸收式机组来说,冷却塔循环水的温度过低通常会引起盐水溶液结晶。冷却塔的旁通管路可以采用两种类型的三通旁通阀,这两种阀均为混合阀和转向阀。混合阀有两个进口和一个出口,且需安装于冷却塔与水泵进口间的水泵吸水管上,见图49.40。这种阀很可能会使水泵吸气口压力下降,如果可以的话,应尽量避免。转向阀有一个进口和两个出口,它可以设置在水泵出水口或水泵进水口连接冷却塔的管路中,见图49.41。这些阀的规格较小,最大的一般只有4英寸,如果需要更大的规格,只能采用其他的管路形式。对于图49.42中的管路布置形式,则可以采用直通阀。转向阀和直通阀均可以将来自水池的冷却塔循环水送往水泵进口,但启动时很可能会出现问题,除非冷却塔的循环水具有适当的温度。

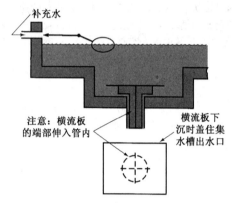

图49.38 冷却塔的防涡流措施

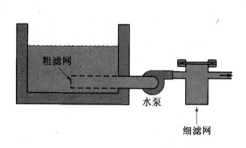

图49.39 最佳方法是将细滤网设置在水泵进口处

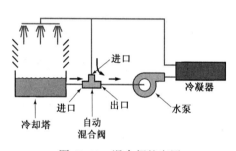

图49.40 混合阀的应用

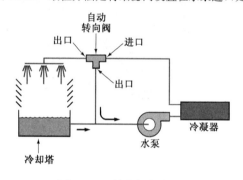

图49.41 转向阀的应用

所有的水泵都必须有支承转轴、承受载荷的轴承。小容量的水泵常采用套筒式轴承,大容量的水泵则采用滚珠或滚柱轴承。这类轴承必须定期予以润滑,才能获得较好的使用效果。注意,剖分式水泵的轴承设置在水泵的外侧,见图49.43。

水泵与电动机轴连接时,必须保证两轴的同心度误差在容许范围内,为了消除少量的偏心,可以在水泵与电动机轴之间安装柔性联轴器,见图49.44。由于这样的联轴器只能应对少量的偏心量,因此两轴仍需要做同心度的调整。

调中时,必须考虑两个平面,一个是倾斜面,另一个是平行面。角度调中需先调整两轴间的角度,见图49.45;而平行面的调整则需调整两轴心线的对中,见图49.46。正确的调整方法是采用千分表进行检测,将千分表安装于其中

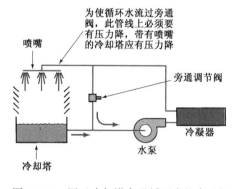

图49.42 用于冷却塔旁通循环水的直通阀

的一根轴上,分别将两轴转动一整周,见图49.47。然后在水泵和电动机下放入垫片(薄钢片),直至角度调整和平行调整(有时候也称径向调整和轴向调整)的误差在制造商容许的范围之内。调中完成后,将水泵和电动机固定,然后再做一次对中检查。之后,在水泵与电动机的水泵基座上打孔,将定位销打入孔内,见图49.48。如果能按正确的方法、规范的程序进行操作,那么电动机与水泵就会有较长的使用寿命。

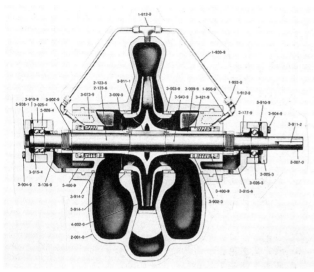

图 49.43 卧式剖分式水泵的两端轴承
（Bell and Gossett, ITT Industries提供）

图 49.44 弹性联轴器（TB Woods & Sons 提供）

角度偏差

图 49.45 联轴器间存在角度偏差
（Amtrol, Inc. 提供）

平行，但不对中

图 49.46 联轴器间平行，但不对中
（Amtrol, Inc. 提供）

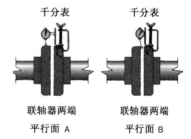

图 49.47 用于对联轴器和两轴进行对中调
中调整的千分表（Amtrol, Inc. 提供）

本章小结

1. 冷却塔负责将吸入冷水系统的热量排向环境。
2. 冷却塔借助于水的蒸发使冷却塔中的循环水温度降低。
3. 冷却塔上应设置防火装置。
4. 冷却塔的结构形成可以提供多种气流模式。
5. 用于强制对流式冷却塔的风机驱动装置可以是传动带，也可以是齿轮箱。
6. 冷却塔的集水槽(池)需定期冲洗。
7. 集水槽可以采用加热器防止循环水冻结。
8. 冷却塔必须要有补水装置。
9. 流经冷却塔的循环水量必须符合制造商的要求。
10. 较大型的水泵有单进口式和双进口式两种叶轮。
11. 用于冷却塔的大多数水泵均采用铸铁制作。
12. 冷却塔集水槽内有可能出现涡流。此时空气极易进入水泵，因此应尽可能予以避免。
13. 冷却塔旁通阀可以帮助冷凝器维持正常的冷却塔水温。

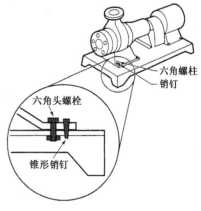

图 49.48 采用锥形销钉将水泵
和电动机固定在基座上

复习题

1. 水冷式系统配置冷却塔的目的是什么？
2. 送往冷凝器的冷却塔循环水与室外湿球温度间的温差是_____℉。
3. 循环水在冷却塔喷撒有利于水的快速_____。
4. 冷却塔有_____和_____两种类型。
5. 用于冷却塔的风机有哪两种类型？
6. 冷却塔结构中为何要采用防火材料？
7. 强制对流式冷却塔中的两种气流模式是_____和_____。
8. 当水从冷却塔中不断蒸发时,它可以通过_____予以补充。
    A. 常规的自来水；   B. 水滴返回冷却塔；
    C. 将其冷凝并回收；   D. 上述方法都不能采纳。
9. 论述排污的目的与作用。
10. 用于冷却塔的水泵类型是：
    A. 往复式水泵；   B. 离心式水泵；
    C. 转子式水泵；   D. 所有上述类型均可。
11. 冷却塔内出现涡流的位置是：
    A. 进水管；   B. 冷却塔底槽；
    C. 出水管；   D. 水泵出水口。
12. 论述冷却塔采用旁通循环水的目的与作用。
13. 冷却塔中循环水的温度过低时,机组运行时会出现：
    A. 排气压力增高；   B. 排气压力降低；
    C. 压缩机电动机过热；   D. 水泵出现气穴。
14. 水泵轴与电动机轴间需安装什么部件？
15. 水泵密封件应采用何种物质予以润滑？

第50章 冷水空调系统的操作、维护与排故

教学目标

学习完本章内容之后,读者应当能够:

1. 论述冷水空调系统的常规启动方法。
2. 论述采用涡旋式压缩机、往复式压缩机、螺杆式压缩机和离心式压缩机的冷水机组各自不同的启动方法。
3. 论述采用涡旋式压缩机和往复式压缩机的冷水机组各自的操作和监控方法。
4. 讨论每年应对冷水机组进行的预防性维护和其他电气维护项目。
5. 说出应定期对水冷式机组进行的维护项目与方法。
6. 论述吸收式冷水系统的启动方法。
7. 说出吸收式冷水机组预防性与常规维护项目与方法。
8. 叙述吸收式机组排气系统的预防性与定期维护项目与方法。

安全检查清单

1. 在热蒸气管和其他高温构件附近操作时,必须带手套,注意安全。
2. 在高压装置附近操作,要特别注意安全。当系统处于压力状态下时,不要拧紧或放松管件或各种连接件。采用氮气时,必须根据推荐的方法进行操作。
3. 在电气线路附近操作时,应采取各种推荐的安全预防措施。
4. 为检修电气系统而将电源切断时,因对电闸箱或配电板上锁,并挂上写有检修人员姓名的标记牌。此锁应仅配置一把钥匙,并始终放在本人口袋内。
5. 在启动器舱门打开的情况下,绝不能启动电动机。
6. 按机组制造商的要求定期检查各相关位置压力,防止压力过大。

冷水机组的操作涉及以正常顺序启动、运行和停止冷水机组的运行。冷水机组的操作人员在操作或控制、调节各种型号的机组之前应首先熟悉系统和各设备,做到胸有成竹。尽管大多数机组与系统几乎都带有防误操作装置,但这些价格昂贵的设备总会有意想不到的地方。抽时间认真了解、掌握每一种设备是最好的办法。在工作现场,还会有各种主要设备的资料文件。在建筑物的蓝图上,对每个主要设施都会标注出管线图、电气线路图、风管图和机械设备的大致外形与布置情况,这些资料对于技术人员确定电气线路控制点和流体控制阀的位置是非常重要的。风管图可以帮助技术人员找到风门和风量控制点,所有风管和管线的规格与走向均在此蓝图上一目了然。电路接线盒和控制装置应全部标注在电气线路图上。如果这是一原有职位,只是人员有所变动,那么这些图纸不仅需要长期保存,而且还要将设备更新、线路改造等情况一一记录在案,并经常予以检查。

制造商的有关文件应存放在工作现场,以便技术人员逐步熟悉这些设备。这些图纸与文件不能容许带离工作现场。如果因各种原因,图纸遗失,一般可以从最初的工程公司处将资料提出进行复印,这些工程公司会保存副件备用。如果这些图纸建立在计算机上,那么应有可复制的文件。

50.1 冷水机组的启动

冷水机组启动的第一步应使冷水流动,如果此次启动是某个季节的第一次启动,或是某天的第一次启动,那么必须如此操作。如果机组是水冷系统,如果冷凝器是水冷式,那么第二步是让冷凝器冷却水流动。风冷式冷水机组的冷凝器有风机,因此不需要关注这一问题,但对于水冷式机组则必须有这一步骤。冷水和冷凝器冷却水管路上都设有流量开关装置,可以证实水在流动。流量开关通常是一个伸入水中的螺旋桨叶片,当有些水流过,它就会转动并启动开关。有些冷水机组的制造商采用压力降控制器来启动水流动,如果确是如此,那么这些控制器已由制造商安装于水管路中,技术人员应知道相应的检测点,以确认这些开关已正常运行。由于流量开关设置在水流中,因此螺旋桨叶片脱落,以致不能正常工作的情况也时有发生。如果是这样,尽管水可能已在流动,但无法用水流量开关予以证实。技术人员也可以通过压力表来核实水的流动情况。了解和掌握热交换器上是否有适当水流量的关键是要知道热交换器上应有的压力降。

无论是冷水机组,还是冷凝器,水热交换器的进出管上都应有压力测试接口,见图50.1。注意,图中有两个测压压力表。最好的办法是采用一个压力表和两个压力表接管,见图50.2。如果采用两个压力表且处于不同的高度,就会造成测试误差。例如,一个压力表的安装高度低于另一个压力表2.31英尺,那么由于存在高度差,

就会有 1 psig 的误差。这是因为 2.31 英尺高度的垂直水柱在其底部就会有 1 psig 的压力,见图 50.3。如果压力表未做校验,压力表本身就存在误差,那么它也就不可能提供一个正确的读数。如果一个压力表的检测口与大气连通时,其读数为 1 psig,而另一个压力表读数为 0,那么两者就有 1 psig 的压差误差。事实上,你想知道的也就是两个测试点间的压差,但如果仅采用一个压力表,即使其指针不能精确指向 0 psig,那么它仍可以正确显示两端的压差值。

技术人员需要从压力表读数中了解热交换器两端存在的压力差。当水流过热交换器时,热交换器的两端就会有一定的压力降。事实上,热交换器是一种很好的压力降定量监测装置,它可用于确定水流量的情况。热交换器的压力降线图可以使你掌握每分钟加仑数(gpm)的水流量,见图 50.4。设备安装后的原始运行记录可以使你知道机组启动时正常的压力降数据。这是一份对未来操作、维修非常重要的资料,如果无法获得原始记录,那么可以与制造商联系,获取此冷水机组的记录表或压力降线图表的复印件。

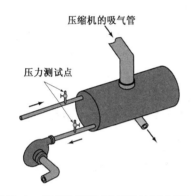

图 50.1　热交换器进/出口处的压力测试点

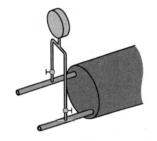

图 50.2　采用一个压力表和两个接口来检测热交换器两端的压力降

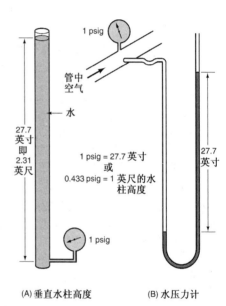

图 50.3　(A)垂直水柱底部的压力;
　　　　　(B)采用水压力计测定

启动机组前,技术人员还应知道通过接触器满足联锁电路的各项启动条件。大多数冷水系统的启动程序是首先启动冷水水泵。冷水启动装置中的一组辅助触头闭合后,冷凝器水泵才能启动。冷凝器水泵启动后,一组辅助触头动作,将电源送往冷却塔风机和冷水机组管路,见图 50.5。当冷水机组控制电路收到信号时,压缩机启动。由于这是一个由接触器构成并连接于制造商的控制电路,因此,此信号通常称为现场控制电路信号。如果冷水机组不启动,那么技术人员应做的第一件事情是:检查现场电路,看它是否处于可以启动的状态。技术人员应知道现场电路与冷水机组电路的接口位置,如果有多台冷水机组,则应知道现场电路与每台冷水机组电路的接口位置。对接口点的快速检测可以判断出是现场电路故障(流量开关、水泵联锁电路、室外温控器和经常出现故障的主控制器),还是冷水机组的内部故障。如果现场控制电路没有电源,那么在现场控制电路得电之前,不需要对冷水机组进行检查,许多冷水机组设有一个指示灯,用于显示现场控制电路得电与否。

不同的冷水机组均有不同的启动程序,这通常取决于压缩机的润滑方式。当冷水机组采用变容量型的压缩机(涡旋式、往复式和螺杆式压缩机)时,压缩机会在现场控制电路满足启动条件后不久即开始启动运行。也有些制造商采用延时装置,在现场控制电路满足启动条件之后延时一段时间,然后再启动压缩机,但压缩机应在延时段后迅即启动。检查延时电路并记录下相关数据以及延时时间量,这样就不必等待或怀疑会出现什么故障了。技术人员很可能会因为意想不到的延时启动而认为机组存在故障。往复式、涡旋式和螺杆式压缩机正是在这一延时过程中进行润滑的,因为这些压缩机没有独立的油泵,必须预先启动。往复式和螺杆式压缩机还可能会在卸荷的状态下启动,等到油压形成之后,才能启动负载。涡旋式压缩机没有卸荷启动的功能,它只能在有负载的情况下启动。

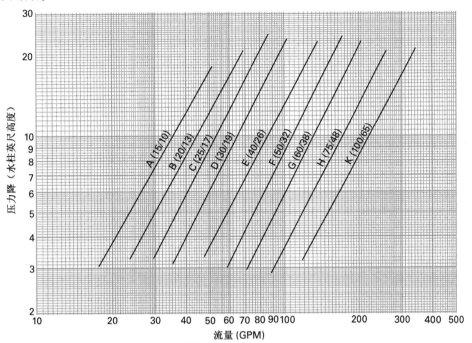

注意：R-22 的标称冷吨数和 R-12 的标称冷吨数

图 50.4　热交换器的压力降线图(Trane Company 提供)

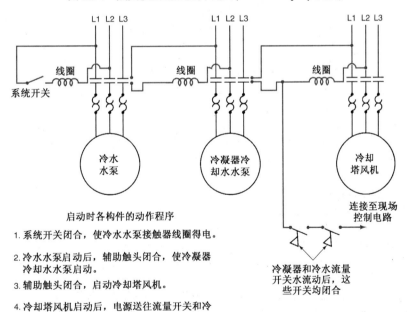

启动时各构件的动作程序

1. 系统开关闭合,使冷水水泵接触器线圈得电。

2. 冷水水泵启动后,辅助触头闭合,使冷凝器冷却水水泵启动。

3. 辅助触头闭合,启动冷却塔风机。

4. 冷却塔风机启动后,电源送往流量开关和冷水机组现场控制电路。

图 50.5　常规冷水机组的控制电路

50.2　采用涡旋式压缩机的冷水机组的启动

　　采用涡旋式压缩机的冷水机组既有风冷式,也有水冷式。不管是哪一种冷却方式,在试图起动冷水机组之前均需确认冷水管路是否具有正确的水位,整个系统必须充满水,然后启动冷水泵,并通过冷却器两端的压力降来证实水流动。检查制冷剂管路上的所有阀门均在正确位置上,通常应处于后阀座位置。目检系统是否存在泄漏。如果制冷剂中夹带润滑油,那么管件或阀上有油就是泄漏的明显标志。压缩机上设有曲轴箱加热器,必须按制造商的要求预先得电一定时间,通常为 24 小时,在曲轴箱未充分加热的情况下,不得启动压缩机,否则压缩机就会受到伤害。

如果冷却器为风冷,那么应设置在室外。为了防止冷却器筒管在冬季冻结,筒管内应设置加热器。应检查此加热器连接是否正确、是否能正常运行。如果新机组刚启动时,你未对此做好充分的准备,那么等到冬季来临之际,你很可能早就忘了这一问题。此电热条受温度控制,不需要时可以关闭。

如果是风冷式冷凝器,那么应检查冷凝器风机是否能灵活转动。

如果冷水机组为水冷式,那么水冷式冷凝器部分必须能正常运行。冷却塔内必须放满新水,冷凝器冷却水水泵必须能正常启动,并确认水能充分流动。你可以通过观察冷却塔内的情况来证实水流动情况,也可以检查冷凝器两端的压力降对此做出判断。

检查现场控制电路是否能正常发出制冷信号。如果所有上述设备均予认真检查并证实能正常工作,那么冷水机组即可准备启动。

冷水机组启动时,应注意:

1. 观察系统的吸气压力。
2. 观察系统的排气压力。
3. 检查压缩机上液态制冷剂的返溢情况。
4. 检查冷水机组的进/出水温度,如果冷凝器为水冷式,则同时检查冷凝器的进/出水温度。

当冷水机组正常运行之后,除了机组是水冷式时,冷却塔尚需做适当调整外,整个机组一般即可自行运行。冷却塔应定时观察并定期维护。

50.3　采用往复式压缩机的冷水机组的启动

采用往复式压缩机的冷水机组,既有风冷式,也有水冷式。如果为风冷式,那么机组很可能设置在室外,为防止在寒冷气温下出现冻结,冷却器筒管上应设置电热条。电热条受温度控制,只有在需要时才运行。

启动往复式压缩机的冷水机组之前,应检查视镜中的油位是否正确,正常油位应为视镜高度的 1/4 ～ 1/2,同时,核对制造商对油位的说明。如果油位过高,很可能是油中含有制冷剂,此时应检查曲轴箱内加热器的情况。以防止机组停机时制冷剂向曲轴箱迁移,往复式压缩机冷水机组一般均设有曲轴箱加热器。曲轴箱加热器运行时,用手触摸压缩机时会有温热的感觉,见图 50.6。为防止对压缩机造成伤害,曲轴箱加热器必须在机组启动之前按规定的时间量进行预热。油中含制冷剂会使润滑油稀释,润滑效果下降,极易造成轴承磨损,而且并不是立

曲轴箱加热器电源线

图 50.6　曲轴箱加热器产生的热量

即显示出来。除非制造商另有说明,曲轴箱加热器的得电时间必须大于 24 小时。随意关闭压缩机加热器是一种不好的操作方法,即使是在冬天关机的情况下,制冷剂仍会自行向曲轴箱迁移,油中制冷剂不仅难以蒸发,而且会使润滑油失去正常润滑时应有的黏度。

压缩机启动后,如果控制板上有压力表,可以观察各点压力。一般来说,容量在 25 冷吨以上的冷水机组均由制造商安装固定式的压力表,为防止长时间运行对压力表造成损害,制造商常采用检修阀将这些压力表与系统切断,因此,测读压力值时将将这些检修阀打开。由于压力表中的机械结构在正常运行过程中往往会受往复式压缩机蒸气脉动的影响而产生很大的磨损,因此,将压力表始终置于打开状态并不是一种好的做法,这些表只能用于临时测压目的。技术人员应经常检查这些压力表的精度,否则,在冷水机组整个使用寿命期内就无法依靠这些压力表来获得精确的读数。

如今生产的各种冷水机组都设有能够直接显示压力值和温度值的发光二极管(LED)。这些压力值均采用压力传感器进行检测,并转换为可供电子控制系统进行处理的电信号或电子信号,控制系统则利用这些信号进行故障和运行分析,并且将各种历史运行状态全部存储在存储器中。由于它能显示压力降的变化或吸气和排气压力的变化趋势,因此对系统排故具有很高的参考价值。

如果冷水机组在整个冬季均处于停机状态,技术人员很可能会将制冷剂全部收入储液器中,此时就需要将多个阀门重新调整至运行位置。对于任何种类的阀门来说,阀后座通常为关闭状态,几乎没有后阀座为工作状态的。图 50.7 为一个安装于压缩机吸气阀后位座压力表接口的低压控制器。如果此阀为后位关闭,那么由于它处于隔离状态,因此低压控制器将不起任何作用。

　　压缩机启动时,往往是在卸荷状态下启动,直到油压建立之后,压缩机才逐渐加载,此时可以在电动机电源线上设置一台电流表来确定压缩机上的负荷情况。当压缩机满负荷运行后,其电流值应接近满负荷电流值。

　　当系统温度大幅下降时,技术人员可能会注意到压缩机中的油位开始上升并出现泡沫。对于大多数系统来说,这完全是一种正常情况,但在短时间以后,其油位应返回正常状态,时间一般在 15 分钟之内。压缩机是依靠吸入蒸气冷却的,因此,技术人员应确保系统运行周期内液态制冷剂不溢回压缩机。一般情况下,可以用手触摸压缩机来确定是否存在这种情况:压缩机电动机上吸气管进口处的温度很低,从电动机壳体至压缩机壳体,其温度则逐渐升高。机组运行 30 分钟后,用手触摸压缩机曲轴箱,其温度绝不可能很低,否则,就应怀疑有液态制冷剂溢回压缩机,见图 50.8。

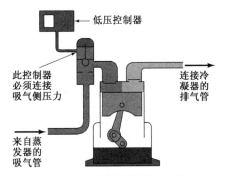

图 50.7　检修阀的阀口位置

图 50.8　因有液态制冷剂返流至压缩机,
　　　　　压缩机曲轴箱的温度较低

50.4　采用螺杆式压缩机的冷水机组的启动

　　采用螺杆式压缩机的冷水机组也有风冷与水冷两种类型。如果是风冷式机组,它应设置在室外,我们应对冷却器筒管的加热器运行与否予以证实。此外,它应受温度控制,且仅在需要时启动运行。

　　压缩机启动前必须对曲轴箱进行加热,同样,大多数制造商都要求曲轴箱内的加热器在启动前必须得电24 小时,未对曲轴箱进行加热前启动往往会使压缩机损坏。

　　如果为水冷式机组,必须对流经冷水机组和冷凝器的循环水进行检查,证实水流动的最佳办法是采用压力表。

　　启动前,所有阀门均必须处于正确位置,同时核对制造商对各阀门位置的说明。如果需要将冷水机组在冬季排空,应采取正确的方法,使制冷剂在启动前全部排入蒸发器内。

　　检查现场控制电路,以确认现场控制电路能正常发出要求制冷的信号。

　　所有检查操作均已完成后,冷水机组即可准备启动。

　　启动压缩机后,应注意压缩机负荷上升以及循环水开始冷却的情况,同时观察:

1. 系统的吸气压力。
2. 系统的排气压力。
3. 冷水机组和冷凝器两处的冷却水温度。
4. 是否有液态制冷剂返溢进入压缩机。

　　当冷水机组正常运行之后,除了水冷式机组的冷却塔尚需做适当调整外,整个机组通常即可自行运行。冷却塔则应定时观察并定期维护。

50.5　采用离心式压缩机的冷水机组的启动

　　由于离心式压缩机采用独立式油池系统,因此,采用离心式压缩机的冷水机组启动后的最初数分钟,技术人员应特别注意。在启动前,也应认真检查油池情况。机组启动后,应注意以下方面:

1. 根据各设备制造商的不同设定,油池内的正常油温应为 135°F ~ 165°F。注意:在油池温度未达到压缩机制造商推荐的正常油温范围内时,不得试图启动压缩机,否则可能出现严重故障。机组运行一段时间后,应认真检查轴承油温。如果已出现过热,应检查油冷却介质,它一般为水。
2. 油池内应有正确的油位。如果油位高于视镜玻璃,那么说明油中含有较多的液态制冷剂。然后再检查油温是否正确。可以人工方式启动油泵,观察会有什么情况出现。如果说不准,可与制造商联系,讨教处理方法。除非你对此确有经验，否则不要轻举妄动，启动压缩机后，油压不足很可能会引起轴承损坏。

3. 人工启动油泵并在启动压缩机之前检测油压，然后在启动压缩机之前将其切换为自动状态。

启动冷水机组时，压缩机的油泵应首先启动，建立起油压。当润滑油的压力达到要求后，压缩机启动，转速逐渐上升，然后切换至运行绕组的工作状态。其切换动作由自耦变压器，或通过星形连接－三角形连接的转换来完成。离心式压缩机在卸荷状态下启动，但在电动机转速不断上升时开始加载。这一过程主要依靠前面已经讨论过的导流叶板来完成。当冷水机组的转速接近其额定转速时，其导流叶片开始打开并逐渐达到最大负荷状态，除非机组被要求在限荷状态运行，导流叶片即停止在部分卸荷的位置。

冷水机组启动运行后，压缩机的电流值达到满负荷或部分卸荷状态所对应的电流值时，技术人员应注意观察压力表。技术人员应注意以下问题：

1. 吸气压力太低或太高。技术人员应在压力表的正面或记事板上标注出正常状态下理想的吸气压力值，它也可能就是设计水温的对应压力。一般情况下，出水温度应为45℉。

2. 净油压应保持正常。应将此净油压值记录在压力表附近以便随时参考。如果机组已停机很长一段时间，在压缩机启动加载时，应注意观察油池中的油位和润滑油的起泡情况。如果润滑油开始起泡，那么应立即降低负荷量，这样可以使油池压力上升，以较慢的速度将制冷剂从润滑油中逐渐蒸发。如果不降低负荷量，那么此油压很可能开始下降，机组也会因油压太低而停机。如果此压缩机设有防反复启动定时器，那么就不能重新启动机组，必须等待定时器结束锁定时间，此定时时间约为30分钟。观察油压时最好避免压缩机自行停机。

3. 排气压力应处于正常状态。应将常规运行状态下正常的排气压力记录在压力表附近，以便随时参考，或直接标注在压力表上。

4. 压缩机的电流值应当正确并将其标注在启动器的电流表上。电流表值应按运行负荷的百分数进行标注，一般可取40%、60%、80%和100%数个负荷挡，这样，技术人员可以随时了解机组是在怎样的负荷量下运行的。此外，还应将导流叶板驱动杆的位置做好标记，这样就能对叶板的移动量进行计量，同时使其与电动机的电流值建立起相互对应的关系。

近年来，冷水机组的制造商都采用了电子控制器，因此，对于你所感兴趣的某些型号的冷水机组，应认真研究其各启动动作的程序。通常情况下，制造商都采用控制面板上的故障灯来显示出现的故障情况。例如，有些机组在电路板上设置一组程序指示灯，如果出现某种故障，此指示灯就会点亮。技术人员必须利用制造商提供的故障表来找出故障所在及故障原因。也有制造商采用有一定闪烁程序的发光二极管灯来显示某一故障。有些制造商采用电子显示器直接用文字或代码数字来表明故障名称及地点。这些控制程序非常冗长，也超出了本教材所要讨论的范围。此外，根据制造商自己的论述方法来理解其生产的冷水机组往往会有事半功倍的效果。这些电子控制器的最大优点之一就是更便于技术人员进行排故。

50.6　采用涡旋式和往复式压缩机的冷水机组的操作

一旦冷水机组启动并运行后，操作者就应时刻注意冷水机组的运行状态，以确保机组能正常运行。小容量风冷式机组有可能设置在距离控制室较远处，往往无法随时观察，但这些机组也确实不需要始终有人守护。如果能够保证正常的冷却水供应，这类机组出现故障的可能性很小。

由于水冷式机组含有冷却水管路和冷却塔，因此这类机组往往需要更多的关注。定时检查每一台运行设备是一种比较好的办法，但对一些较大容量的冷水机组来说，其成本较高，因此，现在只保留了观察一些主要设备的做法。规定每天数次检查冷却塔的循环水的情况，保证水位正常即可。较多的情况是：水压的少量损失会因为水的蒸发速度快于补充水的流量而引起冷却塔内的水位降低。只要认真观察，技术人员即能在机组自行停机和住户抱怨声渐起之前发现问题。如果岗位上没有正规的技术人员，如一个小型办公楼，那么也可以指派一个人做简单的查看。冷水机组通常都安装在建筑物的屋顶上，不会有人经常光顾，因此应指派某个人每周检查这些设备情况。

为防止水管路中出现矿物质沉淀和水藻生长，水冷式冷水机组必须设置水处理装置。对整个冷却塔系统的构成、安装位置、补水与排污等工作，邀请一位合格的水处理专家进行设计、规划和指导是必不可少的，否则很可能会出现问题。针对需配置水处理装置的冷却塔类型，可以认真复习一下书中的相关内容。所有冷却塔都必须具有排污功能，即为了防止冷却塔的循环水因水蒸发而导致矿物质浓度逐渐增高，而将一部分循环水排入下水道。冷却塔的排污是必不可少的，但管理部门往往会对看似清洁的水白白地放入下水道感到难以接受，技术人员应该知道如何向他们做出解释。

50.7　采用变容量压缩机的大型冷水机组的操作

采用往复式或螺杆式压缩机的大型冷水机组,其容量一般在 1000 冷吨以上。如此容量的冷水机组,其设备与使用费用等自然也就十分巨大,因此必须定时、定点认真观察,否则就会出现大问题,而要排除这些故障往往也需要很大一笔费用。尽管这样的冷水机组运行十分可靠,但定时观察也非常重要。技术人员应特别注意各种可能出现的问题,如前面所讨论的几种情况。这些冷水机组也设有各种压力表,但自始至终处于检测的状态,不对阀门进行关闭。如果确实如此,在一些要求较高的系统设备中,往往需要每小时观察一次压力表,并做好记录,每天的运行记录常常需保留较长时间。运行日志上测试数据的记录频率取决于岗位的重要性。如果是一台用于高精度生产过程的冷水机组,运行日志上的所有数据均需按小时详细记录;如果只是一台为办公楼供冷的冷水机组,那么其运行日志仅需记下每天甚至是每周的运行状态参数。运行日志的格式见图 48.22。

50.8　采用离心式压缩机的冷水机组的操作

多年来,最大型的冷水机组均采用离心式风机,一般情况下,当容量需求大于 100 冷吨时,即考虑采用离心式压缩机冷水机组或多级压缩的往复式压缩机冷水机组。就单级压缩式冷水机组来说,离心式压缩机冷水机组的容量范围在 100 ~ 10 000 冷吨左右。这些冷水机组往往是所有冷水机组中最为昂贵的机组,当然,也是最为可靠的机组,因此,对于这类机组的运行与维护,人们一直给予更多的关注。多年来,这类机组的运行监测和每天的运行状态记录均已形成完整的规范。利用运行日志,即使是缓慢发生的故障,也能通过比对迅速确定其整个变化过程。例如,如果冷却塔的水处理系统一段时间来效果欠佳,就说明冷凝器的水管上有矿物质沉淀。此时,冷凝器循环水的接近温度也开始缓慢分离,细心的操作人员即可发现问题,并采取有效措施予以纠正。这些措施包括更新水处理系统,同时,因为热交换效果已大幅下降,还必须对冷凝器水管进行清理。

50.9　风冷式冷水机组的日常维护

风冷式冷水机组几乎不需要维护,这也是风冷式冷水机组广受青睐的原因之一。但风冷式冷水机组的风机电动机仍需要定期润滑,当然,有些电动机也可能采用永久润滑型的轴承。一般情况下,冷水机组上都配置有多台风机和电动机。采用多台小风机还可以使电动机的配置功率减小,同时可以取消传动带和日常的润滑操作,而且,如果有一台风机出现故障,整个冷水机组依然能继续运行。

对于常规的冷水机组,每年应对机组的电气系统进行如下项目的维护:

1. 检查整个电源线路,因为这里是机组电气系统中最大电流所经之处,因此应检查是否有不正常的热点。例如,连接压缩机接触器的导线上不应有发热的迹象,绝缘外套上也不应出现曾经有发热的痕迹。如果有这样的痕迹,则必须予以维修。采取的方法是剪断线头,对铜心线头进行清理。如果导线长度不够,可以连接一段或从另一个接线端开始重新换一根导线。
2. 检查电动机在压缩机接线盒中的接线端,其连接线上不应有任何变色痕迹,否则应予维修。接线板发热、发烫会引起制冷剂泄漏,因此,接线板上的各连接线必须予以认真检查。
3. 应检查所有接触器上的各个触头,如果触头上蚀坑较多,应及时更新。如果触头上刚开始有蚀坑,那么这些触头很可能会在将来熔接,造成由此接触器控制的电动机无法停止运行。如果有两个触头熔接,往往会导致星形接法的电动机出现单一相位。由于除了继路器以外没有其他办法来停止电动机运行,电动机最后就会烧毁,见图 50.9。
4. 采用可以检测百万欧姆级电阻的欧姆表,即兆欧表,对压缩机电动机做内部搭地检查。图 50.10 是一种常规兆欧表,这种仪表采用 50 ~ 500 伏的直流电源来检测漏电路,也可采用更高的电压,如采用手摇式发电机来获得高电压等。对于电路容许的最大漏电量,应满足在电动机制造商的要求。一般来说,无论是三角形接法还是双电压电动机,电动机中各绕组对地或对其他绕组的电阻量均不得低于 100 兆欧,见图 50.11。由于温度对电阻值的大小具有较大的影响,因此,此规定量还取决于电动机温度。如果无相应的标准或资料可供参考,那么应向制造商咨询。当地比较可靠的电动机商店也可以提供某些参考或指导意见。当电动机是新电动机时,即应对其漏电量进行检测并保存下完整的记录,这一点非常重要。如果某电动机的兆欧值开始下降,那么这就是有潮气或其他杂质进入电动机的迹象。
5. 可以将压缩机曲轴箱内的油样送往润滑油实验进行化验,以确定压缩机的状态。像兆欧值测试一样,这一测试项目应在机组是新的时候即开始,并每年检测一次。如果润滑油中开始有较大数量的某些元素出现,那么很明显,系统中已出现故障。例如,轴承通常采用巴氏合金制作,如果每年的检测中,油中巴氏合金的含量逐步上升,那么很明显,各轴承需要进行认真检查。如果油中出现少量的水,那么就需要对各传热管进行检查,但这种情况仅仅出现在水压大于制冷剂压力的状态下。如高压冷水机组,如果冷水机组设置在大楼底层,即在高水柱的底部时,就可能出现这种情况。

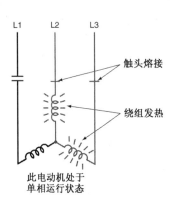

图 50.9　　触头熔接时,星形接法
的电动机上出现的状态

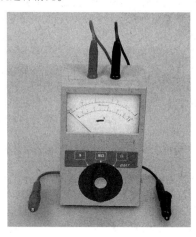

图 50.10　　用于检查电动机搭地电路
的兆欧表(Bill Johnson摄)

6. 检查冷凝器盘管表面上的纤维、尘土或积垢情况。由于这样的杂质会严重影响气流的流动,因此必须予以清除。每年一次,如有必要可增加对风冷式冷凝器进行清理的次数,这是一种比较好的维护方法。如果运行日志表明,相对于进风温度,系统的排气压力正在逐渐上升,那么说明盘管上的积垢越来越严重。由于盘管的积垢很可能会夹在盘管内侧,形成未结垢的假象,即没有发现有积垢,但对盘管进行清理之后,就可以发现有大量的水垢排出。对盘管进行清理时应将整个盘管浸没在专用的去垢剂中,然后反冲盘管,即以与空气流向的相反方向冲洗盘管,谓之反向冲洗。较为彻底的盘管清洗往往可以从盘管内侧清除出大量的积垢。

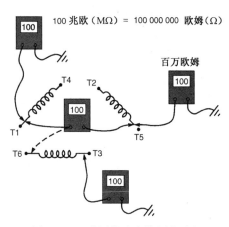

图 50.11　　采用兆欧表检测电动机

50.10　　水冷式冷水机组的日常维护

　　水冷式冷水机组的日常维护还可能涉及机房的清理,以保证所有管路和水泵均处于良好的工作状态。技术人员应使机房与设备保持整洁并处于良好的状态。使机房保持整洁和良好的工作环境总是要比收拾冷水机组出现故障后进行拆解时所形成的残局要方便得多。

　　当然,冷水机组维护的首要工作是检查冷却塔的过滤器是否堵塞,观察循环水是否有锈色、尘土污垢和浮在水面的各种杂质,如有必要,应及时清除。此外,应定期对水处理系统进行检查。有些系统还需要技术人员每天对水质进行分析,以确定其矿物质的含量,当水处理系统运行不正常时,应及时调整,或通知水处理公司。还必须有人负责以正确的比例投放水处理化学制剂,从而使机组能够在最佳的性能状态下运行。

　　每年一次的维护保养还应包括对整个系统和冷水机组常规运行季节前各项准备工作的检查。某些常年运行的冷水机组在进行年度保养时还需停止运行。维护保养期间,邀请设备生产厂家的技术人员参加常常是比较聪明的办法,因为这些技术人员具有对他们的产品在全美国、乃至全世界的运行过程中可能出现的故障及应采取的对策较为熟悉的优势,他们对自己的产品具有最完整、最全面的专业经验,通常情况下,这些技术人员会像第一次那样按完整的起动程序来启动机组,此时对系统上的所有控制器进行检查,以确认均能在正常状态下运行。整个系统运行多年且未做检查调整,到最后系统出现故障后,才发现某控制器早已损坏,像这样完全可以避免的故障,因未及时检查及发现问题,最终酿成系统故障的情况屡有发生。每年一次对控制器进行调整是防止出现各种故障的一种非常有效的安全措施。

　　年度保养期间,所有电气连接端均应检查,其方法可参考前述风冷系统的电气维护方法,水冷式机组的电气故障症状与风冷式机组相同。

　　每年应将水冷式冷凝器中的所有存水排出,并拆下端盖对冷凝器内部进行认真检查,其传热管应十分干净。当用照明灯照射在传热管内壁时,其干净与否可以立即判断出来。你所能见到的应是带着阴暗铜色光泽的铜管,此时最好采用笔形手电筒,因为笔形手电筒可以伸入铜管内。要获得理想的热交换效果,就必须将铜管内表面上的膜层排除。许多技术人员认为,只要传热管能够在一定水流量下保持通畅,此传热管即是干净的。这种概念并不正确,要想获得理想的热交换效率,这些传热管必须清理至裸管状态。

　　当发现传热管上有结垢时,可采取多种方法予以清除。一种办法是采用外径与传热管内径相同的尼龙管刷,在用水冲洗管内壁的同时,采用动力装置使管刷在管内转动,对其表面进行刷擦。如果尼龙管刷无法清除管内结垢,也有些制造商建议采用带有铜硬丝的管刷。由于有些制造商并不认同这种方法,因此,最好根据设备制造商的说明书进行操作。管刷擦刷传热管内表面时,应使内表面始终保持湿润状态,直至将结垢清除,否则,垢皮就会变得更硬。最好的办法是在拆开端盖之前,对将要擦洗的传热管做些准备工作,这样传热管就能始终处于湿润的状态,直至刷除。

　　如果无法对传热管进行刷洗,或是对其效果不满意,那么可以采用制造商推荐的专用酸性去垢剂以化学方式对传热管进行清洗,见图50.12。

　　注意:这是一项十分精细的操作,因为传热管很容易损坏。具体操作方法可以向化学去垢剂和冷水机组的制造商咨询。

　　让化学药剂制造商来清理传热管也可能是一种比较好的方法,如果出现问题,由他们承担责任。但化学清洗完成后,还必须保证将这些化学药物予以中和,否则,传热管仍有可能受到损伤。由于化学药剂可能会侵蚀传热管基体,因此,一旦传热管损伤、损坏,往往会产生严重的后果,水与制冷剂间就会出现泄漏。

　　传热管经化学方法清洗后应该十分干净。当然,也可以将化学药剂仅用来软化结垢,然后用管刷擦刷,将结垢清除。

　　对水泵机组进行检查时,应特别注意联轴器是否处于

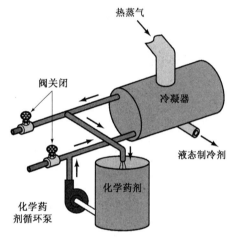

图 50.12　采用化学方法清洗冷凝器传热管

正常状态。**安全防范措施:**检查时,应切断电源,电闸箱上锁,挂上告示牌,然后再拆下水泵联轴器的防护盖。如果在联轴器壳体内发现有金属屑类的物质,那么应怀疑联轴器有较大的磨损。有些联轴器采用橡胶和部分钢制零件制成,因此,应检查柔性材料的接触面处的间隙,看是否有过多的磨损。

　　冷凝器清洗之后,可以借助于涡流测试仪对冷凝器壳管上的应力裂纹、腐蚀、氧化等缺陷和外表面的磨损情况进行检查。这种测试仪也应用于蒸发器的传热管测试。此项检查可以确定传热管上是否有异常情况,其中一个最常见的问题是传热管支承板与传热管外表面接触处的磨损,这是因为每一组传热管都会对外管板产生各种不同的应力。在冷凝器中,当热蒸气进入冷凝器时,热蒸气往往处于一种脉动状态,它具有使传热管震动的趋势,在蒸发器中,不断汽化的制冷剂也会使传热管产生震动。传热管支承板是用于穿过传热管的多块薄钢板,它们等距离地安装于两侧尾板之间。它可以帮助消除传热管的震动,而且在冷凝器和蒸发器内部均配置有这样的支承板。当蒸发器或冷凝器的外壳为管体时,传热管则通过导管穿过支承板。传热管穿入后,将一个滚柱机构伸入管内进行膨胀,使传热管牢牢地固定在支承板上,见图50.13。如果传热管上的滚压位置不正确,那么这根传热管就会晃动,即震动,支承板就会使传热管严重磨损。如果这样的摩擦持续下去,此传热管迟早会出现破损,水与制冷剂间的泄漏也就在所难免。这样的极端情况很可能会使冷水机的制冷剂侧涌入大量的循环水。低压冷水机组尤其会出现这种情况。我们可以采用涡流测试仪及早地发现传热管上这种可能的损伤,并将这些传热管抽出予以更新,如果数量不多,也可将这些传热管的管口封堵。

　　涡流测试仪有一个探头,可以推入传热管,同时,一名操作员观察监视器,见图50.14。当探头在传热管内缓慢移动时,就会不断发出一种磁流信号,当这一信号从传热管内返回时,就会在监视器上显示出其断面形状。如果发现有异常的图像,那么即在此传热管上做上标记,以便做进一步检查,其中包括与已知正常的传热管图像进行比较,并需要做出明确的判断,抽出此根传热管或将其封堵。如果在供冷季节中出现传热管损坏,往往需要数天才能修复,因此最好的办法是事先能够发现这些故障。

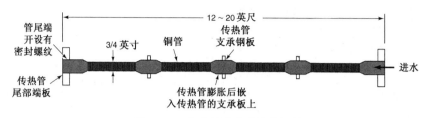

图 50.13　热交换器的传热管组件

　　拆下并清理安装于管路中的各个过滤网。有些系统在水泵前后都设有过滤网,因此应分别予以检查和清理。

　　冷却塔应予清理、擦洗,清除底池中的各种沉淀物。

　　如果冷水机组与水泵在冬季处于闲置状态,那么应采取各种预防措施,防止管线、水池、水泵等构件冻结,如果冷水机组安装位置也有可能冻结,还要对冷水机组采取防冻措施。即使冷水机组安装于建筑物内,在冬季,最好将机内存水全部排空,这是因为如果建筑物断电,其内部也有可能会冻结,而且如果冷水机组水管冻裂,更新时就将需要一笔很大的费用。将机内存水排空不仅很容易,而且不需要冒这样的风险。

50.11　吸收式冷水机组的启动

　　吸收式冷水机组的启动方法与其他冷水机组的启动基本相似:冷水机组启动之前必须首先使冷水流动和冷凝器循环水流动,同时,应保证冷却塔循环水温度处于冷水机组制造商所推荐的水温范围之内。如果吸收式冷水机组启动时的冷却塔中的水温过低,那么溴化锂(Li-Br)溶液就可能会结晶,从而引起严重故障。除此之外,必须检查热源,不管它是蒸气、热水、天然气,还是燃油。大多数吸收式冷水机组均采用蒸气作为热源,因此必须要有正常的蒸气压力。如果冷水机组有专用的锅炉,那么此锅炉必须启动并运行,直至其压力上升至工作压力。

　　系统的排气可以采用将真空泵的排气管放入一玻璃水杯内并观察其气泡的方法予以监测,见图 50.15。如果有气泡,就说明冷水机组内有不凝气体,只有等到气泡完全停止,才能启动冷水机组。让真空泵持续运行至冷水机组启动(除非制造商认为不需要这样操作)。这是因为机组启动后,不凝性气体常常会迁移至排气管的吸口处。

图 50.14　利用涡流测试仪来检查传热管可以确定传热管中的异常情况

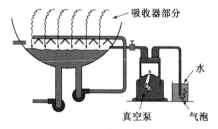

图 50.15　将真空泵的排气引入一玻璃水杯中。如果可以看到气泡,说明真空泵正在排出不凝性气体

　　当系统各项工作准备就绪之后,即可启动冷水机组。流体泵开始泵送 Li-Br 溶液和制冷剂,启动热源。冷水机组在数分钟内即开始降温,这可以通过检测冷水管路两端的温降予以证实。当吸收式冷水机组开始制冷时,冷水机组往往会发出一种像冰块破裂那样的声响,当这一声响刚开始从冷水机组中传出时,冷水温度即应开始下降。

50.12　吸收式冷水机组的操作与维护

　　由于吸收式冷水机组的运行比压缩式系统的运行更复杂,因此,对吸收式冷水机组的运行观察要比压缩式循环的冷水机更为频繁。确定冷水机组是否正常运行,各家制造商都采用不同的检测点。采用检测制冷剂温度和吸收流体温度,然后比对冷水机组出水温度的方法是最常见的方法之一。对于测点的选取以及采取的方法必须按制造商的说明进行操作。对于吸收式冷水机组来说,制造商都反复强调,要求做好机组运行的日常记录。

　　冷水机组运行后,应特别注意排气系统的运行。如果冷水机组需要不断排气时,说明机组存在泄漏或机内不断有氢气产生,需要加入添加剂。冷水机组不得含有不凝气体。

冷水机组的热源也可能需要维护,如果热源是蒸气,那么应对蒸气阀进行检查是否有泄漏和运行问题。采用蒸气时,还需要对冷凝水的疏水器进行检查,确认其运行正常。冷凝水疏水器可以保证只有水(冷凝后的蒸气)能返回锅炉。常规的冷凝水疏水器设有浮球,当水位上升时,浮球也上升,这样仅容许水流向冷凝水回水管,见图50.16。冷凝水疏水器有数种不同的类型,图中是其中的一种。

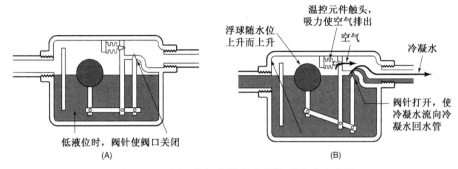

图50.16 用于蒸气盘管的冷凝水浮球式疏水器

冷凝水疏水器通常采用红外线检测装置进行检查,它可以测量疏水器两端的温度,见图50.17。

当冷水机组以热水为热源时,应注意观察热水阀运行是否正常,保证没有泄漏。

采用燃气或燃油作为热源的冷水机组时,需对这两种燃料的燃烧系统做常规维护。其中,特别要注意燃油系统中的过滤装置和喷嘴的维护。

对于吸收式冷水机组来说,维护工作量最大的是排气系统。如果冷水机组上配置有真空泵,定期换油有助于延长使用寿命。溴化锂是一种盐,它会腐蚀系统外的真空泵。由于存在腐蚀问题,因此,不推荐将用于压缩式循环系统的真空泵在吸收式系统上使用,但如果只有一台真空泵,那么应特别小心,使用后应立即换油。

泄漏、溢出或散落在机房内的溴化锂会使与其接触的任何金属出现氧化。避免这种情况的最佳办法是在某一区域内进行操作,然后用清水冲洗。在此区域内的机组与其他设备定期油漆也能起到一定的保养作用。

系统溶液泵需做定期维护。认真核对制造商文件上的说明,明确此项维护项目的类型和频率。

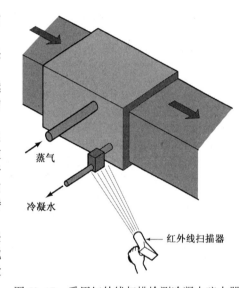

图50.17 采用红外线扫描检测冷凝水疏水器

机房内温度必须保持在冰点以上,否则机内制冷剂(水)会冻结,引起管路冻裂。不像其他冷水机组,吸收式冷水机组中的这部分水不能排出,因此必须予以保护。

吸收式系统的水泵需像其他任何系统一样做定期维护。

蒸气或热水阀和冷凝水疏水器应随时检查,并进行必要的维护。在冷凝水疏水器的附近应安装过滤网,在停机季节期间应予清理。

冷凝器冷却水需注意清理并做好水处理,不能遗忘排污水。吸收式冷水机组的运行温度高于压缩式循环的冷水机组,各部分的传热管会更快地积垢,因此,对水处理系统进行全面、有效的维护至关重要。

由于吸收式机组的冷凝运行温度高于压缩式循环系统的冷凝器,吸收式机组需要比压缩式循环机组更频繁地定期采用涡流测试仪对其传热管进行检测。当热源热量传递至传热管时,传热管即开始膨胀,停机过程中,传热管冷却,又会逐渐收缩,在此过程中,传热管始终处于受力的状态下。最好的办法是与制造商联系,了解具体的操作方法。

50.13 各种冷水机组的一般维护

对冷水机组实施维护作业的技术人员必须是经严格考核合格的专业人员,同时与相关的制造商保持长期联系,接受培训学校最新课程的培训,并能得到制造商及专业教师的指导。制造商能够收到来自世界各地的对其产品的反馈信息,了解设备在运行中出现的各种情况,特别是一些过早出现的故障。制造商也希望将这些可能出现的问题及早告知相关技术人员,以避免你所管理的机组上将来也出现同样的问题。技术人员应积极参加生产厂家的短期和技术学校的培训,广交朋友,特别是生产企业内的技术人员。从事大型设备操作和监测工作的技术人员应当了解、学会整个维修、维护过程中要做的工作。由于生产企业的技术人员见识广,能够接触到更多的大型冷水机组的维修、维护项目,负责设备操作的技术人员应积极主动地注意观察他们的维修方法,并为生产企业的技术人员做个帮手,从他们那里可以学到包括控制器的常规调整到设备大修的所有操作方法。操作技术人员还应能识别各种方法,理解其目的与意图。当生产企业的技术人员离开后,操作技术人员必须能独立操作这些设备。

由于冷水机组含有大量的制冷剂,因此,对于任何冷水机组来说,制冷剂的管理是一个很大的难题,工作现场常常需要有备用的制冷剂用于应急。如果工作现场处在城镇之外较为偏僻的地方,要获得制冷剂往往需要数天的时间,这样显然无法满足工作要求。操作技术人员应充分认识到运行记录的重要性,必须完整记录、保存系统运行时的电流值数据。大多数冷水机组都含有 50 磅以上的制冷剂,当某台用于舒适性供冷的冷水机组中的制冷剂含量低于 50 磅时,技术人员就必须及时为制冷剂漏失、运行不正常的机组添加制冷剂。如果机组在一年中制冷剂损失量大于 15%,或是以每年 15% 的速度泄漏,那么法律规定:自发现之日起 30 天内必须予以修复。对于商用和工业性加工设备来说,此法律规定稍有不同,即容许每年的制冷剂泄漏量不大于 35%。技术人员必须及时采购足够的制冷剂并存放于需要的地点,同时对系统的制冷剂添加量做好记录。

50.14 低压冷水机组

由于低压冷水机组运行时,其冷凝器工作压力为正压,而蒸发器则处于真空状态,因此,低压冷水机组很可能是最难掌握其运行规律、最难操作的一种冷水机组。当低压冷水机组停机时,冷凝器和蒸发器同时处于真空状态。制冷剂的最大部分处在满溢式蒸发器内,停机时,来自冷凝器的热蒸气会在蒸发器内迅速冷凝为较多数量的液态制冷剂。如果冷水机组所在的机房温度不高,不足以使制冷剂保持温热的状态,那么低压冷水机组只能在真空状态下运行,并始终维持这一真空状态。如前所述,系统真空状态下出现泄漏往往会将空气吸入机组内,那么此时就需要排气系统不断地运行,除非机组内的排气系统具有很高的效率,否则,随着将吸入机组的空气排出,也就会使更多的制冷剂随之一起排出。例如,在 0 psig(大气压力)状态下,R-11 的蒸发温度约为 74 ℉左右;R-123 的蒸发温度约为 83 ℉,这就意味着在冬季机组不运行时,制冷剂即处于真空状态。在冬季,大多数机房内温度维持在 60 ℉左右,那么 R-11 冷水机组内的制冷剂温度就会低于 74 ℉,冷水机组必然处于真空状态下。同样,在 83 ℉以下,R-123 的冷水机组也处于真空状态下。用户一般都不会为此而将机房温度提高至高于这些温度,因此,冷水机组的制造商常采用对液态制冷剂聚积的机组冷凝器进行加热的方法使机组保持在较低的正压状态,其加热量可以通过控制温水流量或采用与机组蒸发器壳体绝缘的电热装置实现温度控制。它可以使冷却器壳体处于正压状态下,防止空气吸入壳体内,维修时,也可以将其用来使冷却器增压。

冷水机组可以采用氮气压力或对蒸发器壳体加热的方法进行增压,调整后的氮气压力可以用来使冷却器壳体快速增压,但维修后必须将其全部排除。如果维修过程中需要反复运行制冷剂,那么采用氮气可以节省大量时间;如果需要将少量的制冷剂放回冷却器中,最好的办法是加热,这样,氮气也不必从制冷剂中予以排除。

因各种原因需要对冷却器壳体进行增压时,必须谨慎小心。其压力绝不能高于安全破裂膜的压力限度。安全破裂膜是一次性装置,价格也不便宜。如果超出其额定压力值,膜片就会破裂(向外吹出),同时制冷剂也将全部走失,破裂膜还需更新。破裂膜的额定压力为 15 psig,因此在大多数情况下,技术人员不要将系统压力提高至 10 psig 以上,采用冷却塔循环水时,系统的排气压力应为 105 ℉冷凝温度的对应压力,对于 R-11,此对应压力约为 12 psig;对于 R-123,则约为 8 psig。由于安全破裂膜安装于系统的低压端,因此排气压力较高时,不可能使破裂膜破裂。

50.15 低压冷水机组的制冷剂回收

我们只要使冷水机组内的压力上升至高于回收系统的压力,就可以将冷水机组内的液态制冷剂全部排入制冷剂回收系统。如果工作现场没有永久性储液钢瓶,也可以采用便携式钢瓶来存放回收的制冷剂。在此情况下,可以采用吹吸式的回收机来抽取制冷剂。如果技术人员仅仅是将液态制冷剂排出机组,那么其蒸气仍留存在系统内。如果从一台 350 冷吨容量的 R-11 机组中仅排出液态制冷剂,那么机组内大约还有 100 磅的 R-11 蒸气,这就不符合美国环保署关于回收制冷剂时必须达到规定压力标准的要求。一台 R-11 冷水机组正常运行时,每冷吨容量约需要 3 磅的制冷剂,那么采用满溢式蒸发器的、350 冷吨的冷水机组估计其制冷剂含量约为 1050 磅(350×3=1050)。

我们可以将回收钢瓶中的上部蒸气排出,送入冷水机组,然后将液态制冷剂推出,并排入回收钢瓶,见图 50.18。注意:此时不需要将水连接至回收机组的冷凝器,因为这样不可能形成冷凝。当机组内的液态制冷剂全部排出后,将整个回收管路反接,出液口关闭,从冷水机组的蒸气区域,通常为冷凝器的上端空间处抽取制冷剂蒸气,见图 50.19。此时,可以将自来水连接至回收机组的冷凝器,将制冷剂蒸气冷凝成液体,然后排入回收钢瓶。如果采用 1993 年 11 月 15 日之前生产的回收机组,那么冷水机组中的排空标准为 25 英寸水银柱。如果回收机组是 1993 年 11 月 15 日之后生产的,那么冷水机组的排空标准为 29 英寸水银柱真空(等于 25 英寸水银柱的绝对压力)。检修完成之后,系统恢复原连接状态,将制冷剂送回冷水机组。吹吸式设备是一种制冷剂回收机组,其设计目的即在于处理大容量的制冷剂,因为有些冷水机组内的制冷剂量可多达 3000 磅。回收机组通常有多个可与冷水机组连接的管接口和回收时可用于冷却冷凝器使蒸气冷凝的水管路接口。对于这样的冷凝器,一般采用城市自来水,使用后直接排入下水道。除了维修,一般不能采用这样的冷却方法,因此,此机组中也不需要安装永久性水接口。

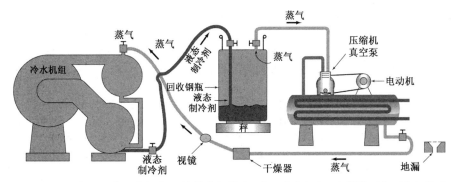

图 50.18 回收机组将回收钢瓶上端的蒸气抽出,送入冷水机组,这样就可在回收钢瓶内形成一个相对于冷水机组的低压状态,使冷水机的液态制冷剂流入回收钢瓶

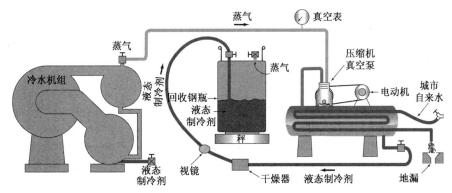

图 50.19 用软管连接冷水机组,仅排除制冷剂蒸气。同时,用城市自来水使其冷凝后排入回收钢瓶。用秤计量可以使技术人员确定何时应停止向钢瓶内再送入制冷剂

安全防范措施:回充液时,应首先充入蒸气,直至冷水机组内压力明显高于冰点对应压力。对于 R-11,冰点压力为 17 英寸水银柱;对于 R-123,冰点压力为 20.3 英寸水银柱。充入液态制冷剂之前,冷水机组内的压力必须高于此两个压力值。有些技术人员也采用将水充入蒸发器传热管内的方法,从一开始就加入液态制冷剂,这样做具有一定的风险,如果壳体内有一根传热管没有水流过,那么此传热管就很可能由于冻结而冻裂。如果出现冻裂,那么待其融化后,水就会进入壳体内。

50.16 高压冷水机组

高压冷水机组必须更多地关注泄漏问题。只要在机组旁,任何时候都能对机组进行目检。哪里有制冷剂泄漏,哪里就有润滑油渗出。任何时候出现新的油斑点,即应怀疑其是泄漏点。可以采用电子检漏仪或将肥皂泡

涂抹在疑点处,然后用水清除肥皂泡,否则灰尘就会积聚在油斑上,给人一种此油斑是老油斑的假象,灰尘也容易积存在油斑上。有些机组能在检修系统低压侧时将所有制冷剂全部送往冷凝器。另外,在大修时,还必须将制冷剂回收,其采取的回收系统与方法与前面讨论过的吹吸式系统相同。

高压系统的制冷剂回收方式与低压系统制冷剂的回收非常相似,只是将吹吸式系统用于处理高压系统的制冷剂。将制冷剂回充冷水机组时,其方法与相应规则也与低压系统相同,即将液态制冷剂充入机组之前,必须保证机组内的压力高于制冷剂冰点温度所对应的压力,否则,冷却器的传热管就有可能冻结、破裂。

50.17　报修电话

报修电话1

一位大楼物业经理来电称:大楼内温度正在逐渐升高,不知什么原因没有冷气。其故障是冷却塔风机传动带断裂,风机停止转动,整台冷水机组因排气压力过高而自行停机。

技术人员到达后,来到安装冷水机组的地下室。这是一台采用往复式压缩机的水冷式冷水机组,冷水机组已停机。技术人员四处检查,想发现故障原因。打开控制面板,技术人员发现高压控制器上复位按钮处于断开状态,提示此控制器需复位。冷凝器两端的压力降正常,水温也正常(由于冷水机组已停机一段时间,冷却塔在没有风机的情况下仍能使温度降低)。技术人员将控制器复位按钮按下后,压缩机启动。当技术人员仔细观察时,压缩机即达到其负荷状态,所有部分均能正常运行,10分钟后,压缩机发出像是非常疲劳的声响。技术人员用手触摸冷凝器的进水管,发现其温度比手掌温度还要高,显然,冷却塔的水温太高。技术人员利用高压控制器关闭压缩机而不让它自行停机。

技术人员来到楼顶,检查冷却塔。由于管理部门并未要求做定期维护,可以想象整个冷却塔充满了水藻。在楼顶上,技术人员发现连接冷却塔风机的风机传动带断裂。将风机电闸切断,挂上告示牌,记下旧传动带上的数字,技术人员从维修车上挑选了一根新传动带。在车上时,技术人员还找了一把注油枪,想为冷却塔上的风机和电动机轴承加注润滑油。更新传动带后,冷却塔风机得电后开始运转,技术人员可以看到缕缕潮湿空气正从冷却塔上排出,看见水中含有大量的热量。

技术人员回到地下室,用手触摸冷却塔连接至冷凝器的水管,发现其水温已恢复至手掌温度以下。重新启动压缩机。技术人员在压缩机正常运行约30分钟后,确认机组能正常运行,并用这段时间为水泵和风机电动机加入润滑油,而且粗略地检查了其他可能的故障。

报修电话2

某楼宇业主来电说:楼内温度很高,冷水机组已停机。冷水机组为低压、R-11的机组,好像还有漏气。楼宇的维护人员已有数天一直在为系统排气,想等到周末为机组做泄漏测试。冲洗水阀已关闭,排气冷凝器也不能工作,引起排气压力增高,制冷剂泄出。

技术人员到达后,来到安装冷水机组的机房内。信号灯显示,冷水机组因防冻装置动作而停机。技术人员查看四周,发现用手仍然能启动排气系统且排气压力很高。检查过程中,技术人员还发现排气装置的卸压阀不断有制冷剂渗出。然后技术人员检查连接排气系统的水管路,发现根本无水冷却排气系统的冷凝器,将连接排气系统冷凝器的水阀打开。该系统利用冷水冷却,目前的温度已上升至80℉,但仍然能冷凝排气系统中的冷凝器。

技术人员在40%负荷量的状态下启动压缩机,观察吸气压力,并不太低,因此,将负荷量提高至60%,吸气压力开始下降,技术人员从视镜中观察蒸发器内的制冷剂液位,发现明显偏低,整个视镜中只有少量制冷剂,因此技术人员开始添加制冷剂。将制冷剂钢瓶连接至充液阀,打开阀门,同时,技术人员在蒸发器的测温井中放入温度计,检测制冷剂的温度。此时,离开冷水机组的冷水温度下降至55℉,而温度计上显示的制冷剂温度为43℉,其接近温度达到12℉。根据机组安装后的原始运行记录,其接近温度应为7℉。在压缩机满负荷运行之前,加入200磅的制冷剂,此时制冷剂的接近温度达到了7℉。技术人员对系统制冷剂充注量感到非常满意。冷水温度下降至45℉,压缩机在30分钟后开始自行卸荷。排气系统的压力也恢复正常,卸压阀也不像过去那样不断地卸压。技术人员离开现场,数天后再对机组进行检漏。

报修电话3

某大楼物业经理来电说:冷水机组已停机,整幢大楼温度很高。该机故障是:冷凝器水管路上的流量开关螺旋叶片损坏,现场控制电路无法将信号送往冷水机组,通知冷水机组启动。

技术人员到达后,直接来到冷水机组旁。该冷水机组的控制面板有一个指示灯,当现场电路要求制冷时,它能点亮显示。此时,指示灯未亮。技术人员首先查看冷水温度,显示值为80℉,此时控制器要求制冷。技术人员检查监测冷水机组与冷凝器各自两端压力降的水压表。压力表显示冷水机组、冷凝器各自的进/出水压力降均正常,说明均有水流动。技术人员然后查看系统的线路图,想找出此线路中是否还有其他控制器。流量开关和水泵联锁电路均在此线路中,这是追踪线路直至判别冷水机组停机原因的依据。

技术人员认为很可能是流量开关有问题,这是因为流量开关设置于流动的水流中,始终处于运动状态。将压缩机开关切断,这样,压缩机就无法在测试控制器的过程中启动。技术人员从冷水流量开关上拆下端盖,测量其两端电压,结果是无电压。

注意:如果开关处于开路状态,那么它应有电压。将端盖安装回原处。对冷凝器的水流量开关做同样的测试,结果有电压,说明此流量开关已开路。技术人员用搭接线搭接此开关两端后,冷水机组控制板上的准备灯点亮,说明此开关确有问题。

技术人员将搭接线留在水流量开关上,然后启动冷水机组。冷凝器水管路中的水流动,并不像冷水机组水管路那样明显,这是因为如果冷凝器水管路中的水停止流动,系统排气压力升高后也可使压缩机关闭。注意:不能采用将冷水管路流量开关搭接的方法来启动压缩机,因为这样会使冷水机组冻结。

技术人员向大楼物业经理解释开关的螺旋叶片必须更新。经理要求过数小时后更换,技术人员离开现场。下午 5 点技术人员带着维修开关所需的零部件回到现场。

技术人员回到机房,由于能源控制系统定时关闭,冷水机组停机。技术人员将冷凝器水泵关闭并予以锁定,将冷凝系统两端任意一端的阀门关闭,将水从冷凝器中排出。拆下流量开关,维修,然后安装到原位。将水阀打开,使冷凝器系统重新充满水,将水管中处于高端位置内的空气排出水系统。技术人员启动水泵,证实流量开关已能传送电源。将电压表表棒连接流量开关两端后,关闭水阀,证明:如果水停止流动,此流量开关也能使系统关闭。系统只能等到次日上午定时器容许制冷运行时才能启动。技术人员离开现场。

报修电话 4

一位物业经理来电说:安装于地下室的离心式压缩机冷水机组不断发出尖叫声,他曾来到地下室大门前,因感到特恐怖而不敢进去。此台冷水机组的故障是:冷却塔的过滤网堵塞,使水无法流到冷凝器,离心式压缩机因排气压力较高,产生喘振,喘振时会发出一阵阵很大的尖叫声,但其运行仍正常,不会对机组形成有害的影响。

技术人员到达,停车时远远地就能听到压缩机的尖叫声。当技术人员进入地下室时,机组容量控制器已将机组容量降低至 40% ,但此时机组仍有较高的排气压力。

观察冷凝器两端的压力表,说明水流量明显降低,因此技术人员来到楼顶检查冷却塔。

检查冷却塔底槽内的情况,发现冷却塔底槽内有大量树叶。技术人员打开冷却塔的面板,从过滤网上排除树叶后,顿时可以看到水快速流动。技术人员将面板安装回冷却塔座上后来到地下室,将容量控制器调整至 100% 容量。

技术人员告诉物业经理,数小时后,等大楼空调停机后,对冷却塔进行清洗,希望能得到认可。

下午,技术人员到达,冷水机组因大楼能源控制器定时关闭而处于停机状态。对冷却塔进行清理、冲洗,发现冷却塔内有许多小树叶。技术人员来到地下室,检查冷凝器上是否也有树叶。将冷凝器水管路上的水阀关闭、排水,技术人员拆下冷凝器进水管管端的船形水箱端盖,因为此端口最易积聚垃圾。技术人员发现冷凝器中只有少量穿过冷却塔过滤网的小树叶,将其清除。拆下水箱端盖时,技术人员用笔形手电筒检了传热管的情况,发现传热管上无结垢,也无锈迹,情况正常。

将水箱端盖安装复位,连接冷凝器的水阀打开。技术人员在冷凝器充满后又等待了数分钟,使冷却塔内的水重新充满,然后以手动方式启动冷凝器水泵,证实有水流动。如果冷凝器较大,需要从冷却塔排出大部分的水,这是一项必不可少的步骤:冷却塔必须在启动水泵之前有足够的时间予以重新充满水。至此,技术人员可以确信次日上午机组启动时,绝对不会再有冷却塔水管路问题了。

报修电话 5

某大楼的一位维护人员来电说:大楼内冷水机组已停机,表示防冻控制器动作的指示灯点亮,他想知道是否应予复位。此时,天气温和,不需要启动空调。调度员告诉他:现在不要复位,技术人员将在 30 分钟到达。该机故障是:主控制器未做校准,控制状态出现缓慢变化,引起水温大幅下降。

技术人员到达,大楼维护人员将技术人员领至冷水机组旁。冷水机组安装于屋顶房内。技术人员检查了冷水机组进出水管压力,并与机组运行日志上的数据做了比较,均正常。将防冻控制器复位,冷水机组的压缩机启动。当水温开始下降时,技术人员检查控制器。控制器是一个气压控制器,当水温下降时,空气压力也应该从设定的 15 psig 点处下降。当水温下降至 43 ℉时,其气压也应下降至 7 psig;当水温下降至 41 ℉时,气压应为 3 psig。此时,冷水机组应停机,但到达此温度时,控制器并无任何反应,压缩机持续运行,当水温降低至 39 ℉时,压缩机仍未停机。技术人员然后将控制器调整到正确的刻度值,冷水机组停机。

技术人员等待大楼内管路水温上升,机组自行重新启动,其时间约为 30 分钟。当温度达到设定值后,冷水机组正常启动运行。技术人员离开现场。

报修电话6

一位大楼物业经理来电称:冷水机组已停机,整幢大楼越来越热,这是一台采用离心式压缩机的冷水机组。该机故障是:大楼技术人员曾多次调节多个控制器,并对负荷限制控制器进行过调整,想使机组在更大容量下运行,使楼内温度下降更快些。此时,压缩机产生过大的电流,导致过载保护装置跳闸。

技术人员到达,与大楼技术人员一起来到机房。大楼技术人员未将已对负荷限制控制器进行过调整的情况告诉技术人员。技术人员检查了现场控制电路,发现所有的现场控制器均要求制冷,进一步检查发现过载保护装置已跳闸。技术人员知道系统肯定出现过某种变化,应予特别注意。

技术人员将连接压缩机启动器的电源切断,检查电动机绕组是否有搭地或绕组与绕组之间是否有短路。检查结果是:电动机似乎很正常,因此恢复供电。除了电动机启动器外,似乎其他部分均无问题,然后检查启动器。

技术人员以 40% 的负荷量启动压缩机。在压缩机开始有负荷时,技术人员观察了其电流情况。启动数据表上说明,满负荷运行时,其电流值应为 600 安培,40% 负荷时,电流值应为 240 安培。压缩机现有电流为 264 安培,明显偏大,技术人员通过负荷控制器将电流调整至 240 安培,然后又将压缩机负荷量调整至 100%,压缩机开始全负荷运行,其电流值也逐渐达到 600 安培,调节风门,使电流值保持在这一状态。技术人员转身询问大楼维护技术人员,是否有人对负荷限制控制器进行过调整,大楼技术人员承认确实做过调整。技术人员告诉大楼技术人员这些控制器不应进行调整,因为这些控制器完全正常。技术人员然后利用铁钉的顶面在控制器的设定位置上做上记号。如果再有人对此控制器进行调整,即可迅速发现。

技术人员认为尽管控制器属于大楼业主,但只能由合格的技术人员进行调整。

报修电话7

一位客户来电说:大楼内温度似乎是在缓慢升高。客户又说,冷却塔内的水一直在流动,但就是没有冷气,该机组是采用封闭式压缩机的 300 冷吨的冷水机组。其故障是压缩机电动机烧毁,需要更新或重新绕制。

技术人员直接来到位于办公楼第 10 楼的机房内。技术人员注意到大楼内温度很高,冷水机组肯定有问题。

技术人员检查现场控制电路,发现所有信号均正常,均要求制冷。技术人员然后检查启动器,发现启动器上没有线电压。技术人员检查主电源,发现断路器已跳闸,说明一定有非常严重的故障。

技术人员锁上断路器并挂上告示牌,用摇表(兆欧表)检测启动器内电动机的各个线头对地电阻,发现有一路绕组搭地,当然,也有可能是启动器与电动机接线端间的线路存在问题,因此技术人员将线头从电动机接线端上拆下,在没有其他连接线的情况下在接线端检查电动机,表明确有一路绕组搭地。

技术人员来到大楼管理处,告知管理人员第一步的计划,并解释必须将电动机从机组上拆下,予以更新或维修。☆由于此电动机是一台全封闭电动机,因此必须对机组的制冷剂进行回收。☆ 技术人员向管理人员解释说电动机有两种维修办法,一种是采用生产厂家的电动机予以更新,运输、安装等约需要数天时间;另一种办法是将其送到能提供全封闭电动机维修业务的当地维修商店。因为建筑物必须要有空调,为节省时间,大楼管理人员同意采用维修的办法尽快修复。许多现代建筑物都没有窗户可以打开透风,计算机完全依赖空调。

技术人员打电话与自己公司联系,要求增补帮手,并提出带上操作用的工具,其中包括用于提升电动机用的升降机和将电动机移送至电梯内、上卡车用的橡胶轮推车,推车上还需要配置提升门架。

助手带着工具赶到现场时,技术人员也正准备将电动机提出。☆采用助手带来的回收机组从冷水机组内回收全部制冷剂。回收制冷剂时,为防止冻结并帮助将制冷剂从机组内蒸发排出,冷水管路中的水和冷凝器照常通过冷水机组循环。将制冷剂存放在制冷剂钢瓶内。该机组采用 R-11 制冷剂,如有必要,还需对此制冷剂做酸含量检测,并在重新加入系统前做再循环除杂。当制冷剂回收后,系统内压力达到 28 英寸真空状态后,技术人员断开真空泵,将助手带来的干氮气充入。☆用氮气充入来消除真空可以使机组内部避免接触大气,使其出现氧化的可能性降低至最低限度,如果不采取这一措施,机组内采用钢制作的零部件就会迅速氧化。

技术人员将连接线从电动机接线盒上断开,并开始将压缩机与电动机分离。当电动机可以自由移动时,提升机将其提起,放上推车,由手推车送至卡车旁,然后将电动机滚至提升门架下侧,提升至卡车后端,予以固定。助手将电动机送往电动机维修商店重新绕制线圈,整个维修时间约需 48 小时,现在是周二下午的 2:30。

技术人员返回机房,为电动机重新安装做好准备。从压缩机油池中抽取润滑油样品和一份制冷剂样本第二天送往化学分析实验室进行分析,其分析报告可以在周三下午获得,届时才能决定制冷剂是否还能使用。送去的制冷剂和润滑油样品好像没有浓重的酸味,但只有等分析报告出来才能确定其实际情况。

技术人员检查启动器的多个触头。当电动机搭地时,触头必然有相当大的冲击电流。触头完好,不需要更新。

将润滑油加热器电源切断，挂上告示牌。将润滑油全部排出，然后清理压缩机法兰接口后的所有密封垫圈，为电动机安装做好准备。在电动机送到之前做好所有准备工作可以节省大量的时间。

周四上午，技术人员打电话与电动机维修商店联系，店家告知，电动机在上午 11:30 可以交货。技术人员安排助手提回电动机和压缩机密封件。下午 1:00 在大楼内碰头后，开始安装电动机。将电动机送回机房，提升就位，安装上所有垫片，各个零部件固定到位。该系统曾有非常严密的连接，因此，仅需对各管接头处做检查即可，包括曾被拆开的垫圈法兰盘接口。

所有准备工作就绪后，技术人员将氮气和少量 R-22 制冷剂充入，并将系统压力提高至 10 psig 进行检漏。检漏后发现系统完全正常。将氮气和制冷剂排出后开始抽真空，将电动机引线连接至电动机接线端上。

安装真空泵后，启动真空泵。将系统真空降低至水银计读数为 0 英寸水银柱大约需要 5 小时，现在是下午 5:30 左右。技术人员离开现场，约定晚上 10:30 来检查真空度。如果当晚证实真空度正常，关闭真空泵，保压 8 小时。如果一切正常，次日上午即可启动冷水机组。技术人员在晚上 11:00 左右检查了真空状态，压力计上读数为 0 英寸水银柱真空。真空泵关闭，技术人员返回，次日上午又来到现场。

技术人员到达现场时为上午 7:30，此时水银计上的读数仍为 0 英寸水银柱真空，说明机组无泄漏。开始对系统充液。制冷剂和润滑油的分析报告说明"合格"，因此，对制冷剂不需再采取任何其他措施。技术人员启动冷水泵和冷凝器水泵，准备启动冷水机组。将制冷剂钢瓶上的蒸气阀口连接上冷水机组，将此阀缓慢打开，使蒸气进入冷水机组，直至其压力高于冰点对应压力，这一点非常重要，因为如果有液态制冷剂进入处于如此低压的冷水机组中，其传热管很可能会冻结。此时，冷水持续循环，但如果有某根传热管中没有水流过，那么此传热管就会冻结。为了防止冻结，充入液态制冷剂时，冷水机组内压力必须高于 17 英寸水银柱真空。

当冷水机组内压力达到 17 英寸水银柱真空时，技术人员开始充入液态制冷剂。助手则利用机组内的真空状态将润滑油送入润滑油油池内。充入润滑油后，润滑油加热器启动，将润滑油温度提升至设定值。

由于冷水机组的水管路已使制冷剂温度上升，系统内压力提高，因此技术人员无法再依靠系统真空将所有的制冷剂充入机组内，此时只能通过在制冷剂钢瓶内、液态制冷剂的上方充入氮气，使钢瓶内压力提高，将剩余的液态制冷剂从钢瓶的底部压送至冷水机组内，见图 50.20。

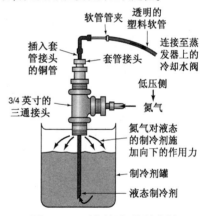

图 50.20　利用氮气将制冷剂压入低压冷水机组

技术人员启动排气泵，将充液过程中进入系统的所有氮气排除。尽管充液时技术人员非常仔细，未看见有任何氮气流入透明的软管。排气系统压力没有上升，说明冷水机组已不含有氮气。技术人员推上主断路器，准备启动冷水机组。冷水机组启动后，容量迅速上升至 100%，整个建筑物的温度很快下降。整个过程中没有出现导致电动机电路搭地的情况，电动机维修商店也没有发现任何问题，因此，此次电动机故障纯属偶然。

冷水机组的出水温度迅速降低至 45℉。技术人员在冷水机组旁观察了两小时，完成了包括在运行日志上记录下电流值等所有工作。确认系统能正常运行之后，技术人员悄然离开。

本章小结

1. 冷水式空调系统的操作涉及按顺序启动、操作和停止冷水机组的运行。
2. 启动冷水机组时，应首先检查冷水能否充分流动。如果是水冷式系统，应检查冷凝器水的流动情况。接触器的联锁电路必须满足启动条件，冷却塔风机应随压缩机启动。压缩机启动前有可能会有延时。
3. 采用往复式、涡旋式和螺杆式压缩机的冷水机组均有风冷和水冷式两种形式的冷凝器。
4. 采用离心式风机的冷水机组往往采用独立式润滑油系统。启动压缩机之前，应证实润滑系统能正常发挥作用。
5. 冷水机组启动、运行后，技术人员应定时注意观察其运行状态，确保机组各构件均能正常运行。
6. 为防止矿物质沉淀、水藻生成，水冷式冷水机组必须配置水处理装置。
7. 应定期检查和清洗冷却塔。
8. 水冷式冷凝器传热管应每年至少检查一次。如果发现传动管不清洁或有结垢，必须用管刷或采用化学方法及时清洗。
9. 冷凝器和蒸发器传热管可以采用涡流检测仪对其可能存在的缺陷进行检查。

10. 吸收式冷水机组和压缩式循环系统的启动方式在许多程序上均相似,冷水机组启动前,冷凝器和冷水必须首先流动,冷却塔循环水温度不能过低,否则,溴化锂很可能结晶。

11. 吸收式冷水机组必须比压缩式循环的冷水机组给予更多的定时观察,以确认其正常运行,这是因为吸收式冷水机组运行更为复杂。

12. 吸收式冷水机组中,排气系统需要比其他装置给予更多的保养维护,其真空泵油应定期更换。

13. 冷水机组的维护技术人员应与设备制造商保持联系,以便获得最新的信息和建议,同时应积极报名参加技术学校举办的各种课程培训。

复习题

1. 往复式压缩机的润滑系统与离心式压缩机的润滑系统有何不同?

2. 正误判断:大多数往复式压缩机均设有曲轴箱加热器。

3. 正误判断:所有往复式压缩机均在满负荷状态下启动。

4. 论述离心压缩机从部分卸荷状态下启动,直至满负荷状态的整个过程。

5. 冷水机组的压缩机启动之前,必须首先启动哪一个系统构件?

6. 冷凝器传热管出现结垢时,应采用_____予以清理?
   A. 钢丝刷;　　　　B. 铜丝刷;　　　　C. 凿子和锤头;　　　　D. 盐水。

7. 论述吸收式冷水机组在冷却塔循环水温度过低的情况下运行时,会出现什么情况?

附录 A　温度换算表

°F	Tem...	°C	°F	Tem...	°C	°F	Tem...	°C	°F	Tem...	°C
−76.0	−60	−51.1	−0.4	−18	−27.8	75.2	24	−4.4	150.8	66	18.9
−74.2	−59	−50.6	1.4	−17	−27.2	77.0	25	−3.9	152.6	67	19.4
−72.4	−58	−50.0	3.2	−16	−26.7	78.8	26	−3.3	154.4	68	20.0
−70.6	−57	−49.4	5.0	−15	−26.1	80.6	27	−2.8	156.2	69	20.6
−68.8	−56	−48.9	6.8	−14	−25.6	82.4	28	−2.2	158.0	70	21.1
−67.0	−55	−48.3	8.6	−13	−25.0	84.2	29	−1.7	159.8	71	21.7
−65.2	−54	−47.8	10.4	−12	−24.4	86.0	30	−1.1	161.8	72	22.2
−63.4	−53	−47.2	12.2	−11	−23.9	87.8	31	−0.6	163.4	73	22.8
−61.6	−52	−46.7	14.0	−10	−23.3	89.6	32	0.0	165.2	74	23.3
−59.8	−51	−46.1	15.8	−9	−22.8	91.4	33	0.6	167.0	75	23.9
−58.0	−50	−45.6	17.6	−8	−22.2	93.2	34	1.1	168.8	76	24.4
−56.2	−49	−45.0	19.4	−7	−21.7	95.0	35	1.7	170.6	77	25.0
−54.4	−48	−44.4	21.2	−6	−21.1	96.8	36	2.2	172.4	78	25.6
−52.6	−47	−43.9	23.0	−5	−20.6	98.6	37	2.8	174.2	79	26.1
−50.8	−46	−43.3	24.8	−4	−20.0	100.4	38	3.3	176.0	80	26.7
−49.0	−45	−42.8	26.6	−3	−19.4	102.2	39	3.9	177.8	81	27.2
−47.2	−44	−42.2	28.4	−2	−18.9	104.0	40	4.4	179.6	82	27.8
−45.4	−43	−41.7	30.2	−1	−18.3	105.8	41	5.0	181.4	83	28.3
−43.6	−42	−41.1	32.0	0	−17.8	107.6	42	5.6	183.2	84	28.9
−41.8	−41	−40.6	33.8	1	−17.2	109.4	43	6.1	185.0	85	29.4
−40.0	−40	−40.0	35.6	2	−16.7	111.2	44	6.7	186.8	86	30.0
−38.2	−39	−39.4	37.4	3	−16.1	113.0	45	7.2	188.6	87	30.6
−36.4	−38	−38.9	39.2	4	−15.6	114.8	46	7.8	190.4	88	31.1
−34.6	−37	−38.3	41.0	5	−15.0	116.6	47	8.3	192.2	89	31.7
−32.8	−36	−37.8	42.8	6	−14.4	118.4	48	8.9	194.0	90	32.2
−31.0	−35	−37.2	44.6	7	−13.9	120.2	49	9.4	195.8	91	32.8
−29.2	−34	−36.7	46.4	8	−13.3	122.0	50	10.0	197.6	92	33.3
−27.4	−33	−36.1	48.2	9	−12.8	123.8	51	10.6	199.4	93	33.9
−25.6	−32	−35.6	50.0	10	−12.2	125.6	52	11.1	201.2	94	34.4
−23.8	−31	−35.0	51.8	11	−11.7	127.4	53	11.7	203.0	95	35.0
−22.0	−30	−34.4	53.6	12	−11.1	129.2	54	12.2	204.8	96	35.6
−20.2	−29	−33.9	55.4	13	−10.6	131.0	55	12.8	206.6	97	36.1
−18.4	−28	−33.3	57.2	14	−10.0	132.8	56	13.3	208.4	98	36.7
−16.6	−27	−32.8	59.0	15	−9.4	134.6	57	13.9	210.2	99	37.2
−14.8	−26	−32.2	60.8	16	−8.9	136.4	58	14.4	212.0	100	37.8
−13.0	−25	−31.7	62.6	17	−8.3	138.2	59	15.0	213.8	101	38.3
−11.2	−24	−31.1	64.4	18	−7.8	140.0	60	15.6	215.6	102	38.9
−9.4	−23	−30.6	66.2	19	−7.2	141.8	61	16.1	217.4	103	39.4
−7.6	−22	−30.0	68.0	20	−6.7	143.6	62	16.7	219.2	104	40.0
−5.8	−21	−29.4	69.8	21	−6.1	145.4	63	17.2	221.0	105	40.6
−4.0	−20	−28.9	71.6	22	−5.6	147.2	64	17.8	222.8	106	41.1
−2.2	−19	−28.3	73.4	23	−5.0	149.0	65	18.3	224.6	107	41.7

（续）

℉	Tem...	℃	℉	Tem...	℃	℉	Tem...	℃	℉	Tem...	℃
226.4	108	42.2	244.4	118	47.7	311.0	155	68.3	392.0	200	93.3
228.2	109	42.8	246.2	119	48.3	320.0	160	71.1	401.0	205	96.1
230.0	110	43.3	248.0	120	48.8	329.0	165	73.9	410.0	210	98.9
231.8	111	43.9	257.0	125	51.7	338.0	170	76.7	413.6	212	100.0
233.6	112	44.4	266.0	130	54.4	347.0	175	79.4	428.0	220	104.4
235.4	113	45.0	275.0	135	57.2	356.0	180	82.2	446.0	230	110.0
237.2	114	45.6	284.0	140	60.0	365.0	185	85.0	464.0	240	115.6
239.0	115	46.1	293.0	145	62.8	374.0	190	87.8	482.0	250	121.1
240.8	116	46.6	302.0	150	65.6	383.0	195	90.6	500.0	260	126.7
242.6	117	47.2									

附录 B 电气符号图

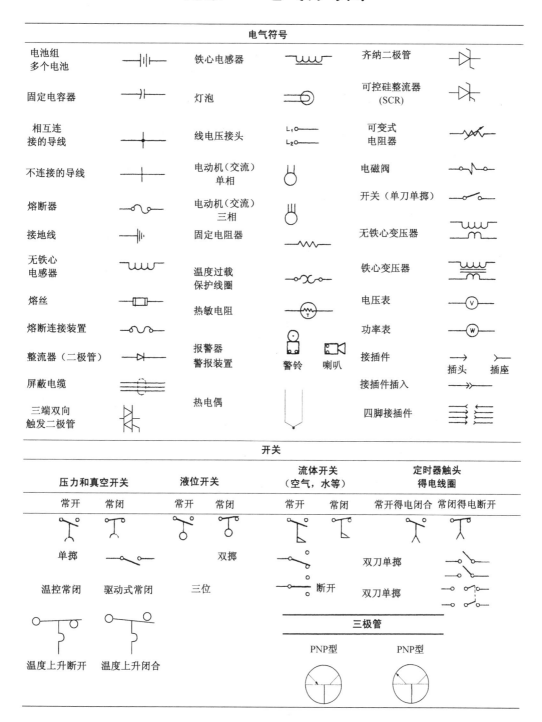

电气符号		
电池组 多个电池	铁心电感器	齐纳二极管
固定电容器	灯泡	可控硅整流器 (SCR)
相互连 接的导线	线电压接头	可变式 电阻器
不连接的导线	电动机（交流） 单相	电磁阀
熔断器	电动机（交流） 三相	开关（单刀单掷）
接地线	固定电阻器	无铁心变压器
无铁心 电感器	温度过载 保护线圈	铁心变压器
熔丝	热敏电阻	电压表
熔断连接装置		功率表
整流器（二极管）	报警器 警报装置 警铃 喇叭	接插件 插头 插座
屏蔽电缆		接插件插入
三端双向 触发二极管	热电偶	四脚接插件

开关							
压力和真空开关		液位开关		流体开关 （空气，水等）		定时器触头 得电线圈	
常开	常闭	常开	常闭	常开	常闭	常开得电闭合	常闭得电断开
单掷		双掷			双刀单掷		
温控常闭	驱动式常闭	三位			断开 双刀单掷		
温度上升断开	温度上升闭合			三极管			
				PNP型	PNP型		

反侵权盗版声明

电子工业出版社依法对本作品享有专有出版权。任何未经权利人书面许可，复制、销售或通过信息网络传播本作品的行为；歪曲、篡改、剽窃本作品的行为，均违反《中华人民共和国著作权法》，其行为人应承担相应的民事责任和行政责任，构成犯罪的，将被依法追究刑事责任。

为了维护市场秩序，保护权利人的合法权益，我社将依法查处和打击侵权盗版的单位和个人。欢迎社会各界人士积极举报侵权盗版行为，本社将奖励举报有功人员，并保证举报人的信息不被泄露。

举报电话：（010）88254396；（010）88258888

传　　真：（010）88254397

E-mail：　　dbqq@phei.com.cn

通信地址：北京市海淀区万寿路 173 信箱

　　　　　电子工业出版社总编办公室

邮　　编：100036